CHEMIE UND TECHNOLOGIE
DER FETTE
UND FETTPRODUKTE

HERAUSGEGEBEN VON
Dr. H. SCHÖNFELD

ZUGLEICH ZWEITE AUFLAGE DER
TECHNOLOGIE DER FETTE UND ÖLE
VON G. HEFTER

ZWEITER BAND
VERARBEITUNG UND ANWENDUNG
DER FETTE

SPRINGER-VERLAG WIEN GMBH
1937

VERARBEITUNG UND ANWENDUNG DER FETTE

BEARBEITET VON

H. BÖNISCH-DANZIG, A. CHWALA-WIEN, A. GRÜN-BASEL,
T. P. HILDITCH-LIVERPOOL, R. HUETER-ROSSLAU, E. HUGEL-
ALTONA, K. LINDNER-BERLIN, G. MEYERHEIM †, S. H. PIPER-
BRISTOL, H. PÖLL-WIEN, C. RIESS-DARMSTADT, H. SALVATERRA-
WIEN, E. SCHLENKER-MAILAND, H. SCHÖNFELD-WIEN,
W. SCHRAUTH-BERLIN, R. WASICKY-WIEN, A. WESTERINK-
SCHAEFFER-HAMBURG

MIT 299 ABBILDUNGEN IM TEXT

SPRINGER-VERLAG WIEN GMBH
1937

COPYRIGHT 1937 BY SPRINGER-VERLAG WIEN
ORIGINALLY PUBLISHED BY JULIUS SPRINGER IN VIENNA 1937
SOFTCOVER REPRINT OF THE HARDCOVER 1ST EDITION 1937

ISBN 978-3-7091-5264-5   ISBN 978-3-7091-5412-0 (eBook)
DOI 10.1007/978-3-7091-5412-0

Inhaltsverzeichnis.

Erster Abschnitt.

Die Reinigung der Fette.

Von Dr. H. Schönfeld, Wien.

Zweiter Abschnitt.

Die Hydrierung der Fette.

Dritter Abschnitt.
Gekochte, polymerisierte, oxydierte und geschwefelte Öle.
Von Prof. Dr. H. SALVATERRA, Wien.

Vierter Abschnitt.
Die sulfonierten Öle.
Von Dr. K. LINDNER, Berlin.

Fünfter Abschnitt.
Schmälzöle.
Von Privatdozent Dr. A. CHWALA, Wien.

Achter Abschnitt.

Metallseifen.

Von Prof. Dr. H. SALVATERRA, Wien.

Elfter Abschnitt.

Schmiermittel.

Von Dr. G. MEYERHEIM † und Privatdozent Dr. H. PÖLL, Wien.

Zwölfter Abschnitt.
Die pharmazeutische, medizinische und kosmetische Verwendung von Fetten und Lipoiden.
Von Prof. Dr. R. WASICKY, Wien.

Dreizehnter Abschnitt.
Die Herstellung von Margarine.

Vierzehnter Abschnitt.
Kunstspeisefette und Speiseöle.
Von H. Bönisch, Danzig-Langfuhr, und Dr. H. Schönfeld, Wien.

Berichtigungen.

Seite   2, 10. Zeile von oben, statt: ... Allylalkohol usw.
oder Rapsöle)., lies: Allylalkohol usw. der Rapsöle).

Seite 250, Fußnote, statt: J. Schreiber, lies: J. Scheiber.

Seite 594, statt: **IV. Die Kerzenherstellung,** lies: **III. Die
Kerzenherstellung.**

Die Reinigung der Fette.

Von H. Schönfeld, Wien.

Die rohen, durch Pressung oder Extraktion gewonnenen pflanzlichen Fette müssen vor ihrer Verwendung als Nahrungsmittel *stets*, vor der Verwendung für technische Zwecke *meist* einem Reinigungsprozeß unterworfen werden. Eine Ausnahme hiervon machen nur gewisse aus frischen Ölfrüchten und frischen Ölsamen durch kalte Pressung erhaltene Pflanzenfette (z. B. Olivenöl).

Die der menschlichen Ernährung dienenden festen Landtierfette, Speisetalg und Schweinefett, werden von vornherein, durch Auswahl passenden Rohstoffes und passender Herstellungsverfahren, in einem genußfähigen Zustande gewonnen; sie sind in Band I, S. 787 ff. beschrieben worden. Dagegen müssen die Seetieröle und Fischöle, welche in großem Umfange als Rohstoffe zur Herstellung von Hartfetten dienen (s. 2. Abschn., S. 98), raffiniert werden. Das gleiche gilt für die zur Seifenfabrikation und für andere technische Zwecke verwendeten Landtierfette und Fischöle (Trane).

Die pflanzlichen Rohfette enthalten ungelöste, im Öl suspendierte und fettlösliche Verunreinigungen. Die ungelösten Fremdstoffe werden nach mechanischen, die gelösten nach verschiedenen chemischen und physikalischen Methoden entfernt, welche teilweise recht komplizierter Natur sind.

Die unlöslichen Verunreinigungen der pflanzlichen Fette bestehen vorwiegend aus mitgerissenen Saatteilchen, ausgeschiedenen Schleimflocken, Preßtuchhaaren, Staub, Wasser usw. In der Kälte können sich auch feste Glyceridanteile ausscheiden, welche in kältebeständigen Ölen nicht enthalten sein dürfen. Die Menge der aus den Rohölen ausgeschiedenen Schleimkörper ist häufig von der Öltemperatur und der Lagerungszeit abhängig. Diese Stoffe sind teilweise im Öl löslich; sie scheiden sich beim Stehen des Öles in um so größeren Mengen aus, je tiefer die Temperatur des Öles ist; beim Erwärmen gehen sie manchmal teilweise wieder in Lösung, um sich bei sehr hohen Temperaturen mitunter wieder auszuscheiden („Brechen" des Leinöles usw.).

Die löslichen Beimengungen der pflanzlichen Öle sind ihrer Natur nach nur zum Teil bekannt. Sie bestehen aus freien Fettsäuren, gebildet durch Hydrolyse der Fette (neben geringen Mengen von Mono- und Diglyceriden), ferner aus Farbstoffen (Carotinoiden sowie Farbstoffen unbekannter Zusammensetzung), Schleimstoffen, welche häufig aus Phosphatiden bestehen, Harzen, u. dgl. m.; oft enthalten die Rohfette neben diesen Stoffen noch Aldehyde, Ketone, Alkohole und Kohlenwasserstoffe. Ein Teil dieser Beimengungen verleiht den Rohölen einen widrigen Geschmack und Geruch und eine dunkle und unansehnliche Farbe. Die Aldehyde und Ketone, über deren Bildung in Fetten in Band I, Kap. VIII, S. 411 ff. ausführlich berichtet wurde, sind für den schlechten Geruch und Geschmack der Rohöle häufig mitverantwortlich. Die Geruchsträger und Geschmacksträger

der nicht verdorbenen Rohöle sind aber nur zum Teil bekannt; nach neueren
Untersuchungen (s. S. 75) gehören ungesättigte Kohlenwasserstoffe zu den
wichtigsten Geruchsträgern. Die Schleimstoffe machen die Rohöle bitter, ihre
Zersetzungsprodukte haben einen widrigen Geschmack; bei der Speiseölfabrikation
müssen sie, je nach den Ansprüchen der Verbraucher, ganz oder nur teilweise
entfernt werden. (In manchen Ländern wird ein schärferer Geschmack der Speiseöle vorgezogen, so z. B. in den Balkanländern.) Gewisse Rohöle enthalten auch
giftige oder gesundheitsschädliche Fremdstoffe (z. B. Gossypol des Baumwoll-
samenöles). Auch Schwefelverbindungen kommen in einigen Rohölen vor (Senföle oder Isothiocyansäureester von Allylalkohol usw. oder Rapsöle).

Zu den weniger störenden löslichen Verunreinigungen der Rohfette gehören
die freien Fettsäuren. Trotzdem ist die Entsäuerung der Öle die wichtigste
Operation der Ölreinigung, denn nur auf diesem Wege ist es wirtschaftlich möglich, auch die übrigen, weit mehr schädlichen Beimengungen, vor allem die
Schleim-, Harz- und Farbkörper, zu beseitigen.

Der Grad und die Art der Fettreinigung richten sich nach dem späteren
Verwendungszweck. Für die Nahrungsmittelindustrie ist es wichtig, aus den
Ölen vor allem die unangenehm schmeckenden und riechenden Stoffe zu entfernen. Aber auch dunkel gefärbte Öle werden von der Ernährungsindustrie ab-
gewiesen. Soll das Fett für die Margarinefabrikation verwendet werden, dann
muß die Entfärbung sogar sehr weit getrieben werden, weil es sonst unmöglich
wäre, Margarine auf einen der Naturbutter entsprechenden Farbton zu färben.
Für Anstriche verwendete Öle dürfen keinen Schleim enthalten, welcher sich im
fertigen Lackanstrich ausscheiden und den Überzug trübe machen kann; solche
Öle müssen auch kältebeständig sein. Für helle Öllacke kann man ferner nur sehr
gut entfärbte Öle verwenden. Vor der Verkochung zu Firnissen oder Standölen
werden deshalb die Rohöle (Leinöl) sorgfältig entschleimt und gebleicht. Un-
gereinigte Rohfette sind auch für die Fabrikation von Qualitätsseifen ungeeignet.
Sehr weit muß die Entschleimung bei der Fabrikation von Brennölen getrieben
werden usw.

Entfernung der in Fetten suspendierten, unlöslichen Verunreinigungen.

Die in den Rohfetten enthaltenen ungelösten Beimengungen müssen, um
die Fette vor der Zersetzung zu schützen, noch vor der Einlagerung entfernt
werden. Die mitgerissenen Saatteilchen enthalten fettspaltende Enzyme
(Lipasen, s. Band I, S. 398), welche in Gegenwart von Feuchtigkeit die Fettglyceride spalten und den Gehalt des Fettes an freien Fettsäuren dauernd
steigern. Die Saatreste und die ausgeflockten Schleimstoffe sind ein guter Nährboden für Mikroorganismen, durch deren Tätigkeit das Fett ranzig wird (s. Band I,
Kap. VIII).

In einem durch heiße Pressung gewonnenen Baumwollsaatöl, welches ohne
Filtration, also mitsamt dem mitgerissenen Saattrub 7 Monate gelagert wurde,
stieg die Säurezahl von 4,24 auf 5,65. Bei dem unter gleichen Bedingungen (19⁰)
aufbewahrten filtrierten Öl wurde eine Zunahme der Säurezahl von 4,24 auf
nur 4,4 beobachtet[1].

Zur Entfernung der suspendierten Verunreinigungen unterwirft man die
Fette der Klärung in Abstehbehältern oder, besser, der Filtration.

---

[1] G. S. Jamisson u. W. F. Baughman: Journ. Oil Fat Ind. **3**, 75 (1926).

A. Klären der Rohöle durch Abstehen.

Die Methode ist umständlich und unzweckmäßig. Das Absitzen der fein suspendierten Beimengungen vollzieht sich äußerst langsam, die Entfernung des abgesetzten Schlammes aus den Behältern ist zeitraubend und schwierig. Der Schlamm schließt eine große Menge Fett ein, welches in verstärktem Maße dem Angriff der Enzyme und Kleinlebewesen ausgesetzt ist. Diese Zersetzung überträgt sich auf das darüberstehende Fett und vermindert dadurch seinen Wert. Das Verfahren ist also trotz der scheinbaren Einfachheit recht kostspielig. Beim Wegpumpen des Öles über dem Schlamm wird ein Teil der Trübstoffe wieder aufgewirbelt und gelangt aufs neue in das Öl. Man kann natürlich nicht das Gesamtöl auf diesem Wege in absolut klarem Zustande gewinnen. Man muß deshalb des vorgeklärte Öl über Filtertücher filtrieren oder zentrifugieren.

Die Abstehgefäße werden durch Trennungswände in mehrere Abteilungen geteilt. Man erreicht dadurch, daß die durch den Ölzufluß verursachte Aufwirbelung auf die erste Abteilung beschränkt wird, während das Öl in den folgenden Abteilungen ruhig bleibt. Das geklärte Öl wird durch in verschiedener Höhe angebrachte Hähne abgezogen, wobei man natürlich mit dem obersten Hahn beginnt. Das Abziehen kann auch durch Schwenkrohre erfolgen (s. Abb. 324 in Band I, S. 806), welche in den einzelnen Abteilungen der Klärbehälter drehbar eingebaut sind. Zur Gewinnung der im Bodensatz enthaltenen Öle dienen Schälzentrifugen mit Untenentleerung.

B. Die Filtration.

In modernen Ölfabriken ist die Ölvorreinigung durch Absitzenlassen verlassen worden. Die Entfernung der in Fetten suspendierten Stoffe erfolgt jetzt

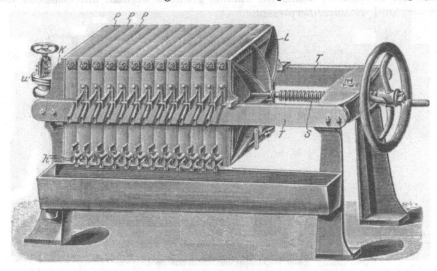

Abb. 1. Filterpresse.

ausschließlich durch Filtration. Das Gemisch von Fett und festen Anteilen wird durch einen Filterstoff geschickt, welcher das Fett durchfließen läßt, während die festen Stoffe (der Schlamm) auf der Filterschicht zurückbleiben. Solche Filterstoffe sind Gewebe aus Baumwolle, Schafwolle u. dgl. oder Schichten aus besonderen Filtrationshilfsmitteln, wie Asbest, Kieselgur usw.

Auf dem weiteren Wege der Raffination werden die Fette noch einmal, häufig noch zweimal der Filtration unterworfen. Da man hierzu die gleichen Apparate oder Vorrichtungen ähnlicher Art verwendet wie bei der Reinigung der Rohöle, so sollen hier die wichtigeren Filterkonstruktionen der Ölraffinerien und ihre Wirkung beschrieben werden.

Zur Filtration der Fette bedient man sich vorwiegend der sog. *Filterpressen.* Ihre Wirkung beruht darauf, daß Öl und Schlamm in einen zwischen zwei benachbarten Filtrationsflächen gebildeten Hohlraum getrieben werden. Die mit einem Tuch oder einer sonstigen Filtrationsschicht überzogenen Filterflächen (*Filterplatten*) lassen das klare Fett durch, während der feste Schlamm den Hohlraum allmählich ausfüllt und den sog. *Kuchen* bildet, der nach vollendeter Filtration aus dem Apparat entfernt wird.

Die Filterpresse besteht aus einem System passend geformter Platten *P*, die zwischen zwei starken Kopf- und Endstücken (*K* und *L*) eingeschaltet und mit Filtertüchern überzogen werden (Abb. 1). Die eine Kopfplatte (*K*) steht fest, während die andere (*L*) beweglich ist und sich, wie die einzelnen Preßplatten (*P*) auf den Tragschienen *T* verschieben läßt. Das ganze System von Platten kann mittels einer starken Druckspindel *S* oder einer hydraulischen Vorrichtung fest zusammengepreßt werden und bildet, dank der eigenartigen Konstruktion der Zwischenplatten *P*, eine größere Anzahl nebeneinandergereihter, gut abgedichteter, miteinander kommunizierender Räume, deren Abdichtung die Filtertücher besorgen. Die zu filtrierende Flüssigkeit strömt durch das Ventil *u* in das Plattensystem und läuft als klares Filtrat durch die Hähne *h* ab; der Schlamm bleibt in den Hohlräumen zwischen je zwei Filtertüchern hängen und füllt mit der Zeit den ganzen Hohlraum als zusammenhängender Kuchen.

Je nach der Art, wie die zwischen den Filterplatten befindlichen, der Aufnahme des Schlammes dienenden Räume gebildet werden, unterscheidet man *Kammer-* und *Rahmenfilterpressen.*

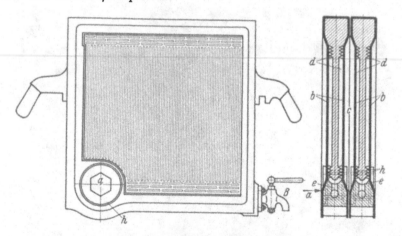

Abb. 2. Prinzip der Kammerpressen.

a) Kammerpressen.

Bei den Kammerpressen wird der Hohlraum *c*, in welchem sich die Filtrationsrückstände (Kuchen) ansammeln, durch Austiefungen der beiden Platten (Abb. 2) gebildet. Die beiden herabhängenden Teile des Filtertuchs *b* sind bei *e* durchlocht. Zwei benachbarte, mit dem Filtertuch bespannte Platten bilden also eine Kammer *c*, in die das zu filtrierende Fett bei *h* zwischen zwei Verschraubungen eintreten kann. Die Preßplatten sind gerippt (Abb. 2, links); zwischen dem Filtertuch und dem Grund der Rippen bilden sich Kanälchen, durch welche das in a eintretende, durch das Tuch durchfließende Öl in einen Sammelkanal e herabrinnen kann, von wo es durch einen Hahn oder ein Ventil B in die Sammelrinne läuft.

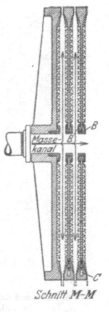

In der Abb. 3 ist ein Schnitt durch eine Kammerfilterpresse wiedergegeben, in welcher sich der Öleintrittskanal in der Mitte der (runden oder viereckigen) Preßplatten befindet. Das Filtertuch hat ein Loch, dem Loch in der Mitte der Filterplatten entsprechend. Es ist hier auf der Platte mit Hilfe der Manschetten B befestigt[1]. Nach Zusammenpressen der Platten bilden also die Filtertücher die Packungen zwischen den aneinanderliegenden Rändern der Platten. Die filtrierte Masse bleibt in der von zwei Platten gebildeten „Kammer". Die Löcher C auf Abb. 3 stellen die Verbindung mit dem Ablaufhahn dar. Durch den Filtrationsdruck werden die Tücher gegen die Rippen der Stirnflächen der Preßplatten gedrückt. In dem Raum zwischen den Platten (c in Abb. 2) geht die Bildung des Filterkuchens vor sich. Daher ist die Höhe der erhabenen Ränder der Platten durch die Kuchenstärke bestimmt, durch welche das Filtrat noch mit dem zulässigen Druck gedrückt werden kann[2]. Wenn der Kuchen die Kammern ausgefüllt hat, wird der Verschluß der Presse gelöst, das bewegliche Endstück zurückgezogen und die Platten auf den Trägern verschoben, wodurch die Kuchen herausfallen.

Abb. 3. Schnitt durch die Kammerpresse.

Kammerpressen eignen sich zur Filtration von Flüssigkeiten mit geringerem Gehalt an Feststoffen. Die Kammerpresse ist die einfachste und billigste Filterpressenart. Aber der Verbrauch an Filtertuch ist größer und das Ausräumen der Kuchen schwieriger als bei den nachfolgend beschriebenen Rahmenfilterpressen.

b) Rahmenpressen.

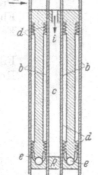

Diese entsprechen in ihrer Konstruktion den Kammerpressen, aber zwischen je zwei Preßplatten (Abb. 4) ist ein hohler Rahmen R angebracht, welcher den Hohlraum für den Kuchen bildet. Die Platten der Rahmenpressen haben nur sehr wenig erhabene Ränder. Die Pressen eignen sich für die Filtration schlammreicher Gemische, vor allem für die Filtration der Ölgemische mit Bleicherde (S. 49).

Wie aus Abb. 4, dem Schnitt durch zwei Platten und einen Rahmen, ersichtlich ist, werden bei den Rahmenpressen nur die Platten mit Filtertüchern (b) behangen, nicht aber die hohlen Rahmen. Der Rahmen R hat bei i eine Öleintrittsöffnung. Das Öl tritt durch den beim Schließen der Presse bei a gebildeten, durch die ganze Presse laufenden Kanal ein, gelangt durch i in die von den

Abb. 4. Prinzip der Rahmenfilterpresse.

Rahmen gebildeten Hohlräume c, dringt durch die Filtertücher b, läuft an den durch die Rippen der Platten gebildeten Kanäle, genau wie bei der Kammerpresse, zu den Kanälen e herab und fließt von da durch die Ablaufhähne zur Fangrinne. Die Dicke des Kuchens entspricht natürlich der Breite des Rahmens.

---

[1] S. z. B. BADGER u. McCABE: Elemente der Chemie-Ingenieur-Technik, S. 349. Berlin: Julius Springer. 1932.　　[2] BADGER u. McCABE: a. a. O. S. 350.

Abb. 5 zeigt Platte und Rahmen der Rahmenpresse in Ansicht, Abb. 6 zeigt, wie die Rahmen und Platten aneinandergefügt sind.

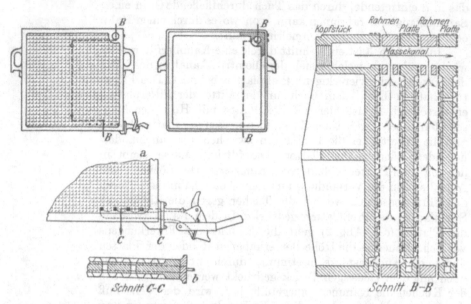

Abb. 5. Platte und Rahmen einer Filterpresse mit offenem Auslauf. *a* Ansicht, *b* Schnitt des Auslaufs.　　　　Abb. 6. Schnitt durch eine Rahmen-filterpresse.

Bei beiden Pressentypen liefert jede Platte einen sichtbaren Flüssigkeitsstrom in die Fangrinne, so daß, wenn irgendwo ein Tuch beschädigt ist oder das Filtrat sonst trübe läuft, die betreffenden Platten durch Schließen des Ablaufhahnes ausgeschaltet werden können.

Vor Öffnen der gefüllten Presse wird sie in der Regel mit Preßluft ausgeblasen; sie nimmt den gleichen Weg wie die filtrierte Flüssigkeit. Ausblasen mit Dampf ist ungünstig, weil Öl und Kuchen Feuchtigkeit aufnehmen.

Für die Filtration der Rohöle verwendet man Pressen mit großer Filtrationsfläche und kleinem Raum für den Kuchen, denn der Rohölschlamm verstopft leicht die Filtertücher und die Rückstands-

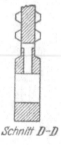

Schnitt *D-D*

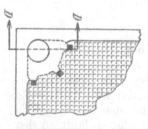

Abb. 7. Einzelheiten des ge-schlossenen Auslaufkanals.

menge ist nur gering. Auch ist dann das Anbringen von Ablauf-hähnen an jeder Filterplatte überflüssig, weil bei der Eigenart des Rohölschlammes ein Trüblaufen während der Filtration nicht zu befürchten ist. Auch für die Fil-tration von Ölen, welche in der Kälte schleimige Phospha-tide u. dgl. ausgeschieden haben und kalt filtriert werden müssen, sind solche Pressen geeignet. Das Filtrat kann, wie gesagt, bei solchen Pressen in einen dem Öleintritts-kanal ähnlichen geschlossenen Kanal ablaufen.

Die Einzelheiten einer Presse mit geschlossenem Ölablaufkanal sind aus Abb. 7 zu ersehen. Das Filtrat wird hier von einem dem Massenkanal ähnlichen Kanal aufgenommen. In Abb. 8 ist eine Rohölpresse in Ansicht dargestellt. Die Presse hat sehr dünne Preßplatten, wodurch auf geringem Raume eine große Filtrationsoberfläche erzeugt worden ist.

Schließen der Pressen. Das Zusammendrücken der Pressen kann auf verschiedene Art erfolgen. Auf der in Abb. 1 dargestellten Presse geschieht es mittels *Schraubenspindel*, welche gegen die Mitte des gußeisernen Kopfstückes drückt. Ist die Filterpresse gefüllt, so wird die Spindel um einige Gewindelängen zurückgeschraubt und das Kopfstück und nacheinander die Filterplatten, d. h. die zweite, dritte Kammer usw. zurückgezogen.

Eine sinnreiche Verschlußspindel besitzt die Presse der

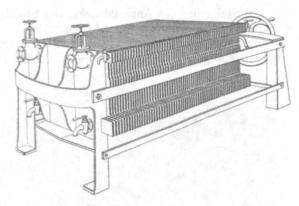

Abb. 8. Presse mit geschlossenem Auslaufkanal. Bauart Dehne.

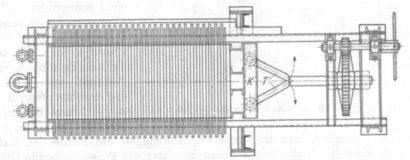

Abb. 9. Filterpresse der Railway A. G., Wien.

Abb. 10. Filterpresse (Druckspindel mit Zahnradübersetzung).

Railway A. G. in Wien (Abb. 9). Das Kopfstück ist aus Schmiedeeisen ausgeführt; die Verschlußspindel, welche mit Vorgelege bewegt wird, drückt nicht unmittelbar auf das Kopfstück, sondern stützt sich auf zwei Schrägstützen (T) aus Stahl, die den Druck gegen den Rost K an den Umfang der Platten, also dorthin, wo die Abichtung erfolgen soll, weiterleiten.

Die Steigerung des Anpreßdruckes der Spindel bei schwereren Pressen kann durch eine *Zahnradübersetzung* erfolgen. Abb. 10 zeigt eine Presse mit Spindelverschluß und Zahnradübersetzung. Der Pfeil zeigt das zwischen Spindel und Kopfplatte angebrachte schwenkbare Zwischenstück, welches den Zweck hat, die toten Zeiten bei Öffnen und Einstellen der Pressen zu verkürzen. So wird z. B. bei Öffnen der Pressen die Spindel nur um einige Gänge zurückgeschraubt und das Zwischenstück weggeschwenkt, worauf die Kopfplatte sofort zurückgezogen werden kann. Die Presse ist außerdem mit einer schwenkbaren Tropfblechvorrichtung versehen. Während des Betriebes der Presse werden die beiden Teile des Tropfbleches hochgeklappt, zum Auffangen des herabtropfenden Öles,

Abb. 11. Presse mit hydraulischem Pressenverschluß.

das in kleine Behälter abgeleitet wird. Nach dem Öffnen der Presse läßt man die Bleche herunterhängen, um die aus den Rahmen oder Kammern herabfallenden Kuchen in unter der Presse stehende Behälter oder Transportschnecken abzuwerfen; man vermeidet so, daß der Raum neben den Pressen verschmutzt wird.

Bei ganz großen Filtern, z. B. solchen mit Filterplatten von 80 × 80 cm Kantenlänge, welche bei einem Betriebsdruck von 4 at einen Anpreßdruck von $80 . 80 . 4 = 25600$ kg erfordern, kann das Anpressen auch durch *hydraulische Verschlußvorrichtungen* nach Abb. 11, bei der das Joch auf der Andrückseite mit einem kräftigen Preßzylinder versehen ist und der Kolben das Zusammenpressen bewirkt, erfolgen. Die Preßflüssigkeit wird mittels einer Handpumpe in den Zylinder gedrückt und vor Öffnen der Presse wieder abgelassen[1].

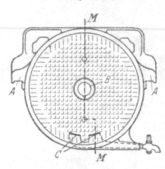

Abb. 12. Platte einer runden Kammerfilterpresse.

A Auflagepratzen, *B* Massekanal, *C* Austrittsöffnung.

Die Platten und Rahmen der Filterpressen sind viereckig oder rund (s. Abb. 12). Pressen mit runder Plattenform werden in der Ölindustrie zum Entölen der Bleichrückstände mit Benzin (Filtration der Miscella, Band I, S. 713) verwendet, weil sie sich gut abdichten lassen. Sonst sind nur viereckige Pressen in Verwendung.

Befestigung der Filtertücher. Die Abb. 13a, 13b und 13c zeigen verschiedene Befestigungsarten von Filtertüchern an den Filterplatten der Pressen. (Entnommen einer Flugschrift der Firma Fritz Müller, Eßlingen.)

Bei Abb. 13a wird das Filtertuch so über den oberen Plattenrand gehängt, daß die im Tuch befindlichen beiden Löcher über der Plattenöffnung liegen.

---

[1] S. BADGER, McCABE: a. a. O.

Durch eine Verschraubung werden die Tuchränder fest gegen die Platte gedrückt und abgedichtet.

Abb. 13b zeigt das Anbringen eines Durchziehtuches. Es besteht aus zwei an der Durchgangsöffnung zusammengenähten Teilen (der „Hose", Abb. 14).

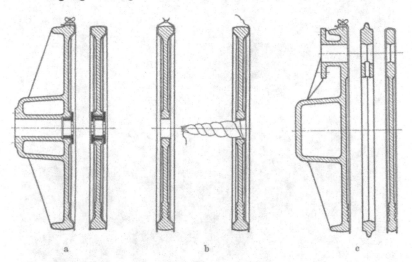

Abb. 13a—c. Befestigung der Filtertücher.

Eine Hälfte des Doppeltuches wird durch die Zuflußöffnung der Platte geschoben, dann das Tuch beiderseits glattgestrichen.

Beide Tuchformen sind nur für Kammerpressen bestimmt.

Abb. 13c zeigt Überhängetücher für Rahmenpressen. Die Tücher werden so über die Platten gehängt, daß die Öffnungen von Tuch und Platte übereinanderliegen, damit ein freier Öldurchfluß möglich ist.

c) Saugzellenfilter.

Für die Ölfiltration, und zwar für die Filtration der Rohöle, werden auch kontinuierlich arbeitende rotierende Vakuumtrommelfilter verwendet. Ob diese Filter für den genannten Zweck wirklich geeigneter sind als Filterpressen, muß die Erfahrung zeigen. Durch das Ansaugen des schleimhaltigen Öles am Tuch dürften sich solche Filter leichter verstopfen als bei den anderen Vorrichtungen. Aus diesem Grunde müssen die Tücher durchlässiger

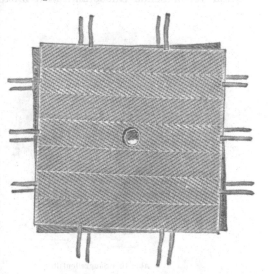

Abb. 14. Filtertuch für Kammerpresse.

als sonst sein und das Filtrat muß einer nochmaligen Filtration unterworfen werden. Sie haben aber den Vorteil, daß der Schlamm sehr trocken anfällt und sich leicht in Schneckenpressen mit frischer Saat gemeinsam verarbeiten läßt.

Für die Filtration der gebleichten Fette sind fortlaufend arbeitende Filter überflüssig, weil der Bleichvorgang diskontinuierlich ist.

Das Öl wird (Abb. 15) durch ein auf die Trommel gespanntes Tuch gesaugt und aus dem Inneren der Trommel fortlaufend abgeführt. Die Trommel ist in

Abb. 15. Saugzellenfilter.

Zellen eingeteilt, die nacheinander unter Vakuum gesetzt werden. Der auf dem Tuch verbleibende Rückstand wird mittels eines Schabmessers abgestreift; die

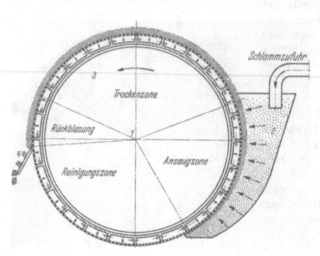

Abb. 16. Saugzellenfilter.

Zelle, welche sich gerade gegenüber dem Abstreifer befindet, wird durch Preßluft gegen das Abstreifmesser angeblasen (Abb. 15). Der abgeschabte Schlamm fällt in eine Schnecke, welche ihn zum ungepreßten Gut fördert. Das ganze Filter wird in einem geschlossenen Gehäuse aufgestellt.

Die Wirkungsweise des Filters zeigen schematisch die Abb. 16 und 17. In Abb. 17 ist die gesamte Filtrationsanlage dargestellt. Das Öl fließt der Trommel B aus dem Rührwerkbehälter A zu. Der Schlamm wird vom Abstreifer C abgekratzt. Das Vakuum wird mittels Luftpumpe D erzeugt. Das Filtrat wird mittels Kreiselpumpe F aus E abgepumpt; ist eine Fallhöhe von etwa 11—12 m vorhanden, so erübrigt sich die Pumpe F[1].

[1] Eine große russische Ölfabrik berichtete über erfolgreiche Verwendung der Pressen zur Filtration des rohen Baumwollsaatöles.

d) Anschwemmfilter.

Weit günstiger dürften für die Rohölfiltration Filtervorrichtungen sein, bei denen der Schlamm nicht unmittelbar auf ein Tuch filtriert wird, sondern auf eine Filtrationsschicht, welche das Zusammendrücken des Schlammes verhindert. Als geeigneten Filterstoff verwendet man ein festes, fein verteiltes Material, welches nicht zusammendrückbar sein darf und auf zweierlei Art verwendet werden kann: Erstens indem es zur Bildung einer Anschwemmfilterschicht benutzt wird. Auf den Filterflächen (welche den Platten einer Filterpresse entsprechen) wird eine dünne Schicht aus dem Filtrationshilfsmittel erzeugt, bevor das zu filtrierende Öl in das Filter gelangt. Die Anschwemmfilterschicht verhindert die kolloiden Schleimteilchen daran, so in das Filtertuch oder die mit einem feinen Drahtnetz ausgerüstete Filterplatte einzudringen, daß der Filtrationswiderstand zu groß wird. Die Schicht erleichtert auch die Entfernung des

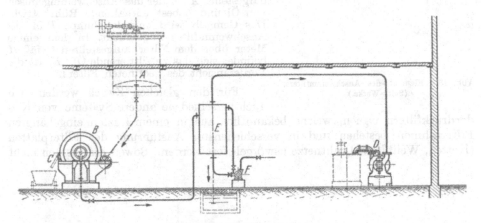

Abb. 17. Saugzellenfilter (Anlage).

Kuchens nach der Filtration; die Anschwemmschicht bildet das eigentliche Filtrationsmedium[1].

Der zweite Weg ist die Beimengung einer bestimmten Menge des Filtrationsstoffes zum Schlamm, bevor dieser filtriert wird. Das Filtrationsmittel erhöht die Porosität des Kuchens, erniedrigt die Zusammendrückbarkeit des Kuchens und vermindert den Filtrationswiderstand.

Die wichtigsten Filtrationshilfsmittel sind Asbest für die Filtration auf Anschwemmschichten und Filtercel als Mittel zur Filtrationserleichterung nach der unter 2 angegebenen Filtrationsweise. Man kann aber auch gewöhnliche Kieselgur verwenden. Die Kieselgur besteht meistens aus reiner Kieselsäure, und zwar aus Teilchen von sehr geringer Größe, aber von kompliziertem Aufbau, so daß sie eine große Oberfläche für die Adsorption der Kolloide besitzt. Sie wird noch einer besonderen Behandlung unterworfen, um ihre Adsorptionsgröße zu steigern. Ein solches Präparat ist auch das Filtercel.

Ein für die Rohölfiltration, namentlich die Entschleimung von Leinöl bestimmtes Anschwemmfilter bauen die Seitz-Werke in Bad Kreuznach. Das Filter besteht aus einem Metallgehäuse, in welchem nebeneinander Filterplatten aus feinem Metalldrahtnetz aufgereiht sind (Abb. 18). Es wird zunächst aus einem Rührbehälter ein Gemisch von Öl und Asbest in das Filter gedrückt und so eine dünne Asbestschicht auf den Platten erzeugt. Hierauf erst läßt man das Rohöl mit einem Gefälle von

[1] S. z. B. BADGER u. MCCABE a. a. O.

3—4 m in das Filter fließen. Der Schlamm bleibt auf der Asbestschicht hängen; nach vollendeter Filtration wird die Asbestschicht mitsamt dem Schlamm von den Filterelementen abgezogen. *A* ist das Filterelement des Seitz-Filters, umgeben von

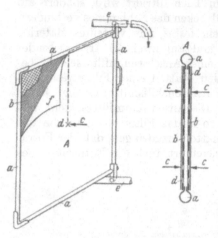

vier, nach dem Inneren des Rahmens hin offenen Rohren *a*, auf beiden Seiten mit dem Gewebe *b* bespannt. Die mit dem Filtrationshilfsmittel vermischte Flüssigkeit *c* strömt mit Höhen- oder Pumpendruck in das Filter. Auf den Sieben *b* bleibt das Filtrationshilfsmittel hängen und bildet die filtrierende Schicht *d*. Durch diese Schicht tritt die Flüssigkeit (gebrochene Linie) in das Filterelement, fließt von hier in die Sammelrohre *a*, dann in die Sammelachsen *e* und verläßt dann das Filter. *f* zeigt, wie die erschöpfte Filterschicht *d* abgezogen wird.

In der Abb. 19 ist eine Filtrationsanlage dargestellt. *A* ist der das Anschwemmgemisch von Öl und Asbest enthaltende Rührbottich. Das Gemisch wird mittels Pumpe *P* in das Anschwemmfilter *F* gedrückt. In dem einige Meter über dem Filter aufgestellten Gefäß *H* befindet sich das zu filtrierende Öl. *F₁* ist die Vorderansicht des geöffneten Filters.

Abb. 18. Element des Anschwemmfilters.
(Seitz-Werke.)

Für den gleichen Zweck werden sich auch verschiedene andere Systeme von Niederdruckfiltern eignen, welche bekanntlich aus in einem Kasten eingehängten Filterrahmen bestehen und in verschiedenster Ausführung der Filterplatten (Ketten, Wellblech, Drahtnetze usw.) geliefert werden. Soweit die Platten nicht

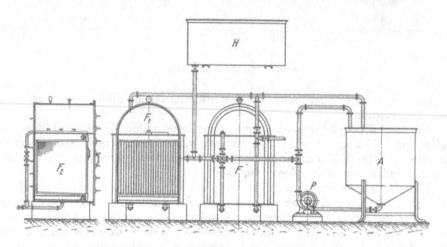

Abb. 19. Anschwemmfilteranlage.

aus einem feinen Drahtnetz bestehen, müssen sie vor Belegung mit dem Filtrationshilfsstoff mit einem glatt anliegenden Filtersack überzogen werden.

e) Allgemeines zur Filtration.

Die *Filtrationsgeschwindigkeit* ist proportional der Größe der Filterfläche. Sie ist ferner abhängig von der Beschaffenheit der Feststoffe und der Viskosität des Öles; sie nimmt linear ab mit Zunahme der Zähigkeit. Da diese mit steigender Temperatur bis zu einem bestimmten Grenzwert abnimmt, so wird warmes Öl leichter filtrierbar sein als kaltes. Die Durchflußgeschwindigkeit ist ferner in jedem Augenblick proportional zur treibenden Kraft und umgekehrt proportional zum Widerstande. Als treibende Kraft ist die Druckdifferenz vor und hinter dem Filter anzusehen. Ist R der Widerstand des Kuchens, V das Volumen des Filtrats und P die Druckdifferenz, so gilt die Gleichung[1]

$$\frac{dV}{dt} = \frac{P}{R}.$$

Der Widerstand kann auf den Widerstand eines Einheitswürfels bezogen werden. Wenn r dieser spezifische Widerstand ist, F die Filterfläche in Quadratmeter (rechtwinklig zur Strömungsrichtung des Filtrats gemessen) und L die Stärke des Kuchens, dann ist

$$R = \frac{r \cdot L}{F}.$$

L muß der Menge der Feststoffe, welche bis zur Zeit t ausgeschieden sind, proportional sein und daher auch proportional V. Wenn v das Verhältnis des Volumens der Feststoffe in Kubikmeter zum Volumen des Filtrats in Kubikmeter ist, so ist

$$L = \frac{V \cdot v}{F}.$$

und

$$R = r \cdot V \cdot v / F^2.$$

Ist der Schlamm starr und homogen, so ist r unabhängig vom Druck und der Durchflußgeschwindigkeit. Die Schlämme sind aber meist zusammendrückbar, der Rohölschlamm in hohem Maße, der Bleicherdeschlamm in geringerem. Der Einfluß der Zusammendrückbarkeit zeigt sich darin, daß mit zunehmendem Druck auch der spezifische Widerstand r wächst. Der Faktor v nimmt beim Zusammendrücken etwas ab, aber das Gesamtresultat ist eine Erhöhung des Produktes $r \cdot v$.

Filtermedium. Das *eigentliche Filtermedium* wird nicht vom Filtergewebe selbst gebildet. Die Durchschnittsgröße der Schlammteilchen ist meist viel geringer als die Größe der Poren zwischen den Filtertuchfasern. Das eigentliche Filtermedium ist eine Schicht des Niederschlages selbst, welche sich in der Oberfläche des Gewebes verfangen hat. Die Bildung dieser ersten Schicht ist deshalb von ausschlaggebender Bedeutung für eine zufriedenstellende Filtration.

Ist der Anfangsfiltrationsdruck zu hoch, so werden die ersten Partikel zu einer dichten Masse zusammengedrückt, welche die Poren des Tuches verstopfen. Die Filtrationsgeschwindigkeit wird dann sehr schnell sinken. Ist aber der Anfangsdruck niedrig, so bleibt die erste Schicht porös und die Filtrationsgeschwindigkeit wird deshalb höher sein.

Mit zunehmender Stärke des Kuchens wächst sein Widerstand, und es ist nötig, höheren Druck anzuwenden, um eine bestimmte Durchflußgeschwindigkeit zu erzielen. Arbeitet die Presse von Anfang an mit vollem Druck (der Pumpe oder Fallhöhe), so wird die Durchlaufgeschwindigkeit mit zunehmender Kuchenstärke abnehmen. Würde man statt dessen anfänglich einen mäßigen Druck anwenden, bis eine gute Selbstfilterschicht auf dem Tuch gebildet ist, dann könnte man im weiteren Verlauf der Filtration den Druck bis auf den höchstzulässigen steigern und die Filtration unter konstantem Druck und allmählicher Abnahme der Durchflußgeschwindigkeit mit zufriedenstellender Gesamtleistung durchführen.

Wenn das Gesamtvolumen des Filtrats, das von Anfang an bei konstantem Filtrationsdruck erhalten wird, über die Zeit als Abszisse aufgetragen wird, er-

---

[1] LEWIS: Principles of chemical Engineering, 2. Aufl., S. 363.

geben sich Kurven wie in Abb. 20[1]. Jede Kurve bezieht sich auf die Filtration einer Flüssigkeit mit dem neben der Kurve angegebenen Gehalt an Feststoffen. Der Knick der Kurven tritt dann ein, wenn die Rahmen der Filterpresse voll gefüllt sind.

Für zusammendrückbare Schlämme, wie sie sich aus den Feststoffen der Rohöle bilden, gilt nicht in allen Fällen, daß die Durchflußgeschwindigkeit mit dem Druck zunimmt. Bei niedrigem Druck ist die Steigerung der Filtrationsgeschwindigkeit bei einer leichten Druckerhöhung größer als ihre Abnahme infolge der Erhöhung des Widerstandes, die durch das Zusammendrücken des Schlammes hervorgerufen wird. Steigt aber der Druck weiter, so gleichen sich die beiden Faktoren aus, und man erhält bei einem bestimmten kritischen Druck ein Maximum der Durchflußgeschwindigkeit. Bei weiterer Druckzunahme über den kritischen Druck hinaus ist die Zunahme des Widerstandes infolge der Zusammendrückung des Kuchens größer als die Zunahme der treibenden Kraft, so daß trotz der Druckzunahme die Filtrationsgeschwindigkeit abnimmt. Die Filtration solcher Schlämme ist deshalb unterhalb des kritischen Druckes vorzunehmen.

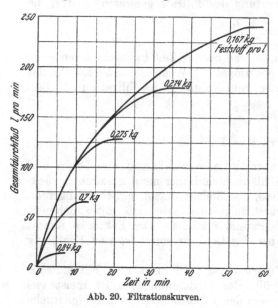

Abb. 20. Filtrationskurven.

Bei der Filtration in Filterpressen tritt stets im Rahmen eine *Schichtenbildung* ein. Die gröberen und schwereren Partikel der Feststoffe haben das Bestreben, sich im Rahmen unten anzusammeln, während die feineren und leichteren Teilchen sich oben anhäufen. Der Widerstand für den Flüssigkeitsdurchfluß ist deshalb unten im Rahmen kleiner als oben.

Zum *Speisen der Filterpressen* eignen sich am besten Kreiselpumpen, da sie ohne Stöße arbeiten, und der von ihnen erzeugte Druck steigt, wenn die Filtrationsgeschwindigkeit abnimmt. Kolbenpumpen sind ungeeignet, weil die Stöße in der Druckleitung den Kuchen zusammendrücken.

f) Kältebeständigmachen.

Die „Entstearinierung", d. h. die Befreiung der Öle von Bestandteilen, welche in der Kälte auskristallisieren und das Öl trüben, erfolgt durch Filtration des längere Zeit gekühlten Öles in Filterpressen oder noch besser in Niederdruckfiltern bei Temperaturen, welche etwas tiefer sind als die Temperatur, bei der das Öl noch kältebeständig und klar bleiben soll. Die Methode findet Anwendung zur Herstellung von sogenanntem „Winteröl" aus Baumwollsaatöl, bei der Herstellung von Tafelölen usw. Ferner müssen Fischöle, welche in der Lackfabrikation verwendet werden, häufig bei sehr tiefen Temperaturen von den sich ausscheidenden festen Bestandteilen be-

---

[1] Die allgemeinen Angaben über den Filtrationsverlauf sind dem Werk Badger u. McCabe: Elemente der Chemie-Ingenieur-Technik, Berlin: Julius Springer, 1932, entnommen.

freit werden. In solchen Fällen wird das Öl durch Kühlsole entsprechend abgekühlt und der Niederschlag in mit Sole gekühlten Räumen vom Öl abfiltriert.

In der Abb. 21 ist eine Anlage zum Kältebeständigmachen von Sardinentran dargestellt: (*1*) ist der Kompressor der Kältemaschine, (*2*) der Wärmeaustauscher, (*3*) der Solebehälter, (*4*) die Solepumpe, (*5*) die Solekühlanlage des Pressenraumes, (*6*) der Ölkühler, (*7*) die Preßpumpe, (*8*) die Filterpresse, (*9*) der Abfluß für das filtrierte Öl.

Bei der Kühlung des Öles ist dafür zu sorgen, daß die höher schmelzenden Glyceride teils gesättigter, teils ungesättigter Fettsäuren, das „Stearin", in gut ausgebildeten Kristallen auskristallisieren; sind die Kristalle zu fein, was bei zu schneller Kühlung leicht eintreten kann, so macht ihre Filtration größere Schwierigkeiten. Zweckmäßigerweise setzt man vor Beginn der Kristallisation dem Öl etwas Kieselgur zu. Die Kieselgurteilchen wirken als Kristallisationszentren[1]. Die Firma Standard Oil Co.[2] hat vorgeschlagen, die zu entstearinierenden Öle in einem bei Raumtemperatur gasförmigen Lösungsmittel, wie Propan, Butylen u. dgl., zu verdünnen und abzukühlen. Die auskristallisierten festen Anteile werden abfiltriert und das

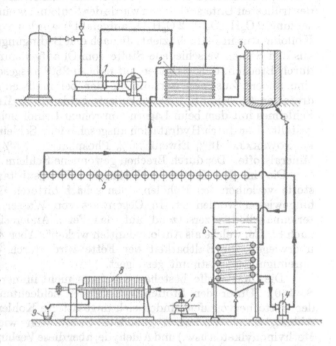

Abb. 21. Anlage zur Kältebeständigmachung von Ölen durch Filtration.

Verdünnungsmittel wiedergewonnen. Die Abkühlung erfolgt durch Verdampfen eines Teiles des Lösungsmittels im Vakuum.

Die Raffination der Fette.

Einleitung.

Die blankfiltrierten Fette enthalten noch gelöste Fremdstoffe, deren Entfernung Aufgabe der Ölraffinerien ist. Um die Fette genußfähig oder technisch verwendbar zu machen, müssen alle Stoffe beseitigt werden, die den Geschmack, das Aussehen und die Farbe sowie die Haltbarkeit der Fette nachteilig beeinflussen. Zu den gelösten Stoffen dieser Art gehören Proteine, Schleimkörper und Phosphatide, Harzstoffe, Farbstoffe, Kohlenwasserstoffe und weitere, nicht näher untersuchte Verbindungen, welche den üblen Geschmack und Geruch der rohen Fette verursachen.

[1] Vgl. C. V. Zoul: A. P. 1831433.   [2] E. P. 402651 (1933).

Die Aufgaben der Ölraffination werden dadurch erschwert, daß die chemische Natur der Verunreinigungen nur teilweise bekannt ist. Über die Zusammensetzung der Schleimstoffe und Harze, der Ölfarbstoffe usw. weiß man vorläufig recht wenig.

Im Schleim des heiß gepreßten Sonnenblumenöles fand Steinkeil[1] Calcium- und Magnesiumverbindungen. Der durch „Brechen" des Leinöles gebildete Schleim besteht nach Thompson[2] neben organischen Stoffen aus Calcium- und Magnesiumphosphaten. Nach Niegemann soll Leinölschleim auch Proteine enthalten. Die widersprechenden Angaben über die Zusammensetzung der Schleimstoffe (in einer der frühesten Untersuchungen wurde der Schleim als eine Substanz der Zusammensetzung $2 C_6H_{10}O_5 + 2 C_5H_8O_4$ aufgefaßt[3]) werden verständlich, wenn man ihre Kolloidnatur in Betracht zieht. Je nach den Bedingungen der Ölgewinnung werden aus den Samen verschiedene Stoffe vom Öl aufgenommen werden. Auch hat der durch Brechen, d. h. Erhitzen auf nahezu 280^0 ausgeschiedene Schleim zweifellos eine andere Zusammensetzung als der bei mäßigen Temperaturen durch Hydratation (s. weiter unten) koagulierte Schleim. E. Mirer[4] hat die Identität des Schleimes mit dem beim Lagern von rohem Leinöl sich bildenden Bodensatz festgestellt. Der durch Hydratation ausgeschiedene Schleim enthält nach W. I. Schafranowskaja[5] 16% Eiweiß, 20% Phosphatide, 7,5% Kohlehydrate und 12,9% Mineralstoffe. Der durch Brechen gewonnene Schleim ist frei von Phosphatiden.

Die in den Fetten enthaltenen Schleimsubstanzen und andere Fremdstoffe verleihen den Rohölen einen scharf bitteren Geschmack, worauf bereits hingewiesen worden ist. In Gegenwart von Wasser wirken sie als gute Bakteriennährböden zersetzend auf das Fett. Anderseits enthalten die Rohfette auch Stoffe, welche als Antioxydantien wirken[6]. Aber die Vorteile der Raffination überwiegen, die Haltbarkeit der Fette wird durch die Entfernung der Verunreinigungen bestimmt gesteigert.

Die Ölfarbstoffe bestehen durchaus nicht immer aus Carotinoiden (Band I, S. 150). Unter den Stoffen, welche den schlechten Geruch und Geschmack der Fette hervorrufen, finden sich ungesättigte Kohlenwasserstoffe, ferner durch Abbau, durch Verderben gebildete Substanzen wie Ketone (Methylheptyl-, Methylnonylketon usw.) und Aldehyde, aber diese Verbindungen bilden wahrscheinlich nur einen Teil der widrig riechenden oder schmeckenden Fremdstoffe. Die Geruchsstoffe der pflanzlichen und tierischen Rohfette sind zum größten Teil flüchtig mit Wasserdampf, zum Teil müssen sie durch Adsorbentien entfernt werden.

Die in allen Rohfetten enthaltenen freien Fettsäuren, entstanden durch lipatische Hydrolyse der Fettglyceride während der Gewinnung des Fettes, können nicht als eigentliche Verunreinigungen aufgefaßt werden. Gemische von neutralen Fetten mit relativ hohen Mengen Fettsäuren zeigen nur dann einen schlechten Geschmack oder Geruch, wenn es sich um Fette handelt, deren Fettsäuren zum Teil niedrigmolekular sind (Buttersäure, Capronsäure, Isovaleriansäure u. dgl.). Die hochmolekularen gesättigten Fettsäuren sind selbst in Mengen bis zu 15% organoleptisch nicht wahrzunehmen. Die übrigen Fettsäuren beeinträchtigen aber den Geschmack[7].

Hohe Azidität des Rohfettes ist allerdings meist ein Anzeichen der Verdorbenheit. Rohöle höherer Azidität sind auch sonst qualitativ minderwertig und

[1] G. Hefter: Technologie der Fette und Öle, Bd. II, S. 20—22.
[2] Journ. Amer. chem. Soc. 25, 716 (1903).
[3] Kirchner und Tollens: Journ. Landwirtsch. 1874, 502.
[4] Metody Analisa w maslobojno-shirowoj Promyschlennosti 1936, 63.　　[5] Ebenda S. 89.
[6] Vgl. T. P. Hilditch u. J. J. Sleightholmes: Journ. soc. chem. Ind. 51, 39 I (1932); A. Banks u. T. P. Hilditch: ebenda, 411 I. T. G. Green u. T. P. Hilditch: ebenda, 56, 23 I (1937).　　[7] Bd. I, S. 438.

meist reicher an Schleim und anderen Fremdstoffen als solche mit niedrigem Gehalt an freien Fettsäuren. Die Reinigung gestaltet sich um so schwieriger, je mehr freie Fettsäuren das Fett enthält. Man bewertet deshalb die Rohfette auch nach ihrer Azidität, welche in der Praxis auf Prozent Ölsäure (bei Cocos- und Palmkernfett auf Prozent Laurinsäure) umgerechnet wird. Die Beseitigung der Fettsäuren durch Neutralisation mit Natronlauge ist das wirksamste Mittel zur Reinigung der Rohfette, weil mit den Fettsäuren auch eine große Menge sonstiger Verunreinigungen aus dem Rohfett entfernt wird.

Für die Raffination haben sich seit einigen Jahrzehnten gewisse Standardmethoden eingebürgert, welche, abgesehen von einigen in der letzten Zeit bekanntgewordenen Sonderverfahren, ganz allgemein in Verwendung sind. Diese Methoden sind:

1. Die Entschleimung,
2. die Entsäuerung,
3. die Entfärbung,
4. die Geruchlosmachung (Desodorierung).

Die Operationen 1 und 2 werden oft zu einem einzigen Arbeitsvorgang vereinigt, der sog. Laugenraffination. Technologisch ist das unrichtig, und es wäre im Interesse einer guten Ölausbeute anzustreben, daß die Entschleimung getrennt von den übrigen Operationen als erste Stufe der Fettreinigung vorgenommen wird.

I. Die Entschleimung der rohen Fette.

Für die Entfernung der Harz- und Schleimkörper, der Proteine und der Phosphatide aus Rohfetten gibt es eine große Reihe von Verfahren. Das bekannteste ist die Behandlung der Fette mit wäßriger Alkalilauge. Bei dieser Methode werden gleichzeitig die freien Fettsäuren in Seifen umgewandelt; die gebildete Seife reißt die Fremdstoffe sowie einen größeren Teil der Ölfarbstoffe mit, und man erzielt so eine sehr gründliche Reinigung. Bei einer solchen Entsäuerung der schleimhaltigen Öle erhält man aber infolge Emulsionsbildung schlechtere Ausbeuten an Neutralöl, weil die Seife durch ihre eigene und die emulgierende Wirkung der Fremdstoffe größere Mengen Neutralöl mitreißt als aus vorentschleimten Fetten. Die Beschaffenheit der abgesonderten Fettsäuren wird durch den höheren Gehalt an diesen Fremdstoffen ebenfalls verschlechtert.

a) Entschleimung mit Schwefelsäure.

Die bekannteste Methode zur gesonderten Entfernung des Schleimes besteht in der Behandlung der Öle mit geringen Mengen konzentrierter Schwefelsäure bei niedrigen Temperaturen. Die Wirkung ist vorzüglich, die Entschleimung sehr gründlich. Aber die Durchführung des Verfahrens ist schwierig und erfordert große Erfahrung. Man verwendet es nur bei sehr stark schleimhaltigen Ölen und auch dies nur für gewisse technische Sonderzwecke. Allgemein macht man von der Reinigung mit Schwefelsäure Gebrauch bei der Raffination des Rüböles für Brennzwecke, d. h. der Herstellung von Brennölen, ferner bei der Vorreinigung der Fette vor der Spaltung. Schwer hydrierbare Trane werden vor der Härtung ebenfalls mit Schwefelsäure entschleimt. In der Industrie der Speisefette ist man von der Schwefelsäurebehandlung der Rohöle abgekommen.

Die Wirkung der Schwefelsäure beruht darauf, daß die gelösten Stickstoffverbindungen, Schleimkörper, Harzstoffe und Farbstoffe ausgeschieden und verkohlt werden. Ein so energisch wirkendes Reagens kann jedoch auch das Fett selbst angreifen und ein wenig sulfonieren; die Folgen eines solchen Angriffs sind äußerst unangenehm: das Fett färbt sich rot, und diese Rotfärbung läßt sich mit keinem Mittel beseitigen. Es muß alles vermieden werden, was die direkte Einwirkung der Säure auf das Öl verursachen könnte. Die Säure darf also keine allzu hohe Konzentration haben, die Temperatur darf bei der Ausführung des Verfahrens nicht mehr als 25—30⁰ betragen; vor allem sind lokale Einwirkungen durch starkes intensives Rühren des Gemisches unmöglich zu machen. Nach Abscheidung der Verunreinigungen muß die Säure sofort mit Wasser verdünnt werden, um ihre Einwirkung auf das Öl auszuschließen usw.

Das Gelingen der Entschleimung hängt ab von der Qualität des Öles, der Konzentration der Schwefelsäure und der Intensität der Durchmischung sowie der Reaktionstemperatur. Man verwendet meist Schwefelsäure von 66⁰ Bé, weil Konzentrationen von mehr als 97% für das Öl gefährlich sind.

Zum entwässerten Öl (Rüböl) läßt man in einem mit Blei ausgekleideten konischen Behälter die Schwefelsäure in dünnem Strahl und unter intensivem Rühren langsam zufließen. Der Zufluß erfolgt mit einer solchen Geschwindigkeit, daß die Temperatur des Reaktionsgemisches nicht über höchstens 30⁰ steigt. Die Farbe des Öles schlägt alsbald in Grünlichgelb um; später bilden sich im Öl kleine schwarze Punkte, die sich allmählich zu immer größer werdenden Flocken verdichten. Läßt man dann eine Ölprobe auf dem Spatel abtropfen und beobachtet die dünnen Ölschichten im durchfallenden Lichte, so erscheint das Öl fast wasserhell, aber mit grünlich- bis intensiv schwarzen Flocken durchsetzt. Auf eine Porzellanplatte gebrachte Proben lassen ebenfalls ganz deutlich diese flockigen Ausscheidungen der verbrannten Schleimausscheidungen erkennen. Je leichter sich diese verkohlte Harze, Schleimkörper, mitgerissenes Öl und mitgerissene Ölfarbstoffe enthaltenden Ausscheidungen absetzen, um so besser ist die Reinigung gelungen.

Es ist Sache der Erfahrung, bei jeder Ölart die notwendige Menge Schwefelsäure anzuwenden. War die Schwefelsäuremenge zu klein, so zeigt sich dies an einer weniger glatten Ausscheidung der verkohlten Masse und an einer minder hellen Farbe des raffinierten Öles. Der Säurezusatz beträgt im allgemeinen etwa 0,5—1,5%. Nach erfolgter Trennung setzt man 1—2% heißes Wasser zu, um die Schwefelsäure zu verdünnen und weitere Einwirkung der starken Säure auf das Öl zu verhindern. Man läßt dann absitzen, zieht die Schleimschicht und die wäßrig-saure Schicht ab und wäscht das Öl entweder in demselben Behälter oder einem anderen verbleiten Apparat oder Holzgefäß gründlich mit heißem Wasser aus.

Sind die Rohöle sehr stark getrübt, so kann man die Raffination mit Schwefelsäure auch bei einer Temperatur von 80—85⁰ durchführen. Ein solches Arbeiten erfordert natürlich noch größere Vorsichtsmaßregeln, die Säure ist in kleinen Anteilen einzutragen. Das Ende der Reaktion erkennt man am Verschwinden des Schaumes, der sich (im Rüböl) bildet. Man setzt dann etwa 1% Wasser zu, läßt absitzen und verfährt weiter wie oben. Das Verfahren kommt in dieser Ausführungsform nur äußerst selten zur Durchführung; man arbeitet bei niedrigen Temperaturen.

Auch weniger starke Schwefelsäure wirkt entschleimend. So werden die zur Spaltung durch Autoklavierung oder nach Twitchell bestimmten Fette gewöhnlich mit Schwefelsäure von etwa 60⁰ Bé (konz. 77%) entschleimt. Häufig genügt es, das Öl mit 50%iger Schwefelsäure bei 50—70⁰ durchzurühren.

b) Entschleimen durch Erhitzen.

Die Schleimstoffe einiger pflanzlicher Öle, wie Leinöl oder Rüböl, koagulieren bei raschem Erhitzen auf 240—280⁰. Diese Entschleimungsmethode, welche man als das „Brechen" der Öle bezeichnet, wird nur selten durchgeführt, weil sich der Schleim schwer filtrieren läßt und größere Ölmengen einschließt. Bei raschem Erhitzen auf hohe Temperaturen findet häufig auch eine Aufhellung des Öles statt. Die Methode wurde auch zum Bleichen des roten Palmöles vorgeschlagen.

c) Entschleimen der Öle durch Hydratation.

Die Entschleimung durch Hydratation ist ein Quellungsvorgang; die Phosphatide und Proteine, auch mitgerissenes Saatgut, erleiden unter der Einwirkung des Wassers eine Quellung, werden spezifisch schwerer, sinken deshalb zu Boden und reißen die nicht quellbaren Anteile des „Schleimes" mit.

Die kolloiden Verunreinigungen der Rohöle können nach verschiedenen Methoden durch Aufnahme von Wasser zur Koagulation gebracht werden.

Das einfachste Verfahren, seit langer Zeit bekannt und praktisch angewandt, besteht im Behandeln des Öles mit offenem Dampf unter Zusatz von Kochsalz u. dgl. So wird z. B. Ricinusöl nach Zusatz von etwas Wasser mit offenem Dampf durchgekocht. Nach Abscheiden des Schleimes überbraust man das Öl mit einer schwachen Salzlösung oder überschüttet es mit etwa 2% trockenen Industriesalzes. Man läßt hierauf längere Zeit absitzen und zieht das Öl ab. Auch bei dieser Art der Reinigung reißt der Schleim die Farbstoffe teilweise mit, so daß das Öl nach der Reinigung heller ist.

Nach W. CLAYTON[1] lassen sich auf die geschilderte Weise außer Ricinusöl auch Talg, Palmöl, Erdnußöl und Fischöle vorreinigen.

Weit besser lassen sich Rohöle durch Hydratisierung entschleimen, indem man sie mit geringen, und zwar ganz bestimmten Wassermengen behandelt, unter vorher genau ermittelten Bedingungen.

Genauer ist der Vorgang von AYRES und CLARK[2] beschrieben worden.

Das Öl wird mit einer bestimmten Menge Wasser oder einer wäßrigen Lösung behandelt, wobei die Verunreinigungen hydratisiert und ölunlöslich gemacht werden[3]. Das so behandelte Öl zeigt größere Haltbarkeit und erfordert weniger Alkali bei der Entsäuerung, bei größerer Ausbeute an Neutralöl. Für die Koagulation der Kolloide werden dem Öl im allgemeinen weniger als 3% Wasser zugesetzt. Das Phänomen ist kein Adsorptionsvorgang, allem Anschein nach handelt es sich um eine molekulare Verbindung der Kolloide mit Wasser, analog der Wasseraufnahme bei der Kristallisation von Salzen oder der Wasserbindung durch Gelatine, kurzum eine Hydratationserscheinung. Die koagulierten Schleimkörper erscheinen unter Mikroskop völlig homogen. Diese Verunreinigungen würden, falls man sie im Öl beläßt, bei der Entsäuerung mit Lauge (s. weiter unten, S. 24) als Emulgierungsmittel wirken, so daß bei der Raffination viel größere Mengen Neutralöl verlorengingen. Nach Beseitigung der Alkali absorbierenden Verunreinigungen läßt sich dann die Entsäuerung mit einem Bruchteil der sonst benötigten Alkalimengen durchführen.

Zu beachten ist, daß sich die Hydratation nur mit relativ geringen Mengen Wasser ausführen läßt. In Gegenwart von viel Wasser findet die Koagulation der Ölkolloide überhaupt nicht statt, wird aber nur so viel Wasser angewandt, als zur Hydratisierung der Verunreinigungen notwendig ist, so wird die Tendenz zur Emulsionsbildung herabgesetzt und der Niederschlag scheidet sich in einer leicht durch Schleudern usw. entfernbaren Form aus; bei Gegenwart überschüssigen Wassers zeigten die Ausscheidungen die Neigung, sich im Öl zu verteilen, was ihre Trennung vom Öl natürlich kompliziert.

---

[1] Ind. Chemist chem. Manufacturer 3, 484 (1927); 4, 26 (1928).
[2] Sharples Speciality Co.: A. P. 1 737 402.
[3] S. auch H. SCHÖNFELD: Neuere Verfahren zur Raffination von Ölen und Fetten, S. 54. Allg. Industrie-Verlag. 1931.

Die Menge des zur Hydratation erforderlichen Wassers variiert in sehr weiten Grenzen und muß durch Vorversuche im Laboratorium genau ermittelt werden. In der Praxis wird die Höhe des Wasserzusatzes in der Weise festgestellt, daß man den Charakter der bei den Vorversuchen mit verschiedenen Wassermengen erhaltenen Koagulate beobachtet. Man setzt so viel Wasser zu, bis im Niederschlag neben den koagulierten Schleimstoffen auch Wassertropfen sichtbar werden. Dadurch und an der Unlöslichkeit des Koagulats im Öl wird der richtige Hydratationspunkt erkannt. Die Gegenwart von Wassertropfen im ausgeschiedenen Schleim wird am besten unter Mikroskop festgestellt. Von Wichtigkeit ist es Bedingungen zu vermeiden, welche eine Entwässerung des Niederschlages bewirken könnten.

Die Verunreinigungen, welche an sich hydrophob sind und deshalb die Bildung von Wasser-in-Öl-Emulsionen fördern, werden durch die Hydratisierung in hydrophile Kolloïde verwandelt, welche die Tendenz haben, in Gegenwart von Alkali Öl-in-Wasser-Emulsionen zu stabilisieren. Im hydrophilen Zustande neigen diese Verunreinigungen nicht, Wasser durch Hydratation aufzunehmen.

Sehr gute Ergebnisse werden auch erzielt bei Verwendung einer wäßrigen Lösung, welche wenig Stärke, Salze oder Alkali enthält; mit hohen Salzkonzentrationen läßt sich dagegen die Hydratation nicht durchführen. Stärke anzuwenden empfiehlt sich deswegen, weil durch die hydrophilen Eigenschaften der Stärke die Tendenz gewisser Öle zur Bildung von Wasser-in-Öl-Emulsionen herabgesetzt wird.

Das Verfahren wird in folgender Weise ausgeführt: Etwa 20 Teile einer 2%igen Stärkelösung werden z. B. in 1000 Teilen Rohöl bei etwa 60° intensiv eingerührt; das Gemisch wird hierauf in einer Zentrifuge oder sonstwie von den Ausscheidungen getrennt. Ein rohes Baumwollsaatöl mit 1,13% freien Fettsäuren erforderte zur Neutralisation vor der Entschleimung 10% Natronlauge von 14,7° Bé. Nach der Entschleimung mit Stärkelösung konnte die Entsäuerung mit 8,9% Natronlauge der gleichen Konzentration durchgeführt werden. Nach Entschleimung des gleichen Öles mit 1% reinen Wassers bei zirka 80° genügten zur Entsäuerung sogar 5,3% Lauge, also die Hälfte der ursprünglich benötigten Menge. Der Raffinationsverlust sank von 10% auf 5,3%, also ebenfalls auf die Hälfte.

Lange gelagerte Öle sollen sich nach dieser Methode nicht entschleimen lassen.

Ähnliche Verfahren zur Entschleimung von Ölen durch Behandeln mit Wasser stammen von W. KELLEY[1] und BAYLIS[2], TURNER[3] u. a.

NEMIROWSKI[4] verwendet zur Entschleimung viel stärker verdünnte Alkalilösungen: Das Öl wird mit einer 0,001—0,002%igen Lösung von NaOH bei 30—50° verrührt; bei Anwendung der genau ermittelten Alkalimenge fallen die Schleimstoffe in körniger, leicht filtrierbarer Form aus; sie lassen sich nach Zusatz von etwas Kieselgur oder anderen Hilfsmitteln leicht abfiltrieren. Auch B. CLAYTON[5] empfiehlt die Entschleimung mit verdünnten Alkalilösungen: Das mit Alkali versetzte Öl wird unter Druck auf höchstens 42° erhitzt und dann plötzlich entspannt.

Die Beseitigung der Phosphatide ist von besonderer Wichtigkeit für die Ölhärtung; die zur Härtung verwendeten Nickelkatalysatoren sind aber stets phosphorhaltig, weil die Öle auch nach sorgfältigster Reinigung noch Spuren von Phosphorverbindungen enthalten[6]. Die Phosphatide sollen nun restlos entfernt werden können, wenn man die Öle mit einem großen Überschuß an 1—2%iger Lauge, der man 10—15% Natriumchlorid zusetzt, behandelt. Dabei sollen, längere Einwirkung der Lauge vorausgesetzt, die Phosphatide hydrolysiert werden. Die durch Hydrolyse gebildete freie Phosphorsäure wird von der Lauge gelöst, während die Seifen ausgesalzen werden und eine Mittelschicht zwischen Lauge und Öl bilden.

Ein in der Praxis der Entsäuerung durch Destillation mit Wasserdampf verwendetes Verfahren zur Entschleimung durch Hydratation ist von der I. G.

[1] A. P. 1 747 675.   [2] A. P. 1 725 895.   [3] A. P. 1 448 581.
[4] Chem. Ztrbl. 1929 II, 3077.   [5] F. P. 723 634.
[6] A. SINOWJEW, Arbb. Zentr. russ. Fett-Forschungsinst. U. S. S. R. III, S. 3 (1934).

Farbenindustrie A. G.[1] vorgeschlagen worden: Zur Entfernung der Phosphatide und Schleimkörper werden die Öle mit kleinen Mengen Wasser bei etwa 60⁰ und darüber fein verteilt und dann rasch, längstens innerhalb einer halben Stunde, auf Raumtemperatur abgekühlt. Der Temperaturabfall muß mindestens 2⁰ pro Minute betragen. Das Verfahren kann z. B. zur Gewinnung des Lecithins aus extrahiertem Sojabohnenöl dienen (vgl. hierzu Band I, S. 505). Bei sehr schleimreichen Ölen verwendet man zweckmäßig schwach angesäuertes Wasser. Öl und Wasser (von letzterem etwa 1%) werden bei etwa 70⁰ einem Turbomischer zugeführt; es bildet sich zunächst eine kolloidale Lösung der Schleime und Phosphatide, aus der sich beim Abkühlen diese Stoffe in groben Flocken ausscheiden. Die Ausscheidung wird durch Zusatz von etwas Soda zum Öl nach erfolgter Abkühlung beschleunigt.

So wird z. B. rohes Sojabohnenöl bei 75⁰ mit 1% Wasser im Turbomischer so verrührt, daß stündlich 1500 kg Öl mit der entsprechenden Wassermenge den Apparat passieren. Das Gemisch wird hierauf in einer Kühlvorrichtung abgekühlt, derart, daß je 25 kg Öl in der Minute von 75 auf 20⁰ abgekühlt werden. Zu 16 t erkalteten Öles gibt man unter Rühren 8 kg trockener Soda hinzu und erhält hierauf einen Niederschlag, der nur 10% Öl mitgerissen hat. Eine ähnliche Art der Entschleimung ist in einem weiter unten nochmals erwähnten Patent der I. G. Farbenindustrie A. G.[2] beschrieben.

d) Entschleimen mit festen Adsorbenzien.

Auf einfachem Wege läßt sich die Entschleimung durch Verrühren der warmen Öle mit Kieselgur, Bleicherde, Aktivkohle u. dgl. bewerkstelligen. Für sehr schleimreiche Öle sind allerdings große Mengen dieser Zusätze notwendig, und die Entschleimung ist nicht immer vollständig. Die Methode wird auch zur Entschleimung von Rüb-Brennöl verwendet, ist aber weniger wirksam als die Behandlung mit Schwefelsäure.

Die entschleimende Wirkung der Bleicherden, der Kieselgur u. dgl. Stoffe ist seit langem und allgemein bekannt, obwohl auch noch in letzter Zeit Patente erteilt wurden. Für die Entschleimung von Baumwollsaatöl verwendet beispielsweise HARRIS[3] ein Gemisch von je 1/4% Bleicherde und Entfärbungskohle. Der Raffinationsverlust des Öles ging nach dieser Behandlung von 8,1 auf 5,5% zurück. Auf dieselbe Weise entschleimtes Cocosöl ergab bei der Behandlung mit Lauge eine 90%ige Fettsäure, also einen sehr geringen Neutralölverlust. Die Filtrationshilfsmittel der Celite Products Co., bestehend aus besonders vorbehandelter Diatomeenerde, sollen besonders gute Entschleimungsmittel sein[4].

e) Physikalische Entschleimungsverfahren.

G. WOLFF[5] berichtet, daß gewisse stickstoffhaltige Verunreinigungen der Öle, welche sich nach den bekannten Entschleimungsverfahren nicht beseitigen lassen, durch Ultrafiltration durch Kollodiummembranen entfernt werden können. Die Angabe dürfte nicht ganz richtig sein, denn Schwefelsäure macht z. B. Trane u. dgl. Öle völlig stickstofffrei.

Werden die Öle bei 100⁰ längs eines hochgespannten elektrischen Feldes oder bei mäßiger Temperatur elektrischen Glimmentladungen unterworfen, so scheiden sich nach LEIMDÖRFER[6] die Schleime in groben Flocken aus. Das Verfahren dürfte für die Praxis schon deswegen ohne Wert sein, weil dabei eine weitgehende Veränderung des ungesättigten Öles eintreten muß.

[1] E. P. 371503.
[3] Cotton Oil Press 11, Nr. 5 (1927).
[5] Chim. et Ind. 19, Sonderheft (1928).
[2] E. P. 341390; A. P. 1937320.
[4] E. P. 326539.
[6] Seifensieder-Ztg. 60, 84 (1933).

f) Entschleimung mit speziellen Reagenzien.

In dem bereits erwähnten Patent der I. G. Farbenindustrie A. G.[1] werden als Entschleimungsmittel Reagenzien vorgeschlagen, welche mit den Fetten nicht mischbar sind und auf die Verunreinigungen keine chemische Wirkung haben sollen. Neben Wasser und wäßrigen Elektrolytlösungen, deren entschleimende Wirkung bereits genannt wurde, kommen wasserfreie Flüssigkeiten, wie Formamid, Glycerin, Eisessig, Ameisensäure, Glykol und andere Alkohole in Betracht.

Man verrührt z. B. rohes Baumwollsaatöl mit 1% Formamid bei 40⁰ im Turbomischer; für Sojabohnenöl verwendet man 2% Formamid usw. Für die Entschleimung von Leinöl eignet sich Verrühren mit 2% einer wäßrigen, 1%igen Natriumoleatlösung; es bildet sich eine Emulsion, welche durch Zentrifugieren getrennt werden muß. Sojabohnenöl kann auch durch Dispergieren von 1% mit der halben Wassermenge verrührten Gipses vorgereinigt werden.

Altbekannte Entschleimungsmittel für Rohöle sind *Alaun* und *Tannin*. Sehr gut soll nach A. Ssergejew[2] Eichenrindenextrakt bei der Entschleimung von Fischölen u. dgl. wirken. Die Entschleimung wird im Raffinationsapparat selbst bei 60⁰ vor Zusatz der Lauge durchgeführt unter Anwendung von 1% Tanninlösung.

Hebden[3] verwendet zur Entschleimung wäßrige Suspensionen von Aluminium-, Eisen- und Titantannaten. Man versetzt das Öl in der Kälte mit einer 0,01%igen Suspension der Gerbstoffsalze; der koagulierte Schleim soll etwa die Hälfte der Ölfarbstoffe mitreißen.

Mehrfach wurde *Salzsäure* für die Entschleimung vorgeschlagen. In das entwässerte Öl werden 1—4 Teile konzentrierter Salzsäure bei 80⁰ unter Rühren innerhalb von 10—20 Minuten[4] eingetragen. Bei weiterem langsamem Rühren ballt sich der Schleim zu einer dunklen Masse zusammen, welche sich am Gefäßboden ansammelt.

Die Metallgesellschaft A. G.[5] entschleimt mit einem Gemisch von Salzsäure und Calciumchlorid. Das Öl wird bei 50⁰ mit 4 Teilen starker Salzsäure und 3 Teilen einer 30%igen Chlorcalciumlösung kurze Zeit gerührt. Diesen beiden Verfahren kommt größere Bedeutung zu.

Nach M. Bauman und I. Grabowski[6] kann unfiltriertes rohes Sonnenblumenöl auf folgendem Wege entschleimt werden: Das Öl wird erst mit einer 0,5%igen Schwefelsäurelösung und hierauf mit einer Kochsalzlösung von 5⁰ Bé verrührt. Nach Abziehen der wäßrigen Schicht läßt man das Öl einen Tag in der Kälte stehen. Es bildet nach längerer Zeit einen geringen Satz, das abdekantierte Öl läßt sich gut filtrieren und verbraucht bei der Entsäuerung um 35—40% weniger Natronlauge als ohne diese Vorbehandlung filtriertes Öl. Auch Leinöl läßt sich auf diese Weise vorreinigen.

Wichtige, praktisch erprobte Entschleimungsmittel sind außer konzentrierter Schwefelsäure, Tannin u. dgl. die *Phosphorsäure und ihre Salze*. Die Sojaölphosphatide und -schleime entfernt die I. G. Farbenindustrie A. G. mit 40- bis 65%iger Phosphorsäure[7]. Das Öl wird bei 35⁰ mit 1% Phosphorsäure verrührt, schnell auf 60⁰ erwärmt und das Gemisch nach Zusatz von 0,2% Wasser noch weitere 10 Minuten gerührt und dann der Ruhe überlassen. Nach Abziehen der Schleimschicht wird die im Öl verbliebene Phosphorsäure mit wenig Ammoniak abgestumpft; hierbei fallen noch die restlichen Schleimstoffe aus.

[1] A. P. 1 937 320; E. P. 341 390.
[2] Öl-Fett-Ind. (russ.: Masloboino Shirowoje Djelo) 11, 551 (1935).
[3] A.P. 1 745 367.   [4] I. G. Farbenindustrie A. G.: E. P. 326 539.
[5] E.P. 366 996.   [6] Öl-Fett-Ind. (russ.: Masloboino Shirowoje Djelo) 12, 237 (1936).
[7] E. P. 377 336.

Ähnlich arbeiten die Harburger Ölwerke Brinkman und Mergell[1], welche das Öl mit 0,1—0,8% Phosphorsäure (Dichte 1,55) bei 70° behandeln und hierauf Kieselgur und Cellulose und zum Abstumpfen der Säure Kalk zufügen. Das Entschleimen mit Phosphorsäure ist auch in einem Patent der Sherwin Williams Co.[2] vorgeschlagen worden.

Besser als freie Phosphorsäure wirken die *Alkaliphosphate*. Die Verwendung von *Trinatriumphosphat, Natriumpyrophosphat* u. dgl. ist der I. G. Farbenindustrie A. G. geschützt[3]. In dem gleichen Patent werden übrigens zur Entschleimung wäßrige Lösungen von schwefliger Säure, Soda, Kochsalz, Natriumdisulfit usw. vorgeschlagen. Neben den gewöhnlichen Phosphaten sind die Pyrophosphate auch nach einem Patent der Alexander Wacker Ges. für elektrochemische Industrie[4] zur Entschleimung geeignet.

Während bei den vorgenannten Verfahren die Entschleimung bei relativ niedriger Temperatur mit wäßrigen Lösungen verschiedener chemischer Verbindungen vorgenommen wird, erfolgt die Entschleimung mit wasserfreier *Borsäure* und ihren Estern nach einer Angabe der I. G. Farbenindustrie A. G. bei wesentlich höherer Temperatur[5]. Baumwollsaatöl wird z. B. mit 1% wasserfreier Borsäure im Vakuum auf 130° erhitzt. Der Raffinationsverlust ging nach dieser Behandlung des Öles um etwa 45% zurück. An Stelle von Borsäure können Borsäureester mehrwertiger Alkohole (Glycerin u. dgl.) verwendet werden.

B. H. Thurman[6] berichtete allerdings schon im Jahre 1923, daß Borsäure aus Rohölen (Baumwollsaatöl) Proteine, Phosphatide und andere Verunreinigungen niederzureißen vermag.

Auch *β-Naphthalinsulfonsäure* wirkt bei Temperaturen von 70—200° entschleimend. Zur Entschleimung von Sesamöl läßt man z. B. 0,8% β-Naphthalinsulfonsäure bei 160° 5—15 Minuten auf das Öl einwirken.

Das praktisch immer noch wichtigste Entschleimungsverfahren ist die Raffination mit Natronlauge, bei der die durch die Einwirkung der Lauge auf die freien Fettsäuren des Öles gebildete Seife die Harz- und Schleimstoffe sowie einen großen Teil der Farbstoffe aus dem Fett mitreißt. Die entschleimende Wirkung der Alkalilaugen wurde bereits in den Jahren 1855—1860 von Evrard[7] und von Bareswill[8] beschrieben. Sie bilden die Grundlage der im nächsten Abschnitt behandelten Neutralisation der Rohöle mit Natronlauge, des wichtigsten Teilvorganges der Ölraffination.

Zum Schluß seien noch einige Vorreinigungsverfahren von Ölen genannt, welche speziell für *Schwefel enthaltende Öle* bestimmt sind. Sulfurolivenöl läßt sich durch Erhitzen mit konz. Salzsäure, Ameisensäure, Phosphoroxychlorid auf 60—80° entschleimen und entschwefeln, indem das Koagulat die Schwefelverbindungen mitreißt[9].

Der Schwefel läßt sich ferner aus Sulfurölen durch Erhitzen mit Verbindungen des Kupfers, Nickels oder Bleies entfernen. Es werden z. B. die Öle mit 3% einer 10%igen Nickelsulfatlösung und 3% einer 10%igen Sodalösung auf 60—90° erhitzt. Auch Bleinaphthenat eignet sich zur Entschwefelung[10].

Mit der Entschleimung werden verschiedene technische Effekte erreicht:

[1] E. P. 393 108.   [2] Can. P. 330 967.
[3] D. R. P. 565 079.   [4] A. P. 1 937 320.
[5] D. R. P. 569 797, 592 089.   [6] Ind. engin. Chem. 15, 395 (1923).
[7] Polytechn. Ztrbl. 1855, 368.
[8] Journ. Pharmac. 1858, 446; Dinglers polytechn. Journ. 149, 80; Verhandl. Niederösterr. Gewerbevereines 1858, 413.
[9] E. P. 326 539.   [10] I. G. Farbenindustrie A. G.: E. P. 362 964; F. P. 705 850.

1. Durch die Entfernung dieser Fremdstoffe wird, wie erwähnt, die Haltbarkeit der Öle gesteigert; die Zunahme der Azidität ist bei schleimfreien Ölen langsamer als bei den schleimhaltigen.

2. Die Entschleimung genügt häufig, um die Öle für gewisse technische Anwendungen vorzubereiten; so z. B. die Entschleimung des für die Lackindustrie bestimmten Leinöles.

3. Sie erleichtert die weitere Reinigung der Fette und setzt die Reinigungsverluste herab, wie schon aus den in diesem Abschnitt genannten Beispielen hervorgeht. Insbesondere gilt das für die Entsäuerung mit Natronlauge.

Trotz dieser Vorteile der Vorentschleimung wird sie nur in beschränktem Maße praktisch durchgeführt; man pflegt gewöhnlich die Schleime gemeinsam mit den freien Fettsäuren mittels Alkalilauge zu entfernen. Eine Entschleimung als erste Raffinationsstufe wäre aber wirtschaftlich zweifellos rationeller, namentlich nachdem es jetzt Methoden gibt, welche es gestatten, die Entschleimung ohne Anwendung besonderer Apparaturen auf einfachem Wege vorzunehmen.

II. Die Entsäuerung der rohen Fette.

Für die Neutralisation der Rohöle kennt man fünf verschiedene Methoden, welche nach abnehmender praktischer Bedeutung folgende Reihe ergeben:

a) Neutralisation mittels wäßriger Natronlauge.

b) Abdestillieren der freien Fettsäuren mit Wasserdampf.

c) Veresterung der freien Fettsäuren mit Glycerin.

d) Entfernen der Fettsäuren mit Lösungsmitteln, die wenig oder kein Neutralöl aufnehmen.

e) Neutralisation der Fettsäuren mit Soda, Kalk oder mit organischen Basen.

Von den aufgezählten Verfahren ist das unter a genannte weitaus das wichtigste; Rohöle normalen Säuregrades werden ausschließlich nach diesem Verfahren neutralisiert.

Eine gewisse Bedeutung kommt den Verfahren b und c für Fette mit sehr hoher Azidität zu. Die Verfahren d und e sind ohne nennenswerte praktische Bedeutung.

A. Entsäuerung der Fette mit wäßriger Natronlauge.

Auf die Bedeutung der wäßrigen Alkalilösungen für die Fettreinigung wurde im vorigen Abschnitt hingewiesen. Natronlauge ist das wirksamste Entschleimungs- und Entfärbungsmittel für Rohöle. Die Lauge erfüllt bei der Neutralisation also mehrere Aufgaben und wirkt nicht ausschließlich als Neutralisationsmittel. Die bei Zusatz der Lauge gebildete Seife reißt die Verunreinigungen, auch die Ölfarbstoffe zu einem großen Teil mit, sie emulgiert allerdings auch gewisse Mengen von Neutralöl.

Die Ausgestaltung dieses Raffinationsverfahrens hängt mit dem Aufschwung der amerikanischen Baumwollsaatölfabrikation zusammen. Am Baumwollsaatöl läßt sich auch die reinigende Wirkung der Lauge besonders gut beobachten; denn das tiefbraune bis braunschwarze Öl verwandelt sich nach der Behandlung mit Lauge in ein hellgelbes Produkt.

Leider führt diese Methode der Entsäuerung auch zu den größten Ölverlusten, namentlich bei den noch schleimhaltigen Ölen.

Die Menge der nichtfetten Fremdstoffe, d. h. der Phosphatide, Proteine, Schleim- und Farbstoffe u. dgl., welche Natronlauge aus rohen Ölen entfernt, hängt von ihrem Gehalt im Öl ab, sie beträgt nach B. H. Thurman[1]: bei Baumwollsaatöl 0,9—1%, bei Erdnußöl 0,2—0,4%, bei Cocosfett 0,1—0,2%, bei Sojabohnenöl bis 0,5% (Durchschnittszahlen).

Um außer den Fettsäuren noch die Fremdstoffe entfernen zu können und um auch der bei der Neutralisation mit Lauge stattfindenden Verseifung Rechnung zu tragen, muß ein Überschuß an Lauge verwendet werden. Mit dem titrimetrisch festgestellten NaOH-Verbrauch kommt man nicht aus. Die verseifende Wirkung ist recht groß, namentlich bei Arbeiten mit Laugen höherer Konzentration. So hat Thurman bei der Raffination von 80 Tankwagen Baumwollsaatöl einen durch Verseifung entstandenen Ölverlust von 1,44% festgestellt; bei anderen Ölen war der Neutralölverlust kleiner und betrug beispielsweise bei Erdnußöl 0,7%, bei Cocosöl 0,2%.

Es wird in der Praxis mit Laugen verschiedensten NaOH-Gehalts gearbeitet, grundsätzlich sind aber zwei Ausführungsformen zu unterscheiden: 1. Entsäuern mit konzentrierten Laugen von etwa 15—30° Bé und 2. Entsäuern mit verdünnten Laugen von 4—6°, im Durchschnitt von 5° Bé.

a) Entsäuern mit starker Natronlauge.

1. Ausführung.

Charakteristisch für diese Ausführungsform der Neutralisation ist die Überführung der freien Fettsäuren in eine seifenleimartige Masse, welche als „Seifenfluß", „Seifenstock" („Soapstock") bezeichnet wird.

Man läßt zu dem etwa 50—70° warmen Öl unter vorsichtigem Rühren (gewöhnlich mit 40 Touren/Min.) die Lauge in fein verteiltem Zustande fließen. Die Temperatur und die Konzentration der Lauge richten sich nach der Natur des Öles und seinem Gehalt an freien Fettsäuren. Die gebildete Seife scheidet sich als eine kompakte, zähflüssige dunkle Masse (Soapstock)· aus. Die Menge des erforderlichen Laugenüberschusses wird zweckmäßig in Laboratoriumversuchen festgestellt. Man führt diese Versuche mit verschiedenen Mengen Lauge und verschiedenen Laugenkonzentrationen durch und vergleicht die Beschaffenheit der Raffinate. Da in Raffinerien häufig Öle ähnlicher Qualität und Art raffiniert werden, sind natürlich solche Vorversuche nicht immer notwendig.

Für die zu wählende Laugenkonzentration sind maßgebend:

a) Beschaffenheit des Seifenstocks.

b) Menge des verseiften Neutralöles.

c) Menge des vom Seifenstock mitgerissenen Neutralöles.

d) Geschwindigkeit der Trennung von Seifenstock und Neutralöl.

e) Entfärbungsgrad des raffinierten Öles[2].

f) Säuregrad des Rohöles.

Zu a. Vor allem ist zu berücksichtigen, daß der Seifenstock; den man durch Neutralisation der Fettsäuren mit konzentrierten Laugen erhält, noch bei einem relativ hohen Wassergehalt der Lauge eine sehr zähflüssige Masse bildet, welche in der Kälte sogar erstarren kann. Es muß also mit solchen Laugenkonzentrationen gearbeitet werden, daß die ausgeschiedene Seifenschicht bei den Arbeitstemperaturen von 50—70° noch hinreichend beweglich ist, um ohne Schwierigkeiten aus dem Neutralisationsgefäß abgezogen werden zu können. Öle niedriger Jodzahl bilden beispielsweise einen sehr festen Seifenstock, aber auch flüssige Fette, wie Baumwollsaatöl, ergeben sehr zähe Seifenschichten bei der Entsäuerung mit starken Laugen. Bei Anwendung zu starker Laugen und

---

[1] Ind. engin. Chem. 15, 395 (1923).
[2] T. Andrews: Journ. Soc. chem. Ind. 45, 970 (1926).

eines größeren Laugenüberschusses kann es auch vorkommen, daß die Seife aus dem Seifenstock ausgesalzen wird, was unbedingt vermieden werden muß.

Zu b. Es wird um so mehr neutrales Öl verseift, je höher die Konzentration der verwendeten Lauge ist.

Zu c. Die Emulgierungsfähigkeit der Lauge für Neutralöl nimmt zu mit zunehmender Verdünnung; man ist deshalb bestrebt, mit möglichst hohen Laugenkonzentrationen zu arbeiten.

Zu d. Die Temperatur und die Konzentration der Lauge sind so zu wählen, daß sich der gebildete Seifenstock leicht vom Öl durch Absitzenlassen trennen läßt. Ein sich vom Öl schlecht absetzender Seifenstock enthält gewöhnlich mehr mitgerissenes Neutralöl.

Zu e. Je verdünnter die Lauge, desto größer muß der Laugenüberschuß sein, welchen man braucht, um bei der Entsäuerung auch eine gute Entfärbung des Rohöles zu erzielen.

Zu f. Die Konzentration der Lauge hängt auch von dem Säuregehalt des Rohöles ab. Man verwendet um so stärkere Laugen, je mehr freie Fettsäuren das Öl enthält. So wird z. B. rohes Baumwollsaatöl je nach dem Säuregrad mit Laugen folgender Konzentrationen entsäuert (nach Losowoj):

Freie Fettsäuren im Öl	0,4—1,5%	Laugenkonzentration	10—14° Bé
„ „ „ „	1,6—2,0%	„	14—16° „
„ „ „ „	2,2—3,0%	„	16—18° „
„ „ „ „	3,1—4,0%	„	18—20° „
„ „ „ „	4,1—5,0%	„	20—22° „
„ „ „ „	5,1—7,0%	„	22—24° „

Die zur Neutralisation erforderliche Gesamtmenge an Natronlauge kann nach folgender Formel berechnet werden:

$$\left(\frac{K\,20}{P} + \frac{K\,20}{x\,P} \right) \frac{H}{1000},$$

worin K den Säuregehalt des Rohöles, P die Bé-Grade der Arbeitslauge, H g NaOH in P, berechnet nach den bekannten Laugentabellen bedeutet; $\frac{K\,20}{x\,P}$ ist der Laugenüberschuß, welcher natürlich für jede Ölart wechselt; für Baumwollsaatöl ist beispielsweise x höher als für Cocosöl.

Die Arbeitstemperatur ist so zu wählen, daß sich der Seifenstock als homogene Masse vom Öl leicht absetzt. Nach Zusatz der gesamten Laugenmenge müssen in einer Ölprobe dunkle Seifenflocken erscheinen, welche in der klaren Ölmasse schwimmen. In diesem Augenblick kann das Rührwerk abgestellt werden. Die Seife muß sich in einigen Stunden restlos zu Boden setzen und das darüber stehende neutralisierte Öl vollkommen klar sein. Verbleibt auf der Oberfläche der Ölschicht mehr als eine kleine Schaumschicht, welche sich durch Abschöpfen leicht entfernen läßt, so war die Entsäuerung fehlerhaft. Fehlerquellen sind:

1. Die Lauge war sodahaltig. In einem solchen Falle wird, wegen der bei der Neutralisation stattfindenden Kohlendioxydentwicklung, ein Teil der Seife an die Oberfläche des Öles getrieben. Sodahaltige Natronlauge darf deshalb für die Entsäuerung der Fette nicht verwendet werden.

2. Auch bei zu hoher Neutralisationstemperatur kann es vorkommen, daß ein Teil der gebildeten Seife nach oben getrieben wird. Es entstehen dadurch große Schwierigkeiten bei der Trennung von Seifenstock und Öl, und die Reinigung ist in einem solchen Falle unvollkommen.

3. Die Beschaffenheit des Seifenflusses hängt auch von der Art des Rührens ab; es dürfen nur solche Rührwerke verwendet werden, welche die Seife nicht

zerschlagen oder an die Gefäßwände schleudern. Das Öl soll ruhig und gleichmäßig gerührt werden. Nur unter diesen Bedingungen gelingt es, den Seifenstock als eine homogene Masse zu erhalten. Das Öl soll also bewegt, aber nicht nach den verschiedensten Richtungen geschleudert werden, sonst erhält man keinen homogenen Seifenfluß, der sich gut abscheidet. Ist er flockig oder gar durch die Lauge ausgesalzen, so bildet sich beim Absetzen eine aus viel Öl und Seife bestehende Mittelschicht, welche man nur aufarbeiten kann, indem man sie einer frischen Rohölpartie zusetzt.

Die Menge des Laugenüberschusses ist übrigens auch davon abhängig, wie hoch der Neutralisationsgrad sein soll. Um ein Öl auf etwa 0,05% freie Fettsäure zu neutralisieren, braucht man erheblich mehr Natronlauge als zur Neutralisation auf bloß 0,1—0,2% freie Fettsäuren. Man verfährt bei der Neutralisation am besten so, daß man den Vorgang unterbricht, wenn die vorgesehene Laugenmenge noch nicht ganz zugesetzt worden ist. Durch Titration einer herausgenommenen Ölprobe stellt man den Neutralisationsgrad fest und setzt noch eine kleine Menge Lauge zu, wenn dieser noch nicht voll befriedigend war.

Nach Zusatz der gesamten Lauge läßt man bei schwach umlaufendem oder abgestelltem Rührwerk noch eine gewisse Menge heißen Wassers oder schwacher Kochsalzlösung über das Öl fließen, um die im Öl noch gelöste oder schwimmende Seife herunterzuspülen. Man überläßt dann das Gemisch einige Zeit der Ruhe, damit sich der Seifenfluß vom Öl abtrennen kann. Nach erfolgter Trennung der beiden Schichten von Öl und Seifenleim wird letzterer durch einen an tiefster Stelle des Neutralisationsgefäßes befindlichen Stutzen in ein darunter stehendes Gefäß abgelassen.

2. Eigenschaften und Aufarbeitung des Seifenstocks.

Die auf Zusatz der Natronlauge zum Öl gebildete Seife bewirkt zu Beginn des Neutralisationsprozesses die Bildung einer Emulsion vom Typus Wasser in Öl, deren dispergierte Teilchen aber ihrerseits etwas Öl einschließen[1].

Nach erfolgter Bildung des Seifenstocks scheidet sich im weiteren Verlauf der Raffination aus der ursprünglich entstandenen Emulsion nur der Ölanteil ab, welcher ursprünglich die kontinuierliche Phase bildete. Das von der Seife von Anfang an dispergierte Öl bleibt dagegen auch nach dem „Brechen" als interne dispergierte Phase im Seifenstock zurück und wird von dem Seifenstock sehr hartnäckig zurückgehalten.

Der Seifenstock ist ein Gemisch von Seife, Neutralöl, unverseifbaren Stoffen, Ölfarbstoffen, Schleimstoffen, Harzseifen, Wasser, Glycerin (herrührend von der Neutralölverseifung) und Elektrolyten, insoweit solche während des Entsäuerns zur Anwendung kamen. Je nach der Arbeitsweise ist der Gehalt an Seife und Neutralöl verschieden. Nach B. H. THURMAN[2] enthält z. B. der Seifenfluß der Baumwollsaatölentsäuerung im Durchschnitt 18,7% Neutralöl, 26% fettsaure Natronseifen, 45,6% Wasser und 8,95% nichtfette Bestandteile. Aus dem halbfesten konzentrierten Seifenstock läßt sich durch langes Absitzenlassen nur noch der Ölanteil zurückgewinnen, welcher von der kontinuierlichen Ölphase in der Masse zurückgeblieben ist. Das dispergierte Öl kann aus dem stark konzentrierten Seifenfluß nicht ohne weiteres wiedergewonnen werden.

A. SCHMIDT und O. MICHAILOWSKAJA[3] haben festgestellt, daß das Neutralöl im konzentrierten Seifenstock in Form von Kügelchen vom Radius 1—4 η verteilt ist. Die Größe der Ölkugeln ist abhängig vom Neutralöl- und Wassergehalt

---

[1] Vgl. auch E. AYERS jun.: Chem. metallurg. Engin. **23**, 1025 (1920).
[2] S. S. 25.   [3] Öl-Fett-Ind. (russ.: Masloboino Shirowoje Djelo) **11**, 255 (1935).

des Seifenstocks, dem Gehalt an Elektrolyten (Natriumchlorid), Schleimstoffen, Proteinen u. dgl. Die Schleime und Proteine bilden auf den dispergierten Ölkugeln Filme und erhöhen die Stabilität der Emulsion. Ferner ist auf die Größe der Ölkugeln auch die Temperatur von Einfluß. Die Art dieser Emulsion läßt sich gut erkennen, wenn man den Seifenstock stärker mit Wasser verdünnt.

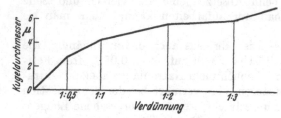

Abb. 22. Änderung des Ölkugelradius mit dem Wassergehalt des Seifenstocks.

Die in der verdünnten Lösung dispergierten Ölpartikel haben nach AYERS einen Durchmesser von 0,02—0,002 mm; die kleinsten Partikel zeigen im hinreichend verdünnten Seifenstock die Erscheinung der BROWNschen Bewegung.

Läßt man nun den Seifenstock bei höherer Temperatur in einem Behälter absitzen, so werden die Ölpartikel allmählich nach oben getrieben, während die Seifenschicht sich unten ansammeln wird. Die Trennung der beiden Phasen wird durch Gegenwart von Kochsalz beschleunigt.

Die Trennungsgeschwindigkeit v der beiden Phasen läßt sich nach SCHMIDT und MICHAILOWSKAJA auf Grund des STOKEschen Gesetzes berechnen:

$$v = \frac{2}{9} . 981 \, (D - d) \, \frac{r^2}{\eta}. \tag{1}$$

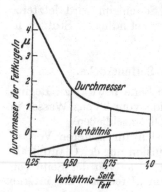

Abb. 23. Vergrößerung des Ölkugeldurchmessers mit dem Ölgehalt des Seifenstocks.

Verhältnis Seife : Fett	1,1	1,2	1,3	1,4
Seifenmenge in g	8	8	5	3
Fettmenge in g	8	15	24	32
Größter Kugeldurchmesser....	0,7	1,41	2,9	4,4μ

In dieser Formel ist 9,81 die Beschleunigung durch Schwerkraft, r der Ölkugelradius, η die Viscosität des Seifenstocks. Enthält nun beispielsweise der Seifenstock 10% Neutralöl, welches in der wäßrigen Phase zu Ölkugeln der Radiusgröße $r = 2\,\eta$ dispergiert ist, so wird die Auftriebsgeschwindigkeit des Öles bei 85° etwa 0,39 cm pro Stunde betragen. Hat also der Absitzbehälter eine Höhe von 2 m, so wird das an der tiefsten Stelle des Behälters befindliche Ölkügelchen 16 Tage brauchen, um auf die Oberfläche zu gelangen[1].

Aus der Formel (1) folgt, daß die Geschwindigkeit der Trennung unter anderem dem Quadrat des Kugelradius proportional ist. Ein Mittel zur Vergrößerung der Kugelgröße ist die Verdünnung des Seifenstocks mit Wasser. Wie Abb. 22 zeigt, vergrößert sich der Durchschnittsradius der Ölpartikel um das Acht- bis Neunfache, wenn der Seifenstock mit vier Teilen Wasser verdünnt wird. Auch durch Steigerung des Neutralölgehalts kann die Vergrößerung des Kugeldurchmessers erreicht werden. Wie Abb. 23 zeigt, hat Verdünnung mit Öl analoge Wirkung wie Verdünnung mit Wasser. Bei einem Verhältnis von Seife : Fett von 1 : 1 hatten die Ölpartikel einen Radius von 0,7 μ, bei einem Verhältnis 1 : 4 den Radius 4,4 μ.

Von besonderer Bedeutung für die Trennungsgeschwindigkeit ist nach

---

[1] A. SCHMIDT u. O. MICHAILOWSKAJA: Öl-Fett-Ind. (russ.: Masloboino Shirowoje Djelo) 11, 255 (1935).

Formel 1 die Differenz der Dichten von Seifenlösung und Öl $(D - d)$, ferner die Viskosität. Die Trennungsgeschwindigkeit ist direkt proportional der Differenz der beiden Dichten und umgekehrt proportional der Viskosität. Die Differenz $(D - d)$ hängt ab von der Temperatur, dem Elektrolytgehalt der wäßrigen Phase, ferner vom Verhältnis Neutralöl : Seife. Die Viskosität wird natürlich abnehmen mit steigender Temperatur; sie ist beispielsweise bei 90° um 45% niedriger als bei 60°.

Die Abb. 24 und 25 zeigen, wie sich die Dichtedifferenz $(D - d)$ und die Viskosität mit der Temperatur ändern. Die größte Viskositätsabnahme wurde zwischen 80 und 90° beobachtet, und bei diesen Temperaturen war auch die Differenz $(D—d)$ am größten. Diese Temperaturen sind demnach für das Absitzenlassen des

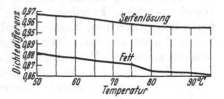

Abb. 24. Steigerung der Differenz der Dichten der beiden Seifenstockphasen mit der Temperatur.

Seifenstocks am günstigsten. Jedoch gelingt auch unter diesen Umständen keine weitgehende Entölung, und es bleiben schließlich im Seifenstock, d. h. in der gesamten Fettsubstanz des Seifenstocks 40—50% Neutralöl zurück, welches auf diesem Wege nicht mehr aus dem Gemisch abgetrennt werden kann. Nur bei der Entsäuerung von Cocosfett gelingt es, ein günstigeres Verhältnis von Fett : Seife zu erzielen.

Eine viel raschere und gründliche Abscheidung des Neutralöles aus dem Seifenstock läßt sich in Zentrifugen erreichen. Auch hier wird die Trennungsgeschwindigkeit mit der Temperatur und der Größe $(D—d)$ sowie mit der Größe von r zunehmen. Die Trennung wird um so gründlicher sein, je verdünnter der Seifenstock ist, je mehr Öl er enthält und je höher die Temperatur beim Abschleudern

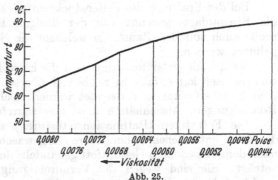

Abb. 25.
Viskosität des Seifenstocks bei verschiedenen Temperaturen.

ist. Schmidt und Michailowskaja berichten, daß sie bei einem Gesamtfettgehalt des Seifenstocks von 20% in einfachen Alfa-Separatoren das Neutralöl zu 70% wiedergewinnen konnten. Bei einem abnorm hohen Neutralölgehalt (64% Neutralöl, 4,6% Seife) konnten sie sogar 97% des Öles abschleudern.

Die Beobachtung, daß das Öl aus einem neutralölreichen Seifenstock leichter wiedergewonnen werden kann als aus einem ölarmen, eröffnet die Möglichkeit der kontinuierlichen Entsäuerung der Rohöle mit starker Natronlauge. Die Firma Sherples Speciality Co. hat sich auf Grund dieser Feststellung ein Verfahren zur kontinuierlichen Raffination und Entölung des Soapstocks in Hochleistungszentrifugen (Superzentrifugen, s. S. 36) schützen lassen. Öl und Lauge werden kontinuierlich vermischt und das Gemisch von Neutralöl und Seife kontinuierlich abgeschleudert[1]. Das Verfahren soll in amerikanischen Baumwollsaatölfabriken bereits erprobt werden.

Es wurde auch vorgeschlagen, den Seifenstock durch Behandeln mit

---

[1] E. P. 407995.

Lösungsmitteln, welche das Neutralöl oder den Seifenstock auflösen, zu trennen. Die Metallgesellschaft A. G. will das Neutralöl mit Benzol extrahieren[1]. Die Extraktion der Seifenstockmasse ist aber nur mit Schwierigkeiten durchführbar. Vorgeschlagen wurde ferner, die Trennung mit Hilfe von alkoholischen Salzlösungen durchzuführen.

Aufarbeitung des Seifenstocks. Der Seifenstock ist im allgemeinen kein Handelsprodukt. Fabriken, welche neben der Raffination auch die Seifenherstellung betreiben, können allerdings den Seifenstock als solchen verwenden.

Soll aber der Seifenstock weiter an Seifenfabriken abgestoßen werden, so muß er zuvor mit Mineralsäure zu einem Gemisch von Fettsäure und Neutralfett zerlegt werden (den sog. Raffinationsfettsäuren). Es ist nämlich sehr schwer, für den Seifenstock eine rationelle Verkaufsbasis zu finden, weil er infolge seiner Inhomogenität nur schwer mit reproduzierbaren Resultaten analysiert werden kann. Auch das Abfüllen des Seifenstocks in Fässer verursacht große Schwierigkeiten, ebenso die Entleerung des erstarrten Seifenstocks aus den Fässern.

Man kocht den Seifenstock in Holzbottichen oder in verbleiten Gefäßen mit verdünnter Schwefelsäure auf, bis die Seife vollkommen zerlegt wurde und das Fettsäure-Öl-Gemisch sich geklärt hat. Zum Umrühren und Erhitzen des Gemisches dienen perforierte Bleischlangen am Boden des Gefäßes, welches während der Aufspaltung mit einem Holzdeckel abgedeckt wird, um eine leicht eintretende Oxydation des Fettes zu vermeiden.

Bei der Spaltung des Seifenstocks entwickeln sich lästige Gerüche, weshalb die Spaltanlage getrennt von der übrigen Raffinerie untergebracht werden muß; auch soll der Raum, in welchem die Spaltung vorgenommen wird, gut gelüftet werden.

Nach vollendeter Spaltung wird die klare Fettsäureschicht abgezogen. Das Säurewasser kann, falls es noch viel überschüssige Mineralsäure enthält, für eine weitere Operation verwendet werden. Selbstverständlich müssen auch die Rohrleitungen, Abziehhähne usw. aus säurefestem Material hergestellt sein.

Die Fettsäuren (Raffinationsfettsäuren) werden mit heißem Wasser von der noch enthaltenen Mineralsäure ausgewaschen und getrocknet. Sie werden nach dem verseifbaren Gesamtfett gehandelt, dessen Gehalt gewöhnlich 96—98% beträgt. Sie sind wegen der Verunreinigung durch Ölfarbstoffe usw. viel dunkler als das Rohöl. aus dem sie gewonnen wurden, trotzdem aber ein gesuchtes Rohmaterial für die Seifenfabrikation.

Um zu berechnen, wieviel freie Fettsäuren und wieviel Neutralöl die Raffinationsfettsäuren enthalten, muß außer der Säurezahl auch die Verseifungszahl bestimmt werden. Berechnet man den Fettsäuregehalt nur auf Grund der Säurezahlbestimmungen, welche dann auf Prozent Ölsäure oder Prozent Laurinsäure (bei Cocosfett) umgerechnet wird, so kann man, je nach dem wahren mittleren Molekulargewicht der Fettsäuren, einen zu hohen oder zu niedrigen Fettsäuregehalt erhalten. Im ersteren Falle wird eine zu gute Raffinationsarbeit vorgetäuscht.

b) Entsäuerung mit verdünnter Natronlauge.

Die Neutralisation der Rohöle mit stark verdünnter Natronlauge von etwa 5⁰ Bé hat sich besonders für nicht zu saure Öle recht gut bewährt. Durch passende Arbeitsbedingungen hat man auch gelernt, die Emulsierungsfähigkeit der Lauge weitgehend auszuschalten, und man erhält nach diesem Verfahren

---

[1] F. P. 648186. — Metallgesellschaft A. G.: D. R. P. 625606, 614898.

Fettsäuren, welche viel weniger mitgerissenes Neutralöl enthalten als die Seifenstockfettsäuren. Auch wirken so stark verdünnte Laugen nicht verseifend auf das Neutralöl, der Entsäuerungsverlust ist deshalb geringer als der durch konzentriertere Natronlauge verursachte.

Ein Seifenstock bildet sich bei dieser Arbeitsweise nicht; die Fettsäuren verbleiben in der transparenten wäßrigen Schicht als eine leicht bewegliche Seifenlösung. Wegen der stark emulgierenden Wirkung der verdünnten Lauge muß aber die Arbeit mit viel größerer Vorsicht durchgeführt werden; die Emulsionsgefahr kann dadurch vermindert werden, daß das Öl vor Zusatz der Lauge entschleimt wird, eine Maßnahme, welche bei dieser Art der Neutralisation sehr zu empfehlen ist. Das Verfahren ist jetzt fast allgemein in Anwendung, insbesondere für Öle normalen Säuregrades.

Man arbeitet, wie folgt: Das Öl wird bei laufendem Rührwerk auf etwa 95° erwärmt. Sobald diese Temperatur erreicht ist, wird das Rührwerk abgestellt und durch eine geeignete Brausevorrichtung die etwa 98—100° heiße Natronlauge über das Öl gespritzt. Die Lauge muß in Form feiner Tropfen die ganze Oberfläche des Öles gleichmäßig berieseln. Auch muß sie etwas wärmer sein als das Öl, damit keine zu Emulsionen führenden Strömungen im Flüssigkeitsgemisch entstehen. Der Laugenüberschuß ist bei diesem Neutralisationsverfahren etwas größer als bei Anwendung von konzentrierter Lauge.

Auch hier muß man durch Titration einer Ölprobe den Neutralisationsgrad feststellen und notfalls noch weitere Lauge zusetzen.

Nach erfolgter Neutralisation wird das Öl mit heißem Wasser oder schwacher Salzlösung abgebraust, um die im Öl zurückgebliebenen Seifenanteile herauszulösen. Auch der Wasserzusatz erfolgt bei abgestelltem Rührwerk. Man läßt dann etwa $^3/_4$—1 Stunde absitzen und zieht die wäßrige Seifenlösung ab.

Bei richtiger Arbeitsweise gelingt eine äußerst scharfe Trennung der wäßrigen und Ölschicht, so daß nur ganz geringe Mengen einer aus emulgiertem Öl und Seifenlösung bestehenden Mittelschicht gebildet werden.

Zur Aufnahme der Seifenlösung sieht man zwei verbleite Behälter vor, welche unter dem Neutralisationsapparat in einem abgesonderten Raume aufgestellt werden. In den einen Behälter läßt man die klare Seifenlösung abfließen, in den zweiten die Emulsionsschicht. Vom unteren Stutzen des Neutralisationsapparates führt (bei der Apparatur der Bamag-Meguin A. G.) ein drehbares Rohr zu beiden Behältern.

Die heiße klare Seifenlösung wird am besten sofort mit Schwefelsäure durchgerührt, zwecks Aufspaltung der Seife zu Fettsäuren. Diese Operation gestaltet sich bei der dünnen Seifenlösung wesentlich einfacher als beim Aufspalten von Seifenstock.

Hat sich in dem zur Aufnahme der Emulsion dienenden Behälter eine genügende Menge der Mittelschicht angesammelt, so wird sie durch Aufkochen mit offenem Dampf und Zusatz von Kochsalz geklärt. Das Öl wird abgezogen und die wäßrige Schicht ebenfalls mit Schwefelsäure zerlegt. Die Fettsäuren haben einen Gehalt an freien Fettsäuren bis zu 90% und darüber.

Auch Öle mit höherem Gehalt an freien Fettsäuren lassen sich sehr gut und bei vermindertem Neutralölverlust mit „dünner" Lauge entsäuern. Da aber hochsaure Öle meist auch an Schleimstoffen reicher sind, ist es zweckmäßig, der Entsäuerung eine Entschleimung vorausgehen zu lassen. Öle mit hoher Azidität werden in zwei oder mehreren Stufen entsäuert. Man läßt erst einen Teil der dünnen Lauge zufließen, zieht nach kurzem Abstehen die Seifenschicht ab und setzt dann die restliche Lauge zu. So gelang es H. Lesch[1], ein Palmöl

---

[1] Seifensieder-Ztg. 51, 734 (1924).

mit 28% freier Fettsäuren in 3 Stufen mit Laugen von 3,5—4,5⁰ Bé zu entsäuern. Die Fettsäuren enthielten nur 18% Neutralöl. Die Entsäuerung eines
so stark sauren Öles mit starker Lauge wäre nur mit äußerst großen Verlusten
an Neutralöl möglich gewesen.

Zum Abschluß sei nochmals auf die Bedeutung hingewiesen, welche die
Vorentschleimung für die Entsäuerung mit Lauge hat. D. WESSON[1] hat das
Verhalten von Natronlauge beim Zusatz zu rohem, nicht entschleimtem Öl und
zu entsäuertem, schleimfreiem Öl untersucht. Die Lauge wurde bei mäßigen
Temperaturen unter starkem Rühren in das Öl eingetragen. Bei Zusatz der
Lauge werden die freien Fettsäuren augenblicklich neutralisiert. Erst nachdem
die den freien Fettsäuren entsprechende Menge NaOH zugesetzt wurde, scheidet
sich aus dem Rohöl der Seifenstock aus. Bei weiterem Laugenzusatz wird aber
die Lauge weiter aufgenommen, wenn auch mit geringerer Geschwindigkeit.
Die NaOH-Absorptionskurve steigt jedenfalls weiter an, solange man den NaOH-
Zusatz fortsetzt, d. h. es werden immer größere Anteile des Neutralöles *verseift*.
Konzentrierte Lauge verseifte mehr Neutralöl als verdünnte.

Gibt man dagegen Natronlauge zum raffinierten, also schleim- und fett-
säurefreien Öl, so wird die Natronlauge bei mäßigen Temperaturen, welche
den Entsäuerungstemperaturen mit starken Laugen entsprechen, überhaupt
nicht absorbiert. Daraus folgt, daß der Neutralölverlust bei der Raffination
zu einem großen Teil durch die Gegenwart von Emulgatoren im Rohöl verursacht wird. Als Emulgatoren wirken allerdings nicht nur die Phosphatide und
Schleimstoffe, sondern auch die aus den freien Fettsäuren gebildeten Seifen.
Durch die Vorentschleimung erreicht man jedenfalls eine wesentliche Ersparnis
sowohl an Öl wie an Natronlauge.

c) Apparatur für die Entsäuerung mittels Natronlauge.

Abb. 26 zeigt Aufsicht, Längs- und Querschnitt eines offenen Neutralisationsapparates der Harburger Eisen- und Bronzewerke A. G. Es ist dies ein
zylindrisches Gefäß mit konischem Boden. Der Konus und der untere Teil des
Zylinders sind mit einem Doppelmantel versehen, der zum Heizen mit 2—3 at
Betriebsdruck dient. Der Apparat ist mit einem Gitterrührwerk ausgestattet,
mit dem man das Öl und die Lauge bei einer Umdrehungszahl von etwa 30/min
vermischt. Das Rührwerk arbeitet ruhig und schlägt die gebildete Seife nicht
auf. Die Laugenzufuhr erfolgt durch rotierende Brausen, welche oben an der
Hohlwelle des Rührwerks sitzen; der Laugeneintritt in die Brausen erfolgt
durch die Hohlwelle. Die Welle ist so konstruiert, daß das Rührwerk abgestellt
werden kann, während die Brausevorrichtungen weiter rotieren. Diese Maßnahme ist notwendig beim Entsäuern mit „dünnen" Laugen. Bei der Neutralisation mit starken Laugen läßt man Rührwerk und Brausen umlaufen.

Im oberen Teil des Apparates sind noch Wasserspülvorrichtungen vorgesehen, um das Öl nach der Neutralisation mit heißem Wasser überspritzen zu
können. Das Wasser kann aber auch durch die Hohlwelle und die Laugenbrausen
zugeleitet werden.

Im Inneren des Apparates ist eine emaillierte Skala angebracht, welche
in Kilogramm eingeteilt ist und den Inhalt der Ölfüllung abzulesen gestattet.

An tieferer Stelle des Apparates ist ein schwenkbarer Ölablaß angebracht,
um nach Absetzen des Seifenstocks das Öl in den evakuierten Waschapparat
(s. S. 38) hinübersaugen zu können. Während der Entsäuerung wird diese
Ölabzugsvorrichtung mit einer von oben zu bedienenden Kappe verdeckt. Der

---

[1] Journ. Oil Fat Ind. 4, 95 (1927).

Heizmantel hat auch Wasserzuführung, um das Öl notfalls abkühlen zu können. Der Antrieb erfolgt entweder mittels Riemen oder auch direkt durch Elektromotor.

Geschlossene Raffinationsapparate bauen die Bamag-Meguin A.G., die Maschinenfabrik Heckmann und andere Firmen. Die Verwendung von geschlossenen Apparaten für die Entsäuerung hat aber nur dann einen Zweck,

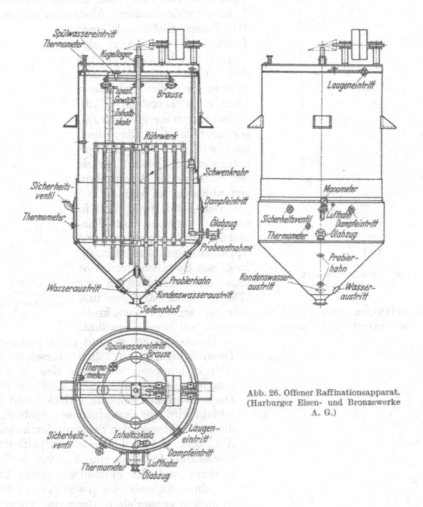

Abb. 26. Offener Raffinationsapparat. (Harburger Eisen- und Bronzewerke A. G.)

wenn in gleichen Apparaten auch die weitere Behandlung des neutralisierten Öles, das Waschen und Trocknen, oder Waschen, Trocknen und Entfärben vorgenommen werden soll. Für die zuletzt genannten zwei Operationen müssen nämlich geschlossene Apparate verwendet werden, weil das Trocknen und Entfärben der Öle unter Luftausschluß erfolgt (s. S. 47). Die Entsäuerung in geschlossenen Apparaten vorzunehmen empfiehlt sich bei vitaminreichen Ölen (Lebertran), weil das Vitamin A sehr empfindlich gegen Luft ist[1].

Während der Entsäuerung bleiben auch die durch Deckel abschließbaren Apparate geöffnet.

[1] E. MERCK: E. P. 434 432.

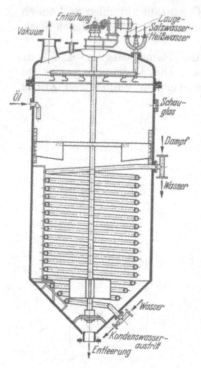

Abb. 27.   Raffinationsapparat der
Bamag-Meguin A. G.

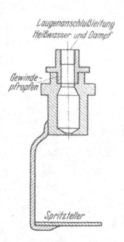

Abb. 28.
Laugenverteilungs-
vorrichtung. (Bamag-
Meguin A. G.)

Die mit konischem Boden und Deckel versehenen Apparate der Bamag-Meguin A. G. (Abb. 27) enthalten Heiz- und Kühlschlangen sowie ein Föhn- oder Taifun-Intensiv-Rührwerk. Zum Zuführen der Laugen dienen Düsen nach Abb. 28 (konstruiert von E. HUGEL). Diese Düsen sind an einem hohlen ringförmigen Rohr in gleichmäßigen Abständen angebracht. Die Lauge fließt auf einen Teller und wird durch den Anprall gleichmäßig rund um den Teller zerstäubt. Das Spülwasser oder Salzwasser fließt nach beendeter Raffination durch die gleichen Düsen über das Öl. Die Düsen sind auch an eine Dampfleitung angeschlossen, um sie bei eintretenden Verstopfungen abblasen zu können.

Der Seifenstock wird in schmale, konische, mit Heiz- und Sprühschlangen versehene Apparate abgelassen (Abb. 29). In diesen Spitzbehältern läßt man den Seifenstock in der Wärme weiter absitzen und zieht zeitweise das ausgeschiedene Öl mit einem Schwenkrohr ab. Die Zerlegung des Seifenstocks wird, wie bereits erwähnt, in Holzbottichen, die mit einer perforierten Dampfschlange aus Blei versehen sind, oder in homogen verbleiten Kesseln vorgenommen. Der Spaltbottich wird mit einem Deckel versehen, zwischen Deckel und Fettschicht wird eine Dampfbrause eingebaut, um die Luft während der Spaltung fernzuhalten. Am Boden und an der Seite der Spaltbottiche sind säurefeste Hähne zum Ablassen der Mineralsäure und der Fettsäure angebracht.

Zum *Auflösen des* gewöhnlich in Eisentrommeln gehandelten *Ätznatrons* verwendet man mit Deckel versehene eiserne Behälter, ausgestattet mit Wasser- und Dampfzuleitung. Die Behälter sollen so groß sein, daß man darin mittels Flaschenzuges zwei Ätznatronfässer unterbringen kann. Nach Entfernen der Trommelböden wird das Ätznatron mit Wasser und Dampf zur Lösung gebracht. Die Behälter sollen unter Druck gesetzt werden können, damit man die Lauge in die hoch über dem Entsäuerer stehenden Laugenbehälter drücken kann. Man kann sich aber hierzu auch besonderer Laugenpumpen bedienen.

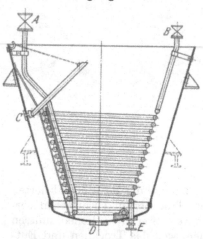

Abb. 29. Seifenstockabsetzgefäß. (Harburger
Eisen- und Bronzewerke A. G.)
A Zuleituung des offenen, *B* des geschlossenen Dampfes. *C* Schwenkrohr. *D* Seifenablaß. *E* Kondenswasserablaß.

Von dem Laugenauflösebehälter fließt die Lauge dem Laugendosiergefäß zu, welches an die Laugenbrausen des Neutralisationsapparates angeschlossen ist. Die vom Laugendosiergefäß zu den Laugendüsen führende Leitung wird mit der Dampfleitung verbunden; das Rohr wird außerdem an die Heiß- und Salzwasserbehälter angeschlossen.

Zur *Entölung des Seifenstocks* verwendet man auch *Zentrifugen*.

Die Zentrifugalkraft P ist durch folgende Gleichung gegeben:

$$P = \frac{G \cdot u^2}{g \cdot R} \qquad (I)$$

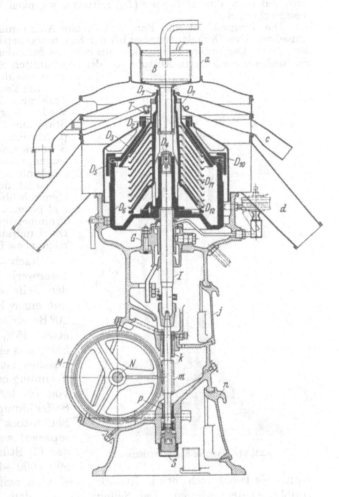

Abb. 30. De Laval-Separator.

worin G das Gewicht der rotierenden Masse, u die Umfangsgeschwindigkeit der Trommel, R der Radius der Trommel und g die Beschleunigung durch die Schwerkraft (9,81 m/sek) ist! Gute Ergebnisse wurden mit der De-Laval- und der Sharples-Superzentrifuge und anderen Konstruktionen erzielt.

Der De-Laval-Seifenstockseparator (Abb. 30) besteht aus einem Gestell (j und n) aus Gußeisen, das mit Kugellagern oder Gleitlagern (G, k, P) für eine vertikale Welle (J), die die Zentrifugaltrommel (D_1—D_{12}) trägt, ausgerüstet ist. Die Flüssigkeit wird durch die Einsatzteller in dünne Schichten zerlegt, so daß die schwereren Anteile nur eine sehr dünne Flüssigkeitsschicht zu durchdringen haben (D_7 ist der Oberteller, D_{12} der Unterteller mit Zuflußlöchern). Der Separator ist ferner mit einer horizontalen Welle (N) versehen, welche mittels eines weichen Riemens von einem Elektromotor getrieben wird.

Die Zentrifugaltrommel besteht aus einem Ringkörper, der im Zentrum einen Verteiler (D_1) hat. Auf dem Verteiler sitzt eine größere Anzahl von kegelförmigen Tellern (D_{11}), welche durch Leisten distanziert sind, um der zu separierenden Flüssigkeit Raum zu geben. Der oberste Teller ist mit einem hochgezogenen Hals ausgeführt (D_7); der Teller besitzt an der Oberseite Kanäle, in denen die separierte schwerere Flüssigkeit (der entölte Seifenstock) abgeleitet wird. Die leichtere Flüssigkeit hingegen (das Neutralöl) tritt am oberen Ende des Halses von innen aus. Über

---

[1] BADGER u. MCCABE: Elemente der Chemie-Ingenieur-Technik, S. 382 u. 387. Berlin: Julius Springer. 1932.

dem Oberteller wird die Trommel mit dem Trommeldeckel (D_3) abgedeckt. Die Dichtung besorgt der Gummiring (D_5). Der obere Teil der Trommelhaube ist mit austauschbaren Regulierscheiben (D_2) mit verschiedenen Durchmessern versehen, um den Ablauf der schwereren Flüssigkeit in Übereinstimmung mit dem spezifischen Gewicht der schwereren und leichteren Flüssigkeit zu regulieren. Die Trommelhaube wird mit dem Trommelkörper (D_6) mittels des großen Verschlußringes (D_{10}) zusammengeschraubt.

Die Trommel ist von Fangdeckeln zur Aufnahme der separierten Flüssigkeit umgeben. Der Deckelaufsatz hat bei der Seifenstockseparierung eine besondere Konstruktion. Der untere Fangdeckel, aus dem die Seifenlösung abfließt (d), hat ferner reichlich dimensionierte Abläufe von der sogenannten Schlammtype, um Stauungen zu vermeiden.

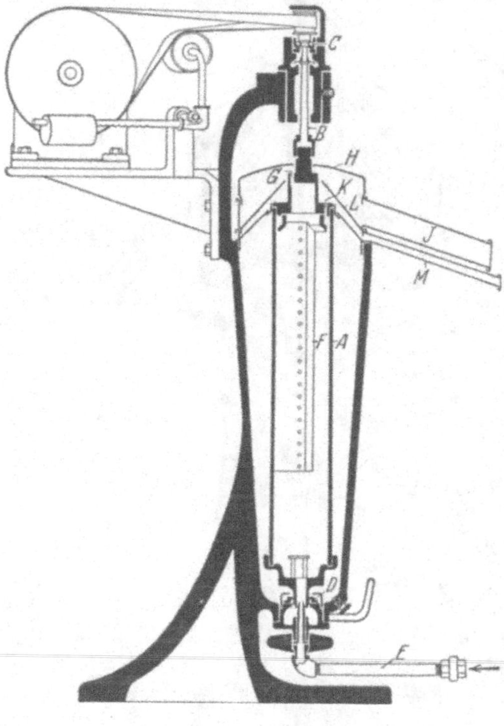

Abb. 31. Sharples-Superzentrifuge.

Die Trommel sitzt auf der vertikalen Trommelwelle (J). Der Antrieb auf diese Welle erfolgt mittels Schnecke (m) aus Stahl und Schneckenrad (M) aus Phosphorbronze. Die Trommelwelle und die Schneckenradwelle, die das Schneckenrad tragen, sind entweder mit Kugellagern oder gewöhnlichen Büchsen (P, k) versehen.

a ist das Zuflußgefäß, aus dem das Gemisch über das Sieb (B) in die Trommel gelangt. Das neutrale Öl verläßt die Trommel durch den oberen Fangdeckel (c). Die Umdrehungszahl der Trommel beträgt etwa 6000—7000 in der Minute.

Nach Angaben der Bergedorfer Eisenwerk A. G. ist es zweckmäßig, den Seifenstock vor der Separierung mit einer Kochsalzlösung von 15 bis 20° Bé so weit zu verdünnen, daß er etwa 25% Gesamtfettsubstanz enthält, was einer Konzentration des Gemisches von 3—6° Bé entspricht. Die Trennung erfolgt bei einer Temperatur von 70—90°. Um die Entstehung von Seifenklumpen zu vermeiden, soll der Seifenstock in noch frischem Zustande separiert werden. Die Separatoren werden für Stundenleistungen von 300 bis 500, 600—1000 und 1500—2500 l gebaut. Es lassen sich etwa 70—90% des vom Seifenstock emulgierten Neutralöles wiedergewinnen. Der Seifenstock aus dem Öl der extrahierten Preßkuchen u. dgl. läßt sich wegen des höheren Gehalts an emulgierend wirkenden Verunreinigungen nicht gut separieren.

Die auf ein Teilchen ausgeübte Zentrifugalkraft ist laut Gleichung (I) umgekehrt proportional zum Radius der Trommel und direkt proportional zum Quadrat der Umlaufgeschwindigkeit. Anderseits ist die Beanspruchung in der Trommelwandung proportional zur ersten Potenz der Geschwindigkeit. Wenn der Radius der Trommel um 50% verringert und gleichzeitig die Umdrehungszahl verdoppelt wird, dann ist die Geschwindigkeit der Trommel und damit die Zugbeanspruchung im Mantel nicht verändert, aber die Zentrifugalkraft ist verdoppelt. Wo also eine schwierige Trennung nur durch große Zentrifugalkraft zu erreichen ist, ist es ratsam, den Durchmesser der Trommel klein und die Geschwindigkeit groß zu machen, wenn auch dadurch das Fassungsvermögen der Maschine verringert wird. Eine derartige Maschine ist die Sharples-Superzentrifuge (Abb. 31). Die Trommel A ist hier zu einem verhältnismäßig langen vertikalen Zylinder ausgebildet. 110 mm ist der größte noch verwendete Durchmesser. Die Trommel hängt an der biegsamen Welle *B* auf Drucklagern *C*. Ihr unteres Ende läuft frei und wird nur durch das Führungslager *D* an zu großen Ausschlägen verhindert. Der zu zentrifugierende, entsprechend mit Salzlösung verdünnte Seifenstock wird von unten mit etwas Druck durch die feststehende Leitung *E* eingeführt. Innerhalb der Trommel, deren größte Höhe 77 cm beträgt, sind drei Stege *E* angeordnet, welche die Flüssigkeit zwingen, mit derselben Geschwindigkeit wie der Umfang der Trommel zu rotieren. Die getrennten Flüssigkeitsschichten werden in gleichmäßiger Bewegung von unten nach oben getrieben; die eine Flüssigkeit fließt bei *G* über, wo sie in der Haube aufgefangen wird und durch die Öffnung *J* abläuft. Die unmittelbar auf dem Trommelmantel liegende zweite Schicht wird bei *K* in die zweite Haube *L* abgeworfen und verläßt den Apparat durch die Rinne *M* unterhalb der Rinne *J*. Die Trommel rotiert mit einer Umdrehungszahl von etwa 15000 in der Minute.

Mit einer solchen Zentrifuge lassen sich täglich 2—3 Tonnen Seifenstock aufarbeiten und etwa zwei Drittel des vom Seifenstock emulgierten Neutralöles wiedergewinnen.

Nach Angaben der Sharples Speciality Co.[1] empfiehlt es sich, den Emulsionstypus des Seifenstocks vor der Zentrifugierung durch Zusatz einer Calciumoleatlösung oder von Calciumchlorid umzukehren, d. h. das dispergierte Öl zur äußeren Phase zu machen.

B. Entfernen der Seifenreste aus dem neutralisierten Öl.

a) Waschen des Öles.

Das mit Natronlauge entsäuerte Öl enthält bis zu 0,2% gelöster Seife; auch können noch Seifenstockflocken im Öl herumschwimmen. Um die Seife zu entfernen, muß das Öl mit heißem Wasser mehrmals gründlich ausgewaschen werden, weil bei jeder Operation nur ein Teil der gelösten Seife in das Wasser übergeht. Man wäscht das Öl so oft aus, bis das Waschwasser nicht mehr alkalisch reagiert. Das Waschen erfolgt bei einer Öltemperatur von etwa 80—85°.

Das Öl wird mit dem heißen Wasser verrührt, oder man läßt das Wasser aus Brausen auf das ruhende Öl herabrieseln. Beim Waschen des seifenhaltigen Öles entstehen oft Emulsionen, namentlich bei der ersten Waschung und wenn das Öl gerührt wird. Deshalb verwendet man häufig bei der ersten Waschung eine schwache Kochsalzlösung. Das Rühren ist aber überflüssig, und es genügt, das Öl mit dem heißen Wasser abzubrausen.

Nach jeder Waschoperation läßt man das Wasser absitzen, zieht es ab und gibt dann neues Wasser hinzu usw.

Das von der Seife befreite Öl wird unter Rühren auf 90—95° erwärmt und das im Öl noch enthaltene Wasser im Vakuum zur Verdunstung gebracht.

Zum Entfernen der gelösten und mitgerissenen Seife aus dem neutralisierten Öl sind auch andere Methoden vorgeschlagen worden. Erwähnenswert ist der Vorschlag, das Öl durch Filtration durch eine Kochsalzschicht von der Seife zu befreien. Man läßt hierzu das Öl von unten nach oben durch eine hohe Kochsalzschicht fließen, wobei die gelöste Seife ausgesalzen wird[2].

b) Apparatur und Durchführung des Wasch- und Trocknungsprozesses.

Man verwendet abschließbare und evakuierbare, mit Rührwerk versehene Apparate mit spitzem Boden. Abb. 32 zeigt einen Wasch- und Trocknungs-

---

[1] A. P. 1570987.   [2] H. BANDAU: Allg. Öl- u. Fett-Ztg. **30**, 191 (1933).

apparat. Der Apparat ist mit einem Turbinenrührwerk und Heizmantel (es können auch Heizschlangen verwendet werden), Wasserbrausen usw. versehen.

Nach Ablassen des Seifenstocks oder der Seifenlösung wird das Öl in den evakuierten Waschapparat durch die Druckdifferenz hinübergezogen. Nach Entfernen des Vakuums wird das Öl auf die notwendige Temperatur erwärmt (bei laufendem Rührwerk) und hierauf das Wasser durch die Brausen zulaufen gelassen, bei laufendem oder ruhendem Rührwerk. Nach Trennung der Wasser- und Ölschicht läßt man die wäßrige Schicht in eine *Fettfangvorrichtung* (Ölabscheider) abfließen, welche zweckmäßig aus einem langen, durch mehrere Zwischenwände geteilten Behälter besteht. Aus der letzten Abteilung des Ölabscheiders fließt das entölte Waschwasser durch ein Überlaufrohr in die Kanalisation oder sonstige Abwasserleitung, zweckmäßigerweise nach Passage einer Ölgrube. Die Ölfangvorrichtung muß groß genug sein, um eine weitgehende Entölung des Waschwassers zu gestatten. Ist die Entölung ungenügend, so vergrößert sich nicht nur der Ölverlust, sondern es besteht dann auch die Gefahr der Verschmutzung und Verstopfung der Kanalisationsrohre durch das in der Kälte erstarrte Fett.

Beim Trocknen des ausgewaschenen Öles bleibt das Rührwerk in Tätigkeit. Die Trocknung erfolgt, wie erwähnt, bei einer Öltemperatur von 90—95° und in dem durch eine Naßluftpumpe erzeugten Vakuum. Viele Öle neigen dabei zum Schäumen, wodurch ein plötzliches Hochsteigen des Öles in die Vakuumleitung erfolgen kann. Man bringt deshalb am Apparat einen Lufthahn an, mit dem man die Höhe des Vakuums und die Verdampfungsgeschwindigkeit des Wassers reguliert. Der Vorgang muß durch das beleuchtete Schauglas sorgfältig beobachtet werden können. Nach Verdampfen des

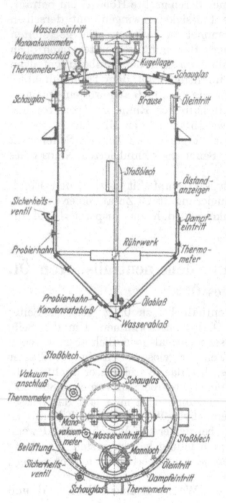

Abb. 32. Ölwaschapparat. (Harburger Eisen- und Bronzewerke A. G.)

Wassers hört das Schäumen auf, und die Öloberfläche wird blank und erscheint von oben betrachtet tiefschwarz.

Hat man für die Entsäuerung verschließbare und an die Vakuumleitung angeschlossene Apparate vorgesehen, so kann man zum Waschen und Trocknen denselben Apparat verwenden. Die Durchführung der Entsäuerung und des Waschens und Trocknens in getrennten Apparaten schafft anderseits eine größere Beweglichkeit in der Raffinerie. Arbeitet man ausschließlich mit „dünnen" Laugen, so wird man mit einem Apparat für die Entsäuerung, das Waschen und Trocknen gut auskommen. Der Apparat wird sich auch, ohne die Arbeit der Raffinerie aufzuhalten, für die Entfärbung des Öles (s. S. 47) verwenden lassen. Ist man aber wegen der Beschaffenheit der Rohöle gezwungen, zum Neutralisieren konzentrierte Lauge anzuwenden oder die Entsäuerung mit dünner Lauge infolge der hohen Acidität des Rohfettes in zwei oder mehreren Stufen durchzuführen, so kann wegen der zum Absitzen des Seifenstocks oder zum häufigeren Absitzen der verdünnten Seifenlösung erforderlichen längeren Zeitdauer die Leistungsfähigkeit der Raffinerie herabgesetzt werden, wenn nur ein einziger Apparat für so viele Operationen vorhanden ist.

Abhilfe kann allerdings bei Vorhandensein von nur einem Apparat für das Entsäuern und die weiteren Reinigungsvorgänge auch dadurch geschaffen werden, daß man ihn entsprechend groß gestaltet, in welchem Falle natürlich auch die Nebenapparatur, wie Laugenmeßgefäß, Filterpresse für das gebleichte Öl usw., größer dimensioniert sein müssen.

Es ist nun eine Frage der Kalkulation, der täglichen Häufigkeit des Wechsels der zu raffinierenden Fette und der zu raffinierenden Ölmengen, für welche der beiden Arbeitsweisen man sich entscheidet.

In Speiseölraffinerien, in welchen gewöhnlich nur normal beschaffene Rohfette relativ niedrigen Säuregrades zur Verarbeitung gelangen, kommt man jedenfalls mit einem Apparat für die Entsäuerung, Trocknung und Entfärbung sehr gut aus.

C. Neutralisation der Fette durch Destillation der Fettsäuren mit Wasserdampf unter vermindertem Druck.

a) Grundsätzliches zur Methode.

Seit mehr als 70 Jahren ist es bekannt, daß die freien Fettsäuren, im Gegensatz zum Neutralöl, mit Wasserdampf flüchtig sind. G. Hefter hat auf die Möglichkeit der Entsäuerung von Ölen durch Destillation mit überhitztem Wasserdampf ebenfalls schon hingewiesen[1]. Praktisch brauchbare Methoden zum Abblasen der freien Fettsäuren aus dem Rohöl sind aber erst in neuerer Zeit ausgearbeitet worden.

E. Wecker berechnet den Raffinationsfaktor, d. h. die Menge an Fettsäure + Neutralfett, welche bei der Neutralisation mit Natronlauge auf 1 Teil Fettsäure im Rohöl vom Seifenstock aufgenommen wird, bei Erdnußöl auf 1,7 bis 2,0, bei Sojabohnenöl auf 2,0—2,5, bei Olivenöl auf 1,4—2,0 usw. Ein Teil Fettsäure reißt demnach, je nach der Art des Öles und seinem Säuregrad, 0,4—1,5 Teile neutrales Fett mit. Bei Cocos- und Palmkernfett sind die Zahlen kleiner. Bei Anwendung verdünnter Laugen gelangt man allerdings zu weit günstigeren Faktoren, aber auch hierbei resultieren dunkel gefärbte Fettsäuren.

Die Verminderung dieser Ölverluste ist eines der wichtigsten Probleme der Fettreinigung, denn das Neutralöl ist wertvoller als die Fettsäuren, und die dunklen, nur in der Seifenindustrie verwertbaren Fettsäuren erzielen natürlich einen viel niedrigeren Verkaufspreis als die Raffinate. Auch vom Standpunkte der Volksernährung muß auf Vermeiden von Neutralölverlusten hingearbeitet werden, denn für die Ernährung kommt nur das neutrale, raffinierte Fett in Betracht. Setzt man den mittleren Raffinationsfaktor der Entsäuerung mit Natronlauge gleich 1,5 (also sehr niedrig), so läßt sich aus der auf S. 858 des ersten Bandes angegebenen Tabelle der deutschen Ölproduktion leicht berechnen, daß jährlich etwa 6000 Tonnen an speisefähigem Fett verlorengehen.

Für die Verminderung der Neutralfettverluste bei der Neutralisation gibt es nun folgende Wege. 1. Abtreiben der freien Fettsäuren aus dem Rohfett

[1] Technologie der Öle und Fette, Bd. I, S. 654. Berlin 1905.

mit Hilfe von überhitztem Wasserdampf. 2. Verestern der im Rohöl enthaltenen Fettsäuren mit Glycerin bis auf einen niedrigen Gehalt an freien Säuren und Raffination des in der Acidität stark reduzierten Fettes mit Natronlauge. 3. Kombination der unter 1 und 2 bezeichneten Methoden, d. h. Abtreiben der freien Fettsäuren mit Wasserdampf und Verestern der abdestillierten reinen Fettsäuren mit Glycerin. Diese Methode gestattet die nahezu restlose Überführung des Rohfettes in neutrales Raffinat.

Für die Raffination ließ sich die Flüchtigkeit der Fettsäuren mit Wasserdampf bis vor kurzem nicht verwerten, weil die Fettsäuren bei den früher gebräuchlichen Destillationsmethoden nicht ohne Zersetzungen, Polymerisation, Bildung von unverseifbaren Stoffen und vielen anderen Nebenreaktionen destilliert werden konnten. Auch waren die Destillationstemperaturen so hoch, daß es nicht möglich gewesen wäre, das neutrale Öl ohne Gefahr der Zersetzung diesen Temperaturen auszusetzen. Es gelang aber schließlich, Methoden und Apparaturen auszuarbeiten, welche eine restlose Abtreibung der Säuren gestatten, ohne das Öl selbst zu schädigen.

Der Gehalt des Rohöles an freien Fettsäuren spielt bei der Destillation keine Rolle; die Einführung der Destillationsmethoden in die Praxis der Ölraffination bedeutet deshalb eine weitere Verbreiterung der Fettbasis für die Zwecke der Ernährung, denn die Verfahren sind für Rohfette beliebigen Säuregrades anwendbar, während die Entsäuerung mit Lauge auf Fette bestimmten Gehalts an freien Säuren beschränkt ist.

Die Verwertung der Destillation der Fettsäuren für die Entsäuerung der rohen Fette ist erst durch Einführung der kontinuierlichen Arbeitsweise oder die Konstruktion von unter höchstem Vakuum arbeitenden Destillationsapparaten möglich geworden. Selbst bei den unter einem normalen Vakuum von etwa 20—50 mm Hg arbeitenden Apparaten wäre ein Abtreiben der Fettsäuren ohne Angriff des Neutralfettes bei chargenweiser Beschickung des Destillierapparates mit dem Öl nicht möglich gewesen. Bei den kontinuierlich arbeitenden Destillationsverfahren wird aber das ständig zu- und abfließende Fett nur kurze Zeit den hohen Destillationstemperaturen ausgesetzt, wodurch eine Zersetzung des Fettes vermieden wird. Diskontinuierlich ist die Methode nur bei einer Destillationstemperatur der Fettsäuren von etwa 200—210° durchführbar, was ein Vakuum von 4—5 mm Restdruck erfordert.

b) Die Verfahren.

Die für die Entsäuerung der Öle durch Destillation mit Wasserdampf verwendeten Verfahren und Vorrichtungen sind zum größten Teil auf S. 525—531 beschrieben. Es sind dies die Verfahren von E. Wecker, der Lurgi Gesellschaft für Wärmetechnik, von H. Heller u. a. Von diesen sind das zuerst und das zuletzt genannte Verfahren kontinuierlich, während die Apparatur der Lurgi Gesellschaft für Wärmetechnik für chargenweise Arbeit bestimmt ist. Die Neutralölverluste sind im Vergleich zur Neutralisation mit Natronlauge, namentlich mit konzentrierter, äußerst gering. So erhielt E. Wecker bei der Entsäuerung von Olivenölen verschiedenen Säuregrades erstens durch Destillation mit Wasserdampf unter vermindertem Druck und zweitens mit konzentrierter Natronlauge die in der Tabelle 1 angegebenen Ausbeuten an Neutralöl.

Der nur 3—6% betragende Verlust der Destillation bleibt bei verschiedenem Säuregrad der Rohöle praktisch unverändert. Bei der Raffination mit starker Natronlauge nimmt er dagegen mit der Acidität schnell zu und erreicht enorme Größen bei sehr sauren Ölen.

1. Entsäuerung nach E. Wecker.

Bei dem auf S. 528 näher geschilderten Verfahren werden die rohen Fette einem langen, niedrigen, durch Querwände eingeteilten Destillierapparat kontinuierlich zugeleitet. Das Destilliergefäß wird auf etwa 250° erwärmt und steht unter einem Restdruck von etwa 20 mm Hg. In das Öl wird überhitzter Wasserdampf eingeleitet, und gleichzeitig werden im Öl durch Düsen Wassertropfen vernebelt. Durch die explosionsartige Expansion der Wassertropfen wird die Destillationsgeschwindigkeit der Fettsäuren gesteigert und die Destillationstemperatur erniedrigt.

Die destillationsbeschleunigende Wirkung des vernebelten Dampfes läßt sich nach E. WECKER in einem einfachen Laboratoriumsversuch gut demonstrieren. Das Öl wird in einem Glaskolben im Vakuum unter Durchleiten von Kohlendioxyd auf etwa 250° erhitzt. Dabei destillieren die Fettsäuren langsam ab. Läßt man nun das Kohlendioxydgas durch eine Waschflasche mit warmem Wasser gehen und leitet das feuchte Gas in das Öl, so wird die Destillationsgeschwindigkeit der Fettsäuren plötzlich viel lebhafter, und zwar vergrößert sie sich etwa um das Dreifache. Daß die Temperatur der Fettsäuredestillation durch die Vernebelung von Flüssigkeitstropfen erniedrigt wird, hat auch E. L. LEDERER[2] bewiesen.

Bei der Strömung des Rohöles durch den Apparat werden die Fettsäuredämpfe vom Wasserdampfnebel mitgerissen und nach der Kondensation geleitet. Die Fettsäuren werden zuerst, vor dem Wasserdampf und den anderen flüchtigen Produkten, bei einer höheren Temperatur kondensiert, während das Wasser und die anderen Stoffe durch Wasserkühler verdichtet werden. Das Rohöl wird kontinuierlich, im Maße des neu zuströmenden Öles, abgeführt und gelangt in Wärmeaustauscher, um einen Teil seines Wärmeinhalts dem zu entsäuernden Öl abzugeben.

Die Geschwindigkeit der Entsäuerung hängt ab vom Gehalt des Rohöles an freien Fettsäuren und dem angestrebten Entsäuerungsgrad. Das Öl soll aber, um Zersetzungen zu vermeiden, nur einige Minuten im Reaktionsgefäß verbleiben. E. WECKER verzichtet deshalb auf eine restlose Neutralisation und destilliert die Öle mit einer solchen Geschwindigkeit, daß etwa 5—10% der freien Fettsäuren im Raffinat zurückbleiben. Die Abtreibung dieser letzten Säurereste wäre nur bei einem längeren Verbleiben des Rohfettes im Reaktionsraum durchzuführen gewesen. Noch aus einem weiteren Grunde ist das Zurücklassen eines geringen Säureanteils, der um so größer sein muß, je höher der ursprüngliche Säuregehalt des Öles war, nach WECKER sehr zweckmäßig. Es wird nämlich dadurch die Möglichkeit gegeben, das zurückgebliebene Raffinat mit entsprechend kleineren Mengen Natronlauge zu Ende zu raffinieren. Ein völliger Verzicht auf die Laugenraffination erscheint WECKER unrationell. Denn durch Einwirkung der Lauge lassen sich gewisse Verunreinigungen der Rohöle, namentlich die Farbstoffe, am wirtschaftlichsten entfernen. Besonders wichtig sei diese Nachentsäuerung bei sehr sauren und dunklen Ölen. Wenn auch die

Tabelle 1.
Ausbeuten an Neutralöl bei der Entsäuerung von Olivenöl mit Natronlauge und durch Destillation[1]

Azidität des Olivenöles	Ausbeuten an Raffinat	
	Entsäuern mit Lauge	Entsäuern durch Destillation im WECKER-Verfahren[1]
2,5%	93%	96%
5,0%	88%	92%[2]
10,0%	78%	86%
20,0%	58%	75%
30,0%	38%	63% usw.

---

[1] Nach Angaben der Ölveredlungsgesellschaft, Berlin. Beim Entsäuern mit „dünner" Lauge läßt sich nach Entschleimen eine ebenso hohe Neutralölausbeute aus Ölen mit wenig Säure erreichen.   [2] Seifensieder-Ztg. **56**, 30 (1929).

reinigende Wirkung der Natronlauge ohne Zweifel an der Spitze aller Raffinations-
methoden steht, so ist es fraglich, ob sie auch bei den vor der Wasserdampfdestillation entschleimten Rohfetten unbedingt notwendig ist. E. Wecker gibt
an, daß die entschleimten Rohöle bei der Wasserdampfdestillation der Fettsäuren eine sehr große Aufhellung erfahren. Bei den nachfolgend beschriebenen
Destillationsverfahren der Lurgi Gesellschaft für Wärmetechnik und von
H. Heller wird die Entsäuerung auf den Grad getrieben, wie er bei der Neutralisation mit Lauge üblich ist. Zweifellos wird aber durch die Nachbehandlung mit
Lauge eine weitere Reinigung der Fette erreicht.

2. Verfahren der Lever Brothers Ltd.

Dieses Verfahren[1] zeigt große Ähnlichkeit mit der Destillation nach Wecker
und ist etwa zu derselben Zeit wie die Weckersche Methode zum Patent angemeldet worden. Ebenso wie Wecker verwenden Lever Brothers Ltd. zur Destillation der Fettsäuren einen langen, in mehrere Abteilungen, zur Verlängerung
des Weges der Rohöle, durch Querwände getrennten Destillationsapparat. Zum
Abtreiben der Fettsäuren dient gesättigter Dampf (Naßdampf). Die Destillationstemperaturen betragen etwa 270⁰, die Höhe der Luftverdünnung etwa 25 mm Hg
Restdruck.

3. Entsäuerung nach H. Heller.

Heller verwendet zur Entsäuerung die auf S. 527 dargestellte Apparatur.
Das Rohöl wird in das Reaktionsgefäß durch Vakuum eingesogen und im Gegenstrom der Wirkung von überhitztem Wasserdampf ausgesetzt. Die Fettsäuren
werden kondensiert, das Raffinat wird kontinuierlich zu- und abgeleitet. Der
Arbeitsdruck ist der durch die gewöhnlichen Vakuumvorrichtungen erreichbare.
Die Destillationstemperatur kann dadurch herabgesetzt werden, daß den Rohfetten, soweit sie in der Hauptsache aus Glyceriden von C_{18}- und höhermolekularen Fettsäuren bestehen, eine gewisse Menge Cocosfett zugesetzt wird. Die
freien Fettsäuren werden mit den Glyceriden des Cocosfettes umgeestert; es
entstehen Glyceride der höheren Fettsäuren, während aus dem Cocosfett die
Fettsäuren niedrigeren Molekulargewichts in Freiheit gesetzt werden. Letztere
destillieren bei niederen Temperaturen als die höhermolekularen Säuren des
Rohöles, so daß die Destillation bei einer niedrigeren Temperatur erfolgt.

Die Maßnahme soll nach Versuchen von Pick[2] sehr wirksam sein. Bei der
Destillation von 150 g Erdnußöl mit Hilfe von 120 g Wasserdampf unter Normaldruck
bei 287—315⁰ ging der Säuregrad des Öles auf 2% zurück. Bei Wiederholung des Versuches unter Zusatz von 5 g Cocosfett wurde unter sonst gleichen Bedingungen eine
Entsäuerung bis auf 0,4% erreicht. Durch den Zusatz umesterungsfähiger Glyceride
niederer Fettsäuren gelingt es, auch ohne Hochvakuum und ohne Zuhilfenahme des
Vernebelungsprinzips, die Öle schnell und bei ausreichend niedrigen Temperaturen
(etwa 250⁰) zu neutralisieren. Die Entsäuerung wird sehr weit, auf etwa 0,1% getrieben, so daß eine Nachbehandlung mit Lauge nicht notwendig ist.

4. Entsäuerungsmethode der Lurgi Gesellschaft für Wärmetechnik.

Die Destillation der Fettsäuren erfolgt im extrem hohen Vakuum von etwa
5 mm Hg. Die Arbeitsweise der gleichen Apparatur bei der Fettsäuredestillation ist auf S. 525 beschrieben. Infolge der großen Luftleere ist die Reaktionstemperatur wesentlich tiefer als bei der Arbeitsweise von Wecker und Heller.
Das Öl wird mit Dampf auf eine Temperatur von nur etwa 200—210⁰ erhitzt.
Eine Gefahr der Zersetzung des Öles besteht nicht. Das Abtreiben der Fettsäuren erfolgt mit Hilfe überhitzten Dampfes.

---

[1] E. P. 242316; Zusatz zum E. P. 224928.
[2] Allg. Öl- u. Fett-Ztg. 27, 291 (1930).

c) Beschaffenheit von Raffinat und Fettsäuren. Anwendungsbereich der Destillationsverfahren.

Wie wir später sehen werden, erfolgt die Beseitigung der im Rohöl enthaltenen Geruchsträger ebenfalls mit Hilfe von überhitztem Dampf. Zwar bedarf es hierzu keiner so hohen Temperaturen wie zum Abtreiben der freien Fettsäuren, aber die Geruchsstoffe sind teilweise ebenfalls schwer flüchtig, und zur Vermeidung allzu hoher Temperaturen muß auch hier die Destillation bei recht hohem Vakuum ausgeführt werden. Der Vorgang ist also im wesentlichen der Fettsäuredestillation analog. Letztere verkürzt deshalb die Dauer der Geruchlosmachung, welche die letzte Phase der Raffination ist. Die Kosten der Entsäuerung durch Destillation werden also teilweise durch die vereinfachte Desodorierung eingespart.

Die Entsäuerung durch Destillation macht aber eine weitere Maßnahme notwendig, welche bei der Neutralisation der Rohfette mit Natronlauge zwar ebenfalls erwünscht, aber nicht unerläßlich ist. Die Rohfette müssen vor dem Abdestillieren der Fettsäuren *entschleimt* werden. Tut man dies nicht und destilliert die Fettsäuren aus dem nicht vorbehandelten Rohöl ab, so tritt durch die Zersetzung der Schleimstoffe und sonstigen Verunreinigungen eine Nachdunkelung des Raffinates ein, welche sich nur schwer beseitigen läßt. Auch die abdestillierten Fettsäuren fallen in einer schlechteren Qualität an, weil aus den Verunreinigungen auch flüchtige Zersetzungsprodukte gebildet und zum Teil hinter den Fettsäuren kondensiert werden, zum Teil aber in den Fettsäuren gelöst bleiben. Die aus entschleimten Fettsäuren abgetriebenen Fettsäuren besitzen in bezug auf Farbe weit höhere Stabilität und bleiben im allgemeinen geruchlos. Auch nach der Entschleimung können kleine Anteile an Aldehyden, Ketonen usw., Stoffe, welche teilweise zur Verharzung neigen, zusammen mit den Fettsäuren kondensiert werden. Diese Beimengungen werden am besten mit Hilfe von Permanganat u. dgl. zerstört. Die durch Destillation aus den Rohölen gewonnenen Fettsäuren enthalten ferner geringe Mengen Neutralöl (etwa 5—10%). Das Neutralöl ist bei der Destillationstemperatur entsprechend seinem Partialdruck ebenfalls mit Wasserdampf flüchtig, wenn auch in viel geringerem Grade als die freien Fettsäuren. So ist eine Trennung von Neutralöl und Fettsäuren auch auf diesem Wege nicht ganz zu erreichen.

Die Raffinate, d. h. die Rückstandsöle der Destillation, zeigen bei Anwendung entschleimter Öle eine nicht unwesentliche Aufhellung. Die Entfärbung der Raffinate kann deshalb mit geringeren Mengen Entfärbungsmittel durchgeführt werden. Da bei der Entfärbung nicht unbedeutende Verluste an Öl entstehen und diese Verluste den Mengen der Entfärbungsmittel proportional sind, so ist die Verminderung des Ölverlustes ein weiteres Moment, welches bei Bestimmung der Wirtschaftlichkeit der Entsäuerung durch Destillation zu berücksichtigen ist.

In geringem, von der Geschwindigkeit der Destillation abhängigem Maße findet bei der Destillation der Fettsäuren aus dem Rohöl auch Neubildung von Fettsäuren, infolge der fettspaltenden Wirkung des Wasserdampfes, statt. Sie ist allerdings wesentlich geringer als die bei der Laugenneutralisation durch Verseifung gebildete Fettsäuremenge. Die Ausbeute an „Fettsäuren" ist jedenfalls kleiner als bei der Laugenentsäuerung, und bei letzterer erhält man stets weit größere Fettsäuremengen, als sich aus dem Säuregrad des Rohöles errechnen läßt.

Nicht leicht ist die Frage zu beantworten, wie weit das Anwendungsgebiet der Neutralisation durch Wasserdampfdestillation reicht, oder mit anderen Worten, bei welchen Ölen das Verfahren wirtschaftlich begründet ist. Die Tabelle auf S. 41 zeigt, daß bei Ölen geringen Säuregrades die Ersparnis an Neutralöl im

Vergleich zur Entsäuerung mit Natronlauge nicht besonders groß ist, so daß sich die Kosten der Destillation bei solchen Ölen kaum bezahlt machen werden. Das Verfahren ist aber um so wirtschaftlicher, je höher die Azidität des Rohöles ist, weil mit steigender Azidität die Neutralölverluste bei der Laugenraffination stark zunehmen, während sie bei der Destillation ziemlich konstant sind.

Um die Destillation auf niedrigsäurige Öle anwenden zu können, hat man vorgeschlagen, solche Öle mit Natronlauge zu neutralisieren, den Seifenstock durch Autoklavierung weiter zu spalten, und die angereicherten Fettsäuren mit Wasserdampf zu destillieren, um an Stelle der dunklen Raffinationssäuren helle Fettsäuren zu bekommen. Die Wirtschaftlichkeit einer solchen Arbeitsweise wird letzten Endes von der Preisspanne zwischen beiden Arten der Fettsäuren abhängen. Der wichtigste Vorteil der Destillationsentsäuerung, die Reduktion des Neutralölverlustes, kommt aber bei einer solchen Arbeitsweise nicht zur Geltung.

Das Anwendungsgebiet der Destillation dürfte auf stark saure und sonst mittels Lauge schwer zu reinigende Rohfette beschränkt sein. Der Wert dieser neuen Entsäuerungsmethode liegt vor allem darin, daß man extrem saure Öle leicht neutralisieren und dann weiter raffinieren kann. In dieser Beziehung kommt diesen Verfahren große Bedeutung zu, denn es können damit Öle der Ernährung zugänglich gemacht werden, welche sonst nur technisch verwendet werden können. So können z. B. Sulfurolivenöle hoher Acidität in gute Speiseöle verwandelt werden. Ferner können dunkle, saure Trane nach Abdestillieren der Säuren raffiniert und der Ölhärtung zugeführt werden. Bei normal beschaffenen Ölen wird man aber mit der Laugenraffination auskommen.

Bis zum heutigen Tage ist jedenfalls die Destillation der auf irgendeine Weise gespaltenen Fettsäuren das Hauptanwendungsgebiet für diese modernen, ohne Zersetzung arbeitenden Verfahren[1].

D. Neutralisation der Fette durch Verestern mit Glycerin.

Über diese Methode wurde bereits im I. Band (S. 278—282) berichtet. Rein volkswirtschaftlich gesehen, ist diese Art der „Entsäuerung" ohne Zweifel sehr rational; sie wird meist nicht an den Rohölen selbst, sondern an den abdestillierten reinen Fettsäuren vorgenommen. Für diese Methode kommen nur sehr stark saure Öle, wie etwa Sulfurolivenöle, minderwertige Trane ausnehmend hoher Acidität u. dgl. Rohfette in Betracht. Nach Angaben von E. Wecker sollen zur Zeit 7 Veresterungsanlagen seines Systems mit einer Tagesleistung von 50 t veresterter Fettsäuren in Betrieb sein.

E. Neutralisation der Fette durch Herauslösen der freien Fettsäuren.

Es wurde wiederholt, bis jetzt aber ohne durchschlagenden Erfolg versucht, das verschiedene Verhalten der Fettsäuren und ihrer Glyceride gegenüber einigen organischen Lösungsmitteln, namentlich gegenüber Alkohol, zur Trennung der Säuren vom Neutralöl zu verwerten. Abgesehen von den höher molekularen gesättigten Fettsäuren (Stearinsäure usw.) sind die Fettsäuren in absolutem und schwach wasserhaltigem Alkohol gut löslich, auch in der Kälte. Dagegen

---

[1] Im extrem hohen Vakuum von 10^{-2} bis 10^{-5} mm Hg lassen sich, nach einem Verfahren der Imperial Chemical Industries (E. P. 438056 vom 5. XII. 1935), die Fettsäuren und dann bei einer etwas höheren Temperatur die Neutralölanteile getrennt destillieren.

zeigen die Neutralfette mit Ausnahme von Ricinusöl nur sehr geringe Löslichkeit in Alkohol. Auch Stearinsäure, welche für sich allein in kaltem Alkohol nur wenig löslich ist, löst sich im Gemisch mit anderen Fettsäuren.

Trotz der verschiedenen Löslichkeit der Fettsäuren und der neutralen Fette gelang es aber vorläufig nicht, mittels Alkohols eine wirksame Trennung der beiden Anteile der Rohöle durchzuführen. Der Mißerfolg ist auf die Tatsache zurückzuführen, daß die geringe Löslichkeit der Glyceride in Alkohol mit ihrem Gehalt an freien Fettsäuren zunimmt. Das neutrale Öl wirkt als Lösungsmittel sowohl für die freien Fettsäuren wie für den Alkohol. Behandelt man also ein freie Fettsäuren enthaltendes Fett mit Alkohol, so erhält man zwei Flüssigkeitsschichten, deren eine aus einer Lösung von Fettsäuren und Neutralöl in Alkohol, und deren andere aus einer Lösung von Alkohol und Fettsäuren im neutralen Ölanteil besteht. Eine einigermaßen quantitative Trennung ist deshalb nicht durchführbar. Die Trennung wird um so schwieriger, je höher der Säuregrad des Öles ist.

Um 1 Volumen Öl mit 2 Raumteilen 90%igen Alkohol vollkommen mischbar zu machen, ist die Gegenwart von 1 Volumen Ölsäure notwendig. Mit absolutem Alkohol läßt sich vollkommene Mischbarkeit schon nach Zusatz von etwa 33% Ölsäure zum Öl erreichen[1]. Die Zunahme der Löslichkeit ist dem Gehalt des Fettes an freien Fettsäuren proportional, bis sie schließlich vollständig wird. Daraus folgt, daß die Neutralisation mit Alkohol nur zu Teilerfolgen führen kann und daß mit der alkoholischen Lösung einerseits größere Mengen Neutralfett verlorengehen müssen und anderseits die Entsäuerung niemals eine vollständige sein kann. Man muß deshalb der Alkoholbehandlung eine Neutralisation mit Natronlauge folgen lassen.

Für die Verunreinigungen der rohen Fette besitzt Alkohol ein gutes Lösungsvermögen, und diese Eigenschaft wird, wie im I. Band auf S. 687 berichtet wurde, für die Extraktion gewisser Öle mit alkoholhaltigen Fettlösemitteln verwertet. Jedoch ist die Reinigungskraft des Äthylalkohols viel geringer als diejenige der Natronlauge, das Verfahren hat also auch in dieser Hinsicht keinerlei Vorzüge. Die seinerzeit von KUBIERSCHKY, H. BOLLMANN u. a. vorgeschlagenen Methoden zur Entsäuerung mit Alkohol sind deshalb in Vergessenheit geraten.

Nach E. SCHLENKER[2] gelangt man zu besseren Resultaten, wenn man die Entsäuerung mit Gemischen von Alkohol und Glycerin durchführt. So konnten beispielsweise 100 Teile Sulfurolivenöl der Säurezahl von 115 mit einem Gemisch von 135 Teilen 92,5%igen Alkohols und 65 Teilen Glycerin auf die Säurezahl 28 neutralisiert werden. Die noch verbliebene Säure muß mit Natronlauge beseitigt werden. Über die Höhe der Neutralölverluste und die Ausbeute an Raffinat werden in der Patentschrift keine Angaben gemacht. Ähnlich wie Alkohol wirkt wasserhaltiges Aceton. Jedoch zeigen sich bei der Neutralisation mit Aceton die gleichen Nachteile wie beim Lösen der Fettsäuren in Alkohol.

Nach H. EISENSTEIN[3] lassen sich die freien Fettsäuren mittels Seifen entfernen. Die Seifen sollen Fettsäuren leichter adsorbieren als neutrales Öl. Man verwendet im normalen Siedeprozeß gewonnene Natron- oder Kaliseifen oder aber den Seifenstock, der bei Vermischen mit Rohöl das emulgierte neutrale Öl gegen Fettsäuren austauscht.

Auswählender sollen sich nach einigen Patentschriften der I. G. Farbenindustrie A. G. die sauren Ester von mehrwertigen Alkoholen[4] mit niederen Fettsäuren bis zu 3 C-Atomen, insbesondere das Glykolmonoacetat und die niederen

---

[1] T.I.TAYLOR, L.LARSON u. W.JOHNSON: Ind. engin. Chem. **28**, 616 (1936).
[2] D. R. P. 551356.   [3] D. R. P. 458198.   [4] D. R. P. 526492.

Alkylester der Ameisensäure, namentlich das Methylformiat, das sich auf billige Weise aus Methanol und Kohlenoxyd herstellen läßt[1], verhalten. Mit 3 Raumteilen Methylformiat konnte nach Angabe der Patentschrift ein Sesamöl mit 10% freier Fettsäuren bis auf einen Fettsäuregehalt von 0,2% neutralisiert werden. Auch hier fehlen Angaben über den Neutralölverlust.

Für die Praxis sind diese Verfahren vorläufig ohne jede Bedeutung.

F. Neutralisation mit Natriumcarbonat, Kalk, organischen Basen u. dgl.

Mit Sodalösungen lassen sich die freien, in den Rohölen enthaltenen Fettsäuren selbstverständlich ebensogut zu den Natronseifen neutralisieren wie mittels Natronlauge. Die Anwendung von Natriumcarbonat hat überdies den Vorteil, daß es das neutrale Öl nicht zu verseifen vermag. Jedoch ist das nur ein scheinbarer Vorteil, in Wirklichkeit ein Nachteil. Der verseifenden Wirkung der Natronlauge dürfte nämlich ihre sehr große Reinigungskraft zuzuschreiben sein. Die mit Soda neutralisierten Öle zeigen keine nennenswerten Aufhellungen, zu ihrer weiteren Reinigung sind deshalb viel größere Mengen an Entfärbungsmitteln erforderlich.

Z. B. zeigte ein Sojabohnenöl mit 100 Gelb und 9 Rot (im Lovibond-Kolorimeter) nach Neutralisation mit Natriumcarbonatlösungen 100 Gelb und 8 Rot, war also praktisch ebenso dunkel wie das Rohöl. Nach der Entsäuerung des gleichen Öles mit Natronlauge ging aber die Farbe auf 35 Gelb und 6,2 Rot zurück[2].

Wird die Neutralisation mittels Soda bei Temperaturen bis etwa 65° vorgenommen, so setzt sich die Soda mit den Fettsäuren nur zur Hälfte um, indem die andere Hälfte in Natriumdicarbonat umgewandelt wird:

$$R \cdot COOH + Na_2CO_3 = R \cdot COONa + NaHCO_3.$$

Erst bei etwa 80—85° wird die Soda restlos ausgenutzt, wie L. Turbin[3] berichtet. Dabei entwickelt sich aber freies Kohlendioxyd, welches ein starkes Schäumen des Öles verursacht. Infolge der bei der Sodaneutralisation stets stattfindenden Kohlendioxydentwicklung wird die gebildete Seife an die Oberfläche des Öles getrieben, wodurch die Trennung von Öl und Seife sehr erschwert wird. Um die Trennung der Seife möglich zu machen, wurde vorgeschlagen, die Neutralisation mit Soda im Vakuum vorzunehmen, damit das vorhandene Wasser gleichzeitig verdampft werden kann. Die trockene Seife soll hierauf vom Öl abfiltriert werden. Die Methode findet in der Praxis keine Anwendung.

Einige Seifenfabriken neutralisieren Cocos- und Palmkernfett mittels Calciumhydroxyds und verwerten die gebildeten Seifen zur Seifenherstellung nach dem Krebitz-Verfahren (Bd. IV). Kalk hat eine recht beachtliche Bleichwirkung auf das Öl.

Von *organischen Basen* wurden in letzter Zeit für die Neutralisation der Fette die *Alkylolamine* vorgeschlagen, insbesondere das Aminoäthanol (Colamin), $HOCH_2 \cdot CH_2 \cdot NH_2$. In Verbindung mit Ammoniak soll diese Substanz nicht nur die freien Fettsäuren neutralisieren, sondern auch die übrigen Verunreinigungen der Öle herauslösen[4]. Die Schichtentrennung erfolge bei rohem Baumwollsaatöl erst auf Zusatz von 1 Volumen Äthanolamin auf 3 Raumteile Öl. Zur Rückgewinnung muß das Lösungsmittel mit auf 120° überhitztem Wasserdampf abgetrieben werden.

E. Delauney[5] verwendet zur Entsäuerung wäßrige Lösungen von Mono-, Di-

[1] D. R. P. 471076; A. P. 1732371; E. P. 291817.
[2] B. H. Thurman: Ind. engin. Chem. 24, 1187 (1932).
[3] Öl-Fett-Ind. (russ.: Masloboino Shirowoje Djelo) 1932, Nr. 7, 11.
[4] L. Rosenheim u. W. J. Hund: D. R. P. 580874.   [5] F. P. 739696.

oder Triäthanolamin. Die gebildeten Emulsionen werden durch Kochsalz u. dgl. zerstört, und aus der Lösung wird die Seife als Kalk- oder Magnesiumseife ausgeschieden. Das Lösungsmittel wird dann durch Verdampfen und Wasserdampfdestillation zurückgewonnen.

III. Die Entfärbung der Fette.
A. Einleitung.

Im üblichen Gang der Raffination vollzieht sich die Entfärbung der Fette in zwei oder drei Stufen.

1. Bei der Neutralisation mit Natronlauge; der Seifenstock nimmt einen erheblichen Teil der Fettfarbstoffe mit, ob durch Koagulation oder auf rein mechanischem Wege, ist unbekannt. Es ist möglich, daß die von den Natronseifen mitgerissenen Farbstoffe, ebenso wie die Schleimstoffe und Proteine, kolloider Natur sind oder daß die Schleimkörper als solche Träger von farbigen Stoffen sind.

2. Läßt man der Neutralisation eine Entschleimung vorangehen, so wirken die für diesen Zweck verwendeten Reagenzien ebenfalls entfärbend. Den größten Effekt erzielt man mit konzentrierter Schwefelsäure. Ein Sojabohnenöl mit 100 Gelb und 9 Rot der LOVIBOND-Skala wurde durch konz. Schwefelsäure auf 35 Gelb und 4 Rot entfärbt[1]. Die entfärbende Wirkung der sonstigen Entschleimungsmittel ist nicht so groß; die ausgeschiedenen Schleimstoffe nehmen aber stets einen gewissen Farbstoffanteil mit.

Nach der Neutralisation mit Alkalilauge bleiben aber noch farbige Stoffe im Öl zurück; wahrscheinlich Farbstoffe anderer Zusammensetzung, als die von dem Seifenstock mitgerissenen. Die schleimfreien entsäuerten Fette müssen nun, je nach dem Verwendungszweck, weiter entfärbt werden. Es versteht sich von selbst, daß man die Entfärbung der Öle erst nach der Entschleimung und Neutralisation vornimmt, denn in den vorausgehenden Raffinationsstufen wird ein großer Teil der Ölfarbstoffe ohnehin beseitigt.

Über die Natur der in den Rohfetten enthaltenen Farbstoffe ist nicht viel bekannt. In den pflanzlichen Ölen sind manchmal aus der Pflanze aufgenommene Chlorophyllfarbstoffe und Carotinoide enthalten. So kommen im Olivenöl Chlorophyllfarbstoffe, im Palmöl Carotin vor. (Über das Vorkommen von Carotinoiden in Fetten s. Bd. I, S. 151, 154.)[2] Die Fette enthalten aber noch eine Reihe von Farbstoffen oder von gefärbten Stoffen anderer Art. Zum Teil werden die Fette durch Zersetzungsprodukte des Öles selbst oder der Samenbestandteile gefärbt. Die aus alter, unter ungünstigen Verhältnissen, beispielsweise bei höherer Temperatur und bei Luftzutritt gelagerter Saat gewonnenen Fette sind dunkler gefärbt als Fette aus frischer Saat. Die Färbung solcher Fette ist auf Oxydationsprodukte (Oxysäuren) zurückzuführen, und oxydierte Fettsäuren enthaltende Rohöle lassen sich nur sehr schwer entfärben. Die Nachschlagsöle, d. h. Öle der zweiten Pressung, sind wegen ihres höheren Gehalts an Verunreinigungen dunkler als Öle erster Pressung. Die Extraktion der Ölsamen mit Benzin führt zu schwächer gefärbten Ölen als die Extraktion mit Trichloräthylon, Benzol u. dgl. Lösungsmitteln, deren auswählendes Lösungsvermögen für das Fett geringer ist.

Die Farbe der Rohfette hängt also von verschiedenen Faktoren ab, unter anderem vom Zustand des Rohstoffes und der Gewinnungsmethode. Die Fette der Landtiere sind z. B. an sich farblos oder nur schwach gelb gefärbt. Ein

---

[1] B. H. THURMAN: Ind. engin. Chem. **24**, 1187 (1932).
[2] Vgl. auch H. A. BOEKENOOGEN: Rec. Trav. Chim. Pays-Bas **56**, 3 (1937).

dunkler Talg verdankt seine Farbe ausschließlich Zersetzungsprodukten (zu hohe Schmelztemperatur, lokale Überhitzungen des Fettgewebes beim Ausschmelzen des Fettes usw.).

Die oft aufgeworfene Frage, ob die weitere Entfärbung der entsäuerten Fette überhaupt notwendig sei, läßt sich nicht generell beantworten. Sie hängt u. a. auch von den geschmacklichen Forderungen ab, welche an das Fett gestellt werden müssen. Bei der Entfärbung der Fette auf dem Wege der Adsorption (s. nächsten Abschnitt) gehen mit den Farbstoffen auch gewisse Geschmacksträger verloren, welche auf anderem Wege schwieriger zu beseitigen sind. Ein ungebleichtes Öl würde sich bei seiner Anwendung zur Margarineerzeugung durch seinen Eigengeschmack verraten. Ferner wäre es nicht möglich, gefärbte Fette künstlich auf den reinen Farbton der Kuhbutter einzustellen. Für die Margarinefabrikation können nur ganz schwach gefärbte, soweit möglich farblose Öle und Fette ohne Eigengeschmack verwendet werden. Ähnliche Gesichtspunkte sind bei der Auswahl der Rohstoffe für die Erzeugung von Kunstspeisefetten maßgebend. Es versteht sich von selbst, daß zur Herstellung eines schweineschmalzähnlichen Erzeugnisses nur farblose Fette ohne arteigenen Geschmack in Betracht kommen. Für die Fabrikation von weißen Seifen können ebenfalls nur weitgehend entfärbte Fette oder Fettsäuren Anwendung finden. Für weiße oder farblose Ölanstriche dienende Lacköle (Leinöl) müssen nach Möglichkeit farblos sein.

Ein Salatöl braucht dagegen nicht so stark entfärbt zu werden. Olivenöl erster Pressung ist z. B. grünlichgelb gefärbt und wird trotzdem höher bewertet als ein aus minderen Olivenölsorten durch weit getriebene Raffination gewonnenes hellfarbiges Öl. Auch geschmacklich ist das Vorschlagsolivenöl den helleren Sorten überlegen.

Für die Entfärbung der Fette gibt es zwei verschiedene Methoden:

1. Adsorption der gefärbten Verbindungen an Stoffe mit großer Oberflächenaktivität (Adsorptionsmittel), welche auf das Fett selbst ohne Wirkung sind. Solche Stoffe sind die *Bleicherden* und die *Entfärbungskohlen*.

2. Entfärbung der Fette durch chemische Angriffe (Zerstörung der Farbstoffe durch Oxydation oder Überführung der Farbstoffe in farblose Verbindungen durch Reduktion).

Die rein chemischen Bleichverfahren spielen nur eine untergeordnete Rolle und kommen seltener zur Anwendung. Eine gewisse Bedeutung haben sie eigentlich nur noch bei der Entfärbung des Palmöles, bei der Bleichung von Fettsäuren, von technischen Talgsorten und minderwertigen, schwer zu entfärbenden Ölen. Im allgemeinen werden die Farbstoffe aus den Fetten ausschließlich durch Adsorption, durch Behandeln mit Bleicherden oder mit einem Gemisch von Bleicherden und Aktivkohlen, also nach der unter 1. genannten Methode entfernt.

B. Entfärbung der Fette mit Hilfe von Adsorbenzien.

Die Bleicherden und in höherem Maße die aktiven Kohlen, welche man zur sog. Adsorptionsentfärbung der Fette verwendet, vermögen an ihren Oberflächen auch die in den Fetten gelösten Kolloide (Schleimstoffe u. dgl.) festzuhalten.

Ob die Adsorption der Ölfarbstoffe auf rein physikalischem Wege vor sich geht, ist noch nicht ganz sicher. Bei der Entfärbung mit Bleicherden könnte Salzbildung zwischen den Ölfarbstoffen und den austauschbaren Wasserstoff- und Aluminiumionen der Aluminiumhydrosilicate darstellenden Bleicherden eine Rolle spielen (Näheres S. 52). Die Bleichung mit Entfärbungskohlen dürfte dagegen eine rein physikalische Erscheinung sein. Der Verlauf der Entfärbung ist aber in beiden Fällen analog und entspricht im allgemeinen den Adsorptionsgesetzen.

Im mittleren Konzentrations- und Temperaturbereich läßt sich die Abhängigkeit der Beladung, d. h. der vom Adsorptionsmittel aufgenommenen Gewichtsmenge des Adsorptivs, von der Endkonzentration durch die VAN BEMMELEN-FREUNDLICHSche Formel der Adsorptionsisotherme[1] zum Ausdruck bringen:

$$x/m = a \cdot c^{1/n}.$$

In dieser Formel ist x die von m Gramm Adsorbens aufgenommene Menge des gelösten Stoffes (Ölfarbstoffe), a und $1/n$ sind die Adsorptionskonstanten. a, der Adsorptionswert[2], stellt physikalisch die Adsorption bei der Konzentration 1 dar. $1/n$, der Adsorptionsexponent, ist ein Maß für die Güte der Adsorption bei stark schwankenden Konzentrationen des zu adsorbierenden Stoffes. Je größer a und je kleiner $1/n$, um so hochwertiger ist das Adsorptionsmittel.

Die obiger Gleichung der Adsorptionsisotherme entsprechende Kurvenform ist in Abb. 33 wiedergegeben[3].

Logarithmiert, ergibt die VAN-BEMMELEN-FREUNDLICH-Gleichung

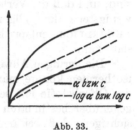

Abb. 33.

$$\log x/m = \log a + 1/n \log c,$$

die Gleichung einer Geraden, welche die $\log x/m$-Achse in der Höhe von $\log a$ schneidet und zur $\log c$-Achse in einem Neigungswinkel verläuft, dessen Tangente $1/n$ ist (s. gestrichelte Linien in Abb. 33).

a) Die Bleicherden.

1. Vorkommen und Wirkung.

Gegen Ende des 19. Jahrhunderts wurden in England (Surrey, Kent, Bedfordshire) und in Amerika (Arkansas, Florida, Virginia) Lagerstätten von eigenartigen Tonarten gefunden, welche für die Keramik ungeeignet sind, dagegen ein gutes Entfärbungsvermögen für die Farbstoffe der Mineralöle und Fette besitzen. Der englische Ton wurde nach seinem ursprünglichen Verwendungszweck fuller's earth (*Fullererde*), der amerikanische nach seiner Herkunft *Floridaerde (Floridin)* genannt. In der letzten Zeit wurden mehrere Lager von bleichenden Tonarten in Böhmen, Rumänien, Japan, mächtige Tonlager in Rußland gefunden (Gluchower Kaolin). Für solche Tone hat sich die Bezeichnung *Bleicherden* eingebürgert. Unter Bleicherden sind also Tone zu verstehen, welche nach Vermahlung die Eigenschaft haben, Fette und Mineralöle zu entfärben.

Neben solchen, von Natur aus Entfärbungseigenschaften aufweisenden Stoffen (Naturbleicherden) gibt es auch Tonmineralien, welche an sich nicht oder nur wenig aktiv sind, welche aber nach Auskochen mit Mineralsäuren größeres Bleichvermögen zeigen. Man nennt diese Produkte *„aktivierte Bleicherden"* oder *„Edelerden"*, im Gegensatz zu den Naturbleicherden.

Bei den Behandlungen mit Bleicherden unterliegen die Fette selbst keinerlei Veränderungen. Die höher ungesättigten Fette werden nur dann durch das Erhitzen mit diesen Produkten verändert, wenn die Entfärbung in Gegenwart von Luftsauerstoff erfolgt. Es scheint sich dabei um eine katalytische Wirkung der Adsorptionsmittel auf die Fettoxydation zu handeln. In luftfreiem Medium ist

---

[1] H. FREUNDLICH: Capillarchemie, 4. Aufl., 1, 244 (1930).
[2] Vgl. F. KRCZIL: Adsorptionstechnik, S. 1. Dresden: Th. Steinkopff. 1935.
[3] Nach F. KRCZIL: Ebenda.

eine Veränderung der Öle unter dem Einfluß der Bleicherden oder der Aktivkohlen nicht wahrnehmbar. CL. W. BENEDICT[1] hat zwar die Beobachtung gemacht, daß die Aktivität der Bleicherden ihrer Oxydationsfähigkeit für das MOHRsche Salz entspreche, es gelang ihm aber nicht nachzuweisen, daß die Oxydation des Ferrosalzes nicht etwa durch katalytischen Einfluß der Bleicherde zustande komme. Mit Wasserstoff vorbehandelte Bleicherde vermochte nicht mehr das MOHRsche Salz zu reduzieren. Eine tiefgreifende Änderung der chemischen Zusammensetzung der Bleicherde kann aber bei der Behandlung mit Wasserstoff kaum stattgefunden haben, so daß seine Befunde wenig Beweiskraft haben. Jedenfalls mußte auch BENEDICT zugeben, daß an den mit Bleicherden behandelten Ölen durch Oxydation verursachte Änderungen nicht feststellbar sind, und daß der Verlauf der Entfärbung, wenn auch nicht ganz streng, so doch wenigstens dem allgemeinen Charakter nach der Adsorptionsisotherme von FREUNDLICH entspricht, was bei einem Oxydationsmittel nicht der Fall sein kann.

Die geringen Abweichungen der Bleicherdeentfärbung von den Adsorptionsisothermen könnte man so erklären, daß die Erden die verschiedenen Gruppen der Ölfarbstoffe mit sehr verschiedener Intensität aufzunehmen vermögen oder gegenüber bestimmten farbigen Anteilen unwirksam sind; ferner ist zu berücksichtigen, daß bei der Behandlung mit Bleicherden auch nicht gefärbte, vielleicht kolloidgelöste Stoffe aus den Fetten adsorbiert werden.

Je nach der Beschaffenheit und Farbe des Fettes werden zu ihrer Entfärbung verschiedene Mengen an Bleicherde oder an Bleicherde und Entfärbungskohle benötigt. Der Durchschnittsverbrauch an guten, aktiven Erden dürfte mit $1\frac{1}{2}$ bis 2% eher zu niedrig eingeschätzt sein. Die Bleicherden saugen bei der Entfärbung erhebliche Menge Fett auf, welches zwar zum größten Teil wiedergewonnen werden kann. Aber das aus den Erden wiedergewonnene Fett ist dunkler gefärbt und deshalb minderwertiger als das Ausgangsprodukt. Die Kosten der Entfärbung machen aus diesen Gründen einen größeren Anteil der Gesamtkosten der Raffination aus.

2. Zusammensetzung. Unterscheidung von bleichenden und nichtbleichenden Tonarten. Aktivierung.

Die Bleicherden sind Silicate wechselnder Zusammensetzung, deren Hauptbestandteile SiO_2 und Al_2O_3 sowie chemisch gebundenes Wasser sind. Außerdem enthalten sie Calcium-, Magnesium- und Eisenoxyd usw., jedoch scheinen diese Oxyde an der Bleichwirkung nicht teilzunehmen.

Die prozentuale Zusammensetzung der Tone gibt keine Aufschlüsse über ihre Entfärbungswirkung. Auch die Aktivierbarkeit eines Rohtons durch Mineralsäuren läßt sich nicht durch Analyse feststellen. Keramisches Kaolin zeigt häufig ganz ähnliche prozentuale Zusammensetzung wie Fullererden.

Nach DECKERT[2] ist der an sich inaktive Rohton aus Landau (Bayern) ganz ähnlich zusammengesetzt wie die naturaktive amerikanische Floridaerde. Ersterer kann durch Behandeln mit Mineralsäure in ein hochaktives Ölentfärbungsmittel verwandelt werden, während die Aktivität der Floridaerde nicht weiter gesteigert werden kann (Tabelle 2).

Tabelle 2.
Zusammensetzung des Landauer Rohtons (I) und der Floridaerde (II).

	I	II
SiO_2	59,0%	56,53%
Al_2O_3	22,9%	11,57%
Fe_2O_3	3,4%	3,32%
CaO	0,9%	3,06%
MgO	1,2%	6,29%

---

[1] Journ. Oil Fat Ind. 2, 62 (1925).   [2] Seifensieder-Ztg. 52, 754 (1925).

In der Tabelle 3 sind einige Analysenwerte von 3 naturaktiven amerikanischen Bleicherden (A, B, D) und einer inaktiven Kaolinsorte (C) angegeben[1].

DAVIS und MESSER meinen, daß ein Unterschied in dem SiO_2 : Al_2O_3-Verhältnis der inaktiven und aktiven oder aktivierbaren Tonarten bestehe. Dieses Verhältnis sei bei den Naturbleicherden am größten, bei inaktiven Tonen am geringsten. Bei den aktivierbaren Erden sei dieses Verhältnis höher als bei keramischem Ton, aber nicht so hoch wie bei Naturbleicherden. Nach der Behandlung mit Mineralsäure steigert sich das Verhältnis von SiO_2 : Al_2O_3 von ursprünglich 2—3 : 1 auf 5—6 : 1, wie die Analyse einer aktivierbaren Tonart vor und nach Aktivierung beweise (Tabelle 4).

Die Annahme, daß das Verhältnis von SiO_2 : Al_2O_3 irgendwie für aktive oder aktivierbare Tonsorten kennzeichnend sein könne, dürfte kaum richtig sein. So sind die russischen naturaktiven Kaoline sehr reich an Al_2O_3; das Gluchower Kaolin mit hohem Entfärbungsvermögen enthält nach L. M. LJALIN und N. A. WARISINA[2] 33,1% Al_2O_3 auf 50,4% SiO_2. Dieser Ton zeigt annähernd gleiche Ölentfärbungskraft wie Floridin, welches auf 56,53% SiO_2 nur 11,57% Al_2O_3 enthält. Demnach ist es aussichtslos, die prozentuale Zusammensetzung mit der Aktivität der Tone in Beziehung bringen zu können.

Nach DAVIS und MESSER sind gute Naturbleicherden durch Abwesenheit von wasserlöslichen Salzen und häufig durch hohe hydrolytische Acidität gekennzeichnet. Die meisten englischen Fullererden erfordern zur Neutralisation der wäßrigen Auszüge aus 100 g Ton 10—150 cm³ $^1/_{10}$n NaOH. Auch die japanischen „Kambara"-Tone reagieren im wäßrigen Auszug sauer. Der Ton enthält nach S. UENO[3] 70,1—63% SiO_2, gegen 15% Al_2O_3 und 2,3—4,5% F_2O_3, zeigt also ähnliche Zusammensetzung wie die amerikanischen oder englischen Naturbleicherden oder die bayerischen aktivierbaren Rohtone. Der Ton ist, ähnlich den anderen Bleicherden, eine amorphe, schwach plastische Masse. Für die Naturbleicherden aus Kalifornien und Nevada soll aber die hydrolytische Acidität nicht kennzeichnend sein; der wäßrige Extrakt aus diesen Tonen reagiert sogar alkalisch und erfordert 5—100 cm³ $^1/_{10}$ n HCl zur Neutralisation des Auszuges aus 100 g Ton. Auch mehrere durch Mineralsäure aktivierbare amerikanische Tonsorten lieferten alkalische Wasserextrakte. Die hydrolytische Acidität sei demnach ebensowenig für die Erkennung von Bleichtonen geeignet wie die prozentuale Zusammensetzung der Erden.

Tabelle 3.
Zusammensetzung von amerikanischen naturaktiven Bleicherden (A, B, D) und eines inaktiven Kaolins (C) ohne Entfärbungswirkung.

	A	B	D	C
SiO_2	72,95%	58,10%	57,95%	58,72%
Al_2O_3	12,65%	15,43%	0,85%	16,01%
Fe_2O_3	3,56%	4,95%	—	2,12%
FeO	0,47%	0,3 %	—	—
MgO	0,57%	2,44%	19,71%	3,3 %
CaO	1,0 %	1,75%	4,17%	1,05%
Na_2O	0,2 %	0,27%	1,84%	2,11%
K_2O	0,68%	0,66%	0,43%	1,50%
CO_2	—	0,84%	1,22%	—

Tabelle 4. Zusammensetzung einer naturaktiven Erde vor (A) und nach Aktivierung (B).

	A	B
SiO_2	47,38%	59,30%
Al_2O_3	15,38%	9,53%
Fe_2O_3	3,57%	1,7 %
MgO	4,24%	3,2 %
CaO	2,25%	1,13% usw.

[1] C. W. DAVIS u. L. R. MESSER: Techn. Publications, Nr. 207 (1929).
[2] Journ. chem. Ind. (russ.: Shurnal Chimitscheskoi Promyschlennosti) 4, 882 (1927).
[3] Ind. engin. Chem. 7, 596 (1915).

Mehr Aufschluß brachten die Untersuchungen der letzten Jahre über die Mineralogie und chemische Struktur der Bleichtone, ihr Verhalten beim Erhitzen usw.

Nach P. F. KERR[1] ist das Mineral *Montmorillonit* der wesentliche Bestandteil der Fullererden und bleichenden Bentonite. Dieser Befund konnte später von U. HOFMANN, K. ENDELL und D. WILM[2] bestätigt werden. Von den untersuchten Bleicherden und Fullererden bestanden 54, neben den üblichen Beimengungen, wie Quarz usw., aus einem Tonmineral des Montmorillonittyps: $H_2O \cdot 4SiO_2 \cdot Al_2O_3 \cdot n\,H_2O$. Das Mineral zeigt das eigenartige Phänomen der *eindimensionalen Quellung* mit polaren Flüssigkeiten (Wasser). Schon früher haben DAVIS und MESSER angegeben, daß das Quellungsvermögen in Wasser eine charakteristische Eigenschaft aller aktiven und aktivierbaren Erden sei. Nur dürfe man aus dieser Eigenschaft nicht den umgekehrten Schluß ziehen, d. h. daß ein quellungsfähiger Ton aktivierbar sein müsse. Von zwei gleich gut, zu einem Mehrfachen ihres Volumens, quellbaren Bentoniten war der eine gut aktivierbar, der andere nicht.

Im Röntgenbild ist Montmorillonit einwandfrei zu erkennen an der der Quellung entsprechenden Verlagerung der innersten Interferenz bei verschiedenem Wassergehalt.

U. HOFMANN und seine Mitarbeiter wenden sich auf Grund ihrer Befunde gegen die von O. ECKART und anderen Forschern geäußerte Meinung, daß die entfärbende Wirkung der Bleicherden nur auf physikalischer Adsorption beruhe. O. ECKART führt die Aktivierung der Tone auf die Vergrößerung der Kapillarräume (der inneren Porenfläche) durch Herauslösen verschiedener Mineralbestandteile und die dabei stattfindende Auflockerung zurück. H. SCHÖNFELD[3] nahm an, daß die Erhöhung oder Erzeugung der Entfärbungskraft beim Auskochen mit Mineralsäure auf einer Freilegung von aktiven Oberflächen beruhe, welche im Naturzustande durch Metallsalze verstopft seien; er versucht also, den Vorgang auf ähnliche Weise zu deuten wie die Aktivierung der Kohlen (s. S. 56).

P. VAGELER und K. ENDELL[4] vermuteten, daß durch die Einwirkung der Mineralsäure die austauschfähig gebundenen Basen durch Wasserstoffionen ersetzt werden[5]. Diese Ansicht machen sich HOFMANN und Mitarbeiter zu eigen und beweisen ihre Richtigkeit, indem sie zeigen, daß die Aktivierung nicht nur mittels Mineralsäure, sondern auch durch elektrodialytische Entfernung der Basen möglich ist.

Die Bleichwirkung beruht nach HOFMANN darauf, daß die mit Aluminiumionen belegten Tonteilchen, die „Tonsäure", die immer irgendwie basisch reagierenden Farbstoffe durch Bildung einer chemischen Verbindung aus den Ölen adsorbieren. Die Basenaustauschfähigkeit in Milliäquivalent je 100 g Trockensubstanz beträgt bei Montmorillonit 60—80, im Kaolinit (keramischem Ton) nur 3—15. Die Aktivierung der Roherden kommt nun nach U. HOFMANN und K. ENDELL[6] dadurch zustande, daß die austauschfähig gebundenen Basen, hauptsächlich Calcium- und Magnesiumionen, neben wenig Kalium- und Natriumionen, durch austauschfähig gebundene Wasserstoff- und Aluminiumionen ersetzt werden.

[1] Amer. Mineralogist 17, 192 (1932).   [2] Angew. Chem. 47, 539 (1934).
[3] Neuere Verfahren zur Raffination von Ölen und Fetten, S. 67. Berlin: Allg. Industrie-Verlag. 1931.   [4] D. R. P. 597716.
[5] FOGLE und OHN nehmen für Bleicherden Zeolithstruktur an und führen die Aktivierung auf Austausch der Ca-Ionen durch H-Ionen zurück (Ind. engin. Chem. 25, 1070 [1933]).   [6] Angew. Chem. 48, 187 (1935).

In der Abb. 34 ist die Bleichwirkung von elektrodialysierten und mit HCl aktivierten Bleicherden wiedergegeben. Die Bleichwirkung ist hier in Prozenten der Wirkung einer bestens mit Salzsäure aktivierten deutschen Bleicherde (Clarit) angegeben. Die Abszisse gibt die Menge der austauschfähig gebundenen Wasserstoffionen und Al-Ionen in Milliäquivalenten/100 g Trockensubstanz an. Die Bleichwirkung ist demnach eine Funktion des Gehalts der Erde an H- und Al-Ionen.

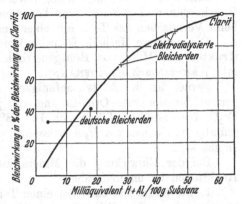

Abb. 34. Bleichwirkung von elektrodialysierten und mit HCl aktivierten Bleicherden.

Es bliebe allerdings noch zu beweisen, daß sämtliche Farbträger der Fette mit Aluminiumionen eine Art Farblacke zu bilden vermögen. Die HOFMANNsche Hypothese vermag ferner für die Aufnahme von Geschmacks- und Geruchs-stoffen durch die Bleicherden keine Erklärung zu geben.

Nach O. ECKART[1] geben Bleichtone beim Erhitzen ihr Wasser gleichmäßig ab, ihre Entwässerungskurve hat einen steilen, nahezu geradlinigen Verlauf. Gewöhnliche Tone, wie Zettlitzer Kaolin oder Bunzlauer Erde, geben dagegen die Hauptmenge des Wassers erst bei 450—550° ab (Tabelle 5). Nach dem Verhalten beim Erhitzen kann man also gewöhnliche Tonsorten von Bleicherden oder mit Mineralsäuren aktivierbaren Tonen unterscheiden.

Die einer Arbeit von G. R. SCHULTZE[2] entnommenen Schaulinien der Abb. 35 bringen den Wasserverlust von drei mit Säuren aktivierten Bleicherden, einer deutschen Ursprungs (A), zwei amerikanischer Herkunft (B und C), als Funktion der Temperatur. Außerdem sind die aus den Daten von U. HOFMANN und Mitarbeitern[3] errechneten Entquellungs-

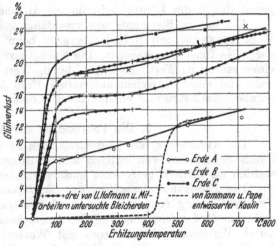

Abb. 35. Entwässerungskurven von Bleicherden.

Tabelle 5. Verhalten von Bleicherden und nicht aktivierbaren Tonsorten beim Erhitzen nach O. ECKART.

Tonart	Wasserverlust					
	200	300	400	500	700	900
Zettlitzer Kaolin	0,6%	0,7 %	0,8 %	5,62%	13,4 %	13,8 %
Rohton Landau	0,9%	2,76%	3,84%	4,5 %	7,18%	9,1 %
Aktivierte Bleicherde .	1,4%	2,24%	3,3 %	4,3 %	5,3 %	7,06%

[1] Ztschr. angew. Chem. 42, 939 (1929).
[2] Angew. Chem. 49, 74 (1936).
[3] Ztschr. Kristallogr., Kristallphysik, Kristallchem. 86, 346 (1933).

kurven des Montmorillonits und zweier Bentonite wiedergegeben. Die Entwässerung der Mineralien mit Entfärbungswirkung steht in schroffem Gegensatz zur Dehydratisierung des Kaolins, also einer nicht bleichenden Erde.

Eine zweite, allerdings wenig zuverlässige Methode zur Unterscheidung von Bleicherden und gewöhnlichen Tonarten ist nach A. VOIGT[1] der Thermoeffekt beim Vermischen des Tons mit einer ungesättigten Verbindung, wie Terpentin.

Die sicherste Methode ist nach VOIGT die Feststellung der Montmorillonitstruktur mit Hilfe von Röntgenstrahlen und der eindimensionalen Quellung mit Wasser (nach U. HOFMANN).

Ferner ist die Austauschfähigkeit der Basen im Ton zu bestimmen; es genügt für die erste Orientierung, die prozentuale Löslichkeit des Al_2O_3 und Fe_2O_3 festzustellen. Lösen sich 16—18% der gesamten Sesquioxyde bei dreistündigem Kochen mit $1/2$ n Salzsäure, so dürfte der Ton zur Aktivierung geeignet sein.

Bei der Einwirkung der Mineralsäure sind nach VOIGT drei verschiedene Reaktionen zu unterscheiden:

1. Die Säure löst zunächst einen Teil des Fe_2O_3 und Al_2O_3 (sowie von CaO, MgO usw.) aus dem Gitter heraus; dies bewirkt eine Auflockerung des Kristallgitters und eine Vergrößerung der wirksamen Oberfläche.

2. Die zweite Reaktion ist die schrittweise Auswechslung der an der Oberfläche der Kristalle gelagerten Ca- und Mg-Ionen gegen Wasserstoffionen der Mineralsäure.

3. Ein Teil der an Stelle von Ca·· und Mg·· eingetretenen H-Ionen wird gegen die in der Lösung befindlichen Al-Ionen ausgetauscht.

Die in der Bleicherde austauschfähig gebundenen H-Ionen werden nach B. S. KULKARNI und S. K. K. JATKAR[2] beim Schütteln mit Kochsalzlösungen gegen Na-Ionen ausgetauscht. Die NaCl-Auszüge der Bleicherden zeigen deshalb einen sauren p_H-Wert. So betrug der p_H-Wert des NaCl-Extraktes aus Floridaerde und einer deutschen aktivierten Erde 3,2—3,3. Schwach aktive Erden ergaben NaCl-Extrakte entsprechend höherer p_H-Werte.

3. Die Fabrikation der Bleicherden.

Die *Aufarbeitung der Naturbleicherden* ist recht einfach. Die Erden werden durch Schlämmen von erdigen und sonstigen Beimengungen getrennt, dann werden sie filtriert, getrocknet und vermahlen.

Die *Fabrikation der aktivierten Bleicherden* (Edelerden) sei an Hand einer Veröffentlichung von O. BURGHARDT[3] beschrieben. Der Fabrikationsgang besteht aus fünf aufeinanderfolgenden Operationen: 1. Bereitung eines Schlammes durch Vermischen des Rohtons mit Wasser; 2. die eigentliche Aktivierung; 3. die Filtration; 4. das Trocknen; 5. die Zerkleinerung.

Der Rohton wird mit Wasser im Schlämmapparat *3* (Abb. 36) zu einer breiigen Masse verrührt, dessen Konsistenz ein Fördern der Masse mit der Rotationspumpe (*5*) zuläßt. Der Schlämmapparat *3* ist mit einem geeigneten Eisenrührwerk versehen, welches die klumpigen Teile des Rohtons zerreibt. Der Rohton (*1*) wird mit Hilfe des Kranes (*2*) in den Schlämmapparat gefördert.

Der Schlamm wird durch den Siebkasten (*4*) in das Aktivierungsgefäß (*7*) gedrückt. Nach Zusatz von Salzsäure (in Amerika wird auch Schwefelsäure zur Aktivierung verwendet) wird die Masse mittels offenen Dampfes zum Kochen gebracht. Die zuzusetzende Säuremenge wird im Meßgefäß (*6*) genau abgemessen. Das Gemisch von Ton und Mineralsäure wird 2—3 Stunden bei etwa 105⁰ gekocht.

Das optimale Verhältnis von Säure und Rohton muß durch Laboratoriums-

---

[1] Fettchem. Umschau **43**, 49 (1936).   [2] Current Science **5**, 18 (1936).
[3] Ind. engin. Chem. **23**, 800 (1931).

versuche für jede Tonsorte ermittelt werden. Für Isarton (Isarit) verwendet man z. B. 28—30% HCl vom Gewicht des wasserfreien Tons, also etwa 1 t technischer Salzsäure von 19—21° Bé pro metr. t fertiger Bleicherde.

Der hölzerne Kochbottich (7) hat einen Fassungsraum von 20—30 cbm, auf einmal lassen sich darin 2—3 t Rohton aktivieren. Die im Kochbottich befindlichen Metallteile (Dampfverteiler usw.) werden mit säurefestem Hartgummi ausgekleidet. Die aktivierte Erde wird unten durch einen Hahn abgelassen und passiert dann den Siebkasten (8).

Aus 8 wird der aktivierte Schlamm mittels der Schlammpumpe (9) in die aus Pitchpine gefertigte Filterpresse (10) gedrückt; die Kuchen werden bis auf Säurefreiheit des Filtrats mit Wasser in der Presse gewaschen, was etwa 6 Stunden in Anspruch nimmt. Die hölzernen Rahmen der Presse haben eine Dicke von höchstens 35 mm, weil sich noch dickere Kuchen schlecht auswaschen lassen.

Zum Trocknen dienen Trockentrommeln (12). Die aus dem Koksofen (11) kommenden Heizgase werden mit Hilfe des Exhaustors (13) durch die Trommel geleitet. Die Gase reißen große Staubmengen mit, welche in der elektrischen Entstaubungsanlage (14) niedergeschlagen werden. Der Staub fällt auf die Schnecke (15) und wird von da in das Fallrohr (22) gefördert.

Das getrocknete Material hat etwa Haselnußgröße. Es fällt automatisch aus der Trommel in die Ausziehschnecke (16), von wo es in den Elevator (17), die Transportschnecke (18) und von da in das Trockengut-Silo (19) gelangt.

Zum Zerkleinern dient die Schlagscheibenmühle (21), der Vermahlungsgrad wird durch die Siebplatte bestimmt. Gewöhnlich wird auf einen solchen Feinheitsgrad vermahlen, daß 85—90% des Mahlguts durch ein 180-Maschensieb gehen. Der Mühle wird das Trockengut durch die Aufgabevorrichtung (20) zugeführt. Das fertige Mahlgut wird mittels Schnecke (23), Elevator (24) und Schnecke (25) zum Silo (26) transportiert. Von hier kommt es auf die Absackschnecke (27), um in Säcke (28) abgefüllt zu werden.

4. Eigenschaften der Bleicherden.

Die Bleicherden des Handels sind gelb- bis grünlich- oder bläulichgrau gefärbte lockere Pulver. Das Litergewicht (Schüttgewicht) der aktivierten Bleicherden beträgt nach ECKART und WIRZMÜLLER[1] 0,7—1,2 kg, das wahre spezifische

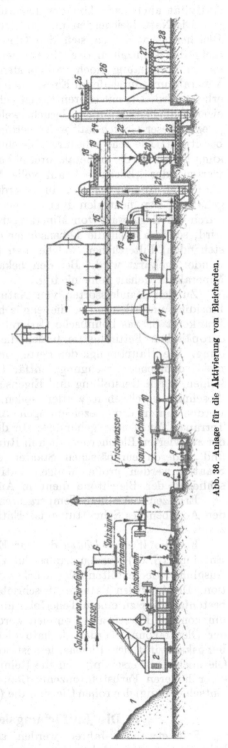

Abb. 36. Anlage für die Aktivierung von Bleicherden.

---

[1] Die Bleicherden, 2. Aufl., S. 35 (1929).

Gewicht 1,8—2,3. In trockenen Räumen sind sie gut haltbar und ändern ihre Aktivität auch nach längerer Lagerung nicht.

Die Naturbleicherden und auf völlige Neutralität ausgewaschene aktivierte Bleicherden verhalten sich den Ölen gegenüber völlig indifferent; sie ändern nicht die Kennzahlen der Öle bei der Entfärbung. Die aktivierten Erden enthalten aber häufig noch geringe Mengen der zu ihrer Bereitung verwendeten Mineralsäure, durch deren Einwirkung der Säuregrad der behandelten Fette etwas erhöht wird. Die mit sauren Erden behandelten Fette zeigen vielfach auch einen eigentümlichen dumpfen Geruch, welchen man als „Erdgeruch" zu bezeichnen pflegt; dieser Geruch läßt sich allerdings bei der Desodorisierung (S. 75) leicht beseitigen. Die schwachsauren Bleicherden sollen auch höhere Entfärbungswirkung haben als die mineralsäurefrei ausgewaschenen. Das Auswaschen der aktivierten oder „Edelerden" auf volle Neutralität macht große Schwierigkeiten, die letzten Spuren der Salzsäure werden von der Bleicherde hartnäckig zurückgehalten. Den neutralen Bleicherden sollte man aber den Vorzug geben, weil durch die Gegenwart von Mineralsäure nicht nur die Acidität der Fette erhöht wird, sondern auch die Lebensdauer der (namentlich aus Baumwollgewebe bestehenden) Filtertücher, welche man beim Abfiltrieren der entfärbten Öle verwendet, gekürzt wird. Bei den bekannten Handelsmarken ist allerdings der Mineralsäuregehalt sehr niedrig.

Zu den Handelssorten von Naturbleicherden gehören die amerikanischen Floridine und Bentonite, die englischen Fullererden, die deutsche Bleicherde Frankonit S, das böhmische Carlonit u. a. In der deutschen und der übrigen europäischen Fettindustrie finden die Naturbleicherden nur begrenzte Anwendung. Die Hauptmenge der Fette wird in Europa mit aktivierten Bleicherden, meist deutscher Erzeugung, entfärbt, häufig im Gemisch mit Entfärbungskohlen, deren Herstellung und Eigenschaften als Entfärbungsmittel im nächsten Abschnitt beschrieben werden sollen. Die deutschen aktivierten Bleicherden werden unter den Bezeichnungen Alsil, Clarit, Frankonit, Isarit, Montana, Terrana, Tonsil usw. gehandelt. In den letzten Jahren wurde die Fabrikation der aktivierten Bleicherden auch in Rumänien (Vegetalin), in Rußland (Gumbrin) und anderen europäischen Staaten aufgenommen. Auch in den Vereinigten Staaten werden große Mengen aktivierter Bleicherden erzeugt; zum Aufschließen der Bleichtone dient in Amerika, wie erwähnt, auch Schwefelsäure.

Erhitzen auf höhere Temperaturen scheint nach den häufig widersprechenden Angaben des Schrifttums das Entfärbungsvermögen der Bleicherden herabzusetzen.

Für die *Wiederbelebung* der zur Entfärbung gebrauchten Bleicherden nach Entölung (S. 66) wurden zahlreiche Verfahren vorgeschlagen; sie erfolgt durch Ausglühen der entölten Bleichrückstände in Röstöfen verschiedener Konstruktion. Die in vielen Patenten beschriebenen Regenerationsverfahren führen aber bestenfalls nur zu einem Teilerfolg, und sie sind zu kompliziert und kostspielig, um von der Praxis aufgenommen werden zu können. Die entölten Rückstände der Ölentfärbung werden deshalb nicht mehr weiter verwendet. Die Entfärbungskapazität der Bleicherden ist aber nach Entfärbung der neutralisierten Öle noch nicht erschöpft; für die Reinigung von Ölen der gleichen Art, aber mit einer höheren Farbstoffkonzentration, vor allem also für die Entfärbung (und Entschleimung) der rohen Öle sind die (frischen) Bleichrückstände gut brauchbar.

b) Die Entfärbungskohlen (aktive Kohlen).

Seit etwa 25 Jahren werden aus Holzkohle, Holzspänen, Torf u. a. kohlenstoffreichen Rohstoffen, durch künstliche Vergrößerung ihrer inneren

Oberfläche, die sog. „aktiven Kohlen" bereitet. Diese, im wesentlichen aus Kohlenstoff bestehenden Stoffe sind durch sehr hohes Adsorptionsvermögen für Verbindungen der verschiedensten Art, wie organische Farbstoffe, Dämpfe, Kolloide usw. gekennzeichnet. Das älteste Produkt dieser Art, welches technische Anwendung gefunden hat, war die Knochenkohle, welche seit etwa 1820 zur Entfärbung von Zuckersäften dient und durch Glühen von entfetteten Knochen bereitet wird. Die modernen Aktivkohlen haben aber ein viel höheres Adsorptionsvermögen als Knochenkohle (Spodium).

Das in Meilern oder Retorten verkohlte Holz hat nur geringe Adsorptionswirkung. Aus diesem wichtigsten Material der Aktivkohleherstellung gelingt es aber, Produkte mit außerordentlich großer Adsorptionskapazität zu bereiten. Die Aktivierung von Holzkohle und anderen kohlenstoffhaltigen Stoffen kann man sich nun, wie folgt, vorstellen: In den gewöhnlichen Kohlen sind die Poren durch Teerstoffe (Kohlenwasserstoffe u. dgl. organische Stoffe) verstopft. Werden diese Einschlüsse der Kohlen durch Oxydation beseitigt oder die Rohstoffe unter Bedingungen verkokt, daß keine Teerprodukte entstehen und in der Kohle zurückbleiben können, so erhält man Kohlen mit ungewöhnlich großer innerer Oberflächenentwicklung. Diese Oberflächen sind nach MECKLENBURG[1] je nach dem Ausgangsmaterial und dem Aktivierungsverfahren verschieden, was die verschiedenen Eigenschaften der Aktivkohlen erklärt. Wahrscheinlich unterscheiden sich die einzelnen Aktivkohlensorten nicht nur durch ihre Oberflächenentwicklung, sondern auch durch den chemischen Charakter der Oberflächenschicht.

Die Eigenschaften der Aktivkohlen hängen nach MECKLENBURG ab: von der Größe der Oberfläche pro Gewichtseinheit, der Größe des Kapillarraumes pro Gewichtseinheit, vom Querschnitt der Kapillaren, der Teilchengröße, dem chemischen Charakter der Oberfläche, der Natur des Adsorptivs usw. Die Größe der Oberflächenentwicklung von Aktivkohlen wurde durch die Höhe der Methylenblauadsorption aus wäßrigen Lösungen bestimmt. Man fand nach dieser Methode bei Aktivkohlen innere Oberflächen zwischen 200 und 650 m²/g. Im Laboratorium konnten Aktivkohlen mit Oberflächen bis 1250 m²/g erzeugt werden[2].

Die Aktivkohlen haben sich, namentlich im Gemisch mit Bleicherden, als vorzügliche Entfärbungsmittel für gewisse Fettarten herausgestellt. Sie haben nicht nur ein höheres Entfärbungsvermögen für gewisse Fette, sondern es lassen sich mit den Aktivkohlen viel höhere Entfärbungsgrade erzielen als mit Bleicherden. Als besonders rationell hat sich die Entfärbung einiger Fettarten mit Gemischen von Bleicherden und Aktivkohlen erwiesen. In weit höherem Grade als die Bleicherden besitzen ferner die Aktivkohlen die Eigenschaft, die Öle auch geschmacklich zu verbessern, d. h. aus den Fetten gewisse Geschmackstoffe zu adsorbieren. So tritt z. B. der dumpfe Geruch, welchen die aktivierten Erden in Ölen erzeugen, nicht auf, wenn man Gemische von Bleicherden mit Aktivkohlen zur Entfärbung verwendet. Sonderbarerweise zeigen aber dieselben Kohlen, welche bestimmte Fette, wie Cocosfett, Palmkernfett, ausgezeichnet entfärben, bei anderen Fettarten keine nennenswert größere Wirkung als die Bleicherden. Es kommt sogar vor, daß die Kohlen bei einer und derselben Fettart, je nach deren Vorgeschichte, manchmal sehr gut wirken, während sie in anderen Fällen versagen. Solche Fälle konnte Verfasser beispielsweise bei Leinöl beobachten, und selbst bei Cocosöl, bei welchem Aktivkohle als Entfärbungsmittel ganz allgemein in Anwendung ist.

---

[1] Ztschr. angew. Chem. **37**, 877 (1924).
[2] W. HERBERT in G. BAILLEUL, W. HERBERT, E. REISEMANN: Aktive Kohlen, S. 13. Stuttgart: F. Enke. 1934.

1. Herstellung der Aktivkohlen.

Erfinder der pflanzlichen Entfärbungskohlen ist der Pole R. v. Ostreyko[1]. Er machte zu Beginn dieses Jahrhunderts die Beobachtung, daß hochaktive Adsorbenzien durch Erhitzen von Holzkohle und anderen kohlenstoffhaltigen Stoffen mit Wasserdampf, Kohlendioxyd und anderen sauerstoffabgebenden Gasen oder durch Behandeln mit Zinkchlorid, Alkalicarbonaten usw. erhalten werden können. Mit diesen Angaben hat v. Ostreyko die beiden Wege genau vorgezeichnet, nach welchen heute noch das Hauptkontingent der aktiven Kohlen in der Technik hergestellt wird.

Zu einer bedeutenden Industrie hat sich die Fabrikation der aktiven Kohlen erst während des Weltkrieges entwickelt, als Folge des großen Bedarfs an Gasschutzkohlen, welche aus besonders harten und widerstandsfähigen Rohstoffen (Steinobst-, Cocosschalen) hergestellt werden.

Gemäß der Erfindung von Ostreyko unterscheidet man zwischen gasaktivierten und chemisch aktivierten Kohlen. Die beiden Methoden sind nicht nur in der Art der verwendeten Aktivierungsmittel verschieden, sondern auch in ihrer Wirkung. Bei der Aktivierung durch sauerstoffhaltige Gase dienen verschiedene Kohlenarten, hauptsächlich Holzkohle, als Ausgangsmaterial. Durch die Einwirkung der Gase werden die in den Poren dieser Kohlen enthaltenen organischen Verbindungen, nebst einem Teil der Kohle, wegoxydiert (verbrannt). Bei der Aktivierung mit Chlorzink u. dgl. wird als Rohstoff Holzsägemehl verwendet, dessen Aktivierung dadurch zustande kommt, daß der Cellulose die Elemente des Wassers entzogen werden, so daß keine größeren Teermengen entstehen können. Allerdings lassen sich nach dem „chemischen" Verfahren auch verschiedene Kohlenarten und Torf aktivieren.

Aktivierung durch oxydierende Gase: Holzkohle oder Torfkohle werden unter solchen Bedingungen mit Gasen, hauptsächlich mit Wasserdampf, behandelt, daß die organischen Verbindungen (Kohlenwasserstoffe usw.) schnell, die (amorphe) Kohle nur langsam oxydiert wird. Außer Wasserdampf kommen als Oxydationsgase Kohlendioxyd, Luft, Schwefeldioxyd und Feuerungsgase in Frage. Die besten Aktivkohlen erhält man aber mit Wasserdampf. Die Aktivierung erfolgt grundsätzlich nach der Wassergasreaktion: $C + H_2O \rightleftarrows CO + H_2$. Das Verfahren ist endothermisch, das gebildete Gemisch von Wasserstoff und Kohlenoxyd läßt sich als zusätzliche Heizung der Aktivierungsapparate verwerten oder zur Bereitung des Wasserdampfes.

Zur Aktivierung dienen 4—5 m hohe Retorten aus Schamotte von ovalem Querschnitt, welche zu 4—6 Stück in einer gemeinsamen Feuerung untergebracht sind. Der Wasserdampf wird von unten oder durch die Wände in die Retorte eingeleitet, während die auf passende Größe zerkleinerten Holzkohlenstücke von oben chargenweise in die auf 800—1000° beheizte Retorte zugeführt werden, und zwar im Maße der Entladung der fertigen Kohlenschichten aus dem unteren Teil der Retorten. Für die Herstellung guter Aktivkohlen sind pro 1 Teil Kohle etwa 1,5 Gewichtsteile Wasserdampf notwendig. Die Kohlen sind um so besser, je mehr Wasserdampf zur Aktivierung verwendet wurde; allerdings sinkt mit steigender Aktivierung auch die Ausbeute, weil immer größere Mengen des Rohmaterials zu Wassergas verbrannt werden. Fünf Teile Holzkohlen liefern etwa 1—2 Teile Aktivkohlen.

Die apparative Ausgestaltung der Gasaktivierung erfolgte bei der Norit Maatschappij in Holland, später bei der I. G. Farbenindustrie A. G. in Leverkusen.

---

[1] D. R. P. 136 792/1901.

Zur „chemischen" Aktivierung verwendet man in der Praxis hauptsächlich Chlorzink oder Phosphorsäure, seltener Alkalicarbonate. Zu den mit Chlorzink bereiteten Aktivkohlen gehören die Carboraffine der Carbo-Norit-Union in Frankfurt. Ihre Fabrikation wurde im Kriege vom Verein für chemische und metallurgische Produktion in Aussig a. E. aufgenommen. Für die Bereitung von Entfärbungskohlen werden Holzsägespäne mit etwa 2,7 Teilen 60 grädiger Chlorzinklauge imprägniert (gemaischt). Das Gemisch wird nach Trocknen in Muffel-, neuerdings in Drehöfen bei einer Temperatur von über 600⁰ verkohlt. Die Masse, welche noch große Mengen von Zinksalzen und Zinkoxyd enthält, wird mit Säure und Wasser ausgewaschen und vermahlen.

Auf ähnlichem Wege stellt die ebenfalls zur Carbo-Norit-Union in Frankfurt gehörende Compagnie des Produits Chimiques et Charbons Actifs Ed. Urbain die mit 50%iger Phosphorsäure aktivierten Entfärbungskohlen her.

2. Eigenschaften.

Die durch Gas- und chemische Aktivierung bereiteten aktiven Kohlen zeigen in ihren physikalischen und chemischen Eigenschaften gewisse Unterschiede. Die ersteren besitzen noch die Struktur des Ausgangsmaterials (z. B. die Holzstruktur), während die letzteren strukturlos sind. Die mit Wasserdampf aktivierten Kohlen reagieren alkalisch, die wäßrigen Auszüge aus den mit Chlorzink oder Phosphorsäure bereiteten Entfärbungskohlen sauer. Die geringe Acidität der Kohlen kann bei der Entfärbung von Zuckerfabriksäften störend wirken, wegen der bei Verschwinden der Alkalität der Säfte eintretenden Gefahr der Invertzuckerbildung. Es ist deshalb üblich, solche Kohlen vor der Entfärbung der Zuckersäfte mit Kalkmilch zu vermischen. Bei der Entfärbung der Fette ist diese Acidität der Entfärbungskohlen völlig bedeutungslos, weil 1. selten mehr als 0,1 bis 0,2% benötigt werden, und 2. weil die in den ausgewaschenen Kohlen noch verbliebenen Säurespuren von der Kohlensubstanz adsorptiv festgebunden sind und diese nicht an das Fett abzugeben vermögen; die Abspaltung von Säure ist nur in einem wäßrigen Medium möglich. Aus freie Fettsäuren enthaltenden Fetten adsorbieren auch die sauer reagierenden Kohlen eine gewisse Menge der Fettsäuren und wirken demnach, im Gegensatz zu mineralsäurehaltigen Bleicherden, aciditätsvermindernd.

c) Anwendung und Wertbestimmung der Bleicherden und Entfärbungskohlen für die Ölentfärbung.

Die Entfärbung mit Adsorptionsmitteln kann nach zwei verschiedenen Methoden vorgenommen werden, welche man als das *„Einrührverfahren"* und als die *„Schichtenfiltration"* zu bezeichnen pflegt.

Einrührverfahren: Die Flüssigkeit wird mit einer bestimmten Menge des Entfärbungsmittels, meist bei höherer Temperatur, eine gewisse Zeit verrührt, worauf das Entfärbungsmittel von der entfärbten Flüssigkeit durch Filtration abgetrennt wird.

Schichtenfiltration: Man läßt die warme Flüssigkeit durch etwa 7—10 mm dicke Schichten des Entfärbungsmittels so lange fließen, als noch eine ausreichende Entfärbung stattfindet.

Bei der Entfärbung von Fetten arbeitet man ausschließlich nach dem Einrührverfahren. Das neutralisierte Fett wird bei etwa 70—90⁰ mit der zur Entfärbung erforderlichen Menge der Adsorbenzien vermischt und unter Luftabschluß 20—40 Minuten gut gerührt. Nach Abstellen des Vakuums wird, unter weiterem Rühren, das Gemisch in Filterpressen filtriert.

Die Schichtenfiltration wird vielfach zur Entfärbung von Zuckersäften mit Entfärbungskohlen benutzt. Für die Entfärbung von Fetten verwendet man aber entweder Bleicherden allein oder Gemische von Bleicherden mit geringen Mengen Entfärbungskohle (E-Kohle). Die Entfärbung mit Bleichmittelschichten würde eine sehr große Filterfläche erfordern, denn es kommen im allgemeinen Mengen von 1—3% an Entfärbungsmitteln in Frage; auch wäre eine weit größere Filtrationsdauer erforderlich, denn die Filtrationsgeschwindigkeit muß bei der Entfärbung durch Schichtenfiltration nach der Farbe des Filtrats geregelt werden. Es ist ferner noch nicht mit Sicherheit festgestellt worden, ob bei Anwendung der Bleicherden im Schichtenfiltrationsverfahren der Mehreffekt ebenso groß ist wie bei den aktiveren Entfärbungskohlen. Für Kohlen ist bei der Entfärbung von wäßrigen Lösungen eine viel größere Wirksamkeit der Schichtenfiltration festgestellt worden, und es lassen sich die gleichen Entfärbungen wie im Einrührverfahren mit erheblich geringeren Mengen erzielen. Erklären läßt sich das durch die weit höhere relative Konzentration des Entfärbungsmittels im Verhältnis zur Konzentration des gelösten Farbstoffes[1].

Die Beladungshöhe, d. h. die von der Gewichtseinheit E-Kohle adsorbierte Gewichtsmenge der Farbstoffe ist u. a. eine Funktion der Farbstoffkonzentration. Je heller das betreffende Fett ist, desto schwieriger ist die Entfärbung, d. h. um so mehr Kohle muß angewandt werden, um eine bestimmte prozentuale Entfärbung zu erreichen. Im Einrührverfahren arbeitet man mit verhältnismäßig geringen Bleichmittelkonzentrationen. Bei der Schichtenfiltration, für die man zwar insgesamt mit einer kleineren Bleichmittelmenge auskommt, ist aber in der Zeiteinheit stets nur wenig Flüssigkeit und sehr viel Entfärbungsmittel im Entfärbungsfilter vorhanden, es ist also während der Entfärbung ein sehr großer Überschuß an Adsorbens vorhanden.

Um auch bei der Schichtenfiltration der Fette ohne allzu große Filterflächen arbeiten zu können, wäre es zweckmäßig, den Entfärbungsvorgang in zwei Teilen durchzuführen, indem man das Fett im Einrührverfahren mit Bleicherde behandelt und das Filtrat über mit Aktivkohle belegte Filterflächen filtriert. Nach Erfahrungen des Verfassers läßt sich eine sehr gute Entfärbung des vorgebleichten (Cocos-) Öles erzielen, wenn man dieses mit einer Geschwindigkeit von etwa 80—100 Liter pro Stunde und Quadratmeter Kohleschicht von 7—10 mm Stärke filtriert. Für die Entfärbung von 20 t Öl in 24 Stunden wären dann nur zwei kleinere Filter mit etwa 15—20 m² Filterfläche notwendig.

Die Entfärbung der vorgebleichten Öle mit Kohlenschichten hätte noch einen weiteren, sehr wichtigen Vorteil. Die Abhängigkeit der Entfärbungskraft von der Farbstoffkonzentration des zu entfärbenden Öles macht es verständlich, daß die Adsorptionsmittel, welche ein Öl von bestimmter Farbe nicht mehr zu entfärben vermögen, nur diesem gegenüber erschöpft sind. Für dunklere, gleichartige Öle besitzen solche, nur einmal verwendete Kohlen noch ein mehr oder weniger hohes Entfärbungsvermögen. So lassen sich die für die Entfärbung von neutralisierten Ölen verwendeten Bleichkohlen zur Entfärbung der rohen Öle mit höherer Farbstoffkonzentration der gleichen Art verwenden. Im Einrührverfahren würde die doppelte, stufenweise Anwendung der Entfärbungsmittel die Aufstellung einer zweiten Entfärbungsapparatur notwendig machen.

Vor der Entfärbung durch die teilweise erschöpften Kohlenschichten müßten allerdings die Rohöle entschleimt werden. In noch höherem Grade als Kieselgur und Bleicherden besitzen nämlich die Adsorptionskohlen die Fähigkeit, die Schleimstoffe aus den Ölen abzuscheiden. Bei der Filtration von schleimhaltigen Ölen durch eine Schicht von Entfärbungskohle belegt sich die Oberfläche der Kohle sehr bald mit einer dünnen Kolloidschicht, so daß der Filtrationswiderstand zunimmt, noch ehe die Entfärbungskraft der Kohle gut ausgenutzt werden konnte.

d) Bewertung und Wahl der Adsorbenzien.

Die Abb. 37 zeigt die Entfärbungskurven von zwei Entfärbungsmitteln verschiedener Leistung nach Versuchen von H. Pick und R. Kraus[2], Abb. 38 die

---

[1] Vgl. H. Schönfeld: Allg. Öl- u. Fett-Ztg. **26**, 507, 549 (1929).
[2] Kolloidchem. Beih. **35**, 245 (1932).

entsprechenden Kurven für zwei in ihrer Wirkung weniger verschiedene Adsorbenzien nach F. KRCZIL[1].

Der Einfachheit halber wollen wir die Entfärbungskurve der Bleicherde Tonsil in Abb. 37 mit A, diejenige der hochaktiven Entfärbungskohle Carboraffin mit B bezeichnen.

Den beiden Kurven der Abb. 37 ist folgendes zu entnehmen:

1. Bis zu etwa 65% Entfärbung ließ sich das Öl sowohl mit A wie mit B entfärben, jedoch ist B innerhalb des ganzen Entfärbungsgebietes A stark überlegen; es werden mit B viel größere Entfärbungen erreicht als mit den gleichen Mengen von A, zur Erzielung der gleichen Entfärbungsleistung sind bei B viel geringere Anwendungskoeffizienten notwendig als bei A.

2. Das schwächere Entfärbungsmittel A hat einen viel kleineren Entfärbungsbereich als das aktivere B. Im vorliegenden Falle war mit A eine über 70% hinausgehende Entfärbung überhaupt nicht zu erreichen. Das aktivere Adsorbens B war dagegen noch bei Entfärbungen von 90% gut brauchbar.

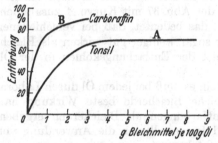

Abb. 37. Entfärbungskurven einer Bleicherde (A) und einer Aktivkohle (B).

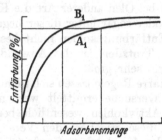

Abb. 38. Entfärbungskurven zweier Adsorbenzien verschiedener Aktivität.

Ähnliches gilt für die beiden Schaulinien der Entfärbungsmittel A_1 und B_1 des Diagramms der Abb. 38. Oberhalb des Schnittpunktes der waagrechten Linie mit Kurve A_1 ist A_1 ohne Wirkung; höhere Entfärbungen sind nur noch mit B_1 erzielbar.

Für das Leistungs- oder Wertverhältnis der beiden Entfärbungsmittel A und B erhält man verschiedene Werte, je nachdem ob man dieses Verhältnis nach den mit gleichen Mengen von A und B erzielten Entfärbungen („Gleichmengenverfahren") oder nach den zur Erzielung der gleichen Entfärbung verwendeten Mengen an A und B („Gleichleistungsverfahren") berechnet. Folgende, der Abb. 37 entnommene Zahlen mögen dies illustrieren[2].

Tabelle 6. Leistungsverhältnis zweier Bleichmittel (A u. B) nach dem „Gleichmengenverfahren".				Tabelle 7. Wertverhältnis zweier Bleichmittel (A u. B) nach dem „Gleichleistungsverfahren".			
An-wendungs-koeffizient	Entfärbung in Prozent		Wert-verhältnis	Entfärbung in Prozent	Anwendungs-koeffizient		Wert-verhältnis
	B	A			B	A	
0,5	62	19	3,26	20	0,07	0,50	7,14
1,0	76	34	2,23	40	0,18	1,23	6,83
2,0	85	55	1,54	60	0,45	2,34	5,20
3,0	90	66	1,36	70	0,70	4,20	6,00
				80	1,30	∞	∞

[1] Die Adsorptionstechnik, S. 13. Dresden: Th. Steinkopff. 1935.
[2] Nach PICK u. KRAUS: a. a. O.

Die vergleichende Prüfung von verschiedenen Entfärbungsmitteln nach dem „Gleichmengenverfahren" ergibt demnach falsche und unbrauchbare Werte. So wurde z. B. für die 90%ige Entfärbung für das wirksamere Bleichmittel ein Leistungsfaktor von 1,36 erhalten, während eine so hohe Entfärbung mit dem schwächeren Entfärbungsmittel überhaupt nicht möglich war, und der Leistungsfaktor des aktiveren Bleichmittels schon bei einer Entfärbung von über 70% unendlich groß wird.

Die Prüfung nach der Entfärbungsleistung gleicher Adsorbensmengen ist auch deswegen zu verwerfen, weil in der Praxis nur die Frage von Interesse ist, welche Mengen an Bleichmittel angewandt werden müssen, um ein Fett von bestimmter Farbe, also von einer bestimmten Entfärbungsstufe zu erhalten.

Aus der Tabelle 7 folgt ferner, daß ein bestimmtes, konstantes Wertverhältnis von zwei Adsorbenzien nicht besteht und daß sich dieses Verhältnis mit dem Grad der Entfärbung ändert.

Noch wichtiger ist die Tatsache, daß dieses Verhältnis auch mit der Natur und Vorgeschichte des zu entfärbenden Öles in den weitesten Grenzen variiert, so daß bei Ölen anderer Art die Kurve B der Abb. 37 mit Kurve A zusammenfallen oder sogar unter dieser liegen kann, das bedeutet, daß bei verschiedenen Ölen Entfärbungskohlen nicht besser oder sogar weniger gut wirken als Bleicherden. Trotzdem ist das Anwendungsgebiet der Entfärbungskohlen in der Ölindustrie sehr groß.

Starre Regeln lassen sich nicht aufstellen, es muß bei jedem Öl durch Laboratoriumsversuche ermittelt werden, 1. welche Bleicherde beste Wirkung hat, 2. ob Aktivkohlen wesentlich bessere Entfärbungen als Bleicherden ergeben. Durch diese orientierenden Versuche wird festgestellt, ob die Anwendung von E-Kohlen für das betreffende Öl in Betracht kommt.

Diese an Bleicherde allein oder Entfärbungskohle allein vorgenommenen Versuche ergeben aber nicht den endgültigen „*Ölfaktor*" von Erde und Kohle. (Der Ölfaktor ist gleich dem Wertverhältnis eines Bleichmittels [A], bezogen auf das andere Bleichmittel [B], dessen Aktivität gleich 1 gesetzt wird.)

Bei zahlreichen Entfärbungen, insbesondere von entsäuerten Cocosfetten, hat H. SCHÖNFELD[1] beobachtet, daß das Wertverhältnis von E-Kohle : Bleicherde erheblich zugunsten der Kohlen zunimmt, wenn man die Entfärbung mit *Gemischen von Bleicherde und Entfärbungskohle* durchführt.

Wenn man die durch die gleichen Mengen Aktivkohle und Bleicherde bei den mit Lauge raffinierten (entsäuerten) Ölen miteinander vergleicht, so wird man häufig folgendes finden: Bis zu einer mittleren Entfärbung (z. B. von entsäuertem Cocosfett) ist die Aktivkohle der Bleicherde zwar überlegen, aber viel weniger als im Gebiet höherer Entfärbungen. Die Überlegenheit der Entfärbungskohle wird mit dem Entfärbungsgrad immer größer, bis diese, wie aus der Abb. 37 ebenfalls hervorgeht, unendlich groß wird.

Aus diesen Versuchen könnte man schließen, daß die E-Kohlen erst oberhalb einer gewissen Mindestentfärbung wirtschaftlicher angewandt werden können als Bleicherden. Zu einer solchen Schlußfolgerung gelangt man aber nur dann, wenn die Entfärbung durch Bleicherden mit der Leistung von reinen E-Kohlen verglichen wird.

Wesentlich günstigere „Ölfaktoren" für die E-Kohlen erhält man, wenn man die Wirkung von Gemischen, welche außer Bleichkohle nur geringe prozentuale Mengen an E-Kohlen enthalten, mit der Entfärbungsleistung der reinen Bleicherden vergleicht. Auch im niedrigen Entfärbungsgebiet zeigen dann die

---

[1] Allg. Öl- u. Fett-Ztg. **26**, 508 (1929).

Kohlen sehr hohe Wertverhältnisse, und es läßt sich beispielsweise häufig entsäuertes Cocosfett mit 0,5% Bleicherde + 0,02% Aktivkohle besser entfärben als mit 1% Bleicherde, d. h. es wird für die Kohle ein Wertverhältnis von über 25 im Vergleich zur Bleicherde erzielt.

Es kann angenommen werden, daß sich die Ölfarbstoffe den Bleichmitteln gegenüber verschieden verhalten, daß ein Teil dieser Farbstoffe leicht, ein anderer Teil vom Bleichmittel schwerer aufgenommen wird. Die leicht zu entfernenden Farbstoffe werden auch von den Bleicherden gut adsorbiert. Erst bei dem schwieriger zu entfernenden Teil der Ölfarbstoffe kommt das größere Adsorptionsvermögen der Entfärbungskohlen voll zur Geltung. Auch wirken die beiden Arten von Adsorptionsmitteln selektiv entfärbend, so daß gewisse Farbstoffgruppen von der Bleicherde, andere von der E-Kohle bevorzugt aufgenommen werden. Von der selektiven Wirkung der beiden Gruppen von Entfärbungsmitteln kann man sich leicht überzeugen, wenn man beispielsweise auf gleiche Farbintensität mit Bleicherde und mit Entfärbungskohle entfärbtes Baumwollsaatöl im LOVIBOND-Kolorimeter vergleicht. Die Verteilung von Rot und Gelb ist in beiden Fällen verschieden.

Das für die Entfärbung eines bestimmten Öles geeignetste Bleichmittel oder Bleichmittelgemisch wird folgendermaßen festgestellt:

Kommt nur die Anwendung von Bleicherde in Betracht, so wird man natürlich diejenige wählen, welche in den nach dem Gleichmengenverfahren vorgenommenen Versuchen die beste Entfärbung ergeben hat. Selbstverständlich ist hierbei auch der Preis zu berücksichtigen.

Soll aber das Öl mit einem Gemisch von Bleicherde und Entfärbungskohle entfärbt werden, so muß die wirtschaftlichste Bleichvorschrift ermittelt werden durch die Bestimmung der Entfärbungskurven

1. von Gemischen von stets gleichen Mengen Bleicherde und wechselnden Mengen E-Kohle;

2. von Gemischen mit stets gleicher Menge an E-Kohle und wechselnden Mengen Bleicherde[1].

Die Kurve 1 wird beispielsweise durch drei Versuche mit 0,5% Bleicherde + + 0,05, 0,1 und 0,15% Entfärbungskohle, die Kurve 2 durch drei Versuche mit 0,1% Entfärbungskohle + 0,5, 0,75 und 1,0% Bleicherde erhalten.

Die auf diese Weise erhaltenen Stücke der Entfärbungskurve müssen allerdings innerhalb des geforderten Entfärbungsgebietes liegen.

Es werden dann die Kosten für die Punkte gleicher Entfärbung auf beiden Kurven berechnet, wobei außer den Preisen von Bleicherde und E-Kohle auch die Wertminderung des vom Bleichmittel aufgesogenen Ölanteils zu berücksichtigen ist.

O. ECKART und A. WIRZMÜLLER[2] haben für die bei den einzelnen Fettarten anzuwendenden Sorten und Mengen an Entfärbungsmitteln sowie die geeignetsten Bleichtemperaturen eine Reihe von Vorschriften angegeben, welche jedoch nur als Richtlinien gewertet werden können. Die Technik arbeitet nach eigenen Rezepten und verwendet häufig die gleiche Bleicherdesorte für die Entfärbung verschiedener Öle. Die anzuwendende Menge richtet sich nach der Art des Öles, seiner Farbe und der angestrebten Entfärbung. Eine wichtige Aufgabe des Raffineurs ist es, schon bei der Entsäuerung einen hohen Grad der Entfärbung zu erzielen. Ein schlecht vorbehandeltes Öl verbrauht sehr große Menge an Bleichmitteln, anderseits läßt sich durch gut geleitete Entsäuerungsarbeit eine

---

[1] Siehe H. SCHÖNFELD: Neuere Verfahren zur Raffination von Ölen und Fetten, S. 81. Berlin: Allg. Industrie-Verlag. 1931.   [2] Die Bleicherde, II. Aufl.

große Ersparnis an Bleichmitteln erzielen. Auch fertige Gemische von Bleicherde und E-Kohle sind im Handel anzutreffen. Man tut aber besser, die E-Kohle gesondert zu beziehen, weil sich im fertigen Gemisch die Menge der beiden Komponenten nicht mehr variieren läßt.

e) Apparatur und Ausführung der Entfärbung.

Die Entfärbung wird in stehenden oder liegenden, mit Rührwerk versehenen, evakuierbaren Apparaten durchgeführt. So wird sie beispielsweise in dem in Abb. 27 dargestellten Apparat der Bamag-Meguin A. G. vorgenommen, also in der gleichen Vorrichtung, in welcher das Öl entsäuert, gewaschen und getrocknet wurde. Liegende Apparate empfiehlt die Maschinenfabrik der Harburger Eisen- und Bronzewerke für die Bleichung größerer Ölchargen von etwa 10 t, weil ihr Kraftbedarf geringer ist.

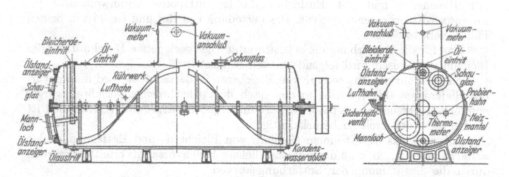

Abb. 39. Liegender Bleichapparat. (Harburger Eisen- und Bronzewerke A. G.)

In dem Apparat nach Abb. 27 dient zur Rührung ein Taifunrührwerk. Die liegenden Bleichmalaxeure (Abb. 39) sind mit einem spiralenförmigen Rührwerk ausgestattet, dessen Arme durch die ganze Länge des Apparates gehen. Das Öl wird aus dem Waschapparat in den Bleichmalaxeur durch Vakuum eingesogen. Die Bleicherde wird dann in den evakuierten Apparat unter den Ölspiegel eingesogen, um ein Verstauben zu vermeiden. Die Innenwände des Bleichapparates sind blank gebeizt oder verzinnt.

Die Entfärbung wird gewöhnlich, um eine Oxydation des Öles auszuschließen, im Vakuum vorgenommen. Die Abdichtung der evakuierten Bleichkessel muß tadellos sein, damit während der Entfärbung keine Luft in das Öl eingesogen werden kann. Letzteres wäre weit gefährlicher als das Arbeiten im nicht evakuierten Apparat. Um sich zu überzeugen, daß die Raffinationsvorrichtungen gut abgedichtet sind, werden sie leer unter ein bestimmtes Vakuum gesetzt, worauf das Vakuumventil geschlossen und die Vakuumpumpe abgestellt wird. Die Höhe des am Vakuummeter abgelesenen Luftdrucks darf während einiger Stunden nicht merklich zunehmen. Ist das nicht der Fall, so müssen die Schrauben am Deckel nachgezogen oder die Dichtungen ausgewechselt werden.

Gebleicht wird bei einer Durchschnittstemperatur von etwa 80°. Die Bleichdauer beträgt etwa 20—45 Minuten. Da die zu bleichenden Öle noch geringe Mengen an mitgerissener Seife enthalten, welche von der Bleicherde adsorbiert wird, so darf nicht die gesamte Menge des Entfärbungsmittels auf einmal in den Apparat eingesogen werden. Man gibt einen kleinen Teil der Bleicherde in den Apparat, rührt kurze Zeit um, fügt hierauf den Rest hinzu und rührt weiter bei der erforderlichen Temperatur. Wird mit einem Gemisch von Bleicherde und Entfärbungskohle entfärbt, so gibt man zu Anfang in den Apparat einen Teil der Bleicherde und setzt dann erst den mit Entfärbungskohle vermischten Rest der Bleicherde hinzu.

Nach der Entfärbung wird das Vakuum abgestellt; das Gemisch von Bleicherde oder Bleicherde + Entfärbungskohle und Öl wird in Rahmenfilterpressen (s. S. 5) filtriert. Das Gemisch wird entweder mittels Preßluft (Arbeitsweise der Bamag A. G.) oder mit Pumpendruck in die Presse gedrückt. Die Harburger Eisen- und Bronzewerke vorm. Köber, welche zur Filtration Kolbenpumpen verwenden, bauen für die Filtration mit Windkesseln ausgestattete Pressen, zum Auffangen der durch die Pumpenarbeit erzeugten Stöße. Die Filtrationsarbeit ist natürlich ruhiger, wenn sie unter der treibenden Kraft des unter Luftdruck gesetzten Bleichapparates erfolgt.

Die Platten der Rahmenpresse werden außer mit Filtertüchern noch mit Filtrierpapier belegt, zwecks Erzielung eines blankeren Filtrats und zwecks größerer Schonung der Tücher. Der zwischen den beiden Papieren angesammelte Schlamm läßt sich leicht ablösen.

Die Filterpressen können mit durch Dampf heizbaren Kopfplatten ausgestattet werden, um das Erstarren von festen Fetten, wie Hartfett u. dgl., zu verhindern. Sind die Filterpressen sehr groß, so müssen außer den Kopfstücken auch einige Zwischenplatten heizbar sein.

Die ersten Filtratanteile sind gewöhnlich noch durch mitgerissenes Entfärbungsmittel getrübt; sie werden mit Hilfe einer Pumpe in den Bleichkessel zurückgedrückt. Ist das aus den Hähnen der Filterplatten in eine Sammelrinne abfließende Öl blank geworden, so wird es in einen besonderen Behälter, den Bleichölbehälter, abgelassen; die Behälter werden zweckmäßigerweise verzinnt, um eine Schädigung der Farbe des gebleichten Öles zu verhindern und geschlossen ausgeführt.

In Anlagen, welche täglich 30 t Öl verarbeiten, sind für die Filtration der entfärbten Öle zwei Pressen mit etwa 30 Kammern von 800 mm² notwendig.

Nach vollendeder Filtration werden die Pressen, um das in den Rahmen noch angesammelte Öl auszutreiben, mit Luft ausgeblasen. Das Ausblasen kann erst dann vorgenommen werden, wenn die Rahmen mit den Kuchen ganz gefüllt sind. Nachteilig ist die Anwendung von Wasserdampf statt Preßluft zum Ausblasen der Pressen. Der Dampf wirkt oxydierend auf das Öl und macht Öl und Tücher feucht.

Die Bleichrückstände müssen, soweit sie nicht sofort entölt werden, in verschlossenen Fässern aufbewahrt werden. Man darf sie nicht offen liegen lassen, weil das auf der Bleicherde fein verteilte Öl so rasch oxydiert, daß eine Selbstentzündung eintreten kann. Bei der Filtration von trocknenden Ölen ist auch das Ausblasen der gefüllten Pressen mit Luft mit größter Vorsicht vorzunehmen, weil sich dabei das Öl entzünden kann. Die Bleichrückstände enthalten etwa ein Drittel ihres Gewichtes an Öl.

Große Bleichmittelmengen sind bei der Entfärbung von technischen Talgsorten, Knochenfetten u. dgl. notwendig. Knochenfett muß vor der Entfärbung mit verdünnter Schwefelsäure aufgekocht und dann von der Säure ausgewaschen werden, zwecks Aufspaltung der Kalkseifen.

Für die Aufhellung der aus dem Seifenstock gewonnenen Fettsäuren müssen bis zu 5—10% Bleicherde verwendet werden. Von Vorteil ist es, gegen Ende der Entfärbung den Fettsäuren kleine Menge verdünnter Schwefelsäure zuzusetzen. Zweckmäßiger ist es, der Bleicherde vor ihrer Verwendung kleine Mengen Schwefelsäure einzuverleiben. Die angesäuerte Bleicherde eignet sich auch sehr gut zur Entfärbung des Palmöles und macht die oxydative Entfärbung des Öles mittels Luft häufig überflüssig (s. S. 70).

Für die Filtration sind in solchen Fällen Filtertücher aus Schafwolle zu verwenden, weil Baumwolltücher durch die sauren Erden sehr schnell zerstört werden; auch die freien Fettsäuren greifen Baumwolltücher an.

f) Die Entölung der Rückstände der Entfärbung[1].

Die Bleichrückstände enthalten durchschnittlich etwa 35% aufgesogenes Fett, was für jedes Prozent angewandter Bleicherde 0,35% Verlust an entfärbtem Öl entspricht. Der Ölgehalt der gebrauchten Bleicherden ist also annähernd der gleichen Größenordnung wie in einer Reihe von Ölsaaten.

Am einfachsten wäre es, die Rückstände der Entfärbung dem Saatgut zuzumischen und das Gemisch gemeinsam zu pressen oder zu extrahieren. Die Bleicherden würden aber den Aschengehalt der Rückstände der Ölgewinnung erhöhen und ihre Verwendung zur Fütterung oft unmöglich machen; auch gesetzliche Vorschriften stehen mitunter einer solchen Arbeitsweise im Wege. Die Bleichrückstände müssen deshalb gesondert entölt werden.

Für die Rückgewinnung des Fettes aus den Bleicherden gibt es zwei verschiedene Verfahren:

1. Behandeln der Rückstände bei höheren Temperaturen und unter Druck mit wäßrigen Lösungen von kapillaraktiven Stoffen. In Frage kommen vor allem Alkalilösungen. Durch die die Oberflächenspannung erniedrigende Wirkung dieser Lösungen werden die Öle aus dem Verband mit der Bleicherde verdrängt.

2. Extraktion der gebrauchten Bleichmittel mit Lösungsmitteln.

Es wurde versucht, die in den Rückständen enthaltenen Ölanteile zu verseifen und die mineralhaltigen Gemische als Scheuerseifen zu verwenden, nachdem sich das Aussalzen der Seifen aus dem Gemisch als sehr lästig erwiesen hat. Die Seifen fanden aber keinen Absatz[2].

1. Entölen mittels wäßrigen Lösungen von kapillaraktiven Stoffen.

Durch Kochen der ölhaltigen Bleichrückstände mit Wasser bei gewöhnlichem Druck gelingt es nur bei frischen Bleicherden, das Öl abzutrennen[3]. Die Bleicherde wird mit der gleichen Menge Wasser und so viel Natriumhydroxyd versetzt, daß sich eine Lauge von 2° Bé bildet; dann gibt man noch 10% Industriesalz zu und kocht etwa 30 Minuten. Hierauf verdünnt man mit der dreifachen Menge heißen Wassers und läßt absitzen.

Eine unvollständige Entölung ist durch Erhitzen der Bleichrückstände mit Wasser bei etwa 180° im Autoklaven möglich[4]; nach Ausblasen und Erkalten wird aber ein Teil des in Freiheit gesetzten Öles wieder von der Bleicherde aufgesogen. Durch Abkühlenlassen des geschlossenen Autoklaven soll allerdings die Verdrängung des Wassers durch das ausgeschiedene Öl verhindert werden können[5].

Zum Ablösen des Öles von der Bleicherde ist Erhitzen mit einer wäßrigen Lösung von Alkali, Alkalicarbonaten, Seife od. dgl. Stoffen notwendig, welche durch ihre die Oberflächenspannung erniedrigende Wirkung die Benetzung der Bleicherden mit Wasser und eine Verdrängung des Öles ermöglichen[6]. Man erhitzt die

---

[1] Die Angaben über Bleicherdeentölung wurden von A. van der Werth, Berlin, zur Verfügung gestellt.   [2] Seifensieder-Ztg. **36**, 505 (1909).
[3] Floating Metal Co.: D. R. P. 90143.   [4] D. Holde u. Allen: D. R. P. 106119.
[5] Wenck: D. R. P. 385249.
[6] Harburger Eisen- u. Bronzewerke A. G., vorm. Köber: D. R. P. 426712. — Ellis: A. P. 1828035. — W. Salge u. Bandau: D. R. P. 485596, 536751.

Bleichrückstände mit den Lösungen dieser Verbindungen in Gegenwart von neutralen Elektrolyten (Kochsalz) unter Druck. Die Entölung gelingt auch bei niedrigeren Temperaturen, wenn man außer den genannten Emulgatoren noch Stoffe zusetzt, welche vom Öl leichter benetzt werden als die Bleicherden. Nach einem Verfahren der I. G. Farbenindustrie A. G. ist beispielsweise eine Entölung möglich durch Erhitzen der Bleicherden mit Lösungen von Sulfonsäuren, Saponin, Alkali und anderen emulgierend wirkenden Verbindungen in Gegenwart kleiner Mengen von Aktivkohlen[1].

Das gewöhnlich für diesen Zweck verwendete Alkali wirkt in Gegenwart der Bleicherde nicht verseifend auf das Öl; der Benetzungsvorgang scheint der Verseifung voranzugehen. In kleineren Raffinerien, welche keine Extraktionsanlagen besitzen, wird die Entölung häufig nach den genannten Verfahren ausgeführt.

Zur Entölung verwendet man mit Rührwerk versehene Autoklave (Abb. 40). Auf 400 kg zu entölender Bleicherde gibt man in den Apparat 400 l Wasser, sowie 12 kg kalzinierter Soda oder die entsprechende Menge Natriumhydroxyd und 12 kg Kochsalz. Hierauf wird, bei laufendem Rührwerk, die Bleicherde allmählich eingetragen[2]. In den Autoklav wird bei gehendem Rührwerk Dampf von 3 at eingeleitet, bis im Apparat ein Druck von 3 at und eine Temperatur von etwa 135⁰ erreicht ist. Hierauf wird noch einige Stunden bei geöffnetem Ausblaseventil gerührt, worauf Dampfzuleitung und Rührwerk abgestellt werden. Man überläßt das Gemisch mehrere Stunden der Ruhe und zieht das Öl ab. Die wäßrige Emulsionsschicht wird durch eine besondere Leitung in einen Ölabscheider geleitet, um sie vom mitgerissenen Öl zu befreien. Der im unteren Teil des Apparates angesammelte Schlamm wird in einen Wagen entleert. Das Öl wird mit geringen Mengen Schwefelsäure gerührt, einige Zeit zwecks Absetzen des Schlammes stehen gelassen und nach Abziehen des Bodensatzes mit Wasser ausgewaschen. In der Bleicherde bleiben noch 2—3% Öl zurück.

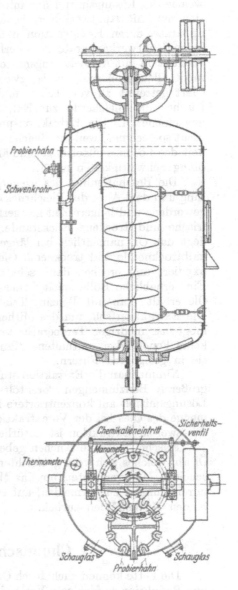

Abb. 40. Apparat für die Entölung von Bleicherden. (Harburger Eisen- u. Bronzewerke A. G.)

Die Gesamtanlage besteht aus zwei Behältern für die Alkali- und Kochsalzlösung, dem Autoklaven, dem Ölabscheider, dem Ölbehälter und dem Wagen, in welchem die entölte Bleicherde aus der Fabrik hinausgefahren wird. Die Ausblaseleitung für den Dampf wird ins Freie verlegt.

---

[1] D. R. P. 576852.   [2] E. HERRNDORF: Seifensieder-Ztg. 60, 238 (1933).

2. Extraktion der Bleicherden mittels Lösungsmittel.

Das Verfahren ist viel rationeller und liefert wertvollere Öle als das soeben besprochene. Für die Extraktion der sehr dicht aufliegenden Bleicherden, in welche das Lösungsmittel nur mit Schwierigkeiten einzudringen vermag, eignen sich nur mit Rührwerk versehene oder, noch besser, rotierende Extraktionsapparate, deren Konstruktion in Bd. I, S. 702 angegeben worden ist. Stehen keine Rührwerkapparate zur Verfügung, so müssen die Bleichmittel vor der Extraktion mit Auflockerungsmitteln vermischt werden. Die Extraktoren sollen nicht allzu groß sein; es ist zweckmäßiger, die Bleicherden frisch und nach Ölart getrennt zu verarbeiten und über einige Extraktoren zu verfügen. Je frischer die Bleicherde zur Extraktion gelangt, desto besser ist das zurückgewonnene Öl. Die Extraktionspressen (Bd. I, S. 713) sind für die Entölung nicht so geeignet, weil die Bleicherdekuchen wegen ihrer kompakten Beschaffenheit das Lösungsmittel ungleichmäßig durchlassen, so daß die vollständige Entölung Schwierigkeiten macht.

Die Beschaffenheit des wiedergewonnenen Öles hängt von der Vorbehandlung und dem Alter der Bleichrückstände ab. Beim Ausblasen mit Dampf feucht gewordene und längere Zeit gelagerte Rückstände liefern minderwertigere Öle als frische und trockene Rückstände. In feuchten Bleicherderückständen unterliegt das Öl, namentlich bei längerem Lagern, tiefgreifenden Veränderungen; halbtrocknende und trocknende Öle werden beim Lagern der Bleicherden rasch oxydiert und ergeben dann sehr dunkel gefärbte, äußerst minderwertige Öle. Eine erhebliche Rolle spielt ferner die Art des Extraktionsmittels. Die besten Öle erhält man mit Benzin; Trichloräthylen ergibt wesentlich dunklere Öle. Die Extraktion soll, um das Mitherauslösen der Farbstoffe einzuschränken, bei möglichst niedriger Temperatur vorgenommen werden, die Rückstände sollen keine Feuchtigkeit enthalten. Man läßt die Miscella gut absitzen und filtriert sie in geeigneten Filtern.

Nimmt man die Extraktion stufenweise vor, indem man die Bleicherden mit größeren Benzinmengen vorentölt und den Rest mit kleineren Mengen des Lösungsmittels auf konzentriertere Miscella verarbeitet, so gelingt es, die Hauptmenge des Öles bei der Vorextraktion in besserer Qualität zu gewinnen. Das Öl der zweiten Extraktion ist natürlich wesentlich dunkler.

Frische, trockene Kuchen geben an Benzin bei vorsichtiger Extraktion ein Öl ab, welches sich vom gebleichten Öl nur durch etwas höhere Acidität unterscheidet. Man verzichtet, um das Mitlösen der adsorbierten Farbstoffe und Verunreinigungen zu vermeiden, auf erschöpfende Extraktion und läßt 2—3% Öl in den Rückständen zurück.

C. Chemische Bleichmethoden.

Die Fette können auch durch Oxydation der Farbstoffe, mitunter auch durch ihre Reduktion zu farblosen Verbindungen gebleicht werden. Diese „chemischen" Bleichverfahren verlieren aber in dem Maße an Bedeutung, als es gelingt, die Entfärbungskraft der Adsorptionsbleichmittel zu steigern. Nur in seltenen Fällen kann man mit oxydativ wirkenden Reagenzien bessere Bleicheffekte erzielen als mit Bleicherden und Aktivkohlen. Immerhin spielen die chemischen Verfahren noch eine gewisse Rolle beim Bleichen von Palmöl, von Fettsäuren, Knochenfett und anderen technischen Fetten. Rohes Palmöl wurde bis vor kurzem durch Einblasen von Luft gebleicht; in der letzten Zeit wurde diese Methode vielfach aufgegeben, und das Öl wird jetzt mit säurehaltiger Bleicherde entfärbt. Für die Entfärbung der in der Speisefettindustrie verwendeten Fette kommt die oxydative oder reduzierende Bleichung überhaupt nicht in Betracht; die Fette erleiden bei der Bleichung mit chemischen Mitteln Veränderungen, welche sie für die Margarinefabrikation ungeeignet machen. Bei normal beschaffenen Rohfetten sind übrigens die Adsorptionsbleichmittel weit wirksamer.

Unter den in den früheren Abschnitten besprochenen Reinigungsverfahren sind bereits Entfärbungsmethoden angegeben worden, deren Wirkung auch chemischer Natur ist. Beim Entschleimen der Fette mit Schwefelsäure findet ein rein chemischer Bleichprozeß statt, die Farbstoffe werden von der konzentrierten Säure durch Oxydation zerstört.

a) Bleichen durch Oxydation.

Sie wird unter solchen Bedingungen durchgeführt, daß die Farbstoffe zerstört werden, während das Fett selbst nach Möglichkeit unangegriffen bleiben soll. Es gelingt allerdings nur selten, die Bleichung dieserart zu Ende zu führen, also das Öl vor dem Angriff des Oxydationsmittels gänzlich zu schützen.

In Bd. I, S. 336 wurde über das Verhalten der ungesättigten Fette gegenüber Luftsauerstoff ausführlich berichtet. Bekanntlich werden die ungesättigten Fette schon bei gewöhnlicher Temperatur durch den Sauerstoff der Luft angegriffen. Der Angriff erfolgt um so rascher und intensiver, je höher die Temperatur ist; er wird begünstigt durch Licht und durch Katalysatoren, vor allem aber ist das Fett um so leichter der Oxydation zugänglich, je ungesättigter es ist. Es folgt daraus, daß die oxydativen Bleichmethoden, für welche so energische Oxydationsmittel, wie Wasserstoffperoxyd, Chromsäure und dergleichen (s. weiter unten), angewandt werden, stärker ungesättigte Fette angreifen müssen. Trotzdem findet man in der Literatur häufig Angaben über die völlige Harmlosigkeit von hochkonzentrierten Wasserstoffsuperoxydlösungen gegenüber hochungesättigten Fetten, wie Leinöl, Fischöle u. dgl.

Für die chemische Bleichung spricht vielfach ihre scheinbare Einfachheit und Billigkeit. Einfacher ist sie insofern, als die Entfärbung in einer wesentlich bescheideneren Apparatur durchgeführt werden kann. Trotzdem ist die praktische Ausführung komplizierter, vor allem das Gelingen der oxydativen Entfärbung viel unsicherer als die Entfärbung mit Adsorbenzien. Geschieht die Bleichung nicht unter optimalen Bedingungen von Temperatur, Menge der Chemikalien usw., so ist 1. eine spätere Korrektur nicht mehr möglich, 2. kann bei unrichtiger Durchführung der Oxydation, ähnlich wie bei der Raffination mit konzentrierter Schwefelsäure, der entgegengesetzte Effekt, eine Zunahme der Färbung des Fettes, eintreten.

Die reduzierenden Bleichmittel — es handelt sich dabei ausschließlich um Sulfite und Hydrosulfite — sind allerdings für das zu bleichende Fett selbst harmlos, ihre Wirksamkeit ist aber eine sehr begrenzte, der Bleicheffekt häufig kein bleibender.

Ein Ölverlust, wie er bei der Adsorptionsentfärbung stets durch Aufsaugen gewisser Ölanteile durch die Adsorbenzien verursacht wird, ist natürlich bei der oxydativen Bleichung nicht zu erwarten. Das durch Oxydation gebleichte Fett braucht auch nicht filtriert zu werden, wenn man von einigen, praktisch selten ausgeübten Sonderverfahren absieht. Da aber die für die Bleichung verwendeten Chemikalien wesentlich teurer sind als Bleicherden, so sind die chemischen Bleichmethoden kaum billiger als die Adsorptionsbleiche. Dies gilt natürlich nicht für die Bleichung mit Luftsauerstoff; häufig muß aber diese Methode mit der Adsorptionsentfärbung kombiniert werden.

Die oxydativen Bleichmethoden.

Zu diesen gehören:
1. Bleichen durch Belichtung;
2. Bleichen mit konzentrierter Schwefelsäure[1];
3. Bleichen mit Luftsauerstoff oder Ozon;
4. Bleichen mit Wasserstoffperoxyd und mit anorganischen und organischen Peroxyden;
5. Bleichen mit Dichromat und Mineralsäure;
6. Bleichen mit Permanganat;
7. Bleichen mit Chlor und mit Hypochloriten.

1. Bleichen durch Belichtung.

Die Bleichung der Fette durch Insolation wird als „Naturbleiche" bezeichnet. In farblosen Gläsern vermögen gewisse Öle an der Sonne auszubleichen, auch bei Ausschluß der Luft. Es dürfte sich aber dennoch um eine Oxydation der Ölfarbstoffe handeln. Der Vorgang wird jedenfalls durch Anwesenheit von Luft beschleunigt. Die Sonnenbleiche wurde vielfach für die Entfärbung von Palmöl an der Luft vorgeschlagen. Das Öl ist durch die Gegenwart von Carotinoiden rot gefärbt. Man macht aber von der Sonnenbleiche in der Fettindustrie keinen Gebrauch. Unter dem Einfluß des Lichtes unterliegen die Fette, wie in Bd. I, S. 347 näher berichtet wurde, leicht dem Verderben. In bestrahlten Fetten sind nahezu immer Peroxyde nachweisbar, so daß sich das Belichten der Fette verbietet. Der Vorgang ist übrigens so langsam, daß er praktisch kaum verwertet werden könnte.

E. Baur und G. F. Fabbricotti[2] haben beobachtet, daß die Lichtbleiche des roten Palmöles an der Luft durch Sensibilisatoren beschleunigt werden kann, und daß bei der Belichtung des mit äußerst geringen Mengen von sensibilisierenden Farbstoffen versetzten Öles ein größerer Teil des verbrauchten Sauerstoffes auf die Oxydation der Carotinoide entfällt als bei Belichtung von reinem Palmöl. Die Autoxydation des Fettes ist also in Gegenwart der Sensibilisatoren geringer. 25 cm³ einer Emulsion, bereitet aus 50 g Palmöl, 5 g Soda und 2 l Wasser, wurden mit verschiedenen Sensibilisatoren in der Konzentration von 1 : 50000 versetzt und 4 Stunden in einer Entfernung von 50 cm mit einer Osramlampe von 1000 Watt belichtet. Während im Leerversuch nur ein Bleichgrad von 15% erreicht wurde, konnten bei Gegenwart der Sensibilisatoren Entfärbungsgrade bis zu 80% erzielt werden. Die Bleichwirkung nahm zu in der Reihe: Chlorophyll (30%), Fluorescein (45%), Eosin (80% Entfärbung).

Der Energieverbrauch war aber bei der künstlichen Belichtung so groß, daß an eine praktische Verwertung der Ergebnisse vorläufig nicht gedacht werden kann.

2. Bleichen mit Luftsauerstoff.

Seit vielen Jahrzehnten verwendet man diese Methode zur Oxydation der roten Palmölfarbstoffe. Auch dunkler Talg wird mitunter mit Luft gebleicht.

Man verwendet zum Bleichen des Palmöles hohe zylindrische Apparate, welche mit Heizschlangen und Luftverteilungsdüsen versehen sind. Bei ungeschützten eisernen Apparaten besteht, wegen der hohen Acidität des Palmöles, Gefahr der Bildung von Eisenseifen, welche das Öl braun färben. Man verwendet Apparate aus Aluminium oder emailliertem Eisen. Verbleite Apparate sind wenig haltbar. Das Öl wird auf etwa 110⁰ erhitzt und in das heiße Öl ein kräftiger Luft-

---

[1] Über die farbzerstörende Wirkung der konzentrierten Schwefelsäure wurde früher (S. 17) berichtet.   [2] Helv. chim. Acta 18, 7 (1935).

strom mehrere Stunden eingeleitet. Die entweichende Luft muß ins Freie abgeleitet werden, weil sie übelriechende Dämpfe mitreißt. Zweckmäßig ist es,
komprimierte Luft in das Öl einzuleiten. Man kann natürlich auch mit Hilfe
einer Luftpumpe Luft durch den Apparat saugen, auf diese Art gelingt es aber
nicht, ebenso große Luftmengen durch das Öl zu schicken. Die roten Farbstoffe
des Palmöles werden energischer oxydiert als die gelben. So wurde nach
W. CLAYTON[1] ein Palmöl mit 14 Rot und 48 Gelb der LOVIBOND-Tintometer-
skala nach fünfstündigem Durchleiten von Luft bei 110⁰ bis auf 2,2 Rot und
22 Gelb ausgebleicht.

In den Ursprungsländern des Palmöles bedient man sich zum Bleichen sehr
primitiver Vorrichtungen. Das Öl wird z. B. in offenen Gefäßen auf 110—115⁰
erhitzt; es wird mit einer Kelle umgeschöpft, an der Luft versprüht und über
ein Sieb in den Kessel zurückfließen gelassen. Das intensive Sonnenlicht der
Tropen unterstützt den Bleichvorgang[2]. Die zum Bleichen verwendete Luft muß
trocken sein, weil in Gegenwart von Feuchtigkeit das Öl ranzig werden könnte.

Das Ausbleichen des Palmöles mit Luftsauerstoff kann durch Zusatz geringer
Mengen von Trockenstoffen, insbesondere von Kobalt- oder Manganboraten, beschleunigt werden. So läßt sich das Palmöl nach C. D. V. GEORGI und G. L. TEIK[3]
in Gegenwart von 0,01% Kobaltborat oder -resinat schon bei 90⁰ ausbleichen.
Auch Calciumborat soll in einer Menge von 10 g auf 100 Liter Öl die Palmöl-
bleiche beschleunigen[4]. Die Baumwollsaatöl-Fettsäuren sollen sich mittels Luft
in Gegenwart von Ferrosulfat besser ausbleichen lassen[5].

Für stark saure und intensiv rot gefärbte Palmöle reicht aber die Luftbleiche
häufig nicht aus, wenn das Öl für die Erzeugung weißer Seifen verwendet werden
soll, und es ist dann eine Nachentfärbung mit Bleicherden notwendig. In solchen
Fällen ist aber die Luftbleiche überflüssig, denn das Öl kann ebensogut mit sauren
Bleicherden entfärbt werden, wie H. SCHÖNFELD im Jahre 1931 angegeben hat[6].
Diese Angabe wurde später von W. SCHAEFER und G. BITTER[7] bestätigt. Zum
Bleichen von Lagos-Palmöl soll das Öl bei 130⁰ mit 4% aktivierter Bleicherde und
0,3% konzentrierter Schwefelsäure verrührt werden. Zweckmäßiger ist es, die Bleich-
erde vor ihrer Verwendung mit kleinen Mengen Schwefelsäure zu imprägnieren.

Ungesättigte Öle dürfen natürlich nicht mit Luftsauerstoff gebleicht werden,
und auch die nachfolgend geschilderten Oxydationsmethoden sind bei Fetten
höheren Gehalts an ungesättigten Komponenten nur unter Einhaltung von ganz
besonderen Vorsichtsmaßregeln anwendbar.

3. Bleichen mit ozonisierter Luft.

E. SCHRADER und O. DUMCKE haben schon vor langer Zeit ozonisierte Luft
oder Ozon zum Bleichen von Ölen vorgeschlagen[8]. In mannigfacher Ausführung
des Bleichprozesses und der Ozonerzeugungsapparate wird Ozon bis zum heutigen
Tage als ein Ölbleichmittel für Öle der verschiedensten Art, wie Palmöl[9], Leinöl[10],
Fischöle[11] usw., bezeichnet. Ein für die Praxis geeignetes Verfahren der Ozon-
anwendung ist aber noch nicht gefunden worden.

[1] Ind. Chemist chem. Manufacturer 3, 484 (1927); 4, 26 (1928).
[2] F. GUICHARD u. C. AUBERT: Ass. Musée Colonial Marseille 40 [4 (10)], 5—36 (1932).
[3] Malayan agric. Journ. 21, 23 (1933).
[4] C. D. V. GEORGI u. T. D. MARSH: Malayan agric. Journ. 21, 505 (1933).
[5] N. V. Mij tot Exploitatie Vereenigde Oliefabricken „Zwijndrecht": E. P. 391 825/1931.
[6] Neuere Verfahren zur Raffination von Ölen und Fetten, S. 13. Berlin: Allg. Industrie-
Verlag. 1931.   [7] Seifensieder-Ztg. 60, 789 (1933).
[8] D. R. P. 6322.   [9] J. L. GARLE u. C. Ch. FRYE: D. R. P. 91 760.
[10] A. BRIN: E. P. 10 968/1886, 12 652/1886. — J. MACKEE: Can. P. 319 768 u. a. m.
[11] A. P. 1 425 803.

4. Bleichen mit wäßrigen Lösungen von Wasserstoffperoxyd und mit anderen Peroxyden.

α) *Wasserstoffperoxyd*, H_2O_2. Von den sauerstoffabgebenden Bleichmitteln kommt größere Bedeutung den konzentrierteren Lösungen von Wasserstoffperoxyd für die Bleichung von Fettsäuren, Talg und anderen Fetten zu. Allzu hochkonzentrierte Lösungen, enthaltend 60% H_2O_2 oder noch mehr, dürfen aber nicht verwendet werden, weil sie in Berührung mit der organischen oxydablen Substanz Brände verursachen können. Am geeignetsten sind Lösungen mit 30 bis 45 Gewichtsprozenten Peroxydgehalt[1].

Gute Ergebnisse sollen mit konzentrierten Peroxydlösungen nach P. LANGENKAMP[2] bei Erdnußöl, Sesamöl, Rüböl, Leinöl, Fischölen, Talg, vor allem aber bei Fettsäuren aller Art zu erzielen sein. Die meisten Metalle werden durch das Wasserstoffperoxyd angegriffen; geeignete Werkstoffe sind Aluminium, Zinn, V2A-Stahl, ferner keramische Gefäße, Holz, emaillierte Kessel[3].

Das Fett wird auf 40—60° erwärmt und unter Rühren mit 0,5—2% Peroxyd vermischt. Die Einwirkungszeit soll einige Stunden betragen. Um die Wirkung der wäßrigen, mit Öl nicht mischbaren Peroxydlösung zu beschleunigen, wurde vorgeschlagen, Essigsäureanhydrid[4] oder Alkohol[5] zuzusetzen.

Empfohlen wird auch die Kombinierung der Peroxydbleiche mit der Adsorptionsentfärbung[6]. So sollen sich schwer bleichbarer Talg oder Knochenfett gut entfärben lassen, wenn man sie nach Vorreinigen mit verdünnter Schwefelsäure mit 0,5% 30%igen Wasserstoffperoxyds 30 Minuten bei 60° verrührt und hierauf mit einem Gemisch von Bleicherden und Entfärbungskohlen behandelt[7].

Zur oxydativen Bleichung dürfen nur von mechanischen Verunreinigungen und Schleimstoffen freie Öle verwendet werden, weil diese Beimengungen vom Superoxyd oder anderen oxydierenden Reagenzien leicht oxydiert werden. Sehr dunkle Öle werden nach LANGENKAMP mit etwa 1% starker Schwefelsäure (Dichte 1,62) vorbehandelt und dann erst mit Peroxyd gebleicht.

Wie bei der Ausbleichung mit Luft, brauchen die mit H_2O_2 aufgehellten Öle nicht filtriert zu werden; es empfiehlt sich aber, das überschüssige Peroxyd gründlich auszuwaschen.

β) *Natriumsuperoxyd*, Na_2O_2, wurde erstmalig im Jahre 1884 von BURTON zum Ölbleichen vorgeschlagen. Die Verbindung reagiert in der Kälte mit Wasser unter Bildung von Natriumhydroxyd, Wasserstoffperoxyd und aktivem Sauerstoff:

$$2\,Na_2O_2 + 3\,H_2O = 4\,NaOH + H_2O_2 + O.$$

Mit heißem Wasser setzt sich Natriumperoxyd, im Sinne der Formel: $Na_2O_2 +$ $+\,H_2O = 2\,NaOH + O$, zu Natriumhydroxyd und Sauerstoff um, bei stürmischem Reaktionsverlaufe. Ähnlich reagiert Natriumperoxyd mit kalten verdünnten Mineralsäuren, unter Bildung des entsprechenden Mineralsalzes und Wasserstoffperoxyd, das in der Wärme zu $H_2O + O$ zersetzt wird.

In Berührung mit feuchten Stoffen zersetzt sich die Verbindung explosionsartig. Mit Ausnahme von Nickel werden alle metallischen Werkstoffe vom Natriumperoxyd angegriffen; für die Bleichung mit Na_2O_2 können deshalb

---

[1] Die Verwendung von hochkonzentriertem Wasserstoffperoxyd zum Entfärben von Fetten und Fettsäuren ist u. a. den Firmen Ant. Jurgens Margarinefabrieken in Nijmegen, D. R. P. 413851, und der Chemischen Fabrik von E. Merck in Darmstadt, D. R. P. 391553, geschützt.
[2] Ztschr. Dtsch. Öl- u. Fettindustrie: 45, 621 (1925).
[3] A. JORDAN: Öle, Fette, Wachse, Seifen, Kosmetik 1936, 13, Nov.
[4] E. Merck: D. R. P. 632516.   [5] Österr. Chem. Werke: Österr. P. 125709/1930.
[6] Österr. Chem. Werke: Österr. P. 137324/1932.
[7] Société des Produits Peroxydés: F. P. 762166/1933.

nur gut vernickelte Geräte verwendet werden. Die Bleichung wird in Gegenwart von Mineralsäuren und bei möglichst niedrigen Temperaturen vorgenommen, unter allmählichem Eintragen des sehr zersetzlichen Bleichmittels in kleinen Portionen. Das Produkt wird in der Fettindustrie in keinem nennenswerten Umfange verwendet. Das gilt auch für die übrigen Superoxyde, von denen das *Calciumperoxyd* zu erwähnen wäre.

γ) *Calciumsuperoxyd*, CaO_2, ist beständig gegen Wasser und wird von Schwefelsäure zu Calciumsulfat und aktivem O zersetzt; nach FOREGGER und PHIPIPP[1] soll es sich zur Bleichung von Baumwollsaatöl eignen.

δ) *Natriumperborat*, $NaBO_3$. Zu dieser Gruppe von Bleichmitteln gehört auch das für bleichende Wäsche von Textilien oft im Gemisch mit Seifen verwendete *Natriumperborat*, $NaBO_3 \cdot 4 H_2O$. Die Verbindung zersetzt sich an der Luft und wird durch Wasser zu Wasserstoffperoxyd, Borax und Natriumhydroxyd umgesetzt:
$$4 NaBO_3 + 5 H_2O = Na_2B_4O_7 + 2 NaOH + 4 H_2O_2.$$

Das gebildete H_2O_2 zersetzt sich im Öl oberhalb 40^0 zu $H_2O + O$.

ε) Von organischen Peroxyden ist das *Benzoylperoxyd*, welches im Handel unter der Bezeichnung „*Lucidol*" vorkommt, das wichtigste.

Es zersetzt sich im Öl unterhalb 70^0 zu Benzoesäure, aktivem Sauerstoff und kleinen Mengen Diphenyl. Oberhalb von 70^0 geht die Zersetzung in anderer Richtung, unter Entwicklung von Kohlendioxyd. Es hat im Vergleich zu den anorganischen Peroxyden den Vorzug der geringeren Empfindlichkeit und Einfachheit der Anwendung. Es genügt, dem auf entsprechenden Temperaturen erwärmten Fett das Benzoylperoxyd zuzusetzen und so lange zu rühren, bis der Bleicheffekt erreicht ist. Die Zersetzungsprodukte (Benzoesäure) bleiben im Fett gelöst.

Um die Bleichkraft des Lucidols besser ausnutzen zu können und die CO_2-Bildung zu verhindern, wird nach einem Vorschlag der Firma Pilot Laboratory Inc.[2] das Produkt in Gegenwart eines starken Alkalis angewendet. Man setzt beispielsweise dem Fett eine wäßrige Suspension von Calciumhydroxyd vor der Bleichung mit Benzoylperoxyd zu. In Gegenwart der Kalkmilch findet auch oberhalb von 70^0 keine CO_2-Entwicklung statt, die Verbindung wird ausschließlich in Benzoesäure und Sauerstoff gespalten. Das Bleichmittel wird zum Entfärben von Abfallfetten aller Art empfohlen.

Von organischen Peroxyden wären noch die von der gleichen Firma zum Ölbleichen vorgeschlagenen *Peroxyde chlorierter Fettsäuren*[3] zu nennen.

5. Bleichen mit Dichromat und Permanganat.

Man verwendet Lösungen des Kaliumdichromats oder des billigeren Natriumdichromats und Schwefel- oder Salzsäure. Bei der Zersetzung des Dichromats mit Salzsäure kann letztere mit dem entwickelten Sauerstoff zu Chlor und Wasser umgesetzt werden, was die Bleichwirkung erhöht. Die Chlorentwicklung ist um so stärker,
$$K_2Cr_2O_7 + 4 H_2SO_4 = K_2SO_4 + Cr_2(SO_4)_3 + 4 H_2O + 3 O,$$
$$K_2Cr_2O_7 + 8 HCl = 2 CrCl_3 + 4 H_2O + 3 O,$$
$$(2 HCl + O = H_2O + Cl_2),$$

je konzentriertere Salzsäure zur Anwendung kommt.

Man löst die erforderliche Dichromatmenge (0,5—3%) in möglichst wenig warmem Wasser, vermischt die Lösung mit der notwendigen Menge (ein geringer Säureüberschuß ist notwendig) mit 2—3 Teilen Wasser verdünnter Schwefel-

---

[1] Journ. Soc chem. Ind. **25**, 298 (1906).
[2] A. P. 1838707 vom Jahre 1928.   [3] Pilot Laboratory Inc.: A. P. 1854764.

säure oder mit etwa 30%iger Salzsäure und setzt die Mischung dem bleichenden
Öl zu. Die Durchmischung muß möglichst innig sein, sonst bleibt der Bleicheffekt aus. Die Herbeiführung eines fast emulsionsartigen Zustandes ist anzustreben; man kommt diesem am nächsten, wenn man die Bleichung bei möglichst
niederer Temperatur vornimmt. Bei gewöhnlicher Temperatur flüssige Öle
dürfen nicht angewärmt werden; feste Fette, wie z. B. Palmöl, dürfen nur bei
wenige Grade über ihrem Schmelzpunkt liegenden Temperaturen gebleicht
werden. Das Arbeiten bei niederen Temperaturen hat auch den Vorteil, daß
die Reaktion nicht zu schnell verläuft, die Gefahr zu rascher Zersetzung der
Chromsäure also geringer ist.

Nach Zusatz der Dichromatflüssigkeit nehmen die Fette zuerst eine rötliche Färbung an, welche bald in Grünlichgelb und später, nach etwa $1/2$—1 Stunde,
in Chromgrün übergeht. Man rührt noch einige Zeit, stellt dann das Rühren
ein und überläßt das Gemisch der Ruhe. Nach Abziehen der wäßrigen Schicht
wird das Fett mit heißem Wasser durchgerührt[1].

Die Dichromatbleiche liefert oft befriedigende Resultate, beispielsweise bei
Sojaöl. Die gebleichten Öle haben häufig einen eigentümlichen, nicht unangenehmen Geruch, der auf Zersetzungsprodukte des Öles zurückzuführen sein
dürfte. Bei Palmöl bleibt der charakteristische Veilchengeruch zum Teil erhalten.

Kaliumpermanganat zersetzt sich mit Mineralsäuren unter Bildung der
entsprechenden Manganosalze und von aktivem Sauerstoff oder bei der Umsetzung mit Salzsäure, unter Entwicklung von aktivem Sauerstoff und Chlor:

$$2\ KMnO_4 + 3\ H_2SO_4 = K_2SO_4 + 2\ MnSO_4 + 3\ H_2O + 5\ O,$$
$$2\ KMnO_4 + 6\ HCl\ \ = 2\ KCl\ + 2\ MnCl_2\ + 3\ H_2O + 5\ O.$$

Ähnlich dem Dichromat kann also das Permanganat sowohl als Sauerstoff-
wie als Chlorbleichmittel wirken. Die Anwendungsart und die Ergebnisse sind
ähnlich wie bei der Dichromatbleiche. Nach vollendeter Bleichung muß die
Bleichflüssigkeit sofort entfernt werden. In den Ölen bleibt häufig ein brauner
Stich zurück, der durch sofortiges Nachbehandeln mit wäßriger schwefliger
Säure beseitigt werden kann.

6. Chlorbleichmittel.

Zu den chlorabspaltenden Bleichreagenzien gehören auch die soeben genannten Gemische von Dichromat oder Permanganat und starker Salzsäure.
Im allgemeinen verwendet man Chlorkalk oder Alkalihypochlorite, welch letztere
auch aus Chlorkalk und Soda bereitet werden können.

G. Hefter[2] gibt für die Chlorkalkbleiche folgende Methode an: Die Bleichflüssigkeit wird durch Vermischen der Chlorkalkaufschlämmung mit Soda bereitet;
das gebildete Calciumcarbonat setzt sich zu Boden und die klare Hypochlorit-
lösung (NaOCl) wird in das Öl eingerührt. Chlorkalk wird jetzt mit einer hohen
Konzentration an aktivem Chlor (bis 60%) hergestellt. Das hochaktive Produkt
soll trocken zur Bleichung von Leinöl bei Temperaturen bis 65° verwendet
werden können[3]. Fettsäuren werden nach einen Verfahren der Mathieson Alkali
Works[4] mit Chlorkalk bei Temperaturen zwischen dem Schmelzpunkt und 100°
gebleicht. Man setzt den Chlorkalk portionsweise unter Kühlung zu, erwärmt
das Gemisch und setzt nach Abkühlen eine neue Chlorkalkportion zu.

Bleichwirkung besitzen auch die Chlorate.

---

[1] G. Hefter: Chem. Revue 1895, Nr. 5, 1.
[2] Technologie der Öle und Fette, Bd. I, S. 679. Berlin: Julius Springer. 1906; 1. Aufl.
     dieses Handbuchs.
[3] Mathieson Alkali Works: D. R. P. 555 610 vom Jahre 1930.   [4] F. P. 778 882.

b) Reduzierend wirkende Bleichmittel.

Zu diesen gehören das *Natriumdisulfit* und das *Hydrosulfit (Blankit)*. Ersteres wird im Öl mit Schwefelsäure behandelt, zwecks Umsetzung zu freier schwefliger Säure:
$$2\,NaHSO_3 + H_2SO_4 = Na_2SO_4 + 2\,SO_2 + 2\,H_2O.$$

Blankit kommt in alkalischer Lösung zur Anwendung. Das Produkt wird in Natronlauge gelöst und die Lösung dem mit Natronlauge neutralisierten Öl oder den Natronseifen der Fettsäuren zugemischt.

Die Sulfitbleiche hat nur geringe und häufig keine bleibende Wirkung; unter dem Einfluß des Luftsauerstoffs dunkeln die reduzierend gebleichten Öle häufig wieder nach.

Die Oxydationsbleiche läßt sich natürlich auch mit der Reduktionsbleiche kombinieren. So schlägt die I. G. Farbenindustrie A. G.[1] vor, die Öle in mehreren Stufen mit Oxydationsmitteln zu behandeln und sie hierauf durch naszierenden Wasserstoff weiter zu entfärben.

IV. Desodorierung.
A. Die Geruchsträger.

Die in den neutralisierten und gebleichten Fetten noch enthaltenen Geruchsstoffe scheinen mindestens zwei verschiedenen Gruppen anzugehören:

1. Stoffe, welche den arteigenen Geruch (und Geschmack) der Fette erzeugen, also auch in den reinen, unverdorbenen Fetten enthalten sind, und

2. durch Zersetzung des Fettes gebildete oder aus Verunreinigungen der Rohfette bestehende Substanzen.

Über die chemische Natur der zur ersten Gruppe gehörenden Stoffe ist erst in allerletzter Zeit einiges bekanntgeworden. H. MARCELET[2] gelang es, aus Olivenöl und Erdnußöl eine Reihe von ungesättigten Kohlenwasserstoffen zu isolieren, welche den artspezifischen Geschmack und Geruch dieser beiden Fette hervorbringen und in diesen nach der Vorbehandlung mit Natronlauge und Bleicherden noch enthalten sind.

Aus der Tatsache, daß die neutralisierten und entfärbten Fette noch den Geruch des Rohöles haben, folgert MARCELET, daß die Geruchsträger im unverseifbaren Anteil der Fette enthalten sein müssen, welcher, wie im I. Band angegeben wurde, aus einem Gemisch von Sterinen, Kohlenwasserstoffen und anderen Verbindungen bestehen kann.

Die Geruchsträger werden in der Praxis durch Erhitzen der neutralen Fette mit überhitztem Wasserdampf bei größerer Luftverdünnung abgetrieben; sie sind demnach in den abdestillierten Ölanteilen (im „Destillat") konzentriert. Aus dem abdestillierten Ölanteil des Olivenöles konnte MARCELET eine ganze Reihe von Kohlenwasserstoffen isolieren, über deren Vorkommen im Öl nichts bekannt war:

a) Die ungesättigten Verbindungen: *Oleatridecen*, $C_{13}H_{24}$, Siedep. 83—85°/5 mm, *Oleahexadecen*, $C_{16}H_{30}$, Siedep. 133°/5 mm, *Oleanonadecen*, $C_{19}H_{36}$, Siedep. 155°/5 mm, *Oleatricosen*, $C_{23}H_{42}$, Siedep. 205—210°/5 mm, *Oleaoctacosen*, $C_{28}H_{50}$, und *Oleahexatriaconten*, $C_{36}H_{68}$.

b) Die gesättigten, bei Raumtemperatur feste Kristalle bildenden Kohlen-

---

[1] D. R. P. 526419, 527178.
[2] Compt. rend. Acad. Sciences 202, 867 (1936); Journ. Pharmac. Chim. (8) 24, 213 (1936).

wasserstoffe: *Oleatetracosan*, $C_{24}H_{50}$, und *Oleahexacosan*, $C_{26}H_{54}$. Diese beiden Verbindungen sind geruchlos, während die ungesättigten Kohlenwasserstoffe einen ekelerregenden Geruch und Geschmack zeigen. Sie sind im Olivenöl nur in einer Menge von etwa 0,07 g/1 kg enthalten, und es ist deshalb nicht verwunderlich, daß sie im Öl selbst nicht nachgewiesen werden konnten.

Das „Destillat" aus Erdnußöl enthielt die beiden ungesättigten Kohlenwasserstoffe *Hypogäen*, $C_{15}H_{30}$, Siedep. 120—125⁰/3 mm, und *Arachiden*, $C_{19}H_{38}$, Siedep. 180—185⁰/3 mm. Auch diese beiden Verbindungen besitzen einen unaussprechlich widerlichen Geschmack und sind im Erdnußöl in einer Menge von etwa 0,0018 g/1 kg enthalten.

Trotz der sehr geringen Konzentration können diese Verbindungen für den spezifischen Geruch und Geschmack der beiden Öle verantwortlich gemacht werden. Das folgt nicht nur aus der enormen Intensität ihres Geruches, sondern auch daraus, daß sie einige Zeit nach der Geschmacksprobe den spezifischen Geschmack der Rohöle deutlich erkennen lassen.

Ob der spezifische Geruch anderer Öle ebenfalls durch Kohlenwasserstoffe verursacht wird, muß durch weitere Untersuchungen festgestellt werden. Wahrscheinlich ist das aber deswegen, weil die sonstigen Bestandteile des „Unverseifbaren", insbesondere die Sterine, geruchlos sind, ebenso wie die in gewissen Fetten vorgefundenen höhermolekularen Alkohole.

Bei den „*Brassica*"-Ölen wird der spezifische Geruch durch Schwefelverbindungen (*Senföle*) erzeugt, ob auch durch andere Verbindungen, ist nicht bekannt.

Jedenfalls beschränken sich unsere Kenntnisse der natürlichen Ölriechstoffe auf diese wenigen Tatsachen.

Zu den durch Zersetzung der Fette und Fettbegleiter gebildeten Riechstoffen gehören vor allem die durch Hydrolyse der Fettglyceride gebildeten freien Fettsäuren. Die niedriger molekularen Glieder der Reihe der gesättigten Fettsäuren besitzen einen sehr intensiven Geruch, namentlich Buttersäure, Isovaleriansäure, Capronsäure usw. Der durch die freien Fettsäuren bedingte Geruch verschwindet natürlich bei der Neutralisation der Rohfette. Die hochungesättigten Fettsäuren der Seetieröle (Klupanodonsäure) riechen ebenfalls spezifisch. Durch bloße Neutralisation gelingt es aber nicht, den Fischgeruch der Trane zu beseitigen, woraus man schließen muß, daß dieser Geruch auch den Glyceriden dieser Säuren anhaftet oder daß in den Fischölen noch andere Geruchsträger enthalten sein müsesn.

Zu den aus den Fetten herrührenden Geruchsträgern gehören ferner die durch „Verderben" gebildeten Ketone und Aldehyde (s. Band I, S. 439 und 417). Diese Verbindungen sind nicht in allen Rohfetten enthalten, und besonders reich an Ketonkörpern können Cocos- und Palmkernfett sein. Diese Stoffe sind mit Wasserdampf flüchtig und werden gemeinsam mit den natürlichen Geruchsstoffen abdestilliert. Auch durch Behandeln mit Aldehyd- und Ketonreagenzien (Hydroxylamin, Hydrazin, Semicarbazid[1], Disulfit) könnte man die Rohfette „abranzen".

Sehr unangenehm riechende Verbindungen entstehen bei der Zersetzung der in den ungereinigten Fetten enthaltenen Proteine; diese Zersetzungsprodukte sind ohne Zweifel für den üblen Geruch alter Fischöle mit verantwortlich; sie können durch Behandeln der Trane mit Schwefelsäure zerstört werden[2].

---

[1] Schering-Kahlbaum A. G.: D. R. P. 592972.
[2] Über das Geruchlosmachen der Fischöle durch Polymerisation wird im III. Bd. berichtet werden.

B. Die Grundlagen der Desodorierung.

Nur durch Dampfdestillation gelingt es, die neutralisierten und gebleichten Fette von ihrem Geruch und Geschmack zu befreien. Die Methode hat die im Vergleich zu den Neutralfettanteilen größere Flüchtigkeit der Geruchsträger mit hoch erhitztem Wasserdampf zur Grundlage. Die Flüchtigkeit der Riechstoffe der Fette ist aber ebenfalls recht klein, so daß sehr hohe Temperaturen und eine sehr hohe Luftverdünnung angewandt werden müssen, um sie ohne Gefahr der Ölzersetzung abtreiben zu können.

Man bedient sich in der chemischen Industrie der Dampfdestillation gewöhnlich zum Reinigen der flüchtigen Stoffe von nichtflüchtigen Verunreinigungen. Bei der Rohölreinigung handelt es sich nun darum, das nicht oder weniger flüchtige Neutralfett von den leichter flüchtigen Riechstoffen durch Dampfdestillation zu trennen. Natürlich können so nur neutralisierte Fette gereinigt werden, weil die freien Fettsäuren mitdestillieren würden, wenigstens teilweise. Die Öle werden in hohen zylindrischen Apparaten (s. Apparatur, S. 77) bis zur restlosen Abtreibung der Riechstoffe mit überhitztem Dampf im Vakuum behandelt.

In dem Destillierapparat (Desodorierapparat, Destillierblase) üben die beiden Phasen, d. h. der Wasserdampf und die Riechstoffe, einen bestimmten Druck aus. Wenn die Summe dieser beiden Partialdrücke den Gesamtdruck im Apparat erreicht, so verdampfen beide Stoffe so, daß ihr Molverhältnis im Dampf dem Verhältnis der Partialdrücke entspricht. Ist G_a das Gewicht der Komponente A im Dampf, G_b das Gewicht der zweiten Komponente B im Dampf, P_a und P_b die beiden Partialdampfdrücke und M_a und M_b die Molekulargewichte der Komponenten, so ist

$$\frac{G_a}{G_b} = \frac{P_a M_a}{P_b M_b}.$$

Bezeichnet man ferner mit P den Gesamtdruck im Apparat, mit P_1, G_1 und R_1 den Partialdruck, das Gewicht und die Gaskonstante des Wasserdampfes (letztere $= 47,0$), mit P_2, G_2 und R_2 den Partialdruck, das Gewicht und die Gaskonstante der Geruchsstoffe, so ist der Partialdruck der letzteren

$$P_2 = \frac{P}{1 + \frac{G_1 R_1}{G_2 R_2}}.$$

Die Summe der Partialdrücke ist gleich dem Gesamtdruck im Apparat. Die Temperatur des Gemisches muß so hoch sein, daß die Dampfdrücke der beiden Komponenten bei dieser Temperatur *zusammen* den Gesamtdruck ergeben[1]. Die Verflüchtigung erfolgt deshalb bei einer Temperatur, welche niedriger ist als die dem Gesamtdruck entsprechende Siedetemperatur der abzudestillierenden Komponenten. Dadurch wird die Abtreibung hochsiedender Stoffe ohne Zersetzung oder ohne Zersetzung der nichtflüchtigen Komponenten (des Neutralöles) möglich gemacht.

Die Geruchsträger der Fette sind so wenig flüchtig, daß zu ihrer Abtreibung bei normalem Druck sehr hohe Temperaturen notwendig wären. Die Desodorierung wird deshalb ganz allgemein im hohen Vakuum vorgenommen, unter Durchleiten von überhitztem Wasserdampf. Der Dampf wird unter einem Druck von etwa 2 at in den Apparat eingeleitet, wird durch die im Apparat herrschende Verdünnung expandiert und erfährt eine große Volumzunahme, was die Ver-

---

[1] Näheres s. W. L. BADGER u. W. L. MACCABE: Elemente der Chemie-Ingenieur-Technik, S. 275. Berlin: Julius Springer. 1932.

flüchtigung der Riechstoffe beschleunigt. Der Dampf wird mit einer Temperatur von 220 bis zu 300° in den Apparat gegeben, während das Öl auf etwa 150—180° erhitzt wird.

Auch andere inerte Gase ließen sich für den Vorgang benutzen. Wegen seines hohen spezifischen Volumens ist aber Wasserdampf das geeignetste Medium, denn die Geschwindigkeit der Destillation ist nicht vom Gewicht des durchgetriebenen Dampfes, sondern von seinem Volumen abhängig. Es ist auch nicht angängig, die Desodorierung der Fette mit überhitztem Dampf als einen reinen Destillationsvorgang darzustellen. Anscheinend wird ein Teil der Riechstoffe vom Dampf mechanisch mitgerissen.

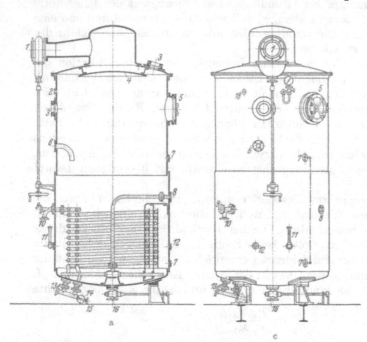

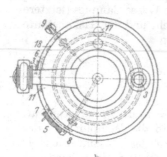

Abb. 41a—c. Desodorierapparat (Harburger Eisen- und Bronzewerke A. G.)

1 Brüdenaustritt, *2* Manometer, *3* Schauglas, *4* Prellhaube, *5* Mannloch, *6* Öleintritt, *7* Ölstandsanzeiger, *8* Eintritt des überhitzten Dampfes, *9* Heizdampfeintritt, *10* Kühlwasserüberlauf, *11* Thermometer, *12* Probehahn, *13* Kühlwassereintritt, *14* Entleerung, *15* Kondenswasserablaß, *16* Ölablaß, *17* Schlangenaustritte, *18* Belüftungshahn.

C. Die Apparatur.

Eine Anlage zur Desodorierung der Fette besteht im wesentlichen aus folgenden Teilen:

1. Der Desodorierapparat.

2. Der Kondensator.

3. Die Vakuumpumpe.

4. Der Dampfüberhitzer.

5. Der Ölkühler.

a) Chargenweise Desodorierung.

1. Der Desodorierapparat.

Dieser kann für chargenweise oder kontinuierliche Arbeit eingerichtet sein. Kontinuierlich wirkende Desodorierapparate werden wenig verwendet, und aus Gründen der Übersichtlichkeit sollen hier zuerst chargenweise arbeitende Anlagen ausführlich behandelt werden. Die Konstruktion der kontinuierlich wirkenden Apparate wird am Schluß dieses Abschnittes besprochen werden.

In den Abb. 41a—41c ist ein typischer Apparat für die chargenweise Desodorierung dargestellt. Das zu behandelnde Öl wird aus dem Behälter für gebleichtes Öl mittels Vakuum in den Apparat eingesogen. Der Apparat, welcher einen zylindrischen Behälter mit großer Steighöhe darstellt, ist innen gut verzinnt und oben mit einem Dom mit großem Stutzen zum Ableiten der Brüden ausgestattet. Oben ist ein Prallblech angebracht, zum Abfangen der Ölspritzer, d. h. um zu verhindern, daß das durch dem Dampf verspritzte Öl von den Brüden mitgerissen wird. Am Boden des Apparates befindet sich die Verteilungsvorrichtung für den eingeleiteten überhitzten Dampf; diese muß so eingerichtet sein, daß sie eine sehr innige Vermischung des Dampfes mit dem Öl gestattet. Das Öl wird durch das eingebaute System von Heizschlangen erhitzt, ferner durch den eingeleiteten Wasserdampf. Die Heizschlangen dienen auch zur Kühlung des Öles nach beendeter Desodorierung, indem man in diese kaltes Wasser einleitet. An weiteren Armaturen sind Schau- und Beleuchtungsgläser, ein Ölstandsrohr, Hähne zur Probeentnahme, Druckmesser usw. vorhanden sowie ein zur Kondensationsleitung führender Absperrschieber. Der Apparat wird durch eine dicke Isolierschicht gegen Wärmeverluste geschützt.

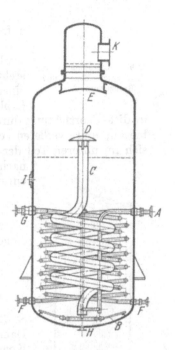

Die verschiedenen Bauarten dieses Apparates unterscheiden sich im wesentlichen nur durch die Ausgestaltung der Dampfverteilung im Inneren des Apparates. In der Abb. 41 besteht diese aus einem System von gelochten, zu einem Stern vereinigten Rohren. Um eine intensivere Umwälzung und Vermischen des Öles mit dem überhitzten Dampf zu erzielen, wurden verschiedentlich Sonderkonstruktionen vorgeschlagen. So kann z. B. der Dampf (s. Abb. 51, Lurgi) durch ein Steigrohr zugeführt werden und die Umwälzung nach dem Prinzip der pneumatischen Flüs-

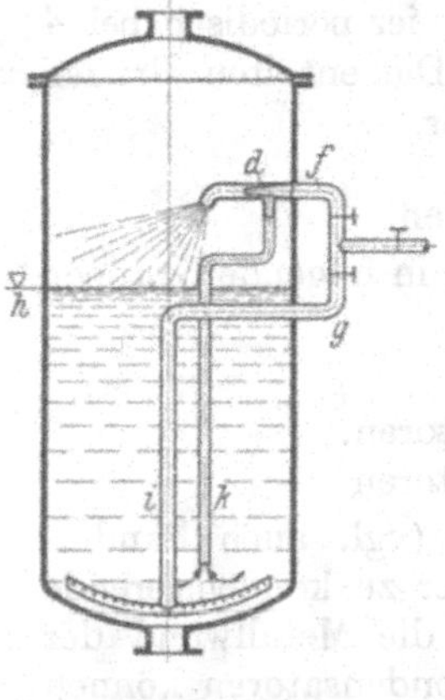

Abb. 42. Desodorierapparat nach D.R.P. 543093. (Bamag-Meguin A. G.)

Abb. 43. Desodorierapparat der Maschinenfabrik A. Borsig.

sigkeitshebung erfolgen. Die Bamag-Meguin A. G.[1] schlägt vor, das Vermischen des Öles mit dem Dampf durch Zerstäuben mittels eines Injektors und Einblasen des Dampfes durch eine Schnatterschlange zu intensivieren (Abb. 42).

In den bis zur Höhe h mit Öl gefüllten Apparat münden die beiden für sich absperrbaren Zweige f und g des überhitzten Dampfes. i ist die gelochte Schnatterschlange, d der radial gerichtete Injektor, dessen Saugrohr k beinahe an den Boden des Desodorierapparates heranreicht.

Ein solcher Apparat, in welchem der überhitzte Dampf die doppelte Funktion der Abtreibung der Riechstoffe und der Zerstäubung des Öles zu erfüllen hat, ist auch in der Abb. 43 gezeigt.

Der überhitzte Dampf tritt bei A ein und wird durch die gelochte Schlange bei B zerteilt. Außerdem wird aber durch den Dampf das Öl in das kolonnenartige Rohr C (Mammutpumpe) hochgedrückt; das Öl stößt gegen die Haube D und fällt in fein verteiltem Zustand in den Apparat zurück. In G tritt der Dampf in die Heizschlangen ein, F ist der Kondenswasserablaß, E das Prallblech für Ölspritzer, I der Öleinlauf, H der Ölablaß und K die Brüdenleitung zum Kondensator.

---

[1] D. R. P. 543093.

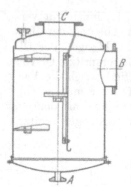

Abb. 44. Öltropfenfänger.
(Harburger Eisen- und
Bronzewerke A. G.)

Die Firma Ph. L. Fauth[1] läßt das Öl in den Desodorier-apparat oben durch eine Zerstäubungsvorrichtung eintreten. Der von unten einströmende Dampf wird mittels einer in die Brüdenleitung eingebauten Regelvorrichtung zuerst unter gleichmäßiger Spannung gehalten, um ihm die Möglichkeit zu geben, sich mit den Riechstoffen zu sättigen; daraufhin wird der Dampf entspannt.

2. Öltropfenfänger.

Die Brüden müssen, um das Vakuum im Apparat aufrecht erhalten zu können, dauernd kondensiert werden. Zwischen dem Kondensator und dem Desodorierapparat wird eine *Öltropfenfangvorrichtung* eingeschaltet. Diese besteht beispielsweise aus einem zylindrischen Gefäß mit einer vertikalen und einigen horizontalen Scheidewänden (Abb. 44). Die Dämpfe gelangen aus dem Desodorierapparat in diese Vorrichtung durch *B*; sie werden gezwungen, die Scheidewände zu umbiegen, und verlieren dabei das von den Brüden mitgerissene Öl, welches sich im unteren Teil der Vorrichtung ansammelt und von hier periodisch bei *A* nach einem Sammelgefäß abgelassen. Die entölten Brüden entweichen bei *C* in den Kondensator.

3. Die Kondensatoren.

Die Kondensationssysteme können in folgende Gruppen eingeteilt werden[2]:

1. Oberflächenkondensatoren.
2. Gegenstrom-Einspritzkondensatoren.
3. Gleichstrom-Einspritzkondensatoren.

In einem *Oberflächenkondensator* (vgl. auch Band I, S. 720, Abb. 240 und Abb. 45) sind der zu kondensierende Dampf und das Kühlwasser durch die Metallwand der Kondensatorrohre getrennt. Solche Kondensatoren können zur Verdichtung des beim Trocknen der neutralisierten Öle mitgerissenen Wasserdampfes verwendet werden[3] (Abb. 45), für die Kondensation der Brüden aus den Desodorier-apparaten sind sie nicht so gut geeignet wie die Einspritzkondensatoren[4]. Die Brüden enthalten stets mitgerissenes Öl, welches sich an den Rohren des Oberflächenkondensators niederschlägt. Die gebildete Schmutzschicht verschlechtert die Wärmeübertragung, und nach einer ge-

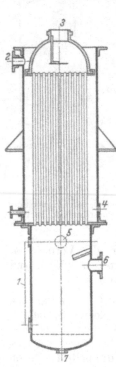

Abb. 45. Oberflächen-kondensator für die Vakuumanlage der Öltrocknungs- und Entfärbungsvorrichtungen.

1 Wasserstandanzeiger, 2 Überlauf, 3 Dampfeintritt, 4 Wassereintritt, 5 Luftventil, 6 Vakuumleitung, 7 Kondensatablaß.

---

[1] D. R. P. 532428 vom 15. II. 1927.
[2] BADGER u. MACCABE: a. a. O. S. 149.
[3] Man sieht für die Evakuierung der Trocknungs- und Bleichapparate eine besondere Vakuumpumpe vor.
[4] Oberflächenkondensatoren kommen für die Kondensation der Brüden aus dem Desodorierapparat dann in Betracht, wenn keine ausreichenden Kühlwassermengen zur Verfügung stehen und diese dauernd nach Abkühlen in Kühltürmen und dergleichen zurückgeführt werden müssen. Bei Anwendung der weiter unten beschriebenen Einspritzkondensatoren würden die im Kühlwasser angereicherten Riechstoffe das zu desodorierende Öl beeinträchtigen.

wissen Arbeitszeit können sich die Kühlrohre durch den Schmutz verstopfen. Solche Kondensatoren erfordern deshalb viel Wartung und müssen öfter auseinandergenommen und gereinigt werden. Sie haben überdies weit größeren Kühlwasserbedarf als die Einspritzkondensatoren. Ihre Leistung hängt im übrigen von der Temperatur des Kühlwassers und seiner Durchlaufgeschwindigkeit ab.

In den *Einspritzkondensatoren* werden Dampf und Kühlwasser unmittelbar miteinander gemischt. Im *Gleichstromkondensator* tritt das nicht kondensierbare Gas mit der Austrittstemperatur des Kühlwassers (in die Vakuumpumpe) aus, im *Gegenstromapparat* mit der Eintrittstemperatur des Kühlwassers.

Die Einspritzkondensatoren arbeiten „naß" oder „trocken". Im „nassen" Kondensator werden nicht kondensierbares Gas und Kühlwasserkondensatgemisch durch dieselbe Pumpe abgezogen (Naßluftpumpe), im „trockenen" durch zwei verschiedene Pumpen. Das Abziehen des Wassers durch eine Pumpe ist überflüssig, wenn man den Einspritzkondensator „barometrisch", d. h. in einer Höhe von mindestens 10 m aufstellt und das ablaufende Wasser durch ein Fallrohr von dieser Länge in einen Wasserkasten (der zu einem Ölabscheider ausgebildet wird) fallen läßt. Bei einem tiefer stehenden Kondensator muß das Wasser mittels Pumpe abgezogen werden.

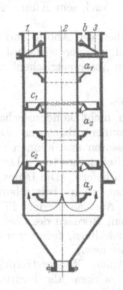

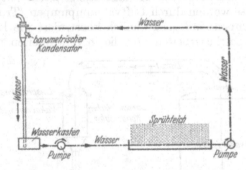

Abb. 46. Einspritzkondensator. (Harburger Eisen- und Bronzewerke A. G.)	Abb. 47. Anlage zum Kühlen des Einspritzwassers.

In Ölraffinerien arbeitet man ganz allgemein mit Gegenstrom-Einspritzkondensatoren mit barometrischem Fallrohr. Ein *Einspritz-Gegenstromkondensator* besteht aus einem zweiteiligen vertikalen Zylinder, in welchen Platten eingebaut sind, die über einen Teil des Querschnittes reichen. Oben wird kaltes Wasser eingeführt, das in Kaskaden von einer Platte zur anderen fällt und durch eine Bodenöffnung in das Fallrohr abfließt. Die Brüden treten unten ein und müssen die Wasserschleier durchströmen, wobei sie kondensiert werden und sich mit dem Kühlwasser vermischen. An der höchsten Stelle des Apparates treten die nicht kondensierbaren Gase aus, welche von der angeschlossenen Entlüftungspumpe angesogen werden.

Einen Gegenstromkondensator zeigt die Abb. 46. Nach Passieren der Öltropfenfänger gelangen die Brüden durch *2* in das Kondensatorrohr, aus welchem sie dann entgegengesetzt zum Kühlwasserstrom in der Pfeilrichtung hochsteigen. Das Kühlwasser tritt bei *3* ein, fällt auf den Teller *a*, fließt dann auf den Teller *c*, a_2 usw. Unten ist das (nicht gezeichnete) barometrische Fallrohr angeschlossen, welches das Kühlwasser zusammen mit dem kondensierten Dampf nach der Wassergrube ableitet.

Steht kein sehr billiges oder genügend kaltes Kühlwasser in hinreichender Menge zur Verfügung, so muß das zur Kondensation verwendete Wasser gekühlt und zum Kondensator zurückgeleitet werden. Die Kühlung erfolgt durch freie Verdunstung in Sprühteichen. Abb. 47 zeigt die sehr einfache, ohne weitere Erläuterungen verständliche Wasserkühl- und -rückleitungsanlage vom und zum barometrischen Kondensator. Die Pfeile zeigen die Richtung an, in welchen das Wasser zur Kühlanlage und von dort zum Kondensator gedrückt wird. Das zurückgeleitete Wasser ist aber nicht ganz frei von Gerüchen, worauf schon hingewiesen wurde. Bei großem Mangel an Kühlwasser ist es deshalb vorteilhafter, die Kondensation in Oberflächenkühlern vorzunehmen.

Von dem beschriebenen Kondensationssystem arbeitet der barometrische Einspritzkondensator am vorteilhaftesten. Bei diesem besteht keine Gefahr der Verstopfung, wie bei Oberflächenkondensatoren, er arbeitet nahezu automatisch und verursacht die geringsten Wartungskosten. Auch sein Kühlwasserbedarf ist niedriger als bei den anderen Systemen.

Die „niedrig stehenden" Kondensatoren, aus welchen die Abluft und das Wasser durch Pumpen abgezogen werden müssen, sind weniger wirtschaftlich und liefern kein so gutes Vakuum wie die hochstehenden „barometrischen" Einspritzkondensatoren.

4. Die Erzeugung des Vakuums.

Die aus dem Kondensationssystem entweichenden nicht kondensierbaren Gase werden durch Luftvakuumpumpen (Trockenluftpumpen) abgesogen. Diese Pumpen sind ganz ähnlich konstruiert wie Luftkompressoren und können auch als solche arbeiten, um die in Ölraffinerien an vielen Stellen benötigte Druckluft zu liefern. (Die Druckluft braucht man beispielsweise zum Ausblasen der Filterpressen, Fördern des Öles aus den Behältern, ferner zur Filtration usw.)

Auch Wasserstrahlejektoren wirken als hochwirksame Vakuumpumpen (s. weiter unten). Die von den Pumpen eingesogene Luft hat einen sehr üblen Geruch und muß nach Möglichkeit ins Freie abgelassen werden. Das Kühlwasser darf keine gelöste Luft enthalten, um eine Überlastung der Pumpen zu vermeiden.

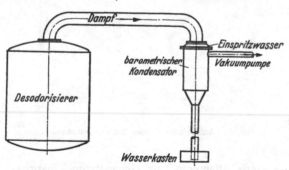

Abb. 48. Gewöhnliches Vakuumsystem im Desodorierapparat.

Die Höhe des erreichbaren Vakuums wird, gute Wirksamkeit der Pumpe vorausgesetzt, von der Temperatur des ablaufenden Kühlwassers bestimmt. Das Vakuum kann im Höchstfall nur so hoch sein, als der Dampftension des Wassers bei der gegebenen Temperatur entspricht. Ein noch höheres Vakuum ist mit den Vakuumpumpen nicht erreichbar. Für europäische Verhältnisse ist mit einer Restdruckhöhe von 30—60 mm Hg zu rechnen. Um einen Restdruck zu erzielen, welcher niedriger ist als die Dampftension des ablaufenden Kühlwassers, sind besondere Maßnahmen erforderlich, über die weiter unten berichtet wird.

Das gewöhnliche Vakuumsystem im Desodorierungsapparat ist schematisch in Abb. 48 dargestellt[1]. In einem solchen System hängt, wie gesagt, die Vakuum-

---

[1] Vgl. T. Andrews: Oil Colour Trade Journ. **89**, 367 (1936).

höhe von der Temperatur des Kühlwassers ab. Wird das Kühlwasser nach der Verwendung zur Kondensation, es hat dann gewöhnlich eine Temperatur von etwa 40⁰ (handwarm), auf irgendeinem Wege (durch freie Verdampfung an der Luft) gekühlt, so wird es mit einer etwas höheren Temperatur als das Frischwasser zum Kondensator gelangen, wodurch die erzielbare Vakuumhöhe natürlich weiter erniedrigt wird.

Das Vakuum läßt sich aber auf folgendem einfachen Wege steigern. In der Abb. 49 sind zwei gleich konstruierte Desodorierapparate A und B dargestellt, welche durch den Kompressor C miteinander in Verbindung stehen. So-

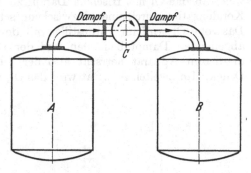

lange der Kompressor außer Betrieb ist, wird in A und B der gleiche Restdruck herrschen, beispielsweise von 50 mm Hg, der Dampftension des Kühlwassers entsprechend. Wird nun der Kompressor C in der Pfeilrichtung in Gang gesetzt, so wird der Druck in B zunehmen, auf Kosten von A, in welchem der Druck sinken wird.

Denken wir uns jetzt den Behälter B in Abb. 49 durch einen barometri-

Abb. 49. Zwischen zwei Desodorierer eingeschalteter Kompressor.

schen Kondensator (Abb. 50) ersetzt. Wie in Abb. 49 wird in A und D der gleiche Druck herrschen, solange der eingeschaltete Kompressor stillsteht. Es ist dann Aufgabe der Vakuumpumpe und des Kondensationssystems, den Druck von 50 mm aufrechtzuerhalten. Sobald aber der Kompressor in Gang gesetzt wird, wird der Druck in D zuzunehmen

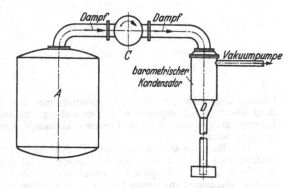

bestrebt sein, und zwar auf Kosten des Druckes im Desodorierapparat A. Da der Druck in D in unserem Beispiel von der Kondensation und Pumpe auf 50 mm gehalten wird, so wird er tatsächlich in D nicht zunehmen, aber der Druck in A wird entsprechend der Leistung der Kompressionsvorrichtung abnehmen. Auf diese Weise ist es möglich, das Vakuum im Desodorierapparat über das vom Kühlwasser begrenzte zu steigern.

Abb. 50. Zwischen Desodorierer und Kondensator eingeschalteter Kompressor.

Dieses System der Steigerung des Vakuums bei der Desodorierung wurde beispielsweise in den Apparaten der Lurgi Gesellschaft für Wärmetechnik verwirklicht. Als vakuumerhöhende Vorrichtungen verwenden sie *Dampfstrahlejektoren* (s. S. 84), welche zwischen Desodorierapparat und Kondensation eingeschaltet werden.

Die Verwertung dieser Methode der Druckminderung hat es auch ermöglicht, in wirtschaftlicher Weise die *Desodorierung in zwei in Serie geschalteten Apparaten* durchzuführen und den überhitzten Dampf aus dem Nachdestiller, in welchem das Öl zu Ende desodoriert wird, nochmals zur Desodorierung des rohen Öles zu verwenden. Der den Desodorierapparat verlassende Dampf ist natürlich nie mit Riechstoffen gesättigt. Schon früher hat man versucht, den Dampf wirt-

schaftlicher auszunutzen durch Leiten des Dampfes in ein zweites Desodorier-
gefäß usw. Jedoch war dann im zweiten Apparat kein so hohes Vakuum erreichbar wie im ersten, weil der Dampf auf dem Wege durch den vorgeschalteten
Apparat, die Leitungen usw. Widerstand findet. In dem Apparat, in welchem
die letzten Spuren der am wenigsten flüchtigen Riechstoffe ausgetrieben werden,
muß aber eher ein höheres Vakuum vorhanden sein als im Desodorierapparat,
welcher das Rohöl enthält.

Das läßt sich nun in der Weise ermöglichen, daß man den Nachdestiller, in
welchem das Öl mit frischem Dampf zu Ende desodoriert werden soll, mit der
Kondensation durch einen dazwischengeschalteten Dampfstrahlejektor verbindet.
Das rohe Öl wird im Vordestiller mit dem aus dem zweiten Desodorierapparat
abgehenden Dampf behandelt und der Dampf in üblicher Weise kondensiert;
in diesem Apparat herrscht also der durch das Kühlwasser usw. bestimmte
Druck. Im zweiten Apparat wird das Öl, welches schon teilweise desodoriert ist,
mit frischem Dampf und
unter dem höheren, durch den
Dampfstrahlejektor erzeugten
Vakuum zu Ende entdüftet.
Der Druck wird in dem Nachdestiller auf etwa 10 mm Hg
eingestellt. Eine derartige
Arbeitsweise gestattet eine
größere Ersparnis an Dampf,
Kühlwasser usw.

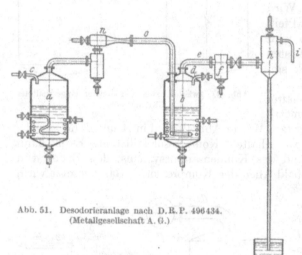

Abb. 51. Desodorieranlage nach D.R.P. 496434.
(Metallgesellschaft A. G.)

Die Anlage sei an Hand
der Abb. 51 erklärt[1]:

Den zwei Desodorierappa-
raten a und b wird das Öl durch
die Leitungen c und d zugeführt.
Der Apparat b steht mittels
Leitung e mit einer Vorlage f
in Verbindung, letztere mit dem
barometrischen Kondensator h,
der bei i an die Vakuum-
leitung angeschlossen ist. a ist ebenfalls mit der Vorlage verbunden. Diese steht mit
dem Dampfstrahlapparat n in Verbindung, dessen Betriebsdampf der Frischdampf-
leitung entnommen wird und dessen Abdampf durch die Leitung o in den Destiller b
geleitet wird.

In den Apparat a ist eine Dampfzuleitung eingeführt, die in eine gelochte
Rohrspirale mündet, die sich im unteren Teil des Apparates befindet. Die Dampfzuleitung o zum Dämpfer b mündet ähnlich in eine gelochte Spirale. Die Heiz- und
Kühlschlangen dienen zum Heizen und Kühlen des Öles. Durch die unteren Absperrorgane wird das fertige Öl abgelassen.

Nach Füllen der Apparate mit Öl wird nach Öffnen des zum Kondensator
führenden Absperrschiebers die Apparatur unter Vakuum gesetzt. Hierauf setzt man
den Dampfstrahlapparat n in Tätigkeit, dessen Abdampf durch die gelochten Spiralen
hindurchtritt. Gleichzeitig wird in a durch Öffnen des Absperrorgans überhitzter
Dampf eingeblasen. Dieser Dampf wird *zusammen* mit den mitgerissenen Riechstoffen
durch den Strahlapparat n in den nachgeschalteten Desodorierapparat b gedrückt.

In einer späteren Patentanmeldung schlägt die Metallgesellschaft A. G.
vor, hinter den Dampfstrahlejektor einen Abscheider einzuordnen, um den
Dampf bei Durchgang durch den Destiller, in welchem sich das rohe Öl
befindet, von den im Nachdestiller mitgerissenen Fettsäurespuren zu befreien.
Die Erklärung dafür ist darin zu suchen, daß bei der Energieumsetzung im

---

[1] Metallgesellschaft A. G.: D. R. P. 496434 vom 19. IX. 1923.

Diffusor des Strahlejektors die Temperatur stellenweise sehr stark, unter Umständen bis auf 0⁰ herabgesetzt wird, so daß bei der sehr innigen Mischung der Wasser- und Fettsäuredämpfe eine Kondensation der Fettsäuren im Diffusor eintritt und hinter dem Diffusor nur eine mechanische Abscheidung notwendig ist[1].

5. Der Dampfüberhitzer

besteht aus einem Rohrsystem, in welchem der vom Dampferzeuger, z. B. dem Dampfkessel kommende Sattdampf in einer Koks-, Kohle- oder Ölfeuerung auf die erforderliche Temperatur erhitzt wird. Die Feuerung muß so eingerichtet sein, daß sie eine gute Regelung der stark schwankenden Temperatur und Menge des Dampfes gestattet.

Abb. 52 zeigt einen Dampfüberhitzer mit Koks- oder Kohlefeuerung, Abb. 53 eine Ölfeuerung für den Überhitzer.

Aus dem Überhitzer wird der Dampf durch ein Reduzierventil dem Desodorierapparat zugeleitet. Das Ventil läßt sich auf verschiedenen Druck einstellen und damit die Menge des eingeleiteten Dampfes regulieren.

Der Dampf darf keine riechenden Stoffe enthalten oder sonstige Verunreinigungen, welche das Öl schädigen könnten. Ideal wäre es, den Dampf aus destilliertem

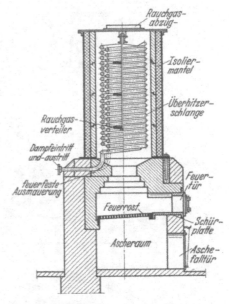

Abb. 52. Dampfüberhitzer mit Koksfeuerung. (Harburger Eisen- und Bronzewerke A. G.)

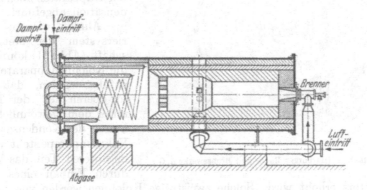

Abb. 53. Dampfüberhitzer mit Ölfeuerung. (Bamag-Meguin A. G.)

Wasser zu erzeugen. Bei Anwendung von Kesseldampf ist auch darauf zu achten, daß keine von der Enthärtung usw. herrührenden Verunreinigungen mitgerissen werden.

6. Der Ölkühler.

Das desodorierte Öl muß möglichst schnell auf etwas über Raumtemperatur abgekühlt werden. Bei langsamem Abkühlen erleiden die desodorierten Fette eine Geschmacksverschlechterung. Nach Vorkühlen im Desodorierapparat selbst durch das in die Heizschlangen eingeleitete Kühlwasser wird das Öl in die

---

[1] D. R. P. 598494 vom 18. II. 1933.

gut evakuierten Kühler abgelassen, welche als breite zylindrische, mit Kühlschlangen, Kühlmantel und Rührwerk versehene Gefäße gebaut werden. Die inneren Teile der Apparate müssen, ebenso wie im Desodorierapparat, gut verzinnt sein. Ein Ölkühler ist in zwei Schnitten auf Abb. 54 dargestellt.

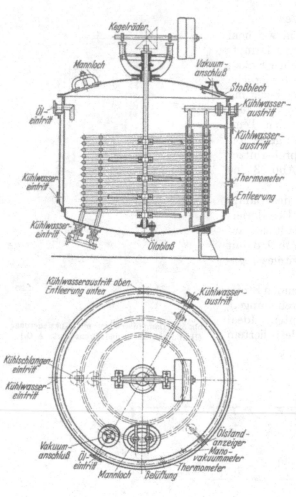

Abb. 54. Ölkühler. (Harburger Eisen- und Bronzewerke A. G.)

b) Kontinuierliche Desodorierung.

Man verwendet hierzu hohe zylindrische, mit einer Anzahl von Zwischenböden ausgerüstete evakuierbare Apparate. Das zuvor auf die Dosodoriertemperatur erhitzte Öl wird oben in die Kolonne eingeführt. Es fließt die Zwischenböden herunter, wird dabei fein zerteilt und durch den entgegenströmenden überhitzten Dampf desodoriert. Der Vorerhitzer kann in die Kolonne selbst eingebaut werden und bildet dann den obersten Teil des Apparates (Bauart Heckmann[1]). Die Brüden werden wie in den diskontinuierlich arbeitenden Desodorierapparaten oben zur Kondensation abgeführt.

Ähnlich wie das Desodoriersystem der Metallgesellschaft (Abb. 51) können auch die Kolonnenapparate so ausgeführt werden, daß das Öl im oberen Teil der Kolonne unter dem gewöhnlichen Vakuum der Kondensation und Vakuumpumpe steht, während im unteren Teil das Vakuum durch Einbau eines Dampfstrahlejektors erhöht wird. Solche zweistufige Kolonnen werden von den Etablissements A. Olier in Frankreich gebaut.

Die Kolonnenapparate haben den Vorteil, daß das Öl nur kurze Zeit den Desodorierungstemperaturen ausgesetzt ist. Sie erlauben deshalb auch ein Arbeiten bei höheren Temperaturen und geringerem Vakuum als bei der chargenweisen Desodorierung. Anderseits ist mitunter die Einstellung der Durchströmungsgeschwindigkeit, welche für die vollständige Desodorierung erforderlich ist, häufig recht schwierig. Die Etablissements A. Olier sehen deshalb für die Enddesodorierung noch Blasen vor, in welchen das die Kolonne verlassende Öl nachgedämpft werden kann. Für hochqualitative Speiseöle sind solche Apparate weniger geeignet als die gewöhnlichen Desodorierer.

---

[1] Vgl. H. Meyer: Chem. Apparatur 21, Nr. 2, 15 (1934).

Die Ölkühler müssen bei kontinuierlicher Desodorierung ebenfalls auf kontinuierliche Arbeit eingestellt sein.

Die übrigen Teile der Anlage bleiben die gleichen wie bei der chargenweisen Arbeit.

H. BOLLMANN hat eine größere Reihe von Kolonnenkonstruktionen für die kontinuierliche Desodorierung konstruiert[1].

Eine dieser Konstruktionen sei an Hand der Abb. 55 erläutert (D. R. P. 412 160).

Der Kolonnenapparat ist mit einer Reihe von Zwischenböden (*2, 3, 4, 5*) versehen, in welchen sich die Dampfrohrstutzen (*6*) befinden. Diese sind mit frei schwebenden abgeschrägten Dächern (*7*) versehen, um dem ausströmenden Dampf eine bestimmte Richtung zu geben. Das Öl fließt in entgegengesetzter Richtung in feiner Verteilung über zwischen den Böden angeordnete Raschigringfüllungen herab, sammelt sich auf den Zwischenböden, wird hier durch die Heizschlangen (*8*) erwärmt und durch Überläufe (*9*) in die nächste Stufe befördert. Der Dampf tritt bei (*19*) ein und verläßt die Kolonne bei (*20*).

Nach Angabe der N. V. Machinerieen- en Apparaten-Fabrieken in Holland[2] soll in Kolonnenapparaten die Desodorierung bei relativ niedrigen Temperaturen auch ohne Zuhilfenahme von Wasserdampf möglich sein. Das heiße Öl fließt über untereinander angeordnete schräge Flächen herab, deren Ablaufkanten so gestaltet sind, daß sich das Öl in einzelne dünne Fäden und Tropfen auflöst, welche auf die darunter angeordnete Fläche aufschlagen usw. Die Desodorierung soll im hohen Vakuum bei 100—150° vor sich gehen. Da sich die Konstruktion dieser Vorrichtung von den sonstigen Desodorierkolonnen kaum unterscheidet und zur Desodorierung in solchen Vorrichtungen selbst bei Verwendung von Wasserdampf viel höhere Temperaturen verwendet werden müssen, ist diese Angabe wenig verständlich.

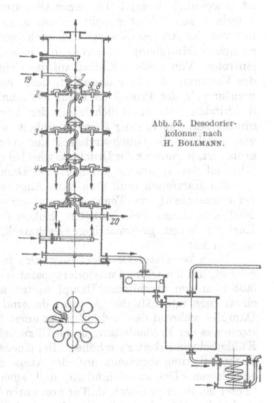

Abb. 55. Desodorierkolonne nach H. BOLLMANN.

D. Ausführung der Desodorierung.

Nach Anheizen des Dampfüberhitzers wird der zur Kondensation und Vakuumleitung führende Schieber am Desodorierapparat geöffnet und das Öl aus dem Bleichölbehälter eingezogen. Nun beginnt man mit der Heizung des Öles durch Einleiten von Dampf in die Heizschlangen des Apparates. Sobald das Öl eine Temperatur von etwa 80—90° erreicht hat, öffnet man das Ventil für überhitzten Dampf und leitet einen schwachen Dampfstrom durch den

[1] D. R. P. 412 160, 413 155, 414 335, 437 795.   [2] D. R. P. 620 703.

evakuierten Apparat, um durch die Wärmeabgabe und die Rührwirkung des
Dampfes das Anheizen des Öles zu beschleunigen. Die Temperatur des
Dampfes wird zunächst auf etwa 200—220⁰ eingestellt[1]. Die Geschwindigkeit
der Dampfzuleitung und dessen Temperatur werden nun im Maße der zunehmenden Öltemperatur, gesteigert. Bei einer Öltemperatur von etwa 150⁰ wird das
Ventil für überhitzten Dampf ganz geöffnet (etwa 2 at) und das Öl so lange mit
einem kräftigen Strom des überhitzten Dampfes behandelt, bis eine entnommene
und schnell abgekühlte Ölprobe keinen Geruch und Geschmack mehr zeigt.
(Bei Salatölen wird die Desodorierung nicht so weit getrieben, weil in solchen
Ölen etwas vom spezifischen Geschmack zurückbleiben muß.) Im Durchschnitt
wird der frei eingeleitete Dampf auf etwa 240—280⁰ erhitzt. Die Desodorierung
ist gewöhnlich beendet bei einer Öltemperatur von 160 bis höchstens 180⁰.
Regeln lassen sich aber nicht aufstellen, denn der Vorgang ist natürlich nicht
nur von der Art des Öles, sondern auch von seiner Beschaffenheit abhängig. Bei
zu hohen Dämpftemperaturen kann aber leicht eine Geschmacksverschlechterung
eintreten. Von großem Einfluß auf das Gelingen der Desodorierung ist die Höhe
des Vakuums. Je höher dieses ist, desto schneller, bei um so niedrigerer Temperatur geht der Prozeß zu Ende. Gewöhnlich dauert der Vorgang etwa 4 bis
6 Stunden. Da die Flüchtigkeit der Riechstoffe mit der Vakuumhöhe zunimmt und das von der Gewichtseinheit des Dampfes eingenommene Volumen,
von welchem die Geschwindigkeit der Desodorierung abhängt, ebenfalls um so
größer ist, je geringer der Druck, so wird bei zunehmendem Vakuum die Leistungsfähigkeit des Apparates gesteigert, der Dampfverbrauch vermindert.

Bei Hartfetten muß man nach Angaben von E. Hugel mit dem Dämpfen
bei etwas niedrigerer Temperatur aufhören und den Dampf höchstens bis auf
260⁰ überhitzen. Bei Einleiten heißeren Dampfes bekommt nämlich das
Hartfett einen gummiartigen Geschmack, von dem es nicht mehr befreit
werden kann.

Nach beendeter Desodorierung wird in die Heizschlangen Kühlwasser eingeleitet, um das Öl im Desodorierapparat bis auf etwa 90⁰ vorzukühlen. Hierbei
läßt man den überhitzten Dampf weiter, aber mit geringerer Geschwindigkeit
einströmen und hält den Apparat dauernd unter Vakuum. Das Einleiten des
Dampfes während des Vorkühlens ist unerläßlich, 1. damit keine üblen Geruchsstoffe aus der Brüdenleitung in das Öl zurückfluten, 2. um durch das Rühren die
Kühlgeschwindigkeit zu erhöhen. Bei einer Öltemperatur von etwa 90⁰ wird die
Dampfzuleitung abgestellt und der Absperrschieber zur Vakuumleitung schnell
geschlossen. Um zu verhindern, daß auch bei geschlossenem Absperrschieber
(dieser ist so eingerichtet, daß er von unten bedient werden kann) keine schlecht
riechenden Dämpfe in das Öl gelangen, kann man zwischen Schieber und Kondensator eine Dampfdüse anbringen.

Inzwischen wird der Kühler unter Vakuum gesetzt, indem man ihn mit
der Vakuumleitung der Hochvakuumpumpe verbindet. Das Öl wird dann aus
dem Dämpfer in den Kühler abgelassen. Bei laufendem Rührwerk wird jetzt
das Öl mit Hilfe des durch den Kühlmantel und die Kühlschlangen zirkulierenden
Kühlwassers schnell im Vakuum abgekühlt, je nach Ölart auf etwa 25—50⁰.
Die Kühler sind gewöhnlich auch mit einer offenen Dampfleitung versehen, um
sie nach Ablassen des gekühlten Öles von den Ölresten zu reinigen.

---

[1] Sojabohnenöl wird vor Zuleitung des überhitzten Dampfes bei einer Temperatur
von etwas über 100⁰ mit einem Luftstrom behandelt, und zwar so lange, als
in der Abluft noch riechende Stoffe enthalten sind. Dann erst beginnt man mit
dem Durchleiten des überhitzten Dampfes unter Vakuum (Dieterle: Seifensieder-Ztg. 53, 327 [1926]).

Nach Erkalten des Öles wird das Vakuum abgestellt und das Öl, welches noch Reste von Bleicherde und aus den Apparaten und Rohrleitungen stammende Verunreinigungen enthalten kann, in mit guten Filtertüchern und Papier belegten Kammerpressen blank filtriert (*Polieren des Öles*). Je kälter das Öl ist, desto größer ist der Poliereffekt. Auch muß die Filtration ruhig, ohne Stöße, vor sich gehen, am besten durch Gefälle. Filtration mit Lauftdruck ist in diesem Falle nicht zu empfehlen.

Bei der Endfiltration von Ölen, welche noch feste Ölbestandteile enthalten können, wie beispielsweise wachshaltiges Sonnenblumenöl, empfiehlt es sich, kleine Mengen eines geeigneten Filtrationshilfsmittels, wie Hyflocel u. dgl., zu-zusetzen[1].

Über die bei der Desodorierung einzelner Fette einzuhaltenden Bedingungen von Öl- und Dampftemperatur usw. wird im III. Band berichtet werden.

V. Raffinationsanlagen.

1. Anlage der Harburger Eisen- und Bronzewerke A. G.

Die Abb. 56 a—e zeigen eine Raffinerie der Harburger Eisen- und Bronzewerke A. G. in Harburg für chargenweise Verarbeitung von 10 t Öl. Sie ist rund um einen Lichthof aufgestellt, was die Übersichtlichkeit und Kontrollmöglichkeit der Anlage außerordentlich erhöht und als eine sehr zweckmäßige Anordnung angesehen werden muß.

Mittels Pumpe (*1*) wird das Rohöl in den Neutralisierapparat (*2*) befördert. Das neutralisierte Öl wird nach dem Wasch- und Trockenapparat (*3*) hinübergezogen, während man den Seifenstock nach dem Seifenabscheider (*25*) abläßt. Das getrocknete Öl wird im liegenden Bleichmalaxeur (*4*) entfärbt und in der Rahmenpresse (*15*) filtriert, indem das Öl mit Pumpe (*16*) in die Presse gedrückt wird. Das Filtrat fließt nach dem Zwischenbehälter (*24*) für gebleichtes Öl. Von hier wird es in die Desodorierapparate (*5*) in Mengen von 5 t eingesogen und in diesen Apparaten mit dem aus dem Überhitzer (*11*) kommenden Dampf desodoriert. Die Desodorierer sind über dem Öltropffänger (*9*) an die barometrische Kondensation (*7*) und Vakuumpumpe (*8*) für das Absaugen der nicht kondensierbaren Gase angeschlossen. Vom Öltropfabscheider (*9*) führt die Leitung zum Ölsammler (*10*). Das desodorierte Öl wird in dem Kühler (*6*) unter Vakuum abgekühlt.

(*14*) ist der Ölabscheider für das aus (*3*) abfließende Waschwasser. (*12*) und (*13*) sind der Oberflächenkondensator und die Luftpumpe für die Erzeugung des Vakuums im Wasch- und Bleichapparat.

Das fertig gekühlte Öl wird mittels Pumpe (*18*) in der Polierpresse (Kammerpresse) (*17*) blank filtriert.

(*19*), (*20*) und (*21*) sind das Laugenlösegefäß, die Laugenpumpe und das Laugendosiergefäß zum Neutralisator; (*22*) und (*23*) die Warm- und Salzwasserbehälter. (*26*) ist die Seifenstockpumpe, (*27*) die Fettscheidegrube, durch welche die Fabrikwässer laufen.

In 24 Stunden können in einer Anlage dieser Größe etwa 30—40 t Öl raffiniert werden.

2. Anlage der Bamag-Meguin A. G.

Eine Großraffinerie der Bamag-Meguin A. G. ist in den Abb. 57 a—e in mehreren Schnitten dargestellt. Diese Anlage unterscheidet sich von der auf Abb. 56 gezeichneten dadurch, daß das Entsäuern, Waschen, Trocknen und Bleichen des Öles in einem einzigen Apparat vorgenommen wird, wodurch sich die

---

[1] Zur Geschmacksverbesserung der raffinierten Öle werden Zusätze verschiedener Stoffe empfohlen; von praktischer Wichtigkeit ist der Zusatz kleiner Mengen Weinsäure (G. H. Dupont, F. P. 752 693).

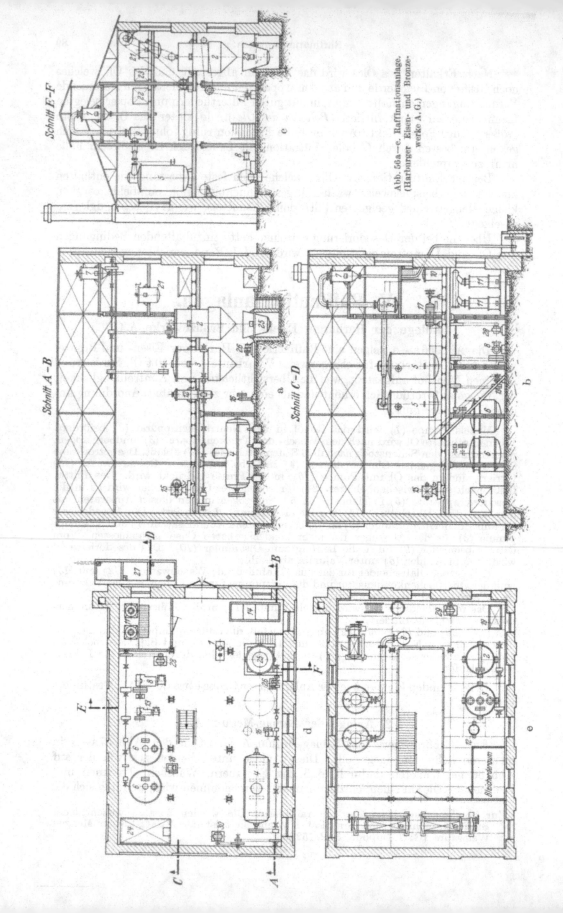

Schnitt E-F

Schnitt A-B

Schnitt C-D

Abb. 66a—e. Raffinationsanlage.
(Harburger Eisen- und Bronzewerke A.G.)

Bleibehälterraum

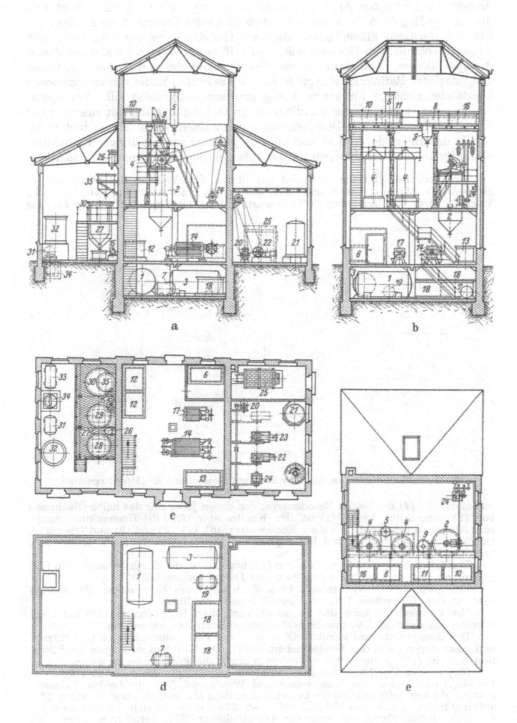

Abb. 57a—e. Raffinationsanlage der Bamag-Meguin A. G.)

Anzahl der benötigten Apparate entsprechend vermindert. Auch bedient sich die Bamag-Meguin A. G. in ausgedehntem Maße der Preßluft zum Fördern der Öle und sonstigen Flüssigkeiten, sowie als Treibdruck bei der Filtration. Das Apparatevolumen pro Gewichtseinheit zu raffinierenden Öles ist also bei diesen Anlagen kleiner. Anderseits ist die Beweglichkeit der mit vielen Apparaten ausgestatteten Raffinerien eine größere, so daß es letzten Endes von verschiedenen Umständen abhängt, für welche Anlage man sich entscheiden soll. Aus eigener Anschauung kann Verfasser allerdings die große Leistungsfähigkeit einer nur mit einem Raffineur und den Desodorierapparaten ausgerüsteten Anlage bestätigen.

In der Anlage der Abb. 57 sind auch die getrennt von den übrigen Einrichtungen aufgestellten Vorrichtungen für die Aufarbeitung des Seifenstocks ersichtlich.

Aus dem Rohölbehälter (1) wird das Öl mit Druckluft in den Raffineur (2) gedrückt. In (2) wird das Öl entsäuert, gewaschen, getrocknet und gebleicht. Das Vakuum wird von der Pumpe (22) erzeugt. (3) ist ein Zwischenbehälter für das

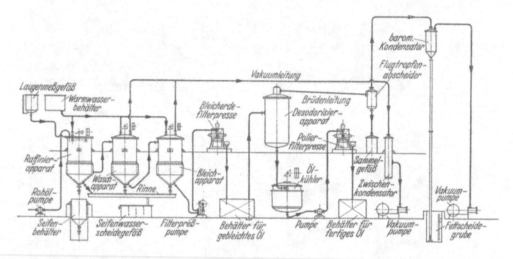

Abb. 58. Raffinationsanlage der Harburger Eisen- und Bronzewerke A. G. (Aufstellungsschema.)

raffinierte Öl, (4) die beiden Desodorierer, von denen jeder nur das halbe Ölvolumen von (2) verarbeiten kann. (5) ist der Kondensator, (23) die Hochvakuumpumpe zum Absaugen der Abluft aus dem Kondensator. (6), (7), (8) und (9) sind Lösegefäß, Druckgefäß, Hochbehälter und Dosiergefäß für Natronlauge, (10) ein Heißwasser-, (11) ein Salzwasserbehälter.

Der Seifenstock wird in die Behälter (12) abgelassen, die Emulsionsschicht in (13) gesammelt und dort zeitweise mit Salz und Dampf aufgearbeitet.

Das gebleichte Öl wird mittels Preßluft, welche vom Kompressor (20) erzeugt wird, in der Filterpresse (14) von der Bleicherde abfiltriert.

Mit Pumpe (15) kann der Soapstock nach dem Hochbehälter (16) befördert werden, um dann in (30) mit Schwefelsäure aufgespalten zu werden.

Das desodorierte und gekühlte Öl wird in der Polierkammerpresse (17) filtriert und gelangt von da in den Fertigölbehälter (18). Der Trüblauf zu Beginn der Filtration wird in (19) gesammelt, um nochmals durch die Filterpresse zu gehen.

(25) ist der Überhitzer für den Desodorierungsdampf. Im gleichen Flügel des Fabrikgebäudes sind der Kompressor und Windkessel (21), die beiden Vakuumpumpen für den Raffineur und die Desodoriereranlage (22) und (23) und der Motor (24) untergebracht. Im linken Gebäudeteil (Abb. 57a) befinden sich die Apparate für die Seifenstockspaltung, und zwar der Absetzbehälter (27), Fettsäurebehälter (28), Neutralölbehälter (29), ferner der Spülapparat (30), Fettsäuredruckbehälter (31), Fettsäurevorratsbehälter (32) sowie die Vorrats- (33), Druck- (34) und Dosierbehälter (35) für die Schwefelsäure.

Es fehlt der Kühler für das desodorierte Öl, wobei zu bemerken ist, daß dieses auch im Desodorierer selbst abgekühlt werden kann. In den neueren Anlagen sieht aber auch die Bamag einen besonderen Intensivkühler für das Fertiglöl vor.

Eine so komplette Anlage ist nur bei sehr groß bemessenen Anlagen notwendig und angebracht. In mittleren und kleineren Raffinerien kann ein Teil der hier aufgezählten Behälter erspart werden.

In den Abb. 58 und 59 ist das Apparateaufstellungs- und Rohrleitungsschema der beiden Raffinerien angegeben. Die Rohrleitungen für Öl, Sattdampf, überhitzten Dampf, Vakuum usw. sind auf der Abb. kenntlich gemacht.

3. Andere Ausführungen von Raffinerien.

In der Abb. 60 ist das Schema einer Raffinerie dargestellt, welche neben der gewöhnlichen Apparatur noch die Filtrationsanlage für das Rohöl enthält (in der Ausführung der Maschinenfabrik A. Borsig, Berlin). An Stelle des Waschapparates ist eine Presse für die Filtration des gut in einem besonderen Gefäß abgesetzten Neutralöles vorgesehen[1]. (Die genannte Maschinenfabrik baut selbstverständlich auch mit Waschapparaten ausgestattete Anlagen.)

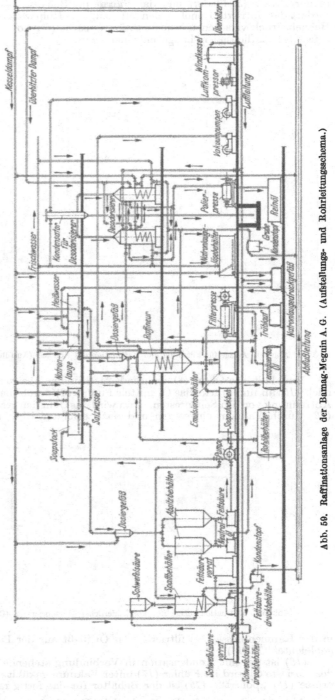

Abb. 59. Raffinationsanlage der Bamag-Meguin A. G. (Aufstellungs- und Rohrleitungsschema.)

[1] S. B. WYSSOTZKI, A. SSERGEJEW u. I. TOWBIN: Öl-Fett-Ind. (russ.: Masloboino Shirowoje Djelo) 1932, Nr. 1, 19.

Das rohe, den Ölsatz noch enthaltende Öl wird aus dem Behälter (*1*) mit Pumpe (*2*) in der Presse (*3*) filtriert und das Filtrat im Behälter (*4*) gesammelt. Pumpe (*5*) fördert das filtrierte Rohöl in den offenen, mit Rührwerk und Heizmantel für 2 at. Betriebsdruck versehenen Neutralisationsapparat (*6*), wo es mit der aus dem Dosiergefäß (*7*) einfließenden Lauge entsäuert wird.

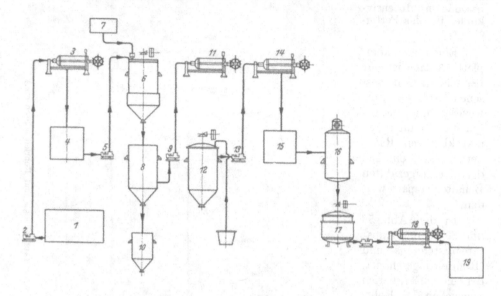

Abb. 60. Anlage für Filtration und Raffination des Rohöles. (Ausführung A. Borsig, Tegel.)

Man läßt das Öl in (*8*) während 24 Stunden absitzen, zieht den Seifenstock nach (*10*) ab und drückt das Öl mittels Pumpe (*9*) durch die Filterpresse (*11*) zwecks Abtrennung von den Seifenresten. Nun wird das Öl in den geschlossenen Bleichapparat (*12*) durch Vakuum eingesogen und nach erfolgter Bleichung mittels Pumpe (*13*)

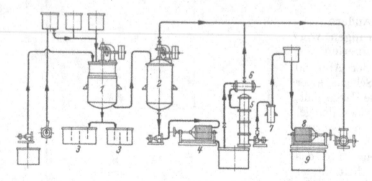

Abb. 61. Raffinationsanlage mit kontinuierlicher Desodorierung. (C. Heckmann, Berlin.)

in der Rahmenpresse (*14*) filtriert. Das Öl fließt aus der Presse in den Behälter für gebleichtes Öl (*15*).

(*16*) ist der mit Kondensation in Verbindung stehende Desodorierapparat. Das desodorierte Öl wird im Kühler (*17*) unter Vakuum gekühlt und dann in einer Filterpresse (*18*) „poliert". (*19*) ist der Behälter für das fertig raffinierte Öl.

Abb. 61 zeigt eine für kontinuierliche Desodorierung eingerichtete Anlage der Maschinenfabrik von Heckmann in Berlin.

(*1*) ist der Entsäuerungsapparat, (*2*) ein evakuierbarer Apparat zum Waschen, Trocknen und Bleichen des neutralisierten Öles. Für den Seifenstock sind die beiden

Behälter (*3*) vorhanden. Nach Filtration in der Presse (*4*) wird das Öl im Wärme-austauscher (*6*) vorgewärmt, welcher durch die Brüden des Desodorierapparates geheizt wird. Das vorgeheizte Öl fließt dann in den kontinuierlich arbeitenden Ko-lonnenapparat (*5*), dessen Konstruktionsprinzip auf S. 86 erklärt wurde. Die Leistung der Kolonne beträgt 10 t desodoriertes Öl in 24 Stunden. Das aus der Desodorier-kolonne dauernd abfließende Öl wird in einem ebenfalls kontinuierlich wirkenden Kühler (*7*) abgekühlt, gelangt vom Kühler in einen Zwischenbehälter, wird schließ-lich in der Polierpresse (*8*) filtriert und im Behälter (*9*) gesammelt.

Die Desodorierungsmethode der Lurgi Gesellschaft für Wärmetechnik ist auf S. 84 auf Abb. 51 dargestellt. Für das Neutralisieren, Absitzen und Waschen sieht diese Gesellschaft nur einen Apparat mit einem Fassungsvermögen von 12—13 t Öl vor. Dann wird das Öl in einem stehenden Apparat des halben Fassungsvermögens getrocknet und gebleicht. Es folgt die Desodorierung in zwei, in Serie geschalteten Apparaten, welche unter dem Vakuum der Wasser-kondensation und Luftpumpe und dem höheren Vakuum, welches durch den Dampfstrahlejektor erzeugt wird, stehen.

Einige Maschinenfabriken sehen keine Kühler für das desodorierte Öl vor, sondern lassen das fertige Öl im Desodorierapparat selbst, durch Einleiten von Kühlwasser in die gleichzeitig zum Heizen und Kühlen dienenden Schlangen, auskühlen. So ist beispielsweise in der Anlage der Bamag-Meguin A. G. (Abb. 57) kein Kühler für das desodorierte Öl vorhanden. Auch eine italienische Apparate-baugesellschaft sieht die Kühlung im Desodorierer selbst vor.

WYSSOTZKI und Mitarbeiter berechneten die für die Raffination von 50 t täglich in den verschiedenen Anlagetypen vorgesehene Zahl von Hauptapparaten (Neutralisier-, Absetz-, Wasch- und Trockenapparate, Bleichmalaxeure, Des-odorier- und Kühlvorrichtungen) und das Apparatvolumen pro 1 t raffinierten Öles. Die Zahlen sind in der Tabelle 8 wiedergegeben.

Tabelle 8. Apparate für die Raffination von 50 t Öl in 24 Stunden.

	Har-burger-Eisen	Borsig	Bamag	Heck-mann	Lurgi
Anzahl von Hauptapparaten verschiedenen Typs	6	5	3	4	4
Gesamtzahl der Hauptapparate	13	13	9	12	10
Apparateumfang pro Tonne Öl	2,4	1,66	1,2	1,6	1,5

Aus diesen Zahlen dürfen keine weitgehenden Schlüsse über die Kosten und die Zweckmäßigkeit der hier aufgezählten Anlagen gezogen werden; sie besagen nicht allzuviel über die Überlegenheit der einen oder der anderen Anlage, weil auch andere Momente bei der Wahl der Apparatur eine Rolle spielen, worauf schon mehrfach hingewiesen worden ist.

Der Dampfverbrauch hängt u. a. von der Qualität des Öles und der Vakuum-höhe bei der Desodorierung ab. Bestimmte Zahlen lassen sich deshalb nicht angeben, es ist aber mit einem durchschnittlichen Dampfverbrauch von 0,7 bis 1,2 t pro Tonne Öl zu rechnen, davon etwa 60—70% für die Desodorierung allein.

Zu den Ölveredlungsmethoden gehören auch die im I. Band, S. 440 454 beschriebenen Verfahren zur Erhöhung der Haltbarkeit durch Zusatz oxydations-hemmender Stoffe, auf die hier verwiesen wird.

Die Betriebsbilanz.

Die Ölverluste bei der Raffination können in gewollte und nicht gewollte geteilt werden. Unter beiden Gruppen ist zu unterscheiden zwischen Verlusten, welche reparabel sind, und solchen, welche unwiederbringlich, endgültig sind.

Zu den gewollten Verlusten bei der Vorbehandlung des Rohöles gehören die mechanischen Beimengungen an Preßtuchhaaren, Saatgut, Sand usw.

Die erwünschten Verluste bei der Entsäuerung bestehen aus freien Fettsäuren, Farbstoffen, Schleim usw.

Die nicht erwünschten Verluste bei der Entsäuerung sind das vom Seifenstock mitgerissene und mitverseifte Öl.

Bei der Entfärbung gehören zu den erwünschten Verlusten die Farbstoffe, die von der Bleicherde adsorbierten Seifen usw.; zu den nicht erwünschten das von der Bleicherde aufgesogene Öl und das durch die Einwirkung der Erden gespaltene Neutralöl.

Die erwünschten Verluste bei der Desodorierung sind die Riech- und Geruchstoffe; die nicht erwünschten das vom Wasserdampf mitgerissene Öl. Dieses Öl wird teilweise in den Öltropffangvorrichtungen aufgefangen, zum Teil gelangt es aber mit den Brüden in die Kondensation.

Weitere Verluste an Öl entstehen beim Waschen des neutralisierten Öls, der Aufspaltung des Seifenstocks, der Entschleimung usw.

Die Höhe dieser, zum Teil natürlich reparablen Verluste (so läßt sich das Öl aus den Bleicherden wiedergewinnen usw.) hängt von der Sorgfalt der Arbeit ab.

Wird z. B. zum Neutralisieren ein zu großer Überschuß an Lauge verwendet, so emulgiert der Seifenstock entsprechend mehr Neutralöl; auch der Verlust durch Verseifen des Neutralöles wird größer.

Läßt man das Öl nach der Neutralisation oder nach dem Waschen nicht gut absitzen, so entstehen Verluste durch das Abziehen von emulgiertem Öl.

Der Ölverlust beim Entfärben wird vermehrt, wenn mehr Bleicherde verwendet wird als unbedingt notwendig.

Der Ölverlust bei der Desodorierung hängt ab von der Höhe des Vakuums und der Menge des durchgeleiteten Dampfes, und er wird natürlich um so kleiner sein, je höher das Vakuum ist, weil sich mit der Vakuumhöhe die zum Abtreiben der Riechstoffe erforderliche Dampfmenge verringert. Auch im Hinblick auf die Neutralölausbeute ist es also von Wichtigkeit, mit hohem Vakuum zu arbeiten und einen Überschuß an durchgeleitetem Dampf zu vermeiden.

Von größter Bedeutung sind die Neutralölverluste beim Neutralisieren des Rohöles. Wie man diese Verluste einschränken kann, ist im Abschnitt III gesagt worden. Das durch Verseifen verlorengegangene Neutralöl läßt sich durch Abzug der im Rohöl enthaltenen, durch Titration ermittelten Menge an freien Fettsäuren (a) von der aus den Seifenstockfettsäuren errechneten (b) berechnen:

(b—a) ist gleich den durch Verseifung gebildeten Fettsäuren.

In der Tabelle 9 sind die nach B. THURMAN[1] ermittelten Raffinationsverluste von einigen Ölen nach Betriebsergebnissen zusammengestellt.

Tabelle 9. Verluste bei der Raffination von Fetten.

	Erdnußöl in %	Sojabohnenöl in %	Cocosfett in %
Nichtfette................................	0,3	0,5	0,2
Glycerin.................................	0,035	0,035	—
Emulgiertes Öl...........................	0,15	0,15	0,075
Verlust beim Desodorieren.................	0,55	0,55	0,50
Bleichen.................................	0,45	0,45	0,25
Vom Waschwasser gelöste Fettsäuren.......	—	—	0,065
Glycerinverlust durch Hydrolyse im Soapstock.....	—	—	0,057

[1] Ind. engin. Chem. **15**, 395 (1923).

Firma:

Merkblatt.

Abt. Raffinerie.

Tagesbericht Nr. . . . .

Partie Nr. . . . .

. . . . 193..

Zur Raffination eingegangen	Gewicht		Bilanz der Raffinerie	Gewicht		Prozent
	t	kg		t	kg	
Rohes Öl	60	000	Desodoriertes Öl	..	...	..,..
			Raffiniertes Öl.	56	100	93,50
			Fettsäuren:			
			Seifenstock	2	815	4,69
			Öl aus Filtertüchern, Bleich-			
			erden usw.	—	180	0,30
			Verlust	—	905	1,51
Insgesamt				60	000	100,00
Natronlauge Bé	2	400				
Kochsalz						

Materialverbrauch.   Ölanalyse.

Ätznatron, fest . . . . kg   Fettsäuregehalt im Rohöl *1,60%*

Kochsalz . . . . ,.   Farbe des Öles:

Bleicherde . . . . ,,   desodoriert

Aktivkohle . . . . ,,   raffiniert

Filtrierpapier . . . . ,,   Sorte des Öles:

Filtertuch . . . . m

Dampf . . . . kg

Kraft . . . . kWh

      Anmerkung:

Analyse des Seifenstocks und des technischen Öles.

    Prozent Fettsäure: Im Seifenstock *46*

                   Im Öl aus Bleicherde u. dgl. . . . .

Betriebsleiter der Raffinerie: Lagerverwalter:

. . . .

     Im Rohöl selbst werden Neutralölverluste durch unsachgemäßes Lagern hervorgerufen, insbesondere durch Einlagern des nichtfiltrierten Öltrub enthaltenden Öles, weil durch die Gegenwart von hydrolysierenden Enzymen die Fettsäuren rascher zunehmen und das Öl schneller dem Verderben anheimfällt.

     Neben diesen mit den einzelnen Arbeitsvorgängen der Raffinerie zusammenhängenden Verluste können Verluste von unberechenbarer Höhe verursacht werden durch Undichtigkeiten (Leckagen) an Absperrvorrichtungen, Rohrleitungen usw., ferner durch unrichtig bemessene Fettscheidebehälter und -gruben, durch unsorgfältiges Absitzenlassen des Seifenstocks und des Waschwassers nach Waschen des neutralen Öles usw. Ferner können durch unsorgfältiges Wägen und Messen des Öles in den Behältern usw. leicht sog. scheinbare Verluste oder Gewinne entstehen, welche oft die Ursache von großen Störungen sind.

     Sowohl die chemischen, mit der Arbeit zusammenhängenden, als auch die mechanischen Verluste können nur dann schnell aufgedeckt und beseitigt werden, wenn in der Fabrik das System der kontinuierlichen Inventaraufnahme herrscht.

     Hierzu müssen in jeder Abteilung, d. h. im Rohöllager, in der Raffinerie und im Fertigöllager täglich vor Beginn der Arbeit Bestandsaufnahmen gemacht werden. Beispielsweise stellt man vor Überpumpen des Öles nach der Raffinerie den Ölstand in den Behältern fest, sowie die Öltemperatur. Das Ergebnis wird vom Verwalter verzeichnet und in das Gewicht umgerechnet. Die Raffinerie erhält von dieser Aufnahme eine Abschrift und vergleicht sie durch Messung des Öles in den in der Raffinerie aufgestellten Behältern. Sämtliche Zwischenprodukte der Raffinerie, also die Ausbeuten an raffiniertem, gebleichtem und fertigem Öl, die Ausbeuten an Fettsäuren aus dem Seifenstock usw. werden genau nach dem Behälterstand oder nach Gewicht verzeichnet. Im Fertigöllager wird dieser Bestand an Fertigöl mitgeteilt und von dem Lagerverwalter bestätigt.

Nur wenn eine tägliche Kontrolle der verarbeiteten und erzeugten Ölmengen vorgenommen wird, ist es möglich, die Verlustquellen schnell zu verstopfen und sich vor großen Verlusten zu schützen[1]. Stehen nämlich die von der Raffinerie täglich übernommenen Fettmengen nicht in Übereinstimmung mit den abgelieferten, unter Abzug des normalen Ölverlustes, so zeigt das die tägliche Inventaraufnahme sofort an.

Von Zeit zu Zeit werden auch die aus den Scheidegruben und anderen Ölfangvorrichtungen, Öltropffängern usw. wiedergewonnenen Ölmengen aufgenommen.

Die Tagesbilanz der Raffinerie kann beispielsweise auf einem Merkblatt der auf S. 97 angegebenen Art notiert werden[2].

Zweiter Abschnitt.

Die Hydrierung der Fette.
I. Theorie und Chemismus.
Von T. P. HILDITCH, Liverpool[3].
(Unter Mitwirkung von H. SCHÖNFELD, Wien.)

A. Mechanismus der Katalyse.

Die von der Natur produzierten Fette sind zum größten Teil bei Raumtemperatur flüssig; in den wichtigsten fettverarbeitenden Industrien (Speisefette, Seifen, Kerzen) ist aber der Bedarf an festen oder wenigstens halbfesten Fetten viel größer als an flüssigen. Während des neunzehnten Jahrhunderts wurden deshalb große Anstrengungen gemacht, um geeignete technische Verfahren für die Überführung der ungesättigten flüssigen Fette in höher schmelzende Produkte ausfindig zu machen. Erinnert sei an die Versuche zur Überführung von Ölsäure durch Erhitzen mit Jodwasserstoff und Phosphor in Stearinsäure oder durch die Kalischmelze in Palmitinsäure (RADISSON[4]), zur Umwandlung der Ölsäure in Oxystearinsäure oder Stearolacton durch Erhitzen mit Zinkchlorid (R. BENEDIKT[5]) oder Schwefelsäure (A. C. GEITEL[6]) usw.; zu einem praktischen Erfolg haben diese Verfahren nie geführt.

Später fanden P. SABATIER und seine Mitarbeiter[7] (1897—1905), daß viele organische Äthylenverbindungen in die entsprechenden gesättigten Derivate

---

[1] Vgl. hierzu A. P. LEE: Oil Fat Ind. 4, 205 (1927).
[2] ZUNTZ: Öl-Fett-Ind. (russ.: Masloboino Shirowoje Djelo) 1932, Nr. 10.
[3] Die Übersetzung des englischen Manuskriptes besorgte der Herausgeber.
[4] Journ. Soc. chem. Ind. 2, 98 (1883); 3, 200 (1884).
[5] Monatsh. Chem. 11, 71 (1890).
[6] Journ. prakt. Chem. (2), 37, 62, 84 (1888).
[7] P. SABATIER: „La catalyse en chimie organique". 1920.

übergeführt werden können, wenn man sie in Dampfform und in Gegenwart von Wasserstoffgas der Einwirkung gewisser fein verteilter reduzierter Metalle, insbesondere Nickel, unterwirft. Die Kondensation eines Flüssigkeitsfilms auf der Oberfläche des Metalls sollte nach SABATIER die Reaktion zum Stillstand bringen; er zog daraus den Schluß, daß der Prozeß nur im Gaszustand möglich sei. Tatsächlich gelang es ihm, dampfförmige Ölsäure auf dem angegebenen Wege zu Stearinsäure zu reduzieren; die Hydrierung von Ölsäuredampf wäre in der Technik natürlich nicht ohne große Schwierigkeiten durchzuführen gewesen, während die Reduktion der nichtflüchtigen Glyceride im Dampfzustande überhaupt nicht in Frage kommt.

Im Jahre 1902 machte nun W. NORMANN[1] die für die Fetthärtung grundlegend wichtige Beobachtung, daß man Fettsäuren und Fette in Gegenwart von Nickel, Kupfer, Platin oder Palladium auch als solche, d. h. im flüssigen Zustande, hydrieren kann; im Verlaufe von nur wenigen darauffolgenden Jahren gelang es, die technischen Einzelheiten des Prozesses voll auszuarbeiten, und seit etwa 1911 werden enorme Mengen flüssiger Fette durch Hydrierung in Gegenwart von Nickel in die wertvolleren festen Fette umgewandelt ("Fetthärtung").

Der chemische Vorgang, der bei der Fetthydrierung stattfindet, ist in seinem Endstadium nichts weiter als die Addition von Wasserstoff an eine oder mehrere Äthylenbindungen, welche in den ungesättigten Fettsäureradikalen der natürlichen Triglyceride enthalten waren:

$$—CH:CH— + H_2 = —CH_2 \cdot CH_2—$$

Gleichzeitig treten aber Reaktionen anderer Art auf, wie sterische oder strukturelle Isomerisation (Verschiebung der Doppelbindung), auf die wir weiter unten noch eingehen werden.

Vor einiger Zeit (gegen 1930) wurde eine ganz neue Abart der katalytischen Reduktion der Fette entdeckt, beruhend auf der Hydrierung der Carboxylgruppe des Fettsäureesters zum entsprechenden Alkohol. Diese Reaktion führt zu den gleichen Produkten wie die bekannte Laboratoriumsmethode von L. BOUVEAULT und G. BLANC[2], laut der Ester mittels absolutem Alkohol und Natrium in die entsprechenden Alkohole umgewandelt werden; sie läßt sich durch folgende Allgemeinformel darstellen:

$$R \cdot COOR' + 2 H_2 = R \cdot CH_2OH + R' \cdot OH$$

Es ist bereits heute eine Reihe von technischen Hydrierungsverfahren[3] bekannt, mit deren Hilfe man in der Lage ist, jedes beliebige Fett oder Fettsäuregemisch nahezu quantitativ in die entsprechenden gesättigten aliphatischen Alkohole überzuführen. Der Prozeß verläuft in ähnlicher Weise wie die gewöhnliche Fetthärtung, wobei aber ein basisches Kupferchromat (sog. "Kupferchromit") der geeignetste Katalysator zu sein scheint; die Hydrierung wird bei Temperaturen von oberhalb 200⁰ und einem Wasserstoffdruck von 150—200 atm. ausgeführt. Unter diesen Bedingungen werden die Säureester (Glyceride) im Sinne obiger Gleichung reduziert, während die gleichzeitig vorhandenen Doppelbindungen entweder ebenfalls abgesättigt oder, je nach Wahl des Katalysators, auch unverändert bleiben können.

---

[1] D.R.P. 141 029/1902; E.P. 1515/1903.   [2] Bull. Soc. chim. France 31, 1210 (1904).
[3] H. Th. Böhme A. G.: E. P. 346 237, 351 359. — W. SCHRAUTH, O. SCHENCK u. K. STICKDORN: Ber. Dtsch. chem. Ges. (B), 64, 1314 (1931). — H. ADKINS u. R. CONNOR: Journ. Amer. chem. Soc. 53, 1091 (1931). — H. ADKINS u. K. FOLKERS: Journ. Amer. chem. Soc. 53, 1095 (1931).

Verwendet man an Stelle von Kupfer ein „Nickelchromit" als Katalysator, so geht die Reduktion noch weiter, und ein Teil der gebildeten Alkohole wird schließlich zu den entsprechenden Paraffinkohlenwasserstoffen reduziert.

Aus Cocosfett erhält man nach dem Verfahren der Hochdruckhydrierung ein Alkoholgemisch, welches etwa 50% Dodecyl- und (Laurin-)alkohol enthält; Waltran oder Fischöle ergeben ein Gemisch, enthaltend wenig Tetradecylalkohol und annähernd gleiche Mengen von Cetyl-, Octadecyl-, Eikosyl und Dokosylalkohol sowie die entsprechenden ungesättigten Alkohole usw. Die Zusammensetzung des aus irgendeinem Fett erhältlichen Alkoholgemisches hängt letzten Endes von der Zusammensetzung des Fettes, d. h. seiner Fettsäuren ab.

Unter gewissen Bedingungen verestern sich die gebildeten Alkohole mit den noch nicht reduzierten Fettsäuren, wie SCHRAUTH neuerdings nachweisen konnte[1], zu Wachsestern. Über die Herstellung und Bedeutung der höher molekularen Fettalkohole in der Technik wird an anderer Stelle (S. 173—187) ausführlich berichtet.

Die Vorgänge sowohl bei der gewöhnlichen Fetthärtung wie bei der Reduktion der fettsauren Ester (Glyceride) zu Alkoholen sind typische Fälle der *Katalyse im heterogenen System*. Das Wesen der katalytischen Reaktionen wurde innerhalb der letzten 50 bis 60 Jahre weitgehend aufgeklärt, und eine kurze Zusammenfassung unserer theoretischen Kenntnisse über die Katalyse dürfte als Einleitung zu ihrer technischen Verwertung in der Fettindustrie nicht ohne Nutzen sein. Die ersten, mehr das Gebiet der homogenen Katalyse betreffenden Untersuchungen verdanken wir VAN 'T HOFF, S. ARRHENIUS, W. OSTWALD und anderen Forschern. Typische Beispiele für die homogene Katalyse sind die Inversion von wäßrigen Saccharoselösungen durch Säuren, die Hydrolyse von wäßrigen Lösungen von Estern durch geringe Mengen Säuren oder Basen (Wasserstoff- oder Hydroxylionen), die Beschleunigung der Esterbildung aus Säuren und Alkoholen durch kleine Mengen konzentrierter Säuren u. dgl. mehr.

Bei der heterogenen Katalyse ist der Katalysator meistens ein fester Körper, welcher während des Prozesses nicht in Lösung geht: er bringt dann die Reaktion zwischen zwei Gasen, zwei Flüssigkeiten oder zwischen einem Gas und einer Flüssigkeit zustande (letzterer kommt hierbei fast immer die Rolle eines Lösungsmittels für das Gas zu). Die Bezeichnung „Katalyse" wurde im Jahre 1835 von BERZELIUS[2] eingeführt, eine große Reihe solcher Reaktionen war allerdings schon lange zuvor bekannt gewesen. So kannte z. B. bereits H. DAVY[3] die Fähigkeit eines erhitzten Platindrahtes oder -schwammes, die Verbindung von Wasserstoff und Sauerstoff zu beschleunigen; es war ihm auch, ebenso wie M. FARADAY[4] und anderen, die giftige oder störende Wirkung gewisser Gase, wie Schwefelwasserstoff oder Ammoniak, auf die katalytische Aktivität des Platins bekannt. Im Jahre 1834 hat FARADAY über die Beschaffenheit eines Kontaktkörpers eine Äußerung getan, welche auch der moderne Technologe voll anerkennen wird: „Das Platin vermag nur unter der Bedingung seine Wirkung zu äußern, wenn es eine rein metallische Oberfläche besitzt"; der Ausspruch bezog sich auf die Verbindung von Wasserstoff mit Sauerstoff auf der Platinoberfläche. Die wesentliche Bedingung für die katalytische Wirkung an einer festen Oberfläche ist also nach FARADAY die Schaffung einer geeigneten Oberfläche und ihre Erhaltung im reinen Zustande, d. h. frei von „Katalysator-

---

[1] Ztschr. angew. Chem., **46**, 459 (1933).   [2] Jahresber. Chem. **13**, 237 (1836).
[3] Philos. Trans. Roy. Soc. London 97, 45 (1817).
[4] Philos. Trans. Roy. Soc. London 114, 55 (1834).

giften". Diesen Befunden kommt immer noch größte Bedeutung für den Erzeuger hydrierter Fette oder anderer Produkte der Katalyse zu.

Der genaue Mechanismus, dem die Wirkung eines festen Katalysators auf Gase oder Flüssigkeiten zugeschrieben werden muß, war seit BERZELIUS', LIEBIGS und FARADAYS Zeiten Gegenstand zahlreicher wissenschaftlicher Auseinandersetzungen. Bis etwa 1920—1925 hatten mindestens zwei verschiedene und sich gegenseitig widersprechende Theorien Geltung. Die Anhänger von VAN 'T HOFF[1] vertraten den Standpunkt, daß die Wirkung den Gasen oder Flüssigkeiten zuzuschreiben sei, welche durch physikalische Kräfte in den Zustand der Kompression und abnormen Konzentration an die feste Oberfläche gebracht werden; die darauffolgende chemische Reaktion sei ein Resultat der gesteigerten Konzentration, ohne daß der Katalysator als solcher an dem Vorgang unmittelbar beteiligt sei. Andere Forscher hielten sich an die zuerst von A. DE LA RIVE und F. MARCET im Jahre 1828[2], später von M. BERTHELOT im Jahre 1880[3] weiter entwickelte Theorie, wonach die heterogene Katalyse durch die Bildung von „intermediären Verbindungen" zwischen dem festen Katalysator und den an der Reaktion teilnehmenden Gasen oder Flüssigkeiten zustande komme.

Die rein physikalische Theorie der katalytischen Wirkung von festen Oberflächen wurde durch die Fähigkeit gewisser poröser oder fein verteilter Metalle, erhebliche Mengen Wasserstoff oder anderer Gase zu adsorbieren, unterstützt. Die (zur Bildung von sog. „Palladiumhydrid" führende) Adsorption von Wasserstoff durch Palladium schien natürlich diese Ansicht zu unterstützen, nachdem das Palladium selbst ein aktiver Hydrierungskatalysator ist.

P. SABATIER[4] äußerte die Meinung, daß etwas mehr als die rein physikalische Adsorptionstheorie notwendig sei, um die Tatsache zu erklären, daß verschiedene Katalysatoren häufig die gleiche chemische Verbindung in verschiedener Richtung zersetzen. So konnte er zeigen, daß sich Isobutylalkohol beim Überleiten bei 300° über Kupfer zu Isobutylardehyd und Wasserstoff zersetzt, während es beim Überleiten bei derselben Temperatur über Aluminiumoxyd in Isobutylen und Wasser verwandelt wird:

$$(CH_3)_2 \cdot CH \cdot CH_2OH \quad \overset{Cu}{\underset{Al_2O_3}{\rightleftarrows}} \quad \begin{array}{l} \rightarrow (CH_3)_2 \cdot CH \cdot CHO + H_2 \\ \rightarrow (CH_3)_2 \cdot C:CH_2 + H_2O \end{array}$$

P. SABATIER und A. MAILHE[5] haben die Wirkung einer größeren Anzahl von Metalloxyden auf Alkoholdampf bei 300° untersucht und gezeigt, daß gewisse Oxyde (z. B. Mangan-, Zinnoxyd) fast nur dehydrierend wirken, so daß der Alkohol nur zu Acetaldehyd und Wasserstoff zersetzt wird, während andere Oxyde (insbesondere die Oxyde von Thorium und Aluminium) eine wasserabspaltende (dehydratisierende) Wirkung haben und den Alkohol zu Äthylen und Wasser spalten. Andere Oxyde, wie beispielsweise Uranoxyd, wirken gleichzeitig dehydrierend und dehydratisierend. *Die chemische, vom Katalysator ausgelöste Wirkung ist also für die chemische Natur des Katalysators spezifisch.*

Die Hydrierung schrieb SABATIER der intermediären Bildung von unbeständigen Metallhydriden zu; er war also Anhänger der chemischen Theorie,

---

[1] Physikalisch-Chemische Studien I, 216 (1898).
[2] Ann. Chim. Phys. (II), **39**, 328 (1828).   [3] Ann. Chim. Phys. (V), **21**, 176 (1880).
[4] „La catalyse en chimie organique". 1920.
[5] Ann. Chim. Phys., Serie 8, **20**, 289 (1910).

der Theorie der „intermediären Verbindungen" der heterogenen Katalyse. Er stellt den Hydrierungsprozeß wie folgt dar:

1. $mNi + nH_2 = Ni_mH_{2n}$,
2. $Ni_mH_{2n} + n(—CH:CH—) = mNi + n(—CH_2 \cdot CH_2—)$.

Mehrere Tatsachen sprechen jedoch gegen die einfache Theorie der „Zwischenverbindungen", soweit man unter dieser Theorie verstehen will, daß zwischen einem der an der Reaktion beteiligten Stoffe und dem Katalysator unbedingt eine bestimmte chemische Verbindung gebildet werden müsse. So gelang es in vielen Fällen nicht, das Auftreten oder die Möglichkeit der Bildung einer chemischen Zwischenverbindung nachzuweisen, auf die man die katalytische Reaktion zurückführen könnte; bei anderen katalytischen Prozessen ist die Bildung solcher intermediärer Verbindungen allerdings sehr wohl möglich und auch bekannt. So z. B. bei der abwechselnden Reduktion des Eisenoxyds und Oxydation des Eisens bei der katalytischen Wasserstofferzeugung aus Kohlenoxyd und Wasserdampf (s. S. 194), der Bildung von Cálciumacetat und -carbonat bei der Konversion von Essigsäure zu Aceton durch Überleiten über glühenden Kalk:

$$2 CH_3COOH + CaO = Ca(OCOCH_3)_2 + H_2O$$
$$Ca(OCOCH_3)_2 = CaCO_3 + (CH_3)_2CO$$
$$CaCO_3 = CaO + CO_2$$

Die Fortschritte der Fetthärtungstechnik haben zur weiteren Entwicklung der theoretischen Anschauungen über die heterogene Katalyse viel beigetragen. Die Annahme SABATIERS, daß nur eine Verbindung zwischen Nickel und Wasserstoff zustande komme, hat sich als viel zu eng erwiesen; anderseits überzeugte man sich, daß auch die ungesättigten Komponenten chemisch mit der Katalysatorsubstanz aufs innigste verknüpft sein müssen. Den ersten, zugleich aber überzeugendsten Beweis für den innigen Kontakt zwischen Katalysator und ungesättigter Verbindung lieferte die Beobachtung der Bildung von „Isoölsäure"-Glyceriden bei der Fetthärtung. C. W. MOORE[1] fand im Jahre 1919, daß die aus Ölsäuregylceriden gebildeten Isoölsäurederivate vornehmlich aus Elaidinverbindungen, also geometrischen Isomeren der Ölsäure, bestehen, neben kleinen Anteilen von Glyceriden von Säuren, in denen die Doppelbindung an eine andere Stelle der Kohlenstoffkette verschoben wurde; diese Strukturisomeren haben sich nach Untersuchungen von T. P. HILDITCH und N. L. VIDYARTHI[2] als die cis- und trans-Formen der $\Delta^{8:9}$- und $\Delta^{10:11}$-Octadecensäuren erwiesen.

Abgesehen davon, verläuft die Wasserstoffaddition häufig selektiv. In einer Verbindung mit mehreren Äthylenbindungen wird eine der Doppelbindungen oft vorzugsweise reduziert; in Gemischen von mehreren Verbindungen mit einer Doppelbindung wird häufig die eine Verbindung schneller als die andere angegriffen. Diese Erscheinung der selektiven Hydrierung, zuerst beobachtet durch G. VAVON[3] und C. PAAL[4] in der Terpen- und aromatischen Reihe, ist vom technologischen Standpunkt äußerst wichtig und soll deshalb später noch ausführlich erörtert werden. Zugleich ist sie auch ein zwingender Beweis, daß der Katalysator und die organische Substanz (ebenso wie der Wasserstoff) während des Hydrierungsprozesses in innigstem, direktem Kontakt stehen.

---

[1] Journ. Soc. chem. Ind. **38**, 320 T (1919).
[2] Proceed. Roy. Soc., London, Serie A, **122**, 552 (1929).
[3] Compt. rend. Acad. Sciences **153**, 68 (1911).
[4] Ber. Dtsch. chem. Ges. **45**, 2221 (1912).

Im Jahre 1919 zeigten E. F. ARMSTRONG und T. P. HILDITCH[1], daß die katalytische Hydrierung in einem flüssigen System eine Reaktion der „Null"-molekularen Ordnung ist, denn in jedem Stadium des Prozesses werden in gleichen Zeiten die gleichen Mengen der ungesättigten Verbindung reduziert. Diese von E. B. MAXTED[2] und anderen Forschern bestätigte Beobachtung kann nur erklärt werden, wenn man die Annahme macht, daß sowohl die organische Verbindung als auch der Wasserstoff mit dem Katalysator in Form eines unbeständigen (aber nicht notwendigerweise isolierbaren) Komplexes assoziiert sind. Der ganze Prozeß wurde durch das nachfolgende Schema veranschaulicht (in welchem die Länge der Pfeile die allgemeine Richtung des Gleichgewichtes in jedem Stadium andeuten soll):

$$-CH:CH- + Ni + H_2 \underset{\text{schnell}}{\overset{\longrightarrow}{\longleftarrow}} (-CH:CH-,\ Ni\cdot H_2) \underset{\text{langsam}}{\overset{\longrightarrow}{\longleftarrow}}$$

$$(-CH_2\cdot CH_2-,\ Ni) \overset{\text{schnell}}{\underset{\longleftarrow}{\longrightarrow}} Ni + -CH_2\cdot CH_2-$$

Die Konzentration der reagierenden Massen, deren Umwandlungsgeschwindigkeit bestimmt wird, ist dauernd äußerst gering, verglichen mit der Gesamtkonzentration der ungesättigten Verbindungen, des Wasserstoffes oder der im System vorhandenen gesättigten Komponenten.

Zu derselben Zeit wurde, vornehmlich von H. S. TAYLOR und Mitarbeitern[3], die Adsorption von Wasserstoff, Stickstoff, Helium, Kohlenoxyd und Kohlendioxyd, Äthylen und anderen Gasen auf der Oberfläche von Nickelkatalysatoren und anderen Metallen untersucht. Es wurde festgestellt, daß 1. Katalysatoren dieser Art Stickstoff und Helium in weit geringerem Maße zu adsorbieren vermögen als Wasserstoff und 2. daß Äthylen und Kohlenoxyd in etwa ebensolchem Maße adsorbiert werden wie Wasserstoff. Sie fanden ferner, daß die Adsorptionswärme von Wasserstoff und Äthylen diejenige von Stickstoff, Helium und anderen, an der katalytischen Reaktion nicht teilnehmenden Gasen übertrifft.

Das Auftreten von zwei verschiedenen Arten der Adsorption, des rein physikalischen oder „Kondensations"-Effekts bei relativ geringer Wärmeentwicklung und der „aktivierten Adsorption" oder „Chemosorption", charakterisiert durch eine viel größere Wärmeentwicklung, ist nun auf Grund der Untersuchungen von E. K. RIDEAL und vieler anderer Autoren völlig sichergestellt. Dies diente gewissermaßen zur Überbrückung der Gegensätze zwischen den beiden Theorien der physikalischen Adsorption und der Bildung von intermediären Verbindungen. Die Bildung definierter Zwischenverbindungen ist vermutlich bei der heterogenen Katalyse äußerst selten, aber dieser Art der Katalyse geht wahrscheinlich stets „aktivierte Adsorption" der an der Reaktion teilnehmenden Verbindungen am Katalysator voraus. Diese Adsorptionsart erinnert an die gewöhnliche Oberflächenadsorption, bzw. findet letztere neben der aktivierten Adsorption statt. Die entwickelte Wärmemenge entspricht in ihrer Größenordnung milder verlaufenden chemischen Reaktionen, der Vorgang ist kaum zu unterscheiden von Prozessen, welche man als chemische Affinität bezeichnet. Es wurde ferner mehrfach festgestellt, daß die durch „aktivierte Adsorption" an der Katalysatoroberfläche entstandene Molekülschicht monomolekular ist.

Unsere Vorstellungen über den Verlauf der katalytischen Wirkungen an

[1] Proceed. Roy. Soc., London, Serie A, **96**, 137 (1919).
[2] Journ. chem. Soc. London **119**, 225 (1921); **1936**, 635.
[3] Journ. Amer. chem. Soc. **43**, 1273, 2179 (1921); **45**, 887, 900, 920, 1196, 2235 (1923); **46**, 43 (1924); **49**, 2468 (1927) u. s. w.

festen Oberflächen haben also viel an Klarheit gewonnen. Zu einer völligen Aufklärung ist es allerdings noch nicht gekommen. In den letzten Jahren ist eine
ganze Reihe von Theorien bekanntgeworden, fußend auf der Elektronenstruktur
der Atome, der Gitteranordnung der festen Atome u. dgl.[1]; ihre Richtigkeit
bedarf noch der Nachprüfung. Für unsere Zwecke genügt es, sich an das oben
Gesagte zu halten. Zwei Tatsachen sind festzuhalten: die modernen Vorstellungen
über die Natur der aktiven Oberfläche eines festen Katalysators und die unbe-
strittene Tatsache, daß die organischen Moleküle ebenso wie Wasserstoff mit den
Katalysatoratomen eine Art Bindung eingehen (das will sagen, daß sie vom
Katalysator adsorbiert, „aktiviert" werden oder mit diesem eine unbeständige
„Zwischenverbindung" bilden). Um den innigen Kontakt der organischen Ver-
bindung mit dem Katalysator zu beweisen, sei hier nur die Beobachtung von
N. ZELINSKY und N. GLINKA[2] angeführt, laut der Methyltetrahydroterephthalat
beim Erhitzen mit Palladiumschwamm zu Methylterephthalat und Methylhexa-
hydroterephthalat zersetzt wird, während nach E. F. ARMSTRONG und T. P.
HILDITCH[3] Cyclohexanol und Methylcinnamat bei 180° in Gegenwart von Nickel
teilweise in Cyclohexanol und Methyl-β-phenylpropionat umgewandelt werden.
Aus diesen Beobachtungen folgt, daß ein metallischer Hydrierungskatalysator befähigt ist, den Wasserstoff von einer Verbindung auf die andere zu übertragen,
auch ohne gleichzeitige Gegenwart von molekularem Wasserstoff. (Über die
Hydrierung von Ölen mit Alkoholen als Wasserstoffquelle berichten W. PU-
SANOW und G. IWANOWA[4]).

Wir wollen nun die spezifischen Eigenschaften einer aktiven Katalysatoroberfläche (unter besonderer Berücksichtigung des Nickels als des gewöhnlich zur
Fetthärtung verwendeten Katalysators) sowie die Faktoren, welche die aktive
Oberfläche schädigen oder verbessern („Katalysatorgifte" und „Aktivatoren" oder
„Promotoren"), einer näheren Betrachtung unterziehen. Der Unterschied zwischen
einer katalytisch wirksamen und inaktiven Metalloberfläche, z. B. von Nickel,
mag darin bestehen, daß in ersterer isolierte, außerhalb des eigentlichen Ober-
flächengitters stehende Atomgruppen vorhanden sind, welche von der Gesamtoberfläche des Gitterwerkes des festen Metallkristalles abgetrennt sind (H. S.
TAYLOR); vielleicht sind auch innerhalb des Gitters selbst lokale, aus Metallatomen gebildete „Flecke" vorhanden, welche aus irgendeinem Grunde für die
aktivierte Adsorption zugänglicher sind als die Hauptmenge der an der Oberfläche sitzenden Atome (F. H. CONSTABLE); der Unterschied könnte auch in der
besonderen Aktivität von längs den Kanten verteilten Atomen bestehen (G. M.
SCHWAB, O. SCHMIDT). Welche dieser Hypothesen auch anerkannt werden mag,
sind wir auf Grund der neueren Untersuchungen der letzten Jahre über feste

---

[1] Siehe z. B. H. S. TAYLOR: Proceed. Roy. Soc., London, Serie A, 108, 105 (1925);
Journ. physical Chem. 30, 150 (1926); Journ. Amer. chem. Soc. 53, 578 (1931). —
F. H. CONSTABLE: Nature 120, 769 (1927); 122, 399 (1928); Proceed. Roy. Soc.,
London, Serie A, 117, 376 (1928); 119, 196, 202 (1928). — F. P. BOWDEN, E. K.
RIDEAL u. a.: Proceed. Roy. Soc., London, Serie A, 120, 59, 80 (1928); Nature
122, 647 (1928). — J. BOESEKEN: Chem. Weekbl. 25, 135 (1928). — G. M. SCHWAB
u. E. PIETSCH: Ztschr. physikal. Chem., Serie B, 1, 385 (1928); 2, 262; 5, 1
(1929); 12, 427 (1931); Ztschr. Elektrochem. 35, 135, 573 (1929). — A. A. BALAN-
DIN: Ztschr. physikal. Chem., Serie B, 2, 289 (1929); 3, 167 (1929); 19, 451
(1932); Journ. Russ. phys.-chem. Ges. (russ.) 61, 909 (1929); 62, 703 (1930). —
J. E. NYROP: Chem. and Ind. 9, 752 (1931). — O. SCHMIDT: Naturwiss. 21,
351 (1933); Ztschr. physikal. Chem. 165, 133, 209 (1933); Ber. Dtsch. chem.
Ges., Serie B, 68, 1098 (1935).
[2] Ber. Dtsch. chem. Ges. 44, 2305 (1911).
[3] Proceed. Roy. Soc., London, Serie A, 96, 322 (1920).
[4] Öl-Fett-Ind. (russ.: Masloboino Shirowoje Djelo) 11, 365 (1935).

Katalysatoroberflächen berechtigt, den Katalysator nicht als Ganzes, sondern in Beziehung zu bestimmten ausgewählten Atomgruppen, auf welche die Aktivität konzentriert ist, zu betrachten. Um mit TAYLOR zu sprechen, „bringt dieses Bild viel Licht in das Dunkel, in welches das Problem der Kontaktkatalyse lange Zeit gehüllt war. Es zeigt, daß man die Eigenschaften des katalytischen Agens von den Gesamteigenschaften der Substanz, aus der der Katalysator besteht, unterscheiden muß; daß es eher die Eigenschaften der einzelnen Katalysatoratome oder -moleküle sind, hervorgerufen und verändert durch ihre besondere Lage und Anordnung innerhalb des Katalysatorteilchens, welche bei den katalytischen Reaktionen von Bedeutung sind". Man ist demnach bei der heterogenen Katalyse in die etwas ungewöhnliche Lage versetzt, das Verhalten einer begrenzten Zahl von Atomen oder Molekülen in Betracht zu ziehen, anstatt sich mit den allgemeinen Eigenschaften der enormen Zahl der Gesamtmoleküle der katalytischen Oberfläche zu befassen.

Die neueren Befunde helfen uns aber, die wesentlichen Bedingungen aufzufinden, denen die Oberfläche entsprechen muß, ehe Katalyse eintreten kann; liegt eine solche geeignete Oberfläche vor, so wird keine Katalyse stattfinden (gleichgültig, ob der Katalysator auf einem Träger verteilt ist oder ob die Gesamtoberfläche als solche den Katalysator bildet), solange diese keine spezifische Substanz enthält, welche mit den Reagenzien eine intermediäre Verbindung zu bilden oder die Reagenzien zu adsorbieren vermag; läßt man z. B. Äthylen und Wasserstoff auf eine solche Oberfläche einwirken, so wird nur dann Äthanbildung stattfinden, wenn die katalysierende Oberfläche Palladium, Platin, Nickel oder Kupfer usw. enthält.

B. Die wesentlichen Bedingungen für die Oberfläche des Katalysators in der Praxis.

Die Grundlagen für die Bildung und Erhaltung einer aktiven Katalysatoroberfläche in der Praxis lassen sich bis zu einem gewissen Grade aus den Mitteilungen des vorigen Kapitels herleiten. Da die Katalyse in hohem Maße von der Oberfläche abhängig ist, auf der sich die katalytische Wirkung abspielt, so wäre zu erwarten, daß ein kolloides Sol den geeignetsten Katalysator darstellt; in Wirklichkeit ist dem aber nicht so, und zwar wegen der Empfindlichkeit der Solform gegen äußere Einflüsse. (Anderseits haben gewisse kolloide Stoffe, wie arabisches Gummi, eine stabilisierende oder Schutzwirkung auf die Aktivität von kolloidalen Solkatalysatoren; allerdings setzt das Schutzkolloid auch die ursprüngliche Höchstaktivität des Sols herab.

Etwas Ähnliches läßt sich an festen Oberflächen beobachten. Beschränken wir uns wiederum auf das Nickel, so finden wir beispielsweise, daß das fein verteilte Nickelmetall als solches äußerst empfindlich gegen Temperatureinflüsse ist; es findet unter der Einwirkung höherer Temperatur eine Art Sinterung statt, das scheinbare Volumen des Metalls wird reduziert, zugleich auch die Adsorptionsfähigkeit für Äthylen, Wasserstoff usw. Offenbar werden die Nickelatome sozusagen unter der Einwirkung mäßiger Hitze schnell aus den äußeren Lagen „heruntergeschüttelt", soweit man sich die im vorigen Abschnitt gemachten Vorstellung zu eigen machen will; es entsteht deshalb eine weniger irreguläre Oberfläche mit einer geringeren Zahl von Aktivitätszentren.

Wird aber das Nickel durch Niederschlagen von Nickelcarbonat auf einem indifferenten porösen Träger (besonders auf Kieselgur oder aktiver Kohle) hergestellt, so wird eine Wirkung erreicht, die man mit derjenigen vergleichen kann, welche ein organisches Schutzkolloid auf ein katalytisches Sol ausübt; das will heißen, daß das auf dem Träger reduzierte Nickelmetall imstande ist, weit höhere Temperaturen ohne Aktivitätseinbuße zu ertragen als der trägerfreie metallische Katalysator; aber im Gegensatz zum Fall des Schutzkolloide enthaltenden Sols ist die ursprüngliche Aktivität des auf einem Träger verteilten Nickels weit größer als die der entsprechenden Masse des trägerfreien Nickels. Dies mag damit zusammenhängen, daß die der Wärmewirkung ausgesetzte Nickelatome im auf einem Träger verteilten Katalysator durch die Trägermoleküle bis zu einem gewissen Grade getrennt sind, so daß die unter dem Einfluß der Wärme zwischen den einzelnen Metallteilchen entstandene Kohäsionswirkung weniger prononciert ist.

Dies mag durch die Angaben der Tabellen 10, 11 und 12 veranschaulicht werden. Tabelle 10 zeigt einige Beziehungen zwischen der Reduktionstemperatur, dem Schüttgewicht (scheinbares Volumen) und der katalytischen Aktivität (E. F. Armstrong und T. P. Hilditch[1]) auf verschiedene Weise bereiteter Nickelkatalysatoren, die Tabelle 11 das Adsorptionsvermögen von bei verschie-

Tabelle 10. Beziehung zwischen Dichte, Schüttgewicht und Aktivität von Nickelkatalysatoren.

	Ausgangsmaterial für das reduzierte Nickel			Reduziertes Nickel			
	Dichte	Schütt-gewicht c. c.	Reduk-tionstem-peratur	Dichte	Schütt-gewicht c. c.	Pyrophorität	Kataly-tische Aktivität
Geschmolzenes, pulveris. Nickeloxyd .	6,96	0,35	500°	8,14	0,52	keine	keine
Gefälltes Nickelhydroxyd	5,41	0,87	{ 300°	7,85	0,83	ausgesprochene	(a)
			500°	8,18	0,56	mittelstarke	(b)
Das entspr. Oxyd ..	3,04	0,91	{ 300°	—	—	schwache	(a)
			500°	—	—	keine	(b)
Nickeloxyd auf Kieselgur	1,63	3,22	500°	1,85	2,67	keine	sehr aktiv

(a) Ziemlich aktiv; bei Hydrierung in der Dampfphase vermag dieser Typus eines Nickelkatalysators den Benzolring zu hydrieren.

(b) Sehr wenig aktiv; bei niederer Temperatur, aber oberhalb 300° reduzierte Katalysatoren nehmen in der Aktivität eine Mittelstellung zwischen (a) und (b) ein; sie eignen sich gut zur Hydrierung einfacher Äthylenbindungen, vermögen aber nicht den aromatischen Kern anzugreifen.

Tabelle 11. Wasserstoffadsorptionsvermögen von aktivem Kupfer und Nickel.

Katalysator	Art des Erhitzens	Adsorption von Wasserstoff bei 0° und 760 mm
A. 100 g aktives Cu	Aus dem Oxyd durch Reduktion bei 200°	3,70 cm³
B.	Durch Erhitzen von A bis auf 450° während 1,5 Stunden	1,15 „
C. 27 g aktives Ni	Erhalten durch Reduktion des Oxyds bei 300°	35 „
D.	Durch Erhitzen von „C" während 4 Stunden auf 400°	16 „

[1] Proceed. Roy. Soc., London, Serie A, **99**, 490 (1921).

denen Temperaturen bereiteten Kupfer- und Nickelkatalysatoren für Wasserstoff (nach R. N. PEASE, R. A. BEEBE und H. S. TAYLOR[1]), Tabelle 12 die Aktivität von auf Kieselgur als Träger verteilten Nickelkatalysatoren mit verschiedenem Gehalt an reduziertem Metall (ARMSTRONG und HILDITCH[2]).

Die Aktivität des Katalysators wird durch die Oberflächenschicht des reduzierten Ni beherrscht, denn ganz offensichtlich ist es dieser Teil der Katalysatormasse, der zuerst

Tabelle 12. Katalytische Aktivität des Nickelkatalysators in Beziehung zu seinem Gehalt an reduziertem Ni[3].

Prozent reduziertes Nickel	Verhältnis reduziertes Nickel : Gesamtnickel	Katalytische Aktivität	
		H_2-Absorption Liter pro Minute	Wirkungsverhältnis (Wirkung des aktivsten Katalysators = 1)
2,88	0,199	0,130	0,280
3,56	0,246	0,159	0,342
5,63	0,389	0,302	0,649
6,45	0,445	0,333	0,716
8,46	0,583	0,456	0,981
10,36	0,714	0,465	1,000
12,05	0,886	0,465	1,000
14,19	0,979	0,445	0,957

durch den Wasserstoff in den Metallzustand übergeführt wird.

Die Bedeckung des Trägers mit der Nickelverbindung ist vergleichbar mit der Tränkung eines Schwammes mit Seifenwasser; der Schwamm wird eine große Wassermenge aufsaugen, aber nur das an der äußeren Schwammfläche befindliche Seifenwasser kann beim Waschen sofort zur Wirkung kommen.

In den gewöhnlichen technischen Fetthärtungsprozessen macht man von diesen Grundsätzen die verschiedenste Anwendung. Sehr häufig wird das Nickel auf Kieselgur verteilt, indem man auf der Gur basisches Nickelcarbonat niederschlägt, den Niederschlag gründlich mit Wasser auswäscht, trocknet und bei etwa 500° reduziert (s. S. 137). Die Kieselgur muß möglichst frei von Tonsubstanzen sein und so gut wie gänzlich aus gemahlenen Diatomen bestehen. Sie soll ausreichende, aber keine allzu große Porosität und Absorptionsfähigkeit besitzen. Ist die Kieselgur sehr porös, so dringt ein großer Teil des Nickels in die inneren Kapillarräume des Trägers ein und geht deshalb praktisch verloren; denn wie Tabelle 12 zeigt, ist es nur die äußere Nickelschicht, welche an der Hydrierung teilnimmt. Ihre Anwendung hat den Vorteil, daß sie die Trennung des Nickels vom Hartfett bei der Filtration erleichtert und die Wärmeresistenz des Katalysators erhöht[4].

Ein anderes Verfahren, welches sich immer mehr in die Fetthärtungstechnik einführt, besteht in der Reduktion von leicht reduzierbaren Nickelsalzen, durch Einleiten von Wasserstoff in die Suspension des Salzes im zu hydrierenden Fett selbst.

Man verwendet gewöhnlich Nickelformiat, welches bereits bei etwa 230 bis 240° zu Metall reduziert bzw. zersetzt wird (Näheres S. 141).

Eine ganz andere Katalysatorart wird bei der kontinuierlichen Härtung nach BOLTON-LUSH (s. S. 170) verwendet. Nickelspiralen (Nickelwolle) werden

---

[1] Journ. Amer. chem. Soc. **45**, 1196, 2235 (1923); **43**, 43 (1924).
[2] Proceed. Roy. Soc., London, Serie A, **99**, 400 (1921).
[3] Auf Kieselgur niedergeschlagenes Nickeloxyd mit einem Gesamtnickelgehalt von 14,5% wurde bei 400—500° bis auf einen verschiedenen Gehalt an reduziertem Ni mit Wasserstoff behandelt. Die relative Aktivität der Katalysatoren wurde durch Messung der Wasserstoffabsorption bei der Hydrierung von Leinöl bei 180°, unter Anwendung von jeweils 0,1% Gesamtnickel entsprechenden Katalysatormengen, ermittelt; die Ergebnisse sind in der Tabelle zusammengestellt.
[4] Man verwendete ursprünglich den Nickelträger lediglich zur Erleichterung der Filtration; dies führte zur Entdeckung seiner wertvollen Eigenschaften als Katalysatorträger.

erst oberflächlich durch Elektrolyse oxydiert und hierauf durch Wasserstoff reduziert. Der aktive Katalysator bildet also einen äußeren Film, der auf der Hauptmenge des Nickels haftet. Das Gesamtgewicht des Nickels ist im Vergleich zu der in der Zeiteinheit hydrierten Fettmenge sehr groß; die Menge des vorhandenen aktiven Nickels ist allerdings recht klein. Nachdem die Aktivität der äußeren Schicht entsprechend abgenommen hat, wird das Nickel wiederum anodisch oxydiert und reduziert.

Es mag dahingestellt bleiben, ob es für die Technik nicht zweckmäßiger ist, von einem mäßig aktiven Katalysator von längerer Lebensdauer auszugehen, als äußerst aktive Oberflächen zu verwenden, welche aber sehr empfindlich sind und leicht geschädigt werden.

C. Der Kontakt zwischen Nickelkatalysator, Fett und Wasserstoff.

Es ist einleuchtend, daß während des katalytischen Vorganges das Fett und der Katalysator sich in innigstem Kontakt befinden müssen; ebenso muß der Wasserstoff, durch Auflösen im Öl, die Katalysatoroberfläche leicht erreichen können. Dieses rein mechanische Problem ist in der Praxis auf verschiedene Weise gelöst worden. So z. B. durch intensives Rühren des Gemisches von Öl und pulverförmigem Katalysator, bei gleichzeitigem Einleiten des Wasserstoffs durch den Boden oder im tiefsten Teil des Apparates. Dieses von Normann zuerst vorgeschlagene Prinzip wird in Fetthärtungsanlagen meistens verwendet. In einem anderen System wird das Gemisch von Öl und Katalysator in einem Autoklaven in einer Wasserstoffatmosphäre zerstäubt (Testrup, Wilbuschewitsch). Das Verfahren wurde gewöhnlich bei einem Druck von 6—7 atm. durchgeführt, während man im Rührverfahren nach Normann nur unter einem Druck von 2—3 atm. arbeitet. Im kontinuierlichen Verfahren von Bolton-Lush wird der Kontakt dadurch erzielt, daß man das Öl in einer Wasserstoffatmosphäre als dünnen Film über den stationären Katalysator fließen läßt. Die verschiedenen mechanischen Bedingungen des Prozesses (Herabfließen des Öles über dem Katalysator an Stelle ständigen Rührens mit lokalem Überschuß an Öl und ständiger Erneuerung des Ölfilms in den Nickelteilchen) verursachen auch gewisse Unterschiede in der Zusammensetzung der auf gleiche Jodzahl nach den beiden Grundsätzen hydrierten Öle, auf die wir weiter unten noch zurückkommen werden.

1. Aktivatoren (Promotoren) des Katalysators.

Über sog. Mischkatalysatoren oder „aktivierte" Katalysatoren, d. h. aus zwei oder mehreren Komponenten bestehende Kontaktkörper, bei denen kleine Mengen einer zweiten Substanz zum eigentlichen Katalysator zugesetzt werden, liegt eine sehr reiche, meist in Patenten niedergelegte Literatur vor; es fehlen aber auch nicht rein wissenschaftliche Untersuchungen über dieses Problem. Der grundsätzliche Mechanismus der Zunahme oder Änderung der Aktivität durch Anwendung von kombinierten Katalysatoren ist aber durch diese Literatur keineswegs so eindeutig aufgeklärt worden wie das Gebiet der Katalysatorgifte (s. weiter unten). Die primäre Funktion des „Aktivators" oder „Promotors" soll jedenfalls in der Änderung der allgemeinen Adsorptionsbedingungen an der festen Oberfläche bestehen, als deren Folge die katalytische Reaktion entweder in anderer Richtung oder mit größerer Geschwindigkeit verläuft. Die Aufklärung eines solchen Falles gestaltet sich natürlich wesentlich komplizierter als etwa die Untersuchung der selektiven Adsorption von Gasen oder Flüssigkeiten an einer relativ einfachen Oberfläche, und es darf deshalb nicht wundernehmen, daß noch keine weitreichenden Ergebnisse erreicht werden konnten.

„Aktivierte" oder Mischkatalysatoren spielen bei der Hydrierung der Fette keineswegs eine so große Rolle wie bei anderen katalytischen Prozessen (Ammoniaksynthese, Gewinnung von Kohlenwasserstoffen und Alkoholen aus Wassergas, Kracken von schweren Kohlenwasserstoffölen usw.). Es mögen aber hier einige Worte über die zwei Arten von Mischkatalysatoren gesagt werden:

a) *Kombination von zwei Katalysatoren, welche eine andere Wirkung haben als jeder einzelne Katalysator.* Dieser Fall spielt kaum eine Rolle bei der Fetthydrierung. Ein einfaches Beispiel ist die Wirkung von Eisenoxyd auf ein Dampf-Wassergas-Gemisch, das unter dem Einfluß des Katalysators in Wasserstoff und Kohlendioxyd umgewandelt wird; ein Gemisch von Eisenoxyd und Alkali konvertiert dagegen Wassergas (natürlich bei anderen Temperaturen und Drucken als im ersten Falle) in ein Gemisch von leichten Kohlenwasserstoffen, Alkoholen, Ketonen usw.

b) *Zusatz kleiner Mengen einer zweiten Substanz zum Katalysator, wobei eine höhere Aktivität erreicht wird, als mit den Einzelkomponenten.* Ein lehrreiches Beispiel ist die Anwendung von Zink-Chromoxyd bei der Methanolsynthese aus Kohlenoxyd und Wasserstoff (Wassergas). Früher verwendete man Zinkoxyd allein, welches ein guter Katalysator der Methanolsynthese ist. Später fand man aber, daß Gemische von Zinkoxyd und Chromoxyd viel wirksamer sind als reines Zinkoxyd oder Gemische des letzteren mit anderen Oxyden. Neuerdings fanden H. S. Taylor und G. B. Kistjakowski[1], daß von der ganzen Reihe der Kontaktstoffe Zinkchromat die größte Adsorptionsfähigkeit sowohl für Kohlenoxyd und Wasserstoff wie für Methanol selbst besitzt.

Diese Beobachtung hat für die Fetthydrierung insofern Interesse, als sich ein analog zusammengesetzter Mischkatalysator (Kupferchromat) als der geeignetste Katalysator für die Hydrierung von Fettsäuren und Fettsäureestern zu Fettalkoholen herausgestellt hat.

Für die gewöhnliche Fetthärtung ist eine ganze Reihe von aus Gemischen von Nickel mit anderen Metallen bestehenden Mischkatalysatoren vorgeschlagen worden, und einige Fälle mögen hier kurz besprochen werden; in die Fetthärtungspraxis dürften sie kaum Eingang gefunden haben.

Genauer wurde die Reduktion von Kupferoxyd in Kupfer-Nickel-Katalysatoren untersucht. R. N. Pease und H. S. Taylor[2] untersuchten die Reduktion von Kupferoxyd bei relativ niedrigen Temperaturen und fanden, daß der Vorgang sich praktisch fast zur Gänze auf einer Kupferoxyd-Kupfer-Grenzfläche abspielt (die Reduktion beginnt erst, nachdem sich in der Oxydmasse Kupferkerne gebildet haben). Bei Nachprüfung der Angaben von J. Dewar und A. Liebmann[3], wonach ein Gemisch von Kupfer- und Nickeloxyd unterhalb oder nahe 200° zu den Metallen reduziert werden könne, unter Bildung von aktivem Nickelmetall, fanden E. F. Armstrong und T. P. Hilditch[4], daß die Reduktion des Nickeloxyds und Bildung eines aktiven Nickels nur dann bei niederer Temperatur möglich ist, wenn die beiden Metalle gemeinsam aus der Nickel-Kupfersalz-Lösung als Doppelcarbonate ausgeschieden wurden; es muß also eine Art Molekularverbindung der beiden Metalle vorliegen, damit die Reduktion des Nickels bei niedrigeren Temperaturen als sonst vor sich gehen könne.

[1] Journ. Amer. chem. Soc. 49, 2468 (1927).
[2] Journ. physical Chem. 24, 241 (1920); Journ. Amer. chem. Soc. 43, 2179 (1921).
[3] E. P. 12981/1913, 15668/1914.
[4] Proceed. Roy. Soc., London, Serie A, 102, 27 (1922).

Eine zweite beachtenswerte Tatsache ist die Wirkung von nicht reduzierbaren Metalloxyden in Nickelkatalysatoren. Es wurde festgestellt, daß die Gegenwart kleiner Mengen Aluminiumoxyd oder Siliciumdioxyd (1—2%) im Nickel (gemeinsam mit dem trägerfreien Nickel ausgefällt) die doppelte Wirkung einer weitgehenden Aktivitätserhöhung und Steigerung der Stabilität des Katalysators hat, namentlich gegen den Einfluß hoher Temperaturen. Das Schüttgewicht solcher Katalysatoren ist im allgemeinen größer als das von reinem Nickel, und die Adsorptionsfähigkeit für Äthylen, Wasserstoff usw. wird ebenfalls erhöht. Darüber hinaus läßt sich aber in bezug auf den Mechanismus der aktivierenden Wirkung der Zusätze nichts Bestimmtes sagen.

2. Katalysatoren auf Trägern.

Hierzu gehört z. B. auf gepulvertem Bimsstein, auf Fullererde, Silicagel, Kieselgur, Knochenkohle usw. verteiltes Nickel. Mit Ausnahme der Kohle bestehen die erwähnten Stoffe im wesentlichen aus Oxyden in der Art der vorerwähnten, sie üben aber auf den Katalysator eine recht verschiedene Wirkung aus. So hat z. B. auf Knochenkohle, Bimsstein, Bleicherden u. dgl. verteiltes Nickel eine nur wenig erhöhte Stabilität gegen höhere Temperaturen im Vergleich zu Reinnickel, und die Aktivität wird durch die Verteilung auf den aufgezählten Trägern (mit Ausnahme der sog. aktiven Kohlen) nur unwesentlich gesteigert. Die Träger scheinen in diesen Fällen nur als eine mechanische Unterlage für das Nickel zu dienen, indem sie den Durchgang des Gases, die Filtration usw. erleichtern. Die hochaktiven Adsorptionskohlen, Kieselgur und feinverteiltes Silicagel steigern dagegen ganz wesentlich die Resistenz des Nickels gegen hohe Temperaturen, sowie die Reduktionstemperatur der auf den Stoffen verteilten Nickeloxydverbindung.

So läßt sich z. B. auf Knochenkohle verteiltes Nickel bei 350—400° gut reduzieren, während das auf Kieselgur in nicht allzu hohen Konzentrationen (10—20% Ni) verteiltes Nickel unter 420—450° kaum reduziert werden kann; bei der Verteilung auf Silicagel erfolgt die Reduktion leicht erst gegen 550°.

Die Zusammensetzung der als poröse Träger für das Metall dienenden Oxyde hat wesentlichen Einfluß auf die Aktivität des Katalysators; auf reiner SiO_2-Diatomeenstruktur aufgetragenes Nickel ist gewöhnlich weniger aktiv, als solches, das auf Kieselgur aufgetragen wird, welche Aluminiumoxyd enthält oder wenn letzteres der Kieselgur zugesetzt wird. Die zwischen die Nickelatome in der äußeren Katalysatorschicht verteilten Oxydteilchen scheinen nicht nur dazu zu dienen, die Kohäsion zwischen den einzelnen Metallatomen zu vermindern, sondern sie haben offenbar auch spezifische selektive Adsorptionswirkungen, was wahrscheinlich der Adsorptionskapazität der Oxyd-Ionen in Verbindung mit der Adsorptionsfähigkeit der Metallatome zugeschrieben werden muß.

Schließlich wäre hier noch die günstige Wirkung kleiner Mengen Natriumcarbonat bei der Hydrierung von flüssigen Phenolen in Gegenwart von Nickel zu erwähnen. Die Höchstwirkung wird offenbar bei Gegenwart von 25% Soda im metallischen Nickel erreicht; der Verlauf der Hydrierung ist in Gegenwart der Soda mehr linear als ohne Soda. Anscheinend verhindert der Zusatz von Soda die toxische Wirkung; möglicherweise wird die Aciditätswirkung des Phenols durch das am Metall adsorbierte Alkali abgeschwächt.

3. Katalysatorgifte.

Gewisse Katalysator-,,Gifte", wie beispielsweise Schwefelwasserstoff, Säuren und dergleichen, wirken vielleicht rein chemisch auf das Metall, wenn auch anderseits die zur Lahmlegung des Katalysators ausreichende ,,Gift"-Menge meist weit unterhalb des stöchiometrischen Verhältnisses liegt. Andere Stoffe wirken wiederum paralysierend, indem sie die Katalysatoroberfläche überdecken und so den Kontakt zwischen dem Metall und den reagierenden Stoffen unterbinden. So fand, wie erwähnt, SABATIER, daß der dünnste Film eines kondensierten organischen Dampfes auf dem Katalysator genügt, um die weitere Hydrierung in der Dampfphase zum Stillstand zu bringen.

Es gibt aber auch Fälle, in denen, wie z. B. beim Kohlenmonoxyd, die „Giftwirkung" keine ständige ist und die Aktivität des Katalysators sich nach Entfernung der Verunreinigung aus dem System wiederherstellen läßt.

Die neuesten Anschauungen über den Mechanismus der katalytischen Wirkung, wie sie auf S. 105 näher erörtert wurden, lassen sich auch zur Erklärung dessen, was man unter „Giftwirkung" auf den Katalysator versteht, gut heranziehen.

Die „Vergiftung" des Katalysators ist zweifellos in erster Linie auf die gleichen Faktoren zurückzuführen, wie die Änderung seiner chemischen Wirkung, d. h. auf die Bildung einer monomolekularen Adsorptionsschicht einer unbeständigen Verbindung an der festen Oberfläche.

Besteht die adsorbierte Substanz aus einer kolloiden Suspension oder aus einem flüssigen oder festen Körper, wie Harze, Teere u. dgl., so wird der Kontakt mit den an der katalytischen Reaktion beteiligten Stoffen verhindert. Vermag die adsorbierte Substanz mit der Oberfläche des Katalysators chemisch zu reagieren, unter Bildung eines Sulfids oder eines anderen Salzes, so wird die Oberfläche dauernd verändert und der Katalysator zerstört; der Grund, weshalb geringe Mengen eines starken „Giftes", wie Schwefelwasserstoff, die Aktivität völlig unterdrücken können, ist der, daß die tatsächlich wirksamen Atome des Katalysators nur einen Bruchteil der Gesamtmenge ausmachen und gerade diese aktiven Anteile am ehesten die Adsorptionsverbindung eingehen werden, ob es sich nun um die reagierenden Stoffe selbst handelt oder um „Gifte".

Die Abnahme der Aktivität von Palladium und Platin in Gegenwart kleiner Mengen adsorbierter Metalle, auf das sorgfältigste von E. B. MAXTED[1] untersucht, steht in einer einfachen Beziehung zur Konzentration des Giftes (z. B. Blei oder Quecksilber); sie läßt sich in ähnlicher Weise erklären.

Dasselbe gilt für „Gifte", welche nicht befähigt sind, definierte Verbindungen mit den Atomen der Katalysatoroberfläche einzugehen. R. N. PEASE und S. STEWART[2] haben z. B. gezeigt, daß ein etwa 1 cm³ H_2 adsorbierender Cu-Katalysator über 90% seiner Adsorptionskapazität verliert, wenn er gleichzeitig auch 0,03 cm³ Kohlenmonoxyd adsorbiert hat, wenngleich die Adsorptionskapazität für Wasserstoff kaum merklich verändert wurde. Offenbar wird das im Vergleich zum Wasserstoff bevorzugt adsorbierte Kohlenoxyd gerade von den Atomzentren des Katalysators gebunden, welche bei der Hydrierung die höchste Aktivität entwickeln.

Bei Kohlenoxyd und in ähnlichen Fällen, in denen keine definierte stabile Verbindung gebildet wird, ist die Giftwirkung, wie leicht zu verstehen ist, eher eine anästhetische als eine rein toxische; denn unter gewissen Bedingungen läßt sich das Kohlenoxyd vom Katalysator beseitigen, und dann erlangt der Katalysator wiederum seine normale Aktivität.

Wenn es auch zweckmäßig erscheint, die alte Bezeichnung „Katalysatorgifte" oder „Promotoren" (Beschleuniger) beizubehalten, so ist in Wirklichkeit

---

[1] Journ. chem. Soc. London 115, 1050 (1919); 117, 1280, 1501 (1920); 119, 225, 1280 (1921); 121, 1760 (1922); 127, 73 (1925).
[2] Journ. Amer. chem. Soc. 47, 1235 (1925).

der beide Erscheinungen bestimmende Faktor nichts anderes als die selektive, bevorzugte Adsorption der einen oder anderen im Gemisch der reagierenden Stoffe enthaltenen Komponente; früher erschienen diese Wirkungen recht kompliziert und schleierhaft, denn man wußte sich nicht zu erklären, wieso so geringe Mengen der Beschleuniger oder Gifte so große Einflüsse haben konnten.

Unter „nützlichen Vergiftungen" sind solche katalytische Reaktionen zu verstehen, welche durch die Gegenwart einer spezifischen Substanz in der Weise verzögert werden, daß die in mehreren Stufen verlaufende Reaktion auf einer bestimmten Zwischenstufe stehenbleibt. Wird z. B. ein Gemisch gleicher Volumina Acetylen und Wasserstoff über einen Nickelkatalysator geleitet, so erhält man, wie SABATIER und andere gefunden haben, ein Gemisch von Äthan und unverändertem Acetylen, aber kein Äthylen; W. H. ROSS, J. B. CULBERTSON und J. P. PARSONS[1] fanden aber, daß, wenn man das Nickel erst mit Acetylen allein sättigt und hierauf mit einem Gemisch von Acetylen und Wasserstoff behandelt, gewisse Mengen Äthylen gebildet werden. Die Überdeckung der gesamten Nickeloberfläche mit Acetylen scheint die Wasserstoffadsorption einzuschränken, wodurch die Hydrierungsreaktion verzögert wird.

Ein anderes glänzendes Beispiel für die Brauchbarmachung der „nützlichen" oder Schutzwirkung der Katalysatorgifte ist die Herstellung von Aldehyden aus Säurechloriden nach der Methode von K. W. ROSENMUND, F. ZETSCHE und F. HEISE[2]. Wird Benzoylchlorid in einer Lösung von reinem Benzol in Gegenwart von kolloidalem Palladium hydriert, so bilden sich nur Spuren von Benzaldehyd, während man bei Anwendung von gewöhnlichem (thiophenhaltigem) Benzol gute Ausbeuten an Benzaldehyd erhält. Ähnliche günstige Wirkung auf die Aldehydausbeuten haben Chinolin und Dimethylanilin, Chinolin nach Erhitzen mit Schwefel; auch durch Anwendung von auf Bariumsulfat niedergeschlagenem Palladium als Katalysator läßt sich derselbe Effekt erreichen. Die Wirkung beruht auf der Einschränkung der Hydrierungsreaktion auf den Ersatz des Chlors durch Wasserstoff; in Abwesenheit der Verunreinigungen wird der gebildete Benzaldehyd entweder weiter reduziert oder polymerisiert.

Bei der Fetthärtung mag die Schutzwirkung von Katalysatorgiften bei der Gewinnung der sog. „Weichfette" (S. 160) eine Rolle spielen.

Die Quellen für die Vergiftung des Katalysators bei der Fetthydrierung sind α) im verwendeten Wasserstoff und β) in dem zur Hydrierung verwendeten Öl zu suchen.

α) Der zur Fetthärtung verwendete Wasserstoff.

Zu den häufigsten Verunreinigungen des technischen Wasserstoffgases gehören Schwefelverbindungen (Schwefelwasserstoff, Schwefelkohlenstoff, Kohlenoxysulfid, Alkylmercaptane und Alkylsulfide) und Kohlenmonoxyd; alle diese Verbindungen stören mehr oder weniger die Fetthydrierung in Gegenwart von Nickel. Wo wirtschaftlich zulässig, ist deshalb die Verwendung von elektrolytischem Wasserstoff vorzuziehen. Verbietet sich aber aus wirtschaftlichen Erwägungen die Gewinnung von Wasserstoff durch Elektrolyse, so ist man auf dessen Herstellung aus Wassergas angewiesen.

Aus Wassergas gewonnener Wasserstoff enthält gewöhnlich Spuren von Schwefelverbindungen; die organischen Schwefelverbindungen werden aber im Verlaufe der Wasserstoffabrikation nahezu restlos in Schwefelwasserstoff oder Schwefelkohlenstoff und Kohlenoxysulfid umgewandelt. Zur Entschwefelung leitet man den Wasserstoff nacheinander über Eisenoxydhydrat und gelöschten

---

[1] Ind. engin. Chem. **13**, 775 (1921).
[2] Ber. Dtsch. chem. Ges. **54**, 425, 638, 1092, 2033, 2038 (1921).

Kalk, oder man läßt das Gas in Türmen mit einer Alkalihydratlösung berieseln (s. S. 198).

Schwieriger gestaltet sich die Entfernung des Kohlenoxyds; enthält der Wasserstoff nicht über 0,3% CO, so zieht man es aus wirtschaftlichen Gründen vor, auf dessen weitere Reinigung zu verzichten. Ein Verfahren, welches von vornherein ein Wasserstoffgas aus Wassergas liefert, dessen CO-Gehalt für Fetthärtungsanlagen noch zulässig ist, ist natürlich geeigneter als ein solches, bei welchem vielleicht eine etwas bessere Wasserstoffausbeute erzielt wird, auf der anderen Seite aber ein durch Kohlenoxyd stärker verunreinigtes Gas entsteht. So kann man z. B. aus Wassergas durch Verflüssigung des Kohlenmono- und -dioxyds Wasserstoff gewinnen; das Verfahren kam auch in mehreren Anlagen zur Ausführung. Aber so gewonnener Wasserstoff enthält noch 2—3% Kohlenoxyd, welches durch Waschen des komprimierten Gases mit Lösungen von ammoniakalischem Kupferformiat entfernt werden muß. Das Verfahren von HABER-BOSCH zur katalytischen Wasserstoffgewinnung aus Wassergas + Wasserdampf in Gegenwart von Eisenoxyd liefert ein Rohwasserstoffgas mit 1—2% Kohlenoxydgehalt. Was die pro Volumeinheit Wasserstoff verbrauchte Wassergasmenge betrifft, ist dieses Verfahren ohne Zweifel das wirtschaftlichste und wird bei der Ammoniaksynthese allgemein verwendet. Hier wird aber der katalytische Prozeß unter sehr hohem Druck ausgeführt, und die Entfernung des CO_2 und CO erfolgt in einfacher Weise durch Leiten des Gases unter Druck durch Wasser und ammoniakalisches Kupferformiat. Bei der Fetthärtung kommt Hochdruck nicht in Betracht, die Kompressionskosten zur Entfernung des CO_2 und CO würden also den Prozeß unnötig verteuern.

Man gibt deshalb in Härtungsanlagen den periodisch, intermittierend arbeitenden Verfahren der Wasserstofferzeugung aus Wassergas den Vorzug. Das zuerst von LANE ausgearbeitete Verfahren wurde später in bezug auf Wirksamkeit und Wärmerückgewinnung weitgehend vervollkommnet in den Schachtofentypen von Messerschmitt, Bamag-Meguin A. G. u. a. (Näheres s. im Kap. Wasserstofferzeugung, S. 187). Namentlich die Bamag-Anlage erreicht einen hohen Grad der Wassergasausnutzung (wenn auch natürlich nicht denjenigen des vollkatalytischen Prozesses), der Wasserstoff enthält nur etwa 0,2% Kohlenoxyd. Ein so niedriger Kohlenoxydgehalt ist, wie erwähnt, bei der Fetthärtung zulässig. Es ist aber möglich, wenn auch nicht notwendig, den Wasserstoff vom Kohlenoxyd zu befreien, indem man ihn, nach Vermischen mit etwa 1% Sauerstoff, über einen aus den Oxyden von Eisen, Kupfer und Mangan bestehenden Katalysator bei 100—150° hindurch leitet; dasselbe geschieht bei einfachem Durchleiten des Gases durch einen granulierten Nickelkatalysator bei etwa 300°. Im ersten Falle wird das Kohlenoxyd schneller zu Kohlendioxyd oxydiert als der Wasserstoff zu Wasser; bei der zweiten Methode wird das Kohlenoxyd in das entsprechende Volumen Methan konvertiert, welches nur als ein Verdünnungsgas wirkt, nicht aber als Katalysatorgift.

Die hemmende Wirkung des Kohlenoxyds nimmt bei Zunahme des Druckes weit mehr als dem Druck entsprechend zu, wahrscheinlich weil bei der CO-Adsorption durch Ni sich das Gleichgewicht $Ni + 4 CO \rightleftarrows Ni(CO)_4$ einstellt. Es wäre deshalb wahrscheinlich richtiger, die Fetthärtung bei Verwendung von kohlenoxydhaltigem Wasserstoff unter möglichst niedrigem Druck auszuführen.

β) Raffination der Fette vor der Härtung.

Die in Rohfetten enthaltenen Verunreinigungen, welche auf den Katalysator toxisch wirken, sind, in abnehmendem Grade, organische Schwefelverbindungen, oxydierte Fettstoffe (neben Fettsäuren von niedrigem Molekulargewicht), kolloidale Suspensionen von Schleimstoffen, Proteinen u. dgl., Wasser und freie höhermolekulare Fettsäuren. Beträgt der Gehalt an freien Fettsäuren nicht mehr als 3% und sind sie identisch mit den als Glyceride vorliegenden Fettsäuren, so behindern sie die Härtung nicht sehr wesentlich, so daß Öle dieses Säuregrades ohne Entsäuerung hydriert werden können. Die Beeinflussung der Härtungsgeschwindigkeit durch freie Fettsäuren stellt zweifellos wiederum einen Fall selektiver Adsorption dar, indem die freie Carboxylgruppe bevorzugt zu den Äthylengruppen vom Katalysator adsorbiert wird, so daß, wie R. G. PELLY[1] zeigen konnte, die Fettsäuren schneller gehärtet werden als der neutrale Fettanteil; die Gesamthärtungsgeschwindigkeit der Fette wird aber anderseits durch die freien Fettsäuren herabgesetzt.

Feuchtigkeit ist zu vermeiden, weil der Katalysator, namentlich wenn er auf einem gut wasseradsorbierenden Träger niedergeschlagen ist, Wasser leichter als Fett adsorbiert; der Träger kann das Wasser selbst bei der hohen Reaktionstemperatur als adsorbierten Film zurückhalten und so den unbehinderten Kontakt von Fett und Katalysator stören. Absolute Wasserfreiheit ist aber nicht erforderlich.

Organische Schwefelverbindungen finden sich nur selten in den Neutralölen; vorkommen können sie in mit Schwefelkohlenstoff extrahierten Fetten sowie im Rüböl; jedoch werden mit CS_2 extrahierte Fette kaum zur Härtung herangezogen. Die Entschweflung der Fette ist eine recht schwierige Operation und erfolgt bei Rüböl durch Behandeln mit konzentrierter Schwefelsäure usw. (s. S. 135).

Die übrigen Verunreinigungen (oxydierte Öle, Kolloide) wirken schon in kleinen Konzentrationen giftig, weil sie gleichfalls vom Katalysator in bevorzugter Weise adsorbiert werden; sie müssen deshalb so vollständig wie möglich entfernt werden. Dies gelingt am besten durch die Laugenraffination und Nachbehandeln mit Bleicherden u. dgl.

Über die Vorreinigung der zur Härtung bestimmten Fette wird übrigens auf S. 135 näher berichtet.

D. Eigenschaften der hydrierten Fette und Verlauf der Hydrierung.

Da die Zusammensetzung der natürlichen Fette sehr verschieden ist, so variieren auch die Eigenschaften und Glyceride der gehärteten Fette in recht weiten Grenzen. Eine gewisse Vorstellung gibt schon ein Vergleich der Schmelzpunkte der vollständig hydrierten Öle:

Tabelle 13. Schmelzpunkte vollhydrierter Fette.

Cocosfett, Palmkernfett	43—45°
Fischöle, Waltran	52—56°
Baumwollsaatöl	62—63°
Olivenöl, Erdnußöl	68—69°
Sojabohnenöl, Leinöl	69—71°
Ricinusöl	86—90°

In der Technik wird die Härtung selten so weit getrieben, weil die Speisefett-, Seifenindustrie usw. nur partiell, auf einen nicht so hohen Schmelzpunkt gehärtete Fette verwenden kann. Das Fortschreiten der Hydrierung wird durch

[1] Journ. Soc. chem. Ind. 46, 449 T (1927).

Bestimmung des Schmelzpunktes, der Jodzahl oder des Brechungsindex an kleinen, während der Härtung entnommenen Proben verfolgt. Die Konsistenz der gehärteten Fette (Waltran, Fischöle, Sojabohnen-, Baumwollsaat-, Erdnußöl) entspricht annähernd ihrer Jodzahl (s. Tab. 14).

Tabelle 14. Konsistenz und Jodzahl von gehärteten Fetten.

Jodzahl	Konsistenz	
80—90	halbflüssig	
65—80	weich, salbenartig,	Schmp. 30—35⁰
50—65	talgartig,	„ 35—45⁰
35—50	hart,	„ 45—52⁰
20—35	preßtalgartig,	„ 52—55⁰

Die endgültigen Reaktionsprodukte der Fetthärtung bestehen aus den vollständig abgesättigten Fettsäuren bzw. deren Glyceriden, d. h. die ursprünglich vorhandenen Öl-, Linol- und Linolensäure werden in Stearinsäure verwandelt. Zwischen dem Anfangs- und dem Endstadium der Hydrierung tritt aber eine Reihe von Zwischenstadien auf, deren Chemismus größtes Interesse beansprucht. Der Verlauf der Hydrierung ist häufig ausgesprochen *selektiv*; diese Selektivität gilt sowohl für die Hydrierung der einzelnen Komponenten der mehrsäurigen Glyceride, als auch für die Reduktion von Acylradikalen mit zwei oder mehreren Doppelbindungen; außerdem entstehen bei der Hydrierung einer einfach-ungesättigten Fettsäure oder deren Ester isomere Fettsäureformen.

Verschiedene Arten des Nickelkatalysators geben mitunter zur Bildung von abweichenden Produkten bei der partiellen Hydrierung Anlaß. Es dürfte dies mehr mit den mechanischen Bedingungen der Reaktionsdurchführung zusammenhängen (wie z. B. bei der Methode von BOLTON-LUSH, s. S. 170) als mit der Natur des Katalysators als solchem; jedoch wurden auch gewisse Beziehungen zwischen dem Verlauf der Reaktion und der Aktivität der pulverigen Nickelkatalysatoren beobachtet. Es mag hier erinnert werden, daß die Aktivität des Katalysators, entsprechend der früher gemachten Angaben, von der relativen Zahl der exponierten Atome, welche in der Gesamtmasse der Katalysatoren enthalten sind, abhängig ist. Ein verhältnismäßig schwach wirkender Katalysator wird eine geringe Zahl solcher aktiver Zentren aufweisen, sei es wegen der zu seiner Bereitung verwendeten Methode oder weil der ursprünglich vollaktive Katalysator einen Teil seiner wirksamen Atome durch „Vergiftung" verloren hat, d. h. der Katalysator hat organische Moleküle anderer Art adsorbiert, wodurch die Adsorptionsfähigkeit für das Fett selbst gesunken oder verlorengegangen ist. Die genauen Beziehungen zwischen der Aktivität verschiedener Nickelkatalysatoren und der Natur der an seiner Oberfläche erfolgenden Adsorption sind zwar noch nicht ganz aufgeklärt; nichtsdestoweniger ist es aber ziemlich wahrscheinlich, daß der Grad der bei der Hydrierung auftretenden Selektivität und Isomerisation der Doppelbindungen innerhalb gewisser Grenzen von der Aktivität des Katalysators abhängt.

Dies kompliziert einigermaßen die Aufklärung des Problems; im folgenden wollen wir uns aber nur mit Fällen befassen, in welchen sich ausgesprochene Selektivität und Isomerisation beobachten lassen; diese Erscheinungen finden immer statt bei Anwendung relativ kleiner Mengen eines hochaktiven Katalysators in Form von feinverteiltem Reinnickel oder auf Trägern niegergeschlagenem Nickel, welches in der Flüssigkeit durch starkes Rühren verteilt wird. Diese Härtungsbedingungen nähern sich bereits weitgehend dem Reaktionsverlauf in einem homogenen System.

E. Selektive Hydrierung.

Wir wollen uns nun dem selektiven Verlauf der Hydrierungsreaktion zuwenden, und zwar soll zuerst das Problem der bevorzugten Addition des Wasserstoffs an die eine Äthylenbindung in mehrfach ungesättigten Verbindungen erörtert werden. Zum erstenmal wurde die Erscheinung von G. Vavon[1] bei der katalytischen Reduktion gewisser Terpenkohlenwasserstoffe in Gegenwart von Palladium oder Platin beobachtet; das primär bei der Hydrierung von Limonen oder Dipenten entstandene Produkt war das Dihydroderivat Carvomenthen, während aus Carvon unter analogen Bedingungen nacheinander Carvotanaceton, Tetrahydrocarvon und Tetrahydrocarveol entstanden sind:

$$\begin{array}{cc}
\underset{\text{Dipenten, Limonen}}{\overset{\text{CH}_3}{\underset{\text{CH}_2}{>}}\text{C—CH}\overset{\text{CH}_2\text{—CH}_2}{\underset{\text{CH}_2\text{—CH}}{<}}\text{C—CH}_3} & \rightarrow & \underset{\text{Carvomenthen}}{\overset{\text{CH}_3}{\underset{\text{CH}_3}{>}}\text{CH—CH}\overset{\text{CH}_2\text{—CH}_2}{\underset{\text{CH}_2\text{—CH}}{<}}\text{C—CH}_3}
\end{array}$$

$$\begin{array}{ccc}
\underset{\text{Carvon}}{\overset{\text{CH}_3}{\underset{\text{CH}_2}{>}}\text{C—CH}\overset{\text{CH}_2\text{—CO}}{\underset{\text{CH}_2\text{—CH}}{<}}\text{C—CH}_3} & \rightarrow & \underset{\text{Carvotanaceton}}{\overset{\text{CH}_3}{\underset{\text{CH}_3}{>}}\text{CH—CH}\overset{\text{CH}_2\text{—CO}}{\underset{\text{CH}_2\text{—CH}}{<}}\text{C—CH}_3} & \rightarrow
\end{array}$$

$$\begin{array}{ccc}
\underset{\text{Tetrahydrocarvon}}{\overset{\text{CH}_3}{\underset{\text{CH}_3}{>}}\text{CH—CH}\overset{\text{CH}_2\text{—CO}}{\underset{\text{CH}_2\text{—CH}_2}{<}}\text{CH—CH}_3} & \rightarrow & \underset{\text{Tetrahydrocarveol}}{\overset{\text{CH}_3}{\underset{\text{CH}_3}{>}}\text{CH—CH}\overset{\text{CH}_2\text{—CH(OH)}}{\underset{\text{CH}_2\text{—CH}_2}{<}}\text{CH—CH}_3}
\end{array}$$

Etwas später untersuchte C. Paal[2] den Verlauf der Hydrierung einiger synthetischer Diäthylenverbindungen in Gegenwart von Palladium, indem er sie nur mit der Hälfte der zur vollen Absättigung erforderlichen Wasserstoffmenge behandelt hat. Soweit es sich um keine konjugierten Doppelbindungen handelte, gelang es Paal nahezu quantitative Ausbeuten an dem entsprechenden Dihydroderivat zu erhalten, z. B.:

$$\underset{\text{Dibenzalaceton}}{C_6H_5 \cdot CH = CH \cdot CO \cdot CH = CH \cdot C_6H_5} \rightarrow C_6H_5 \cdot CH_2 \cdot CH_2 \cdot CO \cdot CH = CH \cdot C_6H_5$$

$$\underset{\text{Phoron}}{(CH_3)_2 C = CH \cdot CO \cdot CH = C(CH_3)_2} \rightarrow (CH_3)_2 CH \cdot CH_2 \cdot CO \cdot CH = C(CH_3)_2$$

Bei der Hydrierung von Verbindungen mit konjugierten Doppelbindungen, z. B. von Cinnamylidenaceton, $C_6H_5 \cdot CH = CH \cdot CH = CH \cdot CO \cdot CH_3$, wurde ein aus der Tetrahydroverbindung und dem unveränderten Ausgangsprodukt bestehendes Gemisch erhalten; dies beweist, daß im konjugierten System ein selektiver Angriff von einer Doppelbindung nicht stattfindet[3].

Die ersten Beobachtungen über die selektive Hydrierung von ungesättigten Fetten wurden von H. K. Moore, G. A. Richter und W. B. van Arsdel[4] gemacht;

---

[1] Compt. rend. Acad. Sciences 152, 1675 (1911); 153, 68 (1911).

[2] Ber. Dtsch. chem. Ges. 45, 2221 (1912).

[3] Die späteren Arbeiten von E. H. Farmer u. R. A. F. Galley (Journ. chem. Soc. London 1932, 430; Nature 131, 60 [1933]) über die Hydrierung von Sorbinsäure, $CH_3 \cdot CH = CH \cdot CH = CH \cdot COOH$, in Gegenwart von Palladium machen zwar eine gewisse Einschränkung der Ansichten Paals über die Hydrierung konjugierter Systeme notwendig, sie bestätigen aber, daß die Hydrierung in solchen Systemen nicht so rein selektiv ist wie in Verbindungen mit isolierten Doppelbindungen.   [4] Ind. engin. Chem. 9, 451 (1917).

sie zeigten, daß Linoleoglyceride weitgehend in Oleoglyceride umgewandelt werden, ehe letztere weiter zu Stearoglyceriden hydriert werden. C. W. Moore und T. P. Hilditch[1] haben Angaben über die Hydrierung von Sojabohnenöl, Leinöl, Maisöl und Baumwollsaatöl, der entsprechenden Ester und der freien Fettsäuren gemacht, aus welchen hervorgeht, daß in all diesen Fällen die Reduktion zur Oleostufe beinahe vollständig ist, ehe die Oleoverbindungen weiter zur Stearinsäurestufe reduziert werden. Die Hydrierung der Fettsäuren verlief indessen viel weniger selektiv als die der Neutralester. Die nachfolgenden Zahlen mögen dies veranschaulichen:

Tabelle 15. Fortschreitende Hydrierung von Neutralölen und Fettsäuren.

Hydrierung von neutralem Baumwollsaatöl bei 180⁰ (Nickel-Kieselgur).

Probe	Schmelz-punkt	Jodzahl des Öles	Jodzahl der Gesamt-fettsäuren	Jodzahl der unge-sättigten Fettsäuren	Unge-sättigte Fettsäuren in Prozenten	Zusammensetzung der Fettsäuren		
						gesättigt	Ölsäure	Linol-säure
						in Prozenten		
Urspr.Öl	flüssig	109,1	114,1	151,6	75,3	24,7	23,8	51,5
Nr. 1 ..	30⁰	86,2	90,0	123,0	73,2	27,0	46,0	27,0
Nr. 2 ..	35¹/₂⁰	76,6	80,0	114,0	70,2	30,0	53,0	17,0
Nr. 3 ..	39⁰	65,9	68,8	95,4	70,0	30,0	66,0	4,0
Nr. 4 ..	42⁰	58,1	60,7	90,0	65,0	35,0	65,0	—
Nr. 5 ..	46⁰	49,1	51,3	90,0	57,0	43,0	57,0	—

Neutrales Baumwollsaatöl und Kupfer auf Kieselgur bei 180⁰ C.

Probe	Schmelz-punkt	Jodzahl des Öles	Jodzahl der Gesamt-fettsäuren	Jodzahl der unge-sättigten Fettsäuren	Unge-sättigte Fettsäuren in Prozenten	Zusammensetzung der Fettsäuren		
						gesättigt	Ölsäure	Linol-säure
						in Prozenten		
Urspr.Öl	flüssig	109,1	114,1	151,6	75,3	24,7	23,8	51,5
Nr. 1 ..	,,	100,8	105,2	139,8	75,0	25,0	34,5	40,5
Nr. 2 ..	26⁰	96,1	100,3	131,7	75,0	25,0	40,5	34,5
Nr. 3 ..	35⁰	77,4	80,3	108,0	74,3	25,0	60,0	15,0
Nr. 4 ..	39⁰	72,1	75,1	103,1	72,8	27,0	62,0	11,0
Nr. 5 ..	40⁰	65,2	68,0	94,3	72,1	28,0	68,5	3,5
Nr. 6 ..	44⁰	57,5	60,0	90,0	66,7	33,0	67,0	—

Neutrales Maisöl und Nickel-Kieselgur bei 180⁰.

Probe	Schmelz-punkt	Jodzahl des Öles	Jodzahl der Gesamt-fettsäuren	Jodzahl der unge-sättigten Fettsäuren	Unge-sättigte Fettsäuren in Prozenten	Zusammensetzung der Fettsäuren		
						fest	Ölsäure	Linol-säure
						in Prozenten		
Urspr.Öl	flüssig	119,5	125,0	138,0	90,6	9,4	46,8	43,8
Nr. 1 ..	,,	102,5	106,8	123,0	86,8	13,2	58,5	28,3
Nr. 2 ..		88,9	93,0	110,1	84,5	15,5	69,0	15,5
Nr. 3 ..	34⁰	72,4	75,7	94,2	80,3	19,7	79,4	0,9
Nr. 4 ..	44⁰	59,1	61,8	93,2	66,4	33,6	66,4	—

[1] Journ. Soc. chem. Ind. 42, 15 T (1923).

Tabelle 15 (Fortsetzung).

Neutrales Leinöl und Nickel-Kieselgur bei 180⁰.

Probe	Schmelz-punkt	Jodzahl des Öles	Jodzahl der Gesamt-fettsäuren	Jodzahl der unge-sättigten Fettsäuren	Unge-sättigte Fett-säuren in Pro-zenten	Hexa-bromid-probe	Zusammensetzung der Fettsäuren		
							fest	Ölsäure	Linol-säure
							in Prozenten		
Urspr. Öl	flüssig	178,0	185,5	201,0	92,3	positiv	7,7	?	?
Nr. 1...	„	139,7	145,6	164,1	88,7	„	11,3	?	?
Nr. 2...	„	120,1	125,1	142,6	87,7	negativ	12,3	36,8	50,9
Nr. 3...	„	110,4	115,0	132,1	87,1	„	12,9	46,2	40,9
Nr. 4...	„	97,2	101,3	121,4	83,4	„	16,6	54,2	29,2
Nr. 5...	$37^{1}/_{2}^{0}$	82,3	85,8	111,5	76,9[1]	„	23,1	58,4	18,5

Äthylester der Baumwollsaatöl-Fettsäuren und Nickel-Kieselgur bei 180⁰.

Probe	Schmelz-punkt	Jodzahl des Öles	Jodzahl der Gesamt-fettsäuren	Jodzahl der unge-sättigten Fettsäuren	Unge-sättigte Fettsäuren in Prozenten	Zusammensetzung der Fettsäuren		
						gesättigt	Ölsäure	Linol-säure
						in Prozenten		
Urspr. Öl	—	103,5	114,1	151,6	75,3	24,7	23,8	51,5
Nr. 1..	—	88,5	97,4	131,8	73,9	26,1	46,8	27,1
Nr. 2..	—	78,7	86,6	121,2	71,5	28,5	52,4	19,1
Nr. 3..	—	67,1	73,8	104,9	70,4	29,6	66,2	4,2
Nr. 4..	—	56,6	62,3	91,1	68,4	31,6	68,4	—
Nr. 5..	—	51,4	56,6	90,0	62,9	37,1	62,9	—

Baumwollsaatöl-Fettsäuren und Nickel-Kieselgur bei 180⁰.

Probe	Schmelz-punkt	Jodzahl der Säuren	Jodzahl der unge-sättigten Fettsäuren	Unge-sättigte Fettsäuren in Prozenten	Zusammensetzung der Fettsäuren		
					gesättigt	Ölsäure	Linolsäure
					in Prozenten		
Urspr. Öl	26⁰	114,1	151,6	75,3	24,7	23,8	51,5
Nr. 1	26⁰	91,3	127,5	71,6	28,4	41,7	29,9
Nr. 2	26⁰	82,4	125,4	65,7	34,3	39,9	25,8
Nr. 3	29⁰	72,7	114,2	63,6	36,4	46,4	17,2
Nr. 4	34⁰	59,8	101,3	59,0	41,0	51,6	7,4
Nr. 5	48⁰	42,7	93,8	45,5	54,5	43,6	1,9
Nr. 6	$57^{1}/_{2}^{0}$	24,9	90,0	27,7	72,3	27,7	—

Der selektive Verlauf der Hydrierung von Linol- und Ölsäuremethylestern aus Sojaöl, Cotton- und Erdnußöl wurde von A. S. RICHARDSON, C. A. KNUTH und C. H. MILLIGAN[2] bestätigt; die Ester der hochungesättigten Säuren der C_{20}- und C_{22}-Reihe des Waltrans und Menhadenöles werden nach Untersuchungen derselben Autoren zunächst zur Diäthylenstufe hydriert, woraufhin sie sofort in die vollgesättigten Komponenten übergehen[3]. Diese Beobachtungen über die selektive Hydrierung beziehen sich ausnahmslos auf die Reaktion in einem quasi-homogenen System, d. h. in einem System, in dem die flüssige organische Verbindung mit Wasserstoff und kleinen Mengen eines sehr aktiven, feinverteilten Katalysators intensiv verrührt wird. Die selektive Hydrierung ist unter solchen

---

[1] An diesem Punkte werden die Zahlen unzuverlässig infolge Gegenwart größerer Mengen ungesättigter Fettsäuren, welche in Äther wenig lösliche Bleisalze bilden.
[2] Ind. engin. Chem. 16, 519 (1924).   [3] Ind. engin. Chem. 17, 80 (1925).

Bedingungen nach D. R. Dhingra, T. P. Hilditch und A. J. Rhead[1], sowie nach Angaben von A. S. Richardson, C. A. Knuth und C. H. Milligan[2] am ausgeprägtesten bei Temperaturen oberhalb 180°; der Prozeß ist um so selektiver, je größer die Katalysatorkonzentration im Öl ist. Der Einfluß der Temperatur läßt sich auf die Tatsache zurückführen, daß die Hydrierungsgeschwindigkeit der Ölsäureester bei etwa 170° ein Maximum erreicht, um bei noch höherer Temperatur wieder abzunehmen, während die Hydrierungsgeschwindigkeit der Linolsäureester bis zu mindestens 250° recht schnell und ziemlich konstant zunimmt[3]. T. P. Hilditch und N. L. Vidyarthi[4] untersuchten die Zusammensetzung von partiell hydrierten Methyl- und Äthyllinolaten; sie fanden, daß trotz der bevorzugten Bildung von Ölsäureestern vor ihrer Umwandlung in die Stearinsäureester, beide Äthylenbindungen der Linolate von den frühesten Hydrierstadien angefangen an der Reaktion teilnehmen. Aber in jedem Falle wurde die nahe der Carboxylgruppe stehende Doppelbindung schneller angegriffen, so daß z. B. im Äthyllinolenat die Doppelbindung in 15 : 16-Stellung am schnellsten, die 9 : 10-Bindung am langsamsten reduziert wird. Die partiell hydrierten Produkte (Oleate) enthalten deswegen mehr $\Delta^{9:10}$-Isomere als $\Delta^{12:13}$-Oleate, während $\Delta^{15:16}$-Isomere nur in geringsten Mengen in den Linolenatreduktionsprodukten vorkommen.

H. van der Veen[5] kommt auf Grund von Hydrierungsversuchen mit Methyllinolenat zu dem Schluß, daß die Hydrierung mit einem Molekül H_2 zur Absättigung der $\Delta^{12:13}$-Bindung führt, während bei Anwendung von zwei Wasserstoffmolekülen vorzugsweise die beiden von der Carboxylgruppe mehr entfernten Doppelbindungen reduziert werden, so daß hauptsächlich $\Delta^{9:10}$-Ölsäurederivate und deren Isomere (s. unten) entstehen. Die Hydrierung war bei den Versuchen van der Veens nicht ganz selektiv, denn in der Zeit, in der die Reduktion die Ölsäurestufe erreichte, wurden bereits 18% Stearat gebildet.

S. Ueno, T. Yukimori und S. Ueda[6] geben an, daß die Hydrierung eines Gemisches der Ölsäure- und Klupanodonsäuremethylester bei Atmosphärendruck und 60° in Gegenwart eines Nickelkatalysators deutlich selektiv verläuft, aber bei höherem oder Normaldruck und in Gegenwart eines Platinkatalysators ist der Verlauf weniger selektiv, so daß ein Teil des Oleats bereits in den ersten Stadien der Klupanodonsäurehydrierung mitreduziert wird.

Bei der Hydrierung von Linolensäureestern in Gegenwart von 1—4% Nickel bei Temperaturen von 20—120° beobachteten E. H. Bauer und F. Ermann[7], daß die Wasserstoffaddition selektiv verläuft, aber um so weniger, je niedriger die Temperatur ist. Die $\Delta^{9:10}$ und $\Delta^{15:16}$ Doppelbindung der Linolensäure wurde schneller hydriert als die $\Delta^{12:13}$-Bindung. Die Tatsache, daß ihre Beobachtungen von den Befunden Hilditchs und Vidyarthis abweichen, mag den verschiedenen Temperaturen oder der verschiedenen Aktivität der für die Versuche verwendeten Katalysatoren zuzuschreiben sein.

Den Einfluß der Temperatur und des Druckes (und der Katalysatorart) auf die Selektivität der Hydrierung studierten H. I. Waterman und seine Mitarbeiter. Die selektive Hydrierung bezeichnet Waterman als „homogene Härtung", während er die direkte Reduktion der Linoleo- in Stearoglyceride die „heterogene Härtung" nennt. Unter Anwendung eines Nickel-Kieselgur-Katalysators im Rührverfahren (Normann) und Umlaufverfahren (Wilbuschewitsch) fanden sie,

[1] Journ. Soc. chem. Ind. **51**, 195 T (1932).   [2] Ind. engin. Chem. **16**, 519 (1924).
[3] E. F. Armstrong u. T. P. Hilditch: Proceed. Roy. Soc., London, Serie A, **96**, 140 (1919).   [4] Proceed. Roy. Soc., London, Serie A, **122**, 563 (1929).
[5] Chem. Umschau Fette, Öle, Wachse, Harze **38**, 89 (1931).
[6] Journ. Soc. chem. Ind. Japan (Suppl.) **34**, 481 B (1931).
[7] Chem. Umschau Fette, Öle, Wachse, Harze **37**, 241 (1930).

daß die Leinölhydrierung bei Atmosphärendruck und 180⁰ selektiv ist, während in den bei 35—70⁰ und einem Wasserstoffdruck von 100—195 Atm. partiell gehärteten Fetten größere Mengen gesättigter Säuren enthalten sind[1]. Sie fanden ferner, daß die Hydrierung von Erdnußöl oder Äthyllinolat bei 180⁰, in Gegenwart von Nickel-Kieselgur und bei Atmosphärendruck, einen selektiven Verlauf hat, daß aber der Vorgang bei Durchführung der Hydrierung bei Normaltemperatur und -druck und in Gegenwart eines Platinkatalysators (mit Aktivkohle als Träger) verhältnismäßig wenig selektiv ist[2].

In einer weiteren Mitteilung[3] sagen sie, daß die selektive Hydrierung von Methyl- und Äthyllinolat durch höhere Temperaturen und Anwendung von Nickel an Stelle von Platinkatalysatoren begünstigt wird; unter den Bedingungen der selektiven Hydrierung (180⁰, Nickel-Kieselgur) bildet sich aus einem Gemisch von Methyllinolat und Methylstearat kein Methyloleat, die selektive Oleatbildung kann also nicht etwa auf die gegenseitige Umsetzung von Stearat und Linolat im Verlaufe der Hydrierung zurückgeführt werden.

Technisch von Wichtigkeit ist noch die Beobachtung WATERMANS, daß man zur Härtung eines Öles auf einen bestimmten Schmelzpunkt bei Anwendung von extrem hohen Drucken weniger Wasserstoff benötigt als bei gewöhnlichem Druck; allerdings erhält man dabei anders zusammengesetzte Produkte. Selbstverständlich ist, wie E. R. BOLTON und K. A. WILLIAMS[4] richtig bemerken, dieser Effekt nicht etwa dem hohen Wasserstoffdruck als solchem zuzuschreiben, sondern der niedrigeren Reaktionstemperatur, derzufolge die selektive Hydrierung teilweise unterdrückt und ein Fett höheren Schmelzpunktes erhalten wird als bei Hydrierung auf dieselbe Jodzahl bei höheren Temperaturen.

Inwieweit auch die mechanischen Bedingungen der Ölhärtung die Zusammensetzung der hydrierten Fette beeinflussen können, folgt aus den von E. J. LUSH[5] veröffentlichten Versuchen über die kontinuierliche Ölhärtung mit einem stationären, aus Ni-Spiralen bestehenden Katalysator, über den man das Öl in einer Wasserstoffatmosphäre herabrieseln läßt. Er fand nun, daß man zu verschieden zusammengesetzten Produkten gelangt, je nachdem, ob die den Katalysator enthaltenden Kästen während der Härtung nahezu mit Öl gefüllt sind oder ob man das Öl nur als einen dünnen Film über dem Katalysator herabfließen läßt. Im ersten Fall ist die Wirkung ausgesprochen selektiv und die Hartfette sind ähnlich beschaffen wie die bei der Härtung mit pulverigen Katalysatoren im diskontinuierlichen Verfahren erhaltenen; im zweiten Fall sind dagegen die der gleichen Jodzahl entsprechenden Reaktionsprodukte viel reicher an Stearinsäure. Das dürfte auf die Tatsache zurückzuführen sein, daß bei der zweiten Methode die mit dem Katalysator in Berührung gelangten Ölteilchen von diesem durch Schwerkraft festgehalten werden, so daß die Diffusion der Ölmoleküle von der Katalysatoroberfläche weg verhindert wird[6]. Die teilweise Unterdrückung der Selektivität wäre also eine Folge der verringerten Diffusionsmöglichkeit der ungesättigten Glyceridmoleküle zur und von der Katalysatoroberfläche, was natürlich beim Rührverfahren nicht eintreten kann, weil sich hier das ganze System in starker Bewegung befindet und die Reaktionsbedingungen sich einem homogenen System nähern.

---

[1] H. I. WATERMAN u. J. A. VAN DIJK: Rec. Trav. chim. Pays-Bas 50, 279, 679, 793 (1931).

[2] H. I. WATERMAN, J. A. VAN DIJK u. C. VAN VLODROP: Rec. Trav. chim. Pays-Bas 51, 653 (1932).

[3] H. I. WATERMAN u. C. VAN VLODROP: Rec. Trav. chim. Pays-Bas 52, 9 (1933).

[4] Ann. Repts. Appl. Chem. 16, 364 (1931).

[5] Journ. Soc. chem. Ind. 42, 219 T (1923); 43, 57 T (1924); 44, 129 T (1925).

[6] T. P. HILDITCH u. A. J. RHEAD: Journ. Soc. chem. Ind. 51, 198 T (1932).

a) Selektive Hydrierung von Trioleo-, Dioleo- und Monooleoglyceriden.

Eine andere Art der Selektivität ist bei der Hydrierung gemischtsäuriger Glyceride zu beobachten. Im Rührverfahren der Ölhärtung werden Trioleine weitgehend zu Dioleostearinen reduziert, bevor diese weiter zu Monooleodistearinen abgesättigt werden, und die Umwandlung der letzteren in Tristearine ist allem Anschein nach das letzte Stadium des Prozesses[1]. Dies spricht dafür, daß im normalen Härtungsverlauf bei jedesmaliger Berührung zwischen Glyceridmolekül und Katalysator nur *ein* ungesättigtes Zentrum reduziert wird; mit anderen Worten, die zwischen dem Katalysatoratom und der Äthylenverbindung, gemäß den früher entwickelten Anschauungen gebildete Adsorptionsverbindung wird nach Absättigen einer Doppelbindung desorbiert.

Bei der Hydrierung von Olivenöl[1], Baumwollsaatöl[1], Schweinefett[2] und einigen anderen Fetten wurde ferner festgestellt, daß die vollgesättigten Glyceride frei von Tristearin bleiben, solange nicht die gesamte, im Fett vorhandene Palmitinsäure in vollgesättigte Palmitostearine umgewandelt worden ist. Nachdem in den drei berichteten Fällen das Endprodukt der Hydrierung der Palmitodioleine (bzw. im Falle des Schweinefettes; der Gemische von Palmitodioleinen und Palmitostearooleinen) stets β-Palmitodistearin vom Schmp. 68° gewesen ist, wurde die Annahme gemacht, daß die β-Oleoglyceride möglicherweise mit viel geringerer Geschwindigkeit der Hydrierung unterliegen als die α-Oleoglyceride und daß dieser Tatsache die bevorzugte Bildung von Palmitodistearin im Vergleich zu Tristearin zuzuschreiben sei. Versuche über die Hydrierung von synthetisch bereiteten Gemischen von α- und β-Oleoglyceriden (z. B. von äquimolaren Gemischen von α-Oleodipalmitin und β-Oleodistearin) zeigen aber keine nennenswerten Unterschiede in der Hydrierungsgeschwindigkeit der α- und β-Glyceride[3]; es ist deshalb wahrscheinlicher, daß obige Beobachtung ein Sonderfall des allgemeinen Verhaltens der Fette bei der Hydrierung ist, d. h. daß bei der Reduktion von Tri- und Dioleoglyceriden jeweils nur ein ungesättigtes Radikal abgesättigt wird. Werden also in einem Gemisch von Triolein und Palmitodioleinen beide Glyceridformen nebeneinander hydriert (wobei aber in jedem Falle bei jedesmaligem Kontakt mit dem Katalysator nur *eine* Oleogruppe abgesättigt wird), so werden die Palmitodioleine das Endstadium der Absättigung, also den Übergang in Palmitodistearin erreichen, noch ehe Tristearin aus Trioleinen entstehen konnte.

Die Beziehung zwischen dem molaren Gehalt an vollgesättigten Glyceriden und dem Molargehalt an gesättigten Fettsäuren im Gesamtfett des hydrierten Produktes steht mit obigen Schlußfolgerungen in guter Übereinstimmung. In den frühen Reduktionsstadien werden die Trioleine und Dioleoglyceride stufenweise hydriert, unter nur geringer Zunahme der vollgesättigten Glyceride; es folgt vorzugsweise Reduktion der Palmitogruppen enthaltenden Monooleoglyceride, so daß der Gehalt an vollgesättigten Glyceriden (fast ausschließlich Palmitostearinen) schneller zuzunehmen beginnt; schließlich werden die aus Trioleinen gebildeten Oleostearine weiter in Tristearin umgewandelt, so daß der Gehalt an vollgesättigten Glyceriden eine rasche Zunahme erfährt. Während der Anteil an vollgesättigten Glyceriden in verschiedenen, zur gleichen Jodzahl gehärteten Ölen natürlich in gewissen Grenzen schwankt, wurde bei der Mehrzahl der gewöhnlichen, auf eine Jodzahl von 50 gehärteten Öle (Baumwollsaatöl, Olivenöl, Waltran usw.) ein Gehalt an vollgesättigten Glyceriden von $20 \pm 5\%$ gefunden

---

[1] T. P. Hilditch u. E. C. Jones: Journ. chem. Soc. London **1932**, 805.
[2] T. P. Hilditch u. W. J. Stainsby: Biochemical Journ. 29, 90 (1935).
[3] W. J. Bushell u. T. P. Hilditch: Private Mitteilung.

(Näheres s. T. P. HILDITCH und H. PAUL[1]). Es ist von Interesse, daß ein auf die Jodzahl 50—70 gehärteter Waltran etwa ebensoviel vollgesättigte Glyceride enthält wie Talg oder Schweinefett der gleichen Jodzahlen[2], und da bis zu diesem Stadium nur geringe Mengen gesättigter Fettsäuren mit einem höheren Molekulargewicht als das der Stearinsäure entstanden waren, so ist auch die Zusammensetzung der vollgesättigten Glyceride der gehärteten Wal- und Fischöle derjenigen des Talgs nicht unähnlich (der ungesättigte Teil des Hartfettes ist natürlich wegen der Gegenwart von C_{20}- und C_{22}-Säuren ganz anders zusammengesetzt).

Die mechanischen Bedingungen der Hydrierung beeinflussen die Selektivität der Glyceridhärtung in ähnlicher Weise, wie sie auf die bevorzugte Hydrierung einer Doppelbindung in mehrfach-ungesättigten Säuren einwirken. Bei der Berieselungsmethode nach BOLTON-LUSH ist, wie T. P. HILDITCH und A. J. RHEAD[3] gezeigt haben, der Gehalt vollgesättigter Glyceride in Ölen gleicher Jodzahl erheblich größer als im Rührverfahren.

F. BLOEMEN[4] hat interessante theoretische Betrachtungen über den Mechanismus der selektiven Hydrierung veröffentlicht. Er zeigt, daß die Beobachtung verschiedener Autoren über den Einfluß der Temperatur, der Konzentration des Katalysators, des Wasserstoffdruckes usw. durch eine Reihe von Gleichgewichtsreaktionen erklärt werden kann, falls man folgende Voraussetzungen macht: 1. Die Hydrierung ist eine vollständig reversible Reaktion mit positiver Wärmetönung; 2. die Hydrierung mehrfach-ungesättigter Glyceride verläuft, wie HILDITCH und JONES gezeigt haben, stufenweise; 3. das System Wasserstoff-Öl-Katalysator ist als eine homogene Reaktionsphase zu betrachten. Für jedes Stadium der Hydrierungsreaktionen: dreifach-ungesättigtes zum zweifach-ungesättigten, zweifach-ungesättigtes zum einfach-ungesättigten, einfach-ungesättigtes zum vollgesättigten Fett, lassen sich dann die üblichen Gleichgewichtsformeln in Anwendung bringen.

b) Bildung von Isoölsäuren während der Hydrierung.

Es bleibt noch eine weitere Erscheinung des Hydrierungsvorganges kurz zu besprechen: das Vorkommen von isomeren Ölsäureformen in partiell hydrierten Fetten. Auf ihre Bildung wurde schon im Band I, S. 36, hingewiesen.

In der Seifenindustrie machte man sehr bald nach Einführung der gehärteten Fette die Beobachtung, daß Hartfette derselben Jodzahl und desselben Schmelzpunktes wie beispielsweise Talg, Seifen ganz anderer Eigenschaften liefern, und zwar mit geringerem Schaumvermögen. Teilweise ist das auf die zu jener Zeit noch nicht genügend bekannte Tatsache zurückzuführen, daß infolge der sehr verschiedenen Zusammensetzung der Fettsäuren des Waltrans und Talgs ein gehärteter Tran selbst bei einem dem Talg entsprechenden Schmelzpunkt von diesem sehr verschieden sein mußte.

Bald entdeckte man aber, daß die gehärteten Fette nicht nur gewöhnliche Ölsäure enthalten, sondern auch wechselnde Mengen von isomeren Ölsäuren, von denen mehrere bei Zimmertemperatur fest sind und nur wenig lösliche Seifen mit geringem Waschvermögen liefern. Einige dieser sog. „Isoölsäuren" entstehen durch selektive Hydrierung. So kann aus dem Linolsäureglycerid durch selektive Hydrierung das Glycerid der $\Delta^{12:13}$-Ölsäure entstehen, einer bei Zimmertemperatur festen Verbindung, deren Natriumsalz nur geringe Löslichkeit besitzt.

[1] Journ. Soc. chem. Ind. 54, 336 T (1935).
[2] T. P. HILDITCH u. J. T. TERLESKI, Privat-Mitteilung.
[3] Journ. Soc. chem. Ind. 51, 198 T (1932).
[4] Chem. Umschau, Fette, Öle, Wachse, Harze 41, 95, 151 (1934).

Der größte Teil der bei der Härtung gebildeten festen Isoölsäuren dürfte aber durch Isomerisation der Ölsäureglyceride entstanden sein. C. W. Moore[1] hat gezeigt, daß die Ester der gewöhnlichen Ölsäure (cis-$\Delta^{9:10}$-Octadecensäure) bei der partiellen Hydrierung ein Estergemisch liefern, welches aus den Estern der Stearinsäure und gewöhnlichen Ölsäure sowie der Elaidinsäure (trans-$\Delta^{9:10}$-Octadecensäure) und einer oder mehreren durch Verschiebung der Doppelbindung gebildeten Isoölsäuren besteht. Er fand ferner, daß bei der partiellen Hydrierung der Elaidinsäure eine gewisse Menge flüssiger Ölsäure gebildet wird. Das Verhältnis Isoölsäure zu Ölsäure nimmt nach Moore im Anfang rasch zu, bis etwa das Verhältnis von 15 : 10 erreicht ist, um von da an konstant zu bleiben; auch bei der Hydrierung von Äthylisooleat bleibt das Verhältnis zu Äthyloleat konstant, jedoch sind in diesem Falle auf 23 Teile Isooleat etwa 10 Teile Oleat vorhanden.

Bei Wiederholung der Mooreschen Versuche unter Anwendung genauerer analytischer Methoden zur Trennung der Isoölsäure, als sie Moore zur Verfügung standen, fanden T. P. Hilditch und E. C. Jones[3], daß die Konstanz des Verhältnisses Isoölsäure : gewöhnliche Ölsäure nicht besonders scharf ausgeprägt ist. Die Hydrierung von Ölsäureestern führt zunächst zu einer Zunahme des Verhältnisses feste/flüssige Ölsäuren; es folgt eine Periode, in welcher das Verhältnis eine obere Grenze erreicht und ziemlich unverändert bleibt; zum Ende der Reaktion nimmt aber das Verhältnis wieder etwas ab. Die Autoren betrachten deshalb die relativen Verhältnisse, in denen die feste und flüssige Ölsäure gebildet werden, als die Resultante mehrerer Faktoren, von denen die trans-cis-Umlagerung nur der eine ist; andere Faktoren sind die relativen Hydrierungsgeschwindigkeiten der trans- und cis-Ölsäuren und die anfängliche Anreicherung der Hartfette an durch Reduktion von höher ungesättigten Verbindungen gebildeten Isoölsäuren.

Die Zusammensetzung der aus gewöhnlicher Ölsäure gebildeten Isoölsäuren wurde auch von T. P. Hilditch und N. L. Vidyarthi[4] untersucht; die Hydrierung wurde bei diesen und den soeben erwähnten Untersuchungen in Gegenwart relativ geringer Mengen eines Nickel-Kieselgur-Katalysators nach dem Rührverfahren ausgeführt. Aus Methyloleat entstand sowohl bei einer Hydriertemperatur von 114—118° wie einer solchen von 217—220° ein Gemisch, welches in der Hauptsache aus den $\Delta^{9:10}$-Isomeren bestanden hat (Öl- und Elaidinsäure). Der Betrag an festen Ölsäuren war entschieden größer bei der höheren Härtungstemperatur; in beiden Fällen konnte durch Oxydationsversuche die Gegenwart gewisser Mengen $\Delta^{8:9}$- und $\Delta^{10:11}$-Ölsäure nachgewiesen werden, neben Elaidinsäure. Diese Ölsäureisomeren waren ferner beide in zwei Formen vorhanden, von denen die eine ein schwerlösliches, die andere ein relativ leichtlösliches Bleisalz lieferte. Neben der cis- und trans-Form der ursprünglichen $\Delta^{9:10}$-Ölsäure bildeten sich also cis- und trans-Modifikationen von Ölsäuren, deren Doppelbindung um 1 C-Atom verschoben waren.

Ähnliche Resultate wurden bei Versuchen mit Palmitoleinsäure- und Erucasäuremethylestern erzielt; die Hauptprodukte waren die cis- und trans-Form der ursprünglichen Säure, daneben waren aber im Reaktionsprodukt noch kleinere Mengen von Säuren enthalten, in welchen die Doppelbindung nach der einen oder anderen Seite verschoben wurde. Diese Resultate sind natürlich ein weiterer Beweis für den innigen chemischen Kontakt zwischen den ungesättigten

[1] Journ. Soc. chem. Ind. **38**, 320 T (1919).
[2] L. V. Cocks, B. C. Christian u. G. Harding: Analyst 56, 368 (1931).
[3] Journ. Soc. chem. Ind. 51, 202 T (1932).
[4] Proceed. Roy. Soc., London, Serie A, **122**, 552 (1929).

Zentren der organischen Verbindung und dem Metallkatalysator während der Hydrierung.

Bestätigt und erweitert wurden sie von anderen Forschern. So beobachteten z. B. K. H. BAUER und F. ERMANN[1] Elaidinsäurebildung bei der partiellen Hydrierung von Methyllinolenat; für die Verschiebung der Doppelbindungen fanden sie keine Anhaltspunkte; diese findet nach K. H. BAUER und M. KRALLIS[2] in größerem Umfange nur bei höheren Hydrierungstemperaturen statt.

A. STEGER und H. W. SCHEFFERS[3] unterwarfen Olivenöl der partiellen Hydrierung zwischen 80 und 240⁰ in Gegenwart eines Nickel-Kieselgur-Katalysators; sie fanden ebenfalls, daß die Bildung von festen ungesättigten Säuren bei höheren Temperaturen lebhafter ist als bei niederen; der Gehalt an festen Isoölsäuren war aber stets am höchsten bei Jodzahlen von 50—60.

Die Katalysatormenge war auf die Isoölsäurebildung bei 120⁰ nur von geringem Einfluß; dagegen hatte bei 180⁰ eine größere Konzentration des Katalysators eine größere Bildung von festen Isosäuren zur Folge. Palladiumkatalysatoren erzeugen mehr Isoölsäuren als Nickelkatalysatoren unter sonst gleichen Bedingungen, eine Beobachtung, die bereits früher von anderen Forschern gemacht worden ist. Die Untersuchung der Spaltprodukte der Ozonide bestätigte die Verschiebung der Doppelbindungen während der Hydrierung von Äthyloleat und Äthylelaidinat. Bei der Hydrierung von Äthyloleat war die Verschiebung der Doppelbindungen größer als bei der Reduktion des Elaidinsäureesters; die $\Delta^{10:11}$-Säure entstand in größerer Menge als das $\Delta^{8:9}$-Isomere.

Die Bildung der Isoölsäuren ist in ähnlicher Weise von den Hydrierungsbedingungen, namentlich von der Temperatur und der Katalysatormenge abhängig, wie die Selektivität der Hydrierung. So ist im kontinuierlichen Härtungsverfahren nach BOLTON-LUSH die Isoölsäurebildung weniger ausgeprägt als im Rührverfahren, und Produkte derselben Jodzahlen enthalten weniger Isoölsäuren und mehr Stearinsäure als im Rührverfahren mit pulverigen Katalysatoren erhaltene Hartfette.

F. Edelmetallkatalysatoren.

Mit den äußerst aktiven Katalysatoren der Platingruppe lassen sich die Fette leicht und bei niedrigen Temperaturen hydrieren. Der praktischen Anwendung solcher Katalysatoren steht aber ihr hoher Preis im Wege[4]. Solange man gezwungen ist, mit pulverigen Katalysatoren zu arbeiten, nach erfolgter Härtung die Katalysatoren vom Hartfett abzufiltrieren usw., kann natürlich nicht die Rede davon sein, daß man so teure Substanzen als Wasserstoffüberträger für die Ölhärtung verwendet.

Das Problem ist vorläufig ohne technologisches Interesse. Und da der Härtungsprozeß selbst, abgesehen von einer niedrigeren Hydrierungstemperatur (welche übrigens für die Beschaffenheit des Hartfettes nicht von Vorteil ist) und einer kleineren Katalysatormenge, im großen ganzen ebenso verläuft, wie die nickelkatalytische Ölhärtung, so kann man sich hier auf die wichtigsten Daten über Herstellung und Wirkung der Edelmetallkatalysatoren bei der Hydrierung der Fette beschränken.

---

[1] Chem. Umschau Fette, Öle, Wachse, Harze **37**, 241 (1930).
[2] Chem. Umschau Fette, Öle, Wachse, Harze **38**, 201 (1931).
[3] Chem. Umschau Fette, Öle, Wachse, Harze **38**, 45, 61 (1931).
[4] Näheres über das Verhalten der Edelmetallkatalysatoren bei der Hydrierung der Fette: A. SKITA in UBBELOHDE: Handbuch der Chemie und Technologie der Fette und Öle, Bd. IV, S. 235. Hirzel. 1926. — H. SCHÖNFELD: Hydrierung der Fette, S. 47—52. Berlin: Julius Springer. 1932.

Näher untersucht wurden nur Platin- und Palladiumkatalysatoren, für deren Bereitung hier nur die am häufigsten verwendeten Methoden erwähnt seien. Der Platinkatalysator (Platinschwarz) wird nach R. WILLSTÄTTER und O. Löw[1] durch Behandeln von Platinchlorid mit Formaldehyd und Alkali hergestellt. Den Katalysator verwendete R. WILLSTÄTTER zur Reduktion von Ölsäureestern zu Stearinsäureestern. Die Wirksamkeit der nach R. WILLSTÄTTER und O. Löw hergestellten Platinkatylasatoren ist nach C. PAAL der Gegenwart von Platinhydrosolen zuzuschreiben. Für die Zwecke der Ölhärtung genügt es nach C. PAAL[2] Platin- oder Palladiumchlorid einfach im Öl zu suspendieren und bei etwa 80° einen Wasserstoffstrom durchzuleiten, unter Zusatz von Natriumcarbonat zum Neutralisieren des bei der Hydrierung gebildeten Chlorwasserstoffs; es genügt ein Zusatz von 0,1% Platin bzw. einer noch kleineren Menge Palladium.

Zum Beispiel werden 1 Million Teile Ricinusöl oder Ölsäure mit 34 Teilen Palladiumchlorür oder 172 Teilen Platinchlorid in fein gepulverter Form vermischt und unter einem Überdruck von 2—3 Atm. Wasserstoff und bei 80° Wasserstoffgas eingeleitet[3].

Verglichen mit der nickelkatalytischen Ölhärtung stellt dieses Verfahren nur insoweit einen Fortschritt dar, als man die Reaktion bei einer niedrigeren Temperatur durchführen kann. Das Verfahren ist technisch uninteressant.

Erheblich aktiver sind Katalysatoren, welche man durch Herstellung von Metallen der Platingruppe in kolloidaler Dispersion erhält und welche erstmalig von G. BREDIG[4] durch Bildung eines elektrischen Bogens zwischen Platinelektroden unter reinem Wasser dargestellt worden sind. Auf diese Weise erhaltene Platinhydrosole sind aber unbeständig und vor allem nicht reversibel, d. h. das zur Trockne verdampfte Sol kann nicht wieder in Lösung gebracht werden.

Palladiumkatalysatoren werden nach C. PAAL und C. AMBERGER[5] durch Reduktion der entsprechenden Metallsalze in Gegenwart eines Schutzkolloids erhalten; als Schutzkolloide dienen lysalbin- oder protalbinsaures Natrium, arabischer Gummi u. dgl. Nach A. SKITA und F. NORD[6] übernimmt bei der Fetthärtung das Fett selbst die Rolle des Schutzkolloids; es gelang den Autoren eine Reihe von ungesättigten Fetten durch Einleiten von Wasserstoff in die mit 0,1% Palladiumchlorür vermischten Öle vollständig abzusättigen.

In einfacher Weise gelingt es nach A. S. GINSBURG und A. P. IWANOW[7], einen hochwirksamen, äußerst stabilen Pd-Katalysator durch Tränken von fein verteiltem Nickel mit einer Lösung von 1 Teil Palladiumchlorür und 2 Teilen Natriumchlorid herzustellen.

In der Tabelle 16 sind die Ergebnisse der Hydrierung von Baumwollsaatöl bis zur Oleostufe in Gegenwart eines Platinkatalysators zusammengestellt[8]. Wie man sieht, nehmen die gesättigten Fettsäuren schneller zu, als bei Hydrierung des Öles in Gegenwart von fein verteiltem Nickel. Die Hydrierung scheint also mit Platin weniger selektiv zu verlaufen.

Grundsätzliche Unterschiede der Selektivität des Platin- und Palladiumkatalysators wurden von I. F. BOGDANOW und E. I. BASCHKIROWA[9] bei der Hy-

[1] Ber. Dtsch. chem. Ges. 23, 289 (1891); 41, 1472 (1908).
[2] A. P. 1 023 753.   [3] F. P. 447 420 (1912).
[4] Ztschr. physik. Chem. 31, 267 (1895); 70, 34 (1910).
[5] Ber. Dtsch. chem. Ges. 35, 2195, 2206, 2210, 2224, 2435 (1902); 41, 2273 (1908).
[6] Ztschr. angew. Chem. 32, 305 (1919).
[7] Journ. Russ. phys.-chem. Ges. (russ.) 62, 1991 (1930).
[8] A. S. RICHARDSON u. A. O. SNODDY: Ind. engin. Chem. 18, 570 (1926).
[9] Bull. Acad. Sciences URSS., Ser. chim. (russ.) 1936, Nr. 1, 106, 120.

Tabelle 16. Hydrierung von Baumwollsaatöl in Gegenwart von 0,1%Pt bei verschiedenen Temperaturen.

Temperatur	Jodzahl	Feste Fettsäuren %	Ölsäure %	Isoölsäure %	Linolsäure %
40⁰	75,8	38,9	36,6	2,3	24,5
100⁰	74,2	40,7	38,7	6,1	20,6
160⁰	73,0	40,6	41,2	7,1	18,2
180⁰	74,9	41,4	39,0	8,6	19,6
200⁰	79,4	40,3	35,6	8,3	24,1
240⁰	77,4	43,8	34,2	11,5	22,0

drierung von binären Gemischen von Öl- und Zimtsäure festgestellt. In Gegenwart von Palladium wurden stets die beiden Komponenten getrennt hydriert; die Reduktion der Ölsäure setzte praktisch erst nach vollständiger Absättigung der Zimtsäure ein. Bei Platin wurde diese Selektivität nicht beobachtet, die Hydrierung der beiden Säuren fand gleichzeitig und nebeneinander statt.

G. Besondere Hydrierungsmethoden.

a) Hydrierung mit atomarem Wasserstoff.

Eine interessante Neuerung auf dem Gebiete der Hydrierung ist die von M. POLANYI und G. VESZI[1] beschriebene Reduktion von Ölsäure mit atomarem Wasserstoff. Wird ein Strahl eines atomaren Gases auf eine Flüssigkeitsoberfläche geleitet, die sich ständig rasch erneuert, so wird sich jeder Teil der Oberfläche höchstens mit einer unimolekularen Schicht beschlagen, so daß jedes Element des Gas- oder Dampfstrahles auf eine frische unbedeckte Flüssigkeitsoberfläche auftritt. Die konstruktive Ausführung dieses Prinzips ist auf Abb. 62 verwirklicht.

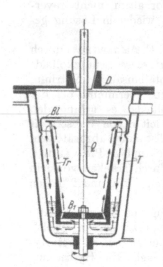

Abb. 62. Molekülvermenger.

In einem doppelwandigen Gefäß (T), welches durch einen Deckel (D) luftdicht abgeschlossen wird und evakuiert werden kann, rotiert eine becherförmige Trommel (Tr), deren Boden (B_1) an der Unterseite eine kleine Zentrifugalpumpe trägt. Diese saugt die zu beaufschlagende Flüssigkeit aus dem unteren Teile des Gefäßes an und drückt sie in die Trommel, in welcher sie infolge der Zentrifugalkraft an den Wänden hochsteigt und oben in seitlicher Richtung herausgeschleudert usw. Im Inneren der Trommel, oberhalb des im Ruhezustand sich einstellenden Flüssigkeitsspiegels, ist die Quelle (Q) des zu dispergierenden Gases so angebracht, daß die Oberfläche der bewegten Flüssigkeitsschicht durch den Gasstrahl beaufschlagt wird. Zum Studium der Einwirkung von aktivem Wasserstoff wird in geschlossener Apparatur gearbeitet, wobei man den Wasserstoff mit 50 mm Druck mit einer Geschwindigkeit von etwa 2 l/sek. durch den Apparat zirkulieren läßt und ihn, bevor er auf die Flüssigkeitsoberfläche trifft, einen Niederspann-Wolframbogen passieren läßt, so daß er teils im Bogen, teils an den weißglühenden Elektroden aktiviert wird.

Bei mit Olivenöl, Ölsäure und anderen Flüssigkeiten mit geringem Dampfdruck ausgeführten Versuchen zeigte sich deutlich bei der Behandlung mit atomarem

---

[1] Ztschr. angew. Chem. 46, 15 (1933); Chem. Fabrik 1933, 1; D.R.P.528041.

Wasserstoff eine Druckabnahme, welche stets mehrere Millimeter pro Minute betrug. Bei dem Volumen des Apparates von etwa 7 l entsprach jedem Millimeter Druckabnahme ein Wasserstoffverbrauch von etwa 10 n cm³. In dem Produkt der Einwirkung von atomarem Wasserstoff auf Ölsäure konnte Stearinsäure durch Destillation im Vakuum abgesondert werden. Nach der Vakuumdestillation blieb ein schmierartiger Rückstand zurück, der als ein Polymerisationsprodukt anzusprechen war. Bei der Hydrierung mit atomarem Wasserstoff trats stets auch Acetylenbildung ein. Die Menge des gebildeten Acetylens war etwa 50—200 cm³ pro Liter des vom Substrat aufgenommenen Wasserstoffs.

Bei den Versuchen mit Ölsäure wurden stets auf 1 Molekül gebildeter Stearinsäure etwa 2 Moleküle Ölsäure polymerisiert. Die Polymerisation fand unter Aufnahme von Wasserstoff statt; das Reaktionsschema wird folgendermaßen dargestellt:

$$
\text{I.} \quad
\begin{array}{c}
R_1 \\
| \\
R_2-C \\
\| \\
R_3-C \\
| \\
R_4
\end{array}
+ H \rightarrow
\begin{array}{c}
R_1 \\
| \\
R_2-C-H \\
| \\
R_3-C \\
| \\
R_4
\end{array}
$$

$$
\text{II.} \quad
\begin{array}{c}
R_1 \\
| \\
R_2-C-H \\
| \\
R_3-C \\
| \\
R_4
\end{array}
+
\begin{array}{c}
R_1 \\
| \\
C-R_2 \\
\| \\
C-R_3 \\
| \\
R_4
\end{array}
\rightarrow
\begin{array}{cc}
R_1 & R_1 \\
| & | \\
R_2-C-H & R_2-C \\
| & | \\
R_3-C & C-R_3 \\
| & | \\
R_4 & R_4
\end{array}
$$

$$
\text{III.} \quad
\begin{array}{cc}
R_1 & R_1 \\
| & | \\
R_2-C-H & R_2-C \\
| & | \\
R_3-C & C-R_3 \\
| & | \\
R_4 & R_4
\end{array}
+ H
$$

Polymerisat

$$
\begin{array}{cc}
R_1 & R_1 \\
| & | \\
R_2-C-H & R_2-C-H \\
| & | \\
R_3-C & C-R_3 \\
| & | \\
R_4 & R_4
\end{array}
$$

Hydrierungsprodukt

$$
\begin{array}{cc}
R_1 & R_1 \\
| & | \\
R_2-C-H & C-R_2 \\
| & \| \\
R_3-C-H & C-R_3 \\
| & | \\
R_4 & R_4
\end{array}
$$

+ Ausgangsstoff

b) Hydrierung der Fette mit gebundenem Wasserstoff.

Über diese interessante Reaktion liegen einige russische Arbeiten vor.

F. I. LJUBARSKI[1] hat gezeigt, daß Fette im Gemisch mit Alkoholen in Gegenwart der gewöhnlichen Nickelkatalysatoren der Fetthärtung bei höheren Temperaturen hydriert werden können; der Wasserstoff wird vom Alkohol abgespalten, so daß dieser gleichzeitig in Aldehyd übergeht. Die Hydrierung mit

---

[1] Shurnal prikladnoj Chimji 5, Nr. 8 (1932).

Alkoholen als Wasserstoffquelle ist durch einen besonders hohen Grad der Selektivität gekennzeichnet, was vielleicht damit zusammenhängt, daß während des gesamten Reaktionsverlaufes nur so viel Wasserstoff entsteht, als bei dieser „gekoppelten" Reaktion vom Öl aufgenommen wird, praktisch also mit der theoretischen Wasserstoffmenge hydriert wird.

M. BELOPOLSKI hat die Angaben von LJUBARSKI an der Hydrierung von Sonnenblumenöl nachgeprüft[1]. Als Wasserstoffquelle benutzte er absoluten Alkohol und den höher siedenden Isoamylalkohol. Die zugesetzte Alkoholmenge entsprach der Jodzahl des Öles; bei Härtung mit Isoamylalkohol wurde nur die zur Erreichung einer bestimmten Jodzahl erforderliche Menge verwendet. Als Katalysator diente Nickel-Kieselgur, die Reaktionstemperatur betrug 200 bis 250⁰. Unter Anwendung von 0,5% Ni wurde Sonnenblumenöl bei 250⁰ bis zur Jodzahl 80,3 hydriert; hierbei fand aber ein bedeutender Anstieg der Säurezahl des Öles statt. Durch Anwendung größerer Ni-Mengen gelang es, die Hydrierung bis auf die Jodzahl von 55 zu treiben, bei einer allerdings gewaltigen Zunahme der Acidität.

W. PUSANOW und G. IWANOWA[2] berichten über viel erfolgreichere Ergebnisse der „gekoppelten" Hydrierung. Für ihre Härtungsversuche verwendeten sie eine kontinuierlich arbeitende Apparatur nach BOLTON-LUSH (S. 170); als Katalysator diente die aus 72% Aluminium und 28% Nickel bestehende Legierung nach BAG (S. 173). Das Gemisch von Baumwollsaatöl und Alkohol (Äthyl- oder Isoamylalkohol) wurde bei 190⁰ in einem kontinuierlichen Strom über den stationär gelagerten Katalysator geleitet. Sie erreichten dabei nicht nur eine weitgehende Härtung, sondern auch einen hohen Grad der Selektivität. Bei Durchleiten von 176 g Öl + 36 g Alkohol bei 190⁰ (Druck 27 at) über die Katalysatormasse wurde ein Hartfett vom Schmp. 32,2⁰, Titer 33⁰, erhalten. Das Hartfett hatte folgende Zusammensetzung: 53,1% Ölsäure, 8,4% Linolsäure, 15,3% feste Ölsäuren, 23,2% gesättigte feste Säuren (d. h. ebensoviel wie im ursprünglichen Baumwollsaatöl). Ein bei 250⁰ unter sonst analogen Bedingungen auf den Schmp. 30⁰ gehärtetes Baumwollsaatöl (Jodzahl 60,5) enthielt 52,9% Ölsäure, 19,3% feste Isoölsäuren, 27,8% gesättigte Fettsäuren und keine Linolsäure. Ein solches Fett steht in seiner Zusammensetzung ziemlich nahe dem Schweinefett, ist aber im Gegensatz zu letzterem frei von Linolsäure.

Wegen des bei der Reaktion mit Äthylalkohol entstehenden hohen Druckes wird die Verwendung von Butyl- oder Amylalkohol als Wasserstoffquelle empfohlen. Aus den Alkoholen werden bei der Wasserstoffabgabe die entsprechenden Aldehyde gebildet, die sich technisch verwerten lassen.

H. Hydrierungsgeschwindigkeit.

Abgesehen von der Aktivität des Katalysators, hängt die Geschwindigkeit der Ölhärtung noch von der Temperatur, dem Wasserstoffdruck, der Intensität der Verrührung und natürlich der Menge des Katalysators ab.

Einfluß der Temperatur. Die Öle können nicht nur in Gegenwart der Edelmetallkatalysatoren, sondern auch mit feinverteiltem Nickel bei jeder Temperatur, auch in der Kälte, hydriert werden. Arbeitet man unter gewöhnlichem Druck oder einem geringen Wasserstoffüberdruck, so ist allerdings bei Anwendung von

---

[1] Öl-Fett-Ind. (russ.: Masloboino Shirowoje Djelo) 10, 44 (1934).
[2] Öl-Fett-Ind. (russ.: Masloboino Shirowoje Djelo) 11, 365 (1935).

Nickelkatalysatoren die Härtungsgeschwindigkeit unterhalb von etwa 100 bis 120⁰ recht gering. Durch Steigerung des Druckes läßt sich aber die Reaktionstemperatur herabsetzen, und unter einem Wasserstoffdruck von 150—200 at lassen sich Öle bei Raumtemperatur glatthärten. Noch leichter gelingt die Hydrierung bei Raumtemperaturen, wenn die Öle in einem Lösungsmittel gelöst werden[1].

BOSSHARD und FISCHLI[2] hydrierten Lösungen von Natriumoleat in Gegenwart von Nickelkatalysatoren bei Zimmertemperatur zum Stearat.

H. I. WATERMAN[3] konnte Leinöl unter einem Wasserstoffdruck von 150 bis 200 at bei 45⁰ durchhärten, ebenfalls unter Anwendung eines Nickel-Kieselgur-Katalysators.

E. B. MAXTED[4] untersuchte die Geschwindigkeit der Olivenölhärtung bei verschiedenen Temperaturen durch Bestimmung der in der Zeiteinheit vom Öl absorbierten Wasserstoffmenge. Die Versuche wurden bei gewöhnlichem Druck durchgeführt. Die relative Härtungsgeschwindigkeit bei 80⁰ wurde = 1 gesetzt. Die Ergebnisse sind in Tabelle 17 zusammengestellt.

Die günstigste Hydrierungstemperatur für Olivenöl war demnach 160—180⁰; sie ist aber schon bei 100⁰ ansehnlich gewesen. Zu ähnlichen Ergebnissen kamen L. UBBELOHDE und SVANÖE[5] bei Untersuchung der Beziehung zwischen der Härtungsgeschwindigkeit von Baumwollsaatöl und der Temperatur. Der Knickpunkt lag ebenfalls nahe 170—180⁰, bei

Tabelle 17. Abhängigkeit der Hydrierungsgeschwindigkeit von Olivenöl von der Temperatur bei Normaldruck.

Temperatur	Relative Geschwindigkeit	Temperatur	Relative Geschwindigkeit
80⁰	1,0	180⁰	35,0
100⁰	7,8	200⁰	32,0
120⁰	17,5	225⁰	21,0
140⁰	28,5	250⁰	8,5
160⁰	34,0		

höherer Temperatur begann die Geschwindigkeit wieder schwach abzunehmen, wenn auch erst in den fortgeschritteneren Härtungsstadien.

Das Temperaturoptimum von etwa 170—180⁰ läßt sich aber nur bei Ölen beobachten, welche nicht besonders viel höher ungesättigte Glyceride enthalten. Bei Leinöl, hochungesättigten Fischölen usw. liegt das Optimum der Temperatur weit höher. So hat Verfasser bei der Härtung von Tran mit einem pulverigen Nickelkatalysator selbst bei 250⁰ noch nicht das Optimum erreicht. Es hängt dies damit zusammen, daß, wie im theoretischen Teil erwähnt wurde, die Geschwindigkeit der Ölsäurehärtung nur bis etwa 180⁰, diejenige der Linol- und Linolensäurehärtung usw. noch bei weiterer Temperaturerhöhung stark zunimmt. Das ist einer der Gründe für die Zunahme der Selektivität der Härtung bei oberhalb 180⁰ liegenden Reaktionstemperaturen.

Einfluß des Wasserstoffdruckes. Die Zunahme der Härtungsgeschwindigkeit mit der Wasserstoffkonzentration wurde von einer Reihe von Forschern bewiesen; L. UBBELOHDE und T. SVANÖE[5] für Drucke von 1—8 at, UENO und UEDA[6] für den Wasserstoffdruck von 10—50 at. In derselben Zeit, in welcher Sardinenöl bei 50 at Druck zur Jodzahl 8,8 abgesättigt wurde, konnte es bei 10 at nur auf die Jodzahl 78,9 reduziert werden. Nach THOMAS[7] nimmt innerhalb

[1] W. NORMANN: Ztschr. angew. Chem. **44**, 289 (1931).
[2] Ber. Dtsch. chem. Ges. **49**, 55 (1916).
[3] Rec. Trav. chim. Pays-Bas **50**, 279 (1931).
[4] Journ. Soc. chem. Ind. **40**, 170 T (1921).
[5] Ztschr. angew. Chem. **32**, 257 (1919).
[6] Journ. Soc. chem. Ind. Japan (Suppl.) **34**, 351 B (1931).
[7] Journ. Soc. chem. Ind. **39**, 10 T (1920).

des Wasserstoffdruckes von 0,8—1,5 at die Hydrierungsgeschwindigkeit im Verhältnis von $p^{1,5}$ zu. Nach E. F. Armstrong und T. P. Hilditch[1] ist die Hydrierungsgeschwindigkeit nur dann einfach proportional dem Wasserstoffdruck, wenn das zu hydrierende Produkt außer Äthylenbindungen keine weiteren Gruppen enthält, welche, wie z. B. die freie Hydroxylgruppe der Fettsäuren, eine Affiuität zum Katalysator besitzen. So ist z. B. die Hydrierungsgeschwindigkeit von Öl- und Linolsäureestern dem Druck streng proportional; bei der freien Ölsäure war dagegen die Zunahme der Reduktionsgeschwindigkeit mit dem Druck viel größer als bei der Hydrierung des Äthyloleats.

Katalysatormenge. Die Hydrierungsgeschwindigkeit nimmt natürlich mit der Katalysatormenge zu, und zwar ist diese Zunahme bis zu einer gewissen Grenze der Menge des Katalysators streng proportional.

Die Rührgeschwindigkeit. Wie im Kapitel A, S. 98 auseinandergesetzt wurde, kann man die Härtung mit pulverigen Katalysatoren mit der Katalyse in einem homogenen System vergleichen; die Annäherung an das homogene System wird aber nur dann zustande kommen, wenn der Katalysator im Öl absolut gleichmäßig verteilt ist, wenn also keine Teile des Katalysators infolge ungenügender Rührwirkung sich etwa zu Boden setzen können. Ferner muß der im Öl gelöste Wasserstoffanteil, welcher auf die Reduktion verbraucht worden ist, sofort durch neuen ersetzt werden können. Daraus ergibt sich die Wichtigkeit der Rührintensität bei der Hydrierung. Maßgebend für die Intensität der Härtung ist u. a. auch die Größe der in der Zeiteinheit vorhandenen Berührungsfläche zwischen dem Katalysator, Öl und Wasserstoff. Von Bedeutung ist deshalb nicht nur die Rührgeschwindigkeit, sondern auch die Art der Rührung. Besonders geeignet erscheinen von diesen Gesichtspunkten aus das von Wilbuschewitsch eingeführte Zerstäubungssystem und die Anwendung eines Taifun-Rührwerkes, wie es von der Bamag-A. G. für das Rühren vorgesehen wurde.

I. Wärmetönung.

Bei der Härtung, namentlich von höher ungesättigten Ölen, findet häufig eine erhebliche Zunahme der Reaktionstemperatur statt, infolge der bei der Absättigung der Doppelbindungen freiwerdenden Wärme. H. P. Kaufmann hat die bei Anlagerung von 1 Molekül Wasserstoff an die Äthylenbindung entwickelte Wärmemenge berechnet und mit *molekularer Hydrierwärme* bezeichnet.[2]

Maßgebend für die bei der Fetthärtung auftretende Wärme ist in erster Linie die beim Übergang der —CH=CH—-Bindung in —CH_2—CH_2— freiwerdende Wärmemenge. Sieht man von Einflüssen, welche nur die Bedeutung einer Korrekturgröße haben, ab, also von Einflüssen, welche von Art und Stellung der weiteren, mit den doppelt gebundenen Kohlenstoffatomen verknüpften Reste, der Stellung der Doppelbindungen im System und der Konstitution der Verbindungen zusammenhängen, so kann man nach K. Fajans[3] die Wärmetönung der Hydrierung folgendermaßen definieren:

Die Trennungsarbeit für	—C=C—	beträgt	118	kcal
„	„	„	H—H	„	90 „
„	Bindungsenergie	„	C—C	„	70 „
„	„	„	C—H	„	87 „

[1] Proceed. Roy. Soc., London, Serie A, **100**, 240 (1921).
[2] Die Angaben über die Hydrierwärme sind der Arbeit von H. P. Kaufmann: „Studien auf dem Fettgebiete", Berlin: Verlag Chemie, 1935, entnommen.
[3] Ber. Dtsch. chem. Ges. **53**, 643 (1920).

Um die doppelte C=C-Bindung in die einfache überzuführen, sind also 118—70 = 48 kcal notwendig. Die Trennung eines Wasserstoffmoleküls in H-Atome erfordert 90 kcal, die aufzuwendende Arbeit beträgt also insgesamt 48 + 90 = 138 kcal, während die bei der Bildung zweier C—H-Bindungen frei-werdende Bildungsenergie 2.87 = 174 kcal beträgt. Für die Hydrierung einer Doppel-bindung ergibt sich somit eine positive Wärmetönung von 174 — 138 = 36 kcal.

Die Zahl besitzt nur die Bedeutung eines ersten Näherungswertes. Man kommt der Wirklichkeit näher, wenn man die nach anderen Verfahren ermittelten Hydrierwärmen zum Vergleich heranzieht. In Frage kommen die Verfahren von HESZ — Bestimmung der Hydrierwärme aus den Verbrennungswärmen der Ausgangs- und Endprodukte der Hydrierung und die direkte Bestimmung der molekularen Hydrierwärme.

Berechnung der Hydrierwärme aus den Verbrennungswärmen: Es sei $A = 1$ Mol. ungesättigter Fettsäure, $B = 1$ Mol. H_2, $C =$ Reaktionsprodukt, Q die Bildungs-wärme; dann ist

$$\text{I.} \quad A + B = C + Q.$$

Bezeichnet man die molekulare Verbrennungswärme von A mit Q_A, von B (Wasserstoff) mit Q_B und von C mit Q_C, so ergibt sich

$$\text{II.} \quad Q = Q_A + Q_B - Q_C.$$

Nach dieser Gleichung wurden auf Grund der in der Literatur gegebenen Werte der Verbrennungswärmen die Hydrierwärmen einiger Fettsäuren berechnet.

Molekulare Verbrennungswärme von Ölsäure $\quad Q_A = 2684{,}5$ kcal
Molekulare Verbrennungswärme von H_2 $\quad Q_B = 68{,}4$ „
Molekulare Verbrennungswärme von Stearinsäure $Q_C = 2714{,}5$ „

Für die Hydrierung von Ölsäure zu Stearinsäure ergibt sich eine molekulare Hydrierwärme von 38,4 kcal.

In analoger Weise findet man für die Hydrierung von Brassidinsäure, $C_{22}H_{42}O_2$, $Q_A = 3293{,}4$ kcal, zu Behensäure $Q_C = 3341{,}7$ kcal, eine Wärme-tönung von 20,1 kcal.

Für die Hydrierung der eine dreifache Bindung enthaltenden Behenol-säure, $C_{22}H_{40}O_2$, $Q_A = 3258{,}2$ kcal, zu Behensäure wird insgesamt eine Wärme-tönung von 53,3 kcal gefunden, d. h. für eine Doppelbindung 26,65 kcal.

Die Hydrierwärme von Zimtsäure ist gleich $Q = 24$ kcal, von Allozimt-säure 30 kcal, von Isobutylen zu Isobutan $Q = 30{,}4$ kcal.

Im allgemeinen liegen also die Werte zwischen 20—30 kcal. Für Stearin-säure hat KAUFMANN die Verbrennungswärme 9532 kcal, für Ölsäure 9495 kcal gefunden. Die daraus berechneten molekularen Verbrennungswärmen betragen für Stearinsäure 2698, für Ölsäure 2663 kcal. Für die Hydrierung ergibt sich somit $Q = 33$ kcal.

Experimentelle Bestimmung der Hydrierwärme von Fetten: Die Hydrierwärme wurde im Kalorimeter bei 150° in Gegenwart eines Platin-Aktivkohle-Katalysators gemessen. Es wurde für Ricinusöl eine mittlere Hydrierungswärme von 25,0 kcal, für Erdnußöl 24,5 kcal, für Sojabohnenöl eine solche von 26,1 kcal gefunden. Für die Jodzahlabnahme um eine Einheit errechnet KAUFMANN auf Grund der Versuche eine Temperaturerhöhung um 1,6—1,7°.

J. Träger des Hartfettgeruchs.

Höher ungesättigte Öle, wie Fischöle, Leinöl, auch Sojaöl usw., zeigen nach der Härtung einen eigentümlichen Geruch, den man als „Hartfettgeruch" bezeichnet. Auf welche Weise diese stark riechenden Stoffe bei der Hydrierung entstehen, ist noch nicht mit Sicherheit bekannt. Sie sind mit Wasserdampf flüchtig und gelangen bei der Desodorisierung der Hartfette, d. h. bei Behandeln der gehärteten Fette im Vakuum mit überhitztem Wasserdampf, in das Destillat. Besonders groß ist die Bildung solcher riechender Substanzen bei der Härtung von Tran.

Im Wasserdampfdestillat von gehärtetem japanischem Sardinenöl fanden Y. TOYAMA und T. TSUCHIYA[1] größere Mengen von Kohlenwasserstoffen der Isoparaffinreihe, neben Naphthenen und normalen Paraffinkohlenwasserstoffen; die Kohlenwasserstoffe sind aber nicht die Geruchsträger.

Ein aus dem Wasserdampfdestillat eines gehärteten Gemisches von japanischem Sardinenöl und Heringsöl extrahiertes Öl von sehr intensivem Geruch hatte die Säurezahl 129, Verseifungszahl 139,4, die Jodzahl 25,8; es enthielt 34% Unverseifbares, in welchem der Hartfettgeruch besonders stark konzentriert war. Das acetylierte Unverseifbare hatte die Verseifungszahl 19. Das Destillat wurde mit Schwefelsäure und Natronlauge gewaschen; der unlösliche Rückstand war eine petroleumartig riechende Flüssigkeit, während die übelriechenden Stoffe von der Schwefelsäure aufgenommen wurden.

In den mit Wasserdampf flüchtigen Stoffen der gehärteten Trane fand S. UENO[2] Kohlenwasserstoffe der Paraffinreihe, C_{13} bis C_{18}, neben kleineren Mengen $C_{19}H_{40}$ und $C_{20}H_{42}$. Die Kohlenwasserstoffe mit ungerader Kohlenstoffatomzahl dürften durch Abspaltung der Carboxylgruppe aus den um ein C-Atom reicheren paarigen Fettsäuren entstanden sein. Wie diese Kohlenwasserstoffe in Isoparaffine übergehen, ist nicht bekannt.

Das Gemisch besteht aus Kohlenwasserstoffen, Alkoholen, Fettsäuren und Estern (nach einer privaten Mitteilung von E. HUGEL sollen namentlich Ester niederer Fettsäuren auftreten); ferner aus Aldehyden, welche die eigentlichen Träger des Hartfettgeruches sind. Aus 3 kg Wasserdampfdestillat von Tranhartfett isolierte S. UENO[2] über die Disulfitverbindungen 22 g Aldehyde mit äußerst penetrantem Geruch. Sie bestanden hauptsächlich aus Verbindungen der C_{10}-, C_{12}-, C_{14}- und C_{16}-Reihe; der typische Geruch war auf die ersten zwei Glieder konzentriert.

In einer späteren Arbeit[3] fassen S. UENO und R. YAMASAKI die analytischen Befunde über die Zusammensetzung der Wasserdampfdestillate aus gehärtetem Tran wie folgt zusammen: 500 kg gehärtetes Fischöl lieferten bei der Wasserdampfdestillation 1 kg, also 0,2% flüchtige Stoffe. Aus diesen wurden 136 g übelriechendes Unverseifbares erhalten. Aus dem Unverseifbaren wurden isoliert: 120 g (90%) Kohlenwasserstoffe der C_{10}- bis C_{20}-Reihe; sie waren geruchlos und bestanden aus Paraffinen, Isoparaffinen und Olefinen. 3,3 g höhere Alkohole (C_{10}, C_9, C_{13}, gesättigt, schwach unangenehmer Geruch). 7,3 Aldehyde (5,4%), welche die Träger des üblen Geruches sind; gefunden wurden Aldehyde der C_{11}-, C_{12}-, C_{16}- und C_{10}-Reihe. Die bei der Verseifung von 1 kg Destillat erhaltenen Fettsäuren bestanden zu 600 g aus höheren, geruchlosen Verbindungen (C_{14} bis C_{18}, Spuren von C_{22}) sowie 100 g niederen, scharfriechenden Säuren der C_7-, C_4-, C_5- und C_6-Reihe im Verhältnis 5 : 3 : 1 : 1. Die scharfriechenden niederen Fettsäuren scheinen durch Zersetzung der ungesättigten und hochungesättigten Säuren entstanden zu sein.

---

[1] Journ. Soc. chem. Ind. Japan (Suppl.) **32**, 374 B (1929).

[2] Journ. Soc. chem. Ind. Japan (Suppl.) **33**, 264 B, 451 B (1930); **34**, 35, 151 B (1931).

[3] Journ. Soc. chem. Ind. Japan (Suppl.) **35**, 492 B (1932).

K. Verhalten der Vitamine.

Über das Vorkommen von Vitaminen in Fetten ist in Band I (S. 117 und 170) ausführlich berichtet worden. Es wurde dort wiederholt angegeben, daß die Seetieröle von allen natürlichen Fetten die höchsten Konzentrationen an Vitamin D und Vitamin A aufweisen, während z. B. die pflanzlichen Fette meistens frei von Vitaminen sind.

Nun bilden aber die Seetieröle die wichtigste Rohstoffquelle für die Ölhärtung, bei welchem Vorgang die Vitamine zerstört werden. Das ist natürlich bedauerlich, denn die gehärteten Trane wären sonst, d. h. wenn ihr Vitamingehalt bei der Härtung keine Zerstörung erfahren hätte, ein vorzüglicher Rohstoff für die Vitaminisierung der im allgemeinen aus vitaminfreien Fetten hergestellten Margarine.

Über die Frage der Vitaminisierung von Margarine ist namentlich in der ersten Zeit nach dem Weltkriege viel diskutiert worden. Heute, nachdem die Ernährung der breiten Volksmassen wieder als normaler gelten kann, ist die Frage der Vitaminisierung der Margarine nicht mehr besonders aktuell, denn die halbwegs normale Kost enthält andere, ausgiebige Vitaminquellen, so vor allem das Gemüse und Obst. Trotzdem ist man immer noch bestrebt, den Vitamingehalt der Margarine zu erhöhen, und in manchen Staaten (z. B. England) ist sogar der Vitaminzusatz zu Margarine allgemein eingeführt. Es versteht sich ja von selbst, daß eine vitaminhaltige Margarine wertvoller ist als eine vitaminfreie.

Dem Verhalten der Vitamine bei der Härtung von Tranen wurde deshalb eine größere Reihe von Untersuchungen gewidmet, deren Ziel die Erhaltung der biologischen Aktivität im Hartfett war. Die Untersuchungen beschränken sich auf Vitamin A und Vitamin D.

Die Ergebnisse dieser Untersuchungen sind widerspruchsvoll. Es scheint aber festzustehen, daß bei den gewöhnlichen Härtungsverfahren (bei höheren Temperaturen) die beiden Vitaminarten restlos verlorengehen, und daß es noch nicht gelungen ist, Härtungsbedingungen zu finden, bei denen die Vitamine gänzlich unangegriffen bleiben. Auch darüber ist man sich noch nicht im klaren, ob die Zerstörung der beiden Vitamine bei der Hydrierung eine Folge der Reduktion ist oder nicht; es ist möglich, daß die Abnahme oder der Verlust der biologischen Aktivität eine Folge der Einwirkung der hohen Temperaturen oder auch eine Oxydationserscheinung, hervorgerufen durch den in der Apparatur und im Wasserstoff enthaltenen Sauerstoff, ist. Bekannt ist, daß Vitamin A und D oxydationsempfindlich sind. Vitamin D zeigt höhere Thermostabilität und ist im Dunkeln kaum oxydabel (Bd. I, S. 188). (Durch Erhitzen auf 180°, also die normale Härtungstemperatur, wird Vitamin D in zwei physiologisch unwirksame Isomere umgewandelt. Durch Einwirkung von Luft geht also hauptsächlich der Wachstumsfaktor verloren. Die in der Literatur vielfach gemeldeten Zerstörungen des Wachstumsfaktors durch Hitze scheinen in Wirklichkeit keine thermischen Effekte, sondern Oxydationen zu sein, welche bei höherer Temperatur rascher einsetzen. Der Vorgang wird auch durch Schwermetallkatalyse beeinflußt).

J. C. Drummond[1] fand, daß bei 250° hydrierter Tran kein Vitamin D mehr enthält; ein bei 55° mit kolloidalem Palladium gehärteter Waltran zeigt dagegen nach H. E. Dubin und C. Funk[2] noch antirachitische Eigenschaften.

S. S. Zilva[3] bringt die Zerstörung der beiden Vitamine bei der Lebertranhärtung mit der Gegenwart von Sauerstoff in Verbindung; so soll bei der Hydrierung von Lebertran bei 150—175° das Vitamin A und D nicht zerstört werden,

---

[1] Biochemical Journ. 13, 81 (1919).   [2] Journ. metabol. Res. 4, 461 (1923).
[3] Biochemical Journ. 18, 881 (1924).

wenn unter völligem Ausschluß von Luft gearbeitet wird. DRUMMOND hat diese Angabe bestritten.

Z. NAKAMIYA und KAWAKAMI[1] haben ein aus Dorschtran isoliertes, mit „Biosterin" bezeichnetes Vitamin-A-Präparat bei 60⁰ mit Platinschwarz hydriert. Das reduzierte Produkt zeigte keine Spur von Vitamin-A-Aktivität. Das viele Doppelbindungen enthaltende Vitamin A scheint also leicht hydriert zu werden; eine andere Frage ist es natürlich, ob das Vitamin A enthaltende ungesättigte Fett nicht noch leichter hydriert werde. Bei der Hydrierung von Tran bei Zimmertemperatur bleibt Vitamin D nach SUMI[2] vollständig verschont.

Die berichteten, nicht gerade sehr aufschlußreichen Untersuchungen lassen die Hoffnung zu, daß es vielleicht unter milden Reaktionsbedingungen, vor allem bei niedriger Temperatur, möglich sein wird, die Härtung unter Schonung der Vitamine durchzuführen. T. C. DRUMMOND und T. P. HILDITCH[3] bestreiten das allerdings. Sie sind der Ansicht, daß das Vitamin A bei der Hydrierung völlig verändert werde, selbst bei niedrigen Härtungstemperaturen. Auch das Vitamin D werde bei der Härtung zerstört.

Gegen dieses Urteil wenden sich M. J. VAN DIJK, MEES und H. I. WATERMAN[4]. Die Forscher haben die Beobachtung gemacht, daß bei Hydrierung von Palmöl unter einem Druck von 120—150 at und einer Temperatur von 55—70⁰ der Pflanzenfarbstoff, das Carotin, erhalten bleibe. Auch spektroskopisch konnte nachgewiesen werden, daß der Palmölfarbstoff bei der Härtung bei niedriger Temperatur keine Veränderung erfahren hat. Für die Versuche wurde sauerstoffhaltiger Wasserstoff verwendet.

Ein bei 180⁰ unter Normaldruck auf Jodzahl 79 gehärteter Lebertran zeigte nicht mehr die Vitamin-A-Reaktion nach CARR und PRICE (s. Bd. I, S. 180). Das Vitamin A wird also durch Härtung bei höheren Temperaturen zerstört. In dem gleichen Lebertran, der bei einer Höchsttemperatur von 58⁰ und einem Wasserstoffdruck von 150 at auf die Jodzahl 75,5 gehärtet wurde, blieb dagegen die Vitamin-A-Reaktion nach CARR und PRICE zur Hälfte erhalten.

Um festzustellen, ob der Rückgang der Vitamin-A-Reaktion bei der Hydrierung der Fette mit dem Sauerstoffgehalt des Wasserstoffs in Verbindung stehe, haben WATERMAN und Mitarbeiter Lebertran in Gegenwart des Katalysators an der Luft auf 55⁰ erwärmt; ein Rückgang der Farbenreaktion nach CARR und PRICE fand nicht statt, dagegen ging die Intensität der Reaktion bei Erhitzen des Gemisches auf höhere Temperaturen zurück. Auch nach Erhitzen des Trans auf 180⁰ in einem Wasserstoffstrome, aber in Abwesenheit des Katalysators, blieb die Farbenreaktion mit Antimontrichlorid erhalten. Jedenfalls gelingt es nach WATERMAN, die die CARR- und PRICE-Reaktion gebenden Stoffe bei Hydrierung bei niederen Temperaturen teilweise zu erhalten, während sie bei einer Hydriertemperatur von 180⁰ verlorengehen.

Ein Zusatz von Antioxydanzien (Hydrochinon) vermochte dem teilweisen Rückgang der CARR- und PRICE-Reaktion nach Härtung bei niederen Temperaturen und hohem Wasserstoffdruck nicht entgegenzuwirken. Es ist deshalb zweifelhaft, ob die teilweise Zerstörung des Vitamins A bei der Ölhärtung als eine Oxydationserscheinung aufgefaßt werden könne.

Der Gehalt des Trans an Vitamin D blieb nach der Härtung bei niedrigen Temperaturen nahezu unverändert.

---

[1] Scient. Papers Inst. physical. chem. Res. 7, 121 (1927). — S. auch NAKAMIYA:
    Ebenda 24, 509—511 (1934).   [2] Biochem. Ztschr. 204, 298, 408 (1929).
[3] The relative values of cod liver oils from various sources, published by His Majesty's
    Stationery Office, S. 116. London, Dez. 1930.
[4] Koninkl. Akad. Wetensch. Amsterdam, wisk. natk. Afd. 36, Nr. 8 (1931).

Die Untersuchungen von S. Ueno und seinen Mitarbeitern[1] über den Nährwert von unter milden Bedingungen gehärteten Fetten bestätigen, daß die wachstumsfördernden Ergänzungsstoffe der Öle erst bei einer Härtungstemperatur von über 100° vernichtet werden. Ein bei 120° in Gegenwart von Nickel gehärteter Tran zeigte noch die Violettfärbung mit japanischem sauern Ton, welche als eine Vitamin-A-Reaktion aufgefaßt wird.

Mit Sicherheit läßt sich also nur folgendes sagen:

1. Bei normalen Härtungstemperaturen hergestellte Tranhartfette sind praktisch frei von Vitaminen.

2. Es dürfte, vor allem durch sehr weitgehende Erniedrigung der Reaktionstemperatur, möglich sein, Hartfette herzustellen, welche noch Vitamin A und D enthalten. Es darf aber nicht vergessen werden, daß durch Anwendung niederer Temperaturen auch der Verlauf der Härtungsreaktion, wie im theoretischen Teil erklärt wurde, eine andere, für die Praxis wenig erwünschte Richtung annimmt (Abnahme der Selektivität).

II. Technologie der Fetthärtung.
Von E. Hugel, Hamburg.

A. Vorreinigung der Öle.

Die in rohen Fetten enthaltenen Verunreinigungen haben eine stark reaktionshemmende Wirkung auf die Hydrierung. Besonders störend wirken die oxydierten Ölanteile, wie sie namentlich in Tranen vorzukommen pflegen, die Schwefelverbindungen (Senföl), welche in rohen Rapsölen enthalten sind, die Phosphorverbindungen und die Schleimkörper. Auch größere Mengen freier Fettsäuren stören den Härtungsverlauf.

In minderwertigen Transorten (Waltran Nr. 3) fand Hugel pechartige, durch Oxydation des Öles entstandene Stoffe mit einer Acetylzahl nach Normann bis zu 572; solche Stoffe überziehen den Nickelkatalysator und machen ihn sehr bald unwirksam. In mehr oder weniger großen Mengen sind solche Oxyverbindungen in jedem Rohtran enthalten, wenn auch in den guten gelben Transorten nur in Spuren. Die gelben Transorten lassen sich ganz allgemein leichter hydrieren als die roten; eine Ausnahme macht der isländische Heringstran, der seine Färbung einem aus der Nahrung einer Krebsart aufgenommenen Farbstoff verdankt. Die Oxydationsprodukte werden, zusammen mit anderen Verunreinigungen, durch Bleichen oder Entsäuern und Bleichen entfernt und sie scheiden sich nach dem Spalten des Seifenstocks im Säurewasser ab. Schwer zu raffinierende Öle, wie Leinöl und Sojabohnenöl, machen häufig auch bei der Härtung Schwierigkeiten.

Die Vorreinigung der Öle für die Härtung kann auf verschiedene Weise erfolgen. Die Schleimstoffe und mechanischen Verunreinigungen werden durch Erwärmen und Verrühren mit $1/2$—1%, bei schlechteren Ölen mit etwas mehr Bleicherde und nachfolgende Filtration entfernt. Diese Art der Vorreinigung genügt für Öle mit niedrigem Gehalt an freien Fettsäuren.

Schwach saure, aber stark schleimhaltige Öle, wie Leinöl, Rüböl, Sojabohnenöl, werden zweckmäßig mit Schwefelsäure vorraffiniert. Man behandelt die Öle bei 20, höchstens 30° mit 0,5—0,8% Schwefelsäure, deren Konzentration nicht unter 92% und nicht über 95% sein soll (Näheres s. S. 17). Das nach der

---

[1] Journ. Soc. chem. Ind. Japan (Suppl.) **30**, 105 B (1927); **31**, 92 B (1928); **33**, 61 B (1930); **34**, 132 B (1931).

Behandlung mit Schwefelsäure ausgewaschene Öl wird nach dem Trocknen mit Bleicherde und Zusatz von etwas Kreidepulver unter Rühren erhitzt und filtriert. Diese Art der Raffination führt meist zu gut hydrierbaren, hellen Ölen.

In den meisten Fällen müssen die rohen Öle vor der Härtung entsäuert werden. Die Neutralisation wird mit verdünnten Laugen (s. S. 30) durchgeführt, das neutralisierte Öl mit Wasser ausgewaschen und mit $1/2$—1% Bleicherde gebleicht. Die Farbe des Öles ist, wie erwähnt, bei der Vorreinigung von Tranen ein gutes Anzeichen seiner Härtbarkeit, und ein roter oder brauner Tran muß soweit entsäuert werden, daß das neutralisierte Öl rein gelb ist; hierzu ist oft eine Entsäuerung bis auf 0,05% freie Fettsäuren notwendig. Oxydierte Öle, wie beispielsweise aus Ölkuchen extrahierte, müssen häufig, zwecks Aufspaltung innerer Anhydride, nach der Entsäuerung noch mit Soda versetzt und mit offenem Dampf aufgekocht werden; die aufgespaltenen laktonartigen Verbindungen scheiden sich hierbei als Seifen aus. Führt auch diese Nachbehandlung nicht zum Ziele, so ist das Öl für die Härtung ungeeignet.

B. Katalysatoren der Ölhärtung.

a) Einleitung.

Die katalytische Hydrierung der Öle zu festen Fetten (*Hartfetten*) geschieht in der Praxis fast nur durch Erhitzen des Öles in Gegenwart eines feinverteilten, pulverigen Nickelkatalysators unter Einleiten von Wasserstoff.

In der apparativen Ausführung unterscheidet man zwei Verfahren: 1. Starkes Rühren des Ölkatalysatorgemisches unter Durchleiten von Wasserstoff (W. NORMANN) und 2. Zerstäuben des Ölkatalysatorgemisches in eine Wasserstoffatmosphäre (Umlaufverfahren nach TESTRUP, M. WILBUSCHEWITSCH usw.).

Beide Verfahren sind diskontinuierlich: Eine bestimmte Menge Öl wird in Gegenwart einer bestimmten, meist sehr kleinen Menge Katalysator so lange mit Wasserstoff behandelt, bis der erwünschte Schmelzpunkt erreicht ist.

Außerdem ist noch ein kontinuierliches Verfahren (von LUSH-BOLTON, s. S. 170) für die Härtung vorgeschlagen worden: Man läßt das Öl über einen stationären Nickelkatalysator strömen, unter Einleiten von Wasserstoff im Gegenstrom. An Bedeutung steht dieses Verfahren hinter den diskontinuierlichen weit zurück, so daß sich die allgemeine Schilderung der Fetthärtungstechnik auf die diskontinuierlichen, mit pulverigen Katalysatoren arbeitenden Verfahren beschränken kann.

Von den zahlreichen für diesen Zweck vorgeschlagenen Katalysatoren verwendet die Praxis nur *das auf Kieselgur aufgetragene Nickel* und das *durch Zersetzung von Nickelformiat* in einer Ölsuspension *gebildete metallische Nickel*.

b) Nickel-Kieselgur-Katalysator.

Der Katalysator ist in dem für die Ölhärtung grundlegenden Patent von W. NORMANN[1] beschrieben.

Eine Nickelsalz- (Nickelsulfat-) Lösung wird mit Sodalösung ausgefällt, Kieselgur eingerührt, das Gemisch erhitzt, filtriert und ausgewaschen. Der Niederschlag, bestehend aus auf Kieselgur verteiltem, je nach den Fällungsbedingungen mehr oder weniger stark basischem Nickelcarbonat oder auch Nickelhydroxyd, wird in einer Wasserstoffatmosphäre bei 420—500° reduziert.

Man kann auch (nach M. WILBUSCHEWITSCH[2]) so vorgehen, daß man die Kieselgur der Nickellösung vor der Ausfällung mit Soda zusetzt.

---

[1] D. R. P. 139 457.   [2] Österr. P. 66 490.

In beiden Fällen erhält man einen sehr wirksamen, gegen Luft mehr oder weniger empfindlichen Katalysator. Die Masse wird deshalb nach ihrer Herstellung sofort, und unter Ausschluß von Luft, in Öl suspendiert. In der Praxis verfährt man wie folgt:

In einem hölzernen oder eisernen Rührwerksgefäß wird Nickelsulfat in Wasser mit direktem Dampf aufgelöst; dann gibt man die zur Ausfällung des Ni erforderliche Sodamenge portionenweise hinzu und kocht weiter. Von Zeit zu Zeit zieht man Proben und prüft, ob sich im Filtrat noch Nickel befindet (mit Ammon- oder Natriumsulfid).

Solange noch Nickel im Filtrat vorhanden ist, muß man Soda zugeben und kochen. Die Soda muß portionenweise zugesetzt werden, teils, um ein Überschäumen zu verhüten, teils, um einen Überschuß zu vermeiden. Dann wird eine entsprechende Menge Kieselgur zugegeben und noch eine Zeitlang weitergekocht. Nach dem Kochen prüft man nochmals, ob nicht durch die sauren Bestandteile der Kieselgur Nickel in Lösung gegangen ist. In diesem Falle muß man durch vorsichtiges Hinzufügen von Soda das Ni weiter ausfällen. Ein Sodaüberschuß macht den Katalysator schwer auswaschbar. Jetzt wird durch eine eiserne Filterpresse abfiltriert und der Filterkuchen gut ausgewaschen. Wenn das Waschwasser keine alkalische Reaktion und keine Sulfatreaktion mehr zeigt, ist der Filterkuchen genügend rein. Der Katalysatorkuchen wird dann getrocknet, entweder an der Luft, in einem Hordentrockner oder auch in einem schwachgeheizten Trommelröster oder Drehofen.

Nach der Trocknung wird das Kieselgur-Nickelcarbonat-Gemisch, eventuell nach vorausgegangener Mahlung und Sichtung, im Wasserstoffstrome reduziert. Es wird zuerst auf eine Temperatur von etwa 350^0 erhitzt, wobei das basische Nickelcarbonat in Nickeloxydul übergeht. Dann leitet man Wasserstoff ein und erhöht gleichzeitig die Temperatur auf $450—500^0$. Die ursprünglich graue Masse verwandelt sich durch Reduktion in ein schwärzliches, sehr voluminöses Pulver. Je nach der Apparatur läßt man nach beendeter Reduktion unter Wasserstoff oder Kohlensäure erkalten und die Masse in Öl fallen. Dadurch wird eine Oxydation des sehr empfindlichen, häufig pyrophoren Katalysators vermieden.

Nickeloxydul läßt sich schon bei 150^0 langsam, bei 250^0 verhältnismäßig leicht reduzieren. Auf Kieselgur niedergeschlagenes Nickeloxyd erfordert dagegen eine wesentlich höhere Reduktionstemperatur. Als Optimum hat man im Betrieb die Temperatur von 470 bis 480^0 festgestellt.[1]

Die *Reduktions- oder Röstapparate* lassen sich in zwei Typen einteilen: Typ des Trommelrösters und die kontinuierlichen Apparate. Der älteste Typ ist der Trommelröster. Eine rotierende Trommel wird durch ein Mann- oder Handloch mit dem Nickelkieselgurpräparat beschickt, die Öffnung verschlossen. Die Trommel wird von außen mit Gas beheizt. Die Luft wird erst durch CO_2 verdrängt, dann H_2 durchgeleitet. Nach 4—6 Stunden (es wird dies in jedem Betriebe für den betreffenden Apparatentyp ausprobiert) wird der Wasserstoff abgestellt, Kohlensäure eingeleitet und im Kohlensäurestrom erkalten gelassen (die Abkühlung kann durch Berieseln der Trommel mit einem Wasserstrahl beschleunigt werden). Man läßt nun das Pulver in Öl fallen. Bei der rotierenden Bewegung kommt es vor, daß sich der Katalysator zu Kugeln zusammenklebt. Er muß dann mit Öl zusammen gemahlen werden. Der Katalysator ist dann für die Härtung gebrauchsfertig.

Zu diesem Apparatentyp gehören der Röster von WILBUSCHEWITSCH, WOLFSOHN (in der Praxis noch nicht ausprobiert) und die Rösttrommel der Francke-Werke.

Der Apparat zur Reduktion des Nickel-Kieselgur-Katalysators nach WILBUSCHEWITSCH (Abb. 63) besteht aus einer auf Rollen drehbar angeordneten zylindrischen Retorte *b*, die mit dem Heizmantel *o* versehen ist. In dieselbe wird durch die Öffnung *n* die Mischung des Nickelcarbonats mit der Kieselgur gebracht. Die Retorte

---

[1] Mit Dicarbonat auf Kieselgur niedergeschlagenes Nickel läßt sich nach W. NORMANN (Fette, Seifen, **1936, 133**) schon bei 240^0 reduzieren.

wird alsdann mittels eines Zahnradgetriebes q, das durch Riemenscheiben angetrieben wird, in langsamer Umdrehung auf etwa 500° erhitzt. Nun wird durch das Rohr a Wasserstoff in die Retorte eingeführt. Das Gas durchströmt das zu reduzierende Material sowie den an der Retorte angebrachten automatisch wirkenden Staubsammler c, tritt sodann in die Kühlschlange f ein und gelangt von hier aus in die mit Säure und Natronlauge oder sonstigem Reinigungsmaterial gefüllten Gefäße g und g_1 und

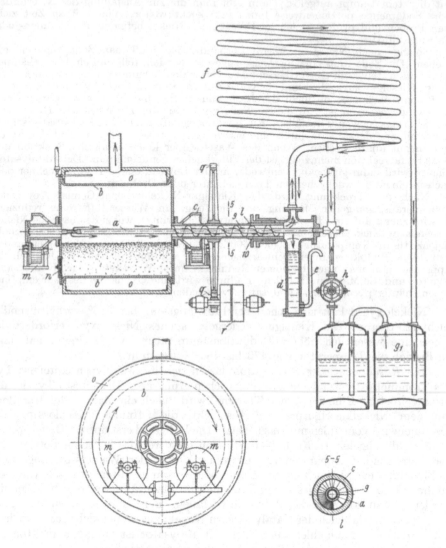

Abb. 63. Nickelreduktionsapparat nach WILBUSCHEWITSCH.

wird dann durch die Pumpe h wieder in den Betrieb zurückgeführt. Das bei der Reduktion entstehende Wasser, welches zusammen mit dem Wasserstoff entweicht, wird in der Kühlschlange f kondensiert, tropft zurück und gelangt in das Gefäß d, von wo es durch den Heber e abläuft. Die Reduktion ist beendigt, sobald sich im Gefäß d kein Wasser mehr kondensiert. Um zu verhüten, daß der entweichende Wasserstoff Staubteilchen mit sich reiße, ist der automatisch wirkende Staubsammler c angebracht. Dieser ist mit der Transportschnecke l versehen. Der Staub geht in der Pfeilrichtung durch die Kammer 10 und den Zwischenraum 9 des Staubsammlers und wird dadurch, daß die Geschwindigkeit des Gasstromes verlangsamt wird, abgesetzt. Er wird durch die Flügel der Schnecke l in die Retorte zurückgeführt.

Die Rösttrommel der Francke-Werke in Bremen (Abb. 64) besteht aus einem Dreikant mit abgerundeten Kanten. Mit Hilfe der in der Trommel angebrachten Schnecke wird der reduzierte Katalysator in einer Kohlensäureatmosphäre entleert. Im übrigen erfolgt hier die Reduktion in ähnlicher Weise wie in der Reduziertrommel von WILBUSCHEWITSCH.

Die Trommelapparate haben den Nachteil der schweren Temperaturregelung und umständlichen Probenahme. Auch die Entleerung ist, wenn keine besondere Transportvorrichtung, wie in der Konstruktion der Francke-Werke vorgesehen ist, schwierig, und der Katalysator kann dabei leicht oxydiert werden. Bei

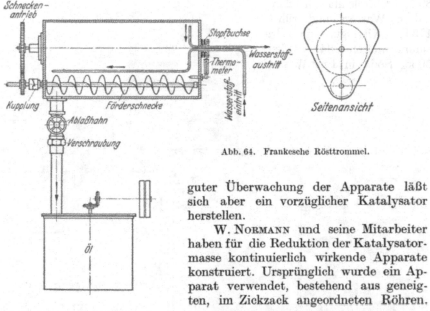

Abb. 64. Frankesche Rösttrommel.

guter Überwachung der Apparate läßt sich aber ein vorzüglicher Katalysator herstellen.

W. NORMANN und seine Mitarbeiter haben für die Reduktion der Katalysatormasse kontinuierlich wirkende Apparate konstruiert. Ursprünglich wurde ein Apparat verwendet, bestehend aus geneigten, im Zickzack angeordneten Röhren.

Im ersten Rohr wurde die Temperatur auf etwa 150° gehalten, um das Nickel-Gurgemisch vorzutrocknen. Die Masse passierte darauf zwei Walzen zum Zerkleinern der beim Trocknen gebildeten Klumpen; im folgenden Rohr wurde bei zirka 250° die durch Zersetzung des Carbonats gebildete Kohlensäure ausgetrieben, und im dritten, am höchsten erhitzten Rohr, erfolgte die Reduktion des Nickeloxyds. Aus diesem fiel der fertige Katalysator in ein mit Öl gefülltes Rührgefäß.

Der nächste Apparat wurde dem Pyriströstofen nachgebildet[1]. Das erste Rohr wurde beibehalten, die beiden anderen durch Tellerapparate ersetzt. Der Vorteil solcher Apparate besteht in der leichteren Temperaturregulierung; auch lassen sich jederzeit Proben entnehmen. Beheizt werden die Apparate mit Gas oder Elektrizität. Die Konstruktion eines solchen ,,Tellerrösters" nach NORMANN ist aus den Abb. 65 und 66 ohne weiteres verständlich.

Bei dem Apparat nach Abb. 66 ist die Heizung nach innen verlegt und erfolgt elektrisch, was eine gleichmäßige Temperaturverteilung im Ofen gestattet[2]. Die Apparate werden von Volkmar Hänig & Co. geliefert.

Für die Herstellung der Katalysatormasse, d. h. des auf Kieselgur verteilten Nickeloxyds bzw. -carbonats, seien zwei typische Arbeitsweisen angegeben:

---

[1] W. NORMANN: D. R. P. 318177.
[2] Entnommen der Ezyklopädie von ULLMANN, Bd. 5, S. 174.

1. (Arbeitsweise NORMANN.) Man löst 300 kg technisches Nickelsulfat in etwa 1 m³ Wasser, trägt allmählich 120 kg Soda ein, kocht 1 Stunde und gibt, falls das Filtrat noch etwas Nickel enthält (Prüfung mit Natriumsulfid), noch Soda bis zur Nickelfreiheit des Filtrats hinzu. Hierauf setzt man 200 kg Kieselgur zu, kocht 1¹/₂ Stunden, gibt notfalls wieder etwas Soda hinzu, filtriert die Masse ab, wäscht sie mit Wasser gründlich aus usw. Ein solcher Katalysator würde rund 24 % Ni enthalten.

2. (Arbeitsweise WILBUSCHEWITSCH.) Man löst 80 kg Nickelsulfat in 2 m³ kalten Wassers und rührt 175 kg Kieselgur ein. In einem zweiten Gefäß werden 50 kg Soda in 1 m³ Wasser

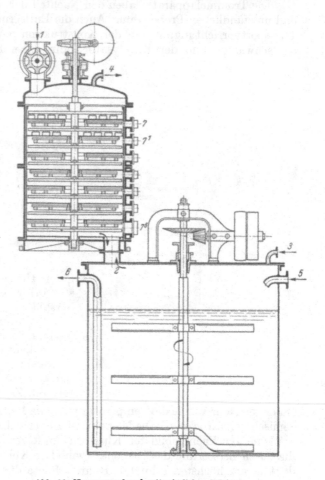

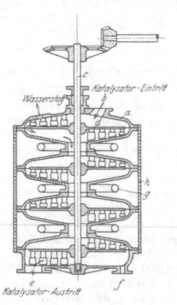

Abb. 65. NORMANNscher kontinuierlicher Röstapparat.

a Gußteller, *b* Katalysatoreintritt, *c* Antrieb, *d* Rührer, *e* Katalysatoraustritt, *f* Wasserstoffeingang, *g* Heizgasbrenner, *h* Wärmeschutz.

Abb. 66. NORMANNscher kontinuierlicher Röstapparat.

1 Katalysatoreintritt, *2* Katalysatoraustritt, *3* Wasserstoffeingang, *4* Wasserstoffausgang, *5* Ölleitung, *6* Anschluß an Katalysatorpumpe. *7—7⁶* Elektr. Anschlüsse.

kalt gelöst. Man vereinigt nun vorsichtig die beiden Lösungen und kocht, bis eine Probe des Filtrats keine Nickelreaktion mehr zeigt. Der Niederschlag wird dann weiter wie oben behandelt. In der Praxis werden Katalysatoren mit einem Nickelgehalt von etwa 20 % verwendet.

Um zu einem Katalysator gleichmäßiger Aktivität zu gelangen, ist es von Wichtigkeit, sowohl bei der Ausfällung des Nickels auf dem Träger als auch bei der Reduktion des Gemisches unter stets gleichen Bedingungen zu arbeiten. Die Zusammensetzung der Nickelniederschläge ist von der Fällungstemperatur, dem verwendeten Sodaüberschuß und der Erhitzungsdauer des Gemisches in hohem Grade abhängig; je länger das Gemisch gekocht wird, um so weiter geht die hydrolytische Spaltung der Nickelcarbonate, bis schließlich reines Ni (OH)$_2$ zurückbleibt.

In Abb. 67 ist eine Gesamtanlage zur Herstellung des Nickel-Kieselgur-Katalysators schematisch gezeichnet. Die zwei Auflösegefäße sind mit Rührwerken versehen. Das eine dient zur Auflösung des Nickelsalzes, das andere für die Sodalösung. Im Fällungsgefäß wird Kieselgur mit Wasser angerührt, die Nickellösung zufließen gelassen und dann die Sodalösung zugefügt. Der Niederschlag wird nach Kochen usw. in die Filterpresse gedrückt und ausgewaschen. Die Preßkuchen werden im Trockenofen auf Horden mit heißer Luft getrocknet. Die Mischung wird gemahlen und im Reduzierofen mit Wasserstoff reduziert. Nach Auskühlen des Ofens wird der Katalysator nach dem Öltank entleert.

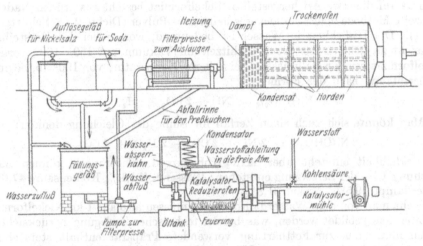

Abb. 67. Schema einer Kieselgur-Katalysatoranlage.

c) Reinnickelkatalysatoren aus Nickelformiat.

Der Gedanke, fein verteiltes Nickel durch Reduktion von Nickelverbindungen im Öl selbst herzustellen, stammt von F. BEDFORD und H. ERDMANN[1]. Durch Reduktion von im Öl suspendiertem Nickeloxyd bei 250—270° in einem Wasserstoffstrom erhielten sie wirksame Katalysatoren, welche sich im Gegensatz zum trocken reduzierten Oxyd im Öl sehr fein verteilen ließen und an Aktivität das letztere weit übertrafen.

FUCHS und GRANNICHSTAEDTEN[2] versuchten, das Nickeloxyd durch Nickelcarbonat zu ersetzen, in der Annahme, daß das Carbonat ein voluminöseres, aktiveres Nickel ergeben würde.

Beide, einige Zeit in der Praxis ausgeübten Verfahren, wurden später durch die Anwendung von Nickelformiat als Ausgangsstoff für den Nickelkatalysator verdrängt. Das durch Zersetzung von Nickelformiat in der Ölsuspension gebildete Nickel ist erheblich wirksamer als das nach den beiden vorgenannten Verfahren bereitete; ein weiterer Vorzug besteht darin, daß zur Überführung des Formiats in das Metall keine so hohen Temperaturen erforderlich sind wie bei der Reduktion von Nickeloxyden oder -carbonaten. Erfinder des „Formiat"-Verfahrens sind WIMMER und HIGGINS[3]. Das Verfahren wurde dann von der Bamag-Meguin A. G. übernommen und von HAENSEL gemeinsam mit HUGEL weiter für die Praxis

---

[1] E. P. 29612/1911. [2] D. R. P. 349251.
[3] D. R. P. 300225; A. P. 1416249; Österr. P. 86138.

ausgebaut. In den Jahren nach dem Kriege hat das Verfahren steigende Bedeutung erlangt und das Arbeiten mit Nickel-Kieselgur ziemlich weitgehend verdrängt.

Dem „Nickel-Kieselgur"-Verfahren ist es vor allem wegen der weit größeren Einfachheit der Katalysatorbereitung überlegen. Für die Härtung ist eine etwas höhere Reaktionstemperatur erforderlich, jedoch ist das, wie wir später sehen werden, kein Nachteil.

Nickelformiat [Ni(HOOC)$_2$ + 2H$_2$O; Mol.-Gew. 185] kann entweder aus Nickelcarbonat und Ameisensäure oder durch Umsetzung von löslichen Nickelsalzen und Natriumformiat hergestellt werden.

$$NiSO_4 + 2 NaCHO_2 = Ni(CHO_2)_2 + Na_2SO_4$$

Das auf die erste Art hergestellte Nickelformiat besteht aus grünen Nadeln; die zweite Methode liefert ein lockeres hellgrünes Pulver (Dichte 2,15, Schüttgew. 0,9—1). Die Löslichkeit in Wasser ist bedeutend, worauf bei der Herstellung Rücksicht zu nehmen ist. Beim Erhitzen im Vakuum auf 150—160° verliert Nickelformiat sein Kristallwasser. Bei höherer Temperatur, von 190° ab, beginnt die Zersetzung nach der Formel:

$$Ni(HCO_2)_2 = Ni + 2 CO_2 + H_2$$

Man könnte sich auch einen Zerfall im Sinne der Gleichung denken:

$$2 Ni(CHO_2)_2 = 2 Ni + 2 CO + 2 H_2O + 2 CO_2$$

In Wirklichkeit entsteht aber kein Kohlenoxyd. Theoretisch können nach Gleichung 1 bei der Zersetzung entstehen: Wasserstoff 1,1%, Kohlensäure 47,6%, Wasserdampf 19,5%, Nickel 31,8%.

Sieht man von dem Wasserdampf ab, so müssen also aus 1 kg Nickelformiat 366 Liter Gas gebildet werden, was bei der technischen Zerlegung berücksichtigt werden muß. Das zur Fetthärtung verwendete Präparat enthält stets einige Prozente Feuchtigkeit, geringere Mengen Natriumsulfat[1], Nickelcarbonat usw., so daß der Nickelgehalt nur rund 30% beträgt.

Die technische Herstellung erfolgt in einer Apparatur, welche ganz ähnlich derjenigen für die Kieselgurkatalysatorbereitung verwendeten ist; es entfällt aber gänzlich die Reduktionsapparatur. Zweckmäßig verwendet man als Fällungsbehälter hölzerne, emaillierte, kupferne oder verbleite Kessel. Infolge der sauren Reaktion des Nickelsulfats wird nämlich stets etwas Ameisensäure frei, welche die Behälter stark angreift, so daß bei Verwendung von eisernen Apparaten der Katalysator stets größere Mengen Eisen aufnehmen kann.

Beispiel: 500 kg krist. Nickelsulfat werden in der doppelten Menge, d. h. in 1000 l Wasser aufgelöst und durch direkten Dampf zum Sieden gebracht; allmählich werden 267 kg Natriumformiat eingetragen (das technische Natriumformiat ist nie 100%ig, man verwendet daher einen Überschuß von 10%); die Masse fängt zu schäumen an, es entwickelt sich etwas Ameisensäure, und wenn etwa die Hälfte des Formiats eingetragen ist, bildet sich ein dunkelgrüner Niederschlag, der sich bei weiterem Eintragen stark vermehrt. Die dunkelgrüne Modifikation ist schleimig, läßt sich schwer filtrieren, hält viel Mutterlauge zurück und ergibt einen schlechten Katalysator. Bei weiterem Kochen wird der Niederschlag heller, körniger und leicht filtrierbar. Wenn der Farbumschlag eingetreten ist, ist die Fällung beendet, und man hat im Fällungskessel ungefähr die gleichen Volumina Niederschlag und Flüssigkeit. Es wird heiß abfiltriert (am besten mit Preßluft), und zwar durch eine hölzerne Filterpresse oder durch eine Presse mit Holzeinsätzen (Eisenpressen werden stark angefressen). Man bläst die Filterpresse stark aus, um die Mutterlauge gut zu entfernen, oder wäscht kurz durch. Dann bringt man das Formiat in Emailleschalen

---

[1] Das Nickelformiat von der Niedersächsischen Gesellschaft für Metallindustrie Hannover ist sulfatfrei.

und trocknet im Vakuumtrockenschrank. Das Verfahren liefert eine Ausbeute von rund 60% des Nickelsulfats = etwa 300 kg. Das von der Filterpresse abgelaufene Filtrat enthält noch 2—2,5% Nickel, d. h. rund 20% Nickelsulfat bleiben in Lösung. Man kann durch einen größeren Überschuß von Natriumformiat den Nickelgehalt des Filtrates erniedrigen; es ist dies aber nicht wirtschaftlich. Vorteilhafter ist es, das Filtrat mit Soda zu fällen und das Nickelcarbonat beim Regenerieren des toten Katalysators zu verwenden. Man erhält durch Ausfällen mit Soda noch rund 60 kg Ni-Carbonat.

Bei der Herstellung von Nickelformiat muß darauf geachtet werden, daß das Fertigprodukt kein Nickelsulfat enthält, welches schädlich auf die Härtung einwirkt; dagegen ist das Natriumsulfat vollkommen harmlos.

Zersetzung des Nickelformiats. Das nach der Trocknung erhaltene Nickelformiat wird zusammen mit Öl in einer Farbmühle vermahlen. Zweckmäßig verwendet man zum Anmischen Erdnußöl oder auch ein Hartfett, dagegen sind Öle, welche Schwefelverbindungen oder lecithinartige Verbindungen enthalten, zu vermeiden. Man setzt soviel Öl zu, daß der Gehalt an Nickelformiat ungefähr 10% beträgt. Dieses Gemisch wird dann in den Zerlegungsapparat gebracht. Der Zerlegungsapparat muß mit einer Heizung ausgerüstet sein, derart, daß eine Temperatur von 250° erreicht werden kann. Wie schon angegeben, fängt die Zersetzung bei 190° an, sie verläuft aber bei dieser Temperatur nicht quantitativ. Am besten findet die Zerlegung nicht im Wasserstoffstrom, sondern im Vakuum statt. Man erhitzt das Gemisch im Zerlegungsapparat im Vakuum auf 190°, steigert dann die Temperatur langsam auf 245—250°. Es erfolgt eine sehr intensive Entwicklung von Kohlensäure und Wasserstoff. Erhitzt man von 190° ab zu schnell, so wird die Gasentwicklung so heftig, daß leicht ein Überschäumen eintritt. Das Ölformiatgemisch, welches ursprünglich eine reine grüne Farbe hat, wird bei der Zersetzung erst grau, dann schwarz. Wenn es eine tiefschwarze Farbe angenommen hat, ist die Zersetzung beendet. Eine Untersuchung des bei 230° gebildeten Gemisches ergibt, daß noch viel unzersetztes Formiat vorhanden ist, während bei 250° Nickelformiat auch nicht mehr spurenweise auffindbar ist. Wenn die Temperatur von 250° erreicht ist, wäre die Zersetzung also beendet[1]. Man könnte damit eine Reihe Härtungen ausführen, die Praxis hat aber gezeigt, daß ein derartiges Nickel nicht besonders widerstandsfähig gegen Vergiftung ist. Deshalb nimmt man gleich nach der Zerlegung eine Stabilisierung des Nickels vor, indem man Wasserstoff bis zur vollständigen Härtung des Öles einleitet. Die Ursache der größeren Widerstandsfähigkeit gegen Vergiftung liegt in der verschiedenen Struktur des erhaltenen Nickelmetalls. Es wurde vom Verfasser beobachtet, daß verschiedene Modifikationen entstehen können, und zwar entweder

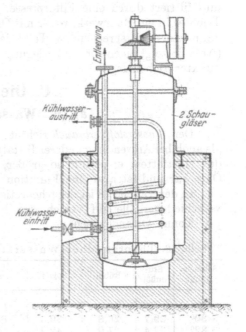

Abb. 68. Formiatzerleger mit direkter Heizung.

---

[1] Die Hauptreaktion ist bei 230—235° beendet. Es sind aber noch zirka 20% Formiat unzerlegt. Die Nachreaktion erfolgt erst zwischen 240—250°, und zwar sehr heftig, so daß leicht ein Überschäumen eintritt.

eine amorphe oder eine kristallinische. Die kristalline Modifikation besteht aus hexagonalen Prismen mit häufiger Zwillingsbildung. Bei einer Temperatur über 230° bildet sich stets die amorphe Modifikation. Die Umwandlung der kristallinen in die amorphe Modifikation bedingt natürlich eine erhebliche Oberflächenvergrößerung, womit die erhöhte Aktivität zusammenhängt. Die amorphe Modifikation ist, wie die Praxis gezeigt hat, auch widerstandsfähiger gegen Katalysatorvergiftung.

Nachdem das zur Reduktion des Formiats mitverwendete Öl bis auf einen Schmelzpunkt von zirka 60° gehärtet worden ist, kühlt man auf etwa 100° ab und filtriert durch eine Filterpresse. Der Filterkuchen fällt dann durch einen Trichter in ein Rührwerk, wo er mit Öl angerührt wird. Zum Härten pumpt man dann einen entsprechenden Teil dieses Gemisches in den Härtungsapparat. (Abb. 68 zeigt einen für die Zerlegung des Nickelformiats geeigneten Apparat mit direkter Beheizung.)

C. Die Härtung.

a) Der Wasserstoffverbrauch.

Der *Wasserstoffverbrauch* richtet sich natürlich sowohl bei diesen Verfahren, als auch bei Anwendung anderer Katalysatoren nicht nur nach dem Schmelzpunkt des Hartfettes; er ist um so größer, je höher die Jodzahl des ursprünglichen Öles war und ist also eine Funktion der Jodzahlabnahme.

In der Tabelle 18 ist der (theoretische) Wasserstoffverbrauch bei der Härtung verschiedener Öle auf verschieden hohe Schmelzpunkte in Kubikmetern Gas pro Tonne Öl angegeben.

Tabelle 18. Theoretischer Wasserstoffverbrauch bei der Härtung in m^3/t.

Schmelzpunkt	Erdnußöl	Rüböl	Sojaöl	Leinöl	Baumwollsaatöl	Waltran	Heringstran	Olivenöl
28°	27,9	22,4	36,8	61,2	29,0	41,4	53,2	14,0
30°	29,7	26,8	39,5	65,5	31,7	45,8	57,6	15,5
32°	32,4	27,9	42,2	70,0	34,3	50,1	61,9	17,0
34°	35,5	29,7	46,7	75,5	37,8	54,5	66,3	19,0
36°	38,2	31,5	50,3	83,2	40,5	59,0	70,8	21,0
38°	40,5	33,3	54,7	88,9	43,5	64,2	76,0	23,0
40°	44,1	34,6	59,2	93,7	46,6	67,7	79,5	25,0
42°	47,7	36,0	63,7	98,0	50,1	73,0	85,8	26,5
45°	52,3	40,5	70,0	104,0	54,5	79,2	90,0	29,5
50°	58,5	54,2	80,0	113,0	61,6	105,2	107,0	34,0
55°	67,5	67,5	90,0	120,0	74,0	—	125,0	46,0
60°	84,5	78,4	101,0	130,0	88,0	—	—	59,0

Praktisch braucht man infolge Undichtigkeiten der Apparatur und Nebenreaktionen mehr. Man rechnet bei Verwendung von Elektrolytwasserstoff mit einem Verbrauch von 105—110% der Theorie (minimal wurden in einem Betrieb 102% gebraucht), beim Schacht- (Kontakt-) Wasserstoff mit 120%, höchstens 130% H_2. Selbstverständlich ist der Verbrauch bei nur teilweiser Beschäftigung einer Anlage prozentual höher als bei Vollbetrieb, da die unvermeidlichen Leckagen stets ungefähr die gleichen sind. Für die Kontrolle des Wasserstoffverbrauches bedient man sich folgender Formel:

$$\frac{\text{Jodzahlabnahme}}{1,14} = \text{verbrauchte Kubikmeter Wasserstoff pro Tonne Öl.}$$

Obwohl Wasserstoff das spezifisch leichteste Gas ist, macht sich die Wasserstoffaufnahme doch gewichtsmäßig bemerkbar. Meist werden die bei der Härtung unvermeidlichen Verluste durch Abdestillieren von Fettsäure, Fettverlust im Katalysator usw. durch die Wasserstoffaddition ausgeglichen, so daß bei der Härtung eine Ausbeute von etwa 100% erzielt wird. Nehmen wir als Beispiel Tranhärtung bis auf einen Schmelzpunkt von 36°, so werden pro Tonne Öl 59 m³ Wasserstoff aufgenommen; da 1 m³ Wasserstoff rund 90 g wiegt, ist also eine Gewichtszunahme von 5310 g oder von $1/2$% erfolgt. Härtet man Leinöl auf 45°, so beträgt die Gewichtszunahme, der großen Wasserstoffaufnahme entsprechend, rund 1%.

b) Härtung mit Nickel-Kieselgur-Katalysatoren.

1. Allgemeines.

Die Katalysatormasse, d. h. die Suspension des Nickelkatalysators im Öl, wird in der benötigten Menge in den mit Öl gefüllten Härtungsapparat (s. S. 146) gepumpt; meist genügt eine Menge von etwa 1% des zu härtenden Öles, also etwa 0,2% Ni. Nach Beschickung wird der Apparat angeheizt, zweckmäßig im Vakuum. Nach Erreichen einer Temperatur von etwa 150° läßt man Wasserstoff durchgehen. Ist eine Evakuierung der Apparatur nicht möglich, so muß von Beginn an Wasserstoff eingeleitet werden, den man solange ins Freie entweichen läßt, bis die Luft in dem Apparat durch Wasserstoff verdrängt ist. Jetzt läßt man den Wasserstoff im Kreislauf durch den Apparat zirkulieren. Der Wasserstoff tritt unten in den Apparat ein; der überschüssige, oben austretende Wasserstoff wird vom Kompressor angesaugt und nach vorangegangener Reinigung, mit frischem Gas vermischt, in den Härtungsapparat gedrückt. Bei dem Umlaufverfahren nach WILBUSCHEWITSCH (s. S. 147) steht der Wasserstoff unter einem Druck von einigen Atmosphären über dem Öl-Katalysator-Gemisch; der vom Öl aufgenommene Wasserstoff wird ständig durch neu einströmenden ersetzt.

Wie auf S. 130 angegeben, ist die Hydrierung der ungesättigten Öle mit einer positiven Wärmetönung verbunden; bei Gegenwart aktiver Katalysatoren kann die entwickelte Wärme sehr groß sein und zu einer starken Temperaturerhöhung des Ölgemisches führen. Die Heizung muß in solchen Fällen abgestellt und das Öl häufig noch durch eingebaute Wasserkühlschlangen gekühlt werden. Bei leicht hydrierbaren, höher ungesättigten Ölen kann mitunter trotz aller Vorsichtsmaßnahmen die Temperatur 30—50° über die gewünschte Härtungstemperatur, welche normalerweise 160—180° beträgt, ansteigen. Die Reaktionswärme wird neuerdings dazu ausgenützt, um das zu härtende Öl in Wärmeaustauschern anzuheizen, so daß eine Heizung des Öles im Hydrierapparat selbst nicht mehr notwendig ist (System Bamag-Meguin A.-G.).

Sobald eine entnommene Ölprobe salbenartige Konsistenz zeigt, beginnt man mit der Schmelzpunktskontrolle, um die Härtung im richtigen Moment unterbrechen zu können. Es wird dann sofort die Wasserstoffzuleitung abgestellt, bei hochaktiven Katalysatoren sogar einige Grade unter dem erstrebten Schmelzpunkt.

2. Die Apparatur[1].

Wie schon mehrfach erwähnt worden ist, hat sich die Härtungsapparatur für das Arbeiten mit pulverigen Katalysatoren nach zwei verschiedenen Richtungen entwickelt, dem Rühr- und Umlauf- oder Umpumpverfahren. Beim ersteren wird das Gemisch von Öl und Katalysator dauernd gerührt, während Wasserstoff von unten hindurchgeleitet wird (NORMANN). Bei dem zweiten Ver-

---

[1] Vgl. auch W. NORMANN: Chem. Apparatur 1925, 2, 15, 21, 34, 42, 63.

fahren wird das Gemisch von Öl und Katalysator dauernd im Kreislauf durch den mit Wasserstoff gefüllten Autoklaven gepumpt, wobei das Gas auf einen gewissen Druck komprimiert wird.

Der Normannsche Härtungsapparat, wie er auch heute noch häufig verwendet wird, ist in Abb. 69 abgezeichnet. Er besteht aus einem zirka 5 m hohen Zylinder mit Stabrührwerk und Stabwiderständen, Heiz- und Kühlschlange, Wasserstoffzu- und -ableitung und den erforderlichen Armaturen. Die Kapazität beträgt 3—5 t. Der Druck des Heizdampfes beträgt 10 at = 170—180°. Der Druck des Wasserstoffs kann bis zu 10 at reguliert werden. Diese Apparatur ist vielfach verbessert und abgeändert worden. Der von der Firma Bamag-Meguin A.-G. angefertigte Autoklav für das Formiatverfahren (s. S. 153) ist nach demselben Prinzip erbaut. In Apparaten dieser Art kann auch mit niederem Wasserstoffdruck gehärtet werden. Eine Abart hiervon stellt ein von den Francke-Werken konstruierter, liegender Apparat dar (in der Art der Bleichmalaxeure), der aber heute kaum noch verwendet wird.

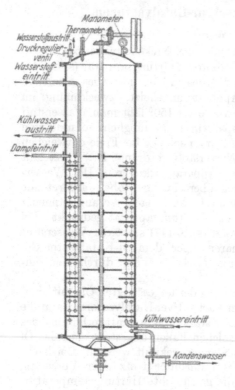

Abb. 69. Normannscher Härtungsapparat (älteres System).

Der Urtyp des Umpumpverfahrens ist die bekannte Apparatur nach Wilbuschewitsch[1].

In einem unten in eine Spitze auslaufenden Apparat befindet sich das Öl-Nickel-Gemisch. Darüber steht der Wasserstoff unter einem Druck von früher 15, jetzt nur noch 2—3 at. Seitlich ist eine Zirkulationspumpe angebracht, die das Öl-Katalysator-Gemisch unten abpumpt und durch eine Verteilungsdüse oben wieder in den Apparat drückt. Der Apparat wird mit Dampf von 8—10 at auf 160—180° geheizt. Der Pumpenverschleiß durch die Kieselgur ist aber sehr hoch. Vor allem hat diese Anordnung den Nachteil, daß die gas- und dampfförmigen Nebenprodukte, die bei der Fetthärtung entstehen, nicht entfernt werden bzw. nicht entfernt werden können. Der Katalysator wird daher vorzeitig vergiftet. Eine ähnliche Konstruktion hat die Apparatur der Francke-Werke in Bremen (ebenfalls mit den Nachteilen des stagnierenden Wasserstoffs). Die Borsig-A. G. hat das Prinzip der Mammuthpumpe mitverwendet, womit eine wesentliche Verbesserung der Konstruktion und der Art der Mischung von Öl und Wasserstoff erzielt werden sollte. Bei diesem System wird der Wasserstoff durch einen Kompressor von unten in den Apparat gedrückt, das Gas entweicht oben und wird nach Reinigung und Vermischen mit frischem Gas in den Apparat zurückgeleitet.

Drei zu einer Batterie vereinigte „Umpump"-Apparate nach Wilbusche-

[1] Fast überall in der Literatur wird von diesem Verfahren im Gegensatz zum Normann-. Verfahren gesprochen, während es sich doch nur um eine apparative Abänderung handelt. Die Katalysatorherstellung hat Wilbuschewitsch von Normann übernommen.

WITSCH sind in Abb. 70 dargestellt. Jetzt wird allerdings nicht mehr mit mehreren stufenweise geschalteten Apparaten gearbeitet, sondern die Härtung der Ölcharge in einem Autoklaven zu Ende geführt.

Das Öl (in R) und die Katalysatorsuspension (in O) werden durch die Pumpen A, A_1 in den Mischapparat B gepumpt. Das Gemisch tritt durch das mit Ventil H versehene Rohr G durch den Zerstäuber C_1 in den Autoklaven (J_1). Der Wasserstoff wird mittels Kompressor K durch das Rohr X_1 (Y oder Y_1) und die Austrittsöffnung D_1 (D_2, D_3) in den Autoklaven gedrückt. Aus dem konischen Teil des Autoklaven wird die Ölmischung durch die Pumpe E_1 in den Autoklaven J_2 gepumpt oder, bei Ver-

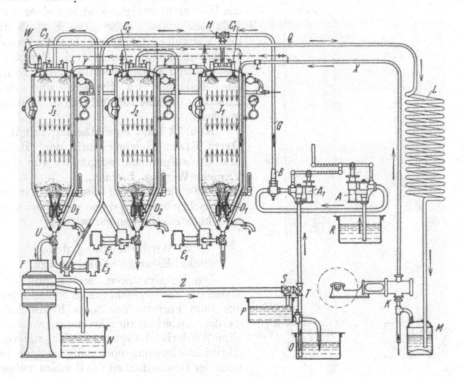

Abb. 70. Härtungsapparatur nach WILBUSCHEWITSCH.

wendung eines Einzelgefäßes, nach J_1 zurückgepumpt. Das gehärtete Fett tritt durch das Ventil U in die Zentrifuge F, wo die Trennung von Öl und Katalysator stattfindet (heute verwendet man für diesen Zweck Filterpressen). Von der Zentrifuge (oder Filterpresse) fließt das Hartfett nach N. Der erschöpfte Katalysator wird durch den Hahn S in das Gefäß P abgelassen. Durch den Hahn T wird frischer Katalysator zugeführt.

Der zirkulierende, überschüssige Wasserstoff geht durch das Rückschlagventil W und die Leitung Q zur Kühlschlange L, von hier durch NaOH (in M) und wird dann gereinigt in den Betrieb zurückgeführt.

Zum Umrühren des Öl-Katalysator-Gemisches kann man sich auch des von unten eingeleiteten Wasserstoffs allein, also ohne Zuhilfenahme eingebauter Rührwerke bedienen (Abb. 71). Ein Teil des Katalysators setzt sich aber in solchen Apparaten zu Boden, so daß man unter Umständen größere Katalysatormengen verwenden muß und die Härtung längere Zeit in Anspruch nimmt.

Zum Beheizen der Härtungsautoklaven genügt auf etwa 10 at gespannter Dampf. Will man aber bei der Härtung das Prinzip der selektiven Hydrierung weitgehender ausnutzen, zum Zwecke der Herstellung von sog. „Weichfetten"

(S. 160), so muß man die Reaktion bei einer höheren Temperatur durchführen als der üblichen Temperatur der Nickel-Kieselgur-Härtung (bis 180⁰) (vgl. S. 161). Man ist deshalb häufig von der Dampfheizung auf Heißwasserheizung übergegangen. Das bekannteste und technisch wohl auch vollkommenste ist das Opitz-Klotz-Verfahren. Es besteht aus einem Röhrensystem, welches mit einer Druckpumpe mit destilliertem Wasser gefüllt wird. Das Röhrensystem führt durch einen Ofen, dann nach dem zu beheizenden Apparat und wieder zurück zum Ofen. Alle Verbindungen sind mit Thermit geschweißt. Das Wasser, welches die Wärme überträgt, wird mit einer Zirkulationspumpe bewegt. Das System ist der Vorläufer der später beschriebenen Hochdruckdampfheizung (vgl. Formiathärtung und Fettsäuredestillation, S. 516). Ein Nachteil des Systems sind die Pumpen, die viel Reparaturen notwendig machen.

Abb. 72 zeigt eine Härtung mit der Opitz-Klotz-Heizung mit den Heiz- und Umlaufpumpen, ausgeführt von den Francke-Werken, Bremen.

Die vielen Abarten lassen sich in eines der beschriebenen Systeme einreihen und sind konstruktiv weniger wichtig.

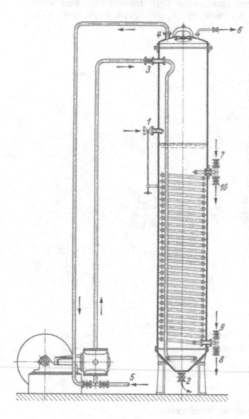

Abb. 71. Normannscher Härtungsapparat (neues System).

1 Öleingang, *2* Hartfettauslauf, *3* Wasserstoffeingang, *4* Wasserstoffausgang, *5* Frischwasserstoff, *6* Entlüftung, *7* Dampfeingang, *8* Dampfaustritt, *9* Kühlwassereintritt, *10* Kühlwasseraustritt.

3. Wiederbelebung des Nickel-Kieselgur-Katalysators.

Die Katalysatoren, sei es nun auf Kieselgur niedergeschlagenes Nickel oder aus dem Formiat bereitetes Reinnickel, werden wiederholt zur Härtung verwendet. Eine Wiederbelebung ist erst nach größerer Aktivitätsabnahme notwendig, welche je nach der Beschaffenheit des Rohöles früher oder später eintreten wird. Da die Abnahme der katalytischen Aktivität allmählich erfolgt, so muß man bei der nächsten Härtung entweder eine entsprechend höhere Menge bereits verwendeten Katalysators zusetzen oder dem gebrauchten Katalysator eine gewisse Menge frischen Katalysators beimischen. Größere Vorräte an frischem Katalysator können natürlich nicht gehalten werden, weil der Gurkatalysator sehr voluminös ist und außerdem dieser, ebenso wie der Formiatkatalysator, unter Öl aufbewahrt werden muß. Die Menge des Katalysatorzusatzes läßt sich ebenfalls nur bis zu einer durch die Kapazität der vorhandenen Filterpressen usw. gezogene Grenze steigern. Auch verliert der Katalysator mit der Zeit so viel von seiner Wirksamkeit, daß er durch frischen ersetzt werden muß.

Der erschöpfte Katalysator wird dann der Regeneration (Wiederbelebung) zugeführt, für welchen Vorgang es mehrere Verfahren gibt. Zu entfernen sind aus dem Katalysator die während der Härtung aufgenommenen Stoffe, welche die weitere Hydrierung verhindern. Es sind dies vor allem Schwefel- und Phosphorverbindungen, ferner Eisen usw.

Die Wiederbelebung beginnt stets mit der Entfernung des anhaftenden Fettes (gewöhnlich 50% der Gesamtmasse des Katalysators). In Rußland, wo die Härtung nach dem Nickel-Kieselgur-Verfahren besonders stark verbreitet ist, erfolgt die Entfettung des Katalysators meist durch Verseifen, Aussalzen der Seife oder Abfiltrieren des Katalysators aus der Seifenlösung. Dabei entstehen aber große Nickelverluste, und die rückständige Katalysatormasse läßt sich nicht auf sehr hohe Aktivität regenerieren. Bessere Resultate erhält man bei der Extraktion der erschöpften Katalysatoren mit Benzin, wobei aber das Fett bis auf 1,0 bis 0,5% entfernt werden muß. Die weitere Behandlung ist sehr verschieden:

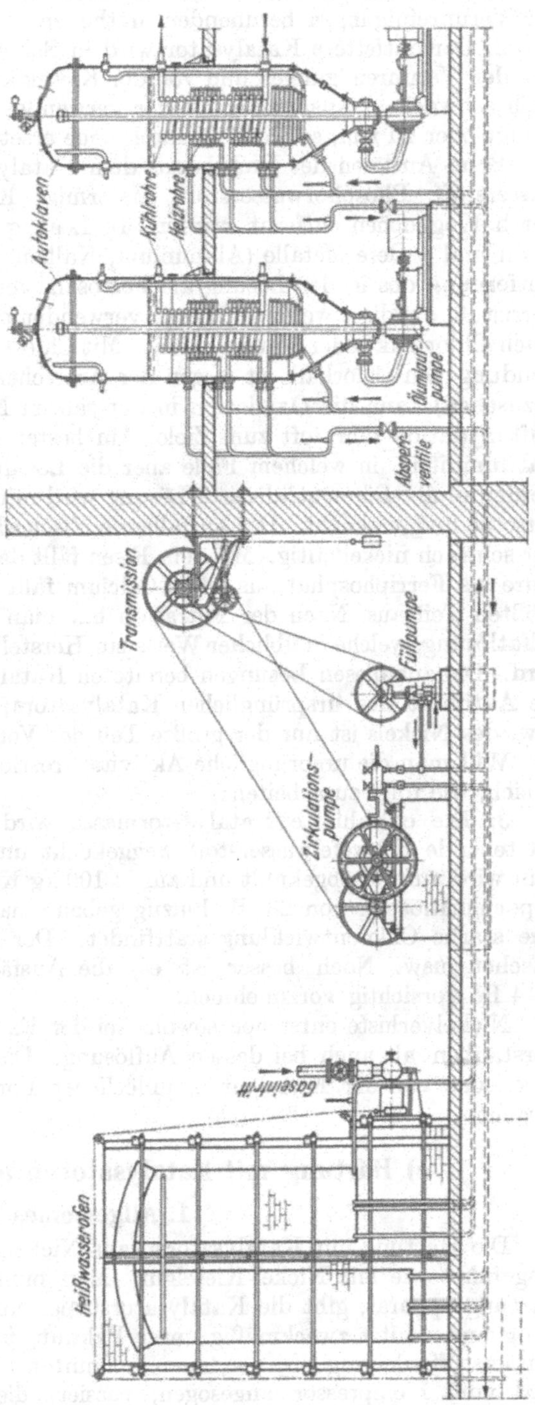

1. Die einfachste, aber auch am wenigsten wirksame Art der Wiederbelebung besteht im Ausbrennen der entfetteten Masse in der Trommel bei etwa 300—400° und der nachfolgenden Reduktion im Wasserstoffstrom. Diese Art der Regeneration kann natürlich nicht besonders erfolgreich sein, denn eine Reihe von katalytischen „Giften", wie Phosphor und Eisen, bleibt im Nickel zurück und sammelt sich bei drei- bis viermaliger Wiederholung dieser Methode der Wiederbelebung im Katalysator so stark an, daß sie schließlich gänzlich versagt. Durch das öftere Ausbrennen wird auch die Kieselgur so feinmehlig, daß größere Filtrationsschwierigkeiten entstehen.

Abb. 72. Härtungsapparatur mit Heißwasserheizung nach OPITZ und KLOTZ.

Weit wirksamer sind die auf Wiederauflösung des Nickels und Ausfällung der Verunreinigungen beruhenden Methoden:

2. Der entfettete Katalysator wird in Schwefelsäure gelöst und die Lösung von den Verunreinigungen und von der Kieselgur abfiltriert. Die Kieselgur kann nach schwachem Ausbrennen wieder verwendet werden; ist sie zu stark verunreinigt oder zu fein, so wird sie durch neue ersetzt.

Beim Auflösen des Nickels aus dem Katalysator entwickeln sich Schwefelwasserstoff, Phosphorwasserstoff, gasförmige Kohlenwasserstoffe usw., welche durch Wegkochen entfernt werden. In Lösung bleiben außer dem Nickel noch Eisen und andere Metalle (Aluminium, Kalk u. dgl.) sowie Phosphorsäure. Zur Entfernung des in der Lösung als Ferrosalz vorliegende Eisens muß dieses zur Ferristufe oxydiert werden. Hierzu verwendet man Luft, Chlorat, Hypochlorite (auch Chlorkalk) oder Natriumnitrit. Mit Chlorat und Hypochlorit (von der Verwendung von Chlorkalk ist wegen der Anreicherung des Katalysators mit Kalk abzusehen) kann die Oxydation in der sauren Nickellösung erfolgen. Auch die Luftoxydation führt oft zum Ziele. Am besten gelingt aber die Oxydation mit Natriumnitrit, in welchem Falle aber die Lösung vorher mit Soda neutralisiert werden muß. Die neutralisierte Lösung wird mit der erforderlichen Menge Nitrit versetzt und verkocht. Der ausfallende Eisenschlamm ist bei diesem Verfahren nur schwach nickelhaltig. Mit dem Eisen fällt das Aluminium und die Phosphorsäure als Ferriphosphat aus. Das Calcium fällt aus der Lösung als $CaSO_4$ zum größten Teil aus. Nach der Filtration hat man also eine ziemlich reine Nickelsulfatlösung, welche in üblicher Weise zur Herstellung des Katalysators verwendet wird. Die aus diesen Lösungen bereiteten Katalysatoren zeigen aber auch nicht die Aktivität des ursprünglichen Katalysators; denn bei dem Wiederauflösen usw. des Nickels ist nur der größte Teil der Verunreinigungen entfernt worden.

Will man die ursprüngliche Aktivität restlos wiederherstellen, so empfiehlt es sich, wie folgt zu arbeiten:

3. Die extrahierte Katalysatormasse wird mit Salzsäure behandelt, der entstehende Schwefelwasserstoff weggekocht und das Nickel mit Soda gefällt. Nun wird auf 50° abgekühlt und auf je 100 kg Katalysatormasse 15 kg Natriumhypochloritlösung von 28° Bé hinzugegeben; man rührt 1—1^1/$_2$ Stunden, wobei eine starke Chlorentwicklung stattfindet. Der Niederschlag wird gut ausgewaschen usw. Noch besser ist es, die Ausfällung mit dünnen Laugen von 2—4 Bé vorsichtig vorzunehmen.

Nickelverluste entstehen sowohl bei der Extraktion des Katalysators durch Verstauben als auch bei dessen Auflösung. Die größten Verluste werden aber durch das von der Kieselgur in unlöslicher Form zurückgehaltene Nickel verursacht.

c) Härtung mit Katalysatoren aus Nickelformiat.

1. Allgemeines.

Die Härtung mit Katalysatoren aus Nickelformiat wird in derselben Weise ausgeführt wie mit Nickel-Kieselgur. Man pumpt das vorgereinigte Öl in den Härtungsapparat, gibt die Katalysatorsuspension hinzu, setzt das Rührwerk in Gang und erhitzt zweckmäßig unter Vakuum bis auf 150°. Nun stellt man die Wasserstoffzuleitung an, den man von unten einströmen läßt; der Überschuß wird vom Kompressor angesogen, passiert die Reinigungsapparatur (S. 155) und wird dann, nach Vermischen mit Frischgas, wieder in den Härtungsapparat zurückgedrückt. Nachdem die Öltemperatur 190—200° erreicht hat, wird die Hei-

---

[1] D. R. P. 429877.

zung abgestellt; bei leicht härtenden Ölen steigt die Temperatur durch die bei der Wasserstoffaddition freigewordene Wärme weiter. Nach vollendeter Härtung wird auf 80—100⁰ abgekühlt und filtriert, entweder durch Wasserstoffdruck oder mittels einer Pumpe. Bei schlecht härtbaren Ölen wird die Temperatur bis auf 220⁰ gesteigert.

Die vielfach gemachten Behauptungen, daß das nach dem Formiatverfahren gehärtete Öl infolge der großen Feinheit des Katalysators schlecht zu filtrieren sei und ein graues Filtrat ergebe, trifft nicht zu. Bei Verwendung von frischem Katalysator kann es allerdings vorkommen, daß ein Teil des Nickels durch die Filtertücher läuft, und das Fett hat dann eine graustichige Farbe. Gibt man aber zu jeder Härtung auch etwas gebrauchtes Nickel zu, was in der Praxis die Regel ist, so macht die Filtration keinerlei Schwierigkeiten und das Filtrat zeigt dieselbe weiße Farbe wie das nach dem Gurverfahren hergestellte Hartfett. Die Filtrationstemperatur darf allerdings nicht über 100⁰ betragen[1].

Der Katalysatorzusatz richtet sich nach der Ölsorte und beträgt durchschnittlich für 2 t Öl:

Für Cocosfett: 1,0 kg frisches Ni + 1—2 kg gebrauchtes Ni,
„ Sojaöl: 1,5 „ „ „ + 1—2 „ „ „ ,
„ Tran: 2,0 „ „ „ + 1—2 „ „ „ .

Mit dieser Katalysatormenge wird solange gehärtet, als noch ein brauchbares Resultat erzielt wird. Läßt die Wirkung nach, so setzt man weitere Mengen frischen oder gebrauchten Katalysators hinzu.

Bei Härtung von Tran, Erdnußöl und Sojaöl auf einen mittleren Schmelzpunkt von 35⁰ betrug der gesamte Katalysatorverbrauch nach wiederholten Härtungen beispielsweise 1 kg Ni auf 10 t Öl.

2. Die Apparatur.

Der ursprüngliche, für die Härtung mit Katalysatoren aus Nickelformiat von HIGGINS vorgeschlagene Apparat bestand aus einem eiförmigen Kessel mit vier, kleine Becher tragenden Rührflügeln. Diese Apparatur ist aber sehr bald verlassen worden.

Die Bamag-Meguin A. G. baut für die Formiathärtung Apparate mit Taifunrührwerken und Heißwasserheizung. Die Wirkung des Taifunrührers beruht auf folgendem: Wird eine Flüssigkeit mit einem gewöhnlichen Flügelrührwerk gerührt, so dreht sie sich je nach der Zähigkeit mehr oder weniger stark mit („toter Gang"); infolgedessen bleibt die Mischung unvollständig. Um den Effekt der Vermischung zu steigern, werden in den Mischer Widerstände eingebaut; dadurch wird zwar der Mischeffekt gesteigert, aber auch der Kraftverbrauch. Bei dem Taifunrührer sind die Widerstände über der Flüssigkeit, d. h. im oberen Teil des beim Rühren des Öles entstehenden Trichters

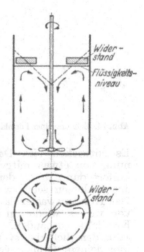

Abb. 73. Wirkungsweise des Taifunrührers.

eingebaut. Dieser Teil des Flüssigkeitstrichters wird durch die Widerstände gebrochen (drei Widerstände im Winkel von 120⁰), und durch den entstehenden Wirbel wird die ganze Flüssigkeit gleichmäßig durchgerührt, ohne wesentliche Steigerung des Kraftverbrauchs (s. Abb. 73). Die Wirbelbewegung erleichtert vor allem das Einrühren des Wasserstoffs in das Öl.

---

[1] Dies hängt mit dem Übergang des erst feinflockigen, amorphen Nickels in die kristalline Modifikation zusammen.

Grundsätzlich verwendet man also für die „Formiat"-Härtung Autoklaven ähnlicher Art wie für die sonstigen mit pulverigen Katalysatoren arbeitenden Verfahren. Während man aber beim Nickel-Kieselgur-Verfahren mit Dampfheizung auskommt, erfolgt bei Ausübung der Formiathärtung die Heizung durch Heißwasser, welche allerdings den Nachteil hat, daß viele bewegliche Teile vorhanden sind, welche leicht zu Undichtigkeiten führen. Die weitere technische Entwicklung führte dann zur Hochdruckdampfheizung nach dem System HADAMOWSKI.

Das Prinzip des Dampfentwicklers ersieht man am besten aus dem Apparatenschnitt Abb. 74. Der Ofen enthält ein Schlangensystem, welches nach den zu beheizenden Apparaten führt. Wie bei einer gewöhnlichen Dampfleitung, ist eine Kondenswasserrückleitung vorhanden, die nach dem unteren Ofenteil zurückführt. Das Schlangensystem im Ofen ist mit destilliertem Wasser gefüllt, der darüberliegende Rohrteil wird durch den Entlüftungshahn luftleer gesaugt, so daß sich nur Wasser bzw. Dampf in dem gesamten Rohrsystem befindet. Das Schlangensystem im Ofen wird nun durch einen besonderen Brenner von oben geheizt.

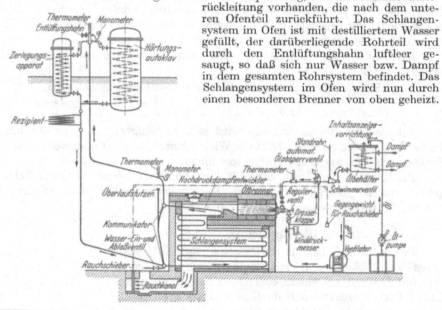

Abb. 74. Schema einer Formiat-Härtungsanlage mit Hochdruckdampfheizung. (System Bamag-Meguin A. G.)

Es entwickelt sich Dampf, der den Kommunikator durchströmt, wo eine Trennung von etwas mitgerissenem Wasser vom Dampf stattfindet. Der Dampf zirkuliert dann durch den zu erhitzenden Apparat (es können verschiedene Apparate angeschlossen sein), wo er sich wie bei einer gewöhnlichen Heizung kondensiert. Das Kondenswasser läuft durch die Rückleitung in den unteren Kommunikator, von wo es wieder in das Ofenschlangensystem gelangt. Jetzt ist also ein stetiger Kreislauf vorhanden. Das Schema zeigt eine derartige Heizung mit Ölbrenner samt den Sicherheitsvorrichtungen und Kontrollapparaten. (Wenn das Gebläse aus irgendeinem Grunde versagt, würden im Ofen explosive Ölgasgemische entstehen. Um dies zu vermeiden, wird beim Ausbleiben der Verbrennungsluft automatisch die Ölzufuhr geschlossen.) Der oben abgebildete Rezipient hat den Zweck, einen Druckausgleich zu schaffen, falls mehrere Apparate geheizt werden. Die Beheizung hat gegenüber anderen Systemen nicht nur den Vorteil, daß keine Pumpen nötig sind, wodurch leicht Betriebsstörungen verursacht werden, sondern auch, daß die Wärmeübertragung bedeutend schneller erfolgt als beispielsweise bei einer Heizung mit Wasser unter Druck.

Abb. 75a und b zeigen einen mit Taifunrührwerk und Hochdruckdampfheizung versehenen Apparat für die Ölhärtung in Ansicht und Schnitt. Der Apparat kann für beliebige Temperaturen und einen Betriebsdruck bis 10 at verwendet werden.

3. Wiederbelebung des erschöpften Nickelformiatkatalysators.

Die Regeneration erfolgt in ähnlicher Weise wie die des Nickel-Kieselgur-Katalysators. Der Katalysator wird zunächst extrahiert. Die Extraktion ist etwas schwieriger als beim Gurkatalysator, man verwendet zur Extraktion Apparate mit Rührwerken, in welchen das Nickel mit viel Benzin unter Erwärmen angerührt wird. Die Mischung wird dann durch eine benzindichte Presse (Extraktionspresse der WEGELIN und HÜBNER Ges., s. Band I, S. 713)

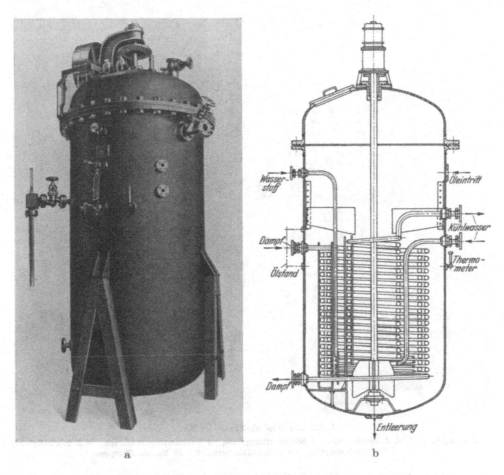

Abb. 75. Bamag-Härtungsapparat mit Hochdruckdampfheizung. (a Ansicht, b Schnitt.)

gedrückt und der Kuchen mit warmem Benzin nachgewaschen. Das entfettete Nickel wird in Schwefelsäure gelöst, wobei darauf zu achten ist, daß man konzentrierte Nickellösungen erhält. Verwendet man verdünnte Lösungen, so sind die bei Fällung mit Natriumformiat erzielbaren Ausbeuten zu niedrig. Man arbeitet zweckmäßig wie folgt:

50—60%ige Schwefelsäure wird mit Dampf zum Sieden gebracht. In die siedende Säure wird allmählich (schaufelweise) das extrahierte Nickelpulver eingetragen, man läßt dann mit schwach angestelltem Dampf das Gemisch weiterkochen. Unter Schäumen und Entwicklung von Schwefelwasserstoff, Phosphorwasserstoff usw. geht das Nickel in Lösung. Sobald das Schäumen nachgelassen hat, wird weiteres Nickel eingetragen, solange es noch gelöst wird. Die Lösung wird filtriert; steht keine Presse zur Verfügung, so wird das aufschwimmende Fett usw. abgeschöpft, zweckmäßig mit einem kupfernen Seiher. Für die Filtration sind säurefeste Filtertücher zu verwenden wie sie beispielsweise von Salzmann & Co., Kassel, geliefert werden.

In dem ungelöst gebliebenen Schlamm muß der Nickelgehalt bestimmt werden. Ist er hoch, so muß die Masse verbrannt und gelöst werden, am besten in Salpetersäure. Bei geringem Nickelgehalt wird der Schlamm weggeworfen.

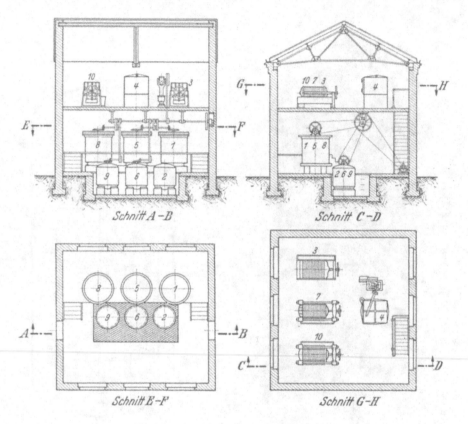

Abb. 76. Zur Wiederbelebung des Katalysators.

1 Lösegefäß,   *2, 6, 9* Druckgefäße,   *3* Schlammfilterpresse,   *4* Vakuumtrockenschrank,   *5* Reinigungsgefäß,   *7* Eisenschlammpresse,   *8* Formiatfällungsgefäß,   *10* Formiatfilterpresse.

Die schwachsaure Nickelsulfatlösung wird mit dem bei der Nickelformiatherstellung anfallenden Nickelcarbonat neutralisiert, die letzten Säurespuren mit Soda. Durch die Neutralisation mit Nickelcarbonat wird auch der Nickelgehalt der Lösung auf eine höhere Konzentration gebracht. Nach erfolgter Neutralisation (25 cm³ der Nickellösung dürfen höchstens 0,4 cm³ $^1/_{10}$ n Lauge gegen Methylorange verbrauchen) wird mit Natriumnitrit, Luft oder einem anderen Oxydationsmittel unter starkem Kochen oxydiert; zur Prüfung, ob das ganze Eisen ausgeschieden ist, wird eine Probe des Filtrats stark mit Wasser verdünnt, mit Salzsäure angesäuert, etwas H_2O_2 zugesetzt und Rhodanlösung zugefügt; die Oxydation wird so lange fortgesetzt, bis die Lösung farblos oder nur schwach rötlich ist. Die Lösung soll eine Konzentration von etwa 28° Bé haben.

Nach Ausfällung des Eisens, der Phosphorsäure usw. wird das Gemisch durch eine Filterpresse filtriert; das Filtrat läßt man in den Formiatfällungsbehälter fließen; das Waschwasser gibt man dagegen in den Fällungsbehälter für Nickelcarbonat (s. Abb. 76).

Gewaschen wird so lange, bis das Waschwasser farblos abläuft; der Eisenschlamm enthält bei richtig durchgeführter Arbeit nur noch Aluminium und Phosphorsäure, aber wenig Nickel[1].

Die filtrierte Lösung enthält praktisch reines Nickelsulfat und wird, nach Ermittlung ihres Nickelgehalts, mit Natriumformiat gefällt. Das im Filtrat verbliebene Nickel wird mit Soda als Carbonat ausgeschieden. Man kann von vornherein in den Fällungsbehälter für Nickelcarbonat soviel Soda zugeben, wie 10% des ursprünglich in Lösung befindlichen Nickels entspricht[2].

Der Nickelverlust beträgt pro 1000 kg Hartfett 20—30 g, je nach dem Öl, der Art des verwendeten Wasserstoffs usw.

d) Die Reinigung des umlaufenden Wasserstoffs.

Die Härtung wird im geschlossenen Gassystem durchgeführt, d. h. der Überschuß des in das Gemisch von Öl und Katalysator eingeleiteten Wasserstoffs wird vom Kompressor angesogen und, mit frischem Wasserstoff vermischt, in den Apparat zurückgedrückt. Vor der Rückleitung in den Härtungsapparat muß aber der Wasserstoff gereinigt werden, denn sonst würde die Härtung durch die vom Gas aufgenommenen Verunreinigungen infolge Vergiftung des Katalysators sehr bald zum Stillstand kommen.

Diese Verunreinigungen rühren sowohl vom Wasserstoff als auch vom Öl her. Arbeitet man mit nach dem Kontaktverfahren aus Wassergas bereitetem Wasserstoff (s. Kap. V, S. 194), so nimmt das Öl natürlich nur den reinen Wasserstoff auf, während das Kohlenoxyd und die sonstigen Fremdgase im Wasserstoff verbleiben. Die Folge davon ist, daß sich das zirkulierende Gas mit diesen teilweise als Gifte der Katalyse (CO), teilweise als Verdünnungsmittel wirkenden Gasen anderer Art während der Härtung anreichert und einen immer stärker lähmenden Einfluß auf den Reaktionsverlauf ausübt. Ein Teil des Kohlenoxyds wird allerdings zu CH_4 oder zu CO_2 ($CO + 3 H_2 = CH_4 + H_2O$; $2 CO \rightarrow CO_2 + C$) konvertiert. Letztere läßt sich aus dem Gas beseitigen (s. weiter unten). Methan wirkt nur als Verdünnungsmittel. Bei der Reaktion $2 CO \rightarrow CO_2 + C$ überzieht der Kohlenstoff den Katalysator und macht ihn allmählich unwirksam. Bei größerer Anreicherung an Fremdgasen muß der Wasserstoff aber abgeblasen und durch Frischgas ersetzt werden.

Bei Verwendung von elektrolytisch hergestelltem Wasserstoff ist natürlich die Gefahr der Erlahmung oder Vergiftung des Katalysators durch die Fremdgase weit geringer oder gänzlich ausgeschlossen. Aus diesem Grunde ist auch der Wasserstoffverbrauch bei Anwendung von elektrolytischem Wasserstoff kleiner als beim Arbeiten mit kohlenoxydhaltigem Gas und die Härtungsgeschwindigkeit größer. Der Kohlenoxydgehalt des zirkulierenden Gases, richtiger des zurückgeleiteten Gases, kann unter Umständen eine Höhe von 30—33% erreichen, namentlich bei rasch verlaufender Wasserstoffabsorption. Die Härtungsreaktion kommt dann völlig zum Stillstand. Die dadurch notwendig werdenden „Entlüftungen" haben eine empfindliche Zunahme des Gasverbrauchs zur Folge. Um solche extrem hohe Ansammlungen an Kohlenoxyd zu verhindern, wird in verschiedenen Betrieben ein Teil des Retourwasserstoffs regelmäßig abgeblasen.

---

[1] Weitere Fällungsmethoden s. H. SCHÖNFELD: Hydrierung der Fette, S. 83. Berlin: Julius Springer. 1932.

[2] Der Fällungsbehälter für Nickelcarbonat ist in Abb. 76 nicht enthalten.

Neben den genannten, im Kontaktwasserstoff auftretenden Fremdgasen enthält der bei der Härtung zurückgeleitete Wasserstoff stets beträchtliche Mengen Wasser. Wie die Wasserbildung zustande kommt, ist nicht näher bekannt. Außerdem treten niedere flüchtige Fettsäuren und Aldehyde auf, welche vom Gas mitgenommen werden. Die Bildung der flüchtigen Fettsäuren scheint die Ursache der oft beobachteten Korrosion der Härtungsapparate, insbesondere der Schrauben, Muttern, Rohrschellen und der Ventile der Wasserstoffkompressoren zu sein.

Bei der Fetthärtung nimmt auch die Acidität des Öles mehr oder weniger zu; es findet also teilweise Spaltung des Neutralöles statt, und ein Teil der Fettsäuren wird vom Gas mitgerissen. Dagegen gelang es nicht, die Bildung von Glycerin bei der Härtung nachzuweisen, so daß man annehmen muß, daß das bei der Spaltung gebildete Glycerin weiter verwandelt oder reduziert wird. Auch für die Fettsäureanreicherung bei der Ölhärtung läßt sich keine ausreichende Erklärung geben; vielleicht kommt sie durch einfache Zersetzung zur Fettsäure und dem C_3H_2-Rest zustande, aus welchem dann Acetylen, Kohlenstoff und andere Zerfallsprodukte entstehen. Die Zunahme der freien Fettsäuren bei der Härtung ist um so größer, je höher die Temperatur ist.

Die freien Fettsäuren beeinträchtigen auch den Katalysator, mit welchem sie fettsaure Nickelseifen bilden können, soweit dieser oxydhaltig ist, außerdem haben sie einen verzögernden Einfluß auf die Reaktionsgeschwindigkeit.

Weitere Verunreinigungen des zirkulierenden Wasserstoffs können gewisse, bei der Härtung gebildete Aldehyde, Kohlenwasserstoffe u. dgl. sein, welche die Träger des sog. „Hartfettgeruchs" sind (s. S. 131). Frei von „Hartfettgeruch" bleiben Olivenöl, Cocosfett und Mandelöl. Ricinusöl, Chaulmoograöl, Butterfett und Palmöl behalten nach der Härtung den Geruch des Rohöles. Alle übrigen gehärteten Öle haben einen spezifischen Geruch, namentlich gehärtetes Leinöl und gehärtete Fischöle. Besonders störend wirken die bei der Härtung von Leinöl und Tran gebildeten, intensiv riechenden Stoffe.

Die Reinigung des umlaufenden Wasserstoffs kann auf einfache Weise durch Wasserberieselung in Skrubbern erfolgen. Das Wasser nimmt einen großen Teil der erwähnten schädlichen Zersetzungsprodukte auf. Hinter dem Skrubber muß natürlich ein Wasserabscheider eingeschaltet werden. Man hat auch versucht, den Wasserstoff durch Leiten durch einen mit Öl gefüllten Behälter zu reinigen, jedoch mußte das Öl zu oft erneuert werden.

Reinigung mit Gasreinigungsmasse hat sich ebenfalls als unpraktisch erwiesen, weil die Masse schnell durch mitgerissene Fettstoffe verschmiert wird und sich dann auch nicht mehr regenerieren läßt.

Sehr günstig ist die Reinigung mit Ätzkalk, welcher zweckmäßig mit Sägespänen gemischt und in flachen Reinigern auf Horden ausgebreitet wird. Jedoch müssen auch diese Reiniger häufig erneuert werden.

Man arbeitet meist in der Weise, daß man den Wasserstoff zuerst durch einen Kondensator leitet, zur Abscheidung der Feuchtigkeit, der mitgerissenen Fettstoffe und der leichter kondensierbaren Geruchsstoffe. Hierauf wird, nach einem vom Verfasser eingeführten Verfahren, das Gas in einen Apparat mit mechanischem Widerstand geleitet (Prallbleche, Raschigringe, Holzwolle u. dgl.), um die Fettnebel zu beseitigen. Die noch verbleibenden sauren Verunreinigungen werden dann in mit Ätzkali oder Ätznatron (oder Kalk) gefüllten Türmen absorbiert, noch vorhandene Aldehyde durch Polymerisation beseitigt. Es folgt ein mit gekörnter Aktivkohle gefüllter Apparat, in welchem die noch verbleibenden Verunreinigungen adsorbiert werden.

Es gelingt so, fast sämtliche Verunreinigungen aus dem Gas zu entfernen, natürlich mit Ausnahme des Kohlenoxyds, soweit dieses im ursprünglichen Gas vorhanden war.

Die Apparatebeschickung, wie sie zuletzt beschrieben wurde, hält lange Zeit vor, eine besondere Aufsicht ist deshalb unnötig. Merkt man am Druckanstieg, daß der Widerstand im Apparat infolge eintretender Verstopfung zu groß geworden ist, so wird der betreffende Apparat ausgeschaltet, gereinigt und neu beschickt.

Eine schlecht arbeitende Reinigungsanlage für den zirkulierenden Wasserstoff kann sehr leicht einen höheren Katalysatorverbrauch zur Folge haben; namentlich bei schwerer zu härtenden Ölen kann es vorkommen, daß der Katalysator durch die Verunreinigungen des Wasserstoffs so geschwächt wird, daß der erwünschte Schmelzpunkt überhaupt nicht mehr erreicht wird.

e) Die gehärteten Fette.

1. Nachreinigung.

Die Hartfette müssen, soweit sie der Margarine- oder Speisefetterzeugung zugeführt werden sollen, von den bei der Härtung entstandenen freien Fettsäuren und dem Hartfettgeruch befreit werden. Die Zunahme der Acidität beträgt bei der Härtung von pflanzlichen Fetten nur etwa 0,1—0,3% freie Fettsäuren, bei Tranen durchschnittlich 0,5%, aber auch 1% und mehr. Das gehärtete Fett muß dann entsäuert werden, zweckmäßig mit ganz schwacher Lauge (bis 2⁰ Bé).

Die Entfernung des Hartfettgeruchs macht vielfach Schwierigkeiten, und auch sehr langes Dämpfen führt oft nicht zum Ziele. Zweckmäßig ist es, schon bei der Entsäuerung für möglichst weitgehende Entdüftung zu sorgen, indem man zur Neutralisation das Doppelte bis Dreifache der theoretisch benötigten Laugenmenge verwendet, welche man in Portionen auf das Öl einwirken läßt. Man gibt erst die Hälfte der Lauge zu und zieht nach etwa einstündigem Stehen die Seife ab. Dann gibt man die restliche Lauge zu usw. Schließlich wird noch zwei- bis dreimal mit heißem Wasser (jedesmal mit etwa 10% der Fettmenge) gewaschen.

Die Temperatur des Öles bzw. Hartfettes wird auf 95—98⁰ gehalten; die Lauge wird mit direktem Dampf zum Sieden gebracht. Bei dieser Arbeitsweise geht nur wenig Neutralfett verloren. Bei Tran erhält man nach der Aufspaltung des Seifenstockes mit Schwefelsäure eine Tranfettsäure mit 75—80% freier Fettsäure (Verlustfaktor 1,3—1,25); bei anderen Hartfetten 80—90% freie Fettsäure (Verlustfaktor 1,25—1,1).

Für besondere Zwecke ist es notwendig, die im gehärteten Fett verbleibenden Spuren von Nickel zu entfernen. Das Hartfett wird dann nach der Neutralisation mit Wein- oder Citronensäure behandelt. Auf 1000 kg Fett gibt man etwa 200 g Säure, welche man vorher in 2—3 l Wasser auflöst. Neben Verbesserung der Farbe (auch etwa vorhandene Spuren Eisen werden entfernt) tritt gleichzeitig auch eine Geschmacksverbesserung ein.

Nach der Neutralisation wird wie üblich getrocknet und gebleicht. Zum Bleichen verwendet man ein $1/4$ bis $1/2$% Bleicherde.

Das Entdüften des Hartfettes wird in der üblichen Desodosierungs-Apparatur vorgenommen. Die Temperatur des Hartfettes hält man zweckmäßig auf 160—165⁰, nicht höher. Der überhitzte Dampf wird auf rund 260⁰ gebracht; es soll vermieden werden, daß seine Temperatur über 280⁰ steigt. In diesem Falle nämlich wird das Hartfett nicht ganz geschmacklos, sondern nimmt einen eigenartigen, leicht an Kautschuk erinnernden Geschmack an. Um an überhitztem Dampf zu sparen, steigert man den Druck desselben stufenweise. Beim Anwärmen bis auf etwa 120⁰ arbeitet man mit 0,3—0,5 at, dann, bis 150⁰, 0,8—1 at, von da ab 1,5—2 at. Wenn das Hartfett geruch- und geschmacklos geworden ist, kühlt man sofort ab, läßt den überhitzten Dampf aber weiter einwirken. Nur der Druck desselben wird auf 0,5—0,3 at reduziert. Bei 100⁰ stellt man den überhitzten Dampf ganz ab, und bei 80⁰ kann der Apparat entleert werden.

2. Eigenschaften.

Die äußeren Eigenschaften der Hartfette hängen natürlich in erster Linie vom Schmelzpunkt ab. Je nach ihrem Schmelzpunkte sind die Produkte salbig, schmalz- oder talgartig usw. Extrem hoch gehärtete Fette haben das Aussehen von technischem Stearin und lassen sich pulverisieren.

Die übrigen Eigenschaften der Hartfette hängen aber von der Art ab, in welcher sie gehärtet worden sind. So können Hartfette gleichen Schmelzpunktes ganz verschiedene Kennzahlen (Jodzahl, Rhodanzahl, Refraktion, Erstarrungspunkt, Dilatation) haben. Auch in den für ihre technische Verwertung maßgebenden Eigenschaften (Kristallisation, Konsistenz, Wasserbindungsvermögen, Haltbarkeit usw.) können sie verschieden sein.

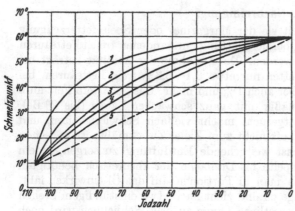

Abb. 77. Schmelzpunkte von bei verschiedenen Temperaturen auf die gleiche Jodzahl gehärtetem Baumwollsaatöl.

Anderseits können Fette gleicher Jodzahl, je nach der Selektivität des Härtungsvorganges, sehr verschiedenen Schmelzpunkt haben. Bei Hartfetten gleicher Herkunft und Jodzahl ist das Produkt höheren Schmelzpunktes weniger „selektiv" gehärtet, es ist reicher an Stearinsäure und an flüssigen Ölbestandteilen als das Produkt niederen Schmelzpunktes.

In der Abb. 77 sind die Schmelzkurven von bei 130⁰ (1), 150⁰ (2), 160⁰ (3), 175⁰ (4) und 180⁰ (5) gehärtetem Baumwollsaatöl nach Williams[1] wiedergegeben. Innerhalb einer Härtungstemperatur von 120—200⁰ ist der Schmelzpunkt eines Hartfettes einer gegebenen Jodzahl umgekehrt proportional der Selektivität der Härtung.

In der Technik wurde bei der bei etwas höherer Temperatur erfolgenden Härtung mit Katalysatoren aus Nickelformiat die Beobachtung gemacht, daß dabei Fette abweichender Eigenschaften erhalten werden als bei der Härtung mit Nickel-Kieselgur-Katalysatoren, welche bei etwas niedrigeren Temperaturen durchgeführt wird. Insbesondere waren die bei der höheren Temperatur gehärteten Fette durch ein höheres Wasserbindungsvermögen gekennzeichnet, was namentlich für die Margarinefabrikation von Wichtigkeit ist.

Es gelang nachzuweisen, daß die bei höherer Temperatur gehärteten Fette ärmer an festen, in Aceton unlöslichen Anteilen sind als die bei Temperaturen bis 180⁰ nach dem Nickel-Kieselgur-Verfahren erhaltenen Hartfette gleichen Schmelzpunktes.

Auf Grund der früher im theoretischen Teil gemachten Angaben ist es nicht

---

[1] Journ. Soc. chem. Ind. 46, 448 T (1927).

schwer zu erraten, wodurch diese Unterschiede zustande kommen. Es wurde
dort gezeigt, daß die Hydrierung der Doppelbindungen je nach den Bedingungen
der Härtung mehr oder weniger selektiv verläuft; daß die Reduktion, beispielsweise der Linolsäure, entweder zunächst bis zur Ölsäure- und dann erst zur
Stearinsäurestufe verlaufen kann oder unter bestimmten Bedingungen direkt
zur Stearinsäure führt. Ferner wurden als Zwischenprodukte der Hydrierung
von Öl-, Linolsäure usw. die teilweise festen, jedoch nicht so hoch wie Palmitin-
und Stearinsäure schmelzenden „Isoölsäuren" nachgewiesen. Und schließlich
konnte festgestellt werden, daß in Glyceriden, welche zwei oder drei ungesättigte
Radikale enthalten, wie beispielsweise Dioleostearin oder Triolein usw., die
Reduktion in der Weise erfolgen kann, daß zuerst ein Radikal abgesättigt wird,
dann erst das andere usw.

Die Selektivität der Härtung, d. h. die stufenweise Absättigung der Doppelbindungen in mehrfach ungesättigten Fettsäureradikalen der Glyceride, die
Isomerisation zu Isoölsäuren und ebenso die stufenweise Reduktion der Dioleo-
und Trioleoglyceride (unter „Oleo" ist hier jedes ungesättigte Fettsäureradikal
zu verstehen, also auch der Linolsäurerest usw.) wird nun durch Erhöhung der
Temperatur stark begünstigt, und Temperaturdifferenzen von 20—50⁰ steigern
merklich die Selektivität der Härtung.

Je selektiver aber die Härtung durchgeführt worden ist, desto gleichmäßiger
ist die Beschaffenheit des auf einen bestimmten Schmelzpunkt gehärteten Öles,
d. h. desto weniger flüssige Anteile, in denen hochschmelzende gesättigte Bestandteile gelöst sind, enthält ein solches Fett. Desto wertvoller ist auch ein solches
Fett für die praktische Anwendung. Ein wenig selektiv gehärtetes Fett mittleren
Schmelzpunktes kann aus einer bestimmten Menge unveränderten flüssigen
Fettes mit einem gewissen Anteil darin gelöster vollgesättigter, hochschmelzender
Glyceride bestehen. Ein „gleichmäßig", d. h. ausgesprochen selektiv partiell
gehärtetes Fett wird dagegen aus gemischtsäurigen monooleo-di-gesättigten,
dioleo-mono-gesättigten Glyceriden neben Isooleoglyceriden usw. bestehen.
So wird, um die Frage an einem einfachen Beispiel zu demonstrieren, ein aus
Triolein hergestelltes Hartfett aus einem Gemisch von Tristearin und Triolein
oder aus Diooleostearin, Monooleodistearin neben den entsprechenden Isooleo-
derivaten zusammengesetzt sein können.

Das Gemisch aus hochschmelzendem Tristearin und Trioleglyceriden ist nicht
homogen, denn es besteht aus einem festen und flüssigen Anteil, die sich bei einer
geeigneten Temperatur trennen. Dagegen sind die aus den Oleo- und Isooleo-
stearoglyceriden bestehenden Hartfette gleichmäßig, sie haben einen schärferen
Schmelzpunkt und homogenere Konsistenz.

Für die Praxis sind die selektiv gehärteten Fette auch deswegen wertvoller,
weil sie bei gleichem Schmelzpunkt ärmer an mehrfach-ungesättigten Fettsäure-
glyceriden sein werden als die inhomogen gehärteten Fette gleichen Schmelzpunktes. Das ist nun besonders wichtig bei der partiellen Hydrierung (in der
Praxis wird stets nur partiell hydriert — für die vollhydrierten Fette kennt man
keine wichtigeren praktischen Anwendungen), weil beispielsweise wenig oder
nicht selektiv gehärtete Leinöle oder Trane noch größere Mengen mehrfach
ungesättigter Säuren enthalten können, welche die Haltbarkeit oder auch den
Geruch der Produkte stark beeinträchtigen. Ebenso schädlich ist der höhere
Gehalt der wenig selektiv gehärteten Fette an hochschmelzender Stearinsäure,
soweit die Hartfette der Speisefettindustrie oder Seifenindustrie zugeführt werden
sollen.

Nun arbeitet aber die Fetthärtung hauptsächlich für die Nahrungsmittelindustrie. Die für Speisezwecke verwendeten festen natürlichen Fette, wie Talg,

Schweinefett, auch Cocos- und Palmkernfett, bestehen, wie im I. Band berichtet worden ist, aus *gemischtsäurigen* Glyceriden. Ihr Gehalt an triungesättigten flüssigen Glyceriden ist sehr gering. Eine wichtige Aufgabe der Fetthärtung ist es deshalb, ebenfalls gemischtsäurige Glyceride herzustellen, also ungesättigt-gesättigte Glyceride, wie Oleo-, Dioleostearine usw., und nicht Gemische von flüssigen, voll-ungesättigten und festen Glyceriden, deren Anwendungsmöglichkeit eine beschränktere ist.

Denn viel Tristearin enthaltende Fette neigen z. B. zur Kristallisation und machen die Margarine grießig und „sandig". Auch die Wasserbindungsfähigkeit bei der Bereitung der Margarineemulsionen kann durch unselektiv gehärtetes Hartfett verringert werden. Diese Frage ist allerdings noch nicht ganz geklärt.

3. Die „Weichfette".

Besonders wichtig ist die Selektivität der Hydrierung bei der Bereitung von weichen Hartfetten vom Schmelzpunkt etwa 30—32⁰. Wie aus den Ausführungen auf S. 159 und aus dem theoretischen Teil hervorgeht, wird die physikalische Homogenität eines solchen Fettes durch die Selektivität der Glyceridhydrierung und die Selektivität der Hydrierung der mehrfach-ungesättigten Fettsäure-radikale gefördert werden, wenn auch eine absolute Selektivität unter technischen Bedingungen kaum zu erreichen sein wird.

Da die festen Isoölsäuren niedriger schmelzen als Stearinsäure, so wird wahrscheinlich ein Oleo-isooleo-stearo-glycerid einen Schmelzpunkt von etwa 30—33⁰ haben. Wie schon mehrfach erwähnt wurde, wird sowohl die Selektivität der Hydrierung als auch die Isoölsäurebildung durch höhere Temperatur gefördert. In gleicher Richtung scheint Senkung des Wasserstoffdruckes zu wirken. Auch die Art und die Aktivität des verwendeten Katalysators beeinflußt die Selektivität der Hydrierung, wie sich auch bei der Praxis der Weichfettherstellung gezeigt hat. Ein wenig aktiver Katalysator wird geeigneter sein, denn größere Aktivität des Katalysators muß ähnlich wirken wie gesteigerter Wasserstoffdruck.

„Selektiv" oder „homogen" gehärtete Fette werden also weniger „ölige" und mehr feste Anteile enthalten als unselektiv gehärtete, welche neben höher schmelzenden Stearoglyceriden bei gleichem Schmelzpunkt reicher an öligen Bestandteilen sein werden. Als Charakteristikum hierfür dient die „Schmelz-ausdehnung" (Dilatation, Phase[1]; Bestimmung s. S. 168).

Je mehr feste Anteile ein Fett eines bestimmten Schmelzpunktes enthält, um so höher muß die Schmelzausdehnung sein. Letztere gibt also zahlenmäßig einen Anhalt über die Menge der festen Anteile, über die feste Phase und Homogenität des Produktes und wird kurz auch als „Phase" bezeichnet. Fette mit geringerem Anteil an flüssiger Phase erstarren gleichmäßiger; sie haben einen höheren Erstarrungspunkt oder die Differenz zwischen Schmelz- und Erstarrungspunkt ist geringer. Diese Differenz könnte ebensogut als Merkmal dienen, d. h. man könnte statt der Schmelzausdehnung die Differenz von Erstarrungspunkt und Schmelzpunkt bestimmen.

Die Beziehung zwischen Erstarrungspunkt, Schmelzpunkt und Schmelz-ausdehnung zeigen die Schaulinien der Abb. 78 und 79, gleichzeitig auch in welch weiten Grenzen die Zahlen der Schmelzausdehnung bei gleichem Erstarrungspunkt schwanken, je nach der Homogenität des Fettes.

Es gelingt, Fette herzustellen, bei welchen die Differenz von Schmelz- und Erstarrungspunkt nur 4⁰ beträgt; normalerweise, d. h. ohne besondere Selektivität

---

[1] Die Schmelzausdehnung ist die Ausdehnung in Kubikmillimetern beim *Schmelzen* von 25 g Fett. Normann gibt dieselbe für 100 g an, erhält also den vierfachen Betrag; in der Praxis rechnet man nur mit 25 g.

gehärtet, beträgt diese Differenz bis 10^{0}[1]. Beispiel: Härtet man Erdnußöl bei
170^{0} C auf 32^{0} Schmelzpunkt, so erhält man eine Schmelzausdehnung von
300—700°; härtet man mit demselben Katalysator und sonst gleichen Bedingungen bei 190—200°, so erhält man eine Phase von 850—1100.

Da die Härtung bei höherer Temperatur zu homogeneren Fetten führt, ist
man auch bei der Gurhärtung auf höhere Härtungstemperaturen übergegangen.

In der Praxis verfährt man bei der Herstellung von homogen gehärteten
Weichfetten wie folgt: Das Öl wird nach Vermischen mit nahezu erschöpftem
Katalysator bei einer Temperatur von 180° bis auf einen Schmelzpunkt von etwa
24° gehärtet. Hierauf wird eine kleine Menge frischen Katalysators zugesetzt
und weiter auf einen Schmelzpunkt von 32—33° hydriert.

Nach dem „Formiat"-Verfahren arbeitet man wie folgt: Man gibt auf etwa
5 t Tran 10 kg frischen und 20 kg gebrauchten Nickels und härtet zweckmäßig
bei einer Temperatur von 215—220°. Selbstverständlich richtet sich die Menge
des anzuwendenden erschöpften Katalysators nach dessen noch vorhandenen

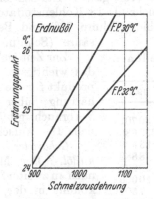

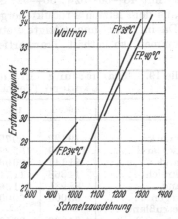

Abb. 78. Schmelzausdehnung von auf den Schmelzpunkt 30° und 32° gehärtetem Erdnußöl.

Abb. 79. Schmelzausdehnung von auf den Schmelzpunkt 34°, 39° und 40° gehärtetem Waltran.

Aktivität. Besser ist es, an Stelle des Zusatzes von frischem Katalysator eine entsprechend größere Menge gebrauchten Katalysators zu verwenden. Der Überdruck
des Wasserstoffs soll 0,1—0,5 at betragen. Die Selektivität des Vorganges wird also
durch entsprechende Dosierung von Wasserstoffdruck, Temperatur, Katalysatormenge und -art geregelt.

Für die Herstellung von Erdnußweichfett, das als Kunstspeisefett größere
Bedeutung hat, kann man z. B. für die Härtung von Tran verwendete Katalysatoren nehmen, welche Tran nicht mehr zu härten vermögen. Sie sind dann
immer noch aktiv genug, um Erdnußöl mehrmals auf die Konsistenz der Weichfette zu hydrieren.

Gewisse Schwierigkeiten entstehen allerdings bei der gleichmäßigen Härtung
von Ölen, welche, wie z. B. Leinöl, größere Mengen mehrfach-ungesättigter Fettsäuren enthalten. Bei der selektiven Hydrierung der ungesättigten Leinölsäuren
entstehen wahrscheinlich auch flüssige Isoölsäuren, welche schwerer als Ölsäure
hydrierbar sein dürften. Das resultierende Fett ist deshalb weniger homogen als
etwa das aus Erdnußöl bereitete. Der technische Wert eines solchen Fettes ist
aber nichtsdestoweniger ein größerer als derjenige eines unselektiv gehärteten

---

[1] Die Härtung nach BULTON-LUSH-System kann als Typ einer unselektiven Härtung gelten; die Differenz Schmelz- und Erstarrungspunkt beträgt bei diesen Fetten bis 13°.

Leinöles von gleichem Schmelzpunkt, weil es keine mehrfach-ungesättigten Glyceride mehr enthält.

Zur Bestimmung der physikalischen Homogenität der gehärteten Fette kann man sich in der Praxis der auf S. 164 angegebenen Methoden bedienen.

4. Die wichtigsten Hartfette[1].

Tranhartfett. Auf einen Schmelzpunkt von 28—30⁰ gehärteter Tran eignet sich sehr gut für die Seifenindustrie als Ersatz für Schweinefett. Es muß aber solange gehärtet werden, bis sich mit Bromlösung keine unlöslichen Polybromide mehr bilden. Die Betriebskontrolle muß sehr scharf gehandhabt werden, sonst tritt in der Seife (oder spätestens beim Bügeln der Wäsche) Trangeruch auf. Ein Fett mit 32—34⁰ Schmp. ist unter dem Namen „Tranweichfett" im Handel und wird in großen Mengen in der Margarinefabrikation verbraucht. Außerdem sind im Handel ein Tranhartfett mit zirka 38⁰ Schmp. (im Sommer mit 40—42⁰), ebenfalls für die Margarinefabrikation, und zwei Produkte „Candelite" und „Candelite extra" mit 48—50⁰ bzw. 50—52⁰ Schmp. für die Kerzenfabrikation vorhanden. Das aus dem letzten Produkt hergestellte Stearin zeigt gute Kristallisation.

Da im Tran ungesättigte Fettsäuren mit mehr als 18 Kohlenstoffatomen vorkommen, so enthält Tranhartfett stets Arachin- (Schmp. 76⁰) und Behensäure (Schmp. 82⁰).

Zur Zeit ist Tran das wichtigste Rohprodukt für die Fetthärtung; über den Verbrauch gibt Tabelle 19 Aufschluß.

Tabelle 19. Tranhärtung in den verschiedenen Ländern (Tonnen).

	1929	1930	1931	1932
Dänemark	19 122	20 761	26 701	30 702
Deutschland	118 279	163 296	144 147	230 686
England	81 147	100 981	129 767	83 406
Frankreich	14 368	11 749	9 835	8 889
Holland	88 931	111 360	80 498	32 239
Norwegen	55 000	60 000	50 000	50 000[2]
Sowjetrußland . . .	—	—	—	7 500
U. S. A.	24 236	33 184	69 363	7 148

Gehärtetes Erdnußöl. Der Menge nach an zweiter Stelle kommt in der Härtungsindustrie das Erdnußöl zur Verwendung. Infolge des starken Preisrückganges des Öles in den letzten Jahren und infolge der hervorragenden Eigenschaften des Erdnußhartfettes wurde zeitweise in der Margarineindustrie viel mehr gehärtetes Erdnußfett verwendet als Tran. Einzelne Margarinesorten bestanden bis zu 80% aus Erdnußfett.

Das Hauptprodukt ist das Erdnußweichfett mit einem Schmelzpunkt von 32—33⁰. Es ist entweder von schmalzartiger Konsistenz oder auch trotz des niederen Schmelzpunktes spröde, absolut geruch- und geschmacklos und wird auch vielfach als Ersatz von Schweineschmalz verwendet.

Gehärtetes Leinöl. Das Leinöl kommt infolge seiner hohen Jodzahl und dem damit verbundenen hohen Wasserstoffverbrauch nur bei sehr billigem Preise für die Härtung in Frage. Es wird daher nicht regelmäßig in der Fetthärtungsindustrie verwendet. Die Härtung ist schwieriger als die der übrigen Öle infolge der verschiedenen Verunreinigungen. Bei guter Vorreinigung erhält man ein Hartfett von rein weißer bis schwach rötlicher Farbe. Eine Eigentümlichkeit des Leinölhartfettes ist die, daß es bei der Verseifung (besonders wenn schlecht gereinigtes Öl gehärtet wurde) eine rote oder rotstichige Seife bildet.

Für die Speisefettindustrie spielt die Leinölhärtung meist nur eine untergeordnete Rolle; Weichfett ist nur sehr schwer herstellbar. Für die Stearin-

---

[1] Vgl. auch Wittka: Zum Nachweis der gehärteten Fette. Chem. Umschau Fette, Öle, Wachse, Harze **34**, 294 (1927).   [2] Geschätzt.

industrie wurden zeitweise riesige Mengen gehärtet; je nach den Härtungsbedingungen erhält man gut kristallisierbares oder auch glasiges unbrauchbares
Stearin. Die Härtungstemperatur soll 170—190⁰ betragen; am besten eignet sich
hierfür Gurkatalysator.

Gehärtetes Sojabohnenöl. Dieses Öl ist etwas schwerer härtbar als Erdnußöl,
ergibt aber ein sehr gutes Hartfett. Je nach der Preislage werden große Mengen
für die Margarineindustrie gehärtet. Besondere analytische Merkmale besitzt
dieses Hartfett nicht. Es neigt aber leicht zur Körnung und ist daher besonders
zur Fabrikation des „Gheefettes" geeignet[1].

Gehärtetes Rüböl. Zurzeit wird dieses Öl kaum in Europa gehärtet, da der
Preis zu hoch ist. Bei guter Vorreinigung härtet es sich sehr leicht und gibt
ein sehr leicht raffinierbares Hartfett. Es war das erste Öl, welches nach dem
Härten absolut frei von Härtungsgeruch und geschmack raffiniert werden
konnte.

Gehärtetes Palmöl. Dieses Öl spielt an sich keine große Rolle in der Härtung,
es zeigt aber die Merkwürdigkeit, daß der gelbe Farbstoff schon bei ganz
schwacher Härtung zerstört wird; es genügt eine Jodzahlabnahme von 2—3 Einheiten.

Gehärtetes Cocosöl. Das Cocosöl wird für die Margarineindustrie häufig auf
einen Schmelzpunkt von 35—36⁰ gebracht. Infolge der niedrigen Jodzahl verläuft die Härtung sehr leicht. Das Hartfett ist leicht raffinierbar und eignet sich
sehr gut auch als Kunstspeisefett. Sehr häufig wird gehärtetes Cocosfett in
Brasilien verwendet.

Gehärtetes Baumwollsaatöl. In Amerika spielt die Härtung dieses Öles eine
außerordentlich große Rolle. Es wird daraus sowohl Seife, Stearin als auch Ersatz von
Schmalz (Compound lard) und Margarine hergestellt. Ein sehr wichtiges Produkt ist das sog. „Crisco", ein Hartfett von 35—36⁰ Schmp. und schmalzähn-
licher Beschaffenheit. Es dient insbesondere zur Herstellung von Keks und
Biskuits, welche im Gegensatz zu den mit Butter hergestellten auch in den
Tropen nicht ranzig werden.

Gehärtetes Sesamöl. Sesamöl zeigt bei der Härtung die Eigentümlichkeit, daß
es aromatische Geruchsstoffe bildet. Die Sesamölreaktion tritt im Hartfett noch
stärker auf als im flüssigen Öl. Dies ist eigentümlich, weil flüssiges Sesamöl,
welches bei der Raffination (Desodorisieren) über 150⁰ erhitzt worden ist, diese
Reaktion nicht mehr zeigt. Die Farbe des Hartfettes ist meist grau bis
bräunlich; das partiell gehärtete Öl soll als Inhibitor des Fettverderbens
wirken („Salomas).

Gehärtetes Sonnenblumenöl. In Rußland werden große Mengen dieses Öles
gehärtet, und es wird wahrscheinlich auch in anderen Ländern in Zukunft mehr
gebraucht werden. Die Härtung geht verhältnismäßig leicht vor sich; das Hartfett ist von weißer Farbe und leicht raffinierbar.

Gehärteter Talg. Zeitweise wird auch Talg auf einen höheren Schmelzpunkt
gehärtet. Der höchste erreichbare Schmelzpunkt ist 60⁰; das Produkt ist von rein-
weißer Farbe, sehr hart und spröde, kristallinisch und erinnert schon in seinem
Aussehen an Stearin. Die durch Spaltung aus diesem Hartfett hergestellte
Stearinsäure hat sehr merkwürdige Eigenschaften. Bei der Bestimmung des Erstarrungspunktes beträgt der Temperaturanstieg 5—6⁰, was sonst nicht beobachtet wurde. Die Kristallisationsfähigkeit ist so groß, daß die Kerzen sich
in der Gießform werfen. Das Material ist also trotz des hohen Schmelz- und Er-

---

[1] NORMANN: Die Fabrikation des Gheebutterersatzes. Chem. Umschau Fette, Öle,
Wachse, Harze **36**, 337 (1929).

starrungspunktes für die Kerzenfabrikation nicht geeignet (friables Stearin). Die Härtung hat in diesem Falle die Erwartungen nicht erfüllt[1].

Gehärtetes Ricinusöl. Die Härtung des Ricinusöles führt zu einem sehr interessanten Produkt. Bei vollständiger Härtung erhält man ein Erzeugnis von 80—82° Schmp. mit starkem Glanz und muscheligem Bruch. Fettige Eigenschaften sind überhaupt nicht vorhanden, es erinnert eher an Carnaubawachs, ist aber wesentlich spröder. Das Produkt wird in der Technik zur Herstellung von Fettspaltern, ferner von Druckfarben und technischen Wachspräparaten verwendet. Der hohe Schmelzpunkt des gehärteten Ricinusöles hängt mit der Gegenwart der aus Ricinolsäureglyceriden gebildeten Oxystearinsäureglyceriden zusammen. Die Hydroxylgruppe der Ricinolsäure wird erst bei einer höheren als die normale Härtungstemperatur schnell reduziert, aber auch bei niederen Hydriertungstemperaturen wird die Hydroxylgruppe teilweise reduziert. Ein bei niedriger Temperatur und hohem Wasserstoffdruck auf die Jodzahl 2, also vollständig hydriertes Ricinusöl hatte den Schmelzpunkt 77,8—82,1°, die Acetylzahl 102,8[2].

Die übrigen Öle sind für die Fetthärtungstechnik von untergeordneter Bedeutung.

Abb. 80. Betriebsschmelzpunktapparat (dampfbeheizt).

f) Analytische Kontrolle des Härtungsverlaufes.

Sie erfolgt durch Bestimmung des Schmelzpunktes oder der spezifischen Refraktion der während der Härtung entnommenen Hartfettproben.

Zur Schmelzpunktbestimmung bedient man sich am besten des modifizierten THIELEschen Apparates (Abb. 80).

Der Apparat wird mittels eines kleinen, in einem Kupfermantel eingebauten Dampfrohres beheizt. Das Fett wird in zwei offene Schmelzpunktröhrchen, durch Eintauchen der Röhrchen in die Fettprobe zu etwa 2/3 Zentimeter[1], eingefüllt; die Röhrchen werden 2—3 Minuten in einer Kältemischung erstarren gelassen, dann wird der Schmelzpunkt in üblicher Weise bestimmt.

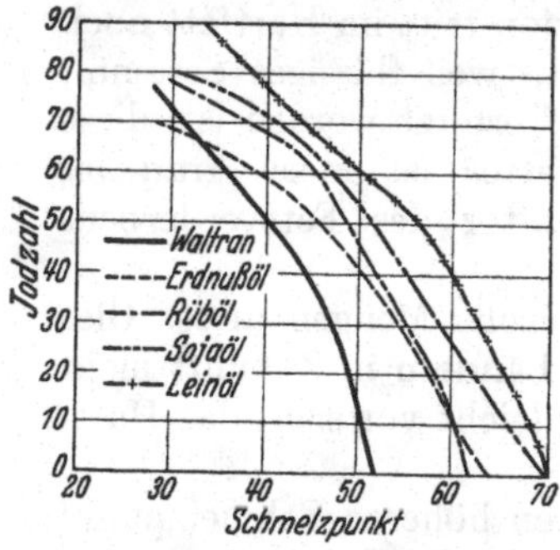

Richtiger ist es, den Endpunkt der Härtung durch die Refraktion zu bestimmen, welche parallel mit der Jodzahl abnimmt. Man verwendet zur Refraktionsbestimmung ein Butterrefraktometer oder ein ABBE-Refraktometer.

In der Tabelle 20 sind die Jodzahlen, spezifischen Refraktionen und Schmelzpunkte verschiedener und verschieden hoch gehärteter Fette angegeben. Zwischen Jodzahl und Refraktionsabnahme besteht volle Parallelität, nicht aber zwischen Jodzahl und Schmelzpunkt.

In Abb. 81 ist die Beziehung zwischen Jodzahl und Schmelzpunkt graphisch dargestellt.

Die Kontrolle kann auch durch Bestimmung des Erstarrungspunktes erfolgen. Die übliche, allerdings genauere Art der Erstarrungspunktbestimmung ist für Betriebsverhältnisse wegen ihrer langen Dauer ungeeignet. Man verwendet deshalb am besten den in Abb. 82 dargestellten Apparat mit Rührwerk, der die Bestimmung in einigen Minuten durchzuführen gestattet. Bei tief erstarrenden Fetten wird

Abb. 81. Jodzahl und Schmelzpunkt von unter gleichen Bedingungen gehärteten Ölen.

[1] F. Wittka, Allg. Oel- und Fett-Ztg. **29**, 323 (1932).
[2] S. UENO: Journ. Soc. chem. Ind. Japan (Suppl.) **39**, 150 B (1936). Die Acetylzahl des ursprünglichen Öles war 146,4.

mit Wasser oder Eis gekühlt; das Rührwerk wird bei beginnendem Erstarren abgestellt. Die Methode ist natürlich nicht sehr genau, sie genügt aber für die Betriebskontrolle.

Zur Bestimmung der hochschmelzenden Anteile kann man sich der vom Verfasser vorgeschlagenen, mit „Stearinzahl" bezeichneten Methode bedienen. Sie beruht auf der Beobachtung, daß kaltes Aceton flüssige Fette leicht, feste Fette dagegen nur schwer zu lösen vermag. Dadurch läßt sich eine wenn auch nur annähernd quantitative Trennung der festen und flüssigen Anteile erreichen, welche eine gewisse erste Orientierung über die Homogenität der Härtung ergibt.

Ausführung: 5 g Fett werden in einem Becherglase von 150 cm³ Inhalt abgewogen und mit 100 cm³ Aceton auf der elektrischen Heizplatte schnell zum Sieden erhitzt. Das Becherglas ist dabei mit einem Uhrglas bedeckt. Es geht auf diese Weise nur wenig Aceton verloren. Man läßt einen Augenblick abkühlen und bringt dann das Becherglas in ein größeres Wasserbad von zirka 20⁰. Dann wiegt man einen präparierten, getrockneten Goochtiegel mit einem Wägegläschen zusammen ab. Nach einer Stunde saugt man den auskristallisierten Niederschlag ab, wäscht mit 50 cm³ Aceton von 20⁰ nach (der Niederschlag ist mit einer kleinen

Tabelle 20. Beziehung zwischen Jodzahl, Refraktion und Schmelzpunkt der Hartfette.

	Jodzahl	Refraktion[1]	Schmelzpunkt	Korrektur
Waltran	121,5	44,7	—	
	89,0	38,2	—	
	70,7	33,6	32,0	
	58,1	31,8	36,5	pro 1⁰
	46,0	30,2	42,0	= 0,46
	36,4	28,8	45,0	
	30,3	28,1	47,5	
	5,4	25,4	51,0	
Erdnußöl	91,4	37,8	—	
	69,3	33,4	28,2	
	56,7	31,3	42,0	
	43,3	29,6	49,0	0,56
	31,8	28,5	54,0	
	16,5	26,5	58,0	
	7,1	25,3	60,1	
	1,2	24,4	65,0	
Rüböl	105,1	40,7	—	
	85,6	38,1	—	
	78,6	36,5	29,0	
	69,6	35,0	37,5	
	66,7	34,7	40,0	0,59
	64,0	34,0	44,0	
	24,3	29,5	57,0	
	1,2	26,8	69,5	
Sojabohnenöl	139,0	45,2	—	
	94,0	40,2	—	
	69,5	34,0	42,0	
	58,5	31,7	48,0	0,46
	46,3	30,3	53,0	
	34,7	28,9	57,0	
	1,4	25,2	71,0	
Leinöl	179,6	52,9	—	
	106,0	42,2	ca. 30,0	
	90,1	38,9	33,0	
	80,6	35,5	37,0	
	66,0	33,3	45,0	0,5
	52,9	31,6	50,0	
	30,9	28,8	57,4	
	17,1	27,5	63,0	
	3,0	25,7	71,5	
			72,0	

Abb. 82. Erstarrungspunktapparat nach HUGEL.

Federfahne leicht aus dem Becherglas zu entfernen), bringt den Goochtiegel in das Wägegläschen und trocknet im Trockenschrank, bis der Acetongeruch verschwunden ist. Da hierbei der Tiegelinhalt schmilzt, muß der Tiegel stets in ein mitgewogenes Glas gesetzt werden. Nach dem Erkalten wird gewogen und auf Prozente umgerechnet. Wie die Praxis zeigte, fallen die Resultate auf ungefähr 1% gleichmäßig aus.

[1] bei 75⁰ C.

Es wurden bei Fetten, welche unter verschiedenen Bedingungen gehärtet wurden, folgende Zahlen erhalten:

Hartfett	Schmelzpunkt	Stearinzahl	Hartfett	Schmelzpunkt	Stearinzahl	Hartfett	Schmelzpunkt	Stearinzahl
Leinöl	40,5⁰	59,6	Rüböl	35,0⁰	23,2	Sojaöl	40,0⁰	40,6
„	40,0⁰	22,8	„	35,0⁰	2,4	„	39,5⁰	32,4

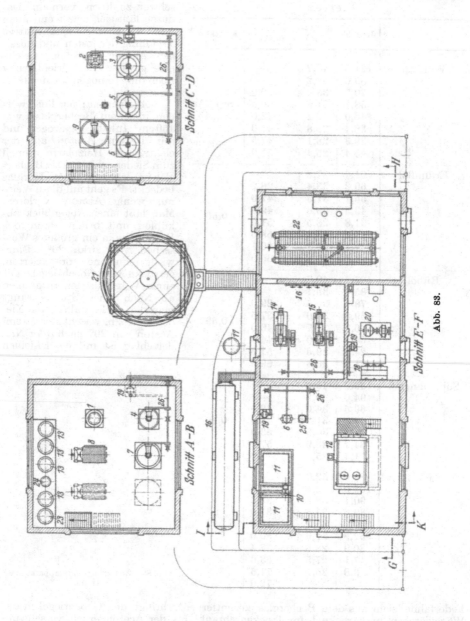

Abb. 83.

Die auf S. 160 erwähnte Methode der *Schmelzausdehnung* für die Ermittlung der „Homogenität" des gehärteten Fettes ist von W. Normann[1] vorgeschlagen worden. (Dilatation). Flüssige Substanzen erleiden durch Erwärmen eine Volumzunahme. Die meisten festen Substanzen erfahren beim Schmelzen ebenfalls eine Ausdehnung;

[1] Chem. Umschau Fette, Öle, Wachse, Harze **38**, 17 (1931).

nur wenige Stoffe machen hiervon eine Ausnahme (Wasser). Wird nun ein fester Körper geschmolzen, so erfährt er aus zwei Gründen eine Volumzunahme: 1. durch den Schmelzvorgang und 2. durch das Erwärmen.

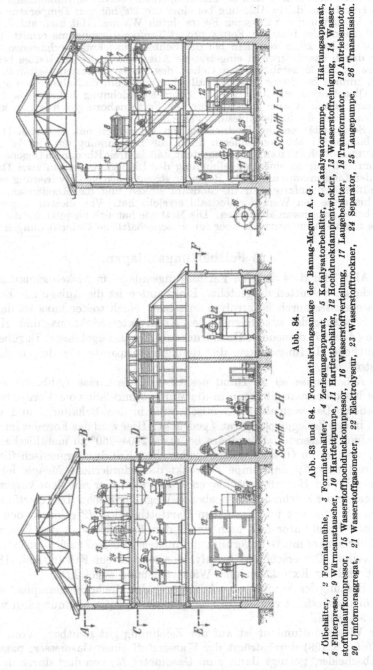

Abb. 83 und 84. Formiathärtungsanlage der Bamag-Meguin A. G.

Abb. 84.

Schnitt I–K

Schnitt G–H

1 Ölbehälter, 2 Formiatmühle, 3 Formiatbehälter, 4 Zerlegungsapparat, 5 Katalysatorapparat, 6 Katalysatorbehälter, 7 Härtungsapparat, 8 Filterpresse, 9 Wärmeaustauscher, 10 Hartfettpumpe, 11 Hartfettbehälter, 12 Hochdruckdampfentwickler, 13 Wasserstoffreinigung, 14 Wasserstoffumlaufkompressor, 15 Wasserstoffhochdruckkompressor, 16 Wasserstoffverteilung, 17 Laugebehälter, 18 Transformator, 19 Antriebsmotor, 20 Umformeraggregat, 21 Wasserstoffgasometer, 22 Elektrolyseur, 23 Wasserstofftrockner, 24 Separator, 25 Laugepumpe, 26 Transmission.

Es wurde früher gezeigt, daß Hartfette gleichen Schmelzpunktes verschieden zusammengesetzt sein können. Bei „homogener" Härtung entstehen Produkte, welche vorwiegend aus festen, gleichmäßig hoch schmelzenden Bestandteilen bestehen; bei „unhomogener" Härtung erhält man Produkte, welche neben kleineren Mengen hochschmelzender Bestandteile größere Mengen flüssiger Komponenten enthalten.

Mit Hilfe der „Schmelzausdehnung" läßt sich nun der Gehalt an festen Bestandteilen, z. B. in einem Hartfett mittleren Schmelzpunktes ermitteln. Man bestimmt
das Volumen einer bestimmten Gewichtsmenge des Fettes bei einer Temperatur,
bei der es noch fest ist, und dann bei der Temperatur, bei der es vollkommen geschmolzen ist. Durch eine dritte Ablesung bei einer um 20° höheren Temperatur bestimmt
man die Ausdehnung des flüssigen Fettes durch Wärme. Hat man auf diese Weise
die Ausdehnung des flüssigen Fettes pro 1° Temperaturzunahme ermittelt, so läßt
sich durch Subtraktion von dem bei der Schmelzausdehnung erhaltenen Wert die
lediglich durch das Schmelzen eingetretene Ausdehnung des Hartfettes bestimmen,
und diese ist ein Maßstab für den Gehalt des Fettes an festen Bestandteilen.

Man nimmt bei dieser Methode stillschweigend an, daß alle festen Fette, Tristearin, Oleostearine usw., die gleiche Schmelzausdehnung haben. Da ferner die
Ausdehnung durch Wärme ebenfalls für alle Fette nahezu gleich ist, so kann man
in der Praxis auf die dritte Ablesung verzichten.

Die Selektivität bei der Hydrierung von Fettsäuren mit mehreren Doppelbindungen läßt sich leicht kontrollieren durch die Bestimmung der Rhodanzahl nach
H. P. KAUFMANN. KAUFMANN hat festgestellt, daß das freie Rhodan im Gegensatz zu Jod
und Brom sich nur an eine Doppelbindung der Linolsäure und an zwei Doppelbindungen der Linolensäure anlagert. Bei einer streng selektiven Hydrierung von Linolsäure müßte also anfangs nur die Jodzahl sinken und die Rhodanzahl konstant
bleiben bis diese den Wert der Jodzahl erreicht hat. Von diesem Augenblick an
müßten beide gemeinsam abnehmen. Die Methode hat sich bis jetzt für die Betriebskontrolle nicht eingebürgert, ist aber für wissenschaftliche Untersuchungen wertvoll.

g) Fetthärtungsanlagen.

In Abb. 83 und 84 ist eine Fetthärtungsanlage für Nickelformiathärtung in
verschiedenen Schnitten dargestellt. Links unten ist die Anlage zur Erzeugung
des Wasserstoffes durch Elektrolyse zu sehen. Noch weiter links ist die Anlage
für die Bereitung des zur Heizung der Katalysatorreduktions-. und Härtungsapparate (4 und 7) dienenden Hochdruckdampfes untergebracht. Darüber stehen
die eigentliche Härtungsanlage, die Reinigungsapparate für den umlaufenden
Wasserstoff usw.

Die Arbeitsweise sei an Hand des Übersichtsschemas (Abb. 85) erläutert.

Das Nickelformiat gibt man in die Mühle 2 und läßt vom Vorratsbehälter 1
Öl zufließen. Das vermahlene Gemisch läuft in den Behälter 3 und wird mit
Pumpe 5 in den Zerlegungsapparat 4 gedrückt. Hier wird das Formiat im Vakuum
oder in einer Wasserstoffatmosphäre bei etwa 240—250° zu metallischem Nickel
zersetzt, welches im Öl suspendiert bleibt. Das Katalysatorgemisch fließt nach
dem Vorratstank 6; die Pumpe 5 drückt die erforderliche Menge der Nickel-
suspension in den Härtungsautoklaven 7 und wird hier mit dem vorgereinigten
Öl auf dem in der Zeichnung angegebenen Wege vermischt. Das Hartfett wird in
der Presse 8 abfiltriert und nach dem Hartfettbehälter 12 geleitet; den zurückgebliebenen Katalysator läßt man durch den Falltrichter in das Rührgefäß 11
fallen. Hier wird er mit Öl angerührt und mittels Pumpe 5 nach 7 zurückgedrückt
und so weiter. Der erschöpfte Katalysator wird in ein Faß (s. Abb. 185 links)
abgefüllt und der Extraktion und Wiederbelebung zugeführt.

Die Heizung der Autoklaven erfolgt durch den Hochdruckdampfentwickler 9,
der Heizölzulauf erfolgt vom Vorratstank 9a aus. Die Verbrennungsluft wird vom
Gebläse 9b geliefert.

Der Wasserstoffumlauf ist auf der Zeichnung gut sichtbar. Vom Elektrolyseur 20 (s. S. 199) durchströmt der Wasserstoff einen Gasmesser, passiert den
Wasserabscheider, gelangt dann zum Gasometer 15, von dort durch den Hoch-
druckkompressor 16 und Abscheider 18 nach dem Hochdruckbehälter 19 oder
er wird durch ein Reduzierventil nach dem Trockenturm 14 und hierauf in den
Härtungs- und Zerlegungsapparat geleitet.

Die Rückleitung des Gases aus dem Härtungsautoklaven erfolgt durch Kon-

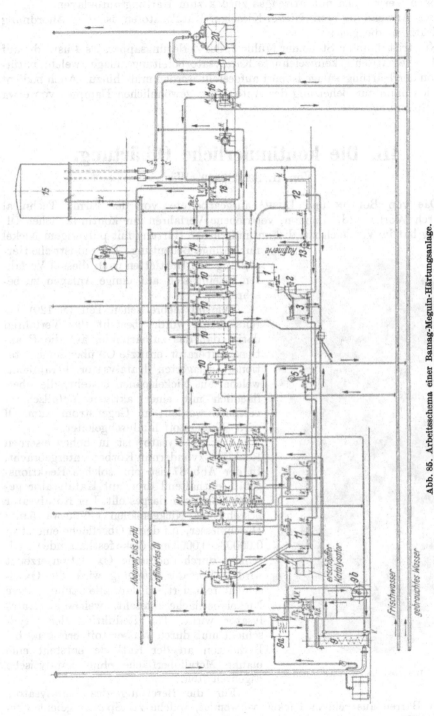

Abb. 85. Arbeitsschema einer Bamag-Meguin-Härtungsanlage.

M Manometer, MV Manovakuummeter, V Ventil, SV Sicherheitsventil, H Hahn, Th Thermometer.

densator *10*, einen Abscheider und die Reinigungsapparate *10* zur Umlaufpumpe und nach Vermischen mit Frischgas zurück zum Härtungsautoklaven.

Bei Anwendung von Nickel-Kieselgur-Katalysatoren ist die Anordnung grundsätzlich die gleiche.

Nur tritt dann an Stelle der Mühle *2*, des Zerlegungsapparates *4* usw. die auf S. 141 schematisch gekennzeichnete Katalysatorbereitungsanlage, welche natürlich von der Härtungsanlage isoliert aufgestellt werden muß, hinzu. Auch bedient man sich dann zur Beheizung der Autoklaven gewöhnlichen Dampfes von etwa 10 at Spannung.

III. Die kontinuierliche Ölhärtung.
Von H. Schönfeld, Wien.

Das von Bolton und Lush[1] ausgearbeitete, von der Firma Technical Research Works, Ltd., London, vertriebene Verfahren zur kontinuierlichen Ölhärtung hat im Vergleich zur diskontinuierlichen Härtung mit pulverigem Nickel nur geringe Bedeutung. Die industrielle Herstellung von Hartfetten nach diesem Verfahren scheint sich auf einige Anlagen zu beschränken.

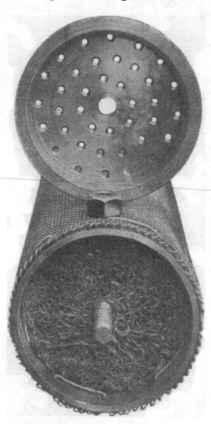

Abb. 86. Katalysatorzellen nach Bolton und Lush.

Wie im theoretischen Teil (S. 120) bereits gesagt wurde, besteht das Verfahren darin, daß das zu härtende, auf die Reaktionstemperatur erhitzte Öl über einen stationär gelagerten Katalysator herabfließt, welcher aus Nickelspänen besteht, die oberflächlich mit einer aktiven Metallschicht versehen werden; im Gegenstrom zum Öl wird Wasserstoff hindurchgeleitet.

Der Katalysator ist in hohen eisernen Reaktionszylindern in Körben untergebracht. In der Abb. 87 ist ein solches Reaktionsgefäß, enthaltend drei mit Katalysator gefüllte Kammern, dargestellt. Der Katalysator besteht aus Nickelspänen von etwa 5 mm Durchmesser, auf deren Oberfläche eine etwa 0,00003—0,0003 mm dicke festhaftende Oxydschicht durch anodische Oxydation erzeugt wird[2]. Vor der Härtung wird die Oxydschicht reduziert, so daß eine rauhe, aktive Nickeloberfläche entsteht, welche als Katalysator wirkt. Die Reduktion der Oxydschicht muß durch Wasserstoff erfolgen, bei Reduktion an der Kathode entsteht eine blanke Metalloberfläche ohne katalytische Eigenschaften.

Für die Bereitung des Katalysators werden Barren aus reinem Nickel verwendet, welche zu Spänen gefeilt werden. Die Körbe (Zellen) (Abb. 86, 87 und 88) enthalten etwa 100 engl. Pf. Nickel-

---

[1] E. P. 162370, 203218.   [2] Lush: Journ. Soc. chem. Ind. 42, 219 T (1923).

feile mit einer Oberfläche von etwa 8500 Quadratfuß; vor der Oxydation werden die Späne angerauht, um eine festhaftende Oxydschicht erhalten zu können. Man bringt hierauf die mit den Spänen gefüllte Zelle in ein Porzellanbad mit 5%iger Sodalösung. Die Zelle wird zur Anode, eine die Zelle umgebende Nickelplatte zur Kathode gemacht. Die Oxydation erfordert einen Strom von 1—5 Amp. und 15 Volt pro Pfund Ni. Im erschöpften Katalysator etwa vorhandener Sulfid-S wird zu Schwefelsäure oxydiert und gelöst. Neuerdings verwendet man nicht Feile, sondern Nickelspiralen, welche bei der Oxydation des frischen Metalls oder des erschöpften Katalysators in die Sodalösung eingehängt werden.

Die anodisch anoxydiertes Ni enthaltenden Zellen werden in das zylindrische Reaktionsgefäß eingesetzt und zunächst die Luft durch Evakuieren vertrieben. Hierauf setzt man zur Reduktion der Oxydschicht einen Wasserstoffdruck von 60 Pfund/Quadratzoll auf und erhitzt auf zirka 300⁰. Nach beendeter Reduktion wird die Temperatur auf etwa 180⁰ herabgesetzt, der Druck auf 5 Pfund/Quadratzoll reduziert und das Öl von oben nach unten in die Reaktionskammern geleitet.

Die Wiederbelebung des Katalysators erfolgt genau so wie die Neubereitung. Nach Extraktion des Fettes mit Benzin, welche im Reaktionszylinder vorgenommen wird, werden die den Katalysator enthaltenden Zellen herausgenommen und die Spiralen anodisch in Sodalösung oxydiert usw. Die bei der Härtung

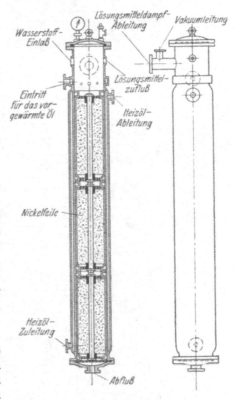

Abb. 87. Reaktionszylinder für die kontinuierliche Härtung.

aufgenommenen Verunreinigungen des Katalysators werden dabei weggelöst. Die aufzulegende Stromstärke hängt von der Größe der Katalysatorzelle ab; für eine Zelle mit 100 engl. Pfund Nickelfüllung braucht man 180 Amp. und 7 Volt Spannung. Die Elektrolyse dauert etwa 8 Stunden. Nach beendeter elektro-

Abb. 88. Reaktionskammer für die kontinuierliche Ölhärtung.

lytischer Oxydation wird die Masse ausgewaschen und bis zur Inbetriebsetzung unter Wasser gehalten.

Abb. 89 zeigt eine größere Anlage, bestehend aus mehreren Reaktionskammern.

Moschkin[1] schlug vor, die Nickelfeile vor der Oxydation mit Schwefelsäure

---

[1] Öl-Fett-Ind. (russ.: Masloboino Shirowoje Djelo 1928, Nr. 4.

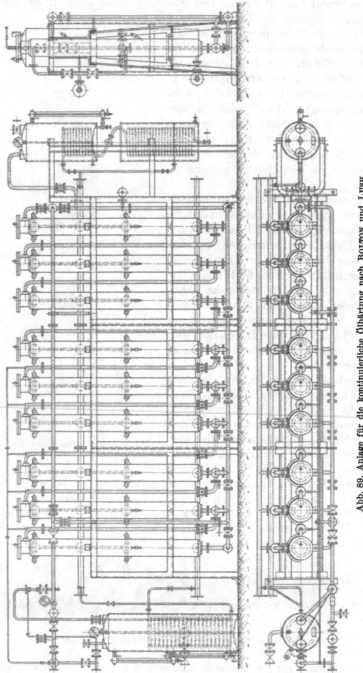

Abb. 89. Anlage für die kontinuierliche Ölhärtung nach BOLTON und LUSH.

anzurauhen, um besser haftende Überzüge zu bekommen. Die äußere Katalysatorschicht soll gegen Verunreinigungen, Gifte usw. sehr empfindlich sein. Anderseits dürfte das Verfahren den Vorteil haben, daß man durch Regelung der Ölzulaufgeschwindigkeit usw. den Grad der Härtung beliebig variieren kann. Auch entfällt die Notwendigkeit der Filtration des fertigen Hartfettes.

BAG, WOLOKITIN und JEGUNOW[1] verwenden an Stelle von Reinnickel eine Aluminiumnickellegierung. Nach oberflächlicher Einwirkung von Natronlauge sollen die Ni-Al-Legierungen pyrophore Eigenschaften zeigen und hohe Aktivität erlangen, so daß die anodische Oxydation und Reduktion überflüssig werden. Den eigentlichen Katalysator sollen die Verbindungen Al_3Ni, AlNi usw. bilden. Am geeignetsten sollen Legierungen mit 27—28% Nickelgehalt sein. Die Hydrierungstemperatur soll bei Anwendung solcher Katalysatoren von dem Grad der Anrauhung mit NaOH abhängen und 200⁰ und darunter betragen.

In welcher Weise die Selektivität der Hydrierung durch das BOLTON-LUSH-Verfahren beeinflußt wird, wurde bereits auf S. 120 angegeben[2].

IV. Hydrierung von Fetten zu höhermolekularen Alkoholen (Die Fettalkohole).

Von R. HUETER, Dessau-Roszlau, unter Mitwirkung von W. SCHRAUTH, Berlin.

a) Reaktionsbedingungen und Chemismus der Hochdruckhydrierung.

Die Hydrierung der Fette, die sich unter normalen Bedingungen, also bei geringen Drücken und bei Temperaturen von etwa 170—220⁰ ausschließlich auf die Absättigung olefinischer Doppelbindungen beschränkt, kann neueren Erkenntnissen zufolge auch derart geleitet werden, daß darüber hinaus eine Reduktion der Carboxylgruppe eintritt. Es resultieren hierbei die den Fettsäuren entsprechenden „*Fettalkohole*", die unter bestimmten, späterhin eingehend zu behandelnden Reaktionsbedingungen, sodann auch zu Kohlenwasserstoffen katalytisch weiter reduziert werden können.

Bei der Ameisensäure, dem untersten Glied der homologen Reihe der aliphatischen Carbonsäuren, war die Reduzierbarkeit der Carboxylgruppe durch Wasserstoff in Gegenwart von Kontaktstoffen bereits früher bekannt. In Form ihrer Alkylester mit Wasserstoff[3] über Kupferkatalysator geleitet, ergibt die Ameisensäure den entsprechenden Alkohol, also Methanol. Höhere Fettsäuren lassen sich jedoch nicht in ähnlich glatter Weise bei relativ niederen Temperaturen von 100—180⁰ und ohne oder unter geringem Überdruck zu Alkoholen reduzieren; sie verhalten sich wesentlich reaktionsträger.

Auf Grund des gegenüber der Theorie zu hohen Wasserstoffverbrauches hat man zwar die Vermutung ausgesprochen, daß eine Reduktion der Carboxylgruppe bereits auch bei der normalen Fetthärtung spurenweise auftreten könne[4]. Aus hydrierten Tranen wurden ferner bereits Octadecylalkohol und andere höhermolekulare Alkohole isoliert[5]. Es ist aber zu berücksichtigen, daß auch in nicht-hydrierten Tranen Fettalkohole vorkommen, während ein übertheoretischer Wasserstoffverbrauch kaum als Beweis für den Eintritt irgendeiner bestimmten Reaktion gelten kann, wenn man bedenkt, daß bei der Fetthärtung unkontrollierbare Zersetzungs-

[1] Russ. P. 23523; Öl-Fett-Ind. (russ.: Masloboino Shirowoje Djelo 9, Nr. 4, 16 (1933).
[2] Näheres über das BOLTON-LUSH-Verfahren s. auch H. SCHÖFELD: Hydrierung der Fette, S. 84—92. Berlin: Julius Springer. 1932.
[3] D. R. P. 369574/1919.   [4] KAILAN: Monatsh. Chem. 52, 308 (1931).
[5] YOSHIYUKI, TOYAMA, TSUCHIYA: Journ. Soc. chem. Ind. Japan 32, 374 B (1929).

erscheinungen, Bildung von Geruchsstoffen u. dgl. nicht immer völlig vermeidbar sind. Aber wenn sich unter Umständen selbst bei der normalen Fetthydrierung in geringen Mengen neben den eigentlichen Trägern des „Hartfettgeruches", also Aldehyden u. dgl., durch Reduktion der Carboxylgruppe Fettalkohole wirklich bilden können, so stehen doch die diesbezüglichen Arbeiten außerhalb jeden Zusammenhanges mit den neueren erfolgreichen Untersuchungen, welche die großtechnische Herstellung der Fettalkohole durch katalytische Hydrierung von Fetten ermöglicht haben; denn erst in diesen Untersuchungen wurde die Reduktion der Carboxylgruppe nicht mehr als eine unerwünschte, schädliche und daher zu vermeidende Nebenreaktion behandelt, vielmehr wird bereits in der frühesten, dieses Thema betreffenden Mitteilung[1] eingehend auch die zuvor nicht erkannte technische Bedeutung der nunmehr leicht zugänglich gewordenen Fettalkohole beleuchtet. Kurz nach dieser Veröffentlichung von W. SCHRAUTH brachten ADKINS und FOLKERS[2] eingehende Angaben über die katalytische Hydrierung höherer Fettsäureäthylester zu Alkoholen mit Kupfer-Chrom-Oxyden als Katalysator. Diese Forscher arbeiteten unter Anwendung von Hochdruck (220 at) bei hohen Temperaturen, also unter Bedingungen, wie sie auch in von SCHRAUTH veranlaßten älteren Patentanmeldungen[3] der Deutschen Hydrierwerke Aktiengesellschaft, Rodleben/Berlin, als ausschlaggebend für die großtechnische Durchführbarkeit des Verfahrens erkannt wurden. Über die wichtigsten, diesen Patentanmeldungen zugrunde liegenden Erfahrungen berichteten SCHRAUTH, SCHENCK und STICKDORN[4]. Sie führten den Nachweis, daß für den Eintritt der Reduktion überhaupt sowie für den Charakter des Endproduktes „gewisse Schwellenwerte der Temperatur und des Druckes" maßgebend seien. Unterhalb des Druckschwellenwertes und oberhalb des Temperaturschwellenwertes findet eine weitere Reduktion der Fettalkohole zugunsten einer Kohlenwasserstoffbildung statt, und umgekehrt wird bei Nichtüberschreitung bestimmter Temperaturgebiete und bei Einhaltung gewisser Mindestdrucke die quantitative oder angenähert quantitative Umsetzung lediglich zu Alkoholen ermöglicht. Im übrigen sind aber die optimalen Druck- und Temperaturverhältnisse für die einzelnen Katalysatoren verschieden und auch von dem Charakter der angewandten Fettstoffe abhängig. Als Katalysatoren werden fein verteilte Metalle, vornehmlich Nickel und Kupfer, neben diesen aber auch Mischprodukte benutzt, die neben Nickel gleichzeitig auch Kupfer, Kobalt, Mangan, Chrom u. dgl. enthalten können. Es wurden also sowohl die für die Methanolsynthese üblichen Kontaktstoffe als auch typische Hydrierungskatalysatoren als geeignet befunden. Reduziert wurden die Fettsäuren sowohl als solche als auch als Alkyl- und Glycerinester. Einzelheiten ergeben sich aus folgenden, der genannten Abhandlung entnommenen Beispielen:

1. *Dodekan aus Laurinsäure:*

40 g Laurinsäure wurden in Gegenwart von 4 g eines Kupfer-Kieselgur-Katalysators im Schüttelautoklaven mit Wasserstoff behandelt. Der Katalysator enthielt 20% Kupfer in Form des basischen Carbonates. Anfangsdruck 130 at. Temperatur 390°. Bei 300° sank der Druck während des weiteren Heizens innerhalb 4 Minuten von 272 auf 242 at, um dann bei der Endtemperatur wieder 270 at zu erreichen. Versuchsdauer 60 Minuten. Die erhaltene wasserhelle Flüssigkeit siedete ohne Rückstand bei 16 mm Hg zwischen 95 und 125°; SZ. 1,7, VZ. 6,3, AVZ. 10,5. Durch nochmalige Fraktionierung wurden 22 g Dodekan vom Siedep.$_{17}$ 98—101° erhalten.

[1] SCHRAUTH: Chem.-Ztg. **55**, 3 (1931).
[2] Journ. chem. Soc. London **53**, 1095—1097 (1931); **54**, 1145—1154 (1932).
[3] D. R. P. Anmeldung D. 56471 IV a/12o vom 30. VIII. 1928 sowie D. R. P. Anmeldung D. 56488 IV a/12o vom 4. IX. 1928; D. R. P. 607792, 629244.
[4] Ber. Dtsch. chem. Ges. **64**, 1314 (1931).

2. Dodecylalkohol aus Laurinsäuremethylester:

40 g Ester wurden mit 4 g eines bei 400° vorreduzierten Zink-Kupferchromat-Katalysators der Hydrierung unterworfen. Der Katalysator wurde erhalten durch Einwirkung überschüssigen Natriumdichromats auf 2 Teile Zinkoxyd und 1 Teil Kupferoxyd. Anfangsdruck 145 at, Temperatur 325°. Zwischen 305 und 325° ging der Druck, der während des Anheizens auf 290 at gestiegen war, auf 272 at zurück, um dann diesen Stand beizubehalten. Die Reaktion dauerte 16 Minuten, der Gesamtversuch 36 Minuten. Aus dem erhaltenen Reaktionsprodukt konnten nach Verseifung des unveränderten Methylesters 10,5 g reinen Dodecylalkohols vom Siedep.$_{18}$ 145 bis 148° und dem Schmp. 21—22° erhalten werden. Eine dem Dodekan entsprechende Fraktion wurde nicht beobachtet.

3. Octadekan aus Stearinsäure:

Als Katalysator diente ein chromathaltiger Kupferkatalysator, der durch Ausfällen von zirka 20% Kupfer auf Kieselgur mittels Soda und Kaliumchromat erhalten wurde. 40 g Stearinsäure und 4 g Katalysator ergaben, im Schüttelautoklaven mit Wasserstoff erhitzt, bei etwa 350° und 280 at ein fast neutrales, rein weißes Reaktionsprodukt, das beim Erkalten erstarrte. Durch zweimalige Destillation wurden 30 g Octadekan vom Siedep.$_{20}$ 185—187° erhalten, Schmp. 26—28°.

4. Octadecylalkohol aus Stearinsäure:

40 g reine Stearinsäure und 4 g Zink-Kupferchromat-Katalysator wurden im Schüttelautoklaven mit Wasserstoff bei 325° behandelt. Reaktionsdruck 280 at. Die fraktionierte Destillation lieferte 31 g Octadecylalkohol vom Siedep.$_{15}$ 208—212°. Schmelzpunkt nach dem Umkristallisieren aus Alkohol 58—59°.

5. Fettalkohole aus Cocosöl:

40 g Cocosöl wurden in Gegenwart von 4 g Kupferchromat-Kieselgur-Katalysator mit Wasserstoff im Schüttelautoklaven behandelt. Anfangsdruck 145 at. Reaktionstemperatur nicht über 305°. Beginn der Hydrierung bei 285°. Reaktionsdauer 20 Minuten. Nach dem Abfiltrieren des Katalysators wurde eine wasserhelle, klare Flüssigkeit von angenehmem Geruch erhalten. VZ. 9,05, AVZ. 238,30. Das Produkt destillierte völlig neutral bei 17 mm Hg zwischen 70 und 215° nahezu rückstandsfrei.

In gewissem Gegensatz zu diesen Befunden stehen allerdings Mitteilungen von O. Schmidt[1], der, auf einer älteren Patentanmeldung B. 122 821 der I. G. Farbenindustrie A. G.[2] vom 20. November 1925 fußend, die von Schrauth als für den Verlauf der Reaktion entscheidend angesehene Anwendung hoher Drucke nicht als ausschlaggebend anerkennt. Er hält die Aktivität des Kontaktstoffes für das Wesentliche und behauptet, daß der hohe Wasserstoffdruck auf Grund späterhin zu besprechender Vorstellungen eine nur beschleunigende Wirkung haben könne. Abgesehen von einem einzigen, bisher von Schmidt mitgeteilten Beispiel, Reduzierung des Ölsäureäthylesters in gasförmiger Phase bei normalem Druck, ist jedoch die drucklose Arbeitsweise oder das Arbeiten unter geringem Druck weder für wissenschaftlich-präparative noch für technische Zwecke irgendwie von Bedeutung geworden. Auch benutzte Schmidt zur Reduzierung des Ricinusöles zu dem der Ricinolsäure entsprechenden Glykol später selbst das Hochdruckverfahren. Eine Umsetzung in praktisch verwertbarem Ausmaß ist daher auch bei Berücksichtigung der Angaben von Schmidt normalerweise nur bei Anwendung hohen Druckes zu erzielen sowie in Gegenwart von besonders zusammengesetzten Katalysatoren. Bemerkenswert sind jedoch die von Schmidt bei der Hydrierung von Ricinusöl erzielten Ergebnisse. Die Hydrierung verlief in Gegenwart eines Kobaltkatalysators bei 220° und bei einem Wasserstoffdruck von 200 at unter völliger Erhaltung der in der Ricinolsäure an sich vorhandenen Hydroxylgruppe. Es wurde lediglich die Äthylenbindung abgesättigt und die Carboxylgruppe zu einer zweiten Hydroxylgruppe reduziert, so daß also dem Gehalt des Öles an

---

[1] Ber. Dtsch. chem. Ges. **64**, 2051 (1931).
[2] D. R. P. 573 604.

Ricinolsäure entsprechend das Octadecandiol in einer Ausbeute von zirka 75% erhalten werden konnte. Bei der normalen Fetthärtung, d. h. unter geringerem Druck, bei Temperaturen oberhalb 200⁰ und mit Nickelkatalysatoren kommt die Hydroxylgruppe unter Umständen noch vor der Absättigung der Doppelbindung zur Abspaltung, so daß also aus Ricinolsäure die nicht hydroxylierte Stearinsäure entsteht. Die Bedeutung hoher Drucke und besonderer Katalysatoren bei der katalytischen Reduktion von Fettstoffen ergibt sich also auch aus diesem Beispiel.

Von besonderem Wert für die endgültige Klarstellung der für den hier behandelten Reduktionsprozeß maßgebenden Reaktionsbedingungen dürften endlich die exakten Untersuchungen des Altmeisters der Hydrierungstechnik W. NORMANN sein, der bei Beginn seiner Arbeiten ebenfalls dem Druck nur sekundäre Bedeutung gegenüber der spezifischen Wirkung des Katalysators zugeschrieben hat[1]. Im Verlauf seiner Arbeiten ist aber auch NORMANN seiner Publikation zufolge schrittweise zu der SCHRAUTHschen Auffassung geführt worden. Nach NORMANN[2] gelingt die Reduktion der Carboxylgruppe besonders gut, wenn als Katalysator Kupfer zur Anwendung kommt, aber auch mit Nickel und anscheinend auch mit allen übrigen zur Ölhärtung geeigneten Kontaktstoffen werden gute Ergebnisse erzielt, wenn hoher Wasserstoffdruck und die für die Reaktion erforderliche hohe Temperatur zur Anwendung kommen. Unter optimalen Bedingungen, die bei den verschiedenen Kontaktstoffen innerhalb verschiedener Grenzen liegen, erreichte NORMANN ohne Schwierigkeit Fettalkoholausbeuten von 97% d. Th. Bei der Verwendung von Nickel muß allerdings die Temperatur mit 250⁰ wesentlich niedriger gehalten werden als bei der Katalyse mit Kupfer, der Druck muß dann aber auch auf etwa 500 at erhöht werden. Kupfer benötigt nach NORMANN eine Arbeitstemperatur von 310—325⁰ und einen Druck von etwa 250 at. Allerdings erwies sich bei diesen Versuchen im Vergleich mit Nickel der Kupferkatalysator als empfindlicher gegen Vergiftungen, insbesondere oxydiertem Eisen gegenüber. In einem Einzelpunkte bestehen aber zwischen den Befunden NORMANNs und den oben besprochenen Erfahrungen SCHRAUTHs gewisse Unterschiede insofern, als der erstere annimmt, daß die Erhöhung des Druckes über das Optimum hinaus bei der Verwendung von Kupferkatalysatoren die weitere Reduktion der Fettalkohole zu Kohlenwasserstoffen begünstige. Eine derartige Einwirkung konnte jedoch bisher nicht einwandfrei bestätigt werden, obwohl zu hohe Temperaturen tatsächlich in dieser Richtung wirken. Vielleicht ist diese Abweichung in den beiderseitigen Befunden dadurch zu erklären, daß SCHRAUTH in erster Linie mit „Methanolkatalysatoren", NORMANN mit gewöhnlichen Hydrierungskatalysatoren gearbeitet hat.

Auf in Einzelheiten zurzeit noch nicht veröffentlichte Beobachtungen, welche die selektive Reduktion der Carboxylgruppe bei Aufrechterhaltung etwaiger ungesättigter Bindungen unter Anwendung „vergifteter" Kontaktstoffe betreffen und beispielsweise zum Oleinalkohol führen, sei endlich hier kurz hingewiesen[3].

Was nun den chemischen Verlauf der Reaktion anbetrifft, so drücken ADKINS und FOLKERS diesen durch die einfache Formel

$$R \cdot COOC_2H_5 + 2\,H_2 = RCH_2OH + C_2H_5OH$$

aus. SCHMIDT glaubt, daß Gleichgewichtszustände eine Rolle spielen entsprechend der Formel

$$RCOOC_2H_5 + 2\,H_2 \rightleftharpoons RCH_2OH + C_2H_5OH$$

[1] Ztschr. angew. Chem. **44**, 922—933 (1931).
[2] Ztschr. angew. Chem. **44**, 471, 714 (1931).
[3] Ztschr. angew. Chem. **46**, 461 (1933).

Da eine von links nach rechts stattfindende Verschiebung des Gleichgewichts mit Volumen- bzw. Druckverminderung verbunden ist, würde eine Druckerhöhung auf Grund bekannter thermodynamischer Gesetzmäßigkeiten diese Verschiebung begünstigen. Jedoch kann diese Argumentation, die SCHMIDT als Stütze für seine obenerwähnten Anschauungen anführte, nicht mehr anerkannt werden. Denn tatsächlich ist der Reaktionsverlauf, wie NORMANN feststellen konnte, ein viel komplizierterer.

Nach NORMANN entsteht aus einem Fettsäureester durch Wasserstoffanlagerung zunächst offenbar ein Halbacetal

$$R \cdot COOR_1 + H_2 = RCH(OH)OR_1$$

das dann in verschiedenen Richtungen unter Wasserstoffaufnahme weiter reagieren kann:

1. Ergibt die weitere Reduktion unter gleichzeitiger Wasserabspaltung zunächst den Äther RCH_2OR_1, der alsdann unter Wasserstoffaufnahme in den der Fettsäure entsprechenden Alkohol und den der Alkoholkomponente des Fettsäureesters entsprechenden Kohlenwasserstoff zerfällt.

2. Kann das Halbacetal ohne Wasserabspaltung nach der Formel

$$R \cdot CH(OH)OR_1 + H_2 = RCH_2OH + R_1OH$$

direkt in zwei Alkohole zerlegt werden. Nebengehend besteht aber auch die Möglichkeit, daß der Fettsäureester nach der Formel

$$RCOOR_1 + H_2 = RCOOH + R_1H$$

direkt in Kohlenwasserstoff und freie Fettsäure zerfällt, die dann ihrerseits zum Alkohol reduziert wird.

Die nach diesen Reaktionsmöglichkeiten zu erwartenden Spaltstücke sind tatsächlich von NORMANN teils isoliert, teils indirekt nachgewiesen worden. Glyceride reagieren nach NORMANN unter Bildung von Propylalkohol. Wahrscheinlich laufen aber bei dem Reduktionsprozeß selbst zumeist zwei Reaktionen nebeneinander: als erste die Bildung des Alkohols über das Halbacetal, als zweite die Reduktion der freien Fettsäure nach thermischem Zerfall des Esters. Die an erster Stelle genannte Reaktion scheint jedoch bei glattem Reaktionsverlauf der zweiten gegenüber vorwiegend abzulaufen.

Auch die Reduktion freier Fettsäuren verläuft ähnlich kompliziert, da die Fettsäure mit den zunächst entstandenen Fettalkoholen zu Estern zusammentritt. Es gelingt nach SCHRAUTH[1] sogar in glatter Reaktion zu reinen, den natürlichen Wachsen entsprechenden Fettsäureestern höherer Alkyle zu gelangen, wenn man Fette oder Fettsäuren unter den Bedingungen der Hochdruckhydrierung nur insoweit mit Wasserstoff behandelt, daß die Verseifungszahl des Reaktionsproduktes auf die Hälfte derjenigen des Ausgangsmaterials zurückgeht.

b) Die Technik der Hochdruckhydrierung.

Die Tatsache, daß bereits vor Erscheinen der den Chemismus der Hochdruckhydrierung aufklärenden wissenschaftlichen Veröffentlichungen bei der Deutschen Hydrierwerke A. G. in Rodleben eine Hochdruckapparatur mit einer Kapazität von zirka 3 t täglich lief, läßt vielleicht die Vermutung aufkommen, daß sich die technische Ausgestaltung des Verfahrens als besonders einfach und leicht durchführbar erwiesen habe. Tatsächlich war ja auch auf dem Gebiete der Hochdrucktechnik seit längerem eine umfangreiche und späterhin auch von außerordentlichen Erfolgen begleitete Pioniertätigkeit geleistet worden. Zusammenhängend

[1] Ztschr. angew. Chem. 46, 460 (1933).

berichtete neuderdings Bosch über die Entwicklung der Hochdrucktechnik bei der Ammoniaksynthese[1]. Die wertvollen, zum Teil mit ungeheuren wirtschaftlichen Opfern errungenen Erfahrungen, welche bei der katalytischen Ammoniaksynthese, der Methanolsynthese und endlich auch bei der Kohleverflüssigung von den daran interessierten Kreisen gesammelt wurden, waren aber nur in ihren allgemeinen Erkenntnissen weiteren Kreisen zugänglich, so daß in dem speziellen Fall der Hochdruckkatalyse fetter Öle zahlreiche Einzelfragen durch eingehende Betriebsstudien klarzustellen waren. Nachstehend sollen die wichtigsten Regeln kurz zusammengefaßt werden, die im technischen Großbetrieb bei der Hochdruckhydrierung fetter Öle u. dgl. zu berücksichtigen sind.

An die Qualität der Ausgangsmaterialien, also Fett und Wasserstoff, stellt die Hochdruckhydrierung ähnliche Anforderungen wie die Fetthärtung bei Niederdruck, so daß auf die schon berichteten Ausführungen verwiesen werden kann. Für Vorrats-, Sammel- und Vorreinigungsbehälter usw., ferner für die mit diesen verbundenen Rohrleitungen und Förderorgane sind die bekannten Erfahrungen der Fettechnik unverändert maßgebend, so daß die hier obwaltenden Verhältnisse unberücksichtigt bleiben können. Besondere Sorgfalt ist dagegen auf die Ausbildung der unter Hochdruck stehenden Arbeitsorgane zu verwenden.

Bereits bei der Konstruktion der Hochdruckkompressoren wird der Konstrukteur berücksichtigen müssen, daß er nicht einfach bekannte Vorbilder, etwa die in der Kältetechnik für die Herstellung flüssiger Luft üblichen Kompressoren, benutzen darf. Die Ausströmungsgeschwindigkeit der Gase durch Undichtigkeiten der Stopfbüchsen u. dgl. ist nicht nur durch die Höhe der Druckstufe bedingt, sondern wird nach der Formel

$$v = \sqrt{\frac{2\,p}{s}}$$

auch durch das niedere spezifische Gewicht des Wasserstoffes ungünstig beeinflußt. Denn die Ausströmungsgeschwindigkeit wächst nach obiger Formel mit der Quadratwurzel des Druckunterschiedes (p), und sie ist umgekehrt proportional der Wurzel des spezifischen Gewichtes. Zu berücksichtigen ist selbstverständlich, daß Gasverluste bei Luftkompressoren ungefährlich und wirtschaftlich bedeutungslos sind, der Austritt von Wasserstoff aber nicht nur einen empfindlichen Materialverlust bedeutet, sondern gleichzeitig auch ein Hauptgefahrenmoment in der Hochdrucktechnik bildet. Die Knallgasbildung außerhalb der Leitungs- und Reaktionsräume ist tatsächlich eine gefürchtete Gefahrenquelle. Wenn daher die Wasserstoffhochdruckkompressoren im Prinzip auch den bekannten mehrstufigen Luftkompressoren gleichen, so unterscheiden sie sich doch von ihnen durch die Bemessung und präzise Ausbildung der Stopfbüchsen und sämtlicher Dichtungsorgane. Das gleiche gilt für Absperr- und Regulierungsvorrichtungen, die gleichfalls eine schwere Ausführungsform von präziser Durchkonstruktion aufweisen und unter Verwendung widerstandsfähigsten Materials gebaut sind. Bei den Pumpen, die die Zufuhr des den aufgeschwemmten Katalysator enthaltenden Ausgangsfettes besorgen, benötigen ferner die Ventile einer besonderen Aufmerksamkeit, da sie einer außerordentlich hohen Beanspruchung und Abnutzung unterworfen sind. Insbesondere wenn der Katalysator auf Kieselgur od. dgl. niedergeschlagen ist, muß auf die Verwendung von Preßpumpen völlig verzichtet werden, und das Ausgangsfett mit der Kontaktsubstanz aus unter Wasserstoffüberdruck stehenden, mit Rührwerk und Dampfheizung versehenen Druckgefäßen dem Reaktionsraum zugeführt werden.

Für die Hochdrucktechnik ist also eine besonders sorgfältige Durchkonstruk-

---

[1] Die chem. Fabrik **6**, 127 ff. (1933).

tion sämtlicher Förderorgane sowie aller Dichtungs- und Absperrvorrichtungen charakteristisch. Prinzipielle Unterschiede und mit gegebenen technischen Hilfsmitteln unüberwindliche Schwierigkeiten gegenüber dem Arbeiten mit niederen Drucken bestanden hier aber in weniger hohem Grade als bei der Wahl des für die eigentlichen Reaktionsräume vorzusehenden Baustoffes. Sämtliche bei der Niederdruckhydrierung, also der Fetthärtung, allgemein üblichen Materialien sind für das Arbeiten mit hochkomprimiertem Wasserstoff bei hohen Temperaturen unbrauchbar. Schmiedeeisen läßt unter den Bedingungen der Hochdruckhydrierung Wasserstoff durch die Wandung diffundieren und kommt wegen seiner geringen mechanischen Festigkeitseigenschaften als drucktragendes Material nicht in Frage. Kohlenstoffhaltiger Stahl wird unter dem Einfluß des hochkomprimierten Wasserstoffes schon bei Temperaturen unterhalb 300⁰ völlig korrodiert. Von den Gefügeelementen des Stahles, Ferrit (reines Eisen) und Perlit (Kohlenstoffeisen), wird das letztere unter Bildung von Kohlenwasserstoffen zerstört. Es tritt eine „Entkohlung" des Stahles ein, ohne daß jedoch ein kohlenstofffreies, nachgiebiges Weicheisen zur Entstehung gelangt. Es bildet sich vielmehr ein sprödes, überaus brüchiges, von zahlreichen Rissen durchsetztes Material, in dem das Eisen anscheinend mit Wasserstoff legiert ist. Auch Kupfer kommt auf Grund seiner Festigkeitseigenschaften nur als Einsatzmaterial in Frage; es wird aber ebenfalls durch die Wasserstoffeinwirkung gasdurchlässig und verliert so vollkommen sein charakteristisches, metallographisches Feingefüge und seine Festigkeit. Auch durch Nickel und nickelhaltige Legierungen diffundiert Wasserstoff bei hohen Temperaturen, dagegen ist Aluminium anscheinend auch bei höheren Temperaturen gegen Wasserstoff beständig und undurchlässig, widersteht aber nicht der dauernden Einwirkung hocherhitzter Fettsäuren.

Die Patentliteratur über die katalytische Ammoniaksynthese[1] läßt jedoch erkennen, daß man trotzdem versucht hat, mit diesen Materialien auszukommen, indem man die zwei Funktionen der Kontaktofenwandung, also die Aufnahme des Hochdruckes einerseits und den gasdichten Abschluß anderseits, zwei verschiedenen, miteinander kombinierten Konstruktionselementen überließ. Man versah beispielsweise den drucktragenden Stahlmantel mit einem Futterrohr aus Weicheisen und sah Entlüftungsorgane vor, welche den durch das Futterrohr diffundierenden Wasserstoff drucklos ableiteten. Durch derartige Anordnungen konnten aber die beschriebenen Korrosionserscheinungen im Außenmantel nicht restlos verhütet werden.

Die Überwindung dieser entscheidenden Schwierigkeit wurde erst möglich durch die Einführung der sog. Edelstähle, d. h. von Legierungen, die neben Eisen auch Chrom, Wolfram, Vanadin, Molybdän und Nickel enthalten. Der schon früher bekannte und wegen seiner mechanischen Eigenschaften für anderweitige Zwecke gern benutzte perlitische Nickelstahl ist jedoch den korrodierenden Einflüssen des Wasserstoffes gegenüber noch empfindlicher als Flußstahl. Die Empfindlichkeit wächst sogar mit der Erhöhung des Nickelgehaltes. Erst der weitere Zusatz von Chrom, Molybdän, Wolfram oder Vanadin passiviert die Legierung derart, daß sie ein auch für die Hochdruckreduktion von Fetten genügend widerstandsfähiges Material ergibt. Im Prinzip handelt es sich also um Stahlsorten. wie sie als nicht rostende Stähle unter verschiedener Typenbezeichnung, wie V2A, V4A usw., auch für andere Zwecke eine mannigfache Verwendung finden. Jedoch ist bei den hier behandelten, chemisch widerstandsfähigen Edelstählen der Nickelgehalt weniger bedeutungsvoll als bei den „rostfreien" Eisenlegierungen für allgemeinere Zwecke; denn auch nickelfreie Spezialstähle, die mit den übrigen

---

[1] D. R. P. 254571, 256296, 286666.

oben genannten Metallen legiert sind, sind nach D.R.P. 291582 hochkomprimiertem Wasserstoff gegenüber selbst bei hohen Temperaturen beständig. Weitere Einzelheiten sind aus den Patentschriften 298199 und 306333 zu ersehen. Für die hier behandelte Aufgabe geeignete Stahltypen sind beispielsweise die von Krupp hergestellten Marken P 485, P 467, P 498, ferner FM 162, FKM 18 und FK 345, ferner für höchste Beanspruchung die Marken P 469 und P 470. Sie alle sind zumeist außerordentlich kohlenstoffarm, enthalten zwischen 1 und 6% Chrom und außerdem Molybdän oder andere der oben genannten Zuschläge, allerdings in geringerer Menge. Außer Krupp bringen auch die Vereinigten Stahlwerke hochwiderstandsfähige Stähle in den Handel (Sichromalstähle), die im wesentlichen aus Chrom-Aluminium-Legierungen des Eisens bestehen.

Die für den hier behandelten Spezialfall erforderlichen Autoklaven werden also aus ,,Edelstahl'', und zwar nahtlos aus einem Stück geschmiedet, ausgebohrt und abgedreht. Boden und Deckel werden auf die flanschenartig ausgebildeten Enden mit Schrauben aufgesetzt. Man bevorzugt zumeist rohrartig lange Autoklaven mit verhältnismäßig kleinem Durchmesser. Die Verschraubungen sind nach längerer Betriebsperiode einer sorgfältigen Nachprüfung zu unterziehen, da die dauernde Beanspruchung, insbesondere durch Hitze, Ermüdungserscheinungen hervorruft, welche die mechanische Widerstandsfähigkeit erheblich herabzusetzen vermögen. Sehr groß dimensionierte Autoklaven werden zumeist aus mehreren rohrähnlichen Stücken zusammengesetzt, die flanschenartig miteinander verbunden werden und dann ebenfalls einen aufgeschraubten Boden und Verschluß erhalten. Die Apparate werden in turmartigen Hochbauten, etwa aus Eisenbeton, einmontiert, die nach einer Seite, der Ausblaseseite, hin offen sind, damit die Stoßkraft einer etwaigen Explosion nach Möglichkeit in eine bestimmte, möglichst unschädliche Richtung gelenkt wird. Das zum Apparat gehörige Maschinenhaus, das Wasserstofflager usw. müssen also außerhalb der voraussichtlichen Explosionsrichtung angeordnet werden.

Besondere Schwierigkeiten bereitet naturgemäß die Beheizung der Autoklaven. Nicht bewährt hat sich beim Arbeiten in größerem Maßstab die Außenbeheizung mit Gas. Elektrische Innenheizung in der üblichen Ausführungsform (Heizpatronen u. dgl.) führt zu örtlichen Überhitzungen, die sich bei einer in ihrem Richtungsverlauf durch Temperaturunterschiede weitgehend beeinflußbaren Reaktion höchst nachteilig auswirken können. Man ist daher bestrebt, bei gutem Wärmeaustausch die Wärmeverluste nach Möglichkeit durch die Reaktionswärme zu ersetzen, was allerdings nur bei einer nicht allzu kleinen Dimensionierung der Apparatur befriedigend gelingt. Insbesondere das kontinuierliche Arbeiten gestattet eine weitgehende Ausnutzung der durch die Reaktion gebildeten Wärme, immerhin müssen aber die auch hier nicht zu kompensierenden Wärmeverluste durch eine Zusatzheizung gedeckt werden. Da der hochkomprimierte Wasserstoff jedoch ein hohes Wärmeaufnahme- und -abgabevermögen besitzt, ist es bei genügend großer Dimensionierung der Apparatur und damit des Durchsatzes möglich, die Verluste an Wärme durch Aufheizung des dem Apparat zugeführten Wasserstoffes auszugleichen.

Unter Berücksichtigung dieser Angaben ergibt sich nun ein Fabrikationsgang etwa nach folgendem Schema (Abb. 90):

Das Ausgangsfett gelangt aus einem mit Dampfheizung versehenen Lagerbehälter über ein Meßgefäß zu einem ebenfalls mit Dampfheizung versehenen und mit einem Rührwerk ausgestatteten ,,Anmaischgefäß'', in welchem die Zugabe einer abgewogenen Katalysatormenge stattfindet. Von hier aus erfolgt durch eine Preßpumpe die kontinuierliche Zufuhr zum Autoklaven. Kurz vor dem Eintritt in diesen nimmt das Fett in einem Wärmeaustauscher die Wärme des den

Autoklaven verlassenden Wasserstoffes auf. Durch das von oben in den Autoklaven einströmende Fett bläst im Gegenstrom, also von unten der Wasserstoff,

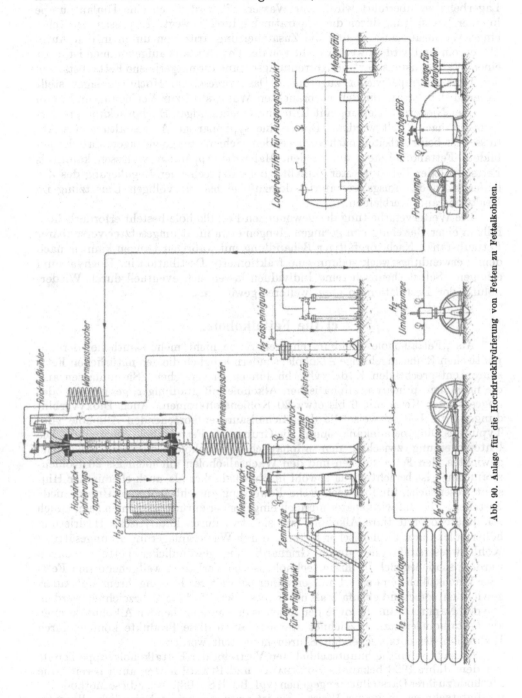

Abb. 90. Anlage für die Hochdruckhydrierung von Fetten zu Fettalkoholen.

der zuvor durch den am unteren Ende des Autoklaven austretenden Fettalkohol in einem zweiten größeren Wärmeaustauscher und durch zusätzliche Beheizung auf die erforderliche Temperatur gebracht wurde. Der Fettalkohol gelangt aus dem Autoklaven zunächst in ein noch unter Hochdruck stehendes Sammelgefäß, aus welchem er abgelassen und nach Abtrennung der Kontaktsubstanz in den Lagerbehälter überführt wird. Der Wasserstoff wird durch eine Umlaufpumpe in einer Kreisleitung durch die Apparatur hindurch bewegt. Er passiert zunächst einen Wärmeaustauscher und die Zusatzheizung, tritt von unten in den Autoklaven ein und wird, soweit er nicht von der Fettsubstanz aufgenommen ist, über einen Wärmeaustauscher und Abtrennungsorgane für mitgerissene Fettsubstanzen der Umlaufpumpe wieder zugeführt. Das vorgesehene Hochdrucklager stellt dauernd den Ersatz für den verbrauchten Wasserstoff zur Verfügung und kann aus einer Niederdruckleitung mit Hilfe eines mehrstufigen Hochdruckkompressors jederzeit nachgefüllt werden. Durch eine syphonartige Ausgestaltung des Abflusses ist beim Arbeiten nach vorliegendem Schema Sorge getragen, daß der gebildete Fettalkohol stets nur in dem Maße die Apparatur verlassen kann, als Fettsäure oder Fettsäureester zufließt. Bei entsprechender Regulierung des Zulaufes kann das Ausgangsmaterial demzufolge bis zur völligen Umsetzung im Reaktionsraum verbleiben.

Die Weiterverarbeitung der gewonnenen Fettalkohole besteht erforderlichenfalls in einer Befreiung von geringen Mengen etwa nicht umgesetzter verseifbarer Fettsubstanz. Nach sorgfältiger Behandlung mit wäßrigen Laugen kann je nach dem Verwendungszweck sodann eine fraktionierte Destillation im Hochvakuum erfolgen. Selbst chemisch reine Individuen lassen sich eventuell durch Wiederholung der Destillation so ohne weiteres gewinnen.

c) Die Fettalkohole.

Als „Fettalkohole" sind im engeren Sinne nicht mehr sämtliche, der aliphatischen Reihe angehörige Alkohole, sondern lediglich die den natürlichen Fettsäuren entsprechenden Hydroxylverbindungen zu verstehen. Sie umfassen also die normalen, primären, aliphatischen Alkohole mit gradliniger, gesättigter oder ungesättigter Kette mit 6 bis etwa 20 Kohlenstoffatomen. Auch Dioxyverbindungen, wie beispielsweise die der Ricinolsäure entsprechenden Alkohole vom Typus des Dioxyoctadekans, sind in die Gruppe der Fettalkohole einzureihen. Die Unterscheidung zwischen den aliphatischen Alkoholen niederen Molekulargewichtes, den Fettalkoholen und den Wachsalkoholen mit mehr als 20 Kohlenstoffatomen ist berechtigt, da sowohl in physikalischer als auch chemischer Hinsicht wesentliche, für ihre technische Bewertung ausschlaggebende Unterschiede bestehen. Hierauf wird späterhin noch eingehender zurückzukommen sein. Auch sekundäre oder tertiäre Alkohole, wie sie etwa durch katalytische Hydrierung höhermolekularer aliphatischer Ketone, durch Wasseranlagerung an ungesättigte Kohlenwasserstoffe oder durch Grignardierung gewöhnlicher Fette gewonnen werden, schließen sich in ihrem technologischen Verhalten weitgehend den Fett- oder Wachsalkoholen an und müssen daher bei weiterer Fassung ihrem Molekulargewicht entsprechend ebenfalls als unter diese Begriffe fallend bezeichnet werden. Die den Naphthensäuren sowie der Abietinsäure entsprechenden Alkohole können als Fettalkoholersätze bezeichnet werden. Auch diese Produkte können durch Reduktion der entsprechenden Säuren hergestellt werden.

An sich waren die hauptsächlichsten Vertreter der Fettalkoholgruppe bereits vor dem Jahre 1928 bekannt. BOUVEAULT und BLANC[1] hatten auch bereits eine Methode zu ihrer Darstellung angegeben (vgl. Bd. I, S. 108). Aber diese Methode befriedigt technisch in keiner Weise. Sie ist zwar anscheinend ziemlich allgemein

---

[1] Compt. rend. Acad. Sciences **136**, 1676 (1903); **137**, 60 (1903); Bull. Soc. chim. France **31**, 674 (1904); D. R. P. 164 294.

anwendbar. Die Ausbeuten von „oft über 50%"[1] können aber nur für wissenschaftlich präparative Zwecke als ausreichend angesehen werden. Die Weitläufigkeiten der Isolierung höherer Alkohole aus Gemischen mit Seifen, die Schwierigkeiten der Natriumbehandlung im Großbetrieb und schließlich die Notwendigkeit, mit größeren Mengen relativ teurer Lösungsmittel zu arbeiten, lassen das Verfahren im großtechnischen Ausmaß als ungeeignet erscheinen.

Die niederen Glieder mit 6—12 Kohlenstoffatomen waren ferner bereits als Riechstoffkomponenten bekannt[2], gelangten aber nur in geringen Mengen zu phantastischen Preisen in den Handel. Auch diese häufig in ätherischen Ölen als Ester niederer Fettsäuren vorkommenden Fettalkohole werden neuerdings billiger und reiner durch Hochdruckhydrierung aus den entsprechenden Fettsäuren gewonnen.

Von den höheren Gliedern ist der Cetylalkohol am längsten bekannt (s. Bd. I, S. 106). Er war lange Zeit infolge seines Vorkommens in den Tranen des *Physeter macrocephalus* (Pottwal) und des *Hyperoodon rostratus* (Entenwal) der am leichtesten zugängliche Fettalkohol; der zumeist aus der Kopfhöhle des Pottwals gewonnene Walrat (Palmitinsäurecetylester) befindet sich bereits seit Jahrhunderten im Handel. Was die technische Verwendung des Cetylalkohols anbetrifft, so befinden sich diesbezügliche Hinweise nur ganz vereinzelt in der älteren Literatur. Sie betreffen meist die Herstellung von Hautpflegemitteln, Salben, Puder u. dgl.[3], also Verwendungszwecke, für die auch schon der ungespaltene Walrat selbst als geeignet bekannt war. Praktische Bedeutung hat der Cetylalkohol bei dieser Fabrikation aber erst in den letzten Jahren gewonnen, als er durch katalytische Reduktion in beliebigen Mengen gewonnen werden konnte und seine schwierige Isolierung aus dem Walrat nicht mehr in Betracht kam. Im übrigen ist der Cetylalkohol aber keineswegs der allein von der Natur vorgebildete Fettalkohol, weitere Glieder aus dieser Reihe sind in den Tranen der Odontoceen und der ihnen verwandten Meersäugetiere enthalten. Den Octadecylalkohol (Stearinalkohol) wies KRAFFT[4] als Nebenbestandteil im Walrat nach. TSUJIMOTO[5] gelang es erstmalig, aus Tranen den reinen Oleinalkohol zu isolieren, den in unreiner Form auch schon CHEVREUL[6] aus dem Walrat, allerdings nur in winziger Menge, erhalten konnte. Auch Homologe des Oleinalkohols wurden in Tranen aufgefunden. Der von TSUJIMOTO und TOYAMA im Leberöl von Fischen der Gruppe Elasmobranchii und anderer Salachier entdeckte Batylalkohol ist chemisch als der Monoglycerinäther des Octadecylalkohols erkannt worden[7], während der Selachylalkohol anscheinend denselben konstitutionellen Aufbau aufweist, aber ungesättigter Natur ist (vgl. hierzu Bd. I, S. 109—110).

Demgegenüber besteht jedoch der durch die Hochdruckhydrierung erzielte Fortschritt darin, daß nunmehr sämtliche gradkettigen Fettalkohole in beliebigen Mengen und zu wirtschaftlich tragbaren Preisen der Technik zur Verfügung stehen, sofern die ihnen entsprechenden Fettsäuren als Rohmaterial leicht zugänglich sind. Die Fettalkohole gehören also nicht mehr zu den überaus kostspieligen, seltenen Präparaten, sondern bilden wohlfeile Ausgangsprodukte für die verschiedensten chemischen und technischen Zwecke.

Nachfolgend sind die wichtigsten Konstanten der einzelnen Glieder zusammengestellt.

[1] HOUBEN-WEYL: Methoden der organischen Chemie, Bd. II, S. 296. 1925.
[2] ULLMANN: Enzyklopädie der technischen Chemie, 2. Aufl., Bd. 8, S. 788.
[3] HAGER: Handbuch der pharm. Praxis, Ergänzungsbd. 1920, S. 192; ferner MERCKS Jahresbericht 1917/18, S. 239—243.   [4] Ber. Dtsch. chem. Ges. 17, 1854 (1884).
[5] Chem. Umschau Fette, Öle, Wachse, Harze 28, 71 (1921).
[6] Bull. Mus. d'Hist. naturelle 4, 292 (1818).
[7] HEILBORN u. OWENS: Chem. Ztrbl. 1928 I, 3048.

Tabelle 21.

	Formel	Mol.-Gew.	Acetyl-zahl	n_D^{20}	Schmp.	Siedep.
Hexylalkohol	$C_6H_{14}O$	102,11	389,3	0,8204	—	158°
Octylalkohol	$C_8H_{18}O$	130,14	325,9	0,8278	— 15°	196/97°
Decylalkohol	$C_{10}H_{22}O$	158,18	280,4	0,8297	7°	231°
Laurinalkohol	$C_{12}H_{26}O$	186,21	245,9	0,8362 (bei 25°)	24°	117°/3,5 mm
Myristinalkohol	$C_{14}H_{30}O$	214,24	219,0	—	38°	140°/3 mm
Cetylalkohol	$C_{16}H_{34}O$	242,27	197,3	—	49,5°	165°/3 mm
Octadecylalkohol	$C_{18}H_{38}O$	270,3	179,6	—	59°	177°/3 mm
Oleinalkohol, Elaidin-alkohol enthaltend...	$C_{18}H_{36}O$	268,3	180,8	—	0,5—5°	207°/13 mm
1,12-Octadecandiol aus Ricinusöl durch kata-lytische Hochdruck-hydrierung.........	$C_{18}H_{38}O_2$	286,3	303	—	65—66°	223°/9 mm
1,10-Octadecandiol, durch Hydratisierung des Oleinalkohols er-halten	$C_{18}H_{38}O_2$	286,3	303	—	65°	—

Die für technische Zwecke hergestellten Fettalkohole sind jedoch in den meisten Fällen keine in reiner Form isolierten Individuen, sondern Gemische, wie sie bei der Hochdruckhydrierung bestimmter, natürlicher Fette anfallen. So wird unter der Bezeichnung „Lorol" ein den Fettsäuren des Cocosöles entsprechendes Fettalkoholgemisch in den Verkehr gebracht. „Stenol" enthält Cetylalkohol neben Octadecylalkohol, und „Ozenol" enthält neben überwiegendem Oleinalkohol noch geringere Mengen gesättigter Fettalkohole.

Der technische Wert der Fettalkohole beruht nun zunächst auf der leichten Umsetzbarkeit zu technisch äußerst wichtigen Derivaten. Ihre Schwefelsäure-ester beispielsweise sind je nach dem Molekulargewicht der gebundenen Alkyl-gruppe als Netzmittel, als Wasch- und Reinigungsmittel, als Emulgatoren oder Dispersionsmittel vornehmlich für die Zwecke der Textil- und Lederindustrie ver-wendbar. Gegenüber den in diesen Industriezweigen bisher bevorzugten Türkisch-rotölen (Sulfonaten des Ricinusöles) weisen sie erhebliche Vorteile auf, da sie sich mit dem verschiedenartigen Verhalten ihrer Einzelglieder weitgehend den ver-schiedenen Ansprüchen des großen, hier in Frage stehenden Arbeitsgebietes an-passen. Aber auch andere, im besonderen wasserlösliche Derivate neutraler, basischer und saurer Art lassen immer wieder die Eignung der Fettalkohole für die Synthese seifenartiger Produkte hervortreten (Näheres S. 366 ff., ferner Bd. IV, Seifenersatzprodukte).

Aber nicht nur diese wasserlöslichen Derivate, auch die Fettalkohole selbst haben in verschiedensten Zweigen der Technik in überraschendem Ausmaße Be-achtung gefunden, und zwar in erster Linie auf Grund der physikalischen Eigen-schaften, die nach neuerer Erkenntnis polar konstituierten chemischen Verbin-dungen ganz allgemein zukommen.

Das eigentümliche Verhalten hochmolekularer, insbesondere langkettiger, polar konstituierter organischer Stoffe soll nachfolgend kurz besprochen werden. Ausgehend von der Erkenntnis, daß die Wirkungssphäre der Atome innerhalb des einzelnen Moleküls, ebenso wie die der Molekeln selbst von einer nur sehr geringen Größenordnung $(0,6 \cdot 10^{-8}$ cm) ist, zeigte LANGMUIR[1], daß man bei physi-

---

[1] Journ. Amer. chem. Soc. 39, 1849 ff. (1917).

kalischen Deduktionen nicht, wie bisher üblich, die Wirkung des Gesamtmoleküls als Ganzes, sondern die der einzelnen im Molekül gebundenen Gruppen für sich betrachten müsse. Die Moleküle des Cetylalkohols enthalten nun ebenso wie die der Stearin-, Palmitin- oder Ölsäure eine lange Kohlenwasserstoffkette und eine aktive „hydrophile" Gruppe. Tritt nun eine solche hydrophile Gruppe, also die Carboxylgruppe der Fettsäuren oder die Hydroxylgruppe der Alkohole in einen niedermolekularen Kohlenwasserstoff ein, so wird sie die Löslichkeit des Gesamtmoleküls entscheidend beeinflussen. Methyl-, Äthyl- und Propylalkohol sind daher ebenso wie die Ameisensäure, die Essigsäure usw. in Wasser unbeschränkt löslich. Die folgenden Glieder der aufsteigenden Reihe sind aber nur noch beschränkt wasserlöslich, und die eigentlichen Fettsäuren und Fettalkohole, also die höheren und höchsten Glieder der Reihe, besitzen schließlich eine eigentliche Wasserlöslichkeit nicht mehr. Die Attraktion der aktiven Gruppe zum Wasser bleibt aber auch bei diesen Verbindungen bestehen, und die polar konstituierten höhermolekularen Verbindungen breiten sich daher auf der Wasserfläche zu Schichten von nur molekularer Dicke aus, indem sie sich mit der hydrophilen Gruppe zu der Wasserschicht orientieren. Diese Bildung orientierter Schichten findet jedoch nicht nur auf Wasser statt, sondern an Grenzflächen überhaupt, solange nur die aneinandergrenzenden Medien eine verschiedenartige Affinität den hydrophilen Gruppen gegenüber aufweisen.

Diese Erscheinungen bedingen nun das eigentümliche, technisch wertvolle, von den unpolaren Paraffinen stark abweichende Verhalten der Fettalkohole. Durch Seifen oder seifenartige Produkte sind sie weit leichter zu emulgieren als die ihnen äußerlich sehr ähnlichen Paraffinkohlenwasserstoffe; die Grenzflächenspannung ihrer Berührungsfläche mit Wasser ist wesentlich kleiner als die Grenzflächenspannung Paraffinöl/Wasser. Aus einer Lösung in organischen Lösungsmitteln oder aus wäßrigen Emulsionen werden sie von Faserstoffen, Leder u. dgl. leicht absorbiert und an der Oberfläche mit großer Kraft adhäsiv festgehalten. Auch die Schmierwirkung polar konstituierter Schmiermittel ist infolge der eigenartigen Orientierung des zwischen Achse und Lager befindlichen Ölfilms höher als die von Kohlenwasserstoffen[1] gleicher Viskosität.

Die Fettalkohole sind daher von erheblicher Bedeutung bei solchen Arbeitsprozessen beispielsweise in der Textil-, Leder- und Papierindustrie geworden, bei welchen es sich um die gleichmäßige Durchtränkung mit geringen Fettmengen handelt. Gegenüber der früher allein üblichen Anwendung der ebenfalls polar konstituierten Fettsäuren und Neutralfette weisen sie den wesentlichen Vorteil auf, daß sie von den aggressiven, Metallteile und Gummi zerstörenden Wirkungen der Fettsäuren frei sind, und daß sie auch in dünnster Schicht auf große Oberflächen verteilt durch Atmosphärilien nicht verändert oder ranzig werden. Beispielsweise bei der Avivage namentlich von Kunstseide werden daher heute Produkte verwendet, die freien Fettalkohol neben emulgierend wirkenden „Seifenersatzprodukten", meist sulfonierten Fettalkoholen, enthalten (Näheres s. S. 404 ff.). Für die Einfettung der Wolle in der Kammgarnspinnerei empfiehlt SPEAKMAN[2] an Stelle von Olivenöl geeignete Mineralöle, die etwa 7% Oleinalkohol enthalten. Während nämlich mit reinem Mineralöl gefettete Wolle, bei einem Fettgehalt von 5%, nach dem Waschen nur zur Hälfte entfettet ist, läßt sich die mit obiger Mischung gefettete Ware durch eine einfache Wäsche praktisch wieder vollkommen säubern, so daß SPEAKMAN in der Verwendung der genannten Mischung eine „vollkommene Lösung" des Entfettungs- (Scouring-) Problems sehen will. Bei der Anwendung

---

[1] Vgl. TRILLAT: Metallwirtschaft **1928**, 1.
[2] The Yorkshire Post vom 29. Okt. **1932**; vgl. auch Nature **1932**, 274.

von Oleinalkohol allein gelingt die Entfettung der Wolle allerdings kaum durch eine einfache Wäsche, da die Haftfähigkeit des Oleinalkohols eine über alles Erwarten hohe ist. Durch den Zusatz des Mineralöles wird diese Haftfähigkeit aber weitgehend gemindert, so daß emulgierende Mittel, wie Seifenwasser, Mineralöl und Alkohol, trotz der hohen Grenzflächenspannung des ersteren (47,9 Dyn/cm) nunmehr gemeinsam vollständig entfernen können.

Auch in der Papierindustrie werden Fettalkohole insbesondere bei der Herstellung von Kohlepapieren, Durchschlagpapieren und Schablonen für Vervielfältigungszwecke benutzt, und zwar für Glycerin und Leim enthaltende Schichten meist in Form ihrer Sulfonate. Auf diese und andere Verwendungsmöglichkeiten, beispielsweise als Schmiermittel für feinmechanische Zwecke, als Zusatzmittel für emulgierbare Fett- und Wachspräparate, kosmetische Erzeugnisse, Appreturpasten, Grammophonplatten, als „anti-spattering"-Mittel in der Margarineindustrie[1] u. dgl., wird jedoch an anderer Stelle dieses Bandes eingegangen. Die gegenwärtig fortlaufend in großer Anzahl im In- und Ausland zur Veröffentlichung gelangenden Patentschriften illustrieren am deutlichsten das große Interesse, das man den Fettalkoholen und ihren Derivaten von seiten der Technik entgegenbringt.

d) Alkylhalogenide.

Lediglich auf eine Gruppe von Fettalkoholderivaten mag nachfolgend noch besonders hingewiesen werden, nämlich auf die *Halogenwasserstoffester der Fettalkohole*, also die hochmolekularen Alkylhalogenide, die ebenfalls von der Deutsche Hydrierwerke A.-G. nach einem einfachen glatt verlaufenden Verfahren großtechnisch hergestellt und auf den Markt gebracht werden. Sie dienen hauptsächlich als Ausgangsmaterial zur Synthese hochmolekularer Alkylverbindungen[2], da sie ihr Halogen verhältnismäßig leicht und glatt gegen eine große Zahl andersartiger Radikale auszutauschen vermögen. Sie sind daher ebenfalls ein wertvolles Ausgangsmaterial für die an anderer Stelle zu besprechende Herstellung von Seifenersatz- und Textilhilfsmitteln. Anderseits sind sie neuerdings aber auch auf Gebieten bedeutungsvoll geworden, in denen bisher Fettstoffe und Fettderivate noch nicht oder doch nur selten beachtet wurden. So wurden mit ihrer Hilfe hochmolekulare Alkylreste enthaltende Farbstoffe synthetisch dargestellt[3], wichtiger sind Umsetzungsprodukte der Halogenalkyle mit Ammoniak, Aminen, Rhodansalzen, also die Alkylamine, Alkylrhodanide u. dgl. Während niedermolekulare Alkylrhodanide sich als wirkungslos erweisen, sind höhermolekulare, also solche, deren Alkyl in bezug auf ihre Kettenlänge den Fettsäuren entspricht, überraschenderweise stark wirkende Kontaktgifte, die insbesondere als Mittel zur Bekämpfung von Pflanzenschädlingen von amerikanischen Forschern eingehend studiert wurden[4]. Das Wirkungsmaximum liegt beim Laurylrhodanid. Auch höher molekulare Alkylaminverbindungen, wie das Dodecylpiperidin[5], sind als Schädlingsbekämpfungsmittel vorgeschlagen worden. Unter der Bezeichnung *Tinocine D* wird ferner in England ein Mittel vertrieben, welches als aktive Substanz das Umsetzungsprodukt des Nicotins mit einem hochmolekularen Alkylbromid enthält[6] und durch sein hohes, den Seifen entsprechendes Benetzungsvermögen, ferner infolge seiner auffallend hohen Giftigkeit dem Nicotin als Schädlingsbekämpfungsmittel überlegen ist. Für Zwecke der Desinfektion sind quarternäre Ammoniumsalze mit mindestens einem hochmolekularen, der Kette

---

[1] Vgl. A. P. 1917256.   [2] Schrauth: Chem.-Ztg. 58, 877—880 (1934).
[3] E. P. 394343; Chem. Ztrbl. 1933 II, 3487.
[4] Bousquet u. Salzberg: Ind. engin. Chem. 27, 1342—1344 (1935); ferner A. P. 1963100, 1933040.   [5] D. R. P. 580032.
[6] Journ. of Pomology and Horticultural Science XIII, 262 (1935).

seifenbildender Fettsäuren entsprechenden Alkylsubstituenten besonders geeignet[1]. Ein derartiges Mittel wurde in den letzten Jahren von der I. G. Farbenindustrie A. G. unter der Bezeichnung „Zephirol" herausgebracht und konnte sich in kürzester Zeit einen Platz neben den bisher vorzugsweise benutzten Desinfektionsmitteln auf Phenolbasis sichern. Zephirol ist eine wäßrige Lösung eines Gemisches hochmolekularer Alkyl-dimethyl-benzyl-ammoniumchloride. Es ist frei von starken Gerüchen und reizlos. Es wirkt bakterizid bereits in Konzentrationen, bei welchen die älteren Mittel noch vollkommen versagen.

Die zuletzt genannten Produkte gehören im engeren Sinne des Wortes nicht mehr zur Gruppe der Fette und Fettderivate. Auch in bezug auf ihre Anwendungsweise und ihre technologisch wertvollen Eigenschaften müssen sie als durchaus andersartig angesprochen werden. Sie dürften aber auch für den Fett-Technologen nicht ohne Interesse sein; denn sie können für eine neuartige Einstellung des organischen Synthetikers gegenüber hochmolekularen Verbindungen und besonders auch den durch ihr verhältnismäßig hohes Molekulargewicht durchweg ausgezeichneten Fettstoffen als charakteristisch angesprochen werden. Die ältere Fettchemie brachte nur ausnahmsweise synthetische Arbeitsmethoden zur Anwendung, und ebenso bediente sich die Technik der Farbstoff-, Heilmittel- und Riechstoffsynthese nur selten der Fettstoffe und Fettderivate als Ausgangsmaterial. Gegenwärtig spielen demgegenüber synthetische Methoden in der Fettverarbeitung eine Rolle von überragender Wichtigkeit, und gleichzeitig sind chemisch abgewandelte Fettstoffe auch Ausgangsmaterial für die Herstellung von Produkten geworden, für welche früher fast ausschließlich Bestandteile des Steinkohlenteers sowie niedermolekulare organische Substanzen zur Verwendung gelangten. Die Betrachtung des genannten, zur Zeit noch nicht allzu erheblichen Tatsachenmaterials führt zu der Erkenntnis, daß das Wirkungsprinzip der Fettstoffe und besonders der Seifen, also die polare Konstitution und die Verbindung eines höhermolekularen Alkylrestes mit einer „aktiven" Gruppe nicht nur für das Zustandekommen typischer Fetteigenschaften und Seifenwirkungen maßgebend ist, sondern daß bei entsprechender Wahl der aktiven Gruppierung die größere Kettenlänge des Kohlenwasserstoffrestes bisher nicht vermutete Wirkungen auszulösen vermag, die bei kurzkettigen Verbindungen, also den niederen Homologen auch nicht andeutungsweise festzustellen waren.

V. Herstellung des Wasserstoffs.

Von E. HUGEL, Hamburg.

A. Allgemeines.

Zu der Zeit der NORMANNschen Entdeckung der Fetthärtung (1901) waren technische Großverfahren zur Herstellung von billigem Wasserstoff noch nicht vorhanden; die zu jener Zeit bekannten verschiedenen Typen von Elektrolyseuren arbeiteten ebenfalls zu teuer. Die Entwicklung der industriellen Methoden der billigen Wasserstofferzeugung war aufs engste verknüpft mit der aufstrebenden Luftschiffahrt, denn auch diese benötigte billigen Wasserstoff; die Bestrebungen der Fetthärtung und Luftschiffahrt haben sich also gegenseitig unterstützt.

So kam es, daß bereits einige Jahre nach Bekanntwerden des NORMANNschen Ölhärtungsverfahrens geeignete Anlagen zur Fabrikation des Wasserstoffes errichtet werden konnten. Die Industrie des synthetischen Ammoniaks führte zu einer weiteren, starken Entwicklung des Gebietes der Wasserstofferzeugung, und

---

[1] Vgl. Norweg. P. 54 738; Chem. Ztrbl. **1935** I, 3313; D. R. P. 627 880.

auch die Gewinnung von Wasserstoff durch Elektrolyse, welches Verfahren den reinsten Wasserstoff liefert, hat seit jener Zeit so große Fortschritte gemacht, daß elektrolytischer Wasserstoff Eingang in die Industrie der Fetthärtung finden konnte.

Von den verschiedenen industriellen Methoden der Wasserstofferzeugung kommen für die Fetthärtung, wie im theoretischen Teil schon bemerkt wurde, nur solche in Betracht, welche ein relativ reines, vor allem kohlenoxydarmes Gas liefern. Es sind dies:

1. Das Eisenkontaktverfahren (oder Eisen-Wasserdampf-Verfahren);
2. das Verfahren von Linde-Frank-Caro;
3. die Methankonversion;
4. die elektrolytischen Verfahren.

Bei den beiden ersten Methoden erfolgt die Wasserstoffgewinnung ausgehend vom Wassergas.

Das dritte, in die Ölhärtung noch nicht eingeführte Verfahren liefert ein sehr reines Gas; als Quelle für die Wasserstoffgewinnung dient das Erdgas, die Spaltgase von Mineralölkohlenwasserstoffen usw.

Nach dem vierten Verfahren wird Wasserstoff durch Elektrolyse des Wassers ($2 H_2O = 2 H_2 + O_2$) gewonnen.

Eigenschaften des Wasserstoffs.

Atomgewicht	1,00787
Dichte	0,06960 (Luft = 1)
Ausdehnungskoeffizient	0,0036562
Siedepunkt	— 252,80°
Erstarrungspunkt	— 259,0°
Kritische Temperatur	— 242°
Kritischer Druck	13,4 at
Spezifische Wärme	3,409 (bzw. auf das gleiche Gewicht Wasser)
Unterer bzw. oberer Heizwert je Kubikmeter bei 0°, 760 mm	2573 bzw. 3050 cal
Explosionsgrenzen von Wasserstoff-Luft-Gemischen	9,5—65,3%
Explosionstemperatur	530—570° (Sauerstoff)
„	769° (Luft)
Wärmeleitfähigkeit	7 (Luft = 1)
1 l Wasserstoff von 0°, 760 mm wiegt	0,08994 g (1 m³ = 90 g rund)
Löslichkeit	0,0193 Vol. in 1 Vol. Wasser
Adsorption in Cocosschalenkohle	4,4 Vol.
„ „ Palladium (Folie oder Schwamm)	zirka 400 Vol.

B. Die technische Herstellung von Wassergas.

Das Wassergas entsteht beim Überleiten von Wasserdampf über glühenden Kohlenstoff (Koks oder Anthrazit) nach den Gleichungen:

$$1. \quad C + H_2O = CO + H_2 — 28,6 \text{ cal}$$
$$2. \quad C + 2 H_2O = CO_2 + 2 H_2 — 17,8 \text{ cal}$$

Die erste Reaktion geht bei einer Temperatur von etwa 1000—1200° vor sich, die zweite bei etwa 800°. Außerdem wirkt der Wasserdampf noch auf das entstandene Kohlenoxyd ein:

$$3. \quad CO + H_2O = CO_2 + H_2$$

Diese Reaktion ist umkehrbar, je nach der Temperatur. Das Wassergas kann also gleichzeitig Kohlenoxyd, Kohlensäure und Wasserstoff enthalten, während neben Wasserstoff nach der ersten Reaktion nur Kohlenoxyd vorhanden sein müßte, nach der zweiten nur Kohlensäure. Nach Reaktion 1 müßte das Gas 50% Wasserstoff und 50% Kohlenoxyd enthalten. Nach der Reaktion 2 müßten rund 66% Wasserstoff und 34% Kohlensäure im Wassergas vorhanden sein. Da sich aber im Laufe der Reaktion die Temperatur des Brennstoffes ändert, so verlaufen alle drei Reaktionen neben- bzw. hintereinander, und das entstehende Wassergas hat eine mittlere Zusammensetzung von:

40%	Kohlenoxyd,	5%	Kohlensäure,
50%	Wasserstoff,	4,5%	Stickstoff.
0,5%	Methan,		

Die Eigenschaften des technischen Wassergases sind:

Heizwert je Kubikmeter	2500 bzw. 2750 cal	Flammentemperatur. etwa 2000⁰
Luftbedarf je Kubikmeter	2,2 m³	Explosionsbereich ... 12,5—66,6%
		Dichte .... 0,54 (Luft = 1)

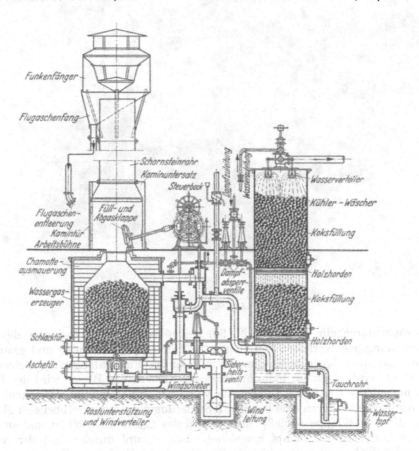

Abb. 91. Schema einer Wassergasanlage.

Reines Wassergas ist geruchlos; wegen seines Gehaltes an Kohlenoxyd ist es giftig.

Die Reaktionen 1 und 2 sind endotherm, der Koks muß sich also bei der Entwicklung des Wassergases abkühlen. Wenn die Gasung ursprünglich nach Gleichung 1 verlaufen ist, so wird sie sich infolge der Abkühlung später nach

Gleichung 2 vollziehen. Das Gas wird sich also immer mehr mit Kohlensäure anreichern, also brenntechnisch immer minderwertiger werden.

Theoretisch sind zur Erzeugung von 1 m³ Wassergas 0,4 kg Wasserdampf und 0,27 kg Kohlenstoff erforderlich. Praktisch müssen 0,6—0,8 kg Dampf und 0,5 kg Kohlenstoff aufgewandt werden; 0,5 kg Kohlenstoff entsprechen etwa 0,6 kg Koks.

Die Apparatur zur Herstellung von Wassergas besteht aus einem Wassergasgenerator, der mit Schamotte ausgekleidet ist. Je nach der Größe der Anlagen verwendet man Generatoren ohne Rost, mit Flachrost oder auch mit Drehrost. Abb. 91 gibt ein Schema einer derartigen Anlage. Der *Wassergasgenerator* wird durch die Füllöffnung mit Koks gefüllt, und nach erfolgter Entzündung wird die

Abb. 92. Gebläse.

Kokssäule durch ein Gebläse (Abb. 92) heißgeblasen. Die dabei entstehenden Verbrennungsgase verlassen den Generator durch die Füllöffnung und gelangen vermittelst des Abgasekamins ins Freie. Der im Funkenfänger abgeschiedene Flugstaub wird durch ein Fallrohr abgeleitet. Durch das Blasen wird der Koks in dem Generator auf eine Temperatur von 1200—1300° erhitzt. Hiernach wird der Windschieber durch eine besondere Steuerung geschlossen, wobei sich gleichzeitig die Abgasklappe schließt; darauf wird das Gasventil geöffnet und an entgegengesetzter Stelle Dampf eingeleitet. Der Dampf durchströmt den weißglühenden Koks und tritt mit diesem in chemische Reaktion. Es entsteht nun ein Gasgemisch, wie in Gleichung 1 angegeben ist. Das Wassergas geht durch die Gasleitung nach einem Waschapparat (Skrubber) und wird dort von dem mitgeführten Flugstaub gereinigt und gleichzeitig gekühlt. Von hier gelangt das Gas nach einem Gasometer. Nachdem das Gasen etwa 5 Minuten gedauert hat, ist der Koks soweit abgekühlt, daß das sich entwickelnde Wassergas eine ungünstige Zusammensetzung aufweist und nur noch geringen Brennwert hat (Reaktion 2). Man erkennt dies an einer Probeflamme; während die am Probehahn brennende Flamme zuerst lang und straff ist, wird sie immer kürzer und lockerer, und schließlich erlischt die Flamme. Zu diesem Zeitpunkt muß der Koks wieder mit Luft heißgeblasen werden. Mit Hilfe der Steuerung werden nun das Dampf- und Gasventil geschlossen, die Abgasklappe und der Windschieber

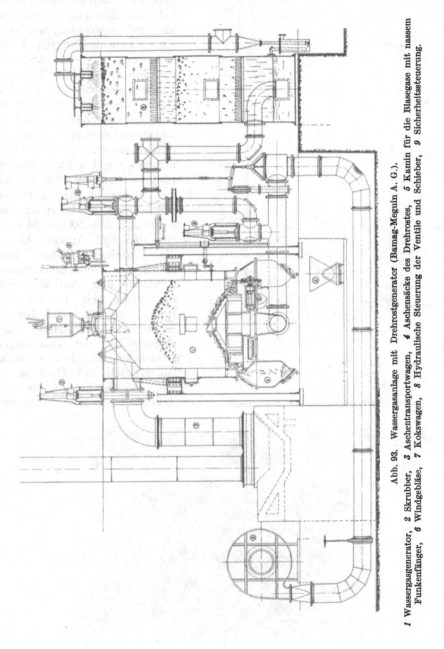

Abb. 93. Wassergasanlage mit Drehrostgenerator (Bamag-Meguin A. G.).

1 Wassergasgenerator, 2 Skrubber, 3 Aschentransportwagen, 4 Aschensäcke des Drehrostes, 5 Kamin für die Blasegase mit nassem Funkenfänger, 6 Windgebläse, 7 Kokswagen, 8 Hydraulische Steuerung der Ventile und Schieber, 9 Sicherheitssteuerung.

wieder geöffnet und der Koks wiederum heißgeblassen. Die Heißblasperiode dauert etwa 1 Minute. Es erfolgt nun wieder Gasen wie vorher, nur daß abwechselnd der Dampf unten oder oben eingeführt, während das entstehende Wassergas oben oder unten abgeleitet wird. Eine Sicherheitssteuerung, die eine falsche

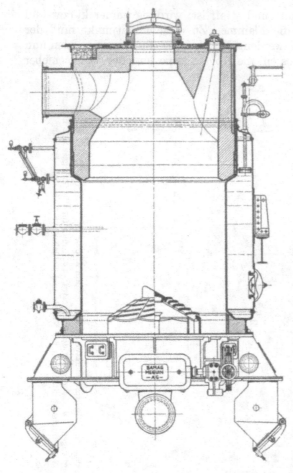

Abb. 94. Drehrostgenerator mit Wassermantel.

Ventilstellung unmöglich macht, verhindert ein Vermischen der Gebläseluft mit dem im Generator entstehenden Wassergas. Außerdem sind noch besondere Sicherheitsvorrichtungen (Explosionsklappen) vorhanden, welche bei einer unbeabsichtigten Drucksteigerung in der Apparatur nachgeben, um jede Explosionsgefahr auszuschließen. Die beim Gasen entstehende Schlacke muß von Zeit zu Zeit (normal alle 8 Stunden) entfernt werden, was durch eine am unteren Teil des Generators angebrachte Schlackentür geschieht. Bei größeren Anlagen verwendet man Drehroste, welche die Schlacke automatisch entfernen. Abb. 93 und 94 zeigen eine derartige Anlage, Abb. 95 die Einzelheiten eines Drehrostes. Die Drehrostgeneratoren arbeiten weit wirtschaftlicher als solche mit feststehendem Rost, weil die sonst für das Entschlacken von Hand aufgewendete Zeit der Gaserzeugung zugute kommt. Ferner entfällt bei Betrieb mit Drehrost der sonst bei der Schlackarbeit den Arbeitern so lästig werdende

Abb. 95. Drehrost mit nasser Ascheaustragung.

Staub und Schmutz. Beim Heißblasen entweichen große Mengen eines brennbaren Gases von ziemlich hoher Temperatur, welche man durch Einbau be-

Tabelle 22. Selbstkostenberechnung[1] (Tagesleistung 15 000 m³ Wassergas).

Betriebsstoffpreise.

100 kg Dampf	RM	0,40
100 „ Koks	„	2,50
100 „ Reinigermasse	„	1,60
1 m³ Wasser	„	0,10
1 kWh	„	0,15

Löhne.

Für eine Achtstundenschicht:

Für den Gaser	RM	6,40
„ „ Hilfsarbeiter	„	4,80

a) *Verbrauch an Betriebsstoff für 1 m³ Wassergas.*

Dampf, trocken (ohne Kondensation), für den Generator, 0,6—0,8 kg .	RPf	0,28
Koks (stückig, lufttrocken und mit 85% C), für den Generator, 0,65 kg	„	1,63
Reinigermasse, 0,1 kg	„	0,16
Wasser in Grundwassertemperatur für Waschung und Kühlung des Gases, 6 l	„	0,06
Elektrische Energie für das Hochdruckgebläse, 25 Wattstunden	„	0,38
Schmierung und Instandhaltung	„	0,10
	RPf	2,61

b) *Löhne für 3 Schichten je Tag.*

Zur Bedienung der Wassergasanlage mit 1 Generator sind je Tag in drei Schichten erforderlich:

3 Gaser je RM 6,40	RM	19,20
3 Hilfsarbeiter für Kokstransport und stundenweise Hilfe beim Schlacken je $^1/_3$ Schicht	„	4,80
	RM	24,—

Oder je Kubikmeter Wassergas $\dfrac{24}{15\,000} = $ RM 0,0016 .... RPf 0,16

Hiernach betragen die Selbstkosten für 1 m³ Wassergas:

a) für Material	RPf	2,61
b) „ Löhne	„	0,16
	RPf	2,77

1 m³ Wassergas kostet also rund RPf 3,—.

Wassergasanlagen werden in Deutschland gebaut von den Firmen: Bamag-Meguin A. G., Berlin; Francke-Werke, Bremen und J. Pintsch, Berlin.

sonderer Abhitz-Dampf-Kessel nutzbar macht. Eine Einrichtung dieser Art zeigt Abb. 97 in der Bauart der Bamag-Meguin A. G. Der thermische Wirkungsgrad einer Wassergasanlage beträgt ohne Verwertung der Abwärme rund 58%, mit Abhitzekessel dagegen 72 bis 75%. Die Herstellungskosten des Wassergases zeigt die obenstehende Tabelle 22.

---

[1] Nach Angaben der Bamag-Meguin A. G.

Abb. 96. Drehrost mit trockener Ascheaustragung.

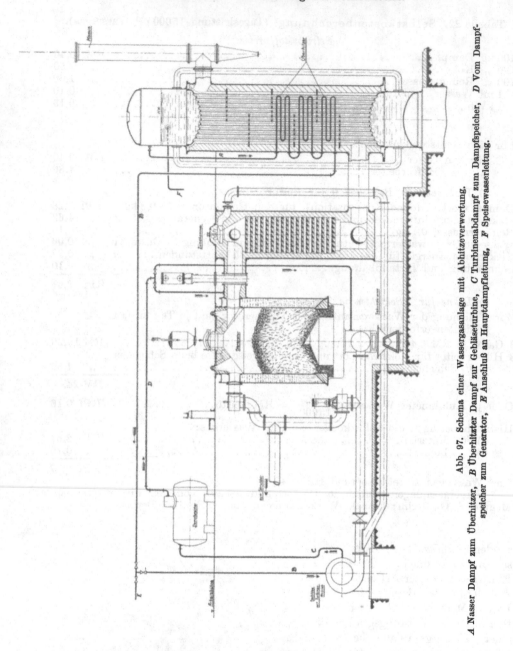

Abb. 97. Schema einer Wassergasanlage mit Abhitzeverwertung. *A* Nasser Dampf zum Überhitzer, *B* Überhitzter Dampf zur Gebläseturbine, *C* Turbinenabdampf zum Dampfspeicher, *D* Vom Dampfspeicher zum Generator, *E* Anschluß an Hauptdampfleitung, *F* Speisewasserleitung.

C. Gewinnung von Wasserstoff.

a) Nach dem Eisenkontaktverfahren.

Das Verfahren beruht darauf, daß beim Überleiten von Wasserdampf über weißglühendes Eisen Wasserstoff und Eisenoxyd entstehen:

$$Fe + H_2O = FeO + H_2.$$

Nach völliger Oxydation des Eisens würde der Prozeß zum Stillstand kommen. Das entstandene Eisenoxyd muß also wieder zu metallischem Eisen reduziert werden. Die Reduktion wird mit Wassergas vorgenommen, der Prozeß vollzieht sich folgendermaßen:

$$2 \, FeO + CO + H_2 = 2 \, Fe + CO_2 + H_2O.$$

Abb. 98. Oberer Teil eines Bamag-Schachtofens mit Sicherheitssteuerung.

Man hat bei diesem Prozeß also ganz ähnlich wie bei der Herstellung des Wassergases verschiedene einander folgende Arbeitsperioden, eine *Gasperiode* und eine *Reduktionsperiode*. Der Prozeß wird in Öfen besonderer Konstruktion, den sog. *Schachtöfen*, ausgeführt (von den alten Retortenöfen ist man abgegangen). In der Praxis unterscheidet man drei Verfahren:

Das Bamag-Verfahren,
das Messerschmidt-Verfahren,
das Pintsch-Verfahren.

Die Anlagen nach Bamag und Messerschmidt unterscheiden sich in der Konstruktion des Schachtofens, bei Verwendung des gleichen Eisenmaterials. Das Pintsch-Verfahren verwendet zur Wasserstoffherstellung besonders geformte Eisenpreßziegel, wobei die Konstruktion des Ofens dem Kontaktmaterial angepaßt ist. Der Kontaktofen (Abb. 98) der Bamag besteht aus einem Zylinder, welcher mit feuerfester Schamotte ausgemauert wird. Über dem Kontaktofen befindet sich ein Dampfüberhitzer, ebenfalls aus Schamotte. Der Schacht wird mit stückigem Eisenerz beschickt. Nach der Beschickung läßt man Wassergas durchströmen, bis die Luft völlig verdrängt ist, und bringt nun das Wassergas durch einen besonderen Zündhahn zum Brennen. Die Wassergasflamme brennt im Innern des Schachtes und erhitzt mittelbar das Erz nach und nach bis zur Rotglut. Ist dieser Zustand erreicht, dann wird die Verbrennung abgestellt, und das Wassergas durchströmt für sich das glühende Eisenerz und reduziert es zu Metall. Das in der Reduktion nicht ver-

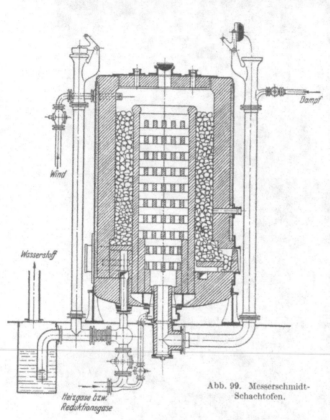

Abb. 99.   Messerschmidt-
Schachtofen.

brauchte Wassergas wird in dem Überhitzer restlos verbrannt. Nachdem das Eisenerz genügend reduziert ist, wird das Wassergas abgestellt und Dampf durch den hochgeheizten Überhitzer geleitet, der hiernach das reduzierte Eisenerz durchströmt. Es entwickelt sich nun Wasserstoff, welcher durch eine besondere Leitung nach einem Skrubber geführt wird, wo der Wasserstoff in derselben Weise wie bei der Wassergasherstellung gekühlt und gereinigt wird. Nach einiger Zeit ist das Eisen an der Oberfläche oxydiert, die Gasentwicklung hört auf. Es wird nun der Dampf abgestellt und wieder Wassergas durch das Erz geleitet. Das Wassergas reduziert von neuem das Eisenerz und das bei dem Reduktionsvorgang nicht ausgenutzte Restgas heizt wiederum den Überhitzer. Nach einiger Zeit kann dann wieder mit dem Gasen, d. h. mit der Zuführung von Wasserdampf, begonnen werden. Gewöhnlich rechnet man für die Reduktionsperiode 9 Minuten und für die Gasperiode 6 Minuten. In der Praxis kommt dann noch eine Spülperiode hinzu, während welcher in den toten

Räumen verbliebene Restgase ausgespült werden, die sonst den Wasserstoff verunreinigen würden. Die Apparatur ist so eingerichtet, daß ein Vermischen von Luft mit Wasserstoff oder Wassergas ausgeschlossen ist. Es ist dazu eine Hebelschaltvor-

Abb. 100. Bamag-Schachtanlage.

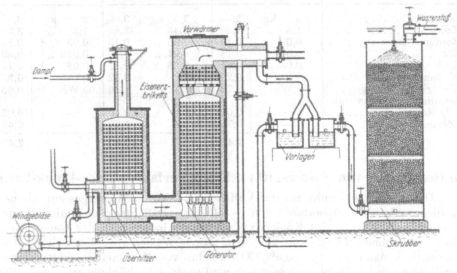

Abb. 101. Pintsch-Wasserstoffanlage.

richtung vorgesehen, welche automatisch nur den jeweils benötigten Hebel frei läßt.

Beim Messerschmidt-Verfahren befindet sich der Überhitzer im Innern des Schachtes (Abb. 99). Die Beschickung und Arbeitsweise ist im großen ganzen die gleiche wie beim Bamag-Verfahren (Abb. 100).

Beim Pintsch-Verfahren ist der Überhitzer völlig von dem Schacht getrennt. Der Schacht ist mit Eisenbriketts gefüllt. Die Konstruktion ist aus Abb. 101 ersichtlich. Eine Gesamtanlage für die Herstellung von Wasserstoff zeigt die Übersichtszeichnung. Ausschlaggebend für die Wahl des Systems sind die Gasreinheit und die Herstellungskosten. Die Gasreinheit ist bei den verschiedenen genannten Systemen ungefähr die gleiche. Die Zusammensetzung ist folgende:

Wasserstoff .... 97—98%   Kohlensäure .... 0,5—0,6%
Kohlenoxyd .... 0,3—0,5%   Stickstoff .... Rest

Die Herstellungskosten weichen bei den verschiedenen Verfahren voneinander etwas ab. Eine Übersicht ergibt Tabelle 23. Nach diesem Verfahren werden etwa 70% des Weltwasserstoffbedarfs hergestellt.

Nachstehende Tabelle gibt einen Vergleich der drei verschiedenen Systeme. Vergleichbar sind in erster Linie die Verbrauchszahlen, während die Kosten jeweils schwanken werden.

Tabelle 23. Kosten der Wasserstofferzeugung.

Als Preis für Material sind angenommen:

```
100 kg Dampf ................................................. RM 0,40
100  „  Koks.................................................   „  2,50
  1 kWh ......................................................   „  0,10
  1 m³ Wasser ................................................   „  0,05
100 kg Reinigermasse ........................................   „  3,—
100  „  Kalk ................................................   „  2,20
100  „  Erz, Bamag RM 2,80; Messerschmidt RM 5,—; Pintsch Erzbriketts
        RM 35,—
```

Verbrauch je Kubikmeter Wasserstoff:

	Bamag		Messerschmidt		Pintsch	
		RPf		RPf		RPf
Dampf	5 kg	2,—	7,5 kg	3,—	5 kg	2,—
Koks	1,3 „	3,25	1,45 „	3,62	1,3 „	3,25
Reinigermasse.........	0,05 „	0,15	0,05 „	0,15	0,05 „ [1]	0,15
Erz	0,05 „	0,14	0,04 „	0,20	0,015 „	0,53
Kalk	0,05 „	0,11	0,05 „	0,11	0,05 „ [1]	0,11
Wasser	50 l	0,25	65 l	0,32	70 l	0,35
Elektrische Energie....	70 Wh	0,70	120 Wh	1,20	65 Wh	0,65
Schmierung, Instandhaltung	—	0,09	—	0,60	—	0,03
Löhne...............	—	0,76	—	1,30	—	0,40
		7,45		10,50		7,47

b) Herstellung von Wasserstoff nach dem Verfahren Linde-Frank-Caro.

Das Verfahren beruht auf der Verflüssigung des im Wassergas enthaltenen Kohlenoxyds bei Temperaturen von —150 bis —180°; das Kohlendioxyd wird vor der Verflüssigung des Kohlenoxyds entfernt, indem man das Gemisch der Gase unter einem Druck von 20—30 at durch Wasser absorbieren läßt. Das Gas enthält dann noch 0,2—0,5% CO_2, welches von Natronlauge aufgenommen wird. Das von CO_2 befreite Gasgemisch wird in einer Vorkühlung auf etwa —40° abgekühlt, dann folgt die Tiefkühlung mit flüssiger Luft, Kompression und nachfolgende Expansion des Wasserstoffes.

Der Wasserstoff enthält etwa 1—2% Kohlenoxyd und etwa 1% Stickstoff, ist also nicht so rein wie der nach den Kontaktverfahren hergestellte. Das an-

---

[1] Nicht angegeben, daher von den anderen Verfahren übernommen.

fallende Kohlenoxyd verwendet man zum Antrieb der Explosionsmotoren für die Kompression. Das Verfahren wurde früher häufig in Fetthärtungsanlagen verwendet, ist aber später durch die Kontaktverfahren und die elektrolytische Wasserstofferzeugung verdrängt worden.

Nach einem ähnlichen Verfahren (LINDE-BROWN[1]) läßt sich Wasserstoff aus Kokereigas erzeugen.

Die Reinigung von Wassergas nach dem Kontaktverfahren[2], durch Leiten des Gases zusammen mit Wasserdampf bei etwa 500° über Eisenkatalysatoren ($CO + H_2O \rightarrow CO_2 + H_2$), ergibt keinen Wasserstoff von genügender Reinheit und wird deshalb in der Ölhärtung nicht verwendet.

c) Das Methan-Konversionsverfahren[3].

Nach diesem in Hartfettanlagen noch nicht eingeführten Verfahren wird ein sehr reiner Wasserstoff zu billigem Preise erzielt, so daß die Anwendung in der Fetthärtung keine Schwierigkeiten bieten würde. Das Verfahren eignet sich nicht nur zur Herstellung von Wasserstoff aus Methan, sondern auch aus anderen Kohlenwasserstoffen. Der chemische Vorgang ist folgender:

$$CH_4 + H_2O = CO + 3 H_2$$
$$CH_4 + 2 H_2O = CO_2 + 4 H_2$$

Es wird in besonderen Kammern das Methan im Gemisch mit Wasserdampf über geeignete Katalysatoren, wie Nickel, Kupfer, Eisen, Chromlegierungen u. dgl. geleitet. Die entstehende Kohlensäure wird mit Kalk absorbiert. Die Arbeitstemperatur beträgt ungefähr 550°. Etwa noch nicht umgesetztes Methan wird durch Tiefkühlung oder mit besonderen Lösungsmitteln entfernt. Man erhält einen Wasserstoff, der sehr gut für die Herstellung von Ammoniak verwendet werden kann. Etwa 12% der Welterzeugung entfallen auf dieses Verfahren.

Auch durch einfaches Cracken kann aus Kohlenwasserstoffen Wasserstoff hergestellt werden, beispielsweise aus Acetylen:

$$C_2H_2 = 2 C + H_2.$$

Dieses Verfahren wird hauptsächlich in Amerika angewandt.

d) Darstellung von Wasserstoff durch Elektrolyse.

Aus mehreren Gründen ist elektrolytisch erzeugter Wasserstoff das gegebene Hydriermittel für die Öl- und Fetthärteindustrie. Da diese mit sehr empfindlichen Katalysatoren arbeitet, ist sie auf möglichst reines Gas angewiesen; die Elektrolyse ist an keinen anderen Rohstoff gebunden als Wasser — wenn man von den geringen Mengen Ätzkali oder Ätznatron absieht —; auch in kleinsten Einheiten ausgeführt, arbeitet sie wirtschaftlich; diese, aber auch die größten Elektrolyseure, bedürfen bei größter Leistung nur geringer Bedienung und Wartung. Infolgedessen findet die Wasserelektrolyse immer mehr Eingang in die Härtungsindustrie.

Hierbei fällt auf, darf aber nicht wundernehmen, daß die sozusagen natürliche Quelle elektrolytischen Wasserstoffes, nämlich die Kochsalzelektrolyse, für Härtezwecke nur wenig ausgenutzt wird, obwohl bei ihr der Wasserstoff als kostenloses Nebenprodukt anfällt — auf 1000 kg NaOH theoretisch rund 25 kg H_2 — und obwohl die elektrolytische Ätznatronerzeugung sehr großen Umfang angenommen hat. Es ist eben nicht immer möglich, an eine Kochsalzelektrolyse eine Härtungsanlage anzuschließen, wie z. B. in der Tschechoslowakei, wo be-

---

[1] D. R. P. 301 984, 438 780.   [2] D. R. P. 279 582.
[3] D. R. P. 546 205; E. P. 301 969; A. P. 1 834 115.

kanntlich Abfallwasserstoff des Aussiger Vereins die Schicht'schen Hydrierwerke speist. Die Wasserstofferzeugung muß sich in geographischer und wirtschaftlicher Hinsicht der Härteindustrie anpassen — und nicht umgekehrt, und deshalb bleibt der letzteren in der überwiegenden Anzahl der Fälle nichts anderes übrig, als sich eine eigene Wasserzersetzeranlage anzuschaffen.

Es ist bekannt, daß unter dem Einfluß des elektrischen Stroms sich zwei Volumina sauer oder alkalisch gemachten Wassers in zwei Valumina Wasserstoff und ein Volumen Sauerstoff zersetzen, so daß also zur Erzeugung eines Kubikmeters H_2 (0^0, 760) 805 g H_2O und, nach dem FARADAYschen Gesetz, rund 2390 A/h erforderlich sind. In der Technik werden ausschließlich alkalische Elektrolyte verwendet, weil saure das Elektrodenmaterial korrodieren und größere Spannungen erfordern als alkalische; bei schwefelsaurem Wasser besteht außerdem die Gefahr der Ozonbildung. Die Höhe der anzuwendenden Spannung oder elektromotorischen Kraft hängt, unter anderem, in hohem Maße auch von der sog. Überspannung ab. Die Gesamtspannung E in einer elektrischen Zelle errechnet sich aus

$$E = E_0 + IW + (V_a + V_k),$$

wo E_0 die Gleichgewichtsspannung der Knallgaskette = 1,23 V, IW den Spannungsabfall im Elektrolyten, mit anderen Worten, dessen inneren OHMschen Widerstand, und der Klammerausdruck die Gesamtüberspannung an der Anode und Kathode bedeuten. Da E_0 eine unabänderliche Größe darstellt, ist es, um E niedrig zu halten, in der Praxis nur notwendig, und kommt es nur darauf an, IW sowie die Überspannung so niedrig wie möglich zu gestalten. Da auf die zahlreichen Theorien und Erklärungen der Überspannung hier nicht eingegangen werden kann, sei nur diese Erscheinung als das, was sie ist, charakterisiert, nämlich als eine bei der Gasentwicklung auftretende Hemmung, eine Verzögerung der Bildung der Gasmoleküle aus den Gasionen, über deren Ursachen man sich aber noch nicht klar ist. Die Größe der Überspannung hängt ab von dem Elektrodenmaterial, der Beschaffenheit der Elektrodenoberfläche, und es besteht auch ein bestimmter Zusammenhang zwischen der Wasserstoffüberspannung einerseits sowie der katalytischen Aktivität des Elektrodenmaterials und dem Reinheitsgrad des Elektrolyts anderseits. Die Überspannung wächst mit der Stromdichte, sie fällt mit steigender Temperatur des Elektrolyten und mit steigendem Gasdruck in der Zelle. Es hat sich gezeigt, daß die Überspannung durch verschiedenartigste Behandlung der Elektrodenoberfläche mehr oder weniger herabgedrückt werden kann, so durch Aufrauhung, durch Vernickelung der Anode, durch Anbringen von Spitzen, Rippen, Lamellen an den Elektroden. Da jedoch solche Unebenheiten leicht zu Orten geringeren Widerstandes korrodierenden Wirkungen gegenüber werden können, kommt man jetzt wieder davon ab und baut Elektrolyseure mit vollkommen glatten, flachen und parallelen Elektroden, während man die Gesamtspannung durch Verminderung des inneren Widerstandes des Elektrolyts zu erniedrigen sucht. Zu diesem Zwecke verringert man den Elektrodenabstand so weit wie möglich und schafft beste Leitfähigkeitsbedingungen. Die Leitfähigkeitsmaxima liegen für eine Ätzkalilösung bei zirka 55°, für eine Ätznatronlösung bei zirka 77° C, gleiche sonstige Verhältnisse vorausgesetzt; die meisten Zersetzer arbeiten wegen des billigeren Preises mit Ätznatron, und zwar mit zirka 20—30%igen NaOH-Lösungen, obwohl Kalilauge eine etwas höhere Wasserstoffausbeute ergibt. Auf die Reinheit der Gase hat weder NaOH noch KOH irgendeinen unterschiedlichen Einfluß. Diese hängt vielmehr lediglich von der Reinheit des Elektrolyten, seinem aus der Luft aufgenommenen Kohlensäuregehalt, der auch die Leitfähigkeit stark erniedrigen kann, und von der Gastrennung ab, also den Diaphragmen und Gasauffangsvorrichtungen. Es gibt technische Elektrolyseure mit nichtmetallischen, mit metallischen und mit kombinierten Diaphragmen. Die weiteste Verbreitung haben Diaphragmen aus Asbest gefunden, der eisen- und arsenfrei sein muß. Obwohl an sich natürlich nicht so stabil, wie etwa ein Nickel- oder Stahldiaphragma oder eine mit Metalldraht zusammengehaltene Asbestscheidewand, wird doch die Lebensdauer eines reinen Asbestdiaphragmas dadurch praktisch unbegrenzt, daß man es frei in die Elektrolytflüssigkeit eintauchen läßt, wodurch es für Druckschwankungen und sonstige Betriebsunregelmäßigkeiten unempfindlich wird.

Grundsätzlich unterscheidet man zwei verschiedene Typen von technischen Wasserzersetzern: *unipolare* und *bipolare*. Letztere nennt man ihrem Aussehen nach auch Filterpressenelektrolyseure. Unipolar sind solche Zellen, bei denen jede Elektrode entweder nur Anode oder nur Kathode ist, bipolar — bei denen jede Elektrode auf der einen Seite Anode, auf der entgegengesetzten aber Kathode ist, d. h. die eine Seite solcher Elektroden ist mit dem positiven, die andere mit dem negativen Pol der Elektrizitätsquelle verbunden. Unipolare Elektroden sind parallel, bipolare hintereinander geschaltet. Infolgedessen summieren sich in einem unipolaren System die Stromstärken, in einem bipolaren die Spannungen. Beide Bauarten haben Vorteile und Nachteile. Die unipolaren Kasten- oder Glockenapparate sind im allgemeinen weniger stabil als die Filterpressenelektrolyseure, auch ist die Gefahr, daß sich die erzeugten Gase vermischen und etwa explodieren, bei jenen größer als bei diesen. Auch gestattet die Serienschaltung einen kompendiöseren Bau, Ersparnis an Röhren, Leitungen und Kanälen an den Zersetzern selbst, die aber oft eines besonderen Sicherheitstanks für den Elektrolyten bedürfen. Zwecks Raumersparnis können die unipolaren Kästen übereinander angeordnet werden, welche Methode aber praktisch kaum angewendet wird. Hinsichtlich Anschaffungs- und Produktionskosten dürften sich beide Systeme die Waage halten.

Was die letzteren Kosten betrifft, so sind diese eine Funktion des Strompreises an dem betreffenden Ort. Da die Gasproduktion der Stromstärke äquivalent ist, verändert sich der Kilowattstundenverbrauch pro ein Kubikmeter Wasserstoffgas nur mit der Zellenspannung. Versteht man daher unter dem Nutzeffekt diejenige, bei einer gegebenen Temperatur und einem gegebenen Druck per Kilowattstunde erhaltene Menge reinen Wasserstoffgases, mit anderen Worten: den Energieverbrauch per Volumeinheit nutzbaren Gases — die einzig richtige Definition des Nutzeffekts einer Wasserelektrolyse —, so folgt, daß bei gegebenem Strom der Nutzeffekt eine Funktion der Spannung ist. Um also eine niedere Spannung und entsprechend einen höheren Nutzeffekt zu erzielen, ist es — natürlich innerhalb bestimmter Grenzen — nur erforderlich, die Elektrodenoberfläche in den Zellen entsprechend zu vergrößern, weil dadurch, nach dem Ohmschen Gesetz, die Spannung entsprechend erniedrigt wird. Die in der Praxis erzielten Zellenspannungen liegen etwa zwischen 1,8 und 2,6 V (s. Tab. 25). Die Frage nach dem Nutzeffekt geht also auf die Frage zurück, für welche Spannung innerhalb dieser Grenzen man sich in einem Spezialfall entscheidet. Dies verdient besonders hervorgehoben zu werden, da vielfach, in der Literatur und in Prospekten, eine Wasserzersetzerapparatur mit niedriger Spannung beschrieben oder angepriesen wird, wobei meistens vergessen wird, gleichzeitig die Tatsache zu erwähnen, daß Zellentype und Zellenspannung windschiefe Größen sind, die nichts miteinander zu tun haben, daß vielmehr, bei einer gegebenen Stromstärke, die Spannung allein von der Größe der Elektrodenflächen abhängt. Die besten, heute bekannten technischen Elektrolyseure, und zwar gleichgültig, ob es sich um ein uni- oder ein bipolares System handelt, verbrauchen bei rund 2 V

Zellenspannung rund 4,5 kWh per 1 m³ H₂ (20⁰, 760). Bei 1,85 V beträgt der Verbrauch etwa 4,0, bei 2,15 V etwa 4,7, bei 2,3 V etwa 5,0 kWh. Hieraus sind, wenn der Kilowattstundenpreis bekannt ist, die Produktionskosten errechenbar. Dazu kommen geringe Kosten für den Elektrolytersatz, während Unterhaltungs- und Bedienungskosten zu vernachlässigen sind.

Manche vertreten die Auffassung, eine Wasserelektrolyse sei nur bei einem Kilowattstundenpreis von unter einem Goldpfennig rentabel. Dies dürfte jedoch nur mit Bezug auf die Ammoniaksynthese richtig sein, bei der die Wasserstoffkosten über 70% der Gesamtkosten ausmachen. Bei der Öl- und Fetthärtung verschiebt sich aber das Verhältnis so zugunsten des Wasserstoffes, daß dieser nur mit etwa 20% in die Gesamtkosten der Härtung eingeht. Infolgedessen ist für diese Industrie auch ein höherer Kilowattstundenpreis tragbar. Daß die Rentabilität jeder Elektrolyse mit Verwertung des anfallenden Sauerstoffes gesteigert werden kann, ist selbstverständlich. Eine nicht unbedeutende Anlage- und Produktionsverbilligung würde aber auch Platz greifen, wenn es gelänge, einen betriebssicheren Hochdruckelektrolyseur zu bauen. Da, wie jetzt eindeutig erwiesen ist, mit zunehmendem Druck die Überspannung, also auch die Gesamtspannung, merklich sinkt, wäre bei einer Hochdruckelektrolyse eine Energieersparnis erzielbar, so daß deren Wirkungsgrad dem einer atmosphärischen Elektrolyse

Abb. 102. Knowles-Elektrolyseur.

überlegen wäre. Es ist bisher nicht bekanntgeworden, daß ein Hochdruckzersetzer in der Praxis Fuß gefaßt hätte.

Ehe im folgenden auf die einzelnen Typen eingegangen wird, seien zum Vergleich der Leistungen nachstehend die theoretischen Erzeugungsmengen in Abhängigkeit von dem Stromverbrauch angeführt.

Wasserstoff per 1 A/h:	Notwendige A/h per H₂-Einheit:
37,65 g entsprechend: 0,4604 m³ (20⁰, 760 mm, feucht, gesättigt)	26,56 per 1 g entsprechend: 2171 per 1 m³ (20⁰, 760 mm, feucht, gesättigt)
0,4189 m³ (0⁰, 760 mm, trocken)	2387 per 1 m³ (0⁰, 760 mm, trocken)
	1000 A/h zersetzen 336,45 g H₂O

Die ersten technischen Elektrolyseure, die vor etwa 60 Jahren gebaut wurden, dienten der Nutzbarmachung des Sauerstoffes, und erst in diesem Jahrhundert ist auch die Bedeutung der elektrolytischen Wasserstofferzeugung durchgedrungen. Die ersten Formen waren unipolare Systeme, denen sich aber bald bipolare angeschlossen haben. Die heute bekanntesten unipolaren Systeme sind die von Holmboe, Fauser und Knowles. Da sich diese drei Typen nur durch technische Einzelheiten voneinander unterscheiden, sei lediglich der am meisten verbreitete Knowles-Typus eingehend geschildert (s. Abb. 102).

Dieser Apparat wird ein- und mehretagig gebaut; die Abbildung stellt einen zweietagigen Säulenelektrolyseur dar, wobei wegen der Deutlichkeit nur je eine Zelle abgebildet ist. Der Strom fließt, ohne daß äußere Leitungen verwandt werden, unmittelbar von Zelle zu Zelle, so daß die einzigen erforderlichen elektrischen Verbindungen sich an der untersten und der höchsten Zelle befinden. Die aufrecht stehenden Elektroden A einer Zelle wechseln mit von dem Boden der darüberliegenden Zelle herabhängenden Elektroden B ab. Die hemdartig frei herabhängenden, in den Elektrolyt eintauchenden Asbestdiaphragmen C, die an den Glocken D befestigt sind, umgeben die hängenden Elektroden und verhindern, daß sich die in den Gasräumen E und F sammelnden Gase miteinander vermischen. Die Isolierung ist derart durchgeführt, daß keine Schleich- oder Nebenströme entstehen können, und die Apparatur ist vollkommen dicht. Die Elektroden sind glatt und parallel zueinander, die Anode ist mit einem dünnen Nickelüberzug versehen, wodurch die Überspannung vermindert wird, die Kathoden sind ganz aus Eisen. Die Stromdichten sind an jedem Punkt der Elektrodenflächen gleich groß. Die Apparatur enthält keine Gummiverbindungen. Die Gase werden in aufrechten, S-förmigen Röhren fortgeführt, was ermöglicht, daß mitgerissene Elektrolytflüssigkeit leicht zurückfließt. Jede Zelle ist mit einem Sicherheitsrohr ausgestattet, das, unten offen, ebenfalls in die Elektrolytflüssigkeit taucht; wenn aus irgendeinem Grunde das Niveau des Elektrolyts unter die Normalhöhe sinkt, so wird das Rohr unten frei, und die Gase entweichen unvermischt in die Luft. Gasreiniger sind überflüssig, da eine Reinheit des Wasserstoffes von 99,5% garantiert wird, in praxi aber zirka 99,8% beträgt. Als Elektrolyt dient 15—18%ige Natronlauge. Die elastische Apparatur paßt sich Stromschwankungen, wie sie in jedem Betrieb vorkommen, gut an. Seit 1912 sind in der ganzen Welt zirka 120 Knowles-Anlagen gebaut worden, davon über ein Drittel für Öl- und Fetthärtungszwecke. Den Vertrieb hat die International Electrolytic Plant Co., Sandycroft, Chester (England). Hinsichtlich der Leistungen unterrichten die nebenstehenden, von der Firma zur Verfügung gestellten Angaben (s. Tab. 24).

Die Knowles-Zersetzer werden bis zu 15000 A gebaut, und der Stromverbrauch per 1 m³ H₂ (20⁰, 760) beträgt: bei 2,0 V je Zelle 4,38 kWh, bei 2,125 V 4,65 kWh, bei 2,25 V 4,95 kWh, bei 2,5 5,47 kWh.

Die Fauser- und Holmboe-Elektrolyseure sind ähnlich, werden aber nur einetagig gebaut.

Tabelle 24.

A. Kleine Knowles-Zelle.

Ausmaße je Zelle aller Größen:	Länge	Leistung je Zelle m³ H₂/h	Amp.
1250 mm weit	210 mm	0,228	500
1295 „ normaltief	300 „	0,457	1000
1525 „ doppelttief	390 „	0,685	1500

B. Standard-Zelle.

Ausmaße je Zelle aller Größen:	Breite	Leistung je Zelle m³ H₂/h	Amp.
1250 mm lang	560 mm	0,914	2000
1295 „ hoch..........	1095 „	2,285	5000
1525 „ „	1980 „	4,571	10000

Das Charakteristikum der letzteren sind an den Elektroden angebrachte Schirme, die die Streuung der Stromlinien verhindern und dadurch die Leitfähigkeit des Systems vergrößern. Auf diese Weise soll es möglich sein, eine um 16% höhere Stromausbeute zu erzielen. Auch bei diesen Apparaten werden schwebende nichtleitende Diaphragmen verwendet. Die Standardgrößen bewegen sich zwischen 1500 und 18000 A.

Fauser arbeitet mit doppelten Asbestdiaphragmen in jeder Zelle, wodurch Knallgasbildung ausgeschlossen wird. Beiden Typen ist eine Vorrichtung gemein, die eine starke automatische Elektrolytzirkulation ermöglicht, die aber ausschließlich innerhalb der Zelle stattfindet, so daß Schleichströme vermieden werden. Starker Umlauf des Elektrolyten hat den Zweck, die Gasblasen schnell aus der Flüssigkeit herauszubefördern und dadurch den inneren Widerstand zu vermindern. Die Fauserschen Apparate sind so eingerichtet, daß nur geringe oder überhaupt keine Karbonation des KOH-Elektrolyten stattfindet. Diese Elektrolyseure haben Kapazitäten bis zu 14000 A, ihre Zellspannungen liegen zwischen etwa 1,9 und 2,0 V, und sie verbrauchen 4,5—4,8 kWh per 1 m³ Wasserstoff (0⁰, 760). Beide Typen produzieren sehr reines Gas.

Von *Filterpressenelektrolyseuren* sind besonders bekanntgeworden die amerikanische EGASCO- (Electrolytic Gas Comp.) Zelle, System STUART, CLARK, ALLAN, LEVIN u. a., die japanische HITACHI-Zelle, der Elektrolyseur von Siemens-Schuckert bzw. Siemens u. Halske, System PETZ, schließlich die Apparate von Pechkranz und der Bamag-Berlin, System ZDANSKY.

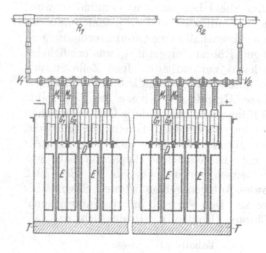

Abb. 103. Petz-Zelle. (Siemens-Schuckert.)

Wesentlich für den amerikanischen Typus sind aus einem Spezialstahl hergestellte vorgesetzte Drahtnetzelektroden sowie eine äußere Elektrolytzirkulation. Wichtig ist ferner, daß sie eine wirksame Wärmeisolierung aufweisen. Diese Elektrolyseure werden für Stromstärken von 2000—20000 A gebaut. Ein 2000-A-Apparat hat bei einer Elektrolyttemperatur von 54⁰ C 1,87 V Zellspannung, die bei Erhöhung der Elektrolyttemperatur auf 80⁰ nur bis zu 2,45 V ansteigt. Angeblich soll es möglich sein, auch bei dieser Temperatur mit gutem Nutzeffekt zu arbeiten. Die Kosten für eine 10000-A-Batterie einschließlich Montage und Zubehör, jedoch ohne elektrische Anlage, belaufen sich auf 2400 Dollar. Eine solche Batterie besteht aus vier Einzelzellen; sie ist 2 m lang, 0,8 m breit, 2 m hoch und hat eine Kapazität von 10000 kW. Dementsprechend ist die Stromdichte hoch; sie beträgt 0,15 A/cm².

Der japanische Elektrolyseur ist ähnlich konstruiert, arbeitet aber anscheinend mit größerem Energieaufwand als der amerikanische, nämlich mit 5,6—5,7 kWh/m³ H_2. Bei diesem Apparat sind die Elektroden schichtartig ausgebildet und mit den Holmboeschen Schirmen versehen. Als Elektrolyt dient 20%ige Natronlauge, und die Füllmenge an Ätznatron beträgt 1900 kg je Zelle, während sich der Jahresverlust an Elektrolyt auf 2% dieser Menge beläuft. Als Diaphragmen dienen 2 mm dünne reine Asbesttücher. Das Volumen einer Zelle ist 1,5 m³. Auf ein Kiloampere werden 4 kg destilliertes Wasser benötigt. Bei einer Bodenfläche von z. B. 1400 m² werden 11200 m³ Wasserstoff/Stunde erzeugt.

Siemens-Schuckert, die zuerst unipolare Zellen auf den Markt brachten, sind später zu bipolaren übergegangen. Eine solche Zelle, System PETZ, zeigt die Abb. 103. T ist der Zellenbehälter, V_1, V_2 sind Verbindungsrohre, R_1, R_2 die Hauptrohrleitungen. M_1, M_2 sind die zur Gasabführung leitenden Metallschläuche, G_1, G_2 die Gassammelglocken, E die Elektrodenplatten und D die Diaphragmenrahmen. Auf den Eisenelektrodenplatten sind zwecks Verringerung des Zwischenraumes über die Platten vorstehende Bleche aufgeschweißt. Gute Isolation verhindert Stromübertritte zwischen den Metallschläuchen. Als Elektrolyt dient 25%ige Kalilauge von 65—75° C. Die Zellen werden für Strombelastungen von 100 bis 2000 A und für Netzspannungen bis 500 V ausgeführt. Der Energieverbrauch je Kubikmeter H_2, der sich, wie gesagt, bei gegebener Spannung nach der Stromdichte richtet, liegt zwischen 4,5 und 5,6 kWh. Das erzeugte Wasserstoffgas ist 99,8%ig und kann, falls notwendig, mittels einer besonderen Palladium-Reinigungsanlage auf praktisch 100% H_2-Gehalt gebracht werden. An Betriebskosten sind je Kubikmeter Wasserstoff zu rechnen: für Wasserersatz 1,2 Liter, an Löhnen zur Wartung der Anlage, je Schicht 1 Mann, für Elektrolyt-, Diaphragmen- und Isoliermaterialersatz zusammen etwa 1 Pfennig. Wie bei allen bipolaren Systemen, sind die Baukosten per Einheit des Gases um so geringer, je größer die Zellen sind, d. h. je höher die Strombelastung ist. Für kleine Anlagen sind daher niedrige Betriebsspannungen vorzuziehen, um hohe Stromstärken erzielen zu können.

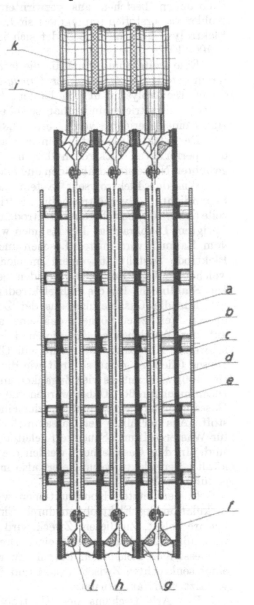

Abb. 104. Bamag-Zelle.

a Hauptelektrode, *b* Gasableitungsröhrchen, *c* Nebenelektrode (Kathode), *d* Nebenelektrode (Anode), *e* Diaphragma, *f* Rahmen, *g* Rahmenpackung, *h* Isolation, *i* Gasableitungsrohr, *k* Gassammelkanal, *l* Zementfüllung.

Während der PETZ-Elektrolyseur noch eine trogförmige Gestalt hat, stellt der Apparat von Pechkranz den Urtyp eines Filterpressenzersetzers dar. Mit diesem System ist die „Norsk Hydro", die größte Anlage der Welt, in Norwegen ausgerüstet. Wie die Platten einer Filterpresse sind hier die Elektrodenplatten durchlöchert und bilden zusammengestellt Kanäle, durch die der Elektrolyt und die Gase streichen. Eine andere wesentliche Neuerung ist ein hier erstmalig verwendetes Metalldiaphragma, das aus einer zirka 0,1 mm dünnen reinen Nickelfolie besteht, die mit 900 bis 1200 kleinen Öffnungen per 1 cm² versehen ist. Die Größe der rechteckigen Löcher ist derart berechnet, daß sie die Elektrolytzirkulation nicht verhindern, eine Gasvermischung jedoch nicht zulassen. Merkwürdigerweise findet keine Polarisation an dem Diaphragma statt. Als Elektrolyt dient 25%ige

Kalilauge von zirka 80⁰ C. Ein Zusatz von etwa 1% Kalkmilch hält die Leitfähigkeit des Elektrolyts konstant. Das erzielte Gas ist rein. Die Dichtungen bestehen aus gezwirnten Mineralfasern, die mit unverseifbaren Kohlenwasserstoffen imprägniert sind. Die größte Pechkranz-Anlage, die größte Elektrolyse überhaupt, befindet sich in Norwegen; sie hat eine Kapazität von 100000 kW.

Eine weitere und vorläufig die letzte Ausbildung eines Filterpressenelektrolyseurs stellt der *Zersetzer der Bamag-Meguin A. G., System Zdansky*, dar. Da dieser Elektrolyseur in den letzten Jahren breiteste Verwendung in der Ölhärtungsindustrie gefunden hat, so sei er hier eingehend geschildert, und zwar an Hand eines Berichtes von L. JAKIMENKO[1].

Der Elektrolyseur stellt ein bipolares Filterpressenaggregat mit naheliegenden perforierten Elektroden dar, mit einem Diaphragma-Asbeststoff mit eingewebten Nickelstahldrahtfäden und einer verstärkten Zirkulation des Elektrolyts.

Was den Elektrolyseur System Bamag besonders auszeichnet, ist die hohe Stromdichte bei verhältnismäßig niedriger Zellenspannung. Jede Elektrolyseurzelle (Abb. 104) besteht aus Elektroden und Diaphragmarahmen mit daran befestigtem Diaphragma. Der Rahmen wird aus Spezialprofilstahl geschweißt. An dem Rahmen wird mittels Laschen und Nieten das Diaphragma befestigt. Jede Elektrode besteht aus einem ungelochten Stahlblech von 5 mm Stärke, an welchem mittels Bolzen von beiden Seiten Hilfselektroden angenietet werden. Die Stahlbleche für die Hilfselektroden sind stark perforiert.

Für die Gasableitung aus der Zelle hat der Diaphragmarahmen in dem oberen Teil zwei Löcher: das eine auf der Kathodenseite und das andere auf der Anodenseite. An diesen Löchern werden Gasableitungsrohre angeschweißt. An jedem Rohr wird ein Glied des Gassammelkanals angeschraubt. Dieses Glied ist genau so breit wie die Zelle. Eine große Anzahl solcher Zellen (bis 160) wird mittels vier Zuganker und Stahlgußendplatten zu einem Aggregat zusammengepreßt. Dabei werden die Glieder der Gasableitungsrohre zu zwei Gassammelkanälen verbunden; der eine für Wasserstoff, der andere für Sauerstoff. Aus der Mitte der Gassammelkanäle werden die Gase in die Gaswascher für Wasserstoff und Sauerstoff geleitet, welche auf dem Elektrolyseur aufgestellt sind. In den Gaswaschern werden die Gase von Laugeteilchen befreit und gekühlt. Der Elektrolyseur liefert also in die Gasbehälter schon gewaschenes und gekühltes Gas.

In den letzten Konstruktionen wurden die Fragen der Kühlung und der Zirkulation des Elektrolyten durch Einbau einer Mittelkammer in die Elektrolyseure gelöst. Zu diesem Zweck wird in die Mitte des Elektrolyseurs eine geschweißte Eisenkammer mit einer Breite von 300—400 mm, in allen anderen Abmessungen gleich dem Diaphragmarahmen eingebaut. Die Kammer ist mit einer senkrechten Zwischenwand und Kühlröhren, welche in deren Wände eingewalzt sind, ausgerüstet.

Das Arbeitsschema des Elektrolyseurs solcher Konstruktion ist aus der Abb. 105 ersichtlich. Die an den Elektroden sich absondernden Gase aus den Zellen werden in den Gaskanälen gesammelt. Aus der Mitte der Gaskanäle werden die Gase in die Wascher geleitet, welche aus eisernen Trommeln bestehen, die bis zur Hälfte mit Speisewasser gefüllt sind. Die Gase sprudeln durch eine Wasserschicht und werden dabei gekühlt und gewaschen. Darauf verlassen sie den Elektrolyseur. Für die bessere Abkühlung werden die Wascher außer den Schlan-

---

[1] Chimstroj **1934**, Nr. 6 u. 7. — Die Arbeit wurde von der Bamag-Meguin A. G. in deutscher Übersetzung als Flugschrift herausgegeben.

gen noch mit Zwischenwänden versehen, um dem Gaslauf eine bestimmte Richtung zu geben. Das Elektrolyt, das mit den Gasen in Form von Spritzern und Schaum mitgerissen ist, wird von den Gasen in den Gaskanälen abgeschieden und aus dem Mittelteil des Gaskanals in die Mittelkammer rückgeleitet. Aus dem Wasserstoffkanal kommt das Elektrolyt auf die eine Seite der Zwischenwand der Mittelkammer, aus dem Sauerstoffkanal auf die andere Seite. In der Mittelkammer sinkt das Elektrolyt, wird gekühlt und in dem unteren Teil gemischt. Von dort aus geht das Elektrolyt durch ein Eisendrahtfilter. Das gereinigte und gekühlte Elektrolyt fließt in die Zelle durch einen unteren Speisekanal wieder zurück.

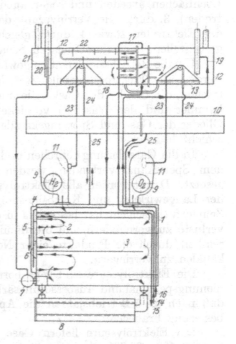

Da das spezifische Gewicht des Elektrolyts in den Zellen, dank Vorhandensein von Gasblasen und höherer Temperatur, niedriger ist als in der Mittelkammer, wird diese Zirkulation ununterbrochen durchgeführt und sichert genügende Mischung und Kühlung des Elektrolyts. Das Speisewasser wird in den Wasserstoffwascher geleitet, fließt durch ein Verbindungsrohr in den Sauerstoffwascher und von dort gelangt es zum Elektrolyseur zurück für die Speisung der Zellen. Die Zuleitung des Speisewassers wird mit der Hand reguliert nach Angaben des Elektrolytstandanzeigers an dem Elektrolyseur. Das Kühlwasser fließt zuerst durch die Wascherschlangen und gelangt nachdem in die Mittelkammer, um diese abzukühlen.

Um starke Niveauschwankungen des Elektrolyts in der Zeit der Inbetriebsetzung und der Stillegung des Elektrolyseurs zu vermeiden — diese Schwankungen sind bedingt durch die im Elektrolyt befindlichen Gasblasen infolge Volumenvergrößerung —, werden die Elektrolyseure mit Lauge-Puffertrommeln ausgerüstet, die oberhalb montiert sind.

Die Elektroden werden auf der Anodenseite vernickelt. Um die Überspannung der Wasserstoffabscheidung an den Kathoden zu vermindern, wurden dieselben früher mit einem Netz ausgerüstet.

Abb. 105. Schema des Bamag-Elektrolyseurs.

1 Mittelkammer, *2* Abkühlungsrohr der Mittelkammer, *3* Zwischenwände für die Richtung der Zirkulation des Elektrolyts, *4* Verteilungskasten für das Kühlwasser, *5* Kanal des Verteilungskastens, *6* Zwischenwand des Verteilungskastens, *7* Speisekanal, *8* Filter, *0* Gaskanäle, *10* Elektrolytregler, *11* Oberes Gußteil der Mittelkammer, *12* Gaswascher, *13* Barboteur des Waschers, *14* Eingang des Kühlwassers, *15* Ableitung des Kühlwassers, *16* Eingang des Speisewassers, *17* Eingang des Kühlwassers in den Wascher, *18* Ableitung des Kühlwassers aus dem Wascher, *19* Eingang des Speisewassers in den Wascher, *20* Überlauf des Speisewassers, *21* Waagerechte Zwischenwand für die Richtung der Gasbewegung, *22* Kühlrohre für die Gaskühlung, *23* Rohrleitung für die Gase, *24* Verbindung des Niveaureglers mit dem Wascher, *25* Verbindung des Niveaureglers mit der Mittelkammer.

Aber Versuche an einem Elektrolyseur haben gezeigt, daß das Anschweißen des Netzes an den Kathoden keine bedeutende Spannungsverminderung an den Kathoden herbeiführt — die Zellen mit netzbedeckten Kathoden und ohne Netz haben die annähernd gleiche Spannung gezeigt, deshalb hat man von dem Anschweißen dieser Netze Abstand genommen. Die Oberfläche der Kathode hat man außerdem einer besonderen Bearbeitung unterworfen, um die Überspannung zu verringern. Es kann hier auf eine solche Bearbeitungsart aufmerksam gemacht werden, welche darin besteht, daß die Anodenoberflächen mittels eines Schoop-Apparates mit einer Schicht Eisenoxydoxydul bedeckt wurden.

Die verhältnismäßig niedrige Spannung bei einer Stromdichte von 2500 A/m² der Diaphragmaoberfläche kann man hauptsächlich 1. durch eine starke Elektrolytzirkulation, 2. durch die Vergrößerung der Arbeitsflächen der Elektroden dank der dichten Perforation der vorgelagerten Bleche (dabei können die inneren Lochflächen arbeiten und sogar auch die Rückseite der außenliegenden Elektroden), 3. durch die Verringerung des Abstandes zwischen den Arbeitsflächen der Elektroden sowie 4. durch gleichbleibende Spannung bei den Stromübergangsstellen, dank der bipolaren Schaltung der Elektroden, erklären.

Um die Betriebssicherheit zu gewährleisten und die Korrosion zu vermindern, werden alle Elektrolyseurteile, wie der Diaphragmarahmen, die Diaphragmalaschen, die Glieder der Gaskanäle und andere Teile (mit Ausnahme der Mittelkammer und der Wascher) vernickelt. Außerdem werden die Rahmen, die Glieder der Gas- und Speisungskanäle während der Montage mit einer Zementschicht bedeckt.

In die Gasableitungsröhrchen und in die Röhrchen, welche die Rahmen mit dem Speisekanal verbinden, werden Eterniteinlagen mittels Zementkitt eingesetzt. Damit werden alle Elektrolyseurteile, welche unter Strom stehen, vor der Laugewirkung und Korrosionsmöglichkeiten auf das beste geschützt. Die Zementfutterschicht hat besonders in dem Speisekanal die Aufgabe, die Stromverluste zu vermindern und die damit verbundene Verschlechterung der Gasreinheit durch die Produkte einer Nebenelektrolyse in den Speise- und Gaskanälen zu verringern.

Die Elektrolyseure sind sehr betriebssicher und benötigen sehr wenig Bedienungspersonal und Ausbesserungsarbeiten. Die Betriebserfahrungen beweisen, daß nach 3—5 Betriebsjahren die Apparate noch keine Demontage und Ausbesserung brauchen.

Die Elektrolyseure liefern Gase hoher Reinheit: Wasserstoff = 99,9%, Sauerstoff = 99,7%.

Um den Energieverbrauch je Kubikmeter Gas festzustellen, ist das Voltmeter mit einer zweiten geeichten Skala ausgerüstet, welche kWh/m³ H_2 angibt. Bei einem Gas von 0° C und 760 mm Hg wird die Beziehung zwischen Spannung und Energieverbrauch ausgedrückt durch:

$$K_1 = \frac{1}{0{,}41 \cdot n},$$

d. h. der spezifische Energieverbrauch ist

$$W = K_1 \cdot V = V \cdot \frac{1}{0{,}41 \cdot n} \text{ kWh/m}^3 \text{ H}_2,$$

wobei V die Spannung je Elektrolyseur ist, n = Zellenzahl in dem Elektrolyseur, 0,41 = die Menge Wasserstoff in m³, welche bei 1000 A/h bei einer Stromausnutzung von zirka 98% abgeschieden wird.

Ebenso wird das Amperemeter zur Feststellung der Elektrolyseurleistung mit einer zweiten Skala ausgerüstet, die in m³/h H_2 geeicht ist. In diesem Fall ist die Beziehung zwischen Stromverbrauch und Wasserstofferzeugung ausgedrückt durch:

$$K_2 = \frac{n \cdot 0{,}41}{1000},$$

d. h. die Elektrolyseurleistung ist

$$Q = \frac{1 \cdot n \cdot 0{,}41}{1000} \text{ m}^3/\text{h H}_2,$$

Als Elektrolyt wird eine Ätzkalilösung, spez. Gewicht 1,24—1,25, verwendet.

Für die Herstellung des Elektrolyts werden nach den Angaben der Betriebe gangbare Marktsorten von reinem KOH verwendet, welche nur Spuren von Cl′ und SO_4'' (rund 0,05%) enthalten dürfen.

Bei voller Belastung und 75—80⁰ und einer Leistung von 450 m³/h verbraucht der Elektrolyseur rund 10 m³/h Kühlwasser (Wassertemperatur von 6—8⁰). Bei einer Stromdichte von 2500 A/m² arbeitet der Elektrolyseur mit einer Zellenspannung von 2,18—2,20 V, was einem Stromverbrauch von 5,32—5,37 kWh/m³ H_2 bei 0⁰ und 760 mm Hg entspricht.

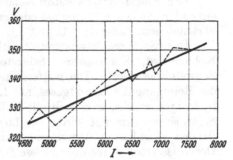

Abb. 106. Abhängigkeit der Spannung von der Stromdichte im Bamag-Elektrolyseur.

Abb. 106 ist eine Kurve, die die Abhängigkeit der Spannung von der Stromdichte für den Bamag-Elektrolyseur darstellt, welcher aus 160 Zellen besteht und mit Ätzkali bei 71—78⁰ arbeitet.

Die Merkmale, welche die einzelnen Elektrolyseurtypen charakterisieren, sind aus der Tabelle 25 ersichtlich.

Tabelle 25. Vergleich verschiedener Elektrolyseursysteme.

Type	Bamag, ZDANSKY	Pechkranz	Fauser	Knowles
Bauart	Filterpresse	Filterpresse	Offene Zelle	Offene Zelle
Abmessungen:				
Länge mm	12 000	8 000	1 080	—
Breite mm................	2 600	2 000	860	—
Höhe mm	5 000	2 500	1 220	—
Fläche m²	31,0	16,0	0,93	—
m³ H_2 je m² Elektrodenfläche	16,0	3,4	4,4	—
Anodenanzahl.............	160	88	10	15
Kathodenanzahl............	160	88	11	16
Elektrodenabmessungen	1 500×2 300	$d = 1 800$	1 000×1 000	1 100×230
Diaphragma	Asbest mit Draht	Nickel	Asbest	Asbest
Diaphragmagewicht kg/m²....	3,7	—	2,5	
Belastung A	7 500	1 500	10 000	4 500
Stromdichte A/m²	bis 2 500	700	500	600
Zellenspannung V	2,2	2,35—2,60	2,2	2,3—2,6
Elektrolyseurspannung V	350	207—230	2,2	2,3—2,6
Leistung m³ H_2 je Stunde ...	500	54	4,1	1,85
Energieverbrauch kWh/m³ H_2	5,32	5,73—6,34	5,32	5,61—6,34
Energieverbrauch bei Stromdichte 500 A/m²	4,5	5,4	5,32	5,5
Gasreinheit H_2 Vol.-%	99,9	99,2	99,6	99,6
Gasreinheit O_2 Vol.-%	99,7	97,8	99,0	98,5
Elektrolyt	KOH	KOH	KOH oder NaOH	NaOH

Literatur.

1. PINCASS: Die industrielle Herstellung von Wasserstoff. Dresden und Leipzig: Steinkopff. 1933.

2. H. CASSEL u. VOIGT: Die Wirtschaftlichkeit der Druckelektrolyse des Wassers. Ztschr. Ver. Dtsch. Ing. 77, 636 (1933).

3. A. E. ZDANSKY: Elektrolyse des Wassers. Chem. Fabrik 6, 49 (1933).

Ferner Mitteilungen der Firmen Pechkranz, Knowles und Siemens u. Halske.

D. Reinigung des technischen Wasserstoffs.

Der Elektrolytwasserstoff bedarf vor seiner Verwendung in der Fetthärtung entweder gar keiner Reinigung oder er wird gleich nach der Herstellung von etwa vorhandenem Sauerstoff befreit.

Der Eisenkontaktwasserstoff enthält, wie schon ausgeführt, geringe Mengen Kohlenoxyd, Kohlensäure, Stickstoff, dann als schlimmste Verunreinigung Schwefelwasserstoff. Die Entfernung des Schwefelwasserstoffes erfolgt, wie bei der Reinigung des Leuchtgases, mit Luxmasse. Die Luxmasse besteht aus Eisenhydroxyd, welches eventuell mit Kalk gemischt und zur Auflockerung stets mit Sägespänen vermengt wird. Die Luxmasse wird auf Horden, welche in großen flachen Eisenkästen übereinander angeordnet sind, in Schichten ausgebreitet. Der Wasserstoff durchströmt diese Schichten, wobei das Eisenoxyd den Schwefelwasserstoff unter Bildung von Schwefeleisen aufnimmt. Um sicherzugehen, daß der Schwefelwasserstoff völlig aus dem Wasserstoff entfernt wurde, schaltet man mehrere Reinigungskästen hintereinander. Zweckmäßig wählt man ein System von drei Reinigern, wobei zwei Reinigerkästen hintereinander von dem zu reinigenden Wasserstoff durchströmt werden, während der dritte Reiniger in Reserve steht. Sobald der Wasserstoff nach Passieren des ersten Reinigers Spuren von Schwefelwasserstoff aufweist, wird der dritte Reiniger zugeschaltet. Der erste Reiniger ist noch eine Zeitlang wirksam; man muß aber jetzt neue bzw. regenerierte Reinigungsmasse vorbereiten, damit man, sobald Reiniger 2 Schwefelwasserstoff anzeigt, den ersten Reiniger entleeren und neu beschicken kann. Auf diese Weise ist man sicher, daß der Wasserstoff stets gut gereinigt und gleichzeitig die Reinigungsmasse gut ausgenutzt wird. Zweckmäßig schaltet man hinter die mit Luxmasse (Eisenhydroxyd) gefüllten Luxreiniger noch einen Kalkreiniger ein. Der Kalk nimmt die im Wasserstoff enthaltene Kohlensäure auf. Der Reiniger wird mit gelöschtem Kalk beschickt, den man bis zur Staubtrockene gelöscht hat. Der Kalk wird dann ebenfalls mit Sägespänen vermengt, leicht angefeuchtet, und so in die Reiniger eingeführt. Diese Mischung zieht leicht Wasser an; es wird häufig das Wasser aus den Tauchtassen der Reiniger absorbiert; für Kalkreiniger verwendet man daher am besten Reinigungskästen mit Gummiabdichtung. Ein eigenartiger Vorgang spielt sich neben der Kohlensäureabsorption im Kalkreiniger ab, etwa vorhandener Sauerstoff verschwindet. Der Kalk spielt also dieselbe Rolle wie die Palladiumspirale beim Elektrolytwasserstoff. Die Reinigung vollzieht sich am besten bei einer Temperatur zwischen 12 und 20°; es ist wichtig, daß die Reiniger nicht zu heiß stehen.

Die bei der Schwefelwasserstoffreinigung verwendete Luxmasse wird nach Gebrauch regeneriert; d. h. sie wird ausgebreitet und häufiger durchgeschaufelt und vor Verwendung mit Wasser etwas angenetzt. Die bei der Reinigung und Regenerierung sich abspielenden chemischen Vorgänge sind folgende: Reinigung:

$$2 \, Fe(OH)_3 + 3 \, H_2S = 2 \, FeS + S + 6 \, H_2O$$

Regenerierung:

$$4 \, FeS + 3 \, O + 6 \, H_2O = 4 \, Fe(OH)_3 + 4 \, S$$

Es erfolgt also eine reichliche Bildung von Schwefel, die bis zu etwa 50—60% ansteigen kann. Dann muß die Reinigermasse gegen frische ausgetauscht werden. Mit einer Tonne Eisenhydroxyd kann man zirka 60000 m³ Wasserstoff reinigen.

Nach der Reaktion

$$Na_2CO_3 + H_2S \rightleftarrows NaHS + NaHCO_3$$

kann der Wasserstoff ebenfalls entschwefelt werden.

Verwendet wird meist eine 5%ige kalte Soda- oder Pottaschelösung. Die Reaktion wird in Kokstürmen vorgenommen. Die Regenerierung erfolgt mit heißer Luft, wobei der Schwefelwasserstoff entweicht. Nach erfolgter Abkühlung ist die Lauge wieder gebrauchsfähig. Das Verfahren hat in Rußland technische Verwendung gefunden.

Das Kohlenoxyd wird in den meisten Fetthärtungen nicht entfernt, obwohl es dafür gute Verfahren gibt. Es ist merkwürdig, daß die Gasreinigung auf diesem Gebiete so vernachlässigt wurde, obwohl die Giftigkeit des Kohlenoxyds längst bekannt ist.

Man könnte allerdings annehmen, daß das Kohlenoxyd, obwohl es ein Katalysatorgift ist, nicht von allzu großer Bedeutung wäre, weil es nur in Mengen von 0,3—0,5% im Kontaktwasserstoff vorkommt. Bei heftiger Wasserstoffabsorption kann sich aber das Kohlenoxyd sehr stark anreichern. Man hat in dem aus den Härtungsapparaten entweichenden Wasserstoff, welcher bekanntlich nicht verlorengegeben, sondern dem Frischwasserstoff wieder zugeführt wird, 30—40% Kohlenoxyd vorgefunden, gleichzeitig ungefähr eine ebenso große Menge Stickstoff. Bei einer derartigen Anreicherung des Wasserstoffes mit Kohlenoxyd bleibt die Härtung stehen, d. h. es erfolgt keine Aufnahme von Wasserstoff mehr. Der Katalysator ist sozusagen eingeschläfert. Wird der verunreinigte Wasserstoff durch frischen ersetzt, so geht die Härtung, allerdings mit verminderter Geschwindigkeit, weiter.

Ein sehr gutes Verfahren zur Kohlenoxydentfernung ist das der Badischen Anilin- und Soda-Fabrik (D. R. P. 282505, E. P. 9271). Das Kohlenoxyd wird mit ammoniakalischer Kupferchlorürlösung unter Druck absorbiert. Das Verfahren liefert sehr gute Resultate; der erhaltene Wasserstoff ist dem Elektrolytwasserstoff ungefähr ebenbürtig.

Die Reaktion von FRANK (A. P. 964415), Gasreinigung mit Carbid, ist anscheinend in Vergessenheit geraten. Diese Reaktion stellt eine generelle Reinigung dar, die bestimmt eine große Zukunft hat, es seien daher die betreffenden Formeln angegeben:

$$CO + CaC_2 = CaO + 3 C$$
$$CO_2 + 2 CaC_2 = 2 CaO + 5 C$$
$$3 CO_2 + 2 CaC_2 = 2 CaCO_3 + 5 C$$
$$O + CaC_2 = CaO + 2 C$$
$$2 N + CaC_2 = CaN_2C + C$$
$$SiH_4 + 3 CO + CaC_2 = CaSiO_3 + 5 C + 2 H_2$$
$$CS_2 + 2 CaC_2 = 2 CaS + 5 C$$
$$H_2S + CaC_2 = CaS + 2 C + H_2$$
$$x PH_3 + CaC_2 = CaP_x + 2 C + 3 x H$$
$$CS_2 + 2 CO_2 = 2 SO_2 + 3 C$$
$$2 SO_2 + 3 C + 2 CaC_2 = CaSO_4 + CaS + 7 C$$

Das Verfahren besteht darin, daß der Wasserstoff, welcher allerdings, um Acetylenbildung zu vermeiden, sorgfältig getrocknet sein muß, über Carbid geleitet wird, welches auf mindestens 300° erhitzt ist. Vermutlich hat die Trocknung des Wasserstoffes der Einführung der Reaktion Schwierigkeiten bereitet; durch die heutige Hochdruckkompression und das Silicagelverfahren ist diese Schwierigkeit überwunden. Von den in obigen Formeln angegebenen Verunreinigungen ist Schwefelkohlenstoff bisher im Kontaktwasserstoff noch nicht nachgewiesen. Die Bildung dieser Verbindung ist aber durchaus möglich. Siliciumwasserstoff könnte ebenfalls entstehen, dürfte aber wohl kaum giftig wirken, dagegen ist die Bildung des äußerst giftigen Phosphorwasserstoffes beobachtet worden.

Zur Entfernung des Kohlenoxyds und gleichzeitigen Entschweflung des Wasserstoffes hat man auch feinverteiltes Nickel, das auf irgendeinen Träger

niedergeschlagen war, benutzt. Bei etwa 600° wird das gesamte Kohlenoxyd in
Methan übergeführt. Der Schwefel wird in Form von Schwefelnickel abgeschieden. Durch vorsichtige Oxydation wird bei unbrauchbar werdender Katalysatormasse der Schwefel als SO_2 entfernt. Die Katalysatormasse ist dann wieder
wirksam.

Trocknen des technischen Wasserstoffes. Der Wasserstoff wird bekanntlich
im Gasometer aufgespeichert, welcher unten einen Wasserabschluß hat. Der
Wasserstoff steht also mit Wasser in Berührung und ist infolgedessen mit Wasserdampf gesättigt. Je nach der Temperatur enthält der Wasserstoff auch eine
größere oder kleinere Menge Wasserdampf. Die Menge steigt mit der Temperatur
ganz beträchtlich an. In 1 m³ Wasserstoff beträgt der Wassergehalt bei

— 20° C	0,88 g	+ 10° C	9,41 g
— 10° C	2,44 „	+ 20° C	17,3 „
— 0° C	4,84 „	+ 30° C	30,4 „

Aus diesen Zahlen ersieht man, daß die Wassermenge, welche besonders im
Sommer ohne Trocknung des Wasserstoffes die Härtungsapparate passiert, sehr
groß ist. Es kommt auch tatsächlich vor, daß sich das Wasser in Wasserstoff-
rohren abscheidet und bei plötzlicher Öffnung eines Ventils durch den verursachten Stoß in den Härtungsapparat gelangt. Die Folge ist ein Überschäumen des
Apparatinhalts. Man hat auch sonst festgestellt, daß der Wasserdampf ungünstig
auf die Aktivität des Katalysators einwirkt. Man hat Spaltung und Gelbwerden
des Fettes beobachtet. Es sind nicht alle Katalysatoren für Wasserdampf gleich
empfindlich; besonders spielt bei der Empfindlichkeit noch die Härtungstemperatur eine große Rolle. Bei Härtungstemperaturen unter 190° ist der Wasserdampf
nicht besonders gefährlich, dagegen bewirkt er bei höheren Temperaturen
eine wesentliche Verzögerung der Härtungsgeschwindigkeit. Zum Trocknen des
Wasserstoffes stehen nun hauptsächlich drei Verfahren zur Verfügung: *Tiefkühlung, chemisches Trocknen,* eventuell in Verbindung mit Kompression, und
das *Silicagelverfahren.* Um beim *Tiefkühlverfahren* beispielsweise den Wassergehalt auf 0,2 g je 1 m³ herunterzubringen, ist es notwendig, auf —32° abzukühlen. Dafür ist ein sehr hoher Kraftaufwand notwendig; er beträgt beispielsweise für 100 m³ Wasserstoff von 20° 150 PS bzw. 635000 Wärmeeinheiten.
Die Trocknung auf diesem Wege ist also sehr teuer. *Die chemische Trocknung*
arbeitet wesentlich billiger. Für die Härtung kommen allerdings nur wenige
Stoffe in Frage. Bewährt hat sich vor allem das Ätzkali, welches außer Wasserdampf auch noch andere Verunreinigung des Wasserstoffes, besonders auch Spaltprodukte des Fetthärtungsprozesses absorbiert. So kann z. B. Kohlenoxyd unter
Druck von Ätzkali absorbiert werden unter Bildung von ameisensaurem Kali.

$$KOH + CO = KCHO_2$$

Selbstverständlich wird auch etwa im Gas vorhandene Kohlensäure absorbiert. Die entstehende Pottasche ist aber ebenfalls hygroskopisch und wirkt
daher gleichfalls trocknend auf den Wasserstoff. Es hat sich allerdings gezeigt,
daß beim Arbeiten unter Druck nicht Pottasche entsteht, sondern Kaliumbi-
bicarbonat. Da dasselbe wenig hygroskopisch ist und ein bedeutend größeres
Volumen hat als das Ätzkali, treten durch diese Bildung leicht Verstopfungen
des Trockenapparates ein. Der Apparat muß alsdann neu gefüllt werden. In
der Praxis hat sich aber gezeigt, daß man mit einer Apparatfüllung mehrere
Monate arbeiten kann, besonders wenn der Wasserstoff vorher komprimiert wird.
Vielfach ist es nicht möglich, größere Mengen Wasserstoff in einem Gasometer
aufzuspeichern. Man speichert dann den Wasserstoff in einem Druckbehälter

unter 30 at Pressung auf. Der Wassergehalt des Wasserstoffes wird dadurch um rund 97% verringert. Die Schwefelsäure hat sich als Trockenmittel in der Härtung nicht bewährt, weil durch Spaltprodukte und Fettdampf stets ein Teil der Schwefelsäure zu schwefliger Säure reduziert wird, welche vom Wasserstoff mitgerissen wird und zu Katalysatorvergiftung beiträgt. Es muß in solchem Falle die schweflige Säure aus dem Gas entfernt werden, was sehr schwierig ist.

Silicagel. Das Silicagel ist eine besonders präparierte Kieselsäure; sie ist glasartig, durchsichtig, sehr hart und chemisch neutral. Sie kann ungefähr 40% des eigenen Gewichtes an Feuchtigkeit aufnehmen. Die Feuchtigkeit kann durch Erwärmen wieder ausgetrieben werden, und nach der Abkühlung ist beim Silicagel die normale Adsorptionsfähigkeit wieder vorhanden. Auf dieser Eigenschaft beruht das Silicagelverfahren, welches sich in letzter Zeit mit gutem Erfolg in die Technik eingeführt hat. Der Aufbau der Apparatur ist folgender:

In einem Adsorber befindet sich das Silicagel, und zwar in grobkörniger Form, um möglichst wenig Gaswiderstand zu verursachen. Das zu trocknende Gas wird

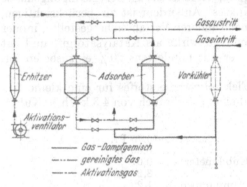

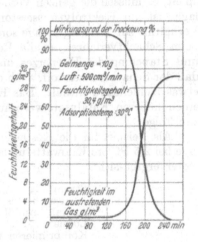

Abb. 107. Schema der Silicagel-Anlagen. Abb. 108. Wirkungsweise von Silicagel.

durch den Adsorber geschickt, bis die Füllung mit Wasser gesättigt ist. Man leitet nun das Gas durch einen zweiten Adsorber, während der erste wieder aktiviert wird. Zu diesem Zwecke wird durch den ersten Apparat ein erhitztes Gas oder erhitzte Luft durchgeleitet. Die Aktivierung findet bei 200—300° statt. Es können dazu auch Rauchgase verwendet werden, sonst verwendet man elektrische Lufterhitzer. Die Luft wird eventuell mittels eines Ventilators hindurchgedrückt. Nach erfolgter Austreibung des Wassers wird kalte Luft zur Abkühlung durchgeschickt (vgl. Schema Abb. 107 und 108).

Das Silicagel wirkt um so intensiver, je niedriger die Temperatur und je höher der Druck des betreffenden Gases ist. Bei der Fetthärtung, wo Wasserstoff getrocknet werden soll, verwendet man zur Aktivierung ebenfalls Wasserstoff, um die Entstehung von explosiven Gemischen zu vermeiden. Für die Wiederbelebung kann der Wasserstoff elektrisch oder mit Dampf erhitzt werden. Dieser Wasserstoff, welcher dann naturgemäß feucht ist, geht nach dem Gasometer zurück. Der Betrieb einer derartigen Anlage, der übrigens auch automatisch erfolgen kann, ist gefahrlos. Mit Silicagel kann das Gas bis auf einen Taupunkt von —30° getrocknet werden, d. h. bis auf einen Wasserinhalt von 0,333 g je 1 m³. Der Energieaufwand gegenüber dem Tiefkühlverfahren ist gering; er beträgt, um denselben Effekt zu erreichen wie in dem angegebenen Beispiel,

170 000 Kalorien, anstatt der sonst aufgewendeten 635 000. Allgemein wird gegenüber dem chemischen Verfahren mit nur $^1/_{10}$ der Kosten gerechnet.

Die Anlagen werden gebaut von der Silica-Gel-Gesellschaft, Berlin.

E. Wirtschaftliches.

Die Gestehungskosten des nach dem alten Eisenkontaktverfahren hergestellten Wasserstoffs betragen zwischen 7 und 10 Pf. pro 1 m³. Bei Großwasserstoffanlagen gibt die Bamag 4 Pf. pro 1 m³ an. Beim Methan-Konversionsverfahren sollen die Kosten pro 1 m³ H_2 je nach Größe und Ausgangsmaterial zwischen 3$^1/_2$ und 5 Pf. betragen. Die Kosten des Elektrolytwasserstoffes hängen hauptsächlich vom Strompreis ab. Bei der Wahl des Systems werden daher die örtlichen Verhältnisse stets ausschlaggebend sein. Für die Fetthärtung ist jedoch besonders zu berücksichtigen, daß nicht nur der Wasserstoffpreis je Kubikmeter eine Rolle spielt, es müssen die ganzen Verhältnisse berücksichtigt werden. Bei kleinen Anlagen ist nur Elektrolytwasserstoff am Platze, weil die Wasserstoffapparate im Verhältnis zur Härtungsanlage sonst zu umfangreich werden würden; man denke beim Schachtverfahren an die Reinigung, Regenerierung der Reinigungsmasse und Stapelung des Eisenerzes und Kokses. Außerdem ist zu berücksichtigen, daß der Schachtwasserstoff, auch der nach anderen Verfahren hergestellte, immer etwas Kohlenoxyd enthält. Das Kohlenoxyd wirkt als Katalysatorgift und hat einen höheren Katalysatorverbrauch, der mit mindestens 20% einzusetzen ist, zur Folge.

Als Beispiel für die Kosten des Elektrolytwasserstoffes für eine kleine Anlage bei 2,5 Pf. pro Kilowattstunde und einem Verbrauch von 4,3 kWh je Kubikmeter ergibt sich:

Strom	10,75 Pf.
1 l destilliertes Wasser	0,33 „
Ätzkali (Anteil je Kubikmeter) ..	0,01 „
Löhne	3,2 „
Komprimieren und Umpumpen ..	1,29 „
	15,58 Pf.

Infolge der größeren Reinheit des Elektrolytwasserstoffes wird von diesem weniger gebraucht als von dem nach anderen Verfahren hergestellten, weil sich dort die Verunreinigungen anreichern und das System infolgedessen häufiger abgeblasen werden muß. Die hierbei verlorengehenden Wasserstoffmengen sind beträchtlich und betragen etwa 10—15% des Gesamtverbrauches und mehr.

Bei billigem Strom wird man ohne weiteres Elektrolytwasserstoff wählen. Bei größeren Anlagen sind alle erwähnten Punkte in Rechnung zu ziehen.

Dritter Abschnitt.

Gekochte, polymerisierte, oxydierte und geschwefelte Öle.

Von H. SALVATERRA, Wien.

I. Gekochte und polymerisierte Öle.
(Firnisse und Standöle.)

Als Anstrichstoffe bezeichnet man mehr oder minder flüssige Produkte, welche auf Gegenstände aufgetragen werden und auf diesen durch chemische oder physikalische Veränderungen (Trocknen genannt) eine möglichst lückenlose feste Schicht (Film, Anstrichhaut) hinterlassen. Diese Schicht kann entweder durchsichtig oder undurchsichtig, glänzend oder matt sein.

Anstrichfarben bestehen aus der innigen Mischung eines Pigments mit einem Bindemittel. Dieses Bindemittel kann entweder ein Firnis oder ein Lack (bzw. Standöl) sein.

Als Ölfirnisse (meist „Firnis" kurzweg) werden Produkte bezeichnet, welche aus einem trocknenden Öl mit gewissen, die Trocknung beschleunigenden Zusätzen (Trockenstoffen, Sikkativen) bestehen. Die Bildung des Films geschieht hier durch Trocknung des Öles (siehe „Das Trocknen der Öle", Bd. I, S. 336). Man sagt, das trocknende Öl (z. B. Leinöl) ist der Filmbildner.

Als Lacke kann man ganz allgemein Anstrichstoffe bezeichnen, welche neben dem Filmbildner noch ein Lösungsmittel enthalten. Der Filmbildner kann in Lacken entweder flüssig oder fest, oder ein Gemisch flüssiger oder fester Bestandteile sein. Als flüssige Filmbildner kommen besonders präparierte trocknende Öle (Standöle usw.) in Betracht. Feste Filmbildner können natürliche oder künstliche Harze, Cellulosederivate oder bituminöse Stoffe sein. Enthält der Lack außer einem festen Filmbildner nur flüchtiges Lösungsmittel, so spricht man von *flüchtigen Lacken* (die Filmbildung erfolgt durch Verdunsten des Lösungsmittels), wie z. B. Sprit- oder Celluloselacke. Enthält der Lack aber neben einem festen noch einen flüssigen Filmbildner (Standöl) oder nur einen solchen allein, so spricht man von einem *Öllack* oder *fetten Lack*.

Die Verwendung der fetten Öle in der Maltechnik reicht weit zurück. Das Ricinusöl scheint im Altertum zum Überziehen von Gemälden verwendet worden zu sein. Dies geht zumindest aus einer Mitteilung des um die Mitte des 6. Jahrhunderts lebenden römischen Arztes AETIUS hervor, welcher erwähnt, daß Nußöl ebenso wie Ricinusöl zum Haltbarmachen von Enkaustiken und Vergoldereien nützlich sei. Er erwähnt auch zum ersten Male das Leinöl, indem er sagt, daß man aus Leinsamen ein Öl gewinne, welches demselben Zwecke wie Ricinusöl diene, aber viel billiger sei. Viele Forscher behaupten, daß auch schon die altgriechischen Maler Leinöl verwendet hätten, ohne es aber durch Beweise belegen zu können. Um die Mitte des 6. Jahrhunderts herum muß also das Leinöl bereits als trocknendes Öl erkannt worden sein. Genügten ursprünglich im heißen Süden die schwachtrocknenden Eigenschaften des Ricinusöles, so sehen wir aus späteren Berichten, daß man in unseren Klimaten mit der Trockenzeit des Leinöls nicht zufrieden war. Aus dem sogenannten Lucca-Manuskript, welches aus dem 9. Jahrhundert stammt, ersehen wir, daß man versuchte, durch alle möglichen Ingredenzien aus dem Leinöl eine Art Lack zu machen, den man aber auch noch an der Sonne trocknen lassen mußte. In einer Handschrift aus dem 15. Jahrhundert, dem Liber illuministarius aus dem Kloster Tegernsee findet sich die Anweisung: „Mauern oder Holz werden mit Öl getränkt, in welches man Minium gibt, wegen des Trocknens." Die trocknungsbeschleunigende Wirkung des Bleis scheint demnach am längsten bekannt zu sein (im Mittelalter war es bekannt, Bleikugeln ins Malöl zu legen). Die Wirkung des

Mangans als Trockenstoff wurde erst im 19. Jahrhundert erkannt, das Kobalt wird noch keine 40 Jahre als Sikkativmetall verwendet. Jahrhunderte hindurch blieb die Herstellung guter Firnisse und Lacke das Geheimnis einiger weniger, und erst mit der zweiten Hälfte des vorigen Jahrhunderts beginnt die Lack- und Firniserzeugung zur Fabriksindustrie zu werden.

A. Firnisse.

a) Allgemeines.

Die Bezeichnung Firnis ist nicht ganz eindeutig, da man darunter sowohl Firnisse im engeren Sinn als auch Lacke verstehen kann. Zudem verwischen sich die Unterschiede immer mehr und mehr. Konnte die weiter oben gegebene Definition für Lacke noch vor wenigen Jahren für einwandfrei gelten, so ist sie heute auch nur mehr mit Einschränkungen zu benutzen, insofern als die auf Basis der hochgeblasenen oder sonstwie verdickten Öle hergestellten Sparanstrich- bzw. Firnisersatzmittel auch Verdünnungsmittel enthalten und doch nicht gut als Lacke bezeichnet werden können. Unter die Bezeichnung *Ölfirnisse* fallen zwei Klassen voneinander unterschiedener Produkte: die *Firnisse im engsten Sinne*, welche, wie Leinölfirnis, die Lösungen von Trockenstoffen in nicht oder wenig verändertem Öl darstellen, einerseits und die *Druck-* und *Lithographenfirnisse* anderseits. Letztere sind eigentlich *Standöle*, d. s. durch länger dauerndes Erhitzen auf höhere Temperatur in ihren physikalischen Eigenschaften veränderte (verdickte) Öle; sie werden in der Folge auch unter den Standölen besprochen.

Die hierhergehörigen Produkte sollten der Eindeutigkeit der Bezeichnung halber, je nach dem zur Herstellung verwendeten Öl, immer als Leinölfirnis, Mohnölfirnis usw. bezeichnet werden. Nach den Bestimmungen des Reichsausschusses für Lieferbedingungen und nach der Önorm C 2305 genügt die Bezeichnung „Firnis" nicht, da sie zu allgemein ist. Auch Bezeichnungen, wie „gekochtes Leinöl" oder „doppelt gekochtes Leinöl", sind irreführend, weil sie auf die heutige Herstellung der Leinölfirnisse gar keinen Bezug haben. Unter „Leinölfirnis" versteht man Leinöl, in das Trockenstoffe einverleibt wurden und das in dünner Schicht an der Luft in 24 Stunden zu einem festen, elastischen Film, der sich mit dem Messer in Späne schneiden läßt, eintrocknet. Nach den RAL-Lieferbedingungen Nr. 848 B, wie auch nach der Önorm C 2305 darf reiner Leinölfirnis außer Leinöl und Trockenstoffen keine anderen Bestandteile enthalten.

Der Herstellung der Firnisse nach kann man folgende Gruppen unterscheiden:

1. *Präparatfirnisse.* Sie werden durch Auflösen von öllöslichen Sikkativen in den betreffenden Ölen (z. B. Leinöl) bei mäßig erhöhter Temperatur hergestellt (meist 140—180° C). Dabei kann unter Umständen auch Luft eingeblasen werden, doch werden diese geblasenen Firnisse heute selten hergestellt.

2. *Gekochte Firnisse.* Anstatt die vorgebildeten öllöslichen Sikkative dem Öl einzuverleiben, kann man auch durch Erhitzen des Öles mit den betreffenden Metalloxyden oder -salzen diese Produkte während des Firnisbereitungsprozesses erzeugen, braucht dann aber höhere Temperaturen (etwa 260—280° C) und muß das Erhitzen längere Zeit fortsetzen. Durch die erhöhte Temperatur und die Dauer der Erhitzung treten bereits Veränderungen des Leinöles ein, die sich vor allem in einer dunkleren Färbung zu erkennen geben. Auch die durch Lösen von öllöslichen Sikkativen bei den angegebenen hohen Temperaturen hergestellten Firnisse gehören hierher.

3. *Kalt bereitete Firnisse.* Man setzt dem Öl ein flüssiges Sikkativ (Sikkativlösung, s. S. 231) bei gewöhnlicher Temperatur zu. So bereitete Produkte aus Leinöl sind weder nach den RAL-Vorschriften noch nach der Önorm als handelsübliche Leinölfirnisse zu bezeichnen.

b) Rohmaterialien der Firnisbereitung.

1. Öle.

Das wichtigste Firnisöl ist bei weitem das Leinöl. Zum Ersatz bzw. Verschnitt werden gebraucht: Perillaöl, Mohnöl, Sojaöl, Sonnenblumenöl, Fischöle u. a. Das in der Lackindustrie so viel gebrauchte chinesische Holzöl spielt in der Firniserzeugung keine Rolle.

α) *Leinöl.* Das Leinöl und seine Gewinnung sind im III. Band dieses Handbuches beschrieben, so daß hier nur darauf verwiesen zu werden braucht. Der Qualität nach aufgezählt, werden Öle aus baltischer, amerikanischer, argentinischer und indischer Saat verwendet; Öle aus Kalkuttasaat werden am geringsten bewertet. Die in nördlichen Klimaten gewachsenen Saaten ergeben ganz allgemein Leinöle, die einen höheren Gehalt an Linol- und Linolensäuren haben, während die aus südlichen Klimaten stammenden ölsäurereicher sind und daher weniger gute trocknende Eigenschaften besitzen[1]. Diese Unterschiede in der Zusammensetzung wirken sich selbstverständlich auch in den Eigenschaften der daraus hergestellten Produkte aus. Dies mag bei Firnissen nicht so sehr ins Gewicht fallen wie bei Standölen, aber auch hier wird man für hochwertige Produkte das bessere Öl bevorzugen.

Ein rohes Leinöl muß klar oder darf nur schwach getrübt sein. Durch Kälte bewirkte stärkere Trübungen müssen beim Erwärmen auf 40^{0} C verschwinden und dürfen auch bei längerem Stehen bei Zimmertemperatur nicht wiederkehren[2]. Rohes Leinöl scheidet bekanntlich bei längerem Stehen Schleimstoffe, den sog. *„Leinölschleim"*, aus, dessen Zusammensetzung noch nicht einwandfrei festgestellt ist[3]. Der Leinölschleim, der in dem Rohleinöl kolloidal gelöst ist, scheidet sich auch beim Erhitzen des Öles auf Temperaturen von über 270^{0} aus und bewirkt das sog. *„Brechen"* des Leinöls. Ein solches schleimhaltiges Leinöl ist für die Zwecke der Lackindustrie unbrauchbar, und auch in der Firnisherstellung wird es nur dort verwendet, wo nur geringere Ansprüche an das Fabrikat gestellt werden. Ein durch entsprechende Behandlung von den färbenden und sedimentierbaren Schleimstoffen praktisch befreites und mithin auch helleres Öl als das Rohleinöl bezeichnet man als *Lackleinöl.*

Die Entfernung der Schleimstoffe aus dem Leinöl kann durch mehrmonatiges Lagern und nachfolgendes Filtrieren oder Zentrifugieren geschehen[4]. Infolge der dadurch verursachten großen Kosten wird diese Art der Reinigung kaum mehr durchgeführt. Die Abscheidung der Schleimstoffe kann auch durch Erhitzen des Öles bis zum Brechen erfolgen. Die hierfür erforderliche Temperatur beträgt etwa 250—280^{0} C und schwankt etwas mit der Provenienz des Öles. Die Temperatur, die möglichst rasch bis auf die erforderliche Höhe gesteigert werden soll, ist an Thermometern (zwei in verschiedener Höhe vom Kesselboden) zu kontrollieren. Das Öl darf während dieses sog. „Weißkochens" nicht gerührt werden, da sich der Schleim sonst nicht abscheidet, vielmehr kolloidal im Öl gelöst bleibt. Das Öl schäumt anfänglich (Entweichen von Luft und von Feuchtigkeit), der Schaum fällt aber, sobald der Schleim sich abzuscheiden beginnt. Die Ent-

---

[1] S. Bd. I, S. 377.   [2] RAL-Blatt 848A.

[3] F. FRITZ: Farbe u. Lack 1928, 59ff. — THOMPSON: Journ. Amer. chem. Soc. 25, 716 (1903); er wies nach, daß im Schleim etwa 48% an Phosphorsäure, Calcium und Magnesium enthalten war. — O. EISENSCHIMML u. COPTHORNE: Ind. engin. Chem. 2, 28 (1910). — H. WOLFF: Seeligmann-Zieke, Handbuch der Lack- und Firnis-Fabrikation, Berlin 1923, S. 179, gibt an, daß er mit Sicherheit auch Eiweißstoffe nachgewiesen hat.

[4] F. FRITZ: Farben-Ztg. 35, 1408 (1930). — R. JÜRGEN: Farben-Ztg. 32, 2368 (1927); 34, 1787 (1929/30); 37, 1254 (1931/32). — H. WOLFF: Farben-Ztg. 25, 19 (1919); 37, 1326 (1932).

fernung der sich meist sehr rasch abscheidenden Flocken (sobald der Schleim zu
Boden geht, hört man mit dem Erhitzen auf) geschieht dann durch Ablagern,
Zentrifugieren oder Filtrieren. Das beim Entschleimen sich merklich aufhellende
Öl geht nach dem Abkühlen in seiner Farbe etwas zurück. Die Entschleimung
durch Weißkochen ist die in den Lackfabriken vorwiegend geübte Art der Lack-
leinölherstellung.

Die Entschleimung kann auch derart erfolgen, daß man den Schleim durch
geringe Mengen Wasser zur Quellung und Abscheidung bringt (vgl. S. 19).

Ein anderes Verfahren der Lackleinölherstellung verwendet strömenden
Dampf zur Abscheidung der Schleimstoffe. Es gründet sich auf die Beobachtung,
daß der Schleim durch Wasserdampf bei etwa 190⁰ ausgeschieden wird, wozu
nur äußerst geringe Dampfmengen erforderlich sind.

Die nach dem einen oder anderen Verfahren abgeschiedenen Schleimstoffe
werden absitzen gelassen und dann das Öl zur völligen Klärung zentrifugiert
oder, was sich hier als vorteilhafter erwiesen hat, durch ein Anschwemmfilter
abfiltriert (s. S. 12).

Eine Entschleimung kann auch durch Behandlung mit Bleicherden bewirkt
werden. Dieses Verfahren wird in Lackfabriken seltener angewendet und besteht
darin, daß man dem auf 80—120⁰ C erwärmten Öl in Rührwerkskesseln die Bleicherde in Mengen von 3—6% vom Öl portionenweise zusetzt und $^1/_2$—1 Stunde behandelt.

Bereits im Jahre 1921 machten H. WOLFF und CH. DORN[1] die Beobachtung,
daß beim Erhitzen von rohem Leinöl unter gleichzeitigem starken Rühren das
„Brechen" nicht eintritt. Sie nahmen an, daß infolge der dabei eintretenden
Änderung der Dispersion des Schleimes im Öl die Abscheidung verhindert wird.
Später berichtete dann A. SINOWJEW[2] über eine Methode zur Herstellung von
Lackleinöl durch bloßes Entwässern. Er wärmt das Rohleinöl auf etwa 140 bis
150⁰ an und leitet dann einen auf die gleiche Temperatur angewärmten Kohlensäurestrom durch das Öl. Das austretende feuchte Gas befreit er durch Abkühlen
vom größten Teil des Wassers und leitet es nach neuerlicher Anwärmung im Kreislauf wieder durch das Öl. Das so gewonnene Öl bricht beim Erhitzen nicht mehr
und soll sich in keiner Weise von einem mit Bleicherde gewonnenen Lackleinöl
unterscheiden. Wird auf die helle Färbung des Öles kein Wert gelegt, so kann
man auch Luft verwenden[3]. Im Jahre 1931 beschrieb dann EBERT[4] eine Methode
zur Entschleimung von Leinöl. Nachdem er konstatiert hatte, daß ein bei 90⁰
mit 1—4% Bleicherde während einer halben Stunde gerührtes Leinöl keinen
Bruch mehr zeigte, versuchte er die gleiche Behandlung ohne Bleicherde, und auch
ein so behandeltes Rohleinöl blieb bruchfrei. Dies war jedenfalls der Beweis
dafür, daß bei dieser Art der Behandlung die Bleicherde keine Rolle zu spielen
schien. Aus allen diesen Beobachtungen ging hervor, daß ein unter heftiger Bewegung entwässertes Rohleinöl bruchfrei bleibt. Es zeigte sich auch, daß Leinölschleim, den man absichtlich einem Lackleinöl zusetzte, unter den angegebenen
Bedingungen (kolloidal) in Lösung ging und durch Erhitzen auf 270—300⁰
nicht zur Abscheidung zu bringen war. Führte man aber einem so getrockneten
Öl wieder Feuchtigkeit zu, so verhielt es sich wie ein nicht entschleimtes Leinöl.
Die durch Trocknen bruchfrei gemachten Leinöle sind also keine entschleimten
Öle im wahrsten Sinne des Wortes, da sie ja den Schleim, wenn auch in physi-
kalisch veränderter Form, zur Gänze enthalten. Da auch nirgends Erfahrungen

---

[1] H. WOLFF u. CH. DORN: Farben-Ztg. 27, 26, 736 (1921/22).
[2] A. SINOWJEW: Öl-Fett-Ind. (russ.: Masloboino Shirowoje Djelo) 1929, Nr. 1.
[3] Paint Manufacturer 2, Nr. 12 (1932).   [4] EBERT: Chem.-Ztg. 55, 983 (1931).

in größerem Maßstab über ihre Brauchbarkeit für die Firnis- bzw. Standölerzeugung vorzuliegen scheinen, so kann ihrer Verwendung nicht das Wort geredet werden, dies vielleicht um so mehr, da auch Beobachtungen vorliegen, daß schleimhaltige Öle sich im Anstrich ungünstiger verhalten haben[1].

Schließlich können Leinöle auch durch Behandlung mit chemisch wirkenden Mitteln raffiniert werden. Sog. Bleiweißleinöle werden oft durch Behandeln mit Schwefelsäure[2] hergestellt; daß das Öl dann von den geringsten Spuren Schwefelsäure, sei es durch Neutralisieren, Waschen, Erden, befreit werden muß, liegt auf der Hand. Sonst sind säureraffinierte Leinöle für die Firnis- und Lackerzeugung wenig geeignet. Durch Raffination mit Alkalien, wobei gleichzeitig der Säuregehalt des Öles herabgedrückt wird, wird gleichfalls eine Entschleimung des Öles erreicht, wobei die entstehenden Alkali- oder Erdalkaliseifen ähnlich wie die Bleicherden auf die Schleimstoffe wirken. Näheres über diese Methoden findet sich an anderer Stelle; ebenso möge über das Bleichen des Leinöles hier nichts Weiteres gesagt werden, da diese Methode bei der Raffination der Öle besprochen erscheint[3].

Es hat nicht an einer Reihe von Vorschlägen gefehlt, die Entschleimung des Leinöles auf eine möglichst einfache Weise durchzuführen, wie etwa Mischen des Öles mit geringen Mengen Mangan- oder Zinkborat, worauf schon nach kurzem Lagern Entschleimung erfolgen soll oder Filtration durch Filter, die mit borsaurem Mangan getränkt sind[4]. Diese Verfahren haben kaum Eingang in die Praxis gefunden.

Ein Lackleinöl muß klar sein[5]. Trübungen, die etwa durch Kälte entstanden sind, müssen durch Erhitzen auf 40° verschwinden und dürfen auch bei längerem Stehen bei Zimmertemperatur nicht wiederkehren. Die Kennzahlen sind die gleichen wie bei rohem Leinöl. Bei der Erhitzungsprobe darf eine Schleimausscheidung nicht stattfinden, das Öl soll beim Erhitzen auf 280 bis 300° hellgelblich oder grünlich oder wasserhell werden (Farbtiefe nach Erhitzen wie gebleichtes Leinöl)[6].

β) Chinesisches Holzöl. Wie erwähnt, werden reine Holzölfirnisse für gewöhnlich nicht hergestellt. Das Holzöl unterscheidet sich in seinen Trockeneigenschaften grundsätzlich vom Leinöl, wie bereits auf S. 336ff., Bd. I, dargelegt wurde. Hier sei nur nochmals hervorgehoben, daß rohes unbehandeltes Holzöl runzelig auftrocknet (sog. Figuren- oder Eisblumenbildung) und daher nicht ohne weiteres für Anstrichzwecke brauchbar ist. Es hat nicht an Vorschlägen gefehlt, dem *ohne* Hitzebehandlung (Polymerisation bzw. Standölbildung) abzuhelfen. Aber alle diese Vorschläge und Patente haben sich in der Praxis nicht durchzusetzen vermocht, einerseits wegen der Eigenschaften des reinen Holzölfilms, andererseits durch den weit höheren Preis gegenüber dem Leinöl.

Wenn auch Leinöl das Firnisöl par excellence ist und nach amerikanischen Schätzungen zu zwei Dritteln den Bedarf der im Anstrich verwendeten Öle deckt, so fehlt es nicht an Bestrebungen, auch andere trocknende und halbtrocknende Öle zur Firniserzeugung heranzuziehen, sei es aus Preisgründen oder aus

---

[1] WALCKER u. HICKINSON: Paper of Bureau of Standards 19, 28—46 (1924). — C. W. A. MUNDY: Oil and Colour Trades Journ. 87, 1157 (1935) gibt an, daß Anstriche aus Farben mit entschleimtem Leinöl weniger von Pilzbefall zu leiden hatten als solche aus nicht entschleimtem.

[2] H. HELLER: Farben-Ztg. 34, 506 (1928).

[3] S. auch F. SEELIGMANN u. E. ZIEKE: Handbuch der Lack- und Firnisindustrie, 4. Aufl. Berlin, 1930. — F. FRITZ: Farben-Ztg. 35, 1408 (1930). — Über Leinölsorten s. R. JÜRGEN: Farben-Ztg. 34, 1787 (1929).

[4] D. R. P. 177963.   [5] Vgl. RAL-Blatt 848A.

[6] Die Farbe darf nicht tiefer sein als eine 1/600-Normaljodlösung.

Rücksichten auf die Wirtschaft des Verbraucherlandes[1]. Von solchen Ölen kommen derzeit folgende in Betracht:

γ) *Perillaöl* ist ein trocknendes Öl und ähnelt in seinen Eigenschaften dem Leinöl. Es hat den Nachteil, daß das unverkochte Öl zu dünnflüssig ist, den Farben also zu wenig Körper gibt, und daß es eine störende Grünfärbung besitzt. Durch Mischung mit anderen, dickflüssigeren Ölen (z. B. eingedicktem Sardinenöl) oder schwaches Einkochen ist dieser Übelstand behebbar. Es trocknet mindestens ebensogut wie Leinöl, doch zeigt es im unpräparierten Zustand die Eigenschaft des Perlens, d. h. der Aufstrich fließt beim Trocknen in Tröpfchen zusammen. Durch geeignete Sikkativierung ist dieser Übelstand zu beseitigen und hat sich vor allem Kobalt als Sikkativ bewährt[2]. Die Grünfärbung ist durch Raffination zu beseitigen. Es gilbt nicht mehr, wie etwa Leinöl, und auch die daraus hergestellten Standöle sind nicht dunkler als Leinölstandöle. Wie gesagt, wird es seltener allein verwendet; Mischungen mit Leinöl im Verhältnis 1 : 1 oder mit Sojaöl und Leinöl zu gleichen Teilen (einer in den Vereinigten Staaten viel gebrauchten Mischung)[3] sollen recht brauchbar sein. Die Neigung zum Vergilben kann durch Mischungen mit halbtrocknenden Ölen stark zurückgedrängt werden. Es wird großteils im Ursprungsland (China, Mandschurei, Japan, Indien) verbraucht, und da die produzierten Mengen gering sind, wird nur wenig exportiert. In Amerika nimmt man derzeit die Anbauversuche wieder auf[4]. Wenn genügende Mengen bei niedrigen Preisen zur Verfügung ständen, könnte es das Leinöl ersetzen, da der Anstrichfilm günstige Eigenschaften zeigt; so soll er wasserbeständiger als der des Leinöles sein[5].

δ) *Sojaöl* gibt keinen guten Film und ist daher für sich allein nicht verwendbar[6]. Seine anstrichtechnische Verwendung beginnt erst seit dem Jahre 1909[7]. Mischungen mit Leinöl, wenn der Sojaölanteil nicht mehr als 20% beträgt, sollen von reinen Leinölanstrichen nicht zu unterscheiden sein. Versuche in Amerika mit Farben bis zu 45% Sojaöl neben Leinöl zeigten, daß man dem Leinöl bis zu 30% zumischen könne, wenn man für geeignete Sikkativierung sorgt und das richtige Öl verwendet. Diese Versuche erstreckten sich über eine fünf- und eine dreijährige Auslegung im Freien und in geschlossenen Räumen[8]. Zuviel Sojaverschnitt gibt leicht zu klebenden Filmen Anlaß. Es wird derzeit als Rohöl, Lacköl, gebleichtes oder geblasenes Öl geliefert[9].

---

[1] Kansas City Production Club: Paint, Oil, Chem. Rev. 97, Nr. 24 (1935). Ausführliches Referat in Farbe u. Lack 1936, 365.

[2] L. TSCHANG u. C. L. LING: Chem. Abstr. 30, 4699 (1936). — J. VAN LOON: Verfkroniek 9, 64 (1936).   [3] O. EISENSCHIMML: Drugs, Oils and Paints 49, 144 (1934).

[4] S. auch: Öle, Fette, Wachse, Seife 1936, H. 14.

[5] Kansas City Production Club: Paint, Oil, Chem. Rev. 97, Nr. 24 (1935). — W. R. FULLER u. M. S. ARMSTRONG: Chem. metallurg. Engin. 43, 4—9 (1936). — B. ARCHANGELSKI: Journ. angew. Chem. (russ.: Shurnal prokladnoi Chimii) 2, 445 (1929). — M. ZDAHN-PUSHKIN: Paint Manufacturer 1, 20 (1934); Über russisches Perillaöl. — W. H. BREUER: Paint, Oil, Chem. Rev. 97, Nr. 7 (1935). — T. YAMADA: Journ. Soc. chem. Ind. Japan 37, 350 (1934). — O. EISENSCHIMML: S. Fußnote 3.

[6] E. MARKOWICZ: Farben-Ztg. 35, 2078 (1930). — N. BJELJAJEW: Öl-Fett-Ind. (russ.: Masloboino Shirowoje Djelo) 1929, Nr. 6.

[7] M. TOCH: Journ. Soc. chem. Ind. 31, 572 (1912). — E. E. WARE: Ind. engin. Chem. 28, 903 (1936).

[8] W. L. BURLISON: Ind. engin. Chem. 28, 772 (1936). — R. JÜRGEN: Farben-Ztg. 35, 2227 (1930), berichtet über gute Erfahrungen. — J. C. BRIER: Scient. Sect. Circ. 471, 321 (1934), gibt den Verbrauch der amerikanischen Lackindustrie mit 8,5 Millionen Pfund an und führt das schlechte Trocknen auf öleigene Antioxygene zurück, die sich durch oxydierende Raffination entfernen lassen.

[9] O. EISENSCHIMML: S. Fußnote 3. — W. H. BREUER: S. Fußnote 5.

ε) *Sonnenblumenöl*. Es ähnelt in seinen Eigenschaften einigermaßen dem Sojaöl und vergilbt ebenso schwach wie dieses. Heute sind die für Anstrichzwecke zur Verfügung stehenden Mengen (es ist ein geschätztes Speiseöl) zu gering, als daß an eine ausgedehntere Verwendung gedacht werden könnte.

ζ) *Hanföl* hat einen verhältnismäßig hohen Gehalt an ungesättigten Säuren (68% Linolsäure und auch Linolensäure, deren Gehalt aber verschieden, bis zu 12%, angegeben wird). Es hat recht gute trocknende Eigenschaften[1], wird aber zum Teil wegen seiner Färbung (grün bis braun, je nach Gewinnung) und seines Preises fast nicht im Anstrich verwendet.

η) *Mohnöl und Nußöl (Walnußöl)* kommen wegen ihres Preises für anstrichtechnische Arbeiten nicht in Betracht. Ihre Verwendung zu Künstlerölfarben ist altbekannt. Aus beiden Ölen läßt sich auf übliche Weise ein helles Standöl herstellen.

δ) Auf das *Nigeröl*[2], *Traubenkernöl*[3] und *Tabaksamenöl*[4] sei nur hingewiesen. Sie wurden mit mehr oder minder gutem Erfolg auf ihre Brauchbarkeit für Anstrichzwecke untersucht.

ι) *Safloröl*[5]. Die Verwendung für Lackzwecke ist seit langem bekannt. Es wird in Indien und den Vereinigten Staaten erzeugt; an letztgenannter Stelle wird der Anbau neuerlich in erhöhtem Ausmaße betrieben. Bei Sikkativierung des rohen Öles mit Kobalt trocknet es in frühestens 21 Stunden. Es läßt sich leicht auf wasserhell bleichen. Bei niederer Temperatur geblasenes Öl soll gute Firnisse geben. Hervorzuheben ist seine geringe Neigung zum Vergilben. Die derzeitige Verwendung liegt aber mehr auf dem Gebiet der Standöle.

ϰ) *Oiticicaöl*[6] wird in letzter Zeit vielfach als Ersatz für Holzöl genannt. Hier sei nur festgestellt, daß es für Firnisse nicht brauchbar ist und nur als Standöl verkocht Anwendung finden kann, worüber an späterer Stelle zu berichten sein wird.

λ) *Fischöle*[7]. In Betracht kommen außer Menhadentran (amerikanisches Fischöl) Sardinenöle (Japantran) und Sardellenöl (Pilchard Oil). Rohe Fischöle werden für sich allein als Farbenbindemittel nicht gebraucht. In Kanada wird insbesondere das Pilchardöl als Zusatz für Anstrichfarben, die lange elastisch bleiben sollen, und als Zusatz für Zeltbahnenimprägnieröle empfohlen[8]. Es ist in rohem Zustande bräunlichgrün und trocknet, wenn es richtig sikkativiert ist, zwar in 6—8 Stunden, der Film bleibt aber klebrig und weich. Durch Demargarinieren erhält man das bernsteinfarbige *klare* Öl, mit allen Eigenschaften des Rohöles. Die Verwendung der Fischöle ist in Amerika in ständiger Zunahme begriffen, doch werden sie nur in raffiniertem und desodoriertem Zustande verwendet. Auch in Europa tauchen immer mehr veredelte (trocknende) Trane auf. Diese Veredelung[9] kann nach dem Edeleanuverfahren, durch Kältebe-

---

[1] H. FRIEDMANN: Amer. Paint Journ. 20, Nr. 14 (1936), berichtet über günstige Eigenschaften in Anstrichfarben und Lacken.
[2] E. STOCK: Farben-Ztg. 40, 476 (1935).
[3] E. KLINGER: Farben-Ztg. 26, 6 (1921). — H. DAUTZ: Farbe u. Lack 1936, 17.
[4] N. BJELJAJEW: Öl-Fett-Ind. (russ.: Masloboino Shirowoje Djelo) 1932, 47.
[5] F. RABAK: Paint, Oil, Chem. Rev. 83, Nr. 3 (1926); 91, Nr. 19 (1931). — A. REHBEIN: Drugs, Oils and Paints 50, Nr. 3 (1935). — ANON.: Drugs, Oils and Paints 51, 154 (1936). — ANON.: Farben-Ztg. 41, 671 (1936). — ANON.: Science, News Letters 20, 206 (1931).   [6] H. A. GARDNER: Scient. Sect. Circ. 470 (1934).
[7] E. PERRY: Paint and Varnish Production Manager 9, Nr. 12 (1933). — H. N. BROCKLESBY: Canadian Chem. Metallurg. 13, 212 (1929). — M. TOCH: Oil and Soap 13, 226 (1936).
[8] Pacifik Fisheries Experimental Station: Chem. Trade Journ. 97, 557 (1935).
[9] G. KAEMPFE: Vortrag, Ref. Farben-Ztg. 41, 748 (1936); 40, 1009 (1935). — J. HETZER: Seifensieder-Ztg. 63, 657 (1936).

handlung, durch alkalische Raffination oder durch Destillation erfolgen. Letzteres
Verfahren ist wohl das gebräuchlichste, dabei werden aber schon polymerisierte
Öle (Standöle) erhalten, über die später gesprochen werden wird.

μ) *Ricinusöl* spielte bis vor einigen Jahren in der Firnisindustrie gar keine
und in der Lackerzeugung nur insoweit eine Rolle, als es als Weichmacher in Zel-
luloselacken oder Spritlacken verwendet wurde. Es ist das Verdienst J. SCHEI-
BERS, dieses Öl zu einem Ölbindemittel umgestaltet zu haben. Auf Grund theoretischer Überlegungen gelangte er zu der Überzeugung, daß ein Öl, das nur zwei
konjugierte Doppelbindungen im Molekül besitzt, weniger aktiv sein und daher
zwar dem Holzöl ähneln müsse, aber nicht seine unangenehmen Eigenschaften,
wie Eisblumenbildung, leichtes Gelatinieren beim Erhitzen usw. haben, dafür
aber bessere Witterungsbeständigkeit aufweisen würde. Als geeignetstes Material
zur Synthetisierung eines solchen Öles fand er das Ricinusöl. Durch Wasserabspaltung aus der Ricinolsäure erhielt er die Octadien-(9—11)-säure-(1) und
durch Veresterung mit Glycerin das gewünschte Öl[1], das heute unter dem Namen
Synourinöl in Deutschland zu erzeugen begonnen wird. Dieses Öl trocknet
zwar noch mit Runzeln auf, aber bereits eine Sikkativierung mit Kobalt genügt
zum Erhalt eines runzelfreien Films. Es läßt sich aus ihm auch mit Leichtigkeit ein vollwertiges Standöl kochen[2], das, mit Lösungsmitteln verdünnt, als
Firnis verwendet werden kann. Sein Hauptverwendungszweck liegt auf dem
Lackgebiet. Da Ricinusöl auch in Deutschland gewonnen werden kann, kann
es berufen sein, dort, in der Zeit des Ölmangels, das Holzöl zu ersetzen. Inwieweit es sich im praktischen Verbrauch bewähren wird, muß sich in der Zukunft
erst erweisen. Das Produkt, das eigentlich bei den Standölen abgehandelt werden
sollte, wird schon hier erwähnt, weil es ein Bindeglied herstellt zwischen den
natürlichen Ölen, aus denen es ja stammt, und den eigentlichen synthetischen
Ölen, die in letzter Zeit hie und da auftauchen und die eigentlich nur den Namen
mit den Ölen gemeinsam haben, da sie meist chemisch mit ihnen keine Ähnlichkeit besitzen.

2. Trockenstoffe[3].

Zur Beschleunigung der Öltrocknung werden, wie schon im I. Bd. auf S. 350
dargelegt, den trocknenden Ölen Zusätze einverleibt, die man allgemein als
Trockenstoffe oder Sikkative bezeichnet. Sie sind Metallseifen der Fettsäuren,
Harzsäuren oder Naphthensäuren; andere Säuren werden nur selten und ausnahmsweise verwendet (so kamen vor einigen Jahren unter dem Namen „Oilsolates" Salze von Derivaten der Benzoesäure in den Handel, siehe Patente der
Resinous Products a. Chemical Co.). Diese Metallseifen können entweder erzeugt
werden durch Schmelzen bzw. Kochen von Metalloxyden oder -salzen mit
Harz, Fettsäuren oder Ölen, man bezeichnet diese Produkte als *geschmolzene
Sikkative*, oder aber man fällt eine wasserlösliche Harz- oder Fettseife (Natronseife) mit einer wäßrigen Schwermetallsalzlösung und erhält nach entsprechender Reinigung die *gefällten Sikkative*.

Ob vor dem ersten Drittel des vorigen Jahrhunderts Näheres über die Wirkungsweise der Trockenstoffe bekannt war, ist zweifelhaft. Um diese Zeit kam
aus dem Verlangen der Zinkweißfabrikanten, das Bleiweiß zu verdrängen, die
Anregung, ein Mittel zu finden, das die Zinkweißfarben rascher trocknen mache.

[1] J. SCHEIBER: Ztschr. angew. Chem. **46**, 643 (1934); **49**, 21 (1936); Farbe u. Lack
1935, 411, 422; **1928**, 519; D. R. P. 512822 u. 512895 vom 31. VII. 1928; 513540
vom 21. II. 1928; 520955 vom 5. VIII. 1928; F. P. 678415 vom 13. VII. 1929;
E. P. 306452 vom 9. II. 1929.
[2] J. SCHEIBER: Vortrag, Ref. Farben-Ztg. **41**, 254, 720 (1936).
[3] Vgl. hierzu das Kapitel Metallseifen.

Barmel und Jean[1] empfahlen 1853 borsaures Kobalt und borsaures Mangan als geeignet zur rascheren Trocknung von Firnissen. Aus einem Bericht von J. S. Stas gelegentlich der Weltausstellung in Paris 1855 ist zu entnehmen, daß „es auch wohlbekannt ist, daß Bleioxyd sich in großer Menge im Leinöl löst... Der berühmte Liebig hat dies zuerst gezeigt. Das Öl bekommt dadurch hohe Trockenkraft". J. Murdoch hat bereits im Jahre 1847 ein Patent[2] auf das Kochen von Öl mit Mangansuperoxyd, sechs Jahre später kann er schon benzoesaures, hippursaures, borsaures und harzsaures Mangan herstellen und verwenden[3]. Im gleichen Jahr läßt sich Chr. Brinks Manganoxydhydrat schützen[4] und hat in einem Patent aus dem Jahre 1861[5] bereits die Nützlichkeit der Anwendung eines Gemisches aus Blei- und Manganoxyden bzw. -salzen betont. Die günstige Wirkung der gleichzeitigen Anwendung von Blei und Mangan muß aber schon viel früher ausgenützt worden sein, wenn man sie auch nicht erkannt hatte[6]. So ist in einem Bericht von Machy aus dem Jahre 1772 an die Akademie der Wissenschaften in Paris die gleichzeitige Verwendung von Bleiglätte, kalziniertem Bleiweiß, Umbra und Gips erwähnt. Die Kenntnis der Wirkung des Kobalts scheint nicht weit verbreitet gewesen zu sein, zumindest ist sie verlorengegangen, weil dieses Metall erst zu Beginn unseres Jahrhunderts wieder auftaucht. Die Geheimniskrämerei, welche die Firnis- und Lackfabrikation des 19. Jahrhunderts kennzeichnet, brachte es mit sich, daß der von Stas ausgesprochene Gedanke, daß ein Trockenstoff, um zu wirken, öllöslich sein müsse, jahrzehntelang nicht erkannt wurde. Man kochte seine Firnisse nach überkommenen Rezepten aus Leinöl und Mangan- bzw. Bleioxyden, Boraten usw., ohne erkennen zu wollen, daß man die wirksamen Verbindungen auf einem Umwege herstellte, der Verluste an Metall und dunkelgefärbte Produkte mit sich brachte. Auch als um die Mitte der achtziger Jahre des vorigen Jahrhunderts die öllöslichen Trockenstoffe am Markt erschienen, brauchte es lange, bis sie sich einführten, was vielleicht mit der stark schwankenden Qualität damaliger Erzeugnisse im Zusammenhang steht. Bis zum Jahre 1910 blieben Blei und Mangan die einzigen verwendeten Trocknermetalle. In diesem Jahre erschien der erste Kobalttrockenstoff am Platz. Möglicherweise haben der Russe Fokin[7] oder die Amerikaner H. T. Vulte und H. W. Gibson[8] durch ihre Veröffentlichungen dazu Anstoß gegeben. Neben diesen drei Metallen spielen nur noch Zink und Eisen eine bescheidene Rolle. Ersteres ist in der Kombination mit Blei oder Kobalt befähigt, die Wirkung dieser Metalle zu fördern[9], letzteres wird praktisch nur in der Wachstuch- und Lacklederfabrikation (als Blauöl) verwendet. Im letzten Jahrzehnt sehen wir die Forschung darauf konzentriert, an Stelle der Leinölsäure bzw. des Kolophoniums, andere Säurekomponenten zu finden, die eine bessere Löslichkeit der Trockner im Öl ergeben und die eine große Stabilität und Reinheit der Sikkative bei hohem wirksamen Metallgehalt ermöglichen.

Man definiert als *Trockenstoffe* oder *Sikkative* chemische Verbindungen, welche in Öl löslich sind und die Trocknung der Öle beschleunigen. Metalloxyde, wie z. B. Bleiglätte, Manganoxydhydrat, die als solche nicht in Öl löslich sind, können daher nicht als Trockenstoffe oder Sikkative bezeichnet werden, man

---

[1] Barmel u. Jean: Compt. rend. Acad. Sciences **36**, 577 (1853).
[2] E. P. 11616/1847.   [3] E. P. 913/1852.
[4] E. P. 1425/1853.   [5] E. P. 2013/1861.
[6] Über geschichtliche Entwicklung s. auch A.C.Elm: Ind. engin. Chem. **26**, 386 (1934). — F.Fritz: Farbe u. Lack **1936**, 375.
[7] S.Fokin: Journ. Russ. phys.-chem. Ges. (russ.) **39**, 307 (1907); **40**, 276 (1908).
[8] H.T.Vulte u. H.W.Gibson: Journ. Amer. chem. Soc. **24**, 215 (1902).
[9] F.Wilborn: Farben-Ztg. **32**, 2654 (1926/27).

bezeichnet sie richtigerweise als *Trockenstoffgrundlagen*. Lösungen der Trockenstoffe in flüchtigen Lösungsmitteln oder Ölen bezeichnet man als *Trockenstofflösungen* (flüssige Sikkative), wenn sie besonders konzentriert sind, wohl auch
als *Sikkativextrakte*. Die sog. *Sikkativpulver* finden bei der Herstellung der Druckfarben Anwendung. Jeder Trockenstoff, der sich zu einem genügend feinen Pulver
zerteilen läßt, ist dazu zu gebrauchen. Auch Trockenstoffgrundlagen, wenn sie
mit dem Öl genügend leicht reagieren, sind verwendbar. Sie werden insbesondere
den schwer trocknenden Pigmenten zugesetzt.

Über die *Trockenkraft der einzelnen Metalle* liegen eine große Reihe von
Untersuchungen vor[1]. Es ergibt sich für ihre Wirkung folgendes: Man kann
eine deutliche Unterscheidung in zwei Gruppen erkennen, die Kobalt-, Mangan-,
Eisengruppe einerseits und die Blei-, Thor-, Cergruppe anderseits. Das zeigt
sich z. B. deutlich darin, daß ein Bleitrockner durch Zusatz von Mangantrockner
in seiner Wirkung beschleunigt werden kann, welche Beschleunigung über die
Wirkung des einzelnen Metalls hinausgeht, daß aber eine solche Beschleunigung
der Trocknung nicht eintritt, wenn man z. B. einem Bleitrockner Cer zusetzt.
Es soll damit aber nicht gesagt sein, daß die Glieder einer Gruppe unter sich
austauschbar oder gleichwertig sind. Auch eine Erklärung für dieses Verhalten
fehlt noch, was bei unserer so sehr lückenhaften Kenntnis vom Trockenvorgang
der Öle nicht verwunderlich erscheint[2].

Kobalt steht hinsichtlich der Trocknungsbeschleunigung an erster Stelle.
Die optimale Kobaltmenge liegt bei 0,1%. Im Unterschied von Mangan und
vor allem von Blei bewirkt Kobalt ein Trocknen von der Oberfläche her,
während die beiden anderen ein Trocknen von innen heraus bewirken.
Diese Eigenschaft der Kobalttrockenstoffe zwingt zu einer vorsichtigen Dosierung, da bei einem zu hohen Kobaltgehalt die oberste Schicht des Anstrichs
so rasch trocknet, daß der Anstrich sich zwar bei der Fingerprobe scheinbar
trocken anfühlt, der Firnis aber unter der erhärteten Oberfläche noch weich
oder flüssig ist. Das kann das Durchtrocknen des Anstrichs bedeutend verzögern oder zu anderen Anstrichschäden, wie Wiedererweichen, verringerter
Haltbarkeit usw., führen. Die Filme von Kobaltfirnissen zeichnen sich durch
große Plastizität und Weichheit aus, sind aber weniger widerstandsfähig gegen
Wasser und Alkalien. Kobaltfirnisse neigen kaum zu Ausscheidungen und werden
vor allem für Weißfarben bevorzugt.

Mangan wird für sich allein selten gebraucht, da es unter Umständen (bei
zu hoher relativer Luftfeuchtigkeit, nach H. WOLFF bei über 55%) zur Perlen-
bildung, d. i. einem Zusammenlaufen des Aufstrichs in Tröpfchen (auch Bocken

---

[1] L. L. STEELE: Ind. engin. Chem. **16**, 975 (1924). — A. EIBNER u. F. PALLAUF:
Chem. Umschau Fette, Öle, Wachse, Harze **32**, 81, 97 (1925). — F. WILBORN:
Farben-Ztg. **32**, 2654 (1927). — H. WOLFF: Farben-Ztg. **32**, 1490 (1927). —
F. QUINCKE u. K. KAMPHAUSEN: Farbe u. Lack 1927, 341. — F. WILBORN:
Farben-Ztg. **33**, 2365 (1928). — W. A. LA LANDE: Journ. Amer. chem. Soc. **53**,
1858 (1931). — E. GEBAUER-FUELNEGG u. F. KONOPATSCH: Ind. engin. Chem. **23**,
163 (1931). — W. S. CHASE: Paint, Oil, Chem. Rev. **93**, Nr. 13 (1932). — F.
WILBORN u. E. BAUM: Chem. Umschau Fette, Öle, Wachse, Harze **39**, 98 (1932).
— F. A. WERTZ: Paint, Oil, Chem. Rev. **94**, Nr. 10 (1932). — K. WINIKER:
Farben-Ztg. **38**, 504, 534 (1933). — A. MANN: Farbe u. Lack 1933, 19. — C. A.
KNAUSS: Scient. Sect. Circ. Nr. 423 (1933). — H. N. BASSETT: Journ. Soc. chem.
Ind. **53**, 504 (1934). — H. WOLFF u. G. ZEIDLER: Farben-Ztg. **39**, 897, 921,
945, 967, 933 (1934). — H. W. CHATTFIELD: Paint, Colour, Oil, Varnish, Ink,
Lacquer Manufacturer **6**, 112 (1936). — H. WOLFF u. G. ZEIDLER: Farben-Ztg.
41, 375, 383, 410, 435, 461 (1936). — S. auch F. WILBORN: Die Trockenstoffe.
Berlin: Union Deutsche Verlagsgesellschaft. 1933.
[2] S. auch F. WILBORN: Die Trockenstoffe. Berlin: Union Deutsche Verlagsgesellschaft. 1933. — F. WILBORN u. E. BAUM: S. S. Fußnote 1.

genannt), Anlaß geben kann. Die optimale Wirkung wird mit 0,25% angegeben, doch genügen vielfach Mengen bis zu 0,12% herunter, um eine genügend rasche Trocknung zu erzielen. Mangantrockner können unter Umständen zu Verfärbungen von Weißfarben Anlaß geben (Violettstich), wie sich gelegentlich der Verwendung von Tetralin als Farbverdünner in der Kriegs- und Nachkriegszeit herausgestellt hat.

Blei wirkt von den drei Metallen am geringsten trocknungsbeschleunigend. Als günstigste Menge ist 0,5% Blei zu betrachten. Es gibt die härtesten Filme, die auch, scheinbar infolge der Bleiseifen, sehr widerstandsfähig sind. Bleitrockner neigen leicht zu Ausscheidungen im Firnis, die ihre Ursache in den im Öl schwerlöslichen, durch Umsetzung gebildeten Bleisalzen der Oxysäuren bzw. gesättigten Fettsäuren (Stearate) haben.

Zink. Dieses Metall hat für sich allein verwendet nur eine geringe trocknungsbeschleunigende Kraft, es kann aber die Wirkung von Kobalt- und Bleifirnissen steigern. So fand F. WILBORN[1], daß ein Kobaltfirnis mit 0,11% Kobalt in $8^{1}/_{2}$ Stunden trocknete, während ein Firnis mit 0,11% Kobalt und 0,06% Zink in $6^{3}/_{4}$ Stunden trocken war. Noch größer waren die Unterschiede, die er bei einem Bleifirnis beobachtete.

Wie schon an anderer Stelle bemerkt wurde, liefern Kombinationen zweier oder mehrerer Trocknermetalle meist bessere Ergebnisse als eines allein. Es enthalten daher die Firnisse des Handels fast ausschließlich solche Kombinationen, von denen vor allem *Blei-Mangan* viel gebraucht wird. Das günstigste Verhältnis wird mit zirka 4 Blei : 1 Mangan angegeben.

In der Praxis wird gewöhnlich das Verhältnis 5 : 1 eingehalten, da sich vom Blei beim Lagern etwas absetzt. Interessant ist, daß sich für nicht pigmentierte Firnisse ein viel höheres Verhältnis, wie etwa 8 : 1, für rasche Trocknung als günstiger erwiesen hat[2], wobei allerdings die Haltbarkeit des Firnisüberzuges nicht kontrolliert wurde. Bei Ölfarben aber fanden H. WOLFF und G. ZEIDLER[3], daß das niedrigere Verhältnis von 4 : 1 sowohl hinsichtlich der Trockenzeit als auch hinsichtlich der Wetterbeständigkeit der Farben (als Pigment wurde Lithopone verwendet) weit günstiger abschnitt.

Blei und *Kobalt* werden ebenfalls in Kombination verwendet, wobei man, je nachdem man elastischere oder härtere Filme erzielen will, das Kobalt oder das Blei vorwalten läßt. Eine Kombination von 0,5% Blei + 0,1% Kobalt hat sich hinsichtlich der Trockenzeit als am günstigsten erwiesen, eine Verringerung des Kobaltgehaltes bringt eine Verlängerung der Trockenzeit mit sich. Der Zusatz von Blei zu Kobaltfirnissen hat einen viel geringeren Einfluß auf die Trockenzeit, als etwa der zu Manganfirnissen.

Die ebenfalls sehr gebräuchliche Kombination von *Blei* mit *Mangan* und *Kobalt* ergibt die günstigsten Werte bei 0,5% Blei + 0,05% Mangan + 0,1% Kobalt, doch verringert sich die Trockenzeit nicht wesentlich, wenn man auf eine Zusammensetzung von je 0,05% Blei bzw. Mangan bzw. Kobalt herabgeht[4]. In diesem Zusammenhange sei noch nachdrücklich darauf hingewiesen, daß rasch trocknen nicht auch gut trocknen heißt. Man kann sagen, daß die geringste Menge Trockenstoff, die man zur Erzielung einer praktisch entsprechenden Trockenzeit braucht, meist auch die beste ist. Der Verwendung von Mangan wird man überall dort aus dem Wege gehen, wo es sich um die Erzielung möglichst

---

[1] F. WILBORN: Farben-Ztg. **32**, 2654 (1926/27).
[2] Der Bleigehalt wird mit etwa 0,5% gewählt. S. auch H. WOLFF u. G. ZEIDLER: Farben-Ztg. **39**, 897 ff. (1934). — K. WINIKER: Farben-Ztg. **38**, 504, 534 (1937).
[3] H. WOLFF u. G. ZEIDLER: Farben-Ztg. **41**, 357 ff. (1936).
[4] K. WINIKER: S. Fußnote 2.

wenig vergilbender Anstriche handelt. Über die Wirkung der Sikkativmetalle in Firnissen aus halb- bzw. mohnölartigen Ölen (Sojaöl, Sonnenblumenöl usw.) liegen wenige Forschungsergebnisse vor, und man kann aus dem mangelhaften Material keine bindenden Schlüsse ziehen. Das als brauchbar Anzusehende wurde schon weiter vorne, gelegentlich der Besprechung der einzelnen Öle, erwähnt.

So verhältnismäßig gut wir über die praktische Auswirkung der Verwendung des einen oder anderen Metalls zur Sikkativierung unterrichtet sind, so wenig wissen wir über den Einfluß der zweiten Komponente der Trockenstoffe, den Säureanteil. Bis vor nicht allzu langer Zeit, war man der Meinung, daß es ziemlich gleichgültig ist, ob man z. B. Resinat- oder Linoleatfirnisse verwendet[1]. Erst die in den letzten Jahren von H. Wolff[2] und seinen Mitarbeitern ausgeführten Versuche ließen die Sache in einem anderen Licht erscheinen. Es kann bis jetzt aber nur der Schluß gezogen werden, daß ein solcher Einfluß besteht, daß die Säurekomponente aber lange nicht die Rolle spielt wie die Art des Metalls, mit welcher sie verbunden ist. Als Säuren kommen heute neben Leinölfettsäuren bzw. Harzsäuren nur die Naphthensäuren[3] und eventuell Oxysäuren vom Typus der Ricinolsäure[4] in Betracht, wobei letztere zwei den Vorzug haben, Trockenstoffe mit höherem Metallgehalt zu geben, als sie bei Verwendung der Leinöl- bzw. Harzsäuren erhältlich sind.

α) Trockenstoffgrundlagen.

Bleiverbindungen. Für geschmolzene Sikkative kommt heute ausschließlich die *Bleiglätte* (Bleioxyd, PbO) in Betracht. Sie ist je nach der Herstellung mit mehr rötlichem Stich bis reingelb im Handel. Die unterschiedliche Farbe ist auf Dispersionsunterschiede, vielleicht auch hie und da auf einen verschiedenen Gehalt an Superoxyd zurückzuführen[5]. Für gefällte Trockenstoffe wird *Bleiacetat* verwendet, das in den guten Qualitäten als fast rein weißes Produkt in den Handel kommt.

Manganverbindungen. Für geschmolzene Trockenstoffe wurde früher vielfach der *Braunstein* verwendet. Er stellt zwar das billigste Produkt dar, löst sich aber in Öl oder Harz nur sehr schlecht und nicht zur Gänze; dadurch muß die Erhitzungsdauer verlängert werden, und das Ergebnis sind dunkelgefärbte, trübe und unansehnliche Produkte. Weit geeigneter und heute fast allgemein gebräuchlich sind die sog. *Manganoxydhydrate.* Die natürlich vorkommenden, die sich durch einen hohen Gehalt an Gangart auszeichnen und einen mehr minder hohen Gehalt an Eisen haben (das zu Dunkelfärbung führt), sollten nicht verwendet werden. Die künstlichen stammen aus den bei der Chlorerzeugung abfallenden manganhaltigen Laugen oder aber aus der Kaliumpermanganatherstellung, bzw. dessen Verwendung zu Oxydationsprozessen in der organisch-chemischen Industrie. Der Mangangehalt schwankt zwischen 45—65%, die Farbe von Braun bis Schwarz, je nach dem Gehalt an Mangandioxyd. Das wichtigste Kennzeichen für ihre gute Brauchbarkeit ist die leichte Löslichkeit in Harz und Öl. Das in England zur Firnisherstellung gerne verwendete *Manganborat*

[1] A. Eibner u. F. Pallauf: Chem. Umschau Fette, Öle, Wachse, Harze 32, 81, 97 (1925).
[2] H. Wolff, W. Toeldte, B. Rosen, M. Iskovitch: H. 12 der Veröffentlichungen des Fachausschusses für Anstrichtechnik beim Verein Deutscher Ingenieure und Deutscher Chemiker. Berlin, 1931.
[3] Soligen-Trockner der I. G. Farbenindustrie A. G.; s. auch Patentübersicht weiter rückwärts.
[4] Ultraoleate der Gebr. Borchers A. G., Goslar a. Harz; s. auch Patentübersicht.
[5] F. Hebler: Farben-Ztg. 32, 637 (1926).

hat keine Vorteile; sonst wird es als Sikkativpulver verwendet und nur hie und da noch zum direkten Verkochen. Für gefällte Sikkative werden Manganchlorür, -sulfat, eventuell -acetat verwendet. Auf möglichste Eisenfreiheit ist aus den oben angeführten Gründen zu achten.

Kobaltverbindungen. Für die Erzeugung der geschmolzenen Produkte eignet sich vor allem das *Kobaltoxydulhydrat*, das sehr leicht verarbeitbar ist. Von den *anderen Kobaltoxyden* (z. B. graues Kobaltoxyd mit etwa 75% oder schwarzes mit etwa 70% Kobaltgehalt) ist nur zu sagen, daß sie viel schlechter löslich sind und die damit hergestellten Trockner keine so schöne Farbe haben; sie alle stellen Gemische der beiden Oxydstufen des Kobalts dar. Aus dem Grunde der besonders leichten Löslichkeit zog oder zieht man vielfach das *Kobaltacetat* auch zur Herstellung geschmolzener Linoleate und Resinate vor. Es ist zwar außerordentlich leicht verarbeitbar, aber inbesondere bei den Linoleaten, wo man mit der Temperatur nicht zu hoch gehen kann, bleibt immer etwas Essigsäure im fertigen Sikkativ zurück, welche den Trocknungsprozeß der damit hergestellten Firnisse merklich verzögert. Aus eben diesem Grunde sollte man die Verwendung der Acetate bei allen geschmolzenen Sikkativen (auch Manganacetat wird verwendet) und bei gekochten Firnissen bzw. Lacken vermeiden. Für gefällte Trockenstoffe werden Kobaltsulfat oder Chlorür verwendet, von deren möglichster Eisenfreiheit man sich überzeugen sollte.

Zinkverbindungen. Hier wird meist das Zinkoxyd verwendet; für gefällte Produkte Zinksulfat.

Außer diesen wird zur Herstellung der Sikkative auch noch *Kalk* verwendet, entweder dient er bei den geschmolzenen Produkten zur möglichsten Neutralisierung oder bei gefällten Trocknern zu einer Verbesserung der Konsistenz, damit ein guter Bruch erhalten wird, was die Zerteilbarkeit und damit Dosierbarkeit erleichtert.

β) Die Herstellung der Trockenstoffe[1].

Geschmolzene Trockenstoffe. Sie werden durch Erhitzen bzw. Schmelzen von Kolophonium, Leinöl oder Leinölfettsäure mit den Oxyden, Oxydhydraten oder Salzen der betreffenden Metalle hergestellt. Andere Harze als Kolophonium werden zur Erzeugung der Resinate nicht verwendet. An Stelle von Leinöl bzw. seinen Fettsäuren sind Holzöl, Cocosöl, Palmöl u. a. vorgeschlagen und auch verwendet worden. Bei der Verwendung von Holzöl ging man von dem Gedanken aus, daß durch Anwendung der Tungate mit dem Metall auch ein besser trocknender Ölbestandteil als Leinöl eingebracht wird. Diese Ansicht ist aber irrig. Die Verwendung der Tungate bringt vielmehr eine Reihe von Nachteilen (Schwerlöslichkeit, Hautbildung u. a.) mit sich. Die Verwendung der anderen Fettsäuren ist teils aus dem Bestreben abgeleitet, die Löslichkeit der Sikkative zu verbessern, teils auf Preisgründe zurückzuführen[2]. Damit die Metallverbindungen mit den organischen Komponenten möglichst leicht reagieren, müssen sie in geeigneter Form vorliegen. So lösen sich die Oxyde schwerer als die Hydroxyde und die trockenen Hydroxyde wieder weit schwerer als pressenfeuchte, frisch gefällte. Diese letzteren werden aus den Salzlösungen mit Natronlauge oder besser mit Kalkmilch niedergeschlagen, mehrfach gewaschen und in der

---

[1] S. auch SEELIGMANN-ZIEKE: Handbuch der Lack- und Firnisfabrikation. Berlin. 1930. — WOLFF-SCHLICK-WAGNER: Taschenbuch für die Farben- und Lackindustrie. Stuttgart. 1936. — F. WILBORN: Die Trockenstoffe. Berlin. 1933. — A. W. C. HARRISON: Farbe u. Lack **1931**, 16. — F. HEBLER: Farbe u. Lack **1927**, 258. — W. S. CHASE: Paint, Oil, Chem. Rev. **93**, Nr. 13 (1932). — H. WOLFF u. J. RABINOWICZ: Fettchem. Umschau **41**, 66 (1934).

[2] S. auch Patentübersicht, S. 233.

Filterpresse oder oft besser in der Nutsche unter Vakuum abfiltriert und sogleich verwendet. Die Selbstherstellung hat auch den Vorteil, daß diese feuchten Hydroxyde, im Gegensatz zu den käuflichen trockenen, noch keine Oxydation durch Lagerung an der Luft erlitten haben, weshalb sie hellere Produkte ergeben. Acetate sollte man wenn möglich nicht gebrauchen. Die Bleiverbindungen nehmen insofern eine Ausnahmsstellung ein, als sich sowohl das trockene Oxyd (Bleiglätte) als auch Mennige leicht schon mit dem Leinöl, um so leichter natürlich mit Leinölfettsäuren oder Harz, umsetzen. Die verwendeten Metallverbindungen werden vor dem Zusatz zum Öl oder Harz vorteilhaft mit Leinöl auf der Mühle abgerieben, dies gilt auch für die frisch gefällten feuchten Hydroxyde.

Die Temperatur, auf die das Öl oder Harz erhitzt werden muß, um gut mit der Metallverbindung unter Seifenbildung zu reagieren (sie ist für Kobaltsikkative und Mangansikkative höher als für die Bleiverbindungen), soll möglichst rasch erreicht werden. Das Eintragen der Oxyde, Hydroxyde usw. geschieht portionsweise unter gutem heftigen Rühren, wobei darauf zu achten ist, daß auch das am Kesselboden befindliche gut aufgerührt wird, damit es nicht zu Anbrennungen kommt, die den Sud mißfarbig machen. Die ganze Operation soll so rasch wie möglich vor sich gehen, wenn man gut gefärbte Ware erzielen will. Von der vollkommenen Auflösung der zugegebenen Trockenstoffgrundlagen überzeugt man sich dadurch, daß man von Zeit zu Zeit eine entnommene Probe auf einer Glasplatte erstarren läßt und im durchfallenden Licht beobachtet. Ist die Schmelze frei von ungelösten Teilchen und klar, so kann man sie durch ein Sieb entweder in die Versandfässer gießen oder in Eisenpfannen, aus denen man die erstarrten Sikkative dann herausschlägt und verpackt. Es ist dafür zu sorgen, daß die abgefüllten Produkte der Luft eine möglichst kleine Oberfläche darbieten, da durch die Luft in der Rindenschicht Oxydationen eintreten, die sie zumindest mißfarbig, wenn nicht schwer oder unlöslich machen.

Die Apparatur zur Herstellung der geschmolzenen Sikkative ist sehr einfach. Man kann für kleinere Sude, und das ist beim Selbstverbraucher meist der Fall, die abfahrbaren Normalschmelzkessel[1] verwenden, die man von Hand aus rührt; für größere Anlagen werden direkt beheizte stationäre Kessel mit kräftigem Rührwerk, das den Boden gut abstreift, benutzt. Die Kessel werden an die in jeder Firnis- oder Lackküche vorhandene Dämpfekondensation angeschlossen. Da die Sude bzw. Schmelzen beim Eintragen der Trockenstoffgrundlagen stark steigen, sind die Kessel so groß zu wählen, daß ein entsprechender Steigraum verbleibt.

Geschmolzene Linoleate. Ob man Leinöl oder Leinölsäure verwendet, hängt von den verwendeten Trockenstoffgrundlagen ab. Nur die leicht löslichen, wie Glätte oder pressefeuchte Hydroxyde, eignen sich zur Verarbeitung mit Leinöl. Bei den aus Öl erzeugten ist auch zu berücksichtigen, daß bei dem Verseifungsvorgang Glycerin frei wird; vom Blei wird es unter Bildung von Bleiglyceraten gebunden, bei den anderen verbleibt es in der Schmelze, zersetzt sich zum Teil bei der angewandten Temperatur, wodurch dunklere Produkte resultieren, und wenn es nicht genügend verdampft wird, macht es die Sikkative weich. Die Leinölfettsäure, ganz gleich wie sie hergestellt wurde, soll möglichst hell sein, wenn man helle Trockenstoffe haben will, und darf vor allem keine Chemikalien (Säuren) von der Herstellung her enthalten. Man arbeitet entweder auf feste Produkte hin oder stellt die Linoleate als Pasten dar.

Bleilinoleat. Auf 100 kg Leinöl braucht man 40 kg Glätte, gewöhnlich nimmt man etwas weniger. Die mit Öl oder Wasser abgeriebene Glätte wird

---

[1] S. S. 271, Abb. 119.

dem Öl bei 150—180⁰ in dünnem Strahl portionsweise unter heftigem Rühren zugefügt, wobei man nach jeder Zugabe völlige Lösung abwartet. Die resultierende klare Schmelze wird eventuell noch einige Zeit bei 200⁰ C gehalten und dann in Eisenpfannen abgefüllt.

Manganlinoleat wird auf ganz ähnliche Weise aus frisch gefälltem Hydroxyd hergestellt, zur Herstellung des *Kobaltlinoleats* verwendet man am besten das käufliche rosarote Oxydhydrat. Die Temperatur der Zugabe liegt bei beiden bei etwa 240—250⁰ C. Die Mengenverhältnisse sind unter Zugrundelegung des Metallgehaltes der verwendeten Metallverbindung zu berechnen. Bei Verwendung der Leinölfettsäuren als Ausgangsmaterial ist deren Säure- bzw. Verseifungszahl zu berücksichtigen und zu achten, daß die Endprodukte keine freien Fettsäuren, die trocknungsverzögernd wirken, enthalten (eventuelle Mitverwendung von reinstem eisenfreien Kalkhydrat). Bei der Zugabe von geringen Mengen Marmorkalkhydrat werden, wie schon erwähnt, auch besser aussehende, gut brechende Produkte erzielt.

Geschmolzene Resinate. Sie haben stets einen etwas geringeren Metallgehalt als die entsprechenden Linoleate, sind aber billiger und leichter löslich, auch neigen die Lösungen nicht so leicht zu Ausscheidungen. Das Harz wird für helle Produkte in der Marke WW, sonst für die gewöhnliche Handelsware von den mitteldunkeln Marken genommen (E oder F). Die Herstellung ist womöglich noch einfacher als die der entsprechenden Linoleate; man darf nur die Vorsicht nicht außer acht lassen, daß man mit dem Metallgehalt nicht höher geht als später angegeben, da es sonst leicht zu einem Erstarren der Schmelze durch Bildung basischer Salze kommt. Dies kann auch eintreten, wenn man einen Ansatz bei zu niederer Temperatur zu lange Zeit erhitzt. Die Schmelztemperaturen, bei denen der Metallzusatz erfolgt, liegen etwa zwischen 180—250⁰ C, je nach der Trockenstoffgrundlage.

Bleiresinat. Die mit Leinöl oder Harzöl angeriebene Glätte wird in das bis zur Dünnflüssigkeit (etwa 245⁰ C) erhitzte Harz partienweise eingetragen, wobei 30 kg Glätte auf 100 kg Harz verwendet werden. Durch intensivstes Rühren muß man dafür sorgen, daß das schwere Metalloxyd nicht am Kesselboden liegen bleibt. Ein Teil der Glätte wird immer zu Metall reduziert und bleibt geschmolzen im Kessel zurück.

Manganresinat wird z. B. hergestellt durch Schmelzen von 100 kg Harz und Eintragen von 9 kg Manganoxydhydrat in kleinen Portionen (sobald die Temperatur 180⁰ C erreicht hat), die Temperatur kann dabei auf 220⁰ C steigen. Den Endpunkt des Eintragens erkennt man nicht nur an dem Aufhören des starken Schäumens, sondern auch an der Glasplattenprobe, wenn die schwarze, vom Manganoxydhydrat herrührende Farbe verschwunden und die Masse zwar dunkel, aber durchscheinend ist.

Bleimanganresinat. Da die Trockenwirkung des Bleis allein zu schwach ist, werden Bleitrockner allein selten verwendet und meist durch eine Kombination von Blei und Mangan ersetzt. Man kann dies natürlich so erzielen, daß man den Firnis mit Bleisikkativ + Mangansikkativ im gewünschten Verhältnis präpariert. In der Praxis zieht man aber vielfach der Einfachheit halber Produkte vor, welche bereits beide Komponenten enthalten, wobei aber vor allem darauf zu achten ist, daß sie diese auch im richtigen Verhältnis von 5 Pb : 1 Mn enthalten. Die Herstellung geschieht, wie bereits angegeben (dasselbe gilt auch für Linoleate), aber mit der Vorsicht, daß stets das Blei zuerst eingeführt wird.

Kobaltresinat wird auf ganz ähnliche Weise (noch vielfach durch Verwendung von Kobaltacetat) erzeugt, auch hier ist das Kobaltoxydulhydrat besser am Platz.

Gefällte Trockenstoffe. Diese werden durch Fällen einer neutralen wäßrigen Natronseifenlösung mit einer wäßrigen Schwermetallsalzlösung hergestellt.

Gefällte Linoleate. Zur Herstellung der Seife kann man vom Leinöl oder besser von der Leinölfettsäure ausgehen. Die Verseifung muß so geschehen, daß eine praktisch neutrale Seifenlösung entsteht. Jeder Überschuß von Natronlauge ist zu vermeiden, da sonst bei der Fällung mit der Schwermetallsalzlösung neben den Metallseifen auch Metallhydroxyde ausfallen, die die klare Löslichkeit des Sikkativs in Benzin, Terpentinöl usw. beeinträchtigen. Zur Verseifung verwendet man einen mit Rührwerk versehenen Holzbottich, in dem man dann auch die Fällung durchführt. Die bei Siedehitze hergestellte Seife wird durch Zugabe von kaltem Wasser auf 60—70⁰ abgekühlt, bei welcher Temperatur man die gewählte Schwermetallsalzlösung zufließen läßt, ohne das Rühren zu unterbrechen. Man wendet für gewöhnlich einen geringen Überschuß an Metall an; die erforderliche Menge ist ebenso aus der analytisch festgestellten Verseifungszahl der Fettsäure zu errechnen wie die zur Verseifung erforderliche Menge Natronlauge. Nach dem Absitzen der voluminösen Metallseife läßt man die überstehende Lauge ab, wäscht mehrmals mit heißem Wasser und trennt nun den Seifenniederschlag in einer Nutsche oder Filterpresse ab. Die so weit als möglich entwässerte Metallseife wird, zur völligen Entwässerung, unter Zugabe von Leinöl in einem Kessel durchgeschmolzen und schließlich zum Erstarren in eine Pfanne abgelassen. Die gefällten Linoleate besitzen einen etwas höheren Metallgehalt als die entsprechenden geschmolzenen, weisen aber sonst keine wesentlichen Vorzüge vor diesen auf.

Gefällte Resinate. Sie werden in ähnlicher Weise wie die Linoleate hergestellt. Da sie nachträglich nicht mehr verschmolzen, sondern direkt nach dem Abfiltrieren getrocknet werden, stellen sie hellfarbige feine Pulver dar, die weniger zur Erzeugung von Firnissen, als in der Druckfarbenindustrie und bei der Linoleumherstellung verwendet werden. Die Verseifung des Harzes erfolgt am besten in geschlossenen Kesseln unter Druck, wobei man die zu verwendende Menge Natronlauge aus der Verseifungszahl errechnet. Geschieht die Herstellung in offenen Kesseln, so läßt man nicht etwa die Lauge zu dem mit Wasser geschmolzenen Harz fließen, weil sich so die letzten Harzanteile nicht oder nur schwer verseifen, sondern man streut in die kochende Lauge das feinst gepulverte Harz unter gutem Rühren ein, wobei man mit jeder neuerlichen Zugabe so lange wartet, bis die vorherige verseift ist. Am besten eignen sich die F- bis I-Marken; meist wird amerikanisches oder französisches Kolophonium verwendet. Die Fällung der Schwermetall-Harzseifen muß hier bei noch niedrigerer Temperatur erfolgen als die der Leinölseifen, wobei man ebenfalls einen geringen Metallsalzüberschuß nimmt. Bei zu hoher Fällungstemperatur fallen die Resinate in dicken Klumpen aus, die Mutterlauge einschließen, welche auch durch Waschen nicht mehr entfernbar ist; so gefällte Sikkative sind in Lösungsmitteln nicht klar löslich und geben trübe, absetzende Firnisse. Daher fällt man in ziemlich verdünnter Lösung bei Temperaturen von 40—45⁰ C. Die abgesetzten Resinate werden mehrmals durch Dekantieren mit warmem Wasser gewaschen und dann in Pressen oder Nutschen möglichst entwässert. Das Trocknen muß sehr vorsichtig geschehen, je wasserärmer die Produkte werden, desto niedriger muß die Temperatur sein. Am besten trocknet man bei 30—35⁰ C im Luftstrom oder in Vakuumapparaten. Die Harzsäuren nehmen besonders in feiner Verteilung sehr leicht Sauerstoff auf, und die dabei freiwerdende Oxydationswärme kann zu einem Bräunen, ja selbst zu einem Brennen der Sikkative führen; immer aber werden bei zu hoher Temperatur getrocknete Produkte mißfarbig, während man im Handel stets hell gefärbte verlangt. Da die gefällten und nicht verschmolzenen Sikkative in gewissem Sinn feuergefährlich oder selbstentzünd-lich[1] sind, so sind sie kühl zu lagern und nicht etwa in der Nähe der Siedekessel aufzustapeln. Besonders empfindlich ist das Kobaltresinat. Es wird daher entweder ähnlich wie das Linoleat verschmolzen oder als Sikkativextrakt oder gelöstes Sikkativ (in Schwerbenzin) in den Verkehr gebracht.

Das Hauptprodukt ist das gefällte Manganresinat, das als außerordentlich leicht lösliches, fast rein weißes Pulver im Handel ist. Etwas weniger hell und auch nicht ganz so gut löslich ist das gefällte Bleiresinat. Beide werden, eventuell gemischt, auch als Sikkativpulver verwendet.

Zum Schluß seien hier noch die *Aluminiumseifen*[2] der Palmitinsäure, Stearin-säure, Naphthensäuren usw. erwähnt, welche zwar keine Trockenstoffe sind, aber entweder als Mattierungsmittel für Ölfarben oder Lacke dienen oder, zur Er-höhung des Körpers, Firnissen bzw. Lacken zugesetzt werden. Der Zusatz bewirkt auch eine Verhinderung des Absitzens spezifisch schwerer Pigmente. Die Herstellung der Aluminiumseifen erfolgt ganz ähnlich wie die der gefällten Linoleate. Als Seife wird hier eine Stearin- bzw. Palmitinseife usw. verwendet. Sie werden dann durch Abreiben mit Lösungsmitteln, wie Terpentinöl, Benzin usw., angequollen und in Mengen von wenigen Prozenten dem Anstrichmittel zugesetzt. Je nach der Durchführung der Quellung, bzw. je nach der Art der Fällung (Verhältnis Al : Seife) bekommt man Produkte, die mehr zur Mattierung oder mehr zur Konsistenzerhöhung geeignet sind[3]. Auch eine Verminderung des Ölbedarfs wird unter Umständen durch Aluminiumstearat erzielt.

Sikkativlösungen. Der Handwerker, Anstreicher, Maler ist von alters her gewohnt, die Farben, mit denen er arbeitet, nach seinem Bedürfnis zu verdünnen und nachzusikkativieren. Für diese Zwecke kommen die Trockenstoffe gelöst in den Handel. Auch bei der Erzeugung der Lacke können die Trockenstoffe vielfach in keiner anderen Form zugegeben werden.

Als Lösungsmittel dient Lackbenzin oder Terpentinöl oder ein Gemisch beider, meist muß auch Leinöl mitverwendet werden. Die Haltbarkeit dieser Lösungen ist oft nur eine sehr beschränkte. Insbesondere die aus Linoleaten hergestellten sind wenig lagerbeständig. Von den Resinaten ist Kobaltresinat gut haltbar. Blei- und besonders Blei-Mangan-Resinatlösungen bedürfen zu ihrer Haltbarkeit einen Zusatz von Kalkharz. Man findet daher bei den Rezepturen für Resinatlösungen die Mitverwendung von größeren Mengen Kalk zur Her-stellung der entsprechenden Resinate angegeben[4]. Zur Herstellung haltbarer, nicht gelatinierender und nicht absetzender Soligentrockenstofflösungen wird von der I. G. Farbenindustrie A. G. folgendes ausgeführt: „Das Lösungsver-mögen des Leinöls für Trockenstoffe ist keine konstante Größe. Es steigt mit zunehmender Säurezahl des Öles, bis schließlich bei reiner Leinölsäure die Lös-lichkeit unbegrenzt ist. ... Infolge dieses fast unbegrenzten Lösevermögens der Leinölsäure für die Soligene braucht man nur verhältnismäßig geringe Mengen zuzusetzen." Zur Erzielung hochkonzentrierter, Soligenblei enthaltender Lö-

---

[1] Paint Manufacturer 4, 3 (1933).   [2] S. 623.
[3] H. WOLFF u. J. RABINOWITZ: Farbe u. Lack 1931, 428. — S. dazu auch H. A. GARD-NER: Scient. Sect. Circ. 321 u. 335, ref. Farben-Ztg. 33, 1977, 3267 (1928). — F. J. LICATA: Drugs, Oils and Paints 48, Nr. 5 (1933).
[4] A. SINOWJEW: Öl-Fett-Ind. (russ.: Masloboino Shirowoje Djelo) 1928, Nr. 9. — A. GUMDER: Drugs, Oils and Paints 42, Nr. 7 (1927). — ANON.: Farben-Ztg. 32, 2020 (1927/28); 36, 2059 (1931). — H. SCHEIFELE in SEELIGMANN-ZIEKE: Hand-buch der Lack- und Firnisfabrikation, S. 531, Berlin, 1930, gibt für Blei-Mangan-Harzsikkativlösung folgende Vorschrift: Kolophonium 50, Kalkhydrat 2, Zinkoxyd 1, Bleiglätte 0,5, Manganoxydhydrat 0,2, Lackleinöl 10, Testbenzin und so weiter 30,3.

sungen bzw. Extrakte reicht aber auch dies nicht aus, und es wird hierfür Benzoesäure oder Mittel 29 der I. G. Farbenindustrie A. G. empfohlen[1].

Die Herstellung der Sikkativlösungen geschieht entweder durch Auflösen
der Linoleate oder Resinate in der Kälte oder Wärme, oder aber man verdünnt
die noch schmelzflüssigen Trockenstoffe mit der entsprechenden Menge Lösungsmittel bzw. Leinöl.

Im Handel und von den Anstreichern werden diese Trockenstofflösungen
vielfach als „Sikkativ" kurzweg bezeichnet, ein zwar alter Brauch, der aber
viel zur Verwirrung in der Nomenklatur der Trockenstoffe beigetragen hat[2].
Im Kleinhandel finden sich vielfach solche „Sikkative", die einen nur ganz unzureichenden Gehalt an wirklichen Trocknern haben.

Die oft schwankende Zusammensetzung der im Verkehr befindlichen Trockenstoffe brachte es mit sich, daß man bestrebt war, eine

γ) Normung der Trockenstoffe

in die Wege zu leiten. Die Vereinigung Deutscher Trockenstoffabrikanten
(D. T. V.) hat ein Normblatt herausgegeben, demzufolge die von ihren Mit-
gliedern als D. T. V.-Trockenstoffe abgegebenen Produkte folgende Zusammensetzung haben müssen:

Tabelle 26. Metallgehalt in Prozent der Linoleate und Resinate.

Sikkativmetall	Linoleate		Resinate	
	gefällt	geschmolzen	gefällt	geschmolzen
Blei	31,0—32,0	31,0—34,0	22,0—23,0	11,0—12,0
Mangan	8,0—8,5	7,0—7,5	6,0—6,5	2,0—2,5
Kobalt	9,2—9,5	2,2—2,5	6,2—6,5	2,2—2,5
Blei-Mangan: Blei	14,0—15,0	14,0—15,0	12,0—12,5	4,5—5,5
„ : Mangan	2,7—3,2	2,7—3,2	2,5—3,0	1,0—1,5

Durch Verwendung anderer Säuren war man in der Lage, den Metallgehalt
weiter zu erhöhen, wie aus nachstehender Tabelle für Soligentrockner und Ultraoleate hervorgeht.

Tabelle 27. Metallgehalt der Soligene und Ultraoleate.

Trockenstoff	Kobalt %	Mangan %	Blei %
Soligen-Kobalt	12—12,5	—	—
Borchigen-Ultra-Kobaltoleat	15,5—16	—	—
Soligen-Mangan	—	11—11,5	—
Borchigen-Ultra-Manganoleat	—	14,5—15	—
Soligen-Blei	—	—	33—34
Soligen-Blei-Mangan	—	4,4—4,6	21—22

Um einen leichteren Vergleich zwischen den einzelnen Fabrikaten zu haben,
wurde des öfteren schon der Vorschlag gemacht, die Trockenkraft der einzelnen
Trockenstoffe zahlenmäßig festzulegen. So hat C. F. CARRIER ein „Arridyne"
als Trockenstoffeinheit vorgeschlagen, das ist die Trockenkraft von 0,48 g Blei
in Form einer in einem flüchtigen Lösungsmittel dispergierten Bleiverbindung[3].

---

[1] Broschüre: „Soligen Trockenstoffe, D. R. P., I. G. Farbenindustrie A. G." —
S. auch D. R. P. 551354 in der Patentzusammenfassung.
[2] P. MÜHLE: Farben-Ztg. 21, 885 (1921). — LIVACHE: Vernis et huiles siccatives.
Paris. 1896.
[3] F. C. CARRIER: Scient. Sect. Circ. 370, 510 (1930); Paint, Oil, Chem. Rev. 90,
Nr. 17 (1931); 92, Nr. 24 (1932).

Die Versuche wurden unter Zugrundelegung von Soligenblei durchgeführt; es ergaben sich dabei aber solche Schwierigkeiten, daß dieser Vorschlag noch nicht spruchreif erscheint[1].

δ) *Patentübersicht.*

Andere Fettsäuren als Leinölfettsäuren verwenden:

D. R. P. 555 715 vom 24. I. 1929. Gebr. Borchers A. G. Zur Erzielung eines höheren Metallgehaltes werden ein- oder mehrbasische Mono- oder Polyoxycarbonsäuren oder ihre Glycerinester bzw. Mischungen beider verwendet, wobei nicht nur der Carboxyl-, sondern auch der Hydroxylwasserstoff durch Metalle, wie Al, Pb, Zn, Co, Mn, Cu oder Bi, ersetzt wird. Durch Zusatz von Öl- oder Linolsäure werden in Lacklösungsmitteln lösliche Produkte erzielt.

D. R. P. 533 275 vom 15. VI. 1930. Norddeutsche Wollkämmerei und Kammgarnspinnerei, Bremen. Pb-, Mn- oder Co-Verseifungsprodukte des neutralen Wollfettes, das sind gefällte Sikkative aus dem mit Kali- oder Natronlauge verseifbaren Anteil des neutralen Wollfetts. Sollen elastischere und haltbarere Firnisse geben.

A. P. 1 900 693 vom 7. X. 1930. E. I. du Pont de Nemours & Co. Metallsalze der Ester aus nichttrocknenden Ölen und zweibasischen, nur zur Hälfte veresterten Säuren. Man erhitzt Ricinusöl, Trioxystearinsäure oder Standöl mit zweibasischen Säuren, wie Phthalsäure, Maleinsäure, Fumarsäure, Adipinsäure oder Citronensäure, auf etwa 140°, bis etwa die Hälfte der Carboxylgruppen verestert ist und setzt das mit Alkali neutralisierte Produkt mit einer wäßrigen Metallsalzlösung um. Die Salze sind in Äthylacetat, Butylacetat, Butylalkohol u. dgl. löslich und finden als Trockenstoffe bzw. Zusätze bei der Lackherstellung und auch bei Nitrolacken Verwendung.

E. P. 400 797 vom 5. I. 1933. I. G. Farbenindustrie A. G. Wollfett oder Wollfettsäure wird mit Alkali verseift, der Überschuß des Alkalis mit Naphthen-, Öl- oder Harzsäuren oder Mischungen solcher Säuren (hergestellt durch Oxydation von Paraffin oder Petroleum) neutralisiert, dann wird ein Erdalkali- oder Schwermetallsalz zugegeben und der Niederschlag mit Wasser gewaschen und getrocknet.

A. P. 1 982 048 vom 16. IX. 1933. Union Oil Co. of California. Lösliches Trockenmittel für Lacke, bestehend aus den Cu-, Co-, Pb-, Mn- oder Zn-Salzen der Fettsäuren des Cocosöles oder anderer niedrig molekularer Fettsäuren.

Die Verwendung von Lösungsmitteln bei der Herstellung von Trockenstoffen bzw. Trockenstofflösungen erscheint in nachstehenden Patenten geschützt:

Russ. P. 7017 vom 19. XI. 1925. A. A. Sinowiew. Herstellung flüssiger Sikkative, dadurch gekennzeichnet, daß man Kolophonium oder die flüssigen Säuren des Leinöls bzw. anderer trocknender oder halbtrocknender Öle in Terpentinöl, Benzin oder dergleichen löst und darauf die Lösung bei gewöhnlicher Temperatur mit Bleiglätte oder einem anderen Bleisalz vermischt.

D. R. P. 596 878 vom 11. X. 1925. I. G. Farbenindustrie A. G. Sikkativlösungen werden hergestellt durch Umsetzung von in flüchtigen Lösungsmitteln gelösten, zur Trockenstoffbildung befähigten organischen Säuren mit Oxyden, Hydroxyden der bekannten Sikkativmetalle; das gebildete Wasser wird fortlaufend durch Erhöhung der Temperatur, eventuell im Vakuum abdestilliert.

E. P. 426 643 vom 6. X. 1933. Nuodex Products Co. Inc., Newark. Herstellung von wasserunlöslichen Naphthenat-, Linoleat- und Abietinatlösungen. Beispiel: Eine Lösung von Bleiacetat in 100 Teilen Wasser wird mit 50 Teilen Benzin (mineral spirit) gründlich vermischt, dann werden ihr 200 Teile wäßriger Natriumnaphthenatlösung (etwas freie Naphthensäure enthaltend) zugegeben. Die wäßrige Lösung wird abgezogen und man erhält eine beständige reine Bleinaphthenatlösung, die weder Sauerstoff aufnimmt noch Häutchen bildet.

Die Verwendung verschiedener Metallkombinationen wurde in folgenden Patenten vorgeschlagen:

D. R. P. 385 494 vom 29. X. 1921. Carl Jäger G. m. b. H. in Düsseldorf. Sikkative, Leinölfirnisersatz u. dgl., bestehend aus Kobaltbleisalzen verseifter Fette, Öle, organischer Säuren usw.

D. R. P. 466 046 vom 26. V. 1927. Gebr. Borchers A. G. in Goslar. Für Herstellung von Trockenstoffen läßt man Kobalt und Wismut nebeneinander, zweck-

---

[1] W. G. Armstrong: Amer. Paint 17, Nr. 53 B, 20 (1933).

mäßig unter Bemessung des Verhältnisses von Co : Bi auf 3 : 1 bis 4 : 1 auf trocknende
Öle oder Harze einwirken.

Die Verwendung der Naphthenate als Trockenstoffe bzw. ihre Erzeugung
ist in nachstehenden Patenten beschrieben:

D. R. P. 327374 vom 18. II. 1919. GUSTAV RUTH u. ERICH ASSER, Wandsbeck.
1. Man erhitzt Naphthensäuren mit Metalloxyden oder -carbonaten des Aluminiums
und Chroms auf etwa 240—260⁰ und treibt die unverseiften Anteile mit überhitztem
Wasserdampf von 350⁰ ab. 2. Man fällt naphthensaures Alkali mit Aluminium-
und Chromsalzen, kocht das Fällungsprodukt mit Wasser aus und entwässert die
Naphthenate durch Schmelzen bei 240—350⁰.
D. R. P. 327375 vom 21. VI. 1919. Zusatz zu D. R. P. 327374. GUSTAV RUTH
u. ERICH ASSER, Wandsbeck. Sikkative, Leinölfirnisersatz od. dgl. werden gemäß
Patent 327374 gewonnen durch Erhitzen von Aluminium- oder Chromnaphthenat
mit einem Zusatz von Magnesia, Kalkhydrat oder Zinkoxyd auf etwa 200⁰.
D. R. P. 352356 vom 5. IX. 1920. Carl Jäger G. m. b. H. in Düsseldorf. Ver-
wendung von Kobalt- und Zinksalzen verseifter Naphthensäuren für sich oder im
Gemisch mit Oleaten oder Resinaten.
D. R. P. 395646 vom 14. XI. 1922. Carl Jäger G. m. b. H. in Düsseldorf. An
Stelle der in D. R. P. 352356 genannten Naphthenate werden Schwermetall- und
Erdalkalisalze verseifter Naphthensäuredestillationsprodukte verwendet.
A. P. 1974507 vom 15. II. 1930. I. G. Farbenindustrie A. G. Schwermetall-
und Erdalkalisalze der Naphthensäuren, durch Fällen von Alkalinaphthenat mit
wasserlöslichen Metallsalzen hergestellt.
E. P. 380360 vom 25. II. 1932. I. G. Farbenindustrie A. G. Naphthenat-
trockner. Herstellungsverfahren unter eventuellem Zusatz von Weichmachern.
Durch Verseifen von Naphthensäuren und Fällen mit einem Metallsalz (Va, Al,
Co, Zn). Die Verbindungen lassen sich auch im Vakuum trocknen, eventuell kann
man zum schnelleren Austreiben des Wassers Kohlenwasserstoffe, wie Benzol usw.,
zugeben.

Die Verwendung von Säuren, die man durch Oxydieren oder Sulfurieren
aus Erdölprodukten erhält, schützen die Patente:

A. P. 1686484, 1686485, 1686486 vom 26. IX. 1927[1]. Standard Oil Development
Co. Als Trockenmittel wird verwendet das Bleisalz (bzw. Kobalt- bzw. Mangansalz)
einer öllöslichen Sulfonsäure. Man erhält es durch Sulfonieren von Mineralöldestil-
lationsprodukten, Neutralisieren mit Alkali und Umsetzung des Natriumsulfonats mit
einem löslichen Bleisalz (bzw. Co- bzw. Mn-Salz). Kann allein oder in Mischung
mit anderen Trockenmitteln verwendet werden.
D. R. P. 518094 vom 26. X. 1927. I. G. Farbenindustrie A. G. 1. Trockenmittel, die durch Einwirkung von Metallsalzen auf die durch Oxydation von Paraffin,
Montanwachs u. dgl. erhältlichen Säuregemische oder Fraktionen dieser gebildet
werden. 2. Trockenmittel, enthaltend außer den in 1 genannten Bestandteilen noch
Harze, Kunstharze, Öle und bzw. oder Resinate, Oleate, Linoleate, Naphthenate
oder dergleichen.

Trockenstoffe aus anderen als den genannten Säuren werden in nachstehenden Patenten beschrieben:

D. R. P. 379333 vom 5. X. 1920. Carl Jäger G. m. b. H. in Düsseldorf. Sikkative, Leinölfirnisersatz od. dgl. aus benzoesauren Salzen für sich oder im Gemisch
mit anderen Trocknern; auch als konservierende Anstriche verwendbar.
D. R. P. 402539 vom 11. XI. 1922. HUBERT RAUCH in Vernier-Genève. Öllösliche Phenolaldehydharze werden mit Metalloxyden in Metallsalze übergeführt
und als Trockner verwendet.
A. P. 1880795 vom 13. VII. 1929. Röhm & Haas Co. Schwermetallketobenzoate.
Einbasische aromatische Ketokarbonsäuren der Formel $R—CO—C_6H_4—COOH$,
worin $R = Alkyl$, Aralkyl oder alkyliertes Aryl bedeutet, werden in ihre Natriumsalze
und durch doppelte Umsetzung in Schwermetallsalze übergeführt. In wasserfreier
Form in Leinöl und ähnlichen Stoffen gelöst, bilden sie Sikkative für Öle, Farben
und Lacke.

---

[1] S. Standard Oil Development Co.: D. R. P. 639940 vom 14. IX. 1928.

A. P. 1939622 vom 13. VII. 1929. Röhm & Haas Co. Sikkative für Öle und Farben, bestehend aus den neutralen Salzen mehrwertiger Metalle mit organischen Säuren der allgemeinen Formel CH_3—$(CH_2)_n$—CHX—R—CO—C_6H_4—COOH, wo R ein aromatischer Ring ist, während X = H oder Alkyl und n = 1 oder größer als 1.

A. P. 1927867 vom 27. VII. 1929. H. A. BRUSON[1]. Trockenstoff für Öl- und Harzlacke, bestehend aus einem mehrwertigen Metallsalz (Pb, Co, Mn u. dgl.), einer Toluylsäure, bei der ein Wasserstoffatom der Methylgruppe durch einen Kohlenwasserstoffrest ersetzt ist.

A. P. 1962478 vom 28. VIII. 1930. Resinous Products & Chemical Co. Trockenmittel für Öllacke, bestehend aus den Salzen mehrwertiger Metalle mit einbasischen Ketosäuren, die durch Kondensation aromatischer Kohlenwasserstoffe mit zweibasischen aliphatischen Säureanhydriden in Gegenwart von wasserfreiem Aluminiumchlorid hergestellt werden. Z. B. sek. Amylbenzoylpropionsäure.

A. P. 1933520 vom 18. VII. 1931. Resinous Products & Chemical Co. Trockenmittel, bestehend aus den Salzen mehrwertiger Metalle mit alkylierten Phenolmonocarbonsäuren. Als Säuren werden genannt u. a. p-Isopropylsalicylsäure, o-Äthoxy-p-sek.-amylbenzoesäure.

A. P. 1930449 vom 25. VII. 1931. Resinous Products & Chemical Co. Als Sikkative trocknender Öle verwendbare Mischungen von Salzen der Amylbenzoesäure, die sek., tert. oder Isoamylgruppen in p- oder o-Stellung zur Carboxylgruppe enthalten.

A. P. 1920160 vom 23. I. 1932. Resinous Products & Chemical Co. Trockenstoffe, bestehend aus den Schwermetallsalzen einer Säure der allgemeinen Formel R—O—CH_2—COOH (R = Alkyl, Aralkyl oder hydroaromatischer Rest). Sie zeichnen sich durch hellere Farbe, bessere Öllöslichkeit und Lagerbeständigkeit aus und geben mit Weißpigmenten keine Verfärbungen.

A. P. 1969709 vom 13. XII. 1932. Resinous Products & Chemical Co. Sikkative, bestehend aus den Schwermetallsalzen der Säuren der allgemeinen Formel R—O—C_nH_{2n}·COOH. Z. B. Cyclohexyloxypropionsäure, Cyclohexyloxybuttersäure u. a.

Russ. P. 47022 vom 6. IV. 1935. S. S. RAKUTZ. Herstellung von neutralem Zinkresinat durch Verschmelzen von ZnO mit Kolophonium unter Leinölzusatz.

Im folgenden sind Verfahren angeführt, deren Zweck es ist, die Löslichkeit der Trockenstoffe zu erhöhen, bzw. die Stabilität von Trockenstofflösungen zu verbessern:

D. R. P. 551354 vom 20. II. 1929. Hermann Wülfing A. G. Erhöhung der Löslichkeit der als Trockenstoffe verwendbaren fettsauren Metallverbindungen in trocknenden Ölen, Lacken und Verdünnungsmitteln durch Zusatz mehrwertiger Alkohole oder Zuckerstoffe gegebenenfalls mit nachträglichem Erhitzen.

D. R. P. 576939 vom 23. II. 1929. I. G. Farbenindustrie A. G. In trocknenden Ölen und in flüchtigen organischen Lösungsmitteln leicht löslichen, völlig homogene Trockenstoffextrakte der Naphthenattrockner werden erhalten durch Verwendung der Fettsäuren trocknender oder halbtrocknender Öle als Lösungsmittel. Die gangbarsten Konzentrationen sind fester Trockner zu Leinölsäure wie 1 : 1, 2 : 1, 4 : 1 usw.

D. R. P. 578416 vom 15. VI. 1929. I. G. Farbenindustrie A. G. Herstellung völlig homogener Trockenstoffextrakte nach Patent 576939 unter teilweisem Ersatz der freien Fettsäuren durch die betreffenden Öle.

D. R. P. 578586 vom 21. VII. 1929. I. G. Farbenindustrie A. G. Verhinderung des Absetzens und Gelatinierens von Trockenstofflösungen durch Zusatz freier aromatischer Carbonsäuren (insbesondere Benzoesäure), deren Homologe, Kernsubstitutionsprodukte und gewisser Derivate, die als Schutzkolloide wirken.

D. R. P. 579683 vom 3. V. 1932. Zusatz zu D. R. P. 576939. I. G. Farbenindustrie A. G. Abänderung des Verfahrens nach Patent 576939 dadurch, daß die freien Fettsäuren der trocknenden Öle ganz oder teilweise durch die freien niederen Olefincarbonsäuren oder deren aromatische Homologe oder ferner durch Benzoesäure, deren Kernsubstitutionsprodukte oder Derivate mit freier Carboxylgruppe ersetzt werden.

Die Oxydation bzw. Selbstentzündung gewisser Trockenstoffe soll durch das Verfahren des nachstehenden Patents gemindert werden:

---

[1] H. A. BRUSON u. O. STEIN: Ind. engin. Chem. **26**, 1268 (1934). Metallsalze neuer organischer Säuren als Trockenstoffe.

A. P. 2013667 vom 9. I. 1932. Glidden Co., Cleveland. Zinkseifen trocknender
Öle, besonders von Holzöl, die durch Umsetzung der Alkaliseifen mit Zinksalzen
erhalten werden, können gegen Oxydation, die Verflüssigung und Selbstentzündung
zur Folge haben kann, durch Behandlung mit kleinen Mengen Zucker, besonders
Glucose, geschützt werden. Der Zucker bildet wahrscheinlich einen Schutzfilm auf
den Seifenteilchen. Diese Zinkseifen finden als Trockenmittel und Pigmente Anwendung.

Eine Reihe verschiedener auf Trockenstoffe oder ihre Herstellung Bezug
habender Patente sei zum Abschluß angefügt:

Russ. P. 6255 vom 2. XI. 1925. A. SINOWIEW. Herstellung von Trockenstoffen
durch Umsetzung von Kali- oder Natronseifen mit Salzlösungen der Sikkativmetalle.
Der Niederschlag wird von der wäßrigen Lösung abgezogen und in Terpentinöl
oder anderen organischen Lösungsmitteln gelöst, worauf nach Abtrennung der wäßrigen Schicht der Extrakt zwecks *Zerstörung der Emulsion* mit Salzen, wie Calciumchlorid, Zinksulfat, Zinkchlorid od. dgl., versetzt und von der wäßrigen Schicht
erneut abgezogen wird.

F. P. 615166 vom 26. IV. 1926. A. S. RAMADGE. Sikkative (*Ozonide* aus
Kohlenwasserstoffen) werden hergestellt durch Behandeln von ungesättigten Kohlenwasserstoffen (Erdölfraktionen) vom Siedepunkt 125—250° mit Ozon enthaltender
Luft in einem Gefäß mit Rückflußkühler und Stahlspänen als Kontaktmasse. Die
erhaltenen Produkte besitzen die Eignung von Sikkativen und dienen als Zusätze
zu Anstrichfarben.

Russ. P. 20236 vom 10. VI. 1929. I. T. OSNOS. Eine Mischung aus trocknenden
Ölen und Blei-, Mangan- und Kobaltoxyden, welche nicht mehr als 2,5—3,5% Pb,
0,75—1,0% Mn und 0,25—0,4% Co enthält, wird vor dem Erhitzen auf einer *Kolloidmühle* behandelt.

D. R. P. 546771 vom 22. X. 1930. I. G. Farbenindustrie A. G. Herstellung
hochwertiger Trockenstoffe durch Umsetzung von höhermolekularen organischen
Säuren oder ihren Alkalimetallsalzen mit Erdalkali-, Aluminium- oder Schwermetallsalzen in *Gegenwart* von *Aminen*, z. B. Triäthanolamin.

D. R. P. 613004 vom 7. IV. 1933. J. RABINOWICZ, Berlin. Herstellung von
Metallresinaten. Alkaliresinate in wäßriger Lösung werden mit der Lösung eines
entsprechenden *basischen Metallsalzes* in äquivalenter Menge oder im Überschuß
gefällt.

A. P. 2025870 vom 24. X. 1934. Beck, Koller & Co., Inc. Herstellung von
Trockenmitteln durch Ausfällen eines Metallhydroxyds, z. B. Co(OH)$_2$, bei Zimmertemperatur in einer *nicht oxydierenden Atmosphäre* und Dispergieren des Niederschlages in Öl sowie Umsetzen bei 400° F mit Harz-, Naphthen- oder seifenbildenden
Fettsäuren und deren Glyceriden.

c) Die Herstellung der Firnisse.

1. Leinölfirnis.

Nach der Herstellungsmethode können wir unterscheiden: *Präparatfirnisse,
gekochte Firnisse, geblasene Firnisse* und *kalt bereitete Firnisse*.

Reiner Leinölfirnis darf nur aus reinem Leinöl und Trockenstoffen bestehen. Die Menge des Trockenstoffs soll bei Verwendung von Metalloxyd 2%,
bei Verwendung von Resinaten oder Oleaten 5% nicht übersteigen[1]. Derzeit
werden fast ausschließlich Präparatfirnisse hergestellt, deren überwiegender
Teil von Ölmühlen erzeugt wird, während die Lackfabriken vielfach nur den im
eigenen Betrieb gebrauchten Leinölfirnis herstellen.

α) *Gekochte Firnisse.*

Man versteht darunter Firnisse, die bei höherer Temperatur (200° C und
darüber) aus Leinöl und Trockenstoffgrundlagen hergestellt werden. Die notwendige Temperatur, die von der verwendeten Trockenstoffgrundlage abhängt,

---

[1] Lieferbedingungen RAL Nr. 848 B und Önorm C 2305.

und die Menge der anzuwendenden Metallverbindung beträgt nach den Angaben von BENEDICT-ULZER[1]:

	Anzuwendende Menge in %	Maximaltemperaturen in Celsiusgraden
Mennige	0,1—0,2	zirka 220
Bleiglätte	0,5—1,0	180—200
Mangansaures Blei	0,3—0,5	zirka 250
Manganoxydhydrat	0,2—0,4	„ 200
Braunstein	zirka 0,5	„ 250
Manganborat	0,5—1,0	„ 260
Manganacetat	1,0—1,5	„ 170
Bleiacetat	1,0—2,0	„ 180

Bleiverbindungen sollten möglichst sparsam dosiert werden, da stark bleihaltige Leinölfirnisse zu Ausscheidungen neigen. Die Herstellung der gekochten Firnisse geschieht so, daß man das Öl zunächst einige Zeit auf etwa 130° erhitzt, bis das Schäumen, verursacht durch geringe Mengen Wasser, aufhört. Da mit der durch die Erhitzung bewirkten Ausdehnung des Öles zu rechnen ist und auch noch genügend Raum für den Schaum bleiben muß, so sind die Kessel nur bis zu etwa drei Viertel zu füllen. Vom Beginn des Anheizens an bis zur Beendigung der Kochung ist ständig zu rühren. Sobald man die für den Zusatz der Metalloxyde nötige Temperatur erreicht hat, werden die Trockenstoffgrundlagen, die man vorher mit wenig Öl abreiben soll, portionsweise zugegeben. Dies ist nicht nur deshalb nötig, weil die Reaktion der Metallverbindung mit dem Öl (Bildung des Linoleats) langsam vor sich geht, sondern auch wegen des nach der Zugabe meist eintretenden starken Schäumens. Es ist dafür zu sorgen, daß die Metallverbindungen nicht am Boden liegen bleiben, da sie sich sonst nicht oder nur langsam lösen und auch zu Anbrennungen Anlaß geben. Das Rührwerk muß daher den Boden gut abstreifen bzw. muß (beim Rühren von Hand aus) das am Boden Liegende mit dem Rührspatel gut aufgerührt werden. Die Temperatur wird einige Stunden auf der erforderlichen Höhe gehalten. Nach einigem Abkühlen wird der Sud in den Vorratsbehälter abgelassen oder gepumpt, wo man ihn einige Zeit der Ruhe überläßt, damit sich der geringe nicht gelöste Anteil der Metallverbindung absetzt und der Firnis sich klärt. Eventuell erfolgt dann noch eine Filtration, womit der Firnis gebrauchsbereit ist. Die auf diese Weise hergestellten gekochten Firnisse haben eine dunklere Farbe und höhere Viskosität als die nach den anderen Verfahren bereiteten Firnisse, was auf die lange Behandlungsdauer bei höheren Temperaturen zurückzuführen ist (beginnende Polymerisation). Wegen der höheren Konsistenz wurden diese Firnisse früher vielfach bevorzugt. Man rühmte auch den damit hergestellten Ölfarben eine bessere Haltbarkeit nach, was auch nicht ganz unberechtigt sein mag, da diese Firnisse immerhin schon zu den standölartigen Produkten hinneigen. Die ge-

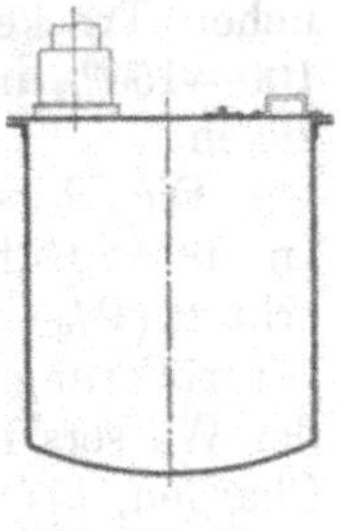

Abb. 109. Form der Firniskochkessel. (Möller & Schulze A. G., Magdeburg.)

kochten Firnisse werden auch oft als *holländische Firnisse* bezeichnet, da dieses Verfahren in Holland noch am meisten geübt wird.

Als Apparatur werden die sog. Normalschmelzkessel aus Eisenblech wohl nur in kleineren Betrieben benutzt. Sonst benutzt man heute zylindrische Eisenkessel mit gewölbtem Boden (Abb. 109) mit einem Fassungsraum von 300—5000 Liter, die mit einem massiven, den Kesselboden gut abstreifenden Rührwerk versehen sind. Die Kessel sind eingemauert und werden direkt beheizt. Eine indirekte Beheizung der Kessel kommt für diese

---

[1] BENEDICT-ULZER: Die Untersuchung der Fette, S. 523. Berlin. 1908.

Produkte nicht in Betracht, obzwar das wegen der Feuersgefahr sehr wünschenswert wäre, da man mit Dampf nicht die nötigen hohen Temperaturen erreicht und die Beheizung mit hocherhitztem Druckwasser für diesen Zweck zu teuer kommt. Der Schürraum der Feuerung wird am besten vom Sudhaus gänzlich getrennt (Abb. 110) und die Feuerung so gebaut, daß sie ein rasches Wegziehen des Feuers erlaubt, falls die Gefahr des Übersteigens eintritt. Die Kessel sind entweder mit einem flach gewölbten Deckel oder einer Haube bedeckt, die an die Dämpfekondensationsanlage angeschlossen ist. Dadurch wird der Geruchsbelästigung vorgebeugt und die Feuersgefahr herabgemindert. Oberhalb des Kessels befindet sich ein Flaschenzug od. dgl., um im Bedarfsfalle den Deckel rasch abheben zu können. An jedem Kessel sollte ein Überlaufhahn oder eine Überlaufrinne angebracht sein, damit ein Überfließen möglichst verhindert wird.

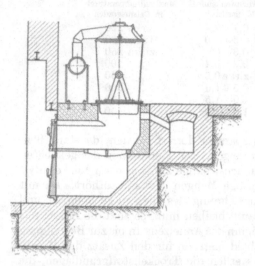

Abb. 110. Regelbare „Außenfeuerung" für festen Brennstoff, für Bedienung vom außerhalb liegenden Schürraum aus. (Sommer-Schmidding-Werke, Düsseldorf.)

Als Rührwerk bewähren sich gut passende Ankerrührer meist besser als Kettenrührer, da diese den Kesselboden abscheuern; gegebenenfalls sollten die Ketten zumindest aus weicherem Material bestehen als das des Kesselbodens.

β) Präparatfirnisse.

Anstatt durch Kochen des Leinöles mit Trockenstoffgrundlagen, wobei ja schließlich nur das auf diesem Wege gebildete, im Öl sich lösende Linoleat die Trockenstoffwirkung ausübt, kommt man auf viel einfacherem Wege zum Ziel, wenn man einen in einem getrennten Arbeitsgang erzeugten, leicht löslichen Trockenstoff im Leinöl auflöst. Es genügen hierbei Temperaturen von 100—150⁰, um rasch zum Ziel zu kommen und eine gute Dispergierung zu erzielen.

Die Herstellung der Präparatfirnisse gestaltet sich etwa folgendermaßen: In einem Rührwerkskessel wird das Leinöl zunächst einige Zeit auf etwa 150⁰ erhitzt ($1^{1}/_{2}$—2 Stunden). Bei der Füllung des Kessels nimmt man auf die Volumsvergrößerung beim Erhitzen und auf das leichte Schäumen beim Entweichen des Wassers Rücksicht (falls man kein Lackleinöl verwendet hat). Bei kleineren Chargen, bis 1000 kg, kann man nun den gut zerteilten Trockenstoff portionsweise unter tüchtigem Rühren zugeben, wobei man dafür sorgt, daß der Trockenstoff sich nicht zu Boden setzt. Bei größeren Chargen ist es notwendig, den Trockenstoff in etwa dem doppelten Quantum Leinöl bei 140⁰ aufzulösen (wobei man diese Ölmenge beim Ansatz berücksichtigt). Dieser Extrakt wird dann durch ein Drahtsieb unter fortgesetztem Rühren in Teilen dem heißen Öl im Kessel zugegeben. Nach der auf die eine oder andere Art erfolgten Trockenstoffzugabe ist es vorteilhaft, den Sud unter ständigem Rühren etwa eine halbe Stunde auf 180⁰ zu halten. Es ist aber auch bei kleineren Mengen Firnis vorteilhaft, den Trockenstoff in gelöster Form zuzugeben, insbesondere dann, wenn die Rührung von Hand aus erfolgt. Diese Vorschrift gilt gleicherweise für Resinate wie Linoleate und im wesentlichen auch für Soligene. Bezüglich der anzuwendenden Mengen Trockenstoff sei auf das über die optimalen Metallgehalte an früherer Stelle Gesagte verwiesen. Jedenfalls muß der Metallgehalt des verwendeten Trockenstoffes genau bekannt sein, und wenn man das Sikkativ nicht von absolut verläßlicher Stelle bezogen hat, soll man die Mühe nicht scheuen, den Metallgehalt analytisch zu ermitteln[1]. Die Verwendung von Soligentrockenstoffen ist heute durchaus zu empfehlen. Der ihnen ursprünglich anhaftende Geruch (von den Naphthensäuren), der sich auch den damit hergestellten Produkten mitteilte, ist heute praktisch beseitigt, so daß er keinerlei Anstand bei ihrer Verwendung für Anstrichzwecke abgeben kann. Durch die Gleichmäßigkeit der Fabrikation und durch ihren hohen Metallgehalt, der den erforderlichen Zusatz auf das derzeit geringstmögliche Maß herabsetzt, haben sie die weitestgehende Verbreitung erlangt[2]. Trockenstoffe mit ähnlich hohem Gehalt stehen noch in den Produkten vom Typ der Ultraoleate zur Verfügung[3].

Für die Herstellung von Firnissen mit Soligenen gibt die I. G. Farbenindustrie A. G. folgende Anleitung:

„In der Hauptsache kommen für diesen Zweck in Frage:
Soligen-Kobalt-Mangan für helle, gut trocknende, nicht absetzende und doch billige Handelsfirnisse. Zusatz etwa $^1/_3\%$.
Soligen-Kobalt für Firnisse, von welchen schnellste Trocknung verlangt wird und durch die weiße Farbe praktisch keine oder nur sehr geringe Farbänderung erleiden darf. Zusatz etwa $^1/_3\%$.
Soligen-Blei-Mangan für mittelhelle, billige Firnisse, bei welchen auf rasches und hartes Durchtrocknen Wert gelegt wird. Zusatz etwa $^1/_2\%$.
Soligen-Kobalt-Zink-Mangan für sehr helle Firnisse. Zusatz etwa $^1/_2\%$.
Das zur Verwendung kommende Leinöl wird zunächst in einem mit Rührwerk versehenen heizbaren Kessel auf etwa 125—140° C erhitzt, um das in jedem Leinöl enthaltene Saatwasser zu entfernen. Höhe der Temperatur und Dauer des Erhitzens richten sich nach der angewandten Ölmenge. Die Entwässerung ist beendet, sobald ein Schäumen des Öles nicht mehr zu beobachten ist. Dem entwässerten heißen Öl setzt man dann, falls es sich um kleinere Ansätze handelt, die nötige Menge Trockenstoff, möglichst in zerkleinerter Form, unter gutem Rühren zu und setzt das Rühren so lange fort, bis der Trockenstoff vollständig in Lösung gegangen ist. Da dies bei Soligenen schon bei Temperaturen von 100—140° C der Fall ist, so ist ein Erhitzen auf höhere Temperaturen nicht erforderlich. Falls das Leinöl vorher zwecks Aufhellung, zur Erhöhung der Dichte usw. auf höhere Temperatur gebracht worden ist, so empfiehlt es sich, die Soligene erst zuzusetzen, wenn es sich auf die genannte Lösetemperatur abgekühlt hat. Es wird so ein bedeutend hellerer Firnis erzielt, als wenn der Zusatz bei höherer Temperatur erfolgt. Je heller der Firnis anfällt, um so rascher geht auch die weitere Aufhellung beim Lagern vor sich.
Bei großen Ansätzen und besonders bei Verwendung eines Kessels ohne Rührvorrichtung ist es ratsam, den Trockenstoff zunächst zu einem Extrakt vorzulösen, da es sich selbst bei dem besten Rührwerk nicht immer vermeiden läßt, daß sich der Trockner am Boden des Kessels festsetzt."

Die erforderliche Temperatur, bei der die Soligene in der 3—5fachen Menge Leinöl zu diesem Extrakt vorgelöst werden, wird wie folgt angegeben: Soligen-

---

[1] S. z. B. Anhang zum ersten Normenblatt (D. T. V.).
[2] Über Eignung und Eigenschaften von Soligenen s. H. WOLFF: Vergleichende Untersuchung von Trockenstoffen. Fachausschuß für Anstrichtechnik, H. 12, 1931. — H. MUNZERT: Chem.-Ztg. 53, 622 (1929). — F. MEIDERT: Chem.-Ztg. 53, 299 (1929). — F. WILBORN: Farbe u. Lack 1930, 338. — G. H. PICKARD: Amer. Paint Journ. St. Louis 16, Nr. 9 (1931); Scient. Sect. Circ. Nr. 404 (1931). — E. STOCK: Seifensieder-Ztg. 58, 144 (1931). — M. D. CURWEN: Oil and Colour Trades Journ. 88, 1711 (1935). — C. A. KLEBSATTEL: Paint, Oil, Chem. Rev. 93, Nr. 14 (1932); 97, Nr. 12 (1935).
[3] S. auch die Patente der Resinous Products & Chemical Co. und die Bemerkung über „Oilsolates".

Kobalt 140⁰; Soligen-Kobalt-Mangan 140⁰; Soligen-Blei-Mangan 110⁰; Soligen-Kobalt-Zink-Mangan 110⁰.

Bezüglich der Verwendung der einzelnen Trockenstoffe sei nochmals darauf hingewiesen, daß blei- und in gewissem Grade auch zinkhaltige Firnisse oft zu Abscheidungen (Firnistrübungen)[1] neigen. Es beruht dies, wenn nicht etwa Fabrikationsfehler vorliegen, auf der Bildung von Seifen der Oxyfettsäuren und gesättigten Fettsäuren. Die Bildung von Oxysäuren kann dadurch geschehen, daß der Firnis in nicht gut verschlossenen oder halbgefüllten Gefäßen lagert, wobei die Oxydation unter Einwirkung des Luftsauerstoffs vor sich geht. Durch Feuchtigkeit werden solche Ausscheidungen ebenfalls begünstigt, es ist daher darauf zu achten, daß auch die Transportfässer vor der Füllung tadellos trocken sind. Aber selbst bei einwandfreier Lagerung können sich Firnistrübungen einstellen. Es hat sich herausgestellt, daß dann die im Öl enthaltenen Oxyfettsäuren die Ursache sind. Diese Erscheinung tritt auch bei Soligenen auf, wenn

sehr säurereiche Öle zur Firnisherstellung verwendet werden. Durch eine Behandlung mit geringen Mengen Kalkhydrat vor der Zugabe des Trockenstoffs läßt sich dies abstellen[2]. Auch Blasen der Öle wird zur Beseitigung dieses Übelstandes empfohlen; es scheint sich hier (trotz des gesteigerten Säuregehaltes) um Auswirkungen der gesteigerten Kolloidnatur (Schutzkolloide?) des Öles zu handeln, doch kann beim Blasen leicht eine Verdunkelung des Öles eintreten. Zur Verhinderung dieser Trübungen wird man die Menge des Bleis so gering als möglich halten, und bei Kombinationen das Verhältnis der Komponenten richtig abstimmen. Die Gegenwart von Kobalt- und in geringerem Maße auch von Mangantrocknern

Abb. 111. Dampfbeheizter Firniskochkessel mit Doppelmantel und Rührwerk. (Möller & Schulze A. G., Magdeburg.)

scheint die Löslichkeit der Blei- und Zinktrockner zu befördern. So gibt die I. G. Farbenindustrie A. G. an, daß bei Verwendung von Soligen-Kobalt-Blei spezial mit einem Verhältnis von Co : Pb = 1 : 2 in einem normalen Öl keine Ausscheidung eintritt, während dies bei Verwendung von Soligen-Kobalt-Blei mit einem Kombinationsverhältnis von Co : Pb = 1 : 9 sehr deutlich der Fall ist. Auch eine Kombination von Soligen-Kobalt-Mangan mit Soligen-Blei-Mangan in Ölen mittlerer Säurezahl bewährt sich, wenn man 0,2% des ersteren mit 0,4% des letzteren verwendet, während man bei hoher Säurezahl des Öles das Verhältnis Soligen-Co-Mn zu Soligen-Pb-Mn mit 1 : 1 bemessen muß, um einen satzfreien Firnis zu erhalten.

Zur Erzeugung der Präparatfirnisse können bei kleinen Chargen die bereits erwähnten Normalschmelzkessel verwendet werden, die direkt beheizt werden und in denen man mit einem Rührspatel von Hand aus rührt. Da die zur Erzeugung dieser Firnisse erforderlichen Temperaturen verhältnismäßig nieder sind, verwendet man dort, wo es sich um fortlaufende Erzeugung oder größere Mengen handelt, mit indirektem Dampf beheizte Kessel (Abb. 111), die mit Rührwerk ausgestattet sind und Anschluß an die Dämpfekondensation haben. Die Temperaturkontrolle erfolgt durch eingehängte Thermometer. Die Fabrikation der Präparatfirnisse wird heute zum Großteil von den Ölmühlen durchgeführt

[1] H. WOLFF: Farben-Ztg. 18, 2587 (1913). — W. KISSELEW u. N. SSUCHANOW: Öl-Fett-Ind. (russ.: Masloboino Shirowoje Djelo) 1929, Nr. 5. — H. WOLFF u. CH. DORN: Chem.-Ztg. 45, 735, 1086 (1921); Farben-Ztg. 27, 26 (1921).
[2] S. auch D. R. P. 510937 u. 628197 in der Patentübersicht auf S. 249.

und dort werden große, bis zu 20000 l und mehr fassende, mit indirektem Dampf beheizte eingemauerte Kessel verwendet (Abb. 112). Die Kessel werden entweder aus Gußeisen oder Schmiedeeisen, welches für ganz große ausschließlich in Betracht kommt, erzeugt und können für helle Produkte innen emailliert sein. Die Beheizung erfolgt entweder durch einen Doppelmantel, der für den erforderlichen Dampfdruck von 3—10 at dimensioniert sein muß, oder mit Dampfschlangen. Für besonders helle Produkte kommen auch Aluminiumkessel in Betracht (Dampfmantel aus Schmiedeeisen)[1]. Die kleineren Kessel sind gewöhnlich freistehend auf Ständern montiert, eventuell mit einem Isolier-

Abb. 112. Siederaum mit ortsfesten Kesseln und Kondensationsanlage. (Sommer-Schmidding-Werke, Düsseldorf.)

mantel gegen Wärmeverlust geschützt. Die Beheizung mit hocherhitztem Druckwasser ist dann wirtschaftlich, wenn die Herstellung großer Mengen in Betracht kommt, so daß man nach Ablassen eines Sudes den Kessel sofort mit frischem Öl füllen kann und dadurch den hohen Wärmeinhalt des Gußeisenkessels ausnutzt. Durch die Möglichkeit der Dampfheizung ist das früher so feuergefährliche Firniskochen zu einem der feuerungefährlichsten Betriebe der Lackfabrikation geworden.

γ) Geblasene Firnisse.

Die Herstellung erfolgt durch Einblasen von fein verteilter Luft in den Firnis bei einer Temperatur von etwa 130⁰ C (auch bis 200⁰ C). Das Verfahren, das heute nur mehr vereinzelt ausgeübt wird, hatte den Zweck, die Firnisse rascher trocknend zu machen. Durch die Voroxydation wird die Induktions-

---

[1] Über das Kesselmaterial s. auch unter Standöle, S. 262.

periode beim Trocknen abgekürzt bzw. vorweggenommen. Die Luft wird gewöhnlich vorgewärmt, doch muß man dabei beachten, daß das Blasen des Leinöles ein exothermer Vorgang ist; man muß daher die Lufttemperatur immer niedriger halten als die des Öles. Die Heizung erfolgt mit Dampf. Die Luftzerteilung darf, wegen des sonst auftretenden starken Schäumens, eine gewisse Feinheit nicht unterschreiten. Als Gefäße eignen sich hohe Kessel. Über sie wie über die Art der Luftverteilung ist im Abschnitt über oxydierte Öle (S. 294) Näheres mitgeteilt.

Das Blasen von Firnissen kann aber noch zu einem anderen Zweck vorgenommen werden. Wenn man nämlich Firnisse bei niedriger Temperatur bläst, so erzielt man eine Aufhellung. Das Blasen soll dann bei Temperaturen von 50° bis höchstens 60° mit kalter Luft erfolgen, wobei man am besten so arbeitet, daß sich während der Blasdauer der Firnis auf Raumtemperatur abkühlt. Diese Art des Blasens läßt sich dann leicht ausüben, wenn der Firniskochkessel zum Blasen eingerichtet ist. Man läßt dann den Firnis auf die genannte Temperatur abkühlen und beginnt dann mit dem Blasen. Die Öltemperatur darf dabei auf keinen Fall steigen, sonst erzielt man das Gegenteil des gewünschten Erfolges, der Firnis dunkelt nach. Der Firniskochkessel muß daher auch mit einer Kühlschlange versehen sein, um einen Temperaturanstieg verhindern zu können und die Abkühlung des Öles auf Raumtemperatur während des Blasens herbeizuführen. Vorteilhafter ist es, den gekochten Firnis in einen eigens für diesen Zweck eingerichteten Apparat abzufüllen. Man kann auch mehrere Chargen sammeln und diese dann bei Raumtemperatur blasen. Zum Aufhellen durch Blasen eignen sich nur Kobalt- und Manganfirnisse, bei Blei- und auch bei Zinkfirnissen erzielt man keine guten Resultate, vor allem wegen der sich durch die Oxydation bildenden Ausscheidungen. Die Dauer des Blasens hängt von der Luftmenge ab, die man in der Zeiteinheit durch den Firnis treiben kann, und von der Feinheit der Luftzerteilung. Bezüglich der Apparatur gilt das vorher Gesagte.

δ) Kalt bereitete Firnisse.

Diese werden auf einfache Weise durch Vermischen von in Leinöl gelösten Trockenstoffen mit Leinöl hergestellt[1]. Es ist selbstverständlich, daß dabei tüchtig gerührt werden soll. Bezüglich der zu verwendenden Trockner gilt das unter β angeführte. Vor dem Verbrauch muß ein so bereiteter Firnis einige Tage lagern, da er erst dann seine volle Trockenwirkung entfaltet. Da bei den kalt bereiteten Firnissen alle die Veränderungen wegfallen, die bei der Hitzebehandlung des Leinöles eintreten, sind sie auch viel dünnflüssiger als Präparatfirnisse. Kalt bereitete Firnisse müssen beim Verkauf als solche bezeichnet werden, sie werden auch als *sikkativierte Leinöle* benannt. Diese Benennung sollte man aber den Produkten zuweisen, welche durch Vermischen von Sikkativlösungen in flüchtigen Lösungsmitteln mit Leinöl entstehen.

2. Firnisse aus anderen Ölen.

Firnisse aus anderen Ölen als aus Leinöl werden derzeit im größeren nicht hergestellt. Man hat einige Zeit versucht, auch das Holzöl zur Firniserzeugung heranzuziehen. So gelingt es z. B., aus Holzöl durch Vermischen mit ranzigem Terpentinöl[2] bei geeigneter Sikkativierung (Kobalt) einen runzelfrei auftrock-

---

[1] Sowohl nach den Deutschen Lieferbedingungen RAL-Blatt 848 B als auch nach der Önorm C 2305 dürfen kalt bereitete Firnisse, die unter Verwendung von Sikkativlösungen (in Benzin usw.) hergestellt wurden, flüchtige Lösungsmittel enthalten, müssen aber auch in diesem Fall als kalt bereitete Firnisse besonders gekennzeichnet werden.   [2] D. R. P. 257 601.

nenden Firnis zu erzielen[1]. War es erst der Preis, der solchen Bestrebungen ein Ziel setzte, zu einer Zeit, wo man Holzöl als das Alleinseligmachende in der Anstrichmittelindustrie hielt, so hat sich heute die Erkenntnis Bahn gebrochen, daß Anstriche mit Holzöl als alleinigem Farbenbindemittel durchaus nicht einem Anstrich mit einer Leinölfirnisfarbe überlegen sein müssen, wenn es nicht auf Spezialanforderungen ankommt. Über die Firnisse aus sonstigen Ölen wurde bereits bei der Besprechung ihrer Eignung für Anstrichzwecke das Erforderliche gesagt. Die Herstellungsmethoden entsprechen dann im wesentlichen auch der Leinölfirnisherstellung, oder diese Öle werden nur im verdickten (polymerisierten) oder auch geblasenen Zustand verwendet. Die Methoden zur Erzeugung dieser Produkte sind den Verfahren zur Herstellung der Standöle bzw. geblasenen Öle zu entnehmen. Im übrigen sei auch auf die Patentzusammenstellung am Schluß dieses Abschnittes verwiesen. Die meisten dieser Produkte sind noch als Leinölfirnisersatz anzusprechen.

3. Sparfirnisse.

Beim Streichen auf saugendem Grund wurde es als unangenehm und zeitraubend befunden, daß man den Grund (z. B. verputztes Mauerwerk) vor dem eigentlichen Anstrich mehrmals ölen mußte, um ein Wegschlagen des Anstrichs zu vermeiden. Durch Zusatz von quellfähigen Körpern, wie fettsaurer, harzsaurer oder naphthensaurer Tonerde, welche porenverstopfend wirken, hat man diesem Übelstand abgeholfen (Imprexfirnis)[2]. Es genügen wenige Prozente Aluminiumstearat (2—5%), um den gewünschten Effekt zu erzielen. Das Aluminiumstearat wird meist in Form einer Paste, die durch Quellen in Lösungsmitteln[3] hergestellt wird, angewendet. Soligen-Aluminium in Mengen von 2—5% ist ebenso zu verwenden und wird vorerst mit Leinöl zu einem Extrakt gelöst. Durch die Verwendung von Aluminiumstearat kann auch eine Ölersparnis in dem Sinne erzielt werden, daß man zum Streichfertigmachen einer Ölfarbe weniger Öl braucht, wenn man Aluminiumstearat zusetzt, als ohne dieses[4]. Solche Sparfirnisse, die auf saugendem Grund beim ersten Anstrich stehen, hat man auch durch Erhöhung der Viskosität des Firnisses, auf anderem Weg als durch Aluminiumverbindungen, erreicht. Die Sulfofirnisse verdanken diesem Bestreben ihre Einführung in die Anstrichtechnik, wenn sie auch heute kaum dazu gebraucht werden. Ganz allgemein kann man durch Erzeugung eines Gels aus fetten Ölen, sei es durch Polymerisation, Vulkanisierung oder Blasen, (Oxydation) und Auflösen dieses Gels in einem trocknenden Öl bzw. Firnis hochviskose Anstrichmittel erhalten, die zu ihrer Streich- oder Spritzfähigkeit gewöhnlich noch eines Verdünnungsmittelzusatzes (Benzin usw.) bedürfen. Diese Anstrichmittel werden einerseits durch ihre Zähflüssigkeit nicht leicht in den Grund gesaugt, andererseits verdicken bzw. trocknen sie nach dem Aufbringen so rasch, daß der Anstrich stehen bleibt. Die Herstellung des gelierten Öles erfolgt nach den bei der Standölbildung, Oxydation und Schwefelung der Öle beschriebenen Methoden. Die Bezeichnung Sparanstrichmittel gilt heute, wie schon oben angedeutet, aber noch in einem anderen Sinne. Durch die Verwen-

---

[1] Auch die Verwendung von negativen Katalysatoren wurde zu diesem Zwecke vorgeschlagen. Aber wenn sie auch diesen Effekt bei genügender Menge ausüben, so beeinflussen sie das Trocknen des Films ungünstig. S. z. B. E. P. 391093 und D. R. P. 516369.

[2] H. WOLFF u. J. RABINOWITZ: Farbe u. Lack 1931, 428. — J. J. SHANK: Ind. engin. Chem. Analyt. Ed. 4, 335 (1932). — F. J. LICATA: Drugs, Oils and Paints 48, Nr. 5 (1935).   [3] E. MARKOWICZ: Farben-Ztg. 34, 326, 414, 503 (1928).

[4] H. A. GARDNER: Scient. Sect. Circ. 321 u. 335 (1927). — H. WOLFF u. J. RABINOWICZ: Farbe u. Lack 1931, 428.

dung von mit flüchtigen Lösungsmitteln verdünnten, standölartigen Bindemitteln, die also in einer bestimmten Menge weniger Öl enthalten, als etwa in
der gleichen Menge eines Leinölfirnisses gleicher Konsistenz enthalten wäre,
tritt auch eine Ersparung an Öl ein. Dazu kommt noch, daß standölhaltige
Bindemittel im Anstrich eine bessere Haltbarkeit zeigen, was wieder auf eine
Öleinsparung hinausläuft. H. Wolff[1] hat gefunden, daß ein auf die doppelte
Viskosität eingekochtes Leinöl einen geringeren Ölverbrauch beim Anreiben
von Pigmenten zu streichfertiger Konsistenz zeigt, daß man also davon weniger
braucht als bei der Anreibung in Leinölfirnis. Dieses Öl soll demzufolge öl-
sparend wirken. Die Bewährung in der Praxis steht noch aus.

Man will auch gefunden haben, daß ein Zusatz von Sojalecithin zum Firnis
eine Verringerung des Ölbedarfs mit sich bringt, doch ist diese Ansicht nicht
ohne, scheinbar berechtigten, Widerspruch geblieben[2]. Schließlich hat sich auch
gezeigt, daß die Säurezahl des Firnisses von Einfluß auf den Ölbedarf ist. So
hat K. Centner gefunden, daß der Ölbedarf bis zu einer Säurezahl von 5 sinkt,
was J. Scheiber und E. Rottsahl nicht nur bestätigt haben[3], sondern noch
fanden, daß auch, bei Zunahme der Säurezahl bis zu 10—25%, der Ölbedarf
noch sinken kann (der Einfluß der Säurezahl ist auch abhängig vom verwendeten Pigment). Auch die als Verlaufmittel gebrauchten Produkte können einen
solchen Einfluß zeigen (Benzoesäure, Zimtsäure u. a.).

d) Firnisersatzmittel.

Ein brauchbares Ersatzmittel für Leinölfirnis soll diesem in seinen
Eigenschaften und seiner Anwendbarkeit möglichst nahekommen. Vor allem
muß es in praktisch in Betracht kommender Zeit (mindestens 24 Stunden nach
dem Anstrich) zu einem gut haftenden, nicht nachklebenden, möglichst elastischen und nicht abreibbaren Film auftrocknen. Es muß gute Farbenverträglichkeit, gute Streichfähigkeit neben mildem Geruch besitzen. Man kann zwischen
ölfreien, ölarmen und aus anderen Ölen als Leinöl bestehenden Ersatzmitteln
unterscheiden.

Die ölfreien Ersatzmittel bestehen entweder aus Lösungen von Harzen
(natürlichen oder künstlichen) in flüchtigen Lösungsmitteln, stellen also eigentlich flüchtige Lacke dar. Insbesondere solche auf Kunstharzbasis (vorzüglich
glyptalartige) stehen heute dort, wo die Verwendung von Leinöl untunlich oder
verboten ist, im Vordergrunde. Die in der Kriegszeit übel bekannten Mineralöl-,
Harzöl- bzw. Kolophoniumkompositionen können meist nicht den Anspruch
erheben, für diesen Zweck auch nur beschränkt tauglich zu sein. Man hat in den
letzteren Jahren auch versucht, künstliche Öle herzustellen, meist durch Polymerisation von ungesättigten Verbindungen[4]; über das seinerzeit von englischer

---

[1] H. Wolff u. L. Wallbaum: Fettchem. Umschau **40**, 113 (1933). — H. Wolff u.
    J. Rabinowicz: Ebenda 115. — G. Zeidler: Farben-Ztg. **40**, 429ff. (1935).
[2] S. D. R. P. 524 118 vom 6. VIII. 1930. — Farben-Ztg. **38**, 105 (1932). — E. Stock:
    Farben-Ztg. **38**, 905 (1933).
[3] K. Centner: Farben-Ztg. **37**, 340 (1931). — J. Scheiber u. E. Rottsahl: Farbe
    u. Lack **1934**, 315.
[4] Synthetic-Drying-Oil: A. P. 1 812 844, 1 812 849, 1 812 541 vom 30. VI. 1931 für
    A. M. Collins bzw. J. Nieuwland. — O. M. Hayden: Ind. engin. Chem. **22**,
    590 (1930). — H. G. Bimmermann: Vortrag, ref. Farben-Ztg. **38**, 12 (1932).
    Öl- bzw. lackartige Produkte hat man auch versucht, aus Erdölfraktionen zu
    gewinnen, z. B. aus Salzen der Naphthensäuren, Oxydationsprodukten der
    Kohlenwasserstoffe, oder Krackprodukten. Entweder über die ungesättigten
    Kohlenwasserstoffe oder aus den erst aus Erdölkohlenwasserstoffen hergestellten
    ungesättigten Fettsäuren versucht man Ester herzustellen, welche den Charakter

Seite propagierte S-D-O-Öl ist schon der Stab gebrochen, ob die anderen patentierten Produkte verwendungsfähig sind, ist derzeit nicht bekannt.

Dort, wo man nicht ganz ohne Leinöl auszukommen vermag, versucht man, ölarme Ersatzmittel oder meist besser gesagt gestreckten Leinölfirnis anzuwenden. Eines der derzeit für gewisse Anstrichzwecke in Deutschland vorgeschriebenen, ölarmen Bindemittel ist der sog. El-Firnis[1]. Er besteht aus 21% Leinölstandöl, 16% Phthalatharz, 12% Harzester, 1% Sikkativ und 50% Lackbenzin, ist also ein Kunstharzlack auf Leinölbasis. So wie diesen, gibt es eine Reihe anderer ähnlicher Produkte, die teils auf reiner Lackbasis aufgebaut sind, teils Mischungen von lackartigen Produkten mit Leinölfirnis darstellen.

Die Firnisersatzmittel auf reiner Ölbasis bestehen entweder aus einem mehr oder minder verschnittenen Leinölfirnis oder aber aus firnisartigen Produkten aus anderen trocknenden oder halbtrocknenden Ölen. Über die Möglichkeit der Verwendung solcher Öle wurde bereits im Abschnitt Rohmaterialien für Firnisfabrikation (S. 217) das Wissenswerte mitgeteilt. Hierher sind im gewissen Sinne auch die mit Lösungsmitteln verdünnten Auflösungen von gelierten Ölen in Leinöl bzw. Firnis zu rechnen.

Als Firnisersatzmittel sind unter Umständen auch die neueren *Emulsionsbindemittel* anzusehen. Soweit sie Öl-in-Wasser-Emulsionen darstellen, gehören sie bereits ins Gebiet der wäßrigen Bindemittel, z. B. die als brechende Wasserlacke zu bezeichnenden Typen, die matte, aber schon wasserfeste Anstriche geben, welche auch auf alten Ölfarben halten (Waternol, Walacin, Binder AC 2 u. a.); übertroffen werden sie noch von den sog. nicht brechenden Wasserlacken, ebenfalls OW-Typ, die unter Mitverwendung von Glyptalen hergestellt sind (derzeit nur Membranit bekannt). Einer mit Wasser verdünnten Ölfarbe ähnlich sind die Wasser-in-Öl-Emulsionen, sie geben (anfänglich hochglänzende) Anstriche, die sich im Außenanstrich ganz gut bewähren, wenn sie auch die Ölfarben in ihrer Wetterbeständigkeit nicht erreichen (z. B. Docmafarben, Durmulsan). Für den Rostschutzanstrich kommen wasserhaltige Bindemittel nicht in Betracht. Im Falle daß man mit der Emulsionstechnik besondere, ihr eigene Wirkungen erzielen will, kann man die Emulsionsfarben natürlich nicht als Ersatzmittel ansprechen. Die Emulsionstechnik hat in der letzten Zeit, wohl durch Ölsparmaßnahmen angeregt, wieder stellenweise ziemliche Bedeutung erlangt.

Von allen diesen Firnisersatzmitteln ist zu sagen, daß man sie, falls kein Zwang dazu vorliegt, nur dann verwenden sollte, wenn man sich über die Brauchbarkeit und Haltbarkeit für den gegebenen Zweck überzeugt hat. Daß sie im Außenanstrich noch keine Rolle spielen, geht schon daraus hervor, daß man auch in Deutschland für den Rostschutzanstrich von Metallen den Ölanstrich bedingungslos zuläßt und vor einer zu großen Weitherzigkeit in der Empfehlung von Ersatzmitteln für diese Zwecke warnt.

e) Eigenschaften und Verwendung von Leinölfirnis.

α) *Eigenschaften.*

Neben der äußeren Erscheinung, wie Satzfreiheit und Farbe, und dem Trockenstoffgehalt, die schon früher präzisiert wurden, ist das wichtigste Merk-

---

trocknender Öle besitzen. In Rußland sollen solche Produkte schon hergestellt werden. Soweit bekannt, sind das nur Notbehelfe, die einer ernsteren praktischen Bewährung bisher nicht standgehalten haben.

[1] E. ROSSMANN: Vortrag, ref. Farben-Ztg. 41, 720 (1936). S. auch Farben-Ztg. 41, 181, 254 (1936).

mal eines guten Leinölfirnisses die *Trockenzeit*. Sowohl nach den Deutschen Lieferbedingungen[1] als auch nach der Önorm[2] muß ein reiner Leinölfirnis in dünner Schicht (drei Tropfen auf eine Glasplatte 9 × 12) bei einer Temperatur nicht unter 18° und nicht über 23° C bei zerstreutem Tageslicht innerhalb 24 Stunden zu einem festen, mit einem Messer zu elastischen Spänen abschabbaren Film eingetrocknet sein. Das völlige Durchtrocknen braucht erst innerhalb 48 Stunden zu erfolgen. Die Prüfung auf den Trocknungszustand erfolgt mit dem Finger nach dem Blatt RAL-Nr. 848 B des Deutschen Reichsausschusses für Lieferbedingungen, welches gleichlautend der österreichischen Normvorschrift ist.

Die Kennzahlen sollen betragen:

Spezifisches Gewicht (20°/4°, 760 mm) .   0,928—0,960
Brechungsindex (n_D^{20}) ....   1,4790—1,4860[3]
Säurezahl ....   nicht über 12
Verseifungszahl ....   186—195

Die qualitative und quantitative Untersuchung des Firnisses erfolgt nach den betreffenden Normvorschriften bzw. nach einem der Fachbücher[4].

Über die Veränderungen, die Leinölfirnis beim Lagern erleidet, liegen eine Reihe von Untersuchungen vor, die aber oft widersprechend in ihren Ergebnissen sind. Es ist bereits erwähnt worden, daß Bleifirnisse stark, Manganfirnisse weit weniger und Kobaltfirnisse fast gar nicht zur Bildung von Abscheidungen neigen. Es scheint erklärlich, daß, wenn z. B. ein Bleifirnis gerade nur die optimale Menge Metall enthält und wenn von diesem sich im Lauf der Lagerung ein Bruchteil abscheidet, die Trockenwirkung geringer sein wird. Tatsächlich hat sich das nicht immer gezeigt. Vor allem verwendet man schon mit Rücksicht auf diese Erscheinung um etwas mehr Blei. Aber auch bei Firnissen, die nur den optimalen Bleigehalt hatten, trat der zu erwartende Rückgang in der Trockenkraft nicht ein, ja es konnte beobachtet werden, daß die gealterten Firnisse besser trockneten. P. E. MARLING[5] erklärt dies durch Ausbildung eines Autokatalysators, der die Trocknung des Öles unterstützt. Beim Erhitzen auf 120° ging die durch die Alterung erzielte Verbesserung der Trockenwirkung wieder verloren, um beim erneuten Altern wieder einzutreten. Aus Arbeiten von J. M. PURDY, W. G. FRANCE und W. L. EVANS[6] und von diesen drei Autoren im Verein mit C. K. BLACK[7] ergab sich, daß mit zunehmendem Alter die Dispersion des Trockenstoffs im Firnis immer feiner wird. Da nun die Wirkung eines Trockenstoffs bzw. Metalls um so mehr zur Geltung kommt, je höher der Dispersionsgrad ist, so ist der Schluß berechtigt, daß die raschere Trocknung gealterter Firnisse auf eine Dispersitätserhöhung des Trockenstoffs im Firnis zurückzuführen ist. Aus Versuchen von F. WILBORN[8] war zu ersehen, daß in kürzerer Zeit die Veränderungen so gering sind, daß sie sich praktisch nicht auswirken.

---

[1] RAL-Blatt 848 B.   [2] Önorm C 2305 vom 1. August 1935.
[3] Anmerkung: Ein höherer Brechungsindex beweist zwar noch nicht die Unreinheit des Leinölfirnisses, ist jedoch verdächtig, da er durch einen zu hohen Gehalt an Resinaten verursacht sein kann (nicht muß). In diesem Fall ist der Firnis zu verseifen, die erhaltenen Fett- und Harzsäuren nach der Methode von WOLFF-SCHOLZ (doppelte Veresterung gravimetrisch) zu trennen. Die Menge der Harzsäuren und der gleichfalls zu bestimmenden Metalle darf zusammen nicht über 5% betragen. Man darf die Fehlergrenze hierbei zu ± 0,5% ansetzen.
[4] Einheitliche Untersuchungsmethoden für die Fett- und Wachsindustrie. Stuttgart. 1930. — A. GRÜN: Analyse der Fette und Wachse. Berlin. 1925. — H. SUIDA u. H. SALVATERRA: Rostschutz und Rostschutzanstrich. Wien: Julius Springer. 1931.   [5] P. E. MARLING: Ref. in Farbe u. Lack **1931**, 31.
[6] J. M. PURDY, W. G. FRANCE u. W. L. EVANS: Ind. engin. Chem. **22**, 508 (1930).
[7] J. M. PURDY, C. K. BLACK, W. G. FRANCE u. W. L. EVANS: Drugs, Oils and Paints **45**, Nr. 11 (1929).   [8] F. WILBORN: Farben-Ztg. **31**, 2351 (1926).

F. WOLFF und Mitarbeiter[1] haben Ergebnisse erzielt, die teilweise zu den von F. WILBORN gefundenen in Widerspruch stehen, was in der Versuchsführung der einen oder anderen Seite gelegen zu sein scheint. Die Ergebnisse der Praxis besagen, daß eine nicht allzu lange Lagerung vor dem Verbrauch eher günstig ist und daß bei richtiger Lagerung bis zu 2 Jahren noch keine ins Gewicht fallenden Veränderungen zu befürchten sind. Zu einer einwandfreien Lagerung gehört vor allem, daß die Lagerbehälter vollgefüllt sind und aus einem Material bestehen, das keine verfärbenden Einwirkungen auf den Firnis hat, und daß die Lagerung in einem gleichmäßig temperierten Raum erfolgt. Der Fabrikshof ist also jedenfalls nicht der geeignete Ort für die Lagerung der Firnisfässer oder Tanks. Als Versandgefäße eignen sich entweder gut geleimte und dichtschließende Holzfässer oder besser tadellos verzinkte Eisenfässer. Die Lagerräume sollten mit einer Raumheizung versehen sein, die so eingerichtet ist, daß die Lagerbehälter nicht direkt der strahlenden Wärme der Heizkörper ausgesetzt sind.

β) Verwendung.

Verwendung findet der Leinölfirnis vor allem als Farbenbindemittel, zum Grundieren von Holz und Mauerwerk, zum Wasserdichtmachen von Geweben (der sog. Waterprooffirnis, der Standöle enthält, gehört nicht hierher), auch sonst noch für textile Zwecke (z. B. sog. Trockenschlichten), zum Durchscheinendmachen von Papier (z. B. neben anderem auch für Fensterbriefumschläge, hier mit Lacken kombiniert), für Kitte u. a. m.

Die *Ölfarben* sind Anstrichfarben, deren Bindemittel ein Firnis ist. Aus verschiedenen Gründen (Haltbarkeit, Wetterbeständigkeit, Streichbarkeit) werden dem Firnis manches Mal noch Zusätze von Lack, Standöl usw. gegeben.

Die Herstellung der Ölfarben erfolgt in der Regel derart, daß man zuerst einen Teil des Bindemittels mit dem gesamten Pigment zu einer teigigen Masse verknetet und aus dieser auf geeigneten Maschinen eine dicke Farbpaste herstellt, in welche dann der Rest des Bindemittels bis zur Erzielung streichfertiger Konsistenz eingemischt wird. Zur Erzeugung der Farbpasten verwendet man nur Öl bzw. Firnis; zur Erzielung der Streichbarkeit werden dann je nach dem Pigment und dem verwendeten Öl weitere Mengen Öl oder Verdünnungsmittel genommen (für Pinselanstrich etwa 10—15% Terpentinöl, Benzin usw., für Farben, die gespritzt werden sollen, mehr). Es muß besonders betont werden, daß eine Ölfarbe keine einfache Mischung von Pigment und Öl darstellt und daß sich die anstrichtechnischen Eigenschaften nicht als bloße Summe der Eigenschaften des Öles und des Pigments ergeben, sondern daß in der Ölfarbe ein disperses System vorliegt, welches erst als solches gewisse maltechnische und schützende Eigenschaften in sich schließt. Es ist für die Streichbarkeit der erzielten Ölfarbe nicht gleichgültig, ob man sie so wie eben erwähnt erzeugt, oder ob man das Pigment mit der ganzen Menge an erforderlichem Bindemittel anreibt. Die nach ersterer Methode hergestellte Ölfarbe wird durchschnittlich die bessere sein.

Es ist daher nicht angängig, etwa Öl und Bindemittel bloß mit der Spachtel zu verrühren, weil dabei niemals die erforderliche vollkommene Benetzung jedes Pigmentteilchens erfolgen kann. Vor Einführung maschineller Vorrichtungen wurde das Verreiben von Hand aus auf einer ebenen, mattierten Stein- oder Glasplatte mit dem Läufer durchgeführt. Es erfolgt dabei nicht nur eine innige Vermischung, sondern auch ein Zerteilen und Zerquetschen zusammengeballter Pigmentteilchen. Die dann später und auch heute noch verwendeten Trichtermühlen ahmen diese Arbeitsweise nach. Der Walzenstuhl zerteilt und vermischt Pigment und Bindemittel zwischen zwei oder mehreren glatten Walzen; er eignet sich besonders zur Anreibung von Farbpasten (auch Druckfarben) und übertrifft an Leistungsfähigkeit bei weitem die Trichtermühlen. Die moderne Technik hat aber noch weit leistungsfähigere Maschinen zur Verfügung gestellt als die Lenart-Mühle (arbeitet nach dem Prinzip einer sehr rasch laufenden Trichtermühle), die wie ein Desintegrator arbeitende Kek-Mühle und die ein Mittelding bildende Su-Ma-Mühle. Auch die Leistungsfähigkeit

---

[1] H. WOLFF: Veröffentlichung des Fachausschusses für Anstrichtechnik, H. 12 (1931).

der Walzenstühle wurde weiter erhöht, von denen sich der Einwalzenstuhl recht gut einführt. Die große Leistungsfähigkeit dieser modernen Maschinen (150—2000 kg Ölfarbe pro Stunde) stellte auch an die schnelle Zubringung des Materials erhebliche Anforderungen. So entstanden die modernen Vormischer, welche Pigment und Bindemittel zunächst soweit vermischen, daß die Walzenstühle oder Mühlen die Weiterverarbeitung glatt übernehmen können. Später wurden dann Maschinen konstruiert, die das Vermischen und Vermahlen (Dispergieren) von Pigment und Bindemittel in einem einzigen Arbeitsgang ermöglichen. So die Planeten-Bandwalzenmühle, die bei einer Leistung von 300—400 kg fertiger Farbe pro Stunde für die Ölfarben vollkommen entspricht. Größere Mahlfeinheit liefert die Planeten-Scheiben-Mühle, die selbst für die feinsten Lacke genügt, bei allerdings geringerer Stundenleistung als die vorige.

Die Wirkung der Mühlen ist keine ausgesprochen vermahlende, insofern, als die Primärteilchen des Pigments nicht weiter zerkleinert werden (höchstens bei sehr grobkörnigen); es werden vielmehr nur die Sekundärteilchen in Primärteilchen aufgelöst und das Pigment wird im Bindemittel dispergiert[1].

Es ist eine bekannte Tatsache, daß gewisse Ölfarben bei der Lagerung an Trockenkraft abnehmen. Dies ist meist durch eine Adsorption des Trockenstoffs durch das Pigment erklärt worden[2]. Anderseits gibt es auch Pigmente, die erhöhend auf die Trockenkraft wirken, was meist durch Sikkativwirkung von in Lösung gegangenen Pigmentanteilen zu erklären ist[3].

Die *Kitte* sind teigförmige Anreibungen von Füllstoffen (Kreide, Schiefermehl u. a.), oft unter Zusatz von Pigmenten (Minium) mit wenig (10—15%) Bindemittel. Die Ölkitte (Bindemittel Leinöl bzw. Firnis) dienen zum Dichten von Fugen und Spalten, zum Einkitten von Fensterscheiben usw. Die Spachtel, Öl- oder Lackspachtel (je nachdem sie Leinölfirnis mit viel Sikkativ oder Lack enthalten; in beiden noch reichlich Verdünnungsmittel, wie Benzin), dienen zum Ausgleichen der Unebenheiten des zu streichenden bzw. lackierenden Grundes (Ziehspachtel, Schleifspachtel usw.). Die Ölkitte werden durch inniges Verkneten von Füllstoff und Bindemittel auf geeigneten Knetmaschinen oder Mischern hergestellt (Werner & Pfleiderer-Kneter, Eirich-Mischer) und werden nachher zur Reifung noch einige Zeit kühl gelagert und nochmals mechanisch bearbeitet. Die Spachtel werden ähnlich bzw. wie dicke Ölfarben erzeugt, die anzuwendenden Maschinen sind nach der Konsistenz zu wählen.

f) Patentübersicht.

Verfahren zur *Herstellung von Firnissen* werden in folgenden Patenten beschrieben:

Russ. P. 8838 vom 15. III. 1926. I. I. LISSOWSKI. Man erhitzt Lein- oder Hanföl auf 50—100⁰ C, setzt 1—3% Co-, Mn-, Pb- oder Ca-Resinat oder Linoleat zu und bläst bei gleicher Temperatur Luft durch. Darauf wird die Mischung mit Terpentinöl oder anderen organischen Lösungsmitteln verdünnt und gegebenenfalls nochmals Luft bei gewöhnlicher Temperatur durchgeblasen.

Russ. P. 11030 vom 6. IX. 1926. Wissenschaftliche Versuchsfabrik des Moskauer Technikums für die Fettindustrie. Vorrichtung zum kontinuierlichen Kochen von Firnis.

---

[1] An Fachbüchern seien genannt: SEELIGMANN-ZIEKE: Handbuch der Lack- und Firnisindustrie. Berlin. 1930. — J. SCHEIBER: Lacke und ihre Rohstoffe. Leipzig. 1926. — H. SUIDA u. H. SALVATERRA: Rostschutz und Rostschutzanstrich. Wien: Julius Springer. 1931.

[2] H. A. GARDNER: Farben-Ztg. **37**, 1412 (1932). — F. H. RHODES u. VAN WIRTH: Ind. engin. Chem. **15**, 1135 (1923).

[3] F. H. RHODES, C. R. BURR u. P. A. WEBSTER: Ind. engin. Chem. **16**, 960 (1924). — H. SALVATERRA: Korrosion u. Metallschutz **5**, 271 (1929). — H. SALVATERRA u. F. ZEPPELZAUER: Farben-Ztg. **36**, 1771, 1812, 1851 (1931). — H. SALVATERRA u. R. RUZICKA: Farben-Ztg. **37**, 1547 (1932).

E. P. 299361 vom 13. IX. 1928. I. G. Farbenindustrie A. G. Vor dem Blasen des Öles werden die freien Säuren durch Zusatz von Metallen oder deren Oxyden, Hydroxyden oder Carbonaten, z. B. Ca, Mg, Zn oder Cd, in die entsprechenden Salze umgesetzt.

D. R. P. 510937 vom 11. IV. 1929. I. G. Farbenindustrie A. G. Es wurde gefunden, daß sich nach D. R. P. 504128 mit Äthylenoxyd neutralisierte Öle, z. B. Leinöl, Mohnöl, Holzöl u. dgl., für die Herstellung von Firnissen und Lacken eignen. Sie geben besonders satzfreie Firnisse. Die erhaltenen Öle zeigen praktische Schleimfreiheit.

Österr. P. 125191 vom 21. II. 1930. I. G. Farbenindustrie A. G. Verwendung von nicht totgeglühtem Fällungszinkoxyd mit den üblichen Bindemitteln zur Herstellung von Anstrichmitteln; das Fällungszinkoxyd wird in solchen Mengen verwendet, daß die in dem Bindemittel enthaltenen oder daraus entstehenden sauren Bestandteile abgesättigt werden.

F. P. 730877 vom 7. X. 1931. F. SCHMID. Herstellung eines Leinölfirnisses für Ölfarben durch Erhitzen von Leinöl in Abwesenheit von Wasser unter Zusatz von basischen Zinkverbindungen, z. B. Zinkoxyd, Zinkhydroxyd, Zinkcarbonat, basischem Zinksulfat u. a. in feinst verteilter Form. Man erhält Öle von der Säurezahl 0,5—1. Die damit angeriebenen Farben dicken nicht ein und setzen nicht ab.

D. R. P. 628197 vom 25. X. 1927. I. G. Farbenindustrie A. G. Wenn man die im Leinöl enthaltenen freien Fettsäuren mit CaO bei 100—120° (vor Zusatz des Trockenstoffes) neutralisiert und dann Trockenstoff zugibt, erhält man satzfrei bleibende Firnisse; auch Ca als Metall, Hydroxyd oder Carbonat kann (weniger vorteilhaft) verwendet werden. Es genügen meist 0,1—0,5% CaO, oft sind auch 1% und mehr erforderlich. Dies hängt vom Gehalt an freien Fettsäuren ab und kann auch aus der Säurezahl geschätzt oder empirisch ermittelt werden.

Verfahren zur Erzeugung von Firnissen, welche für *Grundier-* bzw. *Sparanstriche* verwendet werden können, liegen nachstehenden Patenten zugrunde:

F. P. 589877 vom 1. XII. 1924. H. FRENKEL. Man vermischt fette Öle oder eine Lacklösung mit Stoffen, die darin unlöslich sind, wie Kautschuk, Faktis, Linoxyn, koaguliertes Holzöl, oder einem mit S oder S_2Cl_2 behandelten fetten Öl in einer Kolloidmühle zur gleichmäßigen feinen Verteilung.

D. R. P. 389352 vom 15. II. 1921. Gustav Ruth A. G. Ein Grundiermittel wird durch Verreiben von in Lösungsmitteln gequellter harz- oder fettsaurer Tonerde mit Leinölfirnis und Einstellen auf Streichdicke erhalten (Imprexfirnis).

D. R. P. 457817 vom 12. II. 1924. Gustav Ruth A. G. Die Herstellung eines Grundiermittels erfolgt dadurch, daß man Holzölfirnis oder Harzfirnisse, die freie Harz- oder Fettsäure enthalten, mit $Al(OH)_3$ versetzt, die Mischung zerreibt und dann mit Lösungsmitteln auf Streichdicke einstellt.

D. R. P. 502353 vom 2. VI. 1927. H. ALLES. Herstellung von Grundiermitteln durch Zusatz von Seifen der seltenen Erdmetalle, z. B. werden 5 Teile Cerstearat unter Rühren heiß in 100 Teilen Leinölfirnis gelöst.

D. R. P. 531104 vom 12. VII. 1927. H. ALLES. Die Herstellung von Grundiermitteln erfolgt so, daß man Ricinusöl verdickt und dann unter Erwärmen auf etwa 150° in fetten Ölen oder Lacken zur Auflösung bringt, worauf man ohne Steigerung der Temperatur geringe Mengen eines geeigneten Erdalkalihydrats, z. B. $Ca(OH)_2$, zusetzt.

D. R. P. 599841 vom 21. XII. 1927. H. ENDER. Zuerst stellt man ein Leinölgel durch Erhitzen von Leinöl auf mindestens 200—300° unter gleichzeitigem Blasen her; dieses Gel wird in heißem geschmolzenem Zustand in Leinöl oder Leinölfirnis gelöst und mit einem Verdünnungsmittel und Sikkativ versetzt.

D. R. P. 548992 vom 2. II. 1928. E. MEIER. Spargrundierungsmittel durch Zugabe der aus Tetrahydronaphthalin mit $Ca(OH)_2$ bereiteten gallertigen Additionsverbindung zu Firnissen oder Lacken.

D. R. P. 527305 vom 6. IV. 1928. J. Wiernik & Co. Die mit Quellkörpern (Aluminiumstearat usw.) versetzten Anstrichfarben eignen sich für das Schnellanstrichverfahren durch Spritzen. Als letzter Anstrich dient eine gewöhnliche Öl- oder Lackfarbe oder transparenter Lack.

D. R. P. 524118 vom 6. VIII. 1930. Hanseatische Mühlenwerke A. G. Sparanstriche enthalten neben den üblichen Bestandteilen eine Mischung aus Öl und Lecithin.

Firnisse aus anderen Ölen als Leinöl liegen nachstehenden Patenten zugrunde (synthetische Firnisse erscheinen hier nicht berücksichtigt):

D. R. P. 516369 vom 1. XII. 1926. I. G. Farbenindustrie A. G. Verfahren zur Herstellung von Holzölfirnissen und Lacken unter Zusatz kleiner Mengen aralkylierter Phenole.

D. R. P. 579467 vom 26. XI. 1931. Vereinigte Farben & Lackfabriken München. Die gourdronartigen Rückstände der Öl- und Fettsäuredestillation (die hohen Säuregehalt haben) werden mit höheren Alkoholen (Carnaubyl-, Cerylalkohol usw.) verestert, mit Bleiglätte in der Hitze versetzt und mit Benzin verdünnt. Als Firnisersatz.

Eine Zusammenstellung der älteren Patente findet sich bei F. Sedlaczek, Farben-Ztg. 32, 26—28, 81—82, 134 (1926).

B. Standöle.

a) Allgemeines und Rohstoffe.

Beim Erhitzen, auch unter Luftabschluß, erleiden die fetten Öle Veränderungen, die je nach Temperatur und Öl zu einer Verfestigung (Gelatinierung) oder bloß zu einer Verdickung führen.

Die durch Erhitzen auf höhere Temperatur (über 200⁰) unter Luftabschluß aus trocknenden Ölen erhaltenen Produkte bezeichnet man als *Standöle* oder *Dicköle*. Je nach dem Öl, von dem man ausgegangen ist, spricht man von einem Leinölstandöl, Holzölstandöl usw. Ein Öl, das man durch gemeinsames Erhitzen von Leinöl und Holzöl erhält, wird demgemäß als Leinöl-Holzöl-Standöl bezeichnet, womit man auch Produkte bezeichnet, die durch Mischen von fertigem Leinölstandöl mit fertigem Holzölstandöl erhalten wurden, obzwar weder die Verwendungseigenschaften noch auch die tatsächliche Zusammensetzung der beiden auf verschiedenem Weg gewonnenen Standöle gleich sind. Der Vorschlag, nur die aus Leinöl allein bzw. Holzöl allein bestehenden Produkte als Standöle zu bezeichnen und den Namen Dicköle nur für die Erzeugnisse zu verwenden, die wir oben als Leinöl-Holzöl-Standöle bezeichneten, hat sich nicht eingeführt. Es sind damit die Bezeichnungen Standöl und Dicköl als gleichwertig aufzufassen.

Die Geschwindigkeit, mit der die Verdickung vor sich geht, hängt ab von der Art des ungesättigten Charakters der im Triglycerid enthaltenen Fettsäuren. Im Holzöl bzw. Synourinöl liegen konjugierte Doppelbindungen vor, in den Ölen der Leinöl- und Mohnölgruppe sind Fettsäuren mit isoliert stehenden Doppelbindungen enthalten, in den Ölen vom Olivenöltypus haben wir praktisch nur die einfach ungesättigten Fettsäuren vorliegen. Aus nachstehender Tabelle geht deutlich die abnehmende Verdickungsgeschwindigkeit in Abhängigkeit von dieser Eigenschaft hervor.

Tabelle 28.   Verdickungsgeschwindigkeit von Ölen.

Ölprodukt[1]	Typ der Doppelbindung	Trockenzeit bei 100⁰	Zur Ausbildung normal viskoser Standöle notwendige Zeit bei 280—285⁰
Holzöl	konjugiert	zirka 10 Minuten	zirka 5—6 Minuten
Synourinöl	,,	,, 14 ,,	,, 40 ,,
Perillaöl	isoliert	,, 1 Stunde	,, 5—7 Stunden
Leinöl	,,	,, 2—3 Stunden	,, 8—10 ,,
Sojaöl	,,	,, 5—6 ,,	,, 16—20 ,,
Mohnöl	,,	,, 7—8 ,,	,, 20—25 ,,
Olivenöl	praktisch nur einfach ungesättigt	nichttrocknend	,, 70 ,.

[1] J. Schreiber: Farbe u. Lack 1936, 315ff.

Diese Öle liefern auch bei entsprechender Behandlung in der Hitze Gallerten, während einfaches Triolein unverändert bleibt. Die Gelatinierung scheint also auch an die Anwesenheit mindestens zweier Doppelbindungen gebunden zu sein, und SCHEIBER nimmt an, daß die Gelatinierung des Olivenöles durch die geringen Mengen im Naturprodukt vorhandener Linolsäure bedingt ist. J. SCHEIBER[1] verficht auf Grund dieser und anderer von ihm in der zitierten Veröffentlichung angeführten Gründe die von ihm vertretene Ansicht, daß die Ausbildung großer Molekülkomplexe bei der Standölbildung nur durch Polymerisation erfolgt und daß die unlängst von H. KURZ[2] ausgesprochene Ansicht, daß die zur Verdickung des Standöles führenden Reaktionen auf Kondensationen beruhen, nicht zu Recht bestehen könne. H. WOLFF und Mitarbeiter[3] haben mehr die kolloidchemischen Vorgänge als zur Verdickung führend in den Vordergrund geschoben. Auf Seiten 326, 354 und 367 des Bandes I wurde das Bekannte bereits kritisch gesichtet, und es seien als Urteil über unsere heutige Kenntnis nur die Schlußworte von K. H. BAUER in seiner Abhandlung über die hier angezogenen Vorgänge aus seinem Werk „Die trocknenden Öle, Stuttgart 1928" angeführt: „...daß wohl an dem kolloidalen Vorgang bei der Verdickung der Öle, bzw. beim Gerinnen des Holzöles heute nicht mehr zu zweifeln ist, daß aber die Konstitution der Umwandlungsprodukte der Ölbestandteile, die diesen Kolloidvorgang auslösen, noch in keiner Weise geklärt ist. Ihrer Klärung stehen deshalb so große Schwierigkeiten im Wege, weil es sich sicherlich nicht um eine, sondern um eine Fülle von Reaktionen handelt. Eine Klärung wird erst dann möglich sein, wenn es gelingt, die einzelnen Reaktionsprodukte voneinander zu trennen oder wenigstens das eine oder andere aus dem komplizierten Gemisch zu isolieren".

Die mit der Standölbildung einhergehenden Eigenschaftsänderungen der trocknenden Öle sind etwa folgende: Erhöhung der Viskosität, Abnahme der Jodzahl, veränderter Brechungsindex[4], Erhöhung der Säurezahl (über Ausnahmen siehe rückwärts), während die Verseifungszahl praktisch unverändert bleibt. Hand in Hand mit der fortschreitenden Verdickung geht eine mehr oder minder starke Volumsverminderung (Leinölstandöl 5—15%). Der Gewichtsverlust ist aber z. B. bei einem Leinölstandöl, das in einer modernen Anlage hergestellt wurde, geringfügig (etwa 1% für ein normales Lackstandöl). Die durch Erhitzung ohne Lufteinwirkung (ohne Blasen) erzeugten Standöle trocknen langsamer als Leinölfirnis (Holzöl macht eine Ausnahme), geben aber einen glänzenden und weit besser wetterbeständigen Film. Vor allem wird das Quellungsvermögen der Filme verringert, was für Außenanstriche von grundlegender Bedeutung ist. Diese geringere Quellbarkeit und auch die bessere Wetterbeständigkeit einer Farbhaut aus Standöl steht im Zusammenhang mit den sich beim Trocknen abspielenden geringeren Abbauprozessen im getrockneten Standölfilm. Aus der Bestimmung der Säurezahl von ausgelegten Aufstrichen von Leinölfirnis einerseits und Standöl anderseits ergab sich, daß die Säurezahlen des Films beim Firnis immer wesentlich höher liegen als bei Standölen. Z. B. zeigte ein Kobaltfirnis nach zwei Wochen eine S. Z. 79,5 und ein gleich alter Standölfilm nur 47,8. Auch aus Versuchen, die A. EIBNER[5] mitteilt, ergibt sich das gleiche; J. SCHEIBER[6] ist der Ansicht, daß von der Menge der (sauren) wasser-

---

[1] J. SCHEIBER: Farbe u. Lack 1936, 315ff.
[2] H. KURZ: Ztschr. angew. Chem. 49, 235 (1936).
[3] H. WOLFF u. a. in SEELIGMANN-ZIEKE: Handbuch der Lack- und Firnisindustrie, S. 156ff. Berlin. 1930.
[4] Bei Holzöl und Synourinöl Erniedrigung, bei allen anderen Erhöhung.
[5] A. EIBNER: Über fette Öle. München, 1922; Farben-Ztg. 37, 13 (1931).
[6] J. SCHEIBER: Farbe u. Lack 1928, 107.

löslichen Abbauprodukte, die die getrocknete Ölhaut enthält, die mehr minder leichte Quellbarkeit abhängt. Auf Grund der guten Haltbarkeit standölhaltiger Anstriche wird oft vorgeschrieben, daß Ölfarben einen gewissen Prozentsatz (10—20%) Standöl neben Firnis enthalten sollen. Werden die Standöle nach der üblichen Erzeugungsart nicht sikkativiert, so werden sie für den vorgenannten Zweck mit Trockenstoffen versehen. Man bezeichnet dann solche trockenstoffhaltige Standöle als *Standölfirnisse.*

Die Veränderungen, die die wichtigsten Kennzahlen des Leinöles und Holzöles bei der Standölherstellung erleiden, wurden vielfach untersucht, ohne daß Zusammenhänge mit der Art der Herstellung gefunden wurden, es sei denn in der schon allgemeinen, angedeuteten Richtung. So hat sich vor allem kein Zusammenhang zwischen Viskosität und Jodzahl eines Standöles feststellen lassen. Dies ist nicht so verwunderlich, denn man kann ein Standöl bestimmter Viskosität einmal dadurch herstellen, daß man es kurze Zeit auf hohe Temperatur erhitzt, oder aber anderseits auch so, daß man es lange Zeit auf einer niedrigeren Temperatur hält. Es hat sich nur herausgestellt[1], daß von zwei gleich viskosen Standölen das bei höherer Temperatur hergestellte auch die höhere Jodzahl hat, und umgekehrt, daß von zwei Standölen gleicher Jodzahl das Öl mit der niedrigeren Viskosität auch bei der niedrigeren Temperatur hergestellt wurde. Gewöhnlich liegt der Fall so, daß man ein möglichst dickes Standöl mit niedriger Jodzahl wünscht. Wie schon vorher gezeigt, liegt der Wert der Standöle als Anstrichbindemittel in ihrer geringeren chemischen Aktivität und einem damit verbundenen geringeren Abbau des Films. Eine gewisse Reaktionsfähigkeit muß aber auf jeden Fall erhalten bleiben, da ja von einer gewissen Oxydationsfähigkeit der Trockenvorgang zu einem guten Anstrichfilm bedingt ist, wenigstens beim Leinöl[2]. Im Gegensatze zu der lange Jahre verbreiteten Ansicht, ist aber der Stoffschwund in der Anstrichhaut beim Leinöl durchaus nicht größer als beim Holzöl. So konnte P. E. MARLING[3] in 6¹/₂jährigen Freilagerprüfungen feststellen, daß der Stoffschwund der Anstriche auf Holzölbasis die der Leinölanstriche bei weitem übertraf. Man darf die größere Widerstandsfähigkeit des Holzölfilms gegen Wasser, Alkalien usw. nicht verwechseln mit einer größeren Dauerhaftigkeit des Anstrichs. Man darf sich auch nicht verleiten lassen, die auf S. 341, Bd. I, wiedergegebenen WEGERKurven von Leinöl und Holzöl so auszulegen, daß man annimmt, daß das Holzöl nach der maximalen Gewichtszunahme chemisch in Ruhe bleibt, während beim Leinölfilm sofort der Stoffschwund beginnt. Praktisch liegen die Dinge so, daß beim Holzölfilm Stoffaufnahme und Stoffabgabe sich längere Zeit das Gleichgewicht halten, während beim Leinöl die Stoffabgaben überwiegen. Es zeigt sich dann in der Praxis, daß der Leinölanstrich allmählich sich in seinem Zustande verschlechtert, während der Holzölanstrich eine gewisse Zeit gut steht und dann fast plötzlich zusammenbricht, zu einer Zeit, wo der Leinölanstrich zwar nicht mehr so gut aussieht wie der Holzölanstrich kurz vorher, aber nach dem völligen Versagen des Holzölanstrichs immerhin noch eine beträchtliche Zeit hält, während welcher er noch einen brauchbaren Korrosionsschutz abgibt. Damit soll nicht gesagt sein, daß das Holzölstandöl dem Leinölstandöl in allem unterlegen ist. Zur Erzeugung der modernen rasch trocknenden Kunstharzlacke ist es nach wie vor heute nicht zu ersetzen, man darf nur dabei nicht vergessen, daß rasch trocknen nicht auch gut trocknen heißt.

Der Flüssigkeitsgrad, nach dem man heute die Standöle bezeichnet, gibt noch keine brauchbare Kennzeichnung für die wirkliche Qualität eines Standöles ab.

---

[1] H. WOLFF u. G. ZEIDLER: Farben-Ztg. 37, 269, 305 (1932).   [2] S. Bd. I, S. 341.
[3] P. E. MARLING: Ind. engin. Chem. 21, 347 (1929).

Außer nach der Farbe beurteilt man die Öle nach der Viskosität und unterscheidet etwa dünnes, dickes und extradickes Standöl, wobei diese Benennung ziemlich willkürlich ausgelegt wird.

Für die Veränderung, welche die wichtigsten Kennzahlen des Leinöles und Holzöles bei der Standölkochung erleiden, möge nachstehende Tabelle[1] einen Anhaltspunkt geben. Sie stammt aus Versuchen, die den Laboratoriumsmaßstab überschreiten (im Gegensatz zu den sonst mitgeteilten) und die in einem zirka 870 l fassenden Kessel mit je 420 l Öl durchgeführt wurden. Der Kessel war mit Gas beheizt. Die als Erhitzungszeit angegebene Stundenzahl wurde von dem Zeitpunkt an gerechnet, bei dem das Öl die angegebene Kochtemperatur erreicht hatte.

Tabelle 29. Änderung der Ölkennzahlen beim Standölkochen.

Kochtemperatur	Erhitzungszeit in Stunden	Jodzahl	Spez. Gewicht	Säurezahl	Viskosität in Poisen
Leinöl.					
Ursprüngliche Werte		182 (Han.)	0,9272	0,39	0,5.
274⁰	1	174	0,9321	0,98	0,65
(Anheizzeit	3	160	0,9350	1,32	0,85
1 Stunde 30 Minuten)	5	141	0,9390	1,96	1,25
288⁰	1	164	0,9282	1,37	0,70
(Anheizzeit	3	140	0,9372	2,54	2,00
1 Stunde 40 Minuten)	5	120	0,9430	4,11	3,70
302⁰	1	151	0,9387	2,54	1,25
(Anheizzeit	3	131	0,9496	4,90	4,35
1 Stunde 50 Minuten)	5	118	0,9578	6,86	12,81
315,5⁰	1	130	0,9511	6,86	4,35
(Anheizzeit	3	116	0,9698	15,68	29,95
2 Stunden)	5	100	0,9767	21,56	86,18
Holzöl.					
Ursprüngliche Werte		150 (Wijs)	0,9362	3,92	2,75
	½	75	0,9421	3,92	5,91
204,5⁰	1	70	0,9442	3,92	11,93
	1½	72	0,9471	3,92	17,28
	2	48	0,9482	3,92	33,11

Die Säurezahl bleibt bei Holzöl und auch bei Synourinöl konstant[2], alle anderen Kennzahlen (Refraktion ausgenommen) verändern sich in normaler Weise. Die beim obigen Versuch ebenfalls bestimmte Verseifungszahl blieb bei beiden Ölen gleich den ursprünglichen Werten.

Interessant sind auch die Kronstein-Zahlen[3] für die hier in Betracht kommenden Öle, die einen gewissen Anhaltspunkt für das Verhalten beim Erhitzen geben, zudem versucht man in letzter Zeit, auch durch Erhitzen im Vakuum Standöle herzustellen (destillierte Öle).

---

[1] J. D. Messer: Paint, Oil, Chem. Rev. 92, Nr. 24 (1932).   [2] J. Scheiber: S. S. 251.
[3] Kronstein: Ber. Dtsch. chem. Ges. 49, 722 (1916). Die Kronstein-Zahl wird auf folgende Weise erhalten: Ein tarierter Destillationskolben wird mit einer beliebigen Menge Öl gewogen, darauf das Öl der Vakuumdestillation unterworfen (Wasserstrahlpumpe). Nach dem Aufhören der Destillation und dem Abkühlen des Kolbens wird dieser zurückgewogen. Die aus beiden Wägungen erzielte Differenzzahl wird auf Prozente des verwendeten Öles umgerechnet und bildet dann die Kronstein-Zahl. Die Kronstein-Zahlen einiger hier in Betracht kommenden Öle betragen: Holzöl und Synourinöl = 0, Perillaöl = 16—18, Leinöl = 16—18, Sojaöl − zirka 25, Ricinusöl = 48, Heringsöl = zirka 65.

Neben den bereits genannten Ölen, Leinöl und Holzöl, versucht man auch aus anderen Ölen brauchbare Standöle herzustellen. Es ist nicht so sehr das Bestreben, Gutes durch Besseres zu ersetzen, das hier die Triebfeder ist, sondern der Mangel an den beiden Standardölen, sei es, daß die Beschaffung durch finanzpolitische Beschränkungen erschwert ist und man, wie derzeit in Deutschland, bestrebt ist, im eigenen Land produzierte Öle zu verwenden, sei es, daß die Weltknappheit an einem Öl, wie derzeit an Holzöl, dazu zwingt, Ersatz zu schaffen. Im Vordergrund dieser Versuche stehen derzeit das Synourinöl[1] und an natürlich vorkommenden Ölen das Oiticicaöl, die Fischöle, Sojaöl, Safloröl u. a. Neben dem bereits im Abschnitt über Rohstoffe der Firnisfabrikation Gesagten möge noch Nachstehendes mitgeteilt werden.

Statistisch kommt der Einfluß der Holzölknappheit in der Einfuhr der Vereinigten Staaten deutlich zum Ausdruck. Der Holzölverbrauch wurde im Jahre 1934 noch mit etwa 100 Millionen Pfund geschätzt, dürfte aber im Jahre 1935 bereits einen Rückgang wegen des in diesem Jahre schon fühlbaren Holzölmangels zeigen. So wurden eingeführt (in 1000 Pfund):

Im Jahre	1931	1933	1934	Januar bis Juni 1935
Perillaöl ...	13 284	16 525	22 164	29 732

Gleichzeitig war auch eine Steigerung in der Einfuhr der Saaten, aus denen Lacköle gepreßt werden, zu verzeichnen.

Oiticicaöl. Das in Brasilien gewonnene Öl ist meist von dunkler Farbe, die aber durch Verbessern der Gewinnungsmethoden einer weit helleren Platz machen könnte[2]. Die Kennzahlen werden für reine Öle wie folgt angegeben: Spez. Gew. bei $20^0 = 0,967 — 0,978$; Brechungsindex bei $20^0 = 1,514 — 1,518$; S. Z. 2—8; J. Z. (WIJS) 140—150; die Gelatinierungstemperatur liegt bei 260 bis 270^0. Hinsichtlich der Gelatinierung beim Erhitzen verhält es sich ähnlich wie Holzöl und trocknet im unbehandelten Zustand auch runzelig auf. Es hat schmalzartige Konsistenz und läßt sich bei 225—250° zu einem standölartigen Produkt verkochen, daß sich nach Angabe verschiedener Autoren am Licht trübt. Nach vielen schlechten Urteilen[3] zu schließen, darf man nicht einfach die auf Holzöl angewandten Methoden auf das Oiticicaöl übertragen. Es kann nach den bisherigen Erfahrungen das Holzöl nicht vollständig ersetzen, wenn auch mit guten Erfahrungen über ein Produkt berichtet wird, das nach Art der destillierten Standöle im Vakuum hergestellt wurde[4]. Nach amerikanischen Mitteilungen dürfte es sehr wohl geeignet sein, das Holzöl teilweise zu ersetzen, wenn es mit diesem zusammen oder mit Leinöl-Perillaöl-Holzöl kombiniert wird[5]. Heute ein Urteil zu fällen, ist verfrüht, man denke doch bloß an die Schwierigkeiten, welche das Holzöl bei seiner Einführung in die Lackindustrie verursachte und wie lange es dauerte, bis man dieses verwenden lernte. Es wird vor allem eine Frage der Produktionsmöglichkeit und des Preises sein, ob sich das Öl durchsetzen wird.

---

[1] S. S. 222.   [2] H. A. GARDNER: Scient. Sect. Circ. 481 (1935).
[3] H. KEMNER: Farbe u. Lack 1935, 124, 545. — UTMANN (vernichtende Kritik des Louisville Club der Lackfabrikanten): Farbe u. Lack 1935, 617.
[4] R. LUDE: Fettchem. Umschau 42, 4 (1935).
[5] H. A. GARDNER: Paint, Oil, Chem. Rev. 96, Nr. 22 (1934); Scient. Sect. Circ. 470 (1934). — H. A. GARDNER u. G. G. SWARD: Scient. Sect. Special Circ. 27. September 1935. S. auch Oil, Colour Trad. Journ. 88, 935 (1935). — CH. HOLDT: Drugs, Oils and Paints 51, 191 (1936). — Über Zusammensetzung s. auch C. P. A. KAPPELMEIER: Fettchem. Umschau 42, 145 (1935). — E. STOCK: Farbenchemiker 7, 365 (1936). — A. EISENSTEIN: Öle, Fette, Wachse, Seife 1936, Nr. 13. — F. SPORER: Ebenda.

Vom *Perillaöl* ist auch hier nochmals zu betonen, daß es zu Standölen sehr gut geeignet ist, daß aber die derzeit zur Verfügung stehenden Mengen nicht hinreichen, um eine bedeutende Rolle zu spielen. Die Viskositätszunahme beim Standölkochen ist von der des Leinöls sehr verschieden, sie ist geringer. Ein Perillastandöl soll um etwa 30% rascher trocknen als ein entsprechendes Leinölstandöl[1]. Für Weißfarben muß das orientalische Produkt vor der Standölkochung raffiniert werden.

Das *Safloröl*, dem man in letzter Zeit, besonders in Amerika, erhöhtes Interesse entgegenbringt, liefert sehr helle dünne Standöle, die sich durch die sehr niedere Säurezahl auszeichnen (S. Z. 2,7—3,5). Es bricht beim Erhitzen nicht und scheidet selbst bei Temperaturen von 316° keine Schleimstoffe aus. Die Härte der erzielten Anstrichhaut entspricht etwa der des Leinöles, es neigt (selbst als rohes Öl gestrichen) wenig zum Vergilben und trocknet gleich gut wie Leinöl. Es polymerisiert langsamer als Leinöl. Im Heimatland Indien wird durch Einkochen über direktem Feuer aus dem Öl das *Afridiwachs* oder *Roghan*, eine gallertartige dicke Masse, dargestellt, das zur Wachstucherzeugung verwendet wird. Vor dem Sojaöl zeichnet es sich durch seine bessere Trockenfähigkeit aus, die auf dem höheren Gehalt an Linolsäure und geringeren Ölsäuregehalt beruhen dürfte[2].

Die *Fischöle* werden derzeit in Amerika vielfach und zum Teil scheinbar mit gutem Erfolg verwendet. Gebraucht werden Menhaden-, Sardinen-, Salm- und Heringsöl. In letzter Zeit werden japanisches Sardinenöl und kanadisches Pilchardöl (Sardellenöl) in größeren Mengen eingeführt. Die Fischöle sollen folgende Vorteile bieten: Dehnbarer und geschmeidiger Film, der ziemlich gut hitzebeständig ist und nicht zum Abkreiden neigt, gute Undurchlässigkeit und besondere Haltbarkeit in salzhaltiger Luft. Eine amerikanische Eisenbahngesellschaft schreibt für ihre Waggonanstriche eine Farbe vor, bei der das Bindemittel aus Fischöl und Holzöl im Verhältnis 5 : 1 besteht. Die Fischöle sind nur als Standöle brauchbare Bindemittel. Nach G. Kaempfe[3] erzielt man die besten Ergebnisse, wenn man die niedrigen Fettsäuren und die gesättigten Fettsäuren durch Vakuumdestillation entfernt, wobei in der Blase zirka 60—70% eines bereits polymerisierten Produkts, *Transtandöl*, zurückbleiben. Zur Sikkativierung eignen sich am besten Kobalttrockner, doch kann man auch mit Mangan, bei geeigneter Arbeitsweise, brauchbare Produkte erhalten. Ob das erhaltene Produkt in jeder Hinsicht dem Leinölstandöl gleichwertig ist, wie manche versichern, mag dahingestellt bleiben. Immerhin geht aus den zahlreichen amerikanischen Veröffentlichungen hervor, daß die Transtandöle auch zur Mitverwendung in Lacken brauchbar sind. Die derzeit in den Handel kommenden Lacktrane zeichnen sich gewöhnlich durch sehr milden Geruch aus und sind auch meist sehr hell. Besonders das Pilchardöl scheint sich für Anstrichzwecke gut zu eignen[4]. Alle diese Fischöle haben einen verhältnismäßig hohen Gehalt an gesättigten hohen Fettsäuren (Glyceride), welche entfernt werden

---

[1] A. Chomutow: Chem. Journ., Ser. B, Journ. angew. Chem. (russ.: Chimitscheski Shurnal, Sser. B, Shurnal prikladnoi Chimii) 4, 1066 (1933); (über Lederlacke) Ztschr. Leder-Ind. Handel (russ.: Westnik Koshewennoi Promyschlennosti i Torgowli) 1931, 458.

[2] G. S. Jamieson u. S. I. Geitler: Journ. Oil Fat Ind. 6, Nr. 4 (1929). — J. St. Remington: Paint, Colour, Varnish, Ink, Lacquer Manufacturer 6, 50 (1936). — S. auch Drugs, Oils and Paints 51, 154 (1936).

[3] G. Kaempfe: Farben-Ztg. 40, 1009 (1935).

[4] Die Kennzahlen eines solchen eingedickten Pilchardöles werden wie folgt angegeben: Viskosität 23—27 (Gardner-Holt), S. Z. 1,94, J. Z. 109, spez. Gew. 0,077 (Scient. Sect. Circ. 377 [1931]).

müssen, wenn man Produkte mit gutem Trockenvermögen erzielen will[1]. Wenn die Glyceride der gesättigten höheren Fettsäuren nicht auf die eine oder andere Art entfernt werden, bekommt man keine klarbleibenden und als Anstrichmittel brauchbaren Öle. Auch durch Blasen kann man die Fischöle verdicken, doch bekommt man dabei dunkelgefärbte, nicht sehr gleichmäßige Produkte. Durch die Destillation (besonders im Vakuum) und Polymerisation tritt auch immer eine Geruchsverminderung ein. (Siehe auch Raffination bzw. Desodorisation von Ölen.) Auch in Deutschland erscheinen jetzt wieder solche präparierte Fischöle am Markt. Lackfarben, die Fischöle enthalten, neigen zum Blauanlaufen und zu starkem Nachgilben, das nur durch Verwendung sehr hoch polymerisierter Trane einigermaßen verhindert werden kann. Die Farbenverträglichkeit der Transtandöle ist gut.

Von anderen Ölen, soweit sie unter den Firnisrohstoffen angeführt wurden, wird höchstens noch das Sojaöl zur Standölerzeugung in Betracht gezogen. Aber wie die Dinge heute liegen, müßten bei allen diesen Ölen bedeutende Verbesserungen gelingen, um ihnen einen größeren Verbrauch in der Lackindustrie zu sichern.

Eine Ausnahme unter den nichttrocknenden Ölen macht nur das Ricinusöl. Im unbehandelten Zustande konnte es nur als Weichmacher bzw. Elastifizierungsmittel, insbesondere bei Cellulose- und Spritlacken, mit Erfolg verwendet werden. Durch Erhitzen auf etwa 300° gelingt eine nur teilweise Abspaltung von Hydroxylgruppen, wobei ein Gewichtsverlust von bis zu 10% eintritt, mehr als dem abgespaltenen Wasser entspräche, was auf die eingetretene Zersetzung des Öles hinweist. Eine vollständige Abspaltung der Hydroxylgruppen läßt sich nach diesem schon lange bekannten Verfahren nicht erzielen, weil sonst schließlich Gelatinierung eintritt. Die auf diese Art behandelten Öle sind unter der Bezeichnung *Floricin* oder *Dericin* bekannt. Sie sind benzin- und mineralöllöslich (kaum mehr in Alkohol, im Gegensatz zum Ricinusöl) und werden zur Compoundierung von Schmierölen benutzt. In der Anstrichtechnik hat dieses Produkt keine Verwendung. Setzt man aber bei der Erhitzung des Ricinusöles Mittel zu, welche die Gelatinierung verhindern, so bekommt man ein zähflüssiges Öl von holzölartigem Charakter, das auch wie dieses unter Runzelbildung hart auftrocknet[2]. Als die Gelatinierung verhindernde Mittel können die beim Holzöl brauchbaren angewendet werden, z. B. Harzsäuren, Schwefel usw. (s. Erzeugung von Holzölstandöl). Weit wichtiger aber ist das Ricinusöl als Ausgangsprodukt für das Synourinöl (s. S. 222), das sich auf ein vorzügliches Standöl verkochen läßt und ein Mittelding zwischen Leinöl und Holzöl darstellt. Die Bewährung in der Praxis steht noch aus, da die Zeit seit der Einführung zu kurz ist.

Die Erkenntnis, daß eingedicktes Leinöl besser haltbare Malerfarben gibt, ist schon ziemlich alt. So kennt Cenino[3] um 1437 schon das durch Stehen an der Sonne oder durch Kochen eingedickte Leinöl und verwendet es als Farbenbindemittel. Nach van Hoek[4] wurde das Dicköl um 1830 von einem Anstreicher

[1] S. A. Levy: Scient. Sect. Circ. **377** (1931). — E. Perry: Paint and Varnish Production Manager **9**, Nr. 12 (1933). — H. N. Brocklesby u. O. F. Denstedt: Chem. Trade Journ. **95**, 468 (1934); Journ. Biol. Board Can. **2**, 13 (1936). — R. I. Kellam: Paint, Oil, Chem. Rev. **95**, Nr. 22 (1934). — O. M. Behr: Ind. engin. Chem. **28**, 299 (1936). — L. T. Work, Ch. Swan, A. Wasmuth u. J. Matiello: Ind. engin. Chem. **28**, 1022 (1936). — M. Toch: Oil and Soap **13**, 226 (1926). — A. Drinberg: Ind. organ. Chem. (russ.: Promyschlennost organitscheskoi Chimii) **2**, 81 (1936); Chem. Ztrbl. **1937** I, 729.
[2] J. Scheiber: D. R. P. 555496, s. auch Patentübersicht, S. 293.
[3] A. Eibner: Farben-Ztg. **37**, 13 (1931).
[4] C. P. van Hoek: Farben-Ztg. **17**, 1880 (1912).

in Bennebroeck (Holland) erfunden, woher es den ursprünglichen Namen Benne-broecker Öl erhielt. L. SIMIS[1] berichtet zum ersten Male darüber, der Name „Standöl" soll von HOPMANN eingeführt worden sein. Das Bennebroecker Öl wurde so hergestellt, daß man Leinöl in einem Kessel über freiem Feuer hoch erhitzte, dann in Brand setzte und durch Bedecken des Kessels löschte. Diese außerordentlich feuergefährliche Methode wurde aber bald verlassen.

Zur Standölherstellung diente ursprünglich nur das Leinöl. Durch Erhitzen des Leinöls, wobei die schon besprochenen Veränderungen statthaben, tritt gewöhnlich keine Gelatinierung ein. Wenn jedoch dabei dem Leinöl die freien Fettsäuren entzogen werden, so kann es auch zur Gelatinierung kommen. Dieser Fall kann ausnahmsweise dann eintreten, wenn aus irgendeinem unbekannten Grund die Säurezahl zu niedrig bleibt. Die freien Fettsäuren scheinen als Peptisationsmittel zu wirken und so eine Gelatinierung zu verhindern; diese Wirkung ist ja auch beim Holzöl zu bemerken. Was nun die Eignung der einzelnen Leinölsorten betrifft, so ist zunächst zu bemerken, daß die Farbe des resultierenden Standöles auch von der Provenienz mitbestimmt wird. Holländische Leinöle geben grünstichige Standöle, während aus La Plata-Saaten mehr gelbliche Öle erzielt werden. Baltisches Öl liefert ein Dicköl, das, wenn es aus gut abgelagertem Öl erzeugt wird, an die Eigenschaften des Holzöles erinnert, es dickt auch besonders leicht ein. Ein Zusatz von z. B. 30% zu La Plata-Leinöl bewirkt bereits ein merklich rascheres Eindicken des letzteren. Argentinische, Bombay- und Kalkutta-Leinöle sind für die Herstellung etwa praktisch als gleichwertig zu betrachten. Die indischen Öle sind wegen der aus ihnen erhältlichen besonders hellen Leinölstandöle sehr geschätzt, haben aber etwas mehr feste Triglyceride, wodurch sie auch nicht so gut trocknen wie etwa baltische.

Die bei Leinölstandölen hie und da nachträglich auftretenden Trübungen werden auf verschiedene Ursachen zurückgeführt. Kalt gepreßte, gut abgelagerte Öle neigen am wenigsten dazu. Feuchtigkeit, ob sie nun aus dem Öl oder aus der Apparatur stammt, wird oft als Ursache von solchen, beim Lagern der Standöle eintretenden Trübungen angegeben. Einerseits werden gesättigte hochschmelzende Glyceride dafür verantwortlich gemacht[2], anderseits schließen H. J. WATERMAN und D. OSTERHOF[3] aus den Ergebnissen einer Hochvakuumdestillation des Leinöles im Dünnschichtverdampfer, daß das Trübwerden keine Folge von Überpolymerisation ist, wie auch oft angenommen wird, sondern auf niedrigmolekulare Ölbestandteile zurückgeführt werden muß. Auch Reste von Bleicherden werden manchmal als vermutliche Ursache angeführt, soviel steht aber fest, daß solche Bleicherdespuren, die im Öl fein dispergiert zurückbleiben, nur gelbe Öle und nicht die geschätzten hellen erzielen lassen. Die Beseitigung solcher sich nachträglich einstellenden Trübungen ist ziemlich umständlich, am besten wirkt noch Abkühlen auf etwa + 3°, um die Abscheidungen in filtrierbarer Form zu bekommen, und Filtrieren durch ein SEITZsches Anschwemmfilter. Man sollte es bei Inangriffnahme einer neuen Lagerpartie nicht unterlassen, eine Probekochung im kleinen durchzuführen. Man kann dazu einen 5—6-l-Kochtopf (Aluminium oder Emaille) zu drei Viertel füllen, mit einem Schwimmdeckel[4] (mit eingesetztem Thermometer) die Öloberfläche bedecken und etwa 8—10 Stunden auf 285—295° erhitzen. Es ist klar, daß man zur Leinölstandölerzeugung nur gut entschleimtes Lackleinöl verwenden darf. Die Farbe

---

[1] L. SIMIS: Gronding Onderwys in de Schilder- en Verwkunst. Amsterdam. 1835.
[2] A. STEGER u. VAN LOON: Rec. Trav. chim. Pays-Bas 52, 1073 (1933). — H. ULRICH: Farben-Ztg. 39, 359 (1934).
[3] H. J. WATERMAN u. D. OSTERHOF: Rec. Trav. chim. Pays-Bas ([4] 14), 52, 895 (1933).
[4] S. S. 273.

des Öles hellt sich beim Kochprozeß auf, so daß das resultierende Standöl (bei entsprechendem Luftabschluß) heller ist als das angewandte Ausgangsprodukt.

Die Kochtemperaturen werden auch heute noch nicht einheitlich genommen. Im großen ganzen wird eine Temperatur von 270—290⁰ als die günstigste angewendet, es gibt aber noch manche Fabriken, die mehrfach länger als die normale Zeit bei tieferen Temperaturen arbeiten, was nach den heutigen Erfahrungen auf eine Brennstoffvergeudung hinausläuft. Besonders dick gekochte Öle, wie Lithographenfirnisse, werden bei Temperaturen über 300⁰ erzeugt, wobei auch die Ölverluste größer sind, die man aber hinnehmen muß, um ein möglichst wenig fettes Öl zu bekommen (entfettet wird ein Druckfirnis genannt, weil er auf Papier nicht einschlägt und auch beim Auftropfen keinen Fettrand gibt). Die Höhe der gewählten Kochtemperatur ist Erfahrungssache, es ist, wie schon einmal gezeigt wurde, auch nicht gleichgültig für die Eigenschaften, ob man ein Standöl für Emaillelacke z. B. durch 20 Stunden bei 275⁰ C oder durch 6 Stunden bei 305⁰ C kocht, wobei die Anheizzeit nicht mitgerechnet ist.

Zur Qualitätsbeschreibung hat man außer der Farbe und Säurezahl im wesentlichen nur die Konsistenz (Viskosität) als brauchbar befunden. Vorschläge, das Molekulargwicht als Kriterium für den Polymerisationsgrad heranzuziehen, sind solange abzulehnen, als es nicht möglich ist, das wahre Molekulargewicht einwandfrei zu bestimmen. Aus der großen Zahl von Arbeiten, die über dieses Thema erschienen sind, kann man nur den Schluß ziehen, daß das gefundene Molekulargewicht von der angewandten Methode und den gewählten Bedingungen abhängt. Man hat auch vorgeschlagen, die Jodzahl zur Beurteilung heranzuziehen, aber auch sie hängt von der Methode ab, und es steht noch nicht fest, ob die erhaltenen sog. wahren Jodzahlen (durch verlängerte Einwirkung der Jodlösung) nicht durch Depolymerisation oder wie man den möglichen Abbau sonst bezeichnen will entstanden sind. Auch die Viskositätsbestimmung ist nicht unter allen Umständen ein verläßliches Kennzeichen, wenn auch derzeit das brauchbarste. Wie H. Wolff[1] neuerlich betonte, zeigen Standöle oft eine ausgeprägte Strukturviskosität (besonders Holzölstandöle, auch Sulfofirnisse). Es kann daher vorkommen, daß zwei Beobachter, die nach verschiedenen Methoden arbeiten, auch verschiedene Resultate erhalten. Man sollte daher bei Angabe der Viskosität auch das angewendete Verfahren, Kapillarengröße usw. angeben. Schon geringe Abweichungen in der Temperatur geben zu großen Fehlern Anlaß, worauf hier mit allem Nachdruck hingewiesen werden soll. Die Veränderung der Viskosität beim Lagern der Standöle kennzeichnet sich zumindest in der ersten Zeit durch ein Nachdicken. Daß aber auch ein Absinken in ganz bedeutendem Maße erfolgen kann, geht aus der oben zitierten Mitteilung hervor, wo ein besonders krasser Ausnahmsfall angegeben erscheint. Zur raschen Betriebskontrolle hat sich nach unseren Erfahrungen die Luftblasenmethode und das Fluidometer (eine Art verbesserter Ford-Becher) sehr gut bewährt; bei letzterem Instrument fanden wir die Meßgenauigkeit auf 2—6% vom Resultat[2]. Für sehr dickflüssige Produkte (Lithographenfirnisse, sehr starke Standöle) kommt das Kugelfallviskosimeter in Betracht, das aber wegen seiner umständlicheren Reinigung mehr in das Laboratorium gehört.

Weit weniger leicht ist die Herstellung von reinem *Holzölstandöl*. Wie bekannt, trocknet das unbehandelte Holzöl nicht glatt auf. Dies kann durch Verkochung zu Standöl erreicht werden. Nun hat aber das Holzöl die Eigenschaft, beim Erhitzen auf 200—300⁰ C zu gerinnen, was ja geradezu als Reinheits-

---

[1] H. Wolff: Farben-Ztg. 38, 321 (1932). — Y. Nisizawa: Kolloid-Ztschr. 55, 343 (1931).
[2] Erzeuger: Derevaclav-Komm.-Ges. Hall & Co., Hamburg 30.

test für chinesisches Holzöl bei der Untersuchung ausgewertet wird[1]. Der Herstellung von reinem Holzölstandöl stellten sich daher anfänglich große Schwierigkeiten in den Weg. Dazu kommt noch, daß das chinesische Holzöl sehr schwankend in seiner Zusammensetzung ist, was von der primitiven Herstellung herrührt. Das Holzöl aus den amerikanischen Plantagen ist weit einheitlicher, reiner und vor allem auch ziemlich gleichmäßig hell in der Farbe. Die Verdickung des Holzöles verläuft viel rascher als die des Leinöles. Die Gelatinierung verläuft unter Temperaturerhöhung, was in letzter Zeit von E. FONROBERT und F. WACHHOLTZ[2], anscheinend zum ersten Male, messend verfolgt wurde. Die Gefahr, daß das Holzöl bei Erreichung der kritischen Temperatur gerinnt, ist daher sehr groß, weil in dem Moment, wo die Koagulation beginnt, auch die Temperatur durchgeht und ein solcher Sud kaum mehr zu retten ist. Anderseits trocknen Holzölstandöle bzw. Holzöllacke nur dann wirklich gasfest[3] auf, wenn die Temperatur genügende Zeit bei 280° gehalten wurde. Zunächst suchte man sich durch Zusatz gerinnungsverzögernder Stoffe oder durch Verdünnung des Holzöles mit Leinöl zu helfen. Als solche gerinnungsverhindernde Zusätze kommen in Betracht bzw. wurden empfohlen ranziges Terpentinöl[4], freie Fettsäuren, Harzsäuren, Naphthensäuren, Schwefel[5], Selen, Kalk, Glycerin, Halogene[6], Erhitzen mit Lösungsmitteln u. v. a.[7]. Man kann aber heute ohne diese Zusätze ein völlig einwandfreies Holzölstandöl herstellen. Die Kunst der richtigen Verkochung des Holzöles besteht darin, den richtigen Moment abzupassen, wo die Verdickung soweit fortgeschritten ist, daß ein gasfestes Standöl resultiert, ohne daß es zur Gelatinierung kommt. Die Verkochung des Holzöles ist nicht an eine bestimmte Temperatur gebunden (bezüglich gasfester Öle s. oben), wenn Einwirkungsdauer und Temperatur in richtigem Verhältnis stehen. In Zeitschriften findet man oft Rezepturen, die eine gefahrlose Verdickung ermöglichen sollen, doch selten sind außer der Höchsttemperatur noch die Menge des verwendeten Öles, die Anheizzeit und die Dauer der Erhitzung angegeben. Vom jeweils verwendeten Quantum hängt aber die Arbeitsweise weitgehend ab, schon wegen der nach dem Erhitzen erforderlichen raschen Abkühlung. Die üblichen Verfahren beruhen meist darauf, daß man, nach der Erhitzung auf die erforderliche Temperatur, rasch abkühlt, wodurch die Gerinnung vermieden wird, oder daß man mit gerinnungsverzögernden Zusätzen arbeitet (z. B. Harze bzw. Erzeugung eines Lackes mit rohem Holzöl). Die Abkühlung kann geschehen durch Zugabe von kaltem Öl (Leinölstandöl, Holzölstandöl, rohes Holzöl), Abkühlen des abfahrbaren Kessels von außen (Bespritzen oder Einstellen in Wasser),

---

[1] Japanisches Holzöl gelatiniert nicht und wird meist nur sehr dickflüssig, falls es aber gelatiniert, so ist die Gallerte nur sehr weich.

[2] E. FONROBERT u. F. WACHHOLTZ: Farben-Ztg. 40, 477 ff. (1935).

[3] Nicht genügend verkochte Holzölstandöle, die in vollkommen reiner Luft noch ohne Eisblumenbildung auftrocknen, trocknen, wenn sie dabei der Einwirkung der Verbrennungsprodukte des Leuchtgases (schweflige Säure!) ausgesetzt sind, also in Räumen mit Gasbeleuchtung, runzelig auf, man sagt das Öl ist nicht gasfest. In jüngster Zeit wurde von der Chem. Fabrik Kurt Albert in Wiesbaden das Mittel 109 J auf den Markt gebracht, das die Eisblumenbildung solcher zu wenig verkochter Holzöle verhindern soll. S. auch darüber H. WOLFF u. G. ZEIDLER: Farben-Ztg. 40, 1010 (1935).

[4] D. R. P. 257601. Das Verfahren wurde auch ausgeübt (Tokiollacke).

[5] H. A. GARDNER, G. G. SWARD u. S. A. LEVY: Scient. Sect. Circ. 388 (1931). — A. P. 1986571 (Patentübersicht). — Über die Haltbarkeit solcher mit Schwefel versetzter Lacke s. SEUFERT: H. 13 der zwanglosen Mitteilungen des Fachausschusses für Anstrichtechnik im VDI. (1933). [6] D. R. P. 274971.

[7] Über Wirkung der einzelnen Zusätze s. auch F. H. RHODES u. T. J. POTTS: Chem. metallurg. Engin. 29, 533 (1923). Über die vorgeschlagenen Mittel s. auch Patentübersicht.

Ausgießen in einen eventuell gekühlten Kessel oder indem man den Kochkessel von Haus aus mit einer Kühleinrichtung versieht. Die Verdünnung des Holzöles mit Leinöl und gemeinsames Verkochen dieser Mischung gehört nicht hierher, da man dadurch nur ein Leinöl-Holzöl-Standöl erhält, in dem das Leinöl bei weiten überwiegen muß, wenn es die Gerinnung verhindern soll (Leinöl: Holzöl max. 70 : 30, bei höheren Holzölgehalten ist das Arbeiten durchaus nicht leichter als bei Holzöl allein). Daneben gibt es auch noch die Möglichkeit, durch außerordentlich rasches Erhitzen das Holzöl über die gefährliche Temperatur von 280—300⁰ zu bringen und die Verkochung dann bei höherer Temperatur (über 310⁰) durchzuführen. Durch diese Verkochung bei hohen Temperaturen verliert aber das Holzöl allmählich sozusagen seine holzölartigen Eigenschaften, indem es langsamer trocknet und an lacktechnischem Wert immer mehr einbüßt, je höher und je länger es dabei erhitzt wurde. Trotz aller Vorsicht geschieht es doch hin und wieder, daß ein Sud gelatiniert; unter Umständen gelingt es durch Erhitzen auf hohe Temperatur (über 300⁰) die Gallerte wieder zu verflüssigen, doch ist ein solches Produkt nur mehr als Zusatz zu Lacken minderer Qualität zu brauchen[1]. Völlig verfestigte Holzöle, besonders wenn seit der Koagulation bereits geraume Zeit verstrichen ist, sind meist unrettbar verloren. Alle Methoden, die chemisch wirkende Mittel zur Regenerierung vorschlagen[2], kommen für die Lackerzeugung nicht in Betracht.

Weit einfacher als Standöle aus reinem Holzöl lassen sich Leinöl-Holzöl-Standöle herstellen. Von der Mischung fertiger Leinölstandöle mit fertigen Holzölstandölen soll hier nicht gesprochen werden, vielmehr von der gleichzeitigen Behandlung beider Öle miteinander. Der Holzölgehalt dieser Dicköle bringt es mit sich, daß die Verdickung rascher verläuft, auch trocknen solche Öle rascher und härter auf. Die Gemische werden gewöhnlich bei 260—280⁰ bis zur gewünschten Konsistenz eingedickt, was bei Leinölgehalten bis zu zwei Drittel ohne Gefahr des Gerinnens erfolgen kann, bei höheren Holzölgehalten muß man schon vorsichtiger sein, da hier die Gelatinierungstendenz des Holzöles deutlich in den Vordergrund tritt. Je holzölreicher diese Produkte sind, desto größer ist die Gefahr, daß bei der Erreichung der gewünschten Viskosität das Leinöl noch zu wenig verkocht ist und man kein richtiggehendes Leinöl-Holzöl-Standöl, vielmehr eine Auflösung eines stark verdickten Holzöles in einem nur sehr dünnen Leinölstandöl vorliegen hat. Solche Dicköle sind dann zu wenig „fett", d. h. sie trocknen nicht mit genügend Körper auf und sind nicht genügend geschmeidig. Man arbeitet daher gewöhnlich so, daß man erst das Leinöl auf eine entsprechende Konsistenz eindickt und dann eventuell nach Abkühlung das rohe Holzöl zugibt und nun bis zur endgültig zu erreichenden Viskosität verkocht. Der Vorschlag, solche Leinöl-Holzöl-Standöle mit höherem Holzölgehalt durch Mischung der fertigen Standöle zu erzeugen, führt auf keinen Fall zu einem, dem gemeinsam verkochten Dicköl gleichwertigen Produkt. Beim Kochen der gemischten Standöle dürften Umesterungsreaktionen statthaben, die den Produkten einen ganz bestimmten Charakter geben, und es stehen die Lackfachleute auf dem Standpunkt, daß diese gemeinsam verdickten Öle für Lacke weitaus geeigneter sind als bloß gemischte.

Zum Abschluß der Besprechung der Eigenschaften und der Herstellung im allgemeinen soll noch auf Schwierigkeiten hingewiesen werden, die sich bei der

---

[1] Unter anderem wurde auch Eintragen der Gallerte in geschmolzenes Kolophonium empfohlen. Nach einem Vorschlag von E. Steinhoff: Paint, Oil Chem. Rev. 87, Nr. 24 (1929), soll vollkommen verfestigtes Holzöl durch Erhitzen mit Glycerin wieder regenerierbar sein.

[2] Nägeli u. Grüss: Ztschr. angew. Chem. 39, 13 (1926).

Verwendung von Standölen in Lackfarben ergeben können. Öfter, als man glaubt, neigen solche pigmentierte Lacke zum nachträglichen Eindicken oder zur Bildung harter, schwer aufrührbarer Bodensätze. Dieses Eindicken wird auch bei Ölfarben beobachtet, dort meist bei Verwendung basischer Pigmente. Dieses Eindicken der Ölfarben kann oft auf die Verwendung zu saurer Firnisse zurückgeführt werden, sei es, daß die Säurezahl des Öles zu hoch ist, sei es, daß der Trockenstoff ungebundene Säureanteile enthält (insbesondere Resinate, deren Harzsäuren nicht genügend abgesättigt sind). Oft aber können nur kolloide Vorgänge als Erklärung herangezogen werden. Bei Standölen ist der Säuregehalt, wenn er nicht abnorm hoch ist (normale Standöle etwa 7—11, Lithographenfirnisse etwa 13—16) selten als Ursache zu erkennen. Wenn man in einem solchen Lack sowohl den harten bzw. schwer aufrührbaren Bodensatz und den darüberstehenden Lack auf seinen Gehalt an im Öl gelösten Seifen untersucht, so wird man meist kaum nennenswerte Differenzen finden. Verfasser hat auch oft genug bei Zinkweißemaillen die Erfahrung gemacht, daß Standöle mit höherer Säurezahl tadellos lagerfähige Lacke ergaben, während weit säureärmere Öle dies nicht taten. Die Ursache kann auch in den Pigmenten gelegen sein, da sie je nach Korngröße, spezifischer Oberfläche, elektrischer Ladung usw. sowie chemischer Natur Anlaß zu solchen Störungen geben können. Speziell bei den hochwertigen Zinkweißmarken ist dies nach Erfahrungen des Verfassers bei Standölen wenig zu befürchten. Es müssen also diese Erscheinungen irgendwie in der Art des Öles begründet sein. Als Möglichkeiten kommt hier vor allem ein Gehalt an überpolymerisierten Ölanteilen in Betracht. Wenn ein Standöl (bei holzölhaltigen ist dies noch mehr zu befürchten) verhältnismäßig rasch bei hoher Temperatur hergestellt wird, so kommt es leicht vor, daß durch die geringe Zirkulation im Siedekessel, durch längere Berührung des Öles mit dem hocherhitzten Boden und Kesselwänden, Überhitzungen statthaben, die es mit sich bringen, daß ein gewisser Teil des Öles übermäßig hoch polymerisiert oder verdickt wird. Solange die Lösefähigkeit des restlichen Öles hinreicht, um diese hochpolymeren Anteile in Lösung zu halten, wird sich an dem Zustand des Öles nichts ändern. Ein gewisser Säuregehalt des Standöles wirkt hier eher günstig, da er dispergierend wirkt. Wird dieses labile Gleichgewicht aber irgendwie gestört, sei es, daß durch das Pigment Säuren gebunden werden, sei es, daß durch das zugegebene Lösungsmittel die Löslichkeitsverhältnisse geändert werden, so muß es zur Ausscheidung dieser übermäßig verdickten Anteile kommen. Auch die beim anfänglichen Lagern des Standöles beobachtete Nachdickung kann dieses Lösungsgleichgewicht stören. Man wird dem am besten ausweichen, wenn man für solche pigmentierte Lacke die Leinölstandöle durch langsames Kochen bei Temperaturen von nicht über 300⁰ herstellt, für Holzölstandöl wird aus ebendiesem Grund vielfach bei Temperaturen um 230⁰ genügend lange verkocht (s. dagegen über Gasfestigkeit S. 259). Vor der Verwendung eines Standöles für Lacke, die einen beträchtlicheren Zusatz an Benzin erhalten, wird man sich daher von der Gebrauchsfähigkeit des Öles zu überzeugen haben. Man verdünnt zu diesem Zwecke das Standöl mit Benzin und beobachtet, ob sich gleich oder nach einiger Zeit Trübungen oder Ausscheidungen einstellen. Bei dem schwankenden Gehalt der Lackbenzine an aromatischen Anteilen (Benzol und Homologe), welche ein gutes Lösungsvermögen für die überpolymerisierten Anteile hätten, ist es angezeigt, das zur Verdünnungsprobe herangezogene Benzin vor der Verwendung von den Aromaten zu befreien (Ausschütteln mit Monohydrat oder Nitrieren mit Mischsäure, Laugen und Waschen). Der Gehalt der Testbenzine an Benzolkohlenwasserstoffen schwankt von 8—19% (Durchschnitt 15—17%) und liegt bei Borneobenzin noch weit höher (bis 60%).

In vielen Fällen hat man daher bei der Verdünnung solcher Lacke mit Terpentinöl, das eine weit bessere dispergierende Wirkung hat, gute Erfolge erzielt. Als Abhilfe bei eingetretener Verdickung kann Zugabe von wenig Pyridin, Spiritus oder Leinölfettsäure versucht werden; letzteres ein Beweis dafür, daß nicht der Säuregehalt der Öle unbedingt die Schuld haben muß. Auch Zusatz von aromatischen Lösungsmitteln (wenn erlaubt) kann unter Umständen helfen. Oft genügt es, wenn die Absetzneigung des Pigments bekämpft wird, z. B. durch Mitverwendung von wenigen Prozenten Mikroasbest, Tonerdehydrat oder Metallseifen (Zinklinoleat wird von F. Schmid[1] besonders empfohlen). In vielen Fällen reicht ein gutes Abreiben des zu verwendenden Pigments mit Öl hin, so daß sämtliche Teilchen mit einer schützenden Ölhülle umgeben sind; besonders wird dies wirksam sein, wenn in dem Lack noch saure Harzkörper enthalten sind, die sonst eine Verdickung mit sich bringen würden. Auf die Möglichkeit, daß schlecht entschleimte Leinöle, die auch derartige Anstände verursachen können, Verwendung fanden, ist bei den heute im Handel befindlichen Lackleinölen kaum mehr zu rechnen.

Der Vollständigkeit halber sei noch erwähnt, daß man durch Bestrahlen mit aktinisch besonders wirksamem Licht (Quarzlampen) versucht hat, verdickte Öle herzustellen. Diese unter dem Namen „Uviolöle" bekannten Öle[2] stellen verdickte, hinsichtlich ihrer äußeren Erscheinung Standölen gleichende Produkte dar, die sich aber durch die gleichzeitig vor sich gegangene Oxydation von diesen unterscheiden. Aufstriche von Uviolölen neigen sehr stark zum Nachgilben.

Dunkle elektrische Entladungen verändern die fetten Öle ebenfalls, wie de Hemptine[3] zuerst angab. Dabei steigen Viskosität, Säurezahl, Molekulargewicht und Dichte, während die Jodzahl fällt. Also Eigenschaftsänderungen, welche denen bei der Standölkochung entsprechen. Die nach dem Voltolverfahren hergestellten Öle (Voltolöle) zeigen Ähnlichkeit mit Standölen. Neben Polymerisation wurde einerseits die Bildung von Stearinsäure, anderseits Bildung stark ungesättigter Verbindungen beobachtet. Die erstere wirkt den trocknenden Eigenschaften entgegen, die letzteren, die durch Bildung neuer Doppelbindungen entstanden sind, begünstigen sie. P. Slansky[4] hat diese Öle wohl zum ersten Male auf ihre anstrichtechnischen Eigenschaften untersucht und gefunden, daß die Voltolöle aus Leinöl in ihren Eigenschaften etwa einem Leinöl-Holzöl-Standöl 1:1 entsprechen. Elektrisch behandelte nichttrocknende Öle erlangten die Eigenschaften von Standölen aus halbtrocknenden Ölen. Ob Anstriche aus Voltolölen auch hinsichtlich ihrer Haltbarkeit so günstig abschneiden, ist nicht bekannt. Jedenfalls stehen die Herstellungskosten einer Verwendung entgegen, selbst wenn die Produkte dem begeisterten Urteil Slanskys entsprechen sollten.

b) Apparatur und Herstellung der Standöle.

1. Allgemeines über die Apparatur.

α) Kesselmaterial.

Von größtem Einfluß auf die Qualität des erzielten Standöles ist das Material der Siedekessel. Blankes Eisen scheidet hier gänzlich aus, da es zur Dunkelfärbung der Standöle führt. Emailliertes Eisen, sei es nun Gußeisen oder Flußstahlblech, wird für Standölapparate nicht verwendet; es ist nicht genügend widerstandsfähig gegen Temperaturschwankungen und auch gegen mechanische

---

[1] F. Schmid: Farbe u. Lack 1933, 172.
[2] A. Genthe: Dissertation. Leipzig. 1906. — M. Blaschke: Chem. Techn. Rdsch. 45, 357 (1930). — W. Masslennikow: Maler-Ztschr. (russ.: Maljarnoje Djelo) 1931, 48. — J. Fukushima, M. Horio u. T. Miki: Journ. Soc. chem. Ind. Japan 35, 142 (1932).
[3] de Hemptine: Bull. Acad. Roy. Belg., Classe Sciences 1900, 521. — A. Eibner: Über fette Öle, Leinölersatzmittel und Ölfarben, S. 92. München. 1922. — L. Hock: Ztschr. Elektrochem. u. angew. phys. Chem. 29, 111 (1923).
[4] P. Slansky u. W. Götz: Farben-Ztg. 37, 1419 (1932).

Beanspruchung (Stoß oder Schlag) empfindlich, sonst wäre es, infolge seiner absoluten Neutralität gegenüber den in Betracht kommenden Produkten, das gegebene Material. Von anderen Werkstoffen wären in Betracht zu ziehen: Kupfer, Aluminium, korrosionsfester Stahl (V 2 A), Reinnickel und Speziallegierungen (Monelmetall, Nicorros u. ä. Kupfer-Nickel-Legierungen). Kupfer wird heute nur mehr für Kesselböden verwendet, da ganz aus Kupfer bestehende Kessel dunkel gefärbte Sude geben (besonders an der Grenzschicht Luft bzw. Schutzgas gegen Öl erfolgt starke Korrosion), weil Kupfer nicht genügend widerstandsfähig gegen organische Säuren ist. Aluminium ist gegen die Einwirkung direkter Beheizung und auch mechanisch nicht sehr widerstandsfähig, aber ohne schädlichen Einfluß auf das Öl. Die modernen Standölapparaturen aus Reinaluminium haben daher stets Böden aus anderem Material, meist aus Kupfer[1]. Daß Aluminium gegen Alkalien empfindlich ist, spielt bei der Verwendung als Standölkesselbaustoff nur insofern eine Rolle, als darauf bei der Reinigung Rücksicht zu nehmen ist (also keine Soda oder gar Lauge verwenden). Die Kupfer-Nickel-Legierungen (Nicorros u. ä.) sind wie das Reinnickel gegen schweflige Säure enthaltende Heizgase (Kohle, Koks) nicht beständig und vor allem sehr teuer. In Amerika scheint aber Monelmetall vielfach verwendet zu werden und ist auch bei Beheizung mit schwefelarmen Brennstoffen (Öl) für Böden ohne weiteres brauchbar. Korrosionsfester Stahl stellt sich auch heute noch zu teuer[2]. Die modernen Standölapparaturen bzw. auch kleine Kessel, die eventuell für Holzöl-Dicköl zur Verwendung kommen, werden daher im Rumpf und Deckel aus Reinaluminium mit kupfernen Böden hergestellt. Wenn aus irgendeinem Grunde ganz aus Aluminium bestehende Kessel für direkte Beheizung verlangt werden, so verwendet man Eisenkessel mit Aluminiumeinzug, wobei eventuell zwischen Eisen und Aluminium ein Wärmeüberträger eingeschaltet werden kann.

β) Beheizung.

Auch die Art der Beheizung spielt für den stets gleichmäßigen Ausfall der Standölkochungen eine große Rolle. Die Beheizung kann erfolgen durch feste, flüssige oder gasförmige Brennstoffe oder Elektrizität, schließlich auch durch Heizmedien (hocherhitztes Druckwasser).

Die festen Brennstoffe, als welche Koks, Braunkohle, Steinkohle, Briketts und Holz in Betracht kommen, sind wohl seit alters her eingebürgert, haben aber viele Nachteile. Diese wären etwa: Geringer Wirkungsgrad (10—15%), Notwendigkeit eines Schornsteines, Abhängigkeit von der Witterung (verschiedene Zugverhältnisse), umständliche und unsichere Temperaturregulierung, große Bedienungskosten, Kosten für Abfuhr der Asche und Schlacken, starke Erhitzung der Kesselböden und des Mauerwerkes (daher langsame Abkühlung), Gehalt der Heizgase an schwefliger Säure, umständliche Heranschaffung an die Feuerstelle und schließlich die Kosten der Lagerhaltung. Nichtsdestoweniger ist diese Beheizungsart noch ziemlich verbreitet, wozu vor allem die verhältnismäßige Billigkeit der Anlage, der billige Brennstoffpreis, Verwendungsfähigkeit von Emballageabfällen (Holz) und die Unabhängigkeit von Zentralen (Gas, Elektrizität) beitragen. Besonders die Beheizung von Standölkesseln mit festen Brennstoffen ist nicht ganz einfach, da im Anfang das Öl rasch auf Temperatur gebracht werden muß, dann aber lange Zeit hindurch (bei Leinölstandöl) nur mäßige Beheizung zum Temperaturhalten notwendig ist, wobei eine Überhitzung des Kesselbodens zu vermeiden ist, wenn man helle und säurearme

---

[1] Die oft geäußerte Ansicht, daß man Kupfer auch der besseren Wärmeleitfähigkeit vorzieht, besteht nicht zu Recht. Eine viel größere Rolle als die Wärmeleitfähigkeit spielt der Wärmeleitungswiderstand zwischen Luft und Boden einerseits und Boden und Öl anderseits, der sehr groß ist, so daß die geringen Differenzen (10—20%) in der Wärmeleitfähigkeit der in Betracht kommenden Metalle gar nicht ins Gewicht fallen.

[2] Über gute Erfahrungen s. H. A. GARDNER: Scient. Sect. Circ. 343 (1929).

Öle erzielen will. Hier haben sich Braunkohlenbriketts (zum Hochheizen großer Kessel anfänglich eventuell mit Steinkohlenzusatz) bewährt. Die Rostanlage muß dann so ausgebildet sein, daß trotz der Möglichkeit genügender Luftzufuhr die Roststäbe eng aneinander stehen, um Materialverluste zu vermeiden (z. B. Wellenroste). Die Anlage der Heizung soll derart getroffen werden, daß die Bedienung von außerhalb des Siederaumes erfolgt, um die Feuergefahr einzuschränken (s. Abb. 110, die diese Art der Beheizung für einen abfahrbaren Kessel zeigt). Um die Feuergase möglichst auszunutzen und den Kesselboden möglichst gleichmäßig zu erwärmen, verlegt man den Rost nur etwa bis zur Mitte des Kessels und trachtet, durch eine größere Zahl Abzugsöffnungen, die in einen mit dem Fuchs in Verbindung stehenden Rundkanal münden, die Feuergase so zu leiten, daß sie den Kesselboden allseitig umspülen.

Eine noch bessere Ausnutzung der Brennstoffe ließe sich durch eine Ummauerung des Kessels, wie sie früher üblich war, erzielen bzw. durch Anbringung eines Heizzuges um den Kesselmantel. Beides bringt aber große Nachteile und auch Gefahren mit sich. Ein eingemauerter Kessel heizt sich zwar rascher an, doch ist die Gefahr eines Durchgehens der Temperatur sehr groß, und die oft notwendige schnelle Abkühlung ist unmöglich. Bei Reparaturen macht der Ausbau große Kosten. Die Ummauerung käme auch nur für Kessel aus einem Stück in Betracht, da bei Kesseln mit angeflanschtem Boden die Feuergefahr groß ist, da eventuelle Leckagen nicht bemerkt werden. Besser bewähren sich Wärmeschutzmäntel, die mit wenigen Handgriffen leicht geöffnet bzw. abgenommen werden können, da man sie heute durchwegs mit Schnellverschlüssen baut. Die Anbringung eines Zuges um den Kesselmantel ist nur dann zulässig, wenn der Kessel stets vollgefüllt in Betrieb kommt. Viele Brände in Lackfabriken haben darin ihre Ursache gehabt, daß einmal die Füllung nicht bis über den Zug gereicht hat und daß sich die Öldämpfe an der überhitzten Kesselwand entzündeten. Beim Kochen des Leinölstandöles, das doch bei Temperaturen um 300° erfolgt, ist man nahe genug an der Temperatur, wo sich die Leinöldämpfe beim Hinzutritt von Luft selbst entzünden, was dann nicht ohne verheerende Explosion abgeht.

Die *Ölfeuerung* hat vor allem den Vorteil der bequemen Bedienung und verhältnismäßig guten Regulierfähigkeit für sich. Sie ist stets betriebsbereit und erlaubt ein außerordentlich rasches Hochheizen (was bei Holzöl besonders wichtig ist). Die Heranbringung des Heizöles ist einfach, bei Feuergefahr ist es möglich, mit einem Handgriff alle Flammen zu löschen. Der Wirkungsgrad beträgt 35—45%. Man ist ebenso unabhängig von einer Zentrale wie bei Kohle usw., hat aber hier keinerlei Abfallstoffe (Schlacke, Asche) wegzubefördern. Die Flammengase sind nicht schwefelhaltig, wodurch die Kesselböden mehr geschont werden; durch die vorhandene Preßluftanlage ist eine Kühlung möglich. Als Nachteile werden angeführt, daß die Erhitzung des Mauerwerkes eine beträchtliche ist, was einer raschen Abkühlung entgegenwirkt[1]; ferner die Notwendigkeit der Haltung eines Brennstofflagers, das aber nicht so umfänglich ist wie bei festen Brennstoffen. Der Preis des Brennöles ist höher als der von Kohle usw., kann aber durch Mitverwendung von Abfallölen (Destillate der Ölkochung, Kopalschmelze) gesenkt werden. Die Anlagekosten sind beträchtlich höher als bei festen Brennstoffen, wozu noch der Kraftbedarf für den Kompressor kommt.

Die Ölzerstäubung in den Ölbrennern kann sowohl mit Luft hoher als auch niederer Spannung bewirkt werden. Bei den Hochdruckbrennern wird die Zerstäubung durch eine kleine Luftmenge hoher Pressung (0,8—5 at) bewirkt, während die Niederdruckbrenner mit viel Luft niederen Druckes gespeist werden. Beim Hochdruckbrenner reicht die zugeführte Preßluft zur vollständigen Verbrennung des Öles nicht hin, und es muß Zusatzluft mit Schornsteinzug oder durch einen separaten Ventilator aufgebracht werden; beim Niederdruckbrenner wird der Brennerdüse die gesamte Verbrennungsluft zugeführt. Welches der beiden Systeme gewählt wird, hängt sehr von den örtlichen Verhältnissen ab. In Lackfabriken hat sich speziell das Niederdrucksystem gut eingebürgert, das eine weniger stichflammenartige, mehr in die Fläche gezogene Flamme gibt, wodurch die Kesselböden und das Mauerwerk weniger überhitzt und mehr geschont werden. Die Hochdruckanlagen werden von einer Zentralstelle aus mit Öl und Luft versorgt, während die Niederdruckanlagen meist als Einzelanlagen gebaut werden.

---

[1] Die lange Wärmehaltung des Mauerwerks wird unter Umständen auch als Vorteil zu werten sein, weil z. B. ein abends gelöschter Kessel ohne weiteres Zutun noch ziemlich lange Zeit auf einer für den betreffenden Siedeprozeß vorteilhaften hohen Temperatur bleibt.

In der Abb. 113 ist als Beispiel die Anlage der Sommer-Schmidding-Werke gezeigt. Das Öl wird hier durch Wasserdruck zum Brenner befördert. Der Ölbehälter
hat unten den Anschluß für das Druckwasser (Wasserleitungsdruck), das Öl steht
über dem Wasser und wird oben aus dem Druckkessel gepreßt. Diese Art der Öl-

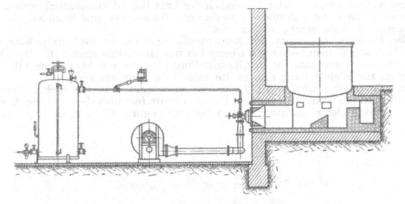

Abb. 113. Schematische Darstellung der Ölfeuerung. (Sommer-Schmidding-Werke, Düsseldorf.)

förderung bietet besonders bei Mitverwendung von Abfallölen, wie Kondensate aus
dem Sudhaus oder Waschbenzin, Vorteile, da die im Öl befindlichen Schmutzteilchen
sich am Boden des Kessels abscheiden und beim Entleeren mit dem Wasser hinaus-
gespült werden, wodurch eine Verlegung der Brennerdüsen vermieden wird. Die
Luft wird durch einen kleinen Ventilator geliefert. Die Ölleitung wird zwangläufig

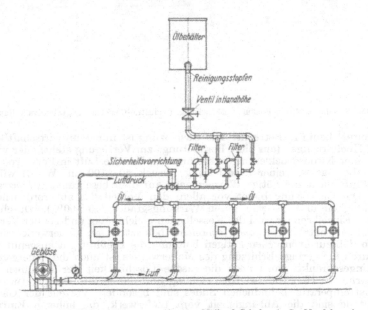

Abb. 114. Niederdruckölfeuerung. (System Möller & Schulze A. G., Magdeburg.)

durch ein selbsttätiges Elektroventil geschlossen, wenn die Luftzufuhr vom Ventilator bzw. dieser aussetzt. Dadurch wird verhindert, daß unzerstäubtes Öl in die
heiße Feuerung gelangt und dort zu Explosionen Anlaß gibt. Die Feuerung ist so
ausgebildet, daß die Flamme sich möglichst ausbreitet und den Kesselboden gleichmäßig bespült, wozu mehrere um die Feuerung verteilte Abzugsöffnungen, die in
den zum Fuchs führenden Rundkanal münden, und der Aufbau in der Mitte der
Feuerung dienen.

Während die wiedergegebene Sommer'sche Anlage als Einzelanlage ausgeführt erscheint, ist in Abb. 114 eine Niederdrucköfeuerung zur Beheizung mehrerer Kessel schematisch dargestellt. Diese von der Firma Möller & Schulze gebaute Ölfeuerung führt das Öl durch seine Schwere zu, während die Luft von einem Spezialhochdruckgebläse unter einem Druck von 0,4—0,5 at geliefert wird. Auch hier ist eine Vorrichtung vorgesehen, die beim Ausbleiben der Luft das Öl automatisch sperrt. Alles übrige geht klar aus der Zeichnung hervor; die Feuerstellen sind in einem vom Sudhaus getrennten Feuergang untergebracht.

Die Flamme, besonders des Niederdruckbrenners, ist verhältnismäßig leicht einstellbar, so daß man bei einiger Übung mit nur einer Düse sowohl für Hochheizen als auch für Temperaturhalten (Kleinstellung) auskommt. Gegebenenfalls kann aber auch für Kleinstellung eine zweite Düse eingebaut werden.

Zur *Gasheizung* wird meist Leuchtgas verwendet, das durchschnittlich 3500 bis 4500 W. E. pro Kubikmeter liefert. Bei dem heute fast überall möglichen Anschluß an eine Stadt- oder Fernleitung kommt Selbsterzeugung (Generatorgas, Aerogengas

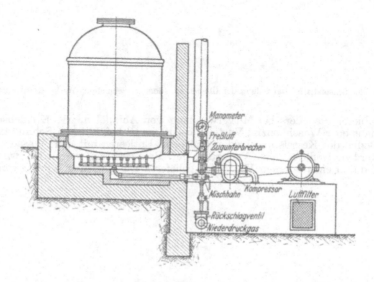

Abb. 115. Standölkessel mit Preßluft-Gasbeheizung. (Industrie-Gasfeuerung „Intensiva", Hamburg.)

und so weiter) kaum in Betracht. Die Gasheizung ist nur dann wirtschaftlich, wenn entweder Hochdruckgas (aus einer Fernleitung) zur Verfügung steht, oder wenn man dem aus einer Niederdruckleitung entnommenen Gas die Luft in Form von Preßluft zuführt. Mit Gas aus einer Stadtleitung (Druck 50—100 mm W.-S.) würde man ohne Preßluft nicht die nötige Wärmemenge auf dem beschränkten Heizraum aufbringen. Die Gasheizung bietet vor allem den Vorteil der außerordentlich guten Regulierfähigkeit und des sehr guten Wirkungsgrades (45—60%). Durch Anwendung vieler Einzelbrenner wird der Kesselboden gleichmäßig und bei der Verwendung von Flammenschutzblechen auch schonend beheizt. Das Mauerwerk wird wenig erhitzt, so daß zur eventuellen nötigen Kühlung die Preßluft gut ausgenutzt werden kann. Durch die geringe Erhitzung des Mauerwerkes ist auch die Feuergefahr weitgehend eingeschränkt, wozu noch die rasche Löschbarkeit der Flammen beiträgt. Die Ersparnis an Heizstoff bei Kleinstellung und das leichte Temperaturhalten des auf Höchsttemperatur befindlichen Sudes sind besondere Vorteile der Gasheizung. Als Nachteile sind die Abhängigkeit vom Lieferwerk, die höheren Einrichtungskosten gegenüber festen Brennstoffen und der Kraftbedarf für die eventuell nötige Preßluft zu werten.

Wenn Gas mit einem Druck von mindestens 100 cm W.-S. zur Verfügung steht, kann man dieses direkt den Brennern zuführen, die sich dann die nötige Verbrennungsluft (etwa $4\frac{1}{2}$ m³ Luft auf 1 m³ Gas) selbst ansaugen. Dieses *Preßgassystem* krankt an dem Übelstand, daß bei Schwankungen des Gasdruckes das Ansaugen so großer Luftmengen durch das unter Druck ausströmende Gas nicht zuverlässig funktioniert, indem mehr oder weniger als die optimale Luftmenge eingesaugt wird, wodurch die Wirtschaftlichkeit der Heizung leidet. Man verwendet daher bevorzugt die *Preßluft-*

Gas-Heizung, wobei man dem Gas die für die Verbrennung nötige Luftmenge entweder insgesamt als Preßluft zuführt oder man führt nur einen Teil der Verbrennungsluft als Preßluft zu, während die noch notwendige Sekundärluft vom Brenner oder Mischhahn angesaugt wird, was eine Ersparnis an Preßluft bedeutet. Die Regelung der Flammengröße und der notwendigen Luftzufuhr erfolgt durch einen einzigen Mischhahn, der auch das An- und Abstellen von Gas und Luft bewirkt. Das fertige Gas-Luft-Gemisch strömt dann aus einer Vielzahl von Steinbrennerköpfen aus, deren jeder wieder eine große Zahl Bohrungen hat. Durch diese gleichmäßige Verteilung der Wärme unter dem Kesselboden wird dieser geschont (Vermeidung von Spannungen) und eine weit gleichmäßigere Erwärmung des Kesselinhaltes erzielt als bei einer einzigen großen Flamme. Die Abb. 115 und 116 zeigen die Anordnung einer solchen Gas-Preßluft-Heizung für eine Standöl-anlage, bei der die Bedienung der Heizung vom Feuergang aus erfolgt. In Abb. 117 sieht man, daß man bei abfahrbaren Kesseln den Mischhahn in der Nähe des Kessels, also im Sudraum selbst anbringt (was natürlich bei Standölanlagen auch möglich ist). Dadurch, daß alle Regelungen durch einen einzigen, für den jeweiligen Apparat fix eingestellten Hahn erfolgen, ist man vor Fehlern durch Unachtsamkeit des Bedienungspersonals weitgehend geschützt. Durch diese Einrichtung wird auch die Bedienung der Gasheizung und die Einstellung der gewünschten Temperatur außerordentlich leicht gemacht.

Der Gasverbrauch wird nach Betriebsversuchen wie folgt angegeben[1]: Für je 100 kg: Leinöl-Holzöl-Standöl 1:1 im abfahrbaren Kessel 14 m³, Leinöl-Standöl in einer stationären Anlage 16 m³, Leinöl-Holzöl-Standöl 4:1 in gleicher Anlage 11 m³. Bei der Unkostenberechnung fällt die ziemliche Ersparnis an Arbeitsstunden bei der Gasheizung ins Gewicht. So wurden bei einem 5000-kg-Standöl-sud mit Brikettheizung 84, bei Gasheizung nur 19 Arbeitsstunden (Bedienung, Herbeischaffung des Brennstoffes, Wegschaffung der Asche usw.) benötigt[2].

Die *elektrische Heizung* böte die größten Vorteile, wie beste Wärme-

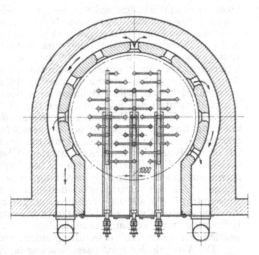

Abb. 116. Anordnung der Brenner und des Abzuges der Preßluft-Gasbeheizung eines Standölkessels. (Industrie-Gasfeuerung „Intensiva", Hamburg.)

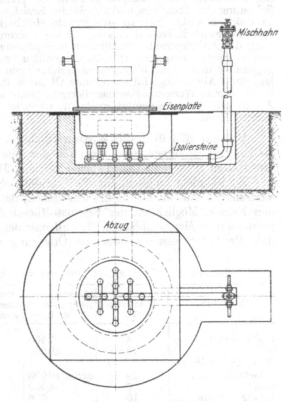

Abb. 117. Preßluft-Gasbeheizung eines Normalschmelzkessels. (Industrie-Gasfeuerung „Intensiva", Hamburg.)

[1] B. SCHEIFELE u. H. KÖLLN: Betriebshandbuch der Lacktechnik. Berlin. 1933.
[2] B. SCHEIFELE in SEELIGMANN-ZIEKE: Handbuch der Lack- und Firnisindustrie. Berlin. 1930.

ausnutzung (Wirkungsgrad 80—95%), ideale Regulierung mit eventuell automatischer Temperatureinstellung, geringste Wartung, große Schonung des Kochgutes durch Vermeidung von Überhitzung, größte Feuersicherheit, Wegfall eines Brennstofflagers und geringer Platzbedarf[1]. Wenn sich diese Beheizungsart in Europa nicht einführen konnte, so liegt das ausschließlich an den hohen Stromkosten; dazu kommt noch, daß bei einem Übergang von einer anderen Beheizungsart auf elektrische Beheizung völlig neue Apparate angeschafft werden müssen, da die bisher gebrauchten Kessel sich nicht verwenden lassen. Eine Beibehaltung der alten Kessel wäre nur bei Heizung mit Tauchelementen der Fall, die aber für die Ölkochung nicht geeignet sind.

Zur indirekten *Beheizung mit Heizmedien* kommt für die Zwecke der Standölkochung nur die *Beheizung mit hocherhitztem Druckwasser* in Betracht, da sich mit Dampf nicht die nötigen Temperaturen erzielen lassen. Die indirekte Erhitzung mit Öl- oder Glycerinbädern krankt an dem Übelstand der schlechten Wärmeausnutzung, zudem sind diese Wärmeüberträger bei den in Betracht kommenden hohen Temperaturen auf die Dauer nicht beständig, was dann Ursache von koksartigen Abscheidungen und den damit verbundenen Unzuträglichkeiten im Heizbad wird. Hochdruckdampf, der aber die entsprechenden konzessionspflichtigen Einrichtungen bzw. die Verwendung von Hochdruckdampfmaschinen im Betrieb voraussetzt, kann zur Beheizung von Vakuumstandölanlagen (z. B. Möller & Schulze A. G.) verwendet werden, setzt aber die Verwendung einer Frederking-Anlage voraus.

Die Vorteile der *Heißwasserheizung* (s. S. 515) sind: Sehr gute Wärmeausnutzung (bis zu 50% Brennstoffersparnis gegenüber direkt beheizten Kesseln); sichere Vorhereinstellung der erwünschten Höchsttemperatur, gute Regulierbarkeit der Temperatur, wodurch eine gleichmäßige und allmähliche Erhitzung des Öles stattfindet und dadurch örtliche Überhitzungen vollkommen vermieden werden, was eine besondere Schonung des Standöles und damit die Erzielung besonders heller und säurearmer Produkte bewirkt. Nahezu unbegrenzte Haltbarkeit des Siedekessels. Sehr geringe Bedienungsarbeit, besonders wenn die Ofenheizung mit Gas oder Öl erfolgt. Verkürzung der Anheizperiode. Schließlich weitgehende Feuersicherheit (Erniedrigung der Feuerversicherungsprämien). Demgegenüber steht der hohe Anschaffungspreis gegenüber den direkt beheizten Standölanlagen (mindestens um 30% teurer), die langsame Abkühlung, falls man das Öl nicht in einem separaten Kühlkessel oder besser durch Wärmeaustauscher herunterkühlt und daß die Wirtschaftlichkeit der Anlage nur dann ausgenutzt erscheint, wenn im kontinuierlichen Betrieb gearbeitet werden kann.

Um ein Bild über die Wirtschaftlichkeit der einen oder anderen Art der Heizung zu gewinnen, sind die nach der Literatur und nach Betriebsangaben ermittelten Kosten in den Tabellen 30 und 31 zusammengestellt.

Es ist nicht möglich, für die Standölkochung die unter allen Umständen wirtschaftlichste Beheizungsart anzugeben, da dies von der Lage der betreffenden Fabrik, Möglichkeit der Brennstoffbeschaffung und letzten Endes von der produzierten Menge abhängt. Im allgemeinen wird man jedoch sagen dürfen, daß Preßluftgasheizung oder die Ölheizung anzustreben wären; welche von

Tabelle 30. Wirtschaftlichkeit verschiedener Heizsysteme.

Brennstoff	Preis pro kg/m³/kWh Pf.	Durchschnittlicher Heizwert W. E.	Durchschnittlicher Wirkungsgrad in Prozent	Nutzbare W. E. pro kg/m³/kWh	1000 W. E. kosten Pf.
Kohle-Koks	4	7500	12,5	900	4,4
Öl	16	10000	40,0	4000	4,0
Öl + Abfallöle aus Betrieb	10	zirka 10000	40,0	4000	2,5
Gas	9	4000	50,0	2000	4,5
Elektr. Strom....	10	876	87,5	766	13,0

[1] Über elektrische Beheizung von Siedekesseln s. R. E. Carleton: Paint, Oil, Chem. Rev. 88, Nr. 24 (1929); 85, Nr. 10 (1926). — E. Monkhouse: Oil and Colour Trade Journ. 72, 385 (1927). — J. Mc. E. Sanderson: Paint, Oil, Chem. Rev. 92, Nr. 6 (1931). — A. Karsten: Farben-Ztg. 41, 644 (1936), über Wirbelstromheizung.

Tabelle 31. Vergleich der Chargendauer und Heizkosten beim Sieden von 5000 kg Standöl zwischen Preßgasheizung und Heißwasserheizung (nach Mitteilung der Firma Volkmar, Hänig & Comp., Heidenau-Dresden).

Beheizungsart	Dauer der Anheizzeit von 20 auf 300° C	Gehalten auf 300° C	Brennstoffverbrauch	1000 W. E. kosten Pf.
Direkte Heizung, Preßgas, 4000 W. E./m³ zu 9 Pf.	8 Stunden	15 Stunden	550 m³	4,5
Heißwasser mit Braunkohlenbriketts zu 4500 W. E./kg zu 1,7 Pf.	5 „	15 „	650 kg	1,1
Heißwasser mit Gasheizung, 4000 W. E./m³ zu 9 Pf.	5 „	15 „	354 m³	3,0

beiden hängt von der Möglichkeit der billigen Gasbeschaffung bzw. vom Ölpreis ab. Wenn die Preisfrage insofern keine Rolle spielt, als sich zwischen der einen oder anderen Art keine nennenswerten Unterschiede ergeben, so wäre wohl die Preßluftgasheizung vorzuziehen und bei sehr großen zu erzeugenden Mengen (wobei ein fast kontinuierlicher Betrieb der Anlage zu erreichen ist unter gleichzeitiger Bedingung der Erzielung bestmöglicher Produkte) wäre eine Heißwasseranlage in Betracht zu ziehen.

γ) Dämpfeabsaugung und Kondensation.

Bei den einzelnen bereits besprochenen Kochprozessen zur Erzeugung von Firnissen, Sikkativen und Standölen wurde schon öfter auf die Notwendigkeit hingewiesen, die entstehenden Dämpfe möglichst ohne Geruchsbelästigung abzuführen. Dazu stehen zwei Möglichkeiten zur Verfügung, entweder Kondensieren in geeigneten Kondensationsanlagen oder Absaugen mit einer Schornsteinanlage. Das früher öfter geübte Verbrennen ist vor allem ziemlich gefährlich, wegen der möglichen und leider auch öfter eingetretenen Rückzündung auf den Kessel, und wird, soweit die beschriebenen Bindemittel in Betracht kommen, nur bei Herstellung von Lithographenfirnis in Spezialöfen heute noch durchgeführt. Bei der Firnisherstellung treten fast gar keine Dämpfe auf (man stellt ja heute doch fast nur Präparatfirnisse her) und bei der Standölherstellung erhält man nur etwa 1—1$\frac{1}{2}$% kondensierbare Anteile. Trotz dieses geringen Ausmaßes verbreiten diese Dämpfe einen sehr widerlichen säuerlichen Geruch. Das Absaugen mittels Schornsteinen beseitigt die übelriechenden Stoffe nicht, sondern es führt sie nur in höhere Luftschichten. Abgesehen, daß eine entsprechend hohe Schornsteinanlage Geld kostet, arbeitet sie bei ungünstigem Wetter, z. B. bei Sturm oder Sonnenschein auf den Kamin, nicht gut, so daß man meist einen Ventilator mitverwenden muß. Viel besser und sicherer arbeitet hier die Kondensation, die am besten durch Einspritzen von Wasser durchgeführt wird. Die Abb. 118 zeigt eine solche moderne Dämpfe-Absauge- und Kondensationsanlage der Firma Sommer-Schmidding-Werke, Düsseldorf, wie sie ähnlich auch von anderen Spezialfirmen gebaut wird.

Die Herstellerfirma beschreibt sie wie folgt: „Über den Kesseln befinden sich Deckel, an die ein Rohrsystem anschließt. In der Rohrleitung sind Streudüsen angeordnet, die unter Druck stehendes Wasser in Kegelform ausstreuen und zu ganz feinen Teilchen zerstäuben. Hierdurch entsteht eine Luftbewegung, durch welche die im Kessel aufsteigenden Dämpfe angesaugt werden. Die Dämpfe ziehen durch den fein verteilten Wasserstaub und kommen hierbei in denkbar innigste Berührung mit dem Kühlwasser. Dieser Vorgang wiederholt sich in der geschlossenen Rohrleitung so oft, wie es zur vollkommenen Abkühlung und Kondensation der Dämpfe notwendig ist. Das niederfallende Kühlwasser mitsamt den Kondensaten fließt in einen Behälter, aus dem das Wasser entweder abläuft oder — selbsttätig gereinigt — im Kreislauf wieder verwendet wird. Wenn man sich vergegenwärtigt, daß bei anderen Kühlarten, z. B. bei Rohrschlangen mit äußerer Wasserkühlung oder beim Durchsaugen der Dämpfe durch eine Wassersäule, immer nur die Oberfläche, nie aber der Kern der Dämpfemenge mit dem Kühlwasser in Berührung kommt, dann erhellen ohne weiteres die Vorteile einer innigen Mischung von Kühlwasser mit Dämpfen, wie sie mit unseren Streudüsen erreicht werden. Selbstverständlich sind sowohl Anzahl und Größe der Düsen als auch Länge und Weite der Rohre von Beschaffenheit und Menge der Dämpfe abhängig. Die Betriebskosten der Anlage bestehen lediglich im Verbrauch an Kühlwasser. Dieses kann entweder einer vorhandenen Wasserleitung entnommen werden, oder aber eine Pumpe wird aufgestellt, die das einmal in den Abscheidebehälter eingefüllte Wasser fortlaufend verwendet. In diesem Falle tritt an Stelle des Wasserverbrauches die für den Antrieb der Pumpe nötige Kraft. Durch Öffnen oder Schließen der Wasserhähne oder durch Ein- und Ausschalten der Pumpe wird die Anlage in oder außer Betrieb gesetzt".

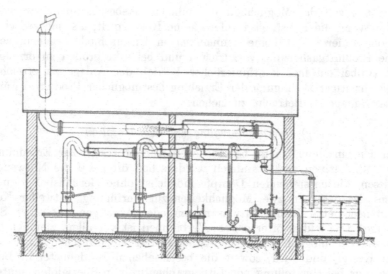

Abb. 118. Schematische Darstellung einer Dämpfeabsaug- und Kondensationsanlage. (Sommer-Schmidding-Werke, Düsseldorf.)

Solche Anlagen sind außerordentlich leistungsfähig, so daß selbst Kessel mit einem Gesamtinhalt von 200 t von diesen bedient werden können. Die Einmündung der Ableitung eines Kessels wird so angebracht, daß sie knapp vor einer Streudüse liegt, wodurch die Ausbreitung eines eventuell eingetretenen Kesselbrandes verhindert wird. Da die abgesaugten Dämpfe stark saurer Natur sind, ist es angezeigt, die Anlage periodisch zu reinigen, eventuell auch die Pumpe mit Sodalauge durchzuspülen. Die aus verzinktem Eisen ausgeführten Kondensationsrohre haben eine sehr gute Haltbarkeit bewiesen.

δ) Temperaturkontrolle.

Zu wiederholten Malen wurde schon darauf hingewiesen, wie wichtig die genaue Einhaltung der Temperatur bei den einzelnen Kochprozessen ist, wenn man gute Produkte erzielen will. Zur *Temperaturmessung* werden entweder Stockthermometer, Fernthermometer oder Fernschreibthermometer verwendet.

Die *Stockthermometer* mit Quecksilberfüllung sind Stickstoffthermometer, deren Skala gewöhnlich bis 450⁰ reicht. Um sie vor Bruch zu schützen, werden sie in eine Metallhülse (für unsere Zwecke am besten Aluminium) eingeschlossen. Diese Thermometer sind stets auf eine bestimmte Eintauchtiefe, die dann auch eingehalten werden soll, geeicht (sie ist auch am Thermometer vermerkt). Man sollte stets gealterte

Thermometer verwenden, da sich bei frisch erzeugten bei den hohen Temperaturen der Standölkochung das Glas noch verändert und die Thermometer dann falsch (zu nieder) zeigen. Diese Alterung wird von den Thermometerfabriken besorgt. Die Fernthermometer sind entweder Quecksilber-Feder-Thermometer oder elektrische Thermometer. Die ersteren enthalten im unteren Teil Quecksilber eingeschlossen, das sich bei der Erwärmung ausdehnt und eine Wellenfeder streckt; die Bewegung dieser Feder wird durch Zahnradsegment und Trieb auf das Zeigerwerk übertragen. Das biegsame Verbindungsrohr kann bis zu 50 m lang sein und gestattet daher die Anbringung der Skala an beliebiger Stelle. Instrumente dieser Art können auch mit Registriervorrichtung versehen werden und als Temperaturregler ausgebildet werden. Solche Thermometer werden auch mit starren Schäften hergestellt und können dann wie Stockthermometer verwendet werden und sind weniger empfindlich wie diese. Die elektrischen Thermometer sind entweder thermoelektrische Pyrometer oder Widerstandsthermometer. Beide können mit Fernschreibvorrichtung bzw. Temperaturregelung ausgestattet sein.

Mit besonderem Nachdruck soll hier auf die Wichtigkeit der Fernschreibthermometer hingewiesen werden. Beim Kochen der Standöle muß fast immer der Prozeß die Nacht über weiter oder zu Ende geführt werden. Nur durch eine selbstregistrierende Schreibvorrichtung kann sich der Abteilungsleiter vergewissern, daß die Siedetemperaturen richtig eingehalten wurden und nur dadurch hat er die Überzeugung, ob das hergestellte Öl dem beabsichtigten Zweck auch entspricht.

2. Herstellung von Leinölstandöl.

Leinölstandöl wird durch Erhitzen von Leinöl unter möglichstem Luftabschluß auf 280—310° C hergestellt. Da bei dieser Temperatur rohes Leinöl bricht und die sich abscheidenden Schleimstoffe Trübungen und Dunkelfärbung hervorbringen, verwendet man Lackleinöl bzw. völlig entschleimtes Leinöl.

α) Kochen in offenen Kesseln.

Früher stellte man das Leinölstandöl durch Erhitzen in eisernen Kesseln her, die man mit einem Blechdeckel oder bei größeren eingemauerten Kesseln durch

Abb. 119. Normalschmelzkessel mit Abfahrwagen. (Sommer-Schmidding-Werke, Düsseldorf.)

Überdachen mit einer gemauerten Kapelle, die mit einem Dämpfeabzug versehen waren, überdeckte; dadurch suchte man vor allem der Feuersgefahr soweit als möglich vorzubeugen und, durch den bewirkten teilweisen Luftabschluß, hellere und säureärmere Produkte zu erhalten als bei ungehindertem Luftzutritt. Auch heute werden für gewisse Spezialzwecke oder Probekochungen kleine Mengen noch in offenen Kesseln gekocht. Man wendet dann vorteilhaft die sog. deutschen Normalschmelzkessel an, die von H. C. SOMMER eingeführt wurden. Sie sind etwa doppelt so hoch wie breit und schwach konisch geformt (Abb. 119). Für diesen Zweck ist der Mantel meist aus Aluminium und der Boden aus Kupfer. Mantel und Boden sind an der Stoßstelle umgebörtelt, und der Flansch wird unter Zwischenlegung einer Asbestdichtung durch zwei mit Schraubenbolzen versehene Eisenringe zusammengezogen. Der Boden ist nicht eben, sondern meist schwach nach außen, seltener nach innen ausgebaucht. Die gangbarste Größe ist 200 l, daneben werden auch noch 400 und 500 l erzeugt. Die Bodentiefe beträgt durchgehend 200 mm, die obere Weite 600 mm beim kleinsten und 850 mm beim größten, die untere Weite 500 bzw. 750 mm, die Höhe ist gleichbleibend 1000 mm. Sie sind mit Wagen, die an den Zapfen angreifen, abfahrbar. In der Feuerstelle, die eine Eisenplatte (die zur Ermöglichung der Wärmedehnung geschlitzt ist) mit entsprechender Öffnung als oberen Abschluß trägt, sitzen die Kessel mit dem Flansch auf (s. Abb. 110). Da die Kessel zur Erhaltung eines genügenden Steigraumes nur zu einem Teil gefüllt werden, so ist etwa $^1/_3$—$^1/_4$ des Inhaltes der Feuerhitze ausgesetzt. Zum besseren Abdichten der Feuerstelle gegen den Sudraum wird der Flansch noch mit Schamottemehl, das mit Wasser angemacht ist, umgeben. Wenn die Kessel vom Feuer abgefahren werden, so soll man sie zur Schonung des Bodens nicht direkt auf den Fußboden stellen, sondern auf ein eisernes hufeisenförmiges Gestell oder in entsprechende Abstellöcher, so daß die Kessel nur mit dem Flansch aufsitzen und

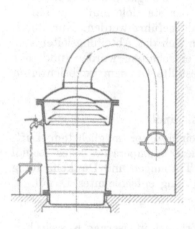

Abb. 120. Kondensattropfenfänger. (Volkmar Hänig & Comp., Heidenau-Dresden.)

der Kesselboden mit der Erde nicht in Berührung kommt. Zur Abdeckung dienen möglichst flache Blechhauben aus verzinktem Eisenblech, die mittels eines rüsselförmigen Ansatzes an die Kondensation angeschlossen sind. Diese Hauben tragen Thermometerstutzen (eventuell Stutzen für Gaseinleitung) und besitzen eine verschließbare Klappe zur Kontrolle des Sudes (s. Abb. 110). Damit das Standöl möglichst hell bleibt, muß man verhindern, daß das in der Haube sich bildende Kondensat in den Sud tropft. Zu diesem Zweck haben die Hauben innen oft eine Auffangrinne am Rand, aus denen das Kondensat durch einen Heberverschluß nach außen tropft, oder man bringt im Innern der Haube einen Tropfenfänger an (Abb. 120). Eine möglichst flache Form der Haube begünstigt ein rasches Abziehen der Dämpfe bzw. bewirkt eine geringere Kondensatbildung.

Das Kochen führt man so durch, daß man eventuell bei abgenommener Haube anheizt, bis sämtliches im Öl immer noch in geringen Mengen enthaltene Wasser unter Aufschäumen entwichen ist (bei 120—140°). Nach Wiederaufsetzen der Haube feuert man weiter, bis man etwa 30—40° unter der gewünschten Endtemperatur ist, worauf man meist das Feuer zurückzieht und abwartet, ob die Temperatur durch die Reaktionswärme bis zur gewünschten Höchsttemperatur fortschreitet; ist das nicht der Fall, so muß, eventuell mit rasch Hitze gebendem Material (Holz), nachgeheizt werden. Da das Öl sich beim

Erhitzen beträchtlich ausdehnt und beim Entbinden des Wassers auch schäumt, kann man die Kessel nur bis zu etwa zwei Drittel füllen. Um aber auf alle Fälle ein Überfließen des Kessels zu verhindern, was gleichbedeutend mit einem Brand wäre, versieht man die Kessel mit einer Überlaufrinne oder einem weiten Ablaufstutzen, der am besten in eine außerhalb des Sudhauses gelegene überdeckte Grube führt, um einen durch Selbstentzündung der heißen Öldämpfe entstehenden Brand lokalisieren zu können. Zur Kontrolle der Temperatur verwendet man ein bis nahe zum Boden reichendes Thermometer, besser zwei, von denen das zweite weniger tief eintaucht. Gerührt wird nicht, um das Öl nicht mehr als nötig anzuoxydieren. Einige Zeit nach Kochbeginn (2—3 Stunden) überzieht sich bei 290^0 das Öl mit einer dicken lederartigen Haut, was darauf hindeutet, daß weiter keine Dämpfeabgaben erfolgen. Man hütet sich, diese Haut zu verletzen, da sie einen natürlichen Luftabschluß bildet. Nach dem Abkühlen des Sudes ist sie durch die starke Volumverminderung tief eingezogen und haftet fest an der Kesselwand. Diese Haut ist in der Lackindustrie fast wertlos, sie kann für billige Kitte verwendet oder an eine Seifenfabrik abgegeben werden. Um diesen Materialverlust zu verhindern, überschichtet man das Öl beim Kochen mit einem inerten Gas, das den Luftsauerstoff abhält. Wegen des größeren Volumgewichtes eignet sich hier Kohlensäure am besten. Ursprünglich leitete man sie auf die Oberfläche des Öles (was bei Kohlensäure zur Luftverdrängung genügt, nicht aber bei dem auch vorgeschlagenen Stickstoff, der leichter als Luft ist). Heute leitet man sie allgemein in das Öl, indem man sie aus einem bis zum Boden reichenden Rohr (eventuell mit Rohrkranz) aufperlen läßt. Sie übt dadurch gleichzeitig eine mischende Wirkung aus, was den Wärmeausgleich fördert und verhindert, daß sich das Öl zu lange am Boden überhitzt; dadurch erhält man säureärmere Standöle als beim bloßen Überleiten. Die Geschwindigkeit der Kohlensäurezufuhr kontrolliert man an einer zwischen Reduzierventil der Bombe (aus der man die Kohlensäure entnimmt) und Einleitungsrohr eingeschalteten Waschflasche, die mit Leinöl gefüllt ist. Die Kohlensäure muß wasserfrei sein, damit nicht Trübungen oder Verfärbungen des Standöles eintreten (eventuell mitgerissenes Rostwasser).

Die Hautbildung kann man auch verhindern, wenn man das im Kessel befindliche Öl mit einem Schwimmdeckel aus Aluminium bedeckt, der am Rande aufgebörtelt ist und einen Thermometerstutzen trägt. Da dieser Deckel den Wärmebewegungen des Öles folgen muß, darf er sich am Kessel nicht verklemmen. Dies kann aber selbst bei sehr gut eingepaßtem Deckel, der gerade nur so viel Spielraum hat, daß er unbehindert auf- und abgleitet, nur dann möglich sein, wenn der Kessel zylindrisch ist. Die Normalkessel werden auch zylindrisch hergestellt, oder man verwendet für größere Mengen, etwa bis 1000 kg, einen stationären, innen emaillierten Gußeisenkessel der jetzt gebräuchlichen Form (Durchmesser nicht viel geringer als Höhe, was vergrößerte Heizfläche ergibt).

Um für den Fall, daß ein Kessel überzuschäumen droht bzw. daß trotz aller Vorsicht die Temperatur durchgeht, gewappnet zu sein, hält man sich im Sudraum einige Faß vollkommen wasserfreies Leinöl bereit, oder man sieht einen eigenen hochgestellten Behälter mit Ableitungsrohr dafür vor. Man kann dann durch Zugießen von kaltem Öl und Herausziehen bzw. Löschen des Feuers einem Brand oder Verderben des Sudes vorbeugen. Ist aber doch einmal ein Kessel in Brand geraten, so kann man durch Abdecken mit einem schweren eisernen Deckel, Asbesttüchern, Sand u. ä. zu löschen versuchen. Auch das Aufblasen eines starken Kohlensäurestrahls kann helfen. Es ist eben jedes Mittel recht, das das Öl von der Luft abschließen kann. Wasser oder solches enthaltende Feuerlöscher sind natürlich verfehlt, da sie das Übel noch größer machen. Um von Haus aus die Brandgefahr in einem Sudhaus möglichst einzuschränken, halte man es frei von allen Dingen, die nicht unbedingt hingehören. Das Sudhaus ist auch nicht der geeignete Platz zum Aufbewahren von

Benzin usw. Es mag noch darauf hingewiesen werden, daß mit Leinöl getränkte Hadern, Stroh, Sägespäne und anderes saugendes Material, wenn sie auf einem Haufen geschlichtet liegen, in kürzerer oder längerer Zeit durch die Oxydationswärme zu brennen beginnen.

Es ist, und zwar ohne weiteres, möglich, in offenen Kesseln ein helles säurearmes Standöl herzustellen, aber selbst bei der größten Vorsicht wird doch hin und wieder einmal ein Sud zu dunkel. Dies und die weitgehende Verhinderung eines Brandes läßt sich nur erzielen durch

β) Kochen in geschlossenen Apparaten.

Aus den eben gegebenen Richtlinien für die Erzielung heller und säurearmer Leinölstandöle ergeben sich die Forderungen, die an eine moderne Standölapparatur zu stellen sind. Es muß also das Öl ständig unter einer sauerstofffreien Atmosphäre stehen, die Bildung von Kondensat bzw. die Möglichkeit des Zurücktropfens muß weitgehend vermieden werden, das verwendete Material darf keine schädlichen Einwirkungen auf das Öl ausüben, und schließlich soll der Heizmaterialverbrauch so gering als möglich sein. Die Grundsätze, nach denen diese Bedingungen von den einzelnen Spezialfirmen zu erreichen getrachtet werden, sind heute im wesentlichen gleich. Es genügt daher, an Hand einer solchen Anlage die Konstruktionsprinzipien und die Handhabung zu erläutern.

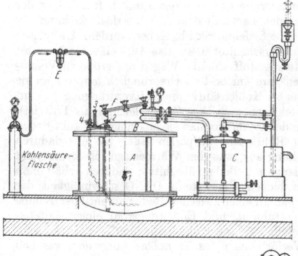

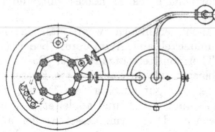

Abb. 121.   Standölkochanlage. (System Sommer-Schmidding.)

1 Probierhahn,   *2* Entleerung,   *3* Thermometer,   *4* Kohlensäurezuleitung,   *5* Fernregistrierthermometer,   *E* Kohlensäure-Beobachtungsflasche.

Die in Abb. 121 wiedergegebene Standölkochanlage, System Sommer-Schmidding, besteht aus dem Kochkessel *A* aus Reinaluminium mit Boden aus Elektrolytkupfer, der Aluminiumhaube *B* und dem aluminiumbeschlagenen gußeisernen Mannlochdeckel *F*, dem Überlauftopf *C* aus Aluminium und der Überlauf- und der Entlüftungsleitung aus Eisen. Haube und Kessel sind wie Boden und Kessel in der weiter oben beschriebenen Weise verflanscht. Zur Verstärkung der Kesselwand dienen flacheiserne Streben, die sich an den eisernen Boden- und Kesselflanschringen abstützen. Der Kessel ist mit den notwendigen Armaturen versehen. Diese sind: Ein Stockthermometer, das in ein im Armaturenstuhl eingeschraubtes, unten geschlossenes Aluminiumrohr, das im Betrieb mit Öl gefüllt wird, gesteckt wird. Ein Einleitungsrohr aus Aluminium für die Kohlensäure, die aus dem nahe dem Kesselboden befindlichen Rohrkranz ausströmt. Ein bis zum Boden reichendes Aluminiumrohr zur Entleerung des Kessels unter Kohlensäuredruck. Einem zweiten Thermometer, das als Fernschreibthermometer ausgebildet ist. Einem Manometer zur Kontrolle des Druckes, insbesondere beim Entleeren. Einem Probierhahn bei 1 zum Ziehen der Proben während der Kochung. Zur besseren Wärmeisolation dient ein aufklappbarer Wärmeschutzmantel um den Rumpf (wird während der Abkühlperiode aufgeklappt) und ein Wärmeschutz um die Haube und Dom. Schließlich die notwendigen Absperrhähne.

Die oben gestellten Bedingungen wurden durch folgende Konstruktionseinzelheiten erreicht: An der sehr flach gehaltenen Haube sitzt ein zylindrischer Dom in Mannlochweite, der gerade nur so hoch ist, daß auf der höheren Seite des Zylinders ein Überlauf- und ein darüber angeordnetes Entlüftungsrohr Platz haben. Das Öl wird vor Beginn des Sudes bis knapp zum Überlaufrohr eingefüllt. Sobald es sich bei der Erwärmung ausdehnt, fließt der Überschuß in den Überlauftopf. Während der ersten Zeit der Kochperiode, in der die Hauptmenge der Dämpfe entweicht, ist die Oberfläche des Öles nicht größer als der Domquerschnitt, zudem ist die Öloberfläche knapp unter dem Entlüftungsrohr, so daß die Dämpfe im Dom selbst nicht zur Kondensation kommen. Sinkt dann später der Ölspiegel, so läßt bereits die Dämpfebildung nach, und diese werden durch den Kohlensäurestrom leicht hinweggeführt, da durch die Ausbildung der Haube als sehr flacher Kegelstutz das Ölniveau nur sehr wenig sinkt. Durch den schräg aufgesetzten Deckel wird die nach der Füllung noch im Apparat befindliche Luft leicht von der Kohlensäure hinausgeschoben. Auch bei der Ausbildung der Armaturensitze wurde auf die Möglichkeit der Bildung von Luftnestern Rücksicht genommen. Um die Kesselhaube nicht durch viele voneinander entfernte Anbohrungen zu schwächen, wurden die wichtigsten Deckelarmaturen auf einem Kesselstuhl vereinigt, der entsprechend verstärkt und so geformt ist, daß das Öl die Luft leicht verdrängt, ohne daß sich ein Luftsack bildet. Der aufklappbare Wärmeschutzmantel (S. Abb. 122) bzw. die abnehmbare Haubenisolation ermöglichen ein leichtes Temperaturhalten und eine Ersparnis an Heizmaterial, besonders bei Gasheizung, anderseits erleichtern sie durch ihre Entfernbarkeit das Abkühlen.

Die Arbeit mit einem solchen Apparat gestaltet sich nun folgendermaßen: Der Kessel wird bei offenem Mannloch bis zum Überlaufrohr mit Lackleinöl gefüllt und bis auf 120⁰ aufgeheizt. Sobald die geringen Mengen im Öl noch enthaltenen Wassers entwichen sind, was sich am Aufhören des Schäumens zu erkennen gibt, wird das Mannloch geschlossen und nun Kohlensäure so eingeleitet, daß sie in der Kontrollflasche lebhaft wallt. Vorher ist in den Überlauftopf noch etwa eine Hand hoch Lackleinöl einzufüllen. Sobald die Luft aus dem Apparat verdrängt ist, drosselt man die Kohlensäurezufuhr, so daß sich die Blasen in der Kontrollflasche etwa im Abstand von 1—1½ cm folgen. Nun heizt man derart weiter, daß man die Temperatur von etwa 260⁰ möglichst rasch erreicht. Durch sorgfältige Regulierung der Feuerung bringt man vorsichtig das Öl auf die gewünschte Endtemperatur, meist 290—300⁰. Nur durch Erfahrung am betreffenden Apparat gewinnt man die Übung, die nötig ist, um eine Überhitzung zu vermeiden. Die Endtemperatur wird nun durch entsprechende Bedienung der Feuerung eine gewisse Zeit möglichst konstant eingehalten, was bei Gas- oder Heißwasserheizung am leichtesten gelingt (bei 300⁰ etwa 15 Stunden für ein mittelstarkes Leinölstandöl)[1]; die Zeit ist so zu wählen, daß man nach dem Abkühlen das Öl mit der gewünschten Zähflüssigkeit erhält. Durch vom Probierhahn entnommene Proben überzeugt man sich von der fortschreitenden Verdickung. Man hört mit dem Kochen auf, sobald die letzte Probe etwas dünnflüssiger ist, als das Standöl schließlich sein soll, da es beim Abkühlen noch nachdickt. Wenn man so weit ist, so löscht man das Feuer, öffnet alle Feuertüren und den Wärmeschutzmantel und läßt nun das Öl langsam auf 120⁰ abkühlen, bei welcher Temperatur es bereits ohne Gefahr des Nachdunkelns an der Luft in die Behälter gepumpt oder mit Kohlensäure (½ at) gedrückt werden kann. Den Hahn der Überlaufleitung hat man bereits von dem Augenblick an geschlossen, wo man am Schauglas des Überlaufbehälters

---

[1] B. Scheifele in Seeligmann-Zieke: Handbuch, Berlin, 1930, gibt an: bei 260⁰ C 60 Stunden, bei 285⁰ C 36 Stunden und bei 300⁰ C 10—15 Stunden.

erkennt, daß kein Öl mehr übersteigt[1]. Die beschriebene Standölanlage als auch die anderen auf ähnlichem Prinzip fußenden arbeiten durch die ange-baute Kondensation geruchfrei, so daß eine Ableitung der Abgase über Dach meist genügt[2].

Im allgemeinen erhält man eine um so niedrigere Säurezahl des Standöles, je kürzer, wenn auch bei höherer Temperatur, gekocht wurde. Eine bestimmte Kochdauer ist aber nötig, um ein „schön rundes", „fettes" Standöl zu erhalten, das nicht nur die richtige Konsistenz hat, sondern sich auch geschmeidig ver-streicht. Solche lacktechnisch wertvolle Eigenschaften zeigen Leinölstandöle, die bei Temperaturen zwischen 280 und 300° gekocht wurden. Standöle, die mit Weißpigmenten (vor allem mit Zinkweiß) angerieben werden sollen, dürfen

Abb. 122. Druckfirnisanlage. (Sommer-Schmidding-Werke, Düsseldorf.)

auf keinen Fall bei höherer Temperatur als 300° hergestellt werden, um über-polymerisierte Anteile zu vermeiden (s. S. 261). Sollte gelegentlich die Tempe-ratur doch einmal zu hoch steigen, so kann man durch Zugeben von trockenem, kaltem Leinöl den Sud retten. Da durch die Länge der zum Kochen der meisten Leinölstandöle nötigen Zeit ein Arbeiten in die Nacht hinein nicht zu vermeiden ist, die Apparatur dann eventuell vom Nachtwächter betreut werden muß, ist das Fernschreibthermometer eine unbedingte Notwendigkeit, denn nur durch

---

[1] Das übergelaufene Öl wird vor Beginn der nächsten Charge mit Kohlensäure in den Siedekessel gedrückt und mitverwendet.
[2] Die Standölapparate älteren Datums haben meist eine kuppelförmige Haube, waren aber sonst aus dem gleichen Material. In der Abb. 115 ist ein derartiger Apparat angedeutet.
      In letzterer Zeit versucht man auch Standöle im Vakuum herzustellen. Die hierfür in Betracht kommende Apparatur unterscheidet sich im wesentlichen nur durch die Möglichkeit, den Kessel unter Vakuum setzen zu können. S. auch S 268 und Patente.

Kontrolle der Registrierstreifen kann sich der Betriebsleiter die Gewißheit verschaffen, ob das Standöl ordnungsgemäß erzeugt wurde.

Sehr starke Standöle und *Buchdruck-* oder *Lithographenfirnisse* werden bei höheren Temperaturen als oben angegeben hergestellt (310—320⁰)[1]. Bei diesen hohen Temperaturen bildet sich schon eine größere Menge Destillat, das zum größten Teil aus freien Fettsäuren besteht. Um solche stark eingedickte Standöle genügend säurearm und hell herzustellen, empfiehlt sich die Verwendung einer modernen *Druckfirnisanlage*, bei der die Dämpfe durch einen Ventilator abgesaugt werden. Da diese Dämpfe einen sehr üblen säuerlichen Geruch haben, muß die zum Apparat gehörige Kondensationseinrichtung sehr intensiv wirken, und auch dann tut man am besten, den gasförmigen Rest in einem Spezialofen zu verbrennen. Als Beispiel diene die in Abb. 122 wiedergegebene Druckfirnisanlage.

Sie besteht in ihren Hauptteilen aus einem Aluminiumkessel mit angeflanschtem Kupferboden und angeflanschter Haube aus Aluminium, maschinell angetriebenem Spezialrührwerk, aus einer Vorlage und einem Dämpfeverbrennungsofen. Auf der Haube befinden sich Anschlüsse für ein Stockthermometer, ein Fernschreibthermometer, ein Manometer und Sicherheitsventil, Kohlensäurezufuhr, Füll- und Entleerungsrohr, Schnellschlußventil und Dämpfeabsaugrohr.

Die Herstellung eines Druckfirnisses geschieht dann wie folgt: Der Kessel wird bis zu höchstens drei Viertel seines Vollinhaltes mit Leinöl gefüllt, das Rührwerk in Tätigkeit gesetzt und mit Anheizen begonnen. Das Mannloch der Kesselhaube bleibt während des Kochens offen. Die Dämpfe werden durch einen Ventilator oder eine andere Absaugvorrichtung abgesaugt. Die Eigenart des Rührwerkes in Verbindung mit der zugeführten Luft bewirken ein sehr schnelles Eindicken des Öles. Sollte das Öl durch zu starkes Heizen oder durch Selbsterwärmung überhitzt werden, so ist das Mannloch zu schließen und Kohlensäure in den Kessel zu leiten. Die abgesaugten Dämpfe passieren die kontinuierlich wassergekühlte Vorlage und kondensieren hier zum großen Teil. Die restlichen Dämpfe werden entweder in die Dämpfekondensationsanlage geführt oder in einem Spezialofen verbrannt. Diese Anlage, die eine bedeutende Zeitersparnis mit sich bringt kann selbstverständlich auch zur Herstellung hochviskoser Standöle verwendet werden.

Beim Abkühlen der Standöle in der Kochapparatur geht der gesamte Wärmeinhalt des Öles und der Apparatur nutzlos verloren. Eine Abhilfe ist durch die Verwendung von Wärmeaustauschern gegeben. Das fertiggekochte Öl wird in den für diesen Zweck gebauten, filterpressenartig aussehenden Wärmeaustauschern im Gegenstrom an kaltem Lackleinöl vorbeigeführt, kühlt sich dabei auf etwa 120⁰ ab, während das kalte Öl beim Austritt aus dem Wärmeaustauscher bereits auf etwa 185⁰ angewärmt ist. Man leitet es zunächst in einen gut isolierten Kessel und füllt es, sobald der Standölapparat vollkommen geleert ist, in den noch warmen Apparat ein. Das abgekühlte, schon fertige Standöl fließt zum Lagertank. Daß man so abwechselnd auch zwei Standölapparate bedienen kann, von denen einer entleert und der andere gefüllt wird, ist selbstverständlich.

3. Herstellung von Leinöl-Holzöl-Standöl.

Über die Möglichkeiten der Herstellung dieses Produktes wurde bereits auf S. 260 berichtet. Technisch am wertvollsten sind die Produkte, die polymerisiertes Leinöl (Leinölstandöl) neben polymerisiertem Holzöl (Holzölstandöl) enthalten. Die Herstellung der Standöle mit einem Holzölgehalt bis 30% geschieht oft so, daß man die im richtigen Verhältnis gemischten rohen Öle auf die gewünschte Konsistenz eindickt. Da nun das Holzöl viel rascher verdickt

---

[1] MASATERU OGURA: Journ. Soc. chem. Ind. Japan (Suppl.) **38**, 129 B (1935).

als Leinöl (vgl. S. 259), so hat man, sobald die gewünschte Konsistenz erreicht ist, im wesentlichen meist ein in Leinöl gelöstes polymerisiertes Holzöl vorliegen, das natürlich ganz andere Eigenschaften aufweist als ein Produkt, in dem Leinöl und Holzöl etwa gleich weit polymerisiert sind. Man kann sich so helfen, daß man zuerst ein dünnes Leinölstandöl herstellt, dieses abkühlt, dann mit rohem Holzöl mischt und nun bis zur endgültigen Konsistenz eindickt. Man muß aber, wenn man ein helles, säurearmes Dicköl erzielen will (die Säurezahl wird in dem Gemisch fast ausschließlich vom Leinölstandöl bestimmt), einen Leinölstandölsud in der vollgefüllten Apparatur fertigmachen, bis zur Abfülltemperatur abkühlen[1], dann erst mit Holzöl mischen und das Gemisch neuerdings in die Standölapparatur füllen usw. Oder aber man füllt die Standölapparatur nur zum Teil mit Lackleinöl, bekommt daher durch das reichlicher gebildete, zurücktropfende Kondensat ein saureres und dunkleres Leinölstandöl und gibt, sobald dieses genügend eingedickt ist, das Holzöl zu und kocht nun weiter. Im

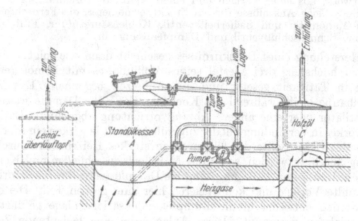

Abb. 123. Leinöl-Holzöl-Standöl-Anlage. (Sommer-Schmidding-Werke, Düsseldorf.)

ersten Fall ist die Arbeit sehr zeitraubend und umständlich, wobei man ein gutes Produkt bekommt, im zweiten Fall ist die Sache keineswegs bequemer, man muß aber ein weniger gutes Standöl in Kauf nehmen. Durch die für diesen Fall eigens entwickelten sog. *Standölaggregate* kann man in einem Arbeitszug ein allen Ansprüchen gerecht werdendes Leinöl-Holzöl-Dicköl erzielen. Die Abb. 123 zeigt die *Leinöl-Holzöl-Standöl-Anlage* der Sommer-Schmidding-Werke. Die übliche Standölapparatur ist mit einer Zusatzapparatur verbunden, die im wesentlichen aus dem Holzölkessel C, der Pumpe B und den Verbindungsrohrleitungen besteht. In den Kessel C wird die erforderliche Menge Holzöl eingefüllt[2], und dieses kann durch die Abgase der Feuerung des Hauptkessels erhitzt werden.

Die Herstellung eines Holzölstandöls mit einem Höchstgehalt von 30% Holzöl geht wie folgt vor sich: Im Hauptkessel wird das Leinöl in der üblichen Weise eingedickt. Nach Erreichen der erforderlichen Konsistenz wird das inzwischen warm gewordene Holzöl aus dem Kessel C durch die Pumpe in den Hauptkessel A gefördert. Das Holzöl vermischt sich hierbei mit dem eingedickten Leinöl und drängt den Kesselinhalt durch die Verbindungsleitung in den Holzölkessel C. Das Umpumpen von einem Kessel in den anderen wird solange fortgesetzt, bis eine gleichmäßige Ver-

---

[1] Man könnte natürlich, um Zeit und Heizmaterial zu sparen, einen Teil des Leinölstandöles auch bei höherer Temperatur aus dem Standölkessel abziehen, was aber bei einer gewöhnlichen Standölapparatur immer eine gewagte Sache bleibt.
[2] Der Kessel C faßt nur 30% des Nutzinhaltes von Kessel A.

mischung und Verdickung erzielt ist. Bei entsprechendem Erhitzen des Leinöl-standöls (es wird meist bei der üblichen Temperatur von 280—300⁰ gekocht) vor dem Hinzupumpen des Holzöles und Vorwärmen des Holzöles im Kessel O kann genau die Temperatur erreicht werden, auf die das Gemisch erhitzt werden soll, ohne daß während des Umpumpens weitergeheizt werden muß. Durch das Umpumpen wird auch nach Fertigstellung des Sudes ein rascheres Auskühlen erreicht und dadurch einem Gelatinieren wirksam vorgebeugt. Die Pumpe ist so angeordnet, daß sie auch zum Fördern der Roh- und Fertigöle dienen kann.

Leinöl-Holzöl-Standöle mit höherem Gehalt als 30% Holzöl lassen sich mit der oben beschriebenen Apparatur, wegen der Wahrscheinlichkeit des Gela-tinierens, nicht erzeugen. Sie werden entweder durch Mischen der entsprechen-den Standöle erzeugt oder aus den gemischten Rohölen, bzw. rohes Holzöl + Lein-ölstandöl durch Verkochen in der für reine Holzöldicköle geübten Art hergestellt. Die Zusammensetzung der Leinöl-Holzöl-Standöle wird im Betrieb so gekenn-zeichnet, daß man das Verhältnis von Leinöl zu Holzöl anfügt, also z. B. ein Öl mit 20% Holzöl wird als Leinöl-Holzöl-Standöl 4 : 1 bezeichnet.

4. Herstellung von Holzölstandöl.

Die Polymerisation bzw. Gelatinierung des Holzöles beim Erhitzen hängt von verschiedenen Umständen ab, und zwar von der Temperatur und Er-hitzungsdauer, von der Anwesenheit freier Holzölsäuren bzw. Harzsäuren, von der Menge des eventuell zugemischten fremden Öles und schließlich von ver-schiedenen absichtlich gemachten gerinnungsverzögernden Zusätzen. Zwischen Temperatur und Dauer der Erhitzung besteht eine Beziehung, und zwar so, daß mit der höheren Temperatur die Zeit bis zur Gelatinierung abnimmt. So sind es bei 150⁰ viele Stunden, bei 220⁰ etwa zwei Stunden, während bei 250⁰ etwa 30 Minuten bis zum Festwerden vergehen. Oberhalb 260⁰ kommt als weiterer Faktor die durch den exothermen Polymerisationsvorgang freiwerdende Wärme hinzu.

Die Gelatinierungsgeschwindigkeit wird, wie bereits oben bemerkt, auch vom Säuregehalt, also der Säurezahl des Rohöles beeinflußt. Bei Versuchen von A. W. C. HARRISON[1] ergab sich z. B., daß ein künstlich entsäuertes Holzöl (S. Z. 1,4) in 115 Minuten bei 232⁰ gelatinierte, während das gleiche Holzöl, nach Zumischung von durch Alkoholextraktion isolierten freien Holzölsäuren (bis zur S. Z. 10), bei der gleichen Temperatur erst in etwa 160 Minuten erstarrte. Auch an Rohölen verschiedener Säurezahl wurde dies bestätigt. Die Wirkung von Harzen auf die Gelatinierbarkeit von Holzölen ist eine bei der Lackerzeugung oft ausgewertete Tatsache. Über die gerinnungsverzögernde Wirkung von fremden Ölen wurde schon gelegentlich der Besprechung der Leinöl-Holzöl-Dicköle Näheres mitgeteilt.

Alle die sonst vorgeschlagenen, schon genannten oder aus den Patenten zu ersehenden Mittel haben, mit Ausnahme des ranzigen Terpentinöles, wenn überhaupt, nur einen problematischen Wert, da dadurch meist auch die ge-schätzten Eigenschaften des Holzöles (besonders das rasche Trockenvermögen) leiden.

Zur Herstellung des reinen Holzölstandöles kann man nach drei durch die Kochtemperatur voneinander verschiedenen Arten verfahren. Man kann entweder a) bei Temperaturen um etwa 200⁰ lange kochen oder b) rasch auf die kritische Temperatur (etwa 280—290⁰) erhitzen und darauf schnell abkühlen oder c) man kann schließlich auf eine über der Gelatinierungstemperatur liegende Temperatur (320⁰) erhitzen.

---

[1] A.W.C.HARRISON: Oil Colour Trade Journ. 77, 1568 (1930).

a) Es ist nicht zu leugnen, daß das Eindicken nach der ersten Methode (Erhitzen auf 200—220⁰) insofern am bequemsten ist, als die Überwachung des Polymerisationsvorganges leichter ist. Die Öle sind aber keinesfalls gasfest und trocknen auch nicht unter allen Umständen runzelfrei auf. Dazu kommt noch, daß es auch beim Holzöl nicht gleichgültig ist, ob man ein Öl bestimmter Viskosität durch längeres Erhitzen auf niedere Temperatur oder durch kurzes Erhitzen auf hohe Temperatur herstellt. Im ersten Falle bekommt man zwar leicht streichbare, gut verlaufende Öle, die aber nicht so gut wasserbeständige und haltbare Anstriche ergeben wie die hocherhitzten.

b) Die besten Holzöleigenschaften (rasches Trocknen zu einem harten, glänzenden, wasserbeständigen Film) entwickeln sich bei kurzem Erhitzen auf etwa 280—290⁰. Um dies zu ermöglichen, kann man entweder in kleinen Mengen (30—40 kg) arbeiten oder mit größeren Mengen (250 kg) in einer geeigneten Spezialapparatur.

α) *Arbeitsweise durch Erhitzen kleiner Mengen.*

Man erhitzt in einem Kessel (200-l-Normalschmelzkessel) etwa 35 kg rohes Holzöl rasch auf 260⁰ und fährt, sobald diese Temperatur erreicht ist, sofort vom Feuer ab. Die Temperatur steigt dann durch die freiwerdende Reaktionswärme von selbst höher, und sowie 280⁰ erreicht sind, kühlt man rasch, durch Zugießen von etwa 14 kg kaltem Leinölstandöl, unter die kritische Temperatur von 200⁰ ab[1]. Den nächsten Sud mit der gleichen Menge Holzöl kühlt man dann mit dem erkalteten vorigen Sud ab und fährt so fort. Wenn man diese Operation genügend oft wiederholt, so hat man dann ein praktisch reines Holzölstandöl.

Oder aber man erwärmt auf gut hitzendem Feuer in einem Normalschmelzkessel etwa 40 kg Holzöl möglichst schnell auf 280⁰, fährt den Kessel nun sofort vom Feuer ab (wobei die Temperatur im Öl steigt) und kühlt sogleich mit soviel kaltem Dicköl, daß die Temperatur des Kesselinhalts auf etwa 180⁰ sinkt. Der Kessel wird alsdann entleert und von neuem mit Holzöl gefüllt. Da die Einzeloperationen sehr rasch vor sich gehen, kann man in einem Tag leicht das nötige Quantum erzeugen. Es empfiehlt sich aber immer, bei einer frischen Holzöllieferung einen Vorversuch zu machen, da, wie gesagt, die Lieferungen oft recht ungleichmäßig sind.

β) *Arbeiten in Holzölstandölapparaturen.*

Auf ähnlichem Prinzip wie die vorigen Verfahren beruht die sogenannte Trillingsanlage von SOMMER. Drei Kessel mit je 200—400 l Gesamtinhalt sind stufenförmig übereinander aufgestellt, so daß der Rand eines Kessels etwas tiefer liegt als der Boden des nächsthöher stehenden. Der oberste und der mittlere Kessel haben am Boden ein Ventil, an das ein zum darunterstehenden Kessel führendes weites Rohr angeschlossen ist. Der zutiefst stehende Kessel, in einer neueren Anordnung alle drei, hat ein gut wirkendes Rührwerk eingebaut. Der auf der untersten Stufe stehende Kessel ist durch einen Wassermantel kühlbar, die zwei anderen Kessel sind direkt beheizbar. Die Kessel sind durch Abzugshauben, die an die Dämpfekondensation angeschlossen sind, völlig abgeschlossen. Durch die Rührwerke wird verhindert, daß das Holzöl sich an der Kesselwand auf viel höherer Temperatur befindet als etwa in der Mitte des Kessels, ein Fehler, der vielen kontinuierlichen Verfahren anhaftet (entweder ist das Öl im Innern noch unter der richtigen Temperatur oder aber die Temperatur ist in der

---

[1] Das öfters vorgeschlagene Kühlen durch Einhängen einer wassergekühlten Rohrschlange ist gefährlich. Abkühlen durch Bespritzen des Kessels schädigt diesen.

Kesselmitte richtig, dann ist das Öl an der Wand schon im Gelatinieren). Man erhitzt nun im mittleren Kessel das Holzöl so weit, bis man an einer auf eine Glasplatte getropften Probe erkennt, daß man in der Nähe des Gelatinierungspunktes ist. Wenn dieser Punkt erreicht ist, läßt man aus dem obersten Kessel das dort eingefüllte und inzwischen etwas vorgewärmte Dicköl durch Öffnen des Bodenventils zum erhitzten Öl bei laufendem Rührwerk in den mittleren Kessel fließen, was dank der reichlich dimensionierten Leitungen sehr rasch geht. Dadurch wird das heiße Holzöl schlagartig abgekühlt und so jede Gerinnungsgefahr vermieden. Das Feuer wurde selbstverständlich unter dem mittleren Kessel bei Erreichung des kritischen Punktes sofort gelöscht. Sobald das Kühlöl zugeflossen

Abb. 124. Holzöl-Standöl-Anlage. (System Sommer-Schmidding.

ist, läßt man das vorgekühlte Standöl in den Kühlkessel ab, wo es fertiggekühlt wird. Erst durch den Einbau eines Rührwerkes war es möglich geworden, größere Chargen in einem Sud zu bewältigen, da alle früheren Versuche an den schon angedeuteten Folgen des schlechten Wärmeaustausches scheiterten, solange man nicht mechanisch mischte. Da beim Arbeiten mit diesem Apparat die einzelnen Ansätze ohne viel Arbeit und rasch bewältigt werden können, so reicht die täglich zu erzeugende Menge auch für den Bedarf einer größeren Lackfabrik aus. Die Beheizung mit Gas erleichtert das Arbeiten mit Holzöl bedeutend, da ein Nachhitzen durch das erwärmte Mauerwerk nicht zu befürchten ist und sich die Kühlung mit Preßluft dann auch gut auswirken kann (s. S. 260). Die eben beschriebene Anlage ist selbstverständlich auch zur Herstellung hochprozentiger Leinöl-Holzöl-Standöle geeignet. Man beschickt dann den zuoberst stehenden Kessel mit Leinölstandöl.

Wie aus dem eben Gesagten hervorgeht, ist ein möglichst gleichmäßiges und rasches Erwärmen des Holzöles und ein schlagartiges Abkühlen notwendig, wenn man ein gutes Holzölstandöl gleichbleibender Qualität erzeugen will.

In hohem Maße wird dies in der in Abb. 124 wiedergegebenen Holzölstandölanlage erreicht.

Die Anlage besteht in ihren Hauptteilen aus dem mit Gas oder Öl direkt beheizten kippbaren „Kochkessel", dem höher gelegenen „Kühlölbehälter" und dem tiefer angeordneten „Kühlkessel". Der Kochkessel ist ausgestattet mit einem durch Motor direkt angetriebenen Rührwerk, einem teilweise aufklappbaren Deckel, einer Auslaufschnauze, einem elektrischen Widerstandszeigerthermometer, einem Quecksilberstockthermometer, Probierhahn, Vorrichtung für die Zufuhr von Kohlensäure, Dämpfeabzugstutzen, verschließbarer Öffnung für die Zufuhr von rohem Holzöl und Kühlöl, von Hand zu betätigende Kippvorrichtung. Der Kochkessel schließt an eine einfache Dämpfeabzugsanlage luftdicht an.

Der „Kühlölbehälter" besitzt Doppelmantel für Heizung oder Kühlung. Der „Kühlkessel" ist für Kühlung mittels Wasser eingerichtet und besitzt durch Motor oder Riemen angetriebenes Rührwerk. Die im Kühlkessel entstehenden Dämpfe werden durch ein Abzugsrohr abgeleitet. Das Stockthermometer ist an dem Kesseldeckel befestigt und bleibt beim Kippen des Kessels mit diesem verbunden. Die Verbindung zwischen dem elektrischen Thermometer und dem elektrischen Temperaturanzeigegerät ist flexibel und wird beim Kippen des Kessels nicht gelöst. Fester Brennstoff kommt für die Beheizung der Anlage nicht in Frage.

Der Nutzinhalt des Kochkessels für die Herstellung von reinem Holzöldicköl wird in folgenden Standardgrößen ausgeführt: 75, 125 und 250 kg. Der Gesamtinhalt des Kochkessels beträgt dabei 150, 250 und 500 kg, der Gesamtinhalt des Kühlkessels beträgt jeweils das Doppelte des Gesamtinhalts des Kochkessels.

Arbeitsweise für reines Holzölstandöl. Nachdem der Kochkessel mit etwa der Hälfte seines Vollinhaltes mit rohem Holzöl gefüllt ist, wird dieses unter gleichzeitiger Zufuhr von Kohlensäure innerhalb 20—30 Minuten auf 280—290° erhitzt. Sobald die gewählte Höchsttemperatur bzw. die gewünschte Konsistenz des Holzöles erreicht ist, wird die Feuerung abgestellt und das heiße Öl durch Betätigen der Kippvorrichtung schlagartig in den Kühlkessel geleitet. Nach in kurzer Zeit erfolgter Kühlung wird das fertige Dicköl auf das Lager gepumpt.

Statt den ganzen Inhalt des Kühlkessels bzw. eines Sudes nach dem Lager zu pumpen, kann man einen ganzen Sud oder einen Teil desselben zum Kühlölbehälter pumpen, den Rest zum Lager. Das dann im Kühlölbehälter befindliche Dicköl kann man zum Vorkühlen des nächsten Sudes benutzen; die endgültige Kühlung findet dann wieder im Kühlkessel statt.

Das abgekühlte Dicköl kann auch im Kühlkessel verbleiben; dann gießt man einen oder mehrere der weiteren Sude in das bereits abgekühlte Dicköl.

Eine weitere Möglichkeit stellt die Kombination der an zweiter und dritter Stelle gegebenen Arbeitsweise dar.

Die an erster Stelle genannte Arbeitsweise dürfte die empfehlenswerteste sein.

Arbeitsweise für die Herstellung von Leinöl-Holzöl-Standölen. Statt Holzöldicköl gibt man in den Kühlölbehälter fertiges Leinölstandöl und verfährt im übrigen wie oben an zweiter Stelle beschrieben. Das fertige Leinöl-Holzöl-Standöl eines jeden Sudes wird nach der Kühlung restlos nach dem Lager gepumpt oder man läßt mehrere Sude im Kühlkessel zusammenkommen. Das Mischungsverhältnis von Leinölstandöl zu Holzölstandöl kann beliebig gewählt werden. Die Vorteile der Apparatur kommen besonders zur Geltung, wenn der Prozentsatz des zuzugebenden Leinölstandöles klein wird, z. B. 50% des Gemisches und geringer.

Einen besonderen Vorzug der besprochenen Apparatur bildet das Arbeiten unter Kohlensäure, sowie die flache, pfannenartige Form des Kochkessels, welche durch Vergrößerung der Heizfläche das rasche Erhitzen des Holzöles ermöglicht.

c) Die *Verfahren zur Holzölstandölherstellung*, welche ein Gelatinieren des Holzöles dadurch vermeiden, daß die *Erhitzungstemperatur über der Gelatinierungstemperatur* (also bei etwa 310° und darüber) liegt, haben sich nicht bewährt, da durch diese hohe Erhitzung das Öl zwar runzelfrei und gasfest trocknet, aber auch an raschem Trockenvermögen einbüßt.

Auch die in vielen Patenten vorgeschlagenen *kontinuierlichen Verfahren* (s. Patenübersicht, S. 290) kranken oft an diesem Mangel. Im übrigen hat man, selbst bei Verwendung enger, von außen beheizter Röhren, durch die das Öl kontinuierlich strömt, keine Gewähr, daß die Erwärmung des Öles im ganzen Querschnitt gleichmäßig erfolgt (Gefahr der Zonenbildung, s. auch S. 280). Aus diesem Grunde konnte sich noch keines dieser Verfahren durchsetzen, so bestechend ihre Ausführung am Papier auch erscheint.

c) Leinölveredlungsverfahren.

Das zu langsame Trocknen des unbehandelten Leinöles hatte man zunächst durch die Verwandlung in Leinölfirnis behoben. Damit war aber kein Schritt zu einer größeren Haltbarkeit der Anstriche getan. In neuerer Zeit ist durch die Arbeiten von J. D'ANS und S. MERZBACHER (s. Bd. I, S. 342) wieder die Aufmerksamkeit darauf gelenkt worden, daß das trockene Öl im Film einem ständigen Abbau unterliegt. Einen Schritt weiter war man durch die Standölherstellung gekommen, so daß man sagen kann, das Firniskochen begünstigt den Ölabbau, das Standölkochen vermindert ihn. Aus dem Bestreben heraus, die Trocknungseigenschaften, die Haltbarkeit oder den Ölverbrauch beim Anreiben zu Ölfarben zu vermindern, sind eine Reihe von Behandlungsverfahren ausgebildet bzw. patentiert worden, die im nachstehenden kurz beschrieben werden sollen.

α) *Standölextrakte (Tekaole).*

A. EIBNER ging von der Anschauung aus, daß der Abbau des trockenen Ölfilms durch den Luftsauerstoff im wesentlichen durch Angriff an den aktiven Doppelbindungen erfolgt und daß die bessere Außenbeständigkeit der Standölfilme darauf zurückzuführen ist, daß die Wirkung dieser Doppelbindungen durch Polymerisation zum Teil ausgeschaltet ist. Er folgerte daraus, daß die höher polymerisierten Anteile den widerstandsfähigeren Anteil des Standöles ausmachen. Er suchte nun durch selektiv wirkende Lösungsmittel eine Trennung in höher polymerisierte, niedrig disperse Anteile und in weniger oder nicht polymerisierte, hochdisperse Anteile durchzuführen[1]. Als solche Lösungsmittel verwendet er Amyl- und andere höhere Alkohole, Aceton usw.[2], in denen nur die hochdisperse Phase gut löslich ist. Die abgeschiedenen hochpolymerisierten Leinölstandölanteile bezeichnete er als Standölextrakte, deren Herstellung die Firma Th. Kotthoff in Köln-Raderthal übernahm. Die damit hergestellten Anstrichfarben trocknen mit dem Charakter von Harz-Öl-Lacken auf, das ist nicht nur mit glänzendem, sondern auch hartem Film. Dabei sind die Filme elastischer als die von fetten Harzlacken, was EIBNER darauf zurückführt, daß zur Verbesserung der Filmeigenschaften nicht das ölfremde Harz, sondern ein öleigener Harzbestandteil (d. i. Hochpolymerisate des Leinöles) dient. Wie T. H. BARRY und L. LIGHT[3] angeben, entspricht das Verhalten der Standölextrakte etwa dem eines eingedickten Holzöles, ohne dessen Nachteile zu haben. Sie sollen sich infolge ihrer geringen Quellbarkeit auch sehr gut in Unterwasseranstrichen gehalten haben. Auch nach den Angaben von A. EIBNER[4] und aus unlängst gemachten von E. ROSSMANN[5] soll die Wetterbeständigkeit sehr gut sein.

---

[1] A. EIBNER: Das Öltrocknen. Berlin. 1930.
[2] S. die Patente von A. EIBNER bzw. TH. KOTTHOFF.
[3] T. H. BARRY u. L. LIGHT: Paint and Varnish Production Manager 9, Nr. 10 (1933).
[4] A. EIBNER: Farben-Ztg. 37, 13ff. (1931/32).
[5] E. ROSSMANN: Vortrag, ref. Farben-Ztg. 41, 721 (1936).

β) Ololeinöl.

Die Erkenntnis, daß in einer Anstrichfarbe das Bindemittel der vergängliche Anteil ist, brachte es mit sich, daß man bestrebt war, ihn möglichst zu vermindern. Der Ölbedarf eines Pigments ist nicht nur von der Natur des Pigments abhängig, sondern auch von der Art des zum Anreiben verwendeten Öles (s. S. 244). Die von H. Wolff gemachte Beobachtung, daß ein Leinöl, das man gerade bis zur Erreichung der doppelten Viskosität des Ausgangsöles eingedickt hat, einen geringeren Ölbedarf ergibt als etwa ein aus dem Öl hergestellter Firnis, wird in diesem Sinn praktisch verwertet[1]. Das Ololeinöl stellt ein nach diesen Gesichtspunkten veredeltes Leinöl dar. Es soll etwa 20% mehr Pigment aufnehmen als gewöhnliches entschleimtes Leinöl und trocknet mit etwas besserem Glanz auf als Leinölfirnis. Nach den von E. Asser[1] mitgeteilten Ergebnissen einer zweijährigen Bewitterungsprüfung soll auch die Witterungsbeständigkeit eine weit bessere sein als die von den Leinölfirnisfarben, was ja zu erwarten wäre, nachdem es sich schon um ein standölartiges Produkt handelt. Die Herstellung wurde aber technisch erst möglich, als es durch Ausbildung der apparativen Seite des Verfahrens gelang, die entsprechende Viskositätsphase sicher zu erfassen.[2] Diese Apparatur wurde für das nachstehend beschriebene Bisöl ausgearbeitet.

γ) Bisöle.

Die gewöhnlichen Standöle sind infolge ihrer Zähflüssigkeit nicht ohne weiteres zur Herstellung von Anstrichfarben geeignet, da die damit hergestellten Farben sich aus eben diesem Grunde zu schwer verstreichen lassen. Man mußte sie dazu mit Verdünnungsmitteln erst auf Streichfähigkeit einstellen. Abgesehen davon, daß die Filme aus Anstrichmitteln, die mit viel Verdünnungsmitteln versetzt sind, sich ungünstiger verhalten als Filme aus unverdünnten Ölen, stellt die Verwendung der Verdünnungsmittel auch insofern eine Materialverschwendung dar, weil sie beim Trocknen der Farbe aus der Anstrichhaut verschwinden, ohne daß sie dabei eine besondere Wirkung (sicher keine günstige) entfalten. Dazu kommt noch, daß Standölanstriche langsamer trocknen. Dem langsamen Trocknen der Anstrichöle suchte man schon früher durch Blasen abzuhelfen, das bei niederen Temperaturen (60—130°) durchgeführt wurde, da bei höheren Temperaturen meist zu dunkle Produkte erhalten wurden. Mit dem Blasen war auch immer eine starke Viskositätserhöhung verbunden, was durch die erforderliche lange Blasdauer gegeben war. Die so geblasenen Öle ergaben auch Anstriche, die schlechter wasserbeständig waren als die der nichtgeblasenen Öle. Dazu kam noch, daß sowohl Standöle als auch geblasene Öle teuer waren, was durch die langwierige Arbeit bei der Herstellung erklärlich erscheint.

Nach Angaben der G. Ruth A. G. und von E. Asser[3] ändert sich dieses Bild, sobald man erst bei hohen Temperaturen mit Luft zu blasen beginnt. Das Leinöl wird zu diesem Zweck auf etwa 280° erhitzt (bis zum Beginn der Polymerisation) und dann wird, unter gleichzeitiger Steigerung der Temperatur auf etwa 305° und darüber, mit dem Lufteinblasen begonnen. Unter diesen Bedingungen wirkt sich das Blasen weniger im Sinne einer Oxydation aus, als vielmehr in einer Beschleunigung der Polymerisation. Durch die für diesen Zweck ausgebildete Spezialapparatur soll es gelingen, jede beliebige Viskositätsphase mit Sicherheit zu erfassen. Bei zwei Stunden Blasdauer kommt man beiläufig zu Standölkonsistenz. Diese Produkte kommen unter dem Namen „Bisöle" in den Handel. Ein nach diesem Verfahren hergestellter „Bisölfirnis" hat die etwa

---

[1] H. Wolff u. Mitarbeiter: Fettchem. Umschau **40**, 113, 115 (1933). — E. Asser: Farbe u. Lack **1936**, 521.   [2] S. z. B. D. R. P. 590164 (S. 290).
[3] S. die betreffenden Patente und E. Asser: Farbe u. Lack **1936**, 521.

3^{1}/$_{2}$fache Viskosität des Ausgangsleinöles (Standöl hat etwa die 40fache) und gibt daher nach dem Anreiben mit einem Pigment eine Anstrichfarbe, die keines oder doch nur geringen Verdünnerzusatzes bedarf, um streichfertig zu sein. Diese dünnen Bisöle sollen eine große Benetzungsfähigkeit für Pigmente haben (die beim Olööl scheinbar noch besser ist) und sollen durch ihre ebenfalls erhöhte Pigmentaufnahmefähigkeit auch an Öl sparen. Durch den standölartigen Charakter (es sind ja dünne Standöle) ist der Glanz und die Haltbarkeit, soweit sich aus den vorliegenden Mitteilungen schließen läßt, besser als der einer Firnisfarbe, und die Produkte sind durch die verkürzte Herstellungszeit wesentlich billiger als Standöle. Da sie zudem keinen Verdünner brauchen, um streichfertige Farben zu geben, fällt das nutzlose Verdampfen der schließlich auch Geld kostenden Verdünnungsmittel fort. Die Bisöle höherer Viskosität können auch nach dem Naß-auf-Naß-Verfahren aufgetragen werden. Entsprechend zähflüssige Bisöle werden auch als Spargrundiermittel (Imprex-Rapid) verwendet (Einstellung der richtigen Streichbarkeit durch Verdünner).

d) Eigenschaften und Verwendung der Standöle.

1. Eigenschaften.

Leinölstandöle sollen möglichst hell sein. Eine grünliche Fluoreszenz, die sich im auffallenden Lichte zu erkennen gibt, kann unter Umständen ein Anzeichen dafür sein, daß das Öl überpolymerisierte Anteile enthält, worüber man sich durch die Verdünnungsprobe Klarheit verschaffen kann (S. 261). Die richtige Konsistenz ist vom Fachmann leicht erkenntlich, bestimmte Viskositätsgrade sind derzeit nicht festgelegt. Das Öl muß beim Ausgießen glatt und ohne erkennbare Klümpchen ausfließen. Die Säurezahl soll möglichst niedrig sein. Man trifft Säurezahlen von 6—20 (auch 25); eine Säurezahl von 30 und mehr wäre bereits zu beanstanden. Die Verseifungszahl soll nicht unter der von Leinöl liegen. Die Farbenverträglichkeit (S. 261) muß gut sein, was durch Prüfung mit basischen Pigmenten festzustellen ist. Für Holzölstandöle bzw. Leinöl-Holzöl-Standöle sind die obigen Forderungen sinngemäß anzuwenden.

2. Verwendung.

Die hauptsächlichste Anwendung finden die Standöle bei der Erzeugung der Öllacke, Druckfarben, Wachstuche, wasserdichten Stoffe und Lackleder.

α) Öllacke.

Die Öllacke enthalten entweder nur flüssige Filmbildner (Standöle) oder neben flüssigen auch noch feste Filmbildner (natürliche oder künstliche Harze). Man kann sie bezeichnen nach der Art des festen Filmbildners als Kopallacke, Kolophonium- bzw. Harzlacke, Bernsteinlacke, Kunstharzlacke usw. oder aber nach ihrer Verwendung, z. B. als Lacke für Innen, für Außen, ofentrocknende Lacke usf. Je nachdem, ob sie Pigmente enthalten oder nicht, spricht man von Lackfarben (Emaillen) oder blanken Lacken bzw. Lacken kurzweg. Die Öllacke bezeichnet man nach dem Verhältnis von Harz zu Öl als magere, halbfette oder fette Lacke. Dieses Verhältnis richtet sich vor allem nach dem verwendeten Harz, z. B. für Kopallacke von 1 : 1 bis 1 : 3 und mehr, für Harzlacke etwa 3 : 1 für magere, bis etwa 1 : 2 für fette Lacke.

Die Herstellung der Öllacke ist, je nach dem verwendeten Harz, meist verschieden. Manche Harze, wie Kopale, müssen erst durch einen Schmelzprozeß öllöslich gemacht werden, während andere, wie z. B. Kolophoniumester, gewisse Kunstharze (Albertol 111 L), direkt im heißen Öl löslich sind. Die Art des verwendeten Öles hat auf die Eigenschaften einen bedeutonden Einfluß. Man kann im großen ganzen sagen, daß Leinöl die langsamer trocknenden, elastischeren und wetterbeständigeren Lacke gibt, während Holzöl vor allem rasch trocknende, härtere und gegen gewisse Einflüsse (z. B. Alkalien, Wasser) widerstandsfähigere Lackschichten hervorbringt. Ein solcher Einfluß geht natürlich auch in gewissem Sinne von den Harzen aus, von denen z. B. manche Kopale und Kunstharze außerordentlich beständige Lackierungen ergeben. In vielen Fällen werden Leinöl und Holzöl kombiniert, um die günstigen Eigenschaften beider zu vereinen. Eine Reihe von Harzlacken, wie z. B. solche aus Harzestern oder Glyptalen (d. s. gemischte Glyceride mit Phthalsäure und Fettsäure eines trocknenden Öles, s. Bd. I, S. 297), sind erst auf mindestens vorwiegend Holzölbasis brauchbar geworden.

Die Herstellung eines Kopallackes erfolgt etwa so, daß der Kopal (je nach Sorte[1]) bei Temperaturen von 300—360° erhitzt und ausgeschmolzen wird (für kleine Mengen, 20 kg, im 200-l-Normalschmelzkessel mit an die Kondensation angeschlossener Haube, für große Mengen, bis etwa 4000 kg Kopal, in Großschmelzanlagen mit bis 12000 kg Kesselinhalt). Der Schmelzverlust beträgt je nach Sorte 10—25%; das abdestillierende Kopalöl wird am besten als Heizöl mitverwendet. Sobald der Kopal ausgeschmolzen, d. i. vollkommen öllöslich geworden ist, beginnt man portionsweise das auf etwa 200° angewärmte Öl, meist ein Gemisch aus Leinöl und Dicköl, zuzugeben. Man wartet mit jeder erneuten Ölzugabe, bis das Öl sich vollkommen mit dem Kopal verbunden hat. Nachdem alles Öl zugegeben ist, erhitzt man noch so lange auf 300° bis ein auf eine Glasplatte aufgetropfter, dem Sud entnommener Tropfen klar durchsichtig und von richtiger Konsistenz ist. Nun läßt man den Sud abkühlen und setzt bei etwa 170—180° die zur Erzielung streichfertiger Konsistenz nötige Menge Verdünnungsmittel (Lackbenzin, Terpentinöl) zu. Die Trockenstoffe können am einfachsten vor der Verdünnung in Form der leicht löslichen Sikkative (Resinate, Linoleate, Soligene) zugegeben werden. Vielfach wird aber noch mit Trockenstoffgrundlagen gearbeitet (z. B. Bleiglätte), die vor der Verdünnung mit dem Lack entsprechend verkocht werden müssen.

Für billigere Lacke werden für außen meist Harz-Glycerin-Ester mit Holzöl verwendet, während für Innenlacke dann mit Kalk gehärtetes Kolophonium genommen werden kann.

Die Kunstharzlacke gewinnen, besonders für hochwertige Produkte, immer mehr an Boden (in Amerika werden sie fast ausschließlich dafür verwendet). Der Vorteil der Kunstharze liegt in ihrer stets gleichmäßigen Beschaffenheit, was man von den Kopalen z. B. nicht behaupten kann, und der oft besseren Haltbarkeit der daraus hergestellten Lacke. Als solche Kunstharze wären zu nennen vor allem die Reaktionsprodukte aus Bakeliten mit Naturharzen (z. B. Albertole, Amberole) und auch die neuzeitlichen Glyptale.

Die Albertollacke werden im wesentlichen durch Lösen dieser Kunstharze im heißen Öl hergestellt (es gibt auch Sorten, die eine Art Schmelzen oder Verkochen erfordern). Dabei hat sich in den Vereinigten Staaten und in Deutschland bzw. Europa eine verschiedene Methode hinsichtlich der Verwendung des Holzöles ausgebildet. In Deutschland wird das Harz in Holzölstandöl bzw. Leinöl-Holzöl-Standöl bloß bis zur Lösung erhitzt, während man in Amerika rohes Holzöl verwendet und dieses während des Löseprozesses durch Erhitzen auf 285° zum Standöl verkocht, und falls Leinöl bei den betreffenden Lacken mitverwendet werden soll, so verkocht man das Kunstharz mit rohem Holzöl bei etwa 290° und schreckt dann mit Leinölstandöl ab. Die amerikanische Arbeitsweise ist

---

[1] Nicht alle Kopalsorten eignen sich für Öllacke.

mehr für die Massenfabrikation geeignet, wobei zu berücksichtigen ist, daß bei Gegenwart von Harzen die Gelatinierungsgefahr geringer ist und daß viele Kunstharztypen (Albertole) sich in rohem Holzöl rascher lösen. In Deutschland bzw. Europa, wo meist mehr und verschiedenartigere Lacktypen vom Verbraucher gewünscht werden und wo die einzelnen Sude dann auch kleiner sind, ist es vorteilhafter, vom Standöl auszugehen. Es bestehen auch gewisse, aber gewöhnlich nur geringfügige Unterschiede zwischen den nach der einen oder anderen Methode hergestellten Lacken.

Die Lacke erfordern nach ihrer Fertigstellung stets eine Klärung, die durch Zentrifugieren (Schleuder- oder Filterzentrifugen), Filtrieren (Filterpressen, Seitz-Filter) oder Lagerung bewirkt werden kann.

Während es früher ausschließlich üblich war, farbige und dabei hochglänzende Flächen so herzustellen, daß man sie erst mit einer entsprechenden Zahl von Ölfarbanstrichen versah und darüber einen blanken Lack setzte, trachtet man heute Glanzgebung und Färbung (wenigstens für die äußerste Anstrichschicht) zu vereinen, indem man *pigmentierte Lacke* verwendet. Solche *Lackfarben* bzw. *Emaillen* werden durch Verreiben der Lacke mit Pigmenten (selten durch zusätzliches Färben mit öllöslichen Farbstoffen) in ähnlicher Weise, wie für Ölfarben beschrieben, hergestellt. Für sehr elastische Lackfarben und besonders für weiße wird als Filmbildner vielfach Standöl allein verwendet (z. B. *Weißemaillen, Stanzemaillen* usw.).

Mattlacke, die matt und nicht glänzend auftrocknen sollen, stellte man früher meist durch Wachszusätze her, während man heute die quellbaren Salze des Aluminiums dazu verwendet (Stearate, Palmitate, Naphthenate, Albertate). Besser wetterbeständig sind meist die sogenannten *Mattöle*, das sind im wesentlichen Lösungen von künstlichen (oder natürlichen) Wachsen in Standölen.

So unerwünscht die Figurenbildung beim Trocknen des rohen Holzöles auch ist, so verwertet man diese Eigenschaft für die fetten *Eisblumenlacke*, die einen Zusatz von rohem Holzöl erhalten.

Für die Erzeugung von *Lackleder* (soweit es mit Öllacken hergestellt wird) werden für die letzten Anstriche, die dem schwarz grundierten Leder tief blauschwarzes Aussehen und großen Glanz geben sollen, die sog. Blaulacke (Blauöl) verwendet. Sie werden durch langes Verkochen von Leinöl (bzw. Standöl) mit etwa 10% Pariserblau bis zum Fadenzug hergestellt und dann noch mit Trockenstoffen und Verdünnungsmitteln versetzt. Das Pariserblau spielt nicht allein die Rolle eines Pigments, es greift auch scheinbar in die sich bei der Herstellung abspielenden Reaktionen ein, und dabei in Lösung gegangenes Eisen wirkt auch sikkativierend. Die Trocknung geschieht zunächst im Ofen bei 50—60° und durch darauffolgendes Belichten in der Sonne oder mit Uviollicht[1].

β) Druckfarben.

Sie bestehen aus einer innigen Anreibung sehr feinkörniger Pigmente (verschiedene Rußsorten für Schwarz, Mineralfarben und Teerfarblacke für Weiß und Bunt) mit einem Druckfirnis. Der Druckfirnis wird in verschiedener Zähflüssigkeit hergestellt, und man unterschiedet ganz schwachen, schwachen, mittleren, starken, Bronze- und Blattgoldfirnis (Nr. 1—6 nach der deutschen Norm bzw. nach amerikanischen Vorschriften Nr. 000 mit 1,8 ps bis Nr. 8 mit 1250 ps). Letzterer ist bereits gummiartig elastisch, starker Firnis kaum noch flüssig. Nur für feinere Arbeiten wird aus Leinöl hergestellter Druckfirnis (= starkes Standöl) verwendet, während für mindere Zwecke (z. B. Akzidenz-

---

[1] C. SCHIFFKORN: Chem. Umschau Fette, Öle Wachse, Harze 38, 169, 185 (1931).

farben, Werkfarben) ein mehr oder minder großer Teil Kompositionsfirnis (Lösungen von überhitztem Kolophonium in Mineralöl, eventuell Harzöl) zugesetzt wird. Die billigen Zeitungsfarben enthalten nur Kompositionsfirnis. Für gewisse Druckzwecke werden zum Firnis noch Lacke, Wachse usw. zugegeben.

Die Herstellung der Druckfarben geschieht für größere Mengen durch maschinelles Vermischen (Knet- oder Mischmaschinen, eventuell mit heizbarem Trog) und nachfolgendes Verreiben auf Mehrwalzenstühlen, die meist kühlbare und — oder — heizbare Stahl- oder Porphyrwalzen haben. Kleinere Mengen werden von Hand aus zusammengemischt und dann maschinell verrieben. In den Druckfarbenfabriken sind die Misch- bzw. Anreibräume für Schwarz, Weiß und Bunt streng getrennt. In ganz großen Betrieben auch noch die für Bunt nach den verschiedenen Sorten.

Beim Anreiben muß auf den besonderen Verwendungszweck und die Art des Papiers Rücksicht genommen werden (Flüssigkeitsgrad der Farbe, Zusatz von Sikkativpulvern bzw. Sikkativen, Lacken oder Wachsen usw.). Druckfertig werden nur die Buchdruckfarben von den Druckfarbenfabriken aus geliefert. Als Schwärze dient bei den feinsten Farben Gasruß mit Miloriblau (zur Verdeckung des Gelbstichs von Ruß und Firnis), zusammen etwa 40—50%, während bei den geringwertigeren mindere Rußsorten mit weniger Blau verwendet werden, bis herunter zu 10—12% Flammruß (oft ohne Blau) für Zeitungsfarben. Alle anderen von den Fabriken gelieferten Farben muß sich der Drucker durch Zumischen von Firnis und anderen Zusätzen erst für seine Arbeit zurechtmachen[1].

γ) Wachstuch.

Es stellt ein einseitig mit Ölfarben bzw. Lacken bestrichenes Gewebe dar, dessen Farbschicht so geschmeidig und widerstandsfähig sein muß, daß beim Gebrauch und auch bei wiederholtem Falten und Wiederausbreiten die Farbschicht weder reißt noch abblättert. Es werden gewöhnlich Baumwollgewebe, für stärkere Artikel auch Jute verwendet, die so dicht gewebt sind, daß sie sich beim wiederholten Durchgang durch die Maschinen nicht verziehen. Vor dem Streichen wird das Gewebe geputzt, geschoren, geschliffen und appretiert. Das Streichen erfolgt mit ähnlichen Maschinen, wie sie bei der Erzeugung gummierter Stoffe verwendet werden. Wegen der hohen Anforderungen an die Geschmeidigkeit und Haltbarkeit der Farbschicht wird als Bindemittel für die Farben fast ausschließlich Leinölstandöl verwendet, das durch etwa zehnstündiges Kochen bei 300⁰ hergestellt und mit Bleiglätte sikkativiert wird. Nach jedem Strich werden die Wachstuche im Trockenhaus hängend über Nacht getrocknet; jeder Strich muß vollkommen durchgetrocknet sein, bevor ein neuerlicher Auftrag erfolgt. Die trockene Farbschicht wird von dem nächsten Streichen auf Maschinen mit rasch rotierenden bimssteinbesetzten Walzen geschliffen und entstaubt. Als 1. und 2. Strich verwendet man eine Emulsionsfarbe, die etwa wie folgt zusammengesetzt ist: 70 Gewichtsteile Standöl mit 80 Gewichtsteilen eingeweichtem Kaolin (durch Weichen von 6 Teilen Kaolin in 4 Teilen Wasser), dazu kommt noch etwas Seifenlösung als Emulgator und eine geringe Menge Stärkekleister zur Verhinderung des Einsinkens. Der 2. Strich enthält eventuell etwas mehr Kaolin bzw. noch Kreide. Der 3. Strich ist ähnlich im Ansatz, enthält aber bereits Pigment (Lithopone, Bunt- oder Schwarzpigmente). Dann erfolgen erst Striche mit reinem Dicköl und Pigment, gegebenenfalls wird bei

---

[1] An Fachwerken seien erwähnt: L. Bock: Herstellung von Buntfarben. Halle. 1927. — R. Rübencamp: Über Druckfarben, Bd. III der graphischen Bibliothek. Frankfurt a. Main. — E. Valenta: Die Rohstoffe der graphischen Druckgewerbe. Halle a. S. 1914.

gemusterter Ware noch bedruckt. Nach dem letzten Schleifen erfolgt dann der Aufstrich eines blanken Lacks. Die sog. Ledertuche mit lederartig genarbter Oberfläche gehen vorher noch durch einen Preßkalander. Bei den schwarzen Ledertuchen wird im Grundstrich Ruß als Pigment verwendet, die letzten Striche erhalten einen Zusatz von Blauöl (s. S. 287). Im ganzen erfolgen je nach der Qualität etwa 3—5 Striche. Die Rückseite erhält keinen Farbaufstrich, nur bei Juteartikeln, die als Bodenbelag dienen sollen, wird die Rückseite mit Ölfarbe gestrichen.

δ) Waterprooffirnis.

Zum Wasserdichtmachen schwerer Gewebe (z. B. für Wagen- oder Waggondächer) verwendet man zum Streichen den sog. Waterprooffirnis. Dieser ist ein Standölfirnis aus Leinölstandöl mit Sikkativen und Verdünnungsmitteln. Da die Gewebe durch diesen starken Firnis eine gewisse Fülle und Unhandlichkeit bekommen, trotzdem sie weich bleiben, so sind diese Firnisse zur Herstellung wasserdichter Bekleidungsstoffe nicht geeignet.

e) Patentübersicht.

Verfahren zur Herstellung von Standölen, bei denen die Öle ohne Zusätze verkocht werden und die sich auf bestimmte Arbeitsweisen bzw. besondere Apparatur beziehen:

D. R. P. 434202 vom 12. X. 1921. G. HALL. Ein nicht mehr gelatinierendes Holzöl wird erhalten, indem man Holzöl erst bei einer unter 200° liegenden Temperatur zum Gelatinieren bringt und das Gel bei einer Temperatur von 250—300° C verflüssigt.

D. R. P. 522407 vom 14. II. 1925. W. SCHMIDDING. Holzöllacke kann man so herstellen, daß man zu dem bis zur weitgehenden Verdickung erhitzten Holzöl aus einem höherstehenden Kessel die geschmolzenen Lackroh- bzw. Zusatzstoffe zuführt, wodurch die Gelatinierung vermieden wird.

D. R. P. 543906 vom 19. II. 1927. W. SCHMIDDING. S. Trillingsanlage, S. 280. E. P. 270724 vom 4. V. 1927. British Thomson-Houston Co., Ltd. Trocknende und halbtrocknende Öle werden bis zur Gelbildung erhitzt und dann auf einer Temperatur von etwa 300° so lange gehalten, bis sie wieder flüssig werden.

Can. P. 285745 vom 16. XII. 1927. Spencer Kellog and Sons Inc. Herstellung von polymerisiertem Leinöl durch Erhitzen von Leinöl auf 550—600° F (= 288 bis 316° C) unter Durchleiten eines Stromes von Kohlensäure oder eines anderen indifferenten Gases.

A. P. 1725561 vom 7. III. 1928. E. I. du Pont de Nemours & Co. Man erhitzt das trocknende Öl, z. B. ein Gemisch aus Lein- und Sojaöl, auf etwa 277°, z. B. in Gegenwart von Stickstoff unter kräftigem Rühren durch etwa 40 Stunden und entfernt dauernd die flüchtigen Zersetzungsprodukte. Man läßt anschließend das Öl abkühlen, indem man das nichtoxydierende Gas so lange über die Oberfläche leitet, bis die Temperatur etwa 68° beträgt. Dann wird das Öl 3 Stunden mit Luft geblasen.

Ital. P. 279669 vom 22. III. 1929. Bakelite Corp. Holzöl wird unter Rühren schnell auf 205—210° erhitzt, bis es genügend Zähflüssigkeit aufweist; in diesem Zustande kann es bei 150—160° in 8—9 Stunden trocknen. Die Lagerung des Öles erfolgt zweckmäßig unter einem inerten Gas.

D. R. P. 517506 vom 27. III. 1929. J. SOMMER. Vorrichtung zur Herstellung eingedickter Öle. In den Kessel wird oberhalb des Öles überhitzter Wasserdampf tangential eingeblasen (der Wasserdampf wirkt als inertes Gas), so daß der Kesselinhalt in kreisende Bewegung kommt.

A. P. 1915260 vom 22. I. 1930. W. F. HARRISON u. A. H. BATCHELDER. Ein Standöl geringer Säurezahl erhält man, wenn man z. B. Leinöl durch eine geschlossene Leitung führt und dabei bis zur Polymerisation erhitzt und darauf versprüht, wobei die gebildeten Dämpfe abgesaugt werden.

E. P. 362545 vom 17. IX. 1930. J. SOMMER u. S. J. RALPH. Herstellung von Standöl. Man führt nahe bis zum Polymerisationspunkt, jedoch noch unter den Gelatinierungspunkt erhitztes Holzöl in heißes polymerisiertes Leinöl in solchen Mengen und solcher Verteilung ein, daß das Holzöl augenblicklich auf die Polymerisationstemperatur erhitzt wird, ohne zu gelatinieren.

A. P. 1745877 vom 4. II. 1930. B. H. THURMAN. Trocknende oder halbtrocknende Öle werden durch Erhitzen auf 260—315⁰ unter vermindertem Druck polymerisiert, während der Strom eines nichtoxydierenden Gases oder Dampf durch die Masse geleitet wird. Spuren von Metallkatalysatoren, z. B. 0,01—0,1% Blei, können zur Beschleunigung beigefügt werden. Innerhalb 6 Stunden erhält man so helle hochviskose Öle geringer Acidität.

D. R. P. 590164 vom 17. X. 1930. K. F. WILHELM in Stralsund. Der Standölkessel hat einen tieferliegenden Kühler angeschlossen, dem das Öl selbsttätig durch Heberwirkung zufließt. Das gekühlte Öl wird in den Kessel zurückgepumpt. Durch diese Vorrichtung ist es möglich, beim Standölkochen rasch auf die Höchsttemperatur aufzuheizen, wobei man ein Überschreiten dieser Temperatur durch Zirkulierenlassen durch den Kühler verhindern kann. Durch die leichte Kühlmöglichkeit läßt sich jede beliebige Viskositätsphase sicher erfassen. (Über den Wert einer solchen Einrichtung s. bei „Bisöl".)

D. R. P. 549920 vom 3. II. 1932. Sommer-Schmidding-Werke, Vertriebsges. Holzöldickölanlage, die eine rasche Abkühlung des bis nahe zur Gelatinierungstemperatur erhitzten Holzöles auch bei Verwendung größerer Mengen als 100 kg gestattet. Die Abkühlung erfolgt entweder durch Zupumpen kalten Dicköles oder durch Abpumpen in einen mit kaltem Holzöldicköl gefüllten Nebenkessel.

D. R. P. 617849 vom 21. I. 1933. Sommer-Schmidding-Werke, Vertriebsges. Zusatz zu obigem. Schützt Verfahren und Apparatur, Abb. 124, S. 281.

Verfahren zur kontinuierlichen Herstellung von Standölen werden in nachstehenden Patenten beschrieben:

D. R. P. 474546 vom 14. I. 1926. F. PALLAUF. Dauernd in Bewegung befindliches Holzöl wird in einem kleinen Kessel auf eine über der Gelatinierungstemperatur liegende Temperatur erhitzt. Dem Kessel fließt dauernd rohes Holzöl zu, während gleichviel fertiggebildetes Holzöldicköl abfließt. Die durch Zersetzung bei der hohen Temperatur von 330—340⁰ etwas erhöhte Säurezahl kann durch Nachverestern mit Glykol, nicht aber Glycerin (dabei tritt Gelatinieren ein) beseitigt werden.

A. P. 1811290 vom 16. VIII. 1928. Swenson Evaporator Co. Lein- oder Holzöl wird mit großer Geschwindigkeit im Vakuum von einem Standkessel durch eine Anzahl indirekt (mit gesättigtem Diphenyldampf) auf 260⁰ geheizter Röhren gedrückt, von denen es erneut in den Kessel zurückgelangt.

A. P. 1998073 vom 23. X. 1929. National Electric Heating Co., Inc. Die Öle werden beim Durchleiten durch enge Röhren od. dgl. schnell in wenigen Sekunden elektrisch auf hohe Temperatur erhitzt, dann wird der Strom durch Erweiterung des Querschnitts verlangsamt, um die Polymerisation zu Ende zu führen, und dann schnell abgekühlt. Für Leinöl können Temperaturen von 650—775⁰ F verwendet werden.

A. P. 1903686 vom 6. X. 1930. O'Brien Varnish Co. Nichtgelatinierendes Öl aus chinesischem Holzöl wird erhalten, wenn man es unter möglichst raschem Durchschreiten der Gelatinierungstemperatur von 260—315⁰ C, z. B. während eines Durchflusses durch ein enges Rohr auf Temperaturen über 330⁰, vorzugsweise 355⁰, erhitzt. Erhitzt man bei dieser Temperatur länger als 15 Sekunden oder geht man zu noch höheren Temperaturen, z. B. 375⁰, so entstehen nichttrocknende Öle, die als Weichmacher Verwendung finden.

E. P. 364516 vom 27. VII. 1931. R. WIRT, O. R. WOLF und A. KOHLER. Das Holzöl wird kontinuierlich durch einen Erhitzer zu einem Auffanggefäß gepumpt, von wo es kontinuierlich mit gleicher Geschwindigkeit in einen Kühler fällt. Dabei verläßt das Holzöl den Erhitzer mit 260—280⁰ und verbleibt dann im Auffanggefäß gerade lang genug, um durch Polymerisation in der Temperatur noch um 20⁰ zu steigen.

E. P. 264832 vom 21. I. 1931. O. R. WOLF. Das Öl läuft aus einem Vorwärmer in einen indirekt geheizten Sammelbehälter, von wo es durch seine eigene Schwere in die darunter gelegene Heizkammer gelangt. Hier durchläuft es eine ganze Anzahl geheizter Röhren und verläßt mit einer Temperatur von 280⁰ die Kammer, um, nach dem Prinzip des Gegenstromes durch die ersten Behälter zurückströmend und das dort befindliche Öl vorwärmend, wieder auszutreten.

A. P. 2017164 vom 2. II. 1932. L. L. REIZENSTEIN. Chinesisches Holzöl wird mit hohem Druck (150 lbs pro Quadratzoll) in eine Rohrschleife, die durch einen Ofen läuft, gepreßt und dabei auf 216—316⁰ C erhitzt.

F. P. 792912 vom 25. VII. 1935. F. DÈNES. Da das Holzöl beim Erhitzen leicht geliert, wird es durch serpentinenartig gekrümmte Rohre geleitet, deren einer Teil in einem auf 315—330⁰ erhitzten Bad liegt und deren anderer Teil rasch abgekühlt wird.

Die Verwendung von Zusätzen bzw. Katalysatoren wird in nachstehenden Patenten geschützt:

A. P. 1927220 vom 14. V. 1925. Harwell Corp. Das Gerinnen von Holzöl wird durch Zusatz von 20% Acajounußöl und gegebenenfalls 5% Kupferoleat vermieden.

E. P. 326928 vom 1. VII. 1925. Taubmanns Limited. Man erhitzt chinesisches Holzöl unter Zusatz von Borsäure auf etwa 240⁰ und läßt abkühlen, bis die gewünschte Viskosität erreicht ist, dann gibt man das gleiche Volumen eines kalten, in der gleichen Weise behandelten Öles zu.

E. P. 294029 vom 20. X. 1927. E. I. du Pont de Nemours & Co. Das Gelatinieren trocknender Öle wird durch Zusatz einer die Solphase erhaltenden und eine Dissoziationskonstante zwischen 1,0 und 3,4 aufweisenden Substanz (Citronen-, Weinsäure u. a.) verhindert.

D. R. P. 581526 vom 25. I. 1928. B. BAUMEISTER. Holzölstandöl für Lacke wird durch Kochen von Holzöl mit einer wäßrigen Lösung organischer Säuren, insbesondere Oxalsäure, hergestellt. (Soll nicht nur die Gelatinierung verhindern, sondern auch das Absetzen, Eindicken und Hauten von Lacken.)

F. P. 672715 vom 20. VII. 1928. Imperial Chemical Industries, Ltd. Man mischt reines oder vermischtes Holzöl mit einem flüchtigen Lösungsmittel nicht filmbildender Art und erhitzt das Gemisch mehrere Stunden auf eine Temperatur, die nicht geringer als 150⁰ ist. Darnach fügt man eine kleine Menge eines Stoffes mit trocknenden Eigenschaften zu, wie Zinkchlorid, Calciumchlorid, Eisenchlorid, Schwefelsäure, Kaliumbisulfat u. a. (trocknend ist hier im Sinn von wasseranziehend zu verstehen).

D. R. P. 585187 vom 30. V. 1929. L. BLUMER, Zwickau. Herstellung von Standölen durch Erhitzen fetter Öle unter Zufügung halogenisierter Öle als Katalysatoren oder daß chlorierte Öle als solche verwendet werden (Beschleunigung der Ausbildung disperser Phasen und bedeutende Herabsetzung der Reaktionstemperatur).

D. R. P. 563202 vom 11. VIII. 1929. I. G. Farbenindustrie A. G. Herstellung hochmolekularer Polymerisationsprodukte aus pflanzlichen oder tierischen Ölen in Form von Emulsionen unter Anwendung geringer Mengen Sauerstoff oder solchen abspaltenden Verbindungen als Polymerisationsbeschleuniger. Dienen als Lackausgangsprodukte oder für kautschukähnliche Massen.

D. R. P. 606869 vom 13. XI. 1929. Ölwerk Noury & van der Lande. Standöle erhält man durch Erhitzen der Öle auf 200—320⁰ unter Zusatz geringer als Katalysatoren wirkender Mengen von Platin, Palladium, Nickel oder Kobalt.

E. P. 319218 vom 17. IX. 1929. British Thomson-Houston Co. Man gibt zu Ölen, z. B. Leinöl, Holzöl oder Sojaöl, vor dem Erhitzen 1% eines organischen Amins zu, beispielsweise Benzidin, p-Toluidin, Diphenilamin usw. (Die Amine wirken als Polymerisationsbeschleuniger.)

D. R. P. 551787 vom 1. VIII. 1930. K. FREDENHAGEN. Polymerisation von Ölen und Fetten durch Einwirkung von flüssigem oder gasförmigem Fluorwasserstoff bei Temperaturen unter 100⁰. Man erhält z. B. aus Ricinusöl eine faktisartige Masse.

A. P. 1924524 vom 10. III. 1930. Tung Oil Products Inc. Behandlung von Holzöl zwecks Verwendung für Firnisse, Farben od. dgl. durch Erhitzen mit einer geringen Menge Chlorzink in Aceton gelöst. Zweckmäßig wird noch eine geringe Menge Salicylsäure und ungesättigte oder trocknende Fettsäure zugesetzt.

D. R. P. 597266 vom 4. VI. 1931. Przetownia Olejów Roślinnych Spółka Akcyjna u. M. TENCER. Farbenbindemittel werden aus leinölartig trocknenden Ölen durch Behandeln mit Titan- oder Siliciumtetrachlorid hergestellt.

Russ. P. 34669 vom 22. VI. 1931. N. N. KOZLOW. Zur Unterstützung der Polymerisation fetter Öle setzt man 0,2—1,0% Mercaptobenzthiazol und 0,1—0,5% Diphenylguanidin zu, wobei Calciumresinat anwesend sein kann. Die Reaktion wird hingegen verzögert durch Leinölfettsäure und durch die Resinate oder Linoleate von Quecksilber, Kupfer, Strontium, Barium oder deren Mischung.

D. R. P. 560702 vom 6. X. 1932. Franz Pillnay G. m. b. H. Durch ein auf 300⁰ erhitztes Holzöl wird unter völligem Luftabschluß eine Lösung von Nitrosodiphenylamin in Essigsäure durchgeleitet. Die Essigsäure verhindert die Gerinnung und verdampft, das Nitrosodiphenylamin verbleibt im Standöl und wirkt als Antioxygen.

D. R. P. 622369 vom 24. V. 1934. Badenol G. m. b. H., Heidelberg. Herstellung von Holzöldicköl durch Behandeln von Holzöl mit Ozon und anschließend Erhitzen auf etwa 150⁰.

A. P. 2024103 vom 24. X. 1934. Beck, Koller & Co. (= F. P. 789644). Polymerisieren von fetten Ölen, wie Leinöl, nach Zusatz elektrisch zerstäubter Schwermetalle, wie Kobalt, Eisen, Mangan u. a., die in einer organischen Flüssigkeit dispergiert wurden, welche sich mit dem Öl gut mischt. Das Öl wird dann mehrere Stunden erhitzt.

A. P. 1986571 vom 1. I. 1935. H. A. Gardner. Durch Erhitzen eines trocknenden Öles mit geringen Mengen Schwefel, Selen und deren organischen Verbindungen, so daß ein Öl mit weniger als 0,02% S oder Se entsteht, erhält man ein Öl, das runzelfrei auftrocknet und beim Standölkochen nicht gelatiniert und in Gegenwart eines Sikkativs einen nichtklebenden Film gibt.

Eine Verbesserung der Standöle wird durch Herstellung im Vakuum bzw. eine Vakuumdestillation der fertigen Standöle erstrebt oder man versucht durch Extraktion die weniger hoch polymerisierten Anteile abzutrennen; schließlich erzielt man auch durch Blasen unter bestimmten Bedingungen helle, rasch trocknende Standöle, die sich von den gewöhnlichen geblasenen Ölen durch Farbe, Viskosität und Wasserbeständigkeit wesentlich unterscheiden (Bisöl). Diese für die sog. Veredlung der Standöle in Betracht kommenden Verfahrenspatente sind nachstehend angeführt:

A. P. 1745877 vom 20. VII. 1926. Gold Dust Corp. Polymerisation trocknender und halbtrocknender Öle durch Erhitzen auf eine Temperatur von etwa 260—316⁰ im Vakuum bei einem Druck von 50 mm Quecksilbersäule oder weniger, wobei gleichzeitig durch das Öl Dampf strömen gelassen wird.

D. R. P. 545595 und 609300 vom 1. u. 2. V. 1929. G. Ruth A. G. u. E. Asser. (Über Bisöl s. S. 284.) Rasch trocknende Standöle erhält man durch Erhitzen von Leinöl bis auf 280⁰ und anschließendes Blasen bei einer höheren Temperatur (bis 310⁰ und darüber).

D. R. P. 546679 vom 8. IX. 1929. Th. Kotthoff. Standölextrakte (s. auch S. 283) werden hergestellt aus unter völligem Sauerstoffabschluß gekochten trocknenden Ölen, so daß man trocknende Öle bis auf 270—320⁰ erhitzt, bis die Jodzahl 95—110 beträgt, und heiß in der dreifachen Menge eines aliphatischen Alkohols mit mindestens drei Kohlenstoffatomen oder deren Estern löst und nach Erkalten trennt. Man erhält Ausbeuten von 85%.

D. R. P. 548152 vom 10. IV. 1930. Th. Kotthoff. Verfahren nach D. R. P. 546679 unter Verwendung von Methyl- oder Äthylalkohol.

Schweiz. P. 150309 vom 15. V. 1930. E. Maier. Verfahren zur Herstellung eines für die Schnellackiertechnik geeigneten Anstrichmittels durch Blasen von Standöl bei einer 140⁰ nicht übersteigenden Temperatur mit viel Luft.

D. R. P. 575789 vom 21. II. 1931. Th. Kotthoff. Das Verfahren nach D. R. P. 546679 und 548125 ist auch anwendbar auf nicht unter Luftabschluß hergestellte erhitzte Öle oder sogar geblasene Öle.

D. R. P. 595812 vom 12. IV. 1932. Th. Goldschmidt A. G. Standöle werden veredelt, dadurch, daß man aus den (am besten abgekühlten) Produkten die freien Säuren im Vakuum in ununterbrochenem Strom abdestilliert.

E. P. 422941 vom 20. XII. 1933 (= F. P. 765839). Imperial Chemical Industries, Ltd. Verbesserte polymerisierte trocknende Öle werden erhalten, indem man sie einer Hochvakuumdestillation im Dünnschichtverdampfer unterwirft. Das Destillat enthält vorwiegend gesättigte Fettsäuren und Glyceride, während der Rückstand aus einem Öl höherer Viskosität und niederer Säurezahl besteht. (S. auch F. P. 781341 vom 17. XI. 1934 derselben; Öle werden in Gegenwart von Katalysatoren im Vakuum polymerisiert und dann im Hochvakuum abdestilliert.)

F. P. 765754 vom 15. I. 1934. Th. Goldschmidt A. G. Gekochte oder oxydierte Öle beliebiger Konsistenz werden gewonnen durch Erhitzen ungesättigter trocknender Öle (Leinöl, Mohnöl usw.) auf 320—450⁰ für die Dauer von 4—10 Minuten. Die während des Erhitzens gebildeten Säuren werden durch Destillation im Vakuum entfernt.

Durch chemische Prozesse veränderte Öle oder die Verwendung anderer Öle als Leinöl und Holzöl werden in folgenden Patenten geschützt:

A. P. 1975783 vom 22. V. 1933. E. I. du Pont de Nemours & Co. Sonnenblumenöl wird unter Kohlensäure in Aluminium- oder Monelmetallkesseln durch 23—30 Stunden auf 250—300⁰ erhitzt, bis die Viskosität bei 25⁰ 17—20 Poisen beträgt. Auf 100⁰ abkühlen lassen und 3—4 Stunden mit Luft geblasen (bei 60—105⁰).

D. R. P. 513309 vom 21. II. 1928. J. Scheiber. Anstrichöle erhält man, wenn man ein Gemisch aus fettem Öl und Fettsäuren umestert, dann (z. B. mit Glycerin) neutral verestert und aus diesem Produkt ein Standöl herstellt.

D. R. P. 513540 vom 21. II. 1928. J. Scheiber. Anstrichmittel: Aus den Ricinusölfettsäuren wird durch Wasserabspaltung die Ricinensäure hergestellt und diese mit Polyalkoholen, insbesondere Glycerin, verestert (s. unter Synourinöl).

D. R. P. 511044 vom 31. VII. 1928. J. Scheiber. Wenn man in Holzöl die dreifach ungesättigten Fettsäurereste durch Anlagerung von Wasserstoff oder Chlor in zweifach ungesättigte (ganz oder teilweise) überführt, so erhält man ein Produkt, das sich zu einem gasfesten Standöl verkochen läßt.

D. R. P. 512822 vom 31. VII. 1928. J. Scheiber. Lackprodukte werden aus den Rückständen der Vakuumdestillation der Ricinolsäure, eventuell nach Veresterung hergestellt.

D. R. P. 512895 vom 31. VII. 1928 (Zusatz zu D. R. P. 512822). J. Scheiber. Die nach dem Hauptpatent hergestellten Produkte können für sich oder in Mischung mit beliebigen öligen Anstrichbindemitteln als solche verwendet werden.

D. R. P. 520955 vom 5. VIII. 1928. J. Scheiber. Herstellung von Anstrichmitteln aus solchen Fettsäuren bzw. Glyceriden, deren ursprünglich isoliert stehende Doppelbindungen durch eine Anlagerungs- und Wiederabspaltungsreaktion in solche konjugierter Stellung umgewandelt wurden. Zur Anlagerung bzw. Wiederabspaltung kommen in Betracht: Chlor, Schwefelsäure, Alkylschwefelsäuren, Wasserstoffsuperoxyd usw. Auch Blasen mit Luft, wie alle Reaktionen, die zur Ausbildung einer Hydroxylgruppe führen, sind brauchbar. Die erhaltenen Produkte geben Standöle mit holzölartigem Charakter.

D. R. P. 522486 vom 6. XI. 1928. J. Scheiber. Aus den Estern der Oktadekadien-(9,11)-säure-(1) (Ricinensäure) mit Polyalkoholen bzw. ihren Standölen erhält man geruchfreie Druckfarben.

D. R. P. 562646 vom 18. XI. 1928. Harvel Corp. Ein schnell trocknendes Öl aus Acajounußschalenöl wird erhalten durch möglichst rasches Erhitzen auf Temperaturen bis zu 325⁰ und Zusatz eines Trockenstoffes während des Abkühlens. Leitet man während des Erhitzens Luft durch das Öl, so erhält man ein kautschukartiges Produkt, das mit Schwefel in einen Faktis verwandelt werden kann.

D. R. P. 555496 vom 17. II. 1929. J. Scheiber. Ein holzölartiges Produkt von der Konsistenz eines dünnen Standöles erhält man, wenn man aus Ricinusöl unter Zusatz solcher Stoffe, die beim Holzöl die Hitzegelatinierung verhindern, bei 200—250⁰ so lange Wasser abspaltet, bis die Acetylzahl auf 30 gesunken ist.

Russ. P. 23918 vom 15. V. 1929. Ukrainski nautschno-issletowatelni chimiko-radiologitscheski institut. Halb- oder nichttrocknende Öle, z. B. Sonnenblumenöl, werden mit Nickelamalgam versetzt und unter Durchleiten von Kohlensäure auf 270—280⁰ erhitzt und bei 100⁰ filtriert.

E. P. 354783 vom 2. VIII. 1929. I. G. Farbenindustrie A. G. Ricinusöl mit verbesserten Trockeneigenschaften durch Erhitzen auf über 100⁰ in Gegenwart von Phosphorsäure und (oder) deren Estern.

D. R. P. 529077 vom 27. X. 1929. I. G. Farbenindustrie A. G. Hochwertiges Holzöl erhält man durch Verwendung von Holzöloxy- oder -polyoxyalkylestern höherer Fettsäuren mit mindestens 12 Kohlenstoffatomen. Solche Öle gelatinieren selbst beim Erhitzen auf 300—310⁰ nicht.

D. R. P. 572359 vom 20. XI. 1929. I. G. Farbenindustrie A. G. Ein trocknendes Öl, das wasser- und alkalifeste Filme gibt, erhält man, wenn man die durch Umesterung von Ricinusöl mit Glycerin erhaltenen Oxyalkylester mit ungesättigten Fett- oder Harzsäuren verestert.

D. R. P. 559848 vom 1. I. 1930. L. Blumer. Produkte holzölartiger Beschaffenheit erhält man durch Wasserabspaltung aus Ricinusöl bei etwa 250⁰ im Vakuum oder unter gewöhnlichem Druck bei 270—280⁰ mit Hilfe von Luftrührung; die Wasserabspaltung kann durch Katalysatoren, wie Toluolsulfochlorid, nicht aber durch Veresterungskatalysatoren, wie Zinn, beschleunigt werden.

Jap. P. 100462 vom 2. III. 1932. Berubetto Sekken K. K. Fischtran wird mit geringen Mengen Hydrosulfit versetzt und heiß polymerisiert. Der Zusatz bewirkt Verbesserung der Farbe und Beschleunigung der Polymerisation.

Russ. P. 37211 vom 4. III. 1933. B. N. Tjutjunnikow u. J. G. Borsiuk. Raffiniertes Ricinusöl wird bei 280—290⁰ in Gegenwart von Aluminiumoxyd und

Zink mit Kohlensäure behandelt, worauf die Katalysatoren in der üblichen Weise entfernt werden, wobei man ein trocknendes Öl erhält.

E. P. 428864 vom 15. XI. 1933. Imperial Chemical Industries, Ltd. Zur Herstellung von rasch trocknenden Standölen werden Fettsäuren von trocknenden oder halbtrocknenden Ölen oder die Alkylester solcher Säuren polymerisiert, die nicht polymerisierten Anteile ganz oder teilweise abdestilliert und der Rückstand in Ester von Glykol, Glycerin, Pentaerythrit usw. übergeführt.

F. P. 781341 vom 17. XI. 1934. Imperial Chemical Industries, Ltd. Brauchbare Lacköle erhält man dadurch, daß man aus polymerisierten Fischölen den unpolymerisierten Anteil durch ·Destillation im Hochvakuum (0,1—0,001 mm Quecksilber) abtrennt.

Verschiedene Verfahren, welche entweder Produkte standölartigen Charakters geben oder eine besondere Verwendung von Standölen bezwecken, sind in folgenden Patenten angegeben:

D. R. P. 567774 vom 11. IV. 1929. E. Dörken, Herdecke. Löslichmachen von gelatiniertem Holzöl oder Faktis. Durch Erhitzen mit Benzin, Benzol oder dessen Homologen unter Druck auf zirka 200⁰ erhält man Lösungen, die nach Zugabe von Trockenstoff nach dem Naß-auf-Naß-Verfahren festhaftende Anstrichfilme geben.

D. R. P. 583249 vom 20. II. 1930. Institut für Lackforschung, Berlin. Durch Zusatz von Thorverbindungen erhält man beim Erhitzen auf 240⁰ Produkte, die in der Kälte honigartig erstarren. Sie werden als Grundiermittel oder wie Standöle verarbeitet.

A. P. 1873542 vom 2. VIII. 1930. Imperial Chemical Industries, Ltd. Ungesättigte fette Öle werden unter gleichzeitigem Durchleiten eines nicht oxydierend wirkenden Gases durch Erhitzen polymerisiert und darnach in Gegenwart eines Salzes einer Fettsäure weitererhitzt. Werden als Kautschukersatz und als Ausgangsmaterial für Firnisse oder Lacke verwendet.

A. P. 1988959 vom 22. I. 1935. Ph. H. Pennell u. Ch. H. Draper. Anstrich für saugenden Untergrund, derart hergestellt, daß man eine holzölhaltige Ölmischung bis zur Gallertbildung polymerisiert, die Gallerte mittels eines Peptisators verflüssigt und dann mit einem Kunstharz erhitzt, das eine Säurezahl von maximal 20 aufweist.

II. Oxydierte Öle.

Unter oxydierten Ölen versteht man Öle, die durch Einblasen von Luft oder Sauerstoff oder durch längeres Aussetzen in solcher Atmosphäre Sauerstoff aufgenommen haben. Zu ihrer Herstellung benutzt man im wesentlichen zwei Wege: Bei dem einen bläst man Luft oder Sauerstoff bei verschiedenen Temperaturen in die zu oxydierenden Öle, bei dem zweiten setzt man die Öle in möglichst fein verteilter Schicht der Wirkung von Luft oder Sauerstoff aus. Nach dem ersten Verfahren stellt man hauptsächlich oxydierte Öle her, deren Endkonsistenz noch flüssig ist (*geblasene Öle*), wiewohl man nach dieser Methode unter bestimmten Bedingungen auch feste Massen (Linoxyn) erhalten kann. Das zweite Verfahren liefert ausschließlich feste Produkte (*Linoxyn*).

A. Geblasene Öle[1].

Die Apparatur zur Erzeugung geblasener Öle, die man hauptsächlich aus Rüböl, Cottonöl, Tran und Leinöl[2] herstellt, ist ziemlich einfach; sie besteht aus einem mit Wärme- oder Kühlvorrichtung versehenen Ölbehälter, in den man durch ein Gebläse oder durch einen Kompressor Luft in fein verteilter Form einblasen kann. Daneben sollen Vorkehrungen getroffen sein, die Ölverluste

---

[1] Vgl. auch Schmiermittel S. 703.
[2] Nur trocknende oder halbtrocknende Öle kommen im wesentlichen in Betracht. S. aber Ricinusöl. Unter „Firnis" und „Standöle" wurde schon wiederholt auf das Blasen von Ölen hingewiesen, s. daselbst.

durch Verstäuben vermeiden helfen und die sich während des Prozesses entwickelnden Dämpfe möglichst unschädlich machen.

Da die Oxydation bei niederen Temperaturen zu langsam verläuft, wärmt
man die Öle gewöhnlich auf 100—130⁰ an und beginnt dann mit dem Einblasen
der Luft[1]. Damit die Luft innig mit dem Öl in Berührung kommt, zerteilt man
sie beim Einblasen möglichst fein; dieser Zerteilung ist praktisch eine Grenze
gesetzt, da bei zu weitgehender Zerteilung starkes Schäumen auftritt. Bald nach
Einführung des Luftstromes beginnt eine Selbsterwärmung des Öles, deren Intensität von der Beschaffenheit des Öles, dessen Eigentemperatur und der pro
Zeiteinheit zugeführten Luftmenge abhängt. Diese Selbsterwärmung macht es

notwendig, für Kühlvorrichtungen zu sorgen, die man sich
einfacherweise derart zu verschaffen vermag, daß man
die Dampfschlange bzw. den
Dampfmantel auch mit Was-
serzufluß einrichtet. Bei höherer Temperatur als 130⁰
wird gewöhnlich nicht ge-
arbeitet, da sonst sehr leicht
Öle erhalten werden, die sehr
dunkel sind und sich beim
Erkalten trüben; die untere
Grenze der Temperatur er-
gibt sich dadurch, daß bei zu
niederer Temperatur die Operation zu lange dauert. Den
Gang des Prozesses kontrolliert man durch eingesetzte
Thermometer (die auch be-
ginnende Selbsterhitzung erkennen lassen) und zeitweilige
Probenahme, die man meist
nur auf Viskosität prüft; wenn
man stets gleichartige Produkte erhalten will, wird eine

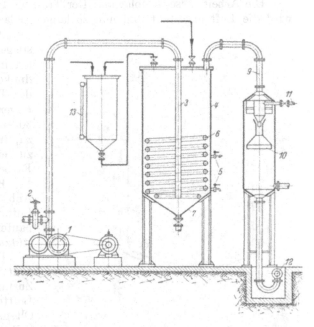

Abb. 125. Apparatur zum Blasen von Tranen nach A. DRINBERG.
1 Gebläse, 2 Hahn zur Luftregulierung, 3 Lufteinleitung, 4 Blase-
kessel, 6 Dampfschlange, 9—12 Kondensation, 13 Kerosinbehälter.

Kontrolle durch Bestimmung der Refraktion, der Acetylzahl, Säurezahl, Verseifungszahl und Benzin- bzw. Alkohollöslichkeit angezeigt sein.

Damit die Luft möglichst lange mit dem Öl in Berührung bleibt, empfiehlt
es sich, die Kessel mehr in der Form von hohen Zylindern als von flachen
Pfannen auszubilden. Um Ölverluste zu vermeiden, werden die Apparate mit
Hauben abgedeckt, die auch einen am besten an die Dämpfekondensation (s. S. 269)
angeschlossenen Abzugstutzen haben. In Ermanglung einer Kondensationsanlage kann man die nichtkondensierten Dämpfe auch in einen hohen Schornstein leiten oder unter einem Kessel verbrennen. Viel verbreitet ist eine einfache Apparatur, die aus einem heiz- und kühlbaren zylindrischen Kessel
(sog. Kondensierkessel) besteht, der in einiger Entfernung vom Boden und
parallel zu diesem eine durchlochte, gut an die Kesselwandung anschließende
Platte besitzt, unter die man die Luft einbläst; damit aber in diesem Falle
die Luftverteilung gut funktioniert, muß diese Platte genau horizontal liegen.

---

[1] S. dagegen „Bisöle".

Die Luftverteilung kann auch durch konzentrisch angeordnete halbkreisförmige Rohre erfolgen, die an einen Luftverteilungskasten angeschlossen sind, der in Form eines Prismas einen Kesseldurchmesser bildet. Luftverteilungskasten und Rohre sind etwa 20 cm vom Kesselboden entfernt und sind an der Unterseite gelocht, so daß beim Ablassen des Kessels die Luftverteilungsleitung automatisch leerläuft. Für das Blasen von Tranen für Lackzwecke wird in Amerika bei einer Reihe der größten Firmen der in Abb. 125 wiedergegebene Apparat verwendet. Er hat einen Fassungsraum von 14 m³, ist mit Dampf- bzw. Kühlschlange ausgerüstet und hat ein Gebläse angeschlossen, das 28 m³/min liefert. Eine Einspritzkondensation sorgt für die Ableitung der Dämpfe.

Die Arbeitsweise ist folgende: Der Tran wird auf etwa 150⁰ C erhitzt, dann wird die Luft angestellt und nun so lange geblasen, bis die nötige Konsistenz erzielt ist. Zu starke Temperatursteigerungen kann man durch Kühlen mäßigen. Sollte der Tran zu dunkel werden, so geht man mit der Temperatur auf 65⁰ herunter. Gegen Ende des Prozesses setzt man 30—60% Schwerbenzin (Kerosin) zu, um ein eventuelles Gelatinieren zu verhüten (diese Trane werden für Farbenbindemittel verwendet).

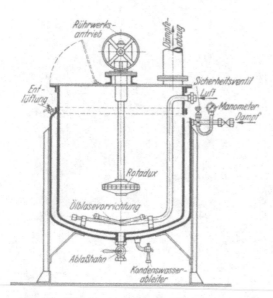

Eine andere Apparatur ist in Abb. 126 gezeigt, bei ihr wird die Luftverteilung durch den eingebauten „Rotadux-Rührer" unterstützt.

Die zum Blasen verwendete Luft wird meist in vorgewärmtem Zustand eingeführt, doch sollte die Lufttemperatur etwa 20⁰ unter der Öltemperatur liegen, um wegen der Selbsterhitzung ein übermäßiges Ansteigen der Temperatur zu verhindern. Eine einfache Vorwärmung erzielt man dadurch, daß man die Luftzuführungsschlange einige Windungen in dem Ölkessel herumgehen läßt, bevor sie am Boden ausmündet; es hat dies aber den Nachteil, daß man bei Überhitzung die Kühlwirkung der Luft verliert. Zum Regulieren der Luftzufuhr befindet sich zwischen Gebläse und Luftverteilungsrohr ein Hahn, aus dem man die Luft teilweise oder ganz entweichen lassen kann, wodurch sich die dem Kessel zuströmende Luftmenge verringert. Durch diesen Hahn wird auch eine Beschädigung des Gebläses bei eventuellen Verstopfungen der Luftschlange vorgebeugt.

Abb. 126. Kessel zum Blasen von Ölen bei niederen Temperaturen mit Rotadux-Rührer. (Sommer-Schmidding-Werke, Düsseldorf.)

Um den stechenden Geruch, den geblasene Öle annehmen, zu vermindern, ist es angezeigt, nach Erreichung der gewünschten Konsistenz die Luft bei abgestellter Dampfzufuhr noch so lange einzuleiten, bis das Öl auf etwa 40⁰ abgekühlt ist. Die geblasenen Öle müssen auch oft vor dem Abfüllen in den Lagerbehälter filtriert werden, wozu die bereits bei den Standölen angegebenen Vorrichtungen dienen können.

Die Oxydation kann durch Katalysatoren gegebenenfalls beschleunigt werden, wozu unter anderem Sikkative Verwendung finden können[1]. Andere

[1] B. CALDWELL u. G. H. DYE: Ind. engin. Chem. 25, 338 (1933).

Gase als Luft werden technisch kaum verwendet, auch Sauerstoff ist zu teuer, um so mehr gilt dies für ozonisierte Luft. Über einzelne Vorschläge s. Patente (S. 306).

Daß durch Blasen bei niederen Temperaturen, insbesondere in Anwesenheit bestimmter Sikkative, auch eine Bleichung der Öle erzielt werden kann, wurde schon bei den Firnissen besprochen.

Die geblasenen Öle fühlen sich stark schlüpfrig bis klebrig an, sind in Farbe meist etwas dunkler (Rotstich) als die entsprechenden natürlichen Öle, viel dickflüssiger als diese und besitzen einen zwar nicht intensiven, aber doch charakteristischen Geruch. Die Dichte ist wesentlich höher als die der nichtgeblasenen Öle, ebenso die Verseifungszahl. Charakteristisch für die geblasenen Öle ist die Acetylzahl, deren Höhe mit dem Blasgrad zunimmt.

Die geblasenen Öle finden Verwendung in der Schmiertechnik, worüber an anderer Stelle berichtet wird (S. 716). Über die Verwendung der geblasenen Öle als Farbenbindemittel bzw. Anstrichmittel wurde in den vorhergehenden Abschnitten schon einiges mitgeteilt. Erwähnt soll hier noch werden, daß man auch versucht hat, geblasenes Holzöl zu verwenden. So empfiehlt F. Fritz[1] anoxydiertes Holzöl als Zusatz zur Druckfarbe für bedrucktes Linoleum. H. A. Gardner[2] hat gefunden, daß unter bestimmten Bedingungen geblasenes Holzöl die Eigenschaft der Figurenbildung beim Trocknen verliert, und berichtet über gute Erfahrungen bei der Herstellung von Holzöllacken, die bei der Erzeugung gleichzeitig geblasen wurden. Daß geblasenes Leinöl sich für die Herstellung von Druckfirnissen eignet, ist schon lange bekannt. Zur Verwendung in Celluloselacken eignen sich die unbehandelten trocknenden und halbtrocknenden Öle schlecht, da sie ein zu geringes Quellungs- bzw. Lösevermögen für die Lackwolle haben. Durch Blasen unter geeigneten Bedingungen hergestellte Nitrolacköle zeigen diese Übelstände nicht. Die geblasenen Öle finden auch Verwendung zur Faktiserzeugung, da die geblasenen Öle weniger Schwefel bzw. Chlorschwefel zu ihrer Verfestigung brauchen. Produkte aus geblasenem Ricinusöl dienen als Weichmacher für Celluloselacke (z. B. Casterol[3] u. ä.), geblasene Trane finden in der Ledererzeugung Anwendung.

B. Herstellung von Linoxyn.

Durch lang andauernde oder energische, den Oxydationsprozeß besonders begünstigende Einwirkung von Luft bzw. Sauerstoff auf trocknende Öle werden diese in feste Massen verwandelt. Diese Linoxynbildung (auch Leinölfirnis trocknet zu Linoxyn auf) wird in großem Maßstabe durchgeführt, denn die beim Festwerden des Leinöls erhaltene feste, druckelastische Masse, die man als *Linoxyn* bezeichnet, bildet die Grundlage der Linoleumfabrikation.

Das als Fußbodenbelag viel verwendete *Linoleum* besteht bekanntlich aus einer mehrere Millimeter dicken Schicht eines verschmolzenen Gemenges von Linoxyn (oxydiertem bzw. polymerisiertem Leinöl), Harzen, Kork- oder Holzmehl und Farben, das auf einem an der Unterseite mit Ölfarbe gestrichenen Jutegewebe befestigt ist.

Das Linoleum ist als eine Verbesserung des im Jahre 1844 von E. Galloway erfundenen *Kamptulikons* aufzufassen, eines aus Kautschuk und Kork hergestellten Fußbodenbelages, der sich um die Mitte des vorigen Jahrhunderts in England besonderer Beliebtheit erfreute, der aber durch die um diese Zeit stark

---

[1] F. Fritz: Farbe u. Lack **1933**, 400.   [2] H. A. Gardner: Scient. Sect. Circ. **414** (1932).
[3] S. Reitlinger: Ind. organ. Chem. (russ.: Promyschlennost organitscheskoi Chimii) **1**, 541 (1936).

steigenden Kautschukpreise an einer größeren Verbreitung verhindert wurde und bald ganz vom Markt verschwand. F. Walton versuchte, den Kautschuk durch ein die gleichen Eigenschaften habendes, aber billigeres Material zu ersetzen und fand ein solches in oxydiertem Leinöl (Linoxyn), dessen Herstellung und Weiterverarbeitung zu Linoleum er sich patentieren ließ[1], wie er sich auch das Wort „Linoleum" schützen ließ. Es folgen dann sehr bald weitere, auf ähnlicher Grundlage wie das Waltonsche Verfahren fußende Patente, bis W. Parnacot[2] einen neuen Weg zur Herstellung eines Produkts zeigte (Schwarzöl, d. i. im wesentlichen polymerisiertes anoxydiertes Leinöl), das ebenfalls zur Herstellung eines Linoleums führte. Allerdings mußte er damals sein Produkt „Corticine" nennen, da der Name Linoleum für Walton geschützt war; jener Name ist schon lange verschwunden und hat der gebräuchlichen Bezeichnung Linoleum Platz gemacht. Dieses Verfahren wurde vom Fabrikanten C. Taylor erworben und ist seither unter dem Namen Taylor-Verfahren bekannt.

Die weiteren zahlreichen Verbesserungen, die in der Linoleumfabrikation gemacht wurden, sind meist maschineller Natur oder beziehen sich auf unwesentliche Verbesserungen der von Walton und Parnacot angegebenen Verfahren, wie die Vorbehandlung der Öle, die Verwendung von Füllmitteln u. ä.

Zur Herstellung von Linoxyn werden im wesentlichen drei Wege eingeschlagen. Der eine, welcher das sog. Tücherlinoxyn liefert, wie auch der zweite, der zum Trommellinoxyn führt, wurden in ihren Grundzügen bereits von Walton angegeben. Beide erzeugen das Linoxyn dadurch, daß Leinöl in möglichst dünner Schicht bzw. fein zerteilt der Einwirkung der Luft ausgesetzt wird. Das dritte Verfahren, das von Parnacot entwickelte Taylor-Verfahren, beruht auf der Polymerisation bzw. Oxydation von hocherhitztem Leinölfirnis durch Blasen mit Luft, das aber im Gegensatz zu den geblasenen Ölen so lange durchgeführt wird, bis man zu einem in der Kälte erstarrenden Produkt, dem sog. Schwarzöl, kommt.

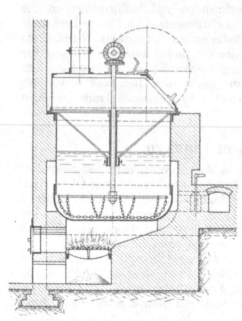

Abb. 127. Firniskochkessel der Linoleumindustrie nach F. Fritz.

1. Tücherlinoxyn.

Damit ein möglichst baldiges Festwerden des in dünner Schicht der Luft ausgesetzten Leinöls eintritt, ist es notwendig, aus dem Öl zunächst einen Firnis zu kochen. Als Sikkativ verwendet man des gleichmäßigen Durchtrocknens wegen meist Blei, das man in Form von Bleiglätte oder Mennige mit dem Öl verkocht. Mangan verwendet man nicht gern, weil man dessen zu energische Wirkung, besonders noch im Fertigprodukt, fürchtet. Lösliche Trockenstoffe werden nicht verwendet, vermutlich aus Konservativismus, der es mit sich gebracht hat, daß die Linoleumindustrie heute noch nach fast denselben Methoden arbeitet wie zu Beginn ihrer Entwicklung. Begründet mag dieses zähe Festhalten am Althergebrachten und Bewährten damit sein, daß sich die Vorteile, aber auch

---

[1] E. P. 209/1860, 1037/1863 u. 3210/1863.   [2] E. P. 2057/1871.

die Fehler einer Neuerung erst nach vielen Monaten oder Jahren zeigen. Der zum Firniskochen verwendete Kessel ist in Abb. 127 wiedergegeben.

Die Kessel haben 1000—3000 l Inhalt und sind aus starken genieteten oder geschweißten Eisenblechen hergestellt. Sie sind mit einer Haube bedeckt, die an der Bedienungsseite abgeschrägt ist. An dieser abgeschrägten Seite befindet sich eine Klappe, die eine Kontrolle des Prozesses, Trockenstoffzugabe usw., erlaubt. Die Haube hat ein weites Abzugsrohr, das in die Kondensation mündet oder über Dach geführt wird. Der Kessel ist mit einem starken Rührwerk ausgestattet, dessen Rührer Ketten trägt, die den Boden gut abstreifen. Wegen der dadurch bewirkten Abnutzung des Bodens ist dieser auch aus stärkeren Blechen hergestellt. Zur Temperaturbeobachtung dient ein Stockthermometer. Die Feuerung ist von außen bedienbar. Ein Feuerzug wird auch um den Mantel des Kessels geführt, doch darf er nicht höher reichen als der Ölspiegel liegt. Eine Überlaufrinne mit Ablaufrohr sorgt für die Ableitung des Inhalts eines eventuell überschäumenden Kessels.

Der Kessel wird zu drei Viertel gefüllt und zunächst bis auf etwa 130⁰ angeheizt, bei welcher Temperatur das Leinöl infolge der Wasserentbindung zu schäumen beginnt (man verwendet hier selbstverständlich nur Rohleinöl). Sobald der Schaum gefallen ist, heizt man weiter und gibt bei 150⁰ portionsweise 2% Bleiglätte oder Minium zu, die sich unter Schäumen auflösen. Ein Teil der Bleioxyde wird immer zu Blei reduziert, das sich in Form von Kugeln am Kesselboden findet. So-

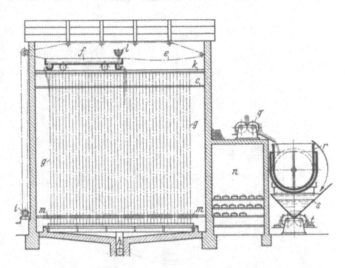

Abb 128. Oxydationshaus zur Erzeugung von Tücherlinoxyn. (Nach F. FRITZ in ULLMANN, Enzyklopädie d. techn. Chemie, 2. Aufl.)

bald das Metall aufgenommen ist, was sich am Aufhören des Schäumens zu erkennen gibt, erhitzt man noch zwei Stunden auf 180—200⁰, stellt das Feuer ab und läßt über Nacht abkühlen, worauf in die Vorratsbehälter gepumpt wird. Manchesmal werden die Firnisse nach der Trockenstoffzugabe noch geblasen. Außer den beschriebenen ortsfesten Kesseln finden sich auch hie und da fahrbare in Betrieb. Diese werden dann von Hand aus gerührt.

Der vollkommen erkaltete Firnis kommt nun in das sog. *Oxydationshaus,* wo die Ausbreitung des Öles auf dünne Baumwollgewebe erfolgt. Dabei muß darauf geachtet werden, daß das Berieseln (Baden, Befluten) der aufgehängten Gewebe in den richtigen Intervallen erfolgt und nicht früher geschieht, bevor die vorhergegangene Flutungsmenge vollkommen aufgetrocknet ist. Wird neues Öl aufgetragen, bevor die letzte Flutung vollständig fest geworden ist, so hindert die neuaufgetragene Ölschicht die darunterliegende an der weiteren Oxydation, und man erhält an Stelle eines in der ganzen Masse festen Linoxyns ein stellenweise schmierendes Produkt. Die verwendeten Baumwolltücher[1] sind ganz

---

[1] Papierbahnen zu verwenden, was öfters vorgeschlagen wurde, ist unmöglich, da das Papier bei der Herstellung der Linoleumdeckmasse sich nicht so weit zerkleinern läßt, als daß nicht Papierfetzen im fertigen Linoleum sichtbar werden und es unansehnlich und unverkäuflich machen.

leichter Webart, 85 cm, selten 1 m breit und haben von 10 zu 10 cm der Länge nach stärkere Streifen zur Verstärkung eingewebt. Die Baumwollgewebe werden bei der Weiterverarbeitung des Linoxyns nicht entfernt, sondern in der Masse belassen (Linoxyn enthält etwa 0,75% Baumwolle)[1]. Ein Oxydationshaus ist in schematischer Zeichnung auf Abb. 128 und 129 dargestellt.

Der Firnis kommt von den Lagertanks in die zementierte Grube c, von wo ihn die Pumpe d nach oben in den Ölzuleitungstrog l drückt. Dieser verteilt ihn gleichmäßig auf die beiden Rieselwagen f. Längs durch das 24 m lange (etwa 8—9 m breite) Haus laufen in etwa 7 m Höhe vom Boden parallel zueinander je zwei Eisenschienen k, welche auch die Laufstege o tragen. Die Eisenschienen k sind 2 m voneinander entfernt. Auf ihnen läuft der Rieselwagen. Der Innenseite dieser Schienen entlang ziehen sich Zahnstangen, in deren Ausnehmungen hochkantig gestellte Flacheisenstäbe in etwa 5 cm Entfernung voneinander liegen. An diesen Stäben hängen je zwei der 85 cm breiten Baumwolltücher nebeneinander etwa 6—7 m weit herab.

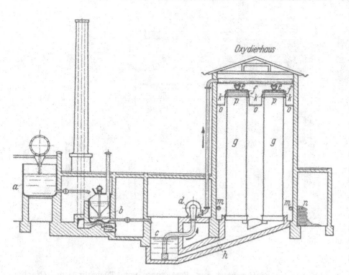

Die Tücher werden an diesen Flacheisenstäben p meist mit Tischlerleim angeklebt und sind durch unten ebenso befestigte Eisenstäbe, die in einem Gitterwerk befestigt werden, stramm gespannt. Auf den Schienen laufen mit je zwei Räderpaaren die 14 m langen Rieselwagen f. Diese bestehen aus einem Längstrog, der an beiden Enden parallel zu den Tragstäben die durch Öffnungen mit ihm verbundenen Quertröge trägt, aus denen durch Überlaufbleche das Öl in der ganzen Tücherbreite hinabstürzt, wenn die Pumpe d das Öl zum Ölzuleitungstrog l pumpt. Dieser besitzt an den Stellen, unter

Abb. 129. Oxydationshaus. (Nach F. FRITZ in ULLMANN, Enzyklopädie d. techn. Chemie, 2. Aufl.)

welchen der Längstrog des Rieselwagens läuft, Öffnungen, durch die der Wagen mit Öl gespeist wird. Damit alle Tücher g, von denen etwa 360—400 hintereinander hängen, gleichmäßig benetzt werden, bewegt man die Rieselwagen mit einer Geschwindigkeit von $1/2$ m pro Minute durch Ketten e und Winde i von einem Ende des Hauses zum anderen. Das überschüssige Öl tropft von den Tüchern auf den geneigten Boden des Hauses und gelangt durch den Kanal h zum Vorratsbehälter c zurück. Sobald das Leinöl an den Tüchern aufgetrocknet ist, wird der Vorgang wiederholt, wobei man vorher das verbrauchte Öl ergänzt. Das Öl trocknet unter Abgabe von beißenden Dämpfen (Ameisen-, Essigsäure, Aldehyde und so weiter) unter Sauerstoffaufnahme ein, weshalb durch entsprechende Lüftung für Zufuhr frischer Luft gesorgt werden muß. Damit die Oxydation mit genügender Schnelligkeit verläuft, wird das Haus durch eine längs der Mauern angebrachte Dampfheizung m erwärmt. Falls man die Tücher morgens und abends badet, hält man eine Temperatur von ungefähr 42° C für geeignet. Bei nur einmal täglichem Befluten muß man die Temperatur auf 38° C erniedrigen. Beim jedesmaligen Baden bleiben etwa 30 g Leinölfirnis je Quadratmeter Tuchfläche, die beiderseitig benetzt wird, hängen. In etwa 4 Monaten erreicht man eine ungefähr 2 cm dicke Linoxynschicht, und damit ist die Zeit für die Entleerung des Hauses gekommen. Nach guter Lüftung des

---

[1] F. FRITZ: Chem.-Ztg. 45, 410 (1921), schlug vor, stärkere Gewebe zu nehmen, sie mit Glycerinleim zu tränken, wodurch sie sich vom Linoxyn trennen und so wiederholt verwenden ließen, was eine beachtenswerte Ersparnis gäbe. Vielleicht ließen sich so auch Papierbahnen verwenden.

Hauses, damit es von den Arbeitern betreten werden kann, schneiden diese die Linoxyn-bahnen oben mit hakenförmigen Messern ab. Das Linoxyn stürzt zu Boden und wird unter Einstreuen von Kreide aufgerollt. Die pro Haus in obgenannter Zeit gewonnene Menge schwankt mit den klimatischen Verhältnissen (hohe absolute Luftfeuchtig-keit verlangsamt den Prozeß), so daß man im Winter mehr erhält als im Sommer. Bei einer Bespannung von 8000—10000 m², welche also die doppelte Fläche dem Leinöl zum Auftrocknen bietet, erhält man im Durchschnitt 90000—100000 kg Linoxyn. Mit zunehmender Benutzungszeit während einer Oxydationsperiode (4 Monate) verändert sich die Zusammensetzung des Firnisses immer mehr und mehr. Da die am meisten ungesättigte Fettsäuren enthaltenden Glyceride zuerst fest werden, tropft ein Firnis ab, in dem sich die Glyceride der Ölsäure, Stearinsäure und so weiter anreichern, so daß es schließlich im Vorratsbehälter c zu einer Ent-mischung kommt, indem sich diese Glyceride als im Öl gequollene gallertige Masse abscheiden und dort den als Ablauföl (scum) bezeichneten Bodensatz bilden. Dieses Ablauföl, das in einer Menge von 8—10% anfällt, kann natürlich nicht verloren-gegeben werden und wird bei der Erzeugung von Linoleum mitverarbeitet. Es wirkt darin durch seine verminderte Trockenfähigkeit als die Geschmeidigkeit bewahrender Weichmacher und beugt so einem zu raschen Austrocknen (Verhärten) am Lager und im Gebrauch vor.

Das Linoxyn wird dann in größere Stücke zerschnitten und kann so beliebig lange aufbewahrt werden. In Flocken fein verteiltes Linoxyn ist jedoch selbst-entzündlich, selbst wenn es naß ist.

Zur Verkürzung der Arbeitszeit in den Trockenhäusern wurde vorgeschlagen, den Firnis vor der Berieselung anzuoxydieren, was, wie F. FRITZ[1] mitteilt, z. B. in den Oxydationstrommeln geschehen kann (s. Trommellinoxyn).

Das Tücherlinoxyn (scrim oil) stellt einen dunkelbernsteingelben Körper von schwach säuerlichem Geruch dar, der sich leicht zu einer flockenartig zu-sammenhängenden Masse zerreiben läßt. Beim Auseinanderziehen reißt das Tücherlinoxyn leicht ab, zeigt aber große Druckelastizität. Das spezifische Gewicht liegt etwas über 1, beim Erhitzen schmilzt es nicht, sondern verkohlt schließlich. Hochoxydiertes Linoxyn quillt in organischen Lösungsmitteln nur auf, während niedrig oxydiertes sich durch energische mechanische Bearbeitung in einer Reihe von solchen Lösungsmitteln, noch besser in Gemischen, dispergieren läßt. In Leinöl löst sich Linoxyn nicht, es quillt darin nur auf; leicht löslich ist es aber in genügender Menge geschmolzenen Kolophoniums, was für seine Verarbeitung zu Linoleum von grundlegender Bedeutung ist.

2. Trommellinoxyn.

Dieses wird oft auch fälschlich Schnelloxydationslinoxyn genannt. Die Linoxynbildung verläuft aber bei diesem Prozeß auch nicht rascher als beim Tücherverfahren, nur kann man jede Charge des oxydierten Leinöles sofort der Apparatur entnehmen, was beim Tücherlinoxyn nicht möglich ist. Da beim Tücherverfahren, wie wir gesehen haben, eine lange Zeit vergeht, bis man in den Besitz des fertigen Linoxyns kommt, bleibt das im Leinöl investierte Kapital lange tot liegen. Durch diesen Zinsenverlust und den großen Kapitalsbedarf stellt sich das Tücherlinoxyn sehr teuer im Einstandspreis, und man war daher bestrebt, dieses zeitraubende Verfahren durch ein kürzeres zu ersetzen, ohne aber das angestrebte Ziel bis jetzt zur Gänze zu erreichen.

Ein Verfahren, das in seinen Grundzügen auf die bereits von WALTON gemachten Mitteilungen zurückgeht, ist in dem D. R. P. 83584 beschrieben.

Man läßt das auf 50—100° C erwärmte, mit Trockenstoffen versehene Öl in einem Turm aus 6 m Höhe herabrieseln, während man ihm einen Luftstrom entgegen-bläst. Das zu Boden fallende Öl wird im Kreislauf immer wieder zur Höhe des Turmes zurückgepumpt. Den Turm versieht man mit großen Fenstern, da das Licht eine

---

[1] F. FRITZ: Öle, Fette, Wachse, Seife **1935**, H. 3.

beschleunigende Wirkung auf die Oxydation ausübt, auch Belichtung mit Uviol-
lampen wurde vorgeschlagen (beim Tücherlinoxyn übt das Licht keinen so großen
Einfluß aus; übrigens wäre auch die Be-
lichtung der eng aneinanderhängenden
Linoxynbahnen nicht so einfach). Je
nach Temperatur, Licht und Luftfeuchtigkeit kann man das Öl in 3
bis 14 Tagen entnehmen, was beiläufig
dann geschieht, wenn das Öl ein spezifisches Gewicht von 0,975—0,980
erreicht hat. (S. Abb. 130 Oxydationsturm.) Die Weiteroxydation erfolgt dann in heiz- und kühlbaren
Trommeln (A) (Abb. 131), die meist
500 kg fassen. Der Mantel ist aus
Eisenblech (mit Dampf- bzw. Wassermantel), die Stirnwände, von denen
eine fest, die andere abnehmbar (zwecks
Reinigung) und mit einer der Entleerung dienenden Klappe (F) versehen ist, sind aus Gußeisen. Zum Einfüllen ist ein Fülltrichter (a) vorgesehen, zur leichteren Entleerung sind
die auf Böcken (E) gelagerten Trommeln durch Drehen des Rades (D)
neigbar. Die notwendige Luft wird
durch ein auf der Trommel sitzendes
Gebläse (G) und die Leitung (g) eingeblasen. Ein Motor von 6—10 PS
kann die Welle, die auf einer Seite
die Trommel in einer Stopfbüchse
durchsetzt, während sie auf der anderen Seite an der Stirnwand gelagert
ist, vermittels zweier Scheiben wahlweise mit 40 oder 90 Touren pro Minute drehen. Die Welle (C) ist mit
schaufelförmigen Rührarmen (c) be-

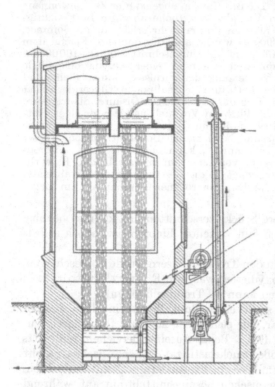

Abb. 130. Oxydationsturm nach F. Fritz.

setzt. Man füllt 500 kg Firnis (vom Oxydationsturm) mit 25 kg trockener Kreide
in die Trommel und läßt zunächst unter Anwärmen auf 55° mit 90 Touren laufen.
Die freiwerdende Reaktionswärme macht bald Kühlen und Umschalten auf 40 Touren
nötig. Der Reaktionsverlauf
ist mit einem Thermometer
ständig zu überwachen. Der
Firnis wird durch die Rühr-
arme innigst mit der Luft
durchgepeitscht. Nach 30 bis
36 Stunden kann man das
oxydierte Öl als zähe Masse
der Trommel entnehmen und
füllt es in mit Seidenpapier
ausgekleidete oder mit einem
wäßrigen Kreidebrei ausgestrichene Blechkasten. Dann
beläßt man die gefüllten
Blechkasten so lange bei
40° C in einem Trockenofen,
bis an einem hineingestoche-
nen Holzstab nichts mehr
kleben bleibt, was in etwa
8 Tagen erreicht ist. Die sich
bei der Oxydation abspaltenden Säuren setzen aus der

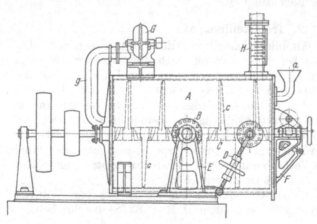

Abb. 131. Oxydationstrommel nach F. Fritz.

Kreide Kohlensäure in Freiheit, was diesem Trommellinoxyn eine schwammartige
Struktur verleiht; durch die gebildeten Kalkseifen erfolgt eine allerdings unerwünschte
Härtung dieses Linoxyns.

Über einen gewissen Oxydationsgrad kommt man beim Trommellinoxyn nicht hinaus, da es sonst so dick wird, daß es an der Trommel derart anklebt, daß das Rührwerk nicht mehr zu drehen ist.

In vielen deutschen Fabriken hat auch ein Verfahren Eingang gefunden, das weit weniger umständlich ist.

Es wird eine ähnlich gebaute Trommel verwendet, die aber statt der Rührschaufeln einfache Rührstäbe aus Rundeisen besitzt. Sie läuft mit 125 Umdrehungen in der Minute. Das Öl wird ohne jede Vorbehandlung verwendet und mit einem Zusatz von 1% Kreide und 1% Bleiglätte (oder $^1\!/_2$—1% Manganresinat) versehen in die Trommel gefüllt. Nach etwa 20 Stunden kann man das oxydierte Öl der Trommel entnehmen. Man arbeitet bei einer Temperatur von 50—80⁰, je nachdem man schneller oder langsamer arbeiten will, je nachdem, ob man ein helleres oder dunkleres Produkt anstrebt. Die dunkle Farbe des Linoxyns schadet zwar nichts, da sowohl dieses als auch die anderen bisher besprochenen beim Liegen oder im Linoleum ausbleichen. Das entnommene Linoxyn wird ohne nachherige Trockenofenbehandlung direkt zum Linoleumzementkochen verwendet. Bei 100⁰ kann man bereits in 10—14 Stunden ein brauchbares Produkt haben.

Das Trommellinoxyn wäre an und für sich allein für manche Linoleumsorten zur Zementherstellung (neben Harzen usw.) brauchbar, wird aber meist im Verhältnis 1 Teil Trommellinoxyn zu gleichviel oder der doppelten Menge Tücherlinoxyn verarbeitet. Die Alleinverwendung von Trommellinoxyn, wie sie einige Fabriken ursprünglich beabsichtigten, wurde zum Teil auch dadurch nicht möglich, daß man darauf verwies, daß das mit diesem Produkt erzeugte Linoleum kein richtiggehendes Linoleum sei. Das Trommellinoxyn ist weicher und weniger durchoxydiert als das Tücherlinoxyn und gibt schmierige Linoleumzemente, was unerwünscht ist. Inlaidlinoleum kann z. B. nur aus reinem Tücherlinoxyn erzeugt werden, da die Verwendung von Trommellinoxyn ein zu starkes Ankleben der Masse an den Schablonen bewirken würde.

3. Schwarzöl.

Das PARNACOT-TAYLOR-Verfahren beruht darauf, daß das Leinöl einer intensiven Behandlung mit heißer Luft unter gleichzeitiger Anwendung von Sikkativen unterworfen wird. Es unterscheidet sich von dem üblichen Blasen der Öle nur durch die angestrebte Erzielung eines festen Endprodukts.

Ein solcher Schwarzölkocher ist in Abb. 132 wiedergegeben[1].

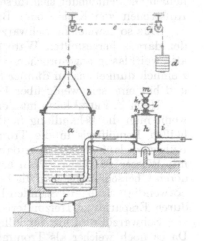

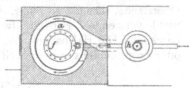

Abb. 132. Schwarzölkocher nach H. FISCHER.

Der Kessel a ist mit einer Feuerung versehen, die bei h auch die Luft erwärmt. Die auf dem Kochkessel a sitzende Haube b ist durch Gegengewicht d mittels des über die Rollen c laufenden Kette e ausbalanciert und daher leicht abhebbar; sie dient zur Vermeidung von Ölverlusten durch Verspritzen und ist zwecks Abführung der übelriechenden Dünste mit einem Ableitungsrohr versehen, das in den Schornstein mündet oder die Gase zur Verbrennung unter eine Feuerung führt.

Das Einblasen von Luft in den Bleifirnis wird bei 250⁰ so lange fortgeführt, bis eine entnommene Probe gelatiniert. Einfacher und besser arbeitet man so,

---

[1] Nach H. FISCHER: Geschichte, Eigenschaften und Fabrikation des Linoleums, 2. Aufl. Leipzig. 1924.

daß man Leinöl mit 2% Bleiglätte einen Tag bei 250⁰ C unter mechanischem Rühren und Lufteinblasen in einem Vorkocher erhitzt. Von dem geblasenen noch heißen Firnis füllt man dann etwa je 1000 kg in eiserne Kessel und bringt ihn in diesen Fertigkochern durch Erhitzen auf 300⁰ C zum Gerinnen. Dabei dürfen die Kessel zur Vermeidung des Verkohlens nur am Boden beheizt werden. Da die Masse bei dieser Operation zuerst stark aufwallt, sorgt man durch ein Überlaufrohr für eine Ableitung der schäumenden Masse, die man in eisernen Pfannen auffängt und immer wieder in den Kessel zurückgibt. Die dazu verwendete eiserne Schöpfkelle dient auch zum Rühren des Kesselinhaltes von Hand aus. Man kann das Schwarzöl bei gelöschtem Feuer im Kessel abkühlen lassen, was jedoch nicht sehr vorteilhaft ist, da es so fest an den Kesselwandungen haftet, daß es schwer zum Herausstechen ist. Man hebt daher besser den Kessel mit einem Flaschenzug vom Feuer und kippt ihn in die sog. Kühlschiffe aus. Diese sind flache Eisenblechpfannen, die fahrbar sind; zur Verhütung des Anklebens werden sie, wie schon einmal beschrieben, mit Kreide ausgestrichen. Man sticht dann das Schwarzöl aus den Kühlschiffen und wälzt die Klumpen zur Vermeidung des Zusammenklebens in Ocker oder Korkmehl. Beim Ausleeren des heißen Öles entzündet sich dieses oft von selbst an der Luft; man löscht durch Aufstreuen von Kreide oder Bedecken mit nassen Säcken.

Das so gewonnene Schwarzöl zeigt einen stark brandigen Geruch, der auch der daraus hergestellten Ware lange anhaftet, so daß derartiges Linoleum oft als zweitklassig angesprochen wird. In dicken Schichten sieht dieses Schwarzöl ziemlich dunkel aus, in dünner Schicht gelbrot, es ist sehr klebrig und elastisch und hat eine sehr wenig über 1 liegende Dichte.

Nach F. Fritz[1] kann man ein Schwarzöl ohne diesen üblen Geruch erzeugen, wenn man die Behandlung in Oxydiertrommeln ausführt. Dazu füllt man den heißen Leinölfirnis in die Trommel und läßt bei angestellter Luftzufuhr das Rührwerk laufen, ohne aber dabei wie bei der Herstellung des Trommellinoxyns mit Wasser zu kühlen. Man erreicht so leicht die Temperatur von 250⁰ C, bei deren Überschreitung man die Luftzufuhr einstellt (ständige Temperaturkontrolle notwendig). In 6—10 Stunden hat man ein gut brauchbares Schwarzöl, das sich durch Ersparnis an Heizmaterial auch billiger stellt.

Schwarzöl wird nur für billige Linoleumsorten, z. B. Druckware, verwendet. Da es noch weicher als Trommellinoxyn ist, erhält die Ware leicht eine rauhe Oberfläche, dies um so mehr, da man aus Billigkeitsgründen dazu grobes Korkmehl verwendet. Schwarzölware hat den Vorteil, daß sie in ein paar Tagen trocknet. Die Haltbarkeit der damit hergestellten Ware steht dem aus Tücheroder Trommellinoxyn hergestellten Linoleum keineswegs nach, sie ist sicher größer.

4. Herstellung von Linoleum.

Es wurden verschiedene Versuche gemacht, an Stelle von Leinöl andere trocknende Öle zur Erzeugung von Linoxyn zu verwenden. Wenn auch das eine oder andere von ihnen als brauchbar befunden wurde, so ist bisher kein anderes in der Linoleumindustrie in größerer Menge eingeführt. Auf das Holzöl hatte man ursprünglich große Hoffnungen gesetzt, es hat diese aber vollkommen enttäuscht, was schon aus dem an früherer Stelle über die Eigenschaften von Holzölfilmen Gesagten erklärlich erscheint.

Von den beschriebenen drei Formen des Linoxyns ist nur das Schwarzöl direkt zur Herstellung der Linoleumdeckmasse verwendbar, da es, ohne weitere Zusätze oder Behandlung, die einzuverleibenden festen Stoffe, wie Kork- oder

---

[1] F. Fritz: Öle, Fette, Wachse, Seife **1935**, H. 3; **1936**, H. 14.

Holzmehl und Farbkörper, abzubinden vermag. Tücher- und Trommellinoxyn müssen vorher mit Kolophonium, dem man aus alter Überlieferung her Kauri-kopal (in seinen minderwertigen Sorten) zugibt, verschmolzen werden. Aus diesem Zement und den Feststoffen wird dann die Linoleumdeckmasse erzeugt, die auf eine Jutebahn aufgepreßt wird.

Der Linoleumzement wird in mittels Dampfmantel beheizten Kesseln hergestellt. Die Zementkocher besitzen ein massives, eine rührende und knetende Wirkung aus-übendes Rührwerk (s. Abb. 128, *r*) und sind in Zapfen drehbar gelagert, um sie durch Kippen entleeren zu können. Man verwendet für einen Ansatz z. B. 800 kg Linoxyn, 150 kg Kolophonium und 50 kg Kopal, von letzterem des hohen Preises wegen oft viel weniger, oder man ersetzt ihn durch Esterharz oder Kalkharz. Das Ende des Schmelzprozesses ergibt sich durch ein Gerinnen des Kesselinhalts. Der fertige Linoleumzement wird nun durch ein Walzwerk gegeben, das eine geheizte und eine kalte, langsamer wie die geheizte laufende Walze besitzt; an dieser wickelt

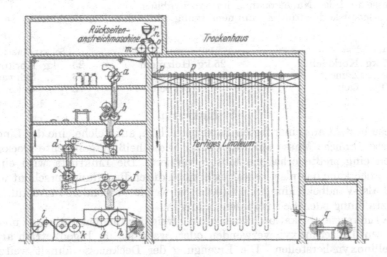

Abb. 133. Schematische Darstellung einer Linoleumfabrik mit Trockenhaus. (Nach ULLMANN, Enzyklopädie d. techn. Chemie, 2. Aufl.)

sich der Zement auf und wird durch ein Messer abgeschabt. Genau 20 kg Zement werden in mit nasser Kreide ausgestrichene Blechkasten gegeben, in denen der Zement im Lagerraum dann mindestens 6 Wochen reifen gelassen wird, wobei er seine Schmie-rigkeit verliert und zäher, nerviger, elastischer wird. An Hand der Abb. 133 be-schrieben, ist der weitere Fabrikationsgang kurz folgender: Im Mischwerk *a* werden Kork- bzw. Holzmehl (das der Eigenfarbe des Korkes wegen für lebhafte und helle Farben und auch für Inlaidware ausschließlich verwendet wird) und Farbkörper innig vermischt. Im Dreiwalzenwerk *b* wird ein angewärmter Zementkuchen von 20 kg eingeführt, und gleichzeitig fallen von oben die gemischten Festkörper im richtigen Verhältnis zu und werden innig mit dem Zement vermischt. Die Mischung fällt dann in eine eventuell mit geheiztem Mantel versehene Mischmaschine *c* (Hori-zontalmischer oder eine Bockmühle). Die weitere gründliche Durchmischung er-folgt in den sogenannten Wurstmachern, die in ihrer Arbeitsweise den auch im Haushalte gebrauchten Fleischfaschiermaschinen entsprechen. Von diesen Wurst-machern (*d*, *e*) sind gewöhnlich drei hinter- bzw. untereinander in Gebrauch (in der Abb. 133 sind nur zwei ersichtlich). Von da gelangt die Masse in das Zweiwalzwerk mit Kratzen *f*, das wie *b* eine geheizte und eine kalte Walze besitzt, von der die schnell-laufende Kratzwalze die Linoleumdeckmasse in fein gekörntem Zustand abnimmt. Der fein gekörnte Stoff gelangt nun möglichst heiß zum Preßkalander mit der ge-kühlten, leicht geriffelten Walze *h*, über die Jute in etwa 2 m Breite einläuft, und wird durch die auf 110⁰ geheizte polierte Walze *g* auf und in das Gewebe in entspre-chender Stärke (1,8—10 mm) gepreßt. Nach Durchlaufen der warmen Glättwalzen *k* führt man das Linoleum mit der Oberseite über die Kühltrommel *l*. Die Ware steigt nun senkrecht auf und wird der Rückseitenstreichmaschine zugeführt, welche die Rückseite mit einer Eisenoxydrotfarbe, in der das Ablauföl mitverwendet wird, streicht. Schließlich gelangt die Ware in das Trockenhaus, wo sie bei 45⁰ etwa vier Wochen bleibt. Während des Fertigtrocknens im Trockenhaus erhält die Ware durch Nachoxydation erst richtigen Zusammenhang und volle Gebrauchsfähigkeit.

Früher wurde nur einfarbiges Linoleum hergestellt, dessen Gesichtsseite man eventuell durch aufgedruckte Ölfarbmuster verzierte. Da sich diese beim Begehen bald abtreten, wird heute das allerdings teurere *Inlaidlinoleum* bevorzugt. Bei diesem liegt das Muster nicht bloß an der Oberfläche, sondern geht durch die ganze Masse hindurch. Man erzeugt es, indem man z. B. mit Schabloniermaschinen die Musterteile in den verschiedenen Farben und in entsprechender Schichthöhe aus besonders fein gekörnter Linoleumdeckmasse auf das Jutegewebe aufstreut und dann durch Pressen unter geheizten hydraulischen Pressen fertigstellt. Nach dem ältesten Verfahren stanzt man die Musterteile aus einfarbigen Linoleumplatten aus, setzt sie genau ineinanderpassend zusammen und verschweißt sie ebenfalls durch Heißpressen (in Deutschland wenig, in England und Amerika häufig ausgeübt). Nachher erfolgt bei dem einen oder anderen Inlaidverfahren Behandlung in einer geheizten Glättpresse und das Nachtrocknen im Trockenhaus.

Als Beispiele für die Zusammensetzung einer Linoleumdeckmasse seien angegeben[1]:

Einfarbige Ware	Inlaidware	Schwarzölware
25 kg Korkmehl	25 kg Holzmehl	25 kg Korkmehl
20 „ Zement	20—25 „ Zement	15 „ Schwarzöl
10 „ Ocker	8—15 „ Farben	3¹/₂ „ Ocker

5. Linkrusta.

Diese besteht aus einer festen Papierunterlage, auf welche eine der Linoleumdeckmasse ähnliche Masse aufgewalzt ist. Diese heiß aufgebrachte Deckschicht ist durch eingepreßte erhabene Muster verziert. Die Linkrusta wird einfarbig erzeugt, doch kann das plastische Muster noch durch Bemalung verschönt werden. Sie wird als Wandbekleidung wie Tapeten verwendet, besonders in Ausführungen, die Holztäfelung oder Ledertapeten imitieren.

Die Linkrustafabrikation ist meist ein Zweig der Linoleumfabriken und kann dann deren Tücherlinoxyn verwenden oder, wenn sie im Eigenbetrieb arbeitet, Trommellinoxyn herstellen. Die Erzeugung der Deckmasse ähnelt weitgehend der Linoleumdeckmasseerzeugung; auch hier wird ein Zement gekocht, der dann mit den nötigen Zusatzstoffen gemischt und schließlich in Wurstmachern fertiggemacht wird. Von diesen gelangt die Linkrustadeckmasse noch heiß zu den Preßwalzen (eine heiß, eine gekühlt), die sie einseitig auf Rollenpapier aufpressen; eine Prägewalze versieht die Deckmasse dann mit dem erhabenen Muster. Die Linkrustabahn läuft dann auf einen langen Tisch auf, wo die Deckschicht abkühlt und erstarrt, und wird schließlich in Rollen aufgewickelt.

Patentübersicht.

Es wurden nur Patente berücksichtigt, die die Erzeugung oxydierter Öle betreffen, soweit sie nicht ausschließlich der Linoleumerzeugung[2] dienen.

D. R. P. 498598 vom 23. X. 1924. I. G. Farbenindustrie A. G. Das Blasen erfolgt in Gegenwart formbeständiger (nicht poröser) Körper, zweckmäßig derart, daß diese ursprünglich über die Oberfläche der zu blasenden Flüssigkeit hinausragen. Dadurch wird eine innige Berührung mit der Luft erreicht, ohne Anwendung von Rührvorrichtungen.

D. R. P. 473115 vom 26. X. 1926. I. G. Farbenindustrie A. G. Herstellung von Oxydationsprodukten trocknender Öle durch Zerstäuben von deren Emulsionen oder Lösungen in Luft oder sauerstoffhaltigen Gasen.

---

[1] F. Fritz: Das Linoleum. Berlin. 1925 (Hamburg 36: R. Germer).
[2] Bezüglich der Linoleumpatente s. die angegebenen Fachbücher sowie G. Bodenbender: Linoleum-Handbuch. 1931.

Ung. P. 97053 vom 26. IV. 1928. H. ENDER. Leinöl wird bei einer Temperatur von 300° so lange geblasen, bis eine abgekühlte Probe in heißem Leinöl als Gel löslich ist. Die Polymerisation kann mittels Katalysatoren (Oxyde von Pb, Co, Mn) beschleunigt werden. Nach durchgeführtem Prozeß wird das Produkt in trocknendem Öl gelöst. Nach Abkühlung werden Sikkative und Verdünnungsmittel zugegeben. Verwendung: Anstrichbindemittel.

D. R. P. 530110 vom 8. V. 1928. E. BAUMGART. Anreicherung von Leinöl mit Sauerstoff dadurch, daß das Öl ohne Vermengung über eine Sauerstoff abgebende Lösung geschichtet wird und der Sauerstoff mittels Katalysators aus der Lösung freigemacht wird.

D. R. P. 565786 vom 7. V. 1929. P. CH. VAN DER WILLIGEN. Zur Herstellung von Emulsionen trocknender Öle wird die Oxydation so durchgeführt, daß sich die Oxydationsprodukte nicht abscheiden, was durch Abbindung der freiwerdenden Säuren mittels Alkalien erreicht wird. (Dienen als Emulsionsbindemittel.)

D. R. P. 518322 vom 11. IX. 1929. H. FRENKEL, Leipzig. Zur Herstellung von Druckfarben verwendet man als Druckfirnis stark geblasenes Leinöl einer Acetylzahl von mindestens 100.

A. P. 1971633 und 1971634 vom 24. XI. 1930. J. T. BALDWIN. Überzugsmassen aus reinen Ölgallerten (Linoxyn): Die durch Oxydation, Polymerisation oder Schwefelung erhaltenen Ölgele werden durch Behandeln mit Lösungsmitteln unter Druck gelöst und können zu Lacken dienen (oder als Ausgangsmaterial für Linoleum).

D. R. P. 607623 vom 5. VI. 1931. I. G. Farbenindustrie A. G. Die Oxydationsprodukte trocknender Öle werden mit schwefliger Säure oder deren Salzen behandelt und (oder) die so gewonnenen Reaktionsprodukte mit Oxydationsmitteln behandelt. (Soll zur Herstellung von Emulsionsbindemitteln, die an der Luft dann unlösliche Filme geben, dienen.)

F. P. 734737 vom 6. VII. 1931. Papeteries Navarre Soc. An. Zur Oxydation wird das mit einem geeigneten Katalysator versehene Öl stark abgekühlt und Luft unter einem Druck von 4 at durchgeleitet.

A. P. 1958372 vom 16. III. 1932. Spencer Kellog & Sons Inc. Für Nitrolacke geeignete Öle erhält man besonders aus Leinöl durch Erhitzen auf 288—316° C, bis die Jodzahl auf 130 gesunken, dann rasch auf 132° abkühlen und 3 Stunden mit Luft blasen, bis die Temperatur auf 99° und die Jodzahl auf 80—90 gesunken ist.

A. P. 1958374 vom 28. V. 1932. Spencer Kellog & Sons Inc. Geblasene, in Terpentinölersatzmitteln lösliche Öle; Leinöl bzw. im Gemisch mit Ricinusöl wird bei 77—149° geblasen, bis eine entnommene Probe gelatiniert. Dann wird bis unter 80° C abgekühlt und das Lösungsmittel zugesetzt (für Celluloselacke).

D. R. P. 625902 vom 16. VI. 1932. J. SCHEIBER. Verbesserung geblasener Öle von der Art des Leinöles, Mohnöles und der Trane, dadurch gekennzeichnet, daß die Produkte zusammen mit ungesättigten Fettsäuren auf 200—300° C erhitzt und dann nachverestert werden. Die Filme aus solchen Ölen bzw. Lacken haben größere Trockenfähigkeit und Wasserbeständigkeit als die Filme der bloß geblasenen Öle.

A. P. 1971634 vom 28. VIII. 1934. J. T. BALDWIN. Hochoxydiertes Öl wird erhalten durch Dispergieren einer Ölgallerte in einem flüchtigen Lösungsmittel und Behandeln mit Sauerstoff unter Druck.

A. P. 2025806 bis 2025808 vom 30. I. 1935. Tretolite Co. Oxydieren von Ricinusöl durch Blasen unter hohem Druck und in Gegenwart von als Katalysator wirkenden Mitteln: Ricinensäure- oder Undecensäureglycerid oder verschiedenen Terpenen (Pinen, Dipenten u. a.).

F. P. 778046 vom 7. III. 1935. Congoleum-Nairn Inc. Ein für Celluloselacke geeignetes Öl erhält man durch Blasen eines trocknenden oder halbtrocknenden Öles bis zum Eintritt der Koagulation und Extraktion der Hauptmenge des nichtoxydierten Anteiles.

III. Geschwefelte Öle und Faktisse.

Die Kenntnis des Aufnahmevermögens der fetten Öle für Schwefel ist schon sehr alt und die geschwefelten Öle (sog. „Schwefelbalsame") sind als Heilmittel schon lange bekannt, ohne daß man sich mit der näheren Zusammensetzung dieser Produkte genauer befaßt hätte.

Der erste, der sich um die Erforschung der chemischen Konstitution der

Schwefelöle kümmerte, war der englische Chemiker Anderson[1], der im Jahre 1847 durch Untersuchung der Destillationsprodukte der Schwefelöle deren Zusammensetzung vergeblich zu ergründen suchte.

Geschwefelte Mandel-, Ricinus-, Nuß-, Oliven- und Leinöle sind in den Rezeptensammlungen der meisten Länder schon seit altersher verzeichnet. Die Verwendung geschwefelter Fette in der Kautschukindustrie ist dagegen noch nicht alt und scheint von Frankreich ausgegangen zu sein; von dort her dürfte auch der Name *Faktis*[2] kommen. Die Verwendung der geschwefelten Öle als Anstrichmittel (*Sulfofirnisse*) spielt gar erst seit einigen Jahren eine Rolle.

Die Einwirkung des Chlorschwefels auf Öle wurde zuerst von J. Nickles und F. Rochleder[3] beobachtet, und die erhaltenen Produkte wurden von Gaumont[4] zur Herstellung von Buchdruckwalzen empfohlen. Später hat S. Roussin[5] diese Versuche unabhängig von Nickles und Rochleder wiederholt und seine Ergebnisse veröffentlicht. A. Parkes[6], der Entdecker der Vulkanisation von Kautschuk mit Chlorschwefel, ließ sich den Zusatz von Chlorschwefel zu Leinöl, Rüböl, Ricinusöl usw. patentieren. Über die Einwirkung von Schwefelchlorür auf eine Lösung von Leinöl in Schwefelkohlenstoff berichtet auch Perra[7], der bereits an eine praktische Verwendung dachte; er scheint aber keinen Erfolg gehabt zu haben, da seine Produkte noch säurehaltig waren. Positive Daten über die Einwirkung von Chlorschwefel (S_2Cl_2) hat aber erst E. B. Warren[8] veröffentlicht, der auf diese Reaktion eine Untersuchungsmethode gründen wollte, was aber, wie viel später E. H. Harvey und H. A. Schuette[9] nachwiesen, unmöglich ist.

Der erste, der die Chlorschwefelreaktionsmasse der Öle als Kautschukersatzstoff empfahl, dürfte Queen in Leyland gewesen sein[10]. Er schlug vor, Rüböl mit einer Lösung von Chlorschwefel in Schwefelkohlenstoff und Naphtha oder in anderen geeigneten Lösungsmitteln zu behandeln und das Gemisch so lange stehen zu lassen, bis die flüchtigen Stoffe verdunstet sind. Er will bei diesem etwas unklar beschriebenen Verfahren einen gelblichbraunen Faktis erhalten haben, der sich als Kautschukersatz sehr gut eignete. Der erste, der auf die Verwendbarkeit der geschwefelten Öle als Anstrichstoffe bzw. Überzugsmassen hinwies, dürfte der oben erwähnte Perra gewesen sein. Später hat dann H. Brendel[11] versucht, durch Lösen von wenig Chlorschwefel (5%) in heißem(!) Leinöl Anstrichmittel zu erhalten. Daß diese (klarerweise) Salzsäure enthielten, erkannte er selbst und fand sie daher ungeeignet für Rostschutzanstriche. Die Herstellung der Sulfofirnisse (Faktorfirnis u. a.) nahm dann vor einigen Jahren von Deutschland aus ihre Entwicklung (s. Patentübersicht).

A. Faktisse.

Faktis erzeugt man in zwei, äußerlich und chemisch verschiedenen Arten, als *weißen* oder als *braunen* Faktis.

Der weiße Faktis entsteht durch Behandlung eines fetten Öles mit Chlorschwefel (S_2Cl_2). Er findet sich als gelbliche flockige Masse oder als weißes mehlfeines Pulver im Handel; beide Sorten werden durch Mahlen des als gelbe

[1] Ann. Chem. Pharm. **63**, 370 (1847).
[2] Sie wurden „Caoutchouc factice" bezeichnet.
[3] Dinglers polytechn. Journ. **111**, 159 (1849).
[4] Compt. rend. Acad. Sciences **47**, 972 (1858).
[5] Journ. prakt. Chem. **76**, 475 (1859).　　　　　　　　　[6] E. P. 2359/1855.
[7] Compt. rend. Acad. Sciences **47**, 878 (1858).　　　　[8] Chem. News **1888**, 113.
[9] Ind. engin. Chem., Analyt. Ed. **2**, 42 (1930).　　　　[10] E. P. 1239/1880.
[11] Farben-Ztg. **30**, 2734 (1925).

durchscheinende Masse anfallenden Reaktionsprodukts hergestellt. Er besitzt einen schwachen Geruch nach dem Öl, aus dem er gewonnen wurde. Das Faktispulver ist trocken und nicht fettig. Weißer Faktis kann aber auch weich und klebend erzeugt werden.

Der braune Faktis entsteht durch Einwirkung von Schwefel auf Öle in der Hitze (130—170°). Er ist meist weicher und geschmeidiger als weißer Faktis und kommt gewöhnlich in großen braunen Stücken in den Handel, selten als krümelige Masse oder als gelbliches Pulver.

Wegen der Ähnlichkeit der Bildung der Faktisse mit der Kautschukvulkanisation bezeichnet man sie auch als vulkanisierte Öle. Beide Faktissorten zeigen eine gute Druckelastizität (aber keine Zugelastizität) und werden beim Reiben und Drücken elektrisch aufgeladen.

1. Herstellung von weißem Faktis.

Am besten geeignet zur Herstellung von weißem Faktis sind ungesättigte Öle, in geringerem Maße Ricinusöl (wegen der Reaktion des Chlorschwefels mit der Hydroxylgruppe). Das meistverwendete Öl ist Rüböl, doch lassen sich auch, wenn auch weniger gut, Soja-, Erdnuß-, Senf-, Lein- und Sesamöl oder ähnliche Öle verwenden.

Bei der Vereinigung von Chlorschwefel mit fettem Öle werden beträchtliche Mengen Wärme frei, was die Erzeugung im großen sehr erschwert, da bei zu hoher Temperatur Abspaltung von Salzsäure und Schwefeldioxyd eintritt. Jedes Öl braucht eine bestimmte Menge Chlorschwefel, damit ein fester Faktis entsteht, es benötigen z. B. Rüböl 22—25%, Baumwollsamenöl 45%, Leinöl 30%, Ricinusöl 20—25%, Olivenöl 25%. Ein Mehr an Chlorschwefel bleibt im Öl gelöst, ohne damit zu reagieren. Nimmt man weniger, so bekommt man schmierige Produkte, und wenn man die Chlorschwefelmenge auf ein Drittel der angegebenen erniedrigt, bekommt man zähflüssige Öle, die nicht mehr gelatinieren (s. Sulfofirnisse). Anders liegen die Verhältnisse, wenn man geblasene Öle oder Standöle (also bereits vorpolymerisierte Öle) verwendet, denn dann braucht man viel weniger Chlorschwefel zu Verfestigung. Aus diesem Grunde werden vielfach solche Öle empfohlen. Vollkommen geschwefelter Faktis hat nur geringe Mengen acetonlöslicher Produkte (Rübölfaktis 2—3%). Die Kautschukfabriken verlangen einen niederen Gehalt an Acetonlöslichem.

Die zur Herstellung verwendeten Öle müssen wasserfrei und können roh oder raffiniert sein, wobei letztere die hellsten Produkte geben. Auch der Chlorschwefel soll rein und möglichst hellgelb und frei von anderen Schwefelchloriden sein. Zu seiner Aufbewahrung verwendet man am besten Tonkrüge.

Viele Verbraucher erzeugen sich den weißen Faktis selbst. Da die Behandlung großer Mengen wegen des exothermen Charakters der Reaktion schwierig ist, arbeiten sie meist mit kleinen Mengen (bis zu 50 kg); bei raschem Arbeiten gelingt es dann, die Temperatur zu meistern.

Eine aus der Praxis stammende Vorschrift lautet folgendermaßen:

Das Gefäß, das für die Mischung gebraucht wird, ist eine schalenförmige eiserne Pfanne von 250 l Fassungsvermögen, die gut emailliert sein und eine glatte Oberfläche haben soll. Es wird mit einem ruderförmigen Rührscheit aus starkem Fichtenholz gerührt; es ist etwa 2 m lang, 5 cm dick und hat ein Ruderblatt von etwa 40 cm Länge. Dieses lange Rührscheit ist notwendig, damit der Arbeiter weit genug vom Kessel und den sich entwickelnden Dämpfen entfernt ist. Nach genügend langem Rühren beginnt die Mischung allmählich dicker zu werden und verfestigt sich dann rasch, wodurch ein Weiterrühren unmöglich wird. Die Dauer des Rührens schwankt beträchtlich mit der Temperatur und der Luftfeuchtigkeit, manches Mal geht es im Sommer um die halbe Zeit rascher als im Winter. Man kann mit durchschnittlich 10 Minuten Rührzeit pro Ansatz rechnen. Beim Festwerden der Mischung ist das Rührscheit rasch herauszuziehen und die Oberfläche sofort mit der Hälfte der angegebenen Menge Magnesiumoxyd zuzudecken. Wenn der Faktis die nötige Festigkeit erreicht hat, wird er aus der Pfanne mit einer Schaufel herausgestochen und in mit Zinkblech ausgeschlagene Kasten geworfen. Die richtige Zeit zum Herausstechen erkennt man dadurch, daß man die Schaufel schwer auf die Oberfläche des Faktis fallen läßt; wenn es noch zu früh ist, wird es einen Klang geben, wie wenn man die Schaufel auf Kautschuk fallen hätte lassen, wenn es aber so klingt, wie wenn man harten Zwieback zerbrechen würde, dann ist es Zeit zum Ausstechen. Das ist insofern wichtig, als die Farbe des fertigen Produkts vom Zeitpunkt, bei dem man es herausschaufelt, abhängt. An der Oberfläche der Masse können kleine Bläschen entstehen und platzen, das kommt vom entweichenden Wasser. Sobald das Material in den mit Rädern versehenen Kasten ist, wird es mit der Schaufel in kleine Stücke zerschnitten, das restliche Magnesiumoxyd zugestreut und das ganze zu den Brechwalzen gefahren, auf denen es zerkrümelt wird. Die bröselige Masse wird auf einen mit Zinkblech beschlagenen Boden ausgebreitet, damit der Faktis auskühlt. Nach genügendem Abkühlen, etwa bis auf Handwärme oder weniger, kann auf einem geeigneten Walzwerk vermahlen werden, noch besser eignet sich dazu ein Mahlgang mit Karborundumsteinen. Je feiner zerkleinert wird, desto weißer sieht das Produkt aus. Vom Mahlgang werden die Teilchen am besten durch eine Sauganlage abgenommen und von dieser direkt an die Lagerkasten abgegeben. Diese Art der Förderung birgt den Vorteil der Reinheit in sich und bietet eine gewisse Gewähr, daß der Faktis frei von zurückgehaltenen Gasen ist. Eine brauchbare Mischung wird wie folgt angegeben:

Raffiniertes Rüböl 50   kg
Chlorschwefel .... 10,1 ,,
Magnesiumoxyd .... 1,6 ,,

Das Magnesiumoxyd dient als rasch wirkendes Neutralisationsmittel und nicht, wie vielfach angegeben wird, zum Weißfärben. Wenn das Acetonlösliche nur 2—3% betragen darf, so muß man mehr Chlorschwefel nehmen, bekommt aber ein weniger helles Produkt. Die Zinkkasten haben am besten folgende Maße: 1,8 m lang, 1 m breit und etwa 30 cm tief. Nachdem man sich alle Reagentien vorgewogen und das gewogene Öl in den Kessel gefüllt hat, setzt man unter fortgesetztem Rühren den Chlorschwefel in dünnem ununterbrochenem Strahl zu. Die Reinheit der weißen Farbe hängt sehr von der Geschwindigkeit ab, mit der das Herausstechen, Mischen mit der Magnesia und Zerkleinern vorgenommen wird. Sand, Holzsplitter, wie alle sonstigen Fremdkörper dürfen nicht in den Faktis kommen, deshalb soll man auch nicht Holzkasten zum Abfüllen bzw. einen Holzboden zum Ausbreiten verwenden.

Zur Herstellung in größeren Mengen hat man auch empfohlen, Öl bzw. Chlorschwefel mit Benzin zu verdünnen, um die heftige Reaktion zu mildern. Da aber Benzin und andere Lösungsmittel nicht in den Faktis gehören, muß man sie wieder abdunsten, was nicht ohne erhebliche Lösungsmittelverluste gelingt, also unrentabel ist. Man arbeitet heute bei großen Ansätzen in wassergekühlten geschlossenen Apparaturen (z. B. Knetern) mit Dunstabzug, die so beschaffen sein müssen, daß man den Faktis nach der Verfestigung rasch entleeren kann, worauf man zur Abkühlung ausbreitet. Zur Ableitung der gesundheitsschädlichen Chlorschwefeldämpfe ist eine Absaugung und Unschädlichmachung, z. B. in Rieseltürmen oder Kalk-Koks-Kammern, unbedingt erforderlich. Bei der Erzeugung im kleinen wird am besten in einem offenen Schuppen oder unter einem Flugdach gearbeitet oder man sucht sich einen Arbeitsort im Freien aus.

Falls ein mit Mineralöl verschnittener Faktis gewünscht wird, so wird dieses beim Ansatz gleich mitverwendet, und es wirkt ebenso reaktionsverlangsamend wie etwa ein Zusatz von Magnesia. Auch gefärbte Faktisse sind am Markt; transparente werden mit chlorschwefelechten öllöslichen Farbstoffen gefärbt, opake auch mit Mineralfarben.

2. Herstellung von braunem Faktis.

Brauner Faktis entsteht beim Erhitzen von ungesättigten fetten Ölen mit Schwefel auf 130—180°. Auch hier zeigt sich, daß die einzelnen Öle verschiedene

Mengen Schwefel brauchen, um feste Produkte zu geben, und daß diese notwendige Schwefelmenge in keinem erkennbaren Verhältnis zum Sättigungszustand der Fette steht. Geblasene Öle oder Standöle brauchen auch für dieses Produkt weniger Schwefel, um feste Faktisse zu geben wie die unbehandelten Öle. Man kann dem braunen Faktis bei der Erzeugung bis 50% Mineralöl einverleiben, wodurch er spezifisch leichter wird; die meisten Sorten der schwimmenden Faktisse werden so erzeugt. Obzwar auch für braunen Faktis Rüböl das beste Ausgangsmaterial darstellt, ist die Wahl der anwendbaren Öle nicht so beschränkt, da man nicht so sehr an die Farbe gebunden ist wie bei weißem Faktis. Geblasene Öle geben helle, aber leicht zersetzliche Faktisse, während Standöle gute helle Produkte geben, allerdings mit höherem Anteil an Acetonlöslichem, weil sie nicht soviel Schwefel enthalten.

Da auch brauner Faktis von Kautschukfabriken oft im eigenen Betrieb erzeugt wird, so sei im nachstehenden eine brauchbare Vorschrift gegeben:

Man verwendet einen kippbaren Gußeisenkessel von etwa 350 l Inhalt. Vorteilhaft ist ein mechanisches Rührwerk, das aber zum Hochziehen eingerichtet sein muß. Will man von Hand aus rühren, so verwendet man einen Eisenspatel, der am Ende einen halbmondförmigen Ansatz aus Blech angeschweißt hat. Ein Thermometer (Stockthermometer) ist zur Kontrolle der Reaktion unbedingt nötig. Zur Beheizung dient am besten ein Gasbrenner entsprechenden Ausmaßes. Man verwende 150 kg *rohes* Rüböl und 34,8 kg gepulverten Schwefel. Das ausgewogene Öl wird in den Kessel gefüllt und langsam auf 123° angeheizt (1 Stunde), sobald das Schäumen durch das entweichende Wasser aufgehört hat, streut man den trockenen Schwefel ein und beginnt sofort bei der Schwefelzugabe zu rühren. Man rührt weiter, bis man 135° erreicht hat, was innerhalb einer halben Stunde der Fall sein soll. Nun löscht man die Flamme und überläßt die Masse sich selbst. Durch die Reaktionswärme beginnt die Temperatur zu steigen, und sobald man 162° erreicht hat, ist sofort energisch zu rühren, damit die Masse sich nicht über 162° erhitzt. Wenn die Reaktion richtig vor sich geht, wird es etwa eine halbe Stunde dauern, bis die Temperatur von 135° auf 162° gestiegen ist. Heftiges Rühren bringt die Temperatur zum Sinken, und die Masse sich allmählich verdickt, und man soll so lange weiterrühren, als die Konsistenz es zuläßt. Die Temperatur soll dann auf etwa 150° gefallen sein. Je nach der Konsistenz, den der Faktis haben soll, entnimmt man ihn dem gekippten Kessel 5 Minuten nachdem man 150° erreicht hat, oder man wartet eine weitere Verfestigung ab. Die Masse wird mit Schaufeln in die schon früher beschriebenen Zinkkasten geworfen, mit der Schaufel planiert und dann wird jeder Kasten mit einer gut passenden Zinkplatte bedeckt, die beschwert wird, damit der Faktis in Form einer homogenen Masse erhalten wird. Nach genügendem Abkühlen (12 Stunden) wird er aus den Kasten gestochen und verpackt. Will man einen besonders hellen Faktis erzielen, so verwendet man raffiniertes Rüböl und setzt etwa 1% eines Vulkanisationsbeschleunigers zu. Man kann den Faktis, wie schon weiter vorne beschrieben, auch mahlen.

Im großen wird man bei der Erzeugung besser dampfbeheizte Kessel verwenden. Durch Regelung der Heizung muß man dafür sorgen, daß die Reaktion nicht so heftig wird, daß es zu einer Schwefelwasserstoffentwicklung kommt. Durch geeignete Leitung des Prozesses kann man es erreichen, daß man den braunen Faktis noch als zähflüssige Masse aus dem Kessel in Eisenschalen entleert, durch deren vorsichtige Erwärmung man die Reaktion zu Ende führt. Sobald die richtige Konsistenz erreicht ist, wird aus den Kasten gestochen, zur Abkühlung ausgebreitet und verpackt.

3. Verwendung.

Die Hauptverwendung liegt in der Kautschukindustrie. Ferner dient er zur Herstellung von Radiergummi (auch ohne Kautschuk), Schleif- und Putzmitteln (Zusatz von Karborundum, Glasmehl usw.), wozu der Faktis infolge seiner leichten Abreibbarkeit sehr geeignet ist. Formstücke werden meist durch Gießen der noch nicht gelatinierten Masse erzeugt. Die Verfestigung in den For-

men erfolgt dann durch die eigene Reaktionswärme (z. B. Walzen für Verviel-
fältigungsapparate, Bruchbandpelotten usw.). Die Verwendung als Füllmaterial
für Radfahrpneus brachte einen Mißerfolg. Durch Ausgießen der Faktismischung
stellt man auch Fußbodenbelag (besonders für Schiffe) und Auskleidungen für
Reaktionsgefäße her.

B. Sulfofirnisse.

Wie aus dem Vorstehenden zu ersehen ist, ergeben die trocknenden Öle
bei Verwendung geringer Mengen von Schwefel bzw. Chlorschwefel dauernd
flüssig bleibende Produkte, die aber mit zunehmendem Schwefelgehalt immer
langsamer trocknen. Die Trockenzeit ist auf alle Fälle größer als die des unbehandelten Ausgangsöles. Brauchbare Sulfofirnisse erhält man noch mit
5—10% Chlorschwefel. Meist werden schon bei der Erzeugung nichtgeschwefelte
Standöle zugesetzt. Auch die Verwendung von geblasenen oder polymerisierten
Ölen setzt den Schwefelbedarf herab. Schließlich kann man die Verdickung bis
zur Gelatinierung treiben und diese Gele, gelöst in Verdünnungsmitteln, meist
unter Zusatz von Standölen gebrauchen. Zur Erzielung einer praktisch vorteilhaften Trockenzeit werden Sikkative zugesetzt. Durch diese Maßnahmen hat
man es in der Hand, Anstrichmittel herzustellen, die innerhalb weniger Stunden
trocknen.

Ursprünglich versuchte man die Sulfofirnisse als Spargrundiermittel auf
saugendem Grund zu verwenden (wie etwa Imprexfirnis). Dann hat man aber
gefunden, daß man mit den Sulfofirnissen so arbeiten kann, daß man den zweiten
Anstrich bereits aufbringen darf, bevor der erste noch vollständig trocken ist.
Dieses vor weniger als zehn Jahren aufgekommene Naß-auf-Naß-Verfahren
stand im Widerspruch zu allem, was man bis dahin für gut befunden hatte.

Die Firma H. Frenkel in Leipzig-Möllkau ließ sich dieses Verfahren für ihre
Faktorfirnisse schützen. Diese nach dem D. R. P. 504 868 zu verwendenden Bindemittel werden durch Behandeln von trocknenden Ölen mit Chlorschwefel unter Verwendung von Benzin und nachträglichem Zusatz weiterer Mengen trocknender Öle
hergestellt.

Wichtig bei der Herstellung der Sulfofirnisse ist, daß die Reaktionswärme
abgefangen und die Reaktion im richtigen Moment gestoppt wird, worin die
Hauptschwierigkeit zur Erzeugung stets gleichmäßiger Produkte liegt. Lösung
in Lackverdünnungsmitteln (Lackbenzin) und Zusatz weiterer Mengen Öl dienen
dazu. Man kann Sulfofirnisse aber auch durch Behandeln von trocknenden
Ölen mit Schwefel in der Hitze erzeugen, was in einigen Patenten als besonderer
Vorzug gerühmt wird. Bei richtiger Herstellung mit Chlorschwefel tritt keine
Erhöhung der Säurezahl auf[1].

Die Firma A. G. J. Jeserich, Berlin-Charlottenburg, fand, daß sich die schlechte
Trockenfähigkeit der Sulfofirnisse schon durch kleine Zusätze trocknender Öle beheben ließ (D. R. P. 581 229). So war ein mit 5—20% Holzöl versetzter Sulfofirnis
schon in 1—2 Stunden klebfrei aufgetrocknet, während der ursprüngliche Sulfofirnis noch nach 4 Stunden weich war.

Die Sulfofirnisse müssen, um gut aufeinander zu haften, so verarbeitet
werden, daß der zweite Anstrich aufgebracht wird, bevor der erste noch ganz
trocken ist. Läßt man den ersten Anstrich zu weit trocknen, so tritt schlechtes
Haften mit den begleitenden Übeln ein. Man kann aber auf den vollkommen
trockenen Sulfofirnisanstrich ohne weiteres mit gewöhnlicher Ölfarbe bzw. Öl-
oder Celluloselack arbeiten.

---

[1] H. SALVATERRA u. H. SUIDA: Ztschr. angew. Chem. **43**, 383 (1930).

O. NAUMANN, Dresden-Plauen, bemerkt dazu (D. R. P. 597209), daß man bei mit Chlorschwefel hergestellten Sulfofirnissen immer mit der Gefahr der Salzsäureabspaltung beim Verwittern zu rechnen habe, aber selbst wenn man den Sulfofirnis aus Öl und Schwefel in der Hitze erzeugt, bleibt der Übelstand des schlechten Haftens, wenn der vorhergehende Anstrich trocken geworden ist. Wenn man aber einem auf heißem Wege hergestellten Sulfofirnis noch Magnesiumoleat zusetzt, so kann man mit einem solchen Faktisöl nach Belieben Naß auf Naß oder auf ganz trockengewordenem Anstrich arbeiten. Auch O. BRANDENBERGER und A. RIEDEMANN weisen in ihrem D. R. P. 596400 auf die Labilität des gebundenen Chlorschwefels hin. Um beim Altern eine Salzsäureabspaltung zu verhindern, stellen sie aus Standöl mit Chlorschwefel zuerst einen festen Faktis her, waschen ihn mit verdünntem Alkali und Wasser neutral und trocknen nachher. Diesen Faktis lösen sie in der gleichen Menge des für den Faktis verwendeten Öles bei 130—180⁰ auf, wobei noch Salzsäure entweicht. Dieses zähflüssige Bindemittel wird nach geeignetem Abkühlen mit Verdünner und Sikkativ versetzt. (Ob der Firnis noch gewaschen wird, geben sie nicht an, trotzdem sie so vor der Salzsäure warnen.) Bezüglich anderer Verfahren s. Patentübersicht.

Da es durch die Schweflung, ähnlich wie bei der Hitzepolymerisation (Standöl) zur Ausbildung großer Molekülkomplexe kommt, haben die Sulfofirnisse Standölcharakter, d. i. bedeutend verringerten Abbau beim Altern bzw. Trocknen und geringe Wasserquellbarkeit[1]. Die Anstriche der Sulfofirnisse verhalten sich demzufolge ähnlich den Standölanstrichen. Durch die Schnelligkeit, mit der man mit diesen, meist im Spritzverfahren aufgebrachten Bindemitteln arbeiten kann, ergeben sich bedeutende Einsparungen an den Gerüstungskosten und eine größere Unabhängigkeit von unvermuteten Schlechtwettereinbrüchen, kann man doch einen kompletten, aus drei Schichten bestehenden Anstrich in wenigen Stunden bis zu einem Tag durchführen, während man mit gewöhnlicher Ölfarbe mehrere Tage braucht (über andere für dieses Naß-auf-Naß-Verfahren brauchbare Bindemittel s. S. 249, 285). Sulfofirnisanstriche sind schon an großen Objekten als Rostschutzanstriche ausgeführt worden. Um ein abschließendes Urteil über ihre Bewährung abzugeben, ist die Zeit noch zu kurz. Nach Erfahrungen der Gemeinde Wien an Brücken und Gasometern ist bis jetzt nichts Nachteiliges zu berichten. Nach einer dem Autor zugekommenen persönlichen Mitteilung soll man in Schweden nicht so gute Erfahrungen gemacht haben, doch ist dabei nicht erwiesen, ob der Fehler tatsächlich im Bindemittel liegt.

Sulfofirnisse wurden auch zur Verwendung bei der Linoleumerzeugung empfohlen, konnten sich aber nicht einführen.

Patentübersicht.

E. P. 253199 vom 12. III. 1925. G. C. H. MILLER. Herstellung von Gegenständen aus Faktis durch Gießen einer Mischung aus Öl und Chlorschwefel und Formen unter hohem Druck (Buchdruckwalzen).

A. P. 1835767 vom 18. VI. 1925. C. ELLIS. Herstellung von Kunstmassen durch Zusammenschmelzen von Faktis mit Schwefel und Formen durch Heißpressen.

Österr. P. 111037 vom 8. X. 1925. F. SCHMIDT. Herstellung eines Bindemittels für Anstriche, Bodenbeläge u. a. durch Erhitzen eines Gemisches von Wollfett, Leinöl, Rüböl od. dgl. mit Schwefel.

D. R. P. 508418 vom 27. XI. 1925. D. Gestetner Ltd. Formen vulkanisierter Ölmassen: Durchführung der Reaktion mit Chlorschwefel in der Form, eventuell mit eingelegtem Metallkern (Walzen).

E. P. 271553 vom 23. II. 1926. F. KAYE. Emulsionen von Ölen oder Fetten werden mit einem Vulkanisationsmittel behandelt (z. B. Na_2S), das Gel wird mit einem Koagulationsmittel (Alaun) versetzt und getrocknet. (Zusatz zu Papierbrei, Überzug auf Papier usw.)

E. P. 283998 vom 24. VII. 1926. W. T. BRANSCOMBE u. R. C. L. EVELEIGH. Ein Firnis wird hergestellt aus 30 Teilen Leinöl und 1—2 Teilen Schwefel oder

---

[1] A. HOLLANDER: Farben-Ztg. 35, 998 (1929/30); 36, 118 (1930/31).

Chlorschwefel. Zur Verhinderung der Koagulation werden nach dem Verrühren z. B. 40 Teile Leinöl oder 60 Teile Lack zugesetzt.

D. R. P. 591158 vom 24. IX. 1926. Dubois & Kaufmann. Verwendung von Faktis an Stelle von Linoxyn zur Linoleumherstellung.

F. P. 632454 vom 20. X. 1926 (Zusatz zu F. P. 622963). M. T. Hawey. Herstellung von Faktis durch Erhitzen von Acajounußöl mit Glycerin über 240°, Abkühlen und Behandeln mit Chlorschwefel.

D. R. P. 484983 vom 26. X. 1926. Deutsche Ölfabrik A. Bunz u. R. Petri. Herstellung elastischer Massen für Kunststein, hartgummiartige Körper und Schleifwerkzeuge aus mit mineralischen Zusätzen versehenem Faktis dadurch, daß man Leinöl mit mehr als 35% Chlorschwefel unter gleichzeitiger Zugabe der mineralischen Körper versetzt.

E. P. 284415 vom 3. XI. 1926. A. de Waele (= A. P. 1910005. D. Gestetner Ltd.). Vulkanisieren von Ölen, gekennzeichnet durch Verwendung chlorierter, azetylierter, oxydierter Öle usw. Man verwendet drehbare Formen.

D. R. P. 630126 vom 27. I. 1928. Dubois & Kaufmann. Kautschukvulkanisate aus weißem Faktis und säureempfindliche Beschleuniger enthaltende Kautschukmischungen, dadurch gekennzeichnet, daß man einen weißen Faktis verwendet, der mit Wasser oder Dampf auf über 100°, jedoch unter 150°, eventuell in Gegenwart von Alkalien, lediglich bis zur Entfernung des labilen Cl erwärmt wurde.

D. R. P. 504868 vom 15. IV. 1927. H. Frenkel. Schnellanstrichverfahren, dadurch gekennzeichnet, daß man die Gegenstände zuerst mit einem Grundanstrich aus einer Masse versieht, deren Bindemittel aus fettem Öl, das mit Chlorschwefel unter Zusatz von Lackverdünnungsmitteln und von weiteren Mengen fetten Öles teilweise umgesetzt worden ist, worauf man zumindest einen weiteren Anstrich, der das gleiche Bindemittel enthält, vor der Trocknung des voraufgehenden Anstriches aufträgt. Zweckmäßig werden vorher geblasene Öle mit geringen Mengen Chlorschwefel behandelt, z. B. 30 Teile geblasenes Leinöl mit 1—2 Teilen Chlorschwefel, aber durch rechtzeitige Zugabe von Verdünnern und weiteren Mengen fetten Öles wird das vorzeitige Festwerden der Mischung verhindert. Nach Zugabe von Sikkativ und Lösungsmittel entsteht ein Anstrichmittel, das auch mit Pigmenten angerieben werden kann. Die Endschicht kann auch mit anderen Anstrichmitteln ausgeführt werden (s. S. 312).

D. R. P. 502816 vom 5. I. 1929. W. Lohmann. Reinigungsmittel in Block- oder Stangenform, bestehend aus Faktis, welchem vor dem Erstarren außer Sand, Bimsstein od. dgl. ein aus Kalk und Salmiak bestehendes Gemisch zugesetzt worden ist.

Austr. P. 20047 und 20048 vom 14. V. 1929. L. Auer u. P. Stamberger. Die ungesättigten fetten Öle werden mit Schwefel vorvulkanisiert, dann in wäßrigen Medien emulgiert und auf geeignete Temperatur und Druck erhitzt, bis der gewünschte Vulkanisationsgrad erreicht ist.

E. P. 313917 vom 5. VI. 1929. J. Baer. Faktis wird aus fetten Ölen durch Erhitzen mit dem Polymerisationsprodukte, das durch Behandlung von gesättigten aliphatischen Halogenkohlenwasserstoffen mit Schwefel oder schwefelabgebenden Substanzen erhalten wird, hergestellt.

Austr. P. 20988 vom 1. VII. 1929. L. Auer u. N. Steachovsky. Vulkanisieren von organischen Isokolloiden (gemeint sind fette Öle, von denen es sehr fraglich ist, ob sie es sind!) in der üblichen Weise und Behandeln während oder nach der Vulkanisation mit Wasserdampf (für Textilien).

Holl. P. 25124 vom 19. VII. 1929 und Holl. P. 25084 vom 21. I. 1929. N. V. Vereenigde Fabrieken von Stearine, Kaarsen en Chemische Producten. Aus den polymerisierten oder oxydierten fetten Ölen werden die entstandenen Fettsäuren entfernt und dann geschwefelt. — Die fetten Öle werden unter Vermeidung der Oxydation polymerisiert und dann vulkanisiert.

E. P. 343099 vom 8. VIII. 1929. Imperial Chemical Industries, Ltd. Die unter einem nichtoxydierenden Schutzgas bei Drucken von 15—125 mm polymerisierten Öle werden unter Einwirkung von Salzen höherer Fettsäuren weiter verdickt. Die festen oder halbfesten Produkte werden vulkanisiert.

D. R. P. 517847 vom 13. X. 1929. Artifex Chem. Fabrik G. m. b. H. Verwendung faktisartiger Massen zum Aufkleben von Linoleum.

E. P. 343533 vom 14. X. 1929. Imperial Chemical Industries, Ltd. Herstellung von Kautschukemulsionen unter Verwendung eines Produktes, das durch Erhitzen von 100 Leinöl + 10 Schwefel mit 0,5 Gerbsäure erhalten wird.

A. P. 1976807 vom 7. VIII. 1930. Philip Carey Mfg. Co. Überzugsmassen. Trocknende Öle werden mit Schwefel oder Chlorschwefel auf 82—93° erhitzt, bis die Reaktion teilweise eingetreten ist und dann heiß auf die Unterlage aufgetragen.

D. R. P. 581 229 vom 12. X. 1930. A. G. J. JESERICH. Herstellung raschtrocknender Sulfofirnisse durch Zugabe von trocknenden Ölen (geblasen, Standöl usw.) in Mengen unter 25% (s. S. 312).

D. R. P. 597 209 vom 5. XI. 1931. O. NAUMANN. Anstrichbindemittel aus Faktisöl und Magnesiumoleat (s. S. 313).

A. P. 1 969 701 vom 7. III. 1932. M. E. BERDOLT. Man kocht Schwefel mit 2 Teilen Wasser bis die Mischung dunkel geworden ist (24 Stunden) und entfernt das Wasser. Dieser Schwefel wird zur Faktisbildung verwendet. Ein unangenehmer Geruch des Produktes kann durch Zusatz von etwas Eiweiß oder nochmaliges kurzes Erhitzen und Abkühlen entfernt werden.

D. R. P. 596 400 vom 10. V. 1932. O. BRANDENBERGER u. A. RIEDEMANN. Verfahren zur Herstellung eines Farbenbindemittels, insbesondere zum Schutz von Schiffsböden und anderen rostfähigen Oberflächen (s. S. 313).

A. P. 2 054 283 vom 13. VI. 1935. C. ELLIS. Faktisherstellung aus Jojobaöl und Chlorschwefel.

Vierter Abschnitt.

Die sulfonierten Öle.

Von K. LINDNER, Berlin-Lichterfelde.

I. Die neueren Anschauungen über die Struktur der „sulfonierten Öle".

Die Chemie und Technologie der „sulfonierten Öle" hat im letzten Jahrzehnt Fortschritte gemacht. die man ohne Übertreibung als umwälzend bezeichnen kann. Die anfangs rein technologische Entwicklung brachte zunächst einer kleinen Gruppe von Fachgenossen neue Erkenntnisse, die dann in wenigen Jahren dank zahlreicher Veröffentlichungen in der Fach- und Patentliteratur Ausbreitung fanden. Hiermit war zwangläufig eine Revision der bisher üblichen Begriffe über die Struktur der sulfonierten Öle und im Zusammenhang damit auch der *Namensgebung* im weiteren und engeren Sinne verknüpft.

Für den Sulfonierungsfachmann beschränkt sich der Begriff „Öl" durchaus nicht etwa auf die fetten Öle und Fettsäuren. Denn zur Sulfonierung eignen sich mehr oder minder gut *alle hochmolekularen aliphatischen Verbindungen, welche die langgestreckte Kette und das Kohlenstoff-Wasserstoff-Skelett der natürlich vorkommenden Fette oder Mineralölkohlenwasserstoffe enthalten*[*]. Eine grundsätzlich ähnliche Auffassung hat erstmalig REYCHLER[1] vertreten und später in etwas erweiterter Form ZSIGMONDY[2] übernommen. Die erforderliche Kohlenstoffzahl der Ausgangsstoffe hängt stark von der technischen Verwendungsmöglichkeit der Sulfonate ab, die stets auf der Kapillaraktivität sowie auf gewissen praktisch geforderten Eigenschaften, wie Fettungs- oder Reinigungsvermögen, beruht. Sie dürfte selten unter 10 und über 26 liegen und sich im allgemeinen zwischen 12 und 18 bewegen. Da weitere strukturelle Einzelheiten, wie Fehlen oder Vor-

---

[*] *Anm. des Herausgebers.* Es war nicht mehr möglich, sich in diesem Abschnitt auf die Sulfonate der Fette und Fettabkömmlinge zu beschränken. Insbesondere waren die Sulfonierungsprodukte der Mineralöle zu berücksichtigen, und zwar nicht nur wegen der strukturellen Beziehungen gewisser Mineralölsulfonate zu den von den Fettalkoholen abgeleiteten Sulfonsäuren, sondern auch wegen ihrer Bedeutung für die Industrie der Fettspaltung. Für eine so weitgehende Ausdehnung des Gebietes lag noch der folgende Grund vor: Die „sulfonierten Öle" werden zumeist nicht in fettverarbeitenden, sondern in chemischen Fabriken hergestellt; für diese sind natürlich nicht die Rohstoffe als solche, sondern die Eigenschaften der sulfonierten Erzeugnisse maßgebend.

[1] Kolloid-Ztschr. 12, 283 (1913).   [2] Kolloidchemie, 3. Aufl., S. 313. Leipzig. 1920.

handensein von Carboxylgruppen, Hydroxylgruppen, Doppelbindungen usw. wohl wichtig, aber nicht entscheidend für die Eignung der Rohstoffe für die Sulfonaterzeugung sind, so dürfen also als „Öle" im weiteren Sinne dieser Ausführungen nicht nur hochmolekulare Fettsäuren und Glyceride, sondern auch andere Fettsäureester oder funktionelle Derivate der Fettsäuren, Fettalkohole, Aldehyde, Ketone, Kohlenwasserstoffe oder Substitutionsprodukte der vorgenannten Verbindungen, stets jedoch mit langer Kohlenstoffkette, aufzufassen sein. Eine geringere Rolle spielen die in ihrem kolloidchemischen Verhalten den „sulfonierten Ölen" verwandten Sulfonierungsprodukte der hydroaromatischen Harzsäuren oder Naphthensäuren bzw. der Derivate, Alkohole, Aldehyde, Ketone und Kohlenwasserstoffe, die diesen entsprechen.

Als *Sulfonierungsmittel* sind alle Verbindungen anorganischer wie auch organischer Natur geeignet, die imstande sind, die *Sulfogruppe* — SO₃H — in den Rohstoff einzuführen. Dies kann unmittelbar oder über Brücken, auf einfache oder komplizierte Weise geschehen. Unmittelbar wirkende Sulfonierungsmittel sind Schwefelsäure, Schwefelsäureanhydrid, Chlorsulfonsäure, Pyrosulfurylchlorid, Acyl- und Alkylschwefelsäuren, Äthionsäure, Carbylsulfat, mitunter auch Sulfite oder Bisulfite, Persulfate usw., während Stoffe, wie Schwefel, Sulfide oder Polysulfide nur mittelbar benutzt werden können, da stets eine Oxydation zur Überführung der bereits schwefelhaltigen Zwischenverbindung in das Sulfonat notwendig ist. Eine übersichtliche Zusammenstellung der Sulfonierungsmittel finden wir in dem Handbuch von Lassar-Cohn[1].

Von grundsätzlicher Bedeutung ist die *Art der Bindung der Sulfogruppe*. Bis vor wenigen Jahren fanden eigentlich nur die sogenannten *Fettschwefelsäureester*, die bis auf den heutigen Tag vielfach nicht ganz korrekt auch Fettsulfonsäuren genannt werden, die Beachtung des Technologen, denn nahezu alle „sulfonierten Öle", die praktisch in der Industrie gebraucht wurden, besonders aber die vielbenutzten Türkischrotöle, stellten sich bei näherer Untersuchung als Schwefelsäureester von Fetten oder Fettsäuren heraus. Eine Ausnahme mögen gewisse Sulfonierungsprodukte aus der Mineralölindustrie gebildet haben, in denen die Sulfogruppe nicht nur esterartig, sondern teilweise auch andersartig gebunden vorkommen mag. Die Schwefelsäureester spielen jedenfalls bis auf den heutigen Tag eine außerordentlich große Rolle, so daß also ihre Struktureigentümlichkeiten an erster Stelle zu betrachten sind. Eine Veresterung mit Schwefelsäure od. dgl. kann nur stattfinden, wenn in dem Rohstoff a) Hydroxylgruppen, b) Doppelbindungen oder c) beide Gruppen vorhanden sind.

a) $\ldots CH_2{-}CH{-}CH_2 \ldots + HO{-}SO_2{-}OH \rightarrow \ldots CH_2{-}CH{-}CH_2 \ldots + H_2O$

$\qquad\qquad\quad |$ $|$

$\qquad\qquad\; OH$ $O{-}SO_2{-}OH$

b) $\ldots CH_2{-}CH{=}CH{-}CH_2 \ldots + HO{-}SO_2{-}OH \rightarrow \ldots CH_2{-}CH{-}CH_2{-}CH_2 \ldots$

$\qquad\qquad\qquad\qquad\qquad\qquad\qquad\qquad\qquad\qquad\qquad\qquad\quad |$

$\qquad\qquad\qquad\qquad\qquad\qquad\qquad\qquad\qquad\qquad\quad O{-}SO_2{-}OH$

Nähere Aufklärungen über diese Reaktionen verdanken wir den älteren Autoren Liechti und Suida[2], Saytzew[3], Geitel[4], Benedikt und Ulzer[5], die

[1] Arbeitsmethoden für organ.-chem. Laboratorien, 5. Aufl., Spezieller Teil, S. 919.
[2] Mitt. Technolog. Gewerbemuseum Wien. Fachztschr. f. d. chem. Seite der Textilindustrie, 1883, 2; 1884, 59; Dinglers polytechn. Journ. **250**, 543; **251**, 547; **254**, 302, 346 u. 350.
[3] Ber. Dtsch. chem. Ges. 19, III, 541 (1886); Journ. prakt. Chem. **35**, 369 (1887).
[4] Journ. prakt. Chem. **37**, 53 (1888).
[5] Monats. Chem. 8, 208—217 (1887). Ztschr. chem. Ind. 1887, Bd. 1, 298—302.

klarstellen konnten, daß das wichtigste Reaktionsprodukt bei der Behandlung der Ölsäure die Oxystearinschwefelsäure ist (s. auch Bd. I, S. 332). Die endgültige Klarstellung der Vorgänge beim Sulfonieren von Ricinolsäure und ihren Derivaten ist jedoch das Verdienst von AD. GRÜN und seinen Mitarbeitern[1, 2], deren Erkenntnisse noch heute in weitem Umfange Gültigkeit besitzen. Eine eingehende Schilderung, besonders auch der älteren Arbeiten und Theorien auf diesem Gebiet hat HERBIG[3] gegeben.

Die esterartig gebundene Sulfogruppe wird also beim Sulfonieren von ungesättigten Fetten und Ölen sowie von hydroxylhaltigen Verbindungen, wie von Oxyfettsäuren bzw. deren Derivaten und Fettalkoholen, entstehen. RADCLIFFE und MEDOFSKI[4] haben dagegen festgestellt, daß gesättigte Fettsäuren und ihre Glyceride mit Schwefelsäure nicht reagieren. Wichtig ist ferner, daß in der Mehrzahl der Fälle die esterartig gebundene Sulfogruppe inmitten der gestreckten Kohlenstoffkette sitzt. Man spricht in diesem Fall von einer *„internen esterartigen Sulfogruppe"*. Alle Türkischrotöle sowie die meisten sulfonierten Lederöle sind solche Schwefelsäureester mit interner Sulfogruppe.

Es gibt aber auch Schwefelsäureester mit *„externer Sulfogruppe"*, d. h. der Sitz der esterartigen Sulfogruppe befindet sich an einem Ende des Fett- oder Ölmoleküls. Beispielsweise können nen Sulfonierungsprodukte mit „externer esterartiger" Sulfogruppe durch Behandlung von gesättigten Fettsäuren mit konzentrierter Schwefelsäure unter besonderen Vorsichtsmaßnahmen gewonnen werden. Diesen Anlagerungsverbindungen werden von HOOGE-

$$R—COOH + H_2SO_4 \rightarrow R—C\begin{smallmatrix}(OH)_2\\O—SO_2—OH\end{smallmatrix}$$

oder

$$R—COOH + H_2SO_4 \rightarrow R—C\begin{smallmatrix}H\\|\\O—O—SO_2—OH\\OH\end{smallmatrix}$$

WERF und VAN DORP[5] obenstehende Formeln zugeschrieben, die den Sitz der Sulfogruppe deutlich machen.

VAN ELDIK THIEME[6] beschreibt ein solches Additionsprodukt von Schwefelsäure an Laurinsäure als sehr unstabile Verbindung, die bereits durch Wasser und überschüssiges Ligroin dissoziiert wird. Ähnlich äußern sich LEWKOWITSCH[7], GLIKIN[8] und andere Autoren und stellen also fest, daß beständige, wasserlösliche Einwirkungsprodukte von Schwefelsäure auf gesättigte Fettsäuren nicht existenzfähig sind. Die weiteren Untersuchungen THIEMES haben gezeigt, daß bei der Verseifung von Triglyceriden als Zwischenprodukt der Schwefelsäureester des Diglycerids gebildet wird, welcher also eine „externe" Sulfogruppe enthält. Nebenstehendes Formelbild zeigt einen solchen Abkömmling vom Glycerin (R = hochmolekularer Alkylrest). Da bekanntlich Esterbindungen relativ leicht durch Verseifung aufzuspalten sind, leuchtet es ein, daß gerade derartige gemischte Ester mit „externer Sulfogruppe" recht unstabile Gebilde sein müssen.

$$\begin{matrix}R—CO—O—CH_2\\|\\R—CO—O—CH\\|\\HO—SO_2—O—CH_2\end{matrix}$$

[1] GRÜN u. WOLDENBERG: Journ. Amer. chem. Soc. **31**, 490 (1909) u. Chem. Ztrbl. 1909, I, 1749.
[2] GRÜN: Ber. Dtsch. chem. Ges. **39**, 4400 (1906); **42**, 3763 (1909).
[3] Die Öle und Fette in der Textilindustrie, 2. Aufl., S. 253—277. 1929.
[4] Journ. Amer. Leather Chemists Assoc. **13**, 216—218 (1918).
[5] Rec. Trav. chim. Pays-Bas **18**, 211 (1899) u. **21**, 349 (1902).
[6] Journ. prakt. Chem. **193**, N. F. **85**, 285—307 (1912).
[7] Chemical Technology of Oils, Fats and Waxes, Bd. I, S. 127. 1909.
[8] Chemie der Fette, Lipoide und Wachsarten, Bd. I, S. 208. 1912.

Wesentlich stabiler und daher technisch viel bedeutender sind die *Schwefel-säureester höhermolekularer Wachs- oder Fettalkohole mit „externer Sulfogruppe"*, die gemäß

$$R \cdot OH + H_2SO_4 \rightarrow R \cdot O \cdot SO_2 \cdot OH + H_2O$$

am reinsten aus gesättigten einwertigen Alkoholen entstehen[1,2]. Diese Verbindungen sind als Alkalisalze sowohl in ihrer äußeren pastenartigen Beschaffenheit, wie auch in ihren Eigenschaften — starkes Wasch- und Schaumvermögen — den echten Seifen (fettsauren Alkalien) sehr viel ähnlicher als die bekannten Türkischrotöle bzw. andere Ölsulfonate mit „interner" Sulfogruppe (s. Kap. III, A, S. 366ff.). Es ist daher die Mutmaßung geäußert worden, daß die „externe" Stellung der sauren und hydrophilen Sulfogruppe wichtig für die Seifenähnlichkeit und für die Ausbildung eines kräftigen Waschvermögens ist. Die Richtigkeit dieser Annahme konnte durch das Verhalten anderer Verbindungen mit „externer Sulfogruppe" bestätigt werden. Tatsache ist jedenfalls, daß Türkischrotöle und andere Ölsulfonate mit „interner Sulfogruppe" keine ausgesprochenen Waschmittel sind, sondern meist wegen anderer Eigenschaften, etwa wegen ihres Netzvermögens, wegen ihrer weichmachenden Wirkung, ihrer Emulgierkraft usw. geschätzt werden. Die Auffassung ZSIGMONDYS[3], daß der Eintritt einer hydrophilen Atomgruppe — wie COONa, SO₃H — in lange Kohlenwasserstoffketten Wasserlöslichkeit, seifenähnliche Eigenschaften und Waschwirkung hervorrufen, ist also betreffs der beiden letzten Faktoren noch durch Hervorhebung der „externen" Stellung der hydrophilen Gruppe zu ergänzen.

Bisher war ausschließlich von „esterartig" gebundenen Sulfogruppen die Rede, die „intern" oder „extern" an das hochmolekulare „Öl" angelagert sein können. Neben den Schwefelsäureestern gibt es aber noch eine zweite, nicht minder wichtige Gruppe von Sulfonaten: *die „wahren" oder „echten" Sulfonsäuren*. Die Beiwörter „wahr" bzw. „echt" haben sich als Unterscheidungsmerkmale eingebürgert, weil auch heute noch häufig die Schwefelsäureester vielfach als „Fettsulfosäuren" bezeichnet werden. Die „echten Sulfonsäuren"

$$\ldots CH_2\text{—}CH\text{—}CH_2 \ldots$$
$$|$$
$$SO_2\text{—}OH$$

sind durch direkte Bindung der Sulfogruppe an ein Kohlenstoffatom ausgezeichnet. Die erste vertrauenswürdige Mitteilung über eine „echte" Fettsulfonsäure dürfte von BENEDIKT und ULZER[4] stammen; weitere Aufklärungen über diese Gruppe von „sulfonierten Ölen" verdanken wir TWITCHELL[5], der „echte" Sulfonsäuren scheinbar als erster unmittelbar durch Sulfonierung von Fettsäuren gewonnen hat. Dagegen sind zahlreiche andere Hinweise auf „Sulfonsäuren" der Fette — mitunter sogar mit Strukturformeln „echter" Sulfonsäuren belegt — zweifellos falsch, denn die betreffenden Autoren haben regelmäßig Sulfonierungsbedingungen beschrieben, die niemals zu „echten" Sulfonsäuren, sondern lediglich zu „Schwefelsäureestern" führen konnten[6].

Dieses Merkmal ist wesentlich und gibt die Erklärung für das abweichende Verhalten der „echten Sulfonsäuren" von den „Schwefelsäureestern". Die „echt" gebundene Sulfogruppe ist weit schwieriger abzuspalten als die O . SO₂ . OH-Gruppe, die bekanntlich sehr leicht Verseifungen im wäßrigen, alkalischen oder

[1] Vgl. E. v. COCHENHAUSEN: Dinglers polytechn. Journ. **303**, 283—285 (1897).
[2] Vgl. SCHRAUTH: Chem.-Ztg. **55,** 3 u. 17 (1931).
[3] Kolloidchemie, 3. Aufl., S. 313. Leipzig. 1920.
[4] Monatsh. Chem. 8, 208 (1887). — Ztschr. chem. Ind. 1887, I, 298.
[5] Seifensieder-Ztg. **44,** 482 (1917).
[6] Vgl. z. B. MÜLLER-JACOBS: Dinglers polytechn. Journ. **251,** 499ff., u. 254, 302ff., sowie SSABANEJEW: Ber. Dtsch. chem. Ges. **19,** III, 239 (1886).

sauren Medium unterliegt. Die $C.SO_2.OH$-Gruppe ist auch „saurer" als die Estergruppe; sie setzt die Löslichkeit der Sulfonsäuren wie auch der Alkalisalze kräftig herauf und bildet lösliche Kalk- bzw. Magnesiumsalze. Im gleichen Sinne, wenn auch nicht mit gleicher Intensität, wirkt die „echte" Sulfogruppe löslichkeitserhöhend und stabilisierend gegen Säuren, Erdalkalien usw., sofern sie vergesellschaftet mit esterartigen Sulfogruppen und/oder mit Carboxylgruppen vorkommt. Die Sulfonierungsprodukte von Fetten, Ölen, Wachsalkoholen usw., die ja primär in der Regel Schwefelsäureester darstellen, werden demnach in ihren Löslichkeits- und Beständigkeitseigenschaften durch den Eintritt von „echten" Sulfogruppen stets verbessert. Damit ist nicht immer gesagt, daß der technologische Wert solcher Sulfonate in gleichem Maße steigt. Ein Zuviel an „echten" Sulfogruppen bedingt Annäherung des Charakters der Sulfonate an die niedrig molekularen, nicht kolloiden Sulfonsäuren und infolgedessen Rückgänge der Reinigungs-, Netz- und Avivierwirkungen, derentwillen die Ölsulfonate gerade geschätzt werden.

Der Sitz der „echten" Sulfogruppe ist bei den einfachen Sulfonierungsprodukten der Fette, Öle, Alkohole usw. in der Regel „intern". Die „echte" Sulfonierung verstärkt daher meist die Reinigungswirkung nicht, jedoch weisen „echt" sulfonierte Öle häufig gewisse schutzkolloide Eigenschaften auf, die ihre Anwesenheit auch in Waschmittelkompositionen nützlich erscheinen lassen. Durch Echtsulfonate kann man vielfach kalk- und säureempfindlichen Seifen, Schwefelsäureestern u. dgl. erhöhte Beständigkeitseigenschaften verleihen, was möglicherweise auf ein starkes Dispergierungsvermögen der „echten" Sulfonsäuren bzw. ihrer Salze auf die etwa entstehenden freien Fettsäuren, Kalkseifen usw. zurückzuführen ist. Besonders wegen dieser „Schutzkolloidwirkungen" haben die Sulfonate mit „echter interner Sulfogruppe" technische Bedeutung erlangt.

In neuerer Zeit sind auch *„echte externe Sulfonsäuren"* in größerer Zahl bekannt geworden. Die einfachsten und am längsten bekannten Vertreter sind die Alkylsulfonsäuren, unter denen REYCHLER[1] und NORRIS[2] die Cetylsulfonsäure. $C_{16}H_{33}.SO_2.OH$, genau untersucht und als seifenartigen Körper erkannt haben. Im Gegensatz dazu steht es nicht fest, daß auch die Sulfonierungsprodukte von Mineralölkohlenwasserstoffen „echt und extern" konstituiert sind.

Technisch interessantere Sulfonsäuren mit „echter externer" Sulfogruppe sind durch Kondensation von Fettsäuren bzw. Fettalkoholen oder deren Derivaten mit niederen organischen Sulfonsäuren erhalten worden. Die charakteristische „echte" Sulfogruppe sitzt bei diesen Verbindungen nicht am hochmolekularen aliphatischen Rest, sondern an dem niedrig-molekularen organischen Rest, der aliphatischer, aromatischer oder hydroaromatischer Natur sein kann. Die ältesten Vertreter dieser Gruppe sind die alkylierten aromatischen Sulfonsäuren[3]
$$R.R'.SO_2.OH$$
wo R den Alkylrest, R' den ein- oder mehrkernigen aromatischen Rest bedeutet. Während die niederen etwa propylierten oder butylierten Sulfonsäuren trotz ausgesprochener Kapillaraktivität wenig Öl- bzw. Seifencharakter haben, zeigen sich die durch hochmolekulare Alkylreste von C_{10} bis C_{18} substituierten Glieder als den Fettsulfonaten weit näher verwandt und ähneln in ihrem kolloidchemischen Verhalten den Seifen[4]. Hierher gehören auch die als Keton- oder Phenonsulfonsäuren bezeichneten Derivate der Fettsäuren[5] vom Typ
$$R.CO.R'.SO_2OH$$

[1] Kolloid-Ztschr. 12, 278 (1913).   [2] Journ. chem. Soc. London 121/122, 2161—2168 (1922).
[3] D. R. P. 336558 u. F. P. 438061 sowie SCHRAUTH: Handbuch der Seifenfabrikation, 6. Aufl., 152ff. 1927.
[4] Vgl. N. K. ADAM: Proceed. Roy. Soc., London, Serie A, 103, 684—686 (1923).
[5] D. R. P. 567361.

sowie eine Reihe von Kondensationsprodukten, welche durch Veresterung von Fettsäuren, deren Chloriden oder Amiden mit hydroxylhaltigen, halogenhaltigen oder stickstoffhaltigen organischen Sulfonsäuren[1], wie Oxyäthansulfonsäure (Isäthionsäure), Phenolsulfonsäuren[2], Chloräthansulfonsäure[1], Aminoäthansulfonsäure[1] (Taurin) od. dgl. nach verschiedenen in der neueren Patentliteratur[3] beschriebenen Verfahren erhältlich sind.

Einige Formelbilder sollen die hier sich ergebenden Möglichkeiten erklären.

a) $R \cdot CO \cdot Cl + HO \cdot R' \cdot SO_2 \cdot OH \rightarrow R \cdot CO \cdot O \cdot R' \cdot SO_2 \cdot OH + HCl$
   Fettsäurechlorid   Oxysulfonsäure

b) $R \cdot CO \cdot OH + Cl \cdot R' \cdot SO_2 \cdot OH \rightarrow R \cdot CO \cdot O \cdot R' \cdot SO_2 \cdot OH + HCl$
   Fettsäure   Halogensulfonsäure

c) $R \cdot CO \cdot NH_2 + Cl \cdot R' \cdot SO_2 \cdot OH \rightarrow R \cdot CO \cdot NH \cdot R' \cdot SO_2 \cdot OH + HCl$
   Fettsäureamid   Halogensulfonsäure

d) $R \cdot CO \cdot Cl + H_2N \cdot R' \cdot SO_2 \cdot OH \rightarrow R \cdot CO \cdot NH \cdot R' \cdot SO_2 \cdot OH + HCl$
   Fettsäurechlorid   Aminosulfonsäure

Es gibt hier zahlreiche Variationsmöglichkeiten, und es sei dahingestellt, ob in allen Fällen die behaupteten Kondensationen eintreten. Tatsächlich sind jedoch eine Anzahl von Kondensationsprodukten bekanntgeworden, die „externe echte" Sulfonsäuren vorbeschriebener Art darstellen dürften, und es ist damit zu rechnen, daß angesichts der großen Variationsmöglichkeiten auf diesem Gebiet die Technik noch weitere Fortschritte machen dürfte. Derartige Varianten sind bereits aufgetaucht, wie ein kürzlich gemachter Vorschlag zeigt, Fettsäuren mit Eiweißabbauprodukten (Aminosäuren) zu kondensieren[4]. Auch dem Vorschlag, Fettalkohole oder deren Derivate nach Art der vorstehenden Reaktionsgleichungen zur Darstellung ätherartig konstituierter Sulfonsäuren[5] mit „echter externer" Sulfogruppe heranzuziehen, muß Beachtung geschenkt werden.

a) $R \cdot OH + HO \cdot R' \cdot SO_2 \cdot OH \rightarrow R \cdot O \cdot R' \cdot SO_2 \cdot OH + H_2O$
b) $R \cdot OH + Cl \cdot R' \cdot SO_2 \cdot OH \rightarrow R \cdot O \cdot R' \cdot SO_2 \cdot OH + HCl$
c) $R \cdot Cl + HO \cdot R' \cdot SO_2 \cdot OH \rightarrow R \cdot O \cdot R' \cdot SO_2 \cdot OH + HCl$

Derartige Verbindungen sind nicht Ester, wie die vorher beschriebenen, sondern Äther, und es ist daher anzunehmen, daß sie gegen gewisse Einflüsse, z. B. gegen verseifende Agentien, widerstandsfähiger sind.

In jedem Falle kommt allen Sulfonaten mit „externer" Sulfogruppe, sei sie nun „esterartig", wie in den Fettalkoholsulfonaten, oder „echt", wie in den erörterten Kondensationsprodukten, gebunden, bereits heute eine große technische Bedeutung zu, einmal, weil alle diese Verbindungen frei von Carboxylgruppen und deshalb beständig gegen Säuren und Härtebildner des Wassers sind, und weil sie ferner infolge des Sitzes der Sulfogruppe an der Peripherie des häufig recht komplizierten Moleküls weit mehr als die früher bekanntgewordenen Ölsulfonate mit „interner" Sulfogruppe „Seifen" in des Wortes bester Bedeutung sind.

Es wird zweckmäßig sein, bei der nunmehr folgenden Besprechung der älteren und neueren Gewinnungsmethoden der „sulfonierten Öle" die soeben entwickelte Einteilung in Sulfonierungsprodukte

---

[1] Vgl. HUETER: Chem. Umschau Fette, Öle, Wachse, Harze **39**, 27 (1932). — STADLINGER: Chem. Umschau Fette, Öle, Wachse, Harze **39**, 218 (1932).
[2] F. P. 676336; E. P. 313453.   [3] F. P. 705081, 705081/39893, 712121, 721988.
[4] Vgl. SOMMER: Deutscher Färberkalender 1933, S. 102.
[5] D. R. P. 535338; F. P. 715585; Schweiz. P. 154170.

1. mit *esterartiger* Sulfogruppe,
2. mit *echter* Sulfogruppe,

sowie die zweckmäßige Unterscheidung in

a) internen,
b) externen

Sitz der Sulfogruppe weiterhin zu beachten. Eine starre Gruppierung des recht umfangreich gewordenen Materials ist wegen der zahlreichen Übergänge zwischen den einzelnen Gruppen nicht durchführbar. Doch besteht die Möglichkeit, durch geeignete Bezugnahme auf obige Definitionen Verwirrungen des Stoffes und Verwechslungen von untereinander recht verschiedenartigen Körpern, die alle zum großen Gebiet der „sulfonierten Öle" gerechnet werden, vorzubeugen.

II. Die Herstellungsverfahren für „sulfonierte Öle".

A. Die Schwefelsäureester der Neutralfette, Fettsäuren und Wachse.

a) Entwicklungsgeschichte.

Die Vorgänger der sulfonierten Öle waren die Ölbeizen in der sogenannten „Altrotfärberei", die durch Emulgieren von Tournantöl mit Wasser oder Schafmist gewonnen wurden. Tournantöl ist ein stark saures Olivenöl, das wegen seines Gehaltes an freien Fettsäuren sich ziemlich leicht emulgieren läßt. Später wurde dann an Stelle des ranzigen Tournantöles vielfach das feinere Baumöl benutzt.

Als eigentlichen Erfinder der sulfonierten Öle und ihrer technischen Verwendung muß man F. F. RUNGE[1] bezeichnen, der bereits 1834 nicht nur die Gewinnung eines Olivenölsulfonates beschrieben, sondern seine färbereitechnische Bedeutung klar erkannt hat. Da RUNGES „Farbenchemie" nicht allgemein zugänglich ist, dürfte es von Interesse sein, seine Mitteilung wörtlich zu wiederholen:

„Die Anwendung eines mit Schwefelsäure behandelten Oeles, welches ich hier zur Unterscheidung *schwefelsaures Oel* nennen will, hat Vorteile, die das unveränderte Baumoel nicht gewährt. Es ist nämlich damit ein Krapproth darzustellen, welches sich schon um ein Bedeutendes dem Türkischroth nähert, weil es ein Kochen mit Seifenwasser in einem viel stärkeren Grade verträgt, als das gewöhnliche und das mit Baumoel dargestellte Krapproth, und obwohl es nicht ganz so dunkel ausfällt, wie das mit Baumoel dargestellte, da es mehr gelblich nüanziert ist, so erscheint es, nach dem Avivieren mit Seife, doch röther als jenes.

Die Darstellung des schwefelsauren Oeles und der Oelbeize daraus ist folgende. Es werden

2 Pfund Baumoel mit
1 Pfund Schwefelsäure

in einer steinernen Reibschale mit dem Pistill wohl gemischt. Das Öl erwärmt sich unter Schwärzung. Wenn diese eingetreten ist, setzt man nach etwa 10 Minuten nach und nach eine Auflösung von

2 Pfund Pottasche in
10 Pfund Wasser

hinzu und rührt so lange, als noch ein Aufbrausen erfolgt und das Oel als gelbe dickliche Masse sich auf der Oberfläche der Flüssigkeit gesammelt hat. Jetzt zieht man

---

[1] Farbenchemie, I. Teil: Die Kunst zu färben, S. 213. Berlin. 1834.

letztere mittels eines Hebers ab und vermischt das zurückbleibende Oel unter fort-
während dem Rühren mit einer klaren Aetzlauge, welche aus

2 Pfund Pottasche,
2 Pfund Kalk und
80 Pfund Wasser

bereitet werden. Das Oel bildet damit eine gelb gefärbte gleichförmige Milch, die
nun zum Tränken des Kattuns dient. Dieses Tränken muß mittels der Walzenvor-
richtung geschehen, und ein Anfassen mit den Händen möglichst vermieden werden,
weil die Beize ätzend und daher sehr angreifend für dieselben ist."

Im Jahre 1846 nimmt MERCER offenbar über den gleichen Gegenstand ein
englisches Patent[1], in welchem die Behandlung von 8 Vol.-Teilen Olivenöl mit
1 Vol.-Teil Schwefelsäure empfohlen wird. MERCER schlägt dann als erster das
Waschen des sauren Öles mit Salzlösung vor, gibt dann aber merkwürdige Anweisungen, das Sulfonat mit Hypochlorit zu oxydieren.

Neben RUNGE und MERCER, die sich weniger für die Theorie der Sulfonierungsvorgänge, als für die praktische Nutzanwendung der Sulfonate in der
Färberei interessierten, ist die Einwirkung von Schwefelsäure auf Fette und Öle
auch von der wissenschaftlichen Seite her studiert worden. Besonders eingehend
hat sich FREMY[2] mit dieser Frage beschäftigt, der auch mitteilt, daß vor ihm
andere Autoren, wie MARQUER, BRACONNOT und CAVENTOU sowie CHEVREUL,
bereits das gleiche Thema behandelt haben. Offenbar haben diesen Verfassern
stets ungesättigte Öle, wie Olivenöl. Mandelöl od. dgl., als Rohstoffe gedient.

Die Einführung solcher Sulfonierungsprodukte vom Olivenöl und Olein in
die Färbereipraxis begann offenbar in den Sechzigerjahren des vorigen Jahrhunderts besonders in Wesserling i. Els. Scheinbar wurden anfangs vorwiegend
die Ammonsalze, und zwar zum Vorbehandeln des Textilgutes in der Druckerei
besonders für krappgefärbte Möbelstoffe benutzt[3]. 1873/74 wurde dann der
Dampfalizarindruck gleichfalls in Wesserling sowie in Volbec bei Rouen eingeführt[4]. Etwa in der gleichen Zeit dürften auch die ersten Anilinfarbpasten
bereits mit Sulfonaten angeteigt im Handel erschienen sein. 1875 führte
KÖCHLIN die Ölpräparation der stückfarbigen Artikel vor dem Dämpfen ein.

Die erstmalige Benutzung von Ricinusöl an Stelle von Olivenöl scheint in
Schottland erfolgt zu sein, wo 1875 das Wesserlinger Verfahren mit sulfonierten
Ricinusölen durchgeführt wird. Ein Jahr später tauchen dann bereits Ricinusöl-
sulfonate als Ammon- und Natronsalz[5, 6] im Handel auf. Eine übersichtliche
Darstellung der Entwicklungsgeschichte des „Türkischrotöles" und der auf der
Sulfonatanwendung beruhenden Färbeprozesse verdanken wir der „Industriellen
Gesellschaft zu Mülhausen i. Els."[7]. Umfangreiche Literaturzusammenstellungen
bringen auch ERBAN[8] und in neuester Zeit HERBIG[9].

An dieser Stelle muß den Arbeiten A. GRÜNS und seiner Schüler erneut
Aufmerksamkeit geschenkt werden, zumal die Ergebnisse dieser Arbeiten auch
heute noch als maßgebend zu betrachten sind. Wir verdanken GRÜN nicht nur
die weitgehendste Aufklärung über die Sulfonierungsvorgänge bei Oxyfettsäuren,
insbesondere beim Ricinusöl und der Ricinolsäure, sondern zahlreiche der heute
üblichen Sulfonierungsverfahren sind in starkem Maße von GRÜN beeinflußt

---

[1] Vgl. den Bericht von HURST: Textile soaps and oils, S. 139—141. 1904,
[2] Ann. Pharm. 19, 296 (1836); 20, 50 (1836).
[3] Vgl. SCHMID: Lehnes Färberzeitung 1902, H. 23.
[4] Vgl. LAUBER: Dinglers polytechn. Journ. 247, 469.
[5] Reimanns Färberzeitung 1877, Nr. 10 u. 14.
[6] Vgl. WUTH: Chem.-Ztg. Rep. 1909, 353.   [7] Bull. Soc. ind. Mulhouse 1909, S. 255.
[8] Die Anwendung von Fettstoffen und daraus hergestellten Produkten in der Textilindustrie, S. 91ff., 1911.   [9] Öle und Fette in der Textilindustrie, 2. Aufl., S. 249. 1929.

worden. GRÜNs Arbeiten bilden den Übergang vom alten „Türkischrotöl" zum modernen Ölsulfonat.

Die Reindarstellung des Ricinolschwefelsäureesters gelingt GRÜN und WOLDENBERG[1] durch Umsetzung von 1 Mol Ricinolsäure mit 1 Mol Chlorsulfonsäure in ätherischer Lösung gemäß

$$C_{17}H_{32} \cdot (OH) \cdot COOH + Cl \cdot SO_2 \cdot OH \rightarrow C_{17}H_{32} \cdot (O \cdot SO_2 \cdot OH) \cdot COOH + HCl$$

Die gleiche Verbindung ist auch aus Ricinolsäurederivaten, z. B. dem Methylester, und Chlorsulfonsäure mit Chloroform als Verdünnungsmittel zu erhalten. Ein ähnliches Verfahren beschreibt GRÜN in seinem deutschen Patent 260748 für das neutrale Ricinusöl, das in Gegenwart von Verdünnungsmitteln mit Chlorsulfonsäure in der Kälte behandelt, je nach angewandter Sulfonierungsmittelmenge unter Spaltung der Triglyceride zu Di- bzw. Monoglyceriden und gleichzeitiger Veresterung der Hydroxylgruppe die Mono- bzw. Diglyceride der Ricinolschwefelsäure neben Säurechloriden liefert. Ein so gewonnener Ester enthält 19,66% organisch gebundene Schwefelsäure und weist eine Jodzahl von 60,4 auf. Hieraus erkennt man, daß die Doppelbindung nahezu intakt geblieben ist. Bei Behandlung von Ricinusöl in Abwesenheit von Verdünnungsmitteln entstehen je nach Sulfonierungsmittelmenge die Mono- bzw. Dischwefelsäureester des Triglycerids ohne nennenswerte Glycerinabspaltung, während unter gleichen Bedingungen bei Ricinolsäure neben der Ricinolschwefelsäure (A) auch noch durch Wasseraustritt der Schwefelsäureester der Diricinolsäure (B) gebildet wird.

A. $C_{17}H_{32} \cdot (O \cdot SO_2 \cdot OH) \cdot COOH$
B. $C_{17}H_{32} \cdot (O \cdot SO_2 \cdot OH) \cdot CO \cdot O \cdot C_{17}H_{32} \cdot COOH$

Zu derartigen Kondensationsreaktionen scheint besonders die Chlorsulfonsäure befähigt zu sein. Dazu kommt noch, daß auch die Ricinolschwefelsäure selbst, besonders in Gegenwart von Wasser, allmählich zu Rückspaltungen unter gleichzeitiger Bildung von Diricinolsäure neigt:

$$2\,C_{17}H_{32} \cdot (O \cdot SO_2 \cdot OH) \cdot COOH + H_2O$$
$$\rightarrow C_{17}H_{32} \cdot (OH) \cdot CO \cdot O \cdot C_{17}H_{32} \cdot COOH + 2\,H_2SO_4$$

Genauere Untersuchungen über die Schwefelsäureester von Polyricinolsäuren sind von GRÜN und WETTERKAMP[2] angestellt worden.

Weit langsamer als die Veresterung an der Hydroxylgruppe geht die Schwefelsäureesterbildung an der Doppelbindung vor sich. Auch hier ist durch GRÜN[3] Aufklärung erfolgt, der durch Behandlung von Ricinolsäure mit überschüssiger Schwefelsäure bei —10° den Dischwefelsäureester der Dioxystearinsäure

$$CH_3 \cdot (CH_2)_5 \cdot CH \cdot (OH) \cdot CH_2 \cdot CH:CH \cdot (CH_2)_7 \cdot COOH + 2\,H_2SO_4$$
$$\rightarrow CH_3 \cdot (CH_2)_5 \cdot CH \cdot (O \cdot SO_2 \cdot OH) \cdot CH_2 \cdot CH_2 \cdot CH \cdot (O \cdot SO_2OH) \cdot (CH_2)_7 \cdot COOH + H_2O$$

darstellte. GRÜN bewies die Existenz dieser Verbindung eindeutig durch ihre Überführung in die 9,12-Dioxystearinsäure.

Aus den Arbeiten GRÜNs und seiner Schüler kann nun abgeleitet werden, was bei den verschiedenen Sulfonierungsmethoden des Ricinusöles vor sich geht. Bei mittleren oder höheren Arbeitstemperaturen wird das Sulfonat aus Ricinolschwefelsäure oder ihrem Mono- bzw. Diglycerid bestehen. Daneben wird bei schwacher Sulfonierung unverändertes Öl neben Mono- und Diglycerid oder Ricinolsäure, bei langsamer Aufarbeitung Diricinolsäure und bei ungenügender

---

[1] Journ. Amer. chem. Soc. **31**, 490 (1909).   [2] Ztschr. f. Farbenind. **7**, 375 (1908).
[3] Ber. Dtsch. chem. Ges. **39**, 4403 (1906).

Temperaturregelung, z. B. Erhitzung beim Sulfonieren, Auswaschen oder Neutralisieren möglicherweise auch das Lactid

$$C_{17}H_{32} \Big\langle \begin{matrix} O-OC \\ CO-O \end{matrix} \Big\rangle C_{17}H_{32}$$

entstehen. Bei tiefen Sulfonierungstemperaturen, z. B. 0° und darunter, und ausreichenden Sulfonierungsmittelmengen setzt außerdem durch Sulfonierung an der Doppelbindung die Bildung des Dischwefelsäureesters der Dioxystearinsäure ein, so daß diese Arbeitsbedingung zur Gewinnung von Sulfonaten mit besonders hohem Sulfonierungsgrad am geeignetsten erscheint. Schnelles Arbeiten beim Sulfonieren, Auswaschen und Neutralisieren dürfte zur Vermeidung von Rückspaltungen und Kondensationen am Platze sein. Glyceride dieser Dischwefelsäureester sind nicht bekanntgeworden, so daß also die Verseifung des Glycerides vor Sulfonierung der Doppelbindung im allgemeinen beendet sein wird.

Ähnlich, wenn auch viel weniger kompliziert, liegen die Dinge beim Sulfonieren von Ölsäure bzw. ihren Glyceriden, wie sie im Olivenöl oder Klauenöl vorkommen. Es kann hier darauf verzichtet werden, die sich vielfach widersprechenden Mitteilungen der älteren Bearbeiter dieses Gebietes zu wiederholen. SAYTZEFF[1] gelang es jedenfalls, die Bildung des Schwefelsäureesters der β-Oxystearinsäure

$$C_{15}H_{31} \cdot CH \cdot (O \cdot SO_2 \cdot OH) \cdot CH_2 \cdot COOH$$

durch Identifizierung der β-Oxystearinsäure mittels Hydrolyse des Esters zu beweisen. Eine ähnliche Auffassung äußern BENEDIKT und ULZER[2]. LEWKOWITSCH[3] hat die Sulfonierung von Ölsäure bei Temperaturen unter 5° mit Schwefelsäure verschiedener Konzentration studiert und den Fortgang der Reaktion an der Abnahme der Jodzahl kontrolliert. Er stellt ein Optimum bei der Anwendung von 3 Mol Säure fest; die günstigste Konzentration an H_2SO_4 soll bei 95% liegen. HERBIG[4] erkennt dann noch die Triglyceridverseifung bei Anwendung von konzentrierter Schwefelsäure und die Rückverseifbarkeit des isolierten Schwefelsäureesters unter Bildung von Oxystearinsäure. GRÜN und CORELLI[5] nehmen schließlich noch die Anwesenheit eines Diglycerids in der Reaktionsmasse an. Wir haben uns demnach in solchen Sulfonierungsprodukten hydroxylfreier Fettstoffe Schwefelsäureester der Oxystearinsäuren eventuell in Form der Glyceride neben unveränderten Neutralfetten bzw. Mono- und Diglyceriden sowie freien Fettsäuren vorzustellen. Es erscheint auch hier nicht ausgeschlossen, daß als Nebenprodukt, besonders als Folge ungenügender Temperaturregelung, Lactonbildung auftritt, zumal beispielsweise Stearolacton aus Ölsäure und konz. Schwefelsäure bei 80° C entsteht[6].

Bei stärker ungesättigten Ölen werden die Verhältnisse wieder komplizierter. GRÜN[7] hat beispielsweise bei Einwirkung von konzentrierter Schwefelsäure auf Leinölsäure die Entstehung von flüssigen gesättigten Verbindungen beobachtet, die offenbar Oxyfettsäuren darstellen. RADCLIFFE und PALMER[8] studierten die Einwirkung von Schwefelsäure auf Fischöl und stellten dabei ein Absinken der Jodzahl von 178 auf 114,4 bzw. des Hexabromidgehaltes von 42% auf 11% fest. Diese Beobachtungen stehen im Einklang mit neueren Auffassungen über die Ursachen von Fettausschlägen auf Ledern, die auf einen Gehalt an Oxyfettsäuren

[1] Journ. prakt. Chem. **35**, 369 (1887).   [2] Monatsh. Chem. **8**, 208—217 (1887).
[3] Journ. Soc. chem. Ind. **16**, 389—394 (1897).
[4] „Die Einwirkung von Schwefelsäure auf Olivenöl", Färberztg. **13**, H. 18 (1902); **14**, 293, 309 (1903); **15**, H. 2 u. 3 (1904).   [5] Ztschr. angew. Chem. **25**, 665 (1912).
[6] Vgl. FAHRION: Seifenfabrikant **1915**, 365; D. R. P. 150798.
[7] Habilitationsschrift. Zürich. 1908.   [8] Journ. Soc. chem. Ind. **34**, 643—644.

in den Ölsulfonaten, die meist aus Tran oder Oliven- bzw. Klauenöl hergestellt werden, zurückzuführen sein dürften. Exakte wissenschaftliche Untersuchungen über dieses technologisch recht wichtige Kapitel der Ölsulfonierung fehlen zur Zeit noch.

Wie aus den vorstehenden Formelbildern für die bekannten Schwefelsäureester hervorgeht, stellen diese durchweg mehrbasische Säuren dar, die neben den stärker sauren Sulfogruppen die schwächer saure Carboxylgruppe enthalten. Demnach ist auch die Existenz saurer Salze in partiell neutralisierten Rotölen, wie sie in der Woll- und Lederindustrie gebraucht werden, vorauszusetzen. K. WINOKUTI[1] ist es unlängst gelungen, aus dem neutralen Salz des Ricinolschwefelsäureesters durch Umsetzung mit Mononatriumphosphat das saure Salz darzustellen:

$$(SO_3Na)_x \cdot R \cdot COONa + NaH_2PO_4 \rightarrow (SO_3Na)_x \cdot R \cdot COOH + Na_2HPO_4$$

b) Darstellungsmethoden für mäßig sulfonierte Fettschwefelsäureester (Türkischrotöle).

1. Allgemeines.

Als Türkischrotöle im engeren Sinne bezeichnet man sulfonierte Ricinusöle bzw. Ricinusölfettsäuren schwächeren bis mittleren Sulfonierungsgrades, die ausnahmslos Schwefelsäureester sind. Wegen der nahen Verwandtschaft zu den Türkischrotölen seien aber in diesem Abschnitt auch die Schwefelsäureester anderer, vorwiegend ungesättigter Fette behandelt, soweit sie durch mäßige Sulfonierung erhältlich sind.

α) Die Sulfonierungsmittel.

Die Mehrzahl der vielen Fabrikationsanweisungen sieht die Anwendung von Schwefelsäure von 66° Bé vor. Seltener wird Monohydrat benutzt, mitunter sind auch schon schwächere Schwefelsäuren[2] vorgeschlagen worden. So soll z. B. 94%ige Schwefelsäure zu Ricinusöl, Spermöl und Wachsen geeignet sein[3]. Sogar 85—90%ige Schwefelsäure soll sich zu schnellen Sulfonierungen nach einem neueren Patent gut eignen, wobei sogar trotz Temperaturerhöhung Zersetzungen ausbleiben sollen[4]. Die Schwefelsäuremengen werden für die einzelnen Verwendungszwecke verschieden angegeben. Nach ERBAN[2] bewegen sie sich zwischen $1/8$ und $1/3$ vom Ricinusöl. BERTSCH[5] hält 25% des Ölgewichtes an Schwefelsäure zur Erzielung einer hohen Kalkbeständigkeit für ausreichend und bezeichnet es als nicht üblich, mehr als 30 bzw. 33% Schwefelsäure anzuwenden. In einer neueren Untersuchung stellt STEINER[6] die Zusammenhänge zwischen der Menge der angewandten Schwefelsäure, dem Gehalt an organisch gebundener Schwefelsäure und der Klarlöslichkeit der Sulfonate fest. Als Ergebnis darf erwähnt werden, daß bei Ricinusöl, Erdnußöl und Olein Schwefelsäuremengen von 35 bis 40% jedenfalls bei der von STEINER benutzten Arbeitstemperatur von 28—30° schwach opalisierend bzw. beim Olein sogar klar lösliche saure Ester mit maximalem Gehalt an organisch gebundenem SO_3 gaben. Beim Leinöl liegt die günstigste Schwefelsäuremenge bei 60%. Weitere Steigerungen der Schwefelsäuremenge bedingen einen Rückgang der Sulfonierung, was auch aus einer Arbeit von RIESS[7] über die Sulfonierung der Ölsäure hervorgeht. Wir werden weiter

---

[1] Journ. Soc. chem. Ind. Japan (Suppl.) **33**, 242 B—244 B (1930).
[2] Anwendung von Fettstoffen und daraus hergestellten Produkten in der Textilindustrie, S. 104, 108. 1911.   [3] F. P. 589506.   [4] F. P. 739886.
[5] Vgl. HELLER-UBBELOHDE: Handb. d. Chemie u. Technologie d. Öle u. Fette, Bd. III, S. 362. 1929.
[6] Dissertation, Dresden, 1935; Fettchem. Umschau 42, 201—205 (1935).
[7] Collegium **1931**, 557ff.

unten sehen, daß es bereits vor Beginn der jüngsten Entwicklungsepoche in der Geschichte der Ölsulfonierung nicht an Vorschlägen gefehlt hat, auch höhere Sulfonierungsmittelmengen anzuwenden. Für die eigentliche Türkischrotölherstellung sind diese Empfehlungen jedoch ohne Bedeutung geblieben. Es muß auch festgestellt werden, daß gewisse Eigenschaften der Türkischrotöle, wie ihr Weichmachungsvermögen, mit steigender Sulfonierung zurückgehen.

Neben Schwefelsäure verschiedener Grädigkeit sind auch rauchende Schwefelsäure[1] sowie Mischungen von Schwefelsäure mit Phosphorsäure oder Salpetersäure[2] für Sulfonierungszwecke empfohlen worden; daneben auch, für schwächere Sulfonierungen, rauchende Schwefelsäuren[3]. Mehrfach wurde auch vorgeschlagen, in Gegenwart von Eisenspänen oder Bändern zu sulfonieren[4]. Die Anwendung von Chlorsulfonsäure[5], Schwefeltrioxyd oder starkem Oleum[6], sowie Pyrosulfurylchlorid[7] führte dann jedenfalls bei stärkerer Dosierung zu den hochsulfonierten Produkten, über die später berichtet werden soll. In selteneren Fällen geschieht die Einführung von Schwefelsäureestern auch mit Hilfe von Additionsverbindungen von SO_3 an organische Basen[8]. Solche Additionskörper entstehen beispielsweise aus Chlorsulfonsäure und Pyridin, Chinolin, Dimethylanilin usw.

Recht beachtlich ist der bereits in älteren britischen Patenten[9] gemachte Vorschlag, die Schwefelsäurebehandlung von Fetten in Gegenwart von Lösungsmitteln, wie Äther, Schwefelkohlenstoff, Phenol od. dgl., durchzuführen. Diese Arbeitsweise der *„Sulfonierung in Gegenwart von Verdünnungsmitteln"* hat im Laufe der Jahre an Bedeutung gewonnen, was wohl darauf zurückzuführen ist, daß die Reaktionen gemäßigt und unerwünschte Nebenreaktionen vermieden werden. Gewisse Schwierigkeiten bereitet die Entfernung der Verdünnungsmittel, die meist durch Vakuumdestillation erfolgt. Nach einem neueren Verfahren[10] soll die Anwendung überschüssiger starker Alkalilauge eine Trennung des Sulfonates vom Verdünnungsmittel bewirken. Fast immer wird das Sulfonierungsmittel in den Fettstoff eingetragen, doch ist vereinzelt auch empfohlen worden, umgekehrt das Fett in das Sulfonierungsmittel einfließen zu lassen[11].

Von den üblichen Methoden abweichend sind Vorschläge jüngeren Datums, welche die Herstellung von Türkischrotölen durch Behandlung von Fetten mit Sulfonsäuren mehrkerniger hydroaromatischer Kohlenwasserstoffe eventuell gleichzeitig mit Schwefelsäure betreffen[12]. Danach soll z. B. Ricinusöl mit gleichen Teilen Octohydroanthracensulfonsäure oder mit 50% dieser Sulfonsäure + 25% Schwefelsäure behandelt werden.

Während meistens die hellgelbe bis rötliche Farbe der Türkischrotöle ausreicht, werden für besondere Zwecke, z. B. für die Weißwarenappretur, hohe Anforderungen an die Farbe der Sulfonate gestellt. Da die fertig eingestellten Öle sich häufig nicht mehr gut bleichen lassen, empfiehlt die Erba A. G.[13] die Anwendung von oxydierenden oder reduzierenden Bleichmitteln während des Sulfonierungsprozesses (vgl. die praktische Arbeitsvorschrift auf S. 332). In ähnlicher Weise gehen Riley und Sons Ltd., Bentley und Marsden[14] vor, die Ricinusöl oder andere pflanzliche Öle in Gegenwart von Schwefeldioxyd, welches

---

[1] Vgl. Die Anwendung von Fettstoffen und daraus hergestellten Produkten in der Textilindustrie, S. 113, 1911; E. P. 21853/1913.   [2] E. P. 17912/1902.
[3] F. P. 592764.   [4] F. P. 553339, 563934.
[5] D. R. P. 267748; F. P. 640617; E. P. 275267.   [6] F. P. 632155.
[7] E. P. 260303.   [8] F. P. 717685; E. P. 365468.
[9] E. P. 393/1902 u. 17655/1909.   [10] D. R. P. 557548.
[11] D. R. P. 597957.   [12] D. R. P. 486840, 487705.
[13] F. P. 657799, 658094; E. P. 292574, 294624, 296935; A. P. 1734050, 1804183.
[14] E. P. 365904.

sie gegebenenfalls während der Sulfonierung aus Bisulfit erzeugen, zwischen 0 und 35⁰ sulfonieren.

β) Die Sulfonierungstemperatur.

Die Sulfonierungstemperatur liegt in der Regel zwischen 25 und 35⁰. Jedoch finden sich auch hier abweichende Angaben. Lochtin[1] hat festgestellt, daß oberhalb von 75⁰ Schwefeldioxydentwicklung eintrat, die von spontaner Temperaturerhöhung auf 110⁰ begleitet war. Nach einem neueren Verfahren[2] soll die Sulfonierung von Ricinusöl bei 40⁰ und eine anschließende Nacherwärmung auf 60⁰ vorteilhaft sein und besonders das Emulgierungsvermögen der Rotöle heraufsetzen. Ein anderes Verfahren[3] betrifft die Sulfonierung von Olein mit konz. Schwefelsäure ohne Anwendung von Kühlung, wobei gleichfalls mit beachtlicher Temperatursteigerung zu rechnen ist. Levinstein[4] empfiehlt Temperaturen bis 50⁰, allerdings bei Fettmischungen, die gesättigte Anteile enthielten, während Wirth[5] bereits eine starke Abkühlung auf mindestens 6⁰ für nützlich hält. Nach einer neueren Vorschrift[6] soll eine besonders günstige Sulfonierungstemperatur bei 10—13⁰ liegen.

Feste Regeln werden in diesem Punkt nicht aufzustellen sein, denn die richtige Sulfonierungstemperatur hängt davon ab, welche Eigenschaften das Endprodukt haben soll. Wir haben z. B. früher erfahren, daß tiefe Temperaturen Sulfonierung an der Doppelbindung bewirken, während bei mittleren Temperaturen die Hydroxylveresterung die Hauptreaktion bleibt. Sehr wesentlich in diesem Zusammenhang ist auch die Einrichtung der Apparatur, die Art der Rührung und Kühlung und vor allem die Auswahl des Rohstoffes. Trotz zahlreicher „Rezepte" auf diesem Gebiet wird der Fachmann gerade die geeigneten Temperaturbedingungen von Fall zu Fall praktisch zu ermitteln suchen.

γ) Die Sulfonierungsdauer.

Die Sulfonierungsdauer hängt meist von der Art des Rohstoffes sowie von der Wirksamkeit der Kühlvorrichtung ab. Es versteht sich von selbst, daß eine unnötige Verzögerung des Sulfonierungsprozesses vermieden werden muß. Anderseits ist jedoch ein zu schneller Säurezufluß besonders dann gefährlich, wenn stark ungesättigte Rohstoffe, z. B. Trane, vorliegen. Sprunghaftes Ansteigen der Reaktionstemperatur, Zersetzungen und sogar Verkohlungen können die Folge einer mangelhaften Beobachtung des Säurezulaufes sein. Das gleiche ist bei Anwendung stärker wirkender Sulfonierungsmittel, wie Oleum oder Chlorsulfonsäure, zu sagen. Bei mittleren Ansätzen von 800—1000 kg Öl pflegt die Sulfonierungsdauer bei schwacher Sulfonierung 6—8 Stunden, bei mittlerer Sulfonierung 8 bis 10 Stunden zu betragen. Die Behandlung von Tranen od. dgl. sowie kräftige Sulfonierungen dauern oft erheblich länger. Anderseits kann auch durch fortschrittliche apparative Einrichtungen, besonders durch intensive Wärmeableitung, erhebliche Kürzung der Arbeitsdauer erreicht werden.

Nach erfolgter Sulfonierung wird das Öl noch 1—2 Stunden weiter gerührt und nunmehr entweder sofort oder nach längerem Stehen ausgewaschen. Nach den meisten Anweisungen ist das sulfonierte Öl 12—24 Stunden zur Nachreaktion sich selbst zu überlassen und dabei auf Erhaltung der bei der Sulfonierung benutzten Temperatur zu achten. Hierzu ist zu sagen, daß nach Beobachtungen des Verfassers tatsächlich zunächst die Sulfonierung noch Fortschritte macht; später aber, nach Erreichung eines Optimums, setzt der umgekehrte Vorgang ein, d. h. die in der Reaktionsmasse vorhandene wasserhaltige Schwefelsäure wirkt auf die

[1] Lehnes Färber-Ztg. 1889/90, 281.   [2] D. R. P. 549 031.
[3] F. P. 727 063.   [4] E. P. 18 333/1912 u. 16 578/1913.
[5] E. P. 1 786/1881.   [6] Schweiz. P. 158 547.

esterartig gebundenen Sulfogruppen verseifend ein — der Sulfonierungsgrad nimmt wieder ab. Deshalb sei von dem mitunter empfohlenen 48- und mehrstündigen Stehen entschieden abgeraten. Schwach sulfonierte Trane, Klauenöle od. dgl. vertragen mitunter selbst ein 24stündiges Stehen nicht. Es finden sich aber bereits in der älteren Literatur Anweisungen, in denen nur ein kurzes Stehenlassen[1] oder sogar ein sofortiges Auswaschen der Sulfonate[2] als zweckmäßig empfohlen wird. In jüngster Zeit mehren sich die Stimmen, die für möglichst schnelle Weiterverarbeitung der Sulfonate eintreten.

δ) *Das Auswaschen und Reinigen.*

Große Bedeutung kommt der Befreiung der Sulfonate von überschüssiger Säure durch Auswaschen zu. Von seiner sorgfältigen Durchführung hängt vielfach die Beschaffenheit des Neutralisationsproduktes ab, denn die überschüssige anorganische Säure verbraucht nicht nur unnötig Ätzalkalien zum Neutralisieren, sondern die gebildeten Salze rufen auch meist unerwünschte Aussalzerscheinungen hervor, die sich als Schichtentrennung, Flockenbildung, Trübung od. dgl.[3] bemerkbar machen. Als Auswaschmittel dient im allgemeinen eine Salzlösung, seltener Kondenswasser allein, das besonders bei kräftigeren Sulfonierungen Emulsionen liefert, die sich zu langsam trennen. Die übliche Menge der Auswaschlösung liegt zwischen 75 und 100% vom Gewicht des sauren Sulfonats. Das früher bevorzugte Kochsalz ist heute meist durch Glaubersalz ersetzt worden, da man annimmt, daß die aus dem Kochsalz freiwerdende Salzsäure leicht zu Aufspaltungen der Schwefelsäureester Anlaß gibt. Die Salze werden in 10—20%igen Lösungen angewandt, bisweilen auch pulverförmig in die zuvor mit Wasser verdünnte Reaktionsmasse eingetragen, beispielsweise um ein schnelleres Abscheiden des Sauerwassers zu erreichen. Häufig ersetzt man auch die Salze in den Waschlösungen ganz oder teilweise durch solche Mengen von Ätzalkalien oder Alkalicarbonaten, die zur Neutralisation der überschüssigen Schwefelsäure nicht ausreichen. Man erreicht so eine Teilneutralisation und beseitigt einen erheblichen Teil der anorganischen Säure, die ja stets eine Gefahrenquelle für das Sulfonat bildet. Das Waschen kann durch langsames Eintragen der Waschlösungen in das sulfonierte Öl etwa im Sulfonierungsgefäß selbst erfolgen. Vorteilhafter erscheint jedoch das Waschen im Neutralisierbottich. Man kann in diesem Fall das saure Sulfonat und die Waschlösung gleichzeitig einfließen lassen und so wirksam Überhitzungen vorbeugen. Meist wird man die möglichst gekühlte Waschlösung vorlegen und das Sulfonierungsprodukt langsam eintragen. Stets ist für inniges Mischen und gute Wärmeableitung Sorge zu tragen, um einen ausreichenden Wascheffekt zu verbürgen und Zersetzungen zu vermeiden. Falls besondere Vorsicht erforderlich erscheint, kann an Stelle von Wasser sogar Eiswasser oder Eis vorgelegt werden, dem das erforderliche Salz dann nachträglich zugefügt wird. Im allgemeinen wird man, besonders bei Anwendung von Glaubersalz, mit Lösungen von 15—20° arbeiten können und auch Temperaturerhöhungen beim Waschprozeß bis etwa 40° nicht zu fürchten brauchen. Eine etwas höhere Temperatur befördert die Schnelligkeit des Absetzens, wodurch wiederum der Zersetzungsgefahr vorgebeugt wird. Die Geschwindigkeit des Absetzens kann sehr verschieden sein; sie schwankt zwischen 3—5 Stunden bei schwach sulfonierten Ölen und 24 Stunden bei kräftiger sulfonierten Produkten. Russ[4] bzw. Stolle und Kopke[5] haben offenbar die Gefahr, die mit dem langen Stehenlassen

---

[1] E. P. 17912/1902, 196623.
[2] D. R. P. 191238; E. P. 1786/1881, 18333/1912, 16577/1913, 16578/1913.
[3] Vgl. Hurst: Textile soaps and oils, S. 139. 1904.
[4] E. P. 21853/1913; A. P. 1081775.   [5] D. R. P. 276043.

der wäßrigen sauren Sulfonatemulsionen verknüpft ist, erkannt und schlagen zur Abtrennung der sauren Salzlösung eine sofortige Behandlung der innig gemischten Komponenten in einem Zentrifugalseparator vor, wie er in milchwirtschaftlichen Betrieben in Gebrauch ist. Diese schnelle Aufarbeitung erscheint höchst zweckmäßig und die festgestellte erhöhte Kalkbeständigkeit der Sulfonate dürfte mithin ohne weiteres plausibel sein. Es sei noch erwähnt, daß von vielen Autoren ein zwei- bis dreimaliges Waschen für nützlich gehalten wird. Da jedoch bei sorgfältigem Arbeiten eine einmalige Waschung zu genügend salzarmen Sulfonaten von klarer Beschaffenheit führt, kann zu einer Wiederholung der Wäsche nur ausnahmsweise geraten werden. Endlich ist auch vorgeschlagen worden, das Auswaschen überhaupt zu unterlassen mit der Begründung, daß gewaschene Öle in der Färberei das Textilmaterial rauh machen. Diese Gründe erscheinen wenig stichhaltig. Die unmittelbare Neutralisation ohne vorherige Wäsche scheint auch nur in Spezialfällen bei ganz schwach sulfonierten Ölen durchgeführt worden zu sein.

Während im allgemeinen die durch das Auswaschen erreichte Befreiung der Sulfonate von überschüssiger Schwefelsäure als ausreichend betrachtet wird, sieht SELTZER[1] einen Vorteil darin, die nicht sulfonierten Neutralöle und Fettsäuren durch eine Extraktion mit unsulfonierten Fetten oder Mineralölen in Gegenwart von Wasser zu entfernen. SELTZER sulfoniert beispielsweise 1500 Teile Ricinusöl, wäscht und mischt nun das Sulfonat mit 750 Teilen neutralem Ricinusöl und 1125 Teilen Wasser. Nach 4—6stündigem Absitzen ist Schichtentrennung eingetreten. Das gereinigte Sulfonat wird in 25%ige Salzlösung abgezogen und nach dem Absetzen neutralisiert. Ähnlich wird sulfoniertes Olivenöl mittels Klauenöl oder Mineralöl, sulfoniertes Erdnußöl mittels Ölsäure, sulfoniertes Maisöl mittels Paraffinwachs usw. gereinigt. Ein anderes Reinigungsverfahren der Chemischen Fabrik Stockhausen & Cie.[2] besteht darin, daß nach der üblichen Wäsche z. B. mit Glaubersalzlösung, aber vor der Neutralisation, dem sulfonierten Öl möglichst in Gegenwart indifferenter Verdünnungsmittel, Wasser oder verdünnte Säure bis zum Milchigwerden der erst klaren Lösung zugesetzt wird. Beim Stehenlassen geht das reine Sulfonat in die wäßrige Schicht, während das nicht sulfonierte Öl sich mit dem Lösungsmittel abscheidet. Die H. Th. Böhme A. G.[3] hat dagegen vorgeschlagen, die unsulfonierten Körper mit spezifischen Lösungsmitteln nach der Neutralisation zu entfernen.

ε) Die Neutralisation und Einstellung.

Das letzte Stadium der Türkischrotölfabrikation ist die Neutralisation und Einstellung. Nach dem Abtrennen der wäßrigen Lösung soll der saure Schwefelsäureester möglichst sofort weiterverarbeitet werden. Längeres Stehenlassen vor der Neutralisation hat meist Schwefelsäureabspaltungen zur Folge, die sich leicht in einer Verdickung beim Neutralisieren — Seifenbildung — und natürlich auch in einem Rückgang der wertvollen Eigenschaften auswirken. Die üblichsten Neutralisiermittel sind Natronlauge oder Kalilauge, die meist in konzentrierter Form zur Anwendung gelangen. An Stelle der Ätzalkalien werden häufig auch Alkalicarbonate verwendet, doch erfordert diese Art von Neutralisation eine gewisse Geschicklichkeit, um ein Hochschäumen der Masse beim Neutralisieren durch die entstehende Kohlensäure zu verhüten. Soda oder Pottasche in wasserfreier Form eignen sich besonders zur Gewinnung hochkonzentrierter Sulfonate, die einen Fettsäuregehalt von 80% und mehr aufweisen können. In ganz besonderen Fällen kann zwecks Schonung des Schwefelsäureesters sogar eine Neutralisation mit Bicarbonaten in Frage kommen. Vielfach wird auch Ammoniak zur Neutralisation gebraucht, welches besonders leicht flüssige und gut lösliche Öle hoher Konzentration ergibt. Ammoniaköle von klarer homogener Beschaffenheit sind bisweilen sogar noch aus ungewaschenen Sulfonaten nicht zu hohen

---

[1] D. R. P. 557110; F. P. 703126; E. P. 370022.   [2] F. P. 632738; E. P. 293480.
[3] F. P. 691976.

Sulfonierungsgrades zu erhalten, während Natronöle dieser Art meist trübe sind. In neuester Zeit wird auch empfohlen, mit organischen Basen, wie Triäthanolamin, Methylamin, Pyridin, Piperdin u. a. m., zu neutralisieren[1]. Über die Wahl des Neutralisationsmittels ist vielfach debattiert worden.

Die Mehrzahl der Handelsprodukte sind Natronöle, vermutlich schon deshalb, weil Natronlauge oder Soda die billigsten Neutralisierungsmittel sind. Für gemischtes Altrot werden Kaliöle bevorzugt, für Appreturen sowie für Fettlicker in der Lederindustrie dagegen werden vielfach Ammoniaköle benutzt. Zur Erzielung besonders kräftiger Netzwirkungen bedient man sich auch der erwähnten Neutralisationsprodukte mit organischen Basen.

Alle mit flüchtigen Basen, also auch mit Ammoniak neutralisierten Öle haben den Nachteil, daß sie gegen Hitze und gegen Alkalien unbeständig sind. Sie sind demnach bei Textilgut, das scharf getrocknet oder heiß kalandert wird, zu vermeiden. Es besteht sogar die Gefahr, daß die infolge Abspaltung der flüchtigen Base im Textilgut verbleibenden sauren Spaltprodukte erhebliche Faserschädigungen hervorrufen. Auch in der Küpenfärberei, Schwefelfärberei od. dgl. sind nur die alkalibeständigen Natron- oder Kaliöle am Platze. Schließlich ist vor der Anwendung von Ammoniakölen usw. in der gesamten Naphtholfärberei zu warnen, da das Naphtholnatrium der Grundierflotte Ammoniak oder organische Base freimacht und auf diese Weise selbst wieder in Naphthol übergeht. Die Folge sind streifige oder wenigstens unegale Färbungen.

Zum Neutralisieren läßt man meist die Lauge, Sodalösung usw. in das saure Öl langsam einfließen und sorgt durch Rührung und Kühlung für gleichmäßige Durchmischung. Die Neutralisationstemperaturen liegen meist zwischen 30 und 40°, doch neutralisiert man häufig auch bei tieferen Temperaturen, z. B. durch Anwendung eisgekühlter Lauge od. dgl.

Der Neutralisationsprozeß gibt auch Gelegenheit zur genauen Konzentrationseinstellung des Öles, die in exakter Form auf Grund der analytischen Feststellung des Fettsäuregehaltes erfolgt. Im deutschen Türkischrotölhandel ist es jedoch nicht üblich, die Sulfonate nach ihrem Prozentgehalt an Fettsäure zu bezeichnen. Vielmehr schreibt der Verband deutscher Türkischrotölfabrikanten E. V., Krefeld, die Handelsbezeichnung „Türkischrotöl x-prozentig handelsüblich"[2] vor und versteht unter Prozentgehalt in diesem Falle die Menge an „sulfuriertem und gewaschenem Öl", die das Fertigprodukt enthält. Dabei wird der Fettsäuregehalt des gewaschenen Öles zu 72—76% Fettsäure angenommen. Ein „Türkischrotöl 50%ig handelsüblich" muß demnach 36—38% Fettsäure enthalten. Über die Zweckmäßigkeit dieser Definition kann man geteilter Ansicht sein. HERBIG[3] und GNAMM[4] vertreten die Auffassung, daß durch die Einführung des Begriffes „Sulfonatgehalt" nur Verwirrung angerichtet wurde. Letzterer plädiert in Anlehnung an Untersuchungen STADLERS[5] dafür, als „50%ig handelsüblich" ein Öl mit 50% reinem Fettsäureanhydrid zu bezeichnen und regt Verständigung zwischen den Interessenten an. Bedenklich erscheint jedenfalls die Tatsache, daß es mit einigem Geschick möglich ist, ausgewaschene Sulfonate mit 80% Fettsäure und mehr zu gewinnen, die dann Neutralisationsprodukte von entsprechend hohem Fettsäuregehalt liefern. Solche Erzeugnisse können „100%ig handelsüblich" oder sogar noch höher konzentriert sein. Zur Zeit wird die oben

---

[1] F. P. 645395, 694250; A. P. 1812615.
[2] Chem. Umschau Fette, Öle, Wachse, Harze 28, 115 (1921).
[3] Ztschr. Dtsch. Öl-Fettind. 1921, 257.
[4] Die Fettstoffe in der Lederindustrie, S. 279, 1926.
[5] Collegium 1923, 284; Chem. Umschau Fette, Öle, Wachse, Harze 31, 99 (1924).

erwähnte Konzentrationsbezeichnung „x-prozentig handelsüblich" für Türkischrotöle im engeren Sinne (Sulfonate des Ricinusöles) allgemein benutzt, während Sulfonate anderer Öle, wie sie z. B. in der Lederindustrie vielfach benutzt werden, bald nach Sulfonatgehalt, bald nach Fettsäuregehalt gehandelt werden.

ζ) Einige Fehlerquellen.

Einige Fehlerquellen beim Sulfonierungsprozeß sollen kurz Erwähnung finden. Als Kardinalfehler seien nochmals festgestellt: 1. zu starkes Ansteigen der Temperaturen beim Sulfonieren, Auswaschen oder Neutralisieren, 2. zu langes Stehenlassen des Sulfonates, gleichgültig, in welcher Phase des Fabrikationsprozesses, solange noch freie Mineralsäure oder freier Schwefelsäureester in größerem Überschuß vorhanden ist. Beide Faktoren bewirken bereits für sich, besonders aber zusammentreffend eine Umkehrung der Sulfonierungsreaktion, eine Wiederabspaltung der esterartig gebundenen SO_3H-Gruppen und die Bildung der mit Recht so gefürchteten Oxyfettsäuren. Auch die gegenteiligen Fehler, d. h. zu starkes Kühlen und zu schnelles Arbeiten, sind zu vermeiden, besonders wenn Öle oder Fette vorliegen, die bei niedrigen Temperaturen sehr viskos oder fest werden. Mangelhafte Durchsulfonierung oder gar Einschlüsse gänzlich unsulfonierter Anteile sind die Folgen, die in Bildung von weißen Klumpen oder von Trübungen, schlechter Löslichkeit und Ölabscheidungen in den Arbeitsflotten, Fleckenbildung, matten Farben, ungenügender Kalkbeständigkeit u. dgl. mehr erkennbar werden.

2. Einzelvorschriften.

Es sollen nun einige Einzelvorschriften angeführt werden, die sich nach der älteren technischen und Patentliteratur praktisch bewährt haben. Alle Vorschriften sind zur besseren Übersicht auf 100 kg Öl als Ausgangsstoff umgerechnet.

α) Türkischrotöl für Eisfarben oder Azoentwickler nach Erban[1].

Reinigung durch „Umlösen". 33%ige Sulfonierung von Ricinusöl mit H_2SO_4 von 66⁰ Bé Eiskühlung. Sulfonierungsdauer und Nachreaktion je 12 Stunden. Auswaschen mit 500 l Kondenswasser von 50⁰ C; Abziehen des Sauerwassers nach erfolgter Klärung. Abermalige Wäsche mit 250 l Kondenswasser und 16,7 l Natronlauge von 38⁰ Bé; Zersetzung mit 16,7 l Salzsäure von 19⁰ Bé; Klärenlassen und Abziehen. Neutralisation mit zirka 13,4 l Natronlauge von 38⁰ Bé. Einstellung auf 50% Fettsäure.

β) Türkischrotöl für Färbereizwecke. Vereinfachte Vorschrift von Erban[1].

25%ige Sulfonierung mit H_2SO_4 von 66⁰ Bé. Sulfonierungsdauer 6 Stunden, dann einige Zeit nachrühren. Nachreaktion 36 Stunden (reichlich lang nach Ansicht des Verfassers). Wäsche mit 450 l lauwarmem Kondenswasser (30—35⁰ C); Abziehen des Sauerwassers nach 22—24 Stunden. Zweimalige Wäsche mit je 450 l zirka 1,4%iger Kochsalzlösung; Abziehen nach 24—48 Stunden. Neutralisation mit zirka 8,75 l Natronlauge von 36⁰ Bé. Einstellung auf saures Öl mit 80—85% Fettsäure. — In dieser Vorschrift erscheint das allzu häufige Waschen und lange Stehen bedenklich. Soll neutral eingestellt werden, so ist erst stärker zu verdünnen und dann zu Ende zu neutralisieren.

γ) Schwach sulfoniertes Öl für Altrot, Avivagen und Schmälzzwecke nach Erban[2].

a) 17%ige Sulfonierung bei mittleren Temperaturen mit H_2SO_4 von 66⁰ Bé; 24stündige Nachreaktion. Wäsche mit 200 l Wasser, nach 12 Stunden abziehen. Neutralisieren mit 50 l Sodalösung von 16⁰ Bé und 16 l Ammoniak. Ausbeute 240 l 40%iges Sulfonat.

---

[1] Die Garnfärberei mit den Azoentwicklern. Berlin. 1906.
[2] Die Anwendung der Fettstoffe und daraus hergestellter Produkte in der Textilindustrie, S. 108, 117. 1911.

b) 17,5%ige Sulfonierung mit H_2SO_4 von 60° Bé entsprechend einer 14%igen Sulfonierung mit 66grädiger Säure. Das Verfahren soll sich nicht sonderlich bewährt haben.

δ) *Türkischrotöl für Färbereizwecke (Alizarin- und Azofärberei) (von Erban[1] gut beurteilt).*

24,7%ige Sulfonierung. Temperatur des Öles am Anfang 15—20° C, während der Sulfonierung 35° C. Dauer der Sulfonierung 4 Stunden. Nachrühren 2—3 Stunden; Nachreaktion im temperierten Raum über Nacht (12—16 Stunden). Einfließenlassen des Sulfonates in 83 l Kondenswasser, dann Nachsatz von 83 l warmem Kondenswasser. (Vorsicht! Der Verfasser.) Mischen, nach ½ Tag 3,3 kg calc. Na_2SO_4, gelöst in 16,7 l heißem Wasser, zufügen und durchrühren. Klärenlassen über Nacht und Abziehen. Zusatz von 28,3 l Kondenswasser (kalt oder lauwarm) und Neutralisieren mit 15 l Natronlauge von 40° Bé bis zur schwach sauren Einstellung. Ausbeute zirka 167 kg Rotöl mit etwa 57% Fettsäure (= 60% Ausgangsöl).

ε) *Appreturöle nach Erban[2].*

25%ige Sulfonierung, einmalige Wäsche. a) 800 kg saures Öl, 500 kg Wasser und 300 kg Natronlauge von 20° Bé geben 1600 kg neutrales Appreturöl mit 36—38% Fettsäure. b) 800 kg saures Öl, 100 kg Wasser und 100 kg Natronlauge geben 1000 kg saures Appreturöl mit 58—61% Fettsäure. c) 700 kg saures Öl, 200 kg Wasser und 100 kg Ammoniak von 24° Bé geben 1000 kg neutrales Ammoniaköl mit 50—53% Fettsäure.

ζ) *Lederfettungsmittel nach Rose und Keh[3] (sulfonierter Tran).*

Ein geeigneter Tran (V. Z. 180; J. Z. 130, vermutlich heller Dorschtran) wird mit 10% H_2SO_4 (D. 1,84) unter Wasserkühlung sulfoniert. Maximaltemperatur 25° C. Beendigung der Sulfonierung, wenn das Reaktionsprodukt in Wasser emulgiert. Neutralisation erfolgt ohne vorherige Wäsche mit technisch konz. Ammoniak, wozu etwa 16,7 kg benötigt werden; Temperatur 24° C. Das Produkt soll milchig emulgieren und die Emulsion nach einer Stunde keine Schichtenbildung erkennen lassen.

η) *Türkischrotölersatz nach Guilleminot[4].*

Tran wird in Gegenwart von ½% eines Metalls der Eisengruppe, z. B. Eisenspänen, Eisenbändern od. dgl., mit Schwefelsäure sulfoniert, deren Menge zwischen 5 und 50% schwanken kann. Das Sulfonat soll angeblich dem Rotöl aus Ricinusöl ähneln.

ϑ) *Gebleichte Türkischrotöle nach Verfahren der Erba A. G.[5].*

Ricinusöl wird in Gegenwart von 3% Wasserstoffsuperoxyd (30%ig) mit 25% Schwefelsäure bei höchstens 80° sulfoniert, neutralisiert und bei 25° zur besseren Ausscheidung des Sulfates mit 10 Vol.-% Äthylalkohol versetzt. Ein anderes Beispiel sieht Erhöhung der Wasserstoffsuperoxydmenge auf 16% und Sulfonierung mit 18% Schwefelsäure bei 96—98% bei 40—50° vor. Es können auch andere Fette und Öle, andere Perverbindungen sowie auch reduzierende Bleichmittel, wie Sulfite, Hydrosulfite oder Sulfoxylate, benutzt werden.

Bezüglich weiterer Angaben über die Gewinnung von Türkischrotölen oder anderer Ölsulfonate sei auf die Mitteilungen von LINDNER[6] und KADMER[7] verwiesen.

3. Sulfonate aus weniger gebräuchlichen Ölen und Wachsen.

Wie aus Vorstehendem ersichtlich ist, wird seit vielen Jahren als Hauptrohstoff für die Herstellung von Türkischrotölen das Ricinusöl oder bisweilen die Ricinolsäure benutzt. In neuester Zeit finden die Sulfonierungsprodukte anderer ungesättigter Fettstoffe wieder stärkere Beachtung. Sulfonierte Olivenöle dienen zum Avivieren von Textilmaterialien und zum Fetten von Leder. Als Fettlicker werden ferner vor allem die Sulfonate des Klauenöles und hellerer

---

[1] Die Anwendung der Fettstoffe und daraus hergestellter Produkte in der Textilindustrie, S. 108, 117. 1911.   [2] Die Garnfärberei usw., S. 121.
[3] Collegium **1924, 327.**   [4] F. P. 553 339.
[5] F. P. 657 799, 658 094; E. P. 292 574, 294 624, 296 935; A. P. 1 734 050, 1 804 183.
[6] Ölmarkt 7, Nr. 21, S. 1 (1925).   [7] Seifensieder-Ztg. 58, 209, 229 (1931).

Transorten benutzt. Auch Leinöl, Rüböl, Cocosfett u. dgl. sind von ERBAN und MEBUS[1] sulfoniert worden, doch haben sie Eingang in die Praxis kaum gefunden, da ein zu hoher Gehalt an hochungesättigten Fettsäuren starke Dunkelfärbungen und Verharzungserscheinungen, und ein zu hoher Gehalt an gesättigten Fettsäuren mangelhafte Löslichkeit der Sulfonate zur Folge haben. Für Spezialzwecke wie z. B. zum Schlichten von Textilfasern[2] oder zur Herstellung von Ölfarben[3], mögen auch Sulfonate trocknender Öle geeignet sein. WEBSTER[4] stellt fest, daß sich die Fettsäuren trocknender Öle wie des Leinöls oder Perillaöls weit besser sulfonieren lassen als die entsprechenden Neutralöle. Beachtenswert sind die Verfahren LEVINSTEINS[5], wonach Sulfonierungsprodukte aus teilweise gesättigten Fettmischungen offenbar technisch brauchbare Schlichte- und Aviviermittel ergeben. LEVINSTEIN empfiehlt z. B. eine 25%ige Sulfonierung von oleinhaltigem Handelsstearin oder dessen Mischungen mit Maisöl, Ricinusöl usw. Er stellt aber ausdrücklich fest, daß reine gesättigte Fettsäuren, wie z. B. Palmitinsäure, zwar in Schwefelsäure löslich sind, aber beim Verdünnen des Reaktionsproduktes mit Wasser in unveränderter Form wieder ausfallen. In einem weiteren Patent[6] regt LEVINSTEIN an, hydrierte Fette zu sulfonieren und beispielsweise zum Emulgieren von Paraffin zu benutzen. Es muß angenommen werden, daß die gesättigten Anteile in LEVINSTEINs Produkten tatsächlich nicht in sulfonierter, sondern nur in emulgierter Form vorliegen. Dagegen dürfte ein Vorschlag der H. Th. Böhme A. G.[7], aus der gesättigten Oxylaurinsäure den Schwefelsäureester herzustellen, wegen der Reaktionsfähigkeit der Hydroxylgruppe durchaus erfolgversprechend sein. Recht brauchbare Resultate sollen durch Zusätze von Olein zu Ricinolsäure[8], Leinöl[9] und Klauenöl[10] zu erzielen sein. 70 Teile Leinöl + 30 Teile Olein geben bei 25%iger Sulfonierung mit Schwefelsäuremonohydrat klare Sulfonate, während ein ähnliches Verfahren beim Klauenöl eine Verbesserung der Kältebeständigkeit zur Folge hat. Zur Herstellung kältebeständiger Klauenölsulfonate wird nach Zschimmer & Schwarz[11] das Klauenöl bei höchstens 5⁰ mit nicht mehr als 15% Schwefelsäure in Gegenwart oder Abwesenheit von indifferenten Verdünnungsmitteln sulfoniert und wie üblich aufgearbeitet. Die an sich recht schwierige Sulfonierung des Leinöls und ähnlicher Öle soll nach Patenten von Stockhausen & Cie.[12] dadurch möglich sein, daß man das Öl erst mit schwach sulfonierenden Mitteln, wie Monoalkalibisulfaten, behandelt oder teilweise chloriert und dann erst sulfoniert. Ein anderer Weg, um aus hochungesättigten Ölen, wie Leinöl oder ähnlichen trocknenden Ölen, klare Sulfonate zu gewinnen, besteht nach einem Patent der gleichen Firma[13] in der Sulfonierung mit 85—90%iger Schwefelsäure, wobei Temperaturen über 30⁰ zu vermeiden sind. Ein anderer Vorschlag, um aus Leinöl, japanischem Sardinenöl od. dgl. türkischrotölartige Erzeugnisse von hoher Qualität zu erhalten, wurde jüngst von der Imperial Chemical Industries Ltd.[14] gemacht. Danach werden derartige Öle in Gegenwart von Eisessig mit Wasserstoffsuperoxyd erhitzt, säurefrei gewaschen und dann sulfoniert. Sonnenblumenöl soll sich nach OTIN und DIMA[15] mit 20% Schwefelsäure bei 20⁰ während 12 Stunden gut sulfonieren lassen und beim

[1] Ztschr. Farbenind. 1907, 169.   [2] D. R. P. 524349; E. P. 293806; F. P. 657220.
[3] D. R. P. 461383.   [4] A. P. 1745221.
[5] E. P. 18333/1912, 16577/1913, 16578/1913; A.P. 1176378, 1185213.
[6] E. P. 16890/1914.   [7] D. R. P. 546142.
[8] HERBIG: Die Öle und Fette in der Textilindustrie, 2. Aufl., S. 302.
[9] D.R.P. 524349; E.P. 293806; F.P. 657220.
[10] D.R.P. 545698; F.P. 659209.   [11] D. R. P. 608693, 634951.
[12] D. R. P. 599837, 640791.   [13] D. R. P. 622262.
[14] E. P. 362971; A. P. 1926769.
[15] Journ. Int. Soc. Leather Trades Chemists 19, 443 (1935).

Neutralisieren klare Erzeugnisse liefern. TAGLIANI[1] gewinnt aus dem recht ungesättigten Chrysalidenfett der Seidenspinnerpuppen durch Sulfonierung in Gegenwart von Kochsalz Avivier- und Appretuleröle, während andere Verfahren die Eignung von schwarzem oder weißem Senfsamenöl[2] zwecks Gewinnung von guten Emulgiermitteln sowie von Eieröl[3] zwecks Herstellung von Lederfettungsmitteln in den Vordergrund stellen. Auch Teesaatöl, Aprikosenkernöl, Pfirsichkernöl, Mandelöl[4] sollen bei der Sulfonierung wertvolle Fettlicker für die Lederindustrie liefern. Die letzterwähnten Verfahren stammen von den Firmen Kroch A. G. und Epstein A. G. Auch die häufig recht verschieden zusammengesetzten Haifischleberöle liefern nach Verfahren der Imperial Chemical Industries Ltd.[5] Netz- und Dispergierungsmittel. Nach dem einen Verfahren dieser Firma werden Leberöle, die 70% und mehr ungesättigter Terpenkohlenwasserstoffe, wie Squalen und Spinacen, enthalten, bei 0—30° z. B. mit 30% Schwefelsäure behandelt, während das andere Verfahren derartige Trane mit weniger als 30% Unverseifbarem zugrunde legt. Ein Verfahren der H. Th. Böhme A. G.[6] sieht die Sulfonierung von verätherten Oxyfettsäuren vor, deren Hydroxylwasserstoff durch Alkyl- oder Phenylreste substituiert ist.

Zu erwähnen ist schließlich die Sulfonierbarkeit des sogenannten Tallöles oder flüssigen Harzes aus der Zellstoffgewinnung, welches meist 30—40% Harzsäuren neben Ölsäure enthält und auch noch in Form seiner Sulfonierungsprodukte einen unangenehmen Geruch aufweist. Das bei der Vakuumdestillation des Tallöles anfallende flüssige Destillat soll nach Abscheidung der kristallisierbaren Anteile einen brauchbaren Türkischrotölersatz liefern[7]. Auch Veresterungsprodukte des Tallöles mit Glycerin, die aus den Komponenten in Gegenwart von Katalysatoren bei 280° zu erhalten sind, liefern nach einem neueren Verfahren[8] technisch wertvolle Sulfonate. Einen neuartigen Rohstoff für Sulfonierungsprozesse empfiehlt die I. G. Farbenindustrie A. G.[9], welche Zersetzungsprodukte der Fette und Öle einem Decarboxylierungsprozeß bei 350—500° unterwirft und die so gewonnenen Produkte sulfoniert. Die Newport Chemical Corp.[10] erhitzt Kolophonium mit Eisen unter Rückfluß bis zur Verminderung der Acidität und gewinnt dann durch Destillation unter 450° eine Fraktion, die beim Sulfonieren technisch wertvolle Netzmittel liefert. Von CHERCHEFFSKY[11], PYHÄLÄ[12] und DAVIDSOHN[13] wird über die Gewinnung von Sulfonierungsprodukten der Naphthensäuren mit Schwefelsäure bzw. Oleum berichtet. Es sei festgestellt, daß diese Sulfonate in Deutschland und anderen Industrieländern Mittel- und Westeuropas wenig Eingang gefunden zu haben scheinen, während besonders in Rußland und Polen derartige sulfonierte Naphthensäuren erhebliche Verwendung als Netz- und Emulgierungsmittel finden. Die aus Montanwachs durch Behandlung mit Sauerstoff abgebenden Mitteln erhältlichen Oxysäuren sowie ihre Derivate, Amide, Anhydride, Ester oder sogar Alkohole lassen sich nach einem neueren Verfahren der I. G. Farbenindustrie A. G.[14] in Reinigungs- und Netzmittel überführen. Schließlich sei der Vorschlag von DUBOIS und KAUFMANN[15] erwähnt, durch Sulfonierung von Kumaronharz mit konzentrierter Schwefelsäure (1 : 1) bei 100° ein Ersatzprodukt für sulfonierte Öle zwecks Herstellung von Emulsionen zu gewinnen. Durch Sulfonierung der Destillationsrückstände von Harzölen, des Terpentins sowie der Benzaldehydfabrikation gewinnt man nach einem Verfahren der Gesellschaft für Chemische Industrie in Basel[16] wertvolle Emulgierungsmittel für die Färberei. Die gleiche Firma hat auch vorgeschlagen, aus Schellack, Bakelite A usw. durch Umsetzung mit Additionsverbindungen von SO_3 und organischen Basen (z. B. Pyridin + Chlorsulfonsäure) Textilhilfsmittel zu gewinnen[17].

[1] Lehnes Färber-Ztg. 1919, 65.   [2] E. P. 380836.
[3] D. R. P. 568769; F. P. 713737.   [4] F. P. 734959.
[5] E. P. 354417, 378075.   [6] D. R. P. 557662.
[7] D. R. P. 310541.   [8] E. P. 369985. [9] D. R. P. 594093.
[10] D. R. P. 583475; F. P. 710541; E. P. 368293.
[11] Seifensieder-Ztg. 38, 791 (1911).   [12] Seifenfabrikant 1915, 142.
[13] Seifensieder-Ztg. 42, 285 (1915).   [14] D. R. P. 578405.
[15] Ztschr. Dtsch. Öl-Fettind. 1922, 175.   [16] F. P. 634864.
[17] Schweiz. P. 149091, 151131—151133.

Von Interesse sind einige Mitteilungen, die sich mit der *Sulfonierung von Wachsen* beschäftigen. Echte Wachse sind bekanntlich Ester von Fettsäuren mit hochmolekularen Alkoholen aliphatischer oder hydroaromatischer Natur. Die in diesen Körpern vorhandenen hochmolekularen Alkohole sind die gesättigten Alkohole der Fettreihe, wie Caprylalkohol, Lanolinalkohol, Cetylalkohol, Cerylalkohol, Melissylalkohol und andere, daneben sind aber auch ungesättigte Fettalkohole, wie Oleinalkohol, und schließlich hydroaromatische Körper, wie Cholesterin und Isocholesterin anzutreffen. Da die Wachse weit schwieriger verseifbar sind als etwa Glyceride, muß damit gerechnet werden, daß auch ihre Sulfonate vorwiegend Schwefelsäureester der ungespaltenen Wachse darstellen, es sei denn, daß durch besonders kräftige Sulfonierungsbedingungen stärkere Aufspaltungen bewirkt werden, die dann aber von einem Eintritt echter Sulfogruppen begleitet sein dürften.

Die größte Beachtung hat naturgemäß das Wollfett gefunden, das in außerordentlich großen Mengen anfällt und schon seines niedrigen Preises wegen Anreiz bietet. Nach v. COCHENHAUSEN[1] liefert das im Wollfett vorhandene Cholesterin mit Schwefelsäure das unlösliche Cholesteron. Durch Behandlung von rohem oder gereinigtem Wollfett mit Schwefelsäure oder Schwefeltrioxyd in Gegenwart von Metalloxyden oder Bisulfiten sollen nach LANGE[2] Sulfonierungsprodukte erhältlich sein, die größtenteils wasserlöslich oder wenigstens emulgierbar sind und sich als Fettspalter eignen. Einen neuartigen Weg zur Gewinnung technisch wertvollerer Wollfettsulfonate schlägt HERZOG[3] vor. Er zerlegt Rohwollfett bei 0° mittels Aceton in eine unlösliche Wachsfraktion und eine lösliche Ölfraktion. Beide Fraktionen sollen mit Schwefelsäure weißlich-gelbe Sulfonierungsprodukte liefern, die mit destilliertem Wasser mischbar sind und unlösliche Lösungsmittel zu emulgieren vermögen. Neuere Verfahren der I. G. Farbenindustrie A. G.[4] sehen die Behandlung von Wollfettsäuren, die auch zuvor mehrere Stunden lang mit sauerstoffhaltigen Gasen bei 100—300° geblasen sein können, mit Schwefelsäure vor. Nach einem Verfahren der Imperial Chemical Industries Ltd.[5] ist es vorteilhaft, das Wollfett erst zu acylieren und dann zu sulfonieren. Schließlich muß in diesem Zusammenhang ein deutsches Patent der Oranienburger Chemischen Fabrik A. G.[6] Erwähnung finden, das die Überführung von Wollfett, dessen Destillationsprodukten oder den daraus gewonnenen Wollstearinen bzw. Wolloleinen mit Schwefelsäurehalogenhydrinen vorsieht. Man kann nach dem gleichen Patent das zugrunde gelegte Wollfett oder Destillat durch einen Zusatz von hochmolekularen Alkoholen korrigieren. Dieses Verfahren stellt eine Lösung des Problems dar, Wollfett ohne Fraktionierung in homogene und technisch wertvolle Sulfonate überzuführen.

Sulfonierungsprodukte anderer Wachse beschreibt AISCHE[7], der vorschlägt, Walöl oder Spermöl mit wenigstens 50% Schwefelsäure von 90—95% zu behandeln und auf diese Weise Textilhilfsmittel gewinnen will. Diese Angabe stellt einen interessanten Vorläufer für die später zu erörternden Gewinnungsmethoden solcher Sulfonate dar, in denen eine Carboxylgruppe durch Veresterung unwirksam gemacht ist (vgl. S. 352). Zweifellos nehmen diese „Schwefelsäureester von Fettsäureestern", die AISCHE offensichtlich in Händen gehabt hat, eine Ausnahmestellung ein und dürften sich durch gute Beständigkeitseigenschaften auszeichnen. Jedenfalls stellen NISHIYAMA und TOMITSUKA[8] in neuester Zeit an Hand von Untersuchungen an den Komponenten fest, daß die Sulfonate des Spermöls ganz besonders wertvolle Eigenschaften aufweisen. Nach einem ähnlichen Verfahren[9] soll sich ein Sulfonierungsprodukt aus Spermöl und 20% Schwefelsäure gut als Emulgator für bituminöse Substanzen eignen. ROBERTSHAW[10] erwähnt die Möglichkeit, flüssige Ölsulfonate aus Spermöl zu gewinnen, die offenbar das Interesse des Gerbers haben. Nach einem Verfahren der I. G. Farbenindustrie A. G.[11] werden Wachsester, wie Walrat,

[1] DINGLERs polytechn. Journ. **303**, H. 12, S. 284 (1897).
[2] Chemisch-technische Vorschriften, 3. Aufl., Bd. 3, S. 405.
[3] D. R. P. 440146, 477959; E. P. 247714; F. P. 591658; A. P. 1543157, 1543384; Schweiz. P. 116146.
[4] D. R. P. 539635; F. P. 34980/645819, 37953/645980; E. P. 305597; A. P.1780027.
[5] E. P. 377721.   [6] D. R. P. 575831.   [7] E. P. 207678.
[8] Journ. Soc. chem. Ind. Japan (Suppl.) **1932**, 548 Bf.   [9] E. P. 333153.
[10] The Leather World **21**, 947 (1929).   [11] E. P. 354217.

Bienenwachs, Wollfett, Montanwachs, vorteilhaft in Gegenwart von indifferenten Lösungsmitteln, wie Äthyläther od. dgl., sulfoniert. Beim Waschen geht das Sulfonat in die wäßrige Schicht, während unangegriffenes Ausgangsmaterial oder durch Spaltung entstandene freie Fettsäure im Lösungsmittel gelöst wird. Ein neueres Verfahren der Fabrik Chemischer Produkte vorm. Sandoz[1] betrifft die Sulfonierung fester oder flüssiger Wachse in Gegenwart mehrwertiger Alkohole, wie Glykol, Glycerin, Sorbit od. dgl. Endlich hat man auch vorgeschlagen, Gemische von Wachsen und Glyceriden oder Fettsäuren (z. B. Wollfett + Palmöl, Stearinsäure, Wollstearin) mit 25% Schwefelsäure zu behandeln[2].

4. Die Monopolseife oder ähnliche Sulfonate (polymerisierte Fettstoffe).

Wie gezeigt wurde, finden sich bereits in der älteren Literatur Angaben, die das deutliche Bestreben erkennen lassen, vom gewöhnlichen Türkischrotöl, d. h. Ricinusölsulfonat 15—35%iger Sulfonierung, zu Erzeugnissen mit verbesserten Eigenschaften zu kommen. Dennoch haben diese Bemühungen größere Beachtung scheinbar nicht gefunden. Dagegen bedeutete das Erscheinen der ,,*Monopolseife*" der Firma Stockhausen & Co., Krefeld, einen erheblichen Schritt vorwärts auf dem Gebiete der Sulfonaterzeugung.

Den zugrunde liegenden Patenten[3] ist zu entnehmen, daß die Sulfonierung von Ricinusöl mit 30% Schwefelsäure von 66° Bé mit ein- bis zweitägiger Nachreaktion kaum von der üblichen Methode abweicht. Der Hinweis auf Vermeidung von Schwefeldioxydbildung und auf Kühlhalten bei der Nachreaktion zeigt an, daß ein weitgehender Zerfall des Triglycerids offenbar zu vermeiden ist. Das Neuartige liegt aber vor allem in der weiteren Verarbeitung, die auf zwei verschiedenartigen Wegen erfolgen kann. 1. Zu 100 kg ungewaschenem Sulfonat werden 60 kg Natronlauge von 36—37° Bé auf einmal unter kräftigem Rühren zugesetzt, wobei Selbsterhitzung unter Klarwerden der Masse eintritt. Nach zwei bis drei Tagen ist ein Teil des gebildeten Glaubersalzes auskristallisiert. Die abgezogene ölige Masse wird nun solange gekocht, bis sie nicht mehr schäumt und beim Erkalten seifenartig geliniert. Die so entstehende ,,Monopolseife" reagiert schwach sauer und enthält noch beträchtliche Mengen von freiem Glaubersalz. 2. 100 kg Sulfonat werden mit 100—200 kg lauwarmer Kochsalzlösung von 25—30° Bé gewaschen; nach mehrtägigem Stehen wird das Sauerwasser abgezogen. Dann werden 100 kg des gewaschenen Öles mit 39 kg Natronlauge von 36—37° Bé, wie in Vorschrift 1 beschrieben, neutralisiert und bis zur Gelatinierung gekocht. Die Laugenersparnis gegenüber der Arbeitsweise 1 zeigt, daß etwa ein Drittel der Säure auswaschbar ist.

In der Patentschrift wird schließlich noch vorgesehen, an Stelle der angegebenen Menge starker Lauge auch die entsprechend höheren Mengen schwächerer Laugen anzuwenden, wobei flüssige Produkte entstehen, die gegebenenfalls eingedampft werden können. Man kann auch erst bis zur üblichen Türkischrotölbildung neutralisieren und dann mit dem Laugenüberschuß erhitzen.

Während man bei der üblichen Türkischrotölgewinnung in der Regel etwa 2% Ätznatron vom gewaschenen Sulfonat für die Neutralisation benötigt, sieht das neue Verfahren nahezu die dreifache Alkalimenge vor. Dieser Laugenüberschuß sowie der Kochprozeß führen dazu, daß nicht nur die ,,interne" OSO_3H-Gruppe neutralisiert wird, sondern daß darüber hinaus auch die ,,externen", wahrscheinlich noch mit Glycerin veresterten Carboxylgruppen freigemacht und neutralisiert werden. Die ,,Monopolseife" vereinigt demnach auch strukturell die Eigenschaften des Türkischrotöles mit denen einer echten Seife. Ferner sind aber auch noch Polymerisationsreaktionen sowohl durch die Re-

---

[1] F.P. 770 884.   [2] E.P. 18 535/1912, 16 577/1913, 16 578/1913; A.P. 1 176 378, 1 185 213.
[3] D. R. P. 113 433, 126 541.

aktionswärme beim Neutralisieren, wie auch als Folge des Kochens anzunehmen. Die hiermit verbundene Verminderung von Carboxylgruppen[1] dürfte die Ursache für die verbesserten Beständigkeitseigenschaften solcher Präparate sein. „Monopolseife" ist also ein Schwefelsäureester einer Polyricinolsäureseife. Die früher mitunter geäußerte Auffassung, daß in der Monopolseife eine Mischung von Fettschwefelsäureestern mit fettsauren Alkalien vorliege[2], steht mit den Eigenschaften des Produktes, besonders mit der recht beachtlichen Kalkbeständigkeit, im Widerspruch.

ERBAN[3] beschäftigt sich eingehend mit dem Einfluß von Härtebildnern, Säuren und Laugen auf Monopolseife. 25 cm³ einer 10%igen Monopolseifenlösung geben in 1 Liter Brunnenwasser von 12⁰ Härte zunächst klare, später leicht trübe Lösungen. Auch durch nachträglichen Zusatz von 50 cm³ einer 10%igen Lösung von Marseillerseife tritt keine Änderung ein, d. h., die Bildung von Kalkseifenflocken bleibt aus. Bereits vorhandene Kalkseife wird durch Zusatz von schwach sauer reagierender oder besser noch von angesäuerter Monopolseifenlösung sogar gelöst. In konzentrierten Bittersalzlösungen (z. B. 500 g MgSO₄ krist. pro Liter) geben 10%ige Monopolseifenlösungen anfangs Trübungen, später Abscheidungen, die sich aber wieder verteilen lassen. Die Säurebeständigkeit der Monopolseifenlösungen hängt von ihrer Konzentration ab; sie reicht jedenfalls für viele Zwecke in der Textilindustrie aus. In Mercerisierlaugen von 31,5⁰ Bé gibt Monopolseife anfangs Trübungen, nach längerem Stehen Gallertbildung.

Das in neuester Zeit propagierte Hydrosanverfahren[4] sieht die Anwendung von Monopolseife od. dgl. zusammen mit Seife vor. Bei Wasser von 8⁰ d. H. wird beispielsweise ein Drittel der zur Bindung der Härtebildner erforderlichen Monopolseifenmenge benötigt. Bei weicherem Wasser braucht man entsprechend mehr, bei härterem Wasser entsprechend weniger Monopolseife. Gegebenenfalls werden noch Stabilisierungsmittel, wie Harnstoff, Natriumlactat od. dgl. zugesetzt. Die Kalkseifenbildung soll auf diese Weise vermieden werden. Nähere Aufklärungen über dieses Verfahren verdanken wir ULLMANN[5] und SECK[6].

Ähnliche Eigenschaften wie die der Monopolseife werden auch anderen am Markt erschienenen Sulfonaten, wie *Monopolbrillantöl* (Stockhausen & Co., Krefeld), *Türkonöl* (Buch & Landauer, Berlin), *Isoseife* (Blumer, Zwickau), *Coloran K* und *S* (Oranienburger Chem. Fabrik A. G., Oranienburg), *Avirol KM* (Böhme Fettchemie G. m. b. H., Chemnitz) usw. zugeschrieben. Diese Produkte sind teils flüssig, teils schnittfest und weisen durchweg ähnliche Eigenschaften wie die Monopolseife auf.

Erwähnenswert sind in diesem Zusammenhang noch die unter den Namen „*Universalöl*" oder „*Monopolöl*" bekannten Erzeugnisse der Firma Schmitz, Heerdt a. Rh., die nach einem etwas andersartigen Verfahren[7] gewonnen werden. Nach den Patenten wird vorgesehen, Fette, wie Ricinusöl, Olein od. dgl., zunächst durch Sulfonierung in Schwefelsäureester überzuführen, aus diesen dann durch Erhitzen mit Wasser die Sulfogruppe wieder abzuspalten und die so gebildeten Oxyfettsäuren dann mit Ricinusöl im Verhältnis 1 : 3 bis 3 : 1 zu mischen und zu sulfonieren. Vor der Sulfonierung kann nach der einen Vorschrift das Gemisch erhitzt werden. Die Neutralisationsprodukte dürften, ebenso

---

[1] Vgl. die Bildung von Diricinolsäure S. 323.
[2] Vgl. HERBIG: Lehnes Färber-Ztg. 1904, 45.
[3] Anwendung von Fettstoffen und daraus hergestellten Produkten in der Textilindustrie, S. 160. 1911.
[4] Ö.P. 124540; A. P. 1743054.   [5] Ztschr. angew. Chem. 39, 837 (1926).
[6] Melliands Textilber. 1929, 40.   [7] E. P. 8245/1907, 11903/1907.

wie die Monopolseife, gleichzeitig Schwefelsäureester und Seifen polymerer Fettsäuren sein, so daß die Ähnlichkeit der beiden Sulfonatarten durchaus plausibel erscheint.

Im Zusammenhang mit der Monopolseife soll noch ein merkwürdiger Vorschlag[1] Erwähnung finden, der eine Behandlung von Ricinusöl oder anderen Fettstoffen mit Persulfaten bei Temperaturen von mehr als 200⁰ und wahlweise noch weiteres Sulfonieren vorsieht. Das Reaktionsprodukt der Persulfatbehandlung soll eine gelatinöse Masse darstellen. Es erscheint nicht ausgeschlossen, daß auch bei diesem Verfahren ein polymerisierter Schwefelsäureester mit freien Carboxylgruppen erhalten wird.

Ein Verfahren von SCHLOTTERBECK[2] ist zielbewußt auf die gleichzeitige Gewinnung von Schwefelsäureverbindungen polymerisierter Öle neben monomolekularen Sulfonaten abgestellt. Ricinusöl oder andere Fette mit Doppelbindungen werden z. B. mit 35% konz. Schwefelsäure wie üblich behandelt, vom Säureüberschuß befreit und mit schwach verseifenden Agentien, wie Wasser oder verdünnten Säuren, unter Vermeidung des Kochprozesses verseift, bis die an der Doppelbindung befindlichen Schwefelsäurereste abgespalten sind. Dabei scheiden sich die polymeren Schwefelsäureester auf der Oberfläche ab, während die monomolekularen Sulfonate zunächst gelöst bleiben und durch Aussalzen mit Glaubersalz isoliert werden können. Beide Öle verhalten sich in neutralisierter Form durchaus verschiedenartig. Das polymerisierte Produkt soll größere Mengen von unlöslichen Lösungsmitteln, Mineralölen usw. aufzulösen vermögen, während das monomolekulare Sulfonat äußerst säurebeständig ist und die Monopolseife in dieser Beziehung weit übertrifft.

c) Fettschwefelsäureester hohen Sulfonierungsgrades.

Im Jahre 1924 macht sich erstmalig das Bestreben bemerkbar, weitere Verbraucherkreise für Fettschwefelsäureester höheren Sulfonierungsgrades zu interessieren. Diese Bemühungen mögen angeregt worden sein durch die erfolgreiche Einführung der synthetisch gewonnenen alkylierten aromatischen Sulfonsäuren bzw. ihrer Salze (z. B. der propylierten oder butylierten Naphthalinsulfonsäuren), die unter den Namen *Nekal, Betan, Oranit, Neomerpin* u. a. m. am Markt erschienen und in kurzer Zeit nicht nur wegen ihrer guten Kapillaraktivität, sondern auch wegen ihrer ausgezeichneten Beständigkeitseigenschaften Verbreitung fanden. Man konnte mit diesen Verbindungen Arbeitsprozesse in sauren Bädern, in hartem Betriebswasser, in Gegenwart von Erdalkali-, Magnesium-, Chromsalzen od. dgl. durchführen, bei denen die Verwendung von den bis dahin bekannten Rotölen mit Einschluß der Monopolseife meist unmöglich war. Allerdings durfte man gewisse Eigenschaften der „sulfonierten Öle", besonders ihre weich und griffig machenden Wirkungen, ihre glättenden, füllenden und faserschonenden Eigenschaften bei den alkylierten aromatischen Sulfonsäuren ihrer fettfremden Natur wegen nicht erwarten. Einen gewissen Ausgleich für diesen Mangel suchte und fand man durch gemeinsame Verwendung von solchen Sulfonsäuren und sulfonierten Ölen, in denen die aromatische Verbindung als Schutzkolloid stabilisierend auf das Ölsulfonat wirkte. Ein Vorschlag dieser Art findet sich in der Patentliteratur[3], und es ist anzunehmen, daß auch eine Anzahl von Handelspräparaten nach diesen Gesichtspunkten hergestellt worden sind.

Es lag also gleichsam „in der Luft", das Thema der Gewinnung hochbeständiger Türkischrotöle einer Neubearbeitung zu unterziehen. Die äußerst wertvollen Erkenntnisse, die wir den älteren wissenschaftlichen Bearbeitern,

---

[1] D. R. P. 245902.   [2] D. R. P. 454458.   [3] D. R. P. 466420; A. P. 1883860.

insbesondere LEWKOWITSCH[1] sowie GRÜN und seinen Schülern verdanken, mögen zum näheren Studium der Intensivsulfonierung von Fetten auch unter Nutzanwendung tiefer Arbeitstemperaturen angeregt haben. Es sei an dieser Stelle nur daran erinnert, daß GRÜN[2] durch Einwirkung von 3 Mol höchstkonzentrierter Schwefelsäure auf 1 Mol Ricinolsäure bei —5 bis —10° den Dischwefelsäureester der Dioxystearinsäure, also das Erzeugnis einer quantitativen Sulfonierung gewinnen konnte. Desgleichen hat GRÜN in seinem D. R. P. 260 748 die Gewinnung eines hochwertigen Türkischrotöles mit 19,66% gebundener Schwefelsäure (= 16,1% SO_3) durch Behandlung von Ricinusöl in Gegenwart inerter Verdünnungsmittel mit 54% Chlorsulfonsäure beschrieben. Er nimmt in diesem Fall neben Glyceridspaltung weitgehende Sulfonierung der Hydroxylgruppe, nicht aber an der Doppelbindung an. Bedenkt man, daß der Gehalt an organisch gebundenem SO_3 bei gewöhnlichen Rotölen zwischen 2—3%, bei Spezialölen zwischen 3—4% und selbst bei der Monopolseife nur zwischen 5—7% liegt, so stellt man erstaunt fest, daß bereits GRÜN Erzeugnisse in der Hand gehabt haben muß, die den heutigen hochsulfonierten Ölen in bezug auf Sulfonierungsgrad kaum nachgestanden haben.

Es hat allerdings auch sonst in der technischen Literatur nicht an Vorschlägen gefehlt, „intensiv" zu sulfonieren. WIRTH[3] sulfoniert Ölsäure sowie Olivenöl, Baumwollsamenöl, Sonnenblumenöl usw. bei 6° mit 30—40% Schwefelsäure. SPRECKELS[4] empfiehlt Schwefelsäure von 66° Bé oder ihre Gemische mit Phosphorsäure oder Salpetersäure auf Fette, Öle oder Fettsäuren in Mengen bis zu 50% einwirken zu lassen. LANZA[5] sulfoniert Ölsäure mit 50% Schwefelsäure von 66° Bé. Ein ähnliches Verfahren wird von der Chemischen Fabrik Aspe[6] beschrieben, welches eine 50%ige Ölsulfonierung in Gegenwart von Benzin vorsieht. Noch kräftigere Sulfonierungsbedingungen beschreiben RANDEL[7] und AISCHE[8]. Während der erstgenannte vorschlägt, die verschiedenartigsten pflanzlichen oder tierischen Fette und Öle in Gegenwart leicht flüchtiger Verdünnungsmittel im Vakuum mit 150% Schwefelsäure zu behandeln, empfiehlt der zweitgenannte die Herstellung „vollständig sulfonierter" Öle durch Behandlung tierischer Öle mit 50—100% Schwefelsäure oder noch stärker sulfonierenden Agentien. Es kann kein Zweifel darüber bestehen, daß besonders die letzterwähnten Verfahren primär zu hochsulfonierten Ölen führen müssen. Man muß sich aber auch darüber klar sein, daß durch nicht ganz sachgemäße Aufarbeitung solcher Sulfonate der Sulfonierungsgrad mitunter stark zurückgegangen sein mag, so daß der technische Wert vermutlich oft geringer war, als man heute bei der Lektüre dieser älteren Anweisungen annehmen mag.

Erst der jüngsten Zeit war es vorbehalten, durch Feinausarbeitung bis in alle Einzelheiten Darstellungsmethoden für wirklich technisch hervorragende Fettschwefelsäureester aufzufinden.

Man kann bei diesen neueren Verfahren fünf Gruppen unterscheiden:

1. Intensivsulfonierung mittels Schwefelsäurehalogenhydrinen;
2. Sulfonierung mittels Überschüssen an Sulfonierungsmitteln bei tiefen Temperaturen;
3. Sulfonierung in Gegenwart anorganischer wasserbindender Mittel;
4. Sulfonierung in Gegenwart organischer wasserbindender Substanzen;
5. Sulfonierung in Gegenwart anderer Hilfssubstanzen.

Diese fünf Gruppen bezwecken eine intensive Sulfonierung der Fettstoffe und die Bildung von möglichst viel organisch gebundenem SO_3.

Bei den Verfahren der ersten Gruppe, die im Besitz der Oranienburger Chem. Fabrik A. G. sind, wird mit größeren Mengen von Chlorsulfonsäure, und zwar

---

[1] Journ. Soc. chem. Ind. 16, 389—394 (1897).   [2] Ber. Dtsch. chem. Ges. 39, 4403 (1906).
[3] E. P. 1786/1881.   [4] E. P. 17912/1902.   [5] D. R. P. 191 238.
[6] E. P. 196 623.   [7] A. P. 1 374 607.   [8] E. P. 207 678.

in Abwesenheit von Verdünnungsmitteln gearbeitet[1]. Gegebenenfalls läßt man
die Einwirkung der Chlorsulfonsäure auf die Fettstoffe in Gegenwart von Halogenüberträgern vor sich gehen[2]. Werden bei den beiden genannten Verfahren große
Mengen an Chlorsulfonsäure verwendet, so erhält man Produkte, welche neben
Schwefelsäureestern auch „echte" Sulfonsäuren enthalten. Auf diese Körper
kommen wir im nächsten Kapitel noch zu sprechen.

In der zweiten Gruppe existieren mehrere Verfahren, welche zum Teil
technische Bedeutung erlangt haben. Beispielsweise wird die Sulfonierung von
Ölsäure mittels überschüssiger Schwefelsäure unter Tiefkühlung vorgeschlagen.
Das erhaltene Sulfonat wird nach dem Auswaschen der überschüssigen Schwefelsäure durch Dialysieren gereinigt[3]. Die Behandlung von Ölen und Fetten mit
überschüssigen Sulfonierungsmitteln, wie Schwefelsäure, läßt sich auch in
Gegenwart von Chlorkohlenwasserstoffen durchführen[4]. Man gelangt so zu
Produkten, welche mehr als 6% organisch gebundenes SO_3 enthalten. Interessant
und von technischer Bedeutung ist ein Verfahren der Chemischen Fabrik Stockhausen & Cie. zur Herstellung von Schwefelsäureverbindungen von ungesättigten
Ölen und Fetten oder deren Fettsäuren, welches durch folgende vier Merkmale
gekennzeichnet ist: 1. Die Sulfonierungsreaktion wird unter Intensivkühlung
unterhalb +10° durchgeführt. 2. Es werden mehr als 35%, z. B. 100% Schwefelsäure angewandt. 3. Das Eintragen der Schwefelsäure wird so rasch wie möglich
vorgenommen. 4. Nach beendigter Sulfonierung wird sofort ausgewaschen und
das gewaschene Produkt in üblicher Weise neutralisiert[5]. Hierbei scheint der
sofortigen Aufarbeitung des Sulfonierungsproduktes besondere Bedeutung zuzu-
kommen. Die im Handel befindlichen *Prästabitöle* dürften teilweise nach dem
eben erwähnten Verfahren hergestellt sein. Sie sind durch einen hohen Sulfonierungsgrad ausgezeichnet; er beträgt nach HERBIG[6] 93%, während ein gewöhnliches Türkischrotöl einen Sulfonierungsgrad von 22% aufweist. Ferner ist ein
Verfahren der H. Th. Böhme A. G. zur Sulfonierung von Fettsäuren mittels
überschüssiger Schwefelsäure bei Temperaturen unter 0° bekanntgeworden.
Gegebenenfalls wird die Sulfonierung in Gegenwart von Verdünnungsmitteln,
wie Benzol, durchgeführt[7].

Ein gleichfalls in diese Gruppe einzuordnendes Patent der Firma H. Th. Böhme[8]
beschreibt das Eintragen von ungesättigten Fettsäuren oder deren Glyceriden in
mindestens die doppelte bis dreifache Menge an Schwefelsäure, welche vorteilhaft
vorher auf —20° abgekühlt worden ist. Sowohl die Sulfonierung als auch die Aufarbeitung soll bei tiefen Temperaturen erfolgen. Ein neueres Verfahren der Soc. an.
pour l'Industrie chimique sieht die Behandlung von Fettsäuren und Fetten mittels
überschüssiger Schwefelsäure oder Oleum unter 0° in Gegenwart von Katalysatoren,
wie Essigsäureanhydrid oder Aluminiumchlorid, vor[9]. Ferner ist noch ein Verfahren
zu erwähnen, welches in der Behandlung von Fettstoffen mittels überschüssiger,
beispielsweise 90%iger Schwefelsäure besteht[10]. Schließlich ist ein Verfahren der
Flesch-Werke A. G. bekanntgeworden, Polyoxyfettsäuren, z. B. oxydierte Linolsäure, Dioxystearinsäure, Sativinsäure od. dgl., mittels 5—10%iger rauchender
Schwefelsäure bei niedriger Temperatur in Schwefelsäureester überzuführen[11]. Das
Oleum soll mittels Injektor staubförmig in das Fett eingeblasen werden. Eine besondere Ausführungsform des Sulfonierungsprozesses, die bei Anwendung tiefer
Temperaturen und bei Abwesenheit von Verdünnungsmitteln gute Dienste leisten
dürfte, beschreiben Stockhausen & Cie., Buch und Landauer A. G.[12]. Sie leiten in die

---

[1] E. P. 275267; F. P. 640617.   [2] D. R. P. 564758; F. P. 653790; E. P. 289841.
[3] D. R. P. 568209.   [4] D. R. P. 557203.
[5] D. R. P. 561715; F. P. 632738; E. P. 293717; A. P. 1849209.
[6] Die Öle und Fette in der Textilindustrie, 2. Aufl., S. 409. 1929.
[7] E. P. 284280; F. P. 647417.   [8] D. R. P. 597957.
[9] F. P. 690022.   [10] F. P. 739886.
[11] D. R. P. 557088; F. P. 636488.   [12] D. R. P. 566604.

Reaktionsmasse einen Strom eines indifferenten Gases, z. B. Kohlensäure, ein oder erzeugen das Gas z. B. aus kalz. Soda während der Sulfonierung. Durch Expandierenlassen des Gases kann gleichzeitig stark gekühlt werden. Die Viskosität der Sulfonatmasse wird stark herabgesetzt. Ganz ähnliche Erfolge dürfte ein neueres Verfahren von JAHN[1] geben, welches die Sulfonierung von ungesättigten Fettstoffen in Gegenwart von festem Kohlendioxyd (sogenanntem Trockeneis) vorsieht und auf diese Weise zu hochsulfonierten, hellfarbigen Erzeugnissen führt. Ein sehr geeigneter Fettstoff besonders auch für Intensivsulfonierungen bei tiefen Temperaturen scheint nach einem Verfahren der Fettsäure- und Glycerinfabrik G. m. b. H., Mannheim[2], ein von Stearin weitgehend befreites Olein zu sein, welches noch bei 3^0 flüssig sein soll.

Die Verfahren der dritten Gruppe betreffen die Sulfonierung von Fettstoffen mittels Sulfonierungsmitteln, wie Schwefelsäure, Oleum oder Chlorsulfonsäure, in Gegenwart von wasserentziehenden Phosphorverbindungen, wie Phosphorpentoxyd, Metaphosphorsäure, Phosphortrichlorid und Phosphoroxychlorid. Statt dieser Verbindungen sind auch Salze, wie wasserfreies Natriumsulfat oder Kaliumsulfat, vorgeschlagen worden[3]. Nach diesen Verfahren der Oranienburger Chemischen Fabrik A. G. erhält man Produkte, welche mehr oder weniger „echte" Sulfonsäuren enthalten.

Größere technische Bedeutung haben die Verfahren der vierten Gruppe erlangt. Wie bei der dritten Gruppe, liegt auch den zu besprechenden Verfahren der Gedanke zugrunde, das beispielsweise bei der Veresterung von Ricinusöl mittels Schwefelsäure auftretende Reaktionswasser chemisch zu binden und hierdurch unschädlich zu machen. Andernfalls besteht die Gefahr von Rückverseifungen unter Bildung von Schwefelsäure. Bei einer Reihe von Verfahren der H. Th. Böhme A. G. übernehmen diese wasserbindende Rolle organische Säuren, deren Anhydride oder Chloride, wie Essigsäure, Essigsäureanhydrid oder Acetylchlorid.

Beispielsweise werden Fettstoffe in Gegenwart der eben erwähnten organischen Körper mittels Schwefelsäure oder Oleum sulfoniert[4]. Außer den gewöhnlichen Fettstoffen können auch polymerisierte Fette, wie Floricin, als Ausgangsstoff dienen[5]. Besondere Effekte werden durch Steigerung des Zusatzes von Essigsäureanhydrid auf 100% des Ölgewichtes erzielt[6]. Ein Verfahren der I. G. Farbenindustrie A. G. sieht die Behandlung von Fettstoffen mit Reaktionsprodukten aus Eisessig oder Essigsäureanhydrid mit rauchender Schwefelsäure, welche Acetylschwefelsäure enthalten, vor. Nach derselben Literaturstelle werden Fette mit rauchender Schwefelsäure in Gegenwart von Eisessig, Chloressigsäure, deren Anhydride oder Ester, wie Methylacetat, sulfoniert[7]. Ferner wurde von der Flesch-Werke A. G. ein Verfahren vorgeschlagen, welches die Behandlung von Fettstoffen mir Acetylschwefelsäure, die aus Eisessig mit Schwefeltrioxyd oder Chlorsulfonsäure gewonnen wird, betrifft[8]. Außer Eisessig sind in ähnlicher Weise wie oben beschrieben andere aliphatische Fettsäuren, deren Anhydride oder Chloride verwendbar[9]. So wird beispielsweise das Reaktionsprodukt aus je einem Mol Schwefeltrioxyd und Essigsäureanhydrid mit einem Mol Ölsäure bei -20^0 zur Umsetzung gebracht. In ganz ähnlicher Weise empfiehlt die Baumheier A. G.[10] Acylschwefelsäure in Gegenwart von Kondensationsmitteln wie Chlorsulfonsäure für die Sulfonierung von ungesättigten Fettstoffen zu benutzen. Statt der Chlorsulfonsäure sind auch Gemische anderer Sulfonierungsmittel mit den weiter oben erwähnten Phosphorverbindungen sowie wasserfreien Salzen vorgeschlagen worden[11]. Sehr ähnliche Verfahren wie die vorerwähnten, d. h. die Sulfonierung von Fettsäuren und ihren Abkömmlingen in Gegenwart von Essigsäure, Natriumacetat oder statt dessen auch Phosphorsäure, Phosphorchloriden bzw. Oxychloriden sind von der Chemischen Fabrik Servo u. Rozenbroek[12] bekanntge-

[1] D. R. P. 622728.   [2] D. R. P. 623632; F. P. 734766.
[3] F. P. 640617; E. P. 293690.
[4] D.R.P.553503, 581658; E.P.261385, 298559; F.P.624425; A.P.1801189; Russ. P. 17217.   [5] D.R.P. 552327; F.P. 637338; E.P. 274104; A.P. 1749463.
[6] E. P. 263117.   [7] F. P. 645221; E. P. 288127; A. P. 1832218.
[8] D. R. P. 564759; F. P. 636586; E. P. 282626.
[9] D.R.P.617347; E.P.284206, 288126.   [10] F. P. 721041.
[11] E. P. 308280.   [12] F. P. 657161; E. P. 312283, 293690.

geben worden. Nach neueren Verfahren kondensiert man Fettstoffe, wie Ricinusöl oder Ricinolsäure, mit beispielsweise Essigsäure, Essigsäureanhydrid usw. und sulfoniert die erhaltenen acetylierten Fettstoffe in bekannter Weise[1]. Eine Abwandlung sieht die Sulfonierung des in flüssigem Schwefeldioxyd gelösten acetylierten Öles mit Schwefeltrioxyd oder Oleum vor, welche gleichfalls in Schwefeldioxyd gelöst zur Anwendung kommen[2]. Auch auf die bereits früher erwähnte Acetylierung ungesättigter Öle in Gegenwart von Wasserstoffsuperoxyd als Vorstufe zur Sulfonierung sei hier nochmals hingewiesen[3]. Ähnliche Kondensationsreaktionen finden auch bei den früheren Verfahren statt, da man hier energisch wirkende Kondensationsmittel, wie Schwefeltrioxyd oder Chlorsulfonsäure, benutzt. Wie weit die an der Hydroxylgruppe oder an der Kette sitzenden Acylreste bei der Sulfonierung erhalten bleiben, mag dahingestellt sein. Nach einer Arbeit von GRÜN[4] erfolgt bei der Einwirkung von Schwefelsäure auf das Acetylderivat der Ricinolsäure keine Addition, sondern eine Verdrängung der Acetylgruppe durch den Schwefelsäurerest. Bei starken Kondensationsmitteln dürfte eine solche Verdrängung nur in geringem Maße stattfinden. In dieser Gruppe ist schließlich ein Verfahren von RÜLKE[5] zu erwähnen, das die Sulfonierung von Fettsäuren, Ölen, Harzen usw. in Gegenwart von Acetonitril als wasserentziehender bzw. verdünnend wirkender Substanz vorsieht. Nach den meisten der eben beschriebenen Verfahren der vierten Gruppe erhält man Produkte, welche „echte" Sulfonsäuren wenigstens anteilsweise enthalten. Dies gilt besonders für die Sulfonierung von Fettstoffen in Gegenwart von großen Mengen an Essigsäureanhydrid, für die Sulfonierung von ungesättigten Fettstoffen und für eine solche unter Anwendung von starken Sulfonierungsmitteln, wie Schwefeltrioxyd oder Chlorsulfonsäure.

In neuerer Zeit wurden andere Hilfsstoffe als die bisher beschriebenen wasserbindenden Mittel zur Mitverwendung bei der Sulfonierung von Fettstoffen vorgeschlagen, und zwar handelt es sich hierbei um die verschiedensten anorganischen und organischen Körper. Als interessant ist die von der Chemischen Fabrik Servo u. Rozenbroek vorgeschlagene Mitverwendung von Äthionsäure, Isäthionsäure und Carbylsulfat hervorzuheben[6]. Wir werden später sehen, daß die genannten Zusatzstoffe ohne andere Sulfonierungsmittel zur Erzeugung von „externen" Sulfonsäuren benutzt werden. Ferner sieht ein Verfahren die Sulfonierung in Gegenwart einer sulfonierten aromatischen Carbonsäure, wie Phthalsäure-β-sulfonsäure oder deren Anhydrid, vor[7]. Auch können die zuletzt genannten Hilfssubstanzen als Sulfonierungsmittel dienen[8]. Ein weiterer Vorschlag betrifft die Sulfonierung in Gegenwart von Reaktionsprodukten, welche durch die Einwirkung von überschüssiger Schwefelsäure auf aliphatische ein- oder mehrwertige Alkohole, deren Ester oder Äther bei 80—100° erhalten werden[9]. Bezüglich weiterer analoger Verfahren wird auf die Originalliteratur verwiesen[10].

Ein neueres Verfahren betrifft die Behandlung von Ricinusöl oder deren Fettsäure mit Additionsprodukten aus Schwefeltrioxyd oder Chlorsulfonsäure und organischen Basen, wie Pyridin[11]. Schließlich ist ein Verfahren anzuführen, welches die Umsetzung von höher-molekularen Fettsäurechloriden mit höher-molekularen Oxyfettsäuren und die gleichzeitige oder nachfolgende Sulfonierung vorsieht. Beispielsweise wird die Hydroxylgruppe im Ricinusöl mit Ölsäurechlorid verestert und das Reaktionsprodukt sulfoniert[12].

Hier mag auch ein Verfahren der Oranienburger Chemischen Fabrik A. G.[13] Erwähnung finden, welches die Sulfonierung ungesättigter Fettsäurechloride mit Schwefelsäure oder stärkeren Sulfonierungsmitteln betrifft und zu hochsulfonierten Estern gegebenenfalls im Gemisch mit „echten" Sulfonsäuren führen mag. Das aus Ricinol-

[1] F. P. 696104, 719901, 731279; E. P. 357670.
[2] F. P. 764620; E. P. 404364; A. P. 1986808.   [3] E. P. 362971; A. P. 1926769.
[4] Ber. Dtsch. chem. Ges. **39**, 4400 (1906).   [5] D. R. P. 548189.
[6] F. P. 688637; E. P. 368812, 368853.   [7] D. R. P. 535854.
[8] D. R. P. 548799.   [9] E. P. 351911.   [10] E. P. 349527, 368812, 383312.
[11] Schweiz. P. 149091.   [12] E. P. 366340; F. P. 714182.
[13] D. R. P. 625637; F. P. 676336; E. P. 313453.

säure und Phosphortrichlorid gewonnene Ricinolsäurechlorid wird mit der gleichen Menge Monohydrat sulfoniert, wobei intensive Sulfonierung dadurch auftreten dürfte, daß das Reaktionswasser momentan durch die endständige COCl-Gruppe verbraucht wird, und zwar unter Rückbildung in die Carboxylgruppe. Die Behauptung, daß bei diesem Verfahren „endständige" Sulfogruppen entstehen, dürfte unzutreffend sein.

Als Verfahren, welches eine Sonderstellung einnimmt, ist die Sulfonierung von gewaschenen wasserhaltigen Sulfonaten von ungesättigten Fettsäuren mittels Schwefelsäure, Oleum od. dgl. zu erwähnen. Es sollen hierdurch höhere Beständigkeitseigenschaften der Endprodukte erzielt werden[1].

Schließlich sei noch einiges über die Aufarbeitung und Reinigung der hochsulfonierten Öle gesagt. Nach bereits erwähnten Verfahren soll die Befreiung auch hochsulfonierter Öle von nicht sulfonierten Bestandteilen mit Hilfe von Halogenkohlenwasserstoffen oder anderen Lösungsmitteln vor oder nach der Neutralisation gelingen[2].

Besonderes Interesse verdient die der Firma Stockhausen & Cie.[3] geschützte Ausführungsform, wonach die hochsulfonierten Schwefelsäureester nach Entfernung der überschüssigen Schwefelsäure durch einen Reinigungsprozeß mit indifferenten Lösungsmitteln wie Tetrachlorkohlenstoff, Benzin vor der Neutralisation angereichert werden können. Man wendet diese Lösungsmittel zusammen mit Wasser oder verdünnten Salzlösungen an und erreicht dadurch eine Trennung in zwei Schichten, von denen die Lösungsmittelschicht die nicht sulfonierten Anteile und die wäßrige Schicht die Schwefelsäureester enthält, die dann wie üblich aufgearbeitet werden. Auf diese Weise sollen Sulfonate anfallen, die zu 90% aus reinem Schwefelsäureester bestehen und 30—32% organisch gebundene Schwefelsäure enthalten. Nach Angaben der Patentschrift sind diese Sulfonate sogar in Merzerisierlaugen und Carbonisiersäuren löslich. Ebenfalls nach Stockhausen u. Cie.[4] soll bei der Aufarbeitung ein Zusatz von möglichst wenig Eis oder Eiswasser der Aufspaltung der Fettsäureester vorbeugen.

Was die Aufarbeitung der Sulfonierungsprodukte durch Neutralisation betrifft, so ist ein interessantes Verfahren zu erwähnen. Gemäß diesem werden feste Salze durch direkte Neutralisation mit anorganischen oder organischen Basen oder deren Salzen mit schwachen Säuren, und zwar in Abwesenheit von Wasser oder Alkohol, gewonnen. Das Neutralisationsmittel kann fest, flüssig oder gasförmig sein. Beispielsweise wird Ricinolsäure in Ätherlösung mittels Chlorsulfonsäure sulfoniert und das Sulfonierungsprodukt mit fester Soda neutralisiert. Für besondere Zwecke kann das Salz aus Alkohol umkristallisiert werden[5]. Das bereits im letzten Kapitel (S. 338) erwähnte Trennungsverfahren der polymerisierten Sulfonate von den monomolekularen Sulfonaten ist von SCHLOTTERBECK neuerdings auch auf solche Erzeugnisse ausgedehnt worden, die durch intensive Sulfonierung beispielsweise mit 3 Mol Schwefelsäure bei tiefen Temperaturen und sofortiger Aufarbeitung erhalten werden[6]. Ein Bleichverfahren für hochsulfonierte Öle mittels ozonisierter Luft oder ozonisiertem Sauerstoff teilt die H. Th. Böhme A. G. mit[7].

d) Gemische von Fettschwefelsäureestern mit Fetten, Mineralölen oder Lösungsmitteln (Pseudolösungen und Emulsionen).

Das Emulgierungsvermögen der Türkischrotöle oder ähnlicher Sulfonate für wasserunlösliche organische Körper ist schon seit 50 Jahren bekannt; man bezeichnete sie daher früher als „Polysolve"[8]. Während die ersten Mineralölemulsionen dieser Art schon von BOLEG[9] beschrieben wurden, scheinen Mischungen von sulfonierten Ölen mit Fettsäuren und Neutralfetten hauptsächlich nach der Erfindung der Monopolseife auf den Markt gekommen zu sein. ERBAN[10] erwähnte eine ganze Anzahl solcher Erzeugnisse, unter denen hier nur das *Monol* (oleinhaltig), das *Monopolseifenöl* (mineralölhaltig) und die *Karbidöle*[11], welche außer

---

[1] Österr. P. 125240.   [2] F.P.632738, 691976; E.P.293480, 351013.
[3] D. R. P. 614702.   [4] D. R.P.631910.   [5] E. P. 358612.
[6] D. R. P. 579655.   [7] D. R. P. 541090.
[8] Vgl. JACOBSEN: Chem.-techn. Rep. 1884, I, 33.   [9] D. R.P. 122451.
[10] Anwendung von Fettstoffen und daraus hergestellten Produkten in der Textilindustrie, S. 165ff. u. 191ff. 1911.   [11] D. R. P. 188595; F. P. 366293.

Türkischrotölen und Neutralfetten, wie Olivenöl, Cocosfett und Paraffin, noch Erdalkalisalze enthielten, hervorgehoben werden sollen. Auch in der neueren Patentliteratur finden sich noch Empfehlungen, Öle, Fette oder Wachse in Gegenwart von Mineralölkohlenwasserstoffen zu sulfonieren oder nachträglich den Sulfonaten Mineralöle zuzumischen[1]. Mitunter wird das Emulgierungsvermögen der sulfonierten Öle noch durch andere Dispergiermittel, wie Seife, aromatische Sulfonsäuren oder ihre Salze, Eiweißstoffe, Kohlehydrate od. dgl., verstärkt. Ein neueres Patent[2] empfiehlt z. B. die gleichzeitige Mitverwendung von Methylcellulose zur Emulgierung fetter Öle.

In diesem Zusammenhang sollen gleichfalls von ERBAN[3] beschriebene Versuche Erwähnung finden, die sich mit der Emulgierung des Olivenöles mittels Monopolseife befassen. Neutrale Lösungen der Monopolseife emulgieren offenbar recht schlecht, während ein Zusatz von Pottasche die Emulgierung zwar begünstigt, aber auch noch keine haltbaren Emulsionen bedingt. Dagegen gelingt es, durch Ansäuern der Monopolseifenlösung bis zur beginnenden Trübung ihr Emulgierungsvermögen so stark zu fördern, daß sie beständige milchige Emulsionen zu liefern vermag, die erst durch kräftigen Pottaschezusatz vergröbert werden. Ähnlich liegen die Dinge auch bei anderen sulfonierten Ölen. Man kann ganz allgemein feststellen, daß bei saurer und alkalischer Einstellung ein stärkeres Emulgierungsvermögen vorhanden ist als bei neutraler Einstellung.

WAGNER[4] hat das Emulgierungsvermögen von sulfoniertem Tran für Mineralöl im Verhältnis 1 : 1 untersucht und bei p_H 6—6,5 sowie p_H 8,0 und darüber sehr gute Emulsionen erhalten, während bei p_H um zirka 7,5 keine stabile Emulsion herzustellen war. BÖHRINGER[5] benutzt Türkischrotöle allein oder zusammen mit Lösungsmitteln wie Alkohol, um Phosphatide wasserlöslich zu machen und auf diese Weise einen Ersatz für Galle für technische Zwecke zu schaffen. In einem neueren Patent werden Emulsionen beschrieben, die aus sulfonierten Ölen, mehrwertigen Alkoholen und Lecithin bestehen und als Fettungsmittel für Leder dienen sollen[6]. Auch Gemische aus sulfonierten Ölen, fetten Ölen und Lecithin[7] dienen dem gleichen Zweck. Diese dem Praktiker längst bekannten Verhältnisse haben vielfach dazu angeregt, den unlöslichen Zusatzstoff bereits vor der Sulfonierung zuzusetzen. So bespricht beispielsweise ERBAN[8] ein Verfahren, Ricinusöl, Olivenöl usw. in Gegenwart von Mineralölkohlenwasserstoffen zu sulfonieren. Auch die ausgesprochen schwachen Sulfonierungen von Klauenöl, Tran od. dgl., die in der Fettlickererzeugung häufig üblich sind, beruhen auf dem gleichen Prinzip, denn die Endprodukte sind meist nichts anderes als homogene und gut emulgierbare Mischungen von Fettschwefelsäureestern mit freiem Fettstoff[9]. Nach einem neueren Verfahren[10] sollen wertvolle Schmälz-, Appretur- und Fettungsmittel durch gemeinsame Sulfonierung von fetten Ölen und Phosphatiden (z. B. Lecithin) zu gewinnen sein.

Große technische Bedeutung haben ferner diejenigen Mischungen gefunden, die aus sulfonierten Ölen verschiedenster Art, Monopolseife oder ihren Varianten zusammen mit Lösungsmitteln, Bitumen, Wachsen, hochmolekularen Alkoholen und so weiter zu gewinnen sind. Die ältesten Erzeugnisse dieser Art, die unter der Gruppenbezeichnung „*Tetrapol*" bekanntgeworden sind, enthalten aliphatische Halogenkohlenwasserstoffe, wie Tetrachlorkohlenstoff[11] und in neuerer Zeit Trichloräthylen oder Perchloräthylen[12]. Auch zahlreiche Abwandlungen dieser Verfahren sind bekanntgeworden[13]. Man hat mit Erfolg Kohlenwasserstoffe und

---

[1] Österr. P. 134993.   [2] D. R. P. 524211.
[3] Die Anwendung von Fettstoffen usw. S. 165ff. u. 191ff. 1911.
[4] 35. Dresden-Freiberger Colloquium. Referat S. 6.
[5] D. R. P. 375620.   [6] D. R. P. 596576.   [7] D. R. P. 516189.   [8] A. a. O. S. 130—131.
[9] Vgl. SCHINDLER: Die Grundlagen des Fettlickerns, S. 134. 1928.
[10] D. R. P. 480157.   [11] D. R. P. 169930.
[12] D. R. P. 304909; E. P. 21280/1908.   [13] D. R. P. 197400; E. P. 160738 u. a. m.

ihre Derivate[1], hydrierte Kohlenwasserstoffe[2], Ester von besonders kapillar-aktiver Wirksamkeit, wie solche der Adipinsäure und substituierten Adipin-säuren[3] mit sulfonierten Ölen in technisch wertvolle Gemische übergeführt, die meist als Reinigungs- oder Benetzungsmittel dienen.

AISCHE[4] verseift sulfonierte Glyceride, Wachse, Harze, Fettsäuren oder Fett-säureester in Gegenwart hydrierender Mittel und benutzt die so gewonnenen Er-zeugnisse, um z. B. Benzaldehyd, Chloralhydrat, Cetylalkohol, Cholesterin, Wal-rat od. dgl. in Gegenwart von Alkalien in wassermischbare Schlichte- und Appretur-mittel überzuführen. Ähnlich dürften Verfahren zu beurteilen sein, welche die ge-meinsame Verwendung von sulfonierten Fetten mit Fettsäureamiden oder ähnlichen stickstoffhaltigen Verbindungen[5] oder Polyvinylalkohol[6] vorsehen. Mischungen von Sulfonaten mit Lecithin[7] dienen zur Lederfettung sowie als Appretur-, Schlichte-und Schmälzmittel. Nach einem neueren Patent von STIEPEL[8] soll die Gewinnung von kapillaraktiven Produkten durch Sulfonierung von Fettsäuren oder Glyceriden im Gemisch mit technischem Cholesterin mittels konz. Schwefelsäure gelingen.
Auch für gröbere Zwecke, etwa zur Erzeugung von Bitumenemulsionen[9] als Staubbindemittel bedient man sich des gleichen Verfahrens.
Hierher gehören auch die in den letzten Jahren recht beliebt gewordenen Mischungen sulfonierter Öle mit aliphatischen Alkoholen (z. B. Butyl-, Amylalkohol, Terpineol[10]), Phenolen[11], hydrierten Phenolen[12], aromatischen Alkoholen, wie etwa Benzylalkohol[13], Dihydrodioxolen[14]. Die hydroxylhaltigen Zusätze erhöhen in der Regel das Emulgierungsvermögen des Sulfonates noch beträchtlich, so daß die vor-erwähnten Präparate ihrerseits Fette, Mineralöle, Lösungsmittel in relativ großen Mengen aufzunehmen vermögen. Besonders die Mischungen von sulfonierten Ölen und hydriertem Kresol haben in der Textilindustrie Eingang gefunden. Zu erwähnen ist an dieser Stelle auch ein Verfahren zur Gewinnung von Lecithinemulsionen[15] mittels sulfonierter Öle und mehrwertigen Alkoholen, wie Glykol, Glycerin, Chlorhydrinen usw. als Lösungsvermittler. Auch Gemische von sulfonierten Fettsäuren mit den Alkali-salzen der Tetrahydronaphthalinsulfonsäure sollen zusammen mit höheren Alkoholen oder Ketonen als Reinigungsmittel, Pflanzenschutzmittel usw. dienen können[16].

Es versteht sich von selbst, daß auch die hochsulfonierten Schwefelsäure-ester sich als Emulgierungsmittel für Lösungsmittel, Mineralöle, Fettstoffe usw. eignen und überall dort zur Verwendung kommen können, wo höhere Beständig-keitseigenschaften verlangt werden. In vielen der erwähnten Patentschriften ist auf das Emulgierungsvermögen der Sulfonate besonders aufmerksam gemacht worden. Hier mag dieser allgemeine Hinweis genügen und als Beispiel ein Patent der H. Th. Böhme A. G.[17] zitiert werden, welches die besondere Eignung der in Gegenwart von Säureanhydriden bzw. -chloriden sulfonierten Erzeugnisse zur Überführung von Alkoholen mit mehr als 4 C-Atomen, wie z. B. Butyl- oder Amylalkohol, Cyclohexanol usw., in wasserlösliche Form beschreibt. Auch alle weiterhin besprochenen Sulfonierungsprodukte von hohem Molekulargewicht zeichnen sich durch ein mehr oder minder stark ausgeprägtes Emulgierungs-vermögen aus[18]. Das gilt besonders auch für die später behandelten Fettalkohol-sulfonate[19]. Hier sei übrigens der praktischen Beobachtung Erwähnung getan, daß ein starkes Ansteigen der Sulfogruppen, besonders das Auftreten „echter" aliphatischer Sulfogruppen häufig einen Rückgang der emulgierenden Kräfte zur Folge hat.

---

[1] F. P. 445053 und Zusätze 16195, 17126, 17549.   [2] D. R. P. 312465.
[3] D. R. P. 524708, 535436; E. P. 307397.
[4] E. P. 257682 in Verbindung mit E. P. 225508.
[5] E. P. 328675; Schweiz. P. 145952.   [6] F. P. 687155.
[7] E. P. 317730; F. P. 692528.   [8] D. R. P. 589015.   [9] E. P. 236641.
[10] Schweiz. P. 152220.   [11] D. R. P. 617180; E. P. 297382.
[12] Seifensieder-Ztg. 49, 649 (1922).   [13] E. P. 266746.
[14] D. R. P. 542443; F. P. 711782.   [15] E. P. 317730.   [16] D. R. P. 371293.
[17] E. P. 272919.   [18] F. P. 712913.   [19] F. P. 723775.

B. Die echten Sulfonsäuren der Neutralfette, Fettsäuren, Wachse oder anderer fettähnlicher Körper.

a) Entwicklungsgeschichte.

Es ist bereits im einleitenden Kapitel (S. 318) klargestellt worden, daß neben den Fettschwefelsäureestern noch „wahre" oder „echte" Sulfonsäuren der Fettstoffe existieren, die in der Regel gleichfalls eine „intern" sitzende Sulfogruppe aufweisen. Diese ist aber nicht esterartig, d. h. über eine Sauerstoffbrücke gebunden, sondern sie sitzt unmittelbar —C·SO$_2$·OH— am Kohlenstoffatom. Es darf heute angenommen werden, daß ältere Bearbeiter des hier behandelten Fachgebietes wahrscheinlich wiederholt Sulfonate, die wenigstens zum Teil aus „echten Fettsulfonsäuren" bestanden, in Händen hatten, ohne jedoch deren Existenz erkannt zu haben. Gerade die Haupteigenschaften dieser Verbindungen, nämlich ihre Löslichkeit in wäßrigen Säuren, in Salzlösungen, die Nichtabspaltbarkeit der Sulfogruppe usw. mögen dazu beigetragen haben, daß sie neben den viel weniger beständigen Schwefelsäureestern übersehen, ja vielleicht sogar als säure- bzw. salzwasserlösliche Verunreinigungen beim Auswaschen der Sulfonierungsprodukte verworfen wurden. Trotzdem finden sich bereits in der älteren Literatur eindeutige Hinweise auf diese interessante Gruppe von Sulfonierungsprodukten.

Benedikt und Ulzer[1,2] haben als erste bewußt auf die Darstellung einer „echten" Sulfonsäure aus Ölsäure hingearbeitet. Sie erhitzen 100 g reine Ölsäure mit 10 g Schwefel 2 Stunden lang bei 200—220° bis zum Aufhören der Schwefelwasserstoffentwicklung und völligen Lösung des Schwefels. Das Gemisch von Ölsäure und Schwefelölsäure wird in alkoholischer Lösung in die Bariumsalze übergeführt, aus denen dann das Oleat durch Ausäthern entfernt werden kann, worauf die Schwefelölsäure durch Zersetzung ihres Bariumsalzes mit Salzsäure isoliert wird. 100 g Schwefelölsäure werden dann in 1,5 l einer 10%igen Kalilauge gelöst und bei gewöhnlicher Temperatur mit 5%iger Permanganatlösung zu der Sulfonsäure oxydiert. Da die Sulfonsäure in verdünnten Säuren löslich ist, gelingt ihre Reinigung durch Ausäthern nicht oxydierter Säure aus diesem Medium. Eine weitere Reinigung wird über das Bariumsalz bewerkstelligt, das mit verdünnter Schwefelsäure behandelt wird, worauf die in Lösung gegangene Sulfonsäure durch gesättigte Glaubersalzlösung ausgesalzen wird. Neben der Löslichkeit in wäßriger Essigsäure bzw. Schwefelsäure heben die Verfasser die leichte Löslichkeit der Sulfonsäure in Wasser, ihren stark sauren Charakter und ihre gesättigte Natur hervor.

Der Vergleich mit einem Oliven-Türkischrotöl (also einem Fettschwefelsäureester) zeigt neben manchen übereinstimmenden Eigenschaften auch einen wesentlichen Unterschied. Die „echte" Sulfonsäure wird weder beim Kochen mit verdünnter Salzsäure noch beim Erhitzen mit konzentrierter Salzsäure im zugeschmolzenen Rohr auf 150° zerlegt. Die Säure aus dem Rotöl dagegen zerfällt beim Kochen mit verdünnten Mineralsäuren in Oxystearinsäure und Schwefelsäure. Benedikt und Ulzer haben also eine Reihe von wesentlichen Eigenschaften der „echten" Fettsulfonsäuren bereits klar erkannt.

Weiterhin dürfte Twitchell bei seinen Arbeiten über die Fettspaltung die Gewinnung echter Fettsulfonsäuren geglückt sein. In seinem ersten 1897 genommenen Patent[3] beschreibt er die Gewinnung von Stearinsulfonsäure, Palmitinsulfonsäure, Ölsulfonsäure usw. durch Behandlung mit überschüssiger Schwefelsäure bei Temperaturen von etwa 100°. Die kurzen Angaben der Patentschrift

---

[1] Monatsh. Chem. 1887, 210.   [2] Ztschr. Chemische Ind. 1, 299 (1887).   [3] A.P. 601 603.

werden dann an anderer Stelle[1] später genauer erläutert. Dort betont TWITCHELL, daß die Fettschwefelsäureester wegen ihrer Zersetzlichkeit in Wasser von 100⁰ sich nicht als Fettspalter eignen. Die von ihm durch Behandlung von Schwefelsäure mit Ölsäure bei 100⁰ und darüber erhaltenen Sulfonate bezeichnet er selbst als „echte Sulfonsäuren", denen er die Formel

$$C_{17}H_{34} \cdot (SO_3H) \cdot COO \cdot C_{17}H_{34} \cdot COOH$$

zuschreibt. Diese Verbindung war der erste Fettspalter TWITCHELLs und Vorläufer zu den bekannter gewordenen fettaromatischen Sulfonsäuren. Auch die Ergebnisse von BENEDIKT und ULZER bestätigt TWITCHELL. Er behandelt Ölsäure bei 200—220⁰ mit Schwefel oder in der Kälte mit Schwefelchlorür (S_2Cl_2) und oxydiert dann die Reaktionsprodukte mit Salpetersäure, Kaliumpermanganat, Brom oder anderen Oxydationsmitteln. Die auf diese Weise gewonnenen Sulfonsäuren sind gleichfalls Fettspalter.

In welchem Umfange bei den analytisch weniger klargestellten Verfahren der älteren technischen Literatur tatsächlich „echte" Sulfonsäuren erhalten worden sind, ist nicht immer klar zu erkennen. Die Definitionen der Sulfonate bald als „*Sulfonsäuren*", bald als „*Schwefelsäureester*" ändern daran nichts. Klarheit wird man im Bedarfsfalle nur durch Nacharbeitung der betreffenden Darstellungsverfahren und genaue analytische Untersuchung der Sulfonierungsprodukte gewinnen können, wobei die „echte Sulfonsäure" sich durch ihre Nichtspaltbarkeit durch wäßrige Säuren erkennen läßt. Gemessen an den heutigen Erkenntnissen, darf man annehmen, daß besonders ungesättigte Neutralfette und Fettsäuren bereits mit Schwefelsäure „echte" Sulfonsäuren bilden, sofern Sulfonierungsmittelüberschüsse (z. B. 100% vom Fettgewicht und mehr) angewendet oder gar höhere Sulfonierungstemperaturen benutzt werden. Bei Verwendung besonders intensiv wirkender Sulfonierungsmittel, wie Oleum, Schwefeltrioxyd oder Chlorsulfonsäure, ist besonders bei Anwendung von Überschüssen sowie bei Abwesenheit von Verdünnungsmitteln mit der Bildung von „echten" Sulfonsäuren in erheblichen Mengen zu rechnen.

Es ist daher nicht weiter erstaunlich, daß Arbeitsverfahren, die zu Schwefelsäureestern hohen Sulfonierungsgrades führen können, bei Anwendung anderer Fettstoffe oder bei Benutzung kräftigerer Sulfonierungsbedingungen auch „echte Sulfonsäuren" liefern. RANDEL[2] beschreibt z. B. die Sulfonierung verschiedenster Fette, wie a) Cocosöl, Palmöl, Ricinusöl und b) Leinöl, Sojabohnenöl, Tran, mit der sechsfachen Schwefelsäuremenge in Gegenwart von 10% Benzol od. dgl. und kräftiger Kühlung mittels Vakuum. Das Ricinusöl mit seiner Doppelbindung und Hydroxylgruppe gibt unter diesen Umständen vorwiegend Ester, während bei den stärker ungesättigten Fetten schon deutlich „echte" Sulfogruppen gebildet werden. AISCHE[3] empfiehlt die Behandlung von tierisches Olein enthaltenden Ölen nicht nur mit 50—100 Gewichtsteilen Schwefelsäure von 90—95%, sondern er schlägt auch wahlweise vor, die Schwefelsäure durch Schwefeltrioxyd oder Chlorsulfonsäure zu ersetzen. Im ersteren Falle werden vorwiegend Ester gebildet, im letzteren Falle dagegen Mischprodukte, in denen die „echten" Sulfonsäuren nicht zu übersehen sind. Auch das Verfahren der Price's Patent Candle Comp. Ltd.[4], welches vorsieht, den bei der Fettsäuredestillation anfallenden Rückstand mit noch 30—60% Fettsäuren bei z. B. 80⁰ mit der doppelten Menge rauchender Schwefelsäure zu behandeln, dürfte zu Erzeugnissen mit einem Gehalt an „echten" Sulfonsäuren führen. Das gleiche gilt auch für die neueren Sulfonierungsverfahren, besonders wenn sie Anwendung von Chlorsulfonsäure

[1] Seifensieder-Ztg. 44, 482 (1917).   [2] A. P. 1 374 607.
[3] E. P. 207 678.   [4] D. R. P. 408 417.

oder Mischungen der Sulfonierungsmittel mit anorganischen oder organischen wasserbindenden Stoffen, wie Phosphorpentoxyd, Essigsäureanhydrid, Acetylchlorid usw., in ausreichenden Mengen vorsehen. Stets werden in solchen Fällen hochsulfonierte Ester mit mehr oder minder großen Mengen „echter" Sulfonsäure anfallen. Ein erheblicher Teil der betreffenden Intensivsulfonierungsverfahren, die seit dem Jahre 1925 von den Firmen H. Th. Böhme A. G., Flesch-Werke A. G. bzw. Carl Flesch jun., I. G. Farbenindustrie A. G. und Oranienburger Chemische Fabrik A. G. in der Patentliteratur beschrieben worden sind, wurde bereits im Kapitel II, A c abgehandelt, so daß ein nochmaliges Eingehen darauf sich jetzt erübrigt. Der folgende Abschnitt beschäftigt sich daher vorwiegend mit denjenigen Herstellungsverfahren für „echte" Fettsulfonsäuren, in denen zielbewußt auf ihre Gewinnung und Isolierung als Hauptprodukt hingearbeitet wurde. Natürlich muß man sich darüber klar sein, daß die große Zahl „echter" Sulfonsäuren, die sich von ungesättigten oder hydroxylhaltigen Fettstoffen ableiten, stets auch esterartig gebundene Sulfogruppen enthalten werden.

b) Die neueren Herstellungsverfahren echter Fettsulfonsäuren.

Bei den neueren Verfahren zur Herstellung echter Fettsulfonsäuren kann man vier Gruppen unterscheiden:

1. Intensivsulfonierung mittels überschüssiger rauchender Schwefelsäure, Schwefeltrioxyd oder Chlorsulfonsäure.

2. Sulfonierung mit Hilfe von anderen Sulfonierungsmitteln.

3. Umsetzung von Halogenfettsäuren mit Sulfiten.

4. Oxydation von schwefelhaltigen Fettsäuren.

Ein Verfahren der ersten Gruppe beschreibt die Gewinnung von Sulfonsäuren durch Behandlung von gesättigten oder ungesättigten Fettsäuren oder deren Estern mit mehrwertigen Alkoholen mit Überschüssen eines starken Sulfonierungsmittels, wie Schwefeltrioxyd, Oleum oder Chlorsulfonsäure, in Abwesenheit oder Gegenwart eines Verdünnungsmittels, wie Tetrachlorkohlenstoff oder Nitrobenzol[1]. Nach einem ähnlichen Verfahren werden ungesättigte Fettsäuren mit Schwefeltrioxyd, beispielsweise in Form von 66%igem Oleum, in Gegenwart von Tetrachlorkohlenstoff oder auch in Gegenwart von Eisessig oder Essigsäureanhydrid umgesetzt. Als Fettstoffe dienen hierbei u. a. Olein und Diricinolsäure, welche durch Erhitzen von Ricinolsäure auf 150—160⁰ erhältlich ist[2]. Statt Tetrachlorkohlenstoff sind auch Trichloräthylen sowie andere ungesättigte Halogenkohlenwasserstoffe verwendbar. Bei Oxyfettsäuren ist vor der Oleumbehandlung eine Veresterung mittels Chlorsulfonsäure vorteilhaft[3]. In den eben beschriebenen Verfahren der I. G. Farbenindustrie A. G. wird durch die Anwendung von Verdünnungsmitteln ein zu starker Angriff von Oleum od. dgl. auf die Fettstoffe unter Verkohlungserscheinungen vermieden. Während bei ungesättigten Fettstoffen meist Temperaturen unter 35⁰ und sogar häufig unter 0⁰ empfohlen werden, sollen die Reaktionstemperaturen für die Gewinnung „echter" Sulfonsäuren aus Stearinsäure oder ähnlichen gesättigten Fettsäuren bei 75⁰ und darüber liegen. Die so erhaltenen säure- und kalkbeständigen Produkte haben eine größere technische Bedeutung erlangt. Beispielsweise kam unter dem Namen „Intrasol" ein Präparat in den Handel, welches in bemerkenswertem Grade die Fähigkeit besaß, Seifen vor den Härtebildnern des Wassers zu schützen. In neuerer Zeit ist ein Verfahren bekanntgeworden, nach welchem ungesättigte

[1] E. P. 272967, 288612, 326815, 330904; F. P. 632155, 37163/632155; A. P. 1835404.
[2] D. R. P. 591196, 629182; A. P. 1796801.
[3] E. P. 296999; F. P. 660023; A. P. 1836487.

Oxyfettsäuren oder deren Ester mit gasförmigem Schwefeltrioxyd eventuell in Gegenwart von Verdünnungsmitteln oder inerten Gasen behandelt werden. Wie bereits oben erwähnt, ist auch hier eine Vorbehandlung der Fette mit Chlorsulfonsäure, Oleum oder Schwefelsäuremonohydrat zwecks Veresterung der Oxygruppen vorteilhaft. Durch das Einleiten des Schwefeltrioxydgases in die Fettstoffe sollen Sulfonierungsmittelüberschüsse vermieden werden[1]. Auch die bereits früher besprochene Sulfonierungsmethode der I. G. Farbenindustrie A. G.[2] mit Gemischen aus Oleum und niederen Carbonsäuren sowie ihren Anhydriden oder Chloriden ist in diese Gruppe zu rechnen. Das beispielsweise angewandte Gemisch von 20 Teilen Essigsäureanhydrid, 20 Teilen Eisessig und 150 Teilen Oleum (15% SO_3) wirkt auf 100 Teile Ricinusöl bei 20—40° unter erheblicher Bildung „echter" Sulfogruppen ein. Die Durchführung intensiver Sulfonierungen von gesättigten und ungesättigten Fettstoffen mit überschüssigem Oleum soll nach einem Verfahren der Firma Baumheier[3] in Gegenwart von Estern mehrwertiger Alkohole, wie Triacetin, Glykolmonoessigsäureester, besonders günstig verlaufen. Ein weiteres Verfahren sieht die Sulfonierung von Fettstoffen mittels Oleum, Schwefeltrioxyd oder Chlorsulfonsäure in Gegenwart von flüssigem Schwefeldioxyd vor. Hierdurch soll der oxydierende Einfluß der Sulfonierungsmittel abgeschwächt werden[4].

Außer Fettstoffen sind auch Oxydationsprodukte von Paraffinkohlenwasserstoffen od. dgl. einer Behandlung mit größeren Mengen Schwefeltrioxyd unterworfen worden[5]. Wie bereits früher erwähnt, beschreiben ältere Verfahren der Oranienburger Chemischen Fabrik A. G. die Behandlung von Fettstoffen sowie von Wollfett, dessen Destillaten, Wollolein, Wollstearin usw. mit größeren Mengen von Chlorsulfonsäure[6]. Je nach den angewandten Sulfonierungsmittelmengen — z. B. 150% Chlorsulfonsäure vom Wollfettgewicht — erhält man Produkte, welche mehr oder weniger reich an „echten" Sulfonsäuren sind und deshalb hervorragende Beständigkeits- und Schutzkolloideigenschaften aufweisen. Hierher gehört auch ein Verfahren der gleichen Firma[7], welches von Gemischen aus Fettstoffen und kondensierbaren Alkoholen oder Ketonen ausgeht. Besonders bei intensiven Sulfonierungsbedingungen, d. h. bei Anwendung erheblicher Chlorsulfonsäureüberschüsse und Arbeitstemperaturen von 30—40° sind Kondensationen in der aliphatischen Kette sowie Eintritt „echter" Sulfogruppen beobachtet worden. Besonders hervorzuheben ist bei den genannten Verfahren die Isolierungsmethode für derartige Sulfonsäuren. Danach werden die rohen Sulfonierungsprodukte in wäßriger Lösung mit Kalkmilch, Barytwasser od. dgl. neutralisiert. Die von den Sulfatniederschlägen abfiltrierten Lösungen, welche beispielsweise die Erdalkalisalze der „echten" Sulfonsäuren enthalten, lassen sich mittels Alkalicarbonat in die Lösungen der entsprechenden Alkalisalze überführen. Die Salze selbst können durch Eintrocknen gewonnen werden. Wie aus den Literaturstellen hervorgeht, gehen vorhandene Fettschwefelsäureester oder unangegriffene Fettstoffe als Erdalkalisalze in die Niederschläge. Das gleiche gilt auch für die korrespondierenden Verfahren[8] derselben Firma, die mit Schwefelsäurehalogenhydrinen in Gegenwart von Halogenüberträgern, wie Braunstein od. dgl., arbeiten. Ein älteres Verfahren der I. G. Farbenindustrie A. G. beschreibt die Intensivsulfonierung von Fettsäuren bei zirka 100°, eventuell in Gegenwart von Verdünnungsmitteln oder Katalysatoren. Die Anwendung derartiger Temperaturen gestattet sogar die Überführung von gesättigten Fettstoffen in echte

---

[1] E. P. 330994.   [2] E. P. 288127; F. P. 645221; A. P. 1832218.
[3] E. P. 384701.   [4] E. P. 346945.   [5] E. P. 360002.
[6] D. R. P. 575831; F. P. 640617; F. P. 275267.   [7] D. R. P. 582790.
[8] D. R. P. 564758, 595880, 616055; F. P. 653790; E. P. 289841.

Sulfonsäuren. Beispielsweise läßt man 450 Teile Chlorsulfonsäure allmählich in 142 Teile Stearinsäure bei 75⁰ unter Rühren einlaufen. Nach beendeter Gasentwicklung wird die Reaktionsmasse auf 100⁰ erhitzt. Das wasserlösliche Reaktionsprodukt wird in Wasser gegossen und von Verunreinigungen abfiltriert. Es wird eine gelatinöse Masse erhalten, welche gute Schaum- und Netzeigenschaften besitzt[1].

Während in der Mehrzahl der soeben beschriebenen Verfahren die Fettsäuren und ihre Glyceride sowie mitunter auch Wachse als Rohstoffe für „echte" Sulfonierungen empfohlen worden sind, betrifft ein Verfahren der Firma du Pont de Nemours[2] die Gewinnung von Sulfonsäuren aus hydrierter Abietinsäure. Die Sulfonsäure soll durch Sulfonierung mit 200% Monohydrat und 20stündiges Rühren zu erhalten sein.

In der zweiten Gruppe ist ein Verfahren zu nennen, welches die Behandlung von Fettstoffen, wie Olein, mit Chlorsulfonsäureäthylester vorsieht. Statt dieses Sulfonierungsmittels ist Chlorsulfonsäure oder stärkeres Oleum in Gegenwart von Äther verwendbar[3]. Ein neueres Verfahren beschreibt die Behandlung von Fettstoffen mit Chloracetylchloridsulfonsäure (= Monochlorid der Sulfochloressigsäure[4]). Auf diesem Wege gelangt man ebenfalls zu kalk- und säurebeständigen Produkten. Beide zur zweiten Gruppe gehörigen Verfahren der I. G. Farbenindustrie A. G. bedeuten eine Abart der Intensivsulfonierungsverfahren der ersten Gruppe.

Hier ist auch ein Patent der Oranienburger Chemischen Fabrik A. G.[5] einzuordnen, welches die Gewinnung von beständigen Ölsulfonsäuren mit Hilfe von Reaktionsprodukten beschreibt, die durch Auflösung von Schwefeltrioxyd oder starkem Oleum mit wenigstens 50% SO₃ in Trichloräthylen oder 1,2-Dichloräthan (Äthylendichlorid) erhältlich sind. Derartige Sulfonierungsmittel dürften halogenhaltige niedere Sulfonsäuren sowie Säurechloride enthalten.

Die Verfahren der dritten Gruppe benutzen statt der bisher beschriebenen Intensivsulfonierungsmittel Umsetzungen von Halogenderivaten mit Sulfitlösungen. Hierdurch sollen Oxydationswirkungen von vornherein ausgeschaltet werden.

So werden nach einem Verfahren der I. G. Farbenindustrie A. G. Halogenderivate von gesättigten oder ungesättigten Fettsäuren oder Oxyfettsäuren mit wäßrigen Sulfitlösungen in der Hitze, zweckmäßig unter Druck und in Gegenwart von Katalysatoren, umgesetzt. Solche Halogenderivate sind beispielsweise Tetrachlorstearinsäure, Hexachlorstearinsäure oder eine Ricinolsäure mit 16 Chloratomen. Die nach diesem Verfahren hergestellten Produkte sollen eine gute Säure- und Kalkbeständigkeit aufweisen[6]. Statt der freien Halogenfettsäuren lassen sich auch deren wasserlösliche Salze verwenden[7]. Ein Verfahren der H. Th. Böhme A. G. sieht in ähnlicher Weise die Umsetzung von α-brom-aliphatischen Säuren, wie α-Bromlaurinsäure mit Alkalisulfiten, z. B. Ammoniumsulfit, bei Siedehitze vor. Es wird besonders auf die helle Farbe der so erhaltenen aliphatischen Sulfonsäuren hingewiesen[8]. Außer Halogenfettsäuren werden nach einem Verfahren der I. G. Farbenindustrie A. G. hochmolekulare Fettsäuren mit konjugierten Doppelbindungen, z. B. Ricinensäure, mit Sulfiten bei höherer Temperatur umgesetzt[9]. Ein ähnliches Verfahren der I. G. Farbenindustrie A. G.[10] betrifft die Umsetzung ungesättigter Fettsäuren oder ihrer Ester mit Alkalisulfiten unter gleichzeitiger Einwirkung von Oxydationsmitteln wahlweise in Gegenwart von Katalysatoren, z. B. Sikkativen. So wird z. B. Tran mit der halben Gewichtsmenge Natriumbisulfitlösung von 40⁰ Bé vermischt und bei 60—80⁰ etwa 15—20 Stunden mit Luft geblasen.

Bei der vierten Gruppe ist ein Verfahren der I. G. Farbenindustrie A. G. anzuführen, nach welchem schwefelhaltige höhere Fettsäuren, beispielsweise

[1] E. P. 288 612.   [2] A. P. 1 853 348.   [3] E. P. 306 052; F. P. 654 080.
[4] D. R. P. 501 086.   [5] D. R. P. 625 638.
[6] D. R. P. 563 539; E. P. 342 761; F. P. 684 346; Schweiz. P. 149 877, 149 880.
[7] E. P. 343 071.   [8] E. P. 353 475; F. P. 694 692.
[9] D. R. P. 555 311; F. P. 710 960.   [10] D. R. P. 545 264.

mittels Permanganat, Hypochlorit, Salpetersäure, Caroscher Säure od. dgl., oxydiert werden. Die eben erwähnten Fettsäuren sind durch Umsetzung von polyhalogenierten Fettsäuren mit Sulfiden oder Polysulfiden herstellbar[1].

Den Verfahren der dritten und vierten Gruppe liegen Reaktionen zugrunde, welche nur bei niedriger molekularen organischen Verbindungen bekannt waren.

Im Anschluß an die Besprechung der Herstellungsverfahren „echter" Fettsulfonsäuren wird auf *organische Persulfonsäuren* und deren Verbindungen hingewiesen, welche in neuerer Zeit technische Bedeutung erlangt haben. Derartige Verbindungen der Perschwefelsäure lassen sich nach Patenten der Firma Carl Flesch jun. aus aliphatischen Sulfonsäuren oder deren Chloriden und Peroxyden oder aus Sulfosalzen und Wasserstoffsuperoxyd herstellen. Die neuen Verbindungen haben die generelle Formel $R \cdot SO_2 \cdot O \cdot O \cdot Me$, worin R einen organischen, z. B. aliphatischen Rest und Me ein Metallatom bedeuten. Derartige Persulfonsäureverbindungen sollen neben einer Bleichwirkung einen Netz-, Beuchoder Wascheffekt besitzen[2]. Nach den eben erwähnten Verfahren werden beispielsweise 160 Teile Natriumperoxyd unter guter Kühlung mit 740 Teilen Stearinsäuresulfochlorid zum Stearinsäurepersulfonsäuresalz umgesetzt. Das Sulfochlorid ist nach bekannten Methoden aus stark sulfonierter Stearinsäure erhältlich.

Es ist einleuchtend, daß Hochsulfonate mit Gehalt an „echten" Sulfonsäuren, sofern sie nicht unter besonderen Vorsichtsmaßnahmen hergestellt werden, leicht dunkel gefärbt anfallen. Nach einem bereits früher erwähnten Verfahren der Firma H. Th. Böhme A. G.[3] ist es möglich, auch „echte" Sulfonsäuren mit ozonisierter Luft oder ozonisiertem Sauerstoff zu bleichen. Auch eine Bleiche mit Natriumhypochlorit ist offenbar möglich[4]. Endlich sei noch darauf hingewiesen, daß nach einer Beobachtung der I. G. Farbenindustrie A. G.[5] das an sich schon gute Dispergiervermögen von aliphatischen Sulfonsäuren durch Neutralisation mit stickstoffhaltigen Basen, wie Methyl- oder Äthylamin, Triäthanolamin, Toluidin, Pyridin oder Chinolin, noch verbessert werden kann. Ähnlich wirken Zusätze von Aminen aliphatischer oder aromatischer Carbonsäuren, wie Oleyldiäthyläthylendiamin, Stearinsäureamid, beispielsweise auf die „echte" Ölsäuresulfonsäure verbessernd bezüglich des Dispergierungsvermögens[6].

C. Die Sulfonierungsprodukte von anderen den Fetten und Ölen nahestehenden Verbindungen ohne freie Carboxylgruppen.

Es ist wiederholt in der Fachliteratur betont worden, daß die Carboxylgruppe in den sulfonierten Ölen, und zwar besonders in den Türkischrotölen älterer Prägung, die Trägerin der mangelnden Beständigkeit gegen Säuren, Erdalkaliverbindungen, Schwermetallsalze, konzentrierte Elektrolytlösungen (Aussalzeffekte) u. dgl. ist. Man tut der Carboxylgruppe mit dieser allzu allgemeinen Feststellung insofern Unrecht an, als ihr hydrophiler, die Löslichkeit verbessernder Charakter natürlich feststeht. Nur ist die Wirkung dieser Gruppe zu schwach, um allein den hochmolekularen aliphatischen Ketten ausreichende Löslichkeitseigenschaften zu verleihen. Wie wir gesehen haben, werden durch Bildung der $O \cdot SO_2 \cdot OH$-Gruppe oder der noch weit stärker sauren $C \cdot SO_2 \cdot OH$-Gruppe die Löslichkeitseigenschaften der hochmolekularen aliphatischen Körper soweit verbessert, daß nunmehr auch die freien Säuren, Erdalkalisalze und bei stärkster

[1] D. R. P. 545693; E. P. 353756; F. P. 704691. [2] D. R. P. 561521; F. P. 726140.
[3] D. R. P. 541090. [4] D. R. P. 571222, Bsp. 1.
[5] F. P. 645395. [6] E. P. 328675.

Sulfonierung sogar Schwermetallsalze wasserlöslich sind. Dabei gehen aber leicht andere wertvolle Eigenschaften verloren, so daß nach Wegen gesucht wurde, entweder im carboxylhaltigen Rohstoff die COOH-Gruppe vor, während oder nach der Sulfonierung zu blockieren oder aber von vornherein natürlich carboxylfreie oder künstlich von der COOH-Gruppe befreite öl- oder fettartige Rohstoffe aufzufinden. Arbeitsmethoden dieser Art sollen im folgenden beschrieben werden.

a) Schwefelsäureester und Sulfonsäuren von Fettsäureestern, Amiden usw. (verkappte oder blockierte Carboxylgruppe).

Die Herstellungsverfahren für Schwefelsäureester bzw. Sulfonsäuren von Fettsäureestern, Amiden usw. teilt man zweckmäßig in folgende Gruppen ein:

Schwefelsäureester und Sulfonsäuren von

1. Fettsäureestern einwertiger Alkohole oder Phenole,
2. Fettsäureestern mehrwertiger verätherter Alkohole,
3. Fettsäureestern mehrwertiger Alkohole,
4. Fettsäureamiden, Aniliden und anderen stickstoffhaltigen Fettsäureverbindungen,
5. Fettsäurechloriden oder -anhydriden.

Die Verfahren dieser fünf Gruppen sind hauptsächlich der Patentliteratur zu entnehmen. Die Arbeitsmethoden zur Herstellung von Schwefelsäureestern bzw. Sulfonsäuren aus Fettsäureestern einwertiger Alkohole oder Phenole sind folgende:

a) Nach den früher beschriebenen Verfahren hergestellte Fettsulfonierungsprodukte werden in bekannter Weise mit den betreffenden Alkoholen oder Phenolen verestert. Statt der letzteren können auch andere Alkylierungsmittel benutzt werden.

b) Aus konzentrierter Schwefelsäure oder einem anderen Sulfonierungsmittel und dem Alkohol wird zuerst Alkylschwefelsäure erzeugt und die Fettsäure in geeigneter Weise in diese eingetragen.

c) Die Fettsäure oder ihr Chlorid bzw. Anhydrid wird mit dem Alkohol oder dem Phenol vermischt und mit einem Sulfonierungsmittel behandelt; Sulfonierung und Veresterung finden in einer Operation statt.

d) Alkalisalze von Fettsäuresulfonierungsprodukten werden mit niedrigmolekularen einwertigen Alkoholen in Gegenwart eines sauren Katalysators oder mit Estern dieser Alkohole mit organischen Säuren oder mit einem Ester einer Arylsulfonsäure umgesetzt.

e) Fettsäuren oder die entsprechenden Säurechloride werden mit den Alkoholen oder Phenolen verestert und die Veresterungsprodukte werden der Sulfonierung unterworfen.

f) Mit Wasser oder Salzlösungen gewaschene Fettsulfonierungsprodukte werden mit Alkoholen oder anderen Alkylierungsmitteln oder Phenolen umgesetzt.

Die Arbeitsmethoden a—c sind in Patenten der H. Th. Böhme A. G. angeführt[1]. Man gelangt so zu Sulfonierungsprodukten, welche an der Sulfogruppe oder an der Carboxylgruppe oder an beiden Gruppen verestert sind. Beispielsweise ist aus Ricinolsäure der Ricinolsäureschwefelsäurediester von der Formel

$$CH_3 \cdot (CH_2)_5 \cdot CH \cdot (O \cdot SO_3R) \cdot CH_2 \cdot CH = CH \cdot (CH_2)_7 \cdot COOR$$

erhältlich; hierbei bedeutet R einen Alkylrest. Bei derartigen Produkten finden

---

[1] E. P. 313160; F. P. 676331; Schweiz. P. 148952, 149690.

auch Wanderungen des Alkylrestes von der Carboxylgruppe zur stärker sauren und deshalb leichter veresterbaren Sulfogruppe statt. Durch die obigen Veresterungsreaktionen wird die kalkempfindliche Carboxylgruppe beispielsweise durch einen Alkylrest blockiert. Die so erhaltenen Produkte sind deshalb gegen die Härtebildner des Wassers sowie andere Metallsalze hochbeständig und weisen ein ausgezeichnetes Netzvermögen gerade in härterem Wasser auf. Es ist nicht verwunderlich, daß derartige Produkte von großer technischer Bedeutung geworden sind; sie sind unter den Namen „*Avirol AH*" und „*Avirol AH extra*" auf dem Markte. Diese Verhältnisse wurden von H. BERTSCH[1] und W. KLING[2] in der neueren Literatur gewürdigt. Das Arbeitsverfahren b wird in einem anderen Patent der H. Th. Böhme A. G.[3] verwertet. 100 Teile eines Reaktionsproduktes aus Butylalkohol und Schwefelsäure (Butylschwefelsäure) werden in Gegenwart von 200 Teilen Schwefelsäure bei —15 bis —5⁰ mit 100 Teilen Ricinusöl umgesetzt. Die Arbeitsmethode e, und zwar die Sulfonierung von Fettsäurealkylestern oder Arylestern, ist in mehreren Verfahren der H. Th. Böhme A. G. niedergelegt[4].

Beispielsweise werden Ricinusölfettsäurebutylester oder Linolsäuremethylester bei einer Temperatur unter + 15⁰ hochsulfoniert. Die Reaktionsprodukte werden meist mit Eis versetzt und in üblicher Weise mit Glaubersalzlösung gewaschen. Zwecks Vermeidung von Verseifungen der gebildeten Ester arbeitet man bei niedrigen Temperaturen. Wie bei der Sulfonierung von Fettstoffen, arbeitet man vorteilhaft in Gegenwart von niedrigmolekularen organischen Fettsäuren, deren Anhydriden oder Chloriden. Als Sulfonierungsmittel kommen außer der obenerwähnten Schwefelsäure auch Oleum, Schwefeltrioxyd und Chlorsulfonsäure zur Anwendung[5]. Nach den früheren Ausführungen führen diese intensiven Sulfonierungsmittel, zumal in Gegenwart von wasserentziehenden Mitteln, zu Produkten, welche mehr oder weniger „echte" Sulfonsäuren enthalten. Die Endprodukte sind daher ein Gemisch von Estern von Fettschwefelsäureestern mit Estern von „echten" Sulfonsäuren. Die Carboxylgruppe ist nahezu völlig verestert. Statt der gewöhnlichen Fettsäuren sind von der H. Th. Böhme A. G. zwei- oder mehrbasische Säuren, z. B. carboxylierte Ricinolsäure, als Ausgangsmaterial für die Herstellung sulfonierter Ester vorgeschlagen worden[6]. Beispielsweise wird Ricinolsäure mit Cyanwasserstoffsäure in das Nitril umgewandelt, dieses wird verseift, die gebildete Dicarbonsäure wird mit Butylalkohol verestert und der Dibutylester endlich sulfoniert.

Im Zusammenhang hiermit sei ein Verfahren derselben Firma angeführt, welches darin besteht, daß in den eben genannten höheren aliphatischen Di- oder Polycarbonsäuren die Carboxylgruppen teilweise zu Alkoholgruppen reduziert und die verbleibenden Carboxylgruppen mit Alkoholen oder Phenolen verestert werden. Die so erhaltenen Ester von Alkoholsäuren werden in bekannter Weise sulfoniert[7]. Unter die Arbeitsmethoden c und f fallen Verfahren der Oranienburger ChemischenFabrik A. G.

Gemäß der ersteren Arbeitsmethode werden Fettsäurechloride, wie Ricinolsäurechlorid oder Ölsäurechlorid, mit aliphatischen, aromatischen oder hydroaromatischen Alkoholen oder Phenolen gemischt und der Sulfonierung mittels Schwefelsäuremonohydrat, Oleum oder Chlorsulfonsäure unterworfen[8]. Auch nach diesen Verfahren erhält man interne Schwefelsäureester von Fettsäureestern mit den oben geschilderten Eigenschaften. Ein weiteres, der gleichen Firma geschütztes Verfahren[9], welches sich gleichfalls der Methode c bedient, geht von natürlich anfallenden oder künstlich bereiteten Gemischen der Neutralfette, Fettsäuren oder fettähnlichen Stoffe mit Alkoholen, wie Propylalkoholen, Butylalkoholen, Amylalkoholen, Montanalkoholen usw. aus. Diese Gemische werden beispielsweise mit Chlorsulfonsäure behandelt, wobei bei nicht allzu heftigen Sulfonierungsbedingungen Veresterungen eintreten, während bei sehr kräftigen Sulfonierungsbedingungen die molekülvergrößernde Gruppe in die Kette wandert. Man kann die Chlorsulfonsäure auch

[1] Melliands Textilber. 11, 779—782 (1930).
[2] Melliands Textilber. 12, 111—112 (1931).   [3] E. P. 351 911.
[4] D. R. P. 633 082; E. P. 298 559, 315 832; Schweiz. P. 145 144, 148 952; F. P. 677 526; A. P. 1 823 815.   [5] F. P. 38 087/677 526; E. P. 350 425.
[6] D. R. P. 634 759; E. P. 362 195; F. P. 39 657/677 526.   [7] E. P. 360 753.
[8] D. R. P. 625 637; E. P. 313 453; F. P. 676 336.   [9] D. R. P. 582 790; F. P. 640 617.

ganz oder teilweise durch andere wohl weniger intensiv wirkende Mischungen von Sulfonierungsmitteln, wie Schwefelsäure oder Oleum, und wasserentziehenden Agentien wie Oxyden oder Halogeniden des Phosphors, Alkalisulfaten usw. ersetzen. Nach einem Verfahren der Fleschwerke[1] werden Fettsäureanhydride in Gegenwart von niederen Alkoholen, wie Äthylalkohol, Butanol, Benzylalkohol usw. mit überschüssigen Sulfonierungsmitteln behandelt.   Gemäß der obenerwähnten Arbeitsmethode f werden die durch stärkere Einwirkung von Chlorsulfonsäure auf Fettstoffe gewonnenen Sulfonierungsprodukte nach dem Auswaschen der überschüssigen Säure mittels Salzlösungen mit Alkoholen, hydrierten Phenolen od. dgl. vermischt und hierdurch verestert[2]. Nach derselben Literaturstelle ist es auch möglich, gemäß der Arbeitsmethode a die nicht gewaschenen Sulfonsäuren mit den genannten Oxyverbindungen zu verestern. Man gelangt auf diese Weise zu Produkten, welche in bemerkenswertem Maße aus Estern von „echten" Sulfonsäuren bestehen. Diese weisen neben einem hohen Netzvermögen eine ausgezeichnete Beständigkeit gegen verseifende Agentien auf. Derartige Produkte haben ebenfalls technische Bedeutung erlangt und sind auf dem Markte z. B. unter der Bezeichnung „Oranit BN konz." anzutreffen. Die weiter oben beschriebene Veresterungsmethode für gewaschene Sulfonierungsprodukte hat auch in einem neueren Verfahren ihren Niederschlag gefunden[3]. Nach diesem Verfahren der Chemischen Fabrik Servo wird vorgesehen, Fettsäuren oder ihre Abkömmlinge in Gegenwart der schon bekannten anorganischen Intensivierungsmittel zu sulfonieren, die Sulfonierungsprodukte zu waschen und dann mit Alkoholen, Alkylestern der Schwefelsäure oder Chlorsulfonsäure (z. B. mit Amylsulfat) zu behandeln. Dann wird z. B. mit Triäthanolamin, Anilin oder Pyridin neutralisiert. Dagegen sieht ein anderes Verfahren dieser Firma[4] die Sulfonierung von Fettstoffen in Gegenwart von Borsäure, Phosphorsäure, Phosphortrichlorid od. dgl. vor, wobei vor, während oder nach der Sulfonierung Alkylphosphite, Alkylphosphate oder deren Chloride hinzugefügt werden.

Unter die Arbeitsmethoden a, d und e fallen Verfahren der I. G. Farbenindustrie A. G. Nach der ersteren Methode werden Schwefelsäureester von Fettsäuren oder Oxyfettsäuren mit Alkylierungsmitteln, wie Dialkylsulfaten, aromatischen Sulfonsäurealkylestern oder Benzylchlorid, umgesetzt[5]. Nach einem anderen Verfahren der gleichen Firma[6] sollen z. B. der Ölsäureester des Oleinalkohols oder der Ölsäurecyclohexylester mit Schwefelsäure, Chlorsulfonsäure oder Oleum sulfoniert werden. Auch Cholesterin, Sorbit und sogar Oxyfettsäuren, wie Ricinolsäure, können als alkoholische Komponente dienen. Auch die Veresterung von echten aliphatischen Sulfonsäuren mit Alkoholen ist vorgeschlagen worden. Beispielsweise wird Palmitosulfonsäure mit Isobutylalkohol umgesetzt[7].

Nach der Arbeitsmethode d werden neutralisierte Sulfonierungsprodukte ungesättigter Fettsäuren oder von Oxyfettsäuren mit Estern eines aliphatischen oder aliphatisch-aromatischen Alkohols mit einer anorganischen Säure oder einer Arylsulfonsäure behandelt[8].

Beispielsweise wird der neutralisierte Schwefelsäureester der Ricinolsäure mit p-Toluolsulfonsäuremethylester oder der neutrale Schwefelsäureester der Ölsäure mit Benzylchlorid umgesetzt. Ein weiteres Verfahren schlägt die Veresterung eines neutralisierten Fettsulfonierungsproduktes mit einem niedrigen, einwertigen Alkohol in Gegenwart eines sauren Katalysators vor[9]. Hierher gehört auch ein Patent der I. G. Farbenindustrie A. G.[10], welches die Gewinnung von Estern höhermolekularer „echter" Fettsulfonsäuren betrifft. Die sauren Salze solcher Sulfocarbonsäuren, wie z. B. das Mononatriumsalz der α-Sulfopalmitinsäure, werden mit überschüssigen Alkoholen (wie z. B. Methylalkohol) unter Rühren im Autoklaven bei 180⁰ erhitzt, wobei ein Sulfopalmitinsäurealkylester entsteht. Die Arbeitsweise e wird schließlich in einem Verfahren benutzt, welches die Sulfonierung von Tallölestern vorsieht. Solche Sulfonate können durch mehrstündiges Erhitzen mit Alkoholen unter Rückfluß noch weiter verestert werden[11].

---

[1] F. P. 721070.   [2] E. P. 275267.   [3] E. P. 368853.
[4] E. P. 368812.   [5] F. P. 689357; E. P. 344828, 356166.
[6] F. P. 714182; E. P. 366340, 385957.   [7] F. P. 721794.
[8] E. P. 343989.   [9] E. P. 356166.
[10] D. R. P. 608831.   [11] E. P. 340272.

Die bisher für die Veresterungen vorgeschlagenen Alkohole sind relativ niedrig-molekular. Die Veresterung mit höher-molekularen Alkoholen beschreibt ein interessantes Verfahren der I. G. Farbenindustrie A. G.[1].

Zwecks Ausgleichs des hoch molekularen Alkoholrestes wird hier die Säurekomponente niedrig-molekular, und zwar unter 10 Kohlenstoffatomen, gewählt. So werden aliphatische ungesättigte Carbonsäuren oder Oxycarbonsäuren mit einem höher-molekularen Alkohol verestert und das erhaltene Produkt mittels Sulfonierungsmittel in den Schwefelsäureester übergeführt. Beispielsweise wird wasserfreie Milchsäure mit Octadecylalkohol bei höherer Temperatur verestert. Der erhaltene Ester wird in Äthyläther gelöst und mit einer Mischung von Chlorsulfonsäure mit Äthyläther behandelt. Das so erhaltene Produkt soll ein gutes Waschvermögen besitzen. Nach anderen Verfahren[2] werden niedrig-molekulare Sulfocarbonsäuren, wie z. B. Sulfoessigsäure, an der Carboxylgruppe mit höheren Alkoholen, wie Dodecylalkohol, Tetradecylalkohol, Octadecylalkohol od. dgl., verestert. Man kann auch vom Natriumsalz ausgehen und dieses 18 Stunden lang im Stickstoffstrom mit dem Alkohol auf 180⁰ erhitzen. Zu den gleichen Verbindungen gelangt man nach Verfahren der I. G. Farbenindustrie A. G.[3], die von Monohalogenessigsäure ausgehen, diese mit höheren Alkoholen mit 12—18 C-Atomen verestern und die Halogenessigsäureester endlich mit Sulfiten in Sulfoessigsäureester umwandeln. Ein ganz ähnliches Verfahren veröffentlichte auch die Firma Imperial Chemical Industries Ltd.[4].

Ferner sind als zu veresternde Fettstoffe Fettsäureanhydride vorgeschlagen worden. Nach einem Verfahren der Firma C. Flesch jun. wird z. B. Ölsäureanhydrid mit Butylalkohol und überschüssiger Schwefelsäure gemäß der Arbeitsmethode c behandelt[5]. Ein neueres Verfahren beschreibt beispielsweise die Behandlung von Ricinusöl mit Butylschwefelsäure und die anschließende Sulfonierung mittels Chlorsulfonsäure. Statt Butylschwefelsäure kann auch Dimethylsulfat benutzt werden[6]. Dieses Verfahren stellt eine Abart der bisher beschriebenen dar. Ein ganz ähnliches Verfahren der Baumheier A. G.[7] sieht die Behandlung von ungesättigten Fettstoffen mit Alkylschwefelsäuren in Gegenwart von Chlorsulfonsäure als Kondensationsmittel vor.

Nach den sulfonierten Fettsäureestern einwertiger Alkohole sind diejenigen mehrwertiger verätherter Alkohole zu besprechen. Ein Verfahren der H. Th. Böhme A. G. beschreibt die Herstellung von sulfonierten Carbonsäureoxyalkylestern.

Ein solcher Ester läßt sich beispielsweise aus Ricinolsäure und Glykolmonomethyläther herstellen. Diese Äther müssen mindestens eine freie Hydroxylgruppe besitzen, welche sich mit der betreffenden Carbonsäure verestern kann. Die Sulfonierung geschieht gegebenenfalls in Gegenwart niedriger aliphatischer Säureanhydride oder Säurechloride. Wie bei den oben beschriebenen sulfonierten Fettsäureestern einwertiger Alkohole lassen sich die fertigen Fettsulfonierungsprodukte mit den Äthern verestern[8]. Neuere Verfahren der Chemischen Fabrik vorm. Sandoz sind dem eben beschriebenen Verfahren analog. Als hydroxylhaltige Äther werden hier z. B. Butyldiäthylenglykol und Dimethylglycerin angewandt[9].

Die eben beschriebenen sulfonierten Ester auf Glykolbasis haben die allgemeine Formel

$$R(OSO_3H) \cdot CO \cdot O \cdot CH_2 \cdot CH_2 \cdot O \cdot Alk$$

Hierin bedeutet R eine aliphatische Kette und Alk einen Alkylrest.

Betreffs Herstellung sulfonierter Fettsäureester mehrwertiger Alkohole ist nur ein Verfahren der H. Th. Böhme A. G. zu nennen. Hiernach werden sulfonierte Ester aus Fettsäuren und mehrwertigen hoch-molekularen aliphatischen Alkoholen, wie den Hexiten, gewonnen. Die entstandenen Endprodukte besitzen freie Hydroxylgruppen[10]. Beispielsweise werden 100 Teile Mannit in 600 Teile konzentrierter Schwefelsäure bei 40—50⁰ eingetragen. Nach teilweiser Veresterung werden allmählich 300 Teile Olein bei 30—35⁰ zugesetzt. Nach erreichter Wasserlöslichkeit wird das Reaktionsgemisch in üblicher Weise durch Waschen von überschüssiger Schwefelsäure befreit.

---

[1] E. P. 348040.
[2] F. P. 716605; Schweiz. P. 158117/18.
[3] Schweiz. P. 158430/32.
[4] F. P. 735211.
[5] F. P. 721070.
[6] E. P. 383312.
[7] F. P. 721104.
[8] D.R.P.565056; F.P.705710; E.P.351456.
[9] F.P.721340; Schweiz.P.154401/04.
[10] F. P. 739066.

23*

Man ersieht hieraus, daß im vorliegenden Fall die weiter oben beschriebene Arbeitsmethode b benutzt wird. Die Verwendung der Alkyl-, Aralkyl- und Arylester von
sulfonierten Ölen, Fetten und Fettsäuren in den Behandlungsbädern der Textil-,
Papier- und Lederindustrie ist gleichfalls verschiedentlich unter Patentschutz[1]
gestellt.

Wir kommen nun zu Sulfonierungsprodukten, welche aus Fettsäureamiden,
-aniliden oder anderen stickstoffhaltigen Fettsäureverbindungen herstellbar sind.

Ein Verfahren der H. Th. Böhme A. G. schlägt die Herstellung von Schwefelsäureestern hoch-molekularer Fettsäureamide und -anilide vor. Als Sulfonierungsmittel dienen hierbei konzentrierte oder rauchende Schwefelsäure oder Chlorsulfonsäure; gegebenenfalls arbeitet man in Gegenwart organischer Säuren, deren Anhydride
oder Chloride. Beispielsweise erhält man aus Ölsäureamid und Schwefelsäure ein
sulfoniertes Amid von folgender Formel:

$$CH_3—(CH_2)_7—CH—CH—(CH_2)_7—CO—NH_2$$
$$\qquad\qquad\quad |\quad\ |.$$
$$\qquad\qquad\quad H\quad O—SO_3H$$

Man muß dieser Formel entnehmen, daß die Carboxylgruppe durch die Aminogruppe
blockiert ist, und zwar in ähnlicher Weise wie bei den oben beschriebenen sulfonierten Fettsäureestern durch eine Alkylgruppe[2]. Diese Schwefelsäureester von
Säureamiden werden in den neutralen, sauren und alkalischen Behandlungsbädern
der Textil-, Leder-, Papier- und Fettindustrie technisch verwendet[3]. Ein anderes
Verfahren beschreibt die Sulfonierung von Verbindungen der Fettsäuren mit
Iminogruppen enthaltenden heterocyklischen Basen[4]. Neuere Verfahren der I. G.
Farbenindustrie A. G. beschreiben die Einwirkung von Schwefelsäure oder Chlor-
sulfonsäure auf Fettsäureamide oder -anilide, auf Fettsäurekondensationsprodukte
aus Fettsäuren und Oxyaminen sowie hoch-molekulare Amine in Gegenwart von
Trichloräthylen, Pyridin, Dimethylanilin usw. sowie die Sulfonierung von z. B.
Ricinolsäureamid mittels Sulfonierungsmittel, wie gasförmiges Schwefeltrioxyd,
eventuell in Gegenwart flüssigen Schwefeldioxyds[5]. Auch die umgekehrte Gewinnungsart, wie etwa die Amidierung einer sulfonierten Ricinolsäure, ist aus dieser
Literatur zu entnehmen. Derartige Produkte haben als Netzmittel u. dgl. technische Bedeutung erlangt. Für spezielle Zwecke ist von der I. G. Farbenindustrie
A. G. die Sulfonierung von Ölsäureamid in Gegenwart von gesättigten Fettsäureamiden vorgeschlagen worden[6]. Es existieren auch Verfahren der I. G. Farbenindustrie A. G. zur Herstellung von hochsulfonierten Fettsäureamiden. Beispielsweise
wird Tallölamid mit Chlorsulfonsäure sulfoniert[7]. Auch die Amide, Anhydride oder
Ester der Oxysäuren, wie sie aus Montanwachs durch Oxydation erhältlich sind,
können nach einem anderen Patent[8] der I. G. Farbenindustrie A. G. sulfoniert
werden. Ferner gelangt man durch Behandlung der Schwefelsäureester oder anderer
Mineralsäureester von Fettsäureamiden oder -aniliden mit Sulfiten zu echten Sulfonsäuren[9]. Ein Verfahren der gleichen Firma beschreibt die Umsetzung hoch-molekularer Fettsäureamide, welche konjugierte Doppelbindungen enthalten, mit Sulfiten[10]. Ein derartiges Amid ist dasjenige der Ricinensäure.

Außer der Sulfonierung von Fettsäureestern und Fettsäureamiden ist auch
diejenige von Fettsäurechloriden oder Fettsäureanhydriden vorgeschlagen
worden. Ein Verfahren der Oranienburger Chemischen Fabrik A. G. beschreibt
die Behandlung von Fettsäurechloriden, wie Ölsäurechlorid oder Ricinolsäurechlorid, mit Sulfonierungsmitteln, eventuell in Gegenwart von niedrigen organischen Carbonsäuren, deren Anhydriden oder Chloriden[11]. Man gelangt auf diese
Weise zu hoch beständigen Sulfonierungsprodukten, welche oft beträchtliche
Mengen echter Sulfonsäuren enthalten und deshalb ein hohes Schutzvermögen
für Seifen gegen die Härtebildner des Wassers aufweisen. Es ist wahrscheinlich,

[1] F. P. 677527; Österr. P. 125178.   [2] E. P. 318542; F. P. 679185; Österr. P. 125182.
[3] D. R. P. 595173.   [4] F. P. 718393; E. P. 69072.
[5] D. R. P. 634032; F. P. 693520, 715205; E. P. 341053, 343524, 343899.
[6] F. P. 40985/682227.   [7] E. P. 340272.
[8] D. R. P. 578405.   [9] F. P. 716705, 735647.
[10] E. P. 361732.   [11] E. P. 313453; F. P. 676336.

daß die COCl-Gruppe des angewandten Fettsäurechlorids intermediär in eine CO·O·SO₃H-Gruppe übergeht. Da diese Gruppe jedoch labiler Natur ist, findet wahrscheinlich mehr oder weniger eine Umsetzung mit einem Wasserstoffatom des benachbarten Methylenrestes unter Rückbildung der Carboxylgruppe und Bindung einer SO₃H-Gruppe an das α-Kohlenstoffatom, und zwar nach folgendem Schema, statt:

$$R-CH_2-CO-O-SO_3H \rightarrow R-CH-COOH$$
$$\underset{SO_3H}{|}$$

Daneben ist bei Anwendung ungesättigter oder hydroxylhaltiger Fettstoffe auch mit dem Eintritt interner und esterartig gebundener Sulfogruppen zu rechnen. Ein Verfahren der Chemischen Fabrik Servo u. Rozenbroek beschreibt die Sulfonierung von Fettsäurechloriden oder Fettsäureanhydriden in Gegenwart der in Kapitel II, A, c angegebenen Hilfssubstanzen[1]. Die Sulfonierung von Fettsäureanhydriden schlägt auch ein älteres Verfahren der I. G. Farbenindustrie A. G. vor, welches bereits im eben erwähnten Kapitel abgehandelt wurde[2]. Es mag dahingestellt bleiben, ob die aus Fettsäureanhydriden gewonnenen Produkte analog den Fettsäurechloriden eine zurückgebildete Carboxylgruppe besitzen.

b) Die Sulfonierungsprodukte der Mineralölkohlenwasserstoffe sowie ihrer Abkömmlinge.

1. Die Sulfonierbarkeit der Mineralölkomponenten.

Es kann nicht wundernehmen, daß eine technisch so ungeheuer wichtige Rohstoffquelle wie die Mineralöle die Chemiker und Technologen auch zum Studium ihrer Sulfonierbarkeit angeregt hat. Man versteht unter Mineralölen im allgemeinen die Destillationsprodukte des Erdöles, Braunkohlenteeres, Schieferteeres oder ähnlicher bituminöser Körper.

Die Mineralöle stellen nach Raffination Gemische von den aliphatischen Paraffinen und Olefinen mit den hydroaromatischen Naphthenen dar, deren Menge je nach Herkunft der Öle verschieden ist. Daneben finden sich Naphthensäuren, schwefelhaltige Verbindungen, stickstoffhaltige Basen, aromatische Kohlenwasserstoffe, Phenole usw. vor, deren Vorhandensein und Menge ebenfalls bei den einzelnen Rohölen sehr verschieden sein kann. Raffinierte Mineralöle sind von den letzterwähnten Verunreinigungen meist befreit.

Die Sulfonierbarkeit der Mineralölkohlenwasserstoffe ist von Th. Lehmann[3], Sentke[4], Istrati und Michailescu[5] und vielen anderen Forschern wiederholt festgestellt worden. Die Paraffine werden von konz. und rauchender Schwefelsäure sulfoniert, und zwar reagieren die langkettigen und kompliziert zusammengesetzten Glieder leichter als die kurzkettigen, normalen Paraffinkohlenwasserstoffe. Worstall[6] hat jedoch auch für die niedrigen Glieder von Hexan bis zum Octan die Sulfonierbarkeit bewiesen. Die Reaktion ist bereits mit konz. Schwefelsäure (D. 1,84) durchführbar, gibt aber mit rauchender Schwefelsäure bessere Ausbeuten an Monosulfonsäuren. Schwefeltrioxyd liefert die Disulfonsäuren. Worstall hat das Vorliegen von Bruttozusammensetzungen, wie $C_6H_{13}·SO_3H$ (Hexylsulfonsäure) bzw. $C_6H_{12}(SO_3H)_2$ (Hexyldisulfonsäure) analytisch festgestellt. Es ist durchaus möglich, daß die Sulfogruppen bei diesen relativ niedrig-molekularen Gliedern „endständig" sind, bei den hoch molekularen Paraffinkohlenwasserstoffen und besonders bei den technischen Gemischen, die kompliziert zusammengesetzte Körper mit verzweigten Ketten enthalten, wird man vorwiegend mit dem Vorhandensein „interner" Sulfogruppen zu rechnen haben.

Die olefinischen Bestandteile der Mineralölkohlenwasserstoffe bilden esterartig konstituierte Alkylschwefelsäuren. Aus dem Verhalten dieser Sulfonate, die sowohl äußerlich wie auch in ihren Eigenschaften den Türkischrotölen ähneln, ist zu schließen, daß hier der Sitz der Sulfogruppen „intern" ist. Von den später zu besprechenden „endständigen" Alkylschwefelsäuren (vgl. sulfonierte Fettalkohole, III, A) unterscheiden sich diese Ester durch ihre verhältnismäßig geringe Seifen-

[1] E. P. 347592.
[2] F. P. 645221.
[3] Dissertation, Karlsruhe. 1897.
[4] Diplomarbeit, Karlsruhe. 1907.
[5] Chem. Ztrbl. 1904 II, 1447.
[6] Amer. Chem. Journ. 20, 664 (1896).

ähnlichkeit. Bei Anwendung kräftiger Sulfonierungsmittel dürften außerdem noch „echte" Sulfogruppen gebildet werden. Leicht sulfonierbar sind schließlich auch die aromatischen und hydroaromatischen Anteile, die in ihre Mono- bzw. Polysulfonsäuren übergehen.

Wie verschiedenartig die Sulfonate aus ein und demselben Grundstoff sein können, geht aus Untersuchungen über Erdölsulfonate hervor, über die MARTIN[1] bzw. PILAT, SEREDA und SZANKOWSKI[2] berichten. Darnach existieren α-Sulfonsäuren, deren Calciumsalze in Wasser und Äther unlöslich sind. Die weiter aufgefundenen β-Sulfonsäuren bilden ätherlösliche Calciumsalze, die jedoch in Wasser unlöslich sind. Schließlich wurden noch γ-Sulfonsäuren gefunden, welche Calciumsalze bilden, die sowohl in Wasser wie auch in Äther löslich sind.

2. Der Kontaktspalter und ähnliche Produkte (Sulfonate der ungesättigten und ringförmigen Anteile).

Die starke Reaktionsfähigkeit der olefinischen Bestandteile läßt ihre vorzugsweise Sulfonierung bei der Mineralölraffination mit sulfonierenden Agentien neben der Bildung von aromatischen und hydroaromatischen Sulfonsäuren erwarten. Solche bei der Raffination anfallenden relativ schwach sulfonierten Produkte sind weitgehend im Mineralöl löslich und werden nach verschiedenen patentierten Verfahren PETROWS[3], HAPPACHS und der Firma Sudfeld & Co.[4], SCHESTAKOFFS[5], der Bataafschen Petroleum Mij[6], der Twitchell Process Comp.[7], LIÈVRES[8] u. a. durch Reinigung der bei der Schwefelsäure- oder Oleumraffination entstehenden Raffinate gewonnen. Aus diesen werden wertvolle Sulfonierungsprodukte durch Extraktion mit Laugen und/oder wäßrigem Methyl- oder Äthylalkohol, mit Essigsäure oder deren Estern, wie Methylacetat, herausgelöst. Nach PETROWS grundlegendem D. R. P. 264785 wird beispielsweise eine Bakuölfraktion (D. 0,880) mit wenig Monohydrat und dann mit 25% Oleum raffiniert. Nach dem Abscheiden des sauren Goudrons wird das Öl mit einem Gemisch von $^1/_3$ Alkohol und $^2/_3$ Wasser extrahiert. Aus 1000 Teilen Öl erhält man auf diese Weise 80 Teile einer dicken Lösung, die 40 Teile saures öllösliches Sulfonat enthält. Ein neueres Verfahren der Firma Sudfeld & Co.[9] schlägt ein Herauslösen der öllöslichen Sulfonate mit Laugen, Eindampfen der Alkaliverbindung bis zur Schmierseifenkonsistenz, Vakuumdestillation zwecks Entfernung nicht sulfonierter Anteile und nochmalige Zersetzung mit Schwefelsäure zwecks Gewinnung besonders wertvoller Fettspalter bzw. Ersatzmittel für Seife und Rotöl vor. Sulfonate von besonders hohem Emulgiervermögen werden nach neueren Patenten der gleichen Firma[10] dadurch gewonnen, daß man die sauer raffinierten Mineralöle mit Laugen wäscht, diese alkalischen Raffinationsabfälle entwässert und nun mit wasserfreiem oder wasserarmem Aceton auslaugt. Aus der geklärten Acetonlösung wird das Lösungsmittel abdestilliert. An Stelle von Aceton kann auch hochgradiger Methyl- oder Äthylalkohol zur Anwendung gelangen.

Die so gewonnenen Rohsulfonate enthalten meist noch erhebliche Mengen von Verunreinigungen, wie Säuren oder Salze und freie Mineralöle, welche für viele Verwendungszwecke als Ballaststoffe wirken und vor allem die kapillaraktiven und emulgierenden Eigenschaften herabsetzen. Das zweite grundlegende PETROW-Patent[11] sieht deshalb eine Extraktion der öllöslichen Sulfonate mit möglichst wenig Wasser und eine Extraktion dieser wäßrigen Lösung mit Lösungsmitteln vor. 100 Teile Solaröl werden z. B. mit 100 Teilen Oleum bei 70—80° behandelt, das saure Sulfonat wird mit 10 Teilen Wasser herausgelöst, darauf werden aus der wäßrigen Lösung mit Benzin die Kohlenwasserstoffe gelöst. Mit der Reinigung der Rohsulfonate befassen sich noch folgende Patente: Man reinigt die Sulfonate häufig in Form ihrer wäßrig-alkoholischen Lösung, indem man sie z. B. nach einem Verfahren der Bataafschen Petroleum Mij[12] mit Benzol mischt und die sich bildende Emulsion mittels Elektrolytzusätze (Ammoniak, Salzsäure usw.) bricht. Die salzartigen Verunreinigungen gehen in die wäßrige Elektrolytschicht, die Sulfonate in das Benzol, welches durch Destillation abgetrennt wird. Ein anderes Verfahren der gleichen Firma[13] sieht zunächst ein Aussalzen der durch Lauge-Alkohol-Extraktion gewonnenen

[1] Journ. Soc. chem. Ind. 1933, 429 T.   [2] Petroleum 1933, 1.
[3] D. R. P. 264785; E. P. 19676/1912.   [4] D. R. P. 310455. 310925.
[5] D. R. P. 444326; F. P. 622693; E. P. 247940; A. P. 1706940.
[6] F. P. 694578.   [7] A. P. 1824615.
[8] F. P. 42888/751422.   [9] D. R. P. 426947.
[10] D. R. P. 595987, 595604.   [11] D. R. P. 271433.
[12] F. P. 633314; E. P. 300264.   [13] D. R. P. 539270.

Sulfonat-Öl-Phase mittels Kochsalz und dann ein Extrahieren des reinen Sulfonates mittels 96%igen Alkohols vor. Einen ähnlichen Weg geht Twitchell[1], der die rohen Sulfonate mit Kochsalzlösung kocht und das ausgesalzene Produkt mit Benzin, Benzol od. dgl. extrahiert. Schwieriger dürfte in der Regel die Fernhaltung oder Abtrennung der Ölverunreinigungen sein. Reddish und Myers[2] schlagen vor, die Extraktion mit wäßrigem Alkohol vor der Neutralisation derart durchzuführen, daß der Sulfonsäuregehalt der alkoholischen Lösung 20% nicht übersteigt. Die so gewonnenen Sulfonate sind fest und ölfrei. Ein weiterer Vorschlag[3] geht dahin, die wäßrig-alkoholische Sulfonatlösung durch Zentrifugieren zu reinigen. Nach anderen Verfahren[4] kann man die möglichst entwässerten Rohsulfonate durch Behandlung mit 75%igem Alkohol, der 15% Soda enthält, oder durch Behandlung mit überhitztem Wasserdampf gegebenenfalls im Vakuum, worauf noch eine Nachbehandlung mit alkoholischer Lauge erfolgen kann, reinigen.

Aber auch aus dem sauren Goudron kann man ähnliche Erzeugnisse gewinnen, indem man diesen zunächst mit Mineralöl auswäscht und die so gewonnene Lösung wiederum mit wäßrigem Alkohol auszieht[5]. Statt wäßrigen Alkohols können nach einem neueren Patent der Flintkote Co.[6] höhere Alkohole, wie Amylalkohol, bei etwa 70⁰ benutzt werden, die die Sulfonate unmittelbar aus dem Säureschlamm zu extrahieren vermögen. Der Alkohol wird dann abdestilliert. Weitere Vorschläge zur Gewinnung von brauchbaren Sulfonaten aus dem rohen sauren Goudron bestehen in der Extraktion seiner wäßrigen neutralisierten Lösung mit Isopropylalkohol[7], in der partiellen Aussalzung solcher Lösung mit Kochsalz[8] oder sogar in der Behandlung des rohen Gemisches der Natriumsulfonate mit flüssigem Ammoniak[9]. Schließlich kann man auch die raffinierten Öle mit Wasser waschen und die wäßrigen Extrakte zwecks Entfernung von emulgierten Kohlenwasserstoffen mit Benzin, Alkohol, Aceton od. dgl. behandeln. Wie man sieht, laufen alle diese Verfahren, die bis in die jüngste Zeit hinein noch Verbesserungen erfuhren, darauf hinaus, die in Mineralöl noch löslichen oder aus dem sauren Goudron durch Mineralöl wieder herauslösbaren Sulfonierungsprodukte zu isolieren und von Verunreinigungen zu befreien.

Die Produkte haben unter der Bezeichnung „Kontaktspalter" sehr große technische Bedeutung als Fettspalter erlangt. Petrow hat bereits in seinem ältesten Patent auf die gute Emulgierfähigkeit und Waschkraft der sauren und neutralisierten Spalterlösungen hingewiesen. Er empfiehlt an anderer Stelle[10] die Verwendung solcher Sulfonate allein oder zusammen mit Seifen oder Lösungsmitteln zum Waschen und Entfetten und hebt die Verwendbarkeit solcher Produkte sogar in Seewasser hervor. Über die textiltechnische Brauchbarkeit des Kontaktspalters in saurer oder neutralisierter Form ist wiederholt berichtet worden. Gurwitsch[11] erwähnt ebenfalls das gute Wasch- und Emulgiervermögen, die Verwendbarkeit an Stelle von Türkischrotöl, die Eignung als Appreturöl usw.

Bezüglich der chemischen Struktur der Sulfonate nach Art des Kontaktspalters besteht keine volle Klarheit. Petrow[10] hält seine Sulfonate für „wahre" Sulfonsäuren. Ihnen wird die Struktur $C_nH_{2n-9} \cdot SO_3H$ bzw. $C_nH_{2n-11} \cdot SO_3H$ zugeschrieben[12]. Der gleichen Auffassung ist offenbar Twitchell[13]. Sandelin[14] hat derartige Reaktive aus Petroleum und Naphtha untersucht und das Vorhandensein einer Sulfogruppe sowie das Fehlen von Carboxylgruppen festgestellt; die Konstitution hält er für nicht geklärt. Nach Ansicht des Verfassers dürften derartige Produkte ein technisches Gemisch aus Alkylschwefelsäuren und Monosulfonsäuren aliphatischen, aromatischen und hydroaromatischen Charakters darstellen. Mit der Gegenwart der kaum noch öllöslichen Polysulfonsäuren ist im Kontaktspalter kaum zu rechnen. Wie wichtig die Entfernung der anhaftenden Ölteile aus den Sulfonaten ist, beweist ein Vorschlag der Twitchell Process Comp.[15], der erkennen läßt, daß durch sorgfältige Ölentfernung sogar das Emulgierungsvermögen für Mineralöle sowie das Waschvermögen gesteigert werden kann. Charakteristisch für diese Sulfonate nach Art des Kontaktspalters ist die Löslichkeit in saurem Zustand in den meisten

[1] D. R. P. 385074.   [2] F. P. 679210; E. P. 374164.
[3] A. P. 1775622.   [4] D. R. P. 510303; A. P. 1703838, 1731716.
[5] D. R. P. 264785; E. P. 19676/1912.   [6] D. R. P. 540514.
[7] A. P. 1981799.   [8] D. R. P. 604641.
[9] D. R. P. 605444; A. P. 1963257.   [10] E. P. 19759/1912.
[11] Wissenschaftliche Grundlagen der Erdölverarbeitung, 2. Aufl., S. 325/26. 1924.
[12] Seifensieder-Ztg. 41, 841 (1914).   [13] D. R. P. 385074.
[14] Ann. acad. Scient. Fennicae, Ser. A. 19, H. 6, 4 (1923).
[15] D. R. P. 536806; E. P. 354297.

organischen Lösungsmitteln einerseits und die Unlöslichkeit der Calciumsalze anderseits.

Zu Erzeugnissen, die dem Kontaktspalter ähnlich sein dürften, gelangt man nach Verfahren, welche die Chemische Fabrik Pott & Co.[1] angegeben hat. Der Edeleanu-Extrakt wird einer schrittweisen Sulfonierung mit Schwefelsäure gegebenenfalls bei Anwesenheit von Verstärkungsmitteln, wie Säureanhydriden, unterworfen. Nach dem Edeleanu-Verfahren werden die Rohöle bekanntlich mit flüssiger schwefliger Säure extrahiert, wobei besonders die olefinischen und aromatischen Anteile in Lösung gehen. Deren Sulfonierungsprodukte sollen nach den Pott-Patenten besonders wertvolle Textilhilfsmittel darstellen. Die Sulfonate können noch mit Formaldehyd kondensiert werden und erhalten dann Gerbstoffcharakter. Ein Verfahren der Standard Oil Co.[2] betrifft die Behandlung von Edeleanu-Extrakt mit konz. Schwefelsäure bei 130—150°, während ein Vorschlag der British Dyestuffs Corporation[3] die Behandlung bestimmter, oberhalb 200° siedender Fraktionen der Edeleanu-Extrakte oder von teilweise gekrackten Mineralölen mit mehr als einem Teil Monohydrat oder schwachen Oleums bei erhöhter Temperatur vorsieht. Ein anderes Verfahren beschreibt HESSLE[4], der ungesättigte Mineralölkohlenwasserstoffe mit 20—30%igem Oleum bei niedrigen Temperaturen (0°) behandelt. Schließlich kann man auch die mittels Furfurol aus Mineralölen abgetrennten Fraktionen erfolgreich sulfonieren[5]. Die Twitchell Process Co.[6] empfiehlt von vornherein die Verwendung solcher Mineralölsulfonate, die aus naphthenreichen, z. B. kalifornischen, Erdölen bei der Raffination entstehen. Im Gegensatz dazu steht ein Verfahren der Bataafschen Petroleum Mij[7], wonach zunächst eine Behandlung der Mineralöle mit flüssiger schwefliger Säure zwecks Entfernung der Aromaten und dann eine Sulfonierung beispielsweise mit Oleum vorgesehen ist. Derartige öllösliche Sulfonsäuren können in Schwermetallsalze übergeführt werden, die als Sikkative, Unterwasseranstriche od. dgl. Verwendung finden.

3. Sulfonate aus den sauren und alkalischen Raffinationsrückständen.

Die zum Kontaktspalter oder ähnlichen Erzeugnissen führenden Verfahren haben also eine Aussonderung bestimmter relativ schwach sulfonierter und öllöslicher Sulfonatfraktionen der ungesättigten und ringförmig konstituierten Mineralölanteile zum Ziel. Bei der Raffination bilden sich aber auch „echte Sulfonsäuren" neben Verharzungs- und Polymerisationsprodukten, die zusammen den sogenannten Säureteer (Goudron), ein Abfallprodukt von dunkler Farbe, liefern. Wie wir oben gesehen haben, versuchte PETROW diesem Teer die öllöslichen Anteile zu entziehen. Auch die unmittelbare Verarbeitung des sauren Rückstandes ist wiederholt vorgeschlagen worden. So wird z. B. dessen Weitersulfonierung in Gegenwart von Kondensationsmitteln, wie Phosphoroxychlorid, Thionylchlorid, Quecksilbernitrat usw., bei höheren Temperaturen zwecks Gewinnung von Gerbmitteln empfohlen[8]. Nach anderen Beobachtungen[9] soll die Weiterbehandlung der sauren Rückstände mit überschüssiger Schwefelsäure, rauchender Schwefelsäure oder Chlorsulfonsäure zu technisch brauchbaren Sulfonaten führen. Ein anderes Aufarbeitungsverfahren[10] für den Säureteer sieht das Kalken des Gemisches und die Umwandlung der löslichen Calciumsulfonate in ihre Alkalisalze mittels Soda od. dgl. vor. Erwähnenswert in diesem Zusammenhang ist schließlich noch der Vorschlag der Oranienburger Chemischen Fabrik A. G.[11], die Raffination der Rohöle mit der stark sulfonierenden Chlorsulfonsäure durchzuführen, um auf diese Weise die Gesamtheit der zu entfernenden Verunreinigungen des Mineralöles unmittelbar in wasserlösliche Sulfonsäuren zu überführen. Eine Variante dieses Verfahrens sieht ein Auswaschen des raffinierten Öles mit Kalkmilch vor, wodurch auch die im Öl gelösten Sulfonsäuren als wasserlösliche Kalksalze entfernt und mittels Alkalicarbonat in Alkalisalze umgewandelt werden können. In ähnlicher Weise wie mit Chlorsulfonsäure kann man nach einem Vorschlag der Bataafschen Petroleum Mij[12] die Behandlung der Mineralöle auch mit rauchender Schwefelsäure in größeren Mengen durchführen. Diese Sulfonsäuren unterscheiden sich von den schwach sulfonierten Erzeugnissen nach Art des Kontaktspalters sehr eindeutig durch die Unlöslichkeit in den meisten organischen Lösungs-

---

[1] D. R. P. 545 968, 546 943, 557 651.   [2] A. P. 1 955 859.
[3] D. R. P. 594 260.   [4] A. P. 1 830 320.
[5] Schweiz. P. 141 033.   [6] F. P. 688 511.
[7] D. R. P. 528 583, 531 157.   [8] D. R. P. 406 780, 458 338.
[9] D. R. P. 536 273, 539 551; F. P. 698 536.   [10] E. P. 343 530; F. P. 694 236.
[11] D. R. P. 594 555; F. P. 671 912; E. P. 309 042.   [12] F. P. 698 536.

mitteln und durch die Wasserlöslichkeit ihrer Kalksalze. Von Interesse ist in diesem Zusammenhang noch ein weiteres, der Bataafschen Petroleum Mij patentiertes Verfahren[1], wonach man die durch schwache Sulfonierung anfallenden, also öllöslichen Sulfonierungsprodukte durch Nachsulfonierung während 48 Stunden mit der gleichen Menge 100%iger Schwefelsäure bei 40° in Sulfonsäuren umwandeln kann, die offenbar in organischen Medien nicht mehr löslich sind, dafür aber wasserlösliche Kalksalze bilden. Diese Sulfonsäuren sollen sich durch besonders gute stabilisierende und dispergierende Wirkungen auszeichnen.

Durch Mischung der aus dem Säureschlamm isolierten wasserlöslichen Sulfonate mit öllöslichen Sulfonaten (sogenannten Acajouseifen und Mahagonylsulfonaten aus Weißölen) erhält man nach Patenten der Twitchell Process Co.[2] wirksame Reinigungs-, Emulgier- und Netzmittel, die auch zusammen mit Lösungsmitteln, wie Benzin od. dgl., Verwendung finden können. Die verhältnismäßig niedrig-molekularen Sulfonate aus der Behandlung von Benzinen finden als Netzmittel in Merzerisierlaugen[3] Verwendung.

Die Behandlung der alkalischen Raffinationsrückstände der noch nicht mit Säuren behandelten Öle ist im wesentlichen identisch mit der schon besprochenen Naphthensäuresulfonierung (vgl. II, A, b, 3). Mit Chlorsulfonsäure kann man auch die gesamten Rückstände der alkalischen Raffination in technisch brauchbare Sulfonate umwandeln[4]. Hierher gehört auch ein spezielleres Verfahren[5], welches die Sulfonierung von 100 Gewichtsteilen Naphthensäureamiden, z. B. mit 200 Gewichtsteilen Monohydrat und 200 Gewichtsteilen Oleum (30%), zu hoch beständigen Sulfonsäuren beschreibt.

4. Sulfonate des gesamten Mineralölkomplexes.

Abgesehen von den einleitend erwähnten wissenschaftlichen Studien, erweisen sich die meisten der bisher besprochenen technischen Gewinnungsmethoden von Mineralölsulfonaten gleichzeitig als Lösungen des Problems einer nutzbringenden Verwertung der Raffinationsabfälle. Mitunter ist aber schon früher die Mineralölsulfonierung Selbstzweck gewesen. Man hat beispielsweise das stark schwefelhaltige Destillat aus rohem Seefelder Schieferöl sulfoniert und als Ammonsalz unter dem Namen „Ichthyol" als Antiseptikum und Heilmittel für Ekzeme, Rheumatismus usw. in den Handel gebracht[6]. Besonders leicht sulfonierbar soll das bei der Destillation des zerkleinerten bituminösen Gesteins im Vakuum mit überhitztem Wasserdampf erhältliche Öl sein[7]. Wie schon eingangs erwähnt, sind die Grenzkohlenwasserstoffe durch Behandlung mit Schwefelsäure nur schwer vollständig in Sulfonsäuren überzuführen. Nach einem amerikanischen Verfahren[8] sollen z. B. Weißöle, die als solche nicht weiter sulfonierbar sind, durch eine Behandlung mit Luft bei 140—150° in eine sulfonierbare Form — vermutlich in ein Oxydationsprodukt — übergeführt werden können. Meist bedient man sich der energischer wirkenden rauchenden Schwefelsäure oder der Chlorsulfonsäure. McKee[9] gelang es allerdings, aus bestimmten um 200° siedenden Fraktionen pennsylvanischen Kerosins mit Schwefelsäuren sogar Disulfonsäuren zu gewinnen. Als Tumenolsulfonsäuren bezeichnet man die bei der Behandlung schwefelfreier oder schwefelarmer Mineralöle mit konzentrierter oder rauchender Schwefelsäure anfallenden Sulfonate[10], die von Spiegel[11] und Dieckhoff[12] untersucht worden sind. Nach Frasch[13] soll sich das Kalisalz zum Färben von Wolle eignen. Als „Tumenol" wird auch ein durch Sulfonierung von gekracktem Paraffin und darauffolgende Einführung von Schwefel gewonnenes Ersatzprodukt für „Ichthyol" bezeichnet[14]. In diese Gruppe gehört auch ein älteres britisches Patent[15], welches die Gewinnung von Desinfektionsmitteln durch Sulfonierung von Schieferöl mit Chlorsulfonsäure vorsieht. Nach einem älteren deutschen Patent[16] gewinnt man Sulfonate mit gerbereitechnisch wichtigen Merkmalen durch Behandlung von ganz oder teilweise gereinigten Kohlenwasserstoffen, wie Paraffinöl oder Petroleum, mit 100—150% Schwefelsäure oder Oleum und

---

[1] D. R. P. 536273.   [2] D. R. P. 536806; F. P. 688513, 688514; E. P. 350505.
[3] D. R. P. 588351.   [4] D. R. P. 539551.   [5] F. P. 711952.
[6] D. R. P. 35216; Chem.-Ztg. 27, 984 (1903); Pharmaz. Zentralhalle 1903, 795.
[7] D. R. P. 216906.   [8] A. P. 1761744.
[9] Wissenschaftl. Grundlagen der Erdölverarbeitung 1924, 322.
[10] D. R. P. 56401.   [11] Chem.-Ztg. 1891, 772.
[12] Dinglers polytechn. Journ. 287, 4.   [13] D. R. P. 87974.
[14] Rideal: Chemical Desinfection and Sterilisation, S. 279.   [15] E. P. 166727.
[16] D. R. P. 387890.

Kondensationsmitteln, wie Phosphoroxychlorid, Thionylchlorid usw., unter Erwärmung.

Nach einem anderen patentierten Verfahren[1] soll das Sulfonierungsprodukt aus Solaröl und rauchender Schwefelsäure ein brauchbarer Fettspalter sein, während durch Einwirkung von Chlorsulfonsäure auf Mineralölkohlenwasserstoffe der verschiedensten Art, wie z. B. Solaröl, Gelböl, Gasöl, Paraffinöl usw., Netzmittel erhältlich sind[2]. Die Natur der Rohstoffe bringt es mit sich, daß auch diese Sulfonate Mischprodukte, und zwar von Alkylschwefelsäuren, echten Sulfonsäuren und schwer definierbaren Nebenprodukten darstellen dürften. Reinere und vorwiegend „echte" Kohlenwasserstoffsulfonsäuren enthaltende Netzmittel werden nach neueren Patenten der I. G. Farbenindustrie A. G. zu gewinnen sein, welche die Sulfonierung von Kohlenwasserstoffen mit wenigstens 8 C-Atomen mittels Schwefelsäureanhydrid oder anderen starken Sulfonierungsmitteln vorschlagen[3]. Eine Abwandlung dieses Verfahrens sieht die Einführung von Alkyl-, Aralkyl- oder Arylgruppen vor, ohne daß jedoch gesagt wird, in welcher Form — Kettenalkylierung oder Veresterung — die Einführung der erwähnten Gruppen erfolgen soll. Aus bestimmten, oberhalb von 200° siedenden Mineralölfraktionen gelingt es der British Dyestuffs Corp. mittels Schwefelsäure oder schwachem Oleum bei 60—65° netzend wirkende Sulfonate herzustellen[4]. Als besonders wirksame Sulfonierungsmittel scheinen für diese Gruppe von Rohstoffen sich wiederum Gemische von Säureanhydriden oder Chloriden mit Chlorsulfonsäure oder ähnlichen starken Agentien[5] sowie Oniumverbindungen, wie etwa Äther + Chlorsulfonsäure, bewährt zu haben. Schließlich hat man auch in Gegenwart von Verdünnungsmitteln, z. B. Trichloräthylen[6], oder von flüssigem Schwefeldioxyd[7] Intensivsulfonierungen dieser Art durchgeführt. Ein indirektes Darstellungsverfahren für derartige Sulfonsäuren ist kürzlich gleichfalls von der I. G. Farbenindustrie A. G. beschrieben worden[8], die halogenierte flüssige oder feste Paraffine mit schwefelnden Mitteln behandelt und dann die Sulfide mit Wasserstoffsuperoxyd, Salpetersäure, Permanganat od. dgl. zu Sulfonsäuren oxydiert, die sich durch gute Emulsionskraft und schutzkolloide Eigenschaften auszeichnen sollen.

Besonders reine Mineralölsulfonsäuren gewinnt man aus den rohen Sulfonierungsprodukten durch Behandlung mit in Wasser nicht löslichen Alkoholen, wie z. B. Amylalkohol[9]. Gereinigte Salze solcher Sulfonsäuren lassen sich über die Reaktionsprodukte mit flüchtigen organischen Basen darstellen[10]. Das Anilinsulfonat wird z. B. mit Alkalihydroxyden erwärmt, wobei das Anilin abdestilliert und das reine Alkalisalz entsteht. Halogensubstituierte Mineralölsulfonsäuren werden schließlich aus ungesättigten Mineralölsorten mittels Chlorsulfonsäure in Gegenwart von Halogenüberträgern, wie Braunstein, Bleisuperoxyd, Kaliumpermanganat usw., gewonnen[11]. Einen geeigneten Rohstoff für die Sulfonierung scheinen nach einem Patent[12] der Gelsenkirchener Bergwerks A. G. auch die Urteer-Leichtöle darzustellen. Auch Krackrückstände liefern beim Sulfonieren mit starker Schwefelsäure Fettspalter. Nach einem Patent der I. G. Farbenindustrie A. G.[13] sind die Sulfonsäuren aus Mineralölen, Braunkohlenteerölen, Naphthadestillaten gute Reinigungs- und Netzmittel in sauren Bädern.

5. Kompliziert zusammengesetzte Sulfonate (kondensierte Mineralölsulfonsäuren).

Die Verwendung der einfachen Mineralölsulfonate scheint vielfach den Anforderungen der Praxis nicht völlig gerecht geworden zu sein, was die Bearbeiter dieses Gebietes zum Teil darauf zurückführen, daß Teile des Mineralölkomplexes ein zu geringes Molekulargewicht aufweisen, um genügend kapillaraktive Sulfonate zu liefern. Zur Behebung dieser Schwierigkeiten hat man vorgeschlagen, den Mineralölkomplex oder auch hochsiedende Fraktionen aus dem Edeleanu-Extrakt durch Kondensierung mit Alkoholen zu vergrößern. Auf diesem Gebiet sind patentierte Verfahren der British Dyestuffs Corp.[14] und der Oranienburger Chemischen Fabrik A. G. und LINDNER[15] zu erwähnen, welche die gemeinsame Sulfonierung verschiedener

[1] E. P. 17148/1914.
[2] E. P. 269942; F. P. 640617.
[3] E. P. 272967; F. P. 632155.
[4] E. P. 279990; F. P. 637848.
[5] E. P. 313864; F. P. 640617, 654080.
[6] F. P. 37163, Zusatz zu 632155.
[7] E. P. 346945.
[8] D. R. P. 583853.
[9] A. P. 1868596.
[10] D. R. P. 551425; Schweiz. P. 145978.
[11] D. R. P. 546758; E. P. 289841; F. P. 653790.
[12] D. R. P. 445645.
[13] D. R. P. 608829.
[14] D. R. P. 588690; E. P. 274611.
[15] D. R. P. 614227; F. P. 640617; E. P. 313861.

Mineralölkohlenwasserstoffe in Gegenwart von Alkoholen, wie Propylalkohol, Butylalkohol, Benzylalkohol, Cyclohexanol und sogar Wachsalkoholen, zum Ziel haben. Nach neueren Untersuchungen von LINDNER, RUSSE und BEYER[1] erscheint es allerdings zweifelhaft, ob bei Anwendung von Wachsalkoholen Kondensationsprodukte entstehen; vielmehr scheint unter diesen Umständen eine vorzugsweise Sulfonierung des hochmolekularen Alkohols einzutreten, und das Mineralöl vorwiegend als Verdünnungsmittel zu wirken. Nach den erwähnten Oranienburger Patenten eignen sich auch Thioalkohole, Phenole und Ketone zur Durchführung der Kondensationsreaktionen, während man bei Anwesenheit der gleichfalls als Zusatz vorgeschlagenen niederen Carbonsäuren bzw. ihrer Anhydride oder Chloride wohl eher mit Verstärkung der Mineralölsulfonierung zu rechnen hat. Ein anderes Patent der Oranienburger Chemischen Fabrik A. G.[2] betrifft die Sulfonierung von Mineralölkohlenwasserstoffen zusammen mit Aldehyden, wie Paraldehyd, Heptaldehyd, Benzaldehyd, welche nicht mehr als 10 C-Atome enthalten sollen. Als Sulfonierungsmittel dient besonders Chlorsulfonsäure in Mengen von 100—200%. Schließlich wurde von der gleichen Firma auch die gemeinsame Sulfonierung von hochsiedenden Mineralölkohlenwasserstoffen mit Neutralfetten oder Fettsäuren unter Schutz gestellt[3]. Die intensiven Sulfonierungsbedingungen sind gleichfalls auf das Eintreten von Kondensationen abgestellt. Das bereits erwähnte Herstellungsverfahren für halogensubstituierte Sulfonsäuren ist auch auf die kondensierten Mineralölsulfonsäuren ausgedehnt worden.

Zu erwähnen sind in diesem Abschnitt noch einige der I. G. Farbenindustrie A. G. patentierte Verfahren, nach welchen die Sulfonierung von Mineralölkohlenwasserstoffen, wie z. B. Braunkohlenteerölen, in Gegenwart von mindestens 50% aromatischen oder hydroaromatischen Kohlenwasserstoffen oder deren Derivaten und gegebenenfalls Methylalkohol mit Oleum, Chlorsulfonsäuren od. dgl. zu kapillaraktiven Sulfonierungsprodukten führt[4]. Es erscheint nicht ausgeschlossen, daß unter diesen Bedingungen besonders die olefinischen Kohlenwasserstoffe in Form der intermediär gebildeten Alkylschwefelsäuren zur Bildung von alkylierten aromatischen oder hydroaromatischen Sulfonsäuren Anlaß geben. Diese haben bekanntlich in reinerer Form unter der Gruppenbezeichnung „Nekal" erhebliche technische Bedeutung erlangt (vgl. auch III, B, b).

6. Sulfonierungsprodukte von oxydierten Mineralölkohlenwasserstoffen.

Beim Oxydieren von Mineralölkohlenwasserstoffen entstehen je nach Intensität und Dauer des Oxydationsprozesses Endprodukte, deren Zusammensetzung vom kohlenwasserstoffreichen Gemisch bis zur Fettsäure schwanken kann (s. Abschn. 10, S. 648). Zwischenprodukte sind höhermolekulare Alkohole und Aldehyde verschiedenartigster Zusammensetzung. Erstmalig sind solche Oxydationsprodukte von Petroleum oder ähnlichen Kohlenwasserstoffen, die wohl hauptsächlich Fettsäuren darstellten, von SCHAAL[5] durch Behandlung mit 50—100% Schwefelsäure sulfoniert worden, der auf diesem Wege färbereitechnisch wertvolle Türkischrotöle erhalten konnte. PETROW[6] erhielt durch Sulfonierung weniger stark oxydierter Naphthadestillate mit etwa 5% Fettsäuren mittels 50—100% Schwefelsäure brauchbare Wollwaschmittel. In neuester Zeit hat die I. G. Farbenindustrie A. G. dieses Gebiet mit großem Eifer bearbeitet und zahlreiche Patente[7] für Sulfonierungsverfahren genommen, die teils von mehr oder weniger vollständig oxydierten Gemischen teils von Einzelfraktionen definierterer Zusammensetzung ausgehen. Eine genaue Besprechung dieser verschiedenen Verfahren würde den Rahmen dieser Abhandlung überschreiten. Der Wert dieser Erfindungen liegt vor allem in der Auswahl der Ausgangsstoffe, die besonders in Zeiten der Fettnot eine ungeahnte volkswirtschaftlich wichtige Verbreiterung der Rohstoffbasis bringen könnte. Sulfonierungstechnisch und auch konstitutionschemisch sind diese Sulfonierungsprozesse zwanglos in die Reihe der betreffenden Verfahren für die einzelnen Komponenten — Fettsäuren, Aldehyde, Alkohole und Kohlenwasserstoffe — einzuordnen.

---

[1] Fettchem. Umschau 40, 93 (1933).   [2] D.R.P. 616321.

[3] D.R.P. 586066, 607018.

[4] D. R. P. 552328, 630679; E. P. 269942; F. P. 632633; A. P. 1708103.

[5] D. R. P. 32705.   [6] D. R. P. 456855; A. P. 1761744.

[7] Vgl. z. B. D. R. P. 577428, 589511; F. P. 677090, 714000; E. P. 303281, 309875,
    360002, 373642 u. a. m.

c) Weitere Sulfonierungsprodukte carboxylfreier Verbindungen.

Die hier zu besprechenden Produkte kann man in folgende Gruppen einteilen:

1. Sulfonierungsprodukte von Aldehyden und Ketonen der Fettreihe;
2. Sulfonierungsprodukte von Fettalkoholalkyläthern;
3. Sulfonierungsprodukte höherer aliphatischer Amine;
4. Sulfonierungsprodukte höher-molekularer Sulfone.

Die unter diese vier Gruppen fallenden Verfahren sind ausschließlich der neueren Patentliteratur zu entnehmen.

Gemäß einem Verfahren der Erba A. G. werden hochmolekulare aliphatische Aldehyde und Ketone, z. B. Palmiton, eventuell in Gegenwart anorganischer oder organischer Substanzen oder eines Lösungsmittels, sulfoniert[1]. Stearylketon wird beispielsweise in Petroleum gelöst und in Gegenwart von Essigsäureanhydrid mit 30%igem Oleum sulfoniert. Die Erzeugung von Schwefelsäureestern und Sulfonsäuren aus aliphatischen Ketonen, wie Oleon oder Palmiton, z. B. mittels Chlorsulfonsäure, eventuell in Gegenwart von Verdünnungsmitteln, beschreiben Verfahren der I. G. Farbenindustrie A. G.[2]. Nach den früheren Ausführungen ist es wahrscheinlich, daß man bei Anwendung gesättigter Rohstoffe zu „echten" Sulfonsäuren gelangt. Werden dagegen ungesättigte Aldehyde oder Ketone angewandt, so dürften neben „echten" SO_3H-Gruppen auch esterartig gebundene $O \cdot SO_3H$-Gruppen in die Kette eintreten.

Bei einem in die zweite Gruppe fallenden Verfahren der H. Th. Böhme A. G. werden niedrigere Alkyläther ungesättigter oder mehrwertiger Fettalkohole mittels Sulfonierungsmittel, je nach den Arbeitsbedingungen, in Schwefelsäureester oder Sulfonsäuren übergeführt[3]. Beispielsweise dient Octadecenyl-n-butyläther als Ausgangsstoff. Aus einem solchen ungesättigten Äther läßt sich ein Schwefelsäureester herstellen, welcher folgende allgemeine Formel besitzt:

$$R \ldots CH\!\!-\!\!CH \ldots CH_2O \; Alk$$
$$ | |$$
$$ H O\!\!-\!\!SO_3H$$

Hierin bedeutet Alk einen Alkylrest. Aus dieser Formel ersieht man, daß die typische endständige Hydroxylgruppe des Fettalkohols durch einen Alkylrest blockiert ist. Hierdurch wird die Bildung von endständigen Schwefelsäureestern verhindert. Ein Patent der Deutschen Hydrierwerke A. G.[4] beschreibt die Sulfonierung von Äthern höherer Fettalkohole, wie Oleinalkohol, mit aromatischen Aminogruppen oder Phenolen. Bei stärkerer Sulfonierung mögen neben esterartig gebundenen „internen" Sulfogruppen auch noch „echte" Sulfogruppen in den aromatischen Ring eintreten. Ein Verfahren der Chemischen Fabrik Servo u. Rozenbroek[5] sieht die Sulfonierung gemischter Äther von höher-molekularen Alkoholen mit Glykol, Glycerin od. dgl. vor. Solche Äther sind z. B. Dilaurylglykoläther, Monolauryläther des Glycerinchlorhydrins oder ähnliche, die auch Aminogruppen enthalten können. Es bilden sich Schwefelsäureester oder „echte" Sulfonsäuren. Nach einem Vorschlag der I. G. Farbenindustrie A. G.[6] werden Verätherungsprodukte, die aus Fettalkoholen und überschüssigem Äthylenoxyd bei höheren Temperaturen und unter Druck entstehen, sulfoniert. Nach einem Verfahren der I. G. Farbenindustrie A. G. werden Schwefelsäureester der eben erwähnten Fettalkoholäther durch Behandlung mit Sulfiten in die entsprechenden „echten" Sulfonsäuren übergeführt[7].

Ein Verfahren der H. Th. Böhme A. G., welches unter die dritte Gruppe fällt, schlägt die Behandlung von höheren aliphatischen ungesättigten oder hydroxylhaltigen Aminen mit Sulfonierungsmitteln unter Entstehung von Sulfonsäuren oder Estern vor. Als Ausgangsstoff dient beispielsweise Octadecenylamin oder sein Hydrochlorid[8]. Am Ende des aliphatischen Kohlenwasserstoffmoleküls befindet sich demnach eine Aminogruppe. Wir werden später sehen, daß derartige Grundstoffe auch zur Herstellung endständiger Sulfonsäuren dienen. Ein schon früher erwähntes Verfahren der I. G. Farbenindustrie A. G.[9] betrifft auch die Sulfonierung von gesättigten Aminen hohen Molekulargewichtes, wie z. B. Pentadecylamin, unter energi-

---

[1] F. P. 707966; E. P. 364327, 375770.   [2] E. P. 343098; F. P. 693699, 693814.
[3] D. R. P. 565056; F. P. 701190; E. P. 359449.   [4] D. R. P. 535338.
[5] F. P. 766590.   [6] E. P. 380431.   [7] F. P. 716705.
[8] F. P. 698380; E. P. 353232; A. P. 1951469.   [9] F. P. 715205.

schen Bedingungen, wobei dann Sulfaminsäuren gebildet werden, deren Salze als
Netz- und Reinigungsmittel geeignet sein sollen. Nach einem anderen Verfahren
der I. G. Farbenindustrie A. G.[1] dienen sekundäre oder tertiäre Amine mit einer
Doppelbindung oder Hydroxylgruppe als Ausgangsstoffe für Sulfonierungsprozesse.
Als Beispiele sollen N-Cetyl-N-äthanolamin sowie Oleylmethylamin genannt werden.

Als carboxylfreie Rohstoffe, die neuerdings von der Firma Henkel & Cie.[2] zur
Gewinnung von seifenartigen Sulfonierungsprodukten vorgeschlagen wurden, sind
endlich die hochmolekularen Sulfone vom Typ $R \cdot SO_2 \cdot R'$ zu nennen. Sie werden
durch Oxydation von Sulfiden gewonnen und nach den üblichen Verfahren sulfoniert.
Vorzugsweise sind solche Sulfone geeignet, die Hydroxylgruppen, Doppelbindungen
oder aromatische Reste enthalten, die dann zur Aufnahme der „esterartigen" oder
echten Sulfogruppen dienen können. Solche Sulfone enthalten beispielsweise als
Rest R Decyl, Dodecyl, Tetradecyl oder Hexadecyl und als Rest R' etwa Oxyäthyl-
oder Dioxypropylreste. Die Sulfonierung erfolgt dann an den Oxygruppen des Restes
R'. Bei dem ungesättigten Oleyläthylsulfon erfolgt die Sulfonierung an der Doppelbindung des Restes R. Ein anderes Verfahren der Gesellschaft für Chemische Industrie
in Basel[3] betrifft vorzugsweise die Sulfonierung solcher Sulfone, die aus hochmolekularen Alkylhalogeniden oder Halogenfettsäureestern und Alkalisalzen von Sulfin-
säuren zu erhalten sind. So werden z. B. α-Bromlaurinsäureäthylester oder das
Chlorid der Cocosfettalkohole mit toluolsulfinsaurem Natrium bei höheren Temperaturen zu den entsprechenden Sulfonen umgesetzt, die dann etwa mit überschüssigem
Oleum sulfoniert werden.

III. Die Herstellungsverfahren
für „sulfonierte Öle" mit „externer Sulfogruppe".

In diesem Abschnitt wird eine Gruppe neuartiger Körper abgehandelt
werden, die sich von den bisher besprochenen „sulfonierten Ölen mit intern
sitzender Sulfogruppe" grundsätzlich durch die „endständige" oder „externe"
Stellung der Sulfogruppe unterscheiden. Es konnte schon in der Einleitung gezeigt werden, daß die allgemeine Struktur dieser Körper wegen der Stellung der
hydrophilen Gruppe eine weitergehende Ähnlichkeit mit den echten Seifen aufweist als diejenige der „intern" konstituierten Schwefelsäureester oder Sulfonsäuren. Die schon erörterten Bemühungen, die Carboxylgruppe der Seifen in den
Sulfonaten zu kaschieren, konnten zwar zu Sulfonaten führen, die gegenüber den
carboxylhaltigen Rotölen, Monopolseifen usw. stark verbesserte Beständigkeitseigenschaften sowie erhöhtes Netzvermögen aufweisen. Hochbeständige „Seifen"
mit ausgesprochenem Wasch- und Schaumvermögen waren auf diesem Wege aber
nicht zu gewinnen, da die Sulfogruppe unweigerlich infolge des immer noch be-
setzten Platzes am Ende des hochmolekularen Radikals stets mit einer „internen"
Stellung vorliebnehmen mußte. Auf diesen grundsätzlichen Unterschied konnten
SCHRAUTH[4] und LINDNER[5] aufmerksam machen. Es hat sich auch in der Folgezeit immer wieder gezeigt, daß die waschaktiven, auch äußerlich seifenähnlichen
Sulfonate stets „externe", und zwar möglichst nur „externe" Sulfogruppen enthalten. Die von HOOGEWERF und VAN DORP[6] sowie THIEME[7] dargestellten endständig konstituierten Anlagerungsprodukte von Schwefelsäure an gesättigte
Fettsäuren konnten wegen ihrer überaus großen Empfindlichkeit gegenüber hydrolytischen Einflüssen technische Bedeutung nicht erlangen. Jedoch hat im letzten
Jahrzehnt und besonders in jüngster Zeit auf breiter Front eine so umfangreiche
und mit Erfolg begleitete Bearbeitung dieses Gebietes eingesetzt, daß das Problem

[1] E. P. 377 695.   [2] F. P. 762 405.
[3] F. P. 758 078; Schweiz. P. 163 536.   [4] Seifensieder-Ztg. 58, 61—63 (1931).
[5] Chem. Umschau Fette, Öle, Wachse, Harze 39, 275 (1932).
[6] Rec. Trav. chim. Pays-Bas 18, 211 (1899); 21, 349 (1902).
[7] Journ. prakt. Chem. 198, 285ff. (1912).

des Ersatzes der Seife mit all ihren bekannten Mängeln durch kalk- und säurefeste, waschaktive und schäumende Sulfonate heute praktisch als gelöst gelten darf. Auch bei der Betrachtung dieses Gebietes ist es nur gerecht und lohnend, auch die älteren Vorarbeiten, die ja vielfach eine wertvolle Grundlage für die jüngeren Bearbeiter dieses Sondergebietes dargestellt haben dürften, gebührend zu erwähnen.

A. Die Schwefelsäureester mit externer Sulfogruppe (sulfonierte Fettalkohole).

a) Die Rohstoffe.

Die Fett- oder Wachsalkohole sind in der Natur in zahlreichen Wachsarten anzutreffen. Die technologisch wichtigsten hochmolekularen Alkohole finden sich in den tierischen Wachsen. So wurde bereits im Jahre 1818 erstmalig von CHEVREUL[1] der Cetylalkohol isoliert, der in Form seines Palmitinsäureesters einen wesentlichen Bestandteil des Walrats darstellt. Der heute vielbenutzte ungesättigte Oleïnalkohol kommt in flüssigen Seetierwachsen, z. B. im Spermöl, als Ölsäureester vor und wird aus diesen isoliert[2]. Als Rohstoffquelle für höhermolekulare Alkohole, wie Melissylalkohol, Carnaubylalkohol, dienen Bienenwachs, Carnaubawachs usw. Eine weitere wichtige Rohstoffquelle für hochmolekulare Wachsalkohole stellt das Wollfett dar, welches neben Cholesterin und Isocholesterin auch aliphatische Alkohole enthält. Über die Struktur der aliphatischen Wollfettalkohole sind zahlreiche Untersuchungen angestellt worden. Nach neueren Untersuchungen von DRUMMOND und BAKER[3] scheint das Vorhandensein von Cetylalkohol, Cerylalkohol sowie ungesättigter Alkohole in beachtlichen Mengen festzustehen. Die bekannteste Gewinnungsmethode der Fettalkohole aus Wachsen besteht in der energischen Verseifung der Wachse, Überführung in die Kalkseifen und Extraktion der Alkohole aus diesen mittels Aceton oder Alkohol. Diese Verfahren werden in verschiedenen Abwandlungen in einem älteren deutschen Patent[4] sowie von HERBIG[5], GRÜNHUT[6] und anderen beschrieben. Nach einem neueren Verfahren von AXELRAD[7] gewinnt man Cetylalkohol aus der Kalkseife des Spermacets durch Destillation bei 330—350° C. Unter den synthetischen Darstellungsverfahren ist der von KRAFFT[8] aufgefundene Weg interessant. Dieser destilliert Mischungen von fettsauren Erdalkalien mit überschüssigen Erdalkaliformiaten in Gegenwart von Calciumcarbonat im Vakuum und reduziert die so gewonnenen Aldehyde in Gegenwart von Eisessig durch Erhitzen mit Zinkstaub. Größte praktische Bedeutung haben die katalytischen Hydrierungsverfahren gefunden, die von SCHRAUTH, SCHENK und STICKDORN[9] sowie von O. SCHMIDT[10] beschrieben worden sind und im Abschn. 2, S. 173 behandelt werden. (Der I. G. Farbenindustrie A. G. scheint es auf gänzlich anderem Wege, nämlich durch selektive Oxydation von Paraffinkohlenwasserstoffen und bestimmte Reinigungsmethoden der Oxydationsprodukte, geglückt zu sein, hochmolekulare Alkohole zu gewinnen[11].)

[1] Recherches sur les corps gras 1818, 161, 169.   [2] A. P. 1 664 777.
[3] Journ. Soc. chem. Ind. 48, 237 T (1932).   [4] D. R. P. 38 444.
[5] Dinglers polytechn. Journ. 301, 114 (1896).
[6] Ztschr. analyt. Chem. 37, 704ff. (1898).
[7] Ind. engin. Chem. 9, 1123ff. (1917).
[8] Ber. Dtsch. chem. Ges. 13, 1413ff. (1880); 16, 1714ff. (1883).
[9] Ber. Dtsch. chem. Ges. 64, 1314ff. (1931).
[10] Ber. Dtsch. chem. Ges. 64, 2051ff. (1931).
[11] D. R. P. 577 428, 589 511; F. P. 677 090, 714 000; E. P. 303 281, 309 875, 360 002, 373 642 u. a. m.

b) Die Sulfonierung der Fettalkohole.

Die Sulfonierung höher-molekularer Alkohole der Fettreihe ist bereits im vergangenen Jahrhundert mit Erfolg durchgeführt worden. Als erste haben offenbar DUMAS und PELIGOT[1] den Schwefelsäureester des Cetylalkohols (Äthals) durch Behandlung mit Schwefelsäure in der Kälte und nachträgliches Erwärmen gewonnen. Sie stellten auch bereits das Kalisalz des Esters dar. BRODIE[2] ist es gelungen, fein verteilten Cerylalkohol (Cerotin) mit Schwefelsäure in den Ceryl-schwefelsäureester umzuwandeln. KÖHLER[3] und FRIDAU[4] erwähnen, daß aus Cetylalkohol (Äthal) und Schwefelsäure sowie durch Neutralisieren in alko-holischer Lösung der Schwefelsäureester des Cetylalkohols bzw. dessen gut kristallisierendes Kalisalz darstellbar sind. MÖSLINGER[5] stellt aus Octylalkohol den Octylschwefelsäureester her und erwähnt bereits die Löslichkeit des Barium-salzes in heißem Wasser.

Recht eingehend hat sich v. COCHENHAUSEN[6] mit der Sulfonierung höherer Fettalkohole beschäftigt. Er behandelt sie, in Petroläther gelöst, mit der fünf-fachen Schwefelsäuremenge und gewinnt die Natrium- sowie Erdalkalisalze. Er erwähnt, daß das Natriumsalz des Cerylschwefelsäureesters in Wasser schleimige Lösungen bildet und daß das Calciumsalz in Wasser schwer löslich ist. Auch die heute geschätzte Beständigkeit der Ester gegen Alkalien sowie ihre Spaltbarkeit beim Kochen mit verdünnter Salzsäure hat v. COCHENHAUSEN bereits beobachtet. Die Sulfonierbarkeit der hochmolekularen aliphatischen Alkohole steht im Gegen-satz zu dem Verhalten des hydroaromatischen Cholesterins, welches mit Schwefel-säure in die wasserunlöslichen Cholesterone übergeht. Dieses verschiedenartige Verhalten ermöglicht v. COCHENHAUSEN eine Trennung der aliphatischen von den hydroaromatischen Wollfettalkoholen. Der Vollständigkeit halber sei aber er-wähnt, daß MANDEL und NEUBERG[7] später dann die Bildung des Cholesterin-schwefelsäureesters durch Behandlung von Cholesterin in Chloroform mittels Pyridinchlorsulfonats (Pyridin + Chlorsulfonsäure) gelungen ist.

Einen recht interessanten Beitrag über den Schwefelsäureester des Cetyl-alkohols und die Eigenschaften der wäßrigen Lösungen der Salze dieses Esters haben in neuester Zeit NISHIYAMA und TOMITSUKA[8] gebracht. Sie stellten fünf Salze des reinen Esters dar und untersuchten ihre kristallographischen Eigen-schaften sowie ihre Löslichkeit in verschiedenen Lösungsmitteln. Die relativ ge-ringe Löslichkeit der Kalium-, Magnesium- und Calciumsalze wird festgestellt, während sich die Natrium- und Ammoniumsulfonate leichter lösen. Ferner werden die relativen Viskositäten bestimmt und die kapillaraktiven Eigenschaften der verschiedenen Salzlösungen durch Messungen der Oberflächenspannungen gegen Luft bzw. der Grenzflächenspannungen gegen Kerosin nachgewiesen. SECK[9] hat sich mit seinen Mitarbeitern gleichfalls mit der Reindarstellung ge-sättigter Fettalkoholschwefelsäureester beschäftigt und besonders die Eigen-schaften des Monoschwefelsäureesters des Stearinalkohols sowie des Dischwe-felsäureesters des Octadekandiols-(1,10) untersucht. Im Gegensatz zu Fett-schwefelsäureestern sind diese Alkoholsulfonate säureunempfindlich. Allerdings neigt der Stearinalkoholschwefelsäureester zu Koagulationen, die beim Di-schwefelsäureester des Octadekandiols — offenbar wegen der löslichkeits-erhöhenden Eigenschaften der zweiten Sulfogruppe — ausbleiben.

---

[1] Ann. Pharmaz. 19/20, H. 3, 293 (1836).   [2] Liebigs Ann. 67, 203.
[3] Naturwiss. VII, 352.   [4] Liebigs Ann. 83, 9.   [5] Liebigs Ann. 185/186, 62 ff. (1877).
[6] Dinglers polytechn. Journ. 303, H. 12, 283—285.
[7] Biochem. Ztschr. 71, 186 ff. (1915).
[8] Journ. Soc. chem. Ind. Japan (Suppl.) 35, 548 B (1932).
[9] Fettchem. Umschau 40, 146 (1933); 41, 61 (1934).

Die Sulfonierung eines hoch-molekularen ungesättigten Fettalkohols beschreiben GRÜN und WIRTH[1], die aus Undecenol (50 g) und Chlorsulfonsäure (35 g) in ätherischer Lösung unter starker Kühlung mit Eiskochsalz den Monoschwefelsäureester gewinnen. Aus dieser Arbeit ist die Löslichkeit des Bariumsalzes des Esters sowie seine Beständigkeit gegen wäßrige Salzsäure in der Kälte zu entnehmen.

Irgendwelche positiven Vorschläge bezüglich technologischer Verwertungsmöglichkeiten der sulfonierten Fett- und Wachsalkohole sind in den bisher besprochenen Arbeiten der älteren Bearbeiter dieses Gebietes nicht zu finden. Bevor auf die technischen Gewinnungsmethoden sulfonierter Alkohole näher eingegangen wird, sollen noch einige neuere Untersuchungen über die Einwirkung von konzentrierter Schwefelsäure auf Oleinalkohol Erwähnung finden.

RIESS (vgl. Bd. I, S. 332) unterscheidet zwei Reaktionsmöglichkeiten:

1. Sulfonierung der Doppelbindung (interner Ester)

$$CH_3 \ldots CH = CH \ldots CH_2OH + H_2SO_4$$
$$\rightarrow CH_3 \ldots CH_2 \cdot CH \cdot O \cdot SO_2 \cdot OH \ldots CH_2OH$$

2. Veresterung der Hydroxylgruppe (externer Ester)

$$CH_3 \ldots CH = CH \ldots CH_2OH + H_2SO_4$$
$$\rightarrow CH_3 \ldots CH = CH \ldots CH_2 \cdot O \cdot SO_2 \cdot OH + H_2O$$

Durch analytische Kontrolle von Jodzahl, Säurezahl und SO_3-Gehalt wird festgestellt, daß die Schwefelsäureanlagerung an die Doppelbindung zwischen 0° und 40° von der Temperatur sehr wenig abhängig ist. So wird z. B. bei 40%iger Sulfonierung und fünfstündiger Einwirkung der Schwefelsäure bei 0° 30,9%, bei 40° 40,2% interner Ester gebildet. Die Veresterung der Hydroxylgruppe dagegen verläuft bei tiefen Temperaturen äußerst langsam und wird durch Temperatursteigerung stark beschleunigt. Bei der eben erwähnten Sulfonierungsbedingung werden bei 0° nur 3,6% und bei 30° 40,1% externer Ester gebildet. Bei 40° ist die Estermenge bereits wieder auf 32,7% gesunken, was RIESS auf Wiederabspaltung der Schwefelsäure zurückführt.

STEINER[2] vergleicht Oleinalkohol mit Ölsäure und einigen Neutralfetten bezüglich der Sulfonierbarkeit mit 98%iger Schwefelsäure bei 28—30°. Während bei den Fetten bekanntlich unter diesen Bedingungen nach Erreichung einer optimalen Säuremenge von 35—40% wieder eine Abnahme der organisch gebundenen Schwefelsäure zu bemerken ist, nimmt der Sulfonierungsgrad beim Oleinalkohol bis zur Anwendung der von STEINER benutzten Höchstmenge von 60% Schwefelsäure ständig zu. Er erhält bereits mit 45% Schwefelsäure blank lösliche Schwefelsäureester.

Das praktische Verhalten des „internen" und „externen" Monoschwefelsäureesters des Oleinalkohols dürfte entsprechend dem Sitz der Sulfogruppe recht verschiedenartig sein. Es ist anzunehmen, daß der „interne" Ester bei erhöhten Beständigkeitseigenschaften erhebliche Verwandtschaft zu den Türkischrotölen zeigen dürfte. Der „externe" Ester, der naturgemäß kaum rein, sondern mehr oder minder auch mit „internen" Sulfogruppen behaftet als Dischwefelsäureester auftreten dürfte, wird dagegen die eingangs erwähnten Merkmale der endständigen Sulfonate erkennen lassen. Erwähnt sei zum Schluß, daß nach Beobachtungen des Verfassers besonders die ungesättigten Fettalkohole bei kräftigeren Sulfo-

[1] Ber. Dtsch. chem. Ges. 55, 2209 (1922).
[2] Fettchem. Umschau 42, 201 (1935).

nierungsbedingungen recht leicht „echte" Sulfogruppen „intern" gebunden aufnehmen können. Eine derartige Sulfonsäurebildung setzt häufig schon vor Beendigung der völligen Esterifizierung ein. Die „echten" Sulfogruppen wirken in bekannter Weise, d. h. sie erhöhen die Löslichkeit der Sulfonate und verbessern die Beständigkeitseigenschaften, häufig allerdings auf Kosten anderer wertvoller Merkmale.

c) Die neueren Herstellungsverfahren für Fettalkoholsulfonate.

Unter den neueren Herstellungsverfahren für sulfonierte Fettalkohole kann man folgende Gruppen unterscheiden:

1. Schwefelsäureester einwertiger Fettalkohole:
   a) mit gewöhnlichen Sulfonierungsmitteln hergestellt,
   b) mit anderen Sulfonierungsmitteln hergestellt.
2. Schwefelsäureester mehrwertiger Fettalkohole (sulfonierte Glykole).
3. Schwefelsäureester, Ätheralkohole und Glukoside von Fettalkoholen.
4. Perschwefelsäureester von Fettalkoholen.

1 a. Die Herstellung und Bedeutung der sulfonierten Fettalkohole wurde von SCHRAUTH[1], KLING[2] und HUETER[3] in der Literatur beschrieben.

SCHRAUTH hält die höheren Alkylschwefelsäuren für ungiftig für höhere Lebewesen, schreibt ihnen jedoch eine bakterientötende Wirkung zu. Er bezeichnet sie als flüssige hydratisierte Kolloide, welche Schäume und Emulsionen wie wirkliche Seifen bilden. Die Schwefelsäureester mittleren Molekulargewichtes geben schon bei niederen Temperaturen schaumkräftige Emulsionen, die bei schwachem Erwärmen in klare Lösungen übergehen und selbst bei geringsten Konzentrationen eine auffallend kleine Oberflächenspannung besitzen. Die kapillaraktive Wirkung soll die der Seifen und Rotöle bedeutend übertreffen. Die Sulfonate von Alkoholen mit 16 und mehr C-Atomen zeigen erst im heißem Wasser Kapillarwirkungen, die noch stärker sind als die der niederen Homologen. Die von SCHRAUTH mitgeteilten Tropfenzahlen nach TRAUBE, die sich beim Einfließen wäßriger 0,05%iger Sulfonat- und Seifenlösungen bei 20° in Spindelöl ergaben, zeigen eindeutig die kapillaraktive Überlegenheit der höheren alkylschwefelsauren Salze gegenüber den entsprechenden Seifen. Ergebnisse: Cocosseife 17 Tropfen — laurylschwefelsaures Natrium 29 Tropfen; palmitinsaures Natrium 28 Tropfen — cetylschwefelsaures Natrium 37 Tropfen. Auf die ausgezeichneten Beständigkeitseigenschaften und die zahlreichen praktischen Verwendungsmöglichkeiten wird hingewiesen. HUETER konnte ähnliche Feststellungen wie SCHRAUTH machen. Er beschäftigt sich eingehend mit dem etwas abweichenden Verhalten des Oleinalkohols (Octadecen-9-ol-1). Er erhält aus technisch reinem Oleinalkohol (Jodzahl 93) bei $+5°$ mit 70% Schwefelsäure von 66° Bé nach 12 Stunden ein Absinken der Jodzahl auf 7. Durch Erhöhung der Schwefelsäuremenge und Herabsetzung der Temperatur auf $-6°$ wird die Schwefelsäureanlagerung noch verstärkt. Die so gewonnenen Ester, die sich vom Dioxyoctadekan (Octadekandiol) ableiten, sind außerordentlich beständig gegen Härtebildner, anorganische Salze und hydrolytisch wirkende Agentien. HUETER hält für praktische Bedürfnisse eine Sulfonierung des Oleinalkohols mit 70—100% Schwefelsäure bei $+6°$ für ausreichend. Derartige Erzeugnisse sind beständig gegen Wasser von 50° d. H. bei zweistündigem Kochen, gegen 30%ige Bittersalzlösung bei 60°, gegen Natronlauge von 30° Bé und gegen 1%ige kochende Schwefelsäure. KLING bezeichnet die Netzfähigkeit der Alkylschwefelsäuren ab

[1] Chem.-Ztg. 55, 3 u. 17/18 (1931); Seifensieder-Ztg. 58, 61—63 (1931).
[2] Melliands Textilber. 12, 112 (1931).   [3] Melliands Textilber. 13, 83/84 (1932).

C_{10} als hervorragend, stellt fest, daß die Sulfonate nicht ranzig werden und daß die Alkalisalze im Gegensatz zu Seifen kein Alkali hydrolytisch abspalten. Ihre Salzbeständigkeit gestattet die Verwendung auch im Meerwasser. WELWART[1] stellt im Gegensatz zu anderen Autoren eine Empfindlichkeit (Aussalzbarkeit) vieler Handelspräparate gegen Kalk fest.

Die dispergierenden Eigenschaften der neueren Fettalkoholsulfonate, insbesondere ihre Eigenschaft, die Ausfällung von Kalkseifen zu verhüten, sind ebenfalls nicht immer gleichartig bewertet worden. Während MÜNCH[2] die schutzkolloiden Eigenschaften der Fettalkoholsulfonate verneint, konnte LINDNER[3] an zahlreichen Messungen von Seifen-Fettalkoholsulfonatlösungen in harten Wässern auf photometrischem Wege zeigen, daß besonders Sulfonate ungesättigter Alkohole starke Schutzkolloide sind und das Ausfallen von Kalkseifen verhüten können. Sogar frisch gefällte Kalkseifen lassen sich durch derartige Sulfonate wieder in kolloide Lösungen überführen. Solche gegensätzlichen Auffassungen sind wohl aus der Tatsache zu erklären, daß die Vielheit in der Rohstoffauswahl wie in den Sulfonierungsmethoden gerade auf dem Gebiet der Fettalkoholschwefelsäureester zu Erzeugnissen von sehr unterschiedlichen Eigenschaften führen kann. Man kann daher kaum Beobachtungen an einem bestimmten Handelsprodukt verallgemeinern.

Im einzelnen sind die neueren Herstellungsverfahren der umfangreichen Patentliteratur zu entnehmen. Zweckmäßig ist ein Verfahren der H. Th. Böhme A. G. vorwegzunehmen, welches der obenzitierten Arbeit von RIESS betreffs Sulfonierung der Doppelbindung unter Entstehung interner Ester ähnlich ist[4]. Nach dem neueren Verfahren werden ungesättigte Fettalkohole, wie Oleinalkohol, oder mehrwertige Fettalkohole, wie Ricinolalkohol, mit konzentrierter Schwefelsäure bei zirka 0^0 behandelt. Die entstandenen Produkte enthalten Hydroxylgruppen am Kettenende und gegebenenfalls in der Kette. Aus Ricinolalkohol erhält man so den Monoschwefelsäureester des Octadekantriols mit zwei freien Hydroxylgruppen. Größere Bedeutung haben, wie bereits erwähnt, die externen Schwefelsäureester erlangt. Unter den Verfahren zur Herstellung sulfonierter einwertiger gesättigter oder ungesättigter Fett- und Wachsalkohole ist ein Verfahren der H. Th. Böhme A. G. zu nennen, nach welchem Fettalkohole, wie Oleinalkohol oder Stearinalkohol, mit Sulfonierungsmitteln, wie Schwefelsäure, rauchender Schwefelsäure oder Chlorsulfonsäure, eventuell bei niedriger Temperatur behandelt werden[5]. Die Sulfonierung von Fettalkoholen mit den eben erwähnten Sulfonierungsmitteln in Gegenwart von organischen Säuren, deren Anhydriden oder Chloriden, besonders bei niedrigen Temperaturen, beschreibt ein Verfahren der gleichen Firma[6]. Bei derartigen Arbeitsbedingungen treten, wie bei der Sulfonierung von Fettsäuren, leicht echte Sulfogruppen in die Kette ein. Die so entstehenden Produkte besitzen demnach eine externe, esterartig gebundene Sulfogruppe sowie interne „echte" Sulfogruppen. Auch die Sulfonierung von ungesättigten Fettalkoholen mit energischen Sulfonierungsmitteln oder die Sulfonierung von Fettalkoholen bei höheren Temperaturen führen, wie bereits oben erwähnt, zu derartigen Produkten. Eine Sulfonierung von Fettalkoholen unter energischen Bedingungen, und zwar in Gegenwart wasserentziehender Säureanhydride, wie Schwefeltrioxyd, Essigsäureanhydrid oder Phthalsäureanhydrid, bei gewöhnlichen oder erhöhten Temperaturen beschreibt ein Verfahren der Deutschen Hydrierwerke A. G.[7]. Hierher gehört auch ein holländisches Patent der I. G. Farbenindustrie A. G.[8], welches ganz speziell auf die Gewinnung von sulfonierten Fettalkoholen mit Gehalt an „echten" Sulfonsäuren abgestellt ist. Es wird die Sulfonierung von Octadecylalkohol, Spermacetialkohol usw. mit Schwefeltrioxyd, Oleum oder Chlorsulfonsäure erwähnt. Die schon früher erwähnte Sulfonierung in Gegenwart von festem Kohlendioxyd (sogenanntem Trockeneis) ist auch für ungesättigte Fettalkohole vorgeschlagen worden[9] und soll auch hier zu hellfarbigen

[1] Seifensieder-Ztg. 59, 427 (1932).   [2] Mellands Textilber. 1934, 558ff.
[3] Monatsschr. Textilind. 1935, 65ff., 94ff., 120ff., 145ff.   [4] F. P. 739066.
[5] D. R. P. 640997, 643052; E. P. 308824; F. P. 671456; Holl. P. 24708; Schweiz. P. 146178.
[6] E. P. 317039; F. P. 37134/671456.   [7] D. R. P. 542048; E. P. 307709; F. P. 671065.
[8] Holl. P. 27294.   [9] D. R. P. 662728.

und hochsulfonierten Schwefelsäureestern führen. Ein Verfahren der H. Th. Böhme A. G. schlägt die Sulfonierung von Fettalkoholgemischen, welche durch Hochdruck-hydrierung von Cocos- oder Palmkernfettsäure erhältlich sind, unter milden oder energischen Bedingungen vor[1]. Die bei der Destillation der Rohalkohole zuerst übergehenden 50—60% bestehen im wesentlichen aus Laurinalkohol und liefern besonders wertvolle Sulfonate. Es wird hier zum ersten Male ein gesättigter neuartiger Rohstoff angewandt. Die hieraus erhaltenen Produkte weisen infolge eines niedrigeren Molekulargewichtes beispielsweise bei gewöhnlichen Temperaturen eine leichtere Löslichkeit und ein größeres Schaumvermögen als die bisher beschriebenen Fettalkoholsulfonate auf. Die Sulfonierung von Wachsalkoholen in Gegenwart von Kohlenwasserstoffen, wie den Mineralölen, mit Hilfe von Chlorsulfonsäure oder Mischungen von Schwefelsäure mit wasserentziehenden anorganischen Substanzen beschreibt ein älteres Verfahren der Oranienburger Chemischen Fabrik A. G.[2].

Nach Beobachtungen von LINDNER, RUSSE und BEYER[3] entstehen nach diesem Verfahren hauptsächlich endständige Schwefelsäureester von Fettalkoholen; „echte" Sulfonsäuren oder kondensierte Sulfonsäuren bilden sich hingegen nur in geringerem Maße. Nach einem anderen Oranienburger Patent[4] kann man Fettalkohole im Gemisch mit Solaröl, Isopropylalkohol od. dgl. zunächst mit konz. oder rauchender Schwefelsäure und dann mit Chlorsulfonsäure behandeln. Es sollen Schwefelsäure-ester bzw. Sulfonsäuren entstehen. Nach einem weiteren Verfahren der gleichen Firma[5] kann man ungesättigte Alkohole in Gegenwart von halogenübertragenden Substanzen (z. B. Braunstein) mit Chlorsulfonsäure in halogensubstituierte Sulfonate überführen. Auch hierbei dürfte die Möglichkeit für Bildung „echter" Sulfogruppen vorhanden sein. Außer den bisher erwähnten Fettalkoholen sind auch Naphthen-alkohole, welche durch Druckhydrierung von Naphthensäuren erhalten werden, der Sulfonierung unterworfen worden. Nach einem Verfahren der Deutschen Hydrier-werke A. G. werden auf diese Weise türkischrotölartige Produkte erhalten[6]. Ein anderer von der gleichen Firma vorgeschlagener Grundstoff für kapillaraktive Sulfo-nate[7] sind hochungesättigte Alkohole mit einer Jodzahl über 100, wie z. B. Fett-alkohole aus Heringstran. Ein Verfahren der gleichen Firma beschreibt die Her-stellung von Schwefelsäureestern höherer Fettalkohole mit einer oder mehr Halogen-gruppen in der Kohlenstoffkette. Ein derartiges Produkt ist beispielsweise haloge-niertes Olienalkoholsulfonat[8]. Man gewinnt solche Sulfonate derart, daß ungesättigte Alkohole vorteilhaft in Gegenwart indifferenter Lösungsmittel vor oder während der Sulfonierung durch Behandeln mit Chlor oder gasförmiger Salzsäure an der Doppelbindung chloriert werden. Ähnliche Verfahren beschreiben auch die I. G. Farbenindustrie A. G.[9] sowie die Firma Stockhausen & Cie.[10]. Schließlich ist auch ein Vorschlag der Deutschen Hydrierwerke A. G.[11] erwähnenswert, wonach die höheren Alkohole sulfoniert werden sollen, welche bei der katalytischen Hydrierung der Kohlenstoffoxyde neben Methanol anfallen. Die Sulfonierung von Fettalkoholen in Gegenwart von Aldehyden, Ketonen oder beiden Körpern schlägt ein Verfahren der I. G. Farbenindustrie A. G. vor[12]. Die Behandlung von Wachsoxydationsproduk-ten oder Fettalkoholen mit Sulfonierungsmitteln, wie Pyridin + SO_3, Pyridin + Chlorsulfonsäure oder Natriumpyrosulfat, Dimethylanilin + Chlorsulfonsäure usw.[13], beschreiben Verfahren der Gesellschaft für Chemische Industrie in Basel, der I. G. Farbenindustrie A. G. und der Imperial Chemical Industries Ltd. Nach einem Ver-fahren der I. G. Farbenindustrie A. G. werden Fettalkohole in Gegenwart von Äther, beispielsweise mit Chlorsulfonsäure, behandelt. Neben Cetylalkohol ist auch Cholesterin genannt[14]. Wie bereits früher (S. 363) erwähnt, sind nach Patenten der I. G. Farben-industrie A. G. Fettalkohole mehr oder weniger enthaltende Werkstoffe, z. B. durch unvollständige Oxydation von Paraffinkohlenwasserstoffen, erhältlich. Eventuell vorhandene freie Fettsäuren sowie nicht oxydiertes Ausgangsmaterial können ab-getrennt werden. Die Sulfonierung derartiger Fettalkohole ist in Verfahren der I. G. Farbenindustrie A. G. niedergelegt worden[15]. Nach einem Verfahren der gleichen Firma[16] erhält man durch Einwirkung von Alkalien auf Chlorparaffine, z. B. durch

[1] D. R. P. 593709, 628064; F. P. 38048/679186; E. P. 351403, 351452.
[2] F. P. 640617.   [3] Fettchem. Umschau 40, 93ff. (1933).
[4] D. R. P. 609456.   [5] D. R. P. 546758; F.P. 653790; E.P. 289841.
[6] D. R. P. 701256.   [7] F. P. 776044.
[8] F. P. 736771; E. P. 400986.   [9] E. P. 394043.   [10] E. P. 418139.
[11] D. R. P. 535853.   [12] F. P. 712122.
[13] F. P. 719328, 743017, 41843/717685; E.P. 390023, 391435.   [14] F. P. 693814.
[15] D. R.P. 577428, 608362; E.P. 360002, 373642; F. P. 714000.
[16] D. R. P. 626296.

Behandlung von Dichlorhartparaffin mit alkoholischer Kalilauge, hydroxylhaltige Produkte mit Doppelbindungen, welche sich in technisch wertvolle Sulfonate umwandeln lassen. Die durch Oxydation von Montanwachs entstehenden Oxysäuren liefern bei der Reduktion Alkohole, welche nach einem Patent der I. G. Farbenindustrie A. G.[1] durch Sulfonierung in wertvolle Reinigungs- und Dispergierungsmittel übergehen. Ein neueres Verfahren der gleichen Firma sieht die Sulfonierung von ungesättigten Fettalkoholen vor, welche beispielsweise durch Verseifung von Estern mehrwertiger Fettalkohole mit Mineralsäuren oder Carbonsäuren erhältlich sind. So wird der Chloressigsäureester des Octadecandiols verseift und der entstandene ungesättigte Alkohol in ätherischer Lösung mittels Chlorsulfonsäure sulfoniert.[2] Ferner sei ein Verfahren der I. G. Farbenindustrie A. G. erwähnt, nach welchem Fettalkohole in Gegenwart gesättigter Fettsäureamide sulfoniert werden. Hierbei soll das Amid unangegriffen bleiben. Das hieraus erhaltene Produkt dient für Spezialzwecke[3]. Hier mag auch ein französisches Verfahren[4] Erwähnung finden, wonach die Sulfonierung von Alkoholen, wie Lauryl- oder Oleinalkohol, im Gemisch mit dem Ölsäureester des Oleinalkohols vorteilhaft sein soll. Ein neueres Verfahren der I. G. Farbenindustrie A. G. schlägt die Herstellung von Schwefelsäureestern einwertiger, nicht primärer Fettalkohole, z. B. von Pentatriacontanol, mit Hilfe bekannter Sulfonierungsmittel vor[5]. Die Anwendung von tertiären Alkoholen, wie Undecyldiäthylcarbinol, Octadecyldimethylcarbinol, wird seitens der Firma Henkel & Cie.[6] empfohlen. Ferner sei ein neueres Verfahren der Deutschen Hydrierwerke A. G. erwähnt, nach welchem Acylderivate ungesättigter Fettalkohole, z. B. Oleinalkoholacetat, mit einem oder mehreren Sulfonierungsmitteln behandelt werden[7]. Das gleiche Verfahren für höhere Alkohole einschließlich der Wollfettalkohole geben die Imperial Chemical Industries Ltd.[8] bekannt. Während nach den weiter oben beschriebenen Verfahren Fettalkohole in Gegenwart von Acetylierungsmitteln sulfoniert werden, wird hier der betreffende Fettalkohol zuerst acyliert und dann sulfoniert. Im ersteren Falle wird die endständige Hydroxylgruppe sulfoniert, im letzteren Falle die endständige Hydroxylgruppe acyliert und an die Doppelbindung Schwefelsäure od. dgl. angelagert. Es mag dahingestellt bleiben, ob hierbei durch eine Umlagerung ein externer Schwefelsäureester entsteht. Ein ähnliches Verfahren, welches von MAUERSBERGER[9] sowie der H. Th. Böhme A. G.[10] angegeben wurde, besteht in der Veresterung von Fettalkoholen mit Borsäure und Sulfonierung der primär gebildeten Borsäureester. Nach dem zweiten Verfahren kann die Behandlung mit Borsäure und dem Sulfonierungsmittel auch in einem Arbeitsgang erfolgen. Schließlich ist noch eine Umsetzung mit Wasserstoffsuperoxyd vorgesehen. Ein Vorschlag der I. G. Farbenindustrie A. G.[11] betrifft die Veresterung der Fettalkohole mit ungesättigten oder OH-haltigen Carbonsäuren, wie Milchsäure, Weinsäure, Acrylsäure, und Sulfonierung dieser Ester.

Neben den verschiedenartigen höheren Fettalkoholen als Rohstoffe für die Sulfonaterzeugung sind auch Olefine mit endständiger Doppelbindung als geeignete Basis für die Gewinnung von Alkylschwefelsäureestern zu erwähnen. Da aber diese Olefine besonders bei Anwendung kräftiger Sulfonierungsbedingungen leicht Sulfonsäuren bilden, sollen diese Sulfonate erst später (III, B, a) abgehandelt werden.

1 b. Zu den Verfahren, welche auf eine Gewinnung von Fettalkoholsulfonaten mittels andersartiger Sulfonierungsmittel abgestellt sind, ist zunächst die indirekte Gewinnungsmethode über die Chlorsulfonsäureester zu erwähnen, die der H. Th. Böhme A. G.[12] geschützt ist. Diese entstehen durch die Einwirkung von Sulfurylchlorid auf höhere Alkohole und nachfolgende alkalische Verseifung der Chlorsulfonsäureester

$$R\!-\!OH \;\rightarrow\; SO_2\!\!<^{OR}_{Cl} \;\rightarrow\; SO_2\!\!<^{OR}_{ONa}$$

Ein Verfahren der H. Th. Böhme A. G.[13] betrifft die Verwendung von Alkylschwefelsäuren, wie Butylschwefelsäure, die sich bei Temperaturen von 80—100° mit Fettalkoholen zu deren Schwefelsäureestern unter Freiwerden des niederen Alkohols umsetzen sollen. Nach einem Patent der I. G. Farbenindustrie A. G.[14] kann man Fettalkoholsulfonate direkt durch Umsetzung der Alkohole mit niederen alkyl-

1 D. R. P. 578405.   2 F. P. 735235; F. P. 388485.   3 F. P. 40985/682227.
4 F. P. 753055.   5 E. P. 343872.   6 E. P. 424891.
7 F. P. 731279.   8 E. P. 377721.   9 F. P. 753080.
10 F. P. 763691; E. P. 409598.   11 E. P. 348040.
12 D. R. P. 608413.   13 D. R. P. 592569.   14 D. R. P. 606083.

schwefelsauren Salzen bei 120—150⁰ gewinnen. Pyridin + Natriumpyrosulfat wird als Sulfonierungsmittel bei 90—95⁰ besonders für die Fettalkoholglycerinäther aus Haifischlebertran, wie Batyl-, Chimyl- oder Selachylalkohol, von der Imperial Chemical Industries Ltd.[1] vorgeschlagen. Weiterhin sind eine ganze Reihe von Verfahren der I. G. Farbenindustrie A. G. bekanntgeworden, die gleichfalls die Gewinnung von Schwefelsäureestern von Fettalkoholen mit Hilfe andersartiger Sulfonierungsmittel zum Gegenstand haben. Solche Sulfonierungsmittel sind beispielsweise Salze der Imidodisulfonsäure[2], Amidosulfonsäure[3] und organischer Sulfaminsäuren oder deren Salze[4]. Gegebenenfalls geschieht die Umsetzung in Gegenwart organischer Basen, wie Pyridin[5]. In letzterem Falle können statt normaler Fettalkohole solche benutzt werden, deren Kohlenstoffkette durch andere Atome unterbrochen ist, z. B. Lauryloxäthylamid[6]. Schließlich wird auf neuere Verfahren der Gesellschaft für chemische Industrie in Basel verwiesen, wonach Schwefelsäureester von Fettalkoholen mit Hilfe von Additionsprodukten aus Schwefeltrioxyd und organischen Basen gewonnen werden[7]. Ein neues Sulfonierungsmittel für höhere Fettalkohole gibt die Oranienburger Chemische Fabrik A. G. an[8]. Es werden Oxybuttersäure oder Oxyvaleriansäure bzw. deren Laktone mit Chlorsulfonsäure behandelt und die entstehenden Reaktionsprodukte mit den Alkoholen umgesetzt.

Im Zusammenhang mit den bisher beschriebenen Fettalkoholschwefelsäureestern wird auf eine Gewinnungsmethode für die Salze dieser Ester in trockener Form verwiesen. Nach einem Verfahren der H. Th. Böhme A. G. werden beispielsweise Lösungen der Schwefelsäureestersalze des Cocosfettalkohols in feinverteilter Form rasch auf hohe Temperatur erhitzt und schnell wieder abgekühlt. Diese in einem Zerstäubungstrockner vorgenommene Operation bezweckt sowohl eine Entwässerung als auch eine Reinigung der Schwefelsäureestersalze. Die hygroskopischen Nebenprodukte werden nämlich zersetzt und die resultierenden Salze fallen in einer absolut trockenen Pulverform an[9]. Ein ähnliches Darstellungsverfahren der gleichen Firma für feste, trockene Salze der sulfonierten Fettalkohole sieht die Anwendung des Neutralisiermittels in nicht wäßriger Lösung bzw. ohne jedes Lösungsmittel, d. h. also gasförmig (z. B. NH₃) oder fest (z. B. Soda) vor[10]. Schließlich wird empfohlen, sulfonierte Fettalkohole mit organischen Basen, wie Äthylamin, Pyridin od. dgl., zu neutralisieren[11]. 168 Teile Laurinalkohol werden mit 116 Teilen Chlorsulfonsäure sulfoniert und der saure Ester mit 140 Teilen Pyridin neutralisiert. Das entstehende Sulfonat ist fest und dient als Netz-, Schaum- und Dispersionsmittel. Hier dürfte auch ein neueres deutsches Patent der Böhme Fettchemie G. m. b. H.[12] zu erwähnen sein, welches die Einwirkungsprodukte von Oxyaminen, wie Triäthanolamin, auf sulfonierte Fettalkohole als Dispergiermittel unter Schutz stellt. Schließlich sei ein Verfahren der H. Th. Böhme A. G.[13] erwähnt, welches die Gewinnung von Seifenpräparaten aus Alkylschwefelsäuren und Seifen in einem Arbeitsgang gestattet. Die sulfonierten Fettalkohole werden mit Wasser verdünnt, darauf wird das Gemisch mit freier Fettsäure verrührt und die Mischung nach Absetzen des Säurewassers und Abziehen desselben neutralisiert. Die überflüssige anorganische Säure wird auf diese Weise entfernt. Ein ähnlicher Reinigungsprozeß wird nach einem Vorschlag der Firma Henkel & Cie.[14] durch Erwärmen der sauren Fettalkoholsulfonate mit indifferenten Lösungsmitteln erreicht. Dabei tritt Schichtentrennung ein, und es kann eine 85%ige Schwefelsäure abgezogen werden. Ein ähnliches Reinigungsverfahren wurde auch von der I. G. Farbenindustrie A. G. mitgeteilt[15]. Eine andere Reinigungsmethode für Fettalkoholsulfonate gibt die I. G. Farbenindustrie A. G.[16] an. Die neutralisierten Sulfonierungsgemische werden in wäßriger Lösung mit niedrig siedenden Kohlenwasserstoffen oder Chlorkohlenwasserstoffen unter Zugabe von niederen Alkoholen oder Aceton extrahiert und auf diese Weise von unsulfonierten oder nicht sulfonierbaren Anteilen befreit.

2. Nach den Sulfonierungsprodukten einwertiger Fettalkohole sind diejenigen mehrwertiger Fettalkohole, und zwar besonders zweiwertiger Fettalkohole (Glykole) zu besprechen. Die Schwefelsäureester dieser besitzen die allgemeine Formel:

$$R \ldots CH_2 - CH \ldots CH_2 - O - SO_3H$$
$$|$$
$$O - SO_3H$$

---

[1] E. P. 398818.   [2] D. R. P. 557428.   [3] D. R. P. 558296.
[4] D. R. P. 565040.   [5] D. R. P. 564760.   [6] D. R. P. 565898.
[7] Schweiz. P. 156307/8.   [8] D. R. P. 623948.
[9] D. R. P. 546807; F. P. 718395; E. P. 365938.   [10] E.P.358360; F.P.701187.
[11] D. R. P. 627055; F. P. 692862.   [12] D. R. P. 622640.
[13] D. R. P. 574070.   [14] F. P. 773656.   [15] E. P. 407990.   [16] D.R.P.626521.

und enthalten demnach sowohl eine externe als auch eine interne Sulfogruppe. Nach einem Verfahren der H. Th. Böhme A. G. werden zwei- oder mehrwertige Fettalkohole, z. B. Octadekandiol (Dioxyoctadekan) oder 1,12-Octadecylenglykol, mit bekannten Sulfonierungsmitteln, wie Chlorsulfonsäure, sulfoniert[1]. Nach einem neueren Verfahren der gleichen Firma werden mehrwertige höhere Fettalkohole durch vollständige Reduktion der Carboxylgruppen in höheren aliphatischen Di- oder Polycarbonsäuren gewonnen und mit Sulfonierungsmitteln behandelt[2]. Es besteht auch die Möglichkeit, nur einen Teil der Carboxylgruppen zu reduzieren und die restlichen mit Alkohol- oder Phenolresten zu verestern. Man erhält bei der Sulfonierung dann Schwefelsäureester von Estern aliphatischer Alkoholsäuren. Nach einem Verfahren der I. G. Farbenindustrie A. G. wird der Schwefelsäureester des 7,18-Stearylenglykols hergestellt. Dieser Rohstoff wird durch Druckhydrierung des Ricinusöles gewonnen[3]. Ferner beschreibt ein Verfahren der gleichen Firma die Sulfonierung von Verseifungsprodukten der halogenierten Paraffinkohlenwasserstoffe, z. B. des Dichlorhartparaffins. Die so erhaltenen Produkte sollen neben Schwefelsäureester auch „echte" Sulfogruppen enthalten[4]. Ferner werden nach einem Verfahren der Deutschen Hydrierwerke A. G. Schwefelsäureester höherer Alkylenglykole hergestellt. Diese Fettstoffe werden hier durch Wasseranlagerung aus den natürlichen ungesättigten Fettalkoholen, wie Pottwaltran-Fettalkohol, erhalten[5].

3. Schließlich wird auf ein Verfahren der H. Th. Böhme A. G. verwiesen, wonach Schwefelsäureester der Glukoside von Fettalkoholen aus einem Zucker, einem einwertigen aliphatischen Alkohol und einem Sulfonierungsmittel gewonnen werden[6]. Solche Glukoside lassen sich nach einem Verfahren der gleichen Firma[7] durch Einwirkung von Sulfonierungsmitteln auf die Saccharide unter gleichzeitigem Zusatz der Fettalkohole herstellen, wobei Glukosidbildung und Sulfonierung in einem Arbeitsgang erfolgt. Es mag dahingestellt bleiben, ob derartige Schwefelsäureester eine externe Sulfogruppe besitzen. Extern konstituiert dürften dagegen die Schwefelsäureester von Ätheralkoholen mit freier OH-Gruppe sein, deren Gewinnung gleichfalls von der H. Th. Böhme A. G.[8] beschrieben wurde. Es wird die Sulfonierung des Octadekandiolmonomethyläthers vorgeschlagen.

4. Eine Klasse von Verbindungen, die den Fettalkoholsulfonaten sehr nahe verwandt sind, stellen die Überschwefelsäureester der höheren Alkohole dar. Diese werden nach einem Patent der H. Th. Böhme A. G.[9] durch Einwirkung von Perschwefelsäure $H_2S_2O_8$ beispielsweise in ätherischer Lösung auf Fettalkohole, wie etwa Oleinalkohol, gewonnen.

$$C_{18}H_{35} \cdot OH + HO \cdot SO_2 \cdot O \cdot O \cdot SO_2 \cdot OH$$
$$\rightarrow C_{18}H_{35} \cdot O \cdot SO_2 \cdot O \cdot O \cdot SO_2 \cdot OH + H_2O$$

Solche Perschwefelsäureester spalten in wäßrigen Flotten langsam Sauerstoff ab und wirken als milde Bleichmittel.

d) Kompliziert zusammengesetzte Ester mit „externer" Sulfogruppe.

Neben den zahlreichen Verfahren, welche sich mit der Sulfonierung von höher-molekularen Fett- oder Wachsalkoholen beschäftigen, sind auch Arbeitsmethoden bekanntgeworden, die zu komplizierter zusammengesetzten Estern mit endständiger Sulfogruppe führen dürften. Zunächst seien Patente der Deutschen Hydrierwerke A. G.[10] erwähnt, die zu Thiosulfonsäuren von höhermolekularen Äthern oder, anders aufgefaßt, zu Schwefelsäureestern verätherter Thioalkohole führen. Aliphatische, alicyclische oder fettaromatische Alkohole mit mindestens 8 C-Atomen werden mit niedrig molekularen aliphatischen Aldehyden, wie Formaldehyd, Acetaldehyd, oder ihren Polymerisationsprodukten mit Hilfe von trockenem Halogenwasserstoff zu den entsprechenden in α-Stellung

[1] E. P. 318610, 357649, 357650, 358535; F. P. 679186, 38628/679186.
[2] D. R. P. 550912; F. P. 710306; E. P. 360753.
[3] D. R. P. 549667.   [4] E. P. 344829.
[5] F. P. 736655.   [6] E. P. 384230.
[7] E. P. 405195.   [8] D. R. P. 565056; F. P. 701190; E. P. 359449.
[9] D. R. P. 589778.   [10] D. R. P. 578568; F. P. 742897; E. P. 390416.

monohalogenierten Äthern kondensiert und diese mit Salzen der Thioschwefelsäure, z. B. Natriumthiosulfat, behandelt. Diese Reaktion verläuft wie folgt:

$$R \cdot O \cdot CH \cdot R' \cdot Hal + Na_2S_2O_3$$
$$\rightarrow R \cdot O \cdot CH \cdot R' \cdot S \cdot SO_2 \cdot OH + NaCl$$

186 Teile Laurinalkohol werden mit 30 Teilen Trioxymethylen unter Einleiten
von Salzsäuregas anfangs bei 30°, später bei 0° kondensiert. Der Laurylchlormethyl-
äther wird destilliert. 235 Teile dieses Äthers werden mit 200—250 Teilen Natriumthiosulfat umgesetzt. Das entstandene rohe lauryloxymethylthiosulfonsaure Natrium
wird gereinigt. Ebenfalls zu Thioschwefelsäureestern führen Verfahren der Firma
Henkel & Cie.[1]. Danach werden hochmolekulare Alkylhalogenide mit austausch-
barem Halogen, wie etwa α-Chlordekan, α-Joddodekan, α-Bromtetradekan, aber
auch Polyhalogenfettsäuren, mit Salzen der Thioschwefelsäure zu den entsprechenden
Thioschwefelsäureestern umgesetzt. Auch Ester von Fettalkoholen mit Halogen-
carbonsäuren mit beweglichem Halogen, wie Monochloressigsäure, 2-Chlorbenzoe-
säuren, sind brauchbar[2].

Nach einem Verfahren der I. G. Farbenindustrie A. G.[3] werden hochmolekulare, kapillaraktive Schwefelsäureester komplizierter Zusammensetzung gewonnen, indem man die Schwefelsäureester niedrig-molekularer Oxyalkylamine,
wie beispielsweise Monoäthanolaminschwefelsäureester, mit den Chloriden höherer
Fettsäuren, wie etwa Stearinsäurechlorid, umsetzt. Voraussetzung ist, daß das
Oxyalkylamin am Stickstoffatom ein freies reaktionsfähiges Wasserstoffatom
trägt. Die Reaktion wird in Gegenwart wäßriger Natronlauge bei 10° durchgeführt. Das Endprodukt hat bei Anwendung der erwähnten Grundstoffe die
Strukturformel: $C_{17}H_{35} \cdot CO \cdot NH \cdot CH_2 \cdot CH_2 \cdot O \cdot SO_2 \cdot OH$.

Es ist also ein Schwefelsäureester eines Fettsäureoxyamids. Das Produkt dient
als Netzmittel.

Analog wird der Ameisensäureester des chlorierten Octadecylalkohols mit Mono-
butanolaminschwefelsäureester umgesetzt, wobei der Schwefelsäureester des entsprechenden Urethans erhalten wird. Körper dieser allgemeinen Struktur

$$R_1 - CO - N \begin{cases} R_2 - O - SO_3H \\ H \end{cases}$$

sind vorzüglich zum Netzen, Reinigen und Dispergieren geeignet[4]. Auch Urethane
aus Fettalkoholen, die ein oder zwei Oxyalkylgruppen am Stickstoff tragen oder
deren Alkoholrest Oxygruppen enthält, können nach Angaben der I. G. Farbenindustrie A. G.[5] sulfoniert werden. Derartige Produkte entstehen auch durch Umsetzung von Oxyaminschwefelsäureestern mit Chlorameisensäureestern von Fettalkoholen. Beispielsweise wird Aminobutanolschwefelsäureester in wäßrig alkalischer
Lösung mit dem Chlorameisensäureester der Cocosfettalkohole zum Natriumsalz
des Urethanschwefelsäureesters

$$CO \begin{cases} NH - CH_2 - CH_2 - \overset{\overset{\displaystyle CH_3}{|}}{CH} - O - SO_3Na \\ O - R \end{cases} \quad (R = Fettalkoholrest)$$

umgesetzt. Eine weitere Ausführungsform dieses Verfahrens[6] geht von solchen
Urethanen aus, die am N-Atom oder im Alkoholradikal noch andere Reste enthalten
oder deren Alkoholradikal ungesättigten Charakter aufweist. Solche Urethane sind
etwa das N-Phenylurethan des Octadecylalkohols, das bei 20° mit der gleichen Menge
an konz. Schwefelsäure behandelt wird. Gleichfalls recht kompliziert zusammengesetzte Schwefelsäureester entstehen nach Verfahren der I. G. Farbenindustrie

[1] D.R.P. 639281; F.P. 765360; E.P. 417930. [2] E.P. 397445.
[3] D.R.P. 633334; F.P. 731451, 738057; E.P. 386966. [4] F.P. 41447/669517.
[5] D.R.P. 552758; F.P. 728415; E.P. 381204.
[6] D.R.P. 599692; F.P. 41542/728415.

A. G.[1] aus den Reaktionsprodukten hochmolekularer Aldehyde oder Ketone mit mehrwertigen Alkoholen, GRIGNARDschen Verbindungen, Oxyaminen oder ähnlichen Körpern, die den Aldehyden bzw. Ketonen Oxygruppen oder ähnliche hydrophile Gruppen zuführen. Ein anderes hierher einzuordnendes Verfahren ist der Firma J. R. Geigy[2] geschützt. Danach werden Fettalkohole mit Phenoxyessigsäurechlorid verestert und der entstandene Esteralkohol beispielsweise mit Chlorsulfonsäure bei tiefer Temperatur sulfoniert. Ein ähnliches Verfahren gibt die Firma Henkel & Cie.[3] an.

Zu den Veresterungsprodukten, die trotz komplizierterer Zusammensetzung eine gewisse Verwandtschaft zu den Fettalkoholsulfonaten zeigen, sind auch die Umsetzungsprodukte der Alkyl-Di- oder -Polysulfonsäuren mit höheren Alkoholen zu rechnen. So werden beispielsweise Fettalkohole mit Acetaldehyddisulfonsäure oder Acetontrisulfonsäure nach Verfahren der Fleschwerke[4] bis zur Wasserlöslichkeit behandelt und neutralisiert. Diese Produkte haben technische Bedeutung erlangt. Ein anderes Verfahren von BEYER[5] beschreibt die Umsetzung von aromatischen Di- oder Polysulfonsäuren, wie γ-Naphthalindisulfonsäure mit höheren Fettalkoholen zu Estern von der Struktur

$$R{<}^{SO_2OH}_{SO_2OR'}$$

wo R den aromatischen Rest und R' das Fettalkoholradikal darstellt. Wir finden also hier einen Austausch der anorganischen Schwefelsäure durch mehrbasische organische Sulfonsäuren, die durch ihre stark saure Natur gleichfalls zu Veresterungsprozessen geneigt sind und so die Bildung von Sulfonierungsprodukten zulassen, die gleichzeitig Ester und „echte" Sulfonsäuren sind. An dieser Stelle soll ferner ein Verfahren der Gesellschaft für Chemische Industrie in Basel[6] Erwähnung finden, welches Ester von Sulfodicarbonsäuren, wie Sulfobenzoldicarbonsäure, Sulfophthalsäure usw., mit höheren Alkoholen, wie Laurin-, Cetyl- oder Oleinalkohol, betrifft. Die Kalk- und Magnesiumsalze sollen als Netz- und Dispergiermittel dienen. Schließlich sollen hier Veresterungsprodukte angeführt werden, die nach einem Vorschlag der Firma Henkel & Cie.[7] durch Sulfonierung von Oxy- oder Mercaptofettsäureestern höherer Alkohole, wie Phenoxyessigsäuredodecylester, Äthoxyessigsäureoleylester, Thioglykolsäureoleylester usw., mittels konz. Schwefelsäure bei tiefen Temperaturen entstehen. Bei diesem Verfahren entstehen also Schwefelsäureester von Carbonsäuren, die an der Carboxylgruppe durch höhere Alkyle verestert sind.

Hier wären auch weitere Verfahren[8] zu erwähnen, welche von solchen Estern hochmolekularer Fettsäuren, Harzsäuren oder Naphthensäuren ausgehen, die noch wenigstens eine freie Hydroxylgruppe enthalten. Die Carbonsäuren können z. B. mit Glykol, Glycerin, Erythrit, Arabit, den Zuckern, Cellulosen od. dgl. verestert sein. Diese Ester, die also gleichzeitig Alkohole sind, werden etwa mit 100%iger Schwefelsäure sulfoniert. 60 Teile Glycerinmonoricinolsäureester werden mit 80 Teilen konz. Schwefelsäure bei 60° behandelt, das Sulfonat wird auf Eis gegeben und aufgearbeitet. Ein anderes Beispiel geht von dem Butylenglykolmonoester der Palmitinsäure aus. Man kann auch die Fettsäuren oder Naphthensäuren mit entwässertem Glycerin mischen und das Gemisch sulfonieren.

R—CO—O—CH₂
     |
R—CO—O—CH
     |
HO—SO₂—O—CH₂

Es wurde schon früher (S. 317) auf die Untersuchung ELDIK THIEMES[9] hingewiesen, der derartige Ester von nebenstehender Struktur bereits im Jahre 1912 erwähnt hat. Möglicherweise trägt die vorsichtige Aufarbeitungsweise mittels Eis dazu bei, diese sicher leicht verseifbaren Gebilde unzersetzt zu erhalten. Fraglich erscheint aber, ob nicht angesichts der hohen Schwefelsäuremengen und der vorgeschlagenen Arbeitstemperaturen von 60—70° bereits ein erheblicher Teil des Glycerins od. dgl. abgespalten wird. Die angegebene Struktur und mithin auch der technische Fortschritt gegenüber dem Bekannten muß gerade bei diesen Verfahren als zweifelhaft gelten.

[1] D. R. P. 414712, 414772; F. P. 755143.
[2] F. P. 760171; Schweiz. P. 162733, 165401/02.
[3] F. P. 746435; E. P. 401116.
[4] F. P. 763426; E. P. 406889, 411773.
[5] F. P. 782612; E. P. 448804.
[6] F. P. 767736.
[7] D. R. P. 623919.
[8] D. R. P. 635903; E. P. 364107; F. P. 702626.
[9] Journ. prakt. Chem. (2), 193, 285 (1912).

B. Die echten Sulfonsäuren mit externer Sulfogruppe.

a) Die Cetylsulfonsäure und andere externe Sulfonsäuren von Kohlenwasserstoffen.

Die Struktur der natürlich vorkommenden Mineralölkohlenwasserstoffe läßt vorwiegend die Bildung von „intern" konstituierten Schwefelsäureestern oder Sulfonsäuren zu. Lediglich die von WORSTALL[1] aufgefundenen Monosulfonsäuren der niedrigen Paraffine bis zum Octan sind wahrscheinlich „endständig" konstituiert. Wir wollen daher die Sulfonsäuren WORSTALLS auch als Stammkörper der hier zu besprechenden Gruppe betrachten.

Die älteste Sulfonsäure jedoch, die das Interesse der Kolloidchemiker und Technologen gefunden hat, ist die von REYCHLER[2] näher studierte Cetylsulfonsäure. Aus Cetyljodid stellt REYCHLER zunächst mittels alkoholischer NaSH-Lösung das Cetylsulfhydrat her, welches mit heißer Kaliumpermanganatlösung zur Sulfonsäure oxydiert wird.

$$C_{16}H_{33}J \rightarrow C_{16}H_{33}SH \rightarrow C_{16}H_{33}SO_2 \cdot OK$$

Die über das Bleisalz gewonnene farblose Säure hat seifenartige Konsistenz, sie bildet mit heißem Wasser Lösungen, die beim Erkalten zu homogenen Gallerten erstarren. Die verdünnten Lösungen der Säuren geben beim Schütteln beständige Schäume, besonders oberhalb 40^0. Sie reinigen ähnlich wie Seifenlösungen und eignen sich zum Entfetten von Schweißwolle und Wollgarn. Ganz ähnlich verhalten sich auch die Alkalisalze. Das Cetylsulfonat des Triäthylcetylammoniums gibt in warmem Wasser schäumende Lösungen mit fettendem Charakter. REYCHLER vertritt auf Grund seiner Beobachtungen an der Cetylsulfonsäure ganz allgemein den Standpunkt, daß bei derartigen Verbindungen mit langer hydrophober Kohlenwasserstoffkette und stark hydrophiler SO_3H-Gruppe die bipolar lokalisierten Eigenschaften des Molekülgebäudes derart zur Geltung kommen müssen, daß sich Molekülkomplexe bilden, in denen kohlenwasserstoffartige Kerne infolge der hydrophilen SO_3H-Funktionen mit einer von diesen angezogenen Wasserhülle umkleidet sind. Es bilden sich also Mizellen. TWITCHELL[3] macht noch eingehendere Angaben über die Darstellung des cetylsulfonsauren Kaliums und schreibt der Sulfonsäure fettspaltende Eigenschaften zu. Er hält die Bezeichnung der Cetylsulfonsäure als „Wasserstoffseife" für die denkbar beste Definition. Dieser Ausdruck scheint erstmalig von McBAIN und MARTIN[4] geprägt worden zu sein, die am Beispiel der Cetylsulfonsäure nachweisen konnten, daß auch die Waschwirkung der Seife mit der hydrolytischen Alkaliabspaltung nichts zu tun habe. M. H. NORRIS[5] bestätigt im wesentlichen die Angaben REYCHLERS über die Cetylsulfonsäure. Diese Autorin untersucht besonders die physikochemischen Eigenschaften der Sulfonsäure und bezeichnet sie in bezug auf Leitfähigkeit, osmotische Aktivität und hohen Temperaturkoeffizienten der Löslichkeit als typischen kolloiden Elektrolyten. Sie ordnet diese Wasserstoffseife zwischen Natriumstearat und Natriumbehenat. In neuerer Zeit ist die Gewinnung der Cetylsulfonsäure von SMITH[6] und McBAIN und WILLIAMS[7] in etwas anderer Weise studiert worden. Diese Autoren gehen vom Hexadecylmercaptan aus, das

---

[1] Amer. Chem. Journ. 20, Nr. 8, 664—675 (1898).
[2] Kolloid-Ztschr. 12, 278/79 (1913); Bull. Soc. chim. Belg. 27, 110—128 (1913); Seifensieder-Ztg. 40, 851 (1913) u. 41, 809/10 (1914).
[3] Seifensieder-Ztg. 44, 482 (1917).
[4] Journ. Soc. chem. Ind. (Transactions) 105, 957—977 (1914); Seifensieder-Ztg. 41, 809 (1914).   [5] Journ. chem. Soc. London 121, 2161—2168 T (1922).
[6] Dissertation, Univ. Bristol. 1925.
[7] Journ. Amer. chem. Soc. 55, 2250—2257 (1933).

sie in heißer alkoholischer Lösung mit Bleiacetat zum Bleimercaptid umsetzen, welches nunmehr mit 50%iger Salpetersäure zu cetylsulfonsaurem Blei oxydiert wird. Aus dem Bleisalz wird in isopropylalkoholischer Lösung durch Einleiten von Salzsäuregas die freie Sulfonsäure gewonnen.

Unter den neueren Arbeiten sind die Mitteilungen SCHRAUTHS[1] zu erwähnen, der die Darstellbarkeit der Salze endständiger höher-molekularer Sulfonsäuren durch Umsetzung der besprochenen Fettalkohol-Schwefelsäureester mit Alkalisulfiten bekanntgibt.

$$R \cdot CH_2 \cdot O \cdot SO_2 \cdot ONa + Na_2SO_3 \rightarrow R \cdot CH_2 \cdot SO_2 \cdot ONa + Na_2SO_4.$$

Er schreibt den „echten" Sulfonaten ähnliche Netz-, Schaum- und Reinigungseffekte zu, wie den Estersalzen, stellt aber fest, daß die Sulfonsäuren gegenüber hydrolysierenden Agentien, z. B. starken Säuren, im Gegensatz zu den Schwefelsäureestern, völlig beständig sind. Dagegen bedingt die „echte" Sulfogruppe auch bei den Gliedern mit 18—22 C-Atomen immer noch so betonte Wasserlöslichkeit, daß Avivagen bei häufiger Wäsche ausgewaschen werden. Auf den Vorteil der Endständigkeit der hydrophilen Gruppe macht SCHRAUTH ausdrücklich aufmerksam. Die Kapillaraktivität nach der Methode TRAUBES hat er durch Einfließenlassen 0,05%iger Lösungen von laurylsulfonsaurem Natrium und cetylsulfonsaurem Natrium in Spindelöl bei 20⁰ geprüft und mit der der entsprechenden Seifen verglichen. Er stellte Steigerungen um 8—10 Tropfen fest, die erhaltenen Werte sind um ein geringes kleiner als bei den entsprechenden Schwefelsäureestersalzen (vgl. S. 369).

Den Mitteilungen SCHRAUTHS entsprechen einige neuere Patente der Firma Deutsche Hydrierwerke A. G.[2] und der I. G. Farbenindustrie A. G.[3]. Danach kann man ganz allgemein aus den mineralsauren Estern der höheren Fettalkohole oder Naphthenalkohole mit 10—20 C-Atomen und einer primären Hydroxylgruppe durch Behandlung mit Alkali- oder Erdalkalisulfiten oder Bisulfiten die erwähnten endständigen Sulfonsäuren gewinnen. Man kann auch in Anwesenheit von Lösungsmitteln, Katalysatoren wie Alkalijodiden, von inerten festen Körpern wie aktive Kohle, Kieselgur od. dgl., von Pufferstoffen wie Borsäure oder Phosphaten arbeiten. In 915 Teile 70—80%igen Alkohols werden 51 Teile Ammoniak und 96 Teile Schwefeldioxyd eingeleitet, worauf 315 Teile Cetylbromid hinzugefügt werden. Die Umsetzung erfolgt im Autoklaven bei 120—140⁰. Auch Naphthenylchlorid ist als Ausgangsstoff verwendbar. — 95 Teile Octadecylalkohol werden in Gegenwart von 70 Teilen Äthyläther bei 15—25⁰ mit 60 Teilen Chlorsulfonsäure verestert und in das Natriumsalz umgewandelt. Dieses wird bei 200⁰ mit 600 Teilen kristallisierten Natriumsulfits in 700 Teilen Wasser umgesetzt. Auch die Phosphorsäureester oder Schwefligsäureester der höheren Alkohole sind anwendbar.

Ein Verfahren, welches ähnliche Wege geht, wie das klassische Verfahren REYCHLERS, wird in einem Patent der I. G. Farbenindustrie A. G.[4] beschrieben. Salze von Alkylschwefelsäuren, z. B. des Reaktionsproduktes von Chlorsulfonsäure auf Cocosfettalkohole, werden mit überschüssigem Alkalipolysulfid, z. B. K_2S_3, bei 150⁰ im geschlossenen Gefäß erhitzt. Das Estersalz wird hierbei gespalten und in ein öliges, schwefelhaltiges Reaktionsprodukt — offenbar ein Sulfid — verwandelt, welches mittels Salpetersäure oder anderen Oxydationsmitteln zur Sulfonsäure oxydiert wird. Ein sehr ähnliches Verfahren beschreibt die Firma Unichem Chemikalien Handels A. G.[5].

Eine völlig anders geartete Darstellungsmethode für derartige endständig

[1] Chem.-Ztg. 55, 18 (1931); Seifensieder-Ztg. 58, 61—63 (1931).   [2] F. P. 711210.
[3] E. P. 360539; F. P. 716705.   [4] E. P. 374380.   [5] A. P. 1966187.

konstituierte, „echte" Sulfonsäuren verdanken wir einer Arbeit von LASARENKO[1] aus dem Jahre 1874. Bekanntlich entstehen beim Erhitzen von höheren Fettalkoholen mit stark wasserentziehenden Mitteln, wie Phosphorpentoxyd, oder durch Destillation ihrer Fettsäureester im Vakuum[2] Kohlenwasserstoffe, die am Ende der Kette eine Doppelbindung besitzen. So entsteht aus dem Cetylalkohol und Phosphorpentoxyd bzw. durch Destillation des Palmitinsäurecetylesters der Kohlenwasserstoff Ceten (Hexadecylen): $CH_3 \cdot (CH_2)_{13} \cdot CH : CH_2$. Dieses Ceten hat LASARENKO durch Behandlung mit Schwefeltrioxyd in eine wachsähnliche Cetensulfonsäure übergeführt, die in Wasser unlöslich, in Alkohol und Äther dagegen löslich sein soll. Das gut kristallisierende Kalisalz soll sich in 98—99 Teilen Wasser lösen. Ein Verfahren der I.G.Farbenindustrie A.G.[3] gewinnt hochbeständige Dispergiermittel nach diesem Prinzip aus endständig ungesättigten Kohlenwasserstoffen und starken Sulfonierungsmitteln. Als Darstellungsmethode für solche Kohlenwasserstoffe wird nicht nur die Wasserabspaltung aus Fettalkoholen angegeben, sondern auch die Einwirkung von Allylbromid auf GRIGNARDS Magnesiumverbindungen von α-bromierten Kohlenwasserstoffen. 500 Teile Octadecylalkohol werden mittels 900 Teilen Phosphorsäure bei 100—200⁰ in 461 Teile Octadecylen umgewandelt, dieses mit 175 Teilen Essigsäureanhydrid und mit 175 Teilen Monohydrat bei 30—35⁰ sulfoniert. Andere Rohstoffe sind die ungesättigten Kohlenwasserstoffe aus Cocosfettalkoholen sowie das Octadekandien aus Octadekandiol (2 OH-Gruppen!), welches wiederum durch Hydrierung von Ricinusöl entsteht. Auch Chlorsulfonsäure kann als Sulfonierungsmittel Verwendung finden. Derartige Sulfonierungsprodukte enthalten mitunter neben der „echten" Sulfogruppe am endständigen C-Atom noch Schwefelsäureestergruppen, Halogen, Acylreste usw., je nach Art des Ausgangsstoffes und der Arbeitsweise. Ein ganz ähnliches Verfahren beschreibt auch die H.Th.Böhme A.G.[4], welche empfiehlt, ungesättigte Kohlenwasserstoffe aus Destillations- und Krackprozessen mit 10—18 C-Atomen und wenigstens einer Doppelbindung vorzugsweise in Gegenwart von Verdünnungsmitteln zu sulfonieren. 100 Teile durch Destillation von Walrat im Vakuum gewonnenes Hexadecylen werden mit 25 Teilen Butylalkohol vermischt und bei — 5⁰ mit 150 Teilen Schwefelsäure sulfoniert. In ähnlicher Weise sieht auch die I.G.Farbenindustrie A.G. in anderen Patenten[5] vor, Olefine, die sich bei der Wasserabspaltung von Wachsen oder Paraffinoxydationsprodukten bilden, mit Schwefelsäure zu sulfonieren. Nach einem anderen Verfahren[6] der gleichen Firma soll das Tetradecen $CH_3 \cdot (CH_2)_{11} \cdot CH : CH_2$ beim Sulfonieren mit der halben Gewichtsmenge Schwefelsäure bei 0—10⁰ wertvolle Reinigungs-, Netz- und Dispergiermittel liefern. Recht kräftige Bedingungen werden wiederum von du Pont de Nemours & Co[7] vorgeschlagen, die ungesättigte Kohlenwasserstoffe mit endständiger Doppelbindung, wie z. B. 1,2 Octadecylen in Gegenwart halogenübertragender Katalysatoren mit Chlorsulfonsäure behandeln. Auch Abietin, welches durch pyrogene Zersetzung von Kolophonium oder Abietinsäure gewonnen wird, kann in stark dispergierende Sulfonate umgewandelt werden[8]. Während SO_3, Chlorsulfonsäure oder Gemische von Sulfonierungsmitteln mit wasserentziehenden Säureanhydriden zu „endständigen" Alkylsulfonsäuren führen dürften, muß bei Anwendung von Schwefelsäure wohl in erster Linie mit der Bildung von Alkylschwefelsäuren gerechnet werden.

---

[1] Ber. Dtsch. chem. Ges. 7, 125 (1874).
[2] Beilsteins Handbuch org. Chemie. 4. Aufl., Bd. 1, S. 226.
[3] E. P. 358583; F. P. 716178.   [4] E. P. 360602.
[5] F. P. 693814; E. P. 343872, 364669.   [6] Schweiz. P. 148754.
[7] E. P. 424951.   [8] A. P. 1853352.

Zu erwähnen ist auch in diesem Zusammenhang das von der Firma Imperial Chemical Industries Ltd. angegebene Arbeitsverfahren[1], welches die Sulfonierung von Haileberölen mit 70% und mehr ungesättigten Kohlenwasserstoffen beschreibt. Die in solchen Ölen hauptsächlich vorkommenden Kohlenwasserstoffe Spinacen und Squalen $= C_{30}H_{50}$ gehören der Reihe C_nH_{2n-10} an. Sie sind ebenfalls stark ungesättigt und dürften besonders bei kräftigeren Sulfonierungsbedingungen „echte" Sulfonsäuren liefern. Schließlich muß noch eines interessanten Arbeitsverfahrens der Newport Chemical Corp.[2] gedacht werden, welches von Terpenkohlenwasserstoffen Abietan, Abietin und Abieten ausgeht. Diese Kohlenwasserstoffe werden aus Harz nach dem Verfahren von RUSIČKA und SCHINZ[3] durch pyrogene Zersetzung gewonnen. Die Sulfonsäuren sollen textiltechnisch wertvolle Netz- und Durchdringungsmittel sein, die besonders zusammen mit Terpenalkoholen[4] Netzeffekte auszulösen vermögen.

Zum Schluß muß auch an dieser Stelle ein Verfahren der Firma Carl Flesch jun.[5], welches die Gewinnung und technische Verwendung der hoch-molekularen Persulfonsäuren beschreibt, erwähnt werden. So soll die Octadecylpersulfonsäure ein wertvolles Hilfsmittel in der Seidenveredelung sein.

b) Die alkylierten aromatischen oder hydroaromatischen Sulfonsäuren.

Die von der I. G. Farbenindustrie A. G. unter der Gruppenbezeichnung „Nekal" mit großem Erfolg eingeführten propylierten und butylierten Sulfonsäuren des Naphthalins sowie die Salze dieser Sulfonsäuren können hier nicht näher besprochen werden, da ihre chemische Struktur von der der „sulfonierten Öle" grundverschieden ist. Es fehlt den „Nekalen" sowie zahlreichen auf dieser Basis aufgebauten Handelsprodukten[6] demgemäß die charakteristische Eigenschaft, Fasergut aller Art griffig zu machen, zu füllen oder sogar zu fetten. Eine Zusammenstellung der Patente über dieses für den Seifen- und Sulfonierungsfachmann sehr wichtige und anregende Kapitel haben VAN DER WERTH und MÜLLER[7] vor kurzem geliefert.

Es kann nicht wundernehmen, daß schon bald nach der Auffindung der „Nekale" Versuche gemacht worden sind, die wertvollen Eigenschaften dieser Körperklasse mit denen der Sulfonierungsprodukte von Fetten, Ölen oder anderen fettähnlichen Verbindungen mit der langen aliphatischen Kette zu vereinigen. Die „Nekale" sind bekanntlich „echte" Sulfonsäuren, deren Sulfogruppe am aromatischen Kern, also „endständig" sitzt. Sowohl die freien Säuren als auch die Alkali- und Erdalkalisalze sind in Wasser löslich, wodurch sehr umfangreiche technische Verwendungen ermöglicht werden. Man versuchte nun, den noch fehlenden „fettenden" Charakter dadurch zu erreichen, daß man an Stelle der relativ niedrig molekularen aliphatischen Substituenten „Propyl" und „Butyl", höher molekulare Alkyle mit 10 und mehr C-Atomen in die aromatische oder hydroaromatische Sulfonsäure einführte. Anregungen hierzu mögen ältere wissenschaftliche Arbeiten gegeben haben.

In einer rein wissenschaftlichen Studie hat schon im Jahre 1886 KRAFFT[8] die Darstellung solcher durch hochmolekulare Alkylreste substituierten aromatischen

---

[1] E. P. 354417.   [2] D.R.P. 583475; E.P. 368293; F.P. 710541.
[3] Helv. chim. Acta 6, 833—846 (1923).   [4] E. P. 368351.
[5] D. R. P. 561521; F. P. 726140.
[6] Vgl. HERBIG: Die Öle und Fette in der Textilindustrie, 2. Aufl., S. 308—310. Stuttgart. 1929.
[7] Neuere Sulfonierungsverfahren, 2. Aufl. Berlin: Allg. Industrie-Verlag. 1936.
[8] Ber. Dtsch. chem. Ges. 19, 2983 (1886).

Sulfonsäuren beschrieben. Er stellt aus Cetylalkohol bzw. Octadecylalkohol mittels Jod und Phosphor oder besser mittels Jodwasserstoffs die Jodide dar, die er dann mit Jodbenzol in Gegenwart von metallischem Natrium zu Hexadecylbenzol bzw. Octadecylbenzol vereinigt. Es wird ein Überschuß an Jodbenzol angewandt. Anfangs wird leicht erwärmt, dann geht die Reaktion ohne Wärmezufuhr vonstatten, schließlich wird bei 150⁰ das Benzol abdestilliert, worauf der Kohlenwasserstoff mit Alkohol und Wasser gereinigt und rektifiziert wird. Die Sulfonierung wird durch die mehrfache Gewichtsmenge an rauchender Schwefelsäure bewirkt.

1. $C_{16}H_{33}OH + HJ \rightarrow C_{16}H_{33}J + H_2O$.
2. $C_{16}H_{33}J + C_6H_5J + 2\,Na \rightarrow C_{16}H_{33} \cdot C_6H_5 + 2\,NaJ$.
3. $C_{16}H_{33} \cdot C_6H_5 + SO_3 \rightarrow C_{16}H_{33} \cdot C_6H_4 \cdot SO_2 \cdot OH$.

Einen anderen Weg zur Herstellung derartiger Verbindungen teilt ADAM[1] mit. Er führt beispielsweise die Palmitinsäure in ihr Chlorid über und kondensiert dieses mit Benzol unter Mitverwendung von Aluminiumchlorid. Das entstandene Palmitophenon wird mittels amalgamierten Zinks und Salzsäure zu Hexadecylbenzol reduziert und dieses mit überschüssiger rauchender Schwefelsäure (7% SO₃) sulfoniert.

1. $C_{15}H_{31} \cdot CO \cdot Cl + C_6H_6\ (+\ AlCl_3) \rightarrow C_{15}H_{31} \cdot CO \cdot C_6H_5$.
2. $C_{15}H_{31} \cdot CO \cdot C_6H_5 + 2\,H_2 \rightarrow C_{15}H_{31} \cdot CH_2 \cdot C_6H_5 + H_2O$.
3. $C_{16}H_{33} \cdot C_6H_5 + SO_3 \rightarrow C_{16}H_{33} \cdot C_6H_4 \cdot SO_2 \cdot OH$.

ADAM stellt auch bereits die Seifenähnlichkeit dieser Sulfonsäuren fest, erwähnt das Schäumen der wäßrigen Lösungen und die Neigung, Gele und Gerinnsel, wie Seifen-Wasser-Systeme, zu bilden. Er stellt schließlich fest, daß die Kalisalze weit leichter löslich sind als die Natriumsalze.

Als bereits mehr technisch orientierter Forscher muß SANDELIN[2] bezeichnet werden, der gelegentlich einer Untersuchung über die katalytische Fettspaltung erwähnt, daß aus Fettalkoholen und den verschiedensten aromatischen Substanzen und im besonderen aus Wollfettalkoholen und Naphthalin durch Kondensation mit Schwefelsäure Sulfonsäuren mit fettspaltenden Eigenschaften zu gewinnen sind. Ähnliche Beobachtungen hat offenbar später die H. Th. Böhme A. G.[3] gemacht, die derartigen Sulfonsäuren, z. B. dem Einwirkungsprodukt von konz. Schwefelsäure auf ein Gemisch von Oleinalkohol und Naphthalin, wertvolle fettverseifende Wirkungen zuschreibt.

Von den wichtigen unter Patentschutz stehenden Verfahren dieser Gruppe sind zunächst diejenigen der I. D. Riedel A. G. (heute im Besitz der I. G. Farbenindustrie A. G.) zu erwähnen[4]. Hiernach werden hochmolekulare Netz- und Reinigungsmittel durch Sulfonierung solcher aromatischen oder hydroaromatischen Kohlenwasserstoffe gewonnen, die durch ein oder mehrere Alkyle mit mindestens 3 C-Atomen substituiert sind. Genannt sind z. B. Wachsalkohole, wie Cetylalkohol, oder Carbinole, wie sie durch Reduktion von Stearon entstehen, als Substituenten. Auch können durch gemeinsame Sulfonierung von Kohlenwasserstoffen, wie Naphthalin, und einem Gemisch von Alkoholen, wie Butylalkohol und Fettalkoholen, substituierte Sulfonsäuren erhalten werden. Aus einigen Verwendungspatenten der Oranienburger Chemischen Fabrik A. G. und LINDNER[5] geht hervor, daß man von den verschiedensten aromatischen Verbindungen, wie Benzol, Toluol, Xylol, Phenol, Kresol, Naphthol, Naphthalin, Anthracen, oder dem hydroaromatischen Tetrahydronaphthalin ausgehen und in diese Alkylreste, wie Dodecyl-, Cetyl-, Carnaubyl-, Ceryl-, Octadecyl- usw., einführen kann. Es wird eine Herstellungsmethode erwähnt, die der von ADAM beschriebenen entspricht. Die Verbindungen, wie Hexadecylbenzolsulfonsäure, Octadecyltoluolsulfonsäure, sollen sich als Zusätze zu Bleichbädern, Beuchflotten sowie in der Färberei und Druckerei eignen. Zusätze von Alkoholen oder Ketonen sind vorteilhaft. Ein Herstellungspatent[6] der gleichen Firma beschreibt die Gewinnung solcher Sulfonsäuren unter anderem aus fettähnlichen Stoffen, wie Fettalkoholen, und aromatischen Kohlenwasserstoffen oder ihren Derivaten mittels Chlorsulfonsäure. So werden z. B. 27 Teile Oleinalkohol mit 11 Teilen Rohkresol

---

[1] Proceed. Roy. Soc. London, Ser. A. 103, 676—687 (1923).
[2] Ann. acad. Scient. Fennicae, Ser. A. 19, H. 6, S. 3 u. 6 (1923).
[3] F. P. 679187; E. P. 334022.
[4] D. R. P. 438061; F. P. 718809; E. P. 277277, 364537; A. P. 1750198, 1901507.
[5] D. R. P. 553811, 561603.   [6] D. R. P. 583686.

vermischt und bei etwa 40⁰ mit 27 Teilen Chlorsulfonsäure sulfoniert. Nach Stehen über Nacht wird mit Natronlauge neutralisiert. Auch Schwefeltrioxyd, starkes Oleum oder Mischungen von Schwefelsäure oder Oleum mit Chlorsulfonsäure können zur Anwendung gelangen. Ein weiteres Patent der gleichen Fabrik[1] sieht die Behandlung von Fettalkoholen oder Wachsen in Gegenwart von Aromaten oder anderen kondensierbaren Verbindungen zunächst mit konzentrierter oder rauchender Schwefelsäure und dann mit Chlorsulfonsäure vor. Ein Beispiel beschreibt diesen Zweistufenprozeß bei einer Mischung von Laurinalkohol und Benzol. Nach einem Verfahren von DREYFUSS[2] gewinnt man technisch wertvolle Sulfonsäuren dieser Gruppe aus gesättigten oder ungesättigten aliphatischen Alkoholen mit wenigstens 8 C-Atomen und Naphthalin oder anderen carbocyclischen oder heterocyclischen Verbindungen bei intensiver Sulfonierung bis zum Eintritt der Wasserlöslichkeit. 128 Teile Naphthalin werden mit 242 Teilen Cetylalkohol vermischt und bei 70⁰ mit 200 Teilen Chlorsulfonsäure sulfoniert. Nach einem Patent der I. G. Farbenindustrie A. G.[3] sind solche substituierten aromatischen Sulfonsäuren mit mehr als 5 C-Atomen im Alkylrest wertvolle Waschmittel, die auch zusammen mit Türkischrotölen, hochsulfonierten oder anderen „echten" Sulfonsäuren von Kohlenwasserstoffen, Fetten oder Ölen sowie mit Lösungsmitteln angewandt werden können.

c) Die fettaromatischen Sulfonsäuren.

1. Das Twitchellreaktiv und ähnliche Sulfonsäuren.

Die fettaromatischen Sulfonsäuren sind erstmalig von ERNST TWITCHELL beschrieben worden. Die grundlegende Arbeit[4] trägt den Titel „Benzolstearosulfonsäure und andere Sulfonsäuren, die das Stearinsäureradikal enthalten". TWITCHELL behandelt in seinem grundlegenden Versuch ein Gemisch von Ölsäure und Benzol unter Vermeidung von Temperaturerhöhung mit überschüssiger Schwefelsäure. Die als Hauptprodukt entstandene Stearobenzolsulfonsäure ist in Wasser löslich, wird durch wässrige kochende Säurelösungen im Gegensatz zu den Fettschwefelsäureestern nicht zersetzt, wohl aber bereits durch wenig Salzsäure oder Schwefelsäure ausgesalzen. Sie ist in Äther löslich, in Petroläther unlöslich. Auf Grund dieser Eigenschaften gelingt es TWITCHELL die Verbindung in reiner Form darzustellen und ihre Konstitution analytisch zu ermitteln. Er nimmt das rohe Reaktionsprodukt in Wasser auf und kocht einige Zeit. Es bilden sich zwei Schichten. Die untere enthält die überschüssige Schwefelsäure in verdünnter Form sowie etwas Benzolsulfonsäure; die obere enthält das Hauptprodukt sowie durch Spaltung entstandene Oxystearinsäure oder deren Anhydrid und etwas freies Benzol. Zwecks Reinigung wird die obere Schicht zunächst mit salzsäurehaltigem Wasser gewaschen, dann werden die Fettsäuren und das Benzol mittels Petroläther extrahiert. Man kann auch die ganze obere Schicht in Äther aufnehmen und die Stearobenzolsulfonsäure mit Wasser ausschütteln. Die Reaktion erfolgt nach dem Schema:

$$C_6H_6 + C_{17}H_{33} \cdot COOH + H_2SO_4 \rightarrow$$
$$C_6H_4(SO_2 \cdot OH) \cdot C_{17}H_{34} \cdot COOH + H_2O$$

Es findet demnach eine Addition der aromatischen Komponente an die Doppelbindung der Ölsäure statt. Die Verbindung erwies sich als zweibasische Säure, deren Sulfogruppe mit Methylorange als Indikator und deren Carboxylgruppe mit Phenolphthalein als Indikator titrierbar ist. Sie bildet demzufolge neutrale und saure Salze. Diese lösen sich ebenso wie die freie Säure in allen Verhältnissen in Wasser zu kolloidalen, stark schäumenden Lösungen, aus denen sie durch starke Säuren, Basen und Salze ausgesalzen werden. Die Verbindung enthält also eine „echte" Sulfogruppe mit endständigem Sitz am aromatischen Kern.

[1] D. R. P. 609456.   [2] F. P. 706131.
[3] F. P. 692834.   [4] Journ. Amer. chem. Soc. 22, 22 (1900).

Selbst unter heftigen Bedingungen, d. h. bei 170⁰ im geschlossenen Rohr, ist die Sulfonsäure nur zu 15% aufspaltbar.

In gleicher Weise gewinnt TWITCHELL die Stearonaphthalinsulfonsäure aus Naphthalin und Ölsäure sowie die Stearophenolsulfonsäure aus Phenol und Ölsäure mit überschüssiger Schwefelsäure. Diese Verbindungen besitzen die Zusammensetzungen:

$$C_{10}H_6 \cdot (SO_2 \cdot OH) \cdot C_{17}H_{34} \cdot COOH \quad \text{bzw.} \quad C_6H_3 \cdot OH \cdot (SO_2 \cdot OH) \cdot C_{17}H_{34} \cdot COOH$$

Die technisch wichtigste Bedeutung haben die fettaromatischen Sulfonsäuren TWITCHELLS als Fettspalter erlangt, obwohl die Erkennung ihrer seifenähnlichen Eigenschaften wohl schon frühzeitig zu ihrer Verwendung als Reinigungs- und Benetzungsmittel an Stelle von Seife oder sulfonierten Ölen angeregt haben mag. Es muß auf die grundlegenden Patente TWITCHELLS[1] hingewiesen werden, die die Basis für den Siegeszug darstellen, den das „Twitchellreaktiv" und alle seine Nachläufer und Verbesserungen durch die Fett- und Seifenindustrie der ganzen Welt durchgeführt hat. Wie wir schon früher erfahren haben (vgl. S. 347), hat TWITCHELL selbst erklärt[2], daß sein erster Fettspalter eine „echte" Ölsulfonsäure gewesen ist, während Fettschwefelsäureester ausscheiden müssen, weil sie sich bei der Kochtemperatur der Fettspaltprozesse zersetzen. Wir verdanken der gleichen Mitteilung sowie einem älteren Vortrag TWITCHELLS[3] die allgemeine Erkenntnis, daß wirksame Fettspalter, wie die fettaromatischen Sulfonsäuren, sich in Fetten sowie im Wasser auflösen, starke Säuren darstellen, welche eine beträchtliche Konzentration von Wasserstoffionen liefern, seifenartige Lösungen bilden und vorzügliche Emulgierungsmittel sind. Bemerkenswert ist schließlich die Unlöslichkeit der Erdalkali-, Magnesium-, Aluminiumsalze usw., die als Pulver gewonnen und durch Zusatz von anorganischen Säuren zu Spaltern aktiviert werden können. Das technisch vorzugsweise verwandte Reaktiv ist die rohe Stearonaphthalinsulfonsäure. Es hat nach einer mitgeteilten Analyse[4] folgende Konstanten: S. Z. 190; J. Z. 1,9; Gesamtschwefelsäure 15,4%; freie Schwefelsäure 8,8%; Wasser und flüchtige Stoffe 19,7%; fettaromatische Sulfonsäuren 52,5%; feste Fettsäuren 23,0%.

Weitere Einzelheiten über die Struktur und die Eigenschaften der fettaromatischen Sulfonsäuren TWITCHELLS sowie der für die Fettspaltung geeigneten Katalysatoren überhaupt verdanken wir SANDELIN[5]. Dieser Bearbeiter widerlegt überzeugend die von GOLDSCHMIDT[6] vertretene Auffassung, wonach bei der Darstellung des „Twitchellreaktivs" ein Gemisch von Oxystearinschwefelsäure und Naphthalinsulfonsäure gebildet werde, aus dem dann infolge Schwefelsäureabspaltung ein Veresterungsprodukt zwischen der aromatischen Sulfonsäure und der entstehenden Oxystearinsäure entstehe. Durch oxydativen Abbau mit alkalischer Kaliumpermanganatlösung gelingt es SANDELIN, aus dem aus Naphthalin und Ölsäure dargestellten Reaktiv die Benzol-1,2,3-tricarbonsäure sowie die Benzol-1,2-dicarbon-4-sulfonsäure zu gewinnen, während die Ölsäure restlos zu Kohlensäure oxydiert wird. Demnach muß das „Twitchellreaktiv" eine der nachstehenden Konstitutionsformeln

[1] D. R. P. 114491; E. P. 4741/1898 u. a. m. [2] Seifensieder-Ztg. **44**, 482 (1917).
[3] Seifensieder-Ztg. **34**, 161/62 (1907). [4] Seifenfabrikant 1914, 182.
[5] Ann. acad. Scient. Fennicae, Ser. A., **19**, H. 4, 3—19; H. 6, 3—13 (1923).
[6] Seifensieder-Ztg. **39**, 845 (1912).

besitzen und durch Anlagerung des Naphthalins an die Doppelbindung der Ölsäure unter gleichzeitiger Sulfonierung des Additionsproduktes entstanden sein. SANDELIN ergänzt TWITCHELLS Angaben über die Eigenschaften der fettaromatischen Sulfonsäuren noch dahingehend, daß auch beim Kochen mit Schwefelsäure oder Ätzalkalien selbst unter 2 at Druck keine Zersetzung erzielt werde. Damit ist GOLDSCHMIDTS Estertheorie restlos abgetan. SANDELIN beobachtete leichte Hydrolyse der Alkalisalze, die er auf das Vorhandensein der Fett-Carboxyl-Gruppe zurückführt. Er betont die Neigung der Sulfonsäure und noch mehr ihrer Alkalisalze, Fette, Fettsäuren, Äther, Petroläther usw. zu emulgieren. Als Eigenschaften der fettaromatischen Sulfonsäuren, die für die Fettspaltung wichtig sind und die sie auch mit anderen Reaktiven, z. B. Mineralölsulfonsäuren, teilen, hebt SANDELIN hervor: die Reaktive sind 1. hoch-molekular, 2. Sulfonsäuren, 3. leicht löslich in Wasser, aber durch Säuren und Kochsalz ausscheidbar, 4. in Alkohol leicht, in Äther etwas löslich. Ferner 5. schäumen die wäßrigen Lösungen besonders der Alkalisalze, wie Seifenlösungen, 6. lösen sich die Alkalisalze in Alkohol, 7. sind die Erdalkali- und Metallsalze amorph, wasserunlöslich, aber oft alkohollöslich.

Es sei dahingestellt, ob die bereits im vorigen Abschnitt besprochenen Reaktionsprodukte, die SANDELIN bei Einwirkung von Schwefelsäure auf ein Gemisch von Fettalkoholen und aromatischen Kohlenwasserstoffen erhalten hat, zu den alkylierten aromatischen Sulfonsäuren oder zu den Additionsprodukten nach Art des Twitchellreaktivs zu rechnen sind. Sicherlich dürften starke Sulfonierungsmittel, wie hochprozentige Olea oder Chlorsulfonsäure, und besonders auch hohe Reaktionstemperaturen sowie lange Reaktionsdauer die Alkylierung begünstigen, während mit Schwefelsäure oder schwachem Oleum besonders bei Anwendung niedriger Temperaturen und kurzer Einwirkungsdauer vorwiegend Anlagerungsprodukte des Fettalkohols oder Fettalkoholschwefelsäureesters an die aromatische Sulfonsäure entstehen mögen. Ein neueres Verfahren von BEYER[1] beschreibt eine derartige Darstellung von Additionsverbindungen durch Behandlung höherer Fettalkohole und aromatischer Kohlenwasserstoffe mit Schwefelsäure oder schwachem Oleum bei mäßigen Temperaturen. Die Neutralisationsprodukte sollen sich besonders leicht trocknen lassen und sich durch helle Farbe sowie gutes Faserschutzvermögen auszeichnen.

Nach Ablauf der grundlegenden Patente TWITCHELLS ist von verschiedenen Seiten an der Vervollkommnung derartiger Reaktive weiter gearbeitet worden. Besondere Beachtung hat ein Reaktiv der Vereinigten Chem. Werke, Charlottenburg, gefunden, über das auch GOLDSCHMIDT[2] berichtet. Nach Patenten dieser Firma[3] sollen solche Reaktive aus hydrierten Fetten darstellbar sein. Man sulfoniert beispielsweise ein Gemisch aus 100 Teilen hydriertem Ricinusöl und 100 Teilen Naphthalin mit 400 Teilen Schwefelsäure von 66⁰ Bé bei 20⁰, fügt dann 800 Teile Wasser hinzu, hebt die Ölschicht ab und filtriert. Bei Anwendung des so gewonnenen Spalters soll die Spaltgeschwindigkeit erhöht und die Farbe der Fettsäuren verbessert sein. Über die Fortschritte dieses Verfahrens gegenüber dem alten Twitchellverfahren wird in der Fachpresse mehrfach berichtet[4].

Nach einem Verfahren PETROWS[5] sind Fettstoffe für die Seifenindustrie zu gewinnen, indem man auf trocknende oder halbtrocknende Öle, Fette oder Fettsäuren unter Zusatz von aromatischen Kohlenwasserstoffen und gegebenenfalls noch Lösungsmitteln 10—15% konzentrierte Schwefelsäure einwirken läßt. Es ist nicht bekannt geworden, ob diese schwach sulfonierten Produkte technische

[1] F. P. 794995.   [2] Seifensieder-Ztg. 39, 845 (1912).
[3] D. R. P. 298773; E. P. 749/1912.
[4] Vgl. Seifensieder-Ztg. 40, 550 (1913); 42, 93 (1915).   [5] Russ. P. 17546.

Bedeutung erlangt haben. In einer Untersuchung von HOYER[1] über das Twitchell-verfahren finden sich auch Anregungen, fettaromatische Sulfonsäuren aus den Systemen Wollfett-Naphthalin, Kolophonium-Tetralin, Tranfettsäure-Naphthalin (oder Tetralin) mit Schwefelsäure in bekannter Weise zu gewinnen. PETROW[2] empfiehlt, als geeignete Fettkomponente die bei der Destillation von Fettsäuren zwecks Gewinnung von Stearinsäure abfallende hochsiedende Fraktion zu verwenden. Diese kann zuvor mit 60—70%iger Schwefelsäure, durch Vakuum-destillation oder mit Adsorptionsmitteln gereinigt werden. SANDELIN[3] hebt in seiner zweiten Arbeit hervor, daß man prinzipiell jede ungesättigte Fettsäure oder Oxyfettsäure mit den verschiedenen aromatischen Verbindungen in sulfo-aromatische Fettsäuren umwandeln kann. Es ist einleuchtend, daß der sehr reine *Pfeilringspalter* aus dem hellfarbigen hydrierten Ricinusöl jedenfalls für die Fettspaltung von den eben erwähnten recht dunklen Sulfonsäuren kaum erreicht werden kann. Diese mögen aber wegen ihrer geringeren Gestehungs-kosten für gröbere technische Zwecke brauchbar sein. Erwähnung verdient in diesem Zusammenhang ein Vorschlag[4], die fettaromatischen Sulfonsäuren nach TWITCHELL zur Herstellung von Farbstofflösungen und Pasten zu verwenden. Zu desinfizierend wirkenden fettaromatischen Sulfonsäuren gelangt man nach einem amerikanischen Patent der Goedrich Chemical Co.[5] durch Behandlung von Fetten, wie Olivenöl oder Ricinusöl im Gemisch mit Chlorphenolen, wie z. B. Chlorthymol mit konzentrierter Schwefelsäure.

Man kann reinere fettaromatische Sulfonsäuren nicht nur durch besondere Auswahl der Rohstoffe, sondern auch durch bestimmte Reinigungsmethoden gewinnen, die den Bedürfnissen der Technik besser angepaßt sind als die von TWITCHELL in seiner grundlegenden Arbeit mitgeteilten Arbeitsweisen. TWITCHELL selbst schlägt in einem Patent[6] vor, die rohen fettaromatischen Sulfonsäuren erst mittels Koch-salzlösung in die sich abscheidenden Natriumsalze überzuführen, diese durch Aus-kochen mit Kochsalzlösung zu reinigen und die vorhandenen Fettsäuren noch mit Benzin, Benzol od. dgl. zu extrahieren. Eine weitere Reinigung kann dann noch z. B. durch Umsetzung in das unlösliche Bariumsalz erreicht werden. Ein ähnliches Reinigungsverfahren beschreibt PETROW[7], der mit Wasser oder Salzlösung wäscht und die abgeschiedene Schicht mit Alkohol oder Aceton extrahiert. Das Verfahren eignet sich für Gemische aus Naphthasulfonsäuren und fettaromatischen Sulfon-säuren. Ein anderes Verfahren von PETROW[8] sieht vor, die fettaromatischen Sulfon-säuren nach dem Auswaschen der überschüssigen Schwefelsäure in niedrig siedenden Naphtha- oder aromatischen Kohlenwasserstoffen, Tetrachlorkohlenstoff od. dgl. zu lösen und nunmehr diese Lösung mit wäßrigen Lösungen von Alkohol, Aceton oder Essigsäure zu extrahieren. Gleichfalls von PETROW[9] stammt ein Vorschlag, die Sulfonsäuren durch Destillation von unverändertem, überschüssigem Lösungsmittel zu befreien. Schließlich hat der gleiche Erfinder noch empfohlen[10], Sulfonsäuren, z. B. auch fettaromatischer Struktur, von Verunreinigungen, wie Ölen, Harzen, Salzen, Schwefelsäure usw., dadurch zu befreien, daß man sie zunächst mit Sägemehl oder Cellulose vermischt und trocknet und dann aus der Trockenmasse die nicht sulfo-nierten Teile mit Benzin und die Sulfonsäuren mit Alkohol extrahiert.

2. Fettaromatische Sulfonsäuren mit verbesserten Beständigkeitseigenschaften.

Wir haben gesehen, daß das „Twitchellreaktiv" sowie die vorbeschriebenen Varianten trotz der echten, endständigen Sulfogruppe sehr leicht aussalzbar sind und infolge der immer noch dominierenden Carboxylgruppe unlösliche Erd-alkalisalze bilden, also im harten Gebrauchswasser kaum verwendbar sind.

---

[1] Ztschr. Dtsch. Öl-Fettind. 1921, 113ff.
[2] Russ. P. 11058.   [3] S. Anm. 5, S. 383.   [4] D. R. P. 303121.
[5] A. P. 1930474.   [6] D. R. P. 365522.   [7] D. R. P. 546914.
[8] D. R. P. 456353; F. P. 616282.   [9] Russ. P. 11054.
[10] D. R. P. 517156; F. P. 628129; E. P. 284859; A. P. 1766304.

Von dem in der Mitte des vergangenen Jahrzehnts einsetzenden Aufschwung in der Fettsulfonierungstechnik wurden auch die fettaromatischen Verbindungen erfaßt.

Es sei zunächst ein Verfahren PETROWS[1] besprochen, welches nach den Angaben der Patentschrift zu wertvollen Wasch-, Emulgierungs- und Hydrolysierungsmitteln führt. Eine Mischung von hoch- und niedrigmolekularen aromatischen Kohlenwasserstoffen und Phenolen wird gemeinsam mit trocknenden oder halbtrocknenden Ölen oder deren Fettsäuren sulfoniert und in bekannter Weise gereinigt und aufgearbeitet. Beispielsweise werden 50 Teile Sonnenblumenöl mit 40 Teilen Benzol, 40 Teilen Xylol und 20 Teilen Naphthalin vermischt und mit 150 Teilen Schwefelsäure (D. 1,84) sulfoniert. Es folgt die übliche Wäsche mit Kochsalzlösung und die Extraktion des ausgeschiedenen Sulfonates mit Benzin. Ein anderes Beispiel sieht die Verwendung von Leinöl und einer Mischung aus Xylol, Naphthalin und p-Kresol vor. Die fetten Öle sollen nicht in molaren, sondern in weit kleineren Mengen, z. B. 20—35% vom mittleren Molekulargewicht der Aromaten, genommen werden. Die Sulfonierung erfolgt bei gewöhnlicher Temperatur, doch erhitzt sich die Masse von selbst auf 95—100°; die Nachreaktion dauert 10—12 Stunden. Ein ähnliches Verfahren des gleichen Erfinders[2] beschreibt die Gewinnung fettaromatischer Sulfonsäuren aus den üblichen Komponenten, d. h. ungesättigten Ölen oder Fettsäuren und aromatischen Kohlenwasserstoffen, jedoch in Gegenwart von Phenolen oder weiterer Mengen aromatischer oder hydroaromatischer Kohlenwasserstoffe. Auch hier ist das Prinzip erkennbar, den Aromatengehalt in der Mischung heraufzusetzen. Das Sulfonierungsmittel ist starke Schwefelsäure. Ein etwas älteres spezielleres Verfahren von GODAL[3] empfiehlt die Sulfonierung der Fett-Aromaten-Mischung in Gegenwart eines verflüssigenden Lösungsmittels bei Temperaturen, die unterhalb des Schmelzpunktes der Fettsäuren liegen. So werden 280 Teile Ölsäure mit 128 Teilen Naphthalin vermischt, das Gemisch mit 500 Teilen Benzol zu einer klaren Lösung verdünnt und nun mit 600 Teilen Schwefelsäure bei 5° sulfoniert. Nach dem Waschen wird in Wasser gelöst, wobei Schichtentrennung eintritt. Die untere Schicht enthält die Sulfonsäure, die obere unverändertes Gemisch und Benzol, die wieder verarbeitet werden.

Ein Verfahren der I. G. Farbenindustrie A. G.[4] schildert die Gewinnung von fettaromatischen Sulfonsäuren, deren Säurebeständigkeit offenbar weit besser ist als die der bekannten Reaktive oder der Türkischrotöle. Es werden Wollfettsäuren in Gegenwart von Phenol sulfoniert. Man mischt z. B. 9 Teile Wollfettsäuren mit 3 Teilen Phenol und sulfoniert bei 20—30° mit 16 Teilen Monohydrat. Die Alkalisalze haben ein großes Emulgierungsvermögen. In diesem Zusammenhang muß auch ein britisches Patent der Etabl. Kuhlmann[5] Erwähnung finden, nach welchem die Sulfonsäuren aus Fetten und Phenolen noch mit Aldehyden kondensiert werden sollen. Beispielsweise wird Wollfett + Phenol mit Schwefelsäure sulfoniert und dann mit Formaldehyd kondensiert. In ähnlicher Weise wird die Sulfonsäure aus Ricinusöl und Kresol mit Acetaldehyd umgesetzt. Die Produkte stellen Netz- und Färbereihilfsmittel dar. In einem neueren Patent der I. G. Farbenindustrie A. G.[6] werden in sehr ähnlicher Weise an Stelle der Fette die Amide der höheren Fett-, Harz- oder Naphthensäuren mit Aldehyden sowie aromatischen Kohlenwasserstoffen oder deren Hydroxyl-, Halogen- oder Aminoderivaten kondensiert und dann sulfoniert. 55 Teile Cocosfettsäureamid, welches aus Cocosfettsäure und Ammoniak bei 200° erhalten wird, werden mit 22 Teilen Paraldehyd und 50 Teilen Phenol während einer Stunde bei 60° kondensiert und dann bei der gleichen Temperatur mit 150 Teilen Schwefelsäure (96—98%) sulfoniert. Man kann auch in Gegenwart von Glycerin arbeiten. Die Sulfonate sollen gegen hartes Wasser, heiße Säuren und Alkalien beständig sein. Aus Harzen, z. B. Kolophonium, und aromatischen Verbindungen gewinnt DREYFUSS[7] harzaromatische Sulfonsäuren, die sich als Färbereihilfsmittel für Kunstseide eignen.

3. Fettaromatische Sulfonsäuren mit hohem Sulfonierungsgrad.

An erster Stelle seien zwei zusätzliche Verfahren zu dem eben erwähnten Patent der I. G. Farbenindustrie A. G. genannt. Der erste Zusatz[8] sieht eine Vorbehandlung

[1] D. R. P. 522864; A. P. 1661620.   [2] Russ. P. 11059.   [3] D. R. P. 382326·
[4] D. R. P. 531296; F. P. 645819; E. P. 307776; A. P. 1780252.
[5] F. P. 734318; E. P. 380252.   [6] D. R. P. 581955.
[7] F. P. 681037; E. P. 323788.   [8] D. R. P. 539625; E. P. 305597; A. P. 1780027.

der Wollfettsäuren mit oxydierenden Gasen und im Beispiel auch eine intensivere Sulfonierung vor. 50 Teile Wollfettsäure werden 8 Stunden bei 200⁰ mit Luft oxydiert, mit 50 Teilen Phenol gemischt und dann mit 122 Teilen Monohydrat und 300 Teilen Oleum (20% SO₃) sulfoniert. In dem zweiten Zusatz[1] werden an Stelle der Wollfettsäuren die Wollfette selbst oder ihre Gemische mit Wollfettsäuren benutzt. So werden 60 Teile Wollfett + 30 Teile Phenol nacheinander mit 70 Teilen Monohydrat und 70 Teilen Chlorsulfonsäure behandelt. Sulfonsäuren dieser Art dienen besonders zur Herstellung von Suspensionen und Emulsionen[2]. Ein allgemeineres Verfahren der gleichen Firma[3] beschreibt die Gewinnung von säurebeständigen Sulfonsäuren aus ungesättigten höheren Fettsäuren allgemein in Gegenwart von Phenol mittels Oleum. 30 Teile Olein + 12 Teile Phenol werden bei 12—15⁰ mit 45 Teilen Oleum (20% SO₃) behandelt. Auch die Imperial Chemical Industries Ltd. und Mc GLYNN[4] gewinnen fettaromatische Sulfonsäuren aus fetten Ölen oder Oxyfettsäuren und Phenolen oder Naphtholen durch kräftige Sulfonierung, z. B. mit Schwefelsäure + Oleum. Die kalkbeständigen Erzeugnisse sind gute Emulgierungsmittel für die Textil- und Lederindustrie. Die Firma I. R. Geigy A. G.[5] schlägt in einem ähnlichen Verfahren vor, beispielsweise 30 Teile Phenol auf 100 Teile Tallöl mit Schwefelsäure, Oleum oder Chlorsulfonsäure zu sulfonieren.

Eine Reihe von Schutzrechten, die zum Teil von der Chemischen Fabrik Milch A. G. stammen und sich jetzt im Besitz der Oranienburger Chemischen Fabrik A. G. befinden, haben offenbar beachtliche technische Bedeutung erlangt[6]. Neben anderen, zum Teil schon früher erwähnten Kombinationen wird hier mitgeteilt, daß man durch intensive Sulfonierung von Gemischen aus Neutralfetten, Fettsäuren oder fettähnlichen Verbindungen, wie Wachsen, Harzen, Naphthensäuren usw., und aromatischen Kohlenwasserstoffen bzw. ihren Derivaten technisch hochwertige Reinigungs-, Emulgierungs- und Benetzungsmittel gewinnen kann, die in der Papier-, Textil- und Lederindustrie sowie als Fettspalter Verwendung finden sollen. Nach den Angaben der Patentschriften wird z. B. eine Mischung von Ölsäure und Benzol mit überschüssiger Chlorsulfonsäure behandelt. Die Sulfonierung mit Chlorsulfonsäure wird auch in Gegenwart von Halogenüberträgern durchgeführt, wodurch stärkere Chlorierungen erreicht werden sollen. Auch Gemische von Schwefelsäure oder Oleum mit wasserentziehenden Substanzen sind verwendbar. Derartige Sulfonsäuren sind im Gegensatz zu dem „Twitchellreaktiv" nicht mehr empfindlich gegen die aussalzenden Wirkungen von Säuren, Alkalien und Salzen. Sie bilden lösliche Erdalkalisalze und sind sogar durch einen Kalkungsprozeß von weniger beständigen Anteilen zu befreien. Über das nach diesem Prinzip hergestellte „Melioran B 9" der Oranienburger Chemischen Fabrik A. G. berichtet KALINOR[7], der besonders auf den Unterschied gegenüber dem „Twitchellspalter" eingeht. Während dieser in Wasser von 30⁰ d. H., in kalt gesättigter Kochsalzlösung, in Natronlauge von 32⁰ Bé und in 50%iger Bittersalzlösung ausgeschieden wird, ist das „Melioran B 9" in diesen Agentien klar löslich. In Alkohol ist das „Melioran" aber im Gegensatz zu dem Twitchellreaktiv zum Teil unlöslich. Die vollkommene Umkehrung verschiedener wichtiger Eigenschaften dürfte auf die weit kräftigere Sulfonierung zurückzuführen sein, die sowohl den Eintritt mehrerer Sulfogruppen in den aromatischen Kern als auch eine „echte" Sulfonierung der aliphatischen Kette erwarten läßt. Der Einfluß der Carboxylgruppe geht zurück, die Hydrophilie steigt. An Stelle der Fettsäuren kann man nach einem Verfahren der Oranienburger Chemischen Fabrik A. G.[8] die Chloride ungesättigter Fettsäuren zusammen mit aromatischen Verbindungen sulfonieren. Es wird auch vorgeschlagen, beispielsweise zunächst eine Fettsäure mit Benzylchlorid unter Mitverwendung von Zinkchlorid zu kondensieren, das Reaktionsprodukt mit Phosphortrichlorid zu chlorieren und dann mit Chlorsulfonsäure zu sulfonieren. Ebenfalls hierher gehören Patente[9] der gleichen Firma, die außer den erwähnten Komponenten noch die Mitverwendung von sauerstoffoder schwefelhaltigen Verbindungen, wie Alkoholen, Thioalkoholen, Carbonsäuren bzw. deren Anhydriden, Chloriden usw., vorsehen. Hierdurch dürfte noch eine weitere Verstärkung der Sulfonierung sowie gleichzeitig eine Alkylierung oder Acylierung erreicht werden. Nach einem Beispiel werden 40 Teile Ricinusöl, 15 Teile Xylol und 8 Teile Essigsäureanhydrid bei 27⁰ mit 40 Teilen Chlorsulfonsäure sulfoniert und kondensiert. Einen ganz ähnlichen Vorschlag brachte später auch die Firma Baum-

---

[1] D. R. P. 540247. [2] Tschechosl. P. 34388. [3] F. P. 636817.
[4] E. P. 365299. [5] Schweiz. P. 156113.
[6] D. R. P. 583686; E. P. 275267, 289841; F. P. 640617, 653790.
[7] Melliands Textilber. 1931, 38. [8] D. R. P. 625637; F. P. 676336; E. P. 313453.
[9] D. R. P. 599933, 623108; F. P. 674517; E. P. 310941.

heier A. G.[1], die beispielsweise ein Gemisch von Ricinusöl, Tetralin, Butylalkohol, Benzylchlorid und Naphthalin bei 75⁰ mit Oleum + Chlorsulfonsäure behandelt und so die aliphatische Sulfonsäure mit der alkylierten aromatischen Sulfonsäure zu einem Molekülkomplex vereinigen will.

Recht interessant ist ein unter Patentschutz stehender Vorschlag PETROWS[2], der die gemeinsame Sulfonierung von aromatischen, niedrig-molekularen Kohlenwasserstoffen und gesättigten Fettsäuren mit überschüssiger rauchender Schwefelsäure empfiehlt. 100 Teile Benzol und 100 Teile Stearinsäure werden bei 30—40⁰ mit 200 Teilen Oleum sulfoniert. Die entstehende Sulfonsäure ist ein brauchbarer Fettspalter und ein säurebeständiges Emulgierungsmittel. Die von TWITCHELL und SANDELIN entwickelten Formelbilder können hier nicht herangezogen werden, weil die bei den früher verwendeten Fettkörpern vorhandene Haftstelle — Doppelbindung oder OH-Gruppe — für den aromatischen Körper fehlt. Man wird also bis zur konstitutionschemischen Klärung der hier besprochenen intensiv sulfonierten Körper mit der Möglichkeit weitgehender Kondensationen zu rechnen haben, und der Verfasser hält es für nicht ausgeschlossen, daß infolge von Kondensationen zwischen der Carboxylgruppe der Fettsäuren und der aromatischen Verbindung wenigstens partiell kondensierte Sulfonsäuren keton- oder phenonartiger Struktur gebildet werden. In diesem Zusammenhang sei auch auf eine Ausführungsform in einem französischen Patent der I. G. Farbenindustrie A. G.[3] hingewiesen, nach welcher Fettsäureester mit freier Hydroxylgruppe im alkoholischen Rest zusammen mit aromatischen Kohlenwasserstoffen kräftig sulfoniert werden. Beispielsweise werden die Monoglycerinester der Stearinsäure oder der Cocosfettsäure mit Naphthalin oder Xylol gemischt und mit Oleum (10% SO_3) sulfoniert.

Schließlich sind auch Verfahren bekanntgeworden, die in zwei Stufen arbeiten, d. h. zunächst eine Kondensation zwischen dem Fettstoff und der aromatischen Komponente empfehlen, worauf sich dann die Sulfonierung des Kondensationsproduktes anschließt. Einen derartigen Vorschlag kann man einem Patent der H. Th. Böhme A. G.[4] entnehmen, wonach Ricinusöl oder ungesättigte Fette mit Naphthalin, Anilin od. dgl. mittels Phosphorpentoxyds, Aluminium- oder Zinkchlorids kondensiert und anschließend sulfoniert werden. Die I. G. Farbenindustrie A. G.[5] schlägt vor, halogenierte aromatische Kohlenwasserstoffe mit ungesättigten Fettsäuren oder deren Glyceriden erst zu kondensieren und dann zu sulfonieren. 282 Teile Ölsäure und 253 Teile Benzylchlorid werden mittels 5 Teilen Zinkchlorid bei 150⁰ kondensiert und mit 140 Teilen Monohydrat und 30 Teilen Chlorsulfonsäure sulfoniert. Andere Komponenten sind Leinölfettsäure oder Rüböl sowie Xylylchlorid als aromatischer Körper. CRAVERI[6] geht auf dieses Verfahren näher ein und schildert die Verwendungsmöglichkeiten dieser Sulfonsäuren als Textilhilfsmittel. Auch die Oranienburger Chemische Fabrik A. G.[7] weist in ihren schon oben erwähnten Patenten darauf hin, daß man Fettsäurechloride mit aromatischen Verbindungen kondensieren und das Kondensationsprodukt dann sulfonieren könne. Ähnlich wie Neutralfette und Fettsäuren kann man nach einem Verfahren der Gesellschaft für Chemische Industrie in Basel[8] Aromaten, wie Benzol, an die Doppelbindung ungesättigter Fettalkohole, wie Oleinalkohol, mit Hilfe von Kondensationsmitteln, wie $AlCl_3$ oder $ZnCl_2$, anlagern und die Additionsprodukte dann sulfonieren. Die I. G. Farbenindustrie A. G. beschreibt ein ganz ähnliches Verfahren[9] für höhere Olefine, wie z. B. Octadecylen.

4. Die Einwirkungsprodukte aromatischer Sulfonsäuren auf Fettkörper.

Wir haben bereits früher (vgl. II, A, b, S. 326) auf zwei Patente[10] der H. Th. Böhme A. G. verwiesen. Danach sollen mehrkernige hydroaromatische Sulfonsäuren, wie Octohydroanthracensulfonsäure, auf Ricinusöl od. dgl. gegebenenfalls in Gegenwart weiterer Mengen Schwefelsäure zur Einwirkung gebracht werden. Man wird auch hierbei eine Anlagerung der hydroaromatischen Verbindung an die Doppelbindung oder Hydroxylgruppe des Fettes annehmen dürfen. Nach einem Verfahren der Chemischen Fabrik vorm. Sandoz[11] werden beliebige Fettsäuren, Oxyfettsäuren oder polymerisierte Fettsäuren mit aromatischen oder hydroaromatischen Sulfon-

[1] F. P. 710893.   [2] E. P. 289934; F. P. 628002; Russ. P. 13068.
[3] F. P. 702626.   [4] F. P. 696104.
[5] D. R. P. 491317, 492508; E. P. 286796; A. P. 1667225, 1667226.
[6] Boll. Assoc. Ital. Chimici tessile coloristi 7, 177/78.
[7] D. R. P. 625637; F. P. 676336; E. P. 313453.
[8] F. P. 763990; A. P. 1970353.   [9] F. P. 766903.
[10] D. R. P. 486840, 487705.   [11] F. P. 666577; E. P. 303379.

säuren, die auch Alkyl-, Amino-, Oxyamino- oder Hydroxylgruppen enthalten können, umgesetzt und dann neutralisiert. 25 Teile 2,6-Naphtholsulfonsäure werden mit 30 Teilen Ricinolsäure bei 80⁰ kondensiert und mit 13,5 Teilen Natronlauge von 40⁰ Bé neutralisiert. Einen interessanten Beitrag zu diesem Kapitel lieferte in einigen Patenten[1] die Gesellschaft für Chemische Industrie in Basel. Aromatische Carbonsäuren, die gleichzeitig Sulfogruppen enthalten, oder deren Chlorierungs- oder Anhydrisierungsprodukte werden auf höhere ungesättigte Fettsäuren oder auf Oxyfettsäuren oder Ester solcher Säuren zur Einwirkung gebracht. Hierbei kann Schwefelsäure anwesend sein oder es kann nachsulfoniert werden. Beispielsweise werden 41,8 Teile Phthalsäureanhydrid-β-sulfonsäure und 114 Teile Monohydrat bei 5—10⁰ mit 57 Teilen Ricinusöl behandelt; oder es werden Ricinusöl und Phthalsäureanhydrid-β-sulfonsäure bei 100—106⁰ umgesetzt, worauf das Reaktionsprodukt noch mit Schwefelsäure weiter sulfoniert werden kann.

Ein Verfahren der I. G. Farbenindustrie A. G.[2] beschreibt die Gewinnung von Kondensationsprodukten aus ungesättigten Fettsäuren oder ihren Estern mit aromatischen Oxysulfonsäuren in Gegenwart verdünnter Mineralsäuren. So werden 50 Teile Holzöl und 40 Teile 2-Naphthol-6-sulfonsäure in Gegenwart von 100 Teilen Schwefelsäure (D. 1,3) kondensiert. Die Kondensation soll hier zwischen der Doppelbindung und dem Sauerstoff der Hydroxylgruppe erfolgen. In einem Zusatzpatent[3] wird an Stelle der Fettsäure Harzsäure benutzt. Zum Schluß soll noch ein Patent PETROWS[4] erwähnt sein, der Naphthasulfonsäuren auf polymerisierte trocknende oder halbtrocknende Öle einwirken läßt und brauchbare Waschmittel erhält.

5. Die Phenon- oder Ketonsulfonsäuren.

Es konnte schon im vorigen Kapitel darauf hingewiesen werden, daß bei Anwendung kräftiger Sulfonierungs- und Kondensierungsbedingungen aus Gemischen von Fettstoffen und aromatischen Verbindungen über die Anlagerung der aromatischen Komponente an die Doppelbindung oder Hydroxylgruppe des Fettes hinaus weitere Kondensationsmöglichkeiten zu Körpern von keton- oder phenonartiger Natur bestehen.

$$R \cdot COOH + C_xH_y \cdot SO_2 \cdot OH \rightarrow R \cdot CO \cdot C_xH_{y-1} \cdot SO_2OH + H_2O$$

Selbstverständlich kann auch die aliphatische Kette Sulfogruppen enthalten. Besonders kann man sich einen derartigen Verlauf der Reaktion bei Verwendung von Oleum, Schwefeltrioxyd, Chlorsulfonsäure oder bei Gegenwart stark wasserbindender Stoffe neben dem Sulfonierungsmittel vorstellen. Nach eigenen Beobachtungen des Verfassers besitzen derartige Sulfonsäuren mit den nachstehend beschriebenen Sulfonsäuren eine weitgehende Ähnlichkeit. Besonders die festgestellte Verwendbarkeit gesättigter Fettsäuren würde durch die vorstehende Formel ihre zwanglose Erklärung finden.

Sulfonsäuren, deren Ketonstruktur feststehen dürfte, gewinnt die Oranienburger Chemische Fabrik A. G.[5], indem sie Fettsäurechloride mit aromatischen Kohlenwasserstoffen unter Anwendung von Katalysatoren kondensiert und das Reaktionsprodukt kräftig sulfoniert. 1 Mol Ölsäurechlorid wird beispielsweise mittels wasserfreiem Aluminiumchlorid mit 6—8 Mol Benzol umgesetzt, worauf das gebildete Oleophenon nach Entfernung des überschüssigen Benzols mit rauchender Schwefelsäure (7% SO₃) behandelt wird. In ähnlicher Weise können auch die Chloride der Stearinsäure, Cocosfettsäure oder Ricinolsäure mit Toluol, Xylol, Chlorbenzol, Phenol, Tetrahydronaphthalin usw. vereinigt und die Kondensationsprodukte dann sulfoniert werden. Die so gewonnenen Sulfonsäuren weisen also eine endständige „echte" Sulfogruppe auf und können daneben je nach den Sulfonierungsbedingungen noch esterartig oder „echt" gebundene Sulfogruppen in der Fettkette enthalten. Sie eignen sich nach den Angaben der Patentschrift zum Reinigen, Emulgieren und Benetzen in der Textil- und Lederindustrie, sind hochbeständig gegen Säuren, Alkalien (Merzerisierlaugen), Salze sowie gegen hartes Wasser. Sie dienen auch als Lederfettungsmittel. Weitere Hinweise auf derartige Keton- und Phenonsulfonsäuren finden sich in einigen Verwendungspatenten[6] der gleichen Firma, wonach man sie

---

[1] D. R. P. 548799, 535845; F. P. 705071; E. P. 335854; Schweiz. P. 149404.
[2] D. R. P. 538762.   [3] D. R. P. 539947.   [4] D. R. P. 484129.
[5] D. R. P. 567361.   [6] D. R. P. 550780, 553811, 580212.

zum Färben und Drucken, zum Konservieren von Lösungen und Gallerten organischer Kolloidstoffe, zusammen mit niedrigmolekularen Säuren zum Reinigen von Wolle und Haaren usw. verwenden kann. Diesen Patenten ist zu entnehmen, daß man vorteilhaft auch mit Chlorsulfonsäure sulfoniert.

Ganz ähnliche Vorschriften sind auch Patenten der I. G. Farbenindustrie A. G.[1] zu entnehmen, nach denen gemischte Ketone, wie Pentadecylnaphthylketon, Palmitylphenylketon, mit stark sulfonierenden Mitteln, wie Schwefeltrioxyd, in echte Sulfonsäuren umgewandelt werden. Auch hier werden die Ketone aus den Säurechloriden, den Aromaten und Aluminiumchlorid gewonnen.

6. Veresterungs-, Verätherungs- und Stickstoffsubstitutionsprodukte ohne freie Carboxylgruppe.

Wir haben schon früher Veresterungs- und Verätherungsprodukte kennen gelernt, die aus Fettsäurealkyl- oder -arylestern durch Einführung esterartiger oder „echter", aber stets „interner" Sulfogruppen entstanden. In diesem Abschnitt wurde bereits kurz ein Verfahren der I. G. Farbenindustrie A. G.[2] gestreift (vgl. S. 389), welches durch Kondensation von ungesättigten Fettsäuren mit aromatischen Oxysulfonsäuren zu fettaromatischen Sulfonsäuren mit einer ätherartigen Sauerstoffbrücke führt.

$$\ldots CH_2\text{—}CH_2\text{—}CH\text{—}CH_2 \ldots COOH$$
$$|$$
$$O$$
$$|$$
$$R\text{—}SO_2\text{—}OH$$

Dieses Verfahren ist mit voller Absicht vorweggenommen worden, denn es führt zu zwar „endständig" konstituierten Sulfonsäuren, die jedoch außerdem noch Carbonsäuren sind und alle Nachteile von Sulfonaten fettähnlicher Natur mit freier Carboxylgruppe aufweisen. Zu ähnlichen Erzeugnissen dürfte die H. Th. Böhme A. G.[3] etwa durch Phenylierung von Ricinolsäure und kräftige Sulfonierung der gebildeten Äthersäure gelangen. Auch ein anderes Patent der I. G. Farbenindustrie A. G.[4] ist hier einzuordnen, welches die Verätherung von halogenierten Alkoholen, Carbonsäuren oder Ketonen mit wenigstens 10 C-Atomen in Gegenwart von Katalysatoren mit Phenolen oder ein- oder mehrwertigen cycloaliphatischen Alkoholen und nachfolgende Sulfonierung beschreibt. Wenn auch bei solchen Erzeugnissen die Sulfogruppe endständig am aromatischen Ring sitzen mag, so erfolgt doch die Verätherung inmitten der aliphatischen Kette.

In diesem abschließenden Kapitel sollen nun die zu hoher technischer Bedeutung gelangten endständigen Sulfonsäuren besprochen werden, die sich entweder von carboxylhaltigen Fettsäuren ableiten, in denen die störende COOH-Gruppe systematisch durch Veresterung oder Stickstoffsubstitution unwirksam gemacht wird, oder die von vornherein auf Basis von carboxylfreien Grundstoffen, etwa von Fettalkoholen, durch Verätherung gewonnen werden. Es sind also drei Grundtypen zu unterscheiden:

1. Das Veresterungsprodukt: $R \cdot CO \cdot O \cdot R' \cdot SO_2 \cdot OH$.
2. Das Stickstoffsubstitutionsprodukt: $R \cdot CO \cdot NH \cdot R' \cdot SO_2 \cdot OH$.
3. Das Verätherungsprodukt: $R \cdot O \cdot R' \cdot SO_2 \cdot OH$.

(R ist die gestreckte aliphatische Kette; R' ist ein aliphatischer, aromatischer oder hydroaromatischer Rest von meist relativ niedrigem Molekulargewicht.) Wir erkennen, daß in diesen Verbindungen genau wie bei den echten Seifen oder

[1] E. P. 343098; F. P. 693699.   [2] D. R. P. 538762.
[3] D. R. P. 557662.   [4] E. P. 360493.

bei den Fettalkoholschwefelsäureestern die hydrophile Gruppe allerdings mittels eines Zwischenstückes ganz am Ende der langen aliphatischen Kette angeheftet ist und müssen auch in dieser Tatsache einen weiteren Unterschied gegenüber den soeben gestreiften Erzeugnissen nach den Patenten der I.G.Farbenindustrie A.G. und H.Th.Böhme A.G. feststellen, deren angegebene Strukturformel eine Abzweigung des die Sulfogruppe tragenden Restes deutlich macht.

α) Die Veresterungsprodukte.

Nach Patenten der Oranienburger Chemischen Fabrik A.G., die schon mehrfach Erwähnung fanden[1], kann man ungesättigte Fettsäuren, Harzsäuren oder Naphthensäuren mit Hilfe von Phosphortrichlorid oder Phosphorpentachlorid in ihre Säurechloride überführen und diese nunmehr mit Phenolsulfonsäuren in Gegenwart von überschüssiger Schwefelsäure umsetzen oder zusammen mit Phenolen, Kresolen od. dgl. sulfonieren. Bei diesen Ausführungsformen des Verfahrens mögen intermediär Fettsäurephenylester, bzw. deren endständige Sulfonsäuren entstehen, wobei wegen des Vorhandenseins von Doppelbindungen oder Hydroxylgruppen außerdem noch mit Eintritt von Sulfogruppen in die aliphatische Kette zu rechnen ist.

Abgesehen davon aber, daß eine zielbewußte und vollständige Veresterung der Fettsäurechloride mit den Phenolen in diesen Patenten noch nicht aufgezeigt wurde, sind auch die Sulfonierungsbedingungen derartig, daß eine etwa gebildete Phenylesterbindung wieder größtenteils aufgespalten werden dürfte. Dagegen schlägt LINDNER[2] in einem neueren Patent vor, gesättigte Fettsäuren mit Phenolen oder Kresolen zunächst vollständig zu verestern und dann in die phenolische Komponente ein bis zwei Sulfogruppen etwa mittels Chlorsulfonsäure oder Oleum einzuführen. Dadurch wird einerseits eine weitgehende Esterspaltung und anderseits jede Kondensation zwischen dem Fett und den Aromaten vermieden. Geringe Aufspaltungen der Phenylesterbindung können durch Zusätze von Phosphortrichlorid oder anderen Chlorierungsmitteln vor, während oder nach der Sulfonierung vermieden werden.

In ein entscheidendes Stadium ist die Entwicklung dieser Körperklasse aber erst durch die außerordentlich wichtigen und erfolgreichen Verfahren der I.G.Farbenindustrie A.G.[3] getreten, die uns offenbar die Gewinnungsmethoden für die „Igepone" (A-Reihe) dieser Firma vermitteln. Die Patentbeschreibungen lassen zwei Wege erkennen, die zum gleichen Endprodukt führen.

a) Die Fettsäuren, ihre Salze, Ester oder besser noch die Fettsäurechloride werden mit hydroxylierten aliphatischen oder aromatischen Sulfonsäuren, wie Oxyäthansulfonsäure (Isäthionsäure), Oxybutan- oder -propansulfonsäure, Phenol- oder Naphtholsulfonsäuren, den Bisulfitverbindungen der aliphatischen oder aromatischen Aldehyde oder Ketone usw. oder Salzen solcher Sulfonsäuren umgesetzt. Die Veresterung erfolgt nach dem Schema:

$$R \cdot CO \cdot Cl + HO \cdot R' \cdot SO_2 \cdot OH \rightarrow R \cdot CO \cdot O \cdot R' \cdot SO_2 \cdot OH + HCl \text{ bzw.}$$
$$R \cdot CO \cdot OH + HO \cdot R' \cdot SO_2 \cdot OH \rightarrow R \cdot CO \cdot O \cdot R' \cdot SO_2 \cdot OH + H_2O$$

Beispielsweise werden 150 Teile Ölsäurechlorid bei 30—40° mit isäthionsaurem Natrium versetzt und zwecks vollkommener Veresterung auf 80—100° erwärmt. Auch Äthionsäure oder Carbylsulfat sind anwendbar, da die esterartig gebundene Schwefelsäure dieser Verbindungen bei der Reaktion abgespalten wird und intermediär die reaktionsfähigen Hydroxysulfonsäuren entstehen. 280 Teile Stearinsäure werden bei 45° mit 200 Teilen Äthionsäure verestert.

---

[1] D. R. P. 625637; F. P. 676336; E. P. 313453. [2] F. P. 782280.
[3] F. P. 705081, 720590; E. P. 359893, 372005 u. a. m.

b) Die Fettsäuren oder besser noch ihre Salze werden mit halogenierten aliphatischen oder aromatischen Sulfonsäuren behandelt. Die Reaktion verläuft gemäß:

$$R \cdot CO \cdot OH + Cl \cdot R' \cdot SO_2 \cdot OH \rightarrow R \cdot CO \cdot O \cdot R' \cdot SO_2 \cdot OH + HCl$$

Geeignete Sulfonsäuren sind die Chlormethan- oder Chloräthansulfonsäure, die
Brompropan-, Chlornaphthalin-, Chlorbenzyl-, Chlorphenolsulfonsäuren usw.
Auch Sulforicinate können nach dieser Arbeitsweise benutzt werden; z. B. werden
160 Teile Natriumsulforicinat mit 100 Teilen chloräthansulfonsaurem Natrium
bei 80—200⁰ verestert, wobei ein Körper vorstehender Struktur erhalten wird,
der jedoch in der aliphatischen Kette R noch esterartige Sulfogruppen enthält.

Eine Variante des Verfahrens a benutzt hydroxylhaltige cycloaliphatische oder
hydroaromatische Verbindungen[1]. In 150 Teile Ölsäurechlorid werden bei 80—100⁰
105 Teile des Natriumsalzes der Cyclohexanolsulfonsäure eingetragen. Nach einem
anderen Patent[2] werden an Stelle der Fettsäurechloride die Alkyl- oder Acylcarbamid-
säurechloride mit hydroxylhaltigen Carbonsäuren umgesetzt. Man gewinnt diese
Säurechloride durch Behandlung von Alkylaminen oder Fettsäureamiden mit Phosgen.
Eine Abwandlung der grundlegenden Verfahren der I. G. Farbenindustrie A. G.
geben du Pont de Nemours[3] an, welche die Umsetzung von Abietinsäure, Hydro-
abietinsäure oder von deren Chloriden oder Salzen mit Halogen- oder Oxysulfonsäuren vorschlagen. Ein ähnliches deutsches Patent ist im Besitz der Böhme Fettchemie G. m. b. H.[4]. Es betrifft die Umsetzung von Harzsäuren oder solche enthaltenden Stoffen, wie Tallöl, mit Äthionsäure oder halogenierten bzw. hydroxylierten
Abkömmlingen der Äthansulfonsäure.

Mitunter sind Reaktionen, wie sie vorstehend beschrieben worden sind, und
zwar besonders mit hydroxylhaltigen Sulfonsäuren auch in Gegenwart von überschüssigem Sulfonierungsmittel durchgeführt worden. Hierher gehören Patente
der Chemischen Fabrik Servo u. Rozenbroek[5]. 100 Teile Ricinusöl werden beispielsweise mit 100 Teilen Schwefelsäure und 30 Teilen Isäthionsäure behandelt.
Auch Äthionsäure und Carbylsulfat sind als Zusätze empfohlen worden. Da hier
vorgeschlagen wird, bei niedrigen Temperaturen zu arbeiten, ist anzunehmen, daß
die Veresterung im Sinne der vorstehenden Ausführungen bei dieser Arbeitsweise
in den Hintergrund tritt und hauptsächlich Fettschwefelsäureester hohen Sulfonierungsgrades oder „echte interne" Sulfonsäuren gebildet werden. Ähnliche Verfahren[6] der gleichen Firma arbeiten in Gegenwart von wasserbindenden Substanzen.
Die Sulfonierungsprodukte werden nach dem zweiten Patent noch mit Alkoholen,
Monoalkylestern oder deren Salzen, mit Schwefelsäuredialkylestern oder Chlor-
sulfonsäurealkylestern behandelt und schließlich mit Basen, wie Triäthanolamin,
Dimethylamin, Anilin oder Pyridin, neutralisiert. Etwas anders geartete Veresterungsprodukte entstehen nach Patenten der Firma J. R. Geigy[7], die vorschlägt, Chloressigsäure oder ihre Chloride an der Carboxylgruppe mit Cocosfettalkoholen oder
dem Monoglycerinäther solcher Fettalkohole zu verestern und in dem so gewonnenen
Ester nunmehr das Halogen gegen Sulfogruppen durch Behandlung mit Sulfiten
oder Hydrosulfiten auszutauschen.

β) Stickstoffsubstitutionsprodukte.

Die gleiche große technische Bedeutung wie die Veresterungsprodukte haben
auch solche Kondensationsprodukte aus Fettsäuren mit stickstoffhaltigen Verbindungen erlangt, in denen Wasserstoffatome der Aminogruppe durch den
Fettsäurerest substituiert werden. Derartige Körper dürften die „Igepone"
(T-Reihe) der I. G. Farbenindustrie A. G. darstellen. Ihre Herstellungsmethode
ist einigen Patenten[8] dieser Firma zu entnehmen. 300 Teile Cocosfettsäure-
chloride werden mit 300 Teilen Taurin (Aminoäthansulfonsäure) umgesetzt. Bei
dem „Igepon T" dürfte es sich um das entsprechend darstellbare Ölsäuremethyl-

[1] E. P. 367585; F. P. 39893/705081.   [2] D. R. P. 566603.
[3] F. P. 755769; E. P. 425217; A. P. 1984713/14.   [4] D. R. P. 596510.
[5] F. P. 688637; E. P. 347592.   [6] E. P. 368812, 368853.
[7] Schweiz. P. 162732, 163000.
[8] F. P. 693620, 712121, 720590, 721988; E. P. 341053, 343524 u. a. m.

taurid handeln. Diese Körper sind auch aus den Fettsäureamiden und den Halogensulfonsäuren, z. B. der Chloräthansulfonsäure, zu gewinnen:

$$R \cdot CO \cdot Cl + H_2N \cdot R' \cdot SO_2OH \rightarrow R \cdot CO \cdot NH \cdot R' \cdot SO_2 \cdot OH + HCl \text{ oder}$$
$$R \cdot CO \cdot NH_2 + Cl \cdot R' \cdot SO_2OH \rightarrow R \cdot CO \cdot NH \cdot R' \cdot SO_2 \cdot OH + HCl$$

Neben diesen grundlegenden Verfahren ist eine Reihe von Abwandlungen bekanntgeworden. Es sollen nach einem der I. G. Farbenindustrie A. G. patentierten Verfahren[1] vorwiegend höhermolekulare aliphatische Carbonsäuren oder ihre Chloride mit Aminen der aromatischen Reihe amidiert und dann energisch sulfoniert werden. 284 Teile Stearinsäure werden beispielsweise mit 200 Teilen Monoäthylnaphthylamin umgesetzt, in 400 Teilen Monohydrat gelöst und mit 400 Teilen Oleum (23% SO_3) sulfoniert. Man kann auch gleich von der Aminosulfonsäure ausgehen und beispielsweise 250 Teile Ölsäurechlorid mit 200 Teilen Äthylanilinsulfonsäure kondensieren. Nach einem anderen Patent[2] der gleichen Firma wird Ölsäurechlorid mit phenyliminoäthansulfonsaurem Natrium umgesetzt, wobei gleichfalls durch Substitution eines am Stickstoff sitzenden Wasserstoffatoms das entsprechende Kondensationsprodukt gebildet wird. In allgemeinerer Form ist dieses Verfahren in einem Patent der I. G. Farbenindustrie A. G.[3] enthalten, nach welchem Fettsäurechloride in Gegenwart von säurebindenden Mitteln, wie Pyridin, Dimethylanilin, Calciumcarbonat od. dgl., mit aliphatischen oder hydroaromatischen Amino- oder Iminosulfonsäuren umgesetzt werden sollen. Es kann auch bei Anwesenheit von Lösungsmitteln gearbeitet oder die säurebindende Base im Überschuß angewandt werden. Beispielsweise wird Stearinsäurechlorid mit phenyliminoäthansulfonsaurem Natrium in Gegenwart von Pyridin behandelt, wobei ein am Stickstoffatom durch den Äthansulfonsäurerest substituiertes Stearinsäureanilid in Form des Natronsalzes gebildet wird. In ähnlicher Weise kann man das Ölsäurechlorid mit Sulfanilsäure zu der Ölsäurephenylamid-4-sulfonsäure koppeln. Es handelt sich um Ausführungsformen des allgemeineren Verfahrens der I. G. Farbenindustrie A. G.,[4] welches die Umwandlung von Carbonsäureamiden mit wenigstens 8 C-Atomen und reaktionsfähigem Wasserstoff am Stickstoffatom in die entsprechenden Sulfaminsäuren vorsieht.

An Stelle der Fettsäuren oder Fettsäurechloride können nach einem von der I. G. Farbenindustrie A. G. patentierten Verfahren[5] auch die Chlorkohlensäureester von primären oder sekundären aliphatischen oder cycloaliphatischen Alkoholen mit Aminosulfonsäuren, wie Aminoäthansulfonsäure, N-Oxyäthyltaurin od. dgl., zwecks Gewinnung von Reinigungsmitteln umgesetzt werden. Nach einem anderen Verfahren der gleichen Firma[6] werden die höher-molekularen Alkylisocyanate mit den Aminosulfonsäuren gekoppelt. So wird z. B. aus Laurinsäurechlorid und Alkaliazid das Isocyanat gewonnen und mit Butyltaurin, Anilinsulfonsäure od. dgl. in schwach sodaalkalischer, wäßriger Lösung bei 70° behandelt. An dieser Stelle muß auch ein Verfahren der I. G. Farbenindustrie A. G.[7] Erwähnung finden, welches an Stelle von Fettsäureamiden oder -aniliden von hochmolekularen Alkylaminen mit mehr als 8 C-Atomen ausgeht. Diese Verbindungen, z. B. das Heptadecylamin, werden mit Alkyl- oder Aralkylsulfonsäuren mit beweglichem Halogenatom in der Seitenkette umgesetzt. Solche Sulfonsäuren sind die β-Chloräthansulfonsäure, die Benzylchlorid-p-sulfonsäure u. a. m. Auch ihre Alkalisalze sind anwendbar.

$$R \cdot NH_2 + Cl \cdot R' \cdot SO_2 \cdot OH \rightarrow R \cdot NH \cdot R' \cdot SO_2 \cdot OH + HCl$$

Umgekehrt kann man auch nach einem Verfahren der Deutschen Hydrierwerke A. G.[8] Alkylchloride, wie Cetylchlorid, mit aromatischen Amino- oder Aminooxysulfonsäuren unter Mitverwendung von Kondensationsmitteln umsetzen oder erst die Alkylamine bilden und dann diese sulfonieren. Ein weiteres Patent der gleichen Firma[9] beschreibt die Gewinnung von technisch wertvollen Sulfonierungsprodukten etwa durch Behandlung des N-Phenylurethans des Octadecylalkohols mit der gleichen Menge an konz. Schwefelsäure. Es entsteht eine endständige Sulfonsäure nachstehender Struktur:

$$H_{37}C_{18}O \cdot CO \cdot NH \cdot C_6H_4 \cdot SO_2 \cdot OH$$

Abweichend konstituiert sind Stickstoffsubstitutionsprodukte, die nach einem

[1] F. P. 693815; E. P. 341053, 343524.   [2] Schweiz. P. 155446.
[3] F. P. 720529.   [4] E.P.372389; F.P.715205.
[5] E. P. 388877.   [6] D. R. P. 573192.   [7] E. P. 356218.
[8] F. P. 753753; E. P. 417394.   [9] F. P. 41542/728415.

Patent der I. G. Farbenindustrie A. G.[1] aus den Amiden niederer Halogenfettsäuren mit hochmolekularen Aminen durch Behandlung mit Sulfiten erhalten werden. Das Chloressigsäureoctadecylamid geht bei der Sulfiteinwirkung in die entsprechende endständige Sulfoverbindung über:

$$Cl \cdot CH_2 \cdot CO \cdot NH \cdot C_{18}H_{37} \rightarrow HO \cdot O_2S \cdot CH_2 \cdot CO \cdot NH \cdot C_{18}H_{37}.$$

Nach einem anderen Verfahren der I. G. Farbenindustrie A. G.[2] lassen sich durch Umsetzung von niederen Sulfocarbonsäuren, ihren Estern oder Salzen mit hochmolekularen Aminen die entsprechenden Säureamide der Sulfocarbonsäuren gewinnen, die wertvolle kapillaraktive Substanzen darstellen. So entsteht beim Erhitzen von Heptadecylamin mit dem Natriumsalz des Sulfoessigsäureäthylesters das Sulfoessigsäureheptadecylamid.

Ein anderer Weg von höheren Fettalkoholen zu Stickstoffsubstitutionsprodukten. Nach einem Verfahren der Firma J. R. Geigy[3] verestert man Laurylalkohol mit Sulfurylchlorid zu dem entsprechenden Chlorsulfonsäurelaurylester, der dann in Gegenwart von säurebindenden Mitteln mit sulfanilsaurem Natrium kondensiert werden kann.

γ) Verätherungsprodukte.

Nicht die große technische Bedeutung wie die Veresterungs- und Stickstoffsubstitutionsprodukte haben die Verätherungsprodukte erlangt. Ursache hierfür dürfte die Tatsache sein, daß man für Verätherungen die weniger wohlfeilen Fettalkohole anwenden muß, ohne daß die Endprodukte, abgesehen von einer besseren Widerstandsfähigkeit gegen verseifende Mittel, gegenüber den Fettsäureabkömmlingen Vorteile aufweisen.

Als ältestes ist ein deutsches Patent der I. G. Farbenindustrie A. G.[4] zu nennen, nach welchem z. B. das Verätherungsprodukt aus 242 Teilen Cetylalkohol und 126 Teilen Benzylchlorid in eine am aromatischen Kern sulfonierte, endständige Sulfonsäure als Seifenersatz-, Netz- und Emulgiermittel vorgeschlagen wird. Ferner ist ein deutsches Patent der Deutschen Hydrierwerke A. G.[5] zu erwähnen. Höhere Fett- oder Wollfettalkohole werden chloriert und mit Phenolen, Naphtholen oder aromatischen Alkoholen, wie z. B. Benzylalkohol, veräthert. 735 Teile Spermölalkoholchlorid werden mit 235 Teilen Phenol in Gegenwart von alkoholischer Kalilauge veräthert und anschließend bei 30—40° sulfoniert. Während gesättigte Alkohole reine endständige Sulfonsäuren liefern werden, dürfte bei ungesättigten Alkoholen auch noch ein Eintritt esterartiger Sulfogruppen in Frage kommen. Einem französischen Patent der I. G. Farbenindustrie A. G.[6] ist zu entnehmen, daß man Fettalkohole oder ihre Derivate mit Oxysulfonsäuren oder Halogensulfonsäuren kondensieren kann. 270 Teile Stearinalkohol werden bei 40—50° in 206 Teile Äthionsäure eingetragen, bis das Reaktionsprodukt in Wasser löslich ist. Es entsteht die endständige Sulfonsäure des Stearyläthyläthers. In einem anderen Patent der I. G. Farbenindustrie A. G.[7] ist allerdings davon die Rede, daß beim Umsetzen von Cocosfettalkoholen mit der gleichen Menge Carbylsulfat bei 20—25° eine Veresterung eintritt. Denkbar sind beide Reaktionen, und es wird vielleicht von den Arbeitsbedingungen abhängen, ob Äthersulfonsäuren oder Sulfonsäureester entstehen. Im Falle der Äthionsäure $HO_3S \cdot O \cdot CH_2 \cdot CH_2 \cdot SO_3H$ und ihres Anhydrides, des Carbylsulfates, sind sogar noch Veresterungen an der esterartigen Sulfogruppe denkbar. Ein wirksames Waschmittel soll nach einem Patent der I. G. Farbenindustrie A. G.[8] die Äthersulfonsäure aus n-Dodecylalkohol und Oxyäthansulfonsäure darstellen. Gleichfalls sollen aus α, β-Oxyäthansulfonsäure und Cocosfettalkoholen wirksame Textilhilfsmittel zu gewinnen sein[9]. Auch die Imperial Chemical Industries Ltd., HAILWOOD und BALDWIN[10] geben als brauchbare Gewinnungsmethode für Netz- und Reinigungsmittel die Sulfonierung von hochmolekularen Alkylbenzyläthern mit wenigstens 6 C-Atomen im Alkyl an. 9 Teile Dodecylbenzyläther werden mit 27 Teilen Monohydrat bei Temperaturen unter 30° behandelt. Gleichfalls geeignet sind Cetyl- und Octadecylbenzyläther. Die gleiche Firma gibt schließlich ein Verfahren[11] zur Gewinnung von endständigen Äthersulfonsäuren bekannt. Danach werden Fettalkohole, z. B. Dodecylalkohol, zunächst etwa durch Behandlung mit Natriumamid in Gegenwart

[1] F. P. 735647.   [2] A. P. 1931540.   [3] Schweiz. P. 163001.
[4] D. R. P. 501303.   [5] D. R. P. 535338.   [6] F. P. 715585.
[7] F. P. 698637.   [8] F. P. 720590.   [9] Schweiz. P. 154170.
[10] E. P. 378454.   [11] E. P. 378867.

von Xylol in ihre Alkoholate umgewandelt und diese mit β-Halogensulfonsäuren oder deren Salzen, z. B. mit dem Natriumsalz der β-Bromäthansulfonsäure, unter Rühren 15 Stunden am Rückflußkühler erhitzt.

$$R \cdot ONa + Hlg \cdot R' \cdot SO_2 \cdot OH \rightarrow R \cdot O \cdot R' \cdot SO_2 \cdot OH + NaHlg$$

δ) Die „Igepone" und ihre Eigenschaften.

Es wurde bereits soeben darauf hingewiesen, daß die von der I. G. Farbenindustrie A. G. auf den Markt gebrachten Typen „Igepon A" und „Igepon T" aller Wahrscheinlichkeit nach kondensierte endständige Sulfonsäuren, bzw. deren Salze darstellen, die durch Veresterung der Äthionsäure oder durch N-Substitution des Methyltaurins mit Fettsäuren bzw. Fettsäurechloriden erhältlich sind. STADLINGER[1] vertritt die gleiche Auffassung, und LINDNER[2] macht darauf aufmerksam, daß auch konstitutionschemisch die ausgesprochene Seifenähnlichkeit auf das Blockieren der Carboxylgruppe der Fettsäure in Verbindung mit dem endständigen Sitz der Sulfogruppe zurückzuführen ist. Er befindet sich damit in Übereinstimmung mit einer allgemeineren Auffassung von MEES[3], der feststellt, daß Waschwirkung und Emulgierungsvermögen bei höheren Sulfonsäuren eine Folge der zunehmenden Lipophilie der Kohlenwasserstoffkette sind, welche ihrerseits mit dem Ansteigen der Heteropolarität zunimmt. Jedenfalls soll festgestellt werden, daß die vielfach geäußerte Identifizierung der „Igepone" mit den Fettalkoholsulfonaten sicher irrig ist, denn bei der Hydrolyse, sei es durch starke Alkalilösungen in der Hitze, sei es beim Verkochen mit starken anorganischen Säuren, sei es schließlich bei einer Vereinigung beider Methoden zerfallen diese Körper stets in Fettsäuren einerseits und die erwähnten niederen aliphatischen Sulfonsäuren anderseits. BOEDECKER[4] prüft die physikalischen Eigenschaften von wäßrigen Seifen- und Igeponlösungen. „Igepon A und T" sollen in weichem und hartem Wasser moleculardispers gelöst sein, weil sie Salze starker Säuren sind. Sie sind imstande, die Gelstruktur kalter Stearinseifenlösungen aufzulockern. Zusammen mit Seifen sind sie gute Dispergatoren. Die kolloidchemischen Eigenschaften der „Igepone" sind kürzlich genauer von E. L. LEDERER[5] untersucht und mit denen gleichkonzentrierter Seifenlösungen verglichen worden. Wie die Seifen, geben die „Igepone" keine moleculardispersen Lösungen, sondern zeigen den Tyndalleffekt, bei höheren Konzentrationen sogar Trübungen. Damit erscheint die gegenteilige Feststellung BOEDECKERs widerlegt. Die Kapillaraktivität ihrer wäßrigen Lösungen übertrifft die der Seifenlösungen, die Viskosität dagegen ist bei den Igeponlösungen geringer. Schaumvolumen und Schaumbeständigkeit (Halbwertzeit) sind größer als bei Seifen. Die Schaumzahl ist von der Konzentration weniger abhängig als bei Seifen. Die Emulgierungswirkung von Igeponlösungen gegenüber organischen Lösungsmitteln ist geringer als die der entsprechenden Seifenlösungen; es entstehen meist dreischichtigeSysteme: Lösung—Emulsion von „Wasser-in-Öl"—Schaum. LEDERER führt die große Netzkraft der „Igepone" auf ihre Fähigkeit, die Oberflächenspannung stark herabzusetzen, zurück. Im Gegensatz dazu erblickt JUSTIN-MUELLER[6], der das „Igepon T" untersucht hat, in der Diffusionsfähigkeit und nicht in der Oberflächenspannungsdepression die Ursache für das Netzvermögen.

---

[1] Chem. Umschau Fette, Öle, Wachse, Harze **39**, 217 (1932).
[2] Chem. Umschau Fette, Öle, Wachse, Harze **39**, 274 (1932).
[3] Chem. Weekbl. **29**, 588—592 (1932).
[4] Melliands Textilber. **13**, 436—438 (1932).
[5] Chem.-Ztg. **57**, 515 (1933); Ztschr. angew. Chem. **46**, 410/11 (1933).
[6] Rev. gén. Teinture, Impression, Blanchiment, Apprêt (Tiba) **10**, 991—995 (1932).

Auch bezüglich ihrer technischen Verwendbarkeit wurden die „Igepone" wiederholt eingehend geprüft. Bereits in dem grundlegenden Verwendungspatent der I. G. Farbenindustrie A. G.[1] finden sich Hinweise auf die Anwendungsmöglichkeiten zum Waschen, Netzen, Appretieren, Avivieren und Entbasten. Die hervorragende Kalkbeständigkeit dieser Produkte vom Typ:

$$R \cdot X \cdot R' \cdot SO_3Me$$

(es bedeuten: R die lange aliphatische Kohlenwasserstoffkette mit wenigstens 11 C-Atomen; $X = CH_2O-$, $COO-$, $CONH-$, $CONR''$, wobei R'' einen Kohlenwasserstoffrest darstellt; R' einen gegebenenfalls substituierten Kohlenwasserstoffrest) wird hervorgehoben und sogar die Möglichkeit, in Meerwasser zu waschen, erwähnt. Auch auf die Eigenschaft der Sulfonate, Kalkseifen zu lösen, wird bereits hingewiesen. NÜSSLEIN[2] teilt mit, daß die „Igepone" nicht hydrolytisch gespalten werden, sondern dissoziieren. Sie eignen sich daher besonders für die Wollwäschen, geben keine Alkaliabspaltung und keine Verfilzung. Sie sind sogar in starken Mineralsäuren löslich und besonders zusammen mit Seife anwendbar. „Igepon A" ist empfindlicher gegen verseifende Mittel als „T", welches indes etwas schlechter wäscht. Er bespricht eine Anzahl von Verwendungsmöglichkeiten in der Textilindustrie. KEHREN[3] stellt fest, daß die „Igepone" die Seife nur ausnahmsweise verdrängen können, da besonders in der Wollindustrie die „Igepone" ohne Seife eine gute Verfilzung der Wolldecke nicht bewirken können. Saure Wäsche ist nur bei Halbwollgeweben bis 1,2% Fett möglich. SCHWEN[4] stellt die Verwendbarkeit des „Igepon T" im Gegensatz zu Seife selbst in Wasser von 40° d. H. fest. MÜNCH[5] gibt an, daß „Igepon" sogar ausgeflockte Kalkseife zu lösen vermag. Auch kann man säurehaltiges Textilgut mit Igeponlösungen nachbehandeln. LINDNER[6] hat das Dispergiervermögen des „Igepon T" für Kalkseifen gesättigter und ungesättigter Fettsäuren auf photometrischem Wege quantitativ untersucht (vgl. hierzu die neuere Arbeit von LEDERER[7]). Nach einer anderen Mitteilung[8] sollen sogar die löslichen Calciumsalze der „Igepone" waschaktiv sein. Die große technische Bedeutung, welche die „Igepone" erlangt haben, ist also durch die außerordentlich universellen und wertvollen Eigenschaften dieser Körperklasse hinreichend erklärt.

IV. Die Sulfonierungsapparatur.

Die stürmische Entwicklung auf dem Gebiete der Herstellungsverfahren für sulfonierte Öle aller Art hat auch den Apparatebauer vor neue Aufgaben gestellt, deren Lösung als gelungen bezeichnet werden darf. Die Sulfonierungsapparaturen müssen im allgemeinen hinsichtlich Konstruktion und Baustoffe den Rohmaterialien sowie den Fertigfabrikaten angepaßt werden. Es versteht sich von selbst, daß ein gewöhnliches, relativ leicht bewegliches Rotöl, sulfoniertes Klauenöl od. dgl. geringere Anforderungen an die Apparatur stellt als ein hochviskoses oder pastenförmiges Fettalkoholsulfonat, ein Kondensations-

---

[1] F. P. 720590.
[2] Melliands Textilber. 13, 27—29 (1932); Rev. gén. Teinture, Impression, Blanchiment, Apprêt (Tiba) 10, 593—599 (1932).
[3] Ztschr. ges. Textilind. 36, 12—14 (1933).
[4] Melliands Textilber. 13, 485—487 (1932).
[5] Ztschr. ges. Textilind. 35, 408—411 (1932).
[6] Monatsschr. Textilind. 1935, 65 ff., 94 ff., 120 ff., 145 ff.
[7] Fettchem. Umschau 43, 1 (1936).
[8] Melliands Textilber. 13, 147 (1932).

produkt von seifenartiger Beschaffenheit od. dgl. Wir werden sehen, daß es ein weiter und mühevoller Weg gewesen ist von der steinernen Reibschale RUNGES (vgl. S. 321) bis zur modernen Hochsulfonieranlage. Ganz entsprechend ist die Gewinnung der sulfonierten Öle vielfach von den zahlreichen kleinen und mittleren Türkischrotölfabriken in die Hände von modern eingerichteten chemischen Fabriken übergegangen.

A. Anlagen für Herstellung einfacher Schwefelsäureester.

Für eine kleinere Fabrikation von Türkischrotölen, Lederölen od. dgl. genügen häufig mit Blei ausgeschlagene Holzbottiche bis zu 1000 l Inhalt, die ein nicht zu schnell laufendes Rührwerk besitzen, welches Seitenwände und Boden bestreicht. Die Kühlung erfolgt durch eine Kühlschlange aus Blei am Boden oder an den Seitenwänden des Bottichs. Die Schwefelsäure fließt aus einem über dem Apparat befindlichen Steinzeuggefäß zu. Der Apparat kann gleichzeitig als Auswasch- und Neutralisiergefäß dienen, wobei darauf geachtet werden muß, daß das Sulfonierungsprodukt zwei Fünftel bis höchstens ein Halb des Bottichinhalts nicht übersteigen darf. Derartige primitive Apparaturen wird man in der chemischen Industrie heute kaum noch antreffen. Dagegen finden sie sich in Textilbetrieben, Lederfabriken usw., die ihren eigenen Bedarf an einfachen sulfonierten Ölen erzeugen.

Für Sulfonierungsprozesse in technischem Maßstabe hat ERBAN[1] einen Apparat angegeben (Abb. 134), der wohl in ähnlicher Form noch heute in mancher Türkischrotölfabrik anzutreffen ist.

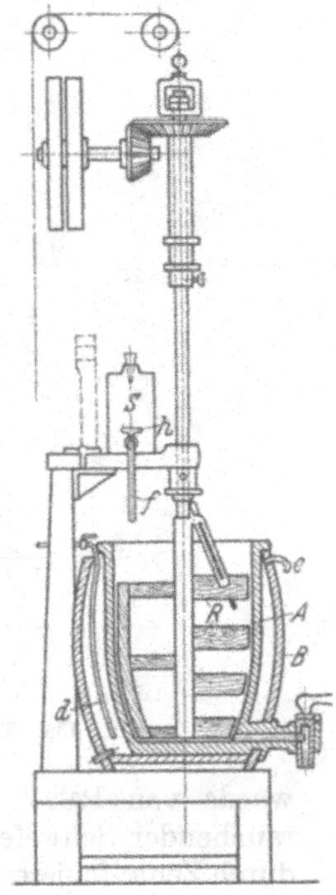

Das Rührwerk R, welches nach den Angaben ERBANS aus Holz bestehen soll, ist hängend an einer Kette befestigt und leicht auszuwechseln. Das ganze Rührsystem ist beweglich an einer Kette aufgehängt, die über Rollen läuft und durch Gegengewicht den Rührer ausbalanciert. Die eine Hälfte des Rührers besteht aus einem an der Wand dicht vorbeistreifenden Flügel, während die andere Hälfte mit Seitenflächen ausgestattet ist, welche, um ein Aufwärtsströmen der Ölmasse zu erreichen, häufig schräggestellt sind. Die Konstruktion ist so beschaffen, daß die allmählich zäher werdende Reaktionsmasse nicht als Ganzes bewegt (Verbrennungsgefahr!), sondern immer wieder gründlich zerteilt und durchmischt wird. Lokale Säureüberschüsse und unangegriffene Ölreste werden auf diese Weise vermieden. Der Rührer läuft mit 30 bis 40 Umdrehungen in der Minute. S ist das Standgefäß für die Schwefelsäure, die durch den Hahn h und das Abflußrohr f in den Bottich einfließt. Das Sulfoniergefäß A steht in dem Kühlgefäß B, welches durch das Zuflußrohr d Kühlwasser erhält. Das Kühlwasser tritt unten ein und fließt oben bei e aus.

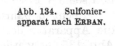

Abb. 134. Sulfonierapparat nach ERBAN.

Die aus Steinzeug bestehende Originalapparatur ERBANS diente zur Sulfonierung von je 60 kg Ricinusöl. Das Auswaschen und Neutralisieren besorgt ERBAN in einem unterhalb des Sulfonierapparates befindlichen Holzfaß, das am Boden mit einem Abflußhahn versehen ist. Heute pflegt man in einem rentabel arbeitenden Betrieb derartige Apparate weit größer zu dimensionieren, um Chargen von wenigstens 600—1000 kg Öl sulfonieren zu können. Solche Sulfoniergefäße werden meist aus Schmiedeeisen gebaut, während das analog

[1] Vgl. HERBIG: Öle und Fette in der Textilindustrie, 2. Aufl., S. 283. Stuttgart. 1929.

konstruierte, aber doppelt so groß bemessene Wasch- und Neutralisiergefäß
in der Regel verbleit ausgeführt wird, um dem Angriff der verdünnten Schwefelsäure zu begegnen. Auch die Rührwerke sind aus Schmiedeeisen gebaut und im
Bedarfsfalle verbleit. Sie werden bei größeren Aggregaten nicht frei aufgehängt,
sondern sie sind zur Erreichung eines möglichst geräuschlosen Ganges in einem
am Boden des Bottichs befindlichen Spurlager aus Bronze gelagert. Für die
Herstellung konzentrierter Öle, die häufig recht viskos sind, bedient man sich
im Wasch- und Neutralisierbottich gern besonderer Rührwerke, die ohne weiteres
eine schnelle und gründliche Durchmischung selbst beim Neutralisieren mit
fester Soda od. dgl. gestatten.

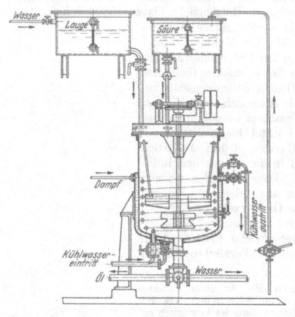

Abb. 185. Taifun-Sulfonierapparat.

Besonders erwähnenswert
ist eine Konstruktion der Appa-
ratebauanstalt Karl Fischer,
Berlin, die speziell für Wasch-
bottiche geeignet ist. Ein in
einem Zylinder schnell rotierender Schraubenquirl schleudert die Reaktionsmasse derart
empor, daß sie regenschirmartig
ausgebreitet und auf diese Weise
innig durchmischt wird. Komplette Fischer-Anlagen bestehen
aus langsam laufenden Rührwerken für die Sulfonierung bis
zu 2500 l Inhalt und Wasch-
bzw. Neutralisierbottichen mit
schnellaufenden Rührschrau-
ben bis zu 3500 l Inhalt. Diese
Anlagen gestatten einen fortlaufenden Betrieb in Chargen von
je 2000 kg Öl.

Eine erwähnenswerte Ab-
kürzung des Waschprozesses
wurde von RUSS[1] bzw. STOLLE und KOPKE[2] empfohlen, die Öle, welche mit
rauchender Schwefelsäure behandelt worden sind, mit Wasser mischen und nun
durch Zentrifugieren in Sulfonat und Säurewasser zerlegen. Auf dieses Verfahren
und seine Vorteile ist bereits früher (vgl. S. 328) eingegangen worden.

Recht bewährt hat sich auch für die Fabrikation einfacherer Sulfonate
die Apparatur der Taifun-Apparatebau A. G., Berlin-Grunewald[3], wie sie aus
Abb. 135 ersichtlich ist. Das Kernstück aller Taifun-Apparaturen ist der
Rührer (s. S. 151, Abb. 73) der bei sehr schnellem Lauf die Reaktionsmasse
in eine strudelartige Bewegung versetzt. Die Wärmeableitung ist hierbei
außerordentlich gut, so daß das Eintragen der Säure bei der normalen Rot-
ölfabrikation innerhalb von einer Stunde vollkommen bewerkstelligt werden
kann. Bei Intensivsulfonierungen wird man mit einer etwas längeren Dauer
der Säurezugabe rechnen müssen. Auch gestattet die Taifun-Konstruktion
bereits ohne Anwendung von Kühlsole bei Benutzung von Tiefbrunnenwasser
bequem die Innehaltung von Sulfoniertemperaturen von etwa 15°, wie sie
heute für manche Zwecke beliebt sind. Das in der Abbildung gezeigte System
wird entweder durch zwei einfache Absetzbottiche oder durch einen ent-

[1] E. P. 21 853/1913; A. P. 1 081 775.   [2] D. R. P. 276 043.
[3] D. R. P. 451 112; F. P. 767 523, 789 977; E. P. 437 466; A. P. 1 651 816 u. a. m.

sprechend größeren zweiten Apparat ergänzt. Im ersten Falle pumpt man das Rohsulfonat in den ersten Absatzbottich und wäscht dort aus, während man im Taifun-Apparat bereits eine neue Charge sulfoniert. Der neue Sulfonatansatz wird dann in den zweiten Absetzbottich gepumpt und dort gewaschen, währenddessen das inzwischen gewaschene und abgesetzte Sulfonat der ersten Charge wieder in das Rührwerk zurückgepumpt und neutralisiert wird. Die Taifun-Anlagen werden ebenfalls je nach Verwendungszweck aus Schmiedeeisen oder homogen verbleit hergestellt. Sie werden für Chargen bis zu 5000 kg gebaut, jedoch dürften Sulfonierungen von mehr als 2000 kg wohl zu den Ausnahmen gehören.

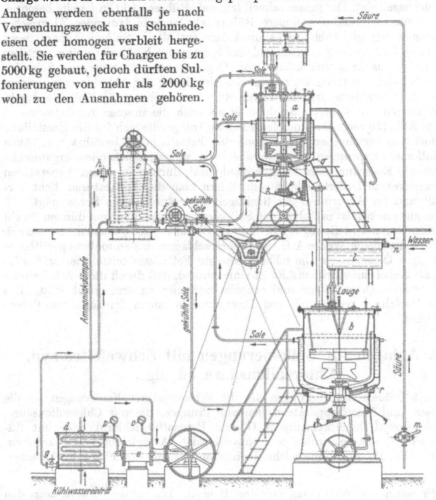

Abb. 136. Taifun-Hochsulfonieranlage.

a Taifun-Hochsulfonierungsapparat, *b* Taifun-Neutralisationsapparat, *c* Taifun-Solerefrigerator (Verdampfer), *d* Gegenstromkondensator (Verflüssiger), *e* Ammoniakkompressor (Verdichter), *f* Solepumpe, *g* Regler, *h* Abscheider, *i* Transmission, *k* Säurebehälter, *l* Laugebehälter, *m* Handpumpe für Säure, *n* Wasserleitung, *o* Manometer in der Saugleitung, *p* Manometer in der Druckleitung, *q* Absperrschieber für Sulforicinat, *r* Entleerungsschieber für Produkt.

B. Anlagen für Hochsulfonierungen mit Schwefelsäure, insbesondere bei tiefen Temperaturen.

Intensivsulfonierungen, welche mit Schwefelsäure oder schwachem Oleum durchgeführt werden, stellen an das Baumaterial der Sulfonierapparate keine anderen Anforderungen als die normale Sulfonierung mit niedrigen Schwefelsäuremengen. Wohl aber sind konstruktive Abwandlungen notwendig, die den stärkeren Ansprüchen an Kühlwirkung und im Zusammenhang damit der Verdickung der Reaktionsmasse gerecht werden. Die langsam rührende Fischer-Apparatur erhält zu diesem Zweck neben dem äußeren Kühlmantel noch einen zweiten innen montierten Kühlzylinder, dessen Wände gleichfalls von dem Rührer bestrichen werden. Der Taifun-Rührer wird als Doppelrührer mit doppeltem Antrieb ausgebildet. Der innere schnell laufende Rührer wirkt in bereits beschriebener Weise, während der äußere Rührer als langsam laufender Abstreicher durchkonstruiert ist. Auch die Taifun-Anlage enthält im Sulfonierapparat noch eine innere Kühlschlange. Beide Anlagen können mit Kühlsolebereiter versehen werden, die aus Ammoniakkompressor, Gegenstromkondensator und Solerefrigerator besteht. Letzterer ist zwecks Beschleunigung der Abkühlung mit einem Rührwerk (Schraubenquirl oder Taifun-Rührer) versehen. Die Kühlsole durchströmt sowohl den äußeren Kühlmantel als auch die inneren Kühlsysteme.

Die Abb. 136 zeigt eine komplette Taifun-Anlage, die sich für die Herstellung von hochsulfonierten Ölen und sulfonierten Fettalkoholen bewährt hat. Auch die Sulfonierungsprozesse in Gegenwart von wasserentziehenden organischen Säuren, wie Essigsäure oder Essigsäureanhydrid, dürften in diesen Apparaturen ohne weiteres zu bewerkstelligen sein, sofern man die Apparaturen dicht verschließt und für Absorption der flüchtigen Essigsäuredämpfe Sorge trägt.

Im allgemeinen ist es üblich, das Sulfonierungsmittel in einem dünnen Strahl von oben auf das in Bewegung befindliche Öl auftropfen zu lassen. In neueren Verfahren der Flesch-Werke A. G.[1] wird vorgeschlagen, das Sulfonierungsmittel — 5—10%iges Oleum — in die lebhaft bewegte Fettmasse mittels feiner Spritzdüsen als Nebel einzusprühen. Es ist einleuchtend, daß durch diese Arbeitsweise eine intensive, gleichmäßige und schnelle Sulfonierung ermöglicht wird. Das gleiche Verfahren wird auch von DREYFUSS[2] in einem französischen Patent beschrieben.

C. Anlagen für Sulfonierungen mit Schwefeltrioxyd, Chlorsulfonsäure od. dgl.

Weit größere Anforderungen als die Schwefelsäuresulfonierungen an die Sulfonier- und Waschapparate stellen alle Prozesse, die mit Chlorsulfonsäure, Schwefeltrioxyd, hochprozentigem Oleum, Pyrosulfurylchlorid oder mit Zusätzen wie Phosphorchloriden oder -oxychloriden, Acetylchlorid usw. arbeiten.

Die Abb. 137 zeigt eine solche Hochsulfonieranlage der Firma Karl Fischer, Berlin.

Wir sehen eine Anordnung von drei Bühnen. Die mittlere Bühne zeigt den Sulfonierapparat, der ein starkwandiger Kessel mit Kühlmantel, innerem Kühlzylinder und langsam laufendem Abstreichrührwerk ist. Der Kessel ist gasdicht verschließbar, mit Mannlöchern, großen Schaugläsern, allen notwendigen Zuleitungen und Thermometern für Reaktionsraum und Kühlmantel versehen. Dieser Kessel wird entweder in säurefester Emaille oder in einer homogenen Spezialverbleiung ausgeführt. Die bei der Reaktion entstehenden Gase und Dämpfe, wie Salzsäure, Schwefeldioxyd, überschüssiges Schwefeltrioxyd, Acetylchlorid usw., werden durch weite Blei- oder Steinzeugrohre in eine Absorptionsanlage abgesaugt, die auf der oberen Bühne nur angedeutet ist. Sie besteht aus leeren Zwischengefäßen zur Abscheidung von Schaum oder mitgerissenem Sulfonat, welches in den Sulfonierkessel zurückfließt, einem System von Cellariusturills aus Steinzeug, die mit Wasser oder dünner Lauge gefüllt sind, und einem mit Wasser berieselten Absorptionsturm aus Steinzeug. Auf der unteren Bühne stehen Wasch- und Neutralisiergefäße, die

---

[1] D. R. P. 557088; E. P. 287076.   [2] F. P. 636488.

gleichfalls emailliert oder spezialverbleit sind, da sie dem Angriff der sehr korrodierend wirkenden Sauerwässer, welche Salzsäure, Schwefelsäure, Essigsäure u. dgl. enthalten, standhalten müssen. Das Rührwerk ist in der Regel als Schraubenquirl, der im inneren Kühlmantel läuft, ausgebildet. Dieser Rührer gestattet selbst eine gründliche Durchmischung pastenartiger Neutralisationsprodukte. Auch hier sehen wir ein Blei- oder Steinzeugableitungsrohr, welches Gase, die beim Ablassen oder Auswaschen entstehen mögen, in die eben besprochene Absorptionsanlage befördert. Im Erdgeschoß stehen die Vorratsgefäße für die fertigen Sulfonate, die indes auch unmittelbar in die Versandgefäße abgelassen werden können. An den rückwärtigen Wänden der beiden unteren Etagen sind Gefäße erkennbar, die zum Ablassen besonders der angreifenden Sulfonierungsmittel bestimmt sind, mit denen die Arbeiter nicht unmittelbar in Berührung kommen dürfen. Derartige Anlagen werden in der Regel mit einem Fassungsvermögen bis 3000 l für den Sulfonierapparat und bis 5000 l für den Wasch- und Neutralisierapparat gebaut. Sie können mit einer Anlage zur Erzeugung von Kühlsole vereinigt werden und dann auch für Tieftemperatursulfonierungen unter 0° Verwendung finden. Meist sind aber die Außenmäntel und Innenzylinder auch als Heizmäntel ausgebildet, so daß die Apparate gleichfalls für Sulfonierungen von höher schmelzenden Substanzen sowie für die Durchführung von Kondensationsreaktionen geeignet sind.

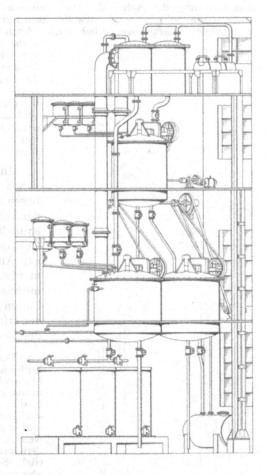

Abb. 137. Hochsulfonieranordnung nach Karl Fischer, Berlin.

D. Anlagen für kontinuierliche Sulfonierungen.

Das Problem, die Gewinnung sulfonierter Öle in kontinuierlich arbeitenden Anlagen durchzuführen, steckt noch in den Kinderschuhen. Es sind Lösungen vorgeschlagen worden, die wegen der ungünstigen Wärmeübertragung, der Materialbeanspruchung, des großen Kraftbedarfes und des ungünstigen Verhältnisses zwischen Nutzinhalt und Gesamtvolumen keinen Eingang in die Praxis gefunden haben. Größere Beachtung dagegen verdienen Apparaturen, deren Konstruktion der H. Th. Böhme A. G. geschützt ist.

Die ältere dieser Anlagen[1] (vgl. Abb. 138—140) besteht aus einem röhrenförmigen Reaktionsbehälter a, welcher mit einer Förderschnecke c od. dgl. zur kontinuierlichen Durchmischung der Reaktionskomponenten versehen ist. Dieses Reaktionsrohr ist mit einem Mantel e umhüllt, durch dessen Stutzen f die Kühlflüssigkeit oder der Heizdampf ein- bzw. austritt. Auch kann die Förderschnecke gekühlt oder beheizt werden. Durch den Stutzen b werden die Öle, Fette usw. sowie das Sulfonierungsmittel eingeführt. d bzw. g ist der Austritt, der entweder als Überlaufrohr oder als regulierbares Ventil ausgebildet ist. Die in den Apparat eintretenden Reaktions-

---

[1] D. R. P. 571 124.

komponenten können zunächst auch durch Düsen, eventuell in Verbindung mit eingebauten Widerständen, gemischt werden.

Eine weitere Ausführungsform des Apparates sieht eine feststehende Achse bei rotierender Röhre vor, wobei durch Profilierung der Innenwand und entsprechende Ausgestaltung der Achse die Durchmischung und Förderung bewirkt wird. Das austretende Sulfonat wird entweder kontinuierlich gewaschen oder gesammelt und in größeren Chargen weiter behandelt. Auch für den Sammelbehälter ist vorteilhaft Kühl- und Rühreinrichtung vorzusehen, sofern nicht durch genügende Länge der Sulfonierrohre die Masse bei Austritt vollständig durchreagiert hat. Der Apparat kann horizontal, vertikal oder schräg stehen. Besonders bei dünnflüssigen Substanzen ist darauf zu achten, daß das Reaktionsgemisch den Apparat möglichst ausfüllt, da anderenfalls die Reaktion ungleichmäßig verlaufen oder die Mischvorrichtung versagen kann.

In einem Zusatzpatent[1] ist der gleichen Firma eine Ausführungsform der beschriebenen Anlage geschützt (vgl. Abb. 141), die der Tatsache Rechnung trägt, daß wohl bei einmaligem Passieren der Sulfonierröhre die Reaktion nicht immer vollständig beendet ist. Aus diesem Grunde wird das Sulfonat unmittelbar oder über ein Zwischengefäß mittels einer Rückleitung abermals in den Sulfonierraum überführt, wo nach Zufuhr der erforderlichen Agentien die Beendigung der Reaktion erfolgt.

Das Sulfonat verläßt also erstmalig die Sulfonierröhre a, passiert die Rückschlagklappe h, welche ein Zurücksteigen der Masse in das Sulfoniergefäß verhindert, gelangt dann in den Zwischenbehälter i, in dem nach Bedarf gekühlt, geheizt und gerührt werden kann, und läuft schließlich durch die Rückleitung n, welche durch das Ventil o abgesperrt werden kann, wieder in die Sulfonierröhre zurück. Schließlich wird dann durch das Ventil g abgezogen.

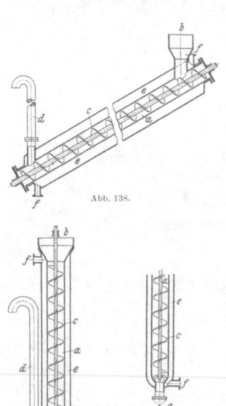

Abb. 138.

Abb. 140.

Abb. 138—140. Kontinuierlich arbeitende Sulfoniervorrichtung nach D. R. P. 571124.

Abb. 139.

Diese Ausführungsform eignet sich besonders für stufenweise Sulfonierungen, z. B. für eine Vorsulfonierung mit konzentrierter Schwefelsäure und für eine Nachsulfonierung mit Chlorsulfonsäure oder Oleum. Auch für Vorkondensationen und nachfolgende Sulfonierung dürfte diese Anlage sehr geeignet sein.

Ein anderes Verfahren für kontinuierliche Sulfonierung beschreibt die Firma N. V. Vereenigte Fabrieken van Stearine, Kaarsen en Chemische Producten[2]. Die Sulfonierung erfolgt während des Durchflusses der Reaktionskomponenten durch ein Schlangenrohr, welches sich in einem Kühlbad befindet. Das zu sulfonierende Öl, Fett od. dgl. sowie das Sulfonierungsmittel werden in abgemessenen Mengen aus einer Mischkammer zugeführt, wobei vorteilhaft Druckluft eingeleitet wird. Ein Vorschlag der Gesellschaft für Chemische Industrie in Basel[3] sieht einen

---

[1] D. R. P. 577220.   [2] Holl. P. 27274.   [3] F. P. 754361.

trichterförmigen, mit Kühlmantel und Rührwerk versehenen Apparat vor, der mit Ablaßhahn versehen ist. In dem Maße, wie Öl und Sulfonierungsmittel in den mit etwas vorgelegtem Sulfonierungsmittel gefüllten Apparat einfließen, zieht man durch den Ablaßhahn das Reaktionsprodukt in eine Eis-Salz-Mischung ab und arbeitet dann wie üblich auf. Diese ausgesprochene Schnellsulfonierungsmethode dürfte sich zur Gewinnung beständiger hochsulfonierter Öle besonders eignen.

Eine interessante Lösung für kontinuierliche, aber auch absatzweise Sulfonierung gibt die Firma Rudolf & Co.[1] an. Die Apparatur (vgl. Abb. 142) besteht

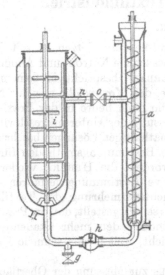

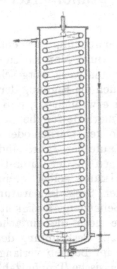

Abb. 141. Vorrichtung für kontinuierliche Sulfonierung nach D. R. P. 577220.

Abb. 142. Apparat für kontinuierliche Sulfonierung nach D. R. P. 608692.

aus einem hohen und schmalen Sulfonierungsgefäß, in welchem sich ein Schlangenkühler mit großer Kühlfläche sowie ein in der Zeichnung nicht sichtbarer Rührer befindet. Das Gefäß wird mit dem Sulfonierungsmittel gefüllt, während das Fett am tiefsten Punkt etwa mit Hilfe einer Pumpe durch eine oder mehrere Düsen eingespritzt wird. Das Fett steigt infolge seines geringeren spezifischen Gewichtes in dem spezifisch schwereren Sulfonierungsmittel hoch und wird auf seinem Wege durch die Wirkung des Rührers restlos in kürzester Zeit sulfoniert. Besonders für Tieftemperatursulfonierungen scheint dieses Verfahren geeignet zu sein, da naturgemäß gerade an der tiefliegenden Eintrittsdüse das Sulfonierungsmittel auch die niedrigste Temperatur haben muß.

V. Die technische Verwendung der „sulfonierten Öle"[2].

Es war nicht zu umgehen, bei der Besprechung der zahlreichen Gewinnungsverfahren für die „sulfonierten Öle" auch die Verwendungsmöglichkeiten bereits hier und da zu berühren.

In diesem Abschnitt sollen einige der wichtigsten Verwendungsmöglich-

---

[1] D. R. P. 608692.
[2] Über die Anwendung der sulfonierten Öle s. auch den fünften und sechsten Abschnitt, S. 431 u. S. 451.

keiten für „sulfonierte Öle" besprochen werden. Es soll auch eine Anzahl der heute am Markt befindlichen Erzeugnisse Erwähnung finden. Der Rahmen dieser Abhandlung gestattet es nicht, all die zahlreichen in- und ausländischen Produkte zu diskutieren, die der Textil- und Lederindustrie angeboten werden. Vielmehr muß die Darstellung auf einige Stichproben beschränkt bleiben, wodurch also keineswegs ein besonderes Werturteil gefällt werden soll.

A. Die allgemeinen Verwendungsmöglichkeiten „sulfonierter Öle" in der Textilindustrie.

a) Das Netzen.

Die Verwendung der einfachen Türkischrotöle zum Netzen ist seit Jahrzehnten bekannt. Man hat zu diesem Zweck gewaschene Natron- und Ammonöle auf Sulforicinatbasis vorgeschlagen[1]. Auch ERBAN[2] bespricht in seinem bekannten Buch die Eignung der einfachen Rotöle, des *Monopolöles* usw. als Netzmittel. Zu erwähnen ist, daß bereits ERBAN die noch heute in der Praxis beliebte Prüfmethode für die Netzkraft durch Messung der Untersinkgeschwindigkeit von Flocken, Garnen oder Geweben in sulfonathaltigen Lösungen beschrieben hat. Im Laufe der Jahre sind dann zahlreiche Bestimmungsmethoden für das Netzvermögen in der Literatur beschrieben worden, die HERBIG[3] wiedergibt. Das von HERBIG selbst stammende quantitative Bestimmungsverfahren mißt die in einer Spezialapparatur bewirkte Gewichtsvermehrung der Textilfaser durch die Benetzungsflüssigkeit in Prozenten. Es sei festgestellt, daß der Praktiker auch heute noch die einfache „Untersinkmethode" den mehr akademischen Methoden zur Bestimmung der Netzkraft vorzieht, weil ja das schnelle Untersinken der im Betrieb verlangte Effekt ist.

Die klassische Tropfenzahlmethode TRAUBEs zur Messung der Oberflächenspannung von Netzflüssigkeiten gegen Luft bzw. zur Messung der Grenzflächenspannung gegen Flüssigkeiten ist zur kolloidchemischen Beurteilung von Sulfonaten wiederholt herangezogen worden. LINDNER und ZICKERMANN[4] vergleichen Türkischrotöl des Handels mit verschiedenen Spezialseifen und Saponin, können aber einwandfreie Parallelen zwischen der Oberflächen- bzw. Grenzflächenspannungserniedrigung und dem Netzvermögen nicht feststellen. Wir haben bereits erfahren, daß SCHRAUTH[5] nach der gleichen Methode die kapillaraktive Überlegenheit der höheren Alkylschwefelsäuren und Alkylsulfonsäuren gegenüber den entsprechenden Seifen festgestellt hat. NISHIZAWA, WINOKUTI und IGARASI[6] messen gleichfalls in ähnlicher Weise verschiedene ältere und neuere Sulfonate und stellen fest, daß das hochsulfonierte *Appret-Avirol E* der Böhme Fettchemie G.m.b.H. weit aktiver ist als *Monopolseife*, *Monopolbrillantöl* und *Isoseife*.

Von den praktisch bewährten Netzmitteln sollen die hochsulfonierten Veresterungsprodukte von Fettsäuren *Avirol AH* und *AH extra* (Böhme Fettchemie G.m.b.H.) sowie *Oranit BN konz.* und *FWN konz.* (Oranienburger Chemische Fabrik A. G.) Erwähnung finden. Letztere enthalten noch kleine Lösungsmittelzusätze von spezifischer Wirkung. Ein an Lösungsmitteln freies Sulfonat der gleichen Firma ist das *Coloran B 7*, das hochsulfonierten Ricinolschwefelsäureester neben „echten" Sulfonsäuren enthält. Auch das *Humectol C* der I. G. Farbenindustrie A. G. —

---

[1] Dtsch. Färber-Ztg. **1910**, 981; Lehnes Färber-Ztg. **1910**, 225.
[2] Die Anwendung von Fettstoffen und daraus hergestellten Produkten in der Textilindustrie, S. 59/60 u. 143. Halle. 1911.
[3] Die Öle und Fette in der Textilindustrie, 2. Aufl., S. 417—424. Stuttgart. 1929.
[4] Melliands Textilber. **1924**, 385—387.   [5] Seifensieder-Ztg. **58**, 61—63 (1931).
[6] Journ. Soc. chem. Ind. Japan (Suppl.) **33**, 242—244 B (1930).

offenbar ein „internes" Sulfonat des Ricinolsäureamids — verdient hier Erwähnung. Es ist besonders durch hohe Netzkraft im alkalischen Medium selbst in der Hitze ausgezeichnet[1]. Die hochsulfonierten *Prästabitöle ZN* und *ZA* (Stockhausen u. Cie.) zeichnen sich durch intensive Netzwirkung in kalter und warmer, neutraler und alkalischer Flotte aus. Dem ebenfalls vielverwendeten *Prästabitöl V* der gleichen Firma wird hervorragende Beständigkeit gegen Säuren, hartes Wasser, Magnesiumsalze, Chlorlaugen usw. zugeschrieben, so daß es als Netzer für viele Zwecke in Frage kommt. Ein in ätzalkalischer Flotte netzaktives Produkt ist das *Prästabitöl NR*. Ein neueres Kaltnetzmittel der Böhme Fettchemie G. m. b. H. ist das *Breviol*.

Von Interesse sind auch die Kombinationsnetzmittel der Böhme Fettchemie G. m. b. H., die als *Carnite* bezeichnet werden. Sie leiten sich von dem altbekannten *Tetracarnit* ab, das als Gemisch von heterocyclischen Basen (hauptsächlich Pyridin) imstande ist, die kräftig sauren Intensivsulfonate zu neutralisieren. Ein solches Neutralisationsprodukt der Basen mit einem beständigen, nicht spaltbaren Ölsulfonat ist das sehr netzaktive *Oleocarnit*. Als neutrale Zusätze zu Ölsulfonaten haben nach einem Verfahren der Deutschen Hydrierwerke A. G.[2] die Ester der Adipinsäure und substituierten Adipinsäuren praktische Bedeutung gewonnen.

Auch die hochmolekularen Alkylschwefelsäuren sind, wie schon SCHRAUTH[3] festgestellt hat, ausgesprochene Netzmittel. KLING[4] bezeichnet die Netzfähigkeit bei Alkoholen mit mindestens 10 C-Atomen als hervorragend. Ganz entsprechend wird die allgemeine Verwendbarkeit der *Gardinole* — d. h. der Fettalkoholsulfonate der Böhme Fettchemie G. m. b. H. — als Netzmittel stark betont. In Vereinigung mit Lösungsmitteln dienen *Lanaclarin LM* und *LT* und in chemischer Bindung mit Pyridinbasen die *Oxycarnite L 50* und *L 65* der gleichen Firma als Netzer. — Schließlich sei erwähnt, daß auch die *Igepone* der I. G. Farbenindustrie A. G. wirksame Netzmittel sind, worauf bereits am anderen Ort (S. 395) hingewiesen wurde. Nach einem neueren Patent der I. G. Farbenindustrie A. G.[5] sollen besonders temperaturbeständige Netzmittel aus Gemischen solcher Fettsäurekondensationsprodukte und alkylierten aromatischen Sulfonsäuren, wie z. B. Dibutylnaphthalinsulfonsäure, in Form ihrer Ammoniumsalze bestehen.

Als Netzmittel werden auch die sulfonierten Abietine von GUBELMANN, WEILAND und HENKE[6] hervorgehoben, die besonders zusammen mit Terpineol wirksam sein sollen. Auch Mischungen von Fettsulfonaten mit aromatischen Sulfonsäuren sind als Netzmittel anzutreffen. HERBIG[7] erwähnt eine derartige *Flerhenol*type der Fleschwerke; auch ein amerikanisches Patent der H. Th. Böhme A. G.[8] ist hier erwähnenswert. Wenn auch die alkylierten aromatischen Sulfonsäuren, wie z. B. die *Nekale*, zur Stabilisierung und Auslösung bestimmter Effekte als kleinere Zusätze zu Netzmitteln auf Ölsulfonatbasis noch hie und da von Interesse sein mögen, so hat diese Gruppe von Netzmitteln, die jahrelang eine große Rolle gespielt hat, durch das Auftauchen der sehr netzaktiven Ölsulfonate mit hohen Beständigkeitseigenschaften merklich an Bedeutung verloren. Beachtlich ist die Feststellung von KALINOR[9], daß *Oranit BN konz.* und *Avirol AH* dem *Nekal BX* als Netzmittel für Baumwolle mindestens gleichwertig, bei niedrigen Konzentrationen sogar überlegen sind, wozu ja noch als Vorteil der Netzmittel auf Ölbasis der bessere Griff der damit behandelten Textilmaterialien kommt.

Schließlich soll eine Beobachtung allgemeinerer Natur von LAWRIE und ERMAN[10] Erwähnung finden, wonach verschiedene Netzmittel, wie Türkischrotöle, *Avirole*, *Igepon* und *Nekal*, in alkalischer Lösung schlechter als in neutralen oder schwach sauren Lösungen arbeiten. Mit Ausnahme des Rotöles ist die Netzkraft in hartem Wasser besser als in destilliertem Wasser. Diese Feststellungen dürfen noch dahingehend ergänzt werden, daß die Netzmittel nicht nur von der p_H, der Temperatur, den Härtebildnern, sondern auch von der Beschaffenheit des Fasermaterials abhängig sind. So ist es zu erklären, daß die Industrie die optimalen Bedingungen erkannt und entsprechend Kaltnetzer bzw. Warmnetzer, Netzmittel für Baumwolle bzw. für Wolle und schließlich Typen, die in sauren oder neutralen oder alkalischen Bädern besonders wirksam sind, geschaffen hat.

---

[1] Vgl. NÜSSLEIN: Dyer Calico Printer **65**, 320—322 (1931).
[2] D. R. P. 524708. [3] Seifensieder-Ztg. 58, 61—63 (1931).
[4] Melliands Textilber. 12, 11/12 (1931). [5] D. R. P. 623226.
[6] Ind. engin. Chem. **23**, 1462/63 (1931).
[7] Die Öle und Fette in der Textilindustrie, 2. Aufl., S. 309.
[8] A. P. 1883860. [9] Dyer Calico Printer **65**, 328 (1931).
[10] Canadian Text. Journ. 49, Nr. 10, 25 (1932).

b) Das Emulgieren.

Die Eignung der „sulfonierten Öle", wasserunlösliche organische Stoffe, wie fette Öle, Mineralöle, Kohlenwasserstoffe, chlorierte oder hydrierte Kohlenwasserstoffe usw. in wassermischbare Pseudolösungen oder Emulsionen überzuführen, ist bereits in dem Kap. II, A, d, ausführlich besprochen worden. Es wurde auch bereits erwähnt, daß gerade die Intensivsulfonierung häufig einen Rückgang der emulgierenden Kräfte zur Folge hat — eine Tatsache, auf die bereits ERBAN[1] aufmerksam machte.

In der modernen Praxis spielen Zubereitungen, in denen Sulfonate als Emulgator wirken, eine wichtige Rolle. Wir treffen derartige Gemische mit Fettlösungsmitteln in Beuch- und Reinigungspräparaten, mit öligen Zusätzen in Schmälz-, Avivier-, Appretur- und Fettungsmitteln an, und wir finden auch Einstellungen, mit denen der Emulgierprozeß erst durch den Verbraucher selbst durchgeführt werden soll.

Nicht nur Fettsulfonierungsprodukte, sondern auch Sulfonaphthenate werden als Emulgierungsmittel empfohlen[2]. Eine Verstärkung der Emulgierwirkung wird offensichtlich durch Mischung der Sulfonate mit viskositätserhöhenden Kolloidstoffen, wie Leim, Gelatine od. dgl., erreicht. Die Böhme Fettchemie G. m. b. H. mischt ihre schon früher besprochenen Sulfonierungsprodukte von Fettsäureestern mit solchen Kolloidstoffen und erhält auf diese Weise gute Emulgatoren[3]. In ähnlicher Weise gewinnt die I. G. Farbenindustrie A. G. Fettemulsionen mittels Türkischrotöles und Methylcellulose[4]. Auch die „echten" Sulfonsäuren, wie Ölsulfonsäure, zusammen mit gelatinierbaren Stoffen sind nach einem anderen Patent der I. G. Farbenindustrie A. G.[5] als Emulgatoren für Fette, Wachse, Kohlenwasserstoffe usw. geeignet. In ähnlicher Weise empfiehlt die Oranienburger Chemische Fabrik A. G.[6] als Emulgierungsmittel ein Gemisch z. B. von a) hochmolekularen aliphatischen Sulfonsäuren, b) Seifen oder Rotölen und c) viskositätserhöhenden Kohlehydraten oder Proteinen zu verwenden.

Eine Zusammenstellung von Lösungsmittelpräparaten, in denen „sulfonierte Öle" als Emulgatoren wirken, verdanken wir HERBIG[7]. Wir können uns also darauf beschränken, einige der wichtigsten Vertreter solcher Emulsionspräparate hier zu erwähnen. Es sind dies die *Tetrapol-* und *Verapol*marken der Chemischen Fabrik Stockhausen u. Cie., die Halogenkohlenwasserstoffe bzw. aromatische Kohlenwasserstoffe und Sulforicinate enthalten. Die I. G. Farbenindustrie A. G. hat als neutrales, sehr beständiges Fettlöserpräparat das *Laventin HW* herausgebracht, dessen emulgierender Körper den „*Igeponen*" nahezustehen scheint. Die Böhme Fettchemie G. m. b. H. erzeugt ihr *Lanaclarin LM* und *LT* aus sulfonierten Fettalkoholen und Lösungsmitteln. Die Oranienburger Chemische Fabrik A. G. bringt neben dem auf Basis von Sulforicinat gewonnenen Erzeugnis *Perpentol BT* (Tetrahydronaphthalin) auch unter der Bezeichnung *Melioran CY* ein Lösungsmittelerzeugnis mit einem hochbeständigen Sulfonat als Emulgator auf den Markt.

Für grob technische Zwecke wird besonders die Verwendung der billigen Mineralölsulfonsäuren als Emulgiermittel vorgeschlagen. So kann man z. B. Asphaltemulsionen mit bestimmten Mineralölsulfonsäuren nach Verfahren der Bataafschen Petroleum Mij.[8] erzeugen. Auch sulfoniertes Tallöl stellt ein billiges Emulgiermittel für Kresol, Benzol, Spindelöl usw. dar[9].

c) Waschen, Walken, Entbasten.

Der Wert der altbekannten Türkischrotöle als Reinigungsmittel ist umstritten. ERBAN[10] berichtet, daß das Natriumtürkischrotöl bereits 1897 von der Firma Buch und Landauer als Wollwaschmittel in den Handel gebracht worden

---

[1] Die Anwendung von Fettstoffen usw., S. 19. Halle. 1911.
[2] Vgl. Seifensieder-Ztg. 41, 841 (1914); Allg. Öl- u. Fett-Ztg. 28, 165—168 (1931).
[3] E. P. 313 966.   [4] D. R. P. 524 211.   [5] D. R. P. 551 402.
[6] D. R. P. 574 536.   [7] Die Öle und Fette in der Textilindustrie, 2. Aufl., S. 308.
[8] D. R. P. 536 912, 542 634.   [9] D. R. P. 314 017.
[10] Die Anwendung von Fettstoffen usw., S. 29, 34, 164. Halle. 1911.

ist. Als Vorzug wird die weiche Faser und das Fehlen von Kalkseifen hervorgehoben. Zum Auswaschen der Mineralöle von der Wollfaser sollen sich nach Angaben des gleichen Autors *Monopolseife, Monopolöle* und auch einfache Rotöle bewährt haben. Auch werden sulfoniertes Olein sowie Mischungen von Sulforicinaten mit Olein als Walköle genannt.

Gemessen an den heutigen Ansprüchen, haben die Fettschwefelsäureester ebenso wie andere „intern" konstituierte Sulfonate als Waschmittel keine große Bedeutung mehr. Als Zusätze zu Walkölen dagegen werden sulfoniertes Olein oder sulfoniertes Mineralöl noch in neuerer Zeit erwähnt[1]. Auch sehr netzaktive sulfonierte Öle, z. B. Sulfonate von Fettsäureestern, sollen nach KIEFER[2] zum Walken sehr geeignet sein. Ähnlich steht es mit den Mineralölsulfonaten, z. B. dem *Kontaktspalter*, deren Reinigungsvermögen zwar wiederholt in der Literatur erwähnt wird[3], ohne daß sie sich jedoch in größerem Umfange für diesen Zweck einführen konnten. Dagegen fanden Mischungen von Sulforicinaten, Monopolseife usw. mit Lösungsmitteln auch als Reinigungsmittel erheblichen Eingang in die Praxis. Als Hauptvertreter ist wieder das schon mehrfach erwähnte *Tetrapol*[4] zu nennen, dem sich die im vorigen Abschnitt besprochenen Erzeugnisse sowie zahlreiche ähnlich aufgebaute Präparate mit mehr oder minder großen Mengen organischer Lösungsmittel anschlossen. In solchen Produkten dürfte das Sulfonat als Emulgierungsmittel für den Fettlöser — dem eigentlichen Träger der Reinigungs- bzw. Entfettungskraft — wirken.

Mitunter sind auch andere waschaktive Zusätze, wie Soda, Borax, Di- und Trinatriumphosphat, zu sulfonierten Ölen zwecks Gewinnung von Waschmitteln empfohlen worden. Hierdurch gelingt gleichzeitig die Erzeugung fester Produkte. PETROW[5] empfiehlt z. B. Sulfonate der Fettsäuren, Mineralöle usw. zu entwässern und in der Hitze mit Alkalicarbonaten sowie anschließend mit Wasserglas, Perboraten, Hypochloriten usw. zu vermischen. Nach PUTNAM[6] ist ein Gemisch von Rotöl, Trinatriumphosphat und Kiefernöl ein wirksames Reinigungsmittel. Auch in solchen Fällen dürfte es sehr auf die Zusätze ankommen.

Wir haben bereits erfahren, daß die neueren Sulfonierungsprodukte mit „endständiger" Sulfogruppe also die hochmolekularen Alkylschwefelsäuren, Alkylsulfonsäuren sowie die zahlreichen Kondensationsprodukte, die in den Kapiteln III, B, c, 6 beschrieben worden sind, den Seifen sehr ähnlicher sind als die „intern" konstituierten Ester und Sulfonsäuren. Derartige „externe" Sulfonate haben sich dann auch als Reinigungsmittel in den letzten Jahren stark einführen können, zumal sie nicht nur äußerst waschaktiv sind, sondern sich auch durch große Widerstandsfähigkeit gegen Härtebildner, Säuren, Metallsalze usw. auszeichnen. Sie können demnach weit universeller als die Seifen angewandt werden, und es ist damit zu rechnen, daß sie die Seifen in noch weit stärkerem Maße verdrängen, sofern es gelingt, die Gestehungskosten solcher „externen" Sulfonate zu verbilligen.

Am verbreitetsten unter den modernen Waschmitteln sind sicher die Fettalkoholsulfonate, die als Waschmittel besonders von der Böhme Fettchemie G. m. b. H. mit Erfolg eingeführt worden sind. Auch die Deutsche Hydrierwerke A. G. sowie ihr Leiter W. SCHRAUTH haben sowohl durch Aufklärung sowie durch die synthetische Darstellung der Ausgangsstoffe, die heute in ausgezeichnetem Reinheitszustand erhältlich sind, sehr zur Einführung und umfangreichen fabrikatorischen Darstellung dieser neuartigen Reinigungsmittel beigetragen. Die Fettalkoholsulfonate werden als Pasten sowie als Pulver, die mitunter noch anorganische Salze enthalten, in den Handel gebracht. Besonders Alkaliphosphate, wie z. B. Trinatriumphosphat, sollen nach einem Patent[7] der Deutschen Hydrierwerke A. G. wertvolle Zusatzmittel darstellen. Auch durch einen Zusatz

---

[1] Wool Record Textile World 41, 635 (1933).
[2] F. P. 720991.
[3] Seifensieder-Ztg. 41, 841 (1914).
[4] Vgl. z. B. Ztschr. ges. Textilind. 1909, 775.
[5] Russ. P. 17218.
[6] Textile World 80, 1197 (1931).
[7] D. R. P. 623403.

von Bentonit soll sich die Waschwirkung der Fettalkoholsulfonate steigern lassen[1]. Ihr Hauptanwendungsgebiet ist die Wollwäsche, Kammzugwäsche, das Einbrennen von Woll- und Halbwollmaterialien, die Garnwäsche, Stückwäsche und Walke von Woll-, Halbwoll- und Kunstwollwaren. Gerade bei der tierischen Faser scheinen sich die sulfonierten Fettalkohole durch das hohe Waschvermögen neben der Faserschonung als Folge fehlender Hydrolyse, durch geringe Verfilzung und eine geschmeidig machende Wirkung besonders schnell eingeführt zu haben. Jedoch fehlt es auch nicht an Empfehlungen, derartige Waschmittel zum Reinigen von Baumwolle und Kunstseide zu verwenden.

Neben den *Gardinol*marken *CA* und *WA* der Böhme Fettchemie G. m. b. H. sind zu erwähnen das *Lorolsulfonat* und *Ocenolsulfonat* der Deutschen Hydrierwerke A. G., das *C. F. D. 1931* der Firma Zschimmer u. Schwarz, das *Jokalin* der Firma Baur, Gäbel u. Co., die *Adulcinole* (franz. *Adoucissole*) der Flesch-Werke A. G. sowie eine ganze Anzahl anderer Fettalkoholsulfonate, die offenbar in ähnlicher Weise erzeugt werden und von ähnlicher Beschaffenheit sind. Neben den schon im Kapitel III, A, c näher besprochenen Arbeiten von SCHRAUTH[2], KLING[3] und HUETER[4] seien hier noch Veröffentlichungen von BRISCOE[5], HOFF[6], BRANDENBURGER[7], VOLZ[8] u. a. m. zitiert, die sich mit der textilchemischen Bedeutung der verschiedenen Fettalkoholsulfonate befassen und ihre Eignung z. B. für die Wollwäscherei, für empfindliche Kammgarngewebe unter den verschiedenartigsten Bedingungen beschreiben. GERSTNER[9] stellt fest, daß sulfonierte Fettalkohole bei gewaschenen und substantiv gefärbten Wollen im Vergleich zu Seife und Soda nur sehr geringe Nuancenänderungen ergeben. Kritischer eingestellt ist KEHREN[10], der feststellt, daß die Fettalkoholschwefelsäureester bei der Wäsche von Woll- und Halbwollwaren die Seife nur ausnahmsweise völlig verdrängen können. Für gute Verfilzung der Wolldecke sei ein Seifenzusatz bei der Wäsche und Walke unentbehrlich.

LENHER[11] stellt fest, daß die C_{12}—C_{14}-Sulfonate (*Gardinol WA*) unter 40°, die C_{16}—C_{18}-Sulfonate (*Gardinol CA*) bei 50—100° am besten wirken. Sehr beachtlich nicht nur in diesem Zusammenhang sind die Arbeiten von GÖTTE[12], die uns neuartige Erkenntnisse über die Waschwirkung und eine quantitative Bestimmungsmethode des „Waschwertes" vermitteln. Das Maximum der Waschwirkung ohne waschaktive Zusätze liegt in Übereinstimmung mit einer älteren Arbeit von RHODES und BRAINARD[13] bei p_H 10,7, während GÖTTE das Minimum bei p_H 4—5 feststellt. Das Mengenoptimum beträgt bei Seife wie bei Fettalkoholsulfonaten 1 g Substanz im Liter. Durch systematische Versuche mit der homologen Reihe der gesättigten Fettalkoholsulfonate zeigt GÖTTE, daß selbst das C_{12}-Sulfonat auch im alkalischen Gebiet erheblich besser wäscht als Natriumstearat, während das C_{16}-Sulfonat die vielfache Wirkung der Seife besitzt. Neutral und sauer, d. h. also in Gebieten, in denen die Seife überhaupt nicht mehr wäscht, sind die sulfonierten Fettalkohole noch wirksamer als die alkalischen Seifenlösungen. Bei 60° wäscht in weichem Wasser das C_{16}-Sulfonat am besten, während das C_{18}-Sulfonat nur noch wenig besser wäscht als das C_{12}-Sulfonat. Temperatursteigerung bedingt Verschiebung des Optimums nach den höheren Gliedern der homologen Reihe. Temperaturerniedrigung wirkt im umgekehrten Sinne. Erhöhung der Wasserhärte wirkt ähnlich wie Temperatursenkung, so daß bei Wasser von 10° d. H. bei 60° das C_{14}-Sulfonat etwa ebenso wäscht wie in Wasser von 0° d. H. das C_{16}-Sulfonat, während bekanntlich Seifen in hartem Wasser noch weiter zurückfallen. Mischsulfonate, wie z. B. Laurylalkoholsulfonat + Myristylalkoholsulfonat, technisches *Gardinol* usw., geben keine additiven, sondern darüber hinaus noch zusätzliche Effekte. In bezug auf die Schaumzahlen liegen die Verhältnisse komplizierter; sie können keinesfalls über das Waschvermögen einer Substanz direkten Aufschluß geben.

[1] E. P. 401 413.   [2] Chem.-Ztg. 55, 3, 17/18 (1931); Seifensieder-Ztg. 58, 61—63 (1931).
[3] Melliands Textilber. 12, 112 (1931).   [4] Melliands Textilber. 13, 83/84 (1932).
[5] Dyer Calico Printer 68, 679 (1932).   [6] Ztschr. ges. Textilind. 35, 408 (1932).
[7] Ztschr. ges. Textilind. 36, 37—39 (1933).
[8] Dtsch. Färber-Ztg. 68, Nr. 7, Beilage, 1/2 (1932).
[9] Melliands Textilber. 14, 297—301 (1933).
[10] Ztschr. ges. Textilind. 36, 12—14 (1933).
[11] Amer. Dyestuff Reporter 22, 13ff. (1933).
[12] Kolloid-Ztschr. 64, 222ff., 327ff., 331ff. (1933).
[13] Ind. engin. Chem. 23, 778 (1931).

Als Haushaltwaschmittel besonders für empfindliche Wollartikel, kunstseidene Trikotagen und zartgefärbte Textilmaterialien hat sich in den letzten Jahren das Fettalkoholsulfonat *Fewa* der Böhme Fettchemie G. m. b. H. einführen können. Neben der eigentlichen Wäsche finden wir auch Verwendungsmöglichkeiten für Fettalkoholsulfonate für das sogenannte „Entschlichten", worunter in diesem Fall nicht der enzymatische Abbau stärkehaltiger Schlichten, sondern die Entfernung der Ölschlichten von der Kunstseidenfaser — meist Leinölfilme — zu verstehen ist. Früher bediente man sich zu diesem Zweck vielfach der *Monopolseife* oder lösungsmittelhaltiger Präparate, jetzt werden die verschiedenen genannten Fettalkoholsulfonate empfohlen. Diese sind offenbar imstande, die verhärtete Leinölschlichte zu erweichen und darüber hinaus der Kunstseidenfaser einen weichen Griff zu verleihen. Es sei auf die Originalliteratur[1] verwiesen.

Anders liegen die Verhältnisse bei der Seidenentbastung. Es hat zwar an Vorschlägen, Fettalkoholsulfonate zur Seidenentbastung zu benutzen, nicht gefehlt, doch dürften die praktischen Resultate zu einer Verdrängung der Seife auf diesem Gebiete nicht ermutigt haben. J. STOCKHAUSEN[2] hat sich mit dieser Frage grundsätzlich beschäftigt und festgestellt, daß nichthydrolysierende Waschmittel nicht entbasten und auch nicht als Zusätze geeignet sind, da sie die Entbastung zurückdrängen. Das dürfte sowohl für die verschiedenen sulfonierten Fettalkohole als auch für Kondensationsprodukte nach Art des *Igepons* gelten.

Neben den einfachen Fettalkoholsulfonaten, die in der Regel auf Basis von Cocosfettalkoholen, Oleinalkoholen oder Spermölalkohol (hauptsächlich Gemisch von Oleinalkohol und Cetylalkohol) durch Sulfonierung entstanden sein dürften, finden sich auch Hinweise auf besonders waschaktive Spezialprodukte. So soll nach einem Patent der I. G. Farbenindustrie A. G.[3] der Stearylenglykolschwefelsäureester sich besonders gut zum Waschen von Schweißwolle eignen.

Auch Mischprodukten kommt eine gute technische Wirkung zu. In einem Patent der I. G. Farbenindustrie A. G.[4] wird empfohlen, Sulfonate des Cetylalkohols, Laurinalkohols, der Paraffinalkohole od. dgl. zwecks Gewinnung von wirksamen Wasch- und Reinigungsmitteln mit Salzen von starken Säuren, wie Natrium- oder Magnesiumsulfat, Bisulfaten, Alkalichloriden, -acetaten oder -phosphaten zu mischen. Ein Mischprodukt anderer Art scheint in dem *Melioran F 6* der Oranienburger Chemischen Fabrik A. G. vorzuliegen, über das von KALINOR[5] und SWINDELLS[6] in der Literatur berichtet wurde. Das Produkt soll sich besonders zum Waschen von Schweißwolle, und zwar auch ohne Alkali und Seife eignen, wobei man die Waschtemperaturen über das normale Maß auf 55⁰ steigert. Es ist beständig gegen Bittersalz, 7%ige Schwefelsäure, Wasser von 30⁰ d. H. und Natronlauge. In einer anderen Veröffentlichung[7] wird es als kalk- und säurefestes Waschmittel für lose Wolle, Kammzüge und Gewebe bezeichnet, welches das Filzen und Einschrumpfen verhindert. Chemisch scheint *Melioran F 6* aus höheren Alkylschwefelsäuren im Gemisch mit kleinen Mengen von „echten" Sulfonsäuren, kondensierten Sulfonsäuren und Lösungsmitteln zu bestehen.

Die „endständigen" Alkylsulfonsäuren haben größere technische Bedeutung bisher nicht gefunden, was wohl auf die verhältnismäßig umständliche Gewinnungsart dieser Verbindungen zurückzuführen sein dürfte[8]. Kondensierte „endständige" Sulfonsäuren nach Art des *Twitchellreaktivs* sind für Reinigungszwecke gleichfalls wiederholt vorgeschlagen worden, doch ist es offenbar infolge der Kalk- und Säureempfindlichkeit der einfachen Spalter zu einer größeren praktischen Verwendung auf diesem Gebiete nicht gekommen. Mehr Erfolg konnte offenbar das *Melioran B 9* der Oranienburger Chemischen Fabrik A. G. als Waschmittel für Wolle und andere Textilfasern erzielen, das gegenüber dem *Twitchellspalter* erhebliche Vorzüge aufweist, über die bereits berichtet wurde (vgl. S. 387).

Weit übertroffen wurden diese kondensierten Sulfonsäuren aber von den *Igeponen* der I. G. Farbenindustrie A. G., über deren Gewinnung, chemische Struktur und kolloidchemisches Verhalten das Kapitel III, B, c, 6 Auskunft gibt. Die *Igepon*marken *A (Teig)*, *AP (Pulver)* und *AP extra (Pulver)* werden von der Erzeugerin zum Waschen

---

[1] Vgl. z. B. Kunstseide **14**, 398 u. 425 (1932); Rev. univers. Soies et Soies artif. **6**, 1831 (1931).   [2] Seide **37**, 387 (1932).

[3] D. R. P. 549667.   [4] E. P. 352989.

[5] Ztschr. ges. Textilind. **34**, 336 (1931); Dyer Calico Printer **66**, 303 (1931).

[6] Dyer Calico Printer **67**, 243 (1932).

[7] Rev. gén. Teinture, Impression, Blanchiment, Apprêt **9**, 871 (1931).

[8] Vgl. hierzu REYCHLER: Bull. Soc. chim. Belg. **27**, 114 (1913), und SCHRAUTH: Chem.-Ztg. **55**, 18 (1931).

von Schweißwolle, Gerberwolle, Abfällen, Wickeln, von Kammgarn- und Streich-
garngeweben, von Wollgarnen empfohlen, während für die Baumwollreinigung mehr
die Type *T* hervorgehoben wird. Neutrale Reaktion, überragende Waschkraft,
Beständigkeit gegen Wasser jeder Härte auch zusammen mit Seife sind die immer
wieder betonten Vorzüge dieser Körperklasse. Auf die Besprechungen von NÜSS-
LEIN[1], MANN[2] u. a. m.[3] sei in diesem Zusammenhang hingewiesen, wobei noch die
Eignung von *Igepon T* für die Naßreinigung von Teppichen — wegen der Empfindlichkeit der Teppichfarben ein besonders schwieriges Problem — erwähnt sei. Ähnliche
Erzeugnisse scheinen auch die Produkte *Neopol T extra* (*Paste*) und *Neopol T extra
pulv.* der Chemischen Fabrik Stockhausen u. Cie. darzustellen, die in ihren Eigenschaften den *Igeponen* weitgehend gleichen. Kurz erwähnt sei hier noch ein Verfahren
der Oranienburger Chemischen Fabrik A. G.[4], welches ein Entpechen von Wollfilzen
mit Fettalkoholsulfonaten, Alkylsulfonsäuren, fettaromatischen Sulfonaten oder
Fettsäurekondensationsprodukten nach Art der Igepone in alkalischer Flotte mit
nachfolgendem Walkprozeß unter Schutz stellt.

d) Das Kalkschutzvermögen.

Neben der allgemeinen Fähigkeit der „sulfonierten Öle" zum Emulgieren
und Dispergieren spielt die Eignung bestimmter Vertreter dieser Gruppe, die
Ausfällung von an sich bereits entstandenen normalerweise unlöslichen Calcium-
und Magnesiumverbindungen zu verhüten, eine besondere Rolle. Diese Fähigkeit
ist nicht ohne weiteres identisch mit der Beständigkeit der Sulfonate gegen
Calcium- bzw. Magnesiumsalze, denn viele Sulfonate sind zwar gegen hartes
Wasser stabil, vermögen aber bei gleichzeitiger Anwesenheit von kalkempfind-
lichen Seifen, einfachen Rotölen usw. keineswegs die Ausfällung der mit Recht
so gefürchteten schmierigen Kalkseifen zu verhüten. Solche Abscheidungen
beeinträchtigen den Griff des Textilgutes in ungünstiger Weise und führen auch
in der Färberei zu Schwierigkeiten, wie Unegalitäten, Streifenbildung und Ver-
schleierungen. Ihre Ablagerung auf der Faser findet keineswegs immer während
des Waschens, Abseifens, Avivierens od. dgl., sondern häufig erst während des
Spülens statt, da gerade bei diesem Prozeß die Möglichkeiten für die Umwandlung
der Seifen- oder Rotölreste in der Faser in Kalkseifen gegeben sind.

Bereits ERBAN[5] weist darauf hin, daß in einer *Monopolseifen*lösung in hartem
Wasser ein Zusatz von Marseillerseife keine Ausflockung hervorruft und daß bereits
gebildete Kalkseife von saurer reagierender *Monopolseife* wieder gelöst wird. Die
gemeinsame Anwendung von *Monopolseife* und Seife in bestimmten Verhältnissen
liegt dem *Hydrosan*verfahren zugrunde, das von ULLMANN (vgl. S. 337) aufgefunden
worden ist. Das von der Chemischen Fabrik Pfersee G. m. b. H. (früher R. Bern-
heim) hergestellte *Hydrosan* wird zum Waschen in allen Prozessen der Woll- und
Halbwollindustrie sowie für alle Seifprozesse, z. B. in der Baumwollfärberei, in der
Seiden- und Kunstseidenfärberei, in der Bleicherei usw. empfohlen. Das Produkt
soll stets vor oder zusammen mit der Seife zur Anwendung gelangen. Die in der
Wollveredlung anzuwendenden *Hydrosan*mengen steigen von 6% bei Wasser von
4—8⁰ d. H. bis 12% bei Wasser von 22—30⁰ d. H., wobei die *Hydrosan*menge auf
die angewandte Menge 60%iger Kernseife berechnet wird. Bezüglich der technischen
Einzelheiten dieses Verfahrens sei auf die Arbeiten von ULLMANN[6] und SECK[7] verwiesen.

In der Patentliteratur sind auch die durch Einwirkung von überschüssiger
Schwefelsäure auf Öle, Fette und Fettsäuren erhältlichen hochsulfonierten Erzeugnisse von der H. Th. Böhme A. G.[8] als Stabilisatoren für Seife gegen die Härtebildner vorgeschlagen worden. Die I. G. Farbenindustrie A. G. hat Seifenpräparate
mit einem Gehalt an „echten" Sulfonsäuren unter Schutz gestellt[9]. In diesem Zu-

[1] Melliands Textilber. **13**, 27 (1932); Dyer Calico Printer **65**, 320 (1931).
[2] Amer. Dyestuff Reporter **21**, 711 (1932).
[3] Vgl. z. B. Melliands Textilber. **13**, 146, 147 (1932).
[4] D. R. P. 625173.   [5] Vgl. Die Anwendung von Fettstoffen usw., S. 160 (1911).
[6] Melliands Textilber. **1926**, 940ff., 1021ff.; **1927**, 440ff.
[7] Melliands Textilber. **1929**, 40.
[8] D. R. P. 557710.   [9] F. P. 712913; E. P. 359893.

sammenhang muß das *Intrasol* Erwähnung finden, welches als „echt" konstituiertes Ölsulfonat von der I. G. Farbenindustrie A. G. sowie von der Chemischen Fabrik Stockhausen u. Cie. als Schutzkolloid gegenüber Kalkseifenausfällungen mit großem Erfolg eingeführt worden ist. Die Verwendung des *Intrasols* kommt beim Färben von Baumwolle und Kunstseide, beim Entwickeln von Indanthrenfarben, bei der Herstellung von Naphtholklotzen, beim Seifen und Avivieren von Kunstseide, beim Waschen und Walken von Wollwaren, kurz überall dort in Frage, wo unliebsame Ausscheidungen infolge der Härtebildner des Wassers zu erwarten sind. Sehr vorteilhaft ist die Verwendung von 0,3—0,5 g *Intrasol* pro Liter im ersten Spülbad. Über praktische Erfahrungen mit *Intrasol* wird verschiedentlich berichtet[1]. Hierbei wird übrigens in Übereinstimmung mit den Erzeugern mitgeteilt, daß die Ausscheidung der Kalkseifen keineswegs immer gänzlich verhindert wird, vielmehr fällt die Kalkseife in einer unschädlichen, leicht ausspülbaren Form aus. Als Erzeugnisse, die dem *Intrasol* in Wirkung ähnlich sind, sind das *Perintrol* der Chemischen Fabrik Stockhausen u. Cie.[2] sowie das *Sojol* der Oranienburger Chemischen Fabrik A. G. zu nennen, die gleichfalls nach Spezialverfahren gewonnene Ölsulfonate darstellen.

Die verschiedenen Fettalkoholsulfonate, auf deren waschtechnische Bedeutung im vorigen Absatz eingehend eingegangen wurde, haben sich gleichfalls als gute Kalkschutzmittel erwiesen. Man kann sie aus diesem Grunde auch zusammen mit Seife anwenden. Es wurde bereits a. a. O. (S. 373) ein Verfahren der H. Th. Böhme A. G. zur Gewinnung von Seifenpräparaten aus Alkylschwefelsäuren und Seifen in einem Arbeitsgange erwähnt. Auch die gemeinsame Verwendung von Fettalkoholsulfonaten mit Seifen oder Türkischrotölen ist Gegenstand verschiedener Patente[3] der gleichen Firma. Als weitere Zusätze sollen Alkaliphosphate, wie Dinatriumphosphat, geeignet sein. In diesem Sinne werden z. B. die *Gardinole* zusammen mit Seife oder als Zusatz zu Spülbädern empfohlen.

Endständige Sulfonate, wie die Kondensationsprodukte hydroxylierter oder halogenierter Sulfonsäuren mit Fettsäuren oder ihren Derivaten, sollen sich nach den soeben erwähnten Patenten der I. G. Farbenindustrie A. G.[4] gleichfalls zur Herstellung von Seifenpräparaten eignen. Auch Zusätze von Fettsäureanilidsulfonsäuren sollen die Waschkraft von Seifenlösungen erhöhen[5]. Den höchsten Anforderungen in dieser Beziehung werden wiederum die *Igepone* gerecht, die nicht nur Waschmittel, sondern auch hervorragende Kalkschutzmittel darstellen. *Igepon T* besitzt sogar ein starkes Lösevermögen für bereits ausgefallene Kalkseife, worauf Münch besonders aufmerksam machte[6].

Während an sich die Eignung von Fettalkoholsulfonaten und Fettsäurekondensationsprodukten mit ungesättigter aliphatischer Kette zum Dispergieren von Kalkseifen durch die schon früher erwähnten photometrischen Messungen Lindners[7] eindeutig festgestellt worden sind, hält der gleiche Verfasser[8] die gemeinsame Anwendung dieser Kalkseifendispergierungsmittel mit Seife auf Grund zahlreicher Wascherbebnisse nicht für rationell, da die dispergierte Kalkseife zwar unschädlich ist, aber keine Eigenwaschwirkung besitzt und darüber hinaus noch Fettalkoholsulfonat bzw. Fettsäurekondensationsprodukt für den Dispergiervorgang verzehrt. Die günstigsten Waschresultate in hartem Wasser erhielt Lindner in Übereinstimmung mit anderen Autoren allein mit synthetischen Waschmitteln und Soda.

e) Der Faserschutz.

Wenn verschiedentlich in Patenten oder in der technischen Literatur das Faserschutzvermögen der Sulfonate ausdrücklich hervorgehoben wird, so ist wohl in erster Linie an eine Schonung der Woll- oder Seidenfaser gegen übertriebene Alkalieinwirkungen gedacht, wie sie mitunter durch Seifen, Alkalicarbonate, Sulfide oder Ätzalkalien vorkommen. Es liegt nahe, das bei allen Sulfonaten mehr oder minder stark vorhandene Faserschutzvermögen auf Adsorptionen dieser Körper an die tierische Faser zurückzuführen. Die Griffver-

---

[1] Vgl. Ztschr. ges. Textilind. **33**, 839 (1930); **34**, 665, 678 (1931).
[2] Leipziger Monatsschr. Textilind. **1931**, Sonderheft 2.
[3] F. P. 725111; E. P. 361565; Schweiz. P. 150589.
[4] F. P. 712913; E. P. 359893.   [5] D. R. P. 556267.
[6] Ztschr. ges. Textilind. **35**, 408 (1932).
[7] Monatsschr. Textilind. **1935**, 65ff., 94ff., 120ff., 145ff.
[8] Mellilands Textilber. **1935**, 782—786.

besserungen, die bei gemeinsamer Verwendung von Seifen, Soda usw. mit Türkisch-
rotölen, hochsulfonierten Ölen, Mineralölsulfonsäuren usw. beobachtet worden
sind, sind sicher zum Teil auf das Konto eines solchen Faserschutzes zu setzen.
Bei Fettalkoholsulfonaten und Kondensationsprodukten, wie *Gardinol, Melioran,
Igepon* usw., wird das Faserschutzvermögen seitens der Erzeuger wohl nicht zu
Unrecht hervorgehoben. REUMUTH[1] zeigt beispielsweise, daß eine faserschonende
Wollwäsche mit *Gardinol* starke Volumenvermehrung der gewaschenen Wolle
zur Folge hat. POSTLES[2] und KALINOR[3] erwähnen die faserschützende Wirkung
von *Melioran B 9* gegenüber Wolle bei Anwendung von Soda und Seife. Der
letztgenannte Bearbeiter berichtet sogar bei der Seidenentbastung in Gegenwart
alkalisch reagierender Schmierseife über Faserverfestigungen. In ähnlichem Sinne
sind Mineralölsulfonsäuren im alkalischen Medium von TWITCHELL[4] und Persulfonsäuren, wie Octadecylpersulfonsäure, von Carl Flesch jun.[5] zusammen mit
Seife zur Seidenentbastung vorgeschlagen worden.

Auch in sauren Bädern vermögen alle diejenigen Sulfonate, die gegen Säurelösungen stabil sind, offenbar kräftige Faserschutzwirkungen auszulösen. In der
soeben erwähnten Arbeit von KALINOR[6] wird das Faserschutzvermögen von *Melioran B 9* gegenüber Wolle sogar in 10%iger Schwefelsäure festgestellt. Grundsätzliches Interesse darf in diesem Zusammenhang eine Veröffentlichung von FRIEDRICH
und KESSLER[7] beanspruchen, die eine ausgesprochene Substantivität hochsulfonierter
Öle, wie *Prästabitöl V* (Chemische Fabrik Stockhausen u. Cie.) gegenüber Wolle in
schwefelsaurer Lösung feststellen und darüber hinaus auf einen Faserschutz im
sauren Medium schließen. Bemerkenswert ist übrigens, daß nach Feststellung dieser
Autoren ein auf die Wollfaser aufgezogenes Sulfonat durch ein handwarmes Seifen-
bad oder eine schwache Sodalösung bis etwa $\frac{1}{4}$—$\frac{1}{2}$ der aufgenommenen Gesamtmenge heruntergelöst wird. Der Walkprozeß macht die Ölaufnahme sogar völlig
rückgängig. In diesem Punkt besteht also ein gewisser Widerspruch zu anderen
Bearbeitern des Gebietes, die den Faserschutz auch im alkalischen Medium auf
Adsorptionsvorgänge zurückgeführt wissen wollen. Der Verfasser möchte in Analogie
zu den Gerbvorgängen annehmen, daß im sauren Medium eine festere Bindung
(Substantivität), im alkalischen Medium dagegen nur eine oberflächliche und leicht
ausspülbare Auflagerung der Sulfonatteilchen auf die tierische Faser erfolgt, die
allerdings einen Faserschutz nicht auszuschließen braucht.

f) Schlichten, Weichmachen, Appretieren.

Über die Verwendung der Sulfonate zum Fetten der Wollfasern wird auf
S. 431 ausführlicher berichtet.

Ein dem Schmälzprozeß ähnlicher Vorgang ist das „*Präparieren*" oder „*Schlichten*" von kunstseidener Strangware, das eine Faserglättung und -verfestigung vor
dem Weben und Wirken zum Ziel hat. Man benutzt hierfür je nach Beschaffenheit
der Textilfaser Lösungen von Leim, Kohlehydraten, Fett- und Wachsemulsionen,
häufig aber auch Sulfonate oder sulfonathaltige Mischungen. STADLINGER[8] empfiehlt
für leicht gezwirnte kunstseidene Garne eine Lösung von 2 kg Knochenleim, 500 g
Marseillerseife und 150 g *Monopolbrillantöl* in 25 l Wasser. In einer anderen Vorschrift[9] wird *Avirol KM*, ein höher sulfoniertes und kondensiertes Türkischrotöl der
Böhme Fettchemie G.m.b.H., zusammen mit Glycerin und Gummiarabicum in
wäßriger Lösung zum Präparieren empfohlen. Für die Kunstseidenpräparation haben
sich auch trocknende Öle, entweder in organischen Lösungsmitteln gelöst oder im wäßrigen Medium emulgiert oder sogar durch Sulfonierung wasserlöslich gemacht, gut bewährt. Nach einem Patent der Oranienburger Chemischen Fabrik A. G.[10] werden
Leinöl oder Firnisse mit Hilfe von sulfonierten Ölen oder Fettsäuren wassermischbar
gemacht und in dieser Form zum Präparieren von Kunstseide empfohlen. Auch

[1] Ztschr. ges. Textilind. **34**, 422 (1931).   [2] Dyer Calico Printer **65**, 438 (1931).
[3] Melliands Textilber. **1931**, 38.   [4] D. R. P. 534742.
[5] D. R. P. 561521; F. P. 726140.   [6] Melliands Textilber. **1931**, 38.
[7] Melliands Textilber. **1933**, 78.   [8] Kunstseidentaschenbuch, S. 77. Berlin. 1929.
[9] Ztschr. ges. Textilind. **1928**, 855.   [10] E. P. 320018.

die nach Patenten der gleichen Firma[1] erhältlichen Schlichtepräparate, die durch Sulfonierung von Leinöl in Gegenwart von z. B. 30% Olein erhältlich sind, gehören hierher. Einige *Setoran*marken dürften nach diesen Ideen hergestellt worden sein. Nach einem Verfahren der Etabl. Gamma[2] bestehen wirksame Kunstseidenschlichten aus Gemischen von Kolophonium oder anderen Harzen und trocknenden Ölen, Fetten oder Wachsen, die mit Sulforicinaten oder Sulfooleaten wassermischbar gemacht werden. Die I. G. Farbenindustrie A. G. schlägt in einem Patent[3] als Schlichtemittel für Textilfasern unter anderem sulfonierte Öle im Gemisch mit Alkyloxalkyläthern vor. Während für die Kunstseidenweberei meist verfestigende leinöl-, stärke- oder leimhaltige Präparationen empfohlen werden, die die Faser drahtig machen, werden für die Wirkerei der Kunstseide als Strang- und Stuhl-präparation meist Zusätze empfohlen, die die Fäden einerseits zusammenhalten, anderseits weich machen sollen. Man bedient sich hierzu heute vielfach sulfonierter Öle, die durch einen entsprechenden Neutralfettgehalt die gewünschten Effekte liefern. Die Chemische Fabrik Stockhausen u. Cie. konnte mit ihrem *Monopol-brillantöl 80—100%ig* — einem Olivenölpräparat — sowie mit ihrem *Tallosan* — einem Talgpräparat — gute Erfolge erzielen. Über die *Tallosan*marken *S, K* und *ST* wird verschiedentlich berichtet[4]. Die Type *ST* ist besonders kalkbeständig. In ähnlicher Weise wirkt das *Brillant-Avirol SM 100* der Böhme Fettchemie G. m. b. H., das gleichfalls sehr feinteilige und gleichmäßige Emulsionen auch in hartem Wasser gibt. Die I. G. Farbenindustrie A. G. empfiehlt als Vorpräparation der Kunstseide vor dem Spulen, Winden und Wirken das seifenähnliche, jedoch sehr stabile Sulfonat *Soromin F*.

Die vorstehend erwähnten Sulfonate mit Ausnahme der Leinölgemische dienen auch als Hilfsmittel in der Baumwollschlichterei. Wieder werden Kohlehydrate — meist aufgeschlossene Stärke — mit Fetten, Wachsen, Paraffin, Seifen od. dgl. unter Mitverwendung sulfonierter Öle zu möglichst homogenen Schlichtemassen kombiniert. Zur Beschwerung von Garnen werden Talcum, Chinaclay, aber auch Salze, wie Glaubersalz, Bittersalz, Chlormagnesium mitverwendet, die sich nur mit beständigen Sulfonaten zusammen verarbeiten lassen. Von den Produkten der Chemischen Fabrik Stockhausen u. Cie. finden auch hier wieder die *Monopolseife* sowie *Tallosan S* und *BWK* Verwendung. Die Böhme Fettchemie G. m. b. H. empfiehlt ihr *Avirol KM*. Ein Schlichtehilfsmittel, das sich gut bewährt haben soll, ist der Polyvinylalkohol, der nach einem Patent der I. G. Farbenindustrie A. G.[5] allein oder zusammen mit Fetten und Wachsen sowie sulfonierten Ölen zur Anwendung gelangt. Nach einem Patent der Deutschen Hydrierwerke A. G.[6] werden Stärke-lösungen vorteilhaft unter Mitverwendung von Fettalkoholsulfonaten in der Wärme hergestellt. Schlichtepräparate der Oranienburger Chemischen Fabrik A. G. für die Baumwoll- und Wollkettenschlichterei sind die *Orapret SL*-Marken. Von der I. G. Farbenindustrie A. G. wird das *Igepon T* an Stelle von Seife als Zusatz zu derartigen Schlichteflotten empfohlen.

Während die Schmälzen und Schlichten der Textilfaser für bestimmte Arbeits-prozesse vorübergehend eine glättende Umhüllung und besonders der nicht sehr naßfesten Kunstseide eine Festigkeitserhöhung verleihen sollen und nach Beendigung der mechanisch die Fasern beanspruchenden Spinn-, Spul-, Web- und Wirkprozesse wieder ausgewaschen werden, gibt es eine Reihe von Arbeitsprozessen in der Faser-veredlung, die dazu bestimmt sind, dem fertigen Garn, Gewebe oder Gewirke einen weichen und häufig auch gefüllten Griff zu verleihen. Diese Vorgänge bezeichnet man als *Weichmachen* oder *Avivieren* — dieses Wort bedeutete ursprünglich nur das Schönen von Färbungen — sowie als *Appretieren*.

Für das Weichmachen von Textilfasern hat man schon seit Jahrzehnten „sulfo-nierte Öle" zur Anwendung gebracht. Bereits ERBAN[7] empfiehlt Türkischrotöle zum Weichmachen von Baumwolle, Kunstseide, Seide und Wolle. Besonders für Wolle hält er Rotöle für günstiger als Seife, da sie einen besseren Griff und Glanz infolge ihrer leicht alkalischen Reaktion geben. Er erwähnt die Eignung von Rotöl-Olivenöl-Gemischen für Avivagezwecke. Das Weichmachen von Kunstseide mit sulfoniertem Ricinusöl ist auch Gegenstand eines älteren französischen Patentes der Tubize[8]. Auch von anderen Autoren wird die weichmachende Wirkung des Rot-

[1] D. R. P. 524349; E. P. 293806; F. P. 657220.
[2] E. P. 364902.   [3] D. R. P. 562985.
[4] Vgl. Melliands Textilber. 1930, 617; Monatsschr. Textilind. 45, Sonderheft 3, 88 (1930); Dyer Calico Printer 65, 320 (1931); Kunstseide 1931, H. 4.
[5] F. P. 687155.   [6] D. R. P. 569223.
[7] Vgl. Die Anwendung von Fettstoffen usw., S. 39, 45ff. Halle. 1911.   [8] F. P. 361690.

öles hervorgehoben[1]. Das Olivenölpräparat *Brillant-Avirol S M 100* der Böhme Fettchemie G. m. b. H. hat besonders zum Griffigmachen von Kunstseide Verwendung gefunden, ist aber von den pulverförmigen *Brillant-Avirolen L 142, L 168* der gleichen Firma abgelöst worden. Diese Fettalkoholsulfonate besitzen neben einer guten Beständigkeit ein ausgeprägtes Weichmachungsvermögen speziell für Gewebe, Wirkwaren und Strümpfe. Bereits 0,2 g *L 142 konz.* verbessern Griff und Glanz, während höhere Mengen bereits eine mäßig mattierende Wirkung ausüben. *L 168 konz.* liefert noch bessere Weichheitseffekte, ist aber weniger beständig. *Brillant-Avirol L 144* ist flüssig und wird vorzugsweise in kalten Flotten angewandt, während das pastenförmige *L 333* einen etwas feuchteren und volleren Griff liefert. Über die Verwendbarkeit derartiger Fettalkoholsulfonate zum Avivieren berichten Kling[2], Stadlinger[3], Stockhausen und Kessler[4] u. a. m.[5]. Zu Erzeugnissen, die gleichfalls für Kunstseide, aber auch für Seide und Baumwolle als Weichmacher Bedeutung erlangt haben, gehören das *Soromin F* der I. G. Farbenindustrie A. G., die *Adulcinole* der Fleschwerke die für diesen Zweck gleichfalls geeigneten Talg- und Olivenölprodukte *Tallosan* und *Monopolbrillantöl SO 100%ig* der Chemischen Fabrik Stockhausen u. Cie. sowie die neuartigen sehr beständigen *Setoran*marken und die *Orapret*marken *WTN* und *WT extra* der Oranienburger Chemischen Fabrik A. G. Prinzipiell finden wir immer zwei Grundtypen: a) das beständige Ölsulfonat mit einem Gehalt an freiem Öl, b) das endständige Fettalkoholsulfonat oder Kondensationsprodukt, das mitunter auch noch andere weichmachende Beimischungen enthält. Beachtenswert ist noch ein Patent der I. G. Farbenindustrie A. G.[6], welches die Verwendung von Lösungen der „echten" Sulfonsäuren gesättigter höherer Carbonsäuren, wie Palmitin-, Stearin-, Laurinsulfonsäure, besonders zum Weichmachen von Kunstseide betrifft. Praktische Verwendung findet das Echtsulfonat *Intrasol* der I. G. Farbenindustrie A. G. in der Avivage als Kalkschutzmittel zusammen mit weichmachenden Fettschwefelsäureestern. In einem Patent der H. Th. Böhme A. G.[7] werden unsulfonierte Fettalkohole zusammen mit sulfonierten Ölen als Weichmachungsmittel für Textilien vorgeschlagen. Ein anderes Patent[8] der gleichen Firma sieht die Verwendung von Fettalkoholsulfonaten und Lecithin zum Weichmachen vor. Schließlich sei hier nochmals das der I. G. Farbenindustrie A. G. geschützte Weichmachungsmittel besonders für Kunstseide erwähnt, welches beispielsweise aus einem sulfonierten Fettalkohol und einem gesättigten Fettsäureamid, wie Stearinsäureamid, besteht[9].

Eine besondere Abart der Kunstseidenavivage ist die *Mattierung*, die in der Regel durch eine Behandlung der kunstseidenen Strang-, Web- oder Wirkware mit anorganischen Pigmenten erfolgt. Früher erzeugte man diese Pigmente meist in Form einer Zweibadimprägnierung — z. B. Vorbehandlung mit einer Bariumchloridlösung, Nachbehandlung mit einer Natriumsulfatlösung — auf der Faser, wobei man im Nachbehandlungsbad ein Sulforicinat als Fixierungsmittel mitverwendete. In neuerer Zeit ist verschiedentlich vorgeschlagen worden, die Erdalkalisalze endständiger Sulfonate als Mattierungsmittel zu benutzen. Man will hier offenbar die Schwerlöslichkeit solcher Sulfonate in kaltem Wasser, die ein Aufziehen auf das kunstseidene Material zur Folge hat, praktisch ausnutzen, doch dürfte die Auswaschbarkeit solcher Mattierungen ein Übelstand sein. Über ein interessantes Mattierungsverfahren berichtet Schreiterer[10], der kunstseidene Ware mit Aluminiumsalzlösung vorbehandelt und mit *Tallosan*lösung nachbehandelt. Auf diese Weise wird ein schöner Mattglanz verbunden mit einer wasserabstoßenden Ausrüstung erzielt. Von neueren nicht wasserabstoßenden Mattierungsmitteln soll die *Este-Mattierung P* von der Chemischen Fabrik Stockhausen u. Cie. Erwähnung finden, die, in Mengen von 3—10 g pro Liter angewandt, kräftige Mattierungseffekte hervorruft. Ein Mattierungsmittel der Oranienburger Chemischen Fabrik A. G. ist das *Orapret MAT*, das nach Art der Farbstoffe durch Zusätze von Alkali- oder Erdalkalisalzen zum Aufziehen gebracht werden kann. Diese Mittel scheinen „endständige" Sulfonate im Gemisch mit Weißpigmenten darzustellen.

Als Abschluß dieses Kapitels ist die Appretur der verschiedenartigsten Textilgewebe zu besprechen, die eines der hauptsächlichsten Verwendungsgebiete für „sulfonierte Öle" aller Art vom einfachen Rotöl bis zum modernen „endständigen" Sulfonat darstellt. Geeignete Appreturöle auf Rotölbasis wurden bereits a. a. O. (vgl. S. 332)

[1] Seifensieder-Ztg. **48**, 992 (1921).   [2] Mellianls Textilber. **12**, 111 (1931).
[3] Kunstseide **14**, 398 (1932).   [4] Kunstseide **15**, 22 (1933).
[5] Vgl. Ztschr. ges. Textilind. **35**, 541 (1932); Silk Journ. Rayon World **8**, Nr. 91,
     34 (1931).   [6] E. P. 339859.
[7] E. P. 317468.   [8] D. R. P. 615962.
[9] D. R. P. 575022.   [10] Kunstseide **1931**, Nr. 4.

besprochen. Ausführliche Angaben über die Eignung von Türkischrotölen, *Monopolseife*, *Türkonölen* usw. in der Appretur von Baumwollstoffen, Wollgeweben verdanken wir ERBAN[1] und HERBIG[2]. Festgestellt sei jedenfalls, daß die *Monopolseife* auch heute noch ein beliebtes und billiges Appreturhilfsmittel darstellt, worüber sich ältere und neuere Autoren einig sind[3]. Die Kalk- und Bittersalzbeständigkeit der *Monopolseife* wird in vielen Fällen für ausreichend erachtet. Ähnliche preiswerte Appreturöle sind das *Avirol KM* der Böhme Fettchemie G.m.b.H. und das *Coloran K* der Oranienburger Chemischen Fabrik A. G., beides sulfonierte Ricinusöle, die etwas höher sulfoniert und kondensiert sind als gewöhnliches Rotöl.

Bei höheren Ansprüchen an Beständigkeit und Durchdringungsvermögen empfehlen die Böhme Fettchemie G.m.b.H. ihr *Avirol KM extra*, die Chemische Fabrik Stockhausen u. Cie. ihre *Prästabitöle V* und *V A* sowie ihre *Tallosane K, S, S T* und *B W K*[4], die Fleschwerke ihr *Appret-Flerhenol* und die Oranienburger Chemische Fabrik A. G. ihr *Oranit BN konz*. Auch die „endständigen" Sulfonate, wie sulfoniertes *Lorol* (Laurinalkohol) und *Ocenol* (Oleinalkohol) der Deutschen Hydrierwerke A. G.[5], *Gardinol*, die *Brillant-Avirole* der Böhme Fettchemie G.m.b.H., *Igepon A* und *T Pulver* der I. G. Farbenindustrie A. G. sowie *Neopol T extra pulv.* der Chemischen Fabrik Stockhausen u. Cie. sind für Appreturen und Softenings als Emulgatoren und Seifenersatzstoffe wegen der Beständigkeitseigenschaften gegen die mitverwendeten Salze, der hellen Farbe, der völligen Geruchlosigkeit und des guten Weichmachungsvermögens empfohlen worden.

Schließlich sei noch erwähnt, daß auch Mineralölsulfonsäuren nach D. R. P. 264 786, wie *Kontakt T*, als Ersatz für Türkischrotöl in der Appretur vorgeschlagen worden sind[6].

Als Spezialöle für die Schwerappretur haben das *Coloran B 7* der Oranienburger Chemischen Fabrik A. G. sowie das *Appret-Avirol E* der Böhme Fettchemie G. m. b. H. Beachtung und Würdigung in der Fachpresse gefunden[7, 8]. Diese Öle sind Hochsulfonate von praktisch unbegrenzter Bittersalzbeständigkeit.

B. Die speziellen Verwendungsmöglichkeiten in der Textilindustrie.

a) Die Färberei und Druckerei.

Bereits auf S. 321 wurde eine aus dem Jahre 1834 stammende Mitteilung RUNGES zitiert, die sich auf die Krapprotfärberei mittels sulfoniertem Olivenöl bezieht. Noch älteren Datums ist eine Vorschrift von PAPILLON aus dem Jahre 1790, der nach DÉPIERRE[9] die Verwendung von „Öl und Schwefelsäure" zum Beizen beschreibt. Im Jahre 1864 beginnt dann die Verwendung von Ölsäuresulfonaten in der Anilinfarbendruckerei, im Jahre 1869 im Krappfarbendruck. 1873 finden wir Hinweise auf die Verwendung solcher Sulfonate im Dampfalizarindruck. 1875 tauchten dann die ersten sulfonierten Ricinusöle auf, deren Einführung als Zusatz zu den Färbeflotten ganz allgemein etwa 1879/80 begonnen hat. In der Folgezeit hat dann die Sulfonatverwendung in vielen Zweigen der Färberei und Druckerei gewaltige Fortschritte gemacht, über die von ERBAN[10], HERBIG[11] u. a. berichtet wird. Die „sulfonierten Öle" wirken hier verschieden-

---

[1] Vgl. Die Anwendung von Fettstoffen usw., S. 121, 143ff., 163, 167ff., 183ff. (1911).

[2] Vgl. Die Öle und Fette in der Textilindustrie, S. 372. Stuttgart. 1929.

[3] Vgl. Lehnes Färber-Ztg. 1904, H. 14 u. 15; 1905, 220; Ztschr. angew. Chem. 41, 1355 (1928); Ztschr. ges. Textilind. 1928, 520; 1933, H. 9.

[4] Vgl. RICHTER: Monatsschr. Textilind. 45, Sonderheft 3, 88 (1930).

[5] Vgl. BRISCOE: Journ. Soc. Dyers Colourists 49, 71 (1933).

[6] Seifensieder-Ztg. 41, 841 (1914).

[7] Vgl. SWINDELLS: Dyer Calico Printer 67, 243 (1932).

[8] Vgl. NOPITSCH: Melliands Textilber. 1926, H. 8; HERBIG: Ztschr. Dtsch. Öl-Fettind. 1926, 466.

[9] Traité de la Teinture et de l'impression, Bd. 2. S. 210.

[10] Vgl. Die Anwendung von Fettstoffen usw., S. 39, 44, 46, 60ff., 91, 122ff., 144, 163, 183ff. (1911).

[11] Vgl. Die Öle und Fette in der Textilindustrie, S. 346—354. Stuttgart. 1929.

artig. Sie dienen einmal zum Anteigen von Farbstoffen, die sie dank der dispergierenden Wirkung in eine leicht lösliche, beziehungsweise in Druckmassen in eine homogene Form überführen. Auch als Zusatz zu Farbstofflösungen oder fertigen Druckmassen sind die Sulfonate wegen der farbstoffdispergierenden Wirkung geschätzt. Eine Besonderheit der Türkischrotöle ist ihre Eigenschaft, als Beize für Aluminium-, Zinn- und andere Metallsalze sowie auch für manche Farbstoffe zu wirken. In diesem Sinne wirken die „sulfonierten Öle" in der Alizarinfärberei, bei vielen basischen Farbstoffen und schließlich bei den Entwicklungsfarben. Ferner spielt auch das Faserschutzvermögen und das Weichmachungsvermögen eine große Rolle, so daß die sehr universelle Anwendung der „sulfonierten Öle" vom einfachen Rotöl bis zum modernen Fettalkoholsulfonat oder Kondensationsprodukt in vielen Zweigen der Färberei sehr berechtigt erscheint.

Die Baumwollfärberei mit Beizenfarbstoffen (Türkischrot). Ähnlich wie in der Krapprotfärberei verwendete man ursprünglich auch in den alten Alizarinrotverfahren Tournantölemulsionen, die mittels Schaf- oder Kuhmist und Soda erzeugt wurden. Hierüber berichten zufammenfassend DRIESSEN[1] und HERBIG[2]. Später wurde dann das Tournantöl mit Türkischrotöl emulgiert und schließlich ganz durch Rotöl ersetzt. Das Wesen der Alizarinroterzeugung besteht darin, die mit Rotöl vorbehandelten Baumwollwaren mit basischen Aluminiumsulfatlösungen, welche aus schwefelsaurer Tonerde und Soda hergestellt werden, zu beizen und hierauf mit Alizarinlösung meist in Gegenwart von essigsaurem Kalk zu färben. Wiederholtes Ölen, Zwischenoperationen, wie Auslaugen, Nachbehandlungen, wie Dämpfen und Avivieren, gestalten diese Verfahren recht umständlich. So besteht z. B. die Vorschrift der Höchster Farbenfabriken (Musterkarte 413) für Altrot aus 10 Behandlungen, für Neurot aus 8 Behandlungen. Es würde zu weit führen, auf die zahlreichen Variationen, die im Laufe der Jahre für die Türkischrotfärberei vorgeschlagen worden sind, hier näher einzugehen, zumal von ERBAN[3] und HERBIG[4], KNECHT, RAWSON und LÖWENTHAL[5] sowie HEERMANN[6] vorzügliche Darstellungen der wichtigsten Verfahren gegeben wurden. Erwähnt sei ein Verfahren für Neurot von GRAF[7]. Zur Theorie der Alizarinrotfärberei haben sich KORNFELD[8], FAHRION[9] und HALLER[10] geäußert. Während die erstgenannten Autoren eine chemische Bindung zwischen 6 Molen Fettsäure, die an den Hydroxylgruppen Anhydrisierung erleidet, 1 Mol Tonerde, 1 Mol CaO und 1 Mol Alizarin für sicher halten und Sulfogruppen im fertigen Lack nicht als vorhanden annehmen, gibt HALLER eine kolloidchemische Erklärung, wonach die mittels des Sulfonates fixierte Aluminiumverbindung in kolloidale Tonerde übergeht, welche ihrerseits mit der Alizarinsuspension das Alizarat bildet. Besonders durch das Dämpfen bei Temperaturen über 100⁰ lösen die Zersetzungsprodukte des Rotöles das Alizarat und erhöhen dessen Dispersitätsgrad, wodurch erst die leuchtende Färbung bedingt wird. Über das für die Türkischrotfärberei wichtige Tonerdebindungsvermögen sulfonierter Öle berichtet HERBIG[11].

---

[1] Lehnes Färber-Ztg. **1906**, 387.
[2] Die Öle und Fette in der Textilindustrie, S. 332—346 (1929).
[3] Ztschr. Farbenind. **1907**, 7, 22, 51ff.
[4] Vgl. Die Öle und Fette in der Textilindustrie, S. 332—346. Stuttgart. 1929.
[5] Handbuch der Färberei der Spinnfasern, 3. Aufl., 2. Bd., Abschn. VII.
[6] Technologie der Textilveredelung, S. 324ff. Berlin. 1921.
[7] D. R. P. 274867.
[8] Chem.-Ztg. **34**, 598ff. (1910); **36**, 29ff. (1913); Ztschr. angew. Chem. **23**, 1273ff. (1910).
[9] Seifenfabrikant 1915, 392ff.   [10] Chem. Ztrbl. 1914 I, 2211.
[11] Vgl. Die Öle und Fette in der Textilindustrie, S. 345 (1929); Lehnes Färber-Ztg. **1912**, 80.

Die neueren Intensivsulfonate, Alkylschwefelsäuren, Kondensationsprodukte usw. haben in der Beizenfärberei keine Verwendung gefunden. Ursache hierfür dürfte die Tatsache sein, daß nur die relativ leicht spaltbaren Ricinol- oder Polyricinolschwefelsäureester genügend hydroxylhaltige Spaltprodukte zur Bildung des Farblacks entstehen lassen. Ferner hat auch die Beizenfärberei der Baumwolle durch die Schwefel-, Küpen- und Entwicklungsfarben erheblichen Abbruch erlitten.

Die Farberei von Baumwolle und Kunstseide mit basischen Farbstoffen. Basische Farbstoffe werden nicht zu den Beizenfarbstoffen gerechnet, da sie zwar auf pflanzlichen Fasern nur nach vorheriger Beizung aufziehen, die tierische Faser dagegen direkt anfärben. Durch große Lebhaftigkeit, aber nicht allzu hohe Echtheit zeichnen sich Färbungen auf Sulforicinatbeize aus, die hauptsächlich für die Rhodamine, Auramine und Safranine ausgeführt wird.

In stärkerem Maße noch als die einfachen Rotöle wirken die hochsulfonierten Öle, „echten" Sulfonsäuren, Mineralölsulfonsäuren, Alkylschwefelsäuren, Kondensationsprodukte usw. als Beizen für basische Farbstoffe. In einem Patent der Oranienburger Chemischen Fabrik A. G.[1] werden solche Sulfonsäuren als Fixierungsmittel für basische Farben unter Schutz gestellt. Diese Wirkung der meisten sulfonierten Öle auf basische Farbstoffe schließt selbstverständlich die Verwendung des Sulfonates etwa als Dispergierungsmittel in Lösungen basischer Farbstoffe aus. Es bilden sich in solchen Fällen Niederschläge, die den Ausfällungen der basischen Farbstoffe mit Gerbstoffen sehr ähnlich sind. Überhaupt muß ja festgestellt werden, daß die „sulfonierten Öle" besonders mit zunehmendem Gehalt an Sulfogruppen eine erhebliche Gerbstoffähnlichkeit aufweisen.

Während also die Mehrzahl der sulfonierten Öle nur als Beize für basische Farbstoffe zur Anwendung gelangen kann, gelang es der Chemischen Fabrik Stockhausen u. Cie. in ihrem *Sebosan K* erstmalig ein Produkt in den Handel zu bringen, das zusammen mit basischen Farbstoffen anwendbar ist. Gerade bei Kunstseide, die durch das übliche Vorbeizen sehr an Weichheit verliert, ist ein Weichmachungsmittel, wie *Sebosan K*, wertvoll.

Die Färberei pflanzlicher Fasern mit Entwicklungsfarbstoffen. Die Entwicklungsfarben sind unlösliche Pigmente, die durchwegs aus ihren Komponenten erst auf der Faser gebildet werden. Im allgemeinen wird die pflanzliche Faser zunächst mit einer Naphtholatlösung grundiert und anschließend mit einer Diazolösung der Farbstoffe entwickelt.

In allen Naphtholatlösungen wird ein Zusatz von Türkischrotöl, und zwar vorwiegend als Natronöl vorgeschrieben. Ammoniaköle sind wenig geeignet, da sie mit der Naphtholatlösung in Natronöle übergehen, wobei das Naphthol zum Teil frei wird und zu streifigen und unegalen Färbungen Anlaß gibt. Die Türkischrotöle wirken auf die Nuance außerordentlich belebend und auf Egalität und Lichtechtheit stark verbessernd. WOLFF[2] hat deshalb bei der Entstehung des Farbstoffes Lackbildung angenommen. REISZ[3] und SCHWALBE[4] heben die Löslichkeit des Naphthols in den Salzen sulfonierter Oxyfettsäuren hervor. SAZANOFF[5] prüfte Seife, Rotöl und Sulfonaphthenat in der Pararotfärberei und kommt zu dem Ergebnis, daß die Nuance von dem Dispersitätsgrad des gebildeten Lackes abhängt, der wiederum von der Menge und kapillaraktiven Wirkung der Seife bzw. Sulfonate in der Naphtholatlösung beeinflußt wird. Nach SCHWALBE und HIEMENZ[6] soll die Ölbeize auch kupplungsverzögernd wirken, wodurch zweifellos die Egalität der Farbstoffbildung heraufgesetzt wird. Zusammenfassend scheint also die günstige Wirkung der Sulfonate a) durch physikalisch bedingte Lösewirkungen, b) durch Reaktionsregulierung bei der eigentlichen Farblackbildung und c) durch die netzenden und dispergierenden Eigenschaften bedingt zu sein.

Neben den Ricinolschwefelsäureestern, wie sie in einfachen Rotölen vorliegen, spielen auch beständigere Sulfonate eine Rolle in der Entwicklungsfärberei, zumal gerade bei ungünstigen Wasserverhältnissen mit gewöhnlichen Rotölen leicht matte und reibunechte Färbungen entstehen. Bewährt hat sich das *Monopolbrillantöl* der Chemischen Fabrik Stockhausen u. Cie. Das *Cykloran FC* der Oranienburger Chemischen Fabrik A. G. ist ein recht kalkfestes Ricinusölsulfonat mit Zusatz von hydroaromatischen Alkoholen. Das netzaktive *Avirol AH extra* der Böhme Fettchemie

---

[1] F.P. 667779.   [2] Lehnes Färber-Ztg. 1898, 41.   [3] Lehnes Färber-Ztg. **1901**, 17.
[4] Lehnes Färber-Ztg. **1907**, 91; **1908**, 360; D. R. P. 180831.
[5] Melliands Textilber. **8**, 275 (1927).   [6] Ztschr. Farbenind. **1906**, 106.

G. m. b. H. kann zum Lösen des Entwicklers gebraucht werden und verbessert die Gleichmäßigkeit beim Kuppeln. *Intrasol* verhindert bei hartem Wasser das Ausflocken der Naphthole. Im gleichen Sinne wirken auch die anderen früher besprochenen Kalkschutzmittel, die vorteilhaft dem Rotöl zugesetzt werden. Das *Prästabitöl N R* der Chemischen Fabrik Stockhausen u. Cie. ist ein netzaktives Sulfonat, das in Grundierungsbädern angewandt wird. Nach einem Verfahren der I. G. Farbenindustrie A. G.[1] sollen sich sulfonierte Wollfettsäuren besonders gut zur Herstellung und zum Haltbarmachen von Oxynaphthoesäurearyliden eignen. Die H. Th. Böhme A. G.[2] schildert die Anwendung von heterocyclischen Basen, wie Pyridin, z. B. zusammen mit sulfonierten Ölen in den Farbflotten, Klotzbrühen und Druckpasten der Naphtholfärberei. In einem Patent von CLAVEL[3] wird vorgeschlagen, sulfonierte Fettsäuren als Schutzkolloide den Naphthollösungen wie den Diazolösungen in der Kunstseidenfärberei zuzusetzen.

Auch die „endständigen" Sulfonate sind bereits zu erheblicher Bedeutung für die Entwicklungsfärberei gelangt. Das *Acorit* der Böhme Fettchemie G. m. b. H. ist ein lösungsmittelhaltiges Fettalkoholsulfonat, das zum Lösen und Grundieren von *Naphthol AS* dient. Hierüber berichtet GERSTNER[4] Näheres, der im übrigen feststellt, daß die Schwefelsäureester des Ricinusöles ein geringeres Lösevermögen für Naphthol AS aufweisen als die Ricinolsäureverbindungen mit freier Hydroxylgruppe. Mit steigendem Gehalt an Sulfogruppen steigt zwar die Kalkbeständigkeit, aber auf Kosten der Lösefähigkeit für Naphthole. Im *Acorit* scheinen noch freie Hydroxylgruppen vorhanden zu sein, während die Carboxylgruppe naturgemäß fehlt. Das dem *Acorit* offenbar zugrunde liegende Patent der H. Th. Böhme A. G.[5] erwähnt als geeignet den Octadekantriolmonoschwefelsäureester sowie den Ricinolalkoholschwefelsäureester. Über die Verwendbarkeit des *Igepon T* in der Naphtholfärberei berichtet NÜSSLEIN[6]. Die I. G. Farbenindustrie A. G. bringt in ihrem Merkblatt 700/C eine Anzahl von Lösevorschriften nach dem Kalt- und Heißlöseverfahren, die die Anwendung von *Igepon T* gegebenenfalls zusammen mit Spiritus und *Dekol* unter völliger Ausschaltung von Rotöl vorsehen. Die *Igepon*verwendung ist sparsam und daher nicht teurer als die Rotölverwendung. Die alkalischen Naphthollösungen sind selbst in härtestem Wasser völlig klar. Ähnliche Vorschriften gibt die Chemische Fabrik Stockhausen u. Cie. für *Neopol T extra* und *T extra pulv.*

Die übrigen Zweige der Färberei pflanzlicher Fasern: Infolge der farbstoffdispergierenden und netzfördernden Wirkung finden die „sulfonierten Öle" auch in den übrigen Zweigen der Färberei von Baumwolle und Kunstseide teils bereits beim Anteigen der Farbstoffe, teils als Zusatz zu den Farbflotten verbreitete Verwendung. Sie verhindern eine ungenügende Ausnutzung der Farbstoffe, verbessern die Egalität und Leuchtkraft der Färbung und wirken häufig auch als Durchfärbemittel. Auch die weichmachende Wirkung wird geschätzt.

Über ältere Beobachtungen auf diesem Gebiet berichtet ERBAN[7], der die Anwendung von Rotöl, *Monopolseife*, *Türkonöl* für diese Zwecke würdigt und das Färben von Baumwolle mit direkten Farbstoffen, Küpenfarbstoffen, die Schaumfärberei usw. näher beschreibt. Auch beim Färben mit Schwefelfarben ist die Mitverwendung von Türkischrotölen als Netz- und Weichmachungsmittel oft empfohlen worden. Auf einige ältere Originalarbeiten[8] sei in diesem Zusammenhang verwiesen. In der Färberei der Viskoseseide liegen die Verhältnisse ähnlich wie in der Baumwollfärberei. In der Acetatseidenfärberei färbt man bekanntlich mit Suspensionen unlöslicher Farbstoffe, denen man vorteilhaft „sulfonierte Öle" zusetzt. Hierüber berichtet LEAPER[9] Näheres. Die I. G. Farbenindustrie A. G. empfiehlt[10] den Zusatz von hochsulfonierten Ölen beim Kaltfärben von Acetatseide. Ein gutes Hilfsmittel[11] zur Herstellung von Farbstofflösungen

---

[1] D. R. P. 533845; A. P. 1543157.
[2] D. R. P. 572693, Anspruch 3.   [3] A. P. 1811576.
[4] Monatsschr. Textilind. **46**, 99 (1931); Seide **37**, 201 (1932).
[5] F. P. 739066.   [6] Melliands Textilber. **13**, 27 (1932).
[7] Vgl. Die Anwendung von Fettstoffen usw., S. 60, 91, 121, 160, 163, 183 (1911).
[8] Lehnes Färber-Ztg. **1906**, 163; **1909**, 120; **1910**, 168.
[9] Textile Colorist **53**, 550 (1931).   [10] D. R. P. 548201.
[11] D. R. P. 535436, Beispiel 3.

und Druckpasten soll eine Mischung von Methyladipinsäureäthylester mit sulfoniertem Öl darstellen.

Die bereits als Netzmittel bekanntgewordenen hochsulfonierten Öle finden auch beim Färben mit substantiven Farbstoffen, Schwefel- und Küpenfarbstoffen auf der Kufe wie auch besonders auf Apparaten Verwendung. Insbesondere pflegt man Kopse, Kreuzspulen, Kettbäume und dichtes Material, wie gedrehte Garne, Nähte, dichtgeschlagene Gewebe, durch solche Durchfärbemittel einwandfrei zu färben. Zu erwähnen sind wieder *Avirol KM*, *KM extra*, *AH* und *AH extra* sowie speziell als Farbstofflöse- und Durchfärbemittel *Oleocarnit* und *Oxycarnit L 50* (Böhme Fettchemie G. m. b. H.), *Humectol C* und *Intrasol* (I. G. Farbenindustrie A. G.), letzteres besonders auch bei Indanthrenfärbungen, *Soromin F* (I. G. Farbenindustrie A. G.) in der Kunstseiden-, Trikotagen- und Strumpffärberei, *Monopolbrillantöl SO 100*, *Prästabitöl V* und *NR* (Chemische Fabrik Stockhausen u. Cie.) als Egalisierungs- und Durchfärbemittel auch auf Apparaten. Das Klotzverfahren mit *Prästabitöl V* hat bei besonders dichter Stückware, z. B. bei Wagendecken, Zeltbahnen usw. vollkommene Durchfärbung ergeben. *Prästabitöl V* wird z. B. mit einem Küpenfarbstoff im Teig auf das Gewebe geklotzt, worauf die Färbung in einer blinden Küpe, d. h. ohne Farbstoffzusatz entwickelt wird. Auch für die Indanthrenfärberei von Hemdenstoffen ist das *Prästabitöl*-Klotzverfahren empfohlen worden[1]. Auch *Oranit BN* und *Coloran B 7* (Oranienburger Chemische Fabrik A. G.) haben sich als netzende Zusätze in der Baumwollfärberei bewährt.

Die Fettalkoholsulfonate haben sich ebenfalls als Färbereihilfsmittel eingeführt. Briscoe[2] berichtet über die Eignung von sulfoniertem *Lorol* (Laurinalkohol) und *Ocenol* (Oleinalkohol). Das vorwiegend aus sulfoniertem Oleinalkohol bestehende *C. F. D. 1931* (Zschimmer und Schwarz) soll besonders beim Färben mit Schwefelfarbstoffen das Hartwerden der Textilfaser vermeiden. *Gardinol CA* und *WA* (Böhme Fettchemie G. m. b. H.) dienen als Hilfsmittel in der Färberei allgemein, während *Brillant-Avirol L 142* und *L 144* derselben Firma als egalisierende Zusätze in der Kunstseidenfärberei Verwendung finden.

Kondensationsprodukte sind in der Färberei wiederholt empfohlen worden. So ist der Zusatz von *Twitchellspalter* als Zusatz zu Farbstofflösungen und Pasten unter Patentschutz gestellt worden[3]. Die Oranienburger Chemische Fabrik A. G. (früher Milch A. G.) und Lindner stellten Körper, wie Palmitylbenzolsulfonsäure —$R \cdot CO \cdot R' \cdot SO_3H$— und Cetylbenzolsulfonsäure —$R \cdot R' \cdot SO_3H$—, als Färbereihilfsmittel unter Schutz[4]. *Igepon T* und *T Pulver* werden von der I. G. Farbenindustrie A. G. als Zusätze zu direkten Farbstoffen, Schwefel- und Küpenfarben auch für die Apparate- und Stückfärberei empfohlen. Ausflockungen besonders in Küpen werden vermieden, auch werden die Färbungen gleichmäßiger und reibechter. In der Kunstseidenfärberei wirkt das *Igepon T* gleichzeitig als Weichmacher. In ähnlichem Sinne äußert sich Nüsslein[5] in seiner schon mehrfach zitierten Arbeit. Ein weiteres Anwendungsgebiet für derartige Kondensationsprodukte scheint das Drucken von Küpenfarbstoffen zu sein. In einem Patent der I. G. Farbenindustrie A. G.[6] wird das Kondensationsprodukt aus Ölsäurechlorid und Isäthionsäure zusammen mit Polyglycerinen zur Herstellung von derartigen Druckpasten vorgeschlagen.

Die Wollfärberei. Der Verwendung der einfachen Türkischrotöle sind in der Wollfärberei natürlich Grenzen gesteckt, da bei den Verfahren, die mit Säurefarbstoffen oder Beizenfarbstoffen arbeiten, durch die Anwesenheit der Säuren oder Metallsalze unliebsame Abscheidungen entstehen können. Die beständigere *Monopolseife* und die *Türkonöle* sind allerdings schon nach älteren Literaturangaben auch für die saure Wollfärberei, z. B. bei Chromier- und Nachchromierfarbstoffen empfohlen worden[7, 8]. Auch die gute Säurebeständigkeit des *Monopolbrillantöles* ist erst kürzlich beschrieben worden[9]. In dieser Arbeit wird gezeigt, daß Türkischrotöl in Flotten, die 2 g Schwefelsäure im Liter enthalten, bereits zu Ölausscheidungen neigt, während *Monopolbrillantöl* einwandfreie Lösungen liefert. Anders liegen die Verhältnisse bei der Wollfärberei mit Schwefel- und Küpenfarbstoffen, die bekanntlich in alkalischen Bädern ausgefärbt werden. Man setzt hier zum Schutze der Faser gegen die

[1] Dtsch. Färber-Ztg. 68, 423 (1932).
[2] Journ. Soc. Dyers Colourists 49, 71 (1933).
[3] D. R. P. 303121.
[4] D. R. P. 553811; E. P. 246507.
[5] Melliands Textilber. 13, 27ff. (1932).
[6] D. R. P. 572693.
[7] Lehnes Färber-Ztg. 1905, 15; 1908, 215.
[8] Die Anwendung der Fettstoffe usw., S. 160, 164, 183 (1911).
[9] Ztschr. ges. Textilind. 36, H. 9 (1933).

Alkalieinwirkung Rotöl, *Monopolbrillantöl, Türkonöl* od. dgl. zu. Heermann[1] macht auf diese Schutzwirkung der sulfonierten Öle ausdrücklich aufmerksam. Von Färbeölen, die bei nicht zu hoher Säurekonzentration in der Wollfärberei anwendbar sind, sollen noch das *Avirol KM* der Böhme Fettchemie G. m. b. H. und das *Coloran S* der Oranienburger Chemischen Fabrik A. G. erwähnt werden. Beides sind Schwefelsäureester mit verbesserten Beständigkeitseigenschaften.

Die hochsulfonierten Ester und Sulfonsäuren der Fette haben wegen ihrer guten Säure- und Kalkbeständigkeit vielfach Anwendung in der Wollfärberei gefunden. Wieder sind das *Avirol AH extra*, das *Coloran B 7* und *Oranit FWN konz.*, das *Humectol C* u. a. m. zu erwähnen. Eine besondere Rolle spielt das *Prästabitöl V*, das einen hochsulfonierten Fettschwefelsäureester mit $8,8\%$ gebundenem SO_3 und einem Sulfonierungsgrad von 93% darstellt[2], der wohl als einziges auf reiner Ölbasis aufgebautes Netzmittel eine so hervorragende Beständigkeit gegen kochende Säure aufweist, daß es selbst in der Palatinechtfärberei verwendet werden kann. Weiter ist *Prästabitöl V* befähigt, substantiv auf die Wollfaser aufzuziehen, dort einen Ölfilm zu bilden und auf diese Weise als Faserschutzmittel sowie Ersatz für das bei der Vorbehandlung entzogene Kapillarfett zu wirken. Diese Verhältnisse sind von Friedrich und Kessler[3] u. a.[4] ausführlich gewürdigt worden. Auch auf die Bedeutung des *Prästabitöles V* als Umfärbemittel beim Abziehen und beim Wiederauffärben sei aufmerksam gemacht, da sich auch hierbei das Faserschutzvermögen auswirkt.

Nach Patenten der H. Th. Böhme A. G.[5] sollen die Alkyl- und Arylester von sulfonierten Fetten, Ölen oder Fettsäuren sowie die Schwefelsäureester höherer Fettsäureamide wertvolle Hilfsmittel in sauren Färbebädern sowie in der Wollküpenfärberei darstellen. Eine Kombination von hochsulfoniertem Öl mit heterocyclischen Basen bringt die gleiche Firma unter dem Namen *Oleocarnit* in den Handel. Diese Produkte gelten auch in der Wollfärberei als wirksame Farbstofflöse- und Durchfärbemittel besonders für dichte Materialien und Filze. Ein besonderes Färbeverfahren für Wolle mit sauerziehenden oder Chromentwicklungsfarbstoffen hat die I. G. Farbenindustrie A. G. unter Schutz gestellt[6], wonach in Gegenwart von Schwefelsäureestern oder Sulfosäuren, wie z. B. palmitinsulfonsaurem Natrium oder Naphthensulfonsäure, bei erhöhten Säuremengen und bei Temperaturen unter 100°, wie z. B. 50—70°, ausgefärbt wird. Auf diese Weise werden besonders egale Färbungen erhalten.

Auch in der Wollfärberei spielen die „endständigen" Sulfonate eine große Rolle, zumal diese Verbindungen in der Regel die hierfür verlangten Beständigkeitseigenschaften aufweisen. Die soeben erwähnten Patente der I. G. Farbenindustrie A. G.[6] sehen auch die Mitverwendung von Cetylschwefelsäureester oder aromatischen Sulfofettsäuren nach Art des *Twitchellreaktivs* vor.

Die schon früher als Färbereihilfsmittel erwähnten aromatischen Sulfonsäuren, welche durch einen höheren Alkyl- oder Fettsäurerest substituiert sind, sollen sich nach im Besitz der Oranienburger Chemischen Fabrik A. G. befindlichen Patenten[7] (Milch A. G. und Lindner) in der Wollfärberei allgemein und zusammen mit Beizenmetallsalzen für die Beizenfärberei eignen. Es wird z. B. empfohlen, die wasserlöslichen Chrom-, Aluminium- oder Eisensalze der Palmitylbenzolsulfonsäure oder Stearyltoluolsulfonsäure in der Färberei und Druckerei tierischer sowie pflanzlicher Fasern anzuwenden. In diesem Zusammenhang soll die Verwendbarkeit von *Melioran B 9* und *F 6* als faserschützendes Hilfsmittel in der Wollfärberei Erwähnung finden[8].

Fettalkoholsulfonate, wie *Gardinol CA* und *WA, C. F. D. 1931, Jokalin* und andere, dienen gleichfalls als egalisierende und weichmachende Zusätze in Wollfärbeflotten. Die I. G. Farbenindustrie A. G. erwähnt als besonders geeignet für das Färben von Wollstückware in einem Patent[9] den Stearylenglykolschwefelsäureester. Ein lösungsmittelhaltiges Fettalkoholsulfonat auch für Färbereizwecke ist das *Breviol*, während die pyridinhaltigen *Oxycarnite L 50* und *L 65* — gleichfalls auf Basis sulfonierter Fettalkohole — als Durchfärbemittel für Filze, Kopse, Kreuzspulen u. dgl. Beachtung gefunden haben.

Schließlich findet man auch wieder das *Igepon T* und *T extra* in der Reihe der Hilfsmittel für die Wollfärberei. Diese Sulfonate sind unbeschränkt säurebeständig, wirken auf Farbstoffe dispergierend und geben auch bei schwer egalisierenden Farb-

[1] Technologie der Textilveredelung **1921**, 412/13.
[2] E. P. 293480; Schweiz. P. 128730.
[3] Melliands Textilber. **10**, 639 (1929); **14**, H. 2 (1933).
[4] Ztschr. ges. Textilind. **36**, H. 15 (1933).   [5] Österr. P. 125178; 125182.
[6] D. R. P. 550929; E. P. 353512.   [7] D.R.P. 553811; E.P. 246507, 269917.
[8] Vgl. Dyer Calico Printer **65**, 438 (1931).   [9] D. R. P. 549667, Beispiel 3.

stoffkombinationen einwandfreie Ausfärbungen. Auch zum Durchfärben von Filzen und dergleichen sind die *Igepon*marken geeignet. Die gleichzeitige Reinigungswirkung ist hervorzuheben. Schließlich verleiht *Igepon T* dem gefärbten Material einen weichen Griff, was bei loser Wolle ein besseres Verspinnen zur Folge hat. NÜSSLEIN[1] führt die vorteilhaften Wirkungen des *Igepon T* darauf zurück, daß die Sulfonsäuren von der Wolle gebunden werden, wodurch Verlangsamung der Farbstoffaufnahme, Gewichtsvermehrung und Griffverbesserung bewirkt werden.

Das Avivieren gefarbter Textilmaterialien. Die Avivage von Farbware hat den Zweck, die Farbe zu schönen und zu vertiefen, wobei gleichzeitig auch eine Griffverbesserung erreicht wird. In vielen Fällen, z. B. bei Baumwollfärbungen mit Schwefelfarbstoffen in der Küpen- und Naphtholfärberei, ist die Avivage erforderlich, um die notwendige Leuchtkraft und Reibechtheit der Färbungen zu erreichen. Das älteste Aviviermittel ist die Seife, doch haben Rotöle, *Monopolseife,* die hochsulfonierten Öle, Fettalkoholsulfonate und Kondensationsprodukte zum Avivieren von Baumwolle, Kunstseide, Wolle und Seide verbreitete Verwendung gefunden. Die im Kapitel V, A, f besprochenen Weichmachungsmittel finden auch zum Avivieren gefärbten Textilgutes Anwendung, desgleichen werden auch die im vorstehenden erörterten Färbereihilfsmittel häufig zum gleichen Zweck benutzt. Auf die Eignung von Türkischrotölen[2], Fettalkoholsulfonaten[3], wie *Gardinol, C. F. D. 1931* u. a., sowie von *Igepon*[1] zum Avivieren von Färbungen wurde verschiedentlich in der Fachliteratur hingewiesen.

b) Faseraufschluß, Beuchen, Bleichen.

Faseraufschluß, Beuchen. Die pflanzlichen Rohfasern Baumwolle, Flachs, Hanf, Jute, Ramie sowie eine Reihe von Blatt- und Fruchtfasern enthalten neben dem reinen Faserstoff noch Inkrusten und Nebenprodukte, wie Farbstoffe, Pektine, Gummi, Harze, Fette und Wachse, die in der Regel durch Aufschluß- und Abkoch- (Beuch-) Prozesse sowie durch die eigentliche Bleiche entfernt werden. Die Entfernung der Verunreinigungen erfolgt regelmäßig durch ein- oder mehrmaliges Abkochen mit Lösungen von Ätznatron, Soda, Ätzkalk oder Gemischen von Ätznatron oder Soda einerseits und Ätzkalk anderseits.

Zur Unterstützung pflegt man den alkalischen Beuchlaugen Hilfsmittel zuzusetzen, die die Entfernung der Fremdstoffe oder Verunreinigungen fördern. Früher benutzte man in erheblichem Maße Seifen, insbesondere Harzseifen, oder seifenhaltige Lösungsmittelprodukte. Wegen der besseren Beständigkeitseigenschaften sind dann aber die „sulfonierten Öle" allein oder zusammen mit Lösungsmitteln mehr und mehr in den Vordergrund getreten. Wiederholt ist von berufener Seite[4] der Wert solcher Beuchzusätze wenigstens in den meist vorgeschlagenen geringen Mengen von $^1/_4$–$^1/_2\%$ vom Fasergewicht in Frage gestellt worden, doch hat sich bis auf den heutigen Tag ein erheblicher Verbrauch wenigstens bei der Fabrikation feinerer Baumwollartikel erhalten, während für Flachs, Hanf, Jute usw. die Verwendung solcher Hilfsmittel nur vereinzelt anzutreffen ist.

Die Mitverwendung von Türkischrotöl in den alkalischen Kochflotten wird offenbar erstmalig von HERTEL[5] vorgeschlagen. Auch ERBAN[6] hebt den Vorteil besonders kalkbeständiger Sulfonate hervor. In einer anderen Veröffentlichung[7] wird mitgeteilt, daß das Rotöl als Zusatz zu Abkochbädern den Zweck hat, das bei zirka 80⁰ schmelzende Baumwollwachs zu emulgieren. HEERMANN[8] nennt als Zusatz zu Soda, Ätznatron, Ätzkalk oder deren Gemisch auch Türkischrotöl und *Monopolseife* und empfiehlt an anderer Stelle für glatte Baumwollwaren ein Auskochen mit wäßriger Rotöl- oder *Monopolseifen*lösung vor der eigentlichen Druckbeuche mit Natronlauge. In neuerer Zeit berichtet ESTEY[9] über die Verwendung der sulfonierten Öle in diesem Zweig der Baumwollindustrie.

---

[1] Melliands Textilber. **13**, 27 (1932).   [2] Seifensieder-Ztg. **48**, 992 (1921).
[3] Dtsch. Färber-Ztg. **68**, Nr. 7, 1 (1932); Ztschr. ges. Textilind. **35**, 370 (1932).
[4] TSCHILIKIN: Leipziger Monatsschr. Textilind. **1927**, 425.
[5] D. R. P. 75435.   [6] Vgl. Die Anwendung von Fettstoffen usw., S. 58 (1911).
[7] Seifensieder-Ztg. **48**, 992 (1921).
[8] Technologie der Textilveredelung **1921**, S. 234—236.
[9] Textile Colorist **54**, 550ff. (1932).

Neben den Sulforicinaten haben auch die Mineralölsulfonsäuren gerade in der Baumwollbeuche als Zusätze Bedeutung erlangt. 0,3—1% *Kontakt T* — das sind die Sulfonsäuren nach D. R. P. 264786 — sollen in der Baumwollabkochung gute Dienste leisten[1]. HALL[2] berichtet, daß man in Rußland unter Mitverwendung des aus sulfonierten Petroleumrückständen bestehenden *Kontakt C* in offenen Kesseln beucht. Die Twitchell Process Co. beschreibt in einem Patent[3] das Abkochen von Pflanzenfasern mit den sogenannten *Mahagonysulfonaten*, die bei der Raffination von Weißölen mittels Oleums aus der Ölschicht gewonnen werden. In Deutschland vertreibt die Firma Sudfeld u. Co. unter der Bezeichnung *Salsulfon* Mineralölsulfonate zum Benetzen von Baumwolle im Abkochprozeß. Auch in zahlreichen bereits früher besprochenen Patenten (vgl. Kapitel II, C, b) finden sich Hinweise auf die Verwendbarkeit einfacher und kondensierter Mineralölsulfonsäuren zum Beuchen pflanzlicher Fasern.

Ein besonderes Verfahren ist von ULLMANN entwickelt worden, der festgestellt hat, daß eine kombinierte Beuche mit Alkalien und anderen Hydroxyden, z. B. des Calciums, Bariums oder Aluminiums, die mit den Faserwachsen und -fetten unlösliche Metallseifen bilden, besonders gute Effekte liefert, wenn sulfonierte Öle, wie *Monopolseife*, Hochsulfonate od. dgl., mitverwendet werden, welche die Metallseifen in eine lösliche oder fein verteilte Form überführen. Das Verfahren steht in einigen Ländern unter Patentschutz[4].

Sehr erhebliche Bedeutung haben zahlreiche Sulfonatlösungsmittelkombinationen erlangt, die unter den verschiedensten Phantasienamen der Baumwollindustrie seit Jahren angeboten werden und die entsprechend den Fortschritten in der Sulfonierungstechnik heute einen hohen Grad von Zuverlässigkeit in der Wirkungsweise erlangt haben. Solche Produkte sind unter den Bezeichnungen *Verapol* (Chemische Fabrik Stockhausen u. Cie.), *Perlano* (Böhme Fettchemie G. m. b. H.), *Perpentol BT* und *BTN* (Oranienburger Chemische Fabrik A. G.) u. a. m. auf dem Markt. Sie enthalten neben meist recht beständigen Sulfonaten Lösungsmittel, wie Xylol, hydrierte Naphthaline, Terpentinöl, Petroleum, und werden häufig nach patentrechtlich geschützten Spezialverfahren gewonnen. CLARK[5] beschreibt die Vorzüge einer Sulfonat-Kiefernöl-Mischung gegenüber Seifenpräparaten besonders bei einmaliger Kochung. LINDNER[6] stellt für Tetrahydronaphthalinprodukte spezifische Wirkungen, wie Vorbleiche, Verbesserung von Weißgehalt und Lichtbeständigkeit, Verminderung der Abkochverluste, Erhöhung der Hygroskopizität sowie Verminderung der Oxycellulosebildung, fest. PETROW und ALEXEEFF[7] gewinnen reinen Zellstoff durch Aufschluß von Pflanzenfasern mit Alkalilaugen, welche Phenole und Alkalisalze von aromatischen Sulfofettsäuren (*Twitchellreaktiv*) oder Naphthasulfonsäuren enthalten.

Die hochsulfonierten Öle, „echten" Sulfonsäuren sowie die Sulfonierungsprodukte von Fettsäureestern, Amiden usw. haben für spezielle Zwecke in der Baumwollbeuche gleichfalls Verwendung gefunden. Sie dienen besonders zum Annetzen des Baumwollmaterials und gestatten ein schnelles und gleichmäßiges Durchtränken sowie eine bessere Ausnutzung des Kesselinhaltes. Erzeugnisse dieser Art, die sich in der Praxis bewährt haben, sind *Avirol AH, AH extra* und *KM extra, Oranit BN konz.* und *Coloran B 7, Humectol C, Prästabitöl NR, G* und *V* und andere. In ähnlichem Sinne hat man auch wiederholt die Anwendung von Fettalkoholsulfonaten und *Igeponen* empfohlen, jedoch scheinen sich diese hochwertigen Sulfonate in der Baumwollbeuche nicht in dem Umfang eingeführt zu haben wie in anderen Zweigen der Textilindustrie. Erwähnung verdient das *Sirial*, ein Spezialprodukt der Böhme Fettchemie G. m. b. H., das offenbar eine auf Fettalkoholsulfonatbasis aufgebaute Mischung auf Grund der oben besprochenen Vorschläge ULLMANNS darstellt[8]. Nach einem Patent der I. G. Farbenindustrie A. G.[9] dienen Fettsäurekondensationsprodukte im Gemisch mit anorganischen Stoffen, wie Kieselsäuregel, Bleicherde, Wasserglas usw., in alkalischer Flotte als Beuchmittel. Schließlich sei erwähnt, daß nach einem Patent der Firma Carl Flesch jun.[10] hochmolekulare Persulfonsäuren, wie Octadecylpersulfonsäure oder deren Salze, als Beuch- und Bleichmittel Verwendung finden können.

Bleiche. Ein gut gebeuchtes Fasermaterial bedarf netzender oder dispergierender

[1] Seifensieder-Ztg. **41**, 841 (1914).
[2] Amer. Dyestuff Reporter **22**, 1ff. (1933).   [3] E. P. 354303.
[4] F. P. 688800; E. P. 339850; Mellands Textilber. **12**, 577 (1931).
[5] Cotton **95**, 1318ff. (1931).
[6] Mellands Textilber. **1927**, 353ff.; Leipziger Monatsschr. Textilind. **1927**, H. 10.
[7] D. R. P. 494366.   [8] F. P. 688800; E. P. 339850.
[9] F. P. 755541.   [10] D. R. P. 624561.

Zusätze in der eigentlichen Bleiche in der Regel nicht. Man pflegt höchstens nach Beendigung des Bleichprozesses im letzten Spülbade das Bleichgut zu avivieren und benutzt zu diesem Zweck eines der zur Verfügung stehenden Sulfonate, deren Eignung als Weichmachungsmittel bereits hervorgehoben wurde (vgl. S. 413). Dagegen sind zahlreiche Vorschriften bekanntgeworden, pflanzliche Fasern ohne vorherige Beuche unter Mitverwendung von Sulfonaten zu bleichen.

Diesen sogenannten „Kaltbleichen" liegt ein älteres Patent von PICK und ERBAN[1] zugrunde, wonach die Anwendung von Sulforicinaten in Hypochloritbleichbädern zwecks Beförderung der Bleichwirkung und Schonung des Materials günstig wirken soll. Die Verwendung der *Monopolseife* in der Bleicherei wird von ERBAN[2] gewürdigt. Hochsulfonierte Öle sind gleichfalls als Aktivatoren in der Bleiche empfohlen worden. Das von der Oranienburger Chemischen Fabrik A. G. propagierte Kaltbleichverfahren sieht die Anwendung von *Oranit BN konz.* entweder in einer kalten alkalischen Vornetzlösung oder unmittelbar in der Bleichflotte vor. Man soll nach diesem Verfahren eine gut gebleichte Baumwolle auch ohne Beuche erhalten können. Ein ähnliches Verfahren ist von der Böhme Fettchemie G. m. b. H. für das *Avirol AH extra* empfohlen worden. Auch einige *Prästabitöl*marken wirken in gleichem Sinne. Man verwendet solche Sulfonate in Hypochloritbleichflotten, bei genügender Beständigkeit auch in Chlorkalkbädern, sowie endlich in der Wasserstoffsuperoxyd- und Perboratbleiche, wie sie nicht nur für Baumwolle, sondern in großem Maßstabe auch für die Woll- und Kunstseidenbleiche zur Anwendung gelangt. Ein interessantes Bleichverfahren der H. Th. Böhme A. G.[3] beschreibt zunächst ein Netzen von Textilgut mit einem Sulfonat des Ricinolsäurebutylesters, worauf anschließend mit aktivem Chlor und dann mit Wasserstoffsuperoxyd in Gegenwart von oleylschwefelsaurem Magnesium als Stabilisator gebleicht wird. Den meisten „sulfonierten Ölen" wird überdies eine stabilisierende Wirkung auf Wasserstoffsuperoxyd oder andere Persauerstoff enthaltende Bleichmittel zugeschrieben. Nach einem Verfahren der Oranienburger Chemischen Fabrik A. G., LINDNER und HAMPE[4] kann das Haltbarmachen von Superoxydlösungen für Bleichereizwecke erreicht werden, indem man hydrierte aromatische Kohlenwasserstoffe oder ihre Sauerstoff oder Halogen enthaltenden Abkömmlinge, wie Cyclohexan, Cyclohexanol od. dgl., mit emulgierenden Zusätzen, wie Ricinolsulfonsäure, acetylricinolsulfonsaures Natrium, als regulierende Agentien zufügt. Die H. Th. Böhme A. G. schlägt vor[5], Textilmaterialien, Federn usw. mit oxydierenden oder reduzierenden Bleichmitteln, Schutzmitteln, wie hydrierten Phenolen, und sulfonierten Ölen zu behandeln. Offenbar werden durch Mischungen vorbeschriebener Art gleichzeitig Reinigungs- und Bleicheffekte erreicht.

Auch Fettalkoholsulfonate und Kondensationsprodukte spielen als Hilfsmittel in der Bleicherei eine gewisse Rolle. *Gardinol CA* und *WA* werden von der Böhme Fettchemie G. m. b. H. als Zusätze zu Bleichflotten vorgeschlagen. Neuartige Stabilisatoren für Superoxydbleichflotten sind die Fettalkoholsulfonate enthaltenden *Homogenite* der gleichen Firma, die die Sauerstoffabgabe regulieren und gleichzeitig benetzend und griffverbessernd wirken. Die Marke *B* dient als Stabilisator von ätzalkalischen Superoxydbädern für Baumwolle, die Marke *W* für ammoniakalische Bleichflotten für Wolle. Patentiert ist der gleichen Firma[6] die Stabilisierung von Peroxydlösungen mittels der Umsetzungsprodukte, die aus sauren Schwefelsäureestern von Fettalkoholen und Natriumpyrophosphat in wäßriger Lösung bei erhöhten Temperaturen gewonnen werden. Nach Patenten der Oranienburger Chemischen Fabrik A. G. (Milch A. G.) und LINDNER[7] sind Verbindungen, wie Hexadecylbenzolsulfonsäure, Stearyltoluolsulfonsäure, gegebenenfalls zusammen mit ein- oder mehrwertigen Alkoholen geeignete Zusätze zu Bleichlösungen. Auch über die Verwendung von *Igepon T* in Bleichbädern wird berichtet[8]. Dieses Produkt findet besonders in der Wollbleiche mit Superoxyd-, Blankit- und Bisulfitbädern Anwendung. Bei der Schwefelkastenbleiche dient es zum Vornetzen. FOLGNER und SCHNEIDER[9] haben experimentell die ausgezeichnete stabilisierende Wirkung von Laurinalkoholsulfonat, Oleinalkoholsulfonat und *Igepon T* auf Wasserstoffsuperoxydbäder bei 40 und 50⁰ festgestellt.

Zum Schluß soll noch ein interessantes Verfahren von GLATZ[10] zur Vorbereitung von stark inkrustenhaltigen Pflanzenfasern mitgeteilt werden. Er quillt zunächst die Faser mit einer rotölhaltigen Natriumhypochloritlösung auf, behandelt dann mit verdünnter Salzsäure und anschließend mit Natronlauge.

---

[1] D. R. P. 176 609.   [2] Die Anwendung von Fettstoffen usw., S. 160 (1911).
[3] F. P. 755 627.   [4] D. R. P. 561 603.
[5] E. P. 304 719.   [6] D. R. P. 594 806.
[7] D. R. P. 556 865; E. P. 246 155.   [8] Melliands Textilber. **13**, 27 (1932).
[9] Melliands Textilber. **14**, 502 (1933).   [10] F. P. 707 002.

c) Merzerisieren.

Unter Merzerisage versteht man bekanntlich einen chemischen Veredelungsprozeß der Baumwolle, der in der Regel mit starker Natronlauge durchgeführt wird. Die Faser erhält durch diesen Vorgang einen höheren Glanz, sofern sie, wie es meist geschieht, unter Spannung gehalten wird. Bei der seltener ausgeübten Merzerisage ohne Spannung treten Schrumpfeffekte und Faserverfestigungen in den Vordergrund.

Nach der bis vor kurzem üblichen älteren Arbeitsweise wird die baumwollene Strang- oder Stückware vor der eigentlichen Laugenbehandlung genetzt oder sogar ausgekocht, wobei man sich neben Ätznatron oder Soda des Rotöles, der *Monopolseife* oder auch der neueren bereits besprochenen Netzmittel bedient. Das auf diese Weise vorgenetzte Material bedarf eines netzenden Zusatzes beim eigentlichen Merzerisieren dann nicht. Das merzerisierte Gut wird gespült, gebleicht und häufig mit den gleichen sulfonierten Ölen, Fettalkoholsulfonaten oder Kondensationsprodukten aviviert, die auch zur Nachbehandlung von nicht merzerisiertem Bleichgut oder von Farbware dienen.

Es hat freilich auch nicht an Vorschlägen gefehlt, „sulfonierte Öle" unmittelbar den Merzerisierlaugen zuzusetzen. Praktische Bedeutung haben diese Vorschläge mit sulfonierten Ölen älterer Prägung nicht erlangen können, weil Türkischrotöle, *Monopolseife* usw. von den in der Praxis meist benutzten Natronlaugen von 28—38° Bé regelmäßig ausgesalzen werden. Erst durch das Aufkommen der hochsulfonierten Öle und „echten" Sulfonsäuren, die sich durch eine weitgehende Beständigkeit gegen die aussalzende Wirkung starker Laugen auszeichnen, war es möglich, sulfonathaltige netzende Zubereitungen zu schaffen, welche in den Merzerisierlaugen klar löslich sind. Es muß aber anerkannt werden, daß dieser Fortschritt nicht so sehr auf die Bemühungen der Sulfonierungstechnik zurückzuführen ist. Vielmehr hat die Chemische Fabrik vorm. Sandoz erkannt, daß die Mischungen von Phenolen oder Kresolen mit kleinen Mengen von hydroaromatischen Alkoholen, Polyglykoläthern usw. sehr wirksame Hilfsmittel in der Merzerisage darstellen und auch mit ihren auf dieser Basis hergestellten *Mercerol*-Typen gute technische Erfolge erzielt[1]. In Abwandlung dieser Ideen sind dann Merzerisiernetzmittel am Markt erschienen, die mehr oder minder große Mengen von laugenbeständigen Ölsulfonaten neben Kresol und mitunter auch anderen Bestandteilen enthalten.

Durch diese Fortschritte wurde die sog. „Trockenmerzerisage" ermöglicht, d. h. man war in der Lage, das Vornetzen oder Auskochen zu sparen und mit dem trockenen Fasermaterial in die Lauge einzugehen.

Die H. Th. Böhme A. G. schlägt in einem Patent[2] vor, sulfonierte Öle insbesondere mit hohem Sulfonierungsgrad zusammen mit Phenolen als Netzmittel in der Merzerisation anzuwenden. FRIEDRICH[3] stellt fest, daß Laugen, welche Gemische von Phenolen und sulfonierten Ölen enthalten, auch nach wiederholter Benutzung noch eine stärkere Schrumpfkraft ausweisen, als Merzerisierlaugen ohne Zusatz. Nach einem Patent der I. G. Farbenindustrie A. G.[4] dienen Sulfonsäuren mit netzenden Eigenschaften, wie z. B. Ölsulfonsäure, zusammen mit Phenolen oder Kresolen und gegebenenfalls Lösungsmitteln, wie Terpentinöl, Perchloräthylen, Polyglykoläther usw., als Netzmittel in der Merzerisage. Nach einem Patent der H. Th. Böhme A. G.[5] soll ein Gemisch von aromatischen Sulfonsäuren, hochsulfonierten Ölen und einem Phenol, z. B. Trikresol, besonders wirksam sein. Auch bei Fettalkoholsulfonaten soll nach einer Beobachtung WELWARTS[6] die Salzbeständigkeit durch einen Zu-

---

[1] F. P. 624174; Österr. P. 116037; Schweiz. P. 128440, 148665, 149313 u. a. m.
[2] E. P. 297382.   [3] Monatsschr. Textilind. 47, 254 (1932).
[4] F. P. 687616.   [5] D. R. P. 617180; A. P. 1868376.
[6] Seifensieder-Ztg. 59, 359 (1932).

satz von Phenolen oder Kresolen so verbessert werden können, daß sie in Merzerisierlaugen löslich sind. Es wird außerdem ein Zusatz von Cyclohexanolen oder Dihydrodioxolen vorgeschlagen. In der Praxis scheinen sich aber Merzerisierhilfsmittel aus sulfonierten hochmolekularen Fettalkoholen nicht eingeführt zu haben. Dagegen hat sich die I. G. Farbenindustrie A. G. bemerkenswerterweise ein Verfahren schützen lassen[1], welches die Verwendung von Schwefelsäureestern der Fettalkohole von mittlerem Molekulargewicht, d. h. mit 4—8 Kohlenstoffatomen gegebenenfalls zusammen mit Rotölen, Alkoholen oder Phenolen in der Merzerisation vorsieht. Ein anderes Patent[2] der gleichen Firma betrifft die Verwendung der Sulfonate, welche bei der Reinigung niedrig siedender Mineralölfraktionen, wie z. B. Motor- oder Hydrierbenzinen, mit Schwefelsäure anfallen, als Netzmittel in der Merzerisation.

Die Oranienburger Chemische Fabrik A. G.[3] beschreibt laugen- und salzbeständige Netz- und Weichmachungsmittel, die aus Fettsulfonsäuren, kondensierten Fettsulfonsäuren od. dgl. mit organischen Oxy-, Oxo- oder Oxyoxoverbindungen sauren Charakters bestehen. Solche Verbindungen sind beispielsweise Phenole, aliphatische oder aromatische Oxycarbonsäuren oder Ketosäuren. An Stelle dieser Zusätze können auch einfache Carbonsäuren oder ihre Ester im Gemisch mit Alkoholen oder sogar Aminoverbindungen treten.

In einem patentierten Verfahren der I. G. Farbenindustrie A. G.[4] wird die Verwendung von Gemischen „echter" Sulfonsäuren der Mineralöle oder aliphatischer gesättigter oder ungesättigter Verbindungen mit Schwefelsäureestern der Oxystearinsäure, Ölsäure, Ricinolsäure usw. empfohlen. Das Intensivsulfonat *Humectol C* wird von NÜSSLEIN[5] als Netzmittel für stark alkalische Flotten erwähnt, doch ist über eine breitere Einführung in der Merzerisage nichts bekanntgeworden. Dagegen hat das auf Basis eines hochsulfonierten Öles aufgebaute *Prästabitöl KG* der Chemischen Fabrik Stockhausen u. Cie. praktische Bedeutung erlangt, worüber auch KRAIS[6] berichtet.

Während die meisten Hilfsmittel für die Merzerisation sulfonatfrei sind, sollen als laugenbeständige sulfonathaltige Erzeugnisse noch die *Amercit*marken *M extra*, *P* und *PN* der Oranienburger Chemischen Fabrik A. G., das *Floranit M* der Böhme Fettchemie G. m. b. H.[7] und das *Leophen M* der I. G. Farbenindustrie A. G. Erwähnung finden.

d) Arbeitsprozesse in Gegenwart von Säuren (mit Ausnahme der Färberei).

Die in Gegenwart größerer Säuremengen vor sich gehenden Textilveredlungsprozesse, wie saure Wäsche und Walke, Abziehen, Karbonisation, saure Merzerisage usw., mußten früher in Abwesenheit von „sulfonierten Ölen" durchgeführt werden, da die älteren Fettschwefelsäureester entweder ausgeschieden wurden oder sogar eine weitergehende Zersetzung erfuhren. Das Aufkommen der hochsulfonierten Fette, der fettartigen Kondensationsprodukte, der Alkylschwefelsäuren und Alkylsulfonsäuren änderte auch hier das Bild und gestattet bei derartigen mit Säuren durchgeführten Arbeitsprozessen häufig Verbesserungen, die heute der Textilfachmann ungern missen würde.

Saure Wäsche und Walke. Den Untersuchungen GÖTTES[8] verdanken wir die grundlegende Erkenntnis, daß die Reinigungswirkung eines Waschmittels von der Wasserstoffionenkonzentration abhängig ist. Das Optimum liegt im alkalischen Gebiet bei $p_H = 10{,}7$, doch ist auch im sauren Gebiet die Tendenz zur Bildung eines Maximums erkennbar. Es ist daher einleuchtend, daß es in der letzten Zeit nicht an Vorschlägen gefehlt hat, die auf eine „saure Wäsche" abzielen. Eingeführt haben sich diese Verfahren aber nur dort, wo es galt, besondere Wünsche zu befriedigen, d. h. Verunreinigungen zu entfernen, die im alkalischen Medium unlöslich waren.

---

[1] E. P. 354946.   [2] D. R. P. 588351.
[3] F. P. 659538; Dtsch. Färber-Ztg. **68**, Nr. 14, Beilage, 26 (1832).
[4] F. P. 35523/601823.   [5] Dyer Calico Printer **65**, 320 (1931).
[6] Monatsschr. Textilind. **47**, 20 (1932).
[7] Mellliands Textilber. **9**, 759 (1928); **11**, 610 (1930).
[8] Kolloid-Ztschr. **64**, 222, 331 (1933).

Einfacher Rotöle kann man sich in solchen Fällen nur bedienen, wenn man sie mit Hilfe der säurebeständigen Schutzkolloide säureunempfindlich macht. Solche Stoffe sind nach einem Patent der I. G. Farbenindustrie A. G.[1] z. B. die propylierten oder butylierten Naphthalinsulfonsäuren oder ihre Salze. Dagegen sind aber die säurebeständigen hochsulfonierten Schwefelsäureester, die „echten" Sulfonsäuren und besonders Kondensationsprodukte vorzugsweise mit endständiger Sulfogruppe schon allein sehr gut für saure Wäsche brauchbar. Ein Reinigungsverfahren für Wolle, Haare usw. mit einem Gemisch niedrig-molekularer anorganischer oder organischer Säuren mit säurebeständigen hoch-molekularen Sulfonaten hat die Oranienburger Chemische Fabrik A. G.[2] unter Patentschutz gestellt. „Echte" Fettsulfonsäuren, Mineralölsulfonsäuren, fettaromatische Sulfonsäuren sind als wirksame Mittel angegeben.

Ein älteres Verfahren von ASCHKENASI[3] schlägt eine Wäsche mit Seifen in Gegenwart von Fettspaltern oder Fettsulfonsäuren vor, wählt also weniger saure Bedingungen. Ein saures Annetzen von tierischen Faserstoffen empfehlen Rechberg G. m. b. H. und Braun G. m. b. H. in einem Patent[4], welches neben Säuren die Anwendung der Sulfonate vorsieht, die beim Behandeln von Erdöl mit Schwefelsäure anfallen. Die sauren Lösungen von *Kontakt T* (nach D. R. P. 264786) werden nach einer älteren Literaturstelle[5] zum Waschen von Rohwolle und Kammgarn sowie zum Verfilzen empfohlen.

Die neueren Fettalkoholsulfonate, wie *Gardinol CA* und *WA*, der Böhme Fettchemie G. m. b. H., die *Igepone* der I. G. Farbenindustrie A. G., *Melioran B 9* und *F 6* und andere säurebeständige Sulfonate mit endständiger Sulfogruppe sind als Hilfsmittel zur sauren Wäsche vorgeschlagen worden, ohne daß diese Verwendung größeren Umfang angenommen hat. KEHREN[6] hält eine saure Wäsche mit solchen Sulfonaten z. B. nur bei Halbwollfabrikaten bis 1,2% Fettgehalt für möglich.

Dagegen ist es gelungen, säurebeständige Sulfonate für die Säurewalke in größerem Umfange einzuführen, was auch KEHREN für möglich hält. Die schon bei den hochsulfonierten Ölen beobachtete Substantivität führt offenbar zur Ablagerung einer Schutzschicht auf der Wollfaser, die sich bei dem die Wolle mechanisch beanspruchenden Walkprozeß vorteilhaft auswirkt. Die Walkzeit wird verkürzt, die Verfilzung wird kräftiger, auch wird ein Ausbluten der Farben weitgehend verhindert. Es werden daher von den verschiedenen Erzeugern sowohl Ölsulfonate, wie *Prästabitöl V*[7], Fettalkoholsulfonate, wie die *Gardinole*[8], und schließlich Kondensationsprodukte, wie *Igepon T*, als Hilfsmittel für die saure Walke empfohlen. Die Verwendung der Fettalkoholsulfonate zur sauren Wollwalke ist der Böhme Fettchemie G. m. b. H.[9] geschützt.

Andere Verwendungsgebiete. In anderen sauer arbeitenden Veredelungsprozessen ist die Verwendung säurefester Sulfonierungsprodukte empfohlen worden. Wir erwähnen eine Art saurer Merzerisage, die von der I. G. Farbenindustrie A. G.[10] vorgeschlagen wurde und in einer Behandlung pflanzlicher Fasern und Gewebe mit hochprozentiger Schwefelsäure, z. B. von 54° Bé, in Gegenwart von Fettalkoholsulfonaten besteht. Ein anderes Verfahren, welches nur in Sonderfällen ausgeübt wird, ist die Entbastung von Rohseide in Gegenwart von Acetatseide, die nach einem Patent der I. G. Farbenindustrie A. G.[11] mit Säuren bei Anwesenheit von säurebeständigen sulfonierten Ölen oder Fettsäuren durchgeführt werden kann. Für die Seidenindustrie mögen noch Patente von LOEWE[12] von Interesse sein, welche das Töten von Larven oder Puppen in Seidenraupenkokons z. B. mit sauren Salzen oder Säuren in Gegenwart sulfonierter Öle bei Anwendung von Vakuum oder Druck beschreiben.

Ein recht wichtiges Anwendungsgebiet für säurebeständige Sulfonate ist die *Karbonisation der Wolle*, die meist mit Schwefelsäure von 3—6° Bé durchgeführt wird und den Zweck hat, pflanzliche Beimengungen zu zerstören. Um zu vermeiden, daß die Karbonisiersäure das Wollmaterial ungleichmäßig durchdringt, wodurch wiederum Karbonisierflecke und unegale Färbungen entstehen können, pflegt man Netzmittel in kleinen Mengen zuzusetzen. Während früher alkylierte Naphthalinsulfonsäuren fast ausschließlich benutzt wurden, trifft man heute auch Ölsulfonate,

[1] D. R. P. 466420.   [2] D. R. P. 580212.
[3] D. R. P. 329008.   [4] D. R. P. 578775.
[5] Seifensieder-Ztg. **41**, 841 (1914).   [6] Ztschr. ges. Textilind. **36**, 12 (1933).
[7] Monatsschr. Textilind. **45**, H. 11 u. 12 (1930); **47**, 40 (1932).
[8] E. P. 354851.   [9] D. R. P. 619182.
[10] D. R. P. 561416.   [11] D. R. P. 508269.
[12] D. R. P. 413093, 451363.

wie *Prästabitöl V*[1], *Carbo-Flerhenol* der Firma Flesch jun.[2] oder Mischpräparate mit aromatischen Sulfonsäuren, wie *Oranit KSN konz.*, an. Aber auch endständige Sulfonsäuren sind empfohlen worden. So hebt SCHRAUTH[3] besonders die Eignung der hochmolekularen Alkylsulfonsäuren für die Karbonisation hervor und betont die hohe Widerstandsfähigkeit dieser Verbindungen gegen die hydrolysierende Wirkung starker Säuren. MANN[4] erwähnt die Eignung des *Igepon A* für die Karbonisation, während die I. G. Farbenindustrie A. G. für diesen Zweck offenbar das *Igepon T* in den Vordergrund stellt. Fettalkoholschwefelsäureester haben als Karbonisierhilfsmittel scheinbar keine Bedeutung erlangt, weil sie der Einwirkung der Schwefelsäure im Verlaufe des Karbonisierprozesses nicht widerstehen.

Weiter werden bestimmte Bleichprozesse, z. B. die Wollbleiche, mit Bisulfiten in Gegenwart von Schwefelsäure durchgeführt. Hier haben sich nicht nur säurebeständige Ölsulfonate, sondern vor allem *Igepon T* als netzender und den Griff verbessernder Zusatz bewährt. Dasselbe Hilfsmittel wird auch beim Abziehen von Imprägnierungen von fettsaurer Tonerde zusammen mit Mineralsäuren empfohlen. Ebenso findet *Igepon T* beim Abziehen von Färbungen mit Hydrosulfit in saurer Flotte Anwendung. Interessant ist, daß man nach einem Patent der I. G. Farbenindustrie A. G.[5] sogar die Sulfonsäuren ungesättigter Fettsäuren allein benutzen kann, um Färbungen, die mit Chromfarbstoffen hergestellt sind, teilweise wieder abzuziehen. In diese Gruppe von Verwendungsmöglichkeiten gehört auch das Reservieren, welches unter bestimmten Bedingungen sowohl mit „echten" Ölsulfonsäuren wie auch mit Fettalkoholsulfonaten ausgeführt werden kann[6]. Nach diesen, der I. G. Farbenindustrie A. G. gehörenden Patenten kann man Mischgewebe mit weißen Effekten ausrüsten.

e) Die „sulfonierten Öle" in der Kunstseidenerzeugung.

Wir haben gesehen, daß der Ausrüster fertiger Kunstseide sich der „sulfonierten Öle" in mannigfacher Weise beim Reinigen, Färben, Bleichen, Weichmachen und Mattieren zu bedienen weiß. Aber auch in der Kunstseide herstellenden Industrie, besonders in der Fabrikation der Viskoseseide, gibt es zahlreiche Verwendungsmöglichkeiten für Schwefelsäureester und Sulfonsäuren, auf die an dieser Stelle in einer kurzen Zusammenfassung eingegangen werden soll.

Zunächst bietet bereits die Herstellung der Alkalicellulose ganz ähnliche Verwendungsmöglichkeiten für alkalifeste Sulfonate wie die soeben auf Seite 424—425 geschilderte Merzerisation. Da die bei der Alkalicellulosegewinnung in Frage kommenden Laugenkonzentrationen häufig weit niedriger sind als die beim Merzerisieren üblichen Laugenstärken, bieten sich hier sogar für eine größere Anzahl von Fettschwefelsäureestern, Alkylschwefelsäuren und internen wie externen Sulfonsäuren Anwendungsmöglichkeiten, besonders wenn man sie mit Kresolen od. dgl. in Bezug auf Laugenfestigkeit noch verbessert.

Zu Viskoselösungen hat man verschiedentlich Sulfonatzusätze vorgeschlagen. In einem älteren österreichischen Patent[7] wird empfohlen, Türkischrotöl der Viskoselösung in einer Menge zuzusetzen, die der Hälfte der angewandten Cellulose entspricht und der Masse noch Pigmente, Füllstoffe oder Klebemittel einzuverleiben. In einem französischen Patent[8] findet sich der Vorschlag, 3% Rotöl der Viskose zuzumischen. Jedoch scheinen diese Sulfonatmengen zu hoch zu sein und zu Ausflockungen im Spinnbad zu führen. Ein neueres Verfahren der Glanzstoff Courtaulds G. m. b. H.[9] sieht Zusätze von 0,3—1% Rotöl vor, so daß eine solche Viskose z. B. 8% Cellulose, 7% Ätznatron und 0,7% Rotöl enthält. In einem Patent der I. G. Farbenindustrie A. G.[10] wird empfohlen, der Cellulose, ihren Derivaten oder Lösungen Sulfonsäuren, wie Palmitinsulfonsäure, Ricinusölsulfonsäure od. dgl., zuzusetzen. Auch zum Zwecke der Reinigung von Viskoselösungen soll es nach einem Patent der Amer. Glanzstoff Corp.[11] vorteilhaft sein, diesen Lösungen Emulsionen von Paraffin und Türkischrotöl zuzufügen und anschließend zu filtrieren.

[1] Monatsschr. Textilind. **45**, H. 11 u. 12 (1930); **47**, 40 (1932).
[2] Melliands Textilber. **11**, 610 (1930).   [3] Chem.-Ztg. **55**, 17 (1931).
[4] Amer. Dyestuff Reporter **21**, 711 (1932).   [5] D. R. P. 501 387.
[6] D.R.P. 552 005, 565 406; F.P. 703 090.   [7] Österr. P. 49 651.   [8] F.P. 550 142.
[9] D. R. P. 541 098.   [10] E. P. 336 250.   [11] A.P. 1 886 504.

Die Gewinnung spinnmattierter Kunstseide wird in ähnlicher Weise durchgeführt, indem man fein verteiltes Titandioxyd, Schwer- oder Erdalkalimetallverbindungen, Fette, Wachse, Kohlenwasserstoffe od. dgl. mit Hilfe von sulfonierten Ölen in der Viskoselösung dispergiert. Die diesbezüglichen Patente sind im Besitze der British Celanese Ltd.[1] und der Glanzstoff Courtaulds G. m. b. H.[2]. Die fein verteilten Trübungsstoffe verleihen der ausgefällten Viskose einen naturseidenähnlichen Mattglanz, während die Sulfonate gleichzeitig die Weichheit verbessern. Schließlich hat die I. G. Farbenindustrie A. G.[3] den Vorschlag gemacht, dem sauren Fällbad Mineralölsulfonsäuren zuzusetzen.

Über die Verwendungsmöglichkeiten der Sulfonate in der Lederindustrie wird an anderer Stelle (S. 451—458) berichtet.

C. Sonstige technische Verwendungen der „sulfonierten Öle".

1. Öl-, Fett- und Seifenindustrie.

Wir haben bereits im Kap. II, B, a erfahren, daß die ersten Fettspalter TWITCHELLS „echte" Sulfonsäuren von Fettsäuren gewesen sind. Mit dem *Kontaktspalter* haben wir uns im Kap. II, C, b, 2 und mit den fettaromatischen Sulfonsäuren — dem sog. *Twitchellreaktiv* — im Kap. III, B, c, 1 eingehender beschäftigt. Auch in einer Reihe neuerer Patente[4], die sich mit der Gewinnung hochsulfonierter Produkte aus Neutralfetten, Fettsäuren, Mineralölkohlenwasserstoffen oder deren Gemischen mit aromatischen Verbindungen, Alkoholen, Ketonen usw. beschäftigen, finden wir Hinweise bezüglich der Verwendbarkeit solcher Sulfonate als Fettspalter.

Auch bei der Carbonatverseifung der Fettsäureglyceride lassen sich nach einem Verfahren der Henkel u. Cie. G. m. b. H.[5] Sulfonierungsprodukte von Erdöl, Harzen oder Fetten als Aktivatoren mitverwenden.

Schließlich spielen die „sulfonierten Öle" auch noch als Zusätze zu Seifenpräparaten aller Art eine Rolle. Auf die stabilisierenden Wirkungen besonders der hochsulfonierten Öle und der Fettalkoholsulfonate sind wir bereits auf S. 373 eingegangen. Man trifft „sulfonierte Öle" vom Rotöl bis zum „endständigen" Sulfonat vielfach in feinen Toiletteseifen, Rasierseifen, Haarwaschmitteln und medizinischen Seifenpräparaten. Sie drängen die Hydrolyse zurück, erhöhen die Schaum- und Emulgierkraft der Seifen und begünstigen deren Haltbarkeit. Die Mengen liegen im allgemeinen zwischen 3—10% bezogen auf den Fettansatz.

2. Kosmetik, Hygiene, Desinfektion, Konservierung.

Die Verwendbarkeit von sulfonierten Fetten und Fettsäuren für die Herstellung von Mund- und Zahnpflegemitteln sowie für Haarwässer, Badeessenzen, Desinfektionsflüssigkeiten, Parfümerien usw. ist durch Verfahren von BRÄUNLICH[6] bekanntgeworden. Auch die modernen Fettalkoholsulfonate spielen heute bereits in kosmetischen Präparaten, Cremes und Salbengrundlagen eine gewisse Rolle. Eine Reihe moderner sog. „alkalifreier" Haarwaschmittel ist auf Basis von Cocosfettalkoholsulfonaten oder von Fettsäurekondensationsprodukten aufgebaut, während die beständigen Ricinolschwefelsäureester offenbar vielen Präparaten für die sog. Ölhaarwäsche zugrunde liegen.

Als Konservierungsmittel sind die „echten" einfachen sowie kondensierten Sulfonsäuren, die sich von hochmolekularen Fetten oder fettähnlichen Stoffen, wie Wollfett oder Fettalkoholen, ableiten, nach Verfahren der Oranienburger

---

[1] E. P. 341897.   [2] D. R. P. 542813; F. P. 689331.
[3] D. R. P. 462217, 512896.   [4] Vgl. z. B. F. P. 640617.
[5] Österr. P. 119975.   [6] D. R. P. 385309, 470505.

Chemischen Fabrik A. G.[1] geeignet. Auch die entsprechenden halogensubstituierten Sulfonsäuren sowie die Hexadecylbenzolsulfonsäure sind brauchbar[2].

3. Schädlingsbekämpfung.

Ähnlich wie Verbindungen, welche Sulfogruppen enthalten, auf Bakterientätigkeit vernichtend wirken, eignen sie sich auch zur Bekämpfung größerer Schädlinge.

Häufig findet man Vorschläge, Fettsulfonate zusammen mit Lösungsmitteln, wie z. B. mit hydrierten Naphthalinen, gegebenenfalls im Gemisch mit hydrierten Benzolkohlenwasserstoffen[3], mit Halogenkohlenwasserstoffen[4, 5], aromatischen Kohlenwasserstoffen[5], Ketonen[6], Alkoholdestillationsrückständen[7], Hydrierungsprodukten von Rohalkoholgemischen oder deren Destillationsrückständen[8] od. dgl., zur Bekämpfung von tierischen Schädlingen aller Art zu verwenden. Auch die Schwermetallverbindungen sulfonierter Fette, z. B. sulfofettsaures Kupfer oder dessen Lösung in Ammoniak, können zusammen mit Chlorkohlenwasserstoffen zur Vertilgung von Pflanzenschädlingen benutzt werden[9].

Ein älteres Verfahren[10] beschreibt ein Mittel gegen Rebläuse, welches durch Sulfonieren von Degrasdestillationsprodukten und Neutralisieren des gewaschenen Sulfonates mit Schwefelnatriumlösung gewonnen wird. Sehr wirksame Zusätze in Schädlingsbekämpfungsmitteln sollen die Diricindisulfonsäure (gemeint ist wohl der Dischwefelsäureester der Diricinolsäure) und ihre Salze sein[11]. Von den neueren Sulfonaten werden sowohl die Schwefelsäureester von Estern der Fettsäuren mit aliphatischen und aromatischen Alkoholen[12] wie auch die Sulfonate von Fettsäureamiden[13] als geeignet für die Schädlingsbekämpfung bezeichnet. Schließlich sind für den gleichen Zweck auch die „endständigen" kondensierten Sulfonsäuren, z. B. der Ölsäureester der Oxyäthansulfonsäure, das Kondensationsprodukt aus Montansäurechlorid und oxyäthansulfonsaurem Natrium od. dgl., zusammen mit anderen fungiziden oder insektiziden Stoffen, insbesondere Estern oder Äthern vorgeschlagen worden[14].

4. Leimfabrikation, Klebemittel.

Die Rohstoffe der Leimfabrikation kann man nach einem technisch bewährten Verfahren[15] mit *Kontaktspalter*, fettaromatischen Sulfonsäuren od. dgl. zusammen mit alkalisch reagierenden Stoffen aufschließen. Lohgare Lederabfälle sind nach einem älteren Verfahren mit Rotölen aufzuschließen, nach einem neueren Verfahren mit Mineralölsulfonsäuren, „echten" Fettsulfonsäuren usw. in Pseudolösungen und durch Koagulation mit Salzen auch in technisch brauchbare plastische Massen überzuführen[16]. Lösungen von Leim, Gelatine, Dextrin usw. in Kohlenwasserstoffen lassen sich mittels Schwefelsäureestern und Sulfonsäuren von Fetten oder Mineralölen und Alkoholen, Ketonen, Phenolen, hydrierten Phenolen od. dgl. gewinnen[17]. Auch zur Herstellung von wäßrigen Caseinleimen wurden Zusätze von Schwefelsäureestern und Sulfonsäuren der Fette, von Mineralölsulfonsäuren und Alkylschwefelsäuren empfohlen[18].

5. Papier- und Pappenfabrikation.

Auch hier fehlt es nicht an Vorschlägen, Sulfonate zu verwenden, obwohl die Arbeitsprozesse der Papier- und Pappenfabrikation derartige Verteuerungen meistens nicht vertragen. In dem Faseraufschluß zur Zellstoffgewinnung wurde mitunter die Mitverwendung von Rotölen empfohlen. Auch fettaromatische Sulfonsäuren, Naphthasulfonsäuren sollen hier in Form ihrer Alkalisalze geeignet sein[19]. Zum Reinigen von Papierstoff von Druckerschwärze eignen sich rotölhaltige Emulsionen, die hydrierte Phenole[20], Fettsäuren, auch zusammen mit Xylol[21], oder ähnliche die

---

[1] D. R. P. 550780, 552091. [2] D. R. P. 468026, 563150. [3] D. R. P. 312465.
[4] D. R. P. 236264. [5] D. R. P. 273983. [6] D. R. P. 384157.
[7] D. R. P. 502204. [8] D. R. P. 496102.
[9] D. R. P. 468026, 563150. [10] D. R. P. 43643. [11] D. R. P. 419390.
[12] Schweiz. P. 156645; Österr. P. 125178. [13] Österr. P. 125182.
[14] D. R. P. 550961, 564721. [15] D. R. P. 365448.
[16] D. R. P. 409035; F. P. 708994. [17] D. R. P. 568516.
[18] D. R. P. 548395. [19] D. R. P. 494366. [20] D. R. P. 369468.
[21] D. R. P. 396071.

Druckerschwärze lösende Stoffe enthalten. Zum Leimen und Wasserfestmachen von Papier oder Pappe können sulfonierte Öle zusammen mit Wachsen und Talkum dienen[1]. Ein glättendes und glanzgebendes Mittel für die Papiererzeugung sollen die Schwermetallsalze von Fettalkoholsulfonaten gegebenenfalls zusammen mit Bindemitteln darstellen[2].

6. Farbtechnik.

An anderer Stelle[3] wird darüber berichtet, daß Zusätze von „sulfonierten Ölen" zu den Wasserdeckfarben, wie sie in der Lederappretur Anwendung finden, beliebt sind. Das gleiche gilt auch bei anderen Anstrichfarben, Tapetenfarben, Druckmassen usw., deren Feinteilung und Netzvermögen durch Sulfonate häufig gesteigert werden kann. Sogar für Wasserglasanstriche hat man die Mitverwendung von Sulfonaten aus Fetten empfohlen[4].

Rotöle zusammen mit Phosphatiden und gegebenenfalls Lösungsmitteln dienen an Stelle der früher benutzten Galle als Zusätze zu Aquarellfarben, Pigmentfarben und Farblacken für die Buntpapierfabrikation[5]. Für das Anreiben von Pigmenten bei der Herstellung von Ölfarben sind Sulfonate von trocknenden Ölen, z. B. sulfoniertes und gewaschenes Leinöl in Form der Alkali- oder Ammoniumverbindung vorgeschlagen worden[6]. Auch in der Kautschukfärberei kann man nach einem amerikanischen Verfahren die Farbstoffdispersionen vorteilhaft mit den Sulfonierungsprodukten von Fetten und Wachsen herstellen und auf diese Weise eine bessere Verteilung des Farbstoffes erzielen[7].

Eine andersgeartete Verwendung besteht in der Benutzung der Schwermetallsalze von Sulfonsäuren als Sikkativ und Stabilisierungsmittel in Anstrichen. Den Mangansalzen bestimmter Mineralölsulfonsäuren werden gute trocknende Eigenschaften zugeschrieben, während die Kupfersalze als Unterwasseranstrich verwendbar sein sollen[8]. Als Mattierungsmittel für Lacke und Filme sind besonders die Zink- und Aluminiumsalze höher molekularer Sulfonsäuren, wie der Octadecylsulfonsäure oder Naphthenylsulfonsäure, vorgeschlagen worden[9]. Sie dienen zur Herstellung von Lacken, die nicht kleben und auch gegen Wasser beständig sind.

7. Sonstige Verwendungen.

Es versteht sich von selbst, daß viele „sulfonierte Öle", besonders die „endständigen" Sulfonate, mit seifenähnlichen Eigenschaften auch als technische Reinigungsmittel empfohlen worden sind. So soll hochsulfoniertes Ricinusöl zusammen mit Wasserglas ein Reinigungsmittel für fettige Haushaltsgeschirre usw. darstellen[10]. Als Mittel zum Ablösen von Tapeten, Plakaten, Etiketten sollen sich die Natronsalze von sulfonierter Ölsäure oder sulfoniertem Petroleum eignen[11]. Auch die „endständig" konstituierten Igepone der I. G. Farbenindustrie A. G. haben als technische Reinigungsmittel Beachtung gefunden.

Ein weiteres Anwendungsgebiet für „sulfonierte Öle" ist die Herstellung von „Bohrölen" für die Metallindustrie. Solche Bohröle bestehen meist aus Mineralölen, die durch Zusätze von „sulfonierten Ölen" und gegebenenfalls Lösungsvermittlern, wie Spiritus, hydrierten Phenolen usw., wassermischbar gemacht werden. Früher bediente man sich zu diesem Zweck der Schwefelsäureester des Oleins, Ricinusöles, Trans, der Harzöle usw. Auch sind zur Herstellung von Bohrölen Mineralölsulfonsäuren zusammen mit Naphthensäuren empfohlen worden[12]. In neuerer Zeit finden sich aber auch Hinweise, wonach die Sulfonierungsprodukte unvollständig oxydierter Paraffinkohlenwasserstoffe[13],

[1] D. R. P. 304 205.   [2] D. R. P. 557 237.
[3] Vgl. Die „sulfonierten Öle" in der Leder- u. Rauchwarenindustrie S. 454.
[4] D. R. P. 409 856.   [5] D. R. P. 375 620.   [6] D. R. P. 461 383.
[7] A. P. 1 823 921.   [8] D. R. P. 528 583.   [9] D. R. P. 582 127.
[10] D. R. P. 542 441.   [11] D. R. P. 558 581.
[12] Allg. Öl- u. Fett-Ztg. 29, 505 (1932).   [13] D. R. P. 577 428.

die Veresterungsprodukte von Fettsäureestern mit niederen Alkoholen[1] und schließlich die Fettalkoholsulfonate[2] als Grundlage von Bohrölen und Bohrcremes, Korrosionsschutzmitteln und Metallreinigungsmitteln dienen können.

Auch als Bestandteile für *Bohnermassen* und *Schuhcremes* finden wir mitunter derartige Sulfonate empfohlen. Sie dienen hier dem Zwecke, die Farb- und Wachsbestandteile möglichst fein und gleichmäßig zu dispergieren und ihr Eindringen in das Holz bzw. das Leder zu fördern.

Ein solcher Vorschlag geht z. B. dahin, Montanwachs anzusulfonieren und das gewaschene Sulfonat mit Paraffin, Nigrosin und Terpentinöl zu mischen[3]. Auch die schon erwähnten Gemische von Rotöl und Phosphatiden[4] können als Schuhcreme dienen. Relativ hoch sulfonierte Öle sollen zusammen mit hydrierten Kohlenwasserstoffen, Vaselinöl, Wachsen usw. als Bestandteile praktisch wasserfreier Fußbodenpflegemittel brauchbar sein[5]. In der letzten Zeit bemüht man sich auch um die Einführung der Schwefelsäureester von höheren Fettalkoholen als Zusätze in derartigen Wachskompositionen.

Zum Schluß sei auf das *Feuerlöschwesen* als interessantes Anwendungsgebiet für bestimmte Sulfonate aufmerksam gemacht. Die einfachen Rotöle sowie Produkte wie Ölsäureäthylanilidschwefelsäureester, oxyoctadekansulfonsaures Natron, das Natronsalz des Oleinalkoholsulfonats usw. dienen in Mengen von 2—30 g pro Liter zur Herstellung von Löschwasser[6]. Die Fettalkoholsulfonate finden als schaumerzeugende Bestandteile in festen oder flüssigen Präparaten für Schaumfeuerlöschzwecke Anwendung[7]. So wird z. B. ein Gemisch von Laurinalkoholsulfonat und Natriumbicarbonat mit Schwefelsäure umgesetzt, wobei ein für den Löschvorgang äußerst wirksamer Schaum entsteht*.

Fünfter Abschnitt.

Schmälzöle.

Von A. CHWALA**, Wien.

Durch das Waschen der Rohwolle (Schweißwolle) mit Seife oder mit den modernen Waschmitteln auf Basis von Fettalkoholsulfaten und Fettsäurekondensationsprodukten mit externer Sulfogruppe und mit Soda werden die Verunreinigungen und das Wollfett entfernt. Der Restfettgehalt soll beispielsweise für Kammwolle nach internationaler Übereinkunft nicht über 0,75% liegen, kann aber je nach Art und Intensität der Wäsche höher oder niedriger, z. B. zirka 0,4% sein.

Durch die Entfettung der Wolle leiden einerseits die Dehnungs- und Elastizitätseigenschaften derselben; anderseits fehlt beim späteren Wolfen, Krempeln und Spinnen ein Gleitmittel, um die mechanischen Beanspruchungen, denen die Wollfasern bei diesen Prozessen ausgesetzt sind, auszugleichen. Es kommt zu Faserbrüchen und zu unerwünschter Verkürzung der Wollfasern.

---

[1] Schweiz. P. 156645.
[3] D. R. P. 348165.
[5] D. R. P. 567564.
[7] D. R. P. 554520; E. P. 403291.

[2] D. R. P. 554891; E. P. 318610.
[4] D. R. P. 375620.
[6] D. R. P. 548242.

* An dem Abschnitt über sulfonierte Öle hat ARNO RUSSE, Berlin durch Fertigstellung einiger Entwürfe mitgearbeitet.
** Mitbearbeitet von A. MARTINA, Wien.

Wie weit dabei die Qualitätsverminderung, gemessen an der Verkürzung der Faser, vor sich geht, ersieht man am besten aus einem Stapeldiagramm. Der Einfachheit halber bestimmt man aber meistens nur den Prozentgehalt der Fasern unter einer bestimmten Faserlänge. So waren nach den einer Arbeit von SPEAKMAN[1] entnommenen Zahlen an Fasern unter 65 mm Länge enthalten: in der Originalwolle 18,6%, in der Krempelstelle 1 36,6%, in der Krempelstelle 2 47,4%, in der Krempelstelle 3 53,4%.

Man ersieht deutlich, wie beim Krempeln der Wolle mit fortschreitender Verarbeitung die Faserbrüche und die Faserkürzung, somit die Qualitätsverminderung ohne die Mitverwendung eines Gleitmittels zunehmen.

Es wäre naheliegend, das beim Waschen der Wolle gewonnene Wollfett als Gleitmittel zu verwenden. Dasselbe ist aber für diesen Zweck denkbar ungeeignet, da es stark klebrig ist und an der Luft durch Oxydation zu ranzigen Körpern oxydiert, die nur schwer aus der Wolle wieder auswaschbar sind.

Es ist deshalb notwendig, ein Schmier- und Gleitmittel der Wolle zuzusetzen, das infolge seiner fadenmolekülartigen Struktur eine gute filmbildende Eigenschaft besitzt, jede einzelne Wollfaser mit einer dünnen Hülle umgibt und so die gegenseitige Reibung der Wollfasern vermindert[2]. In den pflanzlichen, tierischen und mineralischen Ölen besitzen wir solche Körper. In der Tat verwendet man in der Praxis seit langem derartig aufgebaute Gleitmittel, die man als *Schmälzöle* (auch *Spinn-* und *Spicköle*) bezeichnet. Den Vorgang selbst nennt man *Schmälzen, Spicken* oder *Ölen* der Wolle.

Durch das Schmälzen der Wolle werden die Fadenbrüche beim Krempeln und Spinnen herabgesetzt, was aus den in Tabelle 32 zusammengefaßten Messungsergebnissen, die der gleichen, bereits zitierten Arbeit SPEAKMANS entstammen, klar hervorgeht. Es sind in dieser Tabelle anstatt eines vollständigen Stapeldiagramms beispielsweise die Fasern, die eine Länge unter 90 mm haben, und zwar einer gewaschenen Australwolle, mit einem Eigenwollfettgehalt von 0,41% vor und nach dem Schmälzen mit verschiedenen Ölen angegeben.

---

[1] Mellands Textilber. **16**, 538 (1935).
[2] Bei Berührung der Ölmoleküle mit Wolle dürfte, ähnlich wie dies von LANGMUIR (Journ. Amer. chem. Soc. **39**, 1848 (1917), ADAM (Proceed. Roy. Soc., London **99**, 336 (1921); **126**, 366 (1930); Chem. Reviews **3**, 163 (1927) und TRILLAT (Ann. Physique **6**, 5 (1926); Compt. rend. Acad. Sciences **180**, 1329 (1925); **187**, 168 (1928); **188**, 555 (1929); Metallwirtsch. **7**, 101 (1928); **9**, 1023 (1930) u. Bd. I, S. 58) bei Ausbreitung von Ölen auf Metalloberflächen oder Wasser nachgewiesen worden ist, eine orientierte Schicht entstehen, indem sich die aktiven Gruppen (Carboxylgruppe des Oleins, Glycerinrest der Olivenölglyceride usw.) zur Wollsubstanz kehren. Die lipophile Kohlenwasserstoffkette der Fettsäuren ist dagegen gegen die Luft gerichtet. Dies ist die polar ausgerichtete Anordnung einer monomolekularen Schicht. Meist ist in einem Schmiermittelfilm nicht bloß eine monomolekulare Schicht, sondern eine höhere Molekülanzahl in Form von Schichtebenen ausgebildet. Die zweite Lage der Ölmoleküle ist an die erste monomolekulare Schicht so angeordnet, daß der carbophile Pol, eben die Hauptvalenzkette, an diese ragt, während die Carboxylgruppen am entgegengesetzten Ende mit den Carboxylgruppen der nächsten Lage aneinanderstoßen. Oft sind mehrere hundert solcher Lagen auf oben beschriebene Weise aneinandergelagert. Der Ölfilm um Wolle besitzt nach außen hin die carbophilen CH_3-Gruppen, die gegen die CH_3-Gruppen der Ölfilme um die anderen Wollfasern gerichtet sind. In Berührung mit Luft sind ebenfalls die CH_3-Gruppen gegen die Luft orientiert. Die mehr oder minder starken Öl- und Fetthüllen, die sich auf diese Weise um das Wollhaar ausbilden, und die orientierte Anordnung der Öl- und Fettmoleküle in diesen Hüllen gleiten bei den verschiedenen Arbeitsprozessen aneinander vorbei. Da immer die gleichen polaren Gruppen — entweder die carbophile Hauptvalenzkette mit der endständigen CH_3-Gruppe oder die hydrophile Carboxylgruppe bzw. Glyceridgruppe — zweier benachbarten Moleküllagen aneinanderstoßen, wird die Reibung stark herabgesetzt. Je vollkommener die Moleküllagen um die Wollfaser ausgebildet sind und, was noch wichtiger ist, beim Verarbeiten auch beibehalten werden, desto geringer ist die Reibung.

Man sieht, wie die Fadenbrüche durch die Verwendung von Olein und Olivenöl vermindert wurden.

Die Anforderungen, die an Schmälzöle gestellt werden, sind folgende: geringe Viskosität und damit eine gute Verteilbarkeit an der Oberfläche (Umhüllung) der Wollfaser, hohe Gleitfähigkeit, geringe Zersetzlichkeit (Autoxydation), helle Eigenfarbe, helle Farbe der eventuellen Zersetzungs-

Tabelle 32. Einfluß des Schmälzens auf den Gehalt der Wolle an Fasern unter 90 mm.

Art des Öles	Ölmenge in %	Fasern unter 90 mm Gewichtsprozent
Ungeölt ...	0,41	73,7
Olein	1,14	63,6
Olivenöl ..	1,15	67,3

und Oxydationsprodukte, kein starker Eigengeruch, möglichst geringer Geruch etwaiger Oxydationsprodukte, nur geringe Netzung der eisernen Krempelbestandteile, gute Auswaschbarkeit nach dem Verarbeiten mit einer Seifen-Soda-Lösung und niedriger Preis.

Als Schmälzmittel werden vielfach flüssige Fettsäuren (Ölsäure, Olein) sowie neutrale Pflanzenöle verwendet. Daneben findet man auch mineralölhaltige Schmälzöle[1].

Die tierischen Fette fanden in der Frühzeit der Textilindustrie Verwendung, so beispielsweise Trane, Talg, schmalzähnliche Fette u. dgl. Sie wurden später durch Olein und die pflanzlichen Fette verdrängt. Die Trane und die anderen tierischen Fette werden leicht ranzig und verharzen beim Trocknen und Lagern der Wolle zu klebrigen Stoffen, so daß die Gleitfähigkeit derartiger Schmälzmittel ungenügend wird. Im wesentlichen gelten alle Bedenken, die eingangs gegen die Verwendung von Wollfett zum Ölen der Wolle vorgebracht wurden, für die meisten der anderen tierischen Öle und Fette.

A. Flüssige Fettsäuren (Olein).

Im Gegensatz zu den tierischen neutralen Ölen und Fetten, ist die Verwendung von Olein zum Schmälzen der Wolle in weitem Maße ausgebildet[2].

Das Olein, das zum Schmälzen benutzt wird, kommt als sog. Saponifikatolein und Destillatolein in den Handel (vgl. S. 544 ff.). Das Saponifikatolein enthält auch etwas nichtverseifte Neutralfette sowie unverseifbare Stoffe aus dem ursprünglichen Öl. Das Destillatolein hingegen enthält kaum mehr Neutralfett, aber mehr Unverseifbares, da sich während der Destillation Kohlenwasserstoffe bilden. Ferner besitzt es geringe Mengen von Oxysäuren und Laktonen.

---

[1] Die mineralölhaltigen Schmälzmittel sollen in dem im gleichen Verlag erscheinenden Werke des Verfassers (,,Textilhilfsmittel, ihre Konstitution und ihr kolloidchemisches Verhalten in der Praxis'') eingehend behandelt werden.

[2] Dies gilt besonders für das sog. ,,Streichgarnverfahren'', womit bis zu 10—15% Olein geschmälzt wird. Nach diesem Verfahren werden die verschiedensten Wollarten, wie hochwertige, aber kurzfaserige Schurwollen, bis zu billigsten Altwollen, versponnen. Wie später geführt, verwendet man Olivenöl und Erdnußöl hauptsächlich für das Kammgarnspinnverfahren. Diese gäben auch bei der Streichgarnspinnerei ein besseres Ausspinnen und Rendement. Während aber bei der Kammgarnspinnerei nur mit 0,5—1% Olivenöl, bezogen auf Wollgewicht, geschmälzt wird, sind beim Streichgarnspinnverfahren viel mehr, nämlich 10 bis 15% Schmälzöl notwendig. Aus diesem Grunde hat das billigere Olein das Olivenöl in der Streichgarnspinnerei verdrängt. Nur für hochwertige Streichgarnartikel wird auch beim Streichgarnspinnverfahren noch Olivenöl genommen. Überdies besitzt das Olein im Vergleich zum Olivenöl eine leichtere Auswaschbarkeit, was bei der großen, im Streichgarnverfahren anzuwendenden Schmälzölmenge von günstigem Einfluß für das Auswaschen ist. Für die billigen Sorten Wolle, z. B. ,,Altwolle'', werden in der Streichgarnspinnerei vielfach und vorzugsweise mineralölhaltige Schmälzen angewendet.

Wie man sieht, bilden die technischen Oleine ein Gemisch verschiedener Komponenten. Deshalb sind die Anforderungen, die die Praxis an Textiloleine zu ihrer Eignung für Wollschmälzen stellt, ziemlich strenge.

Verlangt wird für Textiloleine ein Flammpunkt von zirka 160°, Titer unter 14°, Verseifungszahl 190—205, Neutralfettgehalt 4—5%, Unverseifbares 2—5%, Jodzahl 70—90, Rhodanzahl 70—85, Metalle unter 0,05%, Mackey-Test negativ, d. h. nach 2 Stunden zirka 100—110°.

Den flüssigen Fettsäuren haften als Schmälzmittel manche Vorteile an. Vor allem ist das Olein — daneben kommen auch die Fettsäuren des Erdnußöles, die sich ähnlich wie Olein verhalten, in Frage — in einfacher Weise aus der Wolle wieder auswaschbar.

Den günstigen Eigenschaften stehen auch Nachteile gegenüber. Das Olein greift als Säure die Metallteile der Krempelhäkchen und Kammnadeln an. Es bilden sich Metallseifen, vorzugsweise Eisenseifen von zäher Konsistenz, die zum Verschmieren und zum frühzeitigen Verschleiß führen. Ein Teil der Eisenseifen wird im Olein gelöst, mit diesem auf die Ware gebracht und beschleunigt katalytisch den Autoxydationsprozeß des Oleins. Es bilden sich hierbei ranzig riechende, dunkel gefärbte Oxydationsprodukte, so daß beim Dämpfen[1] die dunkel gefärbten Zersetzungsprodukte manchmal förmlich in der Ware festgebrannt werden.

Ein weiterer Nachteil, den die Verwendung der Ölsäure als Schmälzmittel in sich birgt, ist die katalytische Beschleunigung des Autoxydationsprozesses durch gelöste Metalle, wie Eisen, Kupfer, Blei u. dgl. Die Selbstoxydation kann dann sehr rasch und unter starker Wärmeentwicklung vor sich gehen.

Um die Selbstentzündlichkeit der Wolle zurückzudämmen, versetzt man das Olein zuweilen mit sog. Antioxydantien (s. Bd. I, S. 450, 454), wie beispielsweise β-Naphthol, Hydrochinon und andere amidische oder Oxygruppen tragende Stoffe. Es soll aber darauf hingewiesen werden, daß die oxydationshemmende Wirkung derartiger Antioxydantien nur solange besteht, als diese selbst noch unverbraucht, d. h. nicht oxydiert sind. Ist dies der Fall, so hört auch die antikatalytische Wirkung auf. Es ist deshalb notwendig, bei der Prüfung des Oleins die Untersuchung auf einen etwaigen Gehalt an antikatalytischen Substanzen auszudehnen. Dies trifft dann besonders zu, wenn nach der chemischen Analyse — hohe Jodzahl, großer Eisengehalt, geringer Neutralfettanteil — eine ungünstige Selbsterhitzungsprobe (sog. „Mackey-Test") zu erwarten wäre.

Interessanterweise soll ein Neutralfettgehalt von mindestens zirka 4—5% von starker, oxydationshemmender Wirkung[2] sein.

Das Aufbringen des Oleins kann in zweifacher Weise geschehen: als blankes Öl, oder in Form einer wäßrigen Emulsion.

Ursprünglich wurde das Olein als solches, etwa als dünner Strahl oder durch Auftropfenlassen auf die Wolle gebracht. Später wurde diese Art des Schmälzens verfeinert und das Olein durch Versprühen aus feinen Düsen verteilt. Heute wendet man das Olein in Form einer feinen Verteilung im Wasser, als Emulsion, an.

Die Emulsionsform ermöglicht tatsächlich in einfacher Weise ein praktisch befriedigendes Schmälzen. Die Entfernung des mit der Emulsion auf die Wolle gebrachten Wassers bietet keine Schwierigkeiten, da die Menge desselben in bezug auf

---

[1] Unter „Dämpfen" (auch „Einbrennen", „Krabben" oder „Fixieren") versteht man eine Arbeitsoperation, die bei Kammgarnwebwaren vor dem Waschen durchgeführt wird, um die Wolle griffiger zu machen. Werden hierbei die Zersetzungsprodukte in der Ware festgebrannt, so kommt es zur Fleckenbildung, die selbst beim nachträglichen Waschen nicht mehr entfernt werden können.

[2] Kehren: Melliands Textilber. 11, 53, 123, 220 (1930); 12, 270, 342, 396 (1931); Ztschr. ges. Textilind. 39, 245, 256 (1936); Ztschr. analyt. Chem. 100, 142 (1935).

Wolle relativ klein ist und infolge der großen inneren Oberfläche der Wollfasern bei der Verarbeitung in kurzer Zeit verdunstet[1].

Emulgieren des Oleins.

Die Emulgatoren zur Herstellung von Oleinemulsionen gehören chemisch verschiedenen Stoffklassen an. Wir unterscheiden als Emulgatoren:

1. Seifen (sie entstehen durch teilweise Neutralisierung des Oleins mittels fixer und flüchtiger Alkalien).

2. Ölsulfonate (Schwefelsäureester mit interner Schwefelsäureestergruppe auf Basis pflanzlicher Öle, meist niedrig sulfonierte Ricinusöle).

3. Aliphatische und aromatische Sulfonsäuren.

4. Synthetische, hochmolekulare Stoffe.

1. Seifen als Oleinemulgatoren.

Sie sind früher sehr häufig verwendet worden und werden auch heute noch benutzt, obwohl gerade die Seife als Emulgator manche Nachteile beim weiteren Verarbeiten der Wolle, wie Krempeln, Kämmen, Spinnen usw., besitzt. Ein größerer Gehalt an Alkaliseife — besonders Natronseife — bewirkt nach dem Trocknen der Oleinemulsion auf der Wollfaser eine gewisse Klebrigkeit. Er begünstigt das Verkleben der Nadeln und der Kratzenbeschläge. Gleichzeitig werden, namentlich kurze Wollfasern, untereinander verklebt, was Anlaß zur Wickelbildung gibt. Das klebrige Garn läuft auch schlecht von den Spulen. Man benutzt deshalb mit Vorliebe Ammonseifen, die obige Mißstände in geringerem Maße als die Natron- oder Kaliseifen aufweisen.

Häufig stellt man die Emulsionen in der Wolle verarbeitenden Fabrik selbst her, indem dem Olein zirka 1% Ammoniak, entsprechend etwa 4% Ammoniakflüssigkeit, 25%ig, zugesetzt wird, worauf man mit Wasser verkocht. Die Emulsion kann auch so hergestellt werden, daß das Olein in mit Ammoniak versetztes Wasser, entsprechend obigem Ansatz, unter Rühren eingegeben wird.

Oft wird bereits von der Herstellerfirma dem Olein Ammoniak zugesetzt, so daß derartige saure Seifen enthaltende Oleine Emulsionen mit Wasser bilden.

Im allgemeinen läßt sich über Oleinemulsionen, die mittels Seifen hergestellt wurden, sagen, daß ihre Beständigkeit und ihr Verteilungsgrad nicht jenes Maß erreichen, wie es nach dem Stande der modernen Emulgiertechnik heute möglich wäre. Die Teilchen des emulgierten Oleins sind relativ groß, ziemlich ungleichmäßig und neigen zum Aufrahmen.

Da die Emulsion in der Praxis meist ziemlich schnell verarbeitet wird, genügen in vielen Fällen die vom kolloidchemischen Standpunkt nicht hervorragenden, mittels Seife hergestellten Oleinemulsionen den Betriebsanforderungen.

In hartem Wasser leidet die Emulsion durch die Kalkunbeständigkeit der als Emulgator dienenden Seife, die zum Teil in die für den Emulgierungsprozeß wertlose Erdalkaliseife umgesetzt wird.

Die Kalkseifen neigen in verstärktem Maße zum Verschmieren und Verkleben. Ferner begünstigen sie das Ranzigwerden des Oleins durch Oxydation am Luftsauerstoff.

2. Schwefelsäureester als Oleinemulgatoren.

Sie besitzen infolge der intern gebundenen Sulfoestergruppe eine bessere Kalkbeständigkeit als Seife. Hingegen ist ihr Emulgiervermögen oft weniger gut als bei Seifen ausgeprägt.

---

[1] Daß die „innere" Oberfläche wegen der Kapillarräume vielfach größer sein muß als die meßbare Oberfläche, bedarf wohl keiner näheren Beweisführung.

Mit zunehmendem Sulfonierungsgrad sinkt nach ERBAN[1] die Emulgierfähigkeit und Emulsionsbeständigkeit infolge des größeren hydrophilen Charakters derartiger, stärker sulfonierter Öle.

Als Oleinemulgatoren auf Basis sulfonierter Öle kommen u. a. in den Handel: *Stokoemulgator O* (Chemische Fabrik Stockhausen u. Cie.), *Monopolbrillantöl NFE* (Chemische Fabrik Stockhausen u. Cie.).

3. Aliphatische und aromatische Sulfonsäuren als Oleinemulgatoren.

Die modernen Fettsäurekondensationsprodukte, die alle eine aliphatische Kohlenstoffkette besitzen, an deren Ende die löslichmachende Sulfogruppe ist, werden trotz ihrer guten Dispergiereigenschaften nicht zum Emulgieren von Olein für Schmälzzwecke herangezogen, obwohl es nicht an Vorschlägen hierzu fehlt[2].

Infolge der im gewissen Sinne zu guten Netzwirkung dieser Produkte, tritt neben der dispergierenden Eigenschaft auf Olein bei der praktischen Verwendung das große Netzvermögen zum Eisen der Maschinenbestandteile störend auf. Das Eisen wird mit einer dünnen Wasserhülle überzogen, rostet daher, weshalb man neuerdings von dem Gebrauche zu gut netzender Emulgatoren abgekommen ist.

Die echten Sulfonsäuren aromatischer Verbindungen, die sich hauptsächlich vom alkylierten (mono- und di-isopropylierten bzw. butylierten) Naphthalin[3] und Tetrahydronaphthalin ableiten, beanspruchen, da sie infolge ihrer guten Dispergierwirkung im Verein mit Stabilisatoren beständige Emulsionen geben, Interesse als Emulgatoren.

Als Stabilisatoren dienen Eiweißstoffe, wie beispielsweise Leim, Gelatine, Casein und dergleichen, meist in abgebauter Form[4].

Neben der Verwendung von Eiweißstoffen zum Stabilisieren der Emulsionen sind noch Abkömmlinge der Kohlehydrate und Cellulose vorgeschlagen worden. So schützt z. B. ein Patent der I. G. Farbenindustrie A. G.[5] Methylcellulose als Stabilisator.

Es muß an dieser Stelle darauf verwiesen werden, daß der Anwendung von Stabilisatoren zur Herstellung von Wollschmälzen Hindernisse entgegenstehen. Meist wirken die früher genannten Schutzkolloide erst in größerer Menge. Damit ist die Gefahr verbunden, daß bei einem Gehalt an Glutinstoffen oder Methylcellulose, der über 1—2 g im Liter hinausgeht, der Wolle ein harter Griff erteilt wird, der überdies die Elastizität der Wollfaser beeinträchtigt. Es ist deshalb die Dosierung der sog. Stabilisatoren bei Emulsionen, die zur Wollschmälze dienen, nur mit Vorsicht zu gebrauchen.

Die Handelsprodukte, die in diese Klasse gehören und neben dem eigentlichen Emulgator oft einen Gehalt von 30—70% Stabilisator aufweisen, sind beispielsweise folgende[6]: *Nekal AEM* (I. G. Farbenindustrie A. G.), *Leonil LE* (I. G. Farbenindustrie A. G.), *Emulgator 300* (Oranienburger Chemische Fabrik A. G.), *Invadin N* (Ciba), *Nilo T* (Chemische Fabrik vorm. Sandoz).

4. Synthetische hochmolekulare Stoffe als Oleindispergatoren.

Es handelt sich um Oleindispergatoren, die sich durch ein gutes Emulgiervermögen und durch eine feine Zerteilung des Oleins auszeichnen.

---

[1] Die Anwendung von Fettstoffen und daraus hergestellten Produkten in der Textilindustrie, S. 19. (1911).

[2] S. beispielsweise Oranienburger Chemische Fabrik A. G.: D. R. P. 574536; I. G. Farbenindustrie A. G.: E. P. 431073; Österr. P. 136966; A. P. 2009612.

[3] I. G. Farbenindustrie A. G.: D. R. P. 336558. Vgl. NÜSSLEIN: Melliands Textilber. 14, 357 (1933).

[4] I. G. Farbenindustrie A. G.: F. P. 608302; D. R. P. 551402. Andere Vorschläge s. E. P. 274142, 323720.

[5] I. G. Farbenindustrie A. G.: D. R. P. 439598, 524211.

[6] Die Emulgatoren, die nicht auf Basis von Ölen oder Fettstoffen aufgebaut sind, besitzen keine eigenfettende Wirkung. Dies trifft u. a. auch für die nekalähnlichen Emulgatoren zu. Infolge des Gehaltes an griffverschlechternden Stabilisatoren ist es notwendig, mehr Olein bzw. Öl zu verwenden, um die ungünstige Griffbeeinflussung auszugleichen.

Von der I. G. Farbenindustrie A. G. werden Anlagerungsprodukte von Äthylenoxyd an höher-molekulare Fettalkohole[1] (beispielsweise an Stearinalkohol und Oleinalkohol) unter der Markenbezeichnung Emulphor (*Emulphor O* und *Emulphor EL*) vertrieben[2].

Man verwendet $2^1/_2$—5% vom Oleingewicht an *Emulphor O* bzw. *EL*. Beide Emulphormarken lösen sich leicht und vollständig im Olein, worauf das Gemisch in Wasser unter gutem Rühren dispergiert wird.

Emulgatoren z. B. Emulphore werden den Handelsoleinen auch von der Herstellerfirma zugesetzt. Sie sind durch bloßes Eingießen in Wasser ohne jede weitere Verwendung von Emulgatoren zu Emulsionen dispergierbar und führen dann die Bezeichnung: *Emulsionsolein*.

Infolge der guten Kalkbeständigkeit und des Kalkseifendispergiervermögens wirken die Emulphore über den eigentlichen Schmälzvorgang hinaus. Sie verhindern beim Auswaschen des Oleins mittels einer Seife-Soda-Lösung das Ausflocken eben gebildeter Kalkseife in der Ware, indem sie die frisch gefällte Kalkseife in fein disperser, leicht auswaschbarer Form erhalten.

Ein weiterer, in die Gruppe der synthetischen Emulgierungsmittel gehöriger Dispergator für Olein ist das *Stenolat CGA*[3] (Böhme Fettchemie G. m. b. H.). Auch dieses Produkt bewirkt eine feine und gleichmäßige Dispergierung der Oleinteilchen.

B. Pflanzliche Öle und Fette.

Die pflanzlichen Öle und Fette zur Erhöhung der Gleitfähigkeit der Wolle werden hauptsächlich in der Kammgarnspinnerei verwendet[4].

Von den vielen zunächst in Betracht kommenden pflanzlichen Ölen scheiden die meisten aus, wenn man die Forderungen, die die Praxis an solche Öle stellt, berücksichtigt.

Daß trocknende Öle, wie Leinöl, Holzöl, oder halbtrocknende Öle, wie beispielsweise Mohnöl und Rüböl u. dgl., wegen der bei der Oxydation und Polymerisation entstehenden Stoffe, denen ein spezifisches Gleitvermögen nicht zukommt, die vielmehr harzartig verkleben und die Wollfasern miteinander verkitten, keine Verwendung finden, bedarf keiner näheren Beweisführung.

Hingegen haben sich nichttrocknende, leicht emulgable pflanzliche Öle, wie vorzugsweise Olivenöl[5] und Erdnußöl — letzteres weist allerdings einen stärkeren Eigengeruch auf —, sehr gut bewährt und werden in großer Menge zum Schmälzen der Wolle benutzt.

---

[1] D. R. P. 605973.
[2] Die Anlagerung geschieht nach folgender allgemeiner Gleichung:

$$R\,OH + x\,C_2H_4O \rightarrow R\,(C_2H_4O)_x\,OH$$

x = zirka 3—6,

$R = C_{18}H_{35}$ (Oleinalkohol), $C_{16}H_{33}$ (Cetylalkohol), $C_{18}H_{37}$ (Stearinalkohol).

[3] Es ist auf Basis von Fettalkoholsulfaten aufgebaut.
[4] In der Kammgarnspinnerei verarbeitet man besonders ausgewählte Wollsorten. Diese edlen Wollen machen einen langen Fabrikationsgang in der Kämmerei und Spinnerei durch, so daß es verständlich ist, daß dafür nur beste Schmälzöle, hauptsächlich Olivenöl sowie Erdnußöl Verwendung finden. Diese Öle besitzen bei hoher Gleitfähigkeit geringe Eigenoxydation beim Lagern. Sie kleben und verharzen nicht und geben eine Ware mit vorzüglichem Weißgehalt.

Die Verwendung von Olein ist wegen der stärker klebenden Eigenschaften desselben in der Kammgarnspinnerei nicht möglich.
[5] Unter den in Frage kommenden pflanzlichen Ölen wird das Olivenöl wegen seiner Dünnflüssigkeit sowie leichten und gleichmäßigen Ölfilmbildung auf der Wollfaser besonders bevorzugt. Es oxydiert von allen pflanzlichen Ölen am wenigsten.

Das Erdnußöl wird, da seine anderen Qualitäten an die des Olivenöles nahe herankommen, wegen seines niedrigen Preises ebenfalls gerne verwendet.

Infolge der relativ geringen Eigenoxydation der zur Verwendung kommenden pflanzlichen Öle treten wenig stark gefärbte Oxydationsprodukte auf, weshalb eine Vergilbung bei nicht zu extrem langer Lagerung kaum zu befürchten ist. Dies ist bei der Verwendung eines so hochwertigen Rohmaterials, wie es in der Kammgarnspinnerei benutzt wird, für die Praxis von hohem Werte.

Tabelle 33. Weißgehalt in Prozent bei einem Schmälzölauftrag von 4%.

Zum Schmälzen verwendetes Öl	Weißgehalt nach		
	dem Schmälzen	13 Wochen Lagern im Licht	16 Wochen Lagern im Dunkeln
Olivenöl.....	44,8	44,7	44,8
Erdnußöl ...	45,2	44,6	44,1
Paraffinöl ...	45,4	44,0	45,1

In Tabelle 33 sind nach E. Franz[1] die Weißgehalte[2] verschieden geschmälzter Wolle zusammengestellt. Vergleichsweise sind auch die mit Paraffinöl erhaltenen Zahlen angegeben.

Um den Einfluß etwaiger Emulgatoren auf die Änderungen des Weißgehaltes auszuschalten, wurden bei den in Tabelle 33 angegebenen Schmälzversuchen die Öle in Benzin gelöst, auf die Wolle aufgebracht und nach dem Trocknen der Weißgehalt ermittelt. In der Tat ist die Änderung desselben beim Lagern am Licht oder im Dunkeln eine sehr geringe.

Einleitend wurde festgestellt, daß die nichttrocknenden pflanzlichen Öle, wie beispielsweise Olivenöl, wegen ihrer guten Stabilität und geringen Zersetzlichkeit zu harzartigen klebenden Verbindungen sich vortrefflich als Schmälzöle eignen. Diese Feststellung trifft im allgemeinen für das kompakte, flüssige Öl, wenn es sich etwa in einem Faß befindet, zu. Anders liegen aber die Verhältnisse, wenn man die große Wolloberfläche berücksichtigt, auf welche das ursprünglich zusammenhängende Öl, sei es durch Versprühen des unverdünnten Öles auf die Wolle, sei es durch Verwendung emulgierten Öles, nunmehr in feinsten Tröpfchen verteilt ist.

Die innere Oberfläche[3] von 1 g Wolle, deren Faserdurchmesser z. B. 20—30 μ (2—3.10^{-3} cm) beträgt, ist zirka 1500—1000 cm². Bei einer 1%igen Schmälzung kommen auf 1 g Wolle bloß 0,01 g Öl, so daß dem Luftsauerstoff unter derartigen Verteilungsbedingungen unvergleichlich mehr Ölmoleküle ausgesetzt sind, als in der, etwa in einer Flasche befindlichen gleichen Gewichtsmenge nicht verteilten, kompakten Schmälzöles.

Die Oxydation der auf der Wolle fein verteilten pflanzlichen Öle kann unter Umständen bedeutend sein und dadurch zu Faserschädigungen führen. Bei der Oxydation durch den Luftsauerstoff entstehen unter Verringerung der Jodzahl freie Fettsäuren, Oxyfettsäuren u. dgl., die man durch das Ansteigen der Säurezahl messen kann. Die Änderungen dieser beiden Kennzahlen geben ein gutes Bild über die Beständigkeit des verwendeten Öles. Hierbei hat sich gezeigt, daß es für den Oxydationsprozeß gleichgültig ist, ob man das Öl als solches, etwa durch Versprühen, oder als wäßrige Emulsion fein verteilt auf die Wolle aufträgt.

In Tabelle 34 sind die Veränderungen, die an Olivenöl bzw. Erdnußöl nach den Versuchen von E. Franz (loc. cit) beim Lagern auftreten, zusammengefaßt.

Wie aus der Zusammenstellung der Tabelle 34 hervorgeht, leidet die Stabilität der pflanzlichen Öle, besonders bei größeren Lagerzeiten, beträchtlich.

Es war naheliegend, ähnlich wie beim Olein, den pflanzlichen Ölen sog. Antioxydantien zuzusetzen, um eine Oxydation durch den Luftsauerstoff hintanzuhalten. Nach übereinstimmenden Versuchsergebnissen von E. Franz und

---

[1] Melliands Textilber. 17, 302, 399 (1936).
[2] Gemessen mit dem Weißmeßgerät nach H. J. Henning: Melliands Textilber. 16, 166 (1935). [3] S. S. 435, Fußnote 1.

J. B. SPEAKMAN gelingt es nicht, durch die Mitverwendung solcher Antioxydantien, wie z. B. β-Naphthol, die Zersetzung der Öle wesentlich zurückzudrängen[1].

Tabelle 34. Änderung der Öle auf der Wolle beim Lagern.

Öl	Ölmenge, bezogen auf Wollgewicht in %	Lagerzeit in Tagen	Aufbringungsform		Änderungen der Kennzahlen	
			blank. Öl	Emulsion	Säurezahl (Zunahme; ursprünglich ca. 1)	Jodzahl (Abnahme; ursprünglich ca. 85)
Olivenöl........	1	8 44 121	—	—	12,7 17,7 23,9	7 31,8 39,9
Erdnußöl........	2 3,5 5	150	—	Emulsion ,, ,,	32,30 27,60 33,33	—
Erdnußöl........	2 3,5 5	150	blankes Öl	—	35,62 32,18 32,68	—

Emulgieren der pflanzlichen Öle.

Wie das Olein, wurden auch die pflanzlichen Öle ursprünglich durch Auftropfen oder Versprühen auf die Wolle gebracht. In modernen Betrieben arbeitet man heute vorzugsweise mit Emulsionen, die rascher eine gleichmäßige Verteilung des Öles auf der Wollfaser erzielen lassen.

Die Emulsionsherstellung ist bei den pflanzlichen Ölen wesentlich einfacher als beim Olein. Die Neutralöle sind bedeutend leichter und beständiger zu emulgieren als die freien Fettsäuren, die doch eine gewisse Säurebeständigkeit der Emulgatoren verlangen, sofern die Emulsion nicht gar zu unbeständig sein soll.

Aus diesem Grunde gibt es eine viel größere Anzahl von Emulgatoren zur Herstellung von Ölemulsionen als von Emulgiermitteln zur Oleinemulsionsherstellung. Dieselben sind nach ganz ähnlichen Gesichtspunkten aufgebaut, wie wir dies bei den Oleinemulgatoren gesehen haben. Nur überwiegen die Seifen- und Fettschwefelsäureester als brauchbare Emulgatoren die synthetischen Präparate. Es besteht die gleiche Einteilung, wie auf S. 435 für die Oleinemulgatoren angegeben.

1. Seifen als Emulgatoren für pflanzliche Öle.

Alkaliseifen vermögen Olivenöl und Erdnußöl ziemlich leicht zu emulgieren. Es ist nicht immer notwendig, eine Seifenlösung gesondert herzustellen, in die das Öl unter Rühren eingetragen wird. Oft genügen die in jedem pflanzlichen Öl enthaltenen freien Fettsäuren, die nach dem Neutralisieren mittels Alkali oder Ammoniak bereits Emulsionsbildung hervorrufen.

Die auf die eine oder andere Weise mit Seife erhaltenen Ölemulsionen sind meistens nicht sehr fein dispers. Im Gegenteil, die Teilchen sind relativ groß, und die Emulsion ist wenig beständig.

Es hat daher nicht an Vorschlägen gefehlt, um die mittels Seife hergestellten Ölemulsionen in ihrem Dispersitätsgrad zu verfeinern. Durch die Verwendung sog. Lösevermittler, wie Alkohole, Hexalin, Methylhexalin, Kohlenwasserstoffe,

---

[1] Es ist deshalb begreiflich, daß man neuerdings nach anderen Schmälzmitteln gesucht hat, die dabei ein gutes Gleitvermögen besitzen. Im „Prälanol" (Chemische Fabrik Stockhausen u. Cie., Krefeld), einer zirka 40%igen Paraffinemulsion, ist kürzlich ein derartig aufgebautes Präparat in den Handel gekommen; F. P. 771 928; E. P. 436 956.

z. B. Tetralin und Dekalin sowie höher-molekulare Ketone (Cyclohexanon) usw., gelingt es, feiner disperse Ölemulsionen zu erhalten.

Die Lösemittler beschränken sich nicht auf die eben genannten Hilfsmittel. Interessanterweise sind die Amide, Anilide und Toluide höher-molekularer Fettsäuren[1] — beispielsweise der Stearinsäure und Ricinolsäure — bei Mitverwendung von Seife wertvolle, nicht klebende Emulgatoren mit Lösevermittlereigenschaften. Gleichzeitig stellen sie gute Emulsionsstabilisatoren vor. Sie besitzen ferner eine beachtliche Gleitfähigkeit an sich und übernehmen dadurch teilweise die Rolle des Schmiermittels an Stelle der pflanzlichen Öle. Aus diesem Grunde verwendet man in beträchtlichem Ausmaße diese Hilfsmittel in der Kammgarnspinnerei in Verbindung mit Olivenöl; bezogen auf das Gewicht des Oliven- oder Erdnußöles, werden ungefähr gleiche Mengen der letzteren angesetzt.

Das Handelspräparat *Duron* (Hansa-Werke, Hemelingen) ist auf diesen Stoffen aufgebaut.

Es wird nicht allein, sondern mit Seife als Emulgator verwendet. Das zu emulgierende Öl (Olivenöl oder Erdnußöl) muß zirka 15% freie Fettsäure, gerechnet als Olein, enthalten, die mit Ammoniak zu Seife neutralisiert werden[2].

Von der I. G. Farbenindustrie A. G. wird ein Emulgierungspräparat *Emulphor FM*[3] *öllöslich* vertrieben, das bei gleichzeitiger Mitverwendung von Seife als Emulgator neben einem beschränkten Eigenemulgiervermögen als Lösevermittler dient[4].

2. Schwefelsäureester als Emulgatoren für pflanzliche Öle.

Die Türkischrotöle, vor allem aber die sog. „veredelten Türkischrotöle", und diesen verwandte Produkte, wie polymerisierte Sulforicinate, die in der *Monopolseife* und dem *Monopolbrillantöl* ihre ersten und vielfach nachgeahmten Vertreter haben, werden schon seit langem entweder allein oder unter Mitverwendung von Seife zum Emulgieren von Ölen für die Schmälzölherstellung herangezogen. Diese sulfurierten Öle, die sonst hauptsächlich als Farb- und Appreturöle Verwendung finden, wurden bei der Herstellung diesem besonderen Anwendungszweck angepaßt.

Es ist unmöglich, alle derartigen Präparate hier zu nennen. Beispielsweise seien folgende Emulgatoren zusammengestellt: *Monopolbrillantöl NFE* (Chemische Fabrik Stockhausen u. Cie.), *Emulgator 134* (Zschimmer & Schwarz), *Puropolöl EMK* und *Puropolöl EMP*[5] (Simon u. Türkheim), Nilo EM und Nilo EMC (Chemische Fabrik vorm. Sandoz).

In diesem Abschnitt wurden die für das Schmälzen von *Schafwolle* dienenden *fetten* Öle bzw. die mit Abkömmlingen von *fetten* Ölen hergestellten Präparate erörtert.

Für die Behandlung von Schafwolle in Verbindung mit *Zellwolle* bzw. von Zellwolle allein, machen sich in neuerer Zeit im praktischen Gebrauche immer mehr neuartige Mineralölpräparate — Cuspifane (Stockhausen & Cie.) — bemerkbar, weil die bekannten Nachteile der Ölsäuren und der pflanzlichen Öle (s. w. o.), das ist z. B. die Selbstverharzung und andere,. besonders für die eben genannten Zwecke unerwünscht sind.

---

[1] D. R. P. 188712.

[2] Man verkocht z. B. 66 kg Wasser, 60 kg Duronkörper und 76 kg Erdnußöl (15%, d. i. 11,4 kg Olein enthaltend) und rührt 305 kg kaltes Wasser ein. Alsdann fügt man 3 kg Ammoniak (25%ig) zur Neutralisierung der Fettsäuren hinzu, worauf allmählich weitere 500 kg Wasser eingerührt werden. Von der Emulsion werden 3—8 kg, auf 100 kg Wolle gerechnet, verwendet.

[3] D. R. P. 605973. Beispiele 15 u. 21.

[4] Man löst z. B. 2,5 kg Emulphor FM öllöslich in 97,5 kg Olivenöl auf und rührt in diese Mischung 5 kg einer 10%igen Seifenlösung ein. Hierauf verdünnt man mit 50 l Wasser zu einer Stammemulsion, die bei Gebrauch noch weiter mit Wasser verdünnt wird.   [5] D. R. P. 556889.

Neben der Verwendung von pflanzlichen Ölen bzw. Olein werden oft Gemische beider Komponenten, also Emulsionen, die gleichzeitig Olivenöl bzw. Erdnußöl und Olein enthalten, angewendet.

Zur Emulgierung solcher Gemische eignen sich die Spezialemulgatoren, z. B. u. a. *Stokoemulgator O* (Chemische Fabrik Stockhausen u. Cie.).

3. Aromatische und aliphatische Sulfonsäuren als Emulgatoren für pflanzliche Öle.

Wie beim Olein, können Sulfonsäuren, wie sie in den modernen synthetischen Fettsäurekondensationsprodukten vorliegen, allenfalls mit den unter A 3 beschriebenen Stabilisatoren auf Basis von Glutin und Kohlehydraten zur Ölemulgierung Verwendung finden. In der Praxis geschieht dies allerdings offenbar nicht häufig[1].

Ein gewisses Anwendungsgebiet haben hingegen die Sulfonsäuren aromatischer Kohlenwasserstoffe, die sich etwa vom alkylierten Naphthalin und Tetralin ableiten, in Verbindung mit Stabilisatoren gefunden[2]. Solche Emulgatoren für pflanzliche Öle sind z. B.:

Nekal AEM (I. G. Farbenindustrie A. G.), *Invadin C* (Ciba), *Emulgator BE Plv.* (Oranienburger Chemische Fabrik A. G.).

4. Synthetische hoch-molekulare Stoffe als Emulgatoren für pflanzliche Öle.

In die Gruppe der unter A 4 besprochenen neueren synthetischen Produkte der I. G. Farbenindustrie A. G. gehört das *Emulphor A öllöslich*[3], das allein, ohne Mitverwendung von Seife, zur Emulgierung von pflanzlichen Ölen dient.

Man löst zirka 5% Emulphor A öllöslich im Oliven- oder Erdnußöl auf und läßt die blanke Mischung unter Rühren in kaltes Wasser fließen. Hierbei bildet sich ohne Mitverwendung von Stabilisatoren und Seife eine feine Emulsion. Über 50° leidet die Emulgierkraft des Emulphor A „öllöslich" erheblich.

Ein weiteres synthetisches, hochmolekulares Dispergiermittel zur Herstellung von Emulsionen pflanzlicher Öle ist das *Stenolat CGK* (Böhme Fettchemie G. m. b. H.). Es ist auf Basis von Fettalkoholsulfaten aufgebaut und gibt fein-disperse, haltbare Emulsionen.

Die Oleinemulsionen bzw. die Dispersionen pflanzlicher Öle, die man mit synthetischen, hoch-molekularen Sulfonsäuren, Fettalkoholsulfaten und hoch-molekularen Stoffen erhält, sind wesentlich feiner dispers als die mit Seife hergestellten. Dies ist auf die stärkere Herabsetzung der Grenzflächenspannung Öl—Wasser bei den erwähnten Produkten im Vergleich zur Seife zurückzuführen.

Die mit den wie oben angegebenen Emulgatoren (Dispergatoren) erzielten Schmälzemulsionen besitzen Teilchen, die sich um zirka 1—4 μ (1—4 . 10^{-4} cm)[4] herum bewegen und deutlich BROWNsche Bewegung aufweisen. Sie sind aus diesem Grunde bedeutend stabiler als die mit Seife hergestellten Emulsionen. Eine zu feine Dispergierung der Öl- und Oleinteilchen ist für die Schmälzpraxis nicht sehr zu empfehlen.

Einerseits zeichnen sich derartige Dispergatoren durch ein besonders ausgeprägtes Netzvermögen aus, wodurch das Wasser die Wolle stärker durchnäßt und die Kohäsion der Fasern gegeneinander steigert, somit der Gleitwirkung der Schmälze entgegenwirkt; infolge des Netzvermögens werden die Eisenteile durch die wäßrige Schmälzemulsion überzogen und rosten bald.

Anderseits leidet unter Umständen das Fettungsvermögen, da die allerfeinsten Tröpfchen infolge ihrer starken Eigenbewegung weniger leicht auf die Faser gehen. Der Ölanteil, der dennoch auf die Faser gelangt, dringt wegen der Kleinheit der Teil-

---

[1] S. auch hierzu S. 436, sub A 3.
[2] Ähnlich wie bei den Oleinemulgatoren dieser Klasse, besitzen derartig aufgebaute Dispergatoren für pflanzliche Öle kein spezifisches Eigenfettungsvermögen. S. diesbezüglich auch S. 436, Fußnote 6.
[3] D. R. P. 605973. Beispiel 11.   [4] LIETZ: Melliands Textilber. 16, 542 (1935).

chen tiefer in die Wolle ein und gibt keine zusammenhängende Gleitschicht an der rauhen, schuppenförmigen Wolloberfläche. Er entzieht sich seiner eigentlichen Aufgabe als Schmier- und Gleitmittel, die nur jene Öltröpfchen erfüllen werden, die an der Oberfläche der Wollfaser sich befinden.

Eine den praktischen Anforderungen genügende und die kolloidchemischen Verhältnisse berücksichtigende Schmälzölemulsion wird daher nach oben angedeuteten Gesichtspunkten S. 433, 434, 435, 437, 439 und 441 aufgebaut sein müssen.

Sechster Abschnitt.

Die Fettstoffe in der Lederindustrie.

A. Die Lederfette und Lederöle.

Von C. Riess, Darmstadt.

a) Allgemeines.

Alle Lederarten werden bei ihrer Herstellung mehr oder weniger stark gefettet. Der Zweck ist vor allem der, das Leder, insbesondere die empfindliche Oberschicht, den Narben, elastisch zu machen und so vor Beschädigungen bei der mechanischen Behandlung während der Zurichtarbeiten, bei der Verarbeitung sowie im Gebrauch zu schützen. Bei einigen Ledersorten hat das Fett daneben noch die Aufgabe, das Wasseraufnahmevermögen des Leders zu verringern oder es ganz wasserundurchlässig zu machen. Bei Bekleidungsledern darf hierbei die Luftdurchlässigkeit nicht verlorengehen. Bei der Sämischgerbung bildet das Fett, der Tran, den eigentlichen Gerbstoff. Außer bei der Lederherstellung werden noch Fette zur Pflege und Konservierung der fertigen Leder sowie der daraus hergestellten Gegenstände gebraucht, wobei im wesentlichen die gleichen Fettstoffe wie bei der Lederherstellung in Anwendung kommen. Art und Menge des dem Leder einverleibten Fettes, ebenso die Art und Weise, wie das Fett in das Leder gebracht wird, sind sehr verschieden und richten sich nach der Ledersorte und deren Verwendungszweck. Folgende Verfahren der Lederfettung kommen in Anwendung:

Das Fettlickern[1]: Zahlreiche Ledersorten, insbesondere Schuhoberleder, Buchbinderleder, Portefeuilleleder u. a., werden durch „Lickern" gefettet. Hierbei werden die Leder bei Temperaturen zwischen 30 und 50° in rotierenden Walkfässern mit der wäßrigen Emulsion der Fettstoffe (engl. „fat liquor") behandelt. Den in warmem Wasser laufenden Fellen gibt man den konzentrierten Fettlicker durch die hohle Achse zu. Nach beendetem Lickern soll das Wasser klar von den Fellen abrinnen, und diese dürfen sich nicht fettig anfühlen. Auf diese Weise wird eine nur mäßige, aber fein verteilte Fettung erzielt.

Ursprünglich geschah die Bereitung des Fettlickers nur mit Seife und Eigelb als Emulgatoren, während man heute fast ausschließlich sulfonierte Öle hierfür verwendet, zum Teil in Verbindung mit Seife. In einzelnen Fällen wird auch mit Seife allein gelickert. Da die Seife durch die im Chromleder enthaltene Säure teilweise zerlegt wird, darf diese nur wenig feste Fettsäuren enthalten, da sonst die Gefahr besteht, daß die Leder ausschlagen (s. u.). Gegenüber der Seife, welche nur im alkalischen Gebiet beständige Emulsionen gibt, haben die sulfonierten Öle den Vorteil, daß ihre Emulsionen auch im schwach

---

[1] Eine ausführliche Zusammenfassung hierüber gibt das Büchlein von W. Schindler: Die Grundlagen des Fettlickerns. Leipzig: Sächs. Verlagsges. m. b. H. 1928. — S. auch Collegium 1936, 77.

sauren Gebiet beständig und gegen den Säuregehalt der Leder weniger empfindlich sind. Zum Lickern soll möglichst weiches Wasser verwendet werden; wo dieses nicht vorhanden, muß der Licker den Verhältnissen der Härte des Wasser angepaßt sein. Die Leder (Chromleder) sollen gut neutralisiert und ausgewaschen werden, da Säure und Salze die Emulsion beeinträchtigen können.

Das Schmieren: Dieses Verfahren wird gewöhnlich bei stärker zu fettenden Ledern angewandt, insbesondere werden pflanzlich gegerbte Leder (lohgare Vachetten, Fahlleder, Geschirrleder, Sportleder) auf diese Weise gefettet. Man unterscheidet zwischen der „Tafelschmiere", wobei das auf einem horizontalen Tisch ausgebreitete Leder mit der erwärmten Fettmischung eingerieben oder eingebürstet wird, und der „Faßschmiere", bei der die Leder in einem mit warmer Luft beheizten Walkfaß mit dem Fett rotiert werden. Danach werden die Leder zum Trocknen aufgehängt. Die zum Schmieren verwendete Fettmischung ist bei gewöhnlicher Temperatur halbfest. In der Hauptsache werden Mischungen aus Tran, Talg und Degras verwendet, ferner Wollfett, Mineralöl, Vaseline, Roßkammfett u. a. als Zusätze. Bisweilen wird auch Seife der Schmiere zugesetzt, um ein besseres Eindringen in das Leder zu erreichen. Aus dem gleichen Grunde werden häufig die zu schmierenden Leder vorher schwach gelickert. Das zu schmierende Leder muß einen bestimmten Feuchtigkeitsgehalt haben, der bei der Tafelschmiere höher ist als bei der Faßschmiere. Bei letzterer nehmen die loseren Partien der Haut mehr Fett auf und werden dadurch weicher, während bei der Tafelschmiere der verschiedenen Struktur der Haut in den einzelnen Teilen Rechnung getragen werden kann.

Das Einbrennen: Bei diesem Verfahren werden die möglichst weitgehend getrockneten Leder in die auf nahezu 100° erhitzte Fettmischung in Fetteinbrennkesseln eingetaucht, wobei die im Leder enthaltene Luft entweicht und durch das Fett verdrängt wird. Bisweilen wird die geschmolzene Fettmischung auch mit einer Bürste auf die Fleischseite der Leder aufgetragen. Die Lederporen werden auf diese Weise vollständig mit Fett gefüllt, so daß das Leder vollständig luftundurchlässig wird. Auf diese Weise werden hauptsächlich Treibriemenleder, ferner Chromsohlleder gefettet. Die hierfür verwendeten Fettgemische sind bei gewöhnlicher Temperatur fest und enthalten in der Hauptsache Stearin, Paraffin, Ceresin, Talg, Japantalg u. a.

Das Abölen· Dieses erfolgt gewöhnlich vor dem Trocknen der Leder und hat vor allem den Zweck, den Narben geschmeidig zu halten. Grubengegerbte Sohlleder werden vielfach nur durch Abölen gefettet. Chromgare Oberleder werden bisweilen nur mit Mineralöl (Kidöl, Kid-Finishing-Öl) abgeölt. Die hierbei verwendeten stets flüssigen Fettstoffe werden mit einem Lappen oder einer Bürste auf das feuchte Leder in dünner Schicht aufgetragen. In der Hauptsache werden Trane, Leinöl, Mineralöle und sulfonierte Öle allein oder in Mischung verwendet.

Die Fettgerbung: Bei dieser bildet das Fett das eigentliche Gerbmittel. Bei den sog. Fettgarledern handelt es sich dabei im wesentlichen nur um eine Umhüllung der Hautfasern mit dem Fett, bei der Sämischgerbung (s. u.) wird jedoch eine echte Gerbwirkung durch das Fett (den Tran) hervorgerufen.

Zur Lederfettung ist an sich jedes Fett oder Öl geeignet, sofern es aus preislichen Gründen in Frage kommt und den speziellen Anforderungen für den bestimmten Zweck genügt. Für Lickerzwecke werden im allgemeinen ölsäurereiche, stearinarme Glyceride bevorzugt. Ein niedriger Gehalt an festen Fettsäuren ist hierbei mit Rücksicht auf die Vermeidung von Fettausschlägen erforderlich. Die trocknenden Öle eignen sich als solche für die Lederfettung wenig, da das mit diesen gefettete Leder allmählich an Fülle und Weichheit verliert. Durch eine Sulfonierung werden die trocknenden Eigenschaften der Öle verringert. Mit freien Fettsäuren allein ist in der Regel keine befriedigende Fettung zu erzielen, doch werden in Ausnahmefällen Chromleder nur mit Seife gelickert, wobei eine Zerlegung der Seife durch die im Leder vorhandene Säure erfolgt. Ebenso geben die mineralischen Fettstoffe (Mineralöle, Vaseline) bei alleiniger Verwendung keine befriedigende Fettung, da sie infolge ihrer geringen Affinität sich mit der Lederfaser nicht fest verbinden.

Ein Teil des dem Leder einverleibten Fettes verbindet sich mit der Lederfaser und ist durch Lösungsmittel nicht mehr extrahierbar, was für eine richtige Fettung unbedingt erforderlich zu sein scheint. Die Bindung kommt von seiten der Fette offenbar durch die Carboxylgruppen der Fettsäuren und die SO_3H-Gruppen der sulfonierten Öle zustande, während seitens der Ledersubstanz die basischen Gruppen der Hautsubstanz sowie bei Chromleder die gebundenen Chromverbindungen in Frage kommen.

Die Fette und Öle werden, wie erwähnt, in der Lederindustrie teils als solche, teils als Seifen, oxydierte Öle (Degras) und sulfonierte Öle verwendet. Die Sulfonierung erfolgt nur vereinzelt in den Lederfabriken selbst; meist werden die unter Phantasienamen in den Handel gebrachten sulfonierten Öle für Lederzwecke, deren Herstellung einen Industriezweig für sich bildet, verwendet (s. S. 451). Mit Rücksicht auf die Farbe der Leder darf der Eisengehalt der Fette nicht sehr hoch sein, da Eisenverbindungen insbesondere mit pflanzlich gegerbten Ledern tintenartige Verfärbungen geben.

Die in der Lederindustrie verwendeten Fettstoffe sind in der Hauptsache: Trane, Talg, Wollfett, Rinderklauenöl, Roßkammfett, Ricinusöl, Olivenöl, Rüböl, Sojaöl, Leinöl, Teesaatöl, ferner Vaseline, flüssige Mineralöle und Ceresin. Außer den genannten werden noch zahlreiche andere verwendet, die zum Teil nur lokale Bedeutung haben, wie Baumwollsaatöl, Sonnenblumenöl usw.

Im folgenden seien einige der meistverwendeten Öle und Fette vom ledertechnischen Standpunkt gesondert behandelt.

b) Die verwendeten Fette.

1. Seetieröle (Trane).

Unter den Fettstoffen des Gerbers nehmen die Trane die bedeutendste Stellung ein. Fast alle Transorten werden verwendet, teils in unverändertem Zustand, teils als oxydierte Trane (Degras, Moellon) und sulfonierte Trane. Bei der Sämischgerbung bilden sie das eigentliche Gerbmaterial. In unveränderter Form werden die Trane in Verbindung mit Talg und Degras zum Schmieren der Leder, ferner zum Abölen, allein oder in Mischung mit Mineralölen, sowie für die Pelzgerbung und Sämischgerbung verwendet; Dorschtrane werden bisweilen mit anderen Seetierölen verschnitten. Haitrane sind bis zu einem gewissen Grad durch ihren höheren Gehalt an Unverseifbarem und durch die geringere Ausbeute an Polybromiden zu erkennen. Mineralölbeimischungen lassen sich am Unverseifbaren und dessen niederer Jodzahl erkennen. Ein nicht zu hoher Gehalt an freien Fettsäuren wird im allgemeinen nicht als Nachteil empfunden.

Die Anwendung von unverändertem Tran auf Leder schließt die Gefahr des „Ausharzens" der Leder in sich, welche auf die Autoxydation und Polymerisation der stark ungesättigten Tranfettsäuren zurückzuführen ist. Es treten hierbei zunächst in den Lederporen kleine harzartige Öltröpfchen auf, die sich allmählich vergrößern und bisweilen die ganze Lederoberfläche mit einer zähen, klebrigen Masse überziehen. Begleitet ist diese Erscheinung von einer Erhöhung des spezifischen Gewichtes des Tranes, Abnahme der Jodzahl, Bildung freier Fettsäuren und petrolätherunlöslicher Oxysäuren. Durch Metallsalze, insbesondere Eisensalze, oder durch Berührung mit Metallen sowie durch höhere Lagertemperatur und direkte Sonnenbestrahlung wird das Ausharzen der Leder begünstigt. Nach Untersuchungen von F. STATHER und H. SLUYTER[1] bestehen keinerlei Beziehungen zwischen der Art des Tranes, seiner Jodzahl, Octobromidzahl und seinem Verhalten bei der Prüfung im MAKEY-Apparat einerseits und seiner Neigung, auf dem Leder auszuharzen, anderseits. Lediglich wurde festgestellt, daß die freien Tranfettsäuren selbst nicht ausharzen und auch in Mischung mit Tran dessen Ausharzungsvermögen stark vermindern. Durch Abreiben mit einem Lösungsmittel läßt sich der Fehler meist nur vorübergehend beheben. Darauffolgendes leichtes Abölen mit Mineralöl schützt in leichteren Fällen vor erneutem Ausharzen. Zur Vermeidung empfiehlt es sich, schwach anoxydierte Trane mit einem kleinen Mineralölzusatz zu verwenden.

Zur *Sämischgerbung* werden die geringeren Qualitäten von Dorschtranen (zum Teil auch in Verbindung mit Waltranen und Robbentranen) verwendet. Diese sollen Jodzahlen von etwa 120—160 besitzen, da bei zu hoher Jodzahl die Oxydation zu stürmisch, bei niedriger Jodzahl zu träge verläuft. Der verhältnismäßig hohe Gehalt dieser Trane an freien Fettsäuren schadet nicht; vielmehr scheint ein gewisser Gehalt an freien Fettsäuren erforderlich, da nach KLENOW[2] Trane mit sehr geringer Säurezahl, auch bei genügend hoher Jodzahl, schlecht gerben. Die zur Sämischgerbung vorbereiteten Häute werden mit dem Tran eingerieben oder eingespritzt, in Kurbelwalken bearbeitet, an der Luft aufgehängt und wieder gewalkt, bis das Wasser allmählich durch das Fett verdrängt ist. Die so vorbereiteten Häute werden auf Stapel geschichtet, wobei unter Erwärmung und Gelbfärbung die Gerbung vor sich geht (sog. „Brut"). Anschließend werden die Leder noch einige Zeit an der Luft hängen gelassen und schließlich in warmem Wasser geweicht und ausgewrungen, wobei das überschüssige Fett aus den Ledern entfernt wird. Durch Behandlung der Leder mit warmer verdünnter Sodalösung werden weitere Fettmengen entfernt.

Die Sämischgerbung ist eine echte Gerbung; das Sämischleder verleimt nicht beim Kochen mit Wasser. Durch Fettlösungsmittel läßt sich nur ein Teil des Fettes extrahieren. Die gebundene Fettmenge beträgt im Mittel etwa 5% (Minimum 1,6%). Die Gerbwirkung wird den mehrfach ungesättigten Tranfettsäuren zugeschrieben, da gesättigte Fettsäuren und Ölsäure nach FAHRION[3] nicht gerbend wirken. Ferner ist das Vorhandensein freier Fettsäuren erforderlich, da die Gerbwirkung säurefreier Trane bzw. der Äthylester der Tranfettsäuren nur gering ist[4]. Die Verwendung von Tranfettsäuren allein zur Sämischgerbung erlangte wegen der mangelhaften Beschaffenheit des Degras (s. u.) keine Bedeutung[5].

2. Degras, Moellon.

Das aus dem Sämischleder entfernte überschüssige Fett wird aus den Waschlösungen durch Erwärmen mit verdünnter Schwefelsäure abgeschieden und enthält noch Wasser, Salze und Hautbestandteile. Es bildet als „*Degras*" (von dégraisser = entfetten) oder „*Moellon*" (engl. „sod oil") ein wertvolles Fettungsmittel für andere Lederarten, da es dem Leder einen vollen und milden Griff erteilt und nicht mehr zum Ausharzen neigt. Von dem ursprünglichen Tran unterscheidet sich der auf den Ledern oxydierte Tran durch ein höheres spez. Gewicht, niedrigere Jodzahl und einen beträchtlichen Gehalt an petrolätherunlöslichen Oxysäuren. Letzterem verdankt der Degras die Eigenschaft, ähnlich wie Wollfett, eine gewisse Wassermenge in Form einer beständigen Emulsion zu binden, wodurch das Eindringen in das Leder begünstigt wird.

---

[1] Collegium **1935**, 51. [2] Collegium **1926**, 201.
[3] FAHRION: Neuere Gerbmethoden und Gerbtheorien, S. 54. Braunschweig. 1915.
[4] A. a. O., S. 56. [5] A. a. O., S. 61.

Da der Bedarf an Moellon und Degras größer ist als der Anfall in den Sämisch-
gerbereien, so befaßt sich ein Industriezweig eigens mit der Herstellung dieser
Produkte. Dabei werden entweder in Nachahmung des Sämischgerbprozesses
Haut- oder Sämischlederabfälle, mit Tran getränkt, der Autoxydation überlassen, oder die Trane werden durch Blasen mit einem Wasserdampf-Luft-
Gemisch oder mit erhitzter Luft allein oxydiert. Als Gradmesser für die Oxydation dienen die petrolätherunlöslichen Oxysäuren, deren Menge nicht zu hoch
sein soll, da zu stark oxydierte Trane zäh und klebrig sind und schlecht in das
Leder eindringen. Für die Degrasfabrikation werden fast ausschließlich Dorschtrane verwendet. Die Handelsprodukte sind auf einen bestimmten Wassergehalt eingestellt (soweit sie nicht als wasserfreier Moellon, Moellonessenz, gehandelt werden) und enthalten meist Zusätze von Wollfett und Mineralölen.

Die Beurteilung von Degras und Moellon erfolgt nach Farbe, Geruch und
Streichfähigkeit sowie auf Grund der Analysendaten[1, 2].

3. Rinderklauenöl.

Das Rinderklauenöl (näheres über die einzelnen Fette s. Bd. III), welches
aus den Klauenfleischteilen und Fußknochen der Rinder gewonnen wird, findet in der Lederindustrie, insbesondere zum Lickern der Chromleder, teils als
solches, teils schwach sulfoniert, in großen Mengen Verwendung. Für diesen
Zweck werden mit Rücksicht auf die Vermeidung von Fettausschlägen möglichst
stearinarme Öle bevorzugt, die durch „Austranen" der tiefgekühlten Öle gewonnen werden. Zu diesem Zweck wird das Rohklauenöl in Kühlräumen bei
Temperaturen unter 0° längere Zeit gelagert, die erstarrte Masse in Tücher eingeschlagen und hydraulisch ausgepreßt. Man unterscheidet Öle mit einer Kältebeständigkeit von 0°, — 5° und — 10°. Die Kältebeständigkeit der Klauenöle
ist ein wichtiges Kriterium für ihren Handelswert.

Wegen seines verhältnismäßig hohen Preises wird Klauenöl häufig mit
anderen Ölen verfälscht. Die Verfälschung besteht meistens in der Beimengung
von an sich kältebeständigen Ölen, wie Rüböl, Ricinusöl und anderen, auch
Tranen. Nach M. Auerbach[3] erleichtert ein Zusatz von Rüböl (zirka 20%) den
Sulfonierungsprozeß des Klauenöles. Die Reinheitsprüfung erfolgt auf Grund
der Bestimmungen der Jodzahl, der Verseifungszahl und des Unverseifbaren im
Zusammenhang mit der Kältebeständigkeit. Die Verseifungszahlen der Klauenöle
liegen nach ziemlich übereinstimmenden Literaturangaben etwa zwischen 194
und 200. Die Jodzahlen sind naturgemäß vom Grad des Abpressens der ge-
sättigteren Anteile abhängig. Folgende Zahlen können hier als Anhaltspunkt
dienen[4]:

Art des Öles	Jodzahl (Hanŭs)
Rohklauenöl	70—75
Öl I. Pressung, 1 Stunde bei — 10° klar.........	78—81
„ II. „ 1 „ „ — 5° „	72—78
„ III. „ 1 „ „ 0° „	68—72
Preßrückstände	45—65

Die Säurezahlen guter Klauenöle sollen nicht über 2 liegen.

Zusätze von Rüböl äußern sich in einer Erhöhung der Jodzahl und Verringerung der Verseifungszahl. Auch die Rhodanzahl gibt im Zusammenhang
mit der Jodzahl wertvolle Hinweise für einen Verschnitt der Öle, da die unge-

---

[1] Genaue Analysenvorschriften für Degras und Moellon sind vom „Internationalen
Verein der Lederindustriechemiker (IVLIC.) veröffentlicht worden. — Über
technische Normen für Degras und Moellon s. S. 450.
[2] Collegium 1931, 311.   [3] Collegium 1929, 13.   [4] Collegium 1929, 15.

sättigten Fettsäuren des Klauenöles vorwiegend aus Ölsäure bestehen. In Zweifels-
fällen muß auch die Sterinacetatprobe mit herangezogen werden, da aus der
Jod- und Verseifungszahl allein nicht mit Sicherheit auf die Beimengung pflanzlicher Öle geschlossen werden darf. Der Gehalt der Klauenöle an Unverseifbarem ist gering, etwa 0,5%, so daß Zusätze von Mineralölen leicht erkennbar sind.

An Stelle von Klauenölen werden auch die aus dem *Knochenfett* der Rinder
gewonnenen Öle verwendet, die den eigentlichen Klauenölen sehr ähnlich und
infolgedessen von diesen kaum zu unterscheiden sind.

Gelegentlich werden auch die aus· dem *Roßkammfett* durch Austranen gewonnenen Öle an Stelle von Klauenölen verwendet.

Den genannten Ölen nahestehend im Hinblick auf ihre ledertechnische
Verwendung sind das Olivenöl und das Teesaatöl. Letzteres zeichnet sich durch
einen besonders niedrigen natürlichen Gehalt an festen Fettsäuren und hohen
Ölsäuregehalt aus.

4. Ricinusöl.

Das Ricinusöl wird als solches in der Lederindustrie nur wenig verwendet,
z. B. als Weichmacher für die Collodiumdeckfarben. Zum Fetten von Oberleder ist es weniger geeignet, da es eine zu trockene Fettung ergibt. In größerem
Maßstabe wird das Ricinusöl in sulfonierter Form (Türkischrotöl) verwendet,
so als Bestandteil des Fettlickers, als Weichmacher für Caseindeckfarben und
hauptsächlich für Unterleder.

5. Leinöl.

Das Leinöl ist zum Fetten der Leder als solches wenig geeignet, da es infolge
seiner trocknenden Eigenschaften auf dem Leder verharzt und dieses dadurch
seine Weichheit und Geschmeidigkeit verliert. Dagegen wird es vereinzelt zum
Abölen benutzt und ist Bestandteil mancher Lederkonservierungsmittel. Sulfoniertes Leinöl findet in einigen Fällen für Sohlleder Verwendung; es wird ferner
zum Lickern der auf Lackleder zu verarbeitenden Chromleder empfohlen[1].

Das Hauptverwendungsgebiet für Leinöl in der Lederindustrie ist die *Lack-*
*leder*herstellung. Da an das Lackleder sowohl bereits bei der Verarbeitung als
auch im Gebrauch hohe Anforderungen in mechanischer Hinsicht gestellt werden,
so ist bei der Lacklederherstellung größte Sorgfalt notwendig. Es eignen sich
nur die besten Lackleinöle für diesen Zweck. Diese dürfen beim Erhitzen auf
300° keine Trübungen oder Flockungen zeigen und müssen vor ihrer Verwendung
längere Zeit (mindestens 3 Monate) gelagert oder auf andere Weise gut entschleimt werden. Ihre Beurteilung erfolgt nach den allgemeinen Gesichtspunkten
der Leinöluntersuchung.

Zur Bereitung des Lederlackes wird das Leinöl in eisernen Fettkochkesseln
zunächst auf 110°, dann nach Zusatz der mit etwas Leinöl angerührten Trockenstoffe
weiter auf zirka 250° erhitzt, und zwar so lange, bis eine gewisse fadenziehende Konsistenz erreicht ist. In den auf etwa 37° abgekühlten Firnis wird das Lösungsmittel
eingerührt. Als Trockenstoffe dienen fast ausschließlich Eisen- und Kobaltverbindungen, die insbesondere in Kombination sehr geeignete Lackfilme geben; Mangan-
und Bleiverbindungen geben nicht genügend elastische Filme. An Stelle der früher
für Leder verwendeten reinen Leinöllacke mit Terpentinöl als Lösungsmittel werden
heute insbesondere für das Chromleder mit seiner größeren natürlichen Elastizität
hauptsächlich kombinierte Leinöl-Collodium-Lacke mit Amylalkohol-Benzin-Ge-
mischen als Lösungsmittel verwendet. Zur Härtung der oberen Lackschicht werden
die fertigen Leder einige Zeit der direkten Sonnenbestrahlung oder dem Licht von
Quecksilberdampflampen ausgesetzt.

---

[1] Lamb-Mezey: Die Chromlederfabrikation, S. 244. Berlin. 1925.

6. Wollfett.

Das Wollfett, welches seiner chemischen Zusammensetzung nach den Wachsen näher steht, wird häufig als Zusatz zu Lederfettungsmitteln verwendet. Als Bestandteil der zum Schmieren der Leder verwendeten Fettmischung ist es gut geeignet, da es infolge seines Wasserbindungsvermögens von feuchtem Leder gut aufgenommen wird und in der Kälte nicht kristallin erstarrt. In den Handels-degrassorten, mit Ausnahme der für Lackleder bestimmten, ist es fast stets vorhanden. Nach EITHNER[1] verhindert ein Zusatz von Wollfett zum Talg das Ausschlagen und Anlaufen der Leder. Dagegen veranlassen nach H. GNAMM[2] größere Zusätze zur Lederschmiere das Ausschlagen. Das Wollfett oder seine Bestandteile finden insbesondere auch zur Fettung wasserdichter Leder (sog. Waterproofleder) Verwendung. Sie sind ferner Bestandteil vieler Lederkonservierungsmittel und Treibriemenfette.

Für die Zwecke der Lederfettung kommen nur die aus dem Rohwollfett gewonnenen Neutralwollfette in Frage.

Den Lederfettungsmitteln ist auch das *Eigelb* hinzuzurechnen, das in der Lederindustrie wegen seiner gleichzeitig emulgierenden und fettenden Wirkung vielfach verwendet wird. Als Zusatz zum Fettlicker, insbesondere für Chromleder, erteilt es dem Leder einen vollen und geschmeidigen Griff. Bei der Glacégerbung bildet es einen unentbehrlichen Bestandteil der sog. „Gare", einer Mischung aus Alaun, Kochsalz, Mehl und Eigelb.

Die Konservierung des technischen Eigelbs erfolgt fast ausschließlich mit Kochsalz, wozu mindestens 10—15% erforderlich sind. Außerdem wird häufig etwas Borsäure (zirka 2%) oder Salicylsäure zugesetzt.

Für die ledertechnische Beurteilung von Eigelb ist neben der Bestimmung des Fett- und Salzgehalts die der Säurezahl des Eieröles von Wichtigkeit. Hierzu darf nur das durch Extraktion gewonnene Eieröl verwendet werden. Frisches Eigelb enthält nur Neutralfette, während ältere und verdorbene Sorten bis 30% und mehr freie Fettsäuren enthalten können. Solche Eigelbsorten sind insbesondere für die Glacégerbung ungeeignet, da infolge der Bildung von Aluminiumseifen die Leder weniger weich und zügig werden[3]. Eigelb hat die Fähigkeit, Öle aufzunehmen und mit diesen in Wasser feinteilige Emulsionen zu bilden. Seines Preises wegen wird es daher bisweilen mit Ölen, z. B. Klauenöl, Olivenöl, verschnitten. Neben Eigelb wird auch das in diesem enthaltene Eieröl, besonders als sulfoniertes Eieröl, das sich durch eine hohe Salzbeständigkeit auszeichnet, zu Lederfettungszwecken verwendet.

Für Eigelb für Lederzwecke gibt es einige Ersatzprodukte im Handel, zu deren Herstellung insbesondere auch die bei der Sojaölraffination anfallenden Pflanzenphosphatide verwendet werden.

Die *Seifen* bildeten vor der Verwendung der sulfonierten Öle das ausschließliche Emulgierungsmittel für Fette beim Lickern der Leder. Auch heute wird Seife zum Teil als Zusatz zum Fettlicker verwendet; vereinzelt wird auch mit Seife allein gelickert, wobei diese durch die im Leder vorhandene Säure zerlegt und das Leder gleichzeitig neutralisiert wird. Mit Rücksicht auf die Vermeidung von Fettausschlägen dürfen die für Lickerzwecke verwendeten Seifen keine hohen Gehalte an festen Fettsäuren aufweisen. In der Hauptsache wird reine Olivenölseife (Marseiller Seife) verwendet, für gewisse Zwecke finden auch saure Ammonium-Ölsäure-Seifen Verwendung.

c) Durch Fette verursachte Lederfehler.

Mit den in Leder enthaltenen Fettstoffen in Zusammenhang stehen einige am fertigen Leder bisweilen auftretende Fehler, die zumindest das Aussehen der Leder stark beeinträchtigen können. Über die bei Verwendung von unveränderten Tranen bisweilen auftretenden Ausharzungen wurde bereits gesprochen. Nicht minder gefürchtet sind die weißen *Fettausschläge*, bei denen es sich, soweit Untersuchungen vorliegen, um Ausscheidungen fester Fettsäuren, insbesondere

---

[1] Der Gerber 1897, 231.   [2] H. GNAMM: Die Fettstoffe des Gerbers.
[3] Collegium 1929, 13.

Stearin- und Palmitinsäure, handelt. Sie lassen das Leder zunächst matt erscheinen und treten als weißer Ausschlag allmählich deutlich in Erscheinung. Unter dem Mikroskop sind die weißen Fettausschläge als kristalline Ausscheidungen, insbesondere in den Lederporen erkennbar. Durch höhere Temperatur und Druck, z. B. beim Glanzstoßen der Leder und beim Lagern in größeren Stapeln, wird das Ausschlagen begünstigt. Durch Abreiben mit Lösungsmitteln läßt sich der Fehler meist nur vorübergehend beseitigen. In leichteren Fällen kann durch leichtes Abölen mit Mineralöl ein erneutes Ausschlagen verhindert werden.

Auf Ausscheidung fester Fettsäuren sind wohl auch die sog. „*Fettstippen*" zurückzuführen, die bisweilen auf geschmierten Ledern auftreten. Sie äußern sich in dunkeln, kleinen bis linsengroßen, deutlich fühlbaren Erhebungen, welche die ganze Lederoberfläche bedecken.

Die Ursache und Entstehung der Fettausschläge sind noch keineswegs in allen Fällen befriedigend geklärt. Es ist anzunehmen, daß die festen Fettsäuren in den fettreichen Außenschichten des Leders kristallisieren und infolge Raummangels nach außen treten. Ihr Auftreten setzt das Vorhandensein freier fester Fettsäuren im Leder voraus, die sowohl von den zur Fettung verwendeten Fettstoffen, als auch von dem Naturfett der Haut herrühren können. Letzteres wird in den alkalischen Enthaarungsbädern (Äscher) zwar verseift, aber nur zu geringem Teil entfernt, da die Fettsäuren als unlösliche Kalkseifen niedergeschlagen werden. Diese werden dann durch die im weiteren Verlauf der Lederherstellung verwendeten sauren Bäder — Pickel, Chrombrühen — zerlegt. Die ungesättigten Fettsäuren können dabei zur Bildung rötlicher Flecken auf dem unzugerichteten Chromleder Anlaß geben, die auf die Bildung von Chromseifen zurückzuführen sind. Was die zum Fetten verwendeten Glyceride anbetrifft, so werden auch diese im Leder teilweise gespalten, wodurch freie Fettsäuren entstehen. Bereits bei den Arbeiten der Lederzurichtung tritt eine namhafte Fettspaltung ein, die sich beim Lagern der Leder fortsetzt. Durch Schimmelbildung wird die Fettspaltung begünstigt.

Eine andere Art von Fettausschlag, die bei Sohlledern auftritt und auf das natürliche Hautfett zurückzuführen ist, wird von den amerikanischen Lederchemikern beschrieben, scheint bei uns jedoch nicht aufzutreten. Sie äußert sich in Form dunkler Flecken in der Nierengegend der Haut, weshalb sie auch als *Nierenfettflecken* bezeichnet werden.

Manche Lederarten, insbesondere Schafleder mit ihrem hohen Gehalt an natürlichem Hautfett, ferner Lackleder, bisweilen auch Chevreau-, Buchbinder-Portefeuilleleder, bei denen Fettausschläge regelmäßig auftreten würden, werden im Laufe ihrer Fabrikation einem *Entfettungs*prozeß unterworfen. Bei von Natur aus fettreichen Häuten, wie Schaf- und Ziegenfellen, ist es dabei insbesondere das Naturfett, welches entfernt werden muß. Die zu entfettenden Leder werden während ihrer Herstellung trotzdem gelickert, da eine gewisse Fettung der Leder während ihrer mechanischen Behandlung in der Zurichterei erforderlich ist.

Zur *Entfettung* werden die Leder in großen, verschließbaren Behältern aufgehängt, die mit dem Lösungsmittel, Benzin oder Chlorkohlenwasserstoffen, gefüllt werden. Das Leder behält seine Geschmeidigkeit, da keine vollständige Entfettung angestrebt wird und ein Teil des Fettes in gebundener Form im Leder verbleibt.

Die Frage der Entfettung der Häute und Leder in nassem Zustand ist noch nicht in allen Fällen in befriedigender Weise gelöst. Sie wird in Walkfässern mit Lösungsmittel-Wasser-Emulsionen vorgenommen, wozu man früher Benzin und Schmierseife verwandte, während heute vielfach die im Handel befindlichen Produkte verwendet werden. Bei dem sog. Paraffinentfettungsprozeß werden gepickelte Schafblößen mit flüssigen Kohlenwasserstoffen (Sp. 190—260⁰; spez. Gew. 0,8114) behandelt, wobei ein Teil des Naturfettes entfernt wird, während die Haut gleichzeitig mineralische Fettstoffe aufnimmt.

d) Normen des Verbandes der Degras- und Lederölfabrikanten, E. V., vom 23. Februar 1926.

1. Normen für Lederöle.

1. *Harzgehalt.* Ein Harzgehalt in einem Lederöl kann nicht unbedingt und in allen Fällen als schädlich angesehen werden; für den Verbraucher ist es aber wichtig und notwendig zu wissen, ob ein Lederöl Harz enthält oder nicht. Ein in einem Lederöl vorhandener Harzgehalt muß deshalb unbedingt angegeben werden.

2. *Mineralölgehalt.* Die Mineralöle haben sich für die Zwecke der Lederfettung in vielen Fällen als wichtig und zweckdienlich bzw. unerläßlich erwiesen. Zu leicht flüchtige Mineralöle, wie sie die billigen Putz- oder Gasöle oder Mischungen derselben darstellen, sollten zur Herstellung von Lederölen nicht verwendet werden. Es dürfen nur solche Mineralöle verwendet werden, die folgende Kennzahlen als niedrigste Grenzzahlen aufweisen:

Ein spezifisches Gewicht nicht unter 0,875. Eine Viskosität nach ENGLER von 3—4 bei 20⁰ oder von 1—3 bei 50⁰.

Werden aus bestimmten Gründen leichter flüchtige Mineralöle zur Herstellung von Lederölen verwendet, als diesen Grenzzahlen entsprechen, dann ist deren Verwendung besonders anzugeben.

3. *Naphthensäuren und Sulfatharze.* Diese sind für die Zwecke der Lederfettung nicht in jedem Falle als schädlich zu bezeichnen. Sind sie in einem Lederöl enthalten, dann muß jedoch deren Gehalt angegeben werden.

Wird also ein Lederöl verkauft als den Normen des Verbandes der Degras- und Lederölfabrikanten entsprechend, dann kann der Käufer verlangen, daß dasselbe keinen Harzgehalt aufweist, frei ist von Naphthensäuren und Sulfatharzen und daß das Unverseifbare, wenn solches vorhanden ist, aus Mineralöl besteht, das mindestens die oben angegebenen Kennzahlen aufweist.

2. Normen für Degras.

Tabelle 35. Normen für Degras und Moellon.

	Gesamt-fett	Flüchtige Bestandteile	Verseif-bares	Unverseif-bares	Oxyfett-säuren	Asche
Moellon, Marke M, handels-üblich	80	20	70	10	6—8	Der Aschen-gehalt soll
Moellon-Degras, Marke MD, handelsüblich	78	22	63	15	5—7	1% nicht über-
Degras, Marke D, handels-üblich	75	25	55	20	4—6	schreiten

Der Gehalt an Gesamtfett bzw. an Verseifbarem darf bis um 2% von den obigen Normen abweichen; größere Schwankungen berechtigen den Abnehmer nicht, die Ware zur Verfügung zu stellen, werden aber pro rata verrechnet.

Eine Verwendung von Harz zur Herstellung von Degras, selbst der geringsten Sorte, ist grundsätzlich verboten; sobald in einem Degras Harz qualitativ festgestellt wird, ist das Produkt als den Verbandsvorschriften nicht entsprechend zu bezeichnen.

B. Die „sulfonierten Öle" in der Leder- und Rauchwarenindustrie.

Von K. LINDNER, Berlin.

a) Konservierung, Rohhautbehandlung.

Während im allgemeinen die Häutekonservierung durch das sog. „Salzen" erfolgt, finden sich in der neueren Patentliteratur auch Hinweise, wonach „sulfonierte Öle" geeignete Konservierungsmittel darstellen. Die Chemische Fabrik Pott & Co. empfiehlt die Verwendung von sulfonierten Ölen, Mineralölsulfonsäuren u. dgl.[1] als Konservierungsmittel für Rohhäute und tierische Blößen. Auch die Lagerbeständigkeit bereits gegerbter, aber nicht gefärbter mineralgarer Leder läßt sich nach POTT & Co.[2] durch Zusatz eines Gemisches von aromatischen Sulfonsäuren und sulfonierten Ölen erhöhen.

Daß Rohhäute, die mit Ölsulfonaten behandelt wurden, sogar ohne Gerbung zu technischen Zwecken geeignet sind, zeigt ein Verfahren der HENDERSON RUBBER & Co.[3]. Rohhäute werden mit Sulfoölsäure od. dgl. zum Aufquellen gebracht, darauf mit einem Lösungsmittel, z. B. Benzin, extrahiert und nach Verjagen des Extraktionsmittels mit Gummi imprägniert, verwalzt und schließlich vulkanisiert. Auf diese Weise entstehen kautschukartige Produkte.

b) Weichen, Entkälken, Waschen, Walken.

In der Patentliteratur finden sich wiederholt Hinweise, daß besonders die hochsulfonierten Öle, die „echten" Sulfonsäuren, Kondensationsprodukte usw. zum Netzen, Reinigen und Auswalken auch in der Ledererzeugung geeignet sind. Trotzdem hat die Verwendung derartiger Sulfonate in der Lederindustrie bei weitem nicht den Umfang angenommen wie in der Textilindustrie. Das ist wohl darauf zurückzuführen, daß die tierische Hautfaser verhältnismäßig leicht benetzbar ist und Reinigungs- bzw. Entfettungsprozesse nur bei bestimmten Provenienzen, z. B. bei fetthaltigen Schafen, manchen Ziegensorten, Schweinen, Hunden usw. erforderlich sind.

Ein technisch wichtiges Patent der Farb- und Gerbstoffwerke Carl Flesch jun.[4] sei hier erwähnt, in welchem die Verwendung von hochsulfonierten Schwefelsäureestern von Fetten und Ölen mit wenigstens 6% gebundenem SO_3, bezogen auf 38% Fettsäure, zum Vorbehandeln von Häuten und Fellen unter Schutz gestellt ist. Es wird z. B. das Beizen (lies Entkälken!) von 100 kg Vachelederblöße mit 300 g eines solchen sauren Esters beschrieben. Interessant ist ein Verfahren[5], wonach sich alkalische Lösungen von Kontaktspalter, also Mineralölsulfonate, zum Entfetten von Schafblößen eignen sollen. Eine tiefgreifende Entfettung läßt sich allerdings nach den Erfahrungen des Verfassers weder nach diesem Verfahren noch mit anderen Sulfonaten ohne Lösungsmittel erzielen. Die Ursache scheint darin zu liegen, daß die meisten Sulfonate nur kurze Zeit wirken und dann vom Hautprotein aufgenommen werden. Die Verwendung von Fettalkoholsulfonaten scheint in der Ledervorbehandlung keine nennenswerte Rolle zu spielen. Auf ein Patent der H. Th. Böhme A. G.[6], wonach Sulfonierungsprodukte von zwei- oder mehrwertigen hochmolekularen Alkoholen, wie Octadecylenglykol, wirksame Netzmittel auch in der Lederindustrie sein sollen, sei hingewiesen.

Von den in der Leder- und Pelzindustrie bewährten Produkten auf Basis „sulfonierter Öle" sollen das Prästabitöl KN der Chemischen Fabrik Stockhausen u. Cie., das Pekorol L der Böhme Fettchemie G. m. b. H. und das Coloran NL der Oranienburger Chemischen Fabrik A. G. sowie die Pelznetzöle dieser Firma Erwähnung finden. Diese Produkte, die durchwegs hochsulfonierte Fettstoffe zum Teil mit Lösungsmittelgehalt

---

[1] D. R. P. 602748; Austral. P. 28892/30.   [2] D. R. P. 578785.
[3] D. R. P. 292623.   [4] D. R. P. 557203.
[5] Russ. P. 20757.   [6] E. P. 388535.

darstellen, beschleunigen das Benetzen und Aufweichen von Häuten und Pelzwerk und üben gleichzeitig eine fäulnishemmende Wirkung aus. Besonders für stark ausgetrocknete Häute, z. B. südamerikanische Kipse, Ziegen von harter Struktur, schwer aufweichbare Reptilien usw., haben sich derartige Hilfsmittel bewährt.

Auch bei bereits gegerbtem Leder spielt das Netzen und Aufweichen mitunter eine wichtige Rolle. Die durch einen Gehalt an „echten" Fettsulfonsäuren ausgezeichneten Ölsulfonate *Coloran OL* und *FL* der Oranienburger Chemischen Fabrik A. G. finden als Aufwalkmittel für ostindische Ziegen und Bastarde, australische Schafe, sumachgare Skivers usw., kurz für bereits pflanzlich vorgegerbte Feinleder Anwendung, die von dem Zurichter aufgeweicht, gefärbt und fertiggestellt werden. Sie bewirken gleichzeitig eine gewisse Säuberung des Narbens. Auch zum Wiederaufweichen getrockneter Chromleder wird *Coloran FL* unter gewissen Voraussetzungen empfohlen, doch scheint dieses Verfahren eine nennenswerte Bedeutung nicht erlangt zu haben. Für die gleichen Zwecke wird auch der sehr kapillaraktive Fettschwefelsäureester *Pekorol L* der Böhme Fettchemie G. m. b. H. empfohlen.

In der Pelzindustrie gibt die sogenannte „Tötung" sowie vor allem die Fellwäsche Anwendungsmöglichkeiten für Sulfonate auch neuerer Prägung. Die Tötung ist ein Vorbereitungsprozeß, der das Haar für die nachfolgende Bleiche und Färbung benetzen und aufnahmefähig machen soll. Früher wandte man ausschließlich alkalisch reagierende Stoffe, wie Soda, Ätznatron oder Ammoniak, an, die leicht Schäden bei empfindlichem Pelzwerk hervorrufen können. Heute bedient man sich häufig lösungsmittel- und sulfonathaltiger Präparate unter teilweiser oder völliger Fortlassung des Alkalis. Für die Pelzwäsche, die besonders bei Lamm- und Schaffellen ausgeführt werden muß, haben in der letzten Zeit die endständig konstituierten Fettalkoholsulfonate und Kondensationsprodukte ziemlich verbreitete Verwendung gefunden. Man trifft hier ein Fettalkoholsulfonat *Taosap* der Böhme Fettchemie G. m. b. H., das *Melioran F 6, Pelzwaschöl F 6* der Oranienburger Chemischen Fabrik A. G. sowie die *Neopol*- und *Igepon*marken der Chemischen Fabrik Stockhausen u. Cie. und der I. G. Farbenindustrie A. G. Diese Waschmittel liefern auch bei ungünstigen Wasserverhältnissen einwandfreie Ergebnisse und geschonte, offene Felle.

c) Gerben.

In der Gerberei spielen die „sulfonierten Öle" teils die Rolle von Hilfsmitteln, teils sind sie sogar am Aufbau von Gerbstoffen beteiligt. Es muß vorausgeschickt werden, daß nach den heutigen Auffassungen bei der Einwirkung von sulfonierten Ölen auf die Hautsubstanz die Bildung einer Kollagen-Sulfonat-Verbindung angenommen werden darf, die der Bindung von Kollagentannat in vieler Beziehung ähnlich ist. Das gilt besonders für Sulfonate mit höherem Sulfonierungsgrad.

Die Fettschwefelsäureester spielen in der vegetabilischen Gerberei als „Gerböle" eine große Rolle. Solche Gerböle bestehen meist aus sulfoniertem Ricinusöl, sulfoniertem Tran oder Gemischen solcher Sulfonate mit Mineralölen. Sie regulieren die pflanzliche Gerbung, befördern das Eindringen der Gerbstoffe und hellen auch die Farbe der Gerbung etwas auf. Neben den niedrig sulfonierten Fettschwefelsäureestern finden auch Mineralölsulfonsäuren sowie hochsulfonierte Ester und „echte" Fettsulfonsäuren in der pflanzlichen Gerberei Verwendung. So ist z. B. vorgeschlagen worden[1], die Sulfonsäuren aus Säureharzen zum Löslichmachen von vegetabilischen Gerbstoffen zu verwenden. Die hochsulfonierten Fettschwefelsäureester sollen nach einem Patent der Firma Carl Flesch jun.[2] in der Faßgerbung mit pflanzlichen Extrakten eine wesentliche Gerbbeschleunigung und Aufhellung hervorrufen können. Auch in der Chromgerbung sind diese Ester wegen ihrer hohen Beständigkeitseigenschaften anwendbar und geeignet, den unerwünschten Narbenzug zu verhindern. In ähnlicher Weise wird das „echte" Fettsulfonsäuren enthaltende *Coloran FL* der Oranienburger Chemischen Fabrik A. G. zur Erzeugung heller und sehr gleichmäßiger pflanzlicher Gerbungen in der Feinlederindustrie gebraucht.

---

[1] D. R. P. 392387.   [2] D. R. P. 557203.

Diese Firma besitzt Patente[1], die den Zusatz einfacher wie auch kondensierter Fettsulfonsäuren, die auch halogeniert sein können, als Zusätze zum Gerben von Blößen und Pelzfellen betreffen. Demnach wirken Sulfonsäuren aus Ricinusöl oder acetyliertem Ricinusöl, aus Dichlorölsäure, aus fettaromatischen Substanzen usw. als Gerbbeschleuniger, zur Erzielung hellerer und vollerer Leder und auch zur besseren Auflösung der Phlobaphene in den Gerbbrühen.

Auch zum Konservieren von Gerblösungen scheinen „echte" Sulfonsäuren von Fetten oder Fettalkoholen, kondensierte Sulfonsäuren, wie sie z. B. aus Fettstoffen und aromatischen Verbindungen mit Chlorsulfonsäure entstehen, oder halogensubstituierte Sulfonsäuren nach. Patenten der Oranienburger Chemischen Fabrik A. G.[2] geeignet zu sein.

Auch die neueren Fettalkoholsulfonate scheinen sich in der Gerbung bewährt zu haben. So wird dem *Smenol V* der Böhme Fettchemie G. m. b. H. eine lösende und dispergierende Wirkung auf pflanzliche Gerbstoffe zugeschrieben, die zur beträchtlichen Verminderung der unlöslichen Anteile in den Brühen beiträgt. Auch ist derartigen Produkten eine bakterizide Wirkung sowie ein schnelles Eindringungsvermögen eigen.

Doch nicht nur als Hilfsmittel, sondern auch als Gerbmittel finden wir die „sulfonierten Öle" im engeren und weiteren Sinne erwähnt. So eignen sich nach Röhm[3] sehr schwach sulfonierte Öle für die Fettgerbung. Hier kommt es wohl lediglich darauf an, durch eine ganz schwache Ansulfonierung, z. B. von Tran. das Eindringungsvermögen von Tran als Gerbmittel für die Sämischgerbung zu steigern. Nach einem amerikanischen Patent der National Oil Products Co.[4] läßt sich die Fettgerbung mit Tran dadurch verbessern, daß man noch sulfonierten Tran, Oxydationsmittel, Mineralöl und Formaldehyd hinzufügt.

Anders liegen jedoch die Verhältnisse bei den zahlreichen Verfahren, die sich mit der Verwendung von Mineralölsulfonsäuren als Gerbmittel beschäftigen. Bei diesen Verfahren kommt der Sulfogruppe zweifellos eine entscheidende Bedeutung zu. Nach Hildt und Malachowski[5] werden die Abfälle der alkalischen Mineralölreinigung durch Sulfonieren mit Oleum oder Schwefelsäure zusammen mit Quecksilbernitrat in Gerbstoffe übergeführt. Ältere Patente von Renner und Möller[6] beschreiben die Gewinnung von Gerbmitteln aus den Säureharzen, die beim Raffinieren von Mineralölen mit Schwefelsäure anfallen. Nach einem Patent der I. G. Farbenindustrie A. G.[7] stellen auch die Sulfonsäuren, die aus rohen oder gereinigten Mineralölen oder aus den durch Raffination der Mineralöle erhältlichen Fraktionen durch Behandlung mit Schwefelsäuremonohydrat anfallen, brauchbare Gerbstoffe dar. In gleicher Art[8] kann auch Braunkohlenteer oder Urteer als Rohstoff dienen. Nach einem Verfahren von Hessle und Wölfel[9] entstehen aus Mineralölen mit einem Gehalt von 50% ungesättigten Kohlenwasserstoffen, die zuvor von niedrig siedenden Anteilen und Asphalten befreit werden, durch Behandlung mit Oleum Sulfonate, die nach Reinigung durch Wasserdampfdestillation brauchbare Gerbmittel darstellen. Kondensationsprodukte mit gerbenden Eigenschaften erhält Möller[10] aus ganz oder teilweise gereinigten Kohlenwasserstoffen, wie Paraffinöl, Petroleum od. dgl., Kondensationsmitteln, wie Phosphoroxychlorid oder Thionylchlorid und Schwefelsäure oder Oleum, im Überschuß unter Erwärmen.

Nach neueren Verfahren der Chemischen Fabrik Pott & Co.[11] dienen die Abfallöle, die bei der Raffination von Mineralölen mit flüssiger schwefliger Säure erhalten werden, als Ausgangsstoffe für die Gewinnung von Gerbmitteln. Diese Abfallöle werden schrittweise sulfoniert und anschließend mit Formaldehyd kondensiert.

Nach einem Patent der Oranienburger Chemischen Fabrik A. G.[12] werden aromatische oder hydroaromatische Kohlenwasserstoffe, Phenole oder Alkohole mit hochmolekularen aliphatischen Fett- oder Wachsalkoholen, Fetten, Fettsäuren oder

[1] D. R. P. 598300, 602749. [2] D. R. P. 550780, 552091, 563150.
[3] D. R. P. 344016. [4] A. P. 1908116.
[5] D. R. P. 458338. [6] D. R. P. 262333, 333403.
[7] D. R. P. 420646. [8] I. G. Farbenindustrie A. G.: D. R. P. 441769.
[9] A. P. 1830320. [10] D. R. P. 387890, 406780.
[11] D. R. P. 545968, 557651, 564943. [12] D. R. P. 569344.

deren Laktonen oder anderen hochmolekularen Derivaten dieser Körper mittels
Schwefelsäure, Oleum oder Chlorsulfonsäure kondensiert und sulfoniert und an-
schließend mit kernbindenden Mitteln, z. B. Formaldehyd, in Gerbstoffe umgewandelt.
Nach den Beispielen sind etwa Kresol + Ölsäure, Benzylchlorid + Ölsäurechlorid,
Xylenol + Cocosfettalkohole als Komponenten für die Kondensation und Sulfonie-
rung geeignet. Man kann sich die Konstitution derartiger Gerbstoffe an der

$$\left[\underset{\underset{SO_3H}{CH_3}}{\overset{OH}{\bigodot}}\right]_2 + \underset{H_2}{\overset{O}{>}}C \rightarrow \underset{\underset{SO_3H}{CH_3}}{\overset{OH}{\bigodot}} \overset{CH_2}{-} \underset{\underset{SO_3H}{H_3C}}{\overset{OH}{\bigodot}} + H_2O$$

*Neradol*formel klarmachen, in der lediglich in einem oder in beiden Benzolkernen ein
H-Atom durch hochmolekulare Acyl- oder Alkylreste substituiert zu denken ist.

Praktische Bedeutung hat der *Oran-Extrakt A* der Oranienburger Chemischen
Fabrik A. G. erlangt, der offenbar nach dem erwähnten Patent gewonnen wird und
volle weiße Gerbungen liefert.

d) Färben, Bleichen, Appretieren.

In der Leder- und Pelzfärberei finden „sulfonierte Öle" mitunter Verwendung, wenn auch keineswegs in dem Umfange wie in der Textilindustrie. Während
die einfachen Fettschwefelsäureester beim Färbeprozeß nur selten Anwendung
finden, haben hochsulfonierte Öle und „echte" Fettsulfonsäuren als Dispergier-
und Egalisiermittel besonders für feinfarbige Oberleder etwas Bedeutung erlangt.

Das *Intrasol* der I. G. Farbenindustrie A. G. wird z. B. in der Pelzfärberei
besonders bei diffizilen Grautönen angewandt. *Coloran FL* und *OL* der Oranienburger
Chemischen Fabrik A. G. werden mitunter bei hellen Farben in der Chromoberleder-
industrie — z. B. bei Chevreau und Boxcalf — benutzt. Schwefelsäureester von
Fettsäuren, deren Carboxylgruppe durch Amidierung oder Veresterung blockiert
ist, sollen nach Patenten der H. Th. Böhme A. G.[1] gleichfalls als Hilfsmittel in der
Pelzfärberei anwendbar sein. Der bereits erwähnte Fettschwefelsäureester *Pekorol L*
dieser Firma wird als Hilfsmittel in der Anilinfärberei empfohlen. Lediglich mit
basischen Farbstoffen vertragen sich derartige Sulfonate nicht. Man netzt die Leder
dann mit der Sulfonatlösung vor und färbt anschließend mit der Bürste. Auch
die endständigen kondensierten Sulfonsäuren vom Typ $R \cdot X \cdot R_1 \cdot SO_3H$ sind durch
die I. G. Farbenindustrie A. G. als Hilfsmittel für die Pelz- und Ledererzeugung
unter Schutz gestellt worden[2]. In der Praxis finden sowohl die *Igepon*marken der
I. G. Farbenindustrie A. G. wie auch das *Neopol T* der Chemischen Fabrik Stockhausen u. Cie. Beachtung in der Pelzfärberei. Das *Derminol L* der I. G. Farbenindustrie A. G. hat sich in der Lederfärberei als Mittel zum Durchfärben und zur Verhütung der Bildung von Farbstoffällungen in hartem Wasser bewährt.

Beachtenswert sind noch Schutzrechte der Oranienburger Chemischen Fabrik
A. G.[3], die die Eignung von einfachen oder kondensierten Sulfonsäuren aus hochmolekularen Neutralfetten, Fettsäuren, Wachsalkoholen, Mineralölen und gegebenenfalls kondensierbaren Zusätzen als Beizmittel zum Fixieren von basischen Farbstoffen
auf Chromleder behandeln. Basische Farbstoffe haben für Chromleder eine nur geringe Affinität. Meist bedient man sich zur Erhöhung derselben pflanzlicher Gerbstoffe als Beizen. Wir finden also auch hier wieder eine Verwandtschaft zwischen
den Hochsulfonaten und den eigentlichen Gerbstoffen, denn ein Sulfonierungsprodukt, welches aus Wollfett + Erdnußölfettsäure oder Fettsäure + Naphthalin
mittels überschüssiger Chlorsulfonsäure erhältlich ist, übt die gleiche fixierende
Wirkung auf den basischen Farbstoff aus wie etwa Sumachextrakt und hat dabei
den Vorzug, den Narben weniger rauh zu machen.

In der *Leder- und Pelzbleiche* spielen die „sulfonierten Öle" gleichfalls eine
gewisse Rolle. Zunächst seien die sog. „*Bleichöle*" erwähnt, die aber nicht eigentlich selbst bleichen, sondern bei schwereren vegetabilisch gegerbten Ledern zum
„Abölen" vor dem Trocknen dienen. Dieses Abölen besteht im Auftragen einer

---

[1] Österr. P. 125 178, 125 182.   [2] F. P. 743 517.   [3] D. R. P. 571 222, 573 718.

dünnen Ölschicht auf die gegerbten und abgewelkten Leder und hat den Zweck, ein zu schnelles Trocknen bzw. dadurch bedingtes Schrumpfen oder Platzen des Narbens zu verhüten, die Lederfaser oberflächlich geschmeidig zu machen und schließlich der Oxydation des an der Lederoberfläche gebundenen Gerbstoffes durch den Luftsauerstoff entgegenzuwirken. Dadurch wird auch gleichzeitig das mit der Gerbstoffoxydation verknüpfte Dunkelwerden des Leders vermieden. Für das „Abölen" werden meist Türkischrotöle oder sulfonierte Trane allein oder im Gemisch mit Neutralölen oder Mineralölen verwendet.

Neben dieser Oxydationsverhinderung durch das „Abölen" kennt man aber auch die unmittelbare Bleiche, die in der Lederindustrie meist durch Säuren bewirkt wird. Zur Unterstützung der Bleichwirkung dieser Säuren sind mehrfach Zusätze von sulfonierten Ölen vorgeschlagen worden. Nach dem schon früher erwähnten Patent der Firma Carl Flesch jun.[1] kann man sogar den Bleichprozeß, der aus einer Vorbehandlung mit Soda und einer eigentlichen Bleiche mit Oxalsäure besteht, völlig durch eine Behandlung mit einem hochsulfonierten Fettschwefelsäureester ersetzen. An Stelle der anorganischen und organischen Säuren, deren Anwendung als Bleichmittel häufig nicht ungefährlich ist, finden in den letzten Jahren die synthetischen Gerbstoffe als Bleichmittel in steigendem Maße Verwendung. Zu bemerken ist, daß der wegen seiner hochmolekularen aliphatischen Komponente hier interessierende *Oran-Extrakt A* nicht nur pflanzlich gegerbte Leder, sondern sogar Chromleder weiß zu bleichen vermag, ein Effekt, der wohl auf die Bildung von ungefärbten Chromkomplexen zurückgeführt werden muß.

In der Pelzbleiche liegen die Verhältnisse ähnlich wie in der Wollbleiche. Man verwendet vorwiegend Wasserstoffsuperoxyd als Bleichmittel und bedient sich gern hochsulfonierter Öle oder kondensierter „endständiger" Sulfonsäuren einerseits, um die Bleiche zu regulieren und Überoxydationen zu verhüten, andererseits, um Haar und Haut zu netzen und den Griff günstig zu beeinflussen. Als praktische Bleichhilfsmittel dieser Art sind die *Prästabitöltypen G* und *V* der Chemischen Fabrik Stockhausen u. Cie., die *Pelzbleichöle* der Oranienburger Chemischen Fabrik A. G. und schließlich die *Igepone* der I. G. Farbenindustrie A. G. sowie die *Neopole* der Chemischen Fabrik Stockhausen u. Cie. zu erwähnen.

Endlich werden auch in der *Lederappretur* und *Deckfarbenzurichtung* mitunter „sulfonierte Öle" älterer und neuerer Prägung verwendet. In den einfachen Eiweißappreturen für Oberleder dienen ganz kleine Zusätze von Rotölen oder sulfonierten Klauenölen zur Verfeinerung des Griffes. In Wachsappreturen, z. B. für Gürtelleder, Sohlleder usw., dienen sie als Emulgiermittel für die unlöslichen Wachsbestandteile. Auch das *Derminol L* der I. G. Farbenindustrie A. G., ein äußerst stabiles modernes Sulfonierungsprodukt, wird für diesen Zweck empfohlen. Schließlich finden aber auch feinere Ricinusöl- oder Klauenölsulfonate, hochsulfonierte Öle, wie *Coloran FL*, oder pastenartige Produkte, wie *Fettalkoholsulfonate*, das *Derminol L* der I. G. Farbenindustrie A. G. usw. in der Zurichterei mit Wasserdeckfarben Verwendung. Teils verbessern sie hierbei die Feinteilung des Pigments und die Gleichmäßigkeit des Finish, teils geben sie demselben die erforderliche Weichheit und Elastizität.

e) Fetten.

Die größte Bedeutung für die Lederindustrie haben die „sulfonierten Öle" beim sog. „*Fettlickern*" (S. 442) gewonnen, einem Arbeitsprozeß, der nach dem Gerben, bzw. Färben durchgeführt wird und den Zweck hat, die wenig geschmeidige und steife Lederfaser weich und biegsam zu machen und so auch die Festigkeitseigenschaften zu verbessern. Neben Neutralölen und Fetten, Mineralölen, Seife, Eigelb, Lecithin und anderen fettenden Stoffen spielen die Schwefelsäureester des Ricinusöles, Klauenöles, Tranes und in geringem Umfange auch die des Olivenöles und anderer Öle in der heutigen Fettungstechnik eine gewaltige Rolle.

[1] D. R. P. 557 203.

Wir haben in früheren Kapiteln bei der Besprechung der Sulfonierungsmethoden auf die Bedeutung der Schwefelsäureester als Lickeröle mehrfach aufmerksam gemacht und können uns hier darauf beschränken, die Bedeutung der Sulfonate für die Lederfettung kurz zu kennzeichnen, um so mehr, als der Leser in den Darstellungen von GNAMM[1], SCHINDLER[2] und WILSON-STATHER-GIERTH[3] umfassende Bearbeitungen dieses Fachgebietes findet.

Von den Arbeiten, die sich eingehend mit der Aufnahme der Schwefelsäureester oder sulfonathaltiger Gemische besonders durch Chromleder befassen, sollen als grundlegend die Untersuchungen von STIASNY und RIESS[4], MERILL[5], MEZEY[6] und SCHINDLER[7] Erwähnung finden. In der letzten Zeit haben sich auch STATHER und LAUFMANN[8] eingehend mit dem Verhalten von sulfonierten Ölen allein oder von ihren Gemischen mit nicht sulfonierten Ölen beim Fettlickerprozeß beschäftigt. Es würde zu weit führen, auf diese Arbeiten hier im einzelnen einzugehen, zumal sich auch ihre Ergebnisse durchweg nicht immer in Übereinstimmung befinden. Die wesentlichen Erkenntnisse jedoch, die sich besonders für das Lickern von Chromleder mit wäßrigen Lösungen der Schwefelsäureester von Klauenöl, Ricinusöl, Tran usw. aus diesen gründlichen Experimentalstudien ergeben, sollen im nachstehenden zusammengefaßt werden.

Ein technisch hochwertiger Fettlicker stellt in der Regel ein Gemisch aus einem Schwefelsäureester mit nichtsulfoniertem, möglichst ungespaltenem Neutralöl dar. Das Mengenverhältnis zwischen diesen beiden Komponenten ist von größter Wichtigkeit für die Aufnahme des Lickers durch das Leder und für seine Fettungswirkung. An sich ist die Aufnahme eines Sulfonates um so vollkommener, je höher sein Sulfonierungsgrad ist. Doch dringen stark sulfonierte Produkte infolge ihres hohen Dispersitätsgrades sehr tief und gleichmäßig in das Leder ein, machen dasselbe lose und geben keineswegs den gewünschten vollen Griff. Zu unstabile Licker, wie sie z. B. bei ungenügender Sulfonierung oder bei zu hohem Zusatz unsulfonierter Neutralöle oder Mineralöle entstehen, ballen sich beim Verdünnen mit Wasser schnell zu nichtemulgierten Öltröpfchen zusammen und werden infolgedessen entweder ungenügend vom Leder aufgenommen oder sie geben einen verschmierten Narben. Richtig zusammengesetzte Mischungen aus Schwefelsäureester und Neutralöl oder Mineralöl liefern beim Verdünnen mit Wasser weiße Emulsionen, die die äußeren Schichten des Leders durchfetten, aber im allgemeinen nicht bis in die Mitte vordringen sollen, da sonst der Stand des Leders beeinträchtigt wird. Bezeichnenderweise dringt ein sulfonathaltiger Fettlicker bereits beim Lickern soweit in das Leder ein, als es seinem Dispersitätsgrad entspricht, während sulfonatfreie Fettungsmittel beim Trocknen allmählich tieferdringen. Diese Tatsache spricht wiederum dafür, daß das Ölsulfonat mit der Ledersubstanz eine Bindung eingeht, die bald als eine koordinative Bindung an die komplexen Chromkerne des Leders, bald als eine Bildung eines Kollagensalzes einer Sulfofettsäure nach Art der Bildung von Kollagentannat gedeutet wurde. Bezüglich der aufgenommenen Fettmengen ist festzustellen, daß innerhalb der notwendigen Stabilitätsgrenzen die nichtsulfonierten Anteile reichlicher aufgenommen werden als die sulfonierten, sofern nicht der Fettlicker in so geringen Mengen angewandt wird, daß er vollkommen aufgenommen wird. Auch bewirken Zusätze von neutralen Ölen, wie z. B. Mineralölen, eine Steigerung der Aufnahmegeschwindigkeit des Fettlickers durch das Leder, was sich wiederum in einer Anreicherung des Fettes an der Oberfläche geltend macht, die sich beim Überschreiten gewisser Grenzen im oben angedeuteten Sinne als Verschmierung des Narbens sogar schädlich auswirken kann. Ganz ähnlich wirkt auch eine Herabsetzung der p_H etwa durch ungenügendes Neutralisieren der Sulfonate oder aber durch Anwesenheit von freier Säure im Leder, wie man sie mitunter in schlecht neutralisiertem Chromleder antrifft. Starke Teilchenvergröberung, zu schnelles Ausziehen des Lickers auf die Oberflächenschichten des

[1] Die Fettstoffe in der Lederindustrie, S. 47—57, 275—293. Stuttgart. 1926.
[2] Die Grundlagen des Fettlickerns. Leipzig. 1928.
[3] Die Chemie der Lederfabrikation, 2. Bd., 2. Aufl., S. 702—704, 715—718. Wien. 1931.   [4] Collegium 1925, 498.
[5] Ind. engin. Chem. 20, 181, 654 (1928); 21, 364ff. (1929).
[6] Collegium 1928, 209.   [7] Collegium 1928, 241.
[8] Collegium 1932, 391, 672, 940; 1933, 394.

Leders und ein verschmierter Narben sind die zwangsläufige Folge solcher Fehler, die sich dann weiter in einem schlechten Haften der Deckfarbe, Schwierigkeiten beim Glanzstoßen usw. auswirken können.

In der Praxis treffen wir heute als Licker für die Chromlederfabrikation neben den immer noch benutzten Türkischrotölen hauptsächlich sulfonierte Trane und für feinere Zwecke sulfonierte Klauenöle, bisweilen auch sulfoniertes Olivenöl, Eieröl[1] oder seltenere Öle, wie Teesaatöl, Aprikosenkernöl, Mandelöl usw.[2] an. Es erscheint überflüssig, auf die zahlreichen Handelsmarken, die von einer großen Anzahl chemischer Fabriken vertrieben werden, hier näher einzugehen. Im allgemeinen dienen Erzeugnisse aus Tran für dunklere Farben und geringere Chromleder, während Sulfonate aus Klauenöl, Olivenöl, Eieröl usw. vorwiegend für hellere und feinere Ledersorten angewandt werden. Durchweg wird auf möglichst kältebeständige Ausgangsöle Wert gelegt, auch wird bereits durch relativ milde Sulfonierung dafür Sorge getragen, daß keine Aufspaltung der Neutralfette und keine Bildung der mit Recht gefürchteten Oxyfettsäuren eintritt. Auch Mischlicker mit Gehalt an freien Neutralfetten oder Mineralölen sind unter zahlreichen Phantasienamen am Markt. Für solche Produkte ist die Feststellung WAGNERS[3] beachtlich, wonach derartige neutrale Anteile nur mitemulgiert werden, wenn sich die neutralen Zusätze bereits im sulfonierten Öl klar lösen und wenn jedes Öltröpfchen von einer Sulfonathülle umgeben ist. Außer diesen Zusätzen, für deren Vorhandensein meist schon der Fettlickerfabrikant Sorge trägt, pflegt der Gerber noch weitere für einen Lickerprozeß wesentliche Stoffe, wie Marseiller Seife oder Eigelb sowie weitere Neutralölzusätze, seiner Fettmischung beizufügen.

Außer den Fettschwefelsäureestern haben noch die Mineralölsulfonsäuren besonders in den osteuropäischen Ländern als Lickerbestandteile eine gewisse Bedeutung erlangen können. Man trifft sie in der Regel als Emulgatoren für freies Mineralöl oder Tran an. Ein amerikanisches Patent der Standard Oil Dev. Co.[4] beschreibt ein Lederöl aus 90% viskosem Mineralöl, 8,5% öllöslichem Mineralölsulfonat und 1,5% Tran. Nach Verfahren der I. G. Farbenindustrie A. G.[5] sind Sulfonate von Wollfettsäuren, wie sie durch Sulfonieren in Gegenwart von Phenolen entstehen, besonders wegen ihrer Unempfindlichkeit zum Fetten von Leder geeignet. Auch begegnet man häufig Vorschlägen, in denen die Verwendung „sulfonierter Öle" zusammen mit anderen spezifisch wirkenden Stoffen zum Fetten von Leder empfohlen wird. Nach einem Patent der I. G. Farbenindustrie A. G.[6] werden Öl- und Fettemulsionen für die Lederindustrie erhalten, wenn man mittels Emulgatoren, wie Rotöl, zusammen mit wäßrigen Methylcelluloselösungen Neutralöle, wie z. B. Rüböl, wassermischbar macht.

Wertvolle Lederfettungsmittel sollen nach Patenten von BOLLMANN und REWALD[7] aus Phosphatiden (Lecithin) und sulfonierten Ölen oder Sulfonsäuren erhältlich sein. Nach einem Vorschlag der Oranienburger Chemischen Fabrik A. G.[8] sollen derartige Fettungsmittel auch aus sulfonierten Fetten, Lecithin und einem Lösungsvermittler, wie Glycerin oder Chlorhydrin, zu erhalten sein. Derartige Lecithinpräparate, denen zweifellos gewisse dem Eigelb ähnliche Eigenschaften zukommen, sind von verschiedenen Seiten auf Basis von Sojabohnenlecithin in den Handel gebracht worden, doch scheint ihre Einführung bisher noch nicht geglückt zu sein, was auf die außerordentliche Elektrolytempfindlichkeit aller bisher bekanntgewordenen Präparate dieser Art zurückzuführen sein dürfte. Ein wirklich dem Eigelb gleichwertiges Ersatzprodukt war bisher auf dieser Basis nicht herzustellen. Ein anderer älterer Vorschlag[9] empfiehlt, einen Eigelbersatz aus sulfonierten Ölen durch Befreiung dieser von ihrem Seifengehalt und gegebenenfalls weiterem Zusatz von nicht sulfonierten Ölen herzu-

[1] D. R. P. 568769.   [2] F. P. 734959.   [3] Gerber **56**, 139 (1930); **57**, 145 (1931).
[4] A. P. 1715892.   [5] D. R. P. 567177, 531296.   [6] D. R. P. 524211.
[7] D. R. P. 516189, 517353.   [8] D. R. P. 596576.   [9] D. R. P. 344016.

stellen. Auch derartige Produkte lassen sich jedenfalls in bezug auf Alaun-, Chrom- und Salzbeständigkeit mit dem Eigelb nicht vergleichen.

Dagegen scheint es auf einem bisher nicht näher bekanntgewordenen Wege der Chemischen Fabrik Stockhausen u. Cie. gelungen zu sein, in ihrem *Cutisan BS* ein auf Tran aufgebautes Sulfonierungsprodukt zu erzeugen, das wegen seiner Säure- und Elektrolytunempfindlichkeit in der Leder- und Rauchwarenindustrie verbreitete Verwendung als Fettungsmittel finden kann. Dieses Produkt kann, z. B. in der Pelzveredelung in chromalaunhaltigen Kochsalzbeizen, in dünnen Kalialaunlösungen und im sog. Salzstrich (12—14⁰ Bé starke NaCl-Lösungen) zur Anwendung gelangen, ohne daß ölige Abscheidungen zu befürchten sind. Die Anwendung der bekannten endständigen Sulfonsäuren des *Igepon*typus auch als sehr beständige Fettungsmittel ist durch die I. G. Farbenindustrie A. G. unter Schutz gestellt[1]. Das *Derminol L* dieser Firma wird besonders als Zusatz beim Fetten von Chromledern, pflanzlich gegerbten Ledern, Bekleidungs- und Handschuhledern sowie zum Weichmachen von zu hart ausgefallenen Ledern, und zwar in der Regel zusammen mit sulfoniertem und unsulfoniertem Klauenöl empfohlen. Neuerdings sind von der Böhme Fettchemie G. m. b. H. auch Fettalkoholsulfonate unter der Bezeichnung *Smenol WA konz.* für die Lederfettung eingeführt worden. Dieses Erzeugnis findet nicht nur als Zusatz zu Fettlickern, sondern vor allem auch als Emulgierungsmittel für wasserunlösliche Neutralfette, Öle oder Wachse Anwendung und dient in solchen Mischungen zum Schmieren von Blankledern, Riemenledern, technischen Ledern usw.

Während für die Nachfettung in der Rauchwarenindustrie wegen der dort anzuwendenden hohen Elektrolytkonzentrationen sehr salzbeständige Sulfonate erforderlich sind, finden in der sog. Naßfettung des Pelzwerkes ganz ähnliche Erzeugnisse Anwendung wie beim Fettlickern des Leders. Auch hier sind Schwefelsäureester auf Tran- oder Klauenölbasis gegebenenfalls im Gemisch mit Neutralölen oder Mineralölen allgemein im Gebrauch. Für speziellere Zwecke bedient man sich auch sulfonathaltiger Emulsionen mit Rindertalg, Roßkammfett usw.

Siebenter Abschnitt.

Die Gewinnung der Fettsäuren, des Glycerins und der Kerzen.

I. Die Fabrikation der Fettsäuren.

A. Einige physikalische Eigenschaften der Fettsäuren.

Von S. H. PIPER, Bristol[2].

a) Einleitung.

Die eigenartige Molekularstruktur der Verbindungen einer homologen aliphatischen Reihe hat zur Folge, daß die Unterschiede der physikalischen Eigenschaften der einzelnen Glieder mit zunehmender Zahl der Kohlenstoffatome immer kleiner und kleiner werden. Ein gutes Beispiel dafür ist die Schmelzpunktkurve der paarigen Fettsäuren, welche sich mit zunehmender Länge der Kohlenstoffkette, also mit zunehmender Molekülgröße, immer mehr einer horizontalen Linie nähert. Ein ähnliches Bild erhält man für die Diffusionsgeschwindigkeiten

---

[1] F. P. 743517.
[2] Die Übersetzung des englischen Manuskripts besorgte der Herausgeber.

der dampfförmigen Fettsäuren. Die Länge des Laurinsäuremoleküls beträgt $16 \cdot 10^{-8}$ cm, diejenige der Myristinsäure $18{,}55 \cdot 10^{-8}$ cm. Durch den Hinzutritt von zwei Methylengruppen hat also die Länge des Moleküls um 14% zugenommen. Wird aber das Molekül der Triacontansäure um zwei Methylengruppen verlängert, so erfährt die Moleküllänge eine Zunahme nur um 7%. Die Diffusionsgeschwindigkeiten von Triacontan- und Dotriacosansäure werden sich deshalb viel näherstehen als im Falle der Laurin- und Myristinsäure. Die auf der Differenz der physikalischen Eigenschaften beruhenden Methoden der Fettsäuretrennung müssen deshalb um so weniger wirksam werden, je länger das Molekül der Fettsäuren wird.

Die physikalischen Eigenschaften der Fettsäuren werden schon durch ganz geringe Beimengungen homologer Säuren weitgehend verändert. Um aber das Verhalten eines Fettsäuregemisches unter bestimmten physikalischen Bedingungen voraussagen zu können, muß man vor allem die physikalischen Eigenschaften der reinen Einzelbestandteile auf das genaueste kennen. Einigermaßen zuverlässiges experimentelles Material über das physikalische Verhalten der reinen Fettsäuren ist erst in letzter Zeit bekanntgeworden, und es bleibt noch sehr viel auf dem Gebiete zu leisten übrig.

In den folgenden Ausführungen sind die physikalischen Eigenschaften herausgegriffen worden, welche für die *technische Gewinnung der Fettsäuren* (s. die folgenden Abschnitte) von Bedeutung sind. Es sind dies: die spezifische Wärme, die Verdampfungswärme, die Schmelz- und Siedetemperaturen und die Kristallisation.

b) Die Schmelzpunkte.

1. Reine Fettsäuren.

Befindet sich eine Substanz bei ihrer Schmelztemperatur im Gleichgewicht zwischen dem festen und flüssigen Zustand, so werden kontinuierlich Moleküle aus dem festen in den flüssigen Zustand übergehen; eine gleichgroße Anzahl von Molekülen wird innerhalb eines gegebenen Zeitintervalls aus der Flüssigkeit als fester Körper abgeschieden werden. Im Abschnitt über den molekularen Aufbau der Fettsäuren (Bd. I, S. 52) wurde gezeigt, daß in den kristallinen festen Körpern die Ketten gleichmäßig, Seite an Seite, gepackt sind; die Endgruppen (CH_3, COOH) liegen in einer Reihe von parallelen, zueinander in gleichem Abstand befindlichen Ebenen. In flüssigem Zustand besteht zweifellos ein bestimmter Grad von Molekularassoziation in Molekülpaare. In Abb. 143 sind zwei Paare assoziierter Moleküle, A und B dargestellt, wie sie sich der Fläche eines kleinen Kristallanteils annähern. Das Bombardement der Kristallfläche durch die Moleküle ist völlig ungeordnet. Die auf die richtige Stelle aufstoßenden Moleküle

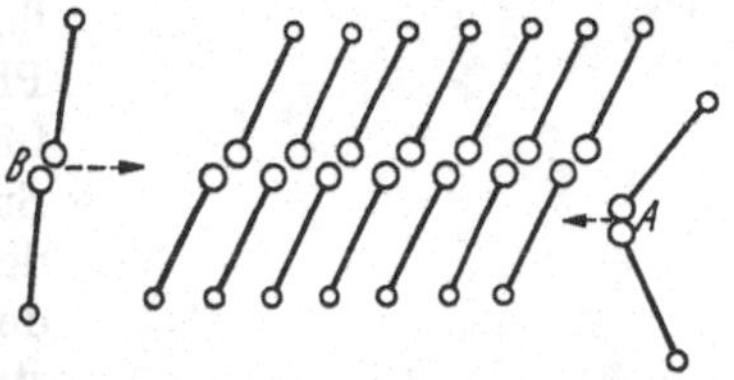

Abb. 143. Kristall- und Molekülpaare.

B haben größere Chancen an den festen Körper gebunden zu werden, als die seitlich auf die Kette aufprallenden Moleküle A. GARNER[1] gibt für die Wahrscheinlichkeit solcher Zusammenstöße einen rechnerischen Ausdruck an; für die Schmelzpunkte eines aus n Kohlenstoffatomen bestehenden Moleküls entwickelt er eine Formel, in welche er die Aktivierungsenergien der Methylen-, Methyl- und Carboxylgruppe und noch einige weitere Größen einsetzt, die von der Konfiguration des Moleküls im festen und flüssigen Zustand abhängen. Für

---

[1] Journ. chem. Soc. London, **1926**, 2491.

das $(n-2)$ CH$_2$-Gruppen enthaltende Molekül (z. B. der Fettsäuren) gilt die Formel

$$\frac{1}{2}\,(n-2)\log\frac{k_1'}{k_1''} + \log\frac{k_2'}{k_2''}\cdot\frac{k_3'}{k_3''} + \log n = -\frac{\frac{1}{2}\,(n-2)\,q_1}{kT} + \frac{q_2+q_3}{kT}. \quad (1)$$

In diesem Ausdruck ist k die BOLTZMANNsche Konstante, T die absolute Temperatur, k_1', k_2', k_3' die Konfigurationskonstanten im festen, k_1'', k_2'', k_3'' die entsprechenden Konstanten im flüssigen Zustand; q_1, q_2, q_3 sind die Differenzen der Aktivierungsenergien in Erg für CH$_2$, CH$_3$ und COOH im festen und flüssigen Zustand, n ist die Anzahl der C-Atome im Molekül.

Ist n groß, so werden $\log\dfrac{k_2'}{k_2''}\cdot\dfrac{k_3'}{k_3''}$ und $\log n$ klein im Vergleich zu $\frac{1}{2}\,(n-2)\log\dfrac{k_1'}{k_2'}$, und $\frac{1}{2}\,(n-2)\,q$ wird groß sein, verglichen mit q_2+q_3, so daß für sehr lange Ketten

$$\frac{1}{2}\,(n-2)\log\frac{k_1'}{k_2''} = -\frac{\frac{1}{2}\,(n-2)\,q_1}{kT},$$

also

$$T = \frac{q_1}{k\cdot\log\dfrac{k_1'}{k_2''}} \quad (2)$$

ist. Der Schmelzpunkt ist daher eine Konstante.

Die Schmelzpunkte aller einbasischen Fettsäuren, ob paarig oder unpaarig, werden deshalb einer Grenztemperatur zustreben, welche durch die Konstanten der *Methylengruppen* bestimmt wird. Es läßt sich für diese Temperatur ein Wert von 115° berechnen; der höchste bekannte Wert beträgt 107,5° für eine C$_{46}$-Säure.

Für eine reine Fettsäure muß der Schmelzpunkt identisch sein mit dem *Erstarrungspunkt*; wie bekannt, ist aber der in Kapillaren bestimmte Schmelzpunkt stets höher als der Erstarrungspunkt. Mit dieser Frage beschäftigten sich JANTZEN[1] und FRANCIS und COLLINS[2].

Nach JANTZEN entspricht der in Kapillaren bestimmte Schmelzpunkt nicht der Temperatur, bei der sich der feste und flüssige Zustand im Gleichgewicht befinden, sondern einer darüberliegenden Temperatur. Während der Schmelzpunktbestimmung wird nämlich Wärme zum Lösen der Kristalle in der flüssigen Phase geliefert, und diese Wärme wandert von der flüssigen zur festen Phase. Je schneller man die Substanz bei der Schmelzpunktbestimmung erhitzt, desto größer wird die Temperaturdifferenz zwischen dem festen und flüssigen Teil; bei einer Temperatursteigerung von 1° pro Minute kann diese Diskrepanz bis zu 1—1,5° betragen. Es sollte deshalb bei der Schmelzpunktbestimmung stets auch die Heizgeschwindigkeit angegeben werden; ferner ist es von Wichtigkeit, daß beim Ablesen Kapillare und Thermometerskala auf einem Niveau stehen. Eine hierzu geeignete optische Vorrichtung nach FRANCIS und COLLINS ist in Abb. 144 wiedergegeben.

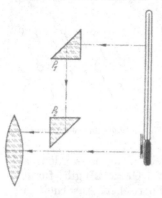

Abb. 144. Vorrichtung zur Schmelzpunktablesung nach FRANCIS und COLLINS.

P_1 und P_2 sind zwei Totalreflexionsprismen, welche die Skala auf das gleiche Niveau projizieren wie die direkt beobachtete Schmelz-

[1] Ztschr. angew. Chem. 44, 482 (1931).   [2] Journ. chem. Soc. London, 1936, 137.

punktkapillare. Die beiden überlagerten Bilder werden durch ein Linsensystem beobachtet.

Ähnliche Betrachtungen führen zu dem Schluß, daß der in üblicher Weise bestimmte Erstarrungspunkt niedriger sein wird als der wahre Schmelzpunkt einer reinen Substanz. Eine weitere Schwierigkeit bei der Schmelzpunktsbestimmung im Kapillarrohr kann dadurch entstehen, daß in der Nähe des Schmelzpunktes eine Zustandsänderung erfolgt. So wird häufig eine Substanz in der Nähe des Schmelzpunktes transparent, was als der Schmelzpunkt mißdeutet werden kann. Die von verschiedenen Forschern bestimmten Erstarrungspunkte zeigen deshalb eine weit bessere Übereinstimmung als die Schmelzpunkte. Der Erstarrungspunkt ist aus den genannten Gründen für die Identitätsbestimmung zuverlässiger als der in Kapillaren bestimmte Schmelzpunkt, *es sei denn*, daß letzterer mit stets gleicher Heizgeschwindigkeit ausgeführt wird. Wird die Heizgeschwindigkeit konstant gehalten, so kann der Schmelzpunkt auch im Kapillarrohr zuverlässig und reproduzierbar ermittelt werden[1].

Für die *Bestimmung des Erstarrungspunktes* sind zwei verschiedene Methoden bekannt. Nach der einen, der meistangewandten Methode wird in die geschmolzene Masse ein Thermometer eingesetzt und die Temperatur-Zeit-Kurve beim Abkühlen bestimmt. Bei reinen Verbindungen erscheint auf der Kurve ein wohlausgebildeter horizontaler Abschnitt, welcher der Erstarrungstemperatur entspricht. Liegt dagegen ein Gemisch vor, so wird der horizontale Kurventeil entweder kürzer oder er verschwindet gänzlich, um durch einen Wechsel in der Kurvenkrümmung ersetzt zu werden. Erfolgt diese Krümmung plötzlich, und bildet sie sich zu einem scharfen Knick auf der Kurve aus, so entspricht dieser Kurventeil der Zustandsänderung und zeigt damit den Erstarrungspunkt an. Ein scharfer Knick läßt sich aber nur dann beobachten, wenn sich Flüssigkeit, Thermometer und der feste Teil der Substanz in einem wahren Temperaturgleichgewicht befinden; diese Bedingung ist natürlich recht schwer zu realisieren, namentlich bei schlechten Wärmeleitern, zu denen auch die Fettsäuren gehören. Selbst bei reinen Stoffen erscheint zu Beginn und am Ende des horizontalen Kurvenabschnittes eine kleine Rundung, der Erstarrungspunkt läßt sich aber, sobald der horizontale Teil gut ausgebildet ist, trotzdem gut bestimmen. Bei Gemischen ist es dagegen sehr schwierig, die exakte Temperatur der Zustandsänderung zu ermitteln. Sind die Abkühlungsgeschwindigkeiten auf beiden Seiten der Krümmung linear, so wird ihr Schnittpunkt die gesuchte Temperatur ziemlich gut anzeigen. Die Beobachtungen können auch infolge Unterkühlung gestört werden, denn hierbei findet eine *Temperaturzunahme* statt, weil das erstarrende Material seine latente Wärme an die Flüssigkeit abgibt. In einem solchen Falle bietet die Ermittlung der Temperatur der Zustandsänderung noch viel größere Schwierigkeiten. Abb. 145 zeigt das Verhalten a) einer reinen Fettsäure, b) eines Gemisches, c) eines unterkühlten Gemisches.

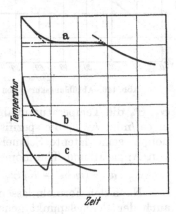

Abb. 145. Erstarrungskurven.

a Kurve einer reinen Fettsäure. b Kurve eines Gemisches. c Kurve eines unterkühlten Gemisches.

Nach der zweiten, von MALOTAUX und STRAUB[2] stammenden Methode soll

---

[1] Siehe z. B. PIPER, CHIBNALL u. Mitarbeiter: Biochemical Journ. **25**, 2072 (1931). — FRANCIS u. COLLINS: Journ. chem. Soc. London, **1936**, 137.

[2] Rec. Trav. chim. Pays-Bas, **52**, 225 (1933); **53**, 128 (1934).

die Technik in der Weise verbessert werden, daß mit konstanter Geschwindigkeit
Wärme *zugeführt* und zu bestimmten Zeitintervallen die Temperatur abgelesen
wird. Die so erhaltenen Kurven sind also das gerade Gegenteil der gewöhnlichen
Abkühlungskurven. Der Vorteil besteht vor allem darin, daß die Wärme mit
bekannter und konstanter Geschwindigkeit zugeführt wird, während bei den
Abkühlungskurven der Wärmeverlust unbekannt ist und mit der Zeit abnimmt.

Die Substanz befindet sich in einem dünnwandigen vergoldeten Silbergefäß
von 2 cm Durchmesser und 2 cm Höhe. Mit Ausnahme eines kleinen zentralen Raumes
für die Thermometerkugel ist der Apparat mit einem feinen Silberdrahtnetz von
0,06 mm Durchmesser und 1000 Maschen pro Quadratzentimeter ausgefüllt, zwecks
besserer Wärmeleitung und Sicherung einer einheitlichen Temperatur innerhalb
des ganzen Gefäßes. In den Zwischenräumen bleibt noch Raum für 5 g Substanz
übrig. In den Apparat wird ein empfindliches Thermometer T_1 eingesetzt und die Vorrichtung in der Mitte einer Flasche aufgehängt. Die Flasche steht in einem Wasserbad,
das mit einem Rührer und einem zweiten, mit T_1 genau übereinstimmenden Thermometer T_2 ausgestattet wird. Wird nun zwischen T_1 und T_2 eine konstante Temperaturdifferenz aufrecht erhalten, so ist die Wärmezufuhr zum Prüfapparat völlig konstant;
sie betrug z. B. im Temperaturbereich von 30—60⁰ bei $T_2 — T_1 = 10,5⁰$ genau
2,1 cal pro Minute. Das Wasserbad wird elektrisch beheizt. Man kann natürlich
den Versuch in entgegengesetzter Richtung durchführen, durch Zusatz von fein zer-
stoßenem Eis mit solcher Geschwindigkeit, daß $T_2 — T_1$ unverändert bleibt.

Die Schaulinie in Abb. 146 entspricht sorgfältig gereinigtem Benzophenon,
das zur Eichung des Apparates benutzt worden ist. Folgendes ist hervorzuheben:

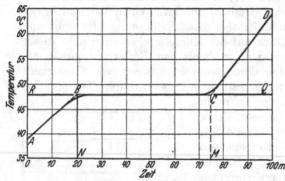

1. Die Teile AB und CD für
die Temperaturzunahme im festen
und flüssigen Zustand sind gerade Linien, dank der konstanten Wärmezufuhr und der konstanten Wärmekapazität des Apparates.

2. Die Haltezeit BC ist genau meßbar.

3. Die Zustandsänderungs-
temperatur läßt sich genau bestimmen.

Abb. 146. Abkühlungskurve von Benzophenon.

Sind T_1, T_2, T_3 die Zeitinter-
valle AN, NM, MP in Minuten[1],
Θ_1, Θ_2 die Temperaturzunahmen AR, QD, a die Wärmezufuhrgeschwindigkeit
in cal/min, k_S, k_L die spezifischen Wärmen von festem und flüssigem Benzophenon, L seine latente Schmelzwärme und m die Einwaage, K der Wärmeinhalt
von Apparat und Thermometer, dann ist

$$T_1 \cdot a = (m\,k_S + K)\,\Theta_1, \qquad T_3 \cdot a = (m\,k_L + K)\,\Theta_2, \qquad T_2 \cdot a = m\,L.$$

Nach den Formeln lassen sich sowohl die spezifische und latente Wärme als
auch der Schmelzpunkt genau berechnen.

Die Autoren haben den Apparat für technische Verwendungszwecke ausgebildet, insbesondere zur Untersuchung von Fettgemischen mit besonderer Zusammensetzung (Tabelle 36).

All diese Zahlen wurden an sehr reinen Fettsäuren erhalten. Die Differenzen
in den Schmelzpunkten sind auf Unterschiede in der Heizgeschwindigkeit zurückzuführen. Die Schmelzpunkte in den Spalten 4 und 5 sind Heizgeschwindigkeiten
von zirka 1⁰ pro Minute, diejenigen in Spalte 3 sind viel langsamer bestimmt worden
und deshalb näher den wahren Schmelztemperaturen. Die durch verschiedene
Beobachter gefundenen Erstarrungspunkte sind nahezu identisch, die angegebenen
Zahlen sind Mittelwerte.

---

[1] Der Punkt P entspricht dem rechten Ende des Diagramms.

Tabelle 36. Schmelzpunkte. Kapillarschmelzpunkte und Erstarrungspunkte.

Säure	Zahl der C-Atome	Schmelzpunkt °C			Erstarrungspunkt °C Mittelwert
		FRANCIS und COLLINS	FRANCIS, MALKIN und PIPER	PIPER, CHIBNALL und WILLIAMS	
Laurinsäure......	12	—	43[1]	—	—
Myristinsäure	14	—	54	—	53,7
Palmitinsäure	16	62,85	63,1	—	62,3
Stearinsäure	18	69,9	70,1	—	69,35
Arachinsäure.....	20	—	75,2	—	74,2
Behensäure	22	—	80	—	79,2
	24	84,15	84	—	83,1
	26	87,7	—	88	87,5
	28	—	—	91,1	90,5
	30	—	—	94	93,6

2. Erstarren von Fettsäuregemischen.

Die frühesten Untersuchungen über die Erstarrungspunkte von Palmitin-Stearinsäure-Gemischen stammen von VISSER. Zur Reinigung hat er die Säuren einer langen Reihe von fraktionierten Kristallisationen unterworfen. Der Erstarrungspunkt wurde mit einem in 50 g Substanz eingetauchten Thermometer beobachtet. Wegen der raschen Abkühlung stellten, wie JANTZEN angibt, die ermittelten Temperaturen keine wahren Gleichgewichtszahlen dar. JANTZEN führte äußerst sorgfältige Bestimmungen an Gemischen von Laurin- und Myristinsäure aus; die Gemische wurden in Thermostaten sehr langsam abgekühlt, so daß die Temperaturabnahme nicht mehr als 0,2° in 24 Stunden betrug. Ohne Zweifel hat JANTZEN eine sehr gute Annäherung an den Gleichgewichtszustand erreicht.

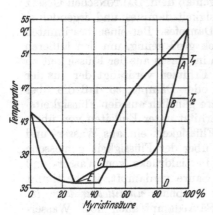

Abb. 147. Schmelz- und Erstarrungs-kurven des Systems Laurinsäure-Myristin-säure.

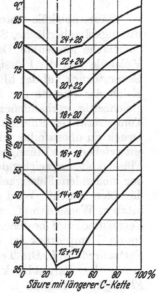

Abb. 148. Schmelzkurven der binären Gemische.
$C_{12} + C_{14}$, $C_{14} + C_{16}$, $C_{16} + C_{18}$, $C_{18} + C_{20}$, $C_{20} + C_{22}$, $C_{22} + C_{24}$, $C_{24} + C_{26}$

Abb. 147 zeigt die Schmelz- und Erstarrungskurven des Systems Laurinsäure-Myristinsäure. Die Unterbrechung bei C entspricht der Additionsverbindung aus je 1 Molekül der beiden Säuren und diejenige bei E einem eutektischen Gemisch.

Abb. 148 zeigt die Schmelzkurven anderer binärer Fettsäuregemische. Sie zeigen sämtlich die gleichen Merkmale, aber die Depression nimmt ab mit zunehmender Länge der Kohlenstoffkette. Bei Gemischen, deren Gehalt an dem höhermolekularen Bestandteil mindestens 50% beträgt, bestehen die aus der

---

[1] Extrapoliert.

Schmelze ausgeschiedenen Kristalle aus einer festen Lösung der äquimolekularen Additionsverbindung und der reinen Säure. Die feste Lösung der niedriger-molekularen Säure und der äquimolekularen Doppelverbindung wird durch das Eutektikum bei E unterbrochen; bei dieser Temperatur scheidet sich ein Gemisch konstanter Zusammensetzung aus. Wird ein Gemisch der Zusammensetzung D (Abb. 147) abgekühlt, so beginnt es bei einer Temperatur T_1 zu erstarren; die ausgeschiedene feste Phase hat dabei die Zusammensetzung A. Läßt man die Temperatur auf T_2 sinken, so hat die gebildete feste Phase eine zwischen A und B liegende Zusammensetzung: diese wird reicher an der höhermolekularen Säure sein als das ursprüngliche Gemisch D. Diese Art der Fraktionierung ist so lange wirksam, als das ursprüngliche Gemisch noch wenigstens 60% an höhermolekularer Säure enthält. Dasselbe gilt für die andere Seite der Skala, vorausgesetzt, daß der ursprüngliche Anteil an der niedrigermolekularen Säure mehr als 80% beträgt. Zwischen diesen Konzentrationen ist Fraktionierung der beiden reinen Komponenten nicht möglich. Es bleibt dann stets unmöglich, die Komponenten zu trennen, weil sie nur in Form von Mischkristallen auftreten.

Ähnlich verläuft die fraktionierte Kristallisation aus Lösungsmitteln, die Trennung gelingt innerhalb etwa derselben Grenzen wie in der Schmelze.

c) Die Siedepunkte.

1. Reine Fettsäuren.

Säuremoleküle treten ununterbrochen von oben und von unten durch die Flüssigkeitsoberfläche. Solange der von den Dampfmolekülen auf die Flüssigkeitsoberfläche ausgeübte Druck geringer als der Sättigungsdruck ist, gehen mehr Moleküle von der Flüssigkeit in den Dampf als in umgekehrter Richtung. Der Gesamtdruck auf der Flüssigkeitsoberfläche ist gemäß dem DALTONschen Gesetz gleich der Summe der Partialdrücke des Flüssigkeitsdampfes und irgendeines gleichzeitig vorhandenen anderen Gases oder Dampfes. Bei einer bestimmten Temperatur der Flüssigkeit wird ihr Dampfdruck groß genug, um den äußeren Druck zu überwinden; der Dampf beginnt dann in Blasen aus der Flüssigkeit zu entweichen: die Flüssigkeit siedet. Bei direktem Erhitzen verdrängt der aus der Flüssigkeit entweichende Dampf andere Gase oder Dämpfe, so daß die über der siedenden Flüssigkeit befindliche Atmosphäre gänzlich aus den Flüssigkeitsdämpfen besteht. Wird dagegen die Fettsäure erhitzt unter Einleiten von überhitztem Wasserdampf, so entweicht aus der Flüssigkeit ein aus Wasser- und Fettsäuredampf bestehendes Gemisch, und der über der Flüssigkeit gemessene totale Dampfdruck ist gleich der Summe der Partialdrücke von Wasser- und Fettsäuredampf. Die Temperatur, bei der die Säure verdampft, ist bestimmt durch den Partialdruck ihrer Moleküle in der Gasphase *unmittelbar über der Flüssigkeit*, und da in derselben neben dem Säuredampf auch noch Wasserdampf vorhanden ist, wird der Partialdruck geringer als der Gesamtdruck über der Flüssigkeit sein. Die Destillationstemperatur ist daher in diesem Falle niedriger als bei trockener Destillation unter gleichem Gesamtdruck, denn in letzterem Falle würde die Gasphase *nur* Säuremoleküle enthalten.

Der Partialdruck der Fettsäuredämpfe bei Wasserdampfdestillation läßt sich mit Hilfe des DALTONschen Gesetzes leicht berechnen. Ist v das Gewichtsverhältnis Wasserdampf zu Fettsäuredampf, P der Totaldruck und p der Partialdruck des Fettsäuredampfes, dann ist

$$\frac{18\,(P-p)}{M \cdot p} = v,$$

(3)

worin 18 das Molekulargewicht von H_2O, M das Molekulargewicht der Säure bedeutet. Für p erhalten wir

$$p = \frac{18\,P}{Mv + 18}. \tag{4}$$

Ist v groß, d. h. wird die Destillation mit einem großen Überschuß an Wasserdampf durchgeführt, so läßt sich p klein machen und der Siedepunkt entsprechend reduzieren. Dann wäre aber auch der Fettsäuregehalt des Destillats ebenfalls klein und der Prozeß unwirtschaftlich. Die bestimmten Partialdrücken entsprechenden Siedetemperaturen lassen sich aus den Temperatur-Dampfdruck-Kurven bestimmen, leider aber besteht noch ein höchst bedauerlicher Mangel an experimentell genauen Daten, dies trotz der recht alten Industrie der Fettsäure-destillation. In den letzten Jahren gelang es E. L. LEDERER[1], eine praktisch befriedigende graphische Methode für die Berechnung der Dampfdruck-Temperatur-Verhältnisse bei der Destillation der Fettsäuren auszuarbeiten.

Die Beziehung zwischen dem Partialdruck p der siedenden Flüssigkeit und ihrer absoluten Temperatur ist gegeben durch die theoretische Formel

$$\log p = -\frac{\lambda_0}{4,57\,T} + 1,75 \log T - \frac{\varepsilon}{4,57}\,T + C. \tag{5}$$

λ_0 ist die molekulare Verdampfungswärme beim absoluten Nullpunkt, C ist eine sog. konventionelle chemische Konstante und ε eine durch die Temperaturabhängigkeit der Molwärme von Dampf und Flüssigkeit bestimmte spezifische Konstante. λ_0 hat den Wert von etwa 25000, ε ist klein, so daß bei weiterer Vernachlässigung des logarithmischen

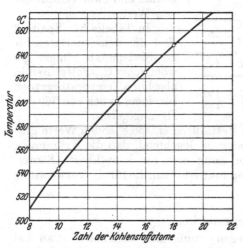

Abb. 149. Absolute Siedetemperaturen der homologen Fettsäurereihe.

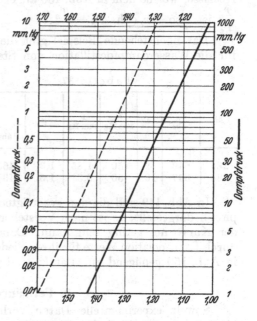

Abb. 150. Dampfdruck als Funktion der reduzierten Temperatur.

Gliedes für die meisten praktischen Zwecke die Beziehung zwischen $\log p$ und dem reziproken Wert der absoluten Temperatur linear ist; wir können also schreiben

$$\log p = \frac{z}{T} + C, \tag{6}$$

worin z eine Konstante ist. Nehmen wir bei einer gegebenen Fettsäure 2 Paare für die Werte von p und T, so können z und C berechnet und die Dampfdruck-

[1] Seifensieder-Ztg. **56**, 245, 278 (1929).

Temperatur-Kurven gezeichnet werden. Die Beziehung läßt sich aber noch weiter verallgemeinern. Innerhalb einer begrenzten Reihe von homologen Fettsäuren (C_{18}, C_{20} usw.) sind die Unterschiede in den kritischen Drücken nicht groß, so daß in erster Annäherung ihre Siedepunkte den korrespondierenden Zuständen entsprechen. Folglich würde jeder Fall, in welchem der Quotient aus absoluter Siedetemperatur und beobachteter Temperatur derselbe ist, korrespondierenden Zuständen entsprechen, d. h. daß man aus einer solchen graphischen Darstellung für jede beliebige Fettsäure die gesuchten Daten ablesen kann, wenn nur ihr Siedepunkt bei Atmosphärendruck bekannt ist. Das Diagramm in Abb. 150 ist der Ledererschen Arbeit entnommen. Statt des reziproken Wertes der absoluten Siedetemperatur wurde das Verhältnis des absoluten Siedepunktes bei 760 mm Hg zum absoluten Siedepunkt beim Druck p benutzt. Die Zahlen der Abszissen gelten so für die gesamte Reihe der praktisch wichtigen Fettsäuren.

Betrachten wir den Fall der Dampfdestillation einer nahezu reinen Fettsäure; v in Formel (4), d. h. das Verhältnis der Mengen von Wasser- und Fettsäuredampf sei bekannt. Der Gesamtdruck P muß über der siedenden Flüssigkeit und nicht an oder in der Nähe der Pumpe oder des Kondensationssystems gemessen werden. p, der Partialdruck des Fettsäuredampfes, kann nach Formel (4) berechnet werden. Die absolute Siedetemperatur der Fettsäure beim Druck p sei T_p, die absolute Siedetemperatur bei 760 mm Hg sei gleich T_n, und die Abszisse, welche dem in Abb. 150 angegebenen Dampfdruck entspricht, sei $= x$. $\frac{T_n}{T_p}$ ist also $= x$, d. h. $T_p = \frac{T_n}{x}$.

Das nachstehende Beispiel gibt die berechneten Destillationstemperaturen für die Wasserdampfdestillation von Stearinsäure bei einem Gesamtdruck von 50 mm und zwei verschiedenen Werten von v.

Tabelle 37.

M	T_n °abs.	v	P mm Hg	p mm Hg	x	$T_p = \frac{T_n}{x}$ °abs.	°C
284	647	2	50	1,85	1,39	465	192
284	647	10	50	0,31	1,50	431	158

In Tabelle 37, Spalte 6 sind die neueren Daten für die Siedepunkte einiger gewöhnlicher C_{18}-Fettsäuren in absoluten Temperaturgraden bei einem Druck von 760 mm Hg angegeben.

In Abb. 149 sind die den gesättigten Fettsäuren entsprechenden Werte graphisch dargestellt; es ist nach Vorstehendem einleuchtend, daß die Krümmung der Kurve nur gering sein kann. Daher kann man für benachbarte Säuren durch Extrapolation Werte für ihren Siedepunkt erhalten, die für die Verwendung in Abb. 150 genügend zuverlässig sind.

2. Fettsäuregemische.

Soweit experimentelle Daten vorliegen, muß man annehmen, daß bei binären Fettsäuregemischen eine bestimmte Konzentration minimalen Dampfdruck besitzt. Die Kurve: Siedepunkte-Zusammensetzung des Fettsäuregemisches muß deshalb ein Maximum zeigen, welches höher liegt als die Siedetemperaturen der Einzelkomponenten. Zuverlässige Daten oder theoretische Formeln, nach denen man die Siedepunktserhöhung berechnen könnte, sind leider nicht vorhanden; Lederer hat aber gefunden, daß in dem konstant siedenden Gemisch die Temperaturerhöhung in den meisten praktischen Fällen etwa 20° beträgt.

Bei der Destillation eines Fettsäuregemisches wird anfänglich Fraktionierung stattfinden, so lange, bis das Verhältnis der Komponenten ein solches wird, daß das Siedepunktsmaximum erreicht wird; von diesem Augenblick an findet keine weitere Fraktionierung mehr statt und der Siedepunkt bleibt konstant. Das Gemisch verhält sich dann wie eine individuelle Fettsäure; ist der Siedepunkt bei gegebenem Druck bekannt, so können die im vorigen Paragraphen für reine Fettsäuren berechneten Beziehungen in gleicher Weise auf die Säuregemische Anwendung finden.

d) Verdampfungswärme.

Die latente Verdampfungswärme beim absoluten Nullpunkt ist nicht direkt meßbar; weit vom kritischen Druck nimmt sie mit der Temperatur und dem Druck zu, um beim kritischen Punkt gleich Null zu werden. Sie muß demnach durch ein Maximum gehen, und es läßt sich für die Abhängigkeit der Verdampfungswärme von der Temperatur folgende Formel anwenden:

$$\lambda_T = (\lambda_0 + 1{,}75\,R\,T - \varepsilon\,T^2)\left(1 - \frac{p}{\pi_0}\right), \tag{7}$$

worin λ_T die molekulare Verdampfungswärme bei der absoluten Temperatur T, π_0 der kritische Druck, p der Dampfdruck bei der absoluten Temperatur T und ε eine durch die Temperaturabhängigkeit der Molwärme von Dampf und Flüssigkeit bestimmte spezifische Konstante ist. Der Bereich der praktischen wichtigen Drücke p liegt bei 1 at und darunter, während π_0 30—40 at beträgt, so daß $\dfrac{p}{\pi_0} = \dfrac{1}{30}$ oder noch weniger ist; der Faktor in der zweiten Klammer kann für die hier zu erörternden Fälle $= 1$ gesetzt werden.

Die nachstehende Tabelle gibt die von LEDERER[1] berechneten Konstanten an. λ_a der Tabelle 38 ist die molekulare Verdampfungswärme, T_a der absolute Siedepunkt bei Normaldruck, l_a die latente Wärme in gcal ebenfalls bei Normaldruck. In den letzten beiden Spalten sind die nach der Formel (7) und nach der TROUTONschen Regel berechneten λ_a/T_a-Werte angegeben.

Tabelle 38.

Säure	λ_0	ε	λ_a	l_a	T_a	λ_a/T_a berechnet	nach TROUTON-NERNSTS Regel
Caprinsäure	22 990	0,0334	14 660	85	543	27	22,3
Laurinsäure	23 590	0,0349	13 740	68,5	574,6	23,9	22,5
Myristinsäure	24 960	0,0334	14 700	67,5	601	24,5	22,8
Palmitinsäure	26 050	0,0326	15 000	58,5	625	24,2	23,0
Stearinsäure	27 280	0,0317	15 860	56	647	24,5	23,2
Ölsäure	26 660	0,0304	16 050	57	642	35	23,1
Erucasäure	29 310	0,0264	—	—	—	—	—

e) Die spezifische Wärme.

Die einer langkettigen Verbindung zugeführte Wärme steigert die linearen Vibrationen um die Gitterpunkte und die kreisförmigen Oszillationen um die Kettenachse. Die durch die letzte Schwingungsart absorbierte Energie kann erheblich sein, denn sobald eine Amplitudengröße erreicht ist, welche genügt, um im Molekül zylindrische Symmetrie rund um die Achse zu erzeugen, findet Änderung der Kristallform statt. Sobald dies geschehen ist, verwandelt sich das Gitter von dem monoklinen in das hexagonale System, was mit der Absorption

[1] S. Fußnote S. 465.

einer bestimmten Wärmemenge verbunden ist. Die in der Nähe des Schmelzpunktes gemessenen mittleren spezifischen Wärmen können daher Anomalien zeigen, wenn die Umwandlungswärme unberücksichtigt bleibt.

Die nachstehenden Angaben sind im wesentlichen den Arbeiten von E. L. Lederer[1] entnommen worden.

Die spezifische Wärme ist eine Funktion der Temperatur und nimmt mit der Temperatur zu. Mit keiner der experimentellen Methoden ist man in der Lage, die zur Temperaturerhöhung einer gegebenen Masse erforderliche Wärmemenge endgültig zu messen, man erhält stets nur Mittelwerte. Ist $\bar{C}$ ein solcher, im Temperaturbereich $(t - t_1)$ gemessener Mittelwert, dann kann man die mittlere spezifische Wärme durch die Temperaturfunktion darstellen:

$$(\bar{C})_{t_1}^{t} = A + B(t - t_1) + D(t - t_1)^2 + \ldots \tag{8}$$

Daraus erhält man die *wahre* spezifische Wärme c_t bei der Temperatur t, indem man die mit $(t - t_1)$ multiplizierte mittlere spezifische Wärme nach t differenziert:

$$c_t = A + 2B(t - t_1) + 3D(t - t_1)^2 + \ldots \tag{9}$$

Die Konstanten A, B, C wurden durch experimentelle Bestimmung der mittleren spezifischen Wärmen bei verschiedenen Temperaturen, beginnend mit $t_1 = 94^0$, ermittelt.

Messungen der spezifischen Wärmen der wichtigeren Fettsäuren mit 12 bis 24 C-Atomen, sowohl im festen als auch im flüssigen Zustande, in der Nähe des Schmelzpunktes, wurden von Garner ausgeführt. Lederer berichtete über die spezifischen Wärmen der Fettsäuren im flüssigen Zustande innerhalb eines großen, erst durch die Temperatur der beginnenden Zersetzung begrenzten Temperaturintervalls. Nach seinen Beobachtungen können die gesättigten Fettsäuren (Laurin- bis Stearinsäure) ohne Gefahr der Spaltung bis auf 250^0 erhitzt werden; dagegen zeigt Ölsäure Anzeichen der beginnenden Zersetzung schon oberhalb 150^0. Die von Lederer bestimmten Werte für die Konstanten A, B und C bei Temperaturen oberhalb 94^0 sind in der Tabelle 39 wiedergegeben.

Mit Hilfe dieser Konstanten wurden die in Tabelle 40 zusammengestellten wahren spezifischen Wärmen berechnet.

Tabelle 39.

Säure	A	B	C
Stearinsäure...	0,5429	0,0001750	0,000002361
Laurinsäure ...	0,5383	0,0003905	0,000001629
Ölsäure	0,5399	0,0007123	0,000001968

Tabelle 40.

Temperatur ^{0}C		10	50	100	125	150	200	250
Stearinsäure	C	—	—	—	0,560	0,585	0,660	0,770
	C_M	—	—	—	159,0	166,1	189,5	218,7
	$\bar{C}$	—	—	—	2,840	2,965	3,349	3,975
Laurinsäure	C	—	0,513	0,543	0,567	0,596	0,674	0,776
	C_M	—	102,6	108,6	113,4	119,2	134,8	155,2
	$\bar{C}$	—	2,700	2,856	2,983	3,138	3,549	4,085
Ölsäure	C	0,462	0,489	0,549	0,590	0,638	—	—
	C_M	130,3	138,9	156,0	167,5	181,2	—	—
	$\bar{C}$	2,413	2,571	2,890	3,100	3,358	—	—

[1] Seifensieder-Ztg. **57**, 329 (1930).

In der Tabelle bedeutet C die wahre spezifische Wärme in gcal, C_M die molekulare spezifische Wärme und $\bar{C}$ die mittlere Atomwärme.

GARNER[1] fand für Laurinsäure im flüssigen Zustande zwischen 45—78⁰ die mittlere spezifische Wärme 0,5143; sie ist niedriger als die nach der Formel berechnete, aus der sich für 50⁰ die wahre spezifische Wärme von 0,513 ergibt. Für eine Reihe von Fettsäuren, untersucht bei einer Temperatur von 30⁰ über dem Schmelzpunkt, gibt GARNER folgende mittlere spezifische Wärmen an (Tabelle 41). Leider lassen sich aus seinen Angaben die wahren spezifischen Wärmen nicht berechnen.

Die mittlere spezifische Wärme im flüssigen Zustande nimmt zu mit der Länge der Kohlenstoffkette. In festem Zustand scheinen die spezifischen Wärmen allgemein etwa 0,47 gcal zu betragen und sind wenigstens annähernd konstant. Für Eikosansäure fand GARNER 0,46, für Capronsäure 0,45 gcal.

LEDERERS Zahlen für die Änderung der wahren spezifischen Wärme mit der Temperatur ergeben sich aus der Abb. 151. Die beiden Kurven für die homologen Säuren sind nahezu parallel, und wie aus den GARNERschen Zahlen zu erwarten wäre, liegt die Stearinsäurekurve höher als die Laurinsäurekurve. Da diese Kurven nahe beieinander liegen, so kann man annehmen, daß die wahre spezifische Wärme einer Fettsäure im flüssigen Zustande der Kettenlänge proportional ist und daß beispielsweise die Differenz zwischen der spezifischen Wärme der Laurin- und Stearinsäure durch die sechs Methylengruppen bedingt ist. Die Differenz zwischen der spezifischen Wärme der beiden Säuren beträgt bei 200⁰ 0,013, die spezifische Wärme der Laurinsäure ist gleich 0,66; die spezifische Wärme der Tetrakosansäure müßte demnach bei 200⁰

$$0,66 + \frac{12}{6} \cdot 0,13, \text{ also } 0,686 \text{ betragen.}$$

Es wäre äußerst bedeutungsvoll, die Versuche in dieser Richtung fortzusetzen, um die wahren spezifischen Wärmen verläßlich berechnen zu können.

Tabelle 41. Spezifische Wärmen der Fettsäuren im flüssigen Zustande.

Zahl der C-Atome	Mittlere spez. Wärme
6	0,50
7	0,49
8	0,51
9	0,50
10	0,50
11	0,52
12	0,51
13	0,55
14	0,52
15	0,53
16	0,54
17	0,56
20	0,57
22	0,56
23	0,58
24	0,59
25	0,58

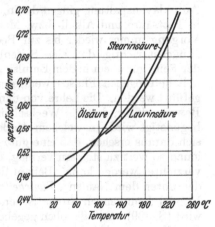

Abb. 151. Änderung der spezifischen Wärme mit der Temperatur (nach LEDERER).

B. Die Fettspaltung.

Von E. SCHLENKER, Mailand.

a) Die chemischen Vorgänge bei der Fettspaltung.

Über den Chemismus der Fetthydrolyse wurden bereits auf S. 316 des I. Bandes einige Angaben gemacht. Die Hydrolyse beruht auf der Umsetzung von 1 Molekül Triglycerid mit 3 Molekülen Wasser, im Sinne der Gleichung:

$$\underset{\text{Triglycerid}}{C_3H_5(OR)_3} + 3\,H_2O = \underset{\text{Fettsäure}}{3\,R\cdot COOH} + \underset{\text{Glycerin}}{C_3H_5(OH)_3}$$

---

[1] Journ. chem. Soc. London **1926**, 2491.

Die in der Technik verwendeten Fettspaltungsreaktionen sind reversibel und somit allen allgemeinen Gesetzen, welche für chemische Gleichgewichtsreaktionen Geltung haben, unterworfen.

Die hydrolytische Spaltung von Estern ist auf Ionenwirkung zurückzuführen. Sowohl Wasserstoffionen als insbesondere auch Hydroxylionen vermögen die Esterspaltung herbeizuführen, doch hat man bei Spaltung mit Wasser allein oder mit wäßrigen Lösungen von Säuren die Spaltwirkung in erster Linie den Wasserstoffionen zuzuschreiben, bei Anwesenheit von elektrolytisch dissoziierbaren Basen hingegen den Hydroxylionen. Steigende Ionenkonzentration muß eine Beschleunigung der Spaltung herbeiführen und es ist so erklärlich, daß Erhöhung der Temperatur begünstigend wirkt. Wasser, das bei gewöhnlicher Temperatur fast nicht dissoziiert ist, wird bei hohen Temperaturen für sich allein ein sehr brauchbares Spaltmittel (S. 477), da seine Wasserstoffionenkonzentration mit steigenden Temperaturen stark wächst. Gleiches gilt für die Hydroxylionenkonzentration bei Ausführung der Spaltung unter Zusatz von Basen. Die Verwendung von Autoklaven bei der Fettspaltung wäre überflüssig, wenn sie nicht das einzige technisch bewährte Hilfsmittel darstellten, die benötigten Temperaturen zu erreichen. Der Druck an sich spielt dabei keine Rolle. Man kann überdies die Förderung der Spaltung durch hohe Temperatur auch aus der Tatsache begründen, daß die Esterspaltung eine *endotherm* verlaufende Reaktion ist, da nach dem Gesetz von VAN 'T HOFF bei Erhöhung der Temperatur eines im Gleichgewicht befindlichen Systems diejenige Reaktion begünstigt wird, die unter Wärmeaufnahme verläuft.

Ältere Erklärungsversuche über die Wirkung eines Basenzusatzes bei der Autoklavenspaltung gingen dahin, daß sich zunächst Seife bildet, die mit Wasser in Fettsäure und Alkali- bzw. Metallhydroxyd zerlegt wird und daß sich dieser Vorgang immer wieder bis zur Beendigung der Spaltung wiederholt. Daran ist zunächst richtig, daß eine Seifenbildung erfolgt, jedoch hat man den Einfluß der Seife vor allem in dem Emulsionsvermögen zu sehen[1], durch das die ursprünglich heterogenen Phasen wenigstens zum Teil in ein homogenes System übergeführt werden. Die Lehre von den chemischen Gleichgewichten bringt genügend Beweise dafür, daß die Wechselwirkung der Stoffe durch *innige Mischung* sehr begünstigt wird. In welchem Maße das auch für die Fettspaltung zutrifft, läßt sich daraus ersehen, daß eine gute Emulsionierung die Wirkung der Wasserstoffionen so weit zu steigern vermag, daß auf die Anwendung von Druck überhaupt verzichtet werden kann. Bekanntlich bedient sich die Technik für diesen Zweck der unter dem Namen „*Twitchellreagenz*" und ähnlichen Bezeichnungen in den Handel kommenden aromatischen Sulfosäuren, von denen noch die Rede sein wird (S. 499). Daß die oben gegebenen Erklärungen auch bei diesen unverändert zutreffen, mag daraus entnommen werden, daß ein Zusatz von (reichlich Wasserstoffionen abspaltender) Schwefelsäure den Twitchellprozeß beschleunigt und daß man, wie erst in neuester Zeit bekannt wurde[2], durch Erhöhung der Temperatur über 100° hinaus eine Abkürzung der Spaltdauer auch bei der Twitchellspaltung erreicht.

Über die Frage, ob die Autoklavenspaltung durch innige Mischung mit mechanischen Mitteln verbessert werden kann, herrscht in Fachkreisen keine Einigkeit. Jedenfalls ist Rühren durch Dampf bei der üblichen Autoklavenspaltung nach Ansicht von E. BÖHM[3], als gänzlich bedeutungslos anzusehen. Doch scheint dadurch nur bewiesen, daß die Rührwirkung des Dampfes unter den beim Autoklavenbetrieb

---

[1] C. STIEPEL: Seifenfabr. **22**, 264 (1902).
[2] Vereinigte Chem. Werke A. G.: D. R. P. 481088.
[3] Fabrikation der Fettsäuren, Stuttgart 1932.

herrschenden Bedingungen nicht ausreicht, um eine Beschleunigung der Spaltung herbeizuführen. Der Grund mag darin gefunden werden, daß die Schlabberventile an den Autoklaven nur wenig geöffnet werden dürfen, da sonst zu großer Dampfverbrauch und auch ein Absinken des Druckes zu befürchten wäre. Die mechanische Rührung mit Rührwerken scheint jedenfalls Vorteile zu bieten. Das geht mindestens für die Twitchellspaltung aus Versuchen von NISHIZAWA und Mitarbeitern[1] hervor, die mehr als Verdoppelungen der Spaltgeschwindigkeiten beobachteten, wenn die Rührgeschwindigkeit eines Rührwerks von 100 auf 500 Touren erhöht wurde. Auch bei Wasserspaltung werden in den modernen Hochdruckautoklaven heute wieder regelmäßig Rührwerke eingebaut.

Es ist ohne weiteres zu erwarten, daß das durch die eingangs formulierte Gleichung charakterisierte Gleichgewicht dem *Massenwirkungsgesetz* von GULDBERG-WAAGE folgen wird[2]. Die wichtigste sich daraus für die Technik ergebende Regel besagt, daß durch die Verringerung der Konzentration des durch die Reaktion gebildeten Glycerins die Spaltung begünstigt und einer Verschiebung des Gleichgewichtes nach der linken Seite der Gleichung, also einer Rückveresterung, vorgebeugt wird. Aus der organischen Chemie ist bekannt, daß die Umkehrung der hier behandelten Reaktion, also Esterbildung aus Alkohol und organischer Säure, durch die gleichen Katalysatoren bewirkt werden kann, die bei Änderung der Reaktionsbedingungen zu einer Verseifung Anlaß geben[3]. Das gilt sowohl von der Schwefelsäure als insbesondere auch von den aromatischen Sulfonsäuren[4]. Die Verwendung verhältnismäßig großer Wassermengen, die das entstehende Glycerin verdünnen, ist daher eine unerläßliche Vorbedingung für das Gelingen einer auch nur einigermaßen vollkommenen Fettspaltung. Dem gleichen Zweck dient auch die technisch unter der Bezeichnung „Spalten auf mehreren Wässern" geübte Arbeitsweise, die sowohl für die Autoklavenspaltung als auch für die Twitchellspaltung mit Erfolg durchgeführt wird (S. 483 und 502).

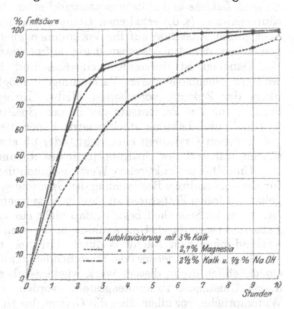

Abb. 152. Verlauf der Autoklavenspaltung.

Der Gleichgewichtszustand im Sinne des Massenwirkungsgesetzes, also derjenige Zustand, in dem Veresterung und Verseifung sich die Waage halten und daher eine Erhöhung des Spaltungsgrades nicht mehr eintreten kann, wird im Betrieb niemals erreicht werden.

Die Darstellung des Verlaufes des Autoklavenprozesses (Abb. 152) läßt er-

[1] Chem. Ztrbl. **1930** II, 1463; **1931** I, 2552.
[2] LEDERER: Allg. Öl- u. Fett-Ztg. **27**, 114 (1930).
[3] BERTHELOT u. ST. GILLES: Ann. Chim. Phys. (3) **65**, 385 (1862). — KELLER: Reversibilität der Enzymwirkungen. Ztschr. angew. Chem. **24**, 385 (1911).
[4] Vgl. z. B. D. R. P. 76574, ferner Bd. I dieses Werkes, Kap. III, S. 229ff.

kennen, wie stark die Geschwindigkeit der Spaltung mit der Höhe des Spaltungsgrades abnimmt und daß es aus wirtschaftlichen Gründen nicht ratsam wäre,
über die in erträglicher Zeit erreichbare Grenze hinausgehen zu wollen.

Über die *chemische Zusammensetzung der Spaltprodukte* ist zunächst die
Feststellung zu machen, daß bisher kein einziges Spaltverfahren bekannt ist,
das die Herstellung von *reinen* Fettsäuren neben *reinem* (verdünntem) Glycerin
erlaubte.

Nicht nur, daß die Fettsäuren gewisse Mengen Neutralfett enthalten,
daß das Glycerinwasser durch organische und unorganische Verbindungen verunreinigt ist, daß überhaupt aus den benötigten Katalysatoren direkt oder
indirekt Teile in die Spaltprodukte übergehen: auch abgesehen von dem allen,
finden chemische Umsetzungen statt, durch die sowohl eine mehr oder weniger
weitgehende Verfärbung als auch neue chemische Verbindungen erzeugt werden.
So sind *Laktone* und *Fettsäureanhydride*[1] schon lange in dem durch die Schwefel-
säurespaltung (s. d.) erhaltenen Gemisch nachgewiesen worden, neuerdings ist
aber durch Erasmus[2] auf ihr Vorkommen auch in den technischen Fettsäuregemischen der Autoklavenspaltung aufmerksam gemacht worden.

Daneben ist durch Kondensation und Polymerisation die Entstehung
weiterer hochmolekularer Verbindungen möglich, deren Erforschung allerdings der Zukunft vorbehalten bleibt. Bisher fehlen auch Untersuchungen
darüber, ob der Prozentsatz der in den Spaltungsgemischen gefundenen „Anhydride" und Laktone stöchiometrisch der Menge der in den Ausgangsfetten
vorhandenen Oxysäuren entspricht, oder ob etwa die Neubildung von Oxyfettsäuren während des Spaltungsprozesses anzunehmen ist.

Unmittelbar praktischen Wert gewinnen die hier angestellten Überlegungen
für die einwandfreie Bestimmung des *Spaltungsgrades*, den man aus dem Prozentgehalt an freien Fettsäuren zu berechnen gewohnt ist, was aber nur dann zulässig
ist, wenn die Sicherheit besteht, daß nicht ein Teil der tatsächlich abgespaltenen
Fettsäuren sich durch Umwandlung in die eben besprochenen höhermolekularen
Verbindungen dem Nachweis durch Titration mit Alkali entzogen hat. Wohl
alle aus der Betriebspraxis stammenden Tabellen über den Spaltungsgrad,
einschließlich der in diesem Werk wiedergegebenen, sind ohne Berücksichtigung
dieses Umstandes zusammengestellt worden, und manche Unklarheiten und
Widersprüche, vor allem über die Grenze, bis zu der eine Spaltung unter gegebenen Bedingungen getrieben werden kann, mögen damit zusammenhängen[3].

Mit den oben angeführten Verbindungen ist die Reihe der in den Spaltfettsäuren nachweisbaren Beimengungen noch nicht erschöpft. In vielen Fällen
wird man vielmehr noch die Anwesenheit von *Monoglyceriden* und *Diglyceriden*
erwarten dürfen, und diese Feststellung führt uns zur Erwähnung eines für den
Mechanismus der Fettspaltung äußerst interessanten Fragenkomplexes, der zu
zahlreichen Untersuchungen Anlaß gegeben hat. Es war zu entscheiden, ob die
Fettspaltung *tetramolekular* verläuft, also unter unmittelbarer Bildung von

---

[1] Für das Vorhandensein echter Fettsäureanhydride des Typus $R \cdot CO \cdot O \cdot OC \cdot R$ fehlen
bisher die Beweise. Man war seit jeher gewohnt, unter diesem Namen die wenig
erforschten Kondensationsprodukte zusammenzufassen, die unter Austritt von
Wasser aus Fettsäuren entstehen. Die bei der Spaltung herrschenden Reaktionsbedingungen dürften aber neben den Laktonen (Ringbildung zwischen Carboxylgruppe und Hydroxylgruppe eines Moleküls Oxyfettsäure) vor allem die Bildung
von *Estoliden* begünstigen, die durch Wasserabspaltung aus je einer Carboxyl-
und Hydroxylgruppe zweier verschiedener Fettsäuremoleküle zusammengekettet
werden.　　　　　　　　　　　　　　　[2] Allg. Öl- u. Fett-Ztg. 27, 201, 222 (1930).
[3] Über die Methoden der Bestimmung des Spaltungsgrades vgl. A. Grün: Analyse
der Fette und Wachse, Bd. I, S. 461 ff. Berlin (Julius Springer) 1925.

Glycerin und 3 Molekülen Fettsäure, oder ob sie *stufenweise* erfolgt, wobei Di- und Monoglyceride als Zwischenprodukte auftreten und freies Glycerin in den Reaktionsprodukten erst vorhanden ist, nachdem der Reihe nach die drei an Glycerin gebundenen Fettsäurereste abgespalten wurden.

Das Problem ist im I. Band (S. 316) erörtert worden. Nach den vorliegenden Untersuchungen ist ein stufenweiser Verlauf der Fettspaltung anzunehmen; insbesondere gilt dies für die Autoklavenspaltung.

Im Hinblick auf die Wichtigkeit dieser Frage für die Technik der Fettspaltung sei hier, in Ergänzung der im I. Band gemachten Angaben, eine von KELLNER herrührende Tabelle 42 wiedergegeben, in der die Analysendaten einer Reihe von Proben wiedergegeben sind, welche während der Spaltung eines ursprünglich 5% freie Fettsäuren enthaltenden Palmkernöls im Autoklaven unter Zusatz von Zinkoxyd entnommen worden sind und welche den stufenweisen Verlauf der Fetthydrolyse bei der Autoklavenspaltung bestätigen.

Tabelle 42. Berechneter und wirklicher Glycerin- gehalt teilweise gespaltener Fettgemische im Verlauf der Autoklavierung.

Probe Nr.	S. Z.	V. Z.	Berechneter Gehalt an Fettsäure in %	Berechneter Glycerin- gehalt in %	Glycerin- gehalt nach Analyse in %
1	55	242	21,3	10,22	12,16
2	131,5	247,5	50,96	6,34	9,84
3	193	251	74,80	3,17	5,28
4	212	252	82,17	2,18	3,75
5	218	253	84,48	1,91	2,83
6	229,5	264,7	88,94	1,37	2,11

Die Trennung fester und flüssiger Fettsäuren durch stufenweise Spaltung hat sich als unmöglich herausgestellt, dagegen läßt sich nach H. P. KAUFMANN[1] durch Verbindung von Hydrierung und Spaltung die Zusammensetzung des Spaltgemisches willkürlich beeinflussen.

b) Vorreinigung der Fette vor der Spaltung.

Mit Ausnahme der Fälle, wo man es mit sehr reinen Fetten zu tun hat, ist die Vorreinigung, zumindest bei der Autoklaven- und Twitchellspaltung, ein immer nützlicher, meist sogar integrierender Bestandteil der Spaltung. Ihr Zweck ist ein doppelter. Sie soll erstens eine Entfernung derjenigen Bei- mengungen herbeiführen, welche die Spaltung hemmen oder unmöglich machen und somit die Möglichkeit geben, die Spaltung in der kürzesten Zeit zu beenden; zweitens soll sie verhindern, daß Stoffe in den Fetten zurückbleiben, die eine Trennung des Spaltgemisches in Glycerinwasser und Fettsäuren erschweren. Eine entfärbende oder desodorisierende Wirkung der Reinigungsoperation wird nur selten beabsichtigt, höchstens als willkommene Begleiterscheinung betrachtet. Überflüssig ist die Vorreinigung bei der Acidifikation, weil die dabei zur Anwen- dung kommende konzentrierte Schwefelsäure ohnehin intensiver wirkt, als es jedes andere Reinigungsreagenz vermöchte, und auch bei der Fermentspaltung wird, allerdings aus anderen Gründen (S. 488) von einer Vorbehandlung der zur Spaltung gelangenden Fette häufig abgesehen.

Für die Vorreinigung benützt man einen Behälter, der mit offener und geschlossener Dampfschlange ausgestattet wird und eine säurefeste Auskleidung erhält. Außer Blei kommt dafür, besonders die Auskleidung mit säurefesten Steinen in Betracht, die in Verbindung mit geeigneten Spezialkitten allen in Frage kommenden Beanspruchungen gewachsen ist. Ein Rührwerk vermag

[1] D. R. P. 515 869 u. 524 737.

die Arbeit wesentlich zu unterstützen und sollte daher immer vorgesehen werden. Luftrührung empfiehlt sich nicht wegen der Gefahr der Bildung von oxydierten Fettsäuren. Für größere Leistungen empfiehlt sich außer dem eigentlichen Vorreinigungsbehälter die Aufstellung von einem oder mehreren Waschbehältern, in denen das Fett kurz mit offenem Dampf aufgekocht und dann eine zur vollkommenen Klärung ausreichende Zeit ruhen gelassen wird.

Die sozusagen klassische Vorreinigung besteht in der Behandlung der Rohfette mit Schwefelsäure. Richtige, dem Einzelfall angepaßte Konzentration der Schwefelsäure vorausgesetzt, kann man damit in nahezu allen Fällen zum Ziel gelangen. Um die richtige Wirkung zu erzielen, muß man über die Konzentration der einwirkenden Säure orientiert sein und man sollte mit dem Zusatz daher erst beginnen, wenn das Fett von dem durch das Anwärmen mit direktem Dampf entstehenden Kondenswasser befreit ist. Dann erst läßt man die benötigte Menge zufließen und möglichst gleichzeitig auch das zur Verdünnung dienende Wasser, wenn man nicht vorzieht, die richtige Konzentration der Säure in einem besonderen Behälter einzustellen. Arbeitet man mit direktem Dampf, so ist auch die sich bildende Kondenswassermenge in Betracht zu ziehen.

Vorversuche im Laboratorium können in keinem Falle, der in irgendwelcher Beziehung Außergewöhnliches bietet, umgangen werden. Als Richtlinien mögen die nachfolgenden Erfahrungen dienen: *Palmkernöl* kann bei 70⁰ mit 2% einer 40%igen Schwefelsäure behandelt werden, ohne daß eine Dunkelfärbung des Fettes zu befürchten ist. Dagegen tritt in *Chinatalg* schon bei Einwirkung einer 33%igen Säure Dunkelfärbung ein. *Leinöl* muß mit viel stärkerer Säure behandelt werden. Mit 60%iger Schwefelsäure tritt bis zu Temperaturen von 90⁰ keine Verdunklung des Fettes ein, es ist im Gegenteil eine Aufhellung zu beobachten. Bei der ersten Säurezugabe färbt sich das Öl grünlich, diese Färbung verschwindet jedoch beim Erwärmen und nach dem Auswaschen; es resultiert endlich ein Öl, das meistens heller ist als vor der Säurebehandlung. Die Säurezahl steigt dabei nur unerheblich; bei Behandlung mit 0,3—0,5% einer 62%igen Schwefelsäure erhöhte sich beispielsweise die Säurezahl von 2,8 auf 7,5. *Sojaöl* dagegen ist im allgemeinen äußerst empfindlich gegen Schwefelsäure; das Verhalten ist stark abhängig von der Provenienz des Öles. Einige Öle färben sich fast schwarz, wenn sie mit 20%iger Säure behandelt werden, während andere nicht einmal Dunkelfärbung zeigen. *Talg*artige Fette lassen sich mit etwa 30—40%iger Schwefelsäure befriedigend vorreinigen. Für Trane kann man allgemeine Regeln nicht aufstellen. Hier versagt die saure Reinigung manchmal vollkommen und führt sogar bisweilen zu hartnäckigen Emulsionen, deren Trennung ein Schmerzenskind des Betriebsleiters bildet. Hier kann ein Zusatz von Alaun oder von anderen Salzen unter günstigen Bedingungen von Vorteil sein. Bei *Extraktionstranen* lassen sich bisweilen auch durch eine teilweise Verseifung mit Natronlauge und darauffolgende Zersetzung mit Säure Erfolge erzielen[1].

Überhaupt ist die *alkalische Reinigung* für manche Fette sehr angebracht. Um sie auszuführen, behandelt man die Fette bei 80—90⁰ unter Rühren mit den ihrem Fettsäuregehalt entsprechenden Mengen an Natron- oder Kalilauge. Die gebildete Seife reißt mechanisch Schleimstoffe und andere Beimengungen zu Boden und wird, nach genügend langem Absetzen, für Seifen minderer Qualität verwendet. Speziell für Sojaöl und Talg — bei letzterem vorzugsweise in Verbindung mit Kochsalz — erzielt man durch diese Art der Vorreinigung häufig bessere Erfolge als nach dem Säureverfahren.

---

[1] C. Stiepel: D. R. P. 494691.

c) Spaltung in Autoklaven.

Im Jahre 1825 ist bereits von Gay-Lussac und Chevreul in ihrem berühmten, die Stearinkerzenfabrikation begründenden französischen Patent auf die verseifungsbeschleunigende Wirkung eines Überdruckes hingewiesen worden. Als Milly dann 1833 die von den erstgenannten Forschern verwendeten Ätzalkalien durch Kalk ersetzte und sich dabei die Anwendung von Temperaturen, welche die Temperatur des siedenden Wassers überstiegen, schützen ließ, beabsichtigte er gleichfalls nichts weiter, als die in stöchiometrischen Verhältnissen mit Kalk gemischten Fette beschleunigt in Kalkseifen zu verwandeln. Wie zweifelhaft der Wert dieser, überdies durch eine höchst unzweckmäßige Apparatur komplizierten Erfindung zu bemessen ist, geht daraus hervor, daß Milly selbst in der von ihm mit Motard begründeten Stearinkerzenfabrik zur Verseifung im offenen Kessel zurückkehrte. Die Autoklavenspaltung im eigentlichen Sinne beginnt erst mit dem Jahre 1855, als es dem gleichen Milly gelang, Fette mit sehr geringen Mengen Kalk in Fettsäuren und Glycerin zu zerlegen. Der große Sprung, der von der bloßen Druckverseifung mit Alkalien zur Spaltung unter Druck ohne jeglichen spaltungsfördernden Zusatz führte, war schon ein Jahr vorher von Tilghman[1] gemacht worden. Milly dürfte diese Erfindung allerdings erst später kennengelernt haben. Wir stehen also vor der interessanten Erscheinung, daß die vom heutigen Standpunkt aus gesehen ältesten und modernsten Arten der Autoklavenspaltung fast zur gleichen Zeit entstanden sind und daß bis heute die Frage noch ungeklärt ist, welcher von beiden der Vorrang gebührt. Die Bestrebungen, die reine Wasserspaltung durchzuführen, sind seitdem jedenfalls nicht zur Ruhe gekommen (Apparate von Wright und Fouché[2], von L. Droux[3] u. a.), und wir werden weiter unten sehen, daß in neuester Zeit Erfolge auf diesem Gebiet erzielt worden sind, die als eine Lösung der damit zusammenhängenden Probleme anzusprechen sind.

Nahe verwandt mit der Druckspaltung sind die Vorschläge derjenigen Forscher, die richtig erkannt haben, daß der Druck lediglich ein Mittel darstellt, um technisch in Gegenwart von Wasser höhere Temperaturen als 100° zu erreichen und daß es für den Spalteffekt im wesentlichen auf die Temperatur ankommt. Daraus ergeben sich Verfahren[4], die mit überhitztem Wasserdampf und Zerstäubung hocherhitzter Fette in einem Dampfstrom zum gleichen Ziel zu kommen hofften, doch hat keines von ihnen praktische Bedeutung erlangt.

Es sind vor allem drei Faktoren, die das Ergebnis der Autoklavenspaltung bestimmen, nämlich Art und Menge des basischen Zusatzes, Temperatur und Wassermenge. Das Ergebnis drückt sich aus in der Zeit, die für die Spaltung bis zu technisch befriedigenden Spaltungsgraden benötigt wird und in der Höhe des Spaltungsgrades selbst.

Bleiben wir zunächst beim *basischen Zusatz*, so ist festzustellen, daß sich der von Milly vorgeschlagene Kalk bis auf den heutigen Tag seine Anhänger bewahrt hat, daß uns aber inzwischen die anorganische chemische Industrie zu erschwinglichen Preisen auch andere geeignete Stoffe zur Verfügung gestellt hat, die in sehr vielen Betrieben den Kalk dauernd verdrängt haben.

Allgemein ist zu sagen, daß der *Kalk*zusatz die große Unbequemlichkeit mit sich bringt, nach der Zersetzung der Autoklavenmasse mit Schwefelsäure im Zersetzungskessel erhebliche Mengen von Niederschlag zu hinterlassen, der durch

---

[1] E. P. 47/1854; s. auch Dinglers polytechn. Journ. **132**, 122; Wagners Jahresber. **1**, 406 (1855).　　　　　　　　　　　　[2] E. P. 894/1857.
[3] Muspratts Encykl. Handb. d. techn. Chemie, 4. Aufl., Bd. 5, S. 151, Braunschweig 1896.
[4] O. Korschelt: D. R. P. 27321. — Pielsticker: E. P. 706/1882 u. a.

Handarbeit beseitigt werden muß und außerdem kleine Verluste durch Einschließen von Fetteilchen bedingt. Gelegentlich kann man aber für ihn als Düngmittel eine bescheidene Verwertung finden. *Magnesia*[1] gibt dagegen mit Schwefelsäure ein wasserlösliches Salz, ist aber bedeutend teurer, *Zinkoxyd* wird meistens nicht für sich allein, sondern in Mischung mit *Zinkstaub*[2] angewendet. Da Zinksulfat mit dem Magnesiumsulfat die Wasserlöslichkeit gemeinsam hat und überdies die Zusätze an Zink bzw. Zinkoxyd nur einen Bruchteil der erforderlichen Magnesiamengen betragen, hat sich die Zinkspaltung besonders viele Freunde verschafft. Der Zinkstaubanteil im Spaltgemisch kann allerdings zur Bildung von steinharten Bodenkörpern im Autoklaven führen, man kann aber bei genügender Bewegung des Autoklaveninhaltes diesen Übelstand vermeiden. Der Zinkspaltung wird auch nachgesagt, daß sie besonders helle Fettsäuren liefert, und man ist geneigt, der bei der Umsetzung von metallischem Zink mit Fettsäuren auftretenden Wasserstoffentwicklung diese günstige Wirkung zuzuschreiben. Nach Krause[3] ist es aber das Zinkoxyd, dem ein aufhellender Einfluß zuzuschreiben sei.

Einen besonderen Platz in dieser Zusammenstellung nehmen die Ätzalkalien ein, die den Spaltvorgang sehr begünstigen, wie aus der nebenstehenden Tabelle 43 hervorgeht. Trotzdem bedient man sich ihrer nur in Ausnahmefällen, weil die Alkaliverbindungen durch keine technische Reinigungsoperation aus dem Glycerinwasser zu entfernen sind und somit eine Erhöhung des Aschengehaltes bedingen, der für Saponifikat-

Tabelle 43. Knochenfett-autoklavierung (10 Atmosphären Spannung).

Nach Stunden	3% Kalk	$2^1/_2\%$ Kalk + $0,5\%$ NaOH
1	32,30	42,50
2	67,50	70,30
3	82,20	85,50
4	86,10	88,70
5	87,80	93,60
6	90,20	97,90
7	94,50	98,40
8	96,10	98,60
9	97,40	98,70
10	98,00	98,80
11	98,60	
12	98,70	
13	98,80	
14	98,80	

glycerine bedenklich ist. Wo diese Rücksicht keine Rolle spielt, wird man einen kleinen Alkalizusatz mit Vorteil verwenden, ohne allerdings damit zu hoch zu gehen, da andernfalls schwer trennbare Emulsionen nach Beendigung der Spaltung auftreten können.

In geschickter Weise verstand Welter[4] die Vorteile eines Alkalizusatzes auszunützen und gleichzeitig doch wenigstens den überwiegenden Teil des gewonnenen Glycerins vor einer Verunreinigung mit Alkalisalzen zu behüten. Das folgende Beispiel gibt anschaulich die von ihm eingehaltene Arbeitsweise:

In einem Autoklaven von zirka $12^1/_2$ m³ Inhalt werden 8 t Cocosöl von einer Verseifungszahl 255 während einer Zeit von 6—7 Stunden auf 7—8 at erhitzt, nachdem man vorher 25 kg Zinkstaub, oder wenn eine gleichzeitige Bleichung nicht beabsichtigt ist, die gleiche Menge Zinkoxyd zugefügt hat. Nach der Spaltung und nach zweistündiger Ruhe wird das Glycerinwasser und eine eventuelle Mittelschicht abgedrückt, worauf mit einem Injektor oder einer Druckpumpe zirka 3% Natronlauge von 38° Bé in den Autoklaven gebracht werden. Man spaltet hierauf noch weitere 4—6 Stunden bei dem erwähnten Druck und erhält nach der üblichen Zersetzung der Seifen eine mit Soda in Wasser klar verseifbare Fettsäure mit einer Säurezahl von zirka 268. An Stelle von Ätzkali kann auch Soda oder Alkalisilikat verwendet werden.

Es handelt sich bei dem Welterschen Verfahren also um eine Spaltung auf zwei Wässern, auf die bereits S. 471 aufmerksam gemacht worden ist.

An *Wasser* sind stöchiometrisch zur Aufspaltung von zirka 890 Teilen Triglycerid nur 54 Teile erforderlich. Im Hinblick auf die Reversibilität des Spalt-

---

[1] E. P. 7573/1884.

[3] Seifensieder-Ztg. 45, 527 (1927).

[2] D. R. P. 23213/1882.

[4] D. R. P. 423764.

prozesses muß man aber viel größere Mengen in Anwendung bringen. Man richtet sich so ein, daß das Glycerinwasser in einer Konzentration von 16—20% den Autoklaven verläßt.

Die Höhe der *Temperatur* beeinflußt in außerordentlichem Maße die Spaltungsgeschwindigkeit, es ist aber selbstverständlich, daß ein deutliches Bild über diesen Zusammenhang nur gewonnen werden kann, wenn unter streng vergleichbaren Bedingungen (Fettart, Höhe des basischen Zusatzes, Wassermenge) gearbeitet wird. Die in der Literatur darüber veröffentlichten Tabellen lassen in dieser Hinsicht viel zu wünschen übrig, und wir wollen uns daher mit denjenigen Angaben begnügen, die über die Spaltung mit Wasser allein gemacht worden sind.

Tabelle 44. Fettspaltung mit Wasser allein.

Fett	Druck von 7 Atmosphären. Säurezahlen nach				Druck von 15 Atmosphären. Säurezahlen nach		
	2 Std.	4 Std.	6 Std.	8 Std.	2 Std.	4 Std.	6 Std.
Cocosöl	0,1	0,3	0,5	0,9	90,2	123,9	185,5
Japantalg	4,8	5,3	9,4	13,1	12,3	32,5	46,1
Talg	17,5	37,3	67,3	84,8	62,3	106,3	155,8
Preßtalg	15,3	38,3	65,5	81,6	60,4	98,7	160,3
Cacaobutter	12,3	24,5	45,1	62,6	34,5	76,1	160,5
Olivenöl	15,1	32,1	53,0	71,4	66,5	114,5	159,5
Sesamöl	14,3	31,1	56,2	76,0	61,7	108,4	153,7
Baumwollsamenöl	10,0	23,2	36,3	51,7	42,2	80,2	128,6
Leinöl	11,4	21,1	43,3	56,1	38,1	78,5	130,5

In der Tabelle 44 sind Versuchsergebnisse von J. KLIMONT[1] über die Spalthöhen von Palmkernöl bei 7 und 15 Atmosphären, also bei 165 und 198° zusammengestellt. Anderseits hat E. BÖHM[2] über Spaltungsergebnisse in einem von ihm konstruierten Hochdruckautoklaven berichtet, die in Tabelle 45 wiedergegeben sind.

Tabelle 45. Hochdruckspaltung nach BÖHM.

Fett	Temperatur in ° C	Druck in at	Zeit in Stunden	Spaltung in %
Geruchloser Waltran	240	35	2	94
Knochenfett und Talg	223	25	$1^1/_2$	96,5
Japanischer Fischtran	240	35	$1^1/_2$	94,5
Leinöl	240	35	3	95,5
Talgöl	240	35	2	97,5
Cottonöl	240	35	$2^1/_2$	97,5
Palmkernöl	240	35	2	96,5

Bei der Spaltung mit basischen Zusätzen kommt man mit Drucken aus, die zwischen 6 und 12 at liegen. Dabei sind die geringeren Drucke für die Erzielung von Fettsäuren bestimmt, die sofort nach Beendigung der Spaltung für Seifenherstellung Verwendung finden. Dem Seifenfabrikanten genügen Spaltungsgrade von zirka 90% in der Regel vollkommen, da dabei die überwiegende Menge des Glycerins bereits abgetrennt ist und der Gehalt an Neutralfett bei der Seifenerzeugung nicht störend wirkt. Für die Destillation bestimmte Fettsäuren werden dagegen bei höheren Drucken hergestellt, es sei denn, daß man durch eine nachfolgende Acidifikation (S. 491) oder auf dem von WELTER (s. o.) gezeigten Weg

---

[1] Ztschr. angew. Chem. 14, 1269 (1901).
[2] DEITE-KELLNER: Das Glycerin, S. 113.

die Nachteile, die ein höherer Neutralfettgehalt für diesen Verwendungszweck in sich schließt, zu vermeiden versteht. Die Tatsache, daß über 12 at bisher nur selten hinausgegangen worden ist, erklärt sich daraus, daß das überwiegend verwendete Konstruktionsmaterial für Autoklaven noch immer das Kupfer ist, dessen mechanische und chemische Eigenschaften aus hier nicht zu erörternden Gründen den genannten Höchstdruck für Autoklaven üblicher Größe angezeigt erscheinen lassen. Stahlautoklaven (vgl. S. 480) sind diesen Beschränkungen natürlich nicht unterworfen.

Apparatur.

Der wichtigste Teil der Apparatur ist der *Autoklav* selbst, für den sich seit Jahrzehnten ein Standardtyp herausgebildet hat, von dem kaum irgendwo mehr abgewichen wird. Das mag wieder mit der einseitigen Bevorzugung des Kupfers als Konstruktionsmaterial zusammenhängen, wovon oben schon gesprochen wurde; bei gelegentlichen Konstruktionen in anderen Metallen dürfte man sich dann einfach an die bei Kupfer bewährte Form gehalten haben. Man ist nicht ohne Umwege zu der heutigen Form des stehenden, hohen Zylinders mit verhältnismäßig geringem Durchmesser gekommen. Sie dürfte zwar zunächst gerade von den ältesten Erbauern vorgezogen

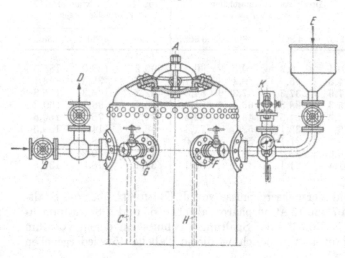

Abb. 153. Oberteil eines Autoklaven.

worden sein, und den MILLYschen Autoklaven beispielsweise findet man auf erhaltenen alten Abbildungen regelmäßig so dargestellt. Später hat DROUX einmal einen Versuch mit einem kugelförmigen Rührautoklaven gemacht[1], er hat aber gelegentlich auch liegende, mit Rührwerk versehene Autoklaven gebaut. Für eine Rührung, besonders mit mechanischen Mitteln, ist übrigens die liegende Form zweifellos vorteilhaft. Die Wahrscheinlichkeit, das wegen seines höheren spezifischen Gewichtes am Boden sich ansammelnde Wasser gründlichst mit dem Fettgemisch in Verbindung zu bringen, ist so entschieden größer, und man hat daher bei Versuchen mit der reinen Wasserspaltung bei Hochdruck auf diese Bauart zurückgegriffen.[2]. Auch bei direkter Beheizung, zu der die Unvollkommenheit der ursprünglichen Dampfkessel bisweilen Anlaß geboten hat, dürfte die liegende Form in mancher Beziehung vorteilhafter erschienen sein.

Beim Bau von Autoklaven hält man sich heute allgemein an die Regel, mit Durchbohrungen möglichst sparsam zu sein und sämtliche nötigen Anschlüsse im Kopfteil zu vereinigen, Wände und Boden also unversehrt zu lassen. Dadurch vereinfacht man zunächst die Bedienungsarbeit und schafft auch eine gewisse Sicherheit gegen Fettverluste bei Zerstörung einer Flanschendichtung. Einen nach diesen Gesichtspunkten gebauten oberen Teil eines Autoklaven zeigt die Abb. 153.

---

[1] WAGNERS Jahresber. 1887, 1020.   [2] BOEHM: D. R. P. 292496.

A ist das Mannloch, das mit selbstschließendem Deckel versehen ist. *B* ist der Anschluß für den Dampfeintritt, der seine Fortsetzung in einem bis auf den Boden des Autoklaven reichenden Rohr *C* findet, durch das auch nach beendigter Spaltung die Autoklavenmasse über den Hahn *D* nach dem Ausblasegefäß befördert wird. *E* ist ein Trichter, durch den die Füllung mit Fett, Wasser und Spaltmittel erfolgt, *F* ein Probehahn, mit einem bis etwa zur Mitte des Apparates reichenden Rohr *H* verbunden, *G* der Anschluß für einen Entlüftungshahn. Am gleichen Stutzen wie der Einfülltrichter befindet sich endlich der Druckanzeiger *I* und das Sicherheitsventil *K*.

Für den guten Erfolg der Spaltung ist eine innige Durchmischung des Autoklaveninhaltes wünschenswert (vgl. S. 470), was zu mancherlei Konstruktionen geführt hat. Beispiele dafür sind das nach Art einer Turbine hergestellte „autodynamische" Rührwerk von Lach[1] und die mittels Injektors betriebene Rührvorrichtung von Michelini[2] u. a. m. Vorrichtungen dieser Art, die mit dem in den Autoklaven eintretenden Dampf betrieben werden sollen, bedingen aber, daß eine ziemlich kräftige Dampfströmung vorhanden ist, die nur durch ständige Dampfentnahme aus dem oberen Leerraum des Autoklaven geschaffen werden kann. Entschließt man sich zu einer solchen, so tritt auch ohne besondere Vorrichtung ein ständiges Kochen der Autoklavenmasse von unten nach oben ein, das ganz allein zu der gewollten Durchmischung führt. Unter gewöhnlichen Verhältnissen genügt die mäßige Bewegung des Fettgemisches, die durch den infolge von Abkühlungsverlusten ständig langsam nachströmenden Dampf hervorgerufen wird. Ist aber aus bestimmten Gründen, beispielsweise den oben bei Erwähnung der Hochdruckspaltung angeführten, eine künstliche Rührung nicht zu umgehen, so bietet ein mechanisch angetriebenes, nicht zu langsam laufendes Rührwerk noch die größte Gewähr für Erreichung des Zwecks, zumal die Herstellung einer der hohen Beanspruchung gewachsenen Stopfbüchsenpackung heute keine unüberwindlichen Schwierigkeiten mehr bietet.

Wie bereits erwähnt, ist das bewährteste Konstruktionsmaterial für alle mit der Fettsäure in Berührung kommenden Teile des Autoklaven *Kupfer*, für Verschlußorgane wird zinkfreie Phosphorbronze genommen. *Gußeiserne* Autoklaven wurden in Deutschland während des Weltkrieges, als Kupfermangel herrschte, von der Firma Hoesch, Düren, gebaut und haben u. a. in einer bekannten rheinischen Stearinfabrik für Herstellung von Fettsäuren, die nachher destilliert wurden und bei denen also die Farbe nicht störte, gute Dienste geleistet. Immerhin dürften in solchen Fällen eher schmiedeeiserne Apparate am Platze sein, die sich — wie die Erfahrung in einer süditalienischen Seifenfabrik gelehrt hat — weniger schnell abnützen, als anzunehmen wäre. Sie können nach längerem Gebrauch wohl undichte Stellen aufweisen, bieten aber gegen plötzliches Zerreißen der Bleche größere Sicherheit als gußeiserne Gefäße, bei denen immer mit der Möglichkeit von unsichtbaren Gußfehlern zu rechnen ist. *Verbleiung* der Autoklaven hat schon Melsens[3] in Anwendung gebracht und seinem Beispiel ist später öfters, neuerdings auch in der Form der homogenen Verbleiung, gefolgt worden. Blei ist aber gegen Fettsäuren in Gegenwart von Dampf und Wasser bei weitem nicht so widerstandsfähig, wie vielfach angenommen wird, wofür allerdings weniger sein chemisches Verhalten, als die durch die Weichheit bedingten mechanischen Eigenschaften verantwortlich sein dürften. Überdies ist, wenn Bleibleche zur Auskleidung verwendet werden, die Möglichkeit des Loslösens der Bleche von ihren Unterlagen nicht auszuschließen, während anderseits bei homogener Verbleiung hohe Arbeitslöhne zu bezahlen sind, die den erhofften Preisvorteil gegenüber Kupfer zumindest stark reduzieren. Gegen *Kupferblechauskleidung* ist wegen der verschiedenen Wärmeausdehnung von Kupfer und

[1] B. Lach: Gewinnung und Verarbeitung des Glycerins. Halle. 1907.
[2] Marazza: L'Industria Saponeria, S. 343. Mailand. 1896.　　　　[3] E. P. 2666/1854.

Eisen gleichfalls der Einwand des mangelnden Haftens an den Autoklaven-
wänden zu machen, doch hat hier eine deutsche Firma eine Lösung gefunden[1],
die sich vielleicht bewähren wird.

Die Idee, eiserne Autoklaven mit einem dünnwandigen kupfernen Einsatz
zu versehen und den Dampfdruck von außen und innen auf diesen Einsatz
wirken zu lassen (druckentlastete Autoklaven), ist von der Firma Moeller und
Schulze, Magdeburg, verwirklicht worden; sie dürfte sich auf die Dauer kaum
bewähren, da Bedienungsfehler oder sonstige Betriebszufälle zur Beschädigung
des Einsatzes führen können.

Ein ganz hervorragendes Konstruktionsmaterial steht dem Autoklaven-
bauer in den *säurebeständigen Stählen* zur Verfügung, dessen voller Nutzen aber
vermutlich erst zutage treten wird, wenn die Hochdruckspaltung allgemeineren
Eingang in die Fettspaltungsindustrie zu finden vermag. Für Autoklaven, die
mit normalen Drucken betrieben werden, ist der säurebeständige Stahl vorläufig
noch zu teuer, obwohl der ursprüngliche Preis in den letzten Jahren schon er-

Abb. 154. Hochdruckautoklav. (Friedrich Krupp A. G.)

mäßigt wurde. Mehr noch als für jedes andere Baumaterial gilt für die säurebeständigen Stähle, daß man deren Verarbeitung nur gut empfohlenen Spezialfirmen anvertrauen darf, da es sich hier um eine Legierung handelt, deren charakteristisches Gefüge durch Wärmebehandlung (Schweißen!) nicht zerstört
werden darf, wenn die chemische Widerstandsfähigkeit unversehrt bleiben soll.

Die Firma Friedrich Krupp Aktiengesellschaft verwendet seit Jahren mit
bestem Erfolg ihren V2A-Stahl für die Herstellung von Autoklaven, nachdem
sie durch zahlreiche Versuche die Gewißheit erlangt hat, daß dieser Chrom-
Nickelstahl gegen heiße Fettsäuren vollkommen beständig ist. Lediglich bei sehr
hohen Temperaturen wurden, insbesondere im Brüdenraum, unter Umständen
Anfressungen beobachtet. Bei Verwendung von V4A-Stahl bleiben auch diese
aus, und man wird daher sich dieses Materials bedienen, wenn die auf S. 477
erwähnte Hochdruckspaltung beabsichtigt ist.

Ein Hochdruckautoklav aus Chrom-Nickelstahl ist durch Abb. 154 dargestellt.

Nickelfreie Chrom- und Chrom-Molybdänstähle zeigten bei den im Laboratorium der Krupp Aktiengesellschaft durchgeführten Versuchen nicht die gleiche

[1] Feld & Vorstmann, D. R. P. 481320.

Korrosionsbeständigkeit. Ein besonderer Nachteil, der ihre Verwendung für Autoklaven praktisch verbietet, ist die starke Versprödung neben den Schweißnähten. Eine Nachvergütung, die bei geschweißten Teilen aus V2A-Stahl zur Aufhebung der Versprödung führt, ist bei den Chrom-Molybdänstählen nicht erfolgreich. Ohne jegliche Nachvergütung sind dagegen die Stahlqualitäten V2A-Supra und V2A-Extra anwendbar.

Die Frage, ob der Autoklav gegen Wärmeverlust isoliert werden soll, ist im allgemeinen verneinend zu beantworten. Eine Isolierung kommt höchstens in Betracht, wenn ein mechanisches Rührwerk vorhanden ist; andernfalls aber ist, wie schon angedeutet, das durch die verlorengehende Wärme bedingte Nachströmen von Dampf im Interesse einer selbsttätigen Rührwirkung durchaus erwünscht, und es wird, wenn die Autoklaven nicht gerade an besonders kalten Orten aufgestellt sind, niemals Anlaß zu untragbaren Dampfverlusten geben. Den Autoklaven zu isolieren und gleichzeitig zum Zwecke des Rührens durch ein besonderes „Schlabberventil" ständig Dampf ausströmen zu lassen, ist direkt widersinnig.

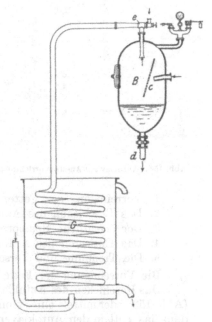

Abb. 155. Ausstoßvorrichtung für Autoklavenmasse.

Zu der Spaltungsapparatur gehört weiter die mit dem Autoklaven in Verbindung stehende *Ausstoßvorrichtung*. Als solche kann im einfachsten Falle ein mit Löchern versehener Rohrkranz dienen, der im Oberteil des das Spaltgemisch aufnehmenden Behälters befestigt ist und von dem eine Rohrleitung zu dem Ausstoßrohr des Autoklaven geführt wird. Beim Öffnen des entsprechenden, am Autoklaven angebrachten Verschlußorgans entleert sich dann das unter Druck stehende Gemisch von Wasser, Dampf und Fett mit entsprechender Heftigkeit, da ja durch die plötzliche Druckentlastung auch ein Teil des Wassers verdampft. Dieser Umstand und die meistens gleichzeitig auftretende Geruchsentwicklung läßt es ratsam erscheinen, den gleichfalls zur Spaltungsapparatur gehörenden *Ausstoßbehälter* entfernt von den eigentlichen Arbeitsräumen aufzustellen, etwa in einem Aufbau über dem Dach, was auch gleichzeitig den Vorteil hat, daß die Fettsäuren und das Glycerinwasser von dort aus durch eigenes Gefälle zu den Verarbeitungsorten fließen können. Den säurefest auszukleidenden Ausstoßbehältern gibt man zweckmäßig die für das Absetzen des Glycerinwassers besonders günstige Spitzform und stattet sie mit Deckel und offener und geschlossener Dampfschlange aus.

Die Befürchtung, daß durch das Ausstoßen des Autoklaveninhaltes in offene Behälter Fett- oder Glycerinverluste entstehen, dürfte nicht berechtigt sein. Die im vorhergehenden Absatz erwähnten Unzuträglichkeiten geben aber mancherorts Anlaß, besondere Ausstoßvorrichtungen zwischen Autoklaven und Ausstoßbehälter vorzusehen. Eine von GROBIEN erdachte ist oben in Abb. 155 dargestellt.

Die Autoklavenmasse tritt durch den Stutzen in das Gefäß *B*, in dessen Inneren die Spannung wesentlich geringer ist als im Autoklaven. Durch diese Druckvermin-

derung und gleichzeitig durch den Stoß der mit großer Heftigkeit ausströmenden
Masse gegen die im Gefäß B angebrachte Fläche c, die durchlöchert sein kann, trennen
sich die Dämpfe von der übrigen Masse und füllen den oberen Teil des Gefäßes B an.
Während nun die von den übelriechenden Dämpfen befreite Masse durch den am
Boden des Gefäßes befindlichen Ausflußhahn d in ein Bassin abfließt, werden die
Dämpfe durch den kräftigen Dampfstrahlsauger e abgesaugt und in einer in Wasser
liegenden Kühlschlange G verdichtet und niedergeschlagen.

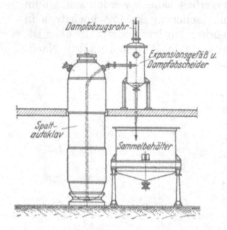

Abb. 156. Autoklav mit Ausstoßvorrichtung.

Eine andere Vorrichtung dieser Art der
Firma Volkmar Haenig, Heidenau, zeigt
Abb. 156, deren Arbeitsweise nach der vorangegangenen Beschreibung ohne weiteres verständlich ist.

Was die Anordnung des Autoklaven
zum Dampfkessel betrifft, so sind beide
möglichst nahe aneinander zu legen, wobei
es erforderlich ist, in die Verbindungsleitung
zwischen beiden Apparaten ein oder zwei
Rückschlagventile oder auch ein kleines
Montejus zu legen, um ein Zurücksteigen der
Autoklavenmasse zu verhindern.

Technische Ausführung der Autoklavenspaltung.

Für die Ausführung der Spaltung kommen folgende Arbeitsgänge in Betracht:

1. Vorreinigung der Fette.
2. Das Beschicken des Autoklaven.
3. Der eigentliche Spaltprozeß.
4. Das Entleeren des Autoklaven.
5. Die Trennung und Zersetzung des Spaltgemisches.

Die Vorreinigung der Fette ist bereits S. 473 besprochen.

Das Beschicken des Autoklaven erfolgt entweder durch den offenen Trichter
(Abb. 153) oder mittels eines Montejus bzw. einer geeigneten Druckpumpe. Nachdem das Fett in den Autoklaven gebracht ist, pumpt man das Spaltwasser ein,
sowie den in Wasser aufgeschlämmten basischen Zusatz. Die Menge des Wassers
beträgt 20—30% vom Fettansatz, ein Prozentsatz, der bei Berücksichtigung des
Kondenswassers des Heizdampfes für Durchschnittsverhältnisse angezeigt ist.
Ein Überfüllen des Autoklaven muß streng vermieden werden. Je mehr sich das
Verhältnis zwischen gefülltem Raum und Dampfraum innerhalb des Autoklaven
zuungunsten des letzteren verschiebt, desto geringer ist die Mischwirkung des
nachströmenden Dampfes, da ein gründliches Durchkochen verhindert wird.
Bei offenem Entlüftungshahn gibt man nun langsam Dampf und schließt den
Entlüftungshahn erst, nachdem die Luft vollkommen vertrieben ist und ein
kräftiger Dampfstrom aus ihm entweicht.

Der eigentliche Autoklavierungsprozeß.

Nach Schließen des Lufthahnes wird das Dampfventil weiter geöffnet und
bis zur Beendigung der Spaltung voll geöffnet gelassen.

Die Dauer der Druckarbeit ist recht verschieden und hängt, wie oben (S. 471)
ausgeführt wurde, u. a. auch davon ab, ob man beabsichtigt, in einem Arbeitsgang bis zu einem möglichst hohen Spaltungsgrad zu kommen oder der Reversibilität des Spaltvorganges durch das Arbeiten in zwei Phasen Rechnung zu
tragen. Im letzteren Falle, dem Arbeiten *auf mehreren Wassern*, hat man viel-

fach in der Weise gearbeitet, daß man den Autoklaven einige Zeit der Ruhe überließ und dann lediglich das abgesetzte Glycerinwasser ausstieß, während der Fettanteil im Autoklaven verblieb und nach Nachpumpen von Frischwasser nachgespalten wurde. Da aber ein gutes Absitzen bedeutende Zeitverluste verursacht, ist es richtiger, zwei Chargen nebeneinander zu spalten. Man drückt dann den Autoklaven nach der ersten Spaltphase vollständig leer und beschickt ihn mit der zweiten Charge. Bis diese fertig ist, hat die erste Charge hinlänglich Zeit, sich abzusetzen, um das Glycerinwasser abziehen zu können. Sie wird dann mit Frischwasser wieder für die zweite Spaltphase in den Autoklaven gegeben. Für diese Arbeitsweise sind selbstredend mindestens zwei Ausstoßgefäße erforderlich.

Wird auf mehreren Wassern gespalten, so kann das zweite bzw. dritte Spaltwasser für die nachfolgende Charge als erstes bzw. zweites Wasser benutzt werden. Der verbleibende Rest ist nämlich so glycerinarm, daß seine Aufarbeitung auf Glycerin nur bei hohen Preisen lohnt.

Das Entleeren des Autoklaven erfolgt unter Verwendung geeigneter Ausstoß-vorrichtungen, die bereits S. 481 besprochen worden sind. Die Entleerung erfolgt durch vorsichtiges Öffnen des Ausstoßventils, nachdem man vorher durch Schließen der Dampfzufuhr und ruhiges Stehenlassen den Druck im Autoklaven hat fallen lassen, bis lediglich noch der zur Überwindung des Höhenunterschiedes zwischen Autoklav und Ausstoßgefäß benötigte Druck vorhanden ist.

Die Trennung und Zersetzung des Spaltgemisches. Bald nach dem Ausstoßen beginnt beim ruhigen Stehen die selbständige Trennung in Fettsäure und Glycerinwasser, der im Interesse einer guten Glycerinausbeute möglichst viel Zeit gelassen werden sollte. Das Vorhandensein von mindestens zwei Ausstoßgefäßen ist daher immer vorteilhaft, bei durchgehendem Betrieb sogar eine unbedingte Notwendigkeit, da man keinesfalls damit rechnen kann, daß das Absetzen immer schon beendigt ist und der Ausstoßbehälter freigemacht werden kann, wenn die nächste Charge aus dem Autoklaven entleert werden soll. Man sollte auch Zeit haben, nach dem Ablassen des Glycerinwassers eine Waschung mit Wasser vorzunehmen und erneut absetzen zu lassen, da so noch weitere Glycerinmengen gewinnbar sind. Wenn das Absetzen infolge des Auftretens von Emulsionen unmäßig lange Zeit in Anspruch nimmt, so kann man häufig durch Erhitzen mit der indirekten Dampfschlange Abhilfe schaffen. Auch Aufstreuen von kleinen Mengen Aluminiumsulfat und gleichzeitiges schwaches Aufkochen mit direktem Dampf erweist sich bisweilen als nützlich; nach Rost[1] soll auch die Zugabe von 0,3% Formaldehyd Trennung von Emulsionen bewirken, doch muß die Zweckmäßigkeit eines solchen Zusatzes bezweifelt werden. In hartnäckigen Fällen entschließt man sich auch zur Anwendung von Schwefelsäure, die ein fast unfehlbares Mittel darstellt, aber natürlich nachträglich bei der Reinigung des Glycerinwassers (vgl. S. 554), ebenso wie das oben erwähnte Aluminiumsulfat ausgefällt werden muß.

Nach Abziehen des Glycerinwassers muß die Autoklavenmasse einem Säuerungsprozeß unterworfen werden, um die Seifen der bei der Spaltung zugesetzten Basen zu zerlegen.

Die Zerlegung erfolgt mit verdünnter Schwefelsäure in säurefest ausgekleideten Gefäßen, durch Kochen mit offenem Dampf. Man verwendet dabei zirka 20⁰ Bé starke Säure. Ihre Menge hängt zunächst ab von der Menge der bei der Spaltung verwendeten Base. Um sicherzugehen nimmt man aber einen Überschuß von zirka 25% gegenüber der stöchiometrisch nötigen Menge. Nach Absitzen und Abziehen des Säurewassers erfolgt dann ein wiederholtes Auskochen mit Wasser, um die Reste an Schwefelsäure aus der Fettsäure zu entfernen.

---

[1] D. R. P. 251848.

Angeführt sei hier eine auch in anderen ähnlichen Fällen zweckmäßige Vorrichtung, um zu verhindern, daß die gekochte Masse durch undichte Ventile und damit weiter einströmenden Dampf, wenn auch nur schwach, bewegt wird, was natürlich das Absitzen erschwert (Abb. 157).

Wie die Abb. 157 zeigt, ist hinter dem Ventil ein kleines Lufthähnchen angebracht. Dieses öffnet man, sobald die Dampfzufuhr abgestellt worden ist, und der von dem geschlossenen Ventil etwa doch noch durchgelassene Dampf strömt durch das Lufthähnchen frei aus, ohne den Inhalt des Zersetzungsgefäßes aufzurühren.

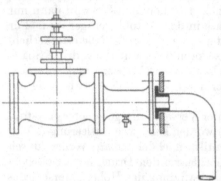

Abb. 157. Dampfventil mit Entlüftungshähnchen.

Auch die bei der reinen Wasserspaltung anfallenden Fettsäuren unterwirft man zweckmäßig einem wenn auch nur geringen Säuerungsprozeß, um vorhandene Metallseifen zu entfernen.

Da sich beim Kochen der Fette mit verdünnter Schwefelsäure große Mengen an Wasserdampf bilden, muß durch Dunsthauben und gute Ventilation aus sanitären Gründen für einen flotten Abzug dieser Dünste, die feinstverteilte Teilchen von Fettsäure mit sich führen, gesorgt werden.

Um die mit den Waschwässern mitgeführten geringen Mengen Fettsäure nicht verloren zu geben, läßt man sie durch Absitzgruben laufen, die mehrere Zwischenwände haben und die eine Scheidung der Fettsäure vom Wasser ermöglichen.

Über die Faktoren, welche die *Höhe des Spaltungsgrades* bestimmen, ist im vorstehenden wiederholt gesprochen worden. Es bleibt nur noch übrig, an einigen Beispielen zu zeigen, welche Ergebnisse im Betrieb mit der Autoklavenspaltung erhalten werden. Das ist nicht so leicht, als man annehmen möchte, denn viele der in der Literatur verstreuten Angaben lassen sich mit den praktischen Erfahrungen nicht in Einklang bringen. Vertrauenswürdig sind die in nachstehender Tabelle 46 vereinigten Werte[1].

Tabelle 46. Spaltungsergebnisse.

Fettart	Zusatz	Druck	Spaltungsgrad — Stunden							
			1	2	3	4	5	6	7	8
Palmkernöl	0,6% ZnO	6 at	37	54	68	72	75	76	78,5	.
Palmkernöl	0,6% ZnO + 0,1% Ba(OH)$_2$	6 at	37	55	68	74	77	79	80	.
Talg	0,5% ZnO + 0,1% Zn	6 at	36	55	69	74	77	78	79	80

Bei den Werten der Tabelle 46 ist zu berücksichtigen, daß die Spaltungen bei niedrigem Druck durchgeführt worden sind und ohne Wasserwechsel. Schulz[2] berichtet über eine Spalthöhe von 98,8%, wenn Palmkernöl bei 8 at Druck mit 0,6% Zinkoxyd und 0,3% Zinkstaub 4 Stunden lang vorgespalten und dann mit 0,3% Zinkoxyd und 0,1% Zinkstaub 3 Stunden nachgespalten wurde.

[1] Private Mitteilung von Keutgen, Marburg.
[2] Chem. Umschau Fette, Öle, Wachse, Harze **32**, 186 (1925).

Über die hohen Spaltungsgrade, die sich bei Hochdruckspaltung in kurzer Zeit erreichen lassen, gibt die Tabelle 45 Aufschluß (S. 477). Man wird daher der Hochdruckspaltung jetzt, wo durch die Erfindung der säurebeständigen Stähle das geeignete Konstruktionsmaterial zur Verfügung steht, größte Aufmerksamkeit zu schenken haben. Der Zeitgewinn und die Tatsache, daß auf jeglichen Zusatz verzichtet werden kann, sind gewichtige Gründe dafür, sich mit einem höheren Preis der Apparatur abzufinden. Das größte Hindernis für die allgemeine Einführung dürfte übrigens darin bestehen, daß die wenigsten Betriebe bisher über die erforderlichen Hochdruckdampfkessel verfügen.

Die *Fettsäureausbeute* bei der Autoklavenspaltung hängt von der Menge der in dem verarbeiteten Fett enthaltenen freien Fettsäuren ab; Fette mit großen Prozentsätzen an freien Fettsäuren geben entsprechend größere Ausbeuten als Neutralfette. Eine höhere Verseifungszahl bedingt eine kleinere Fettsäureausbeute. Geringe Verluste können bei Vorhandensein wasserlöslicher Fettsäuren und auch durch Verdampfung bei ungeeignetem Ausstoßen der Autoklaven eintreten (S. 481). Marazza hat in seinem bekannten Buch[1] in nachfolgender Tabelle die Betriebsresultate der Spaltung von 3260 Tonnen Neutralfett zusammengestellt.

Tabelle 47. Ausbeuten bei der Autoklavenspaltung.

	Menge		Ausbeute an Fettsäuren		Ausbeute an Rohglycerin von 30° Bé
	in kg	in %	in kg	in %	in kg
Talg verschiedener Herkunft	2 500 000	93	2 325 000	10	250 000
Preßtalg	650 000	94	611 000	10,6	68 900
Palmöl	25 000	90	22 500	8,3	2 075
Cocosöl	25 000	93	23 250	12	3 000
Mowrahbutter	40 000	94	37 600	7,5	3 000
Sulfuröl	7 000	90	6 300	5	350
Knochenfett	13 000	88	11 440	5,2	676

Die Zahlen lassen allerdings an voller Klarheit zu wünschen übrig, da die Angaben des Gehaltes an freien Fettsäuren und der Spaltungsgrad fehlen.

d) Fermentative Fettspaltung.

Die technische Bedeutung der fermentativen Fettspaltung ist heute nur mehr gering, wenn man die Bedeutung an der Zahl von Betrieben, in denen sie noch ausgeübt wird, messen will. Sie ist aber die einzige bekannte Fettspaltungsmethode, die bei *niederen Temperaturen* zum Ziel führt und als solche vielleicht berufen, in Zukunft wieder eine größere Rolle zu spielen, besonders wenn es gelingt, ihre technische Durchführung zu vereinfachen und zeitlich zu verkürzen. Die aus der niederen Arbeitstemperatur sich ergebenden Vorteile betreffen nämlich nicht nur die Dampfersparnis, sondern liegen auch vor allem in dem Ausbleiben gewisser, bei höherer Temperatur verlaufender chemischer Vorgänge, durch die eine unerwünschte Veränderung der Spaltprodukte eintreten kann (vgl. S. 472). Daher eignet sich z. B. die Fermentspaltung ausgezeichnet für die Herstellung von Ricinusfettsäure, welche durch die bei der Autoklavenspaltung benötigten Temperaturen, aber auch schon bei der Arbeitstemperatur der Twitchellspaltung, weitgehend durch Lakton- und Estolidbildung verändert wird.

---

[1] Marazza-Mangold: Stearinindustrie. Weimar. 1896.

Den Vorteil des Wegfalls von Druckapparaten dagegen hat die Fermentspaltung mit der bald nach ihrer Erfindung auftretenden Twitchellspaltung gemeinsam und dadurch ist ein wichtiger Anlaß, ihr den Vorzug zu geben, in Wegfall gekommen. Den Ausschlag dürfte schließlich gegeben haben, daß für die Herstellung des Ferments ein besonderer Arbeitsgang erforderlich ist, während für die Twitchellspaltung gebrauchsfertige, in den Handel kommende Reaktive zur Verfügung stehen.

Die Erfindung der Fermentspaltung beruht auf der Erkenntnis, daß eine Reihe der bekannten Fermente die spezielle Eigenschaft hat, Fette und Öle zu hydrolisieren. Man faßt sie daher zu einer besonderen Gruppe zusammen, die den Namen *Lipasen* erhalten hat. Nach Oppenheimer und Kuhn[1] können Lipasen aus

Pankreas,	Magen,
Serum,	Leber,
Darm,	Ricinussamen

gewonnen werden, so daß man zwischen tierischen und pflanzlichen Lipasen zu unterscheiden hat (Näheres vgl. Bd. I, S. 398). Über ihre genaue chemische Zusammensetzung ist ebensowenig etwas bekannt, wie über die der anderen Fermente (Proteasen, Carbohydrasen), und ebensowenig ist auch eine Reindarstellung bisher geglückt. Wie bei allen anderen Fermenten ist auch die Entstehung der Lipasen an die Tätigkeit der lebenden Zelle gebunden, ihre Wirkung aber davon unabhängig. Man kann auf sie daher geeignete Reinigungsoperationen anwenden, die den Zweck haben, den Organismus, dem sie ihre Entstehung verdanken, so weit als möglich abzutrennen, ohne daß ihre spezifische Wirkung leidet.

Von hier interessierenden Eigenschaften der Fermente ist zunächst hervorzuheben, daß sie in Wasser und verdünnten Lösungen von Alkohol und Glycerin kolloidal löslich sind, sich aber durch konzentrierten Alkohol und gewisse Metallsalze ausfällen lassen. Bemerkenswert ist ihr großes Adsorptionsvermögen an feste Körper; sie finden sich bei Erzeugung von Niederschlägen zum größten Teil im Bodenkörper und lassen sich auch durch Schütteln an feinverteilte Kohle, Kaolin und ähnliche Stoffe binden. Gegen höhere Temperaturen sind sie sehr empfindlich. Solange gewisse Grenzen (s. u.) nicht überschritten werden, findet zwar keine vollkommene Zerstörung statt, doch läßt ihre Wirksamkeit nach. Bei der Kochtemperatur des Wassers und in vielen Fällen schon viel früher werden sie dauernd unwirksam. Auch zu niedrige Temperaturen beeinträchtigen die Wirksamkeit, und man kann daher für jedes Ferment eine *optimale Temperaturspanne* feststellen, deren Unter- und Überschreitung vermieden werden muß, wenn die bestmöglichen Leistungen erzielt werden sollen. Ähnliches gilt von der *Wasserstoffionenkonzentration* der Lösungen, in denen die Fermente ihre Arbeit leisten sollen. Für Lipasen ergibt sich die günstigste Wasserstoffionenkonzentration nach Oppenheimer aus nebenstehender Tabelle 48.

Tabelle 48.

Ferment	pH
Pankreas	8
Serum	8
Darm	8,5
Magen	4—5
Leber	7,8—8,8
Ricinus	5

Von größter Wichtigkeit, wenn auch noch nicht vollkommen erklärbar, ist der Einfluß, den verschiedene chemische Verbindungen, beispielsweise *anorganische Salze*, auf die Wirksamkeit ausüben, wie es für das Ricinusferment beispielsweise mit Manganverbindungen zu beobachten ist. Auch darüber wird weiter unten noch die Rede sein.

---

[1] Lehrbuch der Enzyme. Leipzig. 1927.

Technisch verwertbare Lipasen.

Wie oben dargelegt, kennt man eine ganze Anzahl von fettspaltenden Fermenten und dementsprechend fehlt es auch nicht an Vorschlägen, das eine oder andere von ihnen für die technische Fettspaltung zu verwerten. Die Versuche von SIGMUND[1] waren in dieser Hinsicht ein verheißungsvoller Anfang, haben es aber nicht zur technischen Reife gebracht. Auch die Versuche BAURS mit Pankreasferment sind über den Laboratoriumsmaßstab nicht hinausgekommen[2], vielleicht nur deshalb, weil sie in eine Zeit fielen, in der die Twitchellspaltung bereits das Feld zu beherrschen begann; das gleiche Schicksal widerfuhr bisher auch allen anderen Bemühungen in der gleichen Richtung.

Technische Erfolge hat bisher lediglich das aus den *Ricinussamen* darstellbare Ferment gebracht, nachdem durch die Untersuchungen von CONNSTEIN, HOYER und WARTENBERG[3] die Eigenschaften und die Bedingungen für die technische Anwendung erforscht waren. Die wichtigsten Ergebnisse sollen nachstehend kurz behandelt werden.

Das spaltende Ferment hat seinen Sitz im Protoplasma des Samens, denn sowohl die Ölzellen selbst als auch die Aleuronkörner und Samenschalen wurden als wirkungslos erkannt. Das gab die Möglichkeit, durch Abscheidung dieser unwirksamen Bestandteile zu einem konzentrierten Ferment zu gelangen, jedoch ist eine vollkommene Isolierung der Ricinuslipase bisher nicht gelungen. Das konzentrierte Ferment erhält man durch feines Vermahlen des Samens mit Wasser, Abschleudern aller lipolytisch unwirksamen Bestandteile in einer schnelllaufenden Überlaufszentrifuge und Vergärung der die Zentrifuge verlassenden Fermentmilch bei 24⁰. Hierbei setzt sich an der Oberfläche eine sahnenartige Emulsion ab, die das konzentrierte Ferment darstellt und aus ungefähr 38% Ricinusfettsäure, 58% Wasser und 4% Eiweißstoffen besteht.

Die günstigste Temperatur für die spaltende Tätigkeit des Ferments liegt bei ungefähr 35⁰, man kann aber auch bis auf zirka 40⁰ gehen; die niedrigste liegt bei etwa 15⁰. Höhere und tiefere Temperaturen führen dagegen zu einer außerordentlichen Schwächung der Enzymwirkung, die bei 50—60⁰ ganz aufhört.

Infolgedessen eignet sich die fermentative Fettspaltung technisch nur für solche Öle und Fette, bei denen der Titer der Fettsäuren innerhalb der optimalen Grenzen der enzymatischen Wirkung liegt.

Als zweites Moment kommen die Menge des vorhandenen Wassers und die Innigkeit der Emulsionsbildung in Betracht. Die Wassermenge muß wenigstens dreimal so groß sein wie die für die Hydrolyse notwendige, praktisch geht man aber natürlich viel höher (S. 489), da es auch auf die Herbeiführung des geeigneten Emulsionszustandes ankommt und man Rücksicht auf die Reversibilität der Reaktion zu nehmen hat[4]. Organische Salze in mäßigen Mengen sind bei Anwendung größerer Samenmengen auf den Spalteffekt ohne Einfluß. Anders ist das Verhalten von Säuren, worauf bereits hingewiesen wurde. Zu einer bestimmten Samen- bzw. Fermentmenge ist nämlich eine bestimmte Menge Säure zur Erzielung eines optimalen Spalteffektes notwendig, wobei die verschiedenen Säuren, wie Schwefel-, Oxal-, Ameisen-, Essig- und Buttersäure in annähernd gleicher Weise zur Auslösung der Enzymwirkung befähigt sind. Nach Untersuchungsergebnissen von HOYER besteht dabei zwischen Samen- und Säuremenge ein ganz bestimmtes Verhältnis, so daß man also bei Abänderung der Samenmenge auch die Säure-

---

[1] Monatsh. Chem. **11**, 272 (1890).
[2] Hingegen wird die fettspaltende Wirkung eines aus Pankreas hergestellten Ferments für Waschzwecke ausgenutzt („Burnus"). Vgl. KIND: Seifenfabrikant **36**, 257 (1916).
[3] Ber. Dtsch. Chem. Ges. **35**, 3988 (1902); **37**, 1436 (1904).
[4] Über die synthetische Wirkung der Lipasen s. auch Bd. I, S. 398.

menge ändern muß. Das Konzentrationsoptimum ist bei den verschiedenen
Säuren aber ganz verschieden; es liegt zwischen n/10 und n/3.

Nachfolgende graphische Darstellung von Hoyer (Abb. 158) gibt ein Bild über
die Wirkung einiger Säuren bei der Spaltung von je 100 g Ricinusöl mittels 3,3 g
geschälten, nichtentölten Ricinussamens. Auf der Abszisse ist die jeweilige Zu-
satzmenge an Schwefelsäure oder an organischen Säuren aufgetragen, auf der
Ordinate der nach 18- bis 24stündiger Spalt-
dauer erreichte Spaltungsgrad.

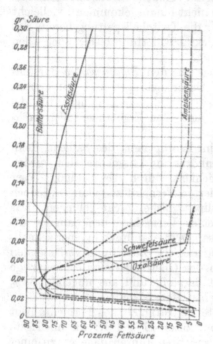

Gewisse Salze können die Spaltfähigkeit
erheblich erhöhen und selbst den Säurezusatz
voll ersetzen. Das gilt insbesondere von Mangansalzen; Kupfersalze dagegen wirken als
Katalysatorgift.

Die verschiedenen Fette verhalten sich
bei der fermentativen Aufspaltung verschieden. Fette mit niedriger Verseifungszahl benötigen zur Erzielung eines gleichen Spaltungsgrades geringerer Fermentmengen als
Fette mit höheren Verseifungszahlen. Bei Parallelversuchen unter ziemlich gleichen Bedingungen waren die nachfolgenden Öle und Fette
bis zu folgenden Prozentsätzen gespalten:

Cocosfett	70%	Cottonöl	90%
Palmkernöl	77%	Mandelöl	90%
Tran	76%	Kakaobutter	92%
Ruböl, raff.	85%	Talg	92%
Leinöl	86%	Palmöl	96%
Olivenöl	86%	Rüböl, roh	100%
Knochenfett	86%	Erdnußöl	100%
Sesamöl	90%	Mohnöl	100%

Abb. 158. Wirkung verschiedener Säuren auf
die Fermentspaltung.

Den geringeren Spalteffekt, den man bei
den Glyceriden von niedrig-molekularen Fettsäuren erreicht, führt man auf die schädigende
Wirkung dieser auf das Ferment zurück. Doch spielt auch sicher der Reinheitsgrad
der Fette eine Rolle. Bei alten, ranzigen oder stark fettsäurehaltigen, sogenannten Abfallfetten, zu denen auch die stark fettsäurehaltigen Produkte aus der
Speisefettraffination, Cocosöle aus alter Copra, Nachschlagöle und Sulfuröl, die
weniger guten Sorten von Tran und Knochenfett wie auch künstlich gebleichte
Fette gehören, versagt die fermentative Spaltung.

Ausführung der Spaltung.

Die Spaltarbeit selbst zerfällt in folgende vier Arbeitsgänge:

1. Herstellung des Spaltferments.
2. Der eigentliche Spaltprozeß.
3. Trennung der Spaltprodukte.
4. Aufarbeitung der Mittelschicht.

Die Ausführung der *Vorreinigung* spielt bei diesem Spaltverfahren insofern
eine geringe Rolle, als, wie eben dargelegt wurde, möglichst nur frische, reine
Fette zur Spaltung kommen sollten. Geringfügige Beimengungen, wie Pflanzenschleime usw., werden durch kurzes Aufkochen entfernt.

Herstellung des Spaltferments. Diese erfolgt nach den Angaben des Erfinders Hoyer in folgender Weise: Der geschälte oder auch ungeschälte Ricinus-

samen wird in einer Excelsiormühle mit Wasser fein vermahlen. Die gebildete Samenmilch passiert eine Überlaufzentrifuge von hoher Umdrehungszahl, in der alle lipolytisch unwirksamen Bestandteile des Ricinussamens zurückgehalten werden, während das Enzym als zarte Emulsion (Fermentmilch) die Zentrifuge verläßt. Diese Fermentmilch enthält den größten Teil des Ricinusöles aus dem Samen, emulgiert mit den unlöslichen Eiweißstoffen des Protoplasmas, darunter auch das fettspaltende Enzym. In der Fermentmilch sind alle wasserlöslichen Bestandteile, darunter auch das säurebildende Enzym, enthalten. Sie wird nunmehr bei 24⁰ der Gärung überlassen, wobei sich eine dicke Sahne, kurz Ferment genannt, an der Oberfläche des Unterwassers absetzt und leicht gewonnen werden kann. Das Ricinusöl selbst ist dabei in Ricinusölsäure übergegangen. (Zusammensetzung des Ferments siehe S. 487). Zur Spaltung genügen von diesem Ferment auf 100 Teile Öl meist zirka 6%.

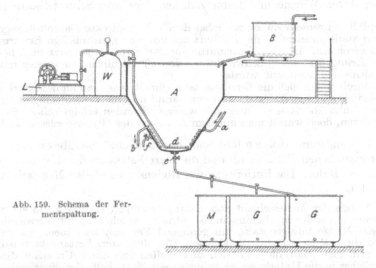

Abb. 159. Schema der Fermentspaltung.

Der Spaltprozeß. Das in dem Spaltbottich A — zylindrischer, unten konischer Kessel mit Bleiverkleidung — enthaltene Fett wird durch eine indirekte Dampfschlange aus Hartblei, die bei a ihren Dampf erhält und bei b ihr Kondenswasser ausstößt, vorgewärmt. Das für die Spaltung benötigte Wasser gelangt vom Bassin B vorgewärmt in den Spaltbottich. Vor dem Einbringen des Ferments und des Aktivators (Säure oder Mangansalz oder beides) wird die Luftpumpe L angestellt, wodurch über den Windkessel W durch die perforierte Schlange d Preßluft in die Masse des Kessels A hineingedrückt wird und ein Durchmischen des Inhaltes bewirkt. Man bringt in den Spaltkessel das zu spaltende Fett oder Öl, setzt hierauf 30—40% seines Gewichtes an Wasser zu und erwärmt auf die dem Titer der Fettsäure entsprechende Temperatur (s. u.), dann stellt man die Preßluft an, um ein inniges Vermischen des Wassers mit dem Öl herbeizuführen. Ist dieses erreicht, trägt man den Aktivator und das Ferment ein und läßt dann noch weiter zirka $^{1}/_{4}$ Stunde Luft einblasen. Ist so eine ziemlich homogene Emulsion erzielt, überläßt man die Masse der Ruhe.

Damit die Spaltung möglichst glatt und vollständig vor sich geht, bedeckt man zweckmäßig den Spaltkessel mit einem gut abschließenden Deckel und sorgt durch zeitweises Anstellen der Preßluft dafür, daß keine Trennung der Emulsion eintritt. Durch gelegentliches Untersuchen entnommener Proben überzeugt man sich von dem Fortgang des Spaltprozesses.

Nach Beendigung der Spaltoperation wird durch den Bodenhahn e das Glycerinwasser in die Behälter G und die Mittelschicht in den Behälter M abgelassen. Die Fettsäure wird durch den Hahn f abgezogen.

Als günstigste Temperatur für flüssige Öle ist eine solche von zirka 25⁰ einzustellen; unterhalb 20⁰ geht die Spaltung zu langsam vor sich und über

25° halten sich Emulsionen weniger gut. Man beginnt daher die Spaltung dieser Öle gewöhnlich bei 20—22°, wobei dann die während der Spaltung freiwerdende Wärmemenge die Temperatur um 2—3° erhöht. Ein Nachwärmen des in Spaltung begriffenen Ansatzes ist daher nicht nötig und wäre auch unzulässig. Erforderlich ist lediglich, daß der Spaltkessel gut isoliert ist.

Feste Fette werden am besten bei Temperaturen von 1—2° über dem Erstarrungspunkt ihrer Fettsäuren gespalten. Höhere Ansatztemperaturen als 42° dürfen nicht gewählt werden, da das Ferment schon bei 43—44° erheblich an Spaltwirkung verliert.

Der Aktivator (Mangansulfat), der für die Spaltung nötig ist, wird in Mengen von 0,15—0,2% — auf das Öl berechnet — in Form einer konzentrierten wässerigen Lösung in den Spaltkessel gegeben.

Trennung der Spaltprodukte. Nach beendeter Spaltoperation wird die Emulsion durch Wärme und unter Zuhilfenahme von Schwefelsäure getrennt.

Man läßt zu diesem Zweck zunächst durch die indirekte Dampfschlange Dampf gehen und stellt gleichzeitig die Preßluft an, um eine gleichmäßige Erwärmung der Masse zu erreichen. Ist eine Temperatur von 80° erreicht, so setzt man bei starker Preßluftrührung 0,2—0,3% Schwefelsäure von 66° Bé hinzu, die vorher mit Wasser im Verhältnis 1:1 verdünnt wurde.

Hierdurch trennt sich die Emulsion sehr schnell, was man an dem Farbumschlag der Flüssigkeit erkennt. Darnach wird der Dampf und die Preßluft abgestellt und die Masse der Ruhe überlassen. Innerhalb weniger Stunden erfolgt schon ein ziemlich gutes Absitzen, doch wartet man mit dem Abziehen des Glycerinwassers 24 Stunden.

Nach beendetem Absitzen läßt man nun zunächst das Glycerinwasser in die hierfür vorgesehenen Behälter ab und die klare Fettsäure durch den etwas höher angebrachten Hahn. Die Entfernung des Bodensatzes — der *Mittelschicht* — erfolgt zuletzt.

Die Menge der Mittelschicht war anfangs ziemlich erheblich, da sie noch den ganzen fein zermahlenen Ricinussamen enthielt, welcher zuerst verwendet wurde und dessen Menge infolgedessen, um genügend Ferment zu haben, eine erhebliche war. Um diese Mittelschicht, die sich auf 15—20% vom Fettansatz belief, zu beseitigen, griff man dazu, diese für sich zu verseifen und durch Umsalzen die Samenteile möglichst in die Unterlauge zu bringen, ein Notbehelf, der einer reibungslosen Verwendung des fermentativen Fettspaltverfahrens sehr im Wege stand.

Dieser Übelstand konnte aber im Laufe der Zeit beseitigt werden, nachdem es gelungen war, den wirksamen und von den Samenteilen befreiten Samenextrakt usw., wie vorangegeben, herzustellen. Bei der dadurch benötigten geringen Menge an Ferment verringerte sich natürlich auch die Mittelschicht, wodurch das Verfahren ganz erheblich an Bedeutung gewinnen konnte.

Beim Arbeiten mit dem Spaltferment resultieren so nur noch geringe Mengen — 2—3% — an Mittelschicht, deren Aufarbeitung daher von geringer Bedeutung ist. Sie erfolgt nach Ansammeln bis zu einer genügenden Menge in der Weise, daß sie verseift und durch wiederholtes Umsalzen gereinigt wird.

Die so bereits gemachten erheblichen Fortschritte zeigen die Möglichkeiten weiterer Verbesserungen der technischen Fermentspaltung, die prinzipiell wohl als die idealste anzusehen ist.

Abb. 160 zeigt einen Schnitt durch ein Gebäude, das sämtliche für die fermentative Spaltung benötigten Apparate und Maschinen enthält. Die Legende ist auf Grund der vorangegangenen Erklärungen des Arbeitsprozesses ohne weiteres verständlich. Einen Hinweis verdienen nur die Nummern 20—24, welche sich auf die Verwertung des in den Zentrifugenrückständen enthaltenen Ricinusöles beziehen. Wie man sieht, ist eine Extraktion mit organischen Lösungsmitteln vorgesehen, nachdem vorher der Rückstand ein zweites Mal zentrifugiert und dann getrocknet worden ist. Eine solche Anlage lohnt sich aber nur für ganz große Werke, und man würde im Bedarfsfall daher gut daran tun, eine andere

Verwertungsmöglichkeit für diese Rückstände zu finden.

Auch heute noch wird von der fermentativen Fettspaltung vorteilhaft Gebrauch gemacht bei der Spaltung des Ricinusöles, dessen Fettsäuren durch andere Spaltmethoden zu einem nicht unerheblichen Teil in die Anhydridform übergeführt werden. Das mit Ferment gespaltene Ricinusöl zeigt die Säurezahlen, die ihm gemäß dem Spaltungsgrad zukommen, während sie bei autoklavengespaltenem Produkt infolge der Anhydridbildung wesentlich niedriger liegen.

Über praktische Ergebnisse der Spaltung von Ricinusöl in neuester Zeit berichtet HOYER[1].

e) Die Spaltung mit konzentrierter Schwefelsäure (Acidifikation).

In der Behandlung der Fette mit konzentrierter Schwefelsäure, technisch *Acidifikation* genannt, besitzen wir ein technisches Spaltverfahren, das bedeutend weniger Zeit als alle anderen Spaltungsarten in Anspruch nimmt, geringe Kosten verursacht und als einziges von allen eine praktisch hundertprozentige Hydrolisierung der Glycerinester bewirkt[2]. Die

[1] Seifensieder-Ztg. **56**, 2 (1929).

[2] Die häufig zu findenden Angaben über einen unvollständigen Spaltungsgrad sind nicht zutreffend und dürften auf die bei Anwesenheit von Laktonen unzulässige Bestimmung des Spaltungsgrades aus der Esterzahl zurückzuführen sein.

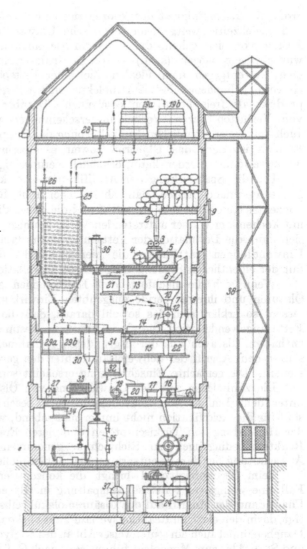

Abb. 160. Gesamtanlage für die fermentative Fettspaltung.

1 Ricinussamenlager, *2* Fülltrichter, *3* Quetschwalzen, *4* Ventilator, *5* Schüttelsieb, *6* Hose für entschälten Samen, *7* Hose für entschälten Samen und Schalen, *8* Hose für die Schalen, *9* Entlüftung der Entschälmaschine. *10* Trichter zur Excelsiormühle. *11* Excelsiormühle. *12* Schüttelvorrichtung an der Excelsiormühle. *13* Behälter für warmes Wasser. *14* Schlämmkästen. *15* Behälter für die gemahlene Samenmilch. *16* Zentrifuge. *17* Kleiner Behälter für die Fermentmilch. *18* Pumpe. *19 a* und *19 b* Gärbottiche. *20* Behälter zum Anrühren des Zentrifugenrückstandes. *21* Behälter zum nochmaligen Durchlassen des Zentrifugenrückstandes durch die Excelsiormühle. *22* Behälter für den zweimal gemahlenen Rückstand. *23* Kontinuierlich arbeitender Trockenapparat zum Trocknen der Zentrifugenrückstände. *24* Extraktionsapparat für die Rückstände. *25* Verbleites konisches Spaltgefäß. *26* Dampfeintritt zum Spaltgefäß. *27* Luftpumpe. *28* Verbleiter Behälter für Schwefelsäure. *29 a* und *29 b* Verbleite Fettsäurebehälter. *30* Verbleiter konischer Behälter für die Mittelschicht. *31* Verbleiter Behälter für das dünne Glycerinwasser. *32* Behälter zum Neutralisieren des Glycerinwassers. *33* Filterpresse. *34* Behälter für das filtrierte und neutralisierte Glycerinwasser. *35* Vakuum-Eindampfapparat. *36* Kondensator zum Vakuum-Eindampfapparat. *37* Vakuumpumpe zum Vakuum-Eindampfapparat. *38* Fahrstuhl.

große Reaktionsfähigkeit der konzentrierten Schwefelsäure hat aber zur Folge, daß gleichzeitig weitgehende chemische Umwandlungen in den behandelten Fetten vor sich gehen, die — wenn sie auch in manchen Fällen ganz erwünscht sein mögen (s. u.) — dieses Spaltverfahren als minderwertig stempeln, da, entgegen dem idealen Ziel einer Fettspaltung, die ursprünglich an Glycerin gebundenen Fettsäuremoleküle nur teilweise unverändert im Spaltprodukt als freie Fettsäuren erscheinen. Darüber hinaus besteht die Gefahr von Verlusten durch Verkohlungserscheinungen und in allen Fällen muß auch mit einer erheblichen Dunkelfärbung des Endproduktes gerechnet werden. Endlich ist auch das Glycerin, soweit es überhaupt aus dem Spaltgemisch wiedergewonnen werden kann, erheblich verunreinigt und von geringem Wert.

Um die Spaltwirkung der Acidifikation zu erklären, muß man zwei Vorgänge auseinanderhalten, nämlich die chemische Reaktion der Fette mit der konzentrierten Schwefelsäure selbst und die durch die nachfolgende Behandlung mit kochendem Wasser auftretenden Veränderungen. Als dritter Vorgang gesellt sich dann die Destillation der Fettsäuren dazu, da auch bei dieser noch gewisse Umwandlungen stattfinden, die hier gleichfalls besprochen werden mögen; mit der eigentlichen Spaltwirkung hat die Destillation aber nichts mehr zu tun.

Wenn sich die nachfolgenden Erörterungen ausschließlich mit den auf Ölsäuren und ihre Glyceride ausgeübten Einwirkungen der Schwefelsäure befassen, so erklärt sich das sowohl daraus, daß die Azidifikation lediglich auf Fette angewendet wird, die als ungesättigte Bestandteile vorzugsweise Ölsäure enthalten, als auch aus der begründeten Annahme, daß die gesättigten Fettsäuren dem Angriff der Schwefelsäure unter den gegebenen Bedingungen widerstehen[1]. Die gemachte Einschränkung erscheint somit als berechtigt.

Die zahlreichen mit der Umwandlung von Ölsäure und ihren Glyceriden unter dem Einfluß von Schwefelsäure sich beschäftigenden Untersuchungen sind für die Acidifikation nicht immer maßgebend, weil sie sich teilweise die bei der Herstellung von Türkischrotölen und deren Ersatzprodukten herrschenden Reaktionsbedingungen zur Richtschnur genommen haben. Unter möglichster Ausschaltung der daraus entspringenden Fehlerquelle ergibt sich folgendes Bild:

Beim Ölsäuretriglycerid bringt die konzentrierte Schwefelsäure in jedem Fall eine wenigstens teilweise Aufspaltung in Glycerin und Ölsäure; als zweite Phase dann den Angriff auf das Ölsäuremolekül selbst. Es ist aber nicht berechtigt, darin den einzigen Reaktionsverlauf zu erblicken, wie Fremy[2] und Lochtin[3]. Daneben findet auch ein stufenweiser Abbau des Triglycerids statt, der nach Liechti und Suida[4] bis zum Monoolein führen soll, nach Grün und Corelli[5] aber nur bis zur Diglyceridstufe:

$$C_3H_5 \Big< \begin{matrix} OH \\ O-CO-C_{17}H_{33}OH \\ O-CO-C_{17}H_{33}O-SO_3H \end{matrix}$$

gehen dürfte.

Die Reaktion der freien Ölsäure mit Schwefelsäure führt, wie auch heute noch als feststehend angenommen wird, zumindest vorübergehend zu Oxystearinschwefelsäureester[6],

$$CH_3 \cdot (CH_2)_7 \cdot CH_2 \cdot CH(OSO_3H) \cdot (CH_2)_7 \cdot COOH,$$

[1] Vgl. Fahrion, Seifenfabrikant, 1915, 365, ferner die auf Sulfonierung gesättigter Fettsäuren abzielenden Patente der I. G. Farbenindustrie, z. B. F. P. 632155, E. P. 272967.   [2] Liebigs Ann. 19, 269; 20, 50; 33, 10.
[3] Dinglers polytechn. Journ. 275, 594 (1890).
[4] S. Anm. 2, S. 316.   [5] Ztschr. angew. Chem. 25, 665 (1912).
[6] Saytzew: Journ. prakt. Chem. 35, 369 (1887).

wobei also die Schwefelsäure an die Doppelbindung der Ölsäure addiert wird. Dubovitz[1] hat vermutet, daß daneben auch ein Schwefelsäureester entsteht, an dessen Bildung zwei Ölsäuremoleküle beteiligt sind, und hat dafür eine Formel aufgestellt, die Fahrion[2] durch eine von ihm für richtiger gehaltene ersetzt hat. Daneben spielen sich Kondensationsreaktionen ab, die durch Wiederabspaltung von Schwefelsäure aus Oxystearinschwefelsäure erklärt werden. Man gelangt so zu Stearolakton[3]

$$\begin{array}{c} C_{15}H_{30}\!\!-\!\!CH_2\!\!-\!\!CH_2 \ \ (\text{Schmp. } 51^0) \\ | \qquad\qquad | \\ O\!\!-\!\!\!-\!\!\!-\!\!\!-\!\!\!-\!\!CO \end{array}$$

und, wenn zwei Moleküle des Esters beteiligt sind, zu Estoliden der Oxystearinsäure[4]:

$$\begin{array}{c} CH_3\!\!-\!\!(CH_2)_7\!\!-\!\!CH(OH)\!\!-\!\!(CH_2)_8\!\!-\!\!CO\!\!-\!\!O \\ | \\ HOOC\!\!-\!\!(CH_2)_8\!\!-\!\!CH\!\!-\!\!(CH_2)_7\!\!-\!\!CH_3 \end{array}$$

Die bei der Acidifikation sich abspielenden Reaktionen sind damit im wesentlichen erschöpft. Die darauffolgende Kochung mit Wasser ist zum Teil als Spaltoperation, etwa mit der Twitchellspaltung vergleichbar, zu betrachten, bei der sowohl die unverändert gebliebenen als auch die neu entstandenen Glyceride in ihre Bestandteile zerfallen. Die Spaltung verläuft außerordentlich schnell, begünstigt durch die hohe Wasserstoffionenkonzentration im Spaltgemisch (vgl. S. 470) und die Anwesenheit der als kräftige Emulgatoren sich bewährenden Reaktionsprodukte der vorangegangenen Schwefelsäureeinwirkung. Zum anderen Teil hat die Kochung mit Wasser die Abspaltung von Schwefelsäure aus der Oxystearinschwefelsäure zur Folge, aus der Oxystearinsäure entsteht:

$$CH_3\cdot(CH_2)_7\cdot CH(OH)\cdot(CH_2)_8\cdot COOH.$$

Wird das durch Acidifikation erhaltene Fettsäuregemisch der Destillation unterworfen, so bleiben das Stearolakton und die Estolide im Destillationsrückstand. Die Oxystearinsäure hingegen spaltet Wasser ab und geht als Ölsäure und Isoölsäure (Schmp. 44—45^0), nach Vesely und Majtl[5] teilweise auch als Elaidinsäure, in das Destillat über.

Es ist oben bereits angedeutet worden, daß die tiefgehenden Eingriffe in das Fettmolekül, welche mit der Acidifikation verbunden sind, unter Umständen erwünscht sein können. Die Erklärung dafür ergibt sich auf Grund der obigen Darlegungen, die zeigen, daß, im Gegensatz zu anderen Spaltverfahren, im Spaltgemisch an Stelle der flüssigen Ölsäure mindestens teilweise höherschmelzende Verbindungen auftreten, die bei der Weiterverarbeitung zu Saponifikatstearin — also bei Umgehung der Destillation — in einer Erhöhung der Stearinausbeute besonders durch das hochschmelzende Stearolakton ihren Ausdruck finden. Wird dagegen die Destillation nachgeschaltet, so bleibt infolge der Anwesenheit der Isoölsäure im Destillat noch immer ein größerer Stearinanfall gesichert, als er ohne Acidifikation erhalten würde. Besondere Bedeutung hatte dieser Umstand in den Zeiten, in denen das Olein noch als lästiges Abfallprodukt galt, für das keine rechte Verwendung zu finden war. Das hat sich zwar durch die Einführung des Oleins in die Textilindustrie grundlegend geändert; trotzdem kehren von Zeit zu Zeit Marktkonstellationen wieder, die das Stearin als das begehrenswertere Produkt erscheinen lassen. Daher findet sich immer wieder Gelegenheit, auf die Acidifikation zurückzugreifen.

[1] Seifensieder-Ztg. 35, 728 (1908). [2] Seifenfabrikant 1915, 365.
[3] Geitel: Journ. prakt. Chem. (2) 37, 53.
[4] Grün: Analyse d. Fette u. Wachse, S. 459. Berlin. 1925.
[5] Bull. Soc. Chim. 39, 230 (1926).

Auf die Neutralfette findet sie allerdings mit Rücksicht auf die Glycerin-qualität nur noch selten Anwendung, um so mehr aber in der Form des sogenannten *Gemischtspaltverfahrens*. Man versteht darunter sowohl die Acidifizierung des im Twitchellprozeß oder im Autoklaven erhaltenen Fettsäuregemisches, als auch die Acidifizierung der Rückstände einer nur bis zu einer gewissen Grenze durchgeführten Destillation (S. 519), die unterbrochen wird, sobald sich der Blaseninhalt stärker mit Neutralfett angereichert hat. Die Acidifikation kann so, ganz unabhängig von jedem Wunsch nach höherer Stearinausbeute, ihre Berechtigung erweisen, da sie der Notwendigkeit enthebt, die Destillationsrückstände erneut einem der anderen Spaltverfahren zu unterziehen, die nicht nur größere Kosten verursachen, sondern bei so unreinen Produkten auch häufig genug versagen.

Die technische Ausführung der Acidifikation.

Sie besteht 1. in dem *Säuerungsprozeß (Acidifikation)* und 2. dem *Kochen und Waschen der azidifizierten Masse*.

Das Endresultat des Säuerungsprozesses hängt dabei von folgenden vier Faktoren ab:

a) von der Konzentration und Menge der Schwefelsäure, b) der Höhe der Einwirkungstemperatur, c) der Dauer dieser Einwirkung, d) von der Innigkeit der Durchmischung von Säure und Fett.

Die angeführten Momente stehen logischerweise in einer Beziehung zueinander, d. h. jeder Faktor ist von Einfluß auf die Auswirkung des anderen. Die Verwendung größerer Mengen Säure läßt zwar eine stärkere Umwandlung der Ölsäure in feste Fettsäuren erreichen, jedoch ist damit zunehmend die Gefahr einer stärkeren Säureteerbildung verbunden; die gleiche Wirkung haben Erhöhung der Temperatur und Einwirkungsdauer bei der Acidifikation. Den Zusammenhang zwischen Konzentration der Schwefelsäure und Spaltungsgrad hat Lewkowitsch[1] untersucht und durch nachfolgend abgedruckte Tabelle 49 veranschaulicht:

Tabelle 49. Hydrolyse von Talg mit 4% Schwefelsäure.

Schwefelsäure, enthaltend % SO_4H_2	Gebildete Fettsäuren in Prozenten, nach Behandeln mit Dampf während Stunden											
	1	2	3	4	5	6	7	8	9	10	11	12
98	42	65	79	84	89	92	92	92,5	93	—	—	93,6
90	37	48	58	65	72	76	80	82	86	86	88	89
85	34	45	51	63	68	73	75	76	79	84	85	89
80	32	45	58	65	73	75	79	81	84	85	87	89
70	15	17	18	18	18,6	20	25	26	28	31	33	35
60	6	6	6	6								

Der genannte Autor behandelte einen 0,2% freie Fettsäure enthaltenden Talg unter gleichbleibenden Bedingungen zunächst mit Schwefelsäure der angegebenen Konzentration und dann das Spaltgemisch mit Wasser solange, bis die sich abscheidenden Fettsäuren keine Erhöhung der Säurezahl mehr zeigten. Der zur Erreichung des höchsten Spaltungsgrades erforderliche Zeitaufwand und auch die maximalen Spaltungshöhen lassen deutlich den Einfluß der Säurekonzentration erkennen.

Beabsichtigt man durch die Acidifikation Fettsäuren zu erhalten, die ohne nachfolgende Destillation für die Stearinherstellung dienen sollen, so muß Kon-

---

[1] Chem. Technologie und Analyse der Fette, Bd. 1, S. 49. Braunschweig. 1905.

zentration und Einwirkungsdauer der Säure durch sorgfältig ausgeführte Vorversuche der verwendeten Fettart angepaßt werden. Im Gemischtspaltverfahren (S. 519) dagegen verwendet man regelmäßig 3—5% höchstkonzentrierte H_2SO_4 (66 Bé) und richtet sich bei der Behandlungsdauer lediglich nach der zur Verfügung stehenden Apparatur. Je intensiver die Mischung, desto kürzer die erforderliche Einwirkungszeit und umgekehrt. Man kommt so zu Reaktionszeiten, die zwischen 10 Minuten und 2 Stunden liegen. Die Temperatur, die sich im Verlaufe der Einwirkung meistens von selbst etwas erhöht, beträgt 100—120°.

Die Fette müssen vor der Acidifizierung getrocknet werden, da selbst geringe Wassermengen zu starkem Schäumen führen und den Verlust der ganzen Charge verursachen können. Die *Vortrocknung* kann durch allmähliches Erhitzen auf 110—120° mit geschlossenen Dampfschlangen im Acidifikator selbst erfolgen, wird aber zweckmäßiger in besonderen Trockengefäßen vorgenommen, da die Anwesenheit von Dampfschlangen im Acidifikator die Anbringung von geeigneten Rührwerken erschwert. Es ist nämlich zu bedenken, daß die innige Vermischung der spezifisch schweren Schwefelsäure mit dem Fettgemisch nur möglich ist, wenn das Rührwerk die Wände und insbesondere auch den Boden des Acidifikators bestreichen kann. Sobald die Trocknung beendigt ist, wird das Fett in den Acidifikator gebracht, das Rührwerk angestellt und der Zulauf für die Schwefelsäure geöffnet. Die gesamte Schwefelsäuremenge kann in etwa 10 Minuten eingetragen werden, doch wird das Rühren bis zur Beendigung des Prozesses fortgesetzt.

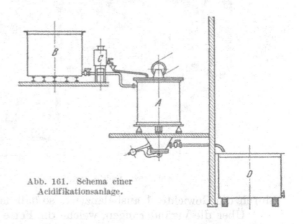

Abb. 161. Schema einer Acidifikationsanlage.

Die bei der Säuerung auftretenden Erscheinungen sind folgende: Das Fett färbt sich nach dem Einbringen der Säure zuerst violett, hierauf braun und wird dann braunschwarz und endlich schwarz. Man beobachtet dabei an Proben auf der Glasplatte die Veränderungen der kristallinischen Beschaffenheit der Fettmasse. Sobald diese gut kristallisiert und sich bei Druck mit dem Finger Ölabsonderungen zeigen, ist der Acidifikationsprozeß als beendet anzusehen. Der sich durch die sekundären Prozesse bildende Säureteer setzt sich als schwarze Teilchen in der flüssigen Glasplattenprobe nach Art des Brechens von Ölen ab.

Aus dem Acidifikator gelangt die Masse in einen vorher mit hinreichenden Mengen Wasser beschickten, verbleiten und mit offener Dampfschlange versehenen Bottich. Hier wird nun 6—7 Stunden oder auch noch länger gekocht, bis die anfängliche Emulsion infolge Zerlegung der Sulfofettsäuren vollständig aufgehoben ist. Nach Ablauf des glycerinhaltigen Säurewassers wird dann die Fettsäure zur Entfernung der Säurereste mit Wasser nachgewaschen, getrocknet und dann destilliert.

Der am Boden des Waschgefäßes abgesetzte Säureteer, der eine zähe, teils verkohlte Masse darstellt, kann durch Aufkochen mit Wasser zum Teil entfettet und entsäuert werden.

Der eben beschriebene Gang der Acidifikation ist (nach ENGELHARDT) in Abb. 161 schematisch dargestellt.

B ist das mit indirekter Dampfheizung versehene Trockengefäß, aus dem das Fettgemisch durch eigenes Gefälle dem Acidifikator *A* zuläuft. Letzterer ist ein zylindrisches, unten konisch ausgebildetes Gefäß aus Gußeisen, das zweckmäßig in einem gut ventilierten Raum aufgestellt wird, in dem die bei der Azidifikation entstehenden Gase keinen Anlaß zu Belästigungen geben. Andernfalls muß man den Apparat mit einem gut schließenden Deckel abschließen, in dem die Öffnung für die Welle des Rührwerks durch eine Stopfbüchse abgedichtet ist. Als Rührwerk kann jede beliebige Konstruktion Verwendung finden, wenn sie nur keine schnell abnützbaren Teile aufweist und dafür gesorgt ist, daß die schwere Schwefelsäure keine Gelegenheit zum Absetzen findet. Selbstverständlich ist Bedingung, daß die Rührwerksteile aus säurebeständigem Werkstoff hergestellt sind. Der Acidifikator besitzt im Konus einen Ablaufhahn, durch den das azidifizierte Gemisch nach dem Kochbehälter *D* fließt, und im untersten Teil eine weite Öffnung zum Ablassen des Säureteers, die durch einen Hebel schnell geöffnet und geschlossen werden kann. *C* ist der als Verteiler ausgebildete Schwefelsäurebehälter.

Eine sehr widerstandsfähige Ausführungsform eines Acidifikators, die sich in einer rheinischen Fabrik jahrzentelang bewährt hat, ist die von Lambertz, Abb. 162 (Hersteller Johann Reinartz, Neuß).

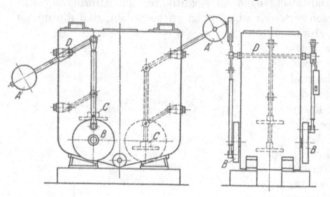

Sämtliche Innenteile mit Ausnahme der hoch über dem Flüssigkeitsspiegel liegenden Wellen *D* sind aus säurebeständigem Gußeisen. Die Rührwirkung wird durch ein Stampfwerk mittels der auf- und abgehenden Teller *C* erzielt. Der Antrieb erfolgt durch den Exzenter *B*, die Eigengewichte der beweglichen Teile sind

Abb. 162. Acidifikator.

durch die Gewichte *A* ausbalanziert, so daß der Kraftverbrauch sehr gering ist.

Über die Veränderungen, welche die Fette durch die Acidifikation erleiden, und die Folgen, die daraus für die Ausbeuten an Stearin und Olein entstehen, hat F. Kassler[1] Betriebsversuche angestellt. Die Berechnungen, die er über den Ölsäuregehalt der Fettgemische vor und nach der Acidifikation anstellte und in Tabellen niederlegte, führten ihn zu dem Schluß, daß bei der Behandlung von im Autoklaven vorgespaltenen Fettsäuren mit 2% Schwefelsäure bei 110° zirka ein Drittel der vorhandenen Ölsäure umgewandelt wird. (Über die Umwandlungsprodukte siehe S. 492). Der Schluß ergibt sich durch einen Vergleich der Jodzahlen, die nach der Acidifikation viel niedriger sind (Rosauer, loc. cit.); die Erhöhung des Erstarrungspunktes, die im Durchschnitt nur 0,5—1° beträgt, gestattet dagegen kein Urteil über die vorgegangenen Veränderungen.

F. Kassler (s. S. 519) hat ferner Vergleiche angestellt über die Ausbeuten an Stearin und Olein aus Destillaten, die ohne und mit vorangegangener Acidifikation erreicht wurden (Tabelle 50).

Die Tabelle zeigt, daß die Stearinausbeuten zwar bedeutend erhöht wurden, daß aber das Stearin in allen Fällen einen tieferen Erstarrungspunkt aufweist[2].

---

[1] Seifensieder-Ztg. **29**, 329 (1902); vgl. auch Eisenstein und Rosauer: Österr. Chemiker-Ztg. **8**, 99 (1905).

[2] Über die Erhöhung der Ausbeuten an festen Fettsäuren durch Erhitzen der Fette in Gegenwart von rotem Phosphor und Schwefel berichtet neuerdings Rankoff (Ber. Dtsch. Chem. Ges. **69**, 1231 [1936]). Olivenöl, Palmöl, Rindstalg und Rinderknochenfett gingen bei 3—4stündigem Erhitzen mit 1% Schwefel und 3% Phosphor in

Tabelle 50. Einfluß der Acidifikation auf die Stearin- und Olein-
ausbeuten aus Destillaten.

Material		Stearin			Preßretourgang			Technische Ölsäure		
		%	⁰C	%	%	⁰C	%	%	⁰C	%
Talgfett-	(nicht acidifiz.	27,7	55,5	5,7	37,8	38,5	45,7	34,5	26,0	77,3
säure	\acidifiziert ..	36,4	52,0	9,3	33,4	39,6	50,2	30,2	26,5	78,1
Knochen-	(nicht acidifiz.	20,0	53,4	6,2	40,4	35,2	53,8	39,6	28,0	76,5
fett	\acidifiziert ..	30,3	51,5	9,9	35,1	37,5	55,3	34,6	26,0	75,0
Palmöl-	(nicht acidifiz.	23,0	54,5	4,0	36,5	37,9	50,3	40,5	27,2	78,0
säure	\acidifiziert ..	32,2	51,2	9,0	31,1	39,0	51,2	36,7	27,5	77,3

f) Die Twitchellspaltung (Reaktivspaltung).

Man faßt gewohnheitsmäßig unter der Bezeichnung „Twitchellspaltung"
alle diejenigen im offenen Kessel arbeitenden Spaltverfahren zusammen, bei
denen man sich eines „Reaktivs" (s. u.) bedient, obwohl das von dem Erfinder
dieser Spaltungsart, dem Amerikaner ERNST TWITCHELL, angegebene Reaktiv
heute kaum noch verwendet wird. Der wohl richtigere Name „Reaktivspaltung"
hat sich bisher nicht allgemein durchgesetzt, und der gelegentlich gebrauchte
Ausdruck „Bottichspaltung" ist nicht glücklich gewählt, weil er für alle ohne
Druck arbeitenden Verfahren, insbesondere die Fermentspaltung (s. o.), gleicherweise bezeichnend ist.

Auch die Twitchellspaltung ist als eine unter dem Einfluß von Wasserstoffionen erfolgende Hydrolyse aufzufassen, für die die auf S. 470 entwickelten
Grundsätze zutreffen. Allgemein gesprochen wird daher ein Reaktiv die von
ihm verlangte Funktion um so besser erfüllen, je größer sein Dissoziationsver-
mögen ist. Man hat jedoch bisher keines gefunden, das diese Eigenschaft in
so hohem Maße besitzt, daß es für sich allein unter den für die Twitchellspaltung üblichen technischen Bedingungen technisch befriedigende Ergebnisse
gezeitigt hätte; Zusatz kleiner Mengen freier Schwefelsäure hat sich vielmehr
in allen Fällen mindestens als wünschenswert (nämlich dann, wenn mit Spalter-
mengen gearbeitet werden soll, die — besonders im Hinblick auf den gegenwärtigen niedrigen Glycerinpreis — in wirtschaftlich erträglichen Grenzen
liegen) herausgestellt. Mit dieser Feststellung in Widerspruch stehende Mitteilungen lassen sich mit den Erfahrungen der Praxis nicht in Einklang bringen.
Vgl. z. B. die Veröffentlichung von SCHRAUTH[1] und die Widerlegung durch
GELBKE[2]. Allen Reaktiven kommt außerdem ein beträchtliches *Emulsionsvermögen* zu, über dessen Einfluß auf die Spaltwirkung wir uns gleichfalls bereits
auseinandergesetzt haben.

Die *chemische Konstitution* der als Reaktive in den Handel kommenden
chemischen Verbindungen ist nur in wenigen Fällen genau bekannt. TWITCHELL[3]
hat sein erstes Reaktiv als Benzolsulfostearinsäure bezeichnet und dafür die
auf S. 382 angeführte Reaktionsgleichung angenommen.

Gegenwart von 50% Wasser auf 220⁰ im Einschmelzrohr fast quantitativ in
Fettsäuren und Glycerin über. Das Fettsäuregemisch enthielt viel mehr feste
Fettsäuren als das Ausgangsprodukt, was einer Elaidinierung zuzuschreiben ist.
Die gewonnenen Fettsäuren sind schneeweiß infolge der bleichenden Wirkung
der durch die Oxydation des Phosphors entstehenden Produkte, Phosphorwasserstoff, unterphosphorige und phosphorige Säure. Elaidinierend wirkt die
unterphosphorige Säure.

[1] Seifensieder-Ztg. **52**, 325 (1925).   [2] Ebenda **52**, 495 (1925).
[3] D. R. P. 114491. — Näheres über die Zusammensetzung der Reaktivspalter
s. S. 382.

Zur Herstellung mischt er eine Fettsäure des Handels, z. B. Ölsäure, mit Benzol, Phenol, Naphthalin od. dgl. im wesentlichen in den ihren Molekulargewichten entsprechenden Mengen, behandelt das Gemisch mit Schwefelsäure und läßt es bis zur Beendigung der Reaktion stehen. Dann wird die überschüssige Schwefelsäure mit Wasser verdünnt, wobei sich die gebildete Verbindung als klares Öl an die Oberfläche setzt und leicht abgetrennt werden kann. Angaben über Reaktionstemperatur, Konzentration der Schwefelsäure usw. finden sich in der Patentschrift nicht. Dagegen ist die Arbeitsweise für die Anwendung seines Reaktivs für die Fettspaltung ausführlich beschrieben und stimmt in allen wesentlichen Punkten mit der bis heute beibehaltenen überein. Interessant im Hinblick auf ein jüngstes Patent (S. 470) ist, daß Twitchell schon in seinem ersten Patent die Möglichkeit ins Auge gefaßt hat, bei erhöhtem Druck zu arbeiten, allerdings ohne daß von den dadurch erzielbaren Vorteilen die Rede wäre. Später[1] hat Twitchell verschiedene Verbesserungen vorgenommen, sich insbesondere auch bemüht, das Reaktiv in fester Form zu gewinnen, ein durchschlagender Erfolg ist ihm aber, wenigstens in Europa, nicht mehr beschieden gewesen, da hier inzwischen andere ebenso gute oder besser wirkende Reaktive bekanntgeworden waren. Als solches ist besonders der heute gleichfalls aus dem Handel verschwundene „Pfeilringspalter" zu nennen, der vermutlich durch Eintragen gleicher Teile gehärtetes Ricinusöl und Naphthalin in die vierfache Menge konzentrierter Schwefelsäure bei höchstens 20⁰ erhalten wurde[2].

Die so erhaltenen Reaktive wiesen erhebliche Mängel auf. Rein äußerlich mußte die dunkle Eigenfarbe, die sich den zu spaltenden Fetten mitteilte, zu Bedenken Anlaß geben, und ebensowenig konnte die Qualität des erhaltenen Glycerinwassers befriedigen. Die Reaktive enthielten an sich schon wechselnde Mengen freier Schwefelsäure[3], bedurften zur Entfaltung ihrer Wirksamkeit außerdem noch nachträglich des Zusatzes größerer Säuremengen und erreichten technisch befriedigende Spaltungsgrade erst nach unverhältnismäßig langer Kochdauer, so daß die Farbe der Fettsäuren mindestens höheren Ansprüchen nicht genügen konnte. Die mit diesen Fragen sich beschäftigenden Chemiker, Twitchell eingeschlossen, waren sich wohl sehr bald bewußt, daß mit den bisherigen Methoden chemisch wohldefinierbare Verbindungen nur zu einem Teil entstanden und daß die Mängel auf Verunreinigungen zurückzuführen seien, deren Abscheidung mit anderen Mitteln versucht werden müsse. Als erster hat wohl G. Petrow diese Idee zielbewußt verfolgt, indem er die bei der Erdölraffination entstehenden sulfonierten Kohlenwasserstoffe unter Zuhilfenahme von Lösungsmitteln und durch Destillation in reiner Form zu isolieren versuchte[4]; auch Sudfeldt und Happach[5] haben das gleiche Gebiet bearbeitet. Die Firma Sudfeldt & Co. hat die vorstehend angeführten Patente erworben und bringt die entsprechenden Produkte unter dem Namen Kontaktspalter in den Handel. Man kann aber annehmen, daß dieser Handelsname auch Produkte deckt, die eine Fortentwicklung der ursprünglichen Gedankengänge in sich schließen[6], hauptsächlich dadurch, daß die Wirksamkeit der sulfonierten Kohlenwasserstoffe durch Kernsubstitutionen noch erhöht wurde; Hinweise darauf bietet beispielsweise das gleichfalls von Petrow herrührende E. P. 252212 (1925), in dem die Mitverwendung von ungesättigten Fettsäuren beschrieben wird.

Mehr und mehr bricht sich heute das Bestreben Bahn, noch einen Schritt weiter zu gehen und synthetisch hergestellte, scharf definierbare Produkte

[1] D. R. P. 365522 u. 385074.
[2] D. R. P. 298773, Connstein u. Schönthan, Vereinigte Chem. Werke Charlottenburg.
[3] Seifenfabrikant 1914, 182.   [4] D. R. P. 264785, 271433, 412822, 456855, 510303.
[5] D. R. P. 310455.   [6] Vgl. D. R. P. 510303, Sudfeldt u. Gelbke.

in den Dienst der Twitchellspaltung zu stellen. Die überwältigende Arbeit, die im letzten Jahrzehnt an die Erfindung neuer Hilfsmittel für die Textil- und Lederindustrie (Netzmittel u. dgl.) gewendet wurde, hat — manchmal wohl rein zufällig — eine ganze Reihe von chemischen Verbindungen zutage gefördert, die als Reaktive brauchbar sind. Der erste in diese Reihe gehörende Spalter dürfte der Idrapidspalter von SCHRAUTH gewesen sein, der im wesentlichen angeblich aus Octohydroanthracensulfosäure bestand, zweifellos aber auch deren Substitutionsprodukte enthalten haben dürfte, da nicht substituierte aromatische Sulfonsäuren sich als inaktiv erwiesen haben[1]. Tatsächlich beschreibt SCHRAUTH selbst[2] die Herstellung von Sulfonierungsprodukten aus mehrkernigen Kohlenwasserstoffen und einer mit einem Alkylrest substituierten Fettsäure und die durch Weiterentwicklung der SCHRAUTHschen Idee zustande gekommenen Patente der I. G. Farbenindustrie besprechen immer wieder kernalkylierte hydroaromatische Sulfosäuren[3]. Ihre kaufmännische Auswertung haben diese Patente in den von der I. G. Farbenindustrie in den Handel gebrachten *Divulson*-Spaltern gefunden, die zusammen mit den SUDFELDTschen Kontaktspaltern gegenwärtig den Markt beherrschen.

Abschließend mag kurz darauf hingewiesen werden, daß, wie früher angegeben, noch eine große Anzahl anderer Körper für die Reaktivspaltung vorgeschlagen worden sind, ohne daß sie, wenigstens in Europa, eine technische Bedeutung erlangt hätten. Das gilt sowohl von dem durch die amerikanischen Patente 1524859 und 1578235 der Barber Asphalt Co. geschützten Spalter aus *Gilsonit*, als auch den durch Sulfonierung von Cymol und Ölsäure[4] oder durch Schwefelsäurebehandlung von Fettsäuredestillationsrückständen[5] hergestellten Reaktiven und vielen anderen.

Von großer Wichtigkeit für die Anwendung von Reaktiven für die Spaltung ist die Kenntnis aller derjenigen Faktoren, welche erfahrungsgemäß einen *spaltungshemmenden* Einfluß auszuüben vermögen. Wir verdanken den umfangreichen Untersuchungen einiger japanischer Forscher, vor allem NISHIZAWAs und seiner Mitarbeiter[6], eingehende Aufschlüsse in dieser Richtung. Nur das Wichtigste kann hier hervorgehoben werden. Das Verhalten der Reaktive bei Anwesenheit von Elektrolyten im Spaltgemisch ist durch lange Versuchsreihen beobachtet worden. Als Zusätze wurden Schwefelsäure, Salzsäure, Oxalsäure, Essigsäure, Ameisensäure, Natriumsulfat, Natriumchlorid usw. gewählt. Allgemein zeigte sich, daß ein Zusatz von Salzen das Spaltvermögen ungünstig beeinflußt; in gleicher Weise wirken schwache organische Säuren, während starke Mineralsäuren, aber auch Oxalsäure, die Spaltwirkung erhöhen. Es wurden Zusammenhänge gefunden zwischen den durch Elektrolyten hervorgerufenen Einflüssen auf die Spaltwirkung und der Aussalzbarkeit der verschiedenen Reaktive. Am leichtesten aussalzbar erwies sich Kontaktspalter und Pfeilringspalter, am schwersten Idrapid, während Divulson eine Mittelstellung einnimmt. Bei allen Spaltern wirkt Salzsäure stärker verfärbend auf die gewonnenen Fettsäuren als Schwefelsäure und in allen Fällen tritt die Dunkelfärbung durch Berührung mit Luft stärker auf.

Die zitierten Arbeiten geben ohne weiteres eine Erklärung dafür, warum die Reaktive erzeugenden Firmen in ihren Vorschriften die Verwendung von

---

[1] SANDELIN: Ztschr. Dtsch. Öl-Fettind. **42**, 496 (1922); GELBKE: Ebenda **45**, 413, 509.
[2] Can. Pat. 245373 (1924).
[3] D. R. P. 449113/4 (1925); E. P. 261707 (1926); Holl. Pat. 19676 (1926).
[4] McKEE u. LEWIS: Chem. Trade Journ. **1921**, 211; Chem. metallurg. Engin. **24**, 969 (1922).   [5] Prices Candle Co.: F. P. 557914.
[6] Chem. Umschau Fette, Öle, Wachse, Harze **36**, 277 (1929); **37**, 217, (1930); **38**, 73, 305 (1931); Kolloid-Ztschr. **1931**, 334, 340.

Kondenswasser empfehlen und dabei ausdrücklich hervorheben, daß die im Brunnenwasser enthaltenen Salze die Spaltwirkung beeinträchtigen. Die Rücksicht auf einen geringen Aschegehalt des Glycerins spielt in diesem Zusammenhang nur eine sekundäre Rolle. Ebenso selbstverständlich muß es erscheinen, daß Fette, die durch Kalk, Gips, Metallsalze oder Alkalien verunreinigt sind, einer Vorreinigung unterzogen werden müssen. Dagegen ist die spaltungshemmende Wirkung von organischen Beimengungen der Fette noch ohne Erklärung geblieben, doch besteht die Tatsache, daß schon geringe Mengen von Schleimstoffen, Eiweißstoffen und ähnlichen Beimengungen in Rohfetten die Spaltung verlangsamen und unter Umständen sogar verhindern. Eine emulsionszerstörende Wirkung wird man derartigen Beimengungen, die ihrer Natur nach eher als Emulgatoren anzusprechen sind, nicht zuschreiben können. Eher könnte man annehmen, daß die kolloidalen Verunreinigungen zum Teil ausgefällt werden und dabei Säure verbrauchen, zum Teil auch durch Bindung von Wasserstoffionen die Dissoziation hindern und somit als Katalysatorgifte zu betrachten sind, wie sie beispielsweise auch bei der Fetthärtung (s. d.) bekannt sind.

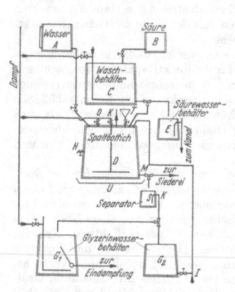

Abb. 163. Fettspaltungsanlage nach TWITCHELL.

Apparatur der Twitchellspaltung.

Die für die Ausführung der Spaltung benötigte Apparatur ist für alle Reaktive die gleiche; sie ist schematisch durch Abb. 163 dargestellt.

Die Vorreinigung (S. 473) wird in dem Behälter C vorgenommen, der entweder aus Pitchpine, besser aber aus verbleitem Holz oder Eisen hergestellt wird. Die für die Vorreinigung erforderliche Schwefelsäure wird in dem kleinen Vorratsgefäß B aufbewahrt und läuft bei Bedarf durch ein enges Rohr in dünnem Strahle nach C. Das am Boden von C abgesetzte Säurewasser läßt man über den gleichfalls verbleiten Säurekasten E durch ein eingebautes Heberrohr, das Fettreste zurückhält, in den Kanal fließen. Das gereinigte Fett läuft in den Spaltbottich D, der auf einer Bleitasse U steht, die den Zweck hat, etwa durch Undichtigkeiten oder Überkochen austretendes Fett aufzuhalten. Diese Vorsichtsmaßnahme ist besonders nötig, wenn der Spaltbottich, wie noch häufig, aus Holz hergestellt ist, kann aber auch bei Bleiauskleidung gegebenenfalls gute Dienste leisten. Heute ist man aber vielfach dazu übergegangen, solche Bottiche aus Eisenblech anzufertigen und ihnen eine Auskleidung mit säurefesten Steinen zu geben. Ganz aus Kupfer gefertigte Behälter sind gelegentlich gleichfalls zur Verwendung gekommen, können sich aber nur bei sehr niedrigen Kupferpreisen bezahlt machen.

Der Spaltbottich wird mit einem Holzdeckel abgedeckt, durch den das Ausflußrohr des kupfernen Trichters T geführt ist, der zur Einfüllung des Reaktivs dient, ferner das Dampfrohr O für Schattendampf (S. 502) und das mit dem am Boden des Bottichs liegende Verteilerkreuz verbundene Rohr K für Kochdampf. Seitlich ist der Probehahn H etwa in halber Höhe angebracht, der Ausfluß sowohl des Glycerinwassers als auch der Fettsäure erfolgt durch den Dreiweghahn M. In dem eisernen Kasten A wird das Spaltwasser (Kondenswasser) aufbewahrt. Das Glycerinwasser fließt nach dem eisernen Kasten G_1, passiert aber vorher den Separator S, dessen Heberrohr K zur Zurückhaltung von Fettsäureresten dient. Das Glycerinwasser der zweiten Spaltung wird in gleicher Weise nach dem Behälter G_2 geleitet und kann von dort, falls es als Ansatzwasser für eine weitere Spaltung dienen soll, mittels des Ejektors J wieder in den Spaltbottich gebracht werden.

Für die Spaltung von 5000 kg pro Charge soll der Waschbehälter etwa 7500, der Spaltbottich 10000 Liter fassen. Die geeignetste Form für diese beiden Behälter ist die zylindrische, nach unten zu konisch verlaufend.

Ausführung der Spaltung.

Die gereinigten und gewaschenen Öle werden in den Spaltbottich gebracht und gleichzeitig läßt man auch Kondenswasser oder Glycerinwasser der zweiten Spaltung (s. u.) in einer Menge von 40% vom Fettgewicht zulaufen. Man bringt den Inhalt des Spaltbottichs zum Kochen und fügt dann den mit etwas Wasser angerührten Spalter und die erforderliche Menge (s. u.) an 60grädiger Schwefelsäure hinzu. Von nun ab wird gleichmäßig weitergekocht, bis die erste Phase der Spaltung beendigt ist. Die Dampfmenge soll dabei so geregelt werden, daß die Masse im Spaltbottich im schwachen Wallen und der Emulsionszustand aufrechterhalten bleibt; ein übermäßig starkes Kochen ist zu vermeiden, da es unnötige Dampfverschwendung bedeutet.

Die Größe des Reaktivzusatzes hängt von der Art des Reaktivs und von der Zeit ab, in der man die Spaltung erreichen will. Im allgemeinen kann man mit den normalen Reaktiven des Handels bei gut gereinigten Fetten schon mit 0,2% zu einem befriedigenden Spaltungsgrad kommen, wenn man sich mit einer Spaltdauer von 36—48 Stunden abfinden will. Weniger leicht spaltbare Fette brauchen mindestens 0,5% Reaktiv und sind auch dann noch in nicht weniger als zirka 30 Stunden auf mehr als etwa 80% freie Fettsäuren zu bringen. Für die Höhe des Spalterzusatzes ist auch maßgebend, ob man sich mit einer einzigen Kochung begnügen will oder eine Nachspaltung ins Auge faßt; immerhn wird kaum jemals unter 0,5% Spalterzusatz gegangen, für Schnellspaltungen wird dieser Prozentsatz bis auf 1% erhöht. Innerhalb der genannten Grenzen kann man damit rechnen, daß doppelter Spalterzusatz die halbe Spaltzeit benötigt. Auch die in den Spaltbottich einzubringende Wassermenge richtet sich mit gewissen Einschränkungen nach der Spaltermenge, aber auch nach dem Glyceringehalt des zu spaltenden Fettes. Letzteres ist nach den Ausführungen auf S. 471 über die Reversibilität der Fettspaltung ohne weiteres verständlich; man sollte demnach darauf hinarbeiten, daß das Glycerinwasser nicht mehr als zirka 15—20% Glycerin enthält. Von der Spaltermenge aber ist der Wasserzusatz insofern abhängig, als bei kürzerer Spaltzeit die durch den kondensierenden Dampf gebildeten Wassermengen entsprechend geringer sind und dementsprechend die Glycerinkonzentration über die genannte Grenze hinausgehen würde, wenn nicht von vornherein mehr Wasser in den Ansatz gebracht wird. Das folgende Beispiel soll das verdeutlichen:

Mit 1% eines hochwertigen Spalters kann man schon in 8—9 Stunden einen Spalteffekt von 85—88% erreichen, und man legt daher bei der Spaltung von Fetten mit zirka 10% Glyceringehalt etwa 30% Wasser vor; beim Palmkernöl und Cocosöl dagegen, die glycerinreicher sind, erhöht man die Wassermenge auf 35%. Beabsichtigt man aber, die Spaltung mit 0,5% des gleichen Reaktivs durchzuführen, so wird die Spaltung nach zirka 16 Stunden beendigt sein, und dementsprechend ist die zum Ansatz zuzugebende Wassermenge auf 20—25% zu beschränken. Es ist selbstverständlich, daß alle diese Angaben nur für Durchschnittsverhältnisse Geltung haben, da die Temperatur des Arbeitsraumes, der zur Verfügung stehende Dampfdruck und manche andere Faktoren gleichfalls ihren Einfluß üben.

Für die Säuremenge gilt, daß sie im allgemeinen der Menge des Reaktivs gleich sein soll. Höhere Säuremengen erweisen sich manchmal als zweckmäßig, um die Spaltung schwer angreifbarer Fette zu beschleunigen, anderseits kann man

bei manchen Spaltern (Divulson) auch mit weniger Säure auskommen und unter
günstigen Umständen auf den Säurezusatz sogar verzichten. In dieser Hinsicht
mag sich der Betriebsführer die von den Lieferfirmen gegebenen Richtlinien zum
Vorbild nehmen, ohne sich deshalb von eigenen Versuchen abhalten zu lassen.
Jedenfalls sollte nicht außer acht gelassen werden, daß auch bei den besten
Spaltern ein Säurezusatz die Reaktionszeit zumindest verkürzt (vgl. S. 470)
oder, was das gleiche bedeutet, bei gleicher Spaltzeit eine Verringerung des
Reaktivverbrauches er laubt, so daß schon aus wirtschaftlichen Gründen ein
vollkommener Verzicht auf die Schwefelsäure nur in Ausnahmefällen anzu-
raten ist.

Während der Kochung entnimmt man durch den Probehahn von Zeit zu Zeit
eine Probe und stellt durch Titration sowohl des Fettanteils als auch des abgesetzten
Säurewassers fest, ob einerseits der gewünschte Spaltungsgrad bereits erreicht ist
und ob anderseits der Mineralsäuregehalt des Spaltwassers die beabsichtigte Höhe hat.
Ergibt die Untersuchung, daß das gewünschte Ziel erreicht ist, so stellt man den
Dampf ab und läßt die Masse 1—2 Stunden in Ruhe, um dem Glycerinwasser Zeit
zum Absetzen zu geben. Die Trennung von Wasser und Fettsäure geht in den meisten
Fällen glatt vor sich; nötigenfalls kann man sie durch Zusatz von 0,1% 60grädiger
Schwefelsäure unterstützen. Eine Trennung der Emulsion mit anderen Mitteln, etwa
mit Calciumsulfat, wird kaum jemals nötig sein. Während dieser Zeit läßt man durch
ein besonderes Ventil (O in Abb. 163) einen schwachen Dampfstrom („Schattendampf“) über die gespaltene Masse streichen, um der Luft den Zutritt zu den Fettsäuren zu verwehren und letztere dadurch vor dem Nachdunkeln zu bewahren. Dann
läßt man (vgl. Abb. 163) durch den Dreiweghahn M und den Separator S das Glycerinwasser nach dem Glycerinwasser-Vorratsbehälter ab. Um die Nachspaltung durchzuführen, setzt man nun, ohne die Dampfzuleitung zu unterbrechen, nochmals 10 bis
15% Kondenswasser und 0,1—0,2% Spalter zugleich mit der erforderlichen Schwefelsäure zu, stellt nun den Schattendampf ab und bringt die Spaltung durch Einleiten
von direktem Dampf wieder in Gang. Probeentnahme und Abtrennung des Glycerinwassers nach Beendigung wird in der gleichen Weise vorgenommen, wie in der ersten
Phase, so daß man also schließlich im Spaltbottich lediglich die Fettsäuren hat, über
die der Schattendampf streicht. Ehe man letzteren abstellt, müssen die noch vorhandenen Spuren von Schwefelsäure und Spalter durch kurzes Aufkochen mit einer
Aufschwemmung von 0,5% Bariumcarbonat in Wasser entfernt werden. Sollte durch
diese Behandlung die Neutralisierung noch nicht so weit erreicht sein, daß das abgesetzte Wasser gegen Methylorange neutral reagiert, so muß ein weiterer Zusatz von
Bariumcarbonat erfolgen. Nun erst wird der Schattendampf abgestellt, da die neutralisierten Fettsäuren gegen die Berührung mit Luft nicht mehr empfindlich sind. Die
Neutralisierung kann selbstverständlich auch mit Soda oder Pottasche ausgeführt
werden und ist in dieser Form vielleicht sogar eher zu empfehlen, wenn die Spaltfettsäuren zu Seifen verarbeitet werden. In diesem Fall können nämlich suspendiert
gebliebene Teilchen von Bariumcarbonat in die Seifen gelangen, was namentlich bei
transparenten Schmierseifen sehr störend wirkt. Wenn die Spaltfettsäuren sofort zu
Seifen weiter verarbeitet werden, ist eine Neutralisierung überhaupt nicht nötig;
sind sie zur Destillierung bestimmt, so genügt es, wenn man die Mineralsäure durch
Waschen mit Wasser entfernt.

Der *Dampfverbrauch* bei der Twitchellspaltung hängt sehr von der Spaltdauer ab. Die dadurch möglichen Ersparnisse durch Verwendung schnellspalten-
der Reaktive sind in Rechnung zu stellen, wenn man die Preise verschiedener
angebotener Reaktive vergleicht. Die unterste und oberste Grenze für den
Dampfverbrauch bei der eigentlichen Spaltung, also ohne Vorreinigung, dürfte
bei 50 bzw. 75 kg Dampf pro 100 kg Fett liegen. Die Bedienungskosten fallen
kaum ins Gewicht, da ein Mann die Spaltung beliebig großer Chargen überwachen
kann und auch dieser nicht dauernd beschäftigt ist.

Verluste an Fettsubstanz brauchen, entgegen gelegentlich geäußerten Be-
fürchtungen, bei der Twitchellspaltung trotz des langandauernden Kochens im
offenen Kessel praktisch nicht in Rechnung gestellt zu werden. Selbst bei der
Spaltung von Cocos- und Palmkernöl, die bekanntlich wasserlösliche und leicht

flüchtige Fettsäuren enthalten, betragen sie nach STEINER[1] nicht mehr als zirka 0,25% der verarbeiteten Fettmenge.

Die für die Spaltung benötigte Zeit hängt außer von den im vorstehenden klar hervorgehobenen Faktoren (Reinheitsgrad der Fette, Qualität des Reaktivs usw.) weitgehend auch davon ab, daß das „Anspringen" möglichst sofort erfolgt, d. h. daß schon kurz nach Beginn der Kochung die Fettsäurebildung einsetzt. Bei keiner Spaltungsart ist darauf so sehr zu achten, wie gerade bei der Twitchellspaltung, denn es kommt hier häufig genug vor, daß die ersten Stunden trotz normalen Kochens die Zusammensetzung der Masse praktisch unverändert bleibt. Die Erscheinung ist bisweilen darauf zurückzuführen, daß die in den Spaltbottich gebrachten Fette vollkommen neutral reagieren und daß also der katalytische Einfluß fehlt, den freie Fettsäuren erfahrungsgemäß auf den Spaltungsverlauf ausüben. In diesem Falle hilft meistens eine Erhöhung der Schwefelsäuremenge, sicherer noch der Zusatz eines kleinen Prozentsatzes hochgespaltener Fettsäuren von einer vorangegangenen Operation. Man hat aber auch eine Verschmutzung des Spaltbottichs als Grund in Betracht zu ziehen und die dann zutreffenden Maßnahmen ergeben sich von selbst.

Während man bei Verwendung des alten Twitchellreaktivs mit durchschnittlichen Spaltzeiten von 36—48 Stunden zu rechnen hatte, erlauben die modernen Reaktive eine erheblich kürzere Spaltdauer. Darüber gibt die folgende Zusammenstellung Aufschluß, die sich auf Betriebsversuche mit Divulson bezieht.

Palmkernöl (mit 5,4% freier Fettsäure):
   1. Spalterzusatz: 0,7% Divulson D; Schwefelsäurezusatz: 0,2% 60° Bé.
      Auf dem ersten Wasser nach 10 Stunden: 85,2% Spalteffekt,
      auf dem zweiten Wasser nach weiteren 10 Stunden: 94,1% Spalteffekt.
   2. Spalterzusatz: 0,8% Divulson D; Schwefelsäurezusatz: 0%.
      Auf *einem* Wasser nach 12 Stunden: 90% Spalteffekt.

Leinöl (mit 1,3% freier Fettsäure): Spalterzusatz: 0,8% Divulson L; Schwefelsäurezusatz: 0%.
      Auf dem ersten Wasser nach 14 Stunden: 86% Spalteffekt,
      auf dem zweiten Wasser nach weiteren 8 Stunden: 94% Spalteffekt.

Hammeltalg (mit 2,3% freier Fettsäure): Spalterzusatz: 0,9% Divulson L; Schwefelsäurezusatz: 0%.
      Auf dem ersten Wasser nach 5 Stunden: 80,6% Spalteffekt,
                    nach 10 Stunden: 90,4% Spalteffekt,
      auf dem zweiten Wasser nach 4 Stunden: 95% Spalteffekt.

Sonnenblumenöl (mit 8,9% freier Fettsäure): Spalterzusatz: 1,4% Divulson L; Schwefelsäurezusatz: 0,1% 60° Bé.
      Auf *einem* Wasser nach 7 Stunden: 80% Spalteffekt,
                   nach 12 Stunden: 86,5% Spalteffekt,
                   nach 16 Stunden: 90% Spalteffekt.

Gehärteter Tran, gereinigt, (mit 40% freier Fettsäure): Spalterzusatz: 1% Divulson D; Schwefelsäurezusatz: 0,6% 60° Bé.
      Auf dem ersten Wasser nach 9 Stunden: 86,3% Spalteffekt,
      auf dem zweiten Wasser mit Zusatz von 0,2% Divulson D und 0,2% Schwefelsäure 60° Bé nach weiteren 6 Stunden: 93,2% Spalteffekt.

Rindertalg (mit 1,2% freier Fettsäure): Spalterzusatz: 0,5% Divulson L; Schwefelsäurezusatz: 0,2% 60° Bé.
      Auf dem ersten Wasser nach 16 Stunden: 87% Spalteffekt,
      auf dem zweiten Wasser nach Zugabe von 0,1% Divulson L nach weiteren 11 Stunden: 96% Spalteffekt.

Gemisch aus Talg, Knochenfett, Cocosöl (mit 13% freier Fettsäure): Spalterzusatz: 0,7% Divulson L; Schwefelsäurezusatz: 0,1% 60° Bé.
      Auf *einem* Wasser nach 8 Stunden: 86,2% Spalteffekt.

---

[1] Seifensieder-Ztg. **54**, 121 (1927).

Schließlich sei noch der Verlauf zweier Parallelversuche wiedergegeben, die in charakteristischer Weise das allmähliche Abklingen der Spaltung zeigen. Beide sind mit einem Gemisch von gleichen Teilen Palmkernöl, Talg und Erdnußöl durchgeführt, unter Zusatz von 1% konzentrierter Schwefelsäure (60⁰ Bé) und 50% Wasser. Als Reaktiv diente diesmal Neo-Kontaktspalter „sauer" der Firma Sudfeldt & Co., Berlin (Tab. 51).

Tabelle 51. Verlauf der Twitchellspaltung.

Stunden	Versuch I Spaltungsgrad	Versuch II Spaltungsgrad
1	20	—
2	44,3	49
3	65	—
4	71,8	74,5
5	76,5	—
6	83,2	86,2
7	87,2	88,7
8	89,7	90,6
9	91,2	91,9
10	93,8	93,3
11	95,0	94,6
12	95,4	95,1
13	95,6	95,9
14	—	97,3
15	97,2	98,5
16	—	99,0
17	98,5	—

Die Möglichkeit, mittels der modernen Spalter in ungefähr der üblichen Tagesarbeitszeit der Seifenfabriken zu Spaltungen bis zirka 90% zu kommen, hat die Firma Sudfeldt dazu geführt, eine „Schnellspaltung" für die Seifenindustrie in Vorschlag zu bringen, welche die in kleineren Betrieben als unangenehm empfundene Nachtarbeit zu vermeiden erlaubt.

Die Fette und Öle werden einen Tag vor der Spaltung vorgereinigt und zwar so, daß der Spaltbottich am Abend mit dem vorgereinigten Produkt und dem für die Spaltung erforderlichen Wasser beschickt ist. Am nächsten Morgen wird dann sofort Dampf gegeben und die benötigte Menge Schwefelsäure und Spalter zugefügt, so daß die Tagesschicht voll für die Spaltung ausgenutzt werden kann.

Man arbeitet am besten mit 1% Spalter. Nach einer Spaltzeit von zirka 8—10 Stunden beendigt man die Kochung und läßt das Glycerinwasser über Nacht absetzen. Die geringe Menge „Schattendampf" kann der unter mäßigem Druck stehende Dampfkessel, ohne daß eine Beaufsichtigung nötig wäre, leicht abgeben. Am nächsten Morgen zieht man die Fettsäure ab, ohne eine Nachspaltung folgen zu lassen. Man benötigt also 2 Spaltbottiche.

Für die Schnellspaltung wird besonders der Kontaktspalter „normal" empfohlen. Das Ergebnis sieht folgendermaßen aus (Tab. 52):

Tabelle 52. „Schnell-spaltung". Spaltdauer und Spaltungsgrad.

Stunden	Leinöl	Talg	Palm-kernöl
1,5	27,8	29,6	30,8
3	47,4	48,5	53,1
4	58,7	60,1	62,7
6	75,2	72,6	79,6
8	82,4	83,9	86,0
10	88,9	89,7	90,3

Ansatz: je 3000 kg Öl,
    0,8% Kontaktspalter „normal",
    0,4% Schwefelsäure 60⁰ Bé,
    40,0% Wasser.

Leinöl vorgereinigt mit 1% Schwefelsäure 60⁰ Bé. Talg und Palmkernöl mit $\frac{1}{2}$% Schwefelsäure 60⁰ Bé.

Die Spaltungsgrade gehen, wie man sieht, nicht über 90% hinaus, entsprechen aber, besonders bei den gegenwärtig mäßigen Glycerinpreisen, vollkommen den Bedürfnissen der Seifenindustrie.

Daß die Spaltungsgeschwindigkeit durch Anwendung *erhöhten Druckes* erhöht werden kann, ist bereits erwähnt worden (S. 470). Technische Bedeutung dürfte diesem Verfahren nur in Ausnahmefällen zukommen, da für die Druckspaltung bedeutend billigere Spaltmittel als das Twitchellreagenz zur Verfügung stehen und weil eine gegen verdünnte Schwefelsäure bei hohen Temperaturen beständige Apparatur benötigt wird.

C. Destillation der Fettsäuren.

Von E. SCHLENKER, Mailand.

Die Destillation stellt das wirkungsvollste Verfahren dar, um die Farbe der Fettsäuren, die im Verlaufe des Herstellungsprozesses mehr oder weniger gelitten hat, entscheidend zu verbessern und in vielen Fällen sogar, mit der für technische Prozesse selbstverständlichen Einschränkung, denjenigen Grad der Farblosigkeit zu erreichen, der ein Kennzeichen chemisch reiner Fettsäuren ist. Die Einführung und Weiterentwicklung der Fettsäuredestillation ist daher die längste Zeit hindurch mit der Kerzenindustrie verknüpft gewesen, die seit Erfindung der Stearinkerze aus verschiedenen Gründen besonders an ihr interessiert sein mußte. Auf der einen Seite nämlich bedingte die Erzeugung des Rohmaterials für die Stearinkerzen eine vorangehende Spaltung der verwendeten Fette und damit eine Verschlechterung der Farbe, während auf der anderen Seite die fertige Kerze sich um so größerer Gunst erfreute, je weißer sie war. Daneben muß auch schon früh der Vorteil erkannt worden sein, der darin liegt, daß die destillierten Fettsäuren ein besseres Kristallisationsvermögen besitzen als die rohen und daß dadurch eine Erleichterung der Preßarbeit eintritt. Ausschlaggebend blieb aber bis auf den heutigen Tag der durch eine Destillation ausgeübte Einfluß auf die Farbe und die sich daraus ergebenden Folgen für die Qualität des Endproduktes und seine Selbstkosten. Die letzteren werden ohne weiteres herabgesetzt, wenn die allerdings nicht zu allen Zeiten gültige Voraussetzung zutrifft, daß die Preisspanne zwischen hellen und dunklen Fetten größer ist, als die durch die Destillation verursachten Kosten.

Für die Seifenindustrie ist die Sache insofern anders, als zunächst einmal ein unbedingter Zwang, die Rohfette zu spalten, nicht besteht. Die Aussicht auf Preisvorteile durch Einkauf minderfarbiger Rohmaterialien aber verliert an Interesse, wenn die Befürchtung begründet ist, durch Verwendung von Destillatfettsäuren eine Verschlechterung der Seife herbeizuführen. Eine solche war und ist auch teilweise noch heute aus zweierlei Gründen gegeben: durch den nur mit sehr vollkommenen Apparaturen und unter günstigen Umständen vollkommen ausschaltbaren eigentümlichen Geruch der destillierten Fettsäuren, der sich sowohl der Seife als auch der mit ihr gewaschenen Wäsche mitteilt und, wenn durch Parfümierung verdeckt, nach einiger Zeit dennoch wieder zum Durchbruch kommt; zweitens durch den Gehalt an unverseifbaren Stoffen, der die Seifenausbeute beeinträchtigt und gleichfalls erst in neuester Zeit erheblich vermindert oder ganz vermieden werden konnte.

Da für die Seifenindustrie, wie gesagt, die Verarbeitung von Neutralfetten und damit die Erreichung jedes beliebigen Farbgrades des Endproduktes jederzeit möglich war, fehlte offenbar der Anreiz, diese Übelstände durch eigene Versuche zu beseitigen. Es bedurfte daher des von einer viel jüngeren Industrie ausgehenden Antriebes, um die entscheidenden Verbesserungen einzuführen, welche letzten Endes dann auch der Seifenindustrie zugute gekommen sind, und zwar war es der Industrie der Raffination der Speiseöle vorbehalten, zahlreiche Erfinder zu denjenigen Versuchen anzuregen, welche die Fettsäuredestillation auf den gegenwärtigen Höchststand gebracht haben. Der Leser findet den Entwicklungsgang auf S. 39ff. dieses Bandes kurz beschrieben. An dieser Stelle ist lediglich darauf hinzuweisen, daß sich die für die Entsäuerung der für Speisezwecke bestimmten Fette und Öle mittels Destillation erforderlichen Voraussetzungen für die Fettsäuredestillation im allgemeinen insofern besonders fruchtbar erwiesen haben, als dort besondere Rücksicht auf eine möglichst schonende Behandlung des Destillationsrückstandes zu nehmen war, da gerade dieser den für die Speiseölindustrie wertvollsten Bestandteil darstellt. Die möglichst weitgehende Herabsetzung der Destillationstemperatur, Verkürzung der Durchlaufzeit und andere der Erreichung des erwähnten Zweckes dienliche Maßnahmen haben dann fast von selbst zur Folge gehabt, daß auch die Qualität des abdestillierten Bestandteiles erhebliche Verbesserungen erfuhr, so daß es schließlich nur mehr unwesentlicher Abänderungen bedurfte, um die für die Entsäuerung ausgearbeiteten Apparaturen für die Herstellung einwandfreier technischer Fettsäuren brauchbar zu machen.

Geschichte: Die Anwendung der Destillation auf die Fettsäuren der natürlichen Fette und Öle geht auf Gay-Lussac zurück, der durch einen Mittelsmann in England ein Patent anmelden ließ, das ihm auch im Jahre 1824 unter der Nummer 5183 erteilt wurde. In dem Patent wird von der trockenen Destillation der Fettsäuren gesprochen, die Gegenwart von Feuchtigkeit aber als günstig bezeichnet. 18 Jahre später[1] lassen sich Jones und Wilson die Destillation mit überhitztem Wasserdampf schützen und geben damit der Industrie das technisch brauchbare Verfahren in die Hand, das wenigstens grundsätzlich bis auf den heutigen Tag beibehalten worden ist. Die weitere Entwicklung wurde durch Gedankengänge beherrscht, die den Kern des Verfahrens unverändert lassen und die sich schlagwortartig etwa folgendermaßen ausdrücken lassen:

1. Zuhilfenahme des Vakuums in der Absicht, die Destillationstemperatur herabzusetzen;

2. Ersatz der direkten Feuerbeheizung durch indirekte und in der Folge durch andere Beheizungsarten (Dampf, Heißwasser, Öl usw.), die örtliche Überhitzungen ausschalten und eine leichtere Temperaturregulierung gestatten sollen;

3. Herabsetzung der Zeit, während der die Fettsäure hohen Temperaturen ausgesetzt ist, um Zersetzungen zu verhüten (kontinuierliche Arbeit bei kurzer Durchlaufzeit);

4. Verbesserung der für die Apparaturen verwendeten Werkstoffe mit dem Ziel, die bei Berücksichtigung technischer und wirtschaftlicher Gesichtspunkte höchstmögliche Bewahrung der Fettsäuren vor Schädigungen zu erreichen, die durch physikalische und chemische Wechselwirkungen zwischen Fettsäure und Werkstoff bedingt sind und letzterem gleichzeitig diejenige mechanische Widerstandsfähigkeit zu verleihen, die von einem Konstruktionsmaterial für Fettsäureapparaturen zu fordern ist.

Die für die Destillation maßgebenden Eigenschaften der Fettsäuren.

Abgesehen von einigen niederen, beispielsweise im Cocos- und Palmkernöl vorkommenden Fettsäuren, ist eine Destillation der in natürlichen Fetten vorkommenden Fettsäuren unter Atmosphärendruck nicht ohne erhebliche Zersetzung möglich. Auch die Anwendung des in technischen Anlagen in der Regel üblichen Vakuums von zirka 30 mm abs. ändert das Bild nicht wesentlich, vielmehr sind ganz niedrige absolute Drucke erforderlich, etwa von 4 mm abwärts, wenn man ohne erhebliche Verluste arbeiten will[2].

Durch Zuhilfenahme von überhitztem Wasserdampf lassen sich dagegen die natürlichen Fettsäuren mit einer für die technische Anwendung ausreichenden Ausbeute auch bei Atmosphärendruck destillieren, doch sind auch hier mehr oder weniger große Verluste durch Zersetzung die Regel und außerdem gewisse leichte Veränderungen der destillierten Fettsäuren durch Polymerisationsvorgänge höchstens bei Verarbeitung von gesättigten Fettsäuren auszuschließen. Sowohl Verluste als auch Konstitutionsänderungen können um so eher der Nullgrenze angenähert werden, je kürzer die Erhitzungsdauer und je geringer die Destillationstemperatur ist und das Bestreben der modernen Apparatetechnik geht daher dahin, einerseits die Durchlaufzeit der Fettsäuren durch die Destillations-

---

[1] E. P. 9542/1842.

[2] Krafft: Ber. Dtsch. chem. Ges. **29**, 1324 (1896); E. P. 296097, Caldwell u. Hartley: Journ. chem. Soc. London **95**, 855 (1909).

apparatur weitgehend zu verringern, anderseits die Destillationstemperatur möglichst niedrig zu halten. Beispiele dafür, wie Apparaturen beschaffen sind, die eine kurze Durchlaufzeit ermöglichen, finden sich nachstehend (S. 521). Die teilweise durch die gleichen Apparaturen ermöglichte Erfüllung der zweiten Bedingung ist auf die Verwendung des Wasserdampfstromes und weitgehende Herabsetzung des Druckes angewiesen. Während Stearinsäure, trocken bei atmosphärischem Druck destilliert, bei 359—383⁰ übergeht und sich dabei teilweise zersetzt, siedet sie bei 100 mm Druck bei 287⁰ und im Wasserdampfstrom ohne Zuhilfenahme eines Vakuums sogar schon bei 230—240⁰[1]. Für Palmitinsäure lauten die entsprechenden Werte: 339—356⁰, 268⁰ und 170—180⁰; Ölsäure endlich, die bei atmosphärischem Druck überhaupt nicht ohne Zersetzung destillierbar ist, siedet trocken destilliert bei 100 mm bei 286⁰, mit Wasserdampf unter atmosphärischem Druck schon bei 200—210⁰.

Das Gewichtsverhältnis Wasserdampf : Fettsäuredampf spielt für die Herabsetzung der Destillationstemperatur naturgemäß eine wichtige Rolle. MARAZZA-MANGOLD[2] berichtet von Versuchen über die Destillation von Fettsäuren mit wechselnden Wasserdampfmengen, bei denen Siedepunktsdifferenzen von 150⁰ beobachtet wurden, wenn das genannte Verhältnis von 7 : 1 auf 1 : 1 geändert wurde. LEDERER[3] *berechnet* die folgenden Siedepunkte für reine Fettsäuren, einmal bei Destillation im Verhältnis Wasserdampf : Fettsäuredampf = 2,5 : 1, das andere Mal beim Verhältnis 1 : 1, immer unter Atmosphärendruck:

Laurinsäure	191⁰	215⁰
Myristinsäure	211⁰	235⁰
Palmitinsäure	224⁰	248⁰
Stearinsäure	243⁰	265⁰
Ölsäure	239⁰	262⁰

Die mangelnde Übereinstimmung mit den oben wiedergegebenen Werten von STAS beweist nichts gegen die Berechnungen LEDERERS, da ersterer über das Wasser-Fettsäure-Verhältnis keine Angaben macht.

Technisch läßt sich von der Möglichkeit, den Siedepunkt durch Erhöhung der Wasserdampfmenge nach unten zu drücken, aus verschiedenen Gründen nur beschränkter Gebrauch machen, vor allem schon deshalb, weil wirtschaftliche Erwägungen die Anwendung geringster Mengen Destillierdampfes zur Pflicht machen. Von diesem Gesichtspunkt aus ist die nebenstehende Tabelle 53 interessant, weil sie, ohne im Einzelfall über die verbrauchten Dampfmengen Auskunft zu geben, zeigt, wie weit die Siedepunkte gesenkt werden können, wenn für den praktischen Fall die Forderungen nach Wirtschaftlichkeit und einwandfreier Qualität der Endprodukte in Einklang gebracht werden müssen.

Tabelle 53. Destillationstemperaturen in ⁰C bei 20 mm abs. Druck (Mitteilung der Veredlungsgesellschaft, Berlin).

Rohgut	Mittlere Temperatur	Höchste Temperatur
Baumwollsaatfettsäure .	235	250
Erdnußölfettsäure	230	240
Knochenfettsäure	230	240
Cocosfettsäure	215	230
Leinölfettsäure	240	250
Palmölfettsäure	225	235
Olivenölfettsäure	230	240
Sulfurolivenölfettsäure ..	235	260
Sojaölfettsäure	230	245

Beim Vergleich der Tabelle 53 mit den oben gegebenen Werten überrascht auf den ersten Blick die geringe Wirkung, die die Einführung eines immer-

---

[1] STAS: DINGLERs polytechn. Journ. 1865 (175), 77; MEYER-JACOBSON: Lehrbuch, Bd. 1.   [2] Die Stearinindustrie, S. 37.
[3] Seifensieder-Ztg. 56, 263 (1929); über die Grundlagen der Berechnungen vgl. S. 464, 465.

hin nicht unbeträchtlichen Vakuums auf den Siedepunkt auszuüben scheint. Man hat aber zu berücksichtigen, daß es sich hier um technische Fettsäuren handelt, also ein Gemisch verschiedener reiner Fettsäuren, die im allgemeinen den bekannten physikalischen Gesetzen folgen dürften, die für die Erniedrigung der Dampfspannung eines Lösungsmittels durch die Auflösung einer zweiten Komponente aufgefunden worden sind.

Die Lurgi Gesellschaft für Wärmetechnik, der durch die Einschaltung eines Dampfejektors zwischen Destillierblase und Endkondensation die Aufrechterhaltung eines Destillationsdruckes von etwa 5 mm gelungen ist (S. 525), gibt an, daß der Hauptteil des Destillates bei 180—200⁰ übergeht und diese Zahl stellt bis heute die unterste Siedetemperatur dar, bei der Fettsäuren technisch erfolgreich destilliert werden können.

Über die bei so hohen Luftleeren erreichbaren Destillationstemperaturen im Wasserdampfstrom hat W. GENSECKE[1] Untersuchungen angestellt und ist zu einer Darstellung gekommen, welche in Abb. 164 veranschaulicht ist. Wählt man ein Koordinatensystem, in welchem die Temperaturen als Abszissen linear und die Drucke als Ordinaten in logarithmischem Maßstab eingetragen sind, so lassen sich die Spannungskurven der gesamten technisch in Frage kommenden Fettsäuren (die Zahl der C-Atome ist in Abb. 164 mit n bezeichnet) durch konzentrische Kreisbögen darstellen. Der Krümmungsmittelpunkt der in Abb. 164 gezeichneten Kreisbögen liegt über dem 596⁰ entsprechenden Ordinatenpunkt in einer 0,15 mm Druck entsprechenden

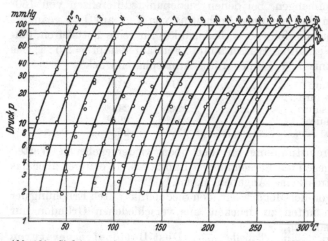

Abb. 164. Siedetemperaturen der Fettsäuren bei der Dampfdestillation im Vakuum.

Höhe. Daß sich die experimentell festgestellten Werte für die Siedetemperaturen gut in Übereinstimmung mit der Darstellung der Abb. 164 befinden, geht aus den mit kleinen Kreisen bezeichneten praktisch beobachteten Temperaturen hervor. Für die auf der Abbildung nicht erscheinende Ölsäure wurde festgestellt, daß ihre Spannungskurve sich nahezu mit der der Stearinsäure deckt. Eine weitere Herabsetzung der Destillationstemperatur wird sich höchstens erreichen lassen, wenn es gelingt, die Laboratoriumsmethoden für die *trockene* Destillation unter Höchstvakuum auf den Großbetrieb zu übertragen. Im Vakuum des Kathodenlichtes sieden nämlich[2]

Laurinsäure ...	89⁰	Palmitinsäure .	115⁰
Myristinsäure ..	180⁰	Stearinsäure ...	128⁰

Die Apparatur der Fettsäuredestillation.

Trockengefäße. Die durch Spaltung erhaltenen Fettsäuren müssen vor der Destillation zunächst getrocknet werden, um ein Schäumen und eventuell Über-

[1] Mitteilung der Lurgi, Gesellschaft für Wärmetechnik, Frankfurt a. M.
[2] CALDWELL und HARTLEY: Journ. chem. Soc. London 95, 855 (1909).

steigen des Blaseninhaltes beim Anheizen oder Nachfüllen mit Fettsäure zu verhindern. Als Trockengefäße dienen eiserne, innen verbleite Behälter, in denen
die Fettsäuren mit geschlossenen kupfernen Schlangen bis auf zirka 120⁰ erhitzt
werden, da erst bei dieser Temperatur mit einer genügenden Trocknung gerechnet
werden kann. Statt der verbleiten können auch gußeiserne Gefäße dienen, die
fast unbegrenzt haltbar sind und höchstens zu einer weiteren Verfärbung der
Fettsäuren führen können, die in diesem Falle natürlich ohne Belang ist. Bei
der mehrere Stunden dauernden Trocknung kann es vorkommen, daß das unter
den Fettsäuren abgesetzte Wasser durch Siedeverzug plötzlich explosionsartig
verdampft und den Inhalt des Gefäßes zum Überschäumen bringt. Dieser Gefahr beugt man mit einiger Sicherheit vor, indem man die geschlossene Dampfschlange sowohl über den Boden als auch den Wänden entlang bis etwa zu halber
Höhe des Behälters führt. Bisweilen wird die Trocknung auch in geschlossenen,
unter Vakuum arbeitenden Gefäßen vorgenommen. Der Aufstellungsort für die
Trockengefäße ist ziemlich gleichgültig, wenn sie für unter Vakuum betriebene
Destillationsanlagen bestimmt sind, da solche ja das Destillationsgut selbsttätig
ansaugen. Andernfalls stellt man sie höher als die Destillierblase, so daß der Inhalt durch eigenes Gefälle ablaufen kann.

Destillierblasen. Man verlangt von den Destillierblasen vor allem, daß sie
dem chemischen Angriff der heißen Fettsäure genügend Widerstand leisten und,
falls direkte Heizung gewählt wird, Beständigkeit gegen die Feuergase. Entscheidend dafür ist in erster Linie die Materialauswahl, die weiter unten noch
behandelt wird, in zweiter Linie die Wandstärke und die Verarbeitungsart,
letztere besonders dann, wenn die Blase aus mehreren Teilen zusammengesetzt
werden muß; schlecht ausgeführte Schweißung beispielsweise hat schon bei
mancher Blase baldige Außerdienststellung zur Folge gehabt. Weiter muß der
Füllinhalt in richtige Beziehung zu der gewünschten Leistung gebracht, der
Durchmesser und damit die Verdampfungsoberfläche in Hinblick auf den
gleichen Gesichtspunkt genügend groß gewählt werden und endlich muß für
einen angemessenen Steigraum gesorgt sein, der einerseits den Weg der Dämpfe
nicht unnötig verlängert, anderseits hoch genug ist, um das Mitreißen von Rohfettsäure in die Kondensation zu verhindern[1].

Die *Form* der Destillierblase ist hauptsächlich von dem anzuwendenden
Destillationssystem abhängig und richtet sich also beispielsweise darnach, ob man
kontinuierlich oder diskontinuierlich zu destillieren beabsichtigt. Für die nicht
kontinuierliche Destillation hat sich allgemein der in Abb. 175 dargestellte stehende
Zylinder mit gewölbtem Boden (Zarge) und Oberteil (Dom und Helm) durchgesetzt. Mittel- und Unterteil sind bei gußeisernen Blasen aus einem Stück gegossen, der Oberteil ist abnehmbar und kann daher bei Bedarf für sich allein
ausgewechselt werden. Bei kupfernen Blasen können sogar durch Lösen der
Nietverbindungen alle drei Teile einzeln ersetzt werden, was recht vorteilhaft ist,
da die Beanspruchung der Teile nicht gleichmäßig erfolgt. Der Oberteil, wo
heißeste Fettsäuredämpfe und Wasserdampf ihr Zerstörungswerk ausüben, ist
nämlich schnellerem Verschleiß unterworfen als der nur mit flüssiger Fettsäure
in Berührung kommende Mittelteil; anderseits kann bei direkter Feuerung einmal
ein Blasenboden durchbrennen, während die übrigen Teile noch unversehrt sind.

Die Ausstattung der Blase mit Rohrstutzen und Beobachtungsvorrichtungen
richtet sich nach dem Destillationssystem, aber auch nach persönlichem Geschmack. Niemals fehlt natürlich der Füllstutzen, dagegen findet man einen
Entleerungsstutzen erst neuerdings wieder regelmäßig bei Blasen, die ein konti-

---

[1] Zahlenwerte darüber: KEUTGEN: Seifensieder-Ztg. **53**, 382 ff. (1926).

nuierliches Arbeiten ermöglichen sollen. Im anderen Fall bediente man sich gewöhnlich des bis auf den Boden durchgeführten Füllrohres auch für die Entleerung des Teeres, die mit Druckluft erfolgte, nachdem vorher alle das Blaseninnere mit der Außenluft in Verbindung bringende Rohrleitungen verschlossen worden waren. Durch eine Abzweigung am Füllstutzen, eventuell auch durch Umstellung eines Dreiwegehahnes wies man dann dem Blasenrückstand den gewollten Weg. Regelmäßig sind die Blasen der Pechdestillation mit Ablaßstutzen ausgestattet, weil die Konsistenz des Peches (S. 534) ein Abdrücken nicht gestattet.

Unentbehrlich ist weiter das Einleitungsrohr für den überhitzten Dampf, das gleichfalls bis nahe dem Boden geführt wird und dort eine Reihe von Öffnungen besitzt, die auf keinen Fall gegen den Boden gerichtet sein dürfen, da der heftig aufprallende Dampf an sich Beschädigungen verursachen, aber auch den Boden stellenweise von Fettsäure entblößen kann, was bei direkter Heizung Überhitzungen verursacht.

Von Kontrollinstrumenten ist bei einfachen Blasen lediglich das Thermometer als unerläßlich zu betrachten, Vakuumblasen bedürfen außerdem eines Vakuummeters. Zu- und Ableitungsstutzen für das Heizmittel bei indirekter Heizung ergeben sich von selbst. Fraglos bedeutet die Möglichkeit, über die Füllhöhe jederzeit orientiert zu sein, eine ungeheure Erleichterung in der Führung der Destillation, doch kann ein schlecht arbeitender Niveauanzeiger das Gegenteil des gewünschten Zweckes herbeiführen, da er die Bedienungsmannschaft in eine trügerische Sicherheit wiegt. Die heute zur Verfügung stehenden Glassorten und Dichtungen erlauben ohne weiteres die Anbringung von Schaugläsern und damit dürfte die lange umstrittene Frage eine Lösung gefunden haben.

Oben wurde erwähnt, daß der Oberteil der Destillationsblase besonders leicht angegriffen wird. Das kommt daher, daß der Oberteil als Kühler wirkt und daß auch bei guter Isolation ein Teil der Dämpfe bereits dort kondensiert wird und ständig an den Wänden herabrieselt. Eine sehr bemerkenswerte Vorrichtung zur Verhinderung dieses Fehlers bei der Vakuumdestillation, der ja auch die Leistung der Gesamtanlage mehr oder weniger stark beeinträchtigt, ist von der Lurgi Gesellschaft für Wärmetechnik in Vorschlag gebracht worden[1].

Das Destillationsgefäß wird mit einem seiner Form angepaßten inneren Einbau über dem Flüssigkeitsspiegel versehen, derart, daß der Raum zwischen Gefäßwand und Einbau oben und seitlich völlig oder nahezu völlig gegen das Destillationsgefäß abgeschlossen ist, während im unteren Teil Verbindungen mit dem Destillationsraum vorgesehen sind. Die in dem so gebildeten Raum stagnierenden Dämpfe und Gase bilden einen Wärmeschutz für die nicht beheizten Teile des Destillationsgefäßes und verhindern Kondensationen an den Wandungen dieses Teiles. Der Raum zwischen Einbau und Gefäßwand kann dabei durch eine besondere Zuleitung mit Dämpfen oder Gasen gefüllt gehalten werden, die bei den an den Wandungen des Destillationsgefäßes herrschenden Temperaturen noch nicht kondensieren.

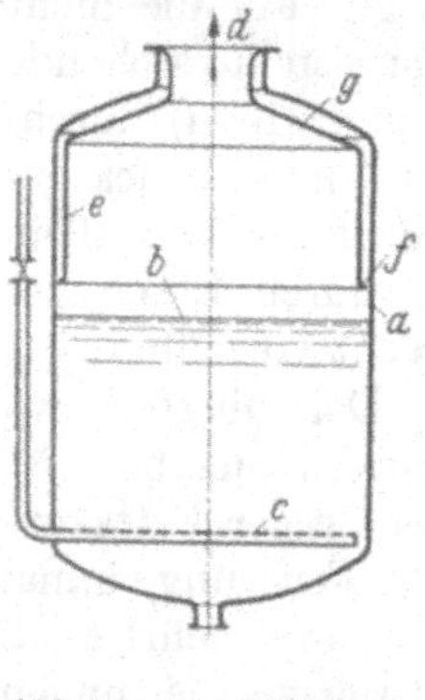

In der Zeichnung (Abb. 165) ist a der Destillationsapparat, welcher bis zum Niveau b mit der zu destillierenden Flüssigkeit angefüllt ist. Der Destillationswasserdampf wird durch das mit Löchern versehene Rohr c zugeführt. Die Destillationsprodukte treten bei d aus und werden wie üblich kondensiert. e ist ein Einbau im oberen Teil des Destillationsgefäßes; er ist z. B. konzentrisch zur Außenwandung des Destillators ausgeführt und schafft den isolierenden Ringraum g. Der Einbau e kommuniziert unten durch den schmalen Ringspalt f mit dem Destillationsraum.

Abb. 165. Destillierblase nach D. R. P. 511641.

Bei Beginn der Arbeit, bevor die Destillation der Fettsäuren einsetzt, füllt

[1] D. R. P. 511641.

der Ringraum *g* sich mit Wasserdampf. Da dieser spezifisch wesentlich leichter ist als Fettsäuredämpfe, die sich im Verlauf der Destillation bilden, so können Fettsäuredämpfe in nennenswertem Maße nicht in den Ringraum gelangen. Dieser bleibt vielmehr während der ganzen Arbeitsdauer mit Wasserdampf gefüllt, da die Temperatur im Ringraum zwischen der Destillationstemperatur und der Außentemperatur liegen muß. Da letztere durchschnittlich bei 20 bis 30⁰ liegt, ist der Wasserdampf im Ringraum um etwa 100 bis 180⁰ überhitzt. Selbst wenn sich die Temperatur im Ringraum erheblich vermindern sollte, bleibt der Wasserdampf darin stets überhitzt, da seine Kondensationstemperatur bei hohem Vakuum nur wenige Grade über 0⁰ liegt. Auch bei geringerem Vakuum bleibt übrigens die Überhitzung fast gleich hoch, da dann die Siedetemperatur der Fettsäuren entsprechend steigt. Da der Wasserdampf insbesondere bei hohem Vakuum einen vorzüglichen Wärmeschutz bildet, kann eine Fettsäurekondensation an den nicht beheizten Teilen der Destillationsblase nicht mehr stattfinden.

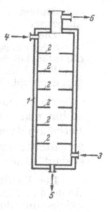

Abb. 166. Destillierkolonne nach D. R. P. 429 446.

Die beschriebene Form der Destillierblase ändert sich natürlich, sobald kontinuierliche Destillation beabsichtigt ist; außerdem wird die Inneneinrichtung grundlegend geändert, und zwar, je nach der dem Erfinder vorschwebenden Idee, in so mannigfacher Weise, daß eine allgemeine Beschreibung nicht möglich ist. Wir wollen uns daher auf einige typische Fälle aus neuerer Zeit beschränken und nur feststellen, daß viele Elemente dieser neueren Vorschläge sich mehr oder minder klar bereits in älteren oder ältesten Patentschriften finden lassen[1].

Statt des stehenden Zylinders finden wir bei modernen kontinuierlichen Apparaten einmal die Wannenform mit vertikalen Scheidewänden im Boden (vgl. S. 528), die eine Anzahl von Kammern bilden, durch die der Fettsäurestrom der Reihe nach geleitet wird. Der Weg von oben nach unten wird dagegen den Fettsäuren in den Kolonnenapparaten vorgeschrieben, deren einfachste Form schematisch durch Abb. 166 veranschaulicht wird[2].

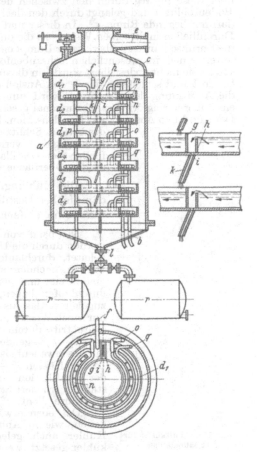

Die unter Vakuum stehende, aus Schamotte mit einem Metallmantel hergestellte Kolonne *1* ist mit einer Anzahl von Zwischenböden *2* versehen, die in der Mitte je eine Durchtrittsöffnung besitzen. Durch den Stutzen *3* tritt unten Dampf von z. B. 280⁰ ein, während durch den Stutzen *4* in die Kolonne *1* die zu destillierende Fettsäure eingeführt wird, welche über die in der Kolonne vorhandene Verzögerungsfüllung fein verteilt herabrieselt. Das Destillat tritt durch

Abb. 167. Destilliergefäß für kontinuierliche Destillation.

[1] PIELSTICKER: E. P. 706/1882; KORSCHELT: D. R. P. 27321; URBACH und SLAMA: D. R. P. 78678; D. R. P. 79956 u. a.   [2] BOLLMANN: D. R. P. 429446.

den Stutzen *6* aus der Vorrichtung aus, während das Pech durch das Heberohr *5* abgezogen werden kann.

Die Querschnittsverengung auf den Zwischenböden bezweckt eine Erhöhung der Strömungsgeschwindigkeit und soll dadurch verhindern, daß der mit Fettsäuredämpfen beschwerte Dampf zum Teil wieder nach abwärts sinkt.

Eine beheizte Kolonne mit Ringfüllung verwenden auch andere Erfinder, dagegen glaubt Krebs (S. 521) ohne Beheizung der Kolonne auskommen zu können.

So einleuchtend das Kolonnenprinzip auf den ersten Blick auch erscheint, so hat man in der Praxis doch manche Schwierigkeiten zu überwinden, um die Fettsäure daran zu verhindern, sich einen bevorzugten Weg zu wählen, während gleichzeitig der Dampf auf einem anderen Weg nach oben entweicht. Keutgen[1] schlägt daher die in Abb. 167 dargestellte Ausführungsform vor.

Der Destillator besteht aus einer zylindrischen Ummantelung *a* mit kegeligem Boden *b* und Deckel *c*. In ersterer sind mehrere ringförmige Rinnen d^1 bis d^6 eingebaut, welche mit doppelten Heizschlangen ausgerüstet sind, durch die hochgespannter Dampf oder ein anderes geeignetes Heizmedium strömt, und welche durch das gemeinsame Rohr *o* gespeist werden. In jeder dieser Ringrinnen ist eine Scheidewand *g* eingebaut. Die Rohfettsäure tritt durch die Rohrleitung *f* in die obere Heizrinne ein, durchfließt diese im Kreislauf, gelangt zu der radialen Stauwand *g*, fließt über diese hinweg durch den zwischen den Wänden *g* und *h* befindlichen, breiten Bodenschlitz *i* und gelangt durch den flachen Stutzen oder ein Führungsblech *k* in die darunterliegende Rinne d^2. In dieser und den weiter folgenden Rinnen verläuft das Durchfließen in derselben Weise. In die durchfließenden Fettsäuren wird aus *q* durch die Sprühschlangen *p* überhitzter Dampf eingeleitet. Die Fettsäure legt von oben nach unten einen im wesentlichen schraubenförmigen Weg zurück, gelangt schließlich, soweit sie nicht abdestilliert wurde, in die unterste Ringrinne, von dieser in den Unterboden *b* und schließlich durch den Auslaß *l* in die umschaltbaren Vorlagen *r*. Durch die Anordnung der Ringrinnen wird zum Aufsteigen der Dämpfe ein mittlerer und ein äußerer ringförmiger Abzugkanal geschaffen. Die Dämpfe entweichen durch den Dom und den Ansatz *e* zur Kondensation. Durch die Anordnung der Stauwand *g* und des breiten Schlitzes *i* sollen tote Räume mit örtlicher Überhitzungsgefahr vermieden und ein ununterbrochenes Weiterfließen des Destillationsgutes in breiter, sich ständig erneuernder Oberfläche erzielt werden.

Die Kühlung. Die hohe Temperatur der Fettsäuredämpfe bei Destillation ohne Vakuum erlaubt ohne weiteres eine einfache Luftkühlung, wie sie Abb. 168 zeigt.

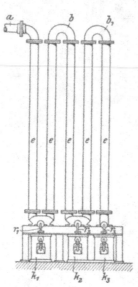

Abb. 168.   Luftkühler für Fettsäuredämpfe.

Die bei *a* von der Destillierblase kommenden Dämpfe werden durch die U-förmig zusammengebauten Kupferrohre *e* geleitet, durchlaufen sie über die Krümmer *b* und b_1 und werden, nachdem sie je nach Größe der verlangten Leistung eine zweite und eventuell dritte Kühlkolonne gleicher Art durchlaufen haben, einem wassergekühlten Schlangenrohr zugeleitet, das als Sicherheitskühler dient, in dem sich aber nur noch Wasser niederschlagen soll. Die kondensierte Fettsäure tritt durch die Röhrchen r_1, r_2 und r_3 in kurze, in Kästen k_1—k_3 liegende Blei- oder Kupferschlangen und von dort durch schwanenhalsartig gebogene Rohre in den Vorratskasten. In den Kästen k_1—k_3 befindet sich Wasser, das am Beginn der Destillation angewärmt wird, in vollem Betrieb aber ständig erneuert wird und zur Kühlung der austretenden Fettsäure dient.

Der eben erwähnte Nachkühler kann etwa die Form haben, wie in Abb. 169 gezeigt wird, doch werden derartige Kühler auch gelegentlich überhaupt an Stelle der Luftkühler gesetzt, wenn die große Hitze, welche diese letztere Art von Kühlern ausstrahlen, als lästig empfunden wird.

Der Weg der Dämpfe ist durch die Buchstaben *u* und *p* gekennzeichnet, bei *p* tritt die flüssige Fettsäure mit Wasser gemischt aus und gelangt in den Separator *S*.

[1] D. R. P. 578857.

Zwischen Kühler und Separator befindet sich das (bis über das Dach verlängert zu denkende) Entlüftungsrohr Z, durch das unkondensierbare Gase und Gerüche ins Freie treten. Die Scheidung der Fettsäure von dem Wasser in dem Separator S geschieht selbsttätig, da die spezifisch leichte Fettsäure über c nach R fließt, während das Wasser durch das Tauchrohr r in den Kanal tritt.

Die Vakuumdestillation macht eine wirksamere Kühlung erforderlich. Ein kurzer Luftkühler kann hier zwar vorgeschaltet werden, der Hauptteil der Dämpfe wird aber zweckmäßig in Kühlern von der Art des durch die Abb. 170 veranschaulichten niedergeschlagen, die bei geringer Raumbeanspruchung die Herstellung von großen Kühlflächen erlauben.

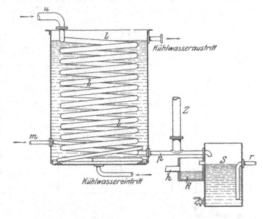

Abb. 169. Schlangenkühler.

Die Dämpfe treten bei *1* ein, durchstreichen das beidseitig in Rohrböden eingewalzte Rohrsystem *5* und gehen unten durch eine hinten liegende, auf der Abbildung nicht zu sehende Öffnung zu einem zweiten Kühler der gleichen Bauart oder zum barometrischen Kondensator. Das Kühlwasser tritt bei *6* ein und bei *7* aus. *11* ist ein Dampfanschluß für die Anwärmung des Wassers bei Beginn der Destillation, um ein Einfrieren des Kühlers zu verhindern. Die kondensierten Fettsäuren treten bei *2* in das Schauglas *4* und über die Kühlschlange *3* und den Hahn *10* in die Vakuumvorlage. *8, 9* und *12* dienen wie oben der Zuführung bzw. Anwärmung des Kühlwassers.

Die Kühler werden aus Kupfer, Monelmetall u. dgl., bei nicht zu großer Länge auch aus Aluminium hergestellt.

Der Dampfüberhitzer. Die einfachste Form des Dampfüberhitzers ist eine in den Feuergasen liegende eiserne Rohrschlange mit derjenigen Anzahl von Windungen, die für die Erreichung der gewünschten Überhitzung erforderlich ist (vgl. S. 519). An die Stelle der Schlange können gußeiserne flaschenförmige Gefäße treten, die der Dampf der Reihe nach durchströmen muß und die den Vorteil haben, daß man sie einzeln auswechseln kann und während der für die Neubestellung verstreichenden Zeit auch mit den verbliebenen allein sich zu behelfen vermag, während eine Beschädigung der Schlange einen längeren Stillstand der Destillation zur Folge hat. Die Beheizung der Überhitzer erfolgt ausschließlich mit direktem Feuer, heute zieht man dabei gewöhnlich eine separate Feuerung vor, während früher vielfach die den Destillator beheizenden Feuergase auch für die Überhitzung ausgenützt wurden (vgl. S. 514).

Abb. 171 stellt einen mit Heizölfeuerung betriebenen Überhitzer dar, bei dem wieder zu den schmiedeeisernen Rohren zurückgekehrt worden ist, die aber so angeordnet sind, daß eine Auswechselung einzelner Rohrstücke schnell erfolgen kann.

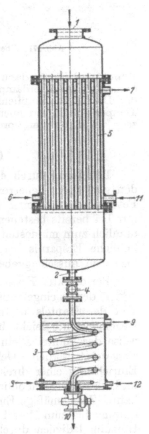

Abb. 170. Fettsäurekühler.

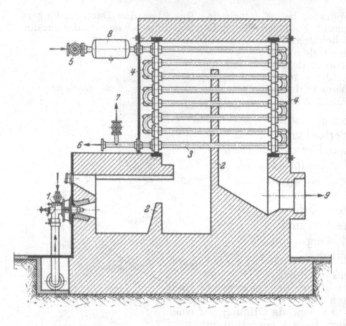

Abb. 171. Überhitzer mit Ölfeuerung.

Die von dem Ölbrenner 1 erzeugten Feuergase streichen über die Feuerbrücke 2 durch den Raum 3 nach oben, kehren dann um und verlassen die Einmauerung durch 9, um zu dem Schornstein zu gelangen. Die Rohrbogen 4 sind nach Abschrauben einer Eisenplatte zugänglich und lassen sich leicht entfernen, wonach jedes einzelne Rohr schnell entfernt und ausgewechselt werden kann. Der Dampf tritt durch das Ventil 5 zunächst in den Wasserabscheider 8 und zieht, nachdem er das Rohrsystem durchströmt hat, bei 6 in die Destillierblase. Das Ventil 7 dient dazu, um den Dampf bei geschlossenem Dampfeintrittsventil an der Destillierblase ins Freie entweichen zu lassen im Interesse der Schonung der Rohre, was immer dann zu erfolgen hat, wenn der Überhitzer unter Feuer steht, ohne daß Destillierdampf in der Destillierblase benötigt wird. Auch vor Beginn der Destillation empfiehlt sich dieser Weg solange, bis der Dampf die gewünschte Temperatur angenommen hat. Das Thermometer, welches den Überhitzungsgrad anzeigt, ist hinter 6 angeordnet, auf der Zeichnung aber nicht mehr sichtbar.

Beheizung von Destillieranlagen.

Beheizung durch direkte Feuerung. Die Beheizung der Destillierblase mit den von einem Feuerrost aufsteigenden Verbrennungsgasen war bei den älteren Fettsäuredestillationen allgemein üblich und behauptet auch heute noch, nicht nur bei bereits bestehenden Anlagen, ihren Platz. Allen ihren Nachteilen steht nämlich zum mindesten die unbestreitbare Tatsache gegenüber, daß sie eine erhebliche Ersparnis bei den Anlagekosten ermöglicht und daß dieses Moment bisweilen ausschlaggebend sein muß.

Bei direkter Feuerung wird die Blase, meistens zusammen mit dem Überhitzer, derart eingemauert, daß die Feuergase den Blasenboden und den größten Teil des Mantels bestreichen. Durch Anbringung von Registern, die durch Gegengewichte leicht bedienbar gemacht werden, in den Zügen, kann wahlweise der Mantel allein oder Boden und Mantel gleichzeitig der Hitzewirkung ausgesetzt werden. Gelegentlich findet man auch die durchaus zweckmäßige Einrichtung einer direkten Verbindung zwischen Rost und Kamin, durch die im Bedarfsfall auch ohne Löschung des Feuers die Beheizung unterbrochen werden kann. Zweckmäßige Einbauten hinter dem Feuerrost verhindern, daß die Stichflamme bis zum Metall des Überhitzers oder der Blase gelangt, so daß also die Heizung lediglich durch Strahlung und Konvektion erfolgt. Meistens ist für den Überhitzer ein separat befeuerter Rost vorgesehen, weil im Verlauf der Destillation die Unabhängigkeit der Regulierung der Dampftemperatur von der Heizung der Destillierblase als Annehmlichkeit empfunden wird, besonders gegen Ende der Destillation, wo bei allmählicher Löschung des Feuers unter der Blase die Aufrechterhaltung der Überhitzung erwünscht ist. Das Umgekehrte tritt am Anfang der Charge ein.

Der erste grundsätzliche Nachteil der direkten Heizung ist die Schwierigkeit, die Temperatur sowohl ihrer absoluten Höhe nach zu regeln als auch mit genügender Schnelligkeit nach oben oder unten zu beeinflussen. Zweitens ist die Ausnutzung des Heizwertes des Brennmaterials gering, da der Blasenboden eine viel zu geringe Heizfläche bietet, um an den beispielsweise bei Dampfkesseln erreichbaren Wirkungsgrad heranzukommen. Streng genommen sind aber die ungünstigen Folgerungen, etwa die der Gefahr örtlicher Überhitzung, nur für dasjenige Destillationssystem als bewiesen anzusehen, für das die direkte Beheizung bisher praktisch durchgeführt wurde, nämlich die intermittierende Destillation in gußeisernen Blasen. Es ist denkbar, daß die Benutzung der neuen, von der Metallindustrie zur Verfügung gestellten Baustoffe (S. 532) auch für direkte Feuerung die Verwirklichung von Ideen erlaubt, die mit Gußeisen sich als undurchführbar erwiesen haben, vor allem also eine der Vergrößerung der Heizfläche dienliche Formgebung und kontinuierliche Destillation.

Heißwasserheizung. Erfolgreich im Sinne sowohl einer Begrenzung als auch Regulierung der Temperatur erwies sich — wenn wir von den aussichtslosen Vorschlägen der Verwendung von Öl- oder Metallbädern absehen — die Heißwasserheizung. Ein endloses, beidseitig in eine entsprechende Zahl von Windungen verlaufendes Rohr wird auf der einen Seite durch eine Feuerung erhitzt, während die andere Seite in mannigfaltiger Weise den zu beheizenden Apparat durchläuft (vgl. Abb. 179, S. 523). Statt eines einzigen Rohres sind in der Regel mehrere, voneinander unabhängige vorhanden, die jedes für sich den beschriebenen Weg nehmen. Vorzugsweise wurde für diese Art der Beheizung die nach ihrem Erfinder benannte FREDERKING-Blase verwendet, in deren Boden und Wände starkwandige, nahtlose Stahlrohre eingegossen sind. Um die Druckrohre bei auftretenden Undichtigkeiten auswechseln zu können, hat man sie auch nach Verkleidung mit säurebeständigen Materialien frei in den Blasenboden verlegt oder auch andere mehr oder weniger naheliegende, den gleichen Zweck verfolgende Abänderungen getroffen. Säurefester Stahl läßt heute derartige Vorsichtsmaßregeln als überflüssig erscheinen.

Die Rohre sind mit Wasser gefüllt, das ständig zwischen Blase und Ofen einen Kreislauf beschreibt. Tieflegung des Ofens im Verhältnis zur Blase bewirkt eine selbsttätige Zirkulation, da die Verringerung des spezifischen Gewichts durch die Erhitzung ein Hochsteigen des Druckwassers bewirkt. Sicherer arbeitet die durch Pumpenkraft erzwungene Zirkulation, die gleichzeitig eine Erhöhung der Wirksamkeit infolge der größeren Geschwindigkeit, mit der das Wasser seinen Kreislauf ausführt, zur Folge hat. Immerhin stellen der hohe Druck und die Temperatur des Wassers gewisse Probleme bei der Konstruktion der Pumpen, die aber lösbar sind[1].

Die Beheizung mit Hochdruckdampf (S. 152) hat gegenüber der mit Heißwasser den grundsätzlichen Vorzug, daß die latente Wärme des in den Heizschlangen kondensierten Dampfes gleichfalls für die Erhitzung herangezogen werden kann, während im ersteren Fall nur die Flüssigkeitswärme zur Ausnutzung gelangt. Dieser Umstand wirkt sich zunächst in einer erheblichen Verminderung der Heizfläche aus, ein nicht gering zu veranschlagender Faktor, wenn man berücksichtigt, daß die Heizschlange eine der empfindlichsten Teile der Destillationsanlage darstellt. Voraussetzung ist freilich, daß in den Heizschlangen tatsächlich Hochdruckdampf zirkuliert, der zudem trocken gesättigt, also nicht

---

[1] Vgl. D. R. P. 381502.

überhitzt sein darf, wenn die volle Wirkung erreicht werden soll. Man muß verhindern, daß das in dem Rohrsystem befindliche Wasser bis in den Teil der Heizschlange gelangt, der mit den Fettsäuren in Berührung steht, da andernfalls ungewollt die Verhältnisse der Heißwasserheizung hergestellt werden. Die Möglichkeit dafür besteht, weil das Wasser durch die Erhitzung auf 300° sein Volumen um zirka 42% vergrößert und überdies der Siedevorgang innerhalb der engen Heizrohre das Mitreißen von Wasser begünstigt.

Die Bamag-Meguin A.-G., Berlin, schaltet zwischen dem Teil der Heizschlange, der vom direkten Feuer umspült wird, und dem in der Destillationsblase liegenden Ast sogenannte Kommunikatoren ein, die dem Wasser den benötigten Ausdehnungsraum zur Verfügung stellen und eine Trennung von Dampf und Wasser gewährleisten. Äußerlich ist die Vorrichtung einer Heißwasserheizung oder Ölheizung sehr ähnlich. Das Heizmedium befindet sich also in einem geschlossenen starkwandigen Stahlrohr, das auf der einen Seite in einer Ofenanlage beheizt wird, während die andere Seite schlangenförmig durch die Destillationsblase geführt wird. Es ist selbstverständlich, daß gewöhnlicher Stahl für die Fettsäuredestillation nicht Verwendung finden kann, man muß also zu den auf S. 532 erwähnten Spezialstählen oder ähnlichen Legierungen von großer mechanischer und chemischer Widerstandsfähigkeit greifen.

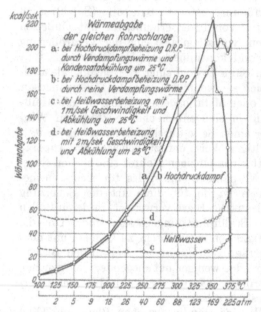

Abb. 172. Vergleich von Hochdruckdampfheizung und Heißwasserheizung.

Die Abb. 172 gibt einen Vergleich über die Wärmeabgabe einer gegebenen Heizschlange bei Heißwasser- und Hochdruckdampfbeheizung. Die zu dem Schaubild gehörige Beschriftung orientiert über die Voraussetzungen, die dabei für die natürlich eine große Rolle spielenden Dampf- bzw. Wassergeschwindigkeiten gemacht sind. Die gleichfalls wichtige Temperaturdifferenz zwischen Dampftemperatur und Siedepunkt der Fettsäuren läßt sich aus den für die Kondensatabkühlung angegebenen Zahlen schätzen.

Ölheizung. Bei der Ölheizung (auch Merril-System genannt) wird die Fettsäure mittels Rohrschlangen erhitzt, in denen heißes Öl durch Pumpenkraft bewegt wird. Die schematische Zeichnung nach Kestner erläutert den Vorgang.

Das Heizöl (Abb. 173) wird mittels der Pumpe CP durch den im Heizofen OH liegenden Ast der Rohrleitung gedrückt, gelangt durch Rohrstrang SM und Ventil Z nach dem Destillationsapparat AH, verläßt ihn durch das am Oberteil gezeichnete Rohrstück und kehrt schließlich in die Saugleitung der Pumpe zurück, um den Kreislauf von neuem zu beginnen. Wenn mehrere Destillationsapparate von demselben Heizofen bedient werden, so werden sie parallel geschaltet und das Öl durchläuft dann, statt des einen eben beschriebenen, weitere Kreisläufe, die hinter dem Ventil Z ihren Anfang nehmen. Die Temperatur des Öles wird durch die Thermometer L und M vor Eintritt und nach Austritt aus dem Heizofen kontrolliert. H ist eine Umgehungsleitung, die über ein in die Druckleitung eingeschaltetes Sicherheitsventil das Öl in die Saugleitung zurückbefördert, wenn der Druck im Rohrsystem aus irgendwelchen Gründen über ein zulässiges Höchstmaß steigt. Ein wichtiger Bestandteil der Anlage ist schließlich das Ausgleichsgefäß *ET*, das die durch die Temperaturschwankungen bedingten

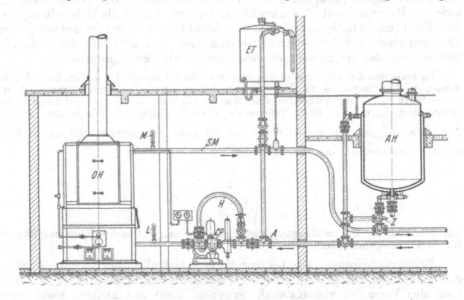

Abb. 173. Ölheizung nach KESTNER.

Volumänderungen des Öles, die zu Drucküberlastungen führen würden, unschädlich macht.

Das hervorstechendste Merkmal der Ölheizung im Vergleich zu anderen indirekten Heizungsarten (s. o.) ist das Fehlen des Druckes innerhalb der Heizrohre und die daraus sich ergebende Vereinfachung der Konstruktion. Es ist aber die Einschränkung zu machen, daß bei kaltem Öl, also hauptsächlich bei Beginn der Charge, mit nicht unerheblichen Drucken gerechnet werden muß. Große Vorsicht ist bei Auswahl des Öles am Platze. Ein bei den hohen, für die Fettsäuredestillation erforderlichen Temperaturen dauernd unveränderliches Öl gibt es zwar nicht; doch sollte es den nachfolgenden Idealbedingungen wenigstens möglichst nahekommen:

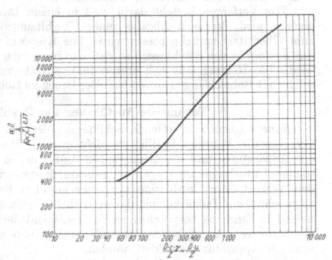

Abb. 174. Diagramm zur Berechnung des Wärmeübergangskoeffizienten bei Ölheizung.

1. Geringer Viskositätsunterschied bei hohen und niederen Temperaturen („flache" Viskositätskurve); 2. weit über 300^0 liegender Flammpunkt; 3. keinerlei Krackerscheinungen; 4. keine Verteerung oder Veränderung der Viskosität bei dauernder Beanspruchung durch hohe Temperaturen.

Die Ölheizung ist nur für Apparaturen geeignet, deren Bauart Platz für die Unterbringung genügend großer Heizflächen bietet. Der Wärmeübergang zwischen Rohrwand und Öl ist nämlich bei den verhältnismäßig kleinen Temperaturdifferenzen, die bei der Fettsäuredestillation in Frage kommen, bedeutend kleiner als beispielsweise bei Hochdruckdampfheizung. Das geht aus der Abb. 174 hervor[1], die den Wärmeübergangskoeffizienten abzulesen gestattet.

Es bedeuten λ die Wärmeleitfähigkeit des Öles in Cal/m/° C h, D den Rohrdurchmesser in Centimeter, u die Ölgeschwindigkeit in kg/sek. pro Quadratmeter Rohrquerschnitt und Z die Viskosität des Öles in Centipoisen bei der mittleren Heiztemperatur, c_p die spezifische Wärme des Öles in Cal/kg/° C. Die Zahlen für den Ausdruck $\dfrac{Du}{Z}$ sind in der Abbildung als Abszissen aufgetragen. Die entsprechenden Ordinatenwerte geben den Ausdruck

$$\frac{\dfrac{\alpha D}{2}}{\left(\dfrac{c_p Z}{\lambda}\right)^{0,37}}$$

aus dem sich der Wärmeübergangskoeffizient α in Cal. je Quadratmeter und Stunde für je 1° Temperaturgefälle errechnet.

Heißdampfheizung. Die bis vor kurzem fast allgemein geteilte Ansicht, daß überhitzter Dampf kein geeignetes Wärmeübertragungsmittel sei, läßt sich nach den Versuchen von Kaiser[2], Stender[3] Erk[4] und anderen nicht mehr einschränkungslos aufrechterhalten. Als Vorbedingungen werden reichliche Heizflächen und ein genügend hohes Temperaturgefälle genannt, also Voraussetzungen, die — wie wir oben gesehen haben — auch bei der Ölheizung gegeben sein müssen.

Die Maschinenbau Aktiengesellschaft Golzern-Grimma geht neuerdings dazu über, ihre Fettsäuredestillationen für Beheizung mit überhitztem Dampf nach dem Verfahren von Winckler[5] auszustatten.

Das Verfahren besteht darin, daß in einem Dampfüberhitzer Heißdampf erzeugt wird, der nach Abgabe seiner Überhitzungswärme durch ein Gebläse zum Überhitzer zurückgeblasen wird. Der Kreislauf ist ein ununterbrochener, das System in sich geschlossen, so daß also immer der gleiche Dampf verwendet wird. Die Heizung läßt sich ebenso für Apparate mit Dampfmänteln wie für solche mit Rohrschlangen anwenden. Der Druck im Rohrsystem beträgt etwa 6 at.

Technische Ausführung der Destillation.

Eine allgemein zutreffende Schilderung der technischen Arbeitsweise läßt sich für die Fettsäuredestillation nicht geben. Die ungeheure Vielfältigkeit der Apparaturen und der Bedingungen, unter denen sie arbeiten, steht einem solchen Unterfangen im Wege. Am zweckmäßigsten erscheint es daher, zunächst den Verlauf einer Destillation mit einer gewöhnlichen, feuerbeheizten Anlage zu beschreiben. Dabei können die wesentlichen, sich bei allen Bauarten wiederholenden Elemente besprochen werden, während die durch Weiterentwicklung des Gebietes sich ergebenden besonderen Arbeitsweisen zusammen mit der jeweiligen Apparatur geschildert werden.

Man füllt zunächst die Destillationsblase mit der getrockneten (S. 508) Fettsäure bis etwa zu zwei Drittel ihrer Höhe und beginnt mit dem Anheizen. Ist eine Temperatur der Fettsäure von zirka 160° erreicht, so wird auch der Überhitzer angefeuert und der durch ein Reduzierventil auf $^1/_3$—$^1/_2$ at redu-

[1] Morris u. Whitman: Ind. engin. Chem. **20**, 234 (1928).
[2] Arch. Wärmewirtsch. **1930**, 247.   [3] Ztschr. Ver. Dtsch. Ing. **1934**, 1194.
[4] Ebenda **1936**, 55.   [5] D. R. P. 579021.

zierte Dampf bis auf zirka 200⁰ gebracht; der Dampf tritt vorläufig durch ein Ventil (S. 514) ins Freie. Indessen ist die Blasentemperatur noch etwas gestiegen, und nun läßt man vorsichtig etwas Dampf in die Blase eintreten, um die Fettsäure in der nun schärfer angefeuerten Blase in Bewegung zu halten und so gleichmäßiger zu erhitzen, bzw. ein Überhitzen an den Blasenwänden möglichst zu vermeiden. Bei einer Fettsäuretemperatur von zirka 250⁰ beginnt dann, wenn auch nur schwach, der Destillationsvorgang, der in vollen Fluß kommt, wenn eine Blasentemperatur von 270—280⁰ erreicht ist; die Dampftemperatur soll 300—350⁰ betragen. Der etwas grün gefärbte Vorlauf wird beiseite geschafft, und von nun ab beschränkt sich die Arbeit des Bedienungsmannes für viele Stunden hindurch auf die Feuerung und das gelegentliche Abpumpen des in den Vorlagefässern sich ansammelnden Destillats. Wie lange dieser Zustand dauert, hängt von dem Fassungsvermögen der Destillierblase ab. Daß im Verlaufe der Destillation weitere Mengen Rohfettsäure der Blase zugeführt werden, kommt zwar bisweilen vor, gewöhnlich begnügt man sich aber damit, in einem Zuge bis zu dem gewünschten Ende zu destillieren.

Nach geraumer Zeit beginnt sich eine Verschlechterung des Kondensats bemerkbar zu machen. Es sieht dunkler aus, sein Geruch wird schlechter und gleichzeitig entweichen aus dem Nachkühler beißende Dämpfe, die die Schleimhaut der Augen stark reizen. Die Destillation ist jetzt träger geworden, der Wasseranteil des Destillats nimmt ständig zu, und die jetzt noch übergehenden Fettsäuren müssen, wie vorher der Vorlauf, beiseite geschafft und für eine Nachdestillation aufbewahrt werden. Schließlich bricht man die Destillation ab und bringt den Blasenrest, gewöhnlich mit Druckluft, in einen Sammelbehälter.

Haben sich im Sammelbehälter (aus mehreren aufeinanderfolgenden Operationen) genügend Reste angesammelt, so unterwirft man sie, nachdem sie vorher gewöhnlich noch acidifiziert worden sind (S. 491), einer Nachdestillation, für die in größeren Betrieben eine besondere Blase zur Verfügung steht. Der Verlauf dieser „*Pechdestillation*" ist der Hauptdestillation ganz ähnlich, nur wird die Temperatur dabei bis auf 320⁰ und eventuell höher getrieben und die Destillation so lange fortgesetzt, bis aus den Kühlern nur mehr eine dunkle, wäßrige Fettemulsion tritt. Das bei der Pechdestillation übergehende Destillat ist nur zu einem kleinen Teil direkt verwendbar. Der größere Teil muß, mit Rohfettsäure vereinigt, nochmals destilliert werden, ein gewisser Prozentsatz besteht aus einem an Kohlenwasserstoffen reichen, grün fluoreszierenden Fettsäuregemisch, dem sogenannten *Grünöl*, das kaum verwertbar ist. In der Blase bleibt das *Stearinpech* zurück, das unter Beachtung gewisser Vorsichtsmaßregeln abgefüllt werden muß, da es bei Berührung mit Luft in heißem Zustand zu Entzündungen und sogar zu Explosionen kommen kann. Man läßt es daher am besten durch eine geschlossene Leitung in ein vor Lufteintritt geschütztes Gefäß laufen und füllt es erst nach erheblicher Abkühlung in Fässer ab.

Die von KASSLER[1] herrührende Tabelle 54 gibt Ausbeutezahlen aus einer direkt befeuerten Destillation, wie sie um die Jahrhundertwende allgemein üblich war. Die zur Verarbeitung kommenden Fettsäuren waren durch Autoklavenspaltung, teilweise mit nachfolgender Acidifikation hergestellt und enthielten angeblich durchweg nicht mehr als 0,8% Neutralfett.

Die als Retourgang bezeichneten Destillate waren deutlich grün gefärbt und enthielten schon bemerkenswerte Mengen an Kohlenwasserstoffen. Die Retourgänge aller fünf Fettsäuresorten wurden vereinigt und nochmals destilliert. Gewonnen wurden:

Destillat .. 77,20% (maximal 90,0, minimal 65,6%)
Grünöl ... 17,00% („ 28,6, „ 6,5%)
Pech ..... 5,80% („ 10,0, „ 3,5%)

---

[1] Chem. Revue Fett- u. Harz-Ind. **10**, 151 (1903).

Tabelle 54. Ausbeuten bei der Destillation.

Material	Destillat in %			Retourgang in %			Pech in %			Operations-dauer in Stunden			Verarbeitete Menge in kg		
	Max.	Min.	Mittel	Max.	Min.	Mittel	Max.	Min.	Mittel	Max.	Min.	Mittel	Max.	Min.	Mittel
Preßtalgfett-säuren	97,0	93,2	95,6	4,0	1,2	2,1	3,7	1,8	2,3	39	33	36	9018	7371	8012
Chin. Pflanzen-talgfettsäuren ..	93,4	90,2	92,4	6,0	3,2	4,0	4,5	2,9	3,6	38	33	35	5420	4270	5055
Talgfettsäuren ...	95,5	93,1	94,6	4,1	2,0	2,6	3,4	2,2	2,8	38	25	33	8035	5951	7037
Knochenfett-säuren	92,2	87,2	90,3	8,0	3,3	5,4	4,8	3,8	4,3	36	33	34	6008	5189	5627
Palmölfett-säuren	—	—	91,0	6,0	5,0	5,3	5,0	3,0	3,7	38	28	32	5296	4258	4898
Durchschnitt .	—	—	92,8	—	—	3,9	—	—	3,3	—	—	34	—	—	6126

Die hier angegebenen Ausbeutezahlen sind als auffallend gute zu bezeichnen, die in den alten Destillationsanlagen selten erreicht werden und wohl zum Teil auf das Konto der vorangegangenen Acidifikation zu setzen sind.

Beschreibung von Gesamtapparaturen.

Es sind zu unterscheiden:

1. Diskontinuierliche Apparaturen ohne Vakuum;
2. kontinuierliche Apparaturen ohne Vakuum;
3. diskontinuierliche Vakuumapparaturen;
4. kontinuierliche Vakuumapparaturen.

Diskontinuierliche Apparaturen ohne Vakuum.

Die Schnittzeichnung Abb. 175 stellt eine nicht kontinuierlich betriebene Destillation ohne Vakuum dar. Die Beschreibung der Arbeitsweise findet sich

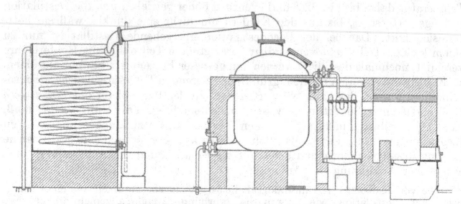

Abb. 175. Schema einer einfachen Fettsäuredestillation.

bereits auf S. 518. Trotz ihres Alters findet man derartige Apparaturen, besonders in Stearinfabriken noch ziemlich häufig, es ist aber ausgeschlossen, mit ihnen Fettsäuren zu erzeugen, die den heutigen gesteigerten Ansprüchen etwa der Seifenindustrie entsprechen.

Kontinuierliche Apparaturen ohne Vakuum.

Es steht fest, daß sich bei der Destillation im Innern der Destillationsblase chemische Veränderungen abspielen, die eine Verschlechterung des Destillats hervorrufen (S. 534) und daß diese Verschlechterung mit der Dauer der Destillation zunimmt. Daher ist das Bestreben verständlich, das Reaktionsgut möglichst kurze Zeit der Temperatureinwirkung auszusetzen, und dieses Bestreben findet in zahlreichen Apparaturvorschlägen seinen Niederschlag. Als ein weniger glückliches Beispiel dieser Art ist die Apparatur von Otto Krebs[1] anzuführen, die aber dennoch eine Beschreibung verdient, weil sie vom Standpunkt der Wärmeökonomie gut durchdacht ist. Sie zeigt auch, welchen Schwierigkeiten man begegnet, wenn man sich lediglich diesen Gesichtspunkt zur Richtschnur nimmt und ihm zuliebe auf neuere Errungenschaften (Vakuum, indirekte Beheizung) verzichten zu können glaubt.

Die einzelnen Teile dieser Anlage, die speziell Ölsäure destillieren soll, sind in der Legende zu Abb. 176 bezeichnet.

Der wichtigste Teil der stetig betriebenen Ölsäuredestillation ist der feuerbeheizte Ölsäureerhitzer c. Eine aus säurefestem Material hergestellte Rohrschlange ist in Heizzüge aus hochfeuerfestem Material eingebaut. Eine leicht regelbare Feuerung sendet ihre Heizgase so, daß sie parallel mit der eingeführten Ölsäure nach oben ziehen. Auf diese Art soll ein Überhitzen der in dem Schlangenoberteil erzeugten Ölsäuredämpfe vermieden werden. Zur Beheizung ist eine Gasfeuerung oder eine gut wirkende Ölfeuerung vorgesehen. Das Ölsäuredampfgemisch verläßt den Erhitzer mit 340°. Die Heizgase werden nun nach dem Gegenstromprinzip durch den Dampfüberhitzer geleitet, der den Sattdampf in Trockendampf umwandelt und ihn auf 450° überhitzt. Die verbrauchten Heizgase ziehen mit 400° durch den Fuchs und Kamin ins Freie.

Das Rohmaterial durchfließt die Vorwärmschlange im Wärmeaustauscher b und wird darauf von der Wälzkolbenpumpe n durch die Erhitzerschlange c gedrückt. Die Verbrennungsprodukte einer Gas- oder Ölfeuerung umspülen die Rohrwandung der Erhitzerschlange und geben ihren Wärmeüberschuß an das Rohmaterial ab. Innerhalb der Schlange c ist die Wärmeaufnahme so groß, daß ungefähr 75% des Durchsatzes verdampfen.

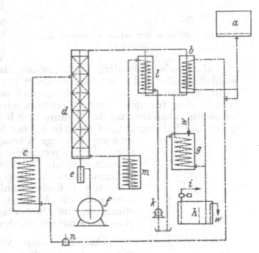

Abb. 176. Ölsäuredestillation nach Krebs.

Der Rest des Rohgutes tropft in der Kolonne d abwärts, und es setzt dabei infolge der Entspannung eine gute Oberflächenverdampfung ein. In den Kolonnenunterteil wird überhitzter Wasserdampf von 350° eingeblasen, durchdringt den dort vorgelagerten Rückstand und verdampft die Ölsäurereste.

Der heiße Rückstand wird in einem wassergekühlten Durchflußtopf so weit herabgekühlt, daß sich keine Dämpfe mehr bilden können und darauf in den Vorlagebehälter f abgeleitet. Dieser Rest wird in einer besonderen Pechblase bis auf Weichpech (Goudron) aufgearbeitet.

Das Ölsäure- und Wasserdampfgemisch steigt in der Reinigungskolonne d aufwärts, erhitzt die herabfallenden Flüssigkeitstropfen, nimmt die noch anhaftenden Ölsäureteilchen auf und gelangt darauf in den Kolonnenoberteil, in dem alle Verunreinigungen abgeschieden werden, so daß nur reine, mit Wasserdampf vermischte Ölsäuredämpfe die Rektifizierkolonne verlassen.

Dieses Dampfgemisch wird den Wärmeaustauschern l, b zugeführt, die entweder parallel oder hintereinander geschaltet werden. Der Apparat l ist als Dampferzeuger eingeschaltet und beliefert die Anlage kostenlos mit Wasserdampf von 0,75 at Spannung. Die Pumpe k saugt das vom Kühler g kommende warme Wasser an und drückt es in den mit Flüssigkeitstandanzeiger versehenen Behälter l, in dem eine Aluminiumschlange eingebaut ist. Das Dämpfegemisch streicht durch die Rohr-

[1] Teer und Bitumen 29, 71 (1931).

schlange und gibt seine überschüssige Wärme an das Wasser ab; dabei wird Wasserdampf im Überschuß erzeugt, der im Überhitzer mit den Abgasen des Erhitzers *c* überhitzt und (s. o.) als Destillierdampf benützt wird. Ein anderer Dämpfestrom wird durch den Apparat *b* geleitet, in dem ebenfalls eine Aluminiumschlange eingebaut ist. Durch diese Vorwärmschlange wird der Vorlauf (rohe Ölsäure) geleitet und ebenfalls kostenlos um 100⁰ vorgewärmt. Die beträchtlich abgekühlten Dämpfe, mit etwas Kondensat vermischt, werden hinter den vorgenannten Apparaturen in einer Leitung wieder zusammengezogen und gelangen nun in den Schlußkondensator *g*. In diesem Apparat wird der Dämpferest kondensiert und das Kondensat bis auf 25⁰ abgekühlt. Durch die Vorkühlung der Dämpfe kann der Kondensator entsprechend kleiner gehalten werden und auch die erforderliche Kühlwassermenge ist entsprechend geringer. Das Kondensat gelangt nun in den Scheidekasten *h*, in dem das Wasser abgeschieden und in die Fettfanggrube abgeleitet wird. Die handelsfähige Ölsäure wird periodisch in die Vorratsbehälter weitergefördert.

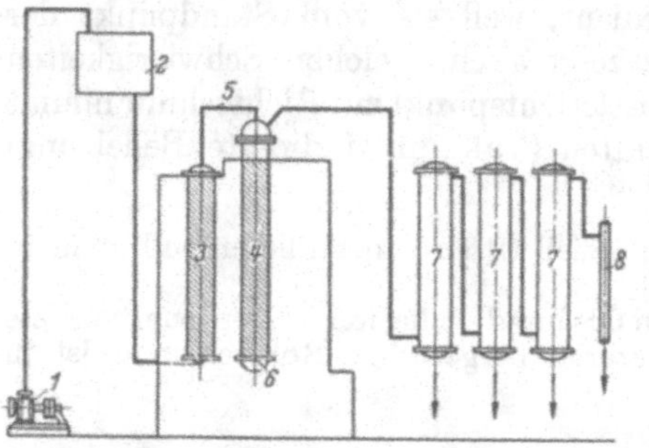

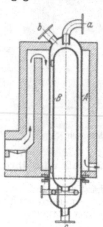

Abb. 177. Schema der Fettsäuredestillation nach BERGELL.

Man ersieht aus dem Vorstehenden, daß die Anlage ohne Vakuum arbeiten soll, wohl deshalb, weil sonst der beabsichtigte Wärmeaustausch in den Gefäßen *l* und *b* nicht zu erreichen wäre. Auch so muß es aber als sehr schwierig erscheinen, in *l* gerade das für den Betrieb erforderliche Dampfquantum herzustellen. Die gewünschte Vorwärmung der Ölsäure in *b* läßt sich ohne weiteres erreichen, kaum dagegen die Erhitzung im Ofen *c* in solcher Weise, daß ohne wenigstens teilweise Zersetzung diejenige Wärmemenge aufgenommen wird, welche für die auch nur einigermaßen vollkommene Verdampfung in der Kolonne *c* benötigt wird. Der Verzicht auf eine Beheizung dieser letzteren Kolonne berührt übrigens ein grundsätzliches Problem, mit dem sich alle Erfinder ähnlicher Vorrichtungen auseinanderzusetzen haben, da die Aufgabe, der herabrieselnden Fettsäure einen bestimmten, mit Sicherheit an dem Heizelement vorbeiführenden Weg vorzuschreiben, konstruktiv nicht leicht zu bewältigen ist.

Das bei dem vorangegangenen Verfahren obwaltende Prinzip der Destillation einer stark vorgewärmten feinverteilten Fettsäure in ununterbrochenem Lauf, bei gleichzeitiger Zuführung des Dampfes im Gegenstrom, ist auch bei dem von BERGELL erdachten Apparat festzustellen[1].

In der Abb. 177 ist mit *4* der Destillator bezeichnet, dessen Ausführung aus der Abb. 178 ersichtlich ist. Der Zweck ist, die Beheizung des in einen dünnen Film übergeführten Destillationsgutes durch Strahlung von einer direkt beheizten, von der Leitfläche in geringem Abstand parallel angeordneten Metallfläche vorzunehmen. *B* ist die im wesentlichen zylindrische Leitfläche für die Fettsäure. In geringer Entfernung ist die Umhüllungsfläche *A* angeordnet, die in einem feuerbeheizten Raum untergebracht ist und oben die Zuleitung (*a*) für das Destillationsgut und die Ableitung (*b*) für die Dämpfe, unten die Ableitung (*c*) für den Rückstand trägt. Die Beheizung erfolgt also durch Strahlung von der Fläche *A* auf den über die Fläche *B* herabrieselnden Fettsäurestrom.

Abb. 178. Destillationsvorrichtung nach BERGELL.

Auch der Vorwärmer *3* (Abb. 177) ist ähnlich gebaut. Die Fettsäure wird durch die Pumpe *1* in den Vorratsbehälter *2* gefördert, tritt von außen in den Vorwärmer *3*, passiert die Heizfläche und gelangt durch das Rohr *5* in den Destillator auf einen Ver-

---

[1] D. R. P. 601 866.

teilungsteller. Durch diesen wird erreicht, daß die Flüssigkeit an der Außenfläche des Innenrohrs des Destillators gleichmäßig in dünnem, weniger als 1 mm starkem Film herabgleitet und dabei zur Destillation gelangt. Der nicht destillierte Anteil fließt unten bei 6 in eine Vorlage ab und wird später in erneuter Destillation nach eventueller Aufspaltung des angereicherten Neutralfettgehaltes auf Pech abdestilliert. Der überhitzte Dampf wird von unten in den Zwischenraum zwischen Einsatzrohr und Außenmantel eingeleitet. Durch den Helmstutzen gelangen dann die Destillationsdämpfe in die Kühleranlage 7 und 8, wo sie niedergeschlagen werden.

Die Beheizung der Umhüllungsflächen in 3 und 4 erfolgt in bekannter Weise durch geeignete Wärmequellen, wie Feuergase, Heißwasserbeheizung, hochgespannten Dampf od. dgl.

Apparaturen für diskontinuierliche Vakuumdestillation.

Suchte man bei den vorangegangenen Apparaturen durch Abkürzung der Erhitzungsdauer eine Schonung des Destillationsgutes zu erreichen, so streben die

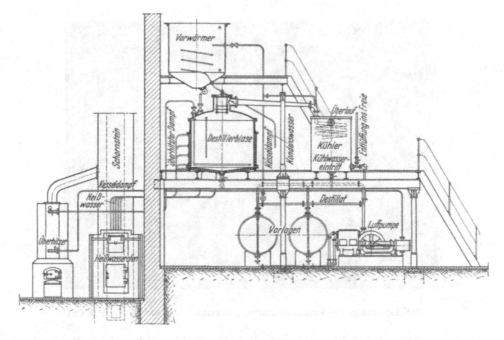

Abb. 179. Vakuumdestillation mit Heißwasserheizung.

Konstrukteure der jetzt zu beschreibenden Apparategruppe darnach, eine Herabsetzung der Destillationstemperatur zu erreichen. Der gegebene Weg ist durch die Benutzung des Vakuums vorgezeichnet.

Bei der Kombination von Vakuum und Wasserdampf ist der Destillationsvorgang technisch und selbst auch theoretisch nicht viel unter 11 mm durchführbar, da dieses der Partialdruck des Wassers bei 12° ist, der auch bei Abkühlung des Wassers auf 0° nur auf 4 mm sinkt, so daß 4 mm Vakuum die theoretische Höchstgrenze ist, die aber praktisch ohne Sonderhilfsmittel nicht erreichbar ist. Nur so ist es auch zu verstehen, daß derartig kombinierte Vakuen technisch, selbst bei starker Kühlung und bei guter Dichtigkeit der Apparatur, zwischen zirka 15 bis 50 mm liegen. Eine ausschlaggebende Temperaturerniedrigung des Destillationsvorganges wie bei einem wirklichen Hochvakuum ist hier aber nicht erreichbar. (Über die Erniedrigung der Destillationstemperatur durch die Verwendung des Vakuums finden sich auf S. 507 zahlenmäßige Angaben.)

Es ist zu bemerken, daß die Vorteile des Vakuums nicht allein in der Herabsetzung der Temperatur bestehen. Vielmehr fällt auch die stark erhöhte Dampf-
geschwindigkeit ins Gewicht, die eine entsprechende Beschleunigung der Destillation zur Folge hat. Aus dem gleichen Grunde ist allerdings auch die Gefahr des
Mitreißens von Rohfettsäure in Vakuumanlagen größer, und es ist nötig, diesem
Umstand durch richtige Dimensionierung aller Gefäße und Rohrleitungen
Rechnung zu tragen.

Zur Erzeugung des Vakuums dienen Trockenluftpumpen mit barometrischem
Kondensator oder auch Naßluftpumpen. Die höchsten Luftverdünnungen erreicht
man durch Kombination von Vakuumpumpen mit Ejektoren, beispielsweise in
der Anordnung der Lurgigesellschaft (S. 526).

Die diskontinuierlichen Vakuumanlagen (Abb. 179) unterscheiden sich von den
bei Atmosphärendruck arbeitenden hauptsächlich dadurch, daß sie mit der Eva-

Abb. 180. Anlage zur Vakuumdestillation von Fettsäuren (Volkmar, Hänig & Co.).

kuiervorrichtung luftdicht verbunden sind. Die Kühler enden nicht offen in den
Separator, sondern in größere geschlossene Vorlagen, von denen zumindest zwei
für jede Anlage vorhanden sein sollen, um das jeweilige Ausschalten einer derselben aus dem Destillationsprozeß zum Zweck der Entleerung möglich zu machen.
Diese Vorlagen stehen mit der Vakuumpumpe in Verbindung, wie aus der Zeichnung
(Abb. 179) ersichtlich ist. Die in dieser Zeichnung dargestellte Anlage zeigt außerdem einen Fortschritt in der Beheizungsart, da Heizung mit Heißwasser vorgesehen
und die Destillierblase zu dem Zweck als Frederking-Kessel ausgebildet ist
(S. 515). Anlagen dieser Art waren und sind wohl noch vielfach in Gebrauch und
haben befriedigend gearbeitet. Immerhin war, abgesehen vielleicht von dem geringeren Dampfverbrauch, ein richtiger Vorteil nicht einzusehen, solange es nicht
gelang, das Vakuum auf eine wirklich nennenswerte Höhe zu bringen. Das größte
Hindernis dafür ist, wenn man von den überwindbaren Kinderkrankheiten (nicht
dicht haltende Flanschenverbindungen, Nietung statt Schweißung usw.) absieht,
der Partialdruck des Wasserdampfkondensats (vgl. S. 524). Die Firma Volkmar
Hänig, Heidenau, kühlt deshalb das Kühlwasser mittels einer Solen-Kühl-

maschine ab und erreicht dadurch, ihren Angaben zufolge, ein Vakuum von 5—8 mm, das seinerseits wieder den Dampfverbrauch so erheblich verringert, daß die Kosten für die künstliche Abkühlung nicht erheblich ins Gewicht fallen (vgl. S. 529). Im übrigen ähnelt die Anlage, wie aus den Abb. 180 und 181 hervor-

Abb. 181. Anlage zur Fettsäuredestillation (Volkmar, Hänig & Co.).

geht, äußerlich sehr der in Abb. 179 gezeichneten Fettsäuredestillation, und auch die Beheizung ist die gleiche.

Als mittlere Destillationstemperaturen bei dem erwähnten Vakuum nennt die Firma folgende: Erdnußölfettsäure 210—220⁰, Knochenfettfettsäure 210 bis 220⁰, Cocosölfettsäure 200—210⁰, Baumwollsaatölfettsäure 215—225⁰, Leinöl-fettsäure 220—230⁰, Palmölfettsäure 210—215⁰, Olivenölfettsäure 210 bis 220⁰, Sulfurolivenölfettsäure 215 bis 225⁰, Sojaölfettsäure 210—220⁰.

Verfahren der Lurgi-Gesellschaft für Wärmetechnik: Eine Erhöhung des Vakuums wird dadurch geschaffen, daß zwischen dem Fettsäure-kondensator und dem Wasserdampf-kondensator ein Dampfstrahlkom-pressor[1] angeordnet ist. Bei dieser Anordnung bringt der Dampfstrahl-kompressor die Anlage auf ein Va-kuum, das wesentlich höher ist als

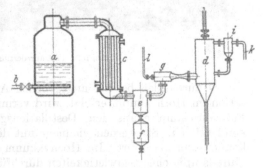

Abb. 182. Schema der Fettsäuredestillation nach Lurgi.

das durch die Kühlwassertemperatur des Wasserdampfkondensators erreichbare.

Schematisch ist die Anordnung der Apparaturteile aus Abb. 182 ersichtlich.

a ist das Destillationsgefäß, in welchem sich die Fettsäure befindet und welchem der Abtreibdampf durch die Leitung *b* zugeführt wird. Mit dem Destillationsgefäß ist ein wassergekühlter Oberflächenkondensator *c* verbunden, welcher zur Kondensation

[1] GENSECKE: D. R. P. 392 874.

der Fettsäuredämpfe dient. Die Kondensationsprodukte werden von dem Wasserdampf in dem Abscheider *e* getrennt und können mit Hilfe des Gefäßes *f* abgeleitet
werden. Zwischen dem Fettsäurekondensator und dem Wasserdampfkondensator *d*
ist der Dampfstrahlkompressor *g* eingeschaltet, der die Aufgabe hat, das in dem
Destillationsgefäß *a* und dem Fettsäurekondensator *c* vorhandene Vakuum gegenüber
dem Vakuum in dem Wasserdampfkondensator *d* zu erhöhen. Der Betriebsdampf für
den Dampfstrahlkompressor wird durch die Leitung *l* zugeführt. Dieser Betriebsdampf wird zusammen mit dem aus dem Fettsäurekondensator austretenden Wasserdampf in dem barometrischen Kondensator niedergeschlagen. Ein Flüssigkeitsab-
scheider *i* ist in üblicher Weise angeordnet, um das Mitreißen von Flüssigkeit in die
Luftpumpe zu verhindern, *k* ist das zur Luftpumpe führende Rohr.

Die Destillierblase der in Abb. 183 dargestellten Anlage, wird nach System
Frederking (S. 515) oder auch mit Hochdruckdampf (S. 515) beheizt.

Abb. 183. Fettsäuredestillation System Lurgi.

Dadurch, daß bei der angegebenen Anordnung auch die Fettsäurekondensation im Hochvakuum erfolgt, wird vermieden, daß Geruchstoffe, die mit den
Fettsäuredämpfen aus dem Destillationsgefäß entweichen, mit der Fettsäure
kondensieren. Sie werden vielmehr mit dem Wasserdampf aus dem Fettsäurekondensator abgeführt. Im Hochvakuum läßt sich die Kondensation der Fettsäuredämpfe ohne Schwierigkeiten durchführen, wobei sich gezeigt hat, daß der
Wasserdampf, der im Fettsäurekondensator noch in überhitztem Zustand vorliegt, selbst bei einem Vakuum, das sonst als guter Wärmeschutz bekannt ist, die
Wärmeübertragung von den Fettsäuredämpfen auf die Kondensatorwandung in
keiner Weise stört. Das Destillat fällt absolut trocken an.

Kontinuierliche Vakuumapparaturen.

Nachdem man sich von den Vorteilen der kontinuierlichen Arbeitsweise
einerseits (S. 520 ff.), des Vakuums anderseits (S. 523 ff.) überzeugt hatte, erschien

es nur logisch, beide Hilfsmittel gleichzeitig zur Anwendung zu bringen. Die nachfolgende Besprechung wird die Bekanntschaft mit derartigen Apparaturen vermitteln.

Fettsäuredestillation nach HELLER[1]. H. HELLER hat seine Apparatur zur Destillation von Fettsäuren aller Art im Anschluß an seine Methoden zur Destillationsentsäuerung von Rohölen entwickelt, wobei er sich auf noch unveröffentlichte Untersuchungen über den Dampfdruck von Fettsäuregemischen stützt. Zur Destillation wird niedriggespannter überhitzter Wasserdampf verwendet. Die Destillation geschieht etwa in folgender Weise:

Die auf eine gewisse Temperatur vorgewärmte Rohfettsäure wird in kurzen Intervallen, die sich rasch aufeinanderfolgen, in einen kolonnenförmigen Verdampfer eingeführt, wo ihr der überhitzte Destillationsdampf derart entgegenströmt, daß sofort eine innige Mischung beider Stoffe eintritt. Die Fettsäure verdampft fast augenblicklich und gelangt auf sehr kurz bemessenem Wege in den Kühler, wo sie kondensiert wird, während der Wasserdampf, beladen mit den Geruchsstoffen der Rohfettsäure, in den Einspritzkondensator entweicht, wo er in bekannter Weise niedergeschlagen wird. Durch das intervallartige Verdampfen wird erreicht, daß die momentan gebildeten Fettsäuredämpfe, deren Volumen bei hohem Vakuum ja sehr groß ist, bereits aus dem Verdampfer verschwunden sind, wenn

Abb. 184. Fettsäuredestillation nach HELLER.

eine neue Menge flüssige Rohfettsäure in denselben eintritt. Dieser Umstand erlaubt nicht nur, den Verdampfer verhältnismäßig klein zu wählen, sondern er verhindert auch, daß Rohfettsäure durch die abziehenden Dämpfe mitgerissen wird und zu Verfärbung derselben Anlaß geben könnte. Schließlich verläuft durch diese Methode die Verdampfung derartig rasch, daß Zersetzungen, also auch Bildung von Unverseifbarem und Destillatgeruch nicht beobachtet werden. Die Rückstandsmenge ist äußerst gering und von solcher Beschaffenheit, daß sie glatt abfließt.

[1] Span. P. 123318; Ital. P. 310533.

Heller betrachtet seinen Grundsatz, mit einem Vakuum von normaler Höhe zu arbeiten, sogenanntes Höchstvakuum aber wegen der Verteuerung der Apparatur und der Betriebskosten zu vermeiden, als berechtigt und berichtet (Privatmitteilung), daß er auch so imstande ist, hellste Destillatfettsäuren ohne Beigeruch in sehr guten Ausbeuten selbst aus minderwertigsten Rohstoffen zu erzeugen. Der Verzicht auf Höchstvakuum erlaubt ihm sogar, gewisse Schwankungen im Vakuum in Kauf zu nehmen, da der Kolonnenraum ein restloses Verdampfen auch dann gewährleistet, wenn sich die Tension der Fettsäuren infolge schlechteren Vakuums vorübergehend einmal mindert.

Die Beheizung der von Möller & Schulze, Magdeburg, gebauten Heller-Apparatur geschieht bei den meisten der in Betrieb befindlichen Anlagen mittels zirkulierenden Mineralöles von sehr hohem Flammpunkt und niedriger Conradson-Zahl, wobei das Umlauföl seinerseits durch Naphtha, in einigen Fällen mittels Gas erwärmt wird. Neuerdings werden die Apparaturen jedoch auch mittels Hochdruckdampf beheizt. In letzterem Falle weist die Heller-Apparatur außer der Luftpumpe keine bewegten Teile auf.

Die Photographie der Hellerschen Anlage (Abb. 184) läßt oben links im Hintergrund den Vorwärmer für die Fettsäuren sehen, daneben rechts, im Vordergrund, die Destillationskolonne. Sie ist mit Doppelmantel versehen, in dem das Heizmittel zirkuliert. Im Innern sind Raschig-Ringe aus keramischem Material eingefüllt, über die die Fettsäure, nachdem sie über einen Verteiler gelaufen ist, herabrieselt, während ihr überhitzter Dampf entgegenströmt. Weiter rechts folgen der Kühler, darunter zwei Auffanggefäße für die Fettsäure. Im Erdgeschoß befinden sich zwei gleichartige Auffanggefäße für den Destillationsrückstand, die in der photographierten Anlage besonders groß sind, weil sie auch für Raffinationsentsäuerung dienen sollten, bei der der Destillationsrückstand den größten Teil der Durchlaufmenge ausmacht.

Destillation nach Wecker. Das von Wecker[1] erfundene, von der Veredlungsgesellschaft für Öle und Fette (Bamag-Meguin A. G.) übernommene Verfahren war ursprünglich für die Entsäuerung der Speisefette bestimmt, hat aber dann auch Eingang in die Fettsäureindustrie gefunden und sich sehr gut bewährt.

Kennzeichen des Wecker-Verfahrens sind eine *kontinuierliche* Arbeitsweise, bei der das Rohgut in *waagrechter Schicht* von *geringer Höhe* durch eine beheizte Reaktionskammer geführt wird. An Stelle der Destillationsblase tritt also ein liegend angeordnetes muldenförmiges Reaktionsgefäß von ziemlicher Länge, das durch mit Überlauf versehenen Zwischenwänden in eine Reihe von niedrigen Kammern geteilt ist. Das Destillationsgemisch läuft in waagrechtem Strom von Kammer zu Kammer und wird in jeder der Einwirkung von feinverteiltem feuchten „Wecker-Dampf" ausgesetzt. Was mit dieser Dampfart gemeint ist, geht aus folgender Stelle der unten zitierten Patentschrift hervor:

„Zum Einblasen des Wassers oder Flüssigkeitsnebels kann man indifferente Gase, wie Wasserstoff, Kohlensäure, Stickstoff oder auch Gemische solcher Gase, z. B. ein Gemisch von Kohlensäure und Stickstoff, wie es aus den von Sauerstoff befreiten Abgasen von Kesselfeuerungen u. dgl. erhalten wird, benutzen. Ferner kann auch überhitzter Dampf mit Vorteil als Träger des Flüssigkeitsnebels verwendet werden. Besonders wirkungsvoll ist auch die Verwendung von nassem Sattdampf, bzw. von mit Wasserstaub oder Flüssigkeitsbläschen oder Nebel beladenem Dampf von höherer Temperatur, zweckmäßig z. B. mit Temperaturen von 100—180⁰ und dem entsprechenden Druck angewandt, bzw. ein Gemisch von überhitztem Dampf und Sattdampf oder überhitztem Dampf, Sattdampf und Flüssigkeitsstaub, das z. B. in bekannter Weise durch Einspritzen von kaltem

---

[1] D. R. P. 397 332.

oder vorgewärmtem Wasser in überhitztem Dampf von hoher Spannung erzeugt werden kann. In solchen Fällen können, wie neuere Untersuchungen ergeben haben, die Formen des überhitzten Dampfes und des Sattdampfes kurze Zeit nebeneinander bestehen. Es ist also bei dieser Ausführungsform des Verfahrens Sorge dafür zu tragen, daß das Gemisch von überhitztem Dampf und nassem Sattdampf oder von überhitztem Dampf, Sattdampf und Wasser bzw. Flüssigkeitsnebel unmittelbar nach oder während seiner Entstehung in das hocherhitzte Gut eingeblasen werden".

Da das Verfahren kontinuierlich arbeitet, ändert sich die Temperatur während der Destillation nicht. Es werden also nicht, wie bei einer diskontinuierlich arbeitenden Destillierblase, zuerst die niederen und dann unter allmählicher Steigerung der Temperatur die höhersiedenden Fraktionen abdestilliert, sondern das Destillat entspricht von Anfang an einer Mischung, welche durch die Temperatur im Reaktionsapparat gegeben ist.

Will man eine Fraktionierung erzielen, so geht man so vor, daß mehrere der gewünschten Anzahl von Fraktionen entsprechenden Reaktionsapparate hintereinandergeschaltet werden. Dabei ist jeder Reaktionsapparat auf eine bestimmte Temperaturstufe eingestellt.

Der gleiche Effekt läßt sich umständlicher auch mit einem Apparat erzielen, dadurch, daß man das Rohgut mehrmals bei mehreren Temperaturstufen in steigender Reihenfolge durch die Apparatur schickt. Besonders günstig wirkt sich die durch die geringe Schichthöhe und geringe Kapazität der Kammern bedingte *kurze Verweilzeit* des Rohgutes in der beheizten Zone aus, da diese eine besonders *schonende Behandlung* des Rohgutes sichert und thermische Zersetzungen verhindert.

Die Durchlaufzeit beträgt durchschnittlich nur 10—15 Minuten. Die Apparatur arbeitet bei normalem, durch die Kühlwassertemperatur des Einspritzkondensators gegebenem Vakuum zwischen 15 und 25 mm Hg. Eingehende Versuche haben gezeigt, daß durch eine weitere Verbesserung des Vakuums, beispielsweise durch Anwendung von Hochvakuum, keine wesentliche Verbesserung der Leistung erreicht wird, sondern nur die Betriebskosten ansteigen. Die Beheizung kann in beliebiger Weise erfolgen, und zwar entweder direkt mit Gas, Naphtha (mit Spezialbrennern), elektrischem Strom u. dgl. oder indirekt mit Dampf von der der notwendigen Temperatur entsprechenden Spannung aus vorhandenen Hochdruckdampfkesselanlagen oder aus Spezialhochdruckdampferzeugern, wie z. B. dem Hochdruckdampfentwickler der Bamag-Meguin A. G. (S. 152).

Die Apparatur bietet die Möglichkeit, Schichthöhe und Durchlaufgeschwindigkeit (und damit die „Verweilzeit"), Menge des Einspritzdampfes, Höhe der Destillationstemperatur und Temperaturgefälle innerhalb weiter Grenzen zu variieren und damit den Eigenschaften jedes einzelnen Rohmaterials anzupassen.

Ganz im Gegensatz zu der Destillation in Blasen kann die WECKER-Destillation mit Rohstoffen beliebigen Spaltgrades durchgeführt werden, ohne daß irgendwelche Zersetzungserscheinungen zu befürchten sind. Beispielsweise können mit demselben Erfolg Rohfettsäuren von 50 oder 90% ffa. der Destillation unterworfen oder aus Ölen mit 5, 10 oder 20% ffa. die freien Fettsäuren abgetrieben werden. (Dasselbe gilt auch für andere kontinuierliche Verfahren, beispielsweise dasjenige von HELLER.) Das WECKER-Verfahren ist also in weitestem Umfang zum Abdestillieren der Fettsäuren aus Neutralölfettsäuregemischen unabhängig von deren Mischungsverhältnis anwendbar. Die Durchlaufmenge wird so eingestellt, daß im abfließenden Rückstand noch zirka 10—20% freie Fettsäuren verbleiben. Dies entspricht praktisch einer Ausbeute von 90—95% an freier Fettsäure des Rohgutes. Der Rückstand besteht aus dem Neutralfett, etwas

freier Fettsäure und den angereicherten, nicht flüchtigen Begleitstoffen des Ausgangsmaterials. Der Rückstand läßt sich ohne Schwierigkeit wieder spalten und
gelangt dann wiederum zur Destillation. Der dabei anfallende Rückstand zweiter
Ordnung kann nochmals gespalten und ausdestilliert werden, falls er nicht, wie
in der Fettsäureindustrie üblich, in einer besonderen Pechblase destruktiv auf
Hartpech der gewünschten Qualität ausdestilliert werden soll.

Die Wecker-Rückstände sind flüssig und eignen sich zur Herstellung von
Kaltasphalt, Staubbindemitteln, Starrschmieren u. a. Ob man sie derartig verwertet oder in der Pechblase ausdestilliert, hängt ebenso wie die Rentabilität einer
dritten Destillation von den örtlichen Verhältnissen ab und ist von Fall zu Fall
verschieden.

Schematisch ist die Fettsäuredestillation nach E. Wecker in Abb. 185 dargestellt. Die einzelnen Teile sowie auch der Gang des Reaktionsgemisches, des

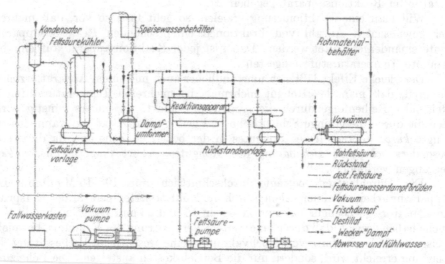

Abb. 185. Schema der Fettsäuredestillation nach Wecker.

Dampfes usw. sind in der Abbildung selbst bezeichnet, und es bedarf daher
keiner besonderen Beschreibung mehr. Erwähnung verdient höchstens der als
Dampfumformer bezeichnete Apparat, in dem der auf S. 528 beschriebene
„Wecker-Dampf" erzeugt wird.

Die Ansicht der gleichen Anlage, Abb. 186, für eine Leistung von 6 Tonnen
destillierte Fettsäure in 24 Stunden zeigt die Austrittsseite des Reaktions-
apparates mit der Einstellvorrichtung (mit Schaugläsern versehen) für die Schichthöhe im Apparat. Darnach folgt die Rohrleitung nach dem rechts im Vordergrund
stehenden zylindrischen Rückstandskühler, während links davon liegend der
Wärmeaustauscher auf einem Eisenbock montiert zu sehen ist. Der Apparat ist
mit einer Reihe von Ölbrennern ausgerüstet, deren Flammen durch die an der
linken Seitenwand angebrachten, durch Klappen verschließbare Schaulöcher beobachtet werden. Über dem Kasten ist der große Brüdenabzug sichtbar, der den
Reaktionsapparat mit dem Fettsäurekühler verbindet.

Destillationsverfahren F. Heckmann (Hoffmann). Aus Vollständigkeitsgründen sei
schließlich noch auf ein Verfahren hingewiesen, für das in jüngster Zeit starke Reklame
gemacht worden ist. Es knüpft offenbar an die sehr alten Versuche von Tilghmann
(Dingler 138, 122) an, der Spaltung und Destillation in einem einzigen Prozeß durchführte, indem er das mit Wasser emulgierte Rohfett durch Schlangen leitete, die mit
direktem Feuer auf 330⁰ erhitzt wurden. Es handelte sich dabei also um eine kon-

tinuierlich durchgeführte Hochdruckspaltung, die aber infolge der Unvollkommenheit der damals zur Verfügung stehenden Baustoffe zu keinem befriedigenden Resultat führten.

Es ist anzunehmen, daß HECKMANN sich bei seinem auf dem gleichen Prinzip beruhenden Verfahren der heute zur Verfügung stehenden, säurebeständigen legierten Stähle bedient. Das Gemisch wird dann kontinuierlich einer Destillationsvorrichtung

Abb. 186. Fettsäuredestillation nach WECKER.

zugeführt und durch fraktionierte Kondensierung der Dämpfe sollen das Glycerin und die Fettsäuren getrennt erhalten werden[1]. Soweit bisher bekannt wurde, bleibt bei dem kontinuierlichen Durchgang des Neutralfettes durch die Spaltapparatur ein beträchtlicher Teil ungespalten und muß erneut dem Apparat zugeführt werden.

Lediglich einer kurzen Erwähnung bedürfen endlich auch die Bestrebungen, die *Destillation ohne Wasserdampf* durchzuführen[2], da sie sich als technisch undurchführbar erwiesen haben.

---

[1] Seifensieder-Ztg. **63**, 208 (1936).   [2] KEUTGEN: Seifensieder-Ztg. **63**, 208 (1936).

Werkstoffe für Fettsäuredestillationen.

Die für Fettsäuredestillationen besonders wichtige Materialfrage kann hier nur kurz gestreift werden. Die älteren Anlagen waren fast immer aus Kupfer oder aus mit Silicium legiertem Gußeisen hergestellt. Beide Baustoffe leisten, wenn auch immer auf beschränkte Zeit, den bei der Destillation auftretenden Beanspruchungen genügend Widerstand, färben aber die Rückstände stark und leisten auch wohl katalytischen Zersetzungen Vorschub. Reines Aluminium wird bei hohen Temperaturen korrodiert[1] und kann höchstens für die weniger heißen Teile der Kondensationsanlage in Betracht gezogen werden; es ist auf jeden Fall weniger beständig als Kupfer und auch Nickel. Sehr widerstandsfähige Baustoffe stellen verschiedene Legierungen dar, von denen besonders die Aluminiumbronzen (Kupfer und Aluminium[2]) und das Monelmetall (zirka 30% Kupfer mit 70% Nickel) hervorgehoben werden müssen. WECKER erwähnt ferner eine Legierung aus 90% Aluminium, 4% Kupfer, 2% Nickel und 1,5% Magnesium. Der als V2A-Stahl bekannte austenitische Chromnickelstahl gibt nach einer von Krupp dem Verfasser gemachten Mitteilung an einigen Stellen durchaus befriedigende Ergebnisse, während an anderen Stellen zur Verwendung eines Stahles mit Molybdänzusatz (V4A-Stahl) geschritten werden mußte. Das unterschiedliche Verhalten dürfte zweifellos auf die verschiedenen Arbeitsweisen in den Betrieben zurückzuführen sein.

Allgemein läßt sich sagen, daß der ideale Werkstoff für die Fettsäuredestillation noch nicht gefunden ist. In Hinblick auf die durch die Arbeitsweise bedingten verschiedenen Beanspruchungen läßt sich gegenwärtig am besten noch so zum Ziel kommen, wenn man die Eignung der zur Verfügung stehenden Werkstoffe von Fall zu Fall betriebsmäßig prüft.

Wirtschaftliches.

Den schlechtesten Wirkungsgrad, vom wärmewirtschaftlichen Standpunkt aus betrachtet, haben zweifellos die direkt mit Feuergasen beheizten Destillieranlagen. Die in der Literatur darüber gemachten Angaben[3] sind mit 12—16 kg Kohle pro 100 kg Destillat allein für Beheizung der Blase und des Überhitzers eher zu niedrig eingeschätzt. Dazu kommt noch der durch den Destillationsdampf verursachte Wärmeaufwand, der bis zu 160 kg Dampf pro 100 kg Destillat beträgt. Durch Einführung des Vakuums ergibt sich für den Destillationsdampf in jedem Fall eine Verminderung, die bei den technisch üblichen Unterdrucken bis auf etwa 50 kg Dampf pro 100 kg Destillat geht. Der Kohlenverbrauch wird durch den Unterdruck nur unwesentlich beeinflußt.

Daß die Folgerungen, welche aus diesen Tatsachen zu ziehen sind, für die direkte Befeuerung nicht ganz so ungünstig sind, wie es auf den ersten Blick erscheinen mag, ist S. 515 begründet worden.

Die Berechnungen, die KREBS[4] für die von ihm erdachte Anlage (S. 521) aufstellt, verdienen insofern Interesse, als sie zeigen, bis zu welcher höchsten Grenze die Wärmeökonomie in einer ohne Vakuum und mit direkter Feuerung arbeitenden Anlage gebracht werden kann. Es ist aber in Betracht zu ziehen, daß KREBS den Destillierdampf mit der Abwärme der Fettsäuredämpfe erzeugt und dadurch sehr bedeutende Wärmemengen erspart. Hier soll nur das Endergebnis seiner Berechnungen mitgeteilt werden, das einen Verbrauch von stünd-

---

[1] W. NORMANN: Chem. Umschau. Fette, Öle, Wachse, Harze **32**, 269 (1925); LEDERER: Ztschr. angew. Chem. **42**, 1033 (1929); Seifensieder-Ztg. **56**, 278 (1929).
[2] I. Inst. of Metals **13**, 249 (1915); ebenda **28**, 273 (1922).
[3] KEUTGEN: Seifensieder-Ztg. **40**, 557 (1913). — HAJEK: Ebenda **40**, 446 (1913).
[4] Teer u. Bitumen **29**, 75 (1931).

lich 31 kg Heizöl (zirka 10000 cal/kg) für 540 kg Ölsäuredestillat, also etwa
574 W. E. pro Kilogramm Destillat ergibt.

Die außerordentliche Verbesserung der Wärmebilanz, wie sie bei Anwendung
aller in den letzten Jahren für die Fettsäuredestillation nutzbar gemachten
technischen Errungenschaften zu erzielen ist, wird aus den nachstehenden Berechnungen ersichtlich, die sich auf einige Betriebsversuche stützen, welche MILLS
und DANIELS[1] bei der amerikanischen Procter & Gamble Co. durchgeführt und
in einer Tabelle zusammengefaßt haben, die für das vorliegende Werk in inter-
nationale Maße und Gewichte umgerechnet worden ist. Ähnliche Resultate
erhielt ALSBERG[2].

Die betreffende Anlage ist von der Lurgi-Gesellschaft für Wärmetechnik gebaut und arbeitet also mit Hochvakuum und diskontinuierlich (S. 524). Die Beheizung erfolgt mit hochgespanntem Dampf in zwei Kupferschlangen von je zirka
25 m² Oberfläche. Die Messungen wurden in einem Zeitraum von 3—5 Stunden
stündlich vorgenommen, nachdem vorher die Anlage 5—6 Stunden betrieben worden
war, um gleichmäßige Temperaturbedingungen zu erreichen. Die Wärmemengen berechneten sich aus Dampfdruck, Temperaturen und Kondensatgewicht unter Zugrundelegung der in Amerika allgemein anerkannten Dampftabellen von KEENAN.
Die Verluste durch Strahlung und Konvektion ergaben sich aus einem (gleichfalls
in der Tabelle wiedergegebenen) Blindversuch und werden unter Berücksichtigung
der verschiedenen Dauer der Hauptversuche anteilmäßig auf die letzteren verteilt.
Die zur Anwärmung der auf zirka 178° vorgewärmten Fettsäure auf die Destillationstemperatur erforderliche Wärmemenge ermittelte sich rechnerisch nach LEDERER[3].

Tabelle 55. Wärmebilanz einer modernen Vakuumdestillationsanlage.

	Blindversuch	Hauptversuch 1 (raffinierte Fettsäure)	Hauptversuch 2 (raffinierte Fettsäure)	Hauptversuch 3 (technische Ölsäure)
Versuchsdauer Stunden	4	4	3	5
Kondensat in kg	284	1225	945	1720
Dampfdruck in at abs.	30,9	30,6	34,2	32
Dampftemperatur °C	272	266	272	272
Wärmeinhalt des Dampfes cal/kg	696	686.	637	696
Flüssigkeitswärme cal/kg	239	239	245	242
Verwertbare Wärme cal/kg ...	457	447	447	454
Gesamte verwertbare Wärme cal	129800	547580	422400	780900
Verluste durch Strahlung und Konvektion	130800	130800	98130	164000
Verluste durch Rührdampf cal	—	1710	1460	2190
Den Fettsäuren zugeführte Wärmemenge cal	—	415070	322810	614710
Destillatmenge kg	—	4710	3460	6115
Temperatur im Fettsäurevor- wärmer °C	—	179	178	178
Destillationstemperatur °C ...	—	221	228	221
Wärmebedarf für die Erhitzung bis zum Siedepunkt cal	—	148000	122700	203600
Wärme für die Verdampfung cal	—	267070	200110	411110
Mittlere spezifische Wärme der Fettsäuren	0,60	—	—	—

Unter Zugrundelegung der in der Tabelle 55 gebrachten Zahlen berechnet sich
für 1 kg Fettsäure ein Wärmeaufwand von insgesamt zirka 122 Cal, was noch nicht

[1] Ind. engin. Chem. 26, 248 (1934).   [2] Ind. engin. Chem. 12, 490 (1920).
[3] Seifensieder-Ztg. 57, 329 (1930).

2 kg Steinkohle pro 100 kg entsprechen würde. Jedoch ist zu berücksichtigen, daß über die Menge des verwendeten Destillierdampfes keine Angabe gemacht ist. Nimmt man diesen zu 40 kg pro 100 kg Destillat an, so steigt der Gesamtwärmeaufwand auf mindestens das Dreifache. Es fehlen ferner die Wärmemengen für die Vorerhitzung der Rohfettsäuren auf 178° und den Dampf, der zum Betrieb des Gensecke-Strahlapparates benötigt wurde. Schließlich zeigt auch die Nachrechnung der in der Tabelle unter dem Stichwort „Wärmebedarf für die Erhitzung bis zum Siedepunkt" angeführten Zahlen, daß das Verhältnis zwischen eingeführter Rohfettsäure und Destillat etwa 10 : 7 gewesen sein muß, so daß also das Stadium der Enddestillation, bei dem vermutlich etwas mehr Wärme erforderlich ist, nicht erreicht wurde.

Destillationsrückstände[1].

Die Destillationsrückstände sind sowohl in ihrem Aussehen als auch in der chemischen Zusammensetzung sehr verschieden, je nachdem, ob sie aus kontinuierlich oder diskontinuierlich arbeitenden Anlagen stammen. Aus den kontinuierlichen Anlagen fällt in der Regel ein verhältnismäßig dünnflüssiger Säureteer an, dessen Menge bis zu 20% vom eingeführten Rohfettsäuregewicht beträgt und der außer den angereicherten unverseifbaren Bestandteilen hauptsächlich Neutralfett neben geringen Mengen freier Fettsäuren enthält. Die Rückstände müssen daher erneut aufgespalten werden. Will man diese Spaltung in Autoklaven durchführen, so muß man eine gründliche Vorreinigung vorangehen lassen, da andernfalls nur ungenügende Spaltgrade erreicht werden. Es empfiehlt sich auf jeden Fall, die Rückstände gesondert aufzuarbeiten und nicht den zur Destillation gelangenden Rohfettsäuren zuzumischen, da die Anreicherung an Schmutz und Zersetzungsprodukten andernfalls früher oder später zu Unzuträglichkeiten führt.

Die Aufspaltung der Rückstände mit konzentrierter Schwefelsäure wird hauptsächlich bei den aus diskontinuierlichen Anlagen stammenden Destillationsrückständen vorgenommen. Diese sind durch das längere Verweilen in der Blase von den Rohfettsäuren erheblich verschieden, enthalten Zersetzungs und Polymerisationsprodukte (Estolide, Laktone, Oxysäuren usw.) und würden daher auch bei einer schonenderen Art der Aufspaltung kein einwandfreies Destillat mehr liefern. Höchstens eine Mittelfraktion kann der Stearinstation zugeführt werden, die Vor- und Nachläufe dagegen müssen erneut destilliert, häufig auch vollkommen verworfen werden. Letzteres trifft besonders bei den Destillaten aus feuerbeheizten Blasen zu, die aber trotzdem für die Schlußdestillation vorzuziehen sind, da nur bei direkter Feuerung die hohen Temperaturen erreicht werden, die zu den besonders geschätzten harten *Stearinpechen* führen (D. R. P. 217026). Für diese ist eine Verwendung in der Lackindustrie, für Kabelisolierungen, Dachpappen usw. ohne weiteres gesichert, während die minder festen oder gar zähflüssigen Rückstände nur schwer nutzbringend zu verwerten sind.

D. Fabrikation von Stearin und Olein.
Von E. Schlenker, Mailand.
a) Trennung von Stearin und Olein durch hydraulische Pressung.

Unter *Stearin* versteht man im Handel die festen Anteile des aus härteren tierischen Fetten und einigen Pflanzenfetten, insbesondere Palmöl gewonnenen Fettsäuregemisches, die hauptsächlich aus Stearin- und Palmitinsäure bestehen, aber auch Oxystearinsäure, Isoölsäure, Stearolakton und ähnliche Verbindungen enthalten können. (Siehe Schwefelsäureverseifung, S. 491.) Die besser gewählte Bezeichnung „*technische Stearinsäure*" ist für dieses Produkt sehr

---

[1] Vgl. Marcusson: Ztschr. Dtsch. Öl-Fettind. 1921, 225.

wenig gebräuchlich, obwohl sie mehr am Platze wäre und die sich mitunter einstellenden Unklarheiten, die bei dem gleichzeitigen Gebrauch des Wortes „Stearin" für feste Fettsäuren soivie für das Triglycerid der Stearinsäure (Tristearin) entstehen, vermeiden würde.

Neben dem Stearin ist das zweite Hauptprodukt der Stearinindustrie das „Olein".

Das Wesen der Stearingewinnung kann durch nachfolgende beiden Schemen veranschaulicht werden:

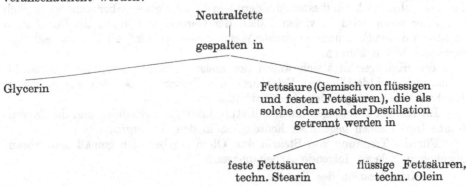

Neutralfette

gespalten in

Glycerin

Fettsäure (Gemisch von flüssigen und festen Fettsäuren), die als solche oder nach der Destillation getrennt werden in

feste Fettsäuren   flüssige Fettsäuren,
techn. Stearin   techn. Olein

Die Maßnahmen dieser Trennung sind schematisiert folgende:

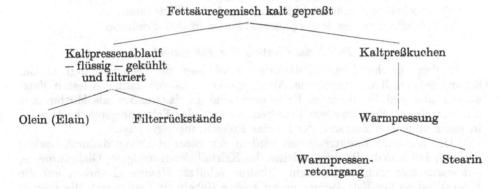

Fettsäuregemisch kalt gepreßt

Kaltpressenablauf   Kaltpreßkuchen
— flüssig — gekühlt
und filtriert

Olein (Elain)   Filterrückstände   Warmpressung

                          Warmpressen-   Stearin
                          retourgang

Die erste Maßnahme der Stearinfabrikation ist die Aufspaltung der Fette in Fettsäuren und Glycerin, die je nach Lage der Verhältnisse nach einer der bereits beschriebenen Fettspaltungsmethoden erfolgt.

Je nach Rohstoffqualität und Spaltmethode kann nun die Trennung der festen von den flüssigen Fettsäuren sofort erfolgen, oder man läßt eine Destillation der gespaltenen Fettsäuren vorausgehen. Man unterscheidet demgemäß die Fertigprodukte und spricht im ersteren Fall von *Saponifikatstearin* bzw. *Saponifikatolein*, im letzteren Fall dagegen von *Destillatstearin* und *Destillatolein*.

Die wesentlichen Unterschiede beider liegen, abgesehen von der durchwegs dunklen Farbe der Saponifikate, in der chemischen Zusammensetzung, die anders ausfällt, wenn eine Destillation vorangegangen ist, als wenn man sie ausfallen läßt. Destillate sind vor allem frei von Neutralfetten, da letztere bei der Destillation entweder zersetzt werden oder im Blasenrückstand verbleiben. Hingegen enthalten sie häufig eine größere Menge von unverseifbaren Bestandteilen, die durch die Destillation neu gebildet werden; in Destillaten, die in modernen Destillationsapparaten hergestellt sind, wird man sich allerdings dieses Unterscheidungsmerkmals nicht mehr bedienen können. Für Destillatstearine, welche aus acidifizierten Fettsäuren gewonnen werden, ist die Jodzahl charakteristisch; sie beträgt 10—15 Einheiten infolge der Anwesenheit der bei der Destillation gebildeten Isoölsäure; in gut gepreßten Saponifikatstearinen dagegen ist sie viel kleiner. Ein größerer Gehalt an festen Fettsäuren in einem Olein zeichnet das Produkt nicht, wie vielfach behauptet wird, als Saponifikatolein, da hierfür nur die Frage, ob eine Filtration vorgenommen wurde, ausschlaggebend ist und eine Filtration bei Saponifikaten zwar schwieriger — wegen ihres Gehaltes an kristallisationshinderndem Neutralfett —, aber nicht unmöglich ist. Eher schon wird in vielen Fällen der Geruch, der durch die Destillation in einer für den Fachmann typischen Weise verändert wird, ein Unterscheidungsmerkmal bilden können.

Technisch gestaltet sich wegen der meist geringer ausgeprägten Kristallisation der nichtdestillierten Fettsäuren die Preßarbeit bei den Saponifikaten beschwerlicher als bei den Destillatfettsäuren.

Im Handel überwiegen die Destillatprodukte ganz erheblich und die Saponifikate treten ihnen gegenüber heute ganz in den Hintergrund.

Für die Trennung von Stearin und Olein ergeben sich gemäß dem vorangegebenen Schema folgende Arbeitsphasen:

  a) Kristallisation der Fettsäuren.
  b) Abpressen der Fettsäurekuchen auf der Kalt- und Warmpresse.
  c) Aufarbeitung des Kaltpressenablaufes.
  d) Abkühlen und Abtrennen des Oleins.
  e) Abscheidung und Rückführung der festen Fettsäuren.
  f) Rückführung des Warmpressenablaufes in den Preßprozeß.

Die Kristallisation der Fettsäuren[1].

In den geschmolzenen Fettsäuren erscheinen die festen Säuren in der Ölsäure gelöst. Beim langsamen Abkühlen kristallisieren dann die festen Fettsäuren aus und die flüssigen Fettsäuren sind gewissermaßen als Mutterlauge zu betrachten. Beim raschen Erkalten erstarrt das Fettsäuregemisch dagegen in mehr amorphen Zustand, der für das Pressen ungeeignet ist.

Das langsame Erstarrenlassen wird in den Stearinfabriken dadurch herbeigeführt, daß man die Räume, in denen das Kristallisieren erfolgt — Gießräume —, gut warm hält und vor raschem Erkalten schützt. Hemmend wirken auf die Kristallisation der Fettsäuren: ein zu großer Gehalt an Neutralfett, die Gegenwart von unzersetzter Seife sowie Wasser und Schmutz. Ein gründliches Läutern der Fettsäuren vor deren Kristallisation ist daher nötig, und zwar nicht nur wegen dieser besseren Kristallisierbarkeit, sondern auch, weil schmutzige Fettsäuren auch schmutziges Stearin geben, dessen Läuterung dann schwierig ist.

Als Kennzeichen der guten Preßbarkeit gilt, daß der erstarrte Fettsäurekuchen ein kristallinisches Gefüge hat und bei mäßigem Fingerdruck Tröpfchen von Olein austreten läßt. Bestimmend ist dafür nach Dubovitz[2] das Verhältnis von Stearinsäure und Palmitinsäure, und zwar erhält man die besten Gemische dann, wenn diese beiden Fettsäuren ungefähr zu gleichen Teilen im Produkt enthalten sind. Es ist empfehlenswert, schon bei der Mischung der für die Stearinherstellung bestimmten Rohfette ihren Gehalt an den genannten Fettsäuren zu berücksichtigen und darauf hinzuarbeiten, daß das Fettsäuregemisch mit der erwähnten Zusammensetzung bei den Kaltpressen anlangt. Da man aber regelmäßig große Mengen von Retourgängen (s. S. 542) mit in Rechnung zu stellen

---

[1] Vgl. Piper, S. 463.   [2] Seifensieder-Ztg. 38, 1164f. (1911).

hat, deren Zusammensetzung und Kristallisationsvermögen von dem ursprünglichen Fettsäuregemisch abweicht, ist es in großen Fabriken angebracht, die endgültige Mischung auf Grund von Laboratoriumsversuchen erst kurz vor dem Vergießen in die Kristallisationswannen vorzunehmen und zu diesem Zweck die erforderliche Zahl von Mischgefäßen vorzusehen. Für kleinere Fabriken eignet sich diese Arbeitsweise nicht, weil sie zur Voraussetzung hat, daß bei der Spaltung und Destillation die einzelnen Fettsorten wenigstens einigermaßen getrennt gehalten werden, so daß man immer über einen gewissen Vorrat von besser und schlechter kristallisierenden Fettsäuren verfügt. Wo die dadurch bedingte Vergrößerung des im Umlauf befindlichen Fettquantums nicht tragbar erscheint, muß man sich daher auf seine Erfahrung verlassen und an der Zusammensetzung des einmal für gut befundenen Rohfettgemisches möglichst wenig ändern.

Übermäßig starke Kristallisation, zu der besonders Knochenfettsäure neigt, ist übrigens gleichfalls nachteilig. Die Pressung geht dann zwar sehr glatt vor sich, das fertige Stearin ist aber bröckelig und liefert leicht brechende Kerzen.

Abb. 187. Kristallisierwanne.

Das Kristallisieren der Fettsäuren erfolgt in etwa 70 cm langen und 35 bis 40 cm breiten Wannen (s. Abb. 187) mit zirka 4—6 kg Füllraum. Sie sind in der Regel aus einem Stück, ohne jede Lötung und ohne Henkel hergestellt und besitzen auf der einen Schmalseite eine Schnauze oder längliche Öffnungen.

Man stellt sie heute allgemein aus Legierungen her, die neben chemischer auch entsprechende mechanische Widerstandsfähigkeit haben, um der ziemlich starken Beanspruchung beim Ausschlagen (s. u.) gewachsen zu sein. Reines Aluminium ist daher für diesen Zweck weniger geeignet als Magnalium, Monel usw. Das Füllen der Pfannen erfolgt in dem BINETschen Gestell (Abb. 188).

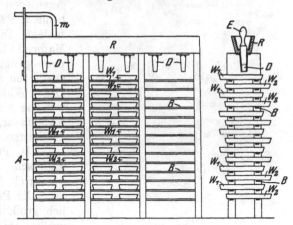

Abb. 188. BINETsches Gestell.

Das Gestell ist aus Holz oder Eisen angefertigt, die Wannen W_1, W_2 werden in vertikal übereinanderstehenden Reihen, die in Längsschienen B ihre Auflage finden, derart aufgestellt, daß jede der gebildeten horizontalen Reihen ihre Überlaufschnauze nach der einen Seite gerichtet hat und gleichzeitig nach dieser Seite gegenüber den unteren Partien etwas zurückgeschoben ist. Die nächsttiefere horizontale Lage von Pfannen ist mit ihren Schnauzen nach der entgegengesetzten Seite gewendet und wiederum nach dieser Richtung hin zurückgeschoben, wobei streng darauf zu achten ist, daß die Wannen aller Reihen in vollkommen horizontaler Lage ruhen, damit die Fettsäurekuchen gleichmäßig dick werden.

Oberhalb des Gestelles ist die hölzerne Rinne R angeordnet, die zur Zuführung der geschmolzenen, vom Rohr m zugeführten Fettsäure dient. Genau über jeder Wannenlage befindet sich in der Holzrinne ein Holzstöpsel D, durch den der Zufluß der Fettsäure geregelt wird. Die Fettsäure fließt durch die vom Stöpsel E freigegebene Öffnung in die oberste Wanne, füllt sie bis zur Höhe der Schnauze an, fließt dann in die darunterstehende Wanne und so fort, bis alle untereinanderstehenden Wannen der betreffenden Reihe gefüllt sind. Man schließt dann die erste Öffnung der Holzrinne und öffnet gleichzeitig die zweite, so daß auch die zweite Wannenlage Fettsäure empfängt und fährt so fort, bis die Fettsäure erschöpft ist.

Das Herausnehmen der Fettsäurekuchen aus den Kristallisierwannen erfolgt nach dem Erkalten derart, daß man sie auf einen Arbeitstisch umkehrt und aufschlägt. Gut kristallisierte und genügend fest gewordene Fettsäurekuchen fallen bei diesem „Ausschlagen" der Wannen ohne weiteres aus der Form, ohne zu zerbrechen. Weiche oder amorphe Kuchen bedürfen dagegen. eines recht kräftigen Aufklopfens, um die Form zu verlassen, und das gleiche tritt ein, wenn die Oberfläche der Wannen rauh geworden ist und das Anbacken der Kuchen ermöglicht.

Es ist günstig, wenn die 3—4 cm dicken Fettsäurekuchen nun nicht direkt gepreßt werden, sondern wenigstens einige Tage zuvor lagern. Die Erfahrung hat nämlich gelehrt, daß dieses längere Lagern, durch Eintreten einer Nachkristallisation die Preßarbeit wesentlich erleichtert und bei höherer Stearinausbeute ein stearinärmeres Olein erzielen läßt. Man hat auch vorgeschlagen, die Kuchen vor dem Pressen einige Tage in einem künstlich gekühlten Raum lagern zu lassen[1], um den Titer des Kaltpressenablaufs zu erniedrigen, doch werden die Kuchen· dann so hart, daß die Pressung mit normalen Pressen Schwierigkeiten bereitet.

Abb. 189. Kaltpresse.

Das Kaltpressen der Fettsäurekuchen.

Die Fettsäurekuchen müssen nun zunächst einzeln in Preßtücher derart eingeschlagen werden, daß man die überstehenden Ränder des Tuches allseitig umschlägt. Die Preßtücher müssen aus einem Material hergestellt sein, das einerseits porös genug ist, um die flüssige Fettsäure ausfließen zu lassen, anderseits dem hohen Druck Widerstand zu leisten vermag. Dicke Gewebe aus Ziegenhaar, besser aber aus Kamelhaar, eignen sich für diesen Zweck am besten.

Als Pressen kommen stehende hydraulische Pressen zur Anwendung, von der durch Abb. 189 gekennzeichneten Bauart. Der Preßtisch dieser Pressen ist ziemlich groß. Seine Fläche ist oft 10—15mal größer als die des Preßkolbens. Wenn diese Pressen daher auch mit einem Druck von 250 Atmosphären arbeiten, so ist der Druck in den Fettsäurekuchen doch nur 15—20 kg pro Quadratzentimeter, also relativ gering. Neuerdings geht man aber dazu über, Tisch- und Kolbenfläche in ein Verhältnis zu bringen, das die Erreichung von Drucken bis 35 kg/cm² auch im Kuchen erlaubt, wodurch allerdings die Beanspruchung der Tücher noch größer wird.

Einige ungefähr 10 mm starke Eisenplatten, die an den vier Seiten über die Säulen der Presse herausragen und an Ringen und Ketten derart aufgehängt sind, daß sie in der Ruhelage vollkommen horizontal liegen, dienen dazu, der beschickten Presse eine bessere Führung der Kuchen zu geben.

[1] Dubovitz: Seifensieder-Ztg. **36**, 316 (1909).

Das Beschicken der Presse erfolgt so, daß zwei oder mehr Fettsäurekuchen-pakete auf den Preßtisch nebeneinander gelegt werden, und darauf eine dünne, nur wenige Millimeter starke Eisenplatte kommt, deren Ränder aber kaum über die äußeren Ränder der Paketreihe hinausragen. Auf diese Eisenplatte legt man eine weitere Schicht Kuchen, dann folgt wieder eine dünne Eisenplatte und so fort, bis hinauf zur ersten aufgehängten Zwischenplatte, die somit einen Abschluß der unteren Kuchengruppe bildet. Ist die Presse gefüllt, wird sie unter Druck gesetzt, bis ein Austreten flüssiger Fettsäuren eben erst beginnt. Man läßt jetzt noch einmal den Preßkolben zurückgehen und beschickt den entstandenen Leerraum mit weiteren Kuchen. Erst danach beginnt die eigentliche Pressung, wobei auf ein langsames und gleichmäßiges Unterdruck-gehen der Presse zu achten ist. Wird dies befolgt und ist die Fettsäure gut kristallinisch, so erfolgt der Abfluß des Oleins ganz regelmäßig. Ein Austreten wurmartiger Gebilde aus den Poren der Preßtücher — „Wursteln" — deutet auf zu rasches Ansteigen des Druckes, schlecht kristallisierte Fettsäuren oder zerrissene Tücher hin. Durch langsames Arbeiten kann man häufig diesem Übel-stand, der die gewünschte Abtrennung der flüssigen Fettsäuren natürlich un-möglich macht, begegnen. In hartnäckigen Fällen aber bleibt nichts anderes übrig, als die Masse nochmals aufzuschmelzen und durch stark kristallisierte Fettsäuren aufzubessern.

In der ersten Phase der Pressung kann man die Arbeit schneller gestalten, wenn man sich hydraulischer Akkumulatoren bedient, die den Druck fast momentan bis auf 50 at zu bringen gestatten. Bei diesem Druck tritt nur wenig Olein durch die Tücher. Von da ab muß aber die weitere Drucksteigerung, die bis 250 und auch 300 at geht, langsam erfolgen. Die dazu benutzten Pumpen sind die gleichen, die bei der Ölgewinnung durch Pressung Anwendung finden.

Bei der Pressung gut kristallisierter Fettsäuren tritt das Olein klar durch die Filtertücher hindurch und fließt als feiner Strahl über die Preßplatten auf den muldenförmigen Preßtisch und von da in einen Behälter. Je nach Abkühlung der Fettsäuren, Lagerung und Temperatur des Preßraumes enthält das Kalt-pressenolein noch bis zu zirka 20% fester Fettsäuren. Die Fettsäurekuchen gehen während des Pressens von einer Dicke von 4 cm auf etwa 2 cm zurück und ver-lieren etwa 45% ihres Gewichtes. Sie enthalten noch ungefähr 10% Olein, die durch eine Warmpressung weitmöglichst zu entfernen sind.

Die künstliche Abkühlung der Kuchen vor der Pressung führt naturgemäß zu einem stearinärmeren Olein. Die Kuchen werden aber dabei so hart, daß die Pressung sehr langsam vor sich geht und die Oleinausbeute gering wird. Eine derartige Arbeitsweise hat sich daher nirgends durchgesetzt und man begnügt sich damit, die Kaltpressen und Kuchenlager in möglichst kühlen Räumen unter-zubringen, ohne aber zur künstlichen Abkühlung zu schreiten.

Die Warmpressung.

Der bei der Kaltpressung in den Preßkuchen verbleibende Rest an Ölsäure läßt sich zwar durch nochmaliges Abpressen der umkristallisierten Kaltpreß-linge in der Kaltpresse weiter etwas verringern, jedoch nicht soweit, daß die feste Fettsäure als Stearin anzusprechen wäre. Von einer Warmpressung zur Er-zeugung handelsüblichen Stearins kann daher nicht Abstand genommen werden, denn nur durch eine bei höherer Temperatur stattfindenden neuerlichen Pressung der Fettsäurekuchen kann der Rest an flüssigen Anteilen fast vollständig ent-fernt werden.

Die heute allgemein üblichen Stearinwarmpressen sind durchwegs liegend gebaut. Da bei dieser Konstruktion der Preßkopf nicht selbsttätig zurückgehen kann, bedient man sich entweder eines schweren Gegengewichtes. oder eines zweiten kleineren hydraulisch bewegten Kolbens, der in der Abb. 190 neben dem Zylinder des Hauptkolbens, gleichfalls liegend angeordnet, zu sehen ist.

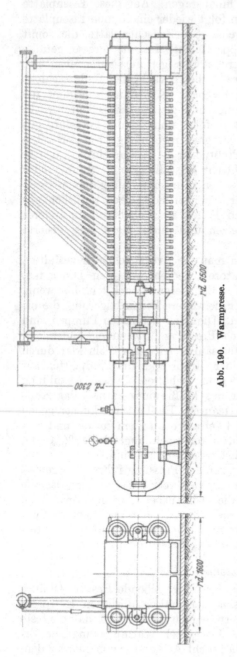

Abb. 190. Warmpresse.

rd 6500

rd 2300

rd 1600

Das Erwärmen der Fettsäurekuchen geschieht durch heizbare Preßplatten. Diese sind aus Stahl in einem Stück hergestellt und besitzen gebohrte Kanäle, durch die bei a (Abb. 191) Wasser oder auch niedrig gespannter Dampf geleitet wird, der bei b austritt. Ältere Konstruktionen, aus zwei verschraubten Teilen bestehend, hatten zwar den Vorteil der bequemeren Herstellung, denn das Bohren der Kanäle ist in Anbetracht der geringen Wandstärke des Werkstückes eine heikle Arbeit. Dafür ist aber bei den neueren Platten die Gewähr geboten, daß sie dicht halten, da keinerlei Packungen verwendet werden; auch ist die Reinigung nach einfachem Entfernen der Schraubenpfropfen m schnell und sicher durchzuführen.

Das Anwärmen dieser Platten kann mit Dampf oder heißem Wasser erfolgen, doch ist der Heißwasserbeheizung der Vorzug zu geben, da sie sehr regelmäßig durchgeführt und leicht kontrolliert werden kann.

Das in einem hochstehenden Bassin A befindliche, mit Dampf auf Temperaturen von 60—70° erwärmte Wasser tritt (Abb. 192) durch die Röhrchen r in die Kanäle, durchläuft die Platten und fließt dann in die Sammelrinne B. Der Warmwasserbehälter A ist mit Thermometer und am Boden mit einer Dampfschlange versehen, die ein beliebiges Anwärmen des Wassers gestattet. Die Speisung des Warmwasserbehälters erfolgt durch das mit Ventil V versehene Pumprohr s. Das Saugrohr kann in direkte Verbindung mit der Sammelrinne B (Rohrstück x) gebracht werden, so daß man kontinuierlich mit derselben Wassermenge arbeitet, wodurch die in dem Ablaufwasser aufgespeicherte Wärme nicht verlorengeht. R ist ein Überlaufrohr, welches einem Überspeisen des Warmwasserbehälters vorbeugt. M enthält die Verschraubungen der Wasserzu- und -ableitung an den Preßplatten, N ist ein Handgriff zum Verschieben der Platten. Die Wasserzuführungsröhrchen müssen der Bewegung der Preßplatten beim Preßprozeß folgen können und sind daher aus Gummischlauch hergestellt oder, wie Abb. 190 zeigt, aus Metallröhrchen, die an den Enden Gelenke tragen. H sind Dampfrohre zum Flüssighalten des Retourgangs, damit dieser abfließen kann.

Der Arbeitsvorgang bei der Warmpresse ist dem auf der Kaltpresse ähnlich.

Zwischen zwei aufeinanderfolgenden Platten der Warmpresse werden aber zunächst Preßmatten (Etreindelles) eingehängt und in diese die in Preßtücher eingeschlagenen Fettsäurekuchen. Diese Preßmatten dienen dazu, die Übertragung der Wärme von der beheizten Preßplatte auf die Fettsäurekuchen zu mäßigen und zu regulieren, denn bei direkter Berührung der eingepackten Kuchen mit den erhitzten Preßplatten könnten die Fettsäuren leicht voll ausschmelzen. Abb. 193 zeigt eine solche Preßmatte, die aus zwei viereckigen Stücken eines festen Roßhaargewebes besteht, welche in ihrem unteren Teil derart vereinigt sind,

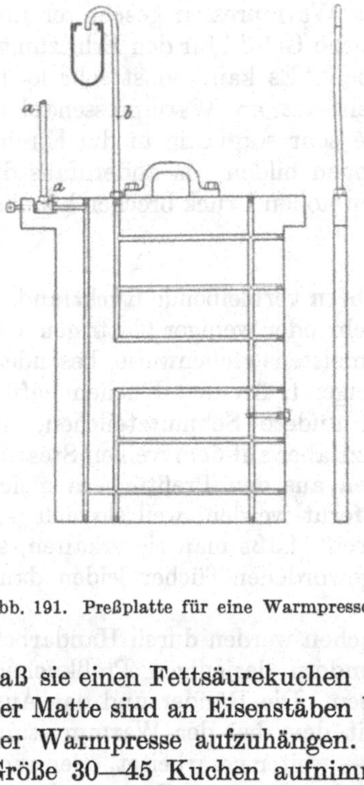

Abb. 191. Preßplatte für eine Warmpresse. 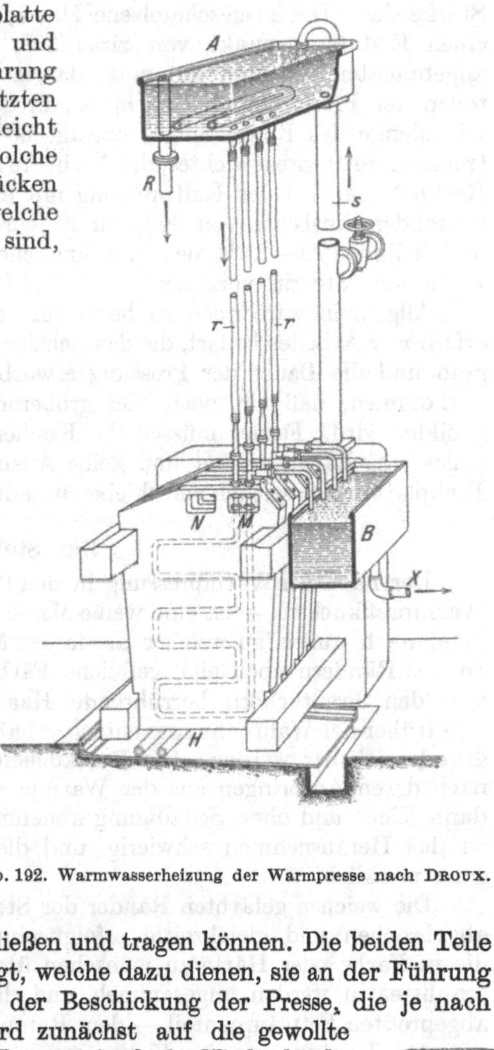   Abb. 192. Warmwasserheizung der Warmpresse nach DROUX.

daß sie einen Fettsäurekuchen einschließen und tragen können. Die beiden Teile der Matte sind an Eisenstäben befestigt, welche dazu dienen, sie an der Führung der Warmpresse aufzuhängen. Nach der Beschickung der Presse, die je nach Größe 30—45 Kuchen aufnimmt, wird zunächst auf die gewollte Temperatur angewärmt und dann die Presse mittels des Niederdruckakkumulators angepreßt. Dann erfolgt das Umstellen auf die langsamer arbeitenden Hochdruckpumpen. Die Qualität des bei der Warmpressung erhaltenen Preßrückstandes hängt zum Teil davon ab, in welcher Form man die Fettsäure der Warmpresse zuführt. Sehr häufig werden zwar einfach die von der Kaltpresse kommenden Pakete in die Etreindelles eingehängt. Die Preßlinge fallen aber dann sehr ungleichmäßig aus, und es wird stellenweise daher vorgezogen, die kaltgepreßte Fettsäure zunächst auszupacken und

Abb. 193.
Preßmatte.

in Kuchen von etwas geringerer Stärke, 2—3 cm, zu vergießen, als sie für die Kaltpressung üblich sind. Dafür ist natürlich ein besonderer Wannensatz erforderlich, da die Ablaufschnauzen (s. S. 537) entsprechend tiefer angebracht sein müssen. Die Mehrarbeit lohnt sich besonders dann, wenn an die Qualität des Stearins hohe Anforderungen gestellt werden.

Das Ende der Pressung erkennt man daran, daß nur mehr wenig Fettsäure von der Presse abläuft. Die Dauer der Warmpressung schwankt zwischen 45—60 Minuten. Die Fettsäurekuchen stellen nach der Pressung Scheiben von 1—2 cm Stärke dar. Die ausgeschmolzene Masse, Retourgang genannt, hat gewöhnlich einen Erstarrungspunkt von zirka 36°. Sie fließt in einen unter der Presse angebrachten Behälter und muß, da sie durch die Berührung mit den Eisenteilen der Presse rötlich gefärbt ist, in der Regel nochmals destilliert werden. Die Menge des Retourganges beträgt 60—70% des in die Warmpresse eingetretenen Fettsäuregewichtes, die Ausbeute an Stearin dementsprechend 30—40%. Rechnet man bei der Kaltpressung mit einer für Durchschnittsverhältnisse zutreffenden Ausbeute von 60% an Kaltpreßlingen, so ergibt sich die Tatsache, daß lediglich 20—25% des ursprünglichen Fettsäuregemisches die Pressen in Form von Stearin verlassen.

Allgemein wäre noch zu bemerken, daß das Warmpressen geschulter und erfahrener Arbeiter bedarf, die das richtige praktische Gefühl für den Erhitzungsgrad und die Dauer der Pressung erworben haben. Es kann sonst sehr leicht vorkommen, daß ein noch viel größerer Prozentsatz an Warmpressenablauf gebildet wird. Ferner müssen die Kuchenpakete sehr sorgfältig in die Etreindelles eingehängt werden und keine Ausbauchungen bilden, da andernfalls die Preßplatten sich seitlich verschieben und durch den hohen Druck brechen können.

Das Stearin.

Der nach der Warmpressung in den Preßtüchern verbleibende Rückstand — Warmpreßkuchen — ist eine weiße Masse von mehr oder weniger blättrigem Gefüge, nach außen zu weicher als in der Mitte, meistens stellenweise, besonders an den Rändern noch eine gelbliche Färbung zeigend. An den Kuchen haften von den Preßtüchern herrührende Haare und andere Schmutzteilchen, die sich früher der Wahrnehmung entzogen haben, jetzt aber auf dem weißen Stearingrunde sichtbar werden. Die Preßkuchen müssen aus den Preßtüchern gleich nach deren Ausbringen aus der Warmpresse entfernt werden, weil sie sich nur dann leicht und ohne Schädigung abnehmen lassen. Läßt man sie erkalten, so ist das Herausnehmen schwierig, und die hartgewordenen Tücher leiden dann ganz merklich.

Die weichen gefärbten Ränder der Stearinkuchen werden durch Handarbeit abgebrochen und gleichzeitig erfolgt ein Aussondern derjenigen Preßkuchen, die in Farbe oder Härte zu wünschen übrig lassen. Die Ränder und das Ausschußstearin werden angesammelt und dann mit dem bei der Warmpressung abgepreßten Fettsäureanteil — dem Retourgang — weiter verarbeitet, oder auch mit den Kuchen von der Kaltpresse wieder zusammengeschmolzen.

Für die Herstellung technischen Stearins genügen in der Regel eine Kalt- und eine Warmpressung. Will man ganz besonders schönes und hochschmelzendes Stearin erzeugen, so werden die Preßlinge nochmals aufgeschmolzen, verformt und warm gepreßt. Beinahe ebenso schönes Stearin erhält man aber durch eine zweite Warmpressung der aussortierten Ränder (s. o.), und das im Handel zu findende „Luxusstearin" ist meist auf diese Weise hergestellt.

Um das Stearin handelsfähig zu machen, wird es noch einer *Läuterung* unterworfen. Man bringt das abgeänderte Stearin in verbleite Gefäße und kocht es, nach Zugabe von etwas Kondenswasser, mit offenem, niedrig gespanntem Dampf kurze Zeit auf. Stearin, das für die Kerzenherstellung bestimmt ist, sollte mit Metall nicht in Berührung kommen, da Metallseifenspuren das Brennen der Kerze beeinträchtigen (vgl. Kerzenherstellung S. 594). Man findet daher häufig an Stelle der ausgebleiten Behälter Holzbottiche aus Pitchpine. Stellenweise läßt man sogar die wohl übertriebene Vorsicht walten, das Zuführungsrohr für die Bodenschlange nicht von oben, sondern seitlich, in der Höhe des Wasserspiegels eintreten zu lassen. Als Begründung dafür wird auch angegeben, daß die Farbe des Stearins durch Berührung mit dem heißen Dampfrohr leiden könnte.

Zum Absetzen und Klären überläßt man die Masse dann mehrere Stunden der Ruhe. Da das Stearin im Handel meist in Kuchen bzw. in Tafeln verkauft wird, muß es noch geformt werden. Würde man aber das Stearin heiß vergießen, so würde es nach dem Erkalten leicht ein unschönes Aussehen haben. Man rührt daher zunächst das Stearin in geeigneten Gefäßen so lange, bis sich ein Kristallbrei bildet, und vergießt es dann erst mittels kleiner Kannen in die Wannen. Zum Schönen setzt man vielfach dem heißen Stearin geringe Menge Anilinfarbe in violetter oder blauer Nuance zu, die als Komplementärfarbe zu einem etwaigen gelblichen Stich wirken und das Stearin weißer machen, allerdings häufig zu einem stumpfen Farbton führen. Die Bleichung der fertig geformten Kuchen durch längeres Lagern in hellen Räumen (*Luftbleiche*) ist besonders in sonnenreichen Ländern noch viel verbreitet und führt speziell bei Saponifikatstearinen zu schönen Erfolgen. Je weißer das Stearin ist, desto höher wird es geschätzt; außerdem soll es keine ausgesprochene Kristallisationsfähigkeit besitzen, frei von mechanischen Verunreinigungen sein und einen praktisch zu vernachlässigenden Aschegehalt aufweisen.

Der Erstarrungspunkt des gewöhnlichen Handelsstearins ist 52^0, doppelt gepreßte Ware erreicht 54 und manchmal sogar 56^0. Saponifikatstearine — also solche, die aus nicht destillierten Fettsäuren hergestellt sind — haben unter vergleichbaren Umständen einen höheren Erstarrungspunkt als die Destillatstearine, weil in letzteren die in der Regel vorhandene Isoölsäure erniedrigend auf den Erstarrungspunkt wirkt. Aus diesem Grunde werden auch in Destillatstearinen beträchtliche Jodzahlen (bis etwa 20) festgestellt, während gute Saponifikatstearine eine Jodzahl von nur 2—3 zeigen.

Ein großer Teil des erzeugten Stearins wird auch heute noch in der Kerzenindustrie verwendet, obwohl deren Verbrauch stark zurückgegangen ist. Die kosmetische Industrie benutzt Stearin für Gesichtcremes, Rasierseifen und ähnliche Artikel in nicht unbedeutenden Mengen, während die Lederindustrie, die früher zum Steifmachen des Leders speziell für Pferdegeschirre hochschmelzendes Saponifikatstearin bevorzugte, zu Ersatzstoffen übergegangen ist. Ein bedeutendes Absatzgebiet hat sich, offenbar aber nicht überall, in der Gummiindustrie bei der Vulkanisation des Rohkautschuks eröffnet[1]. In Italien endlich wird die Hauptmenge des erzeugten Stearins in der Zündholzindustrie abgesetzt.

Das Olein.

Da die Fettsäuren auf der Kaltpresse bei Zimmertemperatur gepreßt werden, hat der flüssige Ablauf der Kaltpresse einen der Raumtemperatur entsprechenden Titer, der aber für ein gutes Handelsolein zu hoch ist, vielmehr unter 10^0 liegen soll. Die im Olein gelösten festen Fettsäuren, deren Gehalt je nach Art der vorhergehenden Arbeit recht hoch sein kann, müssen daher durch Abkühlung des Kaltpressenablaufs ausgeschieden und danach abgetrennt werden.

Die künstliche Abkühlung des Kaltpressenablaufs. Da die Abkühlung sehr allmählich und bis auf unter 10^0 erfolgen soll, wenn man zu einem im Titer befriedigenden Olein kommen will, ist ein Kristallisierenlassen durch längeres Stehen in kühlen Räumen nicht angebracht und hat sich auch nicht bewährt.

---

[1] Ind. engin. Chem. **21**, 718—35 (1929).

Gegen einfaches Stehenlassen in großen Behältern spricht auch der Umstand, daß die bei der Kristallisation freiwerdende Kristallisationswärme (39 Cal. für Palmitinsäure, 47 Cal. für Stearinsäure) die Masse lange Zeit hindurch auf gleichbleibender Temperatur erhält und so die Beendigung der Kristallisation unmäßig lange hinauszögert. Daher ist ein durch künstliche Kühlung erfolgender Prozeß vorzuziehen, doch ist dabei wichtig, nicht in den umgekehrten Fehler zu verfallen und die Abkühlung in einem zu kurzen Zeitraum vornehmen zu wollen; die Fettsäuren müssen vielmehr Zeit finden, sich in einer gut filtrierbaren Form abzuscheiden.

Geschieht die Abkühlung des Kaltpressenablaufs zu schnell, so tritt ein amorphes Erstarren ein, und es bildet sich eine homogene teigartige Masse, in der man feste und flüssige Teile nicht unterscheiden kann und die durch Filtration nicht zerlegt werden kann. Der gleiche Zustand tritt dann ein, wenn die allmählich stattfindende Abkühlung bis zu einem zu tiefen Temperaturgrad fortgesetzt wird.

Vor der Abkühlung muß der Kaltpressenablauf aufgeschmolzen und durch Absetzen von Wasser befreit werden. In die Kühlanlage bringt man ihn erst dann, wenn er — gegebenenfalls in besonderen Gefäßen — Raumtemperatur angenommen hat.

Eine für die Oleinkühlung bewährte Apparatur nach Engelhardt zeigt Abb. 194.

Sie besteht aus einer Reihe von zylindrischen, oben offenen, doppelwandigen Behältern, in deren Mantelraum eine Kühlflüssigkeit zirkuliert, während der die Behälter durchlaufende, vom Sammelgefäß O kommende Kaltpressenablauf durch Rührwerke in Bewegung erhalten und bei D abgepumpt wird. Die sich an den Gefäßwandungen

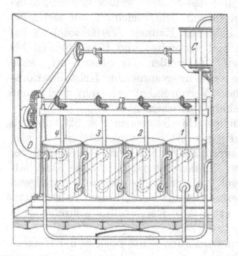

Abb. 194. Kühlapparat für Olein.

ansetzende erstarrte Fettmasse wird durch kreisende Schaber unausgesetzt abgestreift. Für die Erzeugung der Kühlflüssigkeit dient eine Eismaschine. Die mittels dieser Anlage bis auf wenige Grad über Null gekühlte Sole tritt auf der einen Seite in den Apparat ein, umspült die einzelnen Zylinder 1—4 und läuft auf der anderen Seite behufs neuerlicher Kühlung in den sogenannten Refrigerator der Eismaschine zurück. Im Gegenstromprinzip fließt das zu kühlende Olein durch den Apparat, und das bereits am meisten gekühlte Olein kommt so mit der kältesten Kühlflüssigkeit in Berührung. Man hat es bei dieser Anordnung in der Hand, die Kühlung nach Belieben zu regulieren und diese rasch oder langsam vorzunehmen. Ein Vorzug dieser Apparatur ist, daß sie bei ganz bedeutender Leistungsfähigkeit ein ununterbrochenes Arbeiten gestattet, indem von der einen Seite stets zu kühlendes Olein in den Apparat läuft und auf der anderen Seite das gekühlte Olein unmittelbar zu den Filtervorrichtungen abgeleitet wird.

Es ist zu bemerken, daß Apparate wie der eben beschriebene hauptsächlich für große Leistungen in Frage kommen und daher für kleinere Fabriken weniger geeignet sind. Vielerorts zieht man daher vor, den Kaltpressenablauf in viereckige verbleite Behälter von nur zirka 40 cm Breite — sogenannte Taschen — zu bringen, die in einem durch Rippenkühlkörper künstlich auf etwa 8° gekühlten Raum stehen. Die geringe Schichtbreite der in solchen Taschen befindlichen Fettsäure setzt dem Durchtritt der Kälte kein großes Hindernis entgegen, und die Kristallisation kann bei richtiger Auswahl der Kühlmaschine in 24—48 Stunden beendigt sein.

Einen für die künstliche Abkühlung des Oleins geeigneten Apparat beschreibt auch STIEPEL[1]. Der Apparat arbeitet gleichfalls kontinuierlich und erlaubt, jeweils kleine Mengen Olein mit einer großen Kühlfläche in Berührung zu bringen, wobei die Kristallisationswärme schnell abgeleitet wird.

Gegenüber der natürlichen Abkühlung bedeutet die Verwendung von Eismaschinen eine bedeutende Verkürzung der Arbeitsdauer und verbürgt außerdem einen immer gleichmäßigen, genügend tief (etwa bei 10^0) liegenden Erstarrungspunkt des Oleins. Freilich hängt die Kristallisationsgeschwindigkeit auch von der Art des Kaltpressenablaufes ab; solcher aus destillierten Fettsäuren verträgt eine weit raschere Abkühlung als der aus nicht destillierten Fettsäuren (Saponifikat). Infolge des Gehaltes an Triglyceriden, welche kristallisationshemmend wirken, tritt in letzterem Fall bei schnellerer Abkühlung weit eher ein amorphes Erstarren ein, das die Trennung der festen von den flüssigen Anteilen erschwert oder unmöglich macht.

Eismaschine, Ölsäurekühlapparat und Filterpressen sind in einem der Größe der Gesamtanlage angepaßten, gut isolierten Raum zusammenzustellen, um auch diesen ununterbrochen auf tunlichst niedriger Temperatur zu halten; in geeigneter Weise erfolgt das durch Kühlelemente mit stark gekühlter Sole an den Raumwänden.

Filtration. Wenn eine sorgfältige Regelung der Abkühlung vorangegangen ist, so macht die Abscheidung des festen und flüssigen Anteils mittels Filterpressen bei gut kristallisierbaren Massen keine Schwierigkeiten. Erleichtert wird sie noch dadurch, daß man die auskristallisierte Masse eine Zeitlang zum „Ausreifen" in gut isolierten Behältern stehen läßt und den Filterpressen dann die überstehende Flüssigkeit zuerst zuführt, wodurch die Leistung wesentlich erhöht wird. Rahmenfilterpressen eignen sich besser als Kammerfilter. Die Rahmen geben Raum für eine ziemlich große Menge fester Filterrückstände, so daß das Entleeren der Filterpresse nicht so häufig notwendig wird wie bei den Kammerpressen. Auch lassen sich die in den Rahmen gebildeten Fettsäurekuchen bequemer entfernen, als dies Filterkammern gestatten. Die Verwendung von Filterpressen mit Kühlplatten, durch die Kühlwasser zirkuliert, um sie auf entsprechend niedriger Temperatur zu halten, ist nicht erforderlich. Bemerkt sei jedoch, daß es zweckmäßig ist, auch den Filterraum selbst möglichst kühl — auf 10 bis 12^0 — zu halten. Man verwendet gewöhnlich Filterpressen mit Platten und Rahmen aus Eisen, weil diese einen höheren Druck aushalten als die an sich besser geeigneten Holzrahmen. In Anbetracht der niedrigen Filtrationstemperatur ist der durch die Ölsäure ausgeübte chemische Angriff übrigens gering.

Die Einbringung der gekühlten Masse in die Filterpresse erfolgt mittels Kolbenpumpe. Der Filtervorgang selbst bedarf besonderer Vorsicht, wenn er möglichst lange aufrecht erhalten werden soll; dazu gehört eine gewisse Übung. Bei Beginn muß man langsam arbeiten, damit sich die Filtertücher nicht sofort verschmieren und sich zunächst eine dünne Schicht von kristallisierter Fettsäure auf den Tüchern ablagert, welche dann bei Fortgang der Filtration selbst als filtrierende Schicht dient. Der Druck in der Filterpresse muß immer dem Ablauf von Olein angepaßt werden. Läuft es trübe ab, so ist der Druck zu stark und die Pumpe muß dann zeitweilig stillgesetzt oder auf wesentlich langsamere Tourenzahl gebracht werden. Es ist daher notwendig, bei Transmissionsantrieb Vorkehrungen an der Pumpe zu treffen, die dies ermöglichen. Eine solche Einrichtung haben die Pumpen nach PORGES-WEINSTEIN (Maschinenfabrik Königsfeld-Brünn). Das Prinzip beruht darauf, daß der größere Druckkolben einen kleineren und dieser noch einen dritten eingebaut erhält, die man je nach Belieben abwechselnd durch Einschieben von Keilstücken in Tätigkeit setzen kann. Die Filterpresse selbst soll mit Sicherheitsventil und Manometer versehen sein. Ersteres soll

---

[1] Ztschr. Dtsch. Öl-Fettind. **1926,** 419.

sich bei einem Druck von über 10 Atmosphären selbsttätig öffnen und den Rücklauf des eingepreßten Oleins in den Vorratsbehälter ermöglichen. Bei einem Druck von 3—4 Atmosphären ist die Filterpresse gewöhnlich voll, d. h. der sich bei guter Arbeit in den Filterrahmen bildende Kuchen erfüllt dann diesen Raum vollständig und läßt keinen Platz mehr für das Ablagern weiterer fester Anteile des Filtermaterials. Die Pumpe wird dann abgestellt und die Presse geöffnet. Die in den Kammern zurückbleibenden Fettsäurekuchen sollen so fest sein, daß sie in ganzen Stücken entfernt werden können. Kleben die Kuchen an den Tüchern und sind die Kammern mit gleichförmigem Material gefüllt, so ist dies ein Zeichen, daß einer der Fehler vorliegt, auf die vorstehend aufmerksam gemacht worden ist.

Um die (baumwollenen) Filtertücher dauernd gut durchlässig zu erhalten, müssen sie von Zeit zu Zeit gewaschen werden, um ihre Poren wieder zu öffnen. Das geschieht am besten mit heißer Sodalösung in Waschmaschinen.

Das so gewonnene technische *Olein*, auch *Elain* genannt, enthält immer noch geringe Mengen gelöster fester Fettsäuren, die bei längerem Lagern, insbesondere bei tieferen Temperaturen, sich allmählich ausscheiden können. Dies ist kein Anlaß zu einer Beanstandung, wenn nur die Gesamtmasse des Oleins den verlangten Erstarrungspunkt hat. Bei der Verwendung in der kalten Jahreszeit ist es deshalb durchaus nötig, den gesamten Inhalt der Fässer zu entleeren und eventuell durch schwaches Erwärmen flüssig zu machen.

Der Filterrückstand, auch Filtergatsch genannt, fällt von den Pressen in eine darunter stehende Wanne, wo er aufgeschmolzen und in Bassins weitergeleitet wird. Zur Entfernung der vorhandenen Eisenseifen erfolgt hier ein Aufkochen mit verdünnter Schwefelsäure. Ist die Farbe dann noch befriedigend hell, so kann er noch einmal der Kaltpreßarbeit zugeführt werden. Handelt es sich um Destillatprodukte, so muß bei dunklerer Farbe der Filtergatsch vorher redestilliert werden. Handelt es sich um Saponifikatprodukte, so wird er der Spaltung wieder zugeführt.

Der Erstarrungspunkt von technischem Olein soll etwa 10^0 nicht überschreiten. Höhere Erstarrungspunkte weisen auf einen Gehalt an festen Fettsäuren hin, bei bedeutend niedrigeren ist der Verdacht der Anwesenheit höher-ungesättigter Fettsäuren begründet. Eine hohe Jodzahl — reine Ölsäure hat J. Z. 89,9 — würde diesen Verdacht bestätigen, da ein Gehalt an festen gesättigten Fettsäuren die Jodzahl erniedrigt. Die Anwesenheit von Fettsäuren mit mehreren Doppelbindungen kann mit Sicherheit nur aus der Rhodanzahl erschlossen werden[1].

Der Versand des Oleins wird in Holzfässern oder ausgebleiten Eisenfässern vorgenommen. Die Bleiauskleidung wegzulassen, wie es manchmal geschieht, empfiehlt sich zumindest dann nicht, wenn das Olein für die Textilindustrie bestimmt ist. Es geschieht nämlich häufig genug, daß die Fässer vor der Entleerung längere Zeit, manchmal auch an warmen Orten gelagert werden und dann merkliche Mengen von Eisen an den Inhalt abgeben. Für die Verwendung sind daraus nach Kehren[2] allerdings keine schlimmen Folgen zu befürchten, immerhin wird der in der Textilindustrie immer noch eine große Rolle spielende *Mackeytest*[3] durch Eisenseifen ungünstig beeinflußt und die daraus sich ergebenden Beanstandungen sollten besser vermieden werden.

Trennung durch Zentrifugen. Es ist auch vorgeschlagen worden, die Filtration statt durch Filterpressen durch Zentrifugen auszuführen. Aus den beschriebenen Vorbedingungen für eine gute Filterarbeit ergibt sich aber, daß Zentrifugen hier ungeeignet sind. Es ist kaum möglich, die Tourenzahl so zu regulieren, daß der Filter-

---

[1] Kaufmann: Ber. Dtsch. pharmaz. Ges. **33**, 139 (1923); Ztschr. Unters. Lebensmittel **51**, 15 (1926).
[2] Chem. Umschau Fette, Öle, Wachse, Harze **38**, 159 (1931); **39**, 79 (1932); vgl. auch Erasmus: Allg. Öl- u. Fett-Ztg. 27, 367 (1930).
[3] Holde-Bleyberg: Kohlenwasserstoffe und Öle, 7. Aufl., S. 898.

druck nur allmählich wächst, und es tritt sehr bald ein, was für einen guten Durchlauf des flüssigen Anteils des auszuschleudernden Produkts vermieden werden muß: starkes Anpressen der festen Fettsäureanteile an die Filterwände und als Folge baldiges Verschmieren der Filterfläche, so daß der Durchfluß bald aufhört. Die Zentrifugenarbeit konnte sich deshalb auch nirgends dauernd einführen.

Fabrikation von Ersatzoleinen.

Unter den Bezeichnungen *Saponifikatolein, technisches Olein* usw. kommen in neuerer Zeit Produkte in den Handel, die nicht über den Weg der auf S. 534 ff. geschilderten Preßarbeit gewonnen worden sind und in der chemisch-technischen Industrie, gelegentlich auch in der Seifenindustrie, Anwendung an Stelle des eigentlichen Oleins finden. Es ist hier nicht der Ort, um zu den zahlreichen Diskussionen Stellung zu nehmen, die darüber geführt worden sind, wie weit diese Erzeugnisse als Olein anzusprechen sind[1]. Soweit mit ihnen keine Täuschung des Käufers herbeigeführt wird, ist gegen sie nichts einzuwenden, und es bleibt nur zu wünschen, daß die häufig festgestellten Mißbräuche durch eine einheitliche Nomenklatur in absehbarer Zukunft unmöglich gemacht werden.

In primitivster Weise werden Ersatzoleine durch Zersetzen der bei der Speiseölraffination (vgl. S. 30) abfallenden Seifenstocks mit verdünnter Mineralsäure hergestellt. Sie enthalten größere Mengen Neutralöl und haben mit den echten Oleinen daher kaum etwas gemeinsam. Durch Nachspaltung des Seifenstocks, häufiger noch durch Verseifen der neutralen Bestandteile und nachfolgende Behandlung mit Schwefelsäure, kommt man dagegen zu Fettsäuregemischen, die bis zu 100% freie Fettsäuren enthalten und in ihrem Erstarrungspunkt einem filtrierten Olein um so näher stehen, je mehr flüssige Fettsäuren mit mehreren Doppelbildungen das Ausgangsprodukt enthalten hat. Gleiches läßt sich natürlich durch eine analoge Behandlung von Neutralölen erreichen, doch sind, sogar wenn von Leinöl, Sojaöl oder desodorisierten Tranen[2] ausgegangen wird, die Erstarrungspunkte für manche Verwendungszwecke immer noch zu hoch, und es entsteht daher der Wunsch, die festen Fettsäuren in einem besonderen Arbeitsgang abzutrennen. Die Methode der hydraulischen Pressung muß natürlich ausscheiden, da diese Fettsäuregemische wegen ihres zu niedrigen Titers keine preßbaren Kuchen ergeben. Anderseits ist die erstarrte Masse bei gewöhnlicher Temperatur nicht beweglich genug, und daher ist eine fraktionierte Kristallisation und Filtration geboten. Ein genügendes Kristallisationsvermögen der vorliegenden Fettsäuren ist allerdings unerläßliche Vorbedingung. Liegt z. B. eine Fettsäure mit einem Titer von zirka 30⁰ vor, so wird sie zunächst nur soweit abgekühlt, daß eine noch gut bewegliche Masse besteht. Nach der ersten Filtration wird das Filtrat weiter abgekühlt, zum zweitenmal filtriert und der Filterablauf nötigenfalls ein drittesmal der gleichen Behandlung unterworfen.

Umständlicher als die Preßarbeit der Stearinindustrie ist diese Methode, wie bereits bemerkt, immerhin durchführbar und technisch verwendbar bei gut kristallisierenden Fettsäuren weicherer Beschaffenheit. Daß aber die Ausbeute an flüssigen Produkten keine sehr gute sein kann, ergibt sich aus der wiederholten Kristallisation bzw. Filtration.

b) Trennung der festen und flüssigen Fettsäuren ohne Verwendung von Pressen.

Um die sehr zahlreichen, in frühe Zeiten zurückreichenden Bemühungen, von der Preßarbeit loszukommen, zu verstehen, muß man sich vor Augen halten, welche Vorteile aus einem Gelingen entspringen würden. Die Preßarbeit selbst verursacht verhältnismäßig geringfügige Unkosten sowohl an Kraft als auch an Dampf und Handarbeit. Sogar der beträchtliche Preis der Pressen selbst fällt angesichts ihrer fast unbeschränkten Lebensdauer nicht entscheidend ins Gewicht.

Größere Kosten dagegen verursachen schon die aus wertvollem Fasermaterial hergestellten Tücher für die Kalt- und Warmpressung, die Etreindelles der Warmpressen und, in geringerem Maße, die Filtertücher für die Filtration

---

[1] Vgl. STADLINGER: Ztschr. Dtsch. Öl-Fettind. **1923**, 129, 248. — STIEPEL: Ebenda **1923**, 246; **1925**, 217. — SCHLENKER: Allg. Öl- u. Fett-Ztg. **26**, 135 (1929); Seifensieder-Ztg. **55**, 37 (1928) usw.

[2] STIEPEL: D. R. P. 305702. — BOEHM: D. R. P. 230123.

des gekühlten Kaltpressenablaufes. Wenn man bedenkt, daß ein einziger Warm-
preßsack einwandfreier Qualität auf kaum viel weniger als 8—10 Mark zu stehen
kommt, wird es einleuchten, daß der Einfluß dieser Kostenstelle auf den Gestehungspreis des Endproduktes immerhin in Betracht zu ziehen ist. Bedeutend
größer, ja entscheidend für den Vergleich mit einem (vorläufig der Zukunft
vorbehaltenen), die vollständige Trennung verbürgenden neuen Verfahren ist
die Tatsache, daß die Pressung große Mengen von Abfallprodukten liefert, die
mit 30% eher zu niedrig als zu hoch eingeschätzt sind. Sowohl die in dem Kaltpressenablauf noch enthaltenen festen Fettsäuren als auch der gesamte Warmpressenablauf müssen zumindestens den Kreislauf des Formens der Fettsäuren und
der Pressung, meistens aber auch den der Destillation nochmals durchlaufen, so
daß also neben den dadurch verursachten effektiven Verarbeitungskosten auch die
durch die Destillation entstehenden Verluste in Betracht zu ziehen sind. Einen
beträchtlichen Aufwand an Handarbeit erfordert die Formung der für die Pressung
bestimmten Fettsäuren, das Einwickeln in Tücher und das Auspacken, der
Transport zu und von den Pressen usw. Dann ist noch der Kapitalaufwand in
Rechnung zu stellen, da in den nach dem Preßverfahren arbeitenden Fabriken
ein Vielfaches der täglichen Produktion in Form von Halbprodukten in Umlauf
gehalten werden muß. Man wird so zu dem Schluß kommen, daß die Arbeit,
welche von zahlreichen Erfindern aufgewendet worden ist, um Wege zur Vermeidung der Preßarbeit ausfindig zu machen, ihre Berechtigung findet. Bisher
vermochte kein einziges dieser Verfahren die Preßarbeit im Großbetrieb zu verdrängen, was allerdings kein Beweis für die Unlösbarkeit des Problems ist.

Da die flüssigen und festen Fettsäuren verschiedene Löslichkeit besitzen,
wurde verschiedentlich versucht, durch selektives Herauslösen der leichter
löslichen flüssigen Bestandteile die Trennung zu erreichen. Deiss[1] glaubte,
schon durch einen Zusatz von 20% Schwefelkohlenstoff, berechnet auf das
Fettsäuregemisch, dieses Ziel erreichen zu können; nach ihm haben G. D. Clark[2]
und eine Reihe anderer Autoren in ähnlicher Richtung sich bemüht. Von ihnen
verdient E. Petit[3] einiges Interesse, der u. a. auch mit Wasser mischbare Lösungsmittel in Anwendung brachte und durch Zusatz von Wasser zu den Fett-
säurelösungen eine fraktionierte Kristallisation erreichte. Eine praktische Bedeutung kommt keinem dieser Verfahren zu. Von den vielen vorgeschlagenen
Lösungsmitteln ist Alkohol noch am geeignetsten, und es sollte beim heutigen
Stand der Technik nicht schwerfallen, die Verluste bei der Rückgewinnung
dieses Lösungsmittels in erträglichen Grenzen zu halten. Da reiner Alkohol
zuviel Stearin auflöst, verwendete Pastrovich[4] verdünnten Alkohol vom spezifischen Gewicht 0,872—0,885 in 2,5—3facher Menge, gelangte aber auch dann
nur zu einem stark stearinhaltigen Olein, während das Stearin bis auf eine gräu-
liche Färbung sehr gut ausfiel; die letztere konnte er durch Behandlung mit
Entfärbungsmitteln beseitigen. Charitschkoff[5] fand gleichfalls etwas verdünnten Alkohol ($D_{15} = 0,886$) brauchbar und entfernte die färbenden Bestandteile des Stearins durch Waschen mit Benzin. Dubovitz[6] hat, übrigens ohne
den Anspruch auf technische Anwendung zu erheben, erst vor kurzem gezeigt,
daß sich sehr reines Stearin erhalten läßt, wenn man das von den Kaltpressen
kommende Fettsäuregemisch im Verhältnis 1:1 in 90%igem Alkohol auflöst
und nach dem Erstarren der Lösung einer Pressung unterwirft.

Die Gründe für das Versagen derartiger Methoden sind vor allem darin
zu finden, daß Ölsäure für sich ein sehr gutes Lösungsmittel für Stearin darstellt

[1] Bull. Soc. Chim. 20, 431 (1873).   [2] Ber. 1874, 1830.
[3] D. R. P. 50301 (1888).   [4] Chem. Revue Öle, Fette 1904, 1.
[5] Chem. Revue Öle, Fette, Harze 12, 108 (1905).   [6] Chem.-Ztg. 54, 814 (1930).

und daher das Lösungsvermögen der reines Stearin nicht oder wenig aufnehmenden Lösungsmittel derartig erhöht, daß die vollkommene Trennung ausgeschlossen ist. Dieser Übelstand läßt sich durch Anwendung tiefer Temperaturen
zwar mildern, auszuschließen ist er aber nie. Erschwerend kommt weiter in
Betracht, daß das Stearin aus Lösungen, in denen gleichzeitig Olein anwesend
ist, so feinkörnig kristallisiert, daß eine Filtration nur bei Anwendung großer
Mengen von Lösungsmitteln möglich ist. Der außerordentlich feine Kristallbrei
hält außerdem das Lösungsmittel hartnäckig fest und ist durch Filtration allein
nicht davon zu befreien. Soweit Alkohol als Lösungsmittel gewählt wird, ist
schließlich zu beachten, daß beim Erhitzen zwecks Austreibung von Lösungs-
mittelresten eine wenn auch geringfügige Veresterung stattfindet, die Verluste
und Geruchsveränderungen bedingt.

In jüngster Zeit versuchte MAUERSBERGER[1] dem Problem, die Trennung
durch Lösungsmittel zu erreichen, in folgender Weise beizukommen:

In seinem ersten Patent[2] weist der genannte Erfinder zunächst darauf hin,
daß Lösungen von Fettsäuregemischen in Kohlenwasserstoffen das Stearin in
nicht filtrierbarer Form auskristallisieren lassen. Nimmt man aber die Kristallisation in Gegenwart von feinverteilten Körpern vor, so fällt das Stearin körnig
aus und kann mit Filterpressen abgetrennt werden. Die Zusatzkörper dürfen
in den Fettsäuren löslich, müssen aber in Kohlenwasserstoffen unlöslich sein.
Als geeignet werden Silikate, Borate, viele organische und anorganische Salze,
aber auch Borsäure und Kieselsäure angesehen.

In einem folgenden Patent[3] begründet der gleiche Erfinder die Unbrauch-
barkeit von Alkohol als Lösungsmittel für den vorliegenden Zweck und beschreibt etwas genauer die Art der als Lösungsmittel von ihm angewendeten
Kohlenwasserstoffe: Sie sollen stark toluol- und xylolhaltig sein und zwischen
105 und 175° sieden. Ein derartiges Gemisch ist einerseits wenig flüchtig und
bietet so Schutz gegen Verdunstungsverluste und läßt sich anderseits mit
Wasserdampf gut abtreiben. An Stelle des oben erwähnten Zusatzes von festen
Körpern kann man die kristallinische Ausscheidung des Stearins auch so erreichen, daß man in der Lösung eine durch Wasser verursachte kolloidale Trübung
hervorruft. Zu diesem Zweck versetzt man die Lösung mit wenigen Prozenten
eines stark wasserhaltigen niederen Alkohols, z. B. Methylalkohol oder Keton
bei 40—50° und läßt die Lösung eine Zeitlang stehen.

Ausführungsbeispiel:

In geeigneten Kesseln mit Kühlmantel und langsam laufendem Rührwerk werden
1000 kg geschmolzene, nach TWITCHELL gespaltene Knochenfettsäuren (S. Z. = 197,
J. Z. = 49) mit 700 kg Kohlenwasserstoffen (s. o.) zusammengerührt. Der klaren
Lösung werden unter Rühren 50—70 kg eines 75%igen Methylalkohols beigefügt.
Man rührt nun unter guter Kühlung langsam weiter, bis die Temperatur der Fett-
säurelösung 10—12° aufweist, wobei diese zu einem kristallinischen Brei geworden
ist. Dieser Brei wird bei mäßigem Druck durch Filterpressen geschickt.

Die Stearinkuchen werden aus der Filterpresse genommen und aufgeschmolzen.
Hierbei scheidet sich der größte Teil des zugefügten verdünnten Alkohols wieder aus
und wird beim folgenden Ansatz mitverwendet. Hierauf wird aus dem geschmolzenen
Kuchen bei etwa 90° aller noch enthaltene Methylalkohol abdestilliert und darauf
durch Einblasen von Dampf das Lösungsmittel abgetrieben. Man erhält so ein
Stearin vom Schmelzpunkt 52—54° und Jodzahl 5—7.

Soll ein höherer Schmelzpunkt erreicht werden, so rührt man die aus der Filterpresse kommenden Kuchen kalt mit etwa der gleichen Menge Lösungsmittel etwa
1 Stunde gut durch und schickt die Mischung nochmals durch die Filterpresse.

Die Mutterlauge der ersten Pressung wird zur Abscheidung der geringen noch in

---

[1] D. R. P. 573456, 578858, 579937.
[2] D. R. P. 573456.   [3] D. R. P. 578858.

Lösung befindlichen Menge Stearin auf etwa 3⁰ heruntergekühlt, wobei noch eine geringe Kristallisation eintritt, alsdann abfiltriert und besonders aufgearbeitet, da sie viel Oxystearinsäure enthält. Das Filtrat wird hierauf vom Lösungsmittel befreit, wobei als Vorlauf ebenfalls etwas Methylalkohol erhalten wird. Es verbleibt ein Olein mit einem Erstarrungspunkt von 10—11⁰. Die Ausbeuten sind folgende:

$$
\begin{array}{ll}
\text{Stearin vom Schmelzpunkt 52—54}^0 \dots\dots & 440 \text{ kg} \\
\text{Zwischenprodukt} \dots\dots\dots\dots\dots\dots & 80 \text{ „} \\
\text{Olein vom Erstarrungspunkt 10—11}^0 \dots\dots & 470 \text{ „} \\
\text{Verlust} \dots\dots\dots\dots\dots\dots\dots\dots\dots & 10 \text{ „}
\end{array}
$$

In einem dritten Patent[1] endlich. geht Mauersberger von Fettsäuregemischen aus, die bereits Emulgatoren enthalten. Neben Sulfonsäuren höherer Alkohole. deren Ester und anderen Emulgatoren wird besonders Ammoniakseife als geeignet empfohlen. Das so hergestellte Gemisch wird dann wieder in Kohlenwasserstoffen gelöst und in ähnlicher Weise wie vorher weiterverarbeitet.

Die Verwendung von fettsaurem Ammonium als Emulgator erweist sich deswegen als besonders vorteilhaft, weil beim Abtreiben des Lösungsmittels aus den in der Filterpresse gebildeten Stearinkuchen sich der kleine Prozentsatz von fettsaurem Ammonium wieder in Fettsäure und Ammoniak aufspaltet, wobei das Ammoniak mit den Lösungsmitteldämpfen fortgeführt wird, so daß in dem erhaltenen Endprodukt kein Fremdkörper mehr vorhanden ist.

Obwohl streng genommen nicht in dieses Kapitel gehörend, soll hier doch auf die bemerkenswerte Tatsache verwiesen werden, daß technisch auch die *Trennung der Ölsäure ·von Fettsäuren mit mehreren Doppelbindungen* versucht worden ist. Nach einem Verfahren der Allgemeinen Gesellschaft für Chemische Industrie[2] soll sich diese Zerlegung durch Extraktion mit Schwefeldioxyd bei bestimmten Temperaturen ausführen lassen.

Den mit Lösungsmitteln arbeitenden Verfahren schließen sich andere an, die eine *Emulgierung der flüssigen Fettsäuren* bezwecken, wobei von dem erstarrten oder nachträglich zur Erstarrung gebrachten Fettsäuregemisch ausgegangen wird. Die betreffenden Erfinder haben offenbar die Vorstellung, daß ein derartiges Gemisch Olein in feinster mechanischer Verteilung neben dem Stearin enthält. Nach der Vorschrift der Fratelli Lanza[3] werden die gut zerkleinerten Fettsäuren mit der gleichen Menge eines Gemisches von 90 Teilen Schwefelsäure von 1⁰ Bé und 10 Teilen einer 2—3%igen Sulfoölsäurelösung 30 Minuten gerührt und dann weitere 30 Minuten der Ruhe überlassen. Das Olein schwimmt dann auf der Flüssigkeit, während sich die festen Fettsäuren fein kristallisiert absetzen oder im wäßrigen Medium suspendiert bleiben. Wie nicht anders zu erwarten, bietet die Filtration derartiger Emulsionen erhebliche Schwierigkeiten, denen die Erfinder durch abwechselnde Druck- und Saugfiltration zu begegnen suchen. Davon abgesehen, enthält das gewonnene Stearin noch größere Mengen von flüssigen Fettsäuren.

Ein ganz ähnliches Verfahren hat sich Twitchell[4] schützen lassen und konnte sich dabei auf die Tatsache stützen, daß die als Twitchellreagenz bekannten Sulfofettsäuren und deren Natriumsalze gute Emulgatoren für Fettsäuren sind.

In mannigfaltigster Weise wird auch versucht, die gewünschte Trennung, statt an den freien Fettsäuren selbst, an ihren *Seifen* durchzuführen. Die Meinung, daß eine stufenweise Verseifung in der Weise möglich sei, daß bei Verwendung einer zur völligen Verseifung nicht ausreichenden Alkalimenge zunächst die flüssigen Fettsäuren in Seifen verwandelt würden[5], hat allerdings schon

---

[1] D. R. P. 579 937.   [2] D. R. P. 434 794.
[3] D. R. P. 191 238; Seifensieder-Ztg. **35**, 23 (1908).
[4] A. P. 918 612 (1909); Seifenfabrikant 1910, 55, 30.   [5] Baudot: D. R. P. 37 397.

THUMS[1] als irrig erkannt. Man kann aber, wie STIEPEL vor kurzem gezeigt hat (S. 552), mit einer ähnlichen Arbeitsweise dennoch zum Ziel kommen, wobei aber nicht eine stufenweise Verseifung, sondern die verschiedene Löslichkeit der Metallseifen fester und flüssiger Fettsäuren ausschlaggebend ist.

Auf der verschiedenen Löslichkeit der *Ammoniakseifen* fester und flüssiger Fettsäuren beruht das Verfahren von GARELLI, BARBET und DE PAOLI[2], das eine Trennung mit heißem Wasser vorsieht.

Das Verfahren von Bamag-Meguin A. G. und E. SCHLENKER[3] betrifft ein Verfahren zur Trennung fester und flüssiger Fettsäuren aus einem in Lösung befindlichen Gemisch durch Verseifen und Ausfällen der festen Fettsäuren als schwerlösliche Metallseifen, dadurch gekennzeichnet. daß die Fette nacheinander oder gleichzeitig mit zwei Verseifungsmitteln behandelt werden, von welchen das eine in dem verwendeten Lösungsmittel unlösliche, das andere lösliche Seifen liefert.

Die Menge der Verseifungsmittel wird so gewählt, daß jedes für sich zur vollkommenen Verseifung der angewendeten Fettmenge nicht ausreicht. Die Absicht besteht vielmehr darin, das die unlösliche Seife bildende Verseifungsmittel in der dem Gehalt an festen Fettsäuren äquivalenten Menge anzuwenden, die flüssigen Fettsäuren dagegen in lösliche Seifen überzuführen. Das folgende Ausführungsbeispiel soll das erläutern:

Es werden 250 Teile Knochenfett mit 238 Teilen Alkohol, 22,75 Teilen Marmorkalkhydrat von 74% Kalkgehalt, 31,5 Teilen 40grädiger Natronlauge, 47 Teilen Wasser 3 Stunden am Rückflußkühler erhitzt. Nach dem Abkühlen auf zirka 50° wird die Lösung von den ausgeschiedenen Salzen der festen Fettsäuren abfiltraiert. Der Rückstand wird noch einmal mit Alkohol ausgekocht und nach dem Erkalten in gleicher Weise filtriert. Zur Gewinnung der flüssigen Fettsäuren wird mit einem Drittel des Volumens des Filtrats mit Wasser verdünnt und mit Schwefelsäure zerlegt.

Nach diesem Verfahren wird also mit Neutralfett in alkoholischer Lösung gearbeitet, und somit ist die technische Anwendbarkeit nur dann gegeben, wenn es gelingt, das Lösungsmittel aus seinen wäßrigen Lösungen verlustfrei wiederzugewinnen.

In einem weiteren Patent, gleichfalls von Bamag-SCHLENKER[4], wird eine analoge Arbeitsweise in *wäßriger* Lösung beschrieben und gleichzeitig das Verfahren auf Fettsäuren als Ausgangsmaterial ausgedehnt. Hier ist auch darauf hingewiesen, daß die Ausfällung der festen Fettsäuren fraktioniert erfolgen kann. Gemäß Ausführungsbeispiel sollen 200 kg Knochenfett mit 15 kg Kalkhydrat und ausreichenden Mengen Wasser zur partiellen Verseifung gebracht werden. Dann werden 29 Liter Natronlauge von 40° Bé eingetragen. Die Abtrennung der Kalkseifen soll dann mittels Filterpressen oder Zentrifugen erfolgen. Zur Gewinnung der Fettsäuren aus den Seifen werden sowohl der Filterrückstand als auch das Filtrat, wie oben mit Säure zerlegt.

Eine Abänderung dieser Verfahren erfolgt gemäß Patent 554175 in der Weise, daß die Fettsäuren zunächst vollständig in eine lösliche Seife übergeführt werden und dann die festen Fettsäuren durch Behandeln mit einer ihnen äquivalenten Menge einer geeigneten Metallverbindung in Form einer unlöslichen Seife abgetrennt werden. Es können ferner die Fettsäuren zunächst vollständig in eine unlösliche Seife umgewandelt werden und dann mit einer den vorhandenen flüssigen Fettsäuren äquivalenten Menge Alkalikarbonat die flüssigen Fettsäuren als lösliche Seifen abgetrennt werden.

Hier besteht die bekannte Schwierigkeit, aus Seifenlösungen Ausfällungen abzufiltrieren, was befriedigend nur in sehr verdünnten Lösungen möglich ist. Durch Einhaltung bestimmter Reaktionstemperaturen und einige Kunstgriffe

---

[1] Ztschr. angew. Chem. 1890, 482.   [2] D. R. P. 209537.
[3] D. R. P. 540622.   [4] D. R. P. 554175.

kann man aber die Form, in der die unlöslichen Seifen ausfallen, und damit ihre Filtrierfähigkeit weitgehend beeinflussen.

Ein auf ähnlicher Grundlage aufgebautes Verfahren von Stiepel[1] kehrt wieder zur Verwendung von Lösungsmitteln zurück. Es ist dadurch gekennzeichnet, daß nur die festen Fettsäuren mit einer bis zu ihrer vollen Verseifung ausreichenden Menge eines Verseifungsmittels behandelt werden, deren Seifen in dem verwendeten Lösungsmittel unlöslich sind, während die flüssigen Fettsäuren unverseift bleiben. Nach dem Abtrennen der unlöslichen Metallseifen werden die flüssigen Fettsäuren durch einfaches Abdampfen des Lösungsmittels gewonnen.

Gemäß einem Beispiel werden 100 kg Erdnußölfettsäure in 100 kg Alkohol gelöst und mit 2 kg Calciumhydrat versetzt. Nach kurzem Kochen ist die Kalkseifenbildung beendet. Nach dem Erkalten scheidet sich die Kalkseife der festen Fettsäuren in leicht filtrierbarer Form ab. Die abgeschiedene alkoholische Lösung wird alsdann abgedampft und es hinterbleiben flüssige Fettsäuren. Die Ausfällung der festen Fettsäuren kann auch fraktioniert erfolgen, indem man geringere Kalkmengen verwendet. So konnten aus Erdnußölfettsäure erstmalig feste, im wesentlichen aus Arachin- und Lignocerinsäure bestehende Fettsäuren mit einem Titer von zirka 65° und bei einer zweiten fraktionierten Fällung eine feste Fettsäure von zirka 50° Titer gewonnen werden, während anderseits eine flüssige Fettsäure vom Titer 0° und darunter sich erzielen ließ.

Die erste Kalkseifenbereitung braucht nicht von Fettsäuren auszugehen, man kann auch Neutralfette verwenden und sie z. B. im Autoklaven mit der erforderlichen Kalkmenge spalten. Das Spaltgemisch wird dann mit Lösungsmittel behandelt.

Die *fraktionierte Destillation* der Fettsäuren muß trotz zahlreicher Versuche als aussichtslos betrachtet werden, da die Siedepunkte zu nahe beieinander liegen und überdies konstant siedende Gemische entstehen. Lamberts und Fricke[2] glauben, einen begrenzten Erfolg in dieser Richtung erzielen zu können, wenn sie die Fettsäuredämpfe durch Ölsäure streichen lassen, wobei eine selektive Anreicherung an Ölsäure erfolgen soll.

II. Die Glycerinfabrikation.
Von E. Schlenker, Mailand.

A. Lagerung und Zusammensetzung der verdünnten Glycerinlösungen.

Das Glycerin wird aus den bei der Fettspaltung anfallenden Glycerinwässern und den Unterlaugen der Seifenfabrikation nach entsprechender Vorreinigung durch Konzentrierung und Destillation gewonnen. Da die Aufarbeitung der verdünnten wäßrigen Glycerinlösungen nicht immer sofort im Anschluß an die Fettspaltung oder die Seifensiederei, bei der sie entstehen, vorgenommen werden kann, müssen für die Aufbewahrung entsprechend große Lagerbehälter zur Verfügung stehen. Der hierfür benötigte Raum ist schon bei mittelgroßen Fabriken ziemlich erheblich, und man wählt daher für diesen Zweck die verschiedenartigsten, gerade zur Verfügung stehenden Behältnisse. Dagegen ist, sofern es sich um Unterlaugen oder alkalische Lösungen handelt, nicht allzuviel einzuwenden. Für die sauren Wässer von der Twitchellspaltung bewähren sich Betongruben ganz gut, falls sie keine Sprünge aufweisen. Absolute Sicherheit bieten sie dann, wenn sie mit Steinplatten ausgekleidet und mit säurefestem Kitt verfugt sind. So ausgestattete Behälter können gleichzeitig als Kochbehälter für die Vorreinigung dienen.

[1] D. R. P. 625577.   [2] D. R. P. 377217.

Die Zeitdauer der Lagerung sollte auf jeden Fall so kurz wie irgend möglich gehalten werden, da stark verdünnte Glycerinlösungen gärungsfähig und dadurch Zersetzungen unterworfen sind. Vor dem Eindringen der Gärungserreger können die Glycerinlösungen im technischen Betrieb natürlich nicht geschützt werden. Eingetretene Gärung bewirkt nicht nur Glycerinverluste, sondern auch die Entstehung von unerwünschten Umwandlungsprodukten (Trimethylenglykol!), die sich im Laufe des Reinigungsverfahrens sehr schwer oder gar nicht wieder abtrennen lassen[1]. Eine Vorbeugungsmaßnahme bestände in einer Vorkonzentration der verdünnten Glycerinlösungen.

B. Vorbereitungsarbeiten für die Eindampfung.

Weder die Spaltwässer noch die Unterlaugen können in ihrem ursprünglichen Zustand den Eindampfapparaten zugeführt werden. Je nach der Art der in ihnen enthaltenen Verunreinigungen und Beimengungen würden sie entweder das Material der Eindampfapparate angreifen oder durch heftige Schaumbildung die Eindampfung behindern oder zur Zerstörung erheblicher Glycerinmengen Anlaß geben. Diese Momente sollten mindestens ebenso ausschlaggebend für die Ausführung einer Vorreinigung sein wie der Gesichtspunkt, ein einwandfreies, konzentriertes Glycerin zu erhalten. Die Schwierigkeiten bei der Eindampfung — zumindest in den fast immer angewandten Vakuumapparaten — lassen eine Vorreinigung selbst dann als unerläßlich erscheinen, wenn der erzielbare Erlös für Rohglycerin nur gering ist und der für höherwertige Sorten bewilligte Preisaufschlag die Kosten einer gründlichen Vorreinigung nicht vollkommen rechtfertigt. Freilich ist zu berücksichtigen, daß ein stark verunreinigtes Rohglycerin, wie es aus schlecht vorgereinigten Glycerinlösungen erhalten wird, unter Umständen vollkommen unverkäuflich sein kann. Selbst wenn es zur Destillation im eigenen Betrieb bestimmt ist, empfiehlt es sich, an den Reinheitsgrad die höchsten Anforderungen zu stellen, weil die Destillation um so leichter vonstatten geht, je geringer der Gehalt an Fremdstoffen ist. Ihre Entfernung bewirkt nicht nur erhebliche Einsparung an Zeit und Dampfverbrauch während der Destillation selbst, sondern erweist sich auch als vorteilhaft im Hinblick auf die Qualität und die Ausbeute der Destillate. Besonders über den letztgenannten Punkt steht heute reiches Erfahrungsmaterial zur Verfügung, über das weiter unten noch einiges gesagt werden wird.

Unterlaugen enthalten in der Regel 6—8% Glycerin, bedeutend mehr (bis zu 15%) nur dann, wenn sie mehrmals zum Aussalzen von Seifen gedient haben. Von Verunreinigungen ist mengenmäßig am stärksten Kochsalz in ihnen vertreten, nämlich 10—12%, daneben regelmäßig ein normalerweise unter 1% liegender Prozentsatz von Ätznatron neben geringen Anteilen von Soda und Natriumsulfat. Wasserglas ist ein besonders in den letzten Jahren häufiger Begleiter; es rührt von den Abfällen gefüllter Seifen her, die den Seifensuden regelmäßig beigemengt werden. Die wasserlöslichen Abbauprodukte der in den Rohfetten enthaltenen Eiweißstoffe, Harzseifen und die Natriumsalze niederer Fettsäuren und Oxysäuren sind weitere regelmäßig anzutreffende Beimengungen.

Demgegenüber sind Spaltwässer verhältnismäßig rein. Sie enthalten hauptsächlich die durch den Spaltprozeß löslich oder emulgierbar gewordenen Begleitstoffe der Rohfette, emulgierte und wasserlösliche Fettsäuren und die durch die verwendeten Spaltmittel bedingten Verunreinigungen, also etwa kleine Mengen von Zinksulfat, wenn mit Schwefelsäure vorgereinigte und nicht restlos ausge-

---

[1] RAYNER: Journ. Soc. chem. Ind. 45, 265 T (1926).

waschene Fette mit Zinkoxyd in Autoklaven gespalten werden, freie Schwefelsäure, wenn die Twitchellspaltung angewendet wurde u. dgl. Der Glyceringehalt
schwankt etwa zwischen 12 und 20%.

a) Vorreinigung der Unterlaugen.

Die Unterlaugenreinigung bietet größere Schwierigkeiten und ihre Beschreibung schließt bereits Gesichtspunkte, die für die Vorreinigung von Spaltwässern
in Betracht kommen, zum größten Teil in sich ein.

Die erste Arbeit der Vorreinigung bezweckt die Entfernung der Seifen, die
in jeder Unterlauge, auch der salzreichsten, enthalten sind, da sich bekanntlich
die Seifen gewisser Fettsäuren fast gar nicht aussalzen lassen. Man bewirkt die
Abscheidung durch Zersetzen der Seifen mittels Mineralsäure bei Siedehitze
und möglichst unter Rühren, meistens unter Luftrührung. Bei ruhigem Stehen
setzt sich dann eine Schicht, bestehend aus Fettsäuren, Oxyfettsäuren und
Schmutz, an der Oberfläche ab, die abgeschöpft wird und im allgemeinen in den
Abfall wandert, da sich nur selten eine Verwendung für sie finden läßt.

Für das Ansäuern ist Salzsäure der Vorrang vor Schwefelsäure zu geben.
Das mit letzterer gebildete Natriumsulfat kann zwar später wieder in Natriumchlorid verwandelt werden, diese Verwandlung verursacht aber einen vermeidbaren
und kostspieligen Umweg innerhalb des Reinigungsverfahrens; bleibt es anderseits als Natriumsulfat erhalten, so stört es den glatten Verlauf der Eindampfung,
da es in den Heizrohren der Eindampfapparate lästige Verkrustungen bildet,
die sich nur mit großer Mühe entfernen lassen.

Die von den Fettsäuren befreite Lösung reagiert, sofern die zu deren Abscheidung erforderliche Säuremenge sorgfältig bemessen wurde, gegen Lackmus
äußerst schwach sauer. In manchen Fabriken wird diese Lösung nun direkt solange mit soviel Aluminiumsulfat versetzt, bis ein weiterer Zusatz in einer abfiltrierten Probe keinen Niederschlag mehr erzeugt, und dann heiß filtriert. Erheblich gründlicher ist der Erfolg der Al-Sulfatbehandlung, wenn die Lösung
vorher mittels Alkalien schwach alkalisch gemacht wird, da dann das voluminös
ausfallende, schleimige Al-Hydroxyd eine stark klärende Wirkung ausübt. Noch
günstiger wirkt sich die Verwendung von Kalk an Stelle von Alkalien aus.

Im folgenden sind einige chemische Reinigungsverfahren angeführt, die bereits in die Technik Eingang gefundenh aben.

α) *Reinigung mittels Calciumhydroxyd, Schwefelsäure, Aluminiumsulfat und
Soda.* Nach einer lang bekannten Vorschrift wird derart verfahren, daß die von
den Fettsäuren befreite, schwach saure Lösung mit Calciumhydroxyd aufgekocht,
alsdann filtriert und darnach mit Schwefelsäure neutralisiert wird. Nun folgt die
Behandlung mit Aluminiumsulfat. Nach erneuter Filtration werden gelöster Gips
und der Überschuß an Aluminiumsulfat mittels Soda ausgefällt. Die vom Niederschlag abfiltrierte Lösung ist nun — nachdem ein etwaiger Sodaüberschuß noch
mit Säure entfernt wurde — zur Eindampfung bereit, doch kann dieser Prozeß
kaum als besonders hochwertig angesprochen werden, da er — abgesehen von
der dreimalig auszuführenden Filtration — eine mit Natriumsulfat stark verunreinigte Glycerinlösung ergibt.

β) *Reinigung mittels Aluminiumsulfat, Natronlauge oder Soda.* Viel einfacher
als das vorangegangene gestaltet sich das folgende Verfahren, bei dem auf den
Kalkzusatz vollkommen verzichtet und die schwach saure Lösung direkt mit
Aluminiumsulfat behandelt wird. Nach erfolgter Filtration wird durch Zusatz
von Natronlauge oder Soda der Überschuß an Aluminiumsulfat entfernt, erneut
filtriert und schließlich die Lösung mittels Mineralsäure neutralisiert. Auch für

dieses Verfahren gilt der Einwand, daß es eine Natriumsulfat enthaltende Glycerinlösung liefert, immerhin kommt man dabei aber wenigstens mit zwei Filtrationen aus.

γ) *Reinigung mittels „Persulfat" (Eisensulfat, Schwefelsäure).* Ein von RUYMBEKE[1] vorgeschlagenes Verfahren unterscheidet sich von dem unter β angeführten dadurch, daß es an Stelle des Aluminiumsulfats ein als „Persulfat" bezeichnetes Salz verwendet, das angeblich nichts anderes als überschüssige Schwefelsäure enthaltendes Eisensulfat darstellt. Es erscheint durchaus einleuchtend, daß sowohl Eisensulfat als auch andere Metallsalze (beispielsweise das gleichfalls empfohlene Zinksulfat) prinzipiell die gleichen Wirkungen wie Aluminiumsulfat bei der Unterlaugenreinigung entfalten, doch schreibt RUYMBEKE seinem „Persulfat" überdies noch die Fähigkeit zu, Arsenverbindungen mitauszufällen (s. S. 557).

δ) *Reinigung mittels Calciumhydroxyd, Schwefelsäure, Aluminiumsulfat, Calciumhydroxyd und Bariumcarbonat.* Wird das unter α angegebene Verfahren dahin abgeändert, daß an Stelle der darin vorgeschriebenen Soda zur Ausfällung des überschüssigen Aluminiumsulfats nochmals aufgeschlämmtes Calciumhydroxyd (Kalkmilch) verwendet wird, so gelangt man zu einer Reinigungsmethode, die sich praktisch sehr gut bewährt und die Möglichkeit bietet, die Bildung von Natriumsulfat vollkommen zu vermeiden. Nachdem die mit den vorstehend genannten Reagenzien nacheinander versetzte Lösung — nach etwa nötiger Neutralisation mit Schwefelsäure — filtriert ist, ist es noch erforderlich, sie bei Siedehitze mit aufgeschlämmtem Bariumcarbonat durchzuwirbeln, wobei der gelöste Gips durch doppelte Umsetzung als Calciumcarbonat ausfällt.

ε) *Reinigung mittels Bariumhydroxyd, Schwefelsäure, Aluminiumsulfat, Bariumhydroxyd und Schwefelsäure (Ammoniumsulfat).* Verträgt die Reinigung etwas höhere Kosten, so läßt sich in dem unter δ beschriebenen Verfahren ein Arbeitsvorgang dadurch ersparen, daß man Bariumhydroxyd die Rolle des Calciumhydroxyds übernehmen läßt. Enthält die Lösung nach der zweiten Zugabe von Bariumhydroxyd noch einen Überschuß an letzterem, so kann dieser durch Neutralisation mit Schwefelsäure unschädlich gemacht werden. — Gelegentlich wird bei der Beschreibung von Verfahren, die mit dem soeben geschilderten viele Gemeinsamkeiten aufweisen, auch empfohlen, erst nach der Filtration die im Filtrat befindlichen Barytspuren mit Ammoniumsulfat zu entfernen, ein Vorschlag, bei dem nur die Tatsache als Vorteil zu werten ist, daß die Anwesenheit der beim Glühen flüchtigen Ammonsalze im Glycerin dessen Aschengehalt nicht erhöht und daher auch dort keine Rolle spielt, wo möglichst rückstandsarme Glycerine verlangt werden.

ζ) *Reinigung mittels Bariumcarbonat, Schwefelsäure, Aluminiumsulfat, Bariumhydroxyd und Schwefelsäure.* Da Bariumhydroxyd verhältnismäßig teuer ist, kann im vorstehenden Verfahren die Neutralisierung der schwach sauren Glycerinlösung auch mit Bariumcarbonat vorgenommen werden; man muß dabei aber kräftig rühren und intensiv kochen, da Bariumcarbonat schwer in Reaktion tritt.

Bereits aus der kleinen Zahl der aufgeführten Verfahren ist zu ersehen, daß bei der Unterlaugenreinigung verhältnismäßig umständliche Arbeit geleistet werden muß, um ein im Grunde einfach erscheinendes Ziel zu erreichen. Abgesehen von der Entfernung der fettsauren Salze und der — noch dazu recht unvollständig gelingenden — Beseitigung organischer Verunreinigungen durch Aluminiumsulfat, entfällt die Hauptarbeit darauf, die für die Reinigung benötigten Chemikalien und deren Umsetzungsprodukte wieder zu entfernen. Man

---

[1] RUYMBEKE u. JOBBINS, New York; D. R. P. 86563.

kann aber leider auf dem denkbar einfachsten Wege nicht zum Ziele gelangen, weil eine Reihe von Fettsäuren, wie auch ihre Metallsalze, in Wasser löslich sind und wegen ihrer Flüchtigkeit bei der Wasserdampfdestillation mit dem destillierenden Glycerin übergehen und dieses minderwertig machen. Von der Voraussetzung ausgehend, daß die Bariumseifen dieser Fettsäuren die geringste Wasserlöslichkeit besitzen, hat Garrigues[1] das folgende Reinigungsverfahren vorgeschlagen.

η) *Reinigung mittels Schwefelsäure, Aluminiumsulfat, Bariumchlorid und Schwefelsäure* (nach Garrigues). Die Unterlauge wird zunächst mit soviel Schwefelsäure versetzt, daß nur das überschüssige Alkali neutralisiert wird und daß die in Wasser unlöslichen Fettsäuren als Natriumsalze gelöst bleiben. Dann folgt eine Behandlung mit Aluminiumsulfat und darauf eine Filtration, bei der die Salze der wasserunlöslichen Fettsäuren in der Filterpresse verbleiben, während die der wasserlöslichen in das Filtrat hineingehen. Die soweit vorgereinigte Unterlauge wird auf einen 40%igen Glyceringehalt eingedampft und von den sich dabei ausscheidenden Sulfaten und Chloriden durch eine zweite Filtration befreit. Die Lösung wird nun mit Chlorbarium versetzt, das die vorhandenen Sulfate als Bariumsulfat und den größten Teil der wasserlöslichen Fettsäuren als Bariumseifen ausfällt, deren an sich schon sehr geringe Löslichkeit durch die große Konzentration der Lösung noch weiter herabgedrückt wird. Nach erfolgter Umsetzung wird, nach Angabe des Erfinders, Schwefelsäure in solcher Menge zugefügt, daß nicht nur das überschüssige Bariumchlorid ausgefällt, sondern auch der noch an Natrium gebundene restliche Teil der Fettsäuren in Freiheit gesetzt wird. Von dem sich dabei bildenden Bariumsulfatniederschlag wird ein Teil der Fettsäuren mechanisch eingehüllt und so unschädlich gemacht. Nach einer dritten und letzten Filtration ist das Filtrat zur endgültigen Eindampfung bereit.

Howk und Marvel haben den bei der Unterlaugenreinigung abfallenden Fettsäuren eine Untersuchung gewidmet[2]. Sie fanden dabei Capryl-, Caprin-, Laurin-, Myristin- und Palmitinsäure.

b) Vorreinigung der Spaltungswässer.

Für die Vorreinigung der Spaltwässer ergeben sich gegenüber der Unterlaugenreinigung nur wenig neue Gesichtspunkte. Speziell bei den von der Autoklavenspaltung herrührenden Süßwässern geht man vielfach so vor, daß man sie in große Oberflächen bietenden, mit geschlossenen Heizschlangen versehenen Gefäßen vorkonzentriert. Dabei vollzieht sich eine erhebliche Selbstreinigung, die durch Abschöpfen des gebildeten Schaums unterstützt werden kann. Die so vorbereiteten Süßwässer werden dann nach einem der bei der Unterlaugenreinigung beschriebenen Reinigungsverfahren weiterbehandelt, die man, je nach den gestellten Ansprüchen, auch noch vereinfachen kann. Beispielsweise läßt sich die Behandlung mit Aluminiumsulfat in vielen Fällen entbehren, so daß man mit einer Vorreinigung auskommt, die Aufkochen mit Bariumhydroxyd, Filtrieren, Neutralisieren mit Schwefelsäure und nochmaliges Filtrieren umfaßt. Auch bei den aus der Spaltung reiner Fette stammenden Twitchellwässern kann ähnlich vorgegangen werden, nur wird man die erheblichen Mengen an Schwefelsäure, die sie enthalten, zunächst durch Bariumcarbonat oder unter Verwendung des billigen Kalks neutralisieren. Nach erfolgter Filtration muß das mit Schwefelsäure neutralisierte Filtrat bei Verwendung von Kalk mit Bariumcarbonat aufgekocht werden, um den gebildeten Gips zu entfernen.

---

[1] Garrigues: Ind. engin. Chem. **2**, 283 (1910); A. P. 774 172.
[2] Ind. engin. Chem. **21**, 1137 (1929).

Wie für die Unterlaugenreinigung, so gilt auch für die Vorreinigung der Spaltwässer, daß die Verwendung solcher Chemikalien zu vermeiden ist, die den Aschengehalt des Rohglycerins erhöhen, auch wenn sie wegen ihrer Flüchtigkeit in der
Hitze nach den bisher geltenden Bestimmungen nicht als Asche zu bewerten sind.
Wie aus den in diesem Kapitel gegebenen Richtlinien ersichtlich wird, besteht
auch keine Notwendigkeit für einen Zusatz derartiger Stoffe — die obendrein
noch teuer sind —, weshalb auf die in der Literatur häufig zu findenden Empfehlungen, Ammonsulfat, Ammonoxalat u. dgl. zu verwenden, nicht eingegangen
wird.

c) Entfernung von Arsenverbindungen.

Eine speziell auf die Entfernung von Arsenverbindungen gerichtete Vorreinigung ist, soweit nicht besondere gesetzliche Vorschriften hinsichtlich der
Arsenfreiheit bestehen, nicht erforderlich, sofern man die selbstverständliche Vor-
sichtsmaßregel walten läßt, praktisch arsenfreie Chemikalien, insbesondere Säuren,
zu verwenden. Die amerikanische und speziell die britische Pharmakopöe stellen
aber in bezug auf Arsenfreiheit außerordentlich hohe Ansprüche. Wo es darauf
ankommt, ein den dortigen Vorschriften entsprechendes Apothekerglycerin zu
erzeugen, muß demnach der Entfernung von Arsenverbindungen besondere Aufmerksamkeit gewidmet werden. Es ist bereits darauf hingewiesen worden, daß
Ruymbeke dem von ihm für die Vorreinigung empfohlenen „Persulfat" die
Eigenschaft zuschreibt, die Arsenverbindungen mitauszufällen. Aus einer vor
kurzem erschienenen Veröffentlichung von Langmuir[1] geht hervor, daß durch
Behandlung verdünnter — zirka 5% Glycerin enthaltender — Lösungen mit
Eisensulfat tatsächlich der allergrößte Teil der Arsenverbindungen ausgeschieden
wird und nach der Filtration im Filterschlamm verbleibt. Es ist durchaus nicht
ausgeschlossen, daß die Fällung mit Aluminiumsulfat zu dem gleichen Ergebnis
führt; bevor aber Vergleichsversuche darüber vorliegen, ist anzuraten, Eisensulfat als Vorreinigungsmittel wenigstens dann hinzuzuziehen, wenn ein den
höchsten Ansprüchen in bezug auf Arsenfreiheit genügendes Reinglycerin als
Endprodukt verlangt wird. Nach der Eindampfung läßt sich das Arsen nicht mehr
so einfach entfernen. Bei 20—25%iger Lösung führt, gleichfalls nach Angaben
von Langmuir, eine Behandlung mit Luft in Gegenwart von Eisenbohrspänen
zum Erfolg; für 65—70%ige Glycerinlösungen wird Oxydation mit 0,05—0,1%
Kaliumpermanganat bei 90° und nachfolgend ein Zusatz von 0,3% Natronlauge
empfohlen.

d) Apparate für die Vorreinigung.

Die hauptsächlichsten für die Vorreinigung benötigten Apparate und Gefäße
sind aus der Abb. 195 auf S. 558 zu ersehen. Jedoch sind die zur Aufbewahrung
der ungereinigten und der vollständig gereinigten Lösungen dienenden Gefäße,
deren Zahl und Größe sich nach dem Betriebsumfang richtet, wie ferner die zur
Lagerung und Auflösung der Chemikalien erforderlichen Behälter weggelassen
worden.

Wie aus der Skizze (Abb. 195) ersichtlich ist, sind für die Vorreinigung drei Behälter
K_1 bis K_3 vorgesehen, von denen der erste mit einem Rührwerk ausgestattet ist oder
mit einer Vorrichtung für Luftrührung. Er dient als Kochbehälter und wird, da
in ihm die Behandlung mit den verschiedenen Chemikalien vorgenommen wird,
zweckmäßig mit einer Blei- oder Steinauskleidung versehen. Die Filterpressen-
pumpe P_1 schafft sodann die Lösung durch die Filterpresse F_1 in den zweiten Behälter, in dem eine Nachbehandlung stattfindet. Die Lösung wird hierauf mittels
Pumpe P_2 und Filterpresse F_2 in den Behälter K_3 filtriert. Durch entsprechenden

---

[1] Langmuir: Ind. engin. Chem. 24, 378 (1932).

Ausbau des Rohrnetzes ist aber auch die Möglichkeit vorgesehen, das erste Filtrat
wieder nach K_1 zurückzuschaffen, sei es, um dort eine mißlungene Charge nochmals
zu behandeln oder um den Behälter K_2 überhaupt vor der Berührung mit den bei
der Reinigung entstehenden Niederschlägen zu bewahren; dieser findet dann lediglich als Filtrataufbewahrungsbehälter Verwendung, und sämtliche Reinigungsoperationen werden nacheinander in K_1 vorgenommen. Welche Arbeitsweise zweckmäßiger
ist, richtet sich nach der gewählten Reinigungsmethode. Von dieser hängt es auch

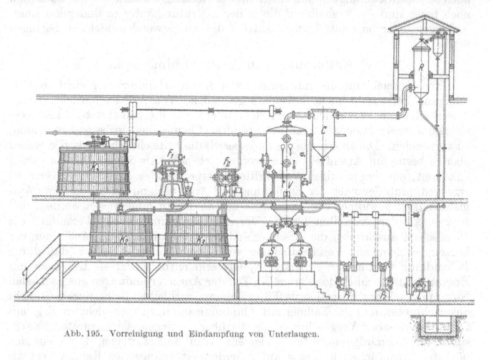

Abb. 195. Vorreinigung und Eindampfung von Unterlaugen.

ab, ob man mit eisernen Filterpressen und Pumpen auskommen kann oder ob man
sich für Pressen aus Holz und für Pumpen aus säurebeständigem Material entscheiden
muß. Letzteres ist zumindest für das das erste Filtrat liefernde Filtersystem durchaus
am Platze, besonders wenn Aluminiumsulfat oder andere Eisen angreifende Chemikalien verwendet wurden. Im rechten Teil der Abb. 195 ist die Verdampferapparatur,
über die im nächsten Kapitel berichtet wird, eingezeichnet.

Wenn es die Platzverhältnisse erlauben, ist die Filtration durch eigenes Gefälle
der durch Pumpenarbeit vorzuziehen. Die Anordnung der Behälter ergibt sich für
diesen Fall von selbst.

C. Das Eindampfen verdünnter Glycerinlösungen.

Die verdünnten Glycerinlösungen werden durch Eindampfen von dem
größten Teil des in ihnen enthaltenen Wassers befreit. Die dabei benutzten
Apparaturen sind äußerlich zwar recht verschiedenartig ausgeführt, lassen aber
doch eine Reihe gemeinsamer Grundsätze erkennen, die durch die Eigenart der
in ihnen zur Verarbeitung kommenden Glycerinlösungen bedingt sind. Es wird sich
empfehlen, der Beschreibung von Einzelapparaturen eine Besprechung derjenigen
Erfordernisse vorangehen zu lassen, auf die bei *jeder* Ausführungsform Rücksicht
genommen werden muß, wenn der mit ihr angestrebte Zweck erreicht werden soll.

Die rasche *Zirkulation* der einzudampfenden Lösungen in den Heizrohren,
durch die immer wieder neue Flüssigkeitsteile in Berührung mit den Rohrwan-
dungen gebracht werden, ist eine Forderung, die zwar für alle Vakuumverdampfer

erhoben werden muß, da die Verdampfungsleistung im höchsten Maße von ihrer Erfüllung abhängig ist; für die Eindampfung von Glycerinlösungen gewinnt sie eine besondere Bedeutung dadurch, daß infolge der mit wachsender Konzentration schnell ansteigenden Viskosität und der gleichzeitig eintretenden Erhöhung des spezifischen Gewichtes Schwierigkeiten zu überwältigen sind, die viele andere Lösungen nicht bereiten. Konstruktionen, die für Lösungen anderer Stoffe oder auch im Anfangsstadium der Eindampfung von Glycerinlösungen eine sehr günstige Zirkulation ergeben, können unter Umständen vollkommen versagen, sobald die Konzentration eine gewisse Grenze überschritten hat. Besonders trifft das auf Eindampfapparate mit seitlich angeordneten Heizkörpern zu, bei denen Irrtümer in der Vorausberechnung der erforderlichen Rohrdurchmesser, der Rohrlänge, Höhenlage des Heizrohrbündels im Verhältnis zum Verdampfkörper usw. leicht unterlaufen können. Naturgemäß machen sich derartige Fehler bei der Eindampfung von Unterlaugen besonders unliebsam bemerkbar, da eine mangelhafte Zirkulation das Ansetzen von Salzkristallen an den Heizrohren begünstigt und die an sich schon schlechte Leistung dadurch noch weiter herabgesetzt wird.

Diese *Verkrustung der Heizflächen* ist für die Eindampfung von Glycerinwässern charakteristisch und muß bei Apparaten, die den Anspruch auf Brauchbarkeit erheben wollen, entsprechend berücksichtigt werden. Spaltungswässer enthalten allerdings größere Mengen von Salzen in der Regel nur dann, wenn die Vorreinigung unrichtig durchgeführt worden ist und ein Teil der für sie benutzten oder durch Umsetzung entstehenden Salze in ihnen zurückgeblieben ist. In der Mehrzahl der Fälle setzen daher Spaltungswässer nur unbedeutende Beläge auf den Heizflächen ab, so daß eine in größeren Zeitabständen durchgeführte Reinigung genügt. Bei Unterlaugenapparaten liegen die Verhältnisse aber anders, und bei ihnen ist daher leichte Zugänglichkeit der Heizrohre zwecks Reinigung geradezu Bedingung. Es genügt nicht, daß Vorkehrungen getroffen werden, die eine Entfernung des auch bei sorgfältigster Arbeit sich immer wieder ansetzenden Kochsalzes durch Auskochen mit Wasser erlauben. Die Rohre müssen vielmehr auch zeitweise von kesselsteinartigen Belägen befreit werden, zu deren Entstehung — genau wie eben bei den Spaltungswässern erwähnt — die Reagenzien der Vorreinigung Anlaß geben können, und zwar deshalb in besonders verstärktem Maße, da man bei der Auswahl der Reinigungsmethoden für die ohnehin salzreichen Unterlaugen auf eine eventuelle Vergrößerung des Aschengehaltes keine Rücksicht zu nehmen pflegt. Speziell das zu üblen Kesselsteinbildungen Anlaß gebende Natriumsulfat ist in vorgereinigten Unterlaugen noch recht häufig reichlich anzutreffen, da es sowohl bei der vielfach üblichen Neutralisierung mit Schwefelsäure als auch bei der Ausfällung der Verunreinigungen mit Aluminiumsulfat entsteht.

Wichtig ist weiter die Vermeidung von Vorsprüngen innerhalb der Apparate, welche das glatte *Herabfallen des Salzes* in die Nutschen hindern, und die weitmöglichste Ausmerzung aller Teile, in denen sich Salzablagerungen bilden können. Die sanfte Neigung der nach den Salznutschen hinführenden Flächen soll daher nirgends durch plötzliche Knicke unterbrochen werden. Als besonders gefährdete Punkte für Salzablagerungen am unrechten Ort sind die Verschlußorgane zwischen Nutsche und Verdampfkörper zu nennen, dann aber auch die tiefsten Stellen der Heizrohrbündel, welche bei ungenügend durchdachter Konstruktion beachtliche Gefahrenherde darstellen.

Schließlich sind noch die Vorkehrungen gegen ein *Überschäumen* hervorzuheben, denen bei der Eindampfung von Glycerinlösungen um so größere Bedeutung beizumessen ist, als kleine Mengen von mit dem Wasser des Fallrohrkondensators verlorengehendem Glycerin nicht so leicht zu erkennen sind wie bei manchen anderen in Vakuumapparaten verarbeiteten Flüssigkeiten. Während sich beispielsweise bei der Konzentrierung von Leimbrühen schon ganz kleine Leimverluste durch starkes Schäumen des Fallwassers bemerkbar machen, verursacht Glycerin kein derartig auffallendes Merkmal. Der süße Geschmack kann — entgegen der mancherorts verbreiteten Meinung — keinen brauchbaren Wegweiser abgeben, da die Verdünnung zu groß ist, um vor Eintritt eines bedeutenden Schadens die Gefahr erkennen zu lassen. Ob ein vollkommener Verzicht auf den Fallrohrkondensator und sein Ersatz durch Oberflächenkondensation anzuraten ist, läßt sich nur von Fall zu Fall entscheiden. Auf alle Fälle ist auch dann nur ein beschränkter Schutz gegen die Gefahr von Verlusten gegeben und die Vermeidung des Überschäumens durch Schaumzerstörer und Tropfenfänger sollte daher regelmäßig vorgesehen werden.

Hinsichtlich des *Baustoffes*, aus dem Eindampfapparate herzustellen sind, treten bei der Verarbeitung von verdünnten Glycerinlösungen keine Schwierigkeiten ein, da sich Glycerin ziemlich indifferent verhält und bei Vermeidung von Säureüberschüssen auch in eisernen Apparaten keine Korrosionen verursacht. In Unterlaugeapparaten, die ja dauernd mit salzhaltigen Lösungen in Berührung kommen, ist eine stellenweise Anrostung besonders bei längeren Betriebsunterbrechungen nicht zu vermeiden. Für diese letzteren Apparate wird daher Kupfer als Baumaterial unter Umständen in Betracht kommen, wenn dauernd helle Unterlaugenglycerine hergestellt werden müssen. Weitaus häufiger findet man dennoch diesen Baustoff für Verdampfapparate verwendet, in denen Saponifikatglycerine erzeugt werden, da Farbe und Aschegehalt der Saponifikatglycerine für ihre Bewertung sehr oft ausschlaggebend sind, während man sich bei Unterlaugenrohglycerin mit einer dunkleren Farbe leichter abfindet.

An *Armaturen* benötigen Verdampfapparate zunächst einen Druckanzeiger, weiter Thermometer, Flüssigkeitsstand, Probenehmer und Schaugläser. Von letzteren sollte auch eines an der Nutsche angebracht sein, jedenfalls aber ein besonderes Manometer, um Drucküberlastungen während des Salztrocknens rechtzeitig erkennen zu können. In der Kühlwasserabflußleitung ist gleichfalls ein Thermometer erforderlich. Mannlöcher, Reinigungsöffnungen und verschiedene Anschlußstutzen, deren Lage sich aus den späteren Beschreibungen der einzelnen Apparate ergibt, vervollständigen die Armatur.

a) Umlaufverdampfer mit innenliegenden Heizrohren.

Für das Eindampfen verdünnter Glycerinlösungen eignet sich, wie bereits erwähnt, grundsätzlich eine ganze Anzahl von verschieden gebauten Eindampfapparaten. Als erste sollen diejenigen angeführt werden, bei denen der für die Verdampfung erforderliche rasche Flüssigkeitsumlauf durch im Innern des Apparates angeordnete, beidseitig offene Heizrohre hervorgerufen wird, die in Rohrböden eingewalzt werden. Der außen um die Rohre spielende Dampf bringt die im Innern befindlichen Flüssigkeitssäulen zum kräftigen Sieden und schleudert sie hoch, worauf sie durch ein erheblich weiter dimensioniertes Rohr, das seitlich oder in der Mitte zwischen den anderen Heizrohren liegt, wieder nach unten fallen. Dieses Spiel wiederholt sich immer wieder, bis der gewünschte Eindickungsgrad erreicht ist. Derartige Apparate (vgl. Abb. 196) sind besonders für Spaltwässer häufig anzutreffen. Einzelne Apparatebauer bevorzugen aber auch für Unterlaugen nach wie vor diese Ausführungsform. Beispielsweise wird die durch die eben erwähnte Abbildung dargestellte Apparatur von der Firma Fullerton Hodgart & Barclay Ltd. nach Patenten von Foster[1] für Unterlaugen-

---

[1] E. P. 3118/1895, 23681/1899, 26836/1902.

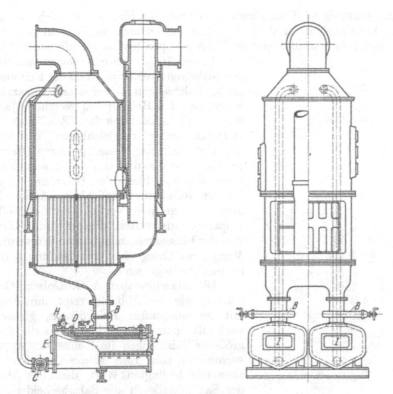

Abb. 196. Verdampfapparat mit innenliegenden Heizrohren.

eindampfung gebaut und bewährt sich auch in deutschen Betrieben anscheinend sehr gut. (Beschreibung der mit Buchstaben bezeichneten Teile vgl. S. 569.) Das gleiche gilt von Eindampfapparaten der Firma Scott & Sons, London,

Abb. 197. Heizrohrbündel.

die dadurch bemerkenswert sind, daß die Bauart der Heizkörper von der üblichen etwas abweicht (Abb. 197). Statt eines einzigen weitdimensionierten Rohres (s. o.) sind zwischen den engeren eigentlichen Heizrohren deren mehrere

verteilt. Dadurch wird die Zirkulation noch beschleunigt, da sich die zurück-
fallende Flüssigkeit ihren Weg nicht erst suchen muß, sondern an allen Stellen
Gelegenheit findet, in den unteren Teil des Apparates zurückzufinden (Abb. 197).

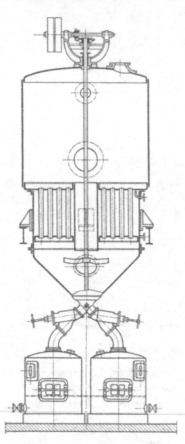

Abb. 198: Verdampfapparat mit
Rührwerk.

Grundsätzlich wäre zu vermuten, daß bei
Flüssigkeiten, welche während der Eindampfung
große Salzmengen ausscheiden, Apparate mit
innenliegenden Heizkörpern geeigneter sind als
solche mit außenliegenden. Zweifellos ist bei
letzteren unter vergleichbaren Verhältnissen
die Unterbringung einer größeren Heizfläche
möglich und überdies ergibt sich aus der leichteren Zugänglichkeit der Heizrohre eine ein-
fachere Reinigungsmöglichkeit. Anderseits ist
aber auf gewisse Vorteile der abgebildeten
Apparate hinzuweisen, die durch die Kürze des
von der Flüssigkeit zu leistenden Weges und den
Mangel an Gelegenheit zur Bildung von Salz-
nestern bedingt sind.

Die Maschinenbau A. G. Golzern-Grimma
stattet, wie die Abb. 198 zeigt, ihre Apparate
mit innenliegenden Heizkörpern, gelegentlich
auch mit einem Rührwerk aus, das die Stauung
größerer Salzmengen im Konus des Apparates
verhindern soll. Eine solche Vorrichtung hat
aber nur bedingten Wert, denn das Absinken
der Salzkristalle in die Salzabscheider geht in
der Regel mühelos ohne äußeres Zutun vonstatten, so daß das Rührwerk die meiste Zeit
unbenutzt stehenbleiben wird. Tritt aber wirklich einmal eine Verstopfung ein, so wird sie gewöhnlich erst dann bemerkt, wenn der Rührflügel bereits vom Salz bedeckt ist, und das
Ansetzen des Rührwerkes erfordert dann einen
außerordentlichen Kraftaufwand oder ist überhaupt nicht möglich.

b) Umlaufverdampfer mit außenliegenden Heizkörpern.

Die Unterbringung einer vergrößerten Heizfläche bei gleichzeitig nur unwesentlich größerem Raumbedarf ist kennzeichnend für Umlaufverdampfer mit
außen angeordneten Heizrohren. Der Heizkörper ist bei ihnen seitlich von dem
Verdampfraum angebracht und mit letzterem durch weite Rohre verbunden. Für
die Glycerineindampfung kennt man verschiedene Ausführungsformen dieser Bauart, die sich hauptsächlich durch die räumliche Lage der Heizkörper — horizontal,
vertikal oder schräg — unterscheiden. Die Flüssigkeit fällt durch ein im Konus
des Verdampfraumes angebrachtes Rohr in das Heizrohrbündel und füllt dieses
bis zu einer Höhe, die durch das Gesetz der kommunizierenden Röhren bestimmt
wird, aus. Beim Sieden strömt die Flüssigkeit nach oben und durch ein zweites Verbindungsrohr nach dem Verdampfraum zurück, wo sie beim Eintritt durch ein
Prallblech, das das Mitreißen von Flüssigkeitstropfen mit dem entstandenen
Brüdendampf verhindert, aufgefangen wird.

Die anscheinend auf amerikanische Anregung zurückgehende Schräglage des
Heizkörpers wird in letzter Zeit bei Neukonstruktionen sehr häufig bevorzugt, da

bei ihr, unter sonst gleichen Bedingungen, die vom Flüssigkeitsstrom zu überwindende Steighöhe geringer ist als bei vertikal angeordneten Heizkörpern und überdies die Gelegenheiten zur unzeitgemäßen Salzablagerung vermindert werden. Die durch Abb. 199 (Firma F. Heckmann, Berlin) veranschaulichte Apparatur ist nach diesem Prinzip gebaut und kann besonders infolge des großen Querschnittes der Verbindung zwischen Rohrbündel und Verdampfraum als recht glücklich angesprochen werden. Diese, bei stehenden Heizkörpern nicht denkbare Verbindungsart bewirkt eine verhältnismäßig geringe Geschwindigkeit des Flüssigkeitsstromes und vermindert dadurch die Gefahr von Glycerinverlusten durch hochgeschleuderte, bis in den Kondensator gelangende Flüssigkeitsteile.

Der Weg der einzudampfenden

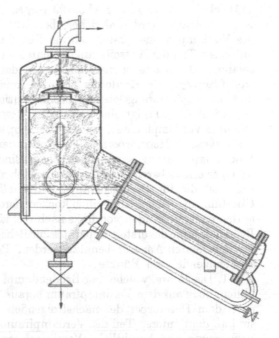

Abb. 199. Verdampfapparat mit schrägliegendem Heizkörper.

Abb. 200. Dreikörperverdampfapparatur.

36*

Flüssigkeit, wie er in der Abb. 199 vorgezeichnet ist, muß als mehr empfehlenswert bezeichnet werden als jener, bei dem die Glycerinlösung aus dem Konus des Verdampfraumes erst durch die Nutsche geführt wird und mittels eines im untersten Teil der Nutsche angebrachten Verbindungsrohres in den Heizkörper gelangt. Dabei müssen nämlich das in der Nutsche angesammelte Salz und das Filtertuch als Hindernis für die freie Zirkulation der Flüssigkeit wirken und die Verdampfungsleistung beeinträchtigen.

Die Abb. 200 zeigt eine von Blair, Campbell und MacLean, Glasgow, ausgeführte Verdampfanlage, bei der drei Apparate mit seitlich angebrachten, diesmal *stehenden* Heizkörpern zu einer nach dem bekannten Tripleeffet arbeitenden Vakuumapparatur zusammengeschlossen sind. Die durch Schaugläser und Druckanzeiger erkennbaren Verdampfräume stehen vor den Heizkörpern. Die Arbeitsweise ist die für Dreikörperapparaturen allgemein übliche und besteht in der Überführung der sich allmählich konzentrierenden Flüssigkeit von einem Apparat in den nächstfolgenden von links nach rechts, während gleichzeitig die gebildeten Brüdendämpfe des ersten Apparates zur Beheizung des zweiten und diese wiederum für den letzten Apparat benutzt werden. Bemerkenswert an dieser Anlage sind aber folgende zwei Punkte:

1. Die Rohre, welche den Brüdendampf weiterleiten, führen nicht, wie sonst üblich, oben aus dem Verdampfraum heraus, um von dort im absteigenden Bogen nach dem Heizkörper des nächstfolgenden Apparates zu gelangen, sondern sie sind an dem unteren Teil des Verdampfraumes angeschlossen. Das bedeutet eine Verkürzung und beachtliche Vereinfachung des der Brüdenführung dienenden Rohrleitungsnetzes, die dadurch ermöglicht wird, daß die Brüdenrohre im Innern des Verdampfraumes bis in die Nähe des höchsten Punktes verlängert und oben offengelassen sind.

2. Die Glycerinlösung läßt sich durch entsprechende Absperrorgane aus den Verdampfräumen nach Belieben in den zugehörigen oder aber den nächstfolgenden Heizkörper weiterleiten. Die auf der Photographie erkennbaren dünneren Rohre übernehmen den Flüssigkeitsumlauf, wobei zu bemerken ist, daß der sehr auffallende, erhebliche Unterschied in den Durchmessern dieser und der unter 1 genannten Brüdenrohre der Verschiedenheit der von ihnen geforderten Leistung entspricht, da die ersteren Dampf, die letzteren aber lediglich Flüssigkeit zu befördern haben. Die Absperrorgane in den dünnen Rohrleitungen erlauben eine Regulierung des Flüssigkeitsstromes in der Weise, daß die Heizkörper dauernd fast vollkommen frei bleiben von Flüssigkeit, durch die sie in ihrer Verdampftätigkeit behindert würden; ihnen wird vielmehr jeweils nur soviel Flüssigkeit zugeführt, daß eine fast momentane Verdampfung eintritt und ein nennenswerter Flüssigkeitsstand sich niemals ausbilden kann. Diese Arbeitsweise berechtigt die Hersteller, diese Apparate als „Filmverdampfer" zu bezeichnen, da die Flüssigkeit die Rohre nicht ausfüllen kann, sondern in Form eines dünnen Films an den Wänden hochsteigt. Eine ähnliche Arbeitsweise werden wir unten bei den Kestner-Verdampfern besprechen, die sich übrigens, genau wie die hier abgebildete Apparatur, lediglich für die Eindampfung von Spaltwässern eignen.

Umwälzverdampfer, bei denen die wünschenswerte rasche Zirkulation der einzudampfenden Flüssigkeit durch besondere Pumpen zwischen Heizkörper und Verdampfraum erzeugt wird, sind für Glycerinlösungen gleichfalls empfohlen worden. Der zusätzliche Kraftaufwand ist augenfällig und hat, zusammen mit anderen dieser Konstruktion anhaftenden Nachteilen, dazu geführt, diese Arbeitsweise bald wieder zu verlassen.

Dünnschichtverdampfer (Kletterverdampfer). Durch konsequente Weiterentwicklung der in den Apparaten mit seitlich angeordneten Heizkörpern ent-

haltenen Grundsätze hat KESTNER Verdampfapparate geschaffen, die unter dem Namen Kletterverdampfer weite Verbreitung gefunden haben. Ihr auffallendstes Merkmal ist die außerordentliche Verlängerung der Heizrohre, während der entsprechend klein ausgebildete Verdampfraum eigentlich nur die Auf-
gabe der Trennung von Dampf- und
Flüssigkeitsphase zu erfüllen hat. Wesentlich ist ferner der Umstand, daß
keine dauernde Flüssigkeitszirkulation
stattfindet, sondern daß die Endkonzentration in kontinuierlichem Betrieb in einem einzigen Durchgang
erreicht wird. So wird die Flüssigkeit dem Einfluß des heißen Dampfes
nur kurze Zeit ausgesetzt und kann
nicht geschädigt werden. Das jeweils
in der Apparatur befindliche Glycerin-
quantum ist verhältnismäßig klein
und wird dem Heizkörper in dem
Maße, als es die Verdampfungsgeschwindigkeit zuläßt, zugeführt, während gleichzeitig die entsprechende
Menge von fertig eingedicktem Rohglycerin auf der anderen Seite abgenommen wird. Die Heizrohre haben
eine Länge von 7 m, damit die Flüssigkeit genügend lange Zeit zur Berührung mit den Heizflächen findet, der
Flüssigkeitsstand soll nur einen ganz
geringen Teil dieser Länge (30—60 cm)
betragen. Unter dem Einfluß der
beim Sieden entstehenden Dampf-
blasen und des Vakuums wird die
Glycerinlösung mit der großen Geschwindigkeit von 30—50 m pro Sekunde nach oben getrieben, und es
ist leicht verständlich, daß die infolge der Verdampfung eintretende
Verringerung der Flüssigkeitsmenge
im Verein mit der großen Geschwindigkeit zur Folge hat, daß die Flüssigkeit an den Rohrwänden in Form
eines nach oben immer dünner werdenden Films hochsteigt. Am Ende
des Heizrohrsystems angekommen,
wird sie in einem tangential angeordneten Gefäß unter Ausnutzung
der Zentrifugalkraft von ihrem Dampf
getrennt und gesammelt.

Abb. 201. Eindampfapparat nach KESTNER.

Die speziell für die Glycerineindampfung bestimmten Apparate werden unter Einhaltung des eben beschriebenen Prinzips so gebaut, daß zwei Heizrohrsysteme von einem einzigen Heizmantel umgeben werden, wobei die Glycerinlösung, nach-

dem sie das erste Rohrbündel von unten nach oben durchlaufen hat, in dem
zweiten nach unten fällt und ihren Weg also verdoppelt. Die geringe Anfangs-
konzentration der technischen Glycerinlösungen einerseits und die Unmöglich-
keit, mit der Rohrlänge über 7 m hinauszugehen anderseits, zwingen zu dieser
Art des Vorgehens, wenn man das Ziel erreichen will, die Eindampfung bis zur
Endkonzentration in einem einzigen Durchgang auszuführen. Gleichzeitig wird
der störende Einfluß der Viskosität ausgeschaltet, da diese ein entscheidendes
Hindernis für das Hochsteigen der Flüssigkeit bilden würde, bei der geschilderten
Arbeitsweise sich aber erst im absteigenden Ast des Rohrbündels, nachdem die
Konzentrierung einen gewissen Grad überschritten hat, bemerkbar macht und
dann nicht mehr schaden kann.

Das Abscheidegefäß ist in diesem Falle natürlich an der Austrittsstelle des
fertigen Glycerins, also am unteren Ende des Rohrbündels angebracht. Die
Abb. 201 zeigt eine vollständige Apparatur zur Glycerineindampfung nach
Kestner. Von links nach rechts sind das Rohrbündel, das mit Meßinstrumenten
ausgestattete Sammelgefäß, der Tropfenfänger und die Vakuumpumpe zu sehen.
Die dünne Glycerinlösung tritt von unten in das Rohrbündel ein, der Heizdampf
durch den dicht über dem Boden des Rohrbündels sitzenden Stutzen, über dem
sich auf der Photographie das Belastungsgewicht eines Sicherheitsventils befindet.
Die links vom Rohrbündel hochführende dünne Rohrleitung dient zum Ent-
lüften des Brüdendampfes; sie leitet die im höchsten Teil des Rohrbündels angesammelte heiße Luft dem eintretenden verdünnten Glycerin zu und nutzt deren
Wärme für die Verdampfung aus. Endlich befindet sich hinter der Vakuumpumpe eine kleine Flüssigkeitspumpe, die das fertig eingedickte Glycerin aus dem
Konus des Sammelgefäßes unter Vakuum abzieht.

Die eben beschriebene Apparatur eignet sich zur Erzeugung einwandfreier
Saponifikatglycerine der Dichte 1,24 und wird für diesen Zweck von zahlreichen
Fabriken benutzt. Für Unterlaugen konstruiert die Kestner-Gesellschaft
Apparate, bei denen zwar der Grundsatz, möglichst geringe Flüssigkeitsmengen
in Umlauf zu halten, gewahrt bleibt, die aber das wesentliche Merkmal des ein-
maligen Durchganges der einzudampfenden Flüssigkeit nicht mehr aufweisen.
Arbeitsweise und Bauart dieser Apparate stimmen im wesentlichen mit den
S. 562 f. beschriebenen Umlaufverdampfern überein, so daß auf sie hier nicht mehr
eingegangen zu werden braucht.

c) Apparate mit Wärmepumpe.

Der Verlust der in den Brüdendämpfen enthaltenen Wärmemengen erscheint um so widersinniger, als zur Vernichtung noch ein erheblicher Aufwand
an Kühlwasser erforderlich ist. Die latente Wärme der abziehenden Wasserdämpfe ist fast ebensogroß wie die des Frischdampfes, der sie erzeugt, und um sie
erneut zu Heizzwecken in der gleichen Apparatur ausnutzen zu können, ist
im wesentlichen nichts weiter erforderlich, als ihnen die verhältnismäßig geringe
Zahl von Calorien zuzuführen, die ihnen an fühlbarer Wärme fehlen. Die
Fragestellung ist durchaus nicht neu und beispielsweise in dem von Schäffer &
Budenberg 1878 vorgeschlagenen Apparat[1] vollkommen berücksichtigt. An die
Lösung der hier gestellten, vom wärmewirtschaftlichen Standpunkt sehr wichtigen Aufgabe ist man zunächst mit den sozusagen natürlichsten Mitteln heran-
gegangen. Man komprimierte die aus den Verdampfapparaten abziehenden
Dämpfe mit Pumpen, brachte also durch Umwandlung mechanischer Energie
in Wärme die Dampftemperatur auf die benötigte Höhe und erzeugte gleich-

---

[1] D. R. P. 6204.

zeitig den der erhöhten Temperatur entsprechenden höheren Druck. Die letztgenannte Wirkung der Pumpenarbeit ist nicht minder wichtig als die erste, da
sonst überhitzter Dampf entstehen würde, der als Heizmittel nicht vollwertig ist.

Der — inzwischen modernisierte — Kompressor hat bis heute seine Bedeutung als Wärmepumpe beibehalten, zumindest dort, wo Kraftstrom billig
ist. Speziell für Eindampfzwecke glaubte man allerdings in neuerer Zeit, dem
Dampfejektor mehr Aussicht geben zu können. Besonders die von GENSECKE[1]
erdachte Form ist in den letzten Jahren durch die Lurgi Gesellschaft für Wärmetechnik, auch für die Eindampfung von Glycerinlösungen empfohlen worden.
Grundsätzlich hat der Dampfejektor die gleichen Aufgaben zu leisten wie ein
Kompressor, nämlich Drucksteigerung und Temperaturerhöhung der Brüdendämpfe. Er erfüllt sie, indem er die Brüdendämpfe fortlaufend absaugt und mit
Frischdampf gemischt in den Heizkörper des Eindampfapparates zurückbefördert.

Trotz der einleuchtenden Vorzüge müssen gegen die Heranziehung der
Wärmepumpe für die Eindampfung von Glycerinlösungen — die Brauchbarkeit
für andere Industriezweige steht hier natürlich nicht zur Diskussion — gewisse
Bedenken geäußert werden. Zunächst wird die Notwendigkeit, Frischdampf in
gewissen Mengen anzuwenden, in Fabriken, die über reichlichen Abdampf verfügen, als Belastung empfunden werden, da Saponifikatglycerin in den üblichen
Vakuumapparaten ganz oder fast ausschließlich mit Abdampf gewonnen werden
kann. Unterlaugen anderseits, die auch sonst wenigstens zeitweise Zufuhr von
Frischdampf benötigen, dürften sich für die Bearbeitung mittels Wärmepumpe
nicht besonders eignen, da eine genügende Temperaturdifferenz zwischen Heizdampf und einzudampfender Flüssigkeit sich nur bei hoher — und dann entsprechend weniger rationeller — Kompression des Brüdendampfes erreichen läßt.
Zur Erläuterung diene der Hinweis, daß die Temperatur der mit Salz gesättigten
Unterlauge während der Eindampfung immer einige Grade höher ist als die der
aus ihr entwickelten Brüden. Die Wärmepumpe hat also zunächst einmal diesen
Temperaturunterschied auszugleichen und überdies noch das zur Verdampfung
erforderliche Temperaturgefälle zu erzeugen. Allein aus dieser Erwägung heraus
wird man zum Einbau unverhältnismäßig großer Heizflächen genötigt sein und
in dieser Hinsicht sogar noch ein übriges tun müssen, wenn der unvermeidlichen
Verkrustung der Heizflächen genügend Rechnung getragen werden soll.

Nach Mitteilungen der Lurgi Gesellschaft für Wärmetechnik in Frankfurt
am Main fällt besonders die zuletzt erwähnte Schwierigkeit praktisch nicht allzusehr ins Gewicht, weil zumindestens die älteren Verdampferkonstruktionen
noch nicht auf den heutigen Stand der Wärmetechnik gebracht worden sind und
daher mit verbesserten Konstruktionen dieser Gesellschaft wesentlich günstigere
Wärmeübergangszahlen erreicht werden, als man bisher bei älteren Anlagen beobachten konnte.

d) Zur Eindampfung von Glycerinlösungen.

Bei der Eindampfung von *Unterlaugen* in einer Zweikörperapparatur ist es
auf die Dauer unmöglich, nach der für die Eindampfung anderer Flüssigkeiten gebräuchlichen Arbeitsweise zu verfahren. Sie besteht bekanntlich darin, die Brüden
des mit der verdünnten Lösung gespeisten Apparates dem Heizkörper des zweiten
Apparates zuzuleiten und die Speisung dieses letzteren Apparates kontinuierlich
aus dem Inhalt des ersten vorzunehmen. Die Bedingungen, unter denen ein glattes
Fortschreiten des Eindickungsprozesses erreicht werden kann, sind für die beiden
Apparate zu verschieden, und es ist daher nicht möglich, sie so aufeinander abzustimmen, wie diese Arbeitsweise es erfordern würde. Bald nach Beginn der Eindampf-
fung zeigen sich in dem zweiten Apparat die ersten Salzausscheidungen und im

---

[1] D. R. P. 392874.

weiteren Verlauf wird nicht nur aus der Nutsche wiederholt Salz entleert werden müssen, sondern es wird auch notwendig sein, die mit Salz verkrusteten Teile des Heizkörpers und des Verdampfraumes von Zeit zu Zeit durch Auskochen mit Wasser zu reinigen. Im ersten Apparat, in dem der Sättigungsgrad nur selten überschritten wird, setzt sich dagegen nur gelegentlich Salz ab, so daß sich also bei der eingangs erwähnten Arbeitsweise die durch das Entsalzen des zweiten Apparates bedingten Unterbrechungen der Dampfzufuhr in einer unvollkommenen Ausnutzung der einen Apparaturhälfte auswirken müßten. Man könnte diesen Unregelmäßigkeiten noch mit verhältnismäßig einfachen Mitteln begegnen, wenn nicht als weiterer Störungs-faktor der Umstand hinzukäme, daß die Temperatur der Brüdendämpfe des ersten Apparates mit steigender Konzentration — und daher steigendem Siedepunkt — des Inhaltes des zweiten Apparates immer weniger genügt, um in letzterem das für eine flotte Verdampfung erforderliche Temperaturgefälle zwischen einzudickender Flüssigkeit und Heizfläche herzustellen.

Man sieht sich daher zu Abänderungen der Arbeitsweise gezwungen, die in den einzelnen Fabriken durchaus nicht gleichartig gehandhabt werden. Das Prinzip, die Brüdenrichtung von einem gegebenen Moment an umzukehren, also den zweiten Apparat mit frischem Dampf zu betreiben und die heißen Brüden zur Beheizung des weiter mit verdünnter Lösung gespeisten ersten Apparates zu verwenden, hat sich in mancher Hinsicht bewährt. Dieser Ausweg hat aber die Anlegung eines sorg-fältig durchdachten Rohrleitungsnetzes mit einer entsprechenden Anzahl von Ab-sperrorganen zur Voraussetzung, da nach der Umschaltung der Apparatur nicht nur der Frischdampfeintritt von einer anderen Stelle aus erfolgt, sondern auch die Brüdendämpfe ihre Richtung ändern, da der bis dahin dem Heizkörper des zweiten Apparates zugeführte Brüdendampf des ersten Apparates nun direkt in die Konden-sation geleitet wird. Weiter wird von dem Moment der Umschaltung an die Speisung des zweiten Apparates nicht mehr durch einfaches Öffnen einer Verbindungsleitung zwischen den beiden Apparaten erfolgen, da nun im ersten Apparat der geringere Luftdruck (also höheres Vakuum) herrscht und ein selbsttätiges Übersteigen der verdünnteren Lösung zu der konzentrierteren daher nicht mehr stattfinden kann. Man muß für diesen Zweck eine Pumpe in Anspruch nehmen oder, was vorzuziehen ist, jeden Apparat für sich speisen, und zwar den einen aus dem Vorratsbehälter für dünne Unterlaugen, den anderen mit einer bereits konzentrierteren Lösung aus einer vorangegangenen Operation.

Das recht komplizierte, unübersichtliche Rohrleitungsnetz, das für diese Arbeits-weise erforderlich ist, stellt an die Bedienungspersonen ziemlich hohe Ansprüche. Der Fehler, daß jede Unterbrechung infolge notwendig gewordener Salzentleerung den Stillstand beider Apparate nach sich zieht, ist nach wie vor nicht vermieden. Auch wird die Verdampfleistung des die verdünnte Lösung enthaltenden Apparates nicht sehr groß sein, da die Menge Brüdendampf, welche der andere Apparat liefert, nicht sehr bedeutend sein kann, wenn man berücksichtigt, daß die in ihm befindliche Lösung bereits den größten Teil ihres Wassergehaltes abgegeben hat. Endlich wird auch der Vorteil, der aus der Benutzung des heißen Frischdampfes für die Ver-dampfungsgeschwindigkeit der konzentrierteren Lösung erwartet werden kann, zum großen Teil dadurch wieder aufgewogen, daß der die konzentriertere Lösung enthaltende Apparat nun mit entsprechend geringerem Vakuum betrieben wird, die Siedetemperatur in ihm also steigt, so daß die Erhöhung des für die Leistung ausschlaggebenden Temperaturgefälles nicht sehr bedeutend ist.

Immerhin dürfte ein dem Vorstehenden ähnliches Verfahren für Betriebe, die große Mengen von Unterlauge verarbeiten, empfohlen werden können. Man entleert beide Apparate in dem Zeitpunkt, wo die Verdampfung im Doubleeffet infolge der vorgeschrittenen Konzentration nicht mehr richtig vorangeht, kocht sie aus und be-schickt nun den bisher mit der stärkeren Lösung betriebenen Apparat mit verdünnter Lösung und umgekehrt. Brüdenrichtung und Dampfeintritt bleiben unverändert und man erreicht durch diese Art des Vorgehens gleichfalls die oben geschilderte Wirkung, ohne daß eine komplizierte Umschaltung vorgenommen werden müßte und unter Wegfall eines besonderen Rohrleitungsnetzes. Die vorübergehende Still-setzung der Apparatur wird man in Kauf nehmen können angesichts der Tatsache, daß so eine gewissermaßen künstliche Verlängerung der Zeitspanne, während der im Doubleeffet gearbeitet wird, erreicht wird.

Bis zur Endkonzentration kann man aber auch bei dieser Arbeitsweise nur unter großen Schwierigkeiten gelangen, und daher ist die Einschaltung einer End-etappe ziemlich allgemein üblich geworden, die dadurch gekennzeichnet ist, daß auf die Ausnutzung der Brüdendämpfe ganz verzichtet und so das höchstmögliche Tempe-raturgefälle gleichzeitig mit höchstem Vakuum hergestellt wird. Von der Größe und Leistungsfähigkeit der vorhandenen Apparatur und von der Menge der täglich zu bewältigenden Unterlaugen hängt es dann ab, ob ein besonderer dritter Apparat für die Endeindampfung aufgestellt wird oder ob man einem, eventuell auch beiden der gewöhnlich im Doubleeffet arbeitenden Apparate diese Aufgabe zuweist. Gleichgültig, für welche dieser Möglichkeiten man sich entscheidet, wird dann die Endeindampfung lediglich mit Frischdampf ausgeführt und Füllung sowohl als auch Nachspeisung erfolgt ausschließlich mit bereits vorkonzentrierten Lösungen, die bereits etwa 30% Glycerin enthalten.

Zum Schluß einige Worte über die Entfernung des Salzes aus den Nutschen. Die wohl häufigste Art des Vorgehens läßt sich an Hand der Abb. 196 (S. 165) folgendermaßen beschreiben:

Die Nutsche besteht aus einem zylindrischen oder eckigen Hohlkörper, der durch einen Siebboden in zwei Teile geteilt ist. Sobald durch das Schauglas E festgestellt wird, daß sich eine genügende Menge Salz angesammelt hat, wird der Verbindungsschieber B geschlossen, Hahn C geöffnet und Dampf aus Hahn H zugelassen. Die in der Nutsche angesammelte Flüssigkeit steigt nun nach oben in den Verdampfraum, während das Salz durch den Siebboden zurückgehalten und durch einströmenden Dampf getrocknet wird. Nun werden die Hähne H und C geschlossen und durch Öffnen des Lufthahnes D wird Atmosphärendruck im Nutschenraum hergestellt, worauf die Entleerung durch Klappe I erfolgen kann. Nachdem das Salz entfernt und die Klappe I wieder geschlossen worden ist, öffnet man H, um die Luft durch Dampf zu verdrängen, schließt dann H und D und stellt durch langsames Öffnen des Verbindungsschiebers B den ursprünglichen Zustand wieder her. Da die Steigleitung, durch die ja eine heiß gesättigte Kochsalzlösung fließt, beim Erkalten zurückgebliebener Flüssigkeitsreste durch auskristallisierendes Salz verstopft werden kann, ist es nötig, sie mit einer Dampfausblaseleitung zu verbinden, die bei Bedarf in Tätigkeit gesetzt wird.

Der Dampf zum Trocknen des Salzes wird manchmal auch unter dem Siebboden der Nutsche eingeleitet und durch den Entlüftungshahn oder eine besondere Leitung abgeführt. Dadurch entsteht der Vorteil, daß Schwankungen des Vakuums vermieden werden, die bei dem plötzlichen Eintritt größerer Dampfmengen durch die Steigleitung in den Verdampfraum und die daraus folgende größere Belastung der Kondensationsanlage auftreten können. Im Regelfall ist jedoch der zuerst beschriebene Trocknungsprozeß vorzuziehen, zumal die Trocknung schneller vorangeht und es dann auch nicht passieren kann, daß gelegentlich einmal die auf dem Siebboden liegenden Filtertücher oder der ganze Siebboden durch den Dampfdruck gehoben werden.

Die Anbringung von zwei Nutschen für je einen Eindampfapparat, die abwechselnd gefüllt und entleert werden, bietet speziell während der Endphase der Eindampfung mancherlei Annehmlichkeiten, weil jede Unterbrechung des Eindampfungsvorganges durch das Absalzen wegfällt. Die Verdampfleistung der gebräuchlichen Apparate ist aber nur selten so groß, daß man es nicht darauf ankommen lassen könnte, während des höchstens 20—25 Minuten in Anspruch nehmenden Absalzens den Verbindungsschieber zwischen Verdampfraum und Nutsche geschlossen zu halten und die Verdampfung ohne Unterbrechung weiterzubetreiben, auch wenn nur eine Nutsche vorhanden ist. Das im Konus des Verdampfraumes in der Zwischenzeit angesammelte Salz fällt bei Wiederöffnung des Schiebers ganz von selbst in die Nutsche, besonders wenn man durch leichtes Klopfen nachhilft.

Die Eindampfung von *Spaltwässern* stellt keines der vorstehend erörterten Probleme und bietet dem einigermaßen erfahrenen Techniker kaum irgendwelche Schwierigkeiten. Nachdem die Apparatur gefüllt und die Vakuumpumpe angestellt ist, wird die Heizung in Tätigkeit gesetzt und gleichzeitig für Kühlwasserzufluß nach der Kondensationseinrichtung gesorgt. Die Temperatur des Kühlwassers soll im Fallrohr 35° nicht übersteigen, und dementsprechend ist der Zufluß zu bemessen. Durch zeitweise oder kontinuierliche Öffnung des Einzughahnes hat man nun nur noch für dauernd genügende Füllung der Apparate zu sorgen und kann dann die Apparatur fast unbeaufsichtigt weitergehen lassen, bis die erforderliche Konzentration erreicht ist.

Die Unterteilung des Eindampfvorganges, wie sie bei der Eindampfung von Unterlaugen besprochen worden ist, kann bei Spaltwässern vollständig unterbleiben. Immerhin ist sie nicht zu verwerfen, weil durch sie die Zeitdauer der Hitzeeinwirkung und damit Zersetzungen und Aufnahme von Verunreinigungen aus der Apparatur eingeschränkt werden. Man geht dann so vor, daß man die verdünnten Glycerinlösungen auf 14—15° Bé eindickt und in einem Sammelbehälter aufbewahrt, bis genügende Mengen vorhanden sind, um zur Endkonzentration zu schreiten.

e) Eigenschaften der Rohglycerine.

Das Saponifikatrohglycerin stellt eine syropöse, gelb bis braun gefärbte Flüssigkeit dar, die mindestens 88% Reinglycerin enthalten soll. Bei sachgemäß durchgeführter Vorreinigung der Glycerinwässer ist das Rohglycerin praktisch neutral und schmeckt süß, ohne einen unangenehmen Nachgeschmack zu hinterlassen. Eine Trübung weist auf Gehalt an organischen Verunreinigungen, darunter auch Fettsäure, hin. Das spezifische Gewicht beträgt zirka 1,24.

Unterlaugenrohglycerin ist noch erheblich viskoser als das Saponifikatglycerin und enthält normalerweise 80% Rohglycerin neben 7—9% Salz. Die Durchsichtigkeit und neutrale Reaktion ist auch hier von dem Grad der Verunreinigung abhängig, der Geschmack ist durch die unvermeidbare Anwesenheit des Salzes beeinflußt, soll aber nicht ekelerregend sein. Das spezifische Gewicht beträgt 1,35.

D. Veredlung des Rohglycerins.

Das nach den üblichen Verfahren vorgereinigte und eingedampfte Glycerin entspricht in der Regel weder äußerlich noch seiner tatsächlichen Zusammensetzung nach höheren Ansprüchen und wird nur in verhältnismäßig seltenen Fällen einer direkten Verwendung zugeführt. Meist ist eine weitere Steigerung des Reinheitsgrades erforderlich, die derzeit noch am vollkommensten durch eine Destillation erreicht werden kann. Daneben sind aber Verfahren bekannt, die eine ähnliche Wirkung mit einfacheren Mitteln, als sie die Destillation verlangt, anstreben, wenn sie auch wohl kaum jemals den Ehrgeiz haben, diese vollwertig zu ersetzen. In der Regel handelt es sich dabei vorwiegend um eine Entfernung der färbenden Bestandteile, und diese Wirkung genügt auch tatsächlich vollkommen für viele Verwendungszwecke, bei denen ein mäßiger Prozentsatz an Verunreinigungen keinen Schaden bringen kann.

a) Reinigung durch Entfärbung, Kristallisation usw.

Um helle Rohglycerine zu gewinnen, greift man am häufigsten zu einer *Bleichung mit Entfärbungsmitteln*. Die seinerzeit fast ausschließlich dafür gebrauchte Holzkohle ist durch die *aktiven Kohlen* ersetzt worden. Diese sollen frei sein von Wasser und in Glycerin löslichen Bestandteilen. Man verrührt das Glycerin in Rührwerken bei 80—100° mit der durch einen Vorversuch ermittelten Kohlemenge und kann bereits nach einer halben bis ganzen Stunde die Mischung durch eine Filterpresse drücken, da nach dieser Zeit der höchste erreichbare Bleichungsgrad bereits erzielt ist. Die ersten Anteile des Filtrats läßt man in den Bleichkessel zurücklaufen, da sie fast immer noch Kohlespuren enthalten. Je nach der Qualität des zur Bleichung herangezogenen Rohglycerins werden 0,1—1% Bleichkohle benötigt.

Auf eigenartige Weise, nämlich durch *Kristallisation bei tiefer Temperatur*, hat seinerzeit Kraut eine Veredlung des Glycerins versucht und dabei tatsächlich aus reinem Glycerin bestehende Kristalle in einer die Verunreinigungen enthaltenden Mutterlauge gewonnen; das Verfahren ist längst wieder aufgegeben worden. Die *Dialyse* verdünnter Glycerinlösungen nach Fleming ist dagegen eine Zeitlang mit Erfolg zur Raffination benutzt worden, konnte sich aber auf die Dauer gleichfalls nicht behaupten. Verwandt mit der Dialyse ist die Reinigung durch *Elektroosmose*, der die Siemens-Elektroosmose G. m. b. H., Berlin, eingehende Studien gewidmet hat. Trotz schöner Erfolge ist die Anwendung in großem Maßstabe, wohl infolge der vorläufig noch zu hohen Kosten, bis heute unterblieben, und das gleiche ist von Versuchen zu berichten, Glycerin durch *Überführung in Metallverbindungen* von den es begleitenden Verunreinigungen zu trennen und durch nachfolgende Zerlegung rein zu gewinnen. Die Verbindungen des Glycerins mit Blei und neuerdings auch die mit Zirkon sind für diesen Zweck herangezogen worden. Im Prinzip ähnlich sind die Vorschläge, welche auf eine *Veresterung mit Fettsäuren* und nachfolgende Spaltung oder auf die Darstellung von *Kondensationsprodukten* mit Aldehyden und Ketonen (beispielsweise Cyclohexanon) ausgehen, welch letztere in jüngster Zeit von Henkel & Co. zum Patent angemeldet worden ist; auch dabei ist es erforderlich, das Kondensationsprodukt nachträglich wieder aufzuspalten. Alle diese Verfahren bezwecken letzten Endes eine Veredlung des Rohglycerins, wenn sie auch nicht immer auf eine Umgehung der Destillation gerichtet sind. Bei den zuletzt aufgeführten kommt es vielmehr darauf an, Unterlaugen von ihrem Salzgehalt zu befreien, um gleichzeitig mit der Erzeugung des höherwertigen Saponifikatglycerins den Eindampfungsprozeß zu erleichtern.

b) Destillation des Rohglycerins.

Um technisch einen Reinheitsgrad zu erzielen, der dem chemisch reinen Glycerin zumindest sehr nahe kommt, ist bis heute noch die Destillation des Rohglycerins mit überhitztem Wasserdampf ausschließlich in Gebrauch.

1. Apparatur.

Die für die Destillation benutzten Apparaturen weisen jetzt als gemeinsames Kennzeichen *Dampfheizung* auf und — von wenigen Ausnahmen abgesehen — Einschaltung eines Expansionsraumes zwischen Überhitzer und Destillierblase, in dem der Destillierdampf sich während der Überhitzung auf ein Volumen ausdehnen kann, das un-
gefähr dem Inhalt der Destillierblase entspricht.
Dadurch wird eine Abkühlung des Destillierdampfes, die als Folge der plötzlichen Ausdehnung beim Eintritt in die Blase auftreten würde,
weitgehend vermieden und gleichzeitig eine gute
Wärmeausnutzung erreicht, da der zum Überhitzen benutzte Dampf noch zur Erzeugung der
Destillationstemperatur in der Destillationsblase benutzt werden kann. Schematisch ist dieser Vorgang durch die Abb. 202 dargestellt.

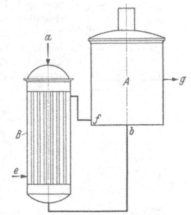

Hochdruckdampf von zirka 13 at tritt bei *e* in
den Überhitzer *B*, bestreicht die in ihm eingebauten
Heizrohre von außen, gelangt bei *f* in die geschlossene Heizschlange der Destillierblase *A* und verläßt
die Destillationsapparatur endgültig bei *g*, wo ein
Kondenstopf gedacht werden mag. Der Destillations-

Abb. 202. Dampfführung bei der Destillation von Glycerin.

dampf streicht, von *a* kommend, durch die Rohre des Überhitzers hindurch, nimmt dabei die Temperatur des Heizdampfes an und gelangt schließlich bei *b* in die offene Schlange der Destillierblase. — An Stelle des in der Abb. 202 gezeichneten Rohrbündels wird in den Überhitzer häufig nur eine geschlossene Schlange eingebaut, die entsprechend großen Durchmesser hat, um eine genügend weitgehende Expansion zu gestatten.

Außer der Dampfführung ist vor allem die Art der *Kondensierung* der

Glycerindämpfe von Bedeutung. Die *Luftkühlung* spielt dabei nach wie vor eine wichtige Rolle und findet sich bei einer großen Zahl der gebräuchlichsten Appa-

Abb. 203. Glycerindestillation mit Luftkühlern.

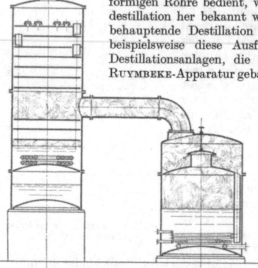

Abb. 204. Kolonnenkühler für Glycerindämpfe.

raturen. Zum Teil hat man sich dabei der hohen, haarnadelförmigen Rohre bedient, wie sie gleichfalls von der Fettsäuredestillation her bekannt waren. Die nach wie vor ihren Platz behauptende Destillation nach Scott (Abb. 203) bevorzugt beispielsweise diese Ausführungsform. Dagegen haben die Destillationsanlagen, die nach dem Vorbild der bekannten Ruymbeke-Apparatur gebaut sind, in der Regel eine Reihe von zylindrischen, liegenden oder auch stehenden Gefäßen aufzuweisen, die zu je 3—4 Stücken in Fraktionskolonnen angeordnet sind (Abb. 206, Beschreibung s. S. 575). Die Firma Heckmann endlich hat, ausgehend von ihren vielfältigen Erfahrungen in der Spiritusindustrie, eine der Spiritusrektifizierungskolonne ähnliche Vorrichtung zur Kühlung der Glycerindämpfe eingeführt (Abb. 204), in der das dampfförmige Glycerin eine Anzahl von übereinanderliegenden Schichten von bereits verflüssigtem Destillat durchstreichen muß, wodurch, lediglich durch die Eigenwärme der Destillatdämpfe, eine besonders hohe Ausbeute an höchstkonzentriertem Glycerin erreicht wird.

Einen praktisch bewährten *Wasserkühler* (D. R. P. 288449) zeigt die Abb. 205.

Durch die Leitung *3* wird dem Kühler heißes Wasser zugeführt, das die Rohre *2* umspült. Die Glycerindämpfe treten durch die Leitung *8* in den Sammelbehälter *5* ein, der vollkommen von einem zweiten Behälter *4* umgeben ist. Über *5* befindet sich ein Teller *6*, an dessen Unterseite der Flansch *7* in einem gewissen Abstand von der oberen Kante des Behälters *5* befestigt ist. Diese Bauart bewirkt eine Führung der Glycerindämpfe und in eingeschränktem Sinne auch eine Fraktionierung derart, daß sich in *5* und nach Passieren der Leitung *10* in Sammelbehälter *11* die unreinsten Destillatanteile ansammeln können. Der Hauptteil der Dämpfe wird zunächst der kühlenden Wirkung des von der Außenluft umspülten Behälters *4* ausgesetzt und tritt dann erst in den eigentlichen Kühler.

Ein wesentlicher Teil der Destillationsapparaturen sind die Einrichtungen, die zur *Nachkonzentrierung* des Destillats vorgesehen sind. Es läßt sich nämlich zeitweise nicht vermeiden, daß ein Teil des Einspritzdampfes zusammen mit den Glycerindämpfen kondensiert. Angesichts der außerordentlich hohen, an chemisch reines Glycerin heranreichenden Konzentration, die für manche Destillate (Dynamitglycerin) gefordert wird, sollte für die Entfernung der restlichen Wassermengen Vorsorge getroffen sein. Dabei macht es prinzipiell keinen Unterschied, ob die Nachkonzentrierung nachträglich in einem besonderen Apparat unter Vakuum vorgenommen wird oder ob das gleiche Ziel schon während der Destillation durch Anbringung von geschlossenen Dampfschlangen in den Auffanggefäßen angestrebt wird. Den ersteren Weg finden wir z. B. in der Heckmann-Kolonne (Abb. 204) eingeschlagen, die im unteren Teil eine auf der Abbildung zu sehende Dampfschlange enthält; auch bei den RUYMBEKE-Destillationen finden wir häufig eine gleiche Einrichtung. Der Nachkonzentrierung durch Vakuumapparate wird dagegen in dem geschlossenen Destillationssystem der Vorzug gegeben, dessen Abbildung auf S. 576 zu finden ist.

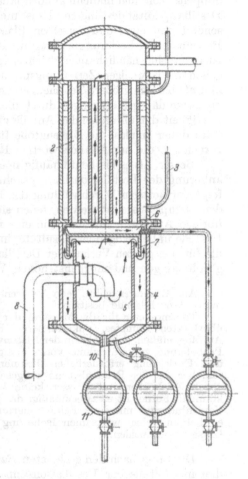

Abb. 205. Kühler für Glycerindämpfe.

Abgesehen von den die Kühlung betreffenden Einzelheiten, weisen die offenen Destillationssysteme, zumindest grundsätzlich, weitgehende Ähnlichkeit miteinander auf. Wenn man von Eigenarten in der Anordnung und Konstruktionsdetails absieht, bezieht sich diese Feststellung nicht nur auf die Art der Dampfführung, sondern besonders auch auf die Hilfsapparaturen, unter denen die Anlagen zur Erzeugung des Vakuums und ein Tropfenfänger besonders hervorzuheben sind.

Einige allgemeingültige Regeln lassen sich auch für die *Destillierblase* aufstellen. Sie muß zunächst, was ihren Rauminhalt betrifft, für die Unterbringung einer für die gewünschte Leistung genügend großen Heizfläche bemessen sein. Trotz seiner Wichtigkeit ist dies aber nicht der einzige Punkt, der für die erforderliche Größe maßgebend ist. Es kommt noch weiter in Betracht, Raum für eine so große Teermenge zur Verfügung zu haben, daß die Notwendigkeit, Teer abzulassen und eine neue Charge zu beginnen, nicht häufiger eintritt, als es die Natur der zur Verarbeitung kommenden Glycerine erfordert. Die unterste Grenze der Chargendauer selbst für sehr minderwertige Unterlaugenglycerine soll nicht weniger als 30 Stunden betragen, gute Saponifikatglycerine lassen sich aber die doppelte Zeit und manchmal noch länger ohne wesentliche Verschlechterung der Destillatqualität destillieren. Es ist nicht so schwierig, wie es auf den ersten Blick scheint, mit einer und derselben Blasengröße diesen weit auseinanderliegenden Betriebszeiten Rechnung zu tragen. Rohglycerine, die eine lange Chargendauer zulassen, sind nämlich auch gleichzeitig arm an nichtdestillierbaren Anteilen und geben auch weniger Zersetzungsprodukte, so daß es lange Zeit in Anspruch nimmt, bis sich größere Teermengen angesammelt haben. Rückstandreiche Rohglycerine dagegen erzwingen durch die verhältnismäßig früh eintretende Minderwertigkeit der übergehenden Anteile ohnehin eine kürzere Chargendauer, und es wäre daher sinnlos, die Blasengröße für diesen Zweck nach Gesichtspunkten zu berechnen, die nur für hochwertige Rohglycerine Geltung haben können.

Besser, als es bis heute häufig noch geschieht, sollte auf eine sehr gute Verankerung der Destillationsblase geachtet werden. Die Erschütterungen, die infolge der heftigen Durchwühlung des Blaseninhaltes durch den direkt eintretenden Dampf ausgelöst werden, teilen sich bei schlechter Verankerung der ganzen übrigen Apparatur mit und sind eine manchmal nicht genügend berücksichtigte Ursache unbefriedigender Resultate, indem sie Undichtigkeiten bewirken, welche die für den glatten Verlauf der Destillation unerläßliche Aufrechterhaltung eines gleichmäßigen und möglichst hohen Vakuums verhindern.

An *Armaturen* sollte jede höheren Ansprüchen genügende Destillationsanlage mindestens folgende besitzen:
Thermometer für die Messung der Temperaturen des Blaseninhaltes und des überhitzten Dampfes, Vakuummeter, Flüssigkeitsstände an der Blase und allen Auffanggefäßen, Schauglas in der Blasenwand, Mannlöcher und Reinigungsöffnungen, Probehähne zur Entnahme von Flüssigkeitsproben. Neben den zur Beschickung und Entleerung erforderlichen Hähnen und Ventilen kann ferner ein Absperrschieber in der Brüdenleitung vorgesehen sein, damit beim Reinigen der Blase durch Auskochen mit Wasser keine Verunreinigungen in die Vorlagen gelangen können. Ferner ist es zweckmäßig, das zum Einziehen des Rohglycerins bestimmte Verschlußorgan mit einer Feinregulierung auszustatten. Blase und Überhitzer sind endlich mit einer wirksamen Isolierung zu versehen, um Wärmeverluste weitmöglichst zu vermeiden.

Die Frage nach den geeigneten *Baustoffen* ist dahin zu beantworten, daß alle diejenigen Teile der Destillationsapparatur aus *Eisen* hergestellt sein können, welche mit den Destillaten überhaupt nicht in Berührung kommen, also in erster Linie die Destillierblase und der Überhitzer. Das Übersteigrohr dagegen wird bereits von dem Teil ab, von dem aus kondensierende Glycerindämpfe nicht mehr in die Blase zurückfließen können, aus *Kupfer* hergestellt; gleiches gilt von der Kondensationsanlage mit Ausnahme der Süßwasserauffanggefäße, für die wieder Eisen bedenkenlos verwendet werden kann. Auch als Lagergefäße für das fertigdestillierte Glycerin trifft man häufig einfache Eisenbehälter an, und dagegen ist eigentlich kaum viel einzuwenden, wenn die Gefäße ständig benutzt werden und wenn die Destillate bereits etwas abgekühlt in sie eingefüllt werden. Immerhin ist hier die Verwendung edlerer Metalle, wenigstens in Form von Auskleidungen, anzuraten.

Das Übersteigrohr zwischen Blase und Kühler, das mit den heißesten Dämpfen in Berührung kommt, wird gelegentlich sogar mit Gold überzogen und man soll damit bei der Herstellung von höchsten Anforderungen entsprechenden Pharmakopöeglycerinen gute Erfahrungen gemacht haben.

Die Zusammenstellung einer betriebsfertigen Anlage des offenen Destillationssystems, dessen Einzelteile bisher beschrieben worden sind, ergibt sich aus der bereits erwähnten Abb. 206, die nun kurz erläutert werden soll.

Sie besteht aus dem Dampfüberhitzer A, aus dem der überhitzte Dampf in der S. 571 schematisch dargestellten Weise nach der Destillierblase B gelangt. Angeschlossen ist die Luftkühlbatterie C, die aus 8 liegenden Gefäßen, von denen je 4 übereinander angeordnet sind, besteht und in der der größte Teil der Glycerindämpfe kondensiert. Die Auffanggefäße D nehmen das Destillat auf. Der Röhrenkühler F schlägt den Wasserdampf, zusammen mit den noch übrig gebliebenen Glycerindämpfen nieder und entläßt das Gemisch in den Süßwasserabscheider E. An diesen ist der Behälter G angeschlossen, aus dem das Süßwasser unter Vakuum entleert werden kann. Die zur Erzeugung des erforderlichen Vakuums benötigten Teile, nämlich Fallrohrkondensator H, Fallwasserüberlauf K und Luftpumpe I vervollständigen die Apparatur.

2. Geschlossene Destillationssysteme.

Sie zeigen einen in manchen Punkten wesentlich anderen Aufbau. Sie sind in erster Linie dadurch gekennzeichnet, daß das *gesamte* während der Destillation anfallende Glycerin, also auch das Süßwasser, ohne weiteres in hochkonzentrierter Form gewonnen wird, so daß also die Notwendigkeit, das Süßwasser nachträglich einzudampfen oder es als Verlust zu betrachten, wegfällt. Durch eine bis ins letzte gehende Ausnutzung der Brüdendämpfe

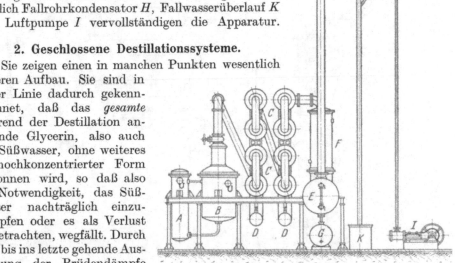

Abb. 206. Destillation (nach RUYMBEKE) von Feld u. Vorstmann.

ist dafür gesorgt, daß höchstens ein unbeträchtlicher Mehraufwand an Frischdampf entsteht. Das Süßwasser wird nämlich in einem normalen Vakuumapparat eingedampft und die Brüden werden als Destillierdampf benutzt.

In der Ausführungsform, die Wurster & Sanger, Chicago, empfehlen (Abb. 207), sind zwei Vakuumeindampfapparate *11* nebeneinander vorgesehen, die im Doubleeffect arbeiten und von denen der eine mit reinem Wasser, der andere mit Süßwasser gespeist wird. Nach der Destillierblase werden nur die Brüden des reines Wasser verdampfenden Vakuumapparates geleitet, und man vermeidet so die Gefahr, das Destillat mit den im Süßwasser enthaltenen Verunreinigungen zu schädigen. Der Weg, den die Brüden dabei nehmen — über Vorüberhitzer *6* und Überhitzer *7* —, ist aus der Abbildung ersichtlich. Die Verdampfungswärme wird den erwähnten Vakuumverdampfern durch den aus der geschlossenen Heizschlange der Destillierblase *16* austretenden Dampf geliefert, der vorher noch einen Teil seiner Wärme an den Hauptüberhitzer *7* abgibt. Der Vorüberhitzer *6* wird durch die Glycerindämpfe beheizt, die auf dem Wege über den Tropfenfänger *15* zu ihm gelangen, und dient gleichzeitig als Glycerinvorkühler. Das Destillat aus den hintereinandergeschalteten

Kühlern *5* und *6* sammelt sich in den Zwischenbehältern *2* und *3* und fließt dann nach dem Konzentrator *8*, wo es auf höchste Konzentration gebracht wird. Der Nachkühler *4* entläßt sein Kondensat nach den Behälter *1*, von wo es den Süßwasserverdampfern *11* zugeführt und dort in der besprochenen Weise verwertet wird. Die Flüssigkeitspumpen *9, 10, 12* und *13* dienen der Reihe nach dem Abpumpen des

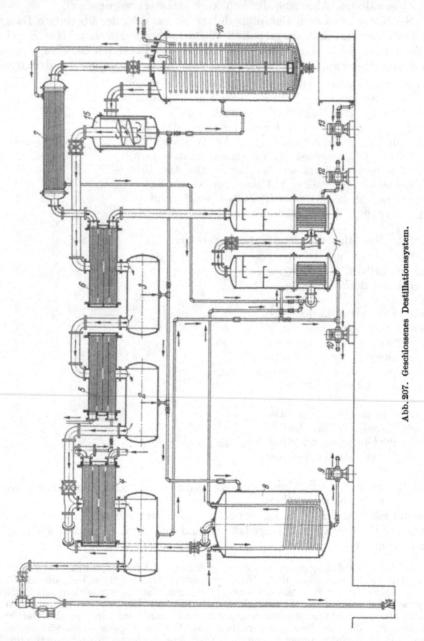

Abb. 207. Geschlossenes Destillationssystem.

Fertigglycerins, des eingedickten Süßwassers, des Kondensats aus dem Heizkörper des zweiten Süßwasserverdampfers und des Glycerinpeches.

Gleichfalls nach dem geschlossenen System arbeitet die in den Vereinigten Staaten sehr gut eingeführte Destillation nach Wood[1], die besonders dadurch

[1] A. P. 881525, 1098543.

interessant ist, daß mehrere Blasen gleichzeitig und kontinuierlich die Destillation besorgen und daß das Glycerin durch besondere Pumpen im Kreislauf gehalten wird, welche es durch außerhalb der Blasen befindliche Heizvorrichtungen drücken (vgl. Abb. 208).

Der Destillierdampf wird in gleicher Weise wie bei der vorhergehenden Anlage beschrieben, durch den Reinwasserverdampfer *6* mittels der Heizrohre *5* erzeugt; der Reinwasserverdampfer erhält den benötigten Dampf in Form von Brüden des Süßwasserverdampfers *4*, dessen Heizrohre *2* aus dem Dampfkessel *1* mit Dampf versorgt werden. Die Überhitzung des Destillierdampfes, der seinen Weg durch die Leitung *8* und den Überhitzer *10* nach der Destillierblase *9* hin nimmt, erfolgt durch eine besondere Dampfzu-führung aus dem Dampf-kessel *1*, deren Eintritt bei *12* angedeutet ist. Das Glycerin wird durch die Zentrifugalpumpe *17* in Bewegung gesetzt, welche es aus der Destillations-blase durch die Leitung *16* empfängt und durch den Überhitzer *19* hindurch der Blase wieder zuführt oder auch bei Bedarf fri-sches Glycerin speist. Die Glycerindämpfe verflüs-sigen sich in dem ersten Heißwasserkühler *27*, dem durch Leitung *28* heißes Wasser zugeführt wird, und gelangen in die Vor-lagen *30* und *34*. (Über die Bauart der Kühler vgl. S. 573.) Das nicht verflüssigte Glycerin geht zusammen mit dem Was-serdampf nach Destillier-blase *9a*, die mit dem mittleren Kühler *27* in Verbindung steht. Die aus der dritten Blase *9c* entwickelten Dämpfe pas-sieren den letzten Heiß-wasserkühler *27* und wer-den dann vom Kaltwas-serkühler *39* vollständig kondensiert. Die in den Kühlern durch das heiße Glycerin entwickelten Wasserdämpfe sammeln

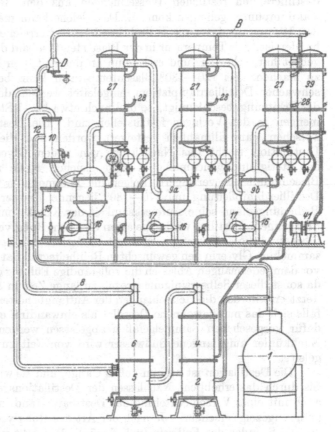

Abb. 208. Destillation nach Wood.

sich in der Leitung *B*, in der ein höherer absoluter Druck herrscht als in dem übrigen Teil der unter Vakuum stehenden Apparatur. Diese Zone, in der also ein geringeres Vakuum herrscht, wird von den unter höchstem Vakuum stehenden Ge-fäßen durch das Regulierventil *D* abgegrenzt. Der in der Sammelleitung *B* vor-handene Dampf wird zur Verstärkung des Destillierdampfes verwertet. Die Va-kuumpumpe ist mit *41* bezeichnet.

Die grundsätzlichen Bedenken, welche gegen die Einschaltung von Pumpen und die Möglichkeiten einer Beschädigung der bewegten Teile durch auskristalli-sierendes Salz erhoben werden können, hat der Erfinder augenscheinlich aus-zuräumen verstanden, denn mit der geschilderten Anlage wurden bei der be-kannten Firma Marx & Rawolle in Brooklyn jährlich nicht weniger als 7500 t Glycerin verarbeitet.

3. Verlauf der Destillation.

Von den durch die Eigenart der zur Verfügung stehenden Apparatur bedingten geringfügigen Besonderheiten abgesehen, wird eine Glycerindestillation ungefähr das folgende Bild zeigen:

Die Apparatur wird unter Vakuum gesetzt und die Destillierblase, nach Öffnen der Einzugsleitung, bis zu etwa einem Drittel ihrer Höhe mit Glycerin gefüllt. Während des Einsaugens schon wird mit der Heizung der in der Blase befindlichen geschlossenen Schlange begonnen. Hat das Glycerin etwa 80⁰ erreicht, so stellt man das Wasser zum Nachkühler an, damit die jetzt abdestillierenden restlichen Wassermengen aus dem Rohglycerin nicht in die Vakuumpumpe gelangen können. Das gleiche kann man übrigens durch Öffnen des Wasserzulaufes zum Fallrohrkondensator erreichen, falls ein solcher vorhanden ist. Die Temperatur in der Blase steigt, sobald die Wasserdestillation aufgehört hat, schneller, und es ist nun an der Zeit, den Überhitzer betriebsbereit zu machen. Bei 120—130⁰ Blasentemperatur kann bereits ein, vorläufig ganz schwacher Destillierdampfstrom eingeleitet werden, dessen Wärme das Tempo der Erhitzung beschleunigt, so daß nach etwa $^1/_2$—1 Stunde die ersten Destillatmengen in den Vorlagen festzustellen sind. Die Destillierdampfmenge ist inzwischen ganz allmählich gesteigert worden und die nun einsetzende flotte Destillation macht das Nachziehen von neuen Glycerinmengen erforderlich, das stetig und gleichmäßig in dem gleichen Maße zu erfolgen hat, als der Blaseninhalt sich verringert. Zeigen die Thermometer an der Blase und in der Destillierdampfleitung um 170—180⁰ liegende Temperaturen an, so kann der Bedienungsmann seine Aufmerksamkeit der Kühlkolonne zuwenden. Das zuerst übergangene Destillat wird abgelassen und dem Rohglycerinbehälter wieder zugeführt, und dieser Vorgang wird so oft wiederholt, bis das in den Vorlagen sich ansammelnde Glycerin den gewünschten Reinheitsgrad hat. Dabei ist es nicht nötig, vor dem jedesmaligen Ablassen die vollständige Füllung der Vorlagen abzuwarten, da sonst dieser Selbstreinigungsprozeß zu lange Zeit in Anspruch nehmen würde. Jetzt erst werden die Heizschlangen der Auffangbehälter in Tätigkeit gesetzt, und falls sich das nun gewonnene Destillat als einwandfrei erweist, kann es nach den dafür vorgesehenen Sammelgefäßen abgelassen werden. Auch das hinter dem Nachkühler aufgefangene Süßwasser wird von Zeit zu Zeit Vorratsgefäßen zugeleitet.

Die Destillation ist nun im vollen Gange, und sie wird solange weitergeführt, bis durch das erhebliche Nachlassen der Destillationsgeschwindigkeit, die meist auch mit einer Verschlechterung der Destillate Hand in Hand geht, die Beendigung angezeigt erscheint. Je nach der Art des Rohglycerins wird das nach etwa 40—80 Stunden der Fall sein (vgl. S. 574). Man läßt von diesem Augenblick an das Einzugsventil nach der Blase geschlossen, destilliert aber in unveränderter Weise weiter und entnimmt in kurzen Zeitabständen Teerproben, deren Aussehen für den endgültigen Abbruch der Destillation maßgebend ist. Bei entsprechender Übung und gleichbleibendem Rohmaterial genügt dem Bedienungsmann die Beobachtung der Konsistenz des am Schauglas der Destillierblase herabfließenden Glycerinteeres, um den richtigen Zeitpunkt für den Schluß der Destillation zu erkennen. Auch die Verringerung der Destillatmenge ist ein brauchbares Kennzeichen. Das während des Abdestillierens erhaltene Destillat wird getrennt aufgefangen, um später nochmals destilliert zu werden, da es entsprechend unreiner ist als die Hauptmenge.

Die Destillation wird abgebrochen, indem man den Destillierdampf abstellt, die Vakuumpumpe zum Stillstand bringt und sämtliche Dampf- und Wasserventile schließt. Durch Öffnen von Entlüftungshähnen stellt man den Atmosphärendruck in der Anlage wieder her und läßt den Teer noch heiß in einen Sammelbehälter ab. Man wartet, bis die Blase sich auf etwa 90° abgekühlt hat, füllt sie dann mit Wasser und kocht sie bei geöffnetem Entlüftungshahn, aber versperrtem Verbindungsschieber zur Kühlkolonne aus. Nach etwaiger Wiederholung des Auskochens und Ablassen des Schmutzwassers nach dem Kanal ist die Blase zur Neufüllung bereit.

Die *Redestillation* des Einfachdestillats, die beispielsweise bei der Erzeugung von Apothekerglycerin vorgenommen werden muß, verläuft ganz ähnlich wie die vorstehende geschilderte Erstdestillation. Die dabei benötigten Temperaturen sind aber niedriger und die Menge des in der Zeiteinheit übergehenden Destillats größer.

Von *Störungen*, die im Verlaufe der Destillation auftreten können, sollen die wichtigsten nachfolgend angeführt und die zu ergreifenden Gegenmaßnahmen erörtert werden.

1. *Die Temperatur in der Destillationsblase sinkt und die Destillationsgeschwindigkeit läßt plötzlich nach.* Für diese Erscheinung können mehrere Ursachen verantwortlich sein, und zwar:

a) Zu tiefe Temperatur des gespeisten Rohglycerins, das beim Eintritt in die Blase Wärmeverluste veranlaßt, besonders wenn das Speisen zu schnell erfolgt; die Abhilfe liegt nahe.

b) Das nachgespeiste Rohglycerin ist zu wasserreich und verbraucht einen Teil der zugeführten Wärme, um das Wasser zu verdampfen. Hierbei muß man sich mit dem langsameren Tempo der Destillation zufrieden geben, es sei denn, daß anderes Rohglycerin zur Verfügung steht, so daß man sich durch Zumischung wasserarmer Sorten oder hochprozentiger Erstdestillate, die in der Qualität nicht befriedigen und nochmals destilliert werden sollen, helfen kann.

c) Das Vakuum ist infolge stärkeren Kühlwasserlaufes, höherer Tourenzahl der Vakuumpumpe infolge Schwankungen der Netzspannung oder ähnlichen Ursachen gestiegen. Dabei wird allerdings nur die Destillationstemperatur sinken, die Destillationsgeschwindigkeit aber eher erhöht. Gegenmaßnahmen sind kaum nötig, es muß nur geprüft werden, ob durch die plötzliche Druckverminderung Überschäumen stattgefunden hat.

2. *Es tritt heftiges Schäumen ein.* Hier kommen am häufigsten zwei Gründe in Betracht:

a) Das Rohglycerin enthält Beimengungen, die zum Schäumen Anlaß geben. Falls lediglich zu große Alkalinität vorliegt, ist natürlich die Neutralisierung mit Säure angezeigt. Manchmal sind aber organische Verunreinigungen dafür verantwortlich, und dann bleibt nur Drosselung der Destillationsgeschwindigkeit übrig, wenn man die Destillation nicht abbrechen will. Im schlimmsten Falle ist dieses Mittel aber noch vorzuziehen gegenüber der unerträglichen Verlangsamung des Destillationstempos, das durch die organischen Verunreinigungen erzwungen wird. Das Rohglycerin wird verdünnt, nach einer der auf den Seiten 554 f. beschriebenen Methoden gereinigt und dann erneut destilliert. Nur in günstiger gelagerten Fällen kann die Mischung mit einer besseren Partie von dieser umständlichen und kostspieligen Arbeit entbinden.

b) Der Luftdruck beginnt, nachdem er aus den unter 1 angeführten Ursachen plötzlich gestiegen ist, ebenso plötzlich wieder zu sinken. Abhilfe kann dabei vorübergehende absichtliche Drosselung des Laufes der Vakuumpumpe oder auch schnelles Nachspeisen von Rohglycerin bringen.

3. *Plötzliches Sinken des Vakuums.* Der Fehler kann an der Vakuumpumpe liegen (Versagen der Zylinderkühlung, Sinken der Tourenzahl usw.), aber auch am Kühlwasser der Nachkühlung bzw. des Fallrohrkondensators, das zu heiß geworden

ist. Abhilfe besteht in Verstärkung des Kühlwasserzuflusses und, falls dies nicht möglich ist, Herabsetzung der Destillationsgeschwindigkeit durch Drosselung des Destillierdampfes. Diese Maßnahmen sind mit Vorsicht und unter ständiger Beobachtung vorzunehmen, da zu schnelles Wiederansteigen des Vakuums Überschäumen hervorrufen kann.

4. *Das Süßwasser enthält zuviel Glycerin.* Auch diese Erscheinung ist meistens auf ungenügende Kühlung resp. zu schnelles Destillieren zurückzuführen und die Abhilfe besteht daher in den gleichen Maßnahmen wie unter 3.

Der Höhe der bei der Destillation eintretenden *Glycerinverluste* ist selbstverständlich größte Aufmerksamkeit zu schenken. Darüber sind vielfach recht unklare Vorstellungen vorhanden, so daß eine nähere Erörterung angebracht erscheint.

Bei Verarbeitung durchschnittlicher Saponifikatrohglycerine und Einhaltung der in diesem Werk gegebenen Regeln wird man mit einem Verlust von 2—3% des eingebrachten Rohglycerins auskommen oder sogar unter dieser Grenze bleiben können. Bedeutend größere Verluste sind aber bei Unterlaugenrohglycerinen zu erwarten, bei denen Verluste von 4—5% die Regel, noch bedeutend höhere aber nicht ausgeschlossen sind. Als wichtigste Verlustquelle kommt — wie bei der Unterlaugenverarbeitung so häufig — der Salzgehalt in Betracht, und obwohl sie vollkommen nie ausgeschaltet werden kann, sollte über ihre Auswirkungen bei dem Destillateur volle Klarheit herrschen, da er nur dann ihr entgegenarbeiten kann, ohne unmögliche Anforderungen zu stellen.

80%iges Rohglycerin enthält gewöhnlich mindestens 8—9% Kochsalz. Die größte Menge Kochsalz, welche 100%iges Glycerin bei 25° in Lösung halten kann, beträgt rund 8%, bei der Destillationstemperatur (für die keine entsprechenden Beobachtungen bekannt sind) sicherlich mehr. Immerhin dürfte schon bald nach Beginn der Destillation der Sättigungspunkt überschritten werden, und von dem Zeitpunkt an reichert sich in der Destillationsblase festes Salz ständig an. Da die Natur der Wasserdampfdestillation einen flüssigen Blaseninhalt zur Voraussetzung hat und auch die Rücksicht auf die Entleerung der Destillationsrückstände die gleiche Bedingung auferlegt, kann die Destillation höchstens solange fortgesetzt werden, bis das Gemenge von Salzkristallen und Glycerin seine dünnbreiige Konsistenz zu verlieren beginnt. Nimmt man an — um mehr als Annahmen kann es sich angesichts des Fehlens von darauf bezüglichen Untersuchungen nicht handeln —, daß diese Grenze bei einem Salzgehalt von 60% erreicht ist und daß der Salzgehalt des Rohglycerins 10%, sein Glyceringehalt 80% betragen habe, so ergibt eine einfache Rechnung, daß unter diesen Voraussetzungen rund 8,5% des der Blase zugeführten Glycerins (als 100%iges gerechnet) in den Destillationsrückständen enthalten sein *müssen.* Allerdings wird infolge der die Destillation begleitenden Zersetzungsvorgänge nur ein Teil davon als Glycerin selbst nachzuweisen sein. Daß die tatsächlichen Verluste bei normalen Rohglycerinen regelmäßig unter diesem Prozentsatz liegen ist darauf zurückzuführen, daß sich ein Teil des Salzes auf den Heizschlangen und unter dem Dampfverteiler absetzt. Beim Ablassen des Peches bleibt dieses Salz in der Blase und muß durch Auskochen mit Wasser entfernt werden.

Der Verlust wird nach der angestellten Rechnung um so geringer, je glycerinreicher das Rohglycerin ist. Unter dem hier besprochenen Gesichtspunkt ergibt sich daraus die Folgerung, daß es günstig ist, Unterlaugenglycerin gemischt mit Saponifikatglycerin zu destillieren, da die Zumischung des letzteren in gleicher Richtung wirkt wie eine Verminderung des Salzgehaltes. Man hat aber dabei mit einem größeren Verlust an Saponifikatglycerin zu rechnen, als wenn dieses für sich allein destilliert worden wäre und wird auch bei dieser Arbeitsweise daher letzten Endes nur in Ausnahmefällen besser wegkommen. Ein anderer

Weg, der darin bestünde, die Destillation frühzeitig zu unterbrechen und den abgekühlten Blaseninhalt durch Filtration salzärmer zu machen, ist allem Anschein
nach bisher noch niemals beschritten worden. Auf alle Fälle zeigen aber die
angestellten Überlegungen, daß eine Fortsetzung der Destillation bis zur höchst-
möglichen Salzkonzentration unzweckmäßig ist. Der Wunsch, eine möglichst
hohe Ausbeute an Destillat zu erzielen, läßt sich besser erfüllen, wenn die Destillation bereits in einem früheren Stadium beendigt wird und die Blasenrückstände
einer zweckmäßigen Aufarbeitung (s. unten) unterworfen werden.

Diese Empfehlung erscheint um so begründeter, als experimentell nachgewiesen worden ist, daß eine Reihe von regelmäßigen Begleitstoffen der Rohglycerine bei der Destillation zersetzend wirken oder zumindest Umwandlungen
hervorrufen, die eine Herabsetzung der Ausbeute zur Folge haben. Es ist voraus-
zusehen, daß bei zu weit getriebener Destillation infolge der dann eintretenden
Anreicherung dieser Stoffe der schädliche Einfluß wachsen und weitere Glycerinverluste bewirken wird. Von solchen Verunreinigungen sind u. a. verschiedene
Metalloxyde zu nennen, welche die Entstehung von Polyglycerinen bei hohen
Temperaturen begünstigen und die daher bei den durch die Patentliteratur bekannten Prozessen zur Erzeugung von Polyglycerinen als Katalysatoren herangezogen werden. In außerordentlich überzeugender Weise gelang in neuester
Zeit LANGMUIR[1] der Nachweis von durch Beimengungen verursachten Schädigungen. Während ihm nämlich bei der Verwendung von chemisch reinem
Glycerin eine vollkommen verlustfreie Destillation gelang, änderte sich das Bild
durch Zusätze verschiedener Art folgendermaßen:

	Zusatz	Glycerinverlust		Zusatz	Glycerinverlust
2%	Soda	2,2%	1%	Schwefelsäure	66,0%
5%	„	6,0%	1,7%	Natronlauge	1,7%
0,5%	Aluminiumoxyd	2,3%	3%	Natriumacetat	1,5%
10%	„	62,7%	5%	Seife	14,8%

Kochsalz und Glaubersalz übten im Gegensatz zu den oben genannten
Stoffen keine schädliche Wirkung aus, sondern erwiesen im Gegenteil einen
hemmenden Einfluß. Es ist aber wohl ohne weiteres verständlich, daß diese Feststellung nur relativ aufzufassen ist und die Bemerkungen unberührt läßt, welche
oben über den Kochsalzgehalt als Verlustquelle gemacht worden sind.

Die *Blasenrückstände* müssen nach entsprechender Verdünnung mit Wasser
nach der Vorreinigungsstation zurückgeführt und dort nach denjenigen Grundsätzen behandelt werden, die S. 554ff. ausführlich erläutert worden sind. Die
einfache Zumischung zu den noch ungereinigten Unterlaugen oder Spaltwässern
wird sich nur in den seltensten Fällen empfehlen; vielmehr wird eine getrennte
Behandlung Platz greifen müssen, da sonst eine unerwünschte Verschlechterung
der Qualität der Rohglycerine (durch Anreicherung von Trimethylenglykol, Polyglycerinen usw.) auf die Dauer nicht zu vermeiden wäre. Lohnend ist die Wieder-
verwertung der Blasenrückstände nur dann, wenn sie nicht durch übermäßig lang
fortgesetzte Destillation allzusehr „gequält" worden sind und noch nennenswerte
Glycerinmengen enthalten. Man hüte sich aber, den nach den üblichen Methoden
durchgeführten Bestimmungen des Glyceringehaltes allzuviel Vertrauen zu
schenken. Es ist mehr als wahrscheinlich, daß dabei Fehlschätzungen unterlaufen
müssen, weil die gebräuchlichen Analysenvorschriften bei der Untersuchung derartig verunreinigter Massen teils ganz versagen, teils die zahlreichen im Pech enthaltenen Zersetzungsprodukte fehlerhaft berücksichtigen. Anderseits läßt sich
aus den gleichen Gründen aus der Untersuchung der Rückstände auch kein

[1] Ind. engin. Chem. **24**, 378 (1932).

sicherer Schluß auf die bei der Destillation entstandenen tatsächlichen Glycerin-verluste ziehen, zumal ein Teil der Zersetzungsprodukte flüchtig und im Pech daher gar nicht mehr enthalten ist.

Die in der Literatur häufig anzutreffenden Vorschläge, welche angebliche Spezialvorschriften zur Behandlung von Blasenrückständen enthalten, laufen im wesentlichen auf die von der Vorreinigung der Glycerinwässer her bekannten Methoden hinaus. Wenn z. B. von Sanger[1] empfohlen wird, die teerartigen Be-standteile durch eine Säurebehandlung abzuscheiden, so handelt es sich dabei offenbar um nichts anderes, als die S. 554 besprochene Zersetzung der in den Rückständen verbliebenen Seifen, deren Fettsäuren sich oben absetzen und ab-geschöpft werden können. Auch die Weiterbehandlung mit Kalk und Soda unter Zwischenschaltung einer Filtration hat ihr Gegenstück in der Reinigung ver-dünnter Glycerinlösungen (vgl. S. 554), und das gleiche gilt von Hinweisen, die auf die Wirkung von Eisenchlorid, Aluminiumsulfat und anderen Metallsalzen aufmerksam machen.

E. Qualitätsanforderungen für technische Glycerine.

Die Anforderungen, welche an das fertige Glycerin gestellt werden, sind je nach dem Verwendungszweck recht verschieden. Sehr häufig bedient man sich zur Beurteilung der Qualität von *Rohglycerin* der nachstehend wiedergegebenen Vereinbarungen, die unter dem Namen *Britische Standardbestimmungen* (*B. S. S.*) eine weitreichende Anerkennung erfahren haben. Der Text dieser Bestimmungen lautet:

„Sämtliche Analysen müssen nach den internationalen Standardmethoden (I.S.M.) ausgeführt werden.

1. Unterlaugenrohglycerin. Die Normalware soll 80% Glycerin enthalten. Ein Unterlaugenglycerin, das 81 oder mehr Prozent Glycerin enthält, wird pro-zentual höher bezahlt, und zwar wird für jedes über 80 liegende Prozent soviel vergütet, wie sich ergibt, wenn man den vereinbarten Preis auf 80%iges Glycerin umrechnet. Für ein Rohglycerin, das weniger als 80, aber mehr als 78% Glycerin enthält, wird unter Zugrundelegung der gleichen Umrechnung für jedes unter 80 liegende Prozent das Eineinhalbfache des vereinbarten Preises in Abzug gebracht. Rohglycerine mit weniger als 78% Glycerin kann der Käufer zu-rückweisen.

Der Normalgehalt an Asche beträgt 10%. Ist der Aschegehalt über 10, aber nicht über 10,5%, so wird der Mehrgehalt prozentual vom vereinbarten Preis in Abzug gebracht. Ein über 10,5% hinausgehender Aschegehalt muß vom Ver-käufer doppelt so hoch vergütet werden, als sich prozentual aus dem vereinbarten Preis ergeben würde. Rohglycerine mit über 11% Asche kann der Käufer zurück-weisen.

Der Normalgehalt an organischem Rückstand soll 3% betragen. Was darüber ist, muß vom Verkäufer prozentual mit dem Dreifachen des vereinbarten Preises vergütet werden. Rohglycerine mit über 3,75% organischem Rückstand kann der Käufer zurückweisen.

2. Saponifikatrohglycerin. Die Normalware soll 88% Glycerin enthalten. Ein Rohglycerin, das 89% oder mehr Glycerin enthält, wird prozentual höher bezahlt, und zwar wird für jedes über 88 liegende Prozent soviel vergütet, wie sich ergibt, wenn man den vereinbarten Preis auf 88%iges Glycerin umrechnet. Auf Grund der gleichen Berechnungsweise wird für ein Rohglycerin, das weniger

---

[1] Chem. Metallurg. Engng. **1922**, Nr. 17.

als 88, aber mehr als 86% Glycerin enthält, für jedes unter 88 liegende Prozent das Eineinhalbfache des vereinbarten Preises in Abzug gebracht. Rohglycerin mit weniger als 86% Glycerin kann der Käufer zurückweisen.

Der Normalgehalt an organischem Rückstand beträgt 1%. Ein darüber hinausgehender Prozentsatz muß vom Verkäufer mit dem Doppelten des prozentual sich errechnenden Preises vergütet werden. Rohglycerin mit mehr als 2% organischem Rückstand kann der Käufer zurückweisen."

3. Einfach destillierte Glycerine. Für einfach destillierte Glycerine ist als wichtigste Qualitätsbestimmung der, der das für *Nitrierung* geeignete Glycerin kennzeichnende *Nobel-Test*, hervorzuheben, der folgendes besagt:

„Das spezifische Gewicht soll nicht weniger als 1,262 bei 15,5/15,5° betragen. Das Glycerin muß hellfarbig sein und darf beim Erhitzen auf 100° keinen schlechten Geruch entwickeln. Gegen Lackmuspapier hat es sich neutral zu verhalten. Mindestgehalt an Glycerin, bestimmt nach der Internationalen Standardmethode (Acetinwert), ist 98,5%. Es darf höchstens 0,05% Asche und 1,5% Feuchtigkeit enthalten, ferner 0,01% Chloride (als NaCl berechnet). 10 cm³ einer 10%igen wäßrigen Lösung mit je 10 cm³ Ammoniak- und Silbernitratlösung, beide gleichfalls 10%ig, versetzt und auf 60° erhitzt dürfen beim Aufbewahren unter Lichtausschluß innerhalb 10 Minuten keine wahrnehmbare Silberausscheidung zeigen. Der Gehalt an alkaliverbrauchenden Substanzen darf 0,1%, ausgedrückt als Na_2O, nicht übersteigen. Die letztere Bestimmung wird folgendermaßen vorgenommen: 100 g des Glycerins werden nach Zusatz von 3 cm³ n/1-Natronlauge und 200 cm³ kohlensäurefreiem ausgekochten Wasser in einem verschließbaren Glasgefäß eine Stunde lang der Temperatur des siedenden Wasserbades ausgesetzt. Nach dem Abkühlen wird unter Verwendung von Phenolphthalein als Indikator mit n/1-Salzsäure zurücktitriert."

Der vom Nobel-Test sonst wenig abweichende *Ätna-Test* verlangt, daß eine Mischung von 5 cm³ Glycerin mit 5 cm³ 4%iger Silbernitratlösung nach zehnminutigem Stehen im Dunkeln keinerlei Farbveränderung gegenüber einer Lösung zeigt, die durch Vermischen gleicher Volumteile des Glycerins und destilliertem Wassers hergestellt ist.

4. Apothekerglycerin. Den größten Reinheitsgrad müssen naturgemäß die Apothekerglycerine aufweisen. Die wichtigsten Anforderungen, welche eine Reihe von Staaten an diese Glycerinqualität stellt, sind aus Gründen der Raumersparnis in der Tabelle 56 kurz zusammengefaßt. Lediglich die Bestimmungen des *Deutschen Arznei-Buches* werden nachstehend im Wortlaut wiedergegeben:

„Gehalt 84 bzw. 87% wasserfreies Glycerin. Klare, farblose, süße, sirupartige Flüssigkeit, die bei größeren Mengen einen schwach wahrnehmbaren, eigenartigen Geruch besitzt und in jedem Verhältnis in Wasser, Weingeist und in Ätherweingeist, nicht aber in Äther, Chloroform oder fetten Ölen löslich ist und Lackmuspapier nicht verändert. Dichte 1,221—1,231 bei 20/4°.

Verreibt man etwa 1 g Glycerin zwischen den Händen, so darf kein fremdartiger Geruch wahrnehmbar sein. Eine Mischung von 1 cm³ Glycerin und 3 cm³ Natriumhypophosphitlösung darf nach halbstündigem Erhitzen im siedenden Wasserbade keine dunklere Färbung annehmen (Arsenverbindungen). Die wäßrige Lösung (1 : 5) darf durch Bariumnitratlösung nicht sofort verändert werden (Schwefelsäure) und durch Silbernitratlösung höchstens opalisierend getrübt werden (Salzsäure). Die wäßrige Lösung (1 : 5) darf weder durch Ammoniumoxalatlösung (Calciumsalze), noch durch verdünnte Calciumchloridlösungen (Oxalsäure), noch nach Zusatz von 3 Tropfen verdünnter Essigsäure durch 3 Tropfen Natriumsulfidlösung verändert werden (Schwermetallsalze). Die wäßrige Lösung (1 : 5) darf nach Zusatz von einigen Tropfen Salzsäure durch 0,5 cm³ Kaliumferrocyanidlösung nicht sofort gebläut werden (Eisensalze).

5 cm³ Glycerin müssen, in offener Schale bis zum Siedepunkt erhitzt und angezündet, bis auf einen dunklen Anflug verbrennen (fremde Beimengungen, Zucker); bei weiterem Erhitzen darf kein wägbarer Rückstand hinterbleiben. Wird eine Mischung von 1 cm³ Glycerin und 1 cm³ Ammoniakflüssigkeit (10%ige Ammoniaklösung) im Wasserbade auf 60° erwärmt, so darf sie sich nicht gelb färben (Akrolein); wird sie nach dem Entfernen aus dem Wasserbade sofort mit 3 Tropfen Silbernitratlösung versetzt, so darf innerhalb 5 Minuten weder eine Färbung noch eine braunschwarze Ausscheidung eintreten (reduzierende Stoffe). Die Mischung von 1 cm³ Glycerin und 1 cm³ 15%ige Natronlauge darf beim Erwärmen im siedenden Wasserbade sich weder färben (Traubenzucker), noch Ammoniak (Ammoniumverbindungen) entwickeln, noch einen Geruch nach leimartigen Stoffen erkennen lassen. 5 cm³ Glycerin dürfen sich beim Kochen mit 5 cm³ verdünnter Schwefelsäure nicht gelb färben (Schönungsmittel). Wird eine Mischung von 50 cm³ Glycerin, 50 cm³ Wasser und 10 cm³ n/10-Kalilauge eine Viertelstunde lang im siedenden Wasserbade erwärmt, so müssen zum Neutralisieren der abgekühlten Flüssigkeit mindestens 5 cm³ n/10-Salzsäure verbraucht werden, mit Phenolphthalein als Indikator (unzulässige Mengen Fettsäureester)."

Die spezifischen Gewichte chemisch reinen Glycerins und seiner Lösungen in Wasser sind in Tab. 57 dargestellt. Die Tab. 58 dagegen unterrichtet über die Siedepunkte von wäßrigen Glycerinlösungen und von mit Kochsalz gesättigten Glycerinlösungen.

F. Die Verwendungsarten von Glycerin.

Glycerin vereinigt in sich eine Zahl von chemischen, physikalischen und physiologischen Eigenschaften, die es für zahlreiche Verwendungszwecke brauchbar und für viele sogar unentbehrlich macht. Die chemische Konstitution des Glycerins, speziell das Vorhandensein dreier Hydroxylgruppen, ist beispielsweise ausschlaggebend für die Darstellung von *Nitroglycerin*, und die zahlreichen Bestrebungen, Ersatzprodukte an seine Stelle zu setzen[1] können deshalb kaum einen endgültigen Erfolg haben. Ähnliche Überlegungen gelten für die *synthetische Herstellung von Fetten* aus Fettsäuren und Glycerin (s. unten), wo die Überlegenheit des letzteren gegenüber beispielsweise Glykol eindeutig durch die Dreizahl der Hydroxylgruppen gegeben erscheint, die allein die Aussicht bieten, die Vielzahl der in den natürlichen Fetten vorhandenen gemischtsäurigen Triglyceride zu erreichen oder ihr wenigstens nahezukommen. Hierher gehört weiter die unten noch kurz gestreifte Herstellung von *synthetischen Harzen*, die Erzeugung von *Kitten* aus Glycerin und Bleioxyden[2], die Darstellung der in der Lackindustrie gebrauchten *Harzester*[3] und wenigstens zum Teil die zahlreichen *Emulgatoren*, die Glycerin oder dessen Derivate als wesentlichen Bestandteil enthalten.

Von den physikalischen Eigenschaften des Glycerins interessiert in diesem Zusammenhang zunächst der Gefrierpunkt. Gemische von Glycerin und Wasser zeigen einen mit wachsendem Glyceringehalt sinkenden Erstarrungspunkt (— 7° bei 25%iger Lösung, — 45° bei 67%iger Lösung), der sein Minimum bei einer Mischung von etwa zwei Gewichtsteilen Glycerin und ein Gewichts-

---

[1] Chem.-Ztg. 1929, Nr. 11, Fortschrittsberichte.
[2] Journ. physical Chem. 1926, 1181; Pharmaz. Ztg. 1929, 95, 1145; Farben-Ztg. 1927, 1313; Ztschr. angew. Chem. 1929, 370.
[3] Seligmann-Zieke: Handbuch der Lack- und Firnisindustrie; Fettchem. Umschau. 1930, 110; A. P. 1699646, 1734987; E. P. 306452.

teil Wasser erreicht. Solche Lösungen sind daher ausgezeichnet als *Gefrierschutz-mittel* in Automobilkühlern zu gebrauchen, während sie — meistens in Verbindung mit Seife usw. — beim Auftragen auf Fensterglas das *Beschlagen der Scheiben* verhindern. Der gleichen Eigenschaft verdankt das Glycerin weiter seine Verwendung als *Schmiermittel* in Eismaschinen und als *Druckflüssigkeit* an Stelle von Wasser in hydraulischen Pressen und Eisenbahnstellwerken. Die hohe Viskosität des Glycerins, eine selbstverständliche Voraussetzung für die eben erwähnte Verwendung als Schmiermittel, erklärt auch, daß wir ihm häufig in Rezepten für die Herstellung von pastenförmigen Produkten, beispielsweise in *Textilhilfsmitteln* (Appreturen, Beschwerungsmitteln usw.), Schuhsteifen[1] und ganz allgemein als *Verdickungsmittel* in zahlreichen Zubereitungen begegnen, bei denen ein großer Zähigkeitsgrad erwünscht ist. Eine sehr interessante Verwendungsart hat auch der infolge seiner Zähigkeit sehr beständige *Schaum* gefunden, der beim Einleiten von Gasen in Glycerin-Leimgemische, gegebenenfalls in Gegenwart von Stabilisierungsmitteln, entsteht. In Lagerbehältern befindliche Benzinfraktionen wurden mit diesem spezifisch leichten Schaum überdeckt und so vor Verdampfungsverlusten bewahrt[2].

Die in Verbindung mit der Zähigkeit vielleicht wichtigste physikalische Eigenschaft des Glycerins ist seine Hygroskopizität. Die Aufrechterhaltung eines geringen Feuchtigkeitsgehaltes ist in verschiedenen Produkten der chemisch-technischen Industrie erwünscht, sei es, um ihnen dauernd einen gewissen Geschmeidigkeitsgrad zu bewahren oder, wie beispielsweise in *Kopiertinten*, gelöste Stoffe dauernd vor dem vollkommenen Trockenwerden zu bewahren. Hierbei spielt gleichzeitig auch der hohe Siedepunkt und die praktisch zu vernachlässigende Verdunstungsgeschwindigkeit eine wichtige Rolle. Wir finden daher das Glycerin als regelmäßigen Begleiter von *Buchdruckwalzen*, *Farbbändern von Schreibmaschinen*, Gelatine-*Flaschenkapseln*, *plastischen Massen*, *Kautabak*, ferner, wenigstens gelegentlich, als *Weichmachungsmittel* in Lacken und endlich in der Papierindustrie, in der beispielsweise das *Pergamentpapier* mit einer verdünnten Glycerinlösung imprägniert wird, bevor es in die Trocknung kommt. Wasseraufnahmevermögen und geringe Flüchtigkeit befähigen das Glycerin ferner, als *Trockenmittel* zu dienen, so bei der Darstellung absoluten Alkohols[3] oder bei der Trocknung von Leuchtgas (s. unten).

Die günstige Wirkung des Glycerins auf die menschliche Haut ist allgemein bekannt und dieser physiologischen Eigenschaft verdankt es seine überaus häufige Anwendung in *kosmetischen Präparaten*, wie Hautcreme, Rasierseifen, Gesichtswasser, Salbengrundlagen usw. Der süße Geschmack ist, natürlich neben seinen anderen Eigenschaften, der Grund für seine Beliebtheit bei der Herstellung von *Zahncremes* und für die Ausführung jener altbekannten Geschmackskorrektur des Weines, der mit *Scheelisieren* bezeichnet wird. Seine Unschädlichkeit für den menschlichen Organismus erlaubt auch, das Glycerin in *Nahrungs- und Genuß-mitteln*, zum Frischhalten von Backwaren, in Fruchtsäften u. dgl. zu verwenden[4], jedoch sind dieser Verwendungsart durch die Gesetzgebung vieler Länder, darunter auch Deutschland, Grenzen gesetzt, bzw. ist sie ganz verboten. Man findet es hingegen häufig in *medizinischen Präparaten*, auch solchen, die zum Einnehmen bestimmt sind und gelegentlich auch als *Desinfektionsmittel*.

---

[1] A. P. 1 852 018.
[2] A. P. 1 415 351, 1 423 719 u. a.
[3] Chem. Ztrbl. **1923** IV, 833.
[4] Journ. Soc. chem. Ind. 47, 1073 ff (1928).

Tabelle 56. Vorschriften für Pharmakopöeglycerin.

	Großbritannien	Frankreich	Italien	Österreich	Vereinigte Staaten v. Nordamerika
Äußeres	—	Klar, geruchlos[3]	—	Farblos, geruchlos	Farblos, geruchlos
Reaktion	Neutral	Neutral	Neutral	—	Neutral
Dichte	1,260	1,256 (15°)	1,226—1,235	1,25	1,249/25°
% Reinglycerin	—	—	84—87	—	95
Mit H_2S ausfällbare Metalle	0	0	0	0	0
Mit $(NH_4)_2S$ ausfällbare Metalle	0	0	0	0	—
Ca (Prüfung mit NH_4-Oxalat)	—	—	0	0	—
SO_4'' (Prüfung mit $BaCl_2$)	0	0	Höchstens Opaleszenz	0	0
Cl' (Prüfung mit $AgNO_3$)	0	0	0[7]	Höchstens Opaleszenz	0
NH_3 (Prüfung mit NaOH)	0	—	—	—	—
As	0,000004%	(MARSH)[4]	(BETTENDORF)	(Zinnchlorür)	0,00001% (Gutzeit)
Oxalsäure	—	—	0	0	0
Verbrennungsrückstand	Sehr gering[1]	—	—	—	0,007%
Erhitzen mit verd. H_2SO_4	Schwach gelb	Keine Verfärbung	Kein ranziger Geruch	—	Schwach gelb
Mischen mit konz. H_2SO_4	Schwach strohgelb 0[2]	0[5]	0[6]	0[2,4,8]	—
Reduzierende Stoffe	0[2]	Beim Erhitzen mit Alkohol und verd. Schwefelsäure kein Estergeruch.	Mit absolutem Alkohol keine Trübung. Neutrale wäßrige Lösung reduziert nicht FEHLING-Lösung	Mit 1 cm³ verdünnter H_2SO_4 kein ranziger Geruch	Prüfung auf Fettsäureester ähnlich wie DAB.
Weitere Vorschriften	Lösung 1:4 mit 1 Tropfen NH_3-Lösung und 1 Tropfen Tanninlösung höchstens vorübergehende Rotfärbung	Mit 2 Vol. Alkohol klare Lösung. Ätherextrakt = 0	—	—	—

[1] Beim Glühen kein Geruch nach verbranntem Zucker.
[2] Prüfung mit NH_3 und $AgNO_3$ ähnlich wie nach DAB.
[3] Auch beim Verreiben zwischen den Händen.
[4] MARSH-Probe erfolgt nach 10 Minuten Erhitzen von 50 cm³ Glycerin mit 100 Wasser und 10 verdünnter H_2SO_4 am Rückfluß.
[5] Keine Verfärbung der mit NaOH alkalisch gemachten Lösung beim Erhitzen mit $AgNO_3$-Lösung.
[6] Je 1 cm³ Glycerin und Ammoniakflüssigkeit auf 60° erwärmt und mit 3 Tropfen $AgNO_3$-Lösung versetzt geben keine Braunfärbung nach 5 Minuten.
[7] Gleiche Volumteile Glycerin und Wasser mit 15%iger Natronlauge erhitzt müssen farb- und geruchlos bleiben.
[8] 20%ige Lösung darf weder für sich noch nach Erhitzen mit Salzsäure und Übersättigen mit NaOH nach 30 Minuten alkalische Cu-Tartratlösung reduzieren.

Eine etwas eingehendere Würdigung auch an dieser Stelle verdienen einige in jüngster und allerjüngster Zeit zu praktischer Vollendung gediehene Verfahren, die sich des Glycerins in neuartiger Weise bedienen. Den ersten Platz unter ihnen nimmt die *Veresterung der Fettsäuren* ein, die bei fortschreitender Einführung in die Praxis sehr bedeutende Glycerinmengen verbrauchen und zu einer Belebung des Glycerinmarktes führen könnte. Die hierher gehörenden Verfahren sind in Bd. I, S. 278 beschrieben worden.

Ausgedehnte Verwendung findet das Glycerin neuerdings bei einer Klasse von *Kunstharzen*, deren einfachste Vertreter durch Zusammenschmelzen von Glycerin und Phthalsäureanhydrid erhalten werden. Durch die mannigfachsten Kombinationen mit anderen mehrbasischen Säuren, Fetten, Fettsäuren usw. sind heute bereits eine große Anzahl von Produkten entwickelt worden (z. B. die *Alkydale* der I. G. Farbenindustrie), die sich für die Lackindustrie hervorragend eignen und zweifellos dauernd auf dem Markt erhalten werden (vgl. Bd. I, S. 304).

Die Elektroindustrie, der übrigens die Erschließung dieses Gebietes zu verdanken ist, hat derartige Kunstharze zu Isolationszwecken herangezogen und schätzt sie wegen einer Reihe von besonderen Eigenschaften, die in dieser Vereinigung bei Naturharzen nicht zu finden sind. Nach privaten Mitteilungen der A. E. G., Berlin, haben die Kunstharze, welchen der Name „Geaphtale" gegeben wurde, besonders die folgenden Vorzüge:

1. Die Fähigkeit, glatte, nicht saugende Flächen, wie sie an Glimmer vorhanden sind, innig miteinander zu verkitten.

Tabelle 57. Spezifische Gewichte von Glycerinlösungen (nach BOSART u. SNODDY).

% Glycerin	15/15	15,5/15,5	15/4	25/25
100	1,2656	1,2653	1,2642	1,2620
99	1,2630	1,2628	1,2616	1,2595
98	1,2604	1,2602	1,2590	1,2569
97	1,2579	1,2576	1,2565	1,2543
96	1,2553	1,2550	1,2539	1,2543
95	1,2527	1,2525	1,2513	1,2491
94	1,2501	1,2498	1,2487	1,2465
93	1,2474	1,2472	1,2460	1,2438
92	1,2448	1,2445	1,2434	1,2412
91	1,2421	1,2419	1,2408	1,2385
90	1,2395	1,2392	1,2381	1,2359
89	1,2368	1,2366	1,2355	1,2332
88	1,2342	1,2339	1,2328	1,2301
87	1,2315	1,2312	1,2302	1,2279
86	1,2289	1,2286	1,2275	1,2252
85	1,2262	1,2259	1,2249	1,2226
84	1,2236	1,2233	1,2222	1,2199
83	1,2209	1,2206	1,2196	1,2172
82	1,2182	1,2179	1,2169˙	1,2146
81	1,2156	1,2153	1,2143	1,2119
80	1,2129	1,2126	1,2116	1,2093
75	1,1992	1,1989	1,1979	1,1957
70	1,1854	1,1852	1,1845	1,1821
65	1,1716	1,1713	1,1703	1,1684
60	1,1577	1,1575	1,1565	1,1546
55	1,1438	1,1436	1,1426	1,1409
50	1,1299	1,1297	1,1287	1,1272
45	1,1162	1,1161	1,1151	1,1138
40	1,1026	1,1025	1,1015	1,1004
35	1,0891	1,0890	1,0880	1,0872
30	1,0756	1,0755	1,0746	1,0740
25	1,0625	1,0624	1,0615	1,0612
20	1,0494	1,0494	1,0484	1,0484
15	1,0368	1,0368	1,0358	1,0361
14	1,0343	1,0342	1,0333	1,0336
13	1,0318	1,0317	1,0308	1,0311
12	1,0292	1,0292	1,0283	1,0287
11	1,0267	1,0267	1,0258	1,0262
10	1,0242	1,0242	1,0233	1,0237
9	1,0218	1,0218	1,0209	1,0214
8	1,0194	1,0193	1,0184	1,0190
7	1,0169	1,0169	1,0160	1,0166
6	1,0145	1,0145	1,0136	1,0143
5	1,0121	1,0121	1,0112	1,0119

2. Ausbleiben der Verkohlung beim Durchschlagen des elektrischen Funkens.

3. Unempfindlichkeit gegen hohe Temperatur.

4. Geruchlosigkeit der Verbrennungsprodukte. Mit Schellack hergestellte Heizelemente in elektrischen Bügeleisen und Heizplatten entwickeln beim Gebrauch der Geräte einen unangenehmen Geruch, der bei Verwendung von Geaphtalen ausbleibt; die Zersetzungsprodukte greifen außerdem Kupfer nicht

Tabelle 58. Siedepunkte von reinen Glycerinlösungen (obere Hälfte der Tabelle) und von mit NaCl gesättigten Glycerinlösungen (untere Hälfte).

% Glycerin	Druck in mm/kg																			
	40	92	100	149	150	200	234	250	300	350	355	400	450	500	526	550	600	650	700	750
0	34	50	51,6	60	60,1	66,4	70	71,6	75,9	79,6	80	82,9	85,9	88,7	90	91,2	93,5	95,7	97,7	100
10	34,4	50,2	52,1	60,3	60,7	67,0	70,4	72,3	76,6	80,3	80,5	83,7	86,7	89,5	90,6	92,0	94,3	96,6	98,6	100,9
20	34,9	50,9	52,7	61,0	61,3	67,7	71,2	73	77,3	81,1	81,4	84,4	87,5	90,3	91,5	92,9	95,2	97,4	99,5	101,8
30	35,5	52,1	53,4	62,2	62,1	68,6	72,4	73,8	78,2	82,0	82,6	85,3	88,4	91,3	92,8	93,8	96,2	98,4	100,4	102,8
40	36,4	53,4	54,4	63,5	63,1	69,5	73,7	74,9	79,3	83,1	84,0	86,4	89,5	92,4	94,2	95	97,3	99,6	101,7	104
50	37,5	55,2	55,7	65,5	64,5	71,1	75,6	76,4	80,9	84,8	86	88,2	91,3	94,2	96,3	96,8	99,2	101,5	103,6	106
60	39,5	57,0	58,0	68,1	66,9	73,5	78,5	79	83,3	87,4	88,8	90,9	94,1	97	99,3	99,7	102,1	104,4	106,6	109
70	43,0	61,0	61,7	71,5	70,8	77,6	82,2	83,1	87,7	91,7	92,8	95,2	98,4	101,4	103,5	104,1	106,6	109,0	111,1	113,6
80	49,1	66,2	68,2	77,3	77,4	84,3	88,3	90,0	94,6	98,7	99,3	102,3	105,6	108,7	110,3	111,4	113,3	116,3	118,5	121
90	59,5	80,1	80,2	92,0	90,3	97,7	104	103,9	109,1	113,5	116	117,4	121	124,4	127,8	127,4	130,2	132,8	135,2	138
95	—	—	—	—	—	—	—	—	—	—	—	—	—	—	—	—	—	—	—	160/1
95,5	—	—	—	—	—	—	—	—	—	—	—	—	—	—	—	—	—	—	—	163/4
95,64	—	103,1	—	117,6	—	—	132,1	—	—	—	146,5	—	—	—	161,1	—	—	—	—	175,8
96	—	—	—	—	—	—	—	—	—	—	—	—	—	—	—	—	—	—	—	167/8
96,5	—	—	—	—	—	—	—	—	—	—	—	—	—	—	—	—	—	—	—	171/2
97	—	—	—	—	—	—	—	—	—	—	—	—	—	—	—	—	—	—	—	178/9
97,5	—	—	—	—	—	—	—	—	—	—	—	—	—	—	—	—	—	—	—	185/6
98	—	—	—	—	—	—	—	—	—	—	—	—	—	—	—	—	—	—	—	195/6
98,5	—	—	—	—	—	—	—	—	—	—	—	—	—	—	—	—	—	—	—	207/8
99	—	—	—	—	—	—	—	—	—	—	—	—	—	—	—	—	—	—	—	224/5
99,5	—	—	—	—	—	—	—	—	—	—	—	—	—	—	—	—	—	—	—	243/4
99,95	—	—	—	—	—	—	—	—	—	—	—	—	—	—	—	—	—	—	—	283/4
100	210	—	227,5	—	238,6	246,8	—	253,6	259,2	264,3	—	268,2	272,1	275,7	—	278,8	281,3	284,6	287,1	290
0	—	56,5	—	66,8	—	—	77,7	—	—	—	87,7	—	—	—	98,2	—	—	—	—	108,7
10	—	56,1	—	66,6	—	—	77,3	—	—	—	87,9	—	—	—	98,5	—	—	—	—	109,1
20	—	57,0	—	67,6	—	—	78,1	—	—	—	88,7	—	—	—	99,2	—	—	—	—	109,8
30	—	58,2	—	68,6	—	—	79,3	—	—	—	89,9	—	—	—	100,5	—	—	—	—	111,1
40	—	59,4	—	70,0	—	—	80,6	—	—	—	91,2	—	—	—	101,8	—	—	—	—	112,5
50	—	60,6	—	71,3	—	—	82,0	—	—	—	92,8	—	—	—	103,5	—	—	—	—	114,2
60	—	62,6	—	73,4	—	—	84,2	—	—	—	95,0	—	—	—	106	—	—	—	—	116,8
70	—	65,6	—	76,6	—	—	87,7	—	—	—	98,7	—	—	—	109,8	—	—	—	—	120,9
80	—	71,7	—	83,1	—	—	94,5	—	—	—	106,0	—	—	—	117,6	—	—	—	—	129
90	—	87,2	—	98,9	—	—	111,6	—	—	—	124,4	—	—	—	137,1	—	—	—	—	149,8
95,64	—	105,8	—	120,5	—	—	135,2	—	—	—	149,9	—	—	—	164,7	—	—	—	—	179,3

an und beim „Funken" von Kollektoren ist daher keine Grünspanbildung mehr zu befürchten.

5. Eine bis jetzt unerreichte Elastizität.

6. Farblosigkeit.

7. Außergewöhnlich hohe elektrische Durchschlagsfestigkeit.

Seit einigen Jahren wird in mehreren Gaswerken Englands die Hygroskopizität des Glycerins industriell zur *Trocknung von Leuchtgas* ausgenutzt. Dabei handelt es sich darum, den Taupunkt des erzeugten Gases so weit herabzusetzen, daß in den durch den Erdboden und im Freien geführten Leitungen auch bei niedrigen Außentemperaturen keine Wasserabscheidungen stattfinden können. Da das Leuchtgas nach der Erzeugung noch warm ist, wird dieser Übelstand häufig beobachtet und macht einen regelmäßigen, mit Kosten verbundenen Überwachungsdienst der Außenleitungen erforderlich, durch den das den Durchtritt des Gases zu den Verbraucherstellen behindernde Wasser entfernt wird.

Die erste Anlage zur Gastrocknung mit Glycerin — der inzwischen drei weitere gefolgt sind — wurde von der Firma Kirkham, Hulett & Chandler, Mansfield, ausgeführt. Das Leuchtgas wird vor Eintritt in das Verteilungsnetz durch einen aus 4 Kammern bestehenden Absorber geschickt, der mit Unterlaugen-Rohglycerin berieselt und so gebaut ist, daß dem Gasdurchgang keine nennenswerten Hindernisse bereitet werden. Das Glycerin betritt den Absorber mit etwa 75% Reinglyceringehalt und verläßt ihn mit 55%. Das aufgenommene Wasser wird in einem keine Besonderheiten aufweisenden Vakuumeindampfapparat abgedampft. Für einen Gasdurchgang von 100000 m³ in 24 Stunden müssen ungefähr 1,5 t Rohglycerin im Umlauf gehalten werden, ohne daß öfter als einmal pro Tag eine Wiedereindampfung erforderlich wäre. Da die Glycerinverluste äußerst gering sind und die Konzentration mit Abdampf vorgenommen werden kann, betragen die gesamten Betriebskosten nach Angabe der Firma nicht mehr als etwa 0,1 Pfennig pro Kubikmeter Gas. Gegen die im Gas enthaltenen Verunreinigungen, insbesondere Naphthalin, verhält sich Glycerin indifferent. Die Erklärung für die auffallende Tatsache, daß Unterlaugenglycerin dem Saponifikatglycerin für diesen Verwendungszweck vorgezogen wird, liegt darin, daß ersteres infolge seiner geringeren Dampfspannung günstigere Bedingungen für die Absorption von Wasser bietet.

G. Gewinnung des Glycerins durch Gärung.

Über den zur Glycerinbildung führenden Reaktionsmechanismus der Gärung wurde im ersten Band, S. 103—104 berichtet. Den technisch gangbaren Weg zur Herstellung von Gärungsglycerin haben W. CONNSTEIN und K. LÜDECKE[1] gewiesen, indem sie die Gärung in Gegenwart alkalisch reagierender oder Acetaldehyd bindender Stoffe vornahmen. Im Sinne der im ersten Band angeführten Formeln verläuft die Glycerinbildung nur bei Anwendung von gewissen Zusatzstoffen; ihre Auswahl bei der technischen Ausführung der Gärung hat darauf Rücksicht zu nehmen, jeden schädigenden Einfluß sowohl auf den in der Lösung vorhandenen Zucker als auch auf die Hefeorganismen möglichst zu vermeiden. Neben Natriumsulfit, das in erheblichen Mengen (s. unten) anwesend sein muß, wenn gute Ausbeuten erzielt werden sollen, kommen gewisse Metallsalze — Eisensulfat, Magnesiumsulfat, Mangansulfat — in Betracht, die schon in verhältnismäßig geringen Prozentsätzen die Glycerinbildung begünstigen. Erhebliche Ausbeuten an Glycerin lassen sich mit Natriumsulfit nur erzielen, wenn es in großen Mengen

---

[1] D. R. P. 298593—96, 343321, 347604, 486699.

anwesend ist. Während beispielsweise 12% Natriumsulfit, auf das angesetzte Zuckergewicht berechnet, nur 14,3% des Zuckers in Glycerin zu verwandeln erlauben, liefern 25% Sulfit 23,5%, und zu Ausbeuten von etwa 36% Glycerin gelangt man erst, wenn bis zu 200% an Sulfit bei der Gärung zugesetzt werden. Die Gärungserreger würden allerdings unter diesen Umständen ihre Tätigkeit einstellen, wenn man sie nicht durch Kunstgriffe von der Schädigung durch das alkalische Medium bewahren würde. Eine der ersten Vorschriften für diesen Fall[1] geht beispielsweise dahin, die erkrankte Hefe durch Zwischenschaltung einer sauren Reinigungsgärung wieder aufzufrischen. Auch durch die Züchtung von Hefe in stufenweise alkalischer werdendem Medium kann man sie allmählich an die bei der hier besprochenen Gärungsart herrschenden Bedingungen gewöhnen, und eine erhebliche Schutzwirkung üben weiter verschiedene Salze, besonders Magnesiumsulfat, aber auch Magnesiumchlorid aus. Eine Empfindlichkeit der Hefezellen macht sich übrigens nicht nur gegenüber den erwähnten alkalischen Verbindungen bemerkbar, vielmehr wirken zu hohe Zucker- und Alkoholkonzentrationen in ganz ähnlicher Weise und man muß dem durch starkes Verdünnen der Gärlösungen und durch allmählichen Zusatz des Zuckers im Verlauf der Gärung begegnen[2].

Die neueste bekannte, sich daraus ergebende Arbeitsvorschrift wird durch das D. R. P. 514 395 der Vereinigten Chemischen Werke Charlottenburg folgendermaßen beschrieben:

100 g Zucker werden mit 150 g kristallisiertem Natriumsulfit und 1750 g Wasser gelöst. Dazu gibt man eine Lösung von 0,5 g Ammoniumsulfat, 1 g Magnesiumsulfat und 1 g Nickelsulfat in 250 g Wasser, fügt 10 g Hefe hinzu und läßt bei 30—35° stehen. Nach zwei Tagen ist der Zucker verschwunden. Man filtriert dann die Hefe ab und kocht die vergorene Maische, bis der Alkohol und der Aldehyd abdestilliert sind. Dann löst man in der gekochten Maische wieder 100 g Zucker und 15 g Natriumsulfit, verdünnt auf zwei Liter, gibt die abfiltrierte und noch 5 g frische Hefe hinzu und läßt wieder bei der oben genannten Temperatur stehen. Man kann das Verfahren wiederholen bis etwa 500 g Zucker vergoren sind; dann beträgt die schließliche Ausbeute 147 g Reinglycerin.

Man wird feststellen, daß die vorstehend beschriebenen Vorkehrungen trotz unzweifelhafter Erfolge die technische Ausführbarkeit der Verfahren benachteiligen. Das mit ihm verfolgte Ziel, die Glycerinbildung als ausschließliche Hauptreaktion unter Zurückdrängung aller Nebenreaktionen zu erzwingen, ist deshalb bei den neuesten Verfahren aufgegeben worden. Auch die spätere Erkenntnis, daß die Anwesenheit von *Bisulfiten* neben Sulfiten eine erhebliche Herabsetzung der insgesamt gebrauchten Salzmengen erlaubt, hat daran nichts zu ändern vermocht.

Man begnügt sich heute damit, das Glycerin als Nebenprodukt zu gewinnen und drängt die Alkoholbildung nur so weit zurück, als es ohne erhebliche technische Nachteile gangbar erscheint. Dabei muß man freilich in Kauf nehmen, daß die endgültig erhaltenen Lösungen außerordentlich verdünnt anfallen (2—3% Glyceringehalt). Ein Beispiel für diese Arbeitsweise bietet das D. R. P. 486 699, dessen Inhalt nachstehend kurz wiedergegeben wird:

100 g Zucker werden in 1000 cm³ Wasser gelöst. Man fügt der Lösung 1 g Magnesiumsulfat, 0,5 g Natriumphosphat und 1 g Ammoniumsulfat zu und außerdem 2 g Hefe neben 2 g gefälltem Nickelhydroxydul. Nach 14 tägigem Stehen bei 30—35° enthält die Lösung neben 35 cm³ Alkohol 15 g reines Glycerin.

---

[1] D. R. P. 298 595.   [2] D. R. P. 338 734, 347 604.

Aus der unten (S. 592) folgenden Beschreibung des Verlaufes einer unter Zusatz von Alkali erfolgenden Gärung ist zu erkennen, daß die Verhältnisse, soweit die Glycerinausbeute in Frage kommt, dort ganz ähnlich liegen. Genauere Angaben sind ferner über die nach dem Verfahren von EOFF, LINDBERG und BEYER erreichten Ausbeuten gemacht worden[1]. Das Endprodukt eines unter Zusatz von 5% Soda aus Zuckerrohrmelasse und Hefe erzeugten Gärungsgemisches enthielt 3,1% *Glycerin*, 6,75% Alkohol, 0,86% Zucker und 3,6% Soda; die Gärungstemperatur hatte ca. 30° betragen, die beanspruchte Zeit etwa 5 Tage.

Der Verzicht auf die möglichst quantitative Umwandlung des vorhandenen Zuckers in Glycerin ist auch bei dem von BARBET[2] vorgeschlagenen Verfahren festzustellen. Hier wird dem Gärungsgemisch an Stelle von Salzen eine geringe Menge gasförmiger schwefliger Säure zugesetzt, wobei neben Glycerin in erheblichen Prozentsätzen Alkohol gewonnen wird.

Die Herstellung synthetischen Glycerins durch Vergärung *sulfithaltiger* Lösungen wurde während des Weltkrieges im Auftrage der deutschen und österreichischen Heeresverwaltung in größtem Maßstab durchgeführt[3]. Nach Beendigung des Krieges wurden die Anlagen stillgesetzt, und gegenwärtig existiert wohl auf der ganzen Welt keine Großanlage. Dagegen sind zahlreiche Versuchsanlagen aufgestellt worden, naturgemäß besonders in solchen Ländern, die selbst keine Fette produzieren und im Kriegsfalle mit einem Mangel an Glycerin rechnen müssen.

Nur in Ausnahmefällen werden reine Zuckerlösungen als Ausgangsprodukte herangezogen, man bedient sich vielmehr der Melassen aus Zuckerrohr oder der Zuckerrüben, Reisabfälle o. dgl. Die daraus erhaltenen Stammlösungen enthalten daher zahlreiche organische Verunreinigungen (Eiweißverbindungen, Gummistoffe, Phenole, Hydrochinone usw.), zu denen sich die erheblichen Mengen der absichtlich zugesetzten Salze gesellen (Sulfite, Bisulfite, Soda, Manganverbindungen usw.), welche die Gärung in dem gewünschten Sinne beeinflussen sollen. Man ist daher gezwungen, der *Vorreinigung* große Aufmerksamkeit zu schenken und zu Methoden zu greifen, die sich wesentlich von denen der Unterlaugenreinigung unterscheiden.

Die erste Arbeit besteht darin, den Alkohol und andere bei niederer Temperatur flüchtige Nebenprodukte der Gärung abzudestillieren. Nach den in den oben erwähnten deutschen und österreichischen Fabriken geübten Verfahren wird dann die so erhaltene „Dickschlempe" mit konzentrierter Calciumchloridlösung versetzt[4], bis keine Fällung des Natriumsulfits mehr eintritt. Während der Fällung besorgt ein Rührwerk oder Preßluft die dabei unbedingt notwendige Bewegung des Kesselinhaltes. Durch die Zugabe von Chlorcalcium sinkt die Alkalität der Flüssigkeit in dem Maße, als sich neutrales Kochsalz neben unlöslichem Calciumsulfit bildet. Um die aus diesem Grunde mögliche Entstehung des löslichen Calciumbisulfites zu verhindern, wurde gleichzeitig eine die dauernde alkalische Reaktion gewährleistende Menge Kalkmilch zugesetzt, die allerdings nicht im Überschuß vorhanden sein darf, da sonst durch Umsetzung mit Natriumsulfit Natronlauge entsteht, die lösend auf Eiweißverbindungen wirkt. Bei dieser Art der Vorreinigung werden auch Hefereste und andere Bestandteile der Gärflüssigkeit, wenigstens teilweise, mechanisch mitgerissen. Nach einer Filtration wurde die Behandlung durch Zugabe von Sodalösung fortgesetzt, wodurch überschüssiger Kalk entfernt wurde. Die Filterrückstände wurden in üblicher Weise in der Filterpresse soweit als möglich vom Glycerin befreit und wanderten in

[1] A. P. 1288398; Ind. engin. Chem. **1919**, 842.   [2] F. P. 611800.
[3] Vgl. VERBECK: Seifensieder-Ztg. **1921**, 591ff.
[4] Vgl. DEITE-KELLNER: Das Glycerin, S. 249. 1923.

den Abfall. Das alkalisch reagierende Filtrat wurde zur Verhütung des Schäumens bei der Eindampfung mit Säure neutralisiert und weiter verarbeitet. Der Verbrauch an Chemikalien war sehr bedeutend, es wurden für 10000 kg Dickschlempe, d. h. die nach dem Abdestillieren des Alkohols verbleibende Gärflüssigkeit, benötigt; 3000 kg Chlorcalciumlauge von 40° Bé, 150 kg Ätzkalk, 450 kg Soda und 180 kg konzentrierte Schwefelsäure. Trotz dieses Aufwandes war es nicht möglich, ein Rohglycerin zu erzielen, das mehr als etwa 55%, noch dazu mit Trimethylenglykol verunreinigtes Reinglycerin enthielt.

Im Hinblick auf den Gehalt der organischen Verunreinigungen wäre natürlich eine Behandlung mit Aluminiumsulfat angezeigt, auf die aber anscheinend infolge der durch die Kriegsverhältnisse bedingten Knappheit an diesem Produkt verzichtet wurde.

Die Beschreibung des gesamten Arbeitsganges für die Gewinnung von Glycerin durch *alkalische* Gärung wird von der Du Pont de Nemours et Comp.[1] in folgenden Punkten zusammengestellt:

1. Vergärung der Melasse in Gegenwart von Alkalien; 2. Destillation mit überhitztem Wasserdampf im Vakuum; 3. Hinzufügen von Kalk und Durchblasen von Luft. 4. Kochen zwecks Hydrolyse von Stickstoffverbindungen; 5. Filtration; 6. Neutralisation mit Kohlensäure; 7. Nochmaliges Kochen für kurze Zeit; 8. nochmalige Filtration; 9. Konzentration im Vakuum; 10. Destillation im Vakuum; 11. Geruchlosmachung und Entfärbung mit Kohle.

Die technische Ausführung der alkalischen Gärung lehnt sich wieder an die Methoden der Alkoholerzeugung an. Als Gärungserreger dient Hefe, die in Traubensaft, Malzextrakt oder Melasse gezüchtet und in geeigneter Weise allmählich an die alkalische Umgebung gewöhnt wird[2]. Die Melasselösung wird auf einen Gehalt von 15—17% Zucker eingestellt und erhält außer der Hefe einen Zusatz von „Nährsalzen" (z. B. Ammonsulfat). Die alkalische Reaktion wird mit Kaliumcarbonat, Soda oder auch mit Ammoniak erzeugt und während der Gärung durch Zufügung weiterer Alkalimengen ständig auf einem p_H-Wert von 6,8—7,4 gehalten. Der im Verlauf der Gärung verbrauchte Zucker wird gleichfalls immer wieder ersetzt. Die Gärungstemperatur beträgt 30—32°, die Dauer des Prozesses 3—4 Tage. Nach dieser Zeit enthält die Lösung 6—6,5 Vol.-% Alkohol neben 2,7—3,2 Gew.-% Glycerin.

Die erhaltenen Stammlösungen werden in allen Fällen nach der Gärung von den flüchtigen Bestandteilen durch Destillation befreit und nach entsprechender Vorreinigung eingedickt. Das bei der Sulfitgärung angewendete Vorreinigungsverfahren ist oben beschrieben worden und ein weiteres, für die alkalische Gärung anwendbares Reinigungsverfahren findet sich in dem oben gleichfalls kurz angeführten A. P. 1936497. Es ist aber festzustellen, daß es eine voll befriedigende Vorreinigung für Gärungsglycerinwässer bis heute nicht gibt. Die Art der Verunreinigungen ist natürlich je nach dem Gärverfahren und der Zusammensetzung der Ausgangslösung verschieden. Man hat aber nicht nur mit den absichtlich zugesetzten Salzen zu rechnen und den beispielsweise in Zuckermelassen regelmäßig vorhandenen Verunreinigungen, sondern auch mit organischen Verbindungen, die sich im Verlauf der Gärung neu gebildet haben. Man hat in Gärungsgemischen u. a. Phenole, Hydrochinon, Methyl- und Dimethylhydrochinon, Capronsäure, ferner gummi- und harzartige Bestandteile nachgewiesen, die von der Vorreinigung nur sehr unvollständig erfaßt werden und sich daher zum größten Teil in dem Rohglycerin wiederfinden.

Für die Eindampfung der vorgereinigten Stammlösungen eignen sich grund-

---

[1] A. P. 1936497 (1933).   [2] Du Pont de Nemours: A. P. 1990908.

sätzlich alle S. 561 ff. beschriebenen Vakuumverdampfapparate. Mit Rücksicht auf die starke Verdünnung ist es jedoch naheliegend, mehrere von ihnen zu einer Mehrstufenapparatur zusammenzufassen, um den Dampfverbrauch zu vermindern. Man gelangt schließlich zu einem Rohglycerin, das bis zu 75% Reinglycerin enthält, aber infolge der in ihm noch vorhandenen Verunreinigungen (s. oben) sehr dunkel gefärbt ist. Die nachfolgende *Destillation* ist mit großen Schwierigkeiten verbunden, da das schlechte Wärmeleitvermögen der pechähnlichen Masse hohe Destillationstemperaturen nötig macht, die zu Zersetzungen und zu Verlusten Anlaß geben. Außerdem neigt das Rohglycerin in besonders starkem Maße zum Überschäumen. Wenn man die Destillation, wie es in den Fabriken der Zentralmächte während des Krieges geschah, in Apparaten durchführt, die auf diese Umstände nicht genügend Rücksicht nehmen, so sind große Verluste unvermeidlich. Tatsächlich hat man in den erwähnten Fabriken kaum mehr als 60% des ursprünglich vorhandenen Reinglycerins in Form von Dynamitglycerin erhalten. Die sicherste Vorkehrung bestünde in einer Vorreinigung, die alle Fremdkörper ausschaltet. Weniger geeignet erscheint der Vorschlag, das eingedickte Rohglycerin mit Alkohol zu extrahieren, da damit im wesentlichen nur die anorganischen Salze abgeschieden werden dürften, während die organischen Verunreinigungen zum größten Teil gelöst bleiben werden.

Nimmt man die Destillation des Rohglycerins in Apparaten vor, die im wesentlichen den auf S. 571 ff. dargestellten nachgebildet sind, so wird man vor allem auf große Steigräume Rücksicht nehmen müssen und auf wirksame Schaumzerstörungsvorrichtungen, die ein Übersteigen der destillierenden Masse verhindern. Soll aber die Herstellung von Glycerin durch den Gärungsprozeß dauernd Eingang in die Technik finden, so wird daraus zweifellos eine Weiterentwicklung der Destillationsapparaturen sich ergeben, für die die Wege bereits seit längerer Zeit vorgezeichnet sind. SUDRE und THIERRY haben schon gegen Ende des vorigen Jahrhunderts Apparaturen beschrieben (D. R. P. 114 492, 125 788 und 141 703), die eine *kontinuierliche* Destillation des Rohglycerins erlauben. Das Glycerin wird dabei auf Metallbändern in dünner Schicht durch eine unter Vakuum stehende Kammer geleitet oder durch Herabrieseln über Heizkörper im Gegenstrom dem Destillationsdampf ausgesetzt. Grundsätzlich ähnlich ist das Verfahren von BARBET[1], das sich einer heizbaren Destillationskolonne bedient. Eine noch feinere Verteilung und damit fast augenblickliche Verdampfung erreichen Du Pont de Nemours et Co.[2], indem sie die konzentrierten, glycerinhaltigen Maischen in einem Turm versprühen und dem Gemisch einen auf 230° erhitzten inerten Gasstrom, vorzugsweise aber wohl Wasserdampf, entgegenführen. Das gleiche Prinzip ist übrigens schon früher von VARNES und LAWRY[3] beschrieben worden.

Die genannten Erfinder beschreiben beispielsweise eine Destillationsvorrichtung von 2100 mm Durchmesser und 3600 mm Höhe, die am Boden einen Verteiler für die Einleitung des überhitzten Dampfes bzw. des inerten Gases besitzt und die im unteren Teil durch einen Schieber mit einer Kammer in Verbindung steht, in der sich die Rückstände ansammeln und von Zeit zu Zeit nach Schließen des Schiebers entleert werden. Im oberen Teil des Destillierraumes ist die Zerstäubervorrichtung angebracht, zu der die Masse in stark überhitztem Zustand gelangt, so daß beim Eintritt eine sofortige Verdampfung der destillierbaren Anteile erfolgt.

Die *wirtschaftlichen Aussichten* des Gärungsglycerins sind bei nicht zu niedrigen Glycerinpreisen durchaus günstige, soweit die Kosten für Chemikalien

---

[1] D. R. P. 393 569. [2] A. P. 1 881 718. [3] A. P. 1 626 986, 1 627 040.

und Arbeitslöhne in Betracht kommen. Die theoretische Ausbeute beträgt 51%
Glycerin vom angewandten Zuckergewicht. Da jedoch, wie oben begründet
wurde, in der Regel nach dem gemischten Verfahren gearbeitet wird, verteilt
sich diese Ausbeute zwischen Glycerin, Alkohol und Acetaldehyd bzw. Essigsäure,
und der Einstandspreis wird daher in zweiter Linie von der Möglichkeit der nutzbringenden Verwertung dieser Nebenprodukte abhängen[1]. Der letzte und, wie
gezeigt wurde, sehr wichtige Faktor für die Wirtschaftlichkeit des Verfahrens
ist die Ausschaltung der bisher noch bestehenden Verlustquellen bei der Weiterverarbeitung des Glycerins, was sich wohl als möglich erweisen dürfte.

IV. Die Kerzenherstellung.

Von E. SCHLENKER, Mailand.

A. Allgemeines und Geschichtliches.

Jahrhundertelang hat die Kerze eine hervorragende Rolle als Lichtquelle
gespielt. Talgkerzen mit Dochten aus zusammengedrehten Wergfasern oder
Leinenfasern waren im Mittelalter die Hauptbeleuchtung in den einfacheren
Bürgerhäusern und in den Wohnstätten der ärmeren Bevölkerung. An den Höfen
der Fürsten und in den Häusern der Reichen brannten Wachskerzen, die zwar
höher im Preis standen, sich aber durch Aussehen und Brenneigenschaften
vorteilhaft von den leichtschmelzenden und abtropfenden Talgkerzen unterschieden[2].

Die Einführung anderer Beleuchtungsarten hat die Bedeutung der Kerze
stark vermindert, sie aber keineswegs so vollständig verdrängt, wie es einer ober-
flächlichen Betrachtung scheinen könnte. Die Weltproduktion wird auch heute
noch mit 250 000 t pro Jahr eher zu niedrig eingeschätzt; davon erzeugt Groß-
britannien allein etwa 45 000, Deutschland rund 16 000 t, Frankreich 9000 t,
gegenüber 30 000 t vor 20—30 Jahren. Nur ein Bruchteil davon entfällt
allerdings auf Kerzen aus denjenigen Rohstoffen, welche den Gegenstand
dieses Handbuches bilden, also aus Fetten bzw. Fettsäuren. Trotzdem spielen
diese letzteren eine wichtige Rolle bei der Kerzenherstellung, weil sie zumindest
als Beimischung überaus häufig verwendet werden. Die nachfolgenden Ausführungen werden, dem engeren Rahmen dieses Handbuches entsprechend, in der
Hauptsache sich auf Kerzen beschränken, die ausschließlich oder zum großen
Teil aus Fettstoffen bestehen.

Die Verwendung von Fetten und Ölen zur Lichterzeugung geht höchstwahrscheinlich auf vorgeschichtliche Zeiten zurück. Die älteste Form, in der sie für
diesen Zweck herangezogen worden sind, dürfte die mit Baumöl gespeiste Lampe
gewesen sein, die bereits im 3. Buch Moses erwähnt wird. Kerzen in unserem
Sinne, also mit Fettstoffen oder Wachsen umgebene Gespinstfasern, werden von
Apulejus in seinem „Goldenen Esel" angeführt. Bis spät in das Mittelalter hinein
spielte aber das Wachs als Kerzenrohstoff weitaus die erste Rolle, und in den
germanischen Ländern kamen Talgkerzen erst im 15. Jahrhundert in allgemeineren Gebrauch. Die Herstellung lag in den Händen der Seifensieder und wurde
in primitiver Weise durch einen mit „Ziehen" bezeichneten Prozeß ausgeführt
(vgl. S. 602), der sich bis in die neueste Zeit behauptet hat, heute allerdings nur
ausnahmsweise noch für Talgkerzen, häufig aber für Kerzen aus anderen Roh-

---

[1] Vgl. A. P. 1 909 183, aber auch E. P. 348 787, in dem die Wiedergewinnung zuge-
setzter Sulfite beschrieben wird.
[2] FÜRST: Das elektrische Licht. München. 1926.

stoffen Verwendung findet. Gießformen, obwohl angeblich bereits im 15. Jahrhundert vom Sieur DE BREZ in England eingeführt, setzten sich nur sehr allmählich durch, wohl deshalb, weil sich für das Gießen nur härtere und entsprechend wertvollere Materialien eignen. In Deutschland sind die ersten Formen um die Mitte des 17. Jahrhunderts nachweisbar; sie bestanden aus Glas, an deren Stelle FREYTAG in Gera 1724 das Zinn — heute noch der Hauptbestandteil der Kerzenformen — in Vorschlag brachte.

Die Entwicklung der modernen Gießmaschinen machte erst seit der Entdeckung der Fettspaltung sprunghafte Fortschritte, da diese hochwertige Kerzenrohstoffe in großen Mengen herzustellen gestattete, die aber für den altgewohnten Ziehprozeß nicht geeignet waren. Mit der Einführung der Fettspaltung und der Gießmaschinen wuchs die Kerzenherstellung zur Industrie heran, während sie bis dahin alle Merkmale des Kleingewerbes aufgewiesen hatte. CHEVREUL und GAY-LUSSAC waren die ersten, die auf Grund eines französischen Patentes vom Januar 1825 eine Fabrik gründeten, in der Fette mit Ätznatron gespalten und zu Kerzen verarbeitet wurden. Ein wirtschaftlicher Erfolg war ihnen aber wegen des hohen Preises ihres Spaltmittels nicht beschieden. Glücklicher waren DE MILLY und MOTARD in ihrer 1832 in Paris eröffneten Fabrique de l'Étoile; sie ersetzten das Ätznatron durch Ätzkalk und konnten bereits ein Jahr später die ersten 25 Tonnen Stearinkerzen in den Handel bringen. 1837 errichtete dann MOTARD eine Fabrik in Berlin, die nach dem gleichen Verfahren arbeitete. Schließlich erstand eine gleichartige Fabrik 1839 in Wien unter dem Namen „Erste Österreichische Seifensieder Gewerks-Gesellschaft Apollo".

Neben den Fortschritten, die man in der Erzeugung und Formung des Kerzenmaterials machte, hat die Vervollkommnung des Kerzendochtes eine wichtige Rolle in der Geschichte der Kerze gespielt. Hier muß man zunächst des Dochtmaterials Erwähnung tun, für das in vergangenen Zeiten Holzspäne, Binsenmark, Papiergras, Baumschwamm, später fast ausschließlich Leinenfasern herangezogen wurden, bis sie durch die Baumwolle verdrängt wurden. Von nicht geringerer Bedeutung erwies sich aber die Form, in der das Dochtmaterial der Kerze einverleibt wurde. Das anfangs geübte einfache Zusammendrehen der Fasern zu einem Strang ergab ebensowenig vollkommene Dochte als die Wickelung von gesponnenem Garn auf Dochtwickelmaschinen. Die Dochte blieben beim Brennen aufrecht in der Flamme stehen und mußten von Zeit zu Zeit entfernt werden („Schneuzen"), da die Kerze sonst zu rußen anfing und unruhig brannte. Die Lichtputzschere war daher die unentbehrliche Begleiterin jeder Kerze, bis CAMBACÉRÈS im Jahre 1826 die Erfindung der geflochtenen Dochte gelang, die sich infolge der ihnen eigentümlichen Spannungsverhältnisse von selbst aus der Flamme herausbiegen (vgl. S. 598). Um den dadurch erzielten Vorteil voll auszunutzen, bedurfte es endlich noch der Einführung der Beize (vgl. S. 598), die ein vollkommenes Verbrennen des aus der Flamme herausragenden Dochtendes verbürgt. CAMBACÉRÈS hatte bereits 1825 Versuche mit einer Schwefelsäurebeizung gemacht, DE MILLY fand 1836 in der Borsäure ein noch besseres Beizmittel, und seitdem sind zahlreiche weitere chemische Verbindungen dem gleichen Zweck nutzbar gemacht worden.

B. Die Rohstoffe für die Herstellung der Kerzenmassen.

α) Stearin.

Das für Kerzen bestimmte Stearin soll farb- und geruchlos sein, es gilt als um so hochwertiger, je reiner die Farbe und je höher der Schmelzpunkt ist. Nur aus hochschmelzendem Stearin hergestellte Kerzen geben beim Aneinanderschlagen jenen hellen Klang, der allgemein als Kriterium für gute Qualität geschätzt wird. Ein niedriger Schmelzpunkt weist auf eine unvollständige Abtrennung der Ölsäure hin, die beim Lagern der Kerzen zu unschönen Verfärbungen und Schwitzen Anlaß geben kann; auf die Brennfähigkeit der Kerze ist er dagegen kaum von Einfluß.

Bei der Auswahl des Stearins ist ferner darauf zu achten, daß es nicht infolge eines ungünstigen Mischungsverhältnisses zwischen Stearin- und Palmitinsäure grobkristallinisch erstarrt und dann brüchige und unansehnliche Kerzen liefert. Der Aschegehalt muß möglichst gering, die Asche praktisch kalkfrei sein. Die Untersuchungen von GRAEFE[1] haben gezeigt, daß schon 0,001% Calciumoxyd das vollkommene Verbrennen des Dochtes stark beeinträchtigen und Ablaufen verursachen. Die Gefahr eines Kalkgehaltes des Stearins ist allerdings stark verringert, seitdem die Anwendung des Kalkes in der Fettspaltung keine nennenswerte Rolle mehr spielt und man zu anderen Spaltmitteln übergegangen ist. Wenn in der Dochtasche gelegentlich doch Kalk gefunden wird, so wird die Ursache in den meisten Fällen in der Benutzung zu harten Wassers für das Waschen der Dochte liegen.

β) Paraffin.

Eine Beimischung von Paraffin in Stearinkerzen ist allgemein üblich. Bei der Herstellung von Kompositionskerzen dient es dazu, das Kerzenmaterial zu verbilligen und so der starken Konkurrenz der Paraffinkerzen wenigstens einigermaßen entgegenzuarbeiten. Aber auch die eigentlichen Stearinkerzen enthalten zirka 2% Paraffin, das ihnen teilweise mit der Begründung zugemischt wird, daß es die kristallisationshemmende Wirkung des Kaltrührens (S. 601) verbessert, hauptsächlich aber deshalb, weil reine Stearinkerzen sich nur mit beträchtlichen Schwierigkeiten aus den Formen der Gießmaschinen ausstoßen lassen.

Als Beimischung zu Stearinkerzen geeignetes Paraffin ist hauptsächlich durch Geruch- und Farblosigkeit charakterisiert, wogegen der Schmelzpunkt eine geringere Rolle spielt; ein Schmelzpunkt von 50° genügt. Auch die Gewinnungsart ist bedeutungslos, es soll aber auf alle Fälle Transparenz zeigen, da diese Eigenschaft im allgemeinen den Schluß auf Abwesenheit von Schwerölen zuläßt, die dem Brennen der Kerze abträglich sind und überdies beim Lagern ausschwitzen. Bemerkenswert ist, daß schwerölarme Paraffinsorten einen niedrigeren Schmelzpunkt zeigen können als schwerölreichere.

In allen Fällen bewirkt die Zumischung von Paraffin zu Stearin eine Schmelzpunkterniedrigung, die bei einem Verhältnis von ungefähr 1:1 am größten ist und dann etwa 6—9° beträgt[2]. Der Schmelzpunkt des Gemisches ist immer niedriger als das arithmetische Mittel aus den Schmelzpunkten der Komponenten erwarten ließe. Tabellen darüber hat MARAZZA veröffentlicht[3].

γ) Talg und gehärtete Fette.

Gegenüber Stearin und Paraffin ist Talg als minderwertiges Kerzenmaterial anzusprechen, er wird aber stellenweise auch heute noch für die Kerzenherstellung verwendet. Er eignet sich dafür um so besser, je höher sein Schmelzpunkt ist. Unter der selbstverständlichen Voraussetzung einwandfreien Geruches und guter Farbe ist daher Preßtalg dem Hammeltalg, letzterer wieder dem Rindertalg vorzuziehen. Über die Verwendung von *Pflanzentalgen* zur Herstellung von Kerzen ist wenig bekannt, es ist aber kaum zweifelhaft, daß auch sie in ihren Ursprungsländern diesem Zweck dienstbar gemacht werden. Genügend hoch *gehärtete Fette*

---

[1] Seifensieder-Ztg. **34**, 1107 (1907).   [2] GRAEFE: Braunkohle **1904**, 111.
[3] Industria Stearica, S. 121. Mailand 1893.

sind gleichfalls als Kerzenmaterial verwendbar; die damit gemachten Erfahrungen scheinen günstig zu sein. Praktisch vollkommene Entfernung des für die Härtung benutzten Metallkatalysators ist für das einwandfreie Brennen der aus ihnen hergestellten Kerzen erforderlich.

C. Der Kerzendocht.

Die Anforderungen, die an die Beschaffenheit des Dochtes zu stellen sind, beziehen sich zunächst auf das Dochtmaterial als solches, das saugfähig und praktisch vollkommen verbrennlich sein muß; weiter auf die Dochtstärke, die auf die Kerze abzustimmen ist, und endlich auf eine richtige Verarbeitung, die dem Docht die Eigenschaft verleihen muß, sich während des Brennens aus der Flamme herauszubiegen. Erfüllt er diese letztere Bedingung nicht, so ist eine vollkommene Verbrennung nicht möglich, da das Innere der Kerzenflamme keine genügend hohe Temperatur entwickelt und überdies den Zutritt des Luftsauerstoffes hindert.

1. Rohfaser.

Baumwolle entspricht den an das Rohmaterial zu stellenden Anforderungen sehr weitgehend und wird heute allen anderen in Betracht kommenden Fasern vorgezogen. Von Papiergarn, das während des letzten Krieges reichlich Verwendung fand, ist man nach Kriegsende sehr schnell wieder abgegangen, und die anscheinend besser geeignete Kunstseide[1] hat sich bisher zumindest nicht durchzusetzen vermocht. Werg, Watte, Binsenmark u. dgl. sind vollkommen überholt und allenfalls noch in kerzenartigen Heizkörpern für Touristenkocher gelegentlich anzutreffen.

Fabriken, die sich ihre Dochte selbst herstellen, beziehen das Baumwollgarn in den handelsüblichen Stärken (Garnnummern). Der Einkauf gebleichter Garne, allenfalls eine Bleichung im eigenen Betriebe, ist trotz der mit der Bleichung Hand in Hand gehenden Festigkeitsminderung vielfach üblich, weil ungebleichte Garne häufig noch kleine Stückchen von Baumwollsaatschalen enthalten, die beim Brennen der Kerze stören. Das Baumwollgarn soll gleichmäßige Dicke haben und möglichst wenig abstehende Faserenden, sog. Räuber, die gleichfalls die Flammenbildung beeinträchtigen. Einige Dochtspinnereien entfernen daher auch die Räuber vor der Beize durch vorsichtiges Absengen über einer heißen Flamme (Flambage).

2. Fadenzahl.

Die Anzahl der Garnfäden, welche zu einem Docht vereinigt werden, bestimmt die Dochtstärke. Das gebräuchliche Verflechten von je drei Einzelsträngen zu einem Docht bedingt, daß die Fadenzahl immer ein Vielfaches von 3 ist. Welche Fadenzahl gewählt wird, hängt vom Material und dem Durchmesser der Kerze sowie von der Garnstärke ab.

Das Kerzenmaterial hat auf die Fadenzahl insofern Einfluß, als es für die Flammentemperatur bestimmend ist. Je heißer die Flamme, desto geringer muß unter sonst gleichen Umständen die Dochtstärke gewählt werden, wenn man nicht Kerzen erhalten will, die sich zu rasch verzehren und infolge Überflusses an geschmolzener Masse zum Ablaufen neigen. Da bei der Verbrennung von 1 g Paraffin 11 200 Kalorien, bei der von 1 g Stearinsäure deren 9500 entwickelt werden, so muß man Paraffinkerzen mit schwächeren Dochten versehen als gleichstarke Stearinkerzen. Für Kompositionskerzen ergibt sich daraus die Forderung,

---

[1] D. R. P. 156 063.

daß die Fadenzahl ihrer Dochte um so geringer sei, je stearinärmer das zu ihrer Herstellung benutzte Gemisch ist. Talgkerzen endlich benötigen die stärksten Dochte, weil die Verbrennungswärme neutralen Talges geringer ist als die seiner Fettsäuren (Verbrennungswärme von Tristearin = 8946 Kalorien).

Bei gleichem Kerzenmaterial erfordert die Kerze einen um so dickeren Docht, je größer ihr Durchmesser ist. Ein im Verhältnis zur Kerzendicke zu starker Docht erzeugt eine zu große Flamme und bewirkt Ablaufen; im umgekehrten Fall bleibt dagegen der Rand der Kerze ungeschmolzen, so daß die Flamme ständig von einem Wall festen Kerzenmaterials umgeben ist, der ein richtiges Brennen unmöglich macht.

Was die Garnstärke betrifft, so ist ohne weiteres verständlich, daß die Leistung eines aus einer bestimmten Fadenzahl erzeugten Dochtes um so geringer ist, je feiner die Einzelfäden sind, aus denen er sich zusammensetzt, je höher also die Garnnummer ist. 42 Fäden eines Garnes Nr. 24 ergeben beispielsweise einen Docht, der für Stearinkerzen von 21 mm Durchmesser in der Regel geeignet ist, während Paraffinkerzen nur 24—27 Fäden benötigen. Bei 25 mm starken Kerzen ist das Verhältnis etwa 45 zu 30 Fäden, und die Fadenzahl ändert sich ungefähr proportional den hier genannten Zahlen, wenn Kerzen anderer Durchmesser in Frage kommen.

3. Flechtung.

Die Eigenschaft des Dochtes, sich während des Brennens aus der Flamme herauszubiegen, wird ihm durch die Art der Flechtung verliehen, die allerdings durch die Beize unterstützt werden muß. Für die — häufig von den Kerzenfabriken im eigenen Betrieb ausgeführte — Flechtung sind besondere Maschinen im Gebrauch, auf deren nähere Beschreibung hier verzichtet werden kann. Die Arbeitsweise besteht darin, daß die drei gesonderten Fadenbündel, aus denen jeder Docht besteht, zopfartig zusammengeflochten werden. Durch Reguliervorrichtungen kann man die Festigkeit der Flechtung in gewissen Grenzen beeinflussen; die gleiche Maschine kann also eine größere oder kleinere Maschenzahl pro Längeneinheit erzeugen.

Mit der Festigkeit der Flechtung geht die Saugfähigkeit des Dochtes zurück und neben der Dochtstärke bietet dieser Umstand eine weitere Handhabe, die Brenndauer der Kerze zu regulieren. Anderseits hat ein zu lose geflochtener Docht nicht genügend Halt, sinkt beim Brennen tief herab und ringelt sich, ein häufig zu beobachtender Fehler, der allerdings auch auf schlechter Beize beruhen kann.

4. Beizen des Dochtes.

Zweck des Beizens ist, die Verbrennung des Dochtes in Einklang mit der Aufzehrung des Kerzenmaterials zu bringen; ferner soll die Beize dem Docht eine Art Gerüst verleihen, das die aufrechte Haltung und die erforderliche Länge während der Verbrennung gewährleistet und endlich ein Nachglimmen nach dem Auslöschen, das mit Entwicklung lästigen Geruches verbunden ist, verhindern.

Tabelle 59. Beizen für Dochte.

	Nr. 1	Nr. 2	Nr. 3	Nr. 4	Nr. 5	Nr. 6
Schwefelsäure ...	—	—	—	—	—	1
Salpetersäure ...	—	0,5	0,1	—	—	—
Phosphorsäure ..	—	—	3	—	—	3,6
Borsäure	8	0,3	—	—	5	—
Oxalsäure	2	—	—	—	—	—
Ammonsulfat ...	19	3	—	36	30	—
Ammonphosphat	—	3	3	12	10	3,2
Borax..........	—	—	—	15	—	—
Kaliumchlorat ..	2	—	—	—	—	—
Wasser	1200	100	100	600	500	100

Das Beizen besteht in der Imprägnierung der Dochte mit einer wäßrigen Lösung von Salzen und Säuren. Die Anwendung von Schwefelsäure allein, deren sich der Erfinder der Beize, CAMBACÉRÈS (s. S. 595), bediente, ist nirgends mehr üblich. Man zieht jetzt eine Reihe weiterer Chemikalien heran, die in der Tabelle 59 von sechs gebräuchlichen Beizen angeführt sind.

Die beiden ersten Beizen sind für Paraffinkerzen, die beiden folgenden für Kompositionskerzen und die letzten für Stearinkerzen bestimmt. Von dem, was über die Wirkung der einzelnen Bestandteile geschrieben worden ist, gehört vieles in das Reich der Phantasie. Richtige Auswahl der Dochtstärke, Garnnummer und besonders Reinheit des Kerzenmaterials sind für gutes Brennen einer Kerze mindestens so wichtig, wie eine kunstvolle Zusammensetzung der Beize. Fest steht der negative Befund, daß ungebeizte Dochte mit schwankender, unklarer Flamme brennen, beim Auslöschen nachglimmen und sich schnell verzehren. Die Phosphorsalzperlen, die bei der Verwendung von Ammonphosphat entstehen, sollen die Aschebestandteile des Dochtes sammeln und dadurch zum ruhigen Brennen beitragen. Borsäure bewirkt eine Verglasung des Dochtes, Phosphorsäure und Phosphate überhaupt erhöhen seine Feuerbeständigkeit. Allgemein hält man einen um so größeren Gehalt an Sauerstoff abgebenden Verbindungen in der Beize für erforderlich, je sauerstoffärmer die Kerzenmasse ist. Ob der beim Vergleich mit der Verbrennungsluft sehr geringfügige Sauerstoffgehalt des Kerzenmaterials auf das Verbrennen des Dochtes wirklich Einfluß hat oder ob andere Gründe maßgebend sind, muß dahingestellt bleiben. Tatsächlich besteht unter vergleichbaren Verhältnissen bei den Dochten von Stearinkerzen größere Neigung zur schnellen Verbrennung als bei denen von Paraffinkerzen, und man findet daher in den meisten Beizenvorschriften beispielsweise die Absicht, die Salpetersäure um so mehr zugunsten von Schwefelsäure in den Hintergrund treten zu lassen, je stearinreicher die Kerzenmischung ist.

Vor zu großen Prozentsätzen Mineralsäuren, mit denen sich teilweise ganz überraschende Augenblickserfolge erzielen lassen, muß gewarnt werden, da sie mit einer unverhältnismäßig großen Schwächung des Dochtes bezahlt werden. Diese läßt sich unter Umständen erst nach monatelangem Lagern erkennen; eine ihrer unangenehmen Folgen ist häufiges Abreißen der Dochte in der Gießmaschine.

5. Technische Ausführung des Beizens.

Der eigentlichen Beizung geht häufig ein Waschen des Dochtes mit Wasser voraus; für manche Zwecke ist auch ein Anbeizen mit etwa 0,2%iger Natronlauge üblich.

Für das Beizen werden mit säurefester Auskleidung — meistens Blei — versehene Gefäße verschiedener Form oder solche aus Hartholz verwendet. Soll die Beizlösung angewärmt werden, so sind die Gefäße mit einem durchlochten Doppelboden ausgestattet, unter dem die gleichfalls aus widerstandsfähigem Material bestehende Dampfschlange liegt. Wegen der nur geringen Beanspruchung durch die stark verdünnten Beizlösungen bewährt sich Kupfer für diesen Zweck sehr gut, aber Blei kommt gleichfalls in Betracht.

Die Dochtstränge werden in die Beizlösung vollkommen eingetaucht und mit einem Holzdeckel bedeckt, der durch Beschwerung oder auf sonst geeignete Weise am Schwimmen verhindert wird und das Auftauchen der Stränge über die Flüssigkeitsoberfläche unmöglich macht. In dieser Lage bleiben die Dochte, bis eine gründliche Durchtränkung stattgefunden hat, was je nach Art des Dochtes und seiner Vorbehandlung verschieden lange Zeit in Anspruch nimmt. Mit verdünnter Lauge vorgebeizte Dochte nehmen die Beize schneller auf, aber auch Garnstärke und Temperatur bedingen gewisse Unterschiede. Eine Beizdauer von 6—8 Stunden dürfte für alle Fälle als oberste Grenze anzusehen sein, und es ist anzunehmen, daß Vorschriften, welche eine längere Beizdauer vornehmen, entweder nicht begründet sind oder aber eine chemische Einwirkung auf die Faser beabsichtigen, die durch Verstärkung der Konzentration der Beizlösung auch in kürzerer Zeit erreichbar wäre.

Das Ausbringen überschüssiger Flüssigkeit aus den Dochtsträngen wird heute fast ausschließlich in Zentrifugen mit Kupfertrommeln vorgenommen. Der Beizeffekt hängt in sehr weitem Maße von der Menge der nach dem Trocknen auf der Faser zurückbleibenden Salze, also von dem Grad der Entfernung des Flüssigkeitsüberschusses ab. Aus diesem Grunde sind alle Angaben über Zusammensetzung von Beizen und damit erzielte Wirkungen nur dann vergleichbar, wenn die Gewißheit besteht, daß Parallelversuche unter gleichen Bedingungen, insbesondere also bis zum gleichen Entwässerungsgrad vorgenommen worden sind.

Beim nun folgenden Trocknen der Dochtstränge muß für häufiges Umhängen oder mechanische Bewegung gesorgt werden, damit nicht der Hauptteil der Flüssigkeitsreste infolge der Schwerkraft nach den untersten Teilen der Dochtstränge sinkt. In diesem Falle würde nach dem Trocknen ein Teil der Dochte überbeizt, der andere Teil ungenügend gebeizt sein.

Die Trockenkammern müssen, wie übrigens alle für die Dochtherstellung benutzten Räume, gänzlich staubfrei gehalten werden, weil mit verstaubten Dochten hergestellte Kerzen schlecht brennen.

D. Vorbereitung des Kerzenmaterials zur Formung.

1. Klärung.

Stearin wird über Wasser aufgeschmolzen und erst mit verdünnter Schwefelsäure, dann zur Entfernung etwa vorhandener Kalksalze mit einer Lösung von wenig Oxalsäure in reinem Wasser kurze Zeit aufgekocht. An Stelle der Oxalsäure hat DUBOVITZ[1] Aluminiumsulfat vorgeschlagen, das gleichfalls Erdalkalisalze unschädlich macht und überdies die Klärung begünstigen soll. Speziell dem letzteren Zweck soll auch Zusatz von Eiweiß dienlich sein, und zwar für je 1000 kg Stearin das Weiße von 6 Eiern, das man vorher zu Schnee geschlagen hat.

Die Aufschmelzbottiche bestehen aus Hartholz, und des gleichen Materials bedient man sich trotz seiner bekannten Nachteile gerne auch für Ablaßhähne, da es die größte Sicherheit gegen Verunreinigungen der Kerzenmasse bietet. Im Boden des Aufschmelzbottichs befindet sich ein Hahn, aus dem man nach Beendigung des Aufkochens so lange Wasser abläßt, bis aus einem etwa 20 cm über dem Boden angebrachten zweiten Hahn klares Stearin abläuft. Die Stearinschicht darf niemals die Heizschlange erreichen, sonst sind Verstopfungen zu befürchten. Die Heizschlangen aus Kupfer oder Hartblei liegen am Boden. Jeder Aufschmelzbottich ist mit einem Deckel verschließbar, der das Eindringen von der Decke herabtropfenden Kondenswassers in die geklärte Masse verhindert. Auf Rohrleitungen zum Bewegen des flüssigen Stearins sollte, so weit wie angängig, verzichtet werden, um jede Verunreinigung mit Metallseifen auszuschalten. An ihrer Stelle leisten für kurze Verbindungswege einfache offene Holzrinnen sehr gute Dienste, und bei ganz kurzen Entfernungen sollte sogar vorsichtiges Umschöpfen von Hand nicht verschmäht werden.

Die der Klärung des Stearins dienende Betriebsabteilung (Klärlokal) soll hell und staubfrei sein und alle Einrichtungen besitzen, die eine dauernde Reinhaltung erleichtern, u. a. also mit fugenfreien Steinfußböden ausgestattet werden.

---

[1] Seifensieder-Ztg. **36**, 1077 (1909).

Für leichten Abzug der entstehenden Wasserdämpfe ist zu sorgen, da Kerzenmasse, die durch herabtropfendes Kondenswasser Feuchtigkeit aufgenommen hat, unruhig brennende oder gar von selbst verlöschende Kerzen liefert.

Talg und *Paraffin* bedürfen keiner weiteren Vorbehandlung als Aufschmelzen über reinem Wasser und Stehenlassen bis zur Klärung.

2. Färbung.

Wenn der Farbton des geklärten Stearins nicht befriedigt oder durch die Säurekochungen gelitten haben sollte, kann durch eine Spur blauen Farbstoffs in alkoholischer Lösung nachgeholfen werden. Diese mit dem Wäschebläuen vergleichbare Operation hat nur dann Erfolg, wenn keine sehr ausgeprägte Eigenfarbe vorhanden und wenn der Farbton des Stearins gelbstichig ist.

3. Kaltrühren.

Das Stearin muß vor dem Vergießen so weit abgekühlt werden, daß es sich im Zustande des Erstarrens befindet und nur eben noch fließt; andernfalls würde es in den Formen kristallinisch erstarren und unschöne, brüchige Kerzen geben. Man nimmt das Kaltrühren in kleinen Holzbehältern mittels langsam sich bewegender Rührwerke vor. Zur Beschleunigung der Abkühlung ist Einblasen von Luft empfohlen worden, meistens bringt man aber einfach feste Stearinbrocken in die flüssige Masse.

Das Kaltrühren ist das einfachste Verfahren, um die Kristallisationsneigung des Stearins unschädlich zu machen. Seit seiner Einführung sind in gleicher Richtung wirkende Zusätze (Cocosöl, Karnaubawachs, Arsentrioxyd) überflüssig geworden; höchstens kleine Prozentsätze Paraffin sind noch gebräuchlich.

E. Formung des Kerzenmaterials.

Für die Formung von aus *Fetten* oder *Fettsäuren* bestehenden Kerzenmassen benutzt man heute fast ausschließlich Kerzengießmaschinen. Lediglich für Kerzen außergewöhnlicher Form oder Größe, die in kleineren Mengen benötigt werden, hat sich daneben das Gießen in Handformen behauptet. Die Formgebungen durch *Kneten, Rollen, Pressen und Angießen* eignen sich hauptsächlich für Wachs, Paraffin und ähnliche Stoffe. Auch das *Ziehen* ist ausschließlich auf Paraffinkerzen oder dgl. beschränkt (vgl. S. 616). Dagegen ist das *Tauchen* oder *Tunken* jahrhundertelang die wichtigste Herstellungsmethode für Talgkerzen gewesen, so daß sich aus historischen Gründen wenigstens eine kurze Beschreibung rechtfertigt.

a) Das Tunken (Tauchen.)

Das Tunken besteht darin, daß zugeschnittene Dochte von oben in das flüssige Kerzenmaterial eingetaucht und dann wieder nach oben herausgezogen werden. Dieses zweiten Teiles des Vorgangs wegen sprach man ehemals von einem „Ziehen" der Talglichte, wo nach dem heutigen Sprachgebrauch die Bezeichnung „Tunken" am Platze ist, um Verwechslungen mit dem auch heute noch gebräuchlichen eigentlichen „Ziehen" aus dem Wege zu gehen. Von letzterem spricht man heute nur dann, wenn ein auf Trommeln aufgewickelter, sehr langer Dochtstrang horizontal durch eine mit Kerzenmasse beschickte Wanne gezogen wird (S. 618).

Beim Tunken werden etwa 16—20 Dochte einzeln an einem Holzstab in solcher Entfernung, daß kein Aneinanderkleben befürchtet werden muß, befestigt und wiederholt gleichzeitig in den flüssigen Talg, der sich in einem Trog befindet, getaucht. Der Talg soll beim ersten Eintauchen ziemlich heiß sein, damit die leichten Dochte schnell genug untersinken. Nach dem ersten Eintauchen und kurzer Abkühlung bilden sich aus den Dochten steife, parallel herabhängende Stäbe und die weiteren Eintauchungen können daher in fast erstarrtem Talg vorgenommen werden, wodurch das Anwachsen des Kerzendurchmessers schneller vorangeht. Nach jedem Eintauchen müssen die Dochtträger zum Abkühlen beiseitegestellt und nach dem Festwerden wieder aufgenommen werden. Da je nach der gewünschten Kerzenstärke drei bis vier oder noch mehr Eintauchungen gemacht werden müssen, erfordert dieses Verfahren viel Zeit und Handarbeit, weshalb mechanische Vorrichtungen vorzuziehen sind. Bei diesen werden die Dochte an Rahmen aufgehängt und man läßt entweder eine Anzahl solcher Rahmen mittels geeigneter Transportvorrichtungen über den Talgtrog hinweggehen oder macht umgekehrt den Talgtrog beweglich und führt ihn unter den feststehenden Rahmen hinweg. Eine Vorrichtung der letzteren Art ist die nach D. R. P. 212896 von JOSEF KARL, Bamberg (Abb. 209).

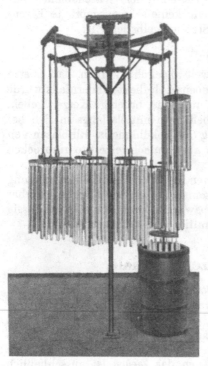

Abb. 209. Tauchapparat.

Von Apparaten ähnlicher Art unterscheidet sie sich vornehmlich durch die Koppelung je zweier (runder) Rahmen mittels eines über Rollen laufenden Seiles, wodurch eine günstige Ausbalancierung und Kraftersparnis erreicht wird, da die eine Rahmengruppe beim Eintauchen durch das Gewicht der an ihr hängenden Kerzen das Hochgehen der anderen Gruppe unterstützt.

Die Spitze der Kerzen bildet sich beim Tauchen nicht wie beim Gießen von selbst, sondern muß nachträglich von Hand geformt werden. Auch die Erzielung einer glatten Oberfläche und eines vollkommen runden Querschnittes erfordert viel Aufmerksamkeit und Übung und meistens besondere Arbeitsgänge.

Die getauchten Talglichte wurden nicht in Paketen, sondern in Bunden verkauft, die durch Zusammenknüpfen der Dochtenden gebildet waren. Das Zunftwappen der Seifensieder enthält ein solches Lichtebündel, da das „Ziehen" seit jeher einen Nebenbetrieb der Seifensiederei bildete.

b) Das Gießen.

1. Einfache Gießvorrichtungen.

Erste Vorläuferin der heutigen Gießmaschine war die einfache Handform, die für sich allein oder mit mehreren anderen zu einem anspruchslosen Apparat verbunden noch heute von jeder Stearinkerzenfabrik zur Herstellung weniger gebräuchlicher Kerzen und für Versuchszwecke benutzt wird. Das Aussehen einer solchen Form zeigen die Abb. 210 und 211.

Auf einem metallischen, unten meist konisch zulaufenden Zylinder a sitzt ein trichterförmiger Aufsatz b, der das Einfüllen der Kerzenmasse erleichtert und weiter dazu dient, die überschüssige Masse aufzunehmen, da das bloße Vollgießen der eigentlichen Form wegen des Schwindens während der Abkühlung hohle Kerzen ergeben würde. Am Boden trägt der Trichter einen Steg x, durch dessen genau in der Mitte liegende Öffnung s der Docht d geführt wird. Vor jedem Guß muß der Docht mit einem entsprechend geformten Stahldraht eingezogen werden; um ihm die richtige Lage zu geben, wird er an den beiden Enden y der Form durch einfache Mittel — einen quer über die Öffnung o gelegten (Abb. 211) Holzstift, durch Häkchen, Ankleben mit Stearin oder Paraffin — festgehalten.

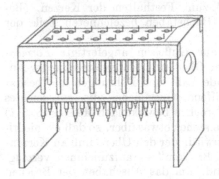

Die Vorbereitung der Kerzenmasse erfolgt genau so, wie S. 600 beschrieben. Das Herausbringen der fertigen Kerze geht natürlich etwas umständlich vor sich, doch genügt bei genügend gerührter Masse nach dem Abkühlen ein leichter Druck mit dem Daumen oder einem Holzstäbchen auf den durch das überschüssige Stearin gebildeten Pfropfen, um die Kerze zum Abspringen von der Formwand zu veranlassen, worauf sie mit den Fingern herausgezogen werden kann.

Häufig findet man mehrere solcher Formen in einem Gießtisch oder einem Formengestell vereinigt; letztere sind transportierbar und erlauben gleichzeitiges Erwärmen, Füllen und Abkühlen aller Formen. Einen ehemals gebräuchlichen Apparat dieser Art zeigt Abb. 212, und durch Abb. 213 ist eine moderne

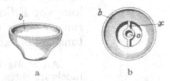

Abb. 210. Alter Handgießapparat.

Abb. 211. Draufsicht und Oberteil des alten Handgießapparates.

Handgießmaschine der König-Friedrich-August-Hütte, Freital-Dresden, dargestellt, die in der Dochtzuführung, durch den geschlossenen Kühl- und Wärmmantel und in zahlreichen weiteren Einzelheiten mit den unten beschriebenen modernen Gießmaschinen übereinstimmt. Kleine Maschinen dieser Art besitzen eine recht beachtliche Leistungsfähigkeit und sind dann am Platze, wenn größere — aber für Maschinenleistung immer noch zu geringe — Kerzenmengen schnell und auf einfachste Weise hergestellt werden sollen.

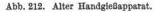

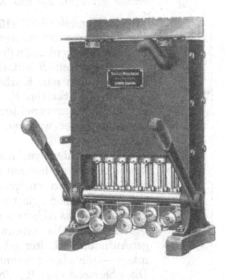

Abb. 212. Alter Handgießapparat.

Abb. 213. Handgießapparat.

2. Gießmaschinen.

Im Grunde stellt die Gießmaschine nichts anderes dar als die Vereinigung einer großen Zahl von Formen der oben beschriebenen Art auf möglichst geringem Raum. Die große Zeitersparnis, welche sie ermöglicht, ist einer Reihe sinnreicher Vorrichtungen zu verdanken, nämlich künstlicher Kühlung und An-

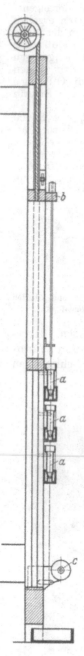

wärmung (BINN 1801), kontinuierlicher Dochtzuführung (MORGAN 1834) und automatischem Entleeren der Formen. Es ist erwähnenswert, daß die 1854 von STAINTHORP auf den Markt gebrachte Maschine bereits alle diese Verbesserungen besaß und darüber hinaus sogar die Klemmvorrichtung zum Festhalten der ausgestoßenen Kerzen, so daß zu dieser Zeit die Entwicklung der Gießmaschine im wesentlichen bereits abgeschlossen war. Die so weit zurückliegende Entwicklungsgeschichte macht es uns heute schwer, die Unsumme von Erfahrungen und technischen Feinheiten, die in einer Gießmaschine vereinigt sind, gebührend einzuschätzen. Auch ohne geschichtlichen Abriß, der in diesem Handbuch keinen Platz finden kann, vermag man sich aber einen Begriff davon zu machen durch Betrachtung der Abb. 214. Hier ist eine PALMER im Jahre 1845 patentierte Maschine dargestellt, die noch zu dieser Zeit — also kurz vor Erfindung der oben genannten wesentlichsten Verbesserungen — als eine der vollkommensten Vertreterinnen ihrer Gattung gelten konnte.

An Stelle der automatischen Dochtführung finden wir eine Einfädelvorrichtung, bestehend aus einer Anzahl nebeneinander aufgehängter langer Nadeln, von denen je eine für drei übereinander angeordnete Gießformen a bestimmt war. Mittels der genau horizontal liegenden Stange b konnten die an ihr hängenden Nadeln mit Hilfe eines Führungsseils und einer Rolle durch die Formen bis zu den Dochtspulen c gesenkt werden. Die Dochtenden wurden dann mit der Hand durch die Nadelösen gezogen, worauf b wieder angehoben werden konnte. War der Guß vollendet, so wurden die Dochte zwischen den Formen durchgeschnitten und die Formen zu einer besonderen Maschine gebracht, die das Ausstoßen besorgte.

An Hand der Abb. 215 sollen nun die Teile einer modernen Gießmaschine besprochen werden. Diese sind:
Der Formenkasten (Trog) A, in den die Formen eingebaut sind;
die Formen B mit den Pistons C;
der durch eine Kurbel auf und ab bewegbare Pistonträger D;
der Dochtkasten E, in dem die Dochtspulen F liegen;
die Klemmvorrichtung G zum Festhalten der Kerzen. (Beschreibung der weiteren mit Buchstaben bezeichneten Teile der Abb. 215 s. S. 607.)
Der rechteckige, meist aus Gußeisen angefertigte *Formenkasten* oder Trog hat auf seiner Ober- und Unterseite eine der Anzahl der Formen entsprechende Zahl von Bohrungen und besitzt eine vollkommen glattgeschliffene Oberfläche, die ein leichtes Gleiten des das Abheben der Brocken bewirkenden Messers (S. 611) gewährleistet. Die Seitenwände stehen etwas über, so daß ein niedriger Aufnahmebehälter gebildet wird, der den Überschuß an Kerzenmasse — die eben genannten „Brocken" — aufzunehmen vermag. Die überstehenden Ränder sind, um das Abschaben der Brocken mit dem Messer nicht zu behindern, häufig zum Umklappen eingerichtet und müssen dann vor jedem Guß hochgeklappt und festgeklemmt werden.

Abb. 214.
Gießmaschine
nach PALMER.

Am Formenkasten sind Stutzen angebracht, die der Zu- und Abfuhr des für die Kühlung bzw. Erwärmung bestimmten Wassers dienen. Es ist unbedingt erforderlich, den Wasserstrom innerhalb des Formenkastens so zu führen, daß sämtliche Formen gleichmäßig gekühlt werden und das Erstarren der vergossenen Massen an allen Stellen gleichzeitig erfolgt. Konstruktionsfehler in dieser Hinsicht machen sich besonders bei Paraffinkerzen bemerkbar, die streifig werden, wenn beispielsweise die Spitzen der Kerzen sich rascher abkühlen als die anderen Partien. Stearinkerzen sind gegen Ungleichmäßigkeiten der Kühlung weniger empfindlich, obwohl auch ihr Aussehen darunter leidet. Kompositionskerzen stehen in ihrem Verhalten, ihrer Zusammensetzung entsprechend, ungefähr in der Mitte.

Bei Stillstand der Maschine muß der Formenkasten vollständig entleert

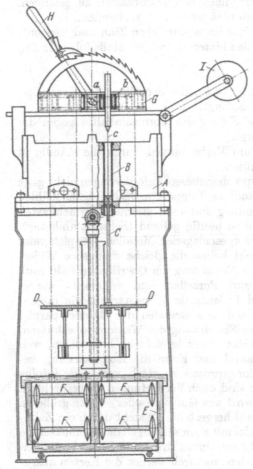

Abb. 215. Gießmaschine.

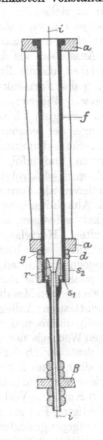

Abb. 216. Gießform.

werden, wofür ein weiterer Stutzen vorgesehen ist; besonders bei Frostgefahr kommt diesem Umstand Bedeutung zu. Auch auf eine Reinigungsöffnung ist Bedacht zu nehmen, da ein zeitweiliges Entfernen des an den Formen angesetzten Kesselsteins ratsam ist.

Die *Kerzenform* wird von zwei einzelnen Teilen gebildet, wie aus Abb. 216 ersichtlich ist. Die den *Körper* der Kerze bildende eigentliche Form besteht aus einer beidseitig offenen Röhre *f*, die mit ihrem unteren Teil in die Bohrung des Formenkastens *a* mittels Gewindeschraube s_2 und Gummi- oder Bleidichtung *g* und *d* eingepaßt wird, während ihr oberer Teil in einer entsprechenden Ausfräsung des Formenkastens liegt. Der *Kopf* der Kerze entsteht in einem separaten Formenstück *r*, das mit einem langen eisernen Rohr fest verbunden ist und sich in der hohlen Form ähnlich wie der Kolben eines Dampfzylinders auf- und ab-bewegen läßt; dieser Teil wird daher auch allgemein mit *Piston* (franz.: Kolben) bezeichnet. In dem auf wenige Millimeter Durchmesser verjüngten oberen Teil des Pistonrohres liegt eine kurze Gummischnur, die den durch das Pistonrohr hindurchführenden Docht *i* gespannt hält. Auf diese Weise wird der Docht gleichzeitig zur Abdichtung der Form gegen das Pistonrohr benutzt und das flüssige Kerzenmaterial daran verhindert, nach den Dochtkasten zu gelangen. Das Pistonrohr ist unten mit dem Pistonträger *B* fest verbunden.

Form und Pistonkopf werden aus einer im wesentlichen Zinn und Blei ent-haltenden Metallegierung gegossen. An das Material sind jedenfalls folgende An-forderungen zu stellen:

Beständigkeit gegen Fettsäuren.

Absolut *glatte* und glattbleibende *Oberfläche*, die den Glanz der Kerze und das leichte Ausstoßen aus den Formen bedingt.

Porenfreiheit, da die Form die Abdichtung des Formeninhaltes gegen die Wasserfüllung des Formenkastens besorgt.

Mechanische Widerstandsfähigkeit, um Verbeulungen durch die ständig in den Formen bewegten Pistons zu verhüten.

Legierungen der genannten Art entsprechen diesen Anforderungen nicht ganz vollkommen. Sie leiden unter dem beständigen Temperaturwechsel beim Kühlen und Anwärmen, und infolge der Verbindung mit dem eisernen Formenkasten machen sich auch elektrolytische Einflüsse häufig geltend (Schwammbildung). Von den anderen, als Formenmaterial vorgeschlagenen Metallen, beispielsweise Nickel und Aluminium[1], wird aber wohl keines die gleiche chemische Wider-standsfähigkeit aufweisen, so daß bei der Benutzung die Oberflächen bald rauh werden dürften. Hartglas, Steingut und Porzellan sind anderseits wieder mechanisch nicht sehr beständig, und bedeutende Wandstärken, die diesem Nachteil begegnen könnten, verbieten sich aus Gründen der Raumersparnis. Auch der Vorschlag, die Formen vor der Einwirkung des Wassers zu schützen, indem man sie in einen Metallmantel einsetzt[2], vermag nicht zu befriedigen, weil selbst bei glattestem Anliegen von Mantel und Form die Isolierwirkung be-trächtlich sein dürfte und den Abkühlungsprozeß zu stark verzögert; infolge des ständigen Wechsels der Temperatur sind auch Verwerfungen zu befürchten.

Der *Pistonträger* (*B* der Abb. 215) wird aus Gußeisen oder — der größeren Elastizität halber — noch besser aus Stahl hergestellt. Er steht durch ein Zahn-stangengetriebe oder eine Schraubenspindel mit einer seitlich an der Gießmaschine angebrachten Kurbel in Verbindung und kann durch Drehen der Kurbel mit allen an ihm befestigten Pistons gehoben werden; dadurch werden die Kerzen ausge-stoßen. Bei entgegengesetzter Drehung der Kurbel wird der Pistonträger wieder nach unten geführt, bis ihm eine zwischen den Tragböcken der Maschine be-findliche Anschlagvorrichtung Halt gebietet. Die letztere ist nach oben und unten verstellbar, und je tiefer sie eingestellt wird, desto länger wird die fertige Kerze und umgekehrt. Solange keine Veränderung der Kerzenlänge gewünscht wird, sorgt eine Arretierung dafür, daß die Einstellvorrichtung unverrückbar feststeht.

Der unterste Teil der Maschine wird vom *Dochtkasten* eingenommen, in dem die Spulen, jede mit Docht für mehrere hundert Güsse, auf Steckern sitzen. Jeder Spule ist eine kleine Öffnung in dem oberen Deckel des Dochtkastens zu-geordnet, durch die der Docht zum zugehörigen Pistonrohr geführt wird. Im übrigen ist der Dochtkasten dicht verschließbar, um den Docht vor Staub und anderen Verunreinigungen zu bewahren.

---

[1] D. R. P. 333358.   [2] D. R. P. 216970.

Die Stecker sind an einer durch die Mitte des Dochtkastens gehenden, senkrecht stehenden Trennwand befestigt, so daß also die Spulen an beiden Seiten der
Trennwand liegen. Stehende Spulen, für die eine besondere Art der Aufwicklung
erforderlich ist, finden sich an deutschen Maschinen nicht.

Die über dem Formenkasten befindliche *Klemmvorrichtung* (Abb. 215) besteht
aus hölzernen Schienen *a*, die zur Vermeidung eines Verziehens in Eisen *b* einge-
bettet werden und innen eine Auskleidung von Kork, Plüsch u. dgl. tragen. Die
wichtige Aufgabe der Klemmvorrichtung — abgesehen vom Festhalten der ausgestoßenen Kerzen — besteht darin, die Spitzen der in ihr hängenden Kerzen genau
in die Mittelachse der Formen zu bringen, damit der durch die ausgestoßenen Kerzen nachgezogene Docht „justiert" ist, d. h. für den nächsten Guß in der Mitte der

Abb. 217. Abnehmen der fertigen Kerzen.

Formen steht. Die Klemmvorrichtung besorgt somit gleichzeitig die *Docht-*
zentrierung und wird darin durch die Quergummidichtung des Pistonrohres
(S. 605), welche den Docht auf der entgegengesetzten Seite festhält und spannt,
unterstützt. Durch Umstellen eines Hebels *H* (Abb. 215) schließt oder öffnet sich
die Klemmvorrichtung und mittels des Gegengewichtes *I* kann sie als Ganzes
umgeklappt werden, so daß die in ihr hängenden Kerzen von der Bedienungs-
person bequem herausgenommen werden können (Abb. 217).

Die vorstehend beschriebenen Einzelteile einer Gießmaschine sind im
wesentlichen bei allen in Gebrauch stehenden Ausführungsformen dieselben. Gewisse Verschiedenheiten der von den Spezialfirmen herausgebrachten Modelle
ergeben sich zunächst aus Form, Länge und Durchmesser der herzustellenden
Kerzen, dann aber auch aus der Anzahl der Kerzen, die mit einem einzigen Guß
erzeugt werden sollen. Es lassen sich selbstverständlich auf einer Maschine um
so mehr Kerzen herstellen, je geringer der Durchmesser der Einzelform ist. Anderseits bemüht man sich, auch bei großer Formenzahl die Länge der Maschine möglichst gering zu halten, um die Bedienung nicht allzusehr zu erschweren, und

ordnet daher die Formenreihen nebeneinander an. Eine der größten Maschinen dieser Art zeigt Abb. 218 die insgesamt acht Formenreihen enthält und mit der 684 Kerzen von 12 mm Durchmesser auf einmal gegossen werden können; bei 20 mm starken Kerzen ist die Leistung einer Maschine gleicher Größe nur etwa 400 Stück.

Etwas wesentlichere Änderungen ergeben sich, wenn mit einer und derselben Maschine gleichzeitig Kerzen von verschiedenen Durchmessern oder Längen gegossen werden sollen. Statt des einen Pistonträgers sind dann deren zwei nebeneinanderliegende vorhanden, und da auch Aushebe- und Klemmvorrichtung ent-

Abb. 218. Moderne Gießmaschine.

sprechend unterteilt werden, entstehen dadurch eigentlich zwei Maschinen mit einer gemeinsamen Rückwand, die durch das gleiche Traggerüst getragen und von einem einzigen Kühlwasserkasten umgeben sind. Dadurch ergibt sich allerdings der Zwang, beide Formenserien gleichzeitig zu bedienen oder aber, falls nur eine von ihnen benutzt wird, sich auf die halbe Leistung zu beschränken.

Gleichfalls mit zwei, aber *übereinander* liegenden Pistonträgern sind die *Hohlkerzenmaschinen* ausgestattet. Die hohl bleibenden Stellen des Kerzenkörpers (vgl. Abb. 219) müssen während des Gusses mit entsprechend geformten Stäben ausgefüllt werden, die an dem zweiten Pistonträger befestigt sind und nach dem Erstarren der Masse herausgezogen werden. Die nachfolgend beschriebene Nachtlichtmaschine enthält eine identische Vorrichtung, allerdings für einen anderen Zweck, so daß hier angesichts der geringen Bedeutung, welche

Hohlkerzen heute noch zukommt, von einer näheren Erläuterung abgesehen werden kann. Erwähnt soll nur werden, daß die der Dochtzuführung dienenden Einrichtungen, die bei der Nachtlichtmaschine nicht erforderlich sind, bei den Hohlkerzenmaschinen selbstverständlich vorhanden sein müssen, in ihrer Ausführung aber den gebräuchlichen vollkommen entsprechen.

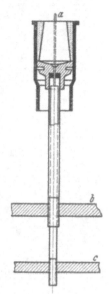

Unter *Nachtlichtern* verstand man ehemals nur mit Wachs imprägnierte Baumwolldochte, die mittels Weißblechplättchen auf Karton befestigt sind und durch Korke auf Öl schwimmend erhalten werden. Die gleiche Bezeichnung hat sich dann auch für dicke, kurze Kerzen eingebürgert, die ursprünglich nur in England hergestellt wurden, heute aber in fast jeder Kerzenfabrik aus Stearin oder Paraffin gegossen werden. Da bei der geringen Länge dieser Kerzen leicht ein Loslösen des Dochtes von der Kerzenmasse eintritt, wird letzterer nachträglich eingesetzt; man läßt während des Gusses einen entsprechenden Hohlkanal frei und zieht in die Kerze nach der Entfernung aus der Maschine mit der Hand einen durch Wachs steifgemachten Baumwolldocht ein, der mittels eines Blechplättchens fest mit dem Fuß verbunden wird.

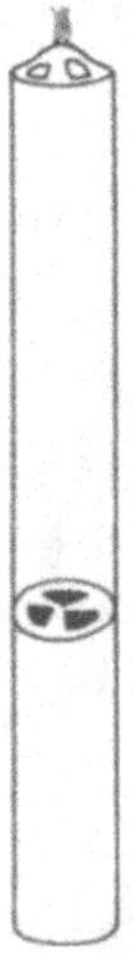

Um diese Nachtlichte herzustellen, benötigt man Maschinen, in deren Formen während des Gusses Nadeln von der Dicke der Dochtöffnung eingebracht werden, die mit einem besonderen Pistonträger in Verbindung stehen (Abb. 220). Man läßt die Nadeln *a* in der Hochstellung, bis die Masse erstarrt ist, und senkt dann die die Nadeln tragende Pistonbrücke *c* so weit, daß das Abnehmen der Gußdecke nicht gehindert wird. Nun wird die Nadelbrücke wieder gehoben, wodurch die Nadeln nach oben gehen und die beim Abkratzen der Gußdecke verschmierten Dochtöffnungen säubern. Schließ-

Abb. 219. Hohlkerze.

Abb. 220. Form für Nachtlichte.

lich werden die Kerzen durch Hochkurbeln des oberen Pistonträgers *b* in gewohnter Weise herausgedrückt.

Einer besonderen Einrichtung bedürfen auch diejenigen Maschinen, mit denen *Konuskerzen* gegossen werden sollen. Diese Kerzen (Abb. 221), die ihren Namen wegen der Form ihres Fußes haben, würden aus Formen gewöhnlicher Bauart nicht herausgedrückt werden können. WÜNSCHMANN[1] hat hier eine sehr schöne Lösung erdacht, die es möglich macht, vollendete Kerzen dieser Art auch in Maschinen und sogar ohne wesentliche Abänderung der gewohnten Arbeitsweise herzustellen (Abb. 222).

Zwischen Gießtrog und Klemmvorrichtung ist eine Vorrichtung eingebaut, die aus 8 Schienen *a* besteht und die geteilten Formen für die konischen Kerzenfüße trägt. Je zwei solcher Formhälften können als Verlängerung auf eine der vorhandenen Gießformen üblicher Bauart gesetzt werden und die dazu erforderliche Abwärtsbewegung der Schienen wird durch den Exzenter *b*, der durch den Handhebel *c* betätigt wird, ausgeführt. Das Zusammenklappen in horizontaler Richtung, um die Formenhälften zu vereinigen, geschieht mit dem Handgriff *e*, der ein Zahnstangengetriebe *d* antreibt. Nach dem Erstarren der Kerzenmasse werden die beschriebenen Bewegungen in umgekehrter Richtung ausgeführt, wodurch die Fußformen auseinanderklappen und sich heben und den fertigen Kerzen freien Durchtritt gestatten.

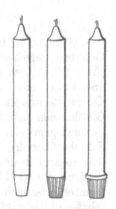

Abb. 221. Konuskerzen.

Soll die Kerze außer dem Konus noch einen Bund haben, so muß außerdem die Klemmvorrichtung weiter als für gewöhnliche Kerzen geöffnet werden können. Bei der abgebildeten Maschine ist auch für diesen Zweck eine besondere Bewegungseinrichtung vorgesehen, die durch einen weiteren Exzenter betätigt wird.

[1] D. R. P. 57473.

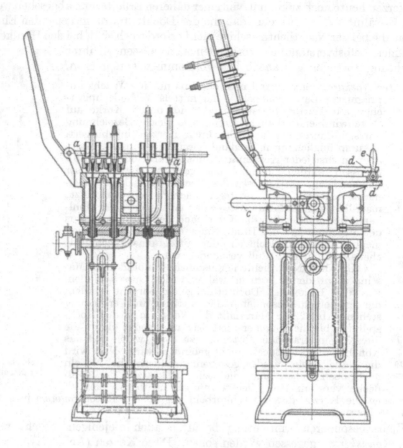

Abb. 222. Konuskerzengießmaschine.

3. Bedienung der Gießmaschinen.

Wenn eine Gießmaschine neu in Betrieb genommen oder mit frischen Dochten versehen werden soll, müssen die Dochte einzeln mit Dochtnadeln (Abb. 223) durch die Formen gezogen und in primitiver Weise befestigt werden, und zwar dadurch, daß man sie an kleine, auf die Klemmeröffnungen gelegte Querstifte knüpft. Der Formenkasten wird dann angewärmt und hierauf mittels Gießkannen (Abb. 224) das kaltgerührte (S. 601) Stearin in solcher Menge in die Formen gegossen, daß nach deren Anfüllung noch eine mehrere Millimeter starke Schicht über den Formen steht. Nachdem durch die Wirkung des Kühlwassers das Stearin in und über den Formen erstarrt ist, wird die zusammenhängende Schicht der Gußdecke abgehoben. Dazu bedient man sich entsprechend geformter Ausstichmesser (Abb. 225), mit denen man unter der Gußdecke entlang fährt und die mit ihren scharf geschliffenen Enden gleichzeitig die Dochte durchschneiden. Sobald die Kerzen genügende Festigkeit besitzen, werden sie durch Drehung der Kurbel aus den Formen gehoben und in der Klemmvorrichtung festgeklemmt; sie bleiben daher beim Zurückdrehen der Pistonbrücke in ihrer Stellung. Die Dochte haben sich beim Hochkurbeln in entsprechender Länge von den Dochtspulen abgewickelt, da sie von den eben gegossenen Kerzen mitgezogen wurden und stehen nun in der Mitte der Formen: die Maschine ist zum nächsten Guß bereit. Die in der Klemmvorrichtung sitzenden Kerzen werden so lange in

ihrer Lage gelassen, bis die Gußdecke des nächsten Gusses erstarrt und abgehoben ist; dann erst können sie nach Umklappen der Klemmvorrichtung abgenommen werden (Abb. 217).

Die Dauer eines vollständigen
Gusses hängt hauptsächlich von dem
Kerzendurchmesser ab, durch den die
Erstarrungszeit bedingt ist, dann aber
auch von der Geschicklichkeit des
Bedienungspersonals und der Bauart
der Maschine. Im Durchschnitt lassen
sich 2—4 Güsse in der Stunde ausführen, bei ganz dünnen Kerzen (Weihnachtskerzen, Baumkerzen) kommt
man auch noch höher.

F. Färben und Verzieren
der Kerzen.

Weitaus die meisten Kerzen werden in ungefärbtem Zustand in den
Handel gebracht. Farbig werden in
erster Linie Christbaum- und Advent-
kerzen verlangt, dann aber die für
Klavierleuchter, Schaufenster und ähnliche Zwecke in Betracht kommenden
Zierkerzen, die heute allerdings zum
größten Teil aus Paraffin oder Wachsen hergestellt werden und vielfach
gar nicht brennen sollen und können.

An die zu verwendenden Farben
ist der Anspruch zu stellen, daß sie nicht
durch großen Aschengehalt die Brennfähigkeit beeinträchtigen und nicht nur
lichtecht und ungiftig sind, sondern auch
die Eigenschaft des „Wanderns" nicht

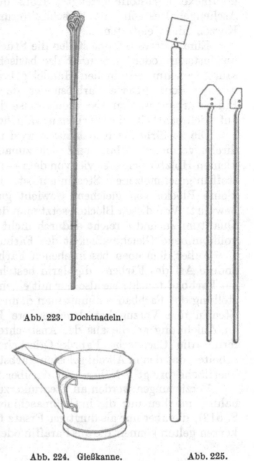

Abb. 223. Dochtnadeln.

Abb. 224. Gießkanne.

Abb. 225.
Ausstichmesser.

zeigen, die sich darin äußert, daß die gefärbten Kerzen beim Lagern allmählich
einen Teil ihrer Farbe an die im gleichen Karton befindlichen ungefärbten abgeben. Mit Anilinfarben lassen sich alle diese Forderungen erfüllen, und da sie
überdies heute in allen in Betracht kommenden Farbtönen zu haben sind, besteht
keine Veranlassung, sich noch der früher häufiger benutzten Mineralfarben zu
bedienen, die infolge ihres Aschengehaltes das Brennvermögen schädigen oder
vermindern.

Für das Färben von Stearin kommen zunächst fettlösliche Pulverfarben in
Frage, die chemisch zur Gruppe der wasserunlöslichen, nicht sulfonierten Azo-
farbstoffe gehören. Lichtechtere und gleichzeitig weniger zur Sublimation
(„Wandern" s. oben) neigende Farbstoffe ließen sich durch Sulfonierung oder
Einführung von Carboxylgruppen gewinnen, diese sind aber in höheren Fettsäuren nicht löslich. NÖRDLINGER[1] hat daher versucht, mit Salzen saurer Farbstoffe lichtechte Färbungen zu erhalten. Die I. G. Farbenindustrie A. G. be-
schreitet einen anderen Weg, indem sie durch Einführung von Alkyl- oder Aryl-

---

[1] D. R. P. 198278, 213172.

aminogruppen in das Farbstoffmolekül eine vollkommene oder teilweise Neutralisierung der Carboxylgruppe erreicht und dann durch geringe Metallsalzzusätze komplexe Farbstoffe erzeugt[1]; trotz des — allerdings unbeträchtlichen — Aschengehaltes soll eine Verschlechterung des Brennens mit diesen gefärbten Kerzen nicht eintreten.

Eine weitere Gruppe stellen die Stückfettfarben dar, bei denen es sich meist um fettsaure oder harzsaure Salze basischer Farbstoffe handelt, die mit Stearinsäure verschmolzen in den Handel gebracht werden. Da sie somit mehr oder weniger konzentrierte Farblösungen darstellen, sind sie weniger ausgiebig als Pulverfarben, werden aber stellenweise doch gerne verwendet, weil sie in bezug auf Lichtechtheit und Farbenauswahl hohen Ansprüchen genügen.

Die zu färbende Kerzenmasse wird nicht mit dem konzentrierten Farbstoff direkt vermengt. Man stellt sich zunächst Stammfarben her, indem man in kleinen Holzbottichen so viel von dem — nötigenfalls in Alkohol gelösten — Farbstoff in geschmolzenem Stearin auflöst, als es aufzunehmen vermag, dann daraus kleine Blöcke von gleichem Gewicht gießt und sie unter Lichtabschluß aufbewahrt. Von diesen Blöcken setzt man der Kerzenmasse das jeweils erforderliche Quantum zu und erreicht dadurch nicht nur ein schnelles Lösen, sondern auch vollkommene Gleichmäßigkeit der Färbung in allen Güssen.

Außer dem eben beschriebenen Färben in der Masse kennt man auch eine andere Art des Färbens, die darin besteht, daß man die ungefärbten Kerzen in ein Farbbad taucht, sie also nur mit einem gefärbten Überzug versieht. Zur Herstellung des Farbbades nimmt man dann mit Vorliebe Paraffin, weil dieses gegen Stearin den Vorzug hat, leuchtendere Farben und besseren Glanz zu geben. In Anlehnung an die aus der Anstrichtechnik bekannten Spritzlackierung hat ferner die Chemische Fabrik Griesheim-Elektron ein Färbeverfahren ausgearbeitet, das den in Alkohol gelösten Farbstoff mittels Spritzpistole auf die Kerzenoberfläche bringt[2]. Näheres ist darüber nicht bekannt geworden.

Verzierungen werden an Stearinkerzen kaum jemals angebracht. Eine Ausnahme machen nur die in Gießmaschinen herstellbaren *Renaissancekerzen* (vgl. S. 613), die aber nur als dürftiger Ersatz für die zahlreichen Arten von Schmuckkerzen gelten können, die aus Paraffin oder Wachskompositionen erzeugt werden[3].

G. Vollendungsarbeiten der Kerzenherstellung.

Die endgültige, verkaufsfähige Form wird der Kerze durch eine Reihe von Vollendungsarbeiten verliehen, deren Zahl und Art nicht ein für allemal feststeht, sondern sich nach der Kerzensorte, den Ansprüchen der Verbraucher und wohl auch nach dem Geschmack der Hersteller richtet.

Unumgänglich notwendig und daher allgemein eingeführt ist das *Stutzen*, das Abschneiden der Fußenden. Diese Arbeit muß schon deshalb vorgenommen werden, weil die Kerzenfüße beim Abheben der Gußdecke von den Gießmaschinen (S. 610) regelmäßig beschädigt werden und kein schönes Aussehen zeigen. Man kennt zwar Vorrichtungen, die das Stutzen in der Gießmaschine, solange die Kerzen noch in den Formen sitzen, ausführen sollen[4]. In den weitaus meisten Fällen wird es aber erst vorgenommen, wenn die Kerzen aus den Gießmaschinen entfernt sind. Man bedient sich am besten schnell rotierender Kreissägen, die — besonders nachdem sie sich warmgelaufen haben — einen vollkommen glatten Schnitt liefern, während die in kleineren Betrieben gelegentlich verwendeten Handschneidemaschinen, die ähnlich wie Brotschneidemaschinen gebaut sind, bei Stearinkerzen leicht Absplittern kleiner Eckchen verursachen.

Die zum bequemen Befestigen der Kerzen in Leuchtern häufig gewünschte Konusform des Fußes wird, falls sie nicht maschinell erzeugt wird (vgl. S. 609), durch

---

[1] D. R. P. 530147.
[3] Vgl. A. Lödl: Seifensieder-Ztg. **63**, 263 (1936).
[2] D. R. P. 411740.
[4] D. R. P. 205784 u. a.

Fräsen in besonderen Maschinen hergestellt. Die Kerzen werden einzeln mit der Hand in einen schnell rotierenden, konisch sich verjüngenden Hohlkörper eingeführt, der innen mit Messern besetzt ist. Die glatte, glänzende Oberfläche geht den Stellen, die der Wirkung der Messer ausgesetzt waren, allerdings verloren und in dieser Hinsicht sind gefräste Konuskerzen den auf Spezialmaschinen (s. S. 609) hergestellten unterlegen.

Kerzen, die auf Dorne aufgesteckt werden sollen, wie das besonders in katholischen Kirchen häufig der Fall ist, werden durch *Bohren* am Fußende mit einer Öffnung versehen; auch dazu dienen entsprechend geformte, rotierende Messer.

Will man auf die Kerzen einen Firmenstempel aufdrücken, so muß dieser elektrisch oder durch Dampf erhitzt werden.

Vor der Verpackung ist noch eine Bearbeitung der Oberfläche durch *Polieren* wünschenswert. Das Aussehen der Kerzen leidet nämlich im Verlauf des Fertigstellungsprozesses sowohl durch das wiederholte Anfassen mit den Händen als auch dadurch, daß die Kerzen sich auf automatischen Zuführungsvorrichtungen zu den Stutz- und Fräsmaschinen aneinander reiben und den erzeugten Stearinstaub teilweise auf ihrer Oberfläche ablagern. Zumindest soll also ein Abwischen mit einem trockenen Tuch vorgenommen werden, wenn man bei größerer Produktion nicht vorzieht, auch diese Arbeit besonderen Poliermaschinen zu übertragen, deren es eine ganze Anzahl gibt.

Für die *Verpackung* der Kerzen hat sich angesichts der Verschiedenheiten in den Formen, der Stückzahl pro Einzelpaket usw. Maschinenarbeit wohl nirgends eingeführt. Die Kerzen werden vielmehr mit den Händen in Kartons, Faltschachteln oder Gürtelschachteln gelegt, gelegentlich auch vorher noch mit Seidenpapier umwickelt. In Kisten, die jeweils eine größere Anzahl von Einzelpaketen enthalten, verlassen sie dann die Fabrik und nehmen ihren Weg zum Verbraucher.

H. Kerzenarten.

1. Gebrauchskerzen.

Die für den täglichen Gebrauch bestimmten Kerzen werden unter Namen in den Handel gebracht, die auf ihren hauptsächlichen — durch die Einführung anderer Beleuchtungsarten teilweise allerdings schon überholten — Verwendungszweck hinweisen, so z. B. Wagenkerzen für Wagenlaternen, Kronenkerzen für Kronleuchter, Tafelkerzen zum Gebrauch in Tafelaufsätzen usw. Die diesen Verwendungszwecken angepaßten Unterschiede in Länge, Durchmesser und Fußform haben sich erhalten, obwohl sie ihren ursprünglichen Sinn größtenteils verloren haben. Außer den in Tabelle 60 angeführten Kerzenarten sind zu den Gebrauchskerzen auch Kirchen- und Weihnachtskerzen, ferner Nachtlichte zu zählen, soweit ihre Herstellung in Maschinen üblicher Bauart erfolgen kann.

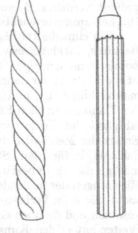

Abb. 226.   Abb. 227.
Zopfkerze.   Gerippte Kerze.

2. Zierkerzen und Kerzen für besondere Zwecke.

Wie bereits erwähnt, kennt die Stearinindustrie außer der gerippten Kerze (Abb. 226) an Zierkerzen im wesentlichen nur die Renaissance- oder Zopfkerzen (Abb. 227), für die Gießmaschinen mit besonderen, der gewundenen Oberfläche entsprechenden Formen verwendet werden müssen. Beim Ausstoßen aus den Formen beschreiben diese Kerzen eine Schraubenlinie, und es muß daher dafür gesorgt sein, daß die dadurch bewirkte Verdrehung der nachgezogenen frischen Dochte vor dem nächsten Guß wieder aufgehoben wird.

Da alle normalen Kerzen tropfen und Verunreinigungen verursachen, wenn sie beim Brennen Zugluft ausgesetzt sind, glaubte man durch Anbringung von

Längskanälen im Inneren, die das abtropfende Kerzenmaterial aufnehmen sollen, Abhilfe schaffen zu müssen. Für solche Hohlkerzen (Abb. 219) sind gleichfalls besondere Maschinen konstruiert worden, da die Hohlräume während des Gusses frei von Kerzenmasse bleiben müssen[1]. Der gewünschte Erfolg wird durch diese Kerzen nur sehr unvollkommen erreicht, da enge Kanäle schon durch geringe Mengen abtropfender Masse verstopft werden, weite Kanäle aber Festigkeit und Brenndauer stark herabsetzen. Statt der senkrechten Kanäle hat man übrigens auch Einschnitte vorgeschlagen, die von der Peripherie der Kerze schräg nach der Kerzenmitte zu laufen[2], für die aber die gleichen Bedenken geltend gemacht werden müssen. Ferner sind Versuche angestellt worden, das Abtropfen durch verschiedene Anstrichmassen, mit denen die Oberfläche der Kerzen versehen wird, ganz zu vermeiden. Hochschmelzende Überzüge aus Fett-Harz-Kompositionen, aber auch Mineralsalze sind in diesem Zusammenhang genannt worden[3].

Zahlreiche Erfindungen könnten noch aufgezählt werden, die teils wirkliche, teils vermeintliche Verbesserungen der gewöhnlichen Kerzen im Gefolge haben oder einen besonderen Verwendungszweck ermöglichen sollen. Mehrere von ihnen befassen sich beispielsweise mit dem Übelstand, daß ein vollkommenes Herunterbrennen in Leuchtern nicht möglich ist und versuchen, ihm durch besondere Ausbildung der Kerzenfüße abzuhelfen. Andere wollen durch selbsttätige Auslöschvorrichtungen verhindern, daß ausbrennende Kerzen Feuerbrünste verursachen und wieder andere richten das Augenmerk auf die Tatsache, daß das Entzünden der Dochtenden frischer Kerzen etwas lange Zeit in Anspruch nimmt. Von allen diesen und ähnlichen Erfindungen ist zu sagen, daß sie unter den heutigen Umständen höchstens ausnahmsweise praktisches Interesse beanspruchen können, so daß sich eine Besprechung im Rahmen dieser Technologie nicht rechtfertigen läßt.

Anders steht es mit den bis in die neueste Zeit reichenden Versuchen, Kerzen mit farbig brennender Flamme zu erzeugen, denn die Verwendung von Kerzen für festliche Zwecke stellt ein nicht zu unterschätzendes Absatzgebiet dar, das sich durch eine voll befriedigende Lösung des vorstehend genannten Problems sicherlich noch vergrößern ließe; dann aber könnte auch praktischen Zwecken gedient werden, z. B. wenn es etwa gelänge, eine einfache, leicht transportierbare Dunkelkammerbeleuchtung mit rot brennenden Kerzen zu schaffen.

Die einfache Imprägnierung der Dochte mit Verbindungen des Strontiums, Bariums, Lithiums usw. führt ebensowenig zu dem gewünschten Ziel wie eine Zumischung derartiger Salze zu der Kerzenmasse. Bei Imprägnierung der Dochte ist die Flamme nur dann gefärbt, wenn das freie Dochtende bis in den Flammenmantel hineinragt, und auch dann erstreckt sich die Färbung nur auf einen Teil der Flamme. In allen Fällen verstopft sich der Docht sehr schnell und die Brennfähigkeit der Kerze wird herabgesetzt oder gar ganz unterbunden. Auch der Ersatz der Metallsalze durch flüchtige Verbindungen — Borsäureester für Grün, Selenalkyle für Blau, Strontiumjodalkyle für Rot — erwies sich als unzweckmäßig, da sie unbeständig, teuer und zum Teil giftig sind. SCHEUBLE hat Mischungen der färbenden Bestandteile mit sauerstoffreichen Verbindungen versucht, die beim Verbrennen explosionsartig verstäuben, sich also nicht am Docht ansetzen und die oben erwähnten nachteiligen Wirkungen nicht ausüben können. Weiter hat er den Kunstgriff angewandt, die Farbsalze in Form dünner Stäbe herzustellen, die parallel zu dem Docht in die Kerzen eingezogen werden. Der Erfinder dachte aber dabei hauptsächlich an Kerzen, die eine nichtleuchtende Flamme liefern, da es ihm sonst nicht möglich war, die Eigenfärbung der Flamme

---

[1] Vgl. S. 609 und MORANE: Moniteur scientifique, S. 1003. 1869. — STÜBLING: Seifensieder-Ztg. **34**, 467 (1907). — D. R. P. 62084, 64445, 77457.
[2] D. R. P. 285583.   [3] Seifensieder-Ztg. **31**, 675 (1904). — E. P. 25397/98.

zu übertönen[1]. Stearinkerzen und übrigens auch Paraffinkerzen, die eine Flamme mit sehr ausgeprägter Eigenfärbung erzeugen, eignen sich demnach für dieses Verfahren nicht.

Auch die Verbreitung von Wohlgerüchen oder desinfizierenden Stoffen mittels Kerzen hat man sich angelegen sein lassen und dementsprechend Zusätze von Parfümkompositionen, Trioxymethylen (Entwicklung von Formaldehyd), Campher, Chlorjod und anderen Stoffen empfohlen.

I. Brenndauer und Leuchtstärke.

Der ausschlaggebendste Faktor für die Brenndauer einer Kerze ist natürlich ihr Bruttogewicht, dann aber Stärke und Flechtart des Dochtes. Leider sind die Eingriffsmöglichkeiten, welche sich aus letzterem Umstand für eine möglichst sparsame Verzehrung des Kerzenmaterials ergeben, nur gering; es sei hier auf die Ausführungen S. 598 verwiesen, wo gezeigt wurde, daß die Dochtauswahl im wesentlichen von der Kerze selbst bestimmt wird, wenn die Brenneigenschaften nicht leiden sollen. Da die Dochtstärken mit Verringerung des Durchmessers der Kerzen geringer werden, brennen dünne Kerzen verhältnismäßig am rationellsten. Kerzen mittleren Durchmessers (20—25 mm) haben im Durchschnitt einen Materialverbrauch von etwa 9 g pro Stunde, wenn sie aus Stearin hergestellt sind; Paraffinkerzen verbrauchen 1—2 g weniger.

Die Lichtstärke der Kerzenflamme haben BUNTE und SCHEITHAUER[2] mit durchschnittlich 1—1,1 Hefnerkerzen festgestellt. Aus ihren alle wesentlichen Faktoren, wie Kerzenmasse, Dochtstärke usw., berücksichtigenden Untersuchungen ist als besonders interessant hervorzuheben, daß die Erhöhung der Leuchtkraft durch Vergrößerung der Flamme bei weitem keinen proportional vergrößerten Materialverbrauch bedingt und daß Kompositionskerzen ungefähr diejenige Lichtmenge erzeugen, die sich aus der Leuchtkraft ihrer Bestandteile errechnet. Bei der Berücksichtigung der Lichtausbeute schneiden Paraffinkerzen um etwa 20% günstiger ab als Stearinkerzen. Diese letztere von KRAMARSCH[3] im Jahre 1855 gemachte Feststellung dürfte sich heute noch mehr zugunsten der Paraffinkerzen verschoben haben, da technisches Paraffin besserer Qualität zur Verfügung steht, als KRAMARSCH vermutlich in Händen hatte.

K. Handelsgebräuche.

Über die Anforderungen, welche an Farbe, Geruchlosigkeit usw. der Kerzenmaterialien gestellt werden, ist das Wichtigste bereits bei Besprechung der Rohstoffe (S. 595) gesagt worden. Nachzutragen wäre noch eine bei Fachleuten beliebte einfache Prüfung der mechanischen Festigkeit durch Zerbrechen der Kerze mit den Händen. Aus dem sich dabei äußernden Widerstand und dem Aussehen der Bruchfläche gewinnt der Kenner schon eine Reihe von Anhaltspunkten über die Qualität der Kerze. Weiter wird verlangt, daß der Docht bei dieser Behandlung nicht auseinanderreißt, sondern die beiden Kerzenhälften zusammenhält. Eine weitere Beurteilungsmöglichkeit liegt in dem Klang, den Stearinkerzen beim Aneinanderschlagen geben.

Kerzen dürfen in Deutschland nur in Packungen von 500, 330 und 250 g brutto — letztere nur bei einem Höchstgewicht der Einzelkerze von 25 g — in den Handel gebracht werden. Auf den Packungen muß außer dem eben genannten

---

[1] D. R. P. 216338, 234340.
[2] Journ. Gasbeleuchtung 1888, Nr. 12.   [3] Dinglers polytechn. Journ. **138**, 190.

Bruttogewicht auch das Nettogewicht aufgedruckt sein, das mit einer Abweichung bis zu 10 g 470, 305 und 225 g pro Paket zu betragen hat.

Die nachfolgende Tabelle enthält die Maße und Gewichte der gebräuchlichsten Haushaltkerzen aus Stearin.

Tabelle 60. Maße und Gewichte von Haushaltstearinkerzen.

Bezeichnung	Durch-messer mm	Höhe mm	Gewicht der Einzelkerze in g	Bruttoge-wicht einer Packung	Stückzahl pro Packung	Fußform
Kronenkerzen	21—22	184	58—59	500	8	konisch
„	22,5	167	58—59	500	8	„
„	25	190	78—79	500	6	„
Kellerkerzen..........	21	186	58—59	500	8	glatt
„	25	188	78—79	500	6	„
Wagenkerzen	27,5	150	78—79	500	6	„
„	26	132	58—59	500	8	„
Tafelkerzen..........	17	235	50—51	330	6	„
„	17	180	38—39	330	8	„

Da das Gewicht der Einzelpackung aus gesetzlichen Gründen eingehalten werden muß, schwanken die in der Tabelle angegebenen Abmessungen etwas nach oben oder unten, wenn Kerzenmaterialien mit anderen spezifischen Gewichten als dem des Stearins mit verarbeitet werden; übrigens ist auch das spezifische Gewicht des Stearins nicht immer das gleiche.

Weihnachtskerzen werden in Paketen von 250 g Bruttogewicht in den Handel gebracht; das Paket enthält in der Regel 12, 15, 24 oder 30 Stück.

1. Anhang.

Paraffinkerzen.

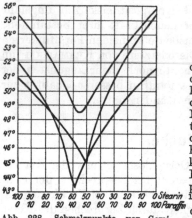

Abb. 228. Schmelzpunkte von Gemischen aus Stearin und Paraffin.

Die weitaus größte Zahl der heute anzutreffenden Kerzen sind aus Paraffin hergestellt, das allerdings meistens einen kleinen Zusatz von Stearin erhält, wodurch das Anhaften an den Formen und damit Schwierigkeiten beim Ausstoßen aus den Maschinen vermieden werden. Eine ziemlich bedeutende Rolle spielen daneben die *Kompositionskerzen*, die aus Mischungen von Stearin und Paraffin bestehen und den Vorzug haben, äußerlich den Stearinkerzen zu gleichen, also eine undurchsichtig-weiße Farbe anzunehmen, während Paraffinkerzen transparent sind[1]. Kompositionskerzen enthalten zirka $^{1}/_{3}$ ihres Gewichtes an Stearin, doch werden, allerdings unter Minderung des eben erwähnten Effektes, aus Ersparnisgründen häufig genug auch bedeutend geringere Prozentsätze an Stearin angewendet. Zu berücksichtigen ist, daß Gemische von Stearin und Paraffin eine ziemlich bedeutende Schmelzpunktserniedrigung aufweisen (vgl. Diagramm Abb. 228)[2], jedoch ist die hauptsächlich ausschlaggebende Härte des Gemisches und damit die Festigkeit der fertigen Kerze keineswegs allein

[1] Ein dem Praktiker geläufiges Unterscheidungsmerkmal besteht darin, mit dem Rücken des Daumennagels einen kleinen Teil abzukratzen; Stearin bröckelt dabei pulverförmig ab; Kompositionskerzen erlauben das Abheben eines zusammenhängenden Spans.
[2] Vgl. auch Scheithauer: Fabrikation der Mineralöle, S. 189. Braunschweig. — Graefe: Laboratoriumsbuch für die Braunkohlenindustrie, S. 82. Halle a. d. S. 1908.

von dem Schmelzpunkt bestimmt. Die heute im Handel erhältlichen hochschmelzenden Paraffinsorten, gegebenenfalls auch Zusätze von Montanwachs[1] u. dgl. erlauben die Anwendung jedes beliebigen Prozentsatzes von Stearin, ohne die Festigkeit zu gefährden. Die einst recht eifrige Suche nach Härtungsmitteln[2] ist daher aufgegeben worden. Besonderen Erfolg hat keines dieser Mittel (Alkohol, Naphthalin, Reten, Stearinsäureanilid, Oxystearinsäure usw.) gehabt.

Die Anforderungen, die an das zur Kerzenherstellung dienende Paraffin zu stellen sind, wurden bereits S. 596 besprochen. Einer kurzen Erwähnung bedürfen noch einige Zusatzstoffe, die ziemlich häufig Verwendung finden, um reinen Paraffinkerzen ein ähnliches Aussehen wie die Stearinkerzen zu geben. Der bekannteste unter ihnen ist das von der I. G. Farbenindustrie A. G. hergestellte *Hertolan* (Benzoesäurenaphtholester), doch kommen ähnliche Produkte unter verschiedenen Phantasienamen („Lintrin" usw.) in den Handel. Sie werden in sehr geringen Mengen dem flüssigen Paraffin vor dem Vergießen beigemischt und erzeugen nach einiger Zeit ein die ganze Masse durchziehendes Gerüst feinster Kriställchen, das den Kerzen ein milchiges Aussehen gibt (Alabasterkerzen der Riebeckschen Montanwerke, Halle a. d. S.).

Dochtmaterial und Herstellung des Dochtes sind auf S. 597 bereits beschrieben worden. Neue Gesichtspunkte ergeben sich hier nicht, lediglich die Zusammensetzung der Dochtbeize muß dem andersartigen Kerzenmaterial angepaßt werden. Ein Beispiel für eine gebräuchliche Beize für Paraffinkerzendocht ist S. 598 gegeben worden. In bezug auf die Docht*stärke* ist nochmals darauf hinzuweisen, daß Paraffinkerzen die im Vergleich zu anderen Kerzenmaterialien heißeste Flamme geben und daher den verhältnismäßig dünnsten Docht benötigen (s. S. 598).

Formung. Für die Formung von Paraffinkerzen bieten sich — wenigstens grundsätzlich — auch Verfahren dar, die bei der Herstellung von Stearinkerzen versagen. Die Begründung dafür liegt in der geringeren Kristallisationsneigung und der größeren Plastizität des erstarrenden Paraffins.

1. Formung durch Pressen. Ein Beispiel bietet das *Pressen* der Kerzen, eine Herstellungsart, die nur auf Wachs- und Paraffinkerzen Anwendung finden kann. Das Kerzenmaterial wird dabei mittels einer passenden Vorrichtung durch eine zylindrische Form gedrückt, in der gleichzeitig der Docht zentral geführt wird. Auf diese Weise entstehen fortlaufende Kerzenstränge, die durch Zerschneiden in Kerzen der gewünschten Länge geteilt werden.

Die ersten derartigen Vorrichtungen scheinen von den Gebrüdern Riess in Gmünd[3] konstruiert worden zu sein (Abb. 229).

Das Wachs wird in den Raum *b* gebracht, dessen Mantel *m* durch Dampf warmgehalten wird. *f* und *g* zeigen die Ein- und Ausströmungen des Dampfmantels. Die Wärmung hat nicht nur den Zweck, das zu formende Kerzenmaterial weichzuhalten, sondern muß auch das Mundstück vor Abkühlung schützen. Durch das Rohr *i* wird der Kerzendocht eingeführt, der von der Kerzenmasse genau konzentrisch umschlossen wird und gleichzeitig mit dieser durch das Mundstück austritt. Der gebildete Kerzenstrang geht über eine Leitrolle, die zur Verhinderung des Anhaftens in

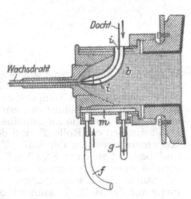

Abb. 229. Apparat für das Pressen von Kerzen.

Wasser läuft, und erhärtet dabei durch die Einwirkung des kalten Wassers.

Durch Auswechseln des Mundstückes kann man Kerzen von beliebiger Dicke pressen und bei richtiger Handhabung des Apparates läßt sich eine 4—6mal größere Produktion erzielen als beim gewöhnlichen Wachszug. Bemerkenswert ist, daß das Kerzenmaterial nicht etwa in flüssiger Form in den Preßzylinder tritt, sondern in halberstarrtem Zustand in Form knetbarer Klumpen eingeführt wird.

An Verbesserungen der Kerzenpressen[4] hat es bis in die neueste Zeit hinein nicht gefehlt, doch haben sie nirgends eine den Kerzengießmaschinen vergleichbare Bedeutung erlangt.

[1] Vgl. ERDMANN u. DOLCH: Die Chemie der Braunkohle. Halle 1927.
[2] LIEBREICH: D. R. P. 136274. — Standard Oil Co.: D. R. P. 190335.
[3] Dinglers polytechn. Journ. 189, 378.
[4] Vgl. BOHM: E. P. 13417/1885; Österr. P. 9712/1912, 15232/1903. — VIDOR: D. R. P. 359379. — KERR: D. R. P. 439358.

2. Formung durch Ziehen. Auch das Formen der Paraffinkerzen durch *Ziehen* hat sich im allgemeinen nur in kleineren und kleinsten Betrieben erhalten. Immerhin gibt es bis heute Fälle, wo es sich dem Vergießen mittels Maschinen überlegen zeigt. Das trifft beispielsweise für die Herstellung der Dochte für die Nachtlichte (vgl. S. 609) zu, die noch vielerorts durch den Ziehprozeß mit einer paraffinhaltigen Wachsschicht überzogen werden. Gleiches gilt von der Erzeugung der *Wachsstöcke*, die allerdings in Deutschland kaum mehr gebräuchlich sind (über „Cerini" vgl. weiter unten).

Das Ziehen der Kerzen erfolgt so, daß der Docht in horizontaler Richtung durch die flüssige Kerzenmasse gezogen und die so erhaltene endlose Kerze dann in beliebig lange Stücke zerschnitten wird. Die dazu erforderlichen Vorrichtungen bestehen in dem die Kerzenmasse aufnehmenden Gefäß, der mit Löchern verschiedener Durchmesser versehenen Ziehscheibe und zwei Trommeln zum Abrollen bzw. Aufrollen des Dochtes. Abb. 230 gibt ein Bild von der Arbeitsweise.

Der auf der Trommel T_2 aufgewickelte Docht wird durch das mit der Kerzenmasse gefüllte, durch das Koksbecken e warmgehaltene Gefäß f geführt und durch einen am Boden des Gefäßes f angebrachten Haken geleitet, so daß er gezwungen ist, das Wachsbad zu durchstreichen. Hierauf bringt man den Docht durch die Ziehscheibe g, wobei die an dem Docht anhaftende Masse zum Teil abgestreift und eine gleichmäßige Dicke des Kerzenstranges erzielt wird; letzterer wird sodann auf die Trommel T_1 aufgewickelt. Man kann dies tun, ohne ein Ankleben der einzelnen

Abb. 230. Kerzenziehapparat.

Windungen des Kerzenstranges zu befürchten, wenn man nur für eine genügende Erstarrung sorgt, die bei ausreichender Entfernung der Trommel von der Ziehscheibe und einer nicht zu hohen Temperatur des Arbeitslokales ohne Schwierigkeit erreichbar ist. Sobald die Gesamtlänge des auf der Trommel T_2 befindlichen Dochtes abgehaspelt ist, verstellt man die Ziehscheibe auf die andere Seite des Arbeitstisches — bringt sie also zwischen die Rolle T_2 und den Behälter f —, führt das Ende des eben erzeugten Kerzenstranges von der Rolle T_1 durch die nächstgrößere Lochung der Ziehscheibe und benutzt nun die Scheibe T_2 zum Aufhaspeln. Es vollzieht sich also genau die gleiche Arbeit, die vorstehend beschrieben ist, nun in umgekehrter Richtung, wobei die Stärke des Kerzenstranges ungefähr verdoppelt wird. Ist die Gesamtlänge nunmehr auf der Rolle T_2 aufgewickelt, so führt man den Kerzenstrang durch eine noch größere Öffnung der Ziehscheibe und fährt so fort, bis die gewünschte Kerzenstärke erreicht ist.

Gezogene Kerzen zeigen auf der Schnittfläche, ähnlich den Jahresringen der Bäume, eine der Zahl der Passagen entsprechende Anzahl von Kreisen und sind so leicht erkenntlich. Meistens besteht der Kern aus anderem, minderwertigerem Material als die Hülle, häufig ist auch die äußere Schicht gefärbt, während der Kern weiß ist. Um das zu erreichen, braucht man nur die Zusammensetzung des Bades vor den letzten Durchzügen entsprechend zu ändern, also beispielsweise Farbstoff zuzusetzen.

Vervollkommnungen des Ziehprozesses, die allerdings das Wesentliche unberührt lassen, sind insbesondere der italienischen Zündholzindustrie zu verdanken, die in ganz großen Mengen die in Italien sehr beliebten *Wachszündhölzchen* (cerini) herstellt. Statt einer einzigen Schmelzwanne werden deren mehrere hintereinander aufgestellt, die der Docht der Reihe nach durchläuft. Der Lochdurchmesser des Zieheisens wächst von Wanne zu Wanne, und es werden so in einem einzigen, kontinuierlichen Arbeitsgang Wachsfäden mit dem gewünschten Durchmesser erhalten. Um den Wachszündhölzern eine glänzende Oberfläche zu geben, wird das letzte Locheisen auf geeignete Weise erwärmt. Das Drehen der Ziehtrommeln wird selbstverständlich nicht von Hand, sondern mit Maschinenkraft bewirkt, und zum

Erwärmen der Masse bedient man sich heute des Dampfes oder einer anderen modernen Beheizungsart.

3. Formung durch Gießen. Der überwiegende Teil der Paraffinkerzen und Kompositionskerzen wird genau wie die Stearinkerzen mittels Gießmaschinen geformt. Die letzteren unterscheiden sich in nichts von den auf den S. 602 bis 610 beschriebenen, und auch die Arbeitsweise bei ihrer Bedienung ist im wesentlichen die gleiche. Immerhin fällt bei Paraffin- und Kompositionskerzen die Operation des *Kaltrührens* weg (S. 601); das Kerzenmaterial wird vielmehr heiß vergossen. Die Temperatur des Kühlwassers muß im allgemeinen tiefer gehalten werden, und gelegentlich benutzt man

Abb. 231. Gießsaal der Kerzenfabrik Webau der Riebeckschen Montanwerke.

sogar künstlich abgekühltes Wasser, um die fertigen Kerzen leichter aus den Formen bringen zu können. Wie oben bereits erwähnt, kann das besonders bei Paraffinkerzen auftretende hartnäckige Anhaften durch einen geringen Zusatz an Stearin herabgemindert werden.

Abb. 231 zeigt einen Gießsaal für Paraffinkerzen mit einer Reihe von Gießmaschinen, über denen die Gefäße für das Heiz- und Kühlwasser angeordnet sind.

Vollendungsarbeiten. Vollendungsarbeiten, also Stutzen, Polieren usw. der fertigen Kerzen und die Verpackung finden sich S. 612 beschrieben. Das in Deutschland geltende Gesetz, das die Kerzenpackungen auf Bruttogewichte von 250, 330 und 500 g beschränkt, erstreckt sich natürlich auch auf die Paraffinkerzen. Kerzensorten, Stückzahl pro Paket, Durchmesser der Einzelkerze usw. sind praktisch identisch bei Paraffin- und Stearinkerzen und bedürfen daher keiner besonderen Beschreibung mehr.

2. Anhang: **Brennöle.**

Auch heute besteht noch ein ziemlich großer Bedarf an Brennölen zum Beleuchten von Schiffsräumen und Eisenbahnwagen, für Signallaternen, Gruben- und Handlampen, für rituelle Zwecke u. dgl., d. h. in erster Linie zum Gebrauch an solchen Orten, wo hohe Anforderungen an die Feuersicherheit gestellt werden. Im allgemeinen werden auch hier keine reinen fetten Öle, die früher wegen ihres höheren

Flammpunktes trotz ihrer das Ansaugen durch den Docht erschwerenden größeren Viskosität vorgezogen wurden, sondern Mischungen mit Mineralölen verwendet.

Brennbar sind alle fetten Öle auch in Mischungen untereinander; sie werden auch alle in ihren Ursprungsländern als Brennöle benutzt, vom Tran der Eskimo bis zum Cocosöl in den Tropen. Ihre Eignung als Leuchtstoff ist verschieden und hängt von verschiedenen Eigenschaften ab: der Kapillarkonstante, welche die in der Zeiteinheit im Docht emporsteigende Menge bestimmt, der, allerdings in der Mehrzahl der Fälle nur wenig verschiedenen Verbrennungswärme, der Rußbildung, der Geruchsentwicklung, der Leuchtkraft usw. Einen schwachen Geruch entwickelt jedes Brennöl. Er ist um so geringer, je weniger trocknend das Öl ist und je weitgehender es von Nichtölstoffen und freien Fettsäuren befreit wurde. Der schlechte Geruch beim Verbrennen von Tranen soll jedoch in erster Linie durch die besondere Art der Fettsäurekomponenten bedingt sein.

In Mitteleuropa kommt als Brennöl nur Rüböl in Frage, das zuvor von Schleim- und Harzstoffen gereinigt werden muß, weil sie dochtverstopfend wirken.

Selbstverständlich können nur die Reinigungsverfahren angewandt werden, welche die Verunreinigungen zerstören oder entfernen, und nicht solche, welche nur durch Aufhellung der Farbe eine Reinigung vortäuschen.

Von den bekannten Methoden ist daher die Schwefelsäureraffination, welche auf S. 17 beschrieben ist, die wichtigste und gebräuchlichste. Bei ihrer richtigen Anwendung erhält man ein Brennöl, das geruchlos und mit nicht rußender Flamme brennt, den Docht auch nach vielstündigem Brennen nicht verstopft und während des Brennens nicht nachdunkelt. Von Bedeutung ist die Konzentration und Menge der Schwefelsäure sowie die Behandlungstemperatur und das sorgfältige Auswaschen jeder Spur der Mineralsäure aus dem Öl. Es dürfen vor allem keine Schwefelsäurekonzentrationen und Bedingungen angewandt werden, welche zu einer teilweisen Sulfonierung des Öles führen könnten.

Das raffinierte Rüböl soll klar, wasser-, asche- und schleimfrei sein, mit heller weißer Flamme brennen, ohne zu rußen oder Geruch zu entwickeln. Bei 0^0 darf es keine festen Bestandteile ausscheiden und sein Gehalt an freien Fett- säuren soll $0,3\%$ nicht überschreiten.

Auch die Ewiglichtöle sind in dieser Weise raffinierte Rüböle, wobei höchstens an die Schwefelsäureraffination mit Wasserwaschung noch eine Bleicherde- behandlung vor der klärenden Schlußfiltration eingeschoben wurde.

Häufig werden die Rübbrennöle mit billigeren Pflanzenölen, Tranen und Mineralölen verschnitten. Von den letzteren werden die zwischen dem eigent- lichen Petroleum und den Schmierölen liegenden Fraktionen benutzt, wobei durch Zusatz von Nitrobenzol, Nitronaphthalin, fettlöslichen gelben Anilinfarben u. dgl. die Fluoreszenz des Mineralöles verdeckt werden soll.

Laternenöle, welche bei hochgeschraubtem Docht ohne Rauch- und Ruß- entwicklung brennen, bei niedergeschraubtem Docht und beim Signalgeben durch Schwenken der Laterne nicht verlöschen sollen, bestehen aus $20—50\%$ raffiniertem Rüböl und $80—50\%$ Mineralcolzaöl (Siedep. $260—320^0$). Für ein Ewiglichtöl ist angegeben: 55% raffiniertes Rüböl, 15% Cocosöl, 5% Olivenöl, 25% Mineralöl. Die Brennöle werden häufig gefärbt und parfümiert.

Von anderen fetten Ölen, welche als Brennöle noch eine gewisse Verbreitung haben, seien erwähnt: Olivenöl (mit nicht zu hohem Fettsäuregehalt) in Spanien, Italien und Nordafrika, Ricinusöl in Indien, Cocosöl in den Tropen, Trane und Fischöle in den nordischen Ländern, Schmalzöl in den Vereinigten Staaten, Holzöl in Japan und Leinöl in Indien. Im allgemeinen dürfte aber die gewaltige Entwicklung der Mineralölindustrie die Verwendung dieser Öle zu Leuchtzwecken zu praktischer Bedeutungslosigkeit eingeschränkt haben.

Achter Abschnitt.

Metallseifen[1].

Von H. Salvaterra, Wien.

A. Herstellung und Eigenschaften.

Als Metallseifen bezeichnet man die Salze der höheren Fettsäuren mit Ausnahme der Alkalisalze, welche kurzweg als Seifen angesprochen werden. Die Metallseifen unterscheiden sich von diesen Seifen im engeren Sinne vor allem durch ihre praktische Unlöslichkeit in Wasser. Die Seifen sind bekanntlich gute Emulgatoren für Öl-in-Wasser-Emulsionen; die Metallseifen hingegen eignen sich für die Erzeugung bzw. Stabilisierung von Wasser-in-Öl-Emulsionen[2]. Das Anwendungsgebiet der Metallseifen ist ein recht großes. Sie werden z. B. als Verdickungsmittel für Schmieröle und -fette, zum Wasserdichtmachen von Textilien und Papier, als Schädlingsbekämpfungsmittel, in der Kosmetik und Pharmazie, in der Kautschukindustrie und, wie an anderer Stelle bereits besprochen (S. 222), in ausgedehntestem Maße in der Lack- und Firnisindustrie verwendet. Die älteste Verwendung fanden wohl die Bleiseifen, deren Wert als Heilmittel bereits Dioskorides anführt; nicht sehr viel jüngeren Datums dürfte ihre, allerdings unbewußte Anwendung in der Malerei sein. In den letzten Jahren nahm der Gebrauch der Metallseifen zu den verschiedensten Zwecken, vor allem in der Erdölindustrie, stark zu, wie aus der großen Zahl der erteilten Patente (S. 627) hervorgeht. Man verwendet entweder die in einem eigenen Arbeitsgang hergestellten Metallseifen (z. B. Magnesiumstearat in der Kosmetik, Aluminiumpalmitat in der Lackindustrie usw.), oder aber man läßt sie erst während des Herstellungsvorganges des betreffenden Artikels entstehen (z. B. Wasserdichtmachen mit essigsaurer Tonerde und nachfolgender Seifenpassage, Verkochen von Lacken unter Zusatz von Bleiglätte usw.).

Die *Herstellung der Metallseifen* kann nach verschiedenen Methoden erfolgen. Praktisch ausgeübt werden im großen ganzen nur die zur Herstellung der Sikkative besprochenen Verfahren (S. 227), das ist Fällung einer Alkaliseife mit einem Metallsalz in wäßriger Lösung oder Erhitzen von Fettsäure mit einem Metalloxyd bzw. Metallsalz. Da zur Erzeugung der technischen Metallseifen nicht die chemisch reinen Fettsäuren, also keine Individuen, sondern Gemische, in denen zwar eine bestimmte Fettsäure vorwaltet, genommen werden, wie Olein für Oleate, Palmöl- oder Stillingiatalg-Fettsäuren für Palmitate, Stearin für Stearate usw., so enthalten die handelsüblichen Produkte stets geringe Mengen von Metallsalzen der in den betreffenden technischen Fettsäuren (neben Ölsäure, Palmitinsäure, Stearinsäure usw.) noch vorkommenden anderen Säuren. Daneben findet sich je nach der Herstellung ein geringer Gehalt an anderen Verunreinigungen, wie Metalloxyde, Metallsalze und eventuell Wasser. Kommt es auf chemisch reine wasserfreie Produkte an, so kann man sie durch Umsetzung von Metallsalzen mit Seifen bzw. Reaktion der chemisch reinen Fettsäuren mit Metalloxyden, Metallsalzen, seltener mit Metallen in Alkohol oder anderen organischen Lösungsmitteln herstellen.

---

[1] In der folgenden Aufstellung ist auf Metallseifen, die ausschließlich als Sikkative gebraucht werden, kein Bezug genommen, vielmehr sind alle dafür in Betracht kommenden Produkte im Abschnitt über Trockenstoffe (S. 222) besprochen.

[2] J. C. Krantz jun. u. N. E. Gardner: Colloid Symposion Monograph 6, 173 (1928). — D. Nakae u. K. Nakamura: Journ. Soc. chem. Ind. Japan (Suppl.) 37, 583 B—84 B (1934). — B. Mead u. J. T. McCoy: Colloid Symposion Monograph 4, 44 (1926). — A. P. Lee u. J. E. Rutzler jun.: Oil Fat Ind. 6, Nr. 3 (1929).

Die überwiegende Mehrzahl der erzeugten Metallseifen (wobei die Trocken-stoffe hier nicht berücksichtigt erscheinen) wird durch Umsetzung einer Seifen-lösung mit einer Metallsalzlösung gewonnen. Die Fällung wird in der Hitze (meist bei etwa 60⁰) vorgenommen und die abfiltrierten bzw. abgepreßten Nieder-schläge werden gut mit Wasser gewaschen, um die bei der Fällung entstandenen Alkalisalze und den meist angewendeten Überschuß des Schwermetallsalzes weit-gehend zu entfernen. Zum Schluß wird vorsichtig bei möglichst gelinder Wärme (eventuell Vakuum) getrocknet[1].

Die *Eigenschaften der Metallseifen* werden sowohl vom Metall wie auch von der Fettsäure bestimmt; letztere beeinflußt mehr die physikalischen Eigen-schaften[2], während die chemischen mehr vom Metall bedingt sind (s. z. B. Sikka-tive). Die Löslichkeit[3] in organischen Lösungsmitteln nimmt in der Reihe Linoleat, Oleat, Palmitat, Stearat ab. Die Metallseifen geben in diesen Lösungs-mitteln in der Hitze wahre Lösungen[4], die beim Abkühlen unter Ausbildung kolloider Dispersionen zu opaleszieren beginnen und schließlich zu Gelen er-starren oder die überschüssige Seife fallen lassen. Das Gelbildungsvermögen wird einerseits von der Natur des Metalles bestimmt, andererseits nimmt es mit der Größe und dem Sättigungszustand des Fettsäuremoleküls zu. Aluminium zeigt weitaus das beste Gelbildungsvermögen, dann folgen Mg, Ba, Ca; Bleistearate zeigen ein geringes Gelierungsvermögen, Kupfer gibt überhaupt keine Gele mehr. Von den Aluminiumgelen sind wieder die Stearatgele weit fester als die der Oleate. Kommt noch Wasser hinzu, so tritt durch das Quellungsvermögen der Metallseifen eine weitere Steigerung der Kolloidität und somit Erhöhung der Viskosität bzw. Steifheit der Gele ein.

B. Die wichtigsten Metallseifen.

Die wichtigsten Metallseifen[5] sind etwa die folgenden[6]:

Magnesiumseifen[7]. Das *Oleat* ist eine körnige, bei etwa 80⁰ schmelzende Masse. Das *Palmitat* und das *Stearat* sind weiße, bei 120—122⁰ schmelzende Pulver. Das Stearat kann fast völlig rein durch Fällen einer alkoholischen Lösung von Handelsstearin mit alkoholischem Magnesiumacetat erhalten werden.

Das Oleat findet seine wichtigste Verwendung in der Benzinwäscherei. M. M. Richter[8], der es für diesen Zweck unter dem Namen „*Antibenzinpyrin*" in den Handel brachte, fand, daß schon ein geringer Zusatz zum Benzin dessen

---

[1] Die Wasserpaste kann auch durch Verdrängung in eine Alkohol- bzw. Butanolpaste übergeführt und dann direkt bei der Erzeugung von Celluloselacken verwendet werden. S. auch P. H. Faucett: Paint, Oil, Chem. Rev. **96**, Nr. 3 (1934).

[2] F. J. Licata: S. S. 624, Fußnote 1, 2.

[3] Verhalten der Metallseifen gegen Lösungsmittel. J. W. McBain u. W. L. McClatchie: Journ. physical Chem. **36**, 2567—2574 (1932).

[4] M. H. Fischer u. M. O. Hooker: Kolloid-Ztschr. **51**, 39 (1930).

[5] Die technisch hergestellten Metallseifen (Sikkative zum Teil ausgenommen) stellen die normalen Salze der Fettsäuren dar, weshalb im weiteren von einer Wieder-gabe der Formeln abgesehen wird, um unnützen Wiederholungen vorzubeugen. Wo saure oder basische Salze in Betracht kommen, ist dies vermerkt.

[6] Über Metallseifen s. auch: Ullmann: Enzyklopädie der chemischen Technologie, Bd. VIII, S. 187, 258; Bd. IX, S. 612. Wien. 1931. — F. J. Licata: Drugs, Oils and Paints **50**, Nr. 2 (1935). — C. J. Boner: Ind. engin. Chem. **27**, 665 (1935). — W. F. Whitmore u. M. Lauro: Ind. engin. Chem. **22**, 646 (1933). — M. F. Lauro: Oil Fat Ind. **5**, 329 (1928). — H. J. Braun: Die Metallseifen. Leipzig: O. Spamer. 1932.

[7] W. Faber: Ztrbl. Mineral., Geol., Paläont., Abt. A, **1933**, 191 (über natürliches Vorkommen).   [8] M. M. Richter: Chem. Ztrbl. **1902** I, 786; **1904** II, 1010.

Leitfähigkeit beträchtlich erhöht und so die Gefahr der „Selbstentzündung" durch elektrische Aufladung beim Reinigen seidener oder wollener Stücke herabsetzt. Das Produkt ist heute unter dem Namen *Richterol* im Handel und wird durch Fällen hergestellt. Ein als „*Antielektron*" bezeichnetes Produkt wird aus Olein und Magnesiumcarbonat durch Erhitzen gewonnen. Ferner wurde Magnesiumoleat vorgeschlagen als Zusatz zur Kalkbäuche von Rohbaumwolle, als Emulgator zur Herstellung von Kunstwachsmassen und zur Erzeugung von Schmiermitteln (s. Patente). Das Stearat findet ausgedehnte Verwendung zur Erhöhung der Haftfestigkeit von Gesichtspudern, ferner bei der Schminke- und Cremesbereitung.

Kalkseifen[1]. Das bei etwa 83⁰ schmelzende *Oleat* ist eine weiße wachsartige Masse; *Palmitat* und *Stearat* sind weiße fettige Massen, die bei etwa 153—156⁰ schmelzen.

Die Kalkseifen entstehen als unerwünschte Nebenprodukte bei der Wäsche in hartem Wasser und bedeuten in diesem Falle, da sie keine Waschwirkung[2] zeigen, einen beträchtlichen Verlust. Auch bei der Herstellung des Trommellinoxyns entstehen Leinölkalkseifen, wenn unter Zusatz von Kreide gearbeitet wird (s. S. 302). Die Versuche zur Verwendung von Erdalkali- bzw. anderen Metallseifen zur Erzeugung verfestigter Öle für die Linoleumfabrikation sind schon recht alt, so haben bereits J. CHARLES und C. TAYLOR in ihrem E. P. 1738/1871 angegeben, daß sie Leinöl zwecks Benutzung zur Linoleumherstellung mit Kalk und Trockenstoffen dickkochen[3].

Ausgedehnte Anwendung finden die Kalkseifen bei der Herstellung konsistenter Fette (s. S. 724). Beim *Krebitz*-Verfahren (s. Bd. IV) werden die Fette auf dem Umweg über die Kalkseifen in die Natronseifen übergeführt. Calciumseifen wurden auch für benzinlösliche sogenannte Trockenreinigungsseifen vorgeschlagen[4]. Das Oleat kann zu Suppositorien und zu Salbengrundlagen verwendet werden und dient auch zur Erzeugung von Modellierwachsen (Plastilin).

Bariumseifen[5] werden verhältnismäßig selten angewendet. Das Oleat soll als Ratten- und Mäusegift verwendbar sein.

Aluminiumseifen. Das *Oleat* ist bräunlich gefärbt und schmilzt bei etwa 150⁰. Das *Palmitat*, ein weißes Pulver, wird durch Fällen von verseiftem Palmöl hergestellt und nach dem Abfiltrieren entweder mit Heißluft getrocknet (*gefällte Seife*) oder bis zur Verdampfung des Wassers geschmolzen (*geschmolzene Seife*). Das *Stearat* soll für gute Qualitäten ein möglichst feinkörniges und gleichmäßiges Pulver sein, Schmp. etwa 145⁰. Seine Herstellung geschieht entweder wie beim Palmitat beschrieben, wobei man praktisch neutrale Seifen bekommt (ein Überhitzen ist wegen Verfärbung zu vermeiden) oder man schmilzt Stearinsäure mit Aluminiumhydroxyd, wobei schwach saure Seifen entstehen (s. auch S. 231)[6]. Das Stearat macht in seiner Löslichkeit eine Ausnahme unter den Metallstearaten;

---

[1] J. KLIMONT: Journ. prakt. Chem. 109, 265 (1912). — G. A. HARRISON: Biochemical Journ. 18, 1222 (1924). — Über natürliches Vorkommen s. W. FABER: S. 622, Fußnote 7.   [2] K. LINDNER: Melliands Textilber. 16, 782 (1935).
[3] S. auch die D. R. P. 201966, 258900 (1912) und 276363 (1913) der Chem. Fabrik Liegnitz Meusel & Co. bzw. von W. MEUSEL; MEUSEL stellt die Metallseifen durch Erhitzen des Öles mit den gepulverten Metallen (Mg, Zn usw.) her. Wie F. FRITZ (Das Linoleum, Berlin, 1925) angibt, soll man (wegen der Explosionsgefahr durch den entstehenden Wasserstoff) besser die betreffenden Metalloxyde verwenden. S. auch Chem. Umschau Fette, Öle, Wachse, Harze 26, 200 (1919); 27, 38 (1920); Kunststoffe 11, 41 (1921).
[4] C. A. TYLER: Soap 12, 31 (1936).   [5] H. H. ESCHER: Helv. chim. Acta 12, 103 (1929).
[6] Nach J. W. McBAIN u. W. L. McCLATCHIE: Journ. Amer. chem. Soc. 54, 3266 (1932), entsteht kein Tripalmitat, sondern höchstens Dipalmitat. Die Handelsprodukte sind Gemische aus Di- und Monopalmitat oder Dipalmitat.

zwar ist es, wie die anderen auch, in heißem Lackbenzin, Benzol, Terpentinöl usw. löslich, erstarrt aber beim Abkühlen zu einem durchscheinenden Gel, während die anderen Stearate Pasten bilden[1, 2].

Die Aluminiumseifen sind die am häufigsten gebrauchten Metallseifen. Das Oleat wird zum Wasserdichtmachen verwendet, indem man es entweder auf der Faser erzeugt oder, seltener, indem man das Gewebe mit Lösungen in flüchtigen organischen Lösungsmitteln imprägniert. Manche Tonerdebeize in der Baumwollfärberei ist als Oleat, Ricinoleat u. ä. anzusprechen. Über die sehr wertvollen Eigenschaften der Palmitate und Stearate für die Lack- und Firnisindustrie s. S. 243, 287[3]. Eine weitere wichtige Anwendung ist die zum Verdicken von Mineralölen[4] (*Schmierfette, solidifizierte Öle*, vgl. S. 724, 728)[5]. Die Vorteile der mit ihnen hergestellten Fette vor den mit Kalkseifen erzeugten sind ein besseres Ölbindungsvermögen und Unempfindlichkeit gegen höhere Temperaturen, ferner trocknen sie nicht unter Krustenbildung ein und zeigen eine bestechend schöne Transparenz, die sich verkaufstechnisch günstig auswirkt. Das Stearat eignet sich gut für W-O-Emulsionen, z. B. für Emulsionsfarben (S. 245)[6]. In der Kosmetik wird es für adstringierende Puder angewandt[7]. Das Oleat soll sich besonders gut als beschleunigender Katalysator beim Blasen von Rüböl eignen[8].

Chromseifen werden selten als solche verwendet[9]. Sie entstehen vielleicht beim Fetten von Chromleder[10].

Eisenseifen[11]. Das *Oleat* stellt einen rotbraunen, in den meisten organischen Lösungsmitteln, nicht aber im Alkohol löslichen Niederschlag dar und wird durch Fällen einer Ölsäureseife mit einem Ferrosalz hergestellt[12]. In der Pharmazie verwendet man es an Stelle anderer Eisenpräparate zu Pillen usw.[13].

Titanseifen. Sie werden entweder als gefällte Seifen dargestellt, oder falls man direkt wasserfreie Produkte erzielen will, kann man Titantetrachlorid mit der betreffenden Fettsäure in der Hitze umsetzen, wobei Salzsäure entweicht. Eine beschränkte Verwendung findet das Stearat in der Kosmetik. Versuche,

[1] Über Herstellung s. F. Licata: Drugs, Oils and Paints 51, 148 (1936).
[2] Über Lösungsverhalten s. F. Licata: Drugs, Oils and Paints 48, 426 (1933).
[3] Al-Seifen werden besonders auch für Kunstleder verwendet. Auch zum Verdicken der in der Hitze aufzutragenden Farben für Durchschreibblocks sind sie gut geeignet, da sie das Durchschlagen verhindern.
[4] H. S. Garlick: Chem. Trade Journ. 94, 351 (1934). — R. N. Smith: Canadian Chem. Metallurg. 19, 302 (1935). — J. McKee: Nat. Petrol. News 27, Nr. 42 (1935). — C. H. Kopp: Petroleum Engineer 4, Nr. 1 (1932).
[5] Von den Schwermetallseifen sind nur Al- und Zn-Seifen bei niedriger Temperatur in Mineralöl löslich, die übrigen erfordern zu ihrer Auflösung Erhitzen. B. Mead u. J. T. McCoy: Colloid Symposion Monograph 4, 44 (1926).
[6] W. D. Harkins u. N. Beemann: Colloid Symposion Monograph 5, 19 (1927). — W. Sokolowa: Maler-Ztg. (russ.) 1932, Nr. 10.
[7] Nach Dtsch. Parfümerieztg. 17, 418 (1931) soll es sich angeblich auch besser zu Hautpudern überhaupt eignen wie Mg- oder Zn-Stearat. Die adstringierende Wirkung wird aber von anderer Seite bestritten (Schrauth: Handbuch der Seifenfabrikation. Berlin. 1927).
[8] B. P. Caldwell u. G. H. Dye: Ind. engin. Chem. 25, 338 (1933). Sie klassifizieren in abnehmender Wirkung: Al-Oleat, Mn-Linoleat, Pb-Linoleat, Al-Palmitat usw.
[9] Nach G. Génin: Halle aux Cuirs (Suppl. techn.) 1930, 238, dienen sie neben Fe-, Ni- und Co-Seifen zum Undurchlässigmachen von Leder.
[10] W. Schindler u. K. Klaufer: Collegium 1928, 286.
[11] H. Salvaterra: Ztschr. angew. Chem. 43, 620 (1930). — H. Salvaterra u. R. Ruzicka: Farben-Ztg. 37, 1547 (1932).
[12] Schön: Liebigs Ann. 244, 246 (1888).
[13] W. F. Whitmore u. M. Lauro: S. S. 625, Fußnote 4. — C. Masino: Giorn. Farmac. Chim. 85, 30 (1936), über Verwendung von Ferro-oleat zur Herstellung von Jodeisen-Lebertran.

Titanseifen, ähnlich wie Aluminiumseifen, als Verdickungsmittel zu verwenden, haben bis jetzt keinen Erfolg gehabt[1].

Manganseifen finden ausschließlich als Trockner Anwendung. Versuche, sie in der Kautschukindustrie zu verwenden, scheiterten an der ungünstigen Beeinflussung der Alterung des Kautschuks[2]. Über medizinische Verwendungsversuche berichtet F. A. TAYLOR[3].

Kobaltseifen spielen nur auf Grund ihrer katalytischen Eigenschaften eine Rolle (Sikkative, S. 222). Nach W. F. WHITMORE und M. LAURO[4] scheinen sie in Amerika auch zum Wasserdichtmachen von Leder und Segeltuch verwendet zu werden.

Zinkseifen. Das *Oleat*[4] stellt eine cremefarbene wachsartige, bei etwa 70⁰ schmelzende Masse dar. Das *Palmitat* wie das *Stearat* sind weiße flaumige Pulver, die bei 129⁰ bzw. 130⁰ schmelzen[5].

Das Oleat wird direkt aus Ölsäure und Zinkoxyd dargestellt. Die technische Herstellung von Palmitat („gefällt" oder „geschmolzen") und Stearat erfolgt durch Fällung einer Natronseifenlösung. Das Stearat kann auch aus (in Alkohol gelöster) Stearinsäure und Zinkpulver durch Erhitzen erhalten werden[6].

Das wichtigste Produkt ist das Zinkstearat, das in der Kosmetik für Puder und Cremes[7] verwendet wird; in Deutschland ist die Verwendung von Zinkstearat für diesen Zweck verboten. Es ist auch ein ausgezeichnetes, aber teures Pudermittel für gummierte Stoffe bzw. Kautschukwaren. Die Zinkseifen dienen zum Wasserdichtmachen von Stoffen, Wagenplachen u. ä., indem man sie entweder direkt auf der Faser erzeugt oder als fertige Metallseife in Lösung zum Tränken oder als Paste zum Einstreichen anwendet. Das Oleat wird zu Zinkpflastern verwendet und dient auch, ähnlich wie das Ca-Oleat, zur Herstellung von Modellierwachsen (Plastilin). Schmierfette auf Zinkseifenbasis sind zwar in vielen Patenten empfohlen, werden aber höchst selten erzeugt[8].

Quecksilberseifen[9]. Das *Oleat* ist eine bei Zimmertemperatur halbflüssige, leicht Ölsäure und Quecksilber abspaltende weiße Masse. Das *Palmitat* und *Stearat* sind weiße, bei 105⁰ bzw. 112⁰ schmelzende voluminöse Pulver.

Medizinisch findet ein Oleat Anwendung, das durch Erwärmen des mit Alkohol angeriebenen gelben Quecksilberoxyds mit Ölsäure am Wasserbad oder durch Fällung einer, freie Ölsäure enthaltenden, Oleinseifenlösung mit Sublimat gewonnen wird[10]. Das Oleat, Stearat und Linoleat werden auch als Schädlingsbekämpfungsmittel verwendet (in anwuchsverhindernden Schiffsbodenanstrichen, sogenannten „Antifoulings", als Streumittel usw.)[11].

Bleiseifen[9]. Das *Oleat* ist im chemisch reinen Zustand eine weißgelbe, bei

---

[1] L.W.RYAN u. W.W.PLECHNER: Ind. engin. Chem. **26**, 909 (1934).

[2] B.S.TAYLOR u. W.N.JONES: Ind. engin. Chem. **20**, 132 (1928); schon 0,1% Cu-Stearat oder Mn-Oleat ist schädlich.

[3] F.A.TAYLOR: Journ. Amer. pharmac. Assoc. **22**, 410 (1933).

[4] W.F.WHITMORE u. M.LAURO: Ind. engin. Chem. **25**, 646 (1933).

[5] F.J.LICATA: Drugs, Oils and Paints **50**, Nr. 2 (1935), gibt für die technischen Produkte 110⁰ für das Palmitat und 120⁰ für das Stearat an.

[6] P.H.FAUCETT: S. S. 622, Fußnote 1.

[7] ANON.: Dtsch. Parfümerieztg. **17**, 418 (1931); **19**, 127 (1933). — E.BOURDET: Rev. Marques Parfum. Savonn. **14**, 179 (1936).

[8] H.S.GARLICK: S. S. 624. — R.KALADSHALA: Petroleum- u. Ölschieferind. (russ.: Neftjanoe Chosjajstwo) **26**, Nr. 4 (1934).

[9] W.F.WHITMORE u. M.LAURO: S. Fußnote 4.

[10] R.DIETZEL u. J.SEDLMAYER: Arch. Pharmaz. u. Ber. Dtsch. pharmaz. Ges. **266**, 507 (1928). — G.FRIEDLÄNDER: Apoth.-Ztg. **44**, 167 (1929).

[11] M.LOPEZ: Quimica e Industria **6**, 222 (1929). — F.J.BRINSLEY: Journ. agricult. Res. **33**, 177 (1926).

50° schmelzende Masse, das technische Produkt ist hellbraun und schmilzt bei etwa 60°. *Palmitat* und *Stearat* sind voluminöse, sich fettig anfühlende Pulver, die bei 113° bzw. 115° schmelzen.

Die Bleiseifen werden vor allem zur Herstellung von Schmiermitteln (Hochdruckschmierfetten) verwendet[1]. In der Medizin dient ein basisches Oleat, das aus Olivenöl oder Ölsäure und Bleiglätte durch Erhitzen hergestellt wird, als Bleipflaster. Ferner können Bleiseifen als Zusatz zu Schallplattenwachsen[2] und als Emulgatoren für Emulsionsfarben verwendet werden.

Wismutseifen[3] werden durch Einwirkung einer Fettsäure auf gelbes Wismuttrioxyd als neutrales (neben manchmal auch basischem) Salz gewonnen (Trennung durch Benzin); sie können auch durch Fällung einer Seife mit Wismutnitrat hergestellt werden. Das *Oleat*, ein gelbliches Pulver, findet Anwendung in der Porzellanmalerei, in der Medizin, meist in Form der Ölemulsion (z. B. Oleo-Bi) als Antisyphiliticum[4].

Kupferseifen[5]. Das *Oleat* stellt kreideartige blaue Stücke dar, riecht deutlich nach Ölsäure und schmilzt unter 100°. Das *Palmitat* und *Stearat* sind hellblaue geruchlose Pulver, die bei 120° bzw. 125° zu einer klaren tiefblauen Flüssigkeit schmelzen.

Die Kupferseifen werden in Antifoulings, ferner auch sonst als fungizide und insektizide Mittel zur Schädlingsbekämpfung verwendet[6] und dienen auch dort, wo ihre Farbe nicht stört, zur Erzielung einer konservierenden wasserdichtmachenden Imprägnierung bzw. Appretur[7].

Von den *Cadmiumseifen* wurde in letzter Zeit das *Oleat*, eine schnittfeste braune Masse, zum wasserdicht Imprägnieren empfohlen[8]; ob es tatsächlich einen Vorteil vor den sonst dafür gebräuchlichen Metallseifen besitzt, bleibe dahingestellt.

Von den *Zinnseifen* soll sich das Ricinoleat als Antioxydationsmittel in Schmierölen bewährt haben[9].

Unter den *Silberseifen*[10] hat höchstens das *Oleat*, ein grauweiß bis gelblichweiß gefärbtes, ranzig riechendes Pulver, einige Verwendung in der Medizin und in der Porzellanmalerei gefunden.

Einige *Seifen der seltenen Erden* wurden ebenfalls für einzelne Verwendungszwecke vorgeschlagen, so z. B. das *Berylliumstearat*[11] für Puder, das *Caesiumoleat*[12] als Emulgator u. a. m.

---

[1] A.R.Lange: Petroleum Engineer 1, Nr. 13 (1930). — F.C.Otto: Petroleum Engineer 2, Nr. 10 (1931). — W.T.Sieber: Petroleum Engineer 3, Nr. 11 (1932). — J.A.Edwards: SAE Journal 28, 50 (1931). — R.N.Smith: Canadian Chem. Metallurg. 9, 302 (1935). — H.C.Bryson: Chem. Trade Journ. 98, 445 (1936).

[2] V.Williams: Ind. Chemist chem. Manufacturer 11, 400 (1935).

[3] M.Picon: Bull. Soc. chim. France (4), 45, 1056 (1929).

[4] C.S.Leonard: Journ. Pharmacol. exp. Therapeutics 28, 121 (1926). — S.Greenbaum: Amer. Journ. Syphilis 15, 59 (1931). — W.M.Lanter, A.E.Jurist u. W.G.Christiansen: Journ. Amer. pharmac. Assoc. 21, 1277 (1932).

[5] W.F.Whitmore u. M.Lauro: S. S. 625, Fußnote 4.

[6] A.C.Sessions: Ind. engin. Chem. 28, 287 (1936). — A.Janke u. F.Beran: Arch. Mikrobiol. 4, 54 (1933).

[7] M.Murata: Journ. Soc. chem. Ind. Japan (Suppl.) 38, 452 B—30 B (1935). — L.O.Koons: Amer. Dyestuff Reporter 25, 213 (1936).

[8] H.J.Braun: Chem.-Ztg. 53, 913 (1929). — Anon.: Farbe u. Lack 1930, 41; Chem.-Ztg. 54, 11 (1930).

[9] E.W.J.Mardles: Chem. Trade Journ. 95, 256 (1934).

[10] W.F.Whitmore u. F.Lauro: S. S. 625, Fußnote 4. — G.S.Whitby: Journ. chem. Soc. London 1926, 1458.   [11] H.Janistyn: Dtsch. Parfümerieztg. 14, 430 (1928).

[12] W.D.Harkins u. N.Beeman: Colloid Symposion Monograph 5, 19 (1927).

Wie aus vorstehenden Mitteilungen zu ersehen ist, beruht die hauptsächlichste Verwendung der Metallseifen, abgesehen natürlich von ihrer Verwendung als Sikkative, auf der Fähigkeit, Öle und Lösungsmittel zu verdicken. Daneben spielt auch noch die Anwendung in der Kosmetik, als Imprägniermittel und als Schädlingsbekämpfungsmittel eine gewisse Rolle. Aber darüber hinaus wurde für die Metallseifen eine große Zahl von Verwendungsmöglichkeiten festgestellt, wie aus den vielen, besonders in den letzten zehn Jahren erteilten Patenten hervorgeht (s. die nachfolgende Patentübersicht).

C. Patentübersicht.

Die *Herstellung von Metallseifen* ist in nachstehenden Patenten beschrieben:

D. R. P. 416062 (1921). Maschinenbauanstalt Humboldt. Cu-Oleat.
A. P. 1567049 (1922). T. T. GRAY. Cr-Seife (Verwendung als Seifenzusatz).
Schweiz. P. 106664 (1923). F. Hoffmann-La Roche & Co. A. G. Bi-Oleat.
D. R. P. 488175 (1925). Chem. Fabrik v. Heyden A. G. Basische Fe-Ricinoleate.
D. R. P. 511947 (1929). Chem. Fabrik Marienfelde. Ca-Seifen aus Lebertran.
E. P. 338919 (1929). P. Spencer & Sons Ltd. u. TH. J. CRAIG. Einwirkung von in Alkali gelösten Metalloxyden auf Fettsäuren bei 80°.
D. R. P. 569946 (1931). I. G. Farbenindustrie A. G. Al-Seifen.
F. P. 729798 (1932). Titanium Pigment Co. Gefällte Titanseifen.
Norweg. P. 55572 (1934). A. A. RISING. Ein- und zweibasische Al-Seifen.

Die Verwendung von Metallseifen zur *Herstellung von Schmiermitteln* ist auf S. 728 besprochen:

Außer zur Herstellung von Schmiermitteln, wo meist die verdickende Wirkung ausgenützt wird, finden die Metallseifen auch sonst noch zu mannigfachen Zwecken Anwendung in der *Mineralölindustrie*, wie aus nachstehenden Patenten hervorgeht:

E. P. 174642 (1922). WINTERNITZ u. TEICHNER. Zn-Stearat als Oxydationskatalysator für Paraffin.
A. P. 1591665 (1924). United Fruit Co. Salze höherer Fettsäuren als Antiklopfmittel.
D. R. P. 485945 (1924). I. G. Farbenindustrie A. G. Fe-, Ni- oder Co-Oleat als Antiklopfmittel.
F. P. 578283 (1924). VAN LIER. Mn-Stearat als Oxydationskatalysator.
A. P. 1596589 (1925). W. S. Barnickel & Co. Ca-Oleat zum Trennen von Petroleumemulsionen.
E. P. 252018 (1926). I. G. Farbenindustrie A. G. Zn-Oleat, Al-Palmitat als Antiklopfmittel.
A. P. 1820295 (1926). H. T. BENNETT. Al-, Zn- oder Fe-Seife zur Erniedrigung des Tropfpunktes von Petroleum.
A. P. 1740584 (1926). Sinclair Refining Co. Reinigen von Kohlenwasserstoffen.
Austr. P. 8222 (1927). Asiatic Petroleum Co. Th-Oleat als Antiklopfmittel.
E. P. 287514 (1927). Alox Chemical Corp. Mn-Oleat als Oxydationskatalysator.
E. P. 334181 (1928). I. G. Farbenindustrie A. G. Motortreibmittel.
E. P. 317717 (1928). Berry, Wiggins & Co. Isolieröle, z. B. mit Ba-Oleat.
A. P. 1886293 (1929). E. MORRILL. Trennen von Petroleum-Wasser-Emulsionen.
F. P. 685761 (1929). A. J. DUCAMP. Mg- oder Erdalkaliseifen als Antiklopfmittel.
A. P. 2036306 (1932). Texas Co. Mn-, Cu-, Co-, Ni-, Pb-Oleat zum Entfernen des aggressiven Schwefels aus Mineralölen.
A. P. 2047989 (1933). Petroleum Rectifying Co. of California. Ca- oder Mg-Seifen als Deemulgatoren.
F. P. 765876 (1933). Comp. Française Thomson-Houston. Al-Stearat als Zusatz zu Transformatorenöl.
Can. P. 349806 (1934). Texaco Development Co. Al-Seifen als Filterhilfe beim Entparaffinieren.
Ung. P. 112747 (1934). Vegyipari és Kereskedelmi K. f. t. Staubbindeöle und Brikettieröle aus gebrauchten Mineralölen durch Metallseifenzusatz.
F. P. 784570 (1935). Standard Oil Development Co. Metallseifen begünstigen die Paraffinabscheidung beim Entparaffinieren.

Die *Verwendung in der Kautschukindustrie* schlagen nachstehende Patente vor:

A. P. 1 537 866 (1924). Miller Rubber Co. Zn-Oleat, Stearat usw. bei der Vulkanisation.

A. P. 1 849 354 (1927). A. C. Bugbird u. R. E. Lester. Mg-, Ca-, Ba-Palmitat als Pudermittel.

E. P. 266 732 (1927). Soc. Italiana Pirelli. Rb-Seifen als Vulkanisationsbeschleuniger.

E. P. 300 357 (1927). C. McIntosh & Co. Zn- oder Cd-Seifen als Zusatz bei der Vulkanisation durchscheinender Waren.

E. P. 307 056 (1929). Goodyear Tire & Rubber Co. Cu- oder Co-Seifen zum Befestigen von Kautschuk auf Metall. (Die Gegenwart selbst von Spuren von Cu-Seifen wird allgemein als schädlich bezeichnet!)

A. P. 1 974 211 (1933). B. F. Goodrich Co. Zn-Stearat als Pudermittel.

D. R. P. 619 944 (1933). E. Maier. Metallseifen für die Herstellung konzentrierter Kautschuklösungen.

Can. P. 344 246 (1933). Internat. Latex Processes Ltd. Behandlung gummierter Gewebe mit Schwermetallseifen.

F. P. 786 267 (1934). Cela Holding S. A. Zn-Oleat in wässerigem Ammoniak gelöst als Vulkanisiermittelzusatz.

E. P. 445 534 (1934). Magna Rubber Co. Zn-Seifen bei der Herstellung von Kautschukwaren aus Kautschukdispersionen.

Belg. P. 407 923 (1935). E. Klugmann. Belagstoff aus Kautschuk, Faserstoffen und Metallseifen.

E. P. 439 777 (1935). Rubber-Latex-Powder Co. Zn-Stearat bei der Kautschukpulverherstellung.

A. P. 2 049 785 (1936). United States Rubber Products Inc. Vulkanisationsbeschleuniger, aus der Lösung eines Metallsalzes in der Zn-Seife der Cocosnußölfettsäuren bestehend.

Metallseifen werden in folgenden Patenten als *fungizide, insektizide bzw. desinfizierende Mittel* geschützt:

A. P. 1 481 012 (1921). J. Schnarr & Co. Cu-Oleat als Pflanzenschutzmittel.

D. R. P. 401 413 (1922). E. Merck u. W. Eichholz. Gelöste Cu-Seifen als Parasitenvertilgungs- und Desinfektionsmittel.

F. P. 603 552 (1924). S. W. Kendall. Th-, Tl-, Ce-, La-, Di-, Y-, Ti-, Zr-, U-Seifen als Insektenschutzmittel.

F. P. 600 904 (1926). Agfa. Lösungen fettsaurer Salze der Cu- oder Ce-Gruppe als Insektenvertilgungsmittel.

A. P. 1 864 073 (1928). K. Kohn u. Th. Gruschka. Papier mit keimtötender Oberfläche (Hg-Stearat).

Austr. P. 10 808 (1933). R. G. Medcalf u. G. W. Allen. Cu-Oleat als Fliegenschutzmittel für Schafe.

Can. P. 253 239 (1924). R. H. Schumaker. Cu-Oleat zur Holzimprägnierung.

F. P. 793 308 (1934). Etablissements Kolb-Carrière. Metallseifen zur Schutzimprägnierung von Holz u. a.

Die Verwendung in der *Textilindustrie bzw. als wasserdichte Imprägnierung* beschreiben nachstehende Patente:

A. P. 1 598 305 (1921). H. Kohnstamm & Co. Mg-Oleat bei der Baumwollbäuche.

A. P. 1 821 932 (1927). Standard Oil Co. of California. Al-Palmitat zum Wasserdichtmachen von Geweben.

A. P. 1 975 072 (1931). Swann Research Inc. Al-Stearat zu wasserabstoßender, schwer entflammbarer Imprägnierung.

A. P. 1 953 980 (1931). Western Bottle Mfg. Co. Wasserfeste Zahnbürstenborsten (Al-Seifen).

A. P. 2 029 390 (1933). E. V. Rodgers. Wasserdichtes Einwickelpapier (Ca-Stearat).

Ital. P. 314 927 (1933). S. Giro. Al-Oleat zur Papierleimung.

Ital. P. 315 360 (1933). E. Canals. Textilöle mit öllöslichen Al-Seifen.

A. P. 2 025 486 (1933). Victor Manufacturing & Gasket Co. Al-Oleat, -Stearat bzw. Fe-Stearat zur Imprägnierung von Textilien bzw. Asbestdichtungen.

A. P. 2 022 405 (1934). J. B. Cleveland. Al-Palmitat in wasserabstoßender Imprägnierung.

E. P. 426 747 (1934). W. K. Teller. Metallseifen für wasserdampfbeständige Borsten.

Ung. P. 110880 (1934). „Tellur". Beschwerungsmittel für Textilien und Leder (Al-, Cr-, Fe-, Cu-Seife).

E. P. 444181 (1934). H. DREYFUS. Mattieren von Kunstseide (Al-Seifen).

Österr. P. 146232 (1935). O. H. DRÄGER. Kampfgasschutzstoff mit Metallseifenimprägnierung.

F. P. 799777 (1935). International Latex Processes Ltd. Latex-, Zn- oder Mg-Stearat-Emulsionen zum Wasserdichtmachen.

F. P. 790198 (1935). J. DELORME-CEBRIAN. Undurchlässiges Papier durch Zusatz oder Erzeugung von Metallseifen im Holländer.

Als *Heilmittel bzw. Kosmetika* schützen folgende Patente die Anwendung von Metallseifen:

D. R. P. 424748, 426743 (1922). E. MERCK. Emulsionen und Sole mit Cu-, Ag-, Hg-, Bi- usw. Seifen.

D. R. P. 415227 (1922). F. Hoffmann-La Roche & Co. A. G. Ölige Emulsionen von Bi-Seifen.

A. P. 1818699 (1928). H. G. DUSENBURG u. S. ISERMANN. Ti-Stearat als Kosmetikum.

D. R. P. 590818 (1931). Drägerwerk Heinr. & Bernh. Dräger. Hautschutzmittel gegen chemische Kampfstoffe.

F. P. 743043 (1932). I. SEGAL. Puder mit 10% Mg-Stearat.

A. P. 2019933 (1933). W. S. Merell Co. Ca- oder Mg-Ricinoleat (Heilmittel).

A. P. 2018410 (1933). Victor Chemical Works. Mg-Stearat in Zahnpaste.

E. P. 443860 (1934). D. GARDNER. Heilmittel aus Bi-Oleat oder -Ricinoleat.

Ung. P. 113819 (1935). Tres Gyógyszer-Vegyészeti Ipari és Kereskedelmi R. T. Säurebindendes Gebäck aus Weizenmehl mit Ca-Stearat (10%!).

A. P. 2034697 (1935). M. Factor & Co. Zn- oder Al-Stearat in Lanolin-Kosmetikum.

Zur *Verwendung für verschiedene andere Zwecke* wurden folgende Patente erteilt:

A. P. 1500303 (1923). C. ELLIS. Al-Palmitat bei der Kunstharzherstellung.

A. P. 1558440 (1924). Ellis-Foster Co. Al-, Cr-, Zn-, Ca-, Mg-, Ba-Seifen zum Einstreuen der Preßformen plastischer Massen.

D. R. P. 448297 (1925). Dr. KURT ALBERT. Li- und Cd-Oleat verhindern Abscheidungen in Lacken.

A. P. 1578896 (1925). G. LEONARD. Al-Stearat in Schablonentränkmasse.

A. P. 1786581 (1928). Electrical Engineers Equipment Co. Al-Seifen zu Isoliermitteln.

D. R. P. 557064 (1929). M. BURAK u. J. FELMAN. Ag-Seifen für lichtempfindliche Bildfunkpapiere.

A. P. 1755812 (1929). F. E. HARRIS. Zn-Stearat als Flußmittel zum Löten.

A. P. 2032528 (1930). J. DOLID. Nicht gelierende Al-Stearatlösungen.

A. P. 2002891 (1931). Metals Disintegrating Co. Verbesserung der Schwimmfähigkeit von Bronzepulver (Al-, Cu- usw. Stearat).

A. P. 1992692 (1932). B. BASLAW u. C. N. ASH. Reinigungsmittel mit Al-Seifen.

Can. P. 339024 (1932). E. L. Bruce Co. Zn-Stearat in Fußbodenpflegemitteln.

D. R. P. 625577 (1932). C. STIEPEL. Trennung flüssiger und fester Fettsäuren mittels der Ca-Seifen (vgl. auch S. 551).

A. P. 2008304 (1933). R. W. SEMRAD u. H. RADZINSKY. Grundiermittel (Al-Stearat).

A. P. 2015723 (1933). Standard Oil Development Co. Baumwachs (Al-Stearat).

A. P. 2010297 (1933). Union Oil Co. of California. Ca-Stearat in Poliermitteln (verhindert das Auskristallisieren).

F. P. 782889 und Zus.-P. 45505 (1934). H. DEGUIDE. Kunstwachse auf Basis saurer Ba- bzw. Ca- oder Mg-Seifen.

A. P. 2048050 (1934). E. J. du Pont de Nemours & Co. Metallseifen in Sprengstoffen.

F. P. 798198 (1935). H. DEGUIDE. Bohnermassen (Ba-, Ca-, Mg-Seifen).

Russ. P. 46012 (1935). A. B. DAWENKOW u. Mitarbeiter. Plastische Massen.

Kohlehydratester höherer Fettsäuren.

Von ADOLF GRÜN, Basel.

Obwohl Kohlehydrate und höhere Fettsäuren in der Natur vielfach nebeneinander vorkommen, hat man esterartige Verbindungen aus diesen Komponenten noch nicht mit Sicherheit in pflanzlichen oder tierischen Organen nachweisen können[1]. Dagegen wurden schon viele Ester dieser Art synthetisiert.
Die von Monosen, Biosen und Zuckeranhydriden sind längst bekannt; die
von Hochpolymeren erst seit kürzerer Zeit. Diese haben aber allein, und zwar
bereits nach einer verhältnismäßig kurzen Inkubationszeit, technische Bedeutung
erlangt. Wie bekanntlich die Cellulose-ester niedriger Fettsäuren natürliche
Faserstoffe ersetzen können und in mancher Beziehung übertreffen, sind die
Celluloseester und Alkylcellulose-ester gewisser höherer Säuren für bestimmte
Verwendungszwecke besonders geeignet. Im folgenden werden deshalb zuerst
die wichtigeren Ester der Cellulose und Cellulose-äther beschrieben, dann die der
Stärke, zuletzt die weniger interessanten Derivate von Zuckern.

I. Celluloseester.

Übersicht: A. Derivate der wahren (nativen) Cellulose.

     a) Darstellung aus nichtversponnenen Fasern.
     b) Veresterung von Geweben.

    B. Derivate abgebauter Cellulosen (lösliche Ester).

     a) Allgemeine Verfahren.

       1. Veresterung von Hydratcellulosen.
       2. Umwandlung unlöslicher Ester in lösliche Produkte.

     b) Spezialprodukte (mehrsäurige Ester).

    C. Ester von Celluloseäthern (Alkylcellulosen).

    D. Verwendung der Produkte.

A. Derivate der wahren (nativen) Cellulose.

a) Ester aus nichtversponnener Cellulose.

1. Darstellung durch Veresterung.

Die Cellulose ist ein Polysaccharid oder ein Gemisch polymer-homologer
Polysaccharide, bestehend aus vielen hunderten oder tausenden Glucoseresten
vom Typus der Gluco-pyranose, bzw. der Cellobiose, die durch die sonst reduzierenden Gruppen β-glucosidisch im Sinne des folgenden Formelschemas zu
einem fadenförmigen Makromolekül verknüpft sind[2]:

---

[1] Die von T.C.TAYLOR und J.M.NELSON (Journ. Amer. chem. Soc. 42, 1726 [1920])
als ständige Begleiterin der Stärke erkannte Palmitinsäure ist nicht verestert. —
In den Cerebrosiden ist die Galaktose nicht direkt an die Säurekomponente,
sondern an das Aminoglykol Sphingosin gebunden.

[2] S. besonders H.STAUDINGER: Die hochmolekularen organischen Verbindungen.
Berlin. 1932. — H.MARK: Physik und Chemie der Cellulose. Berlin. 1932. —
W.N.HAWORTH: Die Konstitution einiger Kohlehydrate. Zusammenfassender
Vortrag. Ber. Dtsch. chem. Ges. 65, Abt. A, 43 (1932). — HAWORTH (Journ. chem.
Soc. London 1935, 1299) schätzt den Polymerisationsgrad der Cellulose auf nur
wenig über 200. — Nach STAUDINGER und FEUERSTEIN (Liebigs Ann. 526, 27
[1936]) ist der Polymerisationsgrad fast aller Faser-Cellulosen rund 2000, folglich das Molekulargewicht über 300000, die Zahl der Atome im Molekül über
40000 und die Länge der Kette über 10000 Å.

Bei Einwirkung niedriger Fettsäuren bzw. ihrer Anhydride oder Halogenide werden alle freien Hydroxylgruppen der Cellulose acyliert. Bei der unter gleichen Bedingungen ausgeführten Reaktion mit höheren Homologen, zum mindesten von der Laurinsäure angefangen, treten zunächst nur zwei Acyle in jeden Glucoserest der nichtabgebauten Cellulose. Die Veresterung ist in diesen Fällen wie bei anderen Makromolekülen eine topochemische Reaktion. Ein drittes Acyl tritt erst ein, nachdem wenigstens teilweiser Abbau erfolgte, Spaltung in kürzere Moleküle.

In der nativen Cellulose sind eben die Fadenmoleküle sehr eng gepackt. Sie bilden infolge Betätigung von Restaffinitäten Aggregate, Bündel, die um so beständiger sind, je größer, länger das Einzelmolekül ist. Teilweiser Abbau der Cellulose zu kleineren Molekülen, deren Affinitätsreste geringer und deren Bündelung deshalb lockerer ist, erfolgt jedoch bekanntlich leicht; er kann durch gelinde chemische Einflüsse[1] und besonders leicht auch rein thermisch ausgelöst werden (vgl. S. 637).

Zur Darstellung definierter Ester von gleicher Kettenlänge wie das Ausgangsmaterial[2] sind folglich möglichst milde Bedingungen einzuhalten. Man erhält dann je nach den Mengenverhältnissen der Komponenten praktisch nur Monoester oder Gemische von Mono- und Di-estern oder praktisch reinen Diester. Sie unterscheiden sich scharf von den Estern abgebauter Cellulose. Diese Verbindungen wurden zuerst von AD. GRÜN und FR. WITTKA[3] dargestellt, durch Übertragung des bei anderen Verbindungen bewährten Verfahrens der Einwirkung von Fettsäurechlorid in Gegenwart einer tertiären Base und eines Verdünnungsmittels[4]. Die Reaktion verläuft bei Anwendung eines genügenden Überschusses an Säurechlorid nach der Gleichung:

$$[C_6H_{10}O_5]_n + 2\,n\,C_nH_{2n+1}COCl + 2\,n\,C_5H_5N =$$
$$= [C_6H_8O_3(OCOC_nH_{2n+1})_2]_n + 2\,n\,C_5H_5N \cdot HCl$$

Ausführungsbeispiel: *Distearoylcellulose*[5].

5 g reinste, sorgfältig getrocknete Verbandwatte werden in 300 ccm Benzol aufgeschlämmt, 60 g Stearinsäurechlorid (ungefähr 6 Mole je $C_6H_{10}O_5$) in 200 ccm

---

[1] Der Molekülzerfall beginnt sogar schon in konzentrierten Salzlösungen, sobald die Fasern einen bestimmten Quellungsgrad erreicht haben. Dieser nimmt als eine Funktion der Ionenhydratation nach der lyotropen Reihe zu. D. I. GERRITSEN: Chem. Weekbl. **33**, 405 (1936).

[2] H. STAUDINGER u. H. SCHOLZ: Ber. Dtsch. chem. Ges. **67**, 85 (1934) bezeichnen solche Verbindungen als polymeranalog.

[3] Ztschr. angew. Chem. **34**, 645 (1921).

[4] Im D. R. P. 112817 vom 19. I. 1899 der Firma Henckel-Donnersmark wurde zwar schon vorgeschlagen, Celluloseester zu erzeugen durch Schmelzen von Magnesiumpalmitat oder dgl. auf Cellulose, dann Behandlung mit Essigsäureanhydrid und Palmitinsäurechlorid in Nitrobenzol. Nach Angabe des D. R. P. 483080 entstehen aber so überhaupt keine Ester höherer Säuren.

[5] GRÜN u. WITTKA: a. a. O. Die Vorschrift ist bei bloßer Änderung der Menge und der Art des Säurechlorids zur Darstellung aller anderen Diacyl- und Monoacyl-cellulosen anwendbar. Ebenso gelten die weiter unten beschriebenen Eigenschaften, gradweise abgestuft, auch für die anderen Verbindungen.

Benzol zugegeben und durch kräftiges Schütteln verteilt. Man versetzt mit 50 ccm Pyridin und kocht mehrere Stunden auf dem Wasserbad, setzt allenfalls noch 10—20 ccm Pyridin zu und erhitzt im ganzen etwa 8—10 Stunden. Dann wird die Lösung von dem völlig ungelöst gebliebenen Ester und zum Teil aus-geschiedenem Pyridinhydrochlorid abgesaugt, die Fasermasse mit Alkohol auf-gekocht, wieder abgesaugt, mit Benzol stundenlang extrahiert um jede Spur Fettsäureäthylester und lösliche Celluloseester zu entfernen, schließlich das Benzol im Vakuum vertrieben. Man erhält so 21,5 g (berechnet 21,6 g) Diste-aroyl-cellulose mit 82,1% (berechnet 81,9%) gebundener Stearinsäure, Schmelzp. (unter Zers.) 220⁰.

Das Cellulosedistearat bildet, ebenso wie die anderen Di-ester und die Mono-ester von höheren Säuren, weiße, zum Teil verkürzte Fasern, die sich mit freiem Auge kaum von der Cellulose selbst unterscheiden lassen. Unter dem Mikroskop sieht man jedoch, daß die Fäden nicht mehr bandförmig sind, sondern zylindrisch und auf das Zwei- bis Dreifache des ursprünglichen Volumens gequollen, das Lumen zum Teil ganz verschwunden ist, zum Teil in kleine Hohlräume unter-teilt, die längs-, schräg- oder diagonal stehen.

Alkoholische Lauge verseift selbst in der Wärme schwer, immerhin voll-ständig, wobei ein Teil der Cellulose durch das Alkali angegriffen wird. Daher fallen die Verseifungszahlen zu hoch aus und sind durch quantitative Bestim-mung der abgespaltenen Fettsäure zu ersetzen. Die nach der Verseifung durch Auswaschen der Seifen wiedergewonnene Cellulose zeigt sich unter dem Mikro-skop als von der ursprünglichen Baumwolle wenig verschieden. Die Fasern sind wieder geschrumpft, das Lumen erkennbar, die Anfärbbarkeit (vgl. unten) ist die der Baumwolle.

Wie bei der hydrolytischen Spaltung die Celluloseester höherer Fettsäuren beständiger sind als Ester niedriger Säuren (und beständiger als Fette), so auch bei der Alkoholyse. Unter Bedingungen, die z. B. Triacetylcellulose glatt in Monoester verwandeln lassen (Erhitzen mit Alkoholen in Wasserstoffatmosphäre auf 270⁰) spaltet der Distearin-ester kaum 10% Säure ab.

Die Ester der nichtabgebauten Cellulose lösen sich in keinem der für Acetyl-cellulosen u. dgl. oder für andere Fettsäureester gebräuchlichen Mittel, auch nicht in Kupferoxydammoniaklösung. Das ermöglicht die Gewinnung ziemlich reiner Monoacylderivate, indem man die Cellulose unvollständig acyliert und aus dem Gemisch von Monoestern und unveränderter Cellulose diese weglöst[1]. Charakteristisch ist die Löslichkeit in heißen Fettsäuren und Triglyceriden, die mit der Zahl der Acyle des Esters zunimmt, ebenso mit steigendem Molekular-gewicht des Triglycerids. Triacetin löst wenig, Tributyrin, Tri-isovalerin, Tri-caprylin der Reihe nach mehr und mehr, Triolein in der Wärme beliebige Mengen. 0,5-bis etwa 5%ige Lösungen in Triolein oder Ölen ähnlicher Zusammensetzung sind in der Kälte flüssig, eine etwa 10%ige Lösung ist eine weiche Gallerte, die 25%ige Lösung eine ziemlich feste Gelatine. Aus den nach Abkühlen nicht zu zähen Lösungen scheidet sich der Ester zum Teil mit unverändertem Schmelz-punkt wieder aus. Sonst kann er mittels Alkohol, Äther, Petroläther, Aceton, aber nicht durch Benzol gefällt werden. Erhitzt man aber die Lösungen, so er-folgt Umesterung (s. S. 633).

Gegen Farbstoffe verhalten sich die Ester nicht wie Cellulose oder Acetyl-cellulose, sondern wie Fette[2]. Die durch Jodlösung erzeugte weinrote Färbung

---

[1] S. z. B. I. SAKURADA u. T.NAKASHIMA: Scient. Papers Inst. physical chem. Res. Tokyo, 6, 202 (1927). — Vgl. auch gleiche Beobachtung an Cellulosebenzoat durch BRIGGS: Ztschr. angew. Chem. 26, 255 (1913).

[2] GRÜN u. WITTKA: S. S. 631.

schlägt auf Zugabe von Schwefelsäure nicht nach Blau um, die Faser quillt nur sehr wenig und zerfällt überhaupt nicht. Dagegen ziehen die typischen Fettfarbstoffe, wie Nilblau, Biebricher Scharlach, Sudan III, leicht auf und werden beim Waschen der gefärbten Präparate mit 50%igem Alkohol an diesen nicht abgegeben. Besonders charakteristisch ist die intensive, gegen Alkohol beständige Scharlachfärbung mittels Sudan (das auf Cellulose und Acetylcellulose bloß eine schwache, durch 50%igen Alkohol völlig auswaschbare Färbung erzeugt).

Dilauroylcellulose ist vom Stearinsäure-derivat nach Aussehen und Färbbarkeit kaum verschieden. Es schmilzt bei etwa 250⁰. Die zwecks Entfernung von ein wenig Trilaurat aus Triisovalerin mittels Alkohol umgefällte Substanz, ein wenig verfärbtes feines Pulver, schmilzt aber schon bei 110⁰, wie die aus Hydratcellulose dargestellte Verbindung. Die Löslichkeit in Triglyceriden ist noch größer als die des Distearats. Die Lösungen sind relativ weniger zäh und werden nur durch Aceton und Alkohol, nicht durch Äther oder Petroläther gefällt.

Während beim Acylieren mittels Stearinsäurechlorid quantitativ der Di-ester entsteht, wird bei der unter genau gleichen Bedingungen erfolgenden Einwirkung von Laurinsäurechlorid (vermutlich unter bzw. nach teilweiser Depolymerisierung) bereits ein wenig löslicher Tri-ester gebildet.

Zur Veresterung der nativen Cellulose mittels Fettsäurechloriden kann man statt tertiärer Basen auch Alkali verwenden, das dann eine Doppelfunktion ausübt: Bindung des Chlorwasserstoffs und Beförderung der Reaktion infolge Quellung des Fasermaterials. Die Alkaliverbindungen der Cellulose, wie $(C_6H_{10}O_5)_{2n}$·$(NaOH)_n$, werden z. B. erhalten durch Quellenlassen der Fasern in 40%iger Natronlauge bei — 10⁰ und Abpressen bis das Gewicht der Masse nur mehr das Dreifache der eingewogenen Cellulose ist[1]. Bei der darauffolgenden Einwirkung von Säurechlorid muß jedoch gekühlt werden, andernfalls wird die Temperatur durch die Reaktionswärme so erhöht, daß unter Abbau lösliche Ester entstehen (s. S. 638).

2. Darstellung von Celluloseestern durch Umesterung[2].

Die Umsetzung von Cellulose mit neutralen Fettsäureestern niedriger Alkohole hat den Vorteil, daß sie auch in neutralem Milieu (wenn auch wesentlich schwerer als bei Zusatz katalysierender Säure) vonstatten geht. Die erforderliche Temperatur ist aber so hoch, daß trotzdem ein großer Teil des Materials abgebaut wird, was auch weitere Umesterung des primär entstehenden Monoesters bis zum Tri-ester zur Folge hat.

Man verteilt z. B. Cellulose in einem großen Überschuß geschmolzenen Stearinsäureäthylesters, saugt die in den Fasern eingeschlossene Luft sorgfältig ab und erhitzt unter Überleiten von Wasserstoff mehrere Stunden auf mindestens 230⁰. Nach dem Absaugen der Schmelze und Extrahieren der verbleibenden Fasermasse mittels Äther trennt man dieselbe in einen petroläther-löslichen Teil mit rund 90% gebundener Säure, den Tri-ester von abgebauter Cellulose, und in einen bloß in Glyceriden löslichen Teil mit 65% geb. Stearinsäure, den Mono-ester (berechnet rund 66% Säure). Die Umesterung verläuft somit primär nach der Gleichung:

$$[C_6H_{10}O_5]_n + n\,C_{17}H_{35}COOC_2H_5 = [C_6H_9O_4 \cdot OCOC_{17}H_{35}]_n + n\,C_2H_5OH$$

Das Monostearat reagiert z. T. weiter; entweder wieder mit Äthylstearat oder (bzw. auch) unter Disproportionierung, innerer Umesterung.

---

[1] I. G. Farbenindustrie A. G.: D. R. P. 515109 vom 11. II. 1928.
[2] AD. GRÜN u. FR. WITTKA: Ztschr. angew. Chem. 34. 647 (1921).

Beim Erhitzen von Di-estern mit Glyceriden tritt auch Umesterung ein, vergleichbar dem Acyl-austausch zwischen zwei Triglyceriden (s. Bd. I, S. 285). Zum Beispiel werden schon beim kurzen Erhitzen der Lösung von Distearoyl-cellulose in Triolein etwa 20% in den zweisäurigen Ester verwandelt[1]. Dabei verlaufen aber schon Nebenreaktionen: Abbau, Disproportionierung von abgebautem Di-ester unter Bildung von Tri-ester, analog der Disproportionierung von Diglyceriden zu Triglyceriden (s. Bd. I, S. 254).

Diese Reaktionen kommen nicht für die präparative Darstellung in Betracht, können aber bei technischen Erzeugungen eine Rolle spielen.

b) Veresterung von Cellulosegeweben.

Für verschiedene textiltechnische Zwecke ist es vorteilhaft, Baumwollgarn oder Gewebe bloß mit einer Schicht von Celluloseester zu umhüllen. Zu diesem Zweck wird die Veresterung nicht mit der Baumwolle oder einer partiell abgebauten Cellulose vorgenommen, sondern mit fertigen Garnen oder Geweben, so daß nur die Schichten an der Oberfläche angegriffen werden. Das Material behält dabei seine Struktur, auch seine Festigkeit wird kaum vermindert; es wird aber wasserabstoßend, weicher, in gewissem Sinne wollähnlicher und erlangt Immunität gegen substantive Farbstoffe, während Fettfarbstoffe aufziehen.

Nach dem Verfahren der Heberlein & Co. A.-G.[2] wird zur Vorbereitung Garn oder Gewebe in wäßrige, z. B. 20%ige Natronlauge eingelegt, der Überschuß an Lauge abgepreßt. Man läßt dann das Säurechlorid, z. B. Stearin-, Palmitin-, Ölsäurechlorid oder ein Gemisch derselben, in Mengen von der Hälfte bis zum Doppelten des Gewichts der Baumwolle, gelöst in Tetrachlorkohlenstoff, 1 Stunde bei 35—55° einwirken, wäscht dann mit Alkohol, zuletzt mit Wasser.

Das Verfahren von A. NATHANSON[3] verwendet die Anhydride der höheren Fettsäuren ohne Verdünnungsmittel.

Zum Beispiel wird gefärbtes Baumwollgewebe mit einer Schmelze von Stearinsäureanhydrid getränkt und 8 Stunden bei 65° gehalten oder mit Laurin-säureanhydrid 6 Stunden bei 80° behandelt, worauf der Anhydridüberschuß mittels Benzol, Schwefelkohlenstoff od. dgl. weggelöst wird. Nach einem Vorschlag soll das getrocknete Gut noch auf 50° erwärmt werden[4]. Zur Veredlung des Gewebes soll es schon genügen, nur so viel Säurereste einzuführen, als in der ursprünglichen Faser vor dem Entfetten enthalten sind[5].

Ferner wird empfohlen, zum Tränken der Gewebe vor der Reaktion wäßrige Dispersionen der Anhydride zu verwenden, die mittels Seifen stabilisiert sind[6].

Die oben beschriebene Methode wird auch benützt zur örtlichen Änderung der färberischen Eigenschaften von Geweben; die Ware wird örtlich mit Quellungsmitteln, dann im ganzen mit Fettsäureanhydriden behandelt, bis die bedruckten Stellen gegen Direktfarbstoffe reserviert und durch Acetatseidenfarbstoffe anfärbbar sind[7].

Die Oberflächen-Acylierung mittels Anhydriden höherer Fettsäuren, speziell Ölsäure-anhydrid, wurde auch zum Wasserabstoßendmachen von Wollgeweben vorgeschlagen[8].

[1] GRÜN u. WITTKA: a. a. O., S. 646.
[2] D. R. P. 519721 vom 16. VI. 1928.   [3] D. R. P. 521029 vom 15. IX. 1928.
[4] Deutsche Kunstseiden-Studiengesellschaft: D. R. P. 619228 vom 14. IX. 1929.
[5] A. NATHANSOHN: D. R. P. 535283 vom 20. IV. 1929 und 8. X. 1931.
[6] Studiengesellschaft für Faserveredlung m. b. H.: Deutsche Anmeldung St. 52375 vom 3. VII. 1934; F. P. 791435 vom 19. VI. 1935.
[7] Ges. f. chem. Ind. Basel, D. R. P. 637872 vom 15. XI. 1934.
[8] Deutsche Kunstseiden-Studiengesellschaft m. b. H.: D. R. P. 623542 vom 16. VII. 1930.

Eine Klasse für sich ist das Produkt, dargestellt von M. HAGEDORN[1] durch Einwirkung von Laurinsäurechlorid bei Gegenwart von Pyridinbasen auf in Chlorbenzol suspendiertes Korkmehl. Es enthält 56% gebundene Laurinsäure, zeigt noch Aussehen und typische Eigenschaften des Korks, dazu aber die Eigenschaft unter Druck plastisch zu werden.

B. Fettsäure-ester teilweise abgebauter Cellulosen (lösliche Ester).

a) Allgemeine Verfahren.

Beim Verestern nativer Cellulose unter möglichst milden Bedingungen entstehen nur Produkte, die noch zum mindesten ein freies Hydroxyl im Glucoserest enthalten, die ursprüngliche Faserstruktur aufweisen und sich in aromatischen Kohlenwasserstoffen, aliphasischen Alkylhalogeniden und Verbindungen von ähnlichem Lösungsvermögen nicht lösen[2].

Wird die Acylierung weniger vorsichtig ausgeführt, so bilden sich, wie schon GRÜN und WITTKA fanden, neben den unlöslichen Estern auch lösliche, weil teilweiser Abbau der Cellulose erfolgt. (Die Ansicht von G. KITA, MAZUMÉ, SAKURADA und NAKASHIMA[3], daß auch unveränderte Cellulose in Benzol und Äther lösliche Ester gäbe, ist unzutreffend[4].) Das Mengenverhältnis von löslichen und unlöslichen Estern ist je nach den Versuchsbedingungen verschieden[5].

Will man nur lösliche Ester erhalten, wie es für verschiedene Verwendungszwecke wünschenswert oder nötig ist, so kann man entweder die unlöslichen Ester durch eine Nachbehandlung depolymerisieren oder zur Veresterung statt ursprünglicher Cellulose mehr oder weniger weit abgebaute Produkte, Hydratcellulosen, verwenden.

1. Veresterung abgebauter Cellulosen (Hydratcellulosen).

Die Übertragung der auf S. 631 angegebenen präparativen Methode auf die leichter bzw. schneller reagierende Hydratcellulose wurde zuerst von H. GAULT und P. EHRMANN[6] beschrieben. Sie verwenden „schwach abgebaute" Hydrocellulose und erhalten je nach den Mengenverhältnissen vorwiegend Mono-, Di- oder Triester. Zum Beispiel wird zwecks Darstellung von Di-ester eine Lösung von 5 Teilen Säurechlorid in Benzol und überschüssigem Pyridin 2—3 Stunden bei 110—120° auf 1 Teil Hydratcellulose einwirken gelassen; die dann noch

---

[1] I. G. Farbenindustrie A. G.: D. R. P. 495957 vom 9. VI. 1927.

[2] Diese Eigenschaften beweisen natürlich nicht, daß beim Verestern überhaupt keine Verkleinerung der Kohlenhydratkomponente eintritt, sondern nur, daß der etwaige Abbau nicht sehr weit ginge. Nach den Angaben des D. R. P. 554233 erfolgt beim Verestern mittels Säureanhydriden in Abwesenheit von Katalysatoren und Lösungsmitteln „keine Beeinflussung der Micellarstruktur des Cellulosegefüges".

[3] Memoirs Coll. Engin., Kyoto, Vol. IV, Nr. 1.

[4] S. auch die Angabe von M. HAGEDORN und G. HINGST im D. R. P. 515106 der I. G. Farbenindustrie A. G.; ferner H. GAULT u. P. EHRMANN: Compt. rend. Acad. Sciences 177, 124 (1923).

[5] Über die Anteile löslicher und unlöslicher Ester, die unter bestimmten Bedingungen entstehen, machten zahlenmäßige Angaben I. SAKURADA u. T. NAKASHIMA: Scient. Papers Inst. physical chem. Res. Tokyo 7, 153 (1927).

[6] A. P. 1553924, Priorität vom 1. VII. 1922. Weitere Mitteilungen: Compt. rend. Acad. Sciences 177, 124 (1923). — H. GAULT u. M. URBAN: Compt. rend. Acad. Sciences 179, 333 (1924). Unabhängig von diesem ist anscheinend das sehr ähnliche Verfahren der Société de Stéarinerie et Savonnerie de Lyon, s. I. G. Farbenindustrie A. G.: D. R. P. 483080 vom 8. X. 1922.

ungelösten 5—10% Faserstoff werden abgeschleudert, die Produkte mittels Alkohol gefällt. Die Distearoylverbindung schmilzt unscharf von 85 bis 90⁰, die Dipalmitoylverbindung gegen 100⁰, das Laurinsäurederivat 100—110⁰.

Die Di-ester bilden fasrige Massen, unlöslich in Alkohol, Aceton, Eisessig, löslich in Benzol und Homologen, Pyridin, Chloroform, Tetrachloräthan[1], aus welchen Solventien sie beim Eindampfen als durchsichtige, geschmeidige, gegen Wasser widerstandsfähige Häutchen erhalten werden. Für die Verwendung ist wichtig, daß die Produkte auch nicht entflammbar und sehr plastisch sind.

P. KARRER, J. PEYER und Z. ZEGA[2] wählten ein durch Lösen von reiner Watte in Kupferoxyd-Ammoniaklösung, Ausfällen mittels Säure, Auswaschen mit Wasser, Behandeln mit absolutem Alkohol, dann Äther und scharfes Trocknen vorbehandeltes Material. Durch Verestern mittels Palmitinsäurechlorid in Gegenwart von Chinolin bei der relativ hohen Temperatur von 120⁰ erhielten sie neben unlöslichen Produkten[3] auch eine in Chloroform leicht lösliche Verbindung, die sich als Tripalmitoylcellulose (bezogen auf die Cellobiose als Struktureinheit = Cellulosehexapalmitat) erwies. Stearinsäurechlorid in Gegenwart von Pyridin gab den homologen, auch in Äther und Benzol löslichen Tri-ester[4]. Palmitin-säurederivat: ungefähr 78⁰; $[\alpha]_D^{22} = -3,0⁰$ (Chloroform). Stearinsäurederivat: Sintern bei 83⁰, Schmelzen bis 118⁰; $[\alpha]_D^{18} = $ zirka $-0,79⁰$.

Nach dem Viskoseverfahren hergestellte Hydratcellulose soll sich nicht mittels Säurechlorid und Pyridin verestern lassen. Das stärker saure Material bilde mit Pyridin eine stabilere Verbindung[5].

Für die *technische Erzeugung* der Ester wird die präparative Methode nach fast allen Richtungen variiert.

Statt Pyridin oder Chinolin lassen sich technische Basengemische (Picolin usw.) oder Dimethylanilin und Homologen desselben verwenden. Auch in der Weise, daß man sie erst nur mit dem Säurechlorid reagieren und nach Abtrennung der ausgeschiedenen Hydrochloride das Produkt auf Linters einwirken läßt[6].

Zur Beförderung der Veresterung mittels Säureanhydrid werden empfohlen: Geschmolzenes Zinkchlorid[7], aliphatische Sulfonsäuren, wie das Methylderivat[8], Benzolsulfosäure[9], p-Toluolsulfochlorid[10] (dieses speziell zum Weiterverestern von Acetylcellulose). Halogenfettsäure, Anhydride der Chloressigsäure und der Methoxy-essigsäure[11] wirken als Katalysatoren, treten aber nicht selbst in das

[1] Die Mono-ester sind dagegen nicht löslich. [2] Helv. chim. Acta 5, 862 (1922).
[3] Nach (unveröffentlichten) Versuchen von AD. GRÜN und E. HOYER gibt die aus Kupferoxydammoniak „regenerierte" Cellulose unter diesen Bedingungen rund 80% in Chloroform und Benzol lösliche Ester, bloß 20% unlösliche Ester, während unter gleichen Bedingungen aus ursprünglicher Cellulose ein Gemisch entsteht, von dem nicht weniger als 84% in Chloroform, 80% in Benzol unlöslich sind. Demnach ist unter den auf gleiche Weise hergestellten Präparaten je nach dem Ausgangsmaterial scharf zu unterscheiden. — Beim höchst vorsichtigen Umfällen aus Kupferoxydammoniak-Lösung ändert sich der Polymerisacionsgrad nur wenig. Aber schon Spuren von Luft und Licht bewirken Depolymerisation (STAUDINGER und FEUERSTEIN, a. a. O.).
[4] P. KARRER u. Z. ZEGA: Helv. chim. Acta 6, 822 (1923).
[5] I. SCHETTLE, N. KLJUTSCHKIN u. S. KOGAN: Referat, Chem. Ztrbl. 1935 II, 1282.
[6] I. G. Farbenindustrie A. G.: E. P. 327165 vom 22. XI. 1928.
[7] Société de Stéarinerie et Savonnerie de Lyon: E. P. 201510 vom 6. IX. 1922 und Zusatz-E. P. 233263 vom 28. XI. 1924.
[8] Société des Usines Chim. Rhone-Poulenc: D. R. P. 554764 vom 8. II. 1930.
[9] Eastman Kodak Co.: A. P. 1962829 vom 3. X. 1931.
[10] Eastman Kodak Co.: A. P. 1933815 vom 15. I. 1931.
[11] Eastman Kodak Co.: A. P. 1933828 vom 31. XII. 1930; s. auch A. P. 1800860 und 1880808 vom 28. III. 1927. A. P. 2051217 vom 30. XI. 1935 (W. O. KENYON und G. P. WAUGH).

Cellulosemolekül. Ferner werden empfohlen Magnesiumperchlorat[1], auch Überchlorsäure[2], Sulfurylchlorid u. a. m.

Geeignete Verdünnungsmittel sind die Chlorderivate des Methans[3], Tetrachloräthan, Propylenchlorid, Chloressigsäureäthylester, Chlorbenzol, Dioxan. Diese Flüssigkeiten bewirken, daß die Ester in lockerer Form anfallen. Sie sind auch aus den Reaktionsmassen leicht regenerierbar[4].

Zur Vorbereitung des Fasermaterials, dem teilweisen Abbau der Cellulose in Form von Watte, Linters, Zellstoff usw., kann es in verschiedener Weise mit Säuren, Laugen, Erhitzen mit organischen Solventien und hydrolysierenden Zusätzen behandelt werden.

Mittels einer halbprozentigen Lösung von Schwefelsäure in Eisessig präparierte Baumwolle setzt sich mit freier Fettsäure in Gegenwart von Chloressigsäureanhydrid schon bei etwa 30—50⁰ um[4]. Viskose reagiert mit Fettsäurechlorid sogar ohne Erwärmen. Zum Beispiel kann die rohe Lösung von Cellulosexanthogenat oder ungereiftes Xanthogenat aus frisch merzerisierter Cellulose direkt mit Säurechloriden umgesetzt werden[5]. (Mittels Essigsäure gereinigtes Xanthogenat reagiert nicht, das gebundene Alkali ist wirkungslos[6].)

Zur Aufarbeitung der Reaktionsgemische, bestehend aus Ester, Basen, deren Hydrochloriden und dem Verdünnungsmittel, versprüht man nach M. Hagedorn und E. Gühring[7] durch eine kombinierte Düse, in welcher sich die Lösung vor dem Austritt mit Wasserdampf mischt. Aus der so entstehenden Suspension des fein verteilten Esters läßt er sich leicht durch Abschleudern oder Filtrieren isolieren.

Auch die übrigen Reaktionsbedingungen können selbstverständlich vielfältig variiert werden. Je nach der Beschaffenheit des Fasermaterials, wie nach Art und Zahl der einzuführenden Säurereste, ist die eine oder andere Ausführungsform vorteilhaft, so daß keine allgemein gültige, optimale Vorschrift gegeben werden kann. Sehr groß ist begreiflicherweise die Zahl der Kombinationen, nach denen sich mehrere, untereinander verschiedene Acyle mit einem Cellulosemolekül verbinden lassen. Diese „Mischester", die man besser als mehrsäurige Ester bezeichnet, werden in einem eigenen Abschnitt beschrieben.

2. Umwandlung unlöslicher Ester in lösliche Produkte (Depolymerisierung von Celluloseestern).

Nach Kita, Mazumé, Sakurada und Nakashima[8] wird Cellulosenaphtenat schon durch Erhitzen in Benzol und in Äther löslich. I. Sakurada und T. Nakashima[9] fanden beim Erhitzen von Tristearoylcellulose in der 12—20fachen Menge Naphtalin auf 200⁰ nach 2 Stunden erst 25% löslichen Ester, erst nach 6 Stunden bei 220⁰ war die Gesamtmenge löslich geworden. Ähnliche Resultate gab das Erhitzen in Stearinsäure. Die Autoren glauben, daß dabei kein Abbau erfolge, die Cellulose werde nur physikalisch verändert, entsprechend Bildung der A-Form

[1] Eastman Kodak Co.: D. R. P. 571388, Priorität (Am.) vom 18. I. 1928.

[2] Stein: D. R. P. 573191 vom 2. VII. 1931. — Eastman Kodak Co.: D. R. P. 590235, Priorität vom 18. I. 1928.

[3] Eastman Kodak Co.: E. P. 346816, Priorität vom 11. I. 1929 (in Deutschland versagt).

[4] Eastman Kodak Co.: A. P. 2010829 vom 5. IX. 1931 (C. I. Staud u. Ch. L. Fletcher).

[5] I. Sakurada u. T. Nakashima: Scient. Papers Inst. physical chem. Res. 6, 197 (1927). — Ferner A. Nathansohn: D. R. P. 546748 vom 19. II. 1929.

[6] Sakurada u. Nakashima: S. S. 635.

[7] I. G. Farbenindustrie A. G.: D. R. P. 516882 vom 18. IV. 1929.

[8] Kunststoffe 16, 41, 167 (1926).

[9] Scient. Papers Inst. physical chem. Res. 7, 160 (1927).

nach K. HESS[1]. Erhitzen der unlöslichen Präparate in Solventien ohne Zusatz genügt nicht; dagegen wirken Zusätze von Säuren und ihren Anhydriden, Salze starker Säuren mit schwachen Basen (Aluminium-, Eisen-, Zinkchlorid) in flüssigen Medien[2], auch Chloride organischer und anorganischer Säuren[3]. Erhitzt man z. B. unlösliches bzw. ungenügend lösliches Tristearat $1^1/_2$ Stunden mit 1%iger Lösung von Trichloressigsäure[4] in Tetrachloräthan auf 145⁰ und fällt dann mittels Alkohol, so erweist sich das Präparat als in Benzol, Chloroform, Amylacetat usw. löslich. Der Stearinsäuregehalt ändert sich dabei nicht.

Diese Arbeitsweise dient auch dazu, die normalen Ester aus Hydratcellulose, die in aromatischen und Chlorkohlenwasserstoffen zwar löslich sind, aber zu stark viskose, oft gallertige Lösungen geben, so weit abzubauen, daß selbst ihre konzentrierten Lösungen leichtflüssig sind.

Statt die unlöslichen Ester einer Nachbehandlung zu unterwerfen, kann man auch einfach die Temperatur bei der Veresterung unveränderter Cellulose höher halten und so in einem Zuge zu löslichen Produkten gelangen.

Bei der üblichen Ausführungsform unter Verwendung überschüssigen Pyridins sind zur Bildung *löslicher* Ester Temperaturen über 100⁰ erforderlich, z. B. für Stearinsäurederivate wenigstens 140⁰, für Laurinate etwa 110⁰. Man erhält z. B. aus 160 Teilen Cellulose durch Erhitzen mit 960 Teilen Stearinsäurechlorid (wenig über 3 Mole pro $C_6H_{10}O_5$) in 4000 Teilen Xylol und 800 Teilen Pyridin auf 150⁰ binnen 2 Stunden einen in Aromaten und Chlorkohlenwasserstoffen löslichen Di-ester[5].

Man kann auch längere Zeit, z. B. 12—20 Stunden, auf nur 80—100⁰ erhitzen, dann erst zum Sieden des Verdünnungsmittels, bis alles in Lösung ging[6]. Außer der Temperatur und der Einwirkungsdauer beeinflußt selbstverständlich auch Menge und Art des Veresterungsmittels den Abbau der Ester.

Wird weniger tertiäre Base verwendet, als der Menge des Fettsäurechlorids entspricht, so erfolgt die Molekülverkleinerung schon unter 100⁰, und zwar wird die Löslichkeit um so schneller beeinflußt, je niedriger der Veresterungsgrad ist[7]. So geben 50 Teile Baumwolle mit 180 Teilen Stearinsäurechlorid, 46 Teilen Pyridinbasen und 500 Teilen Chlorbenzol binnen 18 Stunden bei 80—100⁰ einen löslichen Mono-ester.

Noch niedrigere Temperaturen genügen, um aus Alkalicellulosen lösliche Ester zu erhalten. Unterläßt man z. B. bei der Einwirkung von Lauroylchlorid auf die Natroncellulose das Kühlen (vgl. S. 633), so steigt die Temperatur spontan auf 75—80⁰ und das aus der entstehenden Gallerte isolierte Präparat löst sich in Benzol, Dichlormethan u. dgl., während im Falle der Kühlung des Reaktionsgemisches ein in diesen Solventien unlösliches Produkt gebildet wird.

---

[1] Liebigs Ann. Chem. **444**, 266 (1925).
[2] I. G. Farbenindustrie A. G.: D. R. P. 515107 vom 28. I. 1927 (M. HAGEDORN u. G. HINGST).
[3] I. G. Farbenindustrie A. G.: Zusatz-D.R.P. 533593 vom 26. VI. 1927; D.R.P. 554233 vom 4. VI. 1930.
[4] Interessant ist der Vergleich der Wirkung von Mono-, Di- und Trichloressigsäure auf Cellulose-tricinnamat. Der Ester, in der 20—30fachen Menge Säure gelöst, auf 90⁰ erhitzt, fällt auf Zusatz von Aceton nicht mehr aus: bei CH_2ClCO_2H nach 40 Stunden, bei $CHCl_2CO_2H$ nach 16 Stunden, bei CCl_3CO_2H nach 11 Stunden. — G. v. FRANK u. H. MENDRZYK: Ber. Dtsch. chem. Ges. **63**, 875 (1930).
[5] I. G. Farbenindustrie A. G.: D. R. P. 515106 vom 7. I. 1927 (M. HAGEDORN u. G. HINGST).
[6] I. G. Farbenindustrie A. G.: Zusatz-D. R. P. 533127 vom 28. IX. 1927. — Über die Abhängigkeit der Löslichkeit anderer Celluloseester von Temperatur und Dauer der Einwirkung des Acylierungsgemisches s. auch H. PRINGSHEIM, E. LORAND u. K. WARD jun.: Cellulosechemie **13**, 119 (1932).
[7] I. G. Farbenindustrie A. G.: D. R. P. 539470 vom 5. VII. 1929.

b) Spezialprodukte.

(Mehrsäurige Celluloseester.)

Die Eigenschaften und damit die technische Verwendbarkeit der Produkte aus Cellulose und höheren Fettsäuren hängen wesentlich ab: 1. von der Kohlehydratkomponente, d. h. ob und in welchem Grade sie abgebaut ist; 2. von der Zahl und 3. von der Art der Säurekomponenten. Der Polymerisationsgrad dominiert bezüglich wichtiger physikalischer Eigenschaften, wie z. B. der Löslichkeit. Der Substitutionsgrad beeinflußt mehr das chemische Verhalten, soweit für Reaktionen die Anwesenheit freier Hydroxylgruppen in Betracht kommt. Alle Acylderivate, deren Molekulargewichte von gleicher Größenordnung sind und denselben Substitutionsgrad aufweisen, haben deshalb gewisse typische Eigenschaften gemeinsam, wie vergleichsweise auch alle Triglyceride. Andere Eigenschaften sind aber durch die Säurekomponenten bedingt, wenn sie sich vielleicht auch nicht im gleichen Maße wie den bei Glyceriden auswirken. Man kann daher verschiedene technische Effekte erzielen, je nach Veresterung mit gesättigten Säuren, einfach- oder mehrfach-ungesättigten, durch Sauerstoff-, Halogen-, Arylsubstituierten Säuren, Halbestern von Dicarbonsäuren u. a. m.

Die Einführung von zwei oder drei untereinander verschiedenen Säureestern in ein Cellulose-molekül, Darstellung mehrsäuriger Ester, ermöglicht Abstufungen der Eigenschaften. Weitere technische Möglichkeiten bietet die Erzeugung mehrsäuriger Ester, die neben Acylen höherer Säuren solche von niederen Säuren, anorganischen Säuren usw. enthalten.

Man hat vorgeschlagen, zwecks Darstellung von „Mischestern" den einfachen Ester einer höheren Säure (bzw. auch Mischester, die ein Acyl oder zwei Acyle solcher Säuren enthalten) erst teilweise zu hydrolysieren, dann weiter zu verestern[1]. Die Mono- und Di-ester der Cellulose lassen sich aber auch ohne solche Vorbehandlung leicht weiter verestern. Übrigens kann dabei ohnehin ein teilweiser, je nach den Reaktionsbedingungen mehr oder weniger weitgehender Abbau durch Acidolyse eintreten.

1. Ester mit Stickstoff, Phosphor oder Chlor enthaltenden Gruppen.

Die ersten Produkte dieser Art waren Lauroyl- und Oleoyl-dinitrocellulose. Zum Beispiel $[C_6H_7O_2(ONO_2)_2(OCOC_{17}H_{33})]_n$ erzeugt von der Firma Société de Stéarinerie et Savonnerie de Lyon[2] durch Umsetzung von Dinitrocellulose (enthaltend 11,3% N) mit den Säurechloriden in Gegenwart von Pyridin bei 50⁰ bis 70⁰ und Reinigen mittels Alkohol. Es sind weiche, plastische, in Benzol und seinen Homologen lösliche Fasermassen.

Zur Darstellung eines Laurinsäure-Phosphorsäureesters der Cellulose gingen M. HAGEDORN, O. REICHERT und E. GÜHRING[3] vom Dilaurat aus, ließen es in der zehnfachen Menge Benzol quellen und setzten mit einem Drittel der äquimolekularen Menge Phosphoroxychlorid um. Das Produkt, in Aromaten und Chlorkohlenwasserstoffen löslich, enthält 72,5% Laurinsäure und 7,24% PO₄. Dieser Zusammensetzung kommt am nächsten die Formel eines Bis-(dilauroylcellulose)-phosphorsäureesters:

$$\left\{ \left[C_6H_8O_4(OCOC_{11}H_{23})_2 \right]_2 \begin{array}{c} -O \\ -O \end{array} > P < \begin{array}{c} O \\ OH \end{array} \right\}_n$$

[1] Kodak Akt.-Ges.: Deutsche Anmeldung K. 126385, Priorität (Am.) vom 27. VII. 1932.
[2] Deutsche Anmeldung S. 65078, Priorität (Fr.) vom 31. VII. 1923; identisch mit I. G. Farbenindustrie A. G.: D. R. P. 483999 vom 13. II. 1924.
[3] I. G. Farbenindustrie A. G.: D. R. P. 511208 vom 2. V. 1926.

Ester mit Nitrogruppen und Halogenacylen werden erhalten durch Verestern von Nitrocellulosen mit ungesättigten Säuren, wie Croton- oder Undecylensäure, auch Aryl-olefinsäuren, wie Zimtsäure, mit nachfolgender Halo-
genierung der Produkte[1].

Man kann auch Celluloseester gesättigter Säuren durch Substitution haloge-
nieren. RICHARD KUHN[2] erhielt durch fünfstündiges Behandeln von Trilaurat
in Tetrachlorkohlenwasserstoff mit der 5—6fachen Menge Phosphorpentachlorid bei 130° ein leichtlösliches, gegen Säuren viel beständigeres Produkt.
Es enthält 16,5% Cl, demnach mehr als 1 Chloratom auf 1 Acyl. (Tri-chlor-
tri-lauroyl-cellulose enthielte rund 13% Cl.)

2. Ester mit Acylen niedriger und höherer Fettsäuren
(Derivate von Acetylcellulosen).

Die Veresterung unvollständig acetylierter Cellulose mit höheren Fettsäuren
bzw. ihren Chloriden wurde durch das D. R. P. 483999 bekannt[3].

An Stelle des Chlorids der höheren Fettsäure kann ihr Anhydrid verwendet
werden (oder ein zweisäuriges Anhydrid, wie Laurin-myristinsäureanhydrid),
was den Vorteil bietet, daß die Apparatur nicht aus einem besonders widerstandsfähigen Material hergestellt werden muß[4]. Die Acetylcellulose wird mit
oder ohne Zusatz von Lösungsmitteln und die Reaktion befördernden Basen mit
dem Säureanhydrid im Überschuß reagieren gelassen, im ersteren Fall durch
Erhitzen unter Rückfluß des Verdünnungsmittels. So können z. B. in ein
Zwischenprodukt mit 54% gebundener Essigsäure bis etwa 30% Stearinsäure
eingeführt werden, was einer vollständigen Umwandlung des ursprünglichen
Gemisches von Di- und Triacetylcellulose in ein Gemisch von Stearoyl-di-
acetoylcellulose und Triacetylcellulose entspricht. (Durch intramolekulare Acyl-
verschiebung und durch Umesterung kann aber wohl auch Acetoyl-distearoyl-
cellulose entstehen.)

Statt fertige Acetylcellulose weiter zu verestern, kann man Cellulose in einer
Charge entweder mit einem Gemisch der Säurederivate behandeln oder diese
einzeln, nacheinander einwirken lassen[5].

Im ersten Fall ist es zweckmäßig, ein Gemisch von Säurechlorid und freier
Säure oder Anhydrid zu verwenden, und zwar in Gegenwart von nur so viel
tertiärer Base, als für die Umsetzung des Chlorids erforderlich ist[6]. Man erhält
dann in einem Arbeitsgang Ester von der für die Verwendungszwecke gewollten
Löslichkeit; eine hydrolysierende Nachbehandlung ist nicht nötig. Zum Beispiel
werden 5 Teile Cellulose durch einstündiges Erhitzen mit 40 Teilen Naphthen-
säurechlorid, 11 Teilen Eisessig und 18,5 Teilen Pyridin auf 120—125°, dann
Eingießen in Methanol, in eine Acetylnaphthenylcellulose verwandelt, die sich in
Halogenkohlenwasserstoffen und in Aceton löst.

Die Weiterveresterung partiell acylierter Cellulosen ist übrigens auch ohne
Basenzusatz mittels Säurechlorid ausführbar, ohne Schädigung durch den abgespaltenen Chlorwasserstoff, wenn man diesen durch Evakuieren oder mittels

---

[1] Eastman Kodak Co.: D. R. P. 575595, Priorität (Am.) vom 14. V. 1927.
[2] I. G. Farbenindustrie A. G.: D. R. P. 535650 vom 18. II. 1928. Betreffend Einführung halogensubstituierter Acyle in Cellulose s. auch Eastman Kodak Co.:
D. R. P. 571388 und 590235, Priorität vom 18. I. 1928.
[3] S. S. 639, Fußnote 2.
[4] I. G. Farbenindustrie A. G.: D. R. P. 533126 vom 15. X. 1926.
[5] I. G. Farbenindustrie A. G.: D. R. P. 535253 vom 29. IV. 1927. — Eastman
Kodak Co.: D. R. P. 582068, Priorität vom 2. VIII. 1929.
[6] I. G. Farbenindustrie A. G.: D. R. P. 533463 vom 29. II. 1929 (M. HAGEDORN u.
P. MÖLLER).

Strömen inerter Gase (Stickstoff, Kohlendioxyd) entfernt. Auch durch Zusatz eines Verdünnungsmittels, in dem das Produkt unlöslich ist[1]. In Acetylcellulose mit 54% gebundener Essigsäure wurden so durch zweistündiges Erwärmen mit der ungefähr gleichen Menge Chloriden der Cocosfettsäuren auf 50—60⁰, dann 6 Stunden Evakuieren auf 15—30 mm bei 70⁰ Badetemperatur noch 20% Fettsäure einverleibt. — In gleicher Weise läßt sich auch die ursprüngliche Cellulose acylieren, wenn wenigstens eine kleine Menge tertiärer Base zugesetzt wird[2].

Die Veresterung mittels freien Säuren und Säureanhydriden wird befördert durch Chloressigsäure, ihr Anhydrid und andere Anhydride substituierter Säuren[3]. Man kann speziell auch Acetylcellulose mit Fettsäuren, aromatischen und hydroaromatischen Säuren in Gegenwart von Chloressigsäure und Chloressigsäureanhydrid weiter verestern[4]. Ein wirksamer Katalysator ist ferner das Magnesiumperchlorat. So gibt unveränderte Cellulose mit Essigsäureanhydrid und technischem Stearin bei Gegenwart von Chloressigsäure und kleinen Mengen des Salzes den dreisäurigen Ester Acetoyl-palmitoyl-stearoyl-cellulose[3].

(Ähnlich erzeugt man Mischester mit Resten der Essigsäure und von Alkoxyfettsäuren[5], α-Oxycarbonsäuren und Oxydicarbonsäuren, z. B. Milchsäure und Weinsäure[6], auch α- und γ-Ketocarbonsäuren, wie Brenztraubensäure, α-Ketocapron- und Lävulinsäure[7]).

Wie freie Säuren lassen sich Halbester von Dicarbonsäuren verestern. Zum Beispiel geben 5 Teile Acetylcellulose (mit 38% Acetyl, also Diacetylcellulose mit ein wenig Tri-ester) beim mäßigen Erwärmen mit 10 Teilen Adipinsäuremonoäthylester und je 10 Teilen Chloressigsäure, Methoxyessigsäureanhydrid und Äthylenchlorid, in Gegenwart von 0,1 g Magnesiumperchlorat, dann Ausfällen mit Methanol, ein Diacetyl-cellulose-äthyladipat[8]:

$$[C_6H_7O_2(OCOCH_3)_2 \cdot OCO \cdot C_4H_8 \cdot COOC_2H_5]_n$$

Ein Acetylcellulose-monocyclohexyladipat wurde durch Behandeln der Lösung hochacetylierter Cellulose in einem Gemisch von Methylacetat und Methylenchlorid mit der Lösung des Adipinsäuremonocyclohexylesters in Benzol, unter Zusatz von Thionylchlorid hergestellt[9].

Eine spezielle Methode zur Darstellung acetylhaltiger Mischester besteht darin, Cellulose mit einer Lösung von Keton in flüssigem Schwefeldioxyd und geringeren Mengen höherer Säuren, ihren Chloriden oder Amiden zu behandeln[10].

In dieselbe Verbindungsklasse gehört das von R. O. HERZOG und O. KRATKY[11] untersuchte Cetyloxalat der Cellulose.

[1] I. G. Farbenindustrie A. G.: D. R. P. 548457 vom 5. VI. 1930 (M. HAGEDORN u. B. REYLE). Über die weitere Substituierung von Mono-estern ohne Vermittlung tertiärer Basen s. auch I. G. Farbenindustrie A. G.: D. R. P. 550761 vom 17. VIII. 1930.

[2] I. G. Farbenindustrie A. G.: D. R. P. 556950 vom 17. VIII. 1930.

[3] Eastman Kodak Co.: D. R. P. 587952, Priorität (Am.) vom 28. III. 1927 (H. T. CLARKE, I. C. MALM u. R. L. STINCHFIELD).

[4] Eastman Kodak Co.: D. R. P. 588877, Priorität vom 18. I. 1928.

[5] Eastman Kodak Co.: A. P. 2028792 vom 29. II. 1932.

[6] Eastman Kodak Co.: Deutsche Anmeldung E. 40000, Priorität vom 18. II. 1929.

[7] Eastman Kodak Co.: Deutsche Anmeldung E. 40005; A. P. 1900871 vom 25. II. 1929. Über die Umsetzung einfacher Ester mit Lösungen solcher Säuren, deren Dissoziationskonstante größer ist als die der bereits gebundenen Säure, speziell größer als $1,82 \times 10^{-5}$, s. Eastman Kodak Co.: D. R. P. 577704, Priorität (Am.) vom 3. VIII. 1930.

[8] Kodak Ltd.: E. P. 430409, Priorität (Am.) vom 10. IX. 1932 (C. I. MALM u. CH. R. FORDYCE). [9] Deutsche Celluloidfabrik: A. P. 2003408 vom 19. II. 1931.

[10] I. G. Farbenindustrie A. G.: F. P. 717083 vom 15. V. 1931.

[11] Silk and Rayon 8, 208 (1934); Chem. Ztrbl. 1934 II, 753.

3. Ester mit Acylen verschiedener höherer Säuren.

Mehrsäurige Ester dieser Art erhält man am einfachsten, indem man die durch Spaltung natürlicher Fette entstehenden Säuregemische in das Gemisch ihrer Chloride oder Anhydride überführt und dieses auf die Cellulose einwirken läßt.

Auf diese Weise wurde zuerst ein „trocknender" Ester erhalten (aus 10 Teilen Hydratcellulose, 90—95 Teilen Chloride der Leinölsäuren und 23 Teilen Dimethylanilin durch fünfstündige Einwirkung bei 110—120⁰), eine zähe weiche Masse, die nach der Reinigung mittels Alkohol beim Erhitzen im Vakuum auf 100⁰ in einen hochschmelzenden unlöslichen Stoff verwandelt wird[1].

Sind die Acyle verschiedener Säuren einzuführen, die nicht nebeneinander in Fetten enthalten sind, so läßt man die betreffenden Derivate statt miteinander ebensogut oder besser nacheinander einwirken. Die stufenweise Veresterung wird verschiedentlich variiert; man hält z. B. in der ersten Stufe unter 100⁰, in der zweiten über 100⁰ oder umgekehrt. Man verestert auch in beiden Stufen unter 100⁰ und erhitzt nachträglich höher, bis die gewollte Löslichkeit des Produktes erreicht ist[2]. Dabei kann eine Säure cyclisch sein (z. B. Kombination Laurinsäure und Phenylessigsäure[3]), eine Oxysäure, eine flüchtige Säure (z. B. Kombination Buttersäure und Ricinolsäure); sie kann heterocyclisch sein mit Sauerstoff, Stickstoff oder Schwefel im 5- oder 6-Ring[4]. In der einen Phase läßt sich auch eine einheitliche Säure verestern, z. B. Laurinsäure, in der anderen ein Säuregemisch wie das der Waltransäuren.

Eigenartig sind die Cellulose-ester, die Acyle von hochmolekularen Estersäuren, Estoliden, wie besonders der Polyricinolsäuren, enthalten[5]. M. HAGEDORN[6] synthetisierte sie durch Umsetzen der Cellulose mit einem Gemisch von Polyricinolsäurechlorid und dem Chlorid der Laurinsäure oder auch der Phenylessigsäure unter den üblichen Bedingungen, sowie durch Weiterverestern von Distearoylcellulose mit Polyricinolsäurechlorid[7].

In Anbetracht des hohen Molekulargewichtes der Estolide (z. B. Heptaricinolsäure rund 2000) ist der Cellulosegehalt dieser Ester sehr klein, namentlich der von Tri-estern:

$$[C_6H_7O_2(OCOC_{17}H_{32}—\{OCOC_{17}H_{32}O\}_n—COC_{17}H_{32}OH)_3]_n$$

Aus noch höher kondensierten Estoliden kann man Derivate erzeugen, die nur 1,5—2,5% Cellulose enthalten, also in der gleichen Größenordnung wie die Korksubstanz. Sie zeigen auch Ähnlichkeiten in der Beschaffenheit, große Elastizität, sind durch Druck, allenfalls bei höherer Temperatur, allein oder mit Zusätzen von Weichmachern oder Füllmitteln beliebig formbar, in den gebräuchlichen Solventien unlöslich, beständig gegen Wasser, Säuren und Laugen.

Eine weitere Möglichkeit zur technischen Erzeugung mehrsäuriger Celluloseester bietet die Umesterung einsäuriger Ester durch Erhitzen mit freien Fettsäuren oder Glyceriden, in denen sie sich lösen. Vgl. S. 634.

---

[1] I. G. Farbenindustrie A. G.: D. R. P. 478127.
[2] I. G. Farbenindustrie A. G.: D. R. P. 597924 vom 12. II. 1928.
[3] Über Einführung des Phenylacetylrestes s. auch D. R. P. 551253 und 560685 vom 12. II. 1928.
[4] I. G. Farbenindustrie A. G.: D. R. P. 591120 vom 5. IV. 1929.
[5] S. Bd. I, S. 291—292.
[6] I. G. Farbenindustrie A. G.: D. R. P. 513061 vom 9. XI. 1927.
[7] Die Angabe, daß diese Darstellung einfacher sei als die der Estolidglyceride, trifft allerdings nicht zu. In beiden Fällen müssen erst die Estolide hergestellt werden. Zur Umwandlung in Glyceride erhitzt man sie aber bloß mit Glycerin oder Ricinusöl, während sie zwecks Veresterung mit Cellulose erst in die Chloride übergeführt und diese mittels tertiären Basen zur Reaktion gebracht werden.

C. Ester von Celluloseäthern.

Wie die Cellulose lassen sich auch ihre Alkyläther, die noch freie Hydroxylgruppen enthalten, verestern. Zum Beispiel erhält man beim 5—6-stündigen Erhitzen von 1 Teil Äthylcellulose mit 7 Teilen Stearinsäure auf 150⁰ ein Äthylcellulosestearat, analog aus Butyl-, Benzyl-cellulose und anderen Äthern mit verschiedenen Säuren und Säuregemischen die entsprechenden Ester[1]. Die Umsetzung mit Säurechloriden erfolgt unter den gleichen, milderen Bedingungen wie beim Verestern der Cellulose[2].

Auch Oxyalkylcellulosen werden mittels Säurechloriden und tertiären Basen selbstverständlich leicht verestert. Ebenso mittels Säureanhydriden, entweder unter Zusatz der gebräuchlichen Katalysatoren (s. S. 636) oder auch ohne dieselben, bei höherer Temperatur[3]. Man veräthert die Cellulose, z. B. durch Kochen der Alkaliverbindung mit Propylenoxyd, Butylenoxyd unter Rückfluß oder durch Einwirkung von Äthylenoxyd in Gegenwart von Dimethylanilin und erhitzt hierauf mit der etwa 8—10fachen Menge an Säureanhydrid (z. B. von Cocosfettsäuren, Naphthensäuren) mehrstündig auf 130—140⁰. Wahrscheinlich werden nicht nur die Hydroxylgruppen am Glucoserest, sondern auch die der Oxalkylgruppen acyliert unter Bildung von Verbindungen der Typen:

$$[C_6H_7O_2(OH) \, (O \cdot COR) \, (OC_nH_{2n}O \cdot COR)]_n$$
$$[C_6H_7O_2(O \cdot COR)_2(OC_nH_{2n}O \cdot COR)]_n$$
$$[C_6H_7O_2(O \cdot COR) \, (OC_nH_{2n}O \cdot COR)_2]_n$$

Die Ester zeigen alle wesentlichen Eigenschaften der Ester nicht-alkylierter Cellulose, sie lösen sich in aromatischen und chlorierten aliphatischen Kohlenwasserstoffen, in Äther und Äthylacetat, die niedrigen Homologen auch in Aceton. Die Lösungen sind allerdings ziemlich zähe, weil bei der Darstellung der Ester kein Abbau erfolgt. Um besser lösliche Produkte von beliebiger Viskosität der Lösungen zu erhalten, werden die Ester einer Nachbehandlung unterworfen: Erhitzen mit Veresterungskatalysatoren wie Säuren, z. B. Trichloressigsäure, Säurechloriden, Salzen starker Säuren mit schwachen Basen wie Aluminiumchlorid oder Zinkchlorid, am besten in Gegenwart von Lösungsmitteln, wie chlorierten Kohlenwasserstoffen[4].

Zusammenstellung der dargestellten oder zur technischen Erzeugung vorgeschlagenen Cellulose-ester höhermolekularer Säuren.

Definierte Verbindungen:

Monolauroyl-cellulose.	Trilauroyl-cellulose.
Monopalmitoyl-cellulose.	Tripalmitoyl-cellulose.
Monostearoyl-cellulose.	Tristearoyl-cellulose.
Monooleoyl-cellulose.	
Monoelaidyl-cellulose.	
Monolinolyl-cellulose.	
Dilauroyl-cellulose.	Lauroyl-dinitro-cellulose.
Dipalmitoyl-cellulose.	Oleyl-dinitro-cellulose.
Distearoyl-cellulose.	Dilauroyl-cellulose-phosphorsäure.

---

[1] I. G. Farbenindustrie A. G.: D. R. P. 530893 vom 11. V. 1929.
[2] I. G. Farbenindustrie A. G.: D. R. P. 525835 vom 9. XII. 1924; D. R. P. 599384 vom 12. II. 1928.
[3] I. G. Farbenindustrie A. G.: D. R. P. 549648 vom 20. XI. 1929 (M. HAGEDORN).
[4] I. G. Farbenindustrie A. G.: D. R. P. 554233 vom 4. VI. 1930, Zusatz zum D. R. P. 549648.

Nichtdefinierte Produkte:

Einsäurige Ester der Cellulose:

Ester der Ölsäure, Ricinolsäure, Polyricinolsäuren, Arylfettsäuren, Aryl-Polefin-säuren, Cyclohexanolcarbonsäure, Harzsäuren, Naphthensäuren; 2,3-Dichlorbuttersäure, 10,11-Dichlorundecansäure, 9,10-Dichlor- und 9,10-Dibromstearinsäure, Tetrachlorstearinsäure, Chlorlaurinsäure.

Mehrsäurige Ester der Cellulose; Kombinationen:

Essigsäure und Buttersäure.	Laurinsäure und Naphthensäuren.
„ „ Laurinsäure.	„ „ Polyricinolsäuren.
„ „ Palmitinsäure.	Stearinsäure und Polyricinolsäuren.
„ „ Stearinsäure.	Phenylessigsäure und Polyricinolsäuren.
„ „ Ölsäure.	Ölsäure und Naphthensäuren.
„ „ α-Ketosäuren.	
„ „ Naphthensäuren.	Alkoxy-essigsäure und Buttersäure.
Propionsäure und Stearinsäure.	Methoxy-essigsäure und Laurinsäure.
Buttersäure und Laurinsäure.	„ „ Myristinsäure
„ „ Cocosfettsäuren.	„ „ Palmitinsäure.
„ „ Stearinsäure.	Methoxy-essigsäure und Stearinsäure.
Crotonsäure und Stearinsäure.	
Benzoesäure und Laurinsäure.	Chloressigsäure und hydroaromatische
Phenylessigsäure und Laurinsäure.	Säuren.
Chloressigsäure und Olefinsäuren.	Chloressigsäure und araliphatische
Säuren des Cocosöls.	Säuren.
„ „ Leinöls.	Crotonsäure und Salpetersäure.
„ „ Waltrans.	Undecylensäure und Salpetersäure.
Laurinsäure und Ricinolsäure.	Zimtsäure und Salpetersäure.
„ „ Waltransäuren.	

Ester der Methylcellulose
mit Laurinsäure, Laurin- und Essigsäure.

Ester der Oxyäthylcellulose
mit Naphthensäuren.

Ester der Äthylcellulose
mit Laurinsäure, Palmitin- und Stearin-säure, Naphthensäuren.

Ester der Oxypropylcellulose
mit Laurinsäure, Stearinsäure, Leinöl-säuren, Naphthensäuren.

Ester der Butylcellulose
mit Laurinsäure, Leinölsäuren, Naphthen-säuren.

Ester der Oxybutylcellulose
mit Cocosfettsäuren.

D. Verwendung der Produkte.

Die technische Verwendbarkeit der Produkte, die aus Cellulose, teilweise abgebauten Cellulosen und ihren Alkyläthern durch Einführung der Reste höherer oder höherer und niedriger Fettsäuren erhalten werden, beruht vor allem auf ihrer Beständigkeit gegen Wasser, Säuren, Laugen, zum Teil auf der Löslichkeit in flüchtigen Solventien, auf ihrer Elastizität und Plastizität, dem Erweichen und Formbarwerden weit unter dem Schmelzpunkt. Diese und andere Eigenschaften sind maßgebend für die Erzeugung von Fäden und Filmen, von Überzügen auf Papier, Geweben, Imprägnierungen u. a. m.

Man gießt klar durchsichtige, geschmeidige, aber beständige Folien, z. B. aus Cellulose-laurat von $1/_{10}$ mm und mehreren Zehntelmillimetern Dicke.

Die Fäden und Filme aus Schwefelkohlenstofflösung sollen besonders fest und dehnbar sein.

Die „Mischester" und Äther-ester eignen sich zur Herstellung von Rück-schichten für photographische Filme. Um diese geschmeidiger, gleitfähiger, gegen mechanische Einflüsse widerstandsfähiger zu machen, soll z. B. Äthylcellulose-stearat oder Acetoyl-stearoyl-cellulose in Form 1%iger Lösung in einem Gemisch aus 1 Teil Alkohol, 2 Teilen Aceton und 3 Teilen Benzol aufgetragen werden[1].

Für andere Zwecke können den Lösungen der Ester in Benzol, Chlorbenzol u. dgl. vor dem Gießen noch Harze oder Kautschuk zugesetzt und in ihnen Pigmente, wie Bronzepulver, suspendiert werden[2].

Sehr verwendbar sind Produkte wie Distearate der Cellulose und der Methylcellulose, das Acetyl-lauryl-derivat u. a. m., als Gießunterlagen für die Erzeugung von Folien[3] (d. h. solchen, die nicht direkt auf die Metallfläche einer Band- oder Trommelgießmaschine gebracht werden).

Die unlöslichen Ester geben, in Mengen von 0,5—10% oder mehr dem Papierbrei zugesetzt, nach üblichem Verarbeiten und Pressen, wasserdichtes Papier oder Pappe[4].

Wie Gewebe lassen sich Metallgegenstände überziehen, z. B. vorteilhaft die Spulen für Textilfäden, und zwar entweder mit Mischestern oder Äthylestern und gewissen Zusätzen[5] oder nur mit den Cellulosederivaten allein[6].

Aufgerauhte Web- und Wirkwaren aus Cellulose sollen durch Oberflächen-Veresterung bis zu einer Gewichtszunahme um 5—30%, einen wildlederartigen Griff erhalten[7].

Bei höherer Temperatur, z. B. zwischen 100 und 150°, lassen sich die Ester unter hohem Druck, bis 300 at, als plastische Massen verformen. Man kann sie ohne weichmachende Mittel pressen, z. B. mit Zuschlägen von Korkmehl, Harz und Mineralfarben auf Jutegewebe, Kunstleder usw., zwecks Erzeugung linoleumartiger Produkte[8]. Wird das Material in seiner Faser- oder Pulverform für sich allein erst kurze Zeit bei 60—90° kalandriert, so orientieren sich die Fadenmoleküle und man erhält beim darauffolgenden Verformen in der Schneckenpresse hochelastische, bruchfeste Stäbe und Röhren. So gelingt auch die Herstellung dünner transparenter Platten, als bruchsicheres Material statt Glas verwendbar[9].

Die Ester eignen sich gut für Isoliermassen[10], zum Imprägnieren von Holz, um es wasserdicht zu machen[11], in dünnen Folien (z. B. von 10μ Dicke) als Klebmittel zur Erzeugung von Sperrholz, Preßholz[12]; im Gemisch mit trocknenden Ölen als Kombinationslacke[13], als Rostschutzmittel[14], als Zusätze zur Erhöhung

[1] I. G. Farbenindustrie A. G.: D. R. P. 501643 vom 2. V. 1926 (M.HAGEDORN); für andere Zwecke sollen statt mehrsäurigen „Mischestern" auch Gemische von Estern, z. B. Acetat und Laurat, dienen. — H.DREYFUS: E. P. 399191 vom 19. II. 1932.

[2] I. G. Farbenindustrie A. G.: D. R. P. 517451 vom 13. V. 1927 (E.RICHTER, M.HAGEDORN u. W.BECKER).

[3] I. G. Farbenindustrie A. G.: D. R. P. 511978 vom 2. XI. 1927.

[4] I. G. Farbenindustrie A. G.: E. P. 301807, Priorität vom 5. XII. 1927.

[5] I. G. Farbenindustrie A. G.: D. R. P. 487011 vom 9. V. 1928 (M.HAGEDORN, E.GÜHRING u. A.JUNG).

[6] I. G. Farbenindustrie A. G.: D. R. P. 488997 vom 15. VII. 1928 (M.HAGEDORN, E.GÜHRING, A.JUNG u. O.REICHERT). — S. auch Überziehen von Gegenständen, z. B. Kupferdrähten, mit Cellulose-acetat-stearat und Glykol-monobutyläther als Weichmacher, Eastman Kodak Co.: A. P. 2013825 vom 21. V. 1932.

[7] W.KORESKA: Deutsche Ann. K. 131379 vom 1. IX. 1933.

[8] I. G. Farbenindustrie A. G.: E. P. 289063, Priorität vom 22. IV. 1927; s. auch E. P. 336250 vom 4. VI. 1929.

[9] I. G. Farbenindustrie A. G.: D. R. P. 612812 vom 11. VII. 1928 (M.HAGEDORN, E.GÜHRING u. O.REICHERT).

[10] I. G.Farbenindustrie A. G.: D. R. P. 519457 vom 17. IX. 1927 (M.HAGEDORN). — Siemens u. Halske Akt.-Ges.: E. P. 395908 vom 15. X. 1932.

[11] I. G.Farbenindustrie A. G.: F. P. 661435 vom 3. X. 1928.

[12] I. G.Farbenindustrie A. G.: D. R. P. 542633 vom 15. IX. 1928.

[13] I. G.Farbenindustrie A. G.: A. P. 1979645 vom 28. VI. 1930.

[14] I. G.Farbenindustrie A. G.: Schweiz. P. 139824 vom 21. I. 1929.

der Viskosität von Schmierölen[1]; soweit sie noch freie Hydroxylgruppen enthalten, auch als Emulgatoren und Stabilisatoren für Fettemulsionen.

II. Stärke-ester.

Das Makromolekül der Stärke ist periodisch aufgebaut aus vielen hundert bis vielleicht tausend Glucopyranoseresten, die durchwegs α-glucosidisch aneinander gebunden sind[2], so daß bei der enzymatischen Spaltung durch Maltase direkt Maltose entsteht. Schema[3]:

$$\text{CH}_2\text{OH} \qquad \text{CH}_2\text{OH} \qquad \text{CH}_2\text{OH} \qquad \text{CH}_2\text{OH}$$

Die sterische Gleichrichtung der Gruppen, vielleicht noch mehr eine Verzweigung der Glucose-Ketten[4] bedingt, daß die Stärkemoleküle im Gegensatz zu den Cellulosemolekülen nicht gestreckt sind, sondern zickzackförmig oder „geknäuelt", daher auch weniger eng gepackt.

Berthelot[5] erhielt beim Erhitzen von Stärke mit Stearinsäure auf 180° kleine Mengen neutraler Verbindungen, die er als analog oder identisch mit den Stearaten der Glucose bezeichnete.

Zur Veresterung von Stärke unter möglichster Vermeidung thermischen oder acidolytischen Abbaues werden dieselben Methoden angewendet wie bei der Darstellung der Cellulose-ester.

Nach den ersten einschlägigen Patentschriften der I. G. Farbenindustrie A. G.[6] und der Société de Stéarinerie et Savonnerie de Lyon[7] wird die feingemahlene Stärke ohne weitere Vorbehandlung mit Säurechlorid und Pyridin o. dgl. umgesetzt, das Produkt aus benzolischer Lösung mit Benzol gefällt.

Die *einsäurigen* Ester, wie Palmitat, Stearat, Undecylenat, lösen sich in Chlorkohlenwasserstoffen, Benzol und seinen Homologen, sie sind weicher, geschmeidiger, plastischer als die entsprechenden Cellulosederivate, sie stehen etwa in der Mitte zwischen diesen und den Zucker-estern.

P. Karrer und Z. Zega[8] isolierten aus in gleicher Weise aus „Zulkowsky-stärke" erhaltenen Produkten zwei Verbindungen:

Tripalmitoyl-stärke $[\text{C}_6\text{H}_7\text{O}_2(\text{OCOC}_{15}\text{H}_{31})_3]_n$, Sinterung 54°, Schmp. 75°, $[\alpha]_D^{18} = +53{,}54°$ (CHCl$_3$).

Tristearoyl-stärke $[\text{C}_6\text{H}_7\text{O}_2(\text{OCOC}_{17}\text{H}_{35})_3]_n$, Sinterung 69°, Schmp. 86°, $[\alpha]_D^{18} = +49{,}38°$.

Mehrsäurige Ester können selbstverständlich nach demselben Verfahren erzeugt werden, indem man Gemische von Säurechloriden anwendet; dann auch durch Verestern der freien Säuren in Pyridin-Toluollösung mittels Phosgen[9]. In dieser Weise konnte Kartoffelstärke mit den Säuren des Leinöles und denen

---

[1] Imp. Chem. Ind.: E. P. 416513 vom 17. III. 1933.
[2] H. Mark: S. S. 630. — K. H. Meyer, H. Hopff u. H. Mark: Ber. Dtsch. chem. Ges. 62, 1103 (1929). [3] W. N. Haworth: Ber. Dtsch. chem. Ges. 65, Abt. A, 61 (1932).
[4] Staudinger u. Husemann: Liebigs Ann. 527, 195 (1937).
[5] Chimie organique, Bd. 2, S. 289. [6] D. R. P. 484242 vom 13. I. 1923.
[7] E. P. 208685 vom 12. II. 1923. [8] Helv. chim. Acta 6, 822 (1923).
[9] I. G. Farbenindustrie A. G.: D. R. P. 478127 vom 31. I. 1924 (L. Rosenthal).

des Holzöles verestert werden. Das Stärke-eläostearat läßt sich mit fetten Ölen verdünnen, d. h. mischen, polymerisiert sich schnell bei 100⁰ und gibt beim Trocknen in dünner Schicht klarglänzende, nichtrunzlige Filme.

Nach dem dritten allgemeinen Verfahren zum Verestern der hochpolymeren Kohlehydrate wurde Reisstärke, nach Quellung in 40%iger Lauge bei — 10⁰ und Abpressen, in benzolischer Suspension umgesetzt mit den Chloriden der Cocosölsäuren, der Laurin- und Benzoesäure, der Phenylessigsäure u. a. m.[1].

Zuletzt übertrug man die Veresterung mittels Säureanhydriden in Gegenwart von Chloressigsäure, Magnesiumperchlorat usw., auf in indifferenten Lösungsmitteln vorgequollene Stärke[2]. Die Produkte eignen sich zur Erzeugung von Emulsionen, andererseits von Fäden, Filmen, Schutzüberzügen, zum Wasserdichtmachen von Papier und Textilien verschiedener Art.

In gleicher Weise wie die anderen polymeren Kohlehydrate werden Inulin, Agar-Agar mit verschiedenen Fettsäuren und Naphthensäuren verestert. P. KARRER und Z. ZEGA (s. oben) erhielten aus durch mehrmaliges Umfällen gereinigtem Inulin und Säurechlorid, mittels Pyridin bei 80⁰ die Verbindungen:

$$[C_6H_7O_2(OCOC_{15}H_{31})_3]_n, \quad \text{Sinterung } 45^0, \text{ Schmp. } 52,5^0;$$
$$[C_6H_7O_2(OCOC_{17}H_{35})_3]_n, \quad \text{Schmp. } 60—63^0.$$

III. Fettsäureester von Zuckern.

Die Veresterung mehrerer Zuckeralkohole und Zucker mit Säuren verschiedener Art, darunter auch höheren Fettsäuren, hat zuerst BERTHELOT ausgeführt[3]. Außer dem Monopalmitat und Monooleat, dem Di- und Tristearat des Mannits, dem Mono- und Distearat des Dulcits, beschrieb er ein Glucosedistearat, das durch mehrtägiges Erhitzen der Säure mit Glucose oder auch mit Rohrzucker oder Trehalose (somit in diesen Fällen unter Spaltung der Disaccharide) entstand. Die Verbindungen waren aber vermutlich großenteils Derivate der Zuckeranhydride[4]. M. STEPHENSON[5] gelang es später, in die Glucose fünf Acyle einzuführen, er erhielt Pentapalmityl-glucose, aber nur in amorphem Zustand.

Reine Penta-acyl-α und β-glucosen, Derivate der Laurin-, Palmitin-, Öl- und Stearinsäure, synthetisierten erst G. ZEMPLÉN und E. D. LÁSZLÓ[6], dann auch K. HESS und E. MESSMER[7] durch Übertragung der Säurechlorid-Pyridinmethode. Bei dieser Veresterung bleibt der Pyranosering intakt, die Verbindungen entsprechen durchwegs der Formel:

$$CH_3—(CH_2)_n—CO—O \qquad O—CO(CH_2)_n—CH_3$$

$$CH_2—O—CO—(CH_2)_n—CH_3$$

Die Derivate der α-Glucose unterscheiden sich von denen der β-Reihe durch die niedrigeren Schmelzpunkte (die ungefähr mit den Schmelzpunkten

---

[1] I. G. Farbenindustrie A. G.: D. R. P. 515109 vom 11. II. 1928 (M.HAGEDORN).
[2] Hercules Powder Co.: A. P. 1959590 vom 22. III. 1932 (E.I.LORAND).
[3] Chimie organique fondée sur la synthese, 2. Bd., S. 190—193, 210—211, 289—290. 1860. Ann. Chim. (3), 60, 103 (1860).
[4] Reine Derivate eines Anhydrozuckers, Tripalmitat und Tristearat von Lävoglucosan, haben später P.KARRER, I.PEYER und Z.ZEGA dargestellt. Helv. chim. Acta 5, 861 (1922).   [5] Biochemical Journ. 7, 429 (1913).
[6] Ber. Dtsch. chem. Ges. 48, 915 (1915).   [7] Ber. Dtsch. chem. Ges. 54, 499 (1921).

der betreffenden freien Säuren zusammenfallen) und durch das größere Drehungsvermögen. Dieses nimmt in der α-Reihe mit wachsender Länge der Acyle ziemlich regelmäßig ab, wie dies auch bei anderen homologen Reihen der Fall ist. In der β-Reihe nimmt die bei den ersten Gliedern geringe Rechtsdrehung mit der Länge der Acyle zu. Sonst zeigen die Ester beider Reihen ziemlich gleiche Eigenschaften, und zwar größtenteils die von Fetten. Sie reduzieren nicht, sind geschmacklos, lösen sich in denselben Solventien wie Fette, die Kristalle sind weich, unter Druck plastisch.

In den Di- und Trisacchariden lassen sich mittels Säurechloriden und Pyridin ebenfalls alle freien Hydroxylgruppen durch Reste höherer Fettsäuren substituieren. Aus Rohrzucker wurde die Octapalmitoyl- und die Octastearoyl-saccharose dargestellt, aus Raffinose die Hendekapalmitoyl-raffinose. Auch in diesen Derivaten dominieren die lipoiden Komponenten, die Produkte gleichen daher den Glucose-estern.

Von mehrsäurigen Estern der Glucose mit bestimmter Stellung der Acyle wurden bisher nur das Monostearoyl-tetraacetyl-derivat[1] und die Monolauroyl-tetraacetyl-verbindung[2] synthetisiert, durch Umsetzen von Acetobromglucose mit den Silbersalzen der entsprechenden Fettsäuren.

Andere definierte Mischester mit Acylen verschiedener höherer Säuren werden sich ohne Zweifel nach den Methoden der stufenweisen Veresterung, unter intermediärer Maskierung einzelner Hydroxylgruppen oder Hydroxylpaare darstellen lassen (vgl. Bd. I, Synthese der Glyceride).

Technische Produkte, Gemische undefinierter mehrsäuriger Ester wurden aus Rohrzucker erhalten, durch die übliche Umsetzung mit Säurechloridgemischen in siedendem Pyridin. Führt man in dieser Weise die Reste der Leinölsäuren ein, so erhält man ein hochviskoses, in fetten Ölen und Lacklösungsmitteln lösliches Öl, geeignet als Firnis, Lackgrundlage und für ähnliche Verwendungen[3]. Die Chloride der Holzölsäuren geben Eläostearoyl-saccharosen von ähnlicher Beschaffenheit, die ohne Runzelbildung zu klarglänzenden, harten elastischen Filmen trocknen[4].

Zehnter Abschnitt.

Technische Erzeugung von Fettsäuren und Fettalkoholen aus Kohlenwasserstoffen.

Von ADOLF GRÜN, Basel.

Einleitung.

Begrenzung des Arbeitsgebietes.

Die Synthese der Fette im Sinne der präparativen Chemie umfaßt die Darstellung aller Bestandteile, Verbindungen bestimmter Konstitution, aus denen die Naturprodukte zusammengesetzt sind. Für die technische Erzeugung ist die Zielsetzung zunächst eine ganz andere. Die Produkte aus Kohlenwasserstoffen müssen nur dieselben wesentlichen Eigenschaften besitzen wie die natürlichen Fettstoffe, an deren Stelle sie verwendet werden sollen. Die Spezifität vieler, für technische Zwecke wichtigster Fettstoffe, gesättigter und einfach-

---

[1] K. HESS u. E. MESSMER: S. S. 647, Fußnote 7.
[2] H. STAUDINGER: Hochmolekulare organische Verbindungen, S. 467. Berlin. 1932.
[3] Farbenfabriken vorm. Fr. Bayer & Co.: D. R. P. 411900 vom 11. XI. 1923.
[4] I. G. Farbenindustrie A. G.: D. R. P. 478127.

ungesättigter Säuren, ist aber gering. Ein für solche Zwecke bestimmtes Kunstprodukt muß deshalb nicht aus denselben Verbindungen im gleichen Verhältnis
gemischt bestehen, wie das Naturprodukt; es genügen Verbindungen des gleichen
Typus von annähernd gleichem mittleren Molekulargewicht, also auch Isomere
und Homologe, die im Naturprodukt nicht enthalten sind, z. B. Fettsäuren mit
ungerader Zahl Kohlenstoffatome. Dasselbe gilt von den Alkoholen der Wachse.
Das vereinfacht die Aufgabe beträchtlich.[1] Dafür wird sie in gewissem Maße
erschwert durch die Begrenzung in der Wahl der Methoden. Bei der Erzeugung
von Säuren (oder Alkoholen und anderen Oxydationsprodukten) einfachster
Bauart aus Kohlenwasserstoffen kann es sich nur um Massenproduktionen handeln
und, den Preisen der natürlichen Fette entsprechend, um Verarbeitung billigster
Rohstoffe nach möglichst einfachen Verfahren. Die Übertragung von Laboratoriumsmethoden, wie die des stufenweisen Aufbaues der Säuren mittels Malon-
säureester, Acetessigester oder sonstige Verwendung kostspieliger Chemikalien,
bleibt von vornherein außer Betracht.

Die zahlreichen Verfahren zur Erzeugung der Alkohole, Säuren, Carbonylverbindungen und Ester von *niedrigem* Molekulargewicht aus Kohlenwasserstoffen werden im folgenden nicht behandelt, denn sie gehören nicht in das
Gebiet der Fettchemie. Dagegen die Oxydation alicyclischer Kohlenwasserstoffe.
Eine Abgrenzung wäre hier unmöglich, weil aliphatische und alicyclische Kohlenwasserstoffe in verschiedenen Erdölen nebeneinander vorkommen, so daß bei
der Oxydation Fettsäuren und Naphthensäuren nebeneinander entstehen. Zudem
gibt es überhaupt keine Trennungslinie zwischen Naphthensäuren und Fettsäuren;
gehören doch einzelne Bestandteile vegetabilischer Fette wie Chaulmoogra-,
Hydnocarpus-, Gorlinsäure als Cyclopentenylfettsäuren strukturell zu den
Naphthensäuren.

Entwicklung, historischer Überblick.

Bei den ersten planmäßigen Versuchen zur Oxydation von Paraffin mittels
Salpetersäure erhielten HOFSTÄDTER[2] und nach ihm WILLIGK[3] nur niedrige Fettsäuren. CHAMPION und PELLET[4], dann POUCHET[5], konnten auch größere Bruch-
stücke isolieren, ebenso GILL und MEUSEL[6] beim Oxydieren mittels Chromsäuregemisch.

Daß die Paraffinkohlenwasserstoffe in der Wärme lebhaft Sauerstoff absorbieren, wurde von BOLLEY und TUCHSCHMID[7] gefunden. ENGLER und BOCK[8]
stellten dabei Bildung wasserlöslicher Säuren fest. T. SCHAAL[9] hat die ersten
technischen Verfahren beschrieben: Erhitzen von Petroleum oder Kohlen-
destillaten in Gegenwart von Basen, auch Sauerstoffüberträgern, im Luftstrom;

---

[1] Bedeutend schwieriger ist selbstverständlich die Aufgabe, Fettsäuren komplizierterer Bauart (mehrfach-ungesättigte, Oxy-olefinsäuren) durch technisch
erzeugte Säuren von gleicher Struktur oder mindestens gleicher bestimmter
Verwendbarkeit zu ersetzen. Dieses Problem ist kaum in Angriff genommen.
Es ist weniger dringlich, weil man bereits synthetische Produkte ganz anderer
Konstitution gefunden hat, die einzelnen Naturstoffen gleichwertig oder überlegen sind, wie z. B. bestimmte Cellulose-ester, Kunstharze u. a. m., wertvoller
sind als die Lacke aus trocknenden Ölen.

[2] Liebigs Ann. **91**, 326 (1854).   [3] Ber. Dtsch. chem. Ges. **3**, 138 (1870).
[4] Jahresber. **1872**, 352.   [5] Referat, Ber. Dtsch. chem. Ges. **7**, 1453 (1874).
[6] Journ. chem. Soc. London (2), **6**, 466 (1868). — Mittels Chromylchlorid oxydierte
WARREN: Chem. News **65**, 29 (1892).
[7] Z. f. Chem. **4**, 500 (1868). — SAUSSURE hatte beobachtet, daß Erdöl ohne Erwärmen binnen 6 Jahren kaum das Zehnfache seines Volumens an Sauerstoff
(etwa 1,5% seines Gewichtes) aufnimmt. Zit. nach BERZELIUS: Traité de Chimie,
T. **3**, 581 (1839).   [8] Ber. Dtsch. chem. Ges. **12**, 2186 (1879).
[9] D. R. P. 32705 vom 25. IX. 1884.

ferner Oxydieren mittels Chlorkalk oder mittels Salpetersäure und Nachbehandlung mit schmelzendem Alkali. So sollten technisch brauchbare, höhere und
niedrigere Säuren entstehen. Diese Angaben waren nicht reproduzierbar[1]. Keinen
technischen Fortschritt brachten auch die Verfahren von I. WALTER[2] und anderen,
sowie die Versuche zur Oxydation mittels Salpetersäure von MARKOWNIKOFF[3]
und von CHARITSCHKOFF[4]; ebensowenig praktische Förderung ergab sich aus den
Untersuchungen über die allmähliche Autoxydation von Schmierölen, Transfor-
matorenölen u. a. m. Mehrere Forscher versuchten die indirekte Darstellung
von Oxydationsprodukten auf dem Wege über die Alkylchloride. So ZELINSKY[5]
durch deren Umsetzung mit Magnesium und Einwirkung von Kohlendioxyd auf
die GRIGNARD-Verbindungen, W. SCHRAUTH[6] durch Alkalischmelze der Halogenderivate, wobei die intermediär entstehenden Alkohole nach HELL-BUISINE zu
Säuren oxydiert werden sollten.

Den ersten wesentlichen Erfolg hatte C. HARRIES[7] durch die Übertragung
seiner Methode der Aufspaltung von Olefinen mittels Ozon auf technische Rohstoffe, die ungesättigten Bestandteile von Teerölen aus der Braunkohle.

Inzwischen trat die Oxydation von Paraffin mittels molekularem Sauerstoff
in die entscheidende Phase. TH. T. GRAY[8] fand, daß beim Erhitzen von Paraffin-
Luftgemischen, vermeintlich infolge gleichzeitiger Bestrahlung mit ultraviolettem
Licht, Ester entstehen. MATHESIUS[9] erhielt unter Anwendung von Alkali im
Überschuß, Nickeloxyd als Überträger und reinem Sauerstoff unter höherem
Druck, Fettsäureausbeuten bis 60%. W. FREUND[10] erzielte gleich große Ausbeuten
bloß mit Luft und ohne Überdruck, allerdings erst nach wochenlanger, auch bei
Zusatz von Quecksilberoxyd noch tagelanger Einwirkung.

Erst die Firma Georg Schicht A. G. und AD. GRÜN[11] fanden, daß weder reiner
Sauerstoff, noch Überdruck, Katalysatoren, Bestrahlung oder sehr lange Einwirkungsdauer nötig sind, um fast vollständige Überführung von Paraffin in
Fettsäuren und Wachsester zu erzielen; sie zeigten, daß nur die Temperatur
und die Intensität des Luftstromes den Ausschlag geben. Weitere, zum Teil sehr
wichtige Aufklärungen über die Paraffinoxydation, andere Ausführungsformen
verdankt man vor allen FRANZ FISCHER[12], W. SCHNEIDER[12], C. KELBER[13], L. UB-
BELOHDE[14], W. SCHRAUTH[15], H. H. FRANCK[16] und anderen. Die Oxydation flüssiger
Kohlenwasserstoffe zu Fettsäuren wurde von E. ZERNER[17], dann von PETROW[18],
K. IWANOW, PLISSOFF und anderen russischen Chemikern erfolgreich bearbeitet, die
Oxydation in der Dampfphase zu Aldehyden, Aldehydsäuren u. a. m. zumeist von
amerikanischen Chemikern. Eine große Zahl Ausführungsformen der Oxydation
mittels Luftsauerstoff, die technische Ausgestaltung der Reaktion mit Salpeter-

---

[1] Bestätigung durch SCHAAL selbst vor dem Deutschen Kriegsausschuß für Öle und
     Fette. S. E. ZERNER: Chem.-Ztg. 54, 280 (1930).
[2] D. R. P. 168291 vom 28. X. 1904.
[3] Journ. Russ. phys.-chem. Ges. (russ.) 31, 47 (1899); Petroleum 9, 1376, 1504 (1914).
[4] Chem.-Ztg. 31, 266, 568 (1907); 33, 161, 1165 (1909).
[5] D. R. P. 151880 vom 21. XI. 1902; Ber. Dtsch. chem. Ges. 35, 2687 (1902).
[6] D. R. P. 327048.   [7] D. R. P. 314745, 314746, 314747, 332594, 339562.
[8] A. P. 1158205 vom 26. X. 1915.   [9] D. R. P. 350621; s. auch D. R. P. 358402.
[10] Pardubitzer Fabrik der A. G. für Mineralölindustrie: Schweiz. P. 82057, Priorität
     (Öst.) vom 2. IX. 1916, 17. IX. 1917, 29. I. 1918 und 25. IX. 1918.
[11] D. R. P.-Anm. Sch. 53312, Priorität (Öst.) vom 29. VI. 1917.
[12] Gesammelte Abhandlungen zur Kenntnis der Kohle, besonders Bd. 4. 1919. Ber.
     Dtsch. chem. Ges. 53, 922 (1920).
[13] Firma Flammer und C. KELBER: D. R. P. 406866 vom 22. V. 1919.
[14] Dissertation S. EISENSTEIN. Karlsruhe. 1918.
[15] SCHRAUTH u. FRIESENHAHN: D. R. P. 308422; Chem.-Ztg. 45, 177 (1921).
[16] Chem.-Ztg. 44, 309 (1920).   [17] E. P. 174611, Priorität (Öst.) vom 29. I. 1921.
[18] Chem.-techn. Fabrikant 23, Nr. 16, 27, 28 (1926).

säure und mit Oxyden des Stickstoffs sind in Patentschriften der I. G. Farbenindustrie A. G. beschrieben.

Weitere Entwicklungsmöglichkeiten.

Einige Verfahren zur technischen Erzeugung höherer Säuren, Alkohole und Ester aus Kohlenwasserstoffen sind derzeit so entwickelt, als vor der Ausübung von Fabrikationsmethoden im großen Maßstab nötig ist — man könnte vielleicht sogar sagen, so weit, als ohne die Erfahrungen, die sich erst im laufenden Großbetrieb ergeben können, möglich erscheint. Dagegen erkennt man jetzt erst recht eine andere Schwierigkeit: die Beschaffung genügend großer Mengen geeigneter Rohstoffe. Die Reaktionen der Kohlenwasserstoffe, auf denen die bisher ausgearbeiteten Verfahren beruhen, bedingen eine zum Teil beträchtliche Verkürzung der Kohlenstoffketten. Die Erzeugung der Fettsäuren mit etwa 12—18 Kohlenstoffatomen erfordert Rohstoffe mit fast doppelt so langen Ketten, also bessere Paraffinsorten, die verhältnismäßig selten und nicht wohlfeil sind. Die Säuren aus naphthenhaltigen Ölen sind für die meisten Verwendungszwecke minderwertig, auch ist es noch nicht gelungen, ihren widerwärtigen Geruch dauernd zu beseitigen.

Einen Ausweg bietet wahrscheinlich die Erzeugung hochmolekularer Kohlenwasserstoffe, Alkane und vielleicht auch Olefine, aus der Kohle; durch direkte Hydrierung von Kohle oder Kohleteeren oder durch Hydrierung der Kohlenoxyde (Kogasinverfahren von FISCHER und TROPSCH, Ergasinverfahren).

FRANZ FISCHER[1] hat bereits gezeigt, wie aus Wassergas-Wasserstoffgemischen (Synthesegas) durch Anwendung geeigneter Katalysatoren neben Benzin auch höhere Methanhomologen erhalten werden können, darunter sogar die bisher höchsten, früher unbekannten Homologen, die über 100^0 schmelzen; ein geradezu ideales Material für die Oxydation mittels Luftsauerstoff[2].

Bei Anwendung bestimmter Katalysatoren, wie Kobalt-Thoriumoxyd auf Gur, ergibt die Hydrierung der Kohlenoxyde auch Olefine. Von diesen scheinen sich allerdings vorwiegend die niedrigeren Homologen zu bilden, für die oxydative Spaltung mittels Ozon oder auf anderem Weg nicht genügend geeignet. Es ist aber wohl möglich, daß bei weiterer Ausgestaltung der Verfahren auch die höheren Homologen in großen, für die technische Verarbeitung genügenden Mengen erzeugt werden. Vielleicht erhält man aus den Olefinen auch in anderer Weise brauchbare Derivate, etwa durch Polymerisation[3] oder indem man sie unter hohem Druck mittels Phosphorsäure und Kupferphosphat als Katalysatoren mit Kohlenoxyd und Wasser zu Isosäuren umsetzt[4]. Man könnte sie auch zu Alkoholen hydratisieren und diese mittels Dehydrierungskatalysatoren kondensieren[5].

Bei der Kohlenoxydhydrierung entstehen nebenbei auch Alkohole und Säuren, allerdings nur niedrigere Homologen[6]. Es besteht die Möglichkeit, unter bestimmten Bedingungen auch die höheren Homologen direkt zu erhalten, unter Verwendung hydrierender und hydrolysierender Katalysatoren oder durch geeignete Nachbehandlungen[7].

---

[1] FR. FISCHER u. TROPSCH, FR. FISCHER, TH. BAHR u. A. MENSEL: Ber. Dtsch. chem. Ges. 69, 183 (1936). [2] S. auch bereits F. HEBLER: Erdöl u. Teer 4, 333 (1928).
[3] Z. B. I. G. Farbenindustrie A. G.: F. P. 793226 vom 1. VIII. 1935; Internat. Hydr. Pat. Co. Ltd.: F. P. 794397 vom 3. VIII. 1935.
[4] Z. B. D. V. N. HARDY: Journ. chem. Soc. London 36, 362 (1936).
[5] E. I. du Pont de Nemours: A. P. 2004350 vom 2. XII. 1931 (N. D. SCOTT).
[6] KOCH, PICHLER u. KÖLBEL: Brennstoff-Chem. 16, 383 (1935).
[7] I. G. Farbenindustrie A. G.: D. R. P. 441272 vom 26. IX. 1924 (R. WIETZEL u. O. KÖHLER); D. R. P. 628557 vom 8. II. 1924 (R. WIETZEL u. M. LUTHER).

Im folgenden Schema sind die Methoden und einige Vorschläge zur direkten und indlrekten Überführung der Kohlenwasserstoffe in Oxydationsprodukte und technische Erzeugnisse aus denselben zusammengestellt.

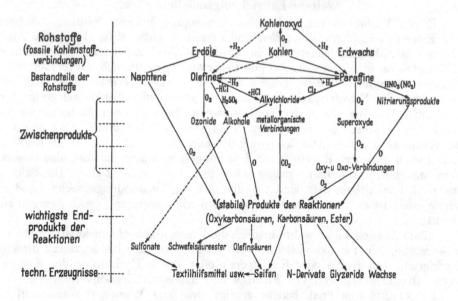

Wirtschaftliche Voraussetzungen.

Die praktische Ausführung von Verfahren zur künstlichen Nachbildung eines Naturproduktes setzt im allgemeinen voraus, daß dieses nicht in zureichenden Mengen vorkommt bzw. nicht landwirtschaftlich erzeugt werden kann oder daß die Synthese — mitunter auch nur im Verhältnis zur besseren Qualität des Erzeugnisses — wohlfeiler ist. Für die Fette oder Fettsäuren trifft weder das eine noch das andere zu. Daran dürfte sich auch in absehbarer Zeit nichts ändern, soweit man nur die Weltproduktion und den gesamten Weltverbrauch in Betracht zieht. Ganz anders ist die Sachlage erfahrungsgemäß in bezug auf geschlossene Wirtschaftsgebiete, in denen die Erzeugung von Fetten im landwirtschaftlichen Betrieb, allenfalls auch durch den Fang fettreicher Seetiere, nicht genügt oder künftig unter möglichen Umständen nicht genügen könnte. Wo die spätere Notwendigkeit einer Herstellung „um jeden Preis" im Bereiche der Möglichkeit liegt, wird man die technische Möglichkeit für diese Erzeugung rechtzeitig zu schaffen trachten. Zum mindesten durch das Ausarbeiten brauchbarer Verfahren, besser noch dadurch, daß man sie, wenn auch ohne wirtschaftlichen Vorteil, in gewissem Umfang ausübt, um sie zu verbessern, zu verbilligen, wie es nur im laufenden Betrieb möglich ist. Man muß eben ein Verfahren, wie sich der Techniker ausdrückt, „seine Kinderkrankheiten überstehen lassen"; so erweist es seine Lebensfähigkeit.

Es ist wahrscheinlich, daß man von den vorliegenden Verfahren das eine oder andere im Betrieb so weit ausgestalten kann, um nach demselben — in Ermanglung natürlicher Fettsäuren für die gröberen technischen Zwecke — gleichwertige Produkte in erträglicher Preislage herzustellen. Es ist sogar denkbar, daß später einmal die synthetischen Produkte mit den als technische Rohstoffe dienenden Säuren aus natürlichen Fetten wirtschaftlich in Wettbewerb treten könnten. Das ist vielleicht mehr eine Frage der Rohstoffbeschaffung als der Leistungsfähigkeit der Verfahren (vgl. oben, S. 651). Anders steht es mit der Verwendung von Glyceriden aus synthetischen Säuren als Nahrungsfette, die von Einzelnen sogar als wichtigstes Ziel der Synthese betrachtet wurde. Die Fettsäuren aus Kohlenwasserstoffen haben ebenso wie das Gärungsglycerin unter Umständen gewiß auch in dieser Beziehung Bedeutung, aber in allererster Linie indirekt, indem durch sie außerordentlich große Mengen sonst für technische Zwecke verbrauchter natürlicher Fette für die Ernährung verfügbar würden. Es ist ja auch kaum anzunehmen, daß die Erzeugung pflanzlicher und tierischer Fette nicht einmal den für Nahrungszwecke verwendeten bzw. absolut nötigen Bruchteil des Gesamtverbrauches erreichen sollte.

Die vielerlei Verfahren und Vorschläge sind in folgende Gruppen zusammengefaßt:

I. Oxydation ungesättigter Kohlenwasserstoffe mittels atomarem und molekularem Sauerstoff.

II. Oxydation ungesättigter Kohlenwasserstoffe mittels Ozon.

III. Kombination von Olefinbildung und Oxydation.

IV. Oxydation gesättigter Kohlenwasserstoffe mittels gebundenem Sauerstoff.

V. Oxydation gesättigter Kohlenwasserstoffe mittels molekularem Sauerstoff.

I. Oxydation ungesättigter Kohlenwasserstoffe mittels atomarem und molekularem Sauerstoff.

Vom Standpunkt des präparativen Chemikers sind die Olefine viel geeignetere Ausgangsprodukte zur Darstellung von Oxydationsprodukten der Paraffine, als diese selbst. Die ungesättigten Kohlenwasserstoffe sind ja konstitutionell Oxydationsprodukte der gesättigten. Die Olefine geben auch ohne Oxydation, durch Hydratation oder Anlagerung von Säuren, Sauerstoffderivate der Alkane. Sie addieren Sauerstoff oder Hydroxylgruppen, geben Oxyde, Glykole oder Glykolderivate, weiterhin Oxy-oxo- und Dioxoverbindungen, die sich leicht zu Säuren aufspalten lassen.

Technisch werden aber bisher bloß die niedrigeren Homologen in Oxydationsprodukte verschiedener Art übergeführt, denn nur sie sind leicht zugänglich; sie entstehen in enormen Mengen bei der Krackung von Mineralölen und sind auch in Koksofengasen usw. enthalten. Höhermolekulare Olefine finden sich seltener, die Krackprodukte, Teeröle usw. enthalten verhältnismäßig wenig höhere Olefine. Insbesondere wenig von den wertvollsten mit endständiger Doppelbindung, die bei der oxydativen Spaltung keine Produkte mit zu stark verkürzten Kohlenstoffketten geben[1].

Dazu kommt, daß die klassischen Oxydationsmethoden[2], die zur Charakterisierung der niedrigen Homologen der Äthylenreihe dienen können, bei den höheren Homologen, wie die nachstehenden Beispiele zeigen, viel weniger glatt und einsinnig verlaufen.

Die Oxydation mittels Permanganat wurde technisch zuerst von A. FLEXER[3] auf die ungesättigten Verbindungen des Holzteers angewendet. Angeblich erhält man so bis zur Hälfte des Rohstoffgewichtes an Fettsäuren, die nach Reinigen und Bleichen handelsfähige Seifen geben.

H. STRACHE[4] hat vorgeschlagen, an Olefine aus Erdgasen, Erdölen, Gasteeren u. dgl. zuerst Schwefelsäure oder Chlorwasserstoff anzulagern und die Produkte mittels Bichromatschwefelsäure oder ähnlich wirkenden Mitteln zu oxydieren. Wenn anfänglich gekühlt wird, sollen dabei Aldehyde entstehen, bei längerer Einwirkung unter Rückfluß niedere und höhere Fettsäuren. Es handelt sich hier um ein Kombinationsverfahren zur Verwertung von Säureharzen.

Die Anlagerung von Wasserstoffsuperoxyd an Olefine verläuft träge. CARIUS[5] erhielt aus Äthylen nur sehr wenig Glykol. Verwendet man aber als

---

[1] Z. B. finden auch H.I.HALL u. G.B.BACHMAN: Ind. engin. Chem. **28**, 57 (1936), daß die Gasoline zumeist Olefine mit mittelständiger Doppelbindung enthalten. Nur nach dem „Gyroprozeß" entstünden viel α-Olefine.

[2] Milde Oxydation mittels Permanganat in neutraler Lösung zu Glykolen: WAGNER: Ber. Dtsch. chem. Ges. **21**, 1230, 3359 (1888). — Oxydative Aufspaltung zu Säuren: ZEIDLER: Liebigs Ann. **197**, 243 (1879) u. a. m.

[3] D. R. P. 364440, Priorität (Öst.) vom 1. XII. 1916.

[4] D.R.P. 344877, Priorität (Öst.) vom 20. I. 1917.   [5] Liebigs Ann. **126**, 209 (1863).

Lösungsmittel niedrige Fettsäuren, z. B. Eisessig, so gehen selbst höhere Olefine sehr glatt in die Monoester der entsprechenden Glykole über[1]. Vielleicht besteht die Reaktion in der Anlagerung von Persäuren.

Auf die indirekte Oxydation durch Anlagerung von Chlor oder unterchloriger Säure, mit nachfolgender Substitution des Halogens durch Hydroxyl und weitere Oxydation, kann nur verwiesen werden.

Die Oxydation der Olefine mittels Luftsauerstoff geht nur bei den niedrigen Homologen glatt. So wird Äthylen bei 585⁰ oxydativ zu Formaldehyd gespalten[2]. Bei niedrigerer Temperatur geben Äthylen und Propylen über silber- oder goldhaltigen Kontakten Alkylenoxyde[3].

Nach E. ALBRECHT, R. KOETSCHAU und C. HARRIES[4] werden die höheren Olefine beim Erhitzen mit hochkonzentriertem (schmelzenden) Alkali unter Durchleiten von Sauerstoff oder Luft, in Paraffine und Carbonsäuren gespalten. So gab ein Gasöl aus Braunkohlenteer, Jodzahl 63, mit dem gleichen Gewicht Kaliumhydroxyd im Luftstrom auf 170⁰ erhitzt, binnen 1—2 Stunden über ein Drittel vom Gewicht des Rohstoffes an Säuren in Form der Kalisalze. Krackprodukte mit höheren Jodzahlen geben noch mehr Säuren. Auch aus Säureharzen[5] u. dgl. entstehen so Säuren, aber anscheinend mehr oder weniger Polynaphthensäuren (Dichte > 1), ähnlich den von CHARITSCHKOFF aus russischem Erdöl erhaltenen Produkten. Nach den Autoren erfolge die Spaltung nach dem Schema:

$$R_1—CH=CH—R_2 \rightarrow R_2COOH + CH_3 \cdot R_2 \text{ [bzw. } R_1 \cdot CH_3 + HOCO \cdot R_2]$$

und verliefe wie der VARRENTRAPPsche Abbau der Olefinsäuren, nur ohne Umlagerung. Dieser Abbau tritt aber erst bei viel höherer Temperatur ein, gegen 300⁰, und zwar unter Entwicklung von Wasserstoff, vielleicht unter intermediärer Bildung des Enolats einer β-Ketonsäure, worauf hydrolytische Spaltung eintritt:

$$
\begin{array}{ccc}
R & R & R \\
| & | & | \\
CH & C—OK & COOK \\
\| \;\; + HOK = H_2 + \;\; \| & \xrightarrow{+ H_2O} & + \\
CH & CH & CH_3 \\
| & | & | \\
COOK & COOK & COOK
\end{array}
$$

Es ist sehr fraglich, ob die Reaktion der Kohlenwasserstoffe mit Alkali und Luft in gleicher Weise verläuft, der Sauerstoff demnach nur sekundär durch Bindung des Wasserstoffes wirkt.

Durch Blasen von rohem Buchenholzteer, ohne Zusätze mit Luft bei 120 bis 150⁰, gaben die ungesättigten Bestandteile teils flüchtige, undefinierte Oxydationsprodukte, teils harzsäurenähnliche Peche[6]; Harzöle geben ähnliche Säuren[7].

VOGEL[8] hat vorgeschlagen, organische Verbindungen im allgemeinen, darunter auch ungesättigte Kohlenwasserstoffe, mittels molekularem Sauerstoff zu oxydieren unter Behandlung mit Hochspannungs- oder Hochfrequenzströmen.

---

[1] Böhme Fettchemie G. m. b. H. (AD. GRÜN): D. R. P.-Anm. B. 167358. — S. auch I. BOËSEKEN: Rec. Trav. chim. Pays-Bas (4), 54, 657 (1935).
[2] WILLSTÄTTER: Liebigs Ann. 422, 36 (1921).
[3] Soc. française de Cat. Gén.: E. P. 444186 vom 13. IX. 1934.
[4] D. R. P. 314745 vom 29. III. 1916; D. R. P. 314746 vom 11. VII. 1916.
[5] D. R. P. 314747 vom 11. VI. 1916.
[6] Chem. Fabrik Flörsheim: D. R. P. 163446 vom 18. VI. 1903; 171379 vom 15. I. 1904; 171380 vom 26. I. 1904.
[7] Chem. Fabrik Flörsheim: D. R. P. 175633 vom 21. III. 1905.
[8] Ölwerke Stern-Sonneborn A. G.: E. P. 254375 vom 30. III. 1925.

II. Oxydation ungesättigter Kohlenwasserstoffe mittels Ozon.

Das Verfahren wurde von C. HARRIES, H. KOETSCHAU und E. FONROBERT[1] technisch ausgearbeitet zur Verwertung von Braunkohlenteerölen, insbesondere aus Tieftemperaturteer, von Gasölen und anderen olefinhaltigen Rohstoffen. Man kann dieselben als solche verwenden oder besser erst nach dem EDELEANU-Verfahren mittels flüssiger schwefliger Säure die stark ungesättigten und die cyclischen Kohlenwasserstoffe entfernen, darauf im Rückstand die Olefine von den Paraffinen abtrennen, z. B. durch das Schwitzverfahren.

Chemismus der Reaktion: Nach der Auffassung von H. STAUDINGER[2], die durch die Untersuchungen von A. RIECHE[3] vollkommen bestätigt wurde, verläuft die Ozonisierung eines Olefins, entgegen der Annahme von HARRIES, in folgender Weise: Primär erfolgt Addition der Komponenten zum Mol-Ozonid (I). Dieses labile Zwischenprodukt wird je nach den Bedingungen polymerisiert, und zwar zum Bimeren (II) oder zu Hochpolymeren, zum Teil oxydiert zum Ox-Ozonid, hauptsächlich aber umgelagert zum beständigen Iso-Ozonid (III), das eine Art cyclisches Acetal ist. Aus diesem entsteht durch Aufnahme von Wasser ein unsymmetrisches Dioxydialkyl-peroxyd (IV), das sich nach zwei Richtungen spalten kann in Aldehyde und Oxyalkyl-hydroperoxyde (V und VI). Jedes Peroxyd zerfällt in Aldehyd und Wasserstoffsuperoxyd oder in Carbonsäure und Wasser.

Je nach den eingehaltenen Bedingungen erhält man durch Hydrolyse der ozonisierten Olefine Aldehyde und Säuren oder in weitaus überwiegender Menge Säuren. Bei der technischen Verarbeitung von Gasöl entstehen große Mengen Formaldehyd, woraus HARRIES schloß, daß die Rohstoffe hauptsächlich Olefine mit endständiger Doppelbindung enthalten. Diese Schlußfolgerung ist aber nicht genügend begründet, ebenso wenig die Annahme, daß geringe Mengen vermeintlicher α-, β-Olefinsäuren aus Diolefinen stammen.

[1] Chem.-Ztg. **41**, 117 (1917).
[2] Ber. Dtsch. chem. Ges. **58**, 1088 (1925).
[3] Ztschr. angew. Chem. **43**, 628 (1930); s. auch **42**, 814 (1929).

Ausführung des Verfahrens[1]. Durch das olefinhaltige Material, z. B. eine unter 10 mm von 125—220⁰ siedende Gasölfraktion mit der Jodzahl 50—60, wird ein Strom von ozonisiertem Sauerstoff oder Luft geleitet bis zur Gewichtsvermehrung um etwa 10%. Die Intensität des Gasstroms wird nach dem Ozongehalt geregelt. Bei präparativer Ausführung mit Sauerstoff, der z. B. 70 g O_3 im Kubikmeter enthält, genügen 100—150 l pro Kilogramm und Stunde; bei technischer Ausführung, z. B. mit Luft, die 2—2,5 g O_3 im Kubikmeter enthält, ist eine entsprechend größere Gasgeschwindigkeit erforderlich. Zwecks besserer Ausnützung des Ozons schaltet man mehrere Absorptionsgefäße hintereinander. Zur Abscheidung der flüchtigen Produkte, besonders Formaldehyd und Ameisensäure, gehen die Abgase durch Wäscher. Das ozonisierte Material wird mit Wasserdampf behandelt (betriebsmäßig 2—3 Stunden lang), bis die Ozonide zerlegt sind und die Spaltungsprodukte auf der wäßrigen Schicht schwimmen. Dann versetzt man mit konzentrierter Kalilauge und kocht weiter mit überhitztem Dampf. Dabei werden die Peroxyde in Säuren umgelagert, die sich in der Lauge lösen. Die so erhaltene Lösung der Kaliseifen kann nach ihrem Abtrennen von der überstehenden Schicht aus unveränderten Kohlenwasserstoffen, Aldehyden Ketonen, usw. direkt verwendet oder zu Natronseife umgesetzt werden. Aus einem Rohstoff mit etwa 20% Olefinen werden rund 20% seines Gewichtes an Fettsäuren erhalten, und zwar bei Verarbeitung der Fraktion Siedep. = 100—250⁰ des EDELEANU-Raffinats, vorwiegend Palmitin- und Stearinsäure, hingegen aus unzerlegtem Gasöl mehr niedrigere Säuren mit 7—10 Kohlenstoffatomen.

Aus der von den Seifen abgetrennten Ölschicht können die Aldehyde und Ketone mittels Bisulfit abgeschieden werden. Das dann noch verbleibende, von etwa 280—350⁰ siedende, bei — 6⁰ bis + 1⁰ erstarrende Öl ist wegen seiner großen Beständigkeit für Transformatoren, Schalter, als Schmiermittel und für andere Zwecke sehr geeignet. Aus den Abgasen wird das Formaldehyd, allenfalls als Trioxymethylen, gewonnen.

Das Verfahren kann verschiedentlich variiert werden. Unterschichtet man das Ausgangsmaterial bei der Ozonisierung mit Lauge, so werden die Ozonide gleich gespalten und die neben den Säuren entstehenden Aldehyde in einem zu Säuren oxydiert; die Ausbeute soll fast quantitativ sein.

Enthält das Ausgangsmaterial stark-ungesättigte Kohlenwasserstoffe, so empfiehlt sich zur Verminderung der Explosionsgefahr Verdünnen mit indifferenten Lösungsmitteln.

Auch die Zerlegung der Ozonide kann modifiziert werden; z. B. behandelt man, zwecks möglichst vollständiger Gewinnung der Carbonylverbindungen, die Ozonide in der Kälte mit Reduktionsmitteln, wie Zink, schwefliger Säure usw. Um möglichst helle Seifen zu erhalten, behandelt man vor der Zerlegung mit Oxydationsmitteln[2].

Die Ozonisierung von Mineralölen, die größtenteils aus Naphthenen bestehen, ergibt keine definierten Produkte[3]. Die planmäßigen Untersuchungen über Ozonisierung cyclischer Verbindungen betreffen nur aromatische[4] und hydroaromatische[5] Verbindungen, keine Naphthenkohlenwasserstoffe.

[1] D. R. P. 324 663 vom 29. II. 1916; 332 478 vom 11. VI. 1916; 339 562 vom 20. IX. 1919. — Über Ozonisierung von Erdölen s. auch KOETSCHAU: Ztschr. angew. Chem. 35, 509 (1922); ferner SCHAARSCHMIDT u. THIEME: S. 657, Fußnote 3.
[2] D. R. P. 332 594, zweiter Zusatz zu D. R. P. 324 663.
[3] A. S. RAMAGE: E. P. 273 832 vom 13. IV. 1926. Ozonisierung von Erdölen in Gegenwart von Stahlspänen zwecks Erzeugung lackartiger Stoffe. Über Verwendung von Erdölozoniden als Lackstoffe s. auch D. R. P. 323 155.
C. HARRIES: Untersuchungen über das Ozon. Berlin. 1916. — E. FONROBERT: Das Ozon. Stuttgart. 1916.   [5] R. KOETSCHAU: Ztschr. angew. Chem. 37, 42 (1924).

Das Verfahren wurde während des Weltkrieges im Stile technischer Groß-versuche ausgeführt. Man hielt es damals auch für entwicklungsfähig. Einst-weilen bleibt aber seine Verwendung als unwirtschaftlich außer Betracht. Vor allem ist diese Fettsäuren-Erzeugung nur in Kombination mit anderen Verfahren zur chemischen Verarbeitung von Braunkohlen ausführbar. Denn man erhält aus 100 t Kohle nur 3 t Teer, aus diesen 1,60 t EDELEANU-Raffinat, die wiederum 0,64 t Schwitzöl und daraus (neben dem Feinraffinat und dem Formaldehyd) 0,12 t Fettsäuren geben. Zur täglichen Erzeugung von 20 t Fettsäuren, das ist eine Jahresproduktion von 6000 t, müßten 5 Millionen t Braunkohle verarbeitet werden. Insbesondere wäre aber der Energieverbrauch für die Ozonerzeugung groß bzw. kostspielig. Die angegebene Produktion würde eine Anlage von 9000 Kilowattstunden erfordern.

Das Ozonverfahren zeigt allerdings gegenüber der Oxydation von Paraffin-kohlenwasserstoffen mittels Luftsauerstoff den Vorteil, daß es einfacher, leichter regulierbar ist und das Material viel mehr schont. HARRIES[1] hat aber selbst an-erkannt, daß die Paraffinoxydation wirtschaftlicher ist und größere Aussichten haben dürfte.

III. Kombination von Olefinbildung und Oxydation.

Nachdem die Paraffinkohlenwasserstoffe leicht in Olefine übergeführt und diese ebenso leicht oxydiert werden können, hat man selbstverständlich versucht, die Methoden zu kombinieren.

Nach einem von AD. GRÜN und E. ULBRICH[2] ausgearbeiteten Verfahren werden hochmolekulare Paraffine destruktiv destilliert und die Produkte hydrati-siert oder oxydiert. Reines Pentatriakontan gibt 87—89% flüssiges Destillat mit der Jodzahl 75, Hartparaffin ein ganz ähnliches Zwischenprodukt, Jodzahl 74, aus dem man mit der berechneten Menge Permanganat wasserunlösliche Fett-säuren erhält, die nach Neutralisationszahl (bis 250) und Verhalten den Säuren des Palmkernöles ähneln.

A. SCHAARSCHMIDT und M. THIELE[3] chlorierten Paraffin bis zu Halogen-gehalten von rund 10 bzw. 20 und 30%, spalteten mit alkoholischer Lauge Chlor-wasserstoff ab und oxydierten die Produkte (jedenfalls Gemische von Olefinen, Diolefinen, Acetylenhomologen und restlichen Paraffinen) mittels Permanganat, unter Verwendung von Kaliumpalmitat oder -stearat als Emulgierungsmittel. Aus dem Zwischenprodukt mit geringstem Chlorgehalt erhielten sie Säuren mit durchschnittlich 15 Kohlenstoffatomen, aus dem Höchst-chlorierten mehr nie-drigere Säuren. Daraus ergibt sich, daß ohne Zweifel die Spaltung ungefähr in der Mitte der Kohlenstoffkette erfolgt; entweder weil bereits die Halogenatome an dieser Stelle eintreten (was mit dem Verhalten der Paraffine gegen Sauerstoff und Salpetersäure übereinstimmen würde) oder weil während der Entchlorung eine Verlegung der Doppelbindungen stattfindet.

Ähnlich ist das von CH. OCKRENT und D. W. F. HARDIE[4] ausgearbeitete Verfahren: Chlorieren von Paraffin, Behandeln der Produkte mit methyl-

---

[1] Vortrag in der Sitzung des Vereines zur Beförderung des Gewerbfleißes zu Berlin am 2. II. 1920.
[2] Georg Schicht A. G.: Österr. P. 89635 vom 22. XII. 1917; vgl. auch Standard Oil Dev. Cy.: F. P. 779895 vom 8. X. 1934. Die Erhöhung des Olefingehaltes in Gemischen mit Paraffinen vor der Oxydation haben bereits ALBRECHT, KOETSCHAU u. HARRIES (s. S. 656) in Betracht gezogen.
[3] Ber. Dtsch. chem. Ges. 53, 2128 (1920).
[4] Imperial Chemical Industries Ltd., E. P. 452660 vom 26. II. 1935.

alkoholischem Kali unter Druck, Oxydieren mittels Natriumbichromat und Schwefelsäure.

Die gleichen Autoren erhielten aus den ungesättigten Zwischenprodukten durch Ozonisieren, Spalten der Ozonide und Nachoxydation der Aldehyde, etwa zwei Drittel vom Gewicht des Ausgangsmaterials an Fettsäuren mit 7—17 Kohlenstoffatomen, darunter auch ungesättigte Verbindungen.

Kombination von Chlorierung und Oxydation: Sofern sich bei den höheren Homologen des Methans eine Methylgruppe chlorieren ließe, wäre das von W. SCHRAUTH[1] angegebene Verfahren ein höchst einfacher Weg, um vom Paraffin zu hochmolekularen Säuren zu gelangen. Die Alkylchloride werden der Kalischmelze unterworfen. Sie geben dabei primäre Alkohole, die sogleich im Sinne der Reaktion von HELL-BUISINE unter Abspaltung von Wasserstoff in Carbonsäuren übergehen. Die Aufgabe einer befriedigenden Darstellung von 1-Chlorparaffinen aus den Kohlenwasserstoffen ist freilich noch nicht gelöst.

IV. Oxydation gesättigter Kohlenwasserstoffe mittels gebundenem Sauerstoff.

In bezug auf die Reaktionsfähigkeit gegenüber Paraffinkohlenwasserstoffen lassen sich die Oxydationsmittel in zwei Gruppen teilen. Die Stickstoff-Sauerstoffverbindungen greifen verhältnismäßig recht leicht an, während die übrigen Oxydationsmittel mehr oder minder träge reagieren.

A. Oxydation mittels Salpetersäure und Stickoxyden.

Schon vor über 80 Jahren verwendete HOTSTÄDTER[2] Salpetersäure zur Oxydation von Paraffin und erhielt Produkte weitgehenden Abbaues, wie Buttersäure, Valerian- und Bernsteinsäure. Dann wurden von WILLIGK[3] mittels Nitriersäure nur flüchtige Säuren erzeugt, von CHAMPION und PELLET[4] sowie von POUCHET[5] auch höhere Säuren und Stickstoffderivate. Untersuchungen von WORSTALL[6], PESKA[7], MARKOWNIKOW[8]; CHARITSCHKOW[9] und anderen Forschern brachten weder in bezug auf die theoretische Erfassung des Reaktionsablaufes noch in technischer Beziehung einen entscheidenden Fortschritt.

Der Chemismus der Einwirkung von Salpetersäure auf gesättigte Kohlenwasserstoffe ist noch nicht aufgeklärt. Soweit man die von HASS, HODGE und VANDERBILT[10] aus Beobachtungen an niedrigen Homologen in der Gasphase gezogenen Schlüsse übertragen darf, entstünden zunächst stickstofffreie Oxydationsprodukte, auch Carbonsäuren. Aus diesen sollen α-Nitrosäuren entstehen, die unter Abspaltung von Kohlendioxyd Nitroparaffine gäben. Bei Gegenwart von Sauerstoff wäre aber die Oxydation ohne nachfolgende Nitrierung begünstigter, weil unter den Reaktionsbedingungen das Gleichgewicht

$$4\,HNO_3 \rightleftarrows 4\,NO_2 + O_2 + 2\,H_2O$$

fast gänzlich nach rechts verschoben ist. Nach CH. BECK und H. DIEKMANN[11] ist

[1] D. R. P. 327048.
[2] Liebigs Ann. 91, 326 (1854).
[3] Ber. Dtsch. chem. Ges. 3, 138 (1870).
[4] Jahresber. 1872, 352.
[5] Ber. Dtsch chem. Ges. 7, 1453 (1874).
[6] Amer. chem. Journ. 20, 202 (1898).
[7] Chem.-Ztg. (Rep.) 22, 126 (1898).
[8] Journ. Russ. phys.-chem. Ges. (russ.) 31, 47 (1899). — MARKOWNIKOW u. PYHALLA: Petroleum 9, 1376, 1506 (1914).
[9] Chem.-Ztg. 31, 266, 568 (1907); 33, 161, 1165, Rep. 631 (1909).
[10] Ind. engin. Chem. 28, 339 (1936).
[11] I. G. Farbenindustrie A. G.: D. R. P. 579988 vom 26. IV. 1930.

das hauptsächlich oxydierende Mittel das Stickstoffdioxyd. Es muß dahingestellt bleiben, ob sich die Reaktion tatsächlich, wenigstens zum Teil, in dieser Weise abspielt. Nicht weniger wahrscheinlich ist, daß primär (vielleicht über lockere Komplexe[1]) Nitroverbindungen entstehen, dann Pseudonitrole, Nitrolsäuren usw., die schließlich in Stickstoffoxyde und Fettsäuren zerfallen.

So erhielten TH. URBANSKI und M. SŁOŃ[2] aus Stickstoffdioxyd und Propan ungefähr gleiche Mengen α-Nitropropan und α,α'-Dinitropropan, daneben Aldehyd, Essig- und Propionsäure.

In technischer Richtung hat sich die Oxydation mittels Salpetersäure und und auch die mittels Stickoxyden recht gut entwickelt. Man beherrscht das Verfahren genügend, um einen zu weitgehenden Abbau der Kohlenstoffketten hintanzuhalten. Offenbar erfolgt aber bereits der erste Angriff auf das Paraffinmolekül näher zur Mitte als zu einem Ende seiner C-Kette, denn auch bei sorgfältiger Versuchsausführung entstehen vorwiegend Säuren, die höchstens Zweidrittel oder nur die Hälfte der Kohlenstoffatome des ursprünglichen Paraffins enthalten.

1. Oxydation von Paraffin mittels Salpetersäure.

Den ersten nennenswerten Fortschritt brachte das Verfahren von J. BURACZEWSKI[3]. Allerdings verwendete er noch rauchende Salpetersäure, 1 Teil auf 4 Teile Paraffin, erhielt aber bereits in 60%iger Ausbeute Fettsäuren mit Neutralisationszahlen zwischen 200 und 225.

AD. GRÜN und E. ULBRICH[4] erhielten so aus einem reinen Kohlenwasserstoff, dem Pentatriakontan, in Ausbeuten von 60 bis fast 80% Gemische von Säuren und isolierten aus denselben verschiedene Fraktionen mit durchschnittlich 15, 16 und 17 Kohlenstoffatomen. Die Aufspaltung erfolgt demnach in der Mitte der C-Kette.

Die weitere Ausbildung des Verfahrens ist zum größten Teil das Werk von CH. BECK, H. DIEKMANN, K. KREMP, H. WEISSBACH und anderen Chemikern der I. G. Farbenindustrie A. G. Wesentlich ist vor allem die richtige Konzentration der Säure, z. B. 50—70%ig, und das rechtzeitige Abbrechen der Reaktion, d. h. vor der Bildung niedriger Säuren und Dicarbonsäuren[5].

Ausführungsbeispiel[6,7]:

5000 Teile Rohparaffin werden in einem Turm aus säurefestem Chromstahl mit 8000 Teilen 50%iger Salpetersäure 12 Stunden bei 75° behandelt, indem man die Säure in feiner Verteilung durchrieseln läßt und sie wieder hinaufpumpt. Zur besseren Vermeidung von Stickstoffverlusten (im Falle der Bildung des gegen den Luftsauerstoff inerten Stickstoffsuboxyds) bläst man gleichzeitig Stickstoffdioxyd ein, z. B. Gase von der Ammoniakverbrennung, die 8 Vol.-% NO_2 enthalten. Man leitet den Prozeß am besten so, daß die Säure mit noch 40% HNO_3 abläuft. Oxydiert man im Autoklaven, so hält man den Druck der Stickoxyde bei maximal 5 at, indem zeitweilig entspannt wird. Nach Beendigung der Oxydation und dem Abtrennen der Säure bleiben 5600 Teile Oxydationsprodukt mit noch 25% Unverseifbarem und 2,4% N. (Treibt man die Oxydation weiter,

---

[1] Nach SMITH u. MILNER: Ind. engin. Chem. **23**, 357 (1931) gibt Methan mit Salpetersäure, ebenso mit Stickoxyden, labile Komplexverbindungen, die unter Abspaltung von Formaldehyd zerfallen.   [2] Compt. rend. **203**, 620 (1936).
[3] BURACZEWSKI u. KORNIEWSKI: Österr. P. 61362 vom 2. VIII. 1913.
[4] Unveröffentlichte Untersuchung.
[5] I. G. Farbenindustrie A. G.: D. R. P. 581829 vom 26. IX. 1930.
[6] I. G. Farbenindustrie A. G.: D. R. P. 559632 vom 15. II. 1931 (BECK, WEISSBACH, DIEKMANN).
[7] I. G. Farbenindustrie A. G.: D. R. P. 579988 vom 26. IV. 1930 (CH. BECK u. H. DIEKMANN).

so entstehen viel Dicarbonsäuren.) Man verseift mit 4000 Teilen etwa 25%iger Sodalösung bei 200—220⁰ und 20—24 Atm., bläst so lange mit Dampf, bis kein Ammoniak mehr entweicht, und läßt den Rest des Dampfes bei 260⁰ abblasen. Wird dann noch mit fein verteiltem, überhitztem Dampf bis 310⁰ nachbehandelt, so destillieren 1300 Teile Unverseifbares, hauptsächlich unverändertes Paraffin, und man erhält 3900 Teile Fettsäuren mit nur 0,1% Stickstoff und 1—2% Unverseifbarem. Nach den Neutralisationszahlen ergeben sich Fettsäuren mit durchschnittlich 13 C-Atomen. Schließlich kann man mit Salpetersäure unter gleichzeitigem Durchleiten von Luft behandeln, wobei die entstehenden Reduktionsprodukte der Salpetersäure stetig aufoxydiert werden.

Für die Abscheidung der Fettsäuren aus der Lösung der Verseifungsprodukte soll verdünnte Salpetersäure geeignet sein, weil sich das anfallende Sauerwasser am besten verwenden läßt[1].

Zur Abtrennung der sauren Reaktionsprodukte vom Unverseifbaren kann auch ihre Löslichkeit in konz. Schwefelsäure oder Phosphorsäure benützt werden, wobei nur etwa 3% Unverseifbares bei den Fettsäuren bleiben[2]. Die Trennung vom Unverseifbaren und die Abspaltung des Stickstoffes aus den Nitroverbindungen wird erleichtert durch Erhitzen der verseiften Lösung unter Druck und den Zusatz oberflächenaktiver Stoffe, z. B. mittels Chlorzink aktivierter Kohle[3]. Auch durch Behandeln mit verdünnten Säuren lassen sich die Stickstoffverbindungen bis auf 0,2% N in wasserlöslicher Form entfernen[4]. Die Abspaltung erfolgt z. B. durch zweistündiges Erhitzen in Gefäßen aus Chrom-Nickel-Stahl auf 170⁰ unter Druck. Die Oxydationsprodukte können vom Unangegriffenen auch durch Extraktion mit flüssiger schwefliger Säure getrennt werden[5].

Außer Paraffin soll die Oxydation mittels Salpetersäure auch auf Erdölfraktionen oder Schweröle, russisches Gasöl usw. angewendet werden. Enthalten die Rohstoffe Asphalt, Schwefelverbindungen u. dgl., so werden sie mit 10%iger Salpetersäure bei 80—100⁰ vorgereinigt[6]. Man hat auch schon Sapropele mit verdünnterer (37%iger) Säure oxydiert und 30—60% Ausbeute an Säuren, vorwiegend „polymerisierte" Säuren erhalten[7].

SHEELY und KING[8] oxydierten Erdölfraktionen (Siedeintervall 330—400⁰) mit Luft und Salpetersäure in der Gasphase bei über 300⁰ zu Aldehyden mit durchschnittlich 8—10 C-Atomen und Säuren von ungefähr gleicher Molekulargröße. Sie betrachten die Säure als Katalysator, wenden aber zum Teil den stöchiometrischen Verhältnissen entsprechende Mengen an.

2. Oxydation mittels Stickstoffoxyden.

Die grundlegende Arbeit in dieser Richtung leistete CH. GRÄNACHER[9]. Sie zeigt vor allem die Einflüsse von Konzentration, Temperatur und Länge der

---

[1] I. G. Farbenindustrie A. G.: D. R. P. 578779 vom 18. V. 1930 (CH. BECK u. H. DIEKMANN).

[2] I. G. Farbenindustrie A. G.: D. R. P. 538646 vom 6. VI. 1930 (CH. BECK, H. WEISSBACH, F. KREMP).

[3] I. G. Farbenindustrie A. G.: D. R. P. 552986 vom 22. VII. 1930 (CH. BECK, H. DIEKMANN, F. KREMP).

[4] I. G. Farbenindustrie A. G.: D. R. P. 566450 vom 9. IV. 1930 (CH. BECK, H. DIEKMANN, F. KREMP).

[5] I. G. Farbenindustrie A. G.: D. R. P. 559522 vom 12. X. 1930 (W. DIETRICH u. M. HARDER).

[6] I. G. Farbenindustrie A. G.: D. R. P. 566449 vom 18. X. 1929 (M. LUTHER u. M. HARDER).

[7] D. SCHEDOW, S. KUSIN u. A. ANDREJEWA: Ref. Chem. Ztrbl. 1935 I, 977.

[8] Ind. engin. Chem. 26, 1150 (1934).

[9] Helv. chim. Acta 3, 721 (1920); 5, 392 (1922); Schweiz. P. 87205 vom 24. X. 1919.

C-Kette des Substrats. Bei Verwendung eines Luftstromes mit nur 2% Stickstoffdioxyd bei 120⁰ war die Oxydation von Paraffin nach 10 Tagen noch unvollständig; bei 140⁰ war das Material nach 5—6 Tagen größtenteils alkalilöslich, bestand aus Säuren und Nitroderivaten, die mit Alkali rote Nitrolsäuren gaben. Mittels reinem Stickstoffdioxyd wird Paraffin bei 140⁰ in 8—10 Stunden oxydiert. Von den Säuren sind 10—20% in Wasser löslich, die übrigen zeigen Neutralisationszahlen um 200, enthalten somit durchschnittlich 18 C-Atome.

Wesentlich langsamer geht die Oxydation der niedrigeren Homologen vonstatten. So fand z. B. GRÄNACHER (a. a. O.) nach 10 Stunden langer Einwirkung von Stickoxyden auf Undekan bei 140⁰ noch 40% unverändert. Das Oxydationsprodukt war ein Säurengemisch von der Essig- bis zur Pelargonsäure; die Abgase enthielten hauptsächlich Stickoxyd, daneben Kohlendioxyd, Stickstoff und Cyanwasserstoff. Die Erklärung, daß Paraffin leichter oxydierbar sei als Undekan, weil es Kohlenwasserstoffe mit verzweigter Kette enthielte, scheint unzutreffend. Man wird die Ursache vielmehr in der größeren Länge der Kohlenstoffketten finden. Beachtenswert ist auch, daß unter den Produkten aus Undekan keine Säure mit mehr als 9 Kohlenstoffatomen gefunden wurde. Vermutlich erfolgt die Spaltung der Kohlenstoffkette nicht näher zum Molekülende als in 2,3-Stellung.

Technische Ausführungsformen: Man läßt ein Gemisch aus 90% Stickstoffdioxyd und 10% Stickoxyd bei 110⁰ im raschen Strom auf die Kohlenwasserstoffe wirken. Sobald die Hälfte oxydiert ist, wird der Gasstrom verlangsamt, so daß mehr Stickstoffdioxyd reduziert wird und das Abgas etwa 60% NO enthält. Zuletzt stellt man auf einen Gehalt von 90% NO im Abgas ein[1]. Die Abgase werden selbstverständlich zum gewollten Gehalt des Frischgases an Stickstoffdioxyd aufoxydiert. Es findet somit ein Kreislauf der reagierenden Gase durch die Apparatur statt.

Man kann die bei der Oxydation von Ammoniak erzeugten Gase direkt verwenden[2]. Beim Oxydieren in geschlossenem Gefäß kann flüssiges Stickstoffdioxyd zugeleitet und unter dem Überdruck gearbeitet werden, der beim Erwärmen durch das Verdampfen entsteht[3].

Wie bei der Oxydation mittels Salpetersäure, enthalten die Rohprodukte 3—4% Stickstoff. Die Abspaltung kann in der S. 660 beschriebenen Weise vorgenommen werden. Man kann aber auch die nitrierten Säuren zu Aminosäuren reduzieren.

Ausführungsbeispiel[4]:

Rohparaffin vom Schmp. 54⁰ wird bei 70⁰ unter 4 at Druck so lange mit Stickoxyden behandelt, bis die Analyse des Produktes ergibt: N. Z. 145, V. Z. 190, 3,2% N. Nach dem Auswaschen der Salpetersäure wird mittels Zink und verdünnter Schwefelsäure reduziert, worauf das Produkt noch 1,8% N enthält. Man kann auch elektrolytisch reduzieren, für welchen Zweck glatte Kathoden mit hoher Überspannung empfohlen werden, z. B. solche aus amalgamiertem Kupfer; oder katalytisch, z. B. mit Platinasbest in Gegenwart von Salzsäure. Hierauf wird gebleicht und eventuell destilliert.

Wie der niedrige Stickstoffgehalt der Produkte zeigt, sind sie Gemische von Fettsäuren mit Aminofettsäuren. Das durchschnittliche Molekulargewicht der Säuren ist höchstens rund 300. Folglich müßte ein nur aus Aminosäuren be-

---

[1] I. G. Farbenindustrie A. G.: E. P. 327 707.
[2] I. G. Farbenindustrie A. G.: E. P. 324 492.
[3] I. G. Farbenindustrie A. G.: D. R. P.-Anm. J. 35 037 vom 24. VII. 1928 (zurückgezogen).
[4] I. G. Farbenindustrie A. G.: D. R. P. 532 400 vom 6. VII. 1929 (CH. BECK u. H. DIEKMANN).

stehendes Produkt wenigstens etwa 4,5% N enthalten, während tatsächlich maximal 1,9% gefunden wurden. Man kann jedoch eine gewisse Anreicherung an Aminosäuren erzielen durch Behandeln des Produktes mit Petroläther, in dem sich die nichtsubstituierten Fettsäuren leichter lösen.

Die Oxydation mittels Gemischen von Stickstoffdioxyd und Luft wurde zuerst von GRÄNACHER für Paraffine vorgeschlagen. Dann hat man sie auf Gasolin, Kerosin u. a. m. angewendet. Dergleichen Krackprodukte und Destillate sollen z. B. in feinverteilter Form mit einem 80% Stickoxyde enthaltenden Gasgemisch bei ungefähr 70° unter Druck behandelt werden. Durch Aufoxydieren der Abgase läßt sich das Gasgemisch selbstverständlich im Kreislauf verwenden. Man erhält so z. B. 4 bis 17 Volumprozent vom Ausgangsmaterial an Säuren und 2—4% an Aldehyden, unter anderen Bedingungen selbst 27% Säuren neben Alkoholen und Aldehyden[1].

B. Verwendung anderer Oxydationsmittel.

1. Sauerstoff abgebende Verbindungen.

Die Oxydation des Paraffins mittels anderer Sauerstoffverbindungen als denen des Stickstoffs ist weder chemisch noch technisch von Bedeutung. GILL und MEUSEL[2] verwendeten als erste Chromsäuregemisch und erhielten Säuren von den niedersten bis zu den höchsten Homologen. Nach (ganz ungenügend belegten) Angaben von E. SCHAAL[3] werden manche Kohlenwasserstoffe durch Chlorkalk bei etwa 130° sehr leicht, andere gar nicht oxydiert; wahrscheinlich waren die ersteren Nichtparaffine. BENEDIX[4] stellte Versuche mit Wasserstoff- und Natriumsuperoxyd an. LANGER[5] erhielt aus Paraffin und Vaselinöl weder mittels Permanganat noch mittels Chlorkalk in alkalischem Milieu definierte Produkte; Bichromat bewirkte größtenteils Verharzung.

Brauchbare Resultate erhält man anscheinend bei Verarbeitung der *niedrigeren* Methanhomologen (Petroleum, Ölschieferdestillate u. dgl.), durch Leiten der Dämpfe in praktisch sauerstofffreier Atmosphäre unter Erhitzen über sauerstoffabgebende Verbindungen, deren Reduktionsprodukte wieder leicht aufoxydiert werden können. Solche sind vor allem die Oxyde der hochschmelzenden elektronegativen Metalle mit kleinem Atomvolumen, also Vd, Th, Cr, Mn, Mo u. a. m., namentlich das MoO_3. Das einschlägige Verfahren[6] dient zwar in erster Linie zur Oxydation aromatischer Kohlenwasserstoffe (Erzeugung von Benzaldehyd, Phthalsäureanhydrid usw.), scheint aber auch für die Darstellung aliphatischer Alkohole, Aldehyde und Säuren brauchbar.

Die Untersuchung von DURAND und WAI-HSUN-LAI über die Oxydation der Kohlenwasserstoffe des Benzins (bis zum Octan) mittels einer Lösung von Manganheptoxyd in Schwefelsäure, betrifft hauptsächlich die Messung der Geschwindigkeit des Abbaues bis zum Kohlendioxyd[7].

2. Elektrolytische Oxydation.

Über diese Methode liegen nur wenige, aber nicht uninteressante Angaben vor. Nach dem Verfahren von N. DANAILA und J. A. ATANASIU[8] wird

[1] CL. P. BYRNES: A. P. 2009663 vom 1. VIII. 1932 (J. H. JAMES).
[2] Journ. chem. Soc. London (2), 6, 466 (1868) — Über die Oxydation mittels „Chlorchromsäure" (Chromylchlorid) s. WARREN: Chem. News 65, 29 (1892).
[3] D. R. P. 32705. Vgl. S. 649, Fußnote 9.
[4] F. P. 446009 von 1912.   [5] Chem.-Ztg. 45, 466 (1921).
[6] CL. P. BYRNES: A. P. 1759620; 1836325 und 1836326, beide vom 18. I. 1926; A. P. 2009664 vom 23. XII. 1932 (J. H. JAMES).
[7] Étude de l'oxydation par l'anhydride permanganique des hydrocarbures purs existant dans les essences et autres carburants. Paris. 1935.
[8] D. R. P. 539472 vom 29. III. 1929; Bulet. Chim. pura aplicata Bucarest 31, 75 (1929).

als Elektrolyt verdünnte Schwefelsäure (D. 1,2) verwendet, der man etwa $1/2\%$ Vanadinsulfat oder Bichromat, am besten aber Cerisulfat zusetzt und mit dem Kohlenwasserstoff ungefähr im Verhältnis 2 : 1 bis 10 : 1 durch Verrühren und Siedenlassen der Lösung emulgiert. Die Apparatur besteht aus einem als Anode geschalteten Trog aus Bleiblech mit einem Tonzylinder als Diaphragma und einer Bleikathode. Der Einfluß des Katalysators ist beträchtlich. Werden z. B. je 400 g Paraffin, Schmp. 52°, mit 6 l Schwefelsäure 1,2 bei einer Stromdichte von 0,34 Amp. je Quadratdezimeter unter den sonst oben angegebenen Bedingungen oxydiert, so entstehen:

Nach Stunden	8	16	24	40	56	
Ohne Zusatz	2,7	3,9	4,2	4,9	7	Prozent Fettsäuren
Mit 0,4% Cerisulfat	10	15,4	21,4	28,4	38,4	„ „

Kaliumbichromat gibt nur etwa zwei Drittel und Vanadinsulfat nur die Hälfte der Ausbeute.

Man oxydiert stufenweise, indem z. B. nach 6 Stunden abgelassen und entsäuert wird, worauf der unverseifbar-gebliebene Teil in den Prozeß zurückgeht. Er wird viel schneller oxydiert als frisches Paraffin, z. B. gibt er binnen 8 Stunden 12% Säure, während das Ausgangsprodukt nur 3,5% gibt. Das stimmt mit den Erfahrungen bei der Oxydation mittels Luftsauerstoff überein (s. S. 678). Der Stromverbrauch hängt sehr stark von der Qualität des Rohstoffes ab. Unter sonst gleichen Bedingungen (2 kg Material 4 Stunden oxydiert, Ausbeute 4,1% Säuren) ist er z. B. für Paraffin, Schmp. 53° bzw. Schmp. 38°, im Verhältnis von 1,9 zu 1,0 Kilowattstunden.

Die sauren Reaktionsprodukte sind Säuren mit 2—20 C-Atomen, über deren Mengenverhältnis nichts angegeben wird, so daß einstweilen auch keine Beurteilung der Entwicklungsfähigkeit des Verfahrens möglich ist.

Ähnlich ist das Verfahren von E. W. HULTMAN[1], nach welchem cersalzhaltige Schwefelsäure von 30—80% elektrolysiert wird und die entstehenden superoxydischen Produkte unmittelbar auf Kohlenwasserstoffe einwirken. Olefine sollen so Glykole und deren Oxydationsprodukte geben, Methanhomologe die Alkohole mit 4—7 C-Atomen, Aldehyde und Säuren.

3. Oxydation mittels Ozon.

Nach HARRIES[2] werden die Methankohlenwasserstoffe von Ozon langsam, aber deutlich angegriffen. Es sollen intermediär auch Ozonide entstehen, die dann Peroxyde und deren Umwandlungsprodukte geben; z. B. erhielt man aus Hexan neben peroxydischen Stoffen Valeraldehyd, Adipinsäure und Monocarbonsäuren. FONROBERT[3] hält die Bildung von Ozoniden für unbewiesen. Er fand nach längerer Ozonisierung primäre Alkohole, Aldehyde und Säuren. Die gleichen Resultate hatte auch RÄTH[4].

FR. FISCHER und TROPSCH[5] erhielten durch Behandeln einer Lösung von Montansäure in Tetrachlorkohlenstoff mit 6%igem Ozon Säuren, deren Atomverhältnisse ungefähr 12 C auf 2 O entsprechen. Die Schmelzpunkte um 60—70° zeigen jedoch, daß von einem Abbau bis zur Laurinsäure keine Rede sein kann, folglich höhermolekulare Säuren (Mol-Gew. um 400) mit mehreren Hydroxyl- oder Carbonylgruppen vorlagen.

Wie E. BRINER und J. CARCELLER[6] am Beispiel des Propans und des Butans zeigten, wirkt bei höherer Temperatur das Ozon auch katalytisch und überträgt

---

[1] HULTMAN and Powell Corp.: A. P. 1992309 vom 30. IV. 1930.
[2] Untersuchungen über das Ozon. Berlin. 1916.
[3] Das Ozon. Stuttgart. 1916.   [4] Angew. Chem. 35, 717 (1922).
[5] D. R. P. 346362 vom 16. VIII. 1917.   [6] Helv. chim. Acta 18, 973 (1935).

den Sauerstoff des Gasgemisches, so daß die Ausbeute ein Vielfaches der nach
dem Ozongehalt Möglichen erreichen kann. Es wird angenommen, daß das
Ozon ähnlich wie bei der Autoxydation von Aldehyden und Ketonen Ketten-
reaktionen auslöst. Zuerst entsteht ein Radikal, der weitere Ablauf erfolgt gemäß
den Anschauungen von NORRISH (vgl. S. 665, Fußnote 3).

V. Oxydation gesättigter Kohlenwasserstoffe mittels molekularem Sauerstoff.

A. Chemismus der Oxydation.

Die unvollständige Oxydation der Paraffinkohlenwasserstoffe (Alkane) und
der Naphthene mittels Luftsauerstoff geht bei Temperaturen über dem Schwellen-
wert und bei genügender Durchmischung der Komponenten leicht und schnell
vonstatten, auch ohne Katalysatoren und schon bei geringer Sauerstoffkonzen-
tration. Die Reaktion ist sark exothermisch; sie kann deshalb, falls bei Zufuhr
genügender Mengen Luft und insbesondere unverdünnten Sauerstoffes ˙nicht
gekühlt wird, wegen fortwährender Selbsterhöhung der Temperatur tumultuarisch
werden, unter Explosion mit vollständiger Verbrennung des Substrates zu Kohlendioxyd und Wasser endigen.

Bei zweckmäßiger Leitung geht die Oxydation gleichmäßig weiter und erlahmt erst, wenn die Kohlenwasserstoffe fast vollständig zu relativ stabilen
Produkten oxydiert˙ sind. Die normalen Endprodukte bestehen aus höheren
Alkoholen, weniger Carbonyl- und Oxy-oxo-Verbindungen, hauptsächlich gesättigten Monocarbonsäuren, neben Oxysäuren, Olefinsäuren, auch Aldehyd-
und Ketosäuren, sehr wenig Dicarbonsäuren; alle Säuren und die Alkohole sind
großenteils miteinander verestert. Die Mengenverhältnisse der Bestandteile
sind abhängig von der Art des Ausgangsmaterials und den Reaktionsbedingungen.
— Zu beachten ist, daß selbst aus einem einheitlichen Alkan nicht bloß ein Vertreter fast jeder Verbindungsklasse gebildet wird, sondern je mehrere Homologe,
zum Teil auch Isomere entstehen, sei es durch Angriff an mehreren Stellen des
organischen Moleküls oder infolge sekundärer Abbaureaktionen. Die aus mehreren, meistens vielen Kohlenwasserstoffen bestehenden Paraffinsorten und
Mineralöle geben daher bei der unvollständigen Oxydation höchst komplizierte
Gemische von Verbindungen.

Über den Chemismus der Oxydation lassen sich derzeit noch wenig bestimmte Angaben machen. Es ist nicht ausgeschlossen, daß mehrere Reaktions-
folgen nebeneinander, vielleicht auch zum Teil ineinandergreifend, ablaufen.
Für die meisten˙ Beobachtungen sind verschiedene Erklärungen möglich, unter
denen man noch keine sichere Entscheidung treffen kann. Das gilt zu allererst
schon für die Auslösung der Reaktionen. Sie erfolgt unter verhältnismäßig sehr
milden Bedingungen, während die Paraffinkohlenwasserstoffe früher für besonders
reaktionsträge galten. Daher scheint es noch immer fraglich, ob die Paraffinmoleküle durch den Luftsauerstoff direkt angegriffen oder zuerst in reaktions-
fähigere Produkte umgewandelt werden.

Rein thermischer Zerfall der Methanhomologen erfolgt bekanntlich um so
leichter, je größer das Molekül bzw. je länger die Kohlenstoffkette ist. Einerseits
tritt die von THORPE und YOUNG[1] entdeckte Reaktion nach Gleichung I ein,
andererseits Dehydrierung im Sinne der Gleichungen II und III:

---

[1] Liebigs Ann. **164**, 1 (1873).

(I) $$C_{(m+n)}H_{2(m+n)+2} = C_mH_{2m+2} + C_nH_{2n}$$

(II) $$C_nH_{2n+2} = C_nH_{2n} + H_2$$

(III) $$C_nH_{2n+2} = C_nH_{2n-2} + 2H_2$$

Nach den freiwerdenden Energien[1] überwiegt bei nicht sehr hoher Temperatur und in Abwesenheit von Katalysatoren die Spaltung der Kohlenstoffkette nach I, und zwar im Sinne der Bildung eines größeren Olefins und eines kleineren Methanhomologen[2].

Falls das Paraffinmolekül unter Bildung von Olefin und Wasserstoff gespalten wird (wobei auch intermediäre Bildung freier Radikale in Betracht kommt[3]), so werden sich die Zerfallsprodukte bei Gegenwart von Sauerstoff mit diesem sofort verbinden. Es entstehen Moloxyde $C_nH_{2n}\cdots(O_2)$ im Sinne der ENGLERschen Theorie, die sich in Glykol-peroxyde umlagern und weiter umsetzen, daneben entsteht Wasserstoffsuperoxyd, das selbstverständlich auch in den Oxydationsprozeß eingreifen wird.

Wenn dagegen der Sauerstoff das Alkanmolekül direkt angreift, so kommen (abgesehen von der intermediären Bildung einer lockeren Molekülverbindung) folgende Primärreaktionen in Betracht:

1. Aufspaltung von Kohlenstoff-Wasserstoffbindungen, die in verschiedener Weise erfolgen könnte. Entweder derart, daß Wasserstoffatome *paarweise* als H_2O_2 austreten, Dehydrierung im Sinne der Theorie von Wieland erfolgt und ungesättigte Kohlenwasserstoffe entstehen (die sogleich oxydiert werden, vgl. oben). Oder Einlagerung eines Sauerstoffmoleküls, Bildung eines Monoalkylhy-

---

[1] Im Gegensatze zu den Ergebnissen der ersten einschlägigen Berechnungen von A. v. WEINBERG (Ber. Dtsch. chem. Ges. **52**, 150 [1919]; **53**, 1353 [1920]) fanden andere Forscher die Festigkeit der Bindung C—C geringer als die von C—H. Die erste entspricht z. B. nach F. O. RICE (Journ. Amer. chem. Soc. **53**, 1959 [1931]; **54**, 3529 [1932]) ungefähr 70—80 cal; für die zweite gibt RICE 93,3 cal an, R. MECKE sogar 110—115 cal (Nature **125**, 526 [1930]).

[2] Z. B. fanden H. TROPSCH, THOMAS u. EGLOFF (Ind. engin. Chem. **28**, 324 [1936]) bei der katalytischen Pyrolyse von n-Butan unter Druck bei etwa 550° folgende Anteile der Eigenreaktionen:

$$C_4H_{10} = CH_4 + C_3H_6 \ldots\ldots\ldots \text{ rund } 1/2$$
$$C_4H_{10} = C_2H_6 + C_2H_4 \ldots\ldots\ldots \text{ „ } 1/3$$
$$C_4H_{10} = C_4H_8 + H_2 \ldots\ldots\ldots \text{ „ } 1/6$$

[3] Allerdings ist die intermediäre Bildung freier Kohlenwasserstoffradikale selbst für die Oxydation der niedrigen Alkane umstritten, obwohl deren Spaltung und Oxydation erst bei Temperaturen erfolgt, die weit über der Temperaturschwelle für die Oxydation der höheren Homologen liegen. Nach F. O. RICE (s. besonders RICE u. HERZFELD: Journ. Amer. chem. Soc. **56**, 284 [1934]) zerfällt ein Molekül erst in zwei Radikale. Aus diesen bzw. dem größeren von beiden entsteht ein ungesättigter Kohlenwasserstoff und entweder ein kleineres Radikal oder ein freies Wasserstoffatom. Diese leiten durch Zusammenstoß mit Molekülen die Reaktionskette ein; es bilden sich unter Aufnahme oder Abgabe von Wasserstoff neue Radikale. Beim (selteneren) Zusammenstoß zweier Radikale setzen sich diese zu gesättigtem und ungesättigtem Kohlenwasserstoff um. Allgemein: $C_nH_{2n+1} + C_mH_{2m+1} = C_nH_{2n+2} + C_mH_{2m}$. Auch nach R. G. W. NORRISH (Proceed. Roy. Soc., London, Serie A, **150**, 36 [1935]) sollen bei hoher Temperatur aus Kohlenwasserstoffen direkt freie Radikale entstehen. SACHSSE (Ztsch. physikal. Chem. [B], **31**, 79, 87 [1935]) gibt aber auf Grund seiner Messungen von Radikalkonzentrationen an, daß diese für einen quantitativen kettenmäßigen Zerfall der Methanhomologen über Radikale nicht ausreichen. Z. B. zerfällt beim Äthan höchstens ein Molekül von 10000. Wahrscheinlicher ist direkte Spaltung in Wasserstoff und Olefin. — Auf die große Zahl anderer Untersuchungen über Krackung und über die Oxydation niedriger Methanhomologen kann hier nicht eingegangen werden.

droperoxyds, das übrigens auch Zwischenprodukt der Dehydrierung sein könnte[1]: $C_nH_{2n+2} + O_2 \rightarrow C_nH_{2n+1}-O-OH \rightarrow C_nH_{2n} + H_2O_2$

Nach A. R. UBBELOHDE[2] könnte bei der langsamen Verbrennung von Pentan ein solches energiereiches Peroxyd entstehen, das jedoch durch Wasserabspaltung in ein Tetrahydrofuranderivat oder ein Pyranderivat übergeht. Die Bildung eines Furanderivats ließe sich in Einklang bringen mit der früheren Beobachtung von R. SHIMOSE[3], derzufolge bei der Oxydation von n-Pentan, Heptan und Octan in der Dampfphase als Hauptprodukt Maleinsäure entsteht. (Die Entstehung von Maleinsäure ließe sich jedoch auch derart erklären, daß primär Dehydrierung erfolgt, dann die beiden der Doppelbindung benachbarten Methylengruppen im Sinne der Regel von O. SCHMIDT[4] angegriffen und zu Carboxylen oxydiert werden.)

2. Aufspaltung einer Bindung zwischen Kohlenstoff und Kohlenstoff durch Einlagerung eines Sauerstoffmoleküls in die Methylenkette, Bildung eines Dialkylperoxyds:

$$R_1-CH_2 \qquad R_1-CH_2-O \qquad R_1-CH_2$$
$$\mid \qquad\rightarrow \qquad \mid \quad\text{oder}\quad O=O$$
$$R_2-CH_2 \qquad R_2-CH_2-O \qquad R_2-CH_2$$

Diese primäre Reaktion hat bisher nur K. I. IWANOW (a. a. O.) in Betracht gezogen. Sie ist bis zu einem gewissen Grade vergleichbar der Aufspaltung von Olefinen durch Ozon bzw. der Umlagerung von Molozoniden zu Iso-ozoniden (vgl. S. 655).

Eine weitere Aufspaltungsmöglichkeit wäre: Dehydrierung, Hydroxylierung einer der Lücke benachbarten Methylengruppe, Oxydation der Verbindung zum Oxy-epoxyd, das von Luftsauerstoff gespalten würde.

Wie es für den thermischen Zerfall der Paraffinmoleküle bereits erwiesen ist, könnte auch beim direkten Angriff des Sauerstoffes sowohl Aufspaltung von Bindungen C—H wie von Bindungen C—C nebeneinander erfolgen.

Die niedrigen Methanhomologen werden sicher ohne vorhergehende Spaltung vom Sauerstoff direkt angegriffen; die Temperaturschwelle für ihre Oxydation liegt weit unter der für die Krackung, und zwar ist die Differenz um so größer, je kürzer die C-Kette des Moleküls ist[5]. Für die höchsten Homologen, die Kohlenwasserstoffe der technischen Paraffinsorten und schwereren Mineralöle, Verbindungen mit 20—30 oder mehr Kohlenstoffatomen, liegen keine genauen Messungen vor, aber qualitativ übereinstimmende Beobachtungen. Ihre Oxydation zu Fettsäuren, Alkoholen usw. beginnt, wenn auch äußerst träge, wenig über 100°, verläuft bei 150—160° optimal, bei höherer Temperatur schon zu stürmisch. Der rein thermische Zerfall geht aber selbst beim Pentatriakontan, $C_{35}H_{72}$, erst bei etwa 250° glatt vonstatten. Daraus folgt, daß der Sauerstoff höchstwahrschein-

---

[1] Bei der Oxydation von Cyclohexan sollen drei Moleküle Sauerstoff in dieser Weise eingelagert werden. K. I. IWANOW: Ref. Chem. Ztrbl. **1936** II, 1145.

[2] Proceed. Roy. Soc., London, Serie A, **152**, 378 (1935).

[3] Scient. Papers Inst. physical chem. Res. 15, 251 (1931).

[4] S. z. B. Ber. Dtsch. chem. Ges. **69**, 1855 (1935).

[5] Die betreffenden Temperaturen, „kritischen Wendepunkte" beim Erhitzen unter Konstanthalten des Volumens in Sauerstoffatmosphäre, sind z. B. für:

Isopentan	263°	n-Heptan	209°
n-Pentan	255°	n-Octan	197°
n-Hexan	230°	n-Nonan (unrein)	193°

Beim Erhitzen in Stickstoffatmosphäre ergibt sich dagegen für alle diese Homologen bis 365° normaler Verlauf der Druck-Temperatur-Kurve, folglich keine Molekülvermehrung durch thermische Spaltung. J. ST. LEWIS: Journ. chem. Soc. London **1927**, 1555.

lich die Reaktion auslöst[1]. Das schließt freilich nicht aus, daß nach dem Einsetzen der stark exothermischen Oxydation, durch die Reaktionswärme nach und nach ein Teil der Kohlenwasserstoffmoleküle thermisch gespalten wird und die Spaltungsprodukte mit dem Sauerstoff reagieren.

Die ersten sauerstoffhaltigen Reaktionsprodukte sind offenbar Superoxyde[2]. Ob aber Moloxyde von Olefinen, Monoalkyl-hydroperoxyde, Dialkyl-peroxyde oder Gemische dieser und anderer Typen entstehen, ist nicht bekannt. Deshalb fehlt auch jeder Anhaltspunkt, um unter den verschiedenen Bildungsmöglichkeiten zu entscheiden. Ganz undurchdringlich ist noch der weitere Reaktionsverlauf, die Umwandlung der Superoxyde durch intramolekulare Reaktionen, ihre weitere Oxydation durch den molekularen Sauerstoff, durch Hydrolyse, die Einwirkung der organischen Superoxyde und des Wasserstoffsuperoxyds auf die ursprünglichen Kohlenwasserstoffe, auf ihre Spaltungs- und Oxydationsprodukte.

Von den die Oxydation katalytisch beschleunigenden oder verzögernden Stoffen (s. S. 676) kennt man nur die Wirkung, nicht die Wirkungsweise. Für die Oxydation der Kohlenwasserstoffe gilt dasselbe, was E. BERL[3] über die Spaltung sagt: Die Endzustände können nicht durch einfache, thermodynamisch leicht errechenbare Gleichgewichte gekennzeichnet werden. Spaltung und Folgereaktionen sind bedingt durch die Summe der Reaktionsbedingungen, von denen Temperatur und Strömungsgeschwindigkeit die wichtigsten sind, sekundär Gefäßoberfläche und Katalysatoren.

Nach der Frage, *wie* der Angriff auf das Paraffinmolekül erfolgt, interessiert *wo*, an welcher Stelle des Moleküls.

Man nahm früher an, daß eine Methylgruppe oxydiert würde. Tatsächlich ist aber keine Beobachtung nur dadurch erklärbar, während umgekehrt mehrere Umstände darauf hinweisen, daß zuerst Methylengruppen angegriffen werden[4]. Und zwar solche, die sich näher zur Mitte des Moleküls als zu einem der Enden befinden[5]. Vor allem hat man aus einem hochmolekularen Kohlenwasserstoff noch nie eine Carbonsäure mit gleicher Zahl an Kohlenstoffatomen erhalten.

Die exakten Untersuchungen an einheitlichen Verbindungen zeigen vielmehr, daß die Kohlenstoffkette immer verkürzt wird, und zwar um so mehr, je länger sie ist.

So gibt Pentatriakontan keine Säure mit mehr als 20 oder höchstens 22 C-Atomen (im Durchschnitt höchstens 16—18 C-Atome); Hexadekan gibt außer undefinierten Produkten nur Säuren mit 6—9 C-Atomen[6]. Damit stimmen die

---

[1] D. h., daß vor der Oxydation keine thermische Spaltung stattfindet. Vielleicht müssen aber die Kohlenwasserstoffe erst in anderer Weise reaktionsfähig werden; etwa durch Deformation der Fadenmoleküle, die je nach Umständen mehr oder weniger gestreckt, gekrümmt, verknäuelt sein mögen. Nach längerem Erhitzen von Paraffin lassen sich tatsächlich gewisse Veränderungen röntgenographisch nachweisen. Ebenso dauert es beim Erhitzen von Paraffin im Sauerstoffstrom auf 150⁰ längere Zeit, bevor die Oxydation einsetzt. Erhitzt man aber vorher gleichlang in sauerstofffreier Atmosphäre, so beginnt die Oxydation bei Zuleitung von Sauerstoff unverzüglich. C. KELBER: Ber. Dtsch. chem. Ges. **53**, 1572 (1920). Erklärungsversuche sind willkürlich, solange wir über die sterische Anordnung langer Ketten, insbesondere aber über etwaige Unregelmäßigkeiten der Affinitätsverteilung nichts Genaueres wissen.

[2] GRÜN, ULBRICH u. WIRTH: Ber. Dtsch. chem. Ges. **53**, 990 (1920). — S. auch E. ZERNER: Chem.-Ztg. 54, 257 (1930) und spätere Veröffentlichungen.

[3] E. BERL u. FORST: Ztschr. angew. Chem. 44, 196 (1931).

[4] Ebenso entsteht zum Beispiel bei der katalytischen Oxydation von Äthylbenzol primär das Acetophenon, aus Isopropylbenzol das Dimethyl-phenyl-carbinol.

[5] AD. GRÜN: Ber. Dtsch. chem. Ges. **53**, 995 (1920).

[6] A. H. SALWAY u. P. W. WILLIAMS: Journ. chem. Soc. London **121**, 1343 (1922). Diese Autoren ziehen allerdings aus ihrer Beobachtung keinen Schluß.

praktischen Ergebnisse der Paraffinoxydation überein[1]. Man kann diese Tatsache nicht damit erklären, daß die Oxydationsprodukte mit längerer C-Kette intermediär entstünden, aber weiterhin abgebaut würden. Bei den primären Alkoholen ist solcher Abbau unter Erhaltung der Carbinolgruppe unmöglich und von den Säuren müßten wenigstens die veresterten Anteile unversehrt bleiben. Übereinstimmend sprechen alle Anzeichen dafür, daß auch bei der Krackung hochmolekularer Paraffine die Spaltung näher zur Mitte der C-Kette eintritt. Ebenso ist dies bei der Aufspaltung durch Salpetersäure der Fall[2].

Die Bildung von Aldehyden, von primären Alkoholen und ihren Estern beweist durchaus nicht, daß Methylgruppen oxydiert werden; sie ist auch anders, auf verschiedenen Reaktionswegen wahrscheinlich.

Zum Beispiel können Moloxyde von Olefinen (I) in 2 Moleküle Aldehyd (II und III) zerfallen, die sich zu Estern (IV und V) disproportionieren:

$$
\begin{array}{ccc}
 & R_1-C\!\!\begin{array}{c}H\\\|\\O\end{array} \rightarrow & R_1-C\!\!\begin{array}{c}O\\\|\\O-CH_2-R_1\end{array} \\
R_1-CH\!\!\diagdown & & \\
 & O_2 & II \qquad\qquad IV \\
R_2-CH\!\!\diagup & & \\
I & R_2-C\!\!\begin{array}{c}H\\\|\\O\end{array} \rightarrow & R_2-C\!\!\begin{array}{c}O\\\|\\O-CH_2-R_2\end{array} \\
 & III & V
\end{array}
$$

Aldehyde könnten auch aus Monoalkyl-hydroperoxyden durch Wasserabspaltung oder aus Oxycarbonsäuren durch Abspaltung von Kohlenoxyd entstehen.

Monocarbonsäuren werden nach FICHTER[3] durch Peroxyd-sauerstoff in der Weise oxydiert, daß intermediär Diacylsuperoxyde (I) entstehen, diese zerfallen in Säure und Persäure (II), aus der Persäure entsteht durch Decarboxylierung ein *primärer* Alkohol (III). Direkte Decarboxylierung des Diacylperoxyds gibt einen Ester (IV):

$$2\,R\!-\!CH_2\!-\!COOH \qquad\qquad R\!-\!CH_2\!-\!OH$$
$$III$$
$$\Big\downarrow\!-2\,H$$

$$
\begin{array}{c}
R\!-\!CH_2\!-\!C\!\!\begin{array}{c}O\\\|\\O\end{array} \\
\Big| \\
R\!-\!CH_2\!-\!C\!\!\begin{array}{c}O\\\|\\O\end{array} \\
I
\end{array}
\quad\longrightarrow\quad
R\!-\!CH_2\!-\!C\!\!\begin{array}{c}O\\\|\\O-OH\end{array} \uparrow\!-CO_2
\quad + R\!-\!CH_2\,COOH
$$
$$II$$

$$\Big\downarrow\!-CO_2$$

$$R\!-\!CH_2\!-\!C\!\!\begin{array}{c}O\\\|\\O-CH_2-R\end{array}$$
$$IV$$

---

[1] Aus Hartparaffin, das Kohlenwasserstoffe mit 30 und mehr C-Atomen enthält, wurden von verschiedenen Beobachtern nur Säuren mit höchstens gegen 20 C-Atomen erhalten. Eine vereinzelte Angabe über die Isolierung von ein wenig Lignocerinsäure ist unzuverlässig.

[2] GRÜN und ULBRICH fanden bei der Einwirkung von Salpetersäure auf $C_{35}H_{72}$ nach BURACZEWSKI (s. S. 659) nur Säuren mit maximal 17—18 C-Atomen.

[3] FR. FICHTER u. Mitarbeiter: Helv. chim. Acta 14, 90 (1931); 15, 996 (1932); 16, 338 (1933).

Würde die Oxydation des Kohlenwasserstoffes durch Einlagerung von Sauerstoff in die Methylenkette erfolgen (s. S. 666), so könnte das entstehende Dialkylperoxyd infolge der Gegenwart von Wasser und Metalloxyd in der Weise zerfallen, wie dies H. WIELAND und F. CHROMETZKA[1] für das Äthylderivat nachgewiesen haben: intermolekulare Hydrierung und Dehydrierung (Disproportionierung des Wasserstoffes) unter Bildung von Alkoholen und Aldehyden nach dem Schema:

$$R_1-\underset{\underset{H}{|}}{CH}-O--O-\underset{\underset{H}{|}}{CH}-R_2 \longrightarrow R_1-C\diagdown_O^H + R_2-C\diagdown_O^H$$

$$R_1-CH_2-O--O-CH_2-R_2 \qquad R_1-CH_2OH + R_2-CH_2OH$$

Die obigen Formulierungen zeigen zugleich einige von den verschiedenen Möglichkeiten für die Bildung der Ester, den stabilsten Produkten der Oxydation.

Die freien Fettsäuren sind selbstverständlich gegen weitere Oxydation unbeständiger, und zwar um so mehr, je länger ihre Kohlenstoffkette ist. Zum Beispiel fand E. ZERNER[2], daß unter den Bedingungen der Paraffinoxydation Caprylsäure praktisch gar nicht angegriffen wird, Laurinsäure bereits merklich, Stearinsäure sehr stark. Zuerst bilden sich offenbar Oxysäuren, die zum Teil weiteroxydiert, zu niedrigen Säuren abgebaut werden. Ein Teil der Oxysäuren geht unter Wasserabspaltung über in Olefinsäuren, ein größerer Teil bleibt erhalten, hauptsächlich weil sich die Säuren untereinander zu Estoliden (I) oder auch mit nicht-hydroxylierten Säuren zu Estersäuren (II) verestern, die stabilere Verbindungen sind:

$$(I) \qquad 2\,C_nH_{2n}\diagdown_{COOH}^{OH} \rightarrow H_2O + C_nH_{2n}\diagdown_{CO-O-C_nH_{2n}-COOH}^{OH}$$

$$(II) \qquad C_nH_{2n}\diagdown_{COOH}^{OH} + C_nH_{2n+1}-COOH \rightarrow C_nH_{2n+1}-CO-O-C_nH_{2n}-COOH$$

Vielleicht sind auch die als Lactone von Oxydicarbonsäuren beschriebenen Oxydationsprodukte:

$$\underset{\underset{\underset{CO-O}{|}}{CH_2}}{CH_2}-CH-(CH_2)_n-COOH$$

einfach Estersäuren vom Typus II.

Über die Konstitution der Oxysäuren ist nichts bekannt. Gegen die Annahme des Eintrittes der Hydroxyle in β-Stellung spricht, daß bei der Wasserabspaltung Olefinsäuren entstehen, deren Jodzahlen mit den (aus der Hydroxylzahl der Oxysäuren) berechneten Werten übereinstimmen, die also ihre Doppelbindungen weder in α, β-, noch in β, γ-Stellung haben können.

Aldehyd- und Ketosäuren bilden sich nur unter besonderen Bedingungen in größerer Menge (s. S. 683), Dicarbonsäuren in allen Fällen nur sehr wenig.

Die Konstitution der *cyclischen Kohlenwasserstoffe*, die Hauptbestandteile der russischen, rumänischen und einiger anderer Erdöle sind, ist noch nicht völlig aufgeklärt. Aber man hat immerhin bereits Anhaltspunkte für Vorstellungen über die Grundtypen und ihr Verhalten bei der Oxydation. Die Unter-

---

[1] Ber. Dtsch. chem. Ges. **63**, 1028 (1930).
[2] „Über Naturprodukte": Hönig-Festschrift, S. 83. Dresden. 1923.

suchungen von MARKOWNIKOW[1], ZELINSKY[2] und anderen Forschern, insbesondere von TSCHITSCHIBABIN[3], IPATIEW[4] und von I. v. BRAUN[5] ergaben, daß in den Kohlenwasserstoffen C_nH_{2n} neben hydroaromatischen, vielleicht auch ein wenig tetra- und heptacyclischen Verbindungen hauptsächlich Alkyl-cyclopentane vorliegen, in den Polynaphthenen C_nH_{2n-2} dagegen bicyclische Verbindungen, vermutlich mit zwei nicht benachbarten Fünfringen.

Vermutungen über den Typus der Alkylcyclopentane, der Naphthene im engeren Sinne, ergeben sich aus folgendem:

Von den Säuren aus russischem Erdöl, die schon in den Lagerstätten, bei der Förderung oder beim Raffinieren entstehen, sind die niedrigeren Glieder aliphatische Isosäuren, die höheren mit 10 und mehr C-Atomen cyclische Säuren. Die erste Säure dieser Art (Naphthensäure im engeren Sinn), die v. BRAUN isolierte und identifizierte, erwies sich als 3,3,4-Trimethyl-cyclopentan-1-essigsäure (I). Die höheren Homologen der Naphthenreihe (von denen Verbindungen bis zum Hexakosanaphthen, $C_{26}H_{52}$, bekannt sind) müssen wenigstens *ein* Alkyl mit längerer C- bzw. CH_2-Kette enthalten. Die Bruchstellen dieser Moleküle, an denen beim Kracken oder bei der Oxydation Spaltung eintritt, müssen in der Methylenkette des großen Alkyls sein. Daraus ergibt sich für das Naphthen, aus dem die isolierte cyclische Naphthensäure stammt, der Formeltypus II, in welchem C_nH_{2n+1} wahrscheinlich ein Alkyl mit verzweigter C-Kette bedeutet:

Die Naphthensäuren von höherem Molekulargewicht sind vielleicht Homologe der Säure I mit längeren Methylenketten zwischen Fünfring und Carboxylgruppe[6]. Die oxydative Spaltung der Seitenkette des Kohlenwasserstoffes muß ja nicht immer zwischen dem 2. und dem 3. C-Atom, sie kann wohl auch in weiterer Entfernung vom Fünfring erfolgen.

Sehr beachtlich ist, daß das Kohlenstoffskelett der Verbindungen nach den Formeln I und II

[1] Liebigs Ann. **307**, 367 (1899).
[2] Ber. Dtsch. chem. Ges. **45**, 3678 (1912); **57**, 42, 51 (1924).
[3] Referat: Chem. Ztrbl. **1930** I, 2854.   [4] Ber. Dtsch. chem. Ges. **63**, 331 (1930).
[5] Referat: Ztschr. Angew. Chem. **41**, 29 (1928); Ann. **490**, 100 (1931); v. BRAUN, L. MANNES u. M. REUTER: Ber. Dtsch. chem. Ges. **66**, 1499 (1933); v. BRAUN u. WITTMEYER: Ber. **67**, 1739 (1934).
[6] Damit soll nicht ausgedrückt werden, daß alle Naphthene vier Alkyle und darunter drei Methylgruppen enthalten.

im Skelett der Sterine und der Gallensäuren enthalten ist (s. Bd. I., S. 112 und S. 116), ferner daß Cyclopentanderivate mit langen Seitenketten, die endständig carboxyliert sind, in Pflanzenfetten vorkommen (Chaulmoogra-, Hydnocarpus- und Gorlinsäure, Bd. I, S. 49—51) und schließlich, daß neuerdings für das Kautschukmolekül eine lange Kohlenstoffkette mit endständigen Methylcyclopentenylgruppen in Betracht gezogen wird. Vermutlich bestehen zwischen einzelnen dieser Stoffe und den Naphthenen ähnliche genetische Beziehungen wie zwischen den fossilen Paraffinkohlenwasserstoffen und den Fettsäuren.

Die Naphthene geben sehr viel mehr Oxysäuren als die Paraffine; daraus ist vielleicht zu schließen, daß die Hydroxylierung hauptsächlich an Kohlenstoffatomen des Fünfringes erfolgt. Man muß aber auch berücksichtigen, daß die aliphatischen Carbonsäuren, die bei der oxydativen Spaltung der Naphthene neben den cyclischen Säuren entstehen, vielleicht (nach MARKOWNIKOW sicher) verzweigte Kohlenstoffketten enthalten. Aus diesen Isosäuren könnten leichter Oxysäuren mit der Hydroxylgruppe am tertiären C-Atom entstehen.

Wenig bekannt ist die Einwirkung des Luftsauerstoffes auf die hydroaromatischen Kohlenwasserstoffe der Erdöle, von denen bisher nur niedrigere Homologe isoliert wurden, Methyl- und Äthylderivate, wie z. B. 1-Methyl-2-äthyl- und 1, 2, 4-Trimethyl-cyclohexan. Das Cyclohexan selbst reagiert nach K. I. IWANOW unter primärer Bildung eines Tri-peroxyds (s. S. 666). Liegen auch alkylierte Cyclohexene vor, bzw. entstehen solche durch partielle Dehydrierung, so ist anzunehmen, daß sie nach der von H. WIENHAUS[1] gefundenen Regel an einer Methylengruppe in Nachbarschaft zur Doppelbindung zu ungesättigten Alkoholen und Ketonen oxydiert werden. Die cyclischen Ketone könnten weiterhin durch Superoxyd-Sauerstoff zu ε-Lactonen (I) aufgespalten werden.

Enthalten die Erdöle auch Cyclohexanderivate mit einer längeren Seitenkette[2], so werden sie wohl in gleicher Weise wie die analogen Cyclopentane oxydativ gespalten zu Cyclohexylfettsäuren (II). Doppelte Spaltung in den Seitenketten und im Sechsring ergäbe Lactone von Dicarbonsäuren (III):

$$
\begin{array}{ccc}
& \quad \text{CH}_2 & \\
\text{CH} & \text{CH--(CH}_2)_x\text{--C}_n\text{H}_{2n+1} \\
\| & | \\
\text{CH} & \text{CH}_2 \\
& \text{CO----O} \\
& \quad\quad \text{I}
\end{array}
\qquad
\begin{array}{ccc}
& \text{CH}_2 & \\
\text{CH}_2 & \text{CH--(CH}_2)_y\text{--COOH} \\
| & | \\
\text{CH}_2 & \text{CH}_2 \\
& \text{CH}_2 \\
& \quad\quad \text{II}
\end{array}
$$

$$
\begin{array}{ccc}
& \text{CH}_2 & \\
\text{CH} & \text{CH--(CH}_2)_y\text{--COOH} \\
\| & | \\
\text{CH} & \text{CH}_2 \\
& \text{CO----O} \\
& \quad\quad \text{III}
\end{array}
$$

Vielleicht können aus ε-Lactonen vom Typus III durch Isomerisierung vielgliedrige Lactone entstehen oder aus den entsprechenden freien Dicarbonsäuren durch intramolekulare Abspaltung von Kohlensäure vielgliedrige cyclische Ketone. Verbindungen mit vielgliedrigen Ringsystemen (Lactone, Ketone, Oxyde

---

[1] Ztschr. angew. Chem. 41, 627 (1928) und spätere Untersuchungen von TREIBS, HARTMANN und SEIBERTH u. a. m.

[2] Die Formeln I—III sollen nicht ausdrücken, daß außer dem Alkyl mit der längeren Seitenkette keine anderen Alkyle am Ring haften könnten.

usw.) zeichnen sich bekanntlich durch außerordentliche Intensität des Geruches aus. Vielleicht gehören die in minimalen Mengen schon äußerst penetrant riechenden Begleitstoffe der Naphthensäuren zu einer dieser Verbindungsklassen[1].

B. Einfluß des Substrats auf den Reaktionsverlauf.

Für die Erzeugung von Oxydationsprodukten höheren Molekulargewichtes durch Oxydation kommen nur Kohlenwasserstoffe mit langen Kohlenstoffketten in Betracht, Alkane und Naphtene mit längerer Alkylseitenkette. Die Hauptreaktion, die ja in der oxydativen Aufspaltung der langen Kette besteht, ist deshalb bei allen Ausgangsprodukten prinzipiell dieselbe. Selbstverständlich zeigen sich aber bei den einzelnen Kohlenwasserstoffklassen und innerhalb derselben bei den Homologen, beträchtliche graduelle Unterschiede im Verlauf der Hauptreaktion und insbesondere in den Nebenreaktionen.

Ein Homologes des Methans wird um so leichter, schneller und vollständiger oxydiert, je länger, brüchiger seine Kohlenstoffkette ist (vgl. S. 664). Bei den technischen Rohstoffen nimmt daher Reaktionsfähigkeit und Ausbeute ab in der Reihe: Hartparaffin, Weichparaffin, Gatsch, schwere Öle, leichte Öle.

Naphthene werden vom molekularen Sauerstoff leichter angegriffen als die nicht cyclisch-substituierten Alkane. Vielleicht erfolgt leichter Einlagerung von O_2 in Methylengruppen des Ringsystems, Bildung von Perhydroxylgruppen —O—OH, deren aktiver Sauerstoff aber schneller die offene Kette als den Ring aufspaltet.

Auch bei den homologen Naphthenen wächst die Reaktionsfähigkeit mit der Länge der Seitenkette. Die Oxydation erlahmt aber auch viel schneller, sie wird vermutlich gehemmt infolge Bildung von Nebenprodukten, Derivaten der reichlicher entstehenden Oxysäuren (s. S. 671) wie innere Ester, Estolide[2] usw.

Die hydroaromatischen Kohlenwasserstoffe sind weniger leicht oxydierbar als die Naphthene. Sie stehen zwischen den Alkanen und den relativ äußerst beständigen Aromaten. Zum Beispiel beginnt die Oxydation bei den drei Verbindungen mit 7-C-Atomen[3]:

n-Heptan.... 234—252°   Methylcyclohexan .. 300—310°   Toluol ..... 585°

Die aromatischen Kohlenwasserstoffe mit aliphatischen Seitenketten sind um so leichter oxydierbar, je länger diese Ketten sind.

Die nicht alkylierten Kohlenwasserstoffe, Benzol, Naphthalin und die mit kleinen Alkylen wie Toluol wirken antikatalytisch (s. S. 679).

C. Einfluß der Reaktionsbedingungen.

1. Sauerstoffmenge.

Viele frühere Versuche zur Oxydation von Paraffin versagten trotz reichlich genügender Temperatur und überdies langer Einwirkung von Luft und selbst

---

[1] Daß die Begleitstoffe widerwärtig riechen, während die bekannten vielgliedrigen Systeme euosmophoren Charakter zeigen (am meisten bei 14—17 Ringgliedern), könnte auf dem durch die Substituenten bedingten stark unsymmetrischen Bau beruhen.

[2] Bei der hemmenden, quasi antikatalytischen Wirkung könnte die Zähigkeit der hochmolekularen Ester und Estolide eine Rolle spielen. Vgl. „Über den Einfluß der Viskosität auf die kinetische Behandlung von Polymerisationsreaktionen" H. DOSTAL u. H. MARK: Österr. Chemiker-Ztg. 40, 25 (1937).

[3] IWANOW u. SSAWINOWA: Ref. Chem. Ztrbl. 1935 II, 3871.

von Sauerstoff, weil dessen Menge bzw. die Luftgeschwindigkeit zu gering war. Bei der falschen Bemessung mag auch mitgespielt haben, daß man einfach Oxydation einer endständigen Methylgruppe annahm und das Minimum an Sauerstoff nach der Gleichung (I) berechnete:

(I) $\qquad 2\,CH_3(CH_2)_n \cdot CH_3 + 3\,O_2 = 2\,CH_3(CH_2)_n \cdot COOH + 2\,H_2O$

Tatsächlich erfordert aber selbst die Idealgleichung (II) fast die doppelte Menge Sauerstoff:

(II) $\qquad 2\,CH_3(CH_2)_x \cdot CH_2 \cdot CH_2 \cdot (CH_2)_y \cdot CH_3 + 5\,O_2 =$
$$= 2\,H_2O + 2\,CH_3(CH_2)_x COOH + 2\,CH_3(CH_2)_y COOH$$

Außerdem ist die Ausnützung des Luftsauerstoffes ohne Verwendung von Überdruck in Anbetracht der mangelhaften Vermischung schlecht.

Die Verwendung reichlicher Sauerstoffüberschüsse, d. h. größerer Luftgeschwindigkeit, ist die kennzeichnende Maßnahme des Verfahrens der Firma Georg Schicht A.-G. und AD. GRÜN[1]; nach diesem muß man, falls kein Katalysator verwendet wird, 1 cbm Luft, besser mehrere Kubikmeter in der Stunde je Kilogramm Paraffin anwenden. Ähnliche Mengen nennen spätere Patentschriften[2]. Den Einfluß der Luftmenge unter sonst gleichen Bedingungen zeigen die Ergebnisse von Parallelversuchen, bei denen je 100 g Paraffin (52°) bei 160° jeweilig 12 Stunden mit feuchter Luft in der auf S. 680 skizzierten Apparatur behandelt wurden[1].

Tabelle 60. Einfluß der Luftmenge auf die Oxydation von Paraffin.

Luftmenge in Litern	Nichtflüchtige Reaktionsprodukte						Destillat
	Analyse		Zusammensetzung				
			Unverseifbares		Wasserunlösliche Fettsäuren		Gramm
	Säurezahl	Verseifungszahl	Menge	Hydroxylzahl	Menge	Säurezahl	
150	28,8	109,1	57,8%	58,7	36,5%	143,0	7,3
300	44,9	151,4	50,3%	73,1	42,4%	178,5	8,7
600	54,8	186,5	41,6%	123,8	47,0%	170,2	18,5
800	57,2	209,1	39,5%	86,5	49,2%	182,8	16,0
1000	62,6	212,8	37,8%	95,8	48,1%	180,8	19,2
1200	67,5	214,0	23,8%	125,7	61,7%	184,6	19,4

2. Konzentration des Sauerstoffs im oxydierenden Gasgemisch.

Sauerstoff wirkt selbstverständlich energischer als Luft, seine Verwendung ist aber nicht nur überflüssig, sondern höchst unvorteilhaft, weil sie kostspieliger ist und die Oxydation sich viel schwerer regulieren läßt. Das Reaktionsgemisch wird leicht überhitzt, die Produkte werden „überoxydiert", es können Explosionen eintreten. Die in der Gewichts- oder Volumeinheit erzeugte Wärmemenge ist eben bei Verwendung von unverdünntem Sauerstoff viel größer. Beispiel: Der Heizwert von Hexan ist rund 11 500 Cal. Bei der Verbrennung von 1 kg eines Gemisches von Hexan mit der theoretisch nötigen Menge O_2 werden rund 2500 Cal. frei; bei der Verbrennung von 1 kg eines Gemisches von Hexan mit

[1] D. R. P.-Anm. Sch. 53312, Priorität (Öst.) vom 29. VI. 1917. Damit identisch Schweiz. P. 94451 auf den Namen E. ZOLLINGER-JENNY, vom 11. IX. 1917, Priorität (Öst.) vom 29. VI. 1917. — S. auch GRÜN: Chem.-Ztg. 47, 898 (1923).

[2] Z. Beisp. Badische Anilin- u. Sodafabrik: D. R. P. 405850 vom 3. VI. 1921 und I. G. Farbenindustrie A. G.: D. R. P. 502433 vom 1. VII. 1927.

[1] AD. GRÜN u. E. ULBRICH: Ztschr. angew. Chem. 36, 125 (1923).

der theoretisch nötigen Menge Luft (welches Gemisch viel weniger Hexan und viel weniger O_2 enthält) nur 700 Cal. Bei der unvollständigen Oxydation sind die freiwerdenden Wärmemengen zwar in beiden Fällen viel geringer, stehen aber im gleichen Verhältnis von 2500 : 700. Dazu kommt noch, daß die vom Hexan-Luft-Gemisch erzeugte kleinere Wärmemenge auf ein viel größeres Volumen verteilt ist, großenteils zum Erhitzen des beigemischten Luftstickstoffes verbraucht und schneller abgeleitet wird.

Auf alle Fälle ist die Konzentration des Sauerstoffes in der Luft für eine energische Oxydation nicht nur vollkommen ausreichend, man kann nach dem Verfahren von Georg Schicht A.-G. und AD. GRÜN[1] auch mit viel sauerstoffärmeren Gasgemischen oxydieren; selbst ein Gemisch aus 11 Teilen Kohlendioxyd und 1 Teil Luft, das somit nur 1,7 Vol-% bzw. 1,3 Gewichts-% Sauerstoff enthält, kann noch genügen[2].

Die Verdünnung der Luft durch Kohlendioxyd soll nach M. LUTHER und H. KLEIN[3] praktisch Anwendung finden, um bei der Oxydation niedriger Methanhomologen, wie der des Benzins, die Bildung explosiver Gemische zu verhindern.

3. Temperatur.

Um die Oxydation der Kohlenwasserstoffe einzuleiten und in Gang zu halten, muß eine Temperaturschwelle überschritten werden, die für die höheren Homologen nicht viel über 100° liegt[4]. Nachdem die Reaktion exothermisch ist[5], muß man beim Oxydieren größerer Mengen nur anfänglich heizen, später kühlen, um die optimale Temperatur zu erreichen, bzw. nicht zu überschreiten.

Das Temperaturoptimum hängt, abgesehen vom Material, insbesondere von der Menge und der Konzentration des Sauerstoffes und vom Druck ab. Ohne genügenden Luftüberschuß kann eine Operation noch bei 115—120° tagelang dauern[6]. Die optimale Temperatur für Paraffin ist nach den weitaus meisten Beobachtern 150—160°, wenige geben 170 oder höchstens 180° an. Bei Verwendung von Sauerstoff sind 140° schon ausreichend.

Für die Oxydation von Naphthenen oder diese enthaltenden Mineralölen, ohne Überdruck, dürften 125—130° optimal sein.

4. Druck.

Die Geschwindigkeit der Oxydation ist proportional der Konzentration des im Substrat gelösten Sauerstoffes, und diese ist wiederum proportional dem Partialdruck des Sauerstoffes im Gasraum[7]. Die Reaktion verläuft somit um so schneller, je höher der Druck gehalten wird; aber man kann die Intensivierung durch Steigerung anderer Bedingungen, besonders der Luftgeschwindigkeit,

---

[1] A. a. O.

[2] Zahlenmäßige Angaben über Vergleichsversuche s. GRÜN u. ULBRICH: a. a. O. S. 126.

[3] I. G. Farbenindustrie A. G.: D. R. P. 510732 vom 12. XII. 1927.

[4] FRANCIS (Journ. chem. Soc. London 121, 496 [1922]) beobachtete, daß trockene Luft auf Paraffin bei 100° selbst binnen 700 Stunden, bei 110° binnen 200 Stunden noch nicht einwirkt. In Gegenwart von 5% Terpentin wurden bei 101—103° während 333 Stunden 10,8% Sauerstoff aufgenommen.

[5] Zahlenmäßige Angaben über entwickelte Wärmemengen enthält die Beschreibung des D. R. P. 547109 der I. G. Farbenindustrie A. G. Bei der Oxydation von 1000 kg Hartparaffin werden rund 500000 Cal frei. (Diese dürften etwa 5% der Gesamtverbrennungswärme des Paraffins entsprechen.)

[6] Verfahren nach Schweiz. P. 82057. Um 115—120° liegt anscheinend ein zweiter kritischer Punkt; unterhalb desselben soll die Oxydation monomolekular verlaufen, oberhalb setzen je nach den Substraten und Bedingungen verschiedene polymolekulare Reaktionen ein. STÄGER: Österr. Chemiker-Ztg. 40, 28 (1937).

[7] S. auch FR. FISCHER: Ges. Abhandlungen Kohle 4, 8 (1919).

auch durch ein wenig Temperaturerhöhung, ebensogut oder besser erzielen als durch hohe Drucke.

Überdrucke von 20—30 Atm., wie sie in älteren Patentschriften angegeben werden, sind, von Spezialfällen (s. unten) abgesehen, überflüssig.

K. Löffl[1] erzielte beim Oxydieren von Paraffin mittels Sauerstoffes durch Erhöhen des Druckes auf 3 at eine Verkürzung der Einwirkungsdauer von 78 auf nur 7 Stunden.

Juchnowsky und Rochlin[2] beobachteten bei der Oxydation von Vaselinöl, daß bei Atmosphärendruck binnen 12 Stunden 10% des Materiales in Säuren verwandelt würden, unter 3—4 at binnen 8 Stunden schon gegen 20%. Die Einwirkungsdauer soll durch Anwendung von 3—4 at auf etwa ein Sechstel verkürzt werden[3].

Ein höherer Druck, etwa 20 at, ist vorteilhaft beim Oxydieren niedrig siedender Kohlenwasserstoffe, z. B. von unter 180⁰ siedendem Benzin. Er ermöglicht knappe Dosierung des Sauerstoffes bzw. der Luft oder eines Luft-Kohlendioxyd-Gemisches, so daß kein explosives Gasgemisch entstehen kann[5].

5. Einwirkungsdauer.

Die zur optimalen Oxydation einer gegebenen Menge Substrat erforderliche Einwirkungsdauer hängt weitestgehend von anderen Reaktionsbedingungen ab, besonders von Temperatur und Sauerstoffmenge bzw. Luftgeschwindigkeit. Die technische Ausführung hat das richtige Mittel zu wählen zwischen zu 'langsamer Oxydation (die betriebssicherer, aber wegen geringerer Ausnützung der Apparatur kostspieliger ist und auch mehr Oxysäuren, harzartige Kondensations- und Polymerisationsprodukte geben kann) und der zu schnellen Oxydation unter schärferen Bedingungen (bei der stärkerer, zum Teil völliger Abbau des Materials eintritt und die Betriebssicherheit gefährdet werden kann.) Beim heutigen Stand der Technik kann die Oxydation von Paraffin selbst in größeren Chargen bei etwa 150—160⁰ und Verwendung von mindestens 1 cbm Luft in der Stunde je Kilogramm Material binnen einigen Stunden zu Ende geführt werden. Über die Verhältnisse bei der Verarbeitung von Mineralölen s. S. 689.

Bei der Oxydation niedrigerer Kohlenwasserstoffe zu Aldehyden in der Dampfphase läßt man das Gemisch mit genau bemessenen Mengen Luft nur ganz kurz, bloß einige Sekunden lang, auf Kontaktstoffe einwirken[6].

6. Zusätze.

α) *Wasser.* I. Walter[7] erkannte bereits, daß die bei zu energischer Oxydation möglichen Explosionen durch Zumischung von Wasser bzw. Dampf verhütet werden. Ebenso beobachteten Mathesius[8], Fr. Fischer[9] und andere, daß Wasser infolge seines Vermögens, große Wärmemengen aufzunehmen, das organische Material vor Überhitzung schützt[10]. Nach K. Löffl tritt in Abwesenheit von Wasser schon bei 100⁰ bereits Verfärbung, selbst teilweise Verharzung ein. Petrow[11] beobachtete u. a. Verminderung der Oxysäurenbildung.

[1] S. S. 674, Fußnote 7.　　　　　　　　[2] Chem.-Ztg. 44, 561 (1920).
[3] Ref. Chem. Ztrbl. 1935 II, 301.
[4] Die Beobachtung von K. Iwanow (Ref. Chem. Ztrbl. 1932 II, 2401), daß Überdruck die Oxydation nur bei Verwendung von Luft beschleunige, bei Verwendung von Sauerstoff hemme, ist vermutlich darauf zurückzuführen, daß infolge Überoxydation verharzte, schwer angreifbare Nebenprodukte entstanden.
[5] I. G. Farbenindustrie A. G.: D. R. P. 570732 vom 2. XII. 1927 (M. Luther u. H. Klein) samt Zusatz D. R. P. 572896 vom 7. VIII. 1929.
[6] Z. B. nach A. P. 1858095.　　　　　　[7] D. R. P. 168291.
[8] D. R. P. 350621.　　　　[9] Ges. Abhandlungen zur Kenntnis der Kohle 4, (1919).
[10] Chem.-Ztg. 44, 561 (1920).　　　[11] D. R. P. 584110.

Ubbelohde[1] fand bei Gegenwart von $2^1/_2\%$ Wasser ein Optimum der Reaktionsgeschwindigkeit. Vergleichsversuche von Grün und Ulbrich[2] ergaben dagegen, daß schon beim Anfeuchten der Luft mit 0,4 g je Liter die Oxydation merklich gehemmt wird, anderseits auch völliges Trocknen der Luft mittels Kalkturm ein wenig verzögernd wirkt[3]. Der normale Feuchtigkeitsgehalt der Luft, vermehrt um die bei der Oxydation erzeugte Wassermenge, erwies sich als optimal, doch hängt die quantitative Wirkung des Wassergehaltes auch von den übrigen Bedingungen einer Operation ab. Zusammenfassend kann gesagt werden: Wasser hemmt die Oxydation, aber es lähmt sie nicht.

β) Basen. Zusatz von Basen zwecks Neutralisierung der Säuren im Entstehungszustand hat schon Schaal (s. S. 649) vorgeschlagen, und zwar Kalk, Soda-Kalk-Gemische, feinverteilte Natronlauge, Ammoniak. Dadurch soll die Oxydation zu Säuren befördert und das Material vor Überoxydation, Verfärbung, Verharzung geschützt werden. Die Schutzwirkung scheint in allen Fällen einzutreten, die Vermehrung der Ausbeute an Säuren hängt aber von der Art der Base ab, vielleicht auch von den anderen Reaktionsbedingungen. Bei der Oxydation von Paraffin unter Druck mittels Sauerstoff erzielte Mathesius (s. S. 650) durch überschüssiges Alkali höhere Ausbeuten, ebenso Fr. Fischer und W. Schneider[4] durch Verwendung von Sodalösung. Grün und Ulbrich[5] fanden dagegen eminent stark lähmende Wirkung von überschüssigem Kalk und noch mehr von Bariumhydroxyd.

Beispiel: je 100 g Paraffin (52⁰), 6 Stunden bei 160⁰ mit einem kräftigen Luftstrom geblasen, ergaben (s. Tabelle 61).

Tabelle 61.

Zusatz	Zusammensetzung des Produktes		Unverseifbares
	Fettsäuren		
	Menge	Verseifungszahl[6]	Menge
Keiner	67,7%	158,9	32,3%
Ca(OH)₂	14,3%	147,7	85,7%
Ba(OH)₂ ...	5,7%	117,3	94,3%

Der scheinbare Widerspruch im Verhalten von Alkalien und Erdalkalien verschwindet, wenn man annimmt, daß nur solche Basen die Oxydation beschleunigen, deren Seifen bei Gegenwart genügender Mengen Wassers die Bildung eines dichten Schaumes aus Substrat und Sauerstoff bzw. Luft, also eine innigere Vermischung der Reaktionsteilnehmer befördern. Nicht zu große Mengen von Erdalkalien u. dgl. könnten unter Umständen indirekt die Oxydation begünstigen, indem sie einer Überoxydation vorbeugen, deren Produkte die weitere Oxydation auf die Dauer hemmen.

Die erforderlichen Mengen an Basen werden von den einzelnen Beobachtern sehr verschieden angegeben[7].

γ) Katalysatoren. Obwohl die Oxydation unter sonst genügenden Bedingungen ohne jeden Hilfsstoff eingeleitet und zu Ende geführt werden kann, hat

---

[1] Ref. Chem. Ztrbl. 1918 II, 22.

[2] Ztschr. angew. Chem. 33, 292 (1920). Daselbst weitere Zahlenangaben.

[3] A. K. Plissoff u. E. Maleeffa (Bull. Soc. chim. France [5], 3, 1281 [1936] trockneten durch Zusatz dehydratisierender Stoffe, wie CaCl₂, Na₂SO₄, P₂O₅ u. a. m., von denen einige beschleunigen, andere verzögern sollen. Hier kamen aber wohl außer dem bloßen Trocknen noch andere spezifischere Wirkungen zur Geltung.

[4] Ber. Dtsch. chem. Ges. 53, 922 (1920). Über einschlägige Untersuchungen derselben Autoren s. auch Ges. Abhandlungen Kohle 4., 48 (1919).

[5] Ber. Dtsch. chem. Ges. 53, 990 (1920).

[6] V. Z. der unlöslichen Säuren.

[7] Z. B. von Warlamow (Ref. Chem. Ztrbl. 1933 I, 3648, 4068) mit dem dreifachen Paraffingewicht an 2-n-Sodalösung; nach E. Zerner (s. S. 689) wirken schon sehr kleine Mengen günstig.

man eine Unzahl Verbindungen auf ihre katalytische Wirksamkeit geprüft. Man fand ganze Reihen positiv wirkender Katalysatoren, die zur Lenkung nach bestimmten Richtungen oder zur besseren Regulierung der Oxydation unter Milderung der sonstigen Bedingungen dienen können; dann noch auch antikatalytische Stoffe, Inhibitoren.

Positive Wirkung wird folgenden Verbindungsklassen zugeschrieben:

1. Oxyden und Salzen aus fast allen Reihen des periodischen Systems.
2. Einigen anorganischen und noch mehr organischen Säuren.
3. Salzen der Säuren mit an sich katalytisch wirkenden oder an sich unwirksamen Basen.
4. Neutralen organischen Stoffen, die bei Autoxydation Superoxyde bilden (zu diesen gehören vielleicht die neutralen Oxydationsprodukte der Kohlenwasserstoffe).

Wie durch Zusätze versuchte man die Beförderung der Oxydation auch durch

5. Bestrahlung mit ultraviolettem Licht.

Zu 1. In Patentschriften und Abhandlungen werden u. a. genannt:

Basen aller Art im allgemeinen[1], lösliche Alkalien[2], Erdalkalien[3], diese und Alkalien[4], Oxyde und Salze des Kupfers[5], von Silber[6], Quecksilber[7], Lanthan und Zirkon[8], von Cer[9], Thorium[10], seltene Erden[11], deren Salze mit Sauerstoffsäuren[12], Titan[13], Oxyde und Seifen von Blei[14]; Oxyde und Säuren des Vanadins[15], Oxyde und Komplexverbindungen von Chrom, Wolfram, Uran[16], Sauerstoffverbindungen von Mangan[17], Eisen[18], Nickel[19] und Metallen der Platingruppe[20].

Die Angaben über die Wirksamkeit sind teilweise widersprechend. Zum Beispiel finden FR. FISCHER und SCHNEIDER (a. a. O.) Cu, Mn und Fe gleich wirksam (auch Gefäßwände aus Stahl sollen katalysieren). Nach PETROW und DANILOW[21] ist Eisen wenig wirksam, es macht die Produkte bloß mißfarbiger, Blei wirke stärker, begünstige aber Oxysäurenbildung. Auch andere Beobachter sind gegen die Verwendung von Katalysatoren, weil diese mehr die Weiteroxydation normaler Produkte als deren Bildung befördern[22].

K. IWANOW[23] vermutet, daß die meisten Katalysatoren nicht an sich be-

---

[1] SCHAAL, a. a. O.
[2] I. G. Farbenindustrie A. G.: D. R. P. 564433 vom 6. IV. 1930.
[3] E. ZERNER: E. P. 174611, WINTERNITZ, BULLINGER und TEICHNER, E. P. 174642.
[4] G. S. PETROW: Russ. P. 31928 vom 23. VII. 1932.
[5] SCHAAL, a. a. O., GLOCK: D. R. P. 109014 und 109015 von 1899, Firma Kliva: D. R. P. 382496 Priorität (Öst.) 16. XII. 1916 u. a. m.
[6] LÖFFL: Chem.-Ztg. 44, 561 (1920).
[7] H. H. FRANCK: Chem.-Ztg. 44, 309 (1920), LÖFFL, a. a. O.
[8] CL. P. BYRNES: A. P. 1759620 vom 5. XI. 1919 (H. I. JAMES).
[9] FR. FISCHER u. W. SCHNEIDER a. a. O., I. G. Farbenindustrie A. G.: A. P. 1762688 vom 14. III. 1928.
[10] CL. P. BYRNES (H. I. JAMES) a. a. O.   [11] Firma Kliva, siehe Fußnote 5.
[12] CL. P. BYRNES (H. I. JAMES) a. a. O.   [13] CL. P. BYRNES (H. I. James) a. a. O.
[14] K. LÖFFL: D. R. P. 346697 vom 13. IX. 1918; H. H. FRANCK, a. a. O.
[15] H. H. FRANCK, a. a. O., K. LÖFFL, a. a. O., ELLIS-FOSTER, A. P. 1697263 von 1921, u. a. m.
[16] H. H. FRANCK, K. LÖFFL, a. a. O., CL. P. BYRNES: A. P. 1859587 vom 5. XI. 1919.
[17] Firma Flammer u. C. Kelber: D. R. P. 406866 vom 22. V. 1919, u. a. m.
[18] Firma Kliva, a. a. O.; FR. FISCHER u. W. SCHNEIDER: Ber. 53, 922 (1920); speziell Eisencarbonyl: I. G. Farbenind., D. R. P. 621979 vom 28. II. 1931.
[19] MATHESIUS: D. R. P. 350621 vom 11. III. 1916; speziell Nickelcarbonyl: A. P. 1978621.
[20] Firma Flammer u. C. Kelber, Firma Kliva, a. a. O.
[21] Referat: Der chem.-techn. Fabrikant 23, 475, 494 (1926).
[22] Referat: Seifensieder-Ztg. 62, 422 (1935).
[23] K. IWANOW, Referat: Chem. Ztrbl. 1932 II, 2401.

schleunigen, aber die Hemmung durch Inhibitoren aufheben. Die Basen dürften je nach der Löslichkeit der aus ihnen entstehenden Seifen teils durch Emulgierung positiv wirken, teils vor Überoxydation und ihren Folgen schützen.

Zu 2. Die Wirkung der als Zusätze empfohlenen Säuren dürfte auf verschiedenen Ursachen beruhen. Salpetrige Säure[1], Salpetersäure[2] und Stickstoffoxyde[3] übertragen Sauerstoff, wie auf S. 662 angegeben. Die höheren Fettsäuren[4], die Fett-Schwefelsäurederivate[5] (vielleicht auch die Schwefelsäure[6], infolge Reaktion mit dem Substrat) wirken als Emulgatoren, befördern die Vermischung der Reaktionsteilnehmer. Naphthensäuren[7] haben scheinbar außerdem eine spezifische, strukturell bedingte Wirkung.

Zu 3. Metallsalze organischer Säuren haben, wie die in Ölen löslichen Sikkative für Firnisse und Lacke, den Vorteil molekulardisperser Verteilung, so die Stearate von Mangan[8], Zink[9] oder Gemische von beiden[10]. Dazu kommt bei einigen die spezifische Wirkung des Anions, wie bei den Resinaten[11], noch mehr bei Naphthenaten[12]. Nach den einen sind am wirksamsten die Naphthenate von Mangan, dann von Chrom und Kobalt[13], nach anderen die der Erdalkalien[14] (das Kalksalz hemmt die Oxysäurenbildung), besonders aber die sauren Naphthenate von Calcium, Barium und Magnesium, weil sie nicht so bald als Schlamm ausgeschieden werden[15]. Natrium- und Lithiumnaphthenat sollen schon in Mengen von 0,03—0,3% die Oxydationsfähigkeit von Naphthenen verdoppeln[16]. Erdalkali-, Magnesium- und Aluminiumsalze organischer Säuren, auch die Alkoholate und Phenolate wirken im nichtalkalischen Milieu in Mengen von 1% angefangen[17].

Phosphate[18] und Borate[19] sollen den Resinaten überlegen sein; Halogenide verhindern wie Oxalate die Verfärbung[20]. Erdalkali-manganite und -manganate seien wirksamer als Manganoverbindungen[21].

Die Wirksamkeit der Metallseifen ist angeblich in Gegenwart organischer Basen größer als sonst[22].

Zu 4. Über die Beschleunigung, vor allem auch das schnellere Auslösen der Oxydation durch „anoxydierte" Kohlenwasserstoffe[23], (mit Ausnahme der

---

[1] Worms A. G.: E. P. 156252 Priorität vom 15. VII. 1919.
[2] C. Q. SHEELY u. W. H. KING: Ind. engin. Chem. **26,** 1150 (1934).
[3] Doherty Research Co.: A. P. 1978621 vom 11. VI. 1930.
[4] AD. GRÜN: Ber. **53,** 990 (1920); D. R. P. 345391.
[5] I. Schaffner & Co.: D. R. P. 377815 vom 18. XII. 1920.
[6] I. G. Farbenindustrie A. G.: E. P. 324903 vom 27. IX. 1928.
[7] K. I. IWANOW u. Mitarbeiter, Referate: Chem. Ztrbl. **1932 II,** 2402; **1933 II,** 1119.
[8] Firma Hülsberg u. Seiler: Holl. P. 6151 Priorität vom 15. I. 1916.
[9] Firma Hülsberg, a. a. O.; WINTERNITZ u. TEICHNER: E. P. 174642 von 1922.
[10] Deutsche Hydrierwerke Akt. Ges.: D. R. P. 572867.
[11] Firma Flammer u. Kelber, a. a. O.
[12] G. S. PETROW u. Mitarbeiter: D. R. P. 584110 vom 12. VI. 1930.
[13] A. I. DANILOWITSCH u. G. S. PETROW: Russ. P. 13019 vom 28. I. 1926.
[14] G. S. PETROW u. Mitarbeiter: Russ. P. 18478 und 18479 vom 12. XI. 1929.
[15] G. S. PETROW u. Mitarbeiter: D. R. P. 584110.
[16] TYTSCHININ u. K. IWANOW; siehe ferner I. G. Farbenindustrie: E. P. 386715 vom 16. IX. 1931.
[17] I. G. Farbenindustrie A. G.: D. R. P. 612952 vom 7. X. 1927.
[18] Badische Anilin- u. Sodafabrik: E. P. 397212 vom 1921.
[19] I. G. Farbenindustrie A. G.: D. R. P. 502433 vom 1. VII. 1927 (KLEIN).
[20] Riebecksche Montanwerke: D. R. P. 523518 vom 8. II. 1928; D. R. P. 563766 vom 28. XI. 1928.
[21] I. G. Farbenindustrie A. G.: D. R. P. 570130 vom 8. IX. 1927.
[22] I. G. Farbenindustrie A. G.: A. P. 1762688 vom 14. III. 1928 (FR. HOFMANN).
[23] SCHMID: E. P. 109386; Alox. Chem. Corp.: Deutsche Anmeldung, A. 52125 vom 5. X. 1927.

Derivate von Aromaten[1]) sind alle Beobachter einig. Praktisch verwendet man die neutralen, beim Abtrennen der Säuren anfallenden Teile. Vielleicht wirken einzelne Bestandteile ähnlich wie Terpentinöl bzw. das Pinen unter intermediärer Bildung von Superoxyden, die aber nicht als unentbehrliche Zwischenprodukte gelten müssen[2]. Höhere Alkohole und Wachsester nützen als Emulgatoren[3], somit wirken diese Bestandteile des Neutralteiles auch in dieser Weise günstig. — Wahrscheinlich hängt die Beförderung der Oxydation durch Ozon[4] mit der raschen Bildung solcher oder ähnlicher Oxydationsprodukte zusammen.

Zu 5. TH. T. GRAY (s. S. 650) führte die Oxydation unter Bestrahlung mit ultraviolettem Licht aus. Die vorzüglichen Resultate scheinen aber eher auf richtiger Wahl der übrigen Reaktionsbedingungen zu beruhen, denn GRÜN und WIRTH[5] erhielten bei vielen Parallelversuchen (allerdings unter Verwendung von Gefäßen aus Uviolglas statt Quarz) mit und ohne Bestrahlung absolut gleiche Resultate,.

Man hat ferner Bestrahlung in Gegenwart radioaktiver Stoffe vorgeschlagen, auch Photooxydation in Gegenwart von Anthracen oder dessen Polymeren[6].

δ) *Inhibitoren.* FR. FISCHER und W. SCHNEIDER (a. a. O.) fanden, daß Benzol und Toluol des Paraffin vor zu weit gehender Oxydation schützen und erklären dies damit, daß die aromatischen Kohlenwasserstoffe gegenüber den intermediär gebildeten Superoxyden als Akzeptoren fungieren. Nach N. T. TSCHERNOSHUKOW und S. E. KREIN[7] wächst die Wirkung mit der Zahl der Ringe im Molekül (Diphenylmethan hemmt auf die Hälfte, Triphenylmethan auf ein Viertel des normalen Umsatzes), während sie durch Alkylierung vermindert wird (zum mindesten durch längere Seitenketten; z. B. hemmen erst Zusätze von 25% Propyl- oder Decylbenzol). Die Hemmung durch Aromaten steht offenbar in Zusammenhang damit, daß deren Oxydationsprodukte, wie Phenole, Biphenole, Chinone, typische Antioxydantien sind.

Auch hydroaromatische Kohlenwasserstoffe hemmen, ebenso schwefelreichere Verbindungen, Anilin und Naphthylamin, aber nicht Pyridinbasen, die eher die Stabilität der Naphthene verringern.

Nach Beobachtungen von AD. GRÜN (a. a. O.) hemmen oberflächenaktive Stoffe wie Bleicherden, Kohle, noch viel stärker. Kohle lähmt die Oxydation sogar bei Anwendung energischer Reaktionsbedingungen vollkommen, auch wenn sie mit Eisensulfat imprägniert ist. Mit Ferrohydroxyd imprägnierte Kohle vermindert die Fettsäurenausbeute von 67,7 auf 1%, Tonsil vermindert sie auf 2%.

Deutliche Hemmung bewirkt Bleitetraäthyl[8], das bekannte „Antiklopfmittel".

D. Präparative Ausführung.

Mit Ausnahme der Temperatur, die im relativ kleinen Intervall von etwa 125—170⁰ zu halten ist, können die Versuchsbedingungen: Druck, Menge und Konzentration des Sauerstoffes (von 100% bis weniger als 2% des Gasgemisches),

---

[1] N. T. TSCHERNOSHUKOW u. S. E. KREIN, Referat: Chem. Ztrbl. **1935 II,** 3467.
[2] PLISOFF, Bull. soc. chim. Prance, (5) **3,** 425 (1936).
[3] W. SCHRAUTH u. FRIESENHAHN: Chem. Ztg. **45,** 177 (1921).
[4] E. BRINER, CARCELLER u. ADLER: Schweiz. P. 182957 vom 6. IV. 1935.
[5] Z. angew. Chem. **33,** 291 (1920).
[6] Vereinigte chem. Fabriken Kreidl, Heller u. Co.: Franz. P. 739711 Priorität (Öst.) vom 21. VII. 1931.
[7] N. T. TSCHERNOSHUKOW u. S. E. KREIN, a. a. O. ferner: Referat Chem. Ztrbl. **1934** I, 3001, Referat Chem. Ztrbl. **1935 II,** 3873.
[8] Universal Oil Prod. Co.: A. P. 1939255 vom 26. VI. 1926 (G. EGLOFF).

Zusätze von Wasser, Basen, Katalysatoren, Einwirkungsdauer usw., in ziemlich weiten Grenzen variiert werden. In den einen Fällen sind Druckapparate, Rührvorrichtungen u. dgl. nötig, in den anderen genügen einfachste Vorrichtungen. Zum Beispiel gibt C. KELBER (s. S. 650) an, daß man einfach reichlich Sauerstoff in feiner Verteilung bei 140—150⁰ durch Paraffin leitet oder dasselbe durch Sauerstoff zerstäubt. FR. FISCHER und W. SCHNEIDER (s. S. 650) dagegen „erhitzen reines Paraffin oder abgepreßtes Rohparaffin beliebiger Herkunft mit schwachen Sodalösungen in druckfesten Stahlapparaten auf etwa 170⁰ und pressen gleichzeitig Luft unter Druck durch die mit einem Druckkühler versehene Apparatur." Genauere Angaben machen GRÜN und WIRTH (s. S. 679) über die eingehaltenen Versuchsbedingungen und über die Apparatur. Diese wurde später auch von anderen Beobachtern erprobt und als die zweckmäßigste betrachtet[1].

Das Reaktionsgefäß ist eine 40—60 cm lange und etwa 5 cm weite, unten konische Glasröhre für 100 g Nutzinhalt, in die ein fast bis zum Boden reichendes

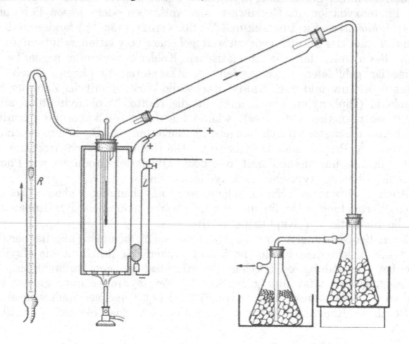

Abb. 232. Laboratoriumsvorrichtung für die Paraffinoxydation.

Einleitungsrohr, ein kurzes Ableitungsrohr oder Vorstoß und ein Thermometer eingesetzt sind. Eine Rührvorrichtung ist entbehrlich. Zwischen Einleitungsrohr und Druckluftbehälter (z. B. eine Bombe) wird ein Rotamesser zwecks Messung der Geschwindigkeit des Luftstromes eingeschaltet (R in Abb. 232). Ferner ein Spiralwäscher, um die Luft nach Belieben mittels Schwefelsäure o. dgl. zu trocknen oder zwecks Anfeuchten durch kaltes oder warmes Wasser streichen zu lassen. Das Ableitungsrohr führt durch einen aufsteigenden leeren Kühlermantel zu zwei eisgekühlten, mit Scherben gefüllten Vorlagen oder zu einer Vorlage und einem Filter mit einer Lage feuchten Sandes, der die flüchtigen

---

[1] Z. B. WARLAMOW: Öl-Fett-Ind. (russ.: Masloboino Shirowoje Djelo) 1932, Nr. 6, 47; Ref. Chem. Ztrbl. 1933 I, 3648. — Vgl. auch E. ZERNER: Chem.-Ztg. 54, 257 (1930). — SHERDEWA, KOGAN u. SCHIRAJEW: Ref. Chem. Ztrbl. 1935 I, 2917.

Oxydationsprodukte am vollständigsten zurückhält. Für Versuche zur Oxydation unter Bestrahlung kann die gleiche Anordnung, allenfalls mit kürzerem Reaktionsrohr, benützt werden. Man umgibt das Gefäß mit einem Luftbadgehäuse aus Asbestpappe; eine Wand desselben wird der ganzen Länge nach etwa 4 cm breit ausgeschnitten und vor diese Öffnung eine Lichtquelle, z. B. die Leuchtröhre (L in Abb. 232) einer Uviollampe (110 V) aufgestellt. Zwei einander gegenüberliegende, durch Glimmerplatten verschlossene Fenster im Luftbad gestatten die Beobachtung der Durchmischung des Substrates mit der Luft und das Ablesen des Thermometers.

Für Versuche mit größeren Mengen ist die Anordnung grundsätzlich die gleiche: Ein Metallzylinder (am besten aus Aluminium), wenn geschlossen, selbstverständlich mit Sicherheitsventil versehen, Mantel oder Schlange zum Anheizen und Kühlen, Fülltrichter, weites Ableitungsrohr aus Eisen[1]; Wasserabscheider, Vorlage z. B. Holzbottich mit Siebboden, gefüllt mit feuchtem Sand, in dem die Abgase unten eintreten.

Abb. 233 zeigt eine behelfsmäßige Einrichtung dieser Art für Chargen von 10—25 kg, aus dem Versuchsraum der Firma Georg Schicht A.-G., in der in den

Abb. 233. Einrichtung für die Oxydation von Paraffinchargen von 10—25 kg.

Jahren 1917 und 1918 die einschlägigen Versuche ausgeführt wurden.

Die Grenzen der Versuchsbedingungen betreffend Temperatur, Menge, bzw. Geschwindigkeit der Luft, Einwirkungsdauer usw. und die Abstimmung der einzelnen Bedingungen aufeinander ergeben sich aus den Angaben S. 672—675. Zur Erzielung hoher Fettsäureausbeuten sind selbstverständlich energischere Bedingungen zu wählen, als wenn auf die Bildung von viel Ester abgestellt wird.

---

[1] Kupferrohr wurde rotglühend, obwohl die aus dem Gefäß tretenden Abgase und Dämpfe höchstens eine Temperatur von 160—170° aufwiesen. Anscheinend katalysiert die Kupferwand eine Nachoxydation.

Je nachdem leitet man z. B. etwa 300—1200 l Luft 3—12 Stunden lang durch je 100 g auf 160⁰ gehaltenes Material, Paraffin oder einen einheitlichen Kohlenwasserstoff. Bei Verwendung reinen Sauerstoffes sind mildere Bedingungen einzuhalten, während sauerstoffärmere Gase als Luft, entsprechende Verschärfung der einen oder anderen Bedingung, zum mindesten Verlängerung der Einwirkungsdauer erfordern.

Die Materialausbeute, Inhalt des Reaktionsgefäßes und der Vorlagen, beträgt bei richtiger Arbeitsweise in allen Fällen 100—110%; die Ausbeute an Fettsäuren aus den höchstmolekularen Kohlenwasserstoffen kann 80—85% betragen, davon drei Viertel oder mehr höhere, unlösliche Säuren.

Beispiel: 100 g Pentatriakontan, bei 160⁰ 4 Stunden lang mit 1200 l Luft in der Stunde behandelt, ergaben:

Tabelle 62. Aufarbeiten von Pentatriakontan.

Im Reaktionsgefäß			In den Vorlagen			Zusammen		
Gesamt-menge	Un-verseifbares	Unlösliche Säuren	Gesamt-menge	Un-verseifbares	Unlösliche Säuren	Un-verseifbares	Unlösliche Säuren	Wasserlös-liche Säuren
85,5 g	24,3%	62,6%	23,0 g	34,9%	40,9%	28,8%	63,0%	16,7%

Die Auftrennung der rohen Oxydationsprodukte in Säuren und unverseifbare Bestandteile, in Gruppen wie unlösliche und lösliche Säuren, dann in Alkohole, Ester, unveränderte Kohlenwasserstoffe u. a. m., erfolgt nach den üblichen Methoden. Die Ergebnisse der präparativen Aufarbeitung sind zuverlässig, soweit sie die Abscheidung ganzer Verbindungsklassen, Abscheidung der Gemische von Homologen betreffen. Zweifelhaft sind mehrere der verschiedenen Angaben über weitere Zerlegung der Homologengemische, z. B. über die Isolierung und Identifizierung einzelner Fettsäuren.

Schon die Zerlegung der Säurengemische aus natürlichen Fetten durch fraktionierte Destillation, Kristallisation oder Fällung ist oft schwierig; besonders die Trennung der Fraktionen, die aus ungefähr gleichen Mengen von nächsten geradzahligen Homologen, z. B. Palmitin- und Stearinsäure, bestehen. Um so größer ist jedenfalls die Schwierigkeit, einheitliche Verbindungen aus den Oxydationsprodukten zu isolieren, weil diese ja auch ungeradzahlige Homologen jeder Verbindungsklasse enthalten können. Die Identifizierung einzelner Fettsäuren ist deshalb zum Teil fragwürdig bzw. ungenügend[1].

Angaben über Gruppen und einzelne chemische Verbindungen in den Oxydationsprodukten:

Gesättigte Monocarbonsäuren.

Anscheinend können je nach Umständen alle Homologen von der Ameisensäure bis zur Behensäure oder Lignocerinsäure, natürlich in den verschiedensten Mischungsverhältnissen, entstehen. C. KELBER[1] fand bei einer sehr sorgfältigen Untersuchung die Verbindungen mit 1—6, 8—10, 14, 16—18, 20 und 22 C-Atomen; W. SCHNEIDER auch die übrigen Säuren zwischen $C_6H_{12}O_2$ und $C_{12}H_{24}O_2$; FRANZ FISCHER und W. SCHNEIDER (s. S. 650) geben ferner die Säuren mit 13, 15, 17

---

[1] C. KELBER (Ber. Dtsch. chem. Ges. **53**, 1567 [1920]) hebt mit Recht hervor, daß Übereinstimmung der Siedepunkte und Molekulargewichte von Fraktionen mit denen bekannter Säuren nichts beweise, und erinnert daran, daß „Fraktionen mit dem genauen Molekulargewicht bekannter Säuren völlig frei von diesen" sein können. (Vgl. die älteren Arbeiten über die vermeintliche Isolierung der „Margarinsäure".) Nach FRANCIS, PIPER u. MALKIN (Ref. Chem. Ztrbl. 1930 II, 1855) wären sogar alle bis dahin beschriebenen Säuren bloße Gemische.

und 19 C-Atomen an. Über die Säuren aus einheitlichen Kohlenwasserstoffen s. S. 667. Die von einzelnen Autoren angegebene Bildung von Säuren mit verzweigter C-Kette kann nicht als erwiesen betrachtet werden. Es ist aber nicht ausgeschlossen, daß solche Isomere entstehen[1].

Olefinsäuren.

Solche wurden noch nicht isoliert; daß sie in den Oxydationsprodukten vorkommen, ergibt sich aus den Jodzahlen der Säurengemische. Die in einzelnen Produkten gefundenen Jodzahlen um 20 entsprechen — nach dem durchschnittlichen Molekulargewicht der betreffenden Säuren — etwa 20% ungesättigter Verbindungen[2].

Oxycarbonsäuren und innere Ester derselben.

Es steht außer Zweifel, daß sämtliche Oxydationsprodukte Oxysäuren und ihre inneren Ester, Estolide, enthalten, wie schon aus der Hydroxylzahl der Gesamtsäuren (bzw. zuverlässiger der ihrer Ester), dem Verhalten gegen Petroläther und aus der Überführung in Olefinsäuren hervorgeht[2]. Nach P. Schorygin und A. P. Kreschkow[3] sollen in Oxydationsprodukten aus Paraffin, Schmp. 52⁰, die Monooxy-säuren $C_{13}H_{26}(OH)COOH$ bis $C_{17}H_{34}(OH)COOH$ nachweisbar sein, angeblich auch eine Dioxy-säure $C_{35}H_{69}(OH)_2COOH$ und ein Lacton $C_{36}H_{70}O_3$ (vgl. dagegen S. 669). Über die Oxysäuren aus Naphthenen vgl. S. 671.

Aldehydsäuren.

Nach Angaben in den Patentschriften von Cl. P. Byrnes (s. S. 677) wurden in den nach seinem Spezialverfahren erhaltenen Produkten die Verbindungen mit 13 bis 16 Kohlenstoffatomen nachgewiesen.

Dicarbonsäuren.

Während diese Verbindungen bei der Oxydation mittels Salpetersäuren oder Stickstoffoxyden reichlicher entstehen, bilden sich beim Oxydieren des Paraffins mittels Luftsauerstoff nur unter schärferen Bedingungen nennenswerte Mengen, anscheinend solche mit ungefähr 10 C-Atomen. Man trennt sie von den höheren Monocarbonsäuren auf Grund ihrer größeren Löslichkeit in wasserhaltigen organischen Solventien und ihrer geringen Löslichkeit in Petroläther.

Alkohole und Carbonylverbindungen.

Einzelne Verbindungen wurden noch nicht isoliert. Über die technische Gewinnung s. S. 698.

Ester.

Obwohl die Ester integrierende Bestandteile der Oxydationsprodukte sind, hat man aus diesen, bzw. aus den mittels spezifischen Lösungsmitteln angereicherten Estergemischen (vgl. S. 698) noch keine chemischen Individuen isoliert. Wahrscheinlich sind die Gemische sehr kompliziert. Theoretisch ist ja die Kombination aller oben angeführten Carbonsäuren mit allen höheren, unter den Reaktionsbedingungen nichtflüchtigen Alkoholen möglich.

Aus der Unlöslichkeit der Oxydationsprodukte in Sodalösung hat man früher geschlossen, daß die Säuren auch in Form ihrer Anhydride entstünden. Diese Vermutung ist unbegründet, die höheren Säuren lösen sich in Sodalösung nur sehr wenig, die Ester natürlich überhaupt nicht.

---

[1] In diesem Zusammenhang sei daran erinnert, daß nach Le Sueur und Withers (Journ. Chem. Soc. 107, 306 [1915]) Dioxy- bzw. Diketofettsäuren durch Alkali eine Art Benzilsäure-Umlagerung zu Oxydicarbonsäuren mit verzweigter C-Kette erleiden.   [2] Ad. Grün: Ber. Dtsch. chem. Ges. 53, 993 (1920).
[3] Ref. Chem. Ztrbl. 1936 I, 318.

E. Technische Verfahren.

Die Beschreibung der technischen Verfahren ist in folgende Abschnitte eingeteilt:

a) Vorbehandlung der Rohstoffe.
b) Apparatur.
c) Technische Ausführung der Oxydation.
d) Aufarbeitung der Rohprodukte:

1. Abtrennung nichtoxydierter Kohlenwasserstoffe;
2. Zerlegung der Rohprodukte in Säuren und neutrale Verbindungen;
3. Reinigen und Zerlegen der Säurengemische;
4. Gewinnung neutraler Oxydationsprodukte.

e) Verwendung der Produkte.

a) Vorbehandlung der Rohstoffe.

Viele Rohstoffe, insbesondere die flüssigen Kohlenwasserstoffe, enthalten Beimengungen, die antikatalytisch den Angriff des Luftsauerstoffes hemmen, zum mindesten den Zusatz von Katalysatoren erforderlich machen, die für vollkommen reine Substrate entbehrlich wären[1].

Schwefelverbindungen bedingen Mißfärbung und üblen. Geruch der Produkte. Ihre Entfernung ist wichtig bei Gasölen, Fraktionen aus Braunkohlenteer u. dgl. Am besten erfolgt sie unter Bedingungen, die keine Zerstörung, sondern Sättigung der Olefine bewirken[2], zum Beispiel durch Erhitzen in Wasserstoff oder mit Kohlenoxyd und Wasserdampf unter Druck, in Gegenwart von Nickelkatalysatoren, wobei der Schwefelgehalt von 0,6% auf 0,01% vermindert werden kann[3]. Sehr geeignete Katalysatoren sind auch Gemische von Wismut- oder Vanadinverbindungen mit Nickel- und Eisenverbindungen, in Chromnickelstahlrohren auf 300° erhitzt[4].

Rohparaffin, Produkte der Druckhydrierung und Schwelung aus Braunkohlenteer, Gasöle u. dgl. sollen sich mit Nitrose bzw. Schwefelsäure und Stickstoffoxyden[5] oder mit Salpeter-Schwefelsäure[6] gut von Schwefelverbindungen, ungesättigten und asphaltartigen Stoffen befreien lassen.

Zur Raffination von Solaröl und Vaselinöl sollen 18% eines 20%igen Oleums verwendet werden, für Spindel- und Maschinenöl etwa 50% dieser Säure, worauf die sulfonierten Teile abgezogen, das Öl mit 4% Natronlauge gewaschen wird[7].

Besonders vorteilhaft ist für Mineralöle die Extraktion der ungesättigten Kohlenwasserstoffe mittels flüssigen Schwefeldioxyds[8]. Dabei bleiben die positiv katalysierenden Naphthensäuren im Öl, das deshalb viel leichter oxydierbar ist.

Theoretisch interessant ist die Verminderung der Oxydationsfähigkeit, die

---

[1] Z. B. K.I.IwANOW: Russ. Petrol. Ind. 8, 22, 85 (1932).
[2] I. G. Farbenindustrie A. G.: D. R. P.-Anm. I. 290/30 vom 27. III. 1930. Entfernung der stärker-ungesättigten Verbindungen: PETROW, DANILOWITSCH u. RABINOVITCH: Russ. P. 15813 vom 17. II. 1928.   [3] E. P. 363711 (1930).
[4] E. P. 367339 (1930). Verwendung von Oxyden der Metalle der 4. und 6. Gruppe: Standard Oil Co.: A. P. 1904453 (1930).
[5] I. G. Farbenindustrie A. G.: D. R. P. 619113 vom 28. III. 1930 (M.HARDER u. W.DIETRICH).
[6] I. G. Farbenindustrie A. G.: D. R. P. 566449 vom 18. X. 1929 (M.LUTHER u. M.HARDER).
[7] TYTSCHININ u. K.I.IwANOW: Ref. Chem. Ztrbl. 1930 II, 1471.
[8] Firma Centra: D. R. P.-Anm. Z. 12104, Priorität (Öst.) vom 29. I. 1921; identisch mit ZERNER: E. P. 174611 vom 25. I. 1922.

das Auswaschen der Öle mit destilliertem statt Leitungswasser hervorruft. Sie ist nicht durch den Mangel an Härtebildnern bedingt[1].

(Die Oxydation mittels Luftsauerstoff wird auch zur technischen Verwertung von Wollfett empfohlen, ferner für fossile Kohlenstoffverbindungen, die nicht oder zum geringeren Teil aus Kohlenwasserstoffen, hauptsächlich aus Säuren, Ketonen, Alkoholen usw. bestehen, wie aus Braunkohlen bzw. Schwelkohlen extrahiertes Bitumen oder das daraus abgeschiedene Montanwachs. Auf Vorbehandlung und Oxydation dieser Stoffe wird nicht eingegangen.)

b) Apparatur.

Die Hauptanforderungen an die Apparatur sind: Verwendung von korrosionsbeständigem, meistens auch druckfestem Gefäßmaterial, intensive Durchmischung der Reaktionsteilnehmer, Vermeidung der Verluste an Material und Wärme.

Eisen hat sich als Gefäßmaterial nicht bewährt. Bei der Druckoxydation soll nach FR. FISCHER[2] selbst V2A-Stahl versagt haben, während JUCHNOWSKIJ und ROCHLIN selbst nach langem Gebrauch keinen zu großen Angriff auf die Gefäßwände fanden. Bei Auskleidung der Gefäße mit Blei wird die Oxydation zu sehr verlangsamt.[3] Kupfer, Kupfer-Nickel und Nickelbronze sind ungeeignet. Nach FRANZ FISCHER werden die Apparate am besten mit Silber oder silberreichen Legierungen ausgekleidet. WARLAMOW sowie JUCHNOWSKIJ und ROCHLIN halten Aluminium als nicht antikatalytisch und korrosionsbeständig für den besten Werkstoff.

Das Reaktionsgefäß besteht im wesentlichen aus einem hohen Zylinder mit konischem Boden, Mantel oder Schlange für Heizung und Kühlung, Zuleitungen für das flüssige bzw. geschmolzene Reaktionsgut und für Luft, Ableitung für Produkt und Abgas, mit den üblichen Armaturen und einer Verteilungsvorrichtung.

Wenn die Luft mit großer Geschwindigkeit durch einen Lochkranz oder Düsen einströmt, erfolgt schon genügende Durchmischung mit der Flüssigkeit. Vorteilhafter ist es, geringere Gasgeschwindigkeit und mechanische Mischvorrichtungen anzuwenden.

Nach einen früheren Vorschlag soll man das Reaktionsgut in einen vorgewärmten Luftstrom hineinverstäuben und die durch Verdichtung des Nebels sich ansammelnde Flüssigkeit wieder in den Oxydationsraum führen[4]. Zweckmäßiger erzeugt man im Apparat einen Kreislauf. So z. B. durch Einbau eines Turbomischers[5] oder eines koaxial angeordneten, beidseitig offenen, engen Rohres, das nach dem Prinzip der Mammutpumpe wirkt[6]. Man kann auch eine Gasstrahlpumpe einbauen, mit dem Fuß am tiefsten Punkt, deren Auswurfrohr unter dem Deckel endigt[7]. Das Gemisch aus Flüssigkeit, Luft und Katalysator wird herumgewirbelt, das überschüssige Gas tritt oben aus und wird durch einen Kompressor in den Apparat zurückgeführt.

Die zur besseren Vermischung von Gas und Flüssigkeit verwendeten Füllkörper haben für diesen Zweck zuerst AD. GRÜN und E. ZOLLINGER vorge-

---

[1] K. I. IWANOW u. N. N. PETIN: Ref. Chem. Ztrbl. **1932** II, 2402.

[2] D. R. P. 546336 vom 8. II. 1930.

[3] Vorteilhaft sei die Auskleidung eiserner Apparate durch Lacküberzüge aus Kunstharz. Chem. Fabrik. 10, 108 (1937).

[4] Deutsche Erdöl Akt. Ges.: D. R. P. 390237 vom 13. VII. 1919.

[5] Schweiz. Sodafabrik Zurzach: Schweiz. P. 95508 vom 21. IV. 1921.

[6] I. G. Farbenindustrie A. G.: D. R. P. 489936 vom 14. V. 1922 (W. PUNGS).

[7] Ring-Ges. chem. Unternehmungen: D. R. P. 461738 vom 19. V. 1921.

schlagen[1]. A. MITTASCH und M. LUTHER[2] empfehlen speziell Ringe, Kugeln usw. mit glatter Oberfläche. Die Füllkörper können aus keramischer Masse sein, aus Metallen wie Aluminium, Spezialstählen usw. Man wendet eine dem Gewicht der Beschickung gleiche Menge an. Die Wirkung ist groß, man erzielt z. B. nach H. KLEIN[3] bei der Oxydation von Petroleum unter bestimmten Bedingungen ohne Füllkörper nur eine Verseifungszahl von 67, mit solchen aber 151.

Die sehr beträchtliche Reaktionswärme wird durch direkten oder indirekten Austausch zum Erwärmen des Rohstoffes verwendet. Direkt, indem man das Material vor dem Einfließen in den Apparat durch dessen Mantel gehen läßt[4]; indirekt, indem der Mantel wie üblich mit Kühlwasser gespeist und der erzeugte

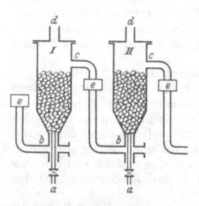

Abb. 234. Oxydationsgefäße nach D. R. P. 526001.

Dampf in den Heizmantel des Paraffinaufschmelzkessels geführt wird, der sich über dem Reaktionsgefäß befindet[5]. Am besten hält man das Wasser auch über 100⁰ flüssig, durch Anwendung eines Überdrucks von 5 bis 6 at im Mantel. Dann kann man im Falle ungewöhnlich starker Selbsterhitzung des Reaktionsgemisches sofort sehr stark abkühlen, indem man den Dampf im Kühlmantel — allenfalls bis auf $1/_2$ at — entspannt[6].

Wirksamer als der Kreislauf des Reaktionsgemisches in *einem* Gefäß ist das Zirkulieren durch mehrere Gefäße. Eine einfache Anordnung dieser Art von M. LUTHER und K. GOETZE[7] zeigt Abb. 234.

Die Gefäße *I* und *II* (aus einer Batterie von mehreren Einheiten) sind mit Füllkörpern beschickt. In die sie verbindenden Rohrleitungen sind Zwischengefäße *e* eingeschaltet, um das durchlaufende Gemisch zu erwärmen oder abzukühlen, falls in den einzelnen Reaktionsräumen die Temperatur verschieden hoch gehalten werden soll. Die Luft tritt durch das enge Rohr *a* im unteren Stutzen von *I* ein, die Flüssigkeit durch das links im Stutzen mündende Rohr *b*. Das Abgas entweicht durch *d*, das Reaktionsgemisch läuft oben rechts über durch *c* und gelangt über *e* in das Gefäß *II*, wo es mit frischer Luft gemischt wird

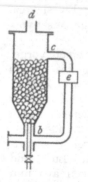

Abb. 235.

Abb. 235 zeigt eine Anordnung, bei der das durch *c* überlaufende Reaktionsgemisch nach Kühlung in *e* bei *b* wieder zurückläuft.

Die Durchmischung soll intensiver sein als bei Verwendung von Siebböden oder Verspritzen durch Düsen.

Sehr zweckmäßig ist die Reaktionskolonne nach Abb. 236 von A. v. FRIEDOLSHEIM und A. LUTHER[8]. Die Luft geht mit dem Substrat im Gleichstrom durch eine Kammer nach der anderen,

[1] Schweiz. P. 94444 vom 20. IX. 1918 und Zusatz 96139 vom 30. X. 1918, auf den Namen E. ZOLLINGER.   [2] I. G. Farbenindustrie A. G.: D. R. P. 405850 vom 3. VI. 1921.
[3] I. G. Farbenindustrie A. G.: D. R. P. 502433 vom 1. VII. 1927.
[4] I. G. Farbenindustrie A. G.: D. R. P. 490249 vom 15. IV. 1923 (M. LUTHER).
[5] I. G. Farbenindustrie A. G.: D. R. P. 547109 vom 24. V. 1929.
[6] I. G. Farbenindustrie A. G.: D. R. P. 548458 vom 4. VIII. 1929.
[7] I. G. Farbenindustrie A. G.: D. R. P. 526001 vom 21. VIII. 1927. Betreffend Rückführung nur eines Teiles der Abgase zusammen mit Frischluft s. I. G. Farbenindustrie A. G.: D. R. P. 504635 vom 3. VI. 1925 (I. BRODE).
[8] I. G. Farbenindustrie A. G.: D. R. P. 581832 vom 19. X. 1931.

wird dabei gut ausgenutzt und verarmt immer mehr an Sauerstoff, so daß die Reaktionsbedingungen wie erwünscht immer milder werden und weniger „Überoxydation" eintritt.

Durch A tritt das geschmolzene Paraffin, durch B die Luft in das Rohr C. Das Gemisch gelangt auf den Boden F der ersten Kammer D_1, wo es verschäumt, fließt durch den Überlauf E_1 in die Kammer D_2, durchschäumt sie und die folgenden Kammern bis D_8. Von hier fließt das Gemisch durch Überlauf H in den Abscheider J. Das Oxydationsprodukt wird durch K abgezogen, das Abgas geht durch den Kühler L_1, wo es von mitgerissener Flüssigkeit befreit wird, durch M ins Freie. Die Heizung erfolgt durch Schlangen G oder Mantel.

Um die einzelnen Kammern auf verschiedener Temperatur zu halten, benutzt man die Einrichtung nach Abb. 237. Ein Teil des Reaktionsgemisches wird abgezweigt und geht durch die Nebenkammer L_2, wo es auf eine gewollte Temperatur gebracht wird, wieder zurück nach D_1.

Die Abänderung der Verbindung zwischen den einzelnen Kammern nach Abb. 238 ermöglicht, wie ersichtlich, die Kolonne von unten nach oben durchströmen zu lassen.

Zur Vermeidung von Materialverlusten, flüchtigen Säuren und Nichtflüchtigem, das von den Abgasen fortgetragen werden kann, läßt man dieselben durch Wäscher, Skrubber, Filter od. dgl. austreten. Zum Zurückhalten der flüchtigen Säuren, die immer entstehen, haben sich z. B. Filter aus feuchtem Sand bewährt.

c) Technische Ausführung der Oxydation.

In Anbetracht der Verschiedenheit der Rohstoffe, Paraffin verschiedener Qualität, Mineralöle mit überwiegender Menge an Methanhomologen oder an Naphthenen, gibt es selbstverständlich keine allgemein gültige Verfahrensvorschrift. Dazu kommt, daß auch bei Verarbeitung eines bestimmten Materials die Bedingungen variieren, je nachdem hauptsächlich auf die Darstellung von Säuren oder von Alkoholen, Estern u. a. m. abgestellt wird.

Im folgenden werden Beispiele für die Oxydation von Ausgangsmaterial aus Paraffinkohlenwasserstoffen und für die Verarbeitung naphthenhaltiger Erdöle gegeben.

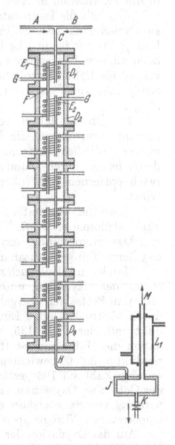

Abb. 236. Reaktionskolonne nach D. R. P. 581 832.

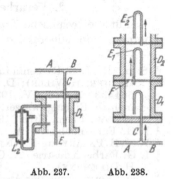

Abb. 237.   Abb. 238.

1. Verarbeitung von Paraffin.

Man war anfänglich bestrebt, auch die Oxydation größerer Mengen in einer einzigen Operation bis zum Maximum an Fettsäuren zu treiben, erkannte aber bald, daß dann bereits ein beträchtlicher Teil des Materials „überoxydiert", in minderwertige Oxysäuren verwandelt und zu niedrigen Säuren abgebaut wird.

Den neueren Verfahrensvorschriften ist deshalb gemeinsam, mildere Bedingungen einzuhalten und rechtzeitig abzubrechen, also mehr „Retourgang" in die Fabrikation in Kauf zu nehmen.

Man hält die Temperatur etwa zwischen 140 und 160⁰ und bläst, wenn keine katalysierenden Zusätze verwendet werden, wenige Stunden lang mit 1 cbm Luft je Stunde für je 1 kg Paraffin; bei Zusatz von Beschleunigern können auch noch mildere Bedingungen genügen. So erreicht man nur Neutralisationszahlen von 50 bis 100 und wenig höhere Verseifungszahlen, aber die Produkte sind hellfarbig und wenig abgebaut. Die Umsetzung soll in einer Operation nicht über 70% gehen[1].

Die Überoxydation, besonders die Bildung von Oxysäuren, läßt sich auch hintanhalten, indem die Reaktionsbedingungen im Laufe der Operation gemildert, nämlich Temperatur, Gasdruck und -geschwindigkeit erniedrigt werden[2]; ferner durch Zumischen von Wasserdampf[3], der die höheren Säuren rasch entfernen soll, aber wohl eher nur durch Hemmung der Oxydation wirkt.

Über die automatische Milderung der Oxydationsbedingungen in der Reaktionskolonne s. S. 687.

Das unvollständig oxydierte Material wird zerlegt (s. S. 692), der nichtoxydierte Teil geht zusammen mit frischem Material in den Prozeß zurück.

Man kann jedoch auch mit Salpetersäure nachbehandeln, wobei die Zwischenstufen der Oxydation, unter Umständen auch nichtangegriffene Kohlenwasserstoffe, in Fettsäuren übergehen[4]. Zum Beispiel gaben 100 kg Paraffin , Schmp. 52⁰, durch 5 Stunden lange Einwirkung von 50 cbm/Stunde Luft bei 155⁰ ein Produkt mit der V. Z. 135, noch 48% unverseifbare Bestandteile enthaltend, davon die Hälfte sauerstoffhaltig. Nach halbstündigem Verrühren dieses Rohproduktes mit 60-gewichtsprozentiger Salpetersäure bei 80—100⁰ war die Verseifungs-Zahl auf 195 gestiegen, das Unverseifbare auf 26% vermindert, ebenso der Gehalt an Oxysäuren verringert. Wie auf S. 660 angegeben, muß der Einwirkung von Salpetersäure eine weitere Nachbehandlung zwecks Abspaltung von eingetretenen Nitrogruppen folgen[5].

Auf die Oxydation der niederen Homologen des Methans kann im Rahmen dieses Werkes nicht eingegangen werden.

2. Verarbeitung naphthenhaltiger Mineralöle.

Für die technische Erzeugung höher molekularer Säuren und ihrer Derivate kommen von Mineralölen heute vorwiegend die russischen in Betracht, die

---

[1] S. z. B. I. G. Farbenindustrie A. G.: D. R. P. 524534 vom 26. VIII. 1925 (M. LUTHER, H.WILLE); D. R. P. 541315 vom 8. IX. 1928 (E.PEUCKERT); D. R. P. 564433 vom 6. IV. 1930 (v. FRIEDOLSHEIM u. M. LUTHER). Über die vermehrte Bildung wasserlöslicher Säuren bei längerer Oxydation s. auch WARLAMOW: Chem. Ztrbl. 1933 I, 4068.

[2] I. G. Farbenindustrie A. G.: D. R. P. 576003 vom 30. VIII. 1928.

[3] W.C.H.PATAKY u. F.I.NELLENSTEIN: D. R. P. 439354 vom 28. VIII. 1924.

[4] I. G. Farbenindustrie A. G.: D. R. P. 568130 vom 19. IV. 1931 (CH.BECK u. H.DIEKMANN).

[5] Keine Vermehrung der Ausbeute an Fettsäuren, sondern Bleichen und Desodorieren bezweckt die Nachbehandlung mit anderen Oxydationsmitteln, wie Lösung von Chromsäure in Schwefelsäure oder mittels Permanganat nach D. R. P. 528361 vom 21. V. 1927 (I. G. Farbenindustrie A. G., W.PUNGS). Derselbe Effekt wird mehr oder weniger erreicht, wenn das Oxydationsprodukt bei niedrigerer Temperatur als vorher mit Luft geblasen wird, z. B. eine Stunde lang mit 250 l je Kilogramm bei 115⁰. I. G. Farbenindustrie A. G.: D. R. P. 539572 vom 16. III. 1928 (M.LUTHER u. H.KLEIN).

größtenteils, bis zu 80%, aus Naphthenen bestehen[1]. Die einfache Übertragung der an Paraffinkohlenwasserstoffen erprobten Verfahrensvorschriften auf die russischen Öle hat sich als nicht angängig erwiesen. Sie hat sich nicht einmal bei den galizischen und rumänischen Mineralölen bewährt, die immerhin mehr Methanhomologe enthalten.

Unter den für Paraffin optimalen Bedingungen erlahmt die Oxydation naphthenhaltiger Öle ziemlich schnell. Angeblich weil die Oxydationsprodukte das Polymerisieren der ungesättigten Bestandteile katalysieren, so daß diese Reaktion dann überwiegt. Die mit starker Schwefelsäure und Oleum raffinierten Erdöle sowie die nach EDELEANU mittels Schwefeldioxyd gereinigten Kohlenwasserstoffe (vgl. S. 684) können aber nicht viel Ungesättigtes enthalten. Es ist deshalb eher anzunehmen, daß immer mehr und mehr Oxysäuren entstehen, die sich zu höher molekularen Estoliden kondensieren, die äußerlich den Polymerisaten ähneln.

Bei allen neueren Verfahren werden denn auch wesentlich mildere Bedingungen eingehalten als beim Verarbeiten von Paraffinen; man oxydiert bei niedrigerer Temperatur in mehreren Staffeln.

Das erste Verfahren dieser Art wurde von E. ZERNER[2], G. TEICHNER[3], WINTERNITZ und BULLINGER[4] ausgearbeitet. Als Substrat diente Schwerpetroleum, Siedep. 250—300⁰, vermutlich galizischer Herkunft, raffiniert mittels Schwefeldioxyd. Das Raffinat wurde versetzt mit trockenem gelöschten Kalk in Mengen von maximal 3—4%, optimal 1% seines Gewichtes und mit 0,02% Mangan- oder Zinkstearat, dann unter Rühren Luft (mit nicht angegebener Geschwindigkeit) durchgeblasen, bis zur schwach sauren Reaktion, etwa N. Z. 3—4. Dabei waren wegen Umhüllungserscheinungen nur 30—40% des Kalkes ausnutzbar. Nach dem Abfiltrieren des Gemisches von Kalk und Kalkseifen wurde das Filtrat wieder mit Kalk versetzt, bis zur neutralen oder schwach sauren Reaktion geblasen, dann filtriert usw. Die erste Staffel dauert 2 Stunden (ohne Katalysator 6—8 Stunden) und gibt nur 1/2% Säure, jede folgende Staffel dauert 10—60 Minuten und gibt durchschnittlich mehrere Prozent Säure. Nach 12 Staffeln wurden 24% Säure erhalten, Vers.-Zahlen 300—350, N. Z. um 20% niedriger, demnach Laktone oder Estolide von Oxysäuren enthaltend. Das Verfahren ist langwierig, um so mehr als die Kalkseifen (besonders die aus Gasöl) manchmal quellen, Unverseifbares einschließen und schwer filtrierbar werden. Nach Auswaschen mit Benzin lassen sie sich bis zu 95% mit Soda zu schmierseifenartigen Produkten umsetzen. Sie riechen ähnlich wie Naphthenseifen und lassen sich in keiner Weise völlig desodorieren.

In der Folgezeit wurde die Oxydation von Erdölen hauptsächlich in Rußland chemisch und technisch bearbeitet; mit besonderem Erfolg von G. S.

---

[1] Die höheren Fraktionen der pennsylvanischen Erdöle, in denen die aliphatischen Kohlenwasserstoffe dominieren, sind zwar zur Erzeugung technisch verwertbarer Säuren gewiß noch geeigneter. In den V. St. A. ist aber kein Mangel an natürlichen Fettsäuren, und anderwärts kommt die Verarbeitung *importierter* Erdöle kaum in Betracht, denn die Erzeugung synthetischer Säuren bezweckt derzeit vor allem Rohstoffeinfuhr zu verringern oder ganz zu vermeiden. Ganz anders sind die Verhältnisse in bezug auf die Alkohole, Ester usw., die in Amerika aus den niedrigeren Erdölfraktionen durch Oxydation technisch erzeugt werden. Bei diesen handelt es sich um Produkte, die in der Natur nicht vorkommen und sonst aus teureren Rohstoffen, wie aus Kohlenhydraten durch Gärung, hergestellt werden müssen.

[2] E. P. 174611, Priorität (Öst.) vom 29. I. 1921; Chem.-Ztg. 54, 279 (1930).

[3] E. P. 148358, Priorität (Öst.) vom 25. VI. 1920.

[4] WINTERNITZ, BULLINGER u. TEICHNER: E. P. 174642 und 174643, Priorität (Öst.) vom 29. I. 1921.

PETROW, A. I. DANILOWITSCH und A. U. RABINOVITCH[1], MOSCHKIN und WAR-
LAMOW[2], TJUTJUNNIKOW[3], TSCHERNOSHUKOW[4], TYTSCHININ[5], K. IWANOW[6],
PLISSOW und anderen Forschern.

Nach PETROW und seinen Mitarbeitern ist der Katalysator ausschlaggebend,
und zwar bewährt sich am besten ein öllösliches Gemisch aus Calcium- (eventuell
auch Barium- oder Magnesium-) Naphthenat und freier Naphthensäure, in Mengen
von 0,05—0,5% Naphthenat und 0,1—3% Säure[7]. Zum Beispiel wird Vaselinöl mit
0,12% naphthensaurem Kalk bei 90—115° in drei Stufen 48 Stunden lang geblasen.
Als Apparate sollen einfach hohe Eisenzylinder dienen. Der Luftverbrauch ist
sehr groß. Die Gesamtausbeute an Säuren ist 15—20%, ihr Gehalt an Oxysäuren rund 14%.

Über den Vorteil der stufenweisen Oxydation in bezug auf die Hemmung der
Bildung von Oxysäuren unterrichten Versuche von A. DANILOWITSCH und
T. DIANINA[8]:

Vaselinöl ($d = 0{,}870$) wurde nach Zusatz von 0,09% Calcium als Naphthenat
bei 110—115° mit 9 l Luft je Minute in vier Stufen, jeweilig bis zum Anwachsen
des Säuregehaltes auf 8—10% behandelt, verseift, vom Verseifbaren die Oxysäuren mittels Benzin abgetrennt, das Unverseifbare weiter oxydiert. Die erste
Stufe, mit 1300 g Einsatz, erforderte 24 Stunden, die folgenden, mit 1018 g bzw.
729 und zuletzt 488 g, ungefähr je 12 Stunden.
Die isolierten Säuren zeigten N. Z. um 160 bis
170 und V. Z. um 225.

Die Ausbeuten in den Einzelstufen zeigt
Tabelle 63.

Es gelang somit, den Oxysäurengehalt in
der ursprünglichen Größenordnung zu halten,
während bei kontinuierlicher Oxydation nach
Erreichung einer Fettsäurenausbeute gegen 27%,
deren Gehalt an Oxysäuren bereits rund 31% be-
trug[9]. Die Säuren aus jeder Staffel sollen helle Seifen geben, während ZERNER
(s. S. 689) ohne Kalkzusatz nur dunkle Produkte erhielt.

Tabelle 63.

Stufe	Prozente an Gesamtsäuren	Prozente an Oxysäuren in den Gesamt-säuren
1	8,41	13,7
2	10,24	13,46
3	9,75	14,06
4	10,84	15,30

Bei dieser Arbeitsweise wird die Apparatur außerordentlich lang beansprucht.
Viel schneller verläuft die Oxydation bei sonst gleichen Bedingungen unter
3—4 at. G. JUCHNOWSKIJ und S. ROCHLIN[10] erhielten dann binnen 8 Stunden
schon 20% Verseifbares, allerdings zu rund einem Viertel aus Oxysäuren bestehend. Die Druckoxydation ermöglicht auch schlechter raffiniertes Material

---

[1] S. besonders Sammlung der Arbeiten aus dem chem. Institut Karpow, Moskau 9,
157 (1927) (BACH-Festschrift).
[2] Öl-Fett-Ind. (russ.: Masloboino Shirowoje Djelo 1931, Nr. 2, 3; 1932, Nr. 4—7;
1934, Nr. 8 und folgende.
[3] Arbeiten der russischen Waschmitteltagung, 1933 (russ.).
[4] Öl-Fett-Ind. (russ.: Masloboino Shirowoje Djelo) 1934, Nr. 8.
[5] Öl-Fett-Ind. (russ.: Masloboino Shirowoje Djelo) 1928, Nr. 11.
[6] Öl-Fett-Ind. (russ.: Masloboino Shirowoje Djelo) 1930, Nr. 3—5.
[7] D. R. P. 584110, Priorität (Rußl.) vom 19. IX. 1929. — PETROW u. DANILO-
WITSCH: Russ. P. 9313 vom 22. IV. 1925. — Vgl. auch DANILOWITSCH u.
PETROW: Russ. P. 13019 vom 28. I. 1926. — PETROW: Russ. P. 15374 vom
23. VII. 1928. — PETROW u. DANILOWITSCH: Russ. P. 42072 vom 25. IX.
1934.
[8] Öl-Fett-Ind. (russ.: Masloboino Shirowoje Djelo) 11, 15 (1935); Chem. Ztrbl.
1935 II, 3467.
[9] Daß die Konzentration an Säuren nicht über 8—10% steigen darf, bestätigen
LIBUSCHIN, MASSUMJAN u. LEWKOPULO: Chem. Ztrbl. 1935 II, 2610.
[10] Öl-Fett-Ind. (russ.: Masloboino Shirowoje Djelo) 1934, Nr. 9/10, 8.

zu verarbeiten.[1] Sie hat ferner den großen Vorzug des viel geringeren Luftverbrauches, erfordert also weniger Energieaufwand für den Kompressor. Man verbraucht nur 200 cbm je Tonne Rohstoff und Stunde. Das wären allerdings immer noch 1600 cbm für eine Operation, die bloß 20% Ausbeute gibt, also 8000 cbm je Tonne Fettsäure. Damit stimmt die Angabe, daß ohne Überdruck für 1 Tonne Säure 120000 cbm Luft aufzuwenden seien, wovon nur 4—5% ausgenutzt würden.

Wie Vaselinöl lassen sich Solaröle, Gasöle u. a. m. verarbeiten. Ebenso gute Produkte, Säuren mit N. Z. um 180, Molekulargewicht um 300, wurden aus den von 250—450° siedenden Rückständen der Krackgaserzeugung erhalten[2]. Auch Sapropel wurde gleicherweise oxydiert.

Zur Erprobung des Verfahrens im großen Stil sollen in Kasan und in Gorkij Fabrikanlagen mit bis 20 Apparateinheiten errichtet worden sein, die aus Rückständen der Naphthadestillation jährlich 10000 t Säuren erzeugen. Als Nebenprodukte fallen bei der Vorbehandlung mittels Oleum (s. S. 684) 2000 t Kontaktspalter an. Die Gestehungskosten betragen angeblich 250 Rubel je Tonne Säure[3].

d) Aufarbeitung der Rohprodukte.

1. Abtrennung nichtoxydierter Kohlenwasserstoffe von den Oxydationsprodukten.

Bei hochoxydierten Rohprodukten, die nur wenig unverändertes Ausgangsmaterial enthalten, wird dieses zusammen mit den unverseifbaren Reaktionsprodukten von den Säuren getrennt. Nach schonender Oxydation enthalten die Rohprodukte aber noch 20—30% Kohlenwasserstoffe, die besser vor der Verseifung nach einer der folgenden Methoden abgeschieden und hierauf in den Prozeß zurückgeleitet werden.

Am einfachsten wendet man das aus der Paraffinindustrie stammende Schwitzverfahren an[4]. Das Material wird im Laufe einiger Stunden von 15° auf 38—40° erwärmt und der sich verflüssigende oxydierte Teil durch schwaches Vakuum abgezogen, während ein Paraffinkuchen zurückbleibt. Weniger hoch, etwa bis 300—330° siedende Rohstoffe, lassen sich auch glatt abdestillieren[5].

Ebenso läßt sich die Trennung, wie die fester von flüssigen Fetten oder Fettsäuren, in der hydraulischen Presse ausführen[6]. Ein Produkt aus Weichparaffin mit etwa 50% Fettsäuren gab z. B. bei 15° unter 50 at 30% festen Preßrückstand, der zu 95% aus Kohlenwasserstoffen bestand.

Am schnellsten erfolgt die Trennung durch Abschleudern des Oxydierten, eventuell unter Verwendung eines Verdünnungsmittels[7]. Am besten kontinuierlich in schnellaufenden Siebzentrifugen mit Aluminiumsieben oder Flanellfiltern. Rohprodukte aus Hartparaffin, V. Z. 200—220, gaben beim Schleudern mit 900 Touren glatt 25—30% festes Paraffin, 98—100%ig, und 70—75% dickflüssiges Gemisch der oxydierten Bestandteile.

Nachdem die Paraffine in flüssigem Schwefeldioxyd unlöslich, die Oxy-

---

[1] Oxydation unter Druck, aber bei 135—140° in Staffeln bis zur Bildung von je 4—5%, höchstens 10% Säure aus Erdölfraktionen von 36—40° Bé empfiehlt auch Alox Chem. Corp.: E. P. 309383 vom 6. X. 1927.

[2] DAVIDOW u. NESTEROW: Öl-Fett-Ind. (russ.: Masloboino Shirowoje Djelo) 1934, Nr. 8, 32.

[3] Allg. Öl- u. Fett-Ztg. 30, 206 (1933); Chem.-Ztg. 60, 115 (1936).

[4] I. G. Farbenindustrie A. G.: D. R. P. 467930 vom 30. VIII. 1922 (W. PUNGS).

[5] CL. P. BYRNES: A. P. 1912484 vom 8. II. 1927 (H. JAMES).

[6] I. G. Farbenindustrie A. G.: D. R. P. 518389 vom 6. VIII. 1927 (M. LUTHER u. H. FRANZEN).

[7] I. G. Farbenindustrie A. G.: D. R. P. 535068 vom 4. VIII. 1929 (M. LUTHER).

dationsprodukte löslich sind, ist die Trennung auch auf diesem Wege ausführbar; z. B. durch Extrahieren der Rohprodukte mit dem 3—4fachen Volumen Schwefeldioxyd bei 30—35⁰ unter Druck[1]. Von den mitgelösten flüssigen Kohlenwasserstoffen trennt man dann durch selektives Herauslösen mittels schwach verdünnten Alkoholen, insbesondere Methanol unter Druck[2].

Man hat auch vorgeschlagen, die Fettsäuren allein von den anderen Oxydationsprodukten und den Kohlenwasserstoffen auf Grund ihrer Löslichkeit in Eisessig zu trennen[3], das Verfahren ist jedoch wenig praktisch[4].

2. Zerlegung der Rohprodukte in Säuren und neutrale Verbindungen.

Allen Verfahren ist selbstverständlich gemeinsam, daß die Säuren zuerst in Seifen übergeführt werden. Nachdem ein erheblicher Teil der Säuren verestert ist, erfordert dies energische Einwirkung starker Natronlauge, z. B. mehrstündiges Erhitzen mit einem Überschuß oder Verseifung bei höherer Temperatur unter Druck mittels Carbonat, Erdalkali, auch Ammoniak[5].

Die Verseifung mittels Soda kann vorteilhaft nach dem von H. BELLER und M. LUTHER[6] ausgearbeiteten Verfahren in der Apparatur nach Abb. 239 auch im kontinuierlichen Betrieb ausgeführt werden.

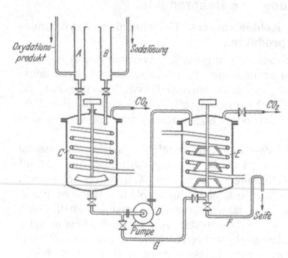

C ist ein Neutralisiergefäß mit Rührer und Heizschlange, auf 95⁰ gehalten; in dieses fließen Oxydationsprodukt aus A (z. B. mit N. Z. 90, V. Z. 140) und 20%ige Sodalösung aus B (über nicht eingezeichnete Dosiervorrichtungen) in solchem Verhältnis, daß die Soda stets in 10%igem Überschuß ist.

E ist ein Druckrührwerk, mittels Schlange auf 150⁰ geheizt. In dieses wird das Reaktionsgemisch aus C kontinuierlich mittels Kreiselpumpe D geleitet. Beide Gefäße sind zu drei Viertel gefüllt. Kohlendioxyd entweicht stetig durch das Druckventil. Zur besseren Durchmischung kann das Verseifungsgemisch mittels Leitung G und Pumpe D in E kreisen. Wird die Verweilzeit in E auf 10 Minuten gestellt, so ist die über F abfließende Mischung praktisch ganz verseift (V. Z. maximal 6).

Abb. 239. Einrichtung zur Trennung nach D. R. P. 561427.

Seifen und Unverseifbares können nach verschiedenen Methoden getrennt werden.

[1] I. G. Farbenindustrie A. G.: D. R. P. 559522 vom 12. X. 1930 (W. DIETRICH u. M. HARDER). — S. auch CL. P. BYRNES: A. P. 1970535 vom 12. III. 1930 (JAMES).
[2] Standard Oil Co.: A. P. 2002533 vom 21. V. 1928 (P. K. FROLICH).
[3] I. G. Farbenindustrie A. G.: D. R. P. 500913 vom 29. IX. 1928 (CH. BECK u. F. KREMP).   [4] WARLAMOW: Ref. Chem. Ztrbl. **1933** I, 3648.
[5] Die wachsartigen Ester und die Estolide sind schwerer verseifbar als Glyceride. Deshalb muß man zur Erklärung der Schwerverseifbarkeit nicht wie BURWELL (Ind. engin. Chem. **26**, 204 [1934]) annehmen, daß Ester tertiärer Alkohole, die auch schwer verseifbar wären, vorliegen. Solche Verbindungen können bei der Oxydation niedriger Alkane in der Dampfphase eher entstehen.
[6] D. R. P. 561421 vom 23. X. 1930.

Nach Verseifen mit Lauge passender Konzentration, bzw. entsprechender Einstellung der Seifenlösung auf 50—60%, scheidet sich ein Teil des Unverseifbaren spontan aus, aber etwa 15% bleiben in der Seifenlösung kolloid gelöst. Dieser Teil kann jedoch abgeschieden werden durch Aussalzen, z. B. mittels Kochsalz oder durch allmähliche Zugabe von Mineralsäure in Anteilen, wobei sich unter richtig gewählten Bedingungen nur das Unverseifbare mit wenig Fettsäure ausscheidet, dann erst nach Zugabe weiterer Mineralsäure praktisch reine Säure[1].

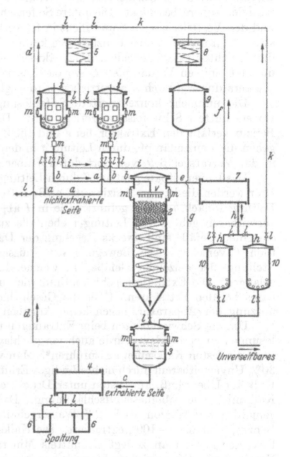

Sonst werden die mechanisch nicht abtrennbaren Teile des Unverseifbaren aus der Seifenlösung extrahiert.

Die Extraktion kann statt mit Hilfe eines niedrigsiedenden Lösungsmittels auch mittels geschmolzenem Paraffin, also mit dem Ausgangsmaterial, vorgenommen werden[2].

Die gebräuchlichere Extraktion mittels Benzin geht nur unter sorgfältig gewählten Bedingungen einigermaßen befriedigend. Sie macht besonders bei Produkten aus Naphthenen Schwierigkeiten. Die mit 15 bis 20% Säuregehalt anfallenden Seifenlösungen lassen sich scheinbar nicht gut direkt extrahieren. Das in Gorkij geübte Eindampfen auf 40% Säuregehalt (worauf mit 5 Teilen Benzin bei über 80⁰ extrahiert wird) soll auch nicht empfehlenswert sein. Aussalzen ist wiederum wegen zu geringer Elektrolytempfindlichkeit der Naphthenseifen nicht wirksam.

Die Extraktion der Seifenlösungen mittels Benzin wird wesentlich erleichtert durch Zugabe eines wasserlöslichen organischen Lösungsmittels, wie Alkohol oder Methanol, welcher Kunstgriff bekanntlich bei der analytischen Methode von HÖNIG und SPITZ Anwendung findet.

Abb. 240.   Einrichtung zur Extraktion nach D. R. P. 538374.

A. v. FRIEDOLSHEIM und H. BELLER[3] haben nach diesem Prinzip ein technisches Verfahren und die in Abb. 240 gezeichnete Apparatur ausgearbeitet.

Die mit *1* bezeichneten Gefäße mit Rührer, Heizschlange, Schaulöchern *m* usw. dienen alternierend zum Mischen und zum Absitzenlassen von Seifen-

[1] I. G. Farbenindustrie A. G.: D. R. P. 489938 vom 29. X. 1927 (H. FRANZEN u. M. LUTHER). Vgl. auch Auftrennung des öligen Destillatanteiles von der Paraffinoxydation: I. G. Farbenindustrie A. G.: D. R. P. 405636 vom 11. I. 1923.

[2] I. G. Farbenindustrie A. G.: D. R. P. 556732 vom 24. VII. 1930 (CH. BECK u. H. DIEKMANN).

[3] I. G. Farbenindustrie A. G.: D. R. P. 538374 vom 25. V. 1930. Vgl. D. R. P.-Anm. I. 36109 vom 1. VIII. 1928 und I. 37139 vom 15. II. 1929.

lösung und dem gleichen Volumen Benzin (Siedep. 60—90⁰). Rohrleitungen *b* verbinden sie mit dem Extraktor *2* (z. B. 3 m hoher Zylinder, 90 cm Durchmesser, gefüllt mit Kies, Glaskugeln o. dgl. von 10 mm Stärke). Das Verseifungsgemisch gelangt durch Leitung *a* nach einem der Mischer *1*. Es mischt sich hier mit soviel Wasser und Methanol, die als Brüden aus dem Verdampfer *4* durch *d* kommen und in *5* kondensiert werden, daß die Lösung etwa 20% Seife und 7% Methanol enthält. Beim Absitzen scheidet sich hier schon die Hauptmenge des Unverseifbaren als Oberschicht ab. Während des Absitzens im einen Mischer, wird der andere beschickt. Die untere Seifenschicht geht aus *1* durch die Leitung *b* und den Verteiler *v* nach *2* und fließt in feiner Verteilung nach unten, im Gegenstrom zum aufsteigenden Benzin[1]. Sie kommt in das Trennungsgefäß *3*, wo sich die Schichten scharf scheiden. Die praktisch ganz erschöpfte Seifenlösung fließt durch *C* in den Verdampfer *4*, wo das gesamte Methanol mit einem Teil des Wassers durch *d* nach *5* abgetrieben wird (vgl. oben).

Die nunmehr konzentriertere Seifenlösung gelangt in die Spaltgefäße *6*, wo sie mittels Schwefelsäure zerlegt wird. Das mit Unverseifbarem beladene Benzin verläßt den Extraktor bei *e* und fließt in den Verdampfer *7*. Von hier gehen die Benzindämpfe durch Leitung *f* in den Kondensator *8*; das Benzin läuft in das Vorratsgefäß *9*, von dort durch *g* über *m* nach *2* zurück.

Das Unverseifbare geht aus *7* durch Leitung *h* in eines der Zwischengefäße *10*. Hier werden die letzten Benzinreste, z. B. mittels Dampf, abgetrieben und durch Leitung *k* nach *5* und *1* geführt. Die in *1* abgeschiedene Hauptmenge des Unverseifbaren geht durch Leitung *i* ebenfalls zur Entbenzinierung nach *7*. Die einzelnen Gefäße sind zwecks Regelung der Durchlaufgeschwindigkeit mit Ventilen *l* versehen. Die Bewegung der Flüssigkeiten wird bewirkt durch die Stellung der einzelnen Gefäße, in welche die Brüden aus den Verdampfern gelangen. Die Extraktion geht kontinuierlich und läßt nur etwa 1% Unverseifbares bei den Fettsäuren. Über die Geschwindigkeit der Extraktion, die Ausnutzung der Apparatur, liegen keine Angaben vor.

Um die Schwierigkeiten beim Extrahieren und Eindampfen wäßriger Seifenlösungen zu vermeiden, wurde auch vorgeschlagen, die Trennung auf dem Wege über die festen Kalkseifen auszuführen[2]. Man verseift z. B. ein Rohprodukt mit 30% Unverseifbarem durch mehrstündiges Erhitzen auf 130—150⁰ mit gelöschtem Kalk im Überschuß, am besten unter Druck; es genügt aber auch Erhitzen mit Kalkmilch oder Magnesiaaufschlämmung. Das anfallende feste Produkt wird gemahlen, auf Walzen bis 1—2% Wassergehalt getrocknet, dann bei 40⁰ mittels Benzin, Siedep. 60—100⁰, extrahiert. Die Kalkseifen enthalten nur mehr 1—2% Unverseifbares; man zerlegt sie mittels Mineralsäure unter Verwendung eines Netzmittels. (Man wird wohl auch versuchen wie beim KREBITZ-Verfahren, an das dieses Verfahren erinnert, mit Sodalösung umzusetzen.)

Ein scheinbar höchst einfaches Verfahren ist die Abtrennung des Unverseifbaren durch Abdestillieren aus dem verseiften Oxydationsprodukt, allenfalls mit Hilfsflüssigkeiten. Diese Aufarbeitung wurde z. B. von M. H. ILLNER[3] für Oxydationsprodukte aus Petroleum vorgeschlagen. Sie hat aber den Nachteil, zum mindesten bei Paraffinprodukten, daß die trockenen Seifen leicht „anbrennen". Dies vermeidet man nach M. SCHELLMANN und H. FRANZEN[4] durch

---

[1] Man kann jedoch mit schweren Solventien, z. B. Tetrachlorkohlenstoff, extrahieren und dann umgekehrt zirkulieren lassen.
[2] I. G. Farbenindustrie A. G.: D. R. P. 492755 vom 1. XII. 1927 und Zusatz-D. R. P. 576160 vom 9. VIII. 1928 (M. LUTHER u. H. FRANZEN).
[3] A. P. 1951511 vom 12. II. 1931.
[4] I. G. Farbenindustrie A. G.: D. R. P. 559732 vom 19. IV. 1931.

Bereitung eines Gemisches von Alkali-Erdalkali-Seifen, dessen Schmelzpunkt so tief liegt, daß es bei der Destillation bis zuletzt flüssig bleibt.

E. W. CARRIER und E. D. REEVES[1] verseifen mittels überschüssigen Ammoniaks unter Druck, z. B. bei 150⁰ unter 5—6 at, in Gegenwart von verdünntem Alkohol, extrahieren dann das Unverseifbare mittels Petrolnaphtha, treiben den Ammoniaküberschuß aus und zerlegen die Ammoniumsalze der Fettsäuren mittels Mineralsäure.

3. Reinigen und Zerlegen der Säurengemische.

α) Geruchlosmachen und Bleichen.

Die Beschaffenheit der Säuren hinsichtlich Farbe und Geruch, die Beständigkeit und Verwendbarkeit der aus ihnen dargestellten Produkte, insbesondere der Seifen, hängt weitgehend von den Ausgangsstoffen und den Oxydationsbedingungen ab.

Praktisch müssen die Produkte immer einer Nachbehandlung unterzogen werden, zwecks Entfernung von „überoxydierten", bereits mißfarbigen und übelriechenden Bestandteilen oder solchen, die beim Lagern eine Verfärbung und Geruchsbildung hervorrufen.

Die Oxydationsprodukte aus Erdölen zeigen den typischen Geruch der Naphthensäuren im höchsten Grad, die Produkte aus Weichparaffin unvergleichlich schwächer, die aus Hartparaffin im frischen Zustand gar nicht, nehmen ihn aber nach längerem Lagern — auch in verseiftem Zustand — mehr oder weniger an[2].

Der Geruch ist anfänglich aromatisch, wird aber mit der Zeit durch Veränderung an der Luft immer widerwärtiger; er haftet tagelang auf der Haut.

Die chemische Natur der Geruchsträger ist noch nicht bekannt; es sind jedenfalls höchst beständige Verbindungen, von denen Spuren selbst bei Einwirkung der schärfsten Oxydations- und Reduktionsmittel erhalten bleiben (vgl. S. 689). Dieser Umstand hemmte die technische Entwicklung der Kohlenwasserstoffoxydation fast am meisten. Immerhin werden beim Bleichen mit energischer wirkenden Mitteln die Geruchsträger wenigstens teilweise angegriffen.

PETROW, DANILOWITSCH und RABINOWITSCH[3] verestern zwecks Desodorierung die Säuren, behandeln die Ester mit Adsorptionsmitteln in der Hitze, auch unter Verwendung inerter oder reduzierender Gase, und treiben schließlich die leichter flüchtigen Stoffe ab.

Die färbenden Bestandteile sind höchstwahrscheinlich vorwiegend oxydierte Fettsäuren, Oxy- oder Ketosäuren. Jedenfalls werden sie beim Abtrennen der Oxysäuren mit diesen entfernt, ebenso alle Beimengungen, die beim Erhitzen infolge von Kondensationen oder unter Anhydrierung harzig und pechig werden.

Man bleicht die Oxydationsprodukte oder den Säurenanteil durch oxydierende oder reduzierende Mittel, durch Adsorptionsbleiche, durch Zerstörung der Farbstoffe mittels Schwefelsäure, Oleum u. dgl. Rationeller ist, besonders beim Aufarbeiten von Produkten aus Erdöl, Abscheidung der gesamten Oxysäuren und Verwendung derselben für sich allein. Bei Produkten aus Paraffin ist vorteilhafter, ihre chemische Umwandlung, Überführung in gesättigte Säuren

---

[1] Standard Oil Dev. Corp.: A. P. 2052165 vom 22. XII. 1932. Trennung über die Ammonseifen wurde schon durch D. R. P. 522055 vom 27. V. 1928 vorgeschlagen. Sie soll nicht vollständig sein.

[2] Nach ZERNIK: D. R. P. 361967, geben die über 280—290⁰ siedenden Fraktionen der natürlichen Naphthensäuren geruchlose Seifen. Auch bei den „natürlichen" Säuren ist demnach der Geruch um so stärker, je niedriger der Siedepunkt, also das Molekulargewicht ist.

[3] Russ. P. 15440 vom 17. XII. 1928. — PETROW: Russ. P. 15720 vom 17. III. 1928.

durch Hydrierung oder aber Dehydratisierung zu Olefinsäuren, die für die Seifenerzeugung und andere Verwendungszwecke wertvoller sind, als die Oxysäuren.

Helle und wenig nachdunkelnde Produkte werden erhalten, wenn man von
vornherein die Entstehung der Oxysäuren möglichst hintanhält und, nach Oxydieren im alkalischen Milieu, die Seifen mittels Kohlenoxyd zu freien Fettsäuren
und Natriumformiat umsetzt[1].

Zur Oxydationsbleiche dienen Natriumhypochlorit[2], Chlorkalk[3], Wasserstoffsuperoxyd, Permanganat, Chromsäure u. dgl. und Schwefelsäure[4]; auch
Blasen bei mäßiger Temperatur, z. B. 115°, mit einem schwachen Luftstrom[5]
(vgl. S. 688, Anm. 5, Ausführung der Oxydation, Nachbehandlung).

Die dunkelgefärbten Bestandteile schmelzen tiefer als die reinen Säuren;
wenn man das Rohprodukt durch Ausschwitzenlassen und Abpressen in einen
festeren und einen weicheren Teil zerlegt, werden die färbenden Beimengungen im
letzteren angereichert[6].

β) Abtrennung der Oxysäuren.

Man macht zu diesem Zweck Gebrauch von der Unlöslichkeit der Oxysäuren in Benzin, von ihrer Löslichkeit in (bzw. der Umsetzung mit) konzentrierten
Mineralsäuren und von der Methode der Adsorption mit darauffolgender selektiver Elution. Die Trennung ist nie vollkommen.

Nach TH. HELLTHALER und E. PETER[7] gibt z. B. ein Produkt mit 20%
Oxysäuren beim zweimaligen Behandeln mit siedendem Petroläther rund 70%
Extrakt mit noch 10% und 30% Rückstand mit 41% Oxysäuren. Die Zerlegung
ist ungenügend, einerseits weil sich die Oxysäuren in der Lösung anderer Säuren
lösen, anderseits aber auch, weil sie teilweise anhydrisiert, als petrolätherlös-
liche Estolide und Lactone vorliegen.

Auch die Adsorption des Rohproduktes an Silicagel u. dgl., dann Weglösen
der normalen Fettsäuren mit Benzin, schließlich Extrahieren der Oxysäuren
mittels Alkohol[8], ist mangelhaft. Ebenso das Fällen der Oxysäuren aus der
Benzinlösung der rohen Säuren mittels Chlorwasserstoff oder aus einer Benzol-
lösung durch Schwefeldioxyd, nitrose Gase, Chlor usw.[9].

Wirksamer soll die folgende Kombination sein: Man extrahiert die Rohsäuren
aus Mineralöl mit der vierfachen Menge Benzin, zieht am nächsten Tag die Miscella
ab, behandelt mit 6,5% konz. Schwefelsäure, nach Entfernung des Säureteers mit
5% Bleicherde und wäscht mit Wasser[10]. Die Aufhellung geht aber nur bis zur
Hälfte der maximalen, auch beträgt der Verlust an Oxysäuren etwa 20%.

---

[1] FR. FISCHER u. W. SCHNEIDER: Ges. Abhandl. Kohle 4, 101 (1919).

[2] FR. FISCHER u. W. SCHNEIDER: ebenda.

[3] G. PETROW u. DANILOWITSCH: Russ. P. 33627 vom 6. IX. 1930. — G. PETROW u.
T. DIANINA: Chem. Ztrbl. 1934 II, 3564.

[4] I. G. Farbenindustrie A. G.: D. R. P. 528361 vom 21. V. 1927 (W. PUNGS).

[5] I. G. Farbenindustrie A. G.: D. R. P. 539572 vom 16. III. 1928 (M. LUTHER u.
H. KLEIN). Über Bleichen von Naphthensäuren durch „gasförmige" Oxydationsmittel, s. auch Union Oil Co. of California: A. P. 2035741 vom 2. X. 1933.

[6] I. G. Farbenindustrie A. G.: D. R. P. 541910 vom 15. IV. 1928 (M. LUTHER u. H. FRAN-
ZEN).   [7] A. Riebecksche Montanwerke A. G.: D. R. P. 546913 vom 11. IV. 1928.

[8] PETROW, DANILOWITSCH u. RABINOWITSCH: Russ. P. 38144 vom 17. X. 1928;
D. R. P. 558378 vom 8. VI. 1930.

[9] MOSCHKIN u. DAWENKOW: Russ. P. 36403 vom 17. XI. 1930. — S. auch DAWEN-
KOW: Ref. Chem. Ztrbl. 1932 II, 1545. — Über Extrahieren der Oxysäuren aus
Gemischen mit Fettalkoholen mittels verdünntem Isopropylalkohol BYRNES:
A. P. 1835600 vom 16. VI. 1928 (JAMES).

[10] P. WARLAMOW u. Z. KÖNIGSBERG: Öl-Fett-Ind. (russ.: Masloboino Shirowoje Djelo)
11, 202 (1935); Chem. Ztrbl. 1935 II, 3855. — Über Bindung der Oxysäuren
mittels konzentrierter Phosphorsäure: Standard Oil Dev. Co.: A. P. 2038617
vom 1. XII. 1933.

Ohne Verlust an Material erfolgt das Bleichen der Rohsäuren oder auch unzerlegter Rohprodukte durch katalytische Hydrierung, wobei die Hydroxylgruppen der Oxysäuren „wegreduziert" werden[1]. Die Säuren bzw. die aus ihnen erzeugten Seifen dunkeln aber mit der Zeit wieder nach und nehmen Geruch an, sofern man nicht vor der Hydrierung die niedriger (z. B. unter 4 mm bis 200⁰) siedenden Bestandteile in Gegenwart oberflächenaktiver Stoffe abdestilliert[2].

Auch für Dicarbonsäuren, die ebenfalls Verfärbung und üblen Geruch bedingen sollen, hat man Reinigung durch Einwirkung naszierenden Wasserstoffes, z. B. aus Zinkpulver und Schwefelsäure, vorgeschlagen[3].

γ) Überführung der Oxysäuren in Olefinsäuren.

Am einfachsten und wirtschaftlichsten lassen sich die Oxysäuren verwerten, indem man sie durch Abspaltung von Wasser in die entsprechenden Olefinsäuren verwandelt. Diese Dehydratisierung wurde zuerst von AD. GRÜN[4] durch Erhitzen in Gegenwart von Katalysatoren, wie β-Naphthalinsulfosäure, ausgeführt. Nach M. LUTHER und H. KLEIN[5] destilliert man im Vakuum in Gegenwart des Katalysators, als welcher auch ein Metalloxyd oder roter Phosphor u. a. m. brauchbar ist; DAWENKOW[6] verwendet Bimsstein als Katalysator. H. FRANZEN und H. KLEIN[7] destillieren rasch unter einem Restdruck von 16 mm. Bessere Produkte erhält man nach FRANZEN und KUNZE[8] bei der Vakuumdestillation mit Flüssigkeitsnebeln, z. B. mit Wasserstaub beladenem Sattdampf oder mit einem Nebel von Trichloräthylen. Nach W. DIETRICH[9] erfolgt die Wasserabspaltung ebenso wie durch Erhitzen unter Rückfluß im Vakuum von 150—200 mm, auch bei 250⁰ unter Wasserstoff- oder Kohlendioxyddruck von 50 at. WARLAMOW, OJATJEW und DAWYDOWA[10] erhitzen eine 15%ige Lösung der Kaliseifen mit überschüssigem Alkali in Wasserstoffatmosphäre auf etwa 290⁰. Nach PETROW und WINOGRADOW[11] kann man auch Kalkseifen anwenden.

Bei richtiger Ausführung verläuft die Reaktion der aus Paraffin entstehenden aliphatischen Oxysäuren bzw. ihrer Alkylester, wie sich aus der Abnahme der Hydroxylzahl bis Null ergibt, quantitativ nach der Gleichung:

$$CH_3 \cdot C_nH_{2n-1}(OH) \cdot COOH = H_2O + CH_3 \cdot C_nH_{2n-2} \cdot COOH$$

---

[1] C. KELBER u. Firma Flammer: D. R. P.-Anm. F. 67515 vom 31. XII. 1928 und F. 68121 vom 2. IV. 1929.

[2] I. G. Farbenindustrie A. G.: D. R. P. 591121 vom 10. XI. 1932 (M. HARDER). Ein so vorbehandeltes Rohprodukt aus Paraffin wird beim 4stündigen Hydrieren bei 250⁰ unter 25 at mit Nickel-Kieselgur-Katalysator dauernd hell, sein Oxysäurengehalt auf 0,5% vermindert. Die Lösung von Natriumsalzen der Oxysäuren aus russischem Mineralöl, 16 Stunden bei 250⁰ unter 150 at mittels Ni-Al-Katalysator hydriert, enthielt dagegen noch zur Hälfte in Petroläther unlösliche Säuren; DAWENKOW: S. S. 696.

[3] I. G. Farbenindustrie A. G.: A. P. 1757455 (1929/30). — Über die Abtrennung der Dicarbonsäuren auf Grund ihrer Unlöslichkeit in Benzin oder ihrer Löslichkeit in wasserhaltigen Solventien s. I. G. Farbenindustrie A. G.: D. R. P. 559833 vom 9. IX. 1930 (BECK, WEISSBACH, DIEKMANN u. KREMP).

[4] Ber. Dtsch. chem. Ges. **53**, 993 (1920).

[5] I. G. Farbenindustrie A. G.: D. R. P. 565481 vom 5. VI. 1928.   [6] S. S. 696.

[7] I. G. Farbenindustrie A. G.: D. R. P. 544088 vom 13. XII. 1928.

[8] I. G. Farbenindustrie A. G.: D. R. P. 566915 vom 17. V. 1930.

[9] I. G. Farbenindustrie A. G.: D. R. P. 575950 vom 31. I. 1930.

[10] Öl-Fett-Ind. (russ.: Masloboino Shirowoje Djelo) **11**, 494 (1935); Chem. Ztrbl. **1936** I, 3937.

[11] „Waschmittel", Sammlung wissenschaftl. Forschungsarbeiten, S. 103. Moskau. 1933.

Es werden aber auch die inneren Ester, die Estolide, wenigstens zum Teil in Olefinsäuren übergeführt, z. B.:

$$CH_3 . C_nH_{2n-1}(OH) . CO—O—C_nH_{2n-1} . COOH \rightarrow 2 CH_3 . C_nH_{2n-2} . COOH$$

Die Jodzahl kann nämlich noch höher ansteigen als sich aus der Abnahme der Hydroxylzahl berechnet[1] $\left(1 \text{ Hydroxylzahleinheit entspricht } \dfrac{254}{561} = 0,45 \text{ Jodzahl-} \right.$ einheiten $\Big)$.

Die cyclischen Oxysäuren aus naphthenhaltigen Mineralölen reagieren wenigstens in Form ihrer Seifen weniger vollständig und werden teilweise zersetzt[2].

4. Gewinnung neutraler Oxydationsprodukte.
α) Wachsester.

Um die Wachsester von den übrigen Produkten zu trennen oder, wie es für technische Zwecke genügt, sie anzureichern, behandelt man die Rohprodukte mit geeigneten Lösungsmitteln, wie verdünnten Alkoholen, Aceton, Ketonölen und anderen Solventien oder Gemischen[3]. Die flüssigen Ester, der größte Teil der freien Säuren, ein wenig Kohlenwasserstoffe gehen in Lösung und werden auf Fettsäuren verarbeitet. Zurück bleiben die Ester aus hochmolekularen Säuren und hochmolekularen Alkoholen, denen noch etwas freie Säuren, Alkohole und andere unverseifbare Stoffe beigemengt sind.

Diese Gemische, die nach Art und Mengenverhältnis ihrer Bestandteile den natürlichen Wachsen entsprechen, gleichen denselben auch in der Beschaffenheit, als gelbstichig-weiße bis hellgelbe, opake Massen, zäh, plastisch, knetbar, nicht klebend. Zusammensetzung und Eigenschaften variieren selbstverständlich je nach dem Ausgangsmaterial, den Oxydationsbedingungen[4] und dem Trennungsverfahren. Aus Hartparaffin kann man ein Produkt erhalten, das nach Aussehen, Schmelzpunkt usw., dem Bienenwachs ähnelt und sogar zufällig die gleichen Kennzahlen aufweist:

Neutralisationszahl	21,0	Verhältniszahl	3,6
Verseifungszahl	75,6	Jodzahl	4,7

β) Alkohole.

Zu ihrer Gewinnung werden erst die Oxydationsprodukte in Säuren und unverseifbare Bestandteile zerlegt, dann in diesen die Alkohole von den Carbonylverbindungen und den Kohlenwasserstoffen abgetrennt.

Die Abtrennung der Kohlenwasserstoffe ist leicht auf Grund ihrer Unlöslichkeit in sauerstoffhaltigen Solventien wie verdünnten Alkoholen, niedrigen Säuren und ihren Estern, auch mit Zusätzen von Formamid, Acetalen, flüssigem

---

[1] Z. B. sank bei der Dehydratisierung eines Estergemisches die Hydroxylzahl von 33,4 auf 0, die Jodzahl stieg aber von 18,58 auf 36,61 an, während sich nur ein Zuwachs um 15 berechnet.

[2] WARLAMOW u. Mitarbeiter (s. S. 697) beobachteten z. B. Abnahmen der Oxysäuregehalte von 36% auf 12% und von 43% auf 16%; im ersten Fall aber zugleich ein Anwachsen des Gehalts an Unverseifbarem von 16 auf 24%.

[3] Georg Schicht A. G. u. AD. GRÜN: D. R. P. 385375, Priorität (Öst.) vom 21. III. 1918. — Nach I. G. Farbenindustrie A. G.: D. R. P. 488877 vom 30. VIII. 1922 (W. PUNGS), erfolgt eine Vortrennung nach dem Schwitzverfahren, dann die Zerlegung mittels heißen 96%igen Alkohols.

[4] Während z. B. nach D. R. P. 385375 bei 160⁰ in 3 bis längstens 5½ Stunden oxydiert werden soll, schlägt das A. P. 1983672 der Mathieson Alkali Works Inc. 144 Stunden lange Einwirkung eines (jedenfalls schwachen) Sauerstoffstroms bei 130—140⁰ vor.
      Über Versuche zur Beförderung der Esterbildung durch Bestrahlung mit ultraviolettem Licht, s. S. 679.

Schwefeldioxyd u. a. m. Die gelösten (oder, wenn sie flüssig sind, unverdünnten) Sauerstoffverbindungen können durch Abschleudern in schnellaufenden Siebzentrifugen schnellstens von den festen, ungelösten Kohlenwasserstoffen getrennt werden[1]. Verwendet man wasserhaltige Lösungsmittel, z. B. 96%iges Methanol oder 90%iges Methylformiat, so bleiben auch die Aldehyde und Ketone ungelöst[2].

Die Abtrennung der Carbonylverbindungen entfällt, wenn man diese Bestandteile einfach zu Alkoholen reduziert. Nach Beobachtungen von GRÜN, ULBRICH und WIRTH kann so die Ausbeute an Alkoholen um die Hälfte der sonstigen erhöht werden[3]. Man reduziert praktisch das von den Säuren getrennte Unverseifbare oder auch das unzerlegte Oxydationsprodukt, und zwar durch katalytische Hydrierung[4], z. B. mit Hilfe von Nickel- oder Kobaltkatalysatoren bei gewöhnlichem oder bis 50 at erhöhtem Druck bei 200—250⁰. Unter diesen Bedingungen würden zwar die etwa vorhandenen sekundären Alkohole bereits größtenteils zu Kohlenwasserstoffen reduziert, aber die Oxydationsprodukte enthalten anscheinend höchstens geringe Mengen von diesen, auch wenig Ketone, die bei der Hydrierung sekundäre Alkohole gäben.

Verschiedene Verfahren bezwecken statt die Alkohole nur als Nebenprodukte zu gewinnen, die Oxydation des Paraffins so zu lenken, daß hauptsächlich Hydroxylverbindungen entstehen.

Eine gewisse Vermehrung des Alkoholgehaltes der Produkte soll durch Zusetzen von Inhibitoren bei der Oxydation erreicht werden, wie von Bleitetraäthyl[5], Nitrobenzol u. a. m. (vgl. S. 679). Man hat ferner vorgeschlagen, nur begrenzte, zur weitergehenden Oxydation ungenügende Sauerstoffmengen anzuwenden[6].

Nach dem Verfahren von TH. HELLTHALER und E. PETER[7] schützt man die Alkohole vor der Weiteroxydation durch Zusatz von Borsäure, arseniger Säure, phosphoriger Säure oder ihren Anhydriden zum Oxydationsgemisch. Es bilden sich bis über 40% Alkohole in Form der entsprechenden Ester, z. B. der Borsäureester. Man kann sie durch Auslaugen der Rohprodukte mittels inerter Lösungsmittel, Benzin oder Benzol, abtrennen, aus ihren Lösungen isolieren und infolge ihrer wachsähnlichen Eigenschaften als solche verwenden oder sie durch Auskochen mit Wasser in die Komponenten zerlegen. Auch durch niedrigere Alkohole werden unter Umesterung die freien Wachsalkohole abgespalten. Nach W. DIETRICH und M. LUTHER[8] wirken in gleicher Weise Anti-

---

[1] I. G. Farbenindustrie A. G.: D. R. P. 535068 vom 4. X. 1929 (M. LUTHER).
[2] I. G. Farbenindustrie A. G.: D. R. P. 570952 vom 18. VII. 1930 (H. BELLER u. M. LUTHER).
[3] Z. B. wurde die Hydroxylzahl eines Gemisches unverseifbarer Produkte durch Reduktion mit Natrium und Amylalkohol von 94 auf 144, das ist um 53%, erhöht.
[4] I. G. Farbenindustrie A. G.: D. R. P. 559522 vom 12. X. 1930 (W. DIETRICH u. M. HARDER). — Dieselbe: D. R. P. 564208 vom 16. X. 1929 (W. DIETRICH u. M. LUTHER).
[5] Universal Oil Products Co.: A. P. 1939255 vom 26. VI. 1926 (G. EGLOFF).
[6] Z. B. sättigt man einen Teil des zu oxydierenden Materials bei 200⁰ unter Druck mit Sauerstoff, erhitzt den anderen Teil für sich allein fast bis zur thermischen Zersetzung und leitet dann beide Teile in den Reaktionsraum. Standard Oil Dev. Co.: A. P. 1735486 vom 4. VIII. 1928 (P. L. YOUNG); s. auch A. P. 1859587.
[7] A. Riebecksche Montanwerke A. G.: D. R. P. 552886 vom 21. VI. 1928 und D. R. P. 564196 vom 3. X. 1929.
[8] I. G. Farbenindustrie A. G.: D. R. P. 581238 vom 16. X. 1929. Betreffend Darstellung niedriger Alkohole in Form ihrer Ester, durch Oxydieren von Kohlenwasserstoffen mit Siedepunkten unter 180⁰ mit Luft, in Gegenwart flüchtiger Säuren, unter Druck: Dieselbe: D. R. P. 572896 vom 7. VIII. 1929 (M. LUTHER u. H. KLEIN).

monpentoxyd und flüchtige organische Säuren oder Säureanhydride, mit deren Dämpfen man den oxydierenden Luftstrom beladen kann. Die Alkoholausbeute beträgt aber auch bei diesem Verfahren nicht über 40%; durch die zusätzliche Veresterung wird demnach die Hydroxylgruppe kaum in höherem Maße geschützt als durch die spontane Esterbildung bei der Oxydation ohne Zusätze.

Die so erzeugten Alkohole sind je nach dem Rohstoff flüssig, salbig oder fest, weiß bis gelb gefärbt, hydrophil; sie zeigen Hydroxylzahlen um 200—300, enthalten folglich im Durchschnitt etwa 12—18 Kohlenstoffatome.

γ) Carbonylverbindungen

Daß sich bei der Oxydation des Paraffins auch höher molekulare Carbonylverbindungen und zwar hauptsächlich Aldehyde bilden bzw. erhalten bleiben, ergibt sich aus der Vermehrung des Alkoholgehaltes der Produkte durch Reduktion mittels naszierenden Wasserstoffes oder katalytischer Hydrierung. Definierte Verbindungen wurden noch nicht isoliert, geschweige denn technisch gewonnen. Dagegen bezwecken verschiedene Verfahren eine Oxydation unter weitgehendem Abbau zu niedrigen Aldehyden.

F. SCHULZ[1] erhielt aus Paraffin durch Blasen mit Luft bei der hohen Temperatur von 300⁰ neben 14% Ausbeute an wasserlöslichen Säuren, 34% Aldehyde vom durchschnittlichen Molekulargewicht des Valeraldehyds, die sich aber nicht charakterisieren ließen. Die später von I. H. JAMES[2] und anderen ausgearbeiteten Verfahren wenden ebenfalls hohe Temperaturen an, bis 400⁰ und darüber, dabei aber geringe, zur vollständigen Oxydation ungenügende Mengen Sauerstoff bzw. Luft, die man nur kurz einwirken läßt, auch unter Druck, in Gegenwart von Oxyden elektronegativer schwer schmelzbarer Metalle, wie Molybdänoxyden, Uranylmolybdat u. dgl. Man erhält so neben größeren Mengen Alkoholen und Säuren auch beträchtlich viel Aldehyde, weniger Ketone, die mittels Bisulfit, flüssigem Schwefeldioxyd oder in anderer Weise abgetrennt werden.

Eine große Zahl Verfahren ähnlicher Art betrifft die Erzeugung saurer Carbonylderivate, Aldehyd- und Keto-carbonsäuren.

e) Verwendung der Produkte.

1. Seifen.

Die Beschaffung billiger Fettsäuren für die Seifensiederei war das treibende Motiv für die ersten planmäßigen Versuche zur Oxydation von Erdölen und Paraffin und ist auch jetzt noch der größte Anreiz für die technischen Arbeiten.

Die aus höchstmolekularen Paraffinkohlenwasserstoffen erhältlichen reinen Fettsäuren sind selbstverständlich ebenso brauchbare Rohstoffe wie die entsprechenden gesättigten Säuren aus natürlichen Fetten. Sie kommen aber einstweilen praktisch nicht in Betracht, nicht einmal die mittleren Qualitäten aus minderen Paraffinen.

Die Säuren aus naphthenhaltigen und besonders die aus naphthenreichen Erdölen geben weniger gute Seifen. Bezüglich Konsistenz und Elektrolytempfindlichkeit gleichen sie mehr den Harzseifen, auch Farbe und besonders Geruch sind viel schlechter. Die Ähnlichkeit mit den Harzseifen ist leicht verständlich.

---

[1] Chem. Revue 1912, Nr. 12, 300; 1913, Nr. 1, 1. Daselbst Angaben über frühere Beobachtungen.

[2] Z. B. die auf den Namen CL. P. BYRNES lautenden A. P. 1 697 653 vom 7. III. 1919, 1 836 325 vom 18. I. 1926, 1 858 095 vom 21. X. 1924, 2 009 663 vom 1. VIII. 1932 und andere mehr. — CL. P. BYRNES: E. P. 259 293 vom 6. VII. 1925. — Standard Oil Dev. Co.: A. P. 1 812 714 (I. W. PUGH, E. TAUCH u. TH. E. WARREN). — Doherty Research Co.: A. P. 1 978 621 vom 11. VI. 1930.

Ein großer Teil der Säuren aus Naphthenen ist cyclisch; möglicherweise besteht sogar der restliche Teil aus Säuren mit verzweigter Kohlenstoffkette, die sich ähnlich verhalten wie die cyclischen Säuren.

Nach STEZENKO und BAUMAN[1] ist das Waschvermögen der Seifen aus Säuren von oxydiertem Vaselinöl bedeutend geringer als das von Fettseifen. PETROW[2] findet zwar dasselbe bei Waschversuchen mit heißen (60—100⁰ warmen) Lösungen, aber fast gleiche Waschkraft, wenn er bei 30⁰ vergleicht. Man darf auf keinen Fall verallgemeinern. Die Säurengemische sind recht verschieden, je nach den Erdölen oder Erdölfraktionen, aus denen sie stammen. Dazu kommt der je nach dem Oxydationsverfahren und der Nachbehandlung verschiedene Gehalt an Oxysäuren und an Beimengungen unverseifbarer Stoffe. Nach DAWENKOW beeinträchtigen die Oxysäuren zwar nur Farbe und Härte der Seifen, nicht das Waschvermögen. (Im Gegensatz zum Verhalten normaler Oxyfettsäuren und Oxyolefinsäuren.) Estolide aus Oxysäuren wirken jedoch sehr schädlich[3].

Selbstverständlich werden die fraglichen Säuren, auch mit Zusätzen von Sulfonaten od. dgl., zu Waschpulvern verarbeitet[4] und zu anderen Zwecken, z. B. zum Leimen von Papier, verwendet[5].

2. Andere Anwendungen.

Die Säuren aus Erdölen verschiedener Art geben mit Alkalien oder organischen Basen, wie Triäthanolamin, Emulsionen, verwendbar für Spritzbrühen und Bohröle, zur Schädlingsbekämpfung[6], für Appreturen. Durch Chlorieren, dann Neutralisieren mittels Lauge oder Ammoniak werden sie zum Emulgieren von Schmieröl, Asphalt usw. verwendbar[7].

Die ungesättigten Säuren mit Jodzahlen zwischen 50 und 90 sollen dem Olein als Schmälzöle sogar überlegen sein, weil sie weder feste gesättigte noch mehrfach ungesättigte Verbindungen enthalten[8].

Als Netzmittel wirken die Säuren bzw. ihre Salze nur in hoher Konzentration; die Wirkung wird durch geringe Zusätze von Kochsalz, Magnesiumchlorid od. dgl. verstärkt[9]. Noch wirksamer sind natürlich die Sulfonate[10]. Am wirksamsten sind kompliziertere grenzflächenaktive Präparate, erhalten durch Chlorieren der Produkte und Kondensieren des Chlorderivates mit einer entsprechenden Sauerstoff- oder Stickstoff-Verbindung, dann Sulfurieren[11].

---

[1] Öl-Fett-Ind. (russ.: Masloboino Shirowoje Djelo) **1932**, Nr. 9, 18.

[2] Arbeiten der wissenschaftl.-techn. Waschmittel-Tagung (russ.) **1933**, 77.

[3] SKWORZOW u. CHARAS (Öl-Fett-Ind. [russ.: Masloboino Shirowoje Djelo] **1932**, Nr. 3, 42) prüften z. B. Seifen aus Säuren, die Esterzahlen bis 60 und außerdem bis über 10% Unverseifbares enthielten. Aus den unbefriedigenden Resultaten, die Seifen aus solchem Material geben, kann man keinen Schluß auf die Eignung der synthetischen Säuren an sich ziehen.

[4] Z. B. Standard Oil Dev.: A. P. 1999184 vom 7. IV. 1932 (C. ELLIS).

[5] Alox Chem. Corp.: E. P. 309383 vom 6. X. 1927.

[6] I. G. Farbenindustrie A. G.: D. R. P. 564922 vom 21. III. 1931 (H. BELLER u. K. PFAFF); D. R. P. 438180 vom 9. IX. 1922 (W. PUNGS u. M. LUTHER) u. a. m.

[7] I. G. Farbenindustrie A. G.: D. R. P. 545094 vom 28. IV. 1928 (H. BELLER u. M. LUTHER).

[8] I. G. Farbenindustrie A. G.: D. R. P. 550239 vom 7. VIII. 1928 (M. LUTHER u. H. BELLER).

[9] I. G. Farbenindustrie A. G.: D. R. P. 548442 vom 6. X. 1927 (I. EISELE u. F. GRAF).

[10] Z. B. G. S. PETROW: Russ. P. 46319 vom 31. III. 1931. Nähere Angaben machen z. B. LOMANITSCH, MUROMZEWA u. FILJUKOWA: „Waschmittel" (russ.), S. 103. Moskau. 1933. Man hat auch bereits vorgeschlagen, vor der Sulfurierung den Hydroxylgehalt der Oxydationsprodukte zu erhöhen durch Hydrieren, bis die Carbonylzahl gegen 10 gesunken ist: I. G. Farbenindustrie A. G.: E. P. 435385 vom 14. II. 1934.

[11] I. G. Farbenindustrie A. G.: D. R. P.-Anm. I. 6130 vom 27. I. 1930.

Die Säuren sind weiter verwendbar zur Erzeugung von Rostschutzmitteln und Trockenstoffen[1]. Die in Benzin unlöslichen Oxysäuren, besonders die aus den hochsiedenden Fraktionen der Krackrückstände (Siedep. 250—450⁰, Molekulargewicht über 300) erhältlichen Säuren dienen als Lackgrundstoffe[2], in Form der Ca-, Zn-, Cu-, Fe- oder Mn- Salze als Lacke[3], zur Erzeugung von Kunstharzen vom Glyptaltypus, von plastischen Massen (aus den Bleiseifen[4] oder durch Kondensationsprozesse hergestellt[5]). Zwecks Erzeugung von Anstrichmitteln hat man vorgeschlagen, die Säuren zu verestern durch Umsetzen ihrer Natronsalze mit ungesättigten Chlorverbindungen, erhalten durch Chlorieren der Polymeren von der Erdöl-Krackung[6].

Die von nichtangegriffenen Kohlenwasserstoffen befreiten Oxydationsprodukte oder die abgeschiedenen Säuren sind Flotationsmittel für Flußspat, für Apatite und Phosphorite[7]; ihre Wirkung ist vom p_H der Lösungen weniger abhängig als die der Ölsäure[8]. Sie sind auch als Antioxydantien in der Kautschukindustrie brauchbar[9]. Als Weichmacher für Cellulose-ester hat man sowohl die Oxydationsprodukte selbst vorgeschlagen, speziell für die Erzeugung von Kunstleder[10], wie auch Ester, die aus den an Dicarbonsäuren reichen Fraktionen und Alkoholen verschiedenster Art erhältlich sind[11].

Selbstverständlich kann man auch mit Glycerin verestern. F. FISCHER und W. SCHNEIDER[12] erhielten aus den Säuren von der Paraffinoxydation ein bei 36⁰ schmelzendes Glyceridgemisch.

Es wurde auch vorgeschlagen, die Säuren zu ketonisieren; die niedrigeren Ketone sind als Lösungsmittel und Motorbrennstoffe verwendbar. Man kann die Ketone nach bekannten Methoden in Amine überführen[13] oder diese über die Nitrile der Säuren herstellen[14]. Ferner lassen sich die Amide usw. bereiten[15].

Die mittels Methanol o. dgl. isolierten höheren Alkohole sollen, wie die anderer Herkunft in Schwefelsäure-ester übergeführt, zu Netz- und Dispergiermitteln verarbeitet werden[16]. Man kann ebenso die Gesamtmenge der unverseifbaren Anteile sulfurieren[17]. Auch die Alkohole aus russischem Gasöl sind dazu brauchbar[18]. Die Herstellung der Borsäure-ester und ihre Verwendung wurde schon S. 699 erwähnt. Eigenartig ist der Vorschlag, die Alkohole durch Wasserabspaltung unter üblichen Bedingungen in Olefine überzuführen oder auch die (Oxy-)Säuren durch gleichzeitige Abspaltung von Wasser und Kohlendioxyd[19].

---

[1] I. G. Farbenindustrie A. G.: D. R. P. 518094 vom 26. X. 1927 (F.POHL).
[2] I. G. Farbenindustrie A. G.: D. R. P. 519649 vom 14. VIII. 1928 (H.KLEIN u. M.LUTHER). — N.M.DAWYDOW u. I.S.NESTEROW: Ref. Chem. Ztrbl. 1934 II, 3564.
[3] G.S.PETROW: Russ. P. 23511.   [4] Russ. P. 46012 vom 30. III. 1935.
[5] G.S.PETROW u. N.B.KRUGLAIA: Ref. Chem. Ztrbl. 1936 I, 496.
[6] A. J. DRINBERG: Ref. Chem. Ztrbl. 1937 I, 201.
[7] F.N.BELASCH: Ref. Chem. Ztrbl. 1935 II, 3276.
[8] M.A.EIGELES: Ref. ebenda.   [9] A. P. 1912484.
[10] Alox Chem. Corp.: E. P. 303560 und 303566 vom 6. X. 1927.
[11] I. G. Farbenindustrie A. G.: D. R. P. 623988 vom 14. VII. 1931 (M.JAHRSTORFER u. G.HUMMEL).   [12] Ges. Abhandl. Kohle 4, 131 (1918).
[13] I. G. Farbenindustrie A. G.: D. R. P.-Anm. I. 41357 vom 23. IV. 1931.
[14] I. G. Farbenindustrie A. G.: D. R. P.-Anm. I. 49822 vom 18. V. 1933.
[15] I. G. Farbenindustrie A. G.: D. R. P.-Anm. I. 41209 vom 9. IV. 1931.
[16] I. G. Farbenindustrie A. G.: D. R. P. 577428 vom 26. VIII. 1925 und D. R. P. 589511 vom 2. I. 1928.
[17] I. G. Farbenindustrie A. G.: D. R. P. 608362 vom 12. VIII. 1927.
[18] I. G. Farbenindustrie A. G.: D. R. P. 552005 vom 12. X. 1929.
[19] I. G. Farbenindustrie A. G.: D. R. P. 561714 vom 29. IX. 1929 (M.LUTHER u. BELLER).

Schmiermittel.

Von **G. MEYERHEIM** † und **H. PÖLL**, Wien.

I. Schmiermittel und Schmierwirkung.

Die Eigenschaft öliger und fettiger Stoffe, die Reibung von zwei gegeneinander bewegten Metallflächen zu verringern, war bereits im Altertum bekannt. Während man sich bis gegen Ende des Mittelalters damit begnügte, die Reibung durch Einfetten der Reibflächen mit Speck, Talg, Pflanzenöl u. dgl. zu vermindern, ohne nach Ursache der Reibung und Auswirkung der Schmierung zu fragen, begann man um die Wende des fünfzehnten Jahrhunderts, angeregt durch die Studien und Versuche LEONARDO DA VINCIS, sich mit dem Schmierproblem zu befassen. Trotzdem blieb dieser Wissenszweig bis zu Anfang des neunzehnten Jahrhunderts infolge der geringen Ansprüche der damaligen Technik wenig beachtet und durchgebildet.

Ein Wendepunkt trat erst ein, als Muskelkraft weitgehend durch Maschinenkraft ersetzt wurde, also mit den Erfindungen der Dampfmaschinen, der Explosionsmotoren, der Turbinen und Elektromotoren als Kraftquelle und den unzähligen Verarbeitungsmaschinen als Kraftverbraucher. Mit der raschen technischen Entwicklung im neunzehnten und zwanzigsten Jahrhundert stieg nicht nur der Bedarf an Schmiermittelmengen ungemein rasch an, sondern auch die Qualität der bisher verwendeten Schmiermittel genügte den Anforderungen des Weltmarktes in keiner Weise mehr. Das früher als belanglos und nebensächlich erscheinende Problem der Reibung und Schmierung wurde mit einem Male eine Existenzfrage. Die bis zu dieser Zeit bekannten und verwendeten tierischen und pflanzlichen Öle und Fette konnten bald den Bedarf der modernen Technik nicht mehr decken und ihren Anforderungen nicht mehr nachkommen; die Forderung des Weltmarktes nach billigen und möglichst stabilen Schmiermitteln mußte berücksichtigt werden, die damals noch kleine Schmiermittelindustrie mußte alles daransetzen, preiswerte und geeignete Schmiermittel in genügender Menge auf den Markt zu werfen.

Nun setzten die Versuche ein, das Erdöl als Rohstoffquelle zur Schmiermittelerzeugung heranzuziehen, und es zeigte sich bald, daß trotz aller herrschenden Vorurteile die Mineralöle für den Großteil der Anforderungen der modernen Technik nicht nur ein vollwertiger Ersatz für die bisher verwendeten tierischen und pflanzlichen Öle und Fette sind, sondern in bezug auf Billigkeit und Qualität dieselben bei weitem übertreffen. Mit dieser Erkenntnis beginnt der ungeahnte Aufschwung der Mineralölraffinerien. Während bis dahin das Leuchtöl das wertvollste Produkt der Rohölverarbeitung war, wurde dasselbe immer mehr durch das Benzin und Gasöl als Kraftstoff und die Mineralschmieröle als Schmierstoffe in den Hintergrund gedrängt. Die in den letzten vierzig Jahren immer weiter fortschreitenden Erkenntnisse auf dem Gebiete der Reibung und Schmierung bewegter Maschinenteile und die stetigen Fortschritte in der Erforschung, Verarbeitung und richtigen Verwendung von Schmiermitteln haben gezeigt, daß für die heutige Technik Mineralöl unentbehrlich geworden ist, weiter aber auch, daß für bestimmte Zwecke tierische und pflanzliche Öle und Fette zwar selten für sich, wohl aber dem Mineralöl in geringem Prozentsatz beigemengt, ebenso notwendig sind.

Die Hauptunterschiede zwischen dem Verhalten der tierischen und pflanzlichen Öle einerseits und der Mineralöle anderseits lassen sich in folgenden Punkten kurz zusammenfassen:

1. Die natürlichen fetten Öle sind infolge ihres chemischen Aufbaues gegen die Einwirkung des Luftsauerstoffes besonders bei höheren Temperaturen sehr wenig stabil, d. h. sie werden unter Bildung von harzigen und sauren Produkten verändert, wodurch Korrosionsgefahr eintritt und auch bald die Schmierwirkung illusorisch wird. Die guten Mineralöle und ihre Raffinate bestehen im Gegensatz hierzu fast ausschließlich aus reaktionsträgen Kohlenwasserstoffen der Paraffin- und Naphthenreihen, welcher Umstand ihre weit größere Stabilität genügend erklärt.

2. Die natürlichen fetten Öle zeigen fast durchwegs bei tiefen Temperaturen eine geringe Viskosität, bei steigender Temperatur jedoch keinen starken Viskositätsabfall (Ricinusöl ausgenommen); Mineralöle und Mineralölraffinate hingegen können mit einer beliebigen Viskosität hergestellt werden, der Viskositätsabfall bei Erhöhung der Temperatur ist aber weit stärker, d. h. Mineralöle haben eine steilere Viskositäts-Temperatur-Kurve als fette Öle. In jüngster Zeit wurden von M. FREUND[1] vergleichende Viskositätsmessungen an pflanzlichen Ölen durchgeführt; er stellte fest, daß die Viskositäten von Oliven-, Baumwollsaat-, Sonnenblumen-, Rüb- und Maisöl etwa zwischen 3—4 ENGLER-Graden, also zwischen 21—30 Centistok bei 50⁰ liegen, somit weit niedriger als die Viskositäten der meisten Mineralschmieröle. Mit zunehmender Temperatur aber nimmt bei den fetten Ölen infolge ihrer flachen Viskositätskurve die Zähflüssigkeit in weit geringerem Maße ab als bei Mineralölen, so daß sie z. B. bei 100⁰, der Durchschnittstemperatur bei Verbrennungskraftmaschinen, mit den Mineralschmierölen schon fast konkurrieren können. Charakterisiert man die Viskositätstemperaturkurven der pflanzlichen Öle nach dem Viskositätsindexzahlensystem von E. W. DEAN und G. H. B. DAVIS[2], nach welchem beste pennsylvanische Mineralöle einen Viskositätsindex von 100, die Gulf-Coast-Öle schlechtester (steilster) Viskositätskurve einen Viskositätsindex von 0 aufweisen, ergibt sich für die oben genannten vegetabilen Öle ein Viskositätsindex von ca. 150—160, also um 50% flacher als pennsylvanische Raffinate. Gezwungen durch die Ansprüche des Weltmarktes, hat es die Erdölindustrie durch die neuen Selektivraffinationsmethoden auch bei Mineralschmierölen schon auf einen Viskositätsindex von 115—120 gebracht, einen Viskositätsindex von 150 haben nur synthetische Kohlenwasserstofföle nach dem FISCHER-TROPSCH-Verfahren ergeben.

3. Die natürlichen fetten Öle haben eine bessere Benetzungsfähigkeit (auch Adhäsionskraft oder Kapillarität genannt) als die Mineralölraffinate. Wie im besonderen aus den Untersuchungen von HARDY[3] und von WOOG[4] hervorgeht, ist der Schmierwert eines Schmiermittels abhängig von dem Gehalt an sog. aktiven oder polaren Gruppen. Reine Kohlenwasserstoffe weisen derartige polare Gruppen nicht auf. Die fetten Öle dagegen sind als Glyceride von Fettsäuren polar aufgebaut. Die Moleküle der fetten Öle orientieren sich, wenn sie mit einer Metallfläche in Berührung kommen, senkrecht zu der Metalloberfläche, und zwar so, daß die Glyceridgruppen dem Metall zugekehrt sind. Durch röntgenographische Aufnahmen hat TRILLAT[5] diese Orientierung sichtbar machen können. Sie tritt nicht nur bei der dem Metall unmittelbar anliegenden Schicht des Öles ein,

---

[1] Petroleum **32**, Nr. 45, 10 (1936).

[2] DEAN und DAVIS: Viscosity Variations of Oils with Temperature, Chem. metallurg. Engin., **36**, Nr. 10, 618 (1929). — DAVIS, LAPEYROUSE und DEAN: Oil Gas Journ., **30**, Nr. 46, 92 (1932).

[3] Proceed. Roy. Soc., London, Serie A, 88, 303 (1913); 112, 62 (1922); 118, 209 (1928).

[4] Contributions a l'Étude du graissage, Paris 1924.　　[5] Metallwirtschaft 1, 101 (1928).

sondern reicht mindestens mehrere Moleküle weit, wobei sie selbstverständlich mit steigendem Abstand vom Metall immer schwächer wird. In Abb. 241 ist die Orientierung schematisch wiedergegeben[1]. Es bilden sich an der Metalloberfläche zwischen den Molekülschichten neue Ebenen aus, die gegeneinander verschoben werden können, also im Lager als Gleitebenen dienen, was einer Verringerung der äußeren Reibung, d. h. der Reibung zwischen der Flüssigkeit und der angrenzenden festen Lagerwand gleichkommen würde.

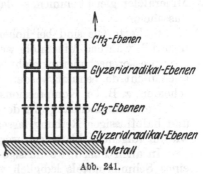

Abb. 241.

Die Adhäsionskraft oder schichtenbildende Kraft als Erklärung für die verschiedenen Eigenschaften der Schmiermittel heranzuziehen, ist nach GÜMBEL und L. UBBELOHDE[2] abwegig, mithin auch die Schlußfolgerungen der oben zitierten Autoren. Nach gründlichen Untersuchungen GÜMBELs und L. UBBELOHDEs über die Reibung geschmierter Maschinenteile sind alle Schmierwirkungen in einem Maschinenlager hauptsächlich auf die innere Reibung und Kapillarität eines Schmiermittels zurückzuführen, während die äußere Reibung nach L. UBBELOHDE unendlich groß ist und gegenüber der Zähigkeit für die Ableitung des hydrodynamischen Widerstandes vernachlässigt werden kann. Diese Auffassung scheint richtiger zu sein, denn es ist feststehend, daß die Adhäsionskraft sämtlicher Flüssigkeiten, somit sämtlicher Schmiermittel, bei laminarer Strömung unendlich groß ist. H. M. WELLS und SOUTHCOMBE[3] bestätigen in ihren Arbeiten die größere Schmierfähigkeit fetter Öle, führen aber dieselbe auf den die Kapillareigenschaften der fetten Öle besonders günstig beeinflussenden Gehalt an freien Fettsäuren zurück. Zieht man aus den verschiedenen Anschauungen einen Schluß, so kommt man unwillkürlich auf den Gedanken, daß zwischen der Orientierung der polaren Gruppen und der Kapillarität eines Schmiermittels ein inniger Zusammenhang besteht, welcher die Benetzungsfähigkeit oder Schmierfähigkeit eines Schmiermittels erheblich verbessert.

4. Die natürlichen fetten Öle bilden mit Wasser leichter Emulsionen als Mineralschmieröle. Diese Eigenschaft ist je nach Gebrauch günstig oder ungünstig. Bei normaler Lagerschmierung ist die Verwendung von fetten Ölen in Mischung mit Mineralölen unbedingt vorteilhafter, wenn die Schmierstellen mit Wasser in Berührung kommen. Reine Mineralöle können dabei aus den Schmierstellen ausgewaschen werden, während besonders vorbehandelte fette Öle mit dem Wasser Emulsionen bilden, welche ebenfalls noch schmierend wirken. Aus diesem Grunde ist z. B. der Zusatz von fetten Ölen zu Mineralölen für Marineschmieröle vorgeschrieben. Dasselbe gilt auch für Schmieröle für Papiermaschinen, besonders für die Schmierung der sogenannten Naßpartie, ferner für Brikettpressen, hydraulische Pressen, Außenbordmotoren u. dgl. m.

Für die Schmierung z. B. von Dampfturbinen hingegen ist von der Verwendung von fetten oder gefetteten Ölen unbedingt abzusehen, weil hier durchwegs Umlaufschmierungen verwendet werden, wobei das Schmiermittel neben seiner Aufgabe der Schmierung auch noch die Kühlung der Lager bewerkstelligen muß. Von einem Dampfturbinenöl wird und muß deshalb verlangt werden, daß es das aufgenommene Wasser so bald als möglich wieder abgibt,

---

[1] Nach D. HOLDE: Kohlenwasserstofföle und Fette, VII. Aufl., Berlin: J. Springer 1933. [2] Petroleum 1912, 773ff.
[3] Chem. Revue Öle, Fette, Harze 1920, 53; Chem. Ztrbl. 1920, IV. 200 und 1921, II, 236; Ital. P. 271926; E. P. 130377.

weil in diesem Falle durch Emulsionsbildung sowohl die Kühlung als auch die Schmierung gefährdet erscheint.

5. Die fetten Öle haben fast durchwegs zu hohe Stockpunkte und können auch durch chemische und physikalische Behandlung in dieser Hinsicht nicht den Mineralölen gleichkommen, so daß sie für die Schmierung bei tiefen Temperaturen ausscheiden.

6. Fette Öle sind bei hohen Temperaturen und hohen Drücken ungemein unstabil, während Mineralöle weit widerstandsfähiger sind, daher können sie für Kompressorenschmierung nicht benutzt werden. Selbstverständlich dürfen fette Öle auch nicht da benutzt werden, wo die Mineralöle wegen Explosionsgefahr ausscheiden, z. B. bei Kompressionszylindern für Preßluft, Sauerstoffflaschen u. dgl.

Im Zusammenhang mit den heute üblichen Schmierungsarten der flüssigen und halbflüssigen Reibung lassen sich die obigen Darlegungen kurz auswerten, wie im folgenden klargelegt werden soll:

In allen Fällen, wo flüssige Lagerreibung herrscht, ist die Schmierfähigkeit eines Schmiermittels lediglich von der inneren Reibung (Viskosität) desselben abhängig, nicht aber von der Kapillarität oder Benetzungsfähigkeit, weil durch die Dicke des Schmierfilms eine einheitliche Benetzung der Metallflächen gewährleistet ist. Ist die Schmierstelle nur geringen Temperaturschwankungen unterworfen, so genügt ein Mineralschmieröl mittlerer Qualität vollkommen, ändert sich aber die Temperatur der Schmierstelle während des Betriebes in weiten Grenzen, so sind Schmieröle mit möglichst geringer Temperaturabhängigkeit der Viskosität zu verwenden. Die flache Viskositätskurve (hoher Viskositätsindex) wirkt sich vor allem im Hinblick darauf günstig aus, daß man die Schmieröle nach ihrer Viskosität immer so auswählen muß, daß sie unter den an der Schmierstelle herrschenden normalen Bedingungen eine möglichst kleine, dem Lagerdruck gerade noch entsprechende und ihm widerstehende Viskosität aufweisen sollen. Tritt aus irgendeinem Grund eine Erhöhung der Temperatur an der Schmierstelle ein, so ist die Gefahr, daß die Viskosität durch die Temperaturerhöhung auf ein nicht mehr ausreichendes Maß herabgesetzt wird, bei einem Öl mit geringer Temperaturabhängigkeit der Viskosität kleiner als bei anderen Ölen. Nach Punkt 2 der Gegenüberstellung der Eigenschaften von fetten Ölen und Mineralölen ergibt sich für diesen Fall, daß sowohl Mineralöle mit einem Zusatz von fetten Ölen als auch reine Mineralöle bester Qualität (pennsylvanische oder russische Öle, Selektivraffinate oder hydrierte synthetische Öle) hierzu geeignet sind. Entscheidend in dieser Frage ist nur die Beanspruchung des Schmiermittels bezüglich Temperatur und Zeit. Ist die Lagertemperatur nicht übermäßig hoch und liegt keine allzu lange Beanspruchung des Schmiermittels vor, so entscheidet zwischen beiden Schmiermittelarten nur der Preis, handelt es sich aber um Dauer- oder Umlaufschmierung oder aber um die Schmierung bei besonders hohen Temperaturen, so scheiden die fetten Öle gemäß Punkt 1 aus.

Die Viskosität ist jedoch nur so lange von ausschlaggebender Bedeutung für die Herabsetzung der Reibung zwischen Metallflächen, als die schmierende Schicht eine verhältnismäßig große Dicke aufweist. Ist die Schmierschicht aber nur von der Größenordnung der Moleküle, d. h. handelt es sich nicht mehr um das Gebiet der flüssigen, sondern das der halbflüssigen Reibung, so treten diejenigen Eigenschaften der Schmieröle in den Vordergrund, die unter der Bezeichnung ,,Schmierwert oder Kapillarität'' zusammengefaßt werden. Im wesentlichen scheint es sich um das Vermögen des Schmiermittels, die zu schmierende Fläche zu benetzen, an ihr zu haften und einen einheitlichen Schmierfilm zu bilden, zu handeln. In Fällen der halbflüssigen Reibung sowie in Grenzfällen flüssige—halbflüssige Reibung darf somit der ,,Schmierwert'' (Kapillarität) auf keinen

Fall vernachlässigt werden. Da die Kapillarkräfte bei sehr dünnen Schichten sehr groß werden, sind Flüssigkeiten, welche keine gute Adhäsionskraft (Benetzungsfähigkeit) haben, ungeeignet, da sie selbst unter Druck nicht zwischen die Reibungsflächen der Lagerteile gebracht werden können. Die Benetzungsfähigkeit der reinen Kohlenwasserstoffe ist für halbflüssige Reibung zu gering, bei natürlichem Mineralöl aber nur dann genügend groß, wenn es polare Gruppen in genügender Menge enthält. Diejenigen Anteile der natürlichen Mineralöle aber, welche die benetzungsfähigen polaren Moleküle in genügender Menge enthalten, müssen wegen ihrer geringen Beständigkeit gegen Temperatur und Luftoxydation (großen Alterungsneigung) durch Raffination entfernt werden. Diesen einander widersprechenden Tatsachen wurde man bis vor kurzer Zeit dadurch gerecht, daß man die Raffination der Mineralschmieröle nur in mäßigen Grenzen durchführte. Auf diese Weise erhielt man Schmieröle, welche den noch vor etwa zehn Jahren verhältnismäßig bescheidenen Forderungen der Technik entsprachen. Seither aber stiegen durch die weitere Entwicklung der Kraft- und Verarbeitungsmaschinen, hauptsächlich aber des Flugwesens, die Ansprüche an die Schmiermittel immer mehr, ja die heutigen Bedingungen für ein Schmiermittel bester Qualität sind: Viskositätsindizes nach E. W. DEAN und G. H. B. DAVIS von 90—110 bei gleichzeitiger großer Alterungsbeständigkeit, tiefe Stockpunkte von —20° (und darunter) bei gleichzeitiger hoher Benetzungsfähigkeit. Diesen Anforderungen können weder höchstwertige Mineralölraffinate noch aber die fetten Öle nachkommen. Reine Mineralöle haben eine zu geringe Benetzungsfähigkeit, reine tierische oder pflanzliche Öle dagegen eine viel zu geringe Alterungsbeständigkeit und zum Teil zu geringe Stockpunkte. Es genügt aber der Zusatz einer verhältnismäßig geringen Menge (0,5—4%) eines polar aufgebauten Stoffes, um bei reinen Mineralölen eine genügende Benetzungsfähigkeit hervorzubringen und damit ihren Schmierwert zu erhöhen. Somit sind die bisher in reiner Empirie als vorteilhaft ermittelten und üblichen Zusätze von fetten, mineralöllöslichen Ölen zu Mineralschmierölen für viele Zwecke als wissenschaftlich berechtigt anzusehen. Nimmt man an Stelle von fetten Ölen freie Fettsäuren, Phenole oder Naphthole, welche eine viel stärkere Affinität dem Metall gegenüber zeigen, so genügt schon eine ganz geringe Menge, um eine starke Herabsetzung der Reibung bei genügender Alterungsfestigkeit zu erreichen. Beispielsweise wurde von DUNSTAN und CLARKE[1] eine Reibungsverminderung von 17% durch den Zusatz von nur 1% Fettsäure in einem bestimmten Fall festgestellt. Dieser von SOUTHCOMBE und G. M. WELLS[2] eingeführte Zusatz von Fettsäuren wird als sogenannter „Germprozeß"[3] heute schon vielfach angewendet. In einem Patent der Alox Chemical Corporation[4] wird die gleiche Wirkung durch Zusatz von synthetischen Säuren bezweckt, welche in einem besonderen Verfahren durch Oxydation von Paraffin erhalten werden.

Es ergibt sich also, daß man fette Öle bei geringer Beanspruchung immer dann als solche benutzen oder den Mineralölen zusetzen wird, wenn die Schmierung im wesentlichen im Gebiet der halbflüssigen Reibung stattfindet. So verwendet man z. B. zur Schmierung von Uhren und anderen Erzeugnissen der Feinmechanik, wenn eine Erneuerung des Öles nur selten erfolgen kann, nicht reines fettes Öl, sondern ein gut raffiniertes mineralisches Schmieröl mit einem Zusatz von 30 bis 50% Knochenöl (Klauenöl), da das fette Öl allein bald altert und dadurch verdickt (verharzt), somit jegliche Schmiereigenschaft verliert. Für Lagerschmierung mit halbflüssiger Reibung verwendet man auch heute noch ein gutes Mineral-

---

[1] Journ. Soc. chem. Ind. **45**, 234 und 690 (1926).
[2] Journ. Soc. chem. Ind. **39**, 51 (1920).
[3] D. R. P. 391311.   [4] D. R. P. 541268.

schmieröl mit einem Zusatz von 1—30% eines fetten, nichttrocknenden Öles, für Zylinderöle 3—5% Zusatz eines fetten Öles, meist säurefreien Talg.

II. Die einzelnen, als Schmiermittel verwendeten Fette.

Nur die nichttrocknenden fetten Öle kommen als Schmiermittel in Betracht, die übrigen, das sind die halbtrocknenden und trocknenden Öle, sind als direkt schädliche Zusätze zu Schmiermitteln zu betrachten, da sie durch die beim Gebrauch schon nach kurzer Zeit auftretenden unvermeidlichen Oxydations- und Polymerisationsreaktionen auch schon bei tiefen Temperaturen dem beabsichtigten Zweck der Schmierung entgegenwirken.

Von den tierischen und pflanzlichen Fetten und Ölen verwendet man heute hauptsächlich Talg und Talgöl, Schmalzöl, Knochenöl, Klauenöl, Robben- und Fischtran, Spermacetiöl, Baumöl (Olivenöl), Rüböl, Ricinusöl, Palmöl u. a. entweder als Schmiermittel direkt oder als Zusatz zu Mineralschmierölen; in Mineralöl nicht lösliche fette Öle (Ricinusöl) werden durch geeignete Vorbehandlung mineralöllöslich gemacht.

Alle diese Öle und Fette sind anerkannt ausgezeichnete Schmiermittel, haben große Haftfähigkeit (Kapillarität) und Schmierwirkung, jedoch eine viel geringere Alterungsbeständigkeit als gute Mineralschmieröle. Veränderungen an der Luft, Verharzungen und Ausscheidungen fester Anteile bei tieferen Temperaturen führen zu Verlegungen der Schmiernuten und dadurch zum Heißlaufen der Lager, Nachteile, die ihre Verwendung erschweren.

Die als Schmiermittel dienenden fetten Öle sind, falls sie mit Säuren raffiniert werden, nach der Raffination von jeder Spur der Mineralsäure auf das sorgfältigste zu befreien. Die vollständige Entfernung freier Fettsäure ist im Hinblick auf die Ausführungen im vorhergehenden Abschnitt, sofern der Gehalt an freien Fettsäuren einige Prozente nicht übersteigt, nicht notwendig, ja sogar unerwünscht. Dagegen versteht es sich von selbst, daß möglichst alle Begleitstoffe, die nicht schmierend wirken und nachteilige Zersetzungsprodukte liefern können, wie z. B. Gewebeteile, Schleime u. dgl., aus den fetten Ölen entfernt werden. Diese Reinigung erfolgt fast durchwegs mit Schwefelsäure und Bleicherde. Nach Angaben von Young[1] werden die letzten Spuren Schwefelsäure am besten dadurch entfernt, daß man das gesäuerte Raffinat längere Zeit in innige Berührung mit metallischem Zink, Aluminium oder Magnesium bringt.

In den folgenden Abschnitten soll auf die in erster Linie als Schmiermittel verwendeten fetten Öle eingegangen werden, zu deren näherer Charakteristik, Gewinnung und Reinigung auf die betreffenden Abschnitte in diesem, dem ersten und dritten Band dieses Handbuches verwiesen werden muß. Die namentlich genannten Öle und Fette sind dabei nur als Hauptrepräsentanten ihrer Gruppe aufzufassen.

Eine Erhöhung der von Natur aus geringen Viskosität der fetten Öle durch Zusatz von viskositätserhöhenden Stoffen ist durchaus zulässig, sofern hierdurch die ohnehin sehr geringe Alterungsbeständigkeit der fetten Öle nicht noch stärker herabgedrückt wird. Es sei nur auf zwei neuere Verfahren der I. G. Farbenindustrie verwiesen. Nach D. R. P. 511693 erfolgt sie durch Zusatz von oxydierend gebleichtem Montanwachs, nach D. R. P. 570739 durch Zusatz der Derivate polymerer Kohlehydrate, nämlich der Ester und Äther von Cellulose

---

[1] D. R. P. 517848.

und Stärke (vgl. S. 630), wie Triäthylcellulose, Cellulosenaphthenat u. dgl. Diese Zusätze sollen die Nachteile, wie sie Metallseifenzusätze hervorrufen, wie z. B. Bildung unlöslicher Ausscheidungen und schädlicher Zersetzungsprodukte, nicht verursachen.

A. Tierische Fette.

Von den Landtierfetten spielt der gereinigte Rindertalg, daneben der Hammeltalg auch heute noch eine wichtige Rolle als Schmiermittel, hauptsächlich zur Dampfzylinderschmierung, meist in Mischung mit Mineralölen. Nach den Lieferungsbedingungen der Deutschen Reichsbahn (gültig 1930) muß Rindertalg z. B. frei von Wasser, Mineralsäuren und fremdartigen Beimengungen jeder Art sein, darf weder Haut noch Fleischteile enthalten, soll eine weißliche, wenig ins „Gelbe" spielende Farbe und einen frischen, nicht ranzigen Geruch haben. Der Gehalt an freier Fettsäure darf höchstens 1%, berechnet auf Schwefelsäureanhydrid, betragen. In Äther muß der Talg klar ohne jeden Rückstand löslich sein. Der Erstarrungspunkt soll nicht unter 35° und nicht über 40° liegen.

Die Marinewerft Wilhelmshaven hingegen schreibt einen Säuregehalt von 0,25%, berechnet als Schwefelsäure, als oberste Grenze vor.

Der Talg wird mitunter verfälscht durch Zusätze von Harz, Harzöl, Paraffin, Palmkernöl, Cocosöl, Baumwollstearin, Wollfett, Hammeltalg, Schwerspat, Kreide u. dgl. m., doch werden die meisten der Verfälschungsmittel von vornherein durch den niedrigen Preis des Talges ausgeschlossen.

In ähnlicher Weise wie Talg wird das aus demselben durch Abpressen bei niederer Temperatur erhaltene Talgöl und das in einem ähnlichen Verfahren aus Schmalz gewonnene Schmalzöl zum Vermischen (Compoundieren) mit Mineralöl verwendet.

Ein ausgezeichnetes, verhältnismäßig tiefstockendes und recht alterungsbeständiges Schmiermittel ist das Öl aus den Klauen der Wiederkäuer, vornehmlich der Rinder und Schafe. Geringwertiger ist das Knochenöl, das man durch Kaltpressen aus dem Knochenfett (Sudknochenfett oder Extraktionsknochenfett) gewinnt. Der Erstarrungspunkt der Klauen- und Knochenöle ist von der Preßtemperatur abhängig, er kann durch eine nachfolgende Entfernung des Stearins, wie sie besonders bei den hochwertigen Klauenölen üblich ist, noch verbessert werden.

Da die Klauen- und Knochenöle von allen Tier- und Pflanzenölen den geringsten Gehalt an freien Säuren haben und dabei außerordentlich schmierfähig sind, werden sie noch heute vielfach unvermischt, in reinem Zustand, als bestes und feinstes Schmiermittel gebraucht; ihre Verwendung in großen Mengen wird durch den hohen Preis unterbunden, so daß sie in diesem Fall gewöhnlich mit Mineralölen compoundiert werden. Für feinere Schmierzwecke, wie z. B. für Uhren und Registrierapparate, werden heute nur entsäuerte und entstearinierte Klauen- und Knochenöle in Mischung mit ca. 50% Mineralöl verwendet. Die Klauen- und Knochenöle sollen in 15 mm dicker Schicht hellgelb und klar durchsichtig sein, reinen Geruch haben und dürfen höchstens einen Säuregehalt von 0,3%, berechnet auf SO_3, aufweisen. Ein Tropfen in dünnster Schicht auf einer Glasplatte verrieben und bei 50° 24 Stunden lang der Lufteinwirkung ausgesetzt, darf weder harzig noch eingetrocknet erscheinen. Auf — 10° abgekühlt, müssen die Öle nach einer Stunde noch flüssig bleiben.

Ihres billigen Preises halber werden mitunter Trane trotz ihres unangenehmen Geruches als minderwertige Schmiermittel oder Schmiermittelzusätze, z. B. bei Wagenschmieren u. dgl., verwendet. In den Vereinigten Staaten ist der

Gebrauch von Robbentran (sealoil) und Waltran (whaleoil) sowie von Fischölen häufiger; diese werden teils als Zusatz zu Schmierölen, teils zur Herstellung oxydierter Öle (Degras) und deren Fettsäuren zur Herstellung konsistenter Fette herangezogen.

Delphinkinnbackentran (Blackfish jaw oil) und das Kieferöl vom Braunfisch (Meerschwein) sind wohl ebenfalls als Trane anzusprechen, gleichen aber in ihren Eigenschaften als Schmiermittel viel mehr den Rinderklauen- und Knochenölen und werden daher als bestes Schmiermittel für Chronometer und feine Maschinen in den Handel gebracht.

Besonders wertvolle, wegen ihres hohen Preises aber nur beschränkt verwendete Schmiermittel sind die flüssigen Bestandteile des Sperm- und Döglingtranes, das arktische oder norwegische Spermöl und das Döglingsöl. Diese Öle, die vorwiegend Wachsalkoholester der höheren Fettsäuren darstellen, sind im Vergleich zu den üblichen fetten Ölen außerordentlich beständig gegen äußere Einflüsse (Luftoxydation und dadurch bedingte Polymerisation), dünnflüssig bei flacher Viskositätskurve, tiefstockend und geruchschwach. Spermöl soll nach Diggs[1] bei etwa 1%igem Zusatz bei Schmierölen regelmäßige Tropfenbildung verursachen.

Von Wichtigkeit für die Herstellung von Schmiermitteln ist noch das stark wasserbindende, ebenfalls Wachscharakter besitzende Wollfett. Seine hohe Schmierwirkung kann wegen seines hohen Schmelzpunktes und seiner großen Zähigkeit nur in Mischungen mit Mineralölen ausgenutzt werden, in denen es jedoch schwer löslich ist. Durch Verwendung einiger Prozente Naphthalin als Lösungsvermittler lassen sich jedoch haltbare, wollfettreichere Präparate herstellen, z. B. aus 18 Teilen Neutralwollfett, 5,5 Teilen Naphthalin und 76,5 Teilen Spindelöl[2].

Die aus dem Wollfett erhältlichen Wollfettalkohole sind nach Burkhardt[3] ein gut brauchbarer Zusatz zu Mineralölen an Stelle geblasener Öle für die Herstellung von Schmierölen, da sie sehr beständig sind, selber gut schmieren und emulgieren, was übrigens auch für die normalen hochmolekularen Alkohole zutrifft. Auch die Alkohole für sich[4] allein sind da gut verwendbar, wo bisher Talg, Speck u. dgl. zum Schmieren sehr stark belasteter Lager verwendet wurden, z. B. für Straßenwalzen-, Steinbrechmaschinen u. a. m. Ihre große Zähigkeit macht sie auch zur Schmierung von Zug- und Drahtseilen geeignet. Auch andere Wachse, wie Bienenwachs, Carnaubawachs u. dgl. sind in Schmierölkompositionen zu finden.

B. Pflanzliche Öle.

Hier ist in erster Linie das schon seit altersher zum Schmieren benutzte Olivenöl zu nennen, das von allen pflanzlichen Ölen noch die beste Alterungsbeständigkeit aufweist. Seine Verwendung wird neuerdings in allen olivenölerzeugenden, mineralölarmen Ländern lebhaft propagiert[5]. A. Bastet[6], G. Roberti[7], E. Peyrot[8] und M. Angla[9] haben sich intensiv mit diesem Thema beschäftigt. Die Ergebnisse dieser Studien stimmen gut überein und können kurz zusammen-

[1] A. P. 1 869 779.
[2] Norddeutsche Wollkämmerei und Kammgarnspinnerei: D. R. P. 538 386.
[3] D. R. P. 323 803.   [4] D. R. P. 326 038.
[5] Champsaur: Bull. Matières grasses 1931, 254. — Cordier: Ebenda 1933, 197.
[6] A. Bastet: Bull. Soc. Encour. Ind. Nationale 133, 193—213 (1934).
[7] G. Roberti: Ric. sci. Progresso tecn. Econ. naz. 6, I, 237—257 (1935).
[8] E. Peyrot: Chim. et Ind. 17, 301—304 (1935).
[9] M. Angla: Ann. Falsifications Fraudes 29, 92—98 (1936).

gefaßt wie folgt wiedergegeben werden: Das gut ausraffinierte Olivenöl hat eine außerordentlich hohe Schmierfähigkeit, welche sich bei Temperatursteigerungen noch erhöht, seine Neigung zur Koksbildung ist in frischem Zustand gering, die Viskositäts-Temperatur-Abhängigkeit (V. I. = 165) im Verhältnis zu Mineralölen und den anderen pflanzlichen Ölen sehr klein und auch sein verhältnismäßig hoher Säuregehalt (bis 1% bei guten Raffinaten) ist unbedenklich, solange nicht Kupfer als Lagermetall verwendet wird. Für die Schmierung von Verbrennungskraftmaschinen ist das Olivenöl durch seine chemische und physikalische Instabilität (Zersetzung und Säurebildung durch Verseifung bei hohen Temperaturen und hohen Drücken, gleichlaufend starke Bildung von unlöslichem Schlamm) wenig geeignet. Mischt man jedoch das Olivenöl entweder mit Mineralöl im Verhältnis 1 : 3 oder mit Ricinusöl 1 : 9, so kann es auch für diese Zwecke verwendet werden, wenn man oftmaligen Ölwechsel und somit sehr starken Ölverbrauch in Kauf nimmt. A. BASTET glaubt, daß Olivenöl unter folgenden Bedingungen unvermischt für Verbrennungskraftmaschinen gebraucht werden kann:

1. Das Olivenöl muß schwefelfrei sein, d. h. es darf keinerlei schwefelhaltige Verbindungen oder gar freie Schwefelsäure aus dem Raffinationsprozeß enthalten.

2. Der Gehalt an freier Fettsäure darf 0,6% nicht überschreiten.

3. Verwendet für die Schmierung von Automobilmotoren, muß das Olivenöl nach 2000—2500 km Fahrt, verwendet für die Schmierung von Traktoren, alle 40 Stunden ausgewechselt werden. Beim Ölwechsel sind weiters folgende Maßnahmen zu beachten: Nach Entfernung des Altöles muß der Motor mit warmem Tresteröl mindestens eine halbe Stunde laufen, damit sich alle schlammartigen Abscheidungen, soweit sie nicht schon vom Ölfilter entfernt wurden, lösen und restlos beseitigt werden, bevor das Frischöl eingefüllt wird.

4. Die Ölfilter müssen bei Automobilen alle 500 km, bei Traktoren alle Tage gereinigt werden.

Unter diesen Bedingungen wäre eine höhere Kraftausbeute von 10% erreichbar. Der mäßige Erstarrungspunkt des Olivenöles kann durch Zusatz von „Paraflow" oder ähnlichen Produkten noch erniedrigt werden.

Während die eben zitierten wissenschaftlichen Untersuchungen trotz aller Bemühungen, die Pflanzenöle und von diesen hauptsächlich das Olivenöl als Ersatz für Mineralöle zur Schmierung von Verbrennungskraftmaschinen heranzuziehen, keine besonders günstigen Resultate zeitigten, ergaben Großversuche mit Kraftwagen in den an dieser Frage interessierten Ländern (Tschechoslowakei, Frankreich, Italien und in den französischen und italienischen Kolonien) eine eindeutige Verneinung. Das Ergebnis der praktischen Versuche soll hier kurz wiedergegeben werden[1]:

Zweifellos besitzt das Olivenöl, wie alle pflanzlichen, nicht trocknenden Öle, eine gute Schmierfähigkeit; die Nachteile seiner Verwendung als Schmiermittel sind aber so groß, daß man in Zukunft von dem Plan, dasselbe in unvermischtem Zustand oder mit Mineralöl compoundiert für jegliche Art der Schmierung zu verwenden, wird absehen müssen. Die charakteristische Eigenart des Olivenöles, mit Wasser dichte und zähe Emulsionen zu bilden, wird in Maschinen mit Kondensationsneigung schwere Schäden auftreten lassen. In Verbrennungskraftmaschinen z. B. ist infolge der Temperaturgegensätze nach längerer Betriebszeit das Auftreten von Wasser im Charter und somit im Schmieröl unvermeidlich, was zu der bestimmten Forderung nach Automobilölen geführt hat, welche mit

---

[1] Petroleum **33**, Nr. 10, 7 (1937); ferner private Mitteilungen von A. BALADA, Pardubice, Tschechoslowakei.

Wasser nicht emulgieren. Allein schon die große Emulgierfähigkeit des Olivenöles erhöht die gefürchtete Schlammbildung im Verbrennungsmotor ganz außerordentlich und führt unweigerlich zur Verstopfung der Ölleitungen. Neben dieser Eigenschaft findet man beim Olivenöl auch noch eine außerordentlich geringe chemische Widerstandsfähigkeit gegen hohe Temperaturen und Drücke. Nicht nur, daß das Olivenöl rasch eindickt, schlimmer noch wirkt sich die schnelle chemische Zersetzung unter Bildung großer Mengen freier Fettsäuren aus, die wiederum die Korrosionsgefahr erhöhen und nach längerem Betrieb Lager und Zylinderwände angreifen. Will man allen diesen Gefahren und Widerwärtigkeiten entgehen, nützt nur oftmaliger Ölwechsel, der nicht alle 2000—2500 km, wie aus Versuchen A. Bastet an der Ölprüfmaschine, also theoretisch, errechnet wurde, sondern schon viel früher durchgeführt werden muß. Hierzu kommt schließlich noch die Tatsache, daß im Gegensatz zu Mineralölen die fetten Öle in gealtertem Zustand stark verkoken und nicht mehr regenerierbar sind. Auch alle weiteren Versuche, dem Olivenöl Mineralöl bis zu 80% zuzumischen, führten zu ähnlichen Ergebnissen, wenn auch die verheerenden Wirkungen des unvermischten Olivenöles herabgemindert waren. Praktische Versuche mit Rüböl und Sojabohnenöl, wie sie in der Tschechoslowakei durchgeführt wurden, ergaben, daß diese Öle sich noch weniger eignen als Olivenöl.

Das dem Olivenöl nahestehende Erdnußöl kann auch an seiner Stelle in einigen Fällen zum Schmieren benutzt werden, ebenso Mandel- und Haselnußöl, Teesaatöl, Aprikosen- und Pfirsichkernöl u. dgl., die in ihren besten Qualitäten gerade wie Olivenöl auch für feinmechanische Instrumente verwendet werden können. Auch das in seiner Zusammensetzung abweichende Senföl soll ein gutes Schmiermittel abgeben.

Rüböl, das als solches früher viel zum Schmieren verwendet wurde, trocknet in dünner Schicht ein und sollte daher bestenfalls nur in geblasenem Zustand (s. weiter unten) zu Compoundzwecken gebraucht werden; dasselbe gilt für Baumwollsaatöl und Sojabohnenöl um so mehr, da sie bereits zu den halbtrocknenden Ölen gehören.

Als bevorzugtes Schmiermittel für auf kurze Zeit stark beanspruchte Explosionsmotoren, besonders im Flugwesen, galt lange Jahre das Ricinusöl wegen seiner großen Zähigkeit, guten Kältebeständigkeit, guten Wärmebeständigkeit und seiner sehr schweren Löslichkeit in Mineralölen und Benzin. Bei langem Abkühlen auf — 10° bis — 20° beginnt es zu erstarren und bleibt auch bei folgender Erwärmung auf 0° bis 10° salbenartig. Erst durch Erhitzen auf 100° erlangt es seine ursprünglichen Eigenschaften wieder. Gegen Luft- bzw. Sauerstoffeinwirkung ist aber auch das Ricinusöl wenig resistent, so daß es in neuerer Zeit immer mehr durch compoundierte Öle verdrängt wird. In reinem Zustand soll es jedoch für die Schmierung von Verbrennungskraftmaschinen, welche mit Steinkohlenteerölen betrieben werden, das einzige geeignete Schmiermittel sein[1].

Wesentlich umfangreicher als die Verwendung der reinen fetten Öle ist ihre Verwendung zusammen mit Mineralölen als sog. compoundierte Öle. Dabei werden den Mineralölen vorbehandelte (s. weiter unten) und nicht vorbehandelte fette Öle, vornehmlich Talg, Talgöl, Rüböl, Wollfett usw. in wechselnden Mengen zwischen 1—30% zugemischt. In Fällen, in denen keine gute Lösung der beiden Komponenten ineinander zu erzielen ist, empfiehlt es sich nach dem Patent der I. G. Farbenindustrie A. G.[2], aromatische Brückenkohlenwasserstoffe von der Formel X—CH₂—Y als Lösungsvermittler anzuwenden, worin Y ein aromatischer Kern und X ein aromatischer oder aliphatischer Rest ist, wie z. B. Äthylnaphthalin, Benzyltoluol u. dgl.

---

[1] H. M. Spiers u. E. W. Smith: Gas Journ. 207, 86, 642—647 (1934).   [2] D. R. P. 482 626.

Tabelle 64. Eigenschaften der zur Schmierung verwendeten Fette[1].

Art des Öles	Dichte bei 20°	Flamm-punkt	Erstarrungs-punkt	Viskosität b. 20°C (in ENGLER-Graden)	Viskosität b. 50°C	Viskosität b. 100°C	Viskosität b. 100°F (in SAYBOLT-Sek.)	Viskosität b. 210°F	V.I.	Säurezahl	Verseifungs-zahl	Acetylzahl	Jodzahl
1. Tierische Fette.													
Rindertalg	0,934—0,950	260°/270°	30°/38°	—	4,60	1,85	250,	60,	149	1,0—10	190/200	1—3	32/47
Rindertaschenfett	0,924—0,927	250°/270°	35°/38°	—	5,20	2,50	242,	86,	166	1,0—3,0	193/200	1—3	32/44
Talgöl	0,922—0,933	260°/310°	17°/27°	—	—	—	—	—	—	0,6—1,5	193/198	—	40/53
Hammeltalg	0,934—0,948	260°/270°	32°/45°	—	5,75	2,75	262,	97,	164	1—14	192/198	—	31/47
Rinderknochen-fett	0,912—0,915	230°/310°	33°/34°	13,—	4,30	1,90	250,	62,	152	0,2—1,0	190/196	12—15	49/53
Rinderknochenöl	0,914—0,918	226°/300°	—12°/—6°	—	4,40	1,92	257,	63,	153	0,2—1,0	187/195	9—11	67/80
Klauenöl	0,912—0,918	220°/300°	—6°/4°	11,10	4,10	1,86	212,	60,50	159	0,2—1,0	192/196	8—13	67/72
Schmalzöl	0,910—0,916	290°/310°	0°/10°	10,90	3,90	1,71	200,	58,	157	0,3—0,7	191/196	—	67/82
Wollfett, rein	0,941—0,944	260°/270°	30°/32°	—	45,—	4,04	200,	150,	54	—	80/98	22—24	15/20
Pottwalöl (Spermöl)	0,872—0,880	—	7°/9°	4,60	2,35	1,50	105,	45,	178	0,1—0,5	120/150	—	78/93
Döglingsöl	0,875—0,880	250°/260°	—18°/—10°	5,60	2,60	1,59	115,	49,	183	0,1—0,5	115/136	—	80/89
Walfischtran	0,914—0,930	—	—12°/—3°	—	—	—	—	—	—	—	178/202	1—3	102/144
Japantran	0,917—0,929	—	—	8,70	3,40	1,66	170,	52,	158	—	180/197	18—30	104/108
Robbentran	0,928—0,934	230°/250°	—3°/3°	8,10	3,50	1,78	180,	57,	177	—	180/190	10—14	122/197
Destillatolein	0,895—0,902	170°/180°	10°/15°	5,60	2,24	1,35	105,	40,50	120	97—99	200/206	—	76/86
2. Pflanzliche Öle.													
Olivenöl (Baumöl)	0,910—0,916	200°/210°	—8°/—2°	9,50	3,80	1,80	190,	58,	165	2—50	188/195	10—11	79/92
Erdnußöl (Arachisöl)	0,908—0,921	—	0°/4°	10,20	4,—	1,80	208,	58,	157	1—8	185/197	9—10	83/103
Senföl	0,910—0,921	—	—16°/—18°	13,10	5,—	2,10	260,	65,	154	1—13	167/182	16—17	92/122
Rüböl	0,907—0,914	260°/270°	—5°/0°	13,20	5,—	2,05	260,	64,	153	1—13	167/178	14—15	94/122
Ricinusöl	0,958—0,968	260°/280°	—10°/—18°	117,—	19,—	3,10	1400,	111,	100	0,1—15	180/187	146—156	82/84
Baumwollsaatöl	0,921—0,925	—	4°/6°	10,—	4,—	1,84	202,	59,	159	0—2	191/198	7—18	101/112

[1] Die Daten für die Tabelle sind aus folgenden Werken zusammengestellt: A. GRÜN: Analyse der Fette und Wachse, Berlin, 1929; J. SWOBODA: Technologie der technischen Öle und Fette, Stuttgart, 1931; D. HOLDE: Kohlenwasserstofföle und Fette, Berlin, 1933; P. HEERMANN: Färberei und textilchemische Untersuchungen, Berlin, 1935. Fehlende Daten wurden nach Möglichkeit von H. PÖLL teils errechnet, teils durch eigene Analysen ergänzt.

In der Tabelle 64 sind die wichtigsten physikalischen und chemischen Kennzahlen der für die Schmiertechnik in Verbindung mit Mineralölen in Betracht kommenden tierischen und pflanzlichen Fette zusammengestellt.

C. Synthetische und veränderte Öle.

Eine Verbesserung der Eigenschaften der fetten Öle mit Rücksicht auf ihre Verwendung als Schmiermittel ist auf verschiedenen Wegen erreicht worden.

a) Synthetische Ester.

Da Klauenöl auf die Dauer eine gewisse Verharzung wegen seines Gehaltes an ungesättigten Fettsäuren zeigt, soll es nach der Siemens-Schuckert A. G.[1] durch die Ester des Glycerins oder Glykols mit den gesättigten Fettsäuren mit 5—12 Kohlenstoffatomen ersetzt werden. Es können die Mono-, Di- und Triester genommen werden. Diese Ester, die in sehr vielen Variationen hergestellt werden können, zeichnen sich durch einen tiefen Erstarrungspunkt und ausreichende Viskosität aus und greifen Metalle nicht an. Für das Tricaprylat ist ein Erstarrungspunkt von — 15° (Tricapronat — 60°, Tricaprinat + 8°), ein Siedepunkt von 250° und eine Viskosität von 3,4° Engler bei 20° angegeben. Alle diese Produkte erreichen jedoch die Stabilität der Mineralölraffinate nicht.

Als Ersatz für das teure Klauenöl schlägt C. Stiepel[2] die Glycerinester solcher flüssigen Anteile von animalischen oder vegetabilischen Fettsäuren mit einem möglichst geringen Gehalt an mehrfach ungesättigten Fettsäuren vor, welche einen Erstarrungspunkt von + 5° oder darunter besitzen. Der Erstarrungspunkt des Klauenölfettsäuregemisches ist ungefähr 24—32°, während der Trübungspunkt des Öles bei 22—31° liegt. Verestert man Fettsäuregemische aus tierischen oder nichttrocknenden pflanzlichen Ölen von dem genannten Erstarrungspunkt, so haben die Glyceride wesentlich über 0° liegende Trübungspunkte. Erst wenn man die Gemische zuvor von den über 5° erstarrenden Fettsäuren befreit, erhält man Ester mit einem dem natürlichen Klauenöl entsprechenden Trübungspunkt. So lassen sich z. B. aus Schweinefett- oder Olivenölfettsäuren in ihren wesentlichen physikalischen Eigenschaften dem Klauenöl nahekommende Estergemische erhalten, welche aber andere chemische Zusammensetzung haben.

b) Mineralöllösliches Ricinusöl.

Das Problem, die wertvollen Eigenschaften des Ricinusöles für Schmierzwecke in Mischung mit Mineralölen auszunutzen, ist zum erstenmal von der Chemischen Fabrik Flörsheim, H. Nördlinger[3], gelöst worden. Durch Erhitzen auf 300° während einiger Stunden, wobei 10—12% des Öles zersetzt werden und hauptsächlich als Akrolein, Undecylensäure, Önanthol abdestillieren, findet eine Polymerisation statt. Nach Fendler und Schluiter[4] soll dabei eine Bildung von Di- bis Pentaricinolsäure vor sich gehen, die sich ihrerseits wieder mit der alkoholischen Hydroxylgruppe des Ricinusöles verestern. Das zuerst *Floricinöl*, dann *Dericinöl* genannte Produkt hat ungefähr die gleiche Viskosität wie das nicht polymerisierte Öl, zeigt etwas Grünfluoreszenz, ist mit Mineralölen in allen Verhältnissen mischbar und vermag mit Wasser (z. B. der fünffachen Menge) Emulsionen zu bilden.

[1] D. R. P. 538387.   [2] D. R. P. 561990.
[3] D. R. P. 104499.   [4] Ber. Dtsch. chem. Ges. 37, 135 (1904).

Den Übelstand des hohen Zersetzungsverlustes sucht MELAMID[1] durch die Anwesenheit von metallischem Zinn (1—2%) zu vermeiden, wodurch auch ein schnellerer Reaktionsverlauf bei niederer Temperatur gewährleistet wird.

SIMON und DÜRKHEIM[2] wollen das gleiche Ziel durch Polymerisieren in Gegenwart eines bei der Polymerisationstemperatur siedenden Lösungsmittels, vorzugsweise des Tetrahydronaphthalins (Siedep. 205⁰), erreichen, das nachher wieder abdestilliert werden kann. Jede schädliche Überhitzung, die Anlaß zu Nebenreaktionen geben kann, ist dadurch ausgeschlossen. In ganz ähnlicher Weise arbeitet KLEIN[3]. Nur benutzt er die üblichen, unter 125⁰ siedenden Lösungsmittel, wie Alkohol, Kohlenwasserstoffe, auch chlorierte Kohlenwasserstoffe, die zuvor als Extraktionsmittel gedient haben. Die konzentrierte Mischung wird dabei in einem geschlossenen Gefäß einige Atmosphären über den Siedepunkt des Lösungsmittels bei Normaldruck, d. h. auf 120—205⁰, erhitzt, wobei ebenfalls unter Wärmeersparnis und Schonung des Öles das mineralöllösliche Produkt erhalten wird. Ein weiteres Verfahren besteht darin, daß man Ricinusöl durch Behandlung mit Zinnoxyd mineralöllöslich macht, indem man die Mischung durch 8—12 Stunden im Vakuum auf 200—250⁰ erhitzt; bei dieser Behandlung geht der Säuregehalt von 15% auf 0,5% zurück, dementsprechend steigt die Viskosität[4].

Da bei diesem Erhitzen, vor allem in Abwesenheit eines Verdünnungsmittels, stets zuerst eine Spaltung des Öles erfolgt und dann eine Veresterung der freigewordenen Ricinolsäure mit der alkoholischen Hydroxylgruppe eintritt, geht ROSELLI[5] von einem bereits zur Hälfte gespaltenen Öl aus, das bereits bei 240⁰ nach 6—8 Stunden zu einem neutralen Polymerisationsprodukt verändert ist. Etwas verwandt mit diesem Verfahren ist dasjenige der G. Schicht A. G.[6], das von den Ricinusölfettsäuren ausgeht, diese bei 200⁰ zu Polysäuren kondensiert und dann bei 235⁰ mit Ricinusöl in Gegenwart von Zinn als Katalysator verestert (vgl. hierzu Band I, S. 290—293). In diese Reihe gehört auch das Verfahren von PERUCCA[7]: Oxysäurehaltige Öle — in erster Linie Ricinusöl, ferner auch Traubenkernöl — werden zunächst in Anwesenheit von Verbindungen der III., IV. und VIII. Gruppe des periodischen Systems unterhalb von 270⁰ bis zur gewünschten Viskosität polymerisiert und dann das anfallende saure Produkt in Gegenwart von Veresterungskatalysatoren, z. B. Alkoholschwefelsäureestern, unter weiterem Erwärmen bis zum praktischen Verschwinden der Acidität verestert.

Außer durch veresternde Polymerisation ist der gleiche Effekt, Ricinusölmineralöllöslich zu erhalten, noch durch eine Wasserabspaltung unter Bildung einer weiteren Doppelbindung zu erreichen. Dieses Produkt, *Aethricin* genannt, scheint jedoch weniger als Schmiermittel in Betracht zu kommen, da es trocknende Eigenschaften besitzt. Die Wasserabspaltung erfolgt in Gegenwart dehydratisierend wirkender Katalysatoren, z. B. der Oxyde des Titans, Wolframs, Aluminiums u. dgl.[8].

Der Verlust bei der Wasserabspaltung beträgt nicht ganz 3%. Die I. G. Farbenindustrie A. G.[9] schlägt noch vor, die dabei entstehenden sauren Produkte abzudestillieren, um zu praktisch neutralen Ölen zu gelangen, da sich die übliche Alkalineutralisation nur schwierig durchführen lasse.

Je reiner (von Nichtölstoffen befreit) das Ricinusöl ist, um so hellere und bessere polymerisierte Öle werden erhalten.

[1] D. R. P. 565393. [2] D. R. P. 548716. [3] D. R. P. 580452.
[4] F. P. 760783. [5] D. R. P. 559756. [6] D. R. P. 333155.
[7] F. P. 747016. [8] I. G. Farbenindustrie A. G.: D. R. P. 529557.
[9] D. R. P. 561290.

Kennzahlen von Ricinusöl, Aethricin und Dericinöl[1] sind aus Tabelle 65 ersichtlich.

Tabelle 65.

Öl	Spezifisches Gewicht bei 15°	Er-starrungs-punkt	Säurezahl	Ver-seifungs-zahl	Jodzahl	Acetyl-zahl	Viskosität in ENGLER-Graden bei		V. I.
							50°	100°	
Ricinusöl	0,958 bis 0,968	— 10 bis — 18	0,1 bis 3	180 bis 187	82 bis 84	146 bis 154	17 bis 19	2,8 bis 3,10	ca. 100
Aethricin	0,950	unter — 20	1,6 bis 2,6	191 bis 92	108	110	18 bis 20	4,4 bis 4,5	ca. 135
Dericinöl	0,9505	unter — 20	12,1	191,8	101	67,4	(wie Ricinusöl)		ca. 100

c) Geblasene Öle.

Die Erhöhung der Viskosität der fetten Öle ist durch Oxydation zu erzielen, wobei im wesentlichen eine Hydroxylierung der Fettsäuren unter Bildung von Oxysäuren aus den ungesättigten Fettsäuren erreicht wird, deren Anteil bis 90% steigen kann; nebenbei entstehen in geringem Maße niedere flüchtige Fettsäuren, Laktone und Polymerisationsprodukte.

In der Technik erfolgt die Oxydation von zu Schmierzwecken geeigneten Ölen durch Einblasen von Luft, Sauerstoff[2], auch Ozon[3] in die erwärmten Öle.

Als Ausgangsmaterial werden vornehmlich halbtrocknende Öle genommen, wie Rüböl und Baumwollsaatöl, doch lassen sich auch alle anderen, sowohl nichttrocknende, wie Oliven- und Ricinusöl, als auch trocknende, wie Leinöl, vor allem auch Trane oxidieren.

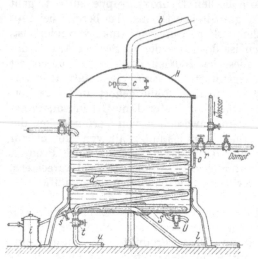

Die technische Ausführung und die Apparatur des Blasens ist ziemlich einfach. Die letztere besteht z. B. aus einem geschlossenen, vorzugsweise zylindrischen hohen Ölbehälter, Abb. 242, der am besten aus einem gegen Fettsäuren beständigen Metall oder mit einer gegen die Fettsäuren beständigen Schutzauskleidung versehen ist. Durch die Schlange d kann das Öl mittels Dampfes vorgewärmt werden; das Kondenswasser verläßt durch Ventil s und Kondenstopf i den Kessel. Die Schlange hat auch einen Wasser-

Abb. 242. Vorrichtung zum Blasen von Rüböl.

anschluß, so daß sie über Hahn t und Rohr u als Kühlvorrichtung benutzt werden kann. Das Einfüllen des Öles erfolgt durch einen seitlichen Hahn (links), das Entleeren durch U, die Luftzufuhr durch Leitung l, welche im Innern des Gefäßes als Schlange S mit vielen kleinen Austrittsöffnungen ausgebildet ist. Die Haube H mit Mannloch c mündet in das Abzugrohr b; o ist das zur Ausführung des Verfahrens unbedingt notwendige Thermometer. An Stelle der Dampfschlange kann natürlich auch ein Dampf- und Kühlmantel genommen werden.

Das vorteilhafterweise zuvor von Nichtölstoffen nach einem der bekannten Verfahren gereinigte Öl wird langsam unter mäßigem Rühren mit Luft auf 100°

[1] Nach D. HOLDE: Kohlenwasserstoffe, Öle und Fette, 7. Aufl. Berlin: Julius Springer. 1933.   [2] BRIN: E. P. 12 652/1886. — THOME: E. P. 18 628/1898. [3] Grof & Co.: D. R. P. 56 392.

erhitzt und wasserfrei gemacht, was sich am Nachlassen des Schäumens zu erkennen gibt. Erst dann wird unter voller Einschaltung der Luftzufuhr, wobei eine möglichst feine Verteilung der eingeführten Luft von Wichtigkeit ist, auf 120—130⁰ erhitzt. Wenn die Oxydation eingeleitet ist, findet eine derartige Selbsterwärmung statt, daß die Heizung ab- und dafür die Kühlung angestellt werden muß, damit die Maximaltemperatur von 130⁰ nicht überschritten wird; andernfalls fallen dunkle, zu Ausscheidungen neigende Öle an. Schon unterhalb 125⁰ und noch viel mehr unterhalb 120⁰ verläuft die Reaktion sehr träge; die optimale Temperatur ist von der Ölart abhängig. Durch abwechselndes An- und Abstellen des Heiz- bzw. des Kühlmittels ist während des Blasens, das 15 bis 100 Stunden dauern kann, die Temperatur zu regulieren. Vorwärmung der Luft, am einfachsten durch Führung in Rohrwindungen durch das erwärmte Öl, bebeschleunigt den Prozeß.

Ist die gewünschte Viskosität erzielt, so wird unter Abstellung der Heizung kalt (auf etwa 40⁰) geblasen, wodurch den Ölen der stechende Geruch, der auf der Bildung niederer flüchtiger Fettsäuren beruht, genommen wird, und das Öl durch Filtrieren geklärt.

Die sich beim Blasen entwickelnden Gase, die vornehmlich auf Grund ihres Akroleingehaltes die Nasen- und Augenschleimhäute reizen, müssen mittels Ventilators oder Ejektors nach ihrer Befreiung von mitgerissenen Öltröpfchen, gegebenenfalls auch nach Passieren eines Kühlrohres zwecks Niederschlagung von Fettsäuren zum Schornstein oder unter die Feuerung geleitet werden. Zur Abkürzung des Prozesses sind Sauerstoffüberträger als Katalysatoren vorgeschlagen worden, z. B. Zinksulfat, Blei-, Zink-, Manganverbindungen, darunter auch Manganseife[1], welche mittels Terpentinöles als Lösungsvermittler dem Öl einverleibt werden sollen. Dabei soll unter Umständen auf die zusätzliche Erwärmung verzichtet werden können.

Den Vorschlag von BANNER[2], Leinöl in Anwesenheit eines Kohlenwasserstoffes zu oxydieren, haben die Ölwerke Stern-Sonneborn[3] wieder aufgegriffen, um die durch das Blasen erzielbare Viskositätserhöhung voll verwerten zu können. Um die in einem gewissen Zeitpunkt sich einstellenden Ausscheidungen zu vermeiden, setzen sie vor oder während des Blasens Mineralöle zu. Gibt man z. B. zu einem Rüböl von 15⁰ ENGLER bei 100⁰, das nicht mehr, ohne Ausscheidungen zu liefern, weitergeblasen werden könnte, ungefähr die gleiche Menge eines Zylinderöles von 3⁰ ENGLER bei 100⁰, so kann durch Weiterblasen die Mischung auf eine Viskosität von 20⁰ ENGLER bei 100⁰ gebracht werden und eignet sich dann vorzüglich zum Vermischen mit anderen Ölen.

ZOLLINGER[4] will besonders hochviskose Öle erhalten, wenn er fertig geblasene Öle noch nachher mehrere Stunden auf 190—250⁰ erhitzt.

Während in der Regel eine möglichst große Mineralöllöslichkeit der geblasenen Öle erwünscht ist, will die Chemische Fabrik Nördlinger[5] in Benzin und Mineralölen unlösliche, zur Schmierung von Explosionsmotoren geeignete geblasene Öle in der Weise erhalten, daß nach dem Blasen die Öle noch mehrere Stunden mit Wasserdampf behandelt werden.

Fette Öle mit sehr hohem Gehalt an Harz (bis 71%) werden von ALONSO[6] zu recht fragwürdigen Schmiermitteln geblasen.

PENAY CAMUS[7] geht von raffinierten Ölen aus, welche zwischen 130—160⁰ geblasen werden, dann werden unter Erhitzen auf 190⁰ die entstandenen freien Fettsäuren zum größten Teil abdestilliert und deren Rest mit Alkali neutralisiert.

[1] HARTLEY u. BLENKINSOP: E. P. 7251/1891.   [2] E. P. 24103/1896.
[3] D. R. P. 439103.   [4] D. R. P. 433856.   [5] D. R. P. 302443.
[6] F. P. 729199.   [7] F. P. 734052.

Tabelle 66. Kennzahlen von zur Schmierung verwendeten geblasenen und unveränderten fetten Ölen.

Art des Öles	Spezifisches Gewicht	Jodzahl	Verseifungszahl	Säurezahl	Reichert-Meissl-Zahl	Hehner-Zahl	Verseifungszahl des acetylierten Fettes	Acetylzahl der Fettsäuren	Flüchtige Säuren cm³ $\frac{n}{10}$ NaOH auf 5g	Flüchtige Säuren mg KOH auf 1g	In Petroläther unlösliche Oxysäuren etwa %	Viskosität in Engler-Graden
1. Reine ungeblasene Rüböle	0,91 bis 0,917	94 bis 106	170 bis 179	2	0,1 bis 0,8	—	—	—	—	—	—	4 bis 4,5 (50°) 2,6 bis 2,8 (70°) 1,8 (100°)
2. Einged.ckte Rüböle (Staatl. Materialprüfamt).	0,968 bis 0,975	46,9 bis 52,3	209,5 bis 217,6	—	3,8 bis 4,4	—	—	—	—	—	24,0 bis 27,6	—
3. Eingedicktes Rüböl (Lewkowitsch)	0,967 bis 0,977	47,2 bis 65,3	197,7 bis 267,6 (175,1)	—	bis 8,8	—	—	—	—	—	20,74 bis 24,5	50 (50°) 22 (70°) 7,9 (100°)
4. Eingedicktes Rüböl (Lewkowitsch)	0,970	60,65	205 bis 220	8 bis 12	—	—	—	—	—	—	22 bis 30	—
5. Reine Baumwollsaatöle	0,922 bis 0,925	108 bis 110	191 bis 198	—	—	—	—	—	—	—	—	—
6. Eingedickte Baumwollsaatöle	0,972 bis 0,979	56,4 bis 65,7	213,7 bis 224,6	—	—	—	—	—	—	—	26,5 bis 29,4	—
7. Olivenöl	40°/40° 0,9059	82,51	190,80	2,44	—	95,71	194,65	7,17	0,07	0,08	—	—
8. Olivenöl, geblasen bei 92,5° C	40°/40° 0,9392	53,01	209,29	11,33	—	89,49	238,29	58,53	2,78	3,12	—	—
9. Olivenöl, geblasen bei 120° C	40°/40° 0,9717	31,38	238,87	27,28	—	80,19	289,10	108,14	6,60	7,41	—	—
10. Dorschtran, ungeblasen	0,915	145 bis 155	180 bis 190	—	—	—	—	—	—	—	—	3,1 (50°) 2,1 (70°) 1,6 (100°)
11. Dorschtran, geblasen	0,985	75 bis 85	205 bis 215	—	—	—	—	—	—	—	25 bis 30	180 (50°) 85 bis 90 (70°) 22 (100°)

Die Veränderungen der Öleigenschaften durch das Blasen sind aus der Tabelle 66 zu ersehen[1]. Der wichtigste Umstand ist das Fallen der Jodzahl, während die Acetylzahl und der dadurch angezeigte Gehalt an Oxyfettsäuren steigt. Das Anwachsen der Säurezahl gibt die teilweise Spaltung der

---

[1] Vgl. auch die Arbeiten von Fox u. Baynes: Analyst 12, 33 (1887). — Thomson u. Ballantyne: Journ. Soc. chem. Ind. 11, 506 (1892). — Lewkowitsch: Analyst 24, 323 (1899); 27, 139 (1902). — Procter u. Holmes: Journ. Soc. chem. Ind. 24, 1287 (1905). — Thomson: Analyst 51, 177 (1926).

Triglyceride an, das Anwachsen der Verseifungszahl und Sinken der HEHNER-Zahl mit dem Steigen der REICHERT-MEISSL-Zahl die Bildung niederer flüchtigerer Fettsäuren, welche auch eine Erniedrigung des Flammpunktes bewirken.

Die geblasenen Öle fühlen sich stark schlüpfrig und klebrig an, sind in der Farbe dunkler (rotstichig), von höherem spezifischen Gewicht, viel dickflüssiger als die Ausgangsöle und besitzen einen charakteristischen Geruch. Über ihre Viskosität gibt nachstehende Tabelle 67 ein Bild.

Tabelle 67. Viskosität geblasener Öle.

Ausgangsöl	Spezifisches Gewicht bei 20°	Viskosität nach ENGLER		Viskosität nach SAYBOLT		Viskositäts-Index
		bei 50° C	bei 100° C	bei 100° F	bei 210° F	
Olivenöl	0,976	53,71	5,96	4250	220	100
Rüböl..................	0,971—2	—	8,42—12,35	—	—	—
Baumwollsaatöl	0,976	—	11,46	—	—	—
Ravisonöl	0,976	94,3	7,88	8200	300	92
¹/₂ Ravisonöl + ¹/₂ Baumwollsaatöl	0,971	60,0	6,25	3750	240	112
¹/₂ Rüböl + ¹/₂ tierisches Öl	0,968	47,3	5,20	4000	192	91
¹/₂ Rüböl + ¹/₂ Japantran.	0,960	27,98	3,79	2100	140	98
¹/₃ Baumwollsaatöl + ¹/₃ Rüböl + ¹/₃ Japantran...	0,970	63,5	6,25	4800	240	101

Die hohe Viskosität und ihre gute Kältebeständigkeit macht sie zur Erhöhung der Viskosität von Mineralölen sehr geeignet. Jedoch zeigen diese Mischungen Neigung zum Entmischen, die man durch Lösungsvermittler zu unterdrücken versucht. Sehr gut wirkt zu diesem Zweck bereits ein 0,5—1%iger Zusatz von Ölsäure.

Die Mischbarkeit ist von dem Charakter der Mineralöle abhängig und ist bei aromatischen oder asphaltbasischen Mineralölen größer als bei paraffinbasischen. Sie steigt mit dem Gehalt an geblasenem Öl, und zwar liefern Zusätze von 20—30% durchweg blanke Mischungen. Anderseits fällt sie mit dem Anwachsen des spezifischen Gewichtes bei den geblasenen Ölen und ist bei Tranen besser als bei den pflanzlichen Ölen, von welch letzteren das Baumwollsaatöl dem Rüböl nachsteht.

Diese Gemische werden in großem Umfang als compoundierte Öle zu Schmierzwecken verbraucht, wobei ihre Mischbarkeit mit Wasser (emulgierende Kraft) von großem Vorteil ist. Sie sind für bestimmte Zwecke, z. B. zum Schmieren von Schiffsmaschinen, unentbehrlich. Von geringer Bedeutung sind die mitunter auch heute noch als Schmiermittel benutzen Lösungen von geblasenen in fetten Ölen.

Die Erkennung der geblasenen Öle in Mischungen erfolgt außer auf Grund der in der Tabelle 66 angegebenen Kennzahlen am besten nach MARCUSSON[1] durch Bestimmung der petrolätherunlöslichen Fettsäuren. Die Ausgangsöle sollen sich nach MARCUSSON[2] an der verschiedenen Löslichkeit der Bleiseifen in Äther identifizieren lassen. Die nach dem Verfahren der Deutschen Hydrierwerke A. G.[3] durch Sulfonierung und Desulfonierung von Tranen, welche vorwiegend aus den Estern ungesättigter Fettsäuren mit ungesättigten hochmolekularen Alkoholen bestehen, hergestellten hydrophilen Fettsubstanzen können als Ersatz für geblasene Öle in Betracht kommen. Auch bei ihnen sind hydroxylsubstituierte Fettsäuren unter Aufhebung der Doppelbindung entstanden.

---

[1] Chem. Revue Öl-, Fett-, Harz-Ind. 1905, 290.
[2] Ebenda 1911, 64.   [3] D. R. P. 579896.

720   G.Meyerheim † und H.Pöll — Schmiermittel.

d) Durch elektrische Entladungen polymerisierte Öle (Voltole).

Nach DE HEMPTINNE[1] werden fette und Mineralöle durch Einwirkung von Glimmentladungen in hochviskose Produkte übergeführt. Die Glimmentladungen bewirken nach NERNST die Abspaltung von Wasserstoff an den Doppelbindungen der Moleküle, welche sich dann zu hochmolekularen Polymerisationsprodukten vereinigen. Dabei sind Molekulargewichte bis zu 6000 festgestellt worden[2]. Die Viskosität — es sind bis 100⁰ ENGLER bei 100⁰ gemessen worden — ist noch unempfindlicher gegen Temperaturerhöhung als bei fetten Ölen, d. h. sie liefern noch flachere Temperaturviskositätskurven als die letzteren. Daneben besitzen sie nach MOSSER[3] eine große Benetzungsfähigkeit, so daß sie besonders im Gebiet der halbflüssigen Reibung äußerst wertvolle Compoundierungsmittel sind. Daneben besitzen sie wie die geblasenen Öle auch ein gewisses Emulgiervermögen.

Eine sehr eingehende Beschreibung der Apparatur und des Verfahrens zur Herstellung der Voltole findet sich bei SWOBODA: Technische Öle, 74ff., 1931 (s. auch WOLFF: Petroleum 1929, 95, und BRÜCKNER: Chem.-Ztg. 52, 637 [1928]).

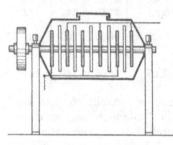

Abb. 243. Voltolisierapparat[4].

Darnach findet die Behandlung in einem liegenden schmiedeeisernen Zylinder (Abb. 243) von etwa 3 m lichter Weite und etwas über 3 m Länge statt, an dessen drehbarer axialer Welle vier Elektrodenkörper in einem trommelartigen System angeordnet sind. Jeder dieser Elektrodenkörper besteht aus 70 Elementen, die aus einer Preßspanplatte und zwei Aluminiumplatten zusammengesetzt sind. Die Entfernung der Aluminiumplatten voneinander muß so gewählt werden, daß keine Lichtbogenbildung eintreten kann. Die Gesamtoberfläche der Elektroden beträgt 600 m². Die Stromzuführung erfolgt durch gut isolierte Leitungen zu isolierten Schleifringen auf der Welle. Ferner sind an dem äußeren Rande des Trommelgerippes Schöpfrinnen angebracht. Außerdem ist noch eine Schlange für ein Heiz- bzw. Kühlmittel vorgesehen. Als Strom dient Einphasenwechselstrom von 4300—4600 V Spannung und 500 Perioden, das sind 1000 Stromstöße in der Sekunde. Die Stromstärke beträgt anfänglich 13—15, später 20 bis 22 A.

Eine große Voltolisieranlage ist in Abb. 244 dargestellt. Die Behandlung geht nach nicht unbedingt notwendiger Verdrängung der Luft mit Wasserstoff im Vakuum vor sich. Da Wasserstoff während des Prozesses erzeugt wird und mit zunehmendem Druck die Stromstärke fällt, muß ständig evakuiert werden. Die Behandlungstemperatur für fette Öle liegt bei 70⁰. Als Ausgangsmaterial können beliebige Öle dienen, vorzugsweise werden Trane, Fischöle und Rüböl genommen, die aber stets zuvor von allen Nichtölstoffen befreit sein müssen.

Der Apparat wird zunächst nur mit der halben Charge (1500 kg) beschickt, evakuiert, erwärmt und dann unter Einschaltung des Stromes die Welle in Rotation versetzt. Mittels der Schöpfrinnen wird das Öl hochgehoben und rieselt über die sich mitdrehenden Elektrodenkörper herab, wobei es der Einwirkung der Glimmentladung ausgesetzt ist.

Wesentlich zweckmäßiger erscheint übrigens eine turmartige feststehende

[1] D. R. P. 234543, 236294, 251591.
[2] EICHWALD u. VOGEL: Ztschr. angew. Chem. 35, 505 (1922); 36, 611 (1923).
[3] Schweiz. Verb. f. d. Mat. Prüf. d. Tech. 1928, Ber. 9.
[4] ASCHER: Schmiermittel, 2. Aufl., Berlin: J. Springer. 1932.

Anordnung der Elektrodenkörper, durch welche das Öl dauernd, eventuell im Kreislauf, in dünner Schicht herabrieseln würde.

Ist eine Viskosität von 65—70 ENGLER-Graden erreicht, so werden in Portionen von je 50 kg nach und nach die zweiten 1500 kg Öl zugesetzt, und zwar so, daß sich vor jedem neuen Zusatz die Viskosität von 65—70⁰ E. wieder eingestellt haben muß. Für die ganze Prozedur sind viele Stunden erforderlich.

Dieses Produkt heißt Halbvoltol und besitzt nach NERNST ein Molekulargewicht von 1150. Eine noch weitergehende Polymerisation ist bei reinen fetten Ölen unvorteilhaft, weil sonst sehr leicht eine zu starke Polymerisation zu zähen

Abb. 244. Voltolisieranlage.

gummiartigen Produkten, „Fische" genannt, erfolgt. Das Halbvoltol dient zur Voltolisierung von Mineralölen, wofür reine, leichte und billige Öle benutzt werden. Dazu wird der Apparat mit 1500 kg Halbvoltol gefüllt und wieder in Portionen von 50 kg das Mineralöl zugesetzt und bei 80⁰ jedesmal bis zur gewünschten Viskosität polymerisiert. Je mehr Mineralöl zugefügt ist, um so höher kann mit dem Polymerisationsgrad gegangen werden, z. B. bis 50 und mehr ENGLER-Graden bei 100⁰, und zwar ohne Beeinträchtigung des Stockpunktes, der Säurezahl, des Asphaltgehaltes und der Farbe, ohne Materialverlust und ohne Bildung von Oxydationsprodukten, da ja der Sauerstoff ausgeschlossen ist. Statt Mineralöl setzt die I. G. Farbenindustrie A. G. Paraffin zu, wodurch ein Voltol mit noch flacherer Viskositätstemperaturkurve, das Neovoltol, erhalten wird[1].

Zwei unvermischte fette Voltole zeigten folgende Kennzahlen (s. Tabelle 68).

Auf Grund ihrer hohen Viskosität und flachen Temperaturviskositätskurven haben sich die Voltole als Zusätze zu anderen Mineralölen zwecks Verbesserung

[1] F. P. 749942.

Tabelle 68. Kennzahlen fetter Voltole.

Ölart	Spezifisches Gewicht bei 15°	Brechungsindex	Viskosität in ENGLER-Graden bei 100° C	Säurezahl	Jodzahl	Mittleres Molekulargewicht
Rübölvoltol ..	0,974	1,485	83,6	11,7	52	1200
Tranvoltol ...	0,982	1,985	74,9	15,4	51	1000

der Schmierfähigkeit gut bewährt. Derartige Mischöle eignen sich im besonderen zur Schmierung warmgehender Maschinenteile, wie Dampfzylinder, Verbrennungsmotoren, Hochdruckkompressoren u. dgl. Sie dienen auch als emulgierende Zusätze zur Herstellung von Schmierölemulsionen[1].

Abänderungen der Entladungspolymerisation, die aber bisher noch nicht zur technischen Bedeutung gelangt scheinen, sind in einigen Patenten der Siemens u. Halske A. G.[2], sowie der I. G. Farbenindustrie A. G.[3] beschrieben. Hierher gehört auch das Electrion-Verfahren von DECAVAL und ROEGIERS[4].

e) Durch Zersetzung fetter Öle gebildete Schmieröle.

Ein normalerweise für die Praxis bedeutungsloses Verfahren, das aber von wissenschaftlichem Interesse ist und unter Umständen auch technische Wichtigkeit erlangen kann, ist von der I. G. Farbenindustrie A. G.[5] beschrieben. Im übrigen haben sich auch gleichzeitig amerikanische Forscher, z. B. FARAGHER, EGLOFF und MORRELL[6], mit dem Problem beschäftigt. Darnach werden fette Öle oder Fettsäuren bei 300—500° gegebenenfalls in Gegenwart von Wasserstoff und Katalysatoren, wie Kupferoxyd, gekrackt; die Ausgangsstoffe können auch zu Alkoholen reduziert und dann dehydratisiert werden. Die auf die eine oder andere Weise erhaltenen Olefine werden mit Aluminiumchlorid od. dgl. polymerisiert, wobei Schmieröle mit flacher Temperaturviskositätskurve erhalten werden. Es ist nicht ausgeschlossen, daß diese Verfahren für Länder mit einem großen Reichtum an fetten, aber als solche unmittelbar zum Schmieren wenig geeigneten Ölen, wie Cocos-, Leinöl u. dgl., und Armut an Mineralölen nicht doch einmal eine Rolle spielen können.

Von größerer Bedeutung ist der Befund von W. SCHRAUTH[7] daß die durch Hydrierung von Fetten erhältlichen Fettalkohole (s. S. 173), besonders Oleinalkohol, ein sehr brauchbares Schmiermittel für feinmechanische Zwecke sind, da sie im Gegensatz zu den apolaren Kohlenwasserstoffen die polare OH-Gruppe besitzen und beständiger als Fettsäuren und Fette sind. Sie können ferner als emulgierend wirkende Zusätze zu Schmierölen dienen.

III. Seifenhaltige Schmiermittel.

Bei der Herstellung von Schmiermitteln finden die fetten Öle auch in verseiftem Zustande noch eine äußerst umfangreiche Anwendung. Dieses Gebiet berührt jedoch mehr die Technologie der Mineralöle, weil letztere den Hauptbestandteil solcher Erzeugnisse bilden.

Im wesentlichen besteht die Aufgabe der Seifen bei solchen Schmiermitteln darin, entweder das Mineralöl in eine flüssige wäßrige Emulsion überzuführen

---

[1] S. z. B. Ölwerke Stern-Sonneborn: D. R. P. 429 521, 432 683, 536 100.
[2] D. R. P. 463 643, 466 813.   [3] D. R. P. 516 316.
[4] Chim. et Ind. 25, Sonderheft 3 bis, 443 (1931).
[5] F. P. 746 279.   [6] Ind. engin. Chem. 24, 440 (1932).
[7] Ztschr. angew. Chem. 46, 459 (1933).

oder ihm eine bestimmte festere Konsistenz zu geben. Demnach lassen sich drei Arten von derartigen seifenhaltigen Schmiermitteln unterscheiden: die flüssigen, „wasserlöslichen", besser mit Wasser mischbaren oder emulgierbaren Öle, die üblichen konsistenten Fette und auch als konsistente Fette zu bezeichnende Schmiermittel besonderer Zusammensetzung.

a) Mit Wasser emulgierbare Öle.

Sie dienen zum Schutze der Werkzeuge gegen allzu rasche Abnutzung beim Bohren, Fräsen, Schneiden von Metallen, beim Ziehen von Drähten, Röhren und dergleichen. Es sind in der Regel blanke Lösungen mit Ölcharakter von Seifen in Mineralölen, die beim Gebrauch mit der 2—20fachen Menge Wasser zu einer milchigen Emulsion verdünnt werden, um Werkzeug und Metallstück dauernd zu überrieseln. Nach HART[1] sind die an solche Öle zu stellenden Hauptbedingungen, daß sie die bei der Bearbeitung auftretende Wärme gut ableiten, einen Ölfilm auf dem Metall bilden, d. h. schmierend wirken, was beides von ihrem Netzvermögen abhängt, nicht korrodierend, sondern rostschützend wirken und lager- und kältebeständig sind. Außerdem müssen sie sich leicht mit Wasser in allen Verhältnissen zu einer beständigen milchartigen Emulsion vermischen lassen, welche sich auch bei mehrtägigem Stehen nicht zersetzt. Früher benutzte man zu den genannten Zwecken fette Öle, auch in Mischungen mit Mineralölen, die heute mit Rücksicht auf ihren Preis nur noch für Präzisionsarbeiten angewendet werden. Von den ebenfalls früher viel gebrauchten Schmierseifenlösungen für die genannten Metallbearbeitungen ist man auch schon lange wieder abgekommen, da sie starke Rostbildung hervorriefen.

Als Mineralöle eignen sich am besten Spindelöle und leichte Maschinenöle, denen häufig noch fette Öle zugesetzt werden. Für die Herstellung der Seifen können alle Fette bzw. Fettsäuren, vorzugsweise Olein dienen, auch sulfonierte Fettsäuren, geblasene Öle, Harzsäuren, Naphthensäuren, Tallöl oder deren Gemische. Die Art der Fettsäuren ist jedoch nicht ohne Einfluß auf die Brauchbarkeit der Öle, so daß die Verwendung von Harz, Tallöl u. dgl. für bessere Qualitäten nicht geraten erscheint, wenn sie auch für geringere Ansprüche genügt, so daß sehr viele Bohröle mit Harzseifen hergestellt werden. Als Verseifungsmittel kommen Kalium-, Natriumhydroxyd, auch Triäthanolamin u. dgl. und auch Ammoniumhydroxyd in Frage. In der Regel erhalten die Öle auch noch den Zusatz von mehreren Prozenten eines Lösungs- bzw. Emulsionsvermittlers, vornehmlich von Olein und Alkohol, Glycerin, auch Cyclohexanol, Fettalkohole und dergleichen, die je nach den anderen Bestandteilen für sich allein oder zusammen in solchen Mengen zugesetzt werden, daß blanke Öle und beständige Emulsionen erhalten werden. Die Herstellung erfolgt gewöhnlich, da vorzugsweise Säuren zur Seifenbildung genommen werden, durch einfaches Vermischen ohne oder unter mäßiger Erwärmung. Die Summe an Mineral- und fettem Öl soll 85—90%, der Seifengehalt 5—10% betragen. Über die Zusammensetzung einiger emulgierbarer Öle gibt Tabelle 69 Auskunft.

Neben den emulgierbaren Ölen, welche häufig nur als Bohröl bezeichnet werden, finden sich auch konsistentere Bohrfette im Handel. Sie sind als eine Art Voremulsion der wasserlöslichen Öle aufzufassen, welche sich mit mehr Wasser zu den dünnen Ölemulsionen vermischen lassen. Dabei empfiehlt es sich, das Wasser zum Bohrfett zu geben, während beim Emulgieren der blanken Öle das Öl dem Wasser zuzusetzen ist. Die Bohrfette geben beim Lagern geringere

---

[1] Ind. engin. Chem. **21**, 85 (1929).

Tabelle 69. Zusammensetzung von Bohrölen[1].

Nr.	Mineralöl	Verseifbares Öl	Freie Fettsäure	Seife	Wasser	Verunreinigung und Differenz
1	43,7	17,7	22,4	6,7	8,4	1,1
2	62,0	1,6	13,5	7,9	15,0	—
3	72,3	2,4	16,9	16,9	6,9	1,3
4	75,9	2,1	4,1	7,0	10,9	—

Tabelle 70.

Nr.	Mineralöl	Verseifbares Öl	Freie Fettsäure	Seife	Wasser	Verunreinigung und Differenz
1	32,4	0,4	3,4	17,1	45,6	1,1
2	30,7	0,6	1,3	19,0	47,0	1,4
3	26,6	1,2	4,0	9,0	56,0	1,2

Leckageverluste und sind kältebeständiger als die Bohröle. Tabelle 70 orientiert über ihre Zusammensetzung.

Eine sehr minderwertige Art von Bohrpasten besteht nur aus einer stark wasserhaltigen Talg- oder Wollfettseife.

Mit Wasser emulgierte hochviskose Mineralöle sind nach Langer[2] (vgl. auch die S. 722 erwähnten Patente der Ölwerke Stern-Sonneborn) auch zur Zylinderschmierung gut geeignet, da sie neben der durch die Emulgierung bewirkten Feinverteilung des Öles gleichzeitig eine Kühlung infolge Verdampfung des Wassers hervorrufen.

b) Die konsistenten Fette (Starrschmieren).

Flüssige Öle als Schmiermittel sind an vielen Stellen ungeeignet, z. B. an allen schwer zugänglichen Teilen, in staubigen Betrieben, an stark beanspruchten Maschinen, ferner an Stellen, wo Öl in seiner Eigenschaft als Flüssigkeit nicht bleiben würde, wie Zahn- und Kammrädern, stehenden Wellen, schwingenden Lagern u. dgl. Hier ist eine größere Konsistenz des Schmiermittels notwendig, um neben sauberer und leichter Handhabung und Vermeidung von Schmiermittelverlusten die Gewißheit ausreichender Schmierung zu gewährleisten. Diesen Zweck erfüllen die sog. konsistenten Fette oder Starrschmieren, welche im wesentlichen kolloidale Auflösungen von etwa 10—25% Kalk- oder Natronseifen in Mineralölen sind und daneben einen geringen, zwischen 0,5—7%, vorzugsweise zwischen 1—4% liegenden Gehalt an Wasser besitzen. Bei gewöhnlicher Temperatur sind sie von salbiger bis fester Beschaffenheit und werden bei höherer Temperatur (d. h. an der Schmierstelle) flüssig. Da mit zunehmender Konsistenz der Schmiermittel der Kraftverbrauch steigt, sind die konsistenten Fette nur da anzuwenden, wo reine Ölschmierung versagt. Nach Holde[3] ist das Wasser in zahllosen Tröpfchen von hoher Oberflächenspannung im Fett verteilt und bedingt in erster Linie dessen eigenartige Konsistenz und hohen Tropfpunkt. Beim Erhitzen bis zum Tropfpunkt des Fettes platzen die Wasserbläschen, ihre Oberflächenspannung wird überwunden, die hydrophoben Membranen der einzelnen Tröpfchen werden zerrissen, d. h. der salbenartige Zusammenhang des Fettes wird aufgehoben, das Fett wird flüssig. Beim Verdunsten des Wassers an der Oberfläche solcher Fette werden diese manchmal transparent und zeigen Ölabscheidungen. Demzufolge werden auch wasserfreie Auflösungen von Kalk-

---

[1] Nach Archbutt u. Deeley: Lubrication and Lubricants. 1927.
[2] D. R. P. 367942.   [3] Kohlenwasserstoffe und Öle, a. a. O. S. 378.

seifen in Mineralölen nach kurzer Zeit unter Ölausscheidung inhomogen. Dagegen sind die hochschmelzenden, Alkaliseifen enthaltenden, fast wasserfreien Starrfette beständige feste Lösungen.

Die Qualität der Starrfette hängt von der Beschaffenheit der verwendeten Mineralöle und der Seife ab. Für billigere Sorten genügen Spindelöle, für bessere sind viskosere Öle zu nehmen. Zur Verseifung werden vornehmlich Rüböl, Maisöl, Baumwollsaatöl, Trane, Talg und das besonders gute Resultate liefernde Olein benutzt, auch in Mischungen untereinander. Geeignet sind alle verseifbaren Öle, auch Wachse, vor allem Montanwachs, auch Harze, am wenigsten von den erstgenannten Cocos-, Palmkern-, Leinöl und Trane. Als verseifende Agentien dienen Kali-, Natronlauge oder auf das sorgfältigste von mineralischen Verunreinigungen befreite Kalkmilch. Sollen Starrfette auf anderer Seifenbasis

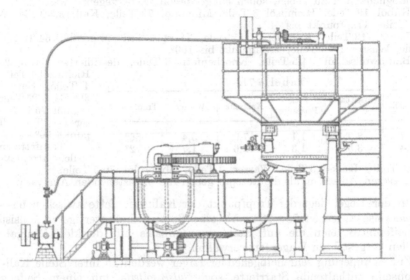

Abb. 245. Apparatur für konsistente Fette.

hergestellt werden, so werden die betreffenden Seifen durch Umsetzung eines löslichen Metallsalzes mit der Alkaliseife in wäßriger Lösung erhalten.

Bei der Fabrikation der konsistenten Fette wird entweder die Seife getrennt hergestellt, auf den erforderlichen Wassergehalt getrocknet und in der Wärme unter Rühren durch portionsweise Zugabe von Mineralöl darin aufgelöst; oder es wird in üblicher Weise eine Mischung von fettem und mineralischem Öl in der Wärme mit der Lauge, z. B. dem zur Verseifung erforderlichen, in der 8—10fachen Wassermenge gelösten gebrannten Kalk, zur Reaktion gebracht und dann nach und nach in der Wärme das restliche Mineralöl zugesetzt, wobei das überschüssige Wasser verdampft wird. Es ist sehr vorteilhaft, an Stelle neutralen Öles hochgespaltene Fettsäuren als Seifenbasis zu verwenden, da dann die Seifenbildung durch einfaches Neutralisieren unter mäßigem Erwärmen zu bewirken ist und jede Schädigung des Fertigproduktes durch lokale Überhitzung vermieden wird. Nach beendeter Verseifung wird das Starrfett in einen angewärmten Kessel mit gutem (z. B. Planeten-) Rührwerk abgelassen und kalt gerührt. Mitunter wird es vor dem Abfüllen noch durch eine Egalisiermaschine geschickt, um mit Sicherheit ein knötchenfreies Präparat zu erhalten. Dabei werden die Fette parfümiert und mit fettlöslichen Anilinfarben oder öligen weißen Pigmentsuspensionen gefärbt. Ein geringer Zusatz von Wachsen, vornehmlich Wollfett, schwerem Mineralöl oder Ricinusöl erhöht Glanz und Zügigkeit der Produkte.

Die einfache Apparatur zur Herstellung von konsistenten Fetten ist aus Abb. 245 ersichtlich. Sie besteht im wesentlichen nur aus einem 1000—3000 l großen Kochkessel, der bei einer Operation etwa zwei Drittel seines Inhalts an Starrschmiere liefert, und einem kleineren Kessel mit intensivem Rührwerk zum Kaltrühren. Die große Mannigfaltigkeit der herstellbaren Sorten verbietet exaktere Angaben, gestattet aber dem Hersteller, unter zweckmäßiger Berücksichtigung der Marktlage, den Anforderungen seiner Kunden in weitgehender Weise entgegenzukommen.

Vorschriften zur Herstellung von konsistenten Fetten finden sich in der einschlägigen Literatur in unübersehbarer Fülle[1]. Nur um einen Begriff von den Variationsmöglichkeiten zu geben, sollen einige davon wiedergegeben werden.

Rüböl 19 Teile, Ricinusöl 3 Teile, Mineralöl 73 Teile, Kalk 3,5 Teile, Wasser 1—4 Teile, Tropfpunkt bis 78⁰.

Leinöl 12 Teile, Knochenöl 15 Teile, Harz 1 Teil, Mineralöl 64 Teile, Kalk 5 Teile, Wasser 1—4 Teile, Tropfpunkt bis 100⁰.

Baumwollsaatöl 14,5 Teile, Knochenfett 3 Teile, destilliertes Olein 2 Teile, Ricinusöl 1 Teil, Kalk 4 Teile, Natronlauge 30⁰ Bé 0,25 Teile, Mineralöl 75 Teile, Wasser 1—4 Teile, Tropfpunkt 90⁰.

Tranfettsäure 20 Teile, Natronlauge 30⁰ Bé 0,5 Teile, Kalk 2,5 Teile, Wasser 3 Teile, Mineralöl 70,5 Teile.

Tabelle 71.

Mineralöl	Verseifbares Öl	Freie Fettsäure	Kalkseife	Wasser	Tropfpunkt
68,7	8,7	1,1	17,0	3,4	66⁰
78,4	3,5	1,3	12,6	1,7	72⁰

Besseren Aufschluß als die Rezepte geben die obenstehenden Analysen.

In der Regel liegt der Tropfpunkt der Kalkseifenfette zwischen 65—120⁰, vorzugsweise zwischen 75—90⁰. Als eine Sorte minderwertigerer konsistenter Kalkseifenfette seien die auf Kalkharzseifenbasis mit dunklen Mineral- und Teerölen hergestellten Wagenfette erwähnt.

Zur Schmierung sehr heißgehender Lager werden an ihrer Stelle Kali- oder Natronseife enthaltende Starrfette, sog. *Calypsolfette*, mit einem Seifengehalt von 10—50% benutzt, die praktisch wasserfrei sind und je nach der Seifenart und -menge und Viskosität des verwendeten Mineralöles Tropfpunkte von 120—230⁰ aufweisen. Die üblichen Kalkseifenfette sind nämlich bei Temperaturen über 100⁰ nicht mehr brauchbar, da sie sich, ganz abgesehen von ihrem Tropfpunkt, durch Verdampfung des Wassers in Öl und Kalkseife trennen. Die Verseifung erfolgt bei den Calypsolfetten bei über 100⁰ liegenden Temperaturen, so daß wasserfreie Fette von faseriger Struktur anfallen. Als beispielsweise Zusammensetzung sei genannt:

72 Teile Mineralöl, 15 Teile Natronlauge, 40⁰ Bé, 7,8 Teile Rüböl, 7,6 Teile Ricinusöl, 7,6 Teile Talg, verseift, Tropfpunkt bis 165⁰.

Eine für die Schmierung von Straßenwalzen bestimmte Abart dieser Schmierfette, die *Walzenfettbriketts*, werden aus dunklen Mineralölen bzw. deren Rückständen, Stearinpechen, Rohwollfett mittels Natronverseifung hergestellt.

Mit Natronseifen können im übrigen auch den Kalkseifenfetten ähnliche Produkte mit dem gleichen geringen, gewöhnlich aber mit höherem Wasser-

---

[1] Vgl. z. B. Klemgard: Lubricating Greases. New York. 1927. — Swoboda: Technologie der technischen Öle und Fette. 1931. — Wenzel: Nat. Petrol. News 24, Nr. 1, 25 (1932). — W. Maass: Petroleum 32, 1936, 24, 28, 32. Die Fabrikation der konsistenten Fette.

gehalt hergestellt werden, ARCHBUTT gibt darüber nebenstehende Analysen an (Tabelle 72).

Tabelle 72.

Mineralöl	Verseifbares Öl	Seife	Natriumsilicat	Wasser als Differenz
42,8	34,4	16,4	4,8	1,7
70,9	2,0	9,3	6,1	11,7
55,0	8,9	16,1	3,2 $NaCO_3$	15,7
			1,7 Na_2SO_4	

Sehr stark wasserhaltige Natronseifenfette werden in Nordamerika vielerorts als Eisenbahnwagenachsenfette gebraucht. Nach ARCHBUTT haben sie beispielsweise nebenstehende Zusammensetzung (Tabelle 73).

Tabelle 73.

Talg- und Palmöl	Mineralöl	Natronlauge	Palmölseife	Wasser
30,6	16,7	2,0	—	50,7
41,7	9,0	2,4	—	46,9
24,4	8,4	—	24,4	42,8

Minderwertige konsistente Fette sind mitunter recht hoch mit Mineralstoffen, wie Ton, Gips u. dgl., gefüllt.

Eine weitere Abart konsistenter Fette, die vornehmlich da benutzt wird, wo eine gewisse Wasserlöslichkeit des Schmiermittels verlangt wird, z. B. bei Textilmaschinen, besteht aus kaliseifen- und wasserreichen salbigen Emulsionen fetter und mineralischer Öle, z. B. aus: 7 Teilen Talg, 26,5 Teilen Spindelöl, 30 Teilen Wasser, 7 Teilen Türkischrotöl, 9 Teilen Kalilauge, 38° Bé, und 19 Teilen Olein.

Wird bei der Herstellung derartiger Emulsionspasten von fertiger Seife ausgegangen, so ist diese zuerst in warmem Wasser zu lösen, und dann sind die Öle nach und nach in der Wärme unter gutem Mischen zuzugeben, worauf kalt gerührt wird. Wird die Seife erst gebildet, so empfiehlt sich immer wieder die Verwendung von freien Fettsäuren als Seifenbasis, die in Anwesenheit eines Teiles der übrigen fetten und mineralischen Öle mit dem wäßrigen Verseifungsmittel in mäßiger Wärme zusammengerührt und dann nach und nach die restlichen Ölteile zugesetzt werden.

In ähnlicher Weise wie bei Verwendung von Wasserglas die kolloidal entstehende Kieselsäure auch eine gewisse schmierende Wirkung ausüben soll, benutzt SCHMITT[1] Natriumaluminat als Verseifungsmittel bei der Herstellung konsistenter Fette und schreibt dem kolloidalen Aluminiumhydroxyd, das ebenfalls in Übereinstimmung mit der Kieselsäure eine festere Konsistenz vortäuscht, einen großen Schmierwert zu.

Die I. G. Farbenindustrie A. G.[2] empfiehlt als Seifengrundlage für Starrfette die durch Oxydation von Paraffinen erhaltenen Fettsäuren mit einem großen Gehalt an Unverseifbarem. ZIO[3] will zu diesem Zwecke mit ungesättigten Fettsäuren kondensiertes Tallöl benutzen. MEYER[4] hat, ohne den Vorgang klar erkannt zu haben, bereits mit Mischungen von Seifen und Mono- und Diglyceriden der Fettsäuren, welch letztere gute Emulsionsbegünstiger darstellen, salbenartige Schmierfette fabriziert.

Auch bei den konsistenten Fetten ist ein möglichst flacher Verlauf der Temperatur-Viskositäts-Kurve von großem Wert. Die I. G. Farbenindustrie A. G.[5] versucht diese Eigenschaft durch Zusatz einiger Prozente der hochmolekularen Polymerisationsprodukte von aliphatischen, aromatischen und hydroaromatischen Kohlenwasserstoffen, wie Polystyrol, Kautschuk, Terpene u. dgl., und die Standard Oil Development Co.[6] durch den Zusatz der sogenannten synthetischen Öle, welche durch Kondensation aus chlorierten Paraffinen, höher molekularen Fettsäuren u. dgl. erhalten werden, zu erreichen.

---

[1] D. R. P. 274209.   [2] D. R. P. 445099.
[3] D. R. P. 494950.   [4] D. R. P. 368651, 385659.
[5] D. R. P. 574753.   [6] D. R. P. 584539.

c) Schmieröle mit besonderen Zusätzen.

Schon Irvine[1] hatte die Viskosität von Schmierölen durch Zusatz wasserfreier Seifen aller Art erhöht und festgestellt, daß diese Viskositätserhöhung mit einer Verflachung der Viskositäts-Temperatur-Kurve Hand in Hand geht. Neben Erdalkaliseifen löste er in erster Linie Alkaliseifen bei Temperaturen von 37 bis 126⁰ in den Ölen auf und erzielte bei einem Zusatz von 3—20% konsistente Fette und von 0,5—2,5% sehr viskose Öle. Beckers[2] verwendet dasselbe Prinzip für die Herstellung von Schmierölen für Textilmaschinen, jedoch in diesem Falle nicht zur Verbesserung der Viskositäts-Temperatur-Kurve, sondern um die etwa mit Schmieröl verunreinigten Textilprodukte leicht reinigen zu können.

Da der Seifengehalt, wenn er bei höherer Temperatur von merkbarem Einfluß auf die Viskositäts-Temperatur-Kurve eines Mineralschmieröles sein soll, in einer solchen Menge erfolgen muß, daß die Viskosität bei gewöhnlicher Temperatur zu hoch wird, wollen Livingstone und Gruse[3] durch gleichzeitigen Zusatz von Seife und eines mineralöllöslichen Verdünnungsmittels (vorzugsweise eines dünnflüssigen Mineralölraffinats) eine Regulierung der Viskosität derart vornehmen, daß sie bei gewöhnlicher Temperatur mit der ursprünglichen Viskosität des behandelten Mineralöles übereinstimmt, aber eine flachere Viskositätskurve aufweist. Dieser Vorschlag, der nur auf eine geforderte Eigenschaft von Schmiermitteln Rücksicht nimmt und alle hierdurch bedingten schädlichen Auswirkungen außer acht läßt (zu tiefer Flammpunkt, starke Ölverluste durch Verdampfen des Verdünnungsmittels, damit gleichlaufend starke Viskositätserhöhung des Schmiermittels bei längerer Verwendung bei höheren Temperaturen usw.), konnte sich nicht durchsetzen. Alle Patente, welche den Zusatz von Alkali- und Erdalkaliseifen als Zusatz für Mineralschmieröle vorsehen[4], haben heute nur mehr für einige wenige Zwecke (z. B. Schmierung von Textilmaschinen, Bohröle, emulgierbare Öle usw.) Interesse und werden immer mehr durch neue Verfahren verdrängt, welche an Stelle der Alkaliseifen Metallseifen[5] setzen.

[1] D. R. P. 15397. [2] A. P. 1789331.
[3] A. P. 1808853. [4] A. P. 1943806; Can. P. 273904, 274785.
[5] Die Verwendung von Metallseifen zur *Herstellung von Schmiermitteln* ist in folgenden Patenten niedergelegt:
A. P. 1594762, 1729823 (1921). Texas Co. Pb-Oleat in Mineralöl.
A. P. 1739631 (1924). Silica-Products Co. Zusatz von unlöslichen Metallseifen.
F. P. 581469 (1924). Orange et Fils. Wasserfreie Metallseifen zu wasserfreien konsistenten Fetten.
A. P. 1550608 (1924). Gulf Refining Co. Al-Oleat und Mineralöl.
A. P. 1845056 (1925). J. Warren Watson Co. Ca-Stearat in Schmierfetten.
A. P. 1781167 (1926). Standard Oil Co. of California. Pb-Doppelsalz aus Ölsäure und Naphthensäuren in Mineralöl.
A. P. 1758446 (1926). Acheson Graphite Co. Fe-Seife in Mineralöl.
A. P. 1749251 (1927). E. N. Klemgard. 5—25% Al-Seife in Paraffinöl.
A. P. 1902635 (1927). United Oil Mfg. Co. Al-Seife einer Fettsäure mit mindestens 15 C-Atomen in Mineralöl bestimmter Viskosität.
A. P. 1867695 (1927). Standard Oil Co. of California. Pb-Salz einer ungesättigten Fettsäure (neben Sulfonsäuren) in Mineralöl.
A. P. 1752309 (1927). R. R. Rosenbaum. Ricinoleat in Mineralöl.
A. P. 1937462, 1937463 (1927). P. E. Selby Inc. Zinkseifen in Mineralöl.
A. P. 1860622 (1928). R. R. Rosenbaum. Al-, Pb- oder Zn-Oleat mit löslichem Ricinusöl in Mineralöl.
A. P. 1942636 (1928). Mid-Continent Petroleum Corp. Al-Stearat in Schmieröl bestimmter Zusammensetzung.
A. P. 1920202 (1928). Swan-Finch Oil Corp. Ca-Seifen aus Wollfett in Mineralöl.
A. P. 1982662 (1929). W. D. Hodson. Ca-Seifen in Mineralöl mit Triäthanolamin als Stabilisationsmittel.
A. P. 1959775 (1930). Westinghouse Electric & Mfg. C. Zn- und Pb-Stearat und Metallpulver als selbstschmierendes Lagermetall.

Bei dem Metallseifenzusatz zu Mineralschmierölen ist es von großer Wichtigkeit, daß der flüssige Zustand des Schmiermittels erhalten bleibt, so daß das rasche Durchschreiten der Gelatinierungszone anzustreben ist. Dies wird dadurch bewerkstelligt, daß man entweder die erhitzte Öl-Seifenlösung nach Abrams[1] kalt abschreckt oder Hilfslösungsmittel in geringer Menge verwendet. Alle diese Metallseifenzusätze in Mengen von 1—15% haben den Zweck, die Druckfestigkeit des Schmiermittels zu erhöhen und durch ihre ungemein flache Viskositäts-Temperatur-Kurve auch bei tiefen Temperaturen ein noch genügendes Fließvermögen zu bewahren. Für diesen Zweck haben sich neben den Eisen-, Zink-, Chrom-, Nickel-, Kobalt- und Magnesiumseifen vorzugsweise die Seifen von Aluminium und Blei bewährt, welche heute fast überall für Lager, welche auf Druck sehr stark beansprucht werden, schon verwendet werden (besonders geeignet für schwere Getriebe aller Art sowie auch für Kraftwagengetriebe).

Can. P. 317693 (1930). Standard Oil Co. Schmieröl mit Al-Seifenzusatz.

Can. P. 316393 (1930). Shell Oil Co. Maximal 60% Al-Seife mit Kautschukzusatz in Mineralöl.

Can. P. 316148 (1930). Shell Oil Co. Maximal 15% Al-Seife neben wenig Latex in Mineralöl.

A. P. 1936632 (1930). E. R. Lederer. Hitzebeständiges Schmierfett (Al-Seifen).

A. P. 1837279 (1930). Standard Oil Co. Zn- und Mg-Oxystearate in Mineralöl.

A. P. 1924211 (1930). Standard Oil Co. Al-, Ca- oder Fe-Stearat neben Asphaltstoffen in Mineralöl.

A. P. 1955371 (1931). E. Rogers. Stearat in flüchtigem Lösungsmittel gelöst und mit Mineralöl vermischt.

A. P. 1939170 (1931). A. Horwitz. Al-Stearat mit 5% Glycerin angerieben und dann in Mineralöl gelöst.

E. P. 376310 (1931). Shell-Mex Ltd. Al-Stearat und Ricinoleat in Ricinusöl.

A. P. 1963239 (1931). Standard Oil Development Co. Kondensationsprodukt aus Chlorparaffinen, Naphthalin und Pb-Oleat in Mineralöl.

F. P. 733409, 746309 (1931/32). C. Deguide. Ba-Seifen in konsistenten Fetten.

A. P. 2031986 (1931). Standard Oil Development Co. Pb- und Al-Seifen in Mineralöl mit stabilisierenden Zusätzen.

A. P. 1953904 (1931). Peters Cartidge Co. Al-Stearat in Waffenfetten.

F. P. 720117 (1931). Yacco S. A. F. In vegetabilen Ölen gelöste Metallseifen als Schmierölzusatz.

F. P. 745652 (1932). Soc. Normande de Produits Chimiques. Al-Seifen für Ziehfette.

A. P. 1957259 (1932). Texas Co. Pb-Seife und Schwefel bei 120—235⁰ in Mineralöl gelöst.

A. P. 2034405 (1932). Standard Oil Co. Al-, Zn- oder Mg-Oleat oder -Stearat neben Ricinusöl in Mineralöl.

A. P. 1982200 (1932). Standard Oil Co. Schmierfett für Wasserdampfventile.

A. P. 2033148 (1932). Union Oil Co. of California. Ba-Seifen.

A. P. 2028155 (1932). W. D. Hodson. Al-, Zn-, Pb-, Na- oder Ca-Seifen in Seilschmieren.

A. P. 1989197 (1932). Standard Oil Co. Ca-Seife einer hydrierten Fettsäure.

D. R. P. 613362 (1932). F. C. Gebhardt. Al-Seife bestimmter Herstellungsweise in Mineralöl.

F. P. 744751 (1932). Yacco S. A. F. Mitverwendung von Cu-Oleat und Erdalkaliseife.

A. P. 2038689 (1933). McColl-Frontenac Oil Co. Al-, Ca- und Na-Seife in Schmieröl.

A. P. 2031405 (1933). Union Oil Co. of California. Ricinusölartiges Schmiermittel aus Al-Seife neben Glykolmonoäther in Mineralöl.

A. P. 2000951 (1934). W. D. Hodson. Ein Schmiermittel enthaltende Seife, bestehend aus Mineralöl und Metallseife.

E. P. 434056 (1934). Standard Oil Development Co. Hochdruckschmiermittel (Pb-Oleat und Schwefel).

E. P. 436998 (1935). Standard Oil Development Co. Schmierfett aus Mineralöl, Ca-Seife und öllöslichem Netzmittel (um Schwitzen und Bluten zu verhindern).

F. P. 780448 (1935). C. C. Wakefield & Co. Cr-, Sn- oder Pb-Oleat in Zylinderölen verhindert die Oxydation und Schlammbildung.

[1] A. P. 1860798.

Die Zinnseifen und Chromseifen, deren Zusatz zu den Mineralschmierölen von der C. C. Wakefield Co. Ltd. patentiert ist, haben des weiteren noch die Eigenschaft, die Mineralschmieröle zu stabilisieren, was besonders vom Zinn und seinen Seifen auch wissenschaftlich nachgewiesen wurde, während die Zugabe der Chromseifen durch eintretende leichte Verchromung der Metalloberflächen sowohl das Metall vor Korrosion schützen als auch die katalytische Einwirkung der Metalle und Metalloxyde verringern soll; diese Metallseifenzusätze bewegen sich in engen Grenzen, und zwar zwischen 0,1—1,0%.

Zur Erhöhung der Kapillarität (Benetzungsfähigkeit) werden heute vielfach statt der freien Fettsäuren (Germprozeß) chlorierte Fettsäuren oder Ester von chlorierten Fettsäuren mit Alkoholen, ferner Kondensationsprodukte von chlorierten Fettsäuren oder chloriertem Mineralöl mit Diphenyl, Diphenyloxyd, Naphthalin u. dgl. m. zugesetzt[1]. Auch die Zugabe von schwefelhaltigen Verbindungen[2] wird jetzt vielfach patentiert, doch ist man über ihre Auswirkung noch nicht ganz im klaren. Nach W. T. Sieber[3] sollen Mischungen von Mineralölen mit fetten Ölen, welche mit S_2Cl_2 behandelt wurden, sich bestens bewähren, während der Zusatz von elementarem Schwefel oder schwefelhaltiger Bleiseifen sich nicht sehr gut auswirkt. Nach O. L. Maag[4], der sich mit diesem Problem viel beschäftigt hat, steigt die Tragfähigkeit der Schmierfilme mit dem Chlor- und Schwefelgehalt, die Abnutzung der Gleitflächen wird um so geringer, je höher der Chlor- und je geringer der Schwefelgehalt ist; je fester sich der Schwefel in organischer Bindung befindet, desto geringer ist die Tragfähigkeit des Schmierfilmes, dafür aber sind die korrodierenden Eigenschaften weit geringer.

Weitere Patente sehen von Metallseifenzusätzen, von der Zugabe von chlor- und schwefelhaltigen Verbindungen ab und steigern die Kapillarität der Schmiermittel durch Zusätze von synthetischen, stark polaren Verbindungen ähnlich wie bei dem Germprozeß; solche Verbindungen sind Oxystearinsäure, Dioxystearinsäure, oxydiertes Paraffin, oxydierte Wachse[5], ferner Mono-, Di- und Trialkylester der Fett- und Naphthensäuren, Trikresylphosphat, Glykolphthalat, Dibutylphthalat, acetyliertes Ricinusöl[6] u. dgl. m. Der Vorteil dieser Verfahren liegt hauptsächlich darin, daß diese Schmiermittel aschefrei sind und auch dort, wo die Verwendung von aschehaltigen Schmiermitteln bedenklich oder unmöglich ist, zur Schmierung herangezogen werden können.

Auch in den konsistenten Fetten üblicher Zusammensetzung kann die Kalkseife durch Metallseifen ersetzt werden. Die Magnesium- und Bariumseifen nach Deguide[7] sind den Kalkseifen fast gleichzusetzen. Die Zinkseifen verleihen den Starrschmieren ein hohes spezifisches Gewicht neben niedrigen Tropfpunkten, die Fette auf Aluminiumbasis, deren Tropfpunkt ebenfalls unter 100° liegt, werden bei höheren Temperaturen im Gegensatz zu den Kalkfetten nicht zersetzt und haben auch nicht wie diese einen Überschuß an Verseifungsmittel, da sie stets durch Auflösen der Metallseifen im Mineralöl hergestellt werden; die Fette auf Bleiseifenbasis[8] besitzen ein höheres spezifisches Gewicht als die Aluminiumprodukte, sind ihnen aber in allen übrigen Eigenschaften gleichzustellen. Schließlich sei noch erwähnt, daß diese neueren metallseifenhaltigen Zusätze in Mischung mit anderen geeigneten Stoffen als Schmierfettbasis für sich hergestellt werden[9] und im Handel erhältlich sind.

---

[1] A. P. 1936670, 1939994, 1939995, 1939979, 1939993, 1944941, 1945614; E. P. 412101; F. P. 761243. — Ferner: A. P. 1934043, 1934068, 1959054; D. R. P. 605780.
[2] A. P. 1824523, 1884400, 1929955, 1957259, 1974299, 1971243; F. P. 705898, 763725.
[3] Petr. Eng. 4, Nr. 13, 22—23 (1933).   [4] Nat. Petrol. News 26, Nr. 43, 27—32 (1934).
[5] A. P. 1837279, 1904065, 1917875, 1932381, 1945614.
[6] Can. P. 345547; F. P. 748512, 761530, 777390.   [7] F. P. 746309.
[8] Petr. Eng. 2, Nr. 10, 75 (1931).   [9] A. P. 1882664, 1939170.

Zwölfter Abschnitt.

Die pharmazeutische, medizinische und kosmetische Verwendung von Fetten und Lipoiden.

Von R. WASICKY, Wien.

Die pflanzlichen und tierischen Fette, Wachse und sonstigen Lipoide finden eine ausgebreitete pharmazeutische, medizinische und kosmetische Anwendung. Die Fette und Wachse verdanken diese Anwendung entweder den sie zusammensetzenden Glyceriden bzw. Fettsäure-Wachsalkoholestern, also dem Fett- bzw. Wachskörper, oder anderen, in den Fetten und Wachsen vorkommenden Stoffen, z. B. Vitaminen, oder schließlich beiden zusammen. Von den Lipoiden sind es hauptsächlich die Lecithine (vgl. Bd. I, S. 456: A. GRÜN: Die Phosphatide) und Sterine (vgl. Bd. I, S. 111: A. WINTERSTEIN und K. SCHOEN: Die Sterine), die als natürliche Bestandteile der Fette und Wachse in diesen ihre Wirksamkeit entfalten oder nach Abtrennung und eventuellen Weiterverarbeitung zur pharmazeutischen-medizinischen-kosmetischen Anwendung gelangen. Die einzelnen Anwendungsformen in dem in der Überschrift gekennzeichneten Gebiete werden nachstehend angeführt.

A. Die Verwendung der Fette.

1. Reizlose, salbenartige oder flüssige Fette und Wachse als Hautmittel.

Jedes auf die Haut aufgetragene reizlose Fett oder Wachs — es sind die gleichen wie die im dritten Abschnitt genannten — übt eine gewisse Schutzwirkung gegenüber mechanischen, chemischen, thermischen und von Lichtstrahlen herrührenden Reizen aus. Bei jeder Verwendung von Salben macht sich diese allgemeine, die Hautoberfläche schützende Wirkung mehr oder weniger geltend.

Wenn die Fette in die Haut eingerieben werden, so verleihen sie der Haut Geschmeidigkeit. Besonders bei spröder Haut und bei oberflächlicher Fettverarmung infolge häufigen Waschens mit Seife wird sich ein Einfetten der Haut nützlich erweisen. In den zahlreichen, vielfach als Hautcremes bezeichneten Toilettesalben bilden die beiden, durch den Fettkörper bedingten Beeinflussungsarten der Haut die Grundwirkung. Je nach der Zusammensetzung des Fett- oder Wachskörpers können Wirkungsunterschiede zwischen den einzelnen Salben in Erscheinung treten. Zur Veranschaulichung seien von ERICH WEBER[1] mit Lanolin und anderen Salben durchgeführte Untersuchungen erwähnt. Es zeigten Männer nach Behandlung des Oberkörpers mit ultraviolettem Licht eine Vermehrung der roten und weißen Blutkörperchen. Wurden die Männer vor der Bestrahlung mit Lanolin eingefettet, so blieb die Blutveränderung aus, trat dagegen bei Verwendung anderer Hautcremes ein. Dem Ricinusöl, das wegen seines Hauptbestandteiles, des Ricinolsäureglycerids, in den Löslichkeiten von anderen fetten Ölen sehr abweicht, wird eine stärkere Wirksamkeit hinsichtlich des Geschmeidigmachens der Haut und der Haare zugeschrieben. Daher wird es häufig für diesen Zweck gebraucht, besonders als Zusatz zu Brillantinen und Haarwässern. Für letztere eignet es sich gegenüber anderen Fetten auch wegen seiner guten Löslichkeit in Alkohol.

---

[1] ERICH WEBER: Die Einwirkung von ultravioletten Strahlen auf das Blut bei Belichtung unter Anwendung von Sonnenschutzmitteln. Dissertation. Jena. 1935.

2. Fette als Reinigungsmittel der Haut.

Krustenauflagerungen bei verschiedenen Hauterkrankungen und einge-trocknete Sekrete an wunden Stellen lassen sich häufig mit Hilfe fetter Öle auf-weichen und entfernen. Der Arzt verordnet ferner zur allgemeinen Hautreinigung Fette, wenn die erkrankte Haut das übliche Waschen mit Wasser und Seife nicht verträgt. Aber auch als kosmetische Reinigungsmittel finden Fette des öfteren in Form von Emulsionen mit Wasser (Reinigungscremes) bei empfindlicher Haut Anwendung.

3. Fett- und Wachssalben als Träger hautwirksamer Mittel in der Medizin, Pharmazie und Kosmetik.

Stoffe, von denen man bestimmte Einwirkungen auf die Haut erwartet, werden sehr häufig in Form flüssiger oder fester Salben verwendet. Soweit Fette und Wachse als Salbengrundlagen dienen, können sie die Wirkstoffe von vorn-herein enthalten, z. B. Lorbeerfett das ätherische Öl, oder die Wirkstoffe werden in sie hineinverarbeitet, etwa Zinkoxyd in Sesamöl aufgeschwemmt. Auch die aromatischen Substanzen, mit denen man an und für sich reizlose kosmetische Salben parfümiert, dürfen nicht als indifferent angesehen werden. Sie üben immer eine wohl zu beachtende anregende, bisweilen nicht gut vertragene und bei ungeschickter Wahl oder Dosierung des Parfümierungsmittels sogar schäd-liche Hautwirkung aus. Als häufige Träger von Hautmitteln allein oder in Mischungen gebrauchte Fette und Wachse seien Schweinefett, Rindstalg, Hammel-talg, Bienenwachs, Lanolin und andere Wachse, Walrat, Mandelöl, Olivenöl, Sesamöl, Leinöl, Erdnußöl, Kakaofett, Palmöle, Sojaöl und gehärtete Fette genannt. Die Wahl des zu verwendenden Fettes oder Wachses richtet sich unter anderem nach dem Umstande, ob die Wirkstoffe an der Oberfläche oder in tieferen Schichten der Haut oder in beiden zur Wirkung gelangen sollen.

Als Beispiele für Salben, Einreibungen usw. seien genannt: Anästhesin in Schweinefett (schmerzstillende Salbe); Zinkpaste; die 1% Sozojodol-Queck-silber enthaltende „Makabin"-Salbe; „Rosmarol", eine der vielen durch starken Hautreiz wirksamen Rheumasalben, enthaltend in einer Lanolinemulsion Ros-marinöl und Salicylsäuremethylester; Unguentum Rosmarini compositum, be-stehend aus 16 Teilen Schweinefett, 8 Teilen Hammeltalg, 2 Teilen Bienenwachs, 2 Teilen Muskatnußöl und je 1 Teil Rosmarin- und Wacholderöl. Beispiele von kosmetischen, für die Haut bestimmten Spezialitäten bilden die Fettschminken, deren Fettkörper sich gewöhnlich aus einer Mischung von Wachs, Talg und Paraffinen zusammensetzt.

4. Fett- und Wachssalben als Träger von Mitteln, die durch die Haut in den Kreislauf gelangen und im Körper bestimmte Wirkungen entfalten sollen.

Wenn Fett- oder Wachssalben mit irgendwelchen in ihnen befindlichen Sub-stanzen auf die Haut appliziert werden, so kommen die Substanzen fast gar nicht, wenig oder stärker zur Resorption. Für die perkutane Resorption einer Substanz gelten prinzipiell die gleichen Überlegungen wie für die Hautwirksamkeit einer in einer Salbe aufgetragenen Substanz. Der Grad der Resorption steht in Ab-hängigkeit von den chemischen und physikalischen Eigenschaften der Sub-stanzen, von den Eigenschaften der verwendeten Salbengrundlagen, von der Art der Bindung zwischen den Substanzen und den Salbengrundlagen und von der Technik der Applikation.

Die chemischen und physikalischen, durch die chemische Natur bedingten Eigenschaften verleihen den Substanzen eine leichte oder schwere Resorbier-barkeit. So werden wasserlösliche, nichtlipoidlösliche Salze durch die unversehrte Haut äußerst schwer, dagegen lipoidlösliche Verbindungen, wie z. B. die Nikotinbase, ätherische Öle, verhältnismäßig leicht resorbiert. Aus Salben mit ätherischen Ölen gelangt ein Teil der Öle immer zur Resorption. Falls die Resorption von Mitteln, die ihre Wirkung nur auf die Haut selbst erstrecken sollen, zu groß ist, können sich unerwünschte, mitunter schädliche Nebenwirkungen einstellen. Daher dürfen Nierenkranke nicht oder höchstens unter Anwendung äußerster Vorsicht mit Chrysarobin- oder Naphtholsalben behandelt werden, weil eben Chrysarobin und β-Naphthol durch die Haut leicht aufgenommen werden und Nierenreizung hervorrufen können.

Was die Eigenschaften der Salbengrundlagen betrifft, so beeinflussen sie gleichfalls den Grad der Resorption einer inkorporierten Substanz. Die nachstehende, von CARL MONCORPS[1] veröffentlichte Tabelle zeigt den Einfluß der Salbengrundlagen auf die Resorption von Salicylsäure. Es wurden verschiedene Salbengrundlagen mit 25% Salicylsäure 20 Minuten lang auf eine Fläche von 65 × 35 cm in die Beugeseiten der Extremitäten von Versuchspersonen kräftig eingerieben. Im Harn wurden folgende Mengen Salicylsäure gefunden:

Tabelle 74.

Salbengrundlage	mg Salicylsäure	% der aufge-tragenen Menge
Vaselinum americanum flavum	1,83	0,14
Lanolinum cum 20% aqua	3,1	0,2
Adeps suillus benzoatus (Schweinefett mit Benzoe)	6,25	0,5
Pasta Zinci oxydati (Zinkpaste)	8,7	0,7
Physiol C (Öl-Wasser-Emulsion mit Pflanzenschleimen)	30,76	2,46
Eucerinum cum 50% aqua (Paraffine mit sterinhaltigen Wachsalkoholen)	42,5	3,4

Jede der in den Salben vorkommenden oder in sie eingebrachten Substanzen beeinflußt die Hautwirksamkeit und die Resorption des eigentlichen Wirkstoffes. Lösung, Adsorption, lose oder starke chemische Bindung zwischen Wirkstoff und einer anderen Substanz können die Wirksamkeit erhöhen oder erniedrigen. Wenn z. B. zu Salben mit freier Salicylsäure soviel Alkali zugefügt wird, daß sich Alkalisalicylat bildet, dann wird damit die Resorption der Salicylsäure sehr eingeschränkt. Zufügen eines die Haut leicht durchdringenden Lösungsmittels einer Substanz zu der mit dieser angefertigten Salbe wird meist die Resorption erhöhen. Indem die anderen Substanzen noch besondere Wirkungen auf oder in der Haut entfalten, z. B. die äußersten Hautschichten zur Quellung bringen können, finden weitere Abänderungen der Hauptwirkung statt.

Daß die Applikationsweise der Salbe den Wirkungserfolg gleichfalls erheblich beeinflußt, ergibt sich aus Versuchen von CARL MONCORPS[2], in denen die obigen Salben, aber mit 5% Salicylsäure, je 15 g auf einen 15 qcm großen Leinwandlappen gestrichen und auf die Beugeseite des Unterschenkels von Versuchspersonen unter einem Verband 12—14 Stunden belassen wurden. Die Ergebnisse sind in der nachstehenden Tabelle 75 zusammengefaßt.

Wie ersichtlich, zeigen die Salbengrundlagen in den Versuchen mit Salbenverbänden eine andere Reihung bezüglich der Salicylsäureresorption als in den Versuchen, in denen die Salben eingerieben wurden.

Das bekannteste Beispiel der Verwendung einer Salbe als Mittel zur Aufnahme einer Substanz in den Körper bildet die graue Quecksilbersalbe. In dieser

---

[1] CARL MONCORPS: Arch. exp. Pathol. Pharmakol. **141**, 59 (1929).
[2] CARL MONCORPS: Arch. exp. Pathol. Pharmakol. **141**, 55 (1929).

Tabelle 75.

Salbengrundlage	Ausgeschiedene Salicylsäure	
	im Harn in mg	in % der aufgetragenen Menge
Adeps suillus benzoatus	2,24	0,29
Pasta Zinci oxydati	2,82	0,37
Vaselinum americanum flavum	5,41	0,72
Lanolinum cum 20% aqua	6,41	0,85
Eucerinum cum 50% aqua	30,6	4,08
Physiol C (s. oben).................................	88,5	11,82

befindet sich metallisches Quecksilber in sehr feiner Verteilung in einer Salbengrundlage. Noch auf ein anderes, aus neuerer Zeit stammendes Beispiel sei hingewiesen, nämlich auf den Versuch, Insulin als Salbe einzureiben und dadurch die unbequemen Insulininjektionen auszuschalten[1]. Es findet wohl eine Resorption von Insulin statt, wenn man eine damit angefertigte Salbe kräftig in die Haut einreibt; da sie jedoch nur geringfügig, überdies ungleichmäßig ist, hat der Vorschlag zu keinen praktischen Ergebnissen geführt.

5. Fette als Abführmittel.

Alle Fette wirken in großen Dosen abführend. Sie werden nämlich im Dünndarm verseift, und die Seife bewirkt durch den von ihr ausgeübten Reiz eine Verstärkung der Darmtätigkeit. Vielleicht üben bei Einnahme größerer Fettmengen die eventuell unverseift gebliebenen Anteile auch eine Gleitwirkung ähnlich dem Paraffinöl aus. Eine viel stärkere Abführwirkung kommt dem als mildes Abführmittel viel verwendeten Ricinusöl zu. Die Wirksamkeit wird der im Darm entstehenden Ricinolseife zugeschrieben. Das Öl aus den Samen von *Euphorbia lathyris* ist wiederholt als Ersatz für Ricinusöl empfohlen worden. Diese Wolfsmilchart stammt aus Südeuropa, läßt sich aber in Mitteleuropa und Deutschland gut kultivieren. Dagegen wird das Crotonöl aus den Samen von *Croton tiglium* gegenwärtig mit Recht nicht mehr als Abführmittel, sondern nur als Hautreizmittel verwendet. Seine Abführwirkung verdankt es einem in ihm gelösten Harz, das schon in kleinsten Dosen gefährliche Darmentzündungen hervorruft. Fette Öle werden auch in Form von Klysmen bei bestimmten Formen von Stuhlverstopfung angewendet, wenn nämlich größere Mengen trockener harter Stuhlmassen sich im unteren Teil des Dickdarmes und Mastdarmes ansammeln. Die dann im Klysma eingeführten Pflanzenöle (Sesamöl, Olivenöl) weichen den Stuhl auf und fetten ihn ein, so daß die nunmehr einsetzende Peristaltik ihn hinausbefördert.

6. Fette Öle als Gallensteinmittel.

Fette Öle, namentlich Olivenöl oder Sesamöl, werden nicht selten bei Gallensteinen durch längere Zeit verabreicht. Ihr Wirkungsmechanismus ist nicht klar. Vielleicht ist die vorher erwähnte schwache Abführwirkung von Vorteil, vielleicht macht sich auch eine gallentreibende Wirkung durch die im Dünndarm gebildete Seife geltend.

7. Fette in Form von Emulsionen als innerlich einzunehmende reizmildernde Mittel.

Ähnlich wie Pflanzenschleime (Eibischwurzel), üben Emulsionen von Öl in Wasser eine reizmildernde Wirkung aus. Man verwendet in der Praxis eine durch

---

[1] S. HERMANN: Arch. exp. Pathol. Pharmakol. **179**, 524, 529 (1935).

Anstoßen von Mandeln und Verdünnen mit Wasser, Abseihen und Süßen hergestellte Emulsion (*Emulsio amygdalina*) und eine aus Mandelöl (Sesamöl oder Olivenöl) mit Hilfe von Akaziengummi hergestellte Emulsion (*Emulsio oleosa*). Diese Emulsionen dienen als Kinderhustenmittel, ferner werden in ihnen andere Heilmittel gelöst (Codein) oder mitemulgiert (Menthol) und entsprechend gebraucht.

8. Chaulmoograöl als Lepramittel.

Das aus den Samenkernen von *Hydnocarpus Kurzii* und anderen nahe verwandten Flacourtiaceen (s. Bd. I, S. 415) gewonnene *Oleum Chaulmoograe* dient in Form von Emulsionen oder Lösungen, die eingenommen, inhaliert oder eingerieben werden, als Lepramittel. Es verdankt seine Wirksamkeit der Hydnocarpussäure und Chaulmoograsäure. Beide Säuren (vgl. Bd. I, S. 491) werden aus dem Hydnocarpusfett gewonnen und als Natriumsalze oder häufiger als Ester (Äthylester) in der gleichen Weise wie das Fett selbst verwendet. Das Chaulmoografett geht auch noch gegenwärtig bisweilen unter der falschen Bezeichnung *Oleum Gynocardiae*. Man leitete nämlich früher die Herkunft des Fettes von der Flacourtiacee *Gynocardia odorata* ab.

9. Fette als Ausgangsmaterial zur Erzeugung von Bleipflastern, Bleipudern, Zinkstearat und Magnesiumstearat.

Die in der dermatologischen Praxis häufig verwendete Diachylonsalbe *(Unguentum Diachylon* oder *Unguentum Plumbi simplex)* besteht aus einer Mischung von Bleipflastern *(Emplastrum Diachylon* oder *E. Plumbi simplex, E. Lithargyri)* mit Vaselin oder Fett. Das Bleipflaster ist eine aus Schweinefett oder einem Pflanzenöl und Bleiglätte gewonnene Bleiseife. Als Bleipuder oder Diachylonpuder dienen Puder mit Zusätzen von Bleistearat. Sie werden fast ausschließlich medizinisch verwendet. Das Zinkstearat *(Zincum stearinicum)* findet dagegen hauptsächlich kosmetische Verwendung als Zusatz für weiße Schminken. Zink- und Magnesiumstearat werden für Puder verwendet. (Über die medizinische Anwendung von Metallseifen vgl. auch S. 629.)

10. Kakaofett als Grundsubstanz für Suppositoria analia, Globuli vaginales und Bacilli urethrales.

Das Kakaofett oder die Kakaobutter, oft für kosmetische Salben benutzt, wird zum Einführen von Heilstoffen in den Mastdarm, in die Scheide und in die Harnröhre verwendet. Das Kakaofett ist nämlich infolge seiner eigenartigen, sonst bei keinem anderen Fett vorhandenen Glyceridstruktur (vgl. Bd. I, S. 218) bei Zimmertemperatur fest und hart und schmilzt völlig bei 30—35°. Die Wirkstoffe werden mit geriebenem Kakaofett angestoßen und daraus Zäpfchen (*Suppositoria*), Kugeln (*Globuli*) oder Stäbchen (*Bacilli*) geformt oder gepreßt, oder es werden die Wirkstoffe in das geschmolzene Fett verarbeitet, worauf die Masse in Formen gegossen und erstarren gelassen wird. Nach dem Einführen der Zäpfchen, Kugeln oder Stäbchen in den Körper verflüssigt sich die Kakaomasse, und die einverleibten Stoffe können ihre Wirkung entfalten. Bedauerlicherweise hemmt das Kakaofett die Wirksamkeit, besonders die Resorption mancher Stoffe. Durch Verbesserung der pharmazeutischen Technik bei der Herstellung von Kakaosuppositorien, besonders durch Anwendung zweckmäßiger Emulsionen, könnte die höchst wertvolle Medikationsform der Mastdarmzäpfchen eine viel umfangreichere Anwendung finden. Es sei betont, daß Stoffe, die im Mastdarm resorbiert werden, in den Kreislauf gelangen, ohne die Leber zu passieren, daher häufig eine stärkere Wirkung zeigen, als wenn sie per os verabreicht worden wären.

B. Verwendung von Lipoiden.

In den tierischen und pflanzlichen Fetten sind immer Lipoide enthalten und gelangen mit ihnen und in ihnen zur Wirkung. Lipoide werden aber außerdem aus Fetten oder aus tierischen und pflanzlichen Organismen oder Organen gewonnen und medizinisch, pharmazeutisch und kosmetisch verwertet. Praktische Bedeutung von den Lipoiden haben die Lecithine, die Sterine und die fettlöslichen Vitamine A, D und E.

a) Lecithine.

Am häufigsten wird für medizinische, pharmazeutische und kosmetische Zwecke Eilecithin (*Lecithinum ex ovo*) in verschiedenen Reinheitsgraden verwendet. Weniger geschätzt sind Pflanzenlecithine. An dieser Stelle sei nur erwähnt, daß Lecithin für sich allein und häufiger mit anderen Stoffen als nervenanregendes und „nervenstärkendes" Mittel Verwendung findet und daß es Hautnährcremes und Haarpflegemitteln zugesetzt wird. Es existiert eine größere Zahl pharmazeutischer und kosmetischer Spezialitäten mit Lecithin, z. B. Kola cum Lecithin-Compretten (0,05 g Lecithin, 0,15 g Kola-Extrakt). Ergänzende Bemerkungen über Phosphatide und Sterine s. weiter unten; vgl. ferner Bd. I, S. 512.

b) Sterine.

Von den Sterinen wird derzeit als tierisches Sterin das Cholesterin, von den pflanzlichen das Ergosterin, und zwar letzteres zur Darstellung von Vitamin D_2 verwendet. Auf die Darstellung von Sexualhormonen aus Sterinen braucht hier nicht eingegangen zu werden. Das Cholesterin und Ergosterin sind im Handel schön kristallisiert erhältlich. Die Verwendung des Cholesterins beschränkt sich, abgesehen von der Rezepturtechnik, ausschließlich auf die Kosmetik. Der Grundgedanke dieser Verwendungsart liegt in der Tatsache, daß das Cholesterin einen wichtigen Bestandteil des Talgdrüsensekretes der Haut bildet und daß seine Anwendung anscheinend von Erfolg begleitet ist. Genau wie das Lecithin, nicht selten zusammen mit ihm, stellt es einen wesentlichen Bestandteil von Präparaten dar, welche die Haut regenerieren und jung erhalten sollen. Die Anwendungsformen sind Salben, Cremes und alkoholische Lösungen. Ähnliche Vorstellungen beherrschen seine Anwendung bei der Behandlung des Haarbodens. Bei seborrhoischem und aus anderen Gründen stattfindendem Haarausfall sollen Haarspiritusse mit Cholesterin angezeigt sein. Als bekanntestes Präparat dieser Art möge das Trilysin erwähnt sein. Das Cholesterin selbst und nicht genau definierte Oxydationsprodukte, wie das „Oxycholesterin", begünstigen, wie Tierexperimente gezeigt haben, die Heilung von Wunden und verschiedenen Hauterkrankungen. Daher setzt man unbestrahltes und bestrahltes Cholesterin und als Oxycholesterin bezeichnete Produkte Wundsalben zu. In der Tat scheint „Oxycholesterin" in dieser Richtung zu nutzen. Allerdings ist der Anteil des Sterins am Erfolg von oxycholesterinhaltigen Wundsalben wegen der Anwesenheit anderer wirksamer Stoffe in derartigen Präparaten schwierig zu beurteilen.

c) Die fettlöslichen Vitamine A, D und E.

α) *Vitamin A*.

Das Provitamin A, nämlich das β-Carotin und Carotinoide mit mindestens einem erhaltenen β-Ionon-Ring, kommen in Pflanzen und in tierischen Produkten (Milch, Butter) häufig vor und werden in der tierischen Leber in Vitamin A umgewandelt. Eine wichtige Quelle von A-Vitamin stellt der aus der Leber von

Dorschen erhaltene Dorschlebertran dar. Bedeutend größere Mengen Vitamin A als der Dorschlebertran enthalten die Leberöle der Thunfische, der Heilbutte und Haie. Daher bedienen sich die chemisch-pharmazeutischen Fabriken zur Darstellung von Vitamin-A-Konzentraten der Leberöle der zuletzt genannten Fische. Die bezüglichen Handelspräparate enthalten derartige Konzentrate in fetten Ölen gelöst. Man verwendet Vitamin A oder Provitamin A führende Produkte nicht nur bei nachgewiesenem Mangel an Vitamin A, sondern auch bei verschiedenen, besonders durch Infektion hervorgerufenen Erkrankungen, da das Vitamin A nachgewiesenermaßen die Widerstandskraft des Organismus gegen Infektionen erhöht. Das Vitamin A spielt auch im Stoffwechsel der Epithelzellen eine wichtige Rolle und begünstigt die Wundheilung. So verwendet man Vitamin A gegenwärtig nicht nur bei A-Avitaminosen (durch Mangel an Vitamin A hervorgerufene Erkrankungen), sondern auch in ausgedehntem Maße zur Wundheilung, bei Erkrankungen der Haut und anderer Organe und setzt es kosmetischen Hautpflegemitteln zu. Die verwendeten Präparate sind entweder Vitamin-A-Konzentrate oder der Lebertran. Dieser, aus der Leber von Gadus-Arten gewonnen, enthält außer Vitamin A noch das antirachitische Vitamin D, das Vitamin E und andere wirksame Stoffe, wie die Glyceride höher ungesättigter Fettsäuren. Bei dem sonst ausgezeichneten Lebertran stört nur sein Trangeruch und Geschmack. Daher greift man gern zu Lebertranpräparaten, die im Geruch und Geschmack korrigiert sind, zum Teil durch Bindung an andere Stoffe (Malzlebertran), zum Teil durch Versetzen des Lebertrans selbst oder aus ihm hergestellter Emulsionen mit Geruchs- und Geschmackskorrigentien. Ein derartiges, von Kindern und Erwachsenen ohne Widerwillen genommenes Präparat ist die offizinelle Emulsio Jecoris Aselli.

β) Vitamin D (s. Bd. I, S. 135).

Es scheinen mehrere Vitamin-D-Substanzen zu existieren. Die wichtigste Quelle von natürlichem D-Vitamin bilden der Lebertran und die durch höheren Vitamingehalt ausgezeichneten Leberöle anderer Meeresfische. Die Konstitution ist nur bei zwei D-Vitaminen erforscht, beim Vitamin D_2 (Calciferol), das durch Bestrahlung des Ergosterins der Hefe gewonnen wird, und beim Vitamin D_3, das durch Bestrahlung des 7-Dehydrocholesterins erhalten wird und das D-Vitamin des Thunfischleberöles, höchstwahrscheinlich auch des Lebertrans bildet. Das Hauptanwendungsgebiet des Vitamins D liegt in der Behandlung der Rachitis, sei es zur Prophylaxe, sei es zur Heilung von rachitischen Symptomen. Die üblicherweise verwendeten Präparate sind der schon besprochene Lebertran, Konzentrate aus anderen Lebertölen und das Vitamin D_2 in öliger Lösung (Vigantol), eventuell in Mischung mit Vitamin-A-Konzentraten (Vogan).

γ) Vitamin E.

Die geringste praktische Verwendung finden derzeit das Vitamin E oder Antisterilitätsvitamin, dessen Mangel die Fortpflanzung weiblicher und männlicher Tiere schädigt. Wenn man auch schon kristallisierte Derivate (Allophanate des Vitamins E) gewonnen hat, so kennt man doch seine Konstitution noch nicht. Man vermutet Verwandtschaft mit Sexualhormonen oder amyrinartigen Verbindungen. Das wichtigste Ausgangsmaterial für Vitamin-E-Produkte sind das fette Öl von Weizenkeimlingen, Reisembryonen und Gossypiumöl. Vitamin E findet sich mitunter in Mischpräparaten vor, die zu „Hormonkuren" dienen und aus einem Gemisch tierischer und pflanzlicher Organe dargestellt werden. In den vorher angeführten Hautnährmitteln, Hautnährcremes mit Cholesterin und Lecithin befinden sich außerdem nicht selten „Hauthormone", besonders Sexualhormone.

C. Bemerkungen zur pharmazeutischen Technik von Fetten, Wachsen und Lipoiden.

Die Bedeutung der pharmazeutischen Technik wird klar veranschaulicht, wenn man graue Quecksilbersalbe aus verschiedenen Apotheken eines Landes untersucht, in dessen Arzneibuchvorschriften genaue Bestimmungen über die Größe der Quecksilberteilchen fehlen. Ausstrichpräparate verschiedener Muster lassen dann im Mikroskop die größten Unterschiede im Durchmesser der Queck-silberteilchen, und damit der wirksamen Oberfläche, erkennen. Mit Recht schreibt daher das neue österreichische Arzneibuch vor, daß in der grauen Queck-silbersalbe Metallteilchen mit einem größeren Durchmesser als 10 μ nicht vor-handen sein dürfen. Ebenso wie für Quecksilber, wird man bei der Inkorpo-rierung anderer Wirkstoffe in Fett-, Wachs- und Lipoidpräparate für die Lösung oder weitestgehende Zerteilung der Stoffe sorgen müssen, wenn nicht besondere Zwecke, etwa die Absicht, eine Depotwirkung zu erzielen, eine gröbere Dispersion des Wirkstoffes angezeigt erscheinen lassen.

Die Wahl des im besonderen Fall geeigneten Fettes oder Wachses hat außer den schon erwähnten Punkten noch andere Momente zu berücksichtigen, wie z. B. Konsistenz, Streichbarkeit, Haltbarkeit innerhalb bestimmter Zeiträume. Daher ist eine größere Anzahl von Fetten und Wachsen als Salbengrundlagen erforderlich, ferner Mischungen solcher Fette und Wachse, und Salbengrundlagen mit Zu-sätzen, welche die eine oder andere Eigenschaft der Grundlage in einer bestimmten Richtung beeinflussen. Auf dem ganzen Gebiete herrscht noch vielfach die reine Empirie ohne Einsicht in die Mechanismen und Chemismen. Man hält sich bei der Herstellung der pharmazeutischen und kosmetischen Präparate in der Regel an mehr oder weniger durch die Erfahrung gestützte Rezepte. Man weiß z. B., daß das eine oder andere Fett weniger zur Verdorbenheit neigt, vermutet vielleicht auch mit Recht die wichtigsten Gründe dafür, besitzt aber in den wenigsten Fällen eine klare und experimentell begründete Einsicht, wenigstens nicht in jene Faktoren, die auf den sonst bekannten Verlauf des Verderbens (vgl. Bd. I, S. 415 ff.) der Fette aktivierend oder hemmend wirken. Die Nebenstoffe von Fetten oder Wachsen, namentlich die Lipoide, äußern sich in den für die An-wendung wichtigen Eigenschaftenkomplexen des öfteren in erheblichem Grade. So erwies sich Lecithin im Lebertran als ein Schutzmittel gegen die Oxydation des Vitamins A.

Eine besondere Wichtigkeit kommt dem Wasseraufnahmevermögen der Salbengrundlagen aus verschiedenen Gründen zu. Je weniger Wasser eine Salben-grundlage aufnehmen kann, um so stärker wird unter einer Salbenschicht die Wasserabgabe eines Hautstückes behindert sein und um so weniger können wäßrige Sekrete aus wunden Stellen aufgenommen werden. Die Salben enthalten schon von der Zubereitung her häufig Wasser, sei es, daß irgendwelche Stoffe in wäßriger Lösung oder Wasser in den Fett- oder Wachskörper eingearbeitet wurden. Größere Mengen von Wasser enthalten die Kühlsalben, bei denen die Kühlwirkung durch Wasserverdunstung herbeigeführt wird. Alle wasserhaltigen Fett- und Wachssalben stellen Emulsionen dar. Für das physiologische Verhalten dieser Salben wie auch für ihre rezepturtechnischen Eigenschaften ist der Charakter der Emulsion maßgebend, ob die Emulsion eine Wasser-Öl-Emulsion oder eine Öl-Wasser-Emulsion darstellt. In ersterem Falle bildet das Wasser die disperse Phase im geschlossenen Ölsystem, bei der zweiten Emulsion ist das Wasser das geschlossene System. Wirksame Kühlsalben gehören prinzipiell dem zweiten Typus an. Die Wasserverdunstung kann bei einer solchen Salbe leicht vor sich gehen. In diesem Zusammenhang sei auf die grundlegenden Untersuchungen von

Carl Moncorps über Kühlsalben und über die Pharmakologie von Salben und salbeninkorporierten Medikamenten[1] verwiesen.

Das Wasseraufnahmevermögen eines Fettes oder Wachses und der Charakter einer Emulsion[2] wird entscheidend vom Emulgator beeinflußt. Solche Emulgatoren sind Lecithine und Sterine, verschiedene Wachsalkohole, Fettalkohole, Wachsester, Eiweiß, Gummi Acaciae, Pektine, Saponine und viele andere Stoffe. Lecithine und Sterine kommen natürlicherweise in den Fetten vor, aber häufig in unzureichenden Mengen, was das Wasseraufnahmevermögen betrifft. Dann werden sie selbst oder noch häufiger wasserfreies Lanolin oder verschiedene Fettalkohole als Emulgatoren zugesetzt. Neuerdings verwendet man in zunehmendem Maße die Fettalkohole, und zwar Gemenge von Myristin-, Cetyl- und Stearinalkohol, die im Handel als „Lanettewachs" bekannt sind, oder Gemenge dieser Fettalkohole mit Cetylsulfonat („Lanettewachs S. X."), oder schließlich Zusatz von reinem Cetylalkohol. Das Schweizer Arzneibuch und das neue österreichische Arzneibuch haben den Cetylalkohol als offizinelles Präparat aufgenommen. Cetylalkohol und Lanettewachs erfreuen sich aus zwei Gründen großer Beliebtheit: Sie zeichnen sich durch ein sehr gutes Emulgierungsvermögen aus und erhöhen die Wasseraufnahmefähigkeit der mit ihnen zubereiteten Salben stärker als die bisher üblichen Zusätze. Lecithin oder Cholesterin weisen hierbei einen Antagonismus auf, der auch in biologischen und anderen Reaktionen zutage tritt. So setzt in Gelatine gelöstes Lecithin die Quellbarkeit etwas herab, während fein suspendiertes Cholesterin die Quellbarkeit der Gelatine deutlich erhöht. Bekannt ist auch der antagonistische Einfluß der beiden Verbindungen auf die Hämolyse. Als Emulgator führt Lecithin ebenso wie Eiweiß und Gummi Acaciae zu Öl-Wasser-Emulsionen, Cholesterin zu Wasser-Öl-Emulsionen. Doch hängt das Endergebnis auch vom Emulgierungsverfahren ab, ebenso von anderen vorhandenen oder zugesetzten Stoffen. Hier steht der Wissenschaft und Praxis der pharmazeutischen Technik noch ein weites Betätigungsfeld offen.

Dreizehnter Abschnitt.

Die Herstellung von Margarine.

I. Einleitung.

Von H. Schönfeld, Wien.

Margarine ist ein aus verschiedenen pflanzlichen oder pflanzlichen und tierischen Fetten durch Emulgieren (Verkirnen) mit gesäuerter Milch (meist Magermilch) oder mit Wasser hergestellter Ersatz für Naturbutter.

Nach den gesetzlichen Bestimmungen gilt als Margarine jede der Butter oder dem Butterschmalz ähnliche Zubereitung, deren Fettgehalt nicht oder nicht ausschließlich dem Butterfett entstammt.

Ähnlich anderen neuen Nahrungsmittelformen entfällt die Erfindung der Margarine auf eine Zeit kriegerischer Verwicklungen. So stammt z. B. die Er-

---

[1] Carl Moncorps: Arch. exp. Pathol. Pharmakol. 141, 25, 50, 67, 87 (1929); 152, 57 (1930); 163, 377 (1932).

[2] W. Clayton: Die Theorie der Emulsionen und der Emulgierung. Berlin: Julius Springer. 1924. — Bernhard und Strauch: Ztschr. klin. Med. 104, 723, 106, 671. Bruns' Beitr. 141, 358. — Weichherz und Schröder: Fabrikationsmethoden f. galen. Arzneimittel u. Arzneiformen. Wien: Julius Springer. 1930. — S. auch diesen Band, S. 775.

findung der kondensierten Milch aus der Zeit des amerikanischen Bürgerkrieges (1856)[1]. Die Volkstümlichkeit des Sojabohnenöles und der Sojabohne in Europa ist auf die Zeit des russisch-japanischen Krieges zurückzuführen. Die Erfindung der Margarine hängt zusammen mit der Schwierigkeit der Versorgung des französischen Heeres mit Butter in den Jahren vor dem preußisch-französischen Kriege. Kurz vor diesem Kriege ist die Versorgung mit Butter nicht nur in Frankreich, sondern in vielen europäischen Ländern außerordentlich knapp geworden, die Butter galt als ein Luxusgegenstand. Die Buttererzeugung in den überseeischen Ländern, wie Australien, Neu-Seeland, Kanada usw., befand sich damals noch in den Anfängen, die europäischen Völker waren ganz und gar auf die Erzeugung der eigenen Landwirtschaft angewiesen. Besonders schlimm war aber die Lage in Frankreich, so daß sich die Regierung veranlaßt sah, einen Preis für ein geeignetes Butterersatzmittel auszuschreiben. Den Preis gewann der Chemiker Mège-Mouriès, dem im Jahre 1869 die erste Konzession für die Errichtung einer Kunstbutterfabrik in Paris erteilt wurde.

Mouriès ging bei seinen Versuchen von folgenden Voraussetzungen aus[2]: Butter ist ein Erzeugnis des Milchrahms, des konzentrierteren Fettanteils der Milch. Nach Entrahmen der nur etwa 4% Fett enthaltenden Vollmilch bleiben etwa 80% Magermilch zurück, welche nach Anreichern mit einem artfremden Fett zu einer wohlfeileren „Butter" verarbeitet werden könnten. Aus der Tatsache, daß selbst die Milch hungernder Kühe stets fetthaltig ist, zog Mouriès den Schluß, daß das Körperfett der Kühe die Quelle des Milchfettes sein müsse. Dieses Fett ist bekanntlich härter, weniger plastisch und schmilzt bei einer höheren Temperatur als das Milchfett. Durch Kristallisation bei höheren Temperaturen kann es in eine niedriger schmelzende Fraktion, das Oleomargarin, das in Schmelzpunkt und Geschmeidigkeit dem Butterfett ähnlich ist, und in das höher schmelzende Oleostearin (Preßtalg) getrennt werden.

Die Ähnlichkeit zwischen Oleomargarin und Milchfett beschränkt sich aber auf die Farbe, den Schmelzpunkt und die äußere Struktur; in der chemischen Zusammensetzung sind die beiden Fette vollkommen verschieden (vgl. Band I, S. 100 und 207, 209). Mouriès nahm nun an, daß der Talg in den Milchdrüsen und Euterzellen durch die Einwirkung von Enzymen in Butterfett umgewandelt und in der Milchflüssigkeit äußerst fein dispergiert werde.

Er versuchte den Naturprozeß durch Vermischen des Oleomargarins mit Euterextrakt bei der Körpertemperatur der Kühe nachzuahmen. Es gelang ihm auf diese Weise eine rahmähnliche Emulsion herzustellen, aber die Zusammensetzung des Fettes blieb natürlich unverändert.

Beim Abschrecken mit Eiswasser verwandelte sich die Emulsion in eine feste körnige Masse, welche in ihrer Beschaffenheit derjenigen gleich war, welche beim Verkirnen von Milchrahm zu Butter entsteht. Damit war das Problem der Herstellung von Kunstbutter praktisch gelöst. Es blieb nur noch übrig, die Kristallmasse in den gleichen Maschinen durchzukneten, wie man sie bei der Buttererzeugung verwendet. Das Ergebnis war ein Produkt, welches von Kuhbutter kaum zu unterscheiden war.

Das Erzeugnis wurde von Mouriès als „Margarine" bezeichnet, weil es als Fettgrundlage das „Oleo" enthielt, welches damals auf Grund der Untersuchungen von Chevreul als ein Glycerid der „Margarinsäure" (ein Gemisch von Palmitin- und Stearinsäure) angesehen wurde.

In den modernen Margarinefabriken wird Margarine im wesentlichen immer noch nach der von Mouriès erfundenen und ausgearbeiteten Methode erzeugt.

---

[1] W. Clayton: Journ. Soc. chem. Ind. 36, 1205 (1926).

[2] S. Leverhulme: Trans. Inst. chem. Engr. 12, 9 (1934).

Mouriès selbst hat übrigens später den Zusatz von Euterextrakt als überflüssig erkannt und festgestellt, daß die Emulsion ebensogut durch intensives Rühren des Gemisches der Milch- und Fettphase erhalten werden kann.

Kurz darauf, im Jahre 1872, wurde der Verkauf des Buttersurrogats in Paris offiziell zugelassen und gleichzeitig verfügt, daß das Produkt nicht als Butter auf den Markt gebracht werden darf[1]. Die erste Margarinefabrik wurde in Poissy in Frankreich gegründet. Etwas später, im Jahre 1873, entstand die erste Margarinefabrik in Österreich. In Holland wurde das Verfahren von Mège-Mouriès schon im Jahre 1871 von der Firma Anton Jurgens in Oss, die heute noch zu den bedeutendsten Margarineerzeugern Europas gehört, erworben. In Deutschland scheint die Margarinefabrikation im Jahre 1876 ihren Anfang genommen zu haben, und im Jahre 1885 waren bereits 45 Betriebe mit der Margarineherstellung beschäftigt.

Die mit anderen Nahrungsmitteln, wie Kohlehydrate, Fleisch, Eier, Milch und so weiter, dem menschlichen Organismus zugeführten Fettmengen reichen zur Deckung des normalen Fettbedarfes nicht aus. Allerdings ist es recht schwierig, den „Fettbedarf" des Menschen, d. h. das Fettminimum oder Fettoptimum, genau zu bestimmen. Der Fettbedarf hängt zum Teil von den übrigen Komponenten der Nahrung ab; auch ist es nahezu unmöglich, zwischen dem Minimum an Fett- und an Kohlehydratnahrung eine scharfe Grenze zu ziehen. Das zugeführte Fett dient nicht immer dem gleichen Zweck. Der Südeuropäer braucht z. B. reichlich Fett (wie Olivenöl), um die Verdauung der sonst sehr kohlehydratreichen Kost zu erleichtern. Ein im strengen arktischen Klima lebender Mensch braucht das Fett als Energiequelle, zum Warmhalten des Körpers. Auch der absolute Fettbedarf ändert sich natürlich mit den klimatischen Verhältnissen[2].

Kohlehydrate und Fette erfüllen im Organismus ähnliche Funktionen; keines der beiden Nährmittel kann im Organismus befriedigend und leicht ausgenutzt werden, ohne entsprechende Zufuhr des anderen. Sowohl die Kohlehydrate als auch die Fette werden, soweit sie nicht sofort verbraucht, d. h. zu CO_2 und H_2O verbrannt wurden, in der gleichen Form als Reservefett im Organismus aufgespeichert. Deshalb ist es so schwierig, den Fettbedarf auf Grund von Stoffwechseluntersuchungen zu bestimmen, und es bleibt nur übrig, ihn auf Grund des tatsächlichen Durchschnittsverbrauchs, d. h. rein statistisch zu ermitteln. Für England berechnen Williams und McLennan den mittleren Fettverbrauch mit 75—80 g pro Kopf und Tag. Die Menge hängt natürlich von verschiedenen Faktoren ab. So wird der Fettbedarf eines Schwerarbeiters erheblich mehr als die Durchschnittszahl betragen, die beiden Autoren berechnen ihn mit 220 g. Dagegen konsumiert eine Arbeiterin in Europa täglich nicht mehr als 50 g Fett.

Auch diese, relativ kleinen Fettmengen können nicht in Gestalt von anderen also Kohlehydrat- oder Proteinnährmitteln zugeführt werden. So entsprechen z. B. 50 g Butter im Fettgehalt 15 kg Kartoffeln, 2,5 kg mageren Rindfleisches und so weiter. Man ist also auf den direkten Konsum von Fettstoffen angewiesen.

Es wirft sich nun die Frage auf, in welcher äußeren Form das unmittelbar genossene Fett am besten zugeführt wird und welchen Fetten man den Vorzug geben soll. Rein kalorisch, als Energiespender, sind sämtliche Fette des Tier- und Pflanzenreiches gleichwertig; sie liefern praktisch die gleiche Wärmemenge bei ihrer Verbrennung im menschlichen Körper. Ihr Nährwert wird nur durch den Schmelzpunkt beeinflußt; die Geschwindigkeit der Fettresorption sinkt, sobald der Schmelzpunkt des Fettes über die normale Bluttemperatur (37°) steigt.

---

[1] S. M. Bezancon: Rapport général sur les travaux du Conseil d'Hygiène publique et de Salubrité du Département de la Seine 1872—1877, Paris. 1880—1888.
[2] P. M. Williams u. K. McLennan: Journ. State Med. 37, 654 (1929).

In der Tabelle 76 sind die von C. F. Langworthy[1] berechneten Verdaulichkeitswerte der Fette zusammengestellt.

Tabelle 76. Verdaulichkeit der Fette.

Butterfett	97,0%	Sonnenblumenöl	96,5%
Sahne	96,9%	Palmkernöl	98,0%
Schweinefett	98,4%	Cocosfett	94,0%
Hammeltalg	88,0%	Gehärtetes Erdnußöl, Schmp. 37°	98,1%
Oleomargarin	96,8%	„ „ , „ 39°	95,9%
Oleostearin	80,1%	„ „ , „ 50°	92,0%
Sojabohnenöl	97,5%		

Die Ausnutzung ist also für alle unterhalb der Körpertemperatur schmelzenden Fette praktisch dieselbe; sie sinkt aber, wie die Verdaulichkeit der drei Erdnußhartfette zeigt, bei Erhöhung des Schmelzpunktes über 37°; der im Tierkörper festbleibende Teil des Fettes ist teilweise immobilisiert.

Die Fettnahrung besteht in Kulturländern überwiegend aus gesättigten und niedrig ungesättigten Glyceriden, d. h. Glyceriden der Ölsäurereihe. Hochungesättigte Fette kommen für die Ernährung nur selten in Betracht, schon wegen ihres Eigengeschmacks (Fischöle, auch Leinöl).

Die Untersuchungen ·über die Beziehungen zwischen der chemischen Zusammensetzung der Fettglyceride und ihrer Verdaulichkeit und Ausnutzung im Organismus haben noch nicht zu einer Aufklärung dieses wichtigen Problems geführt.

K. Takahashi[2] hat in Rattenfütterungsversuchen beobachtet, daß die Glyceride von niederen Fettsäuren der C_6- bis C_{12}-Reihe besser ausgenutzt werden als die Glyceride von Palmitin-, Stearin- und Ölsäure. Eine einfache Beziehung zwischen Nährwert und Molekulargewicht der an Glycerin gebundenen Fettsäuren läßt sich aber nach J. Ozaki[3] nicht feststellen.

Nach Heiduschka[4] wurden von Fetten, deren Schmelzpunkt unter der Körpertemperatur liegt, bloß 2—3%, von denen, die etwas höher schmelzen, schon 11%, von Fetten mit viel höherem Schmelzpunkt bis zu 90% unverändert aus dem Körper ausgeschieden. Nach Talantzew[5] beträgt der Verlust bei flüssigen Fetten 1,5—2%, bei Hammeltalg 9%, während über 55° schmelzende Fette überhaupt nicht ausgenutzt werden. Die Ausnutzung der unter der Körpertemperatur schmelzenden Fette[6] beträgt im Durchschnitt 97—98%, bei Hammeltalg 89—93%, bei Tristearin nur 9—14%. Die Zahlen gelten natürlich nur für die Verdaulichkeit der reinen Fette und nicht etwa von Gemischen, welche hochschmelzende Anteile enthalten und einen niedrigeren Schmelzpunkt haben. Das folgt schon aus der hohen Ausnutzung des Schweinefettes, welches bis zu 17% vollgesättigter Glyceride enthalten kann.

A. K. Pickat und Mitarbeiter[7] haben längere Zeit hindurch Ratten mit einer Diät gefüttert, welche 30% Fett, 18% Eiweiß und 52% Kohlehydrate enthielt, und erstens die Gewichtszunahme, zweitens die Fettretention in der darauffolgenden Hungerperiode untersucht. Wie aus der Abb. 246 hervorgeht, bestanden nur geringe Unterschiede im kalorischen Wert von Sonnenblumenöl, Butterfett und dem höher schmelzenden Rindertalg, also von drei Fetten

[1] Ind. engin. Chem. **15**, 276 (1923).
[2] Journ. chem. Soc. Japan **43** (1922).
[3] Biochem. Ztschr. **177**, 156 (1922); **192**, 428 (1928).
[4] Vgl. Ziegelmeyer: Wissenschaftliche Grundlagen des Kochens. Berlin. 1929.
[5] P. J. Medwetschuk: Biochem. Ztschr. **214**, 282 (1929).
[6] Vgl. Mészáros, Zeitschr. Unters. Lebensmittel **69**, 318 (1935).
[7] Problems Nutrition (russ.: Woprossy Pitania) 1934, 92.

recht verschiedener Zusammensetzung. Immerhin lag die Talgkurve deutlich niedriger als die Butter- und Sonnenblumenölkurve. In der Hungerperiode ging der Fett- und Gesamtlipoidgehalt der mit Talg gefütterten Tiere langsamer zurück als nach Verfütterung der beiden anderen Fettarten; die Lipoidabnahme verlief am schnellsten bei den mit Sonnenblumenöl gefütterten Ratten.

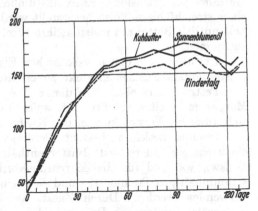

Abb. 246. Nährwert von Sonnenblumenöl, Talg und Butterfett.

MÉSZÁROS glaubt, daß bei der Entscheidung über den biologischen Wert eines Fettes außer dem Schmelzpunkt noch seine chemischen Eigenschaften, seine Begleitstoffe, das Emulsionsvermögen und die *Gewöhnung* an das Fett von gleicher Wichtigkeit sind. Hierbei muß nach MÉSZÁROS nicht nur an die Verweildauer des Fettes im Magen und an die Verdaulichkeit bzw. Resorbierbarkeit, sondern auch an das spätere Schicksal (nach der Resorption) gedacht werden.

Die Emulgierbarkeit der Fette ist nicht ohne Einfluß auf das Schicksal im Organismus. Leicht verdauliche Fette sind nach FILINSKI und MARKERT[1] im Magen als feine Emulsion enthalten, schwer verdauliche und hochschmelzende als zusammenhängende Ölschicht.

Nach J. OZAKI[2] haben die Glyceride von unpaaren Fettsäuren einen niedrigeren Nährwert als die natürlichen Glyceride der paarigen Säuren (Glyceride von unpaaren Fettsäuren werden als Fettnahrung für Diabetiker erzeugt; vgl. Bd. I, S. 287).

Nach den bisherigen Untersuchungen steht nur so viel fest, daß zur Ernährung dienende Fette nicht über 37° schmelzen und keine größeren Mengen an hochschmelzenden Glyceriden enthalten dürfen und daß solche Fette annähernd gleichwertig sind.

Trotz gleicher Verdaulichkeit und gleichen kalorischen Wertes ist aber die Form, in welcher das Fett dargereicht wird, von großer Wichtigkeit. Das Fett muß, wie übrigens alle anderen Nahrungsmittel, dem Gaumen zusagen, *schmackhaft* und *bekömmlich* sein. Die Bekömmlichkeit eines Fettnährmittels hängt nämlich von der äußeren Form ab, in welcher es zubereitet worden ist. Sahne, Butter, auch Speck werden selten zurückgewiesen werden, dagegen besteht häufig Abneigung gegen allzu fettes Fleisch usw. Auch reine, 100%ige Fette werden ungern konsumiert, während Butter, also eine *Fettemulsion*, das begehrteste Fettnährmittel ist. Als Ersatz für Butter kam also vor allem ein Fettprodukt in Betracht, welches ähnlich schmeckt wie Butter und in einer ähnlichen Zubereitung, d. h. als eine Emulsion mit Wasser (Milch) vorliegt. Die emulgierte Form der Butter sagt sicherlich nicht nur mehr dem Geschmack zu, sondern erleichtert auch die Verdauung des Fettes. Daß die Zuführung der Fette in emulgierter Form dessen Verdauung erleichtern muß, geht schon daraus hervor, daß der tierische Körper die Fette nur im emulgierten Zustande zu verarbeiten vermag. Im Darm dient die Emulgierung des Fettes der leichteren Verseifung. Nach dem Durchtritt der

---

[1] Compt. rend. Soc. Biologie **96**, 344.
[2] Biochem. Ztschr. **177**, 156 (1926).

Fettsäuren durch die Darmwand bildet sich aus Fettsäuren und Glycerin das Fett sogleich wieder zurück und wird als Emulsion zur Ablagerung in die Gewebe geschwemmt. Auch die Wiederfortführung des Fettes von dort geschieht in Gestalt einer Emulsion[1]. Ein volkstümliches Fettnahrungsmittel mußte auch in einer streichfähigen Form hergestellt werden. Dieser Forderung entspricht aber bekanntlich Butter am meisten; ihre Streichfähigkeit hängt mit ihrer Plastizität zusammen.

Um also ein in den physikalischen Eigenschaften, dem Geschmack usw. der Butter entsprechendes Produkt zu erhalten, war es notwendig, eine Emulsion von Fetten herzustellen. Auf diesem Wege wird heutzutage in enormen Mengen Margarine bereitet, ein Produkt, welches der Butter weitgehend entspricht und sich auch bei Verwendung in der Küche ähnlich wie Butter verhält.

In einer Beziehung besteht allerdings zwischen Naturbutter und Margarine ein wichtiger Unterschied: Butter enthält die beiden fettlöslichen Vitamine A, D usw., während für die Margarinefabrikation, abgesehen von dem schwach vitaminhaltigen Premier Jus und Schweinefett meist vitaminfreie Fettrohstoffe verwendet werden. Durch Zusatz gewisser, aus dem Unverseifbaren der Seetieröle gewonnener Präparate läßt sich auch Margarine auf einen der Naturbutter entsprechenden Vitamingehalt einstellen. Inwieweit das notwendig ist, hängt von der sonstigen Ernährungsweise der Bevölkerung ab. Ist die übrige Kost vitamingehaltig, beispielsweise bei reichlichem Konsum von Gemüse und Obst, so spielt das Fehlen von Vitaminen in Margarine nur eine untergeordnete Rolle. Bei vitaminarmer Ernährung wäre aber die Vitaminzugabe zu Margarine sicherlich von großer Bedeutung. In manchen Ländern, beispielsweise in England, ist es üblich, Margarine auf einen bestimmten Vitamingehalt einzustellen.

Margarine wird fabriziert durch Emulgieren von tierischen und pflanzlichen festen und flüssigen Fetten mit durch Bakterientätigkeit gesäuerter und aromatisierter Milch (meist Magermilch). Die Säuerung und gleichzeitige Aromatisierung hat den Zweck, der Emulsion einen Buttergeschmack zu verleihen. An das Fettgemisch wird dagegen nur die Forderung der absoluten Geschmack- und Geruchlosigkeit gestellt, damit es das durch die vorbehandelte Milch hereingebrachte Butteraroma nicht stört.

Die Eigenschaften solcher Margarineemulsionen werden vor allem von folgenden drei Faktoren abhängen: 1. der Art der Emulgierung, 2. der Qualität der verwendeten Fette und 3. der richtigen Vorbehandlung der Milch, welcher die Aufgabe zukommt, das an sich geschmacklose Fettgemisch in ein butterartig schmeckendes Produkt zu verwandeln.

Wie im folgenden Abschnitt gezeigt werden soll, können solche Emulsionen von Fett und Wasser (Milch) zwei Systemen angehören: Die Fetteilchen können von der wäßrigen Milchphase eingehüllt sein oder umgekehrt. Naturbutter gehört dem zweiten der genannten Systeme an, die Milchtropfen sind von einer Butterfettschicht umgeben. Es ist nun leicht einzusehen, daß auf die Beschaffenheit der Margarine, ihren Geschmack und ihre Haltbarkeit beim Lagern das Emulsionssystem Einfluß haben wird. Die Geschmacks- und Aromaträger der Margarine sind in der Milchphase enthalten und zum größten Teil flüchtig. Ist also Milch, die Trägerin dieser Merkmale, die äußere Phase, so wird das Aroma und der Buttergeschmack der Margarine schneller verlorengehen, als wenn die Milchkugeln vom Fett eingeschlossen werden. Auch wird eine solche Emulsion leichter verderben, d. h. sie wird der Wirkung von Mikroorganismen in höherem Grade

---

[1] H. Schrader: Angew. Chem. 49, 473 (1936).

ausgesetzt sein, denn in der Milchphase sind Stoffe enthalten (Proteine usw.), welche den Kleinlebewesen als Nährmittel dienen.

Aus diesen kurzen Angaben geht die große Bedeutung der Emulsionsprobleme und der Emulgierungstechnik für die Margarinefabrikation hervor. Es ist nicht möglich, den Emulsionstypus der Margarine ebenso eindeutig zu definieren wie bei Butter. Letztere wird als Naturprodukt aus der natürlichen Emulsion ausgeschieden, stets in physikalischer Hinsicht den gleichen Stoff darstellen. Dagegen stellen die Handelssorten von Margarine Emulsionen aller möglichen Systeme dar; man findet darunter Emulsionen des Fettes in der wäßrigen Milchschicht und umgekehrt, auch Mischemulsionen. Margarine kann deshalb vorläufig nur als ein Produkt definiert werden, das durch folgende drei Merkmale gekennzeichnet ist[1]: 1. Es besteht aus zwei Phasen, einer Fett- und wäßrigen Milchphase. 2. Das Produkt besitzt die ganz bestimmte physikalische Struktur einer Emulsion. 3. Es hat einen ähnlichen Geschmack, ähnliches Aroma und dieselbe Konsistenz und Farbe wie Naturbutter.

Im ersten Band (S. 856) wurde die Produktionshöhe der Margarine in den letzten Jahren angegeben. Aus den gewaltigen Produktionsziffern einer großen Anzahl von Kulturländern folgt, daß man Margarine heute nicht mehr als einen Ersatz für fehlende Butter, sondern als ein selbständiges Fettnahrungsmittel betrachten muß.

II. Die Fettemulsionen.
Von W. CLAYTON, London*.

(Mitbearbeitet von H. SCHÖNFELD, Wien.)

A. Theorie der Emulsionen und ihre Rolle in der Margarinefabrikation.

Beim Verrühren zweier nicht mischbarer Flüssigkeiten bilden sich Gemische, bestehend aus einer Dispersion der einen Flüssigkeit in der anderen. Ein solches System nennt man eine Emulsion[2]. Je nachdem, welche der beiden Flüssigkeiten die disperse Phase bildet, können theoretisch zwei Typen von Emulsionen entstehen[3]. So erhält man z. B. aus Öl und Wasser „*Öl-in-Wasser*"- (O/W-) und „*Wasser-in-Öl*"- (W/O-) Emulsionen. Häufig bestehen beide Typen nebeneinander (Abb. 247) und bilden dann eine sog. *multiple* Emulsion, in welcher die disperse Phase Partikel der kontinuierlichen Hauptphase enthält[4]. Die die disperse Phase bildende Flüssigkeit nennt man die „innere" Phase; sie ist in der kontinuierlichen oder „äußeren" Phase der anderen Flüssigkeit dispergiert.

Abb. 247.
Multiple Emulsionen
(Mischemulsionen.)

a) Verdünnte und konzentrierte Emulsionen.

In Abwesenheit einer dritten Substanz, des „Emulgators", vermögen reines Öl und reines Wasser nur eine

---

* Die Übersetzung besorgte der Herausgeber.
[1] Öl-Fett-Ind. (russ.: Masloboino Shirowoje Djelo) **1933**, Nr. 3, 6.
[2] CLAYTON: The Theory of Emulsions and their Technical Treatment, 3. Aufl. London. 1935.
[3] WA. OSTWALD: Kolloid-Ztschr. **6**, 103 (1910); **7**, 64 (1910); **32**, 77 (1923); **47**, 131 (1929).
[4] SEIFRIZ: Journ. physical Chem. **29**, 738 (1925). — PARKE: Journ. chem. Soc. London **1934**, 1112. — WOODMAN: Journ. Soc. chem. Ind. **45**, 70 T (1935).

Emulsionsart (O/W) zu bilden; solche Emulsionen sind sehr stark verdünnt; es lassen sich nicht mehr als 1 Teil Öl in 10000 Teilen Wasser dispergieren. So verdünnte Emulsionen sind natürlich ohne jede technische Bedeutung; sie bieten nur einiges Interesse für die Theorie der Kolloidchemie, wie Elektrokinetik[1], Ionenkoagulation[2], kritische Teilchengröße[3] u. dgl. rein wissenschaftliche Probleme.

HARKINS und BEEMAN[4] untersuchten die Zusammensetzung der beiden Schichten, welche nach zweistündigem Schütteln gleicher Raumteile Wasser und Mineralöl und Trennung der gebildeten Emulsion entstanden waren. Die (obere) Ölschicht stellte eine W/O-, die untere, wäßrige Schicht eine O/W-Emulsion dar; die Konzentration der dispersen Phase war in der wäßrigen Schicht etwa zehnmal größer als in der Ölschicht. Die vorzugsweise Bildung der O/W-Emulsion führt HEYMANN[5] auf die verschiedene Löslichkeit von Öl in Wasser und Wasser in Öl zurück: Öl ist in Wasser praktisch unlöslich, während die wahre Löslichkeit von Wasser in Öl immerhin etwa 0,03—0,09% beträgt.

Nur aus zwei Phasen bestehende Emulsionen sind niemals stabil. So konnte WIEGNER[6] nur 0,02% Olivenöl in destilliertem Wasser emulgieren; LEWIS gibt als die oberste Verteilungsgrenze allerdings 2% Öl an[7].

Konzentriertere Öl-Wasser-Emulsionen lassen sich nur bei Gegenwart einer dritten Phase, des Emulgators, herstellen, welche das System stabilisiert. Das Emulgierungsmittel wird an der Grenzfläche der beiden Phasen adsorbiert; die räumliche Verteilung des Emulgators an den Grenzflächen sowie die physikalisch-chemischen Vorgänge des Adsorptionsverlaufs, namentlich in Beziehung zur Zeit, waren Gegenstand zahlreicher Untersuchungen.

Setzt man voraus, daß die disperse Phase aus Kügelchen gleicher Größe besteht, so läßt sich für ihren Gehalt in der Emulsion eine obere Grenze berechnen. Sind in einem gegebenen Volumen der Emulsion die Tröpfchen gleichen Durchmessers möglichst dicht gepackt, so werden sie insgesamt 74,02% des insgesamt verfügbaren Volumens ausfüllen; diese Zahl ist unabhängig vom Durchmesser der Tröpfchen, und jedes Kügelchen berührt dann zwölf andere Kügelchen gleichen Durchmessers. Nun kennt man aber praktisch keine obere Grenze für den Anteil der dispersen Phase in der Emulsion; es gelang bereits, 99%

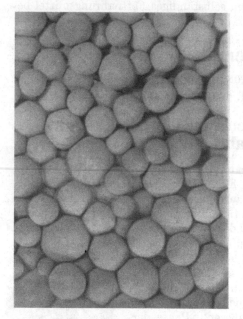

Abb. 248. Dichtgepackte Emulsion (Partikel durch den Kontakt verformt).

[1] ABRAMSON: Electrokinetic Phenomena and their Application to Biology and Medicine. New York. 1934.
[2] ELLIS: Trans. Faraday Soc. 9, 14 (1913). — POWIS: Ztschr. physikal. Chem. 89, 91, 179, 186 (1914).   [3] Trans. Faraday Soc. 17, 457 (1922).
[4] Proceed. National Acad. Sciences, U.S.A. 11, 635 (1925).
[5] Kolloid-Ztschr. 52, 279 (1930).   [6] Kolloidchem. Beih. 2, 213 (1910).
[7] Kolloid-Ztschr. 4, 211 (1909).

Öl in 1% Wasser zu verteilen und umgekehrt. Die Bildung so hochkonzentrierter Emulsionen ist möglich, weil die Tröpfchen keine ideale Kugelgestalt haben, sondern teilweise deformiert sind, so daß sie sich dichter ineinanderlagern können. Auch besteht eine Emulsion nur sehr selten aus Partikeln gleichen Durchmessers, die kleineren Tröpfchen füllen in den Emulsionen die Zwischenräume der größeren Kügelchen aus (Abb. 248).

Fabrikmäßig lassen sich mit entsprechenden Emulgierungsmitteln sehr konzentrierte O/W- und W/O-Emulsionen herstellen; die primär gebildeten Emulsionen können dann in besonderen Vorrichtungen (s. S. 771) homogenisiert werden.

b) Die Grenzfläche Luft/Flüssigkeit.

Der Rolle, welche die Grenzfläche Luft/Flüssigkeit insbesondere in mit Proteinen als Emulgiermittel bereiteten Nährmittelemulsionen spielt, schenkte man früher keine genügende Beachtung. Nach der ursprünglichen Auffassung von LAPLACE sind die äußeren Moleküle der Flüssigkeitsschicht einem nach innen gerichteten Druck ausgesetzt, hervorgerufen durch die Anziehung der im Innern der Flüssigkeit befindlichen Moleküle. Im Innern der Flüssigkeit befinden sich diese Anziehungskräfte in einer Art Gleichgewichtszustand, während dieses Gleichgewicht an der Flüssigkeitsoberfläche gestört ist. Die Bildung der Flüssigkeitsoberfläche erfordert deshalb Arbeit zur Überwindung der im rechten Winkel zur Oberfläche wirksamen Kräfte. Nach den neueren Anschauungen wirken die Molekularkräfte der Oberflächenschicht selektiv gegen bestimmte Gruppierungen innerhalb der Moleküle, wodurch diese Schicht mechanisch und elektrisch polarisiert wird[1].

Nach den Anschauungen von HARDY, LANGMUIR, RIDEAL u. a. sind die Oberflächenteilchen einer Flüssigkeit so geordnet, daß die aktiveren Molekülteile nach innen angezogen werden, während die weniger aktiven Molekülgruppen gegen die Dampfphase orientiert sind. Der Charakter der Oberflächenschicht einer Flüssigkeit wird deshalb durch die am wenigsten aktiven Molekülgruppierungen bestimmt, d. h. durch die Art, wie sich diese an der Grenzfläche Flüssigkeit/Dampf oder Flüssigkeit/Luft orientieren. So sind z. B. in der Reihe der flüssigen Paraffine die Kohlenwasserstoffe so an der Grenzfläche geordnet, daß die endständigen CH_3-Gruppen die Oberflächenschicht bilden, unabhängig von der Länge der Kohlenstoffkette. Die homologe Reihe vom Hexan bis zum geschmolzenen Paraffin zeigt praktisch dieselbe Oberflächenenergie von etwa 46—48 Erg/cm², trotz der sehr verschiedenen Molekulargewichte.

Die gesamte Oberflächenenergie der Fettsäuren erreicht innerhalb der homologen Reihe ebenfalls sehr bald eine konstante Größe; zwar ist Ameisensäure > Essigsäure > Propionsäure > Buttersäure, aber der für C_4 gefundene Wert bleibt nahezu unverändert bis zur C_{18}-Säure.

Bei den organischen Flüssigkeiten sind aktive Gruppen, wie NO_2, CN, COOH, COOMe, COOR, NH_2, $NHCH_3$, NCS, COR, CHO, J, OH, gegen das Flüssigkeitsinnere orientiert, desgleichen die N, S, O, oder Äthylenbindungen enthaltenden Gruppen.

Polarisationserscheinungen dieser Art sind nicht auf die Grenzfläche Gas/Flüssigkeit beschränkt. Sie spielen auch eine wesentliche Rolle auf den Grenzflächen flüssig/flüssig und fest/flüssig und sind somit von größter Bedeutung für die Eigenschaften der Emulsionen.

---

[1] LANGMUIR: Chem. Reviews 13, 147 (1933); Ztschr. angew. Chem. 46, 719 (1933). — HARKINS: Ztschr. physikal. Chem. (A) 139, 647 (1928).

c) Oberflächenfilme.

Die Oberflächenspannung einer wäßrigen Lösung ändert sich oft mit der Zeit, und zwar nimmt sie mehr oder weniger schnell ab. Rayleigh machte diese Beobachtung an Seifen- und Saponinlösungen und führte die Abnahme der Oberflächenspannung auf die Bildung eines unlöslichen Films an der Oberfläche der Lösung zurück. Nach Milner sinkt die Oberflächenspannung einer wäßrigen Natriumoleatlösung anfänglich schnell, später langsamer bis auf einen konstant bleibenden Wert. Er nahm an, daß die Seife bis zur Erreichung einer bestimmten Konzentration an der Oberfläche adsorbiert werde. Die Erscheinung wurde von Lecompte du Noüy an Lösungen von Seifen, Saponin und Proteinen, von Ghosh und Nath[1] an komplexen organischen Verbindungen näher untersucht.

Das Bestehen von durch Adsorption gebildeten Filmen ist insbesondere in Schäumen und Blasen nachgewiesen worden. Hier wäre vor allem auf die älteren Arbeiten von Plateau, Hillyer und Stables und Wilson sowie die neueren Untersuchungen von Langmuir und Blodgett[2] hinzuweisen. Besondere Bedeutung für das Studium von Emulsionen muß aber den Versuchen von Ramsden[3] zugesprochen werden.

Es gelang Ramsden zu zeigen, daß einfaches Schütteln gewisser Proteinlösungen zu einer Ausscheidung der Proteine in Gestalt einer fadenförmigen oder membrano-fibrösen festen Masse in verzerrten oder gerollten Membranen führen kann. Der Erscheinung geht eine Koagulation des Proteins voraus. Es gelingt so, das gesamte in Lösung befindliche Protein auszuscheiden, und zwar durch Koagulation des Albumins zu einem in Wasser unlöslichen Produkt. Den Effekt zeigen auch äußerst verdünnte Saponinlösungen. So sagt Ramsden: ,,Blasen von reinen, 0,01% Saponin enthaltenden Lösungen fallen in unzählige schimmernde Falten zusammen, welche isolierte gekrümmte Stäbchen von Saponin enthalten, obgleich Wasser den 2500fachen Betrag zu lösen vermag.'' Es wurde von Ramsden erkannt und von anderen Forschern bestätigt, daß diese mechanischen Oberflächenkoagulate durch Adsorption des gelösten Stoffes an der Grenzfläche Luft/Flüssigkeit entstanden sind und daß sie adsorbierte Moleküle enthalten, welche teilweise aus der Lösung ausgeschieden wurden. Meistens lassen sich diese Oberflächenfilme wieder auflösen, gewisse Proteine, wie Ovalbumin und Fibrinogen, bleiben aber unlöslich, infolge einer katalytischen Kondensation der dichtgepackten, spezifisch orientierten Proteinteilchen zu einem einzigen größeren Aggregat.

Neuere Untersuchungen auf diesem Gebiete behandeln die Schaumbildung in Beziehung zur Oberflächenspannung und der Rolle der polaren Gruppen in den gelösten Substanzen. Praktisch wurden diese Erkenntnisse auf das Schaumschlagen und die Butterbildung beim Schütteln des Milchrahms angewandt.

d) Die Grenzfläche flüssig/flüssig.

Acherson machte bereits im Jahre 1840 die für die heutigen Anschauungen wichtige Beobachtung, daß das Zusammenbringen einer Ovalbuminlösung mit einem Öl die augenblickliche Koagulation des Albumins unter Bildung von Membranen zur Folge hat[4]. Abb. 249 zeigt eine von Morse im Laboratorium des Verfassers (der Firma Crosse & Blackwell, London) aufgenommene Mikrophotographie der Grenzfläche Olivenöl/Eialbuminlösung. Die feine elastische Membran bezeichnete Acherson als *Haptogen*; die Fähigkeit der Membranbildung beim

---

[1] Journ. physical Chem. **36**, 1916 (1932).
[2] Journ. Amer. chem. Soc. 57, 1007 (1935); Kolloid-Ztschr. **73**, 257 (1935).
[3] Ztschr. physikal. Chem. 47, 336 (1904).   [4] Arch. Anat. Physiol. 1840, 44.

Kontakt mit Öl nannte er *Hymenogonie*. Die Hymenogonie betrachtete er als eine physikalische Eigenschaft, als eine Art Kapillarkondensation an der Oberfläche heterogener, in Berührung stehender Flüssigkeiten; diese Ansicht steht den modernen Anschauungen noch recht nahe.

Für das Bestehen adsorbierter Filme an der Trennungsfläche zweier Flüssigkeiten in Emulsionen sowohl des O/W- wie des W/O-Typus gibt es zahllose Be-

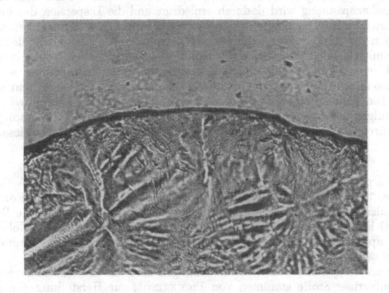

Abb. 249. Grenzfläche Olivenöl/Ovalbumin.

weise. Hervorzuheben wäre die Arbeit von SERRALLACH und JONES[1] über die Bildungsgeschwindigkeit und die Eigenschaften solcher Filme. In einer weiteren Untersuchung zeigten die Autoren, daß die Filme in manchen Fällen sehr stark gedehnt werden können, ohne zu zerreißen[2].

REHBINDER und WENSTRÖM unterschieden flüssige (Beispiel Isoamylalkohol) und „feste" Filme (Beispiel Saponin). Besonders geeignet für das Studium von auf Emulsionstropfen adsorbierten Filmen ist die von MUDD[3] beschriebene Grenzflächentechnik. Die Öl-Wasser-Trennungsfläche wird, unter Zuhilfenahme einer mechanischen Vorrichtung, unter Mikroskop beobachtet. Die Methode, auf deren Einzelheiten hier nur verwiesen werden kann, gestattet, experimentell zwischen zwei wichtigen Schutzeigenschaften der Proteinfilme zu unterscheiden: 1. ihrem Widerstand gegen die Einwirkung der Grenzflächen- und mechanischen Kräfte und 2. ihrem Hydratationszustand. Es konnte nachgewiesen werden, daß die Hydratation von Gelatinefilmen an den Flüssigkeitsgrenzflächen in ähnlicher Weise von der Wasserstoffionenkonzentration abhängig ist wie die Hydratation der Gelatine in Wasser.

e) Orientierte Adsorption der Filme.

Beim Kontakt zweier praktisch unmischbarer Flüssigkeiten bildet sich an der Trennungsfläche eine ganz bestimmte Struktur, indem sich gleiche

[1] Ind. engin. Chem. **23**, 1016 (1931); **25**, 816 (1933).
[2] Kolloid-Ztschr. **53**, 145 (1930).
[3] NUGENT: Journ. physical Chem. **36**, 449 (1932).

Gruppen gegen gleiche Gruppen richten. Im Gemisch Wasser und Öl sind die organischen polaren Gruppen gegen die Wasseroberfläche, der übrige Teil des Moleküls gegen das Öl orientiert. Damit ein dritter Stoff als Emulsionsvermittler wirken kann, muß seine Orientierung bei der Adsorption an der Grenzfläche eine derartige sein, daß der schroffe Übergang von der einen zur anderen Phase abgeschwächt wird. Bei entsprechender Orientierung wirkt also das Emulgierungsmittel ähnlich einer Brücke zwischen Öl und Wasser. Die Grenzflächenspannung wird dadurch erniedrigt und die Dispersion der internen Phase erleichtert. Die polaren oder aktiven Gruppen des Emulgators müssen also gegen die stärker polare, die weniger polaren Teile des Moleküls des Emulgierungsmittels gegen die weniger polare Flüssigkeit orientiert sein. Harkins, dem wir einen großen Teil dieser Erkenntnisse verdanken, befaßte sich insbesondere mit der Adhäsion von organischen Flüssigkeiten an Wasser und Quecksilber. Die Bedeutung, welche den polaren Gruppen in den synthetischen, für die Emulgierung vorgeschlagenen organischen Verbindungen zukommt, wird schon durch die große Zahl der das Gebiet betreffenden Patente bewiesen.

f) Die Emulgatoren.

Eine große Anzahl von gewöhnlichen hydrophilen Kolloiden, wie Gummi, Proteine, Seifen, Stärke, Milch u. dgl., dient seit längerer Zeit zur Förderung der Emulsionsbildung. Bekannt war ferner, daß Schwermetallseifen die Bildung von W/O-Emulsionen begünstigen. Jedoch herrschte früher auf diesem Gebiete die reine Empirie. Bekannt war auch, daß feste pulverige Substanzen emulsionsfördernd wirken: Kohle bei W/O-, Kieselsäure bei O/W-Emulsionen.

Die ersten systematischen Untersuchungen über das Emulgierungsvermögen fester pulveriger Stoffe stammen von Pickering[1]; zur Herstellung von Emulsionen des O/W-Typs müssen nach Pickering Emulgatoren verwendet werden, welche in feiner Verteilung durch Wasser leichter benetzt werden als durch Öl. Dagegen liefern nach Bancroft[2] feste Stoffe, welche vorzugsweise vom Öl benetzt werden, W/O-Emulsionen.

Die Theorie der molekularen Orientierung von gelösten Stoffen an der Trennungsfläche zweier Flüssigkeiten gilt auch für die festen Emulgatoren. Die Grenzfläche fest/flüssig wird mit der intramolekularen Attraktion in Zusammenhang gebracht, welche die flüssige Phase auf den festen Körper ausübt. Der maßgebende physikalisch-chemische Faktor ist dann der Berührungswinkel zwischen der Trennungsfläche der beiden Flüssigkeiten und der Grenzfläche fest/flüssig für die in Betracht kommende Flüssigkeit (die interne oder äußere Phase). Bancroft hat für die Emulgierungsmittel folgende allgemeingültige Regel aufgestellt: Die kontinuierliche oder äußere Phase wird von derjenigen Flüssigkeit gebildet, welche auf das feste oder gelöste Emulgierungsmittel eine besondere Anziehungskraft ausübt; äußerlich kommt dies durch bevorzugte Benetzung, Peptisation oder kolloidale Auflösung zum Ausdruck. Das bevorzugte spezifische Attraktionsvermögen der einen Flüssigkeit für das Emulgierungsmittel ist für den Typus der entstandenen Emulsion maßgebend.

Das führt uns unmittelbar zur Erscheinung der Spezifität der Emulgierung auf der Grundlage der Orientierung des Emulgators an der Grenzfläche der beiden Flüssigkeiten. Aus den Untersuchungen von Pick[3] über Margarineemulsionen folgt, daß auch die Natur des Öles oder Fettes ein wichtiger Faktor für die Stabilität der W/O-Emulsionen ist. Bei Anwendung von Gelatine zur

---

[1] Journ. chem. Soc. London 91, 2001 (1907); Journ. Soc. chem. Ind. 29, 129 (1910).
[2] Journ. physical Chem. 17, 514 (1913).   [3] Allg. Öl- u. Fett-Ztg. 26, 577 (1929).

Stabilisierung von Emulsionen fanden KERNOT und KNAGGS[1], daß Öle, welche aktive Gruppen, wie Doppelbindungen, enthalten, leichter emulgiert werden. So ist z. B. Kalbshautleim ein sehr schlechter Emulgator für flüssiges Paraffin, dagegen sehr wirksam bei der Emulgierung von Lebertran. Neuerdings hat MESZAROS[2] die Öle und Fette nach ihrer Fähigkeit, stabile Emulsionen in Abwesenheit von Emulgatoren zu bilden, in vier Gruppen eingeteilt (vgl. S. 743). Zweifellos steht das verschiedene Emulsionsbildungsvermögen der Öle zu ihrer Molekularstruktur in Beziehung. Daß die Dispersion organischer Verbindungen in wäßrigen Seifenlösungen eine Funktion der molekularen Gruppierungen ist, wurde von TARTAR[3] an Versuchen mit Benzol, Xylol, Anilin, o-Toluidin, Nitrobenzol und Dimethylanilin bewiesen. Am Benzolring haftende Methylgruppen begünstigen die Dispergierung, während die Aminogruppe störend wirkt. Gegenwart von zwei Methylgruppen im Aminorest (Dimethylanilin) scheint den störenden Einfluß der NH_2-Gruppe aufzuheben, die Emulgierung geht mit Dimethylanilin glatt vor sich. Weitere Beispiele für die Spezifität von Emulgatoren sind in den Arbeiten von WOODMAN und TAYLOR[4], REHBINDER und WENSTRÖM[5] und von NISHIZAWA und INOUE[6] zu finden.

Die Wahl eines Emulgierungsmittels hängt von verschiedenen Faktoren ab, wie Genußfähigkeit, Verhalten gegen Bakterien, Wärme, Kälte, Alterung, Empfindlichkeit gegen Wasserhärte, Einfluß des p_H usw. Allgemeingültige Regeln lassen sich schon wegen der Spezifität der verschiedenen Öle und organischen Verbindungen gegen die molekularen Gruppen der Emulgierungsmittel nicht aufstellen.

Betrachtet man den Emulsionsschutz eines gegebenen Kolloids als eine Funktion der dispergierten Flüssigkeit, so wäre zunächst dem Einfluß des p_H der wäßrigen Phase Aufmerksamkeit zuzuwenden. Ein lehrreiches Beispiel dafür bietet Gelatine. Bei der Emulgierung spielt auch die Vorgeschichte des Emulgators eine Rolle; aber auch das verwendete Öl kann das Ergebnis beeinflussen, so werden z. B. aktive Gruppen enthaltende Öle leichter emulgiert als gesättigte Kohlenwasserstoffe und apolare ölige Verbindungen. Mit der Änderung des p_H der Gelatinelösung ändert sich auch ihr Emulgierungsvermögen und die Oberflächenspannung[7]. Die nichthydratisierten und nichtdissoziierten Gelatinemoleküle scheinen das beste Emulgierungsmittel zu sein, das Stabilitätsmaximum einer Benzolemulsion wird beim isoelektrischen Punkt erreicht[8]. Jedoch sind auf diesem Gebiete weitere Untersuchungen notwendig, insbesondere hinsichtlich des Einflusses des p_H, der Viskosität der Gelatinelösung und der Grenzflächenspannung gegen Öle usw., namentlich nachdem es BRIEFER[9] nachzuweisen gelang, daß der isoelektrische Punkt von Gelatinelösungen in weiten Grenzen variieren kann. Auch die für pharmazeutische Emulsionen verwendeten Gummiarten wirken verschieden, je nach ihrem p_H, und sowohl die Größe der Öltropfen, also der Dispersionsgrad, als auch die Stabilität der Emulsionen werden durch die Wasserstoffionenkonzentration stark beeinflußt[10]. Nachdem auch die Kapillaraktivität des Lecithins eine Funktion des p_H ist, dürfte sein Emulgierungsvermögen ebenfalls vom p_H abhängen[11].

---

[1] Journ. Soc. chem. Ind. **47**, 96 T (1928).   [2] Ztschr. Unters. Lebensmittel **69**, 318 (1935).
[3] Journ. physical Chem. **33**, 446 (1929).   [4] Journ. Soc. chem. Ind. **48**, 121 T (1929).
[5] Kolloid-Ztschr. **53**, 147 (1930).   [6] Kolloid-Ztschr. **58**, 225 (1932).
[7] FRIEDMAN u. EVANS: Journ. Amer. chem. Soc. **53**, 2898 (1931).
[8] SHUKOW u. BUSCHMAKIN: Journ. Russ. phys.-chem. Ges. (russ.) **59**, 1061 (1927).
[9] Ind. engin. Chem. **21**, 270 (1929).
[10] KRANTZ u. GORDON: Journ. Amer. phar mac. Assoc. **15**, 93 (1926); **19**, 1181 (1930).
[11] LEWIS u. Mitarbeiter: Biochemical Journ. **23**, 1030 (1929); **26**, 633 (1932).

E. Lester Smith untersuchte das Verhalten von Seifen, welche an sich Emulgatoren für O/W-Emulsionen sind. Er konnte nachweisen, daß Seifen nur dann als O/W-Emulgatoren wirken, wenn sie im Wasser kolloidal gelöst sind[1]; nach dem Aussalzen wirken sie als W/O-Emulgatoren. Durch unvollständiges Aussalzen kann man die Seifen in Emulgatoren für beide Arten von Emulsionen umwandeln.

Bei der technischen Herstellung von Emulsionen verwendet man gewöhnlich mehr als nur einen Emulgator. Gummi oder Kohlehydrate (Stärke) dienen häufig zur Steigerung der Viskosität der kontinuierlichen Phase, um einen mechanischen Widerstand gegen die Sedimentation oder das Aufrahmen der internen Phase zu erzeugen. Bis zu welchem Grade Gemische von Emulgatoren die Adsorption und Stärke des Grenzflächenfilms zu ändern vermögen, ist noch nicht näher bekannt. Bei der Mayonnaisebereitung verwendet man z. B. Pektin zum Verhindern der Entmischung beim Gefrieren und Auftauen.

Folgende Faktoren steigern die Stabilität von Emulsionen: 1. Verminderung der Differenz der Dichten der beiden Phasen; 2. Verfeinerung des Dispersitätsgrades, beispielsweise durch Homogenisieren; 3. Erhöhung der Viskosität der kontinuierlichen Phase; 4. Änderung der Beschaffenheit des Grenzflächenfilms durch Zusatz geeigneter Elektrolyten. Auch die Umkehrung des elektrischen Ladungszeichens der dispergierten Partikel wird als ein Stabilisierungsmittel betrachtet[2].

g) Polare Emulgatoren.

Durch Einführung polarer Gruppen in hochmolekulare organische Verbindungen gelangt man zu einer großen Reihe von Emulgatoren mit Kolloidcharakter. Zu den wichtigsten Substanzen dieser Art gehören die an anderer Stelle besprochenen

α) sulfonierten Öle (vgl. vierten Abschn., S. 315).

β) Äthanolamine.

Die technisch wichtigste Verbindung ist das *Triäthanolamin*, $N(CH_2 \cdot CH_2OH)_3$. Für Emulgierungszwecke wurde eine große Zahl von Aminoverbindungen vorgeschlagen. Großes Emulgierungs- und Netzvermögen haben nach M. Hartmann und H. Kägi[3] die mit Diaminen gebildeten N-Carboxylderivate der höheren Fettsäuren, deren wichtigster Vertreter das *Diäthylaminoäthyloleylamin* („*Sapamin*") ist.

Wilson[4] hat einige neue Amine der Äthylendiamin- und Morpholinreihe beschrieben. Hohes Emulgierungsvermögen zeigen Diäthylentriamin, Triäthylentetramin, Propylendiamin, Methylmorpholin u. dgl. Die Produkte sind öllöslich.

γ) Oxyverbindungen.

Leicht zugängliche seifenartige Produkte erhält man durch Verestern von Fettsäuren mit Glykolen[5]:

$$HOCH_2\text{—}CH_2OH + 2\,CH_3\text{—}(CH_2)_{16}\text{—}COOH \rightarrow \begin{array}{l} CH_3\text{—}(CH_2)_{16}\text{—}CO\text{—}O\text{—}CH_2 \\ \quad | \\ CH_3\text{—}(CH_2)_{16}\text{—}CO\text{—}O\text{—}CH_2 \end{array}$$

Von praktischer Bedeutung ist das „*Diglykolstearat*" und „*Diglykololeat*"[6]. Höchste Wasch- und Emulgierungswirkung zeigen die Gemische der sauren und

---

[1] Journ. physical Chem. **36**, 1401 (1932).   [2] E. P. 301805, 324663, 380065.
[3] Ztschr. angew. Chem. 41, 127 (1928).   [4] Ind. engin. Chem. 27, 867 (1935).
[5] Bennett: Ind. Chemist 8, 223 (1932).   [6] Glyco Products Co., New York.

neutralen Ester des Äthylenglykols; so ist das sog. „Diglykolstearat" ein Gemisch des Mono- und Distearats des Glykols. Das „Diglykololeat" ist eine gelbe ölige Flüssigkeit, unlöslich in Wasser, löslich in Alkohol, Estern, Ölen und Kohlenwasserstoffen; $p_H = 6,2$. Es wird verwendet zur Bereitung von löslichen Ölen in Reinigungs-, Schmier-, Pflanzenschutzmitteln, zum Fettlickern u. dgl.

Eine typische O/W-Emulsion erhält man z. B. aus 10 Teilen Diglykololeat 50 Teilen Terpentinöl, 100 Teilen Wasser und 0,5 Teilen NaOH.

„Diglykolstearat" ist eine wachsähnliche, weiße, bei etwa 55⁰ schmelzende Masse. Mit Wasser läßt sich die Verbindung vollkommen dispergieren; sie ist löslich in Alkohol, Ölen und heißen Lösungsmitteln. Die 3%ige wäßrige Dispersion hat das $p_H = 5,4$. Zwecks Herstellung von kosmetischen und anderen Emulsionen wird das Produkt zunächst mit Öl oder Wachs verschmolzen; in der Schmelze wird dann heißes Wasser dispergiert.

Das hohe Emulgierungsvermögen von *Stearylglucose* beschreiben HESS und MESSMER[1] und SCHMALTZ[2].

Die Firma H. Th. Böhme A. G.[3] hat die Verwendung von *Glucosidestern der Phosphorsäure* vorgeschlagen. Vorzügliche Emulgatoren erhält man durch Verestern von aliphatischen Alkoholen mit mehr als acht C-Atomen mit Phosphorsäure[4].

Sehr wertvolle Produkte sind ferner die *Mono- und Diglyceride der Fettsäuren*, deren Herstellung im ersten Band (S. 238—252) beschrieben ist. Die höheren Fettsäureester der Polyglycerine[5] (s. Band I, S. 274) können als Mittel zur Verbesserung der Struktur und Verhinderung des Verspritzens der Margarine beim Braten verwendet werden[6]. Zu erwähnen wären noch der *Schleimsäureester der Palmitinsäure*[7], *Weinsäurestearat* u. dgl. m.

Freie, unveresterte OH-Gruppen noch enthaltende Ester höherer Fettsäuren mit mehrwertigen Alkoholen sind die Handelspräparate „*Emulgator 157*" und „*Tegin*" der Th. Golschmidt A. G. in Essen. Sie dienen zur Bereitung von O/W-Emulsionen der verschiedensten Art. „Emulgator 157" wird für kosmetische Emulsionen verwendet; das Emulgiermittel stellt eine wachsähnliche, elfenbeinfarbene, bei 35—40⁰ schmelzende Substanz dar. Für flüssige Emulsionen ist ein Verhältnis von 1 Teil Olein : 3 Teilen Emulgator erforderlich; bei der Cremebereitung wird das Olein durch Stearin ersetzt.

Tegin schmilzt bei 57⁰. Beim Schütteln mit 10 Teilen Wasser bildet es eine sehr beständige O/W-Emulsion, welche nach Erkalten zu festen Cremes erstarrt.

Mischungen dieser Ester mit acetylierten Alkylendiaminen sind die *Tegacide*; sie bilden säurebeständige O/W-Emulsionen.

Emulgatoren mit polaren Gruppen erhält man auch durch Verseifung gewisser Oxydationsprodukte der Paraffinkohlenwasserstoffe (vgl. Abschn. 10, S. 701), Chlorieren von Wachsen usw.

Unter der Bezeichnung „*Tylose S*" brachte die I. G. Farbenindustrie A. G.[8] ein alkalibeständiges Emulgierungsmittel in den Handel; das Produkt ist ein wasserlösliches Derivat der Methylcellulose und durch hohe Resistenz gegen Gärungsorganismen gekennzeichnet.

h) Wasser-in-Öl-Emulsionen.

Stabilisatoren von W/O-Emulsionen sind Schwermetallsalze, Kautschuk, Schwefel, Dammarharz, Wollfett, Phytosterine u. dgl. BENNETT[9] empfiehlt die

---

[1] Ber. Dtsch. chem. Ges. (A) **54**, 499 (1921).
[2] Kolloid-Ztschr. **71**, 234 (1935); s. auch D.R.P. 545763, 551403.   [3] D.R.P. 606897.
[4] D. R. P. 619019.   [5] A. P. 2022766, 2023388, 2024036, 2024357.
[6] A. P. 2024355.   [7] A. P. 2025984.   [8] D.R.P. 524211.
[9] Ind. engin. Chem. **22**, 1255 (1930).

Verwendung von Trioxyäthylendiamindistearat. Montanwachs dispergiert mit Leichtigkeit Wasser in Mineralölen.

Für *Margarine*, die wichtigste Emulsion dieses Typs, kann natürlich nur eine bestimmte Art von Emulgatoren verwendet werden. Für die Dispergierung von Wasser in Fettgemischen eignen sich ganz besonders die oxydierten Pflanzenöle, und ein solches Produkt ist als *„Paalsgaard-Emulsionsöl"*, *„P. E. O."*, oder *„Schou-Öl"* im Handel[1]. Der Emulgator wird durch Oxydation von Sojabohnenöl bei 250⁰ bis zur Gelatinierung hergestellt. Das gelatinierte Öl wird nach Abkühlen auf 100⁰ mit 2 Teilen Sojaöl zu einer sirupösen Flüssigkeit vermischt.

Margarine muß in der Konsistenz, Struktur und Haltbarkeit der Kuhbutter voll entsprechen. Gute Molkereibutter ist durch eine äußerst feine und homogene Verteilung des Wassers (Durchmesser der Wasserpartikel 5—20 μ) in der Fettphase gekennzeichnet. Nach neueren Untersuchungen dürfte eine vollwertige Margarine nur auf dem Wege einer O/W-Emulsion herzustellen sein; die Frage ist allerdings noch nicht ganz geklärt.

Das Verhalten von Emulgatoren für Margarineemulsionen war Gegenstand mehrerer Untersuchungen; unter diesen verdienen besondere Beachtung die Versuche von Mohr und Eichstädt[2] sowie die am Schluß des Kapitels berichtete Arbeit von O. K. Palladina und K. S. Popow[3].

Mohr und Eichstädt bestimmten den Emulsionstyp, der bei Vermischen von Öl und Magermilch bei 40⁰ in Gegenwart und Abwesenheit des P.E.O.-Emulgators entsteht, durch Messung der elektrischen Leitfähigkeit der Emulsion. Der Widerstand der W/O-Emulsionen betrug 20000 Ohm; das Öl ist in der kontinuierlichen Phase ein Nichtleiter. Die Versuche wurden durch gleichzeitige Zugabe von Öl und Wasser in den Mischapparat ausgeführt; normalerweise begünstigt diese Arbeitsweise die Bildung von Öl-in-Milch-Emulsionen. Die Ergebnisse sind in der Tabelle 77 zusammengestellt.

Nach diesen und den auf S. 758 berichteten Untersuchungen von Palladina wirken *oxydierte Öle* als Stabilisatoren von W/O-Emulsionen. Über ihren Wirkungsmechanismus wäre folgendes zu sagen:

Tabelle 77. Leitfähigkeit von Margarineemulsionen, bereitet in Gegenwart und Abwesenheit des Schou-Öles.

Öl	Elektrischer Widerstand in Ohm	
	ohne Emulgator	0,5% Emulgator
Oleomargarin	20000	20000
Neutrallard	1375	20000
Premier Jus	8000	20000
Gehärteter Waltran	20000	20000
Cocosfett	1190	20000
Gehärtetes Erdnußöl	2340	20000

Nach Smith[4] wirkt durch Altern oxydierter Lebertran der Emulgierung des Trans zu O/W-Emulsionen entgegen. Die Donnansche Tropfenzahl nimmt mit fortschreitender Oxydation des Öles zu, d. h. die Tendenz zur Bildung von W/O-Emulsionen vergrößert sich mit zunehmender Oxydation des Öles. Butler[5] versuchte die Änderungen im Verhalten des Öles bei der Oxydation durch Messung der elektrischen Leitfähigkeit zu bestimmen, erzielte aber keine eindeutigen Ergebnisse.

---

[1] Dän. P. 30741 (1922).
[2] Margarine-Ind. **1927**, Nr. 71/8; **1932**, Nr. 12/13, Nr. 16/17, Nr. 18/19, Nr. 20/21.
[3] Woprossy Bakterjologji i Technologji Margarina **1935**, 106 (Allruss. Wiss. Forschungsinst. für Fette).
[4] Quarterly Journ. Pharmac. Pharmacol. **3**, 373 (1930).
[5] Proceed. Iowa Acad. Science **36**, 299 (1929); **37**, 316 (1930).

Die emulgierende Wirkung von oxydierten Ölen muß mit der Gegenwart von polaren Gruppen im Ölmolekül zusammenhängen. Nach MORRELL und MARKS[1] bilden sich, wie bereits im ersten Band berichtet wurde, an den Stellen der Doppelbindungen Peroxydgruppen.

$$
\begin{array}{cccc}
\mathrm{R} & \mathrm{R} & \mathrm{R} & \mathrm{R} \\
| & | & | & | \\
\mathrm{H-C} & \mathrm{H-C-O} & \mathrm{CHOH} & \mathrm{C-OH} \\
\| \quad \xrightarrow{\mathrm{O^2}} & | \quad | \longrightarrow & | \longrightarrow & \| \\
\mathrm{H-C} & \mathrm{H-C-O} & \mathrm{C=O} & \mathrm{C-OH} \\
| & | & | & | \\
\mathrm{R} & \mathrm{R} & \mathrm{R} & \mathrm{R}
\end{array}
$$

Die Gelatinierung des Öles bei der Oxydation führt LONG[2] auf die Anziehung und Assoziation dieser polaren Gruppen zurück. Beim Studium der Einwirkung von Lösungsmitteln auf Filme von Trilinolenoglyceriden (zwecks Trennung der festen und flüssigen Filmanteile) machte LONG die Beobachtung, daß die flüssige Phase durch Lösungsmittel, welche die C=O- oder OH-Gruppe enthalten, besser gelöst werden. Diese Ergebnisse bestätigen nach LONG nicht nur das Vorliegen einer Assoziation, sondern sie beweisen, nach dem Grundsatz: „Gleiches löst Gleiches", das Vorhandensein von polaren C:O- oder OH-Gruppen in den Ölfilmen.

Durch die Einführung von polaren Gruppen wird die Affinität der oxydierten Öle zum Wasser gesteigert; dies wird auch durch die Untersuchungen LONGs und LANGMUIRs über das Verhalten von monomolekularen Filmen von geblasenen und gekochten Ölen auf Wasser bewiesen.

i) „Ausgeglichene" Emulgatoren (Emulgierungsmittel mit hydrophilen und lipophilen Gruppen).

Die Bedeutung eines richtigen Verhältnisses von Hydrophilie zu Lipophilie in Emulgierungsmitteln wurde von HARRIS und seinen Mitarbeitern[3] gelegentlich der Beschreibung von, ursprünglich für Margarine als Antispritzmitteln vorgeschlagenen Emulgatoren hervorgehoben. Wahrscheinlich spielt die Ausbalanzierung der beiden polaren Gruppen in allen neueren organischen Emulgierungsmitteln eine wesentliche Rolle.

Nach diesen Vorstellungen müssen in einem Emulgator nicht nur hydrophile (Affinität zu Wasser) und lipophile (Affinität zu Öl) Gruppen vorliegen, sondern die beiden Gruppen müssen sich gegenseitig ausgleichen können, zueinander in einer Art Gleichgewicht stehen. Verbindungen dieser Art entsprechen im allgemeinen der Zusammensetzung $R(O)_nX_mY$, worin R eine Alkylgruppe, eine substituierte Alkylgruppe oder irgend ein anderes lipophiles Radikal ist (wie Cholesteryl, Phytosteryl, Melissyl, Ceryl, Cetyl, Stearyl, Oleyl u. dgl.); O ist Sauerstoff, X ein Schwefelsäure- oder Phosphorsäurerest und Y ein Kation wie Wasserstoff, Natrium, Kalium, Calcium usw.

Ein typisches Beispiel für gut „ausgeglichene" Emulgatoren sind

$$
\textit{Cetylschwefelsäureester,} \quad \mathrm{C_{16}H_{33}-O-S}\underset{\textstyle\diagdown\mathrm{OH}}{\overset{\textstyle\diagup\mathrm{O}}{\diagup}}\mathrm{O},
$$

---

[1] Journ. Oil Colour chem. Assoc. 12, 183 (1929).
[2] Ind. engin. Chem. 17, 138, 905 (1925); 18, 1245, 1252 (1926); 19, 62, 901, 903 (1927); 20, 809 (1928); 21, 950, 1244 (1929); 22, 768 (1930); 23, 53, 786 (1931); 25, 1086 (1933); 26, 864 (1934).
[3] A. P. 1 917 256 (1933).

$$Dicholesterylphosphat, \quad (C_{27}H_{45}O)_2P\diagdown\begin{smallmatrix}O\\\\OH\end{smallmatrix},$$

$$Palmitylglycin, \quad C_{15}H_{31}\!-\!\underset{\underset{O}{\|}}{C}\!-\!\underset{\underset{H}{|}}{N}\!-\!CH_2\!-\!\underset{\underset{O}{\|}}{C}\!-\!OH.$$

Überwiegen im Emulgator die hydrophilen Gruppen (Klasse A) oder die lipophilen (Klasse B), so vermögen sie nicht als Antispritzmittel in Margarine zu wirken, trotz Gegenwart beider Gruppen; denn es fehlt die Ausgeglichenheit. Beispiele für unwirksame Emulgatoren sind:

Klasse A: Propylschwefelsaures Natrium;
Klasse B: Oxystearinsäure, $CH_3(CH_2)_7CH(OH)(CH_2)_8\cdot COOH$.

k) Umkehrung von Emulsionen.

Nachdem Alkaliseifen die Bildung von O/W-Emulsionen, Schwermetallseifen die Bildung von W/O-Emulsionen begünstigen, müßte man annehmen, daß auf Zusatz zur O/W-Emulsion eines Elektrolyten, der durch Umsetzung eine Schwermetallseife bilden kann, eine Umkehrung des Emulsionstypus stattfinden wird.

Die klassischen Versuche von Clowes[1] zeigen die antagonistische Wirkung von Na und Ca in mit Seifen stabilisierten Systemen. Bhatnagar[2] berichtete über Änderungen des Volumverhältnisses der beiden Phasen in Emulsionen durch verschiedene Seifen und die gleiche Reihe von mehrwertigen Elektrolyten. Die Phasenverteilung durch Seifen ist bei der Umkehrung von Emulsionen von großer Bedeutung, wie von Wellman und Tartar[3], Weichherz[4] und E. Lester Smith[5] gezeigt wurde. Woodman[6] hat zahlreiche Untersuchungen über Doppelemulsionen und Umkehrung von Emulsionen ausgeführt. Andere Forscher beschäftigten sich mit dem Antagonismus von Lecithin und Cholesterin (Beispiel Eigelb).

Beachtenswert sind Fälle von Doppelemulsionen, deren Emulgiermittel theoretisch zu O/W-Emulsionen führen sollten. Von besonderem Interesse ist

Tabelle 78. Abhängigkeit des Emulsionstyps von der Dichte des Öles.

Öle	Dichte	Siedegrenzen	Typ der Emulsion
Petroläther	0,699	38—80⁰	O/W
Benzin	0,788	144—211⁰	O/W
Leuchtöl	0,822	177—275⁰	O/W
Mineralöl	0,848	254—350⁰	O/W
„	0,874	257—388⁰	O/W—W/O
„	0,882	283—400⁰	Unbeständige Emulsion
Paraffinöl	0,886	305—400⁰	W/O—O/W
Mineralöl	0,896	315—400⁰	W/O—O/W
Raffiniertes Zylinderöl	0,918	—	W/O

[1] Journ. physical Chem. 20, 407 (1916).
[2] Journ. chem. Soc. London 120, 1768 (1921).
[3] Journ. physical Chem. 34, 379 (1930).
[4] Kolloid-Ztschr. 47, 133 (1929); 49, 158 (1929); 58, 214 (1932); 60, 192, 298 (1932); 74, 330 (1936).
[5] Journ. physical Chem. 36, 1401, 1672, 2455 (1932).
[6] Journ. Soc. chem. Ind. 54, 70 T (1935).

ein von SEIFRIZ[1] berichteter Fall. Bei der Emulgierung von Mineralölkohlenwasserstoffen und Wasser mit Casein als Emulgator machte SEIFRIZ die Beobachtung, daß das gebildete Emulsionssystem von der Dichte des Öles abhängig ist (s. Tabelle 78).

Der Dispersitätsgrad der inneren Phase war feiner an den äußersten Enden der Reihe, die Emulsionen waren sehr beständig. Dagegen waren die Übergangssysteme von O/W in W/O grobdispers und wenig stabil.

LOTTERMOSER und CALANTAR[2] haben diese Versuche mit unraffinierten Erdölfraktionen vom Siedep. 75—275⁰ wiederholt. Unter sonst gleichen Bedingungen erhielten sie in der Schüttelmaschine Gemische von W/O- und O/W-Emulsionen; bei intermittierendem Schütteln nach BRIGGS resultierten dagegen ausschließlich O/W-Emulsionen. Das Auftreten beider Emulsionstypen wird auf den Gehalt des Öles, namentlich der höher siedenden Fraktionen an hydrophoben Kolloiden zurückgeführt, welche zur Bildung von W/O-Emulsionen führen und dem hydrophilen Casein entgegenwirken. WELLMAN und TARTAR verweisen auf die mit der Dichte zunehmende Viskosität des Öles, mit deren Anwachsen der Zerfall des Öles in Tröpfchen, also die Dispersion, immer schwieriger wird.

Von einem ganz anderen Gesichtspunkte diskutieren neuerdings diese Frage SPEAKMAN und CHAMBERLAIN. Röntgenographische Untersuchungen haben ergeben, daß Flüssigkeitsmoleküle dauernd in komplexe Gruppen veränderlichen Charakters übergehen. Die Theorie nimmt an, daß die Flüssigkeit in jedem Augenblick von unzähligen Gebieten durchsetzt ist, von denen jedes eine geordnete Molekularstruktur besitzt, wobei Gebiete höheren Ordnungsgrades stets in Gebiete geringeren Ordnungsgrades übergehen. Die geordnete Stelle wird als „cybotaktische" Gruppe bezeichnet (Stelle der geordneten Molekularstruktur)[3]. Diese Komplexe bleiben eine kurze Periode assoziiert, verändern sich dann und bilden neue Komplexe. Nach der Hypothese von SPEAKMAN und CHAMBERLAIN ist der cybotaktische Zustand der verwendeten Flüssigkeiten ein maßgebender Faktor für den Typus der Emulsion. In der Paraffinreihe nimmt die Neigung der Strukturentwicklung mit der Länge der Kohlenwasserstoffkette zu. „Paraffine mit niedrigem spezifischen Gewicht werden O/W-Emulsionen liefern, weil sie keine genügende Struktur entwickeln, um der Dispersion zu widerstehen; Paraffine hohen spezifischen Gewichts besitzen dagegen genügend Struktur, um die Dispersion zu verhindern, so daß Wasser zur dispersen Phase wird." Sie schließen: „Die Bildung von Emulsionen, besonders aus Ölen und verwandten höhermolekularen Stoffen wird ganz offensichtlich nicht allein durch die Größe der Grenzflächenspannung und die Bildung von stabilen adsorbierten Filmen an der Grenzfläche bestimmt. Von ebensolcher Bedeutung ist für die Emulsionsbildung der cybotaktische Zustand der dispergierten Flüssigkeit".

l) Margarine.

Butter ist nach neueren Anschauungen ein festes System mit einer kontinuierlichen Fettphase, in der sowohl Fett- als auch Wassertröpfchen und Luftblasen, sämtlich mit Proteinfilmen überzogen, dispergiert sind. Es handelt sich also um eine ganz besondere Art von Emulsionen. Die kontinuierliche Fettphase wird nach KING[4] aus den flüssigeren Fetteilen gebildet, welche bei der Butterbereitung aus den Fettkügelchen ausgepreßt werden. Das gesamte Butterfett liegt dem-

---

[1] Journ. physical Chem. **29**, 587 (1925).   [2] Kolloid-Ztschr. **48**, 366 (1929).
[3] BARTELL u. MACK: Journ. physical Chem. **36**, 65 (1932).
[4] Kolloid-Ztschr. **52**, 319 (1930); Lait **12**, 675 (1932); Milchwirtschaftl. Forsch. **15**, 231 (1933).

nach in zwei Formen vor. Die kontinuierliche Phase soll an flüchtigen Fettsäuren um 50% mehr enthalten als die Fettkügelchen. Der allgemeine Emulsionstyp ist W/O.

Margarine wird im allgemeinen als ein W/O-System (mit etwa 16% Wassergehalt) betrachtet. Sie enthält bekanntlich über 80% Fett, und zwar ein Gemisch von flüssigen und festen Fetten, aus welchem eine Masse hergestellt werden soll, welche sich beim Braten usw. ähnlich wie Butter verhält. Die Haltbarkeit der Margarine wird jedenfalls, wie MAREŠ[1] hervorhebt, durch den W/O-Typ eher als durch den umgekehrten Typ gewährleistet. Jedoch herrscht noch keine Einigkeit darüber, welches Emulsionssystem für Margarine anzustreben ist. Nach EICHSTÄDT[2] muß Margarine als W/O-Typ hergestellt werden, während nach LESSOKIN[3] die Milchproteine O/W-Emulsionen stabilisieren. In mehreren Patenten[4] wird ein Zusatz von Lecithin, also eines hydrophilen Emulgators, empfohlen. GROPENGIESSER[5] und andere empfehlen die Anwendung von Eigelb, welches ebenfalls die Ölphase in der wäßrigen Phase dispergiert.

Margarine wird hergestellt durch inniges Vermischen des geschmolzenen Fettgemisches mit durch Milchsäurebazillen gesäuerter Milch. Unter solchen Bedingungen wird die Bildung von O/W-Emulsionen gefördert. Die Emulgierung (Verkirnung) wird bei Temperaturen von 30—40° vorgenommen; die Emulsion wird auf etwa 24° abgekühlt, ehe sie den Apparat verläßt. Sie wird dann durch eine Eiswasserbrause oder durch Kühltrommeln zum Erstarren gebracht. Üblich ist es, die Emulsion von vornherein als W/O-Emulsion herzustellen. Verwendet man als Emulgator ein oxydiertes Öl (s. S. 754), so kann die Emulsion sofort mit dem erwünschten Wassergehalt bereitet werden; es ist dann nur noch nötig, die erstarrte Masse mechanisch auf Knetvorrichtungen zu bearbeiten, um ihr Butterkonsistenz zu verleihen.

Man kann aber auch bei der Margarinebereitung von einer O/W-Emulsion ausgehen und diese durch die weitere mechanische Behandlung, durch welche die ausgepreßten Wassertropfen von der Fettphase eingehüllt werden, zu einer W/O-Emulsion umgestalten.

Bei der *Butterbereitung* hat man es mit physiko-chemischen Erscheinungen anderer Art zu tun. Hier ist die Denaturierung der Milchproteine an der Grenzfläche Luft/Wasser von fundamentaler Bedeutung. Die Butterbereitung spielt sich ohne Emulsionsumkehrung ab (Sahne ist eine O/W-Emulsion), wenn auch die fertige Butter im wesentlichen aus einer W/O-Emulsion besteht; es findet vielmehr Entmischung der Sahne statt unter Freiwerden von Klumpen aus Butterfettpartikeln, und zwar wegen der bevorzugten Anhäufung der Milchproteine an der Luft/Wasser-Grenzfläche im Gegensatze zur Trennungsfläche Fett/Wasser.

PALLADINA und POPOW[6] haben die Wirkung der in der Margarineerzeugung als Emulgatoren am häufigsten verwendeten Zusätze, auch das Verhalten von Wasser und Milch, näher untersucht.

Die Emulgierung (Verkirnung) wurde stets bei einer 2° oberhalb des Schmelzpunktes des Fettgemisches liegenden Temperatur vorgenommen.

Die Stabilitätsbestimmung erfolgte durch Stehenlassen der Emulsion bei 40° in einem graduierten Zylinder, Ablesen des Volumens der wäßrigen und Ölschicht in Abständen von 10 Minuten und Bestimmung des Wassergehaltes der Mittelschicht nach 30 Minuten langem Stehen.

---

[1] Fettchem. Umschau 41, 115 (1934).   [2] Milchwirtschaftl. Forsch. 15, 231 (1933).
[3] Öl-Fett-Ind. (russ.: Masloboino Shirowoje Djelo) 1932, Nr. 2, 40.
[4] D. R. P. 516119, 529202, 576102, 621327.
[5] A. P. 1958820 (1934).   [6] S. S. 754, Fußnote 3.

Zur Bestimmung des Emulsionstypus dienten folgende Methoden:

1. Man gibt einen Tropfen der Emulsion in Wasser und in Öl und beobachtet, von welcher Flüssigkeit der Tropfen gelöst wird. Die dispergierte Phase ist für das Lösungsmittel unzugänglich. Wird also der Tropfen vom Öl gelöst, so liegt eine W/O-Emulsion vor; löst sich dagegen der Tropfen in Wasser, so bildete letzteres die kontinuierliche Phase.

2. Man färbt die Emulsion mit einem öllöslichen Farbstoff, beispielsweise mit Sudangelb; dieser kann sich nur dann ausbreiten und die Emulsion färben,

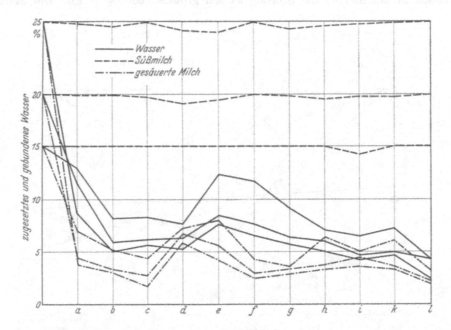

Abb. 250. Mit Wasser, frischer und gesäuerter Milch, ohne Zusatz von Emulgatoren emulgierte Fettgemische.
a Hartfett, *b* Gemisch von 88% Hartfett und 12% Öl, *c* desgleichen und 2% Talg, *d* desgleichen und 6% Talg. *e* desgleichen und 10% Talg, *f* desgleichen und 2% Oleomargarin, *g* desgleichen und 6% Oleomargarin, *h* desgleichen und 10% Oleomargarin, *i* desgleichen und 2% Schweinefett, *k* desgleichen und 6% Schweinefett, *l* desgleichen und 10% Schweinefett.

wenn Öl die kontinuierliche Phase darstellt. Färbt sich die Emulsion nicht, so handelt es sich um eine O/W-Emulsion.

3. Mikroskopische Untersuchung, am besten der in beiden Phasen gefärbten Emulsion[1].

In Abb. 250 sind die Ergebnisse der Emulgierung von verschiedenen Fettgemischen mit süßer Milch, reinem Wasser und mit gesäuerter Milch (welche jeweils in Mengen von 15, 20 und 25% des Fettgemisches verwendet wurden) in Abwesenheit von Emulgatoren graphisch dargestellt. Man sieht, daß sich Süßmilch mit sämtlichen Fettgemischen gut emulgieren ließ; die zugesetzten 15—25% Milch wurden stets restlos gebunden. Dagegen wurden vom zugesetzten Wasser nur 20—30%, von der gesäuerten Milch in Abwesenheit von Emulgatoren sogar nur 15—20% in der Emulsion zurückgehalten. Größtes Emulsionsvermögen besaß demnach süße Milch.

---

[1] Die elektrische Leitfähigkeit einer W/O-Emulsion ist Null; eine O/W-Emulsion hat eine bestimmte elektrische Leitfähigkeit, die eine Funktion des Elektrolytgehalts der wässerigen Phase ist. Dies ist CLAYTONs Methode zur Bestimmung des Emulsionstypus (British Assoc. Colloid Reports **2**, 114 [1918]).

Die Emulsionsfähigkeit der Milch ist nach Ch. Porchet[1] auf die in der Milch enthaltenen Kolloide, nämlich Calciumcaseinat, Calciumphosphate, Albumine und Globuline, zurückzuführen. Das Calciumcaseinat und die Phosphate sind irreversible Kolloide; sie verlieren leicht ihren Kolloidzustand, und sobald sich diese ausscheiden, geht die Homogenität der Milch verloren. Das Albumin und Globulin spielen die Rolle von Schutzkolloiden für das Caseinat und die Phosphate.

Ausscheidung des Caseinats stört das Gleichgewicht der emulgierend wirkenden Milchkolloide; die Störung ist am größten bei $p_H = 4,6$. Die Emul-

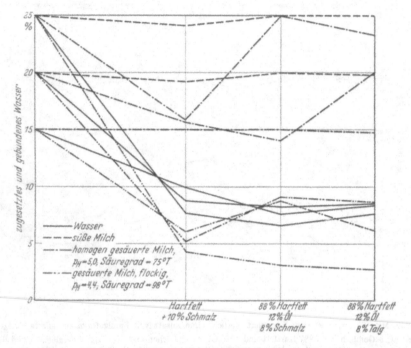

Abb. 251. Mit Wasser, Süßmilch normal und zu stark gesäuerter Milch bereitete Margarineemulsionen.

gierungsfähigkeit der Milch geht ganz verloren, wenn man sie mit Labferment behandelt, weil dabei das Casein in Flocken ausgeschieden wird. Tatsächlich bleibt die Emulsionsfähigkeit der Milch (über die Vorbehandlung der Milch für die Margarinebereitung s. Kap. III, S. 779) nur bis zum $p_H = $ ca. 5 erhalten, um bei weiterer Zunahme der Acidität stark abzunehmen.

In der Abb. 251 ist die Emulgierungsfähigkeit von Milch verschiedenen Säuregrades graphisch dargestellt. Wie man sieht, behält die Milch auch bei höheren Säuregraden ihre Emulsionskraft, solange sie

Tabelle 79. Oberflächenspannung der zur Margarinebereitung verwendeten Flüssigkeiten (nach Rehbinder).

	Oberflächen-spannung in Erg/cm²	Oberflächenspannungsdifferenz	
		gegen Wasser	gegen das Fettgemisch
1. Wasser	72,80	—	—
2. Fettgemisch.......	32,60	—	—
3. Süßmilch	45,00	27,8	12,4
4. Gesäuerte Milch ...	57,00	15,8	25,4

[1] „Le Lait au Point de vue colloïdal". Lyon: 1930.

noch homogene Konsistenz hat; übersäuerte Milch wird dagegen vom Fettgemisch nur schlecht gebunden.

Mit Süßmilch oder gesäuerter Milch kann man also auch ohne Zusatz von Emulgatoren recht beständige Emulsionen erhalten.

Die Milchphosphate wirken als Stabilisatoren von W/O-Emulsionen. Nach REHBINDER sind die hydrophoben Eigenschaften der Milch stärker ausgeprägt als die hydrophilen (s. Tabelle 79).

Verhalten der in Gegenwart von Emulgatoren bereiteten Margarineemulsionen. Eigelb, dessen Zugabe zur Margarine im Jahre 1896 von BERNEGAU[1] vorgeschlagen wurde, und zwar um Bräunen des Produktes in der Bratpfanne hervorzurufen, enthält als emulgierend wirkende Bestandteile 7,2—8,4% Phosphatide und 0,4% Cholesterin. Eigelb ist wegen seines Lecithingehaltes ein Vermittler von O/W-Emulsionen. Das Produkt ist aber kein einheitlich wirkender Emulgator, sondern es vereinigt in sich neben hydrophilen Eigenschaften auch hydrophobe, und zwar wegen seines Cholesteringehaltes.

Der Fettverlust durch Verspritzen der Margarine beim Erhitzen wurde bei Gegenwart von Eigelb sehr stark vermindert; beispielsweise von 18,2% in der nur mit Wasser verkirnten Emulsion auf 0,7% nach Zusatz von 0,2% Eigelb. Bei Gegenwart von 0,5% Eigelb verhielten sich die Emulsionen beim Erhitzen in bezug auf Schäumen, Bräunen und Verspritzen ebenso wie Naturbutter; der Verlust durch Verspritzen betrug kaum 0,35%. Auch das Wasserbindungsvermögen der Margarine wird durch Eigelbzusatz sehr erhöht.

In der Abb. 252 sind die Fettverluste angegeben, die

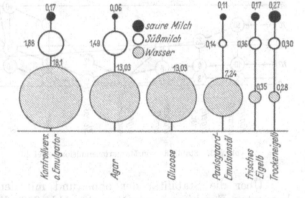

Abb. 252. Spritzverluste beim Erhitzen von Margarine.

beim Erhitzen von mit Wasser und Milch bei Abwesenheit und in Gegenwart von Emulgatoren bereiteten Margarineemulsionen durch Verspritzen entstehen.

Paalsgaard-Emulsionsöl. Der Einfluß des P. E. O. auf die Dispersität und die Stabilität der Emulsion ist aus der Tabelle 80 zu ersehen.

Tabelle 80. Einfluß des P. E. O. auf die Dispersität und Beständigkeit der Margarine-Emulsion.

Emulsion bereitet mit	Ohne Emulgator (Dispersität in μ)						Stabilität
	Minimum		Mittel		Maximum		
	Prozent	μ	Prozent	μ	Prozent	μ	
1. Wasser	69	7—17	21	51—68	10	85—119	8 Min.
2. Süßmilch	77	17—14	9	17—25	14	30—53	38 „
3. gesäuerter Milch ...	35	10—15	33	18—27	32	33—82	3 „
Emulgiert mit 0,5% P. E. O.							
1. Wasser	50	7—17	40	34	10	39	19 Min.
2. Süßmilch	2	7—10	55	13—17	3	20	40 „
3. gesäuerter Milch ...	60	7—14	28	17—26	12	33—43	10 „

[1] D. R. P. 97057.

Das P. E. O. zeigt also sehr großes Emulgierungsvermögen, in Übereinstimmung mit den Befunden von MOHR und EICHSTÄDT (S. 754). Auch das Wasserbindungsvermögen des Fettgemisches wird durch das P. E. O. weitgehend gesteigert; bei Verkirnung des Fettes mit 20 Teilen Wasser wurden ohne Emulgator 44%, bei Gegenwart von 0,5% P. E. O. 79% gebunden. Die gebildeten Emulsionen gehören zum W/O-Typ. Als Hilfsmittel gegen das Verspritzen der Margarine beim Erhitzen hat dagegen das P. E. O. nur geringe Wirkung; auch das Schäumen und Bräunen der Margarine werden durch den Emulgator nicht beeinflußt.

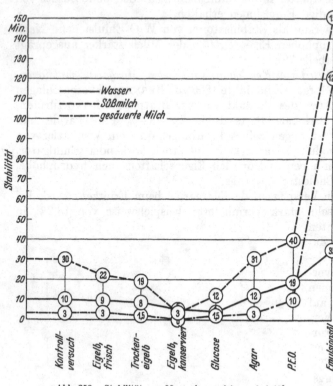

Abb. 253.   Stabilität von Margarineemulsionen bei 40°.

Glucose (Kapillärsirup), welche häufig der Margarine zugesetzt wird, hat kein Emulgierungsvermögen.

Über die Stabilität der ohne und mit den verschiedenen Emulgatoren bereiteten Emulsionen orientiert die Abb. 253. Wie man sieht, stehen die mit P. E. O. bereiteten Emulsionen an erster Stelle.

B. Die Bereitung der Emulsionen und die verschiedenen Arten ihrer Anwendung.

Die Emulgierung besteht in der Dispersion einer Flüssigkeit in Form feinster Kügelchen in einer anderen, mit der ersten nicht mischbaren Flüssigkeit, sei es nach Methoden, welche löslichkeitssteigernd wirken (Beispiel: sulfonierte Öle), oder durch mechanische Eingriffe verschiedener Art. Ungeachtet der überragenden technischen Bedeutung der Emulsionen, waren die zu ihrer Bereitung benutzten Methoden lange Zeit rein empirisch, und die gleiche Maschine wurde häufig zur Herstellung von Emulsionen der verschiedensten Zusammensetzung und Art verwendet.

Eine wesentliche Rolle spielt in den technischen Emulsionen das Emulgierungsmittel, ebenso die thermischen und mechanischen Faktoren ihrer Bereitung. Jede Emulsionsart ist als ein individuelles System zu betrachten, als ein Produkt besonderer Art. Eine Maschine oder Methode, welche bei einer bestimmten Emulsionsart mit Erfolg verwendet werden kann, versagt bei anderen Emulsionstypen oder ist für diese ungeeignet. Die primär erzeugten Emulsionen können ferner, beispielsweise durch Behandeln in einer Homogenisiermaschine oder Kolloidmühle, noch feiner dispergiert werden (Abb. 254 u. 255).

Im Laboratorium bedient man sich oft zur Emulgierung einfacher Mischvorrichtungen. Zu erwähnen wären noch die in den letzten Jahren bekanntgewordene Dampfkondensationsmethode von SUMNER[1] und die Anwendung von Ultraschallwellen für die Emulsionsbereitung[2]. Mit Hilfe von Ultraschallwellen gelang es z. B. K. POPOW[3], 30% Fett enthaltende, äußerst stabile Margarineemulsionen darzustellen. Vielfach in Anwendung ist die intermittierende Schüttelmethode von BRIGGS[4].

a) Die Emulgierungsfaktoren.

Der wichtigste technische Faktor bei der Bereitung von Emulsionen ist die Temperatur. Steigerung der Temperatur erleichtert gewöhnlich den Emulgierungsvorgang wegen der Erniedrigung der Viskosität. Bei nichtmischbaren Flüssigkeiten wird ferner bei Zunahme der Temperatur die Grenzflächenspannung erniedrigt, wodurch die Dispersion ebenfalls vereinfacht wird.

Die *Art der mechanischen Rührung* ist ein wichtiger Faktor und hängt ab von der Natur des Systems selbst. Die Erzeugung einer großen Luft/Flüssigkeit-Grenzfläche, wie in Schlagsahne, Schaum u. dgl., kann ungünstige Folgen haben wegen der im Emulgierungsagens eintretenden physiko-chemischen Änderungen. In besonderen Fällen kommt aber der Gasphase größere Bedeutung zu, wie durch Untersuchungen von ROGOWSKI und SÖLLNER[5], KREMNEV[6] und SATA[7] gezeigt wurde.

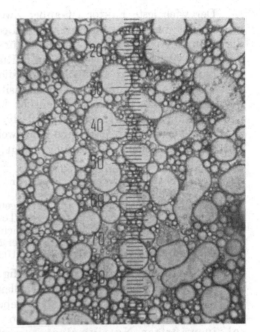

Abb. 254. Typische Emulsion, nicht homogenisiert.

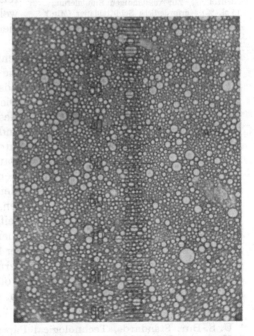

Abb. 255. Typische Emulsion, nach Homogenisierung.

[1] Journ. physical Chem. **37**, 279 (1933).
[2] H. B. BULL u. K. SÖLLNER: Kolloid-Ztschr. **60**, 263 (1932). — BONDY u. SÖLLNER: Trans. Faraday Soc. **31**, 835, 843 (1935); **32**, 556 (1936). — RSHEWKIN u. OSTROWSKI: Acta Physicochim. USSR. **1**, 741 (1934).
[3] Öl-Fett-Ind. (russ.: Masloboino Shirowoje Djelo) **12**, 397 (1936).
[4] Journ. physical Chem. **24**, 120 (1920).
[5] Ztschr. physikal. Chem. (A) **166**, 428 (1933).
[6] Kolloid-Ztschr. **68**, 16 (1934).
[7] Kolloid-Ztschr. **71**, 48 (1935).

Der wichtigste Faktor ist außer Zweifel die *Rührintensität*, eine Tatsache, welche erst neuerdings in ihrer vollen Bedeutung erkannt wurde. Es herrschte die Meinung vor, daß lebhaftes Rühren für den Erfolg maßgebend sei, während der Zeitfaktor vernachlässigt wurde. Durch Rühren kann man aber nicht nur Emulsionen bereiten, sondern sie auch, wenn die Rührintensität zu groß ist, zerstören.

Über das Optimum der Rührintensität bei der Bereitung von Emulsionen wurde in der Literatur verschiedentlich berichtet. Hier wäre vor allem auf die Untersuchungen von HERSCHEL[1] und die Versuche von MOHR und EICHSTÄDT[2] zur Emulgierung von Margarine hinzuweisen. Der Einfluß der Rührintensität wurde von letzteren quantitativ verfolgt:

Eine kleine Laboratoriumskirne von 3 l Inhalt wurde mit zwei in entgegengesetzter Richtung rotierenden Flügelrührern ausgestattet (Durchmesser 12 cm). Der Erfolg der Emulgierung hing ab von der Intensität, mit der die zu emulgierenden Stoffe vermischt wurden. Über die günstigste Tourenzahl (Umfangsgeschwindigkeit) wird folgendes angegeben: Die geringste Tourenzahl, unterhalb welcher in dem verwendeten Apparat stabile Emulsionen nicht zu erhalten waren, lag in der Nähe von 667, was natürlich nur für diese Art der Mischvorrichtung Geltung hat; in anders konstruierten Kirnen wird die kritische Umdrehungszahl eine andere sein.

Die Autoren sagen: „Man ist häufig in der Praxis der Meinung, daß die Umfangsgeschwindigkeit der Rührer allein für den Emulgierungsprozeß maßgebend sei und daß diese für alle Typen von Kirnmaschinen die gleiche sei. Dabei wird jedoch übersehen, daß sowohl die Form der Rührelemente als auch ihre relative Drehrichtung Faktoren sind, welche auf das Vermischen und die Emulgierung einen größeren Einfluß haben.“

BRIGGS und SCHMIDT[3] haben die verschiedenen Faktoren untersucht, welche die Emulgierung von Benzol in 1%igen Lösungen von Natriumoleat beeinflussen. Die Ergebnisse waren von der Größe und Gestalt der Behälter, der Geschwindigkeit und Art des Rührens abhängig. Einige interessante Versuche wurden über die Dauer der vollständigen Emulgierung von Gemischen gemacht, welche verschiedene Mengen Benzol und Seifenlösung enthielten, während das Gesamtvolumen von Seifenlösung und Benzol konstant gehalten wurde (50 cm^3). Die Emulsionen (Öl-in-Wasser) wurden in 125-cm^3-Flaschen bereitet, unter Anwendung einer Schüttelmaschine und etwa 400 Schwingungen pro Minute[4]. Die zur Emulgierung erforderliche Schütteldauer nahm anfänglich mit zunehmendem Benzolvolumen erst langsam, dann aber sehr schnell zu, bis sie schließlich unendlich groß wurde[5]. Die Ergebnisse sind in Tabelle 81 zusammengestellt.

Tabelle 81. Emulgierung von Benzol in wäßrigen Natriumoleatlösungen.

Benzol (Vol.-%)	Zur vollständigen Emulgierung erforderliche Schütteldauer (Min.)
99	125
96	40
95	23 (22)
90	—
99	Unvollständig nach 8 Stunden
96	125
95	40
90	23 (22)
80	17 (11)
70	10
60	7
50	3
40	2
30	< 1

[1] U. S. Bur. Standards, Technological Papers 86, 1—37 (1917).
[2] Margarine-Ind. 1932, Nr. 16/17.   [3] Journ. physical Chem. 19, 478 (1915).
[4] Das Prinzip der Schüttelmaschine (O. LANGE: Technik der Emulsionen, S. 66, Julius Springer, Berlin, 1928) beruht darauf, daß das Mischgefäß möglichst oft und rasch aufeinanderfolgend wechselnden Bewegungen ausgesetzt wird. Maschinentechnisch kann man dies dadurch erreichen, daß man die Wirkung eines Exzenters oder einer Taumelscheibe zur Erzeugung dieser Bewegungsänderung benutzt.   [5] Journ. physical Chem. 24, 120 (1920).

Wie man diesen Zahlen entnehmen kann, ist übermäßiger Kraftaufwand bei der Herstellung der Emulsion überflüssig; es besteht vielmehr ein Optimum der Rührdauer. Es sei jedoch bemerkt, daß man zu ganz anderen Resultaten gelangen würde, wenn das zunehmende Benzolvolumen nicht in einem Zug, sondern allmählich der Seifenlösung zugefügt worden wäre. Denn die einzig verläßliche Methode zur Bereitung stabiler konzentrierter Emulsionen besteht in dem allmählichen Zusatz der inneren Phase, unter konstantem Rühren.

Die Margarinefabrikation bietet ebenfalls ein gutes Beispiel für die besondere Bedeutung des Rührens.

Man kennt in der Margarineindustrie zwei Typen von Emulsionsvorrichtungen. Die eine (und allgemein verwendete) besteht aus einem mit Doppelmantel für Heiß- und Kaltwasser versehenen Behälter (Kirne s. S. 804). Man läßt die Milch und dann langsam das Fettgemisch zufließen, während mit Hilfe von rasch umlaufenden Rührern eine konstante Rührgeschwindigkeit aufrecht erhalten wird.

Es ist, um eine feinkörnige O/W-Emulsion zu erzeugen, unbedingt notwendig, das Öl in die Milch fließen zu lassen und nicht umgekehrt. Je langsamer das Öl zufließt, desto besser sind die Ergebnisse.

Gibt man anderseits zuerst das Ölgemisch in die Kirne und dann erst die Milch, so entsteht eine Emulsion vom W/O-Typ. Das gleiche geschieht, wenn man beide Phasen (sagen wir 80% Öl und 20% Wasser) in die Kirne gibt, ohne allzu starkes Rühren, und dann die Rührer in Bewegung setzt. Berücksichtigt man allein den Volumfaktor, so ist es einleuchtend, daß bei Zugabe der Milch zu der gesamten Ölphase schon die mechanische Zerteilung der Teilchen die Bildung einer W/O-Emulsion begünstigen müßte. So dargestellte Emulsionen sind nicht haltbar. Nach Abstellen des Rührers findet Schichtentrennung statt, was auf die Natur der Emulgierungsmittel zurückzuführen ist, denn die Milchkolloide erfordern das umgekehrte Phasensystem. Selbstverständlich läßt sich in der Margarineindustrie der Emulsionstypus „W/O" stabilisieren, und zwar nach Methoden, welche an anderer Stelle besprochen wurden (S. 757).

Die andere, in der Praxis seltener verwendete Art von Emulsionsmaschinen ist die der kontinuierlichen Margarineerzeugung. Das Arbeitsprinzip der kontinuierlichen Kirne besteht in der gleichzeitigen Beschickung einer thermoregulierten Kammer mit Öl und Milch, in welcher Kammer die beiden Phasen innig vermischt werden und als kontinuierlicher Emulsionsstrom die Maschine verlassen. Es ist einleuchtend, daß in einer solchen Kirnvorrichtung die physikalischen und mechanischen Faktoren nicht so genau geregelt werden können wie in der Kirne. Nach den Erfahrungen CLAYTONs können bei Anwendung von Wasser und Öl, d. h. bei den gleichen physiko-chemischen Bedingungen, Emulsionen des O/W- oder W/O-Typs resultieren, wenn die mechanische Behandlung eine verschiedene ist. Mitunter erfolgt beim Durchlassen einer Margarineemulsion durch eine kontinuierliche Kirnmaschine, in welcher die mit einer Tourenzahl von 1500/Min. rotierenden Scheiben eine äußerst lebhafte Bewegung erzeugen, eine vollständige Umkehrung des Emulsionstyps. Wahrscheinlich haben Volumfaktoren Einfluß auf die Inversion.

Das Verhältnis Flüssigkeitsmenge/Umfang des Mischapparates spielt bei der Emulgierung ebenfalls eine Rolle. Bestätigt wird dies durch die Versuche von MOHR und EICHSTÄDT; sie fanden, daß man bei mittlerer Füllung der Kirne gute Emulsionen erhält, während bei Überfüllung eine mangelhafte Margarineemulsion entsteht. Sie führen das auf die verschiedenen Strömungen innerhalb der Kirne und Änderung der Wirbelbewegungen zurück.

Eine ausführlichere Untersuchung der mechanischen Faktoren, welche bei der

Bereitung von insektiziden Pflanzenschutzmitteln eine Rolle spielen, hat Smith[1] ausgeführt. Die besondere Art der im Felde frisch aus den Komponenten bereiteten Ölspritzmittel wird in der Weise bereitet, daß Wasser, Emulgator, Spritzmittel und Öl getrennt in das Gefäß gegeben werden, und die Emulgierung durch Rührwerke zuwege gebracht wird. Die Wirksamkeit des Rührens hängt ab vom Umfang, der Form und den Dimensionen des Behälters; der Zahl und Stellung der Rührer; der Form, Größe und Zahl der an den Rührern angesetzten Rührelemente; der Lage der Rührwelle und schließlich der Rotationsgeschwindigkeit. Die Wirksamkeit wird häufig beeinflußt durch die im Behälter befindlichen Kühlrohre, Stutzen u. dgl. Die Homogenität des Spritzmittels wird ferner beeinflußt durch den Charakter der Emulsion und die Art, in der die Komponenten in den Mischbehälter gegeben werden. Diese Angaben entsprechen ohne Zweifel den Erfahrungen aller Techniker, welche im großen mit der Herstellung von Emulsionen zu tun hatten.

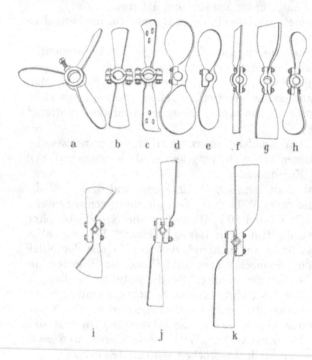

Abb. 256. Rührertypen für Emulsionen nach Smith.

Für die Bereitung von Emulsionen sind zwei Formen von Mischgefäßen weit verbreitet: solche mit halbrundem und mit elliptischem Boden; in letzterem Falle ist der Boden entweder gleichmäßig abgerundet oder im mittleren Teil nahezu flach und scharf gegen die Seiten zugespitzt.

Abb. 256 (entnommen der Arbeit von Smith) zeigt die verschiedenen Rührertypen, wie sie in Südkalifornien zur Bereitung von Pflanzenschutzmittelemulsionen verwendet werden. Sie sind mit zwei oder drei Flügeln versehen. Die Typen b, e und h arbeiten nach Smith mangelhaft, während die Rührer a, c, d und g besonders gute Wirkung zeigen (s. Tabelle 82).

Die Emulgierungsversuche wurden in einem Gefäß mit halbrundem Boden von 45 Zoll Länge, 36$\frac{1}{2}$ Zoll Breite und 33 Zoll Höhe ausgeführt. Die Öle wurden zuvor mit einer öllöslichen roten Farbe gefärbt. 2 Gallonen Petroleum wurden ohne Zusatz eines Emulgators in 198 Gallonen Wasser dispergiert (1%ige Emulsionen). Mit Ausnahme des Versuches 10 (Tabelle 83) wurde das Öl gleich zu Beginn der Tankbeschickung zugesetzt; das Rührwerk war beim Füllen und Entleeren des Mischbehälters ununterbrochen in Gang.

Zwei kleine Rührer haben also gereicht, um bei einer Tourenzahl von 300/Min. ein homogenes Gemisch zu erzeugen. Die Versuche mit vier kleinen Rührern führten zu homogenen Gemischen bei einer Tourenzahl von 200/Min. Dagegen war die Vermischung unzureichend bei Anwendung von zwei großen Rührern bei einer Tourenzahl von 100/Min.; homogene Emulsionen wurden erst

[1] Bull. Univ. California agricult. Exp. Stat. 527, 1—84 (1932).

bei der doppelten Rührgeschwindigkeit erhalten (200 Umdrehun-
gen/Min.). Es ist bemerkenswert,
daß eine Tourenzahl von 100 selbst
bei Vorhandensein von vier großen
Rührern nicht genügt, d. h. also, daß
die Rührgeschwindigkeit von größerer Bedeutung ist als die Zahl der
Rührer. Es hängt dies damit zusammen, daß das Öl sich an der
Oberfläche des Gemisches anreichert
und erst bei sehr lebhafter Rührung
zum Behälterboden gelangen kann.

Bei gleicher Tourenzahl (210)
waren in einem größeren Apparat
von 465 Gallonen vier
größere Rührer (Typ d)
wirksamer als sieben
kleinere (Typ e).

Eine in einem gege-
benen Apparat gut wir-
kende Rührvorrichtung
kann nach SMITH in
einem Behälter anderer
Gestalt versagen, indem
die Stärke der Rühr-
wirkung größer oder klei-
ner wird als zur Emul-
gierung notwendig ist.
Die Gegenwart eines
Emulgators erleichtert
natürlich den Disper-
sionsvorgang.

Zur Bestimmung
des Kraftbedarfes wäh-
rend der Emulgierung
bei verschiedener Rührweise verwendete
SMITH einen 300 Gallonenbehälter; die
Rührflügel standen entweder rechtwinklig
oder parallel zueinander und senkrecht
zur Rührwelle, so daß die Rührflügel des
einen Paares das Wasser gegen das nächste
Flügelpaar fortbewegten (Abb. 257). Der
Kraftbedarf ist in Tabelle 84 angegeben.

Der Kraftverbrauch und die Rührwirkung sind größer bei paralleler Anordnung der Rührelemente. Die größeren

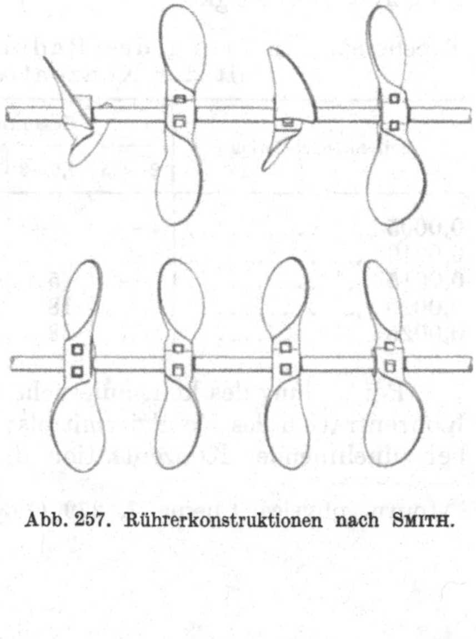

Tabelle 82. Rührer für Spritzmittel
(Pflanzenschutzmittel).

Rührer	Flügel-zahl	Gesamt-fläche der Flügel Zoll^2	Länge der Flügel[1] Zoll	Neigungs-winkel zur Welle, Grad
a	3	45	$6^1/_2$	60
b	2	19	$5^3/_4$	30
c	2	31	$6^1/_4$	60
d	2	42	$6^1/_2$	35
e	2	24	$5^3/_4$	30
f	2	28	6	90
g	2	35	$6^1/_2$	50
h	2	23	6	35
i	2	22	$5^1/_4$	30
j	2	24	$8^1/_2$	30
k	2	45	$9^1/_4$	30

Tabelle 83. Einfluß der Rührgeschwindigkeit,
geprüft im 200-Gallonen-Behälter, auf die
Emulgierung von Öl und Wasser.

Ver-such	Zahl und Art der Rührer	Rührge-schwindig-keit (Touren/ Min.)	Anzahl Gallonen bei der Probe-entnahme				
			200	150	100	50	10
			Prozent Öl in der Probe				
1	2 B	100	0,3	0,2	0,2	0,2	7,5
2	2 B	200	0,5	0,7	1,0	1,1	1,4
3	2 B	300	1,0	1,0	1,0	1,0	1,0
4	2 D	100	0,3	0,7	0,9	0,7	2,7
5	2 D	200	1,0	1,0	1,0	1,0	1,3
6	2 D	300	1,0	1,0	1,0	1,0	1,0
7	4 B	200	0,9	0,9	1,1	1,1	1,1
8	4 D	100	0,6	0,6	0,8	0,8	1,4
9	4 D	200	1,0	1,0	1,0	1,0	1,0
10[2]	2 D	200	1,0	1,0	1,0	1,0	1,0

Abb. 257. Rührerkonstruktionen nach SMITH.

---

[1] Gerechnet vom Zentrum der Welle.
[2] Das Öl zum bereits gefüllten Tank zugesetzt; das Rührwerk wurde erst 2 Minuten vor der ersten Probenahme in Gang
gesetzt.

Rührer wirken besser als die kleineren. Der Versuch 5 beweist, daß der Kraftverbrauch nicht wesentlich abnimmt, ehe der Behälter halb leergelaufen ist.

Tabelle 84.   Kraftbedarf verschiedener Rührsysteme
in einem Apparat von 300 Gallonen nach Smith.

Versuchs-reihe	Ungefähre Geschwindigkeit (Tourenzahl)	Art und Anzahl der Rührer	Stellung der Rührflügel	Wassermenge im Behälter (Gallonen)	Kraftbedarf zum Rühren (PH)
1	100	4 D	Rechter Winkel	300	0,08
	200	4 D	„ „	300	0,43
	300	4 D	„ „	300	1,76
	100	4 D	Parallel	300	0,15
2	200	4 D	„	300	0,56
	300	4 D	„	300	2,00
	100	4 B	„	300	0,06
3	200	4 B	„	300	0,15
	300	4 B	„	300	0,65
	100	1 E, 2 F	„	300	0,09
4	200	1 E, 2 F	„	300	0,40
	300	1 E, 2 F	„	300	1,48
	300	4 D	„	100	0,92
5	300	4 D	„	200	1,92
	300	4 D	„	300	1,98

Trotz diskontinuierlicher Arbeitsweise haben die Mischapparate den großen Vorzug, daß man die kontinuierliche Phase vor Zugabe der zu dispergierenden Phase zusetzen kann. Dies ist bei der Emulsionsbereitung sehr vorteilhaft, weil hierbei die Bildung desjenigen Emulsionstypus mechanisch gefördert wird, der von dem gelösten oder suspendierten Emulgator verlangt wird. Die Wirksamkeit der langsamen, allmählichen Zugabe der dispersen Phase unter starker Rührung ist durch die Praxis bewiesen; für konzentrierte Emulsionen ist eine solche Arbeitsweise unerläßlich.

Fraglich ist es, welchen Wert man dem Verfahren der Teilung der äußeren Phase in zwei Teile, d. h. der Verdünnung der fertigen Emulsion mit dem zweiten Teil, zumessen soll. Nach den Erfahrungen Claytons ist es zweckmäßiger, bei der Emulsionsbereitung die gesamte kontinuierliche Phase von vornherein anzuwenden, denn die Verdünnung konzentrierter Emulsionen führt häufig zu größeren Schwierigkeiten.

Tabelle 85.   Änderung des Radius der dispergierten Benzolphase (in μ)
mit der Konzentration des Emulgiermittels.

Seifenkonzentration	Gesamtmenge der Kügelchen vom Radius (μ) in Prozent								
	2—2,5	2,5—3	3—3,5	3,5—4	4—4,5	4,5—5	5—5,5	5,5—6	>6
0,0005 Mol	—	—	—	13,5	22,5	30,5	17,5	9	7
0,0010 „	—	—	4,5	21,5	33,5	23	12	5,5	
0,0015 „	—	5	22	20	30	14	9	—	—
0,0020 „	—	18	24	29,5	17,5	10,5	—	—	—
0,0025 „	5,5	28,5	38,5	13	12	2,5	—	—	—

Bei Teilung des kontinuierlichen Mediums erhält man zunächst eine größere Konzentration des Emulgiermittels; Versuche von Sumner[1] haben ergeben, daß bei zunehmender Konzentration des Emulgiermittels (Seife) der durchschnitt-

[1] Journ. physical Chem. 37, 279 (1933).

liche Radius der in wäßrigen Seifenlösungen verteilten Benzolpartikelchen zur Verkleinerung neigt. Die Verkleinerung ist zwar (s. Tab. 85) nicht sehr erheblich, aber deutlich erkennbar. Das Benzol wurde bei den Versuchen durch Einblasen seines Dampfes unter die Oberfläche der Seifenlösung dispergiert. Es versteht sich von selbst, daß bei Vermischen von Flüssigkeiten durch Rühren eine andere Rührintensität notwendig ist, sobald das Volumen der kontinuierlichen Phase reduziert wird.

Die Erfahrung bestätigt, daß das Volumverhältnis der beiden Phasen eine wichtige Rolle bei der Emulgierung spielt; mitunter kann aber die Art und Konzentration des Emulgators den Einfluß des Volumverhältnisses aufheben. Hier sowohl als auch in allen anderen Arten von technischen Emulsionen muß jedes System für sich allein betrachtet werden.

b) Die physikalischen Faktoren des Emulgierungsvorganges.

Der Mechanismus der Emulgierung ist äußerst kompliziert. Durch das Rühren von zwei Flüssigkeiten werden diese in Tropfen und Zylinder zerteilt; ein Flüssigkeitszylinder wird aber unbeständig, sobald die Höhe das $3^1/_2$fache des Durchmessers erreicht. Die Zylinder zerfallen dann zu Kügelchen und die Entfernung zwischen den Kugelzentren ist dem Kreisumfang der Zylinder gleich.

TAYLOR[1] hat für den Umfang der größten Kugel, welche in einer Flüssigkeit bestehen kann, die mit einer gegebenen Geschwindigkeit mit der Oberflächenspannung der Kugel und den Viskositäten der beiden Flüssigkeiten der Deformation unterliegt, einen Ausdruck abgeleitet. Die Turbulenz der Bewegung in der Emulgiermaschine gestaltet aber die Nachprüfung des Problems recht schwierig. Neuerdings hat TAYLOR[2] die Theorie der Emulsionsbildung an definierten Strömungsfeldern verfolgt. Er untersuchte die Deformation eines Flüssigkeitstropfens durch die Viskositätskräfte, welche durch gewisse, mathematisch definierbare Strömungsfelder der anderen Flüssigkeit hervorgerufen werden. Ein Ausdruck wurde gefunden für geringe Deformation der Kugelform, auftretend bei geringen Geschwindigkeiten. Ist L der größte, B der kleinste Tropfendurchmesser, dann ist $\dfrac{L-B}{L+B} = F$, wobei F eine nicht meßbare Menge ist, welche der Strömungsgeschwindigkeit proportional ist. Ölpartikel verschiedener Viskosität wurden in mit Wasser zu entsprechenden Viskositäten verdünntem Zuckersirup suspendiert. Damit wurden zwei Strömungsfelder untersucht. Der erste Fall, bei dem die Strömungslinien rechtwinklige Hyperbeln bildeten, wurde verwirklicht mit Hilfe eines Vierwalzenrührers, bestehend aus zwei Walzenpaaren, von denen jedes in entgegengesetzter Richtung rotierte; auch die beiden Walzen eines jeden Paares hatten entgegengesetzte Drehungsrichtung. Der zweite Fall wurde an einer Bewegungsvorrichtung untersucht, bestehend aus zwei parallelen Bändern, welche in jeder Richtung und mit verschiedener Geschwindigkeit gezogen werden konnten.

Aus den photographisch registrierten Ergebnissen folgt, daß, sobald ein Tropfen unter dem Einfluß der in der viskosen Flüssigkeit entstandenen Zugkräfte einer leichten Deformation von der Kugelform unterliegt, diese Formänderung ausschließlich von den augenblicklichen Bedingungen abhängig ist. Dehnung des Tropfens findet in einer Richtung statt, in welcher die Partikellinien mit der größten Geschwindigkeit gezogen werden. Im Vierwalzenapparat ist die lange Achse des Tropfens horizontal, im Parallelbandapparat ist sie 45° zu den

---

[1] Proceed. Roy. Soc., London, Serie A, **138**, 47 (1932).
[2] Proceed. Roy. Soc., London, Serie A, **146**, 501 (1933).

Bändern geneigt. Der schwach deformierte Tropfen hat eine Form, welche theoretisch abgeleitet werden kann aus den Formeln:

$$\frac{L-B}{L+B} = \frac{19\eta' + 16\eta}{16\eta' + 16\eta} F,$$

wenn η und η' die Viskositäten von Öl und Sirup sind. Das endgültige Schicksal des Tropfens hängt bei starker Zunahme der Deformationsgeschwindigkeit der äußeren Flüssigkeit von dem Verhältnis η'/η ab. Bei kleinen Werten von η'/η, z. B. 0,0003, bleibt der Tropfen noch als solcher erhalten, wenn er auch sehr langgezogen und schmal wird, und zwar in beiden Apparatetypen.

Nimmt die Viskosität der Öltropfen zu, so wird die zu seiner Sprengung erforderliche Geschwindigkeit in beiden Apparaten kleiner. Bei $\eta'/\eta = 20$ wird die Sprengwirkung in beiden Apparatetypen sehr verschieden. Im Vierwalzenapparat reißt der Tropfen bei $F = 0,28$, während er im anderen Typ selbst bei der Höchstgeschwindigkeit bestehen bleibt.

Taylor erscheint es merkwürdig, daß der Tropfen in dem zuletzt genannten Apparat reißt, sobald seine Viskosität derjenigen der umgebenden Flüssigkeit gleich wird, dagegen der Viskositätszug der Flüssigkeit nicht imstande ist den Tropfen zu sprengen, wenn die Viskosität auf ein Mehrfaches der äußeren Flüssigkeit ansteigt. Der Tropfen rotiert dann nur, bleibt aber nahezu sphärisch.

Interessant ist die Art, in welcher sich die Sprengung des Tropfens vollzieht[1]. Die Sprengung besteht immer in einer Dehnung zu einem Faden. Sowie der Faden gerissen ist, degeneriert er zu Partikeln, deren Größe etwa $^1/_{100}$ des ursprünglichen Tropfens beträgt. Dies erklärt teilweise die Tatsache, daß man in einer mechanisch gebildeten Emulsion Tropfen der verschiedensten Größenordnung findet.

Eine mathematische Analyse des Unterteilungsmechanismus der einen Phase in der anderen hat Rossi[2] durchgeführt. Er hat gezeigt, daß der Verteilungszustand hauptsächlich durch die mechanische Wirkung der Dispergierung der einen Phase in der anderen und nur wenig durch die physikochemischen Eigenschaften der bereits gebildeten Emulsion beeinflußt wird. Während die Grenzflächenspannung die Emulsionsbildung erleichtert, hat sie nur geringe Wirkung auf die aktuelle Stabilität. Die Verteilung der Partikeldurchmesser ist also nicht einheitlich, sondern Gegenstand eines statistischen Gesetzes.

Stamm und Krämer[3] haben wichtige Beobachtungen über den Emulgierungsmechanismus gemacht. Bei den verschiedenen Methoden der Verrührung zweier Flüssigkeiten werden *beide* Phasen zerstäubt, wobei die eine Phase Lamellen und Fäden in der anderen Flüssigkeit bildet.

Die Lamellen zerfallen zu Kügelchen. Das Verhältnis der Phasenvolumina und die Viskositäten und Dichten der beiden Phasen sind für das Ausmaß entscheidend, zu welchem die eine Flüssigkeit in der anderen zerteilt wird. Gleichzeitig und entsprechend dem Zerteilungsvorgang spielt sich der entgegengesetzte Prozeß ab, die Vereinigung der Partikel derjenigen Phase, welche das äußere oder das kontinuierliche Medium bilden wird. Die Geschwindigkeit dieser Wiedervereinigung wird abhängen von den Dichten, Viskositäten und dem Volumverhältnis der beiden Flüssigkeiten und den Grenzflächenkräften. Die Bildung der Emulsion wird begünstigt einerseits durch die Flüssigkeit, welche sich fein zerteilt hat, und anderseits durch die andere Flüssigkeit, welche sich mit größerer Leichtigkeit zu einer zusammenhängenden Phase vereinigt. In Ab-

---

[1] Tomotika: Proceed. Roy. Soc., London, Serie A, 150, 322 (1935).
[2] Gazz. chim. Ital. 63, 190 (1933).   [3] Journ. physical Chem. 30, 992 (1926).

wesenheit eines Emulgators beobachtet man eine rasche Wiedervereinigung beider Phasen, deren Folge eine Trennung in zusammenhängende Phasen ist.

Die *Stabilität der Emulsion* hängt von mehreren Faktoren ab; sie wird durch folgende Faktoren gesteigert: 1. feine Dispersion der Partikel; 2. Mindestdifferenz in den Dichten der beiden Flüssigkeiten; 3. eine viskose kontinuierliche Phase, und 4. ein stabiler Film über den einzelnen Partikeln. Soweit der Faktor 4 sich auswirken soll, erfordert er Zeit, damit eine gleichmäßige Adsorption des Emulgators stattfinden kann; er ist häufig von einem Unlöslichwerden und einer Denaturierung begleitet. Ein Emulgierungsmittel wirkt demnach in zweierlei Weise: 1. Es erleichtert die Dispersion durch Erniedrigung der Oberflächenspannung, 2. es steigert die Stabilität nach der Adsorption, vorausgesetzt, daß keine störenden Faktoren vorhanden sind, wie chemische Veränderung oder physikalisch-chemische, zu Synärese führende Einflüsse.

Erniedrigung der Grenzflächenspannung muß den Emulgierungsvorgang erleichtern. Vorläufig fehlen noch genaue Untersuchungen über den Kraftverbrauch bei der Dispergierung einer Flüssigkeit in einer anderen in Beziehung zur Grenzflächenspannung, der Viskosität, der Dichte und dem Typus der verwendeten Rührvorrichtung. Eine solche Studie ist dringend notwendig, und zwar muß diese auf verschiedene Größen der dispergierten Partikel und Emulsionsklassen ausgedehnt werden.

Nachdem die Gegenwart eines Emulgators sowohl die Dispergierung der Teilchen als auch ihre Vereinigung bei der Emulgierung beeinflußt, erscheint die Angabe von STAMM und KRÄMER verständlich, daß es nicht möglich sei, den mit verschiedenen Emulgatoren bereiteten Emulsionen den gleichen Dispersionsmechanismus zuzuschreiben.

c) Die Rührvorrichtungen.

Für die Herstellung von Emulsionen im diskontinuierlichen oder kontinuierlichen Verfahren kommen die verschiedensten Rührvorrichtungen in Betracht[1]. Häufig werden *Zentrifugierapparate*[2] und *Zerstäubungsvorrichtungen*[3] verwendet.

Die sog. *Kolloidmühle* kann entweder direkt oder zur weiteren Zerteilung der bereits fertigen Emulsion benutzt werden. Eine genaue Beschreibung der Kolloidmühle wurde von PLAUSON[4], MÖLLERING[5], PODSZUS[6] und CHAWALA[7] veröffentlicht. Die Kolloidmühle ist eine Schlagmühle, in deren unterem Teil exzentrisch eine mit Schlagarmen versehene Welle mit großer Geschwindigkeit, innerhalb eines Schlagwiderstandgestelles rotierend, das Dispersionsmittel und das Dispersionsgut schlägt.

d) Homogenisierung.

Die Emulsionen enthalten gewöhnlich Partikel der verschiedensten Teilchengröße. Die Kunst, diese zu Teilchen möglichst kleinen und gleichmäßigen Durchmessers zu zerteilen, nennt man *Homogenisierung*. Im Zusammenhang damit entstanden wichtige Probleme der Kolloidchemie, welche ihren Anfang nahmen mit der Beobachtung von HATSCHEK[8], daß die Zerteilung der Flüssigkeits-

---

[1] S. GROHN: Chem. Fabrik **1931**, 1, 13, 27. — R. AUERBACH: Kolloid-Ztschr. 74, 285 (1936).   [2] D. R. P. 572543 (1933), 582102 (1933).
[3] D. R. P. 521644 (1929), 595986 (1934).
[4] Ztschr. angew. Chem. **34**, Aufsatzteil 469 (1921).
[5] Chem. Fabrik **1930**, 239.   [6] Kolloid-Ztschr. 56, 122 (1931); 64, 129 (1933).
[7] Kolloid-Ztschr. **55**, 122, 371 (1931); 56, 117 (1931).
[8] Kolloid-Ztschr. 7, 81 (1910).

partikel eine um so größere Kraft erfordert, je kleiner ihr Kugeldurchmesser werden soll.

Man kennt mehrere Arten von Homogenisiermaschinen. Sie wirken meist in der Weise, daß die Emulsion mittels einiger auf einer Exzenterwelle sitzender Kolben mit großem Druck durch einen engen Spalt (Homogenisierventil) gepreßt wird. Dieses hat die Form von zwei Sitzflächen, welche genau als Fall- und Hubventil passen (Abb. 258). Die Emulsion wird in die Homogenisiervorrichtung mit einem Druck von 200—300 at gedrückt, das Ventil, welches es passieren muß, wird durch eine starke Feder gesteuert, welche nur eine ganz schmale Öffnung für die Emulsion offen läßt. Das Aufsitzen und Abheben des Ventils erfolgt mit großer Frequenz, so daß die Emulsion durch die schmale Öffnung mit enormer Geschwindigkeit hindurchgepreßt wird, wobei eine gewaltige Zerteilungswirkung zustande kommt. Dadurch wird eine äußerst feine Dispersion der Emulsion erreicht, bis herunter zu $0,1\,\mu$.

Abb. 258.
Fall- und Hubventil der Homogenisierungsmaschinen.

Die Spalte werden zweckmäßigerweise mehrfach gewunden oder geknickt geführt, so daß das Gemisch gezwungen ist, möglichst oft seine Richtung zu wechseln. Durch das Hindurchpressen unter hohem Druck erfährt die Mischung, wie bereits angegeben, eine weitgehende Zermahlung und Zerreibung.

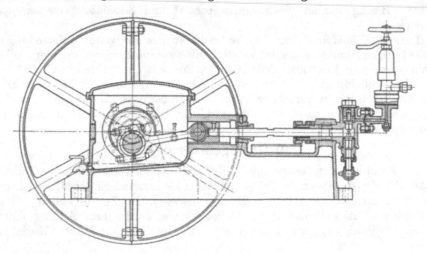

Abb. 259. Astra-Homogenisiermaschine.

Im folgenden seien einige Typen von Homogenisiermaschinen, insbesondere des „*Homogenisierkopfes*", in welchem die Zerteilung erfolgt, beschrieben[1].

---

[1] Vgl. hierzu O. LANGE: Technik der Emulsionen, S. 73—87. Berlin: Julius Springer. 1929.

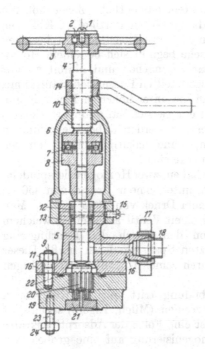

Abb. 260.

1 Schraube, *2* Scheibe, *3* Handrad, *4* Handrad-spindel, *5* Druckspindel, *6, 8* Kugellagerteller, *7* Kugellager, *9* Stiftschraube, *10* Haube, *11* Mutter, *12* Stopfbuchsenring, *13* Baumwoll-schnur, *14* Feststellgriff, *15* Schraube, *16* Ho-mogenisierkopf-Oberteil, *17* Überwurfmutter, *18* Auslaufkonus, *19* Homogenisierkopf-Unterteil, *20* Homogenisierkegel, *21* Einsatz, *22* Dichtungs-ring, *23* Stiftschraube, *24* Mutter.

Astra-Homogenisiermaschine (Abb. 259). Sie ist eine drei- oder mehrzylindrige Preßpumpe. Die Druckstutzen der einzelnen Zylinder sind an ein gemeinsames Verbindungsstück ge-flanscht, an das das Sicherheitsventil und das Manometer sowie der Homogenisierkopf an-geschlossen sind. Der normale Betriebsdruck der Maschine ist 100—200 at.

Der wichtigste Teil der Maschine ist der Homogenisierkopf (Abb. 260). Dieser ist ein

Abb. 261. Homogenisiermaschine (Wilh. G. Schröder Nchf.).

mehrsitziges Drosselorgan. Die Flüssigkeit tritt in der Mitte unter den Kegel, wird durch den ersten Sitz gepreßt und dann abwärts geführt, passiert wieder unter dem hohen Arbeitsdruck den zweiten Sitz und gelangt dann durch das Oberteil zum Auslaufe. Der Homogenisierkeil wird durch das Hand-rad (*3*) eingestellt. Der Kraftbedarf der Maschine bei einem Arbeitsdruck von 200 at beträgt für eine Stundenleistung von 500 l 5 PS, bei einer Stundenleistung von 1000 l 10 PS und einer solchen von 3000 l 33 PS.

Homogenisiermaschine der Fir-ma Wilh. G. Schröder Nchf., Lü-beck. Auch bei dieser Maschine (Abb. 261) wird die zu homoge-nisierende Flüssigkeit durch eine Mehrkolbenpumpe in den Homo-genisierkopf (Abb. 262) gepreßt. Dieser besteht aus einer Vorho-mogenisierdüse, bei der die Flüssig-keit, in der Pfeilrichtung eintretend, durch feine Bohrungen gepreßt wird. Die Flüssigkeit wird hierauf durch einen mittels Handrad ein-stellbaren Spalt gedrückt, der durch einen schlanken Konus gebildet wird, der in einem Gehäuse ein-geschliffen und mit feinen Rillen versehen ist. Der Konus ist dreh-

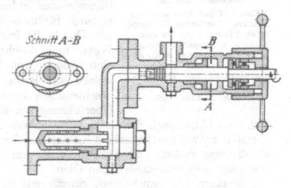

Abb. 262. Homogenisierkopf (Wilh. G. Schröder Nchf.).

bar eingesetzt und wird während des Laufes der Maschine langsam gedreht, damit für den Fall, daß die zu homogenisierende Flüssigkeit Fremdkörper enthält, diese den Spalt nicht verstopfen, sondern durch den Spalt getrieben werden. Der Arbeits-druck kann bis zu 300 at betragen, die Leistung bis zu 6000 l in der Stunde.

Bei der Homogenisierung von Milchprodukten, namentlich solchen höheren Fettgehalts, kommt es häufig vor, daß sich die zerteilten Partikel zu Klumpen vereinigen, welche mitunter aus einigen hundert Einzelpartikelchen bestehen können. Die Klumpenbildung der Milchgemische beginnt sich bei einem Homogenisierungsdruck von etwa 250 at bemerkbar zu machen und nimmt zu mit dem Druck. Dies hat zur Folge, daß ein Teil der verteilten Phase wieder aufrahmt. Dem kann aber abgeholfen werden, wenn man die unter höherem Druck homogenisierte Emulsion ein zweites Mal unter niedrigerem Druck homogenisiert; es werden dabei die Klumpen auseinandergerissen, ohne natürlich einen feineren Dispersionsgrad zu erreichen.

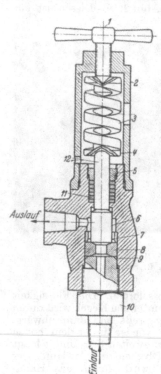

Die Maschinen haben, zwei Homogenisierspindeln, die erste arbeitet unter einem Druck von 350 at, die zweite unter einem Druck von etwa 150 at. Man kann auch mit nur einem Ventil arbeiten, in welchem Falle die Emulsion den durch den Führungsring (Abb. 263) begrenzten Spalt passieren muß. Dieser Ring bestimmt durch seinen Umriß den endgültigen Druck.

Die Klumpenbildung tritt nur bei Emulsionen ein, welche mit Proteinen (Milch, Eigelb) stabilisiert worden sind, und ist eine Folge der Adsorptionskräfte der durch die Homogenisierung auf eine große Oberfläche verteilten Proteine.

Näheres über dieses Problem findet der Leser in den Arbeiten von RAHN[1], WIEGNER[2], BRIGGS[3], DOAN[4], HENNING[5], WEBB und HOLM[6].

"Duo-Visco"-Homogenisiermaschine. Abb. 263.
1 Handgriff zur Einstellung des Druckes, 2 Ventilhaube, 3 Druckfeder, 1 Federhalter, 5 Packungsbüchse, 6 Doppelhomogenisierkegel. 7 Führungsring, 8 Sitz des Homogenisierkegels, 9 Dichtung zum Schraubpfropfen, 10 Schraubpfropfen, 11 Dichtung zum Druckstück, 12 Druckstück.

e) Die verschiedenen Verwendungsgebiete.

Die Emulsionen bieten die Möglichkeit, geringe Ölmengen auf ein großes Volumen zu verteilen; auch befindet sich das Öl in der Emulsion in einem dünnflüssigeren Zustande als im normalen Material. Daraus ergeben sich die Anwendungsmöglichkeiten für Ölemulsionen in Staubbindemitteln, zur Holzimprägnierung, für insektizide Spritzmittel usw.

Durch die feine Verteilung des Öles (einer mit Wasser nicht mischbaren organischen Flüssigkeit) wird eine äußerst große Öl-Wasser-Grenzfläche geschaffen, welche eine Reihe von chemischen Reaktionen zu beschleunigen vermag. Als Beispiele seien genannt die Überführung von Erdöl in wäßrige Emulsionen durch Erhitzen (Aquolyse), die Polymerisation von Dienen in Emulsionsform bei der Herstellung von synthetischem Kautschuk; die Vulkanisation von Ölen und Fetten als disperse Systeme, die Steigerung der germiziden Wirkung von Phenolen und Kresolen oder von ätherischen Ölen.

Farben, Lackemulsionen, Schmiermittel, flüssige Reinigungsmittel, Harzzubereitungen zum Wasserfestmachen von Papier und Gewebe, Salatöle,

[1] Milchwirtschaftl. Forsch. 2, 382 (1925).   [2] Kolloid-Ztschr. 15, 105 (1914).
[3] Journ. physical Chem. 19, 229 (1915).
[4] Journ. Dairy Science 10, 501 (1927); 12, 211 (1929).
[5] Journ. Dairy Science 11, 299 (1928).   [6] Journ. Dairy Science 11, 243 (1928).

Mayonnaise, Kunstmilch, Wollfettungsmittel, Entbasten von Seide, all dies sind Beispiele für die vielfachen technischen Anwendungen von Emulsionen, für welche zahlreiche Beispiele in der modernen Patent- und wissenschaftlichen Literatur zu finden sind. Näheres darüber findet der Leser in zwei ausführlichen Berichten von W. CLAYTON[1]. Hier seien nur die wichtigeren Anwendungsgebiete kurz besprochen. Über die wichtigste Fettemulsion, die Margarine, wird weiter unten ausführlich berichtet.

α) Chylomikronemulsionen.

Die biologisch wichtigste Fettemulsion ist das Blut. Nach Untersuchungen von GAGE[2], GAGE und FISH[3], LUDLUM, TAFT und NUGENT[4] verwandelt sich das mit der Nahrung aufgenommene Fett nach Passieren der Darmwände in den Lymphgefäßen in eine feinverteilte Emulsion, in welcher die Fetteilchen (Chylomikrons) einen Durchmesser von 0,5—1 μ haben. Von den Lymphgefäßen gelangt das Fett schließlich in die Blutbahn. Aus dem isoelektrischen Punkt der Chylomikrons (p_H 4,8—5,0) wird gefolgert, daß die Partikel von einem Gemisch von Proteinen, Albumin und Serumglobulin überzogen sind. Das ist eine äußerst wichtige Feststellung, denn damit das Fett aus der Blutbahn austreten und als Reservefett für spätere Verwertung abgelagert werden kann, müssen die Chylomikrons durch die Zellsubstanz benetzbar sein. In den Fettgeweben befindet sich das Fett bereits in Gestalt weit größerer Partikel als in den Chylomikrons. Der Vorgang spielt sich vermutlich derart ab, daß sich die Chylomikrons nach Zerstörung der Proteinfilme durch proteolytische Zellenzyme zu größeren Kügelchen vereinigen.

β) Parenterale Zufuhr von Emulsionen.

Mehrere Forscher haben für therapeutische Zwecke die Fettzufuhr in Form von in die Blutbahn injizierten Ölemulsionen vorgeschlagen[5]. Die Absorption von Vitaminen durch intravenöse Injektion vitaminreicher Fette in Emulsionsform ist theoretisch durchaus möglich. Die Toleranz eingespritzter Emulsionen wurde von japanischen Forschern untersucht[6].

Von größerem Interesse sind indes die neueren Untersuchungen von WALSH und FRAZER[7] über die Toxinbekämpfung, z. B. bei Pneumonie, durch intravenöse Injektion von Olivenölemulsionen. Sie führen die Wirkung auf die Adsorption der Toxine durch die Emulsionspartikel zurück, wodurch ihre direkte Einwirkung auf die Körperzellen verhindert wird. Die Emulsion enthält 5% Öl und ist durch Natriumoleat stabilisiert (0,2%ige Lösung, mit Na_2CO_3 auf $p_H = 8$ eingestellt).

γ) Emulsionen in der Lederindustrie[8].

Nach der Gerbung wird das Leder mit Fetten behandelt, um die Fasern weich und geschmeidig zu machen. Zum Fettlickern werden vorwiegend Ölemulsionen (sulfonierte Öle) verwendet. Das Leder vermag bis zu 20% Öl

---

[1] Technical Aspects of Emulsions, S. 9—28. London. 1935. The Theory of Emulsions and their Technical Treatment, Kap. IX. London. 1935.
[2] The Cornell Veterinarian 10, 154 (1920).
[3] Amer. Journ. Anat. 34, 1—77 (1924).   [4] Journ. physical Chem. 35, 269 (1931).
[5] HEDVALL: Acta med. Scand. 62, 334 (1935). — STRAUCH: Journ. Amer. med. Assoc. 92, 1177 (1929). — MILLS: Arch. exp. Pathol. Pharmakol. 124, 334 (1927). — KOEHNE u. MENDEL: Journ. Nutrition 1, 399 (1929).
[6] NOMURA: Tohuko Journ. exper. Med. 12, 247, 389, 497; 13, 51 (1929). — BABA: Ebenda 17, 154, 274 (1931). — HOTTA: Ebenda 16, 311 (1930). — YAMAKAW ET AL: Ebenda 14, 265 (1929).
[7] Brit. med. Journ. 1934, 424. 557. — HARVEY: Technical Aspects of Emulsions, S. 5. London. 1935.   [8] Näheres s. S. 451.

aufzunehmen, trotzdem bleibt die Verteilung des Öles im Leder ungleichmäßig. Das Fett wird hauptsächlich von der Oberseite (dem Narben) und nicht von der Fleischseite absorbiert. Die Mittelschicht des Leders bleibt meist ölfrei.

Zahlreiche Untersuchungen hatten die Wirkung von sulfonierten Ölen[1] und ihre Wirkung in Beziehung zum p_H der Emulsion sowie die besondere Anwendung von Eiproteinen als Emulgiermittel zum Gegenstand[2].

Nach PHILLIPS[3] vermögen nur solche Fette das Leder leicht zu benetzen, welche auf der Oberfläche der Fasern orientierte Filme bilden. Auf diese Weise wird das Fett befähigt, in die intrafibrillären Kanäle einzudringen. Die Gegenwart von Wasser erleichtert durch Erweiterung der Kanäle die Eindringung des Öles, vorausgesetzt, daß das Öl einen orientierten Film auf Wasser bildet.

Nach ROCHOW[4] müssen die gequollenen Fasern und Fibrillen des Leders vor der Schmierung separiert werden, die Trennung wird durch Wasser bewirkt. Die Öladsorption ist dann selbst bei den schmalsten Fasern möglich, weil sie vorzugsweise durch Öl benetzt werden. Die übrigen Prozesse sind notwendig zur Herabsetzung der Oberflächenspannung des Öles, damit dieses in Form einer größeren Oberfläche vorliegt.

Von Bedeutung wäre ein eingehendes Studium des Lederfettungsproblems, unter Anwendung verschiedener balancierter lipophil-hydrophiler Emulgatoren, mit Emulsionen bekannten Dispersitätsgrades, einschließlich der homogenisierten Emulsionen, sowie mit in den Lederkanälen in situ entwickelten Emulsionen.

δ) Salatzubereitungen.

Ein wichtiges Anwendungsgebiet für Nähremulsionen sind die Salatsaucen (salad dressings) mit einem Ölgehalt bis zu 50% und die konzentrierteren, als Mayonnaisen bezeichneten Ölemulsionen. Der Hauptbestandteil solcher Salatcremes u. dgl. sind Öl (Erdnuß-, Baumwollsaat-, Olivenöl), Eiweiß, Senf und Essig. Nach CORRAN[5] ist Senf ein guter Emulgator für O/W-Emulsionen. Von den Eiproteinen ist ohne Zweifel Eigelb dem Eiweiß überlegen, weil letzteres nicht nur der Denaturierung an den Grenzflächen unterliegt, namentlich bei der Homogenisierung, sondern auch Gelbildung in der Emulsion veranlassen kann.

Der Essigsäuregehalt der Mayonnaisen beträgt 1—2% und stört nicht das System. Bei der Bereitung konzentrierter Mayonnaiseemulsionen ist sorgfältiges mechanisches Rühren von großer Bedeutung; man setzt noch ein hydrophiles Kolloid (etwa 1% Pektin) zu, um dem Einfluß der kalten Lagerung entgegenzuwirken. Von der Homogenisierung macht man bei Bereitung von Mayonnaisen keinen Gebrauch, wichtig ist aber Homogenisierung bei der Herstellung der Salatcremes; man bedient sich hierzu meist des Zweistufenprozesses.

Mayonnaise ist eine konzentrierte, dicke Emulsion von Speiseöl mit Wasser und Essig oder Zitronensaft, mit Eigelb oder mit ganzem Ei und Pektin als Emulgator, im Gemisch mit Senf, Salz, Zucker und Gewürz. Nach den mikroskopischen Untersuchungen stellt das Produkt eine O/W-Emulsion dar, d. h. Öl ist die dispergierte, Wasser die äußere Phase[6].

---

[1] S. SCHINDLER: Die Grundlagen des Fettlickerns. Leipzig. 1928.
[2] WILSON: Journ. Amer. Leather Chemists Assoc. 22, 559 (1927). — MERRILL: Ebenda 21, 18 (1926). — THEIS u. HUNT: Ind. engin. Chem. 23, 52 (1931).
[3] Journ. Amer. Leather Chemists Assoc. 29, 124 (1933).
[4] Journ. physical Chem. 33, 1528 (1929).
[5] Food Manufacture 9, 17 (1933). — HARVEY: Technical Aspects of Emulsions, S. 90. London. 1936.
[6] N. KOSIN u. N. EDELSTEIN: Öl-Fett-Ind. (russ.: Masloboino Shirowoje Djelo) 11, 608 (1935).

Das Eigelb bildet einen dünnen Film über den Ölpartikeln und schützt die Emulsion vor Entmischung. Die mit ganzen Eiern erreichbare Stabilität reicht jedoch für technische Zwecke nicht aus; man verwendet deshalb häufig flüssiges oder Trockeneigelb im Gemisch mit Casein.

Die wäßrige Phase der Mayonnaise enthält außer den dispergierten Ölpartikeln noch das suspendierte Gewürz sowie Zucker und Kochsalz in Lösung.

Verwendet man bei der Mayonnaisebereitung Eigelb und Casein, so verfährt man folgendermaßen: Das Casein wird vermahlen und durch ein feines Sieb durchgelassen; hierauf behandelt man es mit 5 Teilen einer 1%igen Sodalösung, wobei das Casein in Natriumcaseinat übergeht, das ein homogenes, leimartiges Aussehen hat. Man gibt nun in die Mischmaschine Eigelb (bei Verwendung von Trockeneigelb setzt man auch Wasser im Verhältnis 1 : 1 hinzu), hierauf den Senf, Zucker und das Caseinat. Das Gemisch wird sehr fein vermischt, indem man in kleinen Anteilen und in dünnem Strom Öl im Verhältnis von 1 : 1 zum Trockeneigelb zulaufen läßt. Man erhält so eine homogene Paste. Wird auch Trockeneiweiß (Albumin) verwendet, so muß dieses zuvor in 1,5 Teilen Wasser bei 30⁰ gelöst werden.

Der Senf wird beispielsweise aus 1 kg Senf, 1 l Wasser, 25 g Kochsalz, 70 g Zucker, 250 g Öl und 500 cm³ 5%igen Essig bereitet. Der durchsiebte Senf wird mit siedendem Wasser im Verhältnis 1 : 1 verrührt und 8 Stunden stehengelassen. Das Wasser wird dann abgegossen, die Paste mit kleinen Mengen Öl verrührt; dann erst werden Zucker, Salz und Essig zugerührt.

Zur Emulgierung dienen kippbare Knet- oder Mischmaschinen, auch Kirnen oder Kolloidmühlen. Wegen der dicken Beschaffenheit des Endproduktes sind Kirnen weniger geeignet, weil sie sich schwer entleeren lassen; am geeignetsten sind die Knetmaschinen. Man gibt in die Emulgiervorrichtung erst die Eigelbpaste und nacheinander Öl und Wasser. Nach Zugabe des Gesamtöles wird der Essig allmählich eingetragen. Das Salz wird erst am Ende der Emulgierung zugegeben.

Über die zahlreichen, in der *Textilindustrie* verwendeten Emulsionen und Emulgierungsmittel wird an anderer Stelle (S. 415) ausführlich berichtet.

ε) *Emulsionen in der Landwirtschaft.*

Eine umfassende Bibliographie über die Anwendung von Ölemulsionen zur Schädlingsbekämpfung ist in einer Arbeit von WOODMAN[1] enthalten.

Die sog. Ölspritzmittel dienen zur Vernichtung von Insekten und Insekteneiern auf Bäumen und Tieren. Ihre Wirkung hängt auf das engste zusammen mit der Oberflächenspannung, der Oberflächenaktivität und dem Benetzungsvermögen der Spritzmittel. Zu erwähnen wäre die Arbeit von O'KANE[2], ferner die Untersuchungen von WILCOXON und HARTZELL[3]. Die Toxizität allein ist für die Wirkung des Mittels nicht maßgebend, die Zerstäubungswirkung muß ebenfalls groß sein. Man fand z. B., daß wäßrige Spritzmittelemulsionen in das Luftröhrensystem der Tomatenwürmer *(Phlegethontius quinquemaculata)* nicht einzudringen vermögen, wenn sie kein Netzmittel, wie Seife, enthalten.

---

[1] S. HARVEY: Technical Aspects of Emulsions, S. 57. London. 1935.
[2] Bull. New Hampshire agricult. Exp. Stat. techn. **39**, (1930); **40**, (1930); **46**, (1903).
[3] Contrib. Boyce Thomson Inst. **3** (1931).

III. Die Margarinefabrikation.

Von H. Schönfeld, Wien.

(Unter Mitwirkung von A. Westerink-Schaeffer, Hamburg.)

A. Die Milch und ihre Behandlung.

a) Einleitung.

Eine der wichtigsten Arbeiten in der Margarinefabrikation ist die Vorbereitung der Milch für die Verkirnung. Die Milch ist ein leicht verderblicher und sehr empfindlicher Stoff, dessen Güte in hohem Maße für die Qualität und Haltbarkeit der Margarine verantwortlich ist.

Die Milch verleiht dem Fettgemisch das spezifische Aroma und den abgerundeten milchigen Geschmack der Butter, zum Teil auch die Fähigkeit, beim Braten in der Pfanne einen feingriesigen dunkelbraunen Bodensatz zu bilden und das Fett gut bräunen und schäumen zu lassen (Margarineeffekt). Eine mit Wasser zu Margarine verarbeitete Fettmischung zeigt diese Erscheinungen auch nach Eigelbzusatz nur in sehr geringem Maße.

Die Zentren der Margarinefabrikation sind in fast allen Ländern dort entstanden, wo sogenannte gute Milchgegenden m der Nähe der großen Absatzgebiete liegen. So befinden sich in Deutschland viele bedeutende Fabrikationsstätten am unteren Rhein, dessen Niederungen eine hervorragende Viehzucht ermöglichen und wo eine sehr gute Milch gewonnen wird.

Meistens wird die Milch in frischem (flüssigem) Zustand zur Margarinefabrikation verarbeitet. Früher hielt sich manche Margarinefabrik einen Vorrat von Trockenmilch, d. h. Milch, der durch Zerstäubung im Vakuum oder durch Auftragen auf heiße Walzen der Wassergehalt entzogen wurde. Man wollte sich hierdurch unabhängig von täglichen Anlieferungs- und Haltbarkeitsschwierigkeiten der Frischmilch machen, besonders in den warmen Sommermonaten. Die verbesserten Transportverhältnisse für flüssige Milch in Kühlautomobilen oder Tankwagen haben die teurere Trockenmilch gänzlich zugunsten der flüssigen Form verdrängt.

Die Verarbeitung von Molken an Stelle von Milch wurde fast ganz aufgegeben. Unter Molken versteht man das vom Käsestoff befreite Milchserum, das durch Auslaben der Milch mittels des aus Kälbermagen gewonnenen Labferments erhalten wird. Durch das Entfernen des Caseins glaubte man die Haltbarkeit der Margarine erhöhen zu können; die Praxis hat jedoch erwiesen, daß dieser Vorteil nicht erzielt wurde und Margarine mit Molken genau so gut (oder so schlecht) haltbar war wie solche mit Milch fabrizierte. Ein anderes Resultat war auch nicht zu erwarten, weil Molken einen ausgezeichneten Bakteriennährboden abgeben, ja in der Züchtung von Bakterienkulturen (z. B. von Hefen, Schimmelpilzen, Oidien, von Milchsäuerungsbakterien usw.), sei es in flüssiger oder mit Agar-Agar versteifter Form, mit besonderer Vorliebe benutzt werden.

Unter „Milch" im Sinne der Betriebsmilch für die Margarinefabrikation soll hier allgemein „*Magermilch*" verstanden werden. Wenn auch früher teilweise Vollmilch verarbeitet wurde, so ist aus Gründen der Kalkulation Vollmilch heute ganz aus dem Margarinebetriebe verschwunden und durch Magermilch ersetzt. Überdies darf nach dem deutschen Margarinegesetz der Anteil Butterfett im Gesamtfettgehalt der Margarine einen bestimmten Prozentsatz (3%) nicht überschreiten. Die Abrahmung erfolgt fast stets in der anliefernden Meierei, so daß die Milch bereits als „Magermilch" in der Margarinefabrik anlangt.

b) Die Vorbereitung der Betriebsmilch.

1. Die Kontrollmethoden.

Die ankommende Milch muß zunächst einer aufmerksamen Qualitätskontrolle unterworfen werden.

Bei der Prüfung der Betriebsmilch auf ihre Eignung zum Verkirnen sind sowohl chemische als auch bakteriologische Methoden anzuwenden, von denen die *Bestimmung des Säuregrades* und *des Keimgehaltes der Milch* die wichtigsten sind. Weitere Untersuchungen sind für die tägliche Praxis des Margarinebetriebes nicht unbedingt notwendig und deshalb nur bei besonderen Anlässen vorzunehmen. Hierzu gehören z. B. die Bestimmung des Fettgehaltes, des spezifischen Gewichtes, des Schmutzgehaltes sowie von gewissen Zusätzen zur Milch, z. B. Konservierungsmitteln u. ä.

Sehr eingehend ist die Milch zu untersuchen, die von neuen Lieferanten angeliefert wird. Im allgemeinen ergibt sich nämlich in der Praxis, daß Milch, die sich bei mehreren Stichproben als gut erwiesen hat, meistens auch laufend als gut anzusprechen ist, während mehrfach beanstandete Milch häufig auch weiteren Prüfungen nicht standhält.

Unerläßlich für die Beurteilung der Milch ist natürlich auch der Beobachtungssinn des für die Bereitung der Milch verantwortlichen Fachmannes, der durch Riechen und Schmecken meist auf Grund jahrelanger Erfahrung bereits in der Lage ist, die Milch qualitativ zu beurteilen.

α) **Bestimmung des Säuregrades.** Jede normale frisch gewonnene Milch hat einen gewissen Säuregrad, dessen Bestimmung in Deutschland meist in sogenannten SOXHLET-HENKEL-Graden (SH) erfolgt. Unter einem SOXHLET-HENKEL-Grad versteht man diejenige Anzahl Kubikzentimeter n/4-Alkalilauge, die nötig sind, um 100 ccm Milch zu neutralisieren.

Frische Milch hat einen Säuregrad von 6 SH; darunter liegende Grade deuten auf anormale Beschaffenheit (z. B. Euterentzündungen oder Sekretionsstörungen). Milch, die bei der Anlieferung Säuregrade zwischen 6 und 7 SH aufweist, ist brauchbar; höhere Säuregrade lassen auf einen erhöhten unerwünschten Keimgehalt schließen und sind daher zu beanstanden. Außerdem läßt sich sogenannte „ansaure" Milch schlecht erhitzen, käst unter Umständen aus und entwickelt bei der späteren Säuerung schlechte Geruchs- und Geschmacksnuancen.

Ausführung: 50 cm³ Milch + 2 cm³ einer alkoholischen 2%igen Phenolphthaleinlösung werden mit ¹/₄-Normalnatronlauge titriert. Mit Wasser darf nicht verdünnt werden. 100 cm³ Milch verbrauchen etwa 6,8—7 cm³ ¹/₄ n.-Lauge. Diese Zahl gibt die Säuregrade direkt an. Bei Anwendung von 50 cm³ Milch ist das Ableseresultat dementsprechend mit 2 zu multiplizieren.

β) **Wasserstoffionenkonzentration.** Neben der Bestimmung des Säuregrades durch Titration wird häufig noch der wahre oder „aktuelle" Säuregrad ermittelt. Hierunter versteht man die Säuremenge in dissoziierter Form, und zwar gemessen durch Feststellung der freien Wasserstoffionen der durch Gärung oder Säuerung entstandenen Säure. Die Meßmethoden sind kolorimetrische oder elektrometrische. Ausgedrückt wird das gefundene Maß durch Angabe des Logarithmus der Wasserstoffzahl als Wasserstoffexponent (p_H). Die niedrigere p_H-Zahl ergibt eine höhere Wasserstoffionenkonzentration.

Als Komparator für kolorimetrische p_H-Bestimmungen wird Bromthymolblau, Bromkresolpurpur und Methylrot verwendet, wobei jeder Farbstoff als Indikator für einen bestimmten Meßbereich dient.

γ) **Alizarolprobe.** Als kolorimetrische Meßmethode des Säuregrades kann auch die sogenannte Alizarolprobe angesehen werden, nämlich insofern, als auch hier bestimmte Farbtönungen gewissen Säuremengen entsprechen. Selbstverständlich ist die Bestimmung des Säuregrades durch die Alizarolprobe nur angenähert, aber in vielen Fällen doch gut brauchbar. Der Farbstoff wird in alkoholischer Lösung angewandt und zeigt durch allmählichen Übergang von Braun bis Gelb den ungefähren Säuregrad der Milch an, wobei an Hand einer von Morres hergestellten Farbskala verglichen wird. Violette Verfärbung zeigt alkalische Beschaffenheit der Milch an.

Ausführung: Gleiche Teile Milch und Alizarollösung werden gemischt (ca. 2 cm³) und mit der Farbtafel die entstandene Farbtönung verglichen.

δ) **Die Alkoholprobe** ist mehr ein Verfahren, die Frische der Milch zu prüfen, als einen bestimmten Säuregrad zu ermitteln. Man benutzt in der Alkoholprobe die wasserentziehende Eigenschaft des Alkohols auf Casein, das durch Säuerung in einen bestimmten Quellungsvorgang versetzt ist. Nach Fleischmann darf Milch, mit dem gleichen Volumen 68—70vol.-%igen Alkohols versetzt, nicht gerinnen.

H. Grosse-Bohle hat die Alkoholprobe näher auf ihren Wert geprüft und faßt seine Ergebnisse in folgenden Sätzen zusammen:

Frische oder schwach zersetzte Milch (bis etwa 8 Säuregrade) gerinnt *nicht* mit dem *doppelten* Volumen 70%igen Alkohols.

Mäßig zersetzte Milch (etwa 8—9 Säuregrade) *gerinnt* mit dem *doppelten* Volumen 70%igen, aber *nicht* mit dem *doppelten* Volumen 50%igen Alkohols.

Ausführungsbeispiel: 2 cm³ Milch werden mit 4 cm³ 50%igen Alkohols in einem Reagenzglas einige Augenblicke tüchtig geschüttelt.

Die Bestimmung des Säuregrades der angelieferten Frischmilch allein gibt nun noch kein abgerundetes Bild über ihre Güte. Hierfür ist die Bestimmung des Keimgehaltes — sowohl qualitativ wie quantitativ — ein unumgängliches Erfordernis.

2. Die Keimzahlbestimmung.

Die sicherste Keimzahlbestimmung ist die Plattenauszählung durch Impfung der flüssig gemachten geeigneten Nährböden mit der zu untersuchenden Milch, wobei gleichzeitig auch eine qualitative Übersicht über die vorhandenen Keime möglich ist. Da diese Methode für die täglichen Erfordernisse der Betriebsmilchkontrolle nicht verwendbar ist, soll zunächst ein Verfahren der Keimzahlbestimmung angegeben werden, das schnell und verhältnismäßig zuverlässig über den Keimgehalt der angelieferten Frischmilch Aufschluß gibt und durch das der Betriebsleiter über den ihm zur Verfügung stehenden Rohstoff sofort hinreichend orientiert wird. Ein solches Verfahren ist beispielsweise die

α) **Reduktaseprobe.** 1 Tablette Methylenblau (Firma E. Merck, Darmstadt) wird in 200 cm³ Wasser gelöst. 40 cm³ Milch und 1 cm³ dieser Lösung bleiben im Reagenzglas mit Deckel bei 38—40° im Wasserbad stehen. Die Entfärbungszeit wird gemessen.

Auf Grund praktischer Erfahrung hat man die Entfärbungszeit zur Basis einer Klassifizierung gemacht und eingeteilt in:

Klasse 1. Gute Milch. Die Farbe wird $5\frac{1}{2}$ Stunden und länger erhalten. Weniger als $\frac{1}{2}$ Million Keime im Kubikzentimeter.

Klasse 2. Mittelgute Milch. Die Farbe wird mehr als 2, aber weniger als $5\frac{1}{2}$ Stunden erhalten. $\frac{1}{2}$—4 Millionen Keime im Kubikzentimeter.

Klasse 3. Schlechte Milch. Die Farbe wird länger als 20 Minuten, aber weniger als 2 Stunden erhalten. 4—20 Millionen Keime im Kubikzentimeter.

Klasse 4. Sehr schlechte Milch. Die Farbe wird höchstens 20 Minuten erhalten. Mehr als 20 Millionen Keime im Kubikzentimeter.

Neben der Methylenblauprobe wird hin und wieder noch eine andere auf ähnlichem Prinzip beruhende Keimzahlbestimmung empfohlen, nämlich die

β) **Janusgrünmethode.** *Ausführung*: $\frac{1}{100}$%ige wässrige Janusgrünlösung. 10 cm³ Milch und 1 cm³ dieser Lösung werden im Reagenzglas bei 38—40° im Wasserbad gehalten. Wird die Milch reduziert, so entsteht leuchtend rote Färbung bis Entfärbung.

Bei der Janusgrünmethode teilt man ein:

Klasse 1. Gute Milch. Entfärbungsdauer über 6 Stunden.
Klasse 2. Mittelgute Milch. Entfärbungsdauer 3—6 Stunden.
Klasse 3. Schlechte Milch. Entfärbungsdauer 1—3 Stunden.
Klasse 4. Sehr schlechte Milch. Entfärbungsdauer 1—20 Minuten.

Die Keimzahlbestimmung auf enzymatischer Basis ist lediglich eine Annäherungsmethode, angepaßt an die Erfordernisse einer schnellen Rohstoffprüfung. Wenn es demgegenüber darauf ankommt, genaueren Aufschluß zu erhalten über die Art der Keime und den quantitativen Keimgehalt der Milch, muß die weit zuverlässigere Plattenauszählung bzw. die direkte mikroskopische Auszählung angewendet werden. Hierzu ist allerdings die Ausstattung mit dem für bakteriologische Arbeiten bestimmten Rüstzeug notwendig.

γ) **Plattenauszählung.** In sterile Petrischalen gießt man durch Aufschmelzen flüssig gemachten Nährboden (beispielsweise mit Fleischwasser oder Bierwürze hergestellten Agar-Agar oder Gelatine) ein, den man vorher mit bestimmten Mengen (1 bzw. $^1/_{10}$ cm^3) der zu untersuchenden Milch „beimpft" hat und läßt bis zum Steifwerden erkalten. Die beimpften Platten werden bei verschiedenen Temperatur, am besten in genau temperierten Brutschränken, aufbewahrt, bis die in der Milch vorhandenen Keime auf dem festen Nährboden zu sog. Kolonien ausgewachsen sind. Die einzelnen Kolonien sind makroskopisch sichtbar und können mit Hilfe einer Lupe direkt ausgezählt werden. Die so ermittelte Kolonienzahl stellt den Keimgehalt der untersuchten Milchmenge unmittelbar dar.

δ) **Direkte Bakterienauszählung im Mikroskop.** Die direkte Bakterienauszählung im Mikroskop erfolgt derart, daß man eine kleine Menge der Milch auf einem flachen Objektträger ausstreicht, trocknet und mit einer bestimmten Farblösung (beispielsweise Methylenblaulösung) färbt. Alsdann zählt man mit Hilfe eines Okularmikrometers die gefärbten Zellen direkt aus und schließt aus der Zahl der in der angewandten Milchmenge ermittelten Zellen auf den Keimgehalt der Milch.

Die Methode der direkten Bakterienauszählung ist zwar einfach in der Art, verlangt aber sehr sorgfältiges und daher zeitraubendes Arbeiten. Für das Betriebslaboratorium in der Margarinefabrik ist daher die Plattenauszählung besser geeignet.

Die Milch wird nach dem Ausfall der Untersuchung in sechs Qualitätsstufen eingeteilt, und zwar kommt in

Klasse 1: besonders gute Milch, weniger als 100 000 Keime;
Klasse 2: sehr gute Milch, 100 000—500 000 Keime;
Klasse 3: gute Milch, 500 000—1 000 000 Keime;
Klasse 4: mittelgute Milch, 1—5 Millionen Keime;
Klasse 5: schlechte Milch, 5—20 Millionen Keime;
Klasse 6: sehr schlechte Milch, mehr als 20 Millionen Keime.

3. Qualitative Bestimmung der Milchflora.

In vielen Fällen ist es notwendig, die Art der Flora festzustellen, die in der angelieferten Milch vorliegt. Häufig geben plötzlich auftretende Margarinefehler zu dieser Untersuchung Anlaß.

Bei der direkten Plattenauszählung durch Anlage von Plattenkulturen wurde bereits erwähnt, daß diese Methode sowohl *quantitativ* wie *qualitativ* Aufschluß über die untersuchte Milch gibt. Für die absolute oder zum mindesten annähernd absolute Genauigkeit dieser Auszählung ist es notwendig, daß man den in der Milch vorhandenen Keimen auch Gelegenheit zum Auskeimen und zum Wachsen, makroskopisch gesehen zur Kolonienbildung, gibt. Die Wachstumsmöglichkeit der einzelnen Keimarten hängt ab von dem Nährboden, der ihnen geboten wird. Dementsprechend ist es notwendig, die zu untersuchende Milch auf die verschiedensten Nährböden zu impfen, die sich untereinander z. B. durch den p_H-Wert, Zuckergehalt, die Art des gewählten Versteifungsmittels — ob Agar-Agar oder Gelatine — usw. usw. unterscheiden.

Die Wahl des Nährbodens muß sich richten nach dem eventuellen Vorhandensein von Säurebildnern, Nichtsäurebildnern und Alkalibildnern.

α) **Nachweis von Säurebildnern gegenüber Nichtsäurebildnern.** Hierzu ist der sog. Chinablau-Milchzucker-Agar geeignet. Dieser Nährboden wird hergestellt durch Versetzen von 100 cm³ gewöhnlichem alkalischem Milchzucker-Agar von $p_H = 7,6$ mit 5 Tropfen einer konzentrierten Chinablaulösung. Bei Beimpfung dieses Nährbodens mit der Milch erscheinen vorhandene Säurebildner schon nach 24 Stunden als dunkelblaue Kolonien, während die Alkalibildner nur schwach blaugefärbte Kolonien ergeben. Durch einfachen Überblick hat man also durch diese Methode ein deutliches Bild der Milchflora.

β) **Nachweis von Colibakterien.** Häufig ist es wichtig, den Gehalt an Colibakterien (nicht nur in der Milch, sondern auch im Betriebswasser sowie in anderen zur Verwendung gelangenden Rohstoffen, wie Milchpräparaten, Eigelb usw.) nachweisen zu können. Am einfachsten ist die Methode durch Vergärung von Gentiana-Galle-Bouillon im Gärkölbchen, die sog. „Gärkölbchenmethode". Man stellt die Nährflüssigkeit her durch Zusatz von 50 g Rindergalle und 10 g Pepton zu 1 l kochendem Wasser und einstündiges Kochen der Mischung. Darauf fügt man 10 g Milchzucker hinzu und stellt mit Natronlauge und Phenolphthalein auf Schwach-Rosa-Färbung ein. Nach der Filtration der Lösung fügt man 4 cm³ einer 1%igen Gentianaviolettlösung hinzu, füllt ab und sterilisiert während 15 Minuten. Durch das Gentianaviolett werden bei Beimpfung des Nährbodens mit der Milch alle Bakterien bis auf Coli abgetötet. Colianwesenheit macht sich durch Auftreten von Blasen (Milchzuckervergärung) im Gärkölbchen bemerkbar.

Abgesehen von der Gesundheitsgefährlichkeit, können Colibakterien das Milcheiweiß zu fauliger Zersetzung bringen und dadurch sehr unangenehme Geruchs- und Geschmacksnuancen in der Margarine hervorrufen. Colianwesenheit in der Frischmilch ist meist ein Zeichen grober Unsauberkeit seitens der anliefernden Molkerei.

γ) **Nachweis der Bakterien der Fluorescensgruppe.** Bakterien der Fluorescensgruppe können unter Umständen als Fettspalter sehr unangenehme Einflüsse auf die mit der Milch verarbeiteten Fette ausüben. Die Fluorescenten zeigen typische Wachstumserscheinungen auf Gelatinenährboden; sie bilden schalige Verflüssigungen, die meist grünlichgelb fluoreszierend gefärbt sind. Neben der verflüssigenden Art gibt es noch eine nicht verflüssigende; diese wächst auf Gelatinenährboden mit weinblattartigen flachen fluoreszierenden Kolonien.

Der Nachweis dieser beiden Bakterienarten ist außer in der Milch besonders im Betriebswasser notwendig, da in der Anwesenheit größerer Mengen der Organismen im Wasser Gefahren für die Haltbarkeit der Ware liegen.

δ) **Schimmelpilze, Oidien, Kahmhefen.** Für die Lebensdauer von mit Milch gekirnter Margarine spielen die Fettspalter überhaupt die allergrößte Rolle und ihrer Bekämpfung in der Milch hat in erster Linie die Arbeit des Betriebsleiters zu gelten. Von den fettspaltenden Organismen nannten wir bereits die Bakterien der Fluorescensgruppe. Eine noch größere Bedeutung haben die verschiedenen Schimmelarten, Oidien und vor allem die Kahmhefen. Da die letztgenannten Lebewesen mit Vorliebe auf saurem Nährboden gedeihen, also mehr durch Infektion der bereits in der Säuerung begriffenen Milch in diese gelangen, soll ihre Tätigkeit und die Möglichkeit ihrer Vernichtung im Anschluß an die Milchsäuerung besprochen werden.

Nachdem durch die beschriebenen verschiedenartigen Untersuchungsmethoden die Qualität der angelieferten Milch kontrolliert und als einwandfrei erwiesen ist, folgt als zweite nicht minder wichtige Aufgabe die Keimfreimachung (besser Keimarmmachung bzw. Keimverminderung) der Betriebsmilch durch die Pasteurisation.

c) Die Pasteurisation der Milch (Milcherhitzung).

Unter Pasteurisation der Milch versteht man ihre Erhitzung auf bestimmte Temperaturen während einer bestimmten Zeit. Je nach Höhe der angewandten Temperatur und der Länge der für die Erhitzung benötigten Zeit unterscheidet man grundsätzlich

a) die Dauerpasteurisierung, b) die Moment- oder Kurzpasteurisierung.

Die Pasteurisierung dient dem Zweck, die in jeder Milch als Zufallsinfektionen vorhandenen Mikroorganismen durch Hitze soweit möglich abzutöten, dadurch also einerseits die Haltbarkeit der Milch (und der damit hergestellten

Margarine) zu erhöhen, anderseits die Milch für die Impfung mit solchen Bakterien freizumachen, die man — wie weiter unten beschrieben wird — zum Zwecke einer in bestimmte Richtung gehenden Säuerung der Milch als „Säuerungsreinkulturen" — auch Säurewecker oder Säuerungsstarter genannt — beifügt. Die sorgfältige Pasteurisation ist also unerläßlich, nicht nur allein aus Gründen der Haltbarkeit der Margarine, sondern vor allem auch wegen der Erzielung eines reinen und butterähnlichen Geruches und Geschmackes der Ware.

Hin und wieder erlebt man in der Praxis, daß die Milch in der anliefernden Molkerei bereits pasteurisiert (und hinterher meist tiefgekühlt) wurde und in diesem Zustand in der Margarinefabrik ankommt, wo sie nun ohne weitere Behandlung sofort auf die entsprechende Säuerungstemperatur aufgewärmt und beimpft wird.

Die Methode ist zu verwerfen. Abgesehen davon, daß sie eine Kontrolle über die ordnungsgemäße Vorbehandlung seitens der Margarinefabrik nicht oder nur in sehr beschränktem Maße zuläßt, hat sie den Nachteil, daß die Milch nach der Pasteurisierung wieder transportiert und aus den Transportgefäßen in die fabrikeigenen Säuerungswannen übergeführt werden muß. Mit diesen unumgänglichen Prozeduren sind natürlich schwere Infektionsgefahren verknüpft.

Wenn die Molkerei sehr weitab von der zu beliefernden Margarinefabrik liegt, ist es aus Gründen der Keimfreihaltung der Milch richtiger, diese lieber sowohl in der Molkerei vor- als auch in der Margarinefabrik nachzupasteurisieren. Diese doppelte Pasteurisation ist zwar für die Geschmacks- und Aromagestaltung der Margarine nicht gerade günstig, sie ist aber hier unerläßlich.

Die *Momenterhitzung* ist wohl die einfachste Form der Pasteurisierung; sie erfolgt im Grundprinzip bei einer Temperatur von 85⁰ während einer Minute in dem sog. „Momentpasteur".

Demgegenüber wird bei der *Dauerpasteurisierung* die Milch während einer halben Stunde einer Temperatur von 60—63⁰ ausgesetzt; auf Grund der niedrigeren Temperatur muß die Milch bei dieser Pasteurisierungsform eine entsprechend längere Zeit erwärmt werden.

Diese beiden prinzipiell zu unterscheidenden Erhitzungsarten lassen zahlreiche Variationen bezüglich Höhe und Zeit der Erwärmung zu, je nach der Konstruktion der Apparatur. Man unterscheidet beispielsweise neben der bereits oben genannten „*Kurz*"-Erhitzung (1 Minute 85⁰) noch die sog. „*Hoch*"-Erhitzung, wobei die Milch in dünner Schicht bei zweiseitiger Wärmezufuhr in geschlossenem, unter Druck stehendem Apparat erhitzt wird.

Der Vorteil der *Dauerpasteurisierung* liegt darin, daß der Rohmilchcharakter der Milch besser gewahrt bleibt als bei der Momenterhitzung im kontinuierlichen Pasteurisierungsverfahren. Die Bakterienvernichtung ist beim kurzen Erwärmen der Milch auf 85⁰ annähernd ebenso groß wie beim halbstündigen Erwärmen auf 63⁰ im Dauerverfahren. Letzteres ist aber der Kurzerhitzung wirtschaftlich unterlegen, weil es mehr Wärme verbraucht und umfangreicherer Apparate bedarf als die kontinuierlich wirkenden Erhitzer[1]. Zur Dauerpasteurisierung wird die Milch in mit Rührwerk versehenen Standwannen aus verzinntem Kupferblech mit Hilfe eines Heißwassermantels auf 63⁰ erwärmt und bei dieser Temperatur die entsprechende Zeit stehen gelassen. Hierauf wird die Milch in Oberflächen-(Berieselungs-) Kühlern, durch welche im oberen Teil Wasser, im unteren Teil Sole durchströmt, scharf abgekühlt.

In Margarinefabriken ist die Dauerpasteurisierung durch die *Momenterhitzungsapparate* nahezu restlos verdrängt worden. Die modernsten Kurzerhitzer

[1] Vgl. H. FRANZEN: Fabrikation der Margarine. Leipzig: Otto Spamer. 1925.

gestatten, die Pasteurisierung etwas unterhalb 85⁰ durchzuführen, so daß ein Kochgeschmack der Milch vermieden wird.

Von den zahlreichen Ausführungen der kontinuierlich wirkenden Erhitzer seien hier einige Konstruktionen näher beschrieben.

1. Momenthocherhitzer, System Tödt.

Er beruht auf dem Prinzip, daß die Milch in möglichst dünner Schicht, aber mit zweiseitiger Wärmezufuhr in geschlossener Apparatur, die unter Druck gesetzt wird, schnell hoch erhitzt wird. Hierdurch soll eine gute Dampfausnutzung erreicht und die Dauer der Erwärmung auf eine Zeitspanne von 6 bis 8 Sekunden herabgedrückt werden.

Die Wirkungsweise des Erhitzers ist die folgende: Die Milch wird von einer Pumpe angesaugt und dem Erhitzer durch eine Druckleitung zugeführt. Ein eingebautes Rückschlagventil mit Windkessel sorgt für stoßfreies Arbeiten, während ein Milchüberdruckventil unvorhergesehene Überdrücke vom Apparat fernhält. Unten tritt die Milch in den Erhitzer und passiert alsdann den schmalen, von dem äußeren feststehenden Heizkessel und der inneren rotierenden Heiztrommel gebildeten Raum. In diesem nur einige Millimeter breiten Raum, welchen die Milch in wenigen Sekunden durchströmt, wird letztere von dem feststehenden äußeren Heizmantel und dem rotierenden inneren Heizmantel gleichmäßig erhitzt. An der obersten Stelle des Erhitzers passiert die erhitzte Milch das Thermometer und verläßt durch den Druckregler den Erhitzer. Die aus dem Erhitzer austretende Milch kann, ohne eine weitere Pumpe in Anspruch zu nehmen, bis zu 10 m hoch gefördert werden.

Die Dampfzuführung erfolgt vom Absperrventil durch eine spiralförmig im feststehenden Heizkessel angeordnete kupferne Heizschlange, aus welcher der Dampf durch zahlreiche Düsen gegen den äußeren Heizmantel strömt. Desgleichen für die innere Heiztrommel durch das nach oben geführte Dampfrohr in eine feststehende Heizlyra, welche ebenfalls den Dampf durch eine größere Anzahl Düsen gegen den inneren rotierenden Heizmantel strömen läßt. In der Heiztrommel ist eine zwangsläufige Abführung des Kondenswassers vorgesehen. Das sich in beiden Heizräumen bildende Kondenswasser tritt durch und in den Kondenstopf, von welchem es selbsttätig ohne Dampfverluste abgeleitet wird, erforderlichenfalls noch mehrere Meter hochgedrückt werden kann.

Durch die beschriebene Anordnung der Beheizung wird eine hochprozentige Ausnutzung des Dampfes erreicht. Die Bedienung des Apparates ist einfach. Nach Angabe von WEIGMANN (FLEISCHMANN, Lehrbuch der Milchwirtschaft, S. 318) ist die Erhitzung der Milch schonend, bei 85—90⁰ ist Kochgeschmack kaum spürbar. Die Keimabtötung ist ausreichend, auch bei großer Leistung.

2. Astra-Montana-Erhitzer.

Die Heizfläche des Apparates ist als gerades Rohr ausgebildet, und zwar sind stets 4 Rohre zu einer Zelle vereinigt.

Die Röhrenbündel (a) sind (s. Abb. 264a und b) in die Kopfstücke (b) eingebaut und werden mit Dampf oder Heißwasser beheizt, welches durch die Außenrohre (c) zirkuliert. In den Innenrohren sind zylindrische, an den Enden zugespitzte Verdränger (f) eingebaut, welche die Stärke der strömenden Milchschicht bestimmen. Die Milch durchfließt also den Ringraum zwischen Heiz- und Verdrängerrohr. Das ganze Röhrenbündel ist mittels Glaswolle (g) isoliert und mit einem Blechmantel (i) verkleidet. Der Apparat ist auf zwei Gußfüßen montiert (k und l), und der eine Fuß wird als Heißwassererzeuger (l) ausgebildet. Das Wasser wird mittels eines Ejektors (m) angewärmt; der Ejektor bewirkt zugleich die Zirkulation des Wassers durch die Außenrohre des Röhrenbündels. Die Kopfstücke sind mittels Deckeln (o) abgeschlossen, welche mittels Schrauben und Handrad (p) angepreßt werden. Die Innen- und Verdrängerrohre werden aus rostfreiem Stahl oder verzinntem Kupfer hergestellt.

Um die Wärme der heißen Milch auszunutzen, läßt man sie nach erfolgter Pasteurisierung in ähnlich den Erhitzerzellen gebauten Austauschzellen fließen, oder durch Berieselungsaustauscher, in welchen sie einen Teil ihrer Wärme an die nachfließende kalte Milch abgeben. In das Außenrohr der Austauschzelle wird hierzu ein Zwischenrohr eingeschoben, in welchem dann der eigentliche Verdränger sitzt. Das Zwischenrohr ist durch die Deckel (v) abgedichtet, die heiße Milch fließt in den äußeren Hohlraum, der durch das Zwischenrohr gebildet wird, während die kalte, zum Erhitzer strömende Milch im Gegenstrom in den inneren Hohlraum fließt.

Zum Durchdrücken der Milch durch den Spalt zwischen Heizrohr und Verdränger dienen Kreiselpumpen.

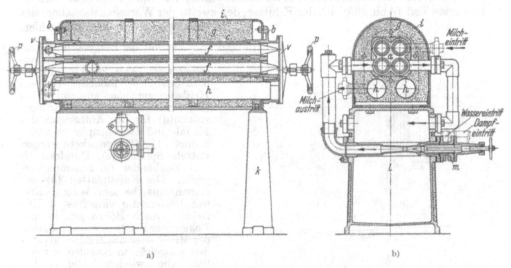

Abb. 264 a und b. Astra-Montana-Erhitzer.

Die weitere Abkühlung der Milch erfolgt in Röhrenkühlern für Wasser und Sole, welche nach demselben Prinzip gebaut sind wie die Erhitzer und Wärmeaustauscher, d. h. wiederum als Zellen, welche mit den Erhitzer- und Austauschzellen vereinigt werden.

Es soll schon bei einer Temperatur von 75° eine genügende Keimabtötung erreicht werden, wenn die Milch im Anschluß an die Erhitzung etwa 20—30 Sekunden auf die Erhitzungstemperatur gehalten wird. Um dies zu ermöglichen, werden unterhalb der Erhitzerzelle 2 Heißhalterohre (h) angeordnet, die von der heißen Milch durchströmt werden.

3. Plattenpasteurisierung.

Die Leistung der vorgenannten Apparate wird von den von der Bergedorfer Eisenwerke A. G., der Maschinenfabrik Silkeborg in Dänemark, von E. Ahlborn, Hildesheim u. a. vertriebenen Platten-Milcherhitzern übertroffen. Vor allem haben sie den Vorzug der Wahrung des Rohmilchcharakters und der geringen Raumbeanspruchung.

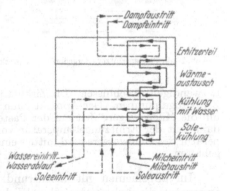

Abb. 265. Schema der Arbeit eines Plattenerhitzers.

Der Apparat besteht aus Platten, von denen ein Teil glatt ist, während ein anderer Teil mit eingefrästen Kanälen versehen ist. Werden 2 Kanalplatten mit den Kanälen zusammengelegt und zwischen diese eine glatte Blechplatte gelegt, so bilden sich auf beiden Seiten des glatten Bleches zwei gleichgeartete Gänge. Läßt man durch den einen Gang die kalte, durch den anderen die heiße

Milch fließen, so wirkt dieser Teil des Apparates als Wärmeaustauscher; läßt man durch den einen Gang Milch fließen, durch den anderen Dampf einströmen, so wirkt er als Milcherhitzer; läßt man aber durch die beiden Wege Milch und Brunnenwasser oder Sole fließen, so wirkt der Apparat als Milchkühler.

Der Apparat wird gewöhnlich aus vier gleich konstruierten Teilen zusammengesetzt, welche als *Milcherhitzer, Wärmeaustauscher, Vor- und Tiefkühler* wirken. Der erste Teil (Abb. 265)[1] ist der Erhitzer, der zweite der Wärmeaustauscher, der dritte und vierte der Milchkühler.

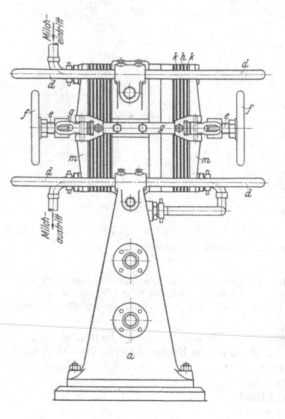

Abb. 266a. Plattenerhitzer (Bergedorfer Eisenwerk A. G.).

Der von der Bergedorfer Eisenwerke A.G. vertriebene Plattenerhitzer ist (Abb. 266a und b) auf dem Gestell (*a*) montiert, das als Heißwassererzeuger ausgebildet ist. Auf dem Gestell sind die Führungsstücke (*d*) für das Aufhängen der Kanal- und Zwischenplatten angeordnet. Die Plattenpakete werden mittels Spindel (*e*), Handrad (*f*) und Zugbänder (*g*) zusammengepreßt. Die Kanalplatten (*h*) bestehen aus hartem Walzmessing mit beiderseitig eingefrästen Kanälen. Durch Bohrungen in den Ecken der Platte wird der Zulauf der Milch oder des Heißwassers zu den ausgefrästen Kanälen ermöglicht. Die Zwischenplatten (*k*) bestehen aus verzinntem Kupferblech oder rostfreiem Stahl. Durch die Kanäle, welche durch die Kanal- und Zwischenplatten gebildet werden, fließt in dem der Pasteurisierung dienenden Plattenpaket auf der einen Seite Milch, auf der anderen Heißwasser. Im nächsten als Wärmeaustauscher wirkenden Plattenpaket strömt auf der einen Seite kalte, auf der anderen heiße Milch, so daß ein etwa 60%iger Wärmeaustausch erreicht wird. Die Zu- und Ableitung der Milch und des Heißwassers erfolgt entweder durch die Kopfstücke (*m*) oder durch zwischen den Paketen eingebaute besondere Zwischenplatten mit den notwendigen Anschlüssen. Die Zirkulation der Milch im Apparat selbst erfolgt durch Zentrifugalpumpen. Der Apparat kann auch mit Heißhalteplatten versehen werden, um die Milch längere Zeit auf der Pasteurisierungstemperatur zu halten. Man kann dann mit der Erhitzungstemperatur von 85⁰ auf 72—75⁰ heruntergehen. Die Temperatur des Heißwassers wird mittels eines automatischen Temperaturreglers konstant gehalten.

Im allgemeinen gilt als Grundlage für die Beurteilung eines Erhitzerapparates die bakteriologische Wirkung, und zwar in folgender Richtung[2]: 1. Der Apparat muß eine ausreichende Haltbarkeitsverlängerung der Milch gewährleisten; 2. durch die Erhitzung müssen die schädlichen Keime mit Sicherheit abgetötet werden (Bakt. coli); 3. durch die Erhitzung müssen men-

[1] Entnommen dem Buch über Margarine von Towbin.
[2] Prüfungen an Hoch- und Momenterhitzern. Berlin: Verlag der Milchwirtschafts-zeitung. 1932.

schen- und tierpathogene Keime mit Sicherheit vernichtet werden (Tuberkel-
bakterien, Typhus, Bac. Bang usw.).

Für die Beurteilung der Eignung eines Erhitzungstyps als Pasteurisator einer
Margarine-Betriebsmilch sind demgegenüber noch andere Faktoren wichtig.

Zunächst muß feststehen, daß der Apparat auch mit Sicherheit *die* Mikroorganismen abtötet, die die Haltbarkeit der Margarine gefährden könnten.

Weiter darf die Milch *keinen Kochgeschmack* aufweisen, da sich ein solcher
auf die Fette überträgt. Schonende Erhitzung ist einer günstigen Aroma- und
Geschmacksnuancierung förderlich.

Zum Schluß ist natürlich auch
die *Rentabilität* des Apparates bezüglich Dampf- und Wasserverbrauch
zu berücksichtigen.

Der Plattenpasteur stellt die —
nach dem heutigen Stande der Technik
bemessen — einwandfreieste Konstruktion dar.

Unabhängig von der Konstruktion des Milcherhitzers muß auf die
Erhaltung der Temperatur der Milch
in bestimmten Grenzen streng geachtet werden. Bei Unterschreiten der
Temperatur ist die Keimabtötung
unvollständig, bei Überschreiten der
Pasteurisierungstemperatur erhält die
Milch einen unerwünschten Geschmack und Geruch von gekochter
Milch.

Besonders zu achten ist auf den
Beginn der Pasteurisierung. Entweder
läßt man so lange reines Wasser durch
den Apparat fließen, bis der Apparat
die entsprechende Temperatur angenommen hat, oder man läßt die
ersten Milchportionen zurückfließen,
bis sie die normale Pasteurisierungstemperatur angenommen haben.

Abb. 266b. Plattenerhitzer
(Bergedorfer Eisenwerk A. G.).

Wie wichtig das ist, zeigt folgendes Beispiel: Enthält die rohe Milch 5 Millionen Keime in 1 cm³ und nach richtig durchgeführter Erhitzung 500 Keime, so
wird sie, wenn sie nur mit 1% roher Milch vermischt wurde, einen Keimgehalt
von über 50000 aufweisen.

Nach beendeter Erhitzung wird der Dampf sofort abgestellt und Wasser
durch den Pasteur geschickt, um ein Anbrennen der letzten Milchreste im Apparat
zu verhindern. Hierauf unterwirft man den Apparat einer sorgfältigen Reinigung[1].

Um die weitere Entwicklung der nach der Erhitzung in der Milch noch verbliebenen Keime zu verhindern, muß sie rasch und tief abgekühlt werden. Zur
Kühlung verwendet man meist Berieselungskühler, welche innen im oberen Teil
von Brunnenwasser, im unteren Teil von Sole durchflossen werden. In den
beiden zuletzt beschriebenen Erhitzern sind die Kühler in die Apparate selbst
eingebaut.

---

[1] H. FRANZEN: A. a. O. S. 61.

d) Säuerung der Milch.

Buttergeschmack und Butteraroma werden in Margarine durch Vergärung der Milch mit Milchsäure und Aroma-bildenden Bakterien erzeugt. Die Milch wird vor der Verkirnung mittels Reinkulturen geeigneter Bakterien „gesäuert". Eine mit Süßmilch verkirnte Margarine ist nicht nur geschmacklich minderwertiger, sondern auch leicht verderblich, weil sich die zufällig verbliebenen Keime schnell entwickeln können.

Die Reinkulturen (s. weiter unten) werden als „*Säurewecker*" oder „*Milchsäuerungskulturen*" in flüssiger oder fester Form von Speziallaboratorien hergestellt und an die Margarinefabriken vertrieben. Die flüssigen Kulturen sind Anreicherungen der in Frage kommenden Bakterien in sterilisierter oder hochpasteurisierter Vollmilch. Die festen Kulturen haben als Grundstoff Milchzucker, Stärke, Kreide, Gips und ähnliche Substrate, auf die nach Sterilisation die flüssigen Kulturen aufgetragen und im Vakuum bei niedrigen Temperaturen getrocknet werden. Vor der Verwendung müssen die Reinkulturen auf Reinheit, Gärkraft, Aromabildung usw. geprüft werden.

1. Bereitung der Muttersäure.

Die kleinen Mengen Reinkulturen, welche für die Säuerung bezogen werden, reichen für die Verarbeitung der Betriebsmilch nicht aus. Man bereitet deshalb zunächst durch Kulturfortpflanzung die sog. „*Muttersäure*", unter Einhaltung bestimmter Vorsichtsmaßregeln, um eine Infektion der Kulturen und ihre Übertragung auf die Betriebsmilch zu vermeiden. Die Fortpflanzung wird in sog. Säureentwicklern oder Säureweckern vorgenommen.

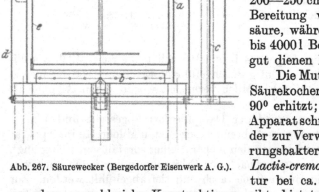

Die Menge der Säuerungsmilch richtet sich nach der zu verarbeitenden Betriebsmilchmenge; die Umrechnung erfolgt nach dem Impfsatz von 1—2% Muttersäure zur Betriebsmilch. Die von den Laboratorien übersandten Kulturflaschen enthalten meistens ca. 200—250 cm³, sie reichen also für die Bereitung von ca. 20—25 l Muttersäure, während diese wieder für 2000 bis 4000 l Betriebsmilch als Säuerungsgut dienen können.

Die Muttersäuremilch wird in dem Säurekocher meist 20 Minuten lang auf 90⁰ erhitzt; sie kühlt in dem gleichen Apparat schnell auf die Impftemperatur der zur Verwendung gelangenden Säuerungsbakterien ab. Für Kulturen der *Lactis-cremoris*-Art liegt diese Temperatur bei ca. 20⁰. Der Säureentwickler,

Abb. 267. Säurewecker (Bergedorfer Eisenwerk A. G.).

von dem es zahlreiche Konstruktionen gibt, bietet in bequemer und sicherer Weise dem Praktiker die Möglichkeit, eine reine Muttersäure herzustellen. Er besteht aus einem doppelwandigen Gefäß mit Anschluß für Dampf und Kühlwasser.

In dem auf Abb. 267 dargestellten „*Säurewecker*" ist (a) der Außenbehälter, (e) der herausnehmbare Einsatz aus Aluminium oder rostfreiem Stahl. Das Innengefäß wird durch Wasser temperiert, welches durch das Dampfrohr (*b*) geheizt und durch (*c*) ablaufen kann. Zum Vermischen dient ein Rührquirl (*f*). Der Außenbehälter (*a*) wird durch eine Korkschicht isoliert, welche zwischen (*a*) und den Mantel (*d*) gelegt ist.

Nachdem die Muttersäuremilch pasteurisiert und auf die notwendige Impftemperatur abgekühlt ist, wird die bis zu diesem Augenblick verschlossen gebliebene Reinkultur des Handels vorsichtig geöffnet, der Rand der Flasche mittels Durchziehen durch eine Flamme entkeimt und der Inhalt der Flasche *sofort* in die vorbereitete Milch eingegossen („*Impfung*"). Man rührt mit dem Rührwerk oder einer sauberen Lochscheibe gut um und überläßt die Milch ca. 16—18 Stunden lang sich selbst, lediglich darum besorgt, daß die Temperatur nicht allzusehr unter die meist genau von den Versandlaboratorien vorgeschriebenen Grade herabsinkt.

Das Säuregefäß kann mit dem Deckel (*g*) fest verschlossen werden; es ist aber wichtig, dem Luftsauerstoff Zutritt zu der in Säuerung begriffenen Milch zu geben, weil dies die Aromabildung fördert. Deshalb hilft man sich so, daß man an Stelle des festen Deckels frisch ausgekochte dichte Gaze über das Säuerungsgut deckt.

Wenn nach ca. 16—18 Stunden die Milch schön sämig (und nicht grobflockig) geronnen ist, wird ein Teil vorsichtig oben abgenommen und der Säuregrad der Muttersäure bestimmt. Dieser hat bei *Lactis-cremoris*-Kulturen bei 26—28 SH, bei Stäbchenkulturen bei ca. 38—40 SH zu liegen. Ist der entsprechende Säuregrad erreicht, wird sofort gekühlt; bei zu niedrigem Grad muß ganz langsam und vorsichtig nachgewärmt werden, bis der gewünschte Säuregrad nach kurzer Zeit vorliegt.

Nunmehr entfernt man in ca. 2—3 cm Dicke die obere Schicht der Muttersäure, um mechanisch hineingeratene Bakterien oder Hefen abzufangen, und füllt ca. $^1/_2$ l in ein ganz sauberes, am besten steriles Gefäß ab; dieses Gefäß wird, gut verschlossen, sofort kühlgestellt; sein Inhalt dient als Impfgut für weiteren Muttersäureansatz des nächsten Tages. Der Rest der fertigen Muttersäure wird, sobald er in dem Säurekocher völlig abgekühlt ist, mit dem Rührwerk bis zur sahnig-sämigen Konsistenz durchmischt und dient in einer Menge von 1—2% Ansatz als Impfstoff für die pasteurisierte und temperierte Betriebsmilch, die inzwischen aus dem Pasteur über einen Kühler in die Säuerungswannen abgelassen wurde.

2. Bereitung der Betriebsmilch.

Die Säuerungswannen sind meist doppelwandig, so daß eine genaue Temperatureinstellung erfolgen kann, sei es durch Dampf oder durch Kühlwasser. Die Temperatur der Betriebsmilch ist die gleiche wie die für die Muttersäure, d. h. sie richtet sich nach der angewandten Art der Milchsäurebakterien, die zur Säuerung der Muttersäure dienten.

Auch die übrige Behandlung der Betriebsmilch ist die gleiche wie bei der Muttersäure; die Säuerungswannen werden mit sauberem Deckel, aber nicht fest verschlossen.

Die Säuerungswannen sind meist kupferne Gefäße von rechteckigem Querschnitt mit gewölbtem Boden. Sie sind mit einem Doppelmantel versehen, durch den eine Wasser- und Soleleitung sowie eine Dampfzuleitung führt. Eine vollkommene Konstruktion ist auf Abb. 268 dargestellt. Diese Wanne ist mit einem Rührwerk versehen, welches gleichzeitig zum Kühlen dient und mit Wasser- und Solezuleitung verbunden ist.

Die Wanne (Rahmreifer) besteht aus dem Außenbehälter (*a*) und dem Innenbehälter (*b*) aus Kupfer, Aluminium oder rostfreiem Stahl. Die Temperatur der

Milch wird durch das mittels Dampfschlange (c) angewärmte, im Doppelmantel fließende Wasser vorgenommen, welches bei (d) eintritt und bei (e) überläuft. Das Durchmischen und Kühlen der Milch erfolgt durch das Rührwerk (g), welches in pendelnde Bewegung versetzt wird. Das Rührwerk ist zur Verringerung des Kraftverbrauchs durch Gegengewichte (i) ausgewuchtet. Die Kühlflüssigkeit wird in das Rührwerk durch (k) ein- und abgeleitet. Das Rührwerk wird aus verzinnten Kupferrohren mit Metallseitenteilen ausgeführt.

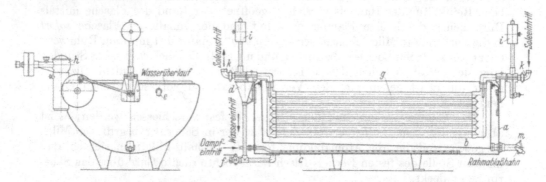

Abb. 268. Säuerungswanne (Rahmseifer). (Bergedorfer Eisenwerk A. G.).

Die Säuerungswannen werden mit einem Inhalt von 250—3000 l ausgeführt. Zur Abdeckung dienen beispielsweise mehrteilige Deckel aus Aluminium. Falls das Rührwerk als Milchkühler benutzt werden soll, wird auf das hochgestellte Rührwerk eine Verteilungsrinne aufgesetzt.

Durch die Säuerung der Milch wird das Casein aus seinem natürlichen kolloidalen Zustand in eine unlösliche Form übergeführt und ausgeflockt. Das Ausflocken des Caseins bietet Anlaß zur Bildung sog. „Caseinnester", d. h. Klumpungen von Casein innerhalb der Fettmasse, die sich nicht emulsionsartig gebunden haben. Die Caseinnester bilden die bekannten schwammigen, durch Butterfarbe gelbgefärbten „Stippchen"; aber selbst bei feinster Verteilung bilden die Caseinnester einen Nährboden für Bakterien und Schimmelpilze.

Die Vermeidung der Caseinausflockung ist für die Haltbarkeit der Margarine von größter Wichtigkeit. Man kann bei der Säuerung durch Temperaturregelung dafür sorgen, daß das Casein nicht grobdispers ausflockt, indem man darauf verzichtet, durch hohe Temperaturen die Säuerung zu forcieren und durch langsames Reifenlassen bei niedrigen Temperaturen das Ausflocken des Caseins zu groben schwammigen Gebilden verhindert.

Die absolute Höhe des Säuregrades ist hierfür weniger ausschlaggebend als die sachgemäße Durchführung der Säuerung. Die Milch muß nach Reifung eine sämige feinstflockige Konsistenz haben. Relativ höhere Säuerung ist für die Haltbarkeit der Milch günstig. Es ist falsch, die Milch mit niedrigeren Säuregraden, von etwa 20 SH, zu verarbeiten, um der Gefahr des Ausflockens des Caseins zu entgehen; sie hat bei diesem Säuregrad nicht die notwendige, die Haltbarkeit fördernde Säuremenge erreicht und erliegt leichter dem Einfluß von Infektionserregern, insbesondere den Eiweißzersetzern.

M. C. Reynolds und A. K. Epstein[1] wollen das grobflockige Ausscheiden des Caseins bei der Milchsäuerung durch Zusatz von Gelatine, Tragant oder anderen in Wasser löslichen Schutzkolloiden verhindern. Solche Maßnahmen sind aber nicht notwendig.

A. Westerink-Schaeffer hat gemeinsam mit G. J. Westerink eine Magermilchpaste unter dem Namen „Gekasol" für die Margarinefabrikation vorgeschlagen, in welcher sich das Casein in genuiner Form gelöst befindet und sich mit der Fett-

---

[1] A. P. 1815727 vom 8. VIII. 1929.

mischung sehr gut emulgieren läßt. Das Produkt wird mit dem Fett ohne vorherige Säuerung emulgiert und ist praktisch steril.

Die Caseinmasse wird durch Aussalzen der auf ca. 50° angewärmten Milch mit Natriumchlorid gewonnen[1].

e) Die Aromabildung.

1. Aromabildende Bakterien.

In den letzten Jahren wurde der Hauptträger des Butteraromas der gesäuerten Milch, das Diacetyl, $CH_3 \cdot CO \cdot CO \cdot CH_3$, entdeckt. Schon lange vorher waren aber mehrere Arten von Milchsäurebakterien bekannt, welche das Butteraroma hervorbringen. So beschrieb im Jahre 1919 S. ORLA-JENSEN[2] den bereits genannten *Str. cremoris* als identisch mit dem *Stamm Nr. 18* von STORCH. Von *Str. lactis* unterscheidet sich *Str. cremoris* u. a. durch das fehlende oder sehr schwache Maltosegärvermögen und schwächeres Säuerungsvermögen. Obwohl unverkennbare Verwandtschaft mit *Str. lactis* besteht, hat ORLA-JENSEN den *Str. cremoris* als selbständige Art gekennzeichnet.

B. W. HAMMER und Mitarbeiter[3] beschrieben als aromabildende Bakterien *Str. citrovorus* und *paracitrovorus*. Sie fanden, daß in guten Säureweckern neben Rassen von *Str. lactis* stets auch diese Bakterien vorkommen. Ihr Name ist auf das Vermögen, Citronensäure zu vergären, zurückzuführen, eine Eigenschaft, welche dem *Str. lactis* fehlt. Nach S. ORLA-JENSEN, A. D. ORLA-JENSEN und B. SPUR[4] sollen *Str. citrovorus* und *Str. paracitrovorus* degenerierte Stämme von *Str. cremoris* sein. Die Aromabildner sind nach ORLA-JENSEN *Betakokken*, sie bilden größere Mengen l-Milchsäure. Bei der Säuerung der Milch bilden sie ferner viel CO_2 und flüchtige Säuren.

F. W. BOECKHOUT und G. G. OTT DE VRIES[5] charakterisierten die Aromabildner als lange kettenbildende Bakterien, welche allein in Milch das typische Butteraroma nicht zu erzeugen vermögen; dieses tritt nur dann auf, wenn gleichzeitig kräftig säurebildende Kulturen von Milchsäurebakterien, wie *Str. lactis*, vorhanden sind.

S. KNUDSEN und A. SÖRENSEN[6] beschreiben die aromabildenden Mikroben ebenfalls als Betakokken (*Betacoccus cremoris*).

Für die aromabildenden Bakterien (*Betacoccus* ORLA-JENSEN, *Leuconostoc* C. I. HUCKER und C. S. PEDERSON[7], *Str. citrovorus* und *paracitrovorus*) sind nach Angaben von N. I. KAJUKOWA, W. M. BUSUK und N. N. PERSCHINA[8] folgende Eigenschaften charakteristisch:

Sphärische Zellen, meist Übergang zum Stäbchen; nicht selten kurze Ketten. Einige Rassen ergeben schleimiges Wachstum auf Saccharosemedien. Sie gerinnen nicht Milch, röten Lackmuspapier. Bei Zusatz von Hefeautolysat zum Medium wird das Wachstum intensiviert und die Säurebildung gesteigert. Außer l-Michsäure bilden sie Kohlendioxyd, Essigsäure, Spuren von Propionsäure und Alkohol. Die Bildung der flüchtigen Säuren wird auf Zusatz von Citronensäure stark erhöht. Ein Unterscheidungsmerkmal ist das Verhalten gegenüber Pentosen und Saccharose.

---

[1] D. R. P. 606173 vom 3. III. 1933.
[2] Kong. Danske Vidensk-Selskabs Skr., nat. mat. Afd. 8, Raekke V 2 (1919).
[3] Iowa State Agr. Exp. Sta. Res. Bl. 55 (1919); 63 (1920); 65 (1920); 66, 67 (1921); 80 (1923); J. Dai. Sc. 2, 157 (1932); 81 (1923).
[4] Journ. Bacteriol. 12, 233 (1926); Lait 6, 161 (1926); Zbl. Bakteriol., Parasitenkunde, Infektionskrankh. II. 86 (1932).
[5] Ztrbl. Bakter., Parasitenk. II. Abt. 49, 373 (1919).
[6] Ztrbl. Bakter., Parasitenk. II. Abt. 79, 75 (1929).
[7] New York Agric. Exp. Stat. Tech. Bl. 167 (1930).
[8] Mikrobiologia 6, Nr. 1. 60 (1937).

Etwa im Jahre 1927 wurde der Aromaträger der durch Bakterientätigkeit gesäuerten Milch, das *Diacetyl*, entdeckt, welches aus dem primär gebildeten Acetylmethylcarbinol durch Oxydation entsteht. Diese Entdeckung machten, unabhängig voneinander, einerseits H. Schmalfuss, H. Barthmeyer[1] in Gemeinschaft mit A. Schaeffer und anderseits die holländischen Forscher C. B. van Niel, A. J. Kluyver und H. G. Derx[2]. Wie H. Schmalfuss und H. Barthmeyer angeben, wurden im Laboratorium von A. Schaeffer in Hamburg bereits im Jahre 1926 Reinkulturen von Milchsäuerungsbakterien (Langstäbchen) gezüchtet, welche das Butteraroma relativ konzentriert enthielten; der Duft der Kulturen ging in seiner Stärke ihrem Gehalt an Diacetyl parallel. Der Befund von H. Schmalfuss, von van Niel und ihren Mitarbeitern, daß das Diacetyl der eigentliche Aromabildner der Milch sei, wurde später von B. W. Hammer[3] und seinen Mitarbeitern bestätigt.

Die „Säurewecker" des Handels, welche in Speziallaboratorien hergestellt und an Margarinefabriken vertrieben werden, sind stets Symbiosen von Milchsäure- und Aromabildnern.

Die Notwendigkeit der Symbiose der Aromabildner mit *Str. lactis* hat den Nachteil, daß erstere mit der Zeit von den kräftigeren Milchsäurebildnern niedergedrückt werden und bei fortgesetzter Kultur schließlich ganz verschwinden. Vor kurzem gelang es T. Matuszewski, E. Pijanowski und J. Sapińska[4], aus Kartoffeln Bakterien zu isolieren, welche beide Funktionen der Säuerung und Milchgerinnung und der Aromabildung erfüllen und deshalb als *Str. diacetylilactis* bezeichnet wurden. Die Stämme erzeugen nach einer privaten Mitteilung der Verfasser bei 25—30⁰ in 50 cm³ Magermilch während 24 Stunden 0,9% Milchsäure und eine 20 mg Ni-Salz entsprechende Acetoinmenge. Die Diacetylbildung wird durch Zusatz von Citronensäure außerordentlich gesteigert, ähnlich wie bei *Str. citrovorus* usw. So nahm der Gehalt an Acetoin in 50 cm³ Magermilch in Gegenwart von 1% Citronensäure auf 100 mg Ni-Salz zu und erreichte damit eine Höhe, wie sie mit den Citronensäure vergärenden Streptokokken zu erzielen ist[5].

Trotz der nachweislich großen Rolle, welche dem Diacetyl beim Zustandekommen des Butterduftes zukommt, darf nicht übersehen werden, daß das Diketon zwar eine wesentliche, nicht aber die einzige Komponente des Butteraromas ist. So wurde keine strenge Parallelität zwischen dem Diacetylgehalt und der Duftstärke von Butter festgestellt. Hammer, Farmer und Michaelian[6] haben eine große Zahl von Kulturen auf Diacetylgehalt untersucht. Organoleptisch beste Resultate liefernde Kulturen enthielten bis 40 mg Diacetyl in 200 cm³ Milch. Aber einige Kulturen, welche kein Diacetylbildungsvermögen besaßen, erzeugten ebenfalls guten Geschmack und gutes Aroma. Es wäre vielleicht richtig, das vom Diacetyl herrührende Aroma als das primäre zu bezeichnen, während das sekundäre Aroma durch andere, bei der Milchsäuerung gebildete flüchtige Stoffe erzeugt wird. So läßt sich mit Diacetyl allein das Vollaroma der Butter nicht herstellen.

Nach Untersuchungen von H. Schmalfuss und H. Barthmeyer schwankt der Diacetylgehalt von Kuhbutter in weiten Grenzen und ist von der Art der Fütterung abhängig. Höchsten Diacetylgehalt zeigt Butter nach Weidenfütterung (bis 6 mg/kg Butter), niedrigsten nach Stallfütterung.

---

[1] Ztschr. physiol. Chem. **176**, 282 (1928); Biochem. Ztschr. **210**, 330 (1929).
[2] Biochem. Ztschr. **210**, 234 (1929).
[3] Iowa State Agric. Exp. Sta. Res. Bl. **155** (1933); Journ. Dairy Science 18, 473 (1935).
[4] Roczniki Nauk Rolniczych I Leśnych **36**, 1 (1936).
[5] M. B. Michaelian u. B. W. Hammer: Iowa State Agric. Exp. Sta. Res. Bl. **179** (1935).
[6] Agric. Exp. Stat. Iowa, Res. Bl. **155** (1933).

Der Erfolg der Aromatisierung ist ferner nicht allein von der Intensität der Aromabildung der verwendeten Säuerungskulturen abhängig. Größte Bedeutung hat die Qualität der Milch selbst. So liefern im Stall gehaltene Kühe schlechter aromatisierbare Milch als auf Weiden gefütterte; selbst die Rasse der Kühe spielt eine Rolle. Gehaltreichere Milch (erkennbar auch am höheren Fettgehalt der Vollmilch) soll sich für das Wachstum der aromabildenden Betakokken besser eignen als jede andere.

Wichtig ist ferner, in welchem Zustand die Milch an die Margarinefabrik angeliefert wird. Stark infizierte Rohmilch wird auch nach sorgfältiger Pasteurisierung kein Vollaroma mehr entwickeln können, weil sie durch die Tätigkeit der Infektionserreger schon teilweise abgebaut worden ist und fremde Geruchsnuancen angenommen hat. Ferner darf die Milch beim Erhitzen keinen Kochgeschmack annehmen; je schonender die Milch erhitzt wird, je mehr der Rohmilchcharakter erhalten bleibt, desto größere Aussicht besteht für die Vermehrung der Aromabakterien und die Reinheit des gebildeten Aromas.

Nach Untersuchungen von H. Schmalfuss ist es möglich, daß das Diketon auch in Abwesenheit von Sauerstoff, als ein normales Stoffwechselprodukt der Aromabakterien gebildet wird. Sauerstoff unterstützt aber zweifellos die Diacetylbildung, und aus diesem Grunde muß die Säuerung der Milch unter Luftzutritt erfolgen.

Der Endeffekt der Aromatisierung der Milch hängt demnach von verschiedenen Faktoren ab, vor allem von der verwendeten Säuerungskultur und der Beschaffenheit der Milch.

2. Aromatisierende Zusätze.

Um die Fabrikationsführung von den recht komplizierten Umständen, welche sich bei der bakteriellen Milchsäuerung und -aromatisierung abspielen, unabhängig zu machen, wurde schon vor langer Zeit versucht, der Margarine künstliche Riechstoffe zuzusetzen. Man hielt früher die bei der Reifung gebildeten organischen Säuren und deren Ester sowie die niederen Butterfettsäuren für die eigentlichen Geruchsträger der Butter; man stellte deshalb unter verschiedenen Phantasienamen solche Verbindungen, namentlich Ester der Buttersäure, her, welche als Ersatz für das Milcharoma vertrieben wurden. Bestenfalls wurde aber ein an schlechte Bauernbutter erinnerndes Aroma mit einer unangenehmen ranzigen Nuance erzielt. Die Margarineindustrie war lange Zeit auf solche Mittel angewiesen, besonders bei Herstellung von mit Wasser oder wenig Milch gekirnter Ware. Auch in den letzten Jahren wurden noch solche Kunststoffe für die Aromatisierung vorgeschlagen; so will F. Bloemen besondere Erfolge mit am alkoholischen Hydroxyl veresterter Milchsäure, z. B. mit Butyrylmilchsäure u. dgl., erreichen[1] und das Diacetylaroma ergänzen.

Gelöst wurde das Problem durch die Entdeckung der Bildung von Diacetyl bei der Milchreifung. Das Diketon wirkt schon in allerkleinster Konzentration aromatisierend (1 : 200000), und zwar verleiht es der Butter oder Margarine den eigentlichen Butterduft. Das reine Diketon hat einen scharfen, unangenehmen Geruch und wirkt in größeren Dosen von 1—2 g pro Liter bakterientötend[2]. Überdosierungen müssen deshalb vermieden werden. Durch die Entdeckung des Diacetyls, welches jetzt von chemischen Fabriken an die Margarineindustrie geliefert wird, wurde letzteren die Möglichkeit gegeben, Mängel der bakteriellen Aromatisierung bis zu einem gewissen Grade auszugleichen.

---

[1] D. R. P. 573785.
[2] M. Lemoigne u. P. Montguillon: Ann. Falsifications Fraudes 80, 278 (1935).

Die älteste Mitteilung über die Anwendung von reinem Diacetyl zur Margarinebereitung scheint aus dem Jahre 1927 zu stammen[1]. Später fanden A. K. Epstein und B. R. Harris[2], daß auch höhere Diketone mit bis zu 8 Kohlenstoffatomen, wie 2,3-Pentadion, 2,3-Hexadion und 2,3-Heptadion Butteraroma erzeugen können.

Das Diacetyl ist heute ein unentbehrliches Hilfsmittel der Margarinebereitung. Das Diketon wird in passender Verdünnung, welche eine gleichmäßige Verteilung in der Margarine gewährleistet, zugefügt. Als Verdünnungsmittel dient Öl oder ein saures Medium passender Art. Das Keton muß nämlich durch eine entsprechende Säurekonzentration vor Zersetzung geschützt werden. Besonders wichtig erscheint das bei Zusatz von Diacetyl zu einer mit gesäuerter Milch hergestellten Margarine. Anscheinend geht das Keton mit den Milchproteinen Verbindungen ein, wobei es das Aroma verliert. In saurer Lösung bleibt aber der Duft weit länger erhalten. Das Problem der Stabilisierung des Diacetyls ist noch nicht befriedigend gelöst.

B. Die Fette.

Ursprünglich wurden für die Margarineherstellung ausschließlich die weicheren Anteile des Rindertalgs, das Oleomargarin, verwendet. Der steigende Bedarf an Margarine machte aber bald die Heranziehung weiterer Rohstoffe notwendig, wobei man zunächst nur an tierische Fette gedacht hat. So gesellte sich zum Oleomargarin der höher schmelzende Feintalg (Premier jus, Oleo stock), später noch das Schweinefett (Neutral lard).

Bei Mitverwendung von Talg mußte das Fett wegen des hohen Schmelzpunktes durch Zusatz eines pflanzlichen Öles weicher gemacht werden. So kamen allmählich auch vegetabilische Fette zur Anwendung, bis dann schließlich die tierischen Fette immer mehr und mehr von den billigeren Pflanzenfetten verdrängt wurden. Die Hauptmenge der heute in Europa erzeugten Margarine enthält kein tierisches Fett, die Talgprodukte sind durch die festen Palmfette, das Cocos- und Palmkernfett, ersetzt worden. Kurz vor dem Kriege kam ein weiterer, sehr wertvoller Ersatz für die Talgprodukte dazu, das gehärtete Fett. Letzteres wird aus Seetierölen oder Pflanzenfetten gewonnen und in größtem Umfange von der Margarineindustrie verarbeitet.

Je nach dem Ursprung der Hauptbestandteile des Fettgemisches unterscheidet man zwischen „*tierischer*" und „*pflanzlicher*" *Margarine*. Die Unterscheidung ist nicht ganz korrekt, denn „tierische" Margarine enthält stets einen ansehnlichen Prozentsatz an Pflanzenfett (Öl), während in der „Pflanzenbutter" oft gewisse Mengen tierischen Hartfettes enthalten sind. Auch ausgesprochene Mischtypen, welche mit tierischen Fetten und kleinen Mengen Cocosfett (und Pflanzenöl) hergestellt werden, sind im Handel anzutreffen.

Die Fettbasis der in Europa fabrizierten Margarine ist jetzt hauptsächlich pflanzlichen Ursprungs. Der Umfang der Erzeugung von „tierischer" Margarine geht immer mehr zurück. In den Vereinigten Staaten von Amerika werden aber auch heute noch sehr große Mengen „tierischer" Margarine hergestellt.

Die tierische Margarine gilt im allgemeinen als die wertvollere; sie zeigt bessere physikalische Eigenschaften und bessere Haltbarkeit als ein mit viel Cocosfett verkirntes Erzeugnis; auch das Wasserbindungsvermögen der Talgprodukte ist höher als dasjenige des Cocosfettes. Man kann deshalb die tierischen Fett-

---

[1] Fransch-Hollandsche Oliefabrieken (Nouveaux Etablissements Calvé-Delft): F. P. 664030 vom 15. XI. 1928, Holl. Priorität vom 16. XI. 1927.
[2] A. P. 1 945 347 vom 15. VIII. 1930.

gemische mit größeren Mengen gesäuerter Milch verarbeiten als Cocosfettmargarine. Die gehärteten Fette zeigen allerdings in bezug auf Plastizität, Wasserbindungsvermögen und Haltbarkeit ebenso gute Eigenschaften wie die tierischen Fette (organoleptisch sind natürlich die Hartfette nicht mit Oleomargarin oder Neutral lard auf eine Stufe zu stellen).

Nach K. Snodgrass haben die Fettgrundlagen der Margarineerzeugung seit 1880 folgende Wandlungen durchgemacht: In der Zeit von 1880 bis 1900 wurden 2 Typen hergestellt, eine tierische und eine aus tierischen und pflanzlichen Fetten bestehende Ware. In der Periode von 1900—1910 erschien der rein vegetabilische Typ, bestehend aus festen und flüssigen Pflanzenfetten (Cocosund Palmkernfett, Erdnuß-, Sesam- und Baumwollsaatöl). Vor dem Weltkriege begann die Verwendung von gehärteten Fetten, erst tierischen, später von tierischen und pflanzlichen. Ein passend gehärtetes pflanzliches Fett kann als einziger Fettstoff zur Margarinefabrikation dienen; eine Reihe von Margarinesorten wird durch Vermischen eines bestimmten Öles mit seinem Hydrierungsprodukt erzeugt. So in Rußland aus Sonnenblumenöl und Sonnenblumenölhartfett (Salomas), in Westeuropa aus Erdnußöl und gehärtetem Erdnußöl[1].

Die Verwendung von Hartfetten ist im wesentlichen auf die europäische Margarineerzeugung beschränkt und spielt in der amerikanischen Industrie eine viel geringere Rolle.

a) Die tierischen Fette.

α) **Premier jus (Oleo stock, Feintalg).** Er wird aus dem „Rohkern", den großen, zusammenhängenden, nur wenig Blut führenden Teilen des Fettgewebes, die aus der Nieren-, Herz-, Lungen- und Netzgegend des Rindes stammen, durch Ausschmelzen bei einer Temperatur bis höchstens 55⁰ und Klären des ausgeschiedenen Fettes mit Kochsalzlösung gewonnen. Das Fett hat gelbliche Farbe, körnige Struktur und schmilzt zwischen 40—50⁰. Wegen des hohen Schmelzpunktes kann es nur in geringeren Mengen zur Fabrikation von Tafelmargarine verwendet werden. In größeren Mengen wird Premier jus zur Herstellung der höher schmelzenden Bäckerei- oder Ziehmargarine, von der ein besonders hoher Plastizitätsgrad verlangt wird, verwendet. Der Talg ist sehr reich an Stearopalmitoglyceriden, die Zusammensetzung ist in Bd. I, S. 98 und 223, die allgemeinen Herstellungsverfahren sind in Bd. I, S. 787 beschrieben. Über die Gewinnung der einzelnen Talgsorten wird in Bd. III berichtet werden. Die für die Margarineerzeugung bestimmten Talgsorten dürfen keinen „talgigen" Geschmack haben und wie alle Speisefette nur aus gesundheitlich einwandfreiem Material gewonnen werden. Talgig schmecken bei einer Temperatur von über 55⁰ ausgeschmolzene Fette. Premier jus wird hauptsächlich aus den Vereinigten Staaten nach Europa eingeführt. Er ist der Rohstoff der Herstellung von „Oleomargarin".

β) **Oleomargarin** (Zusammensetzung und allgemeine Herstellungsmethoden s. Bd. I, S. 207 und 805) besteht aus den niedrig schmelzenden Anteilen des Premier jus, aus dem es durch Ausschmelzen bei etwa 20—27⁰ gewonnen wird. Es ist ein blaßgelbes, körniges, gegen 30⁰ schmelzendes Fett, das älteste und heute noch das beste Rohmaterial für hochwertige Margarinesorten. Der Schmelzpunkt und die Zusammensetzung des Fettes schwanken in gewissen Grenzen mit der Temperatur, bei der das Ausschmelzen und Abpressen von den höher schmelzenden Talgbestandteilen vorgenommen wurde. Der Gehalt an freien Fettsäuren beträgt etwa 0,3—0,5%. Auch dieses Fett wird hauptsächlich aus Amerika bezogen.

γ) **Preßtalg.** Der Preßrückstand des Oleomargarins ist das „Oleostearin"

---

[1] Über die Fettrohstoffe vgl. auch E. Gasser: Monthly Bl. agric. sc. practice Rome **26**, Nr. 1, 11 (1934).

oder der *Preßtalg*. Er wurde früher in geringen Mengen zur Erhöhung des Schmelzpunktes des Fettgemisches in den heißen Sommermonaten verwendet. Seit der Verwendung von Hartfetten in der Margarineindustrie ist seine Verarbeitung zurückgegangen, aber für „Ziehmargarine" werden größere Anteile an Preßtalg verwendet. Das Produkt zeigt geringe Haltbarkeit, einen sehr hohen Schmelzpunkt (50—56⁰) und geringeren Reinheitsgrad als Premier jus und Oleomargarin.

δ) **Schweinefett.** Das Fett ist wegen seiner die Geschmeidigkeit erhöhenden Wirkung und seines relativ niedrigen Schmelzpunktes ein sehr geschätzter Rohstoff für hochwertige Margarinesorten. (Zusammensetzung und allgemeine Gewinnungsmethoden s. Bd. I, S. 98, 209, 223, 798, 802.) Es gelangen nur die besten Schweinefettsorten zur Verarbeitung, das „Neutral lard" und in geringerem Maße „choice kettle rendered lard". Beide Sorten werden in sehr großen Mengen in den Vereinigten Staaten erzeugt und nach Europa versandt. Neutral lard wird aus dem Liesen-, Bauch- oder Rückenfett durch „trockenes" Ausschmelzen bei niedriger Temperatur gewonnen, „choice kettle rendered lard" durch Naßschmelze. Letzteres schmilzt etwas höher als „Neutral lard". Seit einigen Jahren werden diese hochwertigen Schmalzsorten auch in Deutschland fabriziert (näheres in Bd. III).

Während über das Vorkommen von Vitamin D im Rindertalg keine zuverlässigen Angaben bestehen und auch das Vorkommen von Vitamin A zweifelhaft ist[1], wurden beim Schweinefett Vitamin-D-Wirkungen beobachtet[2].

ε) **Butterfett.** Von weiteren, für die Margarinefabrikation in Frage kommenden tierischen Fetten wäre noch Kuhbutter zu nennen, deren Beimischung zur Margarine in manchen Staaten verboten, in anderen wiederum nicht nur gestattet, sondern zwecks Steigerung des Butterverbrauches sogar vorgeschrieben ist. Ein Zusatz guter Butter verbessert natürlich die organoleptischen Eigenschaften der Margarine, verteuert sie aber auch in einem Grade, der der erzielten Qualitätssteigerung kaum entspricht.

ζ) **Hammeltalg** ist wegen des scharfen Eigengeruches für die Margarinefabrikation kaum geeignet.

b) Die pflanzlichen Fette.

α) **Cocosfett** (Zusammensetzung s. Bd. I, S. 85 und 206, Herstellung s. Bd. III) ist jetzt der wichtigste Fettrohstoff der europäischen Margarineerzeugung. Das Fett ist in raffiniertem Zustande weiß, geschmack- und geruchlos. Das Fett hat einen relativ niedrigen Schmelzpunkt (gegen 28⁰), ist aber hart und spröde; eine mit viel Cocosfett hergestellte Margarine ist deshalb weniger plastisch und streichfähig als eine mit tierischen Fetten (Oleomargarin und Neutral lard) bereitete. Das Cocosfett wird hauptsächlich im Gemisch mit Hartfetten und Ölen verarbeitet. Die pflanzlichen Margarinesorten enthalten 50—70% Cocosfett.

β) **Palmkernfett** hat ähnliche Eigenschaften und Zusammensetzung wie Cocosfett (vgl. Bd. I, S. 85), dem es aber geschmacklich unterlegen ist. In größeren Mengen verwendet man das Palmkernfett nur für billige Margarinesorten. Es schmilzt etwas höher als Cocosfett.

γ) **Babassufett.** Von anderen festen Samenfetten der Palmae kommt einige Bedeutung dem brasilianischen Babassufett zu (Zusammensetzung s. Bd. I,

---

[1] STEENBOCK, SELL u. BUELL: Journ. biol. Chemistry **47**, 89 (1921).
[2] KON u. BOOTH: Biochemical Journ. **28**, 121 (1934). — BEAD u. BAIBY: Cereal Chem. **10**, 99 (1933).

S. 85). Auch dieses Fett ähnelt in den Eigenschaften und den Verarbeitungs-
möglichkeiten weitgehend dem Cocosfett.

δ) **Palmöl**, das Fruchtfleischfett von *Elaeis guineensis*, wäre ein vorzüglicher
Ersatz für die festen tierischen Fette. Wie aus den Angaben des ersten Bandes
hervorgeht, hat das Fett eine ganz andere Zusammensetzung als das Samenfett
(Palmkernfett); es enthält große Mengen Palmitoglyceride (s. Bd. I, S. 71
und 221) und nur wenig Stearinsäure, schmilzt in frischem Zustande bei etwa
30⁰ und ist sehr reich an Carotinoiden und Vitamin A. Das rohe Fett ist durch
Carotinoide intensiv orange gefärbt, riecht veilchenartig und ist von butter-
artiger Konsistenz. Leider kommt die Hauptmenge des Fettes mit einem sehr
hohen Grad von freien Fettsäuren in den Handel, weshalb sich seine Raffination
sehr kostspielig gestaltet. Aus diesem Grunde läßt sich das Fett nicht in größerem
Umfang für die Margarinefabrikation verwenden. Erst in der letzten Zeit wurden
in den Ursprungsländern moderne Fabriken errichtet, welche ein Fett mit wesentlich niedrigerem Säuregrad erzeugen, so daß für die zukünftige Belieferung der Margarineindustrie mit einem wirtschaftlich raffinierbaren Palmöl Aussichten bestehen.

In den Vereinigten Staaten von Amerika, wo das künstliche Färben von
Margarine mit einer Abgabe von 10 Cent pro Pfund belegt wird, hat man versucht, das Färbeverbot durch Zumischen von ungebleichtem Palmöl zu umgehen. Aber auch die mit Palmöl gefärbte Margarine wurde der Besteuerung
unterworfen. Die Vitamin-A-Wirkung des rohen Palmöles ist nach J. C. DRUMMOND
und S. S. ZILVA[1] um so größer, je intensiver das Fett gefärbt ist. Vorsichtig gebleichtes Palmöl soll noch einen Vitamin-A-Gehalt von 60 Einheiten pro Gramm
aufweisen[2]. Wegen des hohen Gehaltes an gemischten Palmitoglyceriden, des Vi-
tamingehaltes usw. empfiehlt sich das Fett von selbst für die Margarineherstellung.

ε) **Flüssige Pflanzenfette.** Zur Einstellung des Schmelzpunktes müssen den
festen Fetten gewisse Mengen an fettem Öl zugesetzt werden. Geeignet sind alle
Öle, welche keine größeren Mengen an höher ungesättigten Fettsäuren enthalten
und nach der Raffination keinen spezifischen Geruch und Geschmack mehr
zeigen. Trocknende Öle, wie Leinöl, Mohnöl, auch Maisöl scheiden deshalb aus.
Sonnenblumenöl wird in Westeuropa in beschränktem Umfange, in größtem Ausmaße aber in Rußland im Gemisch mit gehärtetem Sonnenblumenöl (Salomas)
verarbeitet.

Es werden überwiegend nicht oder nur ganz schwach trocknende Öle, und
zwar *Baumwollsamenöl, Erdnußöl, Sesamöl* und namentlich *Sojabohnenöl*, seltener
Rapsöl, verarbeitet. Die Zusammensetzung dieser Öle ist im ersten Band angegeben worden. Als das wertvollste wäre das vorwiegend aus einfach-ungesättigten Fettsäuren bestehende Erdnußöl zu bezeichnen. Aber die übrigen drei Öle
sind ebenfalls sehr gute flüssige Fettstoffe für die Margarinefabrikation.

In vielen Ländern ist ein Zusatz von 10% Sesamöl zum Fettgemisch zwecks
Kenntlichmachung der Margarine gesetzlich vorgeschrieben. Das Öl läßt sich
mit Hilfe der BAUDOUINschen Reaktion, der Rotfärbung (der wäßrigen Schicht)
durch Furfurol und Salzsäure leicht nachweisen. Auch in Deutschland war früher
der Sesamölzusatz vorgeschrieben. Seit dem Weltkriege darf aber als Kenn-
zeichnungsmittel Kartoffelstärke verwendet werden.

c) Gehärtete Fette.

Die aus Seetierölen und aus pflanzlichen Ölen durch Hydrierung bereiteten
Hartfette werden in größtem Umfange von der Margarineindustrie verarbeitet.

---

[1] Journ. Soc. chem. Ind. **41**, 127 T (1922).
[2] A. K. EPSTEIN: Journ. Oil Fat Ind. **8**, Nr. 3, 107 (1932).

Sie sind ein vorzüglicher Ersatz für die tierischen Talgprodukte, besitzen hohes Wasserbindungsvermögen und eine hohe Haltbarkeit. Besonders wertvoll sind die aus Erdnußöl und Baumwollsaatöl hergestellten Produkte. Über die in der Margarineindustrie verwendeten Hartfettsorten wurde auf S. 114 und 157 berichtet.

C. Die Hilfsmittel.

Hierzu gehört eine Reihe von Stoffen, welche dem Gemisch von Fett und Milch zur besseren Emulgierung, zur Verhinderung des Verspritzens beim Erhitzen, zur Geschmacksverbesserung, zur Erhöhung der Haltbarkeit der Margarine und zur Färbung zugesetzt werden.

α) **Eigelb.** Kuhbutter bildet beim Erhitzen in der Bratpfanne eine milchig schäumende Emulsion. Das Wasser verdampft allmählich, die Flüssigkeit wird dann klar und hinterläßt einen angenehm riechenden braunen Bodensatz. Dieses Verhalten der Butter hängt mit ihrer Zusammensetzung und ihrem äußerst feinen Dispersitätsgrad zusammen.

Nur aus Milch oder Wasser und Fett bereitete Margarine verhält sich ganz anders beim Erhitzen. Das Wasser entweicht unter Spritzen und Zischen, die Eigenschaft des Schäumens fehlt. Auch bilden sich nur geringe Mengen eines Bodensatzes. Um Margarine in dieser Beziehung butterähnlich zu machen, hat BERNEGAU schon vor Beginn des 20. Jahrhunderts Zusatz von Eigelb und Glucose vorgeschlagen[1]. Zur Erzielung des „Margarineeffektes", d. h. des ruhigen Schäumens und des Bräunens beim Erhitzen, genügt ein Zusatz von 0,5—1% Eigelb[2]. Seit der Zeit ist die Verwendung von Eigelb bei der Margarineherstellung allgemein üblich geworden. Das Eigelb wird als solches, meist mit Kochsalz und Benzoesäure konserviert, oder als Trockeneigelb gehandelt. Letzteres ist in der Qualität gleichmäßiger als das flüssige Produkt, besitzt aber keinen ebenso hohen Emulgierungswert.

Ein mit Kochsalz konserviertes flüssiges Eigelb enthielt nach NOTTBOHM und F. MAYER 7,68%, ein Trockeneigelbpräparat 18,77% Gesamtphosphatide. Die Wirkung von Eigelb beruht ausschließlich auf seinem Phosphatidgehalt. Die übrigen Bestandteile, namentlich die Proteine, sind, abgesehen vom Steringehalt, ein Ballast, weil letztere einen guten Nährboden für Kleinlebewesen abgeben und häufig das frühzeitige Verderben der Margarine verursachen. Das Eigelb muß deshalb stets auf Geschmack und Unverdorbenheit geprüft werden. Das flüssige Eigelb wird am zweckmäßigsten in der Frischmilch gelöst und zusammen mit der Milch pasteurisiert. Trockeneigelb muß vor der Verwendung gelöst werden. Man kann aber auch das Eigelb erst in der Kirne zusetzen.

β) **Lecithin.** Schon seit etwa 20 Jahren wird versucht, das Eigelb durch Lecithinpräparate zu ersetzen. Die ersten auf dem Markte erschienenen Produkte zeigten aber unbefriedigende Eigenschaften, wie schwere Löslichkeit im Emulsionsgemisch usw., auch waren sie zu teuer. Die Lecithinpräparate wurden aus Eigelb als Rohstoff hergestellt[3]. Sie stellen Extrakte von Lecithin und Cholesterin im Dotteröl dar. Ein solches Präparat ist beispielsweise das vor einigen Jahren von K. TÄUFEL sehr günstig beurteilte *Ovomargin* der I. D. Riedel A. G.[4]. Das Präparat enthält nach K. TÄUFEL und W. PREISS[4] 28% Lecithin und 4,6% Cholesterin und war im Gegensatz zu Eigelb völlig keimfrei, während flüssiges Eigelb als Träger mannigfacher Mikroorganismen, insbesondere von Schimmel-

[1] F. E. NOTTBOHM u. F. MAYER: Ztschr. Unters. Lebensmittel 66, 21 (1934).
[2] Vgl. ANGERHAUSEN u. SCHULZE: Pharmaz. Ztrbl. 70, Nr. 9 (1929).
[3] Näheres über Phosphatide und ihre Herstellung s. Bd. I, S. 456.
    Marg.-Ind. 24, 154 (1931).

pilzen, die Infektion und das rasche Verderben (Seifigkeit) der Margarine verursacht. In der Emulgierungsfähigkeit entsprach das Präparat flüssigem Eigelb und übertraf Trockeneigelb. Das Wasserbindungsvermögen von Talg wurde durch Zusatz von 0,1% Ovomargin von 24% auf 46% erhöht, 0,05% Ovomargin genügten, um ein ruhiges Schäumen und Ausbraten der Margarine zu gewährleisten. Der Spratzverlust betrug ohne Zusatz 4,6%, mit Zusatz von 0,05% Ovomargin nur 0,39%, was etwa dem Margarineeffekt von 0,2% Eigelb entsprach.

Ein ähnliches Lecithinpräparat ist das *Heliocithin*[1], ferner das *Vitamargin*[2], wovon ein Zusatz von 0,1% genügt.

Heliocithin besteht nach NOTTBOHM und F. MAYER aus 22,47% Gesamtphosphatiden, 75,09% Eieröl und 0,89% Eiweiß.

Jetzt wird ganz allgemein das *Sojalecithin* für die Margarinefabrikation verwendet. Beim Abtreiben des Lösungsmittels aus der bei der Extraktion von Sojabohnen gebildeten Miscella bleiben die Phosphatide zum größten Teil als feine Trübung ungelöst zurück und werden aus dem Öl nach den im Band I, S. 505—507, beschriebenen Methoden isoliert. Handelspräparate von Sojalecithin enthalten nach NOTTBOHM und F. MAYER 51—72,2% Gesamtphosphatide, davon 13,2—21,08% Cholinlecithin und 35—20% Öl. Nach H. SCHMALFUSS und O. BENECKE[3] kann das Sojalecithin durch Rapslecithin ersetzt werden. Über die Wirkung der Lecithinpräparate in Margarine wurde auch im I. Band, S. 514 bis 516, Näheres mitgeteilt.

γ) **Emulsionsöl.** Auf S. 761 wurde die emulgierende Wirkung von oxydiertem Sojabohnenöl (P. E. O.-Emulgator) beschrieben; das Präparat hat sich für Margarine sehr gut bewährt und wird gewöhnlich in einer Menge von 0,5% dem Fettgemisch zugesetzt.

δ) **Die Butterfarben.** Die zur Margarinefabrikation verwendeten Fette sind nahezu farblos oder nur schwach gelb gefärbt. Die Emulsion hat deshalb ein unansehnliches grauweißes Aussehen. Um sie butterähnlich zu machen, müssen die Fette mit Hilfe von fettlöslichen, in Wasser unlöslichen Farbstoffen gefärbt werden. Die früher zum Gelbfärben der Margarine verwendeten natürlichen Pflanzenfarben wurden durch synthetische, meist Sudanfarbstoffe ersetzt, welche von Spezialfabriken als „Butterfarben" vertrieben werden. Die Farben werden vor dem Zusatz in einem Öl klar gelöst; von diesen Lösungen werden bestimmte Mengen im Temperierkessel dem Fettgemisch zugegeben. Man verwendet einen reingelb und einen rötlichgelb färbenden Farbstoff. In einer Reihe von Ländern ist das Färben von Margarine allerdings verboten, so in Frankreich, in den Vereinigten Staaten von Amerika usw.

ε) **Vitamine.** Die Rohstoffe der Margarinefabrikation sind praktisch frei von Vitaminen. In den letzten Jahren ist häufig über zur Vitaminisierung der Margarine geeignete Präparate, meist Vitaminextrakte, berichtet worden. Eine befriedigende Lösung ist noch nicht gefunden worden. Ein zur Erzielung von A-Wirkungen geeignetes Produkt wäre ungebleichtes Palmöl, worauf schon auf S. 797 hingewiesen wurde.

Dem Problem darf keine übertriebene Bedeutung beigemessen werden. Zu normalen Zeiten wird der Vitaminbedarf auch der unbemittelten Bevölkerung durch Nahrungsmittel anderer Art, vor allem durch Gemüse und Obst, reichlich gedeckt. Es muß aber zugegeben werden, daß Margarine sich in dieser Hinsicht nachteilig von Butter unterscheidet, während sie sonst im Nährwert der Butter voll entspricht und mit ihr gleichzustellen ist.

---

[1] STEUDEL u. MAKATSCH: Halbmon. Marg.-Ind. **20**, Nr. 13 (1927).
[2] v. ROSENBUSCH, REVEREY: Halbmon. Marg.-Ind. **20**, Nr. 19 (1927).
[3] Marg.-Ind. **28**, 211 (1935).

ζ) **Kochsalz.** Die zur Margarineerzeugung verwendeten Fette, namentlich das Cocosfett, unterliegen leichter der Hydrolyse als Butterfett. Der scharfe Preiskampf gegen Butter zwingt die Margarineerzeuger, den Wassergehalt der Margarine möglichst nahe auf die oberste, vom Gesetz vorgesehene Grenze von 16% einzustellen. Die Haltbarkeit der Margarine ist ferner deswegen geringer als die der Butter, weil letztere eine viel feiner disperse Emulsion darstellt. Auch der Emulsionstyp der Margarine ist nicht immer derjenige einer reinen Wasser-in-Öl-Emulsion. Margarine des umgekehrten Emulsionstyps ist aber weniger beständig, weil sich in der äußeren wäßrigen Phase die Nährelemente befinden, welche die Mikroorganismen zu ihrer Vermehrung brauchen. Die Frischhaltung der Margarine erfordert deshalb besondere Maßnahmen.

Der Margarine werden, ebenso wie der Butter, gewisse Mengen Kochsalz zugefügt. Das Salz hat in den verwendeten Konzentrationen nur schwach konservierende Wirkungen. Der Zusatz erfolgt aber auch zur Geschmacksbeeinflussung. Das Salz muß fein gemahlen sein (Korngröße nicht über 0,5 mm) und darf nicht mehr als 0,1% Magnesiumsalze enthalten. Bei höherem Magnesiumsalzgehalt schmeckt das Salz und die Margarine bitter; auch ist Mg-haltiges Kochsalz hygroskopisch, wodurch das gleichmäßige Salzen der Margarine erschwert wird (das Salz wird auf den Knetvorrichtungen der Margarine zugegeben). Die zugesetzten Mengen betragen 2—4%; ein großer Teil des Salzes geht allerdings bei dem Kneten mit dem ausgepreßten Wasser verloren. Die Höhe des Zusatzes richtet sich nach dem Geschmack der Verbraucher, und in manchen Gegenden muß auf den Salzzusatz ganz verzichtet werden. Man verwendet ausschließlich Siedesalz mit einem Reinheitsgrad von mindestens 99%.

Nach W. Clayton[1] sind Hefen und Schimmelpilze nur wenig empfindlich gegen höhere Konzentrationen von Natriumchlorid; die Milchsäurebakterien sind viel empfindlicher und widerstehen nicht mehr als 5% NaCl. Damit die Entwicklung der Säuerungsbakterien nicht allzufrüh gehemmt wird, setzt man das Salz erst bei der mechanischen Bearbeitung der gereiften Margarine zu.

η) **Konservierungsmittel** sind im Sinne des Gesetzes chemische Stoffe, die bei der Gewinnung, Zubereitung oder Aufbewahrung von Lebensmitteln dazu dienen, um Kleinlebewesen in ihrer Entwicklung zu hemmen oder abzutöte n hierdurch das Verderben der Lebensmittel zu verzögern oder zu verhindern und die Lebensmittel länger genußtauglich zu machen. Kochsalz ist nicht als Konservierungsmittel zu betrachten.

Die tatsächlich für Margarine zugelassenen Konservierungsmittel und deren Mengen reichen allerdings nur zu einer Verlängerung der Haltbarkeit um eine mehr oder weniger kurze Periode aus. Die wichtigsten Schutzmaßnahmen gegen das frühzeitige Verderben der Margarine sind deshalb schon bei ihrer Bereitung vorzusehen; es sind dies strengste Sauberhaltung von Apparatur und Fabrikationsräumen, Vermeidung jeder Verschmutzung und Infektion der Rohstoffe und des Fertigproduktes.

In Deutschland sind als Konservierungsmittel für Margarine 2⁰/₀₀ *Natriumbenzoat* oder *Benzoesäure* zugelassen. Die beiden Mittel werden der fertigen Margarine in der Mischmaschine zugesetzt, das benzoesaure Natrium in wäßriger Lösung, die unlösliche Benzoesäure als sehr feines Pulver. Vorgesehen ist die Zulassung der viel stärker desinfizierend wirkenden *Methyl-, Äthyl-* oder *Propylester* der *p-Oxybenzoesäure* (*Nipagin, Nipasol*) in einer Menge von 80 mg pro 100 g Margarine[2].

Konservierende Wirkung hat nur die freie Benzoesäure und nicht ihre Salze.

[1] Margarine. London. 1920.
[2] Heft 15 der Entwürfe zur Verordnung über Lebensmittel und Bedarfsgegenstände des Reichsgesundheitsamtes. Berlin: Julius Springer. 1932.

Eine Lösung von Natriumbenzoat kann deshalb nur dann zur Konservierung verwendet werden, wenn im Produkt Säuren enthalten sind, welche die Benzoesäure aus dem Natriumsalz in Freiheit setzen. Demnach kommt die Verwendung von Natriumbenzoat nur für mit gesäuerter Milch bereitete Margarine in Betracht. Bei mit Wasser emulgierter Margarine ist freie Benzoesäure zuzusetzen.

Die Verwendung von Konservierungsmitteln ist verboten in Belgien, Dänemark, Norwegen, Schweden, Schweiz und Frankreich. Zugelassen sind Benzoesäure und ihr Natriumsalz, meist in Mengen von 200 mg auf 100 g Margarine, in den Niederlanden, Deutschland und Österreich[1].

Versuche, die Haltbarkeit der Margarine auf einem anderen Wege als durch Zugabe von antiseptischen Mitteln zu erhöhen, haben noch zu keinem durchgreifenden Erfolg geführt.

Die Firma Akt. Ges. für medizinische Produkte[2] will eine längere Frischhaltung der Margarine auf biologischem Wege durch Zusatz von Pepsinpräparaten erreichen. Die Präparate kommen unter dem Namen „Nigiton" in den Handel. Ihre Wirkung beruht auf der Verdauung der Kleinlebewesen in saurem Medium. Das Präparat soll nach Untersuchungen von C. MASSATSCH und POLLATSCHEK[3] sowie von GRIMMER[4] die Milchsäurebakterien schonen, die übrigen Mikroben (*Bakt. coli, Aspergillus* usw.) durch steril verlaufende Verdauung hemmen. Am empfindlichsten gegen Nigiton sollen Colibakterien sein.

Nach einigen Patenten der Firma Böhringer Sohn sollen die *Lactate* bei einem bestimmten p_H-Wert die Entwicklung von Schimmelpilzen verhindern.

ϑ) **Kennzeichnung der Margarine.** Zwecks rascher Unterscheidungsmöglichkeit von Kuhbutter und Margarine besteht fast in allen Staaten für letztere eine Kennzeichnungspflicht. Diese kann durch das Färbeverbot oder durch den Zusatz von Stoffen durchgeführt werden, welche sich im Laboratorium leicht nachweisen lassen.

In den meisten europäischen Staaten ist ein Zusatz von 10% *Sesamöl* zum Fettgemisch vorgeschrieben, welches durch die BAUDOUINsche Reaktion leicht nachgewiesen wird. Während des Krieges hat man wegen der schwierigen Beschaffungsmöglichkeit dieses Öles einen Zusatz von 0,2—0,3% *Kartoffelmehlstärke* verordnet, welche durch die Blaufärbung mit Jodlösung nachgewiesen wird. Von der Stärke, welche man in der Kirne zusetzt, wird ein größerer Teil im weiteren Fabrikationsgang weggewaschen; es bleiben aber immer genügende Mengen zurück, um sie analytisch festzustellen.

Nach einem Befund der I. G. Farbenindustrie A. G.[5] ist 1,2,4-*Trioxy*- oder 1,2,4-*Triacetoxybenzol* ein geeignetes Erkennungsmittel. Eine Lösung von 0,065—0,1⁰/₀₀ Triacetoxybenzol im Fett läßt sich leicht nachweisen durch die beim Schütteln von 5 Teilen Fett mit einer 1%igen Furfurollösung in Alkohol und 10 Teilen konzentrierter Salzsäure gebildete Rotfärbung.

Über die der Geruchs- und Geschmacksverbesserung dienenden Zusätze wurde auf S. 793 berichtet.

D. Der Fabrikationsgang.
a) Bereitung des Fettgemisches.
1. Schmelz- und Temperierkessel.

Soweit die Margarinefabrik an eine Raffinerie angeschlossen ist, empfiehlt es sich, die zu verarbeitenden pflanzlichen Fette (Cososfett, Öle usw.) erst kurz

[1] C.RIESS u. W.LUDORFF: Ztschr. Unters. Lebensmittel 64, Beilage, S. 51 (1932).
[2] D. R. P. 502290.   [3] Marg.-Ind. 24, 77 (1931).
[4] Marg.-Ind. 24, 164 (1931).   [5] D. R. P. 603279; F. P. 723380.

vor ihrer Verwendung zu desodorieren und längere Zeit gelagerte Öle nachzu-
dämpfen. Die Fette und Öle müssen in Behältern, nach Sorten getrennt, aufbewahrt und dann in abgewogenen oder abgemessenen Mengen zur Vermischung
nach den Temperierkesseln geleitet werden.

Die festen Fette werden, soweit sie in Fässern in der Fabrik ankamen, aus-
gestochen und in Schmelzkesseln verflüssigt. Das Ausstechen ist eine schwere und
ungesunde Arbeit. Es wurde des-

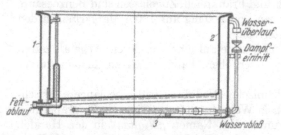

Abb. 269. Schmelzkessel (Hallesche Maschinenfabrik A. G.).

halb zum Entleeren der die festen Fette enthaltenden Fässer
besondere Vorrichtungen konstruiert (Schmelzroste). Sie bestehen aus heizbaren, nebeneinander liegenden Rohren, auf die
die Fässer nach Abnehmen des
Deckels gelegt werden; das ausgeschmolzene Fett fließt zwischen
den Rohren in einen Behälter
herab. Oder man läßt die Fässer mit Hilfe eines endlosen Bandes durch eine
Kammer hindurchgehen, in der ein durch den Heizapparat und Exhaustor erzeugter heißer Luftstrom strömt. Nach Passieren dieser Heizkammer werden
die Faßdeckel abgenommen, umgestürzt und entleert[1]. Ähnliche Vorrichtungen
wurden von J. Barth zum Entfernen der nach dem Ausstechen im Faß verbliebenen Fettreste vorgeschlagen.

Die Schmelzkessel sind in einem besonderen Raum unterzubringen, und der
Vorrat an geschmolzenem Fett darf nur für den Tagesbedarf eingestellt werden,
weil die Fette bei längerer Lagerung in verflüssig-
tem Zustand leicht verderben. Für jedes feste
Fett wird ein besonderer Schmelzkessel vorgesehen.

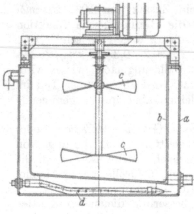

Abb. 270. Temperierkessel
(Bergedorfer Eisenwerk A. G.).

Die *Schmelzkessel* (Abb. 269) sind rechteckig,
seltener rund. Sie bestehen aus einem Außenkessel (*1*), der mit dem Innenkessel (*2*) oben am
schrägen Rand verschweißt ist. Der Innenkessel
besteht aus verzinntem Eisenblech oder V 2 A-
Stahl; er hat zwecks Leerlauf ein Gefälle zum
Fettablauf. In dem durch (*1*) und (*2*) gebildeten
Mantel befindet sich der Wasserzu- und -ablauf
und eine Dampfschlange (*3*).

Das Schmelzen erfolgt durch das in dem
Mantel befindliche heiße Wasser, und es ist dafür Sorge zu tragen, daß sich das geschmolzene
Fett nicht übermäßig erwärmt; die Temperatur
darf nur einige Grade über dem Schmelzpunkt
liegen.

Aus den einzelnen Schmelz- und Ölbehältern leitet man die Fette und Öle
im erwünschten Mischungsverhältnis, zweckmäßig über Waagen, in die *Temperierkessel*, welche tiefer als die Fettreservoire aufgestellt sind. In den Temperierkesseln werden die Fette vermischt und auf Emulgierungstemperatur eingestellt.
Der Schmelzpunkt des Gemisches beträgt, je nach Sorte und Jahreszeit, etwa
28—32°; nur für sog. Ziehmargarine, welche zum Ausbacken von Blätterteig-
waren dient, wählt man ein zwischen 35—40° schmelzendes Fettgemisch.

---

[1] Nach J. Barth: Halbmot. Marg.-Ind., 1925, Nr. 1, 2.

Die *Temperierkessel* (Abb. 270) sind runde, aus einem Innen- und Außenmantel (*a*) und (*b*) bestehende, mit Rührwerk versehene Apparate. Der Innenkessel ist verzinnt und hat ein Gefälle zum Auslauf. Die beiden Rührwerkpropeller (*c*) sind so angeordnet, daß bei gleicher Drehung der oberen Propeller der Auftrieb der unteren abgedämpft wird. In dem Doppelmantel befindet sich ein Wasserzu- und -ablauf und die Dampfsprühschlange (*d*) zum Heizen des als Heizmedium dienenden Wassers.

2. Zusammenstellung der Fettgemische.

Für das Mischungsverhältnis der verschiedenen Fett- und Ölsorten gibt es unzählige Variationsmöglichkeiten. Die Wahl des richtigen Gemisches ist Sache der Erfahrung und Kalkulation, das Fettgemisch beeinflußt natürlich die Eigenschaften der Margarine und ihren Gestehungspreis. Man kann Margarine aus sehr vielen Fettsorten, aber auch aus einem Gemisch von nur einem Fett und einem Öl herstellen. Anderseits gibt es zahlreiche Margarinesorten, deren Fettphase aus einem Gemisch von 6—8 verschiedenen Fetten besteht. Der wichtigste Rohstoff der Margarine in europäischen Fabriken ist, wie erwähnt, das Cocosfett, welches häufig in Mengen bis zu 70% im Fettgemisch enthalten ist.

Der Schmelzpunkt des Gemisches unterliegt gewissen Änderungen mit der Jahreszeit; der Ölzusatz ist in den warmen Monaten kleiner als in den Wintermonaten.

Die Art der Mischung sei an einigen, teilweise der Literatur entnommenen Vorschriften gezeigt.

„Pflanzliche" *Margarine.*

1. Cocosfett 50%
   Hartfett 18%
   Sesamöl.................... 10%
   Sojabohnenöl 22%

2. Erdnußweichfett 52%
   Tranhartfett, Schmp. 34° 25%
   Erdnußöl.................... 8%
   Sojabohnenöl 5%
   Sesamöl.................... 10%

„Tierische" *Margarine.*

Oleo stock 15%
Oleomargarin.................. 30%
Neutral lard.................. 10%

Cocosfett.................... 10%
Sesamöl.................... 10%
Erdnuß- oder Sojaöl 25%

Fettgemische für „tierische" und „pflanzliche" Margarine nach H. Franzen[1].

Hauptsächlich aus Tierfetten bestehende Margarine („tierische" Margarine).

1. Qualität:
   Oleomargarin.................. 40%
   Premier jus.................. 20%
   Neutral lard.................. 15%
   Sesamöl 10%
   Baumwollsaatöl............... 5%
   Erdnußöl 10%

2. Qualität:
   Oleomargarin.................. 20%
   Premier jus 30%
   Neutral lard................. 8%
   Hartfett 7%
   Cocosfett................... 10%[2]
   Sesamöl.................... 10%
   Sojabohnenöl................. 15%

3. Qualität:
   Oleomargarin.................. 20%
   Premier jus 40%
   Hartfett .... 10%[3]
   Sesamöl.................... 10%
   Sojabohnenöl................. 20%

---

[1] Entnommen der vorzüglichen Darstellung von FRANZEN: Margarine, S. 55. Leipzig: Otto Spamer. 1925.

[2] In tierischer Margarine werden nicht über 10% Cocosfett verarbeitet.

[3] Der Hartfettzusatz in Margarine dritter Sorte kann heutzutage auf weit über 10% gesteigert werden, weil die Hartfette jetzt in viel *besserer Qualität* hergestellt werden als vor 12 Jahren.

Hauptsächlich aus pflanzlichen Fetten bestehende Margarine ("Pflanzenbutter").

1. Qualität:	2. Qualität:	3. Qualität:
Cocosfett 70%	Cocosfett 45%	Palmkernöl 50%
Neutral lard...... 10%[1]	Palmkernöl 20%	Hartfett 20%
Sesamöl 10%	Hartfett 10%	Sesamöl .... 10%[2]
Erdnußöl 5%	Sesamöl 10%	Sojabohnenöl 20%
Baumwollsaatöl ... 5%	Baumwollsaatöl ... 5%	
	Sojabohnenöl...... 10%	

Fettgemische für Blätterteigmargarine (Ziehmargarine)[3].

1. Qualität:	2. Qualität:
Premier jus 32%	Premier jus 35%
Neutral lard................. 10%	Preßtalg 20%
Preßtalg 8%	Hartfett 9%
Sesamöl 10%	Sojabohnenöl................. 26%
Sonstige Öle 40%	Sesamöl 10%

b) Die Emulgierung. (Das Kirnen.)

Das Emulgieren des Fettgemisches mit der gesäuerten Milch (von der man etwa 20—30% des Fettgemisches verwendet) oder mit Wasser erfolgt durch Verrühren in *Kirnmaschinen.* Die kontinuierliche Emulgierung, für welche die auf S. 817 beschriebenen Vorrichtungen verwendet werden können, spielt vorläufig nur eine untergeordnete Rolle, gewinnt aber in letzter Zeit an Bedeutung.

Die Kirnmaschinen. Die Apparate, worin die Emulgierung der Fette mit der gesäuerten Milch erfolgt, bestehen der Hauptsache nach aus einem oval geformten,

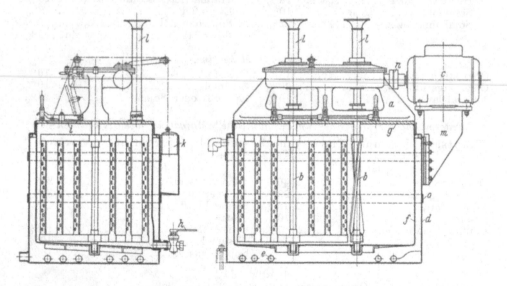

Abb. 271. Kirnmaschine (Bergedorfer Eisenwerk A. G.).

doppelwandigen, innen gut verzinnten Eisenkessel, dessen 750—3000 l betragender Inhalt durch passend angeordnete Rührer innig durchgemischt werden kann.

---

[1] Durch den Zusatz von Schweinefett erlangt die „Cocosmargarine" eine *höhere Elastizität* und Geschmeidigkeit.

[2] In Deutschland wird jetzt nur wenig Baumwollsaatöl verarbeitet; das Öl ist durch andere Öle, wie Erdnußöl für bessere und Sojaöl für die weiteren Sorten, ersetzt. Der Sesamölzusatz kann ausbleiben, wenn Stärke verwendet wird.

[3] Nach H. Bönisch: Private Mitteilung.

Oben mit einem gut schließenden Deckel versehen, der Zuflußleitungen für die Fette und die wäßrige Phase besitzt, haben die Kirnmaschinen oberhalb des Bodens eine Ablaßöffnung für die gebildete Emulsion. Der Mantelraum der Kirnmaschinen ist mit einer Wasser- und Dampfzuleitung versehen, so daß man das zu kirnende Material sowohl anwärmen als auch abkühlen kann.

In Abb. 271 und 272 sind die Kirnapparate im Schnitt und in der Ansicht wiedergegeben. Wie die Abbildungen zeigen, besteht die Kirne aus dem Doppelkessel mit dem Doppelrührwerk (b), welches durch den Motor (c) und das Schneckengetriebe (a) in Bewegung gesetzt wird. Die Rührgeschwindigkeit kann reguliert werden. An Stelle des Motors können die Kirnen auch mit Riemenantrieb ausgestattet sein, in welchem Falle die Umdrehungsgeschwindigkeit der Rührer durch Schlüpfen des Riemens reguliert wird. Der Doppelmantel der abgebildeten Kirnmaschine besteht aus dem ovalen Außenbehälter (d), in welchem am Boden die kupfernen Heizsprühschlangen (e) verlegt sind. Mit einem Winkelring ist der Innenkessel (f) mit dem Außenkessel (d) verschweißt. Der verzinnte Innenkessel hat oben einen aufgeschweißten starken Deckel (g), welcher gleichzeitig das Doppelrührwerk (b) trägt. Im Boden des Innenkessels befinden sich die beiden Spurlager für die Rührwerke. Der Boden hat starkes Gefälle, der Abfluß der Emulsion erfolgt durch den Durchgangshahn (h) oder mit Hilfe eines Absperrschiebers. Die Doppelrührwerke bestehen aus verzinnten, schmiedeeisernen Quirlen (b), die mit vielen Schlaglöchern versehen und durch Leisten schraubenförmig

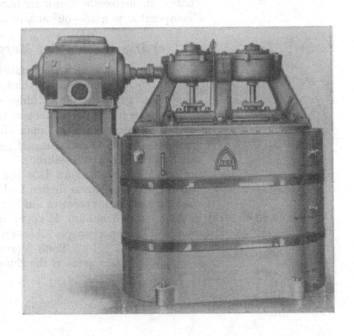

Abb. 272. Kirnmaschine (Bergedorfer Eisenwerk A. G.).

verdreht sind. Im Deckel (g) befindet sich eine ovale Klappe (i), welche in einer schräg ausgefrästen Öffnung drehbar angeordnet ist. Die Klappe wird durch 3 Rohrscheiben geschlossen. Die schwere Klappe wird durch ein Gegengewicht (k) geführt. Auf dem beiderseits verzinnten Deckel befinden sich zwei mit Drosselklappen versehene Entlüftungsrohre sowie 2 Stutzen für die Milch- und Fettzufuhr. Am Außenkessel befinden sich der Wasserüberlauf, der Wassereintritts- und Wasserablaufstutzen.

Man läßt zuerst, bei voller Umdrehungsgeschwindigkeit der Rührwerke (200/min), die Milch einfließen und dann das Fettgemisch, welches zwecks Zurückhaltens von Staub und sonstigem Schmutz ein Metallsieb passiert. Viele Kirnmeister ziehen allerdings das gleichzeitige Zulaufenlassen beider Flüssigkeitsphasen vor, ohne daß man sagen könnte, welche Arbeitsweise die richtigere ist. Dann gibt man in die Maschine die Zutaten, wie Eigelb, Glucose (Kapillärsirup), Kartoffelmehl usw. Bei der Herstellung von Ziehmargarine setzt man noch als Treibmittel wirkende Stoffe, von denen das „Matagen" sich gut bewährt hat, zu.

Man schließt nun den Deckel und beobachtet an den Schaugläsern den Emulgierungsvorgang. Das Gemisch muß zu Beginn durch Zulaufenlassen von kaltem Wasser in den Mantel gekühlt werden. Nach kurzer Zeit steigt die Temperatur des Gemisches infolge des Erstarrens des Fettes und der dabei freiwerdenden Wärme; dann sinkt die Temperatur wieder. Das Ende der Emulgierung erkennt man am Aussehen des gegen die Schaugläser geschleuderten Beschlages. Dieser ist bei Beginn der Emulgierung durchsichtig und flüssig und hat am Ende das Aussehen eines dicken Rahms oder einer dünnen Mayonnaise. Treten bei der Emulsionsbildung Schwierigkeiten ein, so kann man sich häufig durch Zugabe von Eiswasser oder Eisstücken helfen. Nur auf Grund von Erfahrung läßt sich der Kirnvorgang und sein Ende richtig beobachten. Die Kirn- und Auslauftemperaturen sind von der Fettzusammensetzung abhängig und bewegen sich zwischen 25—30 und 35°; die höher schmelzende Ziehmargarine läßt man mit einer Temperatur von 45—50° auslaufen.

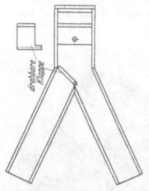

Abb. 273. Auslaufrinne für Margarine.

c) Das Kühlen der Margarineemulsion.

Die aus der Kirne ausfließende Emulsion wird durch plötzliches scharfes Abkühlen zum vollständigen Erstarren gebracht. Das Kühlen erfolgt entweder durch Abbrausen mit großen Mengen eiskalten Wassers (Naßverfahren), oder indem man die Emulsion in dünner Schicht auf die Oberfläche tief gekühlter Drehtrommeln ausbreitet (Trockenverfahren).

Naßverfahren. Man läßt die Emulsion in dünnem Strahl in eine Rinne fließen und duscht sie in der Rinne mit einem Strahl von etwa auf 1° abgekühltem Wasser ab. Die Rinne (Abb. 273) enthält eine drehbare Klappe, um den Strom in zwei unter der Rinne aufgestellte Transportwagen ablassen zu können.

Beim Vermischen mit Eiswasser erstarrt die Emulsion zu einer körnigen

Abb. 274. Strahlbrause (Bergedorfer Eisenwerk A. G.).   Abb. 275. Schlitzbrause (Bergedorfer Eisenwerk A. G.).
a Verteilungsstück, b Deckel, c Kopfschrauben, d Unterlegescheiben.

losen Masse. Das Wasser wird durch eine Strahlbrause (Abb. 274) mit einem Druck von 2 at oder durch Schlitzbrausen, welche in Abb. 275 im Querschnitt gezeigt sind, zugeführt; die Schlitzbrausen lassen das Wasser mit einem Druck bis zu 6 at austreten. Sie bestehen aus einem Messingkörper, an dessen Wasseraustrittsstelle sich ein mittels Schrauben verstellbarer Schieber befindet.

Die *Kristallisier- oder Transportwagen*, in welche die erstarrte Masse samt Wasser abfließt, werden aus Buchenholz, neuerdings aus Aluminium oder V 2 A-Stahl hergestellt. In den letzten Jahren wird das Holz, welches schwer keimfrei zu halten ist, in zunehmendem Maße und nach Möglichkeit durch nichtrostende Metalle in der Margarinefabrik ersetzt. Die Infektionsmöglichkeiten werden dadurch sehr herabgesetzt.

Der in Abb. 276 abgebildete Holztransportwagen besteht aus dem Wagenkasten (*a*) mit dem Schott (*b*), welches in der Führungsleiste (*c*) ruht und verzinkte Kernbeschläge (*d*) hat. Die eine Stirnseite ist zum besseren Ausschaufeln der Masse schräg angeordnet, während die andere Seite gerade ist und für den Wasserabfluß ein Sieb (*e*) sowie in dem zwischen Kasten und Schott befindlichen Zwischenraum den Abschlußstöpsel (*f*) besitzt.

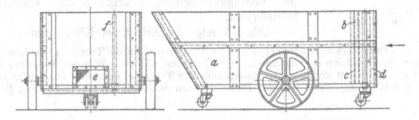

Abb. 276. Holztransportwagen (Bergedorfer Eisenwerk A. G.).

Nach Ablauf des Wassers werden die Transportwagen in temperierte Räume gebracht, wo sie einige Stunden bei etwa 8⁰ dem „*Rasten*" oder „*Reifen*" überlassen werden. Zweck dieser Maßnahme ist der Temperaturausgleich der Margarine vor der weiteren Verarbeitung.

Das Naßverfahren kommt nur noch in kleineren Fabriken zur Anwendung und es haften ihm folgende Mängel an:

1. Großer Wasserverbrauch, weil das Duschwasser fortfließt und nicht wieder verwendet werden kann.

2. Infektionsgefahr, wenn das Duschwasser nicht absolut rein ist. Das Verderben der Margarine ist häufig auf bakterienhaltiges Duschwasser zurückzuführen.

3. Stets nasse Arbeitsräume, weil der Boden vom Wasser überströmt wird.

4. Großer Fettverlust. Auch bei größter Kontrolle und Aufmerksamkeit werden beim Duschen stets Fetteilchen mit fortgeschwemmt. Es kann ungefähr mit einem Fettverlust von 0,5% gerechnet werden[1].

5. Beim Abduschen der halbflüssigen Emulsion werden große Wassermengen gebunden, anderseits ein großer Teil der wertvollen Bestandteile der Emulsion herausgelöst und weggewaschen.

6. Beim Kneten der Emulsion müssen sehr große Wassermengen abgepreßt werden. Die abgeduschte Ware enthält bis zu 35% Wasser; bei Verwendung von Fetten mit hohem Wasserbindungsvermögen ist es häufig schwierig, das Produkt bis auf die zulässige Grenze von 16% Wasser auszukneten. Das Kneten gestaltet sich also weit schwieriger als bei der trocken gekühlten Emulsion. Mit dem abgepreßten Wasser gehen weitere Mengen gelöster Stoffe verloren.

Diese Kühlmethode wird deshalb immer mehr und mehr durch das trockene Kühltrommelverfahren verdrängt.

Trockenverfahren (Kühltrommelverfahren). Die Emulsion wird auf der Außenfläche einer zylindrischen, aus rostfreiem Stahl hergestellten, innen auf

---

[1] Vgl. ED.REIF: Kältetechn. Anz. **1935**, Sept., S. 85.

etwa — 16⁰ gekühlten, langsam rotierenden Trommel zum plötzlichen Erstarren gebracht.

Mittels einer besonderen Auftragsvorrichtung wird die Emulsion in dünner, gleichmäßiger Schicht auf den Trommelmantel aufgetragen; nach einer nahezu vollen Umdrehung ist die Schicht vollständig erstarrt und wird durch einen unter der Trommel befindlichen Abstreifer abgeschabt. Sie fällt in einen unter der Trommel stehenden Transportwagen.

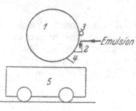

Abb. 277. Schema der Trommelkühlung.

Das gleichmäßige Auftragen der dünnen Emulsionsschicht auf die Kühlfläche der Trommel bot früher große Schwierigkeiten, welche die Einführung dieser Kühlmethode verzögert haben. Die heute verwendeten Auftragevorrichtungen arbeiten aber vollkommen befriedigend.

Abb. 277 zeigt die Arbeit der Kühltrommel[1].

Aus dem Verteilungstrog (2) wird von der sich drehenden Trommel eine bestimmte Menge der Emulsion aufgenommen. Der Trog hat nur zwei Wände; die dritte Wand wird von der dicht anliegenden Außenfläche der Trommel gebildet. Die Gleichmäßigkeit der Kühlung hängt von der Dicke der Emulsionsschicht ab. Um diese Schicht

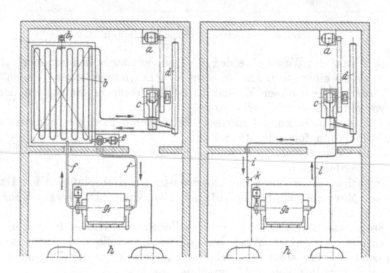

Abb. 278a. Kühltrommel mit Innenverdampfung.

a Motor, b Soleerzeuger mit Verdampfer, b₁ Rührer, c Kompressor, d Kondensator, e Solepumpe mit Motor, f Soleleitung, g₁ Kühltrommel, h Kirnepodest.

Abb. 278b. Kühltrommel mit Solekühlung.

a Motor, c Kompressor, d Kondensator, i NH₃-Einspritzleitung, k Regulierventil, g₂ Kühltrommel mit Innenverdampfer, l Absaugeleitung, h Kirnpodest.

stets in gleicher Dicke auf die Kühlfläche auftragen zu können, wird oberhalb des Troges ein heizbares Rohr (3) angebracht, und zwar derart, daß zwischen Rohr und Trommel ein Spalt von bestimmter, regelbarer Weite entsteht. Der Überschuß der im Trog aufgenommenen Emulsion wird vom Rohr abgenommen und fließt in den Trog zurück. Über dem Trog befindet sich der Abstreifer (4), der die erstarrte Emulsion abschabt; sie fällt mit einer Temperatur von etwa + 3⁰ in den Wagen (5).

Man unterscheidet *Kühltrommeln mit Solekühlung und mit Innenverdampfung.* Letztere haben einen etwa um 40—50% geringeren Kälteverbrauch als die,

[1] Vgl. hierzu I. M. Towbin: Margarinowyj Sawod, S. 61. Moskau. 1932.

solegekühlten Trommeln. Bei Solekühlung wird die Sole in einem Soleerzeuger hergestellt und durch die Kühltrommel hindurchgepumpt. Der Kältebedarf der Trommel für direkte Ammoniakverdampfung beträgt 30—35 kcal pro Kilogramm Margarine, während hierzu bei Solekühlung der Trommel etwa 50 kcal erforderlich sind. Die beiden Systeme sind in Abb. 278 a und 278 b schematisch dargestellt[1].

Abb. 278 b zeigt eine Kühltrommel mit direkter Verdampfung, Abb. 278 a eine Trommel mit Solekühlung. Die in Abb. 279 veranschaulichte Trommel ist von einem Aluminiummantel umschlossen und unten mit einem gußeisernen Untergestell ausgestattet. Die Kühltrommeln werden für Stundenleistungen von 300 kg bis zu 4 t gebaut.

Beim Abduschverfahren werden pro 1 kg Margarine etwa 8 l Wasser von $+ 1^0$ verbraucht. Bei einer normalen Wassertemperatur von 15^0 wären zur

Abb. 279. Kühltrommel (Harburger Eisen- und Bronzewerke A. G.).

Abkühlung von 8 l Wasser etwa 110 kcal notwendig, oder 2—3mal mehr als bei der Trommelkühlung. Daraus folgt aber nicht, daß beim Kühltrommelverfahren der Kältebedarf entsprechend kleiner sei. Die sehr große Außenfläche der Kühltrommel verursacht nämlich sehr große Kälteverluste, namentlich in der warmen Jahreszeit. Ferner muß bei der Trommelkühlung die Ammoniaktemperatur $- 16^0$ oder noch weniger betragen, während die Kühlwasserbereitung nur ein Kühlen des Ammoniaks im Verdampfer auf etwa $- 5$ bis $- 6^0$ erfordert; der Energieverbrauch ist also weit größer bei der Trommelkühlung. Beim Vergleich der beiden Kühlmethoden sind auch die Kosten der Kühltrommelanlage zu berücksichtigen.

Anderseits hat die trockene Kühlung eine Reihe von großen Vorzügen aufzuweisen. Der Hauptvorzug besteht darin, daß die erstarrte Margarine kein überschüssiges Wasser aufgenommen hat und dieselbe Zusammensetzung aufweist wie die Emulsion in der Kirne. Auch verursacht die Trommelkühlung keinerlei Verluste an löslichen Bestandteilen der Emulsion. Man kann also von vornherein das Gemisch in der Kirne so zusammenstellen, wie es im fertigen Produkt er-

[1] Nach ED. REIF: Kältetechn. Anz. 1935, Sept., S. 85.

wünscht ist. Da keine größeren Wassermengen abgepreßt zu werden brauchen, ist das Kneten der trocken gekühlten Margarine wesentlich einfacher und in kürzerer Zeit vollendet. Das beeinflußt aber in günstigem Sinne die physikalische Beschaffenheit der Margarine. Da die Ware in keine unmittelbare Berührung mit Wasser kommt, so ist auch die Infektionsgefahr kleiner und die Haltbarkeit eine bessere als beim Abduschverfahren.

Da die Kühltrommeln ununterbrochen arbeiten, während die Verkirnung periodisch erfolgt, so wird oft bei Anwendung von Kühltrommeln zwischen diese und Kirne ein Zwischengefäß eingeschaltet, welches die Füllung einer Kirne aufnimmt. Ein solches Gefäß ist in Abb. 280 dargestellt.

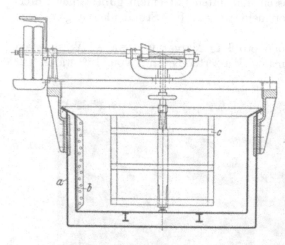

Abb. 280. Zwischengefäß für die Margarineemulsion (Bergedorfer Eisenwerk A. G.).

Es besteht, ähnlich den Temperierkesseln, die man für diesen Zweck ebenfalls verwenden kann, aus dem Außenbehälter (a) und dem Innenkessel (b), welcher innen verzinnt ist und an einigen Stellen gelochte Schlagleisten besitzt. Da das Gefäß mit der Austragevorrichtung der Trommel zusammenarbeiten muß, erfolgt die Heizung des Wasserbades im Doppelmantel in einem besonderen Warmwasserbehälter, aus welchem das Heizwasser in den Doppelmantel des Zwischengefäßes und der Auftragevorrichtung gepumpt wird. Zum Rühren der Emulsion dient das herausnehmbare Holzrührwerk (c).

d) Das Kneten und Mischen der Margarine.

Nach dem Abkühlen durch Abbrausen oder auf Kühltrommeln stellt die Margarine eine lose, körnige oder schuppige, spröde Masse dar. Um dieser Masse die Geschmeidigkeit der Butter zu verleihen, muß sie in einer Reihe von besonderen Apparaten durchgeknetet und durchgemischt werden. Auch das überschüssige Wasser muß aus dem Rohprodukt ausgequetscht werden.

Vor dieser mechanischen Bearbeitung muß die erstarrte Margarine einem sog. Reifungsprozeß unterworfen werden; dieser besteht, wie erwähnt, darin, daß man die Ware etwa 12—24 Stunden in auf 8—10⁰ temperierten Räumen stehen läßt; es genügt allerdings auch einfaches Stehenlassen im Arbeitsraum während einiger Stunden. Die „Reifung" besteht im wesentlichen in einem Temperaturausgleich der erstarrten losen Emulsionsmasse. Von den Kühltrommeln fällt die Ware mit einer Temperatur von etwa 2—3⁰ ab. Ein Teil des Produktes hat eine noch tiefere Temperatur, so daß das emulgierte Wasser in Eis verwandelt sein kann. In diesem Zustande wäre das Kneten schwierig; man wartet mit dieser Operation, bis sich die Masse gleichmäßig auf etwa 8—10⁰ erwärmt hat. Zweifelhaft ist es, ob das Rasten auch eine Verstärkung des Aromas zur Folge hat, wie von manchen Seiten behauptet wurde. Bei den später geschilderten kontinuierlichen Fabrikationsmethoden wird auf das „Reifen" der Emulsion verzichtet, das Produkt wird aber dann auf Maschinen geknetet, deren Temperatur geregelt werden kann.

Die *Knetvorrichtungen* bestehen aus geriffelten Holz- und glatten Steinwalzenpaaren, hölzernen Preßschnecken und Knettellern. Stärkste Quetschwirkung haben die Riffelwalzen, welche das Auspressen des Wassers am schnellsten besorgen. Man bedient sich aber ungern dieser schwer zu reinigenden Apparate, weil sie die Ware mechanisch sehr stark beanspruchen. In modernen Fabriken, namentlich solchen, welche mit Kühltrommeln ausgestattet sind, kommen *Riffelwalzen* nicht mehr zur Anwendung.

Die durch Abduschen erhaltene Margarinekristallmasse muß wegen ihres hohen Wassergehaltes viel länger und energischer durchgeknetet werden als die in Kühltrommeln abgekühlte Ware. Für erstere ist eine mehrmalige Passage durch die Walzen unbedingt notwendig. Da das Aufbringen der Ware auf den Einfülltrichter des Walzenstuhls durch Menschenkraft (mittels Schaufeln) vorgenommen werden muß, hat man mehrere Walzenpaare, meist *Kombinationen von Riffel- und Glattwalzen*, zu einer größeren Maschine, der sog. *Multiplexwalze*, vereinigt. Von den Multiplexmaschinen sind sowohl horizontale wie vertikale Konstruktionen bekannt. Bei den ersteren werden die einzelnen Walzenpaare hintereinander angeordnet. Die Margarine wird vom Fülltrichter auf das erste Walzenpaar entweder durch Menschenkraft oder durch eine Zuführungsschnecke gegeben. Sie fällt nach Passage der ersten Walze auf eine Transportschnecke oder zweckmäßiger auf ein Transportband aus einem glatten, wasserundurchlässigen Stoff, welches die einmal geknetete Ware schräg nach oben befördert und sie dem nächsten Walzenpaar zuführt. Die fertig geknetete Margarine wird am Auslaufende von einer Holzschnecke zusammengedrückt und aus dem Mundstück ausgepreßt.

Bei den vertikal aufgestellten Maschinen ist der Arbeitsgang ganz ähnlich; die einzelnen Walzen dürfen nicht direkt untereinander aufgestellt werden, weil dann mit der Margarine auch das ausgepreßte Wasser auf die nächste Walze fallen und sich dort mit der Margarine vermischen würde. Man stellt deshalb die untereinander stehenden Walzen in einer gewissen Entfernung voneinander auf und führt die Margarine durch kurze horizontale Schnecken dem nächsten Walzenpaar zu.

Zu starkes und langes Kneten wirkt ungünstig auf die Beschaffenheit der Ware, welche beim Kneten eine Erwärmung erleidet. Insbesondere ist das häufige Pressen in den Holzschnecken zu vermeiden, weil sich die Margarine dabei stärker erhitzt und zu weich wird.

Wie schon angegeben, läßt sich auf Trommeln gekühlte Margarine viel leichter mechanisch bearbeiten. Hier kann auf Riffelwalzen, auch auf Multiplexwalzen verzichtet werden, und es genügt für das Durchkneten die Kombination einer Glattwalze und Preßschnecke mit einem Teller- oder Schaufeltellerkneter. Die Beschreibung der Knetvorrichtungen soll deshalb mit diesen Apparaten beginnen.

1. Glattwalzmaschine.

Abb. 281 zeigt ein Glattwalzenpaar mit Auspreßschnecke der Bergedorfer Eisenwerk A. G.

Sie besteht aus den beiden Porphyrwalzen (*a*), über welchen sich der (nicht gezeichnete) Einwurf befindet. Die Verstellung der Walzen geschieht mittels Handrades über zwei Zahnräder mit Zahnsegment. Der Antrieb erfolgt durch einen Motor, der durch elektrische Kupplung und Schneckengetriebe verbunden ist. Unter den beiden Walzen sind zwei Schaber (*l*) angeordnet, die mit Zugfedern an die Walzen gedrückt werden; sie schaben die gewalzte Ware in Blattform von der Walze ab, worauf die Ware in die unter den Walzen befindliche Auspreßvorrichtung fällt.

Die Auspreßvorrichtung dient sowohl dem weiteren Geschmeidigmachen als auch dem Auspressen des überflüssigen Wassers. Sie besteht aus dem Auffangtrog (*m*), der auf einem Fahrgestell (*n*) ruht. Auf der Stirnseite des Troges befindet sich das Mundstück (*o*) mit dem Abschneider (*p*) und Schaulochdeckel (*q*); Mundstück und Deckel sind aufklappbar.

In dem Trog läuft die Förder- und Preßschnecke (*r*). Das Auspressen erfolgt wie bei allen dem Kneten dienenden Walzmaschinen schräg nach oben, damit die ausgeknetete Ware in einen Transportwagen oder direkt auf die zweite Mischvorrichtung (den Knetteller) entleert werden kann.

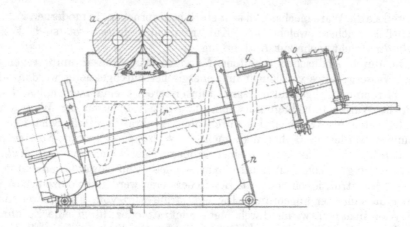

Abb. 281. Glattwalzmaschine mit Auspreßschnecke (Bergedorfer Eisenwerk A. G.).

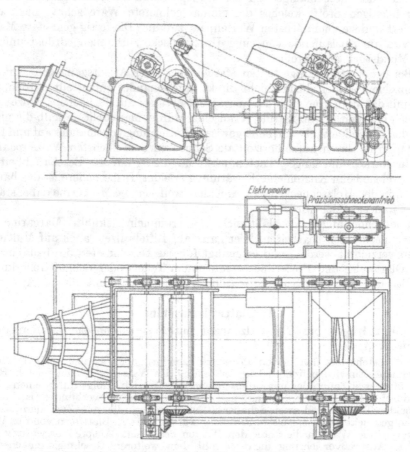

Abb. 282. Multiplexmaschine (Hallesche Maschinenfabrik und Eisengießerei).

2. Multiplexmaschinen.

Abb. 282 zeigt eine zweistellige Multiplexmaschine der Halleschen Maschinenfabrik und Eisengießerei. Die Maschine besteht aus einem Riffel- und Glattwalzenpaar, ihre Wirkungsweise ist aus der Abbildung verständlich. Die Ma-

schinen werden mit 2—4 Walzenpaaren gebaut. Eine Triplexwalzmaschine der Harburger Eisen- und Bronzewerke A. G. zeigt Abb. 283.

Vor Ingangsetzen der Walzmaschinen muß die Spaltweite zwischen den Walzen eingestellt werden. Je schmaler der Spalt, desto größer ist die Knet-

Abb. 283. Triplexwalzmaschine (Harburger Eisen- und Bronzewerke A. G.).

wirkung und Auspreßwirkung und desto geringer die Leistung. Die Leistungs-fähigkeit der Maschinen ist also gewissermaßen vom Wassergehalt der Margarine abhängig.

3. Schaufeltellerkneter.

Auf den Walzen werden verhältnismäßig geringe Mengen von Margarine vermengt. Das Produkt ist zwar nach Verlassen der Walzen in sich homogen und geschmeidig, die einzelnen Partien unterscheiden sich aber in der Konsistenz; sie müssen deshalb in einem Knetapparat größeren Fassungsvermögens nochmals durchgearbeitet werden. Man bedient sich hierzu der sog. Knetteller oder Schaufel-tellerkneter. Diese Apparate dienen zugleich zur Auspressung des letzten Wasser-überschusses und der Zugabe des letzten Salzes. Mit dem Salzen beginnt man schon auf den Walzapparaten, seltener in der Kirne, zweckmäßig wird aber die Haupt-menge des Salzes auf den Tellerknetern zugefügt, weil die Ware vorher von der Hauptmenge des Wassers befreit worden ist, und das auf den Tellerknetern zu-gegebene Salz in der Ware zum größten Teil zurückbleibt.

Ein Schaufeltellerkneter ist in den zwei Schnitten auf Abb. 284 dar-gestellt.

Er besteht aus dem Tellergerippe (a), welches oberhalb mit dem hölzernen, vom Zentrum zum Rand etwas geneigten Tellerbelag (b) und unterhalb mit dem Zahnkranz (c) versehen ist. Der Teller dreht sich um die Säule (d) auf dem Kugel-lager (e). Die Säule befindet sich auf der Grundplatte (f). Auf der Säule ist im Zentrum ein hölzernes Leitstück (g) für das Knetgut angebracht. Der Antrieb erfolgt vom Motor (h) über das in Öl laufende Schneckengetriebe (i). Der Schneckenantrieb ruht auf der Grundplatte (f). Über dem Teller befindet sich die frei schwingend angeordnete, rotierende Schaufelknetwalze (l), auf deren Umfang sich in unregel-mäßiger Anordnung die Schlagschaufeln (m) befinden. Der Tellerantrieb selbst erfolgt durch das Ritzel (n). Zwei konische Stützrollen (o) nehmen den Druck der Walze auf. Der Kneter hat zwei in der Nähe der Walze befindliche Schutzwände, an welche sich ein feststehender Hilfsrand (q) anschließt. Dieser ist an einer Stelle unterbrochen, an der sich der mechanische Abnehmer (r) befindet. Der Abnehmer ist um die Säule (*s*) mittels Handrad (*t*) drehbar und wird beim Entleeren des Tellers gedreht. Zum besseren Ableiten der Ware in den Transportwagen befindet sich am Umfang des Tellers das Leitblech (*u*). Der Wasserabfluß erfolgt in die Ringe der Rinne (*v*), von der mehrere Abflüsse durch die Rohrleitung zum Boden in die Kanalisation gehen.

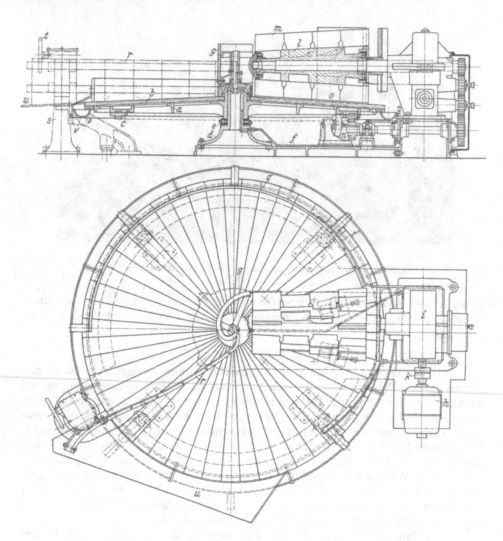

Abb. 284. Schaufeltellerkneter (Bergedorfer Eisenwerk A. G.).

4. Tellerkneter.

Dieser (Abb. 285) hat ganz ähnliche Konstruktion wie der Schaufeltellerkneter, ist aber mit einer geriffelten Holzwalze versehen, welche sich gleichzeitig mit dem Teller dreht und die Ware beim Durchgang zwischen Teller und Walze durchmischt und durchknetet. Die Preßwirkung ist bei diesen Maschinen größer als bei den Schaufeltellerknetern, von denen sie in der letzten Zeit wegen der besseren Mischwirkung verdrängt werden. Der in der Abbildung befindliche Pflug dient zum Umwenden der Ware. Die Margarine wird in einer Schicht von etwa 5—6 cm auf den Teller aufgebracht.

Abb. 285. Tellerkneter (Harburger Eisen- und Bronzewerke A. G.).

5. Mischmaschinen.

Damit der gesetzlich zugelassene Wassergehalt von 16% nicht überschritten wird, muß die Margarine in den Knetapparaten auf einen Wassergehalt von nicht über 15% ausgepreßt werden. Der Wassergehalt der die Knetteller verlassenden Ware schwankt aber in gewissen Grenzen. Um die Margarine mit stets gleichem oder annähernd gleichem Wassergehalt herstellen zu können, wird die Margarine noch einer letzten mechanischen Behandlung in Mischmaschinen unterworfen. In diesen Maschinen wird die nach Verlassen der letzten Knetvorrichtung auf den Wassergehalt untersuchte Margarine durch Vermischen mit Wasser oder pasteurisierter Milch auf den richtigen Wassergehalt eingestellt. Meist verwendet man hierzu nicht reines Wasser, sondern eine wäßrige Lösung von Natriumbenzoat einer solchen Konzentration, daß die fertige Margarine die zugelassene Menge des Konservierungsmittels enthält. Oder man gibt außer der notwendigen Wassermenge noch die entsprechende Menge an fein pulverisierter Benzoesäure hinzu. Das in der Mischmaschine der fertigen Margarine einverleibte Wasser wird von dieser rein mechanisch eingeknetet und nicht etwa emulgiert, wie in der Kirne. Deshalb darf die zugesetzte Wassermenge nicht zu groß sein, denn die Homogenität der Emulsion wird durch das in der Mischmaschine eingearbeitete Wasser gestört. Der Knetvorgang auf den Walzen und Tellerknetern muß also nach Möglichkeit so geleitet werden, daß das Wasser nicht allzu tief unter die Norm herabsinkt.

Die Maschine besteht aus einem etwa 50—500 kg Margarine fassenden, durch einen Deckel dicht abschließbaren Trog, in welchem zwei in entgegengesetzter Richtung drehbare Knetflügel angebracht sind, mit welchen die Vermischung der Ware mit Wasser oder Milch und den Konservierungsmitteln durchgeführt wird. Die beiden nach Art der Teigrührer konstruierten Knetflügel rotieren mit verschiedener Geschwindigkeit. Die Vermischung darf nicht länger als etwa eine Minute dauern, weil sich sonst die Margarine in der Maschine erhitzt und schmierig wird. Die modernen Maschinen arbeiten im Vakuum, um eine Infektion der Ware durch in der Luft enthaltene Mikroben, Oxydation und das Einrühren von Luft auszuschließen. Den größeren Mischmaschinen wird die Ware durch eine Förderschnecke zugeführt; hierauf wird die Maschine unter

Vakuum gesetzt und die wäßrige Phase bei laufenden Rührwerken schnell eingesaugt. Die Entleerung des Troginhalts erfolgt mechanisch.

6. Formen und Verpacken.

Margarine wird fast ohne Ausnahme in Gestalt von Würfelpaketen bestimmten Gewichts, meist von 500 g, vertrieben. Hierzu muß die Margarine geformt,
zu Stücken gleichen Gewichts geschnitten und dann in Papier eingewickelt
werden, welches den Aufdruck der Fabrik und die Bezeichnung der Margarine-

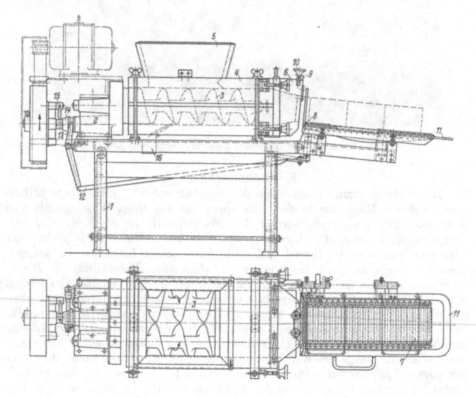

Abb. 286. Formmaschine (Bergedorfer Eisenwerk A. G.).

marke trägt. Diese Arbeiten werden von Spezialmaschinen, den Form- und
Einwickelmaschinen, ausgeführt.

Man überläßt die in der Mischmaschine fertiggemachte Margarine erst einige
Zeit der Ruhe, damit sie wieder auskühlen kann. Hierauf wird sie in den *Form-
maschinen*, bestehend aus einem Gehäuse mit zwei in verschiedener Richtung
rotierenden Holzschnecken und dem Mundstück zu einem quadratischen Strang
ausgepreßt, der durch Drähte zu Würfeln gleicher Größe und gleichen Gewichts
zerschnitten wird.

Eine Stückenformmaschine ist in der Abb. 286 im Längsschnitt und Grund-
riß gezeigt.

Auf dem Gestell *1* ist ein Rahmen befestigt, welcher einerseits den Antrieb, in der Mitte den Formkasten mit den Preßschnecken und an der rechten
Seite die Abschneidevorrichtung trägt. Im Antriebsgehäuse *2* befinden sich
die drei Triebräder für die Preßschnecken *3*, welche aus Teakholz oder Maha-
goni gefertigt sind und in einem geteilten, abnehmbaren Preßzylinder *4* ruhen.

Die Margarine wird in den Trichter *5* eingeworfen und durch das Mundstück *6* in Form eines Stranges auf den Gurt *7* der Rollbahn *8* gedrückt. Das abnehmbare Mundstück hat zur genauen Gewichtseinstellung einen Schieber *9*, welcher durch Handmutter *10* bedient wird. Bei Anheben des Schneidebügels *11* mittels Gestänge *12* und Hebel *13* sowie Konus und Hebel *14, 15* werden die Schnecken eingerückt; hat der Strang die entsprechende Länge, so wird der Hebel von Hand heruntergedrückt, wodurch die Schnecken stillstehen und der Strang in Würfel geteilt wird. Die Ware wird hierauf mit geriffelten Spaten von der Rollenbahn genommen und zur Verpackung gegeben. In den Behälter *16* fließt durch einen schrägliegenden Kanal ein Teil des ausge- preßten Wassers aus.

Das Einwickeln der Würfel erfolgt vollkommen automatisch in *Einwickel- maschinen*. Die Maschinen liefern pro Minute 55—60 fertig verpackte Mar- garinewürfel. Die Maschine erfordert zur Bedienung nur zwei Arbeiter, wovon der eine die Margarine einschaufelt und der andere die fertigen Pakete ab- nimmt (vgl. S. 833, Abb. 298).

E. Methoden zur kontinuierlichen Margarineerzeugung.

Wie aus den Angaben des theoretischen Teiles hervorgeht, sind kon- tinuierliche Methoden für die Bereitung von homogenen Emulsionen weniger gut geeignet als die einfachen Mischverfahren. Bei stetiger Vermischung kleiner Mengen der beiden Phasen hat man es nicht in der Hand, stets zu einem Emul- sionstyp ganz bestimmter Art und Beschaffenheit zu gelangen, jedenfalls ist das viel komplizierter als beim Zugeben der einen Phase zur anderen Phase. Einige in neuerer Zeit durchkonstruierte Emulsortypen sollen aber befriedigende Margarine ergeben.

Auch die weitere Verarbeitung der in der Emulgiermaschine gebildeten und diese stetig verlassenden Margarineemulsion zum fertigen Produkt ist im fort-

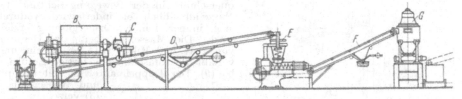

Abb. 287. Silkeborg-Anlage für kontinuierliche Margarineerzeugung.

laufenden Verfahren komplizierter, denn die Aufarbeitung muß mit der gleichen Geschwindigkeit erfolgen, mit der die Emulsion den Emulsor verläßt, es werden also an die Knet- und Mischapparate sehr hohe Anforderungen in bezug auf Regelung der Temperatur und das Abpressen des überschüssigen Wassers gestellt. Es besteht ferner bei den fortlaufenden Fabrikationsmethoden keine Möglichkeit, die Margarine „reifen" zu lassen. Die Temperatureinstellung der Halbprodukte, welche im satzweisen Fabrikationsverfahren durch Stehenlassen in temperierten Räumen erfolgt, muß bei kontinuierlicher Arbeit in der Knetmaschine selbst vorgenommen werden.

Anderseits gestatten die kontinuierlich arbeitenden Vorrichtungen ein äußerst sauberes Arbeiten, sie beanspruchen weniger Raum und Apparate- volumen und weniger Arbeitskräfte.

Praktische Bedeutung haben in den letzten Jahren die Apparate von zwei dänischen Firmen, und zwar der Firma Silkeborg Maskinfabrik Zeuthen & Larsen und von Gerstenberg & Agger erlangt.

1. *Silkeborg-Anlage:* Die dem Emulsor *A* (Abb. 287) aus einem Temperierkessel zufließende und aus der Maschine kontinuierlich abfließende Emulsion wird auf

der mit Sole von — 16⁰. gekühlten Trommel B zum Erstarren gebracht und auf etwa
+ 3⁰ abgekühlt. Die vom Abstreifer der Trommel abfallende Masse gelangt auf
das endlose Band D und wird auf dem Wege zur Knet- und Mischvorrichtung E mit
Hilfe der automatischen Vorrichtung C mit Salz bestreut. Das geknetete und von einem Teil des Wassers befreite Produkt wird auf das Förderband F abgeworfen. Dieses Transportband wird durch den unten angebrachten Wasserkübel dauernd befeuchtet, um ein Verschmieren des Bandes durch die Margarine zu verhindern. Aus dem Band gelangt das Produkt in die kontinuierlich wirkende Mischmaschine G, in welcher die Margarine fertiggestellt wird.

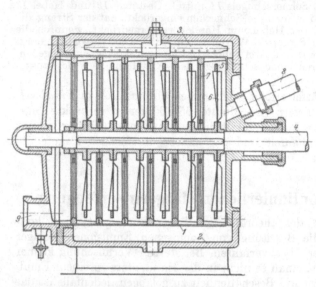

Abb. 288. Emulsor der Silkeborg-Margarineanlage.

Der Emulsor[1] (Abb. 288) besteht aus einem Mantel (1) und (2), einer Innentrommel und den auf einer waagrechten Welle (4) befestigten Scheiben (5) mit Flügeln (6), in welchen durch Einschnitte und Umbiegung der Ränder Spalte erzeugt sind. Zwischen je zwei Scheiben sind Widerstandskörper als Scheiben (7) ausgebildet. Diese können mit Löchern oder auch als ein Rad mit einer Anzahl von Speichen ausgebildet sein. Die Widerstandsscheiben sind so angeordnet, daß ihr freier Durchgangsquerschnitt in der Bewegungsrichtung der Masse allmählich vermindert wird, wodurch eine immer feinere Dispergierung erzielt wird. Die Masse, das heißt das Gemisch von Fett und Milch, tritt bei (8) ein und verläßt die Maschine als fertige Emulsion bei (9). Der Doppelmantel ist mit Dampf- und Wassereinlauf (3) versehen.

Die Knet- und Wasserabpreßmaschine ist auf Abb. 289 im Schnitt gezeigt.

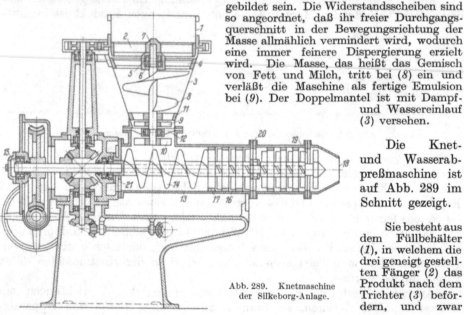

Abb. 289.   Knetmaschine
der Silkeborg-Anlage.

Sie besteht aus dem Füllbehälter (1), in welchem die drei geneigt gestellten Fänger (2) das Produkt nach dem Trichter (3) befördern, und zwar durch die Öffnungen in der Scheibe (4). In der Mitte der Scheibe (4) sind Kugellager (5) und (6) angebracht, in welchen sich die Welle (7) mit der angeschweißten Schnecke (8) aus Stahlblech und den beiden Flügeln (9) und (10) bewegt.

Die zu vermischende Margarine wird durch die Schnecke und Flügel durch

_____
[1] D. R. P. 300 835.

ein Paar horizontaler Scheiben (*11*) und (*12*) in den unteren Zylinder (*13*) gedrückt. In diesem befindet sich die Schnecke (*14*), welche auf der waagrechten Welle (*15*) befestigt ist. Diese Schnecke und die Flügel (*16*) pressen die Margarine durch ein System von weiteren Platten (*17*) zum Austrittsteil (*18*). Hierbei findet Vermischen und Abpressen des überschüssigen Wassers statt. Die Menge des abgepreßten Wassers wird durch die zwei Lochscheiben (*19*) und (*20*) geregelt. Die Scheibe (*20*) ist unbeweglich, die andere Scheibe dreht sich mit der Welle (*15*). Die bewegliche Scheibe läßt sich gegen die Festscheibe so verstellen, daß die an sich gleich großen Öffnungen der beiden Scheiben nicht aufeinander passen, womit die Möglichkeit gegeben ist, die Durchtrittskanäle für die Margarine zu verengen, dadurch den Druck zu vergrößern und die Menge des abgepreßten Wassers zu steigern. Das ausgepreßte Wasser wird bei (*21*) abgelassen. Der untere Zylinder ist mit einem Wassermantel versehen, zwecks Regelung der Temperatur[1].

Die kontinuierlich wirkende Mischmaschine zeigt die Abb. 290. Sie besteht aus dem Hohlraum (*1*), in dem sich der Mischer (*2*) befindet, der durch die Trommel (*3*) in Bewegung versetzt wird. Die Mischung kann mit drei verschiedenen Geschwindigkeiten erfolgen. In der Trommel befindet sich der Abschaber (*4*), der die an den Wänden des Mischraumes haftende Margarine abzieht und sie nach der Schnecke (*5*) durchdrückt. Der Durchtritt aus der Mischmaschine zur Schnecke ist durch die zwei Lochscheiben (*6*), deren Konstruktion den Scheiben (*19*) und (*20*) in Abb. 289 entspricht, abgedeckt. Mit Hilfe dieser Scheiben wird die Leistung der Mischmaschine geregelt.

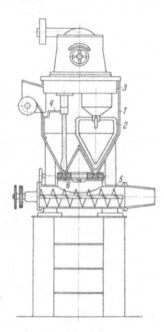

Abb. 290. Mischmaschine der Silkeborg-Anlage.

Die Anlage hat eine Leistungsfähigkeit von 3000 kg fertiger Margarine pro Stunde. Die Knetmaschine soll nach N. Petrow[2] befriedigend arbeiten. Auch soll mit dem Emulsor ein sehr hoher Dispersitätsgrad erreichbar sein, wie aus der Tabelle 86 folgt.

2. *Anlage nach Gerstenberg.* Die Abb. 291 zeigt das Arbeitsschema einer kontinuierlichen Margarinefabrik nach Gerstenberg und Agger in Kopenhagen.

Im Temperiergefäß (*1*) werden Milch und Fett vermischt und nach dem Emulsor (*2*) („Rotor-Emulsator") geleitet. Die austretende Emulsion wird auf der Kühltrommel (*3*) für direkte Ammoniakverdampfung („Diakühler") gekühlt. Die kristallisierte Emulsion fällt in den evakuierten geschlossenen Knetapparat (*4*), welchen sie verpackungsbereit verläßt.

Kennzeichnend für das kontinuierliche Verfahren von A. Gerstenberg ist die Verwendung von evakuierbaren Knetmaschinen. In den kontinuierlich wirkenden geschlossenen Knetvorrichtungen können nämlich die aus der Margarine ausgepreßten Luftblasen nicht entweichen und dadurch ein Fleckigwerden der Margarine verursachen. Gersten-berg hat nun in einigen Patenten[3] kontinuierliche Knetmaschinen beschrieben, bei welchen ein Absaugen der ausgetriebenen Luft möglich ist. Um das Knet-

Tabelle 86. Dispersität der in der Kirne und im Silkeborg-Emulsor bereiteten Margarineemulsion.

Dispersität %	Silkeborg	Kirne
Bis 20 μ	80	45
20—40 μ	16	45
Über 40 μ ...	4	10

---

[1] Wiedergegeben nach I. M. Towbin: Margarinefabrik (russ.: Margarinowyj Sawod). Moskau-Leningrad. 1932.

[2] Öl-Fett-Ind. (russ.: Masloboino Shirowoje Djelo) 1936, 205.

[3] Vgl. z. B. A. P. 2039162 (deutsche Priorität 1932); E. P. 412779 vom 24. VII. 1933.

system an die Beschaffenheit des Produktes anzupassen, hat Gerstenberg eine Maschine konstruiert, welche aus einer Reihe von einzelnen Kneteinheiten besteht, welche zu einer längeren oder kürzeren Serie geschaltet werden können[1]. Sämtliche Zutaten, wie Eigelb, Salz usw., müssen hier in das Mischgefäß (Temperierkessel *1* in Abb. 290) gegeben werden, weil auf dem weiteren Verarbeitungswege keine Möglichkeit für solche Korrekturen bestehen.

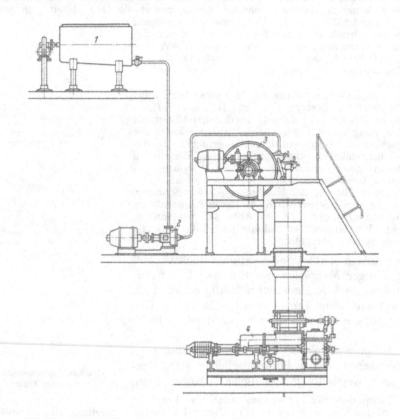

Abb. 291. Kontinuierliche Margarineerzeugung nach A. Gerstenberg, Kopenhagen.

Nach N. Petrow hatte eine mit 16% wäßriger Phase emulgierte Margarine nach Verlassen der Knetvorrichtungen einen Wassergehalt von etwa 15%. In den Vakuumknetern nach Gerstenberg wurde die eingeschlossene Luft vollständig abgesaugt.

F. Schmelzmargarine

ist Margarine, aus der die wäßrige Phase entfernt worden ist. Sie ist das dem Butterschmalz analoge Kunstprodukt. Sie muß keine Kirnoperation durchgemacht haben und ist wesentlich ärmer an Milchbestandteilen als Margarine oder gänzlich frei von Casein usw.

Für die Herstellung von Schmelzmargarine können auch Rohstoffe von minder gutem Geschmack und Aroma verwendet werden als für die Margarineerzeugung, weil man durch Aromatisierung geringe Fehler des Rohstoffes

---

[1] A. P. 2050654 (deutsche Priorität 1931).

decken kann. Sie wird manchmal aus Margarine hergestellt, welche nicht ganz
einwandfrei ist, ohne aber verdorben zu sein. Zu ihrer Herstellung unmittelbar aus den Rohstoffen werden die Fette mit gesäuerterMilch bei höherer Temperatur verkirnt. Die Emulsion wird dann in einem mit Rührwerk versehenen
Gefäß mit Doppelmantel bei etwa 70° durchgerührt, worauf man die wäßrige
Phase etwa 12 Stunden gut absitzen läßt. Hierauf wird die Fettschicht auf
etwa 45° abgekühlt und durch ein Sieb in flachen Wagen abgelassen. Nach
dem Erstarren muß das Gemisch, falls eine glatte Ware erzielt werden soll,
mechanisch durchgearbeitet werden. Will man eine grießige, körnige Ware
herstellen, so läßt man die Schmelzmargarine in den Versandgefäßen einige
Zeit in auf etwa 12° temperierten Räumen stehen.

Man verwendet für mit Milch gekirnte Schmelzmargarine an tierischen Fetten
und Hartfett reichere Fettgemische, beispielsweise ein Gemisch von 20% Erdnußweichfett, 10% Hartfett vom Schmp. 38°, 30% Oleomargarin, 18% Premier jus
und 22% Öl (10% Sesamöl). Das Gemisch wird mit etwa 40% gesäuerter Milch
verkirnt, und zwar benötigt man so großer Milchzusätze, weil das Aroma
nach Trennung der beiden Schichten hauptsächlich in der wäßrigen Phase
zurückbleibt.

Schmelzmargarine hat glatte, meist aber körnige Struktur, sie enthält
nur 1% Wasser und ist deshalb haltbarer als Tafelmargarine.

Man kann Schmelzmargarine auch ohne Milch, durch Verrühren des Fettgemisches mit Diacetyl und anderen aromatisierenden Zusätzen sowie mit Butterfarbe herstellen.

Zur Herstellung von Schmelzmargarine ohne Verkirnen mit gesäuerter
Milch wird das Gemisch der Fette nach kräftigem Durchrühren bei einer
Temperatur von etwa 48° in geeignete, meist flache Behälter abgelassen,
welche dann in einem auf 15 bis 18° temperierten Raum stehengelassen
werden. Das Aroma (Diacetyl) wird während des Erstarrens zugefügt. Nach
12—18 Stunden wird das Gemisch durchgerührt; das Durchrühren hat nach
weiteren 12 Stunden wiederum zu erfolgen.

Der Geruch der Schmelzmargarine ist genau so wie der des Butterschmalzes,
eigenartig intensiv. Gegenüber Margarine hat sie den Vorzug der größeren
Haltbarkeit.

Schmelzmargarine wird hauptsächlich in Bäckereien verwendet, die Erzeugung hat nur bescheidenen Umfang.

G. Verhinderung des vorzeitigen Verderbens der Margarine.

Zwischen Herstellung und Verbrauch der Margarine vergehen mehrere,
unter ungünstigen Umständen bis zu sechs Wochen. Margarine muß also während
dieser Zeit frisch und unverdorben bleiben.

Das Verderben der Margarine kann verschiedene Ursachen haben. Vor-
zeitiges Verderben ist immer die Folge der Lebenstätigkeit von fremden Keimen,
welche in die Ware durch die Milch, das Wasser, die Eigelbpräparate, die Stärke
usw. hineingelangt sind und sich im Produkt vermehrt haben. Auch durch die Luft
können fettzersetzende Kleinlebewesen in die Ware gelangen. Auf diese Weise
entstehen die bekannten Margarinefehler, wie Seifigkeit, Parfümranzigkeit,
Marmorierung usw. (vgl. hierzu Bd. I, S. 440).

Die Quellen der meistens durch bakterielle Prozesse entstehenden Fehler
lassen sich häufig nur sehr schwer erkennen. Besonders gefährdet ist mit größeren
Milchmengen gekirnte Margarine, weil in der gesäuerten Milch alle Nährelemente

enthalten sind, welche die Bakterien und Hefen für ihre Entwicklung brauchen.

Die wichtigsten Schutzmaßnahmen sind die folgenden:

1. Sorgfältige Kontrolle der Rohstoffe. Das Eigelb, die Kartoffelstärke und andere Zutaten müssen vor der Verwendung möglichst keimfrei gemacht werden. Eine besonders häufige Infektionsquelle ist das Eigelb; es enthält oft Schimmelpilze, Oidien, Kahmhefen und Colibakterien[1], welche sich durch die ganze Masse der Margarine schnell verbreiten können. Peinlichste Sorgfalt bei der bakteriellen Milchbehandlung nützt nichts, wenn sie durch unsteriles Eigelb infiziert wird. Besonders scharf muß auch das Wasser überwacht werden. Es darf nur frisches, nicht abgestandenes Wasser verwendet werden, das Wasser darf keine Bakterien der Coli- und Fluorescensgruppe enthalten. Steht kein genügend reines Wasser zur Verfügung, so muß es durch Keimfilter u. dgl. Maßnahmen gereinigt werden.

2. Eine zweite, äußerst wichtigste Maßnahme ist die strengste Sauberhaltung des gesamten Betriebes, beginnend mit den Apparaten und endend mit den Räumen und dem Verpackungsmaterial. Sämtliche Apparate, in welchen die Emulsion verarbeitet wird, müssen häufig mit heißem Wasser ausgespült und ausgedämpft, die schwer zugänglichen Teile desinfiziert werden. Dies gilt namentlich für die aus Holz bestehenden maschinellen Vorrichtungen, welche keine Spalte und Risse aufweisen dürfen, in die sich Reste der Ware festsetzen und dann nur sehr schwer wegwaschen lassen. Solche Spalte entstehen häufig an den Holzschnecken, den Riffelwalzen usw. Bei Betriebsunterbrechung sind sämtliche Apparate heiß abzuwaschen, die Holzteile zweckmäßig mit einer Salzschicht zu überstreuen.

Gesättigter Dampf von 100⁰ ist nach Untersuchungen von Rubner[2] ein vorzügliches Sterilisierungsmittel. Milchapparate werden mit Dampf und heißem Wasser gereinigt. Holzteile müssen nach dem Ausspülen und Ausdämpfen noch gut austrocknen.

Die Desinfektionsmittel sind meist aktives Chlor enthaltende (Caproit, Chloramin u. dgl.) oder Formalinpräparate (Rohkorsoform); viele Handelspräparate bestehen einfach nur aus Gemischen von Alkali und Alkalicarbonaten, Alkaliphosphaten usw. Zu erwähnen wäre noch das Asterin und Sokrena für Maschinenreinigung.

Die Holzapparate lassen sich auch gut mit Chlorkalklösung desinfizieren; vor und nach der Desinfektion müssen sie mit heißem Wasser gründlich ausgespült werden.

Die Räume selbst müssen gut gelüftet werden können; an keiner Stelle der Fabrik darf ein stärkerer Geruch der Roh- oder Fertigmaterialien auftreten.

3. Die Haltbarkeit der Margarine hängt auch in hohem Maße von der sachgemäßen Verkirnung ab. Anzustreben ist der Wasser-in-Öl-Typus, weil in einer solchen Ware die Verbreitung der Infektion durch das Fehlen einer zusammenhängenden wäßrigen Schicht behindert wird. Die einzelnen Teilchen der wäßrigen Phase der Margarine sind in einer solchen Emulsion gewissermaßen durch Fettwände getrennt und isoliert.

4. Schließlich wird die Margarine, soweit dies gesetzlich zugelassen ist, durch Zusatz von Konservierungsmitteln frischgehalten. Diese Maßnahme ist nur bei Einhaltung aller vorher genannten Schutzmaßnahmen wirksam. Die Wirkung der geringen Mengen Benzoesäure oder Natriumbenzoat, welche zur

---

[1] Tanner: Bact. & Mycology of Food. Baltimore. 1926.
[2] Journ. Amer. med. Assoc. 60, 1344 (1913).

Konservierung gestattet sind, darf nicht überschätzt werden. Die meisten Bakterienarten, Schimmelpilze, Kahmhefen usw. werden durch die kleine Menge der Benzoesäure nur bis zu einem gewissen Grade in der Entwicklung gehemmt, keineswegs aber vernichtet. Sauberkeit während der Fabrikation schützt die Margarine erheblich besser als der Zusatz des Konservierungsmittels.

Vierzehnter Abschnitt.

Kunstspeisefette und Speiseöle.

Von H. BÖNISCH, Danzig-Langfuhr, und H. SCHÖNFELD, Wien.

I. Kunstspeisefette.

A. Allgemeines.

Neben Kuhbutter ist Schweinefett das wichtigste Fettnahrungsmittel. Wegen seines angenehmen, milchigen Geschmackes, der hohen Geschmeidigkeit und der guten Streichfähigkeit, dem Vermögen, das Gebäck weich und mürbe zu machen, findet Schweinefett ausgedehnte Verwendung zum Braten, Backen und als Fettbelag auf Brot.

Die Schmalzerzeugung reicht aber schon seit Jahrzehnten zur Deckung des Fettbedarfes, insbesondere der dichter bevölkerten Industriezentren, nicht aus. Die schwankenden, zeitweise hohen Schmalzpreise ergaben ebenfalls die Notwendigkeit, ein billigeres Ersatzprodukt zu finden.

Der erste Ersatz für Schweineschmalz wurde in Nordamerika, dem Ursprungslande des Schweinefettes, welches heute noch immense Mengen von Schmalz nach Europa ausführt, hergestellt. Das Produkt wird in Amerika als „compound lard" bezeichnet und wurde aus einem Gemisch von Baumwollsaatöl mit Preßtalg oder Cottonstearin, d. h. den festen Anteilen des Baumwollsaatöles, bereitet.

Nach dem deutschen Margarinegesetz müssen schmalzähnliche Zubereitungen, deren Fett nicht ausschließlich aus Schweinefett besteht, als Kunstspeisefette bezeichnet werden. Sie werden hergestellt aus Gemischen von tierischen, raffinierten pflanzlichen Fetten und Hartfetten, welche durch geeignete mechanische Behandlung, durch Aromatisierung usw. im Aussehen, Geruch, Farbe und Streichbarkeit dem natürlichen Schweinefett ähnlich gemacht werden.

Als Brotbelag werden die Schmalzersatzprodukte nur von den ärmsten Schichten der Bevölkerung verwendet; dagegen werden sie in sehr großen Mengen zum Backen und Braten gebraucht. Die gute Streichbarkeit spielt deshalb keine so große Rolle wie andere Eigenschaften, welche beim Ausbacken von Mehlprodukten von Bedeutung sind. Es sind dies vor allem die Plastizität, die Fähigkeit, das Gebäck mürbe zu machen, das Emulsionsvermögen für das im Teig enthaltene Wasser, hohe Zersetzungstemperaturen, geringe Neigung zum Verderben usw.

Die Rolle des Fettes beim Backen von Teigwaren besteht im wesentlichen darin, daß es die einzelnen Mehlteilchen mit einer Fettschicht überzieht und damit das Ausbacken zu einem harten Klumpen verhindert. Das Fett macht das Gebäck „mürbe". Diese Eigenschaft kann nach Versuchen von J. D. FISHER[1] durch die zum Zerdrücken des Gebäcks erforderliche Kraft ermittelt werden, und ihre

---

[1] Ind. engin. Chem. **25**, 1171 (1933).

Bestimmung wird in einem als „Shortometer" bezeichneten Apparat vorgenommen. Nach FISHERS Untersuchungen ergibt Schweineschmalz den höchsten Grad von Mürbigkeit, während eine Reihe von Kunstspeisefetten dem Schmalz in dieser Eigenschaft um etwa 30—40% nachgestanden hat. Unter anderem hängt das Mürbigmachen auch vom Schmelzpunkt des Fettes ab.

Nach Untersuchungen von LANGMUIR, HARKINS und anderen Forschern über die Ausbreitung von monomolekularen Ölfilmen auf Wasser (vgl. Bd. I, S. 58), vermögen die Glyceride der ungesättigten Fettsäuren eine größere Oberfläche zu bedecken als die gesättigten. Diese beträgt z. B. für Triolein $126 . 10^{-16}$ cm², für Tristearin nur $66 . 10^{-16}$ cm². Die zum Ausbacken eines bestimmten Teigvolumens erforderliche Fettmenge dürfte deshalb auch von der Zusammensetzung des Fettes abhängen; das Problem ist aber noch nicht näher erforscht.

Die Plastizität der Fette spielt bei der Bereitung des Gebäcks eine wichtige Rolle, worauf schon im Abschnitt über Margarine hingewiesen wurde. Auch in dieser Beziehung verhalten sich die einzelnen Fettarten verschieden, und auch in dieser Eigenschaft scheint das Schweinefett den anderen Fettsorten überlegen zu sein. Die Plastizität des Fettes hat entscheidenden Einfluß auf seine Verteilung im Gebäck und sie erhöht das Gebäckvolumen. Nach Angaben der Firma Procter & Gamble Co.[1] soll die Plastizität der Kunstspeisefette durch Erhöhung ihres Glyceringehaltes, d. h. durch Zusatz von Di- und Monoglyceriden, gesteigert werden können. Solche Fette werden durch Umestern der natürlichen Fette mit Glycerin hergestellt.

Die zum Backen verwendeten Speisefette müssen ferner gutes Emulsionsvermögen besitzen, weil der Teig ein Gemisch von Mehl und Wasser ist, welches mit dem Fett emulgiert werden muß; die emulgierende Wirkung wird durch die Zusätze, wie Eier, Milch usw., gesteigert; auch Lecithinzusatz wirkt günstig. Das Emulsionsvermögen der einzelnen Fette, welche auch für ihre Ausnutzung im Organismus von Bedeutung ist, ist nach Untersuchungen von G. MÉSZÁROS[2] sehr verschieden. Er fand eine Parallelität zwischen der Emulgierbarkeit und der Jodzahl, richtiger der Menge der im Fett enthaltenen ungesättigten Glyceride, aber keine Beziehung zwischen der Emulgierbarkeit und dem Schmelzpunkt und der Verseifungszahl.

F. R. PORTER, H. MICHAELIS und F. G. SHAY[3] untersuchten das Verhalten der Fette bei den Temperaturen des Backens und Bratens. Die Fette zersetzen sich beim Erhitzen unter Bildung von freien Fettsäuren und Akrolein, welches aus dem Glycerinrest entsteht. Die Zersetzung tritt zum Vorschein durch die Rauchentwicklung. Ein Fett ist nun um so wertvoller, je höher die Temperatur des beginnenden Rauchens („smoking point") gelegen ist. Bei den untersuchten Fetten schwankte diese Temperatur zwischen 150 und 230⁰, die Angaben bedürfen aber noch der Nachprüfung. Die beim Erhitzen gebildeten Fettsäuren, namentlich die oxydierten Säuren, begünstigen die Oxydation und das Verderben des Fettes, während der beim Backen aus dem Teig entweichende Wasserdampf die Oxydation des Fettes verzögert. Die Zersetzungstemperaturen der Fette hängen auch von ihrem Zustande ab; ein öfter zum Backen verwendetes Schweinefett begann schon bei 190⁰ zu rauchen, während frisches Schmalz einen Rauchpunkt von 219—232⁰ hatte[4]. Die Fettspaltung geht beim Backen schneller vor sich als beim Erhitzen des Fettes für sich, weil sie durch den Wasserdampf begünstigt wird. So bildeten sich beim Erhitzen des Speisefettes auf 176—232⁰ während einer

---

[1] E. P. 425980; F. P. 757807/8, amerikanische Priorität 1933.
[2] Ztschr. Unters. Lebensmittel 69, 318 (1935).
[3] Ind. engin. Chem. 24, 811 (1932).
[4] BLUNT u. FEENY: Journ. Home Econ. 7, 535 (1915).

langen Versuchszeit nur geringe Mengen freier Fettsäuren, während beim Backen der Säuregrad des Fettes schnell zugenommen hat.

B. Die Bereitung von Kunstspeisefetten.

a) Rohstoffe und Mischungsverhältnisse.

Für die Herstellung von Kunstspeisefetten dienen die gleichen Fette wie für die Margarineerzeugung. Besondere Bedeutung für die Speisefettfabrikation kommt aber den Hartfetten, insbesondere den selektiv gehärteten Fetten, zu, weil letztere nur geringe Mengen von hochschmelzenden, vollgesättigten Glyceriden enthalten und eine viel größere Haltbarkeit besitzen als die früher zu diesem Zweck verwendeten tierischen Fette und Cocosfett.

Außer Hartfetten werden von festen Fetten noch Rindertalg, Preßtalg, Cottonstearin, Schweinefett, Cocosfett, von flüssigen Fetten Sojabohnenöl, Erdnuß- und Baumwollsaatöl u. a. m. verarbeitet.

Die Wahl der Rohstoffe ist an die Verhältnisse des betreffenden Landes und an den Markt gebunden. So werden in den Vereinigten Staaten von Amerika vorwiegend tierische Fette und Baumwollsaatöl verwendet. In Deutschland und anderen europäischen Staaten verarbeitet man hauptsächlich Hartfette, Sojaöl, Erdnußöl usw. Den streichbaren Sorten werden häufig gewisse Mengen Schweineschmalz zugesetzt. Die Mischungsverhältnisse hängen natürlich auch von der Jahreszeit ab; im Winter wird das Gemisch mit mehr Öl verarbeitet als im Sommer.

Die reinen Fettgemische besitzen nicht den eigentümlichen Geschmack des Schweinefettes. Um diesen nachzuahmen, insbesondere den fehlenden „Grieben"-Geschmack zu erhalten, werden die Fette mit Zwiebeln, Thymian, auch mit geröstetem Brot, Bierhefe usw.[1] aromatisiert. Die Aromatisierung ist aber recht mangelhaft.

Zum Backen verwendete Kunstspeisefette werden oft gelb gefärbt und, um sie der Schmelzbutter ähnlich zu machen, mit Diacetyl u. dgl. Aromastoffen versetzt. Solche Produkte unterliegen dem Margarinegesetz und müssen durch Sesamöl oder Kartoffelmehl kenntlichgemacht werden.

Billige Kunstspeisefette können beispielsweise aus etwa 60% Sojabohnenöl und 40% Tranhartfett (Schmp. 42°) hergestellt werden; bessere Sorten aus etwa 48% Erdnußöl und 62% auf 37° gehärtetem Erdnußöl. Eine noch bessere Qualität läßt sich aus einem Gemisch von 80% Erdnußweichfett und 20% Erdnußöl herstellen.

Für ein gewürztes, streichbares Schmalzsurrogat sei folgendes Beispiel angegeben: 25% Schweinefett (steam lard[2]), 14% Sojabohnenöl, 5% Cocosfett, 14% Erdnußöl, 35% Erdnußweichfett, 7% Tranhartfett. Das Schmalz wird zunächst mit der Hälfte der übrigen Fette vermischt und auf 110° erhitzt. In das warme Gemisch trägt man 5% (vom Gesamtfett) geschälter und geschnittener Zwiebeln ein, während man schon früher in das Fett 0,1% Thymian, 0,03% Majoran oder Majoran und Nelkengewürz eingetragen hat. Man erwärmt nun das Fett bis auf 115° so lange, bis die Zwiebeln braun geworden sind, was dann der Fall ist, wenn alle Feuchtigkeit aus dem Fett verdampft ist. Hierauf werden Zwiebeln und Gewürz in einer Spindelpresse abgepreßt, worauf der Fettextrakt mit dem restlichen Fett vermischt wird.

---

[1] A. Grannichstädten: D. R. P. 337169 (1916). — H. A. Newton: E. P. 284368 (1926).
[2] Der Zusatz von „steam lard", d. h. von durch Ausschmelzen mit gespanntem Dampf gewonnenem Schweineschmalz, bezweckt einerseits die Erhöhung der Geschmeidigkeit und anderseits die Erzeugung des natürlichen Schmalzgeschmackes.

Es folgen noch zwei Beispiele für die Herstellung von „Ziehfetten" (zum Ausbacken von Blätterteig):

1. 30% Rindertalg,	2. 50% Tranhartfett,
20% Preßtalg,	15% Preßtalg,
15% Tranhartfett,	5% Schweinefett,
35% Öl.	30% Öl.

Wie aus diesen Beispielen hervorgeht, sind die ursprünglich zur Kunstspeisefetterzeugung verwendeten tierischen Fette zum größten Teil durch Hartfette ersetzt worden. Dies geschah nicht nur wegen ihrer Billigkeit. Die Hartfette lassen sich leichter als Talg usw. auf die Konsistenz des Schweinefettes verarbeiten, mit jedem Schmelzpunkt herstellen und sind, wie erwähnt, unbegrenzt haltbar, während die tierischen Fette zum Verderben neigen[1].

b) Fabrikation der Kunstspeisefette.

Ebenso wie Naturschmalz werden die Kunstspeisefette in einer körnigen und grobkristallinischen oder in einer glatten und geschmeidigen Form, also streichfähig, hergestellt.

Durch Schmelzen und rasches Abkühlen in Formen wird außerdem aus Cocosfett sog. „Pflanzenbutter" oder „Palmin" in spröden Tafeln bereitet (s. S. 830).

Körnige Struktur wird durch langsames Erstarrenlassen des halbgeschmolzenen Fettgemisches erzeugt; feinkristalline „amorphe" Struktur durch rasches Erstarren auf Kühlwalzen u. dgl. Zur Steigerung der Geschmeidigkeit dienen mit Rührern besonderer Art ausgestattete Kühltröge oder Glattwalzen und andere Vorrichtungen.

Das Vermischen und Abkühlen des Fettgemisches erfolgt meist in den bei der Margarinefabrikation näher beschriebenen Kirnmaschinen. Das in der Kirne gut vermischte und gekühlte Gemisch gelangt auf die weiteren Verarbeitungsmaschinen oder in die Versandgefäße. Es muß darauf geachtet werden, daß der Kristallisationsvorgang in der angestrebten Richtung verläuft; die Kühlung und die Art des Mischens beeinflussen die äußere Beschaffenheit des Fettgemisches. Zu scharfes Schlagen in der letzten Phase führt zu einer schaumigen Beschaffenheit, zu schwaches Rühren zu einem glatten und glasigen Fett.

Zum Backen und Braten verwendete Kunstspeisefette sind im Geschmack und Geruch neutral; Schmalzgeschmack besitzen solche Produkte keineswegs. Um ein als Brotaufstrich geeignetes Fett zu erzeugen, wird das Gemisch gewürzt. Die Hälfte des Fettgemisches wird dann mit geschälten und geschnittenen Zwiebeln (vgl. S. 825) und verschiedenem Gewürz geröstet und nach Abtrennen der Zusätze mit dem übrigen Fettanteil weiterverarbeitet. Zweckmäßig ist es, solchen Kunstspeisefetten größere Mengen Schmalz zuzumischen, und zwar von Schmalzsorten mit stärkerem Griebengeschmack.

Zur Herstellung der Kunstspeisefette bedient man sich zum Teil der gleichen Vorrichtungen wie zur Margarinefabrikation. Die Fette werden in Schmelzkesseln ausgeschmolzen (S. 802, Abb. 269). Die Vermischung der Fette und Öle erfolgt in den auf S. 802 (Abb. 270) beschriebenen Temperierkesseln; das temperierte Gemisch wird dann in die Kirne geleitet. Zum Temperieren der Fette kann man sich auch der mit Brunnenwasser gekühlten Oberflächenkühler aus verzinntem Kupferblech bedienen.

---

[1] Nach Patenten der Industrial Patents Corp. (E. P. 395971, 446792) soll die Haltbarkeit von Speisefetten durch Zusatz von partiell hydriertem Sesamöl erhöht werden.

Nun erfolgt das Vermischen und Abkühlen in der Kirne. Das Fettgemisch kann aber aus dem Temperierkessel auch direkt auf Schmalzkühltrommeln geleitet werden, wie sie in diesem Band auf S. 808 beschrieben wurden. Die Trommeln werden mit Wasser von $+1^0$, Sole oder auch einfach mit gutem Brunnenwasser gekühlt. Die Aufgabe des Fettes auf die Oberfläche der Kühltrommel erfolgt durch einen verstellbaren Aufgabetrog, der meist mit einer Heizvorrichtung versehen ist.

Das Fett wird durch eine ver- stellbare Ausgleichswalze auf der Trommel gleichmäßig ver- teilt und das erstarrte Fett durch eine Abnahmevorrich- tung, ein Streichbrett oder Ab- streifmesser von der Trommel abgeschabt.

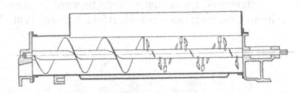

Abb. 292. Mischtrog für Kunstspeisefette.

Das erstarrte und abge- schabte Fett fällt in einen Trog (Abb. 292), der zum Kühlen und Heizen einge- richtet ist. In dem Trog rotiert eine Welle, auf der in schraubenförmiger Anordnung Schläger befestigt sind, welche das Fett unter Schlagen und

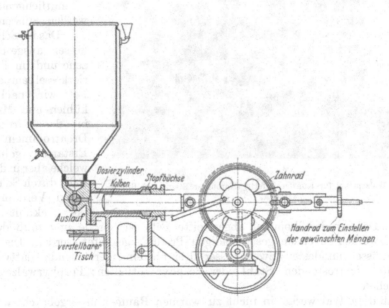

Abb. 293. Abfüllmaschine.

Rühren weiter abkühlen und zum anderen Ende des Troges fortbewegen; am Ende des Troges wird das Fett ausgepreßt.

Die Farbe des auf Trommeln gekühlten Fettes kann durch Behandeln in besonderen Schlagwerken verbessert werden; dabei werden aber größere Luftmengen in das Fett eingepreßt, welche die Haltbarkeit beeinträchtigen würden; die überschüssige Luft wird auf Glättevorrichtungen, welche aus in einem Gehäuse befindlichen, hintereinander geschalteten Siebplatten bestehen, teilweise wieder ausgedrückt. Dieser Kunstgriff des Weißmachens der Kunst- speisefette durch Einpressen von Luft wird vielfach ausgeübt.

Zum Fördern des Fettes dienen, soweit das nicht durch Gefälle geschehen kann, heizbare Rotationspumpen.

Für Kleinpackungen dienen besondere Abfüllmaschinen für zähe Flüssigkeiten nach Abb. 293. Die Maschine füllt das Fett in fettdicht geklebte Bodenbeutel, welche im Kühlschrank zwecks raschen Erstarrens ihres Inhaltes stehengelassen werden. Dann nimmt man die Blocks aus der Form und läßt sie verpacken.

Streichfähige Kunstspeisefette werden auch durch Geschmeidigmachen von reinem Cocosfett oder von Hartfett bereitet (vgl. die Angaben über Erdnußweichfett auf S. 161 und über „Crisco" auf S. 163). Die nicht streichfähigen, nur aus einem Fett bestehenden Produkte dürfen unter ihrer Ursprungsbezeichnung vertrieben, während die Gemische stets als Kunstspeisefette kenntlichgemacht werden müssen.

Abb. 294. Walzenstuhl für Kunstspeisefette (Harburger Eisen- und Bronzewerke A. G.).

Das im Schmelzkessel ausgeschmolzene und im Temperierkessel temperierte Fett wird nach Vorkühlen und Mischen in der Kirne auf Drehtrommeln zum Erstarren gebracht, welche aber in diesem Falle durch Sole oder direkte Verdampfung tief gekühlt sein müssen. Das von der Trommel abgestreifte Fett ist spröde und muß deshalb auf Walzwerken zu einem geschmeidigen Produkt geknetet werden. Die Walzwerke müssen mindestens zwei, besser drei übereinanderstehende Glattwalzenpaare aus nichtrostendem Stahl oder Porphyr enthalten; Porphyrwalzen sind vorzuziehen.

Daß diese Walzwerke in nicht zu warmen Räumen untergebracht werden, versteht sich von selbst. Das auf diese Weise geschmeidig gemachte Fett kann nun, ähnlich wie dies bei der Margarinefabrikation geschieht, in Form- und Packmaschinen abgeteilt und verpackt werden, wobei aber die Strangpresse und Abteil- sowie Packmaschine der Eigenart des Fettes angepaßt sein müssen. Vorteilhaft werden dieselben aus Aluminium angefertigt, weil das wasserfreie Fett an Holzteilen leicht haften bleibt.

Die *Duplex- oder Triplexwalzen* (Abb. 294) bestehen aus einem sehr kräftig gehaltenen Hohlgußgestell mit glatten Außenflächen. In diesem Gestell sind zwei oder drei Walzenpaare übereinander in Bronzelagern drehbar eingebaut, und zwar so, daß ein Lager feststehend angeordnet ist, während das andere Lager durch Handrad und Stellspindel mittels Zahnsegment sich so verstellen läßt, daß die Walze genau parallel zu der Achse genähert oder entfernt werden kann. Bei Ausführung der

Maschine mit nur zwei Walzenpaaren werden diese aus mattgeschliffenem harten Porphyr hergestellt. Die Stahlachsen sind ganz durch die durchbohrten Walzen hindurchgeführt und jederseits mit kräftigen Scheiben und Muttern unlöslich mit der Walze verbunden. Die Übertragung der Kraft von einer Walze zur anderen erfolgt durch gefräste Zahnräder mit verlängerten Zähnen. Das durchgewalzte Fett wird unter den Walzen durch Abstreicher abgenommen, welche aus Hartholz oder nichtrostendem Stahl hergestellt und durch Federn an die Walzen angepreßt werden. Bei der Triplexwalze besteht zumeist das oberste Walzenpaar aus Hartholz, doch ist bei Walzenstühlen, die für Kunstfett bestimmt sind, auch hier Stahl oder Porphyr vorteilhafter. Zur Beschickung der Maschine dient ein Einwurftrichter mit abnehmbaren Seitenklappen. Die sonst übliche Auspreßvorrichtung ist für Kunstfett nicht nötig, kann aber benutzt werden, um kompaktere Massen zu erhalten. Doch gilt auch hier, daß vorteilhaft von der Verwendung von Holzteilen abgesehen wird und daß Schnecke und Mundstück aus Aluminium bestehen. Der Antrieb der Walzenstühle erfolgt meist durch direkt gekuppelten Elektromotor über ein Präzisionsschneckengetriebe mit gefräster Stahlschnecke und bronzearmiertem Schneckenrad.

Die *Form- und Teilmaschine*[1] dient zum Ausformen des aus der Walze kommenden Fettes in würfelförmige oder runde längliche Stücke. Sie wird für $^1/_4$-, $^1/_2$- und 1 kg- sowie für 5- und 10-kg-Blocks gebaut. Sie besteht im wesentlichen aus einem horizontalen, der ganzen Länge nach geteilten Preßzylinder aus Aluminium. In diesem Zylinder rotieren gegenläufig zwei Aluminiumpreßschnecken, welche das durch die obere Einfüllöffnung aufgegebene Speisefett zusammenpressen und durch ein vor dem Zylinder befindliches Mundstück, welches der auszuformenden Gewichtsgröße entspricht, auspressen. Der ausgeformte Fettstrang bewegt sich über leicht laufende Rollen und wird hier durch einen Bügel, in welchem sich in genauem Abstand Schneidedrähte befinden, in gleichmäßige Stücke zerschnitten. Um das Gewicht der Stücke regulieren zu können, befinden sich an den Mundstücken Regulierschrauben, mit welchen die Mundstücksöffnungen erweitert oder verengt werden können. Zur besseren Reinigungsmöglichkeit ist der Zylinder leicht aufklappbar, und die Schnecken lassen sich ohne Lösen von Schrauben leicht herausnehmen.

Die so geformten Stücke können nun einer besonderen Einwickelmaschine zugeführt oder von Hand verpackt werden. Zum sauberen Einschlagen von größeren Blocks in Kübel bedient man sich zweckmäßig der besonders hierfür gebauten Pressen, die es gestatten, mit nur einem Hebeldruck die vorgeformten Blocks einzupressen und mit einem ansprechenden Spiegel zu versehen.

In neuerer Zeit werden in dieser Weise auch *Ziehfette* hergestellt, die immer mehr Eingang als Ersatz für Ziehmargarine in Bäckereien und Konditoreien finden. Für diese Produkte bevorzugt man allerdings höher schmelzende Hartfette, denen Triebmittel, welche in der Backwärme eine Auflockerung des Teiges bewirken, zugesetzt werden. Diese Triebmittel kann man bei Kunstfett schon in der Kirne, nachdem das Fettgemisch zu binden beginnt, zusetzen, was bei der wasserhaltigen Margarine nicht möglich ist, weil diese Triebmittel meist wasserlöslich sind und beim nachfolgenden Knetprozeß zum größten Teil verlorengehen würden. Dort erfolgt der Zusatz erst beim letzten Knetprozeß.

Um dem Speisefett den in vielen Gegenden erwünschten Schmalzgeruch und Geschmack zu geben, sind Temperaturen bis 120° erforderlich. Dazu werden Bratbottiche benutzt, die mit Heizschlangen versehen sind. Diese Kessel haben zweckmäßig runde Form, in denen ein dem Durchmesser entsprechendes großes Drahtsieb beweglich eingehängt ist; durch diese Vorrichtung können die Gewürze nach Beendigung des Röstprozesses leicht herausgenommen werden, um dieselben, nachdem das Fett abgetropft ist, in einer Handschraubenpresse vom aufgesaugten Fett gänzlich zu befreien. Das ausgepreßte Fett gibt man in den Bratbottich zurück, da ja gerade diese Menge den Extrakt der Geruch- und Geschmackstoffe aus den Gewürzen enthält. Die Weiterbehandlung erfolgt nun, wie bereits beschrieben, auch hier über Vorkühler oder Temperierkessel durch Kirne oder über

---

[1] Vgl. Abb. 286, S. 816.

Kühlwalze und Kühltrog. Ein schmalzbutterartiges Fett, welches nur aus gehärteten Pflanzenfetten besteht, ist das in Indien vielfach verwendete „Vegetable Ghee".

Um einem Fett oder Fettgemisch die körnige Beschaffenheit von Schmelzbutter zu geben, eventuell auch Butteraroma zu verleihen, kann man entweder in der Kirnmaschine Butteraroma, z. B. Diacetyl, zusetzen oder mit gesäuerter Milch (s. Margarinefabrikation, S. 821) kirnen.

Durch Zerstäuben von mit Milch emulgierten und homogenisierten Fettgemischen lassen sich pulverförmige Backfette gewinnen[1].

Die wenig komplizierte Art der Herstellung, wenn man von den körnig erstarrten oder über die Kühlwalze besonders zu kühlenden Fetten absieht, ermöglicht ohne weiteres eine kontinuierliche Arbeitsweise. Das in Vorratsbehältern befindliche Fettgemisch wird über Flächenkühler vorgekühlt, gelangt über Kühlwalze und Schlagwerk in die Versandgefäße, die zur rascheren Verfestigung einen Kühlschrank passieren, an dessen Ausgang die Gebinde mit dem nun genügend erstarrten Inhalt nach der Versandabteilung gefördert werden[2].

c) Gesetzliche Bestimmungen.

Die Fabrikation und der Vertrieb der Kunstspeisefette sind in den meisten Staaten durch Gesetze geregelt. In *Deutschland* sind diese Bestimmungen mit dem Margarinegesetz verankert, und es fallen unter die Bezeichnung alle diejenigen dem Schweineschmalz ähnlichen Zubereitungen, deren Fettgehalt nicht ausschließlich aus Schweinefett besteht. Ausgenommen sind unvermischte Fette bestimmter Tier- und Pflanzenarten, die unter einem ihrem Ursprung entsprechenden Namen in den Verkehr gebracht werden.

Eine innere Kennzeichnung (Färbung, Zusätze) wie für Margarine ist nicht festgesetzt, doch gelten die sonstigen Bestimmungen, wie Kennzeichnung der Gefäße und Umhüllungen, besondere Herstellungs-, Aufbewahrungs- und Verkaufsräume, geformte Stücke, Behandlung und Kennzeichnung im schriftlichen Geschäftsverkehr, Anzeigepflicht der Betriebe und deren polizeiliche Überwachung.

Unverfälschte Tier- oder Pflanzenfette, auch wenn sie gelb gefärbt sind, unterliegen nicht den Beschränkungen des Margarinegesetzes, wenn sie einen die Herkunft deutlich zeigenden Namen tragen, brauchen daher auch nicht mit Sesamöl oder Kartoffelmehlzusatz versehen sein.

Das Hauptkriterium für die „Ähnlichkeit" ist die weiße Farbe, erst in zweiter Linie kommen Geschmack und Geruch, und ein Fehlen dieser letzteren Eigenschaften wird daher nicht immer einen Grund bilden, die Ähnlichkeit zu bestreiten.

Österreich hat für Kunstspeisefette fast die gleichen Vorschriften wie Deutschland.

Ähnliche Vorschriften bestehen in Polen, in der Tschechoslowakei, in Belgien, Dänemark, England, Frankreich, den Unionstaaten usw. In all diesen Staaten besteht die Pflicht der Kenntlichmachung durch besondere Aufschriften auf der Umhüllung.

C. Pflanzenbutter.

(Cocosbutter, Palmin.)

Unter dem Namen „Pflanzenbutter", Cocosbutter und unter verschiedenen Phantasienamen, von denen Palmin der bekannteste und älteste ist, kommen Speisefette auf den Markt, die Cocosfett als Grundlage haben, ja zumeist nichts anderes als hochraffiniertes Cocosfett darstellen.

Es war, wie G. Hefter in der ersten Auflage (Bd. III, S. 310) richtig bemerkt, kein glücklicher Griff, bei ihrer Namensnennung das Wort „Butter" zu benutzen, denn sie erinnern weder im Aussehen noch in ihrer sonstigen Beschaffen-

---

[1] Kraft-Phenix Cheese Corp. u. E. K. Chapin, A. P. 1928781 (1932).
[2] Über die Herstellung von butterfettartigen Fetten durch Umesterung s. Bd. I, S. 283.

heit an Butter. Meist aus reinem raffinierten Cocosfett oder aus Gemischen von Cocosfett mit Palmkern- und Babassufett gewonnen, stellt die „Pflanzenbutter" reinweiße, geruch- und geschmacklose Speisefette dar, welche nicht streichbar sind, und keine Milchbestandteile und sonstigen Zusätze, wie Butter oder Margarine, enthält.

Gegen Ende des 19. Jahrhunderts gelang es H. Schlinck, ein brauchbares Speisefett durch Raffination von Cocosfett herzustellen, welches von der Mannheimer Firma P. Müller & Sohn in den neunziger Jahren in Betrieb genommen wurde. Wie schon erwähnt, wird Pflanzenbutter durch Raffination von Cocosfett oder anderen Fetten der Palmae hergestellt. Das Fett muß völlig neutral sein und sehr sorgfältig weiterraffiniert werden. Es wird nach der Neutralisation mit einem Gemisch von Bleicherde und Aktivkohle soweit wie möglich entfärbt und dann von den Geruchs- und Geschmacksträgern durch Desodorierung befreit. Die für die Raffination in Betracht kommenden Methoden sind im ersten Abschnitt dieses Bandes, die chemischen Eigenschaften der Rohstoffe der Palminbereitung (Cocos-, Palmkern- und Babassufett) im ersten Band angegeben worden.

a) Fabrikation von „Cocostafeln" (Palmin).

Das raffinierte Fett oder Fettgemisch wird in heizbaren Behältern (Schmelzkesseln u. dgl. Vorrichtungen) verflüssigt und bei etwa 35⁰ flüssig erhalten. Aus den Behältern gelangt das Fett in Temperierkessel, wo es auf etwa 25—26⁰ abgekühlt wird. Mit dieser Temperatur fließt das Fett aus dem Temperierkessel in die Verteilungsbehälter der Abfüll- bzw. Dosiermaschine, von wo es je nach Größe der Kühl- und Formgebungsapparate den in verschiedener Anzahl (6—20) vorgesehenen Füllzylindern zugeführt wird. Durch einen Hebeldruck

Abb. 295. Füll- und Kühlapparat für Cocostafeln.

läuft das Fett aus den Zylindern in stets gleich großer Menge in Weißblechformen, die, auf einem Transportband aufgestellt, unter der Dosiermaschine fortbewegt werden und auf dem weiteren Wege einen Kühlraum passieren. Nach Passieren des Kühlraumes wird das in den Blechformen vollkommen erstarrte Fett einer Vorrichtung zugeführt, welche die Fettafeln aus den Formen löst und auf ein Transportband bringt, welches sie einer automatischen Verpackungsmaschine zuführt.

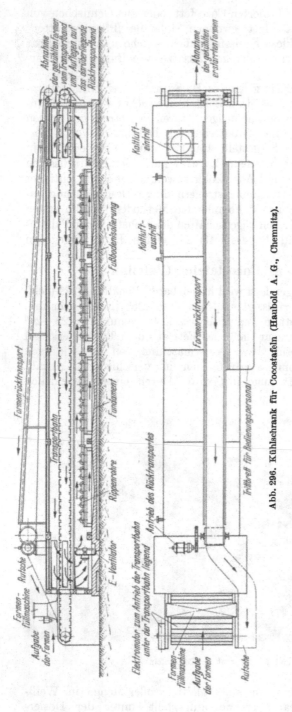

Abb. 296. Kühlschrank für Cocostafeln (Haubold A. G., Chemmitz).

Die leeren Blechformen wandern auf einem anderen Transportband zur Dosiermaschine zurück, um, aufs neue gefüllt, den Weg durch den Kühlschrank zu machen.

In den Abb. 295 und 296 ist ein Füll- und Kühlapparat für Cocostafeln in Ansicht und Schnitt zu ersehen. In dem Kühlschrank wird den mit Fett gefüllten Formen ein tiefgekühlter Wind entgegengeführt.

Die Einfülltemperatur des Fettes darf nicht mehr als 25 bis 26° betragen, weil sonst die Kühldauer im Schrank unnötig verlängert wird. Bei richtigem Betrieb soll im Kühlschrank an der Einlaufseite eine Temperatur von +4 bis 6°, an der Austrittsseite eine solche von —1 bis —2° herrschen.

Eine zum automatischen Ablösen der erstarrten Fettafeln aus den Blechformen dienende Vorrichtung (nach E. Schulze[1]) zeigt Abb. 297.

Die Vorrichtung (vgl. Abb. 297) besteht aus einer schwenkbaren Klappe (*I*), einem Stempel (*II*) und einem Gitterrahmen. Die Formenschalen mit dem erstarrten Cocosfett verlassen den Kühlschrank reihenweise in langsamem Tempo und gelangen mittels der schrägen Ebene *K* auf die horizontal liegende Klappe. Im Anschluß hieran senkt sich der Stempel mittels der Kurbelstange *M* und weitet mit einem leichten Druck die Formenschalen ein wenig. Sodann hebt sich der Stempel und löst, oben angekommen, mittels der Nocke *N* den Haken *A* aus. Die schwenkbare Klappe, welche unter Federspannung steht, wird nun mitsamt der Formenreihe herumgeschlagen. Die Klappe trifft auf den Gitterrahmen. Dieser besitzt, der Anzahl der Formenschalen entsprechend, Öffnungen in der Größe der Cocostafeln.

Hier fallen die durch das Herumschlagen der Klappe ausgekippten Cocostafeln hindurch, und zwar auf ein darunter liegendes Laufband *C*, welches die Tafeln in die Einwickel- und Etikettiermaschine führt. Dagegen werden die leeren Formenschalen

[1] D. R. P. 565107, 580902, 581270.

auf dem Gitterrahmen zurückgehalten und gleiten durch automatische **Schrägstellung** desselben auf das Band *E* ab.

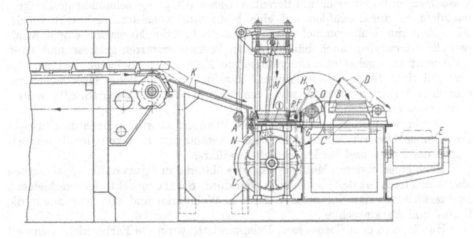

Abb. 297. Vorrichtung zum Ablösen von Palmintafeln nach SCHULZE.

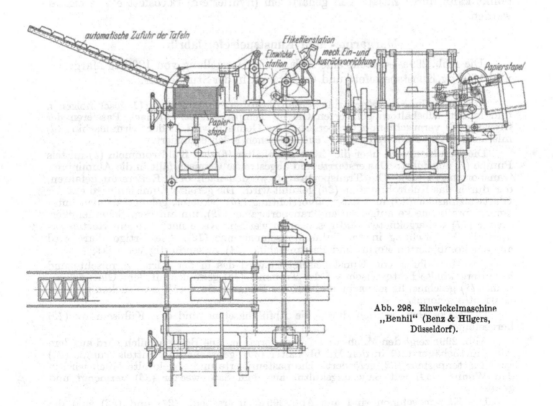

Abb. 298. Einwickelmaschine „Benhil" (Benz & Hilgers, Düsseldorf).

Mit den genannten Einrichtungen lassen sich natürlich auch alle anderen festen Fette in Tafelform bringen. Das Verpacken erfolgt in automatischen Einwickelmaschinen (Abb. 298).

b) Streichbares Cocosfett

wird auf verschiedene Art bereitet. Entweder wird das Material in Kirnmaschinen mit Luft oder indifferenten Gasen (CO$_2$, H$_2$) schaumig geschlagen, nachdem es durch Kühlen auf eine bestimmte Konsistenz gebracht wurde, oder über eine Kühltrommel gekühlt und ähnlich der Margarine einem Knetprozeß unterworfen, auch häufig erst in Formen erstarren gelassen und dann zerkleinert und geknetet. Die rationellste Methode ist diejenige, bei der das Material einer tiefgekühlten Trommel zugeführt und an deren Oberfläche zum schnellen Erstarren gebracht wird, um dann in Walzenstühlen (S. 828) weiterverarbeitet zu werden.

Das in der Kirnmaschine bearbeitete Pflanzenfett wird in noch dickflüssiger Form einer Dosiermaschine oder nach vollständigem Erstarren im Transportwagen der Form- und Packmaschine zugeführt.

Nach einer anderen Methode wird das Material in eigens dafür konstruierten Maschinen nach Art der Fleischwölfe oder durch Schabevorrichtungen zerkleinert. Das zerkleinerte Material gelangt dann in Walzwerke und von hier aus in die Form- und Packmaschine.

Häufig wird dem Cocos- bzw. Palmkernfett, wenn die Farbe nicht reinweiß erscheint, eine geringe Menge eines fettlöslichen blauen Farbstoffes zugesetzt, bei einwandfreiem Material ist aber dieser Kunstgriff überflüssig. Der Schmelzpunkt kann durch Zusatz von gehärtetem (hydriertem) Cocosfett etwas erhöht werden.

Margarine- und Kunstspeisefettfabrik.

Die Abb. 299 a—d stellt eine Anlage zur Herstellung von 1000 kg Margarine und 1500 kg Kunstspeisefett und Cocostafeln in der Stunde dar.

Zur Herstellung von Margarine werden die in den Schmelzkesseln (1) geschmolzenen und in den Ölbehältern gelagerten Öle im Temperierkessel (2) nach Passieren der Ölwaage (3) vermischt und temperiert. Das Gemisch wird in der Kirnmaschine (4) mit der aus den Rahmreifern (34) entnommenen Milch emulgiert.

Die Emulsion wird über die Zwischenbehälter (6) den Kühltrommeln (5) mittels Pumpe (7) zugeführt. Das erstarrte und abgestreifte Gemisch fällt in die Aluminiumtransportwagen (39). Die Transportwagen werden nach dem Reiferaum gefahren, der durch das Kühlrohrsystem (26) gekühlt wird. Die gereifte Emulsion wird auf der Glattwalzmaschine (9) und Auspreßvorrichtung (10) geknetet, gelangt auf den unter der Auspreßschnecke aufgestellten Transportwagen (39), um auf dem Schaufeltellerkneter (11) weitergeknetet und gesalzen zu werden. Nach nochmaligem Rasten erfolgt die Vermischung in der Vakuummischmaschine (12). Die fertige Ware wird auf der kombinierten Form- und Packmaschine (14) versandfertig verpackt.

Zur Herstellung von Kunstspeisefetten wird das in der Kirne vermischte und heruntergekühlte Fettgemisch auf der Trommel (16) gekühlt, auf dem Glattwalzenstuhl (17) geschmeidig gemacht und auf der Formmaschine (18) zu Stücken gleichen Gewichtes geformt.

Die Cocostafeln werden durch die Abfüllmaschine und den Kühlschrank (19) hergestellt.

Abb. 299c zeigt den Milch- und Temperierraum. Die Betriebsmilch wird aus dem Einschüttbehälter (29) in den Milchbehälter (30) gebracht und mittels Pumpe (31) zum Plattenpasteur (32) gefördert. Die pasteurisierte und abgekühlte Milch wird in den Wannen (34) mit Säuerungskultur aus dem Säurewecker (35) vermengt und gesäuert.

Die Kältemaschinen sind aus Abb. 299c zu ersehen. (21) und (22) sind die Kompressoren, (24) und (25) die Kondensatoren, (23) der Solekühler (Verdampfer), (27) und (36) die Solepumpen, (28) und (37) die Motoren. Es sind zwei Kälteautomaten aufgestellt, von denen getrennt die Kühltrommel, sowie der Reiferaum, Pasteur, und Säuerungswannen bedient werden.

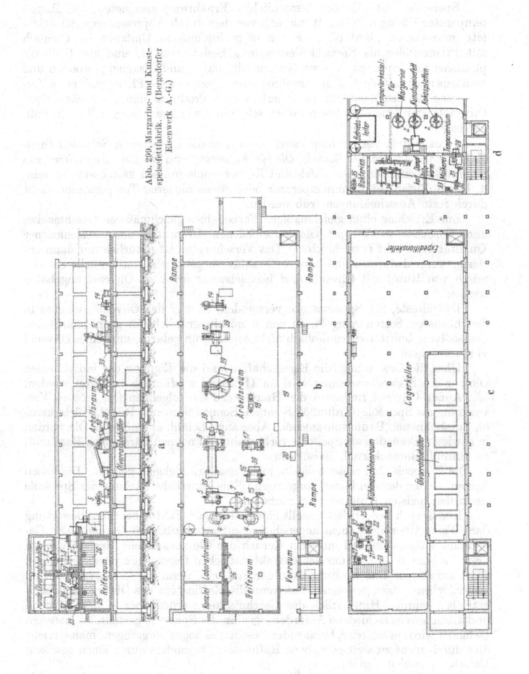

Abb. 299. Margarine- und Kunst-speisefettfabrik. (Bergedorfer Eisenwerk A.-G.)

II. Speiseöle.

Speiseöle sind alle zur menschlichen Ernährung geeigneten, bei Raumtemperatur flüssigen Fette. Wenn man von dem durch Abpressen von Schweinefett gewonnenen „lard oil“, welches in geringfügigem Umfange im Gemisch mit Pflanzenölen als Speiseöl Verwendung findet, absieht, sind alle Speiseöle pflanzlichen Ursprungs. Sie werden aus Ölfrüchten und Ölsamen gewonnen und meistens noch raffiniert. Nur ausnahmsweise eignen sich die Pflanzenöle ohne Vorreinigung für den menschlichen Genuß; solche Produkte sind die hochwertigen Olivenölsorten, manche aus nicht entschälten Erdnüssen hergestellte Erdnußöle usw.

Je nach dem Verwendungszweck kann man die Speiseöle in *Salatöle (Tafelöle), Koch- und Bratöle, Backöle, Öle für Konserven* und *Öle zum Appretieren von Nährmitteln* einteilen. Die Tafel- und Konservenöle müssen kältebeständig sein, d. h. sie dürfen bei Raumtemperatur oder etwas niederen Temperaturen nicht durch feste Ausscheidungen trüb werden.

Zur Erzielung einer gleichmäßigen Farbe, eines gleichmäßigen Geschmackes und Geruches werden oft Öle verschiedenen Ursprungs oder verschiedener Qualität vermischt (verschnitten). Das Verschneiden ist natürlich nur dann zulässig, wenn dadurch keine bessere Qualität vorgetäuscht werden soll; ein Gemisch von Rüböl mit Olivenöl darf beispielsweise nicht als Olivenöl angeboten werden.

Das älteste, für Speisezwecke verwendete Öl war das Olivenöl, welches in den höchsten Sorten reingelb, in den minderen grünlich bis grün gefärbt ist. Speiseölverschnitte werden deshalb nicht selten grün gefärbt, um reines Olivenöl vorzutäuschen.

Über die Gewinnung, die Eigenschaften und die Eignung der individuellen Öle für die Speiseölerzeugung wird im III. Band ausführlich berichtet werden.

Außer Olivenöl finden in der Hauptsache die folgenden Öle größere Verwendung als Speiseöle: Erdnußöl, Sesamöl, Sonnenblumenöl, Rüböl, Kürbiskernöl, Sojabohnenöl, Baumwollsamenöl. Aber auch Leinöl, Mohnöl u. a. Öle werden in gewissen Gegenden als Speiseöle verbraucht. Zu nennen wären noch Haselnußöl, Hanföl, Bucheckernöl, Maisöl usw.

Die Speiseöle sind meist hellgelb, manchmal grünlichgelb gefärbt. Die hellen Sorten werden den dunkleren vorgezogen. Eine künstliche Färbung der Speiseöle ist in den meisten Kulturstaaten verboten.

Der Geruch der Speiseöle stellt einen wichtigen Faktor bei ihrer Bewertung dar. Feine Öle zeigen einen angenehmen, oft artspezifischen Geruch. Der Geschmack hängt zum Teil mit dem Geruch der Öle zusammen. Speiseöle sollen „rein“ schmecken, d. h. nur den charakteristischen Geschmack der betreffenden Ölart aufweisen. Das wird nur dann der Fall sein, wenn das Öl aus frischer und unverdorbener Saat gewonnen und wenn die Raffination des Öles nicht zu weit getrieben wurde. Hinsichtlich des Geschmackes werden aber je nach Gegend und Land sehr verschiedene Anforderungen an die Speiseöle gestellt. In manchen Gebieten wird ein scharfer, brennender Geschmack sogar vorgezogen; man erreicht dies durch nicht zu weit getriebene Raffination, besonders durch einen gewissen Gehalt an Schleimstoffen.

Ganz allgemein wird die Raffination der als Speiseöle zu verwendenden Öle unter milderen Bedingungen durchgeführt als bei der Herstellung von Ölen für die Margarine- oder Speisefettfabrikation. Der Gehalt an freien Fettsäuren beträgt z. B. nach der Raffination noch etwa 0,2%, während die für andere Zwecke bestimmten Öle auf einen niedrigeren Säuregrad neutralisiert werden.

Kältebeständigkeit ist, wie erwähnt, für Salat- und Konservenöl notwendig. Bei Koch- und Backölen stört die Anwesenheit von festen Ausscheidungen im Öl weniger. Salatöle müssen deshalb, soweit für ihre Bereitung Öle verwendet werden, welche zu Ausscheidungen neigen, durch Auskristallisieren der festen Anteile bei niederen Temperaturen und Filtration „entsteariniert" werden. Notwendig ist das beispielsweise bei Sonnenblumenöl, im Winter bei Baumwollsaatöl usw. In der Regel sollen Speiseöle bei Temperaturen bis zu 5⁰ klar bleiben.

Für das Verschneiden der Speiseöle bestehen in den einzelnen Staaten gesetzliche Bestimmungen in bezug auf Deklaration usw.

Salatöle (Tafelöle) werden zum Anrichten von Salaten und anderen kalten Speisen verwendet. Sie werden vielfach für sich mit den anderen Speisen serviert. Ihre Servierung in Glasflaschen bringt es mit sich, daß man von ihnen neben gutem Geruch und Geschmack eine appetitliche Färbung und vollkommene Klarheit verlangt. Als Salat- und Tafelöle sind nur die besten Speiseöle brauchbar, und es kommen hier hauptsächlich in Betracht: Oliven-, Erdnuß- und Sonnenblumenöl, Baumwollsaatöl und Mohnöl. In Ungarn und Jugoslawien wird viel Kürbiskernöl verwendet.

Koch- und Bratöle werden hauptsächlich in den Ländern der Mittelmeerzone, insbesondere in Spanien und Südfrankreich und in anderen Ländern mit heißem Klima, verbraucht. Die Bewohner der Mittelmeerzone benutzen zum Braten und Kochen fast ausschließlich Olivenöl (auch Erdnußöl). Die Öle dürfen beim Braten nicht stark schäumen, worauf beim Verschneiden zu achten ist.

Backöle verwendet man in der Hauptsache zum Bestreichen der Backbleche und Backformen, teilweise auch zum Bestreichen der Backwaren. Trocknende Öle sind dafür ungeeignet.

In der Konservenindustrie (Ölsardinen u. dgl.) werden Speiseöle zum Einlegen der Fische, zur Herstellung von Mayonnaisen usw. benutzt. Dem Verderben der Öle und der Konserven wird durch Sterilisieren der luftdicht verschlossenen Büchsen vorgebeugt. In den Ölsardinenbüchsen erleiden die Öle mit der Zeit eine weitgehende Änderung ihrer Kennzahlen, infolge Übertrittes des Fischöles in das zur Konservierung verwendete Pflanzenöl (näheres in Bd. III).

Zum *Appretieren von Nährmitteln* finden Pflanzenöle in der Reisschälerei und in Kaffeeröstereien Verwendung, und zwar zur Erzeugung einer glänzenden Oberfläche.

Die *Verpackung*: Die Speiseöle werden in Holz- oder Eisenfässern, Blechkannen und Flaschen vertrieben. Die Blechkannen dürfen nicht verzinkt sein, Weißblechkannen dürfen in der Verzinnung nicht über 1% Blei enthalten. Meistens werden die Fässer nach erfolgter Entleerung wieder verwendet, und darum ist eine gründliche und sorgfältige Reinigung innen und außen unerläßlich. In kleineren Betrieben geschieht dies im Handbetrieb, in Großbetrieben maschinell. Holzfässer z. B. werden ausgedämpft, dann mit Laugenwasser ausgespült, mit klarem Wasser ausgespritzt und nach gründlicher Außenreinigung mit Heißluft getrocknet (über Faßreinigung s. Band I, S. 756). Verzinnte Gefäße dürfen keinesfalls mit Lauge behandelt werden, hier genügt kräftiges Ausdämpfen und Spülen mit heißem Wasser. Die wiederholte Verwendung von Blechkanistern und Flaschen ist allerdings selten. Neue Flaschen müssen jedoch auch vor der ersten Füllung gründlich gereinigt werden, wozu heute gute und leistungsfähige Maschinen auf den Markt gebracht werden, so z. B. von der Firma H. Laubach, Köln-Ehrenfeld, deren kombinierte Flaschenreinigungsanlage eine gründliche Reinigung in einem Arbeitsgang gestattet. Auf gründliches Trocknen der Gefäße ist zu achten, weil Spuren von Wasser ein vorher vollständig blankes, klares Öl zu trüben vermögen. Die Fässer werden nach erfolgter Reinigung und Trocknung mit einem Anstrich versehen, auf den Böden wird einerseits das Gewicht, andererseits Markenbezeichnung mittels Schablonen oder Stempel angebracht. Kanister werden vorteilhaft gleich mit dem gewünschten Aufdruck von der Emballagenfabrik versehen, weil aufgeklebte Drucke auf Blech schlecht haften und teurer sind als der unmittelbare

Aufdruck auf dem Blech selbst. Die Flaschen passieren nach dem Reinigen die Füll-, Verschluß- und Etikettiermaschine, welche von den Firmen Ganzhorn und Stirn, den Jagenbergwerken, Benz u. Hilgers sowie anderen Firmen in solider leistungsfähiger Ausführung vertrieben werden. Es ist selbstverständlich, daß eine sorgfältige Behandlung und saubere Aufmachung der Packgefäße wichtig ist, weil der Käufer mit Recht nach dem Aussehen derselben auf den Inhalt schließt. Im allgemeinen werden Eisenfässer, teilweise sogar solche aus Aluminium, den Holzfässern vorgezogen. Holzfässer neigen in der heißen Jahreszeit leicht zu Leckage, besonders wenn lange Transportwege zurückgelegt werden müssen, außerdem entstehen Gewichtsdifferenzen durch das vom Holz aufgesogene Öl. Diese Mankos am Nettogewicht geben manchmal zu Differenzen mit den Käufern Anlaß und bilden für den Fabrikanten daher eine Verlustquelle, die nicht zu vernachlässigen ist, obwohl 1—2% Warendifferenz handelsüblich sind. Blechkanister werden zu ein und mehr in Verschlägen verpackt, nachdem der Verschluß mit Draht und Plombe versehen wurde. Das Füllen der Kanister geschieht in den meisten Fällen automatisch, nur in kleineren Betrieben wird eingewogen. Flaschen werden in Strohhülsen und Kisten verpackt. Beim Verladen und Lagern von Faßware ist darauf zu achten, daß „spundrecht" und im „Sattel" gelagert wird. In Waggons dürfen die Fässer nur in der Längsrichtung verladen werden, um Beschädigungen durch Rangierstöße zu vermeiden.

Namenverzeichnis.

Sachverzeichnis.

54*

Manzsche Buchdruckerei, Wien IX.